中国史历日和中西历日对照表

方诗铭　方小芬——编著

上海辞书出版社

说　明

（一）司马迁《史记·十二诸侯年表》起于西周共和元年，从此中国年历明确可考，本表第（一）部分“上编”起于该年，迄于西汉哀帝元寿二年，即公元前1年。第（二）部分“下编”起于西汉平帝元始元年，即公元1年，迄于中华民国三十八年，即公元1949年（其间三国、南北朝、宋辽金元、明清之际朔闰不同之处，则分别加以排列）。中华民国成立后改用阳历，以辛亥年十一月十三日为民国元年1月1日，《民国历日表》即采用阳历编次。1949年10月1日中华人民共和国建立，采用公历纪年，第（三）部分“附编”列有《1949—2000年历日表》，以备检查农历（阴历）之用。

（二）本表上、下、附三编中，凡属公元前的历日表，仅标年、月、日、干支；其公元后的，则增加阳历月、日，亦即中西历日对照。检查方法详“上编”所附说明。其诸家推算异同以及失误之处，亦特为注明，以资参考。

（三）本表第（四）部分为“年号索引”，检查方法详该部分说明。

（四）本表从汉代开始，注明帝王即位、建元、改元以及覆灭的阴历月份，凡在正月者一般概不注明，其即位与建元不在同时者，亦不注明即位月份。

（五）本表凡年号有异说及干支字有改动者，皆加注明，如汉武帝“征和”年号，或作“延和”，即用“征（延）和”表明；太平天国曾改干支字的“丑”为“好”、“卯”为“荣”、“亥”为“开”，亦在有关年份中注明。

（六）本表征引各书的简称如下：

一、《目录》——司马光《资治通鉴》所收刘羲叟《长历》

二、《辑要》——汪日桢《历代长术辑要》

三、《朔闰考》——罗振玉《纪元以来朔闰考》

四、《日历》——陈垣《中西回史日历》

五、《朔闰表》——陈垣《二十史朔闰表》

六、《对照表》——薛仲三、欧阳颐《两千年中西历对照表》

七、《总谱》——董作宾《中国年历总谱》

八、《通考》——［法］黄伯禄《中西年月通考》

目　　录

上　编(公元前)

西周共和元年——西汉哀帝元寿二年

说　　明

(一)本表“上编”“下编”和“附编”皆按年编排。年各十二格,每格为一月;格各三行,为该月的三旬,闰月则另加三行;每旬皆从第一日开始。

(二)“上编”为公元前的历日表,每行分为两栏,第一栏为阴历月日,第二栏为该日的干支。如共和元年第一栏的“一·一”,即该年的正月初一日,第二栏的“壬午”即为该日的干支。

(三)“下编”为公元后的历日表,每行分为三栏,第一、二栏与“上编”同,第三栏为与该日相当的阳历(西历)月日。如唐太宗贞观元年(627—628)第一、二栏的“一·一”“乙酉”。即该年的正月初一日,干支“乙酉”,第三栏的“1.23”,即该日相当于公元627年的1月23日。

(四)本表可据月、日以检查干支,反之亦可据该月干支以检查日序,其公元后部分更可检查中西历日对照。如岳飞死于宋高宗绍兴十一年十二月二十九日,先查“宋高宗绍兴十一年(1141—1142)”的十二月一格,该年十二月二十一日,相当于西历1142年1月19日,往下顺推,即可查出十二月二十九日相当于该年的1月27日。又十二月二十一日的干支为“乙酉”,再查本表“附编”的“六十干支表”,即可查出该日的干支为“癸巳”。如往上逆推同样可以查出,视如何便利而定。其据干支以检查日序,方法与此相同。

(五)“附编”有关部分的检查方法与“上编”“下编”同。

共和元年后西周历日表

共和元年庚申(前841)

*一·一	壬午	二·一	壬子	三·一	壬午	四·一	辛亥
一·十一	壬辰	二·十	壬戌	三·十一	壬辰	四·十一	辛酉
一·二十一	壬寅	二·二十一	壬申	三·二十一	壬寅	四·二十一	辛未
五·一	辛巳	六·一	庚戌	七·一	庚辰	八·一	己酉
五·十一	辛卯	六·十一	庚申	七·十一	庚寅	八·十一	己未
五·二十一	辛丑	六·二十一	庚午	七·二十一	庚子	八·二十一	己巳
九·一	己卯	十·一	戊申	十一·一	戊寅	十二·一	丁未
九·十一	己丑	十·十一	戊午	十一·十一	戊子	十二·十一	丁巳
九·二十一	己亥	十·二十一	戊辰	十一·二十一	戊戌	十二·二十一	丁卯

* 此据《总谱》,下同。《辑要》正月庚辰、二月庚戌、三月己卯、四月己酉、五月戊寅、六月戊申、七月丁丑、八月丁未、九月丁丑、十月丙午、十一月丙子、十二月乙巳朔。

共和二年辛酉(前840)

*一·一	丁丑	二·一	丙午	三·一	丙子	闰三·一	乙巳	四·一	乙亥
一·十一	丁亥	二·十一	丙辰	三·十一	丙戌	闰三·十一	乙卯	四·十一	乙酉
一·二十一	丁酉	二·二十一	丙寅	三·二十一	丙申	闰三·二十一	乙丑	四·二十一	乙未
五·一	乙巳	六·一	甲戌	七·一	甲辰			八·一	癸酉
五·十一	乙卯	六·十一	甲申	七·十一	甲寅			八·十一	癸未
五·二十一	乙丑	六·二十一	甲午	七·二十一	甲子			八·二十一	癸巳
九·一	癸卯	十·一	壬申	十一·一	壬寅			十二·一	辛未
九·十一	癸丑	十·十一	壬午	十一·十一	壬子			十二·十一	辛巳
九·二十一	癸亥	十·二十一	壬辰	十一·二十一	壬戌			十二·二十一	辛卯

*《辑要》正月乙亥、二月甲辰、三月甲戌、四月癸卯、五月癸酉、闰五月壬寅、六月壬申、七月辛丑、八月辛未、九月庚子、十月庚午、十一月己亥、十二月己巳朔。

共和三年壬戌（前 839）

*一·一	辛丑	二·一	庚午	三·一	庚子	四·一	己巳
一·十一	辛亥	二·十一	庚辰	三·十一	庚戌	四·十一	己卯
一·二十一	辛酉	二·二十一	庚寅	三·二十一	庚申	四·二十一	己丑
五·一	己亥	六·一	戊辰	七·一	戊戌	八·一	丁卯
五·十一	己酉	六·十一	戊寅	七·十一	戊申	八·十一	丁丑
五·二十一	己未	六·二十一	戊子	七·二十一	戊午	八·二十一	丁亥
九·一	丁酉	十·一	丁卯	十一·一	丙申	十二·一	丙寅
九·十一	丁未	十·十一	丁丑	十一·十一	丙午	十二·十一	丙子
九·二十一	丁巳	十·二十一	丁亥	十一·二十一	丙辰	十二·二十一	丙戌

*《辑要》正月己亥、二月戊辰、三月戊戌、四月丁卯、五月丁酉、六月丙寅、七月丙申、八月乙丑、九月乙未、十月甲子、十一月甲午、十二月癸亥朔。

共和四年癸亥（前 838）

*一·一	乙未	二·一	乙丑	三·一	甲午	四·一	甲子
一·十一	乙巳	二·十一	乙亥	三·十一	甲辰	四·十一	甲戌
一·二十一	乙卯	二·二十一	乙酉	三·二十一	甲寅	四·二十一	甲申
五·一	癸巳	六·一	癸亥	七·一	壬辰	八·一	壬戌
五·十一	癸卯	六·十一	癸酉	七·十一	壬寅	八·十一	壬申
五·二十一	癸丑	六·二十一	癸未	七·二十一	壬子	八·二十一	壬午
九·一	辛卯	十·一	辛酉	十一·一　庚寅	闰十一·一　庚申	十二·一	己丑
九·十一	辛丑	十·十一	辛未	十一·十一　庚子	闰十一·十一　庚午	十二·十一	己亥
九·二十一	辛亥	十·二十一	辛巳	十一·二十一庚戌	闰十一·二十一庚辰	十二·二十一	己酉

*《辑要》正月癸巳、二月壬戌、三月壬辰、四月辛酉、五月辛卯、六月辛酉、七月庚寅、八月庚申、九月己丑、十月己未、十一月戊子、十二月戊午朔。

共和五年甲子（前 837）

*一·一	己未	二·一	己丑	三·一	戊午	四·一	戊子
一·十一	己巳	二·十一	己亥	三·十一	戊辰	四·十一	戊戌
一·二十一	己卯	二·二十一	己酉	三·二十一	戊寅	四·二十一	戊申
五·一	丁巳	六·一	丁亥	七·一	丙辰	八·一	丙戌
五·十一	丁卯	六·十一	丁酉	七·十一	丙寅	八·十一	丙申
五·二十一	丁丑	六·二十一	丁未	七·二十一	丙子	八·二十一	丙午
九·一	乙卯	十·一	乙酉	十一·一	甲寅	十二·一	甲申
九·十一	乙丑	十·十一	乙未	十一·十一	甲子	十二·十一	甲午
九·二十一	乙亥	十·二十一	乙巳	十一·二十一	甲戌	十二·二十一	甲辰

*《辑要》正月丁亥、闰正月丁巳、二月丙戌、三月丙辰、四月乙酉、五月乙卯、六月甲申、七月甲寅、八月甲申、九月癸丑、十月癸未、十一月壬子、十二月壬午朔。

共和六年乙丑（前 836）

*一·一	癸丑	二·一	癸未	三·一	壬子	四·一	壬午
一·十一	癸亥	二·十一	癸巳	三·十一	壬戌	四·十一	壬辰
一·二十一	癸酉	二·二十一	癸卯	三·二十一	壬申	四·二十一	壬寅
五·一	壬子	六·一	辛巳	七·一	辛亥	八·一	庚辰
五·十一	壬戌	六·十一	辛卯	七·十一	辛酉	八·十一	庚寅
五·二十一	壬申	六·二十一	辛丑	七·二十一	辛未	八·二十一	庚子
九·一	庚戌	十·一	己卯	十一·一	己酉	十二·一	戊寅
九·十一	庚申	十·十一	己丑	十一·十一	己未	十二·十一	戊子
九·二十一	庚午	十·二十一	己亥	十一·二十一	己巳	十二·二十一	戊戌

*《辑要》正月辛亥、二月辛巳、三月庚戌、四月庚辰、五月己酉、六月己卯、七月戊申、八月戊寅、九月丁未、十月丁丑、十一月丙午、十二月丙子朔。

共和七年丙寅（前835）

*一•一	戊申	二•一	丁丑	三•一	丁未	四•一	丙子
一•十一	戊午	二•十一	丁亥	三•十一	丁巳	四•十一	丙戌
一•二十一	戊辰	二•二十一	丁酉	三•二十一	丁卯	四•二十一	丙申
五•一	丙午	六•一	乙亥	七•一	乙巳　闰七•一　甲戌	八•一	甲辰
五•十一	丙辰	六•十一	乙酉	七•十一	乙卯　闰七•十一　甲申	八•十一	甲寅
五•二十一	丙寅	六•二十一	乙未	七•二十一	乙丑　闰七•二十一　甲午	八•二十一	甲子
九•一	甲戌	十•一	癸卯	十一•一	癸酉	十二•一	壬寅
九•十一	甲申	十•十一	癸丑	十一•十一	癸未	十二•十一	壬子
九•二十一	甲午	十•二十一	癸亥	十一•二十一	癸巳	十二•二十一	壬戌

*《辑要》正月丙午、二月乙亥、三月乙巳、四月甲戌、五月甲辰、六月癸酉、七月癸卯、八月壬申、九月壬寅、十月辛未、闰十月辛丑、十一月庚午、十二月庚子朔。

共和八年丁卯（前834）

*一•一	壬申	二•一	辛丑	三•一	辛未	四•一	庚子
一•十一	壬午	二•十一	辛亥	三•十一	辛巳	四•十一	庚戌
一•二十一	壬辰	二•二十一	辛酉	三•二十一	辛卯	四•二十一	庚申
五•一	庚午	六•一	己亥	七•一	己巳	八•一	戊戌
五•十一	庚辰	六•十一	己酉	七•十一	己卯	八•十一	戊申
五•二十一	庚寅	六•二十一	己未	七•二十一	己丑	八•二十一	戊午
九•一	戊辰	十•一	丁酉	十一•一	丁卯	十二•一	丁酉
九•十一	戊寅	十•十一	丁未	十一•十一	丁丑	十二•十一	丁未
九•二十一	戊子	十•二十一	丁巳	十一•二十一	丁亥	十二•二十一	丁巳

*《辑要》正月己巳、二月己亥、三月己巳、四月戊戌、五月戊辰、六月丁酉、七月丁卯、八月丙申、九月丙寅、十月乙未、十一月乙丑、十二月甲午朔。

共和九年戊辰（前833）

*一•一	丙寅	二•一	丙申	三•一	乙丑	四•一	乙未
一•十一	丙子	二•十一	丙午	三•十一	乙亥	四•十一	乙巳
一•二十一	丙戌	二•二十一	丙辰	三•二十一	乙酉	四•二十一	乙卯
五•一	甲子	六•一	甲午	七•一	癸亥	八•一	癸巳
五•十一	甲戌	六•十一	甲辰	七•十一	癸酉	八•十一	癸卯
五•二十一	甲申	六•二十一	甲寅	七•二十一	癸未	八•二十一	癸丑
九•一	壬戌	十•一	壬辰	十一•一	辛酉	十二•一	辛卯
九•十一	壬申	十•十一	壬寅	十一•十一	辛未	十二•十一	辛丑
九•二十一	壬午	十•二十一	壬子	十一•二十一	辛巳	十二•二十一	辛亥

*《辑要》正月甲子、二月癸巳、三月癸亥、四月壬辰、五月壬戌、六月辛卯、七月辛酉、八月辛卯、九月庚申、十月庚寅、十一月己未、十二月己丑朔。

共和十年己巳（前832）

*一•一	庚申	二•一	庚寅	三•一	己未	四•一	己丑　闰四•一　己未
一•十一	庚午	二•十一	庚子	三•十一	己巳	四•十一	己亥　闰四•十一　己巳
一•二十一	庚辰	二•二十一	庚戌	三•二十一	己卯	四•二十一	己酉　闰四•二十一　己卯
五•一	戊子	六•一	戊午	七•一	丁亥	八•一	丁巳
五•十一	戊戌	六•十一	戊辰	七•十一	丁酉	八•十一	丁卯
五•二十一	戊申	六•二十一	戊寅	七•二十一	丁未	八•二十一	丁丑
九•一	丙戌	十•一	丙辰	十一•一	乙酉	十二•一	乙卯
九•十一	丙申	十•十一	丙寅	十一•十一	乙未	十二•十一	乙丑
九•二十一	丙午	十•二十一	丙子	十一•二十一	乙巳	十二•二十一	乙亥

*《辑要》正月戊午、二月戊子、三月丁巳、四月丁亥、五月丙辰、六月丙戌、七月乙卯、闰七月乙酉、八月甲寅、九月甲申、十月癸丑、十一月癸未、十二月癸丑朔。

共和十一年庚午（前 831）

*一·一	甲申	二·一	甲寅	三·一	癸未	四·一	癸丑
一·十一	甲午	二·十一	甲子	三·十一	癸巳	四·十一	癸亥
一·二十一	甲辰	二·二十一	甲戌	三·二十一	癸卯	四·二十一	癸酉
五·一	壬午	六·一	壬子	七·一	辛巳	八·一	辛亥
五·十一	壬辰	六·十一	壬戌	七·十一	辛卯	八·十一	辛酉
五·二十一	壬寅	六·二十一	壬申	七·二十一	辛丑	八·二十一	辛未
九·一	庚辰	十·一	庚戌	十一·一	己卯	十二·一	己酉
九·十一	庚寅	十·十一	庚申	十一·十一	己丑	十二·十一	己未
九·二十一	庚子	十·二十一	庚午	十一·二十一	己亥	十二·二十一	己巳

*《辑要》正月壬午、二月壬子、三月辛巳、四月辛亥、五月庚辰、六月庚戌、七月己卯、八月己酉、九月戊寅、十月戊申、十一月丁丑、十二月丁未朔。

共和十二年辛未（前 830）

*一·一	戊寅	二·一	戊申	三·一	丁丑	四·一	丁未
一·十一	戊子	二·十一	戊午	三·十一	丁亥	四·十一	丁巳
一·二十一	戊戌	二·二十一	戊辰	三·二十一	丁酉	四·二十一	丁卯
五·一	丙子	六·一	丙午	七·一	乙亥	八·一	乙巳
五·十一	丙戌	六·十一	丙辰	七·十一	乙酉	八·十一	乙卯
五·二十一	丙申	六·二十一	丙寅	七·二十一	乙未	八·二十一	乙丑
九·一	甲戌	十·一	甲辰	十一·一	甲戌	十二·一 癸卯 闰十二·一	癸酉
九·十一	甲申	十·十一	甲寅	十一·十一	甲申	十二·十一 癸丑 闰十二·十一	癸未
九·二十一	甲午	十·二十一	甲子	十一·二十一	甲午	十二·二十一癸亥 闰十二·二十一	癸巳

*《辑要》正月丙子、二月丙午、三月丙子、四月乙巳、五月乙亥、六月甲辰、七月甲戌、八月癸卯、九月癸酉、十月壬寅、十一月壬申、十二月辛丑朔。

共和十三年壬申（前 829）

*一·一	壬寅	二·一	壬申	三·一	辛丑	四·一	辛未
一·十一	壬子	二·十一	壬午	三·十一	辛亥	四·十一	辛巳
一·二十一	壬戌	二·二十一	壬辰	三·二十一	辛酉	四·二十一	辛卯
五·一	庚子	六·一	庚午	七·一	己亥	八·一	己巳
五·十一	庚戌	六·十一	庚辰	七·十一	己酉	八·十一	己卯
五·二十一	庚申	六·二十一	庚寅	七·二十一	己未	八·二十一	己丑
九·一	戊戌	十·一	戊辰	十一·一	丁酉	十二·一	丁卯
九·十一	戊申	十·十一	戊寅	十一·十一	丁未	十二·十一	丁丑
九·二十一	戊午	十·二十一	戊子	十一·二十一	丁巳	十二·二十一	丁亥

*《辑要》正月辛未、二月庚子、三月庚午、闰三月己亥、四月己巳、五月戊戌、六月戊辰、七月戊戌、八月丁卯、九月丁酉、十月丙寅、十一月丙申、十二月乙丑朔。

共和十四年癸酉（前 828）

*一·一	丙申	二·一	丙寅	三·一	丙申	四·一	乙丑
一·十一	丙午	二·十一	丙子	三·十一	丙午	四·十一	乙亥
一·二十一	丙辰	二·二十一	丙戌	三·二十一	丙辰	四·二十一	乙酉
五·一	乙未	六·一	甲子	七·一	甲午	八·一	癸亥
五·十一	乙巳	六·十一	甲戌	七·十一	甲辰	八·十一	癸酉
五·二十一	乙卯	六·二十一	甲申	七·二十一	甲寅	八·二十一	癸未
九·一	癸巳	十·一	壬戌	十一·一	壬辰	十二·一	辛酉
九·十一	癸卯	十·十一	壬申	十一·十一	壬寅	十二·十一	辛未
九·二十一	癸丑	十·二十一	壬午	十一·二十一	壬子	十二·二十一	辛巳

*《辑要》正月乙未、二月甲子、三月甲午、四月癸亥、五月癸巳、六月壬戌、七月壬辰、八月辛酉、九月辛卯、十月辛酉、十一月庚寅、十二月庚申朔。

周宣王元年甲戌（前 827）

*一・一	辛卯	二・一	庚申	三・一	庚寅	四・一	己未
一・十一	辛丑	二・十一	庚午	三・十一	庚子	四・十一	己巳
一・二十一	辛亥	二・二十一	庚辰	三・二十一	庚戌	四・二十一	己卯
五・一	己丑	六・一	己未	七・一	戊子	八・一	戊午
五・十一	己亥	六・十一	己巳	七・十一	戊戌	八・十一	戊辰
五・二十一	己酉	六・二十一	己卯	七・二十一	戊申	八・二十一	戊寅
九・一　丁亥　闰九・一	丁巳	十・一	丙戌	十一・一	丙辰	十二・一	乙酉
九・十一　丁酉　闰九・十一	丁卯	十・十一	丙申	十一・十一	丙寅	十二・十一	乙未
九・二十一丁未　闰九・二十一	丁丑	十・二十一	丙午	十一・二十一	丙子	十二・二十一	乙巳

＊《辑要》正月己丑、二月己未、三月戊子、四月戊午、五月丁亥、六月丁巳、七月丙戌、八月丙辰、九月乙酉、十月乙卯、十一月甲申、闰十一月丙寅、十二月癸未朔。

周宣王二年乙亥（前 826）

*一・一	乙卯	二・一	甲申	三・一	甲寅	四・一	癸未
一・十一	乙丑	二・十一	甲午	三・十一	甲子	四・十一	癸巳
一・二十一	乙亥	二・二十一	甲辰	三・二十一	甲戌	四・二十一	癸卯
五・一	癸丑	六・一	壬午	七・一	壬子	八・一	辛巳
五・十一	癸亥	六・十一	壬辰	七・十一	壬戌	八・十一	辛卯
五・二十一	癸酉	六・二十一	壬寅	七・二十一	壬申	八・二十一	辛丑
九・一	辛亥	十・一	辛巳	十一・一	庚戌	十二・一	庚辰
九・十一	辛酉	十・十一	辛卯	十一・十一	庚申	十二・十一	庚寅
九・二十一	辛未	十・二十一	辛丑	十一・二十一	庚午	十二・二十一	庚子

＊《辑要》正月癸丑、二月癸未、三月壬子、四月壬午、五月辛亥、六月辛巳、七月庚戌、八月庚辰、九月己酉、十月己卯、十一月戊申、十二月戊寅朔。

周宣王三年丙子（前 825）

*一・一	己酉	二・一	己卯	三・一	戊申	四・一	戊寅
一・十一	己未	二・十一	己丑	三・十一	戊午	四・十一	戊子
一・二十一	己巳	二・二十一	己亥	三・二十一	戊辰	四・二十一	戊戌
五・一	丁未	六・一	丁丑	七・一	丙午	八・一	丙子
五・十一	丁巳	六・十一	丁亥	七・十一	丙辰	八・十一	丙戌
五・二十	丁卯	六・二十一	丁酉	七・二十一	丙寅	八・二十一	丙申
九・一	乙巳	十・一	乙亥	十一・一	甲辰	十二・一	甲戌
九・十一	乙卯	十・十一	乙酉	十一・十一	甲寅	十二・十一	甲申
九・二十一	乙丑	十・二十一	乙未	十一・二十一	甲子	十二・二十一	甲午

＊《辑要》正月丁未、二月丁丑、三月丙午、四月丙子、五月乙巳、六月乙亥、七月乙巳、八月甲戌、九月甲辰、十月癸酉、十一月癸卯、十二月壬申朔。

周宣王四年丁丑（前 824）

*一・一	癸卯	二・一	癸酉	三・一	癸卯	四・一	壬申
一・十一	癸丑	二・十一	癸未	三・十一	癸丑	四・十一	壬午
一・二十一	癸亥	二・二十一	癸巳	三・二十一	癸亥	四・二十一	壬辰
五・一　壬寅　闰五・一	辛未	六・一	辛丑	七・一	庚午	八・一	庚子
五・十一　壬子　闰五・十一	辛巳	六・十一	辛亥	七・十一	庚辰	八・十一	庚戌
五・二十一壬戌　闰五・二十一	辛卯	六・二十一	辛酉	七・二十一	庚寅	八・二十一	庚申
九・一	己巳	十・一	己亥	十一・一	戊辰	十二・一	戊戌
九・十一	己卯	十・十一	己酉	十一・十一	戊寅	十二・十一	戊申
九・二十一	己丑	十・二十一	己未	十一・二十一	戊子	十二・二十一	戊午

＊《辑要》正月壬寅、二月辛未、三月辛丑、四月庚午、五月庚子、六月己巳、七月己亥、八月戊辰、九月戊戌、闰九月戊辰、十月丁酉、十一月丁卯、十二月丙申朔。

周宣王五年戊寅(前 823)

*一·一 丁卯	二·一 丁酉	三·一 丙寅	四·一 丙申
一·十一 丁丑	二·十一 丁未	三·十一 丙子	四·十一 丙午
一·二十一 丁亥	二·二十一 丁巳	三·二十一 丙戌	四·二十一 丙辰
五·一 丙寅	六·一 乙未	七·一 乙丑	八·一 甲午
五·十一 丙子	六·十一 乙巳	七·十一 乙亥	八·十一 甲辰
五·二十一 丙戌	六·二十一 乙卯	七·二十一 乙酉	八·二十一 甲寅
九·一 甲子	十·一 癸巳	十一·一 癸亥	十二·一 壬辰
九·十一 甲戌	十·十一 癸卯	十一·十一 癸酉	十二·十一 壬寅
九·二十一 甲申	十·二十一 癸丑	十一·二十一 癸未	十二·二十一 壬子

*《辑要》正月丙寅、二月乙未、三月乙丑、四月甲午、五月甲子、六月癸巳、七月癸亥、八月壬辰、九月壬戌、十月辛卯、十一月辛酉、十二月庚寅朔。

周宣王六年己卯(前 822)

*一·一 壬戌	二·一 辛卯	三·一 辛酉	四·一 庚寅
一·十一 壬申	二·十一 辛丑	三·十一 辛未	四·十一 庚子
一·二十一 壬午	二·二十一 辛亥	三·二十一 辛巳	四·二十一 庚戌
五·一 庚申	六·一 己丑	七·一 己未	八·一 戊子
五·十一 庚午	六·十一 己亥	七·十一 己巳	八·十一 戊戌
五·二十一 庚辰	六·二十一 己酉	七·二十一 己卯	八·二十一 戊申
九·一 戊午	十·一 戊子	十一·一 丁巳	十二·一 丁亥
九·十一 戊辰	十·十一 戊戌	十一·十一 丁卯	十二·十一 丁酉
九·二十一 戊寅	十·二十一 戊申	十一·二十一 丁丑	十二·二十一 丁未

*《辑要》正月庚申、二月庚寅、三月己未、四月己丑、五月戊午、六月戊子、七月丁巳、八月丁亥、九月丙辰、十月丙戌、十一月乙卯、十二月乙酉朔。

周宣王七年庚辰(前 821)

*一·一 丙辰	二·一 丙戌　闰二·一 乙卯	三·一 乙酉	四·一 甲寅
一·十一 丙寅	二·十一 丙申　闰二·十一 乙丑	三·十一 乙未	四·十一 甲子
一·二十一 丙子	二·二十一 丙午　闰二·二十一 乙亥	三·二十一 乙巳	四·二十一 甲戌
五·一 甲申	六·一 癸丑	七·一 癸未	八·一 壬子
五·十一 甲午	六·十一 癸亥	七·十一 癸巳	八·十一 壬戌
五·二十一 甲辰	六·二十一 癸酉	七·二十一 癸卯	八·二十一 壬申
**九·一 壬午	十·一 辛亥	十一·一 辛巳	十二·一 辛亥
九·十一 壬辰	十·十一 辛酉	十一·十一 辛卯	十二·十一 辛酉
九·二十一 壬寅	十·二十一 辛未	十一·二十一 辛丑	十二·二十一 辛未

*《辑要》正月甲寅、二月甲申、三月癸丑、四月癸未、五月癸丑、六月壬午，闰六月壬子、七月辛巳、八月辛亥、九月庚辰、十月庚戌、十一月己卯、十二月己酉朔。　**《总谱》九月壬子朔，误。

周宣王八年辛巳(前 820)

*一·一 庚辰	二·一 庚戌	三·一 己卯	四·一 己酉
一·十一 庚寅	二·十一 庚申	三·十一 己丑	四·十一 己未
一·二十一 庚子	二·二十一 庚午	三·二十一 己亥	四·二十一 己巳
五·一 戊寅	六·一 戊申	七·一 丁丑	八·一 丁未
五·十一 戊子	六·十一 戊午	七·十一 丁亥	八·十一 丁巳
五·二十一 戊戌	六·二十一 戊辰	七·二十一 丁酉	八·二十一 丁卯
九·一 丙子	十·一 丙午	十一·一 乙亥	十二·一 乙巳
九·十一 丙戌	十·十一 丙辰	十一·十一 乙酉	十二·十一 乙卯
九·二十一 丙申	十·二十一 丙寅	十一·二十一 乙未	十二·二十一 乙丑

*《辑要》正月戊寅、二月戊申、三月丁丑、四月丁未、五月丙子、六月丙午、七月乙亥、八月乙巳、九月乙亥、十月甲辰、十一月甲戌、十二月癸卯朔。

周宣王九年壬午（前 819）

*一·一 甲戌 一·十一 甲申 一·二十一 甲午	二·一 甲辰 二·十一 甲寅 二·二十一 甲子	三·一 癸酉 三·十一 癸未 三·二十一 癸巳	四·一 癸卯 四·十一 癸丑 四·二十一 癸亥
五·一 癸酉 五·十一 癸未 五·二十一 癸巳	六·一 壬寅 六·十一 壬子 六·二十一 壬戌	七·一 壬申 七·十一 壬午 七·二十一 壬辰	八·一 辛丑 八·十一 辛亥 八·二十一 辛酉
九·一 辛未 九·十一 辛巳 九·二十一 辛卯	十·一 庚子 十·十一 庚戌 十·二十一 庚申	十一·一 庚午 闰十一·一 己亥 十一·十一 庚辰 闰十一·十一 己酉 十一·二十一庚寅 闰十一·二十一己未	十二·一 己巳 十二·十一 己卯 十二·二十一 己丑

＊《辑要》正月癸酉、二月壬寅、三月壬申、四月辛丑、五月辛未、六月庚子、七月庚午、八月己亥、九月己巳、十月戊戌、十一月戊辰、十二月丁酉朔。

周宣王十年癸未（前 818）

*一·一 戊戌 一·十一 戊申 一·二十一 戊午	二·一 戊辰 二·十一 戊寅 二·二十一 戊子	三·一 丁酉 三·十一 丁未 三·二十一 丁巳	四·一 丁卯 四·十一 丁丑 四·二十一 丁亥
五·一 丙申 五·十一 丙午 五·二十一 丙辰	六·一 丙寅 六·十一 丙子 六·二十一 丙戌	七·一 乙未 七·十一 乙巳 七·二十一 乙卯	八·一 乙丑 八·十一 乙亥 八·二十一 乙酉
九·一 乙未 九·十一 乙巳 九·二十一 乙卯	十·一 甲子 十·十一 甲戌 十·二十一 甲申	十一·一 甲午 十一·十一 甲辰 十一·二十一 甲寅	十二·一 癸亥 十二·十一 癸酉 十二·二十一 癸未

＊《辑要》正月丁卯、二月丁酉、闰二月丙寅、三月丙申、四月乙丑、五月乙未、六月甲子、七月甲午、八月癸亥、九月癸巳、十月壬戌、十一月壬辰、十二月辛酉朔。

周宣王十一年甲申（前 817）

*一·一 癸巳 一·十一 癸卯 一·二十一 癸丑	二·一 壬戌 二·十一 壬申 二·二十一 壬午	三·一 壬辰 三·十一 壬寅 三·二十一 壬子	四·一 辛酉 四·十一 辛未 四·二十一 辛巳
五·一 辛卯 五·十一 辛丑 五·二十一 辛亥	六·一 庚申 六·十一 庚午 六·二十一 庚辰	七·一 庚寅 七·十一 庚子 七·二十一 庚戌	八·一 己未 八·十一 己巳 八·二十一 己卯
九·一 己丑 九·十一 己亥 九·二十一 己酉	十·一 戊午 十·十一 戊辰 十·二十一 戊寅	十一·一 戊子 十一·十一 戊戌 十一·二十一 戊申	十二·一 戊午 十二·十一 戊辰 十二·二十一 戊寅

＊《辑要》正月辛卯、二月庚申、三月庚寅、四月庚申、五月己丑、六月己未、七月戊子、八月戊午、九月丁亥、十月丁巳、十一月丙戌、十二月丙辰朔。

周宣王十二年乙酉（前 816）

*一·一 丁亥 一·十一 丁酉 一·二十一 丁未	二·一 丁巳 二·十一 丁卯 二·二十一 丁丑	三·一 丙戌 三·十一 丙申 三·二十一 丙午	四·一 丙辰 四·十一 丙寅 四·二十一 丙子
五·一 乙酉 五·十一 乙未 五·二十一 乙巳	六·一 乙卯 六·十一 乙丑 六·二十一 乙亥	七·一 甲申 闰七·一 甲寅 七·十一 甲午 闰七·十一 甲子 七·二十一甲辰 闰七·二十一甲戌	八·一 癸未 八·十一 癸巳 八·二十一 癸卯
九·一 癸丑 九·十一 癸亥 九·二十一 癸酉	十·一 壬午 十·十一 壬辰 十·二十一 壬寅	十一·一 壬子 十一·十一 壬戌 十一·二十一 壬申	十二·一 辛巳 十二·十一 辛卯 十二·二十一 辛丑

＊《辑要》正月乙酉、二月乙卯、三月甲申、四月甲寅、五月癸未、六月癸丑、七月壬午、八月壬子、九月壬午、十月辛亥、闰十月辛巳十一月庚戌、十二月庚辰朔。

周宣王十三年丙戌(前 815)

*一・一	辛亥	二・一	庚辰	三・一	庚戌	四・一	庚辰
一・十一	辛酉	二・十一	庚寅	三・十一	庚申	四・十一	庚寅
一・二十一	辛未	二・二十一	庚子	三・二十一	庚午	四・二十一	庚子
五・一	己酉	六・一	己卯	七・一	戊申	八・一	戊寅
五・十一	己未	六・十一	己丑	七・十一	戊午	八・十一	戊子
五・二十一	己巳	六・二十一	己亥	七・二十一	戊辰	八・二十一	戊戌
九・一	丁未	十・一	丁丑	十一・一	丙午	十二・一	丙子
九・十一	丁巳	十・十一	丁亥	十一・十一	丙辰	十二・十一	丙戌
九・二十一	丁卯	十・二十一	丁酉	十一・二十一	丙寅	十二・二十一	丙申

*《辑要》正月己酉、二月己卯、三月戊申、四月戊寅、五月丁未、六月丁丑、七月丙午、八月丙子、九月乙巳、十月乙亥、十一月乙巳、十二月甲戌朔。

周宣王十四年丁亥(前 814)

*一・一	乙巳	二・一	乙亥	三・一	甲辰	四・一	甲戌
一・十一	乙卯	二・十一	乙酉	三・十一	甲寅	四・十一	甲申
一・二十一	乙丑	二・二十一	乙未	三・二十一	甲子	四・二十一	甲午
五・一	癸卯	六・一	癸酉	七・一	癸卯	八・一	壬申
五・十一	癸丑	六・十一	癸未	七・十一	癸丑	八・十一	壬午
五・二十一	癸亥	六・二十一	癸巳	七・二十一	癸亥	八・二十一	壬辰
九・一	壬寅	十・一	辛未	十一・一	辛丑	十二・一	庚午
九・十一	壬子	十・十一	辛巳	十一・十一	辛亥	十二・十一	庚辰
九・二十一	壬戌	十・二十一	辛卯	十一・二十一	辛酉	十二・二十一	庚寅

*《辑要》正月甲辰、二月癸酉、三月癸卯、四月壬申、五月壬寅、六月辛未、七月辛丑、八月庚午、九月庚子、十月己巳、十一月己亥、十二月戊辰朔。

周宣王十五年戊子(前 813)

*一・一	庚子	二・一	己巳	三・一	己亥　闰三・一　戊辰	四・一	戊戌
一・十一	庚戌	二・十一	己卯	三・十一	己酉　闰三・十一　戊寅	四・十一	戊申
一・二十一	庚申	二・二十一	己丑	三・二十一	己未　闰三・二十一　戊子	四・二十一	戊午
五・一	丁卯	六・一	丁酉	七・一	丙寅	八・一	丙申
五・十一	丁丑	六・十一	丁未	七・十一	丙子	八・十一	丙午
五・二十一	丁亥	六・二十一	丁巳	七・二十一	丙戌	八・二十一	丙辰
九・一	乙丑	十・一	乙未	十一・一	乙丑	十二・一	甲午
九・十一	乙亥	十・十一	乙巳	十一・十一	乙亥	十二・十一	甲辰
九・二十一	乙酉	十・二十一	乙卯	十一・二十一	乙酉	十二・二十一	甲寅

*《辑要》正月戊戌、二月丁卯、三月丁酉、四月丁卯、五月丙申、六月丙寅、七月乙未、闰七月乙丑、八月甲午、九月甲子、十月癸巳、十一月癸亥、十二月壬辰朔。

周宣王十六年己丑(前 812)

*一・一	甲子	二・一	癸巳	三・一	癸亥	四・一	壬辰
一・十一	甲戌	二・十一	癸卯	三・十一	癸酉	四・十一	壬寅
一・二十一	甲申	二・二十一	癸丑	三・二十一	癸未	四・二十一	壬子
五・一	壬戌	六・一	辛卯	七・一	辛酉	八・一	庚寅
五・十一	壬申	六・十一	辛丑	七・十一	辛未	八・十一	庚子
五・二十一	壬午	六・二十一	辛亥	七・二十一	辛巳	八・二十一	庚戌
九・一	庚申	十・一	己丑	十一・一	己未	十二・一	戊子
九・十一	庚午	十・十一	己亥	十一・十一	己巳	十二・十一	戊戌
九・二十一	庚辰	十・二十一	己酉	十一・二十一	己卯	十二・二十一	戊申

*《辑要》正月壬戌、二月辛卯、三月辛酉、四月庚寅、五月庚申、六月己丑、七月己未、八月己丑、九月戊午、十月戊子、十一月丁巳、十二月丁亥朔。

周宣王十七年庚寅(前 811)

*一·一	戊午	二·一	丁亥	三·一	丁巳	四·一	丁亥
一·十一	戊辰	二·十一	丁酉	三·十一	丁卯	四·十一	丁酉
一·二十一	戊寅	二·二十一	丁未	三·二十一	丁丑	四·二十一	丁未
五·一	丙辰	六·一	丙戌	七·一	乙卯	八·一	乙酉
五·十一	丙寅	六·十一	丙申	七·十一	乙丑	八·十一	乙未
五·二十一	丙子	六·二十一	丙午	七·二十一	乙亥	八·二十一	乙巳
九·一	甲寅	十·一	甲申	十一·一	癸丑	十二·一　癸未　闰十二·一	壬子
九·十一	甲子	十·十一	甲午	十一·十一	癸亥	十二·十一　癸巳　闰十二·十一	壬戌
九·二十一	甲戌	十·二十一	甲辰	十一·二十一	癸酉	十二·二十一癸卯　闰十二·二十一	壬申

*《辑要》正月丙辰、二月丙戌、三月乙卯、四月乙酉、五月甲寅、六月甲申、七月癸丑、八月癸未、九月壬子、十月壬午、十一月壬子、十二月辛巳朔。

周宣王十八年辛卯(前 810)

*一·一	壬午	二·一	辛亥	三·一	辛巳	四·一	庚戌
一·十一	壬辰	二·十一	辛酉	三·十一	辛卯	四·十一	庚申
一·二十一	壬寅	二·二十一	辛未	三·二十一	辛丑	四·二十一	庚午
五·一	庚辰	六·一	庚戌	七·一	己卯	八·一	己酉
五·十一	庚寅	六·十一	庚申	七·十一	己丑	八·十一	己未
五·二十一	庚子	六·二十一	庚午	七·二十一	己亥	八·二十一	己巳
九·一	戊寅	十·一	戊申	十一·一	丁丑	十二·一	丁未
九·十一	戊子	十·十一	戊午	十一·十一	丁亥	十二·十一	丁巳
九·二十一	戊戌	十·二十一	戊辰	十一·二十一	丁酉	十二·二十一	丁卯

*《辑要》正月辛亥、二月庚辰、三月庚戌、四月己卯、闰四月己酉、五月戊寅、六月戊申、七月丁丑、八月丁未、九月丙子、十月丙午、十一月乙亥、十二月乙巳朔。

周宣王十九年壬辰(前 809)

*一·一	丙子	二·一	丙午	三·一	乙亥	四·一	乙巳
一·十一	丙戌	二·十一	丙辰	三·十一	乙酉	四·十一	乙卯
一·二十一	丙申	二·二十一	丙寅	三·二十一	乙未	四·二十一	乙丑
五·一	甲戌	六·一	甲辰	七·一	癸酉	八·一	癸卯
五·十一	甲申	六·十一	甲寅	七·十一	癸未	八·十一	癸丑
五·二十一	甲午	六·二十一	甲子	七·二十一	癸巳	八·二十一	癸亥
九·一	壬申	十·一	壬寅	十一·一	壬申	十二·一	辛丑
九·十一	壬午	十·十一	壬子	十一·十一	壬午	十二·十一	辛亥
九·二十一	壬辰	十·二十一	壬戌	十一·二十一	壬辰	十二·二十一	辛酉

*《辑要》正月甲戌、二月甲辰、三月甲戌、四月癸卯、五月癸酉、六月壬寅、七月壬申、八月辛丑、九月辛未、十月庚子、十一月庚午、十二月己亥朔。

周宣王二十年癸巳(前 808)

*一·一	辛未	二·一	庚子	三·一	庚午	四·一	己亥
一·十一	辛巳	二·十一	庚戌	三·十一	庚辰	四·十一	己酉
一·二十一	辛卯	二·二十一	庚申	三·二十一	庚寅	四·二十一	己未
五·一	己巳	六·一	戊戌	七·一	戊辰	八·一	丁酉
五·十一	己卯	六·十一	戊申	七·十一	戊寅	八·十一	丁未
五·二十一	己丑	六·二十一	戊午	七·二十一	戊子	八·二十一	丁巳
九·一　丁卯　闰九·一	丙申	十·一	丙寅	十一·一	乙未	十二·一	乙丑
九·十一　丁丑　闰九·十一	丙午	十·十一	丙子	十一·十一	乙巳	十二·十一	乙亥
九·二十一丁亥　闰九·二十一	丙辰	十·二十一	丙戌	十一·二十一	乙卯	十二·二十一	乙酉

*《辑要》正月己巳、二月戊戌、三月戊辰、四月丁酉、五月丁卯、六月丁酉、七月丙寅、八月丙申、九月乙丑、十月乙未、十一月甲子、十二月甲午、闰十二月癸亥朔。

周宣王二十一年甲午（前 807）

*一・一　乙未	二・一　甲子	三・一　甲午	四・一　癸亥
一・十一　乙巳	二・十一　甲戌	三・十一　甲辰	四・十一　癸酉
一・二十一　乙卯	二・二十一　甲申	三・二十一　甲寅	四・二十一　癸未
五・一　癸巳	六・一　壬戌	七・一　壬辰	八・一　辛酉
五・十一　癸卯	六・十一　壬申	七・十一　壬寅	八・十一　辛未
五・二十一　癸丑	六・二十一　壬午	七・二十一　壬子	八・二十一　辛巳
九・一　辛卯	十・一　庚申	十一・一　庚寅	十二・一　己未
九・十一　辛丑	十・十一　庚午	十一・十一　庚子	十二・十一　己巳
九・二十一　辛亥	十・二十一　庚辰	十一・二十一　庚戌	十二・二十一　己卯

*《辑要》正月癸巳、二月壬戌、三月壬辰、四月辛酉、五月辛卯、六月庚申、七月庚寅、八月己未、九月己丑、十月己未、十一月戊子、十二月戊午朔。

周宣王二十二年乙未（前 806）

*一・一　己丑	二・一　戊午	三・一　戊子	四・一　丁巳
一・十一　己亥	二・十一　戊辰	三・十一　戊戌	四・十一　丁卯
一・二十一　己酉	二・二十一　戊寅	三・二十一　戊申	四・二十一　丁丑
五・一　丁亥	六・一　丁巳	七・一　丙戌	八・一　丙辰
五・十一　丁酉	六・十一　丁卯	七・十一　丙申	八・十一　丙寅
五・二十一　丁未	六・二十一　丁丑	七・二十一　丙午	八・二十一　丙子
九・一　乙酉	十・一　乙卯	十一・一　甲申	十二・一　甲寅
九・十一　乙未	十・十一　乙丑	十一・十一　甲午	十二・十一　甲子
九・二十一　乙巳	十・二十一　乙亥	十一・二十一　甲辰	十二・二十一　甲戌

*《辑要》正月丁亥、二月丁巳、三月丙戌、四月丙辰、五月乙酉、六月乙卯、七月甲申、八月甲寅、九月癸未、十月癸丑、十一月壬午、十二月壬子朔。

周宣王二十三年丙申（前 805）

*一・一　癸未	二・一　癸丑	三・一　壬午	四・一　壬子
一・十一　癸巳	二・十一　癸亥	三・十一　壬辰	四・十一　壬戌
一・二十一　癸卯	二・二十一　癸酉	三・二十一　壬寅	四・二十一　壬申
五・一　辛巳　闰五・一　辛亥	六・一　庚辰	七・一　庚戌	八・一　己卯
五・十一　辛卯　闰五・十一　辛酉	六・十一　庚寅	七・十一　庚申	八・十一　己丑
五・二十一辛丑　闰五・二十一辛未	六・二十一　庚子	七・二十一　庚午	八・二十一　己亥
九・一　己酉	十・一　己卯	十一・一　戊申	十二・一　戊寅
九・十一　己未	十・十一　己丑	十一・十一　戊午	十二・十一　戊子
九・二十一　己巳	十・二十一　己亥	十一・二十一　戊辰	十二・二十一　戊戌

*《辑要》正月辛巳、二月辛辰、三月辛巳、四月庚戌、五月庚辰、六月己酉、七月己卯、八月戊申、闰八月戊寅、九月丁未、十月丁丑、十一月丙午、十二月丙子朔。

周宣王二十四年丁酉（前 804）

*一・一　丁未	二・一　丁丑	三・一　丙午	四・一　丙子
一・十一　丁巳	二・十一　丁亥	三・十一　丙辰	四・十一　丙戌
一・二十一　丁卯	二・二十一　丁酉	三・二十一　丙寅	四・二十一　丙申
五・一　乙巳	六・一　乙亥	七・一　甲辰	八・一　甲戌
五・十一　乙卯	六・十一　乙酉	七・十一　甲寅	八・十一　甲申
五・二十一　乙丑	六・二十一　乙未	七・二十一　甲子	八・二十一　甲午
九・一　癸卯	十・一　癸酉	十一・一　壬寅	十二・一　壬申
九・十一　癸丑	十・十一　癸未	十一・十一　壬子	十二・十一　壬午
九・二十一　癸亥	十・二十一　癸巳	十一・二十一　壬戌	十二・二十一　壬辰

*《辑要》正月乙巳、二月乙亥、三月甲辰、四月甲戌、五月甲辰、六月癸酉、七月癸卯、八月壬申、九月壬寅、十月辛未、十一月辛丑、十二月庚午朔。

周宣王二十五年戊戌（前 803）

*一·一	壬寅	二·一	辛未	三·一	辛丑	四·一	庚午
一·十一	壬子	二·十一	辛巳	三·十一	辛亥	四·十一	庚辰
一·二十一	壬戌	二·二十一	辛卯	三·二十一	辛酉	四·二十一	庚寅
五·一	庚子	六·一	己巳	七·一	己亥	八·一	戊辰
五·十一	庚戌	六·十一	己卯	七·十一	己酉	八·十一	戊寅
五·二十一	庚申	六·二十一	己丑	七·二十一	己未	八·二十一	戊子
九·一	戊戌	十·一	丁卯	十一·一	丁酉	十二·一	丙寅
九·十一	戊申	十·十一	丁丑	十一·十一	丁未	十二·十一	丙子
九·二十一	戊午	十·二十一	丁亥	十一·二十一	丁巳	十二·二十一	丙戌

＊《辑要》正月庚子、二月己巳、三月己亥、四月戊辰、五月戊戌、六月丁卯、七月丁酉、八月丙寅、九月丙申、十月丙寅、十一月乙未、十二月乙丑朔。

周宣王二十六年己亥（前 802）

*一·一	丙申	二·一　乙丑　闰二·一	乙未	三·一	甲子	四·一	甲午
一·十一	丙午	二·十一　乙亥　闰二·十一	乙巳	三·十一	甲戌	四·十一	甲辰
一·二十一	丙辰	二·二十一乙酉　闰二·二十一	乙卯	三·二十一	甲申	四·二十一	甲寅
五·一	甲子	六·一	癸巳	七·一	癸亥	八·一	壬辰
五·十一	甲戌	六·十一	癸卯	七·十一	癸酉	八·十一	壬寅
五·二十一	甲申	六·二十一	癸丑	七·二十一	癸未	八·二十一	壬子
九·一	壬戌	十·一	辛卯	十一·一	辛酉	十二·一	庚寅
九·十一	壬申	十·十一	辛丑	十一·十一	辛未	十二·十一	庚子
九·二十一	壬午	十·二十一	辛亥	十一·二十一	辛巳	十二·二十一	庚戌

＊《辑要》正月甲午、二月甲子、三月癸巳、四月癸亥、五月壬辰、闰五月壬戌、六月辛卯、七月辛酉、八月庚寅、九月庚申、十月己丑、十一月己未、十二月己丑朔。

周宣王二十七年庚子（前 801）

*一·一	庚申	二·一	己丑	三·一	己未	四·一	戊子
一·十一	庚午	二·十一	己亥	三·十一	己巳	四·十一	戊戌
一·二十一	庚辰	二·二十一	己酉	三·二十	己卯	四·二十	戊申
五·一	戊午	六·一	丁亥	七·一	丁巳	八·一	丙戌
五·十一	戊辰	六·十一	丁酉	七·十一	丁卯	八·十一	丙申
五·二十一	戊寅	六·二十一	丁未	七·二十一	丁丑	八·二十一	丙午
九·一	丙辰	十·一	丙戌	十一·一	乙卯	十二·一	乙酉
九·十一	丙寅	十·十一	丙申	十一·十一	乙丑	十二·十一	乙未
九·二十一	丙子	十·二十一	丙午	十一·二十一	乙亥	十二·二十一	乙巳

＊《辑要》正月戊午、二月戊子、三月丁巳、四月丁亥、五月丙辰、六月丙戌、七月乙卯、八月乙酉、九月甲寅、十月甲申、十一月癸丑、十二月癸未朔。

周宣王二十八年辛丑（前 800）

*一·一	甲寅	二·一	甲申	三·一	癸丑	四·一	癸未
一·十一	甲子	二·十一	甲午	三·十一	癸亥	四·十一	癸巳
一·二十一	甲戌	二·二十一	甲辰	三·二十一	癸酉	四·二十一	癸卯
五·一	壬子	六·一	壬午	七·一	辛亥	八·一	辛巳
五·十一	壬戌	六·十一	壬辰	七·十一	辛酉	八·十一	辛卯
五·二十一	壬申	六·二十一	壬寅	七·二十一	辛未	八·二十一	辛丑
九·一	庚戌	十·一	庚辰	十一·一　己酉　闰十一·一	己卯	十二·一	己酉
九·十一	庚申	十·十一	庚寅	十一·十一　己未　闰十一·十一	己丑	十二·十一	己未
九·二十一	庚午	十·二十一	庚子	十一·二十一己巳　闰十一·二十一	己亥	十二·二十一	己巳

＊《辑要》正月壬子、二月壬午、三月辛亥、四月辛巳、五月辛亥、六月庚辰、七月庚戌、八月己卯、九月己酉、十月戊寅、十一月戊申、十二月丁丑朔。

周宣王二十九年壬寅（前 799）

*一·一	戊寅	二·一	戊申	三·一	丁丑	四·一	丁未
一·十一	戊子	二·十一	戊午	三·十一	丁亥	四·十一	丁巳
一·二十一	戊戌	二·二十一	戊辰	三·二十一	丁酉	四·二十一	丁卯
五·一	丙子	六·一	丙午	七·一	乙亥	八·一	乙巳
五·十一	丙戌	六·十一	丙辰	七·十一	乙酉	八·十一	乙卯
五·二十一	丙申	六·二十一	丙寅	七·二十一	乙未	八·二十一	乙丑
九·一	甲戌	十·一	甲辰	十一·一	癸酉	十二·一	癸卯
九·十一	甲申	十·十一	甲寅	十一·十一	癸未	十二·十一	癸丑
九·二十一	甲午	十·二十一	甲子	十一·二十一	癸巳	十二·二十一	癸亥

＊《辑要》正月丁未、二月丙子、闰二月丙午、三月乙亥、四月乙巳、五月甲戌、六月甲辰、七月癸酉、八月癸卯、九月癸酉、十月壬寅、十一月壬申、十二月辛丑朔。

周宣王三十年癸卯（前 798）

*一·一	癸酉	二·一	壬寅	三·一	壬申	四·一	辛丑
一·十一	癸未	二·十一	壬子	三·十一	壬午	四·十一	辛亥
一·二十一	癸巳	二·二十一	壬戌	三·二十一	壬辰	四·二十一	辛酉
五·一	辛未	六·一	庚子	七·一	庚午	八·一	己亥
五·十一	辛巳	六·十一	庚戌	七·十一	庚辰	八·十一	己酉
五·二十一	辛卯	六·二十一	庚申	七·二十一	庚寅	八·二十一	己未
九·一	己巳	十·一	戊戌	十一·一	戊辰	十二·一	丁酉
九·十一	己卯	十·十一	戊申	十一·十一	戊寅	十二·十一	丁未
九·二十一	己丑	十·二十一	戊午	十一·二十一	戊子	十二·二十一	丁巳

＊《辑要》正月辛未、二月庚子、三月庚午、四月己亥、五月己巳、六月戊戌、七月戊辰、八月丁酉、九月丁卯、十月丙申、十一月丙寅、十二月丙申朔。

周宣王三十一年甲辰（前 797）

*一·一	丁卯	二·一	丙申	三·一	丙寅	四·一	乙未
一·十一	丁丑	二·十一	丙午	三·十一	丙子	四·十一	乙巳
一·二十一	丁亥	二·二十一	丙辰	三·二十一	丙戌	四·二十一	乙卯
五·一	乙丑	六·一	甲午	七·一	甲子	八·一　甲午　闰八·一	癸亥
五·十一	乙亥	六·十一	甲辰	七·十一	甲戌	八·十一　甲辰　闰八·十一	癸酉
五·二十一	乙酉	六·二十一	甲寅	七·二十一	甲申	八·二十一甲寅　闰八·二十一	癸未
九·一	癸巳	十·一	壬戌	十一·一	壬辰	十二·一	辛酉
九·十一	癸卯	十·十一	壬申	十一·十一	壬寅	十二·十一	辛未
九·二十一	癸丑	十·二十一	壬午	十一·二十一	壬子	十二·二十一	辛巳

＊《辑要》正月乙丑、二月乙未、三月甲子、四月甲午、五月癸亥、六月癸巳、七月壬戌、八月壬辰、九月辛酉、十月辛卯、闰十月庚申、十一月庚寅、十二月己未朔。

周宣王三十二年乙巳（前 796）

*一·一	辛卯	二·一	庚申	三·一	庚寅	四·一	己未
一·十一	辛丑	二·十一	庚午	三·十一	庚子	四·十一	己巳
一·二十一	辛亥	二·二十一	庚辰	三·二十一	庚戌	四·二十一	己卯
五·一	己丑	六·一	戊午	七·一	戊子	八·一	丁巳
五·十一	己亥	六·十一	戊辰	七·十一	戊戌	八·十一	丁卯
五·二十一	己酉	六·二十一	戊寅	七·二十一	戊申	八·二十一	丁丑
九·一	丁亥	十·一	丙辰	十一·一	丙戌	十二·一	丙辰
九·十一	丁酉	十·十一	丙寅	十一·十一	丙申	十二·十一	丙寅
九·二十一	丁未	十·二十一	丙子	十一·二十一	丙午	十二·二十一	丙子

＊《辑要》正月己丑、二月戊午、三月戊子、四月戊午、五月丁亥、六月丁巳、七月丙戌、八月丙辰、九月乙酉、十月乙卯、十一月甲申、十二月甲寅朔。

周宣王三十三年丙午（前 795）

*一·一	乙酉	二·一	乙卯	三·一	甲申	四·一	甲寅
一·十一	乙未	二·十一	乙丑	三·十一	甲午	四·十一	甲子
一·二十一	乙巳	二·二十一	乙亥	三·二十一	甲辰	四·二十一	甲戌
五·一	癸未	六·一	癸丑	七·一	壬午	八·一	壬子
五·十一	癸巳	六·十一	癸亥	七·十一	壬辰	八·十一	壬戌
五·二十一	癸卯	六·二十一	癸酉	七·二十一	壬寅	八·二十一	壬申
九·一	辛巳	十·一	辛亥	十一·一	庚辰	十二·一	庚戌
九·十一	辛卯	十·十一	辛酉	十一·十一	庚寅	十二·十一	庚申
九·二十一	辛丑	十·二十一	辛未	十一·二十一	庚子	十二·二十一	庚午

＊《辑要》正月癸未、二月癸丑、三月壬午、四月壬子、五月辛巳、六月辛亥、七月辛巳、八月庚戌、九月庚辰、十月己酉、十一月己卯、十二月戊申朔。

周宣王三十四年丁未（前 794）

*一·一	己卯	二·一	己酉	三·一	戊寅	四·一 戊申 闰四·一	戊寅
一·十一	己丑	二·十一	己未	三·十一	戊子	四·十一 戊午 闰四·十一	戊子
一·二十一	己亥	二·二十一	己巳	三·二十一	戊戌	四·二十一戊辰 闰四·二十一	戊戌
五·一	丁未	六·一	丁丑	七·一	丙午	八·一	丙子
五·十一	丁巳	六·十一	丁亥	七·十一	丙辰	八·十一	丙戌
五·二十一	丁卯	六·二十一	丁酉	七·二十一	丙寅	八·二十一	丙申
九·一	乙巳	十·一	乙亥	十一·一	甲辰	十二·一	甲戌
九·十一	乙卯	十·十一	乙酉	十一·十一	甲寅	十二·十一	甲申
九·二十一	乙丑	十·二十一	乙未	十一·二十一	甲子	十二·二十一	甲午

＊《辑要》正月戊寅、二月丁未、三月丁丑、四月丙午、五月丙子、六月乙巳、闰六月乙亥、七月甲辰、八月甲戌、九月癸卯、十月癸酉、十一月癸卯、十二月壬申朔。

周宣王三十五年戊申（前 793）

*一·一	癸卯	二·一	癸酉	三·一	壬寅	四·一	壬申
一·十一	癸丑	二·十一	癸未	三·十一	壬子	四·十一	壬午
一·二十一	癸亥	二·二十一	癸巳	三·二十一	壬戌	四·二十一	壬辰
五·一	辛丑	六·一	辛未	七·一	辛丑	八·一	庚午
五·十一	辛亥	六·十一	辛巳	七·十一	辛亥	八·十一	庚辰
五·二十一	辛酉	六·二十一	辛卯	七·二十一	辛酉	八·二十一	庚寅
九·一	庚子	十·一	己巳	十一·一	己亥	十二·一	戊辰
九·十一	庚戌	十·十一	己卯	十一·十一	己酉	十二·十一	戊寅
九·二十一	庚申	十·二十一	己丑	十一·二十一	己未	十二·二十一	戊子

＊《辑要》正月壬寅、二月辛未、三月辛丑、四月庚午、五月庚子、六月己巳、七月己亥、八月戊辰、九月戊戌、十月丁卯、十一月丁酉、十二月丙寅朔。

周宣王三十六年己酉（前 792）

*一·一	戊戌	二·一	丁卯	三·一	丁酉	四·一	丙寅
一·十一	戊申	二·十一	丁丑	三·十一	丁未	四·十一	丙子
一·二十一	戊午	二·二十一	丁亥	三·二十一	丁巳	四·二十一	丙戌
五·一	丙申	六·一	乙丑	七·一	乙未	八·一	甲子
五·十一	丙午	六·十一	乙亥	七·十一	乙巳	八·十一	甲戌
五·二十一	丙辰	六·二十一	乙酉	七·二十一	乙卯	八·二十一	甲申
九·一	甲午	十·一	癸亥	十一·一	癸巳	十二·一 癸亥 闰十二·一	壬辰
九·十一	甲辰	十·十一	癸酉	十一·十一	癸卯	十二·十一 癸酉 闰十二·十一	壬寅
九·二十一	甲寅	十·二十一	癸未	十一·二十一	癸丑	十二·二十一癸未 闰十二·二十一	壬子

＊《辑要》正月丙申、二月乙丑、三月乙未、四月乙丑、五月甲午、六月甲子、七月癸巳、八月癸亥、九月壬辰、十月壬戌、十一月辛卯、十二月辛酉朔。

周宣王三十七年庚戌（前 791）

*一·一	壬戌	二·一	辛卯	三·一	辛酉	四·一	庚寅
一·十一	壬申	二·十一	辛丑	三·十一	辛未	四·十一	庚子
一·二十一	壬午	二·二十一	辛亥	三·二十一	辛巳	四·二十一	庚戌
五·一	庚申	六·一	己丑	七·一	己未	八·一	戊子
五·十一	庚午	六·十一	己亥	七·十一	己巳	八·十一	戊戌
五·二十一	庚辰	六·二十一	己酉	七·二十一	己卯	八·二十一	戊申
九·一	戊午	十·一	丁亥	十一·一	丁巳	十二·一	丙戌
九·十一	戊辰	十·十一	丁酉	十一·十一	丁卯	十二·十一	丙申
九·二十一	戊寅	十·二十一	丁未	十一·二十一	丁丑	十二·二十一	丙午

*《辑要》正月庚寅、二月庚申、三月己丑、闰三月己未、四月戊子、五月戊午、六月戊子、七月丁巳、八月丁亥、九月丙辰、十月丙戌、十一月乙卯、十二月乙酉朔。

周宣王三十八年辛亥（前 790）

*一·一	丙辰	二·一	丙戌	三·一	乙卯	四·一	乙酉
一·十一	丙寅	二·十一	丙申	三·十一	乙丑	四·十一	乙未
一·二十一	丙子	二·二十一	丙午	三·二十一	乙亥	四·二十一	乙巳
五·一	甲寅	六·一	甲申	七·一	癸丑	八·一	癸未
五·十一	甲子	六·十一	甲午	七·十一	癸亥	八·十一	癸巳
五·二十一	甲戌	六·二十一	甲辰	七·二十一	癸酉	八·二十一	癸卯
九·一	壬子	十·一	壬午	十一·一	辛亥	十二·一	辛巳
九·十一	壬戌	十·十一	壬辰	十一·十一	辛酉	十二·十一	辛卯
九·二十一	壬申	十·二十一	壬寅	十一·二十一	辛未	十二·二十一	辛丑

*《辑要》正月甲寅、二月甲申、三月癸丑、四月癸未、五月壬子、六月壬午、七月辛亥、八月辛巳、九月庚戌、十月己卯、十一月己酉、十二月己卯朔。

周宣王三十九年壬子（前 789）

*一·一	庚戌	二·一	庚辰	三·一	己酉	四·一	己卯
一·十一	庚申	二·十一	庚寅	三·十一	己未	四·十一	己丑
一·二十一	庚午	二·二十一	庚子	三·二十一	己巳	四·二十一	己亥
五·一	戊申	六·一	戊寅	七·一	戊申	八·一	丁丑
五·十一	戊午	六·十一	戊子	七·十一	戊午	八·十一	丁亥
五·二十一	戊辰	六·二十一	戊戌	七·二十一	戊辰	八·二十一	丁酉
九·一　丁未　闰九·一	丙子	十·一	丙午	十一·一	乙亥	十二·一	乙巳
九·十一　丁巳　闰九·十一	丙戌	十·十一	丙辰	十一·十一	乙酉	十二·十一	乙卯
九·二十一丁卯　闰九·二十一	丙申	十·二十一	丙寅	十一·二十一	乙未	十二·二十一	乙丑

*《辑要》正月己酉、二月戊寅、三月戊申、四月丁丑、五月丁未、六月丙子、七月丙午、八月乙亥、九月乙巳、十月甲戌、十一月甲辰、十二月癸酉、闰十二月癸卯朔。

周宣王四十年癸丑（前 788）

*一·一	甲戌	二·一	甲辰	三·一	癸酉	四·一	癸卯
一·十一	甲申	二·十一	甲寅	三·十一	癸未	四·十一	癸丑
一·二十一	甲午	二·二十一	甲子	三·二十一	癸巳	四·二十一	癸亥
五·一	壬申	六·一	壬寅	七·一	辛未	八·一	辛丑
五·十一	壬午	六·十一	壬子	七·十一	辛巳	八·十一	辛亥
五·二十一	壬辰	六·二十一	壬戌	七·二十一	辛卯	八·二十一	辛酉
九·一	庚午	十·一	庚子	十一·一	庚午	十二·一	己亥
九·十一	庚辰	十·十一	庚戌	十一·十一	庚辰	十二·十一	己酉
九·二十一	庚寅	十·二十一	庚申	十一·二十一	庚寅	十二·二十一	己未

*《辑要》正月癸酉、二月壬寅、三月壬申、四月辛丑、五月辛未、六月庚子、七月庚午、八月己亥、九月己巳、十月戊戌、十一月戊辰、十二月丁酉朔。

周宣王四十一年甲寅（前787）

*一·一 己巳	二·一 戊戌	三·一 戊辰	四·一 丁酉
一·十一 己卯	二·十一 戊申	三·十一 戊寅	四·十一 丁未
一·二十一 己丑	二·二十一 戊午	三·二十一 戊子	四·二十一 丁巳
五·一 丁卯	六·一 丙申	七·一 丙寅	八·一 乙未
五·十一 丁丑	六·十一 丙午	七·十一 丙子	八·十一 乙巳
五·二十一 丁亥	六·二十一 丙辰	七·二十一 丙戌	八·二十一 乙卯
九·一 乙丑	十·一 甲午	十一·一 甲子	十二·一 癸巳
九·十一 乙亥	十·十一 甲辰	十一·十一 甲戌	十二·十一 癸卯
九·二十一 乙酉	十·二十一 甲寅	十一·二十一 甲申	十二·二十一 癸丑

*《辑要》正月丁卯、二月丙申、三月丙寅、四月乙未、五月乙丑、六月乙未、七月甲子、八月甲午、九月癸亥、十月癸巳、十一月壬戌、十二月壬辰朔。

周宣王四十二年乙卯（前786）

*一·一 癸亥	二·一 癸巳	三·一 壬戌	四·一 壬辰
一·十一 癸酉	二·十一 癸卯	三·十一 壬申	四·十一 壬寅
一·二十一 癸未	二·二十一 癸丑	三·二十一 壬午	四·二十一 壬子
五·一 辛酉	六·一 辛卯	七·一 庚申	八·一 庚寅
五·十一 辛未	六·十一 辛丑	七·十一 庚午	八·十一 庚子
五·二十一 辛巳	六·二十一 辛亥	七·二十一 庚辰	八·二十一 庚戌
九·一 己未 闰九·一 己丑	十·一 戊午	十一·一 戊子	十二·一 丁巳
九·十一 己巳 闰九·十一 己亥	十·十一 戊辰	十一·十一 戊戌	十二·十一 丁卯
九·二十一己卯 闰九·二十一己酉	十·二十一 戊寅	十一·二十一 戊申	十二·二十一 丁丑

*《辑要》正月辛酉、二月辛卯、三月庚申、四月庚寅、五月己未、六月己丑、七月戊午、八月戊子、闰八月丁巳、九月丁亥、十月丁巳、十一月丙戌、十二月丙辰朔。

周宣王四十三年丙辰（前785）

*一·一 丁亥	二·一 丙辰	三·一 丙戌	四·一 乙卯
一·十一 丁酉	二·十一 丙寅	三·十一 丙申	四·十一 乙丑
一·二十一 丁未	二·二十一 丙子	三·二十一 丙午	四·二十一 乙亥
五·一 乙酉	六·一 乙卯	七·一 甲申	八·一 甲寅
五·十一 乙未	六·十一 乙丑	七·十一 甲午	八·十一 甲子
五·二十一 乙巳	六·二十一 乙亥	七·二十一 甲辰	八·二十一 甲戌
九·一 癸未	十·一 癸丑	十一·一 壬午	十二·一 壬子
九·十一 癸巳	十·十一 癸亥	十一·十一 壬辰	十二·十一 壬戌
九·二十一 癸卯	十·二十一 癸酉	十一·二十一 壬寅	十二·二十一 壬申

*《辑要》正月乙酉、二月乙卯、三月甲申、四月甲寅、五月癸未、六月癸丑、七月壬午、八月壬子、九月辛巳、十月辛亥、十一月庚辰、十二月庚戌朔。

周宣王四十四年丁巳（前784）

*一·一 辛巳	二·一 辛亥	三·一 庚辰	四·一 庚戌
一·十一 辛卯	二·十一 辛酉	三·十一 庚寅	四·十一 庚申
一·二十一 辛丑	二·二十一 辛未	三·二十一 庚子	四·二十一 庚午
五·一 己卯	六·一 己酉	七·一 戊寅	八·一 戊申
五·十一 己丑	六·十一 己未	七·十一 戊子	八·十一 戊午
五·二十一 己亥	六·二十一 己巳	七·二十一 戊戌	八·二十一 戊辰
九·一 戊寅	十·一 丁未	十一·一 丁丑	十二·一 丙午
九·十一 戊子	十·十一 丁巳	十一·十一 丁亥	十二·十一 丙辰
九·二十一 戊戌	十·二十一 丁卯	十一·二十一 丁酉	十二·二十一 丙寅

*《辑要》正月庚辰、二月己酉、三月己卯、四月戊申、五月戊寅、六月丁未、七月丁丑、八月丙午、九月丙子、十月乙巳、十一月乙亥、十二月甲辰朔。

周宣王四十五年戊午(前 783)

*一·一 丙子	二·一 乙巳 闰二·一 乙亥	三·一 甲辰	四·一 甲戌
一·十一 丙戌	二·十一 乙卯 闰二·十一 乙酉	三·十一 甲寅	四·十一 甲申
一·二十一 丙申	二·二十一乙丑 闰二·二十一乙未	三·二十一 甲子	四·二十一 甲午
五·一 癸卯	六·一 癸酉	七·一 壬寅	八·一 壬申
五·十一 癸丑	六·十一 癸未	七·十一 壬子	八·十一 壬午
五·二十一 癸亥	六·二十一 癸巳	七·二十一 壬戌	八·二十一 壬辰
九·一 辛丑	十·一 辛未	十一·一 庚子	十二·一 庚午
九·十一 辛亥	十·十一 辛巳	十一·十一 庚戌	十二·十一 庚辰
九·二十一 辛酉	十·二十一 辛卯	十一·二十一 庚申	十二·二十一 庚寅

＊《辑要》正月甲戌、二月癸卯、三月癸酉、四月壬寅、五月壬申、闰王月壬寅、六月辛未、七月辛丑、八月庚午、九月庚子、十月己巳、十一月己亥、十二月戊辰朔。

周宣王四十六年己未(前 782)

*一·一 己亥	二·一 己巳	三·一 戊戌	四·一 戊辰
一·十一 己酉	二·十一 己卯	三·十一 戊申	四·十一 戊寅
一·二十一 己未	二·二十一 己丑	三·二十一 戊午	四·二十一 戊子
五·一 丁酉	六·一 丁卯	七·一 丙申	八·一 丙寅
五·十一 丁未	六·十一 丁丑	七·十一 丙午	八·十一 丙子
五·二十一 丁巳	六·二十一 丁亥	七·二十一 丙辰	八·二十一 丙戌
九·一 乙未	十·一 乙丑	十一·一 甲午	十二·一 甲子
九·十一 乙巳	十·十一 乙亥	十一·十一 甲辰	十二·十一 甲戌
九·二十一 乙卯	十·二十一 乙酉	十一·二十一 甲寅	十二·二十一 甲申

＊《辑要》正月戊戌、二月丁卯、三月丁酉、四月丙寅、五月丙申、六月乙丑、七月乙未、八月甲子、九月甲午、十月甲子、十一月癸巳、十二月癸亥朔。

周幽王元年庚申(前 781)

*一·一 癸巳	二·一 癸亥	三·一 壬辰	四·一 壬戌
一·十一 癸卯	二·十一 癸酉	三·十一 壬寅	四·十一 壬申
一·二十一 癸丑	二·二十一 癸未	三·二十一 壬子	四·二十一 壬午
五·一 辛卯	六·一 辛酉	七·一 庚寅	八·一 庚申
五·十一 辛丑	六·十一 辛未	七·十一 庚子	八·十一 庚午
五·二十一 辛亥	六·二十一 辛巳	七·二十一 庚戌	八·二十一 庚辰
九·一 己丑	十·一 己未	**十一·一 戊子	十二·一 戊午
九·十一 己亥	十·十一 己巳	十一·十一 戊戌	十二·十一 戊辰
九·二十一 己酉	十·二十一 己卯	十一·二十一 戊申	十二·二十一 戊寅

＊《辑要》正月壬辰、二月壬戌、三月辛卯、四月辛酉、五月庚寅、六月庚申、七月己丑、八月己未、九月戊子、十月戊午、十一月丁亥、十二月丁巳朔。　**《总谱》十一月戊午、十二月戊子朔,误。

周幽王二年辛酉(前 780)

*一·一 丁亥 闰一·一 丁巳	二·一 丁亥	三·一 丙辰	四·一 丙戌
一·十一 丁酉 闰一·十一 丁卯	二·十一 丁酉	三·十一 丙寅	四·十一 丙申
一·二十一丁未 闰一·二十一丁丑	二·二十一 丁未	三·二十一 丙子	四·二十一 丙午
五·一 乙卯	六·一 乙酉	七·一 乙卯	八·一 甲申
五·十一 乙丑	六·十一 乙未	七·十一 乙丑	八·十一 甲午
五·二十一 乙亥	六·二十一 乙巳	七·二十一 乙亥	八·二十一 甲辰
九·一 甲寅	十·一 癸未	十一·一 癸丑	十二·一 壬午
九·十一 甲子	十·十一 癸巳	十一·十一 癸亥	十二·十一 壬辰
九·二十一 甲戌	十·二十一 癸卯	十一·二十一 癸酉	十二·二十一 壬寅

＊《辑要》正月丁亥、二月丙辰、闰二月丙戌、三月乙卯、四月乙酉、五月甲寅、六月甲申、七月癸丑、八月癸未、九月壬子、十月壬午朔。又十二月辛亥朔,误,应为十一月辛亥、十二月辛巳朔。

周幽王三年壬戌(前 779)

*一·一	壬子	二·一	辛巳	三·一	辛亥	四·一	辛巳
一·十一	壬戌	二·十一	辛卯	三·十一	辛酉	四·十一	辛卯
一·二十一	壬申	二·二十一	辛丑	三·二十一	辛未	四·二十一	辛丑
五·一	庚戌	六·一	庚辰	七·一	己酉	八·一	己卯
五·十一	庚申	六·十一	庚寅	七·十一	己未	八·十一	己丑
五·二十一	庚午	六·二十一	庚子	七·二十一	己巳	八·二十一	己亥
九·一	戊申	十·一	戊寅	十一·一	丁未	十二·一	丁丑
九·十一	戊午	十·十一	戊子	十一·十一	丁巳	十二·十一	丁亥
九·二十一	戊辰	十·二十一	戊戌	十一·二十一	丁卯	十二·二十一	丁酉

*《辑要》正月庚戌、二月庚辰、三月己酉、四月己卯、五月己酉、六月戊寅、七月戊申、八月丁丑、九月丁未、十月丙子、十一月丙午、十二月乙亥朔。

周幽王四年癸亥(前 778)

*一·一	丁未	二·一	丙子	三·一	丙午	四·一	乙亥
一·十一	丁巳	二·十一	丙戌	三·十一	丙辰	四·十一	乙酉
一·二十一	丁卯	二·二十一	丙申	三·二十一	丙寅	四·二十一	乙未
五·一	乙巳	六·一	甲戌	七·一　甲辰　闰七·一	癸酉	八·一	癸卯
五·十一	乙卯	六·十一	甲申	七·十一　甲寅　闰七·十一	癸未	八·十一	癸丑
五·二十一	乙丑	六·二十一	甲午	七·二十一甲子　闰七·二十一	癸巳	八·二十一	癸亥
九·一	壬申	十·一	壬寅	十一·一	辛未	十二·一	辛丑
九·十一	壬午	十·十一	壬子	十一·十一	辛巳	十二·十一	辛亥
九·二十一	壬辰	十·二十一	壬戌	十一·二十一	辛卯	十二·二十一	辛酉

*《辑要》正月乙巳、二月甲戌、三月甲辰、四月癸酉、五月癸卯、六月壬申、七月壬寅、八月壬申、九月辛丑、十月辛未、十一月庚子、闰十一月庚午、十二月己亥朔。

周幽王五年甲子(前 777)

*一·一	庚午	二·一	庚子	三·一	庚午	四·一	己亥
一·十一	庚辰	二·十一	庚戌	三·十一	庚辰	四·十一	己酉
一·二十一	庚寅	二·二十一	庚申	三·二十一	庚寅	四·二十一	己未
五·一	己巳	六·一	戊戌	七·一	戊辰	八·一	丁酉
五·十一	己卯	六·十一	戊申	七·十一	戊寅	八·十一	丁未
五·二十一	己丑	六·二十一	戊午	七·二十一	戊子	八·二十一	丁巳
九·一	丁卯	十·一	丙申	十一·一	丙寅	十二·一	乙未
九·十一	丁丑	十·十一	丙午	十一·十一	丙子	十二·十一	乙巳
九·二十一	丁亥	十·二十一	丙辰	十一·二十一	丙戌	十二·二十一	乙卯

*《辑要》正月己巳、二月戊戌、三月戊辰、四月丁酉、五月丁卯、六月丙申、七月丙寅、八月乙未、九月乙丑、十月甲午、十一月甲子、十二月甲午朔。

周幽王六年乙丑(前 776)

*一·一	乙丑	二·一	甲午	三·一	甲子	四·一	癸巳
一·十一	乙亥	二·十一	甲辰	三·十一	甲戌	四·十一	癸卯
一·二十一	乙酉	二·二十一	甲寅	三·二十一	甲申	四·二十一	癸丑
五·一	癸亥	六·一	壬辰	七·一	壬戌	八·一	壬辰
五·十一	癸酉	六·十一	壬寅	七·十一	壬申	八·十一	壬寅
五·二十一	癸未	六·二十一	壬子	七·二十一	壬午	八·二十一	壬子
九·一	辛酉	十·一	辛卯	十一·一	庚申	十二·一	庚寅
九·十一	辛未	十·十一	辛丑	十一·十一	庚午	十二·十一	庚子
九·二十一	辛巳	十·二十一	辛亥	十一·二十一	庚辰	十二·二十一	庚戌

*《辑要》正月癸亥、二月癸巳、三月壬戌、四月壬辰、五月辛酉、六月辛卯、七月庚申、八月庚寅、九月己未、十月己丑、十一月戊午、十二月戊子朔。

周幽王七年丙寅（前 775）

*一・一　己未	二・一　己丑	三・一　戊午	四・一　戊子　闰四・一　丁巳
一・十一　己巳	二・十一　己亥	三・十一　戊辰	四・十一　戊戌　闰四・十一　丁卯
一・二十一　己卯	二・二十一　己酉	三・二十一　戊寅	四・二十一戊申　闰四・二十一丁丑
五・一　丁亥	六・一　丙辰	七・一　丙戌	八・一　乙卯
五・十一　丁酉	六・十一　丙寅	七・十一　丙申	八・十一　乙丑
五・二十一　丁未	六・二十一　丙子	七・二十一　丙午	八・二十一　乙亥
九・一　乙酉	十・一　甲寅	十一・一　甲申	十二・一　甲寅
九・十一　乙未	十・十一　甲子	十一・十一　甲午	十二・十一　甲子
九・二十一　乙巳	十・二十一　甲戌	十一・二十一　甲辰	十二・二十一　甲戌

＊《辑要》正月丁巳、二月丁亥、三月丙辰、四月丙戌、五月丙辰、六月乙酉、七月乙卯、闰七月甲申、八月甲寅、九月癸未、十月癸丑、十一月壬午、十二月壬子朔。

周幽王八年丁卯（前 774）

*一・一　癸未	二・一　癸丑	三・一　壬午	四・一　壬子
一・十一　癸巳	二・十一　癸亥	三・十一　壬辰	四・十一　壬戌
一・二十一　癸卯	二・二十一　癸酉	三・二十一　壬寅	四・二十一　壬申
五・一　辛巳	六・一　辛亥	七・一　庚辰	八・一　庚戌
五・十一　辛卯	六・十一　辛酉	七・十一　庚寅	八・十一　庚申
五・二十一　辛丑	六・二十一　辛未	七・二十一　庚子	八・二十一　庚午
九・一　己卯	十・一　己酉	十一・一　戊寅	十二・一　戊申
九・十一　己丑	十・十一　己未	十一・十一　戊子	十二・十一　戊午
九・二十一　己亥	十・二十一　己巳	十一・二十一　戊戌	十二・二十一　戊辰

＊《辑要》正月辛巳、二月辛亥、三月庚辰、四月庚戌、五月己卯、六月己酉、七月己卯、八月戊申、九月戊寅、十月丁未、十一月丁丑、十二月丙午朔。

周幽王九年戊辰（前 773）

*一・一　丁丑	二・一　丁未	三・一　丁丑	四・一　丙午
一・十一　丁亥	二・十一　丁巳	三・十一　丁亥	四・十一　丙辰
一・二十一　丁酉	二・二十一　丁卯	三・二十一　丁酉	四・二十一　丙寅
五・一　丙子	六・一　乙巳	七・一　乙亥	八・一　甲辰
五・十一　丙戌	六・十一　乙卯	七・十一　乙酉	八・十一　甲寅
五・二十一　丙申	六・二十一　乙丑	七・二十一　乙未	八・二十一　甲子
九・一　甲戌	十・一　癸卯	十一・一　癸酉	十二・一　壬寅　闰十二・一　壬申
九・十一　甲申	十・十一　癸丑	十一・十一　癸未	十二・十一　壬子　闰十二・十一　壬午
九・二十一　甲午	十・二十一　癸亥	十一・二十一　癸巳	十二・二十一壬戌　闰十二・二十一壬辰

＊《辑要》正月丙子、二月乙巳、三月乙亥、四月甲辰、五月甲戌、六月癸卯、七月癸酉、八月壬寅、九月壬申、十月辛丑、十一月辛未、十二月辛丑朔。

周幽王十年己巳（前 772）

*一・一　辛丑	二・一　辛未	三・一　庚子	四・一　庚午
一・十一　辛亥	二・十一　辛巳	三・十一　庚戌	四・十一　庚辰
一・二十一　辛酉	二・二十一　辛卯	三・二十一　庚申	四・二十一　庚寅
五・一　己亥	六・一　己巳	七・一　戊戌	八・一　戊辰
五・十一　己酉	六・十一　己卯	七・十一　戊申	八・十一　戊寅
五・二十一　己未	六・二十一　己丑	七・二十一　戊午	八・二十一　戊子
九・一　戊戌	十・一　丁卯	十一・一　丁酉	十二・一　丙寅
九・十一　戊申	十・十一　丁丑	十一・十一　丁未	十二・十一　丙子
九・二十一　戊午	十・二十一　丁亥	十一・二十一　丁巳	十二・二十一　丙戌

＊《辑要》正月庚午、二月庚子、三月己巳、闰三月己亥、四月戊辰、五月戊戌、六月丁卯、七月丁酉、八月丙寅、九月丙申、十月乙丑、十一月乙未、十二月甲子朔。

周幽王十一年庚午(前771)

*一·一 丙申	二·一 乙丑	三·一 乙未	四·一 甲子
一·十一 丙午	二·十一 乙亥	三·十一 乙巳	四·十一 甲戌
一·二十一 丙辰	二·二十一 乙酉	三·二十一 乙卯	四·二十一 甲申
五·一 甲午	六·一 癸亥	七·一 癸巳	八·一 壬戌
五·十一 甲辰	六·十一 癸酉	七·十一 癸卯	八·十一 壬申
五·二十一 甲寅	六·二十一 癸未	七·二十一 癸丑	八·二十一 壬午
九·一 壬辰	十·一 壬戌	十一·一 辛卯	十二·一 辛酉
九·十一 壬寅	十·十一 壬申	十一·十一 辛丑	十二·十一 辛未
九·二十一 壬子	十·二十一 壬午	十一·二十一 辛亥	十二·二十一 辛巳

*《辑要》正月甲午、二月甲子、三月癸巳、四月癸亥、五月壬辰、六月壬戌、七月辛卯、八月辛酉、九月庚寅、十月庚申、十一月己丑、十二月己未朔。

春秋历日表

周平王元年辛未(前770)

*一·一 庚寅	二·一 庚申	三·一 己丑	四·一 己未
一·十一 庚子	二·十一 庚午	三·十一 己亥	四·十一 己巳
一·二十一 庚戌	二·二十一 庚辰	三·二十一 己酉	四·二十一 己卯
五·一 戊子	六·一 戊午	七·一 丁亥	八·一 丁巳 闰八·一 丙戌
五·十一 戊戌	六·十一 戊辰	七·十一 丁酉	八·十一 丁卯 闰八·十一 丙申
五·二十一 戊申	六·二十一 戊寅	七·二十一 丁未	八·二十一丁丑 闰八·二十一丙午
九·一 丙辰	十·一 乙酉	十一·一 乙卯	十二·一 甲申
九·十一 丙寅	十·十一 乙未	十一·十一 乙丑	十二·十一 甲午
九·二十一 丙子	十·二十一 乙巳	十一·二十一 乙亥	十二·二十一 甲辰

* 此据《总谱》,下同。《辑要》正月戊子、二月戊午、三月丁亥、四月丁巳、五月丙戌、六月丙辰、七月丙戌、八月乙卯、九月乙酉、十月甲寅、十一月甲申、十二月癸丑、闰十二月癸未朔。

周平王二年壬申(前769)

*一·一 甲寅	二·一 甲申	三·一 癸丑	四·一 癸未
一·十一 甲子	二·十一 甲午	三·十一 癸亥	四·十一 癸巳
一·二十一 甲戌	二·二十一 甲辰	三·二十一 癸酉	四·二十一 癸卯
五·一 壬子	六·一 壬午	七·一 辛亥	八·一 辛巳
五·十一 壬戌	六·十一 壬辰	七·十一 辛酉	八·十一 辛卯
五·二十一 壬申	六·二十一 壬寅	七·二十一 辛未	八·二十一 辛丑
九·一 庚戌	十·一 庚辰	十一·一 己酉	十二·一 己卯
九·十一 庚申	十·十一 庚寅	十一·十一 己未	十二·十一 己丑
九·二十一 庚午	十·二十一 庚子	十一·二十一 己巳	十二·二十一 己亥

*《辑要》正月壬子、二月壬午、三月辛亥、四月辛巳、五月庚戌、六月庚辰、七月己酉、八月己卯、九月戊申、十月戊寅、十一月戊申、十二月丁丑朔。

周平王三年癸酉(前768)

*一·一 戊申	二·一 戊寅	三·一 丁未	四·一 丁丑
一·十一 戊午	二·十一 戊子	三·十一 丁巳	四·十一 丁亥
一·二十一 戊辰	二·二十一 戊戌	三·二十一 丁卯	四·二十一 丁酉
五·一 丙午	六·一 丙子	七·一 丙午	八·一 乙亥
五·十一 丙辰	六·十一 丙戌	七·十一 丙辰	八·十一 乙酉
五·二十一 丙寅	六·二十一 丙申	七·二十一 丙寅	八·二十一 乙未
九·一 乙巳	十·一 甲戌	十一·一 甲辰	十二·一 癸酉
九·十一 乙卯	十·十一 甲申	十一·十一 甲寅	十二·十一 癸未
九·二十一 乙丑	十·二十一 甲午	十一·二十一 甲子	十二·二十一 癸巳

*《辑要》正月丁未、二月丙子、三月丙午、四月乙亥、五月乙巳、六月甲戌、七月甲辰、八月癸酉、九月癸卯、十月壬申、十一月壬寅、十二月辛未朔。

周平王四年甲戌（前 767）

*一・一 癸卯	二・一 壬申	三・一 壬寅	四・一 辛未
一・十一 癸丑	二・十一 壬午	三・十一 壬子	四・十一 辛巳
一・二十一 癸亥	二・二十一 壬辰	三・二十一 壬戌	四・二十一 辛卯
五・一 辛丑	六・一 庚午 闰六・一 庚子	七・一 己巳	八・一 己亥
五・十一 辛亥	六・十一 庚辰 闰六・十一 庚戌	七・十一 己卯	八・十一 己酉
五・二十一 辛酉	六・二十一庚寅 闰六・二十一庚申	七・二十一 己丑	八・二十一 己未
九・一 己巳	十・一 戊戌	十一・一 戊辰	十二・一 丁酉
九・十一 己卯	十・十一 戊申	十一・十一 戊寅	十二・十一 丁未
九・二十一 己丑	十・二十一 戊午	十一・二十一 戊子	十二・二十一 丁巳

＊《辑要》正月辛丑、二月辛未、三月庚子、四月庚午、五月己亥、六月己巳、七月戊戌、八月戊辰、九月丁酉、闰九月丁卯、十月丙申、十一月丙寅、十二月乙未朔。

周平王五年乙亥（前 766）

*一・一 丁卯	二・一 丙申	三・一 丙寅	四・一 乙未
一・十一 丁丑	二・十一 丙午	三・十一 丙子	四・十一 乙巳
一・二十一 丁亥	二・二十一 丙辰	三・二十一 丙戌	四・二十一 乙卯
五・一 乙丑	六・一 甲午	七・一 甲子	八・一 癸巳
五・十一 乙亥	六・十一 甲辰	七・十一 甲戌	八・十一 癸卯
五・二十一 乙酉	六・二十一 甲寅	七・二十一 甲申	八・二十一 癸丑
九・一 癸亥	十・一 壬辰	十一・一 壬戌	十二・一 辛卯
九・十一 癸酉	十・十一 壬寅	十一・十一 壬申	十二・十一 辛丑
九・二十一 癸未	十・二十一 壬子	十一・二十一 壬午	十二・二十一 辛亥

＊《辑要》正月乙丑、二月甲午、三月甲子、四月癸巳、五月癸亥、六月癸巳、七月壬戌、八月壬辰、九月辛酉、十月辛卯、十一月庚申、十二月庚寅朔。

周平王六年丙子（前 765）

*一・一 辛酉	二・一 辛卯	三・一 庚申	四・一 庚寅
一・十一 辛未	二・十一 辛丑	三・十一 庚午	四・十一 庚子
一・二十一 辛巳	二・二十一 辛亥	三・二十一 庚辰	四・二十一 庚戌
五・一 己未	六・一 己丑	七・一 戊午	八・一 戊子
五・十一 己巳	六・十一 己亥	七・十一 戊辰	八・十一 戊戌
五・二十一 己卯	六・二十一 己酉	七・二十一 戊寅	八・二十一 戊申
九・一 丁巳	十・一 丁亥	十一・一 丙辰	十二・一 丙戌
九・十一 丁卯	十・十一 丁酉	十一・十一 丙寅	十二・十一 丙申
九・二十一 丁丑	十・二十一 丁未	十一・二十一 丙子	十二・二十一 丙午

＊《辑要》正月己未、二月己丑、三月戊午、四月戊子、五月丁巳、六月丁亥、七月丙辰、八月丙戌、九月丙辰、十月乙酉、十一月乙卯、十二月甲申朔。

周平王七年丁丑（前 764）

*一・一 乙卯	二・一 乙酉 闰二・一 甲寅	三・一 甲申	四・一 甲寅
一・十一 乙丑	二・十一 乙未 闰二・十一 甲子	三・十一 甲午	四・十一 甲子
一・二十一 乙亥	二・二十一乙巳 闰二・二十一甲戌	三・二十一 甲辰	四・二十一 甲戌
五・一 癸未	六・一 癸丑	七・一 壬午	八・一 壬子
五・十一 癸巳	六・十一 癸亥	七・十一 壬辰	八・十一 壬戌
五・二十一 癸卯	六・二十一 癸酉	七・二十一 壬寅	八・二十一 壬申
九・一 辛巳	十・一 辛亥	十一・一 庚辰	十二・一 庚戌
九・十一 辛卯	十・十一 辛酉	十一・十一 庚寅	十二・十一 庚申
九・二十一 辛丑	十・二十一 辛未	十一・二十一 庚子	十二・二十一 庚午

＊《辑要》正月甲寅、二月癸未、三月癸丑、四月壬午、五月壬子、闰五月辛巳、六月辛亥、七月庚辰、八月庚戌、九月己卯、十月己酉、十一月戊寅、十二月戊申朔。

周平王八年戊寅(前 763)

*一·一	己卯	二·一	己酉	三·一	戊寅	四·一	戊申
一·十一	己丑	二·十一	己未	三·十一	戊子	四·十一	戊午
一·二十一	己亥	二·二十一	己巳	三·二十一	戊戌	四·二十一	戊辰
五·一	丁丑	六·一	丁未	七·一	丙子	八·一	丙午
五·十一	丁亥	六·十一	丁巳	七·十一	丙戌	八·十一	丙辰
五·二十一	丁酉	六·二十一	丁卯	七·二十一	丙申	八·二十一	丙寅
九·一	丙子	十·一	乙巳	十一·一	乙亥	十二·一	甲辰
九·十一	丙戌	十·十一	乙卯	十一·十一	乙酉	十二·十一	甲寅
九·二十一	丙申	十·二十一	乙丑	十一·二十一	乙未	十二·二十一	甲子

*《辑要》正月戊寅、二月丁未、三月丁丑、四月丙午、五月丙子、六月乙巳、七月乙亥、八月甲辰、九月甲戌、十月癸卯、十一月癸酉、十二月壬寅朔。

周平王九年己卯(前 762)

*一·一	甲戌	二·一	癸卯	三·一	癸酉	四·一	壬寅
一·十一	甲申	二·十一	癸丑	三·十一	癸未	四·十一	壬子
一·二十一	甲午	二·二十一	癸亥	三·二十一	癸巳	四·二十一	壬戌
五·一	壬申	六·一	辛丑	七·一	辛未	八·一	庚子
五·十一	壬午	六·十一	辛亥	七·十一	辛巳	八·十一	庚戌
五·二十一	壬辰	六·二十一	辛酉	七·二十一	辛卯	八·二十一	庚申
九·一	庚午	十·一	己亥	十一·一	己巳	十二·一　戊戌　闰十二·一	戊辰
九·十一	庚辰	十·十一	己酉	十一·十一	己卯	十二·十一　戊申　闰十二·十一	戊寅
九·二十一	庚寅	十·二十一	己未	十一·二十一	己丑	十二·二十一戊午　闰十二·二十一	戊子

*《辑要》正月壬申、二月辛丑、三月辛未、四月庚子、五月庚午、六月庚子、七月己巳、八月己亥、九月戊辰、十月戊戌、十一月丁卯、十二月丁酉朔。

周平王十年庚辰(前 761)

*一·一	戊戌	二·一	丁卯	三·一	丁酉	四·一	丙寅
一·十一	戊申	二·十一	丁丑	三·十一	丁未	四·十一	丙子
一·二十一	戊午	二·二十一	丁亥	三·二十一	丁巳	四·二十一	丙戌
五·一	丙申	六·一	乙丑	七·一	乙未	八·一	甲子
五·十一	丙午	六·十一	乙亥	七·十一	乙巳	八·十一	甲戌
五·二十一	丙辰	六·二十一	乙酉	七·二十一	乙卯	八·二十一	甲申
九·一	甲午	十·一	癸亥	十一·一	癸巳	十二·一	壬戌
九·十一	甲辰	十·十一	癸酉	十一·十一	癸卯	十二·十一	壬申
九·二十一	甲寅	十·二十一	癸未	十一·二十一	癸丑	十二·二十一	壬午

*《辑要》正月丙寅、闰正月丙申、二月乙丑、三月乙未、四月甲子、五月甲午、六月癸亥、七月癸巳、八月癸亥、九月壬辰、十月壬戌、十一月辛卯、十二月辛酉朔。

周平王十一年辛巳(前 760)

*一·一	壬辰	二·一	辛酉	三·一	辛卯	四·一	辛酉
一·十一	壬寅	二·十一	辛未	三·十一	辛丑	四·十一	辛未
一·二十一	壬子	二·二十一	辛巳	三·二十一	辛亥	四·二十一	辛巳
五·一	庚寅	六·一	庚申	七·一	己丑	八·一	己未
五·十一	庚子	六·十一	庚午	七·十一	己亥	八·十一	己巳
五·二十一	庚戌	六·二十一	庚辰	七·二十一	己酉	八·二十一	己卯
九·一	戊子	十·一	戊午	十一·一	丁亥	十二·一	丁巳
九·十一	戊戌	十·十一	戊辰	十一·十一	丁酉	十二·十一	丁卯
九·二十一	戊申	十·二十一	戊寅	十一·二十一	丁未	十二·二十一	丁丑

*《辑要》正月庚寅、二月庚申、三月己丑、四月己未、五月戊子、六月戊午、七月丁亥、八月丁巳、九月丙戌、十月丙辰、十一月乙酉、十二月乙卯朔。

周平王十二年壬午(前 759)

*一・一 丁亥	二・一 丙辰	三・一 丙戌	四・一 乙卯
一・十一 丁酉	二・十一 丙寅	三・十一 丙申	四・十一 乙丑
一・二十一 丁未	二・二十一 丙子	三・二十一 丙午	四・二十一 乙亥
五・一 乙酉	六・一 甲寅	七・一 甲申 闰七・一 癸丑	八・一 癸未
五・十一 乙未	六・十一 甲子	七・十一 甲午 闰七・十一 癸亥	八・十一 癸巳
五・二十一 乙巳	六・二十一 甲戌	七・二十一甲辰 闰七・二十一癸酉	八・二十一 癸卯
九・一 壬子	十・一 壬午	十一・一 辛亥	十二・一 辛巳
九・十一 壬戌	十・十一 壬辰	十一・十一 辛酉	十二・十一 辛卯
九・二十一 壬申	十・二十一 壬寅	十一・二十一 辛未	十二・二十一 辛丑

*《辑要》正月乙酉、二月甲寅、三月甲申、四月癸丑、五月癸未、六月壬子、七月壬午、八月辛亥、九月辛巳、十月庚戌、闰十月庚辰、十一月己酉、十二月己卯朔。

周平王十三年癸未(前 758)

*一・一 庚戌	二・一 庚辰	三・一 己酉	四・一 己卯
一・十一 庚申	二・十一 庚寅	三・十一 己未	四・十一 己丑
一・二十一 庚午	二・二十一 庚子	三・二十一 己巳	四・二十一 己亥
五・一 戊申	六・一 戊寅	七・一 丁未	八・一 丁丑
五・十一 戊午	六・十一 戊子	七・十一 丁巳	八・十一 丁亥
五・二十一 戊辰	六・二十一 戊戌	七・二十一 丁卯	八・二十一 丁酉
九・一 丙午	十・一 丙子	十一・一 丙午	十二・一 乙亥
九・十一 丙辰	十・十一 丙戌	十一・十一 丙辰	十二・十一 乙酉
九・二十一 丙寅	十・二十一 丙申	十一・二十一 丙寅	十二・二十一 乙未

*《辑要》正月戊申、二月戊寅、三月戊申、四月丁丑、五月丁未、六月丙子、七月丙午、八月乙亥、九月乙巳、十月甲戌、十一月甲辰、十二月癸酉朔。

周平王十四年甲申(前 757)

*一・一 乙巳	二・一 甲戌	三・一 甲辰	四・一 癸酉
一・十一 乙卯	二・十一 甲申	三・十一 甲寅	四・十一 癸未
一・二十一 乙丑	二・二十一 甲午	三・二十一 甲子	四・二十一 癸巳
五・一 癸卯	六・一 壬申	七・一 壬寅	八・一 辛未
五・十一 癸丑	六・十一 壬午	七・十一 壬子	八・十一 辛巳
五・二十一 癸亥	六・二十一 壬辰	七・二十一 壬戌	八・二十一 辛卯
九・一 辛丑	十・一 庚午	十一・一 庚子	十二・一 己巳
九・十一 辛亥	十・十一 庚辰	十一・十一 庚戌	十二・十一 己卯
九・二十一 辛酉	十・二十一 庚寅	十一・二十一 庚申	十二・二十一 己丑

*《辑要》正月癸卯、二月壬申、三月壬寅、四月辛未、五月辛丑、六月庚午、七月庚子、八月庚午、九月己亥、十月己巳、十一月戊戌、十二月戊辰朔。

周平王十五年乙酉(前 756)

*一・一 己亥	二・一 戊辰	三・一 戊戌 闰三・一 戊辰	四・一 丁酉
一・十一 己酉	二・十一 戊寅	三・十一 戊申 闰三・十一 戊寅	四・十一 丁未
一・二十一 己未	二・二十一 戊子	三・二十一戊午 闰三・二十一戊子	四・二十一 丁巳
五・一 丁卯	六・一 丙申	七・一 丙寅	八・一 乙未
五・十一 丁丑	六・十一 丙午	七・十一 丙子	八・十一 乙巳
五・二十一 丁亥	六・二十一 丙辰	七・二十一 丙戌	八・二十一 乙卯
九・一 乙丑	十・一 甲午	十一・一 甲子	十二・一 癸巳
九・十一 乙亥	十・十一 甲辰	十一・十一 甲戌	十二・十一 癸卯
九・二十一 乙酉	十・二十一 甲寅	十一・二十一 甲申	十二・二十一 癸丑

*《辑要》正月丁酉、二月丁卯、三月丙申、四月丙寅、五月乙未、六月乙丑、七月甲午、闰七月甲子、八月癸巳、九月癸亥、十月壬辰、十一月壬戌、十二月壬辰朔。

周平王十六年丙戌（前 755）

*一·一 癸亥	二·一 壬辰	三·一 壬戌	四·一 辛卯
一·十一 癸酉	二·十一 壬寅	三·十一 壬申	四·十一 辛丑
一·二十一 癸未	二·二十一 壬子	三·二十一 壬午	四·二十一 辛亥
五·一 辛酉	六·一 庚寅	七·一 庚申	八·一 庚寅
五·十一 辛未	六·十一 庚子	七·十一 庚午	八·十一 庚子
五·二十一 辛巳	六·二十一 庚戌	七·二十一 庚辰	八·二十一 庚戌
九·一 己未	十·一 己丑	十一·一 戊午	十二·一 戊子
九·十一 己巳	十·十一 己亥	十一·十一 戊辰	十二·十一 戊戌
九·二十一 己卯	十·二十一 己酉	十一·二十一 戊寅	十二·二十一 戊申

*《辑要》正月辛酉、二月辛卯、三月庚申、四月庚寅、五月己未、六月己丑、七月戊午、八月戊子、九月丁巳、十月丁亥、十一月丙辰、十二月丙戌朔。

周平王十七年丁亥（前 754）

*一·一 丁巳	二·一 丁亥	三·一 丙辰	四·一 丙戌
一·十一 丁卯	二·十一 丁酉	三·十一 丙寅	四·十一 丙申
一·二十一 丁丑	二·二十一 丁未	三·二十一 丙子	四·二十一 丙午
五·一 乙卯	六·一 乙酉	七·一 甲寅	八·一 甲申
五·十一 乙丑	六·十一 乙未	七·十一 甲子	八·十一 甲午
五·二十一 乙亥	六·二十一 乙巳	七·二十一 甲戌	八·二十一 甲辰
九·一 癸丑	十·一 癸未	十一·一 癸丑	十二·一 壬午 闰十二·一 壬子
九·十一 癸亥	十·十一 癸巳	十一·十一 癸亥	十二·十一 壬辰 闰十二·十一 壬戌
九·二十一 癸酉	十·二十一 癸卯	十一·二十一 癸酉	十二·二十一壬寅 闰十二·二十一壬申

*《辑要》正月乙卯、二月乙酉、三月乙卯、四月甲申、五月甲寅、六月癸未、七月癸丑、八月壬午、九月壬子、十月辛巳、十一月辛亥、十二月庚辰朔。

周平王十八年戊子（前 753）

*一·一 辛巳	二·一 辛亥	三·一 庚辰	四·一 庚戌
一·十一 辛卯	二·十一 辛酉	三·十一 庚寅	四·十一 庚申
一·二十一 辛丑	二·二十一 辛未	三·二十一 庚子	四·二十一 庚午
五·一 己卯	六·一 己酉	七·一 戊寅	八·一 戊申
五·十一 己丑	六·十一 己未	七·十一 戊子	八·十一 戊午
五·二十一 己亥	六·二十一 己巳	七·二十一 戊戌	八·二十一 戊辰
九·一 丁丑	十·一 丁未	十一·一 丙子	十二·一 丙午
九·十一 丁亥	十·十一 丁巳	十一·十一 丙戌	十二·十一 丙辰
九·二十一 丁酉	十·二十一 丁卯	十一·二十一 丙申	十二·二十一 丙寅

*《辑要》正月庚戌、二月己卯、三月己酉、闰三月戊寅、四月戊申、五月丁丑、六月丁未、七月丁丑、八月丙午、九月丙子、十月乙巳、十一月乙亥、十二月甲辰朔。

周平王十九年己丑（前 752）

*一·一 乙亥	二·一 乙巳	三·一 乙亥	四·一 甲辰
一·十一 乙酉	二·十一 乙卯	三·十一 乙酉	四·十一 甲寅
一·二十一 乙未	二·二十一 乙丑	三·二十一 乙未	四·二十一 甲子
五·一 甲戌	六·一 癸卯	七·一 癸酉	八·一 壬寅
五·十一 甲申	六·十一 癸丑	七·十一 癸未	八·十一 壬子
五·二十一 甲午	六·二十一 癸亥	七·二十一 癸巳	八·二十一 壬戌
九·一 壬申	十·一 辛丑	十一·一 辛未	十二·一 庚子
九·十一 壬午	十·十一 辛亥	十一·十一 辛巳	十二·十一 庚戌
九·二十一 壬辰	十·二十一 辛酉	十一·二十一 辛卯	十二·二十一 庚申

*《辑要》正月甲戌、二月癸卯、三月癸酉、四月壬寅、五月壬申、六月辛丑、七月辛未、八月庚子、九月庚午、十月庚子、十一月己巳、十二月己亥朔。

周平王二十年庚寅（前 751）

*一·一 庚午	二·一 己亥	三·一 己巳	四·一 戊戌
一·十一 庚辰	二·十一 己酉	三·十一 己卯	四·十一 戊申
一·二十一 庚寅	二·二十一 己未	三·二十一 己丑	四·二十一 戊午
五·一 戊辰	六·一 戊戌	七·一 丁卯	八·一 丁酉
五·十一 戊寅	六·十一 戊申	七·十一 丁丑	八·十一 丁未
五·二十一 戊子	六·二十一 戊午	七·二十一 丁亥	八·二十一 丁巳
九·一 丙寅 闰九·一 丙申	十·一 乙丑	十一·一 乙未	十二·一 甲子
九·十一 丙子 闰九·十一 丙午	十·十一 乙亥	十一·十一 乙巳	十二·十一 甲戌
九·二十一丙戌 闰九·二十一丙辰	十·二十一 乙酉	十一·二十一 乙卯	十二·二十一 甲申

*《辑要》正月戊辰、二月戊戌、三月丁卯、四月丁酉、五月丙寅、六月丙申、七月乙丑、八月乙未、九月甲子、十月甲午、十一月癸亥、闰十一月癸巳、十二月壬戌朔。

周平王二十一年辛卯（前 750）

*一·一 甲午	二·一 癸亥	三·一 癸巳	四·一 壬戌
一·十一 甲辰	二·十一 癸酉	三·十一 癸卯	四·十一 壬申
一·二十一 甲寅	二·二十一 癸未	三·二十一 癸丑	四·二十一 壬午
五·一 壬辰	六·一 辛酉	七·一 辛卯	八·一 庚申
五·十一 壬寅	六·十一 辛未	七·十一 辛丑	八·十一 庚午
五·二十一 壬子	六·二十一 辛巳	七·二十一 辛亥	八·二十一 庚辰
九·一 庚寅	十·一 庚申	十一·一 己丑	十二·一 己未
九·十一 庚子	十·十一 庚午	十一·十一 己亥	十二·十一 己巳
九·二十一 庚戌	十·二十一 庚辰	十一·二十一 己酉	十二·二十一 己卯

*《辑要》正月壬辰、二月壬戌、三月辛卯、四月辛酉、五月庚寅、六月庚申、七月己丑、八月己未、九月戊子、十月戊午、十一月丁亥、十二月丁巳朔。

周平王二十二年壬辰（前 749）

*一·一 戊子	二·一 戊午	三·一 丁亥	四·一 丁巳
一·十一 戊戌	二·十一 戊辰	三·十一 丁酉	四·十一 丁卯
一·二十一 戊申	二·二十一 戊寅	三·二十一 丁未	四·二十一 丁丑
五·一 丙戌	六·一 丙辰	七·一 乙酉	八·一 乙卯
五·十一 丙申	六·十一 丙寅	七·十一 乙未	八·十一 乙丑
五·二十一 丙午	六·二十一 丙子	七·二十一 乙巳	八·二十一 乙亥
九·一 甲申	十·一 甲寅	十一·一 癸未	十二·一 癸丑
九·十一 甲午	十·十一 甲子	十一·十一 癸巳	十二·十一 癸亥
九·二十一 甲辰	十·二十一 甲戌	十一·二十一 癸卯	十二·二十一 癸酉

*《辑要》正月丙戌、二月丙辰、三月乙酉、四月乙卯、五月甲申、六月甲寅、七月甲申、八月癸丑、九月癸未、十月壬子、十一月壬午、十二月辛亥朔。

周平王二十三年癸巳（前 748）

*一·一 壬午	二·一 壬子	三·一 壬午	四·一 辛亥
一·十一 壬辰	二·十一 壬戌	三·十一 壬辰	四·十一 辛酉
一·二十一 壬寅	二·二十一 壬申	三·二十一 壬寅	四·二十一 辛未
五·一 辛巳 闰五·一 庚戌	六·一 庚辰	七·一 己酉	八·一 己卯
五·十一 辛卯 闰五·十一 庚申	六·十一 庚寅	七·十一 己未	八·十一 己丑
五·二十一辛丑 闰五·二十一庚午	六·二十一 庚子	七·二十一 己巳	八·二十一 己亥
九·一 戊申	十·一 戊寅	十一·一 丁未	十二·一 丁丑
九·十一 戊午	十·十一 戊子	十一·十一 丁巳	十二·十一 丁亥
九·二十一 戊辰	十·二十一 戊戌	十一·二十一 丁卯	十二·二十一 丁酉

*《辑要》正月辛巳、二月庚戌、三月庚辰、四月己酉、五月己卯、六月戊申、七月戊寅、八月丁未、九月丁丑、闰九月丁未、十月丙子、十一月丙午、十二月乙亥朔。

周平王二十四年甲午（前 747）

*一・一	丙午	二・一	丙子	三・一	乙巳	四・一	乙亥
一・十一	丙辰	二・十一	丙戌	三・十一	乙卯	四・十一	乙酉
一・二十一	丙寅	二・二十一	丙申	三・二十一	乙丑	四・二十一	乙未
五・一	乙巳	六・一	甲戌	七・一	甲辰	八・一	癸酉
五・十一	乙卯	六・十一	甲申	七・十一	甲寅	八・十一	癸未
五・二十一	乙丑	六・二十一	甲午	七・二十一	甲子	八・二十一	癸巳
九・一	癸卯	十・一	壬申	十一・一	壬寅	十二・一	辛未
九・十一	癸丑	十・十一	壬午	十一・十一	壬子	十二・十一	辛巳
九・二十一	癸亥	十・二十一	壬辰	十一・二十一	壬戌	十二・二十一	辛卯

＊《辑要》正月乙巳、二月甲戌、三月甲辰、四月癸酉、五月癸卯、六月壬申、七月壬寅、八月辛未、九月辛丑、十月庚午、十一月庚子、十二月己巳朔。

周平王二十五年乙未（前 746）

*一・一	辛丑	二・一	庚午	三・一	庚子	四・一	己巳
一・十一	辛亥	二・十一	庚辰	三・十一	庚戌	四・十一	己卯
一・二十一	辛酉	二・二十一	庚寅	三・二十一	庚申	四・二十一	己丑
五・一	己亥	六・一	戊辰	七・一	戊戌	八・一	丁卯
五・十一	己酉	六・十一	戊寅	七・十一	戊申	八・十一	丁丑
五・二十一	己未	六・二十一	戊子	七・二十一	戊午	八・二十一	丁亥
九・一	丁酉	十・一	丁卯	十一・一	丙申	十二・一	丙寅
九・十一	丁未	十・十一	丁丑	十一・十一	丙午	十二・十一	丙子
九・二十一	丁巳	十・二十一	丁亥	十一・二十一	丙辰	十二・二十一	丙戌

＊《辑要》正月己亥、二月己巳、三月戊戌、四月戊辰、五月丁酉、六月丁卯、七月丙申、八月丙寅、九月乙未、十月乙丑、十一月甲午、十二月甲子朔。

周平王二十六年丙申（前 745）

*一・一	乙未	二・一 乙丑 闰二・一	甲午	三・一	甲子	四・一	癸巳
一・十一	乙巳	二・十一 乙亥 闰二・十一	甲辰	三・十一	甲戌	四・十一	癸卯
一・二十一	乙卯	二・二十一 乙酉 闰二・二十	甲寅	三・二十一	甲申	四・二十一	癸丑
五・一	癸亥	六・一	壬辰	七・一	壬戌	八・一	辛卯
五・十一	癸酉	六・十一	壬寅	七・十一	壬申	八・十一	辛丑
五・二十一	癸未	六・二十	壬子	七・二十一	壬午	八・二十一	辛亥
九・一	辛酉	十・一	庚寅	十一・一	庚申	十二・一	庚寅
九・十一	辛未	十・十一	庚子	十一・十一	庚午	十二・十一	庚子
九・二十一	辛巳	十・二十一	庚戌	十一・二十一	庚辰	十二・二十一	庚戌

＊《辑要》正月癸巳、二月癸亥、三月壬辰、四月壬戌、五月壬辰、六月辛酉、闰六月辛卯、七月庚申、八月庚寅、九月己未、十月己丑、十一月戊午、十二月戊子朔。

周平王二十七年丁酉（前 744）

*一・一	己未	二・一	己丑	三・一	戊午	四・一	戊子
一・十一	己巳	二・十一	己亥	三・十一	戊辰	四・十一	戊戌
一・二十一	己卯	二・二十一	己酉	三・二十一	戊寅	四・二十一	戊申
五・一	丁巳	六・一	丁亥	七・一	丙辰	八・一	丙戌
五・十一	丁卯	六・十一	丁酉	七・十一	丙寅	八・十一	丙申
五・二十一	丁丑	六・二十一	丁未	七・二十一	丙子	八・二十一	丙午
九・一	乙卯	十・一	乙酉	十一・一	甲寅	十二・一	甲申
九・十一	乙丑	十・十一	乙未	十一・十一	甲子	十二・十一	甲午
九・二十一	乙亥	十・二十一	乙巳	十一・二十一	甲戌	十二・二十一	甲辰

＊《辑要》正月丁巳、二月丁亥、三月丙辰、四月丙戌、五月乙卯、六月乙酉、七月甲寅、八月甲申、九月甲寅、十月癸未、十一月癸丑、十二月壬午朔。

周平王二十八年戊戌（前 743）

*一•一 癸丑	二•一 癸未	三•一 壬子	四•一 壬午
一•十一 癸亥	二•十一 癸巳	三•十一 壬戌	四•十一 壬辰
一•二十一 癸酉	二•二十一 癸卯	三•二十一 壬申	四•二十一 壬寅
五•一 壬子	六•一 辛巳	七•一 辛亥	八•一 庚辰
五•十一 壬戌	六•十一 辛卯	七•十一 辛酉	八•十一 庚寅
五•二十一 壬申	六•二十一 辛丑	七•二十一 辛未	八•二十一 庚子
九•一 庚戌	十•一 己卯	十一•一 己酉 闰十一•一 戊寅	十二•一 戊申
九•十一 庚申	十•十一 己丑	十一•十一 己未 闰十一•十一 戊子	十二•十一 戊午
九•二十一 庚午	十•二十一 己亥	十一•二十一己巳 闰十一•二十一戊戌	十二•二十一 戊辰

＊《辑要》正月壬子、二月辛巳、三月辛亥、四月庚辰、五月庚戌、六月己卯、七月己酉、八月戊寅、九月戊申、十月丁丑、十一月丁未、十二月丙子朔。

周平王二十九年己亥（前 742）

*一•一 丁丑	二•一 丁未	三•一 丙子	四•一 丙午
一•十一 丁亥	二•十一 丁巳	三•十一 丙戌	四•十一 丙辰
一•二十一 丁酉	二•二十一 丁卯	三•二十一 丙申	四•二十一 丙寅
五•一 乙亥	六•一 乙巳	七•一 甲戌	八•一 甲辰
五•十一 乙酉	六•十一 乙卯	七•十一 甲申	八•十一 甲寅
五•二十一 乙未	六•二十一 乙丑	七•二十一 甲午	八•二十一 甲子
九•一 甲戌	十•一 癸卯	十一•一 癸酉	十二•一 壬寅
九•十一 甲申	十•十一 癸丑	十一•十一 癸未	十二•十一 壬子
九•二十一 甲午	十•二十一 癸亥	十一•二十一 癸巳	十二•二十一 壬戌

＊《辑要》正月丙午、二月丙子、闰二月乙巳、三月乙亥、四月甲辰、五月甲戌、六月癸卯、七月癸酉、八月壬寅、九月壬申、十月辛丑、十一月辛未、十二月庚子朔。

周平王三十年庚子（前 741）

*一•一 壬申	二•一 辛丑	三•一 辛未	四•一 庚子
一•十一 壬午	二•十一 辛亥	三•十一 辛巳	四•十一 庚戌
一•二十一 壬辰	二•二十一 辛酉	三•二十一 辛卯	四•二十一 庚申
五•一 庚午	六•一 己亥	七•一 己巳	八•一 戊戌
五•十一 庚辰	六•十一 己酉	七•十一 己卯	八•十一 戊申
五•二十一 庚寅	六•二十一 己未	七•二十一 己丑	八•二十一 戊午
九•一 戊辰	十•一 丁酉	十一•一 丁卯	十二•一 丁酉
九•十一 戊寅	十•十一 丁未	十一•十一 丁丑	十二•十一 丁未
九•二十一 戊子	十•二十一 丁巳	十一•二十一 丁亥	十二•二十一 丁巳

＊《辑要》正月庚午、二月己亥、三月己巳、四月己亥、五月戊辰、六月戊戌、七月丁卯、八月丁酉、九月丙寅、十月丙申、十一月乙丑、十二月乙未朔。

周平王三十一年辛丑（前 740）

*一•一 丙寅	二•一 丙申	三•一 乙丑	四•一 乙未
一•十一 丙子	二•十一 丙午	三•十一 乙亥	四•十一 乙巳
一•二十一 丙戌	二•二十一 丙辰	三•二十一 乙酉	四•二十一 乙卯
五•一 甲子	六•一 甲午	七•一 癸亥 闰七•一 癸巳	八•一 壬戌
五•十一 甲戌	六•十一 甲辰	七•十一 癸酉 闰七•十一 癸卯	八•十一 壬申
五•二十一 甲申	六•二十一 甲寅	七•二十一癸未 闰七•二十一癸丑	八•二十一 壬午
九•一 壬辰	十•一 辛酉	十一•一 辛卯	十二•一 庚申
九•十一 壬寅	十•十一 辛未	十一•十一 辛丑	十二•十一 庚午
九•二十一 壬子	十•二十一 辛巳	十一•二十一 辛亥	十二•二十一 庚辰

＊《辑要》正月甲子、二月甲午、三月癸亥、四月癸巳、五月壬戌、六月壬辰、七月辛酉、八月辛卯、九月辛酉、十月庚寅、闰十月庚申、十一月己丑、十二月己未朔。

周平王三十二年壬寅(前 739)

*一·一 庚寅	二·一 己未	三·一 己丑	四·一 己未
一·十一 庚子	二·十一 己巳	三·十一 己亥	四·十一 己巳
一·二十一 庚戌	二·二十一 己卯	三·二十一 己酉	四·二十一 己卯
五·一 戊子	六·一 戊午	七·一 丁亥	八·一 丁巳
五·十一 戊戌	六·十一 戊辰	七·十一 丁酉	八·十一 丁卯
五·二十一 戊申	六·二十一 戊寅	七·二十一 丁未	八·二十一 丁丑
九·一 丙戌	十·一 丙辰	十一·一 乙酉	十二·一 乙卯
九·十一 丙申	十·十一 丙寅	十一·十一 乙未	十二·十一 乙丑
九·二十一 丙午	十·二十一 丙子	十一·二十一 乙巳	十二·二十一 乙亥

＊《辑要》正月戊子、二月戊午、三月丁亥、四月丁巳、五月丙戌、六月丙辰、七月乙酉、八月乙卯、九月甲申、十月甲寅、十一月甲申、十二月癸丑朔。

周平王三十三年癸卯(前 738)

*一·一 甲申	二·一 甲寅	三·一 癸未	四·一 癸丑
一·十一 甲午	二·十一 甲子	三·十一 癸巳	四·十一 癸亥
一·二十一 甲辰	二·二十一 甲戌	三·二十一 癸卯	四·二十一 癸酉
五·一 壬午	六·一 壬子	七·一 壬午	八·一 辛亥
五·十一 壬辰	六·十一 壬戌	七·十一 壬辰	八·十一 辛酉
五·二十一 壬寅	六·二十一 壬申	七·二十一 壬寅	八·二十一 辛未
九·一 辛巳	十·一 庚戌	十一·一 庚辰	十二·一 己酉
九·十一 辛卯	十·十一 庚申	十一·十一 庚寅	十二·十一 己未
九·二十一 辛丑	十·二十一 庚午	十一·二十一 庚子	十二·二十一 己巳

＊《辑要》正月癸未、二月壬子、三月壬午、四月辛亥、五月辛巳、六月庚戌、七月庚辰、八月己酉、九月己卯、十月戊申、十一月戊寅、十二月丁未朔。

周平王三十四年甲辰(前 737)

*一·一 己卯	二·一 戊申	三·一 戊寅	四·一 丁未　闰四·一 丁丑
一·十一 己丑	二·十一 戊午	三·十一 戊子	四·十一 丁巳　闰四·十一 丁亥
一·二十一 己亥	二·二十一 戊辰	三·二十一 戊戌	四·二十一 丁卯　闰四·二十一 丁酉
五·一 丙午	六·一 丙子	七·一 乙巳	八·一 乙亥
五·十一 丙辰	六·十一 丙戌	七·十一 乙卯	八·十一 乙酉
五·二十一 丙寅	六·二十一 丙申	七·二十一 乙丑	八·二十一 乙未
九·一 甲辰	十·一 甲戌	十一·一 甲辰	十二·一 癸酉
九·十一 甲寅	十·十一 甲申	十一·十一 甲寅	十二·十一 癸未
九·二十一 甲子	十·二十一 甲午	十一·二十一 甲子	十二·二十一 癸巳

＊《辑要》正月丁丑、二月丙午、三月丙子、四月丙午、五月乙亥、六月乙巳、七月甲戌、闰七月甲辰、八月癸酉、九月癸卯、十月壬申、十一月壬寅、十二月辛未朔。

周平王三十五年乙巳(前 736)

*一·一 癸卯	二·一 壬申	三·一 壬寅	四·一 辛未
一·十一 癸丑	二·十一 壬午	三·十一 壬子	四·十一 辛巳
一·二十一 癸亥	二·二十一 壬辰	三·二十一 壬戌	四·二十一 辛卯
五·一 辛丑	六·一 庚午	七·一 庚子	八·一 己巳
五·十一 辛亥	六·十一 庚辰	七·十一 庚戌	八·十一 己卯
五·二十一 辛酉	六·二十一 庚寅	七·二十一 庚申	八·二十一 己丑
九·一 己亥	十·一 戊辰	十一·一 戊戌	十二·一 丁卯
九·十一 己酉	十·十一 戊寅	十一·十一 戊申	十二·十一 丁丑
九·二十一 己未	十·二十一 戊子	十一·二十一 戊午	十二·二十一 丁亥

＊《辑要》正月辛丑、二月庚午、三月庚子、四月己巳、五月己亥、六月戊辰、七月戊戌、八月戊辰、九月丁酉、十月丁卯、十一月丙申、十二月丙寅朔。

周平王三十六年丙午（前 735）

*一・一 丁酉	二・一 丙寅	三・一 丙申	四・一 丙寅
一・十一 丁未	二・十一 丙子	三・十一 丙午	四・十一 丙子
一・二十一 丁巳	二・二十一 丙戌	三・二十一 丙辰	四・二十一 丙戌
五・一 乙未	六・一 乙丑	七・一 甲午	八・一 甲子
五・十一 乙巳	六・十一 乙亥	七・十一 甲辰	八・十一 甲戌
五・二十一 乙卯	六・二十一 乙酉	七・二十一 甲寅	八・二十一 甲申
九・一 癸巳	十・一 癸亥	十一・一 壬辰	十二・一 壬戌
九・十一 癸卯	十・十一 癸酉	十一・十一 壬寅	十二・十一 壬申
九・二十一 癸丑	十・二十一 癸未	十一・二十一 壬子	十二・二十一 壬午

＊《辑要》正月乙未、二月乙丑、三月甲午、四月甲子、五月癸巳、六月癸亥、七月壬辰、八月壬戌、九月辛卯、十月辛酉、十一月辛卯、十二月庚申朔。

周平王三十七年丁未（前 734）

*一・一 辛卯 闰一・一 辛酉	二・一 庚寅	三・一 庚申	四・一 己丑
一・十一 辛丑 闰一・十一 辛未	二・十一 庚子	三・十一 庚午	四・十一 己亥
一・二十一辛亥 闰一・二十一辛巳	二・二十一 庚戌	三・二十一 庚辰	四・二十一 己酉
五・一 己未	六・一 己丑	七・一 戊午	八・一 戊子
五・十一 己巳	六・十一 己亥	七・十一 戊辰	八・十一 戊戌
五・二十一 己卯	六・二十一 己酉	七・二十一 戊寅	八・二十一 戊申
九・一 丁巳	十・一 丁亥	十一・一 丙辰	十二・一 丙戌
九・十一 丁卯	十・十一 丁酉	十一・十一 丙寅	十二・十一 丙申
九・二十一 丁丑	十・二十一 丁未	十一・二十一 丙子	十二・二十一 丙午

＊《辑要》正月庚寅、二月己未、三月己丑、四月戊午、闰四月戊子、五月丁巳、六月丁亥、七月丙辰、八月丙戌、九月乙卯、十月乙酉、十一月甲寅、十二月甲申朔。

周平王三十八年戊申（前 733）

*一・一 乙卯	二・一 乙酉	三・一 甲寅	四・一 甲申
一・十一 乙丑	二・十一 乙未	三・十一 甲子	四・十一 甲午
一・二十一 乙亥	二・二十一 乙巳	三・二十一 甲戌	四・二十一 甲辰
五・一 癸丑	六・一 癸未	七・一 壬子	八・一 壬午
五・十一 癸亥	六・十一 癸巳	七・十一 壬戌	八・十一 壬辰
五・二十一 癸酉	六・二十一 癸卯	七・二十一 壬申	八・二十一 壬寅
九・一 辛亥	十・一 辛巳	十一・一 辛亥	十二・一 庚辰
九・十一 辛酉	十・十一 辛卯	十一・十一 辛酉	十二・十一 庚寅
九・二十一 辛未	十・二十一 辛丑	十一・二十一 辛未	十二・二十一 庚子

＊《辑要》正月癸丑、二月癸未、三月癸丑、四月壬午、五月壬子、六月辛巳、七月辛亥、八月庚辰、九月庚戌、十月己卯、十一月己酉、十二月戊寅朔。

周平王三十九年己酉（前 732）

*一・一 庚戌	二・一 己卯	三・一 己酉	四・一 戊寅
一・十一 庚申	二・十一 己丑	三・十一 己未	四・十一 戊子
一・二十一 庚午	二・二十一 己亥	三・二十一 己巳	四・二十一 戊戌
五・一 戊申	六・一 丁丑	七・一 丁未	八・一 丙子
五・十一 戊午	六・十一 丁亥	七・十一 丁巳	八・十一 丙戌
五・二十一 戊辰	六・二十一 丁酉	七・二十一 丁卯	八・二十一 丙申
九・一 丙午	十・一 乙亥 闰十・一 乙巳	十一・一 甲戌	十二・一 甲辰
九・十一 丙辰	十・十一 乙酉 闰十・十一 乙卯	十一・十一 甲申	十二・十一 甲寅
九・二十一 丙寅	十・二十一乙未 闰十・二十一乙丑	十一・二十一 甲午	十二・二十一 甲子

＊《辑要》正月戊申、二月丁丑、三月丁未、四月丙子、五月丙午、六月丙子、七月乙巳、八月乙亥、九月甲辰、十月甲戌、十一月癸卯、十二月癸酉、闰十二月壬寅朔。

周平王四十年庚戌(前 731)

*一•一 甲戌 一•十一 甲申 一•二十一 甲午	二•一 癸卯 二•十一 癸丑 二•二十一 癸亥	三•一 癸酉 三•十一 癸未 三•二十一 癸巳	四•一 壬寅 四•十一 壬子 四•二十一 壬戌
五•一 壬申 五•十一 壬午 五•二十一 壬辰	六•一 辛丑 六•十一 辛亥 六•二十一 辛酉	七•一 辛未 七•十一 辛巳 七•二十一 辛卯	八•一 庚子 八•十一 庚戌 八•二十一 庚申
九•一 庚午 九•十一 庚辰 九•二十一 庚寅	十•一 己亥 十•十一 己酉 十•二十一 己未	十一•一 己巳 十一•十一 己卯 十一•二十一 己丑	十二•一 戊戌 十二•十一 戊申 十二•二十一 戊午

*《辑要》正月壬申、二月辛丑、三月辛未、四月庚子、五月庚午、六月己亥、七月己巳、八月戊戌、九月戊辰、十月戊戌、十一月丁卯、十二月丁酉朔。

周平王四十一年辛亥(前 730)

*一•一 戊辰 一•十一 戊寅 一•二十一 戊子	二•一 丁酉 二•十一 丁未 二•二十一 丁巳	三•一 丁卯 三•十一 丁丑 三•二十一 丁亥	四•一 丙申 四•十一 丙午 四•二十一 丙辰
五•一 丙寅 五•十一 丙子 五•二十一 丙戌	六•一 丙申 六•十一 丙午 六•二十一 丙辰	七•一 乙丑 七•十一 乙亥 七•二十一 乙酉	八•一 乙未 八•十一 乙巳 八•二十一 乙卯
九•一 甲子 九•十一 甲戌 九•二十一 甲申	十•一 甲午 十•十一 甲辰 十•二十一 甲寅	十一•一 癸亥 十一•十一 癸酉 十一•二十一 癸未	十二•一 癸巳 十二•十一 癸卯 十二•二十一 癸丑

*《辑要》正月丙寅、二月丙申、三月乙丑、四月乙未、五月甲子、六月甲午、七月癸亥、八月癸巳、九月壬戌、十月壬辰、十一月辛酉、十二月辛卯朔。

周平王四十二年壬子(前 729)

*一•一 壬戌 一•十一 壬申 一•二十一 壬午	二•一 壬辰 二•十一 壬寅 二•二十一 壬子	三•一 辛酉 三•十一 辛未 三•二十一 辛巳	四•一 辛卯 四•十一 辛丑 四•二十一 辛亥
五•一 庚申 五•十一 庚午 五•二十一 庚辰	六•一 庚寅　闰六•一 己未 六•十一 庚子　闰六•十一 己巳 六•二十 庚戌　闰六•二十一 己卯	七•一 己丑 七•十一 己亥 七•二十一 己酉	八•一 戊午 八•十一 戊辰 八•二十一 戊寅
九•一 戊子 九•十一 戊戌 九•二十一 戊申	十•一 戊午 十•十一 戊辰 十•二十一 戊寅	十一•一 丁亥 十一•十一 丁酉 十一•二十一 丁未	十二•一 丁巳 十二•十一 丁卯 十二•二十一 丁丑

*《辑要》正月庚申、二月庚寅、三月庚申、四月己丑、五月己未、六月戊子、七月戊午、八月丁亥、闰八月丁巳、九月丙戌、十月丙辰、十一月乙酉、十二月乙卯朔。

周平王四十三年癸丑(前 728)

*一•一 丙戌 一•十一 丙申 一•二十一 丙午	二•一 丙辰 二•十一 丙寅 二•二十一 丙子	三•一 乙酉 三•十一 乙未 三•二十一 乙巳	四•一 乙卯 四•十一 乙丑 四•二十一 乙亥
五•一 甲申 五•十一 甲午 五•二十一 甲辰	六•一 甲寅 六•十一 甲子 六•二十一 甲戌	七•一 癸未 七•十一 癸巳 七•二十一 癸卯	八•一 癸丑 八•十一 癸亥 八•二十一 癸酉
九•一 壬午 九•十一 壬辰 九•二十一 壬寅	十•一 壬子 十•十一 壬戌 十•二十一 壬申	十一•一 辛巳 十一•十一 辛卯 十一•二十一 辛丑	十二•一 辛亥 十二•十一 辛酉 十二•二十一 辛未

*《辑要》正月甲申、二月甲寅、三月癸未、四月癸丑、五月癸未、六月壬子、七月壬午、八月辛亥、九月辛巳、十月庚戌、十一月庚辰、十二月己酉朔。

周平王四十四年甲寅（前727）

*一·一 辛巳	二·一 庚戌	三·一 庚辰	四·一 己酉
一·十一 辛卯	二·十一 庚申	三·十一 庚寅	四·十一 己未
一·二十一 辛丑	二·二十一 庚午	三·二十一 庚子	四·二十一 己巳
五·一 己卯	六·一 戊申	七·一 戊寅	八·一 丁未
五·十一 己丑	六·十一 戊午	七·十一 戊子	八·十一 丁巳
五·二十一 己亥	六·二十一 戊辰	七·二十一 戊戌	八·二十一 丁卯
九·一 丁丑	十·一 丙午	十一·一 丙子	十二·一 乙巳
九·十一 丁亥	十·十一 丙辰	十一·十一 丙戌	十二·十一 乙卯
九·二十一 丁酉	十·二十一 丙寅	十一·二十一 丙申	十二·二十一 乙丑

*《辑要》正月己卯、二月戊申、三月戊寅、四月丁未、五月丁丑、六月丙午、七月丙子、八月乙巳、九月乙亥、十月乙巳、十一月甲戌、十二月甲辰朔。

周平王四十五年乙卯（前726）

*一·一 乙亥	二·一 甲辰	三·一 甲戌 闰三·一 癸卯	四·一 癸酉
一·十一 乙酉	二·十一 甲寅	三·十一 甲申 闰三·十一 癸丑	四·十一 癸未
一·二十一 乙未	二·二十一 甲子	三·二十一甲午 闰三·二十一癸亥	四·二十一 癸巳
五·一 癸卯	六·一 壬申	七·一 壬寅	八·一 辛未
五·十一 癸丑	六·十一 壬午	七·十一 壬子	八·十一 辛巳
五·二十一 癸亥	六·二十一 壬辰	七·二十一 壬戌	八·二十一 辛卯
九·一 辛丑	十·一 庚午	十一·一 庚子	十二·一 己巳
九·十一 辛亥	十·十一 庚辰	十一·十一 庚戌	十二·十一 己卯
九·二十一 辛酉	十·二十一 庚寅	十一·二十一 庚申	十二·二十一 己丑

*《辑要》正月癸酉、二月癸卯、三月壬申、四月壬寅、五月辛未、闰五月辛丑、六月庚午、七月庚子、八月己巳、九月己亥、十月戊辰、十一月戊戌、十二月戊辰朔。

周平王四十六年丙辰（前725）

*一·一 己亥	二·一 戊辰	三·一 戊戌	四·一 丁卯
一·十一 己酉	二·十一 戊寅	三·十一 戊申	四·十一 丁丑
一·二十一 己未	二·二十一 戊子	三·二十一 戊午	四·二十一 丁亥
五·一 丁酉	六·一 丙寅	七·一 丙申	八·一 乙丑
五·十一 丁未	六·十一 丙子	七·十一 丙午	八·十一 乙亥
五·二十一 丁巳	六·二十一 丙戌	七·二十一 丙辰	八·二十一 乙酉
九·一 乙未	十·一 乙丑	十一·一 甲午	十二·一 甲子
九·十一 乙巳	十·十一 乙亥	十一·十一 甲辰	十二·十一 甲戌
九·二十一 乙卯	十·二十一 乙酉	十一·二十一 甲寅	十二·二十一 甲申

*《辑要》正月丁酉、二月丁卯、三月丙申、四月丙寅、五月乙未、六月乙丑、七月甲午、八月甲子、九月癸巳、十月癸亥、十一月壬辰、十二月壬戌朔。

周平王四十七年丁巳（前724）

*一·一 癸巳	二·一 癸亥	三·一 壬辰	四·一 壬戌
一·十一 癸卯	二·十一 癸酉	三·十一 壬寅	四·十一 壬申
一·二十一 癸丑	二·二十一 癸未	三·二十一 壬子	四·二十一 壬午
五·一 辛卯	六·一 辛酉	七·一 庚寅	八·一 庚申
五·十一 辛丑	六·十一 辛未	七·十一 庚子	八·十一 庚午
五·二十一 辛亥	六·二十一 辛巳	七·二十一 庚戌	八·二十一 庚辰
九·一 己丑	十·一 己未	十一·一 戊子	十二·一 戊午 闰十二·一 戊子
九·十一 己亥	十·十一 己巳	十一·十一 戊戌	十二·十一 戊辰 闰十二·十一 戊戌
九·二十一 己酉	十·二十一 己卯	十一·二十一 戊申	十二·二十一戊寅 闰十二·二十一戊申

*《辑要》正月辛卯、二月辛酉、三月庚寅、四月庚申、五月庚寅、六月己未、七月己丑、八月戊午、九月戊子、十月丁巳、十一月丁亥、十二月丙辰朔。

周平王四十八年戊午（前 723）

*一·一 丁巳	二·一 丁亥	三·一 丙辰	四·一 丙戌
一·十一 丁卯	二·十一 丁酉	三·十一 丙寅	四·十一 丙申
一·二十一 丁丑	二·二十一 丁未	三·二十一 丙子	四·二十一 丙午
五·一 乙卯	六·一 乙酉	七·一 甲寅	八·一 甲申
五·十一 乙丑	六·十一 乙未	七·十一 甲子	八·十一 甲午
五·二十一 乙亥	六·二十一 乙巳	七·二十一 甲戌	八·二十一 甲辰
九·一 癸丑	十·一 癸未	十一·一 壬子	十二·一 壬午
九·十一 癸亥	十·十一 癸巳	十一·十一 壬戌	十二·十一 壬辰
九·二十一 癸酉	十·二十一 癸卯	十一·二十一 壬申	十二·二十一 壬寅

*《辑要》正月丙戌、二月乙卯、闰二月乙酉、三月甲寅、四月甲申、五月癸丑、六月癸未、七月壬子、八月壬午、九月壬子、十月辛巳、十一月辛亥、十二月庚辰朔。

周平王四十九年己未（前 722）

*一·一 辛亥	二·一 辛巳	三·一 庚戌	四·一 庚辰
一·十一 辛酉	二·十一 辛卯	三·十一 庚申	四·十一 庚寅
一·二十一 辛未	二·二十一 辛丑	三·二十一 庚午	四·二十一 庚子
五·一 庚戌	六·一 己卯	七·一 己酉	八·一 戊寅
五·十一 庚申	六·十一 己丑	七·十一 己未	八·十一 戊子
五·二十一 庚午	六·二十一 己亥	七·二十一 己巳	八·二十一 戊戌
九·一 戊申	十·一 丁丑	十一·一 丁未	十二·一 丙子
九·十一 戊午	十·十一 丁亥	十一·十一 丁巳	十二·十一 丙戌
九·二十一 戊辰	十·二十一 丁酉	十一·二十一 丁卯	十二·二十一 丙申

*《辑要》正月庚戌、二月己卯、三月己酉、四月戊寅、五月戊申、六月丁丑、七月丁未、八月丙子、九月丙午、十月乙亥、十一月乙巳、十二月乙亥朔。

周平王五十年庚申（前 721）

*一·一 丙午	二·一 乙亥	三·一 乙巳	四·一 甲戌
一·十一 丙辰	二·十一 乙酉	三·十一 乙卯	四·十一 甲申
一·二十一 内寅	二·二十一 乙未	三·二十一 乙丑	四·二十一 甲午
五·一 甲辰	六·一 癸酉	七·一 癸卯	八·一 癸酉
五·十一 甲寅	六·十一 癸未	七·十一 癸丑	八·十一 癸未
五·二十一 甲子	六·二十一 癸巳	七·二十一 癸亥	八·二十一 癸巳
九·一 壬寅 闰九·一 壬申	十·一 辛丑	十一·一 辛未	十二·一 庚子
九·十一 壬子 闰九·十一 壬午	十·十一 辛亥	十一·十一 辛巳	十二·十一 庚戌
九·二十一壬戌 闰九·二十一壬辰	十·二十一 辛酉	十一·二十一 辛卯	十二·二十一 庚申

*《辑要》正月甲辰、二月甲戌、三月癸卯、四月癸酉、五月壬寅、六月壬申、七月辛丑、八月辛未、九月庚子、十月庚午、闰十月己亥、十一月己巳、十二月戊戌朔。

周平王五十一年辛酉（前 720）

*一·一 庚午	二·一 己亥	三·一 己巳	四·一 戊戌
一·十一 庚辰	二·十一 己酉	三·十一 己卯	四·十一 戊申
一·二十一 庚寅	二·二十一 己未	三·二十一 己丑	四·二十一 戊午
五·一 戊辰	六·一 丁酉	七·一 丁卯	八·一 丙申
五·十一 戊寅	六·十一 丁未	七·十一 丁丑	八·十一 丙午
五·二十一 戊子	六·二十一 丁巳	七·二十一 丁亥	八·二十一 丙辰
九·一 丙寅	十·一 乙未	十一·一 乙丑	十二·一 乙未
九·十一 丙子	十·十一 乙巳	十一·十一 乙亥	十二·十一 乙巳
九·二十一 丙戌	十·二十一 乙卯	十一·二十一 乙酉	十二·二十一 乙卯

*《辑要》正月戊辰、二月丁酉、三月丁卯、四月丁酉、五月丙寅、六月丙申、七月乙丑、八月乙未、九月甲子、十月甲午、十一月癸亥、十二月癸巳朔。

周桓王元年壬戌（前 719）

*一·一 甲子	二·一 甲午	三·一 癸亥	四·一 癸巳
一·十一 甲戌	二·十一 甲辰	三·十一 癸酉	四·十一 癸卯
一·二十一 甲申	二·二十一 甲寅	三·二十一 癸未	四·二十一 癸丑
五·一 壬戌	六·一 壬辰	七·一 辛酉	八·一 辛卯
五·十一 壬申	六·十一 壬寅	七·十一 辛未	八·十一 辛丑
五·二十一 壬午	六·二十一 壬子	七·二十一 辛巳	八·二十一 辛亥
九·一 庚申	十·一 庚寅	十一·一 己未	十二·一 己丑
九·十一 庚午	十·十一 庚子	十一·十一 己巳	十二·十一 己亥
九·二十一 庚辰	十·二十一 庚戌	十一·二十一 己卯	十二·二十一 己酉

*《辑要》正月壬戌、二月壬辰、三月辛酉、四月辛卯、五月庚申、六月庚寅、七月庚申、八月己丑、九月己未、十月戊子、十一月戊午、十二月丁亥朔。

周桓王二年癸亥（前 718）

*一·一 戊午	二·一 戊子	三·一 丁巳	四·一 丁亥
一·十一 戊辰	二·十一 戊戌	三·十一 丁卯	四·十一 丁酉
一·二十一 戊寅	二·二十一 戊申	三·二十一 丁丑	四·二十一 丁未
五·一 丁巳 闰五·一 丙戌	六·一 丙辰	七·一 乙酉	八·一 乙卯
五·十一 丁卯 闰五·十一 丙申	六·十一 丙寅	七·十一 乙未	八·十一 乙丑
五·二十一丁丑 闰五·二十一丙午	六·二十一 丙子	七·二十一 乙巳	八·二十一 乙亥
九·一 甲申	十·一 甲寅	十一·一 癸未	十二·一 癸丑
九·十一 甲午	十·十一 甲子	十一·十一 癸巳	十二·十一 癸亥
九·二十一 甲辰	十·二十一 甲戌	十一·二十一 癸卯	十二·二十一 癸酉

*《辑要》正月丁巳、二月丙戌、三月丙辰、四月乙酉、五月乙卯、六月甲申、闰六月甲寅、七月癸未、八月癸丑、九月壬午、十月壬子、十一月壬午、十二月辛亥朔。

周桓王三年甲子（前 717）

*一·一 壬午	二·一 壬子	三·一 辛巳	四·一 辛亥
一·十一 壬辰	二·十一 壬戌	三·十一 辛卯	四·十一 辛酉
一·二十一 壬寅	二·二十一 壬申	三·二十一 辛丑	四·二十一 辛未
五·一 庚辰	六·一 庚戌	七·一 庚辰	八·一 己酉
五·十一 庚寅	六·十一 庚申	七·十一 庚寅	八·十一 己未
五·二十一 庚子	六·二十一 庚午	七·二十一 庚子	八·二十一 己巳
九·一 己卯	十·一 戊申	十一·一 戊寅	十二·一 丁未
九·十一 己丑	十·十一 戊午	十一·十一 戊子	十二·十一 丁巳
九·二十一 己亥	十·二十一 戊辰	十一·二十一 戊戌	十二·二十一 丁卯

*《辑要》正月辛巳、二月庚戌、三月庚辰、四月己酉、五月己卯、六月戊申、七月戊寅、八月丁未、九月丁丑、十月丙午、十一月丙子、十二月乙巳朔。

周桓王四年乙丑（前 716）

*一·一 丁丑	二·一 丙午	三·一 丙子	四·一 乙巳
一·十一 丁亥	二·十一 丙辰	三·十一 丙戌	四·十一 乙卯
一·二十一 丁酉	二·二十一 丙寅	三·二十一 丙申	四·二十一 乙丑
五·一 乙亥	六·一 甲辰	七·一 甲戌	八·一 癸卯
五·十一 乙酉	六·十一 甲寅	七·十一 甲申	八·十一 癸丑
五·二十一 乙未	六·二十一 甲子	七·二十一 甲午	八·二十一 癸亥
九·一 癸酉	十·一 壬寅	十一·一 壬申	十二·一 壬寅
九·十一 癸未	十·十一 壬子	十一·十一 壬午	十二·十一 壬子
九·二十一 癸巳	十·二十一 壬戌	十一·二十一 壬辰	十二·二十一 壬戌

*《辑要》正月乙亥、二月甲辰、三月甲戌、四月甲辰、五月癸酉、六月癸卯、七月壬申、八月壬寅、九月辛未、十月辛丑、十一月庚午、十二月庚子朔。

周桓王五年丙寅（前715）

*一•一 辛未 闰一•一 辛丑	二•一 庚午	三•一 庚子	四•一 己巳
一•十一 辛巳 闰一•十一 辛亥	二•十一 庚辰	三•十一 庚戌	四•十一 己卯
一•二十一辛卯 闰一•二十一辛酉	二•二十一 庚寅	三•二十一 庚申	四•二十一 己丑
五•一 己亥	六•一 戊辰	七•一 戊戌	八•一 丁卯
五•十一 己酉	六•十一 戊寅	七•十一 戊申	八•十一 丁丑
五•二十一 己未	六•二十一 戊子	七•二十一 戊午	八•二十一 丁亥
九•一 丁酉	十•一 丙寅	十一•一 丙申	十二•一 乙丑
九•十一 丁未	十•十一 丙子	十一•十一 丙午	十二•十一 乙亥
九•二十一 丁巳	十•二十一 丙戌	十一•二十一 丙辰	十二•二十一 乙酉

*《辑要》正月己巳、二月己亥、三月戊辰、闰三月戊戌、四月丁卯、五月丁酉、六月丁卯、七月丙申、八月丙寅、九月乙未、十月乙丑、十一月甲午、十二月甲子朔。

周桓王六年丁卯（前714）

*一•一 乙未	二•一 乙丑	三•一 甲午	四•一 甲子
一•十一 乙巳	二•十一 乙亥	三•十一 甲辰	四•十一 甲戌
一•二十一 乙卯	二•二十一 乙酉	三•二十一 甲寅	四•二十一 甲申
五•一 癸巳	六•一 癸亥	七•一 壬辰	八•一 壬戌
五•十一 癸卯	六•十一 癸酉	七•十一 壬寅	八•十一 壬申
五•二十一 癸丑	六•二十一 癸未	七•二十一 壬子	八•二十一 壬午
九•一 辛卯	十•一 辛酉	十一•一 庚寅	十二•一 庚申
九•十一 辛丑	十•十一 辛未	十一•十一 庚子	十二•十一 庚午
九•二十一 辛亥	十•二十一 辛巳	十一•二十一 庚戌	十二•二十一 庚辰

*《辑要》正月癸巳、二月癸亥、三月壬辰、四月壬戌、五月辛卯、六月辛酉、七月庚寅、八月庚申、九月己丑、十月己未、十一月己丑、十二月戊午朔。

周桓王七年戊辰（前713）

*一•一 己丑	二•一 己未	三•一 戊子	四•一 戊午
一•十一 己亥	二•十一 己巳	三•十一 戊戌	四•十一 戊辰
一•二十一 己酉	二•二十一 己卯	三•二十一 戊申	四•二十一 戊寅
五•一 丁亥	六•一 丁巳	七•一 丁亥	八•一 丙辰
五•十一 丁酉	六•十一 丁卯	七•十一 丁酉	八•十一 丙寅
五•二十一 丁未	六•二十一 丁丑	七•二十一 丁未	八•二十一 丙子
九•一 丙戌	十•一 乙卯 闰十•一 乙酉	十一•一 甲寅	十二•一 甲申
九•十一 丙申	十•十一 乙丑 闰十•十一 乙未	十一•十一 甲子	十二•十一 甲午
九•二十一 丙午	十•二十一乙亥 闰十•二十一乙巳	十一•二十一 甲戌	十二•二十一 甲辰

*《辑要》正月戊子、二月丁巳、三月丁亥、四月丙辰、五月丙戌、六月乙卯、七月乙酉、八月甲寅、九月甲申、十月癸丑、十一月癸未、十二月壬子、闰十二月壬午朔。

周桓王八年己巳（前712）

*一•一 癸丑	二•一 癸未	三•一 壬子	四•一 壬午
一•十一 癸亥	二•十一 癸巳	三•十一 壬戌	四•十一 壬辰
一•二十一 癸酉	二•二十一 癸卯	三•二十一 壬申	四•二十一 壬寅
五•一 辛亥	六•一 辛巳	七•一 庚戌	八•一 庚辰
五•十一 辛酉	六•十一 辛卯	七•十一 庚申	八•十一 庚寅
五•二十一 辛未	六•二十一 辛丑	七•二十一 庚午	八•二十一 庚子
九•一 己酉	十•一 己卯	十一•一 己酉	十二•一 戊寅
九•十一 己未	十•十一 己丑	十一•十一 己未	十二•十一 戊子
九•二十一 己巳	十•二十一 己亥	十一•二十一 己巳	十二•二十一 戊戌

*《辑要》正月壬子、二月辛巳、三月辛亥、四月庚辰、五月庚戌、六月己卯、七月己酉、八月戊寅、九月戊申、十月丁丑、十一月丁未、十二月丙子朔。

周桓王九年庚午（前711）

*一·一 戊申 一·十一 戊午 一·二十一 戊辰	二·一 丁丑 二·十一 丁亥 二·二十一 丁酉	三·一 丁未 三·十一 丁巳 三·二十一 丁卯	四·一 丙子 四·十一 丙戌 四·二十一 丙申
五·一 丙午 五·十一 丙辰 五·二十一 丙寅	六·一 乙亥 六·十一 乙酉 六·二十一 乙未	七·一 乙巳 七·十一 乙卯 七·二十一 乙丑	八·一 甲戌 八·十一 甲申 八·二十一 甲午
九·一 甲辰 九·十一 甲寅 九·二十一 甲子	十·一 癸酉 十·十一 癸未 十·二十一 癸巳	十一·一 癸卯 十一·十一 癸丑 十一·二十一 癸亥	十二·一 壬申 十二·十一 壬午 十二·二十一 壬辰

＊《辑要》正月丙午、二月乙亥、三月乙巳、四月甲戌、五月甲辰、六月甲戌、七月癸卯、八月癸酉、九月壬寅、十月壬申、十一月辛丑、十二月辛未朔。

周桓王十年辛未（前710）

*一·一 壬寅 一·十一 壬子 一·二十一 壬戌	二·一 壬申 二·十一 壬午 二·二十一 壬辰	三·一 辛丑 三·十一 辛亥 三·二十一 辛酉	四·一 辛未 四·十一 辛巳 四·二十一 辛卯
五·一 庚子 五·十一 庚戌 五·二十一 庚申	六·一 庚午 六·十一 庚辰 六·二十一 庚寅	七·一 己亥 闰七·一 己巳 七·十一 己酉 闰七·十一 己卯 七·二十一己未 闰七·二十一己丑	八·一 戊戌 八·十一 戊申 八·二十一 戊午
九·一 戊辰 九·十一 戊寅 九·二十一 戊子	十·一 丁酉 十·十一 丁未 十·二十一 丁巳	十一·一 丁卯 十一·十一 丁丑 十一·二十一 丁亥	十二·一 丙申 十二·十一 丙午 十二·二十一 丙辰

＊《辑要》正月庚子、二月庚午、三月己亥、四月己巳、五月戊戌、六月戊辰、七月丁酉、八月丁卯、闰八月丙申、九月丙寅、十月丙申、十一月乙丑、十二月乙未朔。

周桓王十一年壬申（前709）

*一·一 丙寅 一·十一 丙子 一·二十一 丙戌	二·一 乙未 二·十一 乙巳 二·二十一 乙卯	三·一 乙丑 三·十一 乙亥 三·二十一 乙酉	四·一 甲午 四·十一 甲辰 四·二十一 甲寅
五·一 甲子 五·十一 甲戌 五·二十一 甲申	六·一 甲午 六·十一 甲辰 六·二十一 甲寅	七·一 癸亥 七·十一 癸酉 七·二十一 癸未	八·一 癸巳 八·十一 癸卯 八·二十一 癸丑
九·一 壬戌 九·十一 壬申 九·二十一 壬午	十·一 壬辰 十·十一 壬寅 十·二十一 壬子	十一·一 辛酉 十一·十一 辛未 十一·二十一 辛巳	十二·一 辛卯 十二·十一 辛丑 十二·二十一 辛亥

＊《辑要》正月甲子、二月甲午、三月癸亥、四月癸巳、五月壬戌、六月壬辰、七月辛酉、八月辛卯、九月庚申、十月庚寅、十一月己未、十二月己丑朔。

周桓王十二年癸酉（前708）

*一·一 庚申 一·十一 庚午 一·二十一 庚辰	二·一 庚寅 二·十一 庚子 二·二十一 庚戌	三·一 己未 三·十一 己巳 三·二十一 己卯	四·一 己丑 四·十一 己亥 四·二十一 己酉
五·一 戊午 五·十一 戊辰 五·二十一 戊寅	六·一 戊子 六·十一 戊戌 六·二十一 戊申	七·一 丁巳 七·十一 丁卯 七·二十一 丁丑	八·一 丁亥 八·十一 丁酉 八·二十一 丁未
九·一 丁巳 九·十一 丁卯 九·二十一 丁丑	十·一 丙戌 十·十一 丙申 十·二十一 丙午	十一·一 丙辰 十一·十一 丙寅 十一·二十一 丙子	十二·一 乙酉 十二·十一 乙未 十二·二十一 乙巳

＊《辑要》正月己未、二月戊子、三月戊午、四月丁亥、五月丁巳、六月丙戌、七月丙辰、八月乙酉、九月乙卯、十月甲申、十一月甲寅、十二月癸未朔。

周桓王十三年甲戌（前 707）

*一·一　乙卯	二·一　甲申	三·一　甲寅　闰三·一　癸未	四·一　癸丑
一·十一　乙丑	二·十一　甲午	三·十一　甲子　闰三·十一　癸巳	四·十一　癸亥
一·二十一　乙亥	二·二十一　甲辰	三·二十一甲戌　闰三·二十一癸卯	四·二十一　癸酉
五·一　壬午	六·一　壬子	七·一　辛巳	八·一　辛亥
五·十一　壬辰	六·十一　壬戌	七·十一　辛卯	八·十一　辛酉
五·二十一　壬寅	六·二十一　壬申	七·二十一　辛丑	八·二十一　辛未
九·一　庚辰	十·一　庚戌	十一·一　己卯	十二·一　己酉
九·十一　庚寅	十·十一　庚申	十一·十一　己丑	十二·十一　己未
九·二十一　庚子	十·二十一　庚午	十一·二十一　己亥	十二·二十一　己巳

*《辑要》正月癸丑、二月壬午、三月壬子、四月辛巳、五月辛亥、闰五月辛巳、六月庚戌、七月庚辰、八月己酉、九月己卯、十月戊申、十一月戊寅、十二月丁未朔。

周桓王十四年乙亥（前 706）

*一·一　己卯	二·一　戊申	三·一　戊寅	四·一　丁未
一·十一　己丑	二·十一　戊午	三·十一　戊子	四·十一　丁巳
一·二十一　己亥	二·二十一　戊辰	三·二十一　戊戌	四·二十一　丁卯
五·一　丁丑	六·一　丙午	七·一　丙子	八·一　乙巳
五·十一　丁亥	六·十一　丙辰	七·十一　丙戌	八·十一　乙卯
五·二十一　丁酉	六·二十一　丙寅	七·二十一　丙申	八·二十一　乙丑
九·一　乙亥	十·一　甲辰	十一·一　甲戌	十二·一　癸卯
九·十一　乙酉	十·十一　甲寅	十一·十一　甲申	十二·十一　癸丑
九·二十一　乙未	十·二十一　甲子	十一·二十一　甲午	十二·二十一　癸亥

*《辑要》正月丁丑、二月丙午、三月丙子、四月乙巳、五月乙亥、六月甲辰、七月甲戌、八月癸卯、九月癸酉、十月癸卯、十一月壬申、十二月壬寅朔。

周桓王十五年丙子（前 705）

*一·一　癸酉	二·一　壬寅	三·一　壬申	四·一　辛丑
一·十一　癸未	二·十一　壬子	三·十一　壬午	四·十一　辛亥
一·二十一　癸巳	二·二十一　壬戌	三·二十一　壬辰	四·二十一　辛酉
五·一　辛未	六·一　辛丑	七·一　庚午	八·一　庚子
五·十一　辛巳	六·十一　辛亥	七·十一　庚辰	八·十一　庚戌
五·二十一　辛卯	六·二十一　辛酉	七·二十一　庚寅	八·二十一　庚申
九·一　己巳	十·一　己亥	十一·一　戊辰　闰十一·一　戊戌	十二·一　丁卯
九·十一　己卯	十·十一　己酉	十一·十一　戊寅　闰十一·十一　戊申	十二·十一　丁丑
九·二十一　己丑	十·二十一　己未	十一·二十一戊子　闰十一·二十一戊午	十二·二十一　丁亥

*《辑要》正月辛未、二月辛丑、三月庚午、四月庚子、五月己巳、六月己亥、七月戊辰、八月戊戌、九月丁卯、十月丁酉、十一月丙寅、十二月丙申朔。

周桓王十六年丁丑（前 704）

*一·一　丁酉	二·一　丙寅	三·一　丙申	四·一　乙丑
一·十一　丁未	二·十一　丙子	三·十一　丙午	四·十一　乙亥
一·二十一　丁巳	二·二十一　丙戌	三·二十一　丙辰	四·二十一　乙酉
五·一　乙未	六·一　甲子	七·一　甲午	八·一　甲子
五·十一　乙巳	六·十一　甲戌	七·十一　甲辰	八·十一　甲戌
五·二十一　乙卯	六·二十一　甲申	七·二十一　甲寅	八·二十一　甲申
九·一　癸巳	十·一　癸亥	十一·一　壬辰	十二·一　壬戌
九·十一　癸卯	十·十一　癸酉	十一·十一　壬寅	十二·十一　壬申
九·二十一　癸丑	十·二十一　癸未	十一·二十一　壬子	十二·二十一　壬午

*《辑要》正月丙寅、二月乙未、闰二月乙丑、三月甲午、四月甲子、五月癸巳、六月癸亥、七月壬辰、八月壬戌、九月辛卯、十月辛酉、十一月庚寅、十二月庚申朔。

周桓王十七年戊寅(前 703)

*一·一　辛卯	二·一　辛酉	三·一　庚寅	四·一　庚申
一·十一　辛丑	二·十一　辛未	三·十一　庚子	四·十一　庚午
一·二十一　辛亥	二·二十一　辛巳	三·二十一　庚戌	四·二十一　庚辰
五·一　己丑	六·一　己未	七·一　戊子	八·一　戊午
五·十一　己亥	六·十一　己巳	七·十一　戊戌	八·十一　戊辰
五·二十一　己酉	六·二十一　己卯	七·二十一　戊申	八·二十一　戊寅
九·一　丁亥	十·一　丁巳	十一·一　丙戌	十二·一　丙辰
九·十一　丁酉	十·十一　丁卯	十一·十一　丙申	十二·十一　丙寅
九·二十一　丁未	十·二十一　丁丑	十一·二十一　丙午	十二·二十一　丙子

＊《辑要》正月己丑、二月己未、三月戊子、四月戊午、五月戊子、六月丁巳、七月丁亥、八月丙辰、九月丙戌、十月乙卯、十一月乙酉、十二月甲寅朔。

周桓王十八年己卯(前 702)

*一·一　丙戌	二·一　乙卯	三·一　乙酉	四·一　甲寅
一·十一　丙申	二·十一　乙丑	三·十一　乙未	四·十一　甲子
一·二十一　丙午	二·二十一　乙亥	三·二十一　乙巳	四·二十一　甲戌
五·一　甲申	六·一　癸丑	七·一　癸未	八·一　壬子　闰八·一　壬午
五·十一　甲午	六·十一　癸亥	七·十一　癸巳	八·十一　壬戌　闰八·十一　壬辰
五·二十一　甲辰	六·二十一　癸酉	七·二十一　癸卯	八·二十一壬申　闰八·二十一壬寅
九·一　辛亥	十·一　辛巳	十一·一　庚戌	十二·一　庚辰
九·十一　辛酉	十·十一　辛卯	十一·十一　庚申	十二·十一　庚寅
九·二十一　辛未	十·二十一　辛丑	十一·二十一　庚午	十二·二十一　庚子

＊《辑要》正月甲申、二月癸丑、三月癸未、四月壬子、五月壬午、六月辛亥、七月辛巳、八月辛亥、九月庚辰、十月庚戌、十一月己卯、闰十一月己酉、十二月戊寅朔。

周桓王十九年庚辰(前 701)

*一·一　己酉	二·一　己卯	三·一　己酉	四·一　戊寅
一·十一　己未	二·十一　己丑	三·十一　己未	四·十一　戊子
一·二十一　己巳	二·二十一　己亥	三·二十一　己巳	四·二十一　戊戌
五·一　戊申	六·一　丁丑	七·一　丁未	八·一　丙子
五·十一　戊午	六·十一　丁亥	七·十一　丁巳	八·十一　丙戌
五·二十一　戊辰	六·二十一　丁酉	七·二十一　丁卯	八·二十一　丙申
九·一　丙午	十·一　乙亥	十一·一　乙巳	十二·一　甲戌
九·十一　丙辰	十·十一　乙酉	十一·十一　乙卯	十二·十一　甲申
九·二十一　丙寅	十·二十一　乙未	十一·二十一　乙丑	十二·二十一　甲午

＊《辑要》正月戊申、二月丁丑、三月丁未、四月丙子、五月丙午、六月乙亥、七月乙巳、八月甲戌、九月甲辰、十月癸酉、十一月癸卯、十二月癸酉朔。

周桓王二十年辛巳(前 700)

*一·一　甲辰	二·一　癸酉	三·一　癸卯	四·一　壬申
一·十一　甲寅	二·十一　癸未	三·十一　癸丑	四·十一　壬午
一·二十一　甲子	二·二十一　癸巳	三·二十一　癸亥	四·二十一　壬辰
五·一　壬寅	六·一　辛未	七·一　辛丑	八·一　辛未
五·十一　壬子	六·十一　辛巳	七·十一　辛亥	八·十一　辛巳
五·二十一　壬戌	六·二十一　辛卯	七·二十一　辛酉	八·二十一　辛卯
九·一　庚子	十·一　庚午	十一·一　己亥	十二·一　己巳
九·十一　庚戌	十·十一　庚辰	十一·十一　己酉	十二·十一　己卯
九·二十一　庚申	十·二十一　庚寅	十一·二十一　己未	十二·二十一　己丑

＊《辑要》正月壬寅、二月壬申、三月辛丑、四月辛未、五月庚子、六月庚午、七月己亥、八月己巳、九月戊戌、十月戊辰、十一月丁酉、十二月丁卯朔。

周桓王二十一年壬午（前699）

*一•一 戊戌	二•一 戊辰	三•一 丁酉	四•一 丁卯
一•十一 戊申	二•十一 戊寅	三•十一 丁未	四•十一 丁丑
一•二十一 戊午	二•二十一 戊子	三•二十一 丁巳	四•二十一 丁亥
五•一 丙申　闰五•一 丙寅	六•一 乙未	七•一 乙丑	八•一 甲午
五•十一 丙午　闰五•十一 丙子	六•十一 乙巳	七•十一 乙亥	八•十一 甲辰
五•二十一丙辰　闰五•二十一丙戌	六•二十一 乙卯	七•二十一 乙酉	八•二十一 甲寅
九•一 甲子	十•一 癸巳	十一•一 癸亥	十二•一 癸巳
九•十一 甲戌	十•十一 癸卯	十一•十一 癸酉	十二•十一 癸卯
九•二十一 甲申	十•二十一 癸丑	十一•二十一 癸未	十二•二十一 癸丑

*《辑要》正月丙申、二月丙寅、三月乙未、四月乙丑、五月乙未、六月甲子、七月甲午、闰七月癸亥、八月癸巳、九月壬戌、十月壬辰、十一月辛酉、十二月辛卯朔。

周桓王二十二年癸未（前698）

*一•一 壬戌	二•一 壬辰	三•一 辛酉	四•一 辛卯
一•十一 壬申	二•十一 壬寅	三•十一 辛未	四•十一 辛丑
一•二十一 壬午	二•二十一 壬子	三•二十一 辛巳	四•二十一 辛亥
五•一 庚申	六•一 庚寅	七•一 己未	八•一 己丑
五•十一 庚午	六•十一 庚子	七•十一 己巳	八•十一 己亥
五•二十一 庚辰	六•二十一 庚戌	七•二十一 己卯	八•二十一 己酉
九•一 戊午	十•一 戊子	十一•一 丁巳	十二•一 丁亥
九•十一 戊辰	十•十一 戊戌	十一•十一 丁卯	十二•十一 丁酉
九•二十一 戊寅	十•二十一 戊申	十一•二十一 丁丑	十二•二十一 丁未

*《辑要》正月庚申、二月庚寅、三月己未、四月己丑、五月戊午、六月戊子、七月戊午、八月丁亥、九月丁巳、十月丙戌、十一月丙辰、十二月乙酉朔。

周桓王二十三年甲申（前697）

*一•一 丙辰	二•一 丙戌	三•一 丙辰	四•一 乙酉
一•十一 丙寅	二•十一 丙申	三•十一 丙寅	四•十一 乙未
•二十一 丙子	二•二十一 丙午	三•二十一 丙子	四•二十一 乙巳
五•一 乙卯	六•一 甲申	七•一 甲寅	八•一 癸未
五•十一 乙丑	六•十一 甲午	七•十一 甲子	八•十一 癸巳
五•二十 乙亥	六•二十一 甲辰	七•二十一 甲戌	八•二十一 癸卯
九•一 癸丑	十•一 壬午	十一•一 壬子	十二•一 辛巳　闰十二•一 辛亥
九•十一 癸亥	十•十一 壬辰	十一•十一 壬戌	十二•十一 辛卯　闰十二•十一 辛酉
九•二十一 癸酉	十•二十一 壬寅	十一•二十一 壬申	十二•二十一辛丑　闰十二•二十一辛未

*《辑要》正月乙卯、二月甲申、三月甲寅、四月癸未、五月癸丑、六月壬午、七月壬子、八月辛巳、九月辛亥、十月庚辰、十一月庚戌、十二月庚辰朔。

周庄王元年乙酉（前696）

*一•一 庚辰	二•一 庚戌	三•一 己卯	四•一 己酉
一•十一 庚寅	二•十一 庚申	三•十一 己丑	四•十一 己未
一•二十一 庚子	二•二十一 庚午	三•二十一 己亥	四•二十一 己巳
五•一 戊寅	六•一 戊申	七•一 戊寅	八•一 丁未
五•十一 戊子	六•十一 戊午	七•十一 戊子	八•十一 丁巳
五•二十一 戊戌	六•二十一 戊辰	七•二十一 戊戌	八•二十一 丁卯
九•一 丁丑	十•一 丙午	十一•一 丙子	十二•一 乙巳
九•十一 丁亥	十•十一 丙辰	十一•十一 丙戌	十二•十一 乙卯
九•二十一 丁酉	十•二十一 丙寅	十一•二十一 丙申	十二•二十一 乙丑

*《辑要》正月己酉、二月己卯、三月戊申、闰三月戊寅、四月丁未、五月丁丑、六月丙午、七月丙子、八月乙巳、九月乙亥、十月甲辰、十一月甲戌、十二月癸卯朔。

周庄王二年丙戌（前 695）

*一・一	乙亥	二・一	甲辰	三・一	甲戌	四・一	癸卯
一・十一	乙酉	二・十一	甲寅	三・十一	甲申	四・十一	癸丑
一・二十一	乙未	二・二十一	甲子	三・二十一	甲午	四・二十一	癸亥
五・一	癸酉	六・一	壬寅	七・一	壬申	八・一	辛丑
五・十一	癸未	六・十一	壬子	七・十一	壬午	八・十一	辛亥
五・二十一	癸巳	六・二十一	壬戌	七・二十一	壬辰	八・二十一	辛酉
九・一	辛未	十・一	辛丑	十一・一	庚午	十二・一	庚子
九・十一	辛巳	十・十一	辛亥	十一・十一	庚辰	十二・十一	庚戌
九・二十一	辛卯	十・二十一	辛酉	十一・二十一	庚寅	十二・二十一	庚申

＊《辑要》正月癸酉、二月癸卯、三月壬申、四月壬寅、五月辛未、六月辛丑、七月庚午、八月庚子、九月己巳、十月己亥、十一月戊辰、十二月戊戌朔。

周庄王三年丁亥（前 694）

*一・一	己巳	二・一	己亥	三・一	戊辰	四・一	戊戌
一・十一	己卯	二・十一	己酉	三・十一	戊寅	四・十一	戊申
一・二十一	己丑	二・二十一	己未	三・二十一	戊子	四・二十一	戊午
五・一	丁卯	六・一	丁酉	七・一	丙寅	八・一	丙申
五・十一	丁丑	六・十一	丁未	七・十一	丙子	八・十一	丙午
五・二十一	丁亥	六・二十一	丁巳	七・二十一	丙戌	八・二十一	丙辰
九・一　乙丑　闰九・一	乙未	十・一	甲子	十一・一	甲午	十二・一	癸亥
九・十一　乙亥　闰九・十一	乙巳	十・十一	甲戌	十一・十一	甲辰	十二・十一	癸酉
九・二十一乙酉　闰九・二十一	乙卯	十・二十一	甲申	十一・二十一	甲寅	十二・二十一	癸未

＊《辑要》正月丁卯、二月丁酉、三月丙寅、四月丙申、五月乙丑、六月乙未、七月乙丑、八月甲午、九月甲子、十月癸巳、十一月癸亥、十二月壬辰、闰十二月壬戌朔。

周庄王四年戊子（前 693）

*一・一	癸巳	二・一	癸亥	三・一	壬辰	四・一	壬戌
一・十一	癸卯	二・十一	癸酉	三・十一	壬寅	四・十一	壬申
一・二十一	癸丑	二・二十一	癸未	三・二十一	壬子	四・二十一	壬午
五・一	辛卯	六・一	辛酉	七・一	庚寅	八・一	庚申
五・十一	辛丑	六・十一	辛未	七・十一	庚子	八・十一	庚午
五・二十一	辛亥	六・二十一	辛巳	七・二十一	庚戌	八・二十一	庚辰
九・一	己丑	十・一	己未	十一・一	戊子	十二・一	戊午
九・十一	己亥	十・十一	己巳	十一・十一	戊戌	十二・十一	戊辰
九・二十一	己酉	十・二十一	己卯	十一・二十一	戊申	十二・二十一	戊寅

＊《辑要》正月辛卯、二月辛酉、三月庚寅、四月庚申、五月己丑、六月己未、七月戊子、八月戊午、九月丁亥、十月丁巳、十一月丁亥、十二月丙辰朔。

周庄王五年己丑（前 692）

*一・一	丁亥	二・一	丁巳	三・一	丙戌	四・一	丙辰
一・十一	丁酉	二・十一	丁卯	三・十一	丙申	四・十一	丙寅
一・二十一	丁未	二・二十一	丁丑	三・二十一	丙午	四・二十一	丙子
五・一	乙酉	六・一	乙卯	七・一	乙酉	八・一	甲寅
五・十一	乙未	六・十一	乙丑	七・十一	乙未	八・十一	甲子
五・二十一	乙巳	六・二十一	乙亥	七・二十一	乙巳	八・二十一	甲戌
九・一	甲申	十・一	癸丑	十一・一	癸未	十二・一	壬子
九・十一	甲午	十・十一	癸亥	十一・十一	癸巳	十二・十一	壬戌
九・二十一	甲辰	十・二十一	癸酉	十一・二十一	癸卯	十二・二十一	壬申

＊《辑要》正月丙戌、二月乙卯、三月乙酉、四月甲寅、五月甲申、六月癸丑、七月癸未、八月壬子、九月壬午、十月辛亥、十一月辛巳、十二月庚戌朔。

周庄王六年庚寅（前 691）

*一·一　壬午	二·一　辛亥	三·一　辛巳	四·一　庚戌
一·十一　壬辰	二·十一　辛酉	三·十一　辛卯	四·十一　庚申
一·二十一　壬寅	二·二十一　辛未	三·二十一　辛丑	四·二十一　庚午
五·一　庚辰	六·一　己酉	七·一　己卯　闰七·一　戊申	八·一　戊寅
五·十一　庚寅	六·十一　己未	七·十一　己丑　闰七·十一　戊午	八·十一　戊子
五·二十一　庚子	六·二十一　己巳	七·二十一己亥　闰七·二十一戊辰	八·二十一　戊戌
九·一　戊申	十·一　丁丑	十一·一　丁未	十二·一　丙子
九·十一　戊午	十·十一　丁亥	十一·十一　丁巳	十二·十一　丙戌
九·二十一　戊辰	十·二十一　丁酉	十一·二十一　丁卯	十二·二十一　丙申

＊《辑要》正月庚辰、二月庚戌、三月己卯、四月己酉、五月戊寅、六月戊申、七月丁丑、八月丁未、九月丙子、闰九月丙午、十月乙亥、十一月乙巳、十二月甲戌朔。

周庄王七年辛卯（前 690）

*一·一　丙午	二·一　乙亥	三·一　乙巳	四·一　甲戌
一·十一　丙辰	二·十一　乙酉	三·十一　乙卯	四·十一　甲申
一·二十一　丙寅	二·二十一　乙未	三·二十一　乙丑	四·二十一　甲午
五·一　甲辰	六·一　癸酉	七·一　癸卯	八·一　壬申
五·十一　甲寅	六·十一　癸未	七·十一　癸丑	八·十一　壬午
五·二十一　甲子	六·二十一　癸巳	七·二十一　癸亥	八·二十一　壬辰
九·一　壬寅	十·一　辛未	十一·一　辛丑	十二·一　庚午
九·十一　壬子	十·十一　辛巳	十一·十一　辛亥	十二·十一　庚辰
九·二十一　壬戌	十·二十一　辛卯	十一·二十一　辛酉	十二·二十一　庚寅

＊《辑要》正月甲辰、二月癸酉、三月癸卯、四月壬申、五月壬寅、六月壬申、七月辛丑、八月辛未、九月庚子、十月庚午、十一月己亥、十二月己巳朔。

周庄王八年壬辰（前 689）

*一·一　庚子	二·一　庚午	三·一　己亥	四·一　己巳
一·十一　庚戌	二·十一　庚辰	三·十一　己酉	四·十一　己卯
一·二十一　庚申	二·二十　庚寅	三·二十一　己未	四·二十一　己丑
五·一　戊戌	六·一　戊辰	七·一　丁酉	八·一　丁卯
五·十一　戊申	六·十一　戊寅	七·十一　丁未	八·十一　丁丑
五·二十一　戊午	六·二十　戊子	七·二十一　丁巳	八·二十一　丁亥
九·一　丙申	十·一　丙寅	十一·一　乙未	十二·一　乙丑
九·十一　丙午	十·十一　丙子	十一·十一　乙巳	十二·十一　乙亥
九·二十一　丙辰	十·二十一　丙戌	十一·二十一　乙卯	十二·二十一　乙酉

＊《辑要》正月戊戌、二月戊辰、三月丁酉、四月丁卯、五月丙申、六月丙寅、七月乙未、八月乙丑、九月乙未、十月甲子、十一月甲午、十二月癸亥朔。

周庄王九年癸巳（前 688）

*一·一　甲午	二·一　甲子	三·一　癸巳	四·一　癸亥　闰四·一　癸巳
一·十一　甲辰	二·十一　甲戌	三·十一　癸卯	四·十一　癸酉　闰四·十一　癸卯
一·二十一　甲寅	二·二十一　甲申	三·二十一　癸丑	四·二十一癸未　闰四·二十一癸丑
五·一　壬戌	六·一　壬辰	七·一　辛酉	八·一　辛卯
五·十一　壬申	六·十一　壬寅	七·十一　辛未	八·十一　辛丑
五·二十一　壬午	六·二十一　壬子	七·二十一　辛巳	八·二十一　辛亥
九·一　庚申	十·一　庚寅	十一·一　己未	十二·一　己丑
九·十一　庚午	十·十一　庚子	十一·十一　己巳	十二·十一　己亥
九·二十一　庚辰	十·二十一　庚戌	十一·二十一　己卯	十二·二十一　己酉

＊《辑要》正月癸巳、二月壬戌、三月壬辰、四月辛酉、五月辛卯、闰五月庚申、六月庚寅、七月己未、八月己丑、九月戊午、十月戊子、十一月丁巳、十二月丁亥朔。

周庄王十年甲午（前 687）

*一·一	戊午	二·一	戊子	三·一	丁巳	四·一	丁亥
一·十一	戊辰	二·十一	戊戌	三·十一	丁卯	四·十一	丁酉
一·二十一	戊寅	二·二十一	戊申	三·二十一	丁丑	四·二十一	丁未
五·一	丙辰	六·一	丙戌	七·一	乙卯	八·一	乙酉
五·十一	丙寅	六·十一	丙申	七·十一	乙丑	八·十一	乙未
五·二十一	丙子	六·二十一	丙午	七·二十一	乙亥	八·二十一	乙巳
九·一	乙卯	十·一	甲申	十一·一	甲寅	十二·一	癸未
九·十一	乙丑	十·十一	甲午	十一·十一	甲子	十二·十一	癸巳
九·二十一	乙亥	十·二十一	甲辰	十一·二十一	甲戌	十二·二十一	癸卯

＊《辑要》正月丁巳、二月丙戌、三月丙辰、四月乙酉、五月乙卯、六月甲申、七月甲寅、八月癸未、九月癸丑、十月壬午、十一月壬子、十二月辛巳朔。

周庄王十一年乙未（前 686）

*一·一	癸丑	二·一	壬午	三·一	壬子	四·一	辛巳
一·十一	癸亥	二·十一	壬辰	三·十一	壬戌	四·十一	辛卯
一·二十一	癸酉	二·二十一	壬寅	三·二十一	壬申	四·二十一	辛丑
五·一	辛亥	六·一	庚辰	七·一	庚戌	八·一	己卯
五·十一	辛酉	六·十一	庚寅	七·十一	庚申	八·十一	己丑
五·二十一	辛未	六·二十一	庚子	七·二十一	庚午	八·二十一	己亥
九·一	己酉	十·一	戊寅	十一·一	戊申	十二·一　丁丑　闰十二·一	丁未
九·十一	己未	十·十一	戊子	十一·十一	戊午	十二·十一　丁亥　闰十二·十一	丁巳
九·二十一	己巳	十·二十一	戊戌	十一·二十一	戊辰	十二·二十一丁酉　闰十二·二十一	丁卯

＊《辑要》正月辛亥、二月庚辰、三月庚戌、四月己卯、五月己酉、六月己卯、七月戊申、八月戊寅、九月丁未、十月丁丑、十一月丙午、十二月丙子朔。

周庄王十二年丙申（前 685）

*一·一	丁丑	二·一	丙午	三·一	丙子	四·一	乙巳
一·十一	丁亥	二·十一	丙辰	三·十一	丙戌	四·十一	乙卯
一·二十一	丁酉	二·二十一	丙寅	三·二十一	丙申	四·二十一	乙丑
五·一	乙亥	六·一	甲辰	七·一	甲戌	八·一	癸卯
五·十一	乙酉	六·十一	甲寅	七·十一	甲申	八·十一	癸丑
五·二十一	乙未	六·二十一	甲子	七·二十一	甲午	八·二十一	癸亥
九·一	癸酉	十·一	壬寅	十一·一	壬申	十二·一	辛丑
九·十一	癸未	十·十一	壬子	十一·十一	壬午	十二·十一	辛亥
九·二十一	癸巳	十·二十一	壬戌	十一·二十一	壬辰	十二·二十一	辛酉

＊《辑要》正月乙巳、闰正月乙亥、二月甲辰、三月甲戌、四月癸卯、五月癸酉、六月壬寅、七月壬申、八月壬寅、九月辛未、十月辛丑、十一月庚午、十二月庚子朔。

周庄王十三年丁酉（前 684）

*一·一	辛未	二·一	庚子	三·一	庚午	四·一	庚子
一·十一	辛巳	二·十一	庚戌	三·十一	庚辰	四·十一	庚戌
一·二十一	辛卯	二·二十一	庚申	三·二十一	庚寅	四·二十一	庚申
五·一	己巳	六·一	己亥	七·一	戊辰	八·一	戊戌
五·十一	己卯	六·十一	己酉	七·十一	戊寅	八·十一	戊申
五·二十一	己丑	六·二十一	己未	七·二十一	戊子	八·二十一	戊午
九·一	丁卯	十·一	丁酉	十一·一	丙寅	十二·一	丙申
九·十一	丁丑	十·十一	丁未	十一·十一	丙子	十二·十一	丙午
九·二十一	丁亥	十·二十一	丁巳	十一·二十一	丙戌	十二·二十一	丙辰

＊《辑要》正月己巳、二月己亥、三月戊辰、四月戊戌、五月丁卯、六月丁酉、七月丙寅、八月丙申、九月乙丑、十月乙未、十一月甲子、十二月甲午朔。

周庄王十四年戊戌（前 683）

*一・一 乙丑	二・一 乙未	三・一 甲子	四・一 甲午
一・十一 乙亥	二・十一 乙巳	三・十一 甲戌	四・十一 甲辰
一・二十一 乙酉	二・二十一 乙卯	三・二十一 甲申	四・二十一 甲寅
五・一 癸亥	六・一 癸巳	七・一 壬戌	八・一 壬辰 闰八・一 壬戌
五・十一 癸酉	六・十一 癸卯	七・十一 壬申	八・十一 壬寅 闰八・十一 壬申
五・二十一 癸未	六・二十一 癸丑	七・二十一 壬午	八・二十一壬子 闰八・二十一壬午
九・一 辛卯	十・一 辛酉	十一・一 庚寅	十二・一 庚申
九・十一 辛丑	十・十一 辛未	十一・十一 庚子	十二・十一 庚午
九・二十一 辛亥	十・二十一 辛巳	十一・二十一 庚戌	十二・二十一 庚辰

＊《辑要》正月甲子、二月癸巳、三月癸亥、四月壬辰、五月壬戌、六月辛卯、七月辛酉、八月庚寅、九月庚申、十月己丑、闰十月己未、十一月戊子、十二月戊午朔。

周庄王十五年己亥（前 682）

*一・一 己丑	二・一 己未	三・一 戊子	四・一 戊午
一・十一 己亥	二・十一 己巳	三・十一 戊戌	四・十一 戊辰
一・二十一 己酉	二・二十一 己卯	三・二十一 戊申	四・二十一 戊寅
五・一 丁亥	六・一 丁巳	七・一 丙戌	八・一 丙辰
五・十一 丁酉	六・十一 丁卯	七・十一 丙申	八・十一 丙寅
五・二十一 丁未	六・二十一 丁丑	七・二十一 丙午	八・二十一 丙子
九・一 乙酉	十・一 乙卯	十一・一 乙酉	十二・一 甲寅
九・十一 乙未	十・十一 乙丑	十一・十一 乙未	十二・十一 甲子
九・二十一 乙巳	十・二十一 乙亥	十一・二十一 乙巳	十二・二十一 甲戌

＊《辑要》正月丁亥、二月丁巳、三月丁亥、四月丙辰、五月丙戌、六月乙卯、七月乙酉、八月甲寅、九月甲申、十月癸丑、十一月癸未、十二月壬子朔。

周釐王元年庚子（前 681）

*一・一 甲申	二・一 癸丑	三・一 癸未	四・一 壬子
一・十一 甲午	二・十一 癸亥	三・十一 癸巳	四・十一 壬戌
一・二十一 甲辰	二・二十一 癸酉	三・二十一 癸卯	四・二十一 壬申
五・一 壬午	六・一 辛亥	七・一 辛巳	八・一 庚戌
五・十一 壬辰	六・十一 辛酉	七・十一 辛卯	八・十一 庚申
五・二十一 壬寅	六・二十一 辛未	七・二十一 辛丑	八・二十一 庚午
九・一 庚辰	十・一 己酉	十一・一 己卯	十二・一 戊申
九・十一 庚寅	十・十一 己未	十一・十一 己丑	十二・十一 戊午
九・二十一 庚子	十・二十一 己巳	十一・二十一 己亥	十二・二十一 戊辰

＊《辑要》正月壬午、二月辛亥、三月辛巳、四月庚戌、五月庚辰、六月己酉、七月己卯、八月己酉、九月戊寅、十月戊申、十一月丁丑、十二月丁未朔。

周釐王二年辛丑（前 680）

*一・一 戊寅	二・一 丁未	三・一 丁丑	四・一 丁未
一・十一 戊子	二・十一 丁巳	三・十一 丁亥	四・十一 丁巳
一・二十一 戊戌	二・二十一 丁卯	三・二十一 丁酉	四・二十一 丁卯
五・一 丙子 闰五・一 丙午	六・一 乙亥	七・一 乙巳	八・一 甲戌
五・十一 丙戌 闰五・十一 丙辰	六・十一 乙酉	七・十一 乙卯	八・十一 甲申
五・二十一丙申 闰五・二十一丙寅	六・二十一 乙未	七・二十一 乙丑	八・二十一 甲午
九・一 甲辰	十・一 癸酉	十一・一 癸卯	十二・一 壬申
九・十一 甲寅	十・十一 癸未	十一・十一 癸丑	十二・十一 壬午
九・二十一 甲子	十・二十一 癸巳	十一・二十一 癸亥	十二・二十一 壬辰

＊《辑要》正月丙子、二月丙午、三月乙亥、四月乙巳、五月甲戌、六月甲辰、七月癸酉、闰七月癸卯、八月壬申、九月壬寅、十月辛未、十一月辛丑、十二月辛未朔。

周釐王三年壬寅（前 679）

*一·一　壬寅	二·一　辛未	三·一　辛丑	四·一　庚午
一·十一　壬子	二·十一　辛巳	三·十一　辛亥	四·十一　庚辰
一·二十一　壬戌	二·二十一　辛卯	三·二十一　辛酉	四·二十一　庚寅
五·一　庚子	六·一　己巳	七·一　己亥	八·一　己巳
五·十一　庚戌	六·十一　己卯	七·十一　己酉	八·十一　己卯
五·二十一　庚申	六·二十一　己丑	七·二十一　己未	八·二十一　己丑
九·一　戊戌	十·一　戊辰	十一·一　丁酉	十二·一　丁卯
九·十一　戊申	十·十一　戊寅	十一·十一　丁未	十二·十一　丁丑
九·二十一　戊午	十·二十一　戊子	十一·二十一　丁巳	十二·二十一　丁亥

*《辑要》正月庚子、二月庚午、三月己亥、四月己巳、五月戊戌、六月戊辰、七月丁酉、八月丁卯、九月丙申、十月丙寅、十一月乙未、十二月乙丑朔。

周釐王四年癸卯（前 678）

*一·一　丙申	二·一　丙寅	三·一　乙未	四·一　乙丑
一·十一　丙午	二·十一　丙子	三·十一　乙巳	四·十一　乙亥
一·二十一　丙辰	二·二十一　丙戌	三·二十一　乙卯	四·二十一　乙酉
五·一　甲午	六·一　甲子	七·一　癸巳	八·一　癸亥
五·十一　甲辰	六·十一　甲戌	七·十一　癸卯	八·十一　癸酉
五·二十一　甲寅	六·二十一　甲申	七·二十一　癸丑	八·二十一　癸未
九·一　壬辰	十·一　壬戌	十一·一　辛卯	十二·一　辛酉
九·十一　壬寅	十·十一　壬申	十一·十一　辛丑	十二·十一　辛未
九·二十一　壬子	十·二十一　壬午	十一·二十一　辛亥	十二·二十一　辛巳

*《辑要》正月甲午、二月甲子、三月甲午、四月癸亥、五月癸巳、六月壬戌、七月壬辰、八月辛酉、九月辛卯、十月庚申、十一月庚寅、十二月己未朔。

周釐王五年甲辰（前 677）

*一·一　庚寅　闰一·一　庚申	二·一　己丑	三·一　己未	四·一　戊子
一·十一　庚子　闰一·十一　庚午	二·十一　己亥	三·十一　己巳	四·十一　戊戌
一·二十一庚戌　闰一·二十一庚辰	二·二十一　己酉	三·二十一　己卯	四·二十一　戊申
五·一　戊午	六·一　丁亥	七·一　丁巳	八·一　丙戌
五·十一　戊辰	六·十一　丁酉	七·十一　丁卯	八·十一　丙申
五·二十一　戊寅	六·二十一　丁未	七·二十一　丁丑	八·二十一　丙午
九·一　丙辰	十·一　乙酉	十一·一　乙卯	十二·一　甲申
九·十一　丙寅	十·十一　乙未	十一·十一　乙丑	十二·十一　甲午
九·二十一　丙子	十·二十一　乙巳	十一·二十一　乙亥	十二·二十一　甲辰

*《辑要》正月己丑、二月戊午、三月戊子、闰三月丁巳、四月丁亥、五月丙辰、六月丙戌、七月丙辰、八月乙酉、九月乙卯、十月甲申、十一月甲寅、十二月癸未朔。

周惠王元年乙巳（前 676）

*一·一　甲寅	二·一　癸未	三·一　癸丑	四·一　癸未
一·十一　甲子	二·十一　癸巳	三·十一　癸亥	四·十一　癸巳
一·二十一　甲戌	二·二十一　癸卯	三·二十一　癸酉	四·二十一　癸卯
五·一　壬子	六·一　壬午	七·一　辛亥	八·一　辛巳
五·十一　壬戌	六·十一　壬辰	七·十一　辛酉	八·十一　辛卯
五·二十一　壬申	六·二十一　壬寅	七·二十一　辛未	八·二十一　辛丑
九·一　庚戌	十·一　庚辰	十一·一　己酉	十二·一　己卯
九·十一　庚申	十·十一　庚寅	十一·十一　己未	十二·十一　己丑
九·二十一　庚午	十·二十一　庚子	十一·二十一　己巳	十二·二十一　己亥

*《辑要》正月癸丑、二月壬午、三月壬子、四月辛巳、五月辛亥、六月庚辰、七月庚戌、八月己卯、九月己酉、十月己卯、十一月戊申、十二月戊寅朔。

周惠王二年丙午(前 675)

*一・一　戊申	二・一　戊寅	三・一　丁未	四・一　丁丑
一・十一　戊午	二・十一　戊子	三・十一　丁巳	四・十一　丁亥
一・二十一　戊辰	二・二十一　戊戌	三・二十一　丁卯	四・二十一　丁酉
五・一　丙午	六・一　丙子	七・一　丙午	八・一　乙亥
五・十一　丙辰	六・十一　丙戌	七・十一　丙辰	八・十一　乙酉
五・二十一　丙寅	六・二十一　丙申	七・二十一　丙寅	八・二十一　乙未
九・一　乙巳	十・一　甲戌　闰十・一　甲辰	十一・一　癸酉	十二・一　癸卯
九・十一　乙卯	十・十一　甲申　闰十・十一　甲寅	十一・十一　癸未	十二・十一　癸丑
九・二十一　乙丑	十・二十一甲午　闰十・二十一甲子	十一・二十一　癸巳	十二・二十一　癸亥

＊《辑要》正月丁未、二月丁丑、三月丙午、四月丙子、五月乙巳、六月乙亥、七月甲辰、八月甲戌、九月癸卯、十月癸酉、十一月壬寅、闰十一月壬申、十二月辛丑朔。

周惠王三年丁未(前 674)

*一・一　壬申	二・一　壬寅	三・一　辛未	四・一　辛丑
一・十一　壬午	二・十一　壬子	三・十一　辛巳	四・十一　辛亥
一・二十一　壬辰	二・二十一　壬戌	三・二十一　辛卯	四・二十一　辛酉
五・一　庚午	六・一　庚子	七・一　己巳	八・一　己亥
五・十一　庚辰	六・十一　庚戌	七・十一　己卯	八・十一　己酉
五・二十一　庚寅	六・二十一　庚申	七・二十一　己丑	八・二十一　己未
九・一　戊辰	十・一　戊戌	十一・一　戊辰	十二・一　丁酉
九・十一　戊寅	十・十一　戊申	十一・十一　戊寅	十二・十一　丁未
九・二十一　戊子	十・二十一　戊午	十一・二十一　戊子	十二・二十一　丁巳

＊《辑要》正月辛未、二月辛丑、三月庚午、四月庚子、五月己巳、六月己亥、七月戊辰、八月戊戌、九月丁卯、十月丁酉、十一月丙寅、十二月丙申朔。

周惠王四年戊申(前 673)

*一・一　丁卯	二・一　丙申	三・一　丙寅	四・一　乙未
一・十一　丁丑	二・十一　丙午	三・十一　丙子	四・十一　乙巳
一・二十一　丁亥	二・二十一　丙辰	三・二十一　丙戌	四・二十一　乙卯
五・一　乙丑	六・一　甲午	七・一　甲子	八・一　癸巳
五・十一　乙亥	六・十一　甲辰	七・十一　甲戌	八・十一　癸卯
五・二十一　乙酉	六・二十一　甲寅	七・二十一　甲申	八・二十一　癸丑
九・一　癸亥	十・一　壬辰	十一・一　壬戌	十二・一　辛卯
九・十一　癸酉	十・十一　壬寅	十一・十一　壬申	十二・十一　辛丑
九・二十一　癸未	十・二十一　壬子	十一・二十一　壬午	十二・二十一　辛亥

＊《辑要》正月乙丑、二月乙未、三月甲子、四月甲午、五月癸亥、六月癸巳、七月癸亥、八月壬辰、九月壬戌、十月辛卯、十一月辛酉、十二月庚寅朔。

周惠王五年己酉(前 672)

*一・一　辛酉	二・一　庚寅	三・一　庚申	四・一　庚寅
一・十一　辛未	二・十一　庚子	三・十一　庚午	四・十一　庚子
一・二十一　辛巳	二・二十一　庚戌	三・二十一　庚辰	四・二十一　庚戌
五・一　己未	六・一　己丑　闰六・一　戊午	七・一　戊子	八・一　丁巳
五・十一　己巳	六・十一　己亥　闰六・十一　戊辰	七・十一　戊戌	八・十一　丁卯
五・二十一　己卯	六・二十一己酉　闰六・二十一戊寅	七・二十一　戊申	八・二十一　丁丑
九・一　丁亥	十・一　丙辰	十一・一　丙戌	十二・一　乙卯
九・十一　丁酉	十・十一　丙寅	十一・十一　丙申	十二・十一　乙丑
九・二十一　丁未	十・二十一　丙子	十一・二十一　丙午	十二・二十一　乙亥

＊《辑要》正月庚申、二月己丑、三月己未、四月戊子、五月戊午、六月丁亥、七月丁巳、八月丙戌、九月丙辰、闰九月丙戌、十月乙卯、十一月乙酉、十二月甲寅朔。

周惠王六年庚戌（前 671）

*一·一	乙酉	二·一	甲寅	三·一	甲申	四·一	癸丑
一·十一	乙未	二·十一	甲子	三·十一	甲午	四·十一	癸亥
一·二十一	乙巳	二·二十一	甲戌	三·二十一	甲辰	四·二十一	癸酉
五·一	癸未	六·一	癸丑	七·一	壬午	八·一	壬子
五·十一	癸巳	六·十一	癸亥	七·十一	壬辰	八·十一	壬戌
五·二十一	癸卯	六·二十一	癸酉	七·二十一	壬寅	八·二十一	壬申
九·一	辛巳	十·一	辛亥	十一·一	庚辰	十二·一	庚戌
九·十一	辛卯	十·十一	辛酉	十一·十一	庚寅	十二·十一	庚申
九·二十一	辛丑	十·二十一	辛未	十一·二十一	庚子	十二·二十一	庚午

＊《辑要》正月甲申、二月癸丑、三月癸未、四月壬子、五月壬午、六月辛亥、七月辛巳、八月庚戌、九月庚辰、十月己酉、十一月己卯、十二月戊申朔。

周惠王七年辛亥（前 670）

*一·一	己卯	二·一	己酉	三·一	戊寅	四·一	戊申
一·十一	己丑	二·十一	己未	三·十一	戊子	四·十一	戊午
一·二十一	己亥	二·二十一	己巳	三·二十一	戊戌	四·二十一	戊辰
五·一	丁丑	六·一	丁未	七·一	丙子	八·一	丙午
五·十一	丁亥	六·十一	丁巳	七·十一	丙戌	八·十一	丙辰
五·二十一	丁酉	六·二十一	丁卯	七·二十一	丙申	八·二十一	丙寅
九·一	乙亥	十·一	乙巳	十一·一	乙亥	十二·一	甲辰
九·十一	乙酉	十·十一	乙卯	十一·十一	乙酉	十二·十一	甲寅
九·二十一	乙未	十·二十一	乙丑	十一·二十一	乙未	十二·二十一	甲子

＊《辑要》正月戊寅、二月戊申、三月丁丑、四月丁未、五月丙子、六月丙午、七月乙亥、八月乙巳、九月甲戌、十月甲辰、十一月癸酉、十二月癸卯朔。

周惠王八年壬子（前 669）

*一·一	甲戌	二·一	癸卯	三·一	癸酉　闰三·一　壬寅	四·一	壬申
一·十一	甲申	二·十一	癸丑	三·十一	癸未　闰三·十一　壬子	四·十一	壬午
一·二十一	甲午	二·二十一	癸亥	三·二十一	癸巳　闰三·二十一　壬戌	四·二十一	壬辰
五·一	辛丑	六·一	辛未	七·一	庚子	八·一	庚午
五·十一	辛亥	六·十一	辛巳	七·十一	庚戌	八·十一	庚辰
五·二十一	辛酉	六·二十一	辛卯	七·二十一	庚申	八·二十一	庚寅
九·一	己亥	十·一	己巳	十一·一	戊戌	十二·一	戊辰
九·十一	己酉	十·十一	己卯	十一·十一	戊申	十二·十一	戊寅
九·二十一	己未	十·二十一	己丑	十一·二十一	戊午	十二·二十一	戊子

＊《辑要》正月壬申、二月壬寅、三月辛未、四月辛丑、五月辛未、六月庚子、闰六月庚午、七月己亥、八月己巳、九月戊戌、十月戊辰、十一月丁酉、十二月丁卯朔。

周惠王九年癸丑（前 668）

*一·一	戊戌	二·一	丁卯	三·一	丁酉	四·一	丙寅
一·十一	戊申	二·十一	丁丑	三·十一	丁未	四·十一	丙子
一·二十一	戊午	二·二十一	丁亥	三·二十一	丁巳	四·二十一	丙戌
五·一	丙申	六·一	乙丑	七·一	乙未	八·一	甲子
五·十一	丙午	六·十一	乙亥	七·十一	乙巳	八·十一	甲戌
五·二十一	丙辰	六·二十一	乙酉	七·二十一	乙卯	八·二十一	甲申
九·一	甲午	十·一	癸亥	十一·一	癸巳	十二·一	壬戌
九·十一	甲辰	十·十一	癸酉	十一·十一	癸卯	十二·十一	壬申
九·二十一	甲寅	十·二十一	癸未	十一·二十一	癸丑	十二·二十一	壬午

＊《辑要》正月丙申、二月丙寅、三月乙未、四月乙丑、五月甲午、六月甲子、七月癸巳、八月癸亥、九月癸巳、十月壬戌、十一月壬辰、十二月辛酉朔。

周惠王十年甲寅(前667)

*一·一 壬辰	二·一 辛酉	三·一 辛卯	四·一 庚申
一·十一 壬寅	二·十一 辛未	三·十一 辛丑	四·十一 庚午
一·二十一 壬子	二·二十一 辛巳	三·二十一 辛亥	四·二十一 庚辰
五·一 庚寅	六·一 庚申	七·一 己丑	八·一 己未
五·十一 庚子	六·十一 庚午	七·十一 己亥	八·十一 己巳
五·二十一 庚戌	六·二十一 庚辰	七·二十一 己酉	八·二十一 己卯
九·一 戊子	十·一 戊午	十一·一 丁亥	十二·一 丁巳　闰十二·一 丙戌
九·十一 戊戌	十·十一 戊辰	十一·十一 丁酉	十二·十一 丁卯　闰十二·十一 丙申
九·二十一 戊申	十·二十一 戊寅	十一·二十一 丁未	十二·二十一丁丑　闰十二·二十一丙午

*《辑要》正月辛卯、二月庚申、三月庚寅、四月己未、五月己丑、六月戊午、七月戊子、八月丁巳、九月丁亥、十月丙辰、十一月丙戌、十二月乙卯朔。

周惠王十一年乙卯(前666)

*一·一 丙辰	二·一 乙酉	三·一 乙卯	四·一 甲申
一·十一 丙寅	二·十一 乙未	三·十一 乙丑	四·十一 甲午
一·二十一 丙子	二·二十一 乙巳	三·二十一 乙亥	四·二十一 甲辰
五·一 甲寅	六·一 癸未	七·一 癸丑	八·一 壬午
五·十一 甲子	六·十一 癸巳	七·十一 癸亥	八·十一 壬辰
五·二十一 甲戌	六·二十一 癸卯	七·二十一 癸酉	八·二十一 壬寅
九·一 壬子	十·一 壬午	十一·一 辛亥	十二·一 辛巳
九·十一 壬戌	十·十一 壬辰	十一·十一 辛酉	十二·十一 辛卯
九·二十一 壬申	十·二十一 壬寅	十一·二十一 辛未	十二·二十一 辛丑

*《辑要》正月乙酉、二月乙卯、闰二月甲申、三月甲寅、四月癸未、五月癸丑、六月壬午、七月壬子、八月辛巳、九月辛亥、十月庚辰、十一月庚戌、十二月己卯朔。

周惠王十二年丙辰(前665)

*一·一 庚戌	二·一 庚辰	三·一 己酉	四·一 己卯
一·十一 庚申	二·十一 庚寅	三·十一 己未	四·十一 己丑
一·二十一 庚午	二·二十一 庚子	三·二十一 己巳	四·二十一 己亥
五·一 戊申	六·一 戊寅	七·一 丁未	八·一 丁丑
五·十一 戊午	六·十一 戊子	七·十一 丁巳	八·十一 丁亥
五·二十一 戊辰	六·二十一 戊戌	七·二十一 丁卯	八·二十一 丁酉
九·一 丙午	十·一 丙子	十一·一 乙巳	十二·一 乙亥
九·十一 丙辰	十·十一 丙戌	十一·十一 乙卯	十二·十一 乙酉
九·二十一 丙寅	十·二十一 丙申	十一·二十一 乙丑	十二·二十一 乙未

*《辑要》正月己酉、二月戊寅、三月戊申、四月戊寅、五月丁未、六月丁丑、七月丙午、八月丙子、九月乙巳、十月乙亥、十一月甲辰、十二月甲戌朔。

周惠王十三年丁巳(前664)

*一·一 乙巳	二·一 甲戌	三·一 甲辰	四·一 癸酉
一·十一 乙卯	二·十一 甲申	三·十一 甲寅	四·十一 癸未
一·二十一 乙丑	二·二十一 甲午	三·二十一 甲子	四·二十一 癸巳
五·一 癸卯	六·一 壬申	七·一 壬寅	八·一 辛未　闰八·一 辛丑
五·十一 癸丑	六·十一 壬午	七·十一 壬子	八·十一 辛巳　闰八·十一 辛亥
五·二十一 癸亥	六·二十一 壬辰	七·二十一 壬戌	八·二十一辛卯　闰八·二十一辛酉
九·一 庚午	十·一 庚子	十一·一 己巳	十二·一 己亥
九·十一 庚辰	十·十一 庚戌	十一·十一 己卯	十二·十一 己酉
九·二十一 庚寅	十·二十一 庚申	十一·二十一 己丑	十二·二十一 己未

*《辑要》正月癸卯、二月癸酉、三月壬寅、四月壬申、五月辛丑、六月辛未、七月庚子、八月庚午、九月庚子、十月己巳、闰十月己亥、十一月戊辰、十二月戊戌朔。

周惠王十四年戊午(前663)

*一·一 戊辰	二·一 戊戌	三·一 丁卯	四·一 丁酉
一·十一 戊寅	二·十一 戊申	三·十一 丁丑	四·十一 丁未
一·二十一 戊子	二·二十一 戊午	三·二十一 丁亥	四·二十一 丁巳
五·一 丁卯	六·一 丙申	七·一 丙寅	八·一 乙未
五·十一 丁丑	六·十一 丙午	七·十一 丙子	八·十一 乙巳
五·二十一 丁亥	六·二十一 丙辰	七·二十一 丙戌	八·二十一 乙卯
九·一 乙丑	十·一 甲午	十一·一 甲子	十二·一 癸巳
九·十一 乙亥	十·十一 甲辰	十一·十一 甲戌	十二·十一 癸卯
九·二十一 乙酉	十·二十一 甲寅	十一·二十一 甲申	十二·二十一 癸丑

*《辑要》正月丁卯、二月丁酉、三月丙寅、四月丙申、五月乙丑、六月乙未、七月甲子、八月甲午、九月癸亥、十月癸巳、十一月癸亥、十二月壬辰朔。

周惠王十五年己未(前662)

*一·一 癸亥	二·一 壬辰	三·一 壬戌	四·一 辛卯
一·十一 癸酉	二·十一 壬寅	三·十一 壬申	四·十一 辛丑
一·二十一 癸未	二·二十一 壬子	三·二十一 壬午	四·二十一 辛亥
五·一 辛酉	六·一 庚寅	七·一 庚申	八·一 庚寅
五·十一 辛未	六·十一 庚子	七·十一 庚午	八·十一 庚子
五·二十一 辛巳	六·二十一 庚戌	七·二十一 庚辰	八·二十一 庚戌
九·一 己未	十·一 己丑	十一·一 戊午	十二·一 戊子
九·十一 己巳	十·十一 己亥	十一·十一 戊辰	十二·十一 戊戌
九·二十一 己卯	十·二十一 己酉	十一·二十一 戊寅	十二·二十一 戊申

*《辑要》正月壬戌、二月辛卯、三月辛酉、四月庚寅、五月庚申、六月己丑、七月己未、八月戊子、九月戊午、十月丁亥、十一月丁巳、十二月丙戌朔。

周惠王十六年庚申(前661)

*一·一 丁巳	二·一 丁亥	三·一 丙辰	四·一 丙戌　闰四·一 乙卯
一·十一 丁卯	二·十一 丁酉	三·十一 丙寅	四·十一 丙申　闰四·十一 乙丑
一·二十一 丁丑	二·二十一 丁未	三·二十一 丙子	四·二十一 丙午　闰四·二十一 乙亥
五·一 乙酉	六·一 甲寅	七·一 甲申	八·一 癸丑
五·十一 乙未	六·十一 甲子	七·十一 甲午	八·十一 癸亥
五·二十一 乙巳	六·二十一 甲戌	七·二十一 甲辰	八·二十一 癸酉
九·一 癸未	十·一 壬子	十一·一 壬午	十二·一 壬子
九·十一 癸巳	十·十一 壬戌	十一·十一 壬辰	十二·十一 壬戌
九·二十一 癸卯	十·二十一 壬申	十一·二十一 壬寅	十二·二十一 壬申

*《辑要》正月丙辰、二月乙酉、三月乙卯、四月乙酉、五月甲寅、六月甲申、七月癸丑、闰七月癸未、八月壬子、九月壬午、十月辛亥、十一月辛巳、十二月庚戌朔。

周惠王十七年辛酉(前660)

*一·一 辛巳	二·一 辛亥	三·一 庚辰	四·一 庚戌
一·十一 辛卯	二·十一 辛酉	三·十一 庚寅	四·十一 庚申
一·二十一 辛丑	二·二十一 辛未	三·二十一 庚子	四·二十一 庚午
五·一 己卯	六·一 己酉	七·一 戊寅	八·一 戊申
五·十一 己丑	六·十一 己未	七·十一 戊子	八·十一 戊午
五·二十一 己亥	六·二十一 己巳	七·二十一 戊戌	八·二十一 戊辰
九·一 丁丑	十·一 丁未	十一·一 丙子	十二·一 丙午
九·十一 丁亥	十·十一 丁巳	十一·十一 丙戌	十二·十一 丙辰
九·二十一 丁酉	十·二十一 丁卯	十一·二十一 丙申	十二·二十一 丙寅

*《辑要》正月庚辰、二月己酉、三月己卯、四月戊申、五月戊寅、六月丁未、七月丁丑、八月丁未、九月丙子、十月丙午、十一月乙亥、十二月乙巳朔。

周惠王十八年壬戌(前 659)

*一·一 乙亥	二·一 乙巳	三·一 甲戌	四·一 甲辰
一·十一 乙酉	二·十一 乙卯	三·十一 甲申	四·十一 甲寅
一·二十一 乙未	二·二十一 乙丑	三·二十一 甲午	四·二十一 甲子
五·一 甲戌	六·一 癸卯	七·一 癸酉	八·一 壬寅
五·十一 甲申	六·十一 癸丑	七·十一 癸未	八·十一 壬子
五·二十一 甲午	六·二十一 癸亥	七·二十一 癸巳	八·二十一 壬戌
九·一 壬申	十·一 辛丑	十一·一 辛未	十二·一 庚子 闰十二·一 庚午
九·十一 壬午	十·十一 辛亥	十一·十一 辛巳	十二·十一 庚戌 闰十二·十一 庚辰
九·二十一 壬辰	十·二十一 辛酉	十一·二十一 辛卯	十二·二十一庚申 闰十二·二十一庚寅

*《辑要》正月甲戌、二月甲辰、三月癸酉、四月癸卯、五月壬申、六月壬寅、七月辛未、八月辛丑、九月庚午、十月庚子、十一月庚午、十二月己亥朔。

周惠王十九年癸亥(前 658)

*一·一 己亥	二·一 己巳	三·一 戊戌	四·一 戊辰
一·十一 己酉	二·十一 己卯	三·十一 戊申	四·十一 戊寅
一·二十一 己未	二·二十一 己丑	三·二十一 戊午	四·二十一 戊子
五·一 丁酉	六·一 丁卯	七·一 丁酉	八·一 丙寅
五·十一 丁未	六·十一 丁丑	七·十一 丁未	八·十一 丙子
五·二十一 丁巳	六·二十一 丁亥	七·二十一 丁巳	八·二十一 丙戌
九·一 丙申	十·一 乙丑	十一·一 乙未	十二·一 甲子
九·十一 丙午	十·十一 乙亥	十一·十一 乙巳	十二·十一 甲戌
九·二十一 丙辰	十·二十一 乙酉	十一·二十一 乙卯	十二·二十一 甲申

*《辑要》正月己巳、二月戊戌、三月戊辰、四月丁酉、闰四月丁卯、五月丙申、六月丙寅、七月乙未、八月乙丑、九月甲午、十月甲子、十一月癸巳、十二月癸亥朔。

周惠王二十年甲子(前 657)

*一·一 甲午	二·一 癸亥	三·一 癸巳	四·一 壬戌
一·十一 甲辰	二·十一 癸酉	三·十一 癸卯	四·十一 壬申
一·二十一 甲寅	二·二十一 癸未	三·二十一 癸丑	四·二十一 壬午
五·一 壬辰	六·一 辛酉	七·一 辛卯	八·一 庚申
五·十一 壬寅	六·十一 辛未	七·十一 辛丑	八·十一 庚午
五·二十一 壬子	六·二十一 辛巳	七·二十一 辛亥	八·二十一 庚辰
九·一 庚寅	十·一 己未	十一·一 己丑	十二·一 己未
九·十一 庚子	十·十一 己巳	十一·十一 己亥	十二·十一 己巳
九·二十一 庚戌	十·二十一 己卯	十一·二十一 己酉	十二·二十一 己卯

*《辑要》正月壬辰、二月壬戌、三月壬辰、四月辛酉、五月辛卯、六月庚申、七月庚寅、八月己未、九月己丑、十月戊午、十一月戊子、十二月丁巳朔。

周惠王二十一年乙丑(前 656)

*一·一 戊子	二·一 戊午	三·一 丁亥	四·一 丁巳
一·十一 戊戌	二·十一 戊辰	三·十一 丁酉	四·十一 丁卯
一·二十一 戊申	二·二十一 戊寅	三·二十一 丁未	四·二十一 丁丑
五·一 丙戌	六·一 丙辰	七·一 乙酉	八·一 乙卯
五·十一 丙申	六·十一 丙寅	七·十一 乙未	八·十一 乙丑
五·二十一 丙午	六·二十一 丙子	七·二十一 乙巳	八·二十一 乙亥
九·一 甲申	十·一 甲寅 闰十·一 癸未	十一·一 癸丑	十二·一 壬午
九·十一 甲午	十·十一 甲子 闰十·十一 癸巳	十一·十一 癸亥	十二·十一 壬辰
九·二十一 甲辰	十·二十一甲戌 闰十·二十一癸卯	十一·二十一 癸酉	十二·二十一 壬寅

*《辑要》正月丁亥、二月丙辰、三月丙戌、四月乙卯、五月乙酉、六月乙卯、七月甲申、八月甲寅、九月癸未、十月癸丑、十一月壬午、十二月壬子、闰十二月辛巳朔。

周惠王二十二年丙寅(前655)

*一・一 壬子	二・一 壬午	三・一 辛亥	四・一 辛巳
一・十一 壬戌	二・十一 壬辰	三・十一 辛酉	四・十一 辛卯
一・二十一 壬申	二・二十一 壬寅	三・二十一 辛未	四・二十一 辛丑
五・一 庚戌	六・一 庚辰	七・一 己酉	八・一 己卯
五・十一 庚申	六・十一 庚寅	七・十一 己未	八・十一 己丑
五・二十一 庚午	六・二十一 庚子	七・二十一 己巳	八・二十一 己亥
九・一 戊申	十・一 戊寅	十一・一 丁未	十二・一 丁丑
九・十一 戊午	十・十一 戊子	十一・十一 丁巳	十二・十一 丁亥
九・二十一 戊辰	十・二十一 戊戌	十一・二十一 丁卯	十二・二十一 丁酉

＊《辑要》正月辛亥、二月庚辰、三月庚戌、四月己卯、五月己酉、六月戊寅、七月戊申、八月丁丑、九月丁未、十月丁丑、十一月丙午、十二月丙子朔。

周惠王二十三年丁卯(前654)

*一・一 丙午	二・一 丙子	三・一 乙巳	四・一 乙亥
一・十一 丙辰	二・十一 丙戌	三・十一 乙卯	四・十一 乙酉
一・二十一 丙寅	二・二十一 丙申	三・二十一 乙丑	四・二十一 乙未
五・一 甲辰	六・一 甲戌	七・一 甲辰	八・一 癸酉
五・十一 甲寅	六・十一 甲申	七・十一 甲寅	八・十一 癸未
五・二十一 甲子	六・二十一 甲午	七・二十一 甲子	八・二十一 癸巳
九・一 癸卯	十・一 壬申	十一・一 壬寅	十二・一 辛未
九・十一 癸丑	十・十一 壬午	十一・十一 壬子	十二・十一 辛巳
九・二十一 癸亥	十・二十一 壬辰	十一・二十一 壬戌	十二・二十一 辛卯

＊《辑要》正月乙巳、二月乙亥、三月甲辰、四月甲戌、五月癸卯、六月癸酉、七月壬寅、八月壬申、九月辛丑、十月辛未、十一月庚子、十二月庚午朔。

周惠王二十四戊辰(前653)

*一・一 辛丑	二・一 庚午	三・一 庚子	四・一 己巳
一・十一 辛亥	二・十一 庚辰	三・十一 庚戌	四・十一 己卯
一・二十一 辛酉	二・二十一 庚寅	三・二十一 庚申	四・二十一 己丑
五・一 己亥	六・一 戊辰　闰六・一 戊戌	七・一 丁卯	八・一 丁酉
五・十一 己酉	六・十一 戊寅　闰六・十一 戊申	七・十一 丁丑	八・十一 丁未
五・二十一 己未	六・二十一 戊子　闰六・二十一 戊午	七・二十一 丁亥	八・二十一 丁巳
九・一 丙寅	十・一 丙申	十一・一 丙寅	十二・一 乙未
九・十一 丙子	十・十一 丙午	十一・十一 丙子	十二・十一 乙巳
九・二十一 丙戌	十・二十一 丙辰	十一・二十一 丙戌	十二・二十一 乙卯

＊《辑要》正月己亥、二月己巳、三月己亥、四月戊辰、五月戊戌、六月丁卯、七月丁酉、八月丙寅、闰八月丙申、九月乙丑、十月乙未、十一月甲子、十二月甲午朔。

周惠王二十五年己巳(前652)

*一・一 乙丑	二・一 甲午	三・一 甲子	四・一 癸巳
一・十一 乙亥	二・十一 甲辰	三・十一 甲戌	四・十一 癸卯
一・二十一 乙酉	二・二十一 甲寅	三・二十一 甲申	四・二十一 癸丑
五・一 癸亥	六・一 壬辰	七・一 壬戌	八・一 辛卯
五・十一 癸酉	六・十一 壬寅	七・十一 壬申	八・十一 辛丑
五・二十一 癸未	六・二十一 壬子	七・二十一 壬午	八・二十一 辛亥
九・一 辛酉	十・一 庚寅	十一・一 庚申	十二・一 己丑
九・十一 辛未	十・十一 庚子	十一・十一 庚午	十二・十一 己亥
九・二十一 辛巳	十・二十一 庚戌	十一・二十一 庚辰	十二・二十一 己酉

＊《辑要》正月癸亥、二月癸巳、三月壬戌、四月壬辰、五月壬戌、六月辛卯、七月辛酉、八月庚寅、九月庚申、十月己丑、十一月己未、十二月戊子朔。

周襄王元年庚午(前651)

*一・一 己未	二・一 己丑	三・一 戊午	四・一 戊子
一・十一 己巳	二・十一 己亥	三・十一 戊辰	四・十一 戊戌
一・二十一 己卯	二・二十一 己酉	三・二十一 戊寅	四・二十一 戊申
五・一 丁巳	六・一 丁亥	七・一 丙辰	八・一 丙戌
五・十一 丁卯	六・十一 丁酉	七・十一 丙寅	八・十一 丙申
五・二十一 丁丑	六・二十一 丁未	七・二十一 丙子	八・二十一 丙午
九・一 乙卯	十・一 乙酉	十一・一 甲寅	十二・一 甲申
九・十一 乙丑	十・十一 乙未	十一・十一 甲子	十二・十一 甲午
九・二十一 乙亥	十・二十一 乙巳	十一・二十一 甲戌	十二・二十一 甲辰

*《辑要》正月戊午、二月丁亥、三月丁巳、四月丙戌、五月丙辰、六月乙酉、七月乙卯、八月甲申、九月甲寅、十月甲申、十一月癸丑、十二月癸未朔。

周襄王二年辛未(前650)

*一・一 癸丑	二・一 癸未	三・一 壬子　闰三・一 壬午	四・一 辛亥
一・十一 癸亥	二・十一 癸巳	三・十一 壬戌　闰三・十一 壬辰	四・十一 辛酉
一・二十一 癸酉	二・二十一 癸卯	三・二十一 壬申　闰三・二十一 壬寅	四・二十一 辛未
五・一 辛巳	六・一 辛亥	七・一 庚辰	八・一 庚戌
五・十一 辛卯	六・十一 辛酉	七・十一 庚寅	八・十一 庚申
五・二十一 辛丑	六・二十一 辛未	七・二十一 庚子	八・二十一 庚午
九・一 己卯	十・一 己酉	十一・一 戊寅	十二・一 戊申
九・十一 己丑	十・十一 己未	十一・十一 戊子	十二・十一 戊午
九・二十一 己亥	十・二十一 己巳	十一・二十一 戊戌	十二・二十一 戊辰

*《辑要》正月壬子、二月壬午、三月辛亥、四月辛巳、五月庚戌、闰五月庚辰、六月己酉、七月己卯、八月戊申、九月戊寅、十月丁未、十一月丁丑、十二月丁未朔。

周襄王三年壬申(前649)

*一・一 丁丑	二・一 丁未	三・一 丙子	四・一 丙午
一・十一 丁亥	二・十一 丁巳	三・十一 丙戌	四・十一 丙辰
一・二十一 丁酉	二・二十一 丁卯	三・二十一 丙申	四・二十一 丙寅
五・一 乙亥	六・一 乙巳	七・一 甲戌	八・一 甲辰
五・十一 乙酉	六・十一 乙卯	七・十一 甲申	八・十一 甲寅
五・二十一 乙未	六・二十一 乙丑	七・二十一 甲午	八・二十一 甲子
九・一 癸酉	十・一 癸卯	十一・一 癸酉	十二・一 壬寅
九・十一 癸未	十・十一 癸丑	十一・十一 癸未	十二・十一 壬子
九・二十一 癸巳	十・二十一 癸亥	十一・二十一 癸巳	十二・二十一 壬戌

*《辑要》正月丙子、二月丙午、三月乙亥、四月乙巳、五月甲戌、六月甲辰、七月癸酉、八月癸卯、九月壬申、十月壬寅、十一月辛未、十二月辛丑朔。

周襄王四年癸酉(前648)

*一・一 壬申	二・一 辛丑	三・一 辛未	四・一 庚子
一・十一 壬午	二・十一 辛亥	三・十一 辛巳	四・十一 庚戌
一・二十一 壬辰	二・二十一 辛酉	三・二十一 辛卯	四・二十一 庚申
五・一 庚午	六・一 己亥	七・一 己巳	八・一 戊戌
五・十一 庚辰	六・十一 己酉	七・十一 己卯	八・十一 戊申
五・二十一 庚寅	六・二十一 己未	七・二十一 己丑	八・二十一 戊午
九・一 戊辰	十・一 丁酉	十一・一 丁卯	十二・一 丙申　闰十二・一 丙寅
九・十一 戊寅	十・十一 丁未	十一・十一 丁丑	十二・十一 丙午　闰十二・十一 丙子
九・二十一 戊子	十・二十一 丁巳	十一・二十一 丁亥	十二・二十一 丙辰　闰十二・二十一 丙戌

*《辑要》正月庚午、二月庚子、三月己巳、四月己亥、五月己巳、六月戊戌、七月戊辰、八月丁酉、九月丁卯、十月丙申、十一月丙寅、十二月乙未朔。

周襄王五年甲戌(前647)

*一·一 丙申	二·一 乙丑	三·一 乙未	四·一 甲子
一·十一 丙午	二·十一 乙亥	三·十一 乙巳	四·十一 甲戌
一·二十一 丙辰	二·二十一 乙酉	三·二十一 乙卯	四·二十一 甲申
五·一 甲午	六·一 癸亥	七·一 癸巳	八·一 壬戌
五·十一 甲辰	六·十一 癸酉	七·十一 癸卯	八·十一 壬申
五·二十一 甲寅	六·二十一 癸未	七·二十一 癸丑	八·二十一 壬午
九·一 壬辰	十·一 辛酉	十一·一 辛卯	十二·一 庚申
九·十一 壬寅	十·十一 辛未	十一·十一 辛丑	十二·十一 庚午
九·二十一 壬子	十·二十一 辛巳	十一·二十一 辛亥	十二·二十一 庚辰

*《辑要》正月乙丑、二月甲午、闰二月甲子、三月癸巳、四月癸亥、五月壬辰、六月壬戌、七月辛卯、八月辛酉、九月辛卯、十月庚申、十一月庚寅、十二月己未朔。

周襄王六年乙亥(前646)

*一·一 庚寅	二·一 己未	三·一 己丑	四·一 戊午
一·十一 庚子	二·十一 己巳	三·十一 己亥	四·十一 戊辰
一·二十一 庚戌	二·二十一 己卯	三·二十一 己酉	四·二十一 戊寅
五·一 戊子	六·一 戊午	七·一 丁亥	八·一 丁巳
五·十一 戊戌	六·十一 戊辰	七·十一 丁酉	八·十一 丁卯
五·二十一 戊申	六·二十一 戊寅	七·二十一 丁未	八·二十一 丁丑
九·一 丙戌	十·一 丙辰	十一·一 乙酉	十二·一 乙卯
九·十一 丙申	十·十一 丙寅	十一·十一 乙未	十二·十一 乙丑
九·二十一 丙午	十·二十一 丙子	十一·二十一 乙巳	十二·二十一 乙亥

*《辑要》正月己丑、二月戊午、三月戊子、四月丁巳、五月丁亥、六月丙辰、七月丙戌、八月乙卯、九月乙酉、十月甲寅、十一月甲申、十二月甲寅朔。

周襄王七年丙子(前645)

*一·一 甲申	二·一 甲寅	三·一 癸未	四·一 癸丑
一·十一 甲午	二·十一 甲子	三·十一 癸巳	四·十一 癸亥
一·二十一 甲辰	二·二十一 甲戌	三·二十一 癸卯	四·二十一 癸酉
五·一 壬午	六·一 壬子	七·一 辛巳	八·一 辛亥
五·十一 壬辰	六·十一 壬戌	七·十一 辛卯	八·十一 辛酉
五·二十一 壬寅	六·二十一 壬申	七·二十一 辛丑	八·二十一 辛未
九·一 辛巳 闰九·一 庚戌	十·一 庚辰	十一·一 己酉	十二·一 己卯
九·十一 辛卯 闰九·十一 庚申	十·十一 庚寅	十一·十一 己未	十二·十一 己丑
九·二十一辛丑 闰九·二十一庚午	十·二十一 庚子	十一·二十一 己巳	十二·二十一 己亥

*《辑要》正月癸未、二月癸丑、三月壬午、四月壬子、五月辛巳、六月辛亥、七月庚辰、八月庚戌、九月己卯、十月己酉、十二月丁丑朔。又闰十月丙寅、十一月丙申朔,误,应为闰十月戊寅、十一月戊申朔。

周襄王八年丁丑(前644)

*一·一 戊申	二·一 戊寅	三·一 丁未	四·一 丁丑
一·十一 戊午	二·十一 戊子	三·十一 丁巳	四·十一 丁亥
一·二十一 戊辰	二·二十一 戊戌	三·二十一 丁卯	四·二十一 丁酉
五·一 丙午	六·一 丙子	七·一 乙巳	八·一 乙亥
五·十一 丙辰	六·十一 丙戌	七·十一 乙卯	八·十一 乙酉
五·二十一 丙寅	六·二十一 丙申	七·二十一 乙丑	八·二十一 乙未
九·一 甲辰	十·一 甲戌	十一·一 癸卯	十二·一 癸酉
九·十一 甲寅	十·十一 甲申	十一·十一 癸丑	十二·十一 癸未
九·二十一 甲子	十·二十一 甲午	十一·二十一 癸亥	十二·二十一 癸巳

*《辑要》正月丁未、二月丙子、三月丙午、四月丙子、五月乙巳、六月乙亥、七月甲辰、八月甲戌、九月癸卯、十月癸酉、十一月壬寅、十二月壬申朔。

周襄王九年戊寅(前 643)

*一·一 癸卯	二·一 壬申	三·一 壬寅	四·一 辛未
一·十一 癸丑	二·十一 壬午	三·十一 壬子	四·十一 辛巳
一·二十一 癸亥	二·二十一 壬辰	三·二十一 壬戌	四·二十一 辛卯
五·一 辛丑	六·一 庚午	七·一 庚子	八·一 己巳
五·十一 辛亥	六·十一 庚辰	七·十一 庚戌	八·十一 己卯
五·二十一 辛酉	六·二十一 庚寅	七·二十一 庚申	八·二十一 己丑
九·一 己亥	十·一 戊辰	十一·一 戊戌	十二·一 丁卯
九·十一 己酉	十·十一 戊寅	十一·十一 戊申	十二·十一 丁丑
九·二十一 己未	十·二十一 戊子	十一·二十一 戊午	十二·二十一 丁亥

*《辑要》正月辛丑、二月辛未、三月庚子、四月庚午、五月己亥、六月己巳、七月己亥、八月戊辰、九月戊戌、十月丁卯、十一月丁酉、十二月丙寅朔。

周襄王十年己卯(前 642)

*一·一 丁酉	二·一 丙寅	三·一 丙申	四·一 乙丑
一·十一 丁未	二·十一 丙子	三·十一 丙午	四·十一 乙亥
一·二十一 丁巳	二·二十一 丙戌	三·二十一 丙辰	四·二十一 乙酉
五·一 乙未 闰五·一 乙丑	六·一 甲午	七·一 甲子	八·一 癸巳
五·十一 乙巳 闰五·十一 乙亥	六·十一 甲辰	七·十一 甲戌	八·十一 癸卯
五·二十一乙卯 闰五·二十一乙酉	六·二十一 甲寅	七·二十一 甲申	八·二十一 癸丑
九·一 癸亥	十·一 壬辰	十一·一 壬戌	十二·一 辛卯
九·十一 癸酉	十·十一 壬寅	十一·十一 壬申	十二·十一 辛丑
九·二十一 癸未	十·二十一 壬子	十一·二十一 壬午	十二·二十一 辛亥

*《辑要》正月丙申、二月乙丑、三月乙未、四月甲子、五月甲午、六月癸亥、闰六月癸巳、七月壬戌、八月壬辰、九月辛酉、十月辛卯、十一月辛酉、十二月庚寅朔。

周襄王十一年庚辰(前 641)

*一·一 辛酉	二·一 庚寅	三·一 庚申	四·一 己丑
一·十一 辛未	二·十一 庚子	三·十一 庚午	四·十一 己亥
一·二十一 辛巳	二·二十一 庚戌	三·二十一 庚辰	四·二十一 己酉
五·一 己未	六·一 戊子	七·一 戊午	八·一 戊子
五·十一 己巳	六·十一 戊戌	七·十一 戊辰	八·十一 戊戌
五·二十一 己卯	六·二十一 戊申	七·二十一 戊寅	八·二十一 戊申
九·一 丁巳	十·一 丁亥	十一·一 丙辰	十二·一 丙戌
九·十一 丁卯	十·十一 丁酉	十一·十一 丙寅	十二·十一 丙申
九·二十一 丁丑	十·二十一 丁未	十一·二十一 丙子	十二·二十一 丙午

*《辑要》正月庚申、二月己丑、三月己未、四月戊子、五月戊午、六月丁亥、七月丁巳、八月丙戌、九月丙辰、十月乙酉、十一月乙卯、十二月甲申朔。

周襄王十二年辛巳(前 640)

*一·一 乙卯	二·一 乙酉	三·一 甲寅	四·一 甲申
一·十一 乙丑	二·十一 乙未	三·十一 甲子	四·十一 甲午
一·二十一 乙亥	二·二十一 乙巳	三·二十一 甲戌	四·二十一 甲辰
五·一 癸丑	六·一 癸未	七·一 壬子	八·一 壬午
五·十一 癸亥	六·十一 癸巳	七·十一 壬戌	八·十一 壬辰
五·二十一 癸酉	六·二十一 癸卯	七·二十一 壬申	八·二十一 壬寅
九·一 辛亥	十·一 辛巳	十一·一 庚戌	十二·一 庚辰 闰十二·一 庚戌
九·十一 辛酉	十·十一 辛卯	十一·十一 庚申	十二·十一 庚寅 闰十二·十一 庚申
九·二十一 辛未	十·二十一 辛丑	十一·二十一 庚午	十二·二十一庚子 闰十二·二十一庚午

*《辑要》正月甲寅、二月癸未、三月癸丑、四月癸未、五月壬子、六月壬午、七月辛亥、八月辛巳、九月庚戌、十月庚辰、十一月己酉、十二月己卯朔。

周襄王十三年壬午（前 639）

*一·一	己卯	二·一	己酉	三·一	戊寅	四·一	戊申
一·十一	己丑	二·十一	己未	三·十一	戊子	四·十一	戊午
一·二十一	己亥	二·二十一	己巳	三·二十一	戊戌	四·二十一	戊辰
五·一	丁丑	六·一	丁未	七·一	丙子	八·一	丙午
五·十一	丁亥	六·十一	丁巳	七·十一	丙戌	八·十一	丙辰
五·二十一	丁酉	六·二十一	丁卯	七·二十一	丙申	八·二十一	丙寅
九·一	乙亥	十·一	乙巳	十一·一	甲戌	十二·一	甲辰
九·十一	乙酉	十·十一	乙卯	十一·十一	甲申	十二·十一	甲寅
九·二十一	乙未	十·二十一	乙丑	十一·二十一	甲午	十二·二十一	甲子

*《辑要》正月戊申、二月戊寅、三月丁未、闰三月丁丑、四月丙午、五月丙子、六月丙午、七月乙亥、八月乙巳、九月甲戌、十月甲辰、十一月癸酉、十二月癸卯朔。

周襄王十四年癸未（前 638）

*一·一	癸酉	二·一	癸卯	三·一	癸酉	四·一	壬寅
一·十一	癸未	二·十一	癸丑	三·十一	癸未	四·十一	壬子
一·二十一	癸巳	二·二十一	癸亥	三·二十一	癸巳	四·二十一	壬戌
五·一	壬申	六·一	辛丑	七·一	辛未	八·一	庚子
五·十一	壬午	六·十一	辛亥	七·十一	辛巳	八·十一	庚戌
五·二十一	壬辰	六·二十一	辛酉	七·二十一	辛卯	八·二十一	庚申
九·一	庚午	十·一	己亥	十一·一	己巳	十二·一	戊戌
九·十一	庚辰	十·十一	己酉	十一·十一	己卯	十二·十一	戊申
九·二十一	庚寅	十·二十一	己未	十一·二十一	己丑	十二·二十一	戊午

*《辑要》正月壬申、二月壬寅、三月辛未、四月辛丑、五月庚午、六月庚子、七月己巳、八月己亥、九月戊辰、十月戊戌、十一月戊辰、十二月丁酉朔。

周襄王十五年甲申（前 637）

*一·一	戊辰	二·一	丁酉	三·一	丁卯	四·一	丙申
一·十一	戊寅	二·十一	丁未	三·十一	丁丑	四·十一	丙午
一·二十一	戊子	二·二十一	丁巳	三·二十一	丁亥	四·二十一	丙辰
五·一	丙寅	六·一	乙未	七·一	乙丑	八·一	乙未
五·十一	丙子	六·十一	乙巳	七·十一	乙亥	八·十一	乙巳
五·二十一	丙戌	六·二十一	乙卯	七·二十一	乙酉	八·二十一	乙卯
九·一	甲子	十·一 甲午 闰十·一	癸亥	十一·一	癸巳	十二·一	壬戌
九·十一	甲戌	十·十一 甲辰 闰十·十一	癸酉	十一·十一	癸卯	十二·十一	壬申
九·二十一	甲申	十·二十一甲寅 闰十·二十一	癸未	十一·二十一	癸丑	十二·二十一	壬午

*《辑要》正月丁卯、二月丙申、三月丙寅、四月乙未、五月乙丑、六月甲午、七月甲子、八月癸巳、九月癸亥、十月壬辰、十一月壬戌、十二月辛卯、闰十二月辛酉朔。

周襄王十六年乙酉（前 636）

*一·一	壬辰	二·一	辛酉	三·一	辛卯	四·一	庚申
一·十一	壬寅	二·十一	辛未	三·十一	辛丑	四·十一	庚午
一·二十一	壬子	二·二十一	辛巳	三·二十一	辛亥	四·二十一	庚辰
五·一	庚寅	六·一	己未	七·一	己丑	八·一	戊午
五·十一	庚子	六·十一	己巳	七·十一	己亥	八·十一	戊辰
五·二十一	庚戌	六·二十一	己卯	七·二十一	己酉	八·二十一	戊寅
九·一	戊子	十·一	丁巳	十一·一	丁亥	十二·一	丁巳
九·十一	戊戌	十·十一	丁卯	十一·十一	丁酉	十二·十一	丁卯
九·二十一	戊申	十·二十一	丁丑	十一·二十一	丁未	十二·二十一	丁丑

*《辑要》正月辛卯、二月庚申、三月庚寅、四月己未、五月己丑、六月戊午、七月戊子、八月丁巳、九月丁亥、十月丙辰、十一月丙戌、十二月乙卯朔。

周襄王十七年丙戌（前 635）

*一·一　丙戌	二·一　丙辰	三·一　乙酉	四·一　乙卯
一·十一　丙申	二·十一　丙寅	三·十一　乙未	四·十一　乙丑
一·二十一　丙午	二·二十一　丙子	三·二十一　乙巳	四·二十一　乙亥
五·一　甲申	六·一　甲寅	七·一　癸未	八·一　癸丑
五·十一　甲午	六·十一　甲子	七·十一　癸巳	八·十一　癸亥
五·二十一　甲辰	六·二十一　甲戌	七·二十一　癸卯	八·二十一　癸酉
九·一　壬午	十·一　壬子	十一·一　辛巳	十二·一　辛亥
九·十一　壬辰	十·十一　壬戌	十一·十一　辛卯	十二·十一　辛酉
九·二十一　壬寅	十·二十一　壬申	十一·二十一　辛丑	十二·二十一　辛未

＊《辑要》正月乙酉、二月甲寅、三月甲申、四月癸丑、五月癸未、六月癸丑、七月壬午、八月壬子、九月辛巳、十月辛亥、十一月庚辰、十二月庚戌朔。

周襄王十八年丁亥（前 634）

*一·一　庚辰	二·一　庚戌	三·一　庚辰	四·一　己酉
一·十一　庚寅	二·十一　庚申	三·十一　庚寅	四·十一　己未
一·二十一　庚子	二·二十一　庚午	三·二十一　庚子	四·二十一　己巳
五·一　己卯	六·一　戊申	七·一　戊寅　闰七·一　丁未	八·一　丁丑
五·十一　己丑	六·十一　戊午	七·十一　戊子　闰七·十一　丁巳	八·十一　丁亥
五·二十一　己亥	六·二十一　戊辰	七·二十一戊戌　闰七·二十一丁卯	八·二十一　丁酉
九·一　丙午	十·一　丙子	十一·一　乙巳	十二·一　乙亥
九·十一　丙辰	十·十一　丙戌	十一·十一　乙卯	十二·十一　乙酉
九·二十一　丙寅	十·二十一　丙申	十一·二十一　乙丑	十二·二十一　乙未

＊《辑要》正月己卯、二月己酉、三月戊寅、四月戊申、五月丁丑、六月丁未、七月丙子、八月丙午、闰八月乙亥、九月乙巳、十月乙亥、十一月甲辰、十二月甲戌朔。

周襄王十九年戊子（前 633）

*一·一　甲辰	二·一　甲戌	三·一　癸卯	四·一　癸酉
一·十一　甲寅	二·十一　甲申	三·十一　癸丑	四·十一　癸未
一·二十一　甲子	二·二十一　甲午	三·二十一　癸亥	四·二十一　癸巳
五·一　壬寅	六·一　壬申	七·一　壬寅	八·一　辛未
五·十一　壬子	六·十一　壬午	七·十一　壬子	八·十一　辛巳
五·二十一　壬戌	六·二十一　壬辰	七·二十一　壬戌	八·二十一　辛卯
九·一　辛丑	十·一　庚午	十一·一　庚子	十二·一　己巳
九·十一　辛亥	十·十一　庚辰	十一·十一　庚戌	十二·十一　己卯
九·二十一　辛酉	十·二十一　庚寅	十一·二十一　庚申	十二·二十一　己丑

＊《辑要》正月癸卯、二月癸酉、三月壬寅、四月壬申、五月辛丑、六月辛未、七月庚子、八月庚午、九月己亥、十月己巳、十一月戊戌、十二月戊辰朔。

周襄王二十年己丑（前 632）

*一·一　己亥	二·一　戊辰	三·一　戊戌	四·一　丁卯
一·十一　己酉	二·十一　戊寅	三·十一　戊申	四·十一　丁丑
一·二十一　己未	二·二十一　戊子	三·二十一　戊午	四·二十一　丁亥
五·一　丁酉	六·一　丙寅	七·一　丙申	八·一　乙丑
五·十一　丁未	六·十一　丙子	七·十一　丙午	八·十一　乙亥
五·二十一　丁巳	六·二十一　丙戌	七·二十一　丙辰	八·二十一　乙酉
九·一　乙未	十·一　乙丑	十一·一　甲午	十二·一　甲子
九·十一　乙巳	十·十一　乙亥	十一·十一　甲辰	十二·十一　甲戌
九·二十一　乙卯	十·二十一　乙酉	十一·二十一　甲寅	十二·二十一　甲申

＊《辑要》正月戊戌、二月丁卯、三月丁酉、四月丙寅、五月丙申、六月乙丑、七月乙未、八月甲子、九月甲午、十月癸亥、十一月癸巳、十二月壬戌朔。

周襄王二十一年庚寅（前631）

*一・一　癸巳	二・一　癸亥	三・一　壬辰　闰三・一　壬戌	四・一　辛卯
一・十一　癸卯	二・十一　癸酉	三・十一　壬寅　闰三・十一　壬申	四・十一　辛丑
一・二十一　癸丑	二・二十一　癸未	三・二十一壬子　闰三・二十一壬午	四・二十一　辛亥
五・一　辛酉	六・一　庚寅	七・一　庚申	八・一　己丑
五・十一　辛未	六・十一　庚子	七・十一　庚午	八・十一　己亥
五・二十一　辛巳	六・二十一　庚戌	七・二十一　庚辰	八・二十一　己酉
九・一　己未	十・一　戊子	十一・一　戊午	十二・一　丁亥
九・十一　己巳	十・十一　戊戌	十一・十一　戊辰	十二・十一　丁酉
九・二十一　己卯	十・二十一　戊申	十一・二十一　戊寅	十二・二十一　丁未

*《辑要》正月壬辰、二月辛酉、三月辛卯、四月庚申、五月庚寅、闰五月庚申、六月己丑、七月己未、八月戊子、九月戊午、十月丁亥、十一月丁巳、十二月丙戌朔。

周襄王二十二年辛卯（前630）

*一・一　丁巳	二・一　丁亥	三・一　丙辰	四・一　丙戌
一・十一　丁卯	二・十一　丁酉	三・十一　丙寅	四・十一　丙申
一・二十一　丁丑	二・二十一　丁未	三・二十一　丙子	四・二十一　丙午
五・一　乙卯	六・一　乙酉	七・一　甲寅	八・一　甲申
五・十一　乙丑	六・十一　乙未	七・十一　甲子	八・十一　甲午
五・二十一　乙亥	六・二十一　乙巳	七・二十一　甲戌	八・二十一　甲辰
九・一　癸丑	十・一　癸未	十一・一　壬子	十二・一　壬午
九・十一　癸亥	十・十一　癸巳	十一・十一　壬戌	十二・十一　壬辰
九・二十一　癸酉	十・二十一　癸卯	十一・二十一　壬申	十二・二十一　壬寅

*《辑要》正月丙辰、二月乙酉、三月乙卯、四月甲申、五月甲寅、六月癸未、七月癸丑、八月壬午、九月壬子、十月壬午、十一月辛亥、十二月辛巳朔。

周襄王二十三年壬辰（前629）

*一・一　辛亥	二・一　辛巳	三・一　庚戌	四・一　庚辰
一・十一　辛酉	二・十一　辛卯	三・十一　庚申	四・十一　庚寅
一・二十一　辛未	二・二十一　辛丑	三・二十一　庚午	四・二十一　庚子
五・一　己酉	六・一　己卯	七・一　己酉	八・一　戊寅
五・十一　己未	六・十一　己丑	七・十一　己未	八・十一　戊子
五・二十一　己巳	六・二十一　己亥	七・二十一　己巳	八・二十一　戊戌
九・一　戊申	十・一　丁丑	十一・一　丁未	十二・一　丙子　闰十二・一　丙午
九・十一　戊午	十・十一　丁亥	十一・十一　丁巳	十二・十一　丙戌　闰十二・十一　丙辰
九・二十一　戊辰	十・二十一　丁酉	十一・二十一　丁卯	十二・二十一丙申　闰十二・二十一丙寅

*《辑要》正月庚戌、二月庚辰、三月己酉、四月己卯、五月戊申、六月戊寅、七月丁未、八月丁丑、九月丙午、十月丙子、十一月乙巳、十二月乙亥朔。

周襄王二十四年癸巳（前628）

*一・一　乙亥	二・一　乙巳	三・一　甲戌	四・一　甲辰
一・十一　乙酉	二・十一　乙卯	三・十一　甲申	四・十一　甲寅
一・二十一　乙未	二・二十一　乙丑	三・二十一　甲午	四・二十一　甲子
五・一　癸酉	六・一　癸卯	七・一　壬申	八・一　壬寅
五・十一　癸未	六・十一　癸丑	七・十一　壬午	八・十一　壬子
五・二十一　癸巳	六・二十一　癸亥	七・二十一　壬辰	八・二十一　壬戌
九・一　壬申	十・一　辛丑	十一・一　辛未	十二・一　庚子
九・十一　壬午	十・十一　辛亥	十一・十一　辛巳	十二・十一　庚戌
九・二十一　壬辰	十・二十一　辛酉	十一・二十一　辛卯	十二・二十一　庚申

*《辑要》正月乙巳、二月甲戌、闰二月甲辰、三月癸酉、四月癸卯、五月壬申、六月壬寅、七月辛未、八月辛丑、九月庚午、十月庚子、十一月己巳、十二月己亥朔。

周襄王二十五年甲午（前627）

*一·一　庚午	二·一　己亥	三·一　己巳	四·一　戊戌
一·十一　庚辰	二·十一　己酉	三·十一　己卯	四·十一　戊申
一·二十一　庚寅	二·二十一　己未	三·二十一　己丑	四·二十一　戊午
五·一　戊辰	六·一　丁酉	七·一　丁卯	八·一　丙申
五·十一　戊寅	六·十一　丁未	七·十一　丁丑	八·十一　丙午
五·二十一　戊子	六·二十一　丁巳	七·二十一　丁亥	八·二十一　丙辰
九·一　丙寅	十·一　乙未	十一·一　乙丑	十二·一　甲午
九·十一　丙子	十·十一　乙巳	十一·十一　乙亥	十二·十一　甲辰
九·二十一　丙戌	十·二十一　乙卯	十一·二十一　乙酉	十二·二十一　甲寅

＊《辑要》正月戊辰、二月戊戌、三月丁卯、四月丁酉、五月丁卯、六月丙申、七月丙寅、八月乙未、九月乙丑、十月甲午、十一月甲子、十二月癸巳朔。

周襄王二十六年乙未（前626）

*一·一　甲子	二·一　甲午	三·一　癸亥	四·一　癸巳
一·十一　甲戌	二·十一　甲辰	三·十一　癸酉	四·十一　癸卯
一·二十一　甲申	二·二十一　甲寅	三·二十一　癸未	四·二十一　癸丑
五·一　壬戌	六·一　壬辰	七·一　辛酉	八·一　辛卯　闰八·一　庚申
五·十一　壬申	六·十一　壬寅	七·十一　辛未	八·十一　辛丑　闰八·十一　庚午
五·二十一　壬午	六·二十一　壬子	七·二十一　辛巳	八·二十一辛亥　闰八·二十一庚辰
九·一　庚寅	十·一　己未	十一·一　己丑	十二·一　戊午
九·十一　庚子	十·十一　己巳	十一·十一　己亥	十二·十一　戊辰
九·二十一　庚戌	十·二十一　己卯	十一·二十一　己酉	十二·二十一　戊寅

＊《辑要》正月癸亥、二月壬辰、三月壬戌、四月辛卯、五月辛酉、六月庚寅、七月庚申、八月庚寅、九月己未、十月己丑、十一月戊午、闰十一月戊子、十二月丁巳朔。

周襄王二十七年丙申（前625）

*一·一　戊子	二·一　丁巳	三·一　丁亥	四·一　丁巳
一·十一　戊戌	二·十一　丁卯	三·十一　丁酉	四·十一　丁卯
一·二十一　戊申	二·二十一　丁丑	三·二十一　丁未	四·二十一　丁丑
五·一　丙戌	六·一　丙辰	七·一　乙酉	八·一　乙卯
五·十一　丙申	六·十一　丙寅	七·十一　乙未	八·十一　乙丑
五·二十一　丙午	六·二十一　丙子	七·二十一　乙巳	八·二十一　乙亥
九·一　甲申	十·一　甲寅	十一·一　癸未	十二·一　癸丑
九·十一　甲午	十·十一　甲子	十一·十一　癸巳	十二·十一　癸亥
九·二十一　甲辰	十·二十一　甲戌	十一·二十一　癸卯	十二·二十一　癸酉

＊《辑要》正月丁亥、二月丙辰、三月丙戌、四月乙卯、五月乙酉、六月甲寅、七月甲申、八月癸丑、九月癸未、十月壬子、十一月壬午、十二月壬子朔。

周襄王二十八年丁酉（前624）

*一·一　壬午	二·一　壬子	三·一　辛巳	四·一　辛亥
一·十一　壬辰	二·十一　壬戌	三·十一　辛卯	四·十一　辛酉
一·二十一　壬寅	二·二十一　壬申	三·二十一　辛丑	四·二十一　辛未
五·一　庚辰	六·一　庚戌	七·一　己卯	八·一　己酉
五·十一　庚寅	六·十一　庚申	七·十一　己丑	八·十一　己未
五·二十一　庚子	六·二十一　庚午	七·二十一　己亥	八·二十一　己巳
九·一　己卯	十·一　戊申	十一·一　戊寅	十二·一　丁未
九·十一　己丑	十·十一　戊午	十一·十一　戊子	十二·十一　丁巳
九·二十一　己亥	十·二十一　戊辰	十一·二十一　戊戌	十二·二十一　丁卯

＊《辑要》正月辛巳、二月辛亥、三月庚辰、四月庚戌、五月己卯、六月己酉、七月戊寅、八月戊申、九月丁丑、十月丁未、十一月丙子、十二月丙午朔。

周襄王二十九年戊戌(前 623)

*一・一　丁丑	二・一　丙午	三・一　丙子	四・一　乙巳
一・十一　丁亥	二・十一　丙辰	三・十一　丙戌	四・十一　乙卯
一・二十一　丁酉	二・二十一　丙寅	三・二十一　丙申	四・二十一　乙丑
五・一　乙亥　闰五・一　甲辰	六・一　甲戌	七・一　癸卯	八・一　癸酉
五・十一　乙酉　闰五・十一　甲寅	六・十一　甲申	七・十一　癸丑	八・十一　癸未
五・二十一乙未　闰五・二十一甲子	六・二十一　甲午	七・二十一　癸亥	八・二十一　癸巳
九・一　壬寅	十・一　壬申	十一・一　辛丑	十二・一　辛未
九・十一　壬子	十・十一　壬午	十一・十一　辛亥	十二・十一　辛巳
九・二十一　壬戌	十・二十一　壬辰	十一・二十一　辛酉	十二・二十一　辛卯

*《辑要》正月乙亥、二月乙巳、三月甲戌、四月甲辰、五月甲戌、六月癸卯、七月癸酉、闰七月壬寅、八月壬申、九月辛丑、十月辛未、十一月庚子、十二月庚午朔。

周襄王三十年己亥(前 622)

*一・一　辛丑	二・一　庚午	三・一　庚子	四・一　己巳
一・十一　辛亥	二・十一　庚辰	三・十一　庚戌	四・十一　己卯
一・二十一　辛酉	二・二十一　庚寅	三・二十一　庚申	四・二十一　己丑
五・一　己亥	六・一　戊辰	七・一　戊戌	八・一　丁卯
五・十一　己酉	六・十一　戊寅	七・十一　戊申	八・十一　丁丑
五・二十一　己未	六・二十一　戊子	七・二十一　戊午	八・二十一　丁亥
九・一　丁酉	十・一　丙寅	十一・一　丙申	十二・一　乙丑
九・十一　丁未	十・十一　丙子	十一・十一　丙午	十二・十一　乙亥
九・二十一　丁巳	十・二十一　丙戌	十一・二十一　丙辰	十二・二十一　乙酉

*《辑要》正月己亥、二月己巳、三月戊戌、四月戊辰、五月丁酉、六月丁卯、七月丁酉、八月丙寅、九月丙申、十月乙丑、十一月乙未、十二月甲子朔。

周襄王三十一年庚子(前 621)

*一・一　乙未	二・一　甲子	三・一　甲午	四・一　甲子
一・十一　乙巳	二・十一　甲戌	三・十一　甲辰	四・十一　甲戌
一・二十一　乙卯	二・二十一　甲申	三・二十一　甲寅	四・二十一　甲申
五・一　癸巳	六・一　癸亥	七・一　壬辰	八・一　壬戌
五・十一　癸卯	六・十一　癸酉	七・十一　壬寅	八・十一　壬申
五・二十一　癸丑	六・二十一　癸未	七・二十一　壬子	八・二十一　壬午
九・一　辛卯	十・一　辛酉	十一・一　庚寅	十二・一　庚申　闰十二・一　己丑
九・十一　辛丑	十・十一　辛未	十一・十一　庚子	十二・十一　庚午　闰十二・十一　己亥
九・二十一　辛亥	十・二十一　辛巳	十一・二十一　庚戌	十二・二十一庚辰　闰十二・二十一己酉

*《辑要》正月甲午、二月癸亥、三月癸巳、四月壬戌、五月壬辰、六月辛酉、七月辛卯、八月庚申、九月庚寅、十月己未、十一月己丑、十二月己未朔。

周襄王三十二年辛丑(前 620)

*一・一　己未	二・一　戊子	三・一　戊午	四・一　丁亥
一・十一　己巳	二・十一　戊戌	三・十一　戊辰	四・十一　丁酉
一・二十一　己卯	二・二十一　戊申	三・二十一　戊寅	四・二十一　丁未
五・一　丁巳	六・一　丙戌	七・一　丙辰	八・一　丙戌
五・十一　丁卯	六・十一　丙申	七・十一　丙寅	八・十一　丙申
五・二十一　丁丑	六・二十一　丙午	七・二十一　丙子	八・二十一　丙午
九・一　乙卯	十・一　乙酉	十一・一　甲寅	十二・一　甲申
九・十一　乙丑	十・十一　乙未	十一・十一　甲子	十二・十一　甲午
九・二十一　乙亥	十・二十一　乙巳	十一・二十一　甲戌	十二・二十一　甲辰

*《辑要》正月戊子、二月戊午、三月丁亥、闰三月丁巳、四月丙戌、五月丙辰、六月乙酉、七月乙卯、八月甲申、九月甲寅、十月癸未、十一月癸丑、十二月壬午朔。

周襄王三十三年壬寅（前 619）

*一·一	癸丑	二·一	癸未	三·一	壬子	四·一	壬午
一·十一	癸亥	二·十一	癸巳	三·十一	壬戌	四·十一	壬辰
一·二十一	癸酉	二·二十一	癸卯	三·二十一	壬申	四·二十一	壬寅
五·一	辛亥	六·一	辛巳	七·一	庚戌	八·一	庚辰
五·十一	辛酉	六·十一	辛卯	七·十一	庚申	八·十一	庚寅
五·二十一	辛未	六·二十一	辛丑	七·二十一	庚午	八·二十一	庚子
九·一	己酉	十·一	己卯	十一·一	己酉	十二·一	戊寅
九·十一	己未	十·十一	己丑	十一·十一	己未	十二·十一	戊子
九·二十一	己巳	十·二十一	己亥	十一·二十一	己巳	十二·二十一	戊戌

*《辑要》正月壬子、二月壬午、三月辛亥、四月辛巳、五月庚戌、六月庚辰、七月己酉、八月己卯、九月戊申、十月戊寅、十一月丁未、十二月丁丑朔。

周顷王元年癸卯（前 618）

*一·一	戊申	二·一	丁丑	三·一	丁未	四·一	丙子
一·十一	戊午	二·十一	丁亥	三·十一	丁巳	四·十一	丙戌
一·二十一	戊辰	二·二十一	丁酉	三·二十一	丁卯	四·二十一	丙申
五·一	丙午	六·一	乙亥	七·一	乙巳	八·一	甲戌
五·十一	丙辰	六·十一	乙酉	七·十一	乙卯	八·十一	甲申
五·二十一	丙寅	六·二十一	乙未	七·二十一	乙丑	八·二十一	甲午
九·一　甲辰　闰九·一	癸酉	十·一	癸卯	十一·一	壬申	十二·一	壬寅
九·十一　甲寅　闰九·十一	癸未	十·十一	癸丑	十一·十一	壬午	十二·十一	壬子
九·二十一甲子　闰九·二十一	癸巳	十·二十一	癸亥	十一·二十一	壬辰	十二·二十一	壬戌

*《辑要》正月丙午、二月丙子、三月乙巳、四月乙亥、五月甲辰、六月甲戌、七月甲辰、八月癸酉、九月癸卯、十月壬申、十一月壬寅、十二月辛未、闰十二月辛丑朔。

周顷王二年甲辰（前 617）

*一·一	辛未	二·一	辛丑	三·一	辛未	四·一	庚子
一·十一	辛巳	二·十一	辛亥	三·十一	辛巳	四·十一	庚戌
一·二十一	辛卯	二·二十一	辛酉	三·二十一	辛卯	四·二十一	庚申
五·一	庚午	六·一	己亥	七·一	己巳	八·一	戊戌
五·十一	庚辰	六·十一	己酉	七·十一	己卯	八·十一	戊申
五·二十一	庚寅	六·二十一	己未	七·二十	己丑	八·二十一	戊午
九·一	戊辰	十·一	丁酉	十一·一	丁卯	十二·一	丙申
九·十一	戊寅	十·十一	丁未	十一·十一	丁丑	十二·十一	丙午
九·二十一	戊子	十·二十一	丁巳	十一·二十一	丁亥	十二·二十一	丙辰

*《辑要》正月庚午、二月庚子、三月己巳、四月己亥、五月戊辰、六月戊戌、七月丁卯、八月丁酉、九月丙寅、十月丙申、十一月丙寅、十二月乙未朔。

周顷王三年乙巳（前 616）

*一·一	丙寅	二·一	乙未	三·一	乙丑	四·一	甲午
一·十一	丙子	二·十一	乙巳	三·十一	乙亥	四·十一	甲辰
一·二十一	丙戌	二·二十一	乙卯	三·二十一	乙酉	四·二十一	甲寅
五·一	甲子	六·一	癸巳	七·一	癸亥	八·一	癸巳
五·十一	甲戌	六·十一	癸卯	七·十一	癸酉	八·十一	癸卯
五·二十一	甲申	六·二十一	癸丑	七·二十一	癸未	八·二十一	癸丑
九·一	壬戌	十·一	壬辰	十一·一	辛酉	十二·一	辛卯
九·十一	壬申	十·十一	壬寅	十一·十一	辛未	十二·十一	辛丑
九·二十一	壬午	十·二十一	壬子	十一·二十一	辛巳	十二·二十一	辛亥

*《辑要》正月乙丑、二月甲午、三月甲子、四月癸巳、五月癸亥、六月壬辰、七月壬戌、八月辛卯、九月辛酉、十月庚寅、十一月庚申、十二月己丑朔。

周顷王四年丙午（前 615）

*一・一 庚申	二・一 庚寅	三・一 己未	四・一 己丑
一・十一 庚午	二・十一 庚子	三・十一 己巳	四・十一 己亥
一・二十一 庚辰	二・二十一 庚戌	三・二十一 己卯	四・二十一 己酉
五・一 戊午	六・一 戊子	七・一 丁巳　闰七・一 丁亥	八・一 丙辰
五・十一 戊辰	六・十一 戊戌	七・十一 丁卯　闰七・十一 丁酉	八・十一 丙寅
五・二十一 戊寅	六・二十一 戊申	七・二十一丁丑　闰七・二十一丁未	八・二十一 丙子
九・一 丙戌	十・一 丙辰	十一・一 乙酉	十二・一 乙卯
九・十一 丙申	十・十一 丙寅	十一・十一 乙未	十二・十一 乙丑
九・二十一 丙午	十・二十一 丙子	十一・二十一 乙巳	十二・二十一 乙亥

＊《辑要》正月己未、二月己丑、三月戊午、四月戊子、五月丁巳、六月丁亥、七月丙辰、八月丙戌、九月乙卯、闰九月乙酉、十月甲寅、十一月甲申、十二月癸丑朔。

周顷王五年丁未（前 614）

*一・一 甲申	二・一 甲寅	三・一 癸未	四・一 癸丑
一・十一 甲午	二・十一 甲子	三・十一 癸巳	四・十一 癸亥
一・二十一 甲辰	二・二十一 甲戌	三・二十一 癸卯	四・二十一 癸酉
五・一 壬午	六・一 壬子	七・一 辛巳	八・一 辛亥
五・十一 壬辰	六・十一 壬戌	七・十一 辛卯	八・十一 辛酉
五・二十一 壬寅	六・二十一 壬申	七・二十一 辛丑	八・二十一 辛未
九・一 庚辰	十・一 庚戌	十一・一 己卯	十二・一 己酉
九・十一 庚寅	十・十一 庚申	十一・十一 己丑	十二・十一 己未
九・二十一 庚子	十・二十一 庚午	十一・二十一 己亥	十二・二十一 己巳

＊《辑要》正月癸未、二月壬子、三月壬午、四月辛亥、五月辛巳、六月辛亥、七月庚辰、八月庚戌、九月己卯、十月己酉、十一月戊寅、十二月戊申朔。

周顷王六年戊申（前 613）

*一・一 戊寅	二・一 戊申	三・一 戊寅	四・一 丁未
一・十一 戊子	二・十一 戊午	三・十一 戊子	四・十一 丁巳
一・二十一 戊戌	二・二十一 戊辰	三・二十一 戊戌	四・二十一 丁卯
五・一 丁丑	六・一 丙午	七・一 丙子	八・一 乙巳
五・十一 丁亥	六・十一 丙辰	七・十一 丙戌	八・十一 乙卯
五・二十一 丁酉	六・二十一 丙寅	七・二十一 丙申	八・二十一 乙丑
九・一 乙亥	十・一 甲辰	十一・一 甲戌	十二・一 癸卯
九・十一 乙酉	十・十一 甲寅	十一・十一 甲申	十二・十一 癸丑
九・二十一 乙未	十・二十一 甲子	十一・二十一 甲午	十二・二十一 癸亥

＊《辑要》正月丁丑、二月丁未、三月丙子、四月丙午、五月乙亥、六月乙巳、七月甲戌、八月甲辰、九月甲戌、十月癸卯、十一月癸酉、十二月壬寅朔。

周匡王元年己酉（前 612）

*一・一 癸酉	二・一 壬寅	三・一 壬申	四・一 辛丑　闰四・一 辛未
一・十一 癸未	二・十一 壬子	三・十一 壬午	四・十一 辛亥　闰四・十一 辛巳
一・二十一 癸巳	二・二十一 壬戌	三・二十一 壬辰	四・二十一辛酉　闰四・二十一辛卯
五・一 辛丑	六・一 庚午	七・一 庚子	八・一 己巳
五・十一 辛亥	六・十一 庚辰	七・十一 庚戌	八・十一 己卯
五・二十一 辛酉	六・二十一 庚寅	七・二十一 庚申	八・二十一 己丑
九・一 己亥	十・一 戊辰	十一・一 戊戌	十二・一 丁卯
九・十一 己酉	十・十一 戊寅	十一・十一 戊申	十二・十一 丁丑
九・二十一 己未	十・二十一 戊子	十一・二十一 戊午	十二・二十一 丁亥

＊《辑要》正月壬申、二月辛丑、三月辛未、四月庚子、五月庚午、闰五月己亥、六月己巳、七月戊戌、八月戊辰、九月丁酉、十月丁卯、十一月丙申、十二月丙寅朔。

周匡王二年庚戌（前611）

*一·一 丁酉	二·一 丙寅	三·一 丙申	四·一 乙丑
一·十一 丁未	二·十一 丙子	三·十一 丙午	四·十一 乙亥
一·二十一 丁巳	二·二十一 丙戌	三·二十一 丙辰	四·二十一 乙酉
五·一 乙未	六·一 甲子	七·一 甲午	八·一 癸亥
五·十一 乙巳	六·十一 甲戌	七·十一 甲辰	八·十一 癸酉
五·二十一 乙卯	六·二十一 甲申	七·二十一 甲寅	八·二十一 癸未
九·一 癸巳	十·一 癸亥	十一·一 壬辰	十二·一 壬戌
九·十一 癸卯	十·十一 癸酉	十一·十一 壬寅	十二·十一 壬申
九·二十一 癸丑	十·二十一 癸未	十一·二十一 壬子	十二·二十一 壬午

＊《辑要》正月丙申、二月乙丑、三月乙未、四月甲子、五月甲午、六月癸亥、七月癸巳、八月壬戌、九月壬辰、十月辛酉、十一月辛卯、十二月庚申朔。

周匡王三年辛亥（前610）

*一·一 辛卯	二·一 辛酉	三·一 庚寅	四·一 庚申
一·十一 辛丑	二·十一 辛未	三·十一 庚子	四·十一 庚午
一·二十一 辛亥	二·二十一 辛巳	三·二十一 庚戌	四·二十一 庚辰
五·一 己丑	六·一 己未	七·一 戊子	八·一 戊午
五·十一 己亥	六·十一 己巳	七·十一 戊戌	八·十一 戊辰
五·二十一 己酉	六·二十一 己卯	七·二十一 戊申	八·二十一 戊寅
九·一 丁亥	十·一 丁巳	十一·一 丙戌	十二·一 丙辰　闰十二·一 乙酉
九·十一 丁酉	十·十一 丁卯	十一·十一 丙申	十二·十一 丙寅　闰十二·十一 乙未
九·二十一 丁未	十·二十一 丁丑	十一·二十一 丙午	十二·二十一 丙子　闰十二·二十一 乙巳

＊《辑要》正月庚寅、二月己未、三月己丑、四月戊午、五月戊子、六月戊午、七月丁亥、八月丁巳、九月丙戌、十月丙辰、十一月乙酉、十二月乙卯朔。

周匡王四年壬子（前609）

*一·一 乙卯	二·一 乙酉	三·一 甲寅	四·一 甲申
一·十一 乙丑	二·十一 乙未	三·十一 甲子	四·十一 甲午
一·二十一 乙亥	二·二十一 乙巳	三·二十一 甲戌	四·二十一 甲辰
五·一 癸丑	六·一 癸未	七·一 壬子	八·一 壬午
五·十一 癸亥	六·十一 癸巳	七·十一 壬戌	八·十一 壬辰
五·二十一 癸酉	六·二十一 癸卯	七·二十 壬申	八·二十一 壬寅
九·一 辛亥	十·一 辛巳	十一·一 庚戌	十二·一 庚辰
九·十一 辛酉	十·十一 辛卯	十一·十一 庚申	十二·十一 庚寅
九·二十一 辛未	十·二十一 辛丑	十一·二十一 庚午	十二·二十一 庚子

＊《辑要》正月甲申、闰正月甲寅、二月癸未、三月癸丑、四月壬午、五月壬子、六月辛巳、七月辛亥、八月辛巳、九月庚戌、十月庚辰、十一月己酉、十二月己卯朔。

周匡王五年癸丑（前608）

*一·一 己酉	二·一 己卯	三·一 戊申	四·一 戊寅
一·十一 己未	二·十一 己丑	三·十一 戊午	四·十一 戊子
一·二十一 己巳	二·二十一 己亥	三·二十一 戊辰	四·二十一 戊戌
五·一 戊申	六·一 丁丑	七·一 丁未	八·一 丙子
五·十一 戊午	六·十一 丁亥	七·十一 丁巳	八·十一 丙戌
五·二十一 戊辰	六·二十一 丁酉	七·二十一 丁卯	八·二十一 丙申
九·一 丙午	十·一 乙亥	十一·一 乙巳	十二·一 甲戌
九·十一 丙辰	十·十一 乙酉	十一·十一 乙卯	十二·十一 甲申
九·二十一 丙寅	十·二十一 乙未	十一·二十一 乙丑	十二·二十一 甲午

＊《辑要》正月戊申、二月戊寅、三月丁未、四月丁丑、五月丙午、六月丙子、七月乙巳、八月乙亥、九月甲辰、十月甲戌、十一月癸卯、十二月癸酉朔。

周匡王六年甲寅（前 607）

*一•一　甲辰	二•一　癸酉	三•一　癸卯	四•一　壬申
一•十一　甲寅	二•十一　癸未	三•十一　癸丑	四•十一　壬午
一•二十一　甲子	二•二十一　癸巳	三•二十一　癸亥	四•二十一　壬辰
五•一　壬寅	六•一　辛未	七•一　辛丑	八•一　庚午　闰八•一　庚子
五•十一　壬子	六•十一　辛巳	七•十一　辛亥	八•十一　庚辰　闰八•十一　庚戌
五•二十一　壬戌	六•二十一　辛卯	七•二十一　辛酉	八•二十一庚寅　闰八•二十一庚申
九•一　庚午	十•一　己亥	十一•一　己巳	十二•一　戊戌
九•十一　庚辰	十•十一　己酉	十一•十一　己卯	十二•十一　戊申
九•二十一　庚寅	十•二十一　己未	十一•二十一　己丑	十二•二十一　戊午

*《辑要》正月癸卯、二月壬申、三月壬寅、四月辛未、五月辛丑、六月庚午、七月庚子、八月己巳、九月己亥、十月戊辰、闰十月戊戌、十一月丁卯、十二月丁酉朔。

周定王元年乙卯（前 606）

*一•一　戊辰	二•一　丁酉	三•一　丁卯	四•一　丙申
一•十一　戊寅	二•十一　丁未	三•十一　丁丑	四•十一　丙午
一•二十一　戊子	二•二十一　丁巳	三•二十一　丁亥	四•二十一　丙辰
五•一　丙寅	六•一　乙未	七•一　乙丑	八•一　甲午
五•十一　丙子	六•十一　乙巳	七•十一　乙亥	八•十一　甲辰
五•二十一　丙戌	六•二十一　乙卯	七•二十一　乙酉	八•二十一　甲寅
九•一　甲子	十•一　癸巳	十一•一　癸亥	十二•一　癸巳
九•十一　甲戌	十•十一　癸卯	十一•十一　癸酉	十二•十一　癸卯
九•二十一　甲申	十•二十一　癸丑	十一•二十一　癸未	十二•二十一　癸丑

*《辑要》正月丙寅、二月丙申、三月丙寅、四月乙未、五月乙丑、六月甲午、七月甲子、八月癸巳、九月癸亥、十月壬辰、十一月壬戌、十二月辛卯朔。

周定王二年丙辰（前 605）

*一•一　壬戌	二•一　壬辰	三•一　辛酉	四•一　辛卯
一•十一　壬申	二•十一　壬寅	三•十一　辛未	四•十一　辛丑
一•二十一　壬午	二•二十一　壬子	三•二十一　辛巳	四•二十一　辛亥
五•一　庚申	六•一　庚寅	七•一　己未	八•一　己丑
五•十一　庚午	六•十一　庚子	七•十一　己巳	八•十一　己亥
五•二十一　庚辰	六•二十一　庚戌	七•二十一　己卯	八•二十一　己酉
九•一　戊午	十•一　戊子	十一•一　丁巳	十二•一　丁亥
九•十一　戊辰	十•十一　戊戌	十一•十一　丁卯	十二•十一　丁酉
九•二十一　戊寅	十•二十一　戊申	十一•二十一　丁丑	十二•二十一　丁未

*《辑要》正月辛酉、二月庚寅、三月庚申、四月己丑、五月己未、六月戊子、七月戊午、八月戊子、九月丁巳、十月丁亥、十一月丙辰、十二月丙戌朔。

周定王三年丁巳（前 604）

*一•一　丙辰	二•一　丙戌	三•一　乙卯	四•一　乙酉
一•十一　丙寅	二•十一　丙申	三•十一　乙丑	四•十一　乙未
一•二十一　丙子	二•二十一　丙午	三•二十一　乙亥	四•二十一　乙巳
五•一　乙卯　闰五•一　甲申	六•一　甲寅	七•一　癸未	八•一　癸丑
五•十一　乙丑　闰五•十一　甲午	六•十一　甲子	七•十一　癸巳	八•十一　癸亥
五•二十一乙亥　闰五•二十一甲辰	六•二十一　甲戌	七•二十一　癸卯	八•二十一　癸酉
九•一　壬午	十•一　壬子	十一•一　辛巳	十二•一　辛亥
九•十一　壬辰	十•十一　壬戌	十一•十一　辛卯	十二•十一　辛酉
九•二十一　壬寅	十•二十一　壬申	十一•二十一　辛丑	十二•二十一　辛未

*《辑要》正月乙亥、二月乙酉、三月甲寅、四月甲申、五月癸丑、六月癸未、七月壬子、闰七月壬午、八月辛亥、九月辛巳、十月庚戌、十一月庚辰、十二月庚戌朔。

周定王四年戊午（前603）

*一·一 庚辰	二·一 庚戌	三·一 己卯	四·一 己酉
一·十一 庚寅	二·十一 庚申	三·十一 己丑	四·十一 己未
一·二十一 庚子	二·二十一 庚午	三·二十一 己亥	四·二十一 己巳
五·一 戊寅	六·一 戊申	七·一 丁丑	八·一 丁未
五·十一 戊子	六·十一 戊午	七·十一 丁亥	八·十一 丁巳
五·二十一 戊戌	六·二十一 戊辰	七·二十一 丁酉	八·二十一 丁卯
九·一 丁丑	十·一 丙午	十一·一 丙子	十二·一 乙巳
九·十一 丁亥	十·十一 丙辰	十一·十一 丙戌	十二·十一 乙卯
九·二十一 丁酉	十·二十一 丙寅	十一·二十一 丙申	十二·二十一 乙丑

*《辑要》正月己卯、二月己酉、三月戊寅、四月戊申、五月丁丑、六月丁未、七月丙子、八月丙午、九月乙亥、十月乙巳、十一月甲戌、十二月甲辰朔。

周定王五年己未（前602）

*一·一 乙亥	二·一 甲辰	三·一 甲戌	四·一 癸卯
一·十一 乙酉	二·十一 甲寅	三·十一 甲申	四·十一 癸丑
一·二十一 乙未	二·二十一 甲子	三·二十一 甲午	四·二十一 癸亥
五·一 癸酉	六·一 癸卯	七·一 壬申	八·一 壬寅
五·十一 癸未	六·十一 癸丑	七·十一 壬午	八·十一 壬子
五·二十一 癸巳	六·二十一 癸亥	七·二十一 壬辰	八·二十一 壬戌
九·一 辛未	十·一 辛丑	十一·一 庚午	十二·一 庚子
九·十一 辛巳	十·十一 辛亥	十一·十一 庚辰	十二·十一 庚戌
九·二十一 辛卯	十·二十一 辛酉	十一·二十一 庚寅	十二·二十一 庚申

*《辑要》正月癸酉、二月癸卯、三月癸酉、四月壬寅、五月壬申、六月辛丑、七月辛未、八月庚子、九月庚午、十月己亥、十一月己巳、十二月戊戌朔。

周定王六年庚申（前601）

*一·一 己巳　闰一·一 己亥	二·一 戊辰	三·一 戊戌	四·一 丁卯
一·十一 己卯　闰一·十一 己酉	二·十一 戊寅	三·十一 戊申	四·十一 丁丑
一·二十一 己丑　闰一·二十一 己未	二·二十一 戊子	三·二十一 戊午	四·二十一 丁亥
五·一 丁酉	六·一 丙寅	七·一 丙申	八·一 乙丑
五·十一 丁未	六·十一 丙子	七·十一 丙午	八·十一 乙亥
五·二十一 丁巳	六·二十一 丙戌	七·二十一 丙辰	八·二十一 乙酉
九·一 乙未	十·一 甲子	十一·一 甲午	十二·一 癸亥
九·十一 乙巳	十·十一 甲戌	十一·十一 甲辰	十二·十一 癸酉
九·二十一 乙卯	十·二十一 甲申	十一·二十一 甲寅	十二·二十一 癸未

*《辑要》正月戊辰、二月丁酉、三月丁卯、闰三月丙申、四月丙寅、五月乙未、六月乙丑、七月乙未、八月甲子、九月甲午、十月癸亥、十一月癸巳、十二月壬戌朔。

周定王七年辛酉（前600）

*一·一 癸巳	二·一 壬戌	三·一 壬辰	四·一 壬戌
一·十一 癸卯	二·十一 壬申	三·十一 壬寅	四·十一 壬申
一·二十一 癸丑	二·二十一 壬午	三·二十一 壬子	四·二十一 壬午
五·一 辛卯	六·一 辛酉	七·一 庚寅	八·一 庚申
五·十一 辛丑	六·十一 辛未	七·十一 庚子	八·十一 庚午
五·二十一 辛亥	六·二十一 辛巳	七·二十一 庚戌	八·二十一 庚辰
九·一 己丑	十·一 己未	十一·一 戊子	十二·一 戊午
九·十一 己亥	十·十一 己巳	十一·十一 戊戌	十二·十一 戊辰
九·二十一 己酉	十·二十一 己卯	十一·二十一 戊申	十二·二十一 戊寅

*《辑要》正月壬辰、二月辛酉、三月辛卯、四月庚申、五月庚寅、六月己未、七月己丑、八月戊午、九月戊子、十月戊午、十一月丁亥、十二月丁巳朔。

周定王八年壬戌（前 599）

*一•一 丁亥	二•一 丁巳	三•一 丙戌	四•一 丙辰
一•十一 丁酉	二•十一 丁卯	三•十一 丙申	四•十一 丙寅
一•二十一 丁未	二•二十一 丁丑	三•二十一 丙午	四•二十一 丙子
五•一 乙酉	六•一 乙卯	七•一 乙酉	八•一 甲寅
五•十一 乙未	六•十一 乙丑	七•十一 乙未	八•十一 甲子
五•二十一 乙巳	六•二十一 乙亥	七•二十一 乙巳	八•二十一 甲戌
九•一 甲申	十•一 癸丑 闰十•一 癸未	十一•一 壬子	十二•一 壬午
九•十一 甲午	十•十一 癸亥 闰十•十一 癸巳	十一•十一 壬戌	十二•十一 壬辰
九•二十一 甲辰	十•二十一癸酉 闰十•二十一癸卯	十一•二十一 壬申	十二•二十一 壬寅

＊《辑要》正月丙戌、二月丙辰、三月乙酉、四月乙卯、五月甲申、六月甲寅、七月癸未、八月癸丑、九月壬午、十月壬子、十一月辛巳、闰十一月辛亥、十二月庚辰朔。

周定王九年癸亥（前 598）

*一•一 辛亥	二•一 辛巳	三•一 庚戌	四•一 庚辰
一•十一 辛酉	二•十一 辛卯	三•十一 庚申	四•十一 庚寅
一•二十一 辛未	二•二十一 辛丑	三•二十一 庚午	四•二十一 庚子
五•一 己酉	六•一 己卯	七•一 戊申	八•一 戊寅
五•十一 己未	六•十一 己丑	七•十一 戊午	八•十一 戊子
五•二十一 己巳	六•二十一 己亥	七•二十一 戊辰	八•二十一 戊戌
九•一 丁未	十•一 丁丑	十一•一 丁未	十二•一 丙子
九•十一 丁巳	十•十一 丁亥	十一•十一 丁巳	十二•十一 丙戌
九•二十一 丁卯	十•二十一 丁酉	十一•二十一 丁卯	十二•二十一 丙申

＊《辑要》正月庚戌、二月庚辰、三月己酉、四月己卯、五月戊申、六月戊寅、七月丁未、八月丁丑、九月丙午、十月丙子、十一月乙巳、十二月乙亥朔。

周定王十年甲子（前 597）

*一•一 丙午	二•一 乙亥	三•一 乙巳	四•一 甲戌
一•十一 丙辰	二•十一 乙酉	三•十一 乙卯	四•十一 甲申
一•二十一 丙寅	二•二十一 乙未	三•二十一 乙丑	四•二十一 甲午
五•一 甲辰	六•一 癸酉	七•一 癸卯	八•一 壬申
五•十一 甲寅	六•十一 癸未	七•十一 癸丑	八•十一 壬午
五•二十一 甲子	六•二十一 癸巳	七•二十一 癸亥	八•二十一 壬辰
九•一 壬寅	十•一 辛未	十一•一 辛丑	十二•一 庚午
九•十一 壬子	十•十一 辛巳	十一•十一 辛亥	十二•十一 庚辰
九•二十一 壬戌	十•二十一 辛卯	十一•二十一 辛酉	十二•二十一 庚寅

＊《辑要》正月甲辰、二月甲戌、三月癸卯、四月癸酉、五月壬寅、六月壬申、七月壬寅、八月辛未、九月辛丑、十月庚午、十一月庚子、十二月己巳朔。

周定王十一年乙丑（前 596）

*一•一 庚子	二•一 己巳	三•一 己亥	四•一 己巳
一•十一 庚戌	二•十一 己卯	三•十一 己酉	四•十一 己卯
一•二十一 庚申	二•二十一 己丑	三•二十一 己未	四•二十一 己丑
五•一 戊戌	六•一 戊辰 闰六•一 丁酉	七•一 丁卯	八•一 丙申
五•十一 戊申	六•十一 戊寅 闰六•十一 丁未	七•十一 丁丑	八•十一 丙午
五•二十一 戊午	六•二十一戊子 闰六•二十一丁巳	七•二十一 丁亥	八•二十一 丙辰
九•一 丙寅	十•一 乙未	十一•一 乙丑	十二•一 甲午
九•十一 丙子	十•十一 乙巳	十一•十一 乙亥	十二•十一 甲辰
九•二十一 丙戌	十•二十一 乙卯	十一•二十一 乙酉	十二•二十一 甲寅

＊《辑要》正月己亥、二月戊辰、三月戊戌、四月丁卯、五月丁酉、六月丙寅、七月丙申、八月乙丑、九月乙未、闰九月乙丑、十月甲午、十一月甲子、十二月癸巳朔。

周定王十二年丙寅（前 595）

*一·一 甲子	二·一 癸巳	三·一 癸亥	四·一 壬辰
一·十一 甲戌	二·十一 癸卯	三·十一 癸酉	四·十一 壬寅
一·二十一 甲申	二·二十一 癸丑	三·二十一 癸未	四·二十一 壬子
五·一 壬戌	六·一 壬辰	七·一 辛酉	八·一 辛卯
五·十一 壬申	六·十一 壬寅	七·十一 辛未	八·十一 辛丑
五·二十一 壬午	六·二十一 壬子	七·二十一 辛巳	八·二十一 辛亥
九·一 庚申	十·一 庚寅	十一·一 己未	十二·一 己丑
九·十一 庚午	十·十一 庚子	十一·十一 己巳	十二·十一 己亥
九·二十一 庚辰	十·二十一 庚戌	十一·二十一 己卯	十二·二十一 己酉

*《辑要》正月癸亥、二月壬辰、三月壬戌、四月辛卯、五月辛酉、六月庚寅、七月庚申、八月己丑、九月己未、十月戊子、十一月戊午、十二月丁亥朔。

周定王十三年丁卯（前 594）

*一·一 戊午	二·一 戊子	三·一 丁巳	四·一 丁亥
一·十一 戊辰	二·十一 戊戌	三·十一 丁卯	四·十一 丁酉
一·二十一 戊寅	二·二十一 戊申	三·二十一 丁丑	四·二十一 丁未
五·一 丙辰	六·一 丙戌	七·一 乙卯	八·一 乙酉
五·十一 丙寅	六·十一 丙申	七·十一 乙丑	八·十一 乙未
五·二十一 丙子	六·二十一 丙午	七·二十一 乙亥	八·二十一 乙巳
九·一 甲寅	十·一 甲申	十一·一 甲寅	十二·一 癸未
九·十一 甲子	十·十一 甲午	十一·十一 甲子	十二·十一 癸巳
九·二十一 甲戌	十·二十一 甲辰	十一·二十一 甲戌	十二·二十一 癸卯

*《辑要》正月丁巳、二月丁亥、三月丙辰、四月丙戌、五月乙卯、六月乙酉、七月甲寅、八月甲申、九月癸丑、十月癸未、十一月壬子、十二月壬午朔。

周定王十四年戊辰（前 593）

*一·一 癸丑	二·一 壬午	三·一 壬子 闰三·一 辛巳	四·一 辛亥
一·十一 癸亥	二·十一 壬辰	三·十一 壬戌 闰三·十一 辛卯	四·十一 辛酉
·二十一 癸酉	二·二十一 壬寅	三·二十一 壬申 闰三·二十一 辛丑	四·二十一 辛未
五·一 庚辰	六·一 庚戌	七·一 己卯	八·一 己酉
五·十一 庚寅	六·十一 庚申	七·十一 己丑	八·十一 己未
五·二十 庚子	六·二十一 庚午	七·二十一 己亥	八·二十一 己巳
九·一 戊寅	十·一 戊申	十一·一 丁丑	十二·一 丁未
九·十一 戊子	十·十一 戊午	十一·十一 丁亥	十二·十一 丁巳
九·二十一 戊戌	十·二十一 戊辰	十一·二十一 丁酉	十二·二十一 丁卯

*《辑要》正月辛亥、二月辛巳、三月庚戌、四月庚辰、五月庚戌、六月己卯、闰六月己酉、七月戊寅、八月戊申、九月丁丑、十月丁未、十一月丙子、十二月丙午朔。

周定王十五年己巳（前 592）

*一·一 丁丑	二·一 丙午	三·一 丙子	四·一 乙巳
一·十一 丁亥	二·十一 丙辰	三·十一 丙戌	四·十一 乙卯
一·二十一 丁酉	二·二十一 丙寅	三·二十一 丙申	四·二十一 乙丑
五·一 乙亥	六·一 甲辰	七·一 甲戌	八·一 癸卯
五·十一 乙酉	六·十一 甲寅	七·十一 甲申	八·十一 癸丑
五·二十一 乙未	六·二十一 甲子	七·二十一 甲午	八·二十一 癸亥
九·一 癸酉	十·一 壬寅	十一·一 壬申	十二·一 辛丑
九·十一 癸未	十·十一 壬子	十一·十一 壬午	十二·十一 辛亥
九·二十一 癸巳	十·二十一 壬戌	十一·二十一 壬辰	十二·二十一 辛酉

*《辑要》正月乙亥、二月乙巳、三月甲戌、四月甲辰、五月癸酉、六月癸卯、七月壬申、八月壬寅、九月壬申、十月辛丑、十一月辛未、十二月庚子朔。

周定王十六年庚午(前 591)

*一·一 辛未	二·一 庚子	三·一 庚午	四·一 己亥
一·十一 辛巳	二·十一 庚戌	三·十一 庚辰	四·十一 己酉
一·二十一 辛卯	二·二十一 庚申	三·二十一 庚寅	四·二十一 己未
五·一 己巳	六·一 己亥	七·一 戊辰	八·一 戊戌
五·十一 己卯	六·十一 己酉	七·十一 戊寅	八·十一 戊申
五·二十一 己丑	六·二十一 己未	七·二十一 戊子	八·二十一 戊午
九·一 丁卯	十·一 丁酉	十一·一 丙寅	十二·一 丙申　闰十二·一 乙丑
九·十一 丁丑	十·十一 丁未	十一·十一 丙子	十二·十一 丙午　闰十二·十一 乙亥
九·二十一 丁亥	十·二十一 丁巳	十一·二十一 丙戌	十二·二十一丙辰　闰十二·二十一乙酉

＊《辑要》正月庚午、二月己亥、三月己巳、四月戊戌、五月戊辰、六月丁酉、七月丁卯、八月丙申、九月丙寅、十月乙未、十一月乙丑、十二月甲午朔。

周定王十七年辛未(前 590)

*一·一 乙未	二·一 甲子	三·一 甲午	四·一 癸亥
一·十一 乙巳	二·十一 甲戌	三·十一 甲辰	四·十一 癸酉
一·二十一 乙卯	二·二十一 甲申	三·二十一 甲寅	四·二十一 癸未
五·一 癸巳	六·一 壬戌	七·一 壬辰	八·一 辛酉
五·十一 癸卯	六·十一 壬申	七·十一 壬寅	八·十一 辛未
五·二十一 癸丑	六·二十一 壬午	七·二十一 壬子	八·二十一 辛巳
九·一 辛卯	十·一 辛酉	十一·一 庚寅	十二·一 庚申
九·十一 辛丑	十·十一 辛未	十一·十一 庚子	十二·十一 庚午
九·二十一 辛亥	十·二十一 辛巳	十一·二十一 庚戌	十二·二十一 庚辰

＊《辑要》正月甲子、二月甲午、闰二月癸亥、三月癸巳、四月壬戌、五月壬辰、六月辛酉、七月辛卯、八月庚申、九月庚寅、十月己未、十一月己丑、十二月戊午朔。

周定王十八年壬申(前 589)

*一·一 己丑	二·一 己未	三·一 戊子	四·一 戊午
一·十一 己亥	二·十一 己巳	三·十一 戊戌	四·十一 戊辰
一·二十一 己酉	二·二十一 己卯	三·二十一 戊申	四·二十一 戊寅
五·一 丁亥	六·一 丁巳	七·一 丙戌	八·一 丙辰
五·十一 丁酉	六·十一 丁卯	七·十一 丙申	八·十一 丙寅
五·二十一 丁未	六·二十一 丁丑	七·二十一 丙午	八·二十一 丙子
九·一 乙酉	十·一 乙卯	十一·一 甲申	十二·一 甲寅
九·十一 乙未	十·十一 乙丑	十一·十一 甲午	十二·十一 甲子
九·二十一 乙巳	十·二十一 乙亥	十一·二十一 甲辰	十二·二十一 甲戌

＊《辑要》正月戊子、二月丁巳、三月丁亥、四月丁巳、五月丙戌、六月丙辰、七月乙酉、八月乙卯、九月甲申、十月甲寅、十一月癸未、十二月癸丑朔。

周定王十九年癸酉(前 588)

*一·一 甲申	二·一 癸丑	三·一 癸未	四·一 壬子
一·十一 甲午	二·十一 癸亥	三·十一 癸巳	四·十一 壬戌
一·二十一 甲辰	二·二十一 癸酉	三·二十一 癸卯	四·二十一 壬申
五·一 壬午	六·一 辛亥	七·一 辛巳	八·一 庚戌　闰八·一 庚辰
五·十一 壬辰	六·十一 辛酉	七·十一 辛卯	八·十一 庚申　闰八·十一 庚寅
五·二十一 壬寅	六·二十一 辛未	七·二十一 辛丑	八·二十一庚午　闰八·二十一庚子
九·一 己酉	十·一 己卯	十一·一 戊申	十二·一 戊寅
九·十一 己未	十·十一 己丑	十一·十一 戊午	十二·十一 戊子
九·二十一 己巳	十·二十一 己亥	十一·二十一 戊辰	十二·二十一 戊戌

＊《辑要》正月壬午、二月壬子、三月辛巳、四月辛亥、五月庚辰、六月庚戌、七月己卯、八月己酉、九月己卯、十月戊申、闰十月戊寅、十一月丁未、十二月丁丑朔。

周定王二十年甲戌(前 587)

*一・一 丁未 一・十一 丁巳 一・二十一 丁卯	二・一 丁丑 二・十一 丁亥 二・二十一 丁酉	三・一 丙午 三・十一 丙辰 三・二十一 丙寅	四・一 丙子 四・十一 丙戌 四・二十一 丙申
五・一 丙午 五・十一 丙辰 五・二十一 丙寅	六・一 乙亥 六・十一 乙酉 六・二十一 乙未	七・一 乙巳 七・十一 乙卯 七・二十一 乙丑	八・一 甲戌 八・十一 甲申 八・二十一 甲午
九・一 甲辰 九・十一 甲寅 九・二十一 甲子	十・一 癸酉 十・十一 癸未 十・二十一 癸巳	十一・一 癸卯 十一・十一 癸丑 十一・二十一 癸亥	十二・一 壬申 十二・十一 壬午 十二・二十一 壬辰

*《辑要》正月丙午、二月丙子、三月乙巳、四月乙亥、五月甲辰、六月甲戌、七月癸卯、八月癸酉、九月壬寅、十月壬申、十一月壬寅、十二月辛未朔。

周定王二十一年乙亥(前 586)

*一・一 壬寅 一・十一 壬子 一・二十一 壬戌	二・一 辛未 二・十一 辛巳 二・二十一 辛卯	三・一 辛丑 三・十一 辛亥 三・二十一 辛酉	四・一 庚午 四・十一 庚辰 四・二十一 庚寅
五・一 庚子 五・十一 庚戌 五・二十一 庚申	六・一 己巳 六・十一 己卯 六・二十一 己丑	七・一 己亥 七・十一 己酉 七・二十一 己未	八・一 己巳 八・十一 己卯 八・二十一 己丑
九・一 戊戌 九・十一 戊申 九・二十一 戊午	十・一 戊辰 十・十一 戊寅 十・二十一 戊子	十一・一 丁酉 十一・十一 丁未 十一・二十一 丁巳	十二・一 丁卯 十二・十一 丁丑 十二・二十一 丁亥

*《辑要》正月辛丑、二月庚午、三月庚子、四月己巳、五月己亥、六月戊辰、七月戊戌、八月丁卯、九月丁酉、十月丙寅、十一月丙申、十二月乙丑朔。

周简王元年丙子(前 585)

*一・一 丙申 一・十一 丙午 一・二十一 丙辰	二・一 丙寅 二・十一 丙子 二・二十一 丙戌	三・一 乙未 三・十一 乙巳 三・二十一 乙卯	四・一 乙丑 闰四・一 甲午 四・十一 乙亥 闰四・十一 甲辰 四・二十一乙酉 闰四・二十一甲寅
五・一 甲子 五・十一 甲戌 五・二十一 甲申	六・一 癸巳 六・十一 癸卯 六・二十一 癸丑	七・一 癸亥 七・十一 癸酉 七・二十一 癸未	八・一 壬辰 八・十一 壬寅 八・二十一 壬子
九・一 壬戌 九・十一 壬申 九・二十一 壬午	十・一 辛卯 十・十一 辛丑 十・二十一 辛亥	十一・一 辛酉 十一・十一 辛未 十一・二十一 辛巳	十二・一 辛卯 十二・十一 辛丑 十二・二十一 辛亥

*《辑要》正月乙未、二月甲子、三月甲午、四月甲子、五月癸巳、六月癸亥、七月壬辰、闰七月壬戌、八月辛卯、九月辛酉、十月庚寅、十一月庚申、十二月己丑朔。

周简王二年丁丑(前 584)

*一・一 庚申 一・十一 庚午 一・二十一 庚辰	二・一 庚寅 二・十一 庚子 二・二十一 庚戌	三・一 己未 三・十一 己巳 三・二十一 己卯	四・一 己丑 四・十一 己亥 四・二十一 己酉
五・一 戊午 五・十一 戊辰 五・二十一 戊寅	六・一 戊子 六・十一 戊戌 六・二十一 戊申	七・一 丁巳 七・十一 丁卯 七・二十一 丁丑	八・一 丁亥 八・十一 丁酉 八・二十一 丁未
九・一 丙辰 九・十一 丙寅 九・二十一 丙子	十・一 丙戌 十・十一 丙申 十・二十一 丙午	十一・一 乙卯 十一・十一 乙丑 十一・二十一 乙亥	十二・一 乙酉 十二・十一 乙未 十二・二十一 乙巳

*《辑要》正月己未、二月戊子、三月戊午、四月丁亥、五月丁巳、六月丙戌、七月丙辰、八月丙戌、九月乙卯、十月乙酉、十一月甲寅、十二月甲申朔。

周简王三年戊寅（前 583）

*一·一 甲寅	二·一 甲申	三·一 癸丑	四·一 癸未
一·十一 甲子	二·十一 甲午	三·十一 癸亥	四·十一 癸巳
一·二十一 甲戌	二·二十一 甲辰	三·二十一 癸酉	四·二十一 癸卯
五·一 癸丑	六·一 壬午	七·一 壬子	八·一 辛巳
五·十一 癸亥	六·十一 壬辰	七·十一 壬戌	八·十一 辛卯
五·二十一 癸酉	六·二十一 壬寅	七·二十一 壬申	八·二十一 辛丑
九·一 辛亥	十·一 庚辰	十一·一 庚戌	十二·一 己卯
九·十一 辛酉	十·十一 庚寅	十一·十一 庚申	十二·十一 己丑
九·二十一 辛未	十·二十一 庚子	十一·二十一 庚午	十二·二十一 己亥

＊《辑要》正月癸丑、二月癸未、三月壬子、四月壬午、五月辛亥、六月辛巳、七月庚戌、八月庚辰、九月己酉、十月己卯、十一月己酉、十二月戊寅朔。

周简王四年己卯（前 582）

*一·一 己酉 闰一·一 戊寅	二·一 戊申	三·一 丁丑	四·一 丁未
一·十一 己未 闰一·十一 戊子	二·十一 戊午	三·十一 丁亥	四·十一 丁巳
一·二十一己巳 闰一·二十一戊戌	二·二十一 戊辰	三·二十一 丁酉	四·二十一 丁卯
五·一 丙子	六·一 丙午	七·一 丙子	八·一 乙巳
五·十一 丙戌	六·十一 丙辰	七·十一 丙戌	八·十一 乙卯
五·二十一 丙申	六·二十一 丙寅	七·二十一 丙申	八·二十一 乙丑
九·一 乙亥	十·一 甲辰	十一·一 甲戌	十二·一 癸卯
九·十一 乙酉	十·十一 甲寅	十一·十一 甲申	十二·十一 癸丑
九·二十一 乙未	十·二十一 甲子	十一·二十一 甲午	十二·二十一 癸亥

＊《辑要》正月戊申、二月丁丑、三月丁未、四月丙子、闰闰四月丙午、五月乙亥、六月乙巳、七月甲戌、八月甲辰、九月癸酉、十月癸卯、十一月壬申、十二月壬寅朔。

周简王五年庚辰（前 581）

*一·一 癸酉	二·一 壬寅	三·一 壬申	四·一 辛丑
一·十一 癸未	二·十一 壬子	三·十一 壬午	四·十一 辛亥
一·二十一 癸巳	二·二十一 壬戌	三·二十一 壬辰	四·二十一 辛酉
五·一 辛未	六·一 庚子	七·一 庚午	八·一 己亥
五·十一 辛巳	六·十一 庚戌	七·十一 庚辰	八·十一 己酉
五·二十一 辛卯	六·二十一 庚申	七·二十一 庚寅	八·二十一 己未
九·一 己巳	十·一 戊戌	十一·一 戊辰	十二·一 戊戌
九·十一 己卯	十·十一 戊申	十一·十一 戊寅	十二·十一 戊申
九·二十一 己丑	十·二十一 戊午	十一·二十一 戊子	十二·二十一 戊午

＊《辑要》正月辛未、二月辛丑、三月辛未、四月庚子、五月庚午、六月己亥、七月己巳、八月戊戌、九月戊辰、十月丁酉、十一月丁卯、十二月丙申朔。

周简王六年辛巳（前 580）

*一·一 丁卯	二·一 丁酉	三·一 丙寅	四·一 丙申
一·十一 丁丑	二·十一 丁未	三·十一 丙子	四·十一 丙午
一·二十一 丁亥	二·二十一 丁巳	三·二十一 丙戌	四·二十一 丙辰
五·一 乙丑	六·一 乙未	七·一 甲子	八·一 甲午
五·十一 乙亥	六·十一 乙巳	七·十一 甲戌	八·十一 甲辰
五·二十一 乙酉	六·二十一 乙卯	七·二十一 甲申	八·二十一 甲寅
九·一 癸亥	十·一 癸巳 闰十·一 壬戌	十一·一 壬辰	十二·一 辛酉
九·十一 癸酉	十·十一 癸卯 闰十·十一 壬申	十一·十一 壬寅	十二·十一 辛未
九·二十一 癸未	十·二十一癸丑 闰十·二十一壬午	十一·二十一 壬子	十二·二十一 辛巳

＊《辑要》正月丙寅、二月乙未、三月乙丑、四月甲午、五月甲子、六月甲午、七月癸亥、八月癸巳、九月壬戌、十月壬辰、十一月辛酉、十二月辛卯、闰十二月庚申朔。

周简王七年壬午（前579）

*一・一	辛卯	二・一	辛酉	三・一	庚寅	四・一	庚申
一・十一	辛丑	二・十一	辛未	三・十一	庚子	四・十一	庚午
一・二十一	辛亥	二・二十一	辛巳	三・二十一	庚戌	四・二十一	庚辰
五・一	己丑	六・一	己未	七・一	戊子	八・一	戊午
五・十一	己亥	六・十一	己巳	七・十一	戊戌	八・十一	戊辰
五・二十一	己酉	六・二十一	己卯	七・二十一	戊申	八・二十一	戊寅
九・一	丁亥	十・一	丁巳	十一・一	丙戌	十二・一	丙辰
九・十一	丁酉	十・十一	丁卯	十一・十一	丙申	十二・十一	丙寅
九・二十一	丁未	十・二十一	丁丑	十一・二十一	丙午	十二・二十一	丙子

*《辑要》正月庚寅、二月己未、三月己丑、四月戊午、五月戊子、六月丁巳、七月丁亥、八月丙辰、九月丙戌、十月丙辰、十一月乙酉、十二月乙卯朔。

周简王八年癸未（前578）

*一・一	乙酉	二・一	乙卯	三・一	甲申	四・一	甲寅
一・十一	乙未	二・十一	乙丑	三・十一	甲午	四・十一	甲子
一・二十一	乙巳	二・二十一	乙亥	三・二十一	甲辰	四・二十一	甲戌
五・一	癸未	六・一	癸丑	七・一	癸未	八・一	壬子
五・十一	癸巳	六・十一	癸亥	七・十一	癸巳	八・十一	壬戌
五・二十一	癸卯	六・二十一	癸酉	七・二十一	癸卯	八・二十一	壬申
九・一	壬午	十・一	辛亥	十一・一	辛巳	十二・一	庚戌
九・十一	壬辰	十・十一	辛酉	十一・十一	辛卯	十二・十一	庚申
九・二十一	壬寅	十・二十一	辛未	十一・二十一	辛丑	十二・二十一	庚午

*《辑要》正月甲申、二月甲寅、三月癸未、四月癸丑、五月壬午、六月壬子、七月辛巳、八月辛亥、九月庚辰、十月庚戌、十一月己卯、十二月己酉朔。

周简王九年甲申（前577）

*一・一	庚辰	二・一	己酉	三・一	己卯	四・一	戊申
一・十一	庚寅	二・十一	己未	三・十一	己丑	四・十一	戊午
一・二十一	庚子	二・二十一	己巳	三・二十一	己亥	四・二十一	戊辰
五・一	戊寅	六・一	丁未	七・一　丁丑	闰七・一　丙午	八・一	丙子
五・十一	戊子	六・十一	丁巳	七・十一　丁亥	闰七・十一　丙辰	八・十一	丙戌
五・二十	戊戌	六・二十一	丁卯	七・二十一　丁酉	闰七・二十一　丙寅	八・二十一	丙申
九・一	乙巳	十・一	乙亥	十一・一	乙巳	十二・一	甲戌
九・十一	乙卯	十・十一	乙酉	十一・十一	乙卯	十二・十一	甲申
九・二十一	乙丑	十・二十一	乙未	十一・二十一	乙丑	十二・二十一	甲午

*《辑要》正月戊寅、二月戊申、三月戊寅、四月丁未、五月丁丑、六月丙午、七月丙子、八月乙巳、闰八月乙亥、九月甲辰、十月甲戌、十一月癸卯、十二月癸酉朔。

周简王十年乙酉（前576）

*一・一	甲辰	二・一	癸酉	三・一	癸卯	四・一	壬申
一・十一	甲寅	二・十一	癸未	三・十一	癸丑	四・十一	壬午
一・二十一	甲子	二・二十一	癸巳	三・二十一	癸亥	四・二十一	壬辰
五・一	壬寅	六・一	辛未	七・一	辛丑	八・一	庚午
五・十一	壬子	六・十一	辛巳	七・十一	辛亥	八・十一	庚辰
五・二十一	壬戌	六・二十一	辛卯	七・二十一	辛酉	八・二十一	庚寅
九・一	庚子	十・一	己巳	十一・一	己亥	十二・一	戊辰
九・十一	庚戌	十・十一	己卯	十一・十一	己酉	十二・十一	戊寅
九・二十一	庚申	十・二十一	己丑	十一・二十一	己未	十二・二十一	戊子

*《辑要》正月壬寅、二月壬申、三月辛丑、四月辛未、五月辛丑、六月庚午、七月庚子、八月己巳、九月己亥、十月戊辰、十一月戊戌、十二月丁卯朔。

周简王十一年丙戌(前 575)

*一·一	戊戌	二·一	戊辰	三·一	丁酉	四·一	丁卯
一·十一	戊申	二·十一	戊寅	三·十一	丁未	四·十一	丁丑
一·二十一	戊午	二·二十一	戊子	三·二十一	丁巳	四·二十一	丁亥
五·一	丙申	六·一	丙寅	七·一	乙未	八·一	乙丑
五·十一	丙午	六·十一	丙子	七·十一	乙巳	八·十一	乙亥
五·二十一	丙辰	六·二十一	丙戌	七·二十一	乙卯	八·二十一	乙酉
九·一	甲午	十·一	甲子	十一·一	癸巳	十二·一	癸亥
九·十一	甲辰	十·十一	甲戌	十一·十一	癸卯	十二·十一	癸酉
九·二十一	甲寅	十·二十一	甲申	十一·二十一	癸丑	十二·二十一	癸未

*《辑要》正月丁酉、二月丙寅、三月丙申、四月乙丑、五月乙未、六月甲子、七月甲午、八月癸亥、九月癸巳、十月癸亥、十一月壬辰、十二月壬戌朔。

周简王十二年丁亥(前 574)

*一·一	壬辰	二·一	壬戌	三·一	辛卯	四·一 辛酉 闰四·一	庚寅
一·十一	壬寅	二·十一	壬申	三·十一	辛丑	四·十一 辛未 闰四·十一	庚子
一·二十一	壬子	二·二十一	壬午	三·二十一	辛亥	四·二十一辛巳 闰四·二十一	庚戌
五·一	庚申	六·一	庚寅	七·一	己未	八·一	己丑
五·十一	庚午	六·十一	庚子	七·十一	己巳	八·十一	己亥
五·二十一	庚辰	六·二十一	庚戌	七·二十一	己卯	八·二十一	己酉
九·一	戊午	十·一	戊子	十一·一	丁巳	十二·一	丁亥
九·十一	戊辰	十·十一	戊戌	十一·十一	丁卯	十二·十一	丁酉
九·二十一	戊寅	十·二十一	戊申	十一·二十一	丁丑	十二·二十一	丁未

*《辑要》正月辛卯、二月辛酉、三月庚寅、四月庚申、五月己丑、闰五月己未、六月戊子、七月戊午、八月丁亥、九月丁巳、十月丙戌、十一月丙辰、十二月丙戌朔。

周简王十三年戊子(前 573)

*一·一	丙辰	二·一	丙戌	三·一	乙卯	四·一	乙酉
一·十一	丙寅	二·十一	丙申	三·十一	乙丑	四·十一	乙未
一·二十一	丙子	二·二十一	丙午	三·二十一	乙亥	四·二十一	乙巳
五·一	甲寅	六·一	甲申	七·一	癸丑	八·一	癸未
五·十一	甲子	六·十一	甲午	七·十一	癸亥	八·十一	癸巳
五·二十一	甲戌	六·二十一	甲辰	七·二十一	癸酉	八·二十一	癸卯
九·一	壬子	十·一	壬午	十一·一	壬子	十二·一	辛巳
九·十一	壬戌	十·十一	壬辰	十一·十一	壬戌	十二·十一	辛卯
九·二十一	壬申	十·二十一	壬寅	十一·二十一	壬申	十二·二十一	辛丑

*《辑要》正月乙卯、二月乙酉、三月甲寅、四月甲申、五月癸丑、六月癸未、七月壬子、八月壬午、九月辛亥、十月辛巳、十一月庚戌、十二月庚辰朔。

周简王十四年己丑(前 572)

*一·一	辛亥	二·一	庚辰	三·一	庚戌	四·一	己卯
一·十一	辛酉	二·十一	庚寅	三·十一	庚申	四·十一	己丑
一·二十一	辛未	二·二十一	庚子	三·二十一	庚午	四·二十一	己亥
五·一	己酉	六·一	戊寅	七·一	戊申	八·一	丁丑
五·十一	己未	六·十一	戊子	七·十一	戊午	八·十一	丁亥
五·二十一	己巳	六·二十一	戊戌	七·二十一	戊辰	八·二十一	丁酉
九·一	丁未	十·一	丙子	十一·一	丙午	十二·一 乙亥 闰十二·一	乙巳
九·十一	丁巳	十·十一	丙戌	十一·十一	丙辰	十二·十一 乙酉 闰十二·十一	乙卯
九·二十一	丁卯	十·二十一	丙申	十一·二十一	丙寅	十二·二十一乙未 闰十二·二十一	乙丑

*《辑要》正月己酉、二月己卯、三月戊申、四月戊寅、五月戊申、六月丁丑、七月丁未、八月丙子、九月丙午、十月乙亥、十一月乙巳、十二月甲戌朔。

周灵王元年庚寅(前 571)

*一·一 乙亥	二·一 甲辰	三·一 甲戌	四·一 癸卯
一·十一 乙酉	二·十一 甲寅	三·十一 甲申	四·十一 癸丑
一·二十一 乙未	二·二十一 甲子	三·二十一 甲午	四·二十一 癸亥
五·一 癸酉	六·一 壬寅	七·一 壬申	八·一 辛丑
五·十一 癸未	六·十一 壬子	七·十一 壬午	八·十一 辛亥
五·二十一 癸巳	六·二十一 壬戌	七·二十一 壬辰	八·二十一 辛酉
九·一 辛未	十·一 庚子	十一·一 庚午	十二·一 己亥
九·十一 辛巳	十·十一 庚戌	十一·十一 庚辰	十二·十一 己酉
九·二十一 辛卯	十·二十一 庚申	十一·二十一 庚寅	十二·二十一 己未

*《辑要》正月甲辰、二月癸酉、闰二月癸卯、三月壬申、四月壬寅、五月辛未、六月辛丑、七月庚午、八月庚子、九月庚午、十月己亥、十一月己巳、十二月戊戌朔。

周灵王二年辛卯(前 570)

*一·一 己巳	二·一 戊戌	三·一 戊辰	四·一 丁酉
一·十一 己卯	二·十一 戊申	三·十一 戊寅	四·十一 丁未
一·二十一 己丑	二·二十一 戊午	三·二十一 戊子	四·二十一 丁巳
五·一 丁卯	六·一 丁酉	七·一 丙寅	八·一 丙申
五·十一 丁丑	六·十一 丁未	七·十一 丙子	八·十一 丙午
五·二十一 丁亥	六·二十一 丁巳	七·二十一 丙戌	八·二十一 丙辰
九·一 乙丑	十·一 乙未	十一·一 甲子	十二·一 甲午
九·十一 乙亥	十·十一 乙巳	十一·十一 甲戌	十二·十一 甲辰
九·二十一 乙酉	十·二十一 乙卯	十一·二十一 甲申	十二·二十一 甲寅

*《辑要》正月戊辰、二月丁酉、三月丁卯、四月丙申、五月丙寅、六月乙未、七月乙丑、八月甲午、九月甲子、十月癸巳、十一月癸亥、十二月癸巳朔。

周灵王三年壬辰(前 569)

*一·一 癸亥	二·一 癸巳	三·一 壬戌	四·一 壬辰
一·十一 癸酉	二·十一 癸卯	三·十一 壬申	四·十一 壬寅
一·二十一 癸未	二·二十一 癸丑	三·二十一 壬午	四·二十一 壬子
五·一 辛酉	六·一 辛卯	七·一 庚申	八·一 庚寅
五·十一 辛未	六·十一 辛丑	七·十一 庚午	八·十一 庚子
五·二十 辛巳	六·二十一 辛亥	七·二十一 庚辰	八·二十一 庚戌
九·一 庚申	十·一 己丑 闰十·一 己未	十一·一 戊子	十二·一 戊午
九·十一 庚午	十·十一 己亥 闰十·十一 己巳	十一·十一 戊戌	十二·十一 戊辰
九·二十一 庚辰	十·二十一己酉 闰十·二十一己卯	十一·二十一 戊申	十二·二十一 戊寅

*《辑要》正月壬戌、二月壬辰、三月辛酉、四月辛卯、五月庚申、六月庚寅、七月己未、八月己丑、九月戊午、十月戊子、闰十月丁巳、十一月丁亥、十二月丙辰朔。

周灵王四年癸巳(前 568)

*一·一 丁亥	二·一 丁巳	三·一 丙戌	四·一 丙辰
一·十一 丁酉	二·十一 丁卯	三·十一 丙申	四·十一 丙寅
一·二十一 丁未	二·二十一 丁丑	三·二十一 丙午	四·二十一 丙子
五·一 乙酉	六·一 乙卯	七·一 甲申	八·一 甲寅
五·十一 乙未	六·十一 乙丑	七·十一 甲午	八·十一 甲子
五·二十一 乙巳	六·二十一 乙亥	七·二十一 甲辰	八·二十一 甲戌
九·一 癸未	十·一 癸丑	十一·一 壬午	十二·一 壬子
九·十一 癸巳	十·十一 癸亥	十一·十一 壬辰	十二·十一 壬戌
九·二十一 癸卯	十·二十一 癸酉	十一·二十一 壬寅	十二·二十一 壬申

*《辑要》正月丙戌、二月乙卯、三月乙酉、四月乙卯、五月甲申、六月甲寅、七月癸未、八月癸丑、九月壬午、十月壬子、十一月辛巳、十二月辛亥朔。

周灵王五年甲午(前567)

*一·一　壬午	二·一　辛亥	三·一　辛巳	四·一　庚戌
一·十一　壬辰	二·十一　辛酉	三·十一　辛卯	四·十一　庚申
一·二十一　壬寅	二·二十一　辛未	三·二十一　辛丑	四·二十一　庚午
五·一　庚辰	六·一　己酉	七·一　己卯	八·一　戊申
五·十一　庚寅	六·十一　己未	七·十一　己丑	八·十一　戊午
五·二十一　庚子	六·二十一　己巳	七·二十一　己亥	八·二十一　戊辰
九·一　戊寅	十·一　丁未	十一·一　丁丑	十二·一　丙午
九·十一　戊子	十·十一　丁巳	十一·十一　丁亥	十二·十一　丙辰
九·二十一　戊戌	十·二十一　丁卯	十一·二十一　丁酉	十二·二十一　丙寅

*《辑要》正月庚辰、二月庚戌、三月己卯、四月己酉、五月戊寅、六月戊申、七月戊寅、八月丁未、九月丁丑、十月丙午、十一月丙子、十二月乙巳朔。

周灵王六年乙未(前566)

*一·一　丙子	二·一　乙巳	三·一　乙亥	四·一　甲辰
一·十一　丙戌	二·十一　乙卯	三·十一　乙酉	四·十一　甲寅
一·二十一　丙申	二·二十一　乙丑	三·二十一　乙未	四·二十一　甲子
五·一　甲戌	六·一　甲辰　闰六·一　癸酉	七·一　癸卯	八·一　壬申
五·十一　甲申	六·十一　甲寅　闰六·十一　癸未	七·十一　癸丑	八·十一　壬午
五·二十一　甲午	六·二十一甲子　闰六·二十一癸巳	七·二十一　癸亥	八·二十一　壬辰
九·一　壬寅	十·一　辛未	十一·一　辛丑	十二·一　庚午
九·十一　壬子	十·十一　辛巳	十一·十一　辛亥	十二·十一　庚辰
九·二十一　壬戌	十·二十一　辛卯	十一·二十一　辛酉	十二·二十一　庚寅

*《辑要》正月乙亥、二月甲辰、三月甲戌、四月癸卯、五月癸酉、六月壬寅、闰六月壬申，七月辛丑、八月辛未、九月庚子、十月庚午、十一月庚子、十二月己巳朔。

周灵王七年丙申(前565)

*一·一　庚子	二·一　己巳	三·一　己亥	四·一　戊辰
一·十一　庚戌	二·十一　己卯	三·十一　己酉	四·十一　戊寅
一·二十一　庚申	二·二十一　己丑	三·二十一　己未	四·二十一　戊子
五·一　戊戌	六·一　丁卯	七·一　丁酉	八·一　丁卯
五·十一　戊申	六·十一　丁丑	七·十一　丁未	八·十一　丁丑
五·二十一　戊午	六·二十一　丁亥	七·二十一　丁巳	八·二十一　丁亥
九·一　丙申	十·一　丙寅	十一·一　乙未	十二·一　乙丑
九·十一　丙午	十·十一　丙子	十一·十一　乙巳	十二·十一　乙亥
九·二十一　丙辰	十·二十一　丙戌	十一·二十一　乙卯	十二·二十一　乙酉

*《辑要》正月己亥、二月戊辰、三月戊戌、四月丁卯、五月丁酉、六月丙寅、七月丙申、八月乙丑、九月乙未、十月甲子、十一月甲午、十二月癸亥朔。

周灵王八年丁酉(前564)

*一·一　甲午	二·一　甲子	三·一　癸巳	四·一　癸亥
一·十一　甲辰	二·十一　甲戌	三·十一　癸卯	四·十一　癸酉
一·二十一　甲寅	二·二十一　甲申	三·二十一　癸丑	四·二十一　癸未
五·一　壬辰	六·一　壬戌	七·一　辛卯	八·一　辛酉
五·十一　壬寅	六·十一　壬申	七·十一　辛丑	八·十一　辛未
五·二十一　壬子	六·二十一　壬午	七·二十一　辛亥	八·二十一　辛巳
九·一　庚寅	十·一　庚申	十一·一　己丑	十二·一　己未
九·十一　庚子	十·十一　庚午	十一·十一　己亥	十二·十一　己巳
九·二十一　庚戌	十·二十一　庚辰	十一·二十一　己酉	十二·二十一　己卯

*《辑要》正月癸巳、二月壬戌、三月壬辰、四月壬戌、五月辛卯、六月辛酉、七月庚寅、八月庚申、九月己丑、十月己未、十一月戊子、十二月戊午朔。

周灵王九年戊戌（前 563）

*一・一	己丑	二・一	戊午　闰二・一　戊子	三・一	丁巳	四・一	丁亥
一・十一	己亥	二・十一	戊辰　闰二・十一　戊戌	三・十一	丁卯	四・十一	丁酉
一・二十一	己酉	二・二十一	戊寅　闰二・二十一　戊申	三・二十一	丁丑	四・二十一	丁未
五・一	丙辰	六・一	丙戌	七・一	乙卯	八・一	乙酉
五・十一	丙寅	六・十一	丙申	七・十一	乙丑	八・十一	乙未
五・二十一	丙子	六・二十一	丙午	七・二十一	乙亥	八・二十一	乙巳
九・一	甲寅	十・一	甲申	十一・一	癸丑	十二・一	癸未
九・十一	甲子	十・十一	甲午	十一・十一	癸亥	十二・十一	癸巳
九・二十一	甲戌	十・二十一	甲辰	十一・二十一	癸酉	十二・二十一	癸卯

＊《辑要》正月丁亥、二月丁巳、三月丙戌、闰三月丙辰、四月乙酉、五月乙卯、六月乙酉、七月甲寅、八月甲申、九月癸丑、十月癸未、十一月壬子、十二月壬午朔。

周灵王十年己亥（前 562）

*一・一	壬子	二・一	壬午	三・一	壬子	四・一	辛巳
一・十一	壬戌	二・十一	壬辰	三・十一	壬戌	四・十一	辛卯
一・二十一	壬申	二・二十一	壬寅	三・二十一	壬申	四・二十一	辛丑
五・一	辛亥	六・一	庚辰	七・一	庚戌	八・一	己卯
五・十一	辛酉	六・十一	庚寅	七・十一	庚申	八・十一	己丑
五・二十一	辛未	六・二十一	庚子	七・二十一	庚午	八・二十一	己亥
九・一	己酉	十・一	戊寅	十一・一	戊申	十二・一	丁丑
九・十一	己未	十・十一	戊子	十一・十一	戊午	十二・十一	丁亥
九・二十一	己巳	十・二十一	戊戌	十一・二十一	戊辰	十二・二十一	丁酉

＊《辑要》正月辛亥、二月辛巳、三月庚戌、四月庚辰、五月己酉、六月己卯、七月戊申、八月戊寅、九月丁未、十月丁丑、十一月丁未、十二月丙子朔。

周灵王十一年庚子（前 561）

*一・一	丁未	二・一	丙子	三・一	丙午	四・一	乙亥
一・十一	丁巳	二・十一	丙戌	三・十一	丙辰	四・十一	乙酉
一・二十一	丁卯	二・二十一	丙申	三・二十一	丙寅	四・二十一	乙未
五・一	乙巳	六・一	甲戌	七・一	甲辰	八・一	甲戌
五・十一	乙卯	六・十一	甲申	七・十一	甲寅	八・十一	甲申
五・二十一	乙丑	六・二十一	甲午	七・二十一	甲子	八・二十一	甲午
九・一	癸卯	十・一	癸酉	十一・一	壬寅　闰十一・一　壬申	十二・一	辛丑
九・十一	癸丑	十・十一	癸未	十一・十一	壬子　闰十一・十一　壬午	十二・十一	辛亥
九・二十一	癸亥	十・二十一	癸巳	十一・二十一	壬戌　闰十一・二十一　壬辰	十二・二十一	辛酉

＊《辑要》正月丙午、二月乙亥、三月乙巳、四月甲戌、五月甲辰、六月癸酉、七月癸卯、八月壬申、九月壬寅、十月辛未、十一月辛丑、十二月庚午、闰十二月庚子朔。

周灵王十二年辛丑（前 560）

*一・一	辛未	二・一	庚子	三・一	庚午	四・一	己亥
一・十一	辛巳	二・十一	庚戌	三・十一	庚辰	四・十一	己酉
一・二十一	辛卯	二・二十一	庚申	三・二十一	庚寅	四・二十一	己未
五・一	己巳	六・一	戊戌	七・一	戊辰	八・一	丁酉
五・十一	己卯	六・十一	戊申	七・十一	戊寅	八・十一	丁未
五・二十一	己丑	六・二十一	戊午	七・二十一	戊子	八・二十一	丁巳
九・一	丁卯	十・一	丙申	十一・一	丙寅	十二・一	丙申
九・十一	丁丑	十・十一	丙午	十一・十一	丙子	十二・十一	丙午
九・二十一	丁亥	十・二十一	丙辰	十一・二十一	丙戌	十二・二十一	丙辰

＊《辑要》正月庚午、二月己亥、三月己巳、四月戊戌、五月戊辰、六月丁酉、七月丁卯、八月丙申、九月丙寅、十月乙未、十一月乙丑、十二月甲午朔。

周灵王十三年壬寅（前559）

*一·一　乙丑	二·一　乙未	三·一　甲子	四·一　甲午
一·十一　乙亥	二·十一　乙巳	三·十一　甲戌	四·十一　甲辰
一·二十一　乙酉	二·二十一　乙卯	三·二十一　甲申	四·二十一　甲寅
五·一　癸亥	六·一　癸巳	七·一　壬戌	八·一　壬辰
五·十一　癸酉	六·十一　癸卯	七·十一　壬申	八·十一　壬寅
五·二十一　癸未	六·二十一　癸丑	七·二十一　壬午	八·二十一　壬子
九·一　辛酉	十·一　辛卯	十一·一　庚申	十二·一　庚寅
九·十一　辛未	十·十一　辛丑	十一·十一　庚午	十二·十一　庚子
九·二十一　辛巳	十·二十一　辛亥	十一·二十一　庚辰	十二·二十一　庚戌

*《辑要》正月甲子、二月癸巳、三月癸亥、四月壬辰、五月壬戌、六月壬辰、七月辛酉、八月辛卯、九月庚申、十月庚寅、十一月己未、十二月己丑朔。

周灵王十四年癸卯（前558）

*一·一　己未	二·一　己丑	三·一　己未	四·一　戊子
一·十一　己巳	二·十一　己亥	三·十一　己巳	四·十一　戊戌
一·二十一　己卯	二·二十一　己酉	三·二十一　己卯	四·二十一　戊申
五·一　戊午	六·一　丁亥	七·一　丁巳	八·一　丙戌　闰八·一　丙辰
五·十一　戊辰	六·十一　丁酉	七·十一　丁卯	八·十一　丙申　闰八·十一　丙寅
五·二十一　戊寅	六·二十一　丁未	七·二十一　丁丑	八·二十一丙午　闰八·二十一丙子
九·一　乙酉	十·一　乙卯	十一·一　甲申	十二·一　甲寅
九·十一　乙未	十·十一　乙丑	十一·十一　甲午	十二·十一　甲子
九·二十一　乙巳	十·二十一　乙亥	十一·二十一　甲辰	十二·二十一　甲戌

*《辑要》正月戊午、二月戊子、三月丁巳、四月丁亥、五月丙辰、六月丙戌、七月乙卯、八月乙酉、闰八月甲寅、九月甲申、十月甲寅、十一月癸未、十二月癸丑朔。

周灵王十五年甲辰（前557）

*一·一　癸未	二·一　癸丑	三·一　壬午	四·一　壬子
一·十一　癸巳	二·十一　癸亥	三·十一　壬辰	四·十一　壬戌
一·二十一　癸卯	二·二十一　癸酉	三·二十一　壬寅	四·二十一　壬申
五·一　辛巳	六·一　辛亥	七·一　辛巳	八·一　庚戌
五·十一　辛卯	六·十一　辛酉	七·十一　辛卯	八·十一　庚申
五·二十一　辛丑	六·二十一　辛未	七·二十一　辛丑	八·二十一　庚午
九·一　庚辰	十·一　己酉	十一·一　己卯	十二·一　戊申
九·十一　庚寅	十·十一　己未	十一·十一　己丑	十二·十一　戊午
九·二十一　庚子	十·二十一　己巳	十一·二十一　己亥	十二·二十一　戊辰

*《辑要》正月壬午、二月壬子、三月辛巳、四月辛亥、五月庚辰、六月庚戌、七月己卯、八月己酉、九月戊寅、十月戊申、十一月丁丑、十二月丁未朔。

周灵王十六年乙巳（前556）

*一·一　戊寅	二·一　丁未	三·一　丁丑	四·一　丙午
一·十一　戊子	二·十一　丁巳	三·十一　丁亥	四·十一　丙辰
一·二十一　戊戌	二·二十一　丁卯	三·二十一　丁酉	四·二十一　丙寅
五·一　丙子	六·一　乙巳	七·一　乙亥	八·一　甲辰
五·十一　丙戌	六·十一　乙卯	七·十一　乙酉	八·十一　甲寅
五·二十一　丙申	六·二十一　乙丑	七·二十一　乙未	八·二十一　甲子
九·一　甲戌	十·一　甲辰	十一·一　癸酉	十二·一　癸卯
九·十一　甲申	十·十一　甲寅	十一·十一　癸未	十二·十一　癸丑
九·二十一　甲午	十·二十一　甲子	十一·二十一　癸巳	十二·二十一　癸亥

*《辑要》正月丁丑、二月丙午、三月丙子、四月乙巳、五月乙亥、六月甲辰、七月甲戌、八月癸卯、九月癸酉、十月壬寅、十一月壬申、十二月辛丑朔。

周灵王十七年丙午(前555)

*一·一 壬申	二·一 壬寅	三·一 辛未	四·一 辛丑 闰四·一 庚午
一·十一 壬午	二·十一 壬子	三·十一 辛巳	四·十一 辛亥 闰四·十一 庚辰
一·二十一 壬辰	二·二十一 壬戌	三·二十一 辛卯	四·二十一辛酉 闰四·二十一庚寅
五·一 庚子	六·一 己巳	七·一 己亥	八·一 戊辰
五·十一 庚戌	六·十一 己卯	七·十一 己酉	八·十一 戊寅
五·二十一 庚申	六·二十一 己丑	七·二十一 己未	八·二十一 戊子
九·一 戊戌	十·一 丁卯	十一·一 丁酉	十二·一 丙寅
九·十一 戊申	十·十一 丁丑	十一·十一 丁未	十二·十一 丙子
九·二十一 戊午	十·二十一 丁亥	十一·二十一 丁巳	十二·二十一 丙戌

*《辑要》正月辛未、二月庚子、三月庚午、四月己亥、五月己巳、闰五月己亥、六月戊辰、七月戊戌、八月丁卯、九月丁酉、十月丙寅、十一月丙申、十二月乙丑朔。

周灵王十八年丁未(前554)

*一·一 丙申	二·一 丙寅	三·一 乙未	四·一 乙丑
一·十一 丙午	二·十一 丙子	三·十一 乙巳	四·十一 乙亥
一·二十一 丙辰	二·二十一 丙戌	三·二十一 乙卯	四·二十一 乙酉
五·一 甲午	六·一 甲子	七·一 癸巳	八·一 癸亥
五·十一 甲辰	六·十一 甲戌	七·十一 癸卯	八·十一 癸酉
五·二十一 甲寅	六·二十一 甲申	七·二十一 癸丑	八·二十一 癸未
九·一 壬辰	十·一 壬戌	十一·一 辛卯	十二·一 辛酉
九·十一 壬寅	十·十一 壬申	十一·十一 辛丑	十二·十一 辛未
九·二十一 壬子	十·二十一 壬午	十一·二十一 辛亥	十二·二十一 辛巳

*《辑要》正月乙未、二月甲子、三月甲午、四月癸亥、五月癸巳、六月壬戌、七月壬辰、八月辛酉、九月辛卯、十月辛酉、十一月庚寅、十二月庚申朔。

周灵王十九年戊申(前553)

*一·一 庚寅	二·一 庚申	三·一 己丑	四·一 己未
一·十一 庚子	二·十一 庚午	三·十一 己亥	四·十一 己巳
一·二十一 庚戌	二·二十一 庚辰	三·二十一 己酉	四·二十一 己卯
五·一 戊子	六·一 戊午	七·一 戊子	八·一 丁巳
五·十一 戊戌	六·十一 戊辰	七·十一 戊戌	八·十一 丁卯
五·二十一 戊申	六·二十一 戊寅	七·二十 戊申	八·二十一 丁丑
九·一 丁亥	十·一 丙辰	十一·一 丙戌	十二·一 乙卯 闰十二·一 乙酉
九·十一 丁酉	十·十一 丙寅	十一·十一 丙申	十二·十一 乙丑 闰十二·十一 乙未
九·二十一 丁未	十·二十一 丙子	十一·二十一 丙午	十二·二十一乙亥 闰十二·二十一乙巳

*《辑要》正月己丑、二月己未、三月戊子、四月戊午、五月丁亥、六月丁巳、七月丙戌、八月丙辰、九月乙酉、十月乙卯、十一月甲申、十二月甲寅朔。

周灵王二十年己酉(前552)

*一·一 甲寅	二·一 甲申	三·一 癸丑	四·一 癸未
一·十一 甲子	二·十一 甲午	三·十一 癸亥	四·十一 癸巳
一·二十一 甲戌	二·二十一 甲辰	三·二十一 癸酉	四·二十一 癸卯
五·一 壬子	六·一 壬午	七·一 辛亥	八·一 辛巳
五·十一 壬戌	六·十一 壬辰	七·十一 辛酉	八·十一 辛卯
五·二十一 壬申	六·二十一 壬寅	七·二十一 辛未	八·二十一 辛丑
九·一 庚戌	十·一 庚辰	十一·一 庚戌	十二·一 己卯
九·十一 庚申	十·十一 庚寅	十一·十一 庚申	十二·十一 己丑
九·二十一 庚午	十·二十一 庚子	十一·二十一 庚午	十二·二十一 己亥

*《辑要》正月甲申、二月癸丑、闰二月癸未、三月壬子、四月壬午、五月辛亥、六月辛巳、七月庚戌、八月庚辰、九月己酉、十月己卯、十一月戊申、十二月戊寅朔。

周灵王二十一年庚戌(前551)

*一·一 己酉	二·一 戊寅	三·一 戊申	四·一 丁丑
一·十一 己未	二·十一 戊子	三·十一 戊午	四·十一 丁亥
一·二十一 己巳	二·二十一 戊戌	三·二十一 戊辰	四·二十一 丁酉
五·一 丁未	六·一 丙子	七·一 丙午	八·一 乙亥
五·十一 丁巳	六·十一 丙戌	七·十一 丙辰	八·十一 乙酉
五·二十一 丁卯	六·二十一 丙申	七·二十一 丙寅	八·二十一 乙未
九·一 乙巳	十·一 甲戌	十一·一 甲辰	十二·一 癸酉
九·十一 乙卯	十·十一 甲申	十一·十一 甲寅	十二·十一 癸未
九·二十一 乙丑	十·二十一 甲午	十一·二十一 甲子	十二·二十一 癸巳

*《辑要》正月丁未、二月丁丑、三月丙午、四月丙子、五月丙午、六月乙亥、七月乙巳、八月甲戌、九月甲辰、十月癸酉、十一月癸卯、十二月壬申朔。

周灵王二十二年辛亥(前550)

*一·一 癸卯	二·一 癸酉	三·一 壬寅	四·一 壬申
一·十一 癸丑	二·十一 癸未	三·十一 壬子	四·十一 壬午
一·二十一 癸亥	二·二十一 癸巳	三·二十一 壬戌	四·二十一 壬辰
五·一 辛丑	六·一 辛未	七·一 庚子	八·一 庚午
五·十一 辛亥	六·十一 辛巳	七·十一 庚戌	八·十一 庚辰
五·二十一 辛酉	六·二十一 辛卯	七·二十一 庚申	八·二十一 庚寅
九·一 己亥 闰九·一 己巳	十·一 戊戌	十一·一 戊辰	十二·一 丁酉
九·十一 己酉 闰九·十一 己卯	十·十一 戊申	十一·十一 戊寅	十二·十一 丁未
九·二十一 己未 闰九·二十一 己丑	十·二十一 戊午	十一·二十一 戊子	十二·二十一 丁巳

*《辑要》正月壬寅、二月辛未、三月辛丑、四月庚午、五月庚子、六月己巳、七月己亥、八月己巳、九月戊戌、十月戊辰、十一月丁酉、闰十一月丁卯、十二月丙申朔。

周灵王二十三年壬子(前549)

*一·一 丁卯	二·一 丙申	三·一 丙寅	四·一 丙申
一·十一 丁丑	二·十一 丙午	三·十一 丙子	四·十一 丙午
一·二十一 丁亥	二·二十一 丙辰	三·二十一 丙戌	四·二十一 丙辰
五·一 乙丑	六·一 乙未	七·一 甲子	八·一 甲午
五·十一 乙亥	六·十一 乙巳	七·十一 甲戌	八·十一 甲辰
五·二十一 乙酉	六·二十一 乙卯	七·二十一 甲申	八·二十一 甲寅
九·一 癸亥	十·一 癸巳	十一·一 壬戌	十二·一 壬辰
九·十一 癸酉	十·十一 癸卯	十一·十一 壬申	十二·十一 壬寅
九·二十一 癸未	十·二十一 癸丑	十一·二十一 壬午	十二·二十一 壬子

*《辑要》正月丙寅、二月乙未、三月乙丑、四月甲午、五月甲子、六月癸巳、七月癸亥、八月壬辰、九月壬戌、十月辛卯、十一月辛酉、十二月辛卯朔。

周灵王二十四年癸丑(前548)

*一·一 辛酉	二·一 辛卯	三·一 庚申	四·一 庚寅
一·十一 辛未	二·十一 辛丑	三·十一 庚午	四·十一 庚子
一·二十一 辛巳	二·二十一 辛亥	三·二十一 庚辰	四·二十一 庚戌
五·一 己未	六·一 己丑	七·一 戊午	八·一 戊子
五·十一 己巳	六·十一 己亥	七·十一 戊辰	八·十一 戊戌
五·二十一 己卯	六·二十一 己酉	七·二十一 戊寅	八·二十一 戊申
九·一 戊午	十·一 丁亥	十一·一 丁巳	十二·一 丙戌
九·十一 戊辰	十·十一 丁酉	十一·十一 丁卯	十二·十一 丙申
九·二十一 戊寅	十·二十一 丁未	十一·二十一 丁丑	十二·二十一 丙午

*《辑要》正月庚申、二月庚寅、三月己未、四月己丑、五月戊午、六月戊子、七月丁巳、八月丁亥、九月丙辰、十月丙戌、十一月乙卯、十二月乙酉朔。

周灵王二十五年甲寅（前547）

*一·一　丙辰	二·一　乙酉	三·一　乙卯	四·一　甲申
一·十一　丙寅	二·十一　乙未	三·十一　乙丑	四·十一　甲午
一·二十一　丙子	二·二十一　乙巳	三·二十一　乙亥	四·二十一　甲辰
五·一　甲寅	六·一　癸未	七·一　癸丑	八·一　壬午　闰八·一　壬子
五·十一　甲子	六·十一　癸巳	七·十一　癸亥	八·十一　壬辰　闰八·十一　壬戌
五·二十一　甲戌	六·二十一　癸卯	七·二十一　癸酉	八·二十一壬寅　闰八·二十一壬申
九·一　辛巳	十·一　辛亥	十一·一　庚辰	十二·一　庚戌
九·十一　辛卯	十·十一　辛酉	十一·十一　庚寅	十二·十一　庚申
九·二十一　辛丑	十·二十一　辛未	十一·二十一　庚子	十二·二十一　庚午

＊《辑要》正月甲寅、二月甲申、三月癸丑、四月癸未、五月癸丑、六月壬午、七月壬子、闰七月辛巳、八月辛亥、九月庚辰、十月庚戌、十一月己卯、十二月己酉朔。

周灵王二十六年乙卯（前546）

*一·一　庚辰	二·一　己酉	三·一　己卯	四·一　戊申
一·十一　庚寅	二·十一　己未	三·十一　己丑	四·十一　戊午
一·二十一　庚子	二·二十一　己巳	三·二十一　己亥	四·二十一　戊辰
五·一　戊寅	六·一　丁未	七·一　丁丑	八·一　丙午
五·十一　戊子	六·十一　丁巳	七·十一　丁亥	八·十一　丙辰
五·二十一　戊戌	六·二十一　丁卯	七·二十一　丁酉	八·二十一　丙寅
九·一　丙子	十·一　乙巳	十一·一　乙亥	十二·一　甲辰
九·十一　丙戌	十·十一　乙卯	十一·十一　乙酉	十二·十一　甲寅
九·二十一　丙申	十·二十一　乙丑	十一·二十一　乙未	十二·二十一　甲子

＊《辑要》正月戊寅、二月戊申、三月丁丑、四月丁未、五月丙子、六月丙午、七月丙子、八月乙巳、九月乙亥、十月甲辰、十一月甲戌、十二月癸卯朔。

周灵王二十七年丙辰（前545）

*一·一　甲戌	二·一　癸卯	三·一　癸酉	四·一　癸卯
一·十一　甲申	二·十一　癸丑	三·十一　癸未	四·十一　癸丑
一·二十一　甲午	二·二十一　癸亥	三·二十一　癸巳	四·二十一　癸亥
五·一　壬申	六·一　壬寅	七·一　辛未	八·一　辛丑
五·十一　壬午	六·十一　壬子	七·十一　辛巳	八·十一　辛亥
五·二十一　壬辰	六·二十一　壬戌	七·二十一　辛卯	八·二十一　辛酉
九·一　庚午	十·一　庚子	十一·一　己巳	十二·一　己亥
九·十一　庚辰	十·十一　庚戌	十一·十一　己卯	十二·十一　己酉
九·二十一　庚寅	十·二十一　庚申	十一·二十一　己丑	十二·二十一　己未

＊《辑要》正月癸酉、二月壬寅、三月壬申、四月辛丑、五月辛未、六月庚子、七月庚午、八月己亥、九月己巳、十月戊戌、十一月戊辰、十二月戊戌朔。

周景王元年丁巳（前544）

*一·一　戊辰	二·一　戊戌　闰二·一　丁卯	三·一　丁酉	四·一　丙寅
一·十一　戊寅	二·十一　戊申　闰二·十一　丁丑	三·十一　丁未	四·十一　丙子
一·二十一　戊子	二·二十一戊午　闰二·二十一丁亥	三·二十一　丁巳	四·二十一　丙戌
五·一　丙申	六·一　乙丑	七·一　乙未	八·一　乙丑
五·十一　丙午	六·十一　乙亥	七·十一　乙巳	八·十一　乙亥
五·二十一　丙辰	六·二十一　乙酉	七·二十一　乙卯	八·二十一　乙酉
九·一　甲午	十·一　甲子	十一·一　癸巳	十二·一　癸亥
九·十一　甲辰	十·十一　甲戌	十一·十一　癸卯	十二·十一　癸酉
九·二十一　甲寅	十·二十一　甲申	十一·二十一　癸丑	十二·二十一　癸未

＊《辑要》正月丁卯、二月丁酉、三月丙寅、闰三月丙申、四月乙丑、五月乙未、六月甲子、七月甲午、八月癸亥、九月癸巳、十月壬戌、十一月壬辰、十二月辛酉朔。

周景王二年戊午（前 543）

*一・一 壬辰	二・一 壬戌	三・一 辛卯	四・一 辛酉
一・十一 壬寅	二・十一 壬申	三・十一 辛丑	四・十一 辛未
一・二十一 壬子	二・二十一 壬午	三・二十一 辛亥	四・二十一 辛巳
五・一 庚寅	六・一 庚申	七・一 己丑	八・一 己未
五・十一 庚子	六・十一 庚午	七・十一 己亥	八・十一 己巳
五・二十一 庚戌	六・二十一 庚辰	七・二十一 己酉	八・二十一 己卯
九・一 戊子	十・一 戊午	十一・一 戊子	十二・一 丁巳
九・十一 戊戌	十・十一 戊辰	十一・十一 戊戌	十二・十一 丁卯
九・二十一 戊申	十・二十一 戊寅	十一・二十一 戊申	十二・二十一 丁丑

*《辑要》正月辛卯、二月辛酉、三月庚寅、四月庚申、五月己丑、六月己未、七月戊子、八月戊午、九月丁亥、十月丁巳、十一月丙戌、十二月丙辰朔。

周景王三年己未（前 542）

*一・一 丁亥	二・一 丙辰	三・一 丙戌	四・一 乙卯
一・十一 丁酉	二・十一 丙寅	三・十一 丙申	四・十一 乙丑
一・二十一 丁未	二・二十一 丙子	三・二十一 丙午	四・二十一 乙亥
五・一 乙酉	六・一 甲寅	七・一 甲申	八・一 癸丑
五・十一 乙未	六・十一 甲子	七・十一 甲午	八・十一 癸亥
五・二十一 乙巳	六・二十一 甲戌	七・二十一 甲辰	八・二十一 癸酉
九・一 癸未	十・一 壬子　闰十・一 壬午	十一・一 辛亥	十二・一 辛巳
九・十一 癸巳	十・十一 壬戌　闰十・十一 壬辰	十一・十一 辛酉	十二・十一 辛卯
九・二十一 癸卯	十・二十一壬申　闰十・二十一壬寅	十一・二十一 辛未	十二・二十一 辛丑

*《辑要》正月乙酉、二月乙卯、三月甲申、四月甲寅、五月癸未、六月癸丑、七月癸未、八月壬子、九月壬午、十月辛亥、十一月辛巳、十二月庚戌、闰十二月庚辰朔。

周景王四年庚申（前 541）

*一・一 庚戌	二・一 庚辰	三・一 庚戌	四・一 己卯
一・十一 庚申	二・十一 庚寅	三・十一 庚申	四・十一 己丑
一・二十一 庚午	二・二十一 庚子	三・二十一 庚午	四・二十一 己亥
五・一 己酉	六・一 戊寅	七・一 戊申	八・一 丁丑
五・十一 己未	六・十一 戊子	七・十一 戊午	八・十一 丁亥
五・二十一 己巳	六・二十一 戊戌	七・二十一 戊辰	八・二十一 丁酉
九・一 丁未	十・一 丙子	十一・一 丙午	十二・一 乙亥
九・十一 丁巳	十・十一 丙戌	十一・十一 丙辰	十二・十一 乙酉
九・二十一 丁卯	十・二十一 丙申	十一・二十一 丙寅	十二・二十一 乙未

*《辑要》正月己酉、二月己卯、三月戊申、四月戊寅、五月丁未、六月丁丑、七月丙午、八月丙子、九月乙巳、十月乙亥、十一月乙巳、十二月甲戌朔。

周景王五年辛酉（前 540）

*一・一 乙巳	二・一 甲戌	三・一 甲辰	四・一 癸酉
一・十一 乙卯	二・十一 甲申	三・十一 甲寅	四・十一 癸未
一・二十一 乙丑	二・二十一 甲午	三・二十一 甲子	四・二十一 癸巳
五・一 癸卯	六・一 壬申	七・一 壬寅	八・一 壬申
五・十一 癸丑	六・十一 壬午	七・十一 壬子	八・十一 壬午
五・二十一 癸亥	六・二十一 壬辰	七・二十一 壬戌	八・二十一 壬辰
九・一 辛丑	十・一 辛未	十一・一 庚子	十二・一 庚午
九・十一 辛亥	十・十一 辛巳	十一・十一 庚戌	十二・十一 庚辰
九・二十一 辛酉	十・二十一 辛卯	十一・二十一 庚申	十二・二十一 庚寅

*《辑要》正月甲辰、二月癸酉、三月癸卯、四月壬申、五月壬寅、六月辛未、七月辛丑、八月庚午、九月庚子、十月己巳、十一月己亥、十二月戊辰朔。

周景王六年壬戌（前 539）

*一·一　己亥	二·一　己巳	三·一　戊戌	四·一　戊辰
一·十一　己酉	二·十一　己卯	三·十一　戊申	四·十一　戊寅
一·二十一　己未	二·二十一　己丑	三·二十一　戊午	四·二十一　戊子
五·一　丁酉	六·一　丁卯	七·一　丙申	八·一　丙寅　闰八·一　乙未
五·十一　丁未	六·十一　丁丑	七·十一　丙午	八·十一　丙子　闰八·十一　乙巳
五·二十一　丁巳	六·二十一　丁亥	七·二十一　丙辰	八·二十一丙戌　闰八·二十一乙卯
九·一　乙丑	十·一　乙未	十一·一　甲子	十二·一　甲午
九·十一　乙亥	十·十一　乙巳	十一·十一　甲戌	十二·十一　甲辰
九·二十一　乙酉	十·二十一　乙卯	十一·二十一　甲申	十二·二十一　甲寅

*《辑要》正月戊戌、二月戊辰、三月丁酉、四月丁卯、五月丙申、六月丙寅、七月乙未、八月乙丑、九月甲午、闰九月甲子、十月癸巳、十一月癸亥、十二月壬辰朔。

周景王七年癸亥（前 538）

*一·一　癸亥	二·一　癸巳	三·一　壬戌	四·一　壬辰
一·十一　癸酉	二·十一　癸卯	三·十一　壬申	四·十一　壬寅
一·二十一　癸未	二·二十一　癸丑	三·二十一　壬午	四·二十一　壬子
五·一　辛酉	六·一　辛卯	七·一　庚申	八·一　庚寅
五·十一　辛未	六·十一　辛丑	七·十一　庚午	八·十一　庚子
五·二十一　辛巳	六·二十一　辛亥	七·二十一　庚辰	八·二十一　庚戌
九·一　己未	十·一　己丑	十一·一　戊午	十二·一　戊子
九·十一　己巳	十·十一　己亥	十一·十一　戊辰	十二·十一　戊戌
九·二十一　己卯	十·二十一　己酉	十一·二十一　戊寅	十二·二十一　戊申

*《辑要》正月壬戌、二月辛卯、三月辛酉、四月庚寅、五月庚申、六月庚寅、七月己未、八月己丑、九月戊午、十月戊子、十一月丁巳、十二月丁亥朔。

周景王八年甲子（前 537）

*一·一　丁巳	二·一　丁亥	三·一　丁巳	四·一　丙戌
一·十一　丁卯	二·十一　丁酉	三·十一　丁卯	四·十一　丙申
一·二十一　丁丑	二·二十一　丁未	三·二十一　丁丑	四·二十一　丙午
五·一　丙辰	六·一　乙酉	七·一　乙卯	八·一　甲申
五·十一　丙寅	六·十一　乙未	七·十一　乙丑	八·十一　甲午
五·二十一　丙子	六·二十一　乙巳	七·二十一　乙亥	八·二十一　甲辰
九·一　甲寅	十·一　癸未	十一·一　癸丑	十二·一　壬午
九·十一　甲子	十·十一　癸巳	十一·十一　癸亥	十二·十一　壬辰
九·二十一　甲戌	十·二十一　癸卯	十一·二十一　癸酉	十二·二十一　壬寅

*《辑要》正月丙辰、二月丙戌、三月乙卯、四月乙酉、五月甲寅、六月甲申、七月癸丑、八月癸未、九月癸丑、十月壬午、十一月壬子、十二月辛巳朔。

周景王九年乙丑（前 536）

*一·一　壬子	二·一　辛巳	三·一　辛亥	四·一　庚辰　闰四·一　庚戌
一·十一　壬戌	二·十一　辛卯	三·十一　辛酉	四·十一　庚寅　闰四·十一　庚申
一·二十一　壬申	二·二十一　辛丑	三·二十一　辛未	四·二十一庚子　闰四·二十一庚午
五·一　庚辰	六·一　己酉	七·一　己卯	八·一　戊申
五·十一　庚寅	六·十一　己未	七·十一　己丑	八·十一　戊午
五·二十一　庚子	六·二十一　己巳	七·二十一　己亥	八·二十一　戊辰
九·一　戊寅	十·一　丁未	十一·一　丁丑	十二·一　丙午
九·十一　戊子	十·十一　丁巳	十一·十一　丁亥	十二·十一　丙辰
九·二十一　戊戌	十·二十一　丁卯	十一·二十一　丁酉	十二·二十一　丙寅

*《辑要》正月辛亥、二月庚辰、三月庚戌、四月己卯、五月己酉、闰五月戊寅、六月戊申、七月丁丑、八月丁未、九月丙子、十月丙午、十一月乙亥、十二月乙巳朔。

周景王十年丙寅（前 535）

*一·一　丙子	二·一　乙巳	三·一　乙亥	四·一　甲辰
一·十一　丙戌	二·十一　乙卯	三·十一　乙酉	四·十一　甲寅
一·二十一　丙申	二·二十一　乙丑	三·二十一　乙未	四·二十一　甲子
五·一　甲戌	六·一　癸卯	七·一　癸酉	八·一　壬寅
五·十一　甲申	六·十一　癸丑	七·十一　癸未	八·十一　壬子
五·二十一　甲午	六·二十一　癸亥	七·二十一　癸巳	八·二十一　壬戌
九·一　壬申	十·一　壬寅	十一·一　辛未	十二·一　辛丑
九·十一　壬午	十·十一　壬子	十一·十一　辛巳	十二·十一　辛亥
九·二十一　壬辰	十·二十一　壬戌	十一·二十一　辛卯	十二·二十一　辛酉

*《辑要》正月乙亥、二月甲辰、三月甲戌、四月癸卯、五月癸酉、六月壬寅、七月壬申、八月辛丑、九月辛未、十月庚子、十一月庚午、十二月己亥朔。

周景王十一年丁卯（前 534）

*一·一　庚午	二·一　庚子	三·一　己巳	四·一　己亥
一·十一　庚辰	二·十一　庚戌	三·十一　己卯	四·十一　己酉
一·二十一　庚寅	二·二十一　庚申	三·二十一　己丑	四·二十一　己未
五·一　戊辰	六·一　戊戌	七·一　丁卯	八·一　丁酉
五·十一　戊寅	六·十一　戊申	七·十一　丁丑	八·十一　丁未
五·二十一　戊子	六·二十一　戊午	七·二十一　丁亥	八·二十一　丁巳
九·一　丙寅	十·一　丙申	十一·一　乙丑	十二·一　乙未　闰十二·一　甲子
九·十一　丙子	十·十一　丙午	十一·十一　乙亥	十二·十一　乙巳　闰十二·十一　甲戌
九·二十一　丙戌	十·二十一　丙辰	十一·二十一　乙酉	十二·二十一　乙卯　闰十二·二十一　甲申

*《辑要》正月己巳、二月戊戌、三月戊辰、四月丁酉、五月丁卯、六月丁酉、七月丙寅、八月丙申、九月乙丑、十月乙未、十一月甲子、十二月甲午朔。

周景王十二年戊辰（前 533）

*一·一　甲午	二·一　甲子	三·一　癸巳	四·一　癸亥
一·十一　甲辰	二·十一　甲戌	三·十一　癸卯	四·十一　癸酉
一·二十一　甲寅	二·二十一　甲申	三·二十一　癸丑	四·二十一　癸未
五·一　壬辰	六·一　壬戌	七·一　辛卯	八·一　辛酉
五·十一　壬寅	六·十一　壬申	七·十一　辛丑	八·十一　辛未
五·二十一　壬子	六·二十一　壬午	七·二十一　辛亥	八·二十一　辛巳
九·一　庚寅	十·一　庚申	十一·一　己丑	十二·一　己未
九·十一　庚子	十·十一　庚午	十一·十一　己亥	十二·十一　己巳
九·二十一　庚戌	十·二十一　庚辰	十一·二十一　己酉	十二·二十一　己卯

*《辑要》正月癸亥、闰正月癸巳、四月辛酉、五月辛卯、六月庚申、七月庚寅、八月庚申、九月己丑、十月己未、十一月戊子、十二月戊午朔。又二月壬申、三月壬寅朔，误，应为二月壬戌、三月壬辰朔。

周景王十三年己巳（前 532）

*一·一　戊子	二·一　戊午	三·一　丁亥	四·一　丁巳
一·十一　戊戌	二·十一　戊辰	三·十一　丁酉	四·十一　丁卯
一·二十一　戊申	二·二十一　戊寅	三·二十一　丁未	四·二十一　丁丑
五·一　丁亥	六·一　丙辰	七·一　丙戌	八·一　乙卯
五·十一　丁酉	六·十一　丙寅	七·十一　丙申	八·十一　乙丑
五·二十一　丁未	六·二十一　丙子	七·二十一　丙午	八·二十一　乙亥
九·一　乙酉	十·一　甲寅	十一·一　甲申	十二·一　癸丑
九·十一　乙未	十·十一　甲子	十一·十一　甲午	十二·十一　癸亥
九·二十一　乙巳	十·二十一　甲戌	十一·二十一　甲辰	十二·二十一　癸酉

*《辑要》正月丁亥、二月丁巳、三月丙戌、四月丙辰、五月乙酉、六月乙卯、七月甲申、八月甲寅、九月癸未、十月癸丑、十一月壬午、十二月壬子朔。

周景王十四年庚午（前 531）

*一·一	癸未	二·一	壬子	三·一	壬午	四·一	辛亥
一·十一	癸巳	二·十一	壬戌	三·十一	壬辰	四·十一	辛酉
一·二十一	癸卯	二·二十一	壬申	三·二十一	壬寅	四·二十一	辛未
五·一	辛巳	六·一	庚戌	七·一	庚辰	八·一	己酉
五·十一	辛卯	六·十一	庚申	七·十一	庚寅	八·十一	己未
五·二十一	辛丑	六·二十一	庚午	七·二十一	庚子	八·二十一	己巳
九·一　己卯　闰九·一	己酉	十·一	戊寅	十一·一	戊申	十二·一	丁丑
九·十一　己丑　闰九·十一	己未	十·十一	戊子	十一·十一	戊午	十二·十一	丁亥
九·二十一己亥　闰九·二十一	己巳	十·二十一	戊戌	十一·二十一	戊辰	十二·二十一	丁酉

＊《辑要》正月壬午、二月辛亥、三月辛巳、四月庚戌、五月庚辰、六月己酉、七月己卯、八月戊申、九月戊寅、十月丁未、闰十月丁丑、十一月丙午、十二月丙子朔。

周景王十五年辛未（前 530）

*一·一	丁未	二·一	丙子	三·一	丙午	四·一	乙亥
一·十一	丁巳	二·十一	丙戌	三·十一	丙辰	四·十一	乙酉
一·二十一	丁卯	二·二十一	丙申	三·二十一	丙寅	四·二十一	乙未
五·一	乙巳	六·一	甲戌	七·一	甲辰	八·一	癸酉
五·十一	乙卯	六·十一	甲申	七·十一	甲寅	八·十一	癸未
五·二十一	乙丑	六·二十一	甲午	七·二十一	甲子	八·二十一	癸巳
九·一	癸卯	十·一	壬申	十一·一	壬寅	十二·一	壬申
九·十一	癸丑	十·十一	壬午	十一·十一	壬子	十二·十一	壬午
九·二十一	癸亥	十·二十一	壬辰	十一·二十一	壬戌	十二·二十一	壬辰

＊《辑要》正月乙巳、二月乙亥、三月乙巳、四月甲戌、五月甲辰、六月癸酉、七月癸卯、八月壬申、九月壬寅、十月辛未、十一月辛丑、十二月庚午朔。

周景王十六年壬申（前 529）

*一·一	辛丑	二·一	辛未	三·一	庚子	四·一	庚午
一·十一	辛亥	二·十一	辛巳	三·十一	庚戌	四·十一	庚辰
一·二十	辛酉	二·二十一	辛卯	三·二十一	庚申	四·二十一	庚寅
五·一	己亥	六·一	己巳	七·一	戊戌	八·一	戊辰
五·十一	己酉	六·十一	己卯	七·十一	戊申	八·十一	戊寅
五·二十一	己未	六·二十一	己丑	七·二十一	戊午	八·二十一	戊子
九·一	丁酉	十·一	丁卯	十一·一	丙申	十二·一	丙寅
九·十一	丁未	十·十一	丁丑	十一·十一	丙午	十二·十一	丙子
九·二十一	丁巳	十·二十一	丁亥	十一·二十一	丙辰	十二·二十一	丙戌

＊《辑要》正月庚子、二月己巳、三月己亥、四月戊辰、五月戊戌、六月丁卯、七月丁酉、八月丁卯、九月丙申、十月丙寅、十一月乙未、十二月乙丑朔。

周景王十七年癸酉（前 528）

*一·一	乙未	二·一	乙丑	三·一	甲午	四·一	甲子
一·十一	乙巳	二·十一	乙亥	三·十一	甲辰	四·十一	甲戌
一·二十一	乙卯	二·二十一	乙酉	三·二十一	甲寅	四·二十一	甲申
五·一	甲午	六·一　癸亥　闰六·一	癸巳	七·一	壬戌	八·一	壬辰
五·十一	甲辰	六·十一　癸酉　闰六·十一	癸卯	七·十一	壬申	八·十一	壬寅
五·二十一	甲寅	六·二十一癸未　闰六·二十一	癸丑	七·二十一	壬午	八·二十一	壬子
九·一	辛酉	十·一	辛卯	十一·一	庚申	十二·一	庚寅
九·十一	辛未	十·十一	辛丑	十一·十一	庚午	十二·十一	庚子
九·二十一	辛巳	十·二十一	辛亥	十一·二十一	庚辰	十二·二十一	庚戌

＊《辑要》正月甲午、二月甲子、三月癸巳、四月癸亥、五月壬辰、六月壬戌、七月辛卯、闰七月辛酉、八月庚寅、九月庚申、十月己丑、十一月己未、十二月己丑朔。

周景王十八年甲戌（前 527）

*一·一	己未	二·一	己丑	三·一	戊午	四·一	戊子
一·十一	己巳	二·十一	己亥	三·十一	戊辰	四·十一	戊戌
一·二十一	己卯	二·二十一	己酉	三·二十一	戊寅	四·二十一	戊申
五·一	丁巳	六·一	丁亥	七·一	丙辰	八·一	丙戌
五·十一	丁卯	六·十一	丁酉	七·十一	丙寅	八·十一	丙申
五·二十一	丁丑	六·二十一	丁未	七·二十一	丙子	八·二十一	丙午
九·一	丙辰	十·一	乙酉	十一·一	乙卯	十二·一	甲申
九·十一	丙寅	十·十一	乙未	十一·十一	乙丑	十二·十一	甲午
九·二十一	丙子	十·二十一	乙巳	十一·二十一	乙亥	十二·二十一	甲辰

*《辑要》正月戊午、二月戊子、三月丁巳、四月丁亥、五月丙辰、六月丙戌、七月乙卯、八月乙酉、九月甲寅、十月甲申、十一月癸丑、十二月癸未朔。

周景王十九年乙亥（前 526）

*一·一	甲寅	二·一	癸未	三·一	癸丑	四·一	壬午
一·十一	甲子	二·十一	癸巳	三·十一	癸亥	四·十一	壬辰
一·二十一	甲戌	二·二十一	癸卯	三·二十一	癸酉	四·二十一	壬寅
五·一	壬子	六·一	辛巳	七·一	辛亥	八·一	庚辰
五·十一	壬戌	六·十一	辛卯	七·十一	辛酉	八·十一	庚寅
五·二十一	壬申	六·二十一	辛丑	七·二十一	辛未	八·二十一	庚子
九·一	庚戌	十·一	己卯	十一·一	己酉	十二·一	己卯
九·十一	庚申	十·十一	己丑	十一·十一	己未	十二·十一	己丑
九·二十一	庚午	十·二十一	己亥	十一·二十一	己巳	十二·二十一	己亥

*《辑要》正月壬子、二月壬午、三月壬子、四月辛巳、五月辛亥、六月庚辰、七月庚戌、八月己卯、九月己酉、十月戊寅、十一月戊申朔。又十二月丁巳朔，误，应为十二月丁丑朔。

周景王二十年丙子（前 525）

*一·一	戊申	二·一	戊寅	三·一　丁未	闰三·一　丁丑	四·一	丙午
一·十一	戊午	二·十一	戊子	三·十一　丁巳	闰三·十一　丁亥	四·十一	丙辰
一·二十一	戊辰	二·二十一	戊戌	三·二十一丁卯	闰三·二十一丁酉	四·二十一	丙寅
五·一	丙子	六·一	乙巳	七·一	乙亥	八·一	甲辰
五·十一	丙戌	六·十一	乙卯	七·十一	乙酉	八·十一	甲寅
五·二十一	丙申	六·二十一	乙丑	七·二十一	乙未	八·二十一	甲子
九·一	甲戌	十·一	癸卯	十一·一	癸酉	十二·一	壬寅
九·十一	甲申	十·十一	癸丑	十一·十一	癸未	十二·十一	壬子
九·二十一	甲午	十·二十一	癸亥	十一·二十一	癸巳	十二·二十一	壬戌

*《辑要》正月丁未、二月丙子、三月丙午、五月甲戌、六月甲辰、七月甲戌、八月癸卯、九月癸酉、十月壬寅、十一月壬申、十二月辛丑朔。又闰三月乙丑、四月乙未朔，误，应为闰三月乙亥、四月乙巳朔。

周景王二十一年丁丑（前 524）

*一·一	壬申	二·一	辛丑	三·一	辛未	四·一	辛丑
一·十一	壬午	二·十一	辛亥	三·十一	辛巳	四·十一	辛亥
一·二十一	壬辰	二·二十一	辛酉	三·二十一	辛卯	四·二十一	辛酉
五·一	庚午	六·一	庚子	七·一	己巳	八·一	己亥
五·十一	庚辰	六·十一	庚戌	七·十一	己卯	八·十一	己酉
五·二十一	庚寅	六·二十一	庚申	七·二十一	己丑	八·二十一	己未
九·一	戊辰	十·一	戊戌	十一·一	丁卯	十二·一	丁酉
九·十一	戊寅	十·十一	戊申	十一·十一	丁丑	十二·十一	丁未
九·二十一	戊子	十·二十一	戊午	十一·二十一	丁亥	十二·二十一	丁巳

*《辑要》正月辛未、二月庚子、三月庚午、四月己亥、五月己巳、六月戊戌、七月戊辰、八月丁酉、九月丁卯、十月丁酉、十一月丙寅、十二月丙申朔。

周景王二十二年戊寅（前523）

*一·一	丙寅	二·一	丙申	三·一	乙丑	四·一	乙未
一·十一	丙子	二·十一	丙午	三·十一	乙亥	四·十一	乙巳
一·二十一	丙戌	二·二十一	丙辰	三·二十一	乙酉	四·二十一	乙卯
五·一	甲子	六·一	甲午	七·一	癸亥	八·一	癸巳
五·十一	甲戌	六·十一	甲辰	七·十一	癸酉	八·十一	癸卯
五·二十一	甲申	六·二十一	甲寅	七·二十一	癸未	八·二十一	癸丑
九·一	壬戌	十·一	壬辰	十一·一　辛酉　闰十一·一	辛卯	十二·一	庚申
九·十一	壬申	十·十一	壬寅	十一·十一　辛未　闰十一·十一	辛丑	十二·十一	庚午
九·二十一	壬午	十·二十一	壬子	十一·二十一辛巳　闰十一·二十一	辛亥	十二·二十一	庚辰

＊《辑要》正月乙丑、二月乙未、三月甲子、四月甲午、五月癸亥、六月癸巳、七月壬戌、八月壬辰、九月辛酉、十月辛卯、十一月庚申、闰十一月庚寅、十二月己未朔。

周景王二十三年己卯（前522）

*一·一	庚寅	二·一	己未	三·一	己丑	四·一	戊午
一·十一	庚子	二·十一	己巳	三·十一	己亥	四·十一	戊辰
一·二十一	庚戌	二·二十一	己卯	三·二十一	己酉	四·二十一	戊寅
五·一	戊子	六·一	丁巳	七·一	丁亥	八·一	丙辰
五·十一	戊戌	六·十一	丁卯	七·十一	丁酉	八·十一	丙寅
五·二十一	戊申	六·二十一	丁丑	七·二十一	丁未	八·二十一	丙子
九·一	丙戌	十·一	丙辰	十一·一	乙酉	十二·一	乙卯
九·十一	丙申	十·十一	丙寅	十一·十一	乙未	十二·十一	乙丑
九·二十一	丙午	十·二十一	丙子	十一·二十一	乙巳	十二·二十一	乙亥

＊《辑要》正月己丑、三月戊子、五月丁亥、七月丙戌、九月乙酉、十月乙卯、十一月甲申、十二月甲寅朔。

周景王二十四年庚辰（前521）

*一·一	甲申	二·一	甲寅	三·一	癸未	四·一	癸丑
一·十一	甲午	二·十一	甲子	三·十一	癸巳	四·十一	癸亥
一·二十一	甲辰	二·二十一	甲戌	三·二十一	癸卯	四·二十一	癸酉
五·一	壬午	六·一	壬子	七·一	辛巳	八·一	辛亥
五·十一	壬辰	六·十一	壬戌	七·十一	辛卯	八·十一	辛酉
五·二十一	壬寅	六·二十	壬申	七·二十一	辛丑	八·二十一	辛未
九·一	庚辰	十·一	庚戌	十一·一	己卯	十二·一	己酉
九·十一	庚寅	十·十一	庚申	十一·十一	己丑	十二·十一	己未
九·二十一	庚子	十·二十一	庚午	十一·二十一	己亥	十二·二十一	己巳

＊《辑要》正月癸未、二月癸丑、三月壬午、四月壬子、五月辛巳、六月辛亥、八月庚戌、十月己酉、十二月戊申朔。

周景王二十五年辛巳（前520）

一·一	戊寅	*二·一	戊申	三·一	戊寅	四·一	丁未
一·十一	戊子	二·十一	戊午	三·十一	戊子	四·十一	丁巳
一·二十一	戊戌	二·二十一	戊辰	三·二十一	戊戌	四·二十一	丁卯
五·一	丁丑	六·一　丙午　闰六·一	丙子	七·一	乙巳	八·一	乙亥
五·十一	丁亥	六·十一　丙辰　闰六·十一	丙戌	七·十一	乙卯	八·十一	乙酉
五·二十一	丁酉	六·二十一丙寅　闰六·二十一	丙申	七·二十一	乙丑	八·二十一	乙未
九·一	甲辰	十·一	甲戌	十一·一	癸卯	十二·一	癸酉
九·十一	甲寅	十·十一	甲申	十一·十一	癸丑	十二·十一	癸未
九·二十一	甲子	十·二十一	甲午	十一·二十一	癸亥	十二·二十一	癸巳

＊《辑要》二月丁未、三月丁丑、四月丙午、五月丙子、六月乙巳、七月乙亥、八月甲辰、九月甲戌、闰九月甲辰、十月癸酉、十二月壬申朔。

周敬王元年壬午（前519）

一·一　壬寅	*二·一　壬申	三·一　辛丑	四·一　辛未
一·十一　壬子	二·十一　壬午	三·十一　辛亥	四·十一　辛巳
一·二十一　壬戌	二·二十一　壬辰	三·二十一　辛酉	四·二十一　辛卯
五·一　辛丑	六·一　庚午	七·一　庚子	八·一　己巳
五·十一　辛亥	六·十一　庚辰	七·十一　庚戌	八·十一　己卯
五·二十一　辛酉	六·二十一　庚寅	七·二十一　庚申	八·二十一　己丑
九·一　己亥	十·一　戊辰	十一·一　戊戌	十二·一　丁卯
九·十一　己酉	十·十一　戊寅	十一·十一　戊申	十二·十一　丁丑
九·二十一　己未	十·二十一　戊子	十一·二十一　戊午	十二·二十一　丁亥

*《辑要》二月辛未、四月庚午、五月庚子、六月己巳、七月己亥、八月戊辰、九月戊戌、十月丁卯、十一月丁酉、十二月丙寅朔。

周敬王二年癸未（前518）

*一·一　丁酉	二·一　丙寅	三·一　丙申	四·一　乙丑
一·十一　丁未	二·十一　丙子	三·十一　丙午	四·十一　乙亥
一·二十一　丁巳	二·二十一　丙戌	三·二十一　丙辰	四·二十一　乙酉
五·一　乙未	六·一　甲子	七·一　甲午	八·一　癸亥
五·十一　乙巳	六·十一　甲戌	七·十一　甲辰	八·十一　癸酉
五·二十一　乙卯	六·二十一　甲申	七·二十一　甲寅	八·二十一　癸未
九·一　癸巳	十·一　癸亥	十一·一　壬辰	十二·一　壬戌
九·十一　癸卯	十·十一　癸酉	十一·十一　壬寅	十二·十一　壬申
九·二十一　癸丑	十·二十一　癸未	十一·二十一　壬子	十二·二十一　壬午

*《辑要》正月丙申、三月乙未、五月甲午、七月癸巳、九月壬辰、十月壬戌、十一月辛卯、十二月辛酉朔。

周敬王三年甲申（前517）

*一·一　辛卯	二·一　辛酉	三·一　庚寅　闰三·一　庚申	四·一　己丑
一·十一　辛丑	二·十一　辛未	三·十一　庚子　闰三·十一　庚午	四·十一　己亥
一·二十一　辛亥	二·二十一　辛巳	三·二十一庚戌　闰三·二十一庚辰	四·二十一　己酉
五·一　己未	六·一　戊子	七·一　戊午	八·一　丁亥
五·十一　己巳	六·十一　戊戌	七·十一　戊辰	八·十一　丁酉
五·二十一　己卯	六·二十一　戊申	七·二十一　戊寅	八·二十一　丁未
九·一　丁巳	十·一　丙戌	十一·一　丙辰	十二·一　丙戌
九·十一　丁卯	十·十一　丙申	十一·十一　丙寅	十二·十一　丙申
九·二十一　丁丑	十·二十一　丙午	十一·二十一　丙子	十二·二十一　丙午

*《辑要》正月庚寅、二月庚申、三月己丑、四月己未、五月己丑、六月戊午、闰六月戊子、七月丁巳、九月丙辰、十一月乙卯、十二月乙酉朔。

周敬王四年乙酉（前516）

*一·一　乙卯	二·一　乙酉	三·一　甲寅	四·一　甲申
一·十一　乙丑	二·十一　乙未	三·十一　甲子	四·十一　甲午
一·二十一　乙亥	二·二十一　乙巳	三·二十一　甲戌	四·二十一　甲辰
五·一　癸丑	六·一　癸未	七·一　壬子	八·一　壬午
五·十一　癸亥	六·十一　癸巳	七·十一　壬戌	八·十一　壬辰
五·二十一　癸酉	六·二十一　癸卯	七·二十一　壬申	八·二十一　壬寅
九·一　辛亥	十·一　辛巳	十一·一　庚戌	十二·一　庚辰
九·十一　辛酉	十·十一　辛卯	十一·十一　庚申	十二·十一　庚寅
九·二十一　辛未	十·二十一　辛丑	十一·二十一　庚午	十二·二十一　庚子

*《辑要》正月甲寅、二月甲申、三月癸丑、四月癸未、五月壬子、六月壬午、七月辛亥、八月辛巳、十月庚辰、十二月己卯朔。

周敬王五年丙戌（前 515）

一・一 己酉 一・十一 己未 一・二十一 己巳	*二・一 己卯 二・十一 己丑 二・二十一 己亥	三・一 戊申 三・十一 戊午 三・二十一 戊辰	四・一 戊寅 四・十一 戊子 四・二十一 戊戌
五・一 戊申 五・十一 戊午 五・二十一 戊辰	六・一 丁丑 六・十一 丁亥 六・二十一 丁酉	七・一 丁未 七・十一 丁巳 七・二十一 丁卯	八・一 丙子 八・十一 丙戌 八・二十一 丙申
九・一 丙午 九・十一 丙辰 九・二十一 丙寅	十・一 乙亥 十・十一 乙酉 十・二十一 乙未	十一・一 乙巳 十一・十一 乙卯 十一・二十一 乙丑	十二・一 甲戌 闰十二・一 甲辰 十二・十一 甲申 闰十二・十一 甲寅 十二・二十一甲午 闰十二・二十一甲子

＊《辑要》二月戊寅、四月丁丑、五月丁未、六月丙子、七月丙午、八月乙亥、九月乙巳、十月丙戌、十一月甲辰、十二月癸酉朔。

周敬王六年丁亥（前 514）

*一・一 癸酉 一・十一 癸未 一・二十一 癸巳	二・一 癸卯 二・十一 癸丑 二・二十一 癸亥	三・一 壬申 三・十一 壬午 三・二十一 壬辰	四・一 壬寅 四・十一 壬子 四・二十一 壬戌
五・一 辛未 五・十一 辛巳 五・二十一 辛卯	六・一 辛丑 六・十一 辛亥 六・二十一 辛酉	七・一 庚午 七・十一 庚辰 七・二十一 庚寅	八・一 庚子 八・十一 庚戌 八・二十一 庚申
九・一 庚午 九・十一 庚辰 九・二十一 庚寅	十・一 己亥 十・十一 己酉 十・二十一 己未	十一・一 己巳 十一・十一 己卯 十一・二十一 己丑	十二・一 戊戌 十二・十一 戊申 十二・二十一 戊午

＊《辑要》正月癸卯、二月癸酉、闰二月壬寅、四月辛丑、六月庚子、八月己亥、九月己巳、十月戊戌、十一月戊辰、十二月丁酉朔。

周敬王七年戊子（前 513）

*一・一 戊辰 一・十一 戊寅 一・二十一 戊子	二・一 丁酉 二・十一 丁未 二・二十一 丁巳	三・一 丁卯 三・十一 丁丑 三・二十一 丁亥	四・一 丙申 四・十一 丙午 四・二十一 丙辰
五・一 丙寅 五・十一 丙子 五・二十一 丙戌	六・一 乙未 六・十一 乙巳 六・二十一 乙卯	七・一 乙丑 七・十一 乙亥 七・二十一 乙酉	八・一 甲午 八・十一 甲辰 八・二十一 甲寅
九・一 甲子 九・十一 甲戌 九・二十一 甲申	十・一 癸巳 十・十一 癸卯 十・二十一 癸丑	十一・一 癸亥 十一・十一 癸酉 十一・二十一 癸未	十二・一 癸巳 十二・十一 癸卯 十二・二十一 癸丑

＊《辑要》正月丁卯、二月丙申、三月丙寅、五月乙丑、七月甲子、九月癸亥、十一月壬戌、十二月壬辰朔。

周敬王八年己丑（前 512）

*一・一 壬戌 一・十一 壬申 一・二十一 壬午	二・一 壬辰 二・十一 壬寅 二・二十一 壬子	三・一 辛酉 三・十一 辛未 三・二十一 辛巳	四・一 辛卯 四・十一 辛丑 四・二十一 辛亥
五・一 庚申 五・十一 庚午 五・二十一 庚辰	六・一 庚寅 六・十一 庚子 六・二十一 庚戌	七・一 己未 七・十一 己巳 七・二十一 己卯	八・一 己丑 八・十一 己亥 八・二十一 己酉
九・一 戊午 闰九・一 戊子 九・十一 戊辰 闰九・十一 戊戌 九・二十一戊寅 闰九・二十一戊申	十・一 丁巳 十・十一 丁卯 十・二十一 丁丑	十一・一 丁亥 十一・十一 丁酉 十一・二十一 丁未	十二・一 丙辰 十二・十一 丙寅 十二・二十一 丙子

＊《辑要》正月辛酉、二月辛卯、三月庚申、四月庚寅、五月己未、六月己丑、七月戊午、八月戊子、十月丁亥、闰十月丁巳、十一月丙戌朔。

周敬王九年庚寅（前 511）

*一·一　丙戌	二·一　乙卯	三·一　乙酉	四·一　乙卯
一·十一　丙申	二·十一　乙丑	三·十一　乙未	四·十一　乙丑
一·二十一　丙午	二·二十一　乙亥	三·二十一　乙巳	四·二十一　乙亥
五·一　甲申	六·一　甲寅	七·一　癸未	八·一　癸丑
五·十一　甲午	六·十一　甲子	七·十一　癸巳	八·十一　癸亥
五·二十一　甲辰	六·二十一　甲戌	七·二十一　癸卯	八·二十一　癸酉
九·一　壬午	十·一　壬子	十一·一　辛巳	十二·一　辛亥
九·十一　壬辰	十·十一　壬戌	十一·十一　辛卯	十二·十一　辛酉
九·二十一　壬寅	十·二十一　壬申	十一·二十一　辛丑	十二·二十一　辛未

*《辑要》正月乙酉、三月甲申、四月甲寅、五月癸未、六月癸丑、七月壬午、八月壬子、九月辛巳、十月辛亥、十二月庚戌朔。

周敬王十年辛卯（前 510）

一·一　庚辰	*二·一　庚戌	三·一　己卯	四·一　己酉
一·十一　庚寅	二·十一　庚申	三·十一　己丑	四·十一　己未
一·二十一　庚子	二·二十一　庚午	三·二十一　己亥	四·二十一　己巳
五·一　戊寅	六·一　戊申	七·一　戊寅	八·一　丁未
五·十一　戊子	六·十一　戊午	七·十一　戊子	八·十一　丁巳
五·二十一　戊戌	六·二十一　戊辰	七·二十一　戊戌	八·二十一　丁卯
九·一　丁丑	十·一　丙午	十一·一　丙子	十二·一　乙巳
九·十一　丁亥	十·十一　丙辰	十一·十一　丙戌	十二·十一　乙卯
九·二十一　丁酉	十·二十一　丙寅	十一·二十一　丙申	十二·二十一　乙丑

*《辑要》二月己酉、四月戊申、六月丁未、七月丁丑、八月丙午、九月丙子、十月乙巳、十一月乙亥、十二月甲辰朔。

周敬王十一年壬辰（前 509）

*一·一　乙亥	二·一　甲辰	三·一　甲戌	四·一　癸卯
一·十一　乙酉	二·十一　甲寅	三·十一　甲申	四·十一　癸丑
一·二十一　乙未	二·二十一　甲子	三·二十一　甲午	四·二十一　癸亥
五·一　癸酉　闰五·一　壬寅	六·一　壬申	七·一　辛丑	八·一　辛未
五·十一　癸未　闰五·十一　壬子	六·十一　壬午	七·十一　辛亥	八·十一　辛巳
五·二十一　癸巳　闰五·二十一　壬戌	六·二十一　壬辰	七·二十一　辛酉	八·二十一　辛卯
九·一　庚子	十·一　庚午	十一·一　庚子	十二·一　己巳
九·十一　庚戌	十·十一　庚辰	十一·十一　庚戌	十二·十一　己卯
九·二十一　庚申	十·二十一　庚寅	十一·二十一　庚申	十二·二十一　己丑

*《辑要》正月甲戌、二月癸卯、三月癸酉、五月壬申、六月壬寅、七月辛未、闰七月辛丑、八月庚午、十月己巳、十一月己亥、十二月戊辰朔。

周敬王十二年癸巳（前 508）

*一·一　己亥	二·一　戊辰	三·一　戊戌	四·一　丁卯
一·十一　己酉	二·十一　戊寅	三·十一　戊申	四·十一　丁丑
一·二十一　己未	二·二十一　戊子	三·二十一　戊午	四·二十一　丁亥
五·一　丁酉	六·一　丙寅	七·一　丙申	八·一　乙丑
五·十一　丁未	六·十一　丙子	七·十一　丙午	八·十一　乙亥
五·二十一　丁巳	六·二十一　丙戌	七·二十一　丙辰	八·二十一　乙酉
九·一　乙未	十·一　甲子	十一·一　甲午	十二·一　癸亥
九·十一　乙巳	十·十一　甲戌	十一·十一　甲辰	十二·十一　癸酉
九·二十一　乙卯	十·二十一　甲申	十一·二十一　甲寅	十二·二十一　癸未

*《辑要》正月戊戌、二月丁卯、三月丁酉、四月丙寅、五月丙申、六月乙丑、七月乙未、九月甲午、十一月癸巳朔。

周敬王十三年甲午（前507）

*一·一	癸巳	二·一	壬戌	三·一	壬辰	四·一	壬戌
一·十一	癸卯	二·十一	壬申	三·十一	壬寅	四·十一	壬申
一·二十一	癸丑	二·二十一	壬午	三·二十一	壬子	四·二十一	壬午
五·一	辛卯	六·一	辛酉	七·一	庚寅	八·一	庚申
五·十一	辛丑	六·十一	辛未	七·十一	庚子	八·十一	庚午
五·二十一	辛亥	六·二十一	辛巳	七·二十一	庚戌	八·二十一	庚辰
九·一	己丑	十·一	己未	十一·一	戊子	十二·一	戊午
九·十一	己亥	十·十一	己巳	十一·十一	戊戌	十二·十一	戊辰
九·二十一	己酉	十·二十一	己卯	十一·二十一	戊申	十二·二十一	戊寅

*《辑要》正月壬辰、三月辛卯、四月辛酉、五月庚寅、六月庚申、七月己丑、八月己未、九月戊子、十月戊午、十二月丁巳朔。

周敬王十四年乙未（前506）

一·一	丁亥	*二·一　丁巳　闰二·一	丙戌	三·一	丙辰	四·一	乙酉
一·十一	丁酉	二·十一　丁卯　闰二·十一	丙申	三·十一	丙寅	四·十一	乙未
一·二十一	丁未	二·二十一丁丑　闰二·二十一	丙午	三·二十一	丙子	四·二十一	乙巳
五·一	乙卯	六·一	乙酉	七·一	甲寅	八·一	甲申
五·十一	乙丑	六·十一	乙未	七·十一	甲子	八·十一	甲午
五·二十一	乙亥	六·二十一	乙巳	七·二十一	甲戌	八·二十一	甲辰
九·一	癸丑	十·一	癸未	十一·一	壬子	十二·一	壬午
九·十一	癸亥	十·十一	癸巳	十一·十一	壬戌	十二·十一	壬辰
九·二十一	癸酉	十·二十一	癸卯	十一·二十一	壬申	十二·二十一	壬寅

*《辑要》二月丙辰、三月丙戌、四月乙卯、闰四月乙酉、五月甲寅、六月甲申、七月癸丑、八月癸未、九月壬子、十月壬午、十一月辛亥、十二月辛巳朔。

周敬王十五年丙申（前505）

*一·一	辛亥	二·一	辛巳	三·一	庚戌	四·一	庚辰
一·十一	辛酉	二·十一	辛卯	三·十一	庚申	四·十一	庚寅
一·二十一	辛未	二·二十一	辛丑	三·二十一	庚午	四·二十一	庚子
五·一	己酉	六·一	己卯	七·一	戊申	八·一	戊寅
五·十一	己未	六·十一	己丑	七·十一	戊午	八·十一	戊子
五·二十	己巳	六·二十一	己亥	七·二十一	戊辰	八·二十一	戊戌
九·一	丁未	十·一	丁丑	十一·一	丁未	十二·一	丙子
九·十一	丁巳	十·十一	丁亥	十一·十一	丁巳	十二·十一	丙戌
九·二十一	丁卯	十·二十一	丁酉	十一·二十一	丁卯	十二·二十一	丙申

*《辑要》正月庚戌、二月庚辰、四月己卯、六月戊寅、八月丁丑、十月丙子、十一月丙午、十二月乙亥朔。

周敬王十六年丁酉（前504）

*一·一	丙午	二·一	乙亥	三·一	乙巳	四·一	甲戌
一·十一	丙辰	二·十一	乙酉	三·十一	乙卯	四·十一	甲申
一·二十一	丙寅	二·二十一	乙未	三·二十一	乙丑	四·二十一	甲午
五·一	甲辰	六·一	癸酉	七·一	癸卯	八·一	壬申
五·十一	甲寅	六·十一	癸未	七·十一	癸丑	八·十一	壬午
五·二十一	甲子	六·二十一	癸巳	七·二十一	癸亥	八·二十一	壬辰
九·一	壬寅	十·一	辛未	十一·一　辛丑　闰十一·一	庚午	十二·一	庚子
九·十一	壬子	十·十一	辛巳	十一·十一　辛亥　闰十一·十一	庚辰	十二·十一	庚戌
九·二十一	壬戌	十·二十一	辛卯	十一·二十一辛酉　闰十一·二十一	庚寅	十二·二十一	庚申

*《辑要》正月乙巳、二月甲戌、三月甲辰、四月癸酉、五月癸卯、七月壬寅、九月辛丑、十一月庚子、十二月庚午、闰十二月己亥朔。

周敬王十七年戊戌（前 503）

*一・一	庚午	二・一	己亥	三・一	己巳	四・一	戊戌
一・十一	庚辰	二・十一	己酉	三・十一	己卯	四・十一	戊申
一・二十一	庚寅	二・二十一	己未	三・二十一	己丑	四・二十一	戊午
五・一	戊辰	六・一	丁酉	七・一	丁卯	八・一	丙申
五・十一	戊寅	六・十一	丁未	七・十一	丁丑	八・十一	丙午
五・二十一	戊子	六・二十一	丁巳	七・二十一	丁亥	八・二十一	丙辰
九・一	丙寅	十・一	乙未	十一・一	乙丑	十二・一	甲午
九・十一	丙子	十・十一	乙巳	十一・十一	乙亥	十二・十一	甲辰
九・二十一	丙戌	十・二十一	乙卯	十一・二十一	乙酉	十二・二十一	甲寅

*《辑要》正月己巳、二月戊戌、三月戊辰、四月丁酉、五月丁卯、六月丙申、七月丙寅、八月乙未、九月乙丑、十一月甲子朔。

周敬王十八年己亥（前 502）

*一・一	甲子	二・一	癸巳	三・一	癸亥	四・一	壬辰
一・十一	甲戌	二・十一	癸卯	三・十一	癸酉	四・十一	壬寅
一・二十一	甲申	二・二十一	癸丑	三・二十一	癸未	四・二十一	壬子
五・一	壬戌	六・一	壬辰	七・一	辛酉	八・一	辛卯
五・十一	壬申	六・十一	壬寅	七・十一	辛未	八・十一	辛丑
五・二十一	壬午	六・二十一	壬子	七・二十一	辛巳	八・二十一	辛亥
九・一	庚申	十・一	庚寅	十一・一	己未	十二・一	己丑
九・十一	庚午	十・十一	庚子	十一・十一	己巳	十二・十一	己亥
九・二十一	庚辰	十・二十一	庚戌	十一・二十一	己卯	十二・二十一	己酉

*《辑要》正月癸亥、三月壬戌、五月辛酉、六月辛卯、七月庚申、八月庚寅、九月己未、十月己丑、十一月戊午、十二月戊子朔。

周敬王十九年庚子（前 501）

*一・一	戊午	二・一	戊子	三・一	丁巳	四・一	丁亥
一・十一	戊辰	二・十一	戊戌	三・十一	丁卯	四・十一	丁酉
一・二十一	戊寅	二・二十一	戊申	三・二十一	丁丑	四・二十一	丁未
五・一	丙辰	六・一	丙戌	七・一　乙卯　闰七・一	乙酉	八・一	甲寅
五・十一	丙寅	六・十一	丙申	七・十一　乙丑　闰七・十一	乙未	八・十一	甲子
五・二十一	丙子	六・二十一	丙午	七・二十一乙亥　闰七・二十一	乙巳	八・二十一	甲戌
九・一	甲申	十・一	甲寅	十一・一	癸未	十二・一	癸丑
九・十一	甲午	十・十一	甲子	十一・十一	癸巳	十二・十一	癸亥
九・二十一	甲辰	十・二十一	甲戌	十一・二十一	癸卯	十二・二十一	癸酉

*《辑要》正月丁巳、二月丁亥、四月丙戌、六月乙酉、八月甲申、闰八月甲寅、九月癸未、十月癸丑、十一月壬午、十二月壬子朔。

周敬王二十年辛丑（前 500）

*一・一	壬午	二・一	壬子	三・一	辛巳	四・一	辛亥
一・十一	壬辰	二・十一	壬戌	三・十一	辛卯	四・十一	辛酉
一・二十一	壬寅	二・二十一	壬申	三・二十一	辛丑	四・二十一	辛未
五・一	庚辰	六・一	庚戌	七・一	己卯	八・一	己酉
五・十一	庚寅	六・十一	庚申	七・十一	己丑	八・十一	己未
五・二十一	庚子	六・二十一	庚午	七・二十一	己亥	八・二十一	己巳
九・一	戊寅	十・一	戊申	十一・一	丁丑	十二・一	丁未
九・十一	戊子	十・十一	戊午	十一・十一	丁亥	十二・十一	丁巳
九・二十一	戊戌	十・二十一	戊辰	十一・二十一	丁酉	十二・二十一	丁卯

*《辑要》正月辛巳、二月辛亥、三月庚辰、四月庚戌、六月己酉、八月戊申、十月丁未、十二月丙午朔。

周敬王二十一年壬寅（前 499）

*一·一　丁丑	二·一　丙午	三·一　丙子	四·一　乙巳
一·十一　丁亥	二·十一　丙辰	三·十一　丙戌	四·十一　乙卯
一·二十一　丁酉	二·二十一　丙寅	三·二十一　丙申	四·二十一　乙丑
五·一　乙亥	六·一　甲辰	七·一　甲戌	八·一　癸卯
五·十一　乙酉	六·十一　甲寅	七·十一　甲申	八·十一　癸丑
五·二十一　乙未	六·二十一　甲子	七·二十一　甲午	八·二十一　癸亥
九·一　癸酉	十·一　壬寅	十一·一　壬申	十二·一　辛丑
九·十一　癸未	十·十一　壬子	十一·十一　壬午	十二·十一　辛亥
九·二十一　癸巳	十·二十一　壬戌	十一·二十一　壬辰	十二·二十一　辛酉

*《辑要》正月丙子、二月乙巳、三月乙亥、四月甲辰、五月甲戌、六月癸卯、七月癸酉、八月壬寅、九月壬申、十一月辛未朔。

周敬王二十二年癸卯（前 498）

*一·一　辛未	二·一　庚子	三·一　庚午	四·一　己亥　闰四·一　己巳
一·十一　辛巳	二·十一　庚戌	三·十一　庚辰	四·十一　己酉　闰四·十一　己卯
一·二十一　辛卯	二·二十一　庚申	三·二十一　庚寅	四·二十一己未　闰四·二十一己丑
五·一　己亥	六·一　戊辰	七·一　戊戌	八·一　丁卯
五·十一　己酉	六·十一　戊寅	七·十一　戊申	八·十一　丁丑
五·二十一　己未	六·二十一　戊子	七·二十一　戊午	八·二十一　丁亥
九·一　丁酉	十·一　丙寅	十一·一　丙申	十二·一　乙丑
九·十一　丁未	十·十一　丙子	十一·十一　丙午	十二·十一　乙亥
九·二十一　丁巳	十·二十一　丙戌	十一·二十一　丙辰	十二·二十一　乙酉

*《辑要》正月庚午、三月己巳、五月戊辰、闰五月戊戌、六月丁卯、七月丁酉、八月丙寅、九月丙申、十月乙丑、十一月乙未朔。

周敬王二十三年甲辰（前 497）

*一·一　乙未	二·一　甲子	三·一　甲午	四·一　癸亥
一·十一　乙巳	二·十一　甲戌	三·十一　甲辰	四·十一　癸酉
一·二十一　乙卯	二·二十一　甲申	三·二十一　甲寅	四·二十一　癸未
五·一　癸巳	六·一　壬戌	七·一　壬辰	八·一　辛酉
五·十一　癸卯	六·十一　壬申	七·十一　壬寅	八·十一　辛未
五·二十一　癸丑	六·二十一　壬午	七·二十一　壬子	八·二十一　辛巳
九·一　辛卯	十·一　辛酉	十一·一　庚寅	十二·一　庚申
九·十一　辛丑	十·十一　辛未	十一·十一　庚子	十二·十一　庚午
九·二十一　辛亥	十·二十一　辛巳	十一·二十一　庚戌	十二·二十一　庚辰

*《辑要》正月甲午、三月癸巳、五月壬辰、七月辛卯、九月庚寅、十月庚申、十一月己丑、十二月己未朔。

周敬王二十四年乙巳（前 496）

*一·一　己丑	二·一　己未	三·一　戊子	四·一　戊午
一·十一　己亥	二·十一　己巳	三·十一　戊戌	四·十一　戊辰
一·二十一　己酉	二·二十一　己卯	三·二十一　戊申	四·二十一　戊寅
五·一　丁亥	六·一　丁巳	七·一　丙戌	八·一　丙辰
五·十一　丁酉	六·十一　丁卯	七·十一　丙申	八·十一　丙寅
五·二十一　丁未	六·二十一　丁丑	七·二十一　丙午	八·二十一　丙子
九·一　乙酉	十·一　乙卯	十一·一　甲申	十二·一　甲寅　闰十二·一　甲申
九·十一　乙未	十·十一　乙丑	十一·十一　甲午	十二·十一　甲子　闰十二·十一　甲午
九·二十一　乙巳	十·二十一　乙亥	十一·二十一　甲辰	十二·二十一甲戌　闰十二·二十一甲辰

*《辑要》正月戊子、二月戊午、三月丁亥、四月丁巳、六月丙辰、八月乙卯、十月甲寅、十二月癸丑朔。

周敬王二十五年丙午（前 495）

*一・一 癸丑	二・一 癸未	三・一 壬子	四・一 壬午
一・十一 癸亥	二・十一 癸巳	三・十一 壬戌	四・十一 壬辰
一・二十一 癸酉	二・二十一 癸卯	三・二十一 壬申	四・二十一 壬寅
五・一 辛亥	六・一 辛巳	七・一 庚戌	八・一 庚辰
五・十一 辛酉	六・十一 辛卯	七・十一 庚申	八・十一 庚寅
五・二十一 辛未	六・二十一 辛丑	七・二十一 庚午	八・二十一 庚子
九・一 己酉	十・一 己卯	十一・一 戊申	十二・一 戊寅
九・十一 己未	十・十一 己丑	十一・十一 戊午	十二・十一 戊子
九・二十一 己巳	十・二十一 己亥	十一・二十一 戊辰	十二・二十一 戊戌

＊《辑要》正月癸未、二月壬子、闰二月壬午、三月辛亥、四月辛巳、五月庚戌、六月庚辰、七月己酉、八月己卯、十月戊寅、十二月丁丑朔。

周敬王二十六年丁未（前 494）

一・一 丁未	*二・一 丁丑	三・一 丙午	四・一 丙子
一・十一 丁巳	二・十一 丁亥	三・十一 丙辰	四・十一 丙戌
一・二十一 丁卯	二・二十一 丁酉	三・二十一 丙寅	四・二十一 丙申
五・一 丙午	六・一 乙亥	七・一 乙巳	八・一 甲戌
五・十一 丙辰	六・十一 乙酉	七・十一 乙卯	八・十一 甲申
五・二十一 丙寅	六・二十一 乙未	七・二十一 乙丑	八・二十一 甲午
九・一 甲辰	十・一 癸酉	十一・一 癸卯	十二・一 壬申
九・十一 甲寅	十・十一 癸未	十一・十一 癸丑	十二・十一 壬午
九・二十一 甲子	十・二十一 癸巳	十一・二十一 癸亥	十二・二十一 壬辰

＊《辑要》二月丙子、四月乙亥、五月乙巳、六月甲戌、七月甲辰、八月癸酉、九月癸卯、十月壬申、十一月壬寅朔。

周敬王二十七年戊申（前 493）

*一・一 壬寅	二・一 辛未	三・一 辛丑	四・一 庚午
一・十一 壬子	二・十一 辛巳	三・十一 辛亥	四・十一 庚辰
一・二十一 壬戌	二・二十一 辛卯	三・二十一 辛酉	四・二十一 庚寅
五・一 庚子	六・一 己巳	七・一 己亥	八・一 己巳
五・十一 庚戌	六・十一 己卯	七・十一 己酉	八・十一 己卯
五・二十一 庚申	六・二十一 己丑	七・二十一 己未	八・二十一 己丑
九・一 戊戌	十・一 戊辰　闰十・一 丁酉	十一・一 丁卯	十二・一 丙申
九・十一 戊申	十・十一 戊寅　闰十・十一 丁未	十一・十一 丁丑	十二・十一 丙午
九・二十一 戊午	十・二十一戊子　闰十・二十一丁巳	十一・二十一 丁亥	十二・二十一 丙辰

＊《辑要》正月辛丑、三月庚子、五月己亥、七月戊戌、八月戊辰、九月丁酉、十月丁卯、闰十月丙申、十一月丙寅、十二月乙未朔。

周敬王二十八年己酉（前 492）

*一・一 丙寅	二・一 乙未	三・一 乙丑	四・一 甲午
一・十一 丙子	二・十一 乙巳	三・十一 乙亥	四・十一 甲辰
一・二十一 丙戌	二・二十一 乙卯	三・二十一 乙酉	四・二十一 甲寅
五・一 甲子	六・一 癸巳	七・一 癸亥	八・一 壬辰
五・十一 甲戌	六・十一 癸卯	七・十一 癸酉	八・十一 壬寅
五・二十一 甲申	六・二十一 癸丑	七・二十一 癸未	八・二十一 壬子
九・一 壬戌	十・一 辛卯	十一・一 辛酉	十二・一 辛卯
九・十一 壬申	十・十一 辛丑	十一・十一 辛未	十二・十一 辛丑
九・二十一 壬午	十・二十一 辛亥	十一・二十一 辛巳	十二・二十一 辛亥

＊《辑要》正月乙丑、二月甲午、三月甲子、五月癸亥、七月壬戌、九月辛酉、十一月庚申、十二月庚寅朔。

周敬王二十九年庚戌（前 491）

*一・一	庚申	二・一	庚寅	三・一	己未	四・一	己丑
一・十一	庚午	二・十一	庚子	三・十一	己巳	四・十一	己亥
一・二十一	庚辰	二・二十一	庚戌	三・二十一	己卯	四・二十一	己酉
五・一	戊午	六・一	戊子	七・一	丁巳	八・一	丁亥
五・十一	戊辰	六・十一	戊戌	七・十一	丁卯	八・十一	丁酉
五・二十一	戊寅	六・二十一	戊申	七・二十一	丁丑	八・二十一	丁未
九・一	丙辰	十・一	丙戌	十一・一	乙卯	十二・一	乙酉
九・十一	丙寅	十・十一	丙申	十一・十一	乙丑	十二・十一	乙未
九・二十一	丙子	十・二十一	丙午	十一・二十一	乙亥	十二・二十一	乙巳

＊《辑要》正月己未、二月己丑、三月戊午、四月戊子、五月丁巳、六月丁亥、八月丙戌、十月丁酉、十二月甲申朔。

周敬王三十年辛亥（前 490）

一・一	甲寅	*二・一	甲申	三・一	癸丑	四・一	癸未
一・十一	甲子	二・十一	甲午	三・十一	癸亥	四・十一	癸巳
一・二十一	甲戌	二・二十一	甲辰	三・二十一	癸酉	四・二十一	癸卯
五・一	癸丑	六・一 壬午 闰六・一	壬子	七・一	辛巳	八・一	辛亥
五・十一	癸亥	六・十一 壬辰 闰六・十一	壬戌	七・十一	辛卯	八・十一	辛酉
五・二十一	癸酉	六・二十一壬寅 闰六・二十一	壬申	七・二十一	辛丑	八・二十一	辛未
九・一	庚辰	十・一	庚戌	十一・一	己卯	十二・一	己酉
九・十一	庚寅	十・十一	庚申	十一・十一	己丑	十二・十一	己未
九・二十一	庚子	十・二十一	庚午	十一・二十一	己亥	十二・二十一	己巳

＊《辑要》二月癸未、四月壬午、五月壬子、六月辛巳、闰六月辛亥、七月庚辰、八月庚戌、九月己卯、十月己酉、十二月戊申朔。

周敬王三十一年壬子（前 489）

一・一	戊寅	*二・一	戊申	三・一	丁丑	四・一	丁未
一・十一	戊子	二・十一	戊午	三・十一	丁亥	四・十一	丁巳
一・二十一	戊戌	二・二十一	戊辰	三・二十一	丁酉	四・二十一	丁卯
五・一	丙子	六・一	丙午	七・一	丙子	八・一	乙巳
五・十一	丙戌	六・十一	丙辰	七・十一	丙戌	八・十一	乙卯
五・二十一	丙申	六・二十一	丙寅	七・二十一	丙申	八・二十一	乙丑
九・一	乙亥	十・一	甲辰	十一・一	甲戌	十二・一	癸卯
九・十一	乙酉	十・十一	甲寅	十一・十一	甲申	十二・十一	癸丑
九・二十一	乙未	十・二十一	甲子	十一・二十一	甲午	十二・二十一	癸亥

＊《辑要》二月丁未、四月丙午、六月乙巳、七月乙亥、八月甲辰、九月甲戌、十月癸卯、十一月癸酉、十二月壬寅朔。

周敬王三十二年癸丑（前 488）

*一・一	癸酉	二・一	壬寅	三・一	壬申	四・一	辛丑
一・十一	癸未	二・十一	壬子	三・十一	壬午	四・十一	辛亥
一・二十一	癸巳	二・二十一	壬戌	三・二十一	壬辰	四・二十一	辛酉
五・一	辛未	六・一	庚子	七・一	庚午	八・一	己亥
五・十一	辛巳	六・十一	庚戌	七・十一	庚辰	八・十一	己酉
五・二十一	辛卯	六・二十一	庚申	七・二十一	庚寅	八・二十一	己未
九・一	己巳	十・一	戊戌	十一・一	戊辰	十二・一	戊戌
九・十一	己卯	十・十一	戊申	十一・十一	戊寅	十二・十一	戊申
九・二十一	己丑	十・二十一	戊午	十一・二十一	戊子	十二・二十一	戊午

＊《辑要》正月壬申、二月辛丑、三月辛未、五月庚午、七月己巳、九月戊辰、十一月丁卯、十二月丁酉朔。

周敬王三十三年甲寅(前 487)

*一・一 丁卯	二・一 丁酉	三・一 丙寅 闰三・一 丙申	四・一 乙丑
一・十一 丁丑	二・十一 丁未	三・十一 丙子 闰三・十一 丙午	四・十一 乙亥
一・二十一 丁亥	二・二十一 丁巳	三・二十一丙戌 闰三・二十一丙辰	四・二十一 乙酉
五・一 乙未	六・一 甲子	七・一 甲午	八・一 癸亥
五・十一 乙巳	六・十一 甲戌	七・十一 甲辰	八・十一 癸酉
五・二十一 乙卯	六・二十一 甲申	七・二十一 甲寅	八・二十一 癸未
九・一 癸巳	十・一 壬戌	十一・一 壬辰	十二・一 辛酉
九・十一 癸卯	十・十一 壬申	十一・十一 壬寅	十二・十一 辛未
九・二十一 癸丑	十・二十一 壬午	十一・二十一 壬子	十二・二十一 辛巳

＊《辑要》正月丙寅、二月丙申、三月乙丑、闰三月乙未、四月甲子、五月甲午、七月癸巳、九月壬辰、十一月辛卯朔。

周敬王三十四年乙卯(前 486)

*一・一 辛卯	二・一 辛酉	三・一 庚寅	四・一 庚申
一・十一 辛丑	二・十一 辛未	三・十一 庚子	四・十一 庚午
一・二十一 辛亥	二・二十一 辛巳	三・二十一 庚戌	四・二十一 庚辰
五・一 己丑	六・一 己未	七・一 戊子	八・一 戊午
五・十一 己亥	六・十一 己巳	七・十一 戊戌	八・十一 戊辰
五・二十一 己酉	六・二十一 己卯	七・二十一 戊申	八・二十一 戊寅
九・一 丁亥	十・一 丁巳	十一・一 丙戌	十二・一 丙辰
九・十一 丁酉	十・十一 丁卯	十一・十一 丙申	十二・十一 丙寅
九・二十一 丁未	十・二十一 丁丑	十一・二十一 丙午	十二・二十一 丙子

＊《辑要》正月庚寅、二月庚申、三月己丑、四月己未、五月戊子、六月戊午、七月丁亥、八月丁巳、九月丙戌、十月丙辰、十二月乙卯朔。

周敬王三十五年丙辰(前 485)

一・一 乙酉	*二・一 乙卯	三・一 甲申	四・一 甲寅
一・十一 乙未	二・十一 乙丑	三・十一 甲午	四・十一 甲子
一・二十一 乙巳	二・二十一 乙亥	三・二十一 甲辰	四・二十一 甲戌
五・一 癸未	六・一 癸丑	七・一 癸未	八・一 壬子
五・十一 癸巳	六・十一 癸亥	七・十一 癸巳	八・十一 壬戌
五・二十一 癸卯	六・二十一 癸酉	七・二十一 癸卯	八・二十一 壬申
九・一 壬午	十・一 辛亥	十一・一 辛巳	十二・一 庚戌 闰十二・一 庚辰
九・十一 壬辰	十・十一 辛酉	十一・十一 辛卯	十二・十一 庚申 闰十二・十一 庚寅
九・二十一 壬寅	十・二十一 辛未	十一・二十一 辛丑	十二・二十一庚午 闰十二・二十一庚子

＊《辑要》二月甲寅、四月癸丑、六月壬子、七月壬午、八月辛亥、九月辛巳、十月庚戌、十一月庚辰、十二月己酉、闰十二月己卯朔。

周敬王三十六年丁巳(前 484)

一・一 己酉	*二・一 己卯	三・一 戊申	四・一 戊寅
一・十一 己未	二・十一 己丑	三・十一 戊午	四・十一 戊子
一・二十一 己巳	二・二十一 己亥	三・二十一 戊辰	四・二十一 戊戌
五・一 丁未	六・一 丁丑	七・一 丙午	八・一 丙子
五・十一 丁巳	六・十一 丁亥	七・十一 丙辰	八・十一 丙戌
五・二十一 丁卯	六・二十一 丁酉	七・二十一 丙寅	八・二十一 丙申
九・一 乙巳	十・一 乙亥	十一・一 乙巳	十二・一 甲戌
九・十一 乙卯	十・十一 乙酉	十一・十一 乙卯	十二・十一 甲申
九・二十一 乙丑	十・二十一 乙未	十一・二十一 乙丑	十二・二十一 甲午

＊《辑要》二月戊寅、四月丁丑、六月丙子、八月乙亥、十月甲戌、十一月甲辰、十二月癸酉朔。

周敬王三十七年戊午（前 483）

*一•一 甲辰	二•一 癸酉	三•一 癸卯	四•一 壬申
一•十一 甲寅	二•十一 癸未	三•十一 癸丑	四•十一 壬午
一•二十一 甲子	二•二十一 癸巳	三•二十一 癸亥	四•二十一 壬辰
五•一 壬寅	六•一 辛未	七•一 辛丑	八•一 庚午
五•十一 壬子	六•十一 辛巳	七•十一 辛亥	八•十一 庚辰
五•二十一 壬戌	六•二十一 辛卯	七•二十一 辛酉	八•二十一 庚寅
九•一 庚子	十•一 己巳	十一•一 己亥	十二•一 戊辰
九•十一 庚戌	十•十一 己卯	十一•十一 己酉	十二•十一 戊寅
九•二十一 庚申	十•二十一 己丑	十一•二十一 己未	十二•二十一 戊子

＊《辑要》正月癸卯、二月壬申、三月壬寅、四月辛未、五月辛丑、七月庚子、九月己亥、十一月戊戌朔。

周敬王三十八年己未（前 482）

*一•一 戊戌	二•一 戊辰	三•一 丁酉	四•一 丁卯
一•十一 戊申	二•十一 戊寅	三•十一 丁未	四•十一 丁丑
一•二十一 戊午	二•二十一 戊子	三•二十一 丁巳	四•二十一 丁亥
五•一 丙申	六•一 丙寅	七•一 乙未	八•一 乙丑
五•十一 丙午	六•十一 丙子	七•十一 乙巳	八•十一 乙亥
五•二十一 丙辰	六•二十一 丙戌	七•二十一 乙卯	八•二十一 乙酉
九•一 甲午 闰九•一 甲子	十•一 癸巳	十一•一 癸亥	十二•一 壬辰
九•十一 甲辰 闰九•十一 甲戌	十•十一 癸卯	十一•十一 癸酉	十二•十一 壬寅
九•二十一 甲寅 闰九•二十一 甲申	十•二十一 癸丑	十一•二十一 癸未	十二•二十一 壬子

＊《辑要》正月丁酉、二月丁卯、三月丙申、四月丙寅、五月乙未、六月乙丑、七月甲午、八月甲子、闰八月癸巳、九月癸亥、十一月壬戌朔。

周敬王三十九年庚申（前 481）

*一•一 壬戌	二•一 辛卯	三•一 辛酉	四•一 庚寅
一•十一 壬申	二•十一 辛丑	三•十一 辛未	四•十一 庚子
一•二十一 壬午	二•二十一 辛亥	三•二十一 辛巳	四•二十一 庚戌
五•一 庚申	六•一 庚寅	七•一 己未	八•一 己丑
五•十一 庚午	六•十一 庚子	七•十一 己巳	八•十一 己亥
五•二十一 庚辰	六•二十一 庚戌	七•二十一 己卯	八•二十一 己酉
九•一 戊午	十•一 戊子	十一•一 丁巳	十二•一 丁亥
九•十一 戊辰	十•十一 戊戌	十一•十一 丁卯	十二•十一 丁酉
九•二十一 戊寅	十•二十一 戊申	十一•二十一 丁丑	十二•二十一 丁未

＊《辑要》正月辛酉、三月庚申、五月己未、六月己丑、七月戊午、八月戊子、九月丁巳、十月丁亥、十一月丙辰、十二月丙戌朔。

周敬王四十年辛酉（前 480）

一•一 丙辰	*二•一 丙戌	三•一 乙卯	四•一 乙酉
一•十一 丙寅	二•十一 丙申	三•十一 乙丑	四•十一 乙未
一•二十一 丙子	二•二十一 丙午	三•二十一 乙亥	四•二十一 乙巳
五•一 甲寅	六•一 甲申	七•一 癸丑	八•一 癸未
五•十一 甲子	六•十一 甲午	七•十一 癸亥	八•十一 癸巳
五•二十一 甲戌	六•二十一 甲辰	七•二十一 癸酉	八•二十一 癸卯
九•一 癸丑	十•一 壬午	十一•一 壬子	十二•一 辛巳
九•十一 癸亥	十•十一 壬辰	十一•十一 壬戌	十二•十一 辛卯
九•二十一 癸酉	十•二十一 壬寅	十一•二十一 壬申	十二•二十一 辛丑

＊《辑要》二月乙酉、四月甲申、六月癸未、八月壬午、九月壬子、十月辛巳、十一月辛亥、十二月庚辰朔。

周敬王四十一年壬戌（前 479）

*一·一　辛亥 一·十一　辛酉 一·二十一　辛未	二·一　庚辰 二·十一　庚寅 二·二十一　庚子	三·一　庚戌 三·十一　庚申 三·二十一　庚午	四·一　己卯 四·十一　己丑 四·二十一　己亥
五·一　己酉　闰五·一　戊寅 五·十一　己未　闰五·十一　戊子 五·二十一己巳　闰五·二十一戊戌	六·一　戊申 六·十一　戊午 六·二十一　戊辰	七·一　丁丑 七·十一　丁亥 七·二十一　丁酉	八·一　丁未 八·十一　丁巳 八·二十一　丁卯
九·一　丙子 九·十一　丙戌 九·二十一　丙申	十·一　丙午 十·十一　丙辰 十·二十一　丙寅	十一·一　乙亥 十一·十一　乙酉 十一·二十一　乙未	十二·一　乙巳 十二·十一　乙卯 十二·二十一　乙丑

*《辑要》正月庚戌、二月己卯、三月己酉、四月戊寅、五月戊申、闰五月戊寅、六月丁未、八月丙午、十月乙巳、十二月甲辰朔。

周敬王四十二年癸亥（前 478）

*一·一　乙亥 一·十一　乙酉 一·二十一　乙未	二·一　甲辰 二·十一　甲寅 二·二十一　甲子	三·一　甲戌 三·十一　甲申 三·二十一　甲午	四·一　癸卯 四·十一　癸丑 四·二十一　癸亥
五·一　癸酉 五·十一　癸未 五·二十一　癸巳	六·一　壬寅 六·十一　壬子 六·二十一　壬戌	七·一　壬申 七·十一　壬午 七·二十一　壬辰	八·一　辛丑 八·十一　辛亥 八·二十一　辛酉
九·一　辛未 九·十一　辛巳 九·二十一　辛卯	十·一　庚子 十·十一　庚戌 十·二十一　庚申	十一·一　庚午 十一·十一　庚辰 十一·二十一　庚寅	十二·一　己亥 十二·十一　己酉 十二·二十一　己未

*《辑要》正月甲戌、二月癸卯、三月癸酉、四月壬寅、五月壬申、六月辛丑、七月辛未、八月庚子、九月庚午、十一月己巳朔。

周敬王四十三年甲子（前 477）

*一·一　己巳 一·十一　己卯 一·二十一　己丑	二·一　戊戌 二·十一　戊申 二·二十一　戊午	三·一　戊辰 三·十一　戊寅 三·二十一　戊子	四·一　丁酉 四·十一　丁未 四·二十一　丁巳
五·一　丁卯 五·十一　丁丑 五·二十一　丁亥	六·一　丁酉 六·十一　丁未 六·二十一　丁巳	七·一　丙寅 七·十一　丙子 七·二十一　丙戌	八·一　丙申 八·十一　丙午 八·二十一　丙辰
九·一　乙丑 九·十一　乙亥 九·二十一　乙酉	十·一　乙未 十·十一　乙巳 十·二十一　乙卯	十一·一　甲子 十一·十一　甲戌 十一·二十一　甲申	十二·一　甲午 十二·十一　甲辰 十二·二十一　甲寅

*《辑要》正月戊辰、三月丁卯、五月丙寅、六月丙申、七月乙丑、八月乙未、九月甲子、十月甲午、十一月癸亥、十二月癸巳朔。

战国历日表

周元王元年乙丑（前 476）

一·一　癸亥　闰一·一　癸巳 一·十一　癸酉　闰一·十一　癸卯 一·二十一癸未　闰一·二十一癸丑	*二·一　壬戌 二·十一　壬申 二·二十一　壬午	三·一　壬辰 三·十一　壬寅 三·二十一　壬子	四·一　辛酉 四·十一　辛未 四·二十一　辛巳
五·一　辛卯 五·十一　辛丑 五·二十一　辛亥	六·一　庚申 六·十一　庚午 六·二十一　庚辰	七·一　庚寅 七·十一　庚子 七·二十一　庚戌	八·一　庚申 八·十一　庚午 八·二十一　庚辰
九·一　己丑 九·十一　己亥 九·二十一　己酉	十·一　己未 十·十一　己巳 十·二十一　己卯	十一·一　戊子 十一·十一　戊戌 十一·二十一　戊申	十二·一　戊午 十二·十一　戊辰 十二·二十一　戊寅

*《辑要》二月壬辰、闰二月壬戌、三月辛卯、五月庚寅、七月己丑、八月己未、九月戊子、十月戊午、十一月丁亥、十二月丁巳朔。

周元王二年丙寅（前 475）

*一·一	丁亥	二·一	丁巳	三·一	丙戌	四·一	丙辰
一·十一	丁酉	二·十一	丁卯	三·十一	丙申	四·十一	丙寅
一·二十一	丁未	二·二十一	丁丑	三·二十一	丙午	四·二十一	丙子
五·一	乙酉	六·一	乙卯	七·一	甲申	八·一	甲寅
五·十一	乙未	六·十一	乙丑	七·十一	甲午	八·十一	甲子
五·二十一	乙巳	六·二十一	乙亥	七·二十一	甲辰	八·二十一	甲戌
九·一	癸未	十·一	癸丑	十一·一	壬午	十二·一	壬子
九·十一	癸巳	十·十一	癸亥	十一·十一	壬辰	十二·十一	壬戌
九·二十一	癸卯	十·二十一	癸酉	十一·二十一	壬寅	十二·二十一	壬申

＊此据《总谱》，下同。《辑要》正月丙戌、二月丙辰、三月乙酉、四月乙卯、六月甲寅、八月癸丑、十月壬子、十二月辛亥朔。

周元王三年丁卯（前 474）

*一·一	壬午	二·一	辛亥	三·一	辛巳	四·一	庚戌
一·十一	壬辰	二·十一	辛酉	三·十一	辛卯	四·十一	庚申
一·二十一	壬寅	二·二十一	辛未	三·二十一	辛丑	四·二十一	庚午
五·一	庚辰	六·一	己酉	七·一	己卯	八·一	戊申
五·十一	庚寅	六·十一	己未	七·十一	己丑	八·十一	戊午
五·二十一	庚子	六·二十一	己巳	七·二十一	己亥	八·二十一	戊辰
九·一	戊寅	十·一　丁未　闰十·一	丁丑	十一·一	丙午	十二·一	丙子
九·十一	戊子	十·十一　丁巳　闰十·十一	丁亥	十一·十一	丙辰	十二·十一	丙戌
九·二十一	戊戌	十·二十一丁卯　闰十·二十一	丁酉	十一·二十一	丙寅	十二·二十一	丙申

＊《辑要》正月辛巳、二月庚戌、三月庚辰、四月己酉、五月己卯、六月戊申、七月戊寅、九月丁丑、十一月丙子、闰十一月丙午、十二月乙亥朔。

周元王四年戊辰（前 473）

一·一	乙巳	*二·一	乙亥	三·一	乙巳	四·一	甲戌
一·十一	乙卯	二·十一	乙酉	三·十一	乙卯	四·十一	甲申
一·二十一	乙丑	二·二十一	乙未	三·二十一	乙丑	四·二十一	甲午
五·一	甲辰	六·一	癸酉	七·一	癸卯	八·一	壬申
五·十一	甲寅	六·十一	癸未	七·十一	癸丑	八·十一	壬午
五·二十一	甲子	六·二十一	癸巳	七·二十一	癸亥	八·二十一	壬辰
九·一	壬寅	十·一	辛未	十一·一	辛丑	十二·一	庚午
九·十一	壬子	十·十一	辛巳	十一·十一	辛亥	十二·十一	庚辰
九·二十一	壬戌	十·二十一	辛卯	十一·二十一	辛酉	十二·二十一	庚寅

＊《辑要》二月甲戌、三月甲辰、四月癸酉、五月癸卯、六月壬申、七月壬寅、八月辛未、九月辛丑、十月庚午、十一月庚子朔。

周元王五年己巳（前 472）

*一·一	庚子	二·一	己巳	三·一	己亥	四·一	戊辰
一·十一	庚戌	二·十一	己卯	三·十一	己酉	四·十一	戊寅
一·二十一	庚申	二·二十一	己丑	三·二十一	己未	四·二十一	戊子
五·一	戊戌	六·一	丁卯	七·一	丁酉	八·一	丁卯
五·十一	戊申	六·十一	丁丑	七·十一	丁未	八·十一	丁丑
五·二十一	戊午	六·二十一	丁亥	七·二十一	丁巳	八·二十一	丁亥
九·一	丙申	十·一	丙寅	十一·一	乙未	十二·一	乙丑
九·十一	丙午	十·十一	丙子	十一·十一	乙巳	十二·十一	乙亥
九·二十一	丙辰	十·二十一	丙戌	十一·二十一	乙卯	十二·二十一	乙酉

＊《辑要》正月己亥、三月戊戌、五月丁酉、七月丙申、八月丙寅、九月乙未、十月乙丑、十一月甲午、十二月甲子朔。

周元王六年庚午（前 471）

*一・一 甲午	二・一 甲子	三・一 癸巳	四・一 癸亥
一・十一 甲辰	二・十一 甲戌	三・十一 癸卯	四・十一 癸酉
一・二十一 甲寅	二・二十一 甲申	三・二十一 癸丑	四・二十一 癸未
五・一 壬辰	六・一 壬戌	七・一 辛卯 闰七・一 辛酉	八・一 庚寅
五・十一 壬寅	六・十一 壬申	七・十一 辛丑 闰七・十一 辛未	八・十一 庚子
五・二十一 壬子	六・二十一 壬午	七・二十一辛亥 闰七・二十一辛巳	八・二十一 庚戌
九・一 庚申	十・一 己丑	十一・一 己未	十二・一 己丑
九・十一 庚午	十・十一 己亥	十一・十一 己巳	十二・十一 己亥
九・二十一 庚辰	十・二十一 己酉	十一・二十一 己卯	十二・二十一 己酉

＊《辑要》正月癸巳、二月癸亥、三月壬辰、四月壬戌、六月辛酉、闰七月庚申、九月己未、十一月戊午、十二月戊子朔。

周元王七年辛未（前 470）

*一・一 戊午	二・一 戊子	三・一 丁巳	四・一 丁亥
一・十一 戊辰	二・十一 戊戌	三・十一 丁卯	四・十一 丁酉
一・二十一 戊寅	二・二十一 戊申	三・二十一 丁丑	四・二十一 丁未
五・一 丙辰	六・一 丙戌	七・一 乙卯	八・一 乙酉
五・十一 丙寅	六・十一 丙申	七・十一 乙丑	八・十一 乙未
五・二十一 丙子	六・二十一 丙午	七・二十一 乙亥	八・二十一 乙巳
九・一 甲寅	十・一 甲申	十一・一 癸丑	十二・一 癸未
九・十一 甲子	十・十一 甲午	十一・十一 癸亥	十二・十一 癸巳
九・二十一 甲戌	十・二十一 甲辰	十一・二十一 癸酉	十二・二十一 癸卯

＊《辑要》正月丁巳、二月丁亥、三月丙辰、四月丙戌、五月乙卯、六月乙酉、八月甲申、十月癸未、十二月壬午朔。

周元王八年壬申（前 469）

一・一 壬子	*二・一 壬午	三・一 壬子	四・一 辛巳
一・十一 壬戌	二・十一 壬辰	三・十一 壬戌	四・十一 辛卯
一・二十一 壬申	二・二十一 壬寅	三・二十一 壬申	四・二十一 辛丑
五・一 辛亥	六・一 庚辰	七・一 庚戌	八・一 己卯
五・十一 辛酉	六・十一 庚寅	七・十一 庚申	八・十一 己丑
五・二十一 辛未	六・二十一 庚子	七・二十一 庚午	八・二十一 己亥
九・一 己酉	十・一 戊寅	十一・一 戊申	十二・一 丁丑
九・十一 己未	十・十一 戊子	十一・十一 戊午	十二・十一 丁亥
九・二十一 己巳	十・二十一 戊戌	十一・二十一 戊辰	十二・二十一 丁酉

＊《辑要》二月辛巳、三月辛亥、四月庚辰、五月庚戌、六月己卯、七月己酉、八月戊寅、九月戊申、十月丁丑、十一月丁未朔。

周贞定王元年癸酉（前 468）

*一・一 丁未	二・一 丙子	三・一 丙午 闰三・一 乙亥	四・一 乙巳
一・十一 丁巳	二・十一 丙戌	三・十一 丙辰 闰三・十一 乙酉	四・十一 乙卯
一・二十一 丁卯	二・二十一 丙申	三・二十一丙寅 闰三・二十一乙未	四・二十一 乙丑
五・一 甲戌	六・一 甲辰	七・一 甲戌	八・一 癸卯
五・十一 甲申	六・十一 甲寅	七・十一 甲申	八・十一 癸丑
五・二十一 甲午	六・二十一 甲子	七・二十一 甲午	八・二十一 癸亥
九・一 癸酉	十・一 壬寅	十一・一 壬申	十二・一 辛丑
九・十一 癸未	十・十一 壬子	十一・十一 壬午	十二・十一 辛亥
九・二十一 癸巳	十・二十一 壬戌	十一・二十一 壬辰	十二・二十一 辛酉

＊《辑要》正月丙午、三月乙巳、四月甲辰、六月癸卯、七月癸酉、八月壬寅、九月壬申、十月辛丑、十一月辛未、十二月庚子朔。

周贞定王二年甲戌(前467)

*一·一 辛未	二·一 庚子	三·一 庚午	四·一 己亥
一·十一 辛巳	二·十一 庚戌	三·十一 庚辰	四·十一 己酉
一·二十一 辛卯	二·二十一 庚申	三·二十一 庚寅	四·二十一 己未
五·一 己巳	六·一 戊戌	七·一 戊辰	八·一 丁酉
五·十一 己卯	六·十一 戊申	七·十一 戊寅	八·十一 丁未
五·二十一 己丑	六·二十一 戊午	七·二十一 戊子	八·二十一 丁巳
九·一 丁卯	十·一 丁酉	十一·一 丙寅	十二·一 丙申
九·十一 丁丑	十·十一 丁未	十一·十一 丙子	十二·十一 丙午
九·二十一 丁亥	十·二十一 丁巳	十一·二十一 丙戌	十二·二十一 丙辰

*《辑要》正月庚午、三月己巳、五月戊辰、七月丁卯、九月丙寅、十月丙申、十一月乙丑、十二月乙未朔。

周贞定王三年乙亥(前466)

*一·一 乙丑	二·一 乙未	三·一 甲子	四·一 甲午
一·十一 乙亥	二·十一 乙巳	三·十一 甲戌	四·十一 甲辰
一·二十一 乙酉	二·二十一 乙卯	三·二十一 甲申	四·二十一 甲寅
五·一 癸亥	六·一 癸巳	七·一 壬戌	八·一 壬辰
五·十一 癸酉	六·十一 癸卯	七·十一 壬申	八·十一 壬寅
五·二十一 癸未	六·二十一 癸丑	七·二十一 壬午	八·二十一 壬子
九·一 辛酉	十·一 辛卯	十一·一 庚申 闰十一·一 庚寅	十二·一 己未
九·十一 辛未	十·十一 辛丑	十一·十一 庚午 闰十一·十一 庚子	十二·十一 己巳
九·二十一 辛巳	十·二十一 辛亥	十一·二十一庚辰 闰十一·二十一庚戌	十二·二十一 己卯

*《辑要》正月甲子、二月甲午、三月癸亥、四月癸巳、五月壬戌、六月壬辰、八月辛卯、十月庚寅、十二月己丑、闰十二月己未朔。

周贞定王四年丙子(前465)

*一·一 己丑	二·一 己未	三·一 戊子	四·一 戊午
一·十一 己亥	二·十一 己巳	三·十一 戊戌	四·十一 戊辰
·二十一 己酉	二·二十一 己卯	三·二十一 戊申	四·二十一 戊寅
五·一 丁亥	六·一 丁巳	七·一 丙戌	八·一 丙辰
五·十一 丁酉	六·十一 丁卯	七·十一 丙申	八·十一 丙寅
五·二十 丁未	六·二十一 丁丑	七·二十一 丙午	八·二十一 丙子
九·一 乙酉	十·一 乙卯	十一·一 甲申	十二·一 甲寅
九·十一 乙未	十·十一 乙丑	十一·十一 甲午	十二·十一 甲子
九·二十一 乙巳	十·二十一 乙亥	十一·二十一 甲辰	十二·二十一 甲戌

*《辑要》正月戊子、二月戊午、三月丁亥、四月丁巳、五月丙戌、六月丙辰、七月乙酉、八月乙卯、九月甲申、十月甲寅、十二月癸丑朔。

周贞定王五年丁丑(前464)

一·一 癸未	*二·一 癸丑	三·一 壬午	四·一 壬子
一·十一 癸巳	二·十一 癸亥	三·十一 壬辰	四·十一 壬戌
一·二十一 癸卯	二·二十一 癸酉	三·二十一 壬寅	四·二十一 壬申
五·一 辛巳	六·一 辛亥	七·一 辛巳	八·一 庚戌
五·十一 辛卯	六·十一 辛酉	七·十一 辛卯	八·十一 庚申
五·二十一 辛丑	六·二十一 辛未	七·二十一 辛丑	八·二十一 庚午
九·一 庚辰	十·一 己酉	十一·一 己卯	十二·一 戊申
九·十一 庚寅	十·十一 己未	十一·十一 己丑	十二·十一 戊午
九·二十一 庚子	十·二十一 己巳	十一·二十一 己亥	十二·二十一 戊辰

*《辑要》二月壬子、四月辛亥、六月庚戌、七月庚辰、八月己酉、九月己卯、十月戊申、十一月戊寅、十二月丁未朔。

周贞定王六年戊寅（前 463）

*一・一	戊寅	二・一	丁未	三・一	丁丑	四・一	丙午
一・十一	戊子	二・十一	丁巳	三・十一	丁亥	四・十一	丙辰
一・二十一	戊戌	二・二十一	丁卯	三・二十一	丁酉	四・二十一	丙寅
五・一	丙子	六・一	乙巳	七・一	乙亥	八・一	甲辰
五・十一	丙戌	六・十一	乙卯	七・十一	乙酉	八・十一	甲寅
五・二十一	丙申	六・二十一	乙丑	七・二十一	乙未	八・二十一	甲子
九・一　甲戌	闰九・一　甲辰	十・一	癸酉	十一・一	癸卯	十二・一	壬申
九・十一　甲申	闰九・十一　甲寅	十・十一	癸未	十一・十一	癸丑	十二・十一	壬午
九・二十一甲午	闰九・二十一甲子	十・二十一	癸巳	十一・二十一	癸亥	十二・二十一	壬辰

*《辑要》正月丁丑、三月丙子、五月乙亥、七月甲戌、九月癸酉、闰九月癸卯、十月壬申、十一月壬寅、十二月辛未朔。

周贞定王七年己卯（前 462）

*一・一	壬寅	二・一	辛未	三・一	辛丑	四・一	庚午
一・十一	壬子	二・十一	辛巳	三・十一	辛亥	四・十一	庚辰
一・二十一	壬戌	二・二十一	辛卯	三・二十一	辛酉	四・二十一	庚寅
五・一	庚子	六・一	己巳	七・一	己亥	八・一	戊辰
五・十一	庚戌	六・十一	己卯	七・十一	己酉	八・十一	戊寅
五・二十一	庚申	六・二十一	己丑	七・二十一	己未	八・二十一	戊子
九・一	戊戌	十・一	丁卯	十一・一	丁酉	十二・一	丙寅
九・十一	戊申	十・十一	丁丑	十一・十一	丁未	十二・十一	丙子
九・二十一	戊午	十・二十一	丁亥	十一・二十一	丁巳	十二・二十一	丙戌

*《辑要》正月辛丑、二月庚午、三月庚子、四月己巳、五月己亥、七月戊戌、九月丁酉、十一月丙申朔。

周贞定王八年庚辰（前 461）

*一・一	丙申	二・一	丙寅	三・一	乙未	四・一	乙丑
一・十一	丙午	二・十一	丙子	三・十一	乙巳	四・十一	乙亥
一・二十一	丙辰	二・二十一	丙戌	三・二十一	乙卯	四・二十一	乙酉
五・一	甲午	六・一	甲子	七・一	癸巳	八・一	癸亥
五・十一	甲辰	六・十一	甲戌	七・十一	癸卯	八・十一	癸酉
五・二十一	甲寅	六・二十一	甲申	七・二十一	癸丑	八・二十一	癸未
九・一	壬辰	十・一	壬戌	十一・一	辛卯	十二・一	辛酉
九・十一	壬寅	十・十一	壬申	十一・十一	辛丑	十二・十一	辛未
九・二十一	壬子	十・二十一	壬午	十一・二十一	辛亥	十二・二十一	辛巳

*《辑要》正月乙未、二月乙丑、三月甲午、四月甲子、五月癸巳、六月癸亥、七月壬辰、八月壬戌、十月辛酉、十二月庚申朔。

周贞定王九年辛巳（前 460）

一・一	庚寅	*二・一	庚申	三・一	己丑	四・一	己未
一・十一	庚子	二・十一	庚午	三・十一	己亥	四・十一	己巳
一・二十一	庚戌	二・二十一	庚辰	三・二十一	己酉	四・二十一	己卯
五・一	己丑	六・一　戊午	闰六・一　戊子	七・一	丁巳	八・一	丁亥
五・十一	己亥	六・十一　戊辰	闰六・十一　戊戌	七・十一	丁卯	八・十一	丁酉
五・二十一	己酉	六・二十一戊寅	闰六・二十一戊申	七・二十一	丁丑	八・二十一	丁未
九・一	丙辰	十・一	丙戌	十一・一	乙卯	十二・一	乙酉
九・十一	丙寅	十・十一	丙申	十一・十一	乙丑	十二・十一	乙未
九・二十一	丙子	十・二十一	丙午	十一・二十一	乙亥	十二・二十一	乙巳

*《辑要》二月己未、四月戊午、五月戊子、闰五月丁巳、六月丁亥、七月丙辰、八月丙戌、九月乙卯、十月乙酉、十一月甲寅、十二月甲申朔。

周贞定王十年壬午(前 459)

*一・一	甲寅	*二・一	甲申	三・一	癸丑	四・一	癸未
一・十一	甲子	二・十一	甲午	三・十一	癸亥	四・十一	癸巳
一・二十一	甲戌	二・二十一	甲辰	三・二十一	癸酉	四・二十一	癸卯
五・一	壬子	六・一	壬午	七・一	辛亥	八・一	辛巳
五・十一	壬戌	六・十一	壬辰	七・十一	辛酉	八・十一	辛卯
五・二十一	壬申	六・二十一	壬寅	七・二十一	辛未	八・二十一	辛丑
九・一	辛亥	十・一	庚辰	十一・一	庚戌	十二・一	己卯
九・十一	辛酉	十・十一	庚寅	十一・十一	庚申	十二・十一	己丑
九・二十一	辛未	十・二十一	庚子	十一・二十一	庚午	十二・二十一	己亥

*《辑要》二月癸未、四月壬午、六月辛巳、八月庚辰、九月庚戌、十月己卯、十一月己酉、十二月戊寅朔。

周贞定王十一年癸未(前 458)

*一・一	己酉	二・一	戊寅	三・一	戊申	四・一	丁丑
一・十一	己未	二・十一	戊子	三・十一	戊午	四・十一	丁亥
一・二十一	己巳	二・二十一	戊戌	三・二十一	戊辰	四・二十一	丁酉
五・一	丁未	六・一	丙子	七・一	丙午	八・一	乙亥
五・十一	丁巳	六・十一	丙戌	七・十一	丙辰	八・十一	乙酉
五・二十一	丁卯	六・二十一	丙申	七・二十一	丙寅	八・二十一	乙未
九・一	乙巳	十・一	甲戌	十一・一	甲辰	十二・一	癸酉
九・十一	乙卯	十・十一	甲申	十一・十一	甲寅	十二・十一	癸未
九・二十一	乙丑	十・二十一	甲午	十一・二十一	甲子	十二・二十一	癸巳

*《辑要》正月戊申、二月丁丑、三月丁未、四月丙子、五月丙午、七月乙巳、九月甲辰、十一月癸卯朔。

周贞定王十二年甲申(前 457)

*一・一	癸卯	二・一 癸酉 闰二・一	壬寅	三・一	壬申	四・一	辛丑
一・十一	癸丑	二・十一 癸未 闰二・十一	壬子	三・十一	壬午	四・十一	辛亥
一・二十一	癸亥	二・二十一 癸巳 闰二・二十一	壬戌	三・二十一	壬辰	四・二十一	辛酉
五・一	辛未	六・一	庚子	七・一	庚午	八・一	己亥
五・十一	辛巳	六・十一	庚戌	七・十一	庚辰	八・十一	己酉
五・二十一	辛卯	六・二十一	庚申	七・二十一	庚寅	八・二十一	己未
九・一	己巳	十・一	戊戌	十一・一	戊辰	十二・一	丁酉
九・十一	己卯	十・十一	戊申	十一・十一	戊寅	十二・十一	丁未
九・二十一	己丑	十・二十一	戊午	十一・二十一	戊子	十二・二十一	丁巳

*《辑要》正月壬寅、闰正月壬申、二月辛丑、三月辛未、四月庚子、五月庚午、六月己亥、七月己巳、九月戊辰、十一月丁卯朔。

周贞定王十三年乙酉(前 456)

*一・一	丁卯	二・一	丙申	三・一	丙寅	四・一	丙申
一・十一	丁丑	二・十一	丙午	三・十一	丙子	四・十一	丙午
一・二十一	丁亥	二・二十一	丙辰	三・二十一	丙戌	四・二十一	丙辰
五・一	乙丑	六・一	乙未	七・一	甲子	八・一	甲午
五・十一	乙亥	六・十一	乙巳	七・十一	甲戌	八・十一	甲辰
五・二十一	乙酉	六・二十一	乙卯	七・二十一	甲申	八・二十一	甲寅
九・一	癸亥	十・一	癸巳	十一・一	壬戌	十二・一	壬辰
九・十一	癸酉	十・十一	癸卯	十一・十一	壬申	十二・十一	壬寅
九・二十一	癸未	十・二十一	癸丑	十一・二十一	壬午	十二・二十一	壬子

*《辑要》正月丙寅、三月乙丑、四月乙未、五月甲子、六月甲午、七月癸亥、八月癸巳、九月壬戌、十月壬辰、十一月辛酉、十二月辛卯朔。

周贞定王十四年丙戌(前455)

一·一 辛酉	*二·一 辛卯	三·一 庚申	四·一 庚寅
一·十一 辛未	二·十一 辛丑	三·十一 庚午	四·十一 庚子
一·二十一 辛巳	二·二十一 辛亥	三·二十一 庚辰	四·二十一 庚戌
五·一 己未	六·一 己丑	七·一 戊午	八·一 戊子
五·十一 己巳	六·十一 己亥	七·十一 戊辰	八·十一 戊戌
五·二十一 己卯	六·二十一 己酉	七·二十一 戊寅	八·二十一 戊申
九·一 戊午	十·一 丁亥 闰十·一 丁巳	十一·一 丙戌	十二·一 丙辰
九·十一 戊辰	十·十一 丁酉 闰十·十一 丁卯	十一·十一 丙申	十二·十一 丙寅
九·二十一 戊寅	十·二十一 丁未 闰十·二十一 丁丑	十一·二十一 丙午	十二·二十一 丙子

＊《辑要》二月庚寅、四月己丑、六月戊子、八月丁亥、九月丁巳、十月丙戌、闰十月丙辰、十一月乙酉、十二月乙卯朔。

周贞定王十五年丁亥(前454)

*一·一 乙酉	二·一 乙卯	三·一 甲申	四·一 甲寅
一·十一 乙未	二·十一 乙丑	三·十一 甲午	四·十一 甲子
一·二十一 乙巳	二·二十一 乙亥	三·二十一 甲辰	四·二十一 甲戌
五·一 癸未	六·一 癸丑	七·一 壬午	八·一 壬子
五·十一 癸巳	六·十一 癸亥	七·十一 壬辰	八·十一 壬戌
五·二十一 癸卯	六·二十一 癸酉	七·二十一 壬寅	八·二十一 壬申
九·一 辛巳	十·一 辛亥	十一·一 辛巳	十二·一 庚戌
九·十一 辛卯	十·十一 辛酉	十一·十一 辛卯	十二·十一 庚申
九·二十一 辛丑	十·二十一 辛未	十一·二十一 辛丑	十二·二十一 庚午

＊《辑要》正月甲申、二月甲寅、四月癸丑、六月壬子、八月辛亥、十月庚戌、十一月庚辰、十二月己酉朔。

周贞定王十六年戊子(前453)

*一·一 庚辰	二·一 己酉	三·一 己卯	四·一 戊申
一·十一 庚寅	二·十一 己未	三·十一 己丑	四·十一 戊午
一·二十一 庚子	二·二十一 己巳	三·二十一 己亥	四·二十一 戊辰
五·一 戊寅	六·一 丁未	七·一 丁丑	八·一 丙午
五·十一 戊子	六·十一 丁巳	七·十一 丁亥	八·十一 丙辰
五·二十一 戊戌	六·二十一 丁卯	七·二十一 丁酉	八·二十一 丙寅
九·一 丙子	十·一 乙巳	十一·一 乙亥	十二·一 甲辰
九·十一 丙戌	十·十一 乙卯	十一·十一 乙酉	十二·十一 甲寅
九·二十一 丙申	十·二十一 乙丑	十一·二十一 乙未	十二·二十一 甲子

＊《辑要》正月己卯、二月戊申、三月戊寅、四月丁未、五月丁丑、六月丙午、七月丙子、九月乙亥、十一月甲戌朔。

周贞定王十七年己丑(前452)

*一·一 甲戌	二·一 癸卯	三·一 癸酉	四·一 癸卯
一·十一 甲申	二·十一 癸丑	三·十一 癸未	四·十一 癸丑
一·二十一 甲午	二·二十一 癸亥	三·二十一 癸巳	四·二十一 癸亥
五·一 壬申	六·一 壬寅	七·一 辛未 闰七·一 辛丑	八·一 庚午
五·十一 壬午	六·十一 壬子	七·十一 辛巳 闰七·十一 辛亥	八·十一 庚辰
五·二十一 壬辰	六·二十一 壬戌	七·二十一 辛卯 闰七·二十一 辛酉	八·二十一 庚寅
九·一 庚子	十·一 己巳	十一·一 己亥	十二·一 戊辰
九·十一 庚戌	十·十一 己卯	十一·十一 己酉	十二·十一 戊寅
九·二十一 庚申	十·二十一 己丑	十一·二十一 己未	十二·二十一 戊子

＊《辑要》正月癸酉、三月壬申、四月壬寅、五月辛未、六月辛丑、七月庚午、闰七月庚子、八月己巳、九月己亥、十月戊辰、十一月戊戌朔。

周贞定王十八年庚寅（前 451）

*一・一	戊戌	二・一	丁卯	三・一	丁酉	四・一	丙寅
一・十一	戊申	二・十一	丁丑	三・十一	丁未	四・十一	丙子
一・二十一	戊午	二・二十一	丁亥	三・二十一	丁巳	四・二十一	丙戌
五・一	丙申	六・一	乙丑	七・一	乙未	八・一	乙丑
五・十一	丙午	六・十一	乙亥	七・十一	乙巳	八・十一	乙亥
五・二十一	丙辰	六・二十一	乙酉	七・二十一	乙卯	八・二十一	乙酉
九・一	甲午	十・一	甲子	十一・一	癸巳	十二・一	癸亥
九・十一	甲辰	十・十一	甲戌	十一・十一	癸卯	十二・十一	癸酉
九・二十一	甲寅	十・二十一	甲申	十一・二十一	癸丑	十二・二十一	癸未

＊《辑要》正月丁酉、三月丙申、五月乙未、七月甲午、八月甲子、九月癸巳、十月癸亥、十一月壬辰、十二月壬戌朔。

周贞定王十九年辛卯（前 450）

*一・一	壬辰	二・一	壬戌	三・一	辛卯	四・一	辛酉
一・十一	壬寅	二・十一	壬申	三・十一	辛丑	四・十一	辛未
一・二十一	壬子	二・二十一	壬午	三・二十一	辛亥	四・二十一	辛巳
五・一	庚寅	六・一	庚申	七・一	己丑	八・一	己未
五・十一	庚子	六・十一	庚午	七・十一	己亥	八・十一	己巳
五・二十一	庚戌	六・二十一	庚辰	七・二十一	己酉	八・二十一	己卯
九・一	戊子	十・一	戊午	十一・一	戊子	十二・一	丁巳
九・十一	戊戌	十・十一	戊辰	十一・十一	戊戌	十二・十一	丁卯
九・二十一	戊申	十・二十一	戊寅	十一・二十一	戊申	十二・二十一	丁丑

＊《辑要》正月辛卯、二月辛酉、四月庚申、六月己未、八月戊午、十月丁巳、十一月丁亥、十二月丙辰朔。

周贞定王二十年壬辰（前 449）

*一・一	丁亥	二・一	丙辰	三・一	丙戌	四・一　乙卯　闰四・一	乙酉
一・十一	丁酉	二・十一	丙寅	三・十一	丙申	四・十一　乙丑　闰四・十一	乙未
一・二十一	丁未	二・二十一	丙子	三・二十一	丙午	四・二十一乙亥　闰四・二十一	乙巳
五・一	甲寅	六・一	甲申	七・一	癸丑	八・一	癸未
五・十一	甲子	六・十一	甲午	七・十一	癸亥	八・十一	癸巳
五・二十一	甲戌	六・二十一	甲辰	七・二十一	癸酉	八・二十一	癸卯
九・一	壬子	十・一	壬午	十一・一	辛亥	十二・一	辛巳
九・十一	壬戌	十・十一	壬辰	十一・十一	辛酉	十二・十一	辛卯
九・二十一	壬申	十・二十一	壬寅	十一・二十一	辛未	十二・二十一	辛丑

＊《辑要》正月丙戌、二月乙卯、三月乙酉、闰三月甲寅、四月甲申、五月癸丑、六月癸未、八月壬午、十月辛巳、十二月庚辰朔。

周贞定王二十一年癸巳（前 448）

一・一	庚戌	*二・一	庚辰	三・一	庚戌	四・一	己卯
一・十一	庚申	二・十一	庚寅	三・十一	庚申	四・十一	己丑
一・二十一	庚午	二・二十一	庚子	三・二十一	庚午	四・二十一	己亥
五・一	己酉	六・一	戊寅	七・一	戊申	八・一	丁丑
五・十一	己未	六・十一	戊子	七・十一	戊午	八・十一	丁亥
五・二十一	己巳	六・二十一	戊戌	七・二十一	戊辰	八・二十一	丁酉
九・一	丁未	十・一	丙子	十一・一	丙午	十二・一	乙亥
九・十一	丁巳	十・十一	丙戌	十一・十一	丙辰	十二・十一	乙酉
九・二十一	丁卯	十・二十一	丙申	十一・二十一	丙寅	十二・二十一	乙未

＊《辑要》二月己卯、三月己酉、四月戊寅、五月戊申、六月丁丑、七月丁未、八月丙子、九月丙午、十一月乙巳朔。

周贞定王二十二年甲午(前 447)

*一·一 乙巳	二·一 甲戌	三·一 甲辰	四·一 癸酉
一·十一 乙卯	二·十一 甲申	三·十一 甲寅	四·十一 癸未
一·二十一 乙丑	二·二十一 甲午	三·二十一 甲子	四·二十一 癸巳
五·一 癸卯	六·一 癸酉	七·一 壬寅	八·一 壬申
五·十一 癸丑	六·十一 癸未	七·十一 壬子	八·十一 壬午
五·二十一 癸亥	六·二十一 癸巳	七·二十一 壬戌	八·二十一 壬辰
九·一 辛丑	十·一 辛未	十一·一 庚子	十二·一 庚午 闰十二·一 己亥
九·十一 辛亥	十·十一 辛巳	十一·十一 庚戌	十二·十一 庚辰 闰十二·十一 己酉
九·二十一 辛酉	十·二十一 辛卯	十一·二十一 庚申	十二·二十一庚寅 闰十二·二十一己未

*《辑要》正月甲辰、三月癸卯、五月壬寅、六月壬申、七月辛丑、八月辛未、九月庚子、十月庚午、十一月己亥、闰十一月己巳、十二月戊戌朔。

周贞定王二十三年乙未(前 446)

*一·一 己巳	二·一 戊戌	三·一 戊辰	四·一 丁酉
一·十一 己卯	二·十一 戊申	三·十一 戊寅	四·十一 丁未
一·二十一 己丑	二·二十一 戊午	三·二十一 戊子	四·二十一 丁巳
五·一 丁卯	六·一 丙申	七·一 丙寅	八·一 乙未
五·十一 丁丑	六·十一 丙午	七·十一 丙子	八·十一 乙巳
五·二十一 丁亥	六·二十一 丙辰	七·二十一 丙戌	八·二十一 乙卯
九·一 乙丑	十·一 乙未	十一·一 甲子	十二·一 甲午
九·十一 乙亥	十·十一 乙巳	十一·十一 甲戌	十二·十一 甲辰
九·二十一 乙酉	十·二十一 乙卯	十一·二十一 甲申	十二·二十一 甲寅

*《辑要》正月戊辰、三月丁卯、五月丙寅、七月乙丑、九月甲子、十月甲午、十一月癸亥、十二月癸巳朔。

周贞定王二十四年丙申(前 445)

*一·一 癸亥	二·一 癸巳	三·一 壬戌	四·一 壬辰
一·十一 癸酉	二·十一 癸卯	三·十一 壬申	四·十一 壬寅
一·二十一 癸未	二·二十一 癸丑	三·二十一 壬午	四·二十一 壬子
五·一 辛酉	六·一 辛卯	七·一 庚申	八·一 庚寅
五·十一 辛未	六·十一 辛丑	七·十一 庚午	八·十一 庚子
五·二十一 辛巳	六·二十一 辛亥	七·二十一 庚辰	八·二十一 庚戌
九·一 己未	十·一 己丑	**十一·一 戊午	十二·一 戊子
九·十一 己巳	十·十一 己亥	十一·十一 戊辰	十二·十一 戊戌
九·二十一 己卯	十·二十一 己酉	十一·二十一 戊寅	十二·二十一 戊申

*《辑要》正月壬戌、二月壬辰、三月辛酉、四月辛卯、五月庚申、六月庚寅、八月己丑、十月戊子、十二月丁亥朔。 **《总谱》十一月戊子朔,十二月戊午朔,误。

周贞定王二十五年丁酉(前 444)

一·一 丁巳	*二·一 丁亥	三·一 丁巳	四·一 丙戌
一·十一 丁卯	二·十一 丁酉	三·十一 丁卯	四·十一 丙申
一·二十一 丁丑	二·二十一 丁未	三·二十一 丁丑	四·二十一 丙午
五·一 丙辰	六·一 乙酉	七·一 乙卯	八·一 甲申 闰八·一 甲寅
五·十一 丙寅	六·十一 乙未	七·十一 乙丑	八·十一 甲午 闰八·十一 甲子
五·二十一 丙子	六·二十一 乙巳	七·二十一 乙亥	八·二十一甲辰 闰八·二十一甲戌
九·一 癸未	十·一 癸丑	十一·一 壬午	十二·一 壬子
九·十一 癸巳	十·十一 癸亥	十一·十一 壬辰	十二·十一 壬戌
九·二十一 癸卯	十·二十一 癸酉	十一·二十一 壬寅	十二·二十一 壬申

*《辑要》二月丙戌、三月丙辰、四月乙酉、五月乙卯、六月甲申、七月甲寅、八月癸未、九月癸丑、闰九月癸未、十月壬子、十二月辛亥朔。

周贞定王二十六年戊戌（前 443）

一·一	辛巳	*二·一	辛亥	三·一	庚辰	四·一	庚戌
一·十一	辛卯	二·十一	辛酉	三·十一	庚寅	四·十一	庚申
一·二十一	辛丑	二·二十一	辛未	三·二十一	庚子	四·二十一	庚午
五·一	庚辰	六·一	己酉	七·一	己卯	八·一	戊申
五·十一	庚寅	六·十一	己未	七·十一	己丑	八·十一	戊午
五·二十一	庚子	六·二十一	己巳	七·二十一	己亥	八·二十一	戊辰
九·一	戊寅	十·一	丁未	十一·一	丁丑	十二·一	丙午
九·十一	戊子	十·十一	丁巳	十一·十一	丁亥	十二·十一	丙辰
九·二十一	戊戌	十·二十一	丁卯	十一·二十一	丁酉	十二·二十一	丙寅

＊《辑要》二月庚戌、四月己酉、五月己卯、六月戊申、七月戊寅、八月丁未、九月丁丑、十月丙午、十一月丙子、十二月乙巳朔。

周贞定王二十七年己亥（前 442）

*一·一	丙子	二·一	乙巳	三·一	乙亥	四·一	甲辰
一·十一	丙戌	二·十一	乙卯	三·十一	乙酉	四·十一	甲寅
一·二十一	丙申	二·二十一	乙丑	三·二十一	乙未	四·二十一	甲子
五·一	甲戌	六·一	癸卯	七·一	癸酉	八·一	壬寅
五·十一	甲申	六·十一	癸丑	七·十一	癸未	八·十一	壬子
五·二十一	甲午	六·二十一	癸亥	七·二十一	癸巳	八·二十一	壬戌
九·一	壬申	十·一	壬寅	十一·一	辛未	十二·一	辛丑
九·十一	壬午	十·十一	壬子	十一·十一	辛巳	十二·十一	辛亥
九·二十一	壬辰	十·二十一	壬戌	十一·二十一	辛卯	十二·二十一	辛酉

＊《辑要》正月乙亥、三月甲戌、五月癸酉、七月壬申、九月辛未、十月辛丑、十一月庚午、十二月庚子朔。

周贞定王二十八年庚子（前 441）

*一·一	庚午	二·一	庚子	三·一	己巳	四·一	己亥
一·十一	庚辰	二·十一	庚戌	三·十一	己卯	四·十一	己酉
一·二十一	庚寅	二·二十一	庚申	三·二十一	己丑	四·二十一	己未
五·一　戊辰　闰五·一	戊戌	六·一	丁卯	七·一	丁酉	八·一	丙寅
五·十一　戊寅　闰五·十一	戊申	六·十一	丁丑	七·十一	丁未	八·十一	丙子
五·二十一戊子　闰五·二十一	戊午	六·二十一	丁亥	七·二十一	丁巳	八·二十一	丙戌
九·一	丙申	十·一	乙丑	十一·一	乙未	十二·一	乙丑
九·十一	丙午	十·十一	乙亥	十一·十一	乙巳	十二·十一	乙亥
九·二十一	丙辰	十·二十一	乙酉	十一·二十一	乙卯	十二·二十一	乙酉

＊《辑要》正月己巳、二月己亥、三月戊辰、四月戊戌、六月丁酉、闰六月丁卯、七月丙申、九月乙未、十一月甲午、十二月甲子朔。

周考王元年辛丑（前 440）

*一·一	甲午	二·一	甲子	三·一	癸巳	四·一	癸亥
一·十一	甲辰	二·十一	甲戌	三·十一	癸卯	四·十一	癸酉
一·二十一	甲寅	二·二十一	甲申	三·二十一	癸丑	四·二十一	癸未
五·一	壬辰	六·一	壬戌	七·一	辛卯	八·一	辛酉
五·十一	壬寅	六·十一	壬申	七·十一	辛丑	八·十一	辛未
五·二十一	壬子	六·二十一	壬午	七·二十一	辛亥	八·二十一	辛巳
九·一	庚寅	十·一	庚申	十一·一	己丑	十二·一	己未
九·十一	庚子	十·十一	庚午	十一·十一	己亥	十二·十一	己巳
九·二十一	庚戌	十·二十一	庚辰	十一·二十一	己酉	十二·二十一	己卯

＊《辑要》正月癸巳、二月癸亥、三月壬辰、四月壬戌、五月辛卯、六月辛酉、七月庚寅、八月庚申、十月己未、十二月戊午朔。

周考王二年壬寅（前 439）

一·一　戊子	*二·一　戊午	三·一　丁亥	四·一　丁巳
一·十一　戊戌	二·十一　戊辰	三·十一　丁酉	四·十一　丁卯
一·二十一　戊申	二·二十一　戊寅	三·二十一　丁未	四·二十一　丁丑
五·一　丁亥	六·一　丙辰	七·一　丙戌	八·一　乙卯
五·十一　丁酉	六·十一　丙寅	七·十一　丙申	八·十一　乙丑
五·二十一　丁未	六·二十一　丙子	七·二十一　丙午	八·二十一　乙亥
九·一　乙酉	十·一　甲寅	十一·一　甲申	十二·一　癸丑
九·十一　乙未	十·十一　甲子	十一·十一　甲午	十二·十一　癸亥
九·二十一　乙巳	十·二十一　甲戌	十一·二十一　甲辰	十二·二十一　癸酉

*《辑要》二月丁巳、四月丙辰、五月丙戌、六月乙卯、七月乙酉、八月甲寅、九月甲申、十月癸丑、十一月癸未、十二月壬子朔。

周考王三年癸卯（前 438）

*一·一　癸未	二·一　壬子　闰二·一　壬午	三·一　辛亥	四·一　辛巳
一·十一　癸巳	二·十一　壬戌　闰二·十一　壬辰	三·十一　辛酉	四·十一　辛卯
一·二十一　癸卯	二·二十一壬申　闰二·二十一壬寅	三·二十一　辛未	四·二十一　辛丑
五·一　庚戌	六·一　庚辰	七·一　己酉	八·一　己卯
五·十一　庚申	六·十一　庚寅	七·十一　己未	八·十一　己丑
五·二十一　庚午	六·二十一　庚子	七·二十一　己巳	八·二十一　己亥
九·一　己酉	十·一　戊寅	十一·一　戊申	十二·一　丁丑
九·十一　己未	十·十一　戊子	十一·十一　戊午	十二·十一　丁亥
九·二十一　己巳	十·二十一　戊戌	十一·二十一　戊辰	十二·二十一　丁酉

*《辑要》正月壬午、闰二月辛巳、四月庚辰、六月己卯、八月戊寅、九月戊申、十月丁丑、十一月丁未、十二月丙子朔。

周考王四年甲辰（前 437）

*一·一　丁未	二·一　丙子	三·一　丙午	四·一　乙亥
一·十一　丁巳	二·十一　丙戌	三·十一　丙辰	四·十一　乙酉
一·二十一　丁卯	二·二十一　丙申	三·二十一　丙寅	四·二十一　乙未
五·一　乙巳	六·一　甲戌	七·一　甲辰	八·一　癸酉
五·十一　乙卯	六·十一　甲申	七·十一　甲寅	八·十一　癸未
五·二十一　乙丑	六·二十一　甲午	七·二十一　甲子	八·二十一　癸巳
九·一　癸卯	十·一　壬申	十一·一　壬寅	十二·一　壬申
九·十一　癸丑	十·十一　壬午	十一·十一　壬子	十二·十一　壬午
九·二十一　癸亥	十·二十一　壬辰	十一·二十一　壬戌	十二·二十一　壬辰

*《辑要》正月丙午、二月乙亥、三月乙巳、五月甲辰、七月癸卯、九月壬寅、十一月辛丑、十二月辛未朔。

周考王五年乙巳（前 436）

*一·一　辛丑	二·一　辛未	三·一　庚子	四·一　庚午
一·十一　辛亥	二·十一　辛巳	三·十一　庚戌	四·十一　庚辰
一·二十一　辛酉	二·二十一　辛卯	三·二十一　庚申	四·二十一　庚寅
五·一　己亥	六·一　己巳	七·一　戊戌	八·一　戊辰
五·十一　己酉	六·十一　己卯	七·十一　戊申	八·十一　戊寅
五·二十一　己未	六·二十一　己丑	七·二十一　戊午	八·二十一　戊子
九·一　丁酉	十·一　丁卯　闰十·一　丙申	十一·一　丙寅	十二·一　乙未
九·十一　丁未	十·十一　丁丑　闰十·十一　丙午	十一·十一　丙子	十二·十一　乙巳
九·二十一　丁巳	十·二十一丁亥　闰十·二十一丙辰	十一·二十一　丙戌	十二·二十一　乙卯

*《辑要》正月庚子、二月庚午、三月己亥、四月己巳、五月戊戌、六月戊辰、七月丁酉、八月丁卯、十月丙寅、十一月乙丑朔。

周考王六年丙午(前435)

*一·一	乙丑	二·一	甲午	三·一	甲子	四·一	甲午
一·十一	乙亥	二·十一	甲辰	三·十一	甲戌	四·十一	甲辰
一·二十一	乙酉	二·二十一	甲寅	三·二十一	甲申	四·二十一	甲寅
五·一	癸亥	六·一	癸巳	七·一	壬戌	八·一	壬辰
五·十一	癸酉	六·十一	癸卯	七·十一	壬申	八·十一	壬寅
五·二十一	癸未	六·二十一	癸丑	七·二十一	壬午	八·二十一	壬子
九·一	辛酉	十·一	辛卯	十一·一	庚申	十二·一	庚寅
九·十一	辛未	十·十一	辛丑	十一·十一	庚午	十二·十一	庚子
九·二十一	辛巳	十·二十一	辛亥	十一·二十一	庚辰	十二·二十一	庚戌

*《辑要》正月甲子、三月癸亥、四月癸巳、五月壬戌、六月壬辰、七月辛酉、八月辛卯、九月庚申、十月庚寅、十二月己丑朔。

周考王七年丁未(前434)

一·一	己未	*二·一	己丑	三·一	戊午	四·一	戊子
一·十一	己巳	二·十一	己亥	三·十一	戊辰	四·十一	戊戌
一·二十一	己卯	二·二十一	己酉	三·二十一	戊寅	四·二十一	戊申
五·一	丁巳	六·一	丁亥	七·一	丁巳	八·一	丙戌
五·十一	丁卯	六·十一	丁酉	七·十一	丁卯	八·十一	丙申
五·二十一	丁丑	六·二十一	丁未	七·二十一	丁丑	八·二十一	丙午
九·一	丙辰	十·一	乙酉	十一·一	乙卯	十二·一	甲申
九·十一	丙寅	十·十一	乙未	十一·十一	乙丑	十二·十一	甲午
九·二十一	丙子	十·二十一	乙巳	十一·二十一	乙亥	十二·二十一	甲辰

*《辑要》二月戊子、四月丁亥、六月丙戌、七月丙辰、八月乙酉、九月乙卯、十月甲申、十一月甲寅、十二月癸未朔。

周考王八年戊申(前433)

*一·一	甲寅	二·一	癸未	三·一	癸丑	四·一	壬午
一·十一	甲子	二·十一	癸巳	三·十一	癸亥	四·十一	壬辰
一·二十一	甲戌	二·二十一	癸卯	三·二十一	癸酉	四·二十一	壬寅
五·一	壬子	六·一　辛巳　闰六·一	辛亥	七·一	庚辰	八·一	庚戌
五·十一	壬戌	六·十一　辛卯　闰六·十一	辛酉	七·十一	庚寅	八·十一	庚申
五·二十一	壬申	六·二十一　辛丑　闰六·二十一	辛未	七·二十一	庚子	八·二十一	庚午
九·一	己卯	十·一	己酉	十一·一	己卯	十二·一	戊申
九·十一	己丑	十·十一	己未	十一·十一	己丑	十二·十一	戊午
九·二十一	己亥	十·二十一	己巳	十一·二十一	己亥	十二·二十一	戊辰

*《辑要》正月癸丑、二月壬午、三月壬子、五月辛亥、七月庚戌、闰七月庚辰、八月己酉、十月戊申、十一月戊寅、十二月丁未朔。

周考王九年己酉(前432)

*一·一	戊寅	二·一	丁未	三·一	丁丑	四·一	丙午
一·十一	戊子	二·十一	丁巳	三·十一	丁亥	四·十一	丙辰
一·二十一	戊戌	二·二十一	丁卯	三·二十一	丁酉	四·二十一	丙寅
五·一	丙子	六·一	乙巳	七·一	乙亥	八·一	甲辰
五·十一	丙戌	六·十一	乙卯	七·十一	乙酉	八·十一	甲寅
五·二十一	丙申	六·二十一	乙丑	七·二十一	乙未	八·二十一	甲子
九·一	甲戌	十·一	癸卯	十一·一	癸酉	十二·一	壬寅
九·十一	甲申	十·十一	癸丑	十一·十一	癸未	十二·十一	壬子
九·二十一	甲午	十·二十一	癸亥	十一·二十一	癸巳	十二·二十一	壬戌

*《辑要》正月丁丑、二月丙午、三月丙子、四月乙巳、五月乙亥、六月甲辰、七月甲戌、九月癸酉、十一月壬申朔。

周考王十年庚戌（前 431）

*一·一 壬申	二·一 辛丑	三·一 辛未	四·一 辛丑
一·十一 壬午	二·十一 辛亥	三·十一 辛巳	四·十一 辛亥
一·二十一 壬辰	二·二十一 辛酉	三·二十一 辛卯	四·二十一 辛酉
五·一 庚午	六·一 庚子	七·一 己巳	八·一 己亥
五·十一 庚辰	六·十一 庚戌	七·十一 己卯	八·十一 己酉
五·二十一 庚寅	六·二十一 庚申	七·二十一 己丑	八·二十一 己未
九·一 戊辰	十·一 戊戌	十一·一 丁卯	十二·一 丁酉
九·十一 戊寅	十·十一 戊申	十一·十一 丁丑	十二·十一 丁未
九·二十一 戊子	十·二十一 戊午	十一·二十一 丁亥	十二·二十一 丁巳

*《辑要》正月辛未、三月庚午、四月庚子、五月己巳、六月己亥、七月戊辰、八月戊戌、九月丁卯、十月丁酉、十二月丙申朔。

周考王十一年辛亥（前 430）

一·一 丙寅	*二·一 丙申	三·一 乙丑 闰三·一 乙未	四·一 甲子
一·十一 丙子	二·十一 丙午	三·十一 乙亥 闰三·十一 乙巳	四·十一 甲戌
一·二十一 丙戌	二·二十一 丙辰	三·二十一乙酉 闰三·二十一乙卯	四·二十一 甲申
五·一 甲午	六·一 甲子	七·一 癸巳	八·一 癸亥
五·十一 甲辰	六·十一 甲戌	七·十一 癸卯	八·十一 癸酉
五·二十一 甲寅	六·二十一 甲申	七·二十一 癸丑	八·二十一 癸未
九·一 壬辰	十·一 壬戌	十一·一 辛卯	**十二·一 辛酉
九·十一 壬寅	十·十一 壬申	十一·十一 辛丑	十二·十一 辛未
九·二十一 壬子	十·二十一 壬午	十一·二十一 辛亥	十二·二十一 辛巳

*《辑要》二月乙未、四月甲午、闰四月甲子、五月癸巳、六月癸亥、七月壬辰、八月壬戌、九月辛卯、十月辛酉、十一月庚寅、十二月庚申朔。

**《总谱》十二月辛卯朔，误。

周考王十二年壬子（前 429）

*一·一 庚寅	二·一 庚申	三·一 己丑	四·一 己未
一·十一 庚子	二·十一 庚午	三·十一 己亥	四·十一 己巳
一·二十一 庚戌	二·二十一 庚辰	三·二十一 己酉	四·二十一 己卯
五·一 戊子	六·一 戊午	七·一 丁亥	八·一 丁巳
五·十一 戊戌	六·十一 戊辰	七·十一 丁酉	八·十一 丁卯
五·二十一 戊申	六·二十一 戊寅	七·二十一 丁未	八·二十一 丁丑
九·一 丙戌	十·一 丙辰	十一·一 丙戌	十二·一 乙卯
九·十一 丙申	十·十一 丙寅	十一·十一 丙申	十二·十一 乙丑
九·二十一 丙午	十·二十一 丙子	十一·二十一 丙午	十二·二十一 乙亥

*《辑要》正月己丑、二月己未、四月戊午、六月丁巳、八月丙辰、十月乙卯、十一月乙酉、十二月甲寅朔。

周考王十三年癸丑（前 428）

*一·一 乙酉	二·一 甲寅	三·一 甲申	四·一 癸丑
一·十一 乙未	二·十一 甲子	三·十一 甲午	四·十一 癸亥
一·二十一 乙巳	二·二十一 甲戌	三·二十一 甲辰	四·二十一 癸酉
五·一 癸未	六·一 壬子	七·一 壬午	八·一 辛亥
五·十一 癸巳	六·十一 壬戌	七·十一 壬辰	八·十一 辛酉
五·二十一 癸卯	六·二十一 壬申	七·二十一 壬寅	八·二十一 辛未
九·一 辛巳	十·一 庚戌	十一·一 庚辰	十二·一 己酉 闰十二·一 己卯
九·十一 辛卯	十·十一 庚申	十一·十一 庚寅	十二·十一 己未 闰十二·十一 己丑
九·二十一 辛丑	十·二十一 庚午	十一·二十一 庚子	十二·二十一己巳 闰十二·二十一己亥

*《辑要》正月甲申、二月癸丑、三月癸未、四月壬子、五月壬午、七月辛巳、九月庚辰、十一月己卯、闰十二月戊寅朔。

周考王十四年甲寅(前 427)

*一・一	己酉	二・一	戊寅	三・一	戊申	四・一	丁丑
一・十一	己未	二・十一	戊子	三・十一	戊午	四・十一	丁亥
一・二十一	己巳	二・二十一	戊戌	三・二十一	戊辰	四・二十一	丁酉
五・一	丁未	六・一	丙子	七・一	丙午	八・一	乙亥
五・十一	丁巳	六・十一	丙戌	七・十一	丙辰	八・十一	乙酉
五・二十一	丁卯	六・二十一	丙申	七・二十一	丙寅	八・二十一	乙未
九・一	乙巳	十・一	甲戌	十一・一	甲辰	十二・一	癸酉
九・十一	乙卯	十・十一	甲申	十一・十一	甲寅	十二・十一	癸未
九・二十一	乙丑	十・二十一	甲午	十一・二十一	甲子	十二・二十一	癸巳

*《辑要》正月戊申、二月丁丑、三月丁未、四月丙子、五月丙午、六月乙亥、七月乙巳、八月甲戌、九月甲辰、十一月癸卯朔。

周考王十五年乙卯(前 426)

*一・一	癸卯	二・一	壬申	三・一	壬寅	四・一	辛未
一・十一	癸丑	二・十一	壬午	三・十一	壬子	四・十一	辛巳
一・二十一	癸亥	二・二十一	壬辰	三・二十一	壬戌	四・二十一	辛卯
五・一	辛丑	六・一	辛未	七・一	庚子	八・一	庚午
五・十一	辛亥	六・十一	辛巳	七・十一	庚戌	八・十一	庚辰
五・二十一	辛酉	六・二十一	辛卯	七・二十一	庚申	八・二十一	庚寅
九・一	己亥	十・一	己巳	十一・一	戊戌	十二・一	戊辰
九・十一	己酉	十・十一	己卯	十一・十一	戊申	十二・十一	戊寅
九・二十一	己未	十・二十一	己丑	十一・二十一	戊午	十二・二十一	戊子

*《辑要》正月壬寅、三月辛丑、五月庚子、六月庚午、七月己亥、八月己巳、九月戊戌、十月戊辰、十一月丁酉、十二月丁卯朔。

周威烈王元年丙辰(前 425)

*一・一	丁酉	二・一	丁卯	三・一	丙申	四・一	丙寅
一・十一	丁未	二・十一	丁丑	三・十一	丙午	四・十一	丙子
一・二十一	丁巳	二・二十一	丁亥	三・二十一	丙辰	四・二十一	丙戌
五・一	乙未	六・一	乙丑	七・一	甲午	八・一	甲子　闰八・一　癸巳
五・十一	乙巳	六・十一	乙亥	七・十一	甲辰	八・十一	甲戌　闰八・十一　癸卯
五・二十一	乙卯	六・二十一	乙酉	七・二十一	甲寅	八・二十一	甲申　闰八・二十一　癸丑
九・一	癸亥	十・一	癸巳	十一・一	壬戌	十二・一	壬辰
九・十一	癸酉	十・十一	癸卯	十一・十一	壬申	十二・十一	壬寅
九・二十一	癸未	十・二十一	癸丑	十一・二十一	壬午	十二・二十一	壬子

*《辑要》正月丙申、二月丙寅、四月乙丑、六月甲子、八月癸亥、九月壬戌、十月壬辰、十一月辛酉、十二月辛卯朔。

周威烈王二年丁巳(前 424)

*一・一	辛酉	二・一	辛卯	三・一	庚申	四・一	庚寅
一・十一	辛未	二・十一	辛丑	三・十一	庚午	四・十一	庚子
一・二十一	辛巳	二・二十一	辛亥	三・二十一	庚辰	四・二十一	庚戌
五・一	己未	六・一	己丑	七・一	戊午	八・一	戊子
五・十一	己巳	六・十一	己亥	七・十一	戊辰	八・十一	戊戌
五・二十一	己卯	六・二十一	己酉	七・二十一	戊寅	八・二十一	戊申
九・一	丁巳	十・一	丁亥	十一・一	丙辰	十二・一	丙戌
九・十一	丁卯	十・十一	丁酉	十一・十一	丙寅	十二・十一	丙申
九・二十一	丁丑	十・二十一	丁未	十一・二十一	丙子	十二・二十一	丙午

*《辑要》正月庚申、二月庚寅、三月己未、四月己丑、六月戊子、八月丁亥、十月丙戌、十二月乙酉朔。

周威烈王三年戊午（前 423）

*一·一	丙辰	二·一	乙酉	三·一	乙卯	四·一	甲申
一·十一	丙寅	二·十一	乙未	三·十一	乙丑	四·十一	甲午
一·二十一	丙子	二·二十一	乙巳	三·二十一	乙亥	四·二十一	甲辰
五·一	甲寅	六·一	癸未	七·一	癸丑	八·一	壬午
五·十一	甲子	六·十一	癸巳	七·十一	癸亥	八·十一	壬辰
五·二十一	甲戌	六·二十一	癸卯	七·二十一	癸酉	八·二十一	壬寅
九·一	壬子	十·一	辛巳	十一·一	辛亥	十二·一	庚辰
九·十一	壬戌	十·十一	辛卯	十一·十一	辛酉	十二·十一	庚寅
九·二十一	壬申	十·二十一	辛丑	十一·二十一	辛未	十二·二十一	庚子

*《辑要》正月乙卯、二月甲申、三月甲寅、四月癸未、五月癸丑、六月壬午、七月壬子、八月辛巳、九月辛亥、十一月庚戌朔。

周威烈王四年己未（前 422）

*一·一	庚戌	二·一	己卯	三·一	己酉	四·一	戊寅
一·十一	庚申	二·十一	己丑	三·十一	己未	四·十一	戊子
一·二十一	庚午	二·二十一	己亥	三·二十一	己巳	四·二十一	戊戌
五·一　戊申　闰五·一	戊寅	六·一	丁未	七·一	丁丑	八·一	丙午
五·十一　戊午　闰五·十一	戊子	六·十一	丁巳	七·十一	丁亥	八·十一	丙辰
五·二十一戊辰　闰五·二十一	戊戌	六·二十一	丁卯	七·二十一	丁酉	八·二十一	丙寅
九·一	丙子	十·一	乙巳	十一·一	乙亥	十二·一	甲辰
九·十一	丙戌	十·十一	乙卯	十一·十一	乙酉	十二·十一	甲寅
九·二十一	丙申	十·二十一	乙丑	十一·二十一	乙未	十二·二十一	甲子

*《辑要》正月己酉、三月戊申、五月丁未、闰五月丁丑、六月丙午、七月丙子、八月乙巳、九月乙亥、十月甲辰、十一月甲戌朔。

周威烈王五年庚申（前 421）

*一·一	甲戌	二·一	癸卯	三·一	癸酉	四·一	壬寅
一·十一	甲申	二·十一	癸丑	三·十一	癸未	四·十一	壬子
一·二十一	甲午	二·二十一	癸亥	三·二十一	癸巳	四·二十一	壬戌
五·一	壬申	六·一	辛丑	七·一	辛未	八·一	庚子
五·十一	壬午	六·十一	辛亥	七·十一	辛巳	八·十一	庚戌
五·二十一	壬辰	六·二十一	辛酉	七·二十一	辛卯	八·二十一	庚申
九·一	庚午	十·一	庚子	十一·一	己巳	十二·一	己亥
九·十一	庚辰	十·十一	庚戌	十一·十一	己卯	十二·十一	己酉
九·二十一	庚寅	十·二十一	庚申	十一·二十一	己丑	十二·二十一	己未

*《辑要》正月癸酉、三月壬申、五月辛未、七月庚午、九月己巳、十月己亥、十一月戊辰、十二月戊戌朔。

周威烈王六年辛酉（前 420）

*一·一	戊辰	二·一	戊戌	三·一	丁卯	四·一	丁酉
一·十一	戊寅	二·十一	戊申	三·十一	丁丑	四·十一	丁未
一·二十一	戊子	二·二十一	戊午	三·二十一	丁亥	四·二十一	丁巳
五·一	丙寅	六·一	丙申	七·一	乙丑	八·一	乙未
五·十一	丙子	六·十一	丙午	七·十一	乙亥	八·十一	乙巳
五·二十一	丙戌	六·二十一	丙辰	七·二十一	乙酉	八·二十一	乙卯
九·一	甲子	十·一	甲午	十一·一	癸亥	十二·一	癸巳
九·十一	甲戌	十·十一	甲辰	十一·十一	癸酉	十二·十一	癸卯
九·二十一	甲申	十·二十一	甲寅	十一·二十一	癸未	十二·二十一	癸丑

*《辑要》正月丁卯、二月丁酉、三月丙寅、四月丙申、六月乙未、八月甲午、十月癸巳、十二月壬辰朔。

周威烈王七年壬戌(前 419)

*一·一　癸亥	二·一　壬辰　闰二·一　壬戌	三·一　辛卯	四·一　辛酉
一·十一　癸酉	二·十一　壬寅　闰二·十一　壬申	三·十一　辛丑	四·十一　辛未
一·二十一　癸未	二·二十一壬子　闰二·二十一壬午	三·二十一　辛亥	四·二十一　辛巳
五·一　庚寅	六·一　庚申	七·一　己丑	八·一　己未
五·十一　庚子	六·十一　庚午	七·十一　己亥	八·十一　己巳
五·二十一　庚戌	六·二十一　庚辰	七·二十一　己酉	八·二十一　己卯
九·一　戊子	十·一　戊午	十一·一　丁亥	十二·一　丁巳
九·十一　戊戌	十·十一　戊辰	十一·十一　丁酉	十二·十一　丁卯
九·二十一　戊申	十·二十一　戊寅	十一·二十一　丁未	十二·二十一　丁丑

*《辑要》正月壬戌、二月辛卯、闰二月辛酉、三月庚寅、四月庚申、五月己丑、六月己未、七月戊子、八月戊午、十月丁巳、十二月丙辰朔。

周威烈王八年癸亥(前 418)

一·一　丙戌	*二·一　丙辰	三·一　乙酉	四·一　乙卯
一·十一　丙申	二·十一　丙寅	三·十一　乙未	四·十一　乙丑
一·二十一　丙午	二·二十一　丙子	三·二十一　乙巳	四·二十一　乙亥
五·一　乙酉	六·一　甲寅	七·一　甲申	八·一　癸丑
五·十一　乙未	六·十一　甲子	七·十一　甲午	八·十一　癸亥
五·二十一　乙巳	六·二十一　甲戌	七·二十一　甲辰	八·二十一　癸酉
九·一　癸未	十·一　壬子	十一·一　壬午	十二·一　辛亥
九·十一　癸巳	十·十一　壬戌	十一·十一　壬辰	十二·十一　辛酉
九·二十一　癸卯	十·二十一　壬申	十一·二十一　壬寅	十二·二十一　辛未

*《辑要》二月乙卯、四月甲寅、五月甲申、六月癸丑、七月癸未、八月壬子、九月壬午、十月辛亥、十一月辛巳朔。

周威烈王九年甲子(前 417)

*一·一　辛巳	二·一　庚戌	三·一　庚辰	四·一　己酉
一·十一　辛卯	二·十一　庚申	三·十一　庚寅	四·十一　己未
一·二十一　辛丑	二·二十一　庚午	三·二十一　庚子	四·二十一　己巳
五·一　己卯	六·一　戊申	七·一　戊寅	八·一　戊申
五·十一　己丑	六·十一　戊午	七·十一　戊子	八·十一　戊午
五·二十一　己亥	六·二十一　戊辰	七·二十一　戊戌	八·二十一　戊辰
九·一　丁丑	十·一　丁未	十一·一　丙子　闰十一·一　丙午	十二·一　乙亥
九·十一　丁亥	十·十一　丁巳	十一·十一　丙戌　闰十一·十一　丙辰	十二·十一　乙酉
九·二十一　丁酉	十·二十一　丁卯	十一·二十一丙申　闰十一·二十一丙寅	十二·二十一　乙未

*《辑要》正月庚辰、三月己卯、五月戊寅、七月丁丑、八月丁未、九月丙子、十月丙午、闰十月乙亥、十一月乙巳、十二月甲戌朔。

周威烈王十年乙丑(前 416)

*一·一　乙巳	二·一　甲戌	三·一　甲辰	四·一　癸酉
一·十一　乙卯	二·十一　甲申	三·十一　甲寅	四·十一　癸未
一·二十一　乙丑	二·二十一　甲午	三·二十一　甲子	四·二十一　癸巳
五·一　癸卯	六·一　壬申	七·一　壬寅	八·一　辛未
五·十一　癸丑	六·十一　壬午	七·十一　壬子	八·十一　辛巳
五·二十一　癸亥	六·二十一　壬辰	七·二十一　壬戌	八·二十一　辛卯
九·一　辛丑	十·一　庚午	十一·一　庚子	十二·一　庚午
九·十一　辛亥	十·十一　庚辰	十一·十一　庚戌	十二·十一　庚辰
九·二十一　辛酉	十·二十一　庚寅	十一·二十一　庚申	十二·二十一　庚寅

*《辑要》正月甲辰、二月癸酉、三月癸卯、五月壬寅、七月辛丑、九月庚子、十一月己亥、十二月己巳朔。

周威烈王十一年丙寅(前 415)

*一•一	己亥	二•一	己巳	三•一	戊戌	四•一	戊辰
一•十一	己酉	二•十一	己卯	三•十一	戊申	四•十一	戊寅
一•二十一	己未	二•二十一	己丑	三•二十一	戊午	四•二十一	戊子
五•一	丁酉	六•一	丁卯	七•一	丙申	八•一	丙寅
五•十一	丁未	六•十一	丁丑	七•十一	丙午	八•十一	丙子
五•二十一	丁巳	六•二十一	丁亥	七•二十一	丙辰	八•二十一	丙戌
九•一	乙未	十•一	乙丑	十一•一	甲午	十二•一	甲子
九•十一	乙巳	十•十一	乙亥	十一•十一	甲辰	十二•十一	甲戌
九•二十一	乙卯	十•二十一	乙酉	十一•二十一	甲寅	十二•二十一	甲申

＊《辑要》正月戊戌、二月戊辰、三月丁酉、四月丁卯、五月丙申、六月丙寅、八月乙丑、十月甲子朔。又十一月癸亥朔，误，应为十二月癸亥朔。

周威烈王十二年丁卯(前 414)

一•一	癸巳	*二•一	癸亥	三•一	壬辰	四•一	壬戌
一•十一	癸卯	二•十一	癸酉	三•十一	壬寅	四•十一	壬申
一•二十一	癸丑	二•二十一	癸未	三•二十一	壬子	四•二十一	壬午
五•一	壬辰	六•一	辛酉	七•一 辛卯 闰七•一	庚申	八•一	庚寅
五•十一	壬寅	六•十一	辛未	七•十一 辛丑 闰七•十一	庚午	八•十一	庚子
五•二十一	壬子	六•二十一	辛巳	七•二十一辛亥 闰七•二十一	庚辰	八•二十一	庚戌
九•一	己未	十•一	己丑	十一•一	戊午	十二•一	戊子
九•十一	己巳	十•十一	己亥	十一•十一	戊辰	十二•十一	戊戌
九•二十一	己卯	十•二十一	己酉	十一•二十一	戊寅	十二•二十一	戊申

＊《辑要》二月壬戌、四月辛酉、五月辛卯、六月庚申、闰六月庚寅、七月己未、八月己丑、九月戊午、十月戊子、十二月丁亥朔。

周威烈王十三年戊辰(前 413)

一•一	丁巳	*二•一	丁亥	三•一	丙辰	四•一	丙戌
一•十一	丁卯	二•十一	丁酉	三•十一	丙寅	四•十一	丙申
一•二十一	丁丑	二•二十一	丁未	三•二十一	丙子	四•二十一	丙午
五•一	乙卯	六•一	乙酉	七•一	乙卯	八•一	甲申
五•十一	乙丑	六•十一	乙未	七•十一	乙丑	八•十一	甲午
五•二十一	乙亥	六•二十一	乙巳	七•二十一	乙亥	八•二十一	甲辰
九•一	甲寅	十•一	癸未	十一•一	癸丑	十二•一	壬午
九•十一	甲子	十•十一	癸巳	十一•十一	癸亥	十二•十一	壬辰
九•二十一	甲戌	十•二十一	癸卯	十一•二十一	癸酉	十二•二十一	壬寅

＊《辑要》二月丙戌、四月乙酉、六月甲申、七月甲寅、八月癸未、九月癸丑、十月壬子、十一月壬子、十二月辛巳朔。

周威烈王十四年己巳(前 412)

*一•一	壬子	二•一	辛巳	三•一	辛亥	四•一	庚辰
一•十一	壬戌	二•十一	辛卯	三•十一	辛酉	四•十一	庚寅
一•二十一	壬申	二•二十一	辛丑	三•二十一	辛未	四•二十一	庚子
五•一	庚戌	六•一	己卯	七•一	己酉	八•一	戊寅
五•十一	庚申	六•十一	己丑	七•十一	己未	八•十一	戊子
五•二十一	庚午	六•二十一	己亥	七•二十一	己巳	八•二十一	戊戌
九•一	戊申	十•一	丁丑	十一•一	丁未	十二•一	丁丑
九•十一	戊午	十•十一	丁亥	十一•十一	丁巳	十二•十一	丁亥
九•二十一	戊辰	十•二十一	丁酉	十一•二十一	丁卯	十二•二十一	丁酉

＊《辑要》正月辛亥、二月庚辰、三月庚戌、五月己酉、七月戊申、九月丁未、十一月丙午、十二月丙子朔。

周威烈王十五年庚午(前411)

*一·一　丙午 一·十一　丙辰 一·二十一　丙寅	二·一　丙子 二·十一　丙戌 二·二十一　丙申	三·一　乙巳　闰三·一　乙亥 三·十一　乙卯　闰三·十一　乙酉 三·二十一乙丑　闰三·二十一乙未	四·一　甲辰 四·十一　甲寅 四·二十一　甲子
五·一　甲戌 五·十一　甲申 五·二十一　甲午	六·一　癸卯 六·十一　癸丑 六·二十一　癸亥	七·一　癸酉 七·十一　癸未 七·二十一　癸巳	八·一　壬寅 八·十一　壬子 八·二十一　壬戌
九·一　壬申 九·十一　壬午 九·二十一　壬辰	十·一　辛丑 十·十一　辛亥 十·二十一　辛酉	十一·一　辛未 十一·十一　辛巳 十一·二十一　辛卯	十二·一　庚子 十二·十一　庚戌 十二·二十一　庚申

*《辑要》正月乙巳、二月乙亥、三月甲辰、闰三月甲戌、四月癸卯、五月癸酉、七月壬申、九月辛未、十一月庚午朔。

周威烈王十六年辛未(前410)

*一·一　庚午 一·十一　庚辰 一·二十一　庚寅	二·一　庚子 二·十一　庚戌 二·二十一　庚申	三·一　己巳 三·十一　己卯 三·二十一　己丑	四·一　己亥 四·十一　己酉 四·二十一　己未
五·一　戊辰 五·十一　戊寅 五·二十一　戊子	六·一　戊戌 六·十一　戊申 六·二十一　戊午	七·一　丁卯 七·十一　丁丑 七·二十一　丁亥	八·一　丁酉 八·十一　丁未 八·二十一　丁巳
九·一　丙寅 九·十一　丙子 九·二十一　丙戌	十·一　丙申 十·十一　丙午 十·二十一　丙辰	十一·一　乙丑 十一·十一　乙亥 十一·二十一　乙酉	十二·一　乙未 十二·十一　乙巳 十二·二十一　乙卯

*《辑要》正月己巳、二月己亥、三月戊辰、四月戊戌、五月丁卯、六月丁酉、七月丙寅、八月丙申、九月乙丑、十月乙未、十二月甲午朔。

周威烈王十七年壬申(前409)

一·一　甲子 一·十一　甲戌 一·二十一　甲申	*二·一　甲午 二·十一　甲辰 二·二十一　甲寅	三·一　癸亥 三·十一　癸酉 三·二十一　癸未	四·一　癸巳 四·十一　癸卯 四·二十一　癸丑
五·一　壬戌 五·十一　壬申 五·二十一　壬午	六·一　壬辰 六·十一　壬寅 六·二十一　壬子	七·一　壬戌 七·十一　壬申 七·二十一　壬午	八·一　辛卯 八·十一　辛丑 八·二十一　辛亥
九·一　辛酉 九·十一　辛未 九·二十一　辛巳	十·一　庚寅 十·十一　庚子 十·二十一　庚戌	十一·一　庚申 十一·十一　庚午 十一·二十一　庚辰	十二·一　己丑　闰十二·一　己未 十二·十一　己亥　闰十二·十一　己巳 十二·二十一己酉　闰十二·二十一己卯

*《辑要》二月癸巳、四月壬辰、六月辛卯、七月辛酉、八月庚寅、九月庚申、十月己丑、十一月己未、十二月戊子、闰十二月戊午朔。

周威烈王十八年癸酉(前408)

一·一　戊子 一·十一　戊戌 一·二十一　戊申	*二·一　戊午 二·十一　戊辰 二·二十一　戊寅	三·一　丁亥 三·十一　丁酉 三·二十一　丁未	四·一　丁巳 四·十一　丁卯 四·二十一　丁丑
五·一　丙戌 五·十一　丙申 五·二十一　丙午	六·一　丙辰 六·十一　丙寅 六·二十一　丙子	七·一　乙酉 七·十一　乙未 七·二十一　乙巳	八·一　乙卯 八·十一　乙丑 八·二十一　乙亥
九·一　甲申 九·十一　甲午 九·二十一　甲辰	十·一　甲寅 十·十一　甲子 十·二十一　甲戌	十一·一　甲申 十一·十一　甲午 十一·二十一　甲辰	十二·一　癸丑 十二·十一　癸亥 十二·二十一　癸酉

*《辑要》二月丁巳、四月丙辰、六月乙卯、八月甲寅、十月癸丑、十一月癸未、十二月壬子朔。

周威烈王十九年甲戌（前 407）

*一・一	癸未	二・一	壬子	三・一	壬午	四・一	辛亥
一・十一	癸巳	二・十一	壬戌	三・十一	壬辰	四・十一	辛酉
一・二十一	癸卯	二・二十一	壬申	三・二十一	壬寅	四・二十一	辛未
五・一	辛巳	六・一	庚戌	七・一	庚辰	八・一	己酉
五・十一	辛卯	六・十一	庚申	七・十一	庚寅	八・十一	己未
五・二十一	辛丑	六・二十一	庚午	七・二十一	庚子	八・二十一	己巳
九・一	己卯	十・一	戊申	十一・一	戊寅	十二・一	丁未
九・十一	己丑	十・十一	戊午	十一・十一	戊子	十二・十一	丁巳
九・二十一	己亥	十・二十一	戊辰	十一・二十一	戊戌	十二・二十一	丁卯

＊《辑要》正月壬午、二月辛亥、三月辛巳、四月庚戌、五月庚辰、七月己卯、九月戊寅、十一月丁丑朔。

周威烈王二十年乙亥（前 406）

*一・一	丁丑	二・一	丁未	三・一	丙子	四・一	丙午
一・十一	丁亥	二・十一	丁巳	三・十一	丙戌	四・十一	丙辰
一・二十一	丁酉	二・二十一	丁卯	三・二十一	丙申	四・二十一	丙寅
五・一	乙亥	六・一	乙巳	七・一	甲戌	八・一	甲辰
五・十一	乙酉	六・十一	乙卯	七・十一	甲申	八・十一	甲寅
五・二十一	乙未	六・二十一	乙丑	七・二十一	甲午	八・二十一	甲子
九・一　癸酉　闰九・一	癸卯	十・一	壬申	十一・一	壬寅	十二・一	辛未
九・十一　癸未　闰九・十一	癸丑	十・十一	壬午	十一・十一	壬子	十二・十一	辛巳
九・二十一癸巳　闰九・二十一	癸亥	十・二十一	壬辰	十一・二十一	壬戌	十二・二十一	辛卯

＊《辑要》正月丙子、二月丙午、三月乙亥、四月乙巳、五月甲戌、六月甲辰、七月癸酉、八月癸卯、闰八月壬申、九月壬寅、十一月辛丑朔。

周威烈王二十一年丙子（前 405）

*一・一	辛丑	二・一	庚午	三・一	庚子	四・一	己巳
一・十一	辛亥	二・十一	庚辰	三・十一	庚戌	四・十一	己卯
一・二十一	辛酉	二・二十一	庚寅	三・二十一	庚申	四・二十一	己丑
五・一	己亥	六・一	己巳	七・一	戊戌	八・一	戊辰
五・十一	己酉	六・十一	己卯	七・十一	戊申	八・十一	戊寅
五・二十一	己未	六・二十一	己丑	七・二十一	戊午	八・二十一	戊子
九・一	丁酉	十・一	丁卯	十一・一	丙申	十二・一	丙寅
九・十一	丁未	十・十一	丁丑	十一・十一	丙午	十二・十一	丙子
九・二十一	丁巳	十・二十一	丁亥	十一・二十一	丙辰	十二・二十一	丙戌

＊《辑要》正月庚子、三月己亥、五月戊戌、六月戊辰、七月丁酉、八月丁卯、九月丙申、十月丙寅、十一月乙未、十二月乙丑朔。

周威烈王二十二年丁丑（前 404）

一・一	乙未	*二・一	乙丑	三・一	甲午	四・一	甲子
一・十一	乙巳	二・十一	乙亥	三・十一	甲辰	四・十一	甲戌
一・二十一	乙卯	二・二十一	乙酉	三・二十一	甲寅	四・二十一	甲申
五・一	癸巳	六・一	癸亥	七・一	壬辰	八・一	壬戌
五・十一	癸卯	六・十一	癸酉	七・十一	壬寅	八・十一	壬申
五・二十一	癸丑	六・二十一	癸未	七・二十一	壬子	八・二十一	壬午
九・一	壬辰	十・一	辛酉	十一・一	辛卯	十二・一	庚申
九・十一	壬寅	十・十一	辛未	十一・十一	辛丑	十二・十一	庚午
九・二十一	壬子	十・二十一	辛巳	十一・二十一	辛亥	十二・二十一	庚辰

＊《辑要》二月甲子、四月癸亥、六月壬戌、八月辛酉、九月辛卯、十月庚申、十一月庚寅、十二月己未朔。

周威烈王二十三年戊寅（前 403）

*一·一 庚寅	二·一 己未	三·一 己丑	四·一 戊午
一·十一 庚子	二·十一 己巳	三·十一 己亥	四·十一 戊辰
一·二十一 庚戌	二·二十一 己卯	三·二十一 己酉	四·二十一 戊寅
五·一 戊子　闰五·一 丁巳	六·一 丁亥	七·一 丙辰	八·一 丙戌
五·十一 戊戌　闰五·十一 丁卯	六·十一 丁酉	七·十一 丙寅	八·十一 丙申
五·二十一戊申　闰五·二十一丁丑	六·二十一 丁未	七·二十一 丙子	八·二十一 丙午
九·一 乙卯	十·一 乙酉	十一·一 甲寅	十二·一 甲申
九·十一 乙丑	十·十一 乙未	十一·十一 甲子	十二·十一 甲午
九·二十一 乙亥	十·二十一 乙巳	十一·二十一 甲戌	十二·二十一 甲辰

*《辑要》正月己丑、二月戊午、三月戊子、四月丁巳、五月丁亥、六月丙戌、八月乙酉、十月甲申、十二月癸未朔。

周威烈王二十四年己卯（前 402）

*一·一 甲寅	二·一 癸未	三·一 癸丑	四·一 壬午
一·十一 甲子	二·十一 癸巳	三·十一 癸亥	四·十一 壬辰
一·二十一 甲戌	二·二十一 癸卯	三·二十一 癸酉	四·二十一 壬寅
五·一 壬子	六·一 辛巳	七·一 辛亥	八·一 庚辰
五·十一 壬戌	六·十一 辛卯	七·十一 辛酉	八·十一 庚寅
五·二十一 壬申	六·二十一 辛丑	七·二十一 辛未	八·二十一 庚子
九·一 庚戌	十·一 己卯	十一·一 己酉	十二·一 戊寅
九·十一 庚申	十·十一 己丑	十一·十一 己未	十二·十一 戊子
九·二十一 庚午	十·二十一 己亥	十一·二十一 己巳	十二·二十一 戊戌

*《辑要》正月癸丑、二月壬午、三月壬子、四月辛巳、五月辛亥、六月庚辰、七月庚戌、八月己卯、九月己酉、十一月戊申朔。

周安王元年庚辰（前 401）

*一·一 戊申	二·一 丁丑	三·一 丁未	四·一 丙子
一·十一 戊午	二·十一 丁亥	三·十一 丁巳	四·十一 丙戌
一·二十一 戊辰	二·二十一 丁酉	三·二十一 丁卯	四·二十一 丙申
五·一 丙午	六·一 丙子	七·一 乙巳	八·一 乙亥
五·十一 丙辰	六·十一 丙戌	七·十一 乙卯	八·十一 乙酉
五·二十一 丙寅	六·二十一 丙申	七·二十一 乙丑	八·二十一 乙未
九·一 甲辰	十·一 甲戌	十一·一 癸卯	十二·一 癸酉
九·十一 甲寅	十·十一 甲申	十一·十一 癸丑	十二·十一 癸未
九·二十一 甲子	十·二十一 甲午	十一·二十一 癸亥	十二·二十一 癸巳

*《辑要》正月丁未、三月丙午、五月乙巳、六月乙亥、七月甲辰、八月甲戌、九月癸卯、十月癸酉、十一月壬寅、十二月壬申朔。

周安王二年辛巳（前 400）

一·一 壬寅　闰一·一 壬申	*二·一 辛丑	三·一 辛未	四·一 庚子
一·十一 壬子　闰一·十一 壬午	二·十一 辛亥	三·十一 辛巳	四·十一 庚戌
一·二十一壬戌　闰一·二十一壬辰	二·二十一 辛酉	三·二十一 辛卯	四·二十一 庚申
五·一 庚午	六·一 己亥	七·一 己巳	八·一 己亥
五·十一 庚辰	六·十一 己酉	七·十一 己卯	八·十一 己酉
五·二十一 庚寅	六·二十一 己未	七·二十一 己丑	八·二十一 己未
九·一 戊辰	十·一 戊戌	十一·一 丁卯	十二·一 丁酉
九·十一 戊寅	十·十一 戊申	十一·十一 丁丑	十二·十一 丁未
九·二十一 戊子	十·二十一 戊午	十一·二十一 丁亥	十二·二十一 丁巳

*《辑要》二月辛未、闰二月辛丑、三月庚午、五月己巳、七月戊辰、八月戊戌、九月丁卯、十月丁酉、十一月丙寅、十二月丙申朔。

周安王三年壬午（前399）

*一·一	丙寅	二·一	丙申	三·一	乙丑	四·一	乙未
一·十一	丙子	二·十一	丙午	三·十一	乙亥	四·十一	乙巳
一·二十一	丙戌	二·二十一	丙辰	三·二十一	乙酉	四·二十一	乙卯
五·一	甲子	六·一	甲午	七·一	癸亥	八·一	癸巳
五·十一	甲戌	六·十一	甲辰	七·十一	癸酉	八·十一	癸卯
五·二十一	甲申	六·二十一	甲寅	七·二十一	癸未	八·二十一	癸丑
九·一	壬戌	十·一	壬辰	十一·一	辛酉	十二·一	辛卯
九·十一	壬申	十·十一	壬寅	十一·十一	辛未	十二·十一	辛丑
九·二十一	壬午	十·二十一	壬子	十一·二十一	辛巳	十二·二十一	辛亥

＊《辑要》正月乙丑、二月乙未、三月甲子、四月甲午、六月癸巳、八月壬辰、十月辛卯、十二月庚寅朔。

周安王四年癸未（前398）

*一·一	辛酉	二·一	庚寅	三·一	庚申	四·一	己丑
一·十一	辛未	二·十一	庚子	三·十一	庚午	四·十一	己亥
一·二十一	辛巳	二·二十一	庚戌	三·二十一	庚辰	四·二十一	己酉
五·一	己未	六·一	戊子	七·一	戊午	八·一	丁亥
五·十一	己巳	六·十一	戊戌	七·十一	戊辰	八·十一	丁酉
五·二十一	己卯	六·二十一	戊申	七·二十一	戊寅	八·二十一	丁未
九·一	丁巳	十·一 丙戌 闰十·一	丙辰	十一·一	乙酉	十二·一	乙卯
九·十一	丁卯	十·十一 丙申 闰十·十一	丙寅	十一·十一	乙未	十二·十一	乙丑
九·二十一	丁丑	十·二十一丙午 闰十·二十一	丙子	十一·二十一	乙巳	十二·二十一	乙亥

＊《辑要》正月庚申、二月己丑、三月己未、四月戊子、五月戊午、六月丁亥、七月丁巳、九月丙辰、十一月乙卯、闰十一月乙酉、十二月甲寅朔。

周安王五年甲申（前397）

一·一	甲申	*二·一	甲寅	三·一	甲申	四·一	癸丑
一·十一	甲午	二·十一	甲子	三·十一	甲午	四·十一	癸亥
一·二十一	甲辰	二·二十一	甲戌	三·二十一	甲辰	四·二十一	癸酉
五·一	癸未	六·一	壬子	七·一	壬午	八·一	辛亥
五·十一	癸巳	六·十一	壬戌	七·十一	壬辰	八·十一	辛酉
五·二十一	癸卯	六·二十一	壬申	七·二十一	壬寅	八·二十一	辛未
九·一	辛巳	十·一	庚戌	十一·一	庚辰	十二·一	己酉
九·十一	辛卯	十·十一	庚申	十一·十一	庚寅	十二·十一	己未
九·二十一	辛丑	十·二十一	庚午	十一·二十一	庚子	十二·二十一	己巳

＊《辑要》二月癸丑、三月癸未、四月壬子、五月壬午、六月辛亥、七月辛巳、八月庚戌、九月庚辰、十月己酉、十一月乙卯朔。

周安王六年乙酉（前396）

*一·一	己卯	二·一	戊申	三·一	戊寅	四·一	丁未
一·十一	己丑	二·十一	戊午	三·十一	戊子	四·十一	丁巳
一·二十一	己亥	二·二十一	戊辰	三·二十一	戊戌	四·二十一	丁卯
五·一	丁丑	六·一	丙午	七·一	丙子	八·一	丙午
五·十一	丁亥	六·十一	丙辰	七·十一	丙戌	八·十一	丙辰
五·二十一	丁酉	六·二十一	丙寅	七·二十一	丙申	八·二十一	丙寅
九·一	乙亥	十·一	乙巳	十一·一	甲戌	十二·一	甲辰
九·十一	乙酉	十·十一	乙卯	十一·十一	甲申	十二·十一	甲寅
九·二十一	乙未	十·二十一	乙丑	十一·二十一	甲午	十二·二十一	甲子

＊《辑要》正月戊寅、三月丁丑、五月丙子、七月乙亥、八月乙巳、九月甲戌、十月甲辰、十一月癸酉、十二月癸卯朔。

周安王七年丙戌(前395)

*一·一	癸酉	二·一	癸卯	三·一	壬申	四·一	壬寅
一·十一	癸未	二·十一	癸丑	三·十一	壬午	四·十一	壬子
一·二十一	癸巳	二·二十一	癸亥	三·二十一	壬辰	四·二十一	壬戌
五·一	辛未	六·一	辛丑	七·一　庚午　闰七·一	庚子	八·一	己巳
五·十一	辛巳	六·十一	辛亥	七·十一　庚辰　闰七·十一	庚戌	八·十一	己卯
五·二十一	辛卯	六·二十一	辛酉	七·二十一庚寅　闰七·二十一	庚申	八·二十一	己丑
九·一	己亥	十·一	戊辰	十一·一	戊戌	十二·一	戊辰
九·十一	己酉	十·十一	戊寅	十一·十一	戊申	十二·十一	戊寅
九·二十一	己未	十·二十一	戊子	十一·二十一	戊午	十二·二十一	戊子

*《辑要》正月壬申、二月壬寅、三月辛未、四月辛丑、六月庚子、闰七月己亥、九月戊戌、十一月丁酉、十二月丁卯朔。

周安王八年丁亥(前394)

*一·一	丁酉	二·一	丁卯	三·一	丙申	四·一	丙寅
一·十一	丁未	二·十一	丁丑	三·十一	丙午	四·十一	丙子
一·二十一	丁巳	二·二十一	丁亥	三·二十一	丙辰	四·二十一	丙戌
五·一	乙未	六·一	乙丑	七·一	甲午	八·一	甲子
五·十一	乙巳	六·十一	乙亥	七·十一	甲辰	八·十一	甲戌
五·二十一	乙卯	六·二十一	乙酉	七·二十一	甲寅	八·二十一	甲申
九·一	癸巳	十·一	癸亥	十一·一	壬辰	十二·一	壬戌
九·十一	癸卯	十·十一	癸酉	十一·十一	壬寅	十二·十一	壬申
九·二十一	癸丑	十·二十一	癸未	十一·二十一	壬子	十二·二十一	壬午

*《辑要》正月丙申、二月丙寅、三月乙未、四月乙丑、五月甲午、六月甲子、八月癸亥、十月壬戌、十二月辛酉朔。

周安王九年戊子(前393)

一·一	辛卯	*二·一	辛酉	三·一	辛卯	四·一	庚申
一·十一	辛丑	二·十一	辛未	三·十一	辛丑	四·十一	庚午
一·二十一	辛亥	二·二十一	辛巳	三·二十一	辛亥	四·二十一	庚辰
五·一	庚寅	六·一	己未	七·一	己丑	八·一	戊午
五·十一	庚子	六·十一	己巳	七·十一	己亥	八·十一	戊辰
五·二十一	庚戌	六·二十一	己卯	七·二十一	己酉	八·二十一	戊寅
九·一	戊子	十·一	丁巳	十一·一	丁亥	十二·一	丙辰
九·十一	戊戌	十·十一	丁卯	十一·十一	丁酉	十二·十一	丙寅
九·二十一	戊申	十·二十一	丁丑	十一·二十一	丁未	十二·二十一	丙子

*《辑要》二月庚申、三月庚寅、四月己未、五月己丑、六月戊午、七月戊子、八月丁巳、九月丁亥、十月丙辰、十一月丙戌朔。

周安王十年己丑(前392)

*一·一	丙戌	二·一	乙卯	三·一　乙酉　闰三·一	甲寅	四·一	甲申
一·十一	丙申	二·十一	乙丑	三·十一　乙未　闰三·十一	甲子	四·十一	甲午
一·二十一	丙午	二·二十一	乙亥	三·二十一乙巳　闰三·二十一	甲戌	四·二十一	甲辰
五·一	癸丑	六·一	癸未	七·一	癸丑	八·一	壬午
五·十一	癸亥	六·十一	癸巳	七·十一	癸亥	八·十一	壬辰
五·二十一	癸酉	六·二十一	癸卯	七·二十一	癸酉	八·二十一	壬寅
九·一	壬子	十·一	辛巳	十一·一	辛亥	十二·一	庚辰
九·十一	壬戌	十·十一	辛卯	十一·十一	辛酉	十二·十一	庚寅
九·二十一	壬申	十·二十一	辛丑	十一·二十一	辛未	十二·二十一	庚子

*《辑要》正月乙酉、三月甲申、四月癸未、六月壬午、七月壬子、八月辛巳、九月辛亥、十月庚辰、十一月庚戌、十二月己卯朔。

周安王十一年庚寅（前 391）

*一·一	庚戌	二·一	己卯	三·一	己酉	四·一	戊寅
一·十一	庚申	二·十一	己丑	三·十一	己未	四·十一	戊子
一·二十一	庚午	二·二十一	己亥	三·二十一	己巳	四·二十一	戊戌
五·一	戊申	六·一	丁丑	七·一	丁未	八·一	丙子
五·十一	戊午	六·十一	丁亥	七·十一	丁巳	八·十一	丙戌
五·二十一	戊辰	六·二十一	丁酉	七·二十一	丁卯	八·二十一	丙申
九·一	丙午	十·一	丙子	十一·一	乙巳	十二·一	乙亥
九·十一	丙辰	十·十一	丙戌	十一·十一	乙卯	十二·十一	乙酉
九·二十一	丙寅	十·二十一	丙申	十一·二十一	乙丑	十二·二十一	乙未

＊《辑要》正月己酉、三月戊申、五月丁未、七月丙午、九月乙巳、十月乙亥、十一月甲辰、十二月甲戌朔。

周安王十二年辛卯（前 390）

*一·一	甲辰	二·一	甲戌	三·一	癸卯	四·一	癸酉
一·十一	甲寅	二·十一	甲申	三·十一	癸丑	四·十一	癸未
一·二十一	甲子	二·二十一	甲午	三·二十一	癸亥	四·二十一	癸巳
五·一	壬寅	六·一	壬申	七·一	辛丑	八·一	辛未
五·十一	壬子	六·十一	壬午	七·十一	辛亥	八·十一	辛巳
五·二十一	壬戌	六·二十一	壬辰	七·二十一	辛酉	八·二十一	辛卯
九·一	庚子	十·一	庚午	十一·一　己亥　闰十一·一	己巳	十二·一	戊戌
九·十一	庚戌	十·十一	庚辰	十一·十一　己酉　闰十一·十一	己卯	十二·十一	戊申
九·二十一	庚申	十·二十一	庚寅	十一·二十一己未　闰十一·二十一	己丑	十二·二十一	戊午

＊《辑要》正月癸卯、二月癸酉、三月壬寅、四月壬申、五月辛丑、六月辛未、八月庚午、十月己巳、十二月戊辰、闰十二月戊戌朔。

周安王十三年壬辰（前 389）

*一·一	戊辰	二·一	戊戌	三·一	丁卯	四·一	丁酉
一·十一	戊寅	二·十一	戊申	三·十一	丁丑	四·十一	丁未
一·二十一	戊子	二·二十一	戊午	三·二十一	丁亥	四·二十一	丁巳
五·一	丙寅	六·一	丙申	七·一	乙丑	八·一	乙未
五·十一	丙子	六·十一	丙午	七·十一	乙亥	八·十一	乙巳
五·二十一	丙戌	六·二十一	丙辰	七·二十一	乙酉	八·二十一	乙卯
九·一	甲子	十·一	甲午	十一·一	癸亥	十二·一	癸巳
九·十一	甲戌	十·十一	甲辰	十一·十一	癸酉	十二·十一	癸卯
九·二十一	甲申	十·二十一	甲寅	十一·二十一	癸未	十二·二十一	癸丑

＊《辑要》正月丁卯、二月丁酉、三月丙寅、四月丙申、五月乙丑、六月乙未、七月甲子、八月甲午、九月癸亥、十月癸巳、十二月壬辰朔。

周安王十四年癸巳（前 388）

一·一	壬戌	*二·一	壬辰	三·一	辛酉	四·一	辛卯
一·十一	壬申	二·十一	壬寅	三·十一	辛未	四·十一	辛丑
一·二十一	壬午	二·二十一	壬子	三·二十一	辛巳	四·二十一	辛亥
五·一	庚申	六·一	庚寅	七·一	庚申	八·一	己丑
五·十一	庚午	六·十一	庚子	七·十一	庚午	八·十一	己亥
五·二十一	庚辰	六·二十一	庚戌	七·二十一	庚辰	八·二十一	己酉
九·一	己未	十·一	戊子	十一·一	戊午	十二·一	丁亥
九·十一	己巳	十·十一	戊戌	十一·十一	戊辰	十二·十一	丁酉
九·二十一	己卯	十·二十一	戊申	十一·二十一	戊寅	十二·二十一	丁未

＊《辑要》二月辛卯、四月庚寅、六月己丑、七月己未、八月戊子、九月戊午、十月丁亥、十一月丁巳、十二月丙戌朔。

周安王十五年甲午（前387）

*一·一	丁巳	二·一	丙戌	三·一	丙辰	四·一	乙酉
一·十一	丁卯	二·十一	丙申	三·十一	丙寅	四·十一	乙未
一·二十一	丁丑	二·二十一	丙午	三·二十一	丙子	四·二十一	乙巳
五·一	乙卯	六·一	甲申	七·一	甲寅	八·一	癸未
五·十一	乙丑	六·十一	甲午	七·十一	甲子	八·十一	癸巳
五·二十一	乙亥	六·二十一	甲辰	七·二十一	甲戌	八·二十一	癸卯
九·一　癸丑　闰九·一	癸未	十·一	壬子	十一·一	壬午	十二·一	辛亥
九·十一　癸亥　闰九·十一	癸巳	十·十一	壬戌	十一·十一	壬辰	十二·十一	辛酉
九·二十一癸酉　闰九·二十一	癸卯	十·二十一	壬申	十一·二十一	壬寅	十二·二十一	辛未

*《辑要》正月丙辰、三月乙卯、五月甲寅、七月癸丑、九月壬子、闰九月壬午、十月辛亥、十一月辛巳、十二月庚戌朔。

周安王十六年乙未（前386）

*一·一	辛巳	二·一	庚戌	三·一	庚辰	四·一	己酉
一·十一	辛卯	二·十一	庚申	三·十一	庚寅	四·十一	己未
一·二十一	辛丑	二·二十一	庚午	三·二十一	庚子	四·二十一	己巳
五·一	己卯	六·一	戊申	七·一	戊寅	八·一	丁未
五·十一	己丑	六·十一	戊午	七·十一	戊子	八·十一	丁巳
五·二十一	己亥	六·二十一	戊辰	七·二十一	戊戌	八·二十一	丁卯
九·一	丁丑	十·一	丙午	十一·一	丙子	十二·一	乙巳
九·十一	丁亥	十·十一	丙辰	十一·十一	丙戌	十二·十一	乙卯
九·二十一	丁酉	十·二十一	丙寅	十一·二十一	丙申	十二·二十一	乙丑

*《辑要》正月庚辰、二月己酉、三月己卯、四月戊申、五月戊寅、七月丁丑、九月丙子、十一月乙亥朔。

周安王十七年丙申（前385）

*一·一	乙亥	二·一	乙巳	三·一	甲戌	四·一	甲辰
一·十一	乙酉	二·十一	乙卯	三·十一	甲申	四·十一	甲寅
一·二十一	乙未	二·二十一	乙丑	三·二十一	甲午	四·二十一	甲子
五·一	癸酉	六·一	癸卯	七·一	壬申	八·一	壬寅
五·十一	癸未	六·十一	癸丑	七·十一	壬午	八·十一	壬子
五·二十一	癸巳	六·二十一	癸亥	七·二十一	壬辰	八·二十一	壬戌
九·一	辛未	十·一	辛丑	十一·一	庚午	十二·一	庚子
九·十一	辛巳	十·十一	辛亥	十一·十一	庚辰	十二·十一	庚戌
九·二十一	辛卯	十·二十一	辛酉	十一·二十一	庚寅	十二·二十一	庚申

*《辑要》正月甲戌、二月甲辰、三月癸酉、四月癸卯、五月壬申、六月壬寅、七月辛未、八月辛丑、十月庚子、十二月己亥朔。

周安王十八年丁酉（前384）

一·一	己巳	*二·一	己亥	三·一	戊辰	四·一	戊戌
一·十一	己卯	二·十一	己酉	三·十一	戊寅	四·十一	戊申
一·二十一	己丑	二·二十一	己未	三·二十一	戊子	四·二十一	戊午
五·一	戊辰	六·一　丁酉　闰六·一	丁卯	七·一	丙申	八·一	丙寅
五·十一	戊寅	六·十一　丁未　闰六·十一	丁丑	七·十一	丙午	八·十一	丙子
五·二十一	戊子	六·二十一丁巳　闰六·二十一	丁亥	七·二十一	丙辰	八·二十一	丙戌
九·一	乙未	十·一	乙丑	十一·一	甲午	十二·一	甲子
九·十一	乙巳	十·十一	乙亥	十一·十一	甲辰	十二·十一	甲戌
九·二十一	乙卯	十·二十一	乙酉	十一·二十一	甲寅	十二·二十一	甲申

*《辑要》二月戊戌、四月丁酉、五月丁卯、闰五月丙申、六月丙寅、七月乙未、八月乙丑、九月甲午、十月甲子、十一月癸巳、十二月癸亥朔。

周安王十九年戊戌（前383）

一·一	癸巳	*二·一	癸亥	三·一	壬辰	四·一	壬戌
一·十一	癸卯	二·十一	癸酉	三·十一	壬寅	四·十一	壬申
一·二十一	癸丑	二·二十一	癸未	三·二十一	壬子	四·二十一	壬午
五·一	辛卯	六·一	辛酉	七·一	庚寅	八·一	庚申
五·十一	辛丑	六·十一	辛未	七·十一	庚子	八·十一	庚午
五·二十一	辛亥	六·二十一	辛巳	七·二十一	庚戌	八·二十一	庚辰
九·一	庚寅	十·一	己未	十一·一	己丑	十二·一	戊午
九·十一	庚子	十·十一	己巳	十一·十一	己亥	十二·十一	戊辰
九·二十一	庚戌	十·二十一	己卯	十一·二十一	己酉	十二·二十一	戊寅

*《辑要》二月壬戌、四月辛酉、六月庚申、八月己未、九月己丑、十月戊午、十一月戊子、十二月丁巳朔。

周安王二十年己亥（前382）

*一·一	戊子	二·一	丁巳	三·一	丁亥	四·一	丙辰
一·十一	戊戌	二·十一	丁卯	三·十一	丁酉	四·十一	丙寅
一·二十一	戊申	二·二十一	丁丑	三·二十一	丁未	四·二十一	丙子
五·一	丙戌	六·一	乙卯	七·一	乙酉	八·一	甲寅
五·十一	丙申	六·十一	乙丑	七·十一	乙未	八·十一	甲子
五·二十一	丙午	六·二十一	乙亥	七·二十一	乙巳	八·二十一	甲戌
九·一	甲申	十·一	癸丑	十一·一	癸未	十二·一	壬子
九·十一	甲午	十·十一	癸亥	十一·十一	癸巳	十二·十一	壬戌
九·二十一	甲辰	十·二十一	癸酉	十一·二十一	癸卯	十二·二十一	壬申

*《辑要》正月丁亥、二月丙辰、三月丙戌、四月乙卯、五月乙酉、七月甲申、九月癸未、十一月壬午朔。

周安王二十一年庚子（前381）

*一·一	壬午	二·一　壬子　闰二·一	辛巳	三·一	辛亥	四·一	庚辰
一·十一	壬辰	二·十一　壬戌　闰二·十一	辛卯	三·十一	辛酉	四·十一	庚寅
一·二十一	壬寅	二·二十一壬申　闰二·二十一	辛丑	三·二十一	辛未	四·二十一	庚子
五·一	庚戌	六·一	己卯	七·一	己酉	八·一	戊寅
五·十一	庚申	六·十一	己丑	七·十一	己未	八·十一	戊子
五·二十一	庚午	六·二十一	己亥	七·二十一	己巳	八·二十一	戊戌
九·一	戊申	十·一	丁丑	十一·一	丁未	十二·一	丙子
九·十一	戊午	十·十一	丁亥	十一·十一	丁巳	十二·十一	丙戌
九·二十一	戊辰	十·二十一	丁酉	十一·二十一	丁卯	十二·二十一	丙申

*《辑要》正月辛巳、闰正月辛亥、二月庚辰、三月庚戌、四月己卯、五月己酉、六月戊寅、七月戊申、九月丁未、十一月丙午朔。

周安王二十二年辛丑（前380）

*一·一	丙午	二·一	乙亥	三·一	乙巳	四·一	乙亥
一·十一	丙辰	二·十一	乙酉	三·十一	乙卯	四·十一	乙酉
一·二十一	丙寅	二·二十一	乙未	三·二十一	乙丑	四·二十一	乙未
五·一	甲辰	六·一	甲戌	七·一	癸卯	八·一	癸酉
五·十一	甲寅	六·十一	甲申	七·十一	癸丑	八·十一	癸未
五·二十一	甲子	六·二十一	甲午	七·二十一	癸亥	八·二十一	癸巳
九·一	壬寅	十·一	壬申	十一·一	辛丑	十二·一	辛未
九·十一	壬子	十·十一	壬午	十一·十一	辛亥	十二·十一	辛巳
九·二十一	壬戌	十·二十一	壬辰	十一·二十一	辛酉	十二·二十一	辛卯

*《辑要》正月乙巳、三月甲辰、四月甲戌、五月癸卯、六月癸酉、七月壬寅、八月壬申、九月辛丑、十月辛未、十一月庚子、十二月庚午朔。

周安王二十三年壬寅(前 379)

一·一 庚子	*二·一 庚午	三·一 己亥	四·一 己巳
一·十一 庚戌	二·十一 庚辰	三·十一 己酉	四·十一 己卯
一·二十一 庚申	二·二十一 庚寅	三·二十一 己未	四·二十一 己丑
五·一 戊戌	六·一 戊辰	七·一 丁酉	八·一 丁卯
五·十一 戊申	六·十一 戊寅	七·十一 丁未	八·十一 丁丑
五·二十一 戊午	六·二十一 戊子	七·二十一 丁巳	八·二十一 丁亥
九·一 丁酉	十·一 丙寅　闰十·一 丙申	十一·一 乙丑	十二·一 乙未
九·十一 丁未	十·十一 丙子　闰十·十一 丙午	十一·十一 乙亥	十二·十一 乙巳
九·二十一 丁巳	十·二十一丙戌　闰十·二十一丙辰	十一·二十一 乙酉	十二·二十一 乙卯

＊《辑要》二月己巳、四月戊辰、六月丁卯、八月丙寅、九月丙申、十月乙丑、闰十月乙未、十一月甲子、十二月甲午朔。

周安王二十四年癸卯(前 378)

*一·一 甲子	二·一 甲午	三·一 癸亥	四·一 癸巳
一·十一 甲戌	二·十一 甲辰	三·十一 癸酉	四·十一 癸卯
一·二十一 甲申	二·二十一 甲寅	三·二十一 癸未	四·二十一 癸丑
五·一 壬戌	六·一 壬辰	七·一 辛酉	八·一 辛卯
五·十一 壬申	六·十一 壬寅	七·十一 辛未	八·十一 辛丑
五·二十一 壬午	六·二十一 壬子	七·二十一 辛巳	八·二十一 辛亥
九·一 庚申	十·一 庚寅	十一·一 庚申	十二·一 己丑
九·十一 庚午	十·十一 庚子	十一·十一 庚午	十二·十一 己亥
九·二十一 庚辰	十·二十一 庚戌	十一·二十一 庚辰	十二·二十一 己酉

＊《辑要》正月癸亥、二月癸巳、四月壬辰、六月辛卯、八月庚寅、十月己丑、十一月己未、十二月戊子朔。

周安王二十五年甲辰(前 377)

*一·一 己未	二·一 戊子	三·一 戊午	四·一 丁亥
一·十一 己巳	二·十一 戊戌	三·十一 戊辰	四·十一 丁酉
一·二十一 己卯	二·二十一 戊申	三·二十一 戊寅	四·二十一 丁未
五·一 丁巳	六·一 丙戌	七·一 丙辰	八·一 乙酉
五·十一 丁卯	六·十一 丙申	七·十一 丙寅	八·十一 乙未
五·二十一 丁丑	六·二十一 丙午	七·二十一 丙子	八·二十一 乙巳
九·一 乙卯	十·一 甲申	十一·一 甲寅	十二·一 癸未
九·十一 乙丑	十·十一 甲午	十一·十一 甲子	十二·十一 癸巳
九·二十一 乙亥	十·二十一 甲辰	十一·二十一 甲戌	十二·二十一 癸卯

＊《辑要》正月戊午、二月丁亥、三月丁巳、四月丙戌、五月丙辰、六月乙酉、七月乙卯、九月甲寅、十一月癸丑朔。

周安王二十六年乙巳(前 376)

*一·一 癸丑	二·一 壬午	三·一 壬子	四·一 壬午
一·十一 癸亥	二·十一 壬辰	三·十一 壬戌	四·十一 壬辰
一·二十一 癸酉	二·二十一 壬寅	三·二十一 壬申	四·二十一 壬寅
五·一 辛亥	六·一 辛巳	七·一 庚戌　闰七·一 庚辰	八·一 己酉
五·十一 辛酉	六·十一 辛卯	七·十一 庚申　闰七·十一 庚寅	八·十一 己未
五·二十一 辛未	六·二十一 辛丑	七·二十一庚午　闰七·二十一庚子	八·二十一 己巳
九·一 己卯	十·一 戊申	十一·一 戊寅	十二·一 丁未
九·十一 己丑	十·十一 戊午	十一·十一 戊子	十二·十一 丁巳
九·二十一 己亥	十·二十一 戊辰	十一·二十一 戊戌	十二·二十一 丁卯

＊《辑要》正月壬子、三月辛亥、四月辛巳、五月庚戌、六月庚辰、七月己酉、闰七月己卯、八月戊申、九月戊寅、十月丁未、十一月丁丑朔。

周烈王元年丙午（前 375）

*一·一　丁丑	二·一　丙午	三·一　丙子	四·一　乙巳
一·十一　丁亥	二·十一　丙辰	三·十一　丙戌	四·十一　乙卯
一·二十一　丁酉	二·二十一　丙寅	三·二十一　丙申	四·二十一　乙丑
五·一　乙亥	六·一　甲辰	七·一　甲戌	八·一　甲辰
五·十一　乙酉	六·十一　甲寅	七·十一　甲申	八·十一　甲寅
五·二十一　乙未	六·二十一　甲子	七·二十一　甲午	八·二十一　甲子
九·一　癸酉	十·一　癸卯	十一·一　壬申	十二·一　壬寅
九·十一　癸未	十·十一　癸丑	十一·十一　壬午	十二·十一　壬子
九·二十一　癸巳	十·二十一　癸亥	十一·二十一　壬辰	十二·二十一　壬戌

*《辑要》正月丙子、三月乙亥、五月甲戌、七月癸酉、八月癸卯、九月壬申、十月壬寅、十一月辛未、十二月辛丑朔。

周烈王二年丁未（前 374）

*一·一　辛未	二·一　辛丑	三·一　庚午	四·一　庚子
一·十一　辛巳	二·十一　辛亥	三·十一　庚辰	四·十一　庚戌
一·二十一　辛卯	二·二十一　辛酉	三·二十一　庚寅	四·二十一　庚申
五·一　己巳	六·一　己亥	七·一　戊辰	八·一　戊戌
五·十一　己卯	六·十一　己酉	七·十一　戊寅	八·十一　戊申
五·二十一　己丑	六·二十一　己未	七·二十一　戊子	八·二十一　戊午
九·一　丁卯	十·一　丁酉	十一·一　丁卯	十二·一　丙申
九·十一　丁丑	十·十一　丁未	十一·十一　丁丑	十二·十一　丙午
九·二十一　丁亥	十·二十一　丁巳	十一·二十一　丁亥	十二·二十一　丙辰

*《辑要》正月庚午、二月庚子、四月己亥、六月戊戌、八月丁酉、十月丙申、十一月丙寅、十二月乙未朔。

周烈王三年戊申（前 373）

*一·一　丙寅	二·一　乙未	三·一　乙丑	四·一　甲午　闰四·一　甲子
一·十一　丙子	二·十一　乙巳	三·十一　乙亥	四·十一　甲辰　闰四·十一　甲戌
一·二十一　丙戌	二·二十一　乙卯	三·二十一　乙酉	四·二十一甲寅　闰四·二十一甲申
五·一　癸巳	六·一　癸亥	七·一　壬辰	八·一　壬戌
五·十一　癸卯	六·十一　癸酉	七·十一　壬寅	八·十一　壬申
五·二十一　癸丑	六·二十一　癸未	七·二十一　壬子	八·二十一　壬午
九·一　辛卯	十·一　辛酉	十一·一　庚寅	十二·一　庚申
九·十一　辛丑	十·十一　辛未	十一·十一　庚子	十二·十一　庚午
九·二十一　辛亥	十·二十一　辛巳	十一·二十一　庚戌	十二·二十一　庚辰

*《辑要》正月乙丑、二月甲午、三月甲子、闰三月癸巳、四月癸亥、五月壬辰、六月壬戌、八月辛酉、十月庚申、十二月己未朔。

周烈王四年己酉（前 372）

一·一　己丑	*二·一　己未	三·一　己丑	四·一　戊午
一·十一　己亥	二·十一　己巳	三·十一　己亥	四·十一　戊辰
一·二十一　己酉	二·二十一　己卯	三·二十一　己酉	四·二十一　戊寅
五·一　戊子	六·一　丁巳	七·一　丁亥	八·一　丙辰
五·十一　戊戌	六·十一　丁卯	七·十一　丁酉	八·十一　丙寅
五·二十一　戊申	六·二十一　丁丑	七·二十一　丁未	八·二十一　丙子
九·一　丙戌	十·一　乙卯	十一·一　乙酉	十二·一　甲寅
九·十一　丙申	十·十一　乙丑	十一·十一　乙未	十二·十一　甲子
九·二十一　丙午	十·二十一　乙亥	十一·二十一　乙巳	十二·二十一　甲戌

*《辑要》二月戊午、三月戊子、四月丁巳、五月丁亥、六月丙辰、七月丙戌、八月乙卯、九月乙酉、十一月甲申朔。

周烈王五年庚戌（前 371）

*一·一　甲申	二·一　癸丑	三·一　癸未	四·一　壬子
一·十一　甲午	二·十一　癸亥	三·十一　癸巳	四·十一　壬戌
一·二十一　甲辰	二·二十一　癸酉	三·二十一　癸卯	四·二十一　壬申
五·一　壬午	六·一　壬子	七·一　辛巳	八·一　辛亥
五·十一　壬辰	六·十一　壬戌	七·十一　辛卯	八·十一　辛酉
五·二十一　壬寅	六·二十一　壬申	七·二十一　辛丑	八·二十一　辛未
九·一　庚辰	十·一　庚戌	十一·一　己卯	十二·一　己酉　闰十二·一　戊寅
九·十一　庚寅	十·十一　庚申	十一·十一　己丑	十二·十一　己未　闰十二·十一　戊子
九·二十一　庚子	十·二十一　庚午	十一·二十一　己亥	十二·二十一己巳　闰十二·二十一戊戌

*《辑要》正月癸未、三月壬午、五月辛巳、六月辛亥、七月庚辰、八月庚戌、九月己卯、十月己酉、十一月戊寅、闰十一月戊申、十二月丁丑朔。

周烈王六年辛亥（前 370）

*一·一　戊申	二·一　丁丑	三·一　丁未	四·一　丙子
一·十一　戊午	二·十一　丁亥	三·十一　丁巳	四·十一　丙戌
一·二十一　戊辰	二·二十一　丁酉	三·二十一　丁卯	四·二十一　丙申
五·一　丙午	六·一　乙亥	七·一　乙巳	八·一　甲戌
五·十一　丙辰	六·十一　乙酉	七·十一　乙卯	八·十一　甲申
五·二十一　丙寅	六·二十一　乙未	七·二十一　乙丑	八·二十一　甲午
九·一　甲辰	十·一　甲戌	十一·一　癸卯	十二·一　癸酉
九·十一　甲寅	十·十一　甲申	十一·十一　癸丑	十二·十一　癸未
九·二十一　甲子	十·二十一　甲午	十一·二十一　癸亥	十二·二十一　癸巳

*《辑要》正月丁未、三月丙午、五月乙巳、七月甲辰、九月癸卯、十月癸酉、十一月壬寅、十二月壬申朔。

周烈王七年壬子（前 369）

*一·一　壬寅	二·一　壬申	三·一　辛丑	四·一　辛未
一·十一　壬子	二·十一　壬午	三·十一　辛亥	四·十一　辛巳
一·二十一　壬戌	二·二十一　壬辰	三·二十一　辛酉	四·二十一　辛卯
五·一　庚子	六·一　庚午	七·一　己亥	八·一　己巳
五·十一　庚戌	六·十一　庚辰	七·十一　己酉	八·十一　己卯
五·二十一　庚申	六·二十一　庚寅	七·二十一　己未	八·二十一　己丑
九·一　戊戌	十·一　戊辰	十一·一　丁酉	十二·一　丁卯
九·十一　戊申	十·十一　戊寅	十一·十一　丁未	十二·十一　丁丑
九·二十一　戊午	十·二十一　戊子	十一·二十一　丁巳	十二·二十一　丁亥

*《辑要》正月辛丑、二月辛未、三月庚子、四月庚午、五月己亥、六月己巳、八月戊辰、十月丁卯、十二月丙寅朔。

周显王元年癸丑（前 368）

一·一　丙申	*二·一　丙寅	三·一　丙申	四·一　乙丑
一·十一　丙午	二·十一　丙子	三·十一　丙午	四·十一　乙亥
一·二十一　丙辰	二·二十一　丙戌	三·二十一　丙辰	四·二十一　乙酉
五·一　乙未	六·一　甲子	七·一　甲午	八·一　癸亥　闰八·一　癸巳
五·十一　乙巳	六·十一　甲戌	七·十一　甲辰	八·十一　癸酉　闰八·十一　癸卯
五·二十一　乙卯	六·二十一　甲申	七·二十一　甲寅	八·二十一癸未　闰八·二十一癸丑
九·一　壬戌	十·一　壬辰	十一·一　辛酉	十二·一　辛卯
九·十一　壬申	十·十一　壬寅	十一·十一　辛未	十二·十一　辛丑
九·二十一　壬午	十·二十一　壬子	十一·二十一　辛巳	十二·二十一　辛亥

*《辑要》二月乙丑、三月乙未、四月甲子、五月甲午、六月癸亥、七月癸巳、八月壬戌、九月壬辰、闰九月壬戌、十月辛卯、十二月庚寅朔。

周显王二年甲寅（前367）

一・一　庚申	*二・一　庚寅	三・一　己未	四・一　己丑
一・十一　庚午	二・十一　庚子	三・十一　己巳	四・十一　己亥
一・二十一　庚辰	二・二十一　庚戌	三・二十一　己卯	四・二十一　己酉
五・一　己未	六・一　戊子	七・一　戊午	八・一　丁亥
五・十一　己巳	六・十一　戊戌	七・十一　戊辰	八・十一　丁酉
五・二十一　己卯	六・二十一　戊申	七・二十一　戊寅	八・二十一　丁未
九・一　丁巳	十・一　丙戌	十一・一　丙辰	十二・一　乙酉
九・十一　丁卯	十・十一　丙申	十一・十一　丙寅	十二・十一　乙未
九・二十一　丁丑	十・二十一　丙午	十一・二十一　丙子	十二・二十一　乙巳

＊《辑要》二月己丑、四月戊子、五月戊午、六月丁亥、七月丁巳、八月丙戌、九月丙辰、十月乙酉、十一月乙卯、十二月甲申朔。

周显王三年乙卯（前366）

*一・一　乙卯	二・一　甲申	三・一　甲寅	四・一　癸未
一・十一　乙丑	二・十一　甲午	三・十一　甲子	四・十一　癸巳
一・二十一　乙亥	二・二十一　甲辰	三・二十一　甲戌	四・二十一　癸卯
五・一　癸丑	六・一　壬午	七・一　壬子	八・一　辛巳
五・十一　癸亥	六・十一　壬辰	七・十一　壬戌	八・十一　辛卯
五・二十一　癸酉	六・二十一　壬寅	七・二十一　壬申	八・二十一　辛丑
九・一　辛亥	十・一　辛巳	十一・一　庚戌	十二・一　庚辰
九・十一　辛酉	十・十一　辛卯	十一・十一　庚申	十二・十一　庚寅
九・二十一　辛未	十・二十一　辛丑	十一・二十一　庚午	十二・二十一　庚子

＊《辑要》正月甲寅、三月癸丑、五月壬子、七月辛亥、九月庚戌、十月庚辰、十一月己酉、十二月己卯朔。

周显王四年丙辰（前365）

*一・一　己酉	二・一　己卯	三・一　戊申	四・一　戊寅
一・十一　己未	二・十一　己丑	三・十一　戊午	四・十一　戊子
一・二十一　己巳	二・二十一　己亥	三・二十一　戊辰	四・二十一　戊戌
五・一　丁未　闰五・一　丁丑	六・一　丙午	七・一　丙子	八・一　乙巳
五・十一　丁巳　闰五・十一　丁亥	六・十一　丙辰	七・十一　丙戌	八・十一　乙卯
五・二十一　丁卯　闰五・二十一　丁酉	六・二十一　丙寅	七・二十一　丙申	八・二十一　乙丑
九・一　乙亥	十・一　甲辰	十一・一　甲戌	十二・一　甲辰
九・十一　乙酉	十・十一　甲寅	十一・十一　甲申	十二・十一　甲寅
九・二十一　乙未	十・二十一　甲子	十一・二十一　甲午	十二・二十一　甲子

＊《辑要》正月戊申、二月戊寅、三月丁未、四月丁丑、六月丙子、闰六月丙午、七月乙亥、九月甲戌、十一月癸酉、十二月癸卯朔。

周显王五年丁巳（前364）

*一・一　癸酉	二・一　癸卯	三・一　壬申	四・一　壬寅
一・十一　癸未	二・十一　癸丑	三・十一　壬午	四・十一　壬子
一・二十一　癸巳	二・二十一　癸亥	三・二十一　壬辰	四・二十一　壬戌
五・一　辛未	六・一　辛丑	七・一　庚午	八・一　庚子
五・十一　辛巳	六・十一　辛亥	七・十一　庚辰	八・十一　庚戌
五・二十一　辛卯	六・二十一　辛酉	七・二十一　庚寅	八・二十一　庚申
九・一　己巳	十・一　己亥	十一・一　戊辰	十二・一　戊戌
九・十一　己卯	十・十一　己酉	十一・十一　戊寅	十二・十一　戊申
九・二十一　己丑	十・二十一　己未	十一・二十一　戊子	十二・二十一　戊午

＊《辑要》正月壬申、二月壬寅、三月辛未、四月辛丑、五月庚午、六月庚子、七月己巳、八月己亥、十月戊戌、十二月丁酉朔。

周显王六年戊午（前 363）

一·一 丁卯	*二·一 丁酉	三·一 丙寅	四·一 丙申
一·十一 丁丑	二·十一 丁未	三·十一 丙子	四·十一 丙午
一·二十一 丁亥	二·二十一 丁巳	三·二十一 丙戌	四·二十一 丙辰
五·一 丙寅	六·一 乙未	七·一 乙丑	八·一 甲午
五·十一 丙子	六·十一 乙巳	七·十一 乙亥	八·十一 甲辰
五·二十一 丙戌	六·二十一 乙卯	七·二十一 乙酉	八·二十一 甲寅
九·一 甲子	十·一 癸巳	十一·一 癸亥	十二·一 壬辰
九·十一 甲戌	十·十一 癸卯	十一·十一 癸酉	十二·十一 壬寅
九·二十一 甲申	十·二十一 癸丑	十一·二十一 癸未	十二·二十一 壬子

*《辑要》二月丙申、四月乙未、五月乙丑、六月甲午、七月甲子、八月癸巳、九月癸亥、十月壬辰、十一月壬戌、十二月辛卯朔。

周显王七年己未（前 362）

*一·一 壬戌	二·一 辛卯 闰二·一 辛酉	三·一 庚寅	四·一 庚申
一·十一 壬申	二·十一 辛丑 闰二·十一 辛未	三·十一 庚子	四·十一 庚午
一·二十一 壬午	二·二十一辛亥 闰二·二十一辛巳	三·二十一 庚戌	四·二十一 庚辰
五·一 己丑	六·一 己未	七·一 戊子	八·一 戊午
五·十一 己亥	六·十一 己巳	七·十一 戊戌	八·十一 戊辰
五·二十一 己酉	六·二十一 己卯	七·二十一 戊申	八·二十一 戊寅
九·一 戊子	十·一 丁巳	十一·一 丁亥	十二·一 丙辰
九·十一 戊戌	十·十一 丁卯	十一·十一 丁酉	十二·十一 丙寅
九·二十一 戊申	十·二十一 丁丑	十一·二十一 丁未	十二·二十一 丙子

*《辑要》正月辛酉、闰二月庚申、四月己未、六月戊午、八月丁巳、九月丁亥、十月丙辰、十一月丙戌、十二月乙卯朔。

周显王八年庚申（前 361）

*一·一 丙戌	二·一 乙卯	三·一 乙酉	四·一 甲寅
一·十一 丙申	二·十一 乙丑	三·十一 乙未	四·十一 甲子
一·二十一 丙午	二·二十一 乙亥	三·二十一 乙巳	四·二十一 甲戌
五·一 甲申	六·一 癸丑	七·一 癸未	八·一 壬子
五·十一 甲午	六·十一 癸亥	七·十一 癸巳	八·十一 壬戌
五·二十一 甲辰	六·二十一 癸酉	七·二十一 癸卯	八·二十一 壬申
九·一 壬午	十·一 辛亥	十一·一 辛巳	十二·一 辛亥
九·十一 壬辰	十·十一 辛酉	十一·十一 辛卯	十二·十一 辛酉
九·二十一 壬寅	十·二十一 辛未	十一·二十一 辛丑	十二·二十一 辛未

*《辑要》正月乙酉、二月甲寅、三月甲申、五月癸未、七月壬午、九月辛巳、十一月庚辰、十二月庚戌朔。

周显王九年辛酉（前 360）

*一·一 庚辰	二·一 庚戌	三·一 己卯	四·一 己酉
一·十一 庚寅	二·十一 庚申	三·十一 己丑	四·十一 己未
一·二十一 庚子	二·二十一 庚午	三·二十一 己亥	四·二十一 己巳
五·一 戊寅	六·一 戊申	七·一 丁丑	八·一 丁未
五·十一 戊子	六·十一 戊午	七·十一 丁亥	八·十一 丁巳
五·二十一 戊戌	六·二十一 戊辰	七·二十一 丁酉	八·二十一 丁卯
九·一 丙子	十·一 丙午 闰十·一 乙亥	十一·一 乙巳	十二·一 甲戌
九·十一 丙戌	十·十一 丙辰 闰十·十一 乙酉	十一·十一 乙卯	十二·十一 甲申
九·二十一 丙申	十·二十一丙寅 闰十·二十一乙未	十一·二十一 乙丑	十二·二十一 甲午

*《辑要》正月己卯、二月己酉、三月戊寅、四月戊申、五月丁丑、六月丁未、七月丙子、八月丙午、十月乙巳、十一月甲辰朔。

周显王十年壬戌(前 359)

*一·一	甲辰	二·一	癸酉	三·一	癸卯	四·一	癸酉
一·十一	甲寅	二·十一	癸未	三·十一	癸丑	四·十一	癸未
一·二十一	甲子	二·二十一	癸巳	三·二十一	癸亥	四·二十一	癸巳
五·一	壬寅	六·一	壬申	七·一	辛丑	八·一	辛未
五·十一	壬子	六·十一	壬午	七·十一	辛亥	八·十一	辛巳
五·二十一	壬戌	六·二十一	壬辰	七·二十一	辛酉	八·二十一	辛卯
九·一	庚子	十·一	庚午	十一·一	己亥	十二·一	己巳
九·十一	庚戌	十·十一	庚辰	十一·十一	己酉	十二·十一	己卯
九·二十一	庚申	十·二十一	庚寅	十一·二十一	己未	十二·二十一	己丑

*《辑要》正月癸卯、三月壬寅、四月壬申、五月辛丑、六月辛未、七月庚子、八月庚午、九月己亥、十月己巳、十二月戊辰朔。

周显王十一年癸亥(前 358)

一·一	戊戌	*二·一	戊辰	三·一	丁酉	四·一	丁卯
一·十一	戊申	二·十一	戊寅	三·十一	丁未	四·十一	丁丑
一·二十一	戊午	二·二十一	戊子	三·二十一	丁巳	四·二十一	丁亥
五·一	丙申	六·一	丙寅	七·一	丙申	八·一	乙丑
五·十一	丙午	六·十一	丙子	七·十一	丙午	八·十一	乙亥
五·二十一	丙辰	六·二十一	丙戌	七·二十一	丙辰	八·二十一	乙酉
九·一	乙未	十·一	甲子	十一·一	甲午	十二·一	癸亥
九·十一	乙巳	十·十一	甲戌	十一·十一	甲辰	十二·十一	癸酉
九·二十一	乙卯	十·二十一	甲申	十一·二十一	甲寅	十二·二十一	癸未

*《辑要》二月丁卯、四月丙寅、六月乙丑、七月乙未、八月甲子、九月甲午、十月癸亥、十一月癸巳、十二月壬戌朔。

周显王十二年甲子(前 357)

*一·一	癸巳	二·一	壬戌	三·一	壬辰	四·一	辛酉
一·十一	癸卯	二·十一	壬申	三·十一	壬寅	四·十一	辛未
一·二十一	癸丑	二·二十一	壬午	三·二十一	壬子	四·二十一	辛巳
五·一	辛卯	六·一 庚申 闰六·一	庚寅	七·一	己未	八·一	己丑
五·十一	辛丑	六·十一 庚午 闰六·十一	庚子	七·十一	己巳	八·十一	己亥
五·二十一	辛亥	六·二十一庚辰 闰六·二十一	庚戌	七·二十一	己卯	八·二十一	己酉
九·一	戊午	十·一	戊子	十一·一	戊午	十二·一	丁亥
九·十一	戊辰	十·十一	戊戌	十一·十一	戊辰	十二·十一	丁酉
九·二十一	戊寅	十·二十一	戊申	十一·二十一	戊寅	十二·二十一	丁未

*《辑要》正月壬辰、二月辛酉、三月辛卯、五月庚寅、七月己丑、闰七月己未、八月戊子、十月丁亥、十一月丁巳、十二月丙戌朔。

周显王十三年乙丑(前 356)

*一·一	丁巳	二·一	丙戌	三·一	丙辰	四·一	乙酉
一·十一	丁卯	二·十一	丙申	三·十一	丙寅	四·十一	乙未
一·二十一	丁丑	二·二十一	丙午	三·二十一	丙子	四·二十一	乙巳
五·一	乙卯	六·一	甲申	七·一	甲寅	八·一	癸未
五·十一	乙丑	六·十一	甲午	七·十一	甲子	八·十一	癸巳
五·二十一	乙亥	六·二十一	甲辰	七·二十一	甲戌	八·二十一	癸卯
九·一	癸丑	十·一	壬午	十一·一	壬子	十二·一	辛巳
九·十一	癸亥	十·十一	壬辰	十一·十一	壬戌	十二·十一	辛卯
九·二十一	癸酉	十·二十一	壬寅	十一·二十一	壬申	十二·二十一	辛丑

*《辑要》正月丙辰、二月乙酉、三月乙卯、四月甲申、五月甲寅、六月癸未、七月癸丑、九月壬子、十一月辛亥朔。

周显王十四年丙寅（前 355）

*一·一 辛亥	二·一 庚辰	三·一 庚戌	四·一 庚辰
一·十一 辛酉	二·十一 庚寅	三·十一 庚申	四·十一 庚寅
一·二十一 辛未	二·二十一 庚子	三·二十一 庚午	四·二十一 庚子
五·一 己酉	六·一 己卯	七·一 戊申	八·一 戊寅
五·十一 己未	六·十一 己丑	七·十一 戊午	八·十一 戊子
五·二十一 己巳	六·二十一 己亥	七·二十一 戊辰	八·二十一 戊戌
九·一 丁未	十·一 丁丑	十一·一 丙午	十二·一 丙子
九·十一 丁巳	十·十一 丁亥	十一·十一 丙辰	十二·十一 丙戌
九·二十一 丁卯	十·二十一 丁酉	十一·二十一 丙寅	十二·二十一 丙申

＊《辑要》正月庚戌、三月己酉、四月己卯、五月戊申、六月戊寅、七月丁未、八月丁丑、九月丙午、十月丙子、十二月乙亥朔。

周显王十五年丁卯（前 354）

一·一 乙巳	*二·一 乙亥	三·一 甲辰　闰三·一 甲戌	四·一 癸卯
一·十一 乙卯	二·十一 乙酉	三·十一 甲寅　闰三·十一 甲申	四·十一 癸丑
一·二十一 乙丑	二·二十一 乙未	三·二十一甲子　闰三·二十一甲午	四·二十一 癸亥
五·一 癸酉	六·一 癸卯	七·一 壬申	八·一 壬寅
五·十一 癸未	六·十一 癸丑	七·十一 壬午	八·十一 壬子
五·二十一 癸巳	六·二十一 癸亥	七·二十一 壬辰	八·二十一 壬戌
九·一 辛未	十·一 辛丑	十一·一 庚午	十二·一 庚子
九·十一 辛巳	十·十一 辛亥	十一·十一 庚辰	十二·十一 庚戌
九·二十一 辛卯	十·二十一 辛酉	十一·二十一 庚寅	十二·二十一 庚申

＊《辑要》二月甲戌、四月癸酉、闰四月癸卯、五月壬申、六月壬寅、七月辛未、八月辛丑、九月庚午、十月庚子、十一月己巳、十二月己亥朔。

周显王十六年戊辰（前 353）

*一·一 己巳	二·一 己亥	三·一 戊辰	四·一 戊戌
一·十一 己卯	二·十一 己酉	三·十一 戊寅	四·十一 戊申
一·二十一 己丑	二·二十一 己未	三·二十一 戊子	四·二十一 戊午
五·一 丁卯	六·一 丁酉	七·一 丙寅	八·一 丙申
五·十一 丁丑	六·十一 丁未	七·十一 丙子	八·十一 丙午
五·二十一 丁亥	六·二十一 丁巳	七·二十一 丙戌	八·二十一 丙辰
九·一 乙丑	十·一 乙未	十一·一 乙丑	十二·一 甲午
九·十一 乙亥	十·十一 乙巳	十一·十一 乙亥	十二·十一 甲辰
九·二十一 乙酉	十·二十一 乙卯	十一·二十一 乙酉	十二·二十一 甲寅

＊《辑要》正月戊辰、二月戊戌、四月丁酉、六月丙申、八月乙未、十月甲午、十一月甲子、十二月癸巳朔。

周显王十七年己巳（前 352）

*一·一 甲子	二·一 癸巳	三·一 癸亥	四·一 壬辰
一·十一 甲戌	二·十一 癸卯	三·十一 癸酉	四·十一 壬寅
一·二十一 甲申	二·二十一 癸丑	三·二十一 癸未	四·二十一 壬子
五·一 壬戌	六·一 辛卯	七·一 辛酉	八·一 庚寅
五·十一 壬申	六·十一 辛丑	七·十一 辛未	八·十一 庚子
五·二十一 壬午	六·二十一 辛亥	七·二十一 辛巳	八·二十一 庚戌
九·一 庚申	十·一 己丑	十一·一 己未	十二·一 戊子　闰十二·一 戊午
九·十一 庚午	十·十一 己亥	十一·十一 己巳	十二·十一 戊戌　闰十二·十一 戊辰
九·二十一 庚辰	十·二十一 己酉	十一·二十一 己卯	十二·二十一戊申　闰十二·二十一戊寅

＊《辑要》正月癸亥、二月壬辰、三月壬戌、四月辛卯、五月辛酉、七月庚申、九月己未、十一月戊午、闰十二月丁巳朔。

周显王十八年庚午（前 351）

*一·一	戊子	二·一	丁巳	三·一	丁亥	四·一	丙辰
一·十一	戊戌	二·十一	丁卯	三·十一	丁酉	四·十一	丙寅
一·二十一	戊申	二·二十一	丁丑	三·二十一	丁未	四·二十一	丙子
五·一	丙戌	六·一	乙卯	七·一	乙酉	八·一	甲寅
五·十一	丙申	六·十一	乙丑	七·十一	乙未	八·十一	甲子
五·二十一	丙午	六·二十一	乙亥	七·二十一	乙巳	八·二十一	甲戌
九·一	甲申	十·一	癸丑	十一·一	癸未	十二·一	壬子
九·十一	甲午	十·十一	癸亥	十一·十一	癸巳	十二·十一	壬戌
九·二十一	甲辰	十·二十一	癸酉	十一·二十一	癸卯	十二·二十一	壬申

＊《辑要》正月丁亥、二月丙辰、三月丙戌、四月乙卯、五月乙酉、六月甲寅、七月甲申、八月癸丑、九月癸未、十一月壬午朔。

周显王十九年辛未（前 350）

*一·一	壬午	二·一	辛亥	三·一	辛巳	四·一	庚戌
一·十一	壬辰	二·十一	辛酉	三·十一	辛卯	四·十一	庚申
一·二十一	壬寅	二·二十一	辛未	三·二十一	辛丑	四·二十一	庚午
五·一	庚辰	六·一	庚戌	七·一	己卯	八·一	己酉
五·十一	庚寅	六·十一	庚申	七·十一	己丑	八·十一	己未
五·二十一	庚子	六·二十一	庚午	七·二十一	己亥	八·二十一	己巳
九·一	戊寅	十·一	戊申	十一·一	丁丑	十二·一	丁未
九·十一	戊子	十·十一	戊午	十一·十一	丁亥	十二·十一	丁巳
九·二十一	戊戌	十·二十一	戊辰	十一·二十一	丁酉	十二·二十一	丁卯

＊《辑要》正月辛巳、三月庚辰、五月己卯、六月己酉、七月戊寅、八月戊申、九月丁丑、十月丁未、十一月丙子、十二月丙午朔。

周显王二十年壬申（前 349）

*一·一	丙子	二·一	丙午	三·一	乙亥	四·一	乙巳
一·十一	丙戌	二·十一	丙辰	三·十一	乙酉	四·十一	乙卯
一·二十一	丙申	二·二十一	丙寅	三·二十一	乙未	四·二十一	乙丑
五·一	甲戌	六·一	甲辰	七·一	癸酉	八·一 癸卯	闰八·一 壬申
五·十一	甲申	六·十一	甲寅	七·十一	癸未	八·十一 癸丑	闰八·十一 壬午
五·二十一	甲午	六·二十一	甲子	七·二十一	癸巳	八·二十一 癸亥	闰八·二十一 壬辰
九·一	壬寅	十·一	壬申	十一·一	辛丑	十二·一	辛未
九·十一	壬子	十·十一	壬午	十一·十一	辛亥	十二·十一	辛巳
九·二十一	壬戌	十·二十一	壬辰	十一·二十一	辛酉	十二·二十一	辛卯

＊《辑要》正月乙亥、二月乙巳、四月甲辰、六月癸卯、八月壬寅、九月辛丑、十月辛未、十一月庚子、十二月庚午朔。

周显王二十一年癸酉（前 348）

*一·一	庚子	二·一	庚午	三·一	己亥	四·一	己巳
一·十一	庚戌	二·十一	庚辰	三·十一	己酉	四·十一	己卯
一·二十一	庚申	二·二十一	庚寅	三·二十一	己未	四·二十一	己丑
五·一	戊戌	六·一	戊辰	七·一	丁酉	八·一	丁卯
五·十一	戊申	六·十一	戊寅	七·十一	丁未	八·十一	丁丑
五·二十一	戊午	六·二十一	戊子	七·二十一	丁巳	八·二十一	丁亥
九·一	丙申	十·一	丙寅	十一·一	乙未	十二·一	乙丑
九·十一	丙午	十·十一	丙子	十一·十一	乙巳	十二·十一	乙亥
九·二十一	丙辰	十·二十一	丙戌	十一·二十一	乙卯	十二·二十一	乙酉

＊《辑要》正月己亥、二月己巳、三月戊戌、四月戊辰、六月丁卯、八月丙寅、十月乙丑、十二月甲子朔。

周显王二十二年甲戌（前 347）

*一・一	乙未	二・一	甲子	三・一	甲午	四・一	癸亥
一・十一	乙巳	二・十一	甲戌	三・十一	甲辰	四・十一	癸酉
一・二十一	乙卯	二・二十一	甲申	三・二十一	甲寅	四・二十一	癸未
五・一	癸巳	六・一	壬戌	七・一	壬辰	八・一	辛酉
五・十一	癸卯	六・十一	壬申	七・十一	壬寅	八・十一	辛未
五・二十一	癸丑	六・二十一	壬午	七・二十一	壬子	八・二十一	辛巳
九・一	辛卯	十・一	庚申	十一・一	庚寅	十二・一	己未
九・十一	辛丑	十・十一	庚午	十一・十一	庚子	十二・十一	己巳
九・二十一	辛亥	十・二十一	庚辰	十一・二十一	庚戌	十二・二十一	己卯

＊《辑要》正月甲午、二月癸亥、三月癸巳、四月壬戌、五月壬辰、六月辛酉、七月辛卯、八月庚申、九月庚寅、十一月己丑朔。

周显王二十三年乙亥（前 346）

*一・一	己丑	二・一	戊午	三・一	戊子	四・一	丁巳
一・十一	己亥	二・十一	戊辰	三・十一	戊戌	四・十一	丁卯
一・二十一	己酉	二・二十一	戊寅	三・二十一	戊申	四・二十一	丁丑
五・一　丁亥　闰五・一	丁巳	六・一	丙戌	七・一	丙辰	八・一	乙酉
五・十一　丁酉　闰五・十一	丁卯	六・十一	丙申	七・十一	丙寅	八・十一	乙未
五・二十一丁未　闰五・二十一	丁丑	六・二十一	丙午	七・二十一	丙子	八・二十一	乙巳
九・一	乙卯	十・一	甲申	十一・一	甲寅	十二・一	癸未
九・十一	乙丑	十・十一	甲午	十一・十一	甲子	十二・十一	癸巳
九・二十一	乙亥	十・二十一	甲辰	十一・二十一	甲戌	十二・二十一	癸卯

＊《辑要》正月戊子、三月丁亥、五月丙戌、闰五月丙辰、六月乙酉、七月乙卯、八月甲申、九月甲寅、十月癸未、十一月癸丑朔。

周显王二十四年丙子（前 345）

*一・一	癸丑	二・一	壬午	三・一	壬子	四・一	辛巳
一・十一	癸亥	二・十一	壬辰	三・十一	壬戌	四・十一	辛卯
一・二十一	癸酉	二・二十一	壬寅	三・二十一	壬申	四・二十一	辛丑
五・一	辛亥	六・一	庚辰	七・一	庚戌	八・一	己卯
五・十一	辛酉	六・十一	庚寅	七・十一	庚申	八・十一	己丑
五・二十一	辛未	六・二十一	庚子	七・二十一	庚午	八・二十一	己亥
九・一	己酉	十・一	己卯	十一・一	戊申	十二・一	戊寅
九・十一	己未	十・十一	己丑	十一・十一	戊午	十二・十一	戊子
九・二十一	己巳	十・二十一	己亥	十一・二十一	戊辰	十二・二十一	戊戌

＊《辑要》正月壬子、三月辛亥、五月庚戌、七月己酉、九月戊申、十月戊寅、十一月丁未、十二月丁丑朔。

周显王二十五年丁丑（前 344）

*一・一	丁未	二・一	丁丑	三・一	丙午	四・一	丙子
一・十一	丁巳	二・十一	丁亥	三・十一	丙辰	四・十一	丙戌
一・二十一	丁卯	二・二十一	丁酉	三・二十一	丙寅	四・二十一	丙申
五・一	乙巳	六・一	乙亥	七・一	甲辰	八・一	甲戌
五・十一	乙卯	六・十一	乙酉	七・十一	甲寅	八・十一	甲申
五・二十一	乙丑	六・二十一	乙未	七・二十一	甲子	八・二十一	甲午
九・一	癸卯	十・一	癸酉	十一・一	壬寅	十二・一	壬申
九・十一	癸丑	十・十一	癸未	十一・十一	壬子	十二・十一	壬午
九・二十一	癸亥	十・二十一	癸巳	十一・二十一	壬戌	十二・二十一	壬辰

＊《辑要》正月丙午、二月丙子、三月乙巳、四月乙亥、六月甲戌、八月癸酉、十月壬申、十二月辛未朔。

周显王二十六年戊寅（前 343）

*一・一 壬寅	二・一 辛未 闰二・一 辛丑	三・一 庚午	四・一 庚子
一・十一 壬子	二・十一 辛巳 闰二・十一 辛亥	三・十一 庚辰	四・十一 庚戌
一・二十一 壬戌	二・二十一辛卯 闰二・二十一辛酉	三・二十一 庚寅	四・二十一 庚申
五・一 己巳	六・一 己亥	七・一 戊辰	八・一 戊戌
五・十一 己卯	六・十一 己酉	七・十一 戊寅	八・十一 戊申
五・二十一 己丑	六・二十一 己未	七・二十一 戊子	八・二十一 戊午
九・一 丁卯	十・一 丁酉	十一・一 丙寅	十二・一 丙申
九・十一 丁丑	十・十一 丁未	十一・十一 丙子	十二・十一 丙午
九・二十一 丁亥	十・二十一 丁巳	十一・二十一 丙戌	十二・二十一 丙辰

*《辑要》正月辛丑、二月庚午、闰二月庚子、三月己巳、四月己亥、五月戊辰、六月戊戌、七月丁卯、八月丁酉、十月丙申、十二月乙未朔。

周显王二十七年己卯（前 342）

一・一 乙丑	*二・一 乙未	三・一 甲子	四・一 甲午
一・十一 乙亥	二・十一 乙巳	三・十一 甲戌	四・十一 甲辰
一・二十一 乙酉	二・二十一 乙卯	三・二十一 甲申	四・二十一 甲寅
五・一 甲子	六・一 癸巳	七・一 癸亥	八・一 壬辰
五・十一 甲戌	六・十一 癸卯	七・十一 癸酉	八・十一 壬寅
五・二十一 甲申	六・二十一 癸丑	七・二十一 癸未	八・二十一 壬子
九・一 壬戌	十・一 辛卯	十一・一 辛酉	十二・一 庚寅
九・十一 壬申	十・十一 辛丑	十一・十一 辛未	十二・十一 庚子
九・二十一 壬午	十・二十一 辛亥	十一・二十一 辛巳	十二・二十一 庚戌

*《辑要》二月甲午、四月癸巳、五月癸亥、六月壬辰、七月壬戌、八月辛卯、九月辛酉、十月庚寅、十一月庚申朔。

周显王二十八年庚辰（前 341）

*一・一 庚申	二・一 己丑	三・一 己未	四・一 戊子
一・十一 庚午	二・十一 己亥	三・十一 己巳	四・十一 戊戌
一・二十一 庚辰	二・二十一 己酉	三・二十一 己卯	四・二十一 戊申
五・一 戊午	六・一 丁亥	七・一 丁巳	八・一 丁亥
五・十一 戊辰	六・十一 丁酉	七・十一 丁卯	八・十一 丁酉
五・二十一 戊寅	六・二十一 丁未	七・二十一 丁丑	八・二十一 丁未
九・一 丙辰	十・一 丙戌	十一・一 乙卯 闰十一・一 乙酉	十二・一 甲寅
九・十一 丙寅	十・十一 丙申	十一・十一 乙丑 闰十一・十一 乙未	十二・十一 甲子
九・二十一 丙子	十・二十一 丙午	十一・二十一乙亥 闰十一・二十一乙巳	十二・二十一 甲戌

*《辑要》正月己未、三月戊午、五月丁巳、七月丙辰、八月丙戌、九月乙卯、十月乙酉、闰十月甲寅、十一月甲申、十二月癸丑朔。

周显王二十九年辛巳（前 340）

*一・一 甲申	二・一 癸丑	三・一 癸未	四・一 壬子
一・十一 甲午	二・十一 癸亥	三・十一 癸巳	四・十一 壬戌
一・二十一 甲辰	二・二十一 癸酉	三・二十一 癸卯	四・二十一 壬申
五・一 壬午	六・一 辛亥	七・一 辛巳	八・一 庚戌
五・十一 壬辰	六・十一 辛酉	七・十一 辛卯	八・十一 庚申
五・二十一 壬寅	六・二十一 辛未	七・二十一 辛丑	八・二十一 庚午
九・一 庚辰	十・一 己酉	十一・一 己卯	十二・一 己酉
九・十一 庚寅	十・十一 己未	十一・十一 己丑	十二・十一 己未
九・二十一 庚子	十・二十一 己巳	十一・二十一 己亥	十二・二十一 己巳

*《辑要》正月癸未、二月壬子、三月壬午、五月辛巳、七月庚辰、九月己卯、十一月戊寅、十二月戊申朔。

周显王三十年壬午（前 339）

*一·一 戊寅	二·一 戊申	三·一 丁丑	四·一 丁未
一·十一 戊子	二·十一 戊午	三·十一 丁亥	四·十一 丁巳
一·二十一 戊戌	二·二十一 戊辰	三·二十一 丁酉	四·二十一 丁卯
五·一 丙子	六·一 丙午	七·一 乙亥	八·一 乙巳
五·十一 丙戌	六·十一 丙辰	七·十一 乙酉	八·十一 乙卯
五·二十一 丙申	六·二十一 丙寅	七·二十一 乙未	八·二十一 乙丑
九·一 甲戌	十·一 甲辰	十一·一 癸酉	十二·一 癸卯
九·十一 甲申	十·十一 甲寅	十一·十一 癸未	十二·十一 癸丑
九·二十一 甲午	十·二十一 甲子	十一·二十一 癸巳	十二·二十一 癸亥

＊《辑要》正月丁丑、二月丁未、三月丙子、四月丙午、五月乙亥、六月乙巳、八月甲辰、十月癸卯、十二月壬寅朔。

周显王三十一年癸未（前 338）

一·一 壬申	*二·一 壬寅	三·一 辛未	四·一 辛丑
一·十一 壬午	二·十一 壬子	三·十一 辛巳	四·十一 辛亥
一·二十一 壬辰	二·二十一 壬戌	三·二十一 辛卯	四·二十一 辛酉
五·一 辛未	六·一 庚子	七·一 庚午 闰七·一 己亥	八·一 己巳
五·十一 辛巳	六·十一 庚戌	七·十一 庚辰 闰七·十一 己酉	八·十一 己卯
五·二十一 辛卯	六·二十一 庚申	七·二十一庚寅 闰七·二十一己未	八·二十一 己丑
九·一 戊戌	十·一 戊辰	十一·一 丁酉	十二·一 丁卯
九·十一 戊申	十·十一 戊寅	十一·十一 丁未	十二·十一 丁丑
九·二十一 戊午	十·二十一 戊子	十一·二十一 丁巳	十二·二十一 丁亥

＊《辑要》二月辛丑、四月庚子、五月庚午、六月己亥、闰六月己巳、七月戊戌、八月戊辰、丁酉、十月丁卯、十二月丙寅朔。

周显王三十二年甲申（前 337）

一·一 丙申	*二·一 丙寅	三·一 乙未	四·一 乙丑
一·十一 丙午	二·十一 丙子	三·十一 乙巳	四·十一 乙亥
一·二十一 丙辰	二·二十一 丙戌	三·二十一 乙卯	四·二十一 乙酉
五·一 甲午	六·一 甲子	七·一 甲午	八·一 癸亥
五·十一 甲辰	六·十一 甲戌	七·十一 甲辰	八·十一 癸酉
五·二十一 甲寅	六·二十一 甲申	七·二十一 甲寅	八·二十一 癸未
九·一 癸巳	十·一 壬戌	十一·一 壬辰	十二·一 辛酉
九·十一 癸卯	十·十一 壬申	十一·十一 壬寅	十二·十一 辛未
九·二十一 癸丑	十·二十一 壬午	十一·二十一 壬子	十二·二十一 辛巳

＊《辑要》二月乙丑、四月甲子、六月癸亥、七月癸巳、八月壬戌、九月壬辰、十月辛酉、十一月辛卯、十二月庚申朔。

周显王三十三年乙酉（前 336）

*一·一 辛卯	二·一 庚申	三·一 庚寅	四·一 己未
一·十一 辛丑	二·十一 庚午	三·十一 庚子	四·十一 己巳
一·二十一 辛亥	二·二十一 庚辰	三·二十一 庚戌	四·二十一 己卯
五·一 己丑	六·一 戊午	七·一 戊子	八·一 丁巳
五·十一 己亥	六·十一 戊辰	七·十一 戊戌	八·十一 丁卯
五·二十一 己酉	六·二十一 戊寅	七·二十一 戊申	八·二十一 丁丑
九·一 丁亥	十·一 丙辰	十一·一 丙戌	十二·一 丙辰
九·十一 丁酉	十·十一 丙寅	十一·十一 丙申	十二·十一 丙寅
九·二十一 丁未	十·二十一 丙子	十一·二十一 丙午	十二·二十一 丙子

＊《辑要》正月庚寅、三月己丑、五月戊子、七月丁亥、九月丙戌、十一月乙酉、十二月乙卯朔。

周显王三十四年丙戌(前335)

*一·一　乙酉	二·一　乙卯	三·一　甲申　闰三·一　甲寅	四·一　癸未
一·十一　乙未	二·十一　乙丑	三·十一　甲午　闰三·十一　甲子	四·十一　癸巳
一·二十一　乙巳	二·二十一　乙亥	三·二十一甲辰　闰三·二十一甲戌	四·二十一　癸卯
五·一　癸丑	六·一　壬午	七·一　壬子	八·一　辛巳
五·十一　癸亥	六·十一　壬辰	七·十一　壬戌	八·十一　辛卯
五·二十一　癸酉	六·二十一　壬寅	七·二十一　壬申	八·二十一　辛丑
九·一　辛亥	十·一　庚辰	十一·一　庚戌	十二·一　己卯
九·十一　辛酉	十·十一　庚寅	十一·十一　庚申	十二·十一　己丑
九·二十一　辛未	十·二十一　庚子	十一·二十一　庚午	十二·二十一　己亥

＊《辑要》正月甲申、二月甲寅、三月癸未、闰三月癸丑、四月壬午、五月壬子、七月辛亥、九月庚戌、十一月己酉朔。

周显王三十五年丁亥(前334)

*一·一　己酉	二·一　己卯	三·一　戊申	四·一　戊寅
一·十一　己未	二·十一　己丑	三·十一　戊午	四·十一　戊子
一·二十一　己巳	二·二十一　己亥	三·二十一　戊辰	四·二十一　戊戌
五·一　丁未	六·一　丁丑	七·一　丙午	八·一　丙子
五·十一　丁巳	六·十一　丁亥	七·十一　丙辰	八·十一　丙戌
五·二十一　丁卯	六·二十一　丁酉	七·二十一　丙寅	八·二十一　丙申
九·一　乙巳	十·一　乙亥	十一·一　甲辰	十二·一　甲戌
九·十一　乙卯	十·十一　乙酉	十一·十一　甲寅	十二·十一　甲申
九·二十一　乙丑	十·二十一　乙未	十一·二十一　甲子	十二·二十一　甲午

＊《辑要》正月戊申、二月戊寅、三月丁未、四月丁丑、五月丙午、六月丙子、七月乙巳、八月乙亥、九月甲辰、十月甲戌、十二月癸酉朔。

周显王三十六年戊子(前333)

一·一　癸卯	*二·一　癸酉	三·一　壬寅	四·一　壬申
一·十一　癸丑	二·十一　癸未	三·十一　壬子	四·十一　壬午
一·二十一　癸亥	二·二十一　癸巳	三·二十一　壬戌	四·二十一　壬辰
五·一　辛丑	六·一　辛未	七·一　辛丑	八·一　庚午
五·十一　辛亥	六·十一　辛巳	七·十一　辛亥	八·十一　庚辰
五·二十一　辛酉	六·二十一　辛卯	七·二十一　辛酉	八·二十一　庚寅
九·一　庚子	十·一　己巳	十一·一　己亥	十二·一　戊辰　闰十二·一　戊戌
九·十一　庚戌	十·十一　己卯	十一·十一　己酉	十二·十一　戊寅　闰十二·十一　戊申
九·二十一　庚申	十·二十一　己丑	十一·二十一　己未	十二·二十一戊子　闰十二·二十一戊午

＊《辑要》二月壬申、四月辛未、六月庚午、七月庚子、八月己巳、九月己亥、十月戊辰、十一月戊戌、十二月丁卯、闰十二月丁酉朔。

周显王三十七年己丑(前332)

一·一　丁卯	*二·一　丁酉	三·一　丙寅	四·一　丙申
一·十一　丁丑	二·十一　丁未	三·十一　丙子	四·十一　丙午
一·二十一　丁亥	二·二十一　丁巳	三·二十一　丙戌	四·二十一　丙辰
五·一　乙丑	六·一　乙未	七·一　甲子	八·一　甲午
五·十一　乙亥	六·十一　乙巳	七·十一　甲戌	八·十一　甲辰
五·二十一　乙酉	六·二十一　乙卯	七·二十一　甲申	八·二十一　甲寅
九·一　癸亥	十·一　癸巳	十一·一　癸亥	十二·一　壬辰
九·十一　癸酉	十·十一　癸卯	十一·十一　癸酉	十二·十一　壬寅
九·二十一　癸未	十·二十一　癸丑	十一·二十一　癸未	十二·二十一　壬子

＊《辑要》二月丙申、四月乙未、六月甲午、八月癸巳、十月壬辰、十一月壬戌、十二月辛卯朔。

周显王三十八年庚寅（前331）

*一・一	壬戌	二・一	辛卯	三・一	辛酉	四・一	庚寅
一・十一	壬申	二・十一	辛丑	三・十一	辛未	四・十一	庚子
一・二十一	壬午	二・二十一	辛亥	三・二十一	辛巳	四・二十一	庚戌
五・一	庚申	六・一	己丑	七・一	己未	八・一	戊子
五・十一	庚午	六・十一	己亥	七・十一	己巳	八・十一	戊戌
五・二十一	庚辰	六・二十一	己酉	七・二十一	己卯	八・二十一	戊申
九・一	戊午	十・一	丁亥	十一・一	丁巳	十二・一	丙戌
九・十一	戊辰	十・十一	丁酉	十一・十一	丁卯	十二・十一	丙申
九・二十一	戊寅	十・二十一	丁未	十一・二十一	丁丑	十二・二十一	丙午

*《辑要》正月辛酉、二月庚寅、三月庚申、四月己丑、五月己未、七月戊午、九月丁巳、十一月丙辰朔。

周显王三十九年辛卯（前330）

*一・一	丙辰	二・一	丙戌	三・一	乙卯	四・一	乙酉
一・十一	丙寅	二・十一	丙申	三・十一	乙丑	四・十一	乙未
一・二十一	丙子	二・二十一	丙午	三・二十一	乙亥	四・二十一	乙巳
五・一	甲寅	六・一	甲申	七・一	癸丑	八・一	癸未
五・十一	甲子	六・十一	甲午	七・十一	癸亥	八・十一	癸巳
五・二十一	甲戌	六・二十一	甲辰	七・二十一	癸酉	八・二十一	癸卯
九・一　壬子　闰九・一	壬午	十・一	辛亥	十一・一	辛巳	十二・一	庚戌
九・十一　壬戌　闰九・十一	壬辰	十・十一	辛酉	十一・十一	辛卯	十二・十一	庚申
九・二十一壬申　闰九・二十一	壬寅	十・二十一	辛未	十一・二十一	辛丑	十二・二十一	庚午

*《辑要》正月乙卯、二月乙酉、三月甲寅、四月甲申、五月癸丑、六月癸未、七月壬子、八月壬午、闰八月辛亥、九月辛巳、十一月庚辰朔。

周显王四十年壬辰（前329）

*一・一	庚辰	二・一	己酉	三・一	己卯	四・一	戊申
一・十一	庚寅	二・十一	己未	三・十一	己丑	四・十一	戊午
一・二十一	庚子	二・二十一	己巳	三・二十一	己亥	四・二十一	戊辰
五・一	戊寅	六・一	戊申	七・一	丁丑	八・一	丁未
五・十一	戊子	六・十一	戊午	七・十一	丁亥	八・十一	丁巳
五・二十一	戊戌	六・二十一	戊辰	七・二十一	丁酉	八・二十一	丁卯
九・一	丙子	十・一	丙午	十一・一	乙亥	十二・一	乙巳
九・十一	丙戌	十・十一	丙辰	十一・十一	乙酉	十二・十一	乙卯
九・二十一	丙申	十・二十一	丙寅	十一・二十一	乙未	十二・二十一	乙丑

*《辑要》正月己卯、三月戊寅、五月丁丑、六月丁未、七月丙子、八月丙午、九月乙亥、十月乙巳、十一月甲戌、十二月甲辰朔。

周显王四十一年癸巳（前328）

一・一	甲戌	*二・一	甲辰	三・一	癸酉	四・一	癸卯
一・十一	甲申	二・十一	甲寅	三・十一	癸未	四・十一	癸丑
一・二十一	甲午	二・二十一	甲子	三・二十一	癸巳	四・二十一	癸亥
五・一	壬申	六・一	壬寅	七・一	辛未	八・一	辛丑
五・十一	壬午	六・十一	壬子	七・十一	辛巳	八・十一	辛亥
五・二十一	壬辰	六・二十一	壬戌	七・二十一	辛卯	八・二十一	辛酉
九・一	辛未	十・一	庚子	十一・一	庚午	十二・一	己亥
九・十一	辛巳	十・十一	庚戌	十一・十一	庚辰	十二・十一	己酉
九・二十一	辛卯	十・二十一	庚申	十一・二十一	庚寅	十二・二十一	己未

*《辑要》二月癸卯、四月壬寅、六月辛丑、八月庚子、九月庚午、十月己亥、十一月己巳、十二月戊戌朔。

周显王四十二年甲午(前 327)

*一·一 己巳	二·一 戊戌	三·一 戊辰	四·一 丁酉
一·十一 己卯	二·十一 戊申	三·十一 戊寅	四·十一 丁未
一·二十一 己丑	二·二十一 戊午	三·二十一 戊子	四·二十一 丁巳
五·一 丁卯 闰五·一 丙申	六·一 丙寅	七·一 乙未	八·一 乙丑
五·十一 丁丑 闰五·十一 丙午	六·十一 丙子	七·十一 乙巳	八·十一 乙亥
五·二十一丁亥 闰五·二十一丙辰	六·二十一 丙戌	七·二十一 乙卯	八·二十一 乙酉
九·一 甲午	十·一 甲子	十一·一 癸巳	十二·一 癸亥
九·十一 甲辰	十·十一 甲戌	十一·十一 癸卯	十二·十一 癸酉
九·二十一 甲寅	十·二十一 甲申	十一·二十一 癸丑	十二·二十一 癸未

*《辑要》正月戊辰、二月丁酉、三月丁卯、四月丙申、五月丙寅、六月乙丑、八月甲子、十月癸亥、十二月壬戌朔。

周显王四十三年乙未(前 326)

*一·一 癸巳	二·一 壬戌	三·一 壬辰	四·一 辛酉
一·十一 癸卯	二·十一 壬申	三·十一 壬寅	四·十一 辛未
一·二十一 癸丑	二·二十一 壬午	三·二十一 壬子	四·二十一 辛巳
五·一 辛卯	六·一 庚申	七·一 庚寅	八·一 己未
五·十一 辛丑	六·十一 庚午	七·十一 庚子	八·十一 己巳
五·二十一 辛亥	六·二十一 庚辰	七·二十一 庚戌	八·二十一 己卯
九·一 己丑	十·一 戊午	十一·一 戊子	十二·一 丁巳
九·十一 己亥	十·十一 戊辰	十一·十一 戊戌	十二·十一 丁卯
九·二十一 己酉	十·二十一 戊寅	十一·二十一 戊申	十二·二十一 丁丑

*《辑要》正月壬辰、二月辛酉、三月辛卯、四月庚申、五月庚寅、六月己未、七月己丑、八月戊午、九月戊子、十一月丁亥朔。

周显王四十四年丙申(前 325)

*一·一 丁亥	二·一 丙辰	三·一 丙戌	四·一 乙卯
一·十一 丁酉	二·十一 丙寅	三·十一 丙申	四·十一 乙丑
一·二十一 丁未	二·二十一 丙子	三·二十一 丙午	四·二十一 乙亥
五·一 乙酉	六·一 乙卯	七·一 甲申	八·一 甲寅
五·十一 乙未	六·十一 乙丑	七·十一 甲午	八·十一 甲子
五·二十一 乙巳	六·二十一 乙亥	七·二十一 甲辰	八·二十一 甲戌
九·一 癸未	十·一 癸丑	十一·一 壬午	十二·一 壬子
九·十一 癸巳	十·十一 癸亥	十一·十一 壬辰	十二·十一 壬戌
九·二十一 癸卯	十·二十一 癸酉	十一·二十一 壬寅	十二·二十一 壬申

*《辑要》正月丙戌、三月乙酉、五月甲申、六月甲寅、七月癸未、八月癸丑、九月壬午、十月壬子、十一月辛巳、十二月辛亥朔。

周显王四十五年丁酉(前 324)

一·一 辛巳 闰一·一 辛亥	*二·一 庚辰	三·一 庚戌	四·一 己卯
一·十一 辛卯 闰一·十一 辛酉	二·十一 庚寅	三·十一 庚申	四·十一 己丑
一·二十一辛丑 闰一·二十一辛未	二·二十一 庚子	三·二十一 庚午	四·二十一 己亥
五·一 己酉	六·一 戊寅	七·一 戊申	八·一 戊寅
五·十一 己未	六·十一 戊子	七·十一 戊午	八·十一 戊子
五·二十一 己巳	六·二十一 戊戌	七·二十一 戊辰	八·二十一 戊戌
九·一 丁未	十·一 丁丑	十一·一 丙午	十二·一 丙子
九·十一 丁巳	十·十一 丁亥	十一·十一 丙辰	十二·十一 丙戌
九·二十一 丁卯	十·二十一 丁酉	十一·二十一 丙寅	十二·二十一 丙申

*《辑要》二月庚戌、闰二月庚辰、三月己酉、五月戊申、七月丁未、八月丁丑、九月丙午、十月丙子、十一月乙巳、十二月乙亥朔。

周显王四十六年戊戌（前 323）

*一·一	乙巳	二·一	乙亥	三·一	甲辰	四·一	甲戌
一·十一	乙卯	二·十一	乙酉	三·十一	甲寅	四·十一	甲申
一·二十一	乙丑	二·二十一	乙未	三·二十一	甲子	四·二十一	甲午
五·一	癸卯	六·一	癸酉	七·一	壬寅	八·一	壬申
五·十一	癸丑	六·十一	癸未	七·十一	壬子	八·十一	壬午
五·二十一	癸亥	六·二十一	癸巳	七·二十一	壬戌	八·二十一	壬辰
九·一	辛丑	十·一	辛未	十一·一	庚子	十二·一	庚午
九·十一	辛亥	十·十一	辛巳	十一·十一	庚戌	十二·十一	庚辰
九·二十一	辛酉	十·二十一	辛卯	十一·二十一	庚申	十二·二十一	庚寅

*《辑要》正月甲辰、二月甲戌、三月癸卯、四月癸酉、六月壬申、八月辛未、十月庚午、十二月己巳朔。

周显王四十七年己亥（前 322）

*一·一	庚子	二·一	己巳	三·一	己亥	四·一	戊辰
一·十一	庚戌	二·十一	己卯	三·十一	己酉	四·十一	戊寅
一·二十一	庚申	二·二十一	己丑	三·二十一	己未	四·二十一	戊子
五·一	戊戌	六·一	丁卯	七·一	丁酉	八·一	丙寅
五·十一	戊申	六·十一	丁丑	七·十一	丁未	八·十一	丙子
五·二十一	戊午	六·二十一	丁亥	七·二十一	丁巳	八·二十一	丙戌
九·一	丙申	十·一　乙丑　闰十·一	乙未	十一·一	甲子	十二·一	甲午
九·十一	丙午	十·十一　乙亥　闰十·十一	乙巳	十一·十一	甲戌	十二·十一	甲辰
九·二十一	丙辰	十·二十一乙酉　闰十·二十一	乙卯	十一·二十一	甲申	十二·二十一	甲寅

*《辑要》正月己亥、二月戊辰、三月戊戌、四月丁卯、五月丁酉、六月丙寅、七月丙申、九月乙未、十一月甲午、闰十一月甲子、十二月癸巳朔。

周显王四十八年庚子（前 321）

一·一	癸亥	*二·一	癸巳	三·一	癸亥	四·一	壬辰
一·十一	癸酉	二·十一	癸卯	三·十一	癸酉	四·十一	壬寅
一·二十一	癸未	二·二十一	癸丑	三·二十一	癸未	四·二十一	壬子
五·一	壬戌	六·一	辛卯	七·一	辛酉	八·一	庚寅
五·十一	壬申	六·十一	辛丑	七·十一	辛未	八·十一	庚子
五·二十一	壬午	六·二十一	辛亥	七·二十一	辛巳	八·二十一	庚戌
九·一	庚申	十·一	己丑	十一·一	己未	十二·一	戊子
九·十一	庚午	十·十一	己亥	十一·十一	己巳	十二·十一	戊戌
九·二十一	庚辰	十·二十一	己酉	十一·二十一	己卯	十二·二十一	戊申

*《辑要》二月壬辰、三月壬戌、四月辛卯、五月辛酉、六月庚寅、七月庚申、八月己丑、九月己未、十月戊子、十一月戊午朔。

周慎靓王元年辛丑（前 320）

*一·一	戊午	二·一	丁亥	三·一	丁巳	四·一	丙戌
一·十一	戊辰	二·十一	丁酉	三·十一	丁卯	四·十一	丙申
一·二十一	戊寅	二·二十一	丁未	三·二十一	丁丑	四·二十一	丙午
五·一	丙辰	六·一	乙酉	七·一	乙卯	八·一	乙酉
五·十一	丙寅	六·十一	乙未	七·十一	乙丑	八·十一	乙未
五·二十一	丙子	六·二十一	乙巳	七·二十一	乙亥	八·二十一	乙巳
九·一	甲寅	十·一	甲申	十一·一	癸丑	十二·一	癸未
九·十一	甲子	十·十一	甲午	十一·十一	癸亥	十二·十一	癸巳
九·二十一	甲戌	十·二十一	甲辰	十一·二十一	癸酉	十二·二十一	癸卯

*《辑要》正月丁巳、三月丙辰、五月乙卯、七月甲寅、八月甲申、九月癸丑、十月癸未、十一月壬子、十二月壬午朔。

周慎靓王二年壬寅（前319）

*一・一 壬子	二・一 壬午	三・一 辛亥	四・一 辛巳
一・十一 壬戌	二・十一 壬辰	三・十一 辛酉	四・十一 辛卯
一・二十一 壬申	二・二十一 壬寅	三・二十一 辛未	四・二十一 辛丑
五・一 庚戌	六・一 庚辰	七・一 己酉 闰七・一 己卯	八・一 戊申
五・十一 庚申	六・十一 庚寅	七・十一 己未 闰七・十一 己丑	八・十一 戊午
五・二十一 庚午	六・二十一 庚子	七・二十一己巳 闰七・二十一己亥	八・二十一 戊辰
九・一 戊寅	十・一 丁未	十一・一 丁丑	十二・一 丁未
九・十一 戊子	十・十一 丁巳	十一・十一 丁亥	十二・十一 丁巳
九・二十一 戊戌	十・二十一 丁卯	十一・二十一 丁酉	十二・二十一 丁卯

＊《辑要》正月辛亥、二月辛巳、三月庚戌、四月庚辰、六月己卯、闰七月戊寅、九月丁丑、十一月丙子、十二月丙午朔。

周慎靓王三年癸卯（前318）

*一・一 丙子	二・一 丙午	三・一 乙亥	四・一 乙巳
一・十一 丙戌	二・十一 丙辰	三・十一 乙酉	四・十一 乙卯
一・二十一 丙申	二・二十一 丙寅	三・二十一 乙未	四・二十一 乙丑
五・一 甲戌	六・一 甲辰	七・一 癸酉	八・一 癸卯
五・十一 甲申	六・十一 甲寅	七・十一 癸未	八・十一 癸丑
五・二十一 甲午	六・二十一 甲子	七・二十一 癸巳	八・二十一 癸亥
九・一 壬申	十・一 壬寅	十一・一 辛未	十二・一 辛丑
九・十一 壬午	十・十一 壬子	十一・十一 辛巳	十二・十一 辛亥
九・二十一 壬辰	十・二十一 壬戌	十一・二十一 辛卯	十二・二十一 辛酉

＊《辑要》正月乙亥、二月乙巳、三月甲戌、四月甲辰、五月癸酉、六月癸卯、八月壬寅、十月辛丑、十二月庚子朔。

周慎靓王四年甲辰（前317）

一・一 庚午	*二・一 庚子	三・一 庚午	四・一 己亥
一・十一 庚辰	二・十一 庚戌	三・十一 庚辰	四・十一 己酉
一・二十一 庚寅	二・二十一 庚申	三・二十一 庚寅	四・二十一 己未
五・一 己巳	六・一 戊戌	七・一 戊辰	八・一 丁酉
五・十一 己卯	六・十一 戊申	七・十一 戊寅	八・十一 丁未
五・二十一 己丑	六・二十一 戊午	七・二十一 戊子	八・二十一 丁巳
九・一 丁卯	十・一 丙申	十一・一 丙寅	十二・一 乙未
九・十一 丁丑	十・十一 丙午	十一・十一 丙子	十二・十一 乙巳
九・二十一 丁亥	十・二十一 丙辰	十一・二十一 丙戌	十二・二十一 乙卯

＊《辑要》二月己亥、三月己巳、四月戊戌、五月戊辰、六月丁酉、七月丁卯、八月丙申、九月丙寅、十月乙未、十一月乙丑朔。

周慎靓王五年乙巳（前316）

*一・一 乙丑	二・一 甲午	三・一 甲子 闰三・一 癸巳	四・一 癸亥
一・十一 乙亥	二・十一 甲辰	三・十一 甲戌 闰三・十一 癸卯	四・十一 癸酉
一・二十一 乙酉	二・二十一 甲寅	三・二十一甲申 闰三・二十一癸丑	四・二十一 癸未
五・一 壬辰	六・一 壬戌	七・一 壬辰	八・一 辛酉
五・十一 壬寅	六・十一 壬申	七・十一 壬寅	八・十一 辛未
五・二十一 壬子	六・二十一 壬午	七・二十一 壬子	八・二十一 辛巳
九・一 辛卯	十・一 庚申	十一・一 庚寅	十二・一 己未
九・十一 辛丑	十・十一 庚午	十一・十一 庚子	十二・十一 己巳
九・二十一 辛亥	十・二十一 庚辰	十一・二十一 庚戌	十二・二十一 己卯

＊《辑要》正月甲子、三月癸亥、四月壬戌、六月辛酉、七月辛卯、八月庚申、九月庚寅、十月己未、十一月己丑、十二月戊午朔。

周慎靓王六年丙午(前315)

*一·一	己丑	二·一	戊午	三·一	戊子	四·一	丁巳
一·十一	己亥	二·十一	戊辰	三·十一	戊戌	四·十一	丁卯
一·二十一	己酉	二·二十一	戊寅	三·二十一	戊申	四·二十一	丁丑
五·一	丁亥	六·一	丙辰	七·一	丙戌	八·一	乙卯
五·十一	丁酉	六·十一	丙寅	七·十一	丙申	八·十一	乙丑
五·二十一	丁未	六·二十一	丙子	七·二十一	丙午	八·二十一	乙亥
九·一	乙酉	十·一	乙卯	十一·一	甲申	十二·一	甲寅
九·十一	乙未	十·十一	乙丑	十一·十一	甲午	十二·十一	甲子
九·二十一	乙巳	十·二十一	乙亥	十一·二十一	甲辰	十二·二十一	甲戌

＊《辑要》正月戊子、三月丁亥、五月丙戌、七月乙酉、九月甲申、十月甲寅、十一月癸未、十二月癸丑朔。

周赧王元年丁未(前314)

*一·一	癸未	二·一	癸丑	三·一	壬午	四·一	壬子
一·十一	癸巳	二·十一	癸亥	三·十一	壬辰	四·十一	壬戌
一·二十一	癸卯	二·二十一	癸酉	三·二十一	壬寅	四·二十一	壬申
五·一	辛巳	六·一	辛亥	七·一	庚辰	八·一	庚戌
五·十一	辛卯	六·十一	辛酉	七·十一	庚寅	八·十一	庚申
五·二十一	辛丑	六·二十一	辛未	七·二十一	庚子	八·二十一	庚午
九·一	己卯	十·一	己酉	十一·一　戊寅　闰十一·一	戊申	十二·一	丁丑
九·十一	己丑	十·十一	己未	十一·十一　戊子　闰十一·十一	戊午	十二·十一	丁亥
九·二十一	己亥	十·二十一	己巳	十一·二十一戊戌　闰十一·二十一	戊辰	十二·二十一	丁酉

＊《辑要》正月壬午、二月壬子、三月辛巳、四月辛亥、五月庚辰、六月庚戌、八月己酉、十月戊申、十二月丁未、闰十二月丁丑朔。

周赧王二年戊申(前313)

*一·一	丁未	二·一	丁丑	三·一	丙午	四·一	丙子
一·十一	丁巳	二·十一	丁亥	三·十一	丙辰	四·十一	丙戌
一·二十一	丁卯	二·二十一	丁酉	三·二十一	丙寅	四·二十一	丙申
五·一	乙巳	六·一	乙亥	七·一	甲辰	八·一	甲戌
五·十一	乙卯	六·十一	乙酉	七·十一	甲寅	八·十一	甲申
五·二十一	乙丑	六·二十一	乙未	七·二十一	甲子	八·二十一	甲午
九·一	癸卯	十·一	癸酉	十一·一	壬寅	十二·一	壬申
九·十一	癸丑	十·十一	癸未	十一·十一	壬子	十二·十一	壬午
九·二十一	癸亥	十·二十一	癸巳	十一·二十一	壬戌	十二·二十一	壬辰

＊《辑要》正月丙午、二月丙子、三月乙巳、四月乙亥、五月甲辰、六月甲戌、七月癸卯、八月癸酉、九月壬寅、十月壬申、十二月辛未朔。

周赧王三年己酉(前312)

一·一	辛丑	*二·一	辛未	三·一	庚子	四·一	庚午
一·十一	辛亥	二·十一	辛巳	三·十一	庚戌	四·十一	庚辰
一·二十一	辛酉	二·二十一	辛卯	三·二十一	庚申	四·二十一	庚寅
五·一	己亥	六·一	己巳	七·一	己亥	八·一	戊辰
五·十一	己酉	六·十一	己卯	七·十一	己酉	八·十一	戊寅
五·二十一	己未	六·二十一	己丑	七·二十一	己未	八·二十一	戊子
九·一	戊戌	十·一	丁卯	十一·一	丁酉	十二·一	丙寅
九·十一	戊申	十·十一	丁丑	十一·十一	丁未	十二·十一	丙子
九·二十一	戊午	十·二十一	丁亥	十一·二十一	丁巳	十二·二十一	丙戌

＊《辑要》二月庚午、四月己巳、六月戊辰、七月戊戌、八月丁卯、九月丁酉、十月丙寅、十一月丙申、十二月乙丑朔。

周赧王四年庚戌(前311)

*一·一　丙申	二·一　乙丑	三·一　乙未	四·一　甲子
一·十一　丙午	二·十一　乙亥	三·十一　乙巳	四·十一　甲戌
一·二十一　丙辰	二·二十一　乙酉	三·二十一　乙卯	四·二十一　甲申
五·一　甲午	六·一　癸亥	七·一　癸巳	八·一　壬戌
五·十一　甲辰	六·十一　癸酉	七·十一　癸卯	八·十一　壬申
五·二十一　甲寅	六·二十一　癸未	七·二十一　癸丑	八·二十一　壬午
九·一　壬辰　闰九·一　壬戌	十·一　辛卯	十一·一　辛酉	十二·一　庚寅
九·十一　壬寅　闰九·十一　壬申	十·十一　辛丑	十一·十一　辛未	十二·十一　庚子
九·二十一壬子　闰九·二十一壬午	十·二十一　辛亥	十一·二十一　辛巳	十二·二十一　庚戌

*《辑要》正月乙未、三月甲午、五月癸巳、七月壬辰、九月辛卯、闰九月辛酉、十月庚寅、十一月庚申、十二月乙丑朔。

周赧王五年辛亥(前310)

*一·一　庚申	二·一　己丑	三·一　己未	四·一　戊子
一·十一　庚午	二·十一　己亥	三·十一　己巳	四·十一　戊戌
一·二十一　庚辰	二·二十一　己酉	三·二十一　己卯	四·二十一　戊申
五·一　戊午	六·一　丁亥	七·一　丁巳	八·一　丙戌
五·十一　戊辰	六·十一　丁酉	七·十一　丁卯	八·十一　丙申
五·二十一　戊寅	六·二十一　丁未	七·二十一　丁丑	八·二十一　丙午
九·一　丙辰	十·一　乙酉	十一·一　乙卯	十二·一　甲申
九·十一　丙寅	十·十一　乙未	十一·十一　乙丑	十二·十一　甲午
九·二十一　丙子	十·二十一　乙巳	十一·二十一　乙亥	十二·二十一　甲辰

*《辑要》正月己未、二月戊子、三月戊午、四月丁亥、五月丁巳、七月丙辰、九月乙卯、十一月甲寅朔。

周赧王六年壬子(前309)

*一·一　甲寅	二·一　甲申	三·一　癸丑	四·一　癸未
一·十一　甲子	二·十一　甲午	三·十一　癸亥	四·十一　癸巳
一·二十一　甲戌	二·二十一　甲辰	三·二十一　癸酉	四·二十一　癸卯
五·一　壬子	六·一　壬午	七·一　辛亥	八·一　辛巳
五·十一　壬戌	六·十一　壬辰	七·十一　辛酉	八·十一　辛卯
五·二十一　壬申	六·二十一　壬寅	七·二十一　辛未	八·二十一　辛丑
九·一　庚戌	十·一　庚辰	十一·一　己酉	十二·一　己卯
九·十一　庚申	十·十一　庚寅	十一·十一　己未	十二·十一　己丑
九·二十一　庚午	十·二十一　庚子	十一·二十一　己巳	十二·二十一　己亥

*《辑要》正月癸丑、二月癸未、三月壬子、四月壬午、五月辛亥、六月辛巳、七月庚戌、八月庚辰、十月己卯、十二月戊寅朔。

周赧王七年癸丑(前308)

一·一　戊申	*二·一　戊寅	三·一　丁未	四·一　丁丑
一·十一　戊午	二·十一　戊子	三·十一　丁巳	四·十一　丁亥
一·二十一　戊辰	二·二十一　戊戌	三·二十一　丁卯	四·二十一　丁酉
五·一　丁未	六·一　丙子　闰六·一　丙午	七·一　乙亥	八·一　乙巳
五·十一　丁巳	六·十一　丙戌　闰六·十一　丙辰	七·十一　乙酉	八·十一　乙卯
五·二十一　丁卯	六·二十一丙申　闰六·二十一丙寅	七·二十一　乙未	八·二十一　乙丑
九·一　甲戌	十·一　甲辰	十一·一　癸酉	十二·一　癸卯
九·十一　甲申	十·十一　甲寅	十一·十一　癸未	十二·十一　癸丑
九·二十一　甲午	十·二十一　甲子	十一·二十一　癸巳	十二·二十一　癸亥

*《辑要》二月丁丑、四月丙子、五月丙午、闰五月乙亥、六月乙巳、七月甲戌、八月甲辰、九月癸酉、十月癸卯、十一月壬申、十二月壬寅朔。

周赧王八年甲寅（前 307）

一·一　壬申	*二·一　壬寅	三·一　辛未	四·一　辛丑
一·十一　壬午	二·十一　壬子	三·十一　辛巳	四·十一　辛亥
一·二十一　壬辰	二·二十一　壬戌	三·二十一　辛卯	四·二十一　辛酉
五·一　庚午	六·一　庚子	七·一　己巳	八·一　己亥
五·十一　庚辰	六·十一　庚戌	七·十一　己卯	八·十一　己酉
五·二十一　庚寅	六·二十一　庚申	七·二十一　己丑	八·二十一　己未
九·一　己巳	十·一　戊戌	十一·一　戊辰	十二·一　丁酉
九·十一　己卯	十·十一　戊申	十一·十一　戊寅	十二·十一　丁未
九·二十一　己丑	十·二十一　戊午	十一·二十一　戊子	十二·二十一　丁巳

*《辑要》二月辛丑、四月庚子、六月己亥、八月戊戌、九月戊辰、十月丁酉、十一月丁卯、十二月丙申朔。

周赧王九年乙卯（前 306）

*一·一　丁卯	二·一　丙申	三·一　丙寅	四·一　乙未
一·十一　丁丑	二·十一　丙午	三·十一　丙子	四·十一　乙巳
一·二十一　丁亥	二·二十一　丙辰	三·二十一　丙戌	四·二十一　乙卯
五·一　乙丑	六·一　甲午	七·一　甲子	八·一　癸巳
五·十一　乙亥	六·十一　甲辰	七·十一　甲戌	八·十一　癸卯
五·二十一　乙酉	六·二十一　甲寅	七·二十一　甲申	八·二十一　癸丑
九·一　癸亥	十·一　壬辰	十一·一　壬戌	十二·一　辛卯
九·十一　癸酉	十·十一　壬寅	十一·十一　壬申	十二·十一　辛丑
九·二十一　癸未	十·二十一　壬子	十一·二十一　壬午	十二·二十一　辛亥

*《辑要》正月丙寅、二月乙未、三月乙丑、四月甲午、五月甲子、七月癸亥、九月壬戌、十一月辛酉朔。

周赧王十年丙辰（前 305）

*一·一　辛酉	二·一　辛卯　闰二·一　庚申	三·一　庚寅	四·一　己未
一·十一　辛未	二·十一　辛丑　闰二·十一　庚午	三·十一　庚子	四·十一　己巳
一·二十一　辛巳	二·二十一辛亥　闰二·二十一庚辰	三·二十一　庚戌	四·二十一　己卯
五·一　己丑	六·一　戊午	七·一　戊子	八·一　丁巳
五·十一　己亥	六·十一　戊辰	七·十一　戊戌	八·十一　丁卯
五·二十一　己酉	六·二十一　戊寅	七·二十一　戊申	八·二十一　丁丑
九·一　丁亥	十·一　丙辰	十一·一　丙戌	十二·一　乙卯
九·十一　丁酉	十·十一　丙寅	十一·十一　丙申	十二·十一　乙丑
九·二十一　丁未	十·二十一　丙子	十一·二十一　丙午	十二·二十一　乙亥

*《辑要》正月庚申、闰正月庚寅、二月己未、三月己丑、四月戊午、五月戊子、六月丁巳、七月丁亥、九月丙戌、十一月乙酉朔。

周赧王十一年丁巳（前 304）

*一·一　乙酉	二·一　甲寅	三·一　甲申	四·一　甲寅
一·十一　乙未	二·十一　甲子	三·十一　甲午	四·十一　甲子
一·二十一　乙巳	二·二十一　甲戌	三·二十一　甲辰	四·二十一　甲戌
五·一　癸未	六·一　癸丑	七·一　壬午	八·一　壬子
五·十一　癸巳	六·十一　癸亥	七·十一　壬辰	八·十一　壬戌
五·二十一　癸卯	六·二十一　癸酉	七·二十一　壬寅	八·二十一　壬申
九·一　辛巳	十·一　辛亥	十一·一　庚辰	十二·一　庚戌
九·十一　辛卯	十·十一　辛酉	十一·十一　庚寅	十二·十一　庚申
九·二十一　辛丑	十·二十一　辛未	十一·二十一　庚子	十二·二十一　庚午

*《辑要》正月甲申、三月癸未、四月癸丑、五月壬午、六月壬子、七月辛巳、八月辛亥、九月庚辰、十月庚戌、十一月己卯、十二月己酉朔。

周赧王十二年戊午（前 303）

一・一 己卯	*二・一 己酉	三・一 戊寅	四・一 戊申
一・十一 己丑	二・十一 己未	三・十一 戊子	四・十一 戊午
一・二十一 己亥	二・二十一 己巳	三・二十一 戊戌	四・二十一 戊辰
五・一 丁丑	六・一 丁未	七・一 丙子	八・一 丙午
五・十一 丁亥	六・十一 丁巳	七・十一 丙戌	八・十一 丙辰
五・二十一 丁酉	六・二十一 丁卯	七・二十一 丙申	八・二十一 丙寅
九・一 丙子	十・一 乙巳 闰十・一 乙亥	十一・一 甲辰	十二・一 甲戌
九・十一 丙戌	十・十一 乙卯 闰十・十一 乙酉	十一・十一 甲寅	十二・十一 甲申
九・二十一 丙申	十・二十一乙丑 闰十・二十一乙未	十一・二十一 甲子	十二・二十一 甲午

*《辑要》二月戊申、四月丁未、六月丙午、八月乙巳、九月乙亥、十月甲辰、闰十月甲戌、十一月癸卯、十二月癸酉朔。

周赧王十三年己未（前 302）

*一・一 癸卯	二・一 癸酉	三・一 壬寅	四・一 壬申
一・十一 癸丑	二・十一 癸未	三・十一 壬子	四・十一 壬午
一・二十一 癸亥	二・二十一 癸巳	三・二十一 壬戌	四・二十一 壬辰
五・一 辛丑	六・一 辛未	七・一 庚子	八・一 庚午
五・十一 辛亥	六・十一 辛巳	七・十一 庚戌	八・十一 庚辰
五・二十一 辛酉	六・二十一 辛卯	七・二十一 庚申	八・二十一 庚寅
九・一 己亥	十・一 己巳	十一・一 己亥	十二・一 戊辰
九・十一 己酉	十・十一 己卯	十一・十一 己酉	十二・十一 戊寅
九・二十一 己未	十・二十一 己丑	十一・二十一 己未	十二・二十一 戊子

*《辑要》正月壬寅、二月壬申、四月辛未、六月庚午、八月己巳、十月戊辰、十一月戊戌、十二月丁卯朔。

周赧王十四年庚申（前 301）

*一・一 戊戌	二・一 丁卯	三・一 丁酉	四・一 丙寅
一・十一 戊申	二・十一 丁丑	三・十一 丁未	四・十一 丙子
一・二十一 戊午	二・二十一 丁亥	三・二十一 丁巳	四・二十一 丙戌
五・一 丙申	六・一 乙丑	七・一 乙未	八・一 甲子
五・十一 丙午	六・十一 乙亥	七・十一 乙巳	八・十一 甲戌
五・二十一 丙辰	六・二十一 乙酉	七・二十一 乙卯	八・二十一 甲申
九・一 甲午	十・一 癸亥	十一・一 癸巳	十二・一 壬戌
九・十一 甲辰	十・十一 癸酉	十一・十一 癸卯	十二・十一 壬申
九・二十一 甲寅	十・二十一 癸未	十一・二十一 癸丑	十二・二十一 壬午

*《辑要》正月丁酉、二月丙寅、三月丙申、四月乙丑、五月乙未、六月甲子、七月甲午、九月癸巳、十一月壬辰朔。

周赧王十五年辛酉（前 300）

*一・一 壬辰	二・一 辛酉	三・一 辛卯	四・一 辛酉
一・十一 壬寅	二・十一 辛未	三・十一 辛丑	四・十一 辛未
一・二十一 壬子	二・二十一 辛巳	三・二十一 辛亥	四・二十一 辛巳
五・一 庚寅	六・一 庚申	七・一 己丑 闰七・一 己未	八・一 戊子
五・十一 庚子	六・十一 庚午	七・十一 己亥 闰七・十一 己巳	八・十一 戊戌
五・二十一 庚戌	六・二十一 庚辰	七・二十一己酉 闰七・二十一己卯	八・二十一 戊申
九・一 戊午	十・一 丁亥	十一・一 丁巳	十二・一 丙戌
九・十一 戊辰	十・十一 丁酉	十一・十一 丁卯	十二・十一 丙申
九・二十一 戊寅	十・二十一 丁未	十一・二十一 丁丑	十二・二十一 丙午

*《辑要》正月辛卯、三月庚寅、四月庚申、五月己丑、六月己未、七月戊子、闰六月戊午、八月丁亥、九月丁巳、十月丙戌、十一月丙辰朔。

周赧王十六年壬戌（前 299）

*一·一 丙辰	二·一 乙酉	三·一 乙卯	四·一 甲申
一·十一 丙寅	二·十一 乙未	三·十一 乙丑	四·十一 甲午
一·二十一 丙子	二·二十一 乙巳	三·二十一 乙亥	四·二十一 甲辰
五·一 甲寅	六·一 癸未	七·一 癸丑	八·一 癸未
五·十一 甲子	六·十一 癸巳	七·十一 癸亥	八·十一 癸巳
五·二十一 甲戌	六·二十一 癸卯	七·二十一 癸酉	八·二十一 癸卯
九·一 壬子	十·一 壬午	十一·一 辛亥	十二·一 辛巳
九·十一 壬戌	十·十一 壬辰	十一·十一 辛酉	十二·十一 辛卯
九·二十一 壬申	十·二十一 壬寅	十一·二十一 辛未	十二·二十一 辛丑

*《辑要》正月乙卯、三月甲寅、五月癸丑、七月壬子、八月壬午、九月辛亥、十月辛巳、十一月庚戌、十二月庚辰朔。

周赧王十七年癸亥（前 298）

*一·一 庚戌	二·一 庚辰	三·一 己酉	四·一 己卯
一·十一 庚申	二·十一 庚寅	三·十一 己未	四·十一 己丑
一·二十一 庚午	二·二十一 庚子	三·二十一 己巳	四·二十一 己亥
五·一 戊申	六·一 戊寅	七·一 丁未	八·一 丁丑
五·十一 戊午	六·十一 戊子	七·十一 丁巳	八·十一 丁亥
五·二十一 戊辰	六·二十一 戊戌	七·二十一 丁卯	八·二十一 丁酉
九·一 丙午	十·一 丙子	十一·一 丙午	十二·一 乙亥
九·十一 丙辰	十·十一 丙戌	十一·十一 丙辰	十二·十一 乙酉
九·二十一 丙寅	十·二十一 丙申	十一·二十一 丙寅	十二·二十一 乙未

*《辑要》正月己酉、二月己卯、四月戊寅、六月丁丑、八月丙子、十月乙亥、十一月乙巳、十二月甲戌朔。

周赧王十八年甲子（前 297）

*一·一 乙巳	二·一 甲戌	三·一 甲辰	四·一 癸酉 闰四·一 癸卯
一·十一 乙卯	二·十一 甲申	三·十一 甲寅	四·十一 癸未 闰四·十一 癸丑
一·二十一 乙丑	二·二十一 甲午	三·二十一 甲子	四·二十一癸巳 闰四·二十一癸亥
五·一 壬申	六·一 壬寅	七·一 辛未	八·一 辛丑
五·十一 壬午	六·十一 壬子	七·十一 辛巳	八·十一 辛亥
五·二十一 壬辰	六·二十一 壬戌	七·二十一 辛卯	八·二十一 辛酉
九·一 庚午	十·一 庚子	十一·一 己巳	十二·一 己亥
九·十一 庚辰	十·十一 庚戌	十一·十一 己卯	十二·十一 己酉
九·二十一 庚寅	十·二十一 庚申	十一·二十一 己丑	十二·二十一 己未

*《辑要》正月甲辰、二月癸酉、三月癸卯、闰三月壬申、四月壬寅、五月辛未、六月辛丑、八月庚子、十月己亥、十二月戊戌朔。

周赧王十九年乙丑（前 296）

一·一 戊辰	*二·一 戊戌	三·一 戊辰	四·一 丁酉
一·十一 戊寅	二·十一 戊申	三·十一 戊寅	四·十一 丁未
一·二十一 戊子	二·二十一 戊午	三·二十一 戊子	四·二十一 丁巳
五·一 丁卯	六·一 丙申	七·一 丙寅	八·一 乙未
五·十一 丁丑	六·十一 丙午	七·十一 丙子	八·十一 乙巳
五·二十一 丁亥	六·二十一 丙辰	七·二十一 丙戌	八·二十一 乙卯
九·一 乙丑	十·一 甲午	十一·一 甲子	十二·一 癸巳
九·十一 乙亥	十·十一 甲辰	十一·十一 甲戌	十二·十一 癸卯
九·二十一 乙酉	十·二十一 甲寅	十一·二十一 甲申	十二·二十一 癸丑

*《辑要》二月丁酉、三月丁卯、四月丙申、五月丙寅、六月乙未、七月乙丑、八月甲午、九月甲子、十一月癸亥朔。

周赧王二十年丙寅（前 295）

*一・一 癸亥	二・一 壬辰	三・一 壬戌	四・一 辛卯
一・十一 癸酉	二・十一 壬寅	三・十一 壬申	四・十一 辛丑
一・二十一 癸未	二・二十一 壬子	三・二十一 壬午	四・二十一 辛亥
五・一 辛酉	六・一 辛卯	七・一 庚申	八・一 庚寅
五・十一 辛未	六・十一 辛丑	七・十一 庚午	八・十一 庚子
五・二十一 辛巳	六・二十一 辛亥	七・二十一 庚辰	八・二十一 庚戌
九・一 己未	十・一 己丑	十一・一 戊午	十二・一 戊子 闰十二・一 丁巳
九・十一 己巳	十・十一 己亥	十一・十一 戊辰	十二・十一 戊戌 闰十二・十一 丁卯
九・二十一 己卯	十・二十一 己酉	十一・二十一 戊寅	十二・二十一戊申 闰十二・二十一丁丑

＊《辑要》正月壬戌、三月辛酉、五月庚申、六月庚寅、七月己未、八月己丑、九月戊午、十月戊子、十一月丁巳、闰十一月丁亥、十二月丙辰朔。

周赧王二十一年丁卯（前 294）

*一・一 丁亥	二・一 丙辰	三・一 丙戌	四・一 乙卯
一・十一 丁酉	二・十一 丙寅	三・十一 丙申	四・十一 乙丑
一・二十一 丁未	二・二十一 丙子	三・二十一 丙午	四・二十一 乙亥
五・一 乙酉	六・一 甲寅	七・一 甲申	八・一 癸丑
五・十一 乙未	六・十一 甲子	七・十一 甲午	八・十一 癸亥
五・二十一 乙巳	六・二十一 甲戌	七・二十一 甲辰	八・二十一 癸酉
九・一 癸未	十・一 癸丑	十一・一 壬午	十二・一 壬子
九・十一 癸巳	十・十一 癸亥	十一・十一 壬辰	十二・十一 壬戌
九・二十一 癸卯	十・二十一 癸酉	十一・二十一 壬寅	十二・二十一 壬申

＊《辑要》正月丙戌、三月乙酉、五月甲申、七月癸未、九月壬午、十月壬子、十一月辛巳、十二月辛亥朔。

周赧王二十二年戊辰（前 293）

*一・一 辛巳	二・一 辛亥	三・一 庚辰	四・一 庚戌
一・十一 辛卯	二・十一 辛酉	三・十一 庚寅	四・十一 庚申
一・二十一 辛丑	二・二十一 辛未	三・二十一 庚子	四・二十一 庚午
五・一 己卯	六・一 己酉	七・一 戊寅	八・一 戊申
五・十一 己丑	六・十一 己未	七・十一 戊子	八・十一 戊午
五・二十一 己亥	六・二十一 己巳	七・二十一 戊戌	八・二十一 戊辰
九・一 丁丑	十・一 丁未	十一・一 丙子	十二・一 丙午
九・十一 丁亥	十・十一 丁巳	十一・十一 丙戌	十二・十一 丙辰
九・二十一 丁酉	十・二十一 丁卯	十一・二十一 丙申	十二・二十一 丙寅

＊《辑要》正月庚辰、二月庚戌、三月己卯、四月己酉、五月戊寅、六月戊申、八月丁未、十月丙午、十二月乙巳朔。

周赧王二十三年己巳（前 292）

一・一 乙亥	*二・一 乙巳	三・一 乙亥	四・一 甲辰
一・十一 乙酉	二・十一 乙卯	三・十一 乙酉	四・十一 甲寅
一・二十一 乙未	二・二十一 乙丑	三・二十一 乙未	四・二十一 甲子
五・一 甲戌	六・一 癸卯	七・一 癸酉	八・一 壬寅 闰八・一 壬申
五・十一 甲申	六・十一 癸丑	七・十一 癸未	八・十一 壬子 闰八・十一 壬午
五・二十一 甲午	六・二十一 癸亥	七・二十一 癸巳	八・二十一壬戌 闰八・二十一壬辰
九・一 辛丑	十・一 辛未	十一・一 庚子	十二・一 庚午
九・十一 辛亥	十・十一 辛巳	十一・十一 庚戌	十二・十一 庚辰
九・二十一 辛酉	十・二十一 辛卯	十一・二十一 庚申	十二・二十一 庚寅

＊《辑要》二月甲辰、三月甲戌、四月癸卯、五月癸酉、六月壬寅、七月壬申、八月辛丑、九月辛未、闰九月辛丑、十月庚午、十二月己巳朔。

周赧王二十四年庚午（前 291）

一·一	己亥	*二·一	己巳	三·一	戊戌	四·一	戊辰
一·十一	己酉	二·十一	己卯	三·十一	戊申	四·十一	戊寅
一·二十一	己未	二·二十一	己丑	三·二十一	戊午	四·二十一	戊子
五·一	戊戌	六·一	丁卯	七·一	丁酉	八·一	丙寅
五·十一	戊申	六·十一	丁丑	七·十一	丁未	八·十一	丙子
五·二十一	戊午	六·二十一	丁亥	七·二十一	丁巳	八·二十一	丙戌
九·一	丙申	十·一	乙丑	十一·一	乙未	十二·一	甲子
九·十一	丙午	十·十一	乙亥	十一·十一	乙巳	十二·十一	甲戌
九·二十一	丙辰	十·二十一	乙酉	十一·二十一	乙卯	十二·二十一	甲申

*《辑要》二月戊辰、四月丁卯、五月丁酉、六月丙寅、七月丙申、八月乙丑、九月乙未、十月甲子、十一月甲午、十二月癸亥朔。

周赧王二十五年辛未（前 290）

*一·一	甲午	二·一	癸亥	三·一	癸巳	四·一	壬戌
一·十一	甲辰	二·十一	癸酉	三·十一	癸卯	四·十一	壬申
一·二十一	甲寅	二·二十一	癸未	三·二十一	癸丑	四·二十一	壬午
五·一	壬辰	六·一	辛酉	七·一	辛卯	八·一	庚申
五·十一	壬寅	六·十一	辛未	七·十一	辛丑	八·十一	庚午
五·二十一	壬子	六·二十一	辛巳	七·二十一	辛亥	八·二十一	庚辰
九·一	庚寅	十·一	庚申	十一·一	己丑	十二·一	己未
九·十一	庚子	十·十一	庚午	十一·十一	己亥	十二·十一	己巳
九·二十一	庚戌	十·二十一	庚辰	十一·二十一	己酉	十二·二十一	己卯

*《辑要》正月癸巳、三月壬辰、五月辛卯、七月庚寅、九月己丑、十月己未、十一月戊子、十二月戊午朔。

周赧王二十六年壬申（前 289）

*一·一	戊子	二·一	戊午	三·一	丁亥	四·一	丁巳
一·十一	戊戌	二·十一	戊辰	三·十一	丁酉	四·十一	丁卯
一·二十一	戊申	二·二十一	戊寅	三·二十一	丁未	四·二十一	丁丑
五·一 丙戌	闰五·一 丙辰	六·一	乙酉	七·一	乙卯	八·一	甲申
五·十一 丙申	闰五·十一 丙寅	六·十一	乙未	七·十一	乙丑	八·十一	甲午
五·二十一丙午	闰五·二十一丙子	六·二十一	乙巳	七·二十一	乙亥	八·二十一	甲辰
九·一	甲寅	十·一	癸未	十一·一	癸丑	十二·一	癸未
九·十一	甲子	十·十一	癸巳	十一·十一	癸亥	十二·十一	癸巳
九·二十一	甲戌	十·二十一	癸卯	十一·二十一	癸酉	十二·二十一	癸卯

*《辑要》正月丁亥、二月丁巳、三月丙戌、四月丙辰、六月乙卯、闰六月乙酉、七月甲寅、九月癸丑、十一月壬子、十二月壬午朔。

周赧王二十七年癸酉（前 288）

*一·一	壬子	二·一	壬午	三·一	辛亥	四·一	辛巳
一·十一	壬戌	二·十一	壬辰	三·十一	辛酉	四·十一	辛卯
一·二十一	壬申	二·二十一	壬寅	三·二十一	辛未	四·二十一	辛丑
五·一	庚戌	六·一	庚辰	七·一	己酉	八·一	己卯
五·十一	庚申	六·十一	庚寅	七·十一	己未	八·十一	己丑
五·二十一	庚午	六·二十一	庚子	七·二十一	己巳	八·二十一	己亥
九·一	戊申	十·一	戊寅	十一·一	丁未	十二·一	丁丑
九·十一	戊午	十·十一	戊子	十一·十一	丁巳	十二·十一	丁亥
九·二十一	戊辰	十·二十一	戊戌	十一·二十一	丁卯	十二·二十一	丁酉

*《辑要》正月辛亥、二月辛巳、三月庚戌、四月庚辰、五月己酉、六月己卯、七月戊申、八月戊寅、十月丁丑、十二月丙子朔。

周赧王二十八年甲戌（前 287）

一•一　丙午	*二•一　丙子	三•一　乙巳	四•一　乙亥
一•十一　丙辰	二•十一　丙戌	三•十一　乙卯	四•十一　乙酉
一•二十一　丙寅	二•二十一　丙申	三•二十一　乙丑	四•二十一　乙未
五•一　乙巳	六•一　甲戌	七•一　甲辰	八•一　癸酉
五•十一　乙卯	六•十一　甲申	七•十一　甲寅	八•十一　癸未
五•二十一　乙丑	六•二十一　甲午	七•二十一　甲子	八•二十一　癸巳
九•一　癸卯	十•一　壬申	十一•一　壬寅	十二•一　辛未
九•十一　癸丑	十•十一　壬午	十一•十一　壬子	十二•十一　辛巳
九•二十一　癸亥	十•二十一　壬辰	十一•二十一　壬戌	十二•二十一　辛卯

＊《辑要》二月乙亥、四月甲戌、五月甲辰、六月癸酉、七月癸卯、八月壬申、九月壬寅、十月辛未、十一月辛丑、十二月庚午朔。

周赧王二十九年乙亥（前 286）

*一•一　辛丑	二•一　庚午　闰二•一　庚子	三•一　己巳	四•一　己亥
一•十一　辛亥	二•十一　庚辰　闰二•十一　庚戌	三•十一　己卯	四•十一　己酉
一•二十一　辛酉	二•二十一庚寅　闰二•二十一庚申	三•二十一　己丑	四•二十一　己未
五•一　戊辰	六•一　戊戌	七•一　丁卯	八•一　丁酉
五•十一　戊寅	六•十一　戊申	七•十一　丁丑	八•十一　丁未
五•二十一　戊子	六•二十一　戊午	七•二十一　丁亥	八•二十一　丁巳
九•一　丁卯	十•一　丙申	十一•一　丙寅	十二•一　乙未
九•十一　丁丑	十•十一　丙午	十一•十一　丙子	十二•十一　乙巳
九•二十一　丁亥	十•二十一　丙辰	十一•二十一　丙戌	十二•二十一　乙卯

＊《辑要》正月庚子、闰二月己亥、四月戊戌、六月丁酉、八月丙申、九月丙寅、十月乙未、十一月乙丑、十二月甲午朔。

周赧王三十年丙子（前 285）

*一•一　乙丑	二•一　甲午	三•一　甲子	四•一　癸巳
一•十一　乙亥	二•十一　甲辰	三•十一　甲戌	四•十一　癸卯
一•二十一　乙酉	二•二十一　甲寅	三•二十一　甲申	四•二十一　癸丑
五•一　癸亥	六•一　壬辰	七•一　壬戌	八•一　辛卯
五•十一　癸酉	六•十一　壬寅	七•十一　壬申	八•十一　辛丑
五•二十一　癸未	六•二十一　壬子	七•二十一　壬午	八•二十一　辛亥
九•一　辛酉	十•一　庚寅	十一•一　庚申	十二•一　庚寅
九•十一　辛未	十•十一　庚子	十一•十一　庚午	十二•十一　庚子
九•二十一　辛巳	十•二十一　庚戌	十一•二十一　庚辰	十二•二十一　庚戌

＊《辑要》正月甲子、二月癸巳、三月癸亥、五月壬戌、七月辛酉、九月庚申、十一月己未、十二月己丑朔。

周赧王三十一年丁丑（前 284）

*一•一　己未	二•一　己丑	三•一　戊午	四•一　戊子
一•十一　己巳	二•十一　己亥	三•十一　戊辰	四•十一　戊戌
一•二十一　己卯	二•二十一　己酉	三•二十一　戊寅	四•二十一　戊申
五•一　丁巳	六•一　丁亥	七•一　丙辰	八•一　丙戌
五•十一　丁卯	六•十一　丁酉	七•十一　丙寅	八•十一　丙申
五•二十一　丁丑	六•二十一　丁未	七•二十一　丙子	八•二十一　丙午
九•一　乙卯	十•一　乙酉　闰十•一　甲寅	十一•一　甲申	十二•一　癸丑
九•十一　乙丑	十•十一　乙未　闰十•十一　甲子	十一•十一　甲午	十二•十一　癸亥
九•二十一　乙亥	十•二十一乙巳　闰十•二十一甲戌	十一•二十一　甲辰	十二•二十一　癸酉

＊《辑要》正月戊午、二月戊子、三月丁巳、四月丁亥、五月丙辰、六月丙戌、七月乙卯、八月乙酉、十月甲申、十一月癸未朔。

周赧王三十二年戊寅(前 283)

*一·一	癸未	二·一	壬子	三·一	壬午	四·一	壬子
一·十一	癸巳	二·十一	壬戌	三·十一	壬辰	四·十一	壬戌
一·二十一	癸卯	二·二十一	壬申	三·二十一	壬寅	四·二十一	壬申
五·一	辛巳	六·一	辛亥	七·一	庚辰	八·一	庚戌
五·十一	辛卯	六·十一	辛酉	七·十一	庚寅	八·十一	庚申
五·二十一	辛丑	六·二十一	辛未	七·二十一	庚子	八·二十一	庚午
九·一	己卯	十·一	己酉	十一·一	戊寅	十二·一	戊申
九·十一	己丑	十·十一	己未	十一·十一	戊子	十二·十一	戊午
九·二十一	己亥	十·二十一	己巳	十一·二十一	戊戌	十二·二十一	戊辰

*《辑要》正月壬午、三月辛巳、四月辛亥、五月庚辰、六月庚戌、七月己卯、八月己酉、九月戊寅、十月戊申、十二月丁未朔。

周赧王三十三年己卯(前 282)

一·一	丁丑	*二·一	丁未	三·一	丙子	四·一	丙午
一·十一	丁亥	二·十一	丁巳	三·十一	丙戌	四·十一	丙辰
一·二十一	丁酉	二·二十一	丁卯	三·二十一	丙申	四·二十一	丙寅
五·一	乙亥	六·一	乙巳	七·一	乙亥	八·一	甲辰
五·十一	乙酉	六·十一	乙卯	七·十一	乙酉	八·十一	甲寅
五·二十一	乙未	六·二十一	乙丑	七·二十一	乙未	八·二十一	甲子
九·一	甲戌	十·一	癸卯	十一·一	癸酉	十二·一	壬寅
九·十一	甲申	十·十一	癸丑	十一·十一	癸未	十二·十一	壬子
九·二十一	甲午	十·二十一	癸亥	十一·二十一	癸巳	十二·二十一	壬戌

*《辑要》二月丙午、四月乙巳、六月甲辰、七月甲戌、八月癸卯、九月癸酉、十月壬寅、十一月壬申、十二月辛丑朔。

周赧王三十四年庚辰(前 281)

*一·一	壬申	二·一	辛丑	三·一	辛未	四·一	庚子
一·十一	壬午	二·十一	辛亥	三·十一	辛巳	四·十一	庚戌
一·二十一	壬辰	二·二十一	辛酉	三·二十一	辛卯	四·二十一	庚申
五·一	庚午	六·一 己亥	闰六·一 己巳	七·一	戊戌	八·一	戊辰
五·十一	庚辰	六·十一 己酉	闰六·十一 己卯	七·十一	戊申	八·十一	戊寅
五·二十一	庚寅	六·二十一己未	闰六·二十一己丑	七·二十一	戊午	八·二十一	戊子
九·一	丁酉	十·一	丁卯	十一·一	丁酉	十二·一	丙寅
九·十一	丁未	十·十一	丁丑	十一·十一	丁未	十二·十一	丙子
九·二十一	丁巳	十·二十一	丁亥	十一·二十一	丁巳	十二·二十一	丙戌

*《辑要》正月辛未、二月庚子、三月庚午、五月己巳、七月戊辰、闰七月戊戌、八月丁卯、十月丙寅、十一月丙申、十二月乙丑朔。

周赧王三十五年辛巳(前 280)

*一·一	丙申	二·一	乙丑	三·一	乙未	四·一	甲子
一·十一	丙午	二·十一	乙亥	三·十一	乙巳	四·十一	甲戌
一·二十一	丙辰	二·二十一	乙酉	三·二十一	乙卯	四·二十一	甲申
五·一	甲午	六·一	癸亥	七·一	癸巳	八·一	壬戌
五·十一	甲辰	六·十一	癸酉	七·十一	癸卯	八·十一	壬申
五·二十一	甲寅	六·二十一	癸未	七·二十一	癸丑	八·二十一	壬午
九·一	壬辰	十·一	辛酉	十一·一	辛卯	十二·一	庚申
九·十一	壬寅	十·十一	辛未	十一·十一	辛丑	十二·十一	庚午
九·二十一	壬子	十·二十一	辛巳	十一·二十一	辛亥	十二·二十一	庚辰

*《辑要》正月乙未、二月甲子、三月甲午、四月癸亥、五月癸巳、六月壬戌、七月壬辰、九月辛卯、十一月庚寅朔。

周赧王三十六年壬午（前 279）

*一·一 庚寅	二·一 己未	三·一 己丑	四·一 己未
一·十一 庚子	二·十一 己巳	三·十一 己亥	四·十一 己巳
一·二十一 庚戌	二·二十一 己卯	三·二十一 己酉	四·二十一 己卯
五·一 戊子	六·一 戊午	七·一 丁亥	八·一 丁巳
五·十一 戊戌	六·十一 戊辰	七·十一 丁酉	八·十一 丁卯
五·二十一 戊申	六·二十一 戊寅	七·二十一 丁未	八·二十一 丁丑
九·一 丙戌	十·一 丙辰	十一·一 乙酉	十二·一 乙卯
九·十一 丙申	十·十一 丙寅	十一·十一 乙未	十二·十一 乙丑
九·二十一 丙午	十·二十一 丙子	十一·二十一 乙巳	十二·二十一 乙亥

*《辑要》正月己丑、三月戊子、四月戊午、五月丁亥、六月丁巳、七月丙戌、八月丙辰、九月乙酉、十月乙卯、十二月甲寅朔。

周赧王三十七年癸未（前 278）

一·一 甲申	*二·一 甲寅	三·一 癸未　闰三·一 癸丑	四·一 壬午
一·十一 甲午	二·十一 甲子	三·十一 癸巳　闰三·十一 癸亥	四·十一 壬辰
一·二十一 甲辰	二·二十一 甲戌	三·二十一 癸卯　闰三·二十一 癸酉	四·二十一 壬寅
五·一 壬子	六·一 壬午	七·一 辛亥	八·一 辛巳
五·十一 壬戌	六·十一 壬辰	七·十一 辛酉	八·十一 辛卯
五·二十一 壬申	六·二十一 壬寅	七·二十一 辛未	八·二十一 辛丑
九·一 庚戌	十·一 庚辰	十一·一 己酉	十二·一 己卯
九·十一 庚申	十·十一 庚寅	十一·十一 己未	十二·十一 己丑
九·二十一 庚午	十·二十一 庚子	十一·二十一 己巳	十二·二十一 己亥

*《辑要》二月癸丑、四月壬子、闰四月壬午、五月辛亥、六月辛巳、七月庚戌、八月庚辰、九月己酉、十月己卯、十一月戊申、十二月戊寅朔。

周赧王三十八年甲申（前 277）

*一·一 戊申	二·一 戊寅	三·一 丁未	四·一 丁丑
一·十一 戊午	二·十一 戊子	三·十一 丁巳	四·十一 丁亥
一·二十一 戊辰	二·二十一 戊戌	三·二十一 丁卯	四·二十一 丁酉
五·一 丙午	六·一 丙子	七·一 乙巳	八·一 乙亥
五·十一 丙辰	六·十一 丙戌	七·十一 乙卯	八·十一 乙酉
五·二十一 丙寅	六·二十一 丙申	七·二十一 乙丑	八·二十一 乙未
九·一 甲辰	十·一 甲戌	十一·一 甲辰	十二·一 癸酉
九·十一 甲寅	十·十一 甲申	十一·十一 甲寅	十二·十一 癸未
九·二十一 甲子	十·二十一 甲午	十一·二十一 甲子	十二·二十一 癸巳

*《辑要》正月丁未、二月丁丑、四月丙子、六月乙亥、八月甲戌、十月癸酉、十一月癸卯、十二月壬申朔。

周赧王三十九年乙酉（前 276）

*一·一 癸卯	二·一 壬申	三·一 壬寅	四·一 辛未
一·十一 癸丑	二·十一 壬午	三·十一 壬子	四·十一 辛巳
一·二十一 癸亥	二·二十一 壬辰	三·二十一 壬戌	四·二十一 辛卯
五·一 辛丑	六·一 庚午	七·一 庚子	八·一 己巳
五·十一 辛亥	六·十一 庚辰	七·十一 庚戌	八·十一 己卯
五·二十一 辛酉	六·二十一 庚寅	七·二十一 庚申	八·二十一 己丑
九·一 己亥	十·一 戊辰	十一·一 戊戌	十二·一 丁卯　闰十二·一 丁酉
九·十一 己酉	十·十一 戊寅	十一·十一 戊申	十二·十一 丁丑　闰十二·十一 丁未
九·二十一 己未	十·二十一 戊子	十一·二十一 戊午	十二·二十一 丁亥　闰十二·二十一 丁巳

*《辑要》正月壬寅、二月辛未、三月辛丑、四月庚午、五月庚子、七月己亥、九月戊戌、十一月丁酉、闰十二月丙申朔。

周赧王四十年丙戌(前275)

*一·一	丁卯	二·一	丙申	三·一	丙寅	四·一	乙未
一·十一	丁丑	二·十一	丙午	三·十一	丙子	四·十一	乙巳
一·二十一	丁亥	二·二十一	丙辰	三·二十一	丙戌	四·二十一	乙卯
五·一	乙丑	六·一	甲午	七·一	甲子	八·一	癸巳
五·十一	乙亥	六·十一	甲辰	七·十一	甲戌	八·十一	癸卯
五·二十一	乙酉	六·二十一	甲寅	七·二十一	甲申	八·二十一	癸丑
九·一	癸亥	十·一	壬辰	十一·一	壬戌	十二·一	辛卯
九·十一	癸酉	十·十一	壬寅	十一·十一	壬申	十二·十一	辛丑
九·二十一	癸未	十·二十一	壬子	十一·二十一	壬午	十二·二十一	辛亥

＊《辑要》正月丙寅、二月乙未、三月乙丑、四月甲午、五月甲子、六月癸巳、七月癸亥、八月壬辰、九月壬戌、十一月辛酉朔。

周赧王四十一年丁亥(前274)

*一·一	辛酉	二·一	庚寅	三·一	庚申	四·一	己丑
一·十一	辛未	二·十一	庚子	三·十一	庚午	四·十一	己亥
一·二十一	辛巳	二·二十一	庚戌	三·二十一	庚辰	四·二十一	己酉
五·一	己未	六·一	己丑	七·一	戊午	八·一	戊子
五·十一	己巳	六·十一	己亥	七·十一	戊辰	八·十一	戊戌
五·二十一	己卯	六·二十一	己酉	七·二十一	戊寅	八·二十一	戊申
九·一	丁巳	十·一	丁亥	十一·一	丙辰	十二·一	丙戌
九·十一	丁卯	十·十一	丁酉	十一·十一	丙寅	十二·十一	丙申
九·二十一	丁丑	十·二十一	丁未	十一·二十一	丙子	十二·二十一	丙午

＊《辑要》正月庚申、三月己未、五月戊午、六月戊子、七月丁巳、八月丁亥、九月丙辰、十月丙戌、十一月乙卯、十二月乙酉朔。

周赧王四十二年戊子(前273)

*一·一	乙卯	二·一	乙酉	三·一	甲寅	四·一	甲申
一·十一	乙丑	二·十一	乙未	三·十一	甲子	四·十一	甲午
一·二十一	乙亥	二·二十一	乙巳	三·二十一	甲戌	四·二十一	甲辰
五·一	癸丑	六·一	癸未	七·一	壬子	八·一　壬午　闰八·一	辛亥
五·十一	癸亥	六·十一	癸巳	七·十一	壬戌	八·十一　壬辰　闰八·十一	辛酉
五·二十一	癸酉	六·二十一	癸卯	七·二十一	壬申	八·二十一壬寅　闰八·二十一	辛未
九·一	辛巳	十·一	辛亥	十一·一	庚辰	十二·一	庚戌
九·十一	辛卯	十·十一	辛酉	十一·十一	庚寅	十二·十一	庚申
九·二十一	辛丑	十·二十一	辛未	十一·二十一	庚子	十二·二十一	庚午

＊《辑要》正月甲寅、二月甲申、四月癸未、六月壬午、八月辛巳、九月庚辰、十月庚戌、十一月己卯、十二月己酉朔。

周赧王四十三年己丑(前272)

*一·一	己卯	二·一	己酉	三·一	戊寅	四·一	戊申
一·十一	己丑	二·十一	己未	三·十一	戊子	四·十一	戊午
一·二十一	己亥	二·二十一	己巳	三·二十一	戊戌	四·二十一	戊辰
五·一	丁丑	六·一	丁未	七·一	丙子	八·一	丙午
五·十一	丁亥	六·十一	丁巳	七·十一	丙戌	八·十一	丙辰
五·二十一	丁酉	六·二十一	丁卯	七·二十一	丙申	八·二十一	丙寅
九·一	乙亥	十·一	乙巳	十一·一	甲戌	十二·一	甲辰
九·十一	乙酉	十·十一	乙卯	十一·十一	甲申	十二·十一	甲寅
九·二十一	乙未	十·二十一	乙丑	十一·二十一	甲午	十二·二十一	甲子

＊《辑要》正月戊寅、二月戊申、三月丁丑、四月丁未、六月丙午、八月乙巳、十月甲辰、十二月癸卯朔。

周赧王四十四年庚寅（前 271）

*一·一	甲戌	二·一	癸卯	三·一	癸酉	四·一	壬寅
一·十一	甲申	二·十一	癸丑	三·十一	癸未	四·十一	壬子
一·二十一	甲午	二·二十一	癸亥	三·二十一	癸巳	四·二十一	壬戌
五·一	壬申	六·一	辛丑	七·一	辛未	八·一	庚子
五·十一	壬午	六·十一	辛亥	七·十一	辛巳	八·十一	庚戌
五·二十一	壬辰	六·二十一	辛酉	七·二十一	辛卯	八·二十一	庚申
九·一	庚午	十·一	己亥	十一·一	己巳	十二·一	戊戌
九·十一	庚辰	十·十一	己酉	十一·十一	己卯	十二·十一	戊申
九·二十一	庚寅	十·二十一	己未	十一·二十一	己丑	十二·二十一	戊午

*《辑要》正月癸酉、二月壬寅、三月壬申、四月辛丑、五月辛未、六月庚子、七月庚午、八月己亥、九月己巳、十一月戊辰朔。

周赧王四十五年辛卯（前 270）

*一·一	戊辰	二·一	丁酉	三·一	丁卯	四·一	丙申
一·十一	戊寅	二·十一	丁未	三·十一	丁丑	四·十一	丙午
一·二十一	戊子	二·二十一	丁巳	三·二十一	丁亥	四·二十一	丙辰
五·一　丙寅　闰五·一	丙申	六·一	乙丑	七·一	乙未	八·一	甲子
五·十一　丙子　闰五·十一	丙午	六·十一	乙亥	七·十一	乙巳	八·十一	甲戌
五·二十一丙戌　闰五·二十一	丙辰	六·二十一	乙酉	七·二十一	乙卯	八·二十一	甲申
九·一	甲午	十·一	癸亥	十一·一	癸巳	十二·一	壬戌
九·十一	甲辰	十·十一	癸酉	十一·十一	癸卯	十二·十一	壬申
九·二十一	甲寅	十·二十一	癸未	十一·二十一	癸丑	十二·二十一	壬午

*《辑要》正月丁卯、三月丙寅、五月乙丑、闰五月乙未、六月甲子、七月甲午、八月癸亥、九月癸巳、十月壬戌、十一月壬辰朔。

周赧王四十六年壬辰（前 269）

*一·一	壬辰	二·一	辛酉	三·一	辛卯	四·一	庚申
一·十一	壬寅	二·十一	辛未	三·十一	辛丑	四·十一	庚午
一·二十一	壬子	二·二十一	辛巳	三·二十一	辛亥	四·二十一	庚辰
五·一	庚寅	六·一	己未	七·一	己丑	八·一	戊午
五·十一	庚子	六·十一	己巳	七·十一	己亥	八·十一	戊辰
五·二十一	庚戌	六·二十一	己卯	七·二十一	己酉	八·二十一	戊寅
九·一	戊子	十·一	戊午	十一·一	丁亥	十二·一	丁巳
九·十一	戊戌	十·十一	戊辰	十一·十一	丁酉	十二·十一	丁卯
九·二十一	戊申	十·二十一	戊寅	十一·二十一	丁未	十二·二十一	丁丑

*《辑要》正月辛卯、三月庚寅、五月己丑、七月戊子、九月丁亥、十月丁巳、十一月丙戌、十二月丙辰朔。

周赧王四十七年癸巳（前 268）

*一·一	丙戌	二·一	丙辰	三·一	乙酉	四·一	乙卯
一·十一	丙申	二·十一	丙寅	三·十一	乙未	四·十一	乙丑
一·二十一	丙午	二·二十一	丙子	三·二十一	乙巳	四·二十一	乙亥
五·一	甲申	六·一	甲寅	七·一	癸未	八·一	癸丑
五·十一	甲午	六·十一	甲子	七·十一	癸巳	八·十一	癸亥
五·二十一	甲辰	六·二十一	甲戌	七·二十一	癸卯	八·二十一	癸酉
九·一	壬午	十·一	壬子	十一·一	辛巳	十二·一	辛亥
九·十一	壬辰	十·十一	壬戌	十一·十一	辛卯	十二·十一	辛酉
九·二十一	壬寅	十·二十一	壬申	十一·二十一	辛丑	十二·二十一	辛未

*《辑要》正月乙酉、二月乙卯、三月甲申、四月甲寅、六月癸丑、八月壬子、十月辛亥、十二月庚戌朔。

周赧王四十八年甲午（前 267）

*一·一	辛巳	二·一 庚戌 闰二·一	庚辰	三·一	己酉	四·一	己卯
一·十一	辛卯	二·十一 庚申 闰二·十一	庚寅	三·十一	己未	四·十一	己丑
一·二十一	辛丑	二·二十一庚午 闰二·二十一	庚子	三·二十一	己巳	四·二十一	己亥
五·一	戊申	六·一	戊寅	七·一	丁未	八·一	丁丑
五·十一	戊午	六·十一	戊子	七·十一	丁巳	八·十一	丁亥
五·二十一	戊辰	六·二十一	戊戌	七·二十一	丁卯	八·二十一	丁酉
九·一	丙午	十·一	丙子	十一·一	乙巳	十二·一	乙亥
九·十一	丙辰	十·十一	丙戌	十一·十一	乙卯	十二·十一	乙酉
九·二十一	丙寅	十·二十一	丙申	十一·二十一	乙丑	十二·二十一	乙未

＊《辑要》正月庚辰、二月己酉、闰二月己卯、三月戊申、四月戊寅、五月丁未、六月丁丑、七月丙午、八月丙子、十月乙亥、十二月甲戌朔。

周赧王四十九年乙未（前 266）

一·一	甲辰	*二·一	甲戌	三·一	癸卯	四·一	癸酉
一·十一	甲寅	二·十一	甲申	三·十一	癸丑	四·十一	癸未
一·二十一	甲子	二·二十一	甲午	三·二十一	癸亥	四·二十一	癸巳
五·一	癸卯	六·一	壬申	七·一	壬寅	八·一	辛未
五·十一	癸丑	六·十一	壬午	七·十一	壬子	八·十一	辛巳
五·二十一	癸亥	六·二十一	壬辰	七·二十一	壬戌	八·二十一	辛卯
九·一	辛丑	十·一	庚午	十一·一	庚子	十二·一	己巳
九·十一	辛亥	十·十一	庚辰	十一·十一	庚戌	十二·十一	己卯
九·二十一	辛酉	十·二十一	庚寅	十一·二十一	庚申	十二·二十一	己丑

＊《辑要》二月癸酉、四月壬申、五月壬寅、六月辛未、七月辛丑、八月庚午、九月庚子、十月己巳、十一月己亥朔。

周赧王五十年丙申（前 265）

*一·一	己亥	二·一	戊辰	三·一	戊戌	四·一	丁卯
一·十一	己酉	二·十一	戊寅	三·十一	戊申	四·十一	丁丑
一·二十一	己未	二·二十一	戊子	三·二十一	戊午	四·二十一	丁亥
五·一	丁酉	六·一	丙寅	七·一	丙申	八·一	丙寅
五·十一	丁未	六·十一	丙子	七·十一	丙午	八·十一	丙子
五·二十一	丁巳	六·二十一	丙戌	七·二十一	丙辰	八·二十一	丙戌
九·一	乙未	十·一	乙丑	十一·一 甲午 闰十一·一	甲子	十二·一	癸巳
九·十一	乙巳	十·十一	乙亥	十一·十一 甲辰 闰十一·十一	甲戌	十二·十一	癸卯
九·二十一	乙卯	十·二十一	乙酉	十一·二十一甲寅 闰十一·二十一	甲申	十二·二十一	癸丑

＊《辑要》正月戊戌、三月丁酉、五月丙申、七月乙未、八月乙丑、九月甲午、十月甲子、闰十月癸巳、十一月癸亥、十二月壬辰朔。

周赧王五十一年丁酉（前 264）

*一·一	癸亥	二·一	壬辰	三·一	壬戌	四·一	辛卯
一·十一	癸酉	二·十一	壬寅	三·十一	壬申	四·十一	辛丑
一·二十一	癸未	二·二十一	壬子	三·二十一	壬午	四·二十一	辛亥
五·一	辛酉	六·一	庚寅	七·一	庚申	八·一	己丑
五·十一	辛未	六·十一	庚子	七·十一	庚午	八·十一	己亥
五·二十一	辛巳	六·二十一	庚戌	七·二十一	庚辰	八·二十一	己酉
九·一	己未	十·一	戊子	十一·一	戊午	十二·一	戊子
九·十一	己巳	十·十一	戊戌	十一·十一	戊辰	十二·十一	戊戌
九·二十一	己卯	十·二十一	戊申	十一·二十一	戊寅	十二·二十一	戊申

＊《辑要》正月壬戌、二月辛卯、三月辛酉、五月庚申、七月己未、九月戊午、十一月丁巳、十二月丁亥朔。

周赧王五十二年戊戌（前 263）

*一·一 丁巳	二·一 丁亥	三·一 丙辰	四·一 丙戌
一·十一 丁卯	二·十一 丁酉	三·十一 丙寅	四·十一 丙申
一·二十一 丁丑	二·二十一 丁未	三·二十一 丙子	四·二十一 丙午
五·一 乙卯	六·一 乙酉	七·一 甲寅	八·一 甲申
五·十一 乙丑	六·十一 乙未	七·十一 甲子	八·十一 甲午
五·二十一 乙亥	六·二十一 乙巳	七·二十一 甲戌	八·二十一 甲辰
九·一 癸丑	十·一 癸未	十一·一 壬子	十二·一 壬午
九·十一 癸亥	十·十一 癸巳	十一·十一 壬戌	十二·十一 壬辰
九·二十一 癸酉	十·二十一 癸卯	十一·二十一 壬申	十二·二十一 壬寅

*《辑要》正月丙辰、二月丙戌、三月乙卯、四月乙酉、五月甲寅、六月甲申、八月癸未、十月壬午、十二月辛巳朔。

周赧王五十三年己亥（前 262）

一·一 辛亥	*二·一 辛巳	三·一 庚戌	四·一 庚辰
一·十一 辛酉	二·十一 辛卯	三·十一 庚申	四·十一 庚寅
一·二十一 辛未	二·二十一 辛丑	三·二十一 庚午	四·二十一 庚子
五·一 庚戌	六·一 己卯	七·一 己酉　闰七·一 戊寅	八·一 戊申
五·十一 庚申	六·十一 己丑	七·十一 己未　闰七·十一 戊子	八·十一 戊午
五·二十一 庚午	六·二十一 己亥	七·二十一 己巳　闰七·二十一 戊戌	八·二十一 戊辰
九·一 丁丑	十·一 丁未	十一·一 丙子	十二·一 丙午
九·十一 丁亥	十·十一 丁巳	十一·十一 丙戌	十二·十一 丙辰
九·二十一 丁酉	十·二十一 丁卯	十一·二十一 丙申	十二·二十一 丙寅

*《辑要》二月庚辰、四月己卯、五月己酉、六月戊寅、闰六月戊申、七月丁丑、八月丁未、九月丙子、十月丙午、十二月乙巳朔。

周赧王五十四年庚子（前 261）

一·一 乙亥	*二·一 乙巳	三·一 甲戌	四·一 甲辰
一·十一 乙酉	二·十一 乙卯	三·十一 甲申	四·十一 甲寅
一·二十一 乙未	二·二十一 乙丑	三·二十一 甲午	四·二十一 甲子
五·一 癸酉	六·一 癸卯	七·一 癸酉	八·一 壬寅
五·十一 癸未	六·十一 癸丑	七·十一 癸未	八·十一 壬子
五·二十一 癸巳	六·二十一 癸亥	七·二十一 癸巳	八·二十一 壬戌
九·一 壬申	十·一 辛丑	十一·一 辛未	十二·一 庚子
九·十一 壬午	十·十一 辛亥	十一·十一 辛巳	十二·十一 庚戌
九·二十一 壬辰	十·二十一 辛酉	十一·二十一 辛卯	十二·二十一 庚申

*《辑要》二月甲辰、四月癸卯、六月壬寅、七月壬申、八月辛丑、九月辛未、十月庚子、十一月庚午、十二月己亥朔。

周赧王五十五年辛丑（前 260）

*一·一 庚午	二·一 己亥	三·一 己巳	四·一 戊戌
一·十一 庚辰	二·十一 己酉	三·十一 己卯	四·十一 戊申
一·二十一 庚寅	二·二十一 己未	三·二十一 己丑	四·二十一 戊午
五·一 戊辰	六·一 丁酉	七·一 丁卯	八·一 丙申
五·十一 戊寅	六·十一 丁未	七·十一 丁丑	八·十一 丙午
五·二十一 戊子	六·二十一 丁巳	七·二十一 丁亥	八·二十一 丙辰
九·一 丙寅	十·一 乙未	十一·一 乙丑	十二·一 乙未
九·十一 丙子	十·十一 乙巳	十一·十一 乙亥	十二·十一 乙巳
九·二十一 丙戌	十·二十一 乙卯	十一·二十一 乙酉	十二·二十一 乙卯

*《辑要》正月己巳、二月戊戌、三月戊辰、五月丁卯、七月丙寅、九月乙丑、十一月甲子、十二月甲午朔。

周赧王五十六年壬寅（前259）

*一·一 甲子	二·一 甲午	三·一 癸亥 闰三·一 癸巳	四·一 壬戌
一·十一 甲戌	二·十一 甲辰	三·十一 癸酉 闰三·十一 癸卯	四·十一 壬申
一·二十一 甲申	二·二十一 甲寅	三·二十一 癸未 闰三·二十一 癸丑	四·二十一 壬午
五·一 壬辰	六·一 辛酉	七·一 辛卯	八·一 庚申
五·十一 壬寅	六·十一 辛未	七·十一 辛丑	八·十一 庚午
五·二十一 壬子	六·二十一 辛巳	七·二十一 辛亥	八·二十一 庚辰
九·一 庚寅	十·一 己未	十一·一 己丑	十二·一 戊午
九·十一 庚子	十·十一 己巳	十一·十一 己亥	十二·十一 戊辰
九·二十一 庚戌	十·二十一 己卯	十一·二十一 己酉	十二·二十一 戊寅

＊《辑要》正月癸亥、二月癸巳、三月壬戌、闰三月壬辰、四月辛酉、五月辛卯、七月庚寅、九月己丑、十一月戊子朔。

周赧王五十七年癸卯（前258）

*一·一 戊子	二·一 戊午	三·一 丁亥	四·一 丁巳
一·十一 戊戌	二·十一 戊辰	三·十一 丁酉	四·十一 丁卯
一·二十一 戊申	二·二十一 戊寅	三·二十一 丁未	四·二十一 丁丑
五·一 丙戌	六·一 丙辰	七·一 乙酉	八·一 乙卯
五·十一 丙申	六·十一 丙寅	七·十一 乙未	八·十一 乙丑
五·二十一 丙午	六·二十一 丙子	七·二十一 乙巳	八·二十一 乙亥
九·一 甲申	十·一 甲寅	十一·一 癸未	十二·一 癸丑
九·十一 甲午	十·十一 甲子	十一·十一 癸巳	十二·十一 癸亥
九·二十一 甲辰	十·二十一 甲戌	十一·二十一 癸卯	十二·二十一 癸酉

＊《辑要》正月丁亥、二月丁巳、三月丙戌、四月丙辰、五月乙酉、六月乙卯、七月甲申、八月甲寅、九月癸未、十月癸丑、十二月壬子朔。

周赧王五十八年甲辰（前257）

一·一 壬午	*二·一 壬子	三·一 辛巳	四·一 辛亥
一·十一 壬辰	二·十一 壬戌	三·十一 辛卯	四·十一 辛酉
一·二十一 壬寅	二·二十一 壬申	三·二十一 辛丑	四·二十一 辛未
五·一 庚辰	六·一 庚戌	七·一 庚辰	八·一 己酉
五·十一 庚寅	六·十一 庚申	七·十一 庚寅	八·十一 己未
五·二十一 庚子	六·二十一 庚午	七·二十一 庚子	八·二十一 己巳
九·一 己卯	十·一 戊申	十一·一 戊寅	十二·一 丁未 闰十二·一 丁丑
九·十一 己丑	十·十一 戊午	十一·十一 戊子	十二·十一 丁巳 闰十二·十一 丁亥
九·二十一 己亥	十·二十一 戊辰	十一·二十一 戊戌	十二·二十一 丁卯 闰十二·二十一 丁酉

＊《辑要》二月辛亥、四月庚戌、六月己酉、七月己卯、八月戊申、九月戊寅、十月丁未、十一月丁丑、十二月丙午、闰十二月丙子朔。

周赧王五十九年乙巳（前256）

一·一 丙午	*二·一 丙子	三·一 乙巳	四·一 乙亥
一·十一 丙辰	二·十一 丙戌	三·十一 乙卯	四·十一 乙酉
一·二十一 丙寅	二·二十一 丙申	三·二十一 乙丑	四·二十一 乙未
五·一 甲辰	六·一 甲戌	七·一 癸卯	八·一 癸酉
五·十一 甲寅	六·十一 甲申	七·十一 癸丑	八·十一 癸未
五·二十一 甲子	六·二十一 甲午	七·二十一 癸亥	八·二十一 癸巳
九·一 壬寅	十·一 壬申	十一·一 壬寅	十二·一 辛未
九·十一 壬子	十·十一 壬午	十一·十一 壬子	十二·十一 辛巳
九·二十一 壬戌	十·二十一 壬辰	十一·二十一 壬戌	十二·二十一 辛卯

＊《辑要》二月乙亥、四月甲戌、六月癸酉、八月壬申、十月辛未、十一月辛丑、十二月庚午朔。

秦昭王五十二年丙午(前 255)

*一・一　庚子	二・一　己巳	三・一　己亥	四・一　戊辰
一・十一　庚戌	二・十一　己卯	三・十一　己酉	四・十一　戊寅
一・二十一　庚申	二・二十一　己丑	三・二十一　己未	四・二十一　戊子
五・一　戊戌	六・一　丁卯	七・一　丁酉	八・一　丙寅
五・十一　戊申	六・十一　丁丑	七・十一　丁未	八・十一　丙子
五・二十一　戊午	六・二十一　丁亥	七・二十一　丁巳	八・二十一　丙戌
九・一　丙申	十・一　乙丑	十一・一　乙未	十二・一　乙丑
九・十一　丙午	十・十一　乙亥	十一・十一　乙巳	十二・十一　乙亥
九・二十一　丙辰	十・二十一　乙酉	十一・二十一　乙卯	十二・二十一　乙酉

＊《辑要》正月己亥、三月戊戌、五月丁酉、十二月甲子朔。

秦昭王五十三年丁未(前 254)

一・一　甲午	*二・一　甲子	三・一　癸巳	四・一　癸亥
一・十一　甲辰	二・十一　甲戌	三・十一　癸卯	四・十一　癸酉
一・二十一　甲寅	二・二十一　甲申	三・二十一　癸丑	四・二十一　癸未
五・一　壬辰	六・一　壬戌	七・一　辛卯	八・一　辛酉
五・十一　壬寅	六・十一　壬申	七・十一　辛丑	八・十一　辛未
五・二十一　壬子	六・二十一　壬午	七・二十一　辛亥	八・二十一　辛巳
九・一　庚寅　闰九・一　庚申	十・一　己丑	十一・一　己未	十二・一　戊子
九・十一　庚子　闰九・十一　庚午	十・十一　己亥	十一・十一　己巳	十二・十一　戊戌
九・二十一庚戌　闰九・二十一庚辰	十・二十一　己酉	十一・二十一　己卯	十二・二十一　戊申

＊《辑要》二月癸亥、四月壬戌、六月辛酉、八月庚申朔。

秦昭王五十四年戊申(前 253)

一・一　戊午	二・一　丁亥	三・一　丁巳	*四・一　丁亥
一・十一　戊辰	二・十一　丁酉	三・十一　丁卯	四・十一　丁酉
一・二十一　戊寅	二・二十一　丁未	三・二十一　丁丑	四・二十一　丁未
五・一　丙辰	六・一　丙戌	七・一　乙卯	八・一　乙酉
五・十一　丙寅	六・十一　丙申	七・十一　乙丑	八・十一　乙未
五・二十一　丙子	六・二十一　丙午	七・二十一　乙亥	八・二十一　乙巳
九・一　甲寅	十・一　甲申	十一・一　癸丑	十二・一　癸未
九・十一　甲子	十・十一　甲午	十一・十一　癸亥	十二・十一　癸巳
九・二十一　甲戌	十・二十一　甲辰	十一・二十一　癸酉	十二・二十一　癸卯

＊《辑要》四月丙戌、六月乙酉、八月甲申、十月癸未、十二月壬午朔。

秦昭王五十五年己酉(前 252)

一・一　壬子	二・一　壬午	三・一　辛亥	四・一　辛巳
一・十一　壬戌	二・十一　壬辰	三・十一　辛酉	四・十一　辛卯
一・二十一　壬申	二・二十一　壬寅	三・二十一　辛未	四・二十一　辛丑
五・一　庚戌	六・一　庚辰	*七・一　庚戌	八・一　己卯
五・十一　庚申	六・十一　庚寅	七・十一　庚申	八・十一　己丑
五・二十一　庚午	六・二十一　庚子	七・二十一　庚午	八・二十一　己亥
九・一　己酉	十・一　戊寅	十一・一　戊申	十二・一　丁丑
九・十一　己未	十・十一　戊子	十一・十一　戊午	十二・十一　丁亥
九・二十一　己巳	十・二十一　戊戌	十一・二十一　戊辰	十二・二十一　丁酉

＊《辑要》七月己酉、九月戊申、十一月丁未朔。

秦昭王五十六年庚戌(前 251)

*一・一	丁未	二・一	丙子	三・一	丙午	四・一	乙亥
一・十一	丁巳	二・十一	丙戌	三・十一	丙辰	四・十一	乙酉
一・二十一	丁卯	二・二十一	丙申	三・二十一	丙寅	四・二十一	乙未
五・一	乙巳	六・一	甲戌	七・一	甲辰	八・一	癸酉
五・十一	乙卯	六・十一	甲申	七・十一	甲寅	八・十一	癸未
五・二十一	乙丑	六・二十一	甲午	七・二十一	甲子	八・二十一	癸巳
九・一 癸卯 闰九・一	壬申	十・一	壬寅	十一・一	壬申	十二・一	辛丑
九・十一 癸丑 闰九・十一	壬午	十・十一	壬子	十一・十一	壬午	十二・十一	辛亥
九・二十一癸亥 闰九・二十一	壬辰	十・二十一	壬戌	十一・二十一	壬辰	十二・二十一	辛酉

*《辑要》正月丙午、三月乙巳、十一月辛未朔。又五月戊辰朔,误,应为甲辰朔。

秦孝文王元年辛亥(前 250)

*一・一	辛未	二・一	庚子	三・一	庚午	四・一	己亥
一・十一	辛巳	二・十一	庚戌	三・十一	庚辰	四・十一	己酉
一・二十一	辛卯	二・二十一	庚申	三・二十一	庚寅	四・二十一	己未
五・一	己巳	六・一	戊戌	七・一	戊辰	八・一	丁酉
五・十一	己卯	六・十一	戊申	七・十一	戊寅	八・十一	丁未
五・二十一	己丑	六・二十一	戊午	七・二十一	戊子	八・二十一	丁巳
九・一	丁卯	十・一	丙申	十一・一	丙寅	十二・一	乙未
九・十一	丁丑	十・十一	丙午	十一・十一	丙子	十二・十一	乙巳
九・二十一	丁亥	十・二十一	丙辰	十一・二十一	丙戌	十二・二十一	乙卯

*《辑要》正月庚午、三月己巳、五月戊辰朔。又八月丁卯朔,误。

秦庄襄王元年壬子(前 249)

一・一	乙丑	二・一	甲午	三・一	甲子	*四・一	甲午
一・十一	乙亥	二・十一	甲辰	三・十一	甲戌	四・十一	甲辰
一・二十一	乙酉	二・二十一	甲寅	三・二十一	甲申	四・二十一	甲寅
五・一	癸亥	六・一	癸巳	七・一	壬戌	八・一	壬辰
五・十一	癸酉	六・十一	癸卯	七・十一	壬申	八・十一	壬寅
五・二十一	癸未	六・二十一	癸丑	七・二十一	壬午	八・二十一	壬子
九・一	辛酉	十・一	辛卯	十一・一	庚申	十二・一	庚寅
九・十一	辛未	十・十一	辛丑	十一・十一	庚午	十二・十一	庚子
九・二十一	辛巳	十・二十一	辛亥	十一・二十一	庚辰	十二・二十一	庚戌

*《辑要》四月癸巳、六月壬辰、八月辛卯、十月庚寅、十二月己丑朔。

秦庄襄王二年癸丑(前 248)

一・一	己未	二・一	己丑	三・一	戊午	四・一	戊子
一・十一	己巳	二・十一	己亥	三・十一	戊辰	四・十一	戊戌
一・二十一	己卯	二・二十一	己酉	三・二十一	戊寅	四・二十一	戊申
五・一	丁巳	六・一	丁亥	*七・一	丁巳	八・一	丙戌
五・十一	丁卯	六・十一	丁酉	七・十一	丁卯	八・十一	丙申
五・二十一	丁丑	六・二十一	丁未	七・二十一	丁丑	八・二十一	丙午
九・一 丙辰 闰九・一	乙酉	十・一	乙卯	十一・一	甲申	十二・一	甲寅
九・十一 丙寅 闰九・十一	乙未	十・十一	乙丑	十一・十一	甲午	十二・十一	甲子
九・二十一丙子 闰九・二十一	乙巳	十・二十一	乙亥	十一・二十一	甲辰	十二・二十一	甲戌

*《辑要》七月丙辰、九月乙卯、十月甲寅、十二月癸丑朔。

秦庄襄王三年甲寅（前 247）

一·一 癸未	*二·一 癸丑	三·一 壬午	四·一 壬子
一·十一 癸巳	二·十一 癸亥	三·十一 壬辰	四·十一 壬戌
一·二十一 癸卯	二·二十一 癸酉	三·二十一 壬寅	四·二十一 壬申
五·一 辛巳	六·一 辛亥	七·一 庚辰	八·一 庚戌
五·十一 辛卯	六·十一 辛酉	七·十一 庚寅	八·十一 庚申
五·二十一 辛丑	六·二十一 辛未	七·二十一 庚子	八·二十一 庚午
九·一 己卯	十·一 己酉	十一·一 己卯	十二·一 戊申
九·十一 己丑	十·十一 己未	十一·十一 己丑	十二·十一 戊午
九·二十一 己亥	十·二十一 己巳	十一·二十一 己亥	十二·二十一 戊辰

*《辑要》二月壬子、十一月戊寅朔。

秦王政元年乙卯（前 246）

*一·一 戊寅	二·一 丁未	三·一 丁丑	四·一 丙午
一·十一 戊子	二·十一 丁巳	三·十一 丁亥	四·十一 丙辰
一·二十一 戊戌	二·二十一 丁卯	三·二十一 丁酉	四·二十一 丙寅
五·一 丙子	六·一 乙巳	七·一 乙亥	八·一 甲辰
五·十一 丙戌	六·十一 乙卯	七·十一 乙酉	八·十一 甲寅
五·二十一 丙申	六·二十一 乙丑	七·二十一 乙未	八·二十一 甲子
九·一 甲戌 闰九·一 癸卯	十·一 癸酉	十一·一 壬寅	十二·一 壬申
九·十一 甲申 闰九·十一 癸丑	十·十一 癸未	十一·十一 壬子	十二·十一 壬午
九·二十一甲午 闰九·二十一癸亥	十·二十一 癸巳	十一·二十一 壬戌	十二·二十一 壬辰

*《辑要》正月丁丑、三月丙子、五月乙亥、七月甲戌朔。

秦王政二年丙辰（前 245）

*一·一 壬寅	二·一 辛未	三·一 辛丑	四·一 庚午
一·十一 壬子	二·十一 辛巳	三·十一 辛亥	四·十一 庚辰
一·二十一 壬戌	二·二十一 辛卯	三·二十一 辛酉	四·二十一 庚寅
五·一 庚子	六·一 己巳	七·一 己亥	八·一 戊辰
五·十一 庚戌	六·十一 己卯	七·十一 己酉	八·十一 戊寅
五·二十一 庚申	六·二十一 己丑	七·二十一 己未	八·二十一 戊子
九·一 戊戌	十·一 丁卯	十一·一 丁酉	十二·一 丙寅
九·十一 戊申	十·十一 丁丑	十一·十一 丁未	十二·十一 丙子
九·二十一 戊午	十·二十一 丁亥	十一·二十一 丁巳	十二·二十一 丙戌

*《辑要》正月辛丑、三月庚子、五月己亥、七月戊戌、九月丁酉、十一月丙申朔。

秦王政三年丁巳（前 244）

一·一 丙申	二·一 乙丑	三·一 乙未	四·一 甲子
一·十一 丙午	二·十一 乙亥	三·十一 乙巳	四·十一 甲戌
一·二十一 丙辰	二·二十一 乙酉	三·二十一 乙卯	四·二十一 甲申
五·一 甲午	*六·一 甲子	七·一 癸巳	八·一 癸亥
五·十一 甲辰	六·十一 甲戌	七·十一 癸卯	八·十一 癸酉
五·二十一 甲寅	六·二十一 甲申	七·二十一 癸丑	八·二十一 癸未
九·一 壬辰	十·一 壬戌	十一·一 辛卯	十二·一 辛酉
九·十一 壬寅	十·十一 壬申	十一·十一 辛丑	十二·十一 辛未
九·二十一 壬子	十·二十一 壬午	十一·二十一 辛亥	十二·二十一 辛巳

*《辑要》六月癸亥、八月壬戌、十月辛酉、十二月庚申朔。

秦王政四年戊午（前 243）

一·一	庚寅	*二·一	庚申	三·一	己丑	四·一	己未
一·十一	庚子	二·十一	庚午	三·十一	己亥	四·十一	己巳
一·二十一	庚戌	二·二十一	庚辰	三·二十一	己酉	四·二十一	己卯
五·一	戊子	六·一	戊午	七·一	丁亥	八·一	丁巳
五·十一	戊戌	六·十一	戊辰	七·十一	丁酉	八·十一	丁卯
五·二十一	戊申	六·二十一	戊寅	七·二十一	丁未	八·二十一	丁丑
九·一 丙戌 闰九·一	丙辰	十·一	丙戌	十一·一	乙卯	十二·一	乙酉
九·十一 丙申 闰九·十一	丙寅	十·十一	丙申	十一·十一	乙丑	十二·十一	乙未
九·二十一丙午 闰九·二十一	丙子	十·二十一	丙午	十一·二十一	乙亥	十二·二十一	乙巳

＊《辑要》二月己未、十月乙酉、十二月甲申朔。

秦王政五年己未（前 242）

一·一	甲寅	*二·一	甲申	三·一	癸丑	四·一	癸未
一·十一	甲子	二·十一	甲午	三·十一	癸亥	四·十一	癸巳
一·二十一	甲戌	二·二十一	甲辰	三·二十一	癸酉	四·二十一	癸卯
五·一	壬子	六·一	壬午	七·一	辛亥	八·一	辛巳
五·十一	壬戌	六·十一	壬辰	七·十一	辛酉	八·十一	辛卯
五·二十一	壬申	六·二十一	壬寅	七·二十一	辛未	八·二十一	辛丑
九·一	庚戌	十·一	庚辰	十一·一	己酉	十二·一	己卯
九·十一	庚申	十·十一	庚寅	十一·十一	己未	十二·十一	己丑
九·二十一	庚午	十·二十一	庚子	十一·二十一	己巳	十二·二十一	己亥

＊《辑要》二月癸未、四月壬午、六月辛巳朔。

秦王政六年庚申（前 241）

*一·一	己酉	二·一	戊寅	三·一	戊申	四·一	丁丑
一·十一	己未	二·十一	戊子	三·十一	戊午	四·十一	丁亥
一·二十一	己巳	二·二十一	戊戌	三·二十一	戊辰	四·二十一	丁酉
五·一	丁未	六·一	丙子	七·一	丙午	八·一	乙亥
五·十一	丁巳	六·十一	丙戌	七·十一	丙辰	八·十一	乙酉
五·二十一	丁卯	六·二十一	丙申	七·二十一	丙寅	八·二十一	乙未
九·一	乙巳	十·一	甲戌	十一·一	甲辰	十二·一	癸酉
九·十一	乙卯	十·十一	甲申	十一·十一	甲寅	十二·十一	癸未
九·二十一	乙丑	十·二十一	甲午	十一·二十一	甲子	十二·二十一	癸巳

＊《辑要》正月戊申、三月丁未、五月丙午、七月乙巳、九月甲辰朔。

秦王政七年辛酉（前 240）

一·一	癸卯	二·一	壬申	三·一	壬寅	四·一	辛未
一·十一	癸丑	二·十一	壬午	三·十一	壬子	四·十一	辛巳
一·二十一	癸亥	二·二十一	壬辰	三·二十一	壬戌	四·二十一	辛卯
五·一	辛丑	*六·一	辛未	七·一	庚子	八·一	庚午
五·十一	辛亥	六·十一	辛巳	七·十一	庚戌	八·十一	庚辰
五·二十一	辛酉	六·二十一	辛卯	七·二十一	庚申	八·二十一	庚寅
九·一 己亥 闰九·一	己巳	十·一	戊戌	十一·一	戊辰	十二·一	丁酉
九·十一 己酉 闰九·十一	己卯	十·十一	戊申	十一·十一	戊寅	十二·十一	丁未
九·二十一己未 闰九·二十一	己丑	十·二十一	戊午	十一·二十一	戊子	十二·二十一	丁巳

＊《辑要》六月庚午、八月己巳、闰九月戊辰、十一月丁卯朔。

秦王政八年壬戌（前 239）

*一·一	丁卯	二·一	丙申	三·一	丙寅	四·一	乙未
一·十一	丁丑	二·十一	丙午	三·十一	丙子	四·十一	乙巳
一·二十一	丁亥	二·二十一	丙辰	三·二十一	丙戌	四·二十一	乙卯
五·一	乙丑	六·一	甲午	七·一	甲子	八·一	甲午
五·十一	乙亥	六·十一	甲辰	七·十一	甲戌	八·十一	甲辰
五·二十一	乙酉	六·二十一	甲寅	七·二十一	甲申	八·二十一	甲寅
九·一	癸亥	十·一	癸巳	十一·一	壬戌	十二·一	壬辰
九·十一	癸酉	十·十一	癸卯	十一·十一	壬申	十二·十一	壬寅
九·二十一	癸未	十·二十一	癸丑	十一·二十一	壬午	十二·二十一	壬子

＊《辑要》正月丙寅、八月癸巳、十月壬辰、十二月辛卯朔。

秦王政九年癸亥（前 238）

一·一	辛酉	*二·一	辛卯	三·一	庚申	四·一	庚寅
一·十一	辛未	二·十一	辛丑	三·十一	庚午	四·十一	庚子
一·二十一	辛巳	二·二十一	辛亥	三·二十一	庚辰	四·二十一	庚戌
五·一	己未	六·一	己丑	七·一	戊午	八·一	戊子
五·十一	己巳	六·十一	己亥	七·十一	戊辰	八·十一	戊戌
五·二十一	己卯	六·二十一	己酉	七·二十一	戊寅	八·二十一	戊申
九·一　丁巳　**闰九·一	丁亥	十·一	丙辰	十一·一	丙戌	十二·一	丙辰
九·十一　丁卯　闰九·十一	丁酉	十·十一	丙寅	十一·十一	丙申	十二·十一	丙寅
九·二十一丁丑　闰九·二十一	丁未	十·二十一	丙子	十一·二十一	丙午	十二·二十一	丙子

＊《辑要》二月庚寅、四月己丑、六月戊子、十月丁亥、十一月丙辰、十二月丙戌朔。　＊＊《辑要》本年不闰。

秦王政十年甲子（前 237）

*一·一	乙酉	二·一	乙卯	三·一	甲申	四·一	甲寅
一·十一	乙未	二·十一	乙丑	三·十一	甲午	四·十一	甲子
一·二十一	乙巳	二·二十一	乙亥	三·二十一	甲辰	四·二十一	甲戌
五·一	癸未	六·一	癸丑	七·一	壬午	八·一	壬子
五·十一	癸巳	六·十一	癸亥	七·十一	壬辰	八·十一	壬戌
五·二十一	癸卯	六·二十一	癸酉	七·二十一	壬寅	八·二十一	壬申
九·一	辛巳	十·一	辛亥	十一·一	庚辰	十二·一	庚戌
九·十一	辛卯	十·十一	辛酉	十一·十一	庚寅	十二·十一	庚申
九·二十一	辛丑	十·二十一	辛未	十一·二十一	庚子	十二·二十一	庚午

＊《辑要》正月乙卯、二月乙酉、三月甲寅、四月甲申、五月癸丑、六月癸未、七月壬子、八月壬午、九月辛亥、闰九月辛巳朔。

秦王政十一年乙丑（前 236）

一·一	己卯	二·一	己酉	三·一	戊寅	四·一	戊申
一·十一	己丑	二·十一	己未	三·十一	戊子	四·十一	戊午
一·二十一	己亥	二·二十一	己巳	三·二十一	戊戌	四·二十一	戊辰
*五·一	戊寅	六·一	丁未	七·一	丁丑	八·一	丙午
五·十一	戊子	六·十一	丁巳	七·十一	丁亥	八·十一	丙辰
五·二十一	戊戌	六·二十一	丁卯	七·二十一	丁酉	八·二十一	丙寅
九·一	丙子	十·一	乙巳	十一·一	乙亥	十二·一	甲辰
九·十一	丙戌	十·十一	乙卯	十一·十一	乙酉	十二·十一	甲寅
九·二十一	丙申	十·二十一	乙丑	十一·二十一	乙未	十二·二十一	甲子

＊《辑要》五月丁丑、七月丙子、九月乙亥、十一月甲戌朔。

秦王政十二年丙寅(前235)

*一・一 甲戌	二・一 癸卯	三・一 癸酉	四・一 壬寅
一・十一 甲申	二・十一 癸丑	三・十一 癸未	四・十一 壬子
一・二十一 甲午	二・二十一 癸亥	三・二十一 癸巳	四・二十一 壬戌
五・一 壬申	六・一 辛丑	七・一 辛未	八・一 辛丑
五・十一 壬午	六・十一 辛亥	七・十一 辛巳	八・十一 辛亥
五・二十一 壬辰	六・二十一 辛酉	七・二十一 辛卯	八・二十一 辛酉
九・一 庚午 闰九・一 庚子	十・一 己巳	十一・一 己亥	十二・一 戊辰
九・十一 庚辰 闰九・十一 庚戌	十・十一 己卯	十一・十一 己酉	十二・十一 戊寅
九・二十一庚寅 闰九・二十一庚申	十・二十一 己丑	十一・二十一 己未	十二・二十一 戊子

*《辑要》正月癸酉、八月庚子、闰九月己亥、十一月戊戌朔。

秦王政十三年丁卯(前234)

*一・一 戊戌	二・一 丁卯	三・一 丁酉	四・一 丙寅
一・十一 戊申	二・十一 丁丑	三・十一 丁未	四・十一 丙子
一・二十一 戊午	二・二十一 丁亥	三・二十一 丁巳	四・二十一 丙戌
五・一 丙申	六・一 乙丑	七・一 乙未	八・一 甲子
五・十一 丙午	六・十一 乙亥	七・十一 乙巳	八・十一 甲戌
五・二十一 丙辰	六・二十一 乙酉	七・二十一 乙卯	八・二十一 甲申
九・一 甲午	十・一 癸亥	十一・一 癸巳	十二・一 癸亥
九・十一 甲辰	十・十一 癸酉	十一・十一 癸卯	十二・十一 癸酉
九・二十一 甲寅	十・二十一 癸未	十一・二十一 癸丑	十二・二十一 癸未

*《辑要》正月丁酉、三月丙申、十二月壬戌朔。

秦王政十四年戊辰(前233)

一・一 壬辰	*二・一 壬戌	三・一 辛卯	四・一 辛酉
一・十一 壬寅	二・十一 壬申	三・十一 辛丑	四・十一 辛未
一・二十一 壬子	二・二十一 壬午	三・二十一 辛亥	四・二十一 辛巳
五・一 庚寅	六・一 庚申	七・一 己丑	八・一 己未
五・十一 庚子	六・十一 庚午	七・十一 己亥	八・十一 己巳
五・二十一 庚戌	六・二十一 庚辰	七・二十一 己酉	八・二十一 己卯
九・一 戊子	十・一 戊午	十一・一 丁亥	十二・一 丁巳
九・十一 戊戌	十・十一 戊辰	十一・十一 丁酉	十二・十一 丁卯
九・二十一 戊申	十・二十一 戊寅	十一・二十一 丁未	十二・二十一 丁丑

*《辑要》二月辛酉、四月庚申、六月己未、八月戊午朔。

秦王政十五年己巳(前232)

一・一 丙戌	二・一 丙辰	*三・一 丙戌	四・一 乙卯
一・十一 丙申	二・十一 丙寅	三・十一 丙申	四・十一 乙丑
一・二十一 丙午	二・二十一 丙子	三・二十一 丙午	四・二十一 乙亥
五・一 乙酉	六・一 甲寅	七・一 甲申	八・一 癸丑
五・十一 乙未	六・十一 甲子	七・十一 甲午	八・十一 癸亥
五・二十一 乙巳	六・二十一 甲戌	七・二十一 甲辰	八・二十一 癸酉
九・一 癸未 闰九・一 壬子	十・一 壬午	十一・一 辛亥	十二・一 辛巳
九・十一 癸巳 闰九・十一 壬戌	十・十一 壬辰	十一・十一 辛酉	十二・十一 辛卯
九・二十一癸卯 闰九・二十一壬申	十・二十一 壬寅	十一・二十一 辛未	十二・二十一 辛丑

*《辑要》三月乙酉、五月甲申、七月癸未、九月壬午、十月辛巳、十二月庚辰朔。

秦王政十六年庚午(前 231)

一·一 庚戌	二·一 庚辰	三·一 己酉	四·一 己卯
一·十一 庚申	二·十一 庚寅	三·十一 己未	四·十一 己丑
一·二十一 庚午	二·二十一 庚子	三·二十一 己巳	四·二十一 己亥
五·一 戊申	六·一 戊寅	*七·一 戊申	八·一 丁丑
五·十一 戊午	六·十一 戊子	七·十一 戊午	八·十一 丁亥
五·二十一 戊辰	六·二十一 戊戌	七·二十一 戊辰	八·二十一 丁酉
九·一 丁未	十·一 丙子	十一·一 丙午	十二·一 乙亥
九·十一 丁巳	十·十一 丙戌	十一·十一 丙辰	十二·十一 乙酉
九·二十一 丁卯	十·二十一 丙申	十一·二十一 丙寅	十二·二十一 乙未

*《辑要》七月丁未、九月丙午、十一月乙巳朔。

秦王政十七年辛未(前 230)

*一·一 乙巳	二·一 甲戌	三·一 甲辰	四·一 癸酉
一·十一 乙卯	二·十一 甲申	三·十一 甲寅	四·十一 癸未
一·二十一 乙丑	二·二十一 甲午	三·二十一 甲子	四·二十一 癸巳
五·一 癸卯	六·一 壬申	七·一 壬寅	八·一 辛未
五·十一 癸丑	六·十一 壬午	七·十一 壬子	八·十一 辛巳
五·二十一 癸亥	六·二十一 壬辰	七·二十一 壬戌	八·二十一 辛卯
九·一 辛丑	十·一 庚午	十一·一 庚子	十二·一 庚午
九·十一 辛亥	十·十一 庚辰	十一·十一 庚戌	十二·十一 庚辰
九·二十一 辛酉	十·二十一 庚寅	十一·二十一 庚申	十二·二十一 庚寅

*《辑要》正月甲辰、三月癸卯、十二月己巳朔。

秦王政十八年壬申(前 229)

一·一 己亥	*二·一 己巳	三·一 戊戌	四·一 戊辰
一·十一 己酉	二·十一 己卯	三·十一 戊申	四·十一 戊寅
一·二十一 己未	二·二十一 己丑	三·二十一 戊午	四·二十一 戊子
五·一 丁酉	六·一 丁卯	七·一 丙申	八·一 丙寅
五·十一 丁未	六·十一 丁丑	七·十一 丙午	八·十一 丙子
五·二十一 丁巳	六·二十一 丁亥	七·二十一 丙辰	八·二十一 丙戌
九·一 乙未　闰九·一 乙丑	十·一 甲午	十一·一 甲子	十二·一 癸巳
九·十一 乙巳　闰九·十一 乙亥	十·十一 甲辰	十一·十一 甲戌	十二·十一 癸卯
九·二十一 乙卯　闰九·二十一 乙酉	十·二十一 甲寅	十一·二十一 甲申	十二·二十一 癸丑

*《辑要》二月戊辰、四月丁卯、六月丙寅、八月乙丑朔。

秦王政十九年癸酉(前 228)

一·一 癸亥	*二·一 癸巳	三·一 壬戌	四·一 壬辰
一·十一 癸酉	二·十一 癸卯	三·十一 壬申	四·十一 壬寅
一·二十一 癸未	二·二十一 癸丑	三·二十一 壬午	四·二十一 壬子
五·一 辛酉	六·一 辛卯	七·一 庚申	八·一 庚寅
五·十一 辛未	六·十一 辛丑	七·十一 庚午	八·十一 庚子
五·二十一 辛巳	六·二十一 辛亥	七·二十一 庚辰	八·二十一 庚戌
九·一 己未	十·一 己丑	十一·一 戊午	十二·一 戊子
九·十一 己巳	十·十一 己亥	十一·十一 戊辰	十二·十一 戊戌
九·二十一 己卯	十·二十一 己酉	十一·二十一 戊寅	十二·二十一 戊申

*《辑要》二月壬辰、四月辛卯、六月庚寅、八月己丑、十月戊子朔。

秦王政二十年甲戌(前 227)

一・一	丁巳	二・一	丁亥	三・一	丙辰	四・一	丙戌
一・十一	丁卯	二・十一	丁酉	三・十一	丙寅	四・十一	丙申
一・二十一	丁丑	二・二十一	丁未	三・二十一	丙子	四・二十一	丙午
五・一	乙卯	六・一	乙酉	*七・一	乙卯	八・一	甲申
五・十一	乙丑	六・十一	乙未	七・十一	乙丑	八・十一	甲午
五・二十一	乙亥	六・二十一	乙巳	七・二十一	乙亥	八・二十一	甲辰
九・一　甲寅　闰九・一	癸未	十・一	癸丑	十一・一	壬午	十二・一	壬子
九・十一　甲子　闰九・十一	癸巳	十・十一	癸亥	十一・十一	壬辰	十二・十一	壬戌
九・二十一甲戌　闰九・二十一	癸卯	十・二十一	癸酉	十一・二十一	壬寅	十二・二十一	壬申

＊《辑要》七月甲寅、九月癸丑、十月壬子、十二月辛亥朔。

秦王政二十一年乙亥(前 226)

一・一	辛巳	*二・一	辛亥	三・一	庚辰	四・一	庚戌
一・十一	辛卯	二・十一	辛酉	三・十一	庚寅	四・十一	庚申
一・二十一	辛丑	二・二十一	辛未	三・二十一	庚子	四・二十一	庚午
五・一	己卯	六・一	己酉	七・一	戊寅	八・一	戊申
五・十一	己丑	六・十一	己未	七・十一	戊子	八・十一	戊午
五・二十一	己亥	六・二十一	己巳	七・二十一	戊戌	八・二十一	戊辰
九・一	戊寅	十・一	丁未	十一・一	丁丑	十二・一	丙午
九・十一	戊子	十・十一	丁巳	十一・十一	丁亥	十二・十一	丙辰
九・二十一	戊戌	十・二十一	丁卯	十一・二十一	丁酉	十二・二十一	丙寅

＊《辑要》二月庚戌、九月丁丑、十一月丙子朔。

秦王政二十二年丙子(前 225)

*一・一	丙子	二・一	乙巳	三・一	乙亥	四・一	甲辰
一・十一	丙戌	二・十一	乙卯	三・十一	乙酉	四・十一	甲寅
一・二十一	丙申	二・二十一	乙丑	三・二十一	乙未	四・二十一	甲子
五・一	甲戌	六・一	癸卯	七・一	癸酉	八・一	壬寅
五・十一	甲申	六・十一	癸丑	七・十一	癸未	八・十一	壬子
五・二十一	甲午	六・二十一	癸亥	七・二十一	癸巳	八・二十一	壬戌
九・一	壬申	十・一	辛丑	十一・一	辛未	十二・一	庚子
九・十一	壬午	十・十一	辛亥	十一・十一	辛巳	十二・十一	庚戌
九・二十一	壬辰	十・二十一	辛酉	十一・二十一	辛卯	十二・二十一	庚申

＊《辑要》正月乙亥、三月甲戌、五月癸酉、七月壬申朔。

秦王政二十三年丁丑(前 224)

一・一	庚午	*二・一	庚子	三・一	己巳	四・一	己亥
一・十一	庚辰	二・十一	庚戌	三・十一	己卯	四・十一	己酉
一・二十一	庚寅	二・二十一	庚申	三・二十一	己丑	四・二十一	己未
五・一	戊辰	六・一	戊戌	七・一	丁卯	八・一	丁酉
五・十一	戊寅	六・十一	戊申	七・十一	丁丑	八・十一	丁未
五・二十一	戊子	六・二十一	戊午	七・二十一	丁亥	八・二十一	丁巳
九・一　丙寅　闰九・一	丙申	十・一	乙丑	十一・一	乙未	十二・一	甲子
九・十一　丙子　闰九・十一	丙午	十・十一	乙亥	十一・十一	乙巳	十二・十一	甲戌
九・二十一丙戌　闰九・二十一	丙辰	十・二十一	乙酉	十一・二十一	乙卯	十二・二十一	甲申

＊《辑要》二月己亥、四月戊戌、六月丁酉、八月丙申、闰九月乙未朔。

秦王政二十四年戊寅（前 223）

一·一　甲午	二·一　癸亥	三·一　癸巳	四·一　壬戌
一·十一　甲辰	二·十一　癸酉	三·十一　癸卯	四·十一　壬申
一·二十一　甲寅	二·二十一　癸未	三·二十一　癸丑	四·二十一　壬午
五·一　壬辰	*六·一　壬戌	七·一　辛卯	八·一　辛酉
五·十一　壬寅	六·十一　壬申	七·十一　辛丑	八·十一　辛未
五·二十一　壬子	六·二十一　壬午	七·二十一　辛亥	八·二十一　辛巳
九·一　庚寅	十·一　庚申	十一·一　己丑	十二·一　己未
九·十一　庚子	十·十一　庚午	十一·十一　己亥	十二·十一　己巳
九·二十一　庚戌	十·二十一　庚辰	十一·二十一　己酉	十二·二十一　己卯

＊《辑要》六月辛酉、八月庚申、十月己未、十二月戊午朔。

秦王政二十五年己卯（前 222）

一·一　戊子	*二·一　戊午	三·一　丁亥	四·一　丁巳
一·十一　戊戌	二·十一　戊辰	三·十一　丁酉	四·十一　丁卯
一·二十一　戊申	二·二十一　戊寅	三·二十一　丁未	四·二十一　丁丑
五·一　丙戌	六·一　丙辰	七·一　乙酉	八·一　乙卯
五·十一　丙申	六·十一　丙寅	七·十一　乙未	八·十一　乙丑
五·二十一　丙午	六·二十一　丙子	七·二十一　乙巳	八·二十一　乙亥
九·一　乙酉	十·一　甲寅	十一·一　甲申	十二·一　癸丑
九·十一　乙未	十·十一　甲子	十一·十一　甲午	十二·十一　癸亥
九·二十一　乙巳	十·二十一　甲戌	十一·二十一　甲辰	十二·二十一　癸酉

＊《辑要》二月丁巳、九月甲申、十一月癸未朔。

秦　历　日　表

秦始皇二十六年庚辰（前 221）

*一·一　癸未	二·一　壬子	三·一　壬午	四·一　辛亥
一·十一　癸巳	二·十一　壬戌	三·十一　壬辰	四·十一　辛酉
一·二十一　癸卯	二·二十一　壬申	三·二十一　壬寅	四·二十一　辛未
五·一　辛巳	六·一　庚戌	七·一　庚辰	八·一　己酉
五·十一　辛卯	六·十一　庚申	七·十一　庚寅	八·十一　己未
五·二十一　辛丑	六·二十一　庚午	七·二十一　庚子	八·二十一　己巳
九·一　己卯　闰九·一　戊申	十·一　戊寅	十一·一　丁未	十二·一　丁丑
九·十一　己丑　闰九·十一　戊午	十·十一　戊子	十一·十一　丁巳	十二·十一　丁亥
九·二十一己亥　闰九·二十一戊辰	十·二十一　戊戌	十一·二十一　丁卯	十二·二十一　丁酉

＊ 此据《总谱》，下同。《辑要》正月壬午、三月辛巳、五月庚辰朔。

秦始皇二十七年辛巳（前 220）

*一·一　丁未	二·一　丙子	三·一　丙午	四·一　乙亥
一·十一　丁巳	二·十一　丙戌	三·十一　丙辰	四·十一　乙酉
一·二十一　丁卯	二·二十一　丙申	三·二十一　丙寅	四·二十一　乙未
五·一　乙巳	六·一　甲戌	七·一　甲辰	八·一　癸酉
五·十一　乙卯	六·十一　甲申	七·十一　甲寅	八·十一　癸未
五·二十一　乙丑	六·二十一　甲午	七·二十一　甲子	八·二十一　癸巳
九·一　癸卯	十·一　壬申	十一·一　壬寅	十二·一　辛未
九·十一　癸丑	十·十一　壬午	十一·十一　壬子	十二·十一　辛巳
九·二十一　癸亥	十·二十一　壬辰	十一·二十一　壬戌	十二·二十一　辛卯

＊《辑要》正月丙午、三月乙巳、五月甲辰、七月癸卯、九月壬寅朔。

秦始皇二十八年壬午（前 219）

一·一　辛丑	二·一　庚午	三·一　庚子	*四·一　庚午
一·十一　辛亥	二·十一　庚辰	三·十一　庚戌	四·十一　庚辰
一·二十一　辛酉	二·二十一　庚寅	三·二十一　庚申	四·二十一　庚寅
五·一　己亥	六·一　己巳	七·一　戊戌	八·一　戊辰
五·十一　己酉	六·十一　己卯	七·十一　戊申	八·十一　戊寅
五·二十一　己未	六·二十一　己丑	七·二十一　戊午	八·二十一　戊子
九·一　丁酉　**闰九·一　丁卯	十·一　丙申	十一·一　丙寅	十二·一　乙未
九·十一　丁未　闰九·十一　丁丑	十·十一　丙午	十一·十一　丙子	十二·十一　乙巳
九·二十一丁巳　闰九·二十一丁亥	十·二十一　丙辰	十一·二十一　丙戌	十二·二十一　乙卯

*《辑要》四月己巳、六月戊辰、八月丁卯、十月丙寅、十一月丙申、十二月乙丑朔。　**《辑要》本年不闰。

秦始皇二十九年癸未（前 218）

*一·一　乙丑	二·一　甲午	三·一　甲子	四·一　癸巳
一·十一　乙亥	二·十一　甲辰	三·十一　甲戌	四·十一　癸卯
一·二十一　乙酉	二·二十一　甲寅	三·二十一　甲申	四·二十一　癸丑
五·一　癸亥	六·一　壬辰	七·一　壬戌	八·一　壬辰
五·十一　癸酉	六·十一　壬寅	七·十一　壬申	八·十一　壬寅
五·二十一　癸未	六·二十一　壬子	七·二十一　壬午	八·二十一　壬子
九·一　辛酉	十·一　辛卯	十一·一　庚申	十二·一　庚寅
九·十一　辛未	十·十一　辛丑	十一·十一　庚午	十二·十一　庚子
九·二十一　辛巳	十·二十一　辛亥	十一·二十一　庚辰	十二·二十一　庚戌

*《辑要》正月乙未、二月甲子、三月甲午、四月甲子、五月癸巳、六月癸亥、七月壬辰、八月壬戌、九月辛卯、闰九月辛酉、十月庚寅、十二月己丑朔。

秦始皇三十年甲申（前 217）

一·一　己未	*二·一　己丑	三·一　戊午	四·一　戊子
一·十一　己巳	二·十一　己亥	三·十一　戊辰	四·十一　戊戌
一·二十一　己卯	二·二十一　己酉	三·二十一　戊寅	四·二十一　戊申
五·一　丁巳	六·一　丁亥	七·一　丙辰	八·一　丙戌
五·十一　丁卯	六·十一　丁酉	七·十一　丙寅	八·十一　丙申
五·二十一　丁丑	六·二十一　丁未	七·二十一　丙子	八·二十一　丙午
九·一　乙卯	十·一　乙酉	十一·一　甲寅	十二·一　甲申
九·十一　乙丑	十·十一　乙未	十一·十一　甲子	十二·十一　甲午
九·二十一　乙亥	十·二十一　乙巳	十一·二十一　甲戌	十二·二十一　甲辰

*《辑要》二月戊子、四月丁亥朔。

秦始皇三十一年乙酉（前 216）

*一·一　甲寅	二·一　癸未	三·一　癸丑	四·一　壬午
一·十一　甲子	二·十一　癸巳	三·十一　癸亥	四·十一　壬辰
一·二十一　甲戌	二·二十一　癸卯	三·二十一　癸酉	四·二十一　壬寅
五·一　壬子	六·一　辛巳	七·一　辛亥	八·一　庚辰
五·十一　壬戌	六·十一　辛卯	七·十一　辛酉	八·十一　庚寅
五·二十一　壬申	六·二十一　辛丑	七·二十一　辛未	八·二十一　庚子
九·一　庚戌　闰九·一　己卯	十·一　己酉	十一·一　戊寅	十二·一　戊申
九·十一　庚申　闰九·十一　己丑	十·十一　己未	十一·十一　戊子	十二·十一　戊午
九·二十一庚午　闰九·二十一己亥	十·二十一　己巳	十一·二十一　戊戌	十二·二十一　戊辰

*《辑要》正月癸丑、三月壬子、五月辛亥、七月庚戌、九月己酉朔。

秦始皇三十二年丙戌(前215)

一・一	丁丑	二・一	丁未	*三・一	丁丑	四・一	丙午
一・十一	丁亥	二・十一	丁巳	三・十一	丁亥	四・十一	丙辰
一・二十一	丁酉	二・二十一	丁卯	三・二十一	丁酉	四・二十一	丙寅
五・一	丙子	六・一	乙巳	七・一	乙亥	八・一	甲辰
五・十一	丙戌	六・十一	乙卯	七・十一	乙酉	八・十一	甲寅
五・二十一	丙申	六・二十一	乙丑	七・二十一	乙未	八・二十一	甲子
九・一	甲戌	十・一	癸卯	十一・一	癸酉	十二・一	壬寅
九・十一	甲申	十・十一	癸丑	十一・十一	癸未	十二・十一	壬子
九・二十一	甲午	十・二十一	癸亥	十一・二十一	癸巳	十二・二十一	壬戌

*《辑要》三月丙子、五月乙亥、七月甲戌、九月癸酉、十一月壬申朔。

秦始皇三十三年丁亥(前214)

一・一	壬申	二・一	辛丑	三・一	辛未	四・一	庚子
一・十一	壬午	二・十一	辛亥	三・十一	辛巳	四・十一	庚戌
一・二十一	壬辰	二・二十一	辛酉	三・二十一	辛卯	四・二十一	庚申
五・一	庚午	六・一	己亥	七・一	己巳	*八・一	己亥
五・十一	庚辰	六・十一	己酉	七・十一	己卯	八・十一	己酉
五・二十一	庚寅	六・二十一	己未	七・二十一	己丑	八・二十一	己未
九・一	戊辰	十・一	戊戌	十一・一	丁卯	十二・一	丁酉
九・十一	戊寅	十・十一	戊申	十一・十一	丁丑	十二・十一	丁未
九・二十一	戊子	十・二十一	戊午	十一・二十一	丁亥	十二・二十一	丁巳

*《辑要》八月戊戌、十月丁酉、十二月丙申朔。

秦始皇三十四年戊子(前213)

一・一	丙寅	*二・一	丙申	三・一	乙丑	四・一	乙未
一・十一	丙子	二・十一	丙午	三・十一	乙亥	四・十一	乙巳
一・二十一	丙戌	二・二十一	丙辰	三・二十一	乙酉	四・二十一	乙卯
五・一	甲子	六・一	甲午	七・一	癸亥	八・一	癸巳
五・十一	甲戌	六・十一	甲辰	七・十一	癸酉	八・十一	癸卯
五・二十一	甲申	六・二十一	甲寅	七・二十一	癸未	八・二十一	癸丑
九・一　壬戌　闰九・一	壬辰	十・一	壬戌	十一・一	辛卯	十二・一	辛酉
九・十一　壬申　闰九・十一	壬寅	十・十一	壬申	十一・十一	辛丑	十二・十一	辛未
九・二十一壬午　闰九・二十一	壬子	十・二十一	壬午	十一・二十一	辛亥	十二・二十一	辛巳

*《辑要》二月乙未、四月甲午、十月辛酉、十二月庚申朔。

秦始皇三十五年己丑(前212)

一・一	庚寅	*二・一	庚申	三・一	己丑	四・一	己未
一・十一	庚子	二・十一	庚午	三・十一	己亥	四・十一	己巳
一・二十一	庚戌	二・二十一	庚辰	三・二十一	己酉	四・二十一	己卯
五・一	戊子	**六・一	戊午	七・一	丁亥	八・一	丁巳
五・十一	戊戌	六・十一	戊辰	七・十一	丁酉	八・十一	丁卯
五・二十一	戊申	六・二十一	戊寅	七・二十一	丁未	八・二十一	丁丑
九・一	丙戌	十・一	丙辰	十一・一	乙酉	十二・一	乙卯
九・十一	丙申	十・十一	丙寅	十一・十一	乙未	十二・十一	乙丑
九・二十一	丙午	十・二十一	丙子	十一・二十一	乙巳	十二・二十一	乙亥

*《辑要》二月己未、四月戊午、六月丁巳、八月丙辰朔。　**《总谱》六月戊子朔,误。

秦始皇三十六年庚寅（前 211）

一·一 甲申	二·一 甲寅	*三·一 甲申	四·一 癸丑
一·十一 甲午	二·十一 甲子	三·十一 甲午	四·十一 癸亥
一·二十一 甲辰	二·二十一 甲戌	三·二十一 甲辰	四·二十一 癸酉
五·一 癸未	六·一 壬子	七·一 壬午	八·一 辛亥
五·十一 癸巳	六·十一 壬戌	七·十一 壬辰	八·十一 辛酉
五·二十一 癸卯	六·二十一 壬申	七·二十一 壬寅	八·二十一 辛未
九·一 辛巳	十·一 庚戌	十一·一 庚辰	十二·一 己酉
九·十一 辛卯	十·十一 庚申	十一·十一 庚寅	十二·十一 己未
九·二十一 辛丑	十·二十一 庚午	十一·二十一 庚子	十二·二十一 己巳

*《辑要》三月癸未、五月壬午、七月辛巳、九月庚辰、十一月己卯朔。

秦始皇三十年辛卯（前 210）

一·一 己卯	二·一 戊申	三·一 戊寅	四·一 丁未
一·十一 己丑	二·十一 戊午	三·十一 戊子	四·十一 丁巳
一·二十一 己亥	二·二十一 戊辰	三·二十一 戊戌	四·二十一 丁卯
五·一 丁丑	六·一 丙午	七·一 丙子	*八·一 丙午
五·十一 丁亥	六·十一 丙辰	七·十一 丙戌	八·十一 丙辰
五·二十一 丁酉	六·二十一 丙寅	七·二十一 丙申	八·二十一 丙寅
九·一 乙亥　闰九·一 乙巳	十·一 甲戌	十一·一 甲辰	十二·一 癸酉
九·十一 乙酉　闰九·十一 乙卯	十·十一 甲申	十一·十一 甲寅	十二·十一 癸未
九·二十一 乙未　闰九·二十一 乙丑	十·二十一 甲午	十一·二十一 甲子	十二·二十一 癸巳

*《辑要》八月乙巳、闰九月甲辰、十一月癸卯朔。

秦二世元年壬辰（前 209）

*一·一 癸卯	二·一 壬申	三·一 壬寅	四·一 辛未
一·十一 癸丑	二·十一 壬午	三·十一 壬子	四·十一 辛巳
一·二十一 癸亥	二·二十一 壬辰	三·二十一 壬戌	四·二十一 辛卯
五·一 辛丑	六·一 庚午	七·一 庚子	八·一 己巳
五·十一 辛亥	六·十一 庚辰	七·十一 庚戌	八·十一 己卯
五·二十一 辛酉	六·二十一 庚寅	七·二十一 庚申	八·二十一 己丑
九·一 己亥	十·一 己巳	十一·一 戊戌	十二·一 戊辰
九·十一 己酉	十·十一 己卯	十一·十一 戊申	十二·十一 戊寅
九·二十一 己未	十·二十一 己丑	十一·二十一 戊午	十二·二十一 戊子

*《辑要》正月壬寅、三月辛丑、十月戊辰、十二月丁卯朔。

秦二世二年癸巳（前 208）

一·一 丁酉	*二·一 丁卯	三·一 丙申	四·一 丙寅
一·十一 丁未	二·十一 丁丑	三·十一 丙午	四·十一 丙子
一·二十一 丁巳	二·二十一 丁亥	三·二十一 丙辰	四·二十一 丙戌
五·一 乙未	六·一 乙丑	七·一 甲午	八·一 甲子
五·十一 乙巳	六·十一 乙亥	七·十一 甲辰	八·十一 甲戌
五·二十一 乙卯	六·二十一 乙酉	七·二十一 甲寅	八·二十一 甲申
九·一 癸巳　闰九·一 癸亥	十·一 壬辰	十一·一 壬戌	十二·一 辛卯
九·十一 癸卯　闰九·十一 癸酉	十·十一 壬寅	十一·十一 壬申	十二·十一 辛丑
九·二十一 癸丑　闰九·二十一 癸未	十·二十一 壬子	十一·二十一 壬午	十二·二十一 辛亥

*《辑要》二月丙寅、四月乙丑、六月甲子、八月癸亥朔。

秦子婴元年甲午(前207)

一・一　辛酉	*二・一　辛卯	三・一　庚申	四・一　庚寅
一・十一　辛未	二・十一　辛丑	三・十一　庚午	四・十一　庚子
一・二十一　辛巳	二・二十一　辛亥	三・二十一　庚辰	四・二十一　庚戌
五・一　己未	六・一　己丑	七・一　戊午	**八・一　戊子
五・十一　己巳	六・十一　己亥	七・十一　戊辰	八・十一　戊戌
五・二十一　己卯	六・二十一　己酉	七・二十一　戊寅	八・二十一　戊申
九・一　丁巳	***十・一　丁亥	十一・一　丙辰	十二・一　丙戌
九・十一　丁卯	十・十一　丁酉	十一・十一　丙寅	十二・十一　丙申
九・二十一　丁丑	十・二十一　丁未	十一・二十一　丙子	十二・二十一　丙午

*《辑要》二月庚寅、四月己丑、六月戊子、八月丁亥、十月丙戌朔。　** 本月子婴即位。　*** 本月刘邦入关,子婴投降,秦亡。

西汉历日表(一)

*汉高祖元年乙未(前206)

**一・一　丙辰	二・一　乙酉	三・一　乙卯	四・一　甲申
一・十一　丙寅	二・十一　乙未	三・十一　乙丑	四・十一　甲午
一・二十一　丙子	二・二十一　乙巳	三・二十一　乙亥	四・二十一　甲辰
五・一　甲寅	六・一　癸未	七・一　癸丑	八・一　壬午
五・十一　甲子	六・十一　癸巳	七・十一　癸亥	八・十一　壬辰
五・二十一　甲戌	六・二十一　癸卯	七・二十一　癸酉	八・二十一　壬寅
九・一　壬子	十・一　辛巳	十一・一　辛亥	十二・一　庚辰
九・十一　壬戌	十・十一　辛卯	十一・十一　辛酉	十二・十一　庚寅
九・二十一　壬申	十・二十一　辛丑	十一・二十一　辛未	十二・二十一　庚子

*《目录》说:“汉初用《殷历》,或云用《颛顼历》,今两存之。”《辑要》《朔闰考》也同时用《殷历》和《颛顼历》推算,《朔闰表》《总谱》则完全采用《殷历》。今据山东临沂银雀山二号汉墓所出《元光元年历谱》竹简所推算(原用《颛顼历》,见《临沂出土汉初古历初探》表二),并注以《目录》《辑要》《朔闰考》的不同之处,至太初元年改历时为止。汉初承秦制,仍以十月为岁首。　**《目录》《辑要》正月乙卯、三月甲寅、五月癸丑、七月壬子、九月辛亥、十一月庚戌朔。

汉高祖二年丙申(前205)

*一・一　庚戌	二・一　己卯	三・一　己酉	四・一　己卯
一・十一　庚申	二・十一　己丑	三・十一　己未	四・十一　己丑
一・二十一　庚午	二・二十一　己亥	三・二十一　己巳	四・二十一　己亥
五・一　戊申	六・一　戊寅	七・一　丁未	八・一　丁丑
五・十一　戊午	六・十一　戊子	七・十一　丁巳	八・十一　丁亥
五・二十一　戊辰	六・二十一　戊戌	七・二十一　丁卯	八・二十一　丁酉
九・一　丙午　**闰九・一　丙子	十・一　乙巳	十一・一　乙亥	十二・一　甲辰
九・十一　丙辰　闰九・十一　丙戌	十・十一　乙卯	十一・十一　乙酉	十二・十一　甲寅
九・二十一　丙寅　闰九・二十一　丙申	十・二十一　乙丑	十一・二十一　乙未	十二・二十一　甲子

*《目录》《辑要》正月己酉、三月戊申、四月戊寅、六月丁丑、八月丙子、十一月甲戌朔。　**《目录》闰九月乙亥朔。

汉高祖三年丁酉(前204)

*一・一　甲戌	二・一　癸卯	三・一　癸酉	四・一　壬寅
一・十一　甲申	二・十一　癸丑	三・十一　癸未	四・十一　壬子
一・二十一　甲午	二・二十一　癸亥	三・二十一　癸巳	四・二十一　壬戌
五・一　壬申	六・一　辛丑	七・一　辛未	八・一　辛丑
五・十一　壬午	六・十一　辛亥	七・十一　辛巳	八・十一　辛亥
五・二十一　壬辰	六・二十一　辛酉	七・二十一　辛卯	八・二十一　辛酉
九・一　庚午	十・一　庚子	十一・一　己巳	十二・一　己亥
九・十一　庚辰	十・十一　庚戌	十一・十一　己卯	十二・十一　己酉
九・二十一　庚寅	十・二十一　庚申	十一・二十一　己丑	十二・二十一　己未

*《目录》《辑要》正月癸酉、三月壬申、五月辛未、八月庚子、十月己亥、十二月戊戌朔。

汉高祖四年戊戌(前203)

一·一	戊辰	*二·一	戊戌	三·一	丁卯	四·一	丁酉
一·十一	戊寅	二·十一	戊申	三·十一	丁丑	四·十一	丁未
一·二十一	戊子	二·二十一	戊午	三·二十一	丁亥	四·二十一	丁巳
五·一	丙寅	六·一	丙申	七·一	乙丑	八·一	乙未
五·十一	丙子	六·十一	丙午	七·十一	乙亥	八·十一	乙巳
五·二十一	丙戌	六·二十一	丙辰	七·二十一	乙酉	八·二十一	乙卯
九·一	甲子	十·一	甲午	十一·一	甲子	十二·一	癸巳
九·十一	甲戌	十·十一	甲辰	十一·十一	甲戌	十二·十一	癸卯
九·二十一	甲申	十·二十一	甲寅	十一·二十一	甲申	十二·二十一	癸丑

*《目录》《辑要》二月丁酉、四月丙申、六月乙未、八月甲午、十月癸巳、十一月癸亥朔。

汉高祖五年己亥(前202)

*一·一	癸亥	二·一	壬辰	三·一	壬戌	四·一	辛卯
一·十一	癸酉	二·十一	壬寅	三·十一	壬申	四·十一	辛丑
一·二十一	癸未	二·二十一	壬子	三·二十一	壬午	四·二十一	辛亥
五·一	辛酉	六·一	庚寅	**七·一	庚申	八·一	己丑
五·十一	辛未	六·十一	庚子	七·十一	庚午	八·十一	己亥
五·二十一	辛巳	六·二十一	庚戌	七·二十一	庚辰	八·二十一	己酉
九·一 己未 闰九·一	戊子	十·一	戊午	十一·一	丁亥	十二·一	丁巳
九·十一 己巳 闰九·十一	戊戌	十·十一	戊辰	十一·十一	丁酉	十二·十一	丁卯
九·二十一己卯 闰九·二十一	戊申	十·二十一	戊寅	十一·二十一	丁未	十二·二十一	丁丑

*《目录》《辑要》正月壬戌、三月辛酉、五月庚申、九月戊午、十月丁巳、十二月丙辰朔。 **《辑要》七月己未朔。《目录》七月乙未朔,误。

汉高祖六年庚子(前201)

一·一	丙戌	*二·一	丙辰	三·一	丙戌	四·一	乙卯
一·十一	丙申	二·十一	丙寅	三·十一	丙申	四·十一	乙丑
一·二十一	丙午	二·二十一	丙子	三·二十一	丙午	四·二十一	乙亥
五·一	乙酉	六·一	甲寅	七·一	甲申	八·一	癸丑
五·十一	乙未	六·十一	甲子	七·十一	甲午	八·十一	癸亥
五·二十一	乙巳	六·二十一	甲戌	七·二十一	甲辰	八·二十一	癸酉
九·一	癸未	十·一	壬子	十一·一	壬午	十二·一	辛亥
九·十一	癸巳	十·十一	壬戌	十一·十一	壬辰	十二·十一	辛酉
九·二十一	癸卯	十·二十一	壬申	十一·二十一	壬寅	十二·二十一	辛未

*《目录》《辑要》二月乙卯、三月乙酉、五月甲申、七月癸未、九月壬午、十一月辛巳朔。

汉高祖七年辛丑(前200)

*一·一	辛巳	二·一	庚戌	三·一	庚辰	四·一	己酉
一·十一	辛卯	二·十一	庚申	三·十一	庚寅	四·十一	己未
一·二十一	辛丑	二·二十一	庚午	三·二十一	庚子	四·二十一	己巳
五·一	己卯	六·一	戊申	七·一	戊寅	八·一	戊申
五·十一	己丑	六·十一	戊午	七·十一	戊子	八·十一	戊午
五·二十一	己亥	六·二十一	戊辰	七·二十一	戊戌	八·二十一	戊辰
九·一	丁丑	十·一	丁未	十一·一	丙子	十二·一	丙午
九·十一	丁亥	十·十一	丁巳	十一·十一	丙戌	十二·十一	丙辰
九·二十一	丁酉	十·二十一	丁卯	十一·二十一	丙申	十二·二十一	丙寅

*《目录》《辑要》正月庚辰、三月己卯、五月戊寅、八月丁未、十月丙午、十二月乙巳朔。

汉高祖八年壬寅(前 199)

一·一 乙亥	*二·一 乙巳	三·一 甲戌	四·一 甲辰
一·十一 乙酉	二·十一 乙卯	三·十一 甲申	四·十一 甲寅
一·二十一 乙未	二·二十一 乙丑	三·二十一 甲午	四·二十一 甲子
五·一 癸酉	六·一 癸卯	七·一 壬申	八·一 壬寅
五·十一 癸未	六·十一 癸丑	七·十一 壬午	八·十一 壬子
五·二十一 癸巳	六·二十一 癸亥	七·二十一 壬辰	八·二十一 壬戌
九·一 辛未 *闰九·一 辛丑	**十·一 辛未	十一·一 庚子	十二·一 庚午
九·十一 辛巳 闰九·十一 辛亥	十·十一 辛巳	十一·十一 庚戌	十二·十一 庚辰
九·二十一 辛卯 闰九·二十一 辛酉	十·二十一 辛卯	十一·二十一 庚申	十二·二十一 庚寅

*《目录》《辑要》二月甲辰、四月癸卯、六月壬寅、八月辛丑、闰九月庚子、十二月己巳朔。 **《辑要》十月庚午朔。《目录》十月庚子朔,误。

汉高祖九年癸卯(前 198)

一·一 己亥	*二·一 己巳	三·一 戊戌	四·一 戊辰
一·十一 己酉	二·十一 己卯	三·十一 戊申	四·十一 戊寅
一·二十一 己未	二·二十一 己丑	三·二十一 戊午	四·二十一 戊子
五·一 丁酉	六·一 丁卯	七·一 丙申	八·一 丙寅
五·十一 丁未	六·十一 丁丑	七·十一 丙午	八·十一 丙子
五·二十一 丁巳	六·二十一 丁亥	七·二十一 丙辰	八·二十一 丙戌
九·一 乙未	十·一 乙丑	十一·一 甲午	十二·一 甲子
九·十一 乙巳	十·十一 乙亥	十一·十一 甲辰	十二·十一 甲戌
九·二十一 乙卯	十·二十一 乙酉	十一·二十一 甲寅	十二·二十一 甲申

*《目录》《辑要》二月戊辰、四月丁卯、六月丙寅、八月乙丑、十月甲子、十二月癸亥朔。

汉高祖十年甲辰(前 197)

一·一 癸巳	二·一 癸亥	*三·一 癸巳	四·一 壬戌
一·十一 癸卯	二·十一 癸酉	三·十一 癸卯	四·十一 壬申
一·二十一 癸丑	二·二十一 癸未	三·二十一 癸丑	四·二十一 壬午
五·一 壬辰	六·一 辛酉	七·一 辛卯	八·一 庚申
五·十一 壬寅	六·十一 辛未	七·十一 辛丑	八·十一 庚午
五·二十一 壬子	六·二十一 辛巳	七·二十一 辛亥	八·二十一 庚辰
九·一 庚寅 闰九·一 己未	十·一 己丑	十一·一 戊午	十二·一 戊子
九·十一 庚子 闰九·十一 己巳	十·十一 己亥	十一·十一 戊辰	十二·十一 戊戌
九·二十一 庚戌 闰九·二十一 己卯	十·二十一 己酉	十一·二十一 戊寅	十二·二十一 戊申

*《目录》《辑要》三月壬辰、五月辛卯、七月庚寅、九月己丑、十月戊子、十二月丁亥朔

汉高祖十一年乙巳(前 196)

一·一 丁巳	*二·一 丁亥	三·一 丙辰	四·一 丙戌
一·十一 丁卯	二·十一 丁酉	三·十一 丙寅	四·十一 丙申
一·二十一 丁丑	二·二十一 丁未	三·二十一 丙子	四·二十一 丙午
五·一 丙辰	六·一 乙酉	七·一 乙卯	八·一 甲申
五·十一 丙寅	六·十一 乙未	七·十一 乙丑	八·十一 甲午
五·二十一 丙子	六·二十一 乙巳	七·二十一 乙亥	八·二十一 甲辰
九·一 甲寅	十·一 癸未	十一·一 癸丑	十二·一 壬午
九·十一 甲子	十·十一 癸巳	十一·十一 癸亥	十二·十一 壬辰
九·二十一 甲戌	十·二十一 癸卯	十一·二十一 癸酉	十二·二十一 壬寅

*《目录》《辑要》二月丙戌、四月乙酉、五月乙卯、七月甲寅、九月癸丑、十一月壬子朔。

汉高祖十二年丙午(前195)

*一・一 壬子	二・一 辛巳	三・一 辛亥	四・一 庚辰
一・十一 壬戌	二・十一 辛卯	三・十一 辛酉	四・十一 庚寅
一・二十一 壬申	二・二十一 辛丑	三・二十一 辛未	四・二十一 庚子
五・一 庚戌	六・一 己卯	七・一 己酉	八・一 戊寅
五・十一 庚申	六・十一 己丑	七・十一 己未	八・十一 戊子
五・二十一 庚午	六・二十一 己亥	七・二十一 己巳	八・二十一 戊戌
九・一 戊申	十・一 戊寅	十一・一 丁未	十二・一 丁丑
九・十一 戊午	十・十一 戊子	十一・十一 丁巳	十二・十一 丁亥
九・二十一 戊辰	十・二十一 戊戌	十一・二十一 丁卯	十二・二十一 丁酉

*《目录》《辑要》正月辛亥、三月庚戌、五月己酉、七月戊申、九月丁未、十月丁丑、十二月丙子朔。

汉惠帝元年丁未(前194)

一・一 丙午	*二・一 丙子	三・一 乙巳	四・一 乙亥
一・十一 丙辰	二・十一 丙戌	三・十一 乙卯	四・十一 乙酉
一・二十一 丙寅	二・二十一 丙申	三・二十一 乙丑	四・二十一 乙未
五・一 甲辰	六・一 甲戌	七・一 癸卯	八・一 癸酉
五・十一 甲寅	六・十一 甲申	七・十一 癸丑	八・十一 癸未
五・二十一 甲子	六・二十一 甲午	七・二十一 癸亥	八・二十一 癸巳
九・一 壬寅 闰九・一 壬申	十・一 辛丑	十一・一 辛未	十二・一 庚子
九・十一 壬子 闰九・十一 壬午	十・十一 辛亥	十一・十一 辛巳	十二・十一 庚戌
九・二十一壬戌 闰九・二十一壬辰	十・二十一 辛酉	十一・二十一 辛卯	十二・二十一 庚申

*《目录》《辑要》二月乙亥、四月甲戌、六月癸酉、八月壬申、闰九月辛未、十一月庚午朔。

汉惠帝二年戊申(前193)

一・一 庚午	*二・一 庚子	三・一 己巳	四・一 己亥
一・十一 庚辰	二・十一 庚戌	三・十一 己卯	四・十一 己酉
一・二十一 庚寅	二・二十一 庚申	三・二十一 己丑	四・二十一 己未
五・一 戊辰	六・一 戊戌	七・一 丁卯	八・一 丁酉
五・十一 戊寅	六・十一 戊申	七・十一 丁丑	八・十一 丁未
五・二十一 戊子	六・二十一 戊午	七・二十一 丁亥	八・二十一 丁巳
九・一 丙寅	十・一 丙申	十一・一 乙丑	十二・一 乙未
九・十一 丙子	十・十一 丙午	十一・十一 乙亥	十二・十一 乙巳
九・二十一 丙戌	十・二十一 丙辰	十一・二十一 乙酉	十二・二十一 乙卯

*《目录》《辑要》二月己亥、四月戊戌、六月丁酉、八月丙申、十月乙未、十二月甲午朔。

汉惠帝三年己酉(前192)

一・一 甲子	*二・一 甲午	三・一 癸亥	四・一 癸巳
一・十一 甲戌	二・十一 甲辰	三・十一 癸酉	四・十一 癸卯
一・二十一 甲申	二・二十一 甲寅	三・二十一 癸未	四・二十一 癸丑
五・一 癸亥	六・一 壬辰	七・一 壬戌	八・一 辛卯
五・十一 癸酉	六・十一 壬寅	七・十一 壬申	八・十一 辛丑
五・二十一 癸未	六・二十一 壬子	七・二十一 壬午	八・二十一 辛亥
九・一 辛酉	十・一 庚寅	十一・一 庚申	十二・一 己丑
九・十一 辛未	十・十一 庚子	十一・十一 庚午	十二・十一 己亥
九・二十一 辛巳	十・二十一 庚戌	十一・二十一 庚辰	十二・二十一 己酉

*《目录》《辑要》二月癸巳、四月壬辰、五月壬戌、七月辛酉、九月庚申、十一月己未朔。

汉惠帝四年庚戌（前 191）

*一・一　己未	二・一　戊子	三・一　戊午	四・一　丁亥
一・十一　己巳	二・十一　戊戌	三・十一　戊辰	四・十一　丁酉
一・二十一　己卯	二・二十一　戊申	三・二十一　戊寅	四・二十一　丁未
五・一　丁巳	六・一　丙戌	七・一　丙辰	八・一　乙酉
五・十一　丁卯	六・十一　丙申	七・十一　丙寅	八・十一　乙未
五・二十一　丁丑	六・二十一　丙午	七・二十一　丙子	八・二十一　乙巳
九・一　乙卯　闰九・一　乙酉	十・一　甲寅	十一・一　甲申	十二・一　癸丑
九・十一　乙丑　闰九・十一　乙未	十・十一　甲子	十一・十一　甲午	十二・十一　癸亥
九・二十一乙亥　闰九・二十一乙巳	十・二十一　甲戌	十一・二十一　甲辰	十二・二十一　癸酉

＊《目录》《辑要》正月戊午、三月丁巳、五月丙辰、七月乙卯、闰九月甲申、十一月癸未朔。

汉惠帝五年辛亥（前 190）

*一・一　癸未	二・一　壬子	三・一　壬午	四・一　辛亥
一・十一　癸巳	二・十一　壬戌	三・十一　壬辰	四・十一　辛酉
一・二十一　癸卯	二・二十一　壬申	三・二十一　壬寅	四・二十一　辛未
五・一　辛巳	六・一　庚戌	七・一　庚辰	八・一　己酉
五・十一　辛卯	六・十一　庚申	七・十一　庚寅	八・十一　己未
五・二十一　辛丑	六・二十一　庚午	七・二十一　庚子	八・二十一　己巳
九・一　己卯	十・一　戊申	十一・一　戊寅	十二・一　戊申
九・十一　己丑	十・十一　戊午	十一・十一　戊子	十二・十一　戊午
九・二十一　己亥	十・二十一　戊辰	十一・二十一　戊戌	十二・二十一　戊辰

＊《目录》《辑要》正月壬午、三月辛巳、五月庚辰、七月己卯、九月戊寅、十一月丁丑、十二月丁未朔。

汉惠帝六年壬子（前 189）

一・一　丁丑	*二・一　丁未	三・一　丙子	四・一　丙午
一・十一　丁亥	二・十一　丁巳	三・十一　丙戌	四・十一　丙辰
一・二十一　丁酉	二・二十一　丁卯	三・二十一　丙申	四・二十一　丙寅
五・一　乙亥	六・一　乙巳	七・一　甲戌	八・一　甲辰
五・十一　乙酉	六・十一　乙卯	七・十一　甲申	八・十一　甲寅
五・二十一　乙未	六・二十一　乙丑	七・二十一　甲午	八・二十一　甲子
九・一　癸酉　闰九・一　癸卯	十・一　壬申	十一・一　壬寅	十二・一　辛未
九・十一　癸未　闰九・十一　癸丑	十・十一　壬午	十一・十一　壬子	十二・十一　辛巳
九・二十一癸巳　闰九・二十一癸亥	十・二十一　壬辰	十一・二十一　壬戌	十二・二十一　辛卯

＊《目录》《辑要》二月丙午、四月乙巳、六月甲辰、八月癸卯、闰九月壬寅、十一月辛丑朔。

汉惠帝七年癸丑（前 188）

*一・一　辛丑	二・一　庚午	三・一　庚子	四・一　庚午
一・十一　辛亥	二・十一　庚辰	三・十一　庚戌	四・十一　庚辰
一・二十一　辛酉	二・二十一　庚寅	三・二十一　庚申	四・二十一　庚寅
五・一　己亥	六・一　己巳	七・一　戊戌	八・一　戊辰
五・十一　己酉	六・十一　己卯	七・十一　戊申	八・十一　戊寅
五・二十一　己未	六・二十一　己丑	七・二十一　戊午	八・二十一　戊子
九・一　丁酉	十・一　丁卯	十一・一　丙申	十二・一　丙寅
九・十一　丁未	十・十一　丁丑	十一・十一　丙午	十二・十一　丙子
九・二十一　丁巳	十・二十一　丁亥	十一・二十一　丙辰	十二・二十一　丙戌

＊《目录》《辑要》正月庚子、三月己亥、四月己巳、六月戊辰、八月丁卯、十月丙寅、十二月乙丑朔。

汉高后元年甲寅（前 187）

一·一	乙未	*二·一	乙丑	三·一	甲午	四·一	甲子
一·十一	乙巳	二·十一	乙亥	三·十一	甲辰	四·十一	甲戌
一·二十一	乙卯	二·二十一	乙酉	三·二十一	甲寅	四·二十一	甲申
五·一	癸巳	六·一	癸亥	七·一	壬辰	八·一	壬戌
五·十一	癸卯	六·十一	癸酉	七·十一	壬寅	八·十一	壬申
五·二十一	癸丑	六·二十一	癸未	七·二十一	壬子	八·二十一	壬午
九·一	壬辰	十·一	辛酉	十一·一	辛卯	十二·一	庚申
九·十一	壬寅	十·十一	辛未	十一·十一	辛丑	十二·十一	庚午
九·二十一	壬子	十·二十一	辛巳	十一·二十一	辛亥	十二·二十一	庚辰

*《目录》《辑要》二月甲子、四月癸亥、六月壬戌、九月辛卯、十一月庚寅朔。

汉高后二年乙卯（前 186）

*一·一	庚寅	二·一	己未	三·一	己丑	四·一	戊午
一·十一	庚子	二·十一	己巳	三·十一	己亥	四·十一	戊辰
一·二十一	庚戌	二·二十一	己卯	三·二十一	己酉	四·二十一	戊寅
五·一	戊子	六·一	丁巳	七·一	丁亥	八·一	丙辰
五·十一	戊戌	六·十一	丁卯	七·十一	丁酉	八·十一	丙寅
五·二十一	戊申	六·二十一	丁丑	七·二十一	丁未	八·二十一	丙子
九·一　丙戌　闰九·一	乙卯	十·一	乙酉	十一·一	乙卯	十二·一	甲申
九·十一　丙申　闰九·十一	乙丑	十·十一	乙未	十一·十一	乙丑	十二·十一	甲午
九·二十一丙午　闰九·二十一	乙亥	十·二十一	乙巳	十一·二十一	乙亥	十二·二十一	甲辰

*《目录》《辑要》正月己丑、三月戊子、五月丁亥、七月丙戌、九月乙酉、十月甲申、十一月甲寅朔。

汉高后三年丙辰（前 185）

*一·一	甲寅	二·一	癸未	三·一	癸丑	四·一	壬午
一·十一	甲子	二·十一	癸巳	三·十一	癸亥	四·十一	壬辰
一·二十一	甲戌	二·二十一	癸卯	三·二十一	癸酉	四·二十一	壬寅
五·一	壬子	六·一	辛巳	七·一	辛亥	八·一	庚辰
五·十一	壬戌	六·十一	辛卯	七·十一	辛酉	八·十一	庚寅
五·二十一	壬申	六·二十一	辛丑	七·二十一	辛未	八·二十一	庚子
九·一	庚戌	十·一	己卯	十一·一	己酉	十二·一	戊寅
九·十一	庚申	十·十一	己丑	十一·十一	己未	十二·十一	戊子
九·二十一	庚午	十·二十一	己亥	十一·二十一	己巳	十二·二十一	戊戌

*《目录》《辑要》正月癸丑、三月壬子、五月辛亥、七月庚戌、九月己酉、十一月戊申朔。

汉高后四年丁巳（前 184）

*一·一	戊申	二·一	丁丑	三·一	丁未	四·一	丁丑
一·十一	戊午	二·十一	丁亥	三·十一	丁巳	四·十一	丁亥
一·二十一	戊辰	二·二十一	丁酉	三·二十一	丁卯	四·二十一	丁酉
五·一	丙午	六·一	丙子	七·一	乙巳	八·一	乙亥
五·十一	丙辰	六·十一	丙戌	七·十一	乙卯	八·十一	乙酉
五·二十一	丙寅	六·二十一	丙申	七·二十一	乙丑	八·二十一	乙未
九·一	甲辰	十·一	甲戌	十一·一	癸卯	十二·一	癸酉
九·十一	甲寅	十·十一	甲申	十一·十一	癸丑	十二·十一	癸未
九·二十一	甲子	十·二十一	甲午	十一·二十一	癸亥	十二·二十一	癸巳

*《目录》《辑要》正月丁未、四月丙子、六月乙亥、八月甲戌、十月癸酉、十二月壬申朔。

汉高后五年戊午（前 183）

一·一　壬寅	*二·一　壬申	三·一　辛丑	四·一　辛未
一·十一　壬子	二·十一　壬午	三·十一　辛亥	四·十一　辛巳
一·二十一　壬戌	二·二十一　壬辰	三·二十一　辛酉	四·二十一　辛卯
五·一　庚子	六·一　庚午	七·一　庚子	八·一　己巳
五·十一　庚戌	六·十一　庚辰	七·十一　庚戌	八·十一　己卯
五·二十一　庚申	六·二十一　庚寅	七·二十一　庚申	八·二十一　己丑
九·一　己亥　闰九·一　戊辰	十·一　戊戌	十一·一　丁卯	十二·一　丁酉
九·十一　己酉　闰九·十一　戊寅	十·十一　戊申	十一·十一　丁丑	十二·十一　丁未
九·二十一己未　闰九·二十一戊子	十·二十一　戊午	十一·二十一　丁亥	十二·二十一　丁巳

*《目录》《辑要》二月辛未、四月庚午、六月己巳、七月己亥、九月戊戌、十月丁酉、十二月丙申朔。

汉高后六年己未（前 182）

一·一　丙寅	*二·一　丙申	三·一　乙丑	四·一　乙未
一·十一　丙子	二·十一　丙午	三·十一　乙亥	四·十一　乙巳
一·二十一　丙戌	二·二十一　丙辰	三·二十一　乙酉	四·二十一　乙卯
五·一　甲子	六·一　甲午	七·一　癸亥	八·一　癸巳
五·十一　甲戌	六·十一　甲辰	七·十一　癸酉	八·十一　癸卯
五·二十一　甲申	六·二十一　甲寅	七·二十一　癸未	八·二十一　癸丑
九·一　壬戌	十·一　壬辰	十一·一　壬戌	十二·一　辛卯
九·十一　壬申	十·十一　壬寅	十一·十一　壬申	十二·十一　辛丑
九·二十一　壬午	十·二十一　壬子	十一·二十一　壬午	十二·二十一　辛亥

*《目录》《辑要》二月乙未、四月甲午、六月癸巳、八月壬辰、十月辛卯、十一月辛酉朔。

汉高后七年庚申（前 181）

*一·一　辛酉	二·一　庚寅	三·一　庚申	四·一　己丑
一·十一　辛未	二·十一　庚子	三·十一　庚午	四·十一　己亥
一·二十一　辛巳	二·二十一　庚戌	三·二十一　庚辰	四·二十一　己酉
五·一　己未	六·一　戊子	七·一　戊午	八·一　丁亥
五·十一　己巳	六·十一　戊戌	七·十一　戊辰	八·十一　丁酉
五·二十一　己卯	六·二十一　戊申	七·二十一　戊寅	八·二十一　丁未
九·一　丁巳	十·一　丙戌	十一·一　丙辰	十二·一　乙酉
九·十一　丁卯	十·十一　丙申	十一·十一　丙寅	十二·十一　乙未
九·二十一　丁丑	十·二十一　丙午	十一·二十一　丙子	十二·二十一　乙巳

*《目录》《辑要》正月庚申、三月己未、五月戊午、七月丁巳、九月丙辰、十一月乙卯朔。

汉高后八年辛酉（前 180）

*一·一　乙卯	二·一　甲申	三·一　甲寅	四·一　甲申
一·十一　乙丑	二·十一　甲午	三·十一　甲子	四·十一　甲午
一·二十一　乙亥	二·二十一　甲辰	三·二十一　甲戌	四·二十一　甲辰
五·一　癸丑	六·一　癸未	七·一　壬子	八·一　壬午
五·十一　癸亥	六·十一　癸巳	七·十一　壬戌	八·十一　壬辰
五·二十一　癸酉	六·二十一　癸卯	七·二十一　壬申	八·二十一　壬寅
九·一　辛亥　闰九·一　辛巳	十·一　庚戌	十一·一　庚辰	十二·一　己酉
九·十一　辛酉　闰九·十一　辛卯	十·十一　庚申	十一·十一　庚寅	十二·十一　己未
九·二十一辛未　闰九·二十一辛丑	十·二十一　庚午	十一·二十一　庚子	十二·二十一　己巳

*《目录》《辑要》正月甲寅、四月癸未、六月壬午、八月辛巳、闰九月庚辰、十一月己卯朔。

汉文帝元年壬戌(前179)

*一·一	己卯	二·一	戊申	三·一	戊寅	四·一	丁未
一·十一	己丑	二·十一	戊午	三·十一	戊子	四·十一	丁巳
一·二十一	己亥	二·二十一	戊辰	三·二十一	戊戌	四·二十一	丁卯
五·一	丁丑	六·一	丁未	七·一	丙子	八·一	丙午
五·十一	丁亥	六·十一	丁巳	七·十一	丙戌	八·十一	丙辰
五·二十一	丁酉	六·二十一	丁卯	七·二十一	丙申	八·二十一	丙寅
九·一	乙亥	十·一	乙巳	十一·一	甲戌	十二·一	甲辰
九·十一	乙酉	十·十一	乙卯	十一·十一	甲申	十二·十一	甲寅
九·二十一	乙未	十·二十一	乙丑	十一·二十一	甲午	十二·二十一	甲子

*《目录》《辑要》正月戊寅、三月丁丑、五月丙子、六月丙午、八月乙巳、十月甲辰、十二月癸卯朔。

汉文帝二年癸亥(前178)

一·一	癸酉	*二·一	癸卯	三·一	壬申	四·一	壬寅
一·十一	癸未	二·十一	癸丑	三·十一	壬午	四·十一	壬子
一·二十一	癸巳	二·二十一	癸亥	三·二十一	壬辰	四·二十一	壬戌
五·一	辛未	六·一	辛丑	七·一	庚午	八·一	庚子
五·十一	辛巳	六·十一	辛亥	七·十一	庚辰	八·十一	庚戌
五·二十一	辛卯	六·二十一	辛酉	七·二十一	庚寅	八·二十一	庚申
九·一　己巳　闰九·一	己亥	十·一	己巳	十一·一	戊戌	十二·一	戊辰
九·十一　己卯　闰九·十一	己酉	十·十一	己卯	十一·十一	戊申	十二·十一	戊寅
九·二十一己丑　闰九·二十一	己未	十·二十一	己丑	十一·二十一	戊午	十二·二十一	戊子

*《目录》《辑要》二月壬寅、四月辛丑、六月庚子、八月己亥、十月戊辰、十二月丁卯朔。

汉文帝三年甲子(前177)

一·一	丁酉	*二·一	丁卯	三·一	丙申	四·一	丙寅
一·十一	丁未	二·十一	丁丑	三·十一	丙午	四·十一	丙子
一·二十一	丁巳	二·二十一	丁亥	三·二十一	丙辰	四·二十一	丙戌
五·一	乙未	六·一	乙丑	七·一	甲午	八·一	甲子
五·十一	乙巳	六·十一	乙亥	七·十一	甲辰	八·十一	甲戌
五·二十一	乙卯	六·二十一	乙酉	七·二十一	甲寅	八·二十一	甲申
九·一	癸巳	十·一	癸亥	十一·一	壬辰	十二·一	壬戌
九·十一	癸卯	十·十一	癸酉	十一·十一	壬寅	十二·十一	壬申
九·二十一	癸丑	十·二十一	癸未	十一·二十一	壬子	十二·二十一	壬午

*《目录》《辑要》二月丙寅、四月乙丑、六月甲子、八月癸亥、十月壬戌、十二月辛酉朔。

汉文帝四年乙丑(前176)

一·一	辛卯	二·一	辛酉	*三·一	辛卯	四·一	庚申
一·十一	辛丑	二·十一	辛未	三·十一	辛丑	四·十一	庚午
一·二十一	辛亥	二·二十一	辛巳	三·二十一	辛亥	四·二十一	庚辰
五·一	庚寅	六·一	己未	七·一	己丑	八·一	戊午
五·十一	庚子	六·十一	己巳	七·十一	己亥	八·十一	戊辰
五·二十一	庚戌	六·二十一	己卯	七·二十一	己酉	八·二十一	戊寅
九·一	戊子	十·一	丁巳	十一·一	丁亥	十二·一	丙辰
九·十一	戊戌	十·十一	丁卯	十一·十一	丁酉	十二·十一	丙寅
九·二十一	戊申	十·二十一	丁丑	十一·二十一	丁未	十二·二十一	丙子

*《目录》《辑要》三月庚寅、五月己丑、七月戊子、九月丁亥、十一月壬戌朔。

汉文帝五年丙寅（前 175）

*一·一	丙戌	二·一	乙卯	三·一	乙酉	四·一	甲寅
一·十一	丙申	二·十一	乙丑	三·十一	乙未	四·十一	甲子
一·二十一	丙午	二·二十一	乙亥	三·二十一	乙巳	四·二十一	甲戌
五·一	甲申	六·一	甲寅	七·一	癸未	八·一	癸丑
五·十一	甲午	六·十一	甲子	七·十一	癸巳	八·十一	癸亥
五·二十一	甲辰	六·二十一	甲戌	七·二十一	癸卯	八·二十一	癸酉
九·一　壬午　闰九·一	壬子	十·一	辛巳	十一·一	辛亥	十二·一	庚辰
九·十一　壬辰　闰九·十一	壬戌	十·十一	辛卯	十一·十一	辛酉	十二·十一	庚寅
九·二十一壬寅　闰九·二十一	壬申	十·二十一	辛丑	十一·二十一	辛未	十二·二十一	庚子

*《目录》《辑要》正月乙酉、三月甲申、五月癸未、六月癸丑、八月壬子、闰九月辛亥、十一月庚戌朔。

汉文帝六年丁卯（前 174）

*一·一	庚戌	二·一	己卯	三·一	己酉	四·一	戊寅
一·十一	庚申	二·十一	己丑	三·十一	己未	四·十一	戊子
一·二十一	庚午	二·二十一	己亥	三·二十一	己巳	四·二十一	戊戌
五·一	戊申	六·一	丁丑	七·一	丁未	八·一	丙子
五·十一	戊午	六·十一	丁亥	七·十一	丁巳	八·十一	丙戌
五·二十一	戊辰	六·二十一	丁酉	七·二十一	丁卯	八·二十一	丙申
九·一	丙午	十·一	丙子	十一·一	乙巳	十二·一	乙亥
九·十一	丙辰	十·十一	丙戌	十一·十一	乙卯	十二·十一	乙酉
九·二十一	丙寅	十·二十一	丙申	十一·二十一	乙丑	十二·二十一	乙未

*《目录》《辑要》正月己酉、三月戊申、五月丁未、七月丙午、十月乙亥、十二月甲戌朔。

汉文帝七年戊辰（前 173）

一·一	甲辰	*二·一	甲戌	三·一	癸卯	四·一	癸酉
一·十一	甲寅	二·十一	甲申	三·十一	癸丑	四·十一	癸未
一·二十一	甲子	二·二十一	甲午	三·二十一	癸亥	四·二十一	癸巳
五·一	壬寅	六·一	壬申	七·一	辛丑	八·一	辛未
五·十一	壬子	六·十一	壬午	七·十一	辛亥	八·十一	辛巳
五·二十一	壬戌	六·二十一	壬辰	七·二十一	辛酉	八·二十一	辛卯
九·一	庚子	十·一	庚午	十一·一	己亥	十二·一	己巳
九·十一	庚戌	十·十一	庚辰	十一·十一	己酉	十二·十一	己卯
九·二十一	庚申	十·二十一	庚寅	十一·二十一	己未	十二·二十一	己丑

*《目录》《辑要》二月癸酉、四月壬申、六月辛未、八月庚午、十月己巳、十二月戊辰朔。

汉文帝八年己巳（前 172）

*一·一	己亥	二·一	戊辰	三·一	戊戌	四·一	丁卯
一·十一	己酉	二·十一	戊寅	三·十一	戊申	四·十一	丁丑
一·二十一	己未	二·二十一	戊子	三·二十一	戊午	四·二十一	丁亥
五·一	丁酉	六·一	丙寅	七·一	丙申	八·一	乙丑
五·十一	丁未	六·十一	丙子	七·十一	丙午	八·十一	乙亥
五·二十一	丁巳	六·二十一	丙戌	七·二十一	丙辰	八·二十一	乙酉
九·一　乙未　闰九·一	甲子	十·一	甲午	十一·一	癸亥	十二·一	癸巳
九·十一　乙巳　闰九·十一	甲戌	十·十一	甲辰	十一·十一	癸酉	十二·十一	癸卯
九·二十一乙卯　闰九·二十一	甲申	十·二十一	甲寅	十一·二十一	癸未	十二·二十一	癸丑

*《目录》《辑要》正月戊戌、三月丁酉、五月丙申、七月乙未、九月甲午、十月癸巳、十二月壬辰朔。

汉文帝九年庚午(前171)

一·一 壬戌	*二·一 壬辰	三·一 辛酉	四·一 辛卯
一·十一 壬申	二·十一 壬寅	三·十一 辛未	四·十一 辛丑
一·二十一 壬午	二·二十一 壬子	三·二十一 辛巳	四·二十一 辛亥
**五·一 辛酉	六·一 庚寅	七·一 庚申	八·一 己丑
五·十一 辛未	六·十一 庚子	七·十一 庚午	八·十一 己亥
五·二十一 辛巳	六·二十一 庚戌	七·二十一 庚辰	八·二十一 己酉
九·一 己未	十·一 戊子	十一·一 戊午	十二·一 丁亥
九·十一 己巳	十·十一 戊戌	十一·十一 戊辰	十二·十一 丁酉
九·二十一 己卯	十·二十一 戊申	十一·二十一 戊寅	十二·二十一 丁未

*《辑要》二月辛卯朔。《目录》二月辛酉朔,误。 **《目录》《辑要》五月庚申、七月己未、九月戊午、十一月丁巳朔。

汉文帝十年辛未(前170)

*一·一 丁巳	二·一 丙戌	三·一 丙辰	四·一 乙酉
一·十一 丁卯	二·十一 丙申	三·十一 丙寅	四·十一 乙未
一·二十一 丁丑	二·二十一 丙午	三·二十一 丙子	四·二十一 乙巳
五·一 乙卯	六·一 甲申	七·一 甲寅	八·一 癸未
五·十一 乙丑	六·十一 甲午	七·十一 甲子	八·十一 癸巳
五·二十一 乙亥	六·二十一 甲辰	七·二十一 甲戌	八·二十一 癸卯
九·一 癸丑 闰九·一 癸未	十·一 壬子	十一·一 壬午	十二·一 辛亥
九·十一 癸亥 闰九·十一 癸巳	十·十一 壬戌	十一·十一 壬辰	十二·十一 辛酉
九·二十一 癸酉 闰九·二十一 癸卯	十·二十一 壬申	十一·二十一 壬寅	十二·二十一 辛未

*《目录》《辑要》正月丙辰、三月乙卯、五月甲寅、七月癸丑、闰九月壬午、十一月辛巳朔。

汉文帝十一年壬申(前169)

*一·一 辛巳	二·一 庚戌	三·一 庚辰	四·一 己酉
一·十一 辛卯	二·十一 庚申	三·十一 庚寅	四·十一 己未
一·二十一 辛丑	二·二十一 庚午	三·二十一 庚子	四·二十一 己巳
五·一 己卯	六·一 戊申	七·一 戊寅	八·一 丁未
五·十一 己丑	六·十一 戊午	七·十一 戊子	八·十一 丁巳
五·二十一 己亥	六·二十一 戊辰	七·二十一 戊戌	八·二十一 丁卯
九·一 丁丑	十·一 丙午	十一·一 丙子	十二·一 丙午
九·十一 丁亥	十·十一 丙辰	十一·十一 丙戌	十二·十一 丙辰
九·二十一 丁酉	十·二十一 丙寅	十一·二十一 丙申	十二·二十一 丙寅

*《目录》《辑要》正月庚辰、三月己卯、五月戊寅、七月丁丑、九月丙子、十一月乙亥、十二月乙巳朔。

汉文帝十二年癸酉(前168)

一·一 乙亥	*二·一 乙巳	三·一 甲戌	四·一 甲辰
一·十一 乙酉	二·十一 乙卯	三·十一 甲申	四·十一 甲寅
一·二十一 乙未	二·二十一 乙丑	三·二十一 甲午	四·二十一 甲子
五·一 癸酉	六·一 癸卯	七·一 壬申	八·一 壬寅
五·十一 癸未	六·十一 癸丑	七·十一 壬午	八·十一 壬子
五·二十一 癸巳	六·二十一 癸亥	七·二十一 壬辰	八·二十一 壬戌
九·一 辛未	十·一 辛丑	十一·一 庚午	十二·一 庚子
九·十一 辛巳	十·十一 辛亥	十一·十一 庚辰	十二·十一 庚戌
九·二十一 辛卯	十·二十一 辛酉	十一·二十一 庚寅	十二·二十一 庚申

*《目录》《辑要》二月甲辰、四月癸卯、六月壬寅、八月辛丑、十月庚子、十二月己亥朔。

汉文帝十三年甲戌（前 167）

一·一　己巳	*二·一　己亥	三·一　戊辰	四·一　戊戌
一·十一　己卯	二·十一　己酉	三·十一　戊寅	四·十一　戊申
一·二十一　己丑	二·二十一　己未	三·二十一　戊子	四·二十一　戊午
五·一　戊辰	六·一　丁酉	七·一　丁卯	八·一　丙申
五·十一　戊寅	六·十一　丁未	七·十一　丁丑	八·十一　丙午
五·二十一　戊子	六·二十一　丁巳	七·二十一　丁亥	八·二十一　丙辰
九·一　丙寅　闰九·一　乙未	十·一　乙丑	十一·一　甲午	十二·一　甲子
九·十一　丙子　闰九·十一　乙巳	十·十一　乙亥	十一·十一　甲辰	十二·十一　甲戌
九·二十一丙戌　闰九·二十一乙卯	十·二十一　乙酉	十一·二十一　甲寅	十二·二十一　甲申

*《目录》《辑要》二月戊戌、五月丁卯、七月丙寅、九月乙丑、十月甲子、十二月癸亥朔。

汉文帝十四年乙亥（前 166）

一·一　癸巳	*二·一　癸亥	三·一　壬辰	四·一　壬戌
一·十一　癸卯	二·十一　癸酉	三·十一　壬寅	四·十一　壬申
一·二十一　癸丑	二·二十一　癸未	三·二十一　壬子	四·二十一　壬午
五·一　辛卯	六·一　辛酉	七·一　辛卯	八·一　庚申
五·十一　辛丑	六·十一　辛未	七·十一　辛丑	八·十一　庚午
五·二十一　辛亥	六·二十一　辛巳	七·二十一　辛亥	八·二十一　庚辰
九·一　庚寅	十·一　己未	十一·一　己丑	十二·一　戊午
九·十一　庚子	十·十一　己巳	十一·十一　己亥	十二·十一　戊辰
九·二十一　庚戌	十·二十一　己卯	十一·二十一　己酉	十二·二十一　戊寅

*《目录》《辑要》二月壬戌、四月辛酉、六月庚申、七月庚寅、九月己丑、十一月戊子朔。

汉文帝十五年丙子（前 165）

*一·一　戊子	二·一　丁巳	三·一　丁亥	四·一　丙辰
一·十一　戊戌	二·十一　丁卯	三·十一　丁酉	四·十一　丙寅
一·二十一　戊申	二·二十一　丁丑	三·二十一　丁未	四·二十一　丙子
五·一　丙戌	六·一　乙卯	七·一　乙酉	八·一　甲寅
五·十一　丙申	六·十一　乙丑	七·十一　乙未	八·十一　甲子
五·二十一　丙午	六·二十一　乙亥	七·二十一　乙巳	八·二十一　甲戌
九·一　甲申	十·一　癸丑	十一·一　癸未	十二·一　癸丑
九·十一　甲午	十·十一　癸亥	十一·十一　癸巳	十二·十一　癸亥
九·二十一　甲辰	十·二十一　癸酉	十一·二十一　癸卯	十二·二十一　癸酉

*《目录》《辑要》正月丁亥、三月丙戌、五月乙酉、七月甲申、九月癸未、十二月壬子朔。

汉文帝十六年丁丑（前 164）

一·一　壬午	*二·一　壬子	三·一　辛巳	四·一　辛亥
一·十一　壬辰	二·十一　壬戌	三·十一　辛卯	四·十一　辛酉
一·二十一　壬寅	二·二十一　壬申	三·二十一　辛丑	四·二十一　辛未
五·一　庚辰	六·一　庚戌	七·一　己卯	八·一　己酉
五·十一　庚寅	六·十一　庚申	七·十一　己丑	八·十一　己未
五·二十一　庚子	六·二十一　庚午	七·二十一　己亥	八·二十一　己巳
九·一　戊寅　闰九·一　戊申	十·一　丁丑	十一·一　丁未	十二·一　丙子
九·十一　戊子　闰九·十一　戊午	十·十一　丁亥	十一·十一　丁巳	十二·十一　丙戌
九·二十一戊戌　闰九·二十一戊辰	十·二十一　丁酉	十一·二十一　丁卯	十二·二十一　丙申

*《目录》《辑要》二月辛亥、四月庚戌、六月己酉、八月戊申、闰九月丁未、十一月丙午朔。

汉文帝后元元年戊寅（前 163）

*一・一 丙午	二・一 乙亥	三・一 乙巳	四・一 乙亥
一・十一 丙辰	二・十一 乙酉	三・十一 乙卯	四・十一 乙酉
一・二十一 丙寅	二・二十一 乙未	三・二十一 乙丑	四・二十一 乙未
五・一 甲辰	六・一 甲戌	七・一 癸卯	八・一 癸酉
五・十一 甲寅	六・十一 甲申	七・十一 癸丑	八・十一 癸未
五・二十一 甲子	六・二十一 甲午	七・二十一 癸亥	八・二十一 癸巳
九・一 壬寅	十・一 壬申	十一・一 辛丑	十二・一 辛未
九・十一 壬子	十・十一 壬午	十一・十一 辛亥	十二・十一 辛巳
九・二十一 壬戌	十・二十一 壬辰	十一・二十一 辛酉	十二・二十一 辛卯

*《目录》《辑要》正月乙巳、四月甲戌、六月癸酉、八月壬申、十月辛未、十二月庚午朔。

汉文帝后元二年己卯（前 162）

一・一 庚子	*二・一 庚午	三・一 己亥	四・一 己巳
一・十一 庚戌	二・十一 庚辰	三・十一 己酉	四・十一 己卯
一・二十一 庚申	二・二十一 庚寅	三・二十一 己未	四・二十一 己丑
五・一 戊戌	六・一 戊辰	七・一 戊戌	八・一 丁卯
五・十一 戊申	六・十一 戊寅	七・十一 戊申	八・十一 丁丑
五・二十一 戊午	六・二十一 戊子	七・二十一 戊午	八・二十一 丁亥
九・一 丁酉	十・一 丙寅	十一・一 丙申	十二・一 乙丑
九・十一 丁未	十・十一 丙子	十一・十一 丙午	十二・十一 乙亥
九・二十一 丁巳	十・二十一 丙戌	十一・二十一 丙辰	十二・二十一 乙酉

*《目录》《辑要》二月己巳、四月戊辰、六月丁卯、七月丁酉、九月丙申、十一月乙未朔。

汉文帝后元三年庚辰（前 161）

*一・一 乙未	二・一 甲子	三・一 甲午	四・一 癸亥
一・十一 乙巳	二・十一 甲戌	三・十一 甲辰	四・十一 癸酉
一・二十一 乙卯	二・二十一 甲申	三・二十一 甲寅	四・二十一 癸未
五・一 癸巳	六・一 壬戌	七・一 壬辰	八・一 辛酉
五・十一 癸卯	六・十一 壬申	七・十一 壬寅	八・十一 辛未
五・二十一 癸丑	六・二十一 壬午	七・二十一 壬子	八・二十一 辛巳
九・一 辛卯 闰九・一 庚申	十・一 庚寅	十一・一 庚申	十二・一 己丑
九・十一 辛丑 闰九・十一 庚午	十・十一 庚子	十一・十一 庚午	十二・十一 己亥
九・二十一辛亥 闰九・二十一庚辰	十・二十一 庚戌	十一・二十一 庚辰	十二・二十一 己酉

*《目录》《辑要》正月甲午、三月癸巳、五月壬辰、七月辛卯、九月庚寅、十一月己未朔。

汉文帝后元四年辛巳（前 160）

*一・一 己未	二・一 戊子	三・一 戊午	四・一 丁亥
一・十一 己巳	二・十一 戊戌	三・十一 戊辰	四・十一 丁酉
一・二十一 己卯	二・二十一 戊申	三・二十一 戊寅	四・二十一 丁未
五・一 丁巳	六・一 丙戌	七・一 丙辰	八・一 乙酉
五・十一 丁卯	六・十一 丙申	七・十一 丙寅	八・十一 乙未
五・二十一 丁丑	六・二十一 丙午	七・二十一 丙子	八・二十一 乙巳
九・一 乙卯	十・一 甲申	十一・一 甲寅	十二・一 癸未
九・十一 乙丑	十・十一 甲午	十一・十一 甲子	十二・十一 癸巳
九・二十一 乙亥	十・二十一 甲辰	十一・二十一 甲戌	十二・二十一 癸卯

*《目录》《辑要》正月戊午、三月丁巳、五月丙辰、七月乙卯、九月甲寅、十一月癸丑朔。

汉文帝后元五年壬午(前159)

*一•一 癸丑	二•一 癸未	三•一 壬子	四•一 壬午
一•十一 癸亥	二•十一 癸巳	三•十一 壬戌	四•十一 壬辰
一•二十一 癸酉	二•二十一 癸卯	三•二十一 壬申	四•二十一 壬寅
五•一 辛亥	六•一 辛巳	七•一 庚戌	八•一 庚辰
五•十一 辛酉	六•十一 辛卯	七•十一 庚申	八•十一 庚寅
五•二十一 辛未	六•二十一 辛丑	七•二十一 庚午	八•二十一 庚子
九•一 己酉 闰九•一 己卯	十•一 戊申	十一•一 戊寅	十二•一 丁未
九•十一 己未 闰九•十一 己丑	十•十一 戊午	十一•十一 戊子	十二•十一 丁巳
九•二十一己巳 闰九•二十一己亥	十•二十一 戊辰	十一•二十一 戊戌	十二•二十一 丁卯

*《目录》《辑要》正月壬子、二月壬午、四月辛巳、六月庚辰、八月己卯、闰九月戊寅、十一月丁丑朔。

汉文帝后元六年癸未(前158)

*一•一 丁丑	二•一 丙午	三•一 丙子	四•一 乙巳
一•十一 丁亥	二•十一 丙辰	三•十一 丙戌	四•十一 乙卯
一•二十一 丁酉	二•二十一 丙寅	三•二十一 丙申	四•二十一 乙丑
五•一 乙亥	六•一 乙巳	七•一 甲戌	八•一 甲辰
五•十一 乙酉	六•十一 乙卯	七•十一 甲申	八•十一 甲寅
五•二十一 乙未	六•二十一 乙丑	七•二十一 甲午	八•二十一 甲子
九•一 癸酉	十•一 癸卯	十一•一 壬申	十二•一 壬寅
九•十一 癸未	十•十一 癸丑	十一•十一 壬午	十二•十一 壬子
九•二十一 癸巳	十•二十一 癸亥	十一•二十一 壬辰	十二•二十一 壬戌

*《目录》《辑要》正月丙子、三月乙亥、六月甲辰、八月癸卯、十月壬寅、十二月辛丑朔。

汉文帝后元七年甲申(前157)

一•一 辛未	*二•一 辛丑	三•一 庚午	四•一 庚子
一•十一 辛巳	二•十一 辛亥	三•十一 庚辰	四•十一 庚戌
一•二十一 辛卯	二•二十一 辛酉	三•二十一 庚寅	四•二十一 庚申
五•一 己巳	六•一 己亥	七•一 戊辰	八•一 戊戌
五•十一 己卯	六•十一 己酉	七•十一 戊寅	八•十一 戊申
五•二十一 己丑	六•二十一 己未	七•二十一 戊子	八•二十一 戊午
九•一 丁卯	十•一 丁酉	十一•一 丁卯	十二•一 丙申
九•十一 丁丑	十•十一 丁未	十一•十一 丁丑	十二•十一 丙午
九•二十一 丁亥	十•二十一 丁巳	十一•二十一 丁亥	十二•二十一 丙辰

*《目录》《辑要》二月庚子、四月己亥、六月戊戌、八月丁酉、十一月丙寅朔。

汉景帝元年乙酉(前156)

*一•一 丙寅	二•一 乙未	三•一 乙丑	四•一 甲午
一•十一 丙子	二•十一 乙巳	三•十一 乙亥	四•十一 甲辰
一•二十一 丙戌	二•二十一 乙卯	三•二十一 乙酉	四•二十一 甲寅
五•一 甲子	六•一 癸巳	七•一 癸亥	八•一 壬辰
五•十一 甲戌	六•十一 癸卯	七•十一 癸酉	八•十一 壬寅
五•二十一 甲申	六•二十一 癸丑	七•二十一 癸未	八•二十一 壬子
九•一 壬戌 闰九•一 辛卯	十•一 辛酉	十一•一 庚寅	十二•一 庚申
九•十一 壬申 闰九•十一 辛丑	十•十一 辛未	十一•十一 庚子	十二•十一 庚午
九•二十一壬午 闰九•二十一辛亥	十•二十一 辛巳	十一•二十一 庚戌	十二•二十一 庚辰

*《目录》《辑要》正月乙丑、三月甲子、五月癸亥、七月壬戌、九月辛酉、十月庚申、十二月己未朔。

汉景帝二年丙戌（前 155）

*一·一 庚寅	二·一 己未	三·一 己丑	四·一 戊午
一·十一 庚子	二·十一 己巳	三·十一 己亥	四·十一 戊辰
一·二十一 庚戌	二·二十一 己卯	三·二十一 己酉	四·二十一 戊寅
五·一 戊子	六·一 丁巳	七·一 丁亥	八·一 丙辰
五·十一 戊戌	六·十一 丁卯	七·十一 丁酉	八·十一 丙寅
五·二十一 戊申	六·二十一 丁丑	七·二十一 丁未	八·二十一 丙子
九·一 丙戌	十·一 乙卯	十一·一 乙酉	十二·一 甲寅
九·十一 丙申	十·十一 乙丑	十一·十一 乙未	十二·十一 甲子
九·二十一 丙午	十·二十一 乙亥	十一·二十一 乙巳	十二·二十一 甲戌

*《目录》《辑要》正月己丑、三月戊子、五月丁亥、七月丙戌、九月乙酉、十一月甲申朔。

汉景帝三年丁亥（前 154）

*一·一 甲申	二·一 癸丑	三·一 癸未	四·一 壬子
一·十一 甲午	二·十一 癸亥	三·十一 癸巳	四·十一 壬戌
一·二十一 甲辰	二·二十一 癸酉	三·二十一 癸卯	四·二十一 壬申
五·一 壬午	六·一 壬子	七·一 辛巳	八·一 辛亥
五·十一 壬辰	六·十一 壬戌	七·十一 辛卯	八·十一 辛酉
五·二十一 壬寅	六·二十一 壬申	七·二十一 辛丑	八·二十一 辛未
九·一 庚辰	十·一 庚戌	十一·一 己卯	十二·一 己酉
九·十一 庚寅	十·十一 庚申	十一·十一 己丑	十二·十一 己未
九·二十一 庚子	十·二十一 庚午	十一·二十一 己亥	十二·二十一 己巳

*《目录》《辑要》正月癸未、三月壬午、六月辛亥、八月庚戌、十月己酉、十二月戊申朔。

汉景帝四年戊子（前 153）

一·一 戊寅	*二·一 戊申	三·一 丁丑	四·一 丁未
一·十一 戊子	二·十一 戊午	三·十一 丁亥	四·十一 丁巳
一·二十一 戊戌	二·二十一 戊辰	三·二十一 丁酉	四·二十一 丁卯
五·一 丙子	六·一 丙午	七·一 乙亥	八·一 乙巳
五·十一 丙戌	六·十一 丙辰	七·十一 乙酉	八·十一 乙卯
五·二十一 丙申	六·二十一 丙寅	七·二十一 乙未	八·二十一 乙丑
九·一 乙亥 闰九·一 甲辰	十·一 甲戌	十一·一 癸卯	十二·一 癸酉
九·十一 乙酉 闰九·十一 甲寅	十·十一 甲申	十一·十一 癸丑	十二·十一 癸未
九·二十一乙未 闰九·二十一甲子	十·二十一 甲午	十一·二十一 癸亥	十二·二十一 癸巳

*《目录》《辑要》二月丁未、四月丙午、六月乙巳、八月甲辰、九月甲戌、十月癸酉、十二月壬申朔。

汉景帝五年己丑（前 152）

一·一 壬寅	*二·一 壬申	三·一 辛丑	四·一 辛未
一·十一 壬子	二·十一 壬午	三·十一 辛亥	四·十一 辛巳
一·二十一 壬戌	二·二十一 壬辰	三·二十一 辛酉	四·二十一 辛卯
五·一 庚子	六·一 庚午	七·一 己亥	八·一 己巳
五·十一 庚戌	六·十一 庚辰	七·十一 己酉	八·十一 己卯
五·二十一 庚申	六·二十一 庚寅	七·二十一 己未	八·二十一 己丑
九·一 戊戌	十·一 戊辰	十一·一 丁酉	十二·一 丁卯
九·十一 戊申	十·十一 戊寅	十一·十一 丁未	十二·十一 丁丑
九·二十一 戊午	十·二十一 戊子	十一·二十一 丁巳	十二·二十一 丁亥

*《目录》《辑要》二月辛未、四月庚午、六月己巳、八月戊辰、十月丁卯朔。

汉景帝六年庚寅（前 151）

*一・一 丁酉 一・十一 丁未 一・二十一 丁巳	二・一 丙寅 二・十一 丙子 二・二十一 丙戌	三・一 丙申 三・十一 丙午 三・二十一 丙辰	四・一 乙丑 四・十一 乙亥 四・二十一 乙酉
五・一 乙未 五・十一 乙巳 五・二十一 乙卯	六・一 甲子 六・十一 甲戌 六・二十一 甲申	七・一 甲午 七・十一 甲辰 七・二十一 甲寅	八・一 癸亥 八・十一 癸酉 八・二十一 癸未
九・一 癸巳 闰九・一 壬戌 九・十一 癸卯 闰九・十一 壬申 九・二十一 癸丑 闰九・二十一 壬午	十・一 壬辰 十・十一 壬寅 十・二十一 壬子	十一・一 辛酉 十一・十一 辛未 十一・二十一 辛巳	十二・一 辛卯 十二・十一 辛丑 十二・二十一 辛亥

＊《目录》《辑要》正月丙申、三月乙未、五月甲午、七月癸巳、九月壬辰、十月辛卯、十二月庚寅朔。

汉景帝七年辛卯（前 150）

一・一 庚申 一・十一 庚午 一・二十一 庚辰	*二・一 庚寅 二・十一 庚子 二・二十一 庚戌	三・一 己未 三・十一 己巳 三・二十一 己卯	四・一 己丑 四・十一 己亥 四・二十一 己酉
五・一 己未 五・十一 己巳 五・二十一 己卯	六・一 戊子 六・十一 戊戌 六・二十一 戊申	七・一 戊午 七・十一 戊辰 七・二十一 戊寅	八・一 丁亥 八・十一 丁酉 八・二十一 丁未
九・一 丁巳 九・十一 丁卯 九・二十一 丁丑	十・一 丙戌 十・十一 丙申 十・二十一 丙午	十一・一 丙辰 十一・十一 丙寅 十一・二十一 丙子	十二・一 乙酉 十二・十一 乙未 十二・二十一 乙巳

＊《目录》《辑要》二月己丑、五月戊午、七月丁巳、九月丙辰、十一月乙卯朔。

汉景帝中元元年壬辰（前 149）

*一・一 乙卯 一・十一 乙丑 一・二十一 乙亥	二・一 甲申 二・十一 甲午 二・二十一 甲辰	三・一 甲寅 三・十一 甲子 三・二十一 甲戌	四・一 癸未 四・十一 癸巳 四・二十一 癸卯
五・一 癸丑 五・十一 癸亥 五・二十一 癸酉	六・一 壬午 六・十一 壬辰 六・二十一 壬寅	七・一 壬子 七・十一 壬戌 七・二十一 壬申	八・一 壬午 八・十一 壬辰 八・二十一 壬寅
九・一 辛亥 九・十一 辛酉 九・二十一 辛未	十・一 辛巳 十・十一 辛卯 十・二十一 辛丑	十一・一 庚戌 十一・十一 庚申 十一・二十一 庚午	十二・一 庚辰 十二・十一 庚寅 十二・二十一 庚子

＊《目录》《辑要》正月甲寅、三月癸丑、五月壬子、七月辛亥、八月辛巳、十月庚辰、十二月己卯朔。

汉景帝中元二年癸巳（前 148）

一・一 己酉 一・十一 己未 一・二十一 己巳	*二・一 己卯 二・十一 己丑 二・二十一 己亥	三・一 戊申 三・十一 戊午 三・二十一 戊辰	四・一 戊寅 四・十一 戊子 四・二十一 戊戌
五・一 丁未 五・十一 丁巳 五・二十一 丁卯	六・一 丁丑 六・十一 丁亥 六・二十一 丁酉	七・一 丙午 七・十一 丙辰 七・二十一 丙寅	八・一 丙子 八・十一 丙戌 八・二十一 丙申
九・一 乙巳 闰九・一 乙亥 九・十一 乙卯 闰九・十一 乙酉 九・二十一 乙丑 闰九・二十一 乙未	十・一 甲辰 十・十一 甲寅 十・二十一 甲子	十一・一 甲戌 十一・十一 甲申 十一・二十一 甲午	十二・一 甲辰 十二・十一 甲寅 十二・二十一 甲子

＊《目录》《辑要》二月戊寅、四月丁丑、六月丙子、八月乙亥、闰九月甲戌、十二月癸卯朔。

汉景帝中元三年甲午（前 147）

一·一　癸酉	*二·一　癸卯	三·一　壬申	四·一　壬寅
一·十一　癸未	二·十一　癸丑	三·十一　壬午	四·十一　壬子
一·二十一　癸巳	二·二十一　癸亥	三·二十一　壬辰	四·二十一　壬戌
五·一　辛未	六·一　辛丑	七·一　庚午	八·一　庚子
五·十一　辛巳	六·十一　辛亥	七·十一　庚辰	八·十一　庚戌
五·二十一　辛卯	六·二十一　辛酉	七·二十一　庚寅	八·二十一　庚申
九·一　己巳	十·一　己亥	十一·一　戊辰	十二·一　戊戌
九·十一　己卯	十·十一　己酉	十一·十一　戊寅	十二·十一　戊申
九·二十一　己丑	十·二十一　己未	十一·二十一　戊子	十二·二十一　戊午

*《目录》《辑要》二月壬寅、四月辛丑、六月庚子、八月己亥、十月戊戌、十二月丁酉朔。

汉景帝中元四年乙未（前 146）

一·一　丁卯	*二·一　丁酉	三·一　丁卯	四·一　丙申
一·十一　丁丑	二·十一　丁未	三·十一　丁丑	四·十一　丙午
一·二十一　丁亥	二·二十一　丁巳	三·二十一　丁亥	四·二十一　丙辰
五·一　丙寅	六·一　乙未	**七·一　乙丑	八·一　甲午
五·十一　丙子	六·十一　乙巳	七·十一　乙亥	八·十一　甲辰
五·二十一　丙戌	六·二十一　乙卯	七·二十一　乙酉	八·二十一　甲寅
九·一　甲子	十·一　癸巳	十一·一　癸亥	十二·一　壬辰
九·十一　甲戌	十·十一　癸卯	十一·十一　癸酉	十二·十一　壬寅
九·二十一　甲申	十·二十一　癸丑	十一·二十一　癸未	十二·二十一　壬子

*《目录》《辑要》二月丙申、三月丙寅、五月乙丑、九月癸亥、十一月壬戌朔。　**《目录》七月甲子朔。《辑要》七月丙子朔，误。

汉景帝中元五年丙申（前 145）

*一·一　壬戌	二·一　辛卯	三·一　辛酉	四·一　庚寅
一·十一　壬申	二·十一　辛丑	三·十一　辛未	四·十一　庚子
一·二十一　壬午	二·二十一　辛亥	三·二十一　辛巳	四·二十一　庚戌
五·一　庚申	六·一　己丑	七·一　己未	八·一　己丑
五·十一　庚午	六·十一　己亥	七·十一　己巳	八·十一　己亥
五·二十一　庚辰	六·二十一　己酉	七·二十一　己卯	八·二十一　己酉
九·一　戊午　闰九·一　戊子	十·一　丁巳	十一·一　丁亥	十二·一　丙辰
九·十一　戊辰　闰九·十一　戊戌	十·十一　丁卯	十一·十一　丁酉	十二·十一　丙寅
九·二十一　戊寅　闰九·二十一　戊申	十·二十一　丁丑	十一·二十一　丁未	十二·二十一　丙子

*《目录》《辑要》正月辛酉、三月庚申、五月己未、八月戊子、闰九月丁亥、十一月丙戌朔。

汉景帝中元六年丁酉（前 144）

*一·一　丙戌	二·一　乙卯	三·一　乙酉	四·一　甲寅
一·十一　丙申	二·十一　乙丑	三·十一　乙未	四·十一　甲子
一·二十一　丙午	二·二十一　乙亥	三·二十一　乙巳	四·二十一　甲戌
五·一　甲申	六·一　癸丑	七·一　癸未	八·一　壬子
五·十一　甲午	六·十一　癸亥	七·十一　癸巳	八·十一　壬戌
五·二十一　甲辰	六·二十一　癸酉	七·二十一　癸卯	八·二十一　壬申
九·一　壬午	十·一　辛亥	十一·一　辛巳	十二·一　辛亥
九·十一　壬辰	十·十一　辛酉	十一·十一　辛卯	十二·十一　辛酉
九·二十一　壬寅	十·二十一　辛未	十一·二十一　辛丑	十二·二十一　辛未

*《目录》《辑要》正月乙酉、三月甲申、五月癸未、七月壬午、九月辛巳、十二月庚戌朔。

汉景帝后元元年戊戌（前 143）

一•一　庚辰	*二•一　庚戌	三•一　己卯	四•一　己酉
一•十一　庚寅	二•十一　庚申	三•十一　己丑	四•十一　己未
一•二十一　庚子	二•二十一　庚午	三•二十一　己亥	四•二十一　己巳
五•一　戊寅	六•一　戊申	七•一　丁丑	八•一　丁未
五•十一　戊子	六•十一　戊午	七•十一　丁亥	八•十一　丁巳
五•二十一　戊戌	六•二十一　戊辰	七•二十一　丁酉	八•二十一　丁卯
九•一　丙子	十•一　丙午	十一•一　乙亥	十二•一　乙巳
九•十一　丙戌	十•十一　丙辰	十一•十一　乙酉	十二•十一　乙卯
九•二十一　丙申	十•二十一　丙寅	十一•二十一　乙未	十二•二十一　乙丑

*《目录》《辑要》二月己酉、四月戊申、六月丁未、八月丙午、十月乙巳、十二月甲辰朔。

汉景帝后元二年己亥（前 142）

一•一　甲戌	*二•一　甲辰	三•一　甲戌	**四•一　癸卯
一•十一　甲申	二•十一　甲寅	三•十一　甲申	四•十一　癸丑
一•二十一　甲午	二•二十一　甲子	三•二十一　甲午	四•二十一　癸亥
五•一　癸酉	六•一　壬寅	七•一　壬申	八•一　辛丑
五•十一　癸未	六•十一　壬子	七•十一　壬午	八•十一　辛亥
五•二十一　癸巳	六•二十一　壬戌	七•二十一　壬辰	八•二十一　辛酉
九•一　辛未　闰九•一　庚子	***十•一　庚午	十一•一　己亥	十二•一　己巳
九•十一　辛巳　闰九•十一　庚戌	十•十一　庚辰	十一•十一　己酉	十二•十一　己卯
九•二十一辛卯　闰九•二十一庚申	十•二十一　庚寅	十一•二十一　己未	十二•二十一　己丑

*《目录》《辑要》二月癸卯、三月癸酉、五月壬申、七月辛未、九月庚午、十二月戊辰朔。　**《目录》四月壬寅朔。　***《目录》十月己亥朔，误。《辑要》十月己巳朔。

汉景帝后元三年庚子（前 141）

一•一　戊戌	*二•一　戊辰	三•一　丁酉	四•一　丁卯
一•十一　戊申	二•十一　戊寅	三•十一　丁未	四•十一　丁丑
一•二十一　戊午	二•二十一　戊子	三•二十一　丁巳	四•二十一　丁亥
五•一　丙申	六•一　丙寅	七•一　丙申	八•一　乙丑
五•十一　丙午	六•十一　丙子	七•十一　丙午	八•十一　乙亥
五•二十一　丙辰	六•二十一　丙戌	七•二十一　丙辰	八•二十一　乙酉
九•一　乙未	十•一　甲子	十一•一　甲午	十二•一　癸亥
九•十一　乙巳	十•十一　甲戌	十一•十一　甲辰	十二•十一　癸酉
九•二十一　乙卯	十•二十一　甲申	十一•二十一　甲寅	十二•二十一　癸未

*《目录》《辑要》二月丁卯、四月丙寅、七月乙未、九月甲午、十一月癸巳朔。

汉武帝[*]建元元年辛丑（前 140）

**一•一　癸巳	二•一　壬戌	三•一　壬辰	四•一　辛酉
一•十一　癸卯	二•十一　壬申	三•十一　壬寅	四•十一　辛未
一•二十一　癸丑	二•二十一　壬午	三•二十一　壬子	四•二十一　辛巳
五•一　辛卯	六•一　庚申	七•一　庚寅	八•一　己未
五•十一　辛丑	六•十一　庚午	七•十一　庚子	八•十一　己巳
五•二十一　辛亥	六•二十一　庚辰	七•二十一　庚戌	八•二十一　己卯
九•一　己丑　闰九•一　己未	十•一　戊子	十一•一　戊午	十二•一　丁亥
九•十一　己亥　闰九•十一　己巳	十•十一　戊戌	十一•十一　戊辰	十二•十一　丁酉
九•二十一己酉　闰九•二十一己卯	十•二十一　戊申	十一•二十一　戊寅	十二•二十一　丁未

*年号自此始。　**《目录》《辑要》《朔闰考》正月壬辰、三月辛卯、五月庚寅、七月己丑、九月戊子、闰九月戊午、十一月丁巳朔。

汉武帝建元二年壬寅(前 139)

*一·一 丁巳	二·一 丙戌	三·一 丙辰	四·一 乙酉
一·十一 丁卯	二·十一 丙申	三·十一 丙寅	四·十一 乙未
一·二十一 丁丑	二·二十一 丙午	三·二十一 丙子	四·二十一 乙巳
五·一 乙卯	六·一 甲申	七·一 甲寅	八·一 癸未
五·十一 乙丑	六·十一 甲午	七·十一 甲子	八·十一 癸巳
五·二十一 乙亥	六·二十一 甲辰	七·二十一 甲戌	八·二十一 癸卯
九·一 癸丑	十·一 壬午	十一·一 壬子	十二·一 辛巳
九·十一 癸亥	十·十一 壬辰	十一·十一 壬戌	十二·十一 辛卯
九·二十一 癸酉	十·二十一 壬寅	十一·二十一 壬申	十二·二十一 辛丑

*《目录》《辑要》《朔闰考》正月丙辰、三月乙卯、五月甲寅、七月癸丑、九月壬子、十一月辛亥朔。

汉武帝建元三年癸卯(前 138)

一·一 辛亥	*二·一 辛巳	三·一 庚戌	四·一 庚辰
一·十一 辛酉	二·十一 辛卯	三·十一 庚申	四·十一 庚寅
一·二十一 辛未	二·二十一 辛丑	三·二十一 庚午	四·二十一 庚子
**五·一 己酉	***六·一 己卯	七·一 戊申	八·一 戊寅
五·十一 己未	六·十一 己丑	七·十一 戊午	八·十一 戊子
五·二十一 己巳	六·二十一 己亥	七·二十一 戊辰	八·二十一 戊戌
九·一 丁未	十·一 丁丑	十一·一 丙午	十二·一 丙子
九·十一 丁巳	十·十一 丁亥	十一·十一 丙辰	十二·十一 丙戌
九·二十一 丁卯	十·二十一 丁酉	十一·二十一 丙寅	十二·二十一 丙申

*《目录》《辑要》《朔闰考》二月庚辰、四月己卯、八月丁丑、十月丙子、十二月乙亥朔。 **《目录》五月戊寅朔,误。 ***《辑要》《朔闰考》六月戊寅朔。

汉武帝建元四年甲辰(前 137)

一·一 乙巳	*二·一 乙亥	三·一 甲辰	四·一 甲戌
一·十一 乙卯	二·十一 乙酉	三·十一 甲寅	四·十一 甲申
一·二十一 乙丑	二·二十一 乙未	三·二十一 甲子	四·二十一 甲午
五·一 癸卯	六·一 癸酉	七·一 癸卯	八·一 壬申
五·十一 癸丑	六·十一 癸未	七·十一 癸丑	八·十一 壬午
五·二十一 癸亥	六·二十一 癸巳	七·二十一 癸亥	八·二十一 壬辰
九·一 壬寅 闰九·一 辛未	十·一 辛丑	十一·一 庚午	十二·一 庚子
九·十一 壬子 闰九·十一 辛巳	十·十一 辛亥	十一·十一 庚辰	十二·十一 庚戌
九·二十一壬戌 闰九·二十一辛卯	十·二十一 辛酉	十一·二十一 庚寅	十二·二十一 庚申

*《目录》《辑要》《朔闰考》二月甲戌、四月癸酉、七月壬寅、九月辛丑、十月庚子、十二月己亥朔。

汉武帝建元五年乙巳(前 136)

一·一 己巳	*二·一 己亥	三·一 戊辰	四·一 戊戌
一·十一 己卯	二·十一 己酉	三·十一 戊寅	四·十一 戊申
一·二十一 己丑	二·二十一 己未	三·二十一 戊子	四·二十一 戊午
五·一 丁卯	六·一 丁酉	七·一 丙寅	八·一 丙申
五·十一 丁丑	六·十一 丁未	七·十一 丙子	八·十一 丙午
五·二十一 丁亥	六·二十一 丁巳	七·二十一 丙戌	八·二十一 丙辰
九·一 丙寅	十·一 乙未	十一·一 乙丑	十二·一 甲午
九·十一 丙子	十·十一 乙巳	十一·十一 乙亥	十二·十一 甲辰
九·二十一 丙戌	十·二十一 乙卯	十一·二十一 乙酉	十二·二十一 甲寅

*《目录》《辑要》《朔闰考》二月戊戌、四月丁酉、六月丙申、八月乙未、九月乙丑、十一月甲子朔。

汉武帝建元六年丙午（前135）

*一·一　甲子	二·一　癸巳	三·一　癸亥	四·一　壬辰
一·十一　甲戌	二·十一　癸卯	三·十一　癸酉	四·十一　壬寅
一·二十一　甲申	二·二十一　癸丑	三·二十一　癸未	四·二十一　壬子
五·一　壬戌	六·一　辛卯	七·一　辛酉	八·一　庚寅
五·十一　壬申	六·十一　辛丑	七·十一　辛未	八·十一　庚子
五·二十一　壬午	六·二十一　辛亥	七·二十一　辛巳	八·二十一　庚戌
九·一　庚申	十·一　己丑	十一·一　己未	十二·一　戊子
九·十一　庚午	十·十一　己亥	十一·十一　己巳	十二·十一　戊戌
九·二十一　庚辰	十·二十一　己酉	十一·二十一　己卯	十二·二十一　戊申

＊《目录》《辑要》《朔闰考》正月癸亥、三月壬戌、五月辛酉、七月庚申、九月己未、十一月戊午朔。

汉武帝元光元年丁未（前134）

一·一　戊午	*二·一　戊子	三·一　丁巳	四·一　丁亥
一·十一　戊辰	二·十一　戊戌	三·十一　丁卯	四·十一　丁酉
一·二十一　戊寅	二·二十一　戊申	三·二十一　丁丑	四·二十一　丁未
五·一　丙辰	六·一　丙戌	七·一　乙卯	八·一　乙酉
五·十一　丙寅	六·十一　丙申	七·十一　乙丑	八·十一　乙未
五·二十一　丙子	六·二十一　丙午	七·二十一　乙亥	八·二十一　乙巳
九·一　甲寅　闰九·一　甲申	十·一　癸丑	十一·一　癸未	十二·一　壬子
九·十一　甲子　闰九·十一　甲午	十·十一　癸亥	十一·十一　癸巳	十二·十一　壬戌
九·二十一甲戌　闰九·二十一甲辰	十·二十一　癸酉	十一·二十一　癸卯	十二·二十一　壬申

＊《目录》《辑要》《朔闰考》二月丁亥、四月丙戌、六月乙酉、八月甲申、闰九月癸未、十一月壬午朔。

汉武帝元光二年戊申（前133）

*一·一　壬午	二·一　辛亥	三·一　辛巳	四·一　辛亥
一·十一　壬辰	二·十一　辛酉	三·十一　辛卯	四·十一　辛酉
一·二十一　壬寅	二·二十一　辛未	三·二十一　辛丑	四·二十一　辛未
五·一　庚辰	六·一　庚戌	七·一　己卯	八·一　己酉
五·十一　庚寅	六·十一　庚申	七·十一　己丑	八·十一　己未
五·二十一　庚子	六·二十一　庚午	七·二十一　己亥	八·二十一　己巳
九·一　戊寅	十·一　戊申	十一·一　丁丑	十二·一　丁未
九·十一　戊子	十·十一　戊午	十一·十一　丁亥	十二·十一　丁巳
九·二十一　戊戌	十·二十一　戊辰	十一·二十一　丁酉	十二·二十一　丁卯

＊《目录》《辑要》《朔闰考》正月辛巳、三月庚辰、四月庚戌、六月己酉、八月戊申、十月丁未、十二月丙午朔。

汉武帝元光三年己酉（前132）

一·一　丙子	*二·一　丙午	三·一　乙亥	四·一　乙巳
一·十一　丙戌	二·十一　丙辰	三·十一　乙酉	四·十一　乙卯
一·二十一　丙申	二·二十一　丙寅	三·二十一　乙未	四·二十一　乙丑
五·一　甲戌	六·一　甲辰	七·一　癸酉	八·一　癸卯
五·十一　甲申	六·十一　甲寅	七·十一　癸未	八·十一　癸丑
五·二十一　甲午	六·二十一　甲子	七·二十一　癸巳	八·二十一　癸亥
九·一　癸酉　闰九·一　壬寅	十·一　壬申	十一·一　辛丑	十二·一　辛未
九·十一　癸未　闰九·十一　壬子	十·十一　壬午	十一·十一　辛亥	十二·十一　辛巳
九·二十一癸巳　闰九·二十一壬戌	十·二十一　壬辰	十一·二十一　辛酉	十二·二十一　辛卯

＊《目录》《辑要》《朔闰考》二月乙巳、四月甲辰、六月癸卯、八月壬寅、九月壬申、十月辛未、十二月庚午朔。

汉武帝元光四年庚戌（前131）

一·一 庚子	*二·一 庚午	三·一 己亥	四·一 己巳
一·十一 庚戌	二·十一 庚辰	三·十一 己酉	四·十一 己卯
一·二十一 庚申	二·二十一 庚寅	三·二十一 己未	四·二十一 己丑
五·一 戊戌	六·一 戊辰	七·一 丁酉	八·一 丁卯
五·十一 戊申	六·十一 戊寅	七·十一 丁未	八·十一 丁丑
五·二十一 戊午	六·二十一 戊子	七·二十一 丁巳	八·二十一 丁亥
九·一 丙申	十·一 丙寅	十一·一 乙未	十二·一 乙丑
九·十一 丙午	十·十一 丙子	十一·十一 乙巳	十二·十一 乙亥
九·二十一 丙辰	十·二十一 丙戌	十一·二十一 乙卯	十二·二十一 乙酉

*《目录》《辑要》《朔闰考》二月己巳、四月戊辰、六月丁卯、八月丙寅、十月乙丑朔。

汉武帝元光五年辛亥（前130）

*一·一 乙未	二·一 甲子	三·一 甲午	四·一 癸亥
一·十一 乙巳	二·十一 甲戌	三·十一 甲辰	四·十一 癸酉
一·二十一 乙卯	二·二十一 甲申	三·二十一 甲寅	四·二十一 癸未
**五·一 癸巳	六·一 壬戌	七·一 壬辰	八·一 辛酉
五·十一 癸卯	六·十一 壬申	七·十一 壬寅	八·十一 辛未
五·二十一 癸丑	六·二十一 壬午	七·二十一 壬子	八·二十一 辛巳
九·一 辛卯	十·一 庚申	十一·一 庚寅	十二·一 己未
九·十一 辛丑	十·十一 庚午	十一·十一 庚子	十二·十一 己巳
九·二十一 辛亥	十·二十一 庚辰	十一·二十一 庚戌	十二·二十一 己卯

*《目录》《辑要》《朔闰考》正月甲午、三月癸巳、七月辛卯、九月庚寅、十一月己丑朔。　**《目录》《朔闰考》五月壬辰朔。《辑要》五月壬寅朔，误。

汉武帝元光六年壬子（前129）

*一·一 己丑	二·一 戊午	三·一 戊子	四·一 戊午
一·十一 己亥	二·十一 戊辰	三·十一 戊戌	四·十一 戊辰
一·二十一 己酉	二·二十一 戊寅	三·二十一 戊申	四·二十一 戊寅
五·一 丁亥	六·一 丁巳	七·一 丙戌	八·一 丙辰
五·十一 丁酉	六·十一 丁卯	七·十一 丙申	八·十一 丙寅
五·二十一 丁未	六·二十一 丁丑	七·二十一 丙午	八·二十一 丙子
九·一 乙酉　闰九·一 乙卯	十·一 甲申	十一·一 甲寅	十二·一 癸未
九·十一 乙未　闰九·十一 乙丑	十·十一 甲午	十一·十一 甲子	十二·十一 癸巳
九·二十一乙巳　闰九·二十一乙亥	十·二十一 甲辰	十一·二十一 甲戌	十二·二十一 癸卯

*《目录》《辑要》《朔闰考》正月戊子、三月丁亥、四月丁巳、六月丙辰、八月乙卯、闰九月甲寅、十一月癸丑朔。

汉武帝元朔元年癸丑（前128）

*一·一 癸丑	二·一 壬午	三·一 壬子	四·一 辛巳
一·十一 癸亥	二·十一 壬辰	三·十一 壬戌	四·十一 辛卯
一·二十一 癸酉	二·二十一 壬寅	三·二十一 壬申	四·二十一 辛丑
五·一 辛亥	六·一 庚辰	七·一 庚戌	八·一 庚辰
五·十一 辛酉	六·十一 庚寅	七·十一 庚申	八·十一 庚寅
五·二十一 辛未	六·二十一 庚子	七·二十一 庚午	八·二十一 庚子
九·一 己酉	十·一 己卯	十一·一 戊申	十二·一 戊寅
九·十一 己未	十·十一 己丑	十一·十一 戊午	十二·十一 戊子
九·二十一 己巳	十·二十一 己亥	十一·二十一 戊辰	十二·二十一 戊戌

*《目录》《辑要》《朔闰考》正月壬子、三月辛亥、五月庚戌、八月己卯、十月戊寅、十二月丁丑朔。

汉武帝元朔二年甲寅(前 127)

一•一 丁未	*二•一 丁丑	三•一 丙午	四•一 丙子
一•十一 丁巳	二•十一 丁亥	三•十一 丙辰	四•十一 丙戌
一•二十一 丁卯	二•二十一 丁酉	三•二十一 丙寅	四•二十一 丙申
五•一 乙巳	六•一 乙亥	七•一 甲辰	八•一 甲戌
五•十一 乙卯	六•十一 乙酉	七•十一 甲寅	八•十一 甲申
五•二十一 乙丑	六•二十一 乙未	七•二十一 甲子	八•二十一 甲午
九•一 癸卯	十•一 癸酉	十一•一 癸卯	十二•一 壬申
九•十一 癸丑	十•十一 癸未	十一•十一 癸丑	十二•十一 壬午
九•二十一 癸亥	十•二十一 癸巳	十一•二十一 癸亥	十二•二十一 壬辰

*《目录》《辑要》《朔闰考》二月丙子、四月乙亥、六月甲戌、八月癸酉、十月壬申、十一月壬寅朔。

汉武帝元朔三年乙卯(前 126)

*一•一 壬寅	二•一 辛未	三•一 辛丑	四•一 庚午
一•十一 壬子	二•十一 辛巳	三•十一 辛亥	四•十一 庚辰
一•二十一 壬戌	二•二十一 辛卯	三•二十一 辛酉	四•二十一 庚寅
五•一 庚子	六•一 己巳	七•一 己亥	八•一 戊辰
五•十一 庚戌	六•十一 己卯	七•十一 己酉	八•十一 戊寅
五•二十一 庚申	六•二十一 己丑	七•二十一 己未	八•二十一 戊子
九•一 戊戌　闰九•一 丁卯	十•一 丁酉	十一•一 丙寅	**十二•一 丙申
九•十一 戊申　闰九•十一 丁丑	十•十一 丁未	十一•十一 丙子	十二•十一 丙午
九•二十一 戊午　闰九•二十一 丁亥	十•二十一 丁巳	十一•二十一 丙戌	十二•二十一 丙辰

*《目录》《辑要》《朔闰考》正月辛丑、三月庚子、五月己亥、七月戊戌、九月丁酉、十月丙申朔。　**《辑要》《朔闰考》十二月乙未朔。《目录》十二月己未朔,误。

汉武帝元朔四年丙辰(前 125)

一•一 乙丑	*二•一 乙未	三•一 乙丑	四•一 甲午
一•十一 乙亥	二•十一 乙巳	三•十一 乙亥	四•十一 甲辰
一•二十一 乙酉	二•二十一 乙卯	三•二十一 乙酉	四•二十一 甲寅
五•一 甲子	六•一 癸巳	七•一 癸亥	八•一 壬辰
五•十一 甲戌	六•十一 癸卯	七•十一 癸酉	八•十一 壬寅
五•二十一 甲申	六•二十一 癸丑	七•二十一 癸未	八•二十一 壬子
九•一 壬戌	十•一 辛卯	十一•一 辛酉	十二•一 庚寅
九•十一 壬申	十•十一 辛丑	十一•十一 辛未	十二•十一 庚子
九•二十一 壬午	十•二十一 辛亥	十一•二十一 辛巳	十二•二十一 庚戌

*《目录》《辑要》《朔闰考》二月甲午、三月甲子、五月癸亥、七月壬戌、九月辛酉、十一月庚申朔。

汉武帝元朔五年丁巳(前 124)

*一•一 庚申	二•一 己丑	**三•一 己未	四•一 戊子
一•十一 庚午	二•十一 己亥	三•十一 己巳	四•十一 戊戌
一•二十一 庚辰	二•二十一 己酉	三•二十一 己卯	四•二十一 戊申
五•一 戊午	六•一 丁亥	七•一 丁巳	八•一 丁亥
五•十一 戊辰	六•十一 丁酉	七•十一 丁卯	八•十一 丁酉
五•二十一 戊寅	六•二十一 丁未	七•二十一 丁丑	八•二十一 丁未
九•一 丙辰	十•一 丙戌	十一•一 乙卯	十二•一 乙酉
九•十一 丙寅	十•十一 丙申	十一•十一 乙丑	十二•十一 乙未
九•二十一 丙子	十•二十一 丙午	十一•二十一 乙亥	十二•二十一 乙巳

*《辑要》《朔闰考》正月己未朔。《目录》正月乙未朔。　**《目录》《辑要》《朔闰考》三月戊午、五月丁巳、八月丙戌、十月乙酉、十二月甲申朔。

汉武帝元朔六年戊午（前 123）

一·一　甲寅	*二·一　甲申	三·一　癸丑	四·一　癸未
一·十一　甲子	二·十一　甲午	三·十一　癸亥	四·十一　癸巳
一·二十一　甲戌	二·二十一　甲辰	三·二十一　癸酉	四·二十一　癸卯
五·一　壬子	六·一　壬午	七·一　辛亥	八·一　辛巳
五·十一　壬戌	六·十一　壬辰	七·十一　辛酉	八·十一　辛卯
五·二十一　壬申	六·二十一　壬寅	七·二十一　辛未	八·二十一　辛丑
九·一　庚戌　闰九·一　庚辰	十·一　庚戌	十一·一　己卯	十二·一　己酉
九·十一　庚申　闰九·十一　庚寅	十·十一　庚申	十一·十一　己丑	十二·十一　己未
九·二十一庚午　闰九·二十一庚子	十·二十一　庚午	十一·二十一　己亥	十二·二十一　己巳

*《目录》《辑要》《朔闰考》二月癸未、四月壬午、六月辛巳、八月庚辰、闰九月己卯、十月己酉、十二月戊申朔。

汉武帝元狩元年己未（前 122）

一·一　戊寅	*二·一　戊申	三·一　丁丑	四·一　丁未
一·十一　戊子	二·十一　戊午	三·十一　丁亥	四·十一　丁巳
一·二十一　戊戌	二·二十一　戊辰	三·二十一　丁酉	四·二十一　丁卯
五·一　丙子	六·一　丙午	七·一　乙亥	八·一　乙巳
五·十一　丙戌	六·十一　丙辰	七·十一　乙酉	八·十一　乙卯
五·二十一　丙申	六·二十一　丙寅	七·二十一　乙未	八·二十一　乙丑
九·一　甲戌	十·一　甲辰	十一·一　癸酉	十二·一　癸卯
九·十一　甲申	十·十一　甲寅	十一·十一　癸未	十二·十一　癸丑
九·二十一　甲午	十·二十一　甲子	十一·二十一　癸巳	十二·二十一　癸亥

*《目录》《辑要》《朔闰考》二月丁未、四月丙午、六月乙巳、八月甲辰、十月癸卯、十二月壬寅朔。

汉武帝元狩二年庚申（前 121）

一·一　壬申	二·一　壬寅	*三·一　壬申	四·一　辛丑
一·十一　壬午	二·十一　壬子	三·十一　壬午	四·十一　辛亥
一·二十一　壬辰	二·二十一　壬戌	三·二十一　壬辰	四·二十一　辛酉
五·一　辛未	六·一　庚子	七·一　庚午	八·一　己亥
五·十一　辛巳	六·十一　庚戌	七·十一　庚辰	八·十一　己酉
五·二十一　辛卯	六·二十一　庚申	七·二十一　庚寅	八·二十一　己未
九·一　己巳　闰九·一　戊戌	十·一　戊辰	十一·一　丁酉	十二·一　丁卯
九·十一　己卯　闰九·十一　戊申	十·十一　戊寅	十一·十一　丁未	十二·十一　丁丑
九·二十一己丑　闰九·二十一戊午	十·二十一　戊子	十一·二十一　丁巳	十二·二十一　丁亥

*《目录》《辑要》《朔闰考》三月辛未、五月庚午、七月己巳、九月戊辰、十月丁卯、十二月丙寅朔。

汉武帝元狩三年辛酉（前 120）

一·一　丙申	*二·一　丙寅	三·一　乙未	四·一　乙丑
一·十一　丙午	二·十一　丙子	三·十一　乙巳	四·十一　乙亥
一·二十一　丙辰	二·二十一　丙戌	三·二十一　乙卯	四·二十一　乙酉
五·一　乙未	六·一　甲子	七·一　甲午	八·一　癸亥
五·十一　乙巳	六·十一　甲戌	七·十一　甲辰	八·十一　癸酉
五·二十一　乙卯	六·二十一　甲申	七·二十一　甲寅	八·二十一　癸未
九·一　癸巳	十·一　壬戌	十一·一　壬辰	十二·一　辛酉
九·十一　癸卯	十·十一　壬申	十一·十一　壬寅	十二·十一　辛未
九·二十一　癸丑	十·二十一　壬午	十一·二十一　壬子	十二·二十一　辛巳

*《目录》《辑要》《朔闰考》二月乙丑、四月甲子、五月甲午、七月癸巳、九月壬辰、十一月辛卯朔。

汉武帝元狩四年壬戌（前 119）

*一·一 辛卯	二·一 庚申	三·一 庚寅	四·一 己未
一·十一 辛丑	二·十一 庚午	三·十一 庚子	四·十一 己巳
一·二十一 辛亥	二·二十一 庚辰	三·二十一 庚戌	四·二十一 己卯
五·一 己丑	六·一 戊午	七·一 戊子	八·一 丁巳
五·十一 己亥	六·十一 戊辰	七·十一 戊戌	八·十一 丁卯
五·二十一 己酉	六·二十一 戊寅	七·二十一 戊申	八·二十一 丁丑
九·一 丁亥	十·一 丁巳	十一·一 丙戌	十二·一 丙辰
九·十一 丁酉	十·十一 丁卯	十一·十一 丙申	十二·十一 丙寅
九·二十一 丁未	十·二十一 丁丑	十一·二十一 丙午	十二·二十一 丙子

＊《目录》《辑要》《朔闰考》正月庚寅、三月己丑、五月戊子、七月丁亥、九月丙戌、十月丙辰、十二月乙卯朔。

汉武帝元狩五年癸亥（前 118）

一·一 乙酉	*二·一 乙卯	三·一 甲申	四·一 甲寅
一·十一 乙未	二·十一 乙丑	三·十一 甲午	四·十一 甲子
一·二十一 乙巳	二·二十一 乙亥	三·二十一 甲辰	四·二十一 甲戌
五·一 癸未	六·一 癸丑	七·一 壬午	八·一 壬子
五·十一 癸巳	六·十一 癸亥	七·十一 壬辰	八·十一 壬戌
五·二十一 癸卯	六·二十一 癸酉	七·二十一 壬寅	八·二十一 壬申
九·一 辛巳　闰九·一 辛亥	十·一 庚辰	十一·一 庚戌	十二·一 己卯
九·十一 辛卯　闰九·十一 辛酉	十·十一 庚寅	十一·十一 庚申	十二·十一 己丑
九·二十一辛丑　闰九·二十一辛未	十·二十一 庚子	十一·二十一 庚午	十二·二十一 己亥

＊《目录》《辑要》《朔闰考》二月甲寅、四月癸丑、六月壬子、八月辛亥、闰九月庚戌、十一月己酉朔。

汉武帝元狩六年甲子（前 117）

一·一 己酉	*二·一 己卯	三·一 戊申	四·一 戊寅
一·十一 己未	二·十一 己丑	三·十一 戊午	四·十一 戊子
一·二十一 己巳	二·二十一 己亥	三·二十一 戊辰	四·二十一 戊戌
五·一 丁未	六·一 丁丑	七·一 丙午	八·一 丙子
五·十一 丁巳	六·十一 丁亥	七·十一 丙辰	八·十一 丙戌
五·二十一 丁卯	六·二十一 丁酉	七·二十一 丙寅	八·二十一 丙申
九·一 乙巳	十·一 乙亥	十一·一 甲辰	十二·一 甲戌
九·十一 乙卯	十·十一 乙酉	十一·十一 甲寅	十二·十一 甲申
九·二十一 乙丑	十·二十一 乙未	十一·二十一 甲子	十二·二十一 甲午

＊《目录》《辑要》《朔闰考》二月戊寅、四月丁丑、六月丙子、八月乙亥、十月甲戌、十二月癸酉朔。

汉武帝元鼎元年乙丑（前 116）

一·一 癸卯	*二·一 癸酉	三·一 壬寅	四·一 壬申
一·十一 癸丑	二·十一 癸未	三·十一 壬子	四·十一 壬午
一·二十一 癸亥	二·二十一 癸巳	三·二十一 壬戌	四·二十一 壬辰
五·一 壬寅	六·一 辛未	七·一 辛丑	八·一 庚午
五·十一 壬子	六·十一 辛巳	七·十一 辛亥	八·十一 庚辰
五·二十一 壬戌	六·二十一 辛卯	七·二十一 辛酉	八·二十一 庚寅
九·一 庚子	十·一 己巳	十一·一 己亥	十二·一 戊辰
九·十一 庚戌	十·十一 己卯	十一·十一 己酉	十二·十一 戊寅
九·二十一 庚申	十·二十一 己丑	十一·二十一 己未	十二·二十一 戊子

＊《目录》《辑要》《朔闰考》二月壬申、四月辛未、五月辛丑、七月庚子、九月己亥、十一月戊戌朔。

汉武帝元鼎二年丙寅（前115）

*一·一 戊戌	二·一 丁卯	三·一 丁酉	四·一 丙寅
一·十一 戊申	二·十一 丁丑	三·十一 丁未	四·十一 丙子
一·二十一 戊午	二·二十一 丁亥	三·二十一 丁巳	四·二十一 丙戌
五·一 丙申	六·一 乙丑	七·一 乙未	八·一 甲子
五·十一 丙午	六·十一 乙亥	七·十一 乙巳	八·十一 甲戌
五·二十一 丙辰	六·二十一 乙酉	七·二十一 乙卯	八·二十一 甲申
九·一 甲午 闰九·一 甲子	十·一 癸巳	十一·一 癸亥	十二·一 壬辰
九·十一 甲辰 闰九·十一 甲戌	十·十一 癸卯	十一·十一 癸酉	十二·十一 壬寅
九·二十一甲寅 闰九·二十一甲申	十·二十一 癸丑	十一·二十一 癸未	十二·二十一 壬子

＊《目录》《辑要》《朔闰考》正月丁酉、三月丙申、五月乙未、七月甲午、闰九月癸亥、十一月壬戌朔。

汉武帝元鼎三年丁卯（前114）

*一·一 壬戌	二·一 辛卯	三·一 辛酉	四·一 庚寅
一·十一 壬申	二·十一 辛丑	三·十一 辛未	四·十一 庚子
一·二十一 壬午	二·二十一 辛亥	三·二十一 辛巳	四·二十一 庚戌
五·一 庚申	六·一 己丑	七·一 己未	八·一 戊子
五·十一 庚午	六·十一 己亥	七·十一 己巳	八·十一 戊戌
五·二十一 庚辰	六·二十一 己酉	七·二十一 己卯	八·二十一 戊申
九·一 戊午	十·一 丁亥	十一·一 丁巳	十二·一 丁亥
九·十一 戊辰	十·十一 丁酉	十一·十一 丁卯	十二·十一 丁酉
九·二十一 戊寅	十·二十一 丁未	十一·二十一 丁丑	十二·二十一 丁未

＊《目录》《辑要》《朔闰考》正月辛酉、三月庚申、五月己未、七月戊午、九月丁巳、十一月丙辰、十二月丙戌朔。

汉武帝元鼎四年戊辰（前113）

一·一 丙辰	*二·一 丙戌	三·一 乙卯	四·一 乙酉
一·十一 丙寅	二·十一 丙申	三·十一 乙丑	四·十一 乙未
一·二十一 丙子	二·二十一 丙午	三·二十一 乙亥	四·二十一 乙巳
五·一 甲寅	六·一 甲申	七·一 癸丑	八·一 癸未
五·十一 甲子	六·十一 甲午	七·十一 癸亥	八·十一 癸巳
五·二十一 甲戌	六·二十一 甲辰	七·二十一 癸酉	八·二十一 癸卯
九·一 壬子 *闰九·一 壬午	十·一 辛亥	十一·一 辛巳	十二·一 庚戌
九·十一 壬戌 闰九·十一 壬辰	十·十一 辛酉	十一·十一 辛卯	十二·十一 庚申
九·二十一壬申 闰九·二十一壬寅	十·二十一 辛未	十一·二十一 辛丑	十二·二十一 庚午

＊《目录》《辑要》《朔闰考》二月乙酉、四月甲申、六月癸未、八月壬午、闰九月辛巳、十一月庚辰朔。

汉武帝元鼎五年己巳（前112）

*一·一 庚辰	二·一 己酉	三·一 己卯	四·一 己酉
一·十一 庚寅	二·十一 己未	三·十一 己丑	四·十一 己未
一·二十一 庚子	二·二十一 己巳	三·二十一 己亥	四·二十一 己巳
五·一 戊寅	六·一 戊申	七·一 丁丑	八·一 丁未
五·十一 戊子	六·十一 戊午	七·十一 丁亥	八·十一 丁巳
五·二十一 戊戌	六·二十一 戊辰	七·二十一 丁酉	八·二十一 丁卯
九·一 丙子	十·一 丙午	**十一·一 乙亥	***十二·一 乙巳
九·十一 丙戌	十·十一 丙辰	十一·十一 乙酉	十二·十一 乙卯
九·二十一 丙申	十·二十一 丙寅	十一·二十一 乙未	十二·二十一 乙丑

＊《目录》《辑要》《朔闰考》正月己卯、三月戊寅、四月戊申、六月丁未、八月丙午、十月乙巳朔。 ＊＊《目录》十一月甲辰朔，误。

＊＊＊《辑要》《朔闰考》十二月甲辰朔。

汉武帝元鼎六年庚午（前 111）

一·一　甲戌	*二·一　甲辰	三·一　癸酉	四·一　癸卯
一·十一　甲申	二·十一　甲寅	三·十一　癸未	四·十一　癸丑
一·二十一　甲午	二·二十一　甲子	三·二十一　癸巳	四·二十一　癸亥
五·一　壬申	六·一　壬寅	七·一　辛未	八·一　辛丑
五·十一　壬午	六·十一　壬子	七·十一　辛巳	八·十一　辛亥
五·二十一　壬辰	六·二十一　壬戌	七·二十一　辛卯	八·二十一　辛酉
九·一　辛未	十·一　庚子	十一·一　庚午	十二·一　己亥
九·十一　辛巳	十·十一　庚戌	十一·十一　庚辰	十二·十一　己酉
九·二十一　辛卯	十·二十一　庚申	十一·二十一　庚寅	十二·二十一　己未

*《目录》《辑要》《朔闰考》二月癸卯、四月壬寅、六月辛丑、九月庚午、十一月己巳朔。

汉武帝元封元年辛未（前 110）

*一·一　己巳	二·一　戊戌	三·一　戊辰	四·一　丁酉
一·十一　己卯	二·十一　戊申	三·十一　戊寅	四·十一　丁未
一·二十一　己丑	二·二十一　戊午	三·二十一　戊子	四·二十一　丁巳
五·一　丁卯	六·一　丙申	七·一　丙寅	八·一　乙未
五·十一　丁丑	六·十一　丙午	七·十一　丙子	八·十一　乙巳
五·二十一　丁亥	六·二十一　丙辰	七·二十一　丙戌	八·二十一　乙卯
九·一　乙丑　闰九·一　甲午	十·一　甲子	十一·一　甲午	十二·一　癸亥
九·十一　乙亥　闰九·十一　甲辰	十·十一　甲戌	十一·十一　甲辰	十二·十一　癸酉
九·二十一乙酉　闰九·二十一甲寅	十·二十一　甲申	十一·二十一　甲寅	十二·二十一　癸未

*《目录》《辑要》《朔闰考》正月戊辰、三月丁卯、五月丙寅、七月乙丑、九月甲子、十月癸亥、十一月癸巳朔。

汉武帝元封二年壬申（前 109）

*一·一　癸巳	二·一　壬戌	三·一　壬辰	四·一　辛酉
一·十一　癸卯	二·十一　壬申	三·十一　壬寅	四·十一　辛未
一·二十一　癸丑	二·二十一　壬午	三·二十一　壬子	四·二十一　辛巳
五·一　辛卯	六·一　庚申	七·一　庚寅	八·一　己未
五·十一　辛丑	六·十一　庚午	七·十一　庚子	八·十一　己巳
五·二十一　辛亥	六·二十一　庚辰	七·二十一　庚戌	八·二十一　己卯
九·一　己丑	十·一　戊午	十一·一　戊子	十二·一　丁巳
九·十一　己亥	十·十一　戊辰	十一·十一　戊戌	十二·十一　丁卯
九·二十一　己酉	十·二十一　戊寅	十一·二十一　戊申	十二·二十一　丁丑

*《目录》《辑要》《朔闰考》正月壬辰、三月辛卯、五月庚寅、七月己丑、九月戊子、十一月丁亥朔。

汉武帝元封三年癸酉（前 108）

*一·一　丁亥	二·一　丙辰	三·一　丙戌	四·一　丙辰
一·十一　丁酉	二·十一　丙寅	三·十一　丙申	四·十一　丙寅
一·二十一　丁未	二·二十一　丙子	三·二十一　丙午	四·二十一　丙子
五·一　乙酉	六·一　乙卯	七·一　甲申	八·一　甲寅
五·十一　乙未	六·十一　乙丑	七·十一　甲午	八·十一　甲子
五·二十一　乙巳	六·二十一　乙亥	七·二十一　甲辰	八·二十一　甲戌
九·一　癸未	十·一　癸丑	十一·一　壬午	十二·一　壬子
九·十一　癸巳	十·十一　癸亥	十一·十一　壬辰	十二·十一　壬戌
九·二十一　癸卯	十·二十一　癸酉	十一·二十一　壬寅	十二·二十一　壬申

*《目录》《辑要》《朔闰考》正月丙戌、四月乙卯、六月甲寅、八月癸丑、十月壬子、十二月辛亥朔。

汉武帝元封四年甲戌(前 107)

一・一　辛巳	*二・一　辛亥	三・一　庚辰	四・一　庚戌
一・十一　辛卯	二・十一　辛酉	三・十一　庚寅	四・十一　庚申
一・二十一　辛丑	二・二十一　辛未	三・二十一　庚子	四・二十一　庚午
五・一　己卯	六・一　己酉	七・一　己卯	八・一　戊申
五・十一　己丑	六・十一　己未	七・十一　己丑	八・十一　戊午
五・二十一　己亥	六・二十一　己巳	七・二十一　己亥	八・二十一　戊辰
九・一　戊寅　闰九・一　丁未	十・一　丁丑	十一・一　丙午	十二・一　丙子
九・十一　戊子　闰九・十一　丁巳	十・十一　丁亥	十一・十一　丙辰	十二・十一　丙戌
九・二十一戊戌　闰九・二十一丁卯	十・二十一　丁酉	十一・二十一　丙寅	十二・二十一　丙申

＊《目录》《辑要》《朔闰考》二月庚戌、四月己酉、六月戊申、七月戊寅、九月丁丑、十月丙子、十二月乙亥朔。

汉武帝元封五年乙亥(前 106)

一・一　乙巳	*二・一　乙亥	三・一　甲辰	四・一　甲戌
一・十一　乙卯	二・十一　乙酉	三・十一　甲寅	四・十一　甲申
一・二十一　乙丑	二・二十一　乙未	三・二十一　甲子	四・二十一　甲午
五・一　癸卯	六・一　癸酉	七・一　壬寅	八・一　壬申
五・十一　癸丑	六・十一　癸未	七・十一　壬子	八・十一　壬午
五・二十一　癸亥	六・二十一　癸巳	七・二十一　壬戌	八・二十一　壬辰
九・一　辛丑	十・一　辛未	十一・一　辛丑	十二・一　庚午
九・十一　辛亥	十・十一　辛巳	十一・十一　辛亥	十二・十一　庚辰
九・二十一　辛酉	十・二十一　辛卯	十一・二十一　辛酉	十二・二十一　庚寅

＊《目录》《辑要》《朔闰考》二月甲戌、四月癸酉、六月壬申、八月辛未、十月庚午、十一月庚子朔。

汉武帝元封六年丙子(前 105)

*一・一　庚子	二・一　己巳	三・一　己亥	四・一　戊辰
一・十一　庚戌	二・十一　己卯	三・十一　己酉	四・十一　戊寅
一・二十一　庚申	二・二十一　己丑	三・二十一　己未	四・二十一　戊子
五・一　戊戌	六・一　丁卯	七・一　丁酉	八・一　丙寅
五・十一　戊申	六・十一　丁丑	七・十一　丁未	八・十一　丙子
五・二十一　戊午	六・二十一　丁亥	七・二十一　丁巳	八・二十一　丙戌
九・一　丙申　**闰九・一　乙丑	十・一　乙未	十一・一　甲子	十二・一　甲午
九・十一　丙午　闰九・十一　乙亥	十・十一　乙巳	十一・十一　甲戌	十二・十一　甲辰
九・二十一丙辰　闰九・二十一乙酉	十・二十一　乙卯	十一・二十一　甲申	十二・二十一　甲寅

＊《目录》《辑要》《朔闰考》正月己亥、三月戊戌、五月丁酉、七月丙申、九月乙未、十月乙丑、十二月癸巳朔。　**《目录》闰十月甲午,《辑要》十一月甲午、闰十一月甲子朔。

汉武帝太初元年丁丑(前 104)

一・一　癸亥	二・一　壬辰	三・一　壬戌	四・一　辛卯
一・十一　癸酉	二・十一　壬寅	三・十一　壬申	四・十一　辛丑
一・二十一　癸未	二・二十一　壬子	三・二十一　壬午	四・二十一　辛亥
*五・一　辛酉	六・一　庚寅	七・一　庚申	八・一　己丑
五・十一　辛未	六・十一　庚子	七・十一　庚午	八・十一　己亥
五・二十一　辛巳	六・二十一　庚戌	七・二十一　庚辰	八・二十一　己酉
九・一　己未	十・一　戊子	十一・一　戊午	十二・一　丁亥
九・十一　己巳	十・十一　戊戌	十一・十一　戊辰	十二・十一　丁酉
九・二十一　己卯	十・二十一　戊申	十一・二十一　戊寅	十二・二十一　丁未

＊ 本月改用《太初历》,以正月为岁首。

汉武帝太初二年戊寅（前103）

一·一　丁巳	二·一　丙戌	三·一　丙辰	四·一　丙戌
一·十一　丁卯	二·十一　丙申	三·十一　丙寅	四·十一　丙申
一·二十一　丁丑	二·二十一　丙午	三·二十一　丙子	四·二十一　丙午
五·一　乙卯	六·一　乙酉	七·一　甲寅	八·一　甲申
五·十一　乙丑	六·十一　乙未	七·十一　甲子	八·十一　甲午
五·二十一　乙亥	六·二十一　乙巳	七·二十一　甲戌	八·二十一　甲辰
九·一　癸丑	十·一　癸未	十一·一　壬子	十二·一　壬午
九·十一　癸亥	十·十一　癸巳	十一·十一　壬戌	十二·十一　壬辰
九·二十一　癸酉	十·二十一　癸卯	十一·二十一　壬申	十二·二十一　壬寅

汉武帝太初三年己卯（前102）

一·一　辛亥	二·一　辛巳	三·一　庚戌	四·一　庚辰
一·十一　辛酉	二·十一　辛卯	三·十一　庚申	四·十一　庚寅
一·二十一　辛未	二·二十一　辛丑	三·二十一　庚午	四·二十一　庚子
五·一　己酉	六·一　己卯　闰六·一　戊申	七·一　戊寅	八·一　戊申
五·十一　己未	六·十一　己丑　闰六·十一　戊午	七·十一　戊子	八·十一　戊午
五·二十一　己巳	六·二十一己亥　闰六·二十一戊辰	七·二十一　戊戌	八·二十一　戊辰
九·一　丁丑	十·一　丁未	十一·一　丙子	十二·一　丙午
九·十一　丁亥	十·十一　丁巳	十一·十一　丙戌	十二·十一　丙辰
九·二十一　丁酉	十·二十一　丁卯	十一·二十一　丙申	十二·二十一　丙寅

汉武帝太初四年庚辰（前101）

一·一　乙亥	二·一　乙巳	三·一　甲戌	四·一　甲辰
一·十一　乙酉	二·十一　乙卯	三·十一　甲申	四·十一　甲寅
一·二十一　乙未	二·二十一　乙丑	三·二十一　甲午	四·二十一　甲子
五·一　癸酉	六·一　癸卯	七·一　壬申	八·一　壬寅
五·十一　癸未	六·十一　癸丑	七·十一　壬午	八·十一　壬子
五·二十一　癸巳	六·二十一　癸亥	七·二十一　壬辰	八·二十一　壬戌
九·一　辛未	十·一　辛丑	十一·一　辛未	十二·一　庚子
九·十一　辛巳	十·十一　辛亥	十一·十一　辛巳	十二·十一　庚戌
九·二十一　辛卯	十·二十一　辛酉	十一·二十一　辛卯	十二·二十一　庚申

汉武帝天汉元年辛巳（前100）

一·一　庚午	二·一　己亥	三·一　己巳	四·一　戊戌
一·十一　庚辰	二·十一　己酉	三·十一　己卯	四·十一　戊申
一·二十一　庚寅	二·二十一　己未	三·二十一　己丑	四·二十一　戊午
五·一　戊辰	六·一　丁酉	七·一　丁卯	八·一　丙申
五·十一　戊寅	六·十一　丁未	七·十一　丁丑	八·十一　丙午
五·二十一　戊子	六·二十一　丁巳	七·二十一　丁亥	八·二十一　丙辰
九·一　丙寅	十·一　乙未	十一·一　乙丑	十二·一　甲午
九·十一　丙子	十·十一　乙巳	十一·十一　乙亥	十二·十一　甲辰
九·二十一　丙戌	十·二十一　乙卯	十一·二十一　乙酉	十二·二十一　甲寅

汉武帝天汉二年壬午(前99)

一·一 甲子	二·一 癸巳	三·一 癸亥　闰三·一 癸巳	四·一 壬戌
一·十一 甲戌	二·十一 癸卯	三·十一 癸酉　闰三·十一 癸卯	四·十一 壬申
一·二十一 甲申	二·二十一 癸丑	三·二十一 癸未　闰三·二十一 癸丑	四·二十一 壬午
五·一 壬辰	六·一 辛酉	七·一 辛卯	八·一 庚申
五·十一 壬寅	六·十一 辛未	七·十一 辛丑	八·十一 庚午
五·二十一 壬子	六·二十一 辛巳	七·二十一 辛亥	八·二十一 庚辰
九·一 庚寅	十·一 己未	十一·一 己丑	十二·一 戊午
九·十一 庚子	十·十一 己巳	十一·十一 己亥	十二·十一 戊辰
九·二十一 庚戌	十·二十一 己卯	十一·二十一 己酉	十二·二十一 戊寅

汉武帝天汉三年癸未(前98)

一·一 戊子	二·一 丁巳	三·一 丁亥	四·一 丙辰
一·十一 戊戌	二·十一 丁卯	三·十一 丁酉	四·十一 丙寅
一·二十一 戊申	二·二十一 丁丑	三·二十一 丁未	四·二十一 丙子
五·一 丙戌	*六·一 丙辰	七·一 乙酉	八·一 乙卯
五·十一 丙申	六·十一 丙寅	七·十一 乙未	八·十一 乙丑
五·二十一 丙午	六·二十一 丙子	七·二十一 乙巳	八·二十一 乙亥
九·一 甲申	十·一 甲寅	十一·一 癸未	十二·一 癸丑
九·十一 甲午	十·十一 甲子	十一·十一 癸巳	十二·十一 癸亥
九·二十一 甲辰	十·二十一 甲戌	十一·二十一 癸卯	十二·二十一 癸酉

*《目录》六月乙卯朔。

汉武帝天汉四年甲申(前97)

一·一 壬午	二·一 壬子	三·一 辛巳	四·一 辛亥
一·十一 壬辰	二·十一 壬戌	三·十一 辛卯	四·十一 辛酉
一·二十一 壬寅	二·二十一 壬申	三·二十一 辛丑	四·二十一 辛未
五·一 庚辰	六·一 庚戌	七·一 己卯	八·一 己酉
五·十一 庚寅	六·十一 庚申	七·十一 己丑	八·十一 己未
五·二十一 庚子	六·二十一 庚午	七·二十一 己亥	八·二十一 己巳
九·一 戊寅	十·一 戊申	十一·一 戊寅	十二·一 丁未　闰十二·一 丁丑
九·十一 戊子	十·十一 戊午	十一·十一 戊子	十二·十一 丁巳　闰十二·十一 丁亥
九·二十一 戊戌	十·二十一 戊辰	十一·二十一 戊戌	十二·二十一 丁卯　闰十二·二十一 丁酉

汉武帝太始元年乙酉(前96)

一·一 丙午	二·一 丙子	三·一 乙巳	四·一 乙亥
一·十一 丙辰	二·十一 丙戌	三·十一 乙卯	四·十一 乙酉
一·二十一 丙寅	二·二十一 丙申	三·二十一 乙丑	四·二十一 乙未
五·一 甲辰	六·一 甲戌	七·一 癸卯	八·一 癸酉
五·十一 甲寅	六·十一 甲申	七·十一 癸丑	八·十一 癸未
五·二十一 甲子	六·二十一 甲午	七·二十一 癸亥	八·二十一 癸巳
九·一 壬寅	十·一 壬申	*十一·一 辛丑	十二·一 辛未
九·十一 壬子	十·十一 壬午	十一·十一 辛亥	十二·十一 辛巳
九·二十一 壬戌	十·二十一 壬辰	十一·二十一 辛酉	十二·二十一 辛卯

*《目录》十一月辛卯朔,误。

汉武帝太始二年丙戌（前 95）

一·一 庚子	二·一 庚午	三·一 庚子	四·一 己巳
一·十一 庚戌	二·十一 庚辰	三·十一 庚戌	四·十一 己卯
一·二十一 庚申	二·二十一 庚寅	三·二十一 庚申	四·二十一 己丑
五·一 己亥	六·一 戊辰	七·一 戊戌	八·一 丁卯
五·十一 己酉	六·十一 戊寅	七·十一 戊申	八·十一 丁丑
五·二十一 己未	六·二十一 戊子	七·二十一 戊午	八·二十一 丁亥
九·一 丁酉	十·一 丙寅	十一·一 丙申	十二·一 乙丑
九·十一 丁未	十·十一 丙子	十一·十一 丙午	十二·十一 乙亥
九·二十一 丁巳	十·二十一 丙戌	十一·二十一 丙辰	十二·二十一 乙酉

汉武帝太始三年丁亥（前 94）

一·一 乙未	二·一 甲子	三·一 甲午	四·一 癸亥
一·十一 乙巳	二·十一 甲戌	三·十一 甲辰	四·十一 癸酉
一·二十一 乙卯	二·二十一 甲申	三·二十一 甲寅	四·二十一 癸未
五·一 癸巳	六·一 癸亥	七·一 壬辰	八·一 壬戌
五·十一 癸卯	六·十一 癸酉	七·十一 壬寅	八·十一 壬申
五·二十一 癸丑	六·二十一 癸未	七·二十一 壬子	八·二十一 壬午
九·一 辛卯 闰九·一 辛酉	十·一 庚寅	十一·一 庚申	十二·一 己丑
九·十一 辛丑 闰九·十一 辛未	十·十一 庚子	十一·十一 庚午	十二·十一 己亥
九·二十一辛亥 闰九·二十一辛巳	十·二十一 庚戌	十一·二十一 庚辰	十二·二十一 己酉

汉武帝太始四年戊子（前 93）

一·一 己未	二·一 戊子	三·一 戊午	四·一 丁亥
一·十一 己巳	二·十一 戊戌	三·十一 戊辰	四·十一 丁酉
一·二十一 己卯	二·二十一 戊申	三·二十一 戊寅	四·二十一 丁未
五·一 丁巳	六·一 丙戌	七·一 丙辰	八·一 乙酉
五·十一 丁卯	六·十一 丙申	七·十一 丙寅	八·十一 乙未
五·二十一 丁丑	六·二十一 丙午	七·二十一 丙子	八·二十一 乙巳
九·一 乙卯	十·一 乙酉	十一·一 甲寅	十二·一 甲申
九·十一 乙丑	十·十一 乙未	十一·十一 甲子	十二·十一 甲午
九·二十一 乙亥	十·二十一 乙巳	十一·二十一 甲戌	十二·二十一 甲辰

汉武帝征（延）和元年己丑（前 92）

一·一 癸丑	二·一 癸未	三·一 壬子	四·一 壬午
一·十一 癸亥	二·十一 癸巳	三·十一 壬戌	四·十一 壬辰
一·二十一 癸酉	二·二十一 癸卯	三·二十一 壬申	四·二十一 壬寅
五·一 辛亥	六·一 辛巳	七·一 庚戌	八·一 庚辰
五·十一 辛酉	六·十一 辛卯	七·十一 庚申	八·十一 庚寅
五·二十一 辛未	六·二十一 辛丑	七·二十一 庚午	八·二十一 庚子
九·一 己酉	十·一 己卯	十一·一 戊申	十二·一 戊寅
九·十一 己未	十·十一 己丑	十一·十一 戊午	十二·十一 戊子
九·二十一 己巳	十·二十一 己亥	十一·二十一 戊辰	十二·二十一 戊戌

汉武帝征（延）和二年庚寅（前 91）

*一·一 戊申	二·一 丁丑	三·一 丁未	四·一 丙子
一·十一 戊午	二·十一 丁亥	三·十一 丁巳	四·十一 丙戌
一·二十一 戊辰	二·二十一 丁酉	三·二十一 丁卯	四·二十一 丙申
五·一 丙午 闰五·一 乙亥	六·一 乙巳	七·一 甲戌	八·一 甲辰
五·十一 丙辰 闰五·十一 乙酉	六·十一 乙卯	七·十一 甲申	八·十一 甲寅
五·二十一丙寅 闰五·二十一乙未	六·二十一 乙丑	七·二十一 甲午	八·二十一 甲子
九·一 癸酉	十·一 癸卯	十一·一 壬申	十二·一 壬寅
九·十一 癸未	十·十一 癸丑	十一·十一 壬午	十二·十一 壬子
九·二十一 癸巳	十·二十一 癸亥	十一·二十一 壬辰	十二·二十一 壬戌

＊《目录》正月丁未朔。

汉武帝征（延）和三年辛卯（前 90）

一·一 辛未	二·一 辛丑	三·一 庚午	四·一 庚子
一·十一 辛巳	二·十一 辛亥	三·十一 庚辰	四·十一 庚戌
一·二十一 辛卯	二·二十一 辛酉	三·二十一 庚寅	四·二十一 庚申
五·一 庚午	六·一 己亥	七·一 己巳	八·一 戊戌
五·十一 庚辰	六·十一 己酉	七·十一 己卯	八·十一 戊申
五·二十一 庚寅	六·二十一 己未	七·二十一 己丑	八·二十一 戊午
九·一 戊辰	十·一 丁酉	十一·一 丁卯	十二·一 丙申
九·十一 戊寅	十·十一 丁未	十一·十一 丁丑	十二·十一 丙午
九·二十一 戊子	十·二十一 丁巳	十一·二十一 丁亥	十二·二十一 丙辰

汉武帝征（延）和四年壬辰（前 89）

一·一 丙寅	二·一 乙未	三·一 乙丑	四·一 甲午
一·十一 丙子	二·十一 乙巳	三·十一 乙亥	四·十一 甲辰
一·二十一 丙戌	二·二十一 乙卯	三·二十一 乙酉	四·二十一 甲寅
五·一 甲子	六·一 癸巳	七·一 癸亥	八·一 壬辰
五·十一 甲戌	六·十一 癸卯	七·十一 癸酉	八·十一 壬寅
五·二十一 甲申	六·二十一 癸丑	七·二十一 癸未	八·二十一 壬子
九·一 壬戌	十·一 壬辰	十一·一 辛酉	十二·一 辛卯
九·十一 壬申	十·十一 壬寅	十一·十一 辛未	十二·十一 辛丑
九·二十一 壬午	十·二十一 壬子	十一·二十一 辛巳	十二·二十一 辛亥

汉武帝*后元元年癸巳（前 88）

一·一 庚申 闰一·一 庚寅	二·一 己未	三·一 己丑	四·一 戊午
一·十一 庚午 闰一·十一 庚子	二·十一 己巳	三·十一 己亥	四·十一 戊辰
一·二十一庚辰 闰一·二十一庚戌	二·二十一 己卯	三·二十一 己酉	四·二十一 戊寅
五·一 戊子	六·一 丁巳	七·一 丁亥	八·一 丙辰
五·十一 戊戌	六·十一 丁卯	七·十一 丁酉	八·十一 丙寅
五·二十一 戊申	六·二十一 丁丑	七·二十一 丁未	八·二十一 丙子
九·一 丙戌	十·一 乙卯	十一·一 乙酉	十二·一 乙卯
九·十一 丙申	十·十一 乙丑	十一·十一 乙未	十二·十一 乙丑
九·二十一 丙午	十·二十一 乙亥	十一·二十一 乙巳	十二·二十一 乙亥

＊“后元”非年号。

汉武帝后元二年甲午（前 87）

一·一	甲申	二·一	甲寅	三·一	癸未	四·一	癸丑
一·十一	甲午	二·十一	甲子	三·十一	癸巳	四·十一	癸亥
一·二十一	甲辰	二·二十一	甲戌	三·二十一	癸卯	四·二十一	癸酉
五·一	壬午	六·一	壬子	七·一	辛巳	八·一	辛亥
五·十一	壬辰	六·十一	壬戌	七·十一	辛卯	八·十一	辛酉
五·二十一	壬寅	六·二十一	壬申	七·二十一	辛丑	八·二十一	辛未
九·一	庚辰	十·一	庚戌	十一·一	己卯	十二·一	己酉
九·十一	庚寅	十·十一	庚申	十一·十一	己丑	十二·十一	己未
九·二十一	庚子	十·二十一	庚午	十一·二十一	己亥	十二·二十一	己巳

汉昭帝始元元年乙未（前 86）

一·一	戊寅	二·一	戊申	三·一	丁丑	四·一	丁未
一·十一	戊子	二·十一	戊午	三·十一	丁亥	四·十一	丁巳
一·二十一	戊戌	二·二十一	戊辰	三·二十一	丁酉	四·二十一	丁卯
五·一	丁丑	六·一	丙午	七·一	丙子	八·一	乙巳
五·十一	丁亥	六·十一	丙辰	七·十一	丙戌	八·十一	乙卯
五·二十一	丁酉	六·二十一	丙寅	七·二十一	丙申	八·二十一	乙丑
九·一	乙亥	十·一　甲辰　闰十·一	甲戌	十一·一	癸卯	十二·一	癸酉
九·十一	乙酉	十·十一　甲寅　闰十·十一	甲申	十一·十一	癸丑	十二·十一	癸未
九·二十一	乙未	十·二十一甲子　闰十·二十一	甲午	十一·二十一	癸亥	十二·二十一	癸巳

汉昭帝始元二年丙申（前 85）

一·一	壬寅	二·一	壬申	三·一	辛丑	四·一	辛未
一·十一	壬子	二·十一	壬午	三·十一	辛亥	四·十一	辛巳
一·二十一	壬戌	二·二十一	壬辰	三·二十一	辛酉	四·二十一	辛卯
五·一	庚子	六·一	庚午	*七·一	庚子	八·一	己巳
五·十一	庚戌	六·十一	庚辰	七·十一	庚戌	八·十一	己卯
五·二十一	庚申	六·二十一	庚寅	七·二十一	庚申	八·二十一	己丑
九·一	己亥	十·一	戊辰	十一·一	戊戌	十二·一	丁卯
九·十一	己酉	十·十一	戊寅	十一·十一	戊申	十二·十一	丁丑
九·二十一	己未	十·二十一	戊子	十一·二十一	戊午	十二·二十一	丁亥

＊《目录》七月己亥朔。

汉昭帝始元三年丁酉（前 84）

一·一	丁酉	二·一	丙寅	三·一	丙申	四·一	乙丑
一·十一	丁未	二·十一	丙子	三·十一	丙午	四·十一	乙亥
一·二十一	丁巳	二·二十一	丙戌	三·二十一	丙辰	四·二十一	乙酉
五·一	乙未	六·一	甲子	七·一	甲午	八·一	癸亥
五·十一	乙巳	六·十一	甲戌	七·十一	甲辰	八·十一	癸酉
五·二十一	乙卯	六·二十一	甲申	七·二十一	甲寅	八·二十一	癸未
九·一	癸巳	十·一	壬戌	十一·一	壬辰	十二·一	壬戌
九·十一	癸卯	十·十一	壬申	十一·十一	壬寅	十二·十一	壬申
九·二十一	癸丑	十·二十一	壬午	十一·二十一	壬子	十二·二十一	壬午

汉昭帝始元四年戊戌(前83)

一・一 辛卯	二・一 辛酉	三・一 庚寅	四・一 庚申
一・十一 辛丑	二・十一 辛未	三・十一 庚子	四・十一 庚午
一・二十一 辛亥	二・二十一 辛巳	三・二十一 庚戌	四・二十一 庚辰
五・一 己丑	六・一 己未	七・一 戊子 闰七・一 戊午	八・一 丁亥
五・十一 己亥	六・十一 己巳	七・十一 戊戌 闰七・十一 戊辰	八・十一 丁酉
五・二十一 己酉	六・二十一 己卯	七・二十一 戊申 闰七・二十一 戊寅	八・二十一 丁未
九・一 丁巳	十・一 丙戌	十一・一 丙辰	十二・一 乙酉
九・十一 丁卯	十・十一 丙申	十一・十一 丙寅	十二・十一 乙未
九・二十一 丁丑	十・二十一 丙午	十一・二十一 丙子	十二・二十一 乙巳

汉昭帝始元五年己亥(前82)

一・一 乙卯	二・一 甲申	三・一 甲寅	四・一 甲申
一・十一 乙丑	二・十一 甲午	三・十一 甲子	四・十一 甲午
一・二十一 乙亥	二・二十一 甲辰	三・二十一 甲戌	四・二十一 甲辰
五・一 癸丑	六・一 癸未	七・一 壬子	八・一 壬午
五・十一 癸亥	六・十一 癸巳	七・十一 壬戌	八・十一 壬辰
五・二十一 癸酉	六・二十一 癸卯	七・二十一 壬申	八・二十一 壬寅
九・一 辛亥	十・一 辛巳	十一・一 庚戌	十二・一 庚辰
九・十一 辛酉	十・十一 辛卯	十一・十一 庚申	十二・十一 庚寅
九・二十一 辛未	十・二十一 辛丑	十一・二十一 庚午	十二・二十一 庚子

汉昭帝始元六年庚子(前81)

一・一 己酉	二・一 己卯	三・一 戊申	四・一 戊寅
一・十一 己未	二・十一 己丑	三・十一 戊午	四・十一 戊子
一・二十一 己巳	二・二十一 己亥	三・二十一 戊辰	四・二十一 戊戌
五・一 丁未	六・一 丁丑	七・一 丁未	八・一 丙子
五・十一 丁巳	六・十一 丁亥	七・十一 丁巳	八・十一 丙戌
五・二十一 丁卯	六・二十一 丁酉	七・二十一 丁卯	八・二十一 丙申
九・一 丙午	十・一 乙亥	十一・一 乙巳	十二・一 甲戌
九・十一 丙辰	十・十一 乙酉	十一・十一 乙卯	十二・十一 甲申
九・二十一 丙寅	十・二十一 乙未	十一・二十一 乙丑	十二・二十一 甲午

汉昭帝元凤元年辛丑(前80)

一・一 甲辰	二・一 癸酉	三・一 癸卯 闰三・一 壬申	四・一 壬寅
一・十一 甲寅	二・十一 癸未	三・十一 癸丑 闰三・十一 壬午	四・十一 壬子
一・二十一 甲子	二・二十一 癸巳	三・二十一 癸亥 闰三・二十一 壬辰	四・二十一 壬戌
五・一 辛未	六・一 辛丑	七・一 庚午	*八・一 庚子
五・十一 辛巳	六・十一 辛亥	七・十一 庚辰	八・十一 庚戌
五・二十一 辛卯	六・二十一 辛酉	七・二十一 庚寅	八・二十一 庚申
九・一 己巳	十・一 己亥	十一・一 己巳	十二・一 戊戌
九・十一 己卯	十・十一 己酉	十一・十一 己卯	十二・十一 戊申
九・二十一 己丑	十・二十一 己未	十一・二十一 己丑	十二・二十一 戊午

＊本月改元“元凤”。

汉昭帝元凤二年壬寅（前 79）

一·一 戊辰	二·一 丁酉	三·一 丁卯	四·一 丙申
一·十一 戊寅	二·十一 丁未	三·十一 丁丑	四·十一 丙午
一·二十一 戊子	二·二十一 丁巳	三·二十一 丁亥	四·二十一 丙辰
五·一 丙寅	六·一 乙未	七·一 乙丑	八·一 甲午
五·十一 丙子	六·十一 乙巳	七·十一 乙亥	八·十一 甲辰
五·二十一 丙戌	六·二十一 乙卯	七·二十一 乙酉	八·二十一 甲寅
九·一 甲子	十·一 癸巳	十一·一 癸亥	十二·一 壬辰
九·十一 甲戌	十·十一 癸卯	十一·十一 癸酉	十二·十一 壬寅
九·二十一 甲申	十·二十一 癸丑	十一·二十一 癸未	十二·二十一 壬子

汉昭帝元凤三年癸卯（前 78）

一·一 壬戌	*二·一 壬辰	三·一 辛酉	四·一 辛卯
一·十一 壬申	二·十一 壬寅	三·十一 辛未	四·十一 辛丑
一·二十一 壬午	二·二十一 壬子	三·二十一 辛巳	四·二十一 辛亥
五·一 庚申	六·一 庚寅	七·一 己未	八·一 己丑
五·十一 庚午	六·十一 庚子	七·十一 己巳	八·十一 己亥
五·二十一 庚辰	六·二十一 庚戌	七·二十一 己卯	八·二十一 己酉
九·一 戊午	十·一 戊子	十一·一 丁巳 闰十一·一 丁亥	十二·一 丙辰
九·十一 戊辰	十·十一 戊戌	十一·十一 丁卯 闰十一·十一 丁酉	十二·十一 丙寅
九·二十一 戊寅	十·二十一 戊申	十一·二十一 丁丑 闰十一·二十一 丁未	十二·二十一 丙子

*《目录》二月辛卯、闰十二月丙辰朔。

汉昭帝元凤四年甲辰（前 77）

一·一 丙戌	二·一 乙卯	三·一 乙酉	四·一 甲寅
一·十一 丙申	二·十一 乙丑	三·十一 乙未	四·十一 甲子
一·二十一 丙午	二·二十一 乙亥	三·二十一 乙巳	四·二十一 甲戌
五·一 甲申	六·一 甲寅	七·一 癸未	八·一 癸丑
五·十一 甲午	六·十一 甲子	七·十一 癸巳	八·十一 癸亥
五·二十一 甲辰	六·二十一 甲戌	七·二十一 癸卯	八·二十一 癸酉
九·一 壬午	十·一 壬子	十一·一 辛巳	十二·一 辛亥
九·十一 壬辰	十·十一 壬戌	十一·十一 辛卯	十二·十一 辛酉
九·二十一 壬寅	十·二十一 壬申	十一·二十一 辛丑	十二·二十一 辛未

汉昭帝元凤五年乙巳（前 76）

一·一 庚辰	二·一 庚戌	*三·一 己卯	四·一 己酉
一·十一 庚寅	二·十一 庚申	三·十一 己丑	四·十一 己未
一·二十一 庚子	二·二十一 庚午	三·二十一 己亥	四·二十一 己巳
五·一 戊寅	六·一 戊申	七·一 丁丑	八·一 丁未
五·十一 戊子	六·十一 戊午	七·十一 丁亥	八·十一 丁巳
五·二十一 戊戌	六·二十一 戊辰	七·二十一 丁酉	八·二十一 丁卯
九·一 丙子	十·一 丙午	十一·一 丙子	十二·一 乙巳
九·十一 丙戌	十·十一 丙辰	十一·十一 丙戌	十二·十一 乙卯
九·二十一 丙申	十·二十一 丙寅	十一·二十一 丙申	十二·二十一 乙丑

*《辑要》三月乙卯朔，误。

汉昭帝元凤六年丙午(前 75)

一•一 乙亥	二•一 甲辰	三•一 甲戌	四•一 癸卯
一•十一 乙酉	二•十一 甲寅	三•十一 甲申	四•十一 癸丑
一•二十一 乙未	二•二十一 甲子	三•二十一 甲午	四•二十一 癸亥
五•一 癸酉	六•一 壬寅	七•一 壬申	八•一 辛丑 闰八•一 辛未
五•十一 癸未	六•十一 壬子	七•十一 壬午	八•十一 辛亥 闰八•十一 辛巳
五•二十一 癸巳	六•二十一 壬戌	七•二十一 壬辰	八•二十一辛酉 闰八•二十一辛卯
九•一 庚子	十•一 庚午	十一•一 己亥	十二•一 己巳
九•十一 庚戌	十•十一 庚辰	十一•十一 己酉	十二•十一 己卯
九•二十一 庚申	十•二十一 庚寅	十一•二十一 己未	十二•二十一 己丑

汉昭帝元平元年丁未(前 74)

一•一 己亥	*二•一 戊辰	三•一 戊戌	四•一 丁卯
一•十一 己酉	二•十一 戊寅	三•十一 戊申	四•十一 丁丑
一•二十一 己未	二•二十一 戊子	三•二十一 戊午	四•二十一 丁亥
五•一 丁酉	六•一 丙寅	七•一 丙申	八•一 乙丑
五•十一 丁未	六•十一 丙子	七•十一 丙午	八•十一 乙亥
五•二十一 丁巳	六•二十一 丙戌	七•二十一 丙辰	八•二十一 乙酉
九•一 乙未	十•一 甲子	十一•一 甲午	十二•一 癸亥
九•十一 乙巳	十•十一 甲戌	十一•十一 甲辰	十二•十一 癸酉
九•二十一 乙卯	十•二十一 甲申	十一•二十一 甲寅	十二•二十一 癸未

*《目录》二月戊戌朔,误。

汉宣帝本始元年戊申(前 73)

一•一 癸巳	二•一 壬戌	三•一 壬辰	四•一 辛酉
一•十一 癸卯	二•十一 壬申	三•十一 壬寅	四•十一 辛未
一•二十一 癸丑	二•二十一 壬午	三•二十一 壬子	四•二十一 辛巳
五•一 辛卯	六•一 辛酉	七•一 庚寅	八•一 庚申
五•十一 辛丑	六•十一 辛未	七•十一 庚子	八•十一 庚午
五•二十一 辛亥	六•二十一 辛巳	七•二十一 庚戌	八•二十一 庚辰
九•一 己丑	十•一 己未	十一•一 戊子	十二•一 戊午
九•十一 己亥	十•十一 己巳	十一•十一 戊戌	十二•十一 戊辰
九•二十一 己酉	十•二十一 己卯	十一•二十一 戊申	十二•二十一 戊寅

汉宣帝本始二年己酉(前 72)

一•一 丁亥	二•一 丁巳	三•一 丙戌	四•一 丙辰
一•十一 丁酉	二•十一 丁卯	三•十一 丙申	四•十一 丙寅
一•二十一 丁未	二•二十一 丁丑	三•二十一 丙午	四•二十一 丙子
五•一 乙酉 闰五•一 乙卯	六•一 甲申	七•一 甲寅	*八•一 甲申
五•十一 乙未 闰五•十一 乙丑	六•十一 甲午	七•十一 甲子	八•十一 甲午
五•二十一乙巳 闰五•二十一乙亥	六•二十一 甲辰	七•二十一 甲戌	八•二十一 甲辰
九•一 癸丑	十•一 癸未	十一•一 壬子	十二•一 壬午
九•十一 癸亥	十•十一 癸巳	十一•十一 壬戌	十二•十一 壬辰
九•二十一 癸酉	十•二十一 癸卯	十一•二十一 壬申	十二•二十一 壬寅

*《目录》八月癸未朔。

汉宣帝本始三年庚戌(前71)

一·一 辛亥 一·十一 辛酉 一·二十一 辛未	二·一 辛巳 二·十一 辛卯 二·二十一 辛丑	三·一 庚戌 三·十一 庚申 三·二十一 庚午	四·一 庚辰 四·十一 庚寅 四·二十一 庚子
五·一 己酉 五·十一 己未 五·二十一 己巳	六·一 己卯 六·十一 己丑 六·二十一 己亥	七·一 戊申 七·十一 戊午 七·二十一 戊辰	八·一 戊寅 八·十一 戊子 八·二十一 戊戌
九·一 丁未 九·十一 丁巳 九·二十一 丁卯	十·一 丁丑 十·十一 丁亥 十·二十一 丁酉	十一·一 丙午 十一·十一 丙辰 十一·二十一 丙寅	十二·一 丙子 十二·十一 丙戌 十二·二十一 丙申

汉宣帝本始四年辛亥(前70)

一·一 丙午 一·十一 丙辰 一·二十一 丙寅	二·一 乙亥 二·十一 乙酉 二·二十一 乙未	三·一 乙巳 三·十一 乙卯 三·二十一 乙丑	四·一 甲戌 四·十一 甲申 四·二十一 甲午
五·一 甲辰 五·十一 甲寅 五·二十一 甲子	六·一 癸酉 六·十一 癸未 六·二十一 癸巳	七·一 癸卯 七·十一 癸丑 七·二十一 癸亥	八·一 壬申 八·十一 壬午 八·二十一 壬辰
九·一 壬寅 九·十一 壬子 九·二十一 壬戌	十·一 辛未 十·十一 辛巳 十·二十一 辛卯	十一·一 辛丑 十一·十一 辛亥 十一·二十一 辛酉	十二·一 庚午 十二·十一 庚辰 十二·二十一 庚寅

汉宣帝地节元年壬子(前69)

一·一 庚子 闰一·一 己巳 一·十一 庚戌 闰一·十一 己卯 一·二十一 庚申 闰一·二十一 己丑	二·一 己亥 二·十一 己酉 二·二十一 己未	三·一 戊辰 三·十一 戊寅 三·二十一 戊子	四·一 戊戌 四·十一 戊申 四·二十一 戊午
五·一 戊辰 五·十一 戊寅 五·二十一 戊子	六·一 丁酉 六·十一 丁未 六·二十一 丁巳	七·一 丁卯 七·十一 丁丑 七·二十一 丁亥	八·一 丙申 八·十一 丙午 八·二十一 丙辰
九·一 丙寅 九·十一 丙子 九·二十一 丙戌	十·一 乙未 十·十一 乙巳 十·二十一 乙卯	十一·一 乙丑 十一·十一 乙亥 十一·二十一 乙酉	十二·一 甲午 十二·十一 甲辰 十二·二十一 甲寅

汉宣帝地节二年癸丑(前68)

一·一 甲子 一·十一 甲戌 一·二十一 甲申	二·一 癸巳 二·十一 癸卯 二·二十一 癸丑	三·一 癸亥 三·十一 癸酉 三·二十一 癸未	四·一 壬辰 四·十一 壬寅 四·二十一 壬子
五·一 壬戌 五·十一 壬申 五·二十一 壬午	六·一 辛卯 六·十一 辛丑 六·二十一 辛亥	七·一 辛酉 七·十一 辛未 七·二十一 辛巳	八·一 辛卯 八·十一 辛丑 八·二十一 辛亥
九·一 庚申 九·十一 庚午 九·二十一 庚辰	十·一 庚寅 十·十一 庚子 十·二十一 庚戌	十一·一 己未 十一·十一 己巳 十一·二十一 己卯	十二·一 己丑 十二·十一 己亥 十二·二十一 己酉

汉宣帝地节三年甲寅（前 67）

一·一 戊午	二·一 戊子	三·一 丁巳	四·一 丁亥
一·十一 戊辰	二·十一 戊戌	三·十一 丁卯	四·十一 丁酉
一·二十一 戊寅	二·二十一 戊申	三·二十一 丁丑	四·二十一 丁未
五·一 丙辰	六·一 丙戌	七·一 乙卯	八·一 乙酉
五·十一 丙寅	六·十一 丙申	七·十一 乙丑	八·十一 乙未
五·二十一 丙子	六·二十一 丙午	七·二十一 乙亥	八·二十一 乙巳
九·一 甲寅 *闰九·一 甲申	十·一 癸丑	十一·一 癸未	十二·一 癸丑
九·十一 甲子 闰九·十一 甲午	十·十一 癸亥	十一·十一 癸巳	十二·十一 癸亥
九·二十一甲戌 闰九·二十一甲辰	十·二十一 癸酉	十一·二十一 癸卯	十二·二十一 癸酉

*《目录》闰十月癸丑朔。

汉宣帝地节四年乙卯（前 66）

一·一 壬午	二·一 壬子	三·一 辛巳	四·一 辛亥
一·十一 壬辰	二·十一 壬戌	三·十一 辛卯	四·十一 辛酉
一·二十一 壬寅	二·二十一 壬申	三·二十一 辛丑	四·二十一 辛未
五·一 庚辰	六·一 庚戌	七·一 己卯	八·一 己酉
五·十一 庚寅	六·十一 庚申	七·十一 己丑	八·十一 己未
五·二十一 庚子	六·二十一 庚午	七·二十一 己亥	八·二十一 己巳
九·一 戊寅	十·一 戊申	十一·一 丁丑	十二·一 丁未
九·十一 戊子	十·十一 戊午	十一·十一 丁亥	十二·十一 丁巳
九·二十一 戊戌	十·二十一 戊辰	十一·二十一 丁酉	十二·二十一 丁卯

汉宣帝元康元年丙辰（前 65）

一·一 丙子	二·一 丙午	*三·一 丙子	四·一 乙巳
一·十一 丙戌	二·十一 丙辰	三·十一 丙戌	四·十一 乙卯
一·二十一 丙申	二·二十一 丙寅	三·二十一 丙申	四·二十一 乙丑
五·一 乙亥	六·一 甲辰	七·一 甲戌	八·一 癸卯
五·十一 乙酉	六·十一 甲寅	七·十一 甲申	八·十一 癸丑
五·二十一 乙未	六·二十一 甲子	七·二十一 甲午	八·二十一 癸亥
九·一 癸酉	十·一 壬寅	十一·一 壬申	十二·一 辛丑
九·十一 癸未	十·十一 壬子	十一·十一 壬午	十二·十一 辛亥
九·二十一 癸巳	十·二十一 壬戌	十一·二十一 壬辰	十二·二十一 辛酉

*《目录》三月乙亥朔。

汉宣帝元康二年丁巳（前 64）

一·一 辛未	二·一 庚子	三·一 庚午	四·一 己亥
一·十一 辛巳	二·十一 庚戌	三·十一 庚辰	四·十一 己酉
一·二十一 辛卯	二·二十一 庚申	三·二十一 庚寅	四·二十一 己未
五·一 己巳	六·一 戊戌	七·一 戊辰 闰七·一 戊戌	八·一 丁卯
五·十一 己卯	六·十一 戊申	七·十一 戊寅 闰七·十一 戊申	八·十一 丁丑
五·二十一 己丑	六·二十一 戊午	七·二十一戊子 闰七·二十一戊午	八·二十一 丁亥
九·一 丁酉	十·一 丙寅	十一·一 丙申	十二·一 乙丑
九·十一 丁未	十·十一 丙子	十一·十一 丙午	十二·十一 乙亥
九·二十一 丁巳	十·二十一 丙戌	十一·二十一 丙辰	十二·二十一 乙酉

汉宣帝元康三年戊午(前63)

一·一	乙未	二·一	甲子	三·一	甲午	四·一	癸亥
一·十一	乙巳	二·十一	甲戌	三·十一	甲辰	四·十一	癸酉
一·二十一	乙卯	二·二十一	甲申	三·二十一	甲寅	四·二十一	癸未
五·一	癸巳	六·一	壬戌	七·一	壬辰	八·一	辛酉
五·十一	癸卯	六·十一	壬申	七·十一	壬寅	八·十一	辛未
五·二十一	癸丑	六·二十一	壬午	七·二十一	壬子	八·二十一	辛巳
九·一	辛卯	*十·一	庚申	十一·一	庚寅	十二·一	庚申
九·十一	辛丑	十·十一	庚午	十一·十一	庚子	十二·十一	庚午
九·二十一	辛亥	十·二十一	庚辰	十一·二十一	庚戌	十二·二十一	庚辰

*《辑要》十月丙申朔,误。

汉宣帝元康四年己未(前62)

一·一	己丑	二·一	己未	三·一	戊子	四·一	戊午
一·十一	己亥	二·十一	己巳	三·十一	戊戌	四·十一	戊辰
一·二十一	己酉	二·二十一	己卯	三·二十一	戊申	四·二十一	戊寅
五·一	丁亥	六·一	丁巳	七·一	丙戌	八·一	丙辰
五·十一	丁酉	六·十一	丁卯	七·十一	丙申	八·十一	丙寅
五·二十一	丁未	六·二十一	丁丑	七·二十一	丙午	八·二十一	丙子
九·一	乙酉	十·一	乙卯	十一·一	甲申	十二·一	甲寅
九·十一	乙未	十·十一	乙丑	十一·十一	甲午	十二·十一	甲子
九·二十一	乙巳	十·二十一	乙亥	十一·二十一	甲辰	十二·二十一	甲戌

汉宣帝神爵元年庚申(前61)

一·一	癸未	二·一	癸丑	*三·一	癸未	四·一　壬子　闰四·一	壬午
一·十一	癸巳	二·十一	癸亥	三·十一	癸巳	四·十一　壬戌　闰四·十一	壬辰
一·二十一	癸卯	二·二十一	癸酉	三·二十一	癸卯	四·二十一壬申　闰四·二十一	壬寅
五·一	辛亥	六·一	辛巳	七·一	庚戌	八·一	庚辰
五·十一	辛酉	六·十一	辛卯	七·十一	庚申	八·十一	庚寅
五·二十一	辛未	六·二十一	辛丑	七·二十一	庚午	八·二十一	庚子
九·一	己酉	十·一	己卯	十一·一	戊申	十二·一	戊寅
九·十一	己未	十·十一	己丑	十一·十一	戊午	十二·十一	戊子
九·二十一	己巳	十·二十一	己亥	十一·二十一	戊辰	十二·二十一	戊戌

* 本月改元“神爵”。

汉宣帝神爵二年辛酉(前60)

一·一	丁未	二·一	丁丑	三·一	丙午	四·一	丙子
一·十一	丁巳	二·十一	丁亥	三·十一	丙辰	四·十一	丙戌
一·二十一	丁卯	二·二十一	丁酉	三·二十一	丙寅	四·二十一	丙申
五·一	乙巳	六·一	乙亥	七·一	乙巳	八·一	甲戌
五·十一	乙卯	六·十一	乙酉	七·十一	乙卯	八·十一	甲申
五·二十一	乙丑	六·二十一	乙未	七·二十一	乙丑	八·二十一	甲午
九·一	甲辰	十·一	癸酉	十一·一	癸卯	十二·一	壬申
九·十一	甲寅	十·十一	癸未	十一·十一	癸丑	十二·十一	壬午
九·二十一	甲子	十·二十一	癸巳	十一·二十一	癸亥	十二·二十一	壬辰

汉宣帝神爵三年壬戌（前 59）

一·一 壬寅	二·一 辛未	三·一 辛丑	四·一 庚午
一·十一 壬子	二·十一 辛巳	三·十一 辛亥	四·十一 庚辰
一·二十一 壬戌	二·二十一 辛卯	三·二十一 辛酉	四·二十一 庚寅
五·一 庚子	六·一 己巳	七·一 己亥	八·一 戊辰
五·十一 庚戌	六·十一 己卯	七·十一 己酉	八·十一 戊寅
五·二十一 庚申	六·二十一 己丑	七·二十一 己未	八·二十一 戊子
九·一 戊戌	*十·一 戊辰	十一·一 丁酉	十二·一 丁卯 闰十二·一 丙申
九·十一 戊申	十·十一 戊寅	十一·十一 丁未	十二·十一 丁丑 闰十二·十一 丙午
九·二十一 戊午	十·二十一 戊子	十一·二十一 丁巳	十二·二十一丁亥 闰十二·二十一丙辰

＊《目录》十月丁卯朔。

汉宣帝神爵四年癸亥（前 58）

一·一 丙寅	二·一 乙未	三·一 乙丑	四·一 甲午
一·十一 丙子	二·十一 乙巳	三·十一 乙亥	四·十一 甲辰
一·二十一 丙戌	二·二十一 乙卯	三·二十一 乙酉	四·二十一 甲寅
五·一 甲子	六·一 癸巳	七·一 癸亥	八·一 壬辰
五·十一 甲戌	六·十一 癸卯	七·十一 癸酉	八·十一 壬寅
五·二十一 甲申	六·二十一 癸丑	七·二十一 癸未	八·二十一 壬子
九·一 壬戌	十·一 辛卯	十一·一 辛酉	十二·一 庚寅
九·十一 壬申	十·十一 辛丑	十一·十一 辛未	十二·十一 庚子
九·二十一 壬午	十·二十一 辛亥	十一·二十一 辛巳	十二·二十一 庚戌

汉宣帝五凤元年甲子（前 57）

一·一 庚申	二·一 庚寅	三·一 己未	四·一 己丑
一·十一 庚午	二·十一 庚子	三·十一 己巳	四·十一 己亥
一·二十一 庚辰	二·二十一 庚戌	三·二十一 己卯	四·二十一 己酉
五·一 戊午	六·一 戊子	七·一 丁巳	八·一 丁亥
五·十一 戊辰	六·十一 戊戌	七·十一 丁卯	八·十一 丁酉
五·二十一 戊寅	六·二十一 戊申	七·二十一 丁丑	八·二十一 丁未
九·一 丙辰	十·一 丙戌	十一·一 乙卯	十二·一 乙酉
九·十一 丙寅	十·十一 丙申	十一·十一 乙丑	十二·十一 乙未
九·二十一 丙子	十·二十一 丙午	十一·二十一 乙亥	十二·二十一 乙巳

汉宣帝五凤二年乙丑（前 56）

一·一 甲寅	二·一 甲申	三·一 癸丑	四·一 癸未
一·十一 甲子	二·十一 甲午	三·十一 癸亥	四·十一 癸巳
一·二十一 甲戌	二·二十一 甲辰	三·二十一 癸酉	四·二十一 癸卯
五·一 壬子	六·一 壬午	七·一 壬子	八·一 辛巳 闰八·一 辛亥
五·十一 壬戌	六·十一 壬辰	七·十一 壬戌	八·十一 辛卯 闰八·十一 辛酉
五·二十一 壬申	六·二十一 壬寅	七·二十一 壬申	八·二十一辛丑 闰八·二十一辛未
九·一 庚辰	十·一 庚戌	十一·一 己卯	十二·一 己酉
九·十一 庚寅	十·十一 庚申	十一·十一 己丑	十二·十一 己未
九·二十一 庚子	十·二十一 庚午	十一·二十一 己亥	十二·二十一 己巳

汉宣帝五凤三年丙寅（前 55）

一·一 戊寅	二·一 戊申	三·一 丁丑	四·一 丁未
一·十一 戊子	二·十一 戊午	三·十一 丁亥	四·十一 丁巳
一·二十一 戊戌	二·二十一 戊辰	三·二十一 丁酉	四·二十一 丁卯
五·一 丙子	六·一 丙午	七·一 乙亥	八·一 乙巳
五·十一 丙戌	六·十一 丙辰	七·十一 乙酉	八·十一 乙卯
五·二十一 丙申	六·二十一 丙寅	七·二十一 乙未	八·二十一 乙丑
九·一 乙亥	十·一 甲辰	十一·一 甲戌	十二·一 癸卯
九·十一 乙酉	十·十一 甲寅	十一·十一 甲申	十二·十一 癸丑
九·二十一 乙未	十·二十一 甲子	十一·二十一 甲午	十二·二十一 癸亥

汉宣帝五凤四年丁卯（前 54）

一·一 癸酉	二·一 壬寅	三·一 壬申	四·一 辛丑
一·十一 癸未	二·十一 壬子	三·十一 壬午	四·十一 辛亥
一·二十一 癸巳	二·二十一 壬戌	三·二十一 壬辰	四·二十一 辛酉
五·一 辛未	六·一 庚子	七·一 庚午	八·一 己亥
五·十一 辛巳	六·十一 庚戌	七·十一 庚辰	八·十一 己酉
五·二十一 辛卯	六·二十一 庚申	七·二十一 庚寅	八·二十一 己未
九·一 己巳	十·一 戊戌	十一·一 戊辰	十二·一 丁酉
九·十一 己卯	十·十一 戊申	十一·十一 戊寅	十二·十一 丁未
九·二十一 己丑	十·二十一 戊午	十一·二十一 戊子	十二·二十一 丁巳

汉宣帝甘露元年戊辰（前 53）

一·一 丁卯	二·一 丁酉	三·一 丙寅	四·一 丙申
一·十一 丁丑	二·十一 丁未	三·十一 丙子	四·十一 丙午
一·二十一 丁亥	二·二十一 丁巳	三·二十一 丙戌	四·二十一 丙辰
五·一 乙丑　闰五·一 乙未	六·一 甲子	七·一 甲午	八·一 癸亥
五·十一 乙亥　闰五·十一 乙巳	六·十一 甲戌	七·十一 甲辰	八·十一 癸酉
五·二十一 乙酉　闰五·二十一 乙卯	六·二十一 甲申	七·二十一 甲寅	八·二十一 癸未
九·一 癸巳	十·一 壬戌	十一·一 壬辰	十二·一 辛酉
九·十一 癸卯	十·十一 壬申	十一·十一 壬寅	十二·十一 辛未
九·二十一 癸丑	十·二十一 壬午	十一·二十一 壬子	十二·二十一 辛巳

汉宣帝甘露二年己巳（前 52）

一·一 辛卯	二·一 庚申	三·一 庚寅	*四·一 庚申
一·十一 辛丑	二·十一 庚午	三·十一 庚子	四·十一 庚午
一·二十一 辛亥	二·二十一 庚辰	三·二十一 庚戌	四·二十一 庚辰
五·一 己丑	六·一 己未	七·一 戊子	八·一 戊午
五·十一 己亥	六·十一 己巳	七·十一 戊戌	八·十一 戊辰
五·二十一 己酉	六·二十一 己卯	七·二十一 戊申	八·二十一 戊寅
九·一 丁亥	十·一 丁巳	十一·一 丙戌	十二·一 丙辰
九·十一 丁酉	十·十一 丁卯	十一·十一 丙申	十二·十一 丙寅
九·二十一 丁未	十·二十一 丁丑	十一·二十一 丙午	十二·二十一 丙子

＊《目录》四月己未朔。

汉宣帝甘露三年庚午（前 51）

一・一　乙酉	二・一　乙卯	三・一　甲申	四・一　甲寅
一・十一　乙未	二・十一　乙丑	三・十一　甲午	四・十一　甲子
一・二十一　乙巳	二・二十一　乙亥	三・二十一　甲辰	四・二十一　甲戌
五・一　癸未	六・一　癸丑	七・一　壬午	八・一　壬子
五・十一　癸巳	六・十一　癸亥	七・十一　壬辰	八・十一　壬戌
五・二十一　癸卯	六・二十一　癸酉	七・二十一　壬寅	八・二十一　壬申
九・一　壬午	十・一　辛亥	十一・一　辛巳	十二・一　庚戌
九・十一　壬辰	十・十一　辛酉	十一・十一　辛卯	十二・十一　庚申
九・二十一　壬寅	十・二十一　辛未	十一・二十一　辛丑	十二・二十一　庚午

汉宣帝甘露四年辛未（前 50）

一・一　庚辰	二・一　己酉　闰二・一　己卯	三・一　戊申	四・一　戊寅
一・十一　庚寅	二・十一　己未　闰二・十一　己丑	三・十一　戊午	四・十一　戊子
一・二十一　庚子	二・二十一己巳　闰二・二十一己亥	三・二十一　戊辰	四・二十一　戊戌
五・一　丁未	六・一　丁丑	七・一　丙午	八・一　丙子
五・十一　丁巳	六・十一　丁亥	七・十一　丙辰	八・十一　丙戌
五・二十一　丁卯	六・二十一　丁酉	七・二十一　丙寅	八・二十一　丙申
九・一　乙巳	十・一　乙亥	十一・一　甲辰	十二・一　甲戌
九・十一　乙卯	十・十一　乙酉	十一・十一　甲寅	十二・十一　甲申
九・二十一　乙丑	十・二十一　乙未	十一・二十一　甲子	十二・二十一　甲午

汉宣帝黄龙元年壬申（前 49）

一・一　甲辰	二・一　癸酉	三・一　癸卯	四・一　壬申
一・十一　甲寅	二・十一　癸未	三・十一　癸丑	四・十一　壬午
一・二十一　甲子	二・二十一　癸巳	三・二十一　癸亥	四・二十一　壬辰
五・一　壬寅	六・一　辛未	七・一　辛丑	八・一　庚午
五・十一　壬子	六・十一　辛巳	七・十一　辛亥	八・十一　庚辰
五・二十一　壬戌	六・二十一　辛卯	七・二十一　辛酉	八・二十一　庚寅
九・一　庚子	十・一　己巳	十一・一　己亥	十二・一　戊辰
九・十一　庚戌	十・十一　己卯	十一・十一　己酉	十二・十一　戊寅
九・二十一　庚申	十・二十一　己丑	十一・二十一　己未	十二・二十一　戊子

汉元帝初元元年癸酉（前 48）

一・一　戊戌	二・一　丁卯	三・一　丁酉	四・一　丁卯
一・十一　戊申	二・十一　丁丑	三・十一　丁未	四・十一　丁丑
一・二十一　戊午	二・二十一　丁亥	三・二十一　丁巳	四・二十一　丁亥
五・一　丙申	六・一　丙寅	七・一　乙未	八・一　乙丑
五・十一　丙午	六・十一　丙子	七・十一　乙巳	八・十一　乙亥
五・二十一　丙辰	六・二十一　丙戌	七・二十一　乙卯	八・二十一　乙酉
九・一　甲午	十・一　甲子　闰十・一　癸巳	十一・一　癸亥	十二・一　壬辰
九・十一　甲辰	十・十一　甲戌　闰十・十一　癸卯	十一・十一　癸酉	十二・十一　壬寅
九・二十一　甲寅	十・二十一甲申　闰十・二十一癸丑	十一・二十一　癸未	十二・二十一　壬子

汉元帝初元二年甲戌（前 47）

一・一　壬戌	二・一　辛卯	三・一　辛酉	四・一　庚寅
一・十一　壬申	二・十一　辛丑	三・十一　辛未	四・十一　庚子
一・二十一　壬午	二・二十一　辛亥	三・二十一　辛巳	四・二十一　庚戌
五・一　庚申	六・一　己丑	七・一　己未	八・一　己丑
五・十一　庚午	六・十一　己亥	七・十一　己巳	八・十一　己亥
五・二十一　庚辰	六・二十一　己酉	七・二十一　己卯	八・二十一　己酉
九・一　戊午	十・一　戊子	十一・一　丁巳	十二・一　丁亥
九・十一　戊辰	十・十一　戊戌	十一・十一　丁卯	十二・十一　丁酉
九・二十一　戊寅	十・二十一　戊申	十一・二十一　丁丑	十二・二十一　丁未

汉元帝初元三年乙亥（前 46）

一・一　丙辰	二・一　丙戌	三・一　乙卯	四・一　乙酉
一・十一　丙寅	二・十一　丙申	三・十一　乙丑	四・十一　乙未
一・二十一　丙子	二・二十一　丙午	三・二十一　乙亥	四・二十一　乙巳
五・一　甲寅	六・一　甲申	七・一　癸丑	八・一　癸未
五・十一　甲子	六・十一　甲午	七・十一　癸亥	八・十一　癸巳
五・二十一　甲戌	六・二十一　甲辰	七・二十一　癸酉	八・二十一　癸卯
九・一　壬子	十・一　壬午	*十一・一　壬子	十二・一　辛巳
九・十一　壬戌	十・十一　壬辰	十一・十一　壬戌	十二・十一　辛卯
九・二十一　壬申	十・二十一　壬寅	十一・二十一　壬申	十二・二十一　辛丑

*《目录》十一月辛亥朔。

汉元帝初元四年丙子（前 45）

一・一　辛亥	*二・一　庚辰	三・一　庚戌	四・一　己卯
一・十一　辛酉	二・十一　庚寅	三・十一　庚申	四・十一　己丑
一・二十一　辛未	二・二十一　庚子	三・二十一　庚午	四・二十一　己亥
五・一　己酉	六・一　戊寅　闰六・一　戊申	七・一　丁丑	八・一　丁未
五・十一　己未	六・十一　戊子　闰六・十一　戊午	七・十一　丁亥	八・十一　丁巳
五・二十一　己巳	六・二十一　戊戌　闰六・二十一　戊辰	七・二十一　丁酉	八・二十一　丁卯
九・一　丙子	十・一　丙午	十一・一　乙亥	十二・一　乙巳
九・十一　丙戌	十・十一　丙辰	十一・十一　乙酉	十二・十一　乙卯
九・二十一　丙申	十・二十一　丙寅	十一・二十一　乙未	十二・二十一　乙丑

*《目录》二月庚戌朔，误。

汉元帝初元五年丁丑（前 44）

一・一　甲戌	二・一　甲辰	三・一　甲戌	四・一　癸卯
一・十一　甲申	二・十一　甲寅	三・十一　甲申	四・十一　癸丑
一・二十一　甲午	二・二十一　甲子	三・二十一　甲午	四・二十一　癸亥
五・一　癸酉	六・一　壬寅	七・一　壬申	八・一　辛丑
五・十一　癸未	六・十一　壬子	七・十一　壬午	八・十一　辛亥
五・二十一　癸巳	六・二十一　壬戌	七・二十一　壬辰	八・二十一　辛酉
九・一　辛未	十・一　庚子	十一・一　庚午	十二・一　己亥
九・十一　辛巳	十・十一　庚戌	十一・十一　庚辰	十二・十一　己酉
九・二十一　辛卯	十・二十一　庚申	十一・二十一　庚寅	十二・二十一　己未

汉元帝永光元年戊寅（前43）

日	干支	日	干支	日	干支	日	干支
一・一	己巳	二・一	戊戌	三・一	戊辰	四・一	丁酉
一・十一	己卯	二・十一	戊申	三・十一	戊寅	四・十一	丁未
一・二十一	己丑	二・二十一	戊午	三・二十一	戊子	四・二十一	丁巳
五・一	丁卯	六・一	丙申	七・一	丙寅	八・一	丙申
五・十一	丁丑	六・十一	丙午	七・十一	丙子	八・十一	丙午
五・二十一	丁亥	六・二十一	丙辰	七・二十一	丙戌	八・二十一	丙辰
九・一	乙丑	十・一	乙未	十一・一	甲子	十二・一	甲午
九・十一	乙亥	十・十一	乙巳	十一・十一	甲戌	十二・十一	甲辰
九・二十一	乙酉	十・二十一	乙卯	十一・二十一	甲申	十二・二十一	甲寅

汉元帝永光二年己卯（前42）

日	干支	日	干支	日	干支	日	干支
一・一	癸亥	二・一	癸巳	三・一 壬戌 闰三・一	壬辰	四・一	辛酉
一・十一	癸酉	二・十一	癸卯	三・十一 壬申 闰三・十一	壬寅	四・十一	辛未
一・二十一	癸未	二・二十一	癸丑	三・二十一壬午 闰三・二十一	壬子	四・二十一	辛巳
五・一	辛卯	六・一	庚申	七・一	庚寅	八・一	己未
五・十一	辛丑	六・十一	庚午	七・十一	庚子	八・十一	己巳
五・二十一	辛亥	六・二十一	庚辰	七・二十一	庚戌	八・二十一	己卯
九・一	己丑	十・一	己未	十一・一	戊子	十二・一	戊午
九・十一	己亥	十・十一	己巳	十一・十一	戊戌	十二・十一	戊辰
九・二十一	己酉	十・二十一	己卯	十一・二十一	戊申	十二・二十一	戊寅

汉元帝永光三年庚辰（前41）

日	干支	日	干支	日	干支	日	干支
一・一	丁亥	二・一	丁巳	三・一	丙戌	四・一	丙辰
一・十一	丁酉	二・十一	丁卯	三・十一	丙申	四・十一	丙寅
一・二十一	丁未	二・二十一	丁丑	三・二十一	丙午	四・二十一	丙子
五・一	乙酉	六・一	乙卯	七・一	甲申	八・一	甲寅
五・十一	乙未	六・十一	乙丑	七・十一	甲午	八・十一	甲子
五・二十一	乙巳	六・二十一	乙亥	七・二十一	甲辰	八・二十一	甲戌
九・一	癸未	十・一	癸丑	十一・一	壬午	十二・一	壬子
九・十一	癸巳	十・十一	癸亥	十一・十一	壬辰	十二・十一	壬戌
九・二十一	癸卯	十・二十一	癸酉	十一・二十一	壬寅	十二・二十一	壬申

汉元帝永光四年辛巳（前40）

日	干支	日	干支	日	干支	日	干支
一・一	辛巳	二・一	辛亥	三・一	辛巳	四・一	庚戌
一・十一	辛卯	二・十一	辛酉	三・十一	辛卯	四・十一	庚申
一・二十一	辛丑	二・二十一	辛未	三・二十一	辛丑	四・二十一	庚午
五・一	庚辰	六・一	己酉	七・一	己卯	八・一	戊申
五・十一	庚寅	六・十一	己未	七・十一	己丑	八・十一	戊午
五・二十一	庚子	六・二十一	己巳	七・二十一	己亥	八・二十一	戊辰
九・一	戊寅	十・一	丁未	十一・一	丁丑	十二・一 丙午 闰十二・一	丙子
九・十一	戊子	十・十一	丁巳	十一・十一	丁亥	十二・十一 丙辰 闰十二・十一	丙戌
九・二十一	戊戌	十・二十一	丁卯	十一・二十一	丁酉	十二・二十一丙寅 闰十二・二十一	丙申

汉元帝永光五年壬午（前 39）

一・一 乙巳	二・一 乙亥	三・一 甲辰	四・一 甲戌
一・十一 乙卯	二・十一 乙酉	三・十一 甲寅	四・十一 甲申
一・二十一 乙丑	二・二十一 乙未	三・二十一 甲子	四・二十一 甲午
*五・一 甲辰	六・一 癸酉	七・一 癸卯	八・一 壬申
五・十一 甲寅	六・十一 癸未	七・十一 癸丑	八・十一 壬午
五・二十一 甲子	六・二十一 癸巳	七・二十一 癸亥	八・二十一 壬辰
九・一 壬寅	十・一 辛未	十一・一 辛丑	十二・一 庚午
九・十一 壬子	十・十一 辛巳	十一・十一 辛亥	十二・十一 庚辰
九・二十一 壬戌	十・二十一 辛卯	十一・二十一 辛酉	十二・二十一 庚寅

＊《目录》五月癸卯朔。

汉元帝建昭元年癸未（前 38）

一・一 庚子	二・一 己巳	三・一 己亥	四・一 戊辰
一・十一 庚戌	二・十一 己卯	三・十一 己酉	四・十一 戊寅
一・二十一 庚申	二・二十一 己丑	三・二十一 己未	四・二十一 戊子
五・一 戊戌	六・一 丁卯	七・一 丁酉	八・一 丙寅
五・十一 戊申	六・十一 丁丑	七・十一 丁未	八・十一 丙子
五・二十一 戊午	六・二十一 丁亥	七・二十一 丁巳	八・二十一 丙戌
九・一 丙申	十・一 丙寅	十一・一 乙未	十二・一 乙丑
九・十一 丙午	十・十一 丙子	十一・十一 乙巳	十二・十一 乙亥
九・二十一 丙辰	十・二十一 丙戌	十一・二十一 乙卯	十二・二十一 乙酉

汉元帝建昭二年甲申（前 37）

一・一 甲午	二・一 甲子	三・一 癸巳	四・一 癸亥
一・十一 甲辰	二・十一 甲戌	三・十一 癸卯	四・十一 癸酉
一・二十一 甲寅	二・二十一 甲申	三・二十一 癸丑	四・二十一 癸未
五・一 壬辰	六・一 壬戌	七・一 辛卯	八・一 辛酉　闰八・一 庚寅
五・十一 壬寅	六・十一 壬申	七・十一 辛丑	八・十一 辛未　闰八・十一 庚子
五・二十一 壬子	六・二十一 壬午	七・二十一 辛亥	八・二十一辛巳　闰八・二十一庚戌
九・一 庚申	十・一 己丑	十一・一 己未	十二・一 戊子
九・十一 庚午	十・十一 己亥	十一・十一 己巳	十二・十一 戊戌
九・二十一 庚辰	十・二十一 己酉	十一・二十一 己卯	十二・二十一 戊申

汉元帝建昭三年乙酉（前 36）

一・一 戊午	二・一 戊子	三・一 丁巳	四・一 丁亥
一・十一 戊辰	二・十一 戊戌	三・十一 丁卯	四・十一 丁酉
一・二十一 戊寅	二・二十一 戊申	三・二十一 丁丑	四・二十一 丁未
五・一 丙辰	六・一 丙戌	七・一 乙卯	八・一 乙酉
五・十一 丙寅	六・十一 丙申	七・十一 乙丑	八・十一 乙未
五・二十一 丙子	六・二十一 丙午	七・二十一 乙亥	八・二十一 乙巳
九・一 甲寅	十・一 甲申	十一・一 癸丑	十二・一 癸未
九・十一 甲子	十・十一 甲午	十一・十一 癸亥	十二・十一 癸巳
九・二十一 甲戌	十・二十一 甲辰	十一・二十一 癸酉	十二・二十一 癸卯

汉元帝建昭四年丙戌（前 35）

一·一	壬子	二·一	壬午	三·一	辛亥	四·一	辛巳
一·十一	壬戌	二·十一	壬辰	三·十一	辛酉	四·十一	辛卯
一·二十一	壬申	二·二十一	壬寅	三·二十一	辛未	四·二十一	辛丑
五·一	辛亥	六·一	庚辰	七·一	庚戌	八·一	己卯
五·十一	辛酉	六·十一	庚寅	七·十一	庚申	八·十一	己丑
五·二十一	辛未	六·二十一	庚子	七·二十一	庚午	八·二十一	己亥
九·一	己酉	十·一	戊寅	十一·一	戊申	十二·一	丁丑
九·十一	己未	十·十一	戊子	十一·十一	戊午	十二·十一	丁亥
九·二十一	己巳	十·二十一	戊戌	十一·二十一	戊辰	十二·二十一	丁酉

汉元帝建昭五年丁亥（前 34）

一·一	丁未	二·一	丙子	三·一	丙午	四·一	乙亥	闰四·一	乙巳
一·十一	丁巳	二·十一	丙戌	三·十一	丙辰	四·十一	乙酉	闰四·十一	乙卯
一·二十一	丁卯	二·二十一	丙申	三·二十一	丙寅	四·二十一	乙未	闰四·二十一	乙丑
五·一	甲戌	六·一	甲辰	七·一	癸酉	八·一	癸卯		
五·十一	甲申	六·十一	甲寅	七·十一	癸未	八·十一	癸丑		
五·二十一	甲午	六·二十一	甲子	七·二十一	癸巳	八·二十一	癸亥		
九·一	癸酉	十·一	壬寅	十一·一	壬申	十二·一	辛丑		
九·十一	癸未	十·十一	壬子	十一·十一	壬午	十二·十一	辛亥		
九·二十一	癸巳	十·二十一	壬戌	十一·二十一	壬辰	十二·二十一	辛酉		

汉元帝竟宁元年戊子（前 33）

一·一	辛未	二·一	庚子	三·一	庚午	四·一	己亥
一·十一	辛巳	二·十一	庚戌	三·十一	庚辰	四·十一	己酉
一·二十一	辛卯	二·二十一	庚申	三·二十一	庚寅	四·二十一	己未
五·一	己巳	六·一	戊戌	七·一	戊辰	八·一	丁酉
五·十一	己卯	六·十一	戊申	七·十一	戊寅	八·十一	丁未
五·二十一	己丑	六·二十一	戊午	七·二十一	戊子	八·二十一	丁巳
九·一	丁卯	十·一	丙申	十一·一	丙寅	*十二·一	丙申
九·十一	丁丑	十·十一	丙午	十一·十一	丙子	十二·十一	丙午
九·二十一	丁亥	十·二十一	丙辰	十一·二十一	丙戌	十二·二十一	丙辰

*《目录》十二月乙未朔。

汉成帝建始元年己丑（前 32）

一·一	乙丑	*二·一	乙未	三·一	甲子	四·一	甲午
一·十一	乙亥	二·十一	乙巳	三·十一	甲戌	四·十一	甲辰
一·二十一	乙酉	二·二十一	乙卯	三·二十一	甲申	四·二十一	甲寅
五·一	癸亥	六·一	癸巳	七·一	壬戌	八·一	壬辰
五·十一	癸酉	六·十一	癸卯	七·十一	壬申	八·十一	壬寅
五·二十一	癸未	六·二十一	癸丑	七·二十一	壬午	八·二十一	壬子
九·一	辛酉	十·一	辛卯	十一·一	庚申	十二·一	庚寅
九·十一	辛未	十·十一	辛丑	十一·十一	庚午	十二·十一	庚子
九·二十一	辛巳	十·二十一	辛亥	十一·二十一	庚辰	十二·二十一	庚戌

*《目录》二月甲子朔，误。

汉成帝建始二年庚寅（前 31）

一·一 己未 闰一·一 己丑	*二·一 戊午	三·一 戊子	四·一 戊午
一·十一 己巳 闰一·十一 己亥	二·十一 戊辰	三·十一 戊戌	四·十一 戊辰
一·二十一己卯 闰一·二十一己酉	二·二十一 戊寅	三·二十一 戊申	四·二十一 戊寅
五·一 丁亥	六·一 丁巳	七·一 丙戌	八·一 丙辰
五·十一 丁酉	六·十一 丁卯	七·十一 丙申	八·十一 丙寅
五·二十一 丁未	六·二十一 丁丑	七·二十一 丙午	八·二十一 丙子
九·一 乙酉	十·一 乙卯	十一·一 甲申	十二·一 甲寅
九·十一 乙未	十·十一 乙丑	十一·十一 甲午	十二·十一 甲子
九·二十一 乙巳	十·二十一 乙亥	十一·二十一 甲辰	十二·二十一 甲戌

*《目录》二月戊子朔，误

汉成帝建始三年辛卯（前 30）

一·一 癸未	二·一 癸丑	三·一 壬午	四·一 壬子
一·十一 癸巳	二·十一 癸亥	三·十一 壬辰	四·十一 壬戌
一·二十一 癸卯	二·二十一 癸酉	三·二十一 壬寅	四·二十一 壬申
五·一 辛巳	六·一 辛亥	七·一 庚辰	八·一 庚戌
五·十一 辛卯	六·十一 辛酉	七·十一 庚寅	八·十一 庚申
五·二十一 辛丑	六·二十一 辛未	七·二十一 庚子	八·二十一 庚午
九·一 庚辰	十·一 己酉	十一·一 己卯	十二·一 戊申
九·十一 庚寅	十·十一 己未	十一·十一 己丑	十二·十一 戊午
九·二十一 庚子	十·二十一 己巳	十一·二十一 己亥	十二·二十一 戊辰

汉成帝建始四年壬辰（前 29）

一·一 戊寅	二·一 丁未	三·一 丁丑	四·一 丙午
一·十一 戊子	二·十一 丁巳	三·十一 丁亥	四·十一 丙辰
一·二十一 戊戌	二·二十一 丁卯	三·二十一 丁酉	四·二十一 丙寅
五·一 丙子	六·一 乙巳	七·一 乙亥	八·一 甲辰
五·十一 丙戌	六·十一 乙卯	七·十一 乙酉	八·十一 甲寅
五·二十一 丙申	六·二十一 乙丑	七·二十一 乙未	八·二十一 甲子
九·一 甲戌	十·一 癸卯 闰十·一 癸酉	十一·一 癸卯	十二·一 壬申
九·十一 甲申	十·十一 癸丑 闰十·十一 癸未	十一·十一 癸丑	十二·十一 壬午
九·二十一 甲午	十·二十一癸亥 闰十·二十一癸巳	十一·二十一 癸亥	十二·二十一 壬辰

汉成帝河平元年癸巳（前 28）

一·一 壬寅	二·一 辛未	*三·一 辛丑	四·一 庚午
一·十一 壬子	二·十一 辛巳	三·十一 辛亥	四·十一 庚辰
一·二十一 壬戌	二·二十一 辛卯	三·二十一 辛酉	四·二十一 庚寅
五·一 庚子	六·一 己巳	七·一 己亥	八·一 戊辰
五·十一 庚戌	六·十一 己卯	七·十一 己酉	八·十一 戊寅
五·二十一 庚申	六·二十一 己丑	七·二十一 己未	八·二十一 戊子
九·一 戊戌	十·一 丁卯	十一·一 丁酉	十二·一 丙寅
九·十一 戊申	十·十一 丁丑	十一·十一 丁未	十二·十一 丙子
九·二十一 戊午	十·二十一 丁亥	十一·二十一 丁巳	十二·二十一 丙戌

* 本月改元"河平"。

汉成帝河平二年甲午（前 27）

一·一 丙申	*二·一 乙丑	三·一 乙未	四·一 乙丑
一·十一 丙午	二·十一 乙亥	三·十一 乙巳	四·十一 乙亥
一·二十一 丙辰	二·二十一 乙酉	三·二十一 乙卯	四·二十一 乙酉
五·一 甲午	六·一 甲子	七·一 癸巳	八·一 癸亥
五·十一 甲辰	六·十一 甲戌	七·十一 癸卯	八·十一 癸酉
五·二十一 甲寅	六·二十一 甲申	七·二十一 癸丑	八·二十一 癸未
九·一 壬辰	十·一 壬戌	十一·一 辛卯	十二·一 辛酉
九·十一 壬寅	十·十一 壬申	十一·十一 辛丑	十二·十一 辛未
九·二十一 壬子	十·二十一 壬午	十一·二十一 辛亥	十二·二十一 辛巳

*《辑要》《朔闰考》《总谱》二月丙寅朔。

汉成帝河平三年乙未（前 26）

一·一 庚寅	二·一 庚申	三·一 己丑	四·一 己未
一·十一 庚子	二·十一 庚午	三·十一 己亥	四·十一 己巳
一·二十一 庚戌	二·二十一 庚辰	三·二十一 己酉	四·二十一 己卯
五·一 戊子	六·一 戊午 *闰六·一 戊子	七·一 丁巳	八·一 丁亥
五·十一 戊戌	六·十一 戊辰 闰六·十一 戊戌	七·十一 丁卯	八·十一 丁酉
五·二十一 戊申	六·二十一 戊寅 闰六·二十一 戊申	七·二十一 丁丑	八·二十一 丁未
九·一 丙辰	十·一 丙戌	十一·一 乙卯	十二·一 乙酉
九·十一 丙寅	十·十一 丙申	十一·十一 乙丑	十二·十一 乙未
九·二十一 丙子	十·二十一 丙午	十一·二十一 乙亥	十二·二十一 乙巳

*《目录》闰六月丁亥朔。

汉成帝河平四年丙申（前 25）

一·一 甲寅	二·一 甲申	三·一 癸丑	四·一 癸未
一·十一 甲子	二·十一 甲午	三·十一 癸亥	四·十一 癸巳
一·二十一 甲戌	二·二十一 甲辰	三·二十一 癸酉	四·二十一 癸卯
五·一 壬子	六·一 壬午	七·一 辛亥	八·一 辛巳
五·十一 壬戌	六·十一 壬辰	七·十一 辛酉	八·十一 辛卯
五·二十一 壬申	六·二十一 壬寅	七·二十一 辛未	八·二十一 辛丑
九·一 庚戌	十·一 庚辰	十一·一 庚戌	十二·一 己卯
九·十一 庚申	十·十一 庚寅	十一·十一 庚申	十二·十一 己丑
九·二十一 庚午	十·二十一 庚子	十一·二十一 庚午	十二·二十一 己亥

汉成帝阳朔元年丁酉（前 24）

一·一 己酉	二·一 戊寅	三·一 戊申	四·一 丁丑
一·十一 己未	二·十一 戊子	三·十一 戊午	四·十一 丁亥
一·二十一 己巳	二·二十一 戊戌	三·二十一 戊辰	四·二十一 丁酉
五·一 丁未	*六·一 丙子	七·一 丙午	*八·一 乙亥
五·十一 丁巳	六·十一 丙戌	七·十一 丙辰	八·十一 乙酉
五·二十一 丁卯	六·二十一 丙申	七·二十一 丙寅	八·二十一 乙未
九·一 乙巳	十·一 甲戌	十一·一 甲辰	十二·一 癸酉
九·十一 乙卯	十·十一 甲申	十一·十一 甲寅	十二·十一 癸未
九·二十一 乙丑	十·二十一 甲午	十一·二十一 甲子	十二·二十一 癸巳

*《辑要》六月庚子、八月己亥朔，误。

汉成帝阳朔二年戊戌（前 23）

一·一 癸卯	二·一 壬申	三·一 壬寅 闰三·一 壬申	四·一 辛丑
一·十一 癸丑	二·十一 壬午	三·十一 壬子 闰三·十一 壬午	四·十一 辛亥
一·二十一 癸亥	二·二十一 壬辰	三·二十一壬戌 闰三·二十一壬辰	四·二十一 辛酉
五·一 辛未	六·一 庚子	七·一 庚午	八·一 己亥
五·十一 辛巳	六·十一 庚戌	七·十一 庚辰	八·十一 己酉
五·二十一 辛卯	六·二十一 庚申	七·二十一 庚寅	八·二十一 己未
九·一 己巳	十·一 戊戌	十一·一 戊辰	十二·一 丁酉
九·十一 己卯	十·十一 戊申	十一·十一 戊寅	十二·十一 丁未
九·二十一 己丑	十·二十一 戊午	十一·二十一 戊子	十二·二十一 丁巳

汉成帝阳朔三年己亥（前 22）

一·一 丁卯	二·一 丙申	三·一 丙寅	四·一 乙未
一·十一 丁丑	二·十一 丙午	三·十一 丙子	四·十一 乙巳
一·二十一 丁亥	二·二十一 丙辰	三·二十一 丙戌	四·二十一 乙卯
五·一 乙丑	*六·一 乙未	七·一 甲子	八·一 甲午
五·十一 乙亥	六·十一 乙巳	七·十一 甲戌	八·十一 甲辰
五·二十一 乙酉	六·二十一 乙卯	七·二十一 甲申	八·二十一 甲寅
九·一 癸亥	十·一 癸巳	十一·一 壬戌	十二·一 壬辰
九·十一 癸酉	十·十一 癸卯	十一·十一 壬申	十二·十一 壬寅
九·二十一 癸未	十·二十一 癸丑	十一·二十一 壬午	十二·二十一 壬子

＊《目录》六月甲午朔。

汉成帝阳朔四年庚子（前 21）

一·一 辛酉	二·一 辛卯	三·一 庚申	四·一 庚寅
一·十一 辛未	二·十一 辛丑	三·十一 庚午	四·十一 庚子
一·二十一 辛巳	二·二十一 辛亥	三·二十一 庚辰	四·二十一 庚戌
五·一 己未	六·一 己丑	七·一 戊午	八·一 戊子
五·十一 己巳	六·十一 己亥	七·十一 戊辰	八·十一 戊戌
五·二十一 己卯	六·二十一 己酉	七·二十一 戊寅	八·二十一 戊申
九·一 丁巳	十·一 丁亥	十一·一 丁巳	十二·一 丙戌 闰十二·一 丙辰
九·十一 丁卯	十·十一 丁酉	十一·十一 丁卯	十二·十一 丙申 闰十二·十一 丙寅
九·二十一 丁丑	十·二十一 丁未	十一·二十一 丁丑	十二·二十一丙午 闰十二·二十一丙子

汉成帝鸿嘉元年辛丑（前 20）

一·一 乙酉	二·一 乙卯	三·一 甲申	四·一 甲寅
一·十一 乙未	二·十一 乙丑	三·十一 甲午	四·十一 甲子
一·二十一 乙巳	二·二十一 乙亥	三·二十一 甲辰	四·二十一 甲戌
五·一 癸未	六·一 癸丑	七·一 壬午	八·一 壬子
五·十一 癸巳	六·十一 癸亥	七·十一 壬辰	八·十一 壬戌
五·二十一 癸卯	六·二十一 癸酉	七·二十一 壬寅	八·二十一 壬申
九·一 辛巳	十·一 辛亥	十一·一 庚辰	十二·一 庚戌
九·十一 辛卯	十·十一 辛酉	十一·十一 庚寅	十二·十一 庚申
九·二十一 辛丑	十·二十一 辛未	十一·二十一 庚子	十二·二十一 庚午

汉成帝鸿嘉二年壬寅（前 19）

*一·一 庚辰	二·一 己酉	三·一 己卯	四·一 戊申
一·十一 庚寅	二·十一 己未	三·十一 己丑	四·十一 戊午
一·二十一 庚子	二·二十一 己巳	三·二十一 己亥	四·二十一 戊辰
五·一 戊寅	六·一 丁未	七·一 丁丑	八·一 丙午
五·十一 戊子	六·十一 丁巳	七·十一 丁亥	八·十一 丙辰
五·二十一 戊戌	六·二十一 丁卯	七·二十一 丁酉	八·二十一 丙寅
九·一 丙子	十·一 乙巳	十一·一 乙亥	十二·一 甲辰
九·十一 丙戌	十·十一 乙卯	十一·十一 乙酉	十二·十一 甲寅
九·二十一 丙申	十·二十一 乙丑	十一·二十一 乙未	十二·二十一 甲子

*《目录》正月己卯朔。

汉成帝鸿嘉三年癸卯（前 18）

一·一 甲戌	二·一 癸卯	三·一 癸酉	四·一 壬寅
一·十一 甲申	二·十一 癸丑	三·十一 癸未	四·十一 壬子
一·二十一 甲午	二·二十一 癸亥	三·二十一 癸巳	四·二十一 壬戌
五·一 壬申	六·一 壬寅	七·一 辛未	八·一 辛丑
五·十一 壬午	六·十一 壬子	七·十一 辛巳	八·十一 辛亥
五·二十一 壬辰	六·二十一 壬戌	七·二十一 辛卯	八·二十一 辛酉
九·一 庚午 闰九·一 庚子	十·一 己巳	十一·一 己亥	十二·一 戊辰
九·十一 庚辰 闰九·十一 庚戌	十·十一 己卯	十一·十一 己酉	十二·十一 戊寅
九·二十一庚寅 闰九·二十一庚申	十·二十一 己丑	十一·二十一 己未	十二·二十一 戊子

汉成帝鸿嘉四年甲辰（前 17）

一·一 戊戌	二·一 丁卯	三·一 丁酉	四·一 丙寅
一·十一 戊申	二·十一 丁丑	三·十一 丁未	四·十一 丙子
一·二十一 戊午	二·二十一 丁亥	三·二十一 丁巳	四·二十一 丙戌
五·一 丙申	六·一 乙丑	七·一 乙未	八·一 甲子
五·十一 丙午	六·十一 乙亥	七·十一 乙巳	八·十一 甲戌
五·二十一 丙辰	六·二十一 乙酉	七·二十一 乙卯	八·二十一 甲申
九·一 甲午	十·一 甲子	十一·一 癸巳	十二·一 癸亥
九·十一 甲辰	十·十一 甲戌	十一·十一 癸卯	十二·十一 癸酉
九·二十一 甲寅	十·二十一 甲申	十一·二十一 癸丑	十二·二十一 癸未

汉成帝永始元年乙巳（前 16）

一·一 壬辰	二·一 壬戌	三·一 辛卯	四·一 辛酉
一·十一 壬寅	二·十一 壬申	三·十一 辛丑	四·十一 辛未
一·二十一 壬子	二·二十一 壬午	三·二十一 辛亥	四·二十一 辛巳
五·一 庚寅	六·一 庚申	七·一 己丑	八·一 己未
五·十一 庚子	六·十一 庚午	七·十一 己亥	八·十一 己巳
五·二十一 庚戌	六·二十一 庚辰	七·二十一 己酉	八·二十一 己卯
九·一 戊子	十·一 戊午	十一·一 丁亥	十二·一 丁巳
九·十一 戊戌	十·十一 戊辰	十一·十一 丁酉	十二·十一 丁卯
九·二十一 戊申	十·二十一 戊寅	十一·二十一 丁未	十二·二十一 丁丑

汉成帝永始二年丙午（前 15）

*一·一	丁亥	二·一	丙辰	三·一	丙戌	四·一	乙卯
一·十一	丁酉	二·十一	丙寅	三·十一	丙申	四·十一	乙丑
一·二十一	丁未	二·二十一	丙子	三·二十一	丙午	四·二十一	乙亥
五·一　乙酉　闰五·一	甲寅	六·一	甲申	七·一	癸丑	八·一	癸未
五·十一　乙未　闰五·十一	甲子	六·十一	甲午	七·十一	癸亥	八·十一	癸巳
五·二十一乙巳　闰五·二十一	甲戌	六·二十一	甲辰	七·二十一	癸酉	八·二十一	癸卯
九·一	壬子	十·一	壬午	十一·一	辛亥	十二·一	辛巳
九·十一	壬戌	十·十一	壬辰	十一·十一	辛酉	十二·十一	辛卯
九·二十一	壬申	十·二十一	壬寅	十一·二十一	辛未	十二·二十一	辛丑

*《目录》正月丙戌朔。

汉成帝永始三年丁未（前 14）

一·一	庚戌	二·一	庚辰	三·一	己酉	四·一	己卯
一·十一	庚申	二·十一	庚寅	三·十一	己未	四·十一	己丑
一·二十一	庚午	二·二十一	庚子	三·二十一	己巳	四·二十一	己亥
五·一	己酉	六·一	戊寅	七·一	戊申	八·一	丁丑
五·十一	己未	六·十一	戊子	七·十一	戊午	八·十一	丁亥
五·二十一	己巳	六·二十一	戊戌	七·二十一	戊辰	八·二十一	丁酉
九·一	丁未	十·一	丙子	十一·一	丙午	十二·一	乙亥
九·十一	丁巳	十·十一	丙戌	十一·十一	丙辰	十二·十一	乙酉
九·二十一	丁卯	十·二十一	丙申	十一·二十一	丙寅	十二·二十一	乙未

汉成帝永始四年戊申（前 13）

一·一	乙巳	二·一	甲戌	三·一	甲辰	四·一	癸酉
一·十一	乙卯	二·十一	甲申	三·十一	甲寅	四·十一	癸未
一·二十一	乙丑	二·二十一	甲午	三·二十一	甲子	四·二十一	癸巳
五·一	癸卯	六·一	壬申	七·一	壬寅	*八·一	壬申
五·十一	癸丑	六·十一	壬午	七·十一	壬子	八·十一	壬午
五·二十一	癸亥	六·二十一	壬辰	七·二十一	壬戌	八·二十一	壬辰
九·一	辛丑	十·一	辛未	十一·一	庚子	十二·一	庚午
九·十一	辛亥	十·十一	辛巳	十一·十一	庚戌	十二·十一	庚辰
九·二十一	辛酉	十·二十一	辛卯	十一·二十一	庚申	十二·二十一	庚寅

*《目录》八月辛未朔。

汉成帝元延元年己酉（前 12）

一·一　己亥　闰一·一	己巳	二·一	戊戌	三·一	戊辰	四·一	丁酉
一·十一　己酉　闰一·十一	己卯	二·十一	戊申	三·十一	戊寅	四·十一	丁未
一·二十一己未　闰一·二十一	己丑	二·二十一	戊午	三·二十一	戊子	四·二十一	丁巳
五·一	丁卯	六·一	丙申	七·一	丙寅	八·一	乙未
五·十一	丁丑	六·十一	丙午	七·十一	丙子	八·十一	乙巳
五·二十一	丁亥	六·二十一	丙辰	七·二十一	丙戌	八·二十一	乙卯
九·一	乙丑	十·一	甲午	十一·一	甲子	十二·一	甲午
九·十一	乙亥	十·十一	甲辰	十一·十一	甲戌	十二·十一	甲辰
九·二十一	乙酉	十·二十一	甲寅	十一·二十一	甲申	十二·二十一	甲寅

汉成帝元延二年庚戌（前 11）

一・一 癸亥	二・一 癸巳	三・一 壬戌	四・一 壬辰
一・十一 癸酉	二・十一 癸卯	三・十一 壬申	四・十一 壬寅
一・二十一 癸未	二・二十一 癸丑	三・二十一 壬午	四・二十一 壬子
五・一 辛酉	六・一 辛卯	七・一 庚申	八・一 庚寅
五・十一 辛未	六・十一 辛丑	七・十一 庚午	八・十一 庚子
五・二十一 辛巳	六・二十一 辛亥	七・二十一 庚辰	八・二十一 庚戌
九・一 己未	十・一 己丑	十一・一 戊午	十二・一 戊子
九・十一 己巳	十・十一 己亥	十一・十一 戊辰	十二・十一 戊戌
九・二十一 己卯	十・二十一 己酉	十一・二十一 戊寅	十二・二十一 戊申

汉成帝元延三年辛亥（前 10）

一・一 丁巳	二・一 丁亥	三・一 丙辰	四・一 丙戌
一・十一 丁卯	二・十一 丁酉	三・十一 丙寅	四・十一 丙申
一・二十一 丁丑	二・二十一 丁未	三・二十一 丙子	四・二十一 丙午
五・一 丙辰	六・一 乙酉	七・一 乙卯	八・一 甲申
五・十一 丙寅	六・十一 乙未	七・十一 乙丑	八・十一 甲午
五・二十一 丙子	六・二十一 乙巳	七・二十一 乙亥	八・二十一 甲辰
九・一 甲寅	十・一 癸未 闰十・一 癸丑	十一・一 壬午	十二・一 壬子
九・十一 甲子	十・十一 癸巳 闰十・十一 癸亥	十一・十一 壬辰	十二・十一 壬戌
九・二十一 甲戌	十・二十一 癸卯 闰十・二十一 癸酉	十一・二十一 壬寅	十二・二十一 壬申

汉成帝元延四年壬子（前 9）

一・一 辛巳	二・一 辛亥	三・一 庚辰	四・一 庚戌
一・十一 辛卯	二・十一 辛酉	三・十一 庚寅	四・十一 庚申
一・二十一 辛丑	二・二十一 辛未	三・二十一 庚子	四・二十一 庚午
五・一 己卯	六・一 己酉	*七・一 己卯	八・一 戊申
五・十一 己丑	六・十一 己未	七・十一 己丑	八・十一 戊午
五・二十一 己亥	六・二十一 己巳	七・二十一 己亥	八・二十一 戊辰
九・一 戊寅	**十・一 丁未	十一・一 丁丑	十二・一 丙午
九・十一 戊子	十・十一 丁巳	十一・十一 丁亥	十二・十一 丙辰
九・二十一 戊戌	十・二十一 丁卯	十一・二十一 丁酉	十二・二十一 丙寅

*《目录》七月戊寅朔。 **《目录》十月丁亥朔，误。

汉成帝绥和元年癸丑（前 8）

一・一 丙子	二・一 乙巳	三・一 乙亥	四・一 甲辰
一・十一 丙戌	二・十一 乙卯	三・十一 乙酉	四・十一 甲寅
一・二十一 丙申	二・二十一 乙丑	三・二十一 乙未	四・二十一 甲子
五・一 甲戌	六・一 癸卯	七・一 癸酉	八・一 壬寅
五・十一 甲申	六・十一 癸丑	七・十一 癸未	八・十一 壬子
五・二十一 甲午	六・二十一 癸亥	七・二十一 癸巳	八・二十一 壬戌
九・一 壬申	十・一 辛丑	十一・一 辛未	十二・一 辛丑
九・十一 壬午	十・十一 辛亥	十一・十一 辛巳	十二・十一 辛亥
九・二十一 壬辰	十・二十一 辛酉	十一・二十一 辛卯	十二・二十一 辛酉

汉成帝绥和二年甲寅(前7)

一・一 庚午 一・十一 庚辰 一・二十一 庚寅	二・一 庚子 二・十一 庚戌 二・二十一 庚申	三・一 己巳 三・十一 己卯 三・二十一 己丑	四・一 己亥 四・十一 己酉 四・二十一 己未
五・一 戊辰 五・十一 戊寅 五・二十一 戊子	六・一 戊戌 六・十一 戊申 六・二十一 戊午	七・一 丁卯 *闰七・一 丁酉 七・十一 丁丑 闰七・十一 丁未 七・二十一丁亥 闰七・二十一丁巳	八・一 丙寅 八・十一 丙子 八・二十一 丙戌
九・一 丙申 九・十一 丙午 九・二十一 丙辰	十・一 乙丑 十・十一 乙亥 十・二十一 乙酉	十一・一 乙未 十一・十一 乙巳 十一・二十一 乙卯	十二・一 甲子 十二・十一 甲戌 十二・二十一 甲申

*《目录》闰三月己亥朔。

汉哀帝建平元年乙卯(前6)

一・一 甲午 一・十一 甲辰 一・二十一 甲寅	*二・一 甲子 二・十一 甲戌 二・二十一 甲申	三・一 癸巳 三・十一 癸卯 三・二十一 癸丑	四・一 癸亥 四・十一 癸酉 四・二十一 癸未
五・一 壬辰 五・十一 壬寅 五・二十一 壬子	六・一 壬戌 六・十一 壬申 六・二十一 壬午	七・一 辛卯 七・十一 辛丑 七・二十一 辛亥	八・一 辛酉 八・十一 辛未 八・二十一 辛巳
九・一 庚寅 九・十一 庚子 九・二十一 庚戌	十・一 庚申 十・十一 庚午 十・二十一 庚辰	十一・一 己丑 十一・十一 己亥 十一・二十一 己酉	十二・一 己未 十二・十一 己巳 十二・二十一 己卯

*《目录》二月癸亥朔。

汉哀帝建平二年丙辰(前5)

一・一 戊子 一・十一 戊戌 一・二十一 戊申	二・一 戊午 二・十一 戊辰 二・二十一 戊寅	三・一 丁亥 三・十一 丁酉 三・二十一 丁未	四・一 丁巳 四・十一 丁卯 四・二十一 丁丑
五・一 丙戌 五・十一 丙申 五・二十一 丙午	*六・一 丙辰 六・十一 丙寅 六・二十一 丙子	七・一 丙戌 七・十一 丙申 七・二十一 丙午	**八・一 乙卯 八・十一 乙丑 八・二十一 乙亥
九・一 乙酉 九・十一 乙未 九・二十一 乙巳	十・一 甲寅 十・十一 甲子 十・二十一 甲戌	十一・一 甲申 十一・十一 甲午 十一・二十一 甲辰	十二・一 癸丑 十二・十一 癸亥 十二・二十一 癸酉

* 本月改元“太初元将”,亦称“太初”。　** 本月复称“建平”二年。

汉哀帝建平三年丁巳(前4)

一・一 癸未 一・十一 癸巳 一・二十一 癸卯	二・一 壬子 二・十一 壬戌 二・二十一 壬申	三・一 壬午 闰三・一 辛亥 三・十一 壬辰 闰三・十一 辛酉 三・二十一壬寅 闰三・二十一辛未	四・一 辛巳 四・十一 辛卯 四・二十一 辛丑
五・一 庚戌 五・十一 庚申 五・二十一 庚午	六・一 庚辰 六・十一 庚寅 六・二十一 庚子	七・一 己酉 七・十一 己未 七・二十一 己巳	八・一 己卯 八・十一 己丑 八・二十一 己亥
九・一 戊申 九・十一 戊午 九・二十一 戊辰	十・一 戊寅 十・十一 戊子 十・二十一 戊戌	十一・一 戊申 十一・十一 戊午 十一・二十一 戊辰	十二・一 丁丑 十二・十一 丁亥 十二・二十一 丁酉

汉哀帝建平四年戊午（前 3）

一·一　丁未	二·一　丙子	三·一　丙午	四·一　乙亥
一·十一　丁巳	二·十一　丙戌	三·十一　丙辰	四·十一　乙酉
一·二十一　丁卯	二·二十一　丙申	三·二十一　丙寅	四·二十一　乙未
五·一　乙巳	六·一　甲戌	七·一　甲辰	八·一　癸酉
五·十一　乙卯	六·十一　甲申	七·十一　甲寅	八·十一　癸未
五·二十一　乙丑	六·二十一　甲午	七·二十一　甲子	八·二十一　癸巳
九·一　癸卯	十·一　壬申	十一·一　壬寅	十二·一　辛未
九·十一　癸丑	十·十一　壬午	十一·十一　壬子	十二·十一　辛巳
九·二十一　癸亥	十·二十一　壬辰	十一·二十一　壬戌	十二·二十一　辛卯

汉哀帝元寿元年己未（前 2）

一·一　辛丑	*二·一　辛未	三·一　庚子	四·一　庚午
一·十一　辛亥	二·十一　辛巳	三·十一　庚戌	四·十一　庚辰
一·二十一　辛酉	二·二十一　辛卯	三·二十一　庚申	四·二十一　庚寅
五·一　己亥	六·一　己巳	七·一　戊戌	八·一　戊辰
五·十一　己酉	六·十一　己卯	七·十一　戊申	八·十一　戊寅
五·二十一　己未	六·二十一　己丑	七·二十一　戊午	八·二十一　戊子
九·一　丁酉	十·一　丁卯	十一·一　丙申　闰十一·一　丙寅	十二·一　乙未
九·十一　丁未	十·十一　丁丑	十一·十一　丙午　闰十一·十一　丙子	十二·十一　乙巳
九·二十一　丁巳	十·二十一　丁亥	十一·二十一丙辰　闰十一·二十一丙戌	十二·二十一　乙卯

＊《目录》二月庚午、闰十二月乙未朔。

汉哀帝元寿二年庚申（前 1）

一·一　乙丑	二·一　甲午	三·一　甲子	四·一　癸巳
一·十一　乙亥	二·十一　甲辰	三·十一　甲戌	四·十一　癸卯
一·二十一　乙酉	二·二十一　甲寅	三·二十一　甲申	四·二十一　癸丑
五·一　癸亥	六·一　癸巳	七·一　壬戌	八·一　壬辰
五·十一　癸酉	六·十一　癸卯	七·十一　壬申	八·十一　壬寅
五·二十一　癸未	六·二十一　癸丑	七·二十一　壬午	八·二十一　壬子
九·一　辛酉	十·一　辛卯	十一·一　庚申	十二·一　庚寅
九·十一　辛未	十·十一　辛丑	十一·十一　庚午	十二·十一　庚子
九·二十一　辛巳	十·二十一　辛亥	十一·二十一　庚辰	十二·二十一　庚戌

［附］　西汉高祖元年至武帝元封六年殷历推算历日表

*汉高祖元年乙未（前 206）

一·一　乙卯	二·一　乙酉	三·一　甲寅	四·一　甲申
一·十一　乙丑	二·十一　乙未	三·十一　甲子	四·十一　甲午
一·二十一　乙亥	二·二十一　乙巳	三·二十一　甲戌	四·二十一　甲辰
五·一　甲寅	六·一　癸未	七·一　癸丑	八·一　壬午
五·十一　甲子	六·十一　癸巳	七·十一　癸亥	八·十一　壬辰
五·二十一　甲戌	六·二十一　癸卯	七·二十一　癸酉	八·二十一　壬寅
九·一　壬子	十·一　辛巳	十一·一　辛亥	十二·一　庚辰
九·十一　壬戌	十·十一　辛卯	十一·十一　辛酉	十二·十一　庚寅
九·二十一　壬申	十·二十一　辛丑	十一·二十一　辛未	十二·二十一　庚子

＊本表据《目录》、《辑要》、《朔闰考》（建元元年始）、《朔闰表》、《总谱》所据殷历推算排列。

汉高祖二年丙申（前 205）

一·一　庚戌	二·一　己卯	三·一　己酉	四·一　戊寅
一·十一　庚申	二·十一　己丑	三·十一　己未	四·十一　戊子
一·二十一　庚午	二·二十一　己亥	三·二十一　己巳	四·二十一　戊戌
五·一　戊申	六·一　丁丑	七·一　丁未	八·一　丙子
五·十一　戊午	六·十一　丁亥	七·十一　丁巳	八·十一　丙戌
五·二十一　戊辰	六·二十一　丁酉	七·二十一　丁卯	八·二十一　丙申
九·一　丙午　闰九·一　丙子	十·一　乙巳	十一·一　乙亥	十二·一　甲辰
九·十一　丙辰　闰九·十一　丙戌	十·十一　乙卯	十一·十一　乙酉	十二·十一　甲寅
九·二十一丙寅　闰九·二十一丙申	十·二十一　乙丑	十一·二十一　乙未	十二·二十一　甲子

汉高祖三年丁酉（前 204）

一·一　甲戌	二·一　癸卯	三·一　癸酉	四·一　壬寅
一·十一　甲申	二·十一　癸丑	三·十一　癸未	四·十一　壬子
一·二十一　甲午	二·二十一　癸亥	三·二十一　癸巳	四·二十一　壬戌
五·一　壬申	六·一　辛丑	七·一　辛未	八·一　庚子
五·十一　壬午	六·十一　辛亥	七·十一　辛巳	八·十一　庚戌
五·二十一　壬辰	六·二十一　辛酉	七·二十一　辛卯	八·二十一　庚申
九·一　庚午	十·一　己亥	十一·一　己巳	十二·一　戊戌
九·十一　庚辰	十·十一　己酉	十一·十一　己卯	十二·十一　戊申
九·二十一　庚寅	十·二十一　己未	十一·二十一　己丑	十二·二十一　戊午

汉高祖四年戊戌（前 203）

一·一　戊辰	二·一　戊戌	三·一　丁卯	四·一　丁酉
一·十一　戊寅	二·十一　戊申	三·十一　丁丑	四·十一　丁未
一·二十一　戊子	二·二十一　戊午	三·二十一　丁亥	四·二十一　丁巳
五·一　丙寅	六·一　丙申	七·一　乙丑	八·一　乙未
五·十一　丙子	六·十一　丙午	七·十一　乙亥	八·十一　乙巳
五·二十一　丙戌	六·二十一　丙辰	七·二十一　乙酉	八·二十一　乙卯
九·一　甲子	十·一　甲午	十一·一　癸亥	十二·一　癸巳
九·十一　甲戌	十·十一　甲辰	十一·十一　癸酉	十二·十一　癸卯
九·二十一　甲申	十·二十一　甲寅	十一·二十一　癸未	十二·二十一　癸丑

汉高祖五年己亥（前 202）

一·一　壬戌	二·一　壬辰	三·一　辛酉	四·一　辛卯
一·十一　壬申	二·十一　壬寅	三·十一　辛未	四·十一　辛丑
一·二十一　壬午	二·二十一　壬子	三·二十一　辛巳	四·二十一　辛亥
五·一　辛酉	六·一　庚寅	七·一　庚申	八·一　己丑
五·十一　辛未	六·十一　庚子	七·十一　庚午	八·十一　己亥
五·二十一　辛巳	六·二十一　庚戌	七·二十一　庚辰	八·二十一　己酉
九·一　己未　闰九·一　戊子	十·一　戊午	十一·一　丁亥	十二·一　丁巳
九·十一　己巳　闰九·十一　戊戌	十·十一　戊辰	十一·十一　丁酉	十二·十一　丁卯
九·二十一己卯　闰九·二十一戊申	十·二十一　戊寅	十一·二十一　丁未	十二·二十一　丁丑

汉高祖六年庚子(前201)

一•一	丙戌	二•一	丙辰	三•一	乙酉	四•一	乙卯
一•十一	丙申	二•十一	丙寅	三•十一	乙未	四•十一	乙丑
一•二十一	丙午	二•二十一	丙子	三•二十一	乙巳	四•二十一	乙亥
五•一	甲申	六•一	甲寅	七•一	癸未	八•一	癸丑
五•十一	甲午	六•十一	甲子	七•十一	癸巳	八•十一	癸亥
五•二十一	甲辰	六•二十一	甲戌	七•二十一	癸卯	八•二十一	癸酉
九•一	癸未	十•一	壬子	十一•一	壬午	十二•一	辛亥
九•十一	癸巳	十•十一	壬戌	十一•十一	壬辰	十二•十一	辛酉
九•二十一	癸卯	十•二十一	壬申	十一•二十一	壬寅	十二•二十一	辛未

汉高祖七年辛丑(前200)

一•一	辛巳	二•一	庚戌	三•一	庚辰	四•一	己酉
一•十一	辛卯	二•十一	庚申	三•十一	庚寅	四•十一	己未
一•二十一	辛丑	二•二十一	庚午	三•二十一	庚子	四•二十一	己巳
五•一	己卯	六•一	戊申	七•一	戊寅	八•一	丁未
五•十一	己丑	六•十一	戊午	七•十一	戊子	八•十一	丁巳
五•二十一	己亥	六•二十一	戊辰	七•二十一	戊戌	八•二十一	丁卯
九•一	丁丑	十•一	丙午	十一•一	丙子	十二•一	丙午
九•十一	丁亥	十•十一	丙辰	十一•十一	丙戌	十二•十一	丙辰
九•二十一	丁酉	十•二十一	丙寅	十一•二十一	丙申	十二•二十一	丙寅

汉高祖八年壬寅(前199)

一•一	乙亥	二•一	乙巳	三•一	甲戌	四•一	甲辰
一•十一	乙酉	二•十一	乙卯	三•十一	甲申	四•十一	甲寅
一•二十一	乙未	二•二十一	乙丑	三•二十一	甲午	四•二十	甲子
五•一	癸酉	六•一	癸卯	七•一	壬申	八•一	壬寅
五•十一	癸未	六•十一	癸丑	七•十一	壬午	八•十一	壬子
五•二十一	癸巳	六•二十一	癸亥	七•二十一	壬辰	八•二十一	壬戌
九•一　辛未　闰九•一	辛丑	十•一	庚午	十一•一	庚子	十二•一	己巳
九•十一　辛巳　闰九•十一	辛亥	十•十一	庚辰	十一•十一	庚戌	十二•十一	己卯
九•二十一辛卯　闰九•二十一	辛酉	十•二十一	庚寅	十一•二十一	庚申	十二•二十一	己丑

汉高祖九年癸卯(前198)

一•一	己亥	二•一	戊辰	三•一	戊戌	四•一	戊辰
一•十一	己酉	二•十一	戊寅	三•十一	戊申	四•十一	戊寅
一•二十一	己未	二•二十一	戊子	三•二十一	戊午	四•二十一	戊子
五•一	丁酉	六•一	丁卯	七•一	丙申	八•一	丙寅
五•十一	丁未	六•十一	丁丑	七•十一	丙午	八•十一	丙子
五•二十一	丁巳	六•二十一	丁亥	七•二十一	丙辰	八•二十一	丙戌
九•一	乙未	十•一	乙丑	十一•一	甲午	十二•一	甲子
九•十一	乙巳	十•十一	乙亥	十一•十一	甲辰	十二•十一	甲戌
九•二十一	乙卯	十•二十一	乙酉	十一•二十一	甲寅	十二•二十一	甲申

汉高祖十年甲辰（前 197）

一·一 癸巳	二·一 癸亥	三·一 壬辰	四·一 壬戌
一·十一 癸卯	二·十一 癸酉	三·十一 壬寅	四·十一 壬申
一·二十一 癸丑	二·二十一 癸未	三·二十一 壬子	四·二十一 壬午
五·一 辛卯	六·一 辛酉	七·一 庚寅	八·一 庚申
五·十一 辛丑	六·十一 辛未	七·十一 庚子	八·十一 庚午
五·二十一 辛亥	六·二十一 辛巳	七·二十一 庚戌	八·二十一 庚辰
九·一 庚寅 闰九·一 己未	十·一 己丑	十一·一 戊午	十二·一 戊子
九·十一 庚子 闰九·十一 己巳	十·十一 己亥	十一·十一 戊辰	十二·十一 戊戌
九·二十一庚戌 闰九·二十一己卯	十·二十一 己酉	十一·二十一 戊寅	十二·二十一 戊申

汉高祖十一年乙巳（前 196）

一·一 丁巳	二·一 丁亥	三·一 丙辰	四·一 丙戌
一·十一 丁卯	二·十一 丁酉	三·十一 丙寅	四·十一 丙申
一·二十一 丁丑	二·二十一 丁未	三·二十一 丙子	四·二十一 丙午
五·一 乙卯	六·一 乙酉	七·一 甲寅	八·一 甲申
五·十一 乙丑	六·十一 乙未	七·十一 甲子	八·十一 甲午
五·二十一 乙亥	六·二十一 乙巳	七·二十一 甲戌	八·二十一 甲辰
九·一 癸丑	十·一 癸未	十一·一 癸丑	十二·一 壬午
九·十一 癸亥	十·十一 癸巳	十一·十一 癸亥	十二·十一 壬辰
九·二十一 癸酉	十·二十一 癸卯	十一·二十一 癸酉	十二·二十一 壬寅

汉高祖十二年丙午（前 195）

一·一 壬子	二·一 辛巳	三·一 辛亥	四·一 庚辰
一·十一 壬戌	二·十一 辛卯	三·十一 辛酉	四·十一 庚寅
一·二十一 壬申	二·二十一 辛丑	三·二十一 辛未	四·二十一 庚子
五·一 庚戌	六·一 己卯	七·一 己酉	八·一 戊寅
五·十一 庚申	六·十一 己丑	七·十一 己未	八·十一 戊子
五·二十一 庚午	六·二十一 己亥	七·二十一 己巳	八·二十一 戊戌
九·一 戊申	十·一 丁丑	十一·一 丁未	十二·一 丙子
九·十一 戊午	十·十一 丁亥	十一·十一 丁巳	十二·十一 丙戌
九·二十一 戊辰	十·二十一 丁酉	十一·二十一 丁卯	十二·二十一 丙申

汉惠帝元年丁未（前 194）

一·一 丙午	二·一 乙亥	三·一 乙巳	四·一 乙亥
一·十一 丙辰	二·十一 乙酉	三·十一 乙卯	四·十一 乙酉
一·二十一 丙寅	二·二十一 乙未	三·二十一 乙丑	四·二十一 乙未
五·一 甲辰	六·一 甲戌	七·一 癸卯	八·一 癸酉
五·十一 甲寅	六·十一 甲申	七·十一 癸丑	八·十一 癸未
五·二十一 甲子	六·二十一 甲午	七·二十一 癸亥	八·二十一 癸巳
九·一 壬寅 闰九·一 壬申	十·一 辛丑	十一·一 辛未	十二·一 庚子
九·十一 壬子 闰九·十一 壬午	十·十一 辛亥	十一·十一 辛巳	十二·十一 庚戌
九·二十一壬戌 闰九·二十一壬辰	十·二十一 辛酉	十一·二十一 辛卯	十二·二十一 庚申

汉惠帝二年戊申(前193)

一•一	庚午	二•一	己亥	三•一	己巳	四•一	戊戌
一•十一	庚辰	二•十一	己酉	三•十一	己卯	四•十一	戊申
一•二十一	庚寅	二•二十一	己未	三•二十一	己丑	四•二十一	戊午
五•一	戊辰	六•一	丁酉	七•一	丁卯	八•一	丁酉
五•十一	戊寅	六•十一	丁未	七•十一	丁丑	八•十一	丁未
五•二十一	戊子	六•二十一	丁巳	七•二十一	丁亥	八•二十一	丁巳
九•一	丙寅	十•一	丙申	十一•一	乙丑	十二•一	乙未
九•十一	丙子	十•十一	丙午	十一•十一	乙亥	十二•十一	乙巳
九•二十一	丙戌	十•二十一	丙辰	十一•二十一	乙酉	十二•二十一	乙卯

汉惠帝三年己酉(前192)

一•一	甲子	二•一	甲午	三•一	癸亥	四•一	癸巳
一•十一	甲戌	二•十一	甲辰	三•十一	癸酉	四•十一	癸卯
一•二十一	甲申	二•二十一	甲寅	三•二十一	癸未	四•二十一	癸丑
五•一	壬戌	六•一	壬辰	七•一	辛酉	八•一	辛卯
五•十一	壬申	六•十一	壬寅	七•十一	辛未	八•十一	辛丑
五•二十一	壬午	六•二十一	壬子	七•二十一	辛巳	八•二十一	辛亥
九•一	庚申	十•一	庚寅	十一•一	庚申	十二•一	己丑
九•十一	庚午	十•十一	庚子	十一•十一	庚午	十二•十一	己亥
九•二十一	庚辰	十•二十一	庚戌	十一•二十一	庚辰	十二•二十一	己酉

汉惠帝四年庚戌(前191)

一•一	己未	二•一	戊子	三•一	戊午	四•一	丁亥
一•十一	己巳	二•十一	戊戌	三•十一	戊辰	四•十一	丁酉
一•二十一	己卯	二•二十一	戊申	三•二十一	戊寅	四•二十	丁未
五•一	丁巳	六•一	丙戌	七•一	丙辰	八•一	乙酉
五•十一	丁卯	六•十一	丙申	七•十一	丙寅	八•十一	乙未
五•二十一	丁丑	六•二十一	丙午	七•二十一	丙了	八•二十	乙巳
九•一 乙卯 闰九•一	甲申	十•一	甲寅	十一•一	癸未	十二•一	癸丑
九•十一 乙丑 闰九•十一	甲午	十•十一	甲子	十一•十一	癸巳	十二•十一	癸亥
九•二十一乙亥 闰九•二十一	甲辰	十•二十一	甲戌	十一•二十一	癸卯	十二•二十一	癸酉

汉惠帝五年辛亥(前190)

一•一	壬午	二•一	壬子	三•一	壬午	四•一	辛亥
一•十一	壬辰	二•十一	壬戌	三•十一	壬辰	四•十一	辛酉
一•二十一	壬寅	二•二十一	壬申	三•二十一	壬寅	四•二十一	辛未
五•一	辛巳	六•一	庚戌	七•一	庚辰	八•一	己酉
五•十一	辛卯	六•十一	庚申	七•十一	庚寅	八•十一	己未
五•二十一	辛丑	六•二十一	庚午	七•二十一	庚子	八•二十一	己巳
九•一	己卯	十•一	戊申	十一•一	戊寅	十二•一	丁未
九•十一	己丑	十•十一	戊午	十一•十一	戊子	十二•十一	丁巳
九•二十一	己亥	十•二十一	戊辰	十一•二十一	戊戌	十二•二十一	丁卯

汉惠帝六年壬子（前 189）

一•一	丁丑	二•一	丙午	三•一	丙子	四•一	乙巳
一•十一	丁亥	二•十一	丙辰	三•十一	丙戌	四•十一	乙卯
一•二十一	丁酉	二•二十一	丙寅	三•二十一	丙申	四•二十一	乙丑
五•一	乙亥	六•一	乙巳	七•一	甲戌	八•一	甲辰
五•十一	乙酉	六•十一	乙卯	七•十一	甲申	八•十一	甲寅
五•二十一	乙未	六•二十一	乙丑	七•二十一	甲午	八•二十一	甲子
九•一　癸酉　闰九•一	癸卯	十•一	壬申	十一•一	壬寅	十二•一	辛未
九•十一　癸未　闰九•十一	癸丑	十•十一	壬午	十一•十一	壬子	十二•十一	辛巳
九•二十一癸巳　闰九•二十一	癸亥	十•二十一	壬辰	十一•二十一	壬戌	十二•二十一	辛卯

汉惠帝七年癸丑（前 188）

一•一	辛丑	二•一	庚午	三•一	庚子	四•一	己巳
一•十一	辛亥	二•十一	庚辰	三•十一	庚戌	四•十一	己卯
一•二十一	辛酉	二•二十一	庚寅	三•二十一	庚申	四•二十一	己丑
五•一	己亥	六•一	戊辰	七•一	戊戌	八•一	丁卯
五•十一	己酉	六•十一	戊寅	七•十一	戊申	八•十一	丁丑
五•二十一	己未	六•二十一	戊子	七•二十一	戊午	八•二十一	丁亥
九•一	丁酉	十•一	丁卯	十一•一	丙申	十二•一	丙寅
九•十一	丁未	十•十一	丁丑	十一•十一	丙午	十二•十一	丙子
九•二十一	丁巳	十•二十一	丁亥	十一•二十一	丙辰	十二•二十一	丙戌

汉高后元年甲寅（前 187）

一•一	乙未	二•一	乙丑	三•一	甲午	四•一	甲子
一•十一	乙巳	二•十一	乙亥	三•十一	甲辰	四•十一	甲戌
一•二十一	乙卯	二•二十一	乙酉	三•二十一	甲寅	四•二十一	甲申
五•一	癸巳	六•一	癸亥	七•一	壬辰	八•一	壬戌
五•十一	癸卯	六•十一	癸酉	七•十一	壬寅	八•十一	壬申
五•二十一	癸丑	六•二十一	癸未	七•二十一	壬子	八•二十一	壬午
九•一	辛卯	十•一	辛酉	十一•一	庚寅	十二•一	庚申
九•十一	辛丑	十•十一	辛未	十一•十一	庚子	十二•十一	庚午
九•二十一	辛亥	十•二十一	辛巳	十一•二十一	庚戌	十二•二十一	庚辰

汉高后二年乙卯（前 186）

一•一	己丑	二•一	己未	三•一	己丑	四•一	戊午
一•十一	己亥	二•十一	己巳	三•十一	己亥	四•十一	戊辰
一•二十一	己酉	二•二十一	己卯	三•二十一	己酉	四•二十一	戊寅
五•一	戊子	六•一	丁巳	七•一	丁亥	八•一	丙辰
五•十一	戊戌	六•十一	丁卯	七•十一	丁酉	八•十一	丙寅
五•二十一	戊申	六•二十一	丁丑	七•二十一	丁未	八•二十一	丙子
九•一　丙戌　闰九•一	乙卯	十•一	乙酉	十一•一	甲寅	十二•一	甲申
九•十一　丙申　闰九•十一	乙丑	十•十一	乙未	十一•十一	甲子	十二•十一	甲午
九•二十一丙午　闰九•二十一	乙亥	十•二十一	乙巳	十一•二十一	甲戌	十二•二十一	甲辰

汉高后三年丙辰（前 185）

一·一	癸丑	二·一	癸未	三·一	壬子	四·一	壬午
一·十一	癸亥	二·十一	癸巳	三·十一	壬戌	四·十一	壬辰
一·二十一	癸酉	二·二十一	癸卯	三·二十一	壬申	四·二十一	壬寅
五·一	壬子	六·一	辛巳	七·一	辛亥	八·一	庚辰
五·十一	壬戌	六·十一	辛卯	七·十一	辛酉	八·十一	庚寅
五·二十一	壬申	六·二十一	辛丑	七·二十一	辛未	八·二十一	庚子
九·一	庚戌	十·一	己卯	十一·一	己酉	十二·一	戊寅
九·十一	庚申	十·十一	己丑	十一·十一	己未	十二·十一	戊子
九·二十一	庚午	十·二十一	己亥	十一·二十一	己巳	十二·二十一	戊戌

汉高后四年丁巳（前 184）

一·一	戊申	二·一	丁丑	三·一	丁未	四·一	丙子
一·十一	戊午	二·十一	丁亥	三·十一	丁巳	四·十一	丙戌
一·二十一	戊辰	二·二十一	丁酉	三·二十一	丁卯	四·二十一	丙申
五·一	丙午	六·一	乙亥	七·一	乙巳	八·一	甲戌
五·十一	丙辰	六·十一	乙酉	七·十一	乙卯	八·十一	甲申
五·二十一	丙寅	六·二十一	乙未	七·二十一	乙丑	八·二十一	甲午
九·一	甲辰	十·一	甲戌	十一·一	癸卯	十二·一	癸酉
九·十一	甲寅	十·十一	甲申	十一·十一	癸丑	十二·十一	癸未
九·二十一	甲子	十·二十一	甲午	十一·二十一	癸亥	十二·二十一	癸巳

汉高后五年戊午（前 183）

一·一	壬寅	二·一	壬申	三·一	辛丑	四·一	辛未
一·十一	壬子	二·十一	壬午	三·十一	辛亥	四·十一	辛巳
一·二十一	壬戌	二·二十一	壬辰	三·二十一	辛酉	四·二十一	辛卯
五·一	庚子	六·一	庚午	七·一	己亥	八·一	己巳
五·十一	庚戌	六·十一	庚辰	七·十一	己酉	八·十一	己卯
五·二十一	庚申	六·二十一	庚寅	七·二十一	己未	八·二十	己丑
九·一 戊戌 闰九·一	戊辰	十·一	丁酉	十一·一	丁卯	十二·一	丁酉
九·十一 戊申 闰九·十一	戊寅	十·十一	丁未	十一·十一	丁丑	十二·十一	丁未
九·二十一戊午 闰九·二十一	戊子	十·二十一	丁巳	十一·二十一	丁亥	十二·二十一	丁巳

汉高后六年己未（前 182）

一·一	丙寅	二·一	丙申	三·一	乙丑	四·一	乙未
一·十一	丙子	二·十一	丙午	三·十一	乙亥	四·十一	乙巳
一·二十一	丙戌	二·二十一	丙辰	三·二十一	乙酉	四·二十一	乙卯
五·一	甲子	六·一	甲午	七·一	癸亥	八·一	癸巳
五·十一	甲戌	六·十一	甲辰	七·十一	癸酉	八·十一	癸卯
五·二十一	甲申	六·二十一	甲寅	七·二十一	癸未	八·二十一	癸丑
九·一	壬戌	十·一	壬辰	十一·一	辛酉	十二·一	辛卯
九·十一	壬申	十·十一	壬寅	十一·十一	辛未	十二·十一	辛丑
九·二十一	壬午	十·二十一	壬子	十一·二十一	辛巳	十二·二十一	辛亥

汉高后七年庚申(前 181)

一·一	庚申	二·一	庚寅	三·一	己未	四·一	己丑
一·十一	庚午	二·十一	庚子	三·十一	己巳	四·十一	己亥
一·二十一	庚辰	二·二十一	庚戌	三·二十一	己卯	四·二十一	己酉
五·一	己未	六·一	戊子	七·一	戊午	八·一	丁亥
五·十一	己巳	六·十一	戊戌	七·十一	戊辰	八·十一	丁酉
五·二十一	己卯	六·二十一	戊申	七·二十一	戊寅	八·二十一	丁未
九·一	丁巳	十·一	丙戌	十一·一	丙辰	十二·一	乙酉
九·十一	丁卯	十·十一	丙申	十一·十一	丙寅	十二·十一	乙未
九·二十一	丁丑	十·二十一	丙午	十一·二十一	丙子	十二·二十一	乙巳

汉高后八年辛酉(前 180)

一·一	乙卯	二·一	甲申	三·一	甲寅	四·一	癸未
一·十一	乙丑	二·十一	甲午	三·十一	甲子	四·十一	癸巳
一·二十一	乙亥	二·二十一	甲辰	三·二十一	甲戌	四·二十一	癸卯
五·一	癸丑	六·一	壬午	七·一	壬子	八·一	辛巳
五·十一	癸亥	六·十一	壬辰	七·十一	壬戌	八·十一	辛卯
五·二十一	癸酉	六·二十一	壬寅	七·二十一	壬申	八·二十一	辛丑
九·一 辛亥	闰九·一 辛巳	十·一	庚戌	十一·一	庚辰	十二·一	己酉
九·十一 辛酉	闰九·十一 辛卯	十·十一	庚申	十一·十一	庚寅	十二·十一	己未
九·二十一辛未	闰九·二十一辛丑	十·二十一	庚午	十一·二十一	庚子	十二·二十一	己巳

汉文帝元年壬戌(前 179)

一·一	己卯	二·一	戊申	三·一	戊寅	四·一	丁未
一·十一	己丑	二·十一	戊午	三·十一	戊子	四·十一	丁巳
一·二十一	己亥	二·二十一	戊辰	三·二十一	戊戌	四·二十一	丁卯
五·一	丁丑	六·一	丙午	七·一	丙子	八·一	乙巳
五·十一	丁亥	六·十一	丙辰	七·十一	丙戌	八·十一	乙卯
五·二十一	丁酉	六·二十一	丙寅	七·二十一	丙申	八·二十一	乙丑
九·一	乙亥	十·一	甲辰	十一·一	甲戌	十二·一	甲辰
九·十一	乙酉	十·十一	甲寅	十一·十一	甲申	十二·十一	甲寅
九·二十一	乙未	十·二十一	甲子	十一·二十一	甲午	十二·二十一	甲子

汉文帝二年癸亥(前 178)

一·一	癸酉	二·一	癸卯	三·一	壬申	四·一	壬寅
一·十一	癸未	二·十一	癸丑	三·十一	壬午	四·十一	壬子
一·二十一	癸巳	二·二十一	癸亥	三·二十一	壬辰	四·二十一	壬戌
五·一	辛未	六·一	辛丑	七·一	庚午	八·一	庚子
五·十一	辛巳	六·十一	辛亥	七·十一	庚辰	八·十一	庚戌
五·二十一	辛卯	六·二十一	辛酉	七·二十一	庚寅	八·二十一	庚申
九·一 己巳	闰九·一 己亥	十·一	戊辰	十一·一	戊戌	十二·一	丁卯
九·十一 己卯	闰九·十一 己酉	十·十一	戊寅	十一·十一	戊申	十二·十一	丁丑
九·二十一己丑	闰九·二十一己未	十·二十一	戊子	十一·二十一	戊午	十二·二十一	丁亥

汉文帝三年甲子(前177)

一·一	丁酉	二·一	丙寅	三·一	丙申	四·一	丙寅
一·十一	丁未	二·十一	丙子	三·十一	丙午	四·十一	丙子
一·二十一	丁巳	二·二十一	丙戌	三·二十一	丙辰	四·二十一	丙戌
五·一	乙未	六·一	乙丑	七·一	甲午	八·一	甲子
五·十一	乙巳	六·十一	乙亥	七·十一	甲辰	八·十一	甲戌
五·二十一	乙卯	六·二十一	乙酉	七·二十一	甲寅	八·二十一	甲申
九·一	癸巳	十·一	癸亥	十一·一	壬辰	十二·一	壬戌
九·十一	癸卯	十·十一	癸酉	十一·十一	壬寅	十二·十一	壬申
九·二十一	癸丑	十·二十一	癸未	十一·二十一	壬子	十二·二十一	壬午

汉文帝四年乙丑(前176)

一·一	辛卯	二·一	辛酉	三·一	庚寅	四·一	庚申
一·十一	辛丑	二·十一	辛未	三·十一	庚子	四·十一	庚午
一·二十一	辛亥	二·二十一	辛巳	三·二十一	庚戌	四·二十一	庚辰
五·一	己丑	六·一	己未	七·一	己丑	八·一	戊午
五·十一	己亥	六·十一	己巳	七·十一	己亥	八·十一	戊辰
五·二十一	己酉	六·二十一	己卯	七·二十一	己酉	八·二十一	戊寅
九·一	戊子	十·一	丁巳	十一·一	丁亥	十二·一	丙辰
九·十一	戊戌	十·十一	丁卯	十一·十一	丁酉	十二·十一	丙寅
九·二十一	戊申	十·二十一	丁丑	十一·二十一	丁未	十二·二十一	丙子

汉文帝五年丙寅(前175)

一·一	丙戌	二·一	乙卯	三·一	乙酉	四·一	甲寅
一·十一	丙申	二·十一	乙丑	三·十一	乙未	四·十一	甲子
一·二十一	丙午	二·二十一	乙亥	三·二十一	乙巳	四·二十一	甲戌
五·一	甲申	六·一	癸丑	七·一	癸未	八·一	壬子
五·十一	甲午	六·十一	癸亥	七·十一	癸巳	八·十一	壬戌
五·二十一	甲辰	六·二十一	癸酉	七·二十一	癸卯	八·二十一	壬申
九·一　壬午　闰九·一	辛亥	十·一	辛巳	十一·一	辛亥	十二·一	庚辰
九·十一　壬辰　闰九·十一	辛酉	十·十一	辛卯	十一·十一	辛酉	十二·十一	庚寅
九·二十一　壬寅　闰九·二十一	辛未	十·二十一	辛丑	十一·二十一	辛未	十二·二十一	庚子

汉文帝六年丁卯(前174)

一·一	庚戌	二·一	己卯	三·一	己酉	四·一	戊寅
一·十一	庚申	二·十一	己丑	三·十一	己未	四·十一	戊子
一·二十一	庚午	二·二十一	己亥	三·二十一	己巳	四·二十一	戊戌
五·一	戊申	六·一	丁丑	七·一	丁未	八·一	丙子
五·十一	戊午	六·十一	丁亥	七·十一	丁巳	八·十一	丙戌
五·二十一	戊辰	六·二十一	丁酉	七·二十一	丁卯	八·二十一	丙申
九·一	丙午	十·一	乙亥	十一·一	乙巳	十二·一	甲戌
九·十一	丙辰	十·十一	乙酉	十一·十一	乙卯	十二·十一	甲申
九·二十一	丙寅	十·二十一	乙未	十一·二十一	乙丑	十二·二十一	甲午

汉文帝七年戊辰(前 173)

一·一 甲辰	*二·一 癸酉	三·一 癸卯	四·一 癸酉
一·十一 甲寅	二·十一 癸未	三·十一 癸丑	四·十一 癸未
一·二十一 甲子	二·二十一 癸巳	三·二十一 癸亥	四·二十一 癸巳
五·一 壬寅	六·一 壬申	七·一 辛丑	八·一 辛未
五·十一 壬子	六·十一 壬午	七·十一 辛亥	八·十一 辛巳
五·二十一 壬戌	六·二十一 壬辰	七·二十一 辛酉	八·二十一 辛卯
九·一 庚子	十·一 庚午	十一·一 己亥	十二·一 己巳
九·十一 庚戌	十·十一 庚辰	十一·十一 己酉	十二·十一 己卯
九·二十一 庚申	十·二十一 庚寅	十一·二十一 己未	十二·二十一 己丑

＊《目录》二月甲戌朔。

汉文帝八年己巳(前 172)

一·一 戊戌	二·一 戊辰	三·一 丁酉	四·一 丁卯
一·十一 戊申	二·十一 戊寅	三·十一 丁未	四·十一 丁丑
一·二十一 戊午	二·二十一 戊子	三·二十一 丁巳	四·二十一 丁亥
五·一 丙申	六·一 丙寅	七·一 丙申	八·一 乙丑
五·十一 丙午	六·十一 丙子	七·十一 丙午	八·十一 乙亥
五·二十一 丙辰	六·二十一 丙戌	七·二十一 丙辰	八·二十一 乙酉
九·一 乙未　闰九·一 甲子	十·一 甲午	十一·一 癸亥	十二·一 癸巳
九·十一 乙巳　闰九·十一 甲戌	十·十一 甲辰	十一·十一 癸酉	十二·十一 癸卯
九·二十一乙卯　闰九·二十一甲申	十·二十一 甲寅	十一·二十一 癸未	十二·二十一 癸丑

汉文帝九年庚午(前 171)

一·一 壬戌	二·一 壬辰	*三·一 辛酉	四·一 辛卯
一·十一 壬申	二·十一 壬寅	三·十一 辛未	四·十一 辛丑
一·二十一 壬午	二·二十一 壬子	三·二十一 辛巳	四·二十一 辛亥
五·一 庚申	六·一 庚寅	七·一 己未	八·一 己丑
五·十一 庚午	六·十一 庚子	七·十一 己巳	八·十一 己亥
五·二十一 庚辰	六·二十一 庚戌	七·二十一 己卯	八·二十一 己酉
九·一 戊午	十·一 戊子	十一·一 戊午	十二·一 丁亥
九·十一 戊辰	十·十一 戊戌	十一·十一 戊辰	十二·十一 丁酉
九·二十一 戊寅	十·二十一 戊申	十一·二十一 戊寅	十二·二十一 丁未

＊《目录》三月辛卯朔,误。

汉文帝十年辛未(前 170)

一·一 丁巳	二·一 丙戌	三·一 丙辰	四·一 乙酉
一·十一 丁卯	二·十一 丙申	三·十一 丙寅	四·十一 乙未
一·二十一 丁丑	二·二十一 丙午	三·二十一 丙子	四·二十一 乙巳
五·一 乙卯	六·一 甲申	七·一 甲寅	八·一 癸未
五·十一 乙丑	六·十一 甲午	七·十一 甲子	八·十一 癸巳
五·二十一 乙亥	六·二十一 甲辰	七·二十一 甲戌	八·二十一 癸卯
九·一 癸丑　闰九·一 壬午	十·一 壬子	十一·一 辛巳	十二·一 辛亥
九·十一 癸亥　闰九·十一 壬辰	十·十一 壬戌	十一·十一 辛卯	十二·十一 辛酉
九·二十一癸酉　闰九·二十一壬寅	十·二十一 壬申	十一·二十一 辛丑	十二·二十一 辛未

汉文帝十一年壬申（前 169）

*一•一　辛巳	二•一　庚戌	三•一　庚辰	四•一　己酉
一•十一　辛卯	二•十一　庚申	三•十一　庚寅	四•十一　己未
一•二十一　辛丑	二•二十一　庚午	三•二十一　庚子	四•二十一　己巳
五•一　己卯	六•一　戊申	七•一　戊寅	八•一　丁未
五•十一　己丑	六•十一　戊午	七•十一　戊子	八•十一　丁巳
五•二十一　己亥	六•二十一　戊辰	七•二十一　戊戌	八•二十一　丁卯
九•一　丁丑	十•一　丙午	十一•一　丙子	十二•一　乙巳
九•十一　丁亥	十•十一　丙辰	十一•十一　丙戌	十二•十一　乙卯
九•二十一　丁酉	十•二十一　丙寅	十一•二十一　丙申	十二•二十一　乙丑

＊《目录》正月庚辰朔。

汉文帝十二年癸酉（前 168）

一•一　乙亥	二•一　甲辰	三•一　甲戌	四•一　癸卯
一•十一　乙酉	二•十一　甲寅	三•十一　甲申	四•十一　癸丑
一•二十一　乙未	二•二十一　甲子	三•二十一　甲午	四•二十一　癸亥
五•一　癸酉	六•一　癸卯	七•一　壬申	八•一　壬寅
五•十一　癸未	六•十一　癸丑	七•十一　壬午	八•十一　壬子
五•二十一　癸巳	六•二十一　癸亥	七•二十一　壬辰	八•二十一　壬戌
九•一　辛未	十•一　辛丑	十一•一　庚午	十二•一　庚子
九•十一　辛巳	十•十一　辛亥	十一•十一　庚辰	十二•十一　庚戌
九•二十一　辛卯	十•二十一　辛酉	十一•二十一　庚寅	十二•二十一　庚申

汉文帝十三年甲戌（前 167）

一•一　己巳	二•一　己亥	三•一　戊辰	四•一　戊戌
一•十一　己卯	二•十一　己酉	三•十一　戊寅	四•十一　戊申
一•二十一　己丑	二•二十一　己未	三•二十一　戊子	四•二十一　戊午
五•一　丁卯	六•一　丁酉	七•一　丙寅	八•一　丙申
五•十一　丁丑	六•十一　丁未	七•十一　丙子	八•十一　丙午
五•二十一　丁亥	六•二十一　丁巳	七•二十一　丙戌	八•二十一　丙辰
九·一　乙丑　闰九·一　乙未	十•一　乙丑	十一•一　甲午	十二•一　甲子
九·十一　乙亥　闰九·十一　乙巳	十•十一　乙亥	十一•十一　甲辰	十二•十一　甲戌
九·二十一乙酉　闰九·二十一乙卯	十•二十一　乙酉	十一•二十一　甲寅	十二•二十一　甲申

汉文帝十四年乙亥（前 166）

一•一　癸巳	二•一　癸亥	三•一　壬辰	四•一　壬戌
一•十一　癸卯	二•十一　癸酉	三•十一　壬寅	四•十一　壬申
一•二十一　癸丑	二•二十一　癸未	三•二十一　壬子	四•二十一　壬午
五•一　辛卯	六•一　辛酉	七•一　庚寅	八•一　庚申
五•十一　辛丑	六•十一　辛未	七•十一　庚子	八•十一　庚午
五•二十一　辛亥	六•二十一　辛巳	七•二十一　庚戌	八•二十一　庚辰
九•一　己丑	十•一　己未	十一•一　戊子	十二•一　戊午
九•十一　己亥	十•十一　己巳	十一•十一　戊戌	十二•十一　戊辰
九•二十一　己酉	十•二十一　己卯	十一•二十一　戊申	十二•二十一　戊寅

汉文帝十五年丙子（前 165）

一·一	戊子	二·一	丁巳	三·一	丁亥	四·一	丙辰
一·十一	戊戌	二·十一	丁卯	三·十一	丁酉	四·十一	丙寅
一·二十一	戊申	二·二十一	丁丑	三·二十一	丁未	四·二十一	丙子
五·一	丙戌	六·一	乙卯	七·一	乙酉	八·一	甲寅
五·十一	丙申	六·十一	乙丑	七·十一	乙未	八·十一	甲子
五·二十一	丙午	六·二十一	乙亥	七·二十一	乙巳	八·二十一	甲戌
九·一	甲申	十·一	癸丑	十一·一	癸未	十二·一	壬子
九·十一	甲午	十·十一	癸亥	十一·十一	癸巳	十二·十一	壬戌
九·二十一	甲辰	十·二十一	癸酉	十一·二十一	癸卯	十二·二十一	壬申

汉文帝十六年丁丑（前 164）

一·一	壬午	二·一	辛亥	三·一	辛巳	四·一	庚戌
一·十一	壬辰	二·十一	辛酉	三·十一	辛卯	四·十一	庚申
一·二十一	壬寅	二·二十一	辛未	三·二十一	辛丑	四·二十一	庚午
五·一	庚辰	六·一	庚戌	七·一	己卯	八·一	己酉
五·十一	庚寅	六·十一	庚申	七·十一	己丑	八·十一	己未
五·二十一	庚子	六·二十一	庚午	七·二十一	己亥	八·二十一	己巳
九·一　戊寅　闰九·一	戊申	十·一	丁丑	十一·一	丁未	十二·一	丙子
九·十一　戊子　闰九·十一	戊午	十·十一	丁亥	十一·十一	丁巳	十二·十一	丙戌
九·二十一戊戌　闰九·二十一	戊辰	十·二十一	丁酉	十一·二十一	丁卯	十二·二十一	丙申

汉文帝后元元年戊寅（前 163）

一·一	丙午	二·一	乙亥	三·一	乙巳	四·一	甲戌
一·十一	丙辰	二·十一	乙酉	三·十一	乙卯	四·十一	甲申
一·二十一	丙寅	二·二十一	乙未	三·二十一	乙丑	四·二十一	甲午
五·一	甲辰	六·一	癸酉	七·一	癸卯	八·一	癸酉
五·十一	甲寅	六·十一	癸未	七·十一	癸丑	八·十一	癸未
五·二十一	甲子	六·二十一	癸巳	七·二十一	癸亥	八·二十一	癸巳
九·一	壬寅	十·一	壬申	十一·一	辛丑	十二·一	辛未
九·十一	壬子	十·十一	壬午	十一·十一	辛亥	十二·十一	辛巳
九·二十一	壬戌	十·二十一	壬辰	十一·二十一	辛酉	十二·二十一	辛卯

汉文帝后元二年己卯（前 162）

一·一	庚子	二·一	庚午	三·一	己亥	四·一	己巳
一·十一	庚戌	二·十一	庚辰	三·十一	己酉	四·十一	己卯
一·二十一	庚申	二·二十一	庚寅	三·二十一	己未	四·二十一	己丑
五·一	戊戌	六·一	戊辰	七·一	丁酉	八·一	丁卯
五·十一	戊申	六·十一	戊寅	七·十一	丁未	八·十一	丁丑
五·二十一	戊午	六·二十一	戊子	七·二十一	丁巳	八·二十一	丁亥
九·一　丙申　*闰九·一	丙寅	十·一	乙未	十一·一	乙丑	十二·一	乙未
九·十一　丙午　闰九·十一	丙子	十·十一	乙巳	十一·十一	乙亥	十二·十一	乙巳
九·二十一丙辰　闰九·二十一	丙戌	十·二十一	乙卯	十一·二十一	乙酉	十二·二十一	乙卯

*《目录》本年不闰。

汉文帝后元三年庚辰(前 161)

一·一	甲子	二·一	甲午	三·一	癸亥	四·一	癸巳
一·十一	甲戌	二·十一	甲辰	三·十一	癸酉	四·十一	癸卯
一·二十一	甲申	二·二十一	甲寅	三·二十一	癸未	四·二十一	癸丑
五·一	壬戌	六·一	壬辰	七·一	辛酉	八·一	辛卯
五·十一	壬申	六·十一	壬寅	七·十一	辛未	八·十一	辛丑
五·二十一	壬午	六·二十一	壬子	七·二十一	辛巳	八·二十一	辛亥
*九·一	庚申	十·一	庚寅	十一·一	己未	十二·一	己丑
九·十一	庚午	十·十一	庚子	十一·十一	己巳	十二·十一	己亥
九·二十一	庚辰	十·二十一	庚戌	十一·二十一	己卯	十二·二十一	己酉

*《目录》闰九月庚申朔。

汉文帝后元四年辛巳(前 160)

一·一	戊午	二·一	戊子	三·一	丁巳	四·一	丁亥
一·十一	戊辰	二·十一	戊戌	三·十一	丁卯	四·十一	丁酉
一·二十一	戊寅	二·二十一	戊申	三·二十一	丁丑	四·二十一	丁未
五·一	丁巳	六·一	丙戌	七·一	丙辰	八·一	乙酉
五·十一	丁卯	六·十一	丙申	七·十一	丙寅	八·十一	乙未
五·二十一	丁丑	六·二十一	丙午	七·二十一	丙子	八·二十一	乙巳
九·一	乙卯	十·一	甲申	十一·一	甲寅	十二·一	癸未
九·十一	乙丑	十·十一	甲午	十一·十一	甲子	十二·十一	癸巳
九·二十一	乙亥	十·二十一	甲辰	十一·二十一	甲戌	十二·二十一	癸卯

汉文帝后元五年壬午(前 159)

一·一	癸丑	二·一	壬午	三·一	壬子	四·一	辛巳
一·十一	癸亥	二·十一	壬辰	三·十一	壬戌	四·十一	辛卯
一·二十一	癸酉	二·二十一	壬寅	三·二十一	壬申	四·二十	辛丑
五·一	辛亥	六·一	庚辰	七·一	庚戌	八·一	庚辰
五·十一	辛酉	六·十一	庚寅	七·十一	庚申	八·十一	庚寅
五·二十一	辛未	六·二十一	庚子	七·二十一	庚午	八·二十一	庚子
九·一 己酉 闰九·一	己卯	十·一	戊申	十一·一	戊寅	十二·一	丁未
九·十一 己未 闰九·十一	己丑	十·十一	戊午	十一·十一	戊子	十二·十一	丁巳
九·二十一己巳 闰九·二十一	己亥	十·二十一	戊辰	十一·二十一	戊戌	十二·二十一	丁卯

汉文帝后元六年癸未(前 158)

一·一	丁丑	二·一	丙午	三·一	丙子	四·一	乙巳
一·十一	丁亥	二·十一	丙辰	三·十一	丙戌	四·十一	乙卯
一·二十一	丁酉	二·二十一	丙寅	三·二十一	丙申	四·二十一	乙丑
五·一	乙亥	六·一	甲辰	七·一	甲戌	八·一	癸卯
五·十一	乙酉	六·十一	甲寅	七·十一	甲申	八·十一	癸丑
五·二十一	乙未	六·二十一	甲子	七·二十一	甲午	八·二十一	癸亥
九·一	癸酉	十·一	壬寅	十一·一	壬申	十二·一	壬寅
九·十一	癸未	十·十一	壬子	十一·十一	壬午	十二·十一	壬子
九·二十一	癸巳	十·二十一	壬戌	十一·二十一	壬辰	十二·二十一	壬戌

汉文帝后元七年甲申（前 157）

一·一	辛未	二·一	辛丑	三·一	庚午	四·一	庚子
一·十一	辛巳	二·十一	辛亥	三·十一	庚辰	四·十一	庚戌
一·二十一	辛卯	二·二十一	辛酉	三·二十一	庚寅	四·二十一	庚申
五·一	己巳	六·一	己亥	七·一	戊辰	八·一	戊戌
五·十一	己卯	六·十一	己酉	七·十一	戊寅	八·十一	戊申
五·二十一	己丑	六·二十一	己未	七·二十一	戊子	八·二十一	戊午
九·一	丁卯	十·一	丁酉	十一·一	丙寅	十二·一	丙申
九·十一	丁丑	十·十一	丁未	十一·十一	丙子	十二·十一	丙午
九·二十一	丁亥	十·二十一	丁巳	十一·二十一	丙戌	十二·二十一	丙辰

汉景帝元年乙酉（前 156）

一·一	乙丑	二·一	乙未	三·一	乙丑	四·一	甲午
一·十一	乙亥	二·十一	乙巳	三·十一	乙亥	四·十一	甲辰
一·二十一	乙酉	二·二十一	乙卯	三·二十一	乙酉	四·二十一	甲寅
五·一	甲子	六·一	癸巳	七·一	癸亥	八·一	壬辰
五·十一	甲戌	六·十一	癸卯	七·十一	癸酉	八·十一	壬寅
五·二十一	甲申	六·二十一	癸丑	七·二十一	癸未	八·二十一	壬子
九·一 壬戌 闰九·一	辛卯	十·一	辛酉	十一·一	庚寅	十二·一	庚申
九·十一 壬申 闰九·十一	辛丑	十·十一	辛未	十一·十一	庚子	十二·十一	庚午
九·二十一壬午 闰九·二十一	辛亥	十·二十一	辛巳	十一·二十一	庚戌	十二·二十一	庚辰

汉景帝二年丙戌（前 155）

一·一	己丑	二·一	己未	三·一	戊子	四·一	戊午
一·十一	己亥	二·十一	己巳	三·十一	戊戌	四·十一	戊辰
一·二十一	己酉	二·二十一	己卯	三·二十一	戊申	四·二十一	戊寅
五·一	丁亥	六·一	丁巳	七·一	丁亥	八·一	丙辰
五·十一	丁酉	六·十一	丁卯	七·十一	丁酉	八·十一	丙寅
五·二十一	丁未	六·二十一	丁丑	七·二十一	丁未	八·二十一	丙子
九·一	丙戌	十·一	乙卯	十一·一	乙酉	十二·一	甲寅
九·十一	丙申	十·十一	乙丑	十一·十一	乙未	十二·十一	甲子
九·二十一	丙午	十·二十一	乙亥	十一·二十一	乙巳	十二·二十一	甲戌

汉景帝三年丁亥（前 154）

一·一	甲申	二·一	癸丑	三·一	癸未	四·一	壬子
一·十一	甲午	二·十一	癸亥	三·十一	癸巳	四·十一	壬戌
一·二十一	甲辰	二·二十一	癸酉	三·二十一	癸卯	四·二十一	壬申
五·一	壬午	六·一	辛亥	七·一	辛巳	八·一	庚戌
五·十一	壬辰	六·十一	辛酉	七·十一	辛卯	八·十一	庚申
五·二十一	壬寅	六·二十一	辛未	七·二十一	辛丑	八·二十一	庚午
九·一	庚辰	十·一	己酉	十一·一	己卯	十二·一	己酉
九·十一	庚寅	十·十一	己未	十一·十一	己丑	十二·十一	己未
九·二十一	庚子	十·二十一	己巳	十一·二十一	己亥	十二·二十一	己巳

汉景帝四年戊子(前153)

一·一 戊寅	二·一 戊申	三·一 丁丑	四·一 丁未
一·十一 戊子	二·十一 戊午	三·十一 丁亥	四·十一 丁巳
一·二十一 戊戌	二·二十一 戊辰	三·二十一 丁酉	四·二十一 丁卯
五·一 丙子	六·一 丙午	七·一 乙亥	八·一 乙巳
五·十一 丙戌	六·十一 丙辰	七·十一 乙酉	八·十一 乙卯
五·二十一 丙申	六·二十一 丙寅	七·二十一 乙未	八·二十一 乙丑
九·一 甲戌 闰九·一 甲辰	十·一 癸酉	十一·一 癸卯	十二·一 壬申
九·十一 甲申 闰九·十一 甲寅	十·十一 癸未	十一·十一 癸丑	十二·十一 壬午
九·二十一甲午 闰九·二十一甲子	十·二十一 癸巳	十一·二十一 癸亥	十二·二十一 壬辰

汉景帝五年己丑(前152)

一·一 壬寅	二·一 壬申	三·一 辛丑	四·一 辛未
一·十一 壬子	二·十一 壬午	三·十一 辛亥	四·十一 辛巳
一·二十一 壬戌	二·二十一 壬辰	三·二十一 辛酉	四·二十一 辛卯
五·一 庚子	六·一 庚午	七·一 己亥	八·一 己巳
五·十一 庚戌	六·十一 庚辰	七·十一 己酉	八·十一 己卯
五·二十一 庚申	六·二十一 庚寅	七·二十一 己未	八·二十一 己丑
九·一 戊戌	十·一 戊辰	十一·一 丁酉	十二·一 丁卯
九·十一 戊申	十·十一 戊寅	十一·十一 丁未	十二·十一 丁丑
九·二十一 戊午	十·二十一 戊子	十一·二十一 丁巳	十二·二十一 丁亥

汉景帝六年庚寅(前151)

一·一 丙申	二·一 丙寅	三·一 乙未	四·一 乙丑
一·十一 丙午	二·十一 丙子	三·十一 乙巳	四·十一 乙亥
一·二十一 丙辰	二·二十一 丙戌	三·二十一 乙卯	四·二十一 乙酉
五·一 甲午	六·一 甲子	七·一 甲午	八·一 癸亥
五·十一 甲辰	六·十一 甲戌	七·十一 甲辰	八·十一 癸酉
五·二十一 甲寅	六·二十一 甲申	七·二十一 甲寅	八·二十一 癸未
九·一 癸已 闰九·一 壬戌	十·一 壬辰	十一·一 辛酉	十二·一 辛卯
九·十一 癸卯 闰九·十一 壬申	十·十一 壬寅	十一·十一 辛未	十二·十一 辛丑
九·二十一癸丑 闰九·二十一壬午	十·二十一 壬子	十一·二十一 辛巳	十二·二十一 辛亥

汉景帝七年辛卯(前150)

一·一 庚申	二·一 庚寅	三·一 己未	四·一 己丑
一·十一 庚午	二·十一 庚子	三·十一 己巳	四·十一 己亥
一·二十一 庚辰	二·二十一 庚戌	三·二十一 己卯	四·二十一 己酉
五·一 戊午	六·一 戊子	七·一 丁巳	八·一 丁亥
五·十一 戊辰	六·十一 戊戌	七·十一 丁卯	八·十一 丁酉
五·二十一 戊寅	六·二十一 戊申	七·二十一 丁丑	八·二十一 丁未
九·一 丁巳	十·一 丙戌	十一·一 丙辰	十二·一 乙酉
九·十一 丁卯	十·十一 丙申	十一·十一 丙寅	十二·十一 乙未
九·二十一 丁丑	十·二十一 丙午	十一·二十一 丙子	十二·二十一 乙巳

汉景帝中元元年壬辰（前 149）

一·一　乙卯	二·一　甲申	三·一　甲寅	四·一　癸未
一·十一　乙丑	二·十一　甲午	三·十一　甲子	四·十一　癸巳
一·二十一　乙亥	二·二十一　甲辰	三·二十一　甲戌	四·二十一　癸卯
五·一　癸丑	六·一　壬午	七·一　壬子	八·一　辛巳
五·十一　癸亥	六·十一　壬辰	七·十一　壬戌	八·十一　辛卯
五·二十一　癸酉	六·二十一　壬寅	七·二十一　壬申	八·二十一　辛丑
九·一　辛亥	十·一　庚辰	十一·一　庚戌	十二·一　己卯
九·十一　辛酉	十·十一　庚寅	十一·十一　庚申	十二·十一　己丑
九·二十一　辛未	十·二十一　庚子	十一·二十一　庚午	十二·二十一　己亥

汉景帝中元二年癸巳（前 148）

一·一　己酉	二·一　己卯	三·一　戊申	四·一　戊寅
一·十一　己未	二·十一　己丑	三·十一　戊午	四·十一　戊子
一·二十一　己巳	二·二十一　己亥	三·二十一　戊辰	四·二十一　戊戌
五·一　丁未	六·一　丁丑	七·一　丙午	八·一　丙子
五·十一　丁巳	六·十一　丁亥	七·十一　丙辰	八·十一　丙戌
五·二十一　丁卯	六·二十一　丁酉	七·二十一　丙寅	八·二十一　丙申
九·一　乙巳　闰九·一　乙亥	十·一　甲辰	十一·一　甲戌	十二·一　癸卯
九·十一　乙卯　闰九·十一　乙酉	十·十一　甲寅	十一·十一　甲申	十二·十一　癸丑
九·二十一乙丑　闰九·二十一乙未	十·二十一　甲子	十一·二十一　甲午	十二·二十一　癸亥

汉景帝中元三年甲午（前 147）

一·一　癸酉	二·一　壬寅	三·一　壬申	四·一　辛丑
一·十一　癸未	二·十一　壬子	三·十一　壬午	四·十一　辛亥
一·二十一　癸巳	二·二十一　壬戌	三·二十一　壬辰	四·二十一　辛酉
五·一　辛未	六·一　辛丑	七·一　庚午	八·一　庚子
五·十一　辛巳	六·十一　辛亥	七·十一　庚辰	八·十一　庚戌
五·二十一　辛卯	六·二十一　辛酉	七·二十一　庚寅	八·二十一　庚申
九·一　己巳	十·一　己亥	十一·一　戊辰	十二·一　戊戌
九·十一　己卯	十·十一　己酉	十一·十一　戊寅	十二·十一　戊申
九·二十一　己丑	十·二十一　己未	十一·二十一　戊子	十二·二十一　戊午

汉景帝中元四年乙未（前 146）

一·一　丁卯	二·一　丁酉	三·一　丙寅	四·一　丙申
一·十一　丁丑	二·十一　丁未	三·十一　丙子	四·十一　丙午
一·二十一　丁亥	二·二十一　丁巳	三·二十一　丙戌	四·二十一　丙辰
五·一　乙丑	六·一　乙未	七·一　甲子	八·一　甲午
五·十一　乙亥	六·十一　乙巳	七·十一　甲戌	八·十一　甲辰
五·二十一　乙酉	六·二十一　乙卯	七·二十一　甲申	八·二十一　甲寅
九·一　甲子	十·一　癸巳	十一·一　癸亥	十二·一　壬辰
九·十一　甲戌	十·十一　癸卯	十一·十一　癸酉	十二·十一　壬寅
九·二十一　甲申	十·二十一　癸丑	十一·二十一　癸未	十二·二十一　壬子

汉景帝中元五年丙申(前 145)

一・一	壬戌	二・一	辛卯	三・一	辛酉	四・一	庚寅
一・十一	壬申	二・十一	辛丑	三・十一	辛未	四・十一	庚子
一・二十一	壬午	二・二十一	辛亥	三・二十一	辛巳	四・二十一	庚戌
五・一	庚申	六・一	己丑	七・一	己未	八・一	戊子
五・十一	庚午	六・十一	己亥	七・十一	己巳	八・十一	戊戌
五・二十一	庚辰	六・二十一	己酉	七・二十一	己卯	八・二十一	戊申
九・一　戊午　闰九・一	丁亥	十・一	丁巳	十一・一	丙戌	十二・一	丙辰
九・十一　戊辰　闰九・十一	丁酉	十・十一	丁卯	十一・十一	丙申	十二・十一	丙寅
九・二十一戊寅　闰九・二十一	丁未	十・二十一	丁丑	十一・二十一	丙午	十二・二十一	丙子

汉景帝中元六年丁酉(前 144)

一・一	丙戌	二・一	乙卯	三・一	乙酉	四・一	甲寅
一・十一	丙申	二・十一	乙丑	三・十一	乙未	四・十一	甲子
一・二十一	丙午	二・二十一	乙亥	三・二十一	乙巳	四・二十一	甲戌
五・一	甲申	六・一	癸丑	七・一	癸未	八・一	壬子
五・十一	甲午	六・十一	癸亥	七・十一	癸巳	八・十一	壬戌
五・二十一	甲辰	六・二十一	癸酉	七・二十一	癸卯	八・二十一	壬申
九・一	壬午	十・一	辛亥	十一・一	辛巳	十二・一	庚戌
九・十一	壬辰	十・十一	辛酉	十一・十一	辛卯	十二・十一	庚申
九・二十一	壬寅	十・二十一	辛未	十一・二十一	辛丑	十二・二十一	庚午

汉景帝后元元年戊戌(前 143)

一・一	庚辰	二・一	己酉	三・一	己卯	四・一	己酉
一・十一	庚寅	二・十一	己未	三・十一	己丑	四・十一	己未
一・二十一	庚子	二・二十一	己巳	三・二十一	己亥	四・二十一	己巳
五・一	戊寅	六・一	戊申	七・一	丁丑	八・一	丁未
五・十一	戊子	六・十一	戊午	七・十一	丁亥	八・十一	丁巳
五・二十一	戊戌	六・二十一	戊辰	七・二十一	丁酉	八・二十一	丁卯
九・一	丙子	十・一	丙午	十一・一	乙亥	十二・一	乙巳
九・十一	丙戌	十・十一	丙辰	十一・十一	乙酉	十二・十一	乙卯
九・二十一	丙申	十・二十一	丙寅	十一・二十一	乙未	十二・二十一	乙丑

汉景帝后元二年己亥(前 142)

一・一	甲戌	二・一	甲辰	三・一	癸酉	四・一	癸卯
一・十一	甲申	二・十一	甲寅	三・十一	癸未	四・十一	癸丑
一・二十一	甲午	二・二十一	甲子	三・二十一	癸巳	四・二十一	癸亥
五・一	壬申	六・一	壬寅	七・一	辛未	八・一	辛丑
五・十一	壬午	六・十一	壬子	七・十一	辛巳	八・十一	辛亥
五・二十一	壬辰	六・二十一	壬戌	七・二十一	辛卯	八・二十一	辛酉
九・一　辛未　闰九・一	庚子	十・一	庚午	*十一・一	己亥	十二・一	己巳
九・十一　辛巳　闰九・十一	庚戌	十・十一	庚辰	十一・十一	己酉	十二・十一	己卯
九・二十一辛卯　闰九・二十一	庚申	十・二十一	庚寅	十一・二十一	己未	十二・二十一	己丑

*《目录》十一月己巳朔,误。

汉景帝后元三年庚子（前 141）

一•一 戊戌	二•一 戊辰	三•一 丁酉	四•一 丁卯
一•十一 戊申	二•十一 戊寅	三•十一 丁未	四•十一 丁丑
一•二十一 戊午	二•二十一 戊子	三•二十一 丁巳	四•二十一 丁亥
五•一 丙申	六•一 丙寅	七•一 乙未	八•一 乙丑
五•十一 丙午	六•十一 丙子	七•十一 乙巳	八•十一 乙亥
五•二十一 丙辰	六•二十一 丙戌	七•二十一 乙卯	八•二十一 乙酉
九•一 甲午	十•一 甲子	十一•一 癸巳	十二•一 癸亥
九•十一 甲辰	十•十一 甲戌	十一•十一 癸卯	十二•十一 癸酉
九•二十一 甲寅	十•二十一 甲申	十一•二十一 癸丑	十二•二十一 癸未

汉武帝建元元年辛丑（前 140）

一•一 癸巳	二•一 壬戌	三•一 壬辰	四•一 辛酉
一•十一 癸卯	二•十一 壬申	三•十一 壬寅	四•十一 辛未
一•二十一 癸丑	二•二十一 壬午	三•二十一 壬子	四•二十一 辛巳
五•一 辛卯	六•一 庚申	七•一 庚寅	八•一 己未
五•十一 辛丑	六•十一 庚午	七•十一 庚子	八•十一 己巳
五•二十一 辛亥	六•二十一 庚辰	七•二十一 庚戌	八•二十一 己卯
九•一 己丑　闰九•一 戊午	十•一 戊子	十一•一 丁巳	十二•一 丁亥
九•十一 己亥　闰九•十一 戊辰	十•十一 戊戌	十一•十一 丁卯	十二•十一 丁酉
九•二十一 己酉　闰九•二十一 戊寅	十•二十一 戊申	十一•二十一 丁丑	十二•二十一 丁未

汉武帝建元二年壬寅（前 139）

一•一 丙辰	二•一 丙戌	三•一 丙辰	四•一 乙酉
一•十一 丙寅	二•十一 丙申	三•十一 丙寅	四•十一 乙未
一•二十一 丙子	二•二十一 丙午	三•二十一 丙子	四•二十一 乙巳
五•一 乙卯	六•一 甲申	七•一 甲寅	八•一 癸未
五•十一 乙丑	六•十一 甲午	七•十一 甲子	八•十一 癸巳
五•二十一 乙亥	六•二十一 甲辰	七•二十一 甲戌	八•二十一 癸卯
九•一 癸丑	十•一 壬午	十一•一 壬子	十二•一 辛巳
九•十一 癸亥	十•十一 壬辰	十一•十一 壬戌	十二•十一 辛卯
九•二十一 癸酉	十•二十一 壬寅	十一•二十一 壬申	十二•二十一 辛丑

汉武帝建元三年癸卯（前 138）

一•一 辛亥	二•一 庚辰	三•一 庚戌	四•一 己卯
一•十一 辛酉	二•十一 庚寅	三•十一 庚申	四•十一 己丑
一•二十一 辛未	二•二十一 庚子	三•二十一 庚午	四•二十一 己亥
五•一 己酉	六•一 戊寅	七•一 戊申	八•一 戊寅
五•十一 己未	六•十一 戊子	七•十一 戊午	八•十一 戊子
五•二十一 己巳	六•二十一 戊戌	七•二十一 戊辰	八•二十一 戊戌
九•一 丁未	十•一 丁丑	十一•一 丙午	十二•一 丙子
九•十一 丁巳	十•十一 丁亥	十一•十一 丙辰	十二•十一 丙戌
九•二十一 丁卯	十•二十一 丁酉	十一•二十一 丙寅	十二•二十一 丙申

汉武帝建元四年甲辰（前 137）

一·一	乙巳	二·一	乙亥	三·一	甲辰	四·一	甲戌
一·十一	乙卯	二·十一	乙酉	三·十一	甲寅	四·十一	甲申
一·二十一	乙丑	二·二十一	乙未	三·二十一	甲子	四·二十一	甲午
五·一	癸卯	六·一	癸酉	七·一	壬寅	八·一	壬申
五·十一	癸丑	六·十一	癸未	七·十一	壬子	八·十一	壬午
五·二十一	癸亥	六·二十一	癸巳	七·二十一	壬戌	八·二十一	壬辰
九·一 辛丑 闰九·一	辛未	十·一	辛丑	十一·一	庚午	十二·一	庚子
九·十一 辛亥 闰九·十一	辛巳	十·十一	辛亥	十一·十一	庚辰	十二·十一	庚戌
九·二十一辛酉 闰九·二十一	辛卯	十·二十一	辛酉	十一·二十一	庚寅	十二·二十一	庚申

汉武帝建元五年乙巳（前 136）

一·一	己巳	二·一	己亥	三·一	戊辰	四·一	戊戌
一·十一	己卯	二·十一	己酉	三·十一	戊寅	四·十一	戊申
一·二十一	己丑	二·二十一	己未	三·二十一	戊子	四·二十一	戊午
五·一	丁卯	六·一	丁酉	七·一	丙寅	八·一	丙申
五·十一	丁丑	六·十一	丁未	七·十一	丙子	八·十一	丙午
五·二十一	丁亥	六·二十一	丁巳	七·二十一	丙戌	八·二十一	丙辰
九·一	乙丑	十·一	乙未	十一·一	甲子	十二·一	甲午
九·十一	乙亥	十·十一	乙巳	十一·十一	甲戌	十二·十一	甲辰
九·二十一	乙酉	十·二十一	乙卯	十一·二十一	甲申	十二·二十一	甲寅

汉武帝建元六年丙午（前 135）

一·一	癸亥	二·一	癸巳	三·一	癸亥	四·一	壬辰
一·十一	癸酉	二·十一	癸卯	三·十一	癸酉	四·十一	壬寅
一·二十一	癸未	二·二十一	癸丑	三·二十一	癸未	四·二十一	壬子
五·一	壬戌	六·一	辛卯	七·一	辛酉	八·一	庚寅
五·十一	壬申	六·十一	辛丑	七·十一	辛未	八·十一	庚子
五·二十一	壬午	六·二十一	辛亥	七·二十一	辛巳	八·二十一	庚戌
九·一	庚申	十·一	己丑	十一·一	己未	十二·一	戊子
九·十一	庚午	十·十一	己亥	十一·十一	己巳	十二·十一	戊戌
九·二十一	庚辰	十·二十一	己酉	十一·二十一	己卯	十二·二十一	戊申

汉武帝元光元年丁未（前 134）

一·一	戊午	二·一	丁亥	三·一	丁巳	四·一	丙戌
一·十一	戊辰	二·十一	丁酉	三·十一	丁卯	四·十一	丙申
一·二十一	戊寅	二·二十一	丁未	三·二十一	丁丑	四·二十一	丙午
五·一	丙辰	六·一	乙酉	七·一	乙卯	八·一	乙酉
五·十一	丙寅	六·十一	乙未	七·十一	乙丑	八·十一	乙未
五·二十一	丙子	六·二十一	乙巳	七·二十一	乙亥	八·二十一	乙巳
九·一 甲寅 闰九·一	甲申	十·一	癸丑	十一·一	癸未	十二·一	壬子
九·十一 甲子 闰九·十一	甲午	十·十一	癸亥	十一·十一	癸巳	十二·十一	壬戌
九·二十一甲戌 闰九·二十一	甲辰	十·二十一	癸酉	十一·二十一	癸卯	十二·二十一	壬申

汉武帝元光二年戊申（前133）

一·一 壬午	二·一 辛亥	三·一 辛巳	四·一 庚戌
一·十一 壬辰	二·十一 辛酉	三·十一 辛卯	四·十一 庚申
一·二十一 壬寅	二·二十一 辛未	三·二十一 辛丑	四·二十一 庚午
五·一 庚辰	六·一 己酉	七·一 己卯	八·一 戊申
五·十一 庚寅	六·十一 己未	七·十一 己丑	八·十一 戊午
五·二十一 庚子	六·二十一 己巳	七·二十一 己亥	八·二十一 戊辰
九·一 戊寅	十·一 戊申	十一·一 丁丑	十二·一 丁未
九·十一 戊子	十·十一 戊午	十一·十一 丁亥	十二·十一 丁巳
九·二十一 戊戌	十·二十一 戊辰	十一·二十一 丁酉	十二·二十一 丁卯

汉武帝元光三年己酉（前132）

一·一 丙子	二·一 丙午	三·一 乙亥	四·一 乙巳
一·十一 丙戌	二·十一 丙辰	三·十一 乙酉	四·十一 乙卯
一·二十一 丙申	二·二十一 丙寅	三·二十一 乙未	四·二十一 乙丑
五·一 甲戌	六·一 甲辰	七·一 癸酉	八·一 癸卯
五·十一 甲申	六·十一 甲寅	七·十一 癸未	八·十一 癸丑
五·二十一 甲午	六·二十一 甲子	七·二十一 癸巳	八·二十一 癸亥
九·一 壬申 闰九·一 壬寅	十·一 辛未	十一·一 辛丑	十二·一 庚午
九·十一 壬午 闰九·十一 壬子	十·十一 辛巳	十一·十一 辛亥	十二·十一 庚辰
九·二十一 壬辰 闰九·二十一 壬戌	十·二十一 辛卯	十一·二十一 辛酉	十二·二十一 庚寅

汉武帝元光四年庚戌（前131）

一·一 庚子	二·一 庚午	三·一 己亥	四·一 己巳
一·十一 庚戌	二·十一 庚辰	三·十一 己酉	四·十一 己卯
一·二十一 庚申	二·二十一 庚寅	三·二十一 己未	四·二十一 己丑
五·一 戊戌	六·一 戊辰	七·一 丁酉	八·一 丁卯
五·十一 戊申	六·十一 戊寅	七·十一 丁未	八·十一 丁丑
五·二十一 戊午	六·二十一 戊子	七·二十一 丁巳	八·二十一 丁亥
九·一 丙申	十·一 丙寅	十一·一 乙未	十二·一 乙丑
九·十一 丙午	十·十一 丙子	十一·十一 乙巳	十二·十一 乙亥
九·二十一 丙辰	十·二十一 丙戌	十一·二十一 乙卯	十二·二十一 乙酉

汉武帝元光五年辛亥（前130）

一·一 甲午	二·一 甲子	三·一 癸巳	四·一 癸亥
一·十一 甲辰	二·十一 甲戌	三·十一 癸卯	四·十一 癸酉
一·二十一 甲寅	二·二十一 甲申	三·二十一 癸丑	四·二十一 癸未
五·一 癸巳	六·一 壬戌	七·一 壬辰	八·一 辛酉
五·十一 癸卯	六·十一 壬申	七·十一 壬寅	八·十一 辛未
五·二十一 癸丑	六·二十一 壬午	七·二十一 壬子	八·二十一 辛巳
九·一 辛卯	十·一 庚申	十一·一 庚寅	十二·一 己未
九·十一 辛丑	十·十一 庚午	十一·十一 庚子	十二·十一 己巳
九·二十一 辛亥	十·二十一 庚辰	十一·二十一 庚戌	十二·二十一 己卯

汉武帝元光六年壬子（前 129）

一·一　己丑	二·一　戊午	三·一　戊子	四·一　丁巳
一·十一　己亥	二·十一　戊辰	三·十一　戊戌	四·十一　丁卯
一·二十一　己酉	二·二十一　戊寅	三·二十一　戊申	四·二十一　丁丑
五·一　丁亥	六·一　丙辰	七·一　丙戌	八·一　乙卯
五·十一　丁酉	六·十一　丙寅	七·十一　丙申	八·十一　乙丑
五·二十一　丁未	六·二十一　丙子	七·二十一　丙午	八·二十一　乙亥
九·一　乙酉　闰九·一　乙卯	十·一　甲申	十一·一　甲寅	十二·一　癸未
九·十一　乙未　闰九·十一　乙丑	十·十一　甲午	十一·十一　甲子	十二·十一　癸巳
九·二十一乙巳　闰九·二十一乙亥	十·二十一　甲辰	十一·二十一　甲戌	十二·二十一　癸卯

汉武帝元朔元年癸丑（前 128）

一·一　癸丑	二·一　壬午	三·一　壬子	四·一　辛巳
一·十一　癸亥	二·十一　壬辰	三·十一　壬戌	四·十一　辛卯
一·二十一　癸酉	二·二十一　壬寅	三·二十一　壬申	四·二十一　辛丑
五·一　辛亥	六·一　庚辰	七·一　庚戌	八·一　己卯
五·十一　辛酉	六·十一　庚寅	七·十一　庚申	八·十一　己丑
五·二十一　辛未	六·二十一　庚子	七·二十一　庚午	八·二十一　己亥
九·一　己酉	十·一　戊寅	十一·一　戊申	十二·一　丁丑
九·十一　己未	十·十一　戊子	十一·十一　戊午	十二·十一　丁亥
九·二十一　己巳	十·二十一　戊戌	十一·二十一　戊辰	十二·二十一　丁酉

汉武帝元朔二年甲寅（前 127）

一·一　丁未	二·一　丁丑	三·一　丙午	四·一　丙子
一·十一　丁巳	二·十一　丁亥	三·十一　丙辰	四·十一　丙戌
一·二十一　丁卯	二·二十一　丁酉	三·二十一　丙寅	四·二十一　丙申
五·一　乙巳	六·一　乙亥	七·一　甲辰	八·一　甲戌
五·十一　乙卯	六·十一　乙酉	七·十一　甲寅	八·十一　甲申
五·二十一　乙丑	六·二十一　乙未	七·二十一　甲子	八·二十一　甲午
九·一　癸卯	十·一　癸酉	十一·一　壬寅	十二·一　壬申
九·十一　癸丑	十·十一　癸未	十一·十一　壬子	十二·十一　壬午
九·二十一　癸亥	十·二十一　癸巳	十一·二十一　壬戌	十二·二十一　壬辰

汉武帝元朔三年乙卯（前 126）

一·一　辛丑	二·一　辛未	三·一　庚子	四·一　庚午
一·十一　辛亥	二·十一　辛巳	三·十一　庚戌	四·十一　庚辰
一·二十一　辛酉	二·二十一　辛卯	三·二十一　庚申	四·二十一　庚寅
五·一　庚子	六·一　己巳	七·一　己亥	八·一　戊辰
五·十一　庚戌	六·十一　己卯	七·十一　己酉	八·十一　戊寅
五·二十一　庚申	六·二十一　己丑	七·二十一　己未	八·二十一　戊子
九·一　戊戌　闰九·一　丁卯	十·一　丁酉	十一·一　丙寅	十二·一　丙申
九·十一　戊申　闰九·十一　丁丑	十·十一　丁未	十一·十一　丙子	十二·十一　丙午
九·二十一戊午　闰九·二十一丁亥	十·二十一　丁巳	十一·二十一　丙戌	十二·二十一　丙辰

汉武帝元朔四年丙辰(前 125)

一·一	乙丑	二·一	乙未	三·一	甲子	四·一	甲午
一·十一	乙亥	二·十一	乙巳	三·十一	甲戌	四·十一	甲辰
一·二十一	乙酉	二·二十一	乙卯	三·二十一	甲申	四·二十一	甲寅
五·一	癸亥	六·一	癸巳	七·一	壬戌	八·一	壬辰
五·十一	癸酉	六·十一	癸卯	七·十一	壬申	八·十一	壬寅
五·二十一	癸未	六·二十一	癸丑	七·二十一	壬午	八·二十一	壬子
九·一	壬戌	十·一	辛卯	十一·一	辛酉	十二·一	庚寅
九·十一	壬申	十·十一	辛丑	十一·十一	辛未	十二·十一	庚子
九·二十一	壬午	十·二十一	辛亥	十一·二十一	辛巳	十二·二十一	庚戌

汉武帝元朔五年丁巳(前 124)

一·一	庚申	二·一	己丑	三·一	己未	四·一	戊子
一·十一	庚午	二·十一	己亥	三·十一	己巳	四·十一	戊戌
一·二十一	庚辰	二·二十一	己酉	三·二十一	己卯	四·二十一	戊申
五·一	戊午	六·一	丁亥	七·一	丁巳	八·一	丙戌
五·十一	戊辰	六·十一	丁酉	七·十一	丁卯	八·十一	丙申
五·二十一	戊寅	六·二十一	丁未	七·二十一	丁丑	八·二十一	丙午
九·一	丙辰	十·一	乙酉	十一·一	乙卯	十二·一	乙酉
九·十一	丙寅	十·十一	乙未	十一·十一	乙丑	十二·十一	乙未
九·二十一	丙子	十·二十一	乙巳	十一·二十一	乙亥	十二·二十一	乙巳

汉武帝元朔六年戊午(前 123)

一·一	甲寅	二·一	甲申	三·一	癸丑	四·一	癸未
一·十一	甲子	二·十一	甲午	三·十一	癸亥	四·十一	癸巳
一·二十一	甲戌	二·二十一	甲辰	三·二十一	癸酉	四·二十一	癸卯
五·一	壬子	六·一	壬午	七·一	辛亥	八·一	辛巳
五·十一	壬戌	六·十一	壬辰	七·十一	辛酉	八·十一	辛卯
五·二十一	壬申	六·二十一	壬寅	七·二十一	辛未	八·二十一	辛丑
九·一　庚戌	闰九·一　庚辰	十·一	己酉	十一·一	己卯	十二·一	戊申
九·十一　庚申	闰九·十一　庚寅	十·十一	己未	十一·十一	己丑	十二·十一	戊午
九·二十一庚午	闰九·二十一庚子	十·二十一	己巳	十一·二十一	己亥	十二·二十一	戊辰

汉武帝元狩元年己未(前 122)

一·一	戊寅	二·一	丁未	三·一	丁丑	四·一	丁未
一·十一	戊子	二·十一	丁巳	三·十一	丁亥	四·十一	丁巳
一·二十一	戊戌	二·二十一	丁卯	三·二十一	丁酉	四·二十一	丁卯
五·一	丙子	六·一	丙午	七·一	乙亥	八·一	乙巳
五·十一	丙戌	六·十一	丙辰	七·十一	乙酉	八·十一	乙卯
五·二十一	丙申	六·二十一	丙寅	七·二十一	乙未	八·二十一	乙丑
九·一	甲戌	十·一	甲辰	十一·一	癸酉	十二·一	癸卯
九·十一	甲申	十·十一	甲寅	十一·十一	癸未	十二·十一	癸丑
九·二十一	甲午	十·二十一	甲子	十一·二十一	癸巳	十二·二十一	癸亥

汉武帝元狩二年庚申（前 121）

一·一 壬申	二·一 壬寅	三·一 辛未	四·一 辛丑
一·十一 壬午	二·十一 壬子	三·十一 辛巳	四·十一 辛亥
一·二十一 壬辰	二·二十一 壬戌	三·二十一 辛卯	四·二十一 辛酉
五·一 庚午	六·一 庚子	七·一 己巳	八·一 己亥
五·十一 庚辰	六·十一 庚戌	七·十一 己卯	八·十一 己酉
五·二十一 庚寅	六·二十一 庚申	七·二十一 己丑	八·二十一 己未
九·一 己巳 闰九·一 戊戌	十·一 戊辰	十一·一 丁酉	十二·一 丁卯
九·十一 己卯 闰九·十一 戊申	十·十一 戊寅	十一·十一 丁未	十二·十一 丁丑
九·二十一己丑 闰九·二十一戊午	十·二十一 戊子	十一·二十一 丁巳	十二·二十一 丁亥

汉武帝元狩三年辛酉（前 120）

一·一 丙申	二·一 丙寅	三·一 乙未	四·一 乙丑
一·十一 丙午	二·十一 丙子	三·十一 乙巳	四·十一 乙亥
一·二十一 丙辰	二·二十一 丙戌	三·二十一 乙卯	四·二十一 乙酉
五·一 甲午	六·一 甲子	七·一 癸巳	八·一 癸亥
五·十一 甲辰	六·十一 甲戌	七·十一 癸卯	八·十一 癸酉
五·二十一 甲寅	六·二十一 甲申	七·二十一 癸丑	八·二十一 癸未
九·一 壬辰	十·一 壬戌	十一·一 壬辰	十二·一 辛酉
九·十一 壬寅	十·十一 壬申	十一·十一 壬寅	十二·十一 辛未
九·二十一 壬子	十·二十一 壬午	十一·二十一 壬子	十二·二十一 辛巳

汉武帝元狩四年壬戌（前 119）

一·一 辛卯	二·一 庚申	三·一 庚寅	四·一 己未
一·十一 辛丑	二·十一 庚午	三·十一 庚子	四·十一 己巳
一·二十一 辛亥	二·二十一 庚辰	三·二十一 庚戌	四·二十一 己卯
五·一 己丑	六·一 戊午	七·一 戊子	八·一 丁巳
五·十一 己亥	六·十一 戊辰	七·十一 戊戌	八·十一 丁卯
五·二十一 己酉	六·二十一 戊寅	七·二十一 戊申	八·二十一 丁丑
九·一 丁亥	十·一 丙辰	十一·一 丙戌	十二·一 乙卯
九·十一 丁酉	十·十一 丙寅	十一·十一 丙申	十二·十一 乙丑
九·二十一 丁未	十·二十一 丙子	十一·二十一 丙午	十二·二十一 乙亥

汉武帝元狩五年癸亥（前 118）

一·一 乙酉	二·一 甲寅	三·一 甲申	四·一 甲寅
一·十一 乙未	二·十一 甲子	三·十一 甲午	四·十一 甲子
一·二十一 乙巳	二·二十一 甲戌	三·二十一 甲辰	四·二十一 甲戌
五·一 癸未	六·一 癸丑	七·一 壬午	八·一 壬子
五·十一 癸巳	六·十一 癸亥	七·十一 壬辰	八·十一 壬戌
五·二十一 癸卯	六·二十一 癸酉	七·二十一 壬寅	八·二十一 壬申
九·一 辛巳 闰九·一 辛亥	十·一 庚辰	十一·一 庚戌	十二·一 己卯
九·十一 辛卯 闰九·十一 辛酉	十·十一 庚寅	十一·十一 庚申	十二·十一 己丑
九·二十一辛丑 闰九·二十一辛未	十·二十一 庚子	十一·二十一 庚午	十二·二十一 己亥

汉武帝元狩六年甲子(前117)

一・一　己酉	二・一　戊寅	三・一　戊申	四・一　丁丑
一・十一　己未	二・十一　戊子	三・十一　戊午	四・十一　丁亥
一・二十一　己巳	二・二十一　戊戌	三・二十一　戊辰	四・二十一　丁酉
五・一　丁未	六・一　丙子	七・一　丙午	八・一　丙子
五・十一　丁巳	六・十一　丙戌	七・十一　丙辰	八・十一　丙戌
五・二十一　丁卯	六・二十一　丙申	七・二十一　丙寅	八・二十一　丙申
九・一　乙巳	十・一　乙亥	十一・一　甲辰	十二・一　甲戌
九・十一　乙卯	十・十一　乙酉	十一・十一　甲寅	十二・十一　甲申
九・二十一　乙丑	十・二十一　乙未	十一・二十一　甲子	十二・二十一　甲午

汉武帝元鼎元年乙丑(前116)

一・一　癸卯	二・一　癸酉	三・一　壬寅	四・一　壬申
一・十一　癸丑	二・十一　癸未	三・十一　壬子	四・十一　壬午
一・二十一　癸亥	二・二十一　癸巳	三・二十一　壬戌	四・二十一　壬辰
五・一　辛丑	六・一　辛未	七・一　庚子	八・一　庚午
五・十一　辛亥	六・十一　辛巳	七・十一　庚戌	八・十一　庚辰
五・二十一　辛酉	六・二十一　辛卯	七・二十一　庚申	八・二十一　庚寅
九・一　己亥	十・一　己巳	十一・一　己亥	十二・一　戊辰
九・十一　己酉	十・十一　己卯	十一・十一　己酉	十二・十一　戊寅
九・二十一　己未	十・二十一　己丑	十一・二十一　己未	十二・二十一　戊子

汉武帝元鼎二年丙寅(前115)

一・一　戊戌	二・一　丁卯	三・一　丁酉	四・一　丙寅
一・十一　戊申	二・十一　丁丑	三・十一　丁未	四・十一　丙子
一・二十一　戊午	二・二十一　丁亥	三・二十一　丁巳	四・二十一　丙戌
五・一　丙申	六・一　乙丑	七・一　乙未	八・一　甲子
五・十一　丙午	六・十一　乙亥	七・十一　乙巳	八・十一　甲戌
五・二十一　丙辰	六・二十一　乙酉	七・二十一　乙卯	八・二十一　甲申
九・一　甲午　闰九・一　癸亥	十・一　癸巳	十一・一　壬戌	十二・一　壬辰
九・十一　甲辰　闰九・十一　癸酉	十・十一　癸卯	十一・十一　壬申	十二・十一　壬寅
九・二十一甲寅　闰九・二十一癸未	十・二十一　癸丑	十一・二十一　壬午	十二・二十一　壬子

汉武帝元鼎三年丁卯(前114)

一・一　辛酉	二・一　辛卯	三・一　辛酉	四・一　庚寅
一・十一　辛未	二・十一　辛丑	三・十一　辛未	四・十一　庚子
一・二十一　辛巳	二・二十一　辛亥	三・二十一　辛巳	四・二十一　庚戌
五・一　庚申	六・一　己丑	七・一　己未	八・一　戊子
五・十一　庚午	六・十一　己亥	七・十一　己巳	八・十一　戊戌
五・二十一　庚辰	六・二十一　己酉	七・二十一　己卯	八・二十一　戊申
九・一　戊午	十・一　丁亥	十一・一　丁巳	十二・一　丙戌
九・十一　戊辰	十・十一　丁酉	十一・十一　丁卯	十二・十一　丙申
九・二十一　戊寅	十・二十一　丁未	十一・二十一　丁丑	十二・二十一　丙午

汉武帝元鼎四年戊辰（前 113）

一·一	丙辰	二·一	乙酉	三·一	乙卯	四·一	甲申
一·十一	丙寅	二·十一	乙未	三·十一	乙丑	四·十一	甲午
一·二十一	丙子	二·二十一	乙巳	三·二十一	乙亥	四·二十一	甲辰
五·一	甲寅	六·一	甲申	七·一	癸丑	八·一	癸未
五·十一	甲子	六·十一	甲午	七·十一	癸亥	八·十一	癸巳
五·二十一	甲戌	六·二十一	甲辰	七·二十一	癸酉	八·二十一	癸卯
九·一　壬子　闰九·一	壬午	十·一	辛亥	十一·一	辛巳	十二·一	庚戌
九·十一　壬戌　闰九·十一	壬辰	十·十一	辛酉	十一·十一	辛卯	十二·十一	庚申
九·二十一壬申　闰九·二十一	壬寅	十·二十一	辛未	十一·二十一	辛丑	十二·二十一	庚午

汉武帝元鼎五年己巳（前 112）

一·一	庚辰	二·一	己酉	三·一	己卯	四·一	戊申
一·十一	庚寅	二·十一	己未	三·十一	己丑	四·十一	戊午
一·二十一	庚子	二·二十一	己巳	三·二十一	己亥	四·二十一	戊辰
五·一	戊寅	六·一	丁未	七·一	丁丑	八·一	丙午
五·十一	戊子	六·十一	丁巳	七·十一	丁亥	八·十一	丙辰
五·二十一	戊戌	六·二十一	丁卯	七·二十一	丁酉	八·二十一	丙寅
九·一	丙子	十·一	丙午	十一·一	乙亥	十二·一	乙巳
九·十一	丙戌	十·十一	丙辰	十一·十一	乙酉	十二·十一	乙卯
九·二十一	丙申	十·二十一	丙寅	十一·二十一	乙未	十二·二十一	乙丑

汉武帝元鼎六年庚午（前 111）

一·一	甲戌	二·一	甲辰	三·一	癸酉	四·一	癸卯
一·十一	甲申	二·十一	甲寅	三·十一	癸未	四·十一	癸丑
一·二十一	甲午	二·二十一	甲子	三·二十一	癸巳	四·二十	癸亥
五·一	壬申	六·一	壬寅	七·一	辛未	八·一	辛丑
五·十一	壬午	六·十一	壬子	七·十一	辛巳	八·十一	辛亥
五·二十一	壬辰	六·二十一	壬戌	七·二十一	辛卯	八·二十	辛酉
九·一	庚午	十·一	庚子	十一·一	己巳	十二·一	己亥
九·十一	庚辰	十·十一	庚戌	十一·十一	己卯	十二·十一	己酉
九·二十一	庚寅	十·二十一	庚申	十一·二十一	己丑	十二·二十一	己未

汉武帝元封元年辛未（前 110）

一·一	戊辰	二·一	戊戌	三·一	戊辰	四·一	丁酉
一·十一	戊寅	二·十一	戊申	三·十一	戊寅	四·十一	丁未
一·二十一	戊子	二·二十一	戊午	三·二十一	戊子	四·二十一	丁巳
五·一	丁卯	六·一	丙申	七·一	丙寅	八·一	乙未
五·十一	丁丑	六·十一	丙午	七·十一	丙子	八·十一	乙巳
五·二十一	丁亥	六·二十一	丙辰	七·二十一	丙戌	八·二十一	乙卯
九·一　乙丑　闰九·一	甲午	十·一	甲子	十一·一	癸巳	十二·一	癸亥
九·十一　乙亥　闰九·十一	甲辰	十·十一	甲戌	十一·十一	癸卯	十二·十一	癸酉
九·二十一乙酉　闰九·二十一	甲寅	十·二十一	甲申	十一·二十一	癸丑	十二·二十一	癸未

汉武帝元封二年壬申（前 109）

一・一 壬辰	二・一 壬戌	三・一 辛卯	四・一 辛酉
一・十一 壬寅	二・十一 壬申	三・十一 辛丑	四・十一 辛未
一・二十一 壬子	二・二十一 壬午	三・二十一 辛亥	四・二十一 辛巳
五・一 辛卯	六・一 庚申	七・一 庚寅	八・一 己未
五・十一 辛丑	六・十一 庚午	七・十一 庚子	八・十一 己巳
五・二十一 辛亥	六・二十一 庚辰	七・二十一 庚戌	八・二十一 己卯
九・一 己丑	十・一 戊午	十一・一 戊子	十二・一 丁巳
九・十一 己亥	十・十一 戊辰	十一・十一 戊戌	十二・十一 丁卯
九・二十一 己酉	十・二十一 戊寅	十一・二十一 戊申	十二・二十一 丁丑

汉武帝元封三年癸酉（前 108）

一・一 丁亥	二・一 丙辰	三・一 丙戌	四・一 乙卯
一・十一 丁酉	二・十一 丙寅	三・十一 丙申	四・十一 乙丑
一・二十一 丁未	二・二十一 丙子	三・二十一 丙午	四・二十一 乙亥
五・一 乙酉	六・一 甲寅	七・一 甲申	八・一 癸丑
五・十一 乙未	六・十一 甲子	七・十一 甲午	八・十一 癸亥
五・二十一 乙巳	六・二十一 甲戌	七・二十一 甲辰	八・二十一 癸酉
九・一 癸未	十・一 癸丑	十一・一 壬午	十二・一 壬子
九・十一 癸巳	十・十一 癸亥	十一・十一 壬辰	十二・十一 壬戌
九・二十一 癸卯	十・二十一 癸酉	十一・二十一 壬寅	十二・二十一 壬申

汉武帝元封四年甲戌（前 107）

一・一 辛巳	二・一 辛亥	三・一 庚辰	四・一 庚戌
一・十一 辛卯	二・十一 辛酉	三・十一 庚寅	四・十一 庚申
一・二十一 辛丑	二・二十一 辛未	三・二十一 庚子	四・二十一 庚午
五・一 己卯	六・一 己酉	七・一 戊寅	八・一 戊申
五・十一 己丑	六・十一 己未	七・十一 戊子	八・十一 戊午
五・二十一 己亥	六・二十一 己巳	七・二十一 戊戌	八・二十一 戊辰
九・一 丁丑　闰九・一 丁未	十・一 丙子	十一・一 丙午	十二・一 丙子
九・十一 丁亥　闰九・十一 丁巳	十・十一 丙戌	十一・十一 丙辰	十二・十一 丙戌
九・二十一丁酉　闰九・二十一丁卯	十・二十一 丙申	十一・二十一 丙寅	十二・二十一 丙申

汉武帝元封五年乙亥（前 106）

一・一 乙巳	二・一 乙亥	三・一 甲辰	四・一 甲戌
一・十一 乙卯	二・十一 乙酉	三・十一 甲寅	四・十一 甲申
一・二十一 乙丑	二・二十一 乙未	三・二十一 甲子	四・二十一 甲午
五・一 癸卯	六・一 癸酉	七・一 壬寅	八・一 壬申
五・十一 癸丑	六・十一 癸未	七・十一 壬子	八・十一 壬午
五・二十一 癸亥	六・二十一 癸巳	七・二十一 壬戌	八・二十一 壬辰
九・一 辛丑	十・一 辛未	十一・一 庚子	十二・一 庚午
九・十一 辛亥	十・十一 辛巳	十一・十一 庚戌	十二・十一 庚辰
九・二十一 辛酉	十・二十一 辛卯	十一・二十一 庚申	十二・二十一 庚寅

汉武帝元封六年丙子(前105)

一·一 己亥 一·十一 己酉 一·二十一 己未	二·一 己巳 二·十一 己卯 二·二十一 己丑	三·一 戊戌 三·十一 戊申 三·二十一 戊午	四·一 戊辰 四·十一 戊寅 四·二十一 戊子
五·一 戊戌 五·十一 戊申 五·二十一 戊午	六·一 丁卯 六·十一 丁丑 六·二十一 丁亥	七·一 丁酉 七·十一 丁未 七·二十一 丁巳	八·一 丙寅 八·十一 丙子 八·二十一 丙戌
九·一 丙申 *闰九·一 乙丑 九·十一 丙午 闰九·十一 乙亥 九·二十一丙辰 闰九·二十一乙酉	十·一 乙未 十·十一 乙巳 十·二十一 乙卯	十一·一 甲子 十一·十一 甲戌 十一·二十一 甲申	十二·一 甲午 十二·十一 甲辰 十二·二十一 甲寅

*《目录》《辑要》闰十月乙未朔。《朔闰考》闰十月甲子、十一月甲午朔,误。

下　编(公元后)

西汉平帝元始元年——中华民国三十八年

西 汉 历 日 表(二)

汉平帝元始元年辛酉(1—2)

一•一	己未	*2.11	二•一	己丑	3.13	三•一	戊午	4.11	四•一	戊子	5.11
一•十一	己巳	2.21	二•十一	己亥	3.23	三•十一	戊辰	4.21	四•十一	戊戌	5.21
一•二十一	己卯	3.3	二•二十一	己酉	4.2	三•二十一	戊寅	5.1	四•二十一	戊申	5.31
五•一	丁巳	6.9	六•一	丁亥	7.9	七•一	丙辰	8.7	八•一	丙戌	9.6
五•十一	丁卯	6.19	六•十一	丁酉	7.19	七•十一	丙寅	8.17	八•十一	丙申	9.16
五•二十一	丁丑	6.29	六•二十一	丁未	7.29	七•二十一	丙子	8.27	八•二十一	丙午	9.26
**九•一	丙辰	10.6	十•一	乙酉	11.4	十一•一	乙卯	12.4	十二•一	甲申	1.2
九•十一	丙寅	10.16	十•十一	乙未	11.14	十一•十一	乙丑	12.14	十二•十一	甲午	1.12
九•二十一	丙子	10.26	十•二十一	乙巳	11.24	十一•二十一	乙亥	12.24	十二•二十一	甲辰	1.22

*《日历》云:“本年为罗马754年,其1月1日为日曜日,即汉元寿二年十一月十九日。或曰土曜日,则认西历4年为闰年也。”《朔闰表》《对照表》同。《通考》《总谱》采西历4年为闰年之说,因此元始元年一月一日,为公元1年2月12日,相差一日,下同。此据《日历》等书。　**《目录》九月乙卯朔。

汉平帝元始二年壬戌(2—3)

一•一	甲寅	2.1	二•一	癸未	3.2	三•一	癸丑	4.1	四•一	壬午	4.30
一•十一	甲子	2.11	二•十一	癸巳	3.12	三•十一	癸亥	4.11	四•十一	壬辰	5.10
一•二十一	甲戌	2.21	二•二十一	癸卯	3.22	三•二十一	癸酉	4.21	四•二十一	壬寅	5.20
五•一	壬子	5.30	六•一	辛巳	6.28	七•一	辛亥	7.28	八•一　庚辰 8.26	闰八•一	庚戌 9.25
五•十一	壬戌	6.9	六•十一	辛卯	7.8	七•十一	辛酉	8.7	八•十一　庚寅 9.5	闰八•十一	庚申 10.5
五•二十一	壬申	6.19	六•二十一	辛丑	7.18	七•二十一	辛未	8.17	八•二十一　庚子 9.15	闰八•二十一	庚午 10.15
九•一	己卯	10.24	十•一	己酉	11.23	十一•一	戊寅	12.22	十二•一	戊申	1.21
九•十一	己丑	11.3	十•十一	己未	12.3	十一•十一	戊子	1.1	十二•十一	戊午	1.31
九•二十一	己亥	11.13	十•二十一	己巳	12.13	十一•二十一	戊戌	1.11	十二•二十一	戊辰	2.10

汉平帝元始三年癸亥(3—4)

一•一	戊寅	2.20	二•一	丁未	3.21	三•一	丁丑	4.20	四•一	丙午	5.19
一•十一	戊子	3.2	二•十一	丁巳	3.31	三•十一	丁亥	4.30	四•十一	丙辰	5.29
一•二十一	戊戌	3.12	二•二十一	丁卯	4.10	三•二十一	丁酉	5.10	四•二十一	丙寅	6.8
五•一	丙子	6.18	六•一	乙巳	7.17	七•一	乙亥	8.16	八•一	甲辰	9.14
五•十一	丙戌	6.28	六•十一	乙卯	7.27	七•十一	乙酉	8.26	八•十一	甲寅	9.24
五•二十一	丙申	7.8	六•二十一	乙丑	8.6	七•二十一	乙未	9.5	八•二十一	甲子	10.4
九•一	甲戌	10.14	十•一	癸卯	11.12	十一•一	癸酉	12.12	十二•一	壬寅	1.10
九•十一	甲申	10.24	十•十一	癸丑	11.22	十一•十一	癸未	12.22	十二•十一	壬子	1.20
九•二十一	甲午	11.3	十•二十一	癸亥	12.2	十一•二十一	癸巳	1.1	十二•二十一	壬戌	1.30

汉平帝元始四年甲子(4—5)

一•一	壬申	2.9	*二•一	辛丑	3.10	三•一	辛未	*4.9	四•一	庚子	5.8
一•十一	壬午	2.19	二•十一	辛亥	3.20	三•十一	辛巳	4.19	四•十一	庚戌	5.18
一•二十一	壬辰	3.1	二•二十一	辛酉	3.30	三•二十一	辛卯	4.29	四•二十一	庚申	5.28
五•一	庚午	6.7	六•一	庚子	7.7	七•一	己巳	8.5	八•一	己亥	9.4
五•十一	庚辰	6.17	六•十一	庚戌	7.17	七•十一	己卯	8.15	八•十一	己酉	9.14
五•二十一	庚寅	6.27	六•二十一	庚申	7.27	七•二十一	己丑	8.25	八•二十一	己未	9.24
九•一	戊辰	10.3	十•一	戊戌	11.2	十一•一	丁卯	12.1	十二•一	丁酉	12.31
九•十一	戊寅	10.13	十•十一	戊申	11.12	十一•十一	丁丑	12.11	十二•十一	丁未	1.10
九•二十一	戊子	10.23	十•二十一	戊午	11.22	十一•二十一	丁亥	12.21	十二•二十一	丁巳	1.20

* 从本月起,《日历》与《总谱》相同。

汉平帝元始五年乙丑(5—6)

一•一	丙寅	1.29	二•一	丙申	2.28	三•一	乙丑	3.29	四•一	乙未	4.28
一•十一	丙子	2.8	二•十一	丙午	3.10	三•十一	乙亥	4.8	四•十一	乙巳	5.8
一•二十一	丙戌	2.18	二•二十一	丙辰	3.20	三•二十一	乙酉	4.18	四•二十一	乙卯	5.18
五•一	甲子 5.27	闰五•一 甲午 6.26	六•一	癸亥	7.25	七•一	癸巳	8.24	*八•一	癸亥	9.23
五•十一	甲戌 6.6	闰五•十一 甲辰 7.6	六•十一	癸酉	8.4	七•十一	癸卯	9.3	八•十一	癸酉	10.3
五•二十一	甲申 6.16	闰五•二十一 甲寅 7.16	六•二十一	癸未	8.14	七•二十一	癸丑	9.13	八•二十一	癸未	10.13
九•一	壬辰	10.22	十•一	壬戌	11.21	十一•一	辛卯	12.20	十二•一	辛酉	1.19
九•十一	壬寅	11.1	十•十一	壬申	12.1	十一•十一	辛丑	12.30	十二•十一	辛未	1.29
九•二十一	壬子	11.11	十•二十一	壬午	12.11	十一•二十一	辛亥	1.9	十二•二十一	辛巳	2.8

*《目录》八月壬戌朔。

汉孺子婴居摄元年丙寅(6—7)

一•一	庚寅	2.17	二•一	庚申	3.19	三•一	己丑	4.17	四•一	己未	5.17
一•十一	庚子	2.27	二•十一	庚午	3.29	三•十一	己亥	4.27	四•十一	己巳	5.27
一•二十一	庚戌	3.9	二•二十一	庚辰	4.8	三•二十一	己酉	5.7	四•二十一	己卯	6.6
五•一	戊子	6.15	六•一	戊午	7.15	七•一	丁亥	8.13	八•一	丁巳	9.12
五•十一	戊戌	6.25	六•十一	戊辰	7.25	七•十一	丁酉	8.23	八•十一	丁卯	9.22
五•二十一	戊申	7.5	六•二十一	戊寅	8.4	七•二十一	丁未	9.2	八•二十一	丁丑	10.2
九•一	丙戌	10.11	十•一	丙辰	11.10	十一•一	乙酉	12.9	十二•一	乙卯	1.8
九•十一	丙申	10.21	十•十一	丙寅	11.20	十一•十一	乙未	12.19	十二•十一	乙丑	1.18
九•二十一	丙午	10.31	十•二十一	丙子	11.30	十一•二十一	乙巳	12.29	十二•二十一	乙亥	1.28

汉孺子婴居摄二年丁卯(7—8)

一•一	乙酉	2.7	二•一	甲寅	3.8	三•一	甲申	4.7	四•一	癸丑	5.6
一•十一	乙未	2.17	二•十一	甲子	3.18	三•十一	甲午	4.17	四•十一	癸亥	5.16
一•二十一	乙巳	2.27	二•二十一	甲戌	3.28	三•二十一	甲辰	4.27	四•二十一	癸酉	5.26
五•一	癸未	6.5	六•一	壬子	7.4	七•一	壬午	8.3	八•一	辛亥	9.1
五•十一	癸巳	6.15	六•十一	壬戌	7.14	七•十一	壬辰	8.13	八•十一	辛酉	9.11
五•二十一	癸卯	6.25	六•二十一	壬申	7.24	七•二十一	壬寅	8.23	八•二十一	辛未	9.21
九•一	辛巳	10.1	十•一	庚戌	10.30	十一•一	庚辰	11.29	十二•一	己酉	12.28
九•十一	辛卯	10.11	十•十一	庚申	11.9	十一•十一	庚寅	12.9	十二•十一	己未	1.7
九•二十一	辛丑	10.21	十•二十一	庚午	11.19	十一•二十一	庚子	12.19	十二•二十一	己巳	1.17

汉孺子婴初始元年戊辰（8—9）

一·一 己卯 1.27	闰一·一 戊申 2.25		二·一	戊寅	3.26	*三·一	戊申	4.25	四·一	丁丑	5.24
一·十一 己丑 2.6	闰一·十一 戊午 3.6		二·十一	戊子	4.5	三·十一	戊午	5.5	四·十一	丁亥	6.3
一·二十一 己亥 2.16	闰一·二十一 戊辰 3.16		二·二十一	戊戌	4.15	三·二十一	戊辰	5.15	四·二十一	丁酉	6.13
五·一	丁未	6.23	六·一	丙子	7.22	七·一	丙午	8.21	八·一	乙亥	9.19
五·十一	丁巳	7.3	六·十一	丙戌	8.1	七·十一	丙辰	8.31	八·十一	乙酉	9.29
五·二十一	丁卯	7.13	六·二十一	丙申	8.11	七·二十一	丙寅	9.10	八·二十一	乙未	10.9
九·一	乙巳	10.19	十·一	甲戌	11.17	**十一·一	甲辰	12.17	***十二·一	癸酉	1.15
九·十一	乙卯	10.29	十·十一	甲申	11.27	十一·十一	甲寅	12.27	十二·十一	癸未	1.25
九·二十一	乙丑	11.8	十·二十一	甲午	12.7	十一·二十一	甲子	1.6	十二·二十一	癸巳	2.4

*《目录》三月丁未朔。 ** 十一月改元“初始”。 *** 十二月王莽建立新朝，改用丑正，以寅正的本月为岁首，称“始建国”元年正月。

新王莽始建国元年己巳（9—10）

*一·一	癸丑	2.14	二·一	壬申	3.15	三·一	壬寅	4.14	四·一	辛未	5.13
一·十一	癸亥	2.24	二·十一	壬午	3.25	三·十一	壬子	4.24	四·十一	辛巳	5.23
一·二十一	癸酉	3.6	二·二十一	壬辰	4.4	三·二十一	壬戌	5.4	四·二十一	辛卯	6.2
五·一	辛丑	6.12	六·一	庚午	7.11	七·一	庚子	8.10	八·一	庚午	9.9
五·十一	辛亥	6.22	六·十一	庚辰	7.21	七·十一	庚戌	8.20	八·十一	庚辰	9.19
五·二十一	辛酉	7.2	六·二十一	庚寅	7.31	七·二十一	庚申	8.30	八·二十一	庚寅	9.29
九·一	己亥	10.8	十·一	己巳	11.7	十一·一	戊戌	12.6	十二·一	戊辰	1.5
九·十一	己酉	10.18	十·十一	己卯	11.17	十一·十一	戊申	12.16	十二·十一	戊寅	1.15
九·二十一	己未	10.28	十·二十一	己丑	11.27	十一·二十一	戊午	12.26	十二·二十一	戊子	1.25

* 本表仍按寅正编次，“一月”为丑正二月，“十二月”为次年一月，下同。

新王莽始建国二年庚午（10—11）

一·一	丁酉	2.3	二·一	丁卯	3.5	三·一	丙申	4.3	四·一	丙寅	5.3
一·十一	丁未	2.13	二·十一	丁丑	3.15	三·十一	丙午	4.13	四·十一	丙子	5.13
一·二十一	丁巳	2.23	二·二十一	丁亥	3.25	三·二十一	丙辰	4.23	四·二十一	丙戌	5.23
五·一	乙未	6.1	六·一	乙丑	7.1	七·一	甲午	7.30	八·一	甲子	8.29
五·十一	乙巳	6.11	六·十一	乙亥	7.11	七·十一	甲辰	8.9	八·十一	甲戌	9.8
五·二十一	乙卯	6.21	六·二十一	乙酉	7.21	七·二十一	甲寅	8.19	八·二十一	甲申	9.18
九·一 癸巳 9.27	*闰九·一 癸亥 10.27		十·一	壬辰	11.25	十一·一	壬戌	12.25	十二·一	壬辰	1.24
九·十一 癸卯 10.7	闰九·十一 癸酉 11.6		十·十一	壬寅	12.5	十一·十一	壬申	1.4	十二·十一	壬寅	2.3
九·二十一 癸丑 10.17	闰九·二十一 癸未 11.16		十·二十一	壬子	12.15	十一·二十一	壬午	1.14	十二·二十一	壬子	2.13

*《目录》闰十月壬辰朔。

新王莽始建国三年辛未（11—12）

一·一	辛酉	2.22	二·一	辛卯	3.24	三·一	庚申	4.22	四·一	庚寅	5.22
一·十一	辛未	3.4	二·十一	辛丑	4.3	三·十一	庚午	5.2	四·十一	庚子	6.1
一·二十一	辛巳	3.14	二·二十一	辛亥	4.13	三·二十一	庚辰	5.12	四·二十一	庚戌	6.11
五·一	己未	6.20	六·一	己丑	7.20	七·一	戊午	8.18	八·一	戊子	9.17
五·十一	己巳	6.30	六·十一	己亥	7.30	七·十一	戊辰	8.28	八·十一	戊戌	9.27
五·二十一	己卯	7.10	六·二十一	己酉	8.9	七·二十一	戊寅	9.7	八·二十一	戊申	10.7
九·一	丁巳	10.16	十·一	丁亥	11.15	十一·一	丙辰	12.14	十二·一	丙戌	1.13
九·十一	丁卯	10.26	十·十一	丁酉	11.25	十一·十一	丙寅	12.24	十二·十一	丙申	1.23
九·二十一	丁丑	11.5	十·二十一	丁未	12.5	十一·二十一	丙子	1.3	十二·二十一	丙午	2.2

新王莽始建国四年壬申(12—13)

一·一	乙卯	2.11	二·一	乙酉	3.12	*三·一	乙卯	4.11	四·一	甲申	5.10
一·十一	乙丑	2.21	二·十一	乙未	3.22	三·十一	乙丑	4.21	四·十一	甲午	5.20
一·二十一	乙亥	3.2	二·二十一	乙巳	4.1	三·二十一	乙亥	5.1	四·二十一	甲辰	5.30
五·一	甲寅	6.9	六·一	癸未	7.8	七·一	癸丑	8.7	八·一	壬午	9.5
五·十一	甲子	6.19	六·十一	癸巳	7.18	七·十一	癸亥	8.17	八·十一	壬辰	9.15
五·二十一	甲戌	6.29	六·二十一	癸卯	7.28	七·二十一	癸酉	8.27	八·二十一	壬寅	9.25
九·一	壬子	10.5	十·一	辛巳	11.3	十一·一	辛亥	12.3	十二·一	庚辰	1.1
九·十一	壬戌	10.15	十·十一	辛卯	11.13	十一·十一	辛酉	12.13	十二·十一	庚寅	1.11
九·二十一	壬申	10.25	十·二十一	辛丑	11.23	十一·二十一	辛未	12.23	十二·二十一	庚子	1.21

*《目录》三月甲寅朔。

新王莽始建国五年癸酉(13—14)

一·一	庚戌	1.31	二·一	己卯	3.1	三·一	己酉	3.31	四·一	戊寅	4.29
一·十一	庚申	2.10	二·十一	己丑	3.11	三·十一	己未	4.10	四·十一	戊子	5.9
一·二十一	庚午	2.20	二·二十一	己亥	3.21	三·二十一	己巳	4.20	四·二十一	戊戌	5.19
五·一	戊申	5.29	六·一	丁丑	6.27	七·一	丁未 7.27	闰七·一 丁丑 8.26	八·一	丙午	9.24
五·十一	戊午	6.8	六·十一	丁亥	7.7	七·十一	丁巳 8.6	闰七·十一 丁亥 9.5	八·十一	丙辰	10.4
五·二十一	戊辰	6.18	六·二十一	丁酉	7.17	七·二十一	丁卯 8.16	闰七·二十一 丁酉 9.15	八·二十一	丙寅	10.14
九·一	丙子	10.24	十·一	乙巳	11.22	十一·一	乙亥	12.22	十二·一	甲辰	1.20
九·十一	丙戌	11.3	十·十一	乙卯	12.2	十一·十一	乙酉	1.1	十二·十一	甲寅	1.30
九·二十一	丙申	11.13	十·二十一	乙丑	12.12	十一·二十一	乙未	1.11	十二·二十一	甲子	2.9

新王莽天凤元年甲戌(14—15)

一·一	甲戌	2.19	二·一	癸卯	3.20	三·一	癸酉	4.19	四·一	壬寅	5.18
一·十一	甲申	3.1	二·十一	癸丑	3.30	三·十一	癸未	4.29	四·十一	壬子	5.28
一·二十一	甲午	3.11	二·二十一	癸亥	4.9	三·二十一	癸巳	5.9	四·二十一	壬戌	6.7
五·一	壬申	6.17	六·一	辛丑	7.16	七·一	辛未	8.15	八·一	庚子	9.13
五·十一	壬午	6.27	六·十一	辛亥	7.26	七·十一	辛巳	8.25	八·十一	庚戌	9.23
五·二十一	壬辰	7.7	六·二十一	辛酉	8.5	七·二十一	辛卯	9.4	八·二十一	庚申	10.3
九·一	庚午	10.13	*十·一	庚子	11.12	十一·一	己巳	12.11	十二·一	己亥	1.10
九·十一	庚辰	10.23	十·十一	庚戌	11.22	十一·十一	己卯	12.21	十二·十一	己酉	1.20
九·二十一	庚寅	11.2	十·二十一	庚申	12.2	十一·二十一	己丑	12.31	十二·二十一	己未	1.30

*《目录》十月己亥朔。

新王莽天凤二年乙亥(15—16)

一·一	戊辰	2.8	二·一	戊戌	3.10	三·一	丁卯	4.8	四·一	丁酉	5.8
一·十一	戊寅	2.18	二·十一	戊申	3.20	三·十一	丁丑	4.18	四·十一	丁未	5.18
一·二十一	戊子	2.28	二·二十一	戊午	3.30	三·二十一	丁亥	4.28	四·二十一	丁巳	5.28
五·一	丙寅	6.6	六·一	丙申	7.6	七·一	乙丑	8.4	八·一	乙未	9.3
五·十一	丙子	6.16	六·十一	丙午	7.16	七·十一	乙亥	8.14	八·十一	乙巳	9.13
五·二十一	丙戌	6.26	六·二十一	丙辰	7.26	七·二十一	乙酉	8.24	八·二十一	乙卯	9.23
九·一	甲子	10.2	十·一	甲午	11.1	十一·一	癸亥	11.30	十二·一	癸巳	12.30
九·十一	甲戌	10.12	十·十一	甲辰	11.11	十一·十一	癸酉	12.10	十二·十一	癸卯	1.9
九·二十一	甲申	10.22	十·二十一	甲寅	11.21	十一·二十一	癸未	12.20	十二·二十一	癸丑	1.19

新王莽天凤三年丙子(16—17)

一·一 壬戌 1.28	二·一 壬辰 2.27	三·一 壬戌 3.28	四·一 辛卯 4.26 闰四·一 辛酉 5.26
一·十一 壬申 2.7	二·十一 壬寅 3.8	三·十一 壬申 4.7	四·十一 辛丑 5.6 闰四·十一 辛未 6.5
一·二十一 壬午 2.17	二·二十一 壬子 3.18	三·二十一 壬午 4.17	四·二十一辛亥 5.16 闰四·二十一辛巳 6.15
五·一 庚寅 6.24	六·一 庚申 7.24	七·一 己丑 8.22	八·一 己未 9.21
五·十一 庚子 7.4	六·十一 庚午 8.3	七·十一 己亥 9.1	八·十一 己巳 10.1
五·二十一 庚戌 7.14	六·二十一 庚辰 8.13	七·二十一 己酉 9.11	八·二十一 己卯 10.11
九·一 戊子 10.20	十·一 戊午 11.19	*十一·一 丁亥 12.18	十二·一 丁巳 1.17
九·十一 戊戌 10.30	十·十一 戊辰 11.29	十一·十一 丁酉 12.28	十二·十一 丁卯 1.27
九·二十一 戊申 11.9	十·二十一 戊寅 12.9	十一·二十一 丁未 1.7	十二·二十一 丁丑 2.6

*《辑要》十一月甲子朔,误。

新王莽天凤四年丁丑(17—18)

一·一 丙戌 2.15	二·一 丙辰 3.17	三·一 乙酉 4.15	四·一 乙卯 5.15
一·十一 丙申 2.25	二·十一 丙寅 3.27	三·十一 乙未 4.25	四·十一 乙丑 5.25
一·二十一 丙午 3.7	二·二十一 丙子 4.6	三·二十一 乙巳 5.5	四·二十一 乙亥 6.4
五·一 甲申 6.13	六·一 甲寅 7.13	七·一 甲申 8.12	八·一 癸丑 9.10
五·十一 甲午 6.23	六·十一 甲子 7.23	七·十一 甲午 8.22	八·十一 癸亥 9.20
五·二十一 甲辰 7.3	六·二十一 甲戌 8.2	七·二十一 甲辰 9.1	八·二十一 癸酉 9.30
九·一 癸未 10.10	十·一 壬子 11.8	十一·一 壬午 12.8	十二·一 辛亥 1.6
九·十一 癸巳 10.20	十·十一 壬戌 11.18	十一·十一 壬辰 12.18	十二·十一 辛酉 1.16
九·二十一 癸卯 10.30	十·二十一 壬申 11.28	十一·二十一 壬寅 12.28	十二·二十一 辛未 1.26

新王莽天凤五年戊寅(18—19)

一·一 辛巳 2.5	二·一 庚戌 3.6	三·一 庚辰 4.5	四·一 己酉 5.4
一·十一 辛卯 2.15	二·十一 庚申 3.16	三·十一 庚寅 4.15	四·十一 己未 5.14
一·二十一 辛丑 2.25	二·二十一 庚午 3.26	三·二十一 庚子 4.25	四·二十一 己巳 5.24
五·一 己卯 6.3	六·一 戊申 7.2	七·一 戊寅 8.1	八·一 丁未 8.30
五·十一 己丑 6.13	六·十一 戊午 7.12	七·十一 戊子 8.11	八·十一 丁巳 9.9
五·二十一 己亥 6.23	六·二十一 戊辰 7.22	七·二十一 戊戌 8.21	八·二十一 丁卯 9.19
九·一 丁丑 9.29	*十·一 丁未** 10.29	十一·一 丙子 11.27	十二·一 丙午 12.27 闰十二·一 乙亥 1.25
九·十一 丁亥 10.9	十·十一 丁巳 11.8	十一·十一 丙戌 12.7	十二·十一 丙辰 1.6 闰十二·十一 乙酉 2.4
九·二十一 丁酉 10.19	十·二十一 丁卯 11.18	十一·二十一 丙申 12.17	十二·二十一丙寅 1.16 闰十二·二十一乙未 2.14

*《目录》《总谱》十月丙午朔。　**《总谱》公历 10 月 29 日为丙午,误。

新王莽天凤六年己卯(19—20)

一·一 乙巳 2.24	二·一 甲戌 3.25	三·一 甲辰 4.24	四·一 癸酉 5.23
一·十一 乙卯 3.6	二·十一 甲申 4.4	三·十一 甲寅 5.4	四·十一 癸未 6.2
一·二十一 乙丑 3.16	二·二十一 甲午 4.14	三·二十一 甲子 5.14	四·二十一 癸巳 6.12
五·一 癸卯 6.22	六·一 壬申 7.21	七·一 壬寅 8.20	八·一 辛未 9.18
五·十一 癸丑 7.2	六·十一 壬午 7.31	七·十一 壬子 8.30	八·十一 辛巳 9.28
五·二十一 癸亥 7.12	六·二十一 壬辰 8.10	七·二十一 壬戌 9.9	八·二十一 辛卯 10.8
九·一 辛丑 10.18	十·一 庚午 11.16	十一·一 庚子 12.16	十二·一 己巳 1.14
九·十一 辛亥 10.28	十·十一 庚辰 11.26	十一·十一 庚戌 12.26	十二·十一 己卯 1.24
九·二十一 辛酉 11.7	十·二十一 庚寅 12.6	十一·二十一 庚申 1.5	十二·二十一 己丑 2.3

新王莽地皇元年庚辰(20—21)

一·一	己亥	2.13	二·一	己巳	3.14	三·一	戊戌	4.12	四·一	戊辰	5.12
一·十一	己酉	2.23	二·十一	己卯	3.24	三·十一	戊申	4.22	四·十一	戊寅	5.22
一·二十一	己未	3.4	二·二十一	己丑	4.3	三·二十一	戊午	5.2	四·二十一	戊子	6.1
五·一	丁酉	6.10	六·一	丁卯	7.10	七·一	丙申	8.8	八·一	丙寅	9.7
五·十一	丁未	6.20	六·十一	丁丑	7.20	七·十一	丙午	8.18	八·十一	丙子	9.17
五·二十一	丁巳	6.30	六·二十一	丁亥	7.30	七·二十一	丙辰	8.28	八·二十一	丙戌	9.27
九·一	乙未	10.6	十·一	乙丑	11.5	十一·一	甲午	12.4	十二·一	甲子	1.3
九·十一	乙巳	10.16	十·十一	乙亥	11.15	十一·十一	甲辰	12.14	十二·十一	甲戌	1.13
九·二十一	乙卯	10.26	十·二十一	乙酉	11.25	十一·二十一	甲寅	12.24	十二·二十一	甲申	1.23

新王莽地皇二年辛巳(21—22)

一·一	癸巳	2.1	二·一	癸亥	3.3	三·一	壬辰	4.1	四·一	壬戌	5.1
一·十一	癸卯	2.11	二·十一	癸酉	3.13	三·十一	壬寅	4.11	四·十一	壬申	5.11
一·二十一	癸丑	2.21	二·二十一	癸未	3.23	三·二十一	壬子	4.21	四·二十一	壬午	5.21
*五·一	壬辰	5.31	六·一	辛酉	6.29	七·一	辛卯	7.29	八·一	庚申	8.27　闰八·一　庚寅　9.26
五·十一	壬寅	6.10	六·十一	辛未	7.9	七·十一	辛丑	8.8	八·十一	庚午	9.6　闰八·十一　庚子　10.6
五·二十一	壬子	6.20	六·二十一	辛巳	7.19	七·二十一	辛亥	8.18	八·二十一	庚辰	9.16　闰八·二十一　庚戌　10.16
九·一	己未	10.25	十·一	己丑	11.24	十一·一	戊午	12.23	十二·一	戊子	1.22
九·十一	己巳	11.4	十·十一	己亥	12.4	十一·十一	戊辰	1.2	十二·十一	戊戌	2.1
九·二十一	己卯	11.14	十·二十一	己酉	12.14	十一·二十一	戊寅	1.12	十二·二十一	戊申	2.11

*《目录》五月辛卯朔。

新王莽地皇三年壬午(22—23)

一·一	丁巳	2.20	二·一	丁亥	3.22	三·一	丙辰	4.20	四·一	丙戌	5.20
一·十一	丁卯	3.2	二·十一	丁酉	4.1	三·十一	丙寅	4.30	四·十一	丙申	5.30
一·二十一	丁丑	3.12	二·二十一	丁未	4.11	三·二十一	丙子	5.10	四·二十一	丙午	6.9
五·一	乙卯	6.18	六·一	乙酉	7.18	七·一	甲寅	8.16	八·一	甲申	9.15
五·十一	乙丑	6.28	六·十一	乙未	7.28	七·十一	甲子	8.26	八·十一	甲午	9.25
五·二十一	乙亥	7.8	六·二十一	乙巳	8.7	七·二十一	甲戌	9.5	八·二十一	甲辰	10.5
九·一	甲寅	10.15	十·一	癸未	11.13	十一·一	癸丑	12.13	*十二·一	壬午	1.11
九·十一	甲子	10.25	十·十一	癸巳	11.23	十一·十一	癸亥	12.23	十二·十一	壬辰	1.21
九·二十一	甲戌	11.4	十·二十一	癸卯	12.3	十一·二十一	癸酉	1.2	十二·二十一	壬寅	1.31

*《目录》十二月壬子朔,误;《通考》十二月癸未朔。

刘玄更始元年癸未(23—24)

*一·一	壬子	2.10	**二·一	辛巳	3.11	三·一	辛亥	4.10	四·一	庚辰	5.9
一·十一	壬戌	2.20	二·十一	辛卯	3.21	三·十一	辛酉	4.20	四·十一	庚寅	5.19
一·二十一	壬申	3.2	二·二十一	辛丑	3.31	三·二十一	辛未	4.30	四·二十一	庚子	5.29
五·一	庚戌	6.8	六·一	己卯	7.7	七·一	己酉	8.6	八·一	戊寅	9.4
五·十一	庚申	6.18	六·十一	己丑	7.17	七·十一	己未	8.16	八·十一	戊子	9.14
五·二十一	庚午	6.28	六·二十一	己亥	7.27	七·二十一	己巳	8.26	八·二十一	戊戌	9.24
***九·一	戊申	10.4	十·一	丁丑	11.2	十一·一	丁未	12.2	十二·一	丙子	12.31
九·十一	戊午	10.14	十·十一	丁亥	11.12	十一·十一	丁巳	12.12	十二·十一	丙戌	1.10
九·二十一	戊辰	10.24	十·二十一	丁酉	11.22	十一·二十一	丁卯	12.22	十二·二十一	丙申	1.20

*《朔闰考》正月壬午朔,误。　** 本月刘玄称帝,改元"更始"。　*** 本月即地皇四年十月,王莽亡。

刘玄更始二年甲申(24—25)

一・一　丙午　1.30	二・一　丙子　2.29	三・一　乙巳　3.29	四・一　乙亥　4.28
一・十一　丙辰　2.9	二・十一　丙戌　3.10	三・十一　乙卯　4.8	四・十一　乙酉　5.8
一・二十一　丙寅　2.19	二・二十一　丙申　3.20	三・二十一　乙丑　4.18	四・二十一　乙未　5.18
五・一　甲辰5.27　闰五・一　甲戌6.26	六・一　癸卯　7.25	七・一　癸酉　8.24	八・一　壬寅　9.22
五・十一　甲寅6.6　闰五・十一　甲申7.6	六・十一　癸丑　8.4	七・十一　癸未　9.3	八・十一　壬子　10.2
五・二十一甲子6.16　闰五・二十一甲午7.16	六・二十一　癸亥　8.14	七・二十一　癸巳　9.13	八・二十一　壬戌　10.12
九・一　壬申　10.22	十・一　辛丑　11.20	十一・一　辛未　12.20	十二・一　庚子　1.18
九・十一　壬午　11.1	十・十一　辛亥　11.30	十一・十一　辛巳　12.30	十二・十一　庚戌　1.28
九・二十一　壬辰　11.11	十・二十一　辛酉　12.10	十一・二十一　辛卯　1.9	十二・二十一　庚申　2.7

东 汉 历 日 表

汉光武帝建武元年乙酉(25—26)

一・一　庚午　2.17	二・一　己亥　3.18	三・一　己巳　4.17	*四・一　己亥　5.17
一・十一　庚辰　2.27	二・十一　己酉　3.28	三・十一　己卯　4.27	四・十一　己酉　5.27
一・二十一　庚寅　3.9	二・二十一　己未　4.7	三・二十一　己丑　5.7	四・二十一　己未　6.6
五・一　戊辰　6.15	**六・一　戊戌　7.15	七・一　丁卯　8.13	八・一　丁酉　9.12
五・十一　戊寅　6.25	六・十一　戊申　7.25	七・十一　丁丑　8.23	八・十一　丁未　9.22
五・二十一　戊子　7.5	六・二十一　戊午　8.4	七・二十一　丁亥　9.2	八・二十一　丁巳　10.2
***九・一　丙寅　10.11	十・一　丙申　11.10	****十一・一　乙丑　12.9	十二・一　乙未　1.8
九・十一　丙子　10.21	十・十一　丙午　11.20	十一・十一　乙亥　12.19	十二・十一　乙巳　1.18
九・二十一　丙戌　10.31	十・二十一　丙辰　11.30	十一・二十一　乙酉　12.29	十二・二十一　乙卯　1.28

*《目录》四月戊戌朔。　** 本月光武帝即位,改元“建武”。　*** 本月刘玄亡。　****《目录》十一月乙未朔,误。

汉光武帝建武二年丙戌(26—27)

一・一　甲子　2.6	二・一　甲午　3.8	三・一　癸亥　4.6	四・一　癸巳　5.6
一・十一　甲戌　2.16	二・十一　甲辰　3.18	三・十一　癸酉　4.16	四・十一　癸卯　5.16
一・二十一　甲申　2.26	二・二十一　甲寅　3.28	三・二十一　癸未　4.26	四・二十一　癸丑　5.26
五・一　壬戌　6.4	六・一　壬辰　7.4	七・一　辛酉　8.2	八・一　辛卯　9.1
五・十一　壬申　6.14	六・十一　壬寅　7.14	七・十一　辛未　8.12	八・十一　辛丑　9.11
五・二十一　壬午　6.24	六・二十一　壬子　7.24	七・二十一　辛巳　8.22	八・二十一　辛亥　9.21
九・一　辛酉　10.1	十・一　庚寅　10.30	十一・一　庚申　11.29	十二・一　己丑　12.28
九・十一　辛未　10.11	十・十一　庚子　11.9	十一・十一　庚午　12.9	十二・十一　己亥　1.7
九・二十一　辛巳　10.21	十・二十一　庚戌　11.19	十一・二十一　庚辰　12.19	十二・二十一　己酉　1.17

汉光武帝建武三年丁亥(27—28)

*一・一　己未　1.27	二・一　戊子2.25　闰二・一　戊午3.27	三・一　丁亥　4.25	四・一　丁巳　5.25
一・十一　己巳　2.6	二・十一　戊戌3.7　闰二・十一　戊辰4.6	三・十一　丁酉　5.5	四・十一　丁卯　6.4
一・二十一　己卯　2.16	二・二十一戊申3.17　闰二・二十一戊寅4.16	三・二十一　丁未　5.15	四・二十一　丁丑　6.14
五・一　丙戌　6.23	六・一　丙辰　7.23	七・一　乙酉　8.21	八・一　乙卯　9.20
五・十一　丙申　7.3	六・十一　丙寅　8.2	七・十一　乙未　8.31	八・十一　乙丑　9.30
五・二十一　丙午　7.13	六・二十一　丙子　8.12	七・二十一　乙巳　9.10	八・二十一　乙亥　10.10
九・一　甲申　10.19	十・一　甲寅　11.18	**十一・一　甲申　12.18	十二・一　癸丑　1.16
九・十一　甲午　10.29	十・十一　甲子　11.28	十一・十一　甲午　12.28	十二・十一　癸亥　1.26
九・二十一　甲辰　11.8	十・二十一　甲戌　12.8	十一・二十一　甲辰　1.7	十二・二十一　癸酉　2.5

*《辑要》正月丁未朔,误。　**《目录》十一月癸未朔。

汉光武帝建武四年戊子(28—29)

一·一	癸未	2.15	二·一	壬子	3.15	三·一	壬午	4.14	四·一	辛亥	5.13
一·十一	癸巳	2.25	二·十一	壬戌	3.25	三·十一	壬辰	4.24	四·十一	辛酉	5.23
一·二十一	癸卯	3.6	二·二十一	壬申	4.4	三·二十一	壬寅	5.4	四·二十一	辛未	6.2
五·一	辛巳	6.12	六·一	庚戌	7.11	七·一	庚辰	8.10	八·一	己酉	9.8
五·十一	辛卯	6.22	六·十一	庚申	7.21	七·十一	庚寅	8.20	八·十一	己未	9.18
五·二十一	辛丑	7.2	六·二十一	庚午	7.31	七·二十一	庚子	8.30	八·二十一	己巳	9.28
九·一	己卯	10.8	十·一	戊申	11.6	十一·一	戊寅	12.6	十二·一	丁未	1.4
九·十一	己丑	10.18	十·十一	戊午	11.16	十一·十一	戊子	12.16	十二·十一	丁巳	1.14
九·二十一	己亥	10.28	十·二十一	戊辰	11.26	十一·二十一	戊戌	12.26	十二·二十一	丁卯	1.24

汉光武帝建武五年己丑(29—30)

一·一	丁丑	2.3	二·一	丙午	3.4	三·一	丙子	4.3	四·一	丙午	5.3
一·十一	丁亥	2.13	二·十一	丙辰	3.14	三·十一	丙戌	4.13	四·十一	丙辰	5.13
一·二十一	丁酉	2.23	二·二十一	丙寅	3.24	三·二十一	丙申	4.23	四·二十一	丙寅	5.23
五·一	乙亥	6.1	六·一	乙巳	7.1	七·一	甲戌	7.30	八·一	甲辰	8.29
五·十一	乙酉	6.11	六·十一	乙卯	7.11	七·十一	甲申	8.9	八·十一	甲寅	9.8
五·二十一	乙未	6.21	六·二十一	乙丑	7.21	七·二十一	甲午	8.19	八·二十一	甲子	9.18
九·一	癸酉	9.27	十·一 癸卯 10.27	闰十·一 壬申 11.25		十一·一	壬寅	12.25	十二·一	辛未	1.23
九·十一	癸未	10.7	十·十一 癸丑 11.6	闰十·十一 壬午 12.5		十一·十一	壬子	1.4	十二·十一	辛巳	2.2
九·二十一	癸巳	10.17	十·二十一 癸亥 11.16	闰十·二十一 壬辰 12.15		十一·二十一	壬戌	1.14	十二·二十一	辛卯	2.12

汉光武帝建武六年庚寅(30—31)

一·一	辛丑	2.22	二·一	庚午	3.23	三·一	庚子	4.22	四·一	己巳	5.21
一·十一	辛亥	3.4	二·十一	庚辰	4.2	三·十一	庚戌	5.2	四·十一	己卯	5.31
一·二十一	辛酉	3.14	二·二十一	庚寅	4.12	三·二十一	庚申	5.12	四·二十一	己丑	6.10
五·一	己亥	6.20	六·一	戊辰	7.19	七·一	戊戌	8.18	八·一	戊辰	9.17
五·十一	己酉	6.30	六·十一	戊寅	7.29	七·十一	戊申	8.28	八·十一	戊寅	9.27
五·二十一	己未	7.10	六·二十一	戊子	8.8	七·二十一	戊午	9.7	八·二十一	戊子	10.7
九·一	丁酉	10.16	十·一	丁卯	11.15	十一·一	丙申	12.14	十二·一	丙寅	1.13
九·十一	丁未	10.26	十·十一	丁丑	11.25	十一·十一	丙午	12.24	十二·十一	丙子	1.23
九·二十一	丁巳	11.5	十·二十一	丁亥	12.5	十一·二十一	丙辰	1.3	十二·二十一	丙戌	2.2

汉光武帝建武七年辛卯(31—32)

一·一	乙未	2.11	二·一	乙丑	3.13	三·一	甲午	4.11	四·一	甲子	5.11
一·十一	乙巳	2.21	二·十一	乙亥	3.23	三·十一	甲辰	4.21	四·十一	甲戌	5.21
一·二十一	乙卯	3.3	二·二十一	乙酉	4.2	三·二十一	甲寅	5.1	四·二十一	甲申	5.31
五·一	癸巳	6.9	六·一	癸亥	7.9	七·一	壬辰	8.7	八·一	壬戌	9.6
五·十一	癸卯	6.19	六·十一	癸酉	7.19	七·十一	壬寅	8.17	八·十一	壬申	9.16
五·二十一	癸丑	6.29	六·二十一	癸未	7.29	七·二十一	壬子	8.27	八·二十一	壬午	9.26
九·一	辛卯	10.5	十·一	辛酉	11.4	*十一·一	辛卯	12.4	十二·一	庚申	1.2
九·十一	辛丑	10.15	十·十一	辛未	11.14	十一·十一	辛丑	12.14	十二·十一	庚午	1.12
九·二十一	辛亥	10.25	十·二十一	辛巳	11.24	十一·二十一	辛亥	12.24	十二·二十一	庚辰	1.22

*《目录》十一月庚寅朔。

汉光武帝建武八年壬辰(32—33)

一·一	庚寅	2.1	二·一	己未	3.1	三·一	己丑	3.31	四·一	戊午	4.29
一·十一	庚子	2.11	二·十一	己巳	3.11	三·十一	己亥	4.10	四·十一	戊辰	5.9
一·二十一	庚戌	2.21	二·二十一	己卯	3.21	三·二十一	己酉	4.20	四·二十一	戊寅	5.19
五·一	戊子	5.29	六·一	丁巳	6.27　闰六·一　丁亥 7.27	七·一	丙辰	8.25	八·一	丙戌	9.24
五·十一	戊戌	6.8	六·十一	丁卯	7.7　闰六·十一　丁酉 8.6	七·十一	丙寅	9.4	八·十一	丙申	10.4
五·二十一	戊申	6.18	六·二十一	丁丑	7.17　闰六·二十一　丁未 8.16	七·二十一	丙子	9.14	八·二十一	丙午	10.14
九·一	乙卯	10.23	十·一	乙酉	11.22	十一·一	甲寅	12.21	十二·一	甲申	1.20
九·十一	乙丑	11.2	十·十一	乙未	12.2	十一·十一	甲子	12.31	十二·十一	甲午	1.30
九·二十一	乙亥	11.12	十·二十一	乙巳	12.12	十一·二十一	甲戌	1.10	十二·二十一	甲辰	2.9

汉光武帝建武九年癸巳(33—34)

一·一	癸丑	2.18	二·一	癸未	3.20	三·一	癸丑	4.19	四·一	壬午	5.18
一·十一	癸亥	2.28	二·十一	癸巳	3.30	三·十一	癸亥	4.29	四·十一	壬辰	5.28
一·二十一	癸酉	3.10	二·二十一	癸卯	4.9	三·二十一	癸酉	5.9	四·二十一	壬寅	6.7
五·一	壬子	6.17	六·一	辛巳	7.16	七·一	辛亥	8.15	八·一	庚辰	9.13
五·十一	壬戌	6.27	六·十一	辛卯	7.26	七·十一	辛酉	8.25	八·十一	庚寅	9.23
五·二十一	壬申	7.7	六·二十一	辛丑	8.5	七·二十一	辛未	9.4	八·二十一	庚子	10.3
九·一	庚戌	10.13	十·一	己卯	11.11	十一·一	己酉	12.11	十二·一	戊寅	1.9
九·十一	庚申	10.23	十·十一	己丑	11.21	十一·十一	己未	12.21	十二·十一	戊子	1.19
九·二十一	庚午	11.2	十·二十一	己亥	12.1	十一·二十一	己巳	12.31	十二·二十一	戊戌	1.29

汉光武帝建武十年甲午(34—35)

一·一	戊申	2.8	二·一	丁丑	3.9	三·一	丁未	4.8	四·一	丙子	5.7
一·十一	戊午	2.18	二·十一	丁亥	3.19	三·十一	丁巳	4.18	四·十一	丙戌	5.17
一·二十一	戊辰	2.28	二·二十一	丁酉	3.29	三·二十一	丁卯	4.28	四·二十一	丙申	5.27
五·一	丙午	6.6	*六·一	丙子	7.6	七·一	乙巳	8.4	八·一	乙亥	9.3
五·十一	丙辰	6.16	六·十一	丙戌	7.16	七·十一	乙卯	8.14	八·十一	乙酉	9.13
五·二十一	丙寅	6.26	六·二十一	丙申	7.26	七·二十一	乙丑	8.24	八·二十一	乙未	9.23
九·一	甲辰	10.2	十·一	甲戌	11.1	十一·一	癸卯	11.30	十二·一	癸酉	12.30
九·十一	甲寅	10.12	十·十一	甲申	11.11	十一·十一	癸丑	12.10	十二·十一	癸未	1.9
九·二十一	甲子	10.22	十·二十一	甲午	11.21	十一·二十一	癸亥	12.20	十二·二十一	癸巳	1.19

*《目录》六月乙亥朔。

汉光武帝建武十一年乙未(35—36)

一·一	壬寅	1.28	二·一	壬申	2.27	三·一	辛丑	3.28　闰三·一　辛未 4.27	四·一	庚子	5.26
一·十一	壬子	2.7	二·十一	壬午	3.9	三·十一	辛亥	4.7　闰三·十一　辛巳 5.7	四·十一	庚戌	6.5
一·二十一	壬戌	2.17	二·二十一	壬辰	3.19	三·二十一	辛酉	4.17　闰三·二十一　辛卯 5.17	四·二十一	庚申	6.15
五·一	庚午	6.25	六·一	己亥	7.24	七·一	己巳	8.23	八·一	戊戌	9.21
五·十一	庚辰	7.5	六·十一	己酉	8.3	七·十一	己卯	9.2	八·十一	戊申	10.1
五·二十一	庚寅	7.15	六·二十一	己未	8.13	七·二十一	己丑	9.12	八·二十一	戊午	10.11
九·一	戊辰	10.21	十·一	戊戌	11.20	十一·一	丁卯	12.19	十二·一	丁酉	1.18
九·十一	戊寅	10.31	十·十一	戊申	11.30	十一·十一	丁丑	12.29	十二·十一	丁未	1.28
九·二十一	戊子	11.10	十·二十一	戊午	12.10	十一·二十一	丁亥	1.8	十二·二十一	丁巳	2.7

汉光武帝建武十二年丙申(36—37)

一·一 丙寅 2.16	二·一 丙申 3.17	三·一 乙丑 4.15	四·一 乙未 5.15
一·十一 丙子 2.26	二·十一 丙午 3.27	三·十一 乙亥 4.25	四·十一 乙巳 5.25
一·二十一 丙戌 3.7	二·二十一 丙辰 4.6	三·二十一 乙酉 5.5	四·二十一 乙卯 6.4
五·一 甲子 6.13	六·一 甲午 7.13	七·一 癸亥 8.11	八·一 癸巳 9.10
五·十一 甲戌 6.23	六·十一 甲辰 7.23	七·十一 癸酉 8.21	八·十一 癸卯 9.20
五·二十一 甲申 7.3	六·二十一 甲寅 8.2	七·二十一 癸未 8.31	八·二十一 癸丑 9.30
九·一 壬戌 10.9	十·一 壬辰 11.8	十一·一 辛酉 12.7	十二·一 辛卯 1.6
九·十一 壬申 10.19	十·十一 壬寅 11.18	十一·十一 辛未 12.17	十二·十一 辛丑 1.16
九·二十一 壬午 10.29	十·二十一 壬子 11.28	十一·二十一 辛巳 12.27	十二·二十一 辛亥 1.26

汉光武帝建武十三年丁酉(37—38)

一·一 庚申 2.4	二·一 庚寅 3.6	三·一 庚申 4.5	四·一 己丑 5.4
一·十一 庚午 2.14	二·十一 庚子 3.16	三·十一 庚午 4.15	四·十一 己亥 5.14
一·二十一 庚辰 2.24	二·二十一 庚戌 3.26	三·二十一 庚辰 4.25	四·二十一 己酉 5.24
五·一 己未 6.3	六·一 戊子 7.2	七·一 戊午 8.1	八·一 丁亥 8.30
五·十一 己巳 6.13	六·十一 戊戌 7.12	七·十一 戊辰 8.11	八·十一 丁酉 9.9
五·二十一 己卯 6.23	六·二十一 戊申 7.22	七·二十一 戊寅 8.21	八·二十一 丁未 9.19
九·一 丁巳 9.29	十·一 丙戌 10.28	十一·一 丙辰 11.27	十二·一 乙酉 12.26 闰十二·一 乙卯 1.25
九·十一 丁卯 10.9	十·十一 丙申 11.7	十一·十一 丙寅 12.7	十二·十一 乙未 1.5 闰十二·十一 乙丑 2.4
九·二十一 丁丑 10.19	十·二十一 丙午 11.17	十一·二十一 丙子 12.17	十二·二十一 乙巳 1.15 闰十二·二十一 乙亥 2.14

汉光武帝建武十四年戊戌(38—39)

一·一 甲申 2.23	二·一 甲寅 3.25	三·一 癸未 4.23	四·一 癸丑 5.23
一·十一 甲午 3.5	二·十一 甲子 4.4	三·十一 癸巳 5.3	四·十一 癸亥 6.2
一·二十一 甲辰 3.15	二·二十一 甲戌 4.14	三·二十一 癸卯 5.13	四·二十一 癸酉 6.12
*五·一 癸未 6.22	六·一 壬子 7.21	七·一 壬午 8.20	八·一 辛亥 9.18
五·十一 癸巳 7.2	六·十一 壬戌 7.31	七·十一 壬辰 8.30	八·十一 辛酉 9.28
五·二十一 癸卯 7.12	六·二十一 壬申 8.10	七·二十一 壬寅 9.9	八·二十一 辛未 10.8
九·一 辛巳 10.18	十·一 庚戌 11.16	十一·一 庚辰 12.16	十二·一 己酉 1.14
九·十一 辛卯 10.28	十·十一 庚申 11.26	十一·十一 庚寅 12.26	十二·十一 己未 1.24
九·二十一 辛丑 11.7	十·二十一 庚午 12.6	十一·二十一 庚子 1.5	十二·二十一 己巳 2.3

*《目录》五月壬午朔。

汉光武帝建武十五年己亥(39—40)

一·一 己卯 2.13	二·一 戊申 3.14	三·一 戊寅 4.13	四·一 丁未 5.12
一·十一 己丑 2.23	二·十一 戊午 3.24	三·十一 戊子 4.23	四·十一 丁巳 5.22
一·二十一 己亥 3.5	二·二十一 戊辰 4.3	三·二十一 戊戌 5.3	四·二十一 丁卯 6.1
五·一 丁丑 6.11	六·一 丙午 7.10	七·一 丙子 8.9	八·一 乙巳 9.7
五·十一 丁亥 6.21	六·十一 丙辰 7.20	七·十一 丙戌 8.19	八·十一 乙卯 9.17
五·二十一 丁酉 7.1	六·二十一 丙寅 7.30	七·二十一 丙申 8.29	八·二十一 乙丑 9.27
九·一 乙亥 10.7	十·一 乙巳 11.6	十一·一 甲戌 12.5	十二·一 甲辰 1.4
九·十一 乙酉 10.17	十·十一 乙卯 11.16	十一·十一 甲申 12.15	十二·十一 甲寅 1.14
九·二十一 乙未 10.27	十·二十一 乙丑 11.26	十一·二十一 甲午 12.25	十二·二十一 甲子 1.24

汉光武帝建武十六年庚子(40—41)

一•一 癸酉 2.2	二•一 癸卯 3.3	三•一 壬申 4.1	四•一 壬寅 5.1
一•十一 癸未 2.12	二•十一 癸丑 3.13	三•十一 壬午 4.11	四•十一 壬子 5.11
一•二十一 癸巳 2.22	二•二十一 癸亥 3.23	三•二十一 壬辰 4.21	四•二十一 壬戌 5.21
五•一 辛未 5.30	六•一 辛丑 6.29	七•一 庚午 7.28	八•一 庚子 8.27 闰八•一 己巳 9.25
五•十一 辛巳 6.9	六•十一 辛亥 7.9	七•十一 庚辰 8.7	八•十一 庚戌 9.6 闰八•十一 己卯 10.5
五•二十一 辛卯 6.19	六•二十一 辛酉 7.19	七•二十一 庚寅 8.17	八•二十一 庚申 9.16 闰八•二十一 己丑 10.15
九•一 己亥 10.25	十•一 戊辰 11.23	十一•一 戊戌 12.23	*十二•一 戊辰 1.22
九•十一 己酉 11.4	十•十一 戊寅 12.3	十一•十一 戊申 1.2	十二•十一 戊寅 2.1
九•二十一 己未 11.14	十•二十一 戊子 12.13	十一•二十一 戊午 1.12	十二•二十一 戊子 2.11

*《目录》十二月丁卯朔。

汉光武帝建武十七年辛丑(41—42)

一•一 丁酉 2.20	二•一 丁卯 3.22	三•一 丙申 4.20	四•一 丙寅 5.20
一•十一 丁未 3.2	二•十一 丁丑 4.1	三•十一 丙午 4.30	四•十一 丙子 5.30
一•二十一 丁巳 3.12	二•二十一 丁亥 4.11	三•二十一 丙辰 5.10	四•二十一 丙戌 6.9
五•一 乙未 6.18	六•一 乙丑 7.18	七•一 甲午 8.16	八•一 甲子 9.15
五•十一 乙巳 6.28	六•十一 乙亥 7.28	七•十一 甲辰 8.26	八•十一 甲戌 9.25
五•二十一 乙卯 7.8	六•二十一 乙酉 8.7	七•二十一 甲寅 9.5	八•二十一 甲申 10.5
九•一 癸巳 10.14	十•一 癸亥 11.13	十一•一 壬辰 12.12	十二•一 壬戌 1.11
九•十一 癸卯 10.24	十•十一 癸酉 11.23	十一•十一 壬寅 12.22	十二•十一 壬申 1.21
九•二十一 癸丑 11.3	十•二十一 癸未 12.3	十一•二十一 壬子 1.1	十二•二十一 壬午 1.31

汉光武帝建武十八年壬寅(42—43)

一•一 辛卯 2.9	二•一 辛酉 3.11	三•一 庚寅 4.9	四•一 庚申 5.9
一•十一 辛丑 2.19	二•十一 辛未 3.21	三•十一 庚子 4.19	四•十一 庚午 5.19
一•二十一 辛亥 3.1	二•二十一 辛巳 3.31	三•二十一 庚戌 4.29	四•二十一 庚辰 5.29
五•一 庚寅 6.8	六•一 己未 7.7	七•一 己丑 8.6	八•一 戊午 9.4
五•十一 庚子 6.18	六•十一 己巳 7.17	七•十一 己亥 8.16	八•十一 戊辰 9.14
五•二十一 庚戌 6.28	六•二十一 己卯 7.27	七•二十一 己酉 8.26	八•二十一 戊寅 9.24
九•一 戊子 10.4	十•一 丁巳 11.2	十一•一 丁亥 12.2	十二•一 丙辰 12.31
九•十一 戊戌 10.14	十•十一 丁卯 11.12	十一•十一 丁酉 12.12	十二•十一 丙寅 1.10
九•二十一 戊申 10.24	十•二十一 丁丑 11.22	十一•二十一 丁未 12.22	十二•二十一 丙子 1.20

汉光武帝建武十九年癸卯(43—44)

一•一 丙戌 1.30	二•一 乙卯 2.28	三•一 乙酉 3.30	四•一 甲寅 4.28 闰四•一 甲申 5.28
一•十一 丙申 2.9	二•十一 乙丑 3.10	三•十一 乙未 4.9	四•十一 甲子 5.8 闰四•十一 甲午 6.7
一•二十一 丙午 2.19	二•二十一 乙亥 3.20	三•二十一 乙巳 4.19	四•二十一 甲戌 5.18 闰四•二十一 甲辰 6.17
五•一 癸丑 6.26	六•一 癸未 7.26	七•一 壬子 8.24	八•一 壬午 9.23
五•十一 癸亥 7.6	六•十一 癸巳 8.5	七•十一 壬戌 9.3	八•十一 壬辰 10.3
五•二十一 癸酉 7.16	六•二十一 癸卯 8.15	七•二十一 壬申 9.13	八•二十一 壬寅 10.13
九•一 壬子 10.23	十•一 辛巳 11.21	十一•一 辛亥 12.21	十二•一 庚辰 1.19
九•十一 壬戌 11.2	十•十一 辛卯 12.1	十一•十一 辛酉 12.31	十二•十一 庚寅 1.29
九•二十一 壬申 11.12	十•二十一 辛丑 12.11	十一•二十一 辛未 1.10	十二•二十一 庚子 2.8

汉光武帝建武二十年甲辰（44—45）

一·一	庚戌	2.18	二·一	己卯	3.18	三·一	己酉	4.17	四·一	戊寅	5.16
一·十一	庚申	2.28	二·十一	己丑	3.28	三·十一	己未	4.27	四·十一	戊子	5.26
一·二十一	庚午	3.9	二·二十一	己亥	4.7	三·二十一	己巳	5.7	四·二十一	戊戌	6.5
五·一	戊申	6.15	六·一	丁丑	7.14	七·一	丁未	8.13	八·一	丙子	9.11
五·十一	戊午	6.25	六·十一	丁亥	7.24	七·十一	丁巳	8.23	八·十一	丙戌	9.21
五·二十一	戊辰	7.5	六·二十一	丁酉	8.3	七·二十一	丁卯	9.2	八·二十一	丙申	10.1
九·一	丙午	10.11	十·一	乙亥	11.9	十一·一	乙巳	12.9	*十二·一	乙亥	1.8
九·十一	丙辰	10.21	十·十一	乙酉	11.19	十一·十一	乙卯	12.19	十二·十一	乙酉	1.18
九·二十一	丙寅	10.31	十·二十一	乙未	11.29	十一·二十一	乙丑	12.29	十二·二十一	乙未	1.28

*《目录》十二月甲戌朔。

汉光武帝建武二十一年乙巳（45—46）

一·一	甲辰	2.6	二·一	甲戌	3.8	三·一	癸卯	4.6	四·一	癸酉	5.6
一·十一	甲寅	2.16	二·十一	甲申	3.18	三·十一	癸丑	4.16	四·十一	癸未	5.16
一·二十一	甲子	2.26	二·二十一	甲午	3.28	三·二十一	癸亥	4.26	四·二十一	癸巳	5.26
五·一	壬寅	6.4	六·一	壬申	7.4	七·一	辛丑	8.2	八·一	辛未	9.1
五·十一	壬子	6.14	六·十一	壬午	7.14	七·十一	辛亥	8.12	八·十一	辛巳	9.11
五·二十一	壬戌	6.24	六·二十一	壬辰	7.24	七·二十一	辛酉	8.22	八·二十一	辛卯	9.21
九·一	庚子	9.30	十·一	庚午	10.30	十一·一	己亥	11.28	十二·一	己巳	12.28
九·十一	庚戌	10.10	十·十一	庚辰	11.9	十一·十一	己酉	12.8	十二·十一	己卯	1.7
九·二十一	庚申	10.20	十·二十一	庚寅	11.19	十一·二十一	己未	12.18	十二·二十一	己丑	1.17

汉光武帝建武二十二年丙午（46—47）

一·一　戊戌1.26　闰一·一　戊辰2.25			二·一	丁酉	3.26	三·一	丁卯	4.25	四·一	丁酉	5.25
一·十一　戊申2.5　闰一·十一　戊寅3.7			二·十一	丁未	4.5	三·十一	丁丑	5.5	四·十一	丁未	6.4
一·二十一戊午2.15　闰一·二十一戊子3.17			二·二十一	丁巳	4.15	三·二十一	丁亥	5.15	四·二十一	丁巳	6.14
五·一	丙寅	6.23	六·一	丙申	7.23	七·一	乙丑	8.21	八·一	乙未	9.20
五·十一	丙子	7.3	六·十一	丙午	8.2	七·十一	乙亥	8.31	八·十一	乙巳	9.30
五·二十一	丙戌	7.13	六·二十一	丙辰	8.12	七·二十一	乙酉	9.10	八·二十一	乙卯	10.10
九·一	甲子	10.19	十·一	甲午	11.18	十一·一	癸亥	12.17	十二·一	癸巳	1.16
九·十一	甲戌	10.29	十·十一	甲辰	11.28	十一·十一	癸酉	12.27	十二·十一	癸卯	1.26
九·二十一	甲申	11.8	十·二十一	甲寅	12.8	十一·二十一	癸未	1.6	十二·二十一	癸丑	2.5

汉光武帝建武二十三年丁未（47—48）

一·一	壬戌	2.14	二·一	壬辰	3.16	三·一	辛酉	4.14	四·一	辛卯	5.14
一·十一	壬申	2.24	二·十一	壬寅	3.26	三·十一	辛未	4.24	四·十一	辛丑	5.24
一·二十一	壬午	3.6	二·二十一	壬子	4.5	三·二十一	辛巳	5.4	四·二十一	辛亥	6.3
五·一	庚申	6.12	六·一	庚寅	7.12	*七·一	庚申	8.11	八·一	己丑	9.9
五·十一	庚午	6.22	六·十一	庚子	7.22	七·十一	庚午	8.21	八·十一	己亥	9.19
五·二十一	庚辰	7.2	六·二十一	庚戌	8.1	七·二十一	庚辰	8.31	八·二十一	己酉	9.29
九·一	己未	10.9	十·一	戊子	11.7	十一·一	戊午	12.7	十二·一	丁亥	1.5
九·十一	己巳	10.19	十·十一	戊戌	11.17	十一·十一	戊辰	12.17	十二·十一	丁酉	1.15
九·二十一	己卯	10.29	十·二十一	戊申	11.27	十一·二十一	戊寅	12.27	十二·二十一	丁未	1.25

*《目录》七月己未朔。

汉光武帝建武二十四年戊申(48—49)

一·一 丁巳 2.4	二·一 丙戌 3.4	三·一 丙辰 4.3	四·一 乙酉 5.2
一·十一 丁卯 2.14	二·十一 丙申 3.14	三·十一 丙寅 4.13	四·十一 乙未 5.12
一·二十一 丁丑 2.24	二·二十一 丙午 3.24	三·二十一 丙子 4.23	四·二十一 乙巳 5.22
五·一 乙卯 6.1	六·一 甲申 6.30	七·一 甲寅 7.30	八·一 癸未 8.28
五·十一 乙丑 6.11	六·十一 甲午 7.10	七·十一 甲子 8.9	八·十一 癸巳 9.7
五·二十一 乙亥 6.21	六·二十一 甲辰 7.20	七·二十一 甲戌 8.19	八·二十一 癸卯 9.17
九·一 癸丑 9.27	十·一 壬午 10.26　闰十·一 壬子 11.25	十一·一 壬午 12.25	十二·一 辛亥 1.23
九·十一 癸亥 10.7	十·十一 壬辰 11.5　闰十·十一 壬戌 12.5	十一·十一 壬辰 1.4	十二·十一 辛酉 2.2
九·二十一 癸酉 10.17	十·二十一 壬寅 11.15　闰十·二十一 壬申 12.15	十一·二十一 壬寅 1.14	十二·二十一 辛未 2.12

汉光武帝建武二十五年己酉(49—50)

一·一 辛巳 2.22	二·一 庚戌 3.23	三·一 庚辰 4.22	四·一 己酉 5.21
一·十一 辛卯 3.4	二·十一 庚申 4.2	三·十一 庚寅 5.2	四·十一 己未 5.31
一·二十一 辛丑 3.14	二·二十一 庚午 4.12	三·二十一 庚子 5.12	四·二十一 己巳 6.10
五·一 己卯 6.20	六·一 戊申 7.19	七·一 戊寅 8.18	八·一 丁未 9.16
五·十一 己丑 6.30	六·十一 戊午 7.29	七·十一 戊子 8.28	八·十一 丁巳 9.26
五·二十一 己亥 7.10	六·二十一 戊辰 8.8	七·二十一 戊戌 9.7	八·二十一 丁卯 10.6
九·一 丁丑 10.16	十·一 丙午 11.14	十一·一 丙子 12.14	十二·一 乙巳 1.12
九·十一 丁亥 10.26	十·十一 丙辰 11.24	十一·十一 丙戌 12.24	十二·十一 乙卯 1.22
九·二十一 丁酉 11.5	十·二十一 丙寅 12.4	十一·二十一 丙申 1.3	十二·二十一 乙丑 2.1

汉光武帝建武二十六年庚戌(50—51)

一·一 乙亥 2.11	二·一 甲辰 3.12	*三·一 甲戌 4.11	四·一 甲辰 5.11
一·十一 乙酉 2.21	二·十一 甲寅 3.22	三·十一 甲申 4.21	四·十一 甲寅 5.21
一·二十一 乙未 3.3	二·二十一 甲子 4.1	三·二十一 甲午 5.1	四·二十一 甲子 5.31
五·一 癸酉 6.9	六·一 癸卯 7.9	七·一 壬申 8.7	八·一 壬寅 9.6
五·十一 癸未 6.19	六·十一 癸丑 7.19	七·十一 壬午 8.17	八·十一 壬子 9.16
五·二十一 癸巳 6.29	六·二十一 癸亥 7.29	七·二十一 壬辰 8.27	八·二十一 壬戌 9.26
九·一 辛未 10.5	十·一 辛丑 11.4	十一·一 庚午 12.3	十二·一 庚子 1.2
九·十一 辛巳 10.15	十·十一 辛亥 11.14	十一·十一 庚辰 12.13	十二·十一 庚戌 1.12
九·二十一 辛卯 10.25	十·二十一 辛酉 11.24	十一·二十一 庚寅 12.23	十二·二十一 庚申 1.22

*《目录》三月甲辰朔,误。

汉光武帝建武二十七年辛亥(51—52)

一·一 己巳 1.31	二·一 己亥 3.2	三·一 戊辰 3.31	四·一 戊戌 4.30
一·十一 己卯 2.10	二·十一 己酉 3.12	三·十一 戊寅 4.10	四·十一 戊申 5.10
一·二十一 己丑 2.20	二·二十一 己未 3.22	三·二十一 戊子 4.20	四·二十一 戊午 5.20
五·一 丁卯 5.29	六·一 丁酉 6.28　*闰六·一 丁卯 7.28	七·一 丙申 8.26	八·一 丙寅 9.25
五·十一 丁丑 6.8	六·十一 丁未 7.8　闰六·十一 丁丑 8.7	七·十一 丙午 9.5	八·十一 丙子 10.5
五·二十一 丁亥 6.18	六·二十一 丁巳 7.18　闰六·二十一 丁亥 8.17	七·二十一 丙辰 9.15	八·二十一 丙戌 10.15
九·一 乙未 10.24	十·一 乙丑 11.23	十一·一 甲午 12.22	十二·一 甲子 1.21
九·十一 乙巳 11.3	十·十一 乙亥 12.3	十一·十一 甲辰 1.1	十二·十一 甲戌 1.31
九·二十一 乙卯 11.13	十·二十一 乙酉 12.13	十一·二十一 甲寅 1.11	十二·二十一 甲申 2.10

*《目录》闰六月丙寅朔。

汉光武帝建武二十八年壬子（52—53）

一·一	癸巳	2.19	二·一	癸亥	3.20	三·一	壬辰	4.18	四·一	壬戌	5.18
一·十一	癸卯	2.29	二·十一	癸酉	3.30	三·十一	壬寅	4.28	四·十一	壬申	5.28
一·二十一	癸丑	3.10	二·二十一	癸未	4.9	三·二十一	壬子	5.8	四·二十一	壬午	6.7
五·一	辛卯	6.16	六·一	辛酉	7.16	七·一	庚寅	8.14	八·一	庚申	9.13
五·十一	辛丑	6.26	六·十一	辛未	7.26	七·十一	庚子	8.24	八·十一	庚午	9.23
五·二十一	辛亥	7.6	六·二十一	辛巳	8.5	七·二十一	庚戌	9.3	八·二十一	庚辰	10.3
九·一	己丑	10.12	十·一	己未	11.11	十一·一	己丑	12.11	十二·一	戊午	1.9
九·十一	己亥	10.22	十·十一	己巳	11.21	十一·十一	己亥	12.21	十二·十一	戊辰	1.19
九·二十一	己酉	11.1	十·二十一	己卯	12.1	十一·二十一	己酉	12.31	十二·二十一	戊寅	1.29

汉光武帝建武二十九年癸丑（53—54）

一·一	戊子	2.8	二·一	丁巳	3.9	三·一	丁亥	4.8	四·一	丙辰	5.7
一·十一	戊戌	2.18	二·十一	丁卯	3.19	三·十一	丁酉	4.18	四·十一	丙寅	5.17
一·二十一	戊申	2.28	二·二十一	丁丑	3.29	三·二十一	丁未	4.28	四·二十一	丙子	5.27
五·一	丙戌	6.6	六·一	乙卯	7.5	七·一	乙酉	8.4	八·一	甲寅	9.2
五·十一	丙申	6.16	六·十一	乙丑	7.15	七·十一	乙未	8.14	八·十一	甲子	9.12
五·二十一	丙午	6.26	六·二十一	乙亥	7.25	七·二十一	乙巳	8.24	八·二十一	甲戌	9.22
九·一	甲申	10.2	十·一	癸丑	10.31	十一·一	癸未	11.30	十二·一	壬子	12.29
九·十一	甲午	10.12	十·十一	癸亥	11.10	十一·十一	癸巳	12.10	十二·十一	壬戌	1.8
九·二十一	甲辰	10.22	十·二十一	癸酉	11.20	十一·二十一	癸卯	12.20	十二·二十一	壬申	1.18

汉光武帝建武三十年甲寅（54—55）

一·一	壬午	1.28	*二·一	壬子	2.27	三·一	辛巳	3.28 闰三·一 辛亥 4.27	四·一	庚辰	5.26
一·十一	壬辰	2.7	二·十一	壬戌	3.9	三·十一	辛卯	4.7 闰三·十一 辛酉 5.7	四·十一	庚寅	6.5
一·二十一	壬寅	2.17	二·二十一	壬申	3.19	三·二十一	辛丑	4.17 闰三·二十一 辛未 5.17	四·二十一	庚子	6.15
五·一	庚戌	6.25	六·一	己卯	7.24	七·一	己酉	8.23	八·一	戊寅	9.21
五·十一	庚申	7.5	六·十一	己丑	8.3	七·十一	己未	9.2	八·十一	戊子	10.1
五·二十一	庚午	7.15	六·二十一	己亥	8.13	七·二十一	己巳	9.12	八·二十一	戊戌	10.11
九·一	戊申	10.21	十·一	丁丑	11.19	十一·一	丁未	12.19	十二·一	丙子	1.17
九·十一	戊午	10.31	十·十一	丁亥	11.29	十一·十一	丁巳	12.29	十二·十一	丙戌	1.27
九·二十一	戊辰	11.10	十·二十一	丁酉	12.9	十一·二十一	丁卯	1.8	十二·二十一	丙申	2.6

*《目录》二月辛亥朔。

汉光武帝建武三十一年乙卯（55—56）

一·一	丙午	2.16	二·一	乙亥	3.17	三·一	乙巳	4.16	四·一	甲戌	5.15
一·十一	丙辰	2.26	二·十一	乙酉	3.27	三·十一	乙卯	4.26	四·十一	甲申	5.25
一·二十一	丙寅	3.8	二·二十一	乙未	4.6	三·二十一	乙丑	5.6	四·二十一	甲午	6.4
五·一	甲辰	6.14	*六·一	甲戌	7.14	七·一	癸卯	8.12	八·一	癸酉	9.11
五·十一	甲寅	6.24	六·十一	甲申	7.24	七·十一	癸丑	8.22	八·十一	癸未	9.21
五·二十一	甲子	7.4	六·二十一	甲午	8.3	七·二十一	癸亥	9.1	八·二十一	癸巳	10.1
九·一	壬寅	10.10	十·一	壬申	11.9	十一·一	辛丑	12.8	十二·一	辛未	1.7
九·十一	壬子	10.20	十·十一	壬午	11.19	十一·十一	辛亥	12.18	十二·十一	辛巳	1.17
九·二十一	壬戌	10.30	十·二十一	壬辰	11.29	十一·二十一	辛酉	12.28	十二·二十一	辛卯	1.27

*《目录》六月癸酉朔。

汉光武帝建武中元元年丙辰（56—57）

一·一 庚子 2.5	二·一 庚午 3.6	三·一 己亥 4.4	*四·一 己巳 5.4
一·十一 庚戌 2.15	二·十一 庚辰 3.16	三·十一 己酉 4.14	四·十一 己卯 5.14
一·二十一 庚申 2.25	二·二十一 庚寅 3.26	三·二十一 己未 4.24	四·二十一 己丑 5.24
五·一 戊戌 6.2	六·一 戊辰 7.2	七·一 丁酉 7.31	八·一 丁卯 8.30
五·十一 戊申 6.12	六·十一 戊寅 7.12	七·十一 丁未 8.10	八·十一 丁丑 9.9
五·二十一 戊午 6.22	六·二十一 戊子 7.22	七·二十一 丁巳 8.20	八·二十一 丁亥 9.19
九·一 丙申 9.28	十·一 丙寅 10.28	十一·一 丙申 11.27	十二·一 乙丑 12.26 闰十二·一 乙未 1.25
九·十一 丙午 10.8	十·十一 丙子 11.7	十一·十一 丙午 12.7	十二·十一 乙亥 1.5 闰十二·十一 乙巳 2.4
九·二十一 丙辰 10.18	十·二十一 丙戌 11.17	十一·二十一 丙辰 12.17	十二·二十一 乙酉 1.15 闰十二·二十一 乙卯 2.14

＊ 本月改元“建武中元”。

汉光武帝建武中元二年丁巳（57—58）

一·一 甲子 2.23	二·一 甲午 3.25	三·一 癸亥 4.23	四·一 癸巳 5.23
一·十一 甲戌 3.5	二·十一 甲辰 4.4	三·十一 癸酉 5.3	四·十一 癸卯 6.2
一·二十一 甲申 3.15	二·二十一 甲寅 4.14	三·二十一 癸未 5.13	四·二十一 癸丑 6.12
五·一 壬戌 6.21	六·一 壬辰 7.21	七·一 辛酉 8.19	八·一 辛卯 9.18
五·十一 壬申 7.1	六·十一 壬寅 7.31	七·十一 辛未 8.29	八·十一 辛丑 9.28
五·二十一 壬午 7.11	六·二十一 壬子 8.10	七·二十一 辛巳 9.8	八·二十一 辛亥 10.8
九·一 庚申 10.17	十·一 庚寅 11.16	十一·一 己未 12.15	十二·一 己丑 1.14
九·十一 庚午 10.27	十·十一 庚子 11.26	十一·十一 己巳 12.25	十二·十一 己亥 1.24
九·二十一 庚辰 11.6	十·二十一 庚戌 12.6	十一·二十一 己卯 1.4	十二·二十一 己酉 2.3

汉明帝永平元年戊午（58—59）

*一·一 己未 2.13	二·一 戊子 3.14	三·一 戊午 4.13	四·一 丁亥 5.12
一·十一 己巳 2.23	二·十一 戊戌 3.24	三·十一 戊辰 4.23	四·十一 丁酉 5.22
一·二十一 己卯 3.5	二·二十一 戊申 4.3	三·二十一 戊寅 5.3	四·二十一 丁未 6.1
五·一 丁巳 6.11	六·一 丙戌 7.10	七·一 丙辰 8.9	八·一 乙酉 9.7
五·十一 丁卯 6.21	六·十一 丙申 7.20	七·十一 丙寅 8.19	八·十一 乙未 9.17
五·二十一 丁丑 7.1	六·二十一 丙午 7.30	七·二十一 丙子 8.29	八·二十一 乙巳 9.27
九·一 乙卯 10.7	十·一 甲申 11.5	十一·一 甲寅 12.5	十二·一 癸未 1.3
九·十一 乙丑 10.17	十·十一 甲午 11.15	十一·十一 甲子 12.15	十二·十一 癸巳 1.13
九·二十一 乙亥 10.27	十·二十一 甲辰 11.25	十一·二十一 甲戌 12.25	十二·二十一 癸卯 1.23

＊《目录》正月戊午朔。

汉明帝永平二年己未（59—60）

一·一 癸丑 2.2	二·一 壬午 3.3	三·一 壬子 4.2	四·一 辛巳 5.1
一·十一 癸亥 2.12	二·十一 壬辰 3.13	三·十一 壬戌 4.12	四·十一 辛卯 5.11
一·二十一 癸酉 2.22	二·二十一 壬寅 3.23	三·二十一 壬申 4.22	四·二十一 辛丑 5.21
五·一 辛亥 5.31	六·一 辛巳 6.30	七·一 庚戌 7.29	八·一 庚辰 8.28
五·十一 辛酉 6.10	六·十一 辛卯 7.10	七·十一 庚申 8.8	八·十一 庚寅 9.7
五·二十一 辛未 6.20	六·二十一 辛丑 7.20	七·二十一 庚午 8.18	八·二十一 庚子 9.17
九·一 己酉 9.26 闰九·一 己卯 10.26	十·一 戊申 11.24	十一·一 戊寅 12.24	十二·一 丁未 1.22
九·十一 己未 10.6 闰九·十一 己丑 11.5	十·十一 戊午 12.4	十一·十一 戊子 1.3	十二·十一 丁巳 2.1
九·二十一 己巳 10.16 闰九·二十一 己亥 11.15	十·二十一 戊辰 12.14	十一·二十一 戊戌 1.13	十二·二十一 丁卯 2.11

汉明帝永平三年庚申(60—61)

一·一	丁丑	2.21	二·一	丙午	3.21	三·一	丙子	4.20	四·一	乙巳	5.19
一·十一	丁亥	3.2	二·十一	丙辰	3.31	三·十一	丙戌	4.30	四·十一	乙卯	5.29
一·二十一	丁酉	3.12	二·二十一	丙寅	4.10	三·二十一	丙申	5.10	四·二十一	乙丑	6.8
五·一	乙亥	6.18	六·一	甲辰	7.17	七·一	甲戌	8.16	*八·一	甲辰	9.15
五·十一	乙酉	6.28	六·十一	甲寅	7.27	七·十一	甲申	8.26	八·十一	甲寅	9.25
五·二十一	乙未	7.8	六·二十一	甲子	8.6	七·二十一	甲午	9.5	八·二十一	甲子	10.5
九·一	癸酉	10.14	十·一	癸卯	11.13	十一·一	壬申	12.12	十二·一	壬寅	1.11
九·十一	癸未	10.24	十·十一	癸丑	11.23	十一·十一	壬午	12.22	十二·十一	壬子	1.21
九·二十一	癸巳	11.3	十·二十一	癸亥	12.3	十一·二十一	壬辰	1.1	十二·二十一	壬戌	1.31

*《目录》八月癸卯朔。

汉明帝永平四年辛酉(61—62)

一·一	辛未	2.9	二·一	辛丑	3.11	三·一	庚午	4.9	四·一	庚子	5.9
一·十一	辛巳	2.19	二·十一	辛亥	3.21	三·十一	庚辰	4.19	四·十一	庚戌	5.19
一·二十一	辛卯	3.1	二·二十一	辛酉	3.31	三·二十一	庚寅	4.29	四·二十一	庚申	5.29
五·一	己巳	6.7	六·一	己亥	7.7	七·一	戊辰	8.5	八·一	戊戌	9.4
五·十一	己卯	6.17	六·十一	己酉	7.17	七·十一	戊寅	8.15	八·十一	戊申	9.14
五·二十一	己丑	6.27	六·二十一	己未	7.27	七·二十一	戊子	8.25	八·二十一	戊午	9.24
九·一	丁卯	10.3	十·一	丁酉	11.2	十一·一	丙寅	12.1	十二·一	丙申	12.31
九·十一	丁丑	10.13	十·十一	丁未	11.12	十一·十一	丙子	12.11	十二·十一	丙午	1.10
九·二十一	丁亥	10.23	十·二十一	丁巳	11.22	十一·二十一	丙戌	12.21	十二·二十一	丙辰	1.20

汉明帝永平五年壬戌(62—63)

*一·一	丙寅	1.30	二·一	乙未	2.28	三·一	乙丑	3.30	四·一	甲午	4.28
一·十一	丙子	2.9	二·十一	乙巳	3.10	三·十一	乙亥	4.9	四·十一	甲辰	5.8
一·二十一	丙戌	2.19	二·二十一	乙卯	3.20	三·二十一	乙酉	4.19	四·二十一	甲寅	5.18
五·一 甲子5.28	闰五·一 癸巳6.26		六·一	癸亥	7.26	七·一	壬辰	8.24	八·一	壬戌	9.23
五·十一 甲戌6.7	闰五·十一 癸卯7.6		六·十一	癸酉	8.5	七·十一	壬寅	9.3	八·十一	壬申	10.3
五·二十一甲申6.17	闰五·二十一癸丑7.16		六·二十一	癸未	8.15	七·二十一	壬子	9.13	八·二十一	壬午	10.13
九·一	辛卯	10.22	十·一	辛酉	11.21	十一·一	庚寅	12.20	十二·一	庚申	1.19
九·十一	辛丑	11.1	十·十一	辛未	12.1	十一·十一	庚子	12.30	十二·十一	庚午	1.29
九·二十一	辛亥	11.11	十·二十一	辛巳	12.11	十一·二十一	庚戌	1.9	十二·二十一	庚辰	2.8

*《目录》正月乙丑朔。

汉明帝永平六年癸亥(63—64)

一·一	己丑	2.17	二·一	己未	3.19	三·一	戊子	4.17	四·一	戊午	5.17
一·十一	己亥	2.27	二·十一	己巳	3.29	三·十一	戊戌	4.27	四·十一	戊辰	5.27
一·二十一	己酉	3.9	二·二十一	己卯	4.8	三·二十一	戊申	5.7	四·二十一	戊寅	6.6
五·一	戊子	6.16	六·一	丁巳	7.15	七·一	丁亥	8.14	八·一	丙辰	9.12
五·十一	戊戌	6.26	六·十一	丁卯	7.25	七·十一	丁酉	8.24	八·十一	丙寅	9.22
五·二十一	戊申	7.6	六·二十一	丁丑	8.4	七·二十一	丁未	9.3	八·二十一	丙子	10.2
九·一	丙戌	10.12	十·一	乙卯	11.10	十一·一	乙酉	12.10	十二·一	甲寅	1.8
九·十一	丙申	10.22	十·十一	乙丑	11.20	十一·十一	乙未	12.20	十二·十一	甲子	1.18
九·二十一	丙午	11.1	十·二十一	乙亥	11.30	十一·二十一	乙巳	12.30	十二·二十一	甲戌	1.28

汉明帝永平七年甲子(64—65)

一·一	甲申	2.7	二·一	癸丑	3.7	三·一	癸巳	4.6	四·一	壬子	5.5
一·十一	甲午	2.17	二·十一	癸亥	3.17	三·十一	癸卯	4.16	四·十一	壬戌	5.15
一·二十一	甲辰	2.27	二·二十一	癸酉	3.27	三·二十一	癸丑	4.26	四·二十一	壬申	5.25
五·一	壬午	6.4	六·一	辛亥	7.3	七·一	辛巳	8.2	*八·一	辛亥	9.1
五·十一	壬辰	6.14	六·十一	辛酉	7.13	七·十一	辛卯	8.12	八·十一	辛酉	9.11
五·二十一	壬寅	6.24	六·二十一	辛未	7.23	七·二十一	辛丑	8.22	八·二十一	辛未	9.21
九·一	庚辰	9.30	十·一	庚戌	10.30	十一·一	己卯	11.28	十二·一	己酉	12.28
九·十一	庚寅	10.10	十·十一	庚申	11.9	十一·十一	己丑	12.8	十二·十一	己未	1.7
九·二十一	庚子	10.20	十·二十一	庚午	11.19	十一·二十一	己亥	12.18	十二·二十一	己巳	1.17

*《目录》八月庚戌朔。

汉明帝永平八年乙丑(65—66)

一·一 戊寅 1.26	闰一·一 戊申 2.25		二·一	丁丑	3.26	三·一	丁未	4.25	四·一	丙子	5.24
一·十一 戊子 2.5	闰一·十一 戊午 3.7		二·十一	丁亥	4.5	三·十一	丁巳	5.5	四·十一	丙戌	6.3
一·二十一 戊戌 2.15	闰一·二十一 戊辰 3.17		二·二十一	丁酉	4.15	三·二十一	丁卯	5.15	四·二十一	丙申	6.13
五·一	丙午	6.23	六·一	乙亥	7.22	七·一	乙巳	8.21	八·一	甲戌	9.19
五·十一	丙辰	7.3	六·十一	乙酉	8.1	七·十一	乙卯	8.31	八·十一	甲申	9.29
五·二十一	丙寅	7.13	六·二十一	乙未	8.11	七·二十一	乙丑	9.10	八·二十一	甲午	10.9
九·一	甲辰	10.19	十·一	癸酉	11.17	十一·一	癸卯	12.17	十二·一	癸酉	1.16
九·十一	甲寅	10.29	十·十一	癸未	11.27	十一·十一	癸丑	12.27	十二·十一	癸未	1.26
九·二十一	甲子	11.8	十·二十一	癸巳	12.7	十一·二十一	癸亥	1.6	十二·二十一	癸巳	2.5

汉明帝永平九年丙寅(66—67)

一·一	壬寅	2.14	二·一	壬申	3.16	三·一	辛丑	4.14	四·一	辛未	5.14
一·十一	壬子	2.24	二·十一	壬午	3.26	三·十一	辛亥	4.24	四·十一	辛巳	5.24
一·二十一	壬戌	3.6	二·二十一	壬辰	4.5	三·二十一	辛酉	5.4	四·二十一	辛卯	6.3
五·一	庚子	6.12	六·一	庚午	7.12	七·一	己亥	8.10	八·一	己巳	9.9
五·十一	庚戌	6.22	六·十一	庚辰	7.22	七·十一	己酉	8.20	八·十一	己卯	9.10
五·二十一	庚申	7.2	六·二十一	庚寅	8.1	七·二十一	己未	8.30	八·二十一	己丑	9.29
九·一	戊戌	10.8	十·一	戊辰	11.7	十一·一	丁酉	12.6	十二·一	丁卯	1.5
九·十一	戊申	10.18	十·十一	戊寅	11.17	十一·十一	丁未	12.16	十二·十一	丁丑	1.15
九·二十一	戊午	10.28	十·二十一	戊子	11.27	十一·二十一	丁巳	12.26	十二·二十一	丁亥	1.25

汉明帝永平十年丁卯(67—68)

一·一	丙申	2.3	二·一	丙寅	3.5	*三·一	丙申	4.4	四·一	乙丑	5.3
一·十一	丙午	2.13	二·十一	丙子	3.15	三·十一	丙午	4.14	四·十一	乙亥	5.13
一·二十一	丙辰	2.23	二·二十一	丙戌	3.25	三·二十一	丙辰	4.24	四·二十一	乙酉	5.23
五·一	乙未	6.2	六·一	甲子	7.1	七·一	甲午	7.31	八·一	癸亥	8.29
五·十一	乙巳	6.12	六·十一	甲戌	7.11	七·十一	甲辰	8.10	八·十一	癸酉	9.8
五·二十一	乙卯	6.22	六·二十一	甲申	7.21	七·二十一	甲寅	8.20	八·二十一	癸未	9.18
九·一	癸巳	9.28	**十·一 壬戌 10.27	闰十·一 壬辰 11.26		十一·一	辛酉	12.25	十二·一	辛卯	1.24
九·十一	癸卯	10.8	十·十一 壬申 11.6	闰十·十一 壬寅 12.6		十一·十一	辛未	1.4	十二·十一	辛丑	2.3
九·二十一	癸丑	10.18	十·二十一 壬午 11.16	闰十·二十一 壬子 12.16		十一·二十一	辛巳	1.14	十二·二十一	辛亥	2.13

*《目录》三月乙未朔。　**《辑要》十月壬辰朔,误。

汉明帝永平十一年戊辰(68—69)

一·一	庚申	2.22	二·一	庚寅	3.23	三·一	己未	4.21	四·一	己丑	5.21
一·十一	庚午	3.3	二·十一	庚子	4.2	三·十一	己巳	5.1	四·十一	己亥	5.31
一·二十一	庚辰	3.13	二·二十一	庚戌	4.12	三·二十一	己卯	5.11	四·二十一	己酉	6.10
五·一	戊午	6.19	六·一	戊子	7.19	*七·一	戊午	8.18	八·一	丁亥	9.16
五·十一	戊辰	6.29	六·十一	戊戌	7.29	七·十一	戊辰	8.28	八·十一	丁酉	9.26
五·二十一	戊寅	7.9	六·二十一	戊申	8.8	七·二十一	戊寅	9.7	八·二十一	丁未	10.6
九·一	丁巳	10.16	十·一	丙戌	11.14	十一·一	丙辰	12.14	**十二·一	乙酉	1.12
九·十一	丁卯	10.26	十·十一	丙申	11.24	十一·十一	丙寅	12.24	十二·十一	乙未	1.22
九·二十一	丁丑	11.5	十·二十一	丙午	12.4	十一·二十一	丙子	1.3	十二·二十一	乙巳	2.1

*《目录》七月丁巳朔。　**《目录》十二月己酉朔，误。

汉明帝永平十二年己巳(69—70)

一·一	乙卯	2.11	二·一	甲申	3.12	三·一	甲寅	4.11	四·一	癸未	5.10
一·十一	乙丑	2.21	二·十一	甲午	3.22	三·十一	甲子	4.21	四·十一	癸巳	5.20
一·二十一	乙亥	3.3	二·二十一	甲辰	4.1	三·二十一	甲戌	5.1	四·二十一	癸卯	5.30
五·一	癸丑	6.9	六·一	壬午	7.8	七·一	壬子	8.7	八·一	辛巳	9.5
五·十一	癸亥	6.19	六·十一	壬辰	7.18	七·十一	壬戌	8.17	八·十一	辛卯	9.15
五·二十一	癸酉	6.29	六·二十一	壬寅	7.28	七·二十一	壬申	8.27	八·二十一	辛丑	9.25
九·一	辛亥	10.5	十·一	庚辰	11.3	十一·一	庚戌	12.3	十二·一	庚辰	1.2
九·十一	辛酉	10.15	十·十一	庚寅	11.13	十一·十一	庚申	12.13	十二·十一	庚寅	1.12
九·二十一	辛未	10.25	十·二十一	庚子	11.23	十一·二十一	庚午	12.23	十二·二十一	庚子	1.22

汉明帝永平十三年庚午(70—71)

一·一	己酉	1.31	二·一	己卯	3.2	三·一	戊申	3.31	四·一	戊寅	4.30
一·十一	己未	2.10	二·十一	己丑	3.12	三·十一	戊午	4.10	四·十一	戊子	5.10
一·二十一	己巳	2.20	二·二十一	己亥	3.22	三·二十一	戊辰	4.20	四·二十一	戊戌	5.20
五·一	丁未	5.29	六·一	丁丑	6.28	七·一	丙午 7.27	闰七·一 丙子 8.26	八·一	乙巳	9.24
五·十一	丁巳	6.8	六·十一	丁亥	7.8	七·十一	丙辰 8.6	闰七·十一 丙戌 9.5	八·十一	乙卯	10.4
五·二十一	丁卯	6.18	六·二十一	丁酉	7.18	七·二十一	丙寅 8.16	闰七·二十一 丙申 9.15	八·二十一	乙丑	10.14
九·一	乙亥	10.24	*十·一	甲辰	11.22	十一·一	甲戌	12.22	十二·一	癸卯	1.20
九·十一	乙酉	11.3	十·十一	甲寅	12.2	十一·十一	甲申	1.1	十二·十一	癸丑	1.30
九·二十一	乙未	11.13	十·二十一	甲子	12.12	十一·二十一	甲午	1.11	十二·二十一	癸亥	2.9

*《辑要》十月甲申朔，误。

汉明帝永平十四年辛未(71—72)

一·一	癸酉	2.19	*二·一	癸卯	3.21	三·一	壬申	4.19	四·一	壬寅	5.19
一·十一	癸未	3.1	二·十一	癸丑	3.31	三·十一	壬午	4.29	四·十一	壬子	5.29
一·二十一	癸巳	3.11	二·二十一	癸亥	4.10	三·二十一	壬辰	5.9	四·二十一	壬戌	6.8
五·一	辛未	6.17	六·一	辛丑	7.17	七·一	庚午	8.15	八·一	庚子	9.14
五·十一	辛巳	6.27	六·十一	辛亥	7.27	七·十一	庚辰	8.25	八·十一	庚戌	9.24
五·二十一	辛卯	7.7	六·二十一	辛酉	8.6	七·二十一	庚寅	9.4	八·二十一	庚申	10.4
九·一	己巳	10.13	十·一	己亥	11.12	十一·一	戊辰	12.11	十二·一	戊戌	1.10
九·十一	己卯	10.23	十·十一	己酉	11.22	十一·十一	戊寅	12.21	十二·十一	戊申	1.20
九·二十一	己丑	11.2	十·二十一	己未	12.2	十一·二十一	戊子	12.31	十二·二十一	戊午	1.30

*《目录》二月壬寅朔。

汉明帝永平十五年壬申（72—73）

一·一 丁卯 2.8	二·一 丁酉 3.9	三·一 丙寅 4.7	四·一 丙申 5.7
一·十一 丁丑 2.18	二·十一 丁未 3.19	三·十一 丙子 4.17	四·十一 丙午 5.17
一·二十一 丁亥 2.28	二·二十一 丁巳 3.29	三·二十一 丙戌 4.27	四·二十一 丙辰 5.27
五·一 乙丑 6.5	六·一 乙未 7.5	七·一 乙丑 8.4	八·一 甲午 9.2
五·十一 乙亥 6.15	六·十一 乙巳 7.15	七·十一 乙亥 8.14	八·十一 甲辰 9.12
五·二十一 乙酉 6.25	六·二十一 乙卯 7.25	七·二十一 乙酉 8.24	八·二十一 甲寅 9.22
九·一 甲子 10.2	十·一 癸巳 10.31	十一·一 癸亥 11.30	十二·一 壬辰 12.29
九·十一 甲戌 10.12	十·十一 癸卯 11.10	十一·十一 癸酉 12.10	十二·十一 壬寅 1.8
九·二十一 甲申 10.22	十·二十一 癸丑 11.20	十一·二十一 癸未 12.20	十二·二十一 壬子 1.18

汉明帝永平十六年癸酉（73—74）

一·一 壬戌 1.28	二·一 辛卯 2.26	三·一 辛酉 3.28 闰三·一 庚寅 4.26	四·一 庚申 5.26
一·十一 壬申 2.7	二·十一 辛丑 3.8	三·十一 辛未 4.7 闰三·十一 庚子 5.6	四·十一 庚午 6.5
一·二十一 壬午 2.17	二·二十一 辛亥 3.18	三·二十一 辛巳 4.17 闰三·二十一 庚戌 5.16	四·二十一 庚辰 6.15
五·一 己丑 6.24	六·一 己未 7.24	七·一 戊子 8.22	八·一 戊午 9.21
五·十一 己亥 7.4	六·十一 己巳 8.3	七·十一 戊戌 9.1	八·十一 戊辰 10.1
五·二十一 己酉 7.14	六·二十一 己卯 8.13	七·二十一 戊申 9.11	八·二十一 戊寅 10.11
*九·一 戊子 10.21	十·一 丁巳 11.19	十一·一 丁亥 12.19	十二·一 丙辰 1.17
九·十一 戊戌 10.31	十·十一 丁卯 11.29	十一·十一 丁酉 12.29	十二·十一 丙寅 1.27
九·二十一 戊申 11.10	十·二十一 丁丑 12.9	十一·二十一 丁未 1.8	十二·二十一 丙子 2.6

*《目录》九月丁亥朔。

汉明帝永平十七年甲戌（74—75）

一·一 丙戌 2.16	二·一 乙卯 3.17	三·一 乙酉 4.16	四·一 甲寅 5.15
一·十一 丙申 2.26	二·十一 乙丑 3.27	三·十一 乙未 4.26	四·十一 甲子 5.25
一·二十一 丙午 3.8	二·二十一 乙亥 4.6	三·二十一 乙巳 5.6	四·二十一 甲戌 6.4
五·一 甲申 6.14	六·一 癸丑 7.13	七·一 癸未 8.12	八·一 壬子 9.10
五·十一 甲午 6.24	六·十一 癸亥 7.23	七·十一 癸巳 8.22	八·十一 壬戌 9.20
五·二十一 甲辰 7.4	六·二十一 癸酉 8.2	七·二十一 癸卯 9.1	八·二十一 壬申 9.30
九·一 壬午 10.10	十·一 辛亥 11.8	十一·一 辛巳 12.8	十二·一 庚戌 1.6
九·十一 壬辰 10.20	十·十一 辛酉 11.18	十一·十一 辛卯 12.18	十二·十一 庚申 1.16
九·二十一 壬寅 10.30	十·二十一 辛未 11.28	十一·二十一 辛丑 12.28	十二·二十一 庚午 1.26

汉明帝永平十八年乙亥（75—76）

一·一 庚辰 2.5	*二·一 庚戌 3.7	三·一 己卯 4.5	四·一 己酉 5.5
一·十一 庚寅 2.15	二·十一 庚申 3.17	三·十一 己丑 4.15	四·十一 己未 5.15
一·二十一 庚子 2.25	二·二十一 庚午 3.27	三·二十一 己亥 4.25	四·二十一 己巳 5.25
五·一 戊寅 6.3	六·一 戊申 7.3	七·一 丁丑 8.1	八·一 丁未 8.31
五·十一 戊子 6.13	六·十一 戊午 7.13	七·十一 丁亥 8.11	八·十一 丁巳 9.10
五·二十一 戊戌 6.23	六·二十一 戊辰 7.23	七·二十一 丁酉 8.21	八·二十一 丁卯 9.20
九·一 丙子 9.29	十·一 丙午 10.29	十一·一 乙亥 11.27 闰十一·一 乙巳 12.27	十二·一 甲戌 1.25
九·十一 丙戌 10.9	十·十一 丙辰 11.8	十一·十一 乙酉 12.7 闰十一·十一 乙卯 1.6	十二·十一 甲申 2.4
九·二十一 丙申 10.19	十·二十一 丙寅 11.18	十一·二十一 乙未 12.17 闰十一·二十一 乙丑 1.16	十二·二十一 甲午 2.14

*《目录》二月己酉、闰十二月甲戌朔。

汉章帝建初元年丙子(76—77)

一·一	甲辰	2.24	二·一	癸酉	3.24	三·一	癸卯	4.23	四·一	壬申	5.22
一·十一	甲寅	3.5	二·十一	癸未	4.3	三·十一	癸丑	5.3	四·十一	壬午	6.1
一·二十一	甲子	3.15	二·二十一	癸巳	4.13	三·二十一	癸亥	5.13	四·二十一	壬辰	6.11
五·一	壬寅	6.21	六·一	壬申	7.21	七·一	辛丑	8.19	八·一	辛未	9.18
五·十一	壬子	7.1	六·十一	壬午	7.31	七·十一	辛亥	8.29	八·十一	辛巳	9.28
五·二十一	壬戌	7.11	六·二十一	壬辰	8.10	七·二十一	辛酉	9.8	八·二十一	辛卯	10.8
九·一	庚子	10.17	十·一	庚午	11.16	十一·一	己亥	12.15	十二·一	己巳	1.14
九·十一	庚戌	10.27	十·十一	庚辰	11.26	十一·十一	己酉	12.25	十二·十一	己卯	1.24
九·二十一	庚申	11.6	十·二十一	庚寅	12.6	十一·二十一	己未	1.4	十二·二十一	己丑	2.3

汉章帝建初二年丁丑(77—78)

一·一	戊戌	2.12	二·一	戊辰	3.14	三·一	丁酉	4.12	四·一	丁卯	5.12
一·十一	戊申	2.22	二·十一	戊寅	3.24	三·十一	丁未	4.22	四·十一	丁丑	5.22
一·二十一	戊午	3.4	二·二十一	戊子	4.3	三·二十一	丁巳	5.2	四·二十一	丁亥	6.1
五·一	丙申	6.10	六·一	丙寅	7.10	*七·一	乙未	8.8	八·一	乙丑	9.7
五·十一	丙午	6.20	六·十一	丙子	7.20	七·十一	乙巳	8.18	八·十一	乙亥	9.17
五·二十一	丙辰	6.30	六·二十一	丙戌	7.30	七·二十一	乙卯	8.28	八·二十一	乙酉	9.27
**九·一	乙未	10.7	十·一	甲子	11.5	十一·一	甲午	12.5	十二·一	癸亥	1.3
九·十一	乙巳	10.17	十·十一	甲戌	11.15	十一·十一	甲辰	12.15	十二·十一	癸酉	1.13
九·二十一	乙卯	10.27	十·二十一	甲申	11.25	十一·二十一	甲寅	12.25	十二·二十一	癸未	1.23

*《目录》七月丁未朔,误。　**《目录》九月甲午朔。

汉章帝建初三年戊寅(78—79)

一·一	癸巳	2.2	二·一	壬戌	3.3	三·一	壬辰	4.2	四·一	辛酉	5.1
一·十一	癸卯	2.12	二·十一	壬申	3.13	三·十一	壬寅	4.12	四·十一	辛未	5.11
一·二十一	癸丑	2.22	二·二十一	壬午	3.23	三·二十一	壬子	4.22	四·二十一	辛巳	5.21
五·一	辛卯	5.31	六·一	庚申	6.29	七·一	庚寅	7.29	八·一 己未 8.27	闰八·一 己丑 9.26	
五·十一	辛丑	6.10	六·十一	庚午	7.9	七·十一	庚子	8.8	八·十一 己巳 9.6	闰八·十一 己亥 10.6	
五·二十一	辛亥	6.20	六·二十一	庚辰	7.19	七·二十一	庚戌	8.18	八·二十一 己卯 9.16	闰八·二十一 己酉 10.16	
九·一	戊午	10.25	十·一	戊子	11.24	十一·一	丁巳	12.23	十二·一	丁亥	1.22
九·十一	戊辰	11.4	十·十一	戊戌	12.4	十一·十一	丁卯	1.2	十二·十一	丁酉	2.1
九·二十一	戊寅	11.14	十·二十一	戊申	12.14	十一·二十一	丁丑	1.12	十二·二十一	丁未	2.11

汉章帝建初四年己卯(79—80)

一·一	丁巳	2.21	二·一	丙戌	3.22	三·一	丙辰	4.21	四·一	乙酉	5.20
一·十一	丁卯	3.3	二·十一	丙申	4.1	三·十一	丙寅	5.1	四·十一	乙未	5.30
一·二十一	丁丑	3.13	二·二十一	丙午	4.11	三·二十一	丙子	5.11	四·二十一	乙巳	6.9
五·一	乙卯	6.19	六·一	甲申	7.18	七·一	甲寅	8.17	八·一	癸未	9.15
五·十一	乙丑	6.29	六·十一	甲午	7.28	七·十一	甲子	8.27	八·十一	癸巳	9.25
五·二十一	乙亥	7.9	六·二十一	甲辰	8.7	七·二十一	甲戌	9.6	八·二十一	癸卯	10.5
九·一	癸丑	10.15	十·一	壬午	11.13	十一·一	壬子	12.13	十二·一	辛巳	1.11
九·十一	癸亥	10.25	十·十一	壬辰	11.23	十一·十一	壬戌	12.23	十二·十一	辛卯	1.21
九·二十一	癸酉	11.4	十·二十一	壬寅	12.3	十一·二十一	壬申	1.2	十二·二十一	辛丑	1.31

汉章帝建初五年庚辰（80—81）

一·一	辛亥	2.10	二·一	庚辰	3.10	三·一	庚戌	4.9	*四·一	庚辰	5.9
一·十一	辛酉	2.20	二·十一	庚寅	3.20	三·十一	庚申	4.19	四·十一	庚寅	5.19
一·二十一	辛未	3.1	二·二十一	庚子	3.30	三·二十一	庚午	4.29	四·二十一	庚子	5.29
五·一	己酉	6.7	六·一	己卯	7.7	七·一	戊申	8.5	八·一	戊寅	9.4
五·十一	己未	6.17	六·十一	己丑	7.17	七·十一	戊午	8.15	八·十一	戊子	9.14
五·二十一	己巳	6.27	六·二十一	己亥	7.27	七·二十一	戊辰	8.25	八·二十一	戊戌	9.24
九·一	丁未	10.3	十·一	丁丑	11.2	十一·一	丙午	12.1	十二·一	丙子	12.31
九·十一	丁巳	10.13	十·十一	丁亥	11.12	十一·十一	丙辰	12.11	十二·十一	丙戌	1.10
九·二十一	丁卯	10.23	十·二十一	丁酉	11.22	十一·二十一	丙寅	12.21	十二·二十一	丙申	1.20

*《目录》四月己卯朔。

汉章帝建初六年辛巳（81—82）

一·一	乙巳	1.29	*二·一	乙亥	2.28	三·一	甲辰	3.29	*四·一	甲戌	4.28
一·十一	乙卯	2.8	二·十一	乙酉	3.10	三·十一	甲寅	4.8	四·十一	甲申	5.8
一·二十一	乙丑	2.18	二·二十一	乙未	3.20	三·二十一	甲子	4.18	四·二十一	甲午	5.18
五·一 闰五·一	癸卯 癸酉	5.27 6.26	六·一	壬寅	7.25	七·一	壬申	8.24	**八·一	壬寅	9.23
五·十一 闰五·十一	癸丑 癸未	6.6 7.6	六·十一	壬子	8.4	七·十一	壬午	9.3	八·十一	壬子	10.3
五·二十一 闰五·二十一	癸亥 癸巳	6.16 7.16	六·二十一	壬戌	8.14	七·二十一	壬辰	9.13	八·二十一	壬戌	10.13
九·一	辛未	10.22	十·一	辛丑	11.21	**十一·一	庚午	12.20	十二·一	庚子	1.19
九·十一	辛巳	11.1	十·十一	辛亥	12.1	十一·十一	庚辰	12.30	十二·十一	庚戌	1.29
九·二十一	辛卯	11.11	十·二十一	辛酉	12.11	十一·二十一	庚寅	1.9	十二·二十一	庚申	2.8

*《辑要》二月甲辰、四月癸卯朔，均误。《朔闰考》二月甲戌、四月癸酉朔。 **《目录》八月辛丑朔；十一月庚子朔，误。

汉章帝建初七年壬午（82—83）

一·一	己巳	2.17	二·一	己亥	3.19	三·一	戊辰	4.17	四·一	戊戌	5.17
一·十一	己卯	2.27	二·十一	己酉	3.29	三·十一	戊寅	4.27	四·十一	戊申	5.27
一·二十一	己丑	3.9	二·二十一	己未	4.8	三·二十一	戊子	5.7	四·二十一	戊午	6.6
五·一	丁卯	6.15	六·一	丁酉	7.15	七·一	丙寅	8.13	八·一	丙申	9.12
五·十一	丁丑	6.25	六·十一	丁未	7.25	七·十一	丙子	8.23	八·十一	丙午	9.22
五·二十一	丁亥	7.5	六·二十一	丁巳	8.4	七·二十一	丙戌	9.2	八·二十一	丙辰	10.2
九·一	乙丑	10.11	十·一	乙未	11.10	十一·一	甲子	12.9	十二·一	甲午	1.8
九·十一	乙亥	10.21	十·十一	乙巳	11.20	十一·十一	甲戌	12.19	十二·十一	甲辰	1.18
九·二十一	乙酉	10.31	十·二十一	乙卯	11.30	十一·二十一	甲申	12.29	十二·二十一	甲寅	1.28

汉章帝建初八年癸未（83—84）

一·一	甲子	2.7	二·一	癸巳	3.8	三·一	癸亥	4.7	四·一	壬辰	5.6
一·十一	甲戌	2.17	二·十一	癸卯	3.18	三·十一	癸酉	4.17	四·十一	壬寅	5.16
一·二十一	甲申	2.27	二·二十一	癸丑	3.28	三·二十一	癸未	4.27	四·二十一	壬子	5.26
五·一	壬戌	6.5	六·一	辛卯	7.4	七·一	辛酉	8.3	八·一	庚寅	9.1
五·十一	壬申	6.15	六·十一	辛丑	7.14	七·十一	辛未	8.13	八·十一	庚子	9.11
五·二十一	壬午	6.25	六·二十一	辛亥	7.24	七·二十一	辛巳	8.23	八·二十一	庚戌	9.21
九·一	庚申	10.1	十·一	己丑	10.30	十一·一	己未	11.29	十二·一	戊子	12.28
九·十一	庚午	10.11	十·十一	己亥	11.9	十一·十一	己巳	12.9	十二·十一	戊戌	1.7
九·二十一	庚辰	10.21	十·二十一	己酉	11.19	十一·二十一	己卯	12.19	十二·二十一	戊申	1.17

汉章帝元和元年甲申（84—85）

一·一　戊午 1.27　闰一·一　戊亥 2.25 一·十一　戊辰 2.6　闰一·十一　戊酉 3.6 一·二十一 戊寅 2.16　闰一·二十一 戊未 3.16	二·一　丁巳　3.26 二·十一　丁卯　4.5 二·二十一　丁丑　4.15	三·一　丁亥　4.25 三·十一　丁酉　5.5 三·二十一　丁未　5.15	四·一　丙辰　5.24 四·十一　丙寅　6.3 四·二十一　丙子　6.13
五·一　丙戌　6.23 五·十一　丙申　7.3 五·二十一　丙午　7.13	六·一　乙卯　7.22 六·十一　乙丑　8.1 六·二十一　乙亥　8.11	七·一　乙酉　8.21 七·十一　乙未　8.31 七·二十一　乙巳　9.10	*八·一　甲寅　9.19 八·十一　甲子　9.29 八·二十一　甲戌　10.9
九·一　甲申　10.19 九·十一　甲午　10.29 九·二十一　甲辰　11.8	十·一　癸丑　11.17 十·十一　癸亥　11.27 十·二十一　癸酉　12.7	十一·一　癸未　12.17 十一·十一　癸巳　12.27 十一·二十一　癸卯　1.6	十二·一　壬子　1.15 十二·十一　壬戌　1.25 十二·二十一　壬申　2.4

* 本月改元“元和”。

汉章帝元和二年乙酉（85—86）

*一·一　辛巳　2.13 一·十一　辛卯　2.23 一·二十一　辛丑　3.5	二·一　辛亥　3.15 二·十一　辛酉　3.25 二·二十一　辛未　4.4	三·一　庚辰　4.13 三·十一　庚寅　4.23 三·二十一　庚子　5.3	四·一　庚戌　5.13 四·十一　庚申　5.23 四·二十一　庚午　6.2
五·一　己卯　6.11 五·十一　己丑　6.21 五·二十一　己亥　7.1	六·一　己酉　7.11 六·十一　己未　7.21 六·二十一　己巳　7.31	七·一　戊寅　8.9 七·十一　戊子　8.19 七·二十一　戊戌　8.29	八·一　戊申　9.8 八·十一　戊午　9.18 八·二十一　戊辰　9.28
九·一　丁丑　10.7 九·十一　丁亥　10.17 九·二十一　丁酉　10.27	十·一　丁未　11.6 十·十一　丁巳　11.16 十·二十一　丁卯　11.26	十一·一　丙子　12.5 十一·十一　丙戌　12.15 十一·二十一　丙申　12.25	十二·一　丙午　1.4 十二·十一　丙辰　1.14 十二·二十一　丙寅　1.24

*《目录》正月壬午朔。

汉章帝元和三年丙戌（86—87）

一·一　乙亥　2.2 一·十一　乙酉　2.12 一·二十一　乙未　2.22	二·一　乙巳　3.4 二·十一　乙卯　3.14 二·二十一　乙丑　3.24	三·一　甲戌　4.2 三·十一　甲申　4.12 三·二十一　甲午　4.22	四·一　甲辰　5.2 四·十一　甲寅　5.12 四·二十一　甲子　5.22
五·一　甲戌　6.1 五·十一　甲申　6.11 五·二十一　甲午　6.21	六·一　癸卯　6.30 六·十一　癸丑　7.10 六·二十一　癸亥　7.20	七·一　癸酉　7.30 七·十一　癸未　8.9 七·二十一　癸巳　8.19	八·一　壬寅　8.28 八·十一　壬子　9.7 八·二十一　壬戌　9.17
九·一　壬申　9.27 九·十一　壬午　10.7 九·二十一　壬辰　10.17	十·一　辛丑 10.26　闰十·一　辛未 11.25 十·十一　辛亥 11.5　闰十·十一　辛巳 12.5 十·二十一 辛酉 11.15　闰十·二十一 辛卯 12.15	十一·一　庚子　12.24 十一·十一　庚戌　1.3 十一·二十一　庚申　1.13	十二·一　庚午　1.23 十二·十一　庚辰　2.2 十二·二十一　庚寅　2.12

汉章帝章和元年丁亥（87—88）

一·一　己亥　2.21 一·十一　己酉　3.3 一·二十一　己未　3.13	二·一　己巳　3.23 二·十一　己卯　4.2 二·二十一　己丑　4.12	三·一　戊戌　4.21 三·十一　戊申　5.1 三·二十一　戊午　5.11	四·一　戊辰　5.21 四·十一　戊寅　5.31 四·二十一　戊子　6.10
五·一　丁酉　6.19 五·十一　丁未　6.29 五·二十一　丁巳　7.9	六·一　丁卯　7.19 六·十一　丁丑　7.29 六·二十一　丁亥　8.8	*七·一　丙申　8.17 七·十一　丙午　8.27 七·二十一　丙辰　9.6	八·一　丙寅　9.16 八·十一　丙子　9.26 八·二十一　丙戌　10.6
九·一　丙申　10.16 九·十一　丙午　10.26 九·二十一　丙辰　11.5	十·一　乙丑　11.14 十·十一　乙亥　11.24 十·二十一　乙酉　12.4	十一·一　乙未　12.14 十一·十一　乙巳　12.24 十一·二十一　乙卯　1.3	十二·一　甲子　1.12 十二·十一　甲戌　1.22 十二·二十一　甲申　2.1

* 本月改元“章和”。

汉章帝章和二年戊子（88—89）

一·一 甲午 2.11	二·一 癸亥 3.11	三·一 癸巳 4.10	四·一 壬戌 5.9
一·十一 甲辰 2.21	二·十一 癸酉 3.21	三·十一 癸卯 4.20	四·十一 壬申 5.19
一·二十一 甲寅 3.2	二·二十一 癸未 3.31	三·二十一 癸丑 4.30	四·二十一 壬午 5.29
五·一 壬辰 6.8	六·一 辛酉 7.7	七·一 辛卯 8.6	八·一 庚申 9.4
五·十一 壬寅 6.18	六·十一 辛未 7.17	七·十一 辛丑 8.16	八·十一 庚午 9.14
五·二十一 壬子 6.28	六·二十一 辛巳 7.27	七·二十一 辛亥 8.26	八·二十一 庚辰 9.24
九·一 庚寅 10.4	十·一 己未 11.2	十一·一 己丑 12.2	十二·一 己未 1.1
九·十一 庚子 10.14	十·十一 己巳 11.12	十一·十一 己亥 12.12	十二·十一 己巳 1.11
九·二十一 庚戌 10.24	十·二十一 己卯 11.22	十一·二十一 己酉 12.22	十二·二十一 己卯 1.21

汉和帝永元元年己丑（89—90）

一·一 戊子 1.30	二·一 戊午 3.1	三·一 丁亥 3.30	四·一 丁巳 4.29
一·十一 戊戌 2.9	二·十一 戊辰 3.11	三·十一 丁酉 4.9	四·十一 丁卯 5.9
一·二十一 戊申 2.19	二·二十一 戊寅 3.21	三·二十一 丁未 4.19	四·二十一 丁丑 5.19
五·一 丙戌 5.28	六·一 丙辰 6.27	七·一 乙酉 7.26 闰七·一 乙卯 8.25	八·一 甲申 9.23
五·十一 丙申 6.7	六·十一 丙寅 7.7	七·十一 乙未 8.5 闰七·十一 乙丑 9.4	八·十一 甲午 10.3
五·二十一 丙午 6.17	六·二十一 丙子 7.17	七·二十一 乙巳 8.15 闰七·二十一 乙亥 9.14	八·二十一 甲辰 10.13
九·一 甲寅 10.23	十·一 癸未 11.21	十一·一 癸丑 12.21	十二·一 壬午 1.19
九·十一 甲子 11.2	十·十一 癸巳 12.1	十一·十一 癸亥 12.31	十二·十一 壬辰 1.29
九·二十一 甲戌 11.12	十·二十一 癸卯 12.11	十一·二十一 癸酉 1.10	十二·二十一 壬寅 2.8

汉和帝永元二年庚寅（90—91）

一·一 壬子 2.18	二·一 辛巳 3.19	三·一 辛亥 4.18	四·一 辛巳 5.18
一·十一 壬戌 2.28	二·十一 辛卯 3.29	三·十一 辛酉 4.28	四·十一 辛卯 5.28
一·二十一 壬申 3.10	二·二十一 辛丑 4.8	三·二十一 辛未 5.8	四·二十一 辛丑 6.7
五·一 庚戌 6.16	六·一 庚辰 7.16	七·一 己酉 8.14	八·一 己卯 9.13
五·十一 庚申 6.26	六·十一 庚寅 7.26	七·十一 己未 8.24	八·十一 己丑 9.23
五·二十一 庚午 7.6	六·二十一 庚子 8.5	七·二十一 己巳 9.3	八·二十一 己亥 10.3
九·一 戊申 10.12	十·一 戊寅 11.11	十一·一 丁未 12.10	十二·一 丁丑 1.9
九·十一 戊午 10.22	十·十一 戊子 11.21	十一·十一 丁巳 12.20	十二·十一 丁亥 1.19
九·二十一 戊辰 11.1	十·二十一 戊戌 12.1	十一·二十一 丁卯 12.30	十二·二十一 丁酉 1.29

汉和帝永元三年辛卯（91—92）

一·一 丙午 2.7	二·一 丙子 3.9	三·一 乙巳 4.7	*四·一 乙亥 5.7
一·十一 丙辰 2.17	二·十一 丙戌 3.19	三·十一 乙卯 4.17	四·十一 乙酉 5.17
一·二十一 丙寅 2.27	二·二十一 丙申 3.29	三·二十一 乙丑 4.27	四·二十一 乙未 5.27
五·一 甲辰 6.5	六·一 甲戌 7.5	七·一 甲辰 8.4	八·一 癸酉 9.2
五·十一 甲寅 6.15	六·十一 甲申 7.15	七·十一 甲寅 8.14	八·十一 癸未 9.12
五·二十一 甲子 6.25	六·二十一 甲午 7.25	七·二十一 甲子 8.24	八·二十一 癸巳 9.22
九·一 癸卯 10.2	十·一 壬申 10.31	十一·一 壬寅 11.30	十二·一 辛未 12.29
九·十一 癸丑 10.12	十·十一 壬午 11.10	十一·十一 壬子 12.10	十二·十一 辛巳 1.8
九·二十一 癸亥 10.22	十·二十一 壬辰 11.20	十一·二十一 壬戌 12.20	十二·二十一 辛卯 1.18

*《目录》闰三月乙亥朔。

汉和帝永元四年壬辰(92—93)

一·一 辛丑 1.28	二·一 庚午 2.26	三·一 庚子 3.27 闰三·一 己巳 4.25	四·一 己亥 5.25
一·十一 辛亥 2.7	二·十一 庚辰 3.7	三·十一 庚戌 4.6 闰三·十一 己卯 5.5	四·十一 己酉 6.4
一·二十一 辛酉 2.17	二·二十一 庚寅 3.17	三·二十一 庚申 4.16 闰三·二十一 己丑 5.15	四·二十一 己未 6.14
五·一 戊辰 6.23	六·一 戊戌 7.23	七·一 丁卯 8.21	八·一 丁酉 9.20
五·十一 戊寅 7.3	六·十一 戊申 8.2	七·十一 丁丑 8.31	八·十一 丁未 9.30
五·二十一 戊子 7.13	六·二十一 戊午 8.12	七·二十一 丁亥 9.10	八·二十一 丁巳 10.10
九·一 丙寅 10.19	十·一 丙申 11.18	十一·一 丙寅 12.18	十二·一 乙未 1.16
九·十一 丙子 10.29	十·十一 丙午 11.28	十一·十一 丙子 12.28	十二·十一 乙巳 1.26
九·二十一 丙戌 11.8	十·二十一 丙辰 12.8	十一·二十一 丙戌 1.7	十二·二十一 乙卯 2.5

汉和帝永元五年癸巳(93—94)

一·一 乙丑 2.15	二·一 甲午 3.16	三·一 甲子 4.15	四·一 癸巳 5.14
一·十一 乙亥 2.25	二·十一 甲辰 3.26	三·十一 甲戌 4.25	四·十一 癸卯 5.24
一·二十一 乙酉 3.7	二·二十一 甲寅 4.5	三·二十一 甲申 5.5	四·二十一 癸丑 6.3
五·一 癸亥 6.13	六·一 壬辰 7.12	七·一 壬戌 8.11	八·一 辛卯 9.9
五·十一 癸酉 6.23	六·十一 壬寅 7.22	七·十一 壬申 8.21	八·十一 辛丑 9.19
五·二十一 癸未 7.3	六·二十一 壬子 8.1	七·二十一 壬午 8.31	八·二十一 辛亥 9.29
九·一 辛酉 10.9	十·一 庚寅 11.7	十一·一 庚申 12.7	十二·一 己丑 1.5
九·十一 辛未 10.19	十·十一 庚子 11.17	十一·十一 庚午 12.17	十二·十一 己亥 1.15
九·二十一 辛巳 10.29	十·二十一 庚戌 11.27	十一·二十一 庚辰 12.27	十二·二十一 己酉 1.25

汉和帝永元六年甲午(94—95)

一·一 己未 2.4	二·一 戊子 3.5	三·一 戊午 4.4	四·一 戊子 5.4
一·十一 己巳 2.14	二·十一 戊戌 3.15	三·十一 戊辰 4.14	四·十一 戊戌 5.14
一·二十一 己卯 2.24	二·二十一 戊申 3.25	三·二十一 戊寅 4.24	四·二十一 戊申 5.24
五·一 丁巳 6.2	六·一 丁亥 7.2	七·一 丙辰 7.31	八·一 丙戌 8.30
五·十一 丁卯 6.12	六·十一 丁酉 7.12	七·十一 丙寅 8.10	八·十一 丙申 9.9
五·二十一 丁丑 6.22	六·二十一 丁未 7.22	七·二十一 丙子 8.20	八·二十一 丙午 9.19
九·一 乙卯 9.28	十·一 乙酉 10.28	十一·一 甲寅 11.26 *闰十一·一 甲申 12.26	十二·一 癸丑 1.24
九·十一 乙丑 10.8	十·十一 乙未 11.7	十一·十一 甲子 12.6 闰十一·十一 甲午 1.5	十二·十一 癸亥 2.3
九·二十一 乙亥 10.18	十·二十一 乙巳 11.17	十一·二十一 甲戌 12.16 闰十一·二十一 甲辰 1.15	十二·二十一 癸酉 2.13

*《目录》闰十二月癸丑朔。

汉和帝永元七年乙未(95—96)

一·一 癸未 2.23	二·一 壬子 3.24	三·一 壬午 4.23	四·一 辛亥 5.22
一·十一 癸巳 3.5	二·十一 壬戌 4.3	三·十一 壬辰 5.3	四·十一 辛酉 6.1
一·二十一 癸卯 3.15	二·二十一 壬申 4.13	三·二十一 壬寅 5.13	四·二十一 辛未 6.11
五·一 辛巳 6.21	六·一 辛亥 7.21	七·一 庚辰 8.19	八·一 庚戌 9.18
五·十一 辛卯 7.1	六·十一 辛酉 7.31	七·十一 庚寅 8.29	八·十一 庚申 9.28
五·二十一 辛丑 7.11	六·二十一 辛未 8.10	七·二十一 庚子 9.8	八·二十一 庚午 10.8
九·一 己卯 10.17	十·一 己酉 11.16	十一·一 戊寅 12.15	十二·一 戊申 1.14
九·十一 己丑 10.27	十·十一 己未 11.26	十一·十一 戊子 12.25	十二·十一 戊午 1.24
九·二十一 己亥 11.6	十·二十一 己巳 12.6	十一·二十一 戊戌 1.4	十二·二十一 戊辰 2.3

汉和帝永元八年丙申(96—97)

一•一	丁丑	2.12	二•一	丁未	3.13	三•一	丙子	4.11	四•一	丙午	5.11
一•十一	丁亥	2.22	二•十一	丁巳	3.23	三•十一	丙戌	4.21	四•十一	丙辰	5.21
一•二十一	丁酉	3.3	二•二十一	丁卯	4.2	三•二十一	丙申	5.1	四•二十一	丙寅	5.31
五•一	乙亥	6.9	六•一	乙巳	7.9	七•一	甲戌	8.7	八•一	甲辰	9.6
五•十一	乙酉	6.19	六•十一	乙卯	7.19	七•十一	甲申	8.17	八•十一	甲寅	9.16
五•二十一	乙未	6.29	六•二十一	乙丑	7.29	七•二十一	甲午	8.27	八•二十一	甲子	9.26
九•一	癸酉	10.5	十•一	癸卯	11.4	十一•一	癸酉	12.4	十二•一	壬寅	1.2
九•十一	癸未	10.15	十•十一	癸丑	11.14	十一•十一	癸未	12.14	十二•十一	壬子	1.12
九•二十一	癸巳	10.25	十•二十一	癸亥	11.24	十一•二十一	癸巳	12.24	十二•二十一	壬戌	1.22

汉和帝永元九年丁酉(97—98)

一•一	壬申	2.1	二•一	辛丑	3.2	三•一	辛未	4.1	四•一	庚子	4.30			
一•十一	壬午	2.11	二•十一	辛亥	3.12	三•十一	辛巳	4.11	四•十一	庚戌	5.10			
一•二十一	壬辰	2.21	二•二十一	辛酉	3.22	三•二十一	辛卯	4.21	四•二十一	庚申	5.20			
五•一	庚午	5.30	六•一	己亥	6.28	七•一	己巳	7.28	八•一	戊戌	8.26	闰八•一	戊辰	9.25
五•十一	庚辰	6.9	六•十一	己酉	7.8	七•十一	己卯	8.7	八•十一	戊申	9.5	闰八•十一	戊寅	10.5
五•二十一	庚寅	6.19	六•二十一	己未	7.18	七•二十一	己丑	8.17	八•二十一	戊午	9.15	闰八•二十一	戊子	10.15
九•一	丁酉	10.24	十•一	丁卯	11.23	十一•一	丙申	12.22	十二•一	丙寅	1.21			
九•十一	丁未	11.3	十•十一	丁丑	12.3	十一•十一	丙午	1.1	十二•十一	丙子	1.31			
九•二十一	丁巳	11.13	十•二十一	丁亥	12.13	十一•二十一	丙辰	1.11	十二•二十一	丙戌	2.10			

汉和帝永元十年戊戌(98—99)

一•一	丙申	2.20	二•一	乙丑	3.21	三•一	乙未	4.20	四•一	甲子	5.19
一•十一	丙午	3.2	二•十一	乙亥	3.31	三•十一	乙巳	4.30	四•十一	甲戌	5.29
一•二十一	丙辰	3.12	二•二十一	乙酉	4.10	三•二十一	乙卯	5.10	四•二十一	甲申	6.8
五•一	甲午	6.18	六•一	癸亥	7.17	七•一	癸巳	8.16	八•一	壬戌	9.14
五•十一	甲辰	6.28	六•十一	癸酉	7.27	七•十一	癸卯	8.26	八•十一	壬申	9.24
五•二十一	甲寅	7.8	六•二十一	癸未	8.6	七•二十一	癸丑	9.5	八•二十一	壬午	10.4
九•一	壬辰	10.14	十•一	辛酉	11.12	十一•一	辛卯	12.12	十二•一	庚申	1.10
九•十一	壬寅	10.24	十•十一	辛未	11.22	十一•十一	辛丑	12.22	十二•十一	庚午	1.20
九•二十一	壬子	11.3	十•二十一	辛巳	12.2	十一•二十一	辛亥	1.1	十二•二十一	庚辰	1.30

汉和帝永元十一年己亥(99—100)

一•一	庚寅	2.9	二•一	己未	3.10	三•一	己丑	4.9	四•一	戊午	5.8
一•十一	庚子	2.19	二•十一	己巳	3.20	三•十一	己亥	4.19	四•十一	戊辰	5.18
一•二十一	庚戌	3.1	二•二十一	己卯	3.30	三•二十一	己酉	4.29	四•二十一	戊寅	5.28
五•一	戊子	6.7	六•一	戊午	7.7	七•一	丁亥	8.5	八•一	丁巳	9.4
五•十一	戊戌	6.17	六•十一	戊辰	7.17	七•十一	丁酉	8.15	八•十一	丁卯	9.14
五•二十一	戊申	6.27	六•二十一	戊寅	7.27	七•二十一	丁未	8.25	八•二十一	丁丑	9.24
九•一	丙戌	10.3	十•一	丙辰	11.2	十一•一	乙酉	12.1	十二•一	乙卯	12.31
九•十一	丙申	10.13	十•十一	丙寅	11.12	十一•十一	乙未	12.11	十二•十一	乙丑	1.10
九•二十一	丙午	10.23	十•二十一	丙子	11.22	十一•二十一	乙巳	12.21	十二•二十一	乙亥	1.20

汉和帝永元十二年庚子(100—101)

一·一	甲申	1.29	二·一	甲寅	2.28	三·一	癸未	3.28	四·一	癸丑	4.27
一·十一	甲午	2.8	二·十一	甲子	3.9	三·十一	癸巳	4.7	四·十一	癸亥	5.7
一·二十一	甲辰	2.18	二·二十一	甲戌	3.19	三·二十一	癸卯	4.17	四·二十一	癸酉	5.17
五·一	壬午	5.26　闰五·一　壬子　6.25	六·一	辛巳	7.24	七·一	辛亥	8.23	八·一	庚辰	9.21
五·十一	壬辰	6.5　闰五·十一　壬戌　7.5	六·十一	辛卯	8.3	七·十一	辛酉	9.2	八·十一	庚寅	10.1
五·二十一	壬寅	6.15　闰五·二十一　壬申　7.15	六·二十一	辛丑	8.13	七·二十一	辛未	9.12	八·二十一	庚子	10.11
九·一	庚戌	10.21	十·一	庚辰	11.20	十一·一	己酉	12.19	十二·一	己卯	1.18
九·十一	庚申	10.31	十·十一	庚寅	11.30	十一·十一	己未	12.29	十二·十一	己丑	1.28
九·二十一	庚午	11.10	十·二十一	庚子	12.10	十一·二十一	己巳	1.8	十二·二十一	己亥	2.7

汉和帝永元十三年辛丑(101—102)

一·一	戊申	2.16	二·一	戊寅	3.18	三·一	丁未	4.16	四·一	丁丑	5.16
一·十一	戊午	2.26	二·十一	戊子	3.28	三·十一	丁巳	4.26	四·十一	丁亥	5.26
一·二十一	戊辰	3.8	二·二十一	戊戌	4.7	三·二十一	丁卯	5.6	四·二十一	丁酉	6.5
五·一	丙午	6.14	六·一	丙子	7.14	七·一	乙巳	8.12	八·一	乙亥	9.11
五·十一	丙辰	6.24	六·十一	丙戌	7.24	七·十一	乙卯	8.22	八·十一	乙酉	9.21
五·二十一	丙寅	7.4	六·二十一	丙申	8.3	七·二十一	乙丑	9.1	八·二十一	乙未	10.1
九·一	甲辰	10.10	十·一	甲戌	11.9	十一·一	癸卯	12.8	十二·一	癸酉	1.7
九·十一	甲寅	10.20	十·十一	甲申	11.19	十一·十一	癸丑	12.18	十二·十一	癸未	1.17
九·二十一	甲子	10.30	十·二十一	甲午	11.29	十一·二十一	癸亥	12.28	十二·二十一	癸巳	1.27

汉和帝永元十四年壬寅(102—103)

一·一	癸卯	2.6	二·一	壬申	3.7	三·一	壬寅	4.6	四·一	辛未	5.5
一·十一	癸丑	2.16	二·十一	壬午	3.17	三·十一	壬子	4.16	四·十一	辛巳	5.15
一·二十一	癸亥	2.26	二·二十一	壬辰	3.27	三·二十一	壬戌	4.26	四·二十一	辛卯	5.25
五·一	辛丑	6.4	六·一	庚午	7.3	七·一	庚子	8.2	八·一	己巳	8.31
五·十一	辛亥	6.14	六·十一	庚辰	7.13	七·十一	庚戌	8.12	八·十一	己卯	9.10
五·二十一	辛酉	6.24	六·二十一	庚寅	7.23	七·二十一	庚申	8.22	八·二十一	己丑	9.20
九·一	己亥	9.30	十·一	戊辰	10.29	十一·一	戊戌	11.28	十二·一	丁卯	12.27
九·十一	己酉	10.10	十·十一	戊寅	11.8	十一·十一	戊申	12.8	十二·十一	丁丑	1.6
九·二十一	己未	10.20	十·二十一	戊子	11.18	十一·二十一	戊午	12.18	十二·二十一	丁亥	1.16

汉和帝永元十五年癸卯(103—104)

一·一	丁酉	1.26　闰一·一　丙寅　2.24	二·一	丙申	3.26	三·一	乙丑	4.24	四·一	乙未	5.24
一·十一	丁未	2.5　闰一·十一　丙子　3.6	二·十一	丙午	4.5	三·十一	乙亥	5.4	四·十一	乙巳	6.3
一·二十一	丁巳	2.15　闰一·二十一　丙戌　3.16	二·二十一	丙辰	4.15	三·二十一	乙酉	5.14	四·二十一	乙卯	6.13
五·一	乙丑	6.23	六·一	甲午	7.22	七·一	甲子	8.21	八·一	癸巳	9.19
五·十一	乙亥	7.3	六·十一	甲辰	8.1	七·十一	甲戌	8.31	八·十一	癸卯	9.29
五·二十一	乙酉	7.13	六·二十一	甲寅	8.11	七·二十一	甲申	9.10	八·二十一	癸丑	10.9
九·一	癸亥	10.19	十·一	壬辰	11.17	十一·一	壬戌	12.17	十二·一	辛卯	1.15
九·十一	癸酉	10.29	十·十一	壬寅	11.27	十一·十一	壬申	12.27	十二·十一	辛丑	1.25
九·二十一	癸未	11.8	十·二十一	壬子	12.7	十一·二十一	壬午	1.6	十二·二十一	辛亥	2.4

汉和帝永元十六年甲辰(104—105)

一·一	辛酉	2.14	二·一	庚寅	3.14	三·一	庚申	4.13	四·一	己丑	5.12
一·十一	辛未	2.24	二·十一	庚子	3.24	三·十一	庚午	4.23	四·十一	己亥	5.22
一·二十一	辛巳	3.5	二·二十一	庚戌	4.3	三·二十一	庚辰	5.3	四·二十一	己酉	6.1
五·一	己未	6.11	六·一	戊子	7.10	七·一	戊午	8.9	八·一	戊子	9.8
五·十一	己巳	6.21	六·十一	戊戌	7.20	七·十一	戊辰	8.19	八·十一	戊戌	9.18
五·二十一	己卯	7.1	六·二十一	戊申	7.30	七·二十一	戊寅	8.29	八·二十一	戊申	9.28
九·一	丁巳	10.7	十·一	丁亥	11.6	十一·一	丙辰	12.5	十二·一	丙戌	1.4
九·十一	丁卯	10.17	十·十一	丁酉	11.16	十一·十一	丙寅	12.15	十二·十一	丙申	1.14
九·二十一	丁丑	10.27	十·二十一	丁未	11.26	十一·二十一	丙子	12.25	十二·二十一	丙午	1.24

汉和帝元兴元年乙巳(105—106)

一·一	乙卯	2.2	二·一	乙酉	3.4	三·一	甲寅	4.2	*四·一	甲申	5.2
一·十一	乙丑	2.12	二·十一	乙未	3.14	三·十一	甲子	4.12	四·十一	甲午	5.12
一·二十一	乙亥	2.22	二·二十一	乙巳	3.24	三·二十一	甲戌	4.22	四·二十一	甲辰	5.22
五·一	癸丑	5.31	六·一	癸未	6.30	七·一	壬子	7.29	八·一	壬午	8.28
五·十一	癸亥	6.10	六·十一	癸巳	7.10	七·十一	壬戌	8.8	八·十一	壬辰	9.7
五·二十一	癸酉	6.20	六·二十一	癸卯	7.20	七·二十一	壬申	8.18	八·二十一	壬寅	9.17
九·一 辛亥 9.26	**闰九·一	辛巳 10.26	十·一	庚戌	11.24	十一·一	庚辰	12.24	十二·一	庚戌	1.23
九·十一 辛酉 10.6	闰九·十一	辛卯 11.5	十·十一	庚申	12.4	十一·十一	庚寅	1.3	十二·十一	庚申	2.2
九·二十一 辛未 10.16	闰九·二十一	辛丑 11.15	十·二十一	庚午	12.14	十一·二十一	庚子	1.13	十二·二十一	庚午	2.12

* 本月改元“元兴”。 **《目录》闰十月庚戌朔。

汉殇帝延平元年丙午(106—107)

一·一	己卯	2.21	二·一	己酉	3.23	三·一	戊寅	4.21	四·一	戊申	5.21
一·十一	己丑	3.3	二·十一	己未	4.2	三·十一	戊子	5.1	四·十一	戊午	5.31
一·二十一	己亥	3.13	二·二十一	己巳	4.12	三·二十一	戊戌	5.11	四·二十一	戊辰	6.10
五·一	丁丑	6.19	六·一	丁未	7.19	七·一	丙子	8.17	八·一	丙午	9.16
五·十一	丁亥	6.29	六·十一	丁巳	7.29	七·十一	丙戌	8.27	八·十一	丙辰	9.26
五·二十一	丁酉	7.9	六·二十一	丁卯	8.8	七·二十一	丙申	9.6	八·二十一	丙寅	10.6
九·一	乙亥	10.15	十·一	乙巳	11.14	十一·一	甲戌	12.13	十二·一	甲辰	1.12
九·十一	乙酉	10.25	十·十一	乙卯	11.24	十一·十一	甲申	12.23	十二·十一	甲寅	1.22
九·二十一	乙未	11.4	十·二十一	乙丑	12.4	十一·二十一	甲午	1.2	十二·二十一	甲子	2.1

汉安帝永初元年丁未(107—108)

一·一	癸酉	2.10	二·一	癸卯	3.12	三·一	壬申	4.10	四·一	壬寅	5.10
一·十一	癸未	2.20	二·十一	癸丑	3.22	三·十一	壬午	4.20	四·十一	壬子	5.20
一·二十一	癸巳	3.2	二·二十一	癸亥	4.1	三·二十一	壬辰	4.30	四·二十一	壬戌	5.30
五·一	壬申	6.9	六·一	辛丑	7.8	七·一	辛未	8.7	八·一	庚子	9.5
五·十一	壬午	6.19	六·十一	辛亥	7.18	七·十一	辛巳	8.17	八·十一	庚戌	9.15
五·二十一	壬辰	6.29	六·二十一	辛酉	7.28	七·二十一	辛卯	8.27	八·二十一	庚申	9.25
九·一	庚午	10.5	十·一	己亥	11.3	十一·一	己巳	12.3	十二·一	戊戌	1.1
九·十一	庚辰	10.15	十·十一	己酉	11.13	十一·十一	己卯	12.13	十二·十一	戊申	1.11
九·二十一	庚寅	10.25	十·二十一	己未	11.23	十一·二十一	己丑	12.23	十二·二十一	戊午	1.21

汉安帝永初二年戊申（108—109）

一·一	戊辰	1.31	二·一	丁酉	2.29	三·一	丁卯	3.30	四·一	丙申	4.28
一·十一	戊寅	2.10	二·十一	丁未	3.10	三·十一	丁丑	4.9	四·十一	丙午	5.8
一·二十一	戊子	2.20	二·二十一	丁巳	3.20	三·二十一	丁亥	4.19	四·二十一	丙辰	5.18
五·一	丙寅	5.28	六·一	乙未	6.26	七·一	乙丑7.26	闰七·一 乙未8.25	八·一	甲子	9.23
五·十一	丙子	6.7	六·十一	乙巳	7.6	七·十一	乙亥8.5	闰七·十一 乙巳9.4	八·十一	甲戌	10.3
五·二十一	丙戌	6.17	六·二十一	乙卯	7.16	七·二十一	乙酉8.15	闰七·二十一 乙卯9.14	八·二十一	甲申	10.13
九·一	甲午	10.23	十·一	癸亥	11.21	十一·一	癸巳	12.21	十二·一	壬戌	1.19
九·十一	甲辰	11.2	十·十一	癸酉	12.1	十一·十一	癸卯	12.31	十二·十一	壬申	1.29
九·二十一	甲寅	11.12	十·二十一	癸未	12.11	十一·二十一	癸丑	1.10	十二·二十一	壬午	2.8

汉安帝永初三年己酉（109—110）

一·一	壬辰	2.18	二·一	辛酉	3.19	三·一	辛卯	4.18	四·一	庚申	5.17
一·十一	壬寅	2.28	二·十一	辛未	3.29	三·十一	辛丑	4.28	四·十一	庚午	5.27
一·二十一	壬子	3.10	二·二十一	辛巳	4.8	三·二十一	辛亥	5.8	四·二十一	庚辰	6.6
五·一	庚寅	6.16	六·一	己未	7.15	七·一	己丑	8.14	八·一	戊午	9.12
五·十一	庚子	6.26	六·十一	己巳	7.25	七·十一	己亥	8.24	八·十一	戊辰	9.22
五·二十一	庚戌	7.6	六·二十一	己卯	8.4	七·二十一	己酉	9.3	八·二十一	戊寅	10.2
九·一	戊子	10.12	十·一	丁巳	11.10	十一·一	丁亥	12.10	十二·一	丁巳	1.9
九·十一	戊戌	10.22	十·十一	丁卯	11.20	十一·十一	丁酉	12.20	十二·十一	丁卯	1.19
九·二十一	戊申	11.1	十·二十一	丁丑	11.30	十一·二十一	丁未	12.30	十二·二十一	丁丑	1.29

汉安帝永初四年庚戌（110—111）

一·一	丙戌	2.7	二·一	丙辰	3.9	三·一	乙酉	4.7	四·一	乙卯	5.7
一·十一	丙申	2.17	二·十一	丙寅	3.19	三·十一	乙未	4.17	四·十一	乙丑	5.17
一·二十一	丙午	2.27	二·二十一	丙子	3.29	三·二十一	乙巳	4.27	四·二十一	乙亥	5.27
五·一	甲申	6.5	六·一	甲寅	7.5	七·一	癸未	8.3	八·一	癸丑	9.2
五·十一	甲午	6.15	六·十一	甲子	7.15	七·十一	癸巳	8.13	八·十一	癸亥	9.12
五·二十一	甲辰	6.25	六·二十一	甲戌	7.25	七·二十一	癸卯	8.23	八·二十一	癸酉	9.22
九·一	壬午	10.1	十·一	壬子	10.31	十一·一	辛巳	11.29	十二·一	辛亥	12.29
九·十一	壬辰	10.11	十·十一	壬戌	11.10	十一·十一	辛卯	12.9	十二·十一	辛酉	1.8
九·二十一	壬寅	10.21	十·二十一	壬申	11.20	十一·二十一	辛丑	12.19	十二·二十一	辛未	1.18

汉安帝永初五年辛亥（111—112）

一·一	庚辰	1.27	二·一	庚戌	2.26	三·一	庚辰	3.28	四·一	己酉4.26	闰四·一 己卯5.26
一·十一	庚寅	2.6	二·十一	庚申	3.8	三·十一	庚寅	4.7	四·十一	己未5.6	闰四·十一 己丑6.5
一·二十一	庚子	2.16	二·二十一	庚午	3.18	三·二十一	庚子	4.17	四·二十一	己巳5.16	闰四·二十一 己亥6.15
五·一	戊申	6.24	六·一	戊寅	7.24	七·一	丁未	8.22	八·一	丁丑	9.21
五·十一	戊午	7.4	六·十一	戊子	8.3	七·十一	丁巳	9.1	八·十一	丁亥	10.1
五·二十一	戊辰	7.14	六·二十一	戊戌	8.13	七·二十一	丁卯	9.11	八·二十一	丁酉	10.11
九·一	丙午	10.20	十·一	丙子	11.19	十一·一	乙巳	12.18	十二·一	乙亥	1.17
九·十一	丙辰	10.30	十·十一	丙戌	11.29	十一·十一	乙卯	12.28	十二·十一	乙酉	1.27
九·二十一	丙寅	11.9	十·二十一	丙申	12.9	十一·二十一	乙丑	1.7	十二·二十一	乙未	2.6

汉安帝永初六年壬子（112—113）

一·一	甲辰	2.15	二·一	甲戌	3.16	三·一	癸卯	4.14	四·一	癸酉	5.14
一·十一	甲寅	2.25	二·十一	甲申	3.26	三·十一	癸丑	4.24	四·十一	癸未	5.24
一·二十一	甲子	3.6	二·二十一	甲午	4.5	三·二十一	癸亥	5.4	四·二十一	癸巳	6.3
五·一	壬寅	6.12	六·一	壬申	7.12	七·一	壬寅	8.11	八·一	辛未	9.9
五·十一	壬子	6.22	六·十一	壬午	7.22	七·十一	壬子	8.21	八·十一	辛巳	9.19
五·二十一	壬戌	7.2	六·二十一	壬辰	8.1	七·二十一	壬戌	8.31	八·二十一	辛卯	9.29
九·一	辛丑	10.9	十·一	庚午	11.7	十一·一	庚子	12.7	十二·一	己巳	1.5
九·十一	辛亥	10.19	十·十一	庚辰	11.17	十一·十一	庚戌	12.17	十二·十一	己卯	1.15
九·二十一	辛酉	10.29	十·二十一	庚寅	11.27	十一·二十一	庚申	12.27	十二·二十一	己丑	1.25

汉安帝永初七年癸丑（113—114）

一·一	己亥	2.4	二·一	戊辰	3.5	三·一	戊戌	4.4	四·一	丁卯	5.3			
一·十一	己酉	2.14	二·十一	戊寅	3.15	三·十一	戊申	4.14	四·十一	丁丑	5.13			
一·二十一	己未	2.24	二·二十一	戊子	3.25	三·二十一	戊午	4.24	四·二十一	丁亥	5.23			
五·一	丁酉	6.2	六·一	丙寅	7.1	七·一	丙申	7.31	八·一	乙丑	8.29			
五·十一	丁未	6.12	六·十一	丙子	7.1	七·十一	丙午	8.10	八·十一	乙亥	9.8			
五·二十一	丁巳	6.22	六·二十一	丙戌	7.21	七·二十一	丙辰	8.20	八·二十一	乙酉	9.18			
九·一	乙未	9.28	十·一	甲子	10.27	十一·一	甲午	11.26	十二·一	甲子	12.26	闰十二·一	癸巳	1.24
九·十一	乙巳	10.8	十·十一	甲戌	11.6	十一·十一	甲辰	12.6	十二·十一	甲戌	1.5	闰十二·十一	癸卯	2.3
九·二十一	乙卯	10.18	十·二十一	甲申	11.16	十一·二十一	甲寅	12.16	十二·二十一	甲申	1.15	闰十二·二十一	癸丑	2.13

汉安帝元初元年甲寅（114—115）

一·一	癸亥	2.23	二·一	壬辰	3.24	三·一	壬戌	4.23	四·一	辛卯	5.22
一·十一	癸酉	3.5	二·十一	壬寅	4.3	三·十一	壬申	5.3	四·十一	辛丑	6.1
一·二十一	癸未	3.15	二·二十一	壬子	4.13	三·二十一	壬午	5.13	四·二十一	辛亥	6.11
五·一	辛酉	6.21	六·一	庚寅	7.20	七·一	庚申	8.19	八·一	己丑	9.17
五·十一	辛未	7.1	六·十一	庚子	7.30	七·十一	庚午	8.29	八·十一	己亥	9.27
五·二十一	辛巳	7.11	六·二十一	庚戌	8.9	七·二十一	庚辰	9.8	八·二十一	己酉	10.7
九·一	己未	10.17	十·一	戊子	11.15	十一·一	戊午	12.15	十二·一	丁亥	1.13
九·十一	己巳	10.27	十·十一	戊戌	11.25	十一·十一	戊辰	12.25	十二·十一	丁酉	1.23
九·二十一	己卯	11.6	十·二十一	戊申	12.5	十一·二十一	戊寅	1.4	十二·二十一	丁未	2.2

汉安帝元初二年乙卯（115—116）

一·一	丁巳	2.12	二·一	丁亥	3.14	三·一	丙辰	4.12	四·一	丙戌	5.12
一·十一	丁卯	2.22	二·十一	丁酉	3.24	三·十一	丙寅	4.22	四·十一	丙申	5.22
一·二十一	丁丑	3.4	二·二十一	丁未	4.3	三·二十一	丙子	5.2	四·二十一	丙午	6.1
五·一	乙卯	6.10	六·一	乙酉	7.10	七·一	甲寅	8.8	八·一	甲申	9.7
五·十一	乙丑	6.20	六·十一	乙未	7.20	七·十一	甲子	8.18	八·十一	甲午	9.17
五·二十一	乙亥	6.30	六·二十一	乙巳	7.30	七·二十一	甲戌	8.28	八·二十一	甲辰	9.27
九·一	癸丑	10.6	十·一	癸未	11.5	十一·一	壬子	12.4	十二·一	壬午	1.3
九·十一	癸亥	10.16	十·十一	癸巳	11.15	十一·十一	壬戌	12.14	十二·十一	壬辰	1.13
九·二十一	癸酉	10.26	十·二十一	癸卯	11.25	十一·二十一	壬申	12.24	十二·二十一	壬寅	1.23

汉安帝元初三年丙辰（116—117）

一·一 辛亥 2.1	二·一 辛巳 3.2	三·一 庚戌 3.31	四·一 庚辰 4.30
一·十一 辛酉 2.11	二·十一 辛卯 3.12	三·十一 庚申 4.10	四·十一 庚寅 5.10
一·二十一 辛未 2.21	二·二十一 辛丑 3.22	三·二十一 庚午 4.20	四·二十一 庚子 5.20
五·一 己酉 5.29	六·一 己卯 6.28	七·一 己酉 7.28	八·一 戊寅 8.26 闰八·一 戊申 9.25
五·十一 己未 6.8	六·十一 己丑 7.8	七·十一 己未 8.7	八·十一 戊子 9.5 闰八·十一 戊午 10.5
五·二十一 己巳 6.18	六·二十一 己亥 7.18	七·二十一 己巳 8.17	八·二十一 戊戌 9.15 闰八·二十一 戊辰 10.15
九·一 丁丑 10.24	十·一 丁未 11.23	十一·一 丙子 *12.22	十二·一 丙午 1.21
九·十一 丁亥 11.3	十·十一 丁巳 12.3	十一·十一 丙戌 1.1	十二·十一 丙辰 1.31
九·二十一 丁酉 11.13	十·二十一 丁卯 12.13	十一·二十一 丙申 1.11	十二·二十一 丙寅 2.10

*《总谱》12月21日，误。

汉安帝元初四年丁巳（117—118）

一·一 乙亥 2.19	二·一 乙巳 3.21	三·一 甲戌 4.19	四·一 甲辰 5.19
一·十一 乙酉 3.1	二·十一 乙卯 3.31	三·十一 甲申 4.29	四·十一 甲寅 5.29
一·二十一 乙未 3.11	二·二十一 乙丑 4.10	三·二十一 甲午 5.9	四·二十一 甲子 6.8
五·一 癸酉 6.17	六·一 癸卯 7.17	七·一 壬申 8.15	八·一 壬寅 9.14
五·十一 癸未 6.27	六·十一 癸丑 7.27	七·十一 壬午 8.25	八·十一 壬子 9.24
五·二十一 癸巳 7.7	六·二十一 癸亥 8.6	七·二十一 壬辰 9.4	八·二十一 壬戌 10.4
九·一 壬申 10.14	十·一 辛丑 11.12	十一·一 辛未 12.12	十二·一 庚子 1.10
九·十一 壬午 10.24	十·十一 辛亥 11.22	十一·十一 辛巳 12.22	十二·十一 庚戌 1.20
九·二十一 壬辰 11.3	十·二十一 辛酉 12.2	十一·二十一 辛卯 1.1	十二·二十一 庚申 1.30

汉安帝元初五年戊午（118—119）

一·一 庚午 2.9	二·一 己亥 3.10	三·一 己巳 4.9	四·一 戊戌 5.8
一·十一 庚辰 2.19	二·十一 己酉 3.20	三·十一 己卯 4.19	四·十一 戊申 5.18
一·二十一 庚寅 3.1	二·二十一 己未 3.30	三·二十一 己丑 4.29	四·二十一 戊午 5.28
五·一 戊辰 6.7	六·一 丁酉 7.6	七·一 丁卯 8.5	八·一 丙申 9.3
五·十一 戊寅 6.17	六·十一 丁未 7.16	七·十一 丁丑 8.15	八·十一 丙午 9.13
五·二十一 戊子 6.27	六·二十一 丁巳 7.26	七·二十一 丁亥 8.25	八·二十一 丙辰 9.23
九·一 丙寅 10.3	十·一 乙未 11.1	十一·一 乙丑 12.1	十二·一 甲午 12.30
九·十一 丙子 10.13	十·十一 乙巳 11.11	十一·十一 乙亥 12.11	十二·十一 甲辰 1.9
九·二十一 丙戌 10.23	十·二十一 乙卯 11.21	十一·二十一 乙酉 12.21	十二·二十一 甲寅 1.19

汉安帝元初六年己未（119—120）

一·一 甲子 1.29	二·一 甲午 2.28	三·一 癸亥 3.29	四·一 癸巳 4.28
一·十一 甲戌 2.8	二·十一 甲辰 3.10	三·十一 癸酉 4.8	四·十一 癸卯 5.8
一·二十一 甲申 2.18	二·二十一 甲寅 3.20	三·二十一 癸未 4.18	四·二十一 癸丑 5.18
五·一 壬戌 5.27 闰五·一 壬辰 6.26	六·一 辛酉 7.25	七·一 辛卯 8.24	八·一 庚申 9.22
五·十一 壬申 6.6 闰五·十一 壬寅 7.6	六·十一 辛未 8.4	七·十一 辛丑 9.3	八·十一 庚午 10.2
五·二十一 壬午 6.16 闰五·二十一 壬子 7.16	六·二十一 辛巳 8.14	七·二十一 辛亥 9.13	八·二十一 庚辰 10.12
九·一 庚寅 10.22	十·一 己未 11.20	十一·一 己丑 12.20	十二·一 戊午 1.18
九·十一 庚子 11.1	十·十一 己巳 11.30	十一·十一 己亥 12.30	十二·十一 戊辰 1.28
九·二十一 庚戌 11.11	十·二十一 己卯 12.10	十一·二十一 己酉 1.9	十二·二十一 戊寅 2.7

汉安帝永宁元年庚申（120—121）

一·一	戊子	2.17	二·一	丁巳	3.17	三·一	丁亥	4.16	*四·一	丙辰	5.15
一·十一	戊戌	2.27	二·十一	丁卯	3.27	三·十一	丁酉	4.26	四·十一	丙寅	5.25
一·二十一	戊申	3.8	二·二十一	丁丑	4.6	三·二十一	丁未	5.6	四·二十一	丙子	6.4
五·一	丙戌	6.14	六·一	丙辰	7.14	七·一	乙酉	8.12	八·一	乙卯	9.11
五·十一	丙申	6.24	六·十一	丙寅	7.24	七·十一	乙未	8.22	八·十一	乙丑	9.21
五·二十一	丙午	7.4	六·二十一	丙子	8.3	七·二十一	乙巳	9.1	八·二十一	乙亥	10.1
九·一	甲申	10.10	十·一	甲寅	11.9	十一·一	癸未	12.8	十二·一	癸丑	1.7
九·十一	甲午	10.20	十·十一	甲子	11.19	十一·十一	癸巳	12.18	十二·十一	癸亥	1.17
九·二十一	甲辰	10.30	十·二十一	甲戌	11.29	十一·二十一	癸卯	12.28	十二·二十一	癸酉	1.27

＊本月改元“永宁”。

汉安帝建光元年辛酉（121—122）

一·一	壬午	2.5	二·一	壬子	3.7	三·一	辛巳	4.5	四·一	辛亥	5.5
一·十一	壬辰	2.15	二·十一	壬戌	3.17	三·十一	辛卯	4.15	四·十一	辛酉	5.15
一·二十一	壬寅	2.25	二·二十一	壬申	3.27	三·二十一	辛丑	4.25	四·二十一	辛未	5.25
五·一	庚辰	6.3	六·一	庚戌	7.3	*七·一	己卯	8.1	八·一	己酉	8.31
五·十一	庚寅	6.13	六·十一	庚申	7.13	七·十一	己丑	8.11	八·十一	己未	9.10
五·二十一	庚子	6.23	六·二十一	庚午	7.23	七·二十一	己亥	8.21	八·二十一	己巳	9.20
九·一	己卯	9.30	十·一	戊申	10.29	十一·一	戊寅	11.28	十二·一	丁未	12.27
九·十一	己丑	10.10	十·十一	戊午	11.8	十一·十一	戊子	12.8	十二·十一	丁巳	1.6
九·二十一	己亥	10.20	十·二十一	戊辰	11.18	十一·二十一	戊戌	12.18	十二·二十一	丁卯	1.16

＊本月改元“建光”。

汉安帝延光元年壬戌（122—123）

一·一	丁丑	1.26	二·一 丙午 2.24	闰二·一	丙子 3.26	*三·一	乙巳	4.24	四·一	乙亥	5.24
一·十一	丁亥	2.5	二·十一 丙辰 3.6	闰二·十一	丙戌 4.5	三·十一	乙卯	5.4	四·十一	乙酉	6.3
一·二十一	丁酉	2.15	二·二十一 丙寅 3.16	闰二·二十一	丙申 4.15	三·二十一	乙丑	5.14	四·二十一	乙未	6.13
五·一	甲辰	6.22	六·一	甲戌	7.22	七·一	癸卯	8.20	八·一	癸酉	9.19
五·十一	甲寅	7.2	六·十一	甲申	8.1	七·十一	癸丑	8.30	八·十一	癸未	9.29
五·二十一	甲子	7.12	六·二十一	甲午	8.11	七·二十一	癸亥	9.9	八·二十一	癸巳	10.9
九·一	壬寅	10.18	十·一	壬申	11.17	十一·一	辛丑	12.16	十二·一	辛未	1.15
九·十一	壬子	10.28	十·十一	壬午	11.27	十一·十一	辛亥	12.26	十二·十一	辛巳	1.25
九·二十一	壬戌	11.7	十·二十一	壬辰	12.7	十一·二十一	辛酉	1.5	十二·二十一	辛卯	2.4

＊本月改元“延光”。

汉安帝延光二年癸亥（123—124）

一·一	辛丑	2.14	二·一	庚午	3.15	三·一	庚子	4.14	四·一	己巳	5.13
一·十一	辛亥	2.24	二·十一	庚辰	3.25	三·十一	庚戌	4.24	四·十一	己卯	5.23
一·二十一	辛酉	3.6	二·二十一	庚寅	4.4	三·二十一	庚申	5.4	四·二十一	己丑	6.2
五·一	己亥	6.12	六·一	戊辰	7.11	七·一	戊戌	8.10	八·一	丁卯	9.8
五·十一	己酉	6.22	六·十一	戊寅	7.21	七·十一	戊申	8.20	八·十一	丁丑	9.18
五·二十一	己未	7.2	六·二十一	戊子	7.31	七·二十一	戊午	8.30	八·二十一	丁亥	9.28
九·一	丁酉	10.8	十·一	丙寅	11.6	十一·一	丙申	12.6	十二·一	乙丑	1.4
九·十一	丁未	10.18	十·十一	丙子	11.16	十一·十一	丙午	12.16	十二·十一	乙亥	1.14
九·二十一	丁巳	10.28	十·二十一	丙戌	11.26	十一·二十一	丙辰	12.26	十二·二十一	乙酉	1.24

汉安帝延光三年甲子（124—125）

一•一 乙未 2.3	二•一 甲子 3.3	三•一 甲午 4.2	四•一 甲子 5.2
一•十一 乙巳 2.13	二•十一 甲戌 3.13	三•十一 甲辰 4.12	四•十一 甲戌 5.12
一•二十一 乙卯 2.23	二•二十一 甲申 3.23	三•二十一 甲寅 4.22	四•二十一 甲申 5.22
五•一 癸巳 5.31	六•一 癸亥 6.30	七•一 壬辰 7.29	八•一 壬戌 8.28
五•十一 癸卯 6.10	六•十一 癸酉 7.10	七•十一 壬寅 8.8	八•十一 壬申 9.7
五•二十一 癸丑 6.20	六•二十一 癸未 7.20	七•二十一 壬子 8.18	八•二十一 壬午 9.17
九•一 辛卯 9.26	十•一 辛酉 10.26　闰十•一 庚寅 11.24	十一•一 庚申 12.24	十二•一 己丑 1.22
九•十一 辛丑 10.6	十•十一 辛未 11.5　闰十•十一 庚子 12.4	十一•十一 庚午 1.3	十二•十一 己亥 2.1
九•二十一 辛亥 10.16	十•二十一 辛巳 11.15　闰十•二十一 庚戌 12.14	十一•二十一 庚辰 1.13	十二•二十一 己酉 2.11

汉安帝延光四年乙丑（125—126）

一•一 己未 2.21	二•一 戊子 3.22	三•一 戊午 4.21	四•一 丁亥 5.20
一•十一 己巳 3.3	二•十一 戊戌 4.1	三•十一 戊辰 5.1	四•十一 丁酉 5.30
一•二十一 己卯 3.13	二•二十一 戊申 4.11	三•二十一 戊寅 5.11	四•二十一 丁未 6.9
五•一 丁巳 6.19	六•一 丙戌 7.18	七•一 丙辰 8.17	八•一 丙戌 9.16
五•十一 丁卯 6.29	六•十一 丙申 7.28	七•十一 丙寅 8.27	八•十一 丙申 9.26
五•二十一 丁丑 7.9	六•二十一 丙午 8.7	七•二十一 丙子 9.6	八•二十一 丙午 10.6
九•一 乙卯 10.15	十•一 乙酉 11.14	十一•一 甲寅 12.13	十二•一 甲申 1.12
九•十一 乙丑 10.25	十•十一 乙未 11.24	十一•十一 甲子 12.23	十二•十一 甲午 1.22
九•二十一 乙亥 11.4	十•二十一 乙巳 12.4	十一•二十一 甲戌 1.2	十二•二十一 甲辰 2.1

汉顺帝永建元年丙寅（126—127）

一•一 癸丑 2.10	二•一 癸未 3.12	三•一 壬子 4.10	四•一 壬午 5.10
一•十一 癸亥 2.20	二•十一 癸巳 3.22	三•十一 壬戌 4.20	四•十一 壬辰 5.20
一•二十一 癸酉 3.2	二•二十一 癸卯 4.1	三•二十一 壬申 4.30	四•二十一 壬寅 5.30
五•一 辛亥 6.8	六•一 辛巳 7.8	七•一 庚戌 8.6	八•一 庚辰 9.5
五•十一 辛酉 6.18	六•十一 辛卯 7.18	七•十一 庚申 8.16	八•十一 庚寅 9.15
五•二十一 辛未 6.28	六•二十一 辛丑 7.28	七•二十一 庚午 8.26	八•二十一 庚子 9.25
九•一 己酉 10.4	十•一 己卯 11.3	十一•一 戊申 12.2	十二•一 戊寅 1.1
九•十一 己未 10.14	十•十一 己丑 11.13	十一•十一 戊午 12.12	十二•十一 戊子 1.11
九•二十一 己巳 10.24	十•二十一 己亥 11.23	十一•二十一 戊辰 12.22	十二•二十一 戊戌 1.21

汉顺帝永建二年丁卯（127—128）

一•一 戊申 1.31	二•一 丁丑 3.1	三•一 丁未 3.31	四•一 丙子 4.29
一•十一 戊午 2.10	二•十一 丁亥 3.11	三•十一 丁巳 4.10	四•十一 丙戌 5.9
一•二十一 戊辰 2.20	二•二十一 丁酉 3.21	三•二十一 丁卯 4.20	四•二十一 丙申 5.19
五•一 丙午 5.29	六•一 乙亥 6.27　*闰六•一 乙巳 7.27	七•一 甲戌 8.25	八•一 甲辰 9.24
五•十一 丙辰 6.8	六•十一 乙酉 7.7　闰六•十一 乙卯 8.6	七•十一 甲申 9.4	八•十一 甲寅 10.4
五•二十一 丙寅 6.18	六•二十一 乙未 7.17　闰六•二十一 乙丑 8.16	七•二十一 甲午 9.14	八•二十一 甲子 10.14
九•一 癸酉 10.23	十•一 癸卯 11.22	十一•一 壬申 12.21	十二•一 壬寅 1.20
九•十一 癸未 11.2	十•十一 癸丑 12.2	十一•十一 壬午 12.31	十二•十一 壬子 1.30
九•二十一 癸巳 11.12	十•二十一 癸亥 12.12	十一•二十一 壬辰 1.10	十二•二十一 壬戌 2.9

*《目录》闰五月丙子朔。

汉顺帝永建三年戊辰（128—129）

一·一 辛未 2.18	二·一 辛丑 3.19	三·一 辛未 4.18	四·一 庚子 5.17
一·十一 辛巳 2.28	二·十一 辛亥 3.29	三·十一 辛巳 4.28	四·十一 庚戌 5.27
一·二十一 辛卯 3.9	二·二十一 辛酉 4.8	三·二十一 辛卯 5.8	四·二十一 庚申 6.6
五·一 庚午 6.16	六·一 己亥 7.15	七·一 己巳 8.14	八·一 戊戌 9.12
五·十一 庚辰 6.26	六·十一 己酉 7.25	七·十一 己卯 8.24	八·十一 戊申 9.22
五·二十一 庚寅 7.6	六·二十一 己未 8.4	七·二十一 己丑 9.3	八·二十一 戊午 10.2
九·一 戊辰 10.12	十·一 丁酉 11.10	十一·一 丁卯 12.10	十二·一 丙申 1.8
九·十一 戊寅 10.22	十·十一 丁未 11.20	十一·十一 丁丑 12.20	十二·十一 丙午 1.18
九·二十一 戊子 11.1	十·二十一 丁巳 11.30	十一·二十一 丁亥 12.30	十二·二十一 丙辰 1.28

汉顺帝永建四年己巳（129—130）

一·一 丙寅 2.7	二·一 乙未 3.8	三·一 乙丑 4.7	四·一 甲午 5.6
一·十一 丙子 2.17	二·十一 乙巳 3.18	三·十一 乙亥 4.17	四·十一 甲辰 5.16
一·二十一 丙戌 2.27	二·二十一 乙卯 3.28	三·二十一 乙酉 4.27	四·二十一 甲寅 5.26
五·一 甲子 6.5	六·一 癸巳 7.4	七·一 癸亥 8.3	八·一 癸巳 9.2
五·十一 甲戌 6.15	六·十一 癸卯 7.14	七·十一 癸酉 8.13	八·十一 癸卯 9.12
五·二十一 甲申 6.25	六·二十一 癸丑 7.24	七·二十一 癸未 8.23	八·二十一 癸丑 9.22
九·一 壬戌 10.1	十·一 壬辰 10.31	十一·一 辛酉 11.29	十二·一 辛卯 12.29
九·十一 壬申 10.11	十·十一 壬寅 11.10	十一·十一 辛未 12.9	十二·十一 辛丑 1.8
九·二十一 壬午 10.21	十·二十一 壬子 11.20	十一·二十一 辛巳 12.19	十二·二十一 辛亥 1.18

汉顺帝永建五年庚午（130—131）

一·一 庚申 1.27	二·一 庚寅 2.26	三·一 己未 3.27 闰三·一 己丑 4.26	四·一 戊午 5.25
一·十一 庚午 2.6	二·十一 庚子 3.8	三·十一 己巳 4.6 闰三·十一 己亥 5.6	四·十一 戊辰 6.4
一·二十一 庚辰 2.16	二·二十一 庚戌 3.18	三·二十一 己卯 4.16 闰三·二十一 己酉 5.16	四·二十一 戊寅 6.14
五·一 戊子 6.24	六·一 丁巳 7.23	七·一 丁亥 8.22	八·一 丙辰 9.20
五·十一 戊戌 7.4	六·十一 丁卯 8.2	七·十一 丁酉 9.1	八·十一 丙寅 9.30
五·二十一 戊申 7.14	六·二十一 丁丑 8.12	七·二十一 丁未 9.11	八·二十一 丙子 10.10
九·一 丙戌 10.20	十·一 丙辰 11.19	十一·一 乙酉 12.18	十二·一 乙卯 1.17
九·十一 丙申 10.30	十·十一 丙寅 11.29	十一·十一 乙未 12.28	十二·十一 乙丑 1.27
九·二十一 丙午 11.9	十·二十一 丙子 12.9	十一·二十一 乙巳 1.7	十二·二十一 乙亥 2.6

汉顺帝永建六年辛未（131—132）

一·一 甲申 2.15	二·一 甲寅 3.17	三·一 癸未 4.15	四·一 癸丑 5.15
一·十一 甲午 2.25	二·十一 甲子 3.27	三·十一 癸巳 4.25	四·十一 癸亥 5.25
一·二十一 甲辰 3.7	二·二十一 甲戌 4.6	三·二十一 癸卯 5.5	四·二十一 癸酉 6.4
五·一 壬午 6.13	六·一 壬子 7.13	七·一 辛巳 8.11	八·一 辛亥 9.10
五·十一 壬辰 6.23	六·十一 壬戌 7.23	七·十一 辛卯 8.21	八·十一 辛酉 9.20
五·二十一 壬寅 7.3	六·二十一 壬申 8.2	七·二十一 辛丑 8.31	八·二十一 辛未 9.30
九·一 庚辰 10.9	十·一 庚戌 11.8	十一·一 己卯 12.7	十二·一 己酉 1.6
九·十一 庚寅 10.19	十·十一 庚申 11.18	十一·十一 己丑 12.17	十二·十一 己未 1.16
九·二十一 庚子 10.29	十·二十一 庚午 11.28	十一·二十一 己亥 12.27	十二·二十一 己巳 1.26

汉顺帝阳嘉元年壬申（132—133）

一·一　戊寅　2.4	二·一　戊申　3.5	*三·一　戊寅　4.4	四·一　丁未　5.3
一·十一　戊子　2.14	二·十一　戊午　3.15	三·十一　戊子　4.14	四·十一　丁巳　5.13
一·二十一　戊戌　2.24	二·二十一　戊辰　3.25	三·二十一　戊戌　4.24	四·二十一　丁卯　5.23
五·一　丁丑　6.2	六·一　丙午　7.1	七·一　丙子　7.31	八·一　乙巳　8.29
五·十一　丁亥　6.12	六·十一　丙辰　7.11	七·十一　丙戌　8.10	八·十一　乙卯　9.8
五·二十一　丁酉　6.22	六·二十一　丙寅　7.21	七·二十一　丙申　8.20	八·二十一　乙丑　9.18
九·一　乙亥　9.28	十·一　甲辰　10.27	十一·一　甲戌　11.26	十二·一　癸卯　12.25　闰十二·一　癸酉　1.24
九·十一　乙酉　10.8	十·十一　甲寅　11.6	十一·十一　甲申　12.6	十二·十一　癸丑　1.4　闰十二·十一　癸未　2.3
九·二十一　乙未　10.18	十·二十一　甲子　11.16	十一·二十一　甲午　12.16	十二·二十一　癸亥　1.14　闰十二·二十一　癸巳　2.13

＊ 本月改元“阳嘉”。

汉顺帝阳嘉二年癸酉（133—134）

一·一　壬寅　2.22	二·一　壬申　3.24	三·一　辛丑　4.22	四·一　辛未　5.22
一·十一　壬子　3.4	二·十一　壬午　4.3	三·十一　辛亥　5.2	四·十一　辛巳　6.1
一·二十一　壬戌　3.14	二·二十一　壬辰　4.13	三·二十一　辛酉　5.12	四·二十一　辛卯　6.11
五·一　庚子　6.20	六·一　庚午　7.20	七·一　庚子　8.19	八·一　己巳　9.17
五·十一　庚戌　6.30	六·十一　庚辰　7.30	七·十一　庚戌　8.29	八·十一　己卯　9.27
五·二十一　庚申　7.10	六·二十一　庚寅　8.9	七·二十一　庚申　9.8	八·二十一　己丑　10.7
九·一　己亥　10.17	十·一　戊辰　11.15	十一·一　戊戌　12.15	十二·一　丁卯　1.13
九·十一　己酉　10.27	十·十一　戊寅　11.25	十一·十一　戊申　12.25	十二·十一　丁丑　1.23
九·二十一　己未　11.6	十·二十一　戊子　12.5	十一·二十一　戊午　1.4	十二·二十一　丁亥　2.2

汉顺帝阳嘉三年甲戌（134—135）

一·一　丁酉　2.12	二·一　丙寅　3.13	三·一　丙申　4.12	四·一　乙丑　5.11
一·十一　丁未　2.22	二·十一　丙子　3.23	三·十一　丙午　4.22	四·十一　乙亥　5.21
一·二十一　丁巳　3.4	二·二十一　丙戌　4.2	三·二十一　丙辰　5.2	四·二十一　乙酉　5.31
五·一　乙未　6.10	六·一　甲子　7.9	七·一　甲午　8.8	八·一　癸亥　9.6
五·十一　乙巳　6.20	六·十一　甲戌　7.19	七·十一　甲辰　8.18	八·十一　癸酉　9.16
五·二十一　乙卯　6.30	六·二十一　甲申　7.29	七·二十一　甲寅　8.28	八·二十一　癸未　9.26
九·一　癸巳　10.6	十·一　癸亥　11.5	十一·一　壬辰　12.4	十二·一　壬戌　1.3
九·十一　癸卯　10.16	十·十一　癸酉　11.15	十一·十一　壬寅　12.14	十二·十一　壬申　1.13
九·二十一　癸丑　10.26	十·二十一　癸未　11.25	十一·二十一　壬子　12.24	十二·二十一　壬午　1.23

汉顺帝阳嘉四年乙亥（135—136）

一·一　辛卯　2.1	二·一　辛酉　3.3	三·一　庚寅　4.1	四·一　庚申　5.1
一·十一　辛丑　2.11	二·十一　辛未　3.13	三·十一　庚子　4.11	四·十一　庚午　5.11
一·二十一　辛亥　2.21	二·二十一　辛巳　3.23	三·二十一　庚戌　4.21	四·二十一　庚辰　5.21
五·一　己丑　5.30	六·一　己未　6.29	七·一　戊子　7.28	八·一　戊午　8.27　闰八·一　丁亥　9.25
五·十一　己亥　6.9	六·十一　己巳　7.9	七·十一　戊戌　8.7	八·十一　戊辰　9.6　闰八·十一　丁酉　10.5
五·二十一　己酉　6.19	六·二十一　己卯　7.19	七·二十一　戊申　8.17	八·二十一　戊寅　9.16　闰八·二十一　丁未　10.15
九·一　丁巳　10.25	十·一　丙戌　11.23	十一·一　丙辰　12.13	十二·一　乙酉　1.21
九·十一　丁卯　11.4	十·十一　丙申　12.3	十一·十一　丙寅　1.2	十二·十一　乙未　1.31
九·二十一　丁丑　11.14	十·二十一　丙午　12.13	十一·二十一　丙子　1.12	十二·二十一　乙巳　2.10

汉顺帝永和元年丙子(136—137)

一·一	乙卯	2.20	二·一	乙酉	3.21	三·一	甲寅	4.19	四·一	甲申	5.19
一·十一	乙丑	3.1	二·十一	乙未	3.31	三·十一	甲子	4.29	四·十一	甲午	5.29
一·二十一	乙亥	3.11	二·二十一	乙巳	4.10	三·二十一	甲戌	5.9	四·二十一	甲辰	6.8
五·一	癸丑	6.17	六·一	癸未	7.17	七·一	壬子	8.15	八·一	壬午	9.14
五·十一	癸亥	6.27	六·十一	癸巳	7.27	七·十一	壬戌	8.25	八·十一	壬辰	9.24
五·二十一	癸酉	7.7	六·二十一	癸卯	8.6	七·二十一	壬申	9.4	八·二十一	壬寅	10.4
九·一	辛亥	10.13	十·一	辛巳	11.12	十一·一	庚戌	12.11	十二·一	庚辰	1.10
九·十一	辛酉	10.23	十·十一	辛卯	11.22	十一·十一	庚申	12.21	十二·十一	庚寅	1.20
九·二十一	辛未	11.2	十·二十一	辛丑	12.2	十一·二十一	庚午	12.31	十二·二十一	庚子	1.30

汉顺帝永和二年丁丑(137—138)

一·一	己酉	2.8	二·一	己卯	3.10	三·一	戊申	4.8	四·一	戊寅	5.8
一·十一	己未	2.18	二·十一	己丑	3.20	三·十一	戊午	4.18	四·十一	戊子	5.18
一·二十一	己巳	2.28	二·二十一	己亥	3.30	三·二十一	戊辰	4.28	四·二十一	戊戌	5.28
五·一	戊申	6.7	六·一	丁丑	7.6	七·一	丁未	8.5	八·一	丙子	9.3
五·十一	戊午	6.17	六·十一	丁亥	7.16	七·十一	丁巳	8.15	八·十一	丙戌	9.13
五·二十一	戊辰	6.27	六·二十一	丁酉	7.26	七·二十一	丁卯	8.25	八·二十一	丙申	9.23
九·一	丙午	10.3	十·一	乙亥	11.1	十一·一	乙巳	12.1	十二·一	甲戌	12.30
九·十一	丙辰	10.13	十·十一	乙酉	11.11	十一·十一	乙卯	12.11	十二·十一	甲申	1.9
九·二十一	丙寅	10.23	十·二十一	乙未	11.21	十一·二十一	乙丑	12.21	十二·二十一	甲午	1.19

汉顺帝永和三年戊寅(138—139)

一·一	甲辰	1.29	二·一	癸酉	2.27	三·一	癸卯	3.29	四·一	壬申	4.27 闰四·一 壬寅 5.27
一·十一	甲寅	2.8	二·十一	癸未	3.9	三·十一	癸丑	4.8	四·十一	壬午	5.7 闰四·十一 壬子 6.6
一·二十一	甲子	2.18	二·二十一	癸巳	3.19	三·二十一	癸亥	4.18	四·二十一	壬辰	5.17 闰四·二十一 壬戌 6.16
五·一	辛未	6.25	六·一	辛丑	7.25	七·一	庚午	8.23	八·一	庚子	9.22
五·十一	辛巳	7.5	六·十一	辛亥	8.4	七·十一	庚辰	9.2	八·十一	庚戌	10.2
五·二十一	辛卯	7.15	六·二十一	辛酉	8.14	七·二十一	庚寅	9.12	八·二十一	庚申	10.12
九·一	庚午	10.22	十·一	己亥	11.20	十一·一	己巳	12.20	十二·一	戊戌	1.18
九·十一	庚辰	11.1	十·十一	己酉	11.30	十一·十一	己卯	12.30	十二·十一	戊申	1.28
九·二十一	庚寅	11.11	十·二十一	己未	12.10	十一·二十一	己丑	1.9	十二·二十一	戊午	2.7

汉顺帝永和四年己卯(139—140)

一·一	戊辰	2.17	二·一	丁酉	3.18	三·一	丁卯	4.17	四·一	丙申	5.16
一·十一	戊寅	2.27	二·十一	丁未	3.28	三·十一	丁丑	4.27	四·十一	丙午	5.26
一·二十一	戊子	3.9	二·二十一	丁巳	4.7	三·二十一	丁亥	5.7	四·二十一	丙辰	6.5
五·一	丙寅	6.15	六·一	乙未	7.14	七·一	乙丑	8.13	八·一	甲午	9.11
五·十一	丙子	6.25	六·十一	乙巳	7.24	七·十一	乙亥	8.23	八·十一	甲辰	9.21
五·二十一	丙戌	7.5	六·二十一	乙卯	8.3	七·二十一	乙酉	9.2	八·二十一	甲寅	10.1
九·一	甲子	10.11	十·一	癸巳	11.9	十一·一	癸亥	12.9	十二·一	壬辰	1.7
九·十一	甲戌	10.21	十·十一	癸卯	11.19	十一·十一	癸酉	12.19	十二·十一	壬寅	1.17
九·二十一	甲申	10.31	十·二十一	癸丑	11.29	十一·二十一	癸未	12.29	十二·二十一	壬子	1.27

汉顺帝永和五年庚辰（140—141）

一·一　壬戌　2.6	二·一　壬辰　3.7	三·一　辛酉　4.5	四·一　辛卯　5.5
一·十一　壬申　2.16	二·十一　壬寅　3.17	三·十一　辛未　4.15	四·十一　辛丑　5.15
一·二十一　壬午　2.26	二·二十一　壬子　3.27	三·二十一　辛巳　4.25	四·二十一　辛亥　5.25
五·一　庚申　6.3	六·一　庚寅　7.3	七·一　己未　8.1	八·一　己丑　8.31
五·十一　庚午　6.13	六·十一　庚子　7.13	七·十一　己巳　8.11	八·十一　己亥　9.10
五·二十一　庚辰　6.23	六·二十一　庚戌　7.23	七·二十一　己卯　8.21	八·二十一　己酉　9.20
九·一　戊午　9.29	十·一　戊子　10.29	十一·一　丁巳　11.27	十二·一　丁亥　12.27
九·十一　戊辰　10.9	十·十一　戊戌　11.8	十一·十一　丁卯　12.7	十二·十一　丁酉　1.6
九·二十一　戊寅　10.19	十·二十一　戊申　11.18	十一·二十一　丁丑　12.17	十二·二十一　丁未　1.16

汉顺帝永和六年辛巳（141—142）

一·一　丙辰　1.25　闰一·一　丙戌　2.24	二·一　乙卯　3.25	三·一　乙酉　4.24	四·一　乙卯　5.24
一·十一　丙寅　2.4　闰一·十一　丙申　3.6	二·十一　乙丑　4.4	三·十一　乙未　5.4	四·十一　乙丑　6.3
一·二十一　丙子　2.14　闰一·二十一　丙午　3.16	二·二十一　乙亥　4.14	三·二十一　乙巳　5.14	四·二十一　乙亥　6.13
五·一　甲申　6.22	六·一　甲寅　7.22	七·一　癸未　8.20	八·一　癸丑　9.19
五·十一　甲午　7.2	六·十一　甲子　8.1	七·十一　癸巳　8.30	八·十一　癸亥　9.29
五·二十一　甲辰　7.12	六·二十一　甲戌　8.11	七·二十一　癸卯　9.9	八·二十一　癸酉　10.9
九·一　壬午　10.18	十·一　壬子　11.17	十一·一　辛巳　12.16	十二·一　辛亥　1.15
九·十一　壬辰　10.28	十·十一　壬戌　11.27	十一·十一　辛卯　12.26	十二·十一　辛酉　1.25
九·二十一　壬寅　11.7	十·二十一　壬申　12.7	十一·二十一　辛丑　1.5	十二·二十一　辛未　2.4

汉顺帝汉安元年壬午（142—143）

一·一　庚辰　2.13	二·一　庚戌　3.15	三·一　己卯　4.13	四·一　己酉　5.13
一·十一　庚寅　2.23	二·十一　庚申　3.25	三·十一　己丑　4.23	四·十一　己未　5.23
一·二十一　庚子　3.5	二·二十一　庚午　4.4	三·二十一　己亥　5.3	四·二十一　己巳　6.2
五·一　戊寅　6.11	六·一　戊申　7.11	七·一　丁丑　8.9	八·一　丁未　9.8
五·十一　戊子　6.21	六·十一　戊午　7.21	七·十一　丁亥　8.19	八·十一　丁巳　9.18
五·二十一　戊戌　7.1	六·二十一　戊辰　7.31	七·二十一　丁酉　8.29	八·二十一　丁卯　9.28
九·一　丁丑　10.8	十·一　丙午　11.6	十一·一　丙子　12.6	十二·一　乙巳　1.4
九·十一　丁亥　10.18	十·十一　丙辰　11.16	十一·十一　丙戌　12.16	十二·十一　乙卯　1.14
九·二十一　丁酉　10.28	十·二十一　丙寅　11.26	十一·二十一　丙申　12.26	十二·二十一　乙丑　1.24

汉顺帝汉安二年癸未（143—144）

一·一　乙亥　2.3	二·一　甲辰　3.4	三·一　甲戌　4.3	四·一　癸卯　5.2
一·十一　乙酉　2.13	二·十一　甲寅　3.14	三·十一　甲申　4.13	四·十一　癸丑　5.12
一·二十一　乙未　2.23	二·二十一　甲子　3.24	三·二十一　甲午　4.23	四·二十一　癸亥　5.22
五·一　癸酉　6.1	六·一　壬寅　6.30	七·一　壬申　7.30	八·一　辛丑　8.28
五·十一　癸未　6.11	六·十一　壬子　7.10	七·十一　壬午　8.9	八·十一　辛亥　9.7
五·二十一　癸巳　6.21	六·二十一　壬戌　7.20	七·二十一　壬辰　8.19	八·二十一　辛酉　9.17
九·一　辛未　9.27	十·一　庚子　10.26　闰十·一　庚午　11.25	十一·一　庚子　12.25	十二·一　己巳　1.23
九·十一　辛巳　10.7	十·十一　庚戌　11.5　闰十·十一　庚辰　12.5	十一·十一　庚戌　1.4	十二·十一　己卯　2.2
九·二十一　辛卯　10.17	十·二十一　庚申　11.15　闰十·二十一　庚寅　12.15	十一·二十一　庚申　1.14	十二·二十一　己丑　2.12

汉顺帝建康元年甲申(144—145)

一·一	己亥	2.22	二·一	戊辰	3.22	三·一	戊戌	4.21	*四·一	丁卯	5.20
一·十一	己酉	3.3	二·十一	戊寅	4.1	三·十一	戊申	5.1	四·十一	丁丑	5.30
一·二十一	己未	3.13	二·二十一	戊子	4.11	三·二十一	戊午	5.11	四·二十一	丁亥	6.9
五·一	丁酉	6.19	六·一	丙寅	7.18	七·一	丙申	8.17	八·一	乙丑	9.15
五·十一	丁未	6.29	六·十一	丙子	7.28	七·十一	丙午	8.27	八·十一	乙亥	9.25
五·二十一	丁巳	7.9	六·二十一	丙戌	8.7	七·二十一	丙辰	9.6	八·二十一	乙酉	10.5
九·一	乙未	10.15	十·一	甲子	11.13	十一·一	甲午	12.13	十二·一	癸亥	1.11
九·十一	乙巳	10.25	十·十一	甲戌	11.23	十一·十一	甲辰	12.23	十二·十一	癸酉	1.21
九·二十一	乙卯	11.4	十·二十一	甲申	12.3	十一·二十一	甲寅	1.2	十二·二十一	癸未	1.31

* 本月改元“建康”。

汉冲帝永憙(嘉)元年乙酉(145—146)

一·一	癸巳	2.10	二·一	壬戌	3.11	三·一	壬辰	4.10	四·一	壬戌	5.10
一·十一	癸卯	2.20	二·十一	壬申	3.21	三·十一	壬寅	4.20	四·十一	壬申	5.20
一·二十一	癸丑	3.2	二·二十一	壬午	3.31	三·二十一	壬子	4.30	四·二十一	壬午	5.30
五·一	辛卯	6.8	六·一	辛酉	7.8	七·一	庚寅	8.6	八·一	庚申	9.5
五·十一	辛丑	6.18	六·十一	辛未	7.18	七·十一	庚子	8.16	八·十一	庚午	9.15
五·二十一	辛亥	6.28	六·二十一	辛巳	7.28	七·二十一	庚戌	8.26	八·二十一	庚辰	9.25
九·一	己丑	10.4	十·一	己未	11.3	十一·一	戊子	12.2	十二·一	戊午	1.1
九·十一	己亥	10.14	十·十一	己巳	11.13	十一·十一	戊戌	12.12	十二·十一	戊辰	1.11
九·二十一	己酉	10.24	十·二十一	己卯	11.23	十一·二十一	戊申	12.22	十二·二十一	戊寅	1.21

汉质帝本初元年丙戌(146—147)

一·一	丁亥	1.30	二·一	丁巳	3.1	三·一	丙戌	3.30	四·一	丙辰	4.29
一·十一	丁酉	2.9	二·十一	丁卯	3.11	三·十一	丙申	4.9	四·十一	丙寅	5.9
一·二十一	丁未	2.19	二·二十一	丁丑	3.21	三·二十一	丙午	4.19	四·二十一	丙子	5.19
五·一	乙酉	5.28	六·一 乙卯 6.27	闰六·一	甲申 7.26	七·一	甲寅	8.25	八·一	甲申	9.24
五·十一	乙未	6.7	六·十一 乙丑 7.7	闰六·十一	甲午 8.5	七·十一	甲子	9.4	八·十一	甲午	10.4
五·二十一	乙巳	6.17	六·二十一 乙亥 7.17	闰六·二十一	甲辰 8.15	七·二十一	甲戌	9.14	八·二十一	甲辰	10.14
九·一	癸丑	10.23	十·一	癸未	11.22	十一·一	壬子	12.21	十二·一	壬午	1.20
九·十一	癸亥	11.2	十·十一	癸巳	12.2	十一·十一	壬戌	12.31	十二·十一	壬辰	1.30
九·二十一	癸酉	11.12	十·二十一	癸卯	12.12	十一·二十一	壬申	1.10	十二·二十一	壬寅	2.9

汉桓帝建和元年丁亥(147—148)

一·一	辛亥	2.18	二·一	辛巳	3.20	三·一	庚戌	4.18	四·一	庚辰	5.18
一·十一	辛酉	2.28	二·十一	辛卯	3.30	三·十一	庚申	4.28	四·十一	庚寅	5.28
一·二十一	辛未	3.10	二·二十一	辛丑	4.9	三·二十一	庚午	5.8	四·二十一	庚子	6.7
五·一	己酉	6.16	六·一	己卯	7.16	七·一	戊申	8.14	八·一	戊寅	9.13
五·十一	己未	6.26	六·十一	己丑	7.26	七·十一	戊午	8.24	八·十一	戊子	9.23
五·二十一	己巳	7.6	六·二十一	己亥	8.5	七·二十一	戊辰	9.3	八·二十一	戊戌	10.3
九·一	丁未	10.12	十·一	丁丑	11.11	十一·一	丁未	12.11	十二·一	丙子	1.9
九·十一	丁巳	10.22	十·十一	丁亥	11.21	十一·十一	丁巳	12.21	十二·十一	丙戌	1.19
九·二十一	丁卯	11.1	十·二十一	丁酉	12.1	十一·二十一	丁卯	12.31	十二·二十一	丙申	1.29

汉桓帝建和二年戊子(148—149)

一·一 丙午 2.8	二·一 乙亥 3.8	三·一 乙巳 4.7	四·一 甲戌 5.6
一·十一 丙辰 2.18	二·十一 乙酉 3.18	三·十一 乙卯 4.17	四·十一 甲申 5.16
一·二十一 丙寅 2.28	二·二十一 乙未 3.28	三·二十一 乙丑 4.27	四·二十一 甲午 5.26
五·一 甲辰 6.5	六·一 癸酉 7.4	七·一 癸卯 8.3	八·一 壬申 9.1
五·十一 甲寅 6.15	六·十一 癸未 7.14	七·十一 癸丑 8.13	八·十一 壬午 9.11
五·二十一 甲子 6.25	六·二十一 癸巳 7.24	七·二十一 癸亥 8.23	八·二十一 壬辰 9.21
九·一 壬寅 10.1	十·一 辛未 10.30	十一·一 辛丑 11.29	十二·一 庚午 12.28
九·十一 壬子 10.11	十·十一 辛巳 11.9	十一·十一 辛亥 12.9	十二·十一 庚辰 1.7
九·二十一 壬戌 10.21	十·二十一 辛卯 11.19	十一·二十一 辛酉 12.19	十二·二十一 庚寅 1.17

汉桓帝建和三年己丑(149—150)

一·一 庚子 1.27	二·一 己巳 2.25	三·一 己亥 3.27　闰三·一 己巳 4.26	四·一 戊戌 5.25
一·十一 庚戌 2.6	二·十一 己卯 3.7	三·十一 己酉 4.6　闰三·十一 己卯 5.6	四·十一 戊申 6.4
一·二十一 庚申 2.16	二·二十一 己丑 3.17	三·二十一 己未 4.16　闰三·二十一 己丑 5.16	四·二十一 戊午 6.14
五·一 戊辰 6.24	六·一 丁酉 7.23	七·一 丁卯 8.22	八·一 丙申 9.20
五·十一 戊寅 7.4	六·十一 丁未 8.2	七·十一 丁丑 9.1	八·十一 丙午 9.30
五·二十一 戊子 7.14	六·二十一 丁巳 8.12	七·二十一 丁亥 9.11	八·二十一 丙辰 10.10
九·一 丙寅 10.20	十·一 乙未 11.18	十一·一 乙丑 12.18	十二·一 甲午 1.16
九·十一 丙子 10.30	十·十一 乙巳 11.28	十一·十一 乙亥 12.28	十二·十一 甲辰 1.26
九·二十一 丙戌 11.9	十·二十一 乙卯 12.8	十一·二十一 乙酉 1.7	十二·二十一 甲寅 2.5

汉桓帝和平元年庚寅(150—151)

一·一 甲子 2.15	二·一 癸巳 3.16	三·一 癸亥 4.15	四·一 壬辰 5.14
一·十一 甲戌 2.25	二·十一 癸卯 3.26	三·十一 癸酉 4.25	四·十一 壬寅 5.24
一·二十一 甲申 3.7	二·二十一 癸丑 4.5	三·二十一 癸未 5.5	四·二十一 壬子 6.3
五·一 壬戌 6.13	六·一 辛卯 7.12	七·一 辛酉 8.11	八·一 辛卯 9.10
五·十一 壬申 6.23	六·十一 辛丑 7.22	七·十一 辛未 8.21	八·十一 辛丑 9.20
五·二十一 壬午 7.3	六·二十一 辛亥 8.1	七·二十一 辛巳 8.31	八·二十一 辛亥 9.30
九·一 庚申 10.9	十·一 庚寅 11.8	十一·一 己未 12.7	十二·一 己丑 1.6
九·十一 庚午 10.19	十·十一 庚子 11.18	十一·十一 己巳 12.17	十二·十一 己亥 1.16
九·二十一 庚辰 10.29	十·二十一 庚戌 11.28	十一·二十一 己卯 12.27	十二·二十一 己酉 1.26

汉桓帝元嘉元年辛卯(151—152)

一·一 戊午 2.4	二·一 戊子 3.6	三·一 丁巳 4.4	四·一 丁亥 5.4
一·十一 戊辰 2.14	二·十一 戊戌 3.16	三·十一 丁卯 4.14	四·十一 丁酉 5.14
一·二十一 戊寅 2.24	二·二十一 戊申 3.26	三·二十一 丁丑 4.24	四·二十一 丁未 5.24
五·一 丙辰 6.2	六·一 丙戌 7.2	七·一 乙卯 7.31	八·一 乙酉 8.30
五·十一 丙寅 6.12	六·十一 丙申 7.12	七·十一 乙丑 8.10	八·十一 乙未 9.9
五·二十一 丙子 6.22	六·二十一 丙午 7.22	七·二十一 乙亥 8.20	八·二十一 乙巳 9.19
九·一 甲寅 9.28	十·一 甲申 10.28	十一·一 甲寅 11.27	十二·一 癸未 12.26　闰十二·一 癸丑 1.25
九·十一 甲子 10.8	十·十一 甲午 11.7	十一·十一 甲子 12.7	十二·十一 癸巳 1.5　闰十二·十一 癸亥 2.4
九·二十一 甲戌 10.18	十·二十一 甲辰 11.17	十一·二十一 甲戌 12.17	十二·二十一 癸卯 1.15　闰十二·二十一 癸酉 2.14

汉桓帝元嘉二年壬辰（152—153）

一·一	壬午	2.23	二·一	壬子	3.24	三·一	辛巳	4.22	四·一	辛亥	5.22
一·十一	壬辰	3.4	二·十一	壬戌	4.3	三·十一	辛卯	5.2	四·十一	辛酉	6.1
一·二十一	壬寅	3.14	二·二十一	壬申	4.13	三·二十一	辛丑	5.12	四·二十一	辛未	6.11
五·一	庚辰	6.20	六·一	庚戌	7.20	七·一	己卯	8.18	八·一	己酉	9.17
五·十一	庚寅	6.30	六·十一	庚申	7.30	七·十一	己丑	8.28	八·十一	己未	9.27
五·二十一	庚子	7.10	六·二十一	庚午	8.9	七·二十一	己亥	9.7	八·二十一	己巳	10.7
九·一	戊寅	10.16	十·一	戊申	11.15	十一·一	丁丑	12.14	十二·一	丁未	1.13
九·十一	戊子	10.26	十·十一	戊午	11.25	十一·十一	丁亥	12.24	十二·十一	丁巳	1.23
九·二十一	戊戌	11.5	十·二十一	戊辰	12.5	十一·二十一	丁酉	1.3	十二·二十一	丁卯	2.2

汉桓帝永兴元年癸巳（153—154）

一·一	丙子	2.11	二·一	丙午	3.13	三·一	丙子	4.12	四·一	乙巳	5.11
一·十一	丙戌	2.21	二·十一	丙辰	3.23	三·十一	丙戌	4.22	四·十一	乙卯	5.21
一·二十一	丙申	3.3	二·二十一	丙寅	4.2	三·二十一	丙申	5.2	四·二十一	乙丑	5.31
*五·一	乙亥	6.10	六·一	甲辰	7.9	七·一	甲戌	8.8	八·一	癸卯	9.6
五·十一	乙酉	6.20	六·十一	甲寅	7.19	七·十一	甲申	8.18	八·十一	癸丑	9.16
五·二十一	乙未	6.30	六·二十一	甲子	7.29	七·二十一	甲午	8.28	八·二十一	癸亥	9.26
九·一	癸酉	10.6	十·一	壬寅	11.4	十一·一	壬申	12.4	十二·一	辛丑	1.2
九·十一	癸未	10.16	十·十一	壬子	11.14	十一·十一	壬午	12.14	十二·十一	辛亥	1.12
九·二十一	癸巳	10.26	十·二十一	壬戌	11.24	十一·二十一	壬辰	12.24	十二·二十一	辛酉	1.22

* 本月改元“永兴”。

汉桓帝永兴二年甲午（154—155）

一·一	辛未	2.1	二·一	庚子	3.2	三·一	庚午	4.1	四·一	己亥	4.30
一·十一	辛巳	2.11	二·十一	庚戌	3.12	三·十一	庚辰	4.11	四·十一	己酉	5.10
一·二十一	辛卯	2.21	二·二十一	庚申	3.22	三·二十一	庚寅	4.21	四·二十一	己未	5.20
五·一	己巳	5.30	六·一	己亥	6.29	七·一	戊辰	7.28	八·一	戊戌	8.27
五·十一	己卯	6.9	六·十一	己酉	7.9	七·十一	戊寅	8.7	八·十一	戊申	9.6
五·二十一	己丑	6.19	六·二十一	己未	7.19	七·二十一	戊子	8.17	八·二十一	戊午	9.16
九·一 丁卯 9.25　闰九·一 丁酉 10.25			十·一	丙寅	11.23	十一·一	丙申	12.23	十二·一	乙丑	1.21
九·十一 丁丑 10.5　闰九·十一 丁未 11.4			十·十一	丙子	12.3	十一·十一	丙午	1.2	十二·十一	乙亥	1.31
九·二十一 丁亥 10.15　闰九·二十一 丁巳 11.14			十·二十一	丙戌	12.13	十一·二十一	丙辰	1.12	十二·二十一	乙酉	2.10

汉桓帝永寿元年乙未（155—156）

一·一	乙未	2.20	二·一	甲子	3.21	三·一	甲午	4.20	四·一	癸亥	5.19
一·十一	乙巳	3.2	二·十一	甲戌	3.31	三·十一	甲辰	4.30	四·十一	癸酉	5.29
一·二十一	乙卯	3.12	二·二十一	甲申	4.10	三·二十一	甲寅	5.10	四·二十一	癸未	6.8
五·一	癸巳	6.18	六·一	壬戌	7.17	七·一	壬辰	8.16	八·一	辛酉	9.14
五·十一	癸卯	6.28	六·十一	壬申	7.27	七·十一	壬寅	8.26	八·十一	辛未	9.24
五·二十一	癸丑	7.8	六·二十一	壬午	8.6	七·二十一	壬子	9.5	八·二十一	辛巳	10.4
九·一	辛卯	10.14	十·一	辛酉	11.13	十一·一	庚寅	12.12	十二·一	庚申	1.11
九·十一	辛丑	10.24	十·十一	辛未	11.23	十一·十一	庚子	12.22	十二·十一	庚午	1.21
九·二十一	辛亥	11.3	十·二十一	辛巳	12.3	十一·二十一	庚戌	1.1	十二·二十一	庚辰	1.31

汉桓帝永寿二年丙申(156—157)

一·一	己丑	2.9	二·一	己未	3.10	三·一	戊子	4.8	四·一	戊午	5.8
一·十一	己亥	2.19	二·十一	己巳	3.20	三·十一	戊戌	4.18	四·十一	戊辰	5.18
一·二十一	己酉	2.29	二·二十一	己卯	3.30	三·二十一	戊申	4.28	四·二十一	戊寅	5.28
五·一	丁亥	6.6	六·一	丁巳	7.6	七·一	丙戌	8.4	八·一	丙辰	9.3
五·十一	丁酉	6.16	六·十一	丁卯	7.16	七·十一	丙申	8.14	八·十一	丙寅	9.13
五·二十一	丁未	6.26	六·二十一	丁丑	7.26	七·二十一	丙午	8.24	八·二十一	丙子	9.23
九·一	乙酉	10.2	十·一	乙卯	11.1	十一·一	甲申	11.30	十二·一	甲寅	12.30
九·十一	乙未	10.12	十·十一	乙丑	11.11	十一·十一	甲午	12.10	十二·十一	甲子	1.9
九·二十一	乙巳	10.22	十·二十一	乙亥	11.21	十一·二十一	甲辰	12.20	十二·二十一	甲戌	1.19

汉桓帝永寿三年丁酉(157—158)

一·一	癸未	1.28	二·一	癸丑	2.27	三·一	癸未	3.29	四·一	壬子	4.27
一·十一	癸巳	2.7	二·十一	癸亥	3.9	三·十一	癸巳	4.8	四·十一	壬戌	5.7
一·二十一	癸卯	2.17	二·二十一	癸酉	3.19	三·二十一	癸卯	4.18	四·二十一	壬申	5.17
五·一 壬午 5.27	闰五·一	辛亥 6.25	六·一	辛巳	7.25	七·一	庚戌	8.23	八·一	庚辰	9.22
五·十一 壬辰 6.6	闰五·十一	辛酉 7.5	六·十一	辛卯	8.4	七·十一	庚申	9.2	八·十一	庚寅	10.2
五·二十一 壬寅 6.16	闰五·二十一	辛未 7.15	六·二十一	辛丑	8.14	七·二十一	庚午	9.12	八·二十一	庚子	10.12
九·一	己酉	10.21	十·一	己卯	11.20	十一·一	戊申	12.19	十二·一	戊寅	1.18
九·十一	己未	10.31	十·十一	己丑	11.30	十一·十一	戊午	12.29	十二·十一	戊子	1.28
九·二十一	己巳	11.10	十·二十一	己亥	12.10	十一·二十一	戊辰	1.8	十二·二十一	戊戌	2.7

汉桓帝延熹元年戊戌(158—159)

一·一	丁未	2.16	二·一	丁丑	3.18	三·一	丙午	4.16	四·一	丙子	5.16
一·十一	丁巳	2.26	二·十一	丁亥	3.28	三·十一	丙辰	4.26	四·十一	丙戌	5.26
一·二十一	丁卯	3.8	二·二十一	丁酉	4.7	三·二十一	丙寅	5.6	四·二十一	丙申	6.5
五·一	丙午	6.15	*六·一	乙亥	7.14	七·一	乙巳	8.13	八·一	甲戌	9.11
五·十一	丙辰	6.25	六·十一	乙酉	7.24	七·十一	乙卯	8.23	八·十一	甲申	9.21
五·二十一	丙寅	7.5	六·二十一	乙未	8.3	七·二十一	乙丑	9.2	八·二十一	甲午	10.1
九·一	甲辰	10.11	十·一	癸酉	11.9	十一·一	癸卯	12.9	十二·一	壬申	1.7
九·十一	甲寅	10.21	十·十一	癸未	11.19	十一·十一	癸丑	12.19	十二·十一	壬午	1.17
九·二十一	甲子	10.31	十·二十一	癸巳	11.29	十一·二十一	癸亥	12.29	十二·二十一	壬辰	1.27

* 本月改元“延熹”。

汉桓帝延熹二年己亥(159—160)

一·一	壬寅	2.6	二·一	辛未	3.7	三·一	辛丑	4.6	四·一	庚午	5.5
一·十一	壬子	2.16	二·十一	辛巳	3.17	三·十一	辛亥	4.16	四·十一	庚辰	5.15
一·二十一	壬戌	2.26	二·二十一	辛卯	3.27	三·二十一	辛酉	4.26	四·二十一	庚寅	5.25
五·一	庚子	6.4	六·一	己巳	7.3	七·一	己亥	8.2	八·一	戊辰	8.31
五·十一	庚戌	6.14	六·十一	己卯	7.13	七·十一	己酉	8.12	八·十一	戊寅	9.10
五·二十一	庚申	6.24	六·二十一	己丑	7.23	七·二十一	己未	8.22	八·二十一	戊子	9.20
九·一	戊戌	9.30	十·一	戊辰	10.30	十一·一	丁酉	11.28	十二·一	丁卯	12.28
九·十一	戊申	10.10	十·十一	戊寅	11.9	十一·十一	丁未	12.8	十二·十一	丁丑	1.7
九·二十一	戊午	10.20	十·二十一	戊子	11.19	十一·二十一	丁巳	12.18	十二·二十一	丁亥	1.17

汉桓帝延熹三年庚子(160—161)

一·一 丙申1.26 闰一·一 丙寅2.25			二·一	乙未	3.25	三·一	乙丑	4.24	四·一	甲午	5.23
一·十一 丙午2.5 闰一·十一 丙子3.6			二·十一	乙巳	4.4	三·十一	乙亥	5.4	四·十一	甲辰	6.2
一·二十一丙辰2.15 闰一·二十一丙戌3.16			二·二十一	乙卯	4.14	三·二十一	乙酉	5.14	四·二十一	甲寅	6.12
五·一	甲子	6.22	六·一	癸巳	7.21	七·一	癸亥	8.20	八·一	壬辰	9.18
五·十一	甲戌	7.2	六·十一	癸卯	7.31	七·十一	癸酉	8.30	八·十一	壬寅	9.28
五·二十一	甲申	7.12	六·二十一	癸丑	8.10	七·二十一	癸未	9.9	八·二十一	壬子	10.8
九·一	壬戌	10.18	十·一	辛卯	11.16	十一·一	辛酉	12.16	十二·一	辛卯	1.15
九·十一	壬申	10.28	十·十一	辛丑	11.26	十一·十一	辛未	12.26	十二·十一	辛丑	1.25
九·二十一	壬午	11.7	十·二十一	辛亥	12.6	十一·二十一	辛巳	1.5	十二·二十一	辛亥	2.4

汉桓帝延熹四年辛丑(161—162)

一·一	庚申	2.13	*二·一	庚寅	3.15	三·一	己未	4.13	四·一	己丑	5.13
一·十一	庚午	2.23	二·十一	庚子	3.25	三·十一	己巳	4.23	四·十一	己亥	5.23
一·二十一	庚辰	3.5	二·二十一	庚戌	4.4	三·二十一	己卯	5.3	四·二十一	己酉	6.2
五·一	戊午	6.11	六·一	戊子	7.11	七·一	丁巳	8.9	八·一	丁亥	9.8
五·十一	戊辰	6.21	六·十一	戊戌	7.21	七·十一	丁卯	8.19	八·十一	丁酉	9.18
五·二十一	戊寅	7.1	六·二十一	戊申	7.31	七·二十一	丁丑	8.29	八·二十一	丁未	9.28
九·一	丙辰	10.7	十·一	丙戌	11.6	十一·一	乙卯	12.5	十二·一	乙酉	1.4
九·十一	丙寅	10.17	十·十一	丙申	11.16	十一·十一	乙丑	12.15	十二·十一	乙未	1.14
九·二十一	丙子	10.27	十·二十一	丙午	11.26	十一·二十一	乙亥	12.25	十二·二十一	乙巳	1.24

*《目录》二月己未朔,误。

汉桓帝延熹五年壬寅(162—163)

一·一	甲寅	2.2	二·一	甲申	3.4	三·一	癸丑	4.2	四·一	癸未	5.2
一·十一	甲子	2.12	二·十一	甲午	3.14	三·十一	癸亥	4.12	四·十一	癸巳	5.12
一·二十一	甲戌	2.22	二·二十一	甲辰	3.24	三·二十一	癸酉	4.22	四·二十一	癸卯	5.22
五·一	癸丑	6.1	六·一	壬午	6.30	七·一	壬子	7.30	八·一	辛巳	8.28
五·十一	癸亥	6.11	六·十一	壬辰	7.10	七·十一	壬戌	8.9	八·十一	辛卯	9.7
五·二十一	癸酉	6.21	六·二十一	壬寅	7.20	七·二十一	壬申	8.19	八·二十一	辛丑	9.17
九·一	辛亥	9.27	十·一 庚辰10.26 闰十·一 庚戌11.25			十一·一	己卯	12.24	十二·一	己酉	1.23
九·十一	辛酉	10.7	十·十一 庚寅11.5 闰十·十一 庚申12.5			十一·十一	己丑	1.3	十二·十一	己未	2.2
九·二十一	辛未	10.17	十·二十一庚子11.15 闰十·二十一庚午12.15			十一·二十一	己亥	1.13	十二·二十一	己巳	2.12

汉桓帝延熹六年癸卯(163—164)

一·一	戊寅	2.21	二·一	戊申	3.23	三·一	丁丑	4.21	四·一	丁未	5.21
一·十一	戊子	3.3	二·十一	戊午	4.2	三·十一	丁亥	5.1	四·十一	丁巳	5.31
一·二十一	戊戌	3.13	二·二十一	戊辰	4.12	三·二十一	丁酉	5.11	四·二十一	丁卯	6.10
五·一	丙子	6.19	六·一	丙午	7.19	七·一	乙亥	8.17	八·一	乙巳	9.16
五·十一	丙戌	6.29	六·十一	丙辰	7.29	七·十一	乙酉	8.27	八·十一	乙卯	9.26
五·二十一	丙申	7.9	六·二十一	丙寅	8.8	七·二十一	乙未	9.6	八·二十一	乙丑	10.6
九·一	乙亥	10.16	十·一	甲辰	11.14	十一·一	甲戌	12.14	十二·一	癸卯	1.12
九·十一	乙酉	10.26	十·十一	甲寅	11.24	十一·十一	甲申	12.24	十二·十一	癸丑	1.22
九·二十一	乙未	11.5	十·二十一	甲子	12.4	十一·二十一	甲午	1.3	十二·二十一	癸亥	2.1

汉桓帝延熹七年甲辰（164—165）

一・一	癸酉	2.11	二・一	壬寅	3.11	三・一	壬申	4.10	四・一	辛丑	5.9
一・十一	癸未	2.21	二・十一	壬子	3.21	三・十一	壬午	4.20	四・十一	辛亥	5.19
一・二十一	癸巳	3.2	二・二十一	壬戌	3.31	三・二十一	壬辰	4.30	四・二十一	辛酉	5.29
五・一	辛未	6.8	六・一	庚子	7.7	七・一	庚午	8.6	*八・一	己亥	9.4
五・十一	辛巳	6.18	六・十一	庚戌	7.17	七・十一	庚辰	8.16	八・十一	己酉	9.14
五・二十一	辛卯	6.28	六・二十一	庚申	7.27	七・二十一	庚寅	8.26	八・二十一	己未	9.24
九・一	己巳	10.4	十・一	戊戌	11.2	十一・一	戊辰	12.2	十二・一	戊戌	1.1
九・十一	己卯	10.14	十・十一	戊申	11.12	十一・十一	戊寅	12.12	十二・十一	戊申	1.11
九・二十一	己丑	10.24	十・二十一	戊午	11.22	十一・二十一	戊子	12.22	十二・二十一	戊午	1.21

＊《目录》八月己卯朔，误。

汉桓帝延熹八年乙巳（165—166）

一・一	丁卯	1.30	二・一	丁酉	3.1	三・一	丙寅	3.30	四・一	丙申	4.29
一・十一	丁丑	2.9	二・十一	丁未	3.11	三・十一	丙子	4.9	四・十一	丙午	5.9
一・二十一	丁亥	2.19	二・二十一	丁巳	3.21	三・二十一	丙戌	4.19	四・二十一	丙辰	5.19
五・一	乙丑	5.28	六・一	乙未	6.27	七・一	甲子7.26	闰七・一 甲午8.25	八・一	癸亥	9.23
五・十一	乙亥	6.7	六・十一	乙巳	7.7	七・十一	甲戌8.5	闰七・十一 甲辰9.4	八・十一	癸酉	10.3
五・二十一	乙酉	6.17	六・二十一	乙卯	7.17	七・二十一	甲申8.15	闰七・二十一 甲寅9.14	八・二十一	癸未	10.13
九・一	癸巳	10.23	十・一	壬戌	11.21	十一・一	壬辰	12.21	十二・一	辛酉	1.19
九・十一	癸卯	11.2	十・十一	壬申	12.1	十一・十一	壬寅	12.31	十二・十一	辛未	1.29
九・二十一	癸丑	11.12	十・二十一	壬午	12.11	十一・二十一	壬子	1.10	十二・二十一	辛巳	2.8

汉桓帝延熹九年丙午（166—167）

一・一	辛卯	2.18	二・一	庚申	3.19	三・一	庚寅	4.18	四・一	庚申	5.18
一・十一	辛丑	2.28	二・十一	庚午	3.29	三・十一	庚子	4.28	四・十一	庚午	5.28
一・二十一	辛亥	3.10	二・二十一	庚辰	4.8	三・二十一	庚戌	5.8	四・二十一	庚辰	6.7
五・一	己丑	6.16	六・一	己未	7.16	七・一	戊子	8.14	八・一	戊午	9.13
五・十一	己亥	6.26	六・十一	己巳	7.26	七・十一	戊戌	8.24	八・十一	戊辰	9.23
五・二十一	己酉	7.6	六・二十一	己卯	8.5	七・二十一	戊申	9.3	八・二十一	戊寅	10.3
九・一	丁亥	10.12	十・一	丁巳	11.11	十一・一	丙戌	12.10	十二・一	丙辰	1.9
九・十一	丁酉	10.22	十・十一	丁卯	11.21	十一・十一	丙申	12.20	十二・十一	丙寅	1.19
九・二十一	丁未	11.1	十・二十一	丁丑	12.1	十一・二十一	丙午	12.30	十二・二十一	丙子	1.29

汉桓帝永康元年丁未（167—168）

一・一	乙酉	2.7	二・一	乙卯	3.9	三・一	甲申	4.7	四・一	甲寅	5.7
一・十一	乙未	2.17	二・十一	乙丑	3.19	三・十一	甲午	4.17	四・十一	甲子	5.17
一・二十一	乙巳	2.27	二・二十一	乙亥	3.29	三・二十一	甲辰	4.27	四・二十一	甲戌	5.27
五・一	癸未	6.5	*六・一	癸丑	7.5	七・一	癸未	8.4	八・一	壬子	9.2
五・十一	癸巳	6.15	六・十一	癸亥	7.15	七・十一	癸巳	8.14	八・十一	壬戌	9.12
五・二十一	癸卯	6.25	六・二十一	癸酉	7.25	七・二十一	癸卯	8.24	八・二十一	壬申	9.22
九・一	壬午	10.2	十・一	辛亥	10.31	十一・一	辛巳	11.30	十二・一	庚戌	12.29
九・十一	壬辰	10.12	十・十一	辛酉	11.10	十一・十一	辛卯	12.10	十二・十一	庚申	1.8
九・二十一	壬寅	10.22	十・二十一	辛未	11.20	十一・二十一	辛丑	12.20	十二・二十一	庚午	1.18

＊ 本月改元“永康”。

汉灵帝建宁元年戊申(168—169)

一·一 庚辰 1.28 一·十一 庚寅 2.7 一·二十一 庚子 2.17	二·一 己酉 2.26 二·十一 己未 3.7 二·二十一 己巳 3.17	三·一 己卯 3.27 闰三·一 戊申 4.25 三·十一 己丑 4.6 闰三·十一 戊午 5.5 三·二十一己亥 4.16 闰三·二十一戊辰 5.15	四·一 戊寅 5.25 四·十一 戊子 6.4 四·二十一 戊戌 6.14
五·一 丁未 6.23 五·十一 丁巳 7.3 五·二十一 丁卯 7.13	六·一 丁丑 7.23 六·十一 丁亥 8.2 六·二十一 丁酉 8.12	七·一 丙午 8.21 七·十一 丙辰 8.31 七·二十一 丙寅 9.10	八·一 丙子 9.20 八·十一 丙戌 9.30 八·二十一 丙申 10.10
九·一 乙巳 10.19 九·十一 乙卯 10.29 九·二十一 乙丑 11.8	十·一 乙亥 11.18 十·十一 乙酉 11.28 十·二十一 乙未 12.8	十一·一 乙巳 12.18 十一·十一 乙卯 12.28 十一·二十一 乙丑 1.7	十二·一 甲戌 1.16 十二·十一 甲申 1.26 十二·二十一 甲午 2.5

汉灵帝建宁二年己酉(169—170)

一·一 甲辰 2.15 一·十一 甲寅 2.25 一·二十一 甲子 3.7	二·一 癸酉 3.16 二·十一 癸未 3.26 二·二十一 癸巳 4.5	三·一 癸卯 4.15 三·十一 癸丑 4.25 三·二十一 癸亥 5.5	四·一 壬申 5.14 四·十一 壬午 5.24 四·二十一 壬辰 6.3
五·一 壬寅 6.13 五·十一 壬子 6.23 五·二十一 壬戌 7.3	六·一 辛未 7.12 六·十一 辛巳 7.22 六·二十一 辛卯 8.1	七·一 辛丑 8.11 七·十一 辛亥 8.21 七·二十一 辛酉 8.31	八·一 庚午 9.9 八·十一 庚辰 9.19 八·二十一 庚寅 9.29
九·一 庚子 10.9 九·十一 庚戌 10.19 九·二十一 庚申 10.29	十·一 己巳 11.7 十·十一 己卯 11.17 十·二十一 己丑 11.27	十一·一 己亥 12.7 十一·十一 己酉 12.17 十一·二十一 己未 12.27	十二·一 戊辰 1.5 十二·十一 戊寅 1.15 十二·二十一 戊子 1.25

汉灵帝建宁三年庚戌(170—171)

一·一 戊戌 2.4 一·十一 戊申 2.14 一·二十一 戊午 2.24	二·一 丁卯 3.5 二·十一 丁丑 3.15 二·二十一 丁亥 3.25	三·一 丁酉 4.4 三·十一 丁未 4.14 三·二十一 丁巳 4.24	四·一 丁卯 5.4 四·十一 丁丑 5.14 四·二十一 丁亥 5.24
五·一 丙申 6.2 五·十一 丙午 6.12 五·二十一 丙辰 6.22	六·一 丙寅 7.2 六·十一 丙子 7.12 六·二十一 丙戌 7.22	七·一 乙未 7.31 七·十一 乙巳 8.10 七·二十一 乙卯 8.20	八·一 乙丑 8.30 八·十一 乙亥 9.9 八·二十一 乙酉 9.19
九·一 甲午 9.28 九·十一 甲辰 10.8 九·二十一 甲寅 10.18	十·一 甲子 10.28 十·十一 甲戌 11.7 十·二十一 甲申 11.17	十一·一 癸巳 11.26*闰十一·一 癸亥 12.26 十一·十一 癸卯 12.6 闰十一·十一 癸酉 1.5 十一·二十一癸丑 12.16 闰十一·二十一癸未 1.15	十二·一 壬辰 1.24 十二·十一 壬寅 2.3 十二·二十一 壬子 2.13

*《目录》闰十二月壬辰朔。

汉灵帝建宁四年辛亥(171—172)

一·一 壬戌 2.23 一·十一 壬申 3.5 一·二十一 壬午 3.15	二·一 辛卯 3.24 二·十一 辛丑 4.3 二·二十一 辛亥 4.13	三·一 辛酉 4.23 三·十一 辛未 5.3 三·二十一 辛巳 5.13	四·一 庚寅 5.22 四·十一 庚子 6.1 四·二十一 庚戌 6.11
五·一 庚申 6.21 五·十一 庚午 7.1 五·二十一 庚辰 7.11	六·一 庚寅 7.21 六·十一 庚子 7.31 六·二十一 庚戌 8.10	七·一 己未 8.19 七·十一 己巳 8.29 七·二十一 己卯 9.8	八·一 己丑 9.18 八·十一 己亥 9.28 八·二十一 己酉 10.8
九·一 戊午 10.17 九·十一 戊辰 10.27 九·二十一 戊寅 11.6	十·一 戊子 11.16 十·十一 戊戌 11.26 十·二十一 戊申 12.6	十一·一 丁巳 12.15 十一·十一 丁卯 12.25 十一·二十一 丁丑 1.4	十二·一 丁亥 1.14 十二·十一 丁酉 1.24 十二·二十一 丁未 2.3

汉灵帝熹平元年壬子(172—173)

一·一	丙辰	2.12	二·一	丙戌	3.13	三·一	乙卯	4.11	四·一	乙酉	5.11
一·十一	丙寅	2.22	二·十一	丙申	3.23	三·十一	乙丑	4.21	四·十一	乙未	5.21
一·二十一	丙子	3.3	二·二十一	丙午	4.2	三·二十一	乙亥	5.1	四·二十一	乙巳	5.31
*五·一	甲寅	6.9	六·一	甲申	7.9	七·一	癸丑	8.7	八·一	癸未	9.6
五·十一	甲子	6.19	六·十一	甲午	7.19	七·十一	癸亥	8.17	八·十一	癸巳	9.16
五·二十一	甲戌	6.29	六·二十一	甲辰	7.29	七·二十一	癸酉	8.27	八·二十一	癸卯	9.26
九·一	壬子	10.5	十·一	壬午	11.4	十一·一	壬子	12.4	十二·一	辛巳	1.2
九·十一	壬戌	10.15	十·十一	壬辰	11.14	十一·十一	壬戌	12.14	十二·十一	辛卯	1.12
九·二十一	壬申	10.25	十·二十一	壬寅	11.24	十一·二十一	壬申	12.24	十二·二十一	辛丑	1.22

* 本月改元“熹平”。

汉灵帝熹平二年癸丑(173—174)

一·一	辛亥	2.1	二·一	庚辰	3.2	三·一	庚戌	4.1	四·一	己卯	4.30
一·十一	辛酉	2.11	二·十一	庚寅	3.12	三·十一	庚申	4.11	四·十一	己丑	5.10
一·二十一	辛未	2.21	二·二十一	庚子	3.22	三·二十一	庚午	4.21	四·二十一	己亥	5.20
五·一	己酉	5.30	六·一	戊寅	6.28	七·一	戊申	7.28	八·一	丁丑	8.26　闰八·一　丁未 9.25
五·十一	己未	6.9	六·十一	戊子	7.8	七·十一	戊午	8.7	八·十一	丁亥	9.5　闰八·十一　丁巳 10.5
五·二十一	己巳	6.19	六·二十一	戊戌	7.18	七·二十一	戊辰	8.17	八·二十一	丁酉	9.15　闰八·二十一　丁卯 10.15
九·一	丙子	10.24	十·一	丙午	11.23	十一·一	乙亥	12.22	十二·一	乙巳	1.21
九·十一	丙戌	11.3	十·十一	丙辰	12.3	十一·十一	乙酉	1.1	十二·十一	乙卯	1.31
九·二十一	丙申	11.13	十·二十一	丙寅	12.13	十一·二十一	乙未	1.11	十二·二十一	乙丑	2.10

汉灵帝熹平三年甲寅(174—175)

一·一	乙亥	2.20	二·一	甲辰	3.21	三·一	甲戌	4.20	四·一	癸卯	5.19
一·十一	乙酉	3.2	二·十一	甲寅	3.31	三·十一	甲申	4.30	四·十一	癸丑	5.29
一·二十一	乙未	3.12	二·二十一	甲子	4.10	三·二十一	甲午	5.10	四·二十一	癸亥	6.8
五·一	癸酉	6.18	六·一	壬寅	7.17	七·一	壬申	8.16	八·一	辛丑	9.14
五·十一	癸未	6.28	六·十一	壬子	7.27	七·十一	壬午	8.26	八·十一	辛亥	9.24
五·二十一	癸巳	7.8	六·二十一	壬戌	8.6	七·二十一	壬辰	9.5	八·二十一	辛酉	10.4
九·一	辛未	10.14	十·一	庚子	11.12	十一·一	庚午	12.12	十二·一	己亥	1.10
九·十一	辛巳	10.24	十·十一	庚戌	11.22	十一·十一	庚辰	12.22	十二·十一	己酉	1.20
九·二十一	辛卯	11.3	十·二十一	庚申	12.2	十一·二十一	庚寅	1.1	十二·二十一	己未	1.30

汉灵帝熹平四年乙卯(175—176)

一·一	己巳	2.9	二·一	戊戌	3.10	三·一	戊辰	4.9	四·一	丁酉	5.8
一·十一	己卯	2.19	二·十一	戊申	3.20	三·十一	戊寅	4.19	四·十一	丁未	5.18
一·二十一	己丑	3.1	二·二十一	戊午	3.30	三·二十一	戊子	4.29	四·二十一	丁巳	5.28
五·一	丁卯	6.7	六·一	丁酉	7.7	七·一	丙寅	8.5	八·一	丙申	9.4
五·十一	丁丑	6.17	六·十一	丁未	7.17	七·十一	丙子	8.15	八·十一	丙午	9.14
五·二十一	丁亥	6.27	六·二十一	丁巳	7.27	七·二十一	丙戌	8.25	八·二十一	丙辰	9.24
九·一	乙丑	10.3	十·一	乙未	11.2	十一·一	甲子	12.1	十二·一	甲午	12.31
九·十一	乙亥	10.13	十·十一	乙巳	11.12	十一·十一	甲戌	12.11	十二·十一	甲辰	1.10
九·二十一	乙酉	10.23	十·二十一	乙卯	11.22	十一·二十一	甲申	12.21	十二·二十一	甲寅	1.20

汉灵帝熹平五年丙辰(176—177)

一·一	癸亥	1.29	二·一	癸巳	2.28	三·一	壬戌	3.28	四·一	壬辰	4.27
一·十一	癸酉	2.8	二·十一	癸卯	3.9	三·十一	壬申	4.7	四·十一	壬寅	5.7
一·二十一	癸未	2.18	二·二十一	癸丑	3.19	三·二十一	壬午	4.17	四·二十一	壬子	5.17
五·一 辛酉 5.26 闰五·一 辛卯 6.25			六·一	庚申	7.24	七·一	庚寅	8.23	八·一	己未	9.21
五·十一 辛未 6.5 闰五·十一 辛丑 7.5			六·十一	庚午	8.3	七·十一	庚子	9.2	八·十一	己巳	10.1
五·二十一 辛巳 6.15 闰五·二十一 辛亥 7.15			六·二十一	庚辰	8.13	七·二十一	庚戌	9.12	八·二十一	己卯	10.11
九·一	己丑	10.21	十·一	己未	11.20	十一·一	戊子	12.19	十二·一	戊午	1.18
九·十一	己亥	10.31	十·十一	己巳	11.30	十一·十一	戊戌	12.29	十二·十一	戊辰	1.28
九·二十一	己酉	11.10	十·二十一	己卯	12.10	十一·二十一	戊申	1.8	十二·二十一	戊寅	2.7

汉灵帝熹平六年丁巳(177—178)

一·一	丁亥	2.16	二·一	丁巳	3.18	三·一	丙戌	4.16	四·一	丙辰	5.16
一·十一	丁酉	2.26	二·十一	丁卯	3.28	三·十一	丙申	4.26	四·十一	丙寅	5.26
一·二十一	丁未	3.8	二·二十一	丁丑	4.7	三·二十一	丙午	5.6	四·二十一	丙子	6.5
五·一	乙酉	6.14	六·一	乙卯	7.14	七·一	甲申	8.12	八·一	甲寅	9.11
五·十一	乙未	6.24	六·十一	乙丑	7.24	七·十一	甲午	8.22	八·十一	甲子	9.21
五·二十一	乙巳	7.4	六·二十一	乙亥	8.3	七·二十一	甲辰	9.1	八·二十一	甲戌	10.1
九·一	癸未	10.10	十·一	癸丑	11.9	十一·一	壬午	12.8	十二·一	壬子	1.7
九·十一	癸巳	10.20	十·十一	癸亥	11.19	十一·十一	壬辰	12.18	十二·十一	壬戌	1.17
九·二十一	癸卯	10.30	十·二十一	癸酉	11.29	十一·二十一	壬寅	12.28	十二·二十一	壬申	1.27

汉灵帝光和元年戊午(178—179)

一·一	壬午	2.6	二·一	辛亥	3.7	*三·一	辛巳	4.6	四·一	庚戌	5.5
一·十一	壬辰	2.16	二·十一	辛酉	3.17	三·十一	辛卯	4.16	四·十一	庚申	5.15
一·二十一	壬寅	2.26	二·二十一	辛未	3.27	三·二十一	辛丑	4.26	四·二十一	庚午	5.25
五·一	庚辰	6.4	六·一	己酉	7.3	七·一	己卯	8.2	八·一	戊申	8.31
五·十一	庚寅	6.14	六·十一	己未	7.13	七·十一	己丑	8.12	八·十一	戊午	9.10
五·二十一	庚子	6.24	六·二十一	己巳	7.23	七·二十一	己亥	8.22	八·二十一	戊辰	9.20
九·一	戊寅	9.30	十·一	丁未	10.29	十一·一	丁丑	11.28	十二·一	丙午	12.27
九·十一	戊子	10.10	十·十一	丁巳	11.8	十一·十一	丁亥	12.8	十二·十一	丙辰	1.6
九·二十一	戊戌	10.20	十·二十一	丁卯	11.18	十一·二十一	丁酉	12.18	十二·二十一	丙寅	1.16

* 本月改元“光和”。

汉灵帝光和二年己未(179—180)

一·一 丙子 1.26 闰一·一 乙巳 2.24			二·一	乙亥	3.26	三·一	甲辰	4.24	四·一	甲戌	5.24
一·十一 丙戌 2.5 闰一·十一 乙卯 3.6			二·十一	乙酉	4.5	三·十一	甲寅	5.4	四·十一	甲申	6.3
一·二十一 丙申 2.15 闰一·二十一 乙丑 3.16			二·二十一	乙未	4.15	三·二十一	甲子	5.14	四·二十一	甲午	6.13
五·一	甲辰	6.23	六·一	癸酉	7.22	七·一	癸卯	8.21	八·一	壬申	9.19
五·十一	甲寅	7.3	六·十一	癸未	8.1	七·十一	癸丑	8.31	八·十一	壬午	9.29
五·二十一	甲子	7.13	六·二十一	癸巳	8.11	七·二十一	癸亥	9.10	八·二十一	壬辰	10.9
九·一	壬寅	10.19	十·一	辛未	11.17	十一·一	辛丑	12.17	十二·一	庚午	1.15
九·十一	壬子	10.29	十·十一	辛巳	11.27	十一·十一	辛亥	12.27	十二·十一	庚辰	1.25
九·二十一	壬戌	11.8	十·二十一	辛卯	12.7	十一·二十一	辛酉	1.6	十二·二十一	庚寅	2.4

汉灵帝光和三年庚申（180—181）

一・一	庚子	2.14	二・一	己巳	3.14	三・一	己亥	4.13	四・一	戊辰	5.12
一・十一	庚戌	2.24	二・十一	己卯	3.24	三・十一	己酉	4.23	四・十一	戊寅	5.22
一・二十一	庚申	3.5	二・二十一	己丑	4.3	三・二十一	己未	5.3	四・二十一	戊子	6.1
五・一	戊戌	6.11	六・一	丁卯	7.10	七・一	丁酉	8.9	八・一	丁卯	9.8
五・十一	戊申	6.21	六・十一	丁丑	7.20	七・十一	丁未	8.19	八・十一	丁丑	9.18
五・二十一	戊午	7.1	六・二十一	丁亥	7.30	七・二十一	丁巳	8.29	八・二十一	丁亥	9.28
九・一	丙申	10.7	十・一	丙寅	11.6	十一・一	乙未	12.5	十二・一	乙丑	1.4
九・十一	丙午	10.17	十・十一	丙子	11.16	十一・十一	乙巳	12.15	十二・十一	乙亥	1.14
九・二十一	丙辰	10.27	十・二十一	丙戌	11.26	十一・二十一	乙卯	12.25	十二・二十一	乙酉	1.24

汉灵帝光和四年辛酉（181—182）

一・一	甲午	2.2	二・一	甲子	3.4	三・一	癸巳	4.2	四・一	癸亥	5.2
一・十一	甲辰	2.12	二・十一	甲戌	3.14	三・十一	癸卯	4.12	四・十一	癸酉	5.12
一・二十一	甲寅	2.22	二・二十一	甲申	3.24	三・二十一	癸丑	4.22	四・二十一	癸未	5.22
五・一	壬辰	5.31	六・一	壬戌	6.30	七・一	辛卯	7.29	八・一	辛酉	8.28
五・十一	壬寅	6.10	六・十一	壬申	7.10	七・十一	辛丑	8.8	八・十一	辛未	9.7
五・二十一	壬子	6.20	六・二十一	壬午	7.20	七・二十一	辛亥	8.18	八・二十一	辛巳	9.17
九・一 庚寅 9.26	*闰九・一 庚申 10.26		十・一	己丑	11.24	十一・一	己未	12.24	十二・一	己丑	1.23
九・十一 庚子 10.6	闰九・十一 庚午 11.5		十・十一	己亥	12.4	十一・十一	己巳	1.3	十二・十一	己亥	2.2
九・二十一庚戌 10.16	闰九・二十一庚辰 11.15		十・二十一	己酉	12.14	十一・二十一	己卯	1.13	十二・二十一	己酉	2.12

*《目录》闰十月己丑朔。

汉灵帝光和五年壬戌（182—183）

一・一	戊午	2.21	二・一	戊子	3.23	三・一	丁巳	4.21	四・一	丁亥	5.21
一・十一	戊辰	3.3	二・十一	戊戌	4.2	三・十一	丁卯	5.1	四・十一	丁酉	5.31
一・二十一	戊寅	3.13	二・二十一	戊申	4.12	三・二十一	丁丑	5.11	四・二十一	丁未	6.10
五・一	丙辰	6.19	六・一	丙戌	7.19	七・一	乙卯	8.17	八・一	乙酉	9.16
五・十一	丙寅	6.29	六・十一	丙申	7.29	七・十一	乙丑	8.27	八・十一	乙未	9.26
五・二十一	丙子	7.9	六・二十一	丙午	8.8	七・二十一	乙亥	9.6	八・二十一	乙巳	10.6
九・一	甲寅	10.15	十・一	甲申	11.14	十一・一	癸丑	12.13	十二・一	癸未	1.12
九・十一	甲子	10.25	十・十一	甲午	11.24	十一・十一	癸亥	12.23	十二・十一	癸巳	1.22
九・二十一	甲戌	11.4	十・二十一	甲辰	12.4	十一・二十一	癸酉	1.2	十二・二十一	癸卯	2.1

汉灵帝光和六年癸亥（183—184）

一・一	壬子	2.10	二・一	壬午	3.12	三・一	辛亥	4.10	四・一	辛巳	5.10
一・十一	壬戌	2.20	二・十一	壬辰	3.22	三・十一	辛酉	4.20	四・十一	辛卯	5.20
一・二十一	壬申	3.2	二・二十一	壬寅	4.1	三・二十一	辛未	4.30	四・二十一	辛丑	5.30
五・一	辛亥	6.9	六・一	庚辰	7.8	七・一	庚戌	8.7	八・一	己卯	9.5
五・十一	辛酉	6.19	六・十一	庚寅	7.18	七・十一	庚申	8.17	八・十一	己丑	9.15
五・二十一	辛未	6.29	六・二十一	庚子	7.28	七・二十一	庚午	8.27	八・二十一	己亥	9.25
九・一	己酉	10.5	十・一	戊寅	11.3	十一・一	戊申	12.3	十二・一	丁丑	1.1
九・十一	己未	10.15	十・十一	戊子	11.13	十一・十一	戊午	12.13	十二・十一	丁亥	1.11
九・二十一	己巳	10.25	十・二十一	戊戌	11.23	十一・二十一	戊辰	12.23	十二・二十一	丁酉	1.21

汉灵帝中平元年甲子（184—185）

一·一	丁未	1.31	二·一	丙子	2.29	三·一	丙午	3.30	四·一	乙亥	4.28
一·十一	丁巳	2.10	二·十一	丙戌	3.10	三·十一	丙辰	4.9	四·十一	乙酉	5.8
一·二十一	丁卯	2.20	二·二十一	丙申	3.20	三·二十一	丙寅	4.19	四·二十一	乙未	5.18
五·一	乙巳	5.28	六·一	甲戌	6.26	七·一	甲辰	7.26 闰七·一 甲戌 8.25	八·一	癸卯	9.23
五·十一	乙卯	6.7	六·十一	甲申	7.6	七·十一	甲寅	8.5 闰七·十一 甲申 9.4	八·十一	癸丑	10.3
五·二十一	乙丑	6.17	六·二十一	甲午	7.16	七·二十一	甲子	8.15 闰七·二十一 甲午 9.14	八·二十一	癸亥	10.13
九·一	癸酉	10.23	十·一	壬寅	11.21	十一·一	壬申	12.21	*十二·一	辛丑	1.19
九·十一	癸未	11.2	十·十一	壬子	12.1	十一·十一	壬午	12.31	十二·十一	辛亥	1.29
九·二十一	癸巳	11.12	十·二十一	壬戌	12.11	十一·二十一	壬辰	1.10	十二·二十一	辛酉	2.8

＊本月改元“中平”。

汉灵帝中平二年乙丑（185—186）

一·一	辛未	2.18	二·一	庚子	3.19	三·一	庚午	4.18	四·一	己亥	5.17
一·十一	辛巳	2.28	二·十一	庚戌	3.29	三·十一	庚辰	4.28	四·十一	己酉	5.27
一·二十一	辛卯	3.10	二·二十一	庚申	4.8	三·二十一	庚寅	5.8	四·二十一	己未	6.6
五·一	己巳	6.16	六·一	戊戌	7.15	七·一	戊辰	8.14	八·一	丁酉	9.12
五·十一	己卯	6.26	六·十一	戊申	7.25	七·十一	戊寅	8.24	八·十一	丁未	9.22
五·二十一	己丑	7.6	六·二十一	戊午	8.4	七·二十一	戊子	9.3	八·二十一	丁巳	10.2
九·一	丁卯	10.12	十·一	丙申	11.10	十一·一	丙寅	12.10	十二·一	丙申	1.9
九·十一	丁丑	10.22	十·十一	丙午	11.20	十一·十一	丙子	12.20	十二·十一	丙午	1.19
九·二十一	丁亥	11.1	十·二十一	丙辰	11.30	十一·二十一	丙戌	12.30	十二·二十一	丙辰	1.29

汉灵帝中平三年丙寅（186—187）

一·一	乙丑	2.7	二·一	乙未	3.9	三·一	甲子	4.7	四·一	甲午	5.7
一·十一	乙亥	2.17	二·十一	乙巳	3.19	三·十一	甲戌	4.17	四·十一	甲辰	5.17
一·二十一	乙酉	2.27	二·二十一	乙卯	3.29	三·二十一	甲申	4.27	四·二十一	甲寅	5.27
五·一	癸亥	6.5	六·一	癸巳	7.5	七·一	壬戌	8.3	八·一	壬辰	9.2
五·十一	癸酉	6.15	六·十一	癸卯	7.15	七·十一	壬申	8.13	八·十	壬寅	9.12
五·二十一	癸未	6.25	六·二十一	癸丑	7.25	七·二十一	壬午	8.23	八·二十一	壬子	9.22
九·一	辛酉	10.1	十·一	辛卯	10.31	十一·一	庚申	11.29	十二·一	庚寅	12.29
九·十一	辛未	10.11	十·十一	辛丑	11.10	十一·十一	庚午	12.9	十二·十一	庚子	1.8
九·二十一	辛巳	10.21	十·二十一	辛亥	11.20	十一·二十一	庚辰	12.19	十二·二十一	庚戌	1.18

汉灵帝中平四年丁卯（187—188）

一·一	己未	1.27	二·一	己丑	2.26	三·一	己未	3.28	四·一	戊子	4.26 闰四·一 戊午 5.26
一·十一	己巳	2.6	二·十一	己亥	3.8	三·十一	己巳	4.7	四·十一	戊戌	5.6 闰四·十一 戊辰 6.5
一·二十一	己卯	2.16	二·二十一	己酉	3.18	三·二十一	己卯	4.17	四·二十一	戊申	5.16 闰四·二十一 戊寅 6.15
五·一	丁亥	6.24	六·一	丁巳	7.24	七·一	丙戌	8.22	八·一	丙辰	9.21
五·十一	丁酉	7.4	六·十一	丁卯	8.3	七·十一	丙申	9.1	八·十一	丙寅	10.1
五·二十一	丁未	7.14	六·二十一	丁丑	8.13	七·二十一	丙午	9.11	八·二十一	丙子	10.11
九·一	乙酉	10.20	十·一	乙卯	11.19	十一·一	甲申	12.18	十二·一	甲寅	1.17
九·十一	乙未	10.30	十·十一	乙丑	11.29	十一·十一	甲午	12.28	十二·十一	甲子	1.27
九·二十一	乙巳	11.9	十·二十一	乙亥	12.9	十一·二十一	甲辰	1.7	十二·二十一	甲戌	2.6

汉灵帝中平五年戊辰（188—189）

一•一 癸未 2.15	二•一 癸丑 3.16	三•一 壬午 4.14	四•一 壬子 5.14
一•十一 癸巳 2.25	二•十一 癸亥 3.26	三•十一 壬辰 4.24	四•十一 壬戌 5.24
一•二十一 癸卯 3.6	二•二十一 癸酉 4.5	三•二十一 壬寅 5.4	四•二十一 壬申 6.3
五•一 辛巳 6.12	六•一 辛亥 7.12	七•一 辛巳 8.11	八•一 庚戌 9.9
五•十一 辛卯 6.22	六•十一 辛酉 7.22	七•十一 辛卯 8.21	八•十一 庚申 9.19
五•二十一 辛丑 7.2	六•二十一 辛未 8.1	七•二十一 辛丑 8.31	八•二十一 庚午 9.29
九•一 庚辰 10.9	十•一 己酉 11.7	十一•一 己卯 12.7	十二•一 戊申 1.5
九•十一 庚寅 10.19	十•十一 己未 11.17	十一•十一 己丑 12.17	十二•十一 戊午 1.15
九•二十一 庚子 10.29	十•二十一 己巳 11.27	十一•二十一 己亥 12.27	十二•二十一 戊辰 1.25

汉少帝光熹元年己巳（189—190）

一•一 戊寅 2.4	二•一 丁未 3.5	三•一 丁丑 4.4	*四•一 丙午 5.3
一•十一 戊子 2.14	二•十一 丁巳 3.15	三•十一 丁亥 4.14	四•十一 丙辰 5.13
一•二十一 戊戌 2.24	二•二十一 丁卯 3.25	三•二十一 丁酉 4.24	四•二十一 丙寅 5.23
五•一 丙子 6.2	六•一 乙巳 7.1	七•一 乙亥 7.31	**八•一 甲辰 8.29
五•十一 丙戌 6.12	六•十一 乙卯 7.11	七•十一 乙酉 8.10	八•十一 甲寅 9.8
五•二十一 丙申 6.22	六•二十一 乙丑 7.21	七•二十一 乙未 8.20	八•二十一 甲子 9.18
***九•一 甲戌 9.28	十•一 癸卯 10.27	十一•一 癸酉 11.26	****十二•一癸卯 12.26 闰十二•一 壬申 1.24
九•十一 甲申 10.8	十•十一 癸丑 11.6	十一•十一 癸未 12.6	十二•十一 癸丑 1.5 闰十二•十一 壬午 2.3
九•二十一 甲午 10.18	十•二十一 癸亥 11.16	十一•二十一 癸巳 12.16	十二•二十一癸亥 1.15 闰十二•二十一壬辰 2.13

＊ 本月少帝即位，改元“光熹”。　** 本月改元“昭宁”。　*** 本月献帝即位，改元“永汉”。　**** 本月献帝复称“中平”六年。

汉献帝初平元年庚午（190—191）

一•一 壬寅 2.23	二•一 辛未 3.24	三•一 辛丑 4.23	四•一 庚午 5.22
一•十一 壬子 3.5	二•十一 辛巳 4.3	三•十一 辛亥 5.3	四•十一 庚辰 6.1
一•二十一 壬戌 3.15	二•二十一 辛卯 4.13	三•二十一 辛酉 5.13	四•二十一 庚寅 6.11
五•一 庚子 6.21	六•一 己巳 7.20	七•一 己亥 8.19	八•一 戊辰 9.17
五•十一 庚戌 7.1	六•十一 己卯 7.30	七•十一 己酉 8.29	八•十一 戊寅 9.27
五•二十一 庚申 7.11	六•二十一 己丑 8.9	七•二十一 己未 9.8	八•二十一 戊子 10.7
九•一 戊戌 10.17	十•一 丁卯 11.15	十一•一 丁酉 12.15	十二•一 丙寅 1.13
九•十一 戊申 10.27	十•十一 丁丑 11.25	十一•十一 丁未 12.25	十二•十一 丙子 1.23
九•二十一 戊午 11.6	十•二十一 丁亥 12.5	十一•二十一 丁巳 1.4	十二•二十一 丙戌 2.2

汉献帝初平二年辛未（191—192）

一•一 丙申 2.12	二•一 丙寅 3.14	三•一 乙未 4.12	四•一 乙丑 5.12
一•十一 丙午 2.22	二•十一 丙子 3.24	三•十一 乙巳 4.22	四•十一 乙亥 5.22
一•二十一 丙辰 3.4	二•二十一 丙戌 4.3	三•二十一 乙卯 5.2	四•二十一 乙酉 6.1
五•一 甲午 6.10	六•一 甲子 7.10	七•一 癸巳 8.8	八•一 癸亥 9.7
五•十一 甲辰 6.20	六•十一 甲戌 7.20	七•十一 癸卯 8.18	八•十一 癸酉 9.17
五•二十一 甲寅 6.30	六•二十一 甲申 7.30	七•二十一 癸丑 8.28	八•二十一 癸未 9.27
九•一 壬辰 10.6	十•一 壬戌 11.5	十一•一 辛卯 12.4	十二•一 辛酉 1.3
九•十一 壬寅 10.16	十•十一 壬申 11.15	十一•十一 辛丑 12.14	十二•十一 辛未 1.13
九•二十一 壬子 10.26	十•二十一 壬午 11.25	十一•二十一 辛亥 12.24	十二•二十一 辛巳 1.23

汉献帝初平三年壬申(192—193)

一·一 庚寅 2.1 一·十一 庚子 2.11 一·二十一 庚戌 2.21	二·一 庚申 3.2 二·十一 庚午 3.12 二·二十一 庚辰 3.22	三·一 己丑 3.34 三·十一 己亥 4.10 三·二十一 己酉 4.20	四·一 己未 4.30 四·十一 己巳 5.10 四·二十一 己卯 5.20
五·一 戊子 5.29 五·十一 戊戌 6.8 五·二十一 戊申 6.18	六·一 戊午 6.28 六·十一 戊辰 7.8 六·二十一 戊寅 7.18	七·一 戊子 7.28 七·十一 戊戌 8.7 七·二十一 戊申 8.17	八·一 丁巳 8.26 闰八·一 丁亥 9.25 八·十一 丁卯 9.5 闰八·十一 丁酉 10.5 八·二十一 丁丑 9.15 闰八·二十一 丁未 10.15
九·一 丙辰 10.24 九·十一 丙寅 11.3 九·二十一 丙子 11.13	十·一 丙戌 11.23 十·十一 丙申 12.3 十·二十一 丙午 12.13	十一·一 乙卯 12.22 十一·十一 乙丑 1.1 十一·二十一 乙亥 1.11	十二·一 乙酉 1.21 十二·十一 乙未 1.31 十二·二十一 乙巳 2.10

汉献帝初平四年癸酉(193—194)

一·一 甲寅 2.19 一·十一 甲子 3.1 一·二十一 甲戌 3.11	二·一 甲申 3.21 二·十一 甲午 3.31 二·二十一 甲辰 4.10	三·一 癸丑 4.19 三·十一 癸亥 4.29 三·二十一 癸酉 5.9	四·一 癸未 5.19 四·十一 癸巳 5.29 四·二十一 癸卯 6.8
五·一 壬子 6.17 五·十一 壬戌 6.27 五·二十一 壬申 7.7	六·一 壬午 7.17 六·十一 壬辰 7.27 六·二十一 壬寅 8.6	七·一 辛亥 8.15 七·十一 辛酉 8.25 七·二十一 辛未 9.4	八·一 辛巳 9.14 八·十一 辛卯 9.24 八·二十一 辛丑 10.4
九·一 辛亥 10.14 九·十一 辛酉 10.24 九·二十一 辛未 11.3	十·一 庚辰 11.12 十·十一 庚寅 11.22 十·二十一 庚子 12.2	十一·一 庚戌 12.12 十一·十一 庚申 12.22 十一·二十一 庚午 1.1	十二·一 己卯 1.10 十二·十一 己丑 1.20 十二·二十一 己亥 1.30

汉献帝兴平元年甲戌(194—195)

一·一 己酉 2.9 一·十一 己未 2.19 一·二十一 己巳 3.1	二·一 戊寅 3.10 二·十一 戊子 3.20 二·二十一 戊戌 3.30	三·一 戊申 4.9 三·十一 戊午 4.19 三·二十一 戊辰 4.29	四·一 丁丑 5.8 四·十一 丁亥 5.18 四·二十一 丁酉 5.28
五·一 丁未 6.7 五·十一 丁巳 6.17 五·二十一 丁卯 6.27	六·一 丙子 7.6 六·十一 丙戌 7.16 六·二十一 丙申 7.26	七·一 丙午 8.5 七·十一 丙辰 8.15 七·二十一 丙寅 8.25	八·一 乙亥 9.3 八·十一 乙酉 9.13 八·二十一 乙未 9.23
九·一 乙巳 10.3 九·十一 乙卯 10.13 九·二十一 乙丑 10.23	十·一 甲戌 11.1 十·十一 甲申 11.11 十·二十一 甲午 11.21	十一·一 甲辰 12.1 十一·十一 甲寅 12.11 十一·二十一 甲子 12.21	十二·一 癸酉 12.30 十二·十一 癸未 1.9 十二·二十一 癸巳 1.19

汉献帝兴平二年乙亥(195—196)

一·一 癸卯 1.29 一·十一 癸丑 2.8 一·二十一 癸亥 2.18	二·一 癸酉 2.28 二·十一 癸未 3.10 二·二十一 癸巳 3.20	三·一 壬寅 3.29 三·十一 壬子 4.8 三·二十一 壬戌 4.18	四·一 壬申 4.28 四·十一 壬午 5.8 四·二十一 壬辰 5.18
五·一 辛丑 5.27 闰五·一 辛未 6.26 五·十一 辛亥 6.6 闰五·十一 辛巳 7.6 五·二十一 辛酉 6.16 闰五·二十一 辛卯 7.16	六·一 庚子 7.25 六·十一 庚戌 8.4 六·二十一 庚申 8.14	七·一 庚午 8.24 七·十一 庚辰 9.3 七·二十一 庚寅 9.13	八·一 己亥 9.22 八·十一 己酉 10.2 八·二十一 己未 10.12
九·一 己巳 10.22 九·十一 己卯 11.1 九·二十一 己丑 11.11	十·一 戊戌 11.20 十·十一 戊申 11.30 十·二十一 戊午 12.10	十一·一 戊辰 12.20 十一·十一 戊寅 12.30 十一·二十一 戊子 1.9	十二·一 丁酉 1.18 十二·十一 丁未 1.28 十二·二十一 丁巳 2.7

汉献帝建安元年丙子（196—197）

一·一	丁卯	2.17	二·一	丙申	3.17	三·一	丙寅	4.16	四·一	乙未	5.15
一·十一	丁丑	2.27	二·十一	丙午	3.27	三·十一	丙子	4.26	四·十一	乙巳	5.25
一·二十一	丁亥	3.8	二·二十一	丙辰	4.6	三·二十一	丙戌	5.6	四·二十一	乙卯	6.4
五·一	乙丑	6.14	六·一	乙未	7.14	七·一	甲子	8.12	八·一	甲午	9.11
五·十一	乙亥	6.24	六·十一	乙巳	7.24	七·十一	甲戌	8.22	八·十一	甲辰	9.21
五·二十一	乙酉	7.4	六·二十一	乙卯	8.3	七·二十一	甲申	9.1	八·二十一	甲寅	10.1
九·一	癸亥	10.10	十·一	癸巳	11.9	十一·一	壬戌	12.8	十二·一	壬辰	1.7
九·十一	癸酉	10.20	十·十一	癸卯	11.19	十一·十一	壬申	12.18	十二·十一	壬寅	1.17
九·二十一	癸未	10.30	十·二十一	癸丑	11.29	十一·二十一	壬午	12.28	十二·二十一	壬子	1.27

汉献帝建安二年丁丑（197—198）

一·一	辛酉	2.5	二·一	辛卯	3.7	三·一	庚申	4.5	四·一	庚寅	5.5
一·十一	辛未	2.15	二·十一	辛丑	3.17	三·十一	庚午	4.15	四·十一	庚子	5.15
一·二十一	辛巳	2.25	二·二十一	辛亥	3.27	三·二十一	庚辰	4.25	四·二十一	庚戌	5.25
五·一	己未	6.3	六·一	己丑	7.3	七·一	戊午	8.1	八·一	戊子	8.31
五·十一	己巳	6.13	六·十一	己亥	7.13	七·十一	戊辰	8.11	八·十一	戊戌	9.10
五·二十一	己卯	6.23	六·二十一	己酉	7.23	七·二十一	戊寅	8.21	八·二十一	戊申	9.20
九·一	戊午	9.30	十·一	丁亥	10.29	十一·一	丁巳	11.28	十二·一	丙戌	12.27
九·十一	戊辰	10.10	十·十一	丁酉	11.8	十一·十一	丁卯	12.8	十二·十一	丙申	1.6
九·二十一	戊寅	10.20	十·二十一	丁未	11.18	十一·二十一	丁丑	12.18	十二·二十一	丙午	1.16

汉献帝建安三年戊寅（198—199）

一·一	丙辰	1.26	二·一 乙酉 2.24	闰二·一	乙卯 3.26	三·一	甲申	4.24	四·一	甲寅	5.24
一·十一	丙寅	2.5	二·十一 乙未 3.6	闰二·十一	乙丑 4.5	三·十一	甲午	5.4	四·十一	甲子	6.3
一·二十一	丙子	2.15	二·二十一 乙巳 3.16	闰二·二十一	乙亥 4.15	三·二十一	甲辰	5.14	四·二十一	甲戌	6.13
五·一	癸未	6.22	六·一	癸丑	7.22	七·一	壬午	8.20	八·一	壬子	9.19
五·十一	癸巳	7.2	六·十一	癸亥	8.1	七·十一	壬辰	8.30	八·十一	壬戌	9.29
五·二十一	癸卯	7.12	六·二十一	癸酉	8.11	七·二十一	壬寅	9.9	八·二十一	壬申	10.9
九·一	辛巳	10.18	十·一	辛亥	11.17	十一·一	庚辰	12.16	十二·一	庚戌	1.15
九·十一	辛卯	10.28	十·十一	辛酉	11.27	十一·十一	庚寅	12.26	十二·十一	庚申	1.25
九·二十一	辛丑	11.7	十·二十一	辛未	12.7	十一·二十一	庚子	1.5	十二·二十一	庚午	2.4

汉献帝建安四年己卯（199—200）

一·一	庚辰	2.14	二·一	己酉	3.15	三·一	己卯	4.14	四·一	戊申	5.13
一·十一	庚寅	2.24	二·十一	己未	3.25	三·十一	己丑	4.24	四·十一	戊午	5.23
一·二十一	庚子	3.6	二·二十一	己巳	4.4	三·二十一	己亥	5.4	四·二十一	戊辰	6.2
五·一	戊寅	6.12	六·一	丁未	7.11	七·一	丁丑	8.10	八·一	丙午	9.8
五·十一	戊子	6.22	六·十一	丁巳	7.21	七·十一	丁亥	8.20	八·十一	丙辰	9.18
五·二十一	戊戌	7.2	六·二十一	丁卯	7.31	七·二十一	丁酉	8.30	八·二十一	丙寅	9.28
九·一	丙子	10.8	十·一	乙巳	11.6	十一·一	乙亥	12.6	十二·一	甲辰	1.4
九·十一	丙戌	10.18	十·十一	乙卯	11.16	十一·十一	乙酉	12.16	十二·十一	甲寅	1.14
九·二十一	丙申	10.28	十·二十一	乙丑	11.26	十一·二十一	乙未	12.26	十二·二十一	甲子	1.24

汉献帝建安五年庚辰(200—201)

一·一 甲戌 2.3	二·一 癸卯 3.3	三·一 癸酉 4.2	四·一 癸卯 5.2
一·十一 甲申 2.13	二·十一 癸丑 3.13	三·十一 癸未 4.12	四·十一 癸丑 5.12
一·二十一 甲午 2.23	二·二十一 癸亥 3.23	三·二十一 癸巳 4.22	四·二十一 癸亥 5.22
五·一 壬申 5.31	六·一 壬寅 6.30	七·一 辛未 7.29	八·一 辛丑 8.28
五·十一 壬午 6.10	六·十一 壬子 7.10	七·十一 辛巳 8.8	八·十一 辛亥 9.7
五·二十一 壬辰 6.20	六·二十一 壬戌 7.20	七·二十一 辛卯 8.18	八·二十一 辛酉 9.17
九·一 庚午 9.26	十·一 庚子 10.26 闰十·一 己巳 11.24	十一·一 己亥 12.24	十二·一 戊辰 1.22
九·十一 庚辰 10.6	十·十一 庚戌 11.5 闰十·十一 己卯 12.4	十一·十一 己酉 1.3	十二·十一 戊寅 2.1
九·二十一 庚寅 10.16	十·二十一 庚申 11.15 闰十·二十一 己丑 12.14	十一·二十一 己未 1.13	十二·二十一 戊子 2.11

汉献帝建安六年辛巳(201—202)

一·一 戊戌 2.21	二·一 丁卯 3.22	三·一 丁酉 4.21	四·一 丙寅 5.20
一·十一 戊申 3.3	二·十一 丁丑 4.1	三·十一 丁未 5.1	四·十一 丙子 5.30
一·二十一 戊午 3.13	二·二十一 丁亥 4.11	三·二十一 丁巳 5.11	四·二十一 丙戌 6.9
五·一 丙申 6.19	六·一 乙丑 7.18	七·一 乙未 8.17	八·一 乙丑 9.16
五·十一 丙午 6.29	六·十一 乙亥 7.28	七·十一 乙巳 8.27	八·十一 乙亥 9.26
五·二十一 丙辰 7.9	六·二十一 乙酉 8.7	七·二十一 乙卯 9.6	八·二十一 乙酉 10.6
九·一 甲午 10.15	十·一 甲子 11.14	十一·一 癸巳 12.13	十二·一 癸亥 1.12
九·十一 甲辰 10.25	十·十一 甲戌 11.24	十一·十一 癸卯 12.23	十二·十一 癸酉 1.22
九·二十一 甲寅 11.4	十·二十一 甲申 12.4	十一·二十一 癸丑 1.2	十二·二十一 癸未 2.1

汉献帝建安七年壬午(202—203)

一·一 壬辰 2.10	二·一 壬戌 3.12	三·一 辛卯 4.10	四·一 辛酉 5.10
一·十一 壬寅 2.20	二·十一 壬申 3.22	三·十一 辛丑 4.20	四·十一 辛未 5.20
一·二十一 壬子 3.2	二·二十一 壬午 4.1	三·二十一 辛亥 4.30	四·二十一 辛巳 5.30
五·一 庚寅 6.8	六·一 庚申 7.8	七·一 己丑 8.6	八·一 己未 9.5
五·十一 庚子 6.18	六·十一 庚午 7.18	七·十一 己亥 8.16	八·十一 己巳 9.15
五·二十一 庚戌 6.28	六·二十一 庚辰 7.28	七·二十一 己酉 8.26	八·二十一 己卯 9.25
九·一 戊子 10.4	十·一 戊午 11.3	十一·一 丁亥 12.2	十二·一 丁巳 1.1
九·十一 戊戌 10.14	十·十一 戊辰 11.13	十一·十一 丁酉 12.12	十二·十一 丁卯 1.11
九·二十一 戊申 10.24	十·二十一 戊寅 11.23	十一·二十一 丁未 12.22	十二·二十一 丁丑 1.21

汉献帝建安八年癸未(203—204)

一·一 丁亥 1.31	二·一 丙辰 3.1	三·一 丙戌 3.31	四·一 乙卯 4.29
一·十一 丁酉 2.10	二·十一 丙寅 3.11	三·十一 丙申 4.10	四·十一 乙丑 5.9
一·二十一 丁未 2.20	二·二十一 丙子 3.21	三·二十一 丙午 4.20	四·二十一 乙亥 5.19
五·一 乙酉 5.29	六·一 甲寅 6.27 闰六·一 甲申 7.27	七·一 癸丑 8.25	八·一 癸未 9.24
五·十一 乙未 6.8	六·十一 甲子 7.7 闰六·十一 甲午 8.6	七·十一 癸亥 9.4	八·十一 癸巳 10.4
五·二十一 乙巳 6.18	六·二十一 甲戌 7.17 闰六·二十一 甲辰 8.16	七·二十一 癸酉 9.14	八·二十一 癸卯 10.14
九·一 壬子 10.23	十·一 壬午 11.22	十一·一 辛亥 12.21	十二·一 辛巳 1.20
九·十一 壬戌 11.2	十·十一 壬辰 12.2	十一·十一 辛酉 12.31	十二·十一 辛卯 1.30
九·二十一 壬申 11.12	十·二十一 壬寅 12.12	十一·二十一 辛未 1.10	十二·二十一 辛丑 2.9

汉献帝建安九年甲申(204—205)

一·一 庚戌 2.18	二·一 庚辰 3.19	三·一 庚戌 4.18	四·一 己卯 5.17
一·十一 庚申 2.28	二·十一 庚寅 3.29	三·十一 庚申 4.28	四·十一 己丑 5.27
一·二十一 庚午 3.9	二·二十一 庚子 4.8	三·二十一 庚午 5.8	四·二十一 己亥 6.6
五·一 己酉 6.16	六·一 戊寅 7.15	七·一 戊申 8.14	八·一 丁丑 9.12
五·十一 己未 6.26	六·十一 戊子 7.25	七·十一 戊午 8.24	八·十一 丁亥 9.22
五·二十一 己巳 7.6	六·二十一 戊戌 8.4	七·二十一 戊辰 9.3	八·二十一 丁酉 10.2
九·一 丁未 10.12	十·一 丙子 11.10	十一·一 丙午 12.10	十二·一 乙亥 1.8
九·十一 丁巳 10.22	十·十一 丙戌 11.20	十一·十一 丙辰 12.20	十二·十一 乙酉 1.18
九·二十一 丁卯 11.1	十·二十一 丙申 11.30	十一·二十一 丙寅 12.30	十二·二十一 乙未 1.28

汉献帝建安十年乙酉(205—206)

一·一 乙巳 2.7	二·一 甲戌 3.8	三·一 甲辰 4.7	四·一 癸酉 5.6
一·十一 乙卯 2.17	二·十一 甲申 3.18	三·十一 甲寅 4.17	四·十一 癸未 5.16
一·二十一 乙丑 2.27	二·二十一 甲午 3.28	三·二十一 甲子 4.27	四·二十一 癸巳 5.26
五·一 癸卯 6.5	六·一 壬申 7.4	七·一 壬寅 8.3	八·一 壬申 9.2
五·十一 癸丑 6.15	六·十一 壬午 7.14	七·十一 壬子 8.13	八·十一 壬午 9.12
五·二十一 癸亥 6.25	六·二十一 壬辰 7.24	七·二十一 壬戌 8.23	八·二十一 壬辰 9.22
九·一 辛丑 10.1	十·一 辛未 10.31	十一·一 庚子 11.29	十二·一 庚午 12.29
九·十一 辛亥 10.11	十·十一 辛巳 11.10	十一·十一 庚戌 12.9	十二·十一 庚辰 1.8
九·二十一 辛酉 10.21	十·二十一 辛卯 11.20	十一·二十一 庚申 12.19	十二·二十一 庚寅 1.18

汉献帝建安十一年丙戌(206—207)

一·一 己亥 1.27	二·一 己巳 2.26	三·一 戊戌 3.27　闰三·一 戊辰 4.26	四·一 丁酉 5.25
一·十一 己酉 2.6	二·十一 己卯 3.8	三·十一 戊申 4.6　闰三·十一 戊寅 5.6	四·十一 丁未 6.4
一·二十一 己未 2.16	二·二十一 己丑 3.18	三·二十一 戊午 4.16　闰三·二十一 戊子 5.16	四·二十一 丁巳 6.14
五·一 丁卯 6.24	六·一 丙申 7.23	七·一 丙寅 8.22	八·一 乙未 9.20
五·十一 丁丑 7.4	六·十一 丙午 8.2	七·十一 丙子 9.1	八·十一 乙巳 9.30
五·二十一 丁亥 7.14	六·二十一 丙辰 8.12	七·二十一 丙戌 9.11	八·二十一 乙卯 10.10
九·一 乙丑 10.20	十·一 乙未 11.19	十一·一 甲子 12.18	十二·一 甲午 1.17
九·十一 乙亥 10.30	十·十一 乙巳 11.29	十一·十一 甲戌 12.28	十二·十一 甲辰 1.27
九·二十一 乙酉 11.9	十·二十一 乙卯 12.9	十一·二十一 甲申 1.7	十二·二十一 甲寅 2.6

汉献帝建安十二年丁亥(207—208)

一·一 癸亥 2.15	二·一 癸巳 3.17	三·一 壬戌 4.15	四·一 壬辰 5.15
一·十一 癸酉 2.25	二·十一 癸卯 3.27	三·十一 壬申 4.25	四·十一 壬寅 5.25
一·二十一 癸未 3.7	二·二十一 癸丑 4.6	三·二十一 壬午 5.5	四·二十一 壬子 6.4
五·一 辛酉 6.13	六·一 辛卯 7.13	七·一 庚申 8.11	八·一 庚寅 9.10
五·十一 辛未 6.23	六·十一 辛丑 7.23	七·十一 庚午 8.21	八·十一 庚子 9.20
五·二十一 辛巳 7.3	六·二十一 辛亥 8.2	七·二十一 庚辰 8.31	八·二十一 庚戌 9.30
九·一 己未 10.9	十·一 己丑 11.8	十一·一 戊午 12.7	十二·一 戊子 1.6
九·十一 己巳 10.19	十·十一 己亥 11.18	十一·十一 戊辰 12.17	十二·十一 戊戌 1.16
九·二十一 己卯 10.29	十·二十一 己酉 11.28	十一·二十一 戊寅 12.27	十二·二十一 戊申 1.26

汉献帝建安十三年戊子(208—209)

一•一	丁巳	2.4	二•一	丁亥	3.5	三•一	丁巳	4.4	四•一	丙戌	5.3
一•十一	丁卯	2.14	二•十一	丁酉	3.15	三•十一	丁卯	4.14	四•十一	丙申	5.13
一•二十一	丁丑	2.24	二•二十一	丁未	3.25	三•二十一	丁丑	4.24	四•二十一	丙午	5.23
五•一	丙辰	6.2	六•一	乙酉	7.1	七•一	乙卯	7.31	八•一	甲申	8.29
五•十一	丙寅	6.12	六•十一	乙未	7.11	七•十一	乙丑	8.10	八•十一	甲午	9.8
五•二十一	丙子	6.22	六•二十一	乙巳	7.21	七•二十一	乙亥	8.20	八•二十一	甲辰	9.18
九•一	甲寅	9.28	十•一	癸未	10.27	十一•一	癸丑	11.26	十二•一 壬午 12.25	闰十二•一 壬子 1.24	
九•十一	甲子	10.8	十•十一	癸巳	11.6	十一•十一	癸亥	12.6	十二•十一 壬辰 1.4	闰十二•十一 壬戌 2.3	
九•二十一	甲戌	10.18	十•二十一	癸卯	11.16	十一•二十一	癸酉	12.16	十二•二十一 壬寅 1.14	闰十二•二十一 壬申 2.13	

汉献帝建安十四年己丑(209—210)

一•一	辛巳	2.22	二•一	辛亥	3.24	三•一	庚辰	4.22	四•一	庚戌	5.22
一•十一	辛卯	3.4	二•十一	辛酉	4.3	三•十一	庚寅	5.2	四•十一	庚申	6.1
一•二十一	辛丑	3.14	二•二十一	辛未	4.13	三•二十一	庚子	5.12	四•二十一	庚午	6.11
*五•一	己卯	6.20	六•一	己酉	7.20	七•一	己卯	8.19	八•一	戊申	9.17
五•十一	己丑	6.30	六•十一	己未	7.30	七•十一	己丑	8.29	八•十一	戊午	9.27
五•二十一	己亥	7.10	六•二十一	己巳	8.9	七•二十一	己亥	9.8	八•二十一	戊辰	10.7
九•一	戊寅	10.17	十•一	丁未	11.15	十一•一	丁丑	12.15	十二•一	丙午	1.13
九•十一	戊子	10.27	十•十一	丁巳	11.25	十一•十一	丁亥	12.25	十二•十一	丙辰	1.23
九•二十一	戊戌	11.6	十•二十一	丁卯	12.5	十一•二十一	丁酉	1.4	十二•二十一	丙寅	2.2

*《目录》五月庚辰朔。

汉献帝建安十五年庚寅(210—211)

一•一	丙子	2.12	二•一	乙巳	3.13	三•一	乙亥	4.12	四•一	甲辰	5.11
一•十一	丙戌	2.22	二•十一	乙卯	3.23	三•十一	乙酉	4.22	四•十一	甲寅	5.21
一•二十一	丙申	3.4	二•二十一	乙丑	4.2	三•二十一	乙未	5.2	四•二十一	甲子	5.31
五•一	甲戌	6.10	六•一	癸卯	7.9	七•一	癸酉	8.8	八•一	壬寅	9.6
五•十一	甲申	6.20	六•十一	癸丑	7.19	七•十一	癸未	8.18	八•十一	壬子	9.16
五•二十一	甲午	6.30	六•二十一	癸亥	7.29	七•二十一	癸巳	8.28	八•二十一	壬戌	9.26
九•一	壬申	10.6	十•一	壬寅	11.5	十一•一	辛未	12.4	十二•一	辛丑	1.3
九•十一	壬午	10.16	十•十一	壬子	11.15	十一•十一	辛巳	12.14	十二•十一	辛亥	1.13
九•二十一	壬辰	10.26	十•二十一	壬戌	11.25	十一•二十一	辛卯	12.24	十二•二十一	辛酉	1.23

汉献帝建安十六年辛卯(211—212)

一•一	庚午	2.1	二•一	庚子	3.3	三•一	己巳	4.1	四•一	己亥	5.1
一•十一	庚辰	2.11	二•十一	庚戌	3.13	三•十一	己卯	4.11	四•十一	己酉	5.11
一•二十一	庚寅	2.21	二•二十一	庚申	3.23	三•二十一	己丑	4.21	四•二十一	己未	5.21
五•一	戊辰	5.30	六•一	戊戌	6.29	七•一	丁卯	7.28	八•一 丁酉 8.27	闰八•一 丙寅 9.25	
五•十一	戊寅	6.9	六•十一	戊申	7.9	七•十一	丁丑	8.7	八•十一 丁未 9.6	闰八•十一 丙子 10.5	
五•二十一	戊子	6.19	六•二十一	戊午	7.19	七•二十一	丁亥	8.17	八•二十一 丁巳 9.16	闰八•二十一 丙戌 10.15	
九•一	丙申	10.25	十•一	乙丑	11.23	十一•一	乙未	12.23	十二•一	甲子	1.21
九•十一	丙午	11.4	十•十一	乙亥	12.3	十一•十一	乙巳	1.2	十二•十一	甲戌	1.31
九•二十一	丙辰	11.14	十•二十一	乙酉	12.13	十一•二十一	乙卯	1.12	十二•二十一	甲申	2.10

汉献帝建安十七年壬辰(212—213)

一·一 甲午 2.20	二·一 甲子 3.21	三·一 癸巳 4.19	四·一 癸亥 5.19
一·十一 甲辰 3.1	二·十一 甲戌 3.31	三·十一 癸卯 4.29	四·十一 癸酉 5.29
一·二十一 甲寅 3.11	二·二十一 甲申 4.10	三·二十一 癸丑 5.9	四·二十一 癸未 6.8
五·一 壬辰 6.17	六·一 壬戌 7.17	七·一 辛卯 8.15	八·一 辛酉 9.14
五·十一 壬寅 6.27	六·十一 壬申 7.27	七·十一 辛丑 8.25	八·十一 辛未 9.24
五·二十一 壬子 7.7	六·二十一 壬午 8.6	七·二十一 辛亥 9.4	八·二十一 辛巳 10.4
九·一 庚寅 10.13	*十·一 庚申 11.12	十一·一 己丑 12.11	十二·一 己未 1.10
九·十一 庚子 10.23	十·十一 庚午 11.22	十一·十一 己亥 12.21	十二·十一 己巳 1.20
九·二十一 庚戌 11.2	十·二十一 庚辰 12.2	十一·二十一 己酉 12.31	十二·二十一 己卯 1.30

*《目录》十月己丑朔,误。

汉献帝建安十八年癸巳(213—214)

一·一 戊子 2.8	二·一 戊午 3.10	三·一 丁亥 4.8	四·一 丁巳 5.8
一·十一 戊戌 2.18	二·十一 戊辰 3.20	三·十一 丁酉 4.18	四·十一 丁卯 5.18
一·二十一 戊申 2.28	二·二十一 戊寅 3.30	三·二十一 丁未 4.28	四·二十一 丁丑 5.28
五·一 丁亥 6.7	六·一 丙辰 7.6	七·一 丙戌 8.5	八·一 乙卯 9.3
五·十一 丁酉 6.17	六·十一 丙寅 7.16	七·十一 丙申 8.15	八·十一 乙丑 9.13
五·二十一 丁未 6.27	六·二十一 丙子 7.26	七·二十一 丙午 8.25	八·二十一 乙亥 9.23
九·一 乙酉 10.3	十·一 甲寅 11.1	十一·一 甲申 12.1	十二·一 癸丑 12.30
九·十一 乙未 10.13	十·十一 甲子 11.11	十一·十一 甲午 12.11	十二·十一 癸亥 1.9
九·二十一 乙巳 10.23	十·二十一 甲戌 11.21	十一·二十一 甲辰 12.21	十二·二十一 癸酉 1.19

汉献帝建安十九年甲午(214—215)

一·一 癸未 1.29	二·一 壬子 2.27	三·一 壬午 3.29	四·一 辛亥 4.27 闰四·一 辛巳 5.27
一·十一 癸巳 2.8	二·十一 壬戌 3.9	三·十一 壬辰 4.8	四·十一 辛酉 5.7 闰四·十一 辛卯 6.6
一·二十一 癸卯 2.18	二·二十一 壬申 3.19	三·二十一 壬寅 4.18	四·二十一辛未 5.17 闰四·二十一辛丑 6.16
五·一 庚戌 6.25	六·一 庚辰 7.25	七·一 己酉 8.23	八·一 己卯 9.22
五·十一 庚申 7.5	六·十一 庚寅 8.4	七·十一 己未 9.2	八·十一 己丑 10.2
五·二十一 庚午 7.15	六·二十一 庚子 8.14	七·二十一 己巳 9.12	八·二十一 己亥 10.12
九·一 己酉 10.22	十·一 戊寅 11.20	十一·一 戊申 12.20	十二·一 丁丑 1.18
九·十一 己未 11.1	十·十一 戊子 11.30	十一·十一 戊午 12.30	十二·十一 丁亥 1.28
九·二十一 己巳 11.11	十·二十一 戊戌 12.10	十一·二十一 戊辰 1.9	十二·二十一 丁酉 2.7

汉献帝建安二十年乙未(215—216)

一·一 丁未 2.17	二·一 丙子 3.18	三·一 丙午 4.17	四·一 乙亥 5.16
一·十一 丁巳 2.27	二·十一 丙戌 3.28	三·十一 丙辰 4.27	四·十一 乙酉 5.26
一·二十一 丁卯 3.9	二·二十一 丙申 4.7	三·二十一 丙寅 5.7	四·二十一 乙未 6.5
五·一 乙巳 6.15	六·一 甲戌 7.14	七·一 甲辰 8.13	八·一 癸酉 9.11
五·十一 乙卯 6.25	六·十一 甲申 7.24	七·十一 甲寅 8.23	八·十一 癸未 9.21
五·二十一 乙丑 7.5	六·二十一 甲午 8.3	七·二十一 甲子 9.2	八·二十一 癸巳 10.1
九·一 癸卯 10.11	十·一 壬申 11.9	十一·一 壬寅 12.9	十二·一 辛未 1.7
九·十一 癸丑 10.21	十·十一 壬午 11.19	十一·十一 壬子 12.19	十二·十一 辛巳 1.17
九·二十一 癸亥 10.31	十·二十一 壬辰 11.29	十一·二十一 壬戌 12.29	十二·二十一 辛卯 1.27

汉献帝建安二十一年丙申(216—217)

一·一	辛丑	2.6	二·一	辛未	3.7	三·一	庚子	4.5	四·一	庚午	5.5
一·十一	辛亥	2.16	二·十一	辛巳	3.17	三·十一	庚戌	4.15	四·十一	庚辰	5.15
一·二十一	辛酉	2.26	二·二十一	辛卯	3.27	三·二十一	庚申	4.25	四·二十一	庚寅	5.25
五·一	己亥	6.3	六·一	己巳	7.3	七·一	戊戌	8.1	八·一	戊辰	8.31
五·十一	己酉	6.13	六·十一	己卯	7.13	七·十一	戊申	8.11	八·十一	戊寅	9.10
五·二十一	己未	6.23	六·二十一	己丑	7.23	七·二十一	戊午	8.21	八·二十一	戊子	9.20
九·一	丁酉	9.29	十·一	丁卯	10.29	十一·一	丙申	11.27	十二·一	丙寅	12.27
九·十一	丁未	10.9	十·十一	丁丑	11.8	十一·十一	丙午	12.7	十二·十一	丙子	1.6
九·二十一	丁巳	10.19	十·二十一	丁亥	11.18	十一·二十一	丙辰	12.17	十二·二十一	丙戌	1.16

汉献帝建安二十二年丁酉(217—218)

一·一 乙未 1.25	闰一·一 乙丑 2.24		二·一	甲午	3.25	三·一	甲子	4.24	四·一	甲午	5.24
一·十一 乙巳 2.4	闰一·十一 乙亥 3.6		二·十一	甲辰	4.4	三·十一	甲戌	5.4	四·十一	甲辰	6.3
一·二十一 乙卯 2.14	闰一·二十一 乙酉 3.16		二·二十一	甲寅	4.14	三·二十一	甲申	5.14	四·二十一	甲寅	6.13
五·一	癸亥	6.22	六·一	癸巳	7.22	七·一	壬戌	8.20	*八·一	壬辰	9.19
五·十一	癸酉	7.2	六·十一	癸卯	8.1	七·十一	壬申	8.30	八·十一	壬寅	9.29
五·二十一	癸未	7.12	六·二十一	癸丑	8.11	七·二十一	壬午	9.9	八·二十一	壬子	10.9
九·一	辛酉	10.18	十·一	辛卯	11.17	十一·一	庚申	12.16	十二·一	庚寅	1.15
九·十一	辛未	10.28	十·十一	辛丑	11.27	十一·十一	庚午	12.26	十二·十一	庚子	1.25
九·二十一	辛巳	11.7	十·二十一	辛亥	12.7	十一·二十一	庚辰	1.5	十二·二十一	庚戌	2.4

*《辑要》八月辛酉朔,误。

汉献帝建安二十三年戊戌(218—219)

一·一	己未	2.13	二·一	己丑	3.15	三·一	戊午	4.13	四·一	戊子	5.13
一·十一	己巳	2.23	二·十一	己亥	3.25	三·十一	戊辰	4.23	四·十一	戊戌	5.23
一·二十一	己卯	3.5	二·二十一	己酉	4.4	三·二十一	戊寅	5.3	四·二十一	戊申	6.2
五·一	丁巳	6.11	六·一	丁亥	7.11	七·一	丙辰	8.9	八·一	丙戌	9.8
五·十一	丁卯	6.21	六·十一	丁酉	7.21	七·十一	丙寅	8.19	八·十一	丙申	9.18
五·二十一	丁丑	7.1	六·二十一	丁未	7.31	七·二十一	丙子	8.29	八·二十一	丙午	9.28
九·一	丙辰	10.8	十·一	乙酉	11.6	十一·一	乙卯	12.6	十二·一	甲申	1.4
九·十一	丙寅	10.18	十·十一	乙未	11.16	十一·十一	乙丑	12.16	十二·十一	甲午	1.14
九·二十一	丙子	10.28	十·二十一	乙巳	11.26	十一·二十一	乙亥	12.26	十二·二十一	甲辰	1.24

汉献帝建安二十四年己亥(219—220)

一·一	甲寅	2.3	二·一	癸未	3.4	三·一	癸丑	4.3	四·一	壬午	5.2
一·十一	甲子	2.13	二·十一	癸巳	3.14	三·十一	癸亥	4.13	四·十一	壬辰	5.12
一·二十一	甲戌	2.23	二·二十一	癸卯	3.24	三·二十一	癸酉	4.23	四·二十一	壬寅	5.22
五·一	壬子	6.1	六·一	辛巳	6.30	七·一	辛亥	7.30	八·一	庚辰	8.28
五·十一	壬戌	6.11	六·十一	辛卯	7.10	七·十一	辛酉	8.9	八·十一	庚寅	9.7
五·二十一	壬申	6.21	六·二十一	辛丑	7.20	七·二十一	辛未	8.19	八·二十一	庚子	9.17
九·一	庚戌	9.27	十·一 己卯 10.26	闰十·一 己酉 11.25		十一·一	己卯	12.25	十二·一	戊申	1.23
九·十一	庚申	10.7	十·十一 己丑 11.5	闰十·十一 己未 12.5		十一·十一	己丑	1.4	十二·十一	戊午	2.2
九·二十一	庚午	10.17	十·二十一 己亥 11.15	闰十·二十一 己巳 12.15		十一·二十一	己亥	1.14	十二·二十一	戊辰	2.12

三国历日表

魏文帝黄初元年庚子（220—221）

一·一	戊寅	2.22	二·一	丁未	3.22	*三·一	丁丑	4.21	四·一	丙午	5.20
一·十一	戊子	3.3	二·十一	丁巳	4.1	三·十一	丁亥	5.1	四·十一	丙辰	5.30
一·二十一	戊戌	3.13	二·二十一	丁卯	4.11	三·二十一	丁酉	5.11	四·二十一	丙寅	6.9
五·一	丙子	6.19	六·一	乙巳	7.18	七·一	乙亥	8.17	八·一	甲辰	9.15
五·十一	丙戌	6.29	六·十一	乙卯	7.28	七·十一	乙酉	8.27	八·十一	甲寅	9.25
五·二十一	丙申	7.9	六·二十一	乙丑	8.7	七·二十一	乙未	9.6	八·二十一	甲子	10.5
九·一	甲戌	10.15	**十·一	癸卯	11.13	十一·一	癸酉	12.13	十二·一	壬寅	1.11
九·十一	甲申	10.25	十·十一	癸丑	11.23	十一·十一	癸未	12.23	十二·十一	壬子	1.21
九·二十一	甲午	11.4	十·二十一	癸亥	12.3	十一·二十一	癸巳	1.2	十二·二十一	壬戌	1.31

* 本月汉献帝改元"延康"。　** 本月魏文帝代汉，改元"黄初"。

魏文帝黄初二年、蜀昭烈帝章武元年辛丑（221—222）

一·一	壬申	2.10	二·一	辛丑	3.11	三·一	辛未	4.10	*四·一	辛丑	5.10
一·十一	壬午	2.20	二·十一	辛亥	3.21	三·十一	辛巳	4.20	四·十一	辛亥	5.20
一·二十一	壬辰	3.2	二·二十一	辛酉	3.31	三·二十一	辛卯	4.30	四·二十一	辛酉	5.30
五·一	庚午	6.8	六·一	庚子	7.8	七·一	己巳	8.6	八·一	己亥	9.5
五·十一	庚辰	6.18	六·十一	庚戌	7.18	七·十一	己卯	8.16	八·十一	己酉	9.15
五·二十一	庚寅	6.28	六·二十一	庚申	7.28	七·二十一	己丑	8.26	八·二十一	己未	9.25
九·一	戊辰	10.4	十·一	戊戌	11.3	十一·一	丁卯	12.2	十二·一	丁酉	1.1
九·十一	戊寅	10.14	十·十一	戊申	11.13	十一·十一	丁丑	12.12	十二·十一	丁未	1.11
九·二十一	戊子	10.24	十·二十一	戊午	11.23	十一·二十一	丁亥	12.22	十二·二十一	丁巳	1.21

* 本月蜀昭烈帝即位，改元"章武"。

魏文帝黄初三年、蜀昭烈帝章武二年、吴大帝黄武元年壬寅（222—223）

一·一	丙寅	1.30	二·一	丙申	3.1	三·一	乙丑	3.30	四·一	乙未	4.29
一·十一	丙子	2.9	二·十一	丙午	3.11	三·十一	乙亥	4.9	四·十一	乙巳	5.9
一·二十一	丙戌	2.19	二·二十一	丙辰	3.21	三·二十一	乙酉	4.19	四·二十一	乙卯	5.19
五·一	甲子	5.28	六·一	甲午	6.27　闰六·一　癸亥 7.26	七·一	癸巳	8.25	八·一	癸亥	9.24
五·十一	甲戌	6.7	六·十一	甲辰	7.7　闰六·十一　癸酉 8.5	七·十一	癸卯	9.4	八·十一	癸酉	10.4
五·二十一	甲申	6.17	六·二十一	甲寅	7.17　闰六·二十一　癸未 8.15	七·二十一	癸丑	9.14	八·二十一	癸未	10.14
九·一	壬辰	10.23	*十·一	壬戌	11.22	十一·一	辛卯	12.21	十二·一	辛酉	1.20
九·十一	壬寅	11.2	十·十一	壬申	12.2	十一·十一	辛丑	12.31	十二·十一	辛未	1.30
九·二十一	壬子	11.12	十·二十一	壬午	12.12	十一·二十一	辛亥	1.10	十二·二十一	辛巳	2.9

* 本月吴大帝即位，改元"黄武"。

魏文帝黄初四年、蜀后主建兴元年、吴大帝黄武二年癸卯（223—224）

*一·一	庚寅	2.18	二·一	庚申	3.20	三·一	己丑	4.18	四·一	己未	5.18
一·十一	庚子	2.28	［吴］	己未	3.19	三·十一	己亥	4.28	**［吴］	戊午	5.17
一·二十一	庚戌	3.10	二·十一	庚午	3.30	三·二十一	己酉	5.8	四·十一	己巳	5.28
			二·二十一	庚辰	4.9				四·二十一	己卯	6.7
***五·一	戊子	6.16	六·一	戊午	7.16	七·一	丁亥	8.14	八·一	丁巳	9.13
五·十一	戊戌	6.26	［吴］	丁巳	7.15	七·十一	丁酉	8.24	［吴］	丙辰	9.12
五·二十一	戊申	7.6	六·十一	戊辰	7.26	七·二十一	丁未	9.3	八·十一	丁卯	9.23
			六·二十一	戊寅	8.5				八·二十一	丁丑	10.3
九·一	丙戌	10.12	十·一	丙辰	11.11	十一·一	丙戌	12.11	十二·一	乙卯	1.9
九·十一	丙申	10.22	［吴］	乙卯	11.10	［吴］	乙酉	12.10	十二·十一	乙丑	1.19
九·二十一	丙午	11.1	十·十一	丙寅	11.21	十一·十一	丙申	12.21	十二·二十一	乙亥	1.29
			十·二十一	丙子	12.1	十一·二十一	丙午	12.31			

* 吴始用《乾象历》，魏、蜀仍用《四分历》。　**《目录》吴四月戊子朔，误。　*** 本月蜀后主即位，改元"建兴"。

魏文帝黄初五年、蜀后主建兴二年、吴大帝黄武三年甲辰（224—225）

一·一 乙酉 2.8 ［吴］ 甲申 2.7 一·十一 乙未 2.18 一·二十一 乙巳 2.28	二·一 甲寅 3.8 二·十一 甲子 3.18 二·二十一 甲戌 3.28	三·一 甲申 4.7 ［吴］ 癸未 4.6 三·十一 甲午 4.17 三·二十一 甲辰 4.27	四·一 癸丑 5.6 四·十一 癸亥 5.16 四·二十一 癸酉 5.26
五·一 癸未 6.5 ［吴］ 壬午 6.4 五·十一 癸巳 6.15 五·二十一 癸卯 6.25	六·一 壬子 7.4 六·十一 壬戌 7.14 六·二十一 壬申 7.24	七·一 壬午 8.3 ［吴］ 辛巳 8.2 七·十一 壬辰 8.13 七·二十一 壬寅 8.23	八·一 辛亥 9.1 八·十一 辛酉 9.11 八·二十一 辛未 9.21
九·一 辛巳 10.1 ［吴］ 庚辰 9.30 九·十一 辛卯 10.11 九·二十一 辛丑 10.21	十·一 庚戌 10.30 十·十一 庚申 11.9 十·二十一 庚午 11.19	十一·一 庚辰 11.29 ［吴］ 己卯 11.28 十一·十一 庚寅 12.9 十一·二十一 庚子 12.19	十二·一 己酉 12.28 十二·十一 己未 1.7 十二·二十一 己巳 1.17

魏文帝黄初六年、蜀后主建兴三年、吴大帝黄武四年乙巳（225—226）

一·一 己卯 1.27 ［吴］ 戊寅 1.26 一·十一 己丑 2.6 一·二十一 己亥 2.16	二·一 戊申 2.25 二·十一 戊午 3.7 二·二十一 戊辰 3.17	三·一 戊寅 3.27　闰三·一 戊申 4.26 ［吴］四·一丁未 4.25 三·十一 戊子 4.6　闰三·十一 戊午 5.6 三·二十一戊戌 4.16　闰三·二十一戊辰 5.16	四·一 丁丑 5.25 ［吴］闰四·一 丁丑 5.25 四·十一 丁亥 6.4 四·二十一 丁酉 6.14
五·一 丁未 6.24 ［吴］ 丙午 6.23 五·十一 丁巳 7.4 五·二十一 丁卯 7.14	六·一 丙子 7.23 六·十一 丙戌 8.2 六·二十一 丙申 8.12	七·一 丙午 8.22 ［吴］ 乙巳 8.21 七·十一 丙辰 9.1 七·二十一 丙寅 9.11	八·一 乙亥 9.20 八·十一 乙酉 9.30 八·二十一 乙未 10.10
九·一 乙巳 10.20 ［吴］ 甲辰 10.19 九·十一 乙卯 10.30 九·二十一 乙丑 11.9	十·一 甲戌 11.18 十·十一 甲申 11.28 十·二十一 甲午 12.8	十一·一 甲辰 12.18 ［吴］ 癸卯 12.17 十一·十一 甲寅 12.28 十一·二十一 甲子 1.7	十二·一 癸酉 1.16 十二·十一 癸未 1.26 十二·二十一 癸巳 2.5

魏文帝黄初七年、蜀后主建兴四年、吴大帝黄武五年丙午（226—227）

一·一 癸卯 2.15 ［吴］ 壬寅 2.14 一·十一 癸丑 2.25 一·二十一 癸亥 3.7	二·一 壬申 3.16 二·十一 壬午 3.26 二·二十一 壬辰 4.5	三·一 壬寅 4.15 ［吴］ 辛丑 4.14 三·十一 壬子 4.25 三·二十一 壬戌 5.5	四·一 辛未 5.14 四·十一 辛巳 5.24 四·二十一 辛卯 6.3
五·一 辛丑 6.13 ［吴］ 庚子 6.12 五·十一 辛亥 6.23 五·二十一 辛酉 7.3	六·一 庚午 7.12 六·十一 庚辰 7.22 六·二十一 庚寅 8.1	七·一 庚子 8.11 七·十一 庚戌 8.21 七·二十一 庚申 8.31	八·一 庚午 9.10 ［吴］ 己巳 9.9 八·十一 庚辰 9.20 八·二十一 庚寅 9.30
九·一 己亥 10.9 九·十一 己酉 10.19 九·二十一 己未 10.29	十·一 己巳 11.8 ［吴］ 戊辰 11.7 十·十一 己卯 11.18 十·二十一 己丑 11.28	十一·一 戊戌 12.7 十一·十一 戊申 12.17 十一·二十一 戊午 12.27	十二·一 戊辰 1.6 ［吴］ 丁卯 1.5 十二·十一 戊寅 1.16 十二·二十一 戊子 1.26

魏明帝太和元年、蜀后主建兴五年、吴大帝黄武六年丁未（227—228）

一·一 丁酉 2.4 一·十一 丁未 2.14 一·二十一 丁巳 2.24	二·一 丁卯 3.6 ［吴］ 丙寅 3.5 二·十一 丁丑 3.16 二·二十一 丁亥 3.26	三·一 丙申 4.4 三·十一 丙午 4.14 三·二十一 丙辰 4.24	四·一 丙寅 5.4 ［吴］ 乙丑 5.3 四·十一 丙子 5.14 四·二十一 丙戌 5.24
五·一 乙未 6.2 五·十一 乙巳 6.12 五·二十一 乙卯 6.22	六·一 乙丑 7.2 ［吴］ 甲子 7.1 六·十一 乙亥 7.12 六·二十一 乙酉 7.22	七·一 甲午 7.31 七·十一 甲辰 8.10 七·二十一 甲寅 8.20	八·一 甲子 8.30 ［吴］ 癸亥 8.29 八·十一 甲戌 9.9 八·二十一 甲申 9.19
九·一 癸巳 9.28 九·十一 癸卯 10.8 九·二十一 癸丑 10.18	十·一 癸亥 10.28 ［吴］ 壬戌 10.27 十·十一 癸酉 11.7 十·二十一 癸未 11.17	十一·一 癸巳 11.27 ［吴］ 壬辰 11.26 十一·十一 癸卯 12.7 十一·二十一 癸丑 12.17	十二·一 壬戌 12.26　闰十二·一 壬辰 1.25 ［吴］辛卯 1.24 十二·十一 壬申 1.5　闰十二·十一 壬寅 2.4 十二·二十一壬午 1.15　闰十二·二十一壬子 2.14

魏明帝太和二年、蜀后主建兴六年、吴大帝黄武七年戊申(228—229)

一·一 辛酉 2.23 一·十一 辛未 3.4 一·二十一 辛巳 3.14	二·一 辛卯 3.24 [吴] 庚寅 3.23 二·十一 辛丑 4.3 二·二十一 辛亥 4.13	三·一 庚申 4.22 三·十一 庚午 5.2 三·二十一 庚辰 5.12	四·一 庚寅 5.22 [吴] 己丑 5.21 四·十一 庚子 6.1 四·二十一 庚戌 6.11
五·一 己未 6.20 五·十一 己巳 6.30 五·二十一 己卯 7.10	六·一 己丑 7.20 [吴] 戊子 7.19 六·十一 己亥 7.30 六·二十一 己酉 8.9	七·一 戊午 8.18 七·十一 戊辰 8.28 七·二十一 戊寅 9.7	八·一 戊子 9.17 [吴] 丁亥 9.16 八·十一 戊戌 9.27 八·二十一 戊申 10.7
九·一 丁巳 10.16 九·十一 丁卯 10.26 九·二十一 丁丑 11.5	十·一 丁亥 11.15 [吴] 丙戌 11.14 十·十一 丁酉 11.25 十·二十一 丁未 12.5	十一·一 丙辰 12.14 十一·十一 丙寅 12.24 十一·二十一 丙子 1.3	十二·一 丙戌 1.13 [吴] 乙酉 1.12 十二·十一 丙申 1.23 十二·二十一 丙午 2.2

魏明帝太和三年、蜀后主建兴七年、吴大帝黄龙元年己酉(229—230)

一·一 乙卯 2.1 一·十一 乙丑 2.21 一·二十一 乙亥 3.3	二·一 乙酉 3.13 [吴] 甲申 3.12 二·十一 乙未 3.23 二·二十一 乙巳 4.2	三·一 乙卯 4.12 [吴] 甲寅 4.11 三·十一 乙丑 4.22 三·二十一 乙亥 5.2	*四·一 甲申 5.11 四·十一 甲午 5.21 四·二十一 甲辰 5.31
五·一 甲寅 6.10 [吴] 癸丑 6.9 五·十一 甲子 6.20 五·二十一 甲戌 6.30	六·一 癸未 7.9 六·十一 癸巳 7.19 六·二十一 癸卯 7.29	七·一 癸丑 8.8 [吴] 壬子 8.7 七·十一 癸亥 8.18 七·二十一 癸酉 8.28	八·一 壬午 9.6 八·十一 壬辰 9.16 八·二十一 壬寅 9.26
九·一 壬子 10.6 [吴] 辛亥 10.5 九·十一 壬戌 10.16 九·二十一 壬申 10.26	十·一 辛巳 11.4 十·十一 辛卯 11.14 十·二十一 辛丑 11.24	十一·一 辛亥 12.4 [吴] 庚戌 12.3 十一·十一 辛酉 12.14 十一·二十一 辛未 12.24	十二·一 庚辰 1.2 十二·十一 庚寅 1.12 十二·二十一 庚子 1.22

* 本月吴改元“黄龙”。

魏明帝太和四年、蜀后主建兴八年、吴大帝黄龙二年庚戌(230—231)

一·一 庚戌 2.1 [吴] 己酉 1.31 一·十一 庚申 2.11 一·二十一 庚午 2.21	二·一 己卯 3.2 二·十一 己丑 3.12 二·二十一 己亥 3.22	三·一 己酉 4.1 [吴] 戊申 3.31 三·十一 己未 4.11 三·二十一 己巳 4.21	四·一 戊寅 4.30 四·十一 戊子 5.10 四·二十一 戊戌 5.20
五·一 戊申 5.30 [吴] 丁未 5.29 五·十一 戊午 6.9 五·二十一 戊辰 6.19	六·一 戊寅 6.29 [吴] 丁丑 6.28 六·十一 戊子 7.9 六·二十一 戊戌 7.19	七·一 丁未 7.28 七·十一 丁巳 8.7 七·二十一 丁卯 8.17	八·一 丁丑 8.27 [吴] 丙子 8.26 八·十一 丁亥 9.6 八·二十一 丁酉 9.16
九·一 丙午 9.25 闰九·一 丙子 10.25 *[吴]闰八·一丙午 9.25 [吴]九·一 乙亥 10.24 九·十一 丙辰 10.5 闰九·十一 丙戌 11.4 九·二十一 丙寅 10.15 闰九·二十一丙申 11.14	十·一 乙巳 11.23 十·十一 乙卯 12.3 十·二十一 乙丑 12.13	十一·一 乙亥 12.23 [吴] 甲戌 12.22 十一·十一 乙酉 1.2 十一·二十一 乙未 1.12	十二·一 甲辰 1.21 十二·十一 甲寅 1.31 十二·二十一 甲子 2.10

*《目录》吴闰九月乙亥朔。

魏明帝太和五年、蜀后主建兴九年、吴大帝黄龙三年辛亥(231—232)

一·一 甲戌 2.20 [吴] 癸酉 2.19 一·十一 甲申 3.2 一·二十一 甲午 3.12	二·一 癸卯 3.21 二·十一 癸丑 3.31 二·二十一 癸亥 4.10	三·一 癸酉 4.20 [吴] 壬申 4.19 三·十一 癸未 4.30 三·二十一 癸巳 5.10	四·一 壬寅 5.19 四·十一 壬子 5.29 四·二十一 壬戌 6.8
五·一 壬申 6.18 [吴] 辛未 6.17 五·十一 壬午 6.28 五·二十一 壬辰 7.8	六·一 辛丑 7.17 六·十一 辛亥 7.27 六·二十一 辛酉 8.6	七·一 辛未 8.16 [吴] 庚午 8.15 七·十一 辛巳 8.26 七·二十一 辛卯 9.5	八·一 庚子 9.14 八·十一 庚戌 9.24 八·二十一 庚申 10.4
九·一 庚午 10.14 [吴] 己巳 10.13 九·十一 庚辰 10.24 九·二十一 庚寅 11.3	十·一 庚子 11.13 [吴] 己亥 11.12 十·十一 庚戌 11.23 十·二十一 庚申 12.3	十一·一 己巳 12.12 十一·十一 己卯 12.22 十一·二十一 己丑 1.1	十二·一 己亥 1.11 [吴] 戊戌 1.10 十二·十一 己酉 1.21 十二·二十一 己未 1.31

魏明帝太和六年、蜀后主建兴十年、吴大帝嘉禾元年壬子(232—233)

*一·一 戊辰 2.9 一·十一 戊寅 2.19 一·二十一 戊子 2.29	二·一 戊戌 3.10 [吴] 丁酉 3.9 二·十一 戊申 3.20 二·二十一 戊午 3.30	三·一 丁卯 4.8 三·十一 丁丑 4.18 三·二十一 丁亥 4.28	四·一 丁酉 5.8 [吴] 丙申 5.7 四·十一 丁未 5.18 四·二十一 丁巳 5.28
五·一 丙寅 6.6 五·十一 丙子 6.16 五·二十一 丙戌 6.26	六·一 丙申 7.6 [吴] 乙未 7.5 六·十一 丙午 7.16 六·二十一 丙辰 7.26	七·一 乙丑 8.4 七·十一 乙亥 8.14 七·二十一 乙酉 8.24	八·一 乙未 9.3 [吴] 甲午 9.2 八·十一 乙巳 9.13 八·二十一 乙卯 9.23
九·一 甲子 10.2 九·十一 甲戌 10.12 九·二十一 甲申 10.22	十·一 甲午 11.1 [吴] 癸巳 10.31 十·十一 甲辰 11.11 十·二十一 甲寅 11.21	十一·一 癸亥 11.30 十一·十一 癸酉 12.10 十一·二十一 癸未 12.20	十二·一 癸巳 12.30 [吴] 壬辰 12.29 十二·十一 癸卯 1.9 十二·二十一 癸丑 1.19

＊《朔闰考》吴正月壬辰朔,误。

魏明帝青龙元年、蜀后主建兴十一年、吴大帝嘉禾二年癸丑(233—234)

一·一 壬戌 1.28 一·十一 壬申 2.7 一·二十一 壬午 2.17	*二·一 壬辰 2.27 [吴] 辛卯 2.26 二·十一 壬寅 3.9 二·二十一 壬子 3.19	三·一 壬戌 3.29 [吴] 辛酉 3.28 三·十一 壬申 4.8 三·二十一 壬午 4.18	四·一 辛卯 4.27 四·十一 辛丑 5.7 四·二十一 辛亥 5.17
五·一 辛酉 5.27　闰五·一 庚寅 6.25 [吴] 庚申 5.26 五·十一 辛未 6.6　闰五·十一 庚子 7.5 五·二十一 辛巳 6.16　闰五·二十一 庚戌 7.15	六·一 庚申 7.25 [吴] 己未 7.24 六·十一 庚午 8.4 六·二十一 庚辰 8.14	七·一 己丑 8.23 七·十一 己亥 9.2 七·二十一 己酉 9.12	八·一 己未 9.22 [吴] 戊午 9.21 八·十一 己巳 10.2 八·二十一 己卯 10.12
九·一 戊子 10.21 九·十一 戊戌 10.31 九·二十一 戊申 11.10	十·一 戊午 11.20 [吴] 丁巳 11.19 十·十一 戊辰 11.30 十·二十一 戊寅 12.10	十一·一 丁亥 12.19 十一·十一 丁酉 12.29 十一·二十一 丁未 1.8	十二·一 丁巳 1.18 [吴] 丙辰 1.17 十二·十一 丁卯 1.28 十二·二十一 丁丑 2.7

＊ 本月魏改元“青龙”。

魏明帝青龙二年、蜀后主建兴十二年、吴大帝嘉禾三年甲寅(234—235)

一·一 丙戌 2.16 一·十一 丙申 2.26 一·二十一 丙午 3.8	二·一 丙辰 3.18 [吴] 乙卯 3.17 二·十一 丙寅 3.28 二·二十一 丙子 4.7	三·一 乙酉 4.16 三·十一 乙未 4.26 三·二十一 乙巳 5.6	四·一 乙卯 5.16 [吴] 甲寅 5.15 四·十一 乙丑 5.26 四·二十一 乙亥 6.5
五·一 乙酉 6.15 [吴] 甲申 6.14 五·十一 乙未 6.25 五·二十一 乙巳 7.5	六·一 甲寅 7.14 六·十一 甲子 7.24 六·二十一 甲戌 8.3	七·一 甲申 8.13 [吴] 癸未 8.12 七·十一 甲午 8.23 七·二十一 甲辰 9.2	八·一 癸丑 9.11 八·十一 癸亥 9.21 八·二十一 癸酉 10.1
九·一 癸未 10.11 [吴] 壬午 10.10 九·十一 癸巳 10.21 九·二十一 癸卯 10.31	十·一 壬子 11.9 十·十一 壬戌 11.19 十·二十一 壬申 11.29	十一·一 壬午 12.9 [吴] 辛巳 12.8 十一·十一 壬辰 12.19 十一·二十一 壬寅 12.29	十二·一 辛亥 1.7 十二·十一 辛酉 1.17 十二·二十一 辛未 1.27

魏明帝青龙三年、蜀后主建兴十三年、吴大帝嘉禾四年乙卯(235—236)

一·一 辛巳 2.6 [吴] 庚辰 2.5 一·十一 辛卯 2.16 一·二十一 辛丑 2.26	二·一 庚戌 3.7 二·十一 庚申 3.17 二·二十一 庚午 3.27	三·一 庚辰 4.6 [吴] 己卯 4.5 三·十一 庚寅 4.16 三·二十一 庚子 4.26	四·一 己酉 5.5 四·十一 己未 5.15 四·二十一 己巳 5.25
五·一 己卯 6.4 [吴] 戊寅 6.3 五·十一 己丑 6.14 五·二十一 己亥 6.24	六·一 戊申 7.3 六·十一 戊午 7.13 六·二十一 戊辰 7.23	七·一 戊寅 8.2 [吴] 丁丑 8.1 七·十一 戊子 8.12 七·二十一 戊戌 8.22	八·一 丁未 8.31 八·十一 丁巳 9.10 八·二十一 丁卯 9.20
九·一 丁丑 9.30 [吴] 丙子 9.29 九·十一 丁亥 10.10 九·二十一 丁酉 10.20	十·一 丁未 10.30 [吴] 丙午 10.29 十·十一 丁巳 11.9 十·二十一 丁卯 11.19	十一·一 丙子 11.28 十一·十一 丙戌 12.8 十一·二十一 丙申 12.18	十二·一 丙午 12.28 [吴] 乙巳 12.27 十二·十一 丙辰 1.7 十二·二十一 丙寅 1.17

魏明帝青龙四年、蜀后主建兴十四年、吴大帝嘉禾五年丙辰（236—237）

一•一 乙亥 1.26　闰一•一 乙巳 2.25 ［吴］二•一 甲辰 2.24 一•十一 乙酉 2.5　闰一•十一 乙卯 3.6 一•二十一 乙未 2.15　闰一•二十一 乙丑 3.16	二•一 甲戌 3.25 ［吴］闰二•一 甲戌 3.25 二•十一 甲申 4.4 二•二十一 甲午 4.14	三•一 甲辰 4.24 ［吴］ 癸卯 4.23 三•十一 甲寅 5.4 三•二十一 甲子 5.14	四•一 癸酉 5.23 四•十一 癸未 6.2 四•二十一 癸巳 6.12
五•一 癸卯 6.22 ［吴］ 壬寅 6.21 五•十一 癸丑 7.2 五•二十一 癸亥 7.12	六•一 壬申 7.21 六•十一 壬午 7.31 六•二十一 壬辰 8.10	七•一 壬寅 8.20 ［吴］ 辛丑 8.19 七•十一 壬子 8.30 七•二十一 壬戌 9.9	八•一 辛未 9.18 八•十一 辛巳 9.28 八•二十一 辛卯 10.8
九•一 辛丑 10.18 ［吴］ 庚子 10.17 九•十一 辛亥 10.28 九•二十一 辛酉 11.7	*十•一 庚午 11.16 十•十一 庚辰 11.26 十•二十一 庚寅 12.6	十一•一 庚子 12.16 **［吴］ 己亥 12.15 十一•十一 庚戌 12.26 十一•二十一 庚申 1.5	十二•一 庚午 1.15 ［吴］ 己巳 1.14 十二•十一 庚辰 1.25 十二•二十一 庚寅 2.4

*《目录》魏十月庚子朔，误。　**《目录》吴十一月己卯朔，误。

魏明帝景初元年、蜀后主建兴十五年、吴大帝嘉禾六年丁巳（237—238）

*一•一 己亥 2.13 ［吴］ 戊戌 2.12 一•十一 己酉 2.23 一•二十一 己未 3.5	**二•一 己巳 3.15 ［吴］ 戊辰 3.14 二•十一 己卯 3.25 二•二十一 己丑 4.4	***三•一 戊戌 4.13 三•十一 戊申 4.23 三•二十一 戊午 5.3	四•一 戊辰 5.13 ［吴］ 丁卯 5.12 四•十一 戊寅 5.23 四•二十一 戊子 6.2
五•一 丁酉 6.11 五•十一 丁未 6.21 五•二十一 丁巳 7.1	六•一 丙寅 7.10 ****［蜀］ 丁卯 7.11 六•十一 丙子 7.20 六•二十一 丙戌 7.30	七•一 丙申 8.9 七•十一 丙午 8.19 七•二十一 丙辰 8.29	八•一 乙丑 9.7 ［蜀］ 丙寅 9.8 八•十一 乙亥 9.17 八•二十一 乙酉 9.27
九•一 乙未 10.7 九•十一 乙巳 10.17 九•二十一 乙卯 10.27	十•一 甲子 11.5 ［蜀］ 乙丑 11.6 十•十一 甲戌 11.15 十•二十一 甲申 11.25	十一•一 甲午 12.5 十一•十一 甲辰 12.15 十一•二十一 甲寅 12.25	十二•一 癸亥 1.3 ［蜀］ 甲子 1.4 十二•十一 癸酉 1.13 十二•二十一 癸未 1.23

*《辑要》《朔闰考》魏正月戊戌朔，误；四月丁卯朔。　**《目录》魏二月丁酉朔，误。　*** 本月魏改元"景初"，始用《景初历》，建丑，以三月为四月，十二月为正月，本表仍按寅正编次。蜀仍用《四分历》。　****《朔闰考》蜀本年朔日与魏同。

魏明帝景初二年、蜀后主延熙元年、吴大帝赤乌元年戊午（238—239）

一•一 癸巳 2.2 一•十一 癸卯 2.12 一•二十一 癸丑 2.22	二•一 壬戌 3.3 *［蜀］ 癸亥 3.4 二•十一 壬申 3.13 二•二十一 壬午 3.23	三•一 壬辰 4.2、 三•十一 壬寅 4.12 三•二十一 壬子 4.22	四•一 辛酉 5.1 ［蜀］ 壬戌 5.2 四•十一 辛未 5.11 四•二十一 辛巳 5.21
五•一 辛卯 5.31 ［蜀］ 壬辰 6.1 五•十一 辛丑 6.10 五•二十一 辛亥 6.20	六•一 庚申 6.29 ［蜀、吴］ 辛卯 6.30 六•十一 庚午 7.9 六•二十一 庚辰 7.19	七•一 庚寅 7.29 ［蜀］ 辛卯 7.30 七•十一 庚子 8.8 七•二十一 庚戌 8.18	**八•一 庚申 8.28 八•十一 庚午 9.7 八•二十一 庚辰 9.17
九•一 己丑 9.26 ［蜀］ 庚寅 9.27 九•十一 己亥 10.6 九•二十一 己酉 10.16	十•一 己未 10.26　闰十•一 戊子 11.24 ［蜀］ 己丑 11.25 十•十一 己巳 11.5　闰十•十一 戊戌 12.4 十•二十一 己卯 11.15　闰十•二十一 戊申 12.14	***十一•一 戊午 12.24 十一•十一 戊辰 1.3 十一•二十一 戊寅 1.13	十二•一 丁亥 1.22 ［蜀］ 戊子 1.23 十二•十一 丁酉 2.1 十二•二十一 丁未 2.11

*《朔闰考》蜀二月壬戌朔。六月庚申、七月庚寅朔，误。　** 本月吴改元"赤乌"。　***《朔闰表》《总谱》吴十一月己丑朔，误。

魏明帝景初三年、蜀后主延熙二年、吴大帝赤乌二年己未（239—240）

一•一 丁巳 2.21 一•十一 丁卯 3.3 一•二十一 丁丑 3.13	二•一 丙戌 3.22 ［蜀］ 丁亥 3.23 二•十一 丙申 4.1 二•二十一 丙午 4.11	三•一 丙辰 4.21 三•十一 丙寅 5.1 三•二十一 丙子 5.11	四•一 乙酉 5.20 ［蜀］ 丙戌 5.21 四•十一 乙未 5.30 四•二十一 乙巳 6.9
五•一 乙卯 6.19 五•十一 乙丑 6.29 五•二十一 乙亥 7.9	六•一 甲申 7.18 ［蜀］ 乙酉 7.19 六•十一 甲午 7.28 六•二十一 甲辰 8.7	七•一 甲寅 8.17 七•十一 甲子 8.27 七•二十一 甲戌 9.6	八•一 癸未 9.15 ［蜀］ 甲申 9.16 八•十一 癸巳 9.25 八•二十一 癸卯 10.5
九•一 癸丑 10.15 ［蜀］ 甲寅 10.16 九•十一 癸亥 10.25 九•二十一 癸酉 11.4	*十•一 壬午 11.13 ［蜀、吴］ 癸未 11.14 十•十一 壬辰 11.23 十•二十一 壬寅 12.3	十一•一 壬子 12.13 ［蜀］ 癸丑 12.14 十一•十一 壬戌 12.23 十一•二十一 壬申 1.2	**十二•一 壬午 1.12 十二•十一 壬辰 1.22 十二•二十一 壬寅 2.1

*《目录》魏十月癸未朔。　** 魏本月复寅正。

魏齐王芳正始元年、蜀后主延熙三年、吴大帝赤乌三年庚申(240—241)

一·一 辛亥 2.10 [蜀] 壬子 2.11 一·十一 辛酉 2.20 一·二十一 辛未 3.1	二·一 辛巳 3.11 二·十一 辛卯 3.21 二·二十一 辛丑 3.31	三·一 庚戌 4.9 [蜀] 辛亥 4.10 三·十一 庚申 4.19 三·二十一 庚午 4.29	四·一 庚辰 5.9 四·十一 庚寅 5.19 四·二十一 庚子 5.29
五·一 己酉 6.7 [蜀] 庚戌 6.8 五·十一 己未 6.17 五·二十一 己巳 6.27	六·一 己卯 7.7 六·十一 己丑 7.17 六·二十一 己亥 7.27	七·一 戊申 8.5 [蜀] 己酉 8.6 七·十一 戊午 8.15 七·二十一 戊辰 8.25	八·一 戊寅 9.4 八·十一 戊子 9.14 八·二十一 戊戌 9.24
九·一 丁未 10.3 [蜀] 戊申 10.4 九·十一 丁巳 10.13 九·二十一 丁卯 10.23	十·一 丁丑 11.2 十·十一 丁亥 11.12 十·二十一 丁酉 11.22	十一·一 丙午 12.1 [蜀] 丁未 12.2 十一·十一 丙辰 12.11 十一·二十一 丙寅 12.21	十二·一 丙子 12.31 [蜀] 丁丑 1.1 十二·十一 丙戌 1.10 十二·二十一 丙申 1.20

魏齐王芳正始二年、蜀后主延熙四年、吴大帝赤乌四年辛酉(241—242)

一·一 乙巳 1.29 [蜀] 丙午 1.30 一·十一 乙卯 2.8 一·二十一 乙丑 2.18	二·一 乙亥 3.28 [蜀] 丙子 3.1 二·十一 乙酉 3.10 二·二十一 乙未 3.20	三·一 甲辰 3.29 [蜀、吴] 乙巳 3.30 三·十一 甲寅 4.8 三·二十一 甲子 4.18	四·一 甲戌 4.28 [蜀] 乙亥 4.29 四·十一 甲申 5.8 四·二十一 甲午 5.18
五·一 甲辰 5.28 五·十一 甲寅 6.7 五·二十一 甲子 6.17	六·一 癸酉 6.26 [蜀]甲戌 6.27 六·十一 癸未 7.6 六·二十一癸巳 7.16 闰六·一 癸卯 7.26 [蜀]七·一 癸卯 7.26 闰六·十一 癸丑 8.5 闰六·二十一癸亥 8.15	七·一 壬申 8.24 [蜀]闰七·一癸酉 8.25 七·十一 壬午 9.3 七·二十一 壬辰 9.13	八·一 壬寅 9.23 八·十一 壬子 10.3 八·二十一 壬戌 10.13
九·一 辛未 10.22 [蜀] 壬申 10.23 九·十一 辛巳 11.1 九·二十一 辛卯 11.11	十·一 辛丑 11.21 十·十一 辛亥 12.1 十·二十一 辛酉 12.11	十一·一 庚午 12.20 [蜀] 辛未 12.21 十一·十一 庚辰 12.30 十一·二十一 庚寅 1.9	十二·一 庚子 1.19 十二·十一 庚戌 1.29 十二·二十一 庚申 2.8

魏齐王芳正始三年、蜀后主延熙五年、吴大帝赤乌五年壬戌(242—243)

一·一 己巳 2.17 [蜀] 庚午 2.18 一·十一 己卯 2.27 一·二十一 己丑 3.9	二·一 己亥 3.19 二·十一 己酉 3.29 二·二十一 己未 4.8	三·一 戊辰 4.17 [蜀] 己巳 4.18 三·十一 戊寅 4.27 三·二十一 戊子 5.7	四·一 戊戌 5.17 [蜀] 己亥 5.18 四·十一 戊申 5.27 四·二十一 戊午 6.6
五·一 丁卯 6.15 [蜀、吴] 戊辰 6.16 五·十一 丁丑 6.25 五·二十一 丁亥 7.5	六·一 丁酉 7.15 [蜀] 戊戌 7.16 六·十一 丁未 7.25 六·二十一 丁巳 8.4	七·一 丁卯 8.14 七·十一 丁丑 8.24 七·二十一 丁亥 9.3	八·一 丙申 9.12 [蜀] 丁酉 9.13 八·十一 丙午 9.22 八·二十一 丙辰 10.2
九·一 丙寅 10.12 九·十一 丙子 10.22 九·二十一 丙戌 11.1	十·一 乙未 11.10 [蜀] 丙申 11.11 十·十一 乙巳 11.20 十·二十一 乙卯 11.30	十一·一 乙丑 12.10 十一·十一 乙亥 12.20 十一·二十一 乙酉 12.30	十二·一 甲午 1.8 [蜀] 乙未 1.9 十二·十一 甲辰 1.18 十二·二十一 甲寅 1.28

魏齐王芳正始四年、蜀后主延熙六年、吴大帝赤乌六年癸亥(243—244)

一·一 甲子 2.7 一·十一 甲戌 2.17 一·二十一 甲申 2.27	二·一 癸巳 3.8 [蜀] 甲午 3.9 二·十一 癸卯 3.18 二·二十一 癸丑 3.28	三·一 癸亥 4.7 三·十一 癸酉 4.17 三·二十一 癸未 4.27	四·一 壬辰 5.6 [蜀] 癸巳 5.7 四·十一 壬寅 5.16 四·二十一 壬子 5.26
五·一 壬戌 6.5 五·十一 壬申 6.15 五·二十一 壬午 6.25	六·一 辛卯 7.4 [蜀] 壬辰 7.5 六·十一 辛丑 7.14 六·二十一 辛亥 7.24	七·一 辛酉 8.3 [蜀] 壬戌 8.4 七·十一 辛未 8.13 七·二十一 辛巳 8.23	八·一 庚寅 9.1 [蜀] 辛卯 9.2 八·十一 庚子 9.11 八·二十一 庚戌 9.21
九·一 庚申 10.1 [蜀] 辛酉 10.2 九·十一 庚午 10.11 九·二十一 庚辰 10.21	十·一 己丑 10.30 [蜀、吴] 庚寅 10.31 十·十一 己亥 11.9 十·二十一 己酉 11.19	十一·一 己未 11.29 [蜀] 庚申 11.30 十一·十一 己巳 12.9 十一·二十一 己卯 12.19	十二·一 己丑 12.29 十二·十一 己亥 1.8 十二·二十一 己酉 1.18

魏齐王芳正始五年、蜀后主延熙七年、吴大帝赤乌七年甲子（244—245）

一•一 戊午 1.27 ［蜀］ 己未 1.28 一•十一 戊辰 2.6 一•二十一 戊寅 2.16	二•一 戊子 2.26 二•十一 戊戌 3.7 二•二十一 戊申 3.17	三•一 丁巳 3.26　闰三•一 丁亥 4.25 ［蜀］ 戊午 3.27 三•十一 丁卯 4.5　闰三•十一 丁酉 5.5 三•二十一丁丑 4.15　闰三•二十一丁未 5.15	四•一 丙辰 5.24 ［蜀］ 丁巳 5.25 四•十一 丙寅 6.3 四•二十一 丙子 6.13
五•一 丙戌 6.23 五•十一 丙申 7.3 五•二十一 丙午 7.13	六•一 乙卯 7.22 ［蜀］ 丙辰 7.23 六•十一 乙丑 8.1 六•二十一 乙亥 8.11	七•一 乙酉 8.21 七•十一 乙未 8.31 七•二十一 乙巳 9.10	八•一 甲寅 9.19 ［蜀］ 乙卯 9.20 八•十一 甲子 9.29 八•二十一 甲戌 10.9
九•一 甲申 10.19 九•十一 甲午 10.29 九•二十一 甲辰 11.8	十•一 癸丑 11.17 ［蜀］ 甲寅 11.18 十•十一 癸亥 11.27 十•二十一 癸酉 12.7	十一•一 癸未 12.17 ［蜀］ 甲申 12.18 十一•十一 癸巳 12.27 十一•二十一 癸卯 1.6	*十二•一 壬子 1.15 ［蜀、吴］ 癸丑 1.16 十二•十一 壬戌 1.25 十二•二十一 壬申 2.4

*《目录》魏十二月癸丑朔。

魏齐王芳正始六年、蜀后主延熙八年、吴大帝赤乌八年乙丑（245—246）

*一•一 壬午 2.14 ［蜀］ 癸未 2.15 一•十一 壬辰 2.24 一•二十一 壬寅 3.6	二•一 辛亥 3.15 ［蜀、吴］ 壬子 3.16 二•十一 辛酉 3.25 二•二十一 辛未 4.4	三•一 辛巳 4.14 ［蜀］ 壬午 4.15 三•十一 辛卯 4.24 三•二十一 辛丑 5.4	四•一 辛亥 5.14 四•十一 辛酉 5.24 四•二十一 辛未 6.3
五•一 庚辰 6.12 ［蜀］ 辛巳 6.13 五•十一 庚寅 6.22 五•二十一 庚子 7.2	六•一 庚戌 7.12 六•十一 庚申 7.22 六•二十一 庚午 8.1	七•一 己卯 8.10 ［蜀］ 庚辰 8.11 七•十一 己丑 8.20 七•二十一 己亥 8.30	八•一 己酉 9.9 八•十一 己未 9.19 八•二十一 己巳 9.29
九•一 戊寅 10.8 ［蜀］ 己卯 10.9 九•十一 戊子 10.18 九•二十一 戊戌 10.28	十•一 戊申 11.7 十•十一 戊午 11.17 十•二十一 戊辰 11.27	十一•一 丁丑 12.6 ［蜀］ 戊寅 12.7 十一•十一 丁亥 12.16 十一•二十一 丁酉 12.26	十二•一 丁未 1.5 十二•十一 丁巳 1.15 十二•二十一 丁卯 1.25

*《目录》魏正月癸未朔。

魏齐王芳正始七年、蜀后主延熙九年、吴大帝赤乌九年丙寅（246—247）

一•一 丙子 2.3 ［蜀］ 丁丑 2.4 一•十一 丙戌 2.13 一•二十一 丙申 2.23	二•一 丙午 3.5 二•十一 丙辰 3.15 二•二十一 丙寅 3.25	三•一 乙亥 4.3 ［蜀］ 丙子 4.4 三•十一 乙酉 4.13 三•二十一 乙未 4.23	四•一 乙巳 5.3 ［蜀］ 丙午 5.4 四•十一 乙卯 5.13 四•二十一 乙丑 5.23
五•一 甲戌 6.1 ［蜀、*吴］ 乙亥 6.2 五•十一 甲申 6.11 五•二十一 甲午 6.21	六•一 甲辰 7.1 ［蜀］ 乙巳 7.2 六•十一 甲寅 7.11 六•二十一 甲子 7.21	七•一 甲戌 7.31 七•十一 甲申 8.10 七•二十一 甲午 8.20	八•一 癸卯 8.29 ［蜀］ 甲辰 8.30 八•十一 癸丑 9.8 八•二十一 癸亥 9.18
九•一 癸酉 9.28 九•十一 癸未 10.8 九•二十一 癸巳 10.18	十•一 壬寅 10.27 ［蜀］ 癸卯 10.28 十•十一 壬子 11.6 十•二十一 壬戌 11.16	十一•一 壬申 11.26 十一•十一 壬午 12.6 十一•二十一 壬辰 12.16	十二•一 辛丑 12.25　闰十二•一 辛未 1.24 **［蜀］闰十一•一壬寅 12.26　［蜀］十二•一 辛未 1.24 十二•十一 辛亥 1.4　闰十二•十一 辛巳 2.3 十二•二十一辛酉 1.14　闰十二•二十一辛卯 2.13

*《目录》吴五月甲戌朔。　**《目录》蜀闰十二月辛未朔。

魏齐王芳正始八年、蜀后主延熙十年、吴大帝赤乌十年丁卯（247—248）

一•一 庚子 2.22 ［蜀］ 辛丑 2.23 一•十一 庚戌 3.4 一•二十一 庚申 3.14	二•一 庚午 3.24 二•十一 庚辰 4.3 二•二十一 庚寅 4.13	三•一 己亥 4.22 ［蜀］ 庚子 4.23 三•十一 己酉 5.2 三•二十一 己未 5.12	四•一 己巳 5.22 四•十一 己卯 6.1 四•二十一 己丑 6.11
五•一 戊戌 6.20 ［蜀］ 己亥 6.21 五•十一 戊申 6.30 五•二十一 戊午 7.10	六•一 戊辰 7.20 ［蜀］ 己巳 7.21 六•十一 戊寅 7.30 六•二十一 戊子 8.9	七•一 丁酉 8.18 ［蜀］ 戊戌 8.19 七•十一 丁未 8.28 七•二十一 丁巳 9.7	八•一 丁卯 9.17 ［蜀］ 戊辰 9.18 八•十一 丁丑 9.27 八•二十一 丁亥 10.7
*九•一 丙申 10.16 ［蜀］ 丁酉 10.17 九•十一 丙午 10.26 九•二十一 丙辰 11.5	十•一 丙寅 11.15 ［蜀］ 丁卯 11.16 十•十一 丙子 11.25 十•二十一 丙戌 12.5	十一•一 丙申 12.15 十一•十一 丙午 12.25 十一•二十一 丙辰 1.4	十二•一 乙丑 1.13 ［蜀］ 丙寅 1.14 十二•十一 乙亥 1.23 十二•二十一 乙酉 2.2

*《目录》吴九月丁酉朔。

魏齐王芳正始九年、蜀后主延熙十一年、吴大帝赤乌十一年戊辰(248—249)

一·一　乙未　2.12 一·十一　乙巳　2.22 一·二十一　乙卯　3.3	二·一　甲子　3.12 [蜀]　乙丑　3.13 二·十一　甲戌　3.22 二·二十一　甲申　4.1	三·一　甲午　4.11 三·十一　甲辰　4.21 三·二十一　甲寅　5.1	四·一　癸亥　5.10 [蜀]　甲子　5.11 四·十一　癸酉　5.20 四·二十一　癸未　5.30
五·一　癸巳　6.9 五·十一　癸卯　6.19 五·二十一　癸丑　6.29	六·一　壬戌　7.8 [蜀]　癸亥　7.9 六·十一　壬申　7.18 六·二十一　壬午　7.28	七·一　壬辰　8.7 七·十一　壬寅　8.17 七·二十一　壬子　8.27	八·一　辛酉　9.5 [蜀]　壬戌　9.6 八·十一　辛未　9.15 八·二十一　辛巳　9.25
九·一　辛卯　10.5 九·十一　辛丑　10.15 九·二十一　辛亥　10.25	十·一　庚申　11.3 [蜀]　辛酉　11.4 十·十一　庚午　11.13 十·二十一　庚辰　11.23	十一·一　庚寅　12.3 [蜀]　辛卯　12.4 十一·十一　庚子　12.13 十一·二十一　庚戌　12.23	十二·一　己未　1.1 [蜀]　庚申　1.2 十二·十一　己巳　1.11 十二·二十一　己卯　1.21

魏齐王芳嘉平元年、蜀后主延熙十二年、吴大帝赤乌十二年己巳(249—250)

一·一　己丑　1.31 [蜀]　庚寅　2.1 一·十一　己亥　2.10 一·二十一　己酉　2.20	二·一　戊午　3.1 [蜀、吴]　己未　3.2 二·十一　戊辰　3.11 二·二十一　戊寅　3.21	三·一　戊子　3.31 [蜀]　己丑　4.1 三·十一　戊戌　4.10 三·二十一　戊申　4.20	*四·一　戊午　4.30 四·十一　戊辰　5.10 四·二十一　戊寅　5.20
五·一　丁亥　5.29 [蜀]　戊子　5.30 五·十一　丁酉　6.8 五·二十一　丁未　6.18	六·一　丁巳　6.28 六·十一　丁卯　7.8 六·二十一　丁丑　7.18	七·一　丙戌　7.27 [蜀]　丁亥　7.28 七·十一　丙申　8.6 七·二十一　丙午　8.16	八·一　丙辰　8.26 八·十一　丙寅　9.5 八·二十一　丙子　9.15
九·一　乙酉 9.24　**闰九·一　乙卯 10.24 [蜀]闰八·一丙戌 9.25 [蜀、吴]九·一乙卯 10.24 [吴]闰八·一乙酉 9.24 九·十一　乙未 10.4　闰九·十一　乙丑 11.3 九·二十一乙巳 10.14　闰九·二十一乙亥 11.13	十·一　甲申　11.22 [蜀]　乙酉　11.23 十·十一　甲午　12.2 十·二十一　甲辰　12.12	十一·一　甲寅　12.22 十一·十一　甲子　1.1 十一·二十一　甲戌　1.11	十二·一　癸未　1.20 [蜀]　甲申　1.21 十二·十一　癸巳　1.30 十二·二十一　癸卯　2.9

* 魏本月改元“嘉平”。　**《目录》魏闰八月乙酉朔。

魏齐王芳嘉平二年、蜀后主延熙十三年、吴大帝赤乌十三年庚午(250—251)

一·一　癸丑　2.19 [蜀]　甲寅　2.20 一·十一　癸亥　3.1 一·二十一　癸酉　3.11	二·一　壬午　3.20 [蜀]　癸未　3.21 二·十一　壬辰　3.30 二·二十一　壬寅　4.9	三·一　壬子　4.19 [蜀]　癸丑　4.20 三·十一　壬戌　4.29 三·二十一　壬申　5.9	四·一　辛巳　5.18 [蜀、*吴]　壬午　5.19 四·十一　辛卯　5.28 四·二十一　辛丑　6.7
五·一　辛亥　6.17 [蜀]　壬子　6.18 五·十一　辛酉　6.27 五·二十一　辛未　7.7	六·一　庚辰　7.16 [蜀、吴]　辛巳　7.17 六·十一　庚寅　7.26 六·二十一　庚子　8.5	七·一　庚戌　8.15 [蜀]　辛亥　8.16 七·十一　庚申　8.25 七·二十一　庚午　9.4	八·一　庚辰　9.14 八·十一　庚寅　9.24 八·二十一　庚子　10.4
九·一　己酉　10.13 [蜀]　庚戌　10.14 九·十一　己未　10.23 九·二十一　己巳　11.2	十·一　己卯　11.12 十·十一　己丑　11.22 十·二十一　己亥　12.2	十一·一　戊申　12.11 [蜀]　己酉　12.12 十一·十一　戊午　12.21 十一·二十一　戊辰　12.31	十二·一　戊寅　1.10 十二·十一　戊子　1.20 十二·二十一　戊戌　1.30

*《目录》吴四月辛巳朔。

魏齐王芳嘉平三年、蜀后主延熙十四年、吴大帝太元元年辛未(251—252)

一·一　丁未　2.8 [蜀]　戊申　2.9 一·十一　丁巳　2.18 一·二十一　丁卯　2.28	二·一　丁丑　3.10 二·十一　丁亥　3.20 二·二十一　丁酉　3.30	三·一　丙午　4.8 [蜀]　丁未　4.9 三·十一　丙辰　4.18 三·二十一　丙寅　4.28	四·一　丙子　5.8 四·十一　丙戌　5.18 四·二十一　丙申　5.28
*五·一　乙巳　6.6 [蜀]　丙午　6.7 五·十一　乙卯　6.16 五·二十一　乙丑　6.26	六·一　乙亥　7.6 [蜀]　丙子　7.7 六·十一　乙酉　7.16 六·二十一　乙未　7.26	七·一　甲辰　8.4 [蜀]　乙巳　8.5 七·十一　甲寅　8.14 七·二十一　甲子　8.24	八·一　甲戌　9.3 [蜀]　乙亥　9.4 八·十一　甲申　9.13 八·二十一　甲午　9.23
九·一　癸卯　10.2 [蜀、吴]　甲辰　10.3 九·十一　癸丑　10.12 九·二十一　癸亥　10.22	十·一　癸酉　11.1 [蜀]　甲戌　11.2 十·十一　癸未　11.11 十·二十一　癸巳　11.21	十一·一　癸卯　12.1 十一·十一　癸丑　12.11 十一·二十一　癸亥　12.21	十二·一　壬申　12.30 [蜀]　癸酉　12.31 十二·十一　壬午　1.9 十二·二十一　壬辰　1.19

* 本月吴改元“太元”。

魏齐王芳嘉平四年、蜀后主延熙十五年、吴会稽王建兴元年壬申(252—253)

一•一 壬寅 1.29 一•十一 壬子 2.8 一•二十一 壬戌 2.18	*二•一 辛未 2.27 [蜀] 壬申 2.28 二•十一 辛巳 3.8 二•二十一 辛卯 3.18	三•一 辛丑 3.28 三•十一 辛亥 4.7 三•二十一 辛酉 4.17	**四•一 庚午 4.26 [蜀] 辛未 4.27 四•十一 庚辰 5.6 四•二十一 庚寅 5.16
五•一 庚子 5.26 闰五•一 己巳 6.24 [蜀]庚午 6.25 ***[吴]闰四•一 庚子 5.26 [吴]五•一己巳 6.24 五•十一 庚戌 6.5 闰五•十一 己卯 7.4 五•二十一庚申 6.15 闰五•二十一己丑 7.14	六•一 己亥 7.24 六•十一 己酉 8.3 六•二十一 己未 8.13	七•一 戊辰 8.22 [蜀] 己巳 8.23 七•十一 戊寅 9.1 七•二十一 戊子 9.11	八•一 戊戌 9.21 八•十一 戊申 10.1 八•二十一 戊午 10.11
九•一 丁卯 10.20 [蜀] 戊辰 10.21 九•十一 丁丑 10.30 九•二十一 丁亥 11.9	十•一 丁酉 11.19 [蜀] 戊戌 11.20 十•十一 丁未 11.29 十•二十一 丁巳 12.9	十一•一 丙寅 12.18 [蜀] 丁卯 12.19 十一•十一 丙子 12.28 十一•二十一 丙戌 1.7	十二•一 丙申 1.17 [蜀] 丁酉 1.18 十二•十一 丙午 1.27 十二•二十一 丙辰 2.6

* 本月吴大帝改元"神凤"。 ** 本月吴会稽王即位,改元"建兴"。 ***《目录》吴闰五月己巳朔。

魏齐王芳嘉平五年、蜀后主延熙十六年、吴会稽王建兴二年癸酉(253—254)

一•一 乙丑 2.15 [蜀、吴] 丙寅 2.16 一•十一 乙亥 2.25 一•二十一 乙酉 3.7	二•一 乙未 3.17 [蜀] 丙申 3.18 二•十一 乙巳 3.27 二•二十一 乙卯 4.6	三•一 乙丑 4.16 三•十一 乙亥 4.26 三•二十一 乙酉 5.6	四•一 甲午 5.15 [蜀] 乙未 5.16 四•十一 甲辰 5.25 四•二十一 甲寅 6.4
五•一 甲子 6.14 五•十一 甲戌 6.24 五•二十一 甲申 7.4	六•一 癸巳 7.13 [蜀] 甲午 7.14 六•十一 癸卯 7.23 六•二十一 癸丑 8.2	七•一 癸亥 8.12 七•十一 癸酉 8.22 七•二十一 癸未 9.1	八•一 壬辰 9.10 [蜀] 癸巳 9.11 八•十一 壬寅 9.20 八•二十一 壬子 9.30
九•一 壬戌 10.10 九•十一 壬申 10.20 九•二十一 壬午 10.30	十•一 辛卯 11.8 [蜀] 壬辰 11.9 十•十一 辛丑 11.18 十•二十一 辛亥 11.28	十一•一 辛酉 12.8 十一•十一 辛未 12.18 十一•二十一 辛巳 12.28	十二•一 庚寅 1.6 [蜀] 辛卯 1.7 十二•十一 庚子 1.16 十二•二十一 庚戌 1.26

魏高贵乡公正元元年、蜀后主延熙十七年、吴会稽王五凤元年甲戌(254—255)

一•一 庚申 2.5 [蜀] 辛酉 2.6 一•十一 庚午 2.15 一•二十一 庚辰 2.25	二•一 己丑 3.6 [蜀] 庚寅 3.7 二•十一 己亥 3.16 二•二十一 己酉 3.26	三•一 己未 4.5 [蜀] 庚申 4.6 三•十一 己巳 4.15 三•二十一 己卯 4.25	四•一 戊子 5.4 [蜀] 己丑 5.5 四•十一 戊戌 5.14 四•二十一 戊申 5.24
五•一 戊午 6.3 [蜀] 己未 6.4 五•十一 戊辰 6.13 五•二十一 戊寅 6.23	六•一 丁亥 7.2 [蜀、吴] 戊子 7.3 六•十一 丁酉 7.12 六•二十一 丁未 7.22	七•一 丁巳 8.1 [蜀] 戊午 8.2 七•十一 丁卯 8.11 七•二十一 丁丑 8.21	八•一 丁亥 8.31 八•十一 丁酉 9.10 八•二十一 丁未 9.20
九•一 丙辰 9.29 [蜀] 丁巳 9.30 九•十一 丙寅 10.9 九•二十一 丙子 10.19	*十•一 丙戌 10.29 十•十一 丙申 11.8 十•二十一 丙午 11.18	十一•一 乙卯 11.27 [蜀] 丙辰 11.28 十一•十一 乙丑 12.7 十一•二十一 乙亥 12.17	十二•一 乙酉 12.27 十二•十一 乙未 1.6 十二•二十一 乙巳 1.16

* 本月魏高贵乡公即位,改元"正元"。

魏高贵乡公正元二年、蜀后主延熙十八年、吴会稽王五凤二年乙亥(255—256)

一•一 甲寅 1.25 闰一•一 甲申 2.24 [蜀] 乙卯 1.26 一•十一 甲子 2.4 闰一•十一 甲午 3.6 一•二十一甲戌 2.14 闰一•二十一甲辰 3.16	二•一 癸丑 3.25 [蜀] 甲寅 3.26 二•十一 癸亥 4.4 二•二十一 癸酉 4.14	三•一 癸未 4.24 三•十一 癸巳 5.4 三•二十一 癸卯 5.14	四•一 壬子 5.23 [蜀] 癸丑 5.24 四•十一 壬戌 6.2 四•二十一 壬申 6.12
五•一 壬午 6.22 [蜀] 癸未 6.23 五•十一 壬辰 7.2 五•二十一 壬寅 7.12	六•一 辛亥 7.21 [蜀] 壬子 7.22 六•十一 辛酉 7.31 六•二十一 辛未 8.10	七•一 辛巳 8.20 [蜀] 壬午 8.21 七•十一 辛卯 8.30 七•二十一 辛丑 9.9	八•一 庚戌 9.18 [蜀、吴] 辛亥 9.19 八•十一 庚申 9.28 八•二十一 庚午 10.8
九•一 庚辰 10.18 [蜀] 辛巳 10.19 九•十一 庚寅 10.28 九•二十一 庚子 11.7	十•一 庚戌 11.17 十•十一 庚申 11.27 十•二十一 庚午 12.7	十一•一 己卯 12.16 [蜀] 庚辰 12.17 十一•十一 己丑 12.26 十一•二十一 己亥 1.5	十二•一 己酉 1.15 十二•十一 己未 1.25 十二•二十一 己巳 2.4

魏高贵乡公甘露元年、蜀后主延熙十九年、吴会稽王太平元年丙子(256—257)

一·一　戊寅　2.13 [蜀]　己卯　2.14 一·十一　戊子　2.23 一·二十一　戊戌　3.4	二·一　戊申　3.14 二·十一　戊午　3.24 二·二十一　戊辰　4.3	三·一　丁丑　4.12 [蜀]　戊寅　7.13 三·十一　丁亥　4.22 三·二十一　丁酉　5.2	四·一　丁未　5.12 四·十一　丁巳　5.22 四·二十一　丁卯　6.1
五·一　丙子　6.10 [蜀]　丁丑　6.11 五·十一　丙戌　6.20 五·二十一　丙申　6.30	*六·一　丙午　7.10 六·十一　丙辰　7.20 六·二十一　丙寅　7.30	七·一　乙亥　8.8 [蜀]　丙子　8.9 七·十一　乙酉　8.18 七·二十一　乙未　8.28	八·一　乙巳　9.7 [蜀]　丙午　9.8 八·十一　乙卯　9.17 八·二十一　乙丑　9.27
九·一　甲戌　10.6 [蜀]　乙亥　10.7 九·十一　甲申　10.16 九·二十一　甲午　10.26	**十·一　甲辰　11.5 [蜀]　乙巳　11.6 十·十一　甲寅　11.15 十·二十一　甲子　11.25	十一·一　癸酉　12.4 [蜀]　甲戌　12.5 十一·十一　癸未　12.14 十一·二十一　癸巳　12.24	十二·一　癸卯　1.3 [蜀]　甲辰　1.4 十二·十一　癸丑　1.13 十二·二十一　癸亥　1.23

* 本月魏改元“甘露”。　** 本月吴改元“太平”。

魏高贵乡公甘露二年、蜀后主延熙二十年、吴会稽王太平二年丁丑(257—258)

一·一　壬申　2.1 [蜀、吴]　癸酉　2.2 一·十一　壬午　2.11 一·二十一　壬辰　2.21	二·一　壬寅　3.3 [蜀]　癸卯　3.4 二·十一　壬子　3.13 二·二十一　壬戌　3.23	三·一　壬申　4.2 三·十一　壬午　4.12 三·二十一　壬辰　4.22	四·一　辛丑　5.1 [蜀]　壬寅　5.2 四·十一　辛亥　5.11 四·二十一　辛酉　5.21
五·一　辛未　5.31 五·十一　辛巳　6.10 五·二十一　辛卯　6.20	六·一　庚子　6.29 [蜀]　辛丑　6.30 六·十一　庚戌　7.9 六·二十一　庚申　7.19	七·一　庚午　7.29 七·十一　庚辰　8.8 七·二十一　庚寅　8.18	八·一　己亥　8.27 [蜀]　庚子　8.28 八·十一　己酉　9.6 八·二十一　己未　9.16
九·一　己巳　9.26 九·十一　己卯　10.6 九·二十一　己丑　10.16	十·一　戊戌 10.25　闰十·一　戊辰 11.24 *[蜀]闰九·一己亥 10.26[蜀]十·一　戊辰 11.24 十·十一　戊申 11.4　闰十·十一　戊寅 12.4 十·二十一戊午 11.14　闰十·二十一戊子 12.14	十一·一　丁酉　12.23 [蜀]　戊戌　12.24 十一·十一　丁未　1.2 十一·二十一　丁巳　1.12	十二·一　丁卯　1.22 [蜀]　戊辰　1.23 十二·十一　丁丑　2.1 十二·二十一　丁亥　2.11

*《目录》蜀闰十月戊辰朔。

魏高贵乡公甘露三年、蜀后主景耀元年、吴景帝永安元年戊寅(258—259)

一·一　丙申　2.20 [蜀]　丁酉　2.21 一·十一　丙午　3.2 一·二十一　丙辰　3.12	二·一　丙寅　3.22 [蜀]　丁卯　3.23 二·十一　丙子　4.1 二·二十一　丙戌　4.11	三·一　乙未　4.20 [蜀]　丙申　4.21 三·十一　乙巳　4.30 三·二十一　乙卯　5.10	四·一　乙丑　5.20 [蜀]　丙寅　5.21 四·十一　乙亥　5.30 四·二十一　乙酉　6.9
五·一　甲午　6.18 [蜀、吴]　乙未　6.19 五·十一　甲辰　6.28 五·二十一　甲寅　7.8	六·一　甲子　7.18 [蜀]　乙丑　7.19 六·十一　甲戌　7.28 六·二十一　甲申　8.7	七·一　甲午　8.17 七·十一　甲辰　8.27 七·二十一　甲寅　9.6	八·一　癸亥　9.15 [蜀]　甲子　9.16 八·十一　癸酉　9.25 八·二十一　癸未　10.5
九·一　癸巳　10.15 九·十一　癸卯　10.25 九·二十一　癸丑　11.4	*十·一　壬戌　11.13 [蜀、吴]　癸亥　11.14 十·十一　壬申　11.23 十·二十一　壬午　12.3	十一·一　壬辰　12.13 十一·十一　壬寅　12.23 十一·二十一　壬子　1.2	十二·一　辛酉　1.11 [蜀]　壬戌　1.12 十二·十一　辛未　1.21 十二·二十一　辛巳　1.31

* 本月吴景帝即位,改元“永安”。

魏高贵乡公甘露四年、蜀后主景耀二年、吴景帝永安二年己卯(259—260)

一·一　辛卯　2.10 一·十一　辛丑　2.20 一·二十一　辛亥　3.2	二·一　庚申　3.11 [蜀]　辛酉　3.12 二·十一　庚午　3.21 二·二十一　庚辰　3.31	三·一　庚寅　4.10 三·十一　庚子　4.20 三·二十一　庚戌　4.30	四·一　己未　5.9 [蜀]　庚申　5.10 四·十一　己巳　5.19 四·二十一　己卯　5.29
五·一　己丑　6.8 [蜀]　庚寅　6.9 五·十一　己亥　6.18 五·二十一　己酉　6.28	六·一　戊午　7.7 [蜀]　己未　7.8 六·十一　戊辰　7.17 六·二十一　戊寅　7.27	七·一　戊子　8.6 [蜀]　己丑　8.7 七·十一　戊戌　8.16 七·二十一　戊申　8.26	八·一　丁巳　9.4 [蜀、吴]　戊午　9.5 八·十一　丁卯　9.14 八·二十一　丁丑　9.24
九·一　丁亥　10.4 [蜀]　戊子　10.5 九·十一　丁酉　10.14 九·二十一　丁未　10.24	十·一　丁巳　11.3 十·十一　丁卯　11.13 十·二十一　丁丑　11.23	十一·一　丙戌　12.2 [蜀]　丁亥　12.3 十一·十一　丙申　12.12 十一·二十一　丙午　12.22	十二·一　丙辰　1.1 十二·十一　丙寅　1.11 十二·二十一　丙子　1.21

魏元帝景元元年、蜀后主景耀三年、吴景帝永安三年庚辰（260—261）

一·一　乙酉　1.30 ［蜀］　丙戌　1.31 一·十一　乙未　2.9 一·二十一　乙巳　2.19	二·一　乙卯　2.29 二·十一　乙丑　3.10 二·二十一　乙亥　3.20	三·一　甲申　3.29 ［蜀］　乙酉　3.30 三·十一　甲午　4.8 三·二十一　甲辰　4.18	四·一　甲寅　4.28 四·十一　甲子　5.8 四·二十一　甲戌　5.18
五·一　癸未　5.27 ［蜀］　甲申　5.28 五·十一　癸巳　6.6 五·二十一　癸卯　6.16	*六·一　癸丑　6.26 六·十一　癸亥　7.6 六·二十一　癸酉　7.16	七·一　壬午 7.25　闰七·一　壬子 8.24 ［蜀］　癸未 7.26　［蜀］　癸丑 8.25 七·十一　壬辰 8.4　闰七·十一　壬戌 9.3 七·二十一 壬寅 8.14　闰七·二十一 壬申 9.13	八·一　辛巳　9.22 ［蜀］　壬午　9.23 八·十一　辛卯　10.2 八·二十一　辛丑　10.12
九·一　辛亥　10.22 ［蜀］　壬子　10.23 九·十一　辛酉　11.1 九·二十一　辛未　11.11	十·一　庚辰　11.20 ［蜀］　辛巳　11.21 十·十一　庚寅　11.30 十·二十一　庚子　12.10	十一·一　庚戌　12.20 ［蜀］　辛亥　12.21 十一·十一　庚申　12.30 十一·二十一　庚午　1.9	十二·一　己卯　1.18 ［蜀、吴］　庚辰　1.19 十二·十一　己丑　1.28 十二·二十一　己亥　2.7

＊ 本月魏陈留王即位，改元“景元”。

魏元帝景元二年、蜀后主景耀四年、吴景帝永安四年辛巳（261—262）

一·一　己酉　2.17 ［蜀］　庚戌　2.18 一·十一　己未　2.27 一·二十一　己巳　3.9	二·一　己卯　3.19 二·十一　己丑　3.29 二·二十一　己亥　4.8	三·一　戊申　4.17 ［蜀］　己酉　4.18 三·十一　戊午　4.27 三·二十一　戊辰　5.7	四·一　戊寅　5.17 四·十一　戊子　5.27 四·二十一　戊戌　6.6
五·一　丁未　6.15 ［蜀］　戊申　6.16 五·十一　丁巳　6.25 五·二十一　丁卯　7.5	六·一　丁丑　7.15 六·十一　丁亥　7.25 六·二十一　丁酉　8.4	七·一　丙午　8.13 ［蜀］　丁未　8.14 七·十一　丙辰　8.23 七·二十一　丙寅　9.2	八·一　丙子　9.12 八·十一　丙戌　9.22 八·二十一　丙申　10.2
九·一　乙巳　10.11 ［蜀］　丙午　10.12 九·十一　乙卯　10.21 九·二十一　乙丑　10.31	十·一　乙亥　11.10 十·十一　乙酉　11.20 十·二十一　乙未　11.30	十一·一　甲辰　12.9 ［蜀］　乙巳　12.10 十一·十一　甲寅　12.19 十一·二十一　甲子　12.29	十二·一　甲戌　1.8 ［蜀］　乙亥　1.9 十二·十一　甲申　1.18 十二·二十一　甲午　1.28

魏元帝景元三年、蜀后主景耀五年、吴景帝永安五年壬午（262—263）

一·一　癸卯　2.6 ［蜀］　甲辰　2.7 一·十一　癸丑　2.16 一·二十一　癸亥　2.26	*二·一　癸酉　3.8 ［蜀］　甲戌　3.9 二·十一　癸未　3.18 二·二十一　癸巳　3.28	三·一　壬寅　4.6 ［蜀］　癸卯　4.7 三·十一　壬子　4.16 三·二十一　壬戌　4.26	四·一　壬申　5.6 ［蜀］　癸酉　5.7 四·十一　壬午　5.16 四·二十一　壬辰　5.26
五·一　辛丑　6.4 ［蜀、吴］　壬寅　6.5 五·十一　辛亥　6.14 五·二十一　辛酉　6.24	六·一　辛未　7.4 ［蜀］　壬申　7.5 六·十一　辛巳　7.14 六·二十一　辛卯　7.24	七·一　辛丑　8.3 七·十一　辛亥　8.13 七·二十一　辛酉　8.23	八·一　庚午　9.1 ［蜀］　辛未　9.2 八·十一　庚辰　9.11 八·二十一　庚寅　9.21
九·一　庚子　10.1 九·十一　庚戌　10.11 九·二十一　庚申　10.21	十·一　己巳　10.30 ［蜀］　庚午　10.31 十·十一　己卯　11.9 十·二十一　己丑　11.19	十一·一　己亥　11.29 十一·十一　己酉　12.9 十一·二十一　己未　12.19	十二·一　戊辰　12.28 ［蜀］　己巳　12.29 十二·十一　戊寅　1.7 十二·二十一　戊子　1.17

＊《目录》魏二月壬寅朔，误。

魏元帝景元四年、蜀后主炎兴元年、吴景帝永安六年癸未（263—264）

一·一　戊戌　1.27 一·十一　戊申　2.6 一·二十一　戊午　2.16	二·一　丁卯　2.25 ［蜀］　戊辰　2.26 二·十一　丁丑　3.7 二·二十一　丁亥　3.17	三·一　丁酉 3.27　闰三·一　丙寅 4.25 ［蜀］　戊戌 3.28　［蜀］四·一　丁卯 4.26 三·十一　丁未 4.6　闰三·十一　丙子 5.5 三·二十一 丁巳 4.16　闰三·二十一 丙辰 5.15	四·一　丙申　5.25 ［蜀］闰四·一　丁未　5.26 四·十一　丙午　6.4 四·二十一　丙辰　6.14
五·一　乙丑　6.23 ［蜀］　丙寅　6.24 五·十一　乙亥　7.3 五·二十一　乙酉　7.13	六·一　乙未　7.23 ［蜀］　丙申　7.24 六·十一　乙巳　8.2 六·二十一　乙卯　8.12	七·一　甲子　8.21 ［蜀、吴］　乙丑　8.22 七·十一　甲戌　8.31 七·二十一　甲申　9.10	*八·一　甲午　9.20 ［蜀］　乙未　9.21 八·十一　甲辰　9.30 八·二十一　甲寅　10.10
九·一　甲子　10.20 九·十一　甲戌　10.30 九·二十一　甲申　11.9	**十·一　癸巳　11.18 ［蜀］　甲午　11.19 十·十一　癸卯　11.28 十·二十一　癸丑　12.8	***十一·一　癸亥　12.18 十一·十一　癸酉　12.28 十一·二十一　癸未　1.7	十二·一　壬辰　1.16 十二·十一　壬寅　1.26 十二·二十一　壬子　2.5

＊ 本月蜀改元“炎兴”。　＊＊《目录》蜀十月癸亥朔，误。　＊＊＊ 本月魏灭蜀。

魏元帝咸熙元年、吴末帝元兴元年甲申（265—265）

一·一　壬戌　2.15 一·十一　壬申　2.25 一·二十一　壬午　3.6	二·一　辛卯　3.15 二·十一　辛丑　3.25 二·二十一　辛亥　4.4	三·一　辛酉　4.14 三·十一　辛未　4.24 三·二十一　辛巳　5.4	四·一　庚寅　5.13 四·十一　庚子　5.23 四·二十一　庚戌　6.2
*五·一　庚申　6.12 五·十一　庚午　6.22 五·二十一　庚辰　7.2	六·一　己丑　7.11 六·十一　己亥　7.21 六·二十一　己酉　7.31	**七·一　己未　8.10 七·十一　己巳　8.20 七·二十一　己卯　8.30	八·一　戊子　9.8 八·十一　戊戌　9.18 八·二十一　戊申　9.28
九·一　戊午　10.8 九·十一　戊辰　10.18 九·二十一　戊寅　10.28	十·一　丁亥　11.6 十·十一　丁酉　11.16 十·二十一　丁未　11.26	十一·一　丁巳　12.6 十一·十一　丁卯　12.16 十一·二十一　丁丑　12.26	十二·一　丙戌　1.4 ［吴］　丁亥　1.5 十二·十一　丙申　1.14 十三·二十一　丙午　1.24

* 本月魏改元“咸熙”。　** 本月吴末帝即位，改元“元兴”。

西晋历日表

晋武帝泰始元年、吴末帝甘露元年乙酉（265—266）

一·一　丙辰　2.3 一·十一　丙寅　2.13 一·二十一　丙子　2.23	二·一　丙戌　3.5 二·十一　丙申　3.15 二·二十一　丙午　3.25	三·一　乙卯　4.3 三·十一　乙丑　4.13 三·二十一　乙亥　4.23	*四·一　乙酉　5.3 四·十一　乙未　5.13 四·二十一　乙巳　5.23
五·一　甲寅　6.1 五·十一　甲子　6.11 五·二十一　甲戌　6.21	六·一　甲申　7.1 六·十一　甲午　7.11 六·二十一　甲辰　7.21	七·一　癸丑　7.30 七·十一　癸亥　8.9 七·二十一　癸酉　8.19	八·一　癸未　8.29 八·十一　癸巳　9.8 八·二十一　癸卯　9.18
九·一　壬子　9.27 九·十一　壬戌　10.7 九·二十一　壬申　10.17	十·一　壬午　10.27 十·十一　壬辰　11.6 十·二十一　壬寅　11.16	十一·一　辛亥 11.25　**闰十一·一 辛巳 12.25 十一·十一　辛酉 12.5　闰十一·十一　辛卯 1.4 十一·二十一 辛未 12.15　闰十一·二十一 辛丑 1.14	***十二·一　庚戌　1.23 十二·十一　庚申　2.2 十二·二十一　庚午　2.12

* 本月吴改元“甘露”。　**《目录》闰十二月庚戌朔。　*** 本月晋武帝代魏，改元“泰始”。

晋武帝泰始二年、吴末帝宝鼎元年丙戌（266—267）

一·一　庚辰　2.22 一·十一　庚寅　3.4 一·二十一　庚子　3.14	二·一　己酉　3.23 二·十一　己未　4.2 二·二十一　己巳　4.12	三·一　己卯　4.22 三·十一　己丑　5.2 三·二十一　己亥　5.12	四·一　戊申　5.21 ［吴］　己酉　5.22 四·十一　戊午　5.31 四·二十一　戊辰　6.10
五·一　戊寅　6.20 五·十一　戊子　6.30 五·二十一　戊戌　7.10	六·一　戊申　7.20 六·十一　戊午　7.30 六·二十一　戊辰　8.9	七·一　丁丑　8.18 七·十一　丁亥　8.28 七·二十一　丁酉　9.7	*八·一　丁未　9.17 八·十一　丁巳　9.27 八·二十一　丁卯　10.7
九·一　丙子　10.16 九·十一　丙戌　10.26 九·二十一　丙申　11.5	十·一　丙午　11.15 十·十一　丙辰　11.25 十·二十一　丙寅　12.5	**十一·一　乙亥　12.14 十一·十一　乙酉　12.24 十一·二十一　乙未　1.3	十二·一　乙巳　1.13 十二·十一　乙卯　1.23 十二·二十一　乙丑　2.2

* 本月吴改元“宝鼎”。　**《辑要》十一月己亥朔，误。

晋武帝泰始三年、吴末帝宝鼎二年丁亥（267—268）

一·一　甲戌　2.11 一·十一　甲申　2.21 一·二十一　甲午　3.3	二·一　甲辰　3.13 二·十一　甲寅　3.23 二·二十一　甲子　4.2	三·一　癸酉　4.11 三·十一　癸未　4.21 三·二十一　癸巳　5.1	四·一　癸卯　5.11 四·十一　癸丑　5.21 四·二十一　癸亥　5.31
五·一　壬申　6.9 五·十一　壬午　6.19 五·二十一　壬辰　6.29	六·一　壬寅　7.9 六·十一　壬子　7.19 六·二十一　壬戌　7.29	七·一　辛未　8.7 ［吴］　壬申　8.8 七·十一　辛巳　8.17 七·二十一　辛卯　8.27	八·一　辛丑　9.6 八·十一　辛亥　9.16 八·二十一　辛酉　9.26
九·一　辛未　10.6 九·十一　辛巳　10.16 九·二十一　辛卯　10.26	十·一　庚子　11.4 十·十一　庚戌　11.14 十·二十一　庚申　11.24	十一·一　庚午　12.4 十一·十一　庚辰　12.14 十一·二十一　庚寅　12.24	十二·一　己亥　1.2 十二·十一　己酉　1.12 十二·二十一　己未　1.22

晋武帝泰始四年、吴末帝宝鼎三年戊子（268—269）

一·一 己巳 2.1 一·十一 己卯 2.11 一·二十一 己丑 2.21	二·一 戊戌 3.1 二·十一 戊申 3.11 二·二十一 戊午 3.21	三·一 戊辰 3.31 三·十一 戊寅 4.10 三·二十一 戊子 4.20	四·一 丁酉 4.29 四·十一 丁未 5.9 四·二十一 丁巳 5.19
五·一 丁卯 5.29 五·十一 丁丑 6.8 五·二十一 丁亥 6.18	六·一 丙申 6.27 六·十一 丙午 7.7 六·二十一 丙辰 7.17	七·一 丙寅 7.27 七·十一 丙子 8.6 七·二十一 丙戌 8.16	八·一 乙未 8.25 闰八·一 乙丑 9.24 八·十一 乙巳 9.4 闰八·十一 乙亥 10.4 八·二十一 乙卯 9.14 闰八·二十一 乙酉 10.14
九·一 甲午 10.23 九·十一 甲辰 11.2 九·二十一 甲寅 11.12	十·一 甲子 11.22 十·十一 甲戌 12.2 十·二十一 甲申 12.12	十一·一 癸巳 12.21 ［吴］ 甲午 12.22 十一·十一 癸卯 12.31 十一·二十一 癸丑 1.10	十二·一 癸亥 1.20 十二·十一 癸酉 1.30 十二·二十一 癸未 2.9

晋武帝泰始五年、吴末帝建衡元年己丑（269—270）

一·一 癸巳 2.19 一·十一 癸卯 3.1 一·二十一 癸丑 3.11	二·一 壬戌 3.20 二·十一 壬申 3.30 二·二十一 壬午 4.9	三·一 壬辰 4.19 三·十一 壬寅 4.29 三·二十一 壬子 5.9	四·一 辛酉 5.18 四·十一 辛未 5.28 四·二十一 辛巳 6.7
五·一 辛卯 6.17 五·十一 辛丑 6.27 五·二十一 辛亥 7.7	六·一 庚申 7.16 六·十一 庚午 7.26 六·二十一 庚辰 8.5	七·一 庚寅 8.15 七·十一 庚子 8.25 七·二十一 庚戌 9.4	八·一 己未 9.13 八·十一 己巳 9.23 八·二十一 己卯 10.3
九·一 己丑 10.13 九·十一 己亥 10.23 九·二十一 己酉 11.2	*十·一 戊午 11.11 十·十一 戊辰 11.21 十·二十一 戊寅 12.1	十一·一 戊子 12.11 十一·十一 戊戌 12.21 十一·二十一 戊申 12.31	十二·一 丁巳 1.9 十二·十一 丁卯 1.19 十二·二十一 丁丑 1.29

＊本月吴改元“建衡”。

晋武帝泰始六年、吴末帝建衡二年庚寅（270—271）

一·一 丁亥 2.8 一·十一 丁酉 2.18 一·二十一 丁未 2.28	二·一 丙辰 3.9 二·十一 丙寅 3.19 二·二十一 丙子 3.29	三·一 丙戌 4.8 三·十一 丙申 4.18 三·二十一 丙午 4.28	四·一 乙卯 5.7 ［吴］ 丙辰 5.8 四·十一 乙丑 5.17 四·二十一 乙亥 5.27
五·一 乙酉 6.6 五·十一 乙未 6.16 五·二十一 乙巳 6.26	六·一 乙卯 7.6 六·十一 乙丑 7.16 六·二十一 乙亥 7.26	七·一 甲申 8.4 七·十一 甲午 8.14 七·二十一 甲辰 8.24	八·一 甲寅 9.3 八·十一 甲子 9.13 八·二十一 甲戌 9.23
九·一 癸未 10.2 九·十一 癸巳 10.12 九·二十一 癸卯 10.22	十·一 癸丑 11.1 十·十一 癸亥 11.11 十·二十一 癸酉 11.21	十一·一 壬午 11.30 十一·十一 壬辰 12.10 十一·二十一 壬寅 12.20	十二·一 壬子 12.30 十二·十一 壬戌 1.9 十二·二十一 壬申 1.19

晋武帝泰始七年、吴末帝建衡三年辛卯（271—272）

一·一 辛巳 1.28 一·十一 辛卯 2.7 一·二十一 辛丑 2.17	二·一 辛亥 2.27 二·十一 辛酉 3.9 二·二十一 辛未 3.19	三·一 庚辰 3.28 三·十一 庚寅 4.7 三·二十一 庚子 4.17	四·一 庚戌 4.27 四·十一 庚申 5.7 四·二十一 庚午 5.17
五·一 己卯 5.26 闰五·一 己酉 6.25 五·十一 己丑 6.5 闰五·十一 己未 7.5 五·二十一 己亥 6.15 闰五·二十一 己巳 7.15	六·一 戊寅 7.24 *［吴］ 己卯 7.25 六·十一 戊子 8.3 六·二十一 戊戌 8.13	七·一 戊申 8.23 七·十一 戊午 9.2 七·二十一 戊辰 9.12	八·一 戊寅 9.22 八·十一 戊子 10.2 八·二十一 戊戌 10.12
九·一 丁未 10.21 九·十一 丁巳 10.31 九·二十一 丁卯 11.10	十·一 丁丑 11.20 十·十一 丁亥 11.30 十·二十一 丁酉 12.10	十一·一 丙午 12.19 十一·十一 丙辰 12.29 十一·二十一 丙寅 1.8	十二·一 丙子 1.18 十二·十一 丙戌 1.28 十二·二十一 丙申 2.7

＊《目录》吴六月戊寅朔。

晋武帝泰始八年、吴末帝凤凰元年壬辰（272—273）

一·一 乙巳 2.16 一·十一 乙卯 2.26 一·二十一 乙丑 3.7	二·一 乙亥 3.17 二·十一 乙酉 3.27 二·二十一 乙未 4.6	三·一 甲辰 4.15 三·十一 甲寅 4.25 三·二十一 甲子 5.5	四·一 甲戌 5.15 四·十一 甲申 5.25 四·二十一 甲午 6.4
五·一 癸卯 6.13 五·十一 癸丑 6.23 五·二十一 癸亥 7.3	六·一 癸酉 7.13 六·十一 癸未 7.23 六·二十一 癸巳 8.2	七·一 壬寅 8.11 七·十一 壬子 8.21 七·二十一 壬戌 8.31	八·一 壬申 9.10 八·十一 壬午 9.20 八·二十一 壬辰 9.30
九·一 辛丑 10.9 九·十一 辛亥 10.19 九·二十一 辛酉 10.29	十·一 辛未 11.8 十·十一 辛巳 11.18 十·二十一 辛卯 11.28	十一·一 庚子 12.7 [吴] 辛丑 12.8 十一·十一 庚戌 12.17 十一·二十一 庚申 12.27	十二·一 庚午 1.6 十二·十一 庚辰 1.16 十二·二十一 庚寅 1.26

晋武帝泰始九年、吴末帝凤凰二年癸巳（273—274）

一·一 庚子 2.5 一·十一 庚戌 2.15 一·二十一 庚申 2.25	二·一 己巳 3.6 二·十一 己卯 3.16 二·二十一 己丑 3.26	三·一 己亥 4.5 三·十一 己酉 4.15 三·二十一 己未 4.25	四·一 戊辰 5.4 四·十一 戊寅 5.14 四·二十一 戊子 5.24
五·一 戊戌 6.3 五·十一 戊申 6.13 五·二十一 戊午 6.23	六·一 丁卯 7.2 六·十一 丁丑 7.12 六·二十一 丁亥 7.22	七·一 丁酉 8.1 七·十一 丁未 8.11 七·二十一 丁巳 8.21	八·一 丙寅 8.30 八·十一 丙子 9.9 八·二十一 丙戌 9.19
九·一 丙申 9.29 九·十一 丙午 10.9 九·二十一 丙辰 10.19	十·一 乙丑 10.28 十·十一 乙亥 11.7 十·二十一 乙酉 11.17	十一·一 乙未 11.27 十一·十一 乙巳 12.7 十一·二十一 乙卯 12.17	十二·一 甲子 12.26 十二·十一 甲戌 1.5 十二·二十一 甲申 1.15

晋武帝泰始十年、吴末帝凤凰三年甲午（274—275）

一·一 甲午 1.25 闰一·一 癸亥 3.23 一·十一 甲辰 2.4 闰一·十一 癸酉 3.5 一·二十一 甲寅 2.14 闰一·二十一 癸未 3.15	二·一 癸巳 3.25 二·十一 癸卯 4.4 二·二十一 癸丑 4.14	三·一 壬戌 4.23 [吴] 癸亥 4.24 三·十一 壬申 5.3 三·二十一 壬午 5.13	四·一 壬辰 5.23 四·十一 壬寅 6.2 四·二十一 壬子 6.12
五·一 壬戌 6.22 五·十一 壬申 7.2 五·二十一 壬午 7.12	六·一 辛卯 7.21 六·十一 辛丑 7.31 六·二十一 辛亥 8.10	七·一 辛酉 8.20 七·十一 辛未 8.30 七·二十一 辛巳 9.9	八·一 庚寅 9.18 八·十一 庚子 9.28 八·二十一 庚戌 10.8
九·一 庚申 10.18 九·十一 庚午 10.28 九·二十一 庚辰 11.7	十·一 己丑 11.16 十·十一 己亥 11.26 十·二十一 己酉 12.6	十一·一 己未 12.16 十一·十一 己巳 12.26 十一·二十一 己卯 1.5	十二·一 戊子 1.14 十二·十一 戊戌 1.24 十二·二十一 戊申 2.3

晋武帝咸宁元年、吴末帝天册元年乙未（275—276）

一·一 戊午 2.13 一·十一 戊辰 2.23 一·二十一 戊寅 3.5	二·一 丁亥 3.14 二·十一 丁酉 3.24 二·二十一 丁未 4.3	三·一 丁巳 4.13 三·十一 丁卯 4.23 三·二十一 丁丑 5.3	四·一 丙戌 5.12 四·十一 丙申 5.22 四·二十一 丙午 6.1
五·一 丙辰 6.11 五·十一 丙寅 6.21 五·二十一 丙子 7.1	六·一 乙酉 7.10 六·十一 乙未 7.20 六·二十一 乙巳 7.30	七·一 乙卯 8.9 七·十一 乙丑 8.19 七·二十一 乙亥 8.29	八·一 乙酉 9.8 八·十一 乙未 9.18 八·二十一 乙巳 9.28
九·一 甲寅 10.7 九·十一 甲子 10.17 九·二十一 甲戌 10.27	十·一 甲申 11.6 十·十一 甲午 11.16 十·二十一 甲辰 11.26	十一·一 癸丑 12.5 十一·十一 癸亥 12.15 十一·二十一 癸酉 12.25	十二·一 癸未 1.4 十二·十一 癸巳 1.14 十二·二十一 癸卯 1.24

晋武帝咸宁二年、吴末帝天玺元年丙申（276—277）

一·一　壬子　2.2 一·十一　壬戌　2.12 一·二十一　壬申　2.22	二·一　壬午　3.3 二·十一　壬辰　3.13 二·二十一　壬寅　3.23	三·一　辛亥　4.1 三·十一　辛酉　4.11 三·二十一　辛未　4.21	四·一　辛巳　5.1 四·十一　辛卯　5.11 四·二十一　辛丑　5.21
五·一　庚戌　5.30 五·十一　庚申　6.9 五·二十一　庚午　6.19	六·一　庚辰　6.29 六·十一　庚寅　7.9 六·二十一　庚子　7.19	*七·一　己酉　7.28 七·十一　己未　8.7 七·二十一　己巳　8.17	八·一　己卯　8.27 八·十一　己丑　9.6 八·二十一　己亥　9.16
九·一　戊申 9.25　**闰九·一　戊寅 10.25 [吴]十·一　戊寅 10.25 九·十一　戊午 10.5　闰九·十一　戊子 11.4 九·二十一戊辰 10.15　闰九·二十一戊戌 11.14	十·一　丁未　11.23 [吴]闰十·一戊申　11.24 十·十一　丁巳　12.3 十·二十一　丁卯　12.13	十一·一　丁丑　12.23 十一·十一　丁亥　1.2 十一·二十一　丁酉　1.12	十二·一　丁未　1.22 十二·十一　丁巳　2.1 十二·二十一　丁卯　2.11

* 本月吴改元"天玺"。　**《目录》闰十月丁未朔。

晋武帝咸宁三年、吴末帝天纪元年丁酉（277—278）

一·一　丙子　2.20 一·十一　丙戌　3.2 一·二十一　丙申　3.12	二·一　丙午　3.22 二·十一　丙辰　4.1 二·二十一　丙寅　4.11	三·一　乙亥　4.20 三·十一　乙酉　4.30 三·二十一　乙未　5.10	四·一　乙巳　5.20 四·十一　乙卯　5.30 四·二十一　乙丑　6.9
五·一　甲戌　6.18 五·十一　甲申　6.28 五·二十一　甲午　7.8	六·一　甲辰　7.18 六·十一　甲寅　7.28 六·二十一　甲子　8.7	七·一　癸酉　8.16 七·十一　癸未　8.26 七·二十一　癸巳　9.5	八·一　癸卯　9.15 八·十一　癸丑　9.25 八·二十一　癸亥　10.5
九·一　壬申　10.14 九·十一　壬午　10.24 九·二十一　壬辰　11.3	十·一　壬寅　11.13 十·十一　壬子　11.23 十·二十一　壬戌　12.3	十一·一　辛未　12.12 十一·十一　辛巳　12.22 十一·二十一　辛卯　1.1	十二·一　辛丑　1.11 十二·十一　辛亥　1.21 十二·二十一　辛酉　1.31

晋武帝咸宁四年、吴末帝天纪二年戊戌（278—279）

一·一　庚午　2.9 一·十一　庚辰　2.19 一·二十一　庚寅　3.1	二·一　庚子　3.11 二·十一　庚戌　3.21 二·二十一　庚申　3.31	*三·一　庚午　4.10 三·十一　庚辰　4.20 三·二十一　庚寅　4.30	四·一　己亥　5.9 四·十一　己酉　5.19 四·二十一　己未　5.29
五·一　己巳　6.8 五·十一　己卯　6.18 五·二十一　己丑　6.28	六·一　戊戌　7.7 六·十一　戊申　7.17 六·二十一　戊午　7.27	七·一　戊辰　8.6 七·十一　戊寅　8.16 七·二十一　戊子　8.26	八·一　丁酉　9.4 八·十一　丁未　9.14 八·二十一　丁巳　9.24
九·一　丁卯　10.4 九·十一　丁丑　10.14 九·二十一　丁亥　10.24	十·一　丙申　11.2 十·十一　丙午　11.12 十·二十一　丙辰　11.22	十一·一　丙寅　12.2 十一·十一　丙子　12.12 十一·二十一　丙戌　12.22	十二·一　乙未　12.31 十二·十一　乙巳　1.10 十二·二十一　乙卯　1.20

*《目录》三月己巳朔。

晋武帝咸宁五年、吴末帝天纪三年己亥（279—280）

一·一　乙丑　1.30 一·十一　乙亥　2.9 一·二十一　乙酉　2.19	二·一　甲午　2.28 二·十一　甲辰　3.10 二·二十一　甲寅　3.20	三·一　甲子　3.30 三·十一　甲戌　4.9 三·二十一　甲申　4.19	四·一　癸巳　4.28 四·十一　癸卯　5.8 四·二十一　癸丑　5.18
五·一　癸亥　5.28 五·十一　癸酉　6.7 五·二十一　癸未　6.17	六·一　壬辰　6.26 六·十一　壬寅　7.6 六·二十一　壬子　7.16	七·一　壬戌 7.26　闰七·一　壬辰 8.25 七·十一　壬申 8.5　闰七·十一　壬寅 9.4 七·二十一壬午 8.15　闰七·二十一壬子 9.14	八·一　辛酉　9.23 八·十一　辛未　10.3 八·二十一　辛巳　10.13
九·一　辛卯　10.23 九·十一　辛丑　11.2 九·二十一　辛亥　11.12	十·一　庚申　11.21 十·十一　庚午　12.1 十·二十一　庚辰　12.11	十一·一　庚寅　12.21 十一·十一　庚子　12.31 十一·二十一　庚戌　1.10	十二·一　己未　1.19 十二·十一　己巳　1.29 十二·二十一　己卯　2.8

晋武帝太康元年、吴末帝天纪四年庚子(280—281)

一·一	己丑	2.18	二·一	戊午	3.18	*三·一	戊子	4.17	**四·一	丁巳	5.16
一·十一	己亥	2.28	二·十一	戊辰	3.28	三·十一	戊戌	4.27	四·十一	丁卯	5.26
一·二十一	己酉	3.9	二·二十一	戊寅	4.7	三·二十一	戊申	5.7	四·二十一	丁丑	6.5
五·一	丁亥	6.15	六·一	丙辰	7.14	七·一	丙戌	8.13	八·一	乙卯	9.11
五·十一	丁酉	6.25	六·十一	丙寅	7.24	七·十一	丙申	8.23	八·十一	乙丑	9.21
五·二十一	丁未	7.5	六·二十一	丙子	8.3	七·二十一	丙午	9.2	八·二十一	乙亥	10.1
九·一	乙酉	10.11	十·一	甲寅	11.9	十一·一	甲申	12.9	十二·一	甲寅	1.8
九·十一	乙未	10.21	十·十一	甲子	11.19	十一·十一	甲午	12.19	十二·十一	甲子	1.18
九·二十一	乙巳	10.31	十·二十一	甲戌	11.29	十一·二十一	甲辰	12.29	十二·二十一	甲戌	1.28

* 本月晋灭吴。　** 本月晋改元“太康”。

晋武帝太康二年辛丑(281—282)

一·一	癸未	2.6	二·一	癸丑	3.8	三·一	壬午	4.6	四·一	壬子	5.6
一·十一	癸巳	2.16	二·十一	癸亥	3.18	三·十一	壬辰	4.16	四·十一	壬戌	5.16
一·二十一	癸卯	2.26	二·二十一	癸酉	3.28	三·二十一	壬寅	4.26	四·二十一	壬申	5.26
五·一	辛巳	6.4	六·一	辛亥	7.4	七·一	庚辰	8.2	八·一	庚戌	9.1
五·十一	辛卯	6.14	六·十一	辛酉	7.14	七·十一	庚寅	8.12	八·十一	庚申	9.11
五·二十一	辛丑	6.24	六·二十一	辛未	7.24	七·二十一	庚子	8.22	八·二十一	庚午	9.21
九·一	己卯	9.30	十·一	己酉	10.30	十一·一	戊寅	11.28	十二·一	戊申	12.28
九·十一	己丑	10.10	十·十一	己未	11.9	十一·十一	戊子	12.8	十二·十一	戊午	1.7
九·二十一	己亥	10.20	十·二十一	己巳	11.19	十一·二十一	戊戌	12.18	十二·二十一	戊辰	1.17

晋武帝太康三年壬寅(282—283)

一·一	丁丑	1.26	二·一	丁未	2.25	三·一	丙子	3.26	四·一	丙午	4.25	闰四·一	丙子	5.25
一·十一	丁亥	2.5	二·十一	丁巳	3.7	三·十一	丙戌	4.5	四·十一	丙辰	5.5	闰四·十一	丙戌	6.4
一·二十一	丁酉	2.15	二·二十一	丁卯	3.17	三·二十一	丙申	4.15	四·二十一	丙寅	5.15	闰四·二十一	丙申	6.14
五·一	乙巳	6.23	六·一	乙亥	7.23	七·一	甲辰	8.21	八·一	甲戌	9.20			
五·十一	乙卯	7.3	六·十一	乙酉	8.2	七·十一	甲寅	8.31	八·十一	甲申	9.30			
五·二十一	乙丑	7.13	六·二十一	乙未	8.12	七·二十一	甲子	9.10	八·二十一	甲午	10.10			
九·一	癸卯	10.19	十·一	癸酉	11.18	十一·一	壬寅	12.17	十二·一	壬申	1.16			
九·十一	癸丑	10.29	十·十一	癸未	11.28	十一·十一	壬子	12.27	十二·十一	壬午	1.26			
九·二十一	癸亥	11.8	十·二十一	癸巳	12.8	十一·二十一	壬戌	1.6	十二·二十一	壬辰	2.5			

晋武帝太康四年癸卯(283—284)

一·一	辛丑	2.14	二·一	辛未	3.16	三·一	庚子	4.14	四·一	庚午	5.14
一·十一	辛亥	2.24	二·十一	辛巳	3.26	三·十一	庚戌	4.24	四·十一	庚辰	5.24
一·二十一	辛酉	3.6	二·二十一	辛卯	4.5	三·二十一	庚申	5.4	四·二十一	庚寅	6.3
五·一	己亥	6.12	六·一	己巳	7.12	七·一	己亥	8.11	八·一	戊辰	9.9
五·十一	己酉	6.22	六·十一	己卯	7.22	七·十一	己酉	8.21	八·十一	戊寅	9.19
五·二十一	己未	7.2	六·二十一	己丑	8.1	七·二十一	己未	8.31	八·二十一	戊子	9.29
九·一	戊戌	10.9	十·一	丁卯	11.7	十一·一	丁酉	12.7	十二·一	丙寅	1.5
九·十一	戊申	10.19	十·十一	丁丑	11.17	十一·十一	丁未	12.17	十二·十一	丙子	1.15
九·二十一	戊午	10.29	十·二十一	丁亥	11.27	十一·二十一	丁巳	12.27	十二·二十一	丙戌	1.25

晋武帝太康五年甲辰（284—285）

一·一 丙申 2.4	二·一 乙丑 3.4	三·一 乙未 4.3	*四·一 甲子 5.2
一·十一 丙午 2.14	二·十一 乙亥 3.14	三·十一 乙巳 4.13	四·十一 甲戌 5.12
一·二十一 丙辰 2.24	二·二十一 乙酉 3.24	三·二十一 乙卯 4.23	四·二十一 甲申 5.22
五·一 甲午 6.1	六·一 癸亥 6.30	七·一 癸巳 7.30	八·一 壬戌 8.28
五·十一 甲辰 6.11	六·十一 癸酉 7.10	七·十一 癸卯 8.9	八·十一 壬申 9.7
五·二十一 甲寅 6.21	六·二十一 癸未 7.20	七·二十一 癸丑 8.19	八·二十一 壬午 9.17
九·一 壬辰 9.27	十·一 辛酉 10.26	十一·一 辛卯 11.25	十二·一 辛酉 12.25 闰十二·一 庚寅 1.23
九·十一 壬寅 10.7	十·十一 辛未 11.5	十一·十一 辛丑 12.5	十二·十一 辛未 1.4 闰十二·十一 庚子 2.2
九·二十一 壬子 10.17	十·二十一 辛巳 11.15	十一·二十一 辛亥 12.15	十二·二十一辛巳 1.14 闰十二·二十一庚戌 2.12

*《辑要》四月丙子朔，误。

晋武帝太康六年乙巳（285—286）

一·一 庚申 2.22	二·一 己丑 3.23	三·一 己未 4.22	四·一 戊子 5.21
一·十一 庚午 3.4	二·十一 己亥 4.2	三·十一 己巳 5.2	四·十一 戊戌 5.31
一·二十一 庚辰 3.14	二·二十一 己酉 4.12	三·二十一 己卯 5.12	四·二十一 戊申 6.10
五·一 戊午 6.20	六·一 丁亥 7.19	七·一 丁巳 8.18	八·一 丙戌 9.16
五·十一 戊辰 6.30	六·十一 丁酉 7.29	七·十一 丁卯 8.28	八·十一 丙申 9.26
五·二十一 戊寅 7.10	六·二十一 丁未 8.8	七·二十一 丁丑 9.7	八·二十一 丙午 10.6
九·一 丙辰 10.16	十·一 乙酉 11.14	十一·一 乙卯 12.14	十二·一 甲申 1.12
九·十一 丙寅 10.26	十·十一 乙未 11.24	十一·十一 乙丑 12.24	十二·十一 甲午 1.22
九·二十一 丙子 11.5	十·二十一 乙巳 12.4	十一·二十一 乙亥 1.3	十二·二十一 甲辰 2.1

晋武帝太康七年丙午（286—287）

一·一 甲寅 2.11	二·一 癸未 3.12	三·一 癸丑 4.11	四·一 癸未 5.11
一·十一 甲子 2.21	二·十一 癸巳 3.22	三·十一 癸亥 4.21	四·十一 癸巳 5.21
一·二十一 甲戌 3.3	二·二十一 癸卯 4.1	三·二十一 癸酉 5.1	四·二十一 癸卯 5.31
五·一 壬子 6.9	六·一 壬午 7.9	七·一 辛亥 8.7	八·一 辛巳 9.6
五·十一 壬戌 9.19	六·十一 壬辰 7.19	七·十一 辛酉 8.17	八·十一 辛卯 9.16
五·二十一 壬申 6.29	六·二十一 壬寅 7.29	七·二十一 辛未 8.27	八·二十一 辛丑 9.26
九·一 庚戌 10.5	十·一 庚辰 11.4	十一·一 己酉 12.3	十二·一 己卯 1.2
九·十一 庚申 10.15	十·十一 庚寅 11.14	十一·十一 己未 12.13	十二·十一 己丑 1.12
九·二十一 庚午 10.25	十·二十一 庚子 11.24	十一·二十一 己巳 12.23	十二·二十一 己亥 1.22

晋武帝太康八年丁未（287—288）

一·一 戊申 1.31	二·一 戊寅 3.2	三·一 丁未 3.31	四·一 丁丑 4.30
一·十一 戊午 2.10	二·十一 戊子 3.12	三·十一 丁巳 4.10	四·十一 丁亥 5.10
一·二十一 戊辰 2.20	二·二十一 戊戌 3.22	三·二十一 丁卯 4.20	四·二十一 丁酉 5.20
五·一 丙午 5.29	六·一 丙子 6.28	七·一 丙午 7.28	八·一 乙亥 8.26 闰八·一 乙巳 9.25
五·十一 丙辰 6.8	六·十一 丙戌 7.8	七·十一 丙辰 8.7	八·十一 乙酉 9.5 闰八·十一 乙卯 10.5
五·二十一 丙寅 6.18	六·二十一 丙申 7.18	七·二十一 丙寅 8.17	八·二十一乙未 9.15 闰八·二十一乙丑 10.15
九·一 甲戌 10.24	十·一 甲辰 11.23	十一·一 癸酉 12.22	十二·一 癸卯 1.21
九·十一 甲申 11.3	十·十一 甲寅 12.3	十一·十一 癸未 1.1	十二·十一 癸丑 1.31
九·二十一 甲午 11.13	十·二十一 甲子 12.13	十一·二十一 癸巳 1.11	十二·二十一 癸亥 2.10

晋武帝太康九年戊申(288—289)

一·一	壬申	2.19	二·一	壬寅	3.20	三·一	辛未	4.18	四·一	辛丑	5.18
一·十一	壬午	2.29	二·十一	壬子	3.30	三·十一	辛巳	4.28	四·十一	辛亥	5.28
一·二十一	壬辰	3.10	二·二十一	壬戌	4.9	三·二十一	辛卯	5.8	四·二十一	辛酉	6.7
五·一	庚午	6.16	六·一	庚子	7.16	七·一	己巳	8.14	八·一	己亥	9.13
五·十一	庚辰	6.26	六·十一	庚戌	7.26	七·十一	己卯	8.24	八·十一	己酉	9.23
五·二十一	庚寅	7.6	六·二十一	庚申	8.5	七·二十一	己丑	9.3	八·二十一	己未	10.3
九·一	戊辰	10.12	十·一	戊戌	11.11	十一·一	戊辰	12.11	十二·一	丁酉	1.9
九·十一	戊寅	10.22	十·十一	戊申	11.21	十一·十一	戊寅	12.21	十二·十一	丁未	1.19
九·二十一	戊子	11.1	十·二十一	戊午	12.1	十一·二十一	戊子	12.31	十二·二十一	丁巳	1.29

晋武帝太康十年己酉(289—290)

一·一	丁卯	2.8	二·一	丙申	3.9	三·一	丙寅	4.8	四·一	乙未	5.7
一·十一	丁丑	2.18	二·十一	丙午	3.19	三·十一	丙子	4.18	四·十一	乙巳	5.17
一·二十一	丁亥	2.28	二·二十一	丙辰	3.29	三·二十一	丙戌	4.28	四·二十一	乙卯	5.27
五·一	乙丑	6.6	六·一	甲午	7.5	七·一	甲子	8.4	八·一	癸巳	9.2
五·十一	乙亥	6.16	六·十一	甲辰	7.15	七·十一	甲戌	8.14	八·十一	癸卯	9.12
五·二十一	乙酉	6.26	六·二十一	甲寅	7.25	七·二十一	甲申	8.24	八·二十一	癸丑	9.22
九·一	癸亥	10.2	十·一	壬辰	10.31	十一·一	壬戌	11.30	十二·一	辛卯	12.29
九·十一	癸酉	10.12	十·十一	壬寅	11.10	十一·十一	壬申	12.10	十二·十一	辛丑	1.8
九·二十一	癸未	10.22	十·二十一	壬子	11.20	十一·二十一	壬午	12.20	十二·二十一	辛亥	1.18

晋惠帝永熙元年庚戌(290—291)

*一·一	辛酉	1.28	二·一	庚寅	2.26	三·一	庚申	3.28	**四·一	庚寅	4.27
一·十一	辛未	2.7	二·十一	庚子	3.8	三·十一	庚午	4.7	四·十一	庚子	5.7
一·二十一	辛巳	2.17	二·二十一	庚戌	3.18	三·二十一	庚辰	4.17	四·二十一	庚戌	5.17
五·一	己未	5.26　闰五·一　己丑 6.25	六·一	戊午	7.24	七·一	戊子	8.23	八·一	丁巳	9.21
五·十一	己巳	6.5　闰五·十一　己亥 7.5	六·十一	戊辰	8.3	七·十一	戊戌	9.2	八·十一	丁卯	10.1
五·二十一	己卯	6.15　闰五·二十一　己酉 7.15	六·二十一	戊寅	8.13	七·二十一	戊申	9.12	八·二十一	丁丑	10.11
九·一	丁亥	10.21	十·一	丙辰	11.19	十一·一	丙戌	12.19	十二·一	乙卯	1.17
九·十一	丁酉	10.31	十·十一	丙寅	11.29	十一·十一	丙申	12.29	十二·十一	乙丑	1.27
九·二十一	丁未	11.10	十·二十一	丙子	12.9	十一·二十一	丙午	1.8	十二·二十一	乙亥	2.6

* 本月改元“太熙”。　** 本月惠帝即位,改元“永熙”。

晋惠帝元康元年辛亥(291—292)

*一·一	乙酉	2.16	二·一	甲寅	3.17	**三·一	甲申	4.16	四·一	癸丑	5.15
一·十一	乙未	2.26	二·十一	甲子	3.27	三·十一	甲午	4.26	四·十一	癸亥	5.25
一·二十一	乙巳	3.8	二·二十一	甲戌	4.6	三·二十一	甲辰	5.6	四·二十一	癸酉	6.4
五·一	癸未	6.14	六·一	癸丑	7.14	七·一	壬午	8.12	八·一	壬子	9.11
五·十一	癸巳	6.24	六·十一	癸亥	7.24	七·十一	壬辰	8.22	八·十一	壬戌	9.21
五·二十一	癸卯	7.4	六·二十一	癸酉	8.3	七·二十一	壬寅	9.1	八·二十一	壬申	10.1
九·一	辛巳	10.10	十·一	辛亥	11.9	十一·一	庚辰	12.8	十二·一	庚戌	1.7
九·十一	辛卯	10.20	十·十一	辛酉	11.19	十一·十一	庚寅	12.18	十二·十一	庚申	1.17
九·二十一	辛丑	10.30	十·二十一	辛未	11.29	十一·二十一	庚子	12.28	十二·二十一	庚午	1.27

* 本月改元“永平”。　** 本月改元“元康”。

晋惠帝元康二年壬子(292—293)

一·一	己卯	2.5	二·一	己酉	3.6	三·一	戊寅	4.4	四·一	戊申	5.4
一·十一	己丑	2.15	二·十一	己未	3.16	三·十一	戊子	4.14	四·十一	戊午	5.14
一·二十一	己亥	2.25	二·二十一	己巳	3.26	三·二十一	戊戌	4.24	四·二十一	戊辰	5.24
五·一	丁丑	6.2	六·一	丁未	7.2	七·一	丙子	7.31	八·一	丙午	8.30
五·十一	丁亥	6.12	六·十一	丁巳	7.12	七·十一	丙戌	8.10	八·十一	丙辰	9.9
五·二十一	丁酉	6.22	六·二十一	丁卯	7.22	七·二十一	丙申	8.20	八·二十一	丙寅	9.19
九·一	乙亥	9.28	*十·一	乙巳	10.28	十一·一	乙亥	11.27	十二·一	甲辰	12.26
九·十一	乙酉	10.8	十·十一	乙卯	11.7	十一·十一	乙酉	12.7	十二·十一	甲寅	1.5
九·二十一	乙未	10.18	十·二十一	乙丑	11.17	十一·二十一	乙未	12.17	十二·二十一	甲子	1.15

*《目录》十月甲辰、十一月甲戌朔。

晋惠帝元康三年癸丑(293—294)

一·一	甲戌	1.25	*二·一	癸卯	2.23 闰二·一 癸酉 3.25	三·一	壬寅	4.23	四·一	壬申	5.23
一·十一	甲申	2.4	二·十一	癸丑	3.5 闰二·十一 癸未 4.4	三·十一	壬子	5.3	四·十一	壬午	6.2
一·二十一	甲午	2.14	二·二十一	癸亥	3.15 闰二·二十一 癸巳 4.14	三·二十一	壬戌	5.13	四·二十一	壬辰	6.12
五·一	辛丑	6.21	六·一	辛未	7.21	七·一	庚子	8.19	八·一	庚午	9.18
五·十一	辛亥	7.1	六·十一	辛巳	7.31	七·十一	庚戌	8.29	八·十一	庚辰	9.28
五·二十一	辛酉	7.11	六·二十一	辛卯	8.10	七·二十一	庚申	9.8	八·二十一	庚寅	10.8
九·一	己亥	10.17	十·一	己巳	11.16	十一·一	戊戌	12.15	十二·一	戊辰	1.14
九·十一	己酉	10.27	十·十一	己卯	11.26	十一·十一	戊申	12.25	十二·十一	戊寅	1.24
九·二十一	己未	11.6	十·二十一	己丑	12.6	十一·二十一	戊午	1.4	十二·二十一	戊子	2.3

*《目录》二月癸酉朔,误。

晋惠帝元康四年甲寅(294—295)

一·一	丁酉	2.12	二·一	丁卯	3.14	三·一	丁酉	4.13	四·一	丙寅	5.12
一·十一	丁未	2.22	二·十一	丁丑	3.24	三·十一	丁未	4.23	四·十一	丙子	5.22
一·二十一	丁巳	3.4	二·二十一	丁亥	4.3	三·二十一	丁巳	5.3	四·二十一	丙戌	6.1
五·一	丙申	6.11	六·一	乙丑	7.10	七·一	乙未	8.9	八·一	甲子	9.7
五·十一	丙午	6.21	六·十一	乙亥	7.20	七·十一	乙巳	8.19	八·十一	甲戌	9.17
五·二十一	丙辰	7.1	六·二十一	乙酉	7.30	七·二十一	乙卯	8.29	八·二十一	甲申	9.27
九·一	甲午	10.7	十·一	癸亥	11.5	十一·一	癸巳	12.5	十二·一	壬戌	1.3
九·十一	甲辰	10.17	十·十一	癸酉	11.15	十一·十一	癸卯	12.15	十二·十一	壬申	1.13
九·二十一	甲寅	10.27	十·二十一	癸未	11.25	十一·二十一	癸丑	12.25	十二·二十一	壬午	1.23

晋惠帝元康五年乙卯(295—296)

一·一	壬辰	2.2	二·一	辛酉	3.3	三·一	辛卯	4.2	四·一	庚申	5.1
一·十一	壬寅	2.12	二·十一	辛未	3.13	三·十一	辛丑	4.12	四·十一	庚午	5.11
一·二十一	壬子	2.22	二·二十一	辛巳	3.23	三·二十一	辛亥	4.22	四·二十一	庚辰	5.21
五·一	庚寅	5.31	六·一	庚申	6.30	七·一	己丑	7.29	八·一	己未	8.28
五·十一	庚子	6.10	六·十一	庚午	7.10	七·十一	己亥	8.8	八·十一	己巳	9.7
五·二十一	庚戌	6.20	六·二十一	庚辰	7.20	七·二十一	己酉	8.18	八·二十一	己卯	9.17
九·一	戊子	9.26	十·一	戊午	10.26 闰十·一 丁亥 11.24	十一·一	丁巳	12.24	十二·一	丙戌	1.22
九·十一	戊戌	10.6	十·十一	戊辰	11.5 闰十·十一 丁酉 12.4	十一·十一	丁卯	1.3	十二·十一	丙申	2.1
九·二十一	戊申	10.16	十·二十一	戊寅	11.15 闰十·二十一 丁未 12.14	十一·二十一	丁丑	1.13	十二·二十一	丙午	2.11

晋惠帝元康六年丙辰(296—297)

一·一	丙辰	2.21	二·一	乙酉	3.21	三·一	乙卯	4.20	四·一	甲申	5.19
一·十一	丙寅	3.2	二·十一	乙未	3.31	三·十一	乙丑	4.30	四·十一	甲午	5.29
一·二十一	丙子	3.12	二·二十一	乙巳	4.10	三·二十一	乙亥	5.10	四·二十一	甲辰	6.8
五·一	甲寅	6.18	六·一	癸未	7.17	七·一	癸丑	8.16	八·一	壬午	9.14
五·十一	甲子	6.28	六·十一	癸巳	7.27	七·十一	癸亥	8.26	八·十一	壬辰	9.24
五·二十一	甲戌	7.8	六·二十一	癸卯	8.6	七·二十一	癸酉	9.5	八·二十一	壬寅	10.4
九·一	壬子	10.14	十·一	壬午	11.13	十一·一	辛亥	12.12	十二·一	辛巳	1.11
九·十一	壬戌	10.24	十·十一	壬辰	11.23	十一·十一	辛酉	12.22	十二·十一	辛卯	1.21
九·二十一	壬申	11.3	十·二十一	壬寅	12.3	十一·二十一	辛未	1.1	十二·二十一	辛丑	1.31

晋惠帝元康七年丁巳(297—298)

一·一	庚戌	2.9	二·一	庚辰	3.11	三·一	己酉	4.9	四·一	己卯	5.9
一·十一	庚申	2.19	二·十一	庚寅	3.21	三·十一	己未	4.19	四·十一	己丑	5.19
一·二十一	庚午	3.1	二·二十一	庚子	3.31	三·二十一	己巳	4.29	四·二十一	己亥	5.29
五·一	戊申	6.7	六·一	戊寅	7.7	七·一	丁未	8.5	八·一	丁丑	9.4
五·十一	戊午	6.17	六·十一	戊子	7.17	七·十一	丁巳	8.15	八·十一	丁亥	9.14
五·二十一	戊辰	6.27	六·二十一	戊戌	7.27	七·二十一	丁卯	8.25	八·二十一	丁酉	9.24
九·一	丙午	10.3	十·一	丙子	11.2	十一·一	乙巳	12.1	十二·一	乙亥	12.31
九·十一	丙辰	10.13	十·十一	丙戌	11.12	十一·十一	乙卯	12.11	十二·十一	乙酉	1.10
九·二十一	丙寅	10.23	十·二十一	丙申	11.22	十一·二十一	乙丑	12.21	十二·二十一	乙未	1.20

晋惠帝元康八年戊午(298—299)

一·一	甲辰	1.29	二·一	甲戌	2.28	三·一	甲辰	3.30	四·一	癸酉	4.28
一·十一	甲寅	2.8	二·十一	甲申	3.10	三·十一	甲寅	4.9	四·十一	癸未	5.8
一·二十一	甲子	2.18	二·二十一	甲午	3.20	三·二十一	甲子	4.19	四·二十一	癸巳	5.18
五·一	癸卯	5.28	六·一 壬申 6.26 闰六·一 壬寅 7.26			七·一	辛未	8.24	八·一	辛丑	9.23
五·十一	癸丑	6.7	六·十一 壬午 7.6 闰六·十一 壬子 8.5			七·十一	辛巳	9.3	八·十一	辛亥	10.3
五·二十一	癸亥	6.17	六·二十一 壬辰 7.16 闰六·二十一 壬戌 8.15			七·二十一	辛卯	9.13	八·二十一	辛酉	10.13
九·一	庚午	10.22	十·一	庚子	11.21	十一·一	己巳	12.20	十二·一	己亥	1.19
九·十一	庚辰	11.1	十·十一	庚戌	12.1	十一·十一	己卯	12.30	十二·十一	己酉	1.29
九·二十一	庚寅	11.11	十·二十一	庚申	12.11	十一·二十一	己丑	1.9	十二·二十一	己未	2.8

晋惠帝元康九年己未(299—300)

一·一	戊辰	2.17	二·一	戊戌	3.19	三·一	丁卯	4.17	四·一	丁酉	5.17
一·十一	戊寅	2.27	二·十一	戊申	3.29	三·十一	丁丑	4.27	四·十一	丁未	5.27
一·二十一	戊子	3.9	二·二十一	戊午	4.8	三·二十一	丁亥	5.7	四·二十一	丁巳	6.6
五·一	丁卯	6.16	六·一	丙申	7.15	七·一	丙寅	8.14	八·一	乙未	9.12
五·十一	丁丑	6.26	六·十一	丙午	7.25	七·十一	丙子	8.24	八·十一	乙巳	9.22
五·二十一	丁亥	7.6	六·二十一	丙辰	8.4	七·二十一	丙戌	9.3	八·二十一	乙卯	10.2
九·一	乙丑	10.12	十·一	甲午	11.10	十一·一	甲子	12.10	十二·一	癸巳	1.8
九·十一	乙亥	10.22	十·十一	甲辰	11.20	十一·十一	甲戌	12.20	十二·十一	癸卯	1.18
九·二十一	乙酉	11.1	十·二十一	甲寅	11.30	十一·二十一	甲申	12.30	十二·二十一	癸丑	1.28

晋惠帝永康元年庚申(300—301)

一・一 癸亥 2.7	二・一 壬辰 3.7	三・一 壬戌 4.6	四・一 辛卯 5.5
一・十一 癸酉 2.17	二・十一 壬寅 3.17	三・十一 壬申 4.16	四・十一 辛丑 5.15
一・二十一 癸未 2.27	二・二十一 壬子 3.27	三・二十一 壬午 4.26	四・二十一 辛亥 5.25
五・一 辛酉 6.4	六・一 庚寅 7.3	七・一 庚申 8.2	八・一 己丑 8.31
五・十一 辛未 6.14	六・十一 庚子 7.13	七・十一 庚午 8.12	八・十一 己亥 9.10
五・二十一 辛巳 6.24	六・二十一 庚戌 7.23	七・二十一 庚辰 8.22	八・二十一 己酉 9.20
九・一 己未 9.30	十・一 己丑 10.30	十一・一 戊午 11.28	十二・一 戊子 12.28
九・十一 己巳 10.10	十・十一 己亥 11.9	十一・十一 戊辰 12.8	十二・十一 戊戌 1.7
九・二十一 己卯 10.20	十・二十一 己酉 11.19	十一・二十一 戊寅 12.18	十二・二十一 戊申 1.17

晋惠帝永宁元年辛酉(301—302)

一・一 丁巳 1.26	二・一 丁亥 2.25	三・一 丙辰 3.26 闰三・一 丙戌 4.25	*四・一 乙卯 5.24
一・十一 丁卯 2.5	二・十一 丁酉 3.7	三・十一 丙寅 4.5 闰三・十一 丙申 5.5	四・十一 乙丑 6.3
一・二十一 丁丑 2.15	二・二十一 丁未 3.17	三・二十一丙子 4.15 闰三・二十一丙午 5.15	四・二十一 乙亥 6.13
五・一 乙酉 6.23	六・一 甲寅 7.22	七・一 甲申 8.21	八・一 癸丑 9.19
五・十一 乙未 7.3	六・十一 甲子 8.1	七・十一 甲午 8.31	八・十一 癸亥 9.29
五・二十一 乙巳 7.13	六・二十一 甲戌 8.11	七・二十一 甲辰 9.10	八・二十一 癸酉 10.9
九・一 癸未 10.19	十・一 壬子 11.17	十一・一 壬午 12.17	十二・一 辛亥 1.15
九・十一 癸巳 10.29	十・十一 壬戌 11.27	十一・十一 壬辰 12.27	十二・十一 辛酉 1.25
九・二十一 癸卯 11.8	十・二十一 壬申 12.7	十一・二十一 壬寅 1.6	十二・二十一 辛未 2.4

* 本月改元“永宁”。

晋惠帝太安元年壬戌(302—303)

一・一 辛巳 2.14	二・一 辛亥 3.16	三・一 庚辰 4.14	四・一 庚戌 5.14
一・十一 辛卯 2.24	二・十一 辛酉 3.26	三・十一 庚寅 4.24	四・十一 庚申 5.24
一・二十一 辛丑 3.6	二・二十一 辛未 4.5	三・二十一 庚子 5.4	四・二十一 庚午 6.3
五・一 己卯 6.12	六・一 己酉 7.12	七・一 戊寅 8.10	八・一 戊申 9.9
五・十一 己丑 6.22	六・十一 己未 7.22	七・十一 戊子 8.20	八・十一 戊午 9.19
五・二十一 己亥 7.2	六・二十一 己巳 8.1	七・二十一 戊戌 8.30	八・二十一 戊辰 9.29
九・一 丁丑 10.8	十・一 丁未 11.7	十一・一 丙子 12.6	*十二・一 丙午 1.5
九・十一 丁亥 10.18	十・十一 丁巳 11.17	十一・十一 丙戌 12.16	十二・十一 丙辰 1.15
九・二十一 丁酉 10.28	十・二十一 丁卯 11.27	十一・二十一 丙申 12.26	十二・二十一 丙寅 1.25

* 本月改元“太安”。

晋惠帝太安二年癸亥(303—304)

*一・一 乙亥 2.3	二・一 乙巳 3.5	三・一 甲戌 4.3	四・一 甲辰 5.3
一・十一 乙酉 2.13	二・十一 乙卯 3.15	三・十一 甲申 4.13	四・十一 甲寅 5.13
一・二十一 乙未 2.23	二・二十一 乙丑 3.25	三・二十一 甲午 4.23	四・二十一 甲子 5.23
五・一 甲戌 6.2	六・一 癸卯 7.1	七・一 癸酉 7.31	八・一 壬寅 8.29
五・十一 甲申 6.12	六・十一 癸丑 7.11	七・十一 癸未 8.10	八・十一 壬子 9.8
五・二十一 甲午 6.22	六・二十一 癸亥 7.21	七・二十一 癸巳 8.20	八・二十一 壬戌 9.18
九・一 壬申 9.28	十・一 辛丑 10.27	十一・一 辛未 11.26	十二・一 庚子 12.25 闰十二・一 庚午 1.24
九・十一 壬午 10.8	十・十一 辛亥 11.6	十一・十一 辛巳 12.6	十二・十一 庚戌 1.4 闰十二・十一 庚辰 2.3
九・二十一 壬辰 10.18	十・二十一 辛酉 11.16	十一・二十一 辛卯 12.16	十二・二十一庚申 1.14 闰十二・二十一庚寅 2.13

*《目录》正月乙巳朔,误。

晋惠帝永兴元年甲子(304—305)

*一·一	己亥	2.22	二·一	己巳	3.23	三·一	戊戌	4.21	四·一	戊辰	5.21
一·十一	己酉	3.3	二·十一	己卯	4.2	三·十一	戊申	5.1	四·十一	戊寅	5.31
一·二十一	己未	3.13	二·二十一	己丑	4.12	三·二十一	戊午	5.11	四·二十一	戊子	6.10
五·一	丁酉	6.19	六·一	丁卯	7.19	**七·一	丙申	8.17	八·一	丙寅	9.16
五·十一	丁未	6.29	六·十一	丁丑	7.29	七·十一	丙午	8.27	八·十一	丙子	9.26
五·二十一	丁巳	7.9	六·二十一	丁亥	8.8	七·二十一	丙辰	9.6	八·二十一	丙戌	10.6
九·一	丙申	10.16	十·一	乙丑	11.14	***十一·一	乙未	12.14	****十二·一	甲子	1.12
九·十一	丙午	10.26	十·十一	乙亥	11.24	十一·十一	乙巳	12.24	十二·十一	甲戌	1.22
九·二十一	丙辰	11.5	十·二十一	乙酉	12.4	十一·二十一	乙卯	1.3	十二·二十一	甲申	2.1

* 本月改元“永安”。 ** 本月改元“建武”。 *** 本月复称“永安”。 **** 本月改元“永兴”。

晋惠帝永兴二年乙丑(305—306)

一·一	甲午	2.11	二·一	癸亥	3.12	三·一	癸巳	4.11	四·一	壬戌	5.10
一·十一	甲辰	2.21	二·十一	癸酉	3.22	三·十一	癸卯	4.21	四·十一	壬申	5.20
一·二十一	甲寅	3.3	二·二十一	癸未	4.1	三·二十一	癸丑	5.1	四·二十一	壬午	5.30
五·一	壬辰	6.9	六·一	辛酉	7.8	七·一	辛卯	8.7	八·一	庚申	9.5
五·十一	壬寅	6.19	六·十一	辛未	7.18	七·十一	辛丑	8.17	八·十一	庚午	9.15
五·二十一	壬子	6.29	六·二十一	辛巳	7.28	七·二十一	辛亥	8.27	八·二十一	庚辰	9.25
九·一	庚寅	10.5	十·一	己未	11.3	十一·一	己丑	12.3	十二·一	戊午	1.1
九·十一	庚子	10.15	十·十一	己巳	11.13	十一·十一	己亥	12.13	十二·十一	戊辰	1.11
九·二十一	庚戌	10.25	十·二十一	己卯	11.23	十一·二十一	己酉	12.23	十二·二十一	戊寅	1.21

晋惠帝光熙元年丙寅(306—307)

一·一	戊子	1.31	二·一	戊午	3.2	三·一	丁亥	3.31	四·一	丁巳	4.30
一·十一	戊戌	2.10	二·十一	戊辰	3.12	三·十一	丁酉	4.10	四·十一	丁卯	5.10
一·二十一	戊申	2.20	二·二十一	戊寅	3.22	三·二十一	丁未	4.20	四·二十一	丁丑	5.20
五·一	丙戌	5.29	*六·一	丙辰	6.28	七·一	乙酉	7.27	八·一 乙卯 8.26	闰八·一 甲申 9.24	
五·十一	丙申	6.8	六·十一	丙寅	7.8	七·十一	乙未	8.6	八·十一 乙丑 9.5	闰八·十一 甲午 10.4	
五·二十一	丙午	6.18	六·二十一	丙子	7.18	七·二十一	乙巳	8.16	八·二十一 乙亥 9.15	闰八·二十一 甲辰 10.14	
九·一	甲寅	10.24	十·一	癸未	11.22	十一·一	癸丑	12.22	十二·一	壬午	1.20
九·十一	甲子	11.3	十·十一	癸巳	12.2	十一·十一	癸亥	1.1	十二·十一	壬辰	1.30
九·二十一	甲戌	11.13	十·二十一	癸卯	12.12	十一·二十一	癸酉	1.11	十二·二十一	壬寅	2.9

* 本月改元“光熙”。

晋怀帝永嘉元年丁卯(307—308)

一·一	壬子	2.19	二·一	辛巳	3.20	三·一	辛亥	4.19	四·一	辛巳	5.19
一·十一	壬戌	3.1	二·十一	辛卯	3.30	三·十一	辛酉	4.29	四·十一	辛卯	5.29
一·二十一	壬申	3.11	二·二十一	辛丑	4.9	三·二十一	辛未	5.9	四·二十一	辛丑	6.8
五·一	庚戌	6.17	六·一	庚辰	7.17	七·一	己酉	8.15	八·一	己卯	9.14
五·十一	庚申	6.27	六·十一	庚寅	7.27	七·十一	己未	8.25	八·十一	己丑	9.24
五·二十一	庚午	7.7	六·二十一	庚子	8.6	七·二十一	己巳	9.4	八·二十一	己亥	10.4
九·一	戊申	10.13	十·一	戊寅	11.12	十一·一	丁未	12.11	十二·一	丁丑	1.10
九·十一	戊午	10.23	十·十一	戊子	11.22	十一·十一	丁巳	12.21	十二·十一	丁亥	1.20
九·二十一	戊辰	11.2	十·二十一	戊戌	12.2	十一·二十一	丁卯	12.31	十二·二十一	丁酉	1.30

晋怀帝永嘉二年戊辰(308—309)

月·日	干支	公历	月·日	干支	公历	月·日	干支	公历	月·日	干支	公历
一·一	丙午	2.8	二·一	丙子	3.9	三·一	乙巳	4.7	四·一	乙亥	5.7
一·十一	丙辰	2.18	二·十一	丙戌	3.19	三·十一	乙卯	4.17	四·十一	乙酉	5.17
一·二十一	丙寅	2.28	二·二十一	丙申	3.29	三·二十一	乙丑	4.27	四·二十一	乙未	5.27
五·一	甲辰	6.5	六·一	甲戌	7.5	七·一	癸卯	8.3	八·一	癸酉	9.2
五·十一	甲寅	6.15	六·十一	甲申	7.15	七·十一	癸丑	8.13	八·十一	癸未	9.12
五·二十一	甲子	6.25	六·二十一	甲午	7.25	七·二十一	癸亥	8.23	八·二十一	癸巳	9.22
九·一	癸卯	10.2	十·一	壬申	10.31	十一·一	壬寅	11.30	十二·一	辛未	12.29
九·十一	癸丑	10.12	十·十一	壬午	11.10	十一·十一	壬子	12.10	十二·十一	辛巳	1.8
九·二十一	癸亥	10.22	十·二十一	壬辰	11.20	十一·二十一	壬戌	12.20	十二·二十一	辛卯	1.18

晋怀帝永嘉三年己巳(309—310)

月·日	干支	公历	月·日	干支	公历	月·日	干支	公历	月·日	干支	公历
一·一	辛丑	1.28	二·一	庚午	2.26	三·一	庚子	3.28	四·一　己巳 4.26 *闰四·一	己亥	5.26
一·十一	辛亥	2.7	二·十一	庚辰	3.8	三·十一	庚戌	4.7	四·十一　己卯 5.6　闰四·十一	己酉	6.5
一·二十一	辛酉	2.17	二·二十一	庚寅	3.18	三·二十一	庚申	4.17	四·二十一　己丑 5.16　闰四·二十一	己未	6.15
五·一	戊辰	6.24	六·一	戊戌	7.24	七·一	丁卯	8.22	八·一	丁酉	9.21
五·十一	戊寅	7.4	六·十一	戊申	8.3	七·十一	丁丑	9.1	八·十一	丁未	10.1
五·二十一	戊子	7.14	六·二十一	戊午	8.13	七·二十一	丁亥	9.11	八·二十一	丁巳	10.11
九·一	丙寅	10.20	十·一	丙申	11.19	十一·一	乙丑	12.18	十二·一	乙未	1.17
九·十一	丙子	10.30	十·十一	丙午	11.29	十一·十一	乙亥	12.28	十二·十一	乙巳	1.27
九·二十一	丙戌	11.9	十·二十一	丙辰	12.9	十一·二十一	乙酉	1.7	十二·二十一	乙卯	2.6

*《目录》闰五月戊辰朔。

晋怀帝永嘉四年庚午(310—311)

月·日	干支	公历	月·日	干支	公历	月·日	干支	公历	月·日	干支	公历
一·一	乙丑	2.16	二·一	甲午	3.17	三·一	甲子	4.16	四·一	癸巳	5.15
一·十一	乙亥	2.26	二·十一	甲辰	3.27	三·十一	甲戌	4.26	四·十一	癸卯	5.25
一·二十一	乙酉	3.8	二·二十一	甲寅	4.6	三·二十一	甲申	5.6	四·二十一	癸丑	6.4
五·一	癸亥	6.14	六·一	壬辰	7.13	七·一	壬戌	8.12	八·一	辛卯	9.10
五·十一	癸酉	6.24	六·十一	壬寅	7.23	七·十一	壬申	8.22	八·十一	辛丑	9.20
五·二十一	癸未	7.4	六·二十一	壬子	8.2	七·二十一	壬午	9.1	八·二十一	辛亥	9.30
九·一	辛酉	10.10	十·一	庚寅	11.8	十一·一	庚申	12.8	十二·一	己丑	1.6
九·十一	辛未	10.20	十·十一	庚子	11.18	十一·十一	庚午	12.18	十二·十一	己亥	1.16
九·二十一	辛巳	10.30	十·二十一	庚戌	11.28	十一·二十一	庚辰	12.28	十二·二十一	己酉	1.26

晋怀帝永嘉五年辛未(311—312)

月·日	干支	公历	月·日	干支	公历	月·日	干支	公历	月·日	干支	公历
一·一	己未	2.5	二·一	戊子	3.6	三·一	戊午	4.5	四·一	戊子	5.5
一·十一	己巳	2.15	二·十一	戊戌	3.16	三·十一	戊辰	4.15	四·十一	戊戌	5.15
一·二十一	己卯	2.25	二·二十一	戊申	3.26	三·二十一	戊寅	4.25	四·二十一	戊申	5.25
五·一	丁巳	6.3	六·一	丁亥	7.3	七·一	丙辰	8.1	八·一	丙戌	8.31
五·十一	丁卯	6.13	六·十一	丁酉	7.13	七·十一	丙寅	8.11	八·十一	丙申	9.10
五·二十一	丁丑	6.23	六·二十一	丁未	7.23	七·二十一	丙子	8.21	八·二十一	丙午	9.20
九·一	乙卯	9.29	十·一	乙酉	10.29	十一·一	甲寅	11.27	十二·一	甲申	12.27
九·十一	乙丑	10.9	十·十一	乙未	11.8	十一·十一	甲子	12.7	十二·十一	甲午	1.6
九·二十一	乙亥	10.19	十·二十一	乙巳	11.18	十一·二十一	甲戌	12.17	十二·二十一	甲辰	1.16

晋怀帝永嘉六年壬申（312—313）

一·一	癸丑	1.25　闰一·一　癸未　2.24	二·一	壬子	3.24	三·一	壬午	4.23	四·一	辛亥	5.22
一·十一	癸亥	2.4　闰一·十一　癸巳　3.5	二·十一	壬戌	4.3	三·十一	壬辰	5.3	四·十一	辛酉	6.1
一·二十一	癸酉	2.14　闰一·二十一　癸卯　3.15	二·二十一	壬申	4.13	三·二十一	壬寅	5.13	四·二十一	辛未	6.11
五·一	辛巳	6.21	六·一	庚戌	7.20	七·一	庚辰	8.19	八·一	庚戌	9.18
五·十一	辛卯	7.1	六·十一	庚申	7.30	七·十一	庚寅	8.29	八·十一	庚申	9.28
五·二十一	辛丑	7.11	六·二十一	庚午	8.9	七·二十一	庚子	9.8	八·二十一	庚午	10.8
九·一	己卯	10.17	十·一	己酉	11.16	十一·一	戊寅	12.15	十二·一	戊申	1.14
九·十一	己丑	10.27	十·十一	己未	11.26	十一·十一	戊子	12.25	十二·十一	戊午	1.24
九·二十一	己亥	11.6	十·二十一	己巳	12.6	十一·二十一	戊戌	1.4	十二·二十一	戊辰	2.3

晋愍帝建兴元年癸酉（313—314）

一·一	丁丑	2.12	二·一	丁未	3.14	三·一	丙子	4.12	*四·一	丙午	5.12
一·十一	丁亥	2.22	二·十一	丁巳	3.24	三·十一	丙戌	4.22	四·十一	丙辰	5.22
一·二十一	丁酉	3.4	二·二十一	丁卯	4.3	三·二十一	丙申	5.2	四·二十一	丙寅	6.1
五·一	乙亥	6.10	六·一	乙巳	7.10	七·一	甲戌	8.8	八·一	甲辰	9.7
五·十一	乙酉	6.20	六·十一	乙卯	7.20	七·十一	甲申	8.18	八·十一	甲寅	9.17
五·二十一	乙未	6.30	六·二十一	乙丑	7.30	七·二十一	甲午	8.28	八·二十一	甲子	9.27
九·一	癸酉	10.6	十·一	癸卯	11.5	十一·一	壬申	12.4	十二·一	壬寅	1.3
九·十一	癸未	10.16	十·十一	癸丑	11.15	十一·十一	壬午	12.14	十二·十一	壬子	1.13
九·二十一	癸巳	10.26	十·二十一	癸亥	11.25	十一·二十一	壬辰	12.24	十二·二十一	壬戌	1.23

* 本月愍帝即位，改元“建兴”。

晋愍帝建兴二年甲戌（314—315）

*一·一	辛未	2.1	二·一	辛丑	3.3	三·一	庚午	4.1	四·一	庚子	5.1
一·十一	辛巳	2.11	二·十一	辛亥	3.13	三·十一	庚辰	4.11	四·十一	庚戌	5.11
一·二十一	辛卯	2.21	二·二十一	辛酉	3.23	三·二十一	庚寅	4.21	四·二十一	庚申	5.21
五·一	庚午	5.31	六·一	己亥	6.29	七·一	己巳	7.29	八·一	戊戌	8.27
五·十一	庚辰	6.10	六·十一	己酉	7.9	七·十一	己卯	8.8	八·十一	戊申	9.6
五·二十一	庚寅	6.20	六·二十一	己未	7.19	七·二十一	己丑	8.18	八·二十一	戊午	9.16
九·一	戊辰	9.26	十·一	丁酉	10.25　闰十·一　丁卯　11.24	十一·一	丙申	12.23	十二·一	丙寅	1.22
九·十一	戊寅	10.6	十·十一	丁未	11.4　闰十·十一　丁丑　12.4	十一·十一	丙午	1.2	十二·十一	丙子	2.1
九·二十一	戊子	10.16	十·二十一	丁巳	11.14　闰十·二十一　丁亥　12.14	十一·二十一	丙辰	1.12	十二·二十一	丙戌	2.11

*《目录》《辑要》《朔闰考》正月壬申、三月辛未朔。

晋愍帝建兴三年乙亥（315—316）

一·一	乙未	2.20	二·一	乙丑	3.22	三·一	乙未	4.21	四·一	甲子	5.20
一·十一	乙巳	3.2	二·十一	乙亥	4.1	三·十一	乙巳	5.1	四·十一	甲戌	5.30
一·二十一	乙卯	3.12	二·二十一	乙酉	4.11	三·二十一	乙卯	5.11	四·二十一	甲申	6.9
五·一	甲午	6.19	六·一	癸亥	7.18	七·一	癸巳	8.17	八·一	壬戌	9.15
五·十一	甲辰	6.29	六·十一	癸酉	7.28	七·十一	癸卯	8.27	八·十一	壬申	9.25
五·二十一	甲寅	7.9	六·二十一	癸未	8.7	七·二十一	癸丑	9.6	八·二十一	壬午	10.5
九·一	壬辰	10.15	十·一	辛酉	11.13	十一·一	辛卯	12.13	十二·一	庚申	1.11
九·十一	壬寅	10.25	十·十一	辛未	11.23	十一·十一	辛丑	12.23	十二·十一	庚午	1.21
九·二十一	壬子	11.4	十·二十一	辛巳	12.3	十一·二十一	辛亥	1.2	十二·二十一	庚辰	1.31

晋愍帝建兴四年丙子（316—317）

一·一　庚寅　2.10	二·一　己未　3.10	三·一　己丑　4.9	四·一　戊午　5.8
一·十一　庚子　2.20	二·十一　己巳　3.20	三·十一　己亥　4.19	四·十一　戊辰　5.18
一·二十一　庚戌　3.1	二·二十一　己卯　3.30	三·二十一　己酉　4.29	四·二十一　戊寅　5.28
五·一　戊子　6.7	六·一　丁巳　7.6	七·一　丁亥　8.5	八·一　丁巳　9.4
五·十一　戊戌　6.17	六·十一　丁卯　7.16	七·十一　丁酉　8.15	八·十一　丁卯　9.14
五·二十一　戊申　6.27	六·二十一　丁丑　7.26	七·二十一　丁未　8.25	八·二十一　丁丑　9.24
九·一　丙戌　10.3	十·一　丙辰　11.2	十一·一　乙酉　12.1	十二·一　乙卯　12.31
九·十一　丙申　10.13	十·十一　丙寅　11.12	十一·十一　乙未　12.11	十二·十一　乙丑　1.10
九·二十一　丙午　10.23	十·二十一　丙子　11.22	十一·二十一　乙巳　12.21	十二·二十一　乙亥　1.20

东晋历日表

晋元帝建武元年丁丑（317—318）

一·一　甲申　1.29	二·一　甲寅　2.28	*三·一　癸未　3.29	四·一　癸丑　4.28
一·十一　甲午　2.8	二·十一　甲子　3.10	三·十一　癸巳　4.8	四·十一　癸亥　5.8
一·二十一　甲辰　2.18	二·二十一　甲戌　3.20	三·二十一　癸卯　4.18	四·二十一　癸酉　5.18
**五·一　壬午　5.27	六·一　壬子　6.26	七·一　辛巳 7.25　闰七·一　辛亥 8.24	八·一　庚辰　9.22
五·十一　壬辰　6.6	六·十一　壬戌　7.6	七·十一　辛卯 8.4　闰七·十一　辛酉 9.3	八·十一　庚寅　10.2
五·二十一　壬寅　6.16	六·二十一　壬申　7.16	七·二十一　辛丑 8.14　闰七·二十一　辛未 9.13	八·二十一　庚子　10.12
九·一　庚戌　10.22	十·一　己卯　11.20	十一·一　己酉　12.20	十二·一　己卯　1.19
九·十一　庚申　11.1	十·十一　己丑　11.30	十一·十一　己未　12.30	十二·十一　己丑　1.29
九·二十一　庚午　11.11	十·二十一　己亥　12.10	十一·二十一　己巳　1.9	十二·二十一　己亥　2.8

* 本月元帝即位，改元"建武"。　** 《目录》五月丙午朔，误。

晋元帝大（太）兴元年戊寅（318—319）

一·一　戊申　2.17	二·一　戊寅　3.19	*三·一　丁未　4.17	四·一　丁丑　5.17
一·十一　戊午　2.27	二·十一　戊子　3.29	三·十一　丁巳　4.27	四·十一　丁亥　5.27
一·二十一　戊辰　3.9	二·二十一　戊戌　4.8	三·二十一　丁卯　5.7	四·二十一　丁酉　6.6
五·一　丙午　6.15	六·一　丙子　7.15	七·一　乙巳　8.13	八·一　乙亥　9.12
五·十一　丙辰　6.25	六·十一　丙戌　7.25	七·十一　乙卯　8.23	八·十一　乙酉　9.22
五·二十一　丙寅　7.5	六·二十一　丙申　8.4	七·二十一　乙丑　9.2	八·二十一　乙未　10.2
九·一　甲辰　10.11	十·一　甲戌　11.10	十一·一　癸卯　12.9	十二·一　癸酉　1.8
九·十一　甲寅　10.21	十·十一　甲申　11.20	十一·十一　癸丑　12.19	十二·十一　癸未　1.18
九·二十一　甲子　10.31	十·二十一　甲午　11.30	十一·二十一　癸亥　12.29	十二·二十一　癸巳　1.28

* 本月改元"大（太）兴"。

晋元帝大（太）兴二年己卯（319—320）

一·一　壬寅　2.6	二·一　壬申　3.8	三·一　壬寅　4.7	四·一　辛未　5.6
一·十一　壬子　2.16	二·十一　壬午　3.18	三·十一　壬子　4.17	四·十一　辛巳　5.16
一·二十一　壬戌　2.26	二·二十一　壬辰　3.28	三·二十一　壬戌　4.27	四·二十一　辛卯　5.26
五·一　辛丑　6.5	六·一　庚午　7.4	七·一　庚子　8.3	八·一　己巳　9.1
五·十一　辛亥　6.15	六·十一　庚辰　7.14	七·十一　庚戌　8.13	八·十一　己卯　9.11
五·二十一　辛酉　6.25	六·二十一　庚寅　7.24	七·二十一　庚申　8.23	八·二十一　己丑　9.21
九·一　己亥　10.1	十·一　戊辰　10.30	十一·一　戊戌　11.29	十二·一　丁卯　12.28
九·十一　己酉　10.11	十·十一　戊寅　11.9	十一·十一　戊申　12.9	十二·十一　丁丑　1.7
九·二十一　己未　10.21	十·二十一　戊子　11.19	十一·二十一　戊午　12.19	十二·二十一　丁亥　1.17

晋元帝大(太)兴三年庚辰(320—321)

一·一 丁酉 1.27	二·一 甲子 2.25	三·一 丙申 3.26 闰三·一 乙丑 4.24	四·一 乙未 5.24
一·十一 丁未 2.6	二·十一 甲戌 3.6	三·十一 丙午 4.5 闰三·十一 乙亥 5.4	四·十一 乙巳 6.3
一·二十一 丁巳 2.16	二·二十一 甲申 3.16	三·二十一 丙辰 4.15 闰三·二十一 乙酉 5.14	四·二十一 乙卯 6.13
五·一 甲子 6.22	六·一 甲午 7.22	七·一 甲子 8.21	八·一 癸巳 9.19
五·十一 甲戌 7.2	六·十一 甲辰 8.1	七·十一 甲戌 8.31	八·十一 癸卯 9.29
五·二十一 甲申 7.12	六·二十一 甲寅 8.11	七·二十一 甲申 9.10	八·二十一 癸丑 10.9
九·一 癸亥 10.19	十·一 壬辰 11.17	十一·一 壬戌 12.17	十二·一 辛卯 1.15
九·十一 癸酉 10.29	十·十一 壬寅 11.27	十一·十一 壬申 12.27	十二·十一 辛丑 1.25
九·二十一 癸未 11.8	十·二十一 壬子 12.7	十一·二十一 壬午 1.6	十二·二十一 辛亥 2.4

晋元帝大(太)兴四年辛巳(321—322)

一·一 辛酉 2.14	二·一 庚寅 3.15	三·一 庚申 4.14	四·一 己丑 5.13
一·十一 辛未 2.24	二·十一 庚子 3.25	三·十一 庚午 4.24	四·十一 己亥 5.23
一·二十一 辛巳 3.6	二·二十一 庚戌 4.4	三·二十一 庚辰 5.4	四·二十一 己酉 6.2
五·一 己未 6.12	六·一 戊子 7.11	七·一 戊午 8.10	八·一 丁亥 9.8
五·十一 己巳 6.22	六·十一 戊戌 7.21	七·十一 戊辰 8.20	八·十一 丁酉 9.18
五·二十一 己卯 7.2	六·二十一 戊申 7.31	七·二十一 戊寅 8.30	八·二十一 丁未 9.28
九·一 丁巳 10.8	十·一 丙戌 11.6	十一·一 丙辰 12.6	十二·一 丙戌 1.5
九·十一 丁卯 10.18	十·十一 丙申 11.16	十一·十一 丙寅 12.16	十二·十一 丙申 1.15
九·二十一 丁丑 10.28	十·二十一 丙午 11.26	十一·二十一 丙子 12.26	十二·二十一 丙午 1.25

晋元帝永昌元年壬午(322—323)

一·一 乙卯 2.3	二·一 乙酉 3.5	三·一 甲寅 4.3	四·一 甲申 5.3
一·十一 乙丑 2.13	二·十一 乙未 3.15	三·十一 甲子 4.13	四·十一 甲午 5.13
一·二十一 乙亥 2.23	二·二十一 乙巳 3.25	三·二十一 甲戌 4.23	四·二十一 甲辰 5.23
五·一 癸丑 6.1	六·一 癸未 7.1	七·一 壬子 7.30	八·一 壬午 8.29
五·十一 癸亥 6.11	六·十一 癸巳 7.11	七·十一 壬戌 8.9	八·十一 壬辰 9.8
五·二十一 癸酉 6.21	六·二十一 癸卯 7.21	七·二十一 壬申 8.19	八·二十一 壬寅 9.18
九·一 辛亥 9.27	十·一 辛巳 10.27	十一·一 庚戌 11.25*闰十一·一 庚辰 12.25	十二·一 己酉 1.23
九·十一 辛酉 10.7	十·十一 辛卯 11.6	十一·十一 庚申 12.5 闰十一·十一 庚寅 1.4	十二·十一 己未 2.2
九·二十一 辛未 10.17	十·二十一 辛丑 11.16	十一·二十一 庚午 12.15 闰十一·二十一 庚子 1.14	十二·二十一 己巳 2.12

*《目录》闰十一月己酉朔,误。

晋明帝太宁元年癸未(323—324)

一·一 己卯 2.22	二·一 己酉 3.24	*三·一 戊寅 4.22	四·一 戊申 5.22
一·十一 己丑 3.4	二·十一 己未 4.3	三·十一 戊子 5.2	四·十一 戊午 6.1
一·二十一 己亥 3.14	二·二十一 己巳 4.13	三·二十一 戊戌 5.12	四·二十一 戊辰 6.11
五·一 丁丑 6.20	六·一 丁未 7.20	七·一 丙子 8.18	八·一 丙午 9.17
五·十一 丁亥 6.30	六·十一 丁巳 7.30	七·十一 丙戌 8.28	八·十一 丙辰 9.27
五·二十一 丁酉 7.10	六·二十一 丁卯 8.9	七·二十一 丙申 9.7	八·二十一 丙寅 10.7
九·一 乙亥 10.16	十·一 乙巳 11.15	十一·一 甲戌 12.14	十二·一 甲辰 1.13
九·十一 乙酉 10.26	十·十一 乙卯 11.25	十一·十一 甲申 12.24	十二·十一 甲寅 1.23
九·二十一 乙未 11.5	十·二十一 乙丑 12.5	十一·二十一 甲午 1.3	十二·二十一 甲子 2.2

* 本月明帝改元“太宁”。

晋明帝太宁二年甲申(324—325)

一·一	癸酉	2.11	二·一	癸卯	3.12	三·一	壬申	4.10	四·一	壬寅	5.10
一·十一	癸未	2.21	二·十一	癸丑	3.22	三·十一	壬午	4.20	四·十一	壬子	5.20
一·二十一	癸巳	3.2	二·二十一	癸亥	4.1	三·二十一	壬辰	4.30	四·二十一	壬戌	5.30
五·一	辛未	6.8	六·一	辛丑	7.8	七·一	辛未	8.7	八·一	庚子	9.5
五·十一	辛巳	6.18	六·十一	辛亥	7.18	七·十一	辛巳	8.17	八·十一	庚戌	9.15
五·二十一	辛卯	6.28	六·二十一	辛酉	7.28	七·二十一	辛卯	8.27	八·二十一	庚申	9.25
九·一	庚午	10.5	十·一	己亥	11.3	十一·一	己巳	12.3	十二·一	戊戌	1.1
九·十一	庚辰	10.15	十·十一	己酉	11.13	十一·十一	己卯	12.13	十二·十一	戊申	1.11
九·二十一	庚寅	10.25	十·二十一	己未	11.23	十一·二十一	己丑	12.23	十二·二十一	戊午	1.21

晋明帝太宁三年乙酉(325—326)

一·一	戊辰	1.31	二·一	丁酉	3.1	三·一	丁卯	3.31	四·一	丙申	4.29
一·十一	戊寅	2.10	二·十一	丁未	3.11	三·十一	丁丑	4.10	四·十一	丙午	5.9
一·二十一	戊子	2.20	二·二十一	丁巳	3.21	三·二十一	丁亥	4.20	四·二十一	丙辰	5.19
五·一	丙寅	5.29	六·一	乙未	6.27	七·一	乙丑	7.27	八·一	甲午	8.25 闰八·一 甲子 9.24
五·十一	丙子	6.8	六·十一	乙巳	7.7	七·十一	乙亥	8.6	八·十一	甲辰	9.4 闰八·十一 甲戌 10.4
五·二十一	丙戌	6.18	六·二十一	乙卯	7.17	七·二十一	乙酉	8.16	八·二十一	甲寅	9.14 闰八·二十一 甲申 10.14
九·一	癸巳	10.23	十·一	癸亥	11.22	十一·一	癸巳	12.22	十二·一	壬戌	1.20
九·十一	癸卯	11.2	十·十一	癸酉	12.2	十一·十一	癸卯	1.1	十二·十一	壬申	1.30
九·二十一	癸丑	11.12	十·二十一	癸未	12.12	十一·二十一	癸丑	1.11	十二·二十一	壬午	2.9

晋成帝咸和元年丙戌(326—327)

一·一	壬辰	2.19	*二·一	辛酉	3.20	三·一	辛卯	4.19	四·一	庚申	5.18
一·十一	壬寅	3.1	二·十一	辛未	3.30	三·十一	辛丑	4.29	四·十一	庚午	5.28
一·二十一	壬子	3.11	二·二十一	辛巳	4.9	三·二十一	辛亥	5.9	四·二十一	庚辰	6.7
五·一	庚寅	6.17	六·一	己未	7.16	七·一	己丑	8.15	八·一	戊午	9.13
五·十一	庚子	6.27	六·十一	己巳	7.26	七·十一	己亥	8.25	八·十一	戊辰	9.23
五·二十一	庚戌	7.7	六·二十一	己卯	8.5	七·二十一	己酉	9.4	八·二十一	戊寅	10.3
九·一	戊子	10.13	十·一	丁巳	11.11	十一·一	丁亥	12.11	十二·一	丙辰	1.9
九·十一	戊戌	10.23	十·十一	丁卯	11.21	十一·十一	丁酉	12.21	十二·十一	丙寅	1.19
九·二十一	戊申	11.2	十·二十一	丁丑	12.1	十一·二十一	丁未	12.31	十二·二十一	丙子	1.29

* 本月成帝改元“咸和”。

晋成帝咸和二年丁亥(327—328)

一·一	丙戌	2.8	二·一	丙辰	3.10	三·一	乙酉	4.8	四·一	乙卯	5.8
一·十一	丙申	2.18	二·十一	丙寅	3.20	三·十一	乙未	4.18	四·十一	乙丑	5.18
一·二十一	丙午	2.28	二·二十一	丙子	3.30	三·二十一	乙巳	4.28	四·二十一	乙亥	5.28
五·一	甲申	6.6	六·一	甲寅	7.6	七·一	癸未	8.4	八·一	癸丑	9.3
五·十一	甲午	6.16	六·十一	甲子	7.16	七·十一	癸巳	8.14	八·十一	癸亥	9.13
五·二十一	甲辰	6.26	六·二十一	甲戌	7.26	七·二十一	癸卯	8.24	八·二十一	癸酉	9.23
九·一	壬午	10.2	十·一	壬子	11.1	十一·一	辛巳	11.30	十二·一	辛亥	12.30
九·十一	壬辰	10.12	十·十一	壬戌	11.11	十一·十一	辛卯	12.10	十二·十一	辛酉	1.9
九·二十一	壬寅	10.22	十·二十一	壬申	11.21	十一·二十一	辛丑	12.20	十二·二十一	辛未	1.19

晋成帝咸和三年戊子(328—329)

一·一　庚辰　1.28	二·一　庚戌　2.27	三·一　己卯　3.27	四·一　己酉　4.26
一·十一　庚寅　2.7	二·十一　庚申　3.8	三·十一　己丑　4.6	四·十一　己未　5.6
一·二十一　庚子　2.17	二·二十一　庚午　3.18	三·二十一　己亥　4.16	四·二十一　己巳　5.16
五·一　戊寅 5.25　闰五·一　戊申 6.24	六·一　戊寅　7.24	七·一　丁未　8.22	八·一　丁丑　9.21
五·十一　戊子 6.4　闰五·十一　戊午 7.4	六·十一　戊子　8.3	七·十一　丁巳　9.1	八·十一　丁亥　10.1
五·二十一　戊戌 6.14　闰五·二十一　戊辰 7.14	六·二十一　戊戌　8.13	七·二十一　丁卯　9.11	八·二十一　丁酉　10.11
九·一　丙午　10.20	十·一　丙子　11.19	十一·一　乙巳　12.18	十二·一　乙亥　1.17
九·十一　丙辰　10.30	十·十一　丙戌　11.29	十一·十一　乙卯　12.28	十二·十一　乙酉　1.27
九·二十一　丙寅　11.9	十·二十一　丙申　12.9	十一·二十一　乙丑　1.7	十二·二十一　乙未　2.6

晋成帝咸和四年己丑(329—330)

一·一　甲辰　2.15	二·一　甲戌　3.17	三·一　癸卯　4.15	四·一　癸酉　5.15
一·十一　甲寅　2.25	二·十一　甲申　3.27	三·十一　癸丑　4.25	四·十一　癸未　5.25
一·二十一　甲子　3.7	二·二十一　甲午　4.6	三·二十一　癸亥　5.5	四·二十一　癸巳　6.4
五·一　壬寅　6.13	六·一　壬申　7.13	七·一　辛丑　8.11	八·一　辛未　9.10
五·十一　壬子　6.23	六·十一　壬午　7.23	七·十一　辛亥　8.21	八·十一　辛巳　9.20
五·二十一　壬戌　7.3	六·二十一　壬辰　8.2	七·二十一　辛酉　8.31	八·二十一　辛卯　9.30
九·一　庚子　10.9	十·一　庚午　11.8	十一·一　庚子　12.8	十二·一　己巳　1.6
九·十一　庚戌　10.19	十·十一　庚辰　11.18	十一·十一　庚戌　12.18	十二·十一　己卯　1.16
九·二十一　庚申　10.29	十·二十一　庚寅　11.28	十一·二十一　庚申　12.28	十二·二十一　己丑　1.26

晋成帝咸和五年庚寅(330—331)

一·一　己亥　2.5	二·一　戊辰　3.6	三·一　戊戌　4.5	四·一　丁卯　5.4
一·十一　己酉　2.15	二·十一　戊寅　3.16	三·十一　戊申　4.15	四·十一　丁丑　5.14
一·二十一　己未　2.25	二·二十一　戊子　3.26	三·二十一　戊午　4.25	四·二十一　丁亥　5.24
五·一　丁酉　6.3	六·一　丙寅　7.2	七·一　丙申　8.1	八·一　乙丑　8.30
五·十一　丁未　6.13	六·十一　丙子　7.12	七·十一　丙午　8.11	八·十一　乙亥　9.9
五·二十一　丁巳　6.23	六·二十一　丙戌　7.22	七·二十一　丙辰　8.21	八·二十一　乙酉　9.19
九·一　乙未　9.29	十·一　甲子　10.28	十一·一　甲午　11.27	十二·一　癸亥　12.26
九·十一　乙巳　10.9	十·十一　甲戌　11.7	十一·十一　甲辰　12.7	十二·十一　癸酉　1.5
九·二十一　乙卯　10.19	十·二十一　甲申　11.17	十一·二十一　甲寅　12.17	十二·二十一　癸未　1.15

晋成帝咸和六年辛卯(331—332)

一·一　癸巳 1.25　闰一·一　癸亥 2.24	二·一　壬辰　3.25	三·一　壬戌　4.24	四·一　辛卯　5.23
一·十一　癸卯 2.4　闰一·十一　癸酉 3.6	二·十一　壬寅　4.4	三·十一　壬申　5.4	四·十一　辛丑　6.2
一·二十一　癸丑 2.14　闰一·二十一　癸未 3.16	二·二十一　壬子　4.14	三·二十一　壬午　5.14	四·二十一　辛亥　6.12
五·一　辛酉　6.22	六·一　庚寅　7.21	七·一　庚申　8.20	八·一　己丑　9.18
五·十一　辛未　7.2	六·十一　庚子　7.31	七·十一　庚午　8.30	八·十一　己亥　9.28
五·二十一　辛巳　7.12	六·二十一　庚戌　8.10	七·二十一　庚辰　9.9	八·二十一　己酉　10.8
九·一　己未　10.18	十·一　戊子　11.16	十一·一　戊午　12.16	十二·一　丁亥　1.14
九·十一　己巳　10.28	十·十一　戊戌　11.26	十一·十一　戊辰　12.26	十二·十一　丁酉　1.24
九·二十一　己卯　11.7	十·二十一　戊申　12.6	十一·二十一　戊寅　1.5	十二·二十一　丁未　2.3

晋成帝咸和七年壬辰（332—333）

一·一	丁巳	2.13	二·一	丙戌	3.13	三·一	丙辰	4.12	四·一	乙酉	5.11
一·十一	丁卯	2.23	二·十一	丙申	3.23	三·十一	丙寅	4.22	四·十一	乙未	5.21
一·二十一	丁丑	3.4	二·二十一	丙午	4.2	三·二十一	丙子	5.2	四·二十一	乙巳	5.31
五·一	乙卯	6.10	六·一	乙酉	7.10	七·一	甲寅	8.8	八·一	甲申	9.7
五·十一	乙丑	6.20	六·十一	乙未	7.20	七·十一	甲子	8.18	八·十一	甲午	9.17
五·二十一	乙亥	6.30	六·二十一	乙巳	7.30	七·二十一	甲戌	8.28	八·二十一	甲辰	9.27
九·一	癸丑	10.6	十·一	癸未	11.5	十一·一	壬子	12.4	十二·一	壬午	1.3
九·十一	癸亥	10.16	十·十一	癸巳	11.15	十一·十一	壬戌	12.14	十二·十一	壬辰	1.13
九·二十一	癸酉	10.26	十·二十一	癸卯	11.25	十一·二十一	壬申	12.24	十二·二十一	壬寅	1.23

晋成帝咸和八年癸巳（333—334）

一·一	辛亥	2.1	二·一	辛巳	3.3	三·一	庚戌	4.1	四·一	庚辰	5.1
一·十一	辛酉	2.11	二·十一	辛卯	3.13	三·十一	庚申	4.11	四·十一	庚寅	5.11
一·二十一	辛未	2.21	二·二十一	辛丑	3.23	三·二十一	庚午	4.21	四·二十一	庚子	5.21
五·一	己酉	5.30	六·一	己卯	6.29	七·一	戊申	7.28	八·一	戊寅	8.27
五·十一	己未	6.9	六·十一	己丑	7.9	七·十一	戊午	8.7	八·十一	戊子	9.6
五·二十一	己巳	6.19	六·二十一	己亥	7.19	七·二十一	戊辰	8.17	八·二十一	戊戌	9.16
九·一	丁未	9.25	十·一 闰十·一	丁丑 丁未	10.25 11.24	十一·一	丙子	12.23	十二·一	丙午	1.22
九·十一	丁巳	10.5	十·十一 闰十·十一	丁亥 丁巳	11.4 12.4	十一·十一	丙戌	1.2	十二·十一	丙辰	2.1
九·二十一	丁卯	10.15	十·二十一 闰十·二十一	丁酉 丁卯	11.14 12.14	十一·二十一	丙申	1.12	十二·二十一	丙寅	2.11

晋成帝咸和九年甲午（334—335）

一·一	乙亥	2.20	二·一	乙巳	3.22	三·一	甲戌	4.20	四·一	甲辰	5.20
一·十一	乙酉	3.2	二·十一	乙卯	4.1	三·十一	甲申	4.30	四·十一	甲寅	5.30
一·二十一	乙未	3.12	二·二十一	乙丑	4.11	三·二十一	甲午	5.10	四·二十一	甲子	6.9
五·一	癸酉	6.18	六·一	癸卯	7.18	七·一	壬申	8.16	八·一	壬寅	9.15
五·十一	癸未	6.28	六·十一	癸丑	7.28	七·十一	壬午	8.26	八·十一	壬子	9.25
五·二十一	癸巳	7.8	六·二十一	癸亥	8.7	七·二十一	壬辰	9.5	八·二十一	壬戌	10.5
九·一	辛未	10.14	十·一	辛丑	11.13	十一·一	庚午	12.12	十二·一	庚子	1.11
九·十一	辛巳	10.24	十·十一	辛亥	11.23	十一·十一	庚辰	12.22	十二·十一	庚戌	1.21
九·二十一	辛卯	11.3	十·二十一	辛酉	12.3	十一·二十一	庚寅	1.1	十二·二十一	庚申	1.31

晋成帝咸康元年乙未（335—336）

一·一	庚午	2.10	二·一	己亥	3.11	三·一	己巳	4.10	四·一	戊戌	5.9
一·十一	庚辰	2.20	二·十一	己酉	3.21	三·十一	己卯	4.20	四·十一	戊申	5.19
一·二十一	庚寅	3.2	二·二十一	己未	3.31	三·二十一	己丑	4.30	四·二十一	戊午	5.29
五·一	戊辰	6.8	六·一	丁酉	7.7	七·一	丁卯	8.6	八·一	丙申	9.4
五·十一	戊寅	6.18	六·十一	丁未	7.17	七·十一	丁丑	8.16	八·十一	丙午	9.14
五·二十一	戊子	6.28	六·二十一	丁巳	7.27	七·二十一	丁亥	8.26	八·二十一	丙辰	9.24
九·一	丙寅	10.4	十·一	乙未	11.2	十一·一	乙丑	12.2	十二·一	甲午	12.31
九·十一	丙子	10.14	十·十一	乙巳	11.12	十一·十一	乙亥	12.12	十二·十一	甲辰	1.10
九·二十一	丙戌	10.24	十·二十一	乙卯	11.22	十一·二十一	乙酉	12.22	十二·二十一	甲寅	1.20

晋成帝咸康二年丙申（336—337）

一・一	甲子	1.30	二・一	癸巳	2.28	三・一	癸亥	3.29	四・一	壬辰	4.27
一・十一	甲戌	2.9	二・十一	癸卯	3.9	三・十一	癸酉	4.8	四・十一	壬寅	5.7
一・二十一	甲申	2.19	二・二十一	癸丑	3.19	三・二十一	癸未	4.18	四・二十一	壬子	5.17
五・一	壬戌	5.27	六・一	壬辰	6.26	七・一	辛酉 7.25	闰七・一 辛卯 8.24	八・一	庚申	9.22
五・十一	壬申	6.6	六・十一	壬寅	7.6	七・十一	辛未 8.4	闰七・十一 辛丑 9.3	八・十一	庚午	10.2
五・二十一	壬午	6.16	六・二十一	壬子	7.16	七・二十一	辛巳 8.14	闰七・二十一 辛亥 9.13	八・二十一	庚辰	10.12
九・一	庚寅	10.22	十・一	己未	11.20	十一・一	己丑	12.20	十二・一	戊午	1.18
九・十一	庚子	11.1	十・十一	己巳	11.30	十一・十一	己亥	12.30	十二・十一	戊辰	1.28
九・二十一	庚戌	11.11	十・二十一	己卯	12.10	十一・二十一	己酉	1.9	十二・二十一	戊寅	2.7

晋成帝咸康三年丁酉（337—338）

一・一	戊子	2.17	二・一	丁巳	3.18	三・一	丁亥	4.17	四・一	丙辰	5.16
一・十一	戊戌	2.27	二・十一	丁卯	3.28	三・十一	丁酉	4.27	四・十一	丙寅	5.26
一・二十一	戊申	3.9	二・二十一	丁丑	4.7	三・二十一	丁未	5.7	四・二十一	丙子	6.5
五・一	丙戌	6.15	六・一	乙卯	7.14	七・一	乙酉	8.13	八・一	甲寅	9.11
五・十一	丙申	6.25	六・十一	乙丑	7.24	七・十一	乙未	8.23	八・十一	甲子	9.21
五・二十一	丙午	7.5	六・二十一	乙亥	8.3	七・二十一	乙巳	9.2	八・二十一	甲戌	10.1
九・一	甲申	10.11	十・一	甲寅	11.10	十一・一	癸未	12.9	十二・一	癸丑	1.8
九・十一	甲午	10.21	十・十一	甲子	11.20	十一・十一	癸巳	12.19	十二・十一	癸亥	1.18
九・二十一	甲辰	10.31	十・二十一	甲戌	11.30	十一・二十一	癸卯	12.29	十二・二十一	癸酉	1.28

晋成帝咸康四年戊戌（338—339）

一・一	壬午	2.6	二・一	壬子	3.8	三・一	辛巳	4.6	四・一	辛亥	5.6
一・十一	壬辰	2.16	二・十一	壬戌	3.18	三・十一	辛卯	4.16	四・十一	辛酉	5.16
一・二十一	壬寅	2.26	二・二十一	壬申	3.28	三・二十一	辛丑	4.26	四・二十一	辛未	5.26
五・一	庚辰	6.4	六・一	庚戌	7.4	七・一	己卯	8.2	八・一	己酉	9.1
五・十一	庚寅	6.14	六・十一	庚申	7.14	七・十一	己丑	8.12	八・十一	己未	9.11
五・二十一	庚子	6.24	六・二十一	庚午	7.24	七・二十一	己亥	8.22	八・二十一	己巳	9.21
九・一	戊寅	9.30	*十・一	戊申	10.30	十一・一	丁丑	11.28	十二・一	丁未	12.28
九・十一	戊子	10.10	十・十一	戊午	11.9	十一・十一	丁亥	12.8	十二・十一	丁巳	1.7
九・二十一	戊戌	10.20	十・二十一	戊辰	11.19	十一・二十一	丁酉	12.18	十二・二十一	丁卯	1.17

*《目录》十月丁丑朔，误。

晋成帝咸康五年己亥（339—340）

一・一	丁丑	1.27	二・一	丙午	2.25	三・一	丙子	3.27	四・一	乙巳 4.26	闰四・一 乙亥 6.25
一・十一	丁亥	2.6	二・十一	丙辰	3.7	三・十一	丙戌	4.6	四・十一	乙卯 5.5	闰四・十一 乙酉 6.4
一・二十一	丁酉	2.16	二・二十一	丙寅	3.17	三・二十一	丙申	4.16	四・二十一	乙丑 5.15	闰四・二十一 乙未 6.14
五・一	甲辰	6.23	六・一	甲戌	7.23	七・一	癸卯	8.21	八・一	癸酉	9.20
五・十一	甲寅	7.3	六・十一	甲申	8.2	七・十一	癸丑	8.31	八・十一	癸未	9.30
五・二十一	甲子	7.13	六・二十一	甲午	8.12	七・二十一	癸亥	9.10	八・二十一	癸巳	10.10
九・一	壬寅	10.19	十・一	壬申	11.18	十一・一	辛丑	12.17	十二・一	辛未	1.16
九・十一	壬子	10.29	十・十一	壬午	11.28	十一・十一	辛亥	12.27	十二・十一	辛巳	1.26
九・二十一	壬戌	11.8	十・二十一	壬辰	12.8	十一・二十一	辛酉	1.6	十二・二十一	辛卯	2.5

晋成帝咸康六年庚子(340—341)

一・一	庚子	2.14	二・一	庚午	3.15	三・一	己亥	4.13	四・一	己巳	5.13
一・十一	庚戌	2.24	二・十一	庚辰	3.25	三・十一	己酉	4.23	四・十一	己卯	5.23
一・二十一	庚申	3.5	二・二十一	庚寅	4.4	三・二十一	己未	5.3	四・二十一	己丑	6.2
五・一	己亥	6.12	六・一	戊辰	7.11	七・一	戊戌	8.10	八・一	丁卯	9.8
五・十一	己酉	6.22	六・十一	戊寅	7.21	七・十一	戊申	8.20	八・十一	丁丑	9.18
五・二十一	己未	7.2	六・二十一	戊子	7.31	七・二十一	戊午	8.30	八・二十一	丁亥	9.28
九・一	丁酉	10.8	十・一	丙寅	11.6	十一・一	丙申	12.6	十二・一	乙丑	1.4
九・十一	丁未	10.18	十・十一	丙子	11.16	十一・十一	丙午	12.16	十二・十一	乙亥	1.14
九・二十一	丁巳	10.28	十・二十一	丙戌	11.26	十一・二十一	丙辰	12.26	十二・二十一	乙酉	1.24

晋成帝咸康七年辛丑(341—342)

一・一	乙未	2.3	二・一	甲子	3.4	三・一	甲午	4.3	四・一	癸亥	5.2			
一・十一	乙巳	2.13	二・十一	甲戌	3.14	三・十一	甲辰	4.13	四・十一	癸酉	5.12			
一・二十一	乙卯	2.23	二・二十一	甲申	3.24	三・二十一	甲寅	4.23	四・二十一	癸未	5.22			
五・一	癸巳	6.1	六・一	壬戌	6.30	七・一	壬辰	7.30	八・一	辛酉	8.28			
五・十一	癸卯	6.11	六・十一	壬申	7.10	七・十一	壬寅	8.9	八・十一	辛未	9.7			
五・二十一	癸丑	6.21	六・二十一	壬午	7.20	七・二十一	壬子	8.19	八・二十一	辛巳	9.17			
九・一	辛卯	9.27	十・一	辛酉	10.27	十一・一	庚寅	11.25	十二・一	庚申	12.25	闰十二・一	己丑	1.23
九・十一	辛丑	10.7	十・十一	辛未	11.6	十一・十一	庚子	12.5	十二・十一	庚午	1.4	闰十二・十一	己亥	2.2
九・二十一	辛亥	10.17	十・二十一	辛巳	11.16	十一・二十一	庚戌	12.15	十二・二十一	庚辰	1.14	闰十二・二十一	己酉	2.12

晋成帝咸康八年壬寅(342—343)

一・一	己未	2.22	二・一	戊子	3.23	三・一	戊午	4.22	*四・一	丁亥	5.21
一・十一	己巳	3.4	二・十一	戊戌	4.2	三・十一	戊辰	5.2	四・十一	丁酉	5.31
一・二十一	己卯	3.14	二・二十一	戊申	4.12	三・二十一	戊寅	5.12	四・二十一	丁未	6.10
五・一	丁巳	6.20	六・一	丙戌	7.19	七・一	丙辰	8.18	八・一	乙酉	9.16
五・十一	丁卯	6.30	六・十一	丙申	7.29	七・十一	丙寅	8.28	八・十一	乙未	9.26
五・二十一	丁丑	7.10	六・二十一	丙午	8.8	七・二十一	丙子	9.7	八・二十一	乙巳	10.6
九・一	乙卯	10.16	十・一	甲申	11.14	十一・一	甲寅	12.14	十二・一	甲申	1.13
九・十一	乙丑	10.26	十・十一	甲午	11.24	十一・十一	甲子	12.24	十二・十一	甲午	1.23
九・二十一	乙亥	11.5	十・二十一	甲辰	12.4	十一・二十一	甲戌	1.3	十二・二十一	甲辰	2.2

*《目录》四月癸亥朔,误。

晋康帝建元元年癸卯(343—344)

一・一	癸丑	2.11	二・一	癸未	3.13	三・一	壬子	4.11	四・一	壬午	5.11
一・十一	癸亥	2.21	二・十一	癸巳	3.23	三・十一	壬戌	4.21	四・十一	壬辰	5.21
一・二十一	癸酉	3.3	二・二十一	癸卯	4.2	三・二十一	壬申	5.1	四・二十一	壬寅	5.31
五・一	辛亥	6.9	六・一	辛巳	7.9	七・一	庚戌	8.7	八・一	庚辰	9.6
五・十一	辛酉	6.19	六・十一	辛卯	7.19	七・十一	庚申	8.17	八・十一	庚寅	9.16
五・二十一	辛未	6.29	六・二十一	辛丑	7.29	七・二十一	庚午	8.27	八・二十一	庚子	9.26
九・一	己酉	10.5	十・一	己卯	11.4	十一・一	戊申	12.3	十二・一	戊寅	1.2
九・十一	己未	10.15	十・十一	己丑	11.14	十一・十一	戊午	12.13	十二・十一	戊子	1.12
九・二十一	己巳	10.25	十・二十一	己亥	11.24	十一・二十一	戊辰	12.23	十二・二十一	戊戌	1.22

晋康帝建元二年甲辰（344—345）

一·一	丁未	1.31	二·一	丁丑	3.1	三·一	丙午	3.30	四·一	丙子	4.29
一·十一	丁巳	2.10	二·十一	丁亥	3.11	三·十一	丙辰	4.9	四·十一	丙戌	5.9
一·二十一	丁卯	2.20	二·二十一	丁酉	3.21	三·二十一	丙寅	4.19	四·二十一	丙申	5.19
五·一	丙午	5.29	六·一	乙亥	6.27	七·一	乙巳	7.27	八·一 甲戌 8.25 闰八·一 甲辰 9.24		
五·十一	丙辰	6.8	六·十一	乙酉	7.7	七·十一	乙卯	8.6	八·十一 甲申 9.4 闰八·十一 甲寅 10.4		
五·二十一	丙寅	6.18	六·二十一	乙未	7.17	七·二十一	乙丑	8.16	八·二十一 甲午 9.14 闰八·二十一 甲子 10.14		
九·一	癸酉	10.23	十·一	癸卯	11.22	十一·一	壬申	12.21	十二·一	壬寅	1.20
九·十一	癸未	11.2	十·十一	癸丑	12.2	十一·十一	壬午	12.31	十二·十一	壬子	1.30
九·二十一	癸巳	11.12	十·二十一	癸亥	12.12	十一·二十一	壬辰	1.10	十二·二十一	壬戌	2.9

晋穆帝永和元年乙巳（345—346）

一·一	辛未	2.18	二·一	辛丑	3.20	三·一	庚午	4.18	四·一	庚子	5.18
一·十一	辛巳	2.28	二·十一	辛亥	3.30	三·十一	庚辰	4.28	四·十一	庚戌	5.28
一·二十一	辛卯	3.10	二·二十一	辛酉	4.9	三·二十一	庚寅	5.8	四·二十一	庚申	6.7
五·一	己巳	6.16	六·一	己亥	7.16	七·一	戊辰	8.14	八·一	戊戌	9.13
五·十一	己卯	6.26	六·十一	己酉	7.26	七·十一	戊寅	8.24	八·十一	戊申	9.23
五·二十一	己丑	7.6	六·二十一	己未	8.5	七·二十一	戊子	9.3	八·二十一	戊午	10.3
九·一	戊辰	10.13	十·一	丁酉	11.11	*十一·一	丁卯	12.11	十二·一	丙申	1.9
九·十一	戊寅	10.23	十·十一	丁未	11.21	十一·十一	丁丑	12.21	十二·十一	丙午	1.19
九·二十一	戊子	11.2	十·二十一	丁巳	12.1	十一·二十一	丁亥	12.31	十二·二十一	丙辰	1.29

*《目录》十一月丙申朔，误。

晋穆帝永和二年丙午（346—347）

一·一	丙寅	2.8	二·一	乙未	3.9	三·一	乙丑	4.8	四·一	甲午	5.7
一·十一	丙子	2.18	二·十一	乙巳	3.19	三·十一	乙亥	4.18	四·十一	甲辰	5.17
一·二十一	丙戌	2.28	二·二十一	乙卯	3.29	三·二十一	乙酉	4.28	四·二十一	甲寅	5.27
五·一	甲子	6.6	六·一	癸巳	7.5	七·一	癸亥	8.4	八·一	壬辰	9.2
五·十一	甲戌	6.16	六·十一	癸卯	7.15	七·十一	癸酉	8.14	八·十一	壬寅	9.12
五·二十一	甲申	6.26	六·二十一	癸丑	7.25	七·二十一	癸未	8.24	八·二十一	壬子	9.22
九·一	壬戌	10.2	十·一	辛卯	10.31	十一·一	辛酉	11.30	十二·一	辛卯	12.30
九·十一	壬申	10.12	十·十一	辛丑	11.10	十一·十一	辛未	12.10	十二·十一	辛丑	1.9
九·二十一	壬午	10.22	十·二十一	辛亥	11.20	十一·二十一	辛巳	12.20	十二·二十一	辛亥	1.19

晋穆帝永和三年丁未（347—348）

一·一	庚申	1.28	二·一	庚寅	2.27	三·一	己未	3.28	四·一	己丑	4.27
一·十一	庚午	2.7	二·十一	庚子	3.9	三·十一	己巳	4.7	四·十一	己亥	5.7
一·二十一	庚辰	2.17	二·二十一	庚戌	3.19	三·二十一	己卯	4.17	四·二十一	己酉	5.17
五·一 戊午 5.26 闰五·一 戊子 6.25			六·一	丁巳	7.24	七·一	丁亥	8.23	八·一	丙辰	9.21
五·十一 戊辰 6.5 闰五·十一 戊戌 7.5			六·十一	丁卯	8.3	七·十一	丁酉	9.2	八·十一	丙寅	10.1
五·二十一 戊寅 6.15 闰五·二十一 戊申 7.15			六·二十一	丁丑	8.13	七·二十一	丁未	9.12	八·二十一	丙子	10.11
九·一	丙戌	10.21	十·一	乙卯	11.19	十一·一	乙酉	12.19	十二·一	甲寅	1.17
九·十一	丙申	10.31	十·十一	乙丑	11.29	十一·十一	乙未	12.29	十二·十一	甲子	1.27
九·二十一	丙午	11.10	十·二十一	乙亥	12.9	十一·二十一	乙巳	1.8	十二·二十一	甲戌	2.6

晋穆帝永和四年戊申(348—349)

一・一	甲申	2.16	二・一	癸丑	3.16	三・一	癸未	4.15	四・一	癸丑	5.15
一・十一	甲午	2.26	二・十一	癸亥	3.26	三・十一	癸巳	4.25	四・十一	癸亥	5.25
一・二十一	甲辰	3.7	二・二十一	癸酉	4.5	三・二十一	癸卯	5.5	四・二十一	癸酉	6.4
五・一	壬午	6.13	六・一	壬子	7.13	七・一	辛巳	8.11	八・一	辛亥	9.10
五・十一	壬辰	6.23	六・十一	壬戌	7.23	七・十一	辛卯	8.21	八・十一	辛酉	9.20
五・二十一	壬寅	7.3	六・二十一	壬申	8.2	七・二十一	辛丑	8.31	八・二十一	辛未	9.30
九・一	庚辰	10.9	十・一	庚戌	11.8	十一・一	己卯	12.7	十二・一	己酉	1.6
九・十一	庚寅	10.19	十・十一	庚申	11.18	十一・十一	己丑	12.17	十二・十一	己未	1.16
九・二十一	庚子	10.29	十・二十一	庚午	11.28	十一・二十一	己亥	12.27	十二・二十一	己巳	1.26

晋穆帝永和五年己酉(349—350)

一・一	戊寅	2.4	二・一	戊申	3.6	三・一	丁丑	4.4	四・一	丁未	5.4
一・十一	戊子	2.14	二・十一	戊午	3.16	三・十一	丁亥	4.14	四・十一	丁巳	5.14
一・二十一	戊戌	2.24	二・二十一	戊辰	3.26	三・二十一	丁酉	4.24	四・二十一	丁卯	5.24
五・一	丙子	6.2	六・一	丙午	7.2	七・一	乙亥	7.31	八・一	乙巳	8.30
五・十一	丙戌	6.12	六・十一	丙辰	7.12	七・十一	乙酉	8.10	八・十一	乙卯	9.9
五・二十一	丙申	6.22	六・二十一	丙寅	7.22	七・二十一	乙未	8.20	八・二十一	乙丑	9.19
九・一	乙亥	9.29	十・一	甲辰	10.28	十一・一	甲戌	11.27	十二・一	癸卯	12.26
九・十一	乙酉	10.9	十・十一	甲寅	11.7	十一・十一	甲申	12.7	十二・十一	癸丑	1.5
九・二十一	乙未	10.19	十・二十一	甲子	11.17	十一・二十一	甲午	12.17	十二・二十一	癸亥	1.15

晋穆帝永和六年庚戌(350—351)

一・一	癸酉	1.25	二・一 壬寅 2.23	闰二・一	壬申 3.25	三・一	辛丑	4.23	四・一	辛未	5.23
一・十一	癸未	2.4	二・十一 壬子 3.5	闰二・十一	壬午 4.4	三・十一	辛亥	5.3	四・十一	辛巳	6.2
一・二十一	癸巳	2.14	二・二十一 壬戌 3.15	闰二・二十一	壬辰 4.14	三・二十一	辛酉	5.13	四・二十一	辛卯	6.12
五・一	庚子	6.21	六・一	庚午	7.21	七・一	己亥	8.19	八・一	己巳	9.18
五・十一	庚戌	7.1	六・十一	庚辰	7.31	七・十一	己酉	8.29	八・十一	己卯	9.28
五・二十一	庚申	7.11	六・二十一	庚寅	8.10	七・二十一	己未	9.8	八・二十一	己丑	10.8
九・一	戊戌	10.17	十・一	戊辰	11.16	十一・一	戊戌	12.16	十二・一	丁卯	1.14
九・十一	戊申	10.27	十・十一	戊寅	11.26	十一・十一	戊申	12.26	十二・十一	丁丑	1.24
九・二十一	戊午	11.6	十・二十一	戊子	12.6	十一・二十一	戊午	1.5	十二・二十一	丁亥	2.3

晋穆帝永和七年辛亥(351—352)

一・一	丁酉	2.13	二・一	丙寅	3.14	三・一	丙申	4.13	四・一	乙丑	5.12
一・十一	丁未	2.23	二・十一	丙子	3.24	三・十一	丙午	4.23	四・十一	乙亥	5.22
一・二十一	丁巳	3.5	二・二十一	丙戌	4.3	三・二十一	丙辰	5.3	四・二十一	乙酉	6.1
五・一	乙未	6.11	六・一	甲子	7.10	七・一	甲午	8.9	八・一	癸亥	9.7
五・十一	乙巳	6.21	六・十一	甲戌	7.20	七・十一	甲辰	8.19	八・十一	癸酉	9.17
五・二十一	乙卯	7.1	六・二十一	甲申	7.30	七・二十一	甲寅	8.29	八・二十一	癸未	9.27
九・一	癸巳	10.7	十・一	壬戌	11.5	十一・一	壬辰	12.5	十二・一	辛酉	1.3
九・十一	癸卯	10.17	十・十一	壬申	11.15	十一・十一	壬寅	12.15	十二・十一	辛未	1.13
九・二十一	癸丑	10.27	十・二十一	壬午	11.25	十一・二十一	壬子	12.25	十二・二十一	辛巳	1.23

晋穆帝永和八年壬子(352—353)

一•一　辛卯　2.2	二•一　庚申　3.2	三•一　庚寅　4.1	四•一　庚申　5.1
一•十一　辛丑　2.12	二•十一　庚午　3.12	三•十一　庚子　4.11	四•十一　庚午　5.11
一•二十一　辛亥　2.22	二•二十一　庚辰　3.22	三•二十一　庚戌　4.21	四•二十一　庚辰　5.21
五•一　己丑　5.30	六•一　己未　6.29	七•一　戊子　7.28	八•一　戊午　8.27
五•十一　己亥　6.9	六•十一　己巳　7.9	七•十一　戊戌　8.7	八•十一　戊辰　9.6
五•二十一　己酉　6.19	六•二十一　己卯　7.19	七•二十一　戊申　8.17	八•二十一　戊寅　9.16
九•一　丁亥　9.25	十•一　丁巳　10.25　闰十•一　丙戌　11.23	十一•一　丙辰　12.23	十二•一　乙酉　1.21
九•十一　丁酉　10.5	十•十一　丁卯　11.4　闰十•十一　丙申　12.3	十一•十一　丙寅　1.2	十二•十一　乙未　1.31
九•二十一　丁未　10.15	十•二十一　丁丑　11.14　闰十•二十一　丙午　12.13	十一•二十一　丙子　1.12	十二•二十一　乙巳　2.10

晋穆帝永和九年癸丑(353—354)

一•一　乙卯　2.20	二•一　甲申　3.21	三•一　甲寅　4.20	四•一　癸未　5.19
一•十一　乙丑　3.2	二•十一　甲午　3.31	三•十一　甲子　4.30	四•十一　癸巳　5.29
一•二十一　乙亥　3.12	二•二十一　甲辰　4.10	三•二十一　甲戌　5.10	四•二十一　癸卯　6.8
五•一　癸丑　6.18	六•一　壬午　7.17	七•一　壬子　8.16	八•一　壬午　9.15
五•十一　癸亥　6.28	六•十一　壬辰　7.27	七•十一　壬戌　8.26	八•十一　壬辰　9.25
五•二十一　癸酉　7.8	六•二十一　壬寅　8.6	七•二十一　壬申　9.5	八•二十一　壬寅　10.5
九•一　辛亥　10.14	十•一　辛巳　11.13	十一•一　庚戌　12.12	十二•一　庚辰　1.11
九•十一　辛酉　10.24	十•十一　辛卯　11.23	十一•十一　庚申　12.22	十二•十一　庚寅　1.21
九•二十一　辛未　11.3	十•二十一　辛丑　12.3	十一•二十一　庚午　1.1	十二•二十一　庚子　1.31

晋穆帝永和十年甲寅(354—355)

一•一　己酉　2.9	二•一　己卯　3.11	三•一　戊申　4.9	四•一　戊寅　5.9
一•十一　己未　2.19	二•十一　己丑　3.21	三•十一　戊午　4.19	四•十一　戊子　5.19
一•二十一　己巳　3.1	二•二十一　己亥　3.31	三•二十一　戊辰　4.29	四•二十一　戊戌　5.29
五•一　丁未　6.7	六•一　丁丑　7.7	七•一　丙午　8.5	八•一　丙子　9.4
五•十一　丁巳　6.17	六•十一　丁亥　7.17	七•十一　丙辰　8.15	八•十一　丙戌　9.14
五•二十一　丁卯　6.27	六•二十一　丁酉　7.27	七•二十一　丙寅　8.25	八•二十一　丙申　9.24
九•一　乙巳　10.3	十•一　乙亥　11.2	十一•一　乙巳　12.2	十二•一　甲戌　12.31
九•十一　乙卯　10.13	十•十一　乙酉　11.12	十一•十一　乙卯　12.12	十二•十一　甲申　1.10
九•二十一　乙丑　10.23	十•二十一　乙未　11.22	十一•二十一　乙丑　12.22	十二•二十一　甲午　1.20

晋穆帝永和十一年乙卯(355—356)

一•一　甲辰　1.30	二•一　癸酉　2.28	三•一　癸卯　3.30	四•一　壬申　4.28
一•十一　甲寅　2.9	二•十一　癸未　3.10	三•十一　癸丑　4.9	四•十一　壬午　5.8
一•二十一　甲子　2.19	二•二十一　癸巳　3.20	三•二十一　癸亥　4.19	四•二十一　壬辰　5.18
五•一　壬寅　5.28	六•一　辛未　6.26　闰六•一　辛丑　7.26	七•一　庚午　8.24	八•一　庚子　9.23
五•十一　壬子　6.7	六•十一　辛巳　7.6　闰六•十一　辛亥　8.5	七•十一　庚辰　9.3	八•十一　庚戌　10.3
五•二十一　壬戌　6.17	六•二十一　辛卯　7.16　闰六•二十一　辛酉　8.15	七•二十一　庚寅　9.13	八•二十一　庚申　10.13
九•一　己巳　10.22	十•一　己亥　11.21	十一•一　戊辰　12.20	十二•一　戊戌　1.19
九•十一　己卯　11.1	十•十一　己酉　12.1	十一•十一　戊寅　12.30	十二•十一　戊申　1.29
九•二十一　己丑　11.11	十•二十一　己未　12.11	十一•二十一　戊子　1.9	十二•二十一　戊午　2.8

晋穆帝永和十二年丙辰（356—357）

一·一　丁卯　2.17	二·一　丁酉　3.18	三·一　丁卯　4.17	四·一　丙申　5.16
一·十一　丁丑　2.27	二·十一　丁未　3.28	三·十一　丁丑　4.27	四·十一　丙午　5.26
一·二十一　丁亥　3.8	二·二十一　丁巳　4.7	三·二十一　丁亥　5.7	四·二十一　丙辰　6.5
五·一　丙寅　6.15	*六·一　乙未　7.14	七·一　乙丑　8.13	八·一　甲午　9.11
五·十一　丙子　6.25	六·十一　乙巳　7.24	七·十一　乙亥　8.23	八·十一　甲辰　9.21
五·二十一　丙戌　7.5	六·二十一　乙卯　8.3	七·二十一　乙酉　9.2	八·二十一　甲寅　10.1
九·一　甲子　10.11	十·一　癸巳　11.9	十一·一　癸亥　12.9	十二·一　壬辰　1.7
九·十一　甲戌　10.21	十·十一　癸卯　11.19	十一·十一　癸酉　12.19	十二·十一　壬寅　1.17
九·二十一　甲申　10.31	十·二十一　癸丑　11.29	十一·二十一　癸未　12.29	十二·二十一　壬子　1.27

*《辑要》《朔闰考》六月乙卯朔，误。

晋穆帝升平元年丁巳（357—358）

一·一　壬戌　2.6	二·一　辛卯　3.7	三·一　辛酉　4.6	四·一　庚寅　5.5
一·十一　壬申　2.16	二·十一　辛丑　3.17	三·十一　辛未　4.16	四·十一　庚子　5.15
一·二十一　壬午　2.26	二·二十一　辛亥　3.27	三·二十一　辛巳　4.26	四·二十一　庚戌　5.25
五·一　庚申　6.4	六·一　己丑　7.3	七·一　己未　8.2	八·一　己丑　9.1
五·十一　庚午　6.14	六·十一　己亥　7.13	七·十一　己巳　8.12	八·十一　己亥　9.11
五·二十一　庚辰　6.24	六·二十一　己酉　7.23	七·二十一　己卯　8.22	八·二十一　己酉　9.21
九·一　戊午　9.30	十·一　戊子　10.30	十一·一　丁巳　11.28	十二·一　丁亥　12.28
九·十一　戊辰　10.10	十·十一　戊戌　11.9	十一·十一　丁卯　12.8	十二·十一　丁酉　1.7
九·二十一　戊寅　10.20	十·二十一　戊申　11.19	十一·二十一　丁丑　12.18	十二·二十一　丁未　1.17

晋穆帝升平二年戊午（358—359）

一·一　丙辰　1.26	二·一　丙戌　2.25	三·一　乙卯3.26　闰三·一　乙酉4.25	四·一　甲寅　5.24
一·十一　丙寅　2.5	二·十一　丙申　3.7	三·十一　乙丑4.5　闰三·十一　乙未5.5	四·十一　甲子　6.3
一·二十一　丙子　2.15	二·二十一　丙午　3.17	三·二十一乙亥4.15　闰三·二十一乙巳5.15	四·二十一　甲戌　6.13
五·一　甲申　6.23	六·一　癸丑　7.22	七·一　癸未　8.21	八·一　壬子　9.19
五·十一　甲午　7.3	六·十一　癸亥　8.1	七·十一　癸巳　8.31	八·十一　壬戌　9.29
五·二十一　甲辰　7.13	六·二十一　癸酉　8.11	七·二十一　癸卯　9.10	八·二十一　壬申　10.9
九·一　壬午　10.19	十·一　壬子　11.18	十一·一　辛巳　12.17	十二·一　辛亥　1.16
九·十一　壬辰　10.29	十·十一　壬戌　11.28	十一·十一　辛卯　12.27	十二·十一　辛酉　1.26
九·二十一　壬寅　11.8	十·二十一　壬申　12.8	十一·二十一　辛丑　1.6	十二·二十一　辛未　2.5

晋穆帝升平三年己未（359—360）

一·一　庚辰　2.14	二·一　庚戌　3.16	三·一　己卯　4.14	四·一　己酉　5.14
一·十一　庚寅　2.24	二·十一　庚申　3.26	三·十一　己丑　4.24	四·十一　己未　5.24
一·二十一　庚子　3.6	二·二十一　庚午　4.5	三·二十一　己亥　5.4	四·二十一　己巳　6.3
五·一　戊寅　6.12	六·一　戊申　7.12	七·一　丁丑　8.10	八·一　丁未　9.9
五·十一　戊子　6.22	六·十一　戊午　7.22	七·十一　丁亥　8.20	八·十一　丁巳　9.19
五·二十一　戊戌　7.2	六·二十一　戊辰　8.1	七·二十一　丁酉　8.30	八·二十一　丁卯　9.29
九·一　丙子　10.8	十·一　丙午　11.7	十一·一　乙亥　12.6	十二·一　乙巳　1.5
九·十一　丙戌　10.18	十·十一　丙辰　11.17	十一·十一　乙酉　12.16	十二·十一　乙卯　1.15
九·二十一　丙申　10.28	十·二十一　丙寅　11.27	十一·二十一　乙未　12.26	十二·二十一　乙丑　1.25

晋穆帝升平四年庚申(360—361)

一·一	甲戌	2.3	二·一	甲辰	3.4	三·一	甲戌	4.3	四·一	癸卯	5.2
一·十一	甲申	2.13	二·十一	甲寅	3.14	三·十一	甲申	4.13	四·十一	癸丑	5.12
一·二十一	甲午	2.23	二·二十一	甲子	3.24	三·二十一	甲午	4.23	四·二十一	癸亥	5.22
五·一	癸酉	6.1	六·一	壬寅	6.30	七·一	壬申	7.30	八·一	辛丑	8.28
五·十一	癸未	6.11	六·十一	壬子	7.10	七·十一	壬午	8.9	八·十一	辛亥	9.7
五·二十一	癸巳	6.21	六·二十一	壬戌	7.20	七·二十一	壬辰	8.19	八·二十一	辛酉	9.17
九·一	辛未	9.27	十·一	庚子	10.26	十一·一	庚午	11.25	十二·一	己亥	12.24　闰十二·一　己巳　1.23
九·十一	辛巳	10.7	十·十一	庚戌	11.5	十一·十一	庚辰	12.5	十二·十一	己酉	1.3　闰十二·十一　己卯　2.2
九·二十一	辛卯	10.17	十·二十一	庚申	11.15	十一·二十一	庚寅	12.15	十二·二十一	己未	1.13　闰十二·二十一　己丑　2.12

晋穆帝升平五年辛酉(361—362)

一·一	戊戌	2.21	二·一	戊辰	3.23	三·一	丁酉	4.21	四·一	丁卯	5.21
一·十一	戊申	3.3	二·十一	戊寅	4.2	三·十一	丁未	5.1	四·十一	丁丑	5.31
一·二十一	戊午	3.13	二·二十一	戊子	4.12	三·二十一	丁巳	5.11	四·二十一	丁亥	6.10
五·一	丙申	6.19	六·一	丙寅	7.19	七·一	丙申	8.18	八·一	乙丑	9.16
五·十一	丙午	6.29	六·十一	丙子	7.29	七·十一	丙午	8.28	八·十一	乙亥	9.26
五·二十一	丙辰	7.9	六·二十一	丙戌	8.8	七·二十一	丙辰	9.7	八·二十一	乙酉	10.6
九·一	乙未	10.16	十·一	甲子	11.14	十一·一	甲午	12.14	十二·一	癸亥	1.12
九·十一	乙巳	10.26	十·十一	甲戌	11.24	十一·十一	甲辰	12.24	十二·十一	癸酉	1.22
九·二十一	乙卯	11.5	十·二十一	甲申	12.4	十一·二十一	甲寅	1.3	十二·二十一	癸未	2.1

晋哀帝隆和元年壬戌(362—363)

一·一	癸巳	2.11	二·一	壬戌	3.12	三·一	壬辰	4.11	四·一	辛酉	5.10
一·十一	癸卯	2.21	二·十一	壬申	3.22	三·十一	壬寅	4.21	四·十一	辛未	5.20
一·二十一	癸丑	3.3	二·二十一	壬午	4.1	三·二十一	壬子	5.1	四·二十一	辛巳	5.30
五·一	辛卯	6.9	六·一	庚申	7.8	七·一	庚寅	8.7	八·一	己未	9.5
五·十一	辛丑	6.19	六·十一	庚午	7.18	七·十一	庚子	8.17	八·十一	己巳	9.15
五·二十一	辛亥	6.29	六·二十一	庚辰	7.28	七·二十一	庚戌	8.27	八·二十一	己卯	9.25
九·一	己丑	10.5	十·一	己未	11.4	十一·一	戊子	12.3	十二·一	戊午	1.2
九·十一	己亥	10.15	十·十一	己巳	11.14	十一·十一	戊戌	12.13	十二·十一	戊辰	1.12
九·二十一	己酉	10.25	十·二十一	己卯	11.24	十一·二十一	戊申	12.23	十二·二十一	戊寅	1.22

晋哀帝兴宁元年癸亥(363—364)

一·一	丁亥	1.31	*二·一	丁巳	3.2	三·一	丙戌	3.31	四·一	丙辰	4.30
一·十一	丁酉	2.10	二·十一	丁卯	3.12	三·十一	丙申	4.10	四·十一	丙寅	5.10
一·二十一	丁未	2.20	二·二十一	丁丑	3.22	三·二十一	丙午	4.20	四·二十一	丙子	5.20
五·一	乙酉	5.29	六·一	乙卯	6.28	七·一	甲申	7.27	八·一	甲寅	8.26　闰八·一　癸未　9.24
五·十一	乙未	6.8	六·十一	乙丑	7.8	七·十一	甲午	8.6	八·十一	甲子	9.5　闰八·十一　癸巳　10.4
五·二十一	乙巳	6.18	六·二十一	乙亥	7.18	七·二十一	甲辰	8.16	八·二十一	甲戌	9.15　闰八·二十一　癸卯　10.14
九·一	癸丑	10.24	十·一	壬午	11.22	十一·一	壬子	12.22	十二·一	辛巳	1.20
九·十一	癸亥	11.3	十·十一	壬辰	12.2	十一·十一	壬戌	1.1	十二·十一	辛卯	1.30
九·二十一	癸酉	11.13	十·二十一	壬寅	12.12	十一·二十一	壬申	1.11	十二·二十一	辛丑	2.9

* 本月改元“兴宁”。

晋哀帝兴宁二年甲子(364—365)

一·一	辛亥	2.19	二·一	辛巳	3.20	三·一	庚戌	4.18	四·一	庚辰	5.18
一·十一	辛酉	2.29	二·十一	辛卯	3.30	三·十一	庚申	4.28	四·十一	庚寅	5.28
一·二十一	辛未	3.10	二·二十一	辛丑	4.9	三·二十一	庚午	5.8	四·二十一	庚子	6.7
五·一	己酉	6.16	六·一	己卯	7.16	七·一	戊申	8.14	八·一	戊寅	9.13
五·十一	己未	6.26	六·十一	己丑	7.26	七·十一	戊午	8.24	八·十一	戊子	9.23
五·二十一	己巳	7.6	六·二十一	己亥	8.5	七·二十一	戊辰	9.3	八·二十一	戊戌	10.3
九·一	丁未	10.12	十·一	丁丑	11.11	十一·一	丙午	12.10	十二·一	丙子	1.9
九·十一	丁巳	10.22	十·十一	丁亥	11.21	十一·十一	丙辰	12.20	十二·十一	丙戌	1.19
九·二十一	丁卯	11.1	十·二十一	丁酉	12.1	十一·二十一	丙寅	12.30	十二·二十一	丙申	1.29

晋哀帝兴宁三年乙丑(365—366)

一·一	乙巳	2.7	二·一	乙亥	3.9	三·一	甲辰	4.7	四·一	甲戌	5.7
一·十一	乙卯	2.17	二·十一	乙酉	3.19	三·十一	甲寅	4.17	四·十一	甲申	5.17
一·二十一	乙丑	2.27	二·二十一	乙未	3.29	三·二十一	甲子	4.27	四·二十一	甲午	5.27
五·一	癸卯	6.5	六·一	癸酉	7.5	七·一	癸卯	8.4	八·一	壬申	9.2
五·十一	癸丑	6.15	六·十一	癸未	7.15	七·十一	癸丑	8.14	八·十一	壬午	9.12
五·二十一	癸亥	6.25	六·二十一	癸巳	7.25	七·二十一	癸亥	8.24	八·二十一	壬辰	9.22
九·一	壬寅	10.2	十·一	辛未	10.31	十一·一	辛丑	11.30	十二·一	庚午	12.29
九·十一	壬子	10.12	十·十一	辛巳	11.10	十一·十一	辛亥	12.10	十二·十一	庚辰	1.8
九·二十一	壬戌	10.22	十·二十一	辛卯	11.20	十一·二十一	辛酉	12.20	十二·二十一	庚寅	1.18

晋废帝(海西公)太和元年丙寅(366—367)

一·一	庚子	1.28	二·一	己巳	2.26	三·一	己亥	3.28	四·一　戊辰 4.26	*闰四·一	戊戌 5.26
一·十一	庚戌	2.7	二·十一	己卯	3.8	三·十一	己酉	4.7	四·十一　戊寅 5.6	闰四·十一	戊申 6.5
一·二十一	庚申	2.17	二·二十一	己丑	3.18	三·二十一	己未	4.17	四·二十一　戊子 5.16	闰四·二十一	戊午 6.15
五·一	丁卯	6.24	六·一	丁酉	7.24	七·一	丙寅	8.22	八·一	丙申	9.21
五·十一	丁丑	7.4	六·十一	丁未	8.3	七·十一	丙子	9.1	八·十一	丙午	10.1
五·二十一	丁亥	7.14	六·二十一	丁巳	8.13	七·二十一	丙戌	9.11	八·二十一	丙辰	10.11
九·一	丙寅	10.21	十·一	乙未	11.19	十一·一	乙丑	12.19	十二·一	甲午	1.17
九·十一	丙子	10.31	十·十一	乙巳	11.29	十一·十一	乙亥	12.29	十二·十一	甲辰	1.27
九·二十一	丙戌	11.10	十·二十一	乙卯	12.9	十一·二十一	乙酉	1.8	十二·二十一	甲寅	2.6

*《目录》闰五月丁卯朔。

晋废帝(海西公)太和二年丁卯(367—368)

一·一	甲子	2.16	二·一	癸巳	3.17	三·一	癸亥	4.16	四·一	壬辰	5.15
一·十一	甲戌	2.26	二·十一	癸卯	3.27	三·十一	癸酉	4.26	四·十一	壬寅	5.25
一·二十一	甲申	3.8	二·二十一	癸丑	4.6	三·二十一	癸未	5.6	四·二十一	壬子	6.4
五·一	壬戌	6.14	六·一	辛卯	7.13	七·一	辛酉	8.12	八·一	庚寅	9.10
五·十一	壬申	6.24	六·十一	辛丑	7.23	七·十一	辛未	8.22	八·十一	庚子	9.20
五·二十一	壬午	7.4	六·二十一	辛亥	8.2	七·二十一	辛巳	9.1	八·二十一	庚戌	9.30
九·一	庚申	10.10	十·一	己丑	11.8	十一·一	己未	12.8	十二·一	戊子	1.6
九·十一	庚午	10.20	十·十一	己亥	11.18	十一·十一	己巳	12.18	十二·十一	戊戌	1.16
九·二十一	庚辰	10.30	十·二十一	己酉	11.28	十一·二十一	己卯	12.28	十二·二十一	戊申	1.26

晋废帝(海西公)太和三年戊辰(368—369)

一·一	戊午	2.5	二·一	戊子	3.6	三·一	丁巳	4.4	四·一	丁亥	5.4
一·十一	戊辰	2.15	二·十一	戊戌	3.16	三·十一	丁卯	4.14	四·十一	丁酉	5.14
一·二十一	戊寅	2.25	二·二十一	戊申	3.26	三·二十一	丁丑	4.24	四·二十一	丁未	5.24
五·一	丙辰	6.2	六·一	丙戌	7.2	七·一	乙卯	7.31	八·一	乙酉	8.30
五·十一	丙寅	6.12	六·十一	丙申	7.12	七·十一	乙丑	8.10	八·十一	乙未	9.9
五·二十一	丙子	6.22	六·二十一	丙午	7.22	七·二十一	乙亥	8.20	八·二十一	乙巳	9.19
九·一	甲寅	9.28	十·一	甲申	10.28	十一·一	癸丑	11.26	十二·一	癸未	12.26
九·十一	甲子	10.8	十·十一	甲午	11.7	十一·十一	癸亥	12.6	十二·十一	癸巳	1.5
九·二十一	甲戌	10.18	十·二十一	甲辰	11.17	十一·二十一	癸酉	12.16	十二·二十一	癸卯	1.15

晋废帝(海西公)太和四年己巳(369—370)

一·一 壬子1.24	闰一·一 壬午2.23		二·一	辛亥	3.24	三·一	辛巳	4.23	四·一	庚戌	5.22
一·十一 壬戌2.3	闰一·十一 壬辰3.5		二·十一	辛酉	4.3	三·十一	辛卯	5.3	四·十一	庚申	6.1
一·二十一壬申2.13	闰一·二十一壬寅3.15		二·二十一	辛未	4.13	三·二十一	辛丑	5.13	四·二十一	庚午	6.11
五·一	庚辰	6.21	六·一	庚戌	7.21	七·一	己卯	8.19	八·一	己酉	9.18
五·十一	庚寅	7.1	六·十一	庚申	7.31	七·十一	己丑	8.29	八·十一	己未	9.28
五·二十一	庚子	7.11	六·二十一	庚午	8.10	七·二十一	己亥	9.8	八·二十一	己巳	10.8
九·一	戊寅	10.17	十·一	戊申	11.16	十一·一	丁丑	12.15	十二·一	丁未	1.14
九·十一	戊子	10.27	十·十一	戊午	11.26	十一·十一	丁亥	12.25	十二·十一	丁巳	1.24
九·二十一	戊戌	11.6	十·二十一	戊辰	12.6	十一·二十一	丁酉	1.4	十二·二十一	丁卯	2.3

晋废帝(海西公)太和五年庚午(370—371)

一·一	丙子	2.12	二·一	丙午	3.14	三·一	乙亥	4.12	四·一	乙巳	5.12
一·十一	丙戌	2.22	二·十一	丙辰	3.24	三·十一	乙酉	4.22	四·十一	乙卯	5.22
一·二十一	丙申	3.4	二·二十一	丙寅	4.3	三·二十一	乙未	5.2	四·二十一	乙丑	6.1
五·一	甲戌	6.10	六·一	甲辰	7.10	七·一	癸酉	8.8	八·一	癸卯	9.7
五·十一	甲申	6.20	六·十一	甲寅	7.20	七·十一	癸未	8.18	八·十一	癸丑	9.17
五·二十一	甲午	6.30	六·二十一	甲子	7.30	七·二十一	癸巳	8.28	八·二十一	癸亥	9.27
九·一	壬申	10.6	十·一	壬寅	11.5	十一·一	壬申	12.5	十二·一	辛丑	1.3
九·十一	壬午	10.16	十·十一	壬子	11.15	十一·十一	壬午	12.15	十二·十一	辛亥	1.13
九·二十一	壬辰	10.26	十·二十一	壬戌	11.25	十一·二十一	壬辰	12.25	十二·二十一	辛酉	1.23

晋简文帝咸安元年辛未(371—372)

一·一	辛未	2.2	二·一	庚子	3.3	三·一	庚午	4.2	四·一	己亥	5.1
一·十一	辛巳	2.12	二·十一	庚戌	3.13	三·十一	庚辰	4.12	四·十一	己酉	5.11
一·二十一	辛卯	2.22	二·二十一	庚申	3.23	三·二十一	庚寅	4.22	四·二十一	己未	5.21
五·一	己巳	5.31	六·一	戊戌	6.29	七·一	戊辰	7.29	八·一	丁酉	8.27
五·十一	己卯	6.10	六·十一	戊申	7.9	七·十一	戊寅	8.8	八·十一	丁未	9.6
五·二十一	己丑	6.20	六·二十一	戊午	7.19	七·二十一	戊子	8.18	八·二十一	丁巳	9.16
九·一	丁卯	9.26	十·一 丙申10.25	闰十·一 丙寅11.24		*十一·一	乙未	12.23	十二·一	乙丑	1.22
九·十一	丁丑	10.6	十·十一 丙午11.4	闰十·十一 丙子12.4		十一·十一	乙巳	1.2	十二·十一	乙亥	2.1
九·二十一	丁亥	10.16	十·二十一丙辰11.14	闰十·二十一丙戌12.14		十一·二十一	乙卯	1.12	十二·二十一	乙酉	2.11

* 本月简文帝即位,改元“咸安”。

晋简文帝咸安二年壬申(372—373)

一·一	乙未	2.21	二·一	甲子	3.21	三·一	甲午	4.20	四·一	癸亥	5.19
一·十一	乙巳	3.2	二·十一	甲戌	3.31	三·十一	甲辰	4.30	四·十一	癸酉	5.29
一·二十一	乙卯	3.12	二·二十一	甲申	4.10	三·二十一	甲寅	5.10	四·二十一	癸未	6.8
五·一	癸巳	6.18	六·一	壬戌	7.17	七·一	壬辰	8.16	八·一	辛酉	9.14
五·十一	癸卯	6.28	六·十一	壬申	7.27	七·十一	壬寅	8.26	八·十一	辛未	9.24
五·二十一	癸丑	7.8	六·二十一	壬午	8.6	七·二十一	壬子	9.5	八·二十一	辛巳	10.4
九·一	辛卯	10.14	十·一	庚申	11.12	十一·一	庚寅	12.12	十二·一	己未	1.10
九·十一	辛丑	10.24	十·十一	庚午	11.22	十一·十一	庚子	12.22	十二·十一	己巳	1.20
九·二十一	辛亥	11.3	十·二十一	庚辰	12.2	十一·二十一	庚戌	1.1	十二·二十一	己卯	1.30

晋孝武帝宁康元年癸酉(373—374)

一·一	己丑	2.9	二·一	戊午	3.10	三·一	戊子	4.9	四·一	丁巳	5.8
一·十一	己亥	2.19	二·十一	戊辰	3.20	三·十一	戊戌	4.19	四·十一	丁卯	5.18
一·二十一	己酉	3.1	二·二十一	戊寅	3.30	三·二十一	戊申	4.29	四·二十一	丁丑	5.28
五·一	丁亥	6.7	六·一	丁巳	7.7	七·一	丙戌	8.5	八·一	丙辰	9.4
五·十一	丁酉	6.17	六·十一	丁卯	7.17	七·十一	丙申	8.15	八·十一	丙寅	9.14
五·二十一	丁未	6.27	六·二十一	丁丑	7.27	七·二十一	丙午	8.25	八·二十一	丙子	9.24
九·一	乙酉	10.3	十·一	乙卯	11.2	十一·一	甲申	12.1	十二·一	甲寅	12.31
九·十一	乙未	10.13	十·十一	乙丑	11.12	十一·十一	甲午	12.11	十二·十一	甲子	1.10
九·二十一	乙巳	10.23	十·二十一	乙亥	11.22	十一·二十一	甲辰	12.21	十二·二十一	甲戌	1.20

晋孝武帝宁康二年甲戌(374—375)

一·一	癸未	1.29	二·一	癸丑	2.28	三·一	壬午	3.29	四·一	壬子	4.28
一·十一	癸巳	2.8	二·十一	癸亥	3.10	三·十一	壬辰	4.8	四·十一	壬戌	5.8
一·二十一	癸卯	2.18	二·二十一	癸酉	3.20	三·二十一	壬寅	4.18	四·二十一	壬申	5.18
五·一	辛巳	5.27	六·一	辛亥	6.26	七·一	庚辰 7.25	闰七·一 庚戌 8.24	八·一	己卯	9.22
五·十一	辛卯	6.6	六·十一	辛酉	7.6	七·十一	庚寅 8.4	闰七·十一 庚申 9.3	八·十一	己丑	10.2
五·二十一	辛丑	6.16	六·二十一	辛未	7.16	七·二十一	庚子 8.14	闰七·二十一 庚午 9.13	八·二十一	己亥	10.12
九·一	己酉	10.22	十·一	己卯	11.21	十一·一	戊申	12.20	十二·一	戊寅	1.19
九·十一	己未	11.1	十·十一	己丑	12.1	十一·十一	戊午	12.30	十二·十一	戊子	1.29
九·二十一	己巳	11.11	十·二十一	己亥	12.11	十一·二十一	戊辰	1.9	十二·二十一	戊戌	2.8

晋孝武帝宁康三年乙亥(375—376)

一·一	丁未	2.17	二·一	丁丑	3.19	三·一	丙午	4.17	四·一	丙子	5.17
一·十一	丁巳	2.27	二·十一	丁亥	3.29	三·十一	丙辰	4.27	四·十一	丙戌	5.27
一·二十一	丁卯	3.9	二·二十一	丁酉	4.8	三·二十一	丙寅	5.7	四·二十一	丙申	6.6
五·一	乙巳	6.15	六·一	乙亥	7.15	七·一	甲辰	8.13	八·一	甲戌	9.12
五·十一	乙卯	6.25	六·十一	乙酉	7.25	七·十一	甲寅	8.23	八·十一	甲申	9.22
五·二十一	乙丑	7.5	六·二十一	乙未	8.4	七·二十一	甲子	9.2	八·二十一	甲午	10.2
九·一	癸卯	10.11	十·一	癸酉	11.10	十一·一	壬寅	12.9	十二·一	壬申	1.8
九·十一	癸丑	10.21	十·十一	癸未	11.20	十一·十一	壬子	12.19	十二·十一	壬午	1.18
九·二十一	癸亥	10.31	十·二十一	癸巳	11.30	十一·二十一	壬戌	12.29	十二·二十一	壬辰	1.28

晋孝武帝太元元年丙子（376—377）

一·一	壬寅	2.7	二·一	辛未	3.7	三·一	辛丑	4.6	四·一	庚午	5.5
一·十一	壬子	2.17	二·十一	辛巳	3.17	三·十一	辛亥	4.16	四·十一	庚辰	5.15
一·二十一	壬戌	2.27	二·二十一	辛卯	3.27	三·二十一	辛酉	4.26	四·二十一	庚寅	5.25
五·一	庚子	6.4	六·一	己巳	7.3	七·一	己亥	8.2	八·一	戊辰	8.31
五·十一	庚戌	6.14	六·十一	己卯	7.13	七·十一	己酉	8.12	八·十一	戊寅	9.10
五·二十一	庚申	6.24	六·二十一	己丑	7.23	七·二十一	己未	8.22	八·二十一	戊子	9.20
九·一	戊戌	9.30	十·一	丁卯	10.29	十一·一	丁酉	11.28	十二·一	丙寅	12.27
九·十一	戊申	10.10	十·十一	丁丑	11.8	十一·十一	丁未	12.8	十二·十一	丙子	1.6
九·二十一	戊午	10.20	十·二十一	丁亥	11.18	十一·二十一	丁巳	12.18	十二·二十一	丙戌	1.16

晋孝武帝太元二年丁丑（377—378）

一·一	丙申	1.26	二·一	乙丑	2.24	三·一　乙未 3.26　闰三·一	甲子	4.24	四·一	甲午	5.24
一·十一	丙午	2.5	二·十一	乙亥	3.6	三·十一　乙巳 4.5　闰三·十一	甲戌	5.4	四·十一	甲辰	6.3
一·二十一	丙辰	2.15	二·二十一	乙酉	3.16	三·二十一　乙卯 4.15　闰三·二十一	甲申	5.14	四·二十一	甲寅	6.13
五·一	甲子	6.23	六·一	癸巳	7.22	七·一	癸亥	8.21	八·一	壬辰	9.19
五·十一	甲戌	7.3	六·十一	癸卯	8.1	七·十一	癸酉	8.31	八·十一	壬寅	9.29
五·二十一	甲申	7.13	六·二十一	癸丑	8.11	七·二十一	癸未	9.10	八·二十一	壬子	10.9
九·一	壬戌	10.19	十·一	辛卯	11.17	十一·一	辛酉	12.17	十二·一	庚寅	1.15
九·十一	壬申	10.29	十·十一	辛丑	11.27	十一·十一	辛未	12.27	十二·十一	庚子	1.25
九·二十一	壬午	11.8	十·二十一	辛亥	12.7	十一·二十一	辛巳	1.6	十二·二十一	庚戌	2.4

晋孝武帝太元三年戊寅（378—379）

一·一	庚申	2.14	二·一	己丑	3.15	三·一	己未	4.14	四·一	戊子	5.13
一·十一	庚午	2.24	二·十一	己亥	3.25	三·十一	己巳	4.24	四·十一	戊戌	5.23
一·二十一	庚辰	3.6	二·二十一	己酉	4.4	三·二十一	己卯	5.4	四·二十一	戊申	6.2
五·一	戊午	6.12	六·一	丁亥	7.11	七·一	丁巳	8.10	八·一	丙戌	9.8
五·十一	戊辰	6.22	六·十一	丁酉	7.21	七·十一	丁卯	8.20	八·十一	丙申	9.18
五·二十一	戊寅	7.2	六·二十一	丁未	7.31	七·二十一	丁丑	8.30	八·二十一	丙午	9.28
九·一	丙辰	10.8	十·一	丙戌	11.7	十一·一	乙卯	12.6	十二·一	乙酉	1.5
九·十一	丙寅	10.18	十·十一	丙申	11.17	十一·十一	乙丑	12.16	十二·十一	乙未	1.15
九·二十一	丙子	10.28	十·二十一	丙午	11.27	十一·二十一	乙亥	12.26	十二·二十一	乙巳	1.25

晋孝武帝太元四年己卯（379—380）

一·一	甲寅	2.3	二·一	甲申	3.5	三·一	癸丑	4.3	四·一	癸未	5.3
一·十一	甲子	2.13	二·十一	甲午	3.15	三·十一	癸亥	4.13	四·十一	癸巳	5.13
一·二十一	甲戌	2.23	二·二十一	甲辰	3.25	三·二十一	癸酉	4.23	四·二十一	癸卯	5.23
五·一	壬子	6.1	六·一	壬午	7.1	七·一	辛亥	7.30	八·一	辛巳	8.29
五·十一	壬戌	6.11	六·十一	壬辰	7.11	七·十一	辛酉	8.9	八·十一	辛卯	9.8
五·二十一	壬申	6.21	六·二十一	壬寅	7.21	七·二十一	辛未	8.19	八·二十一	辛丑	9.18
九·一	庚戌	9.27	十·一	庚辰	10.27	十一·一	己酉	11.25	十二·一　己卯 12.25　闰十二·一	己酉	1.24
九·十一	庚申	10.7	十·十一	庚寅	11.6	十一·十一	己未	12.5	十二·十一　己丑 1.4　闰十二·十一	己未	2.3
九·二十一	庚午	10.17	十·二十一	庚子	11.16	十一·二十一	己巳	12.15	十二·二十一　己亥 1.14　闰十二·二十一	己巳	2.13

晋孝武帝太元五年庚辰(380—381)

一·一 戊寅 2.22	二·一 戊申 3.23	三·一 丁丑 4.21	四·一 丁未 5.21
一·十一 戊子 3.3	二·十一 戊午 4.2	三·十一 丁亥 5.1	四·十一 丁巳 5.31
一·二十一 戊戌 3.13	二·二十一 戊辰 4.12	三·二十一 丁酉 5.11	四·二十一 丁卯 6.10
五·一 丙子 6.19	六·一 丙午 7.19	七·一 乙亥 8.17	八·一 乙巳 9.16
五·十一 丙戌 6.29	六·十一 丙辰 7.29	七·十一 乙酉 8.27	八·十一 乙卯 9.26
五·二十一 丙申 7.9	六·二十一 丙寅 8.8	七·二十一 乙未 9.6	八·二十一 乙丑 10.6
九·一 甲戌 10.15	十·一 甲辰 11.14	十一·一 癸酉 12.13	十二·一 癸卯 1.12
九·十一 甲申 10.25	十·十一 甲寅 11.24	十一·十一 癸未 12.23	十二·十一 癸丑 1.22
九·二十一 甲午 11.4	十·二十一 甲子 12.4	十一·二十一 癸巳 1.2	十二·二十一 癸亥 2.1

晋孝武帝太元六年辛巳(381—382)

一·一 壬申 2.10	二·一 壬寅 3.12	三·一 辛未 4.10	四·一 辛丑 5.10
一·十一 壬午 2.20	二·十一 壬子 3.22	三·十一 辛巳 4.20	四·十一 辛亥 5.20
一·二十一 壬辰 3.2	二·二十一 壬戌 4.1	三·二十一 辛卯 4.30	四·二十一 辛酉 5.30
五·一 辛未 6.9	*六·一 庚子 7.8	七·一 庚午 8.7	八·一 己亥 9.5
五·十一 辛巳 6.19	六·十一 庚戌 7.18	七·十一 庚辰 8.17	八·十一 己酉 9.15
五·二十一 辛卯 6.29	六·二十一 庚申 7.28	七·二十一 庚寅 8.27	八·二十一 己未 9.25
九·一 己巳 10.5	十·一 戊戌 11.3	十一·一 戊辰 12.3	十二·一 丁酉 1.1
九·十一 己卯 10.15	十·十一 戊申 11.13	十一·十一 戊寅 12.13	十二·十一 丁未 1.11
九·二十一 己丑 10.25	十·二十一 戊午 11.23	十一·二十一 戊子 12.23	十二·二十一 丁巳 1.21

*《目录》六月庚午朔,误。

晋孝武帝太元七年壬午(382—383)

一·一 丁卯 1.31	二·一 丙申 3.1	三·一 丙寅 3.31	四·一 乙未 4.29
一·十一 丁丑 2.10	二·十一 丙午 3.11	三·十一 丙子 4.10	四·十一 乙巳 5.9
一·二十一 丁亥 2.20	二·二十一 丙辰 3.21	三·二十一 丙戌 4.20	四·二十一 乙卯 5.19
五·一 乙丑 5.29	六·一 甲午 6.27	七·一 甲子 7.27	八·一 癸巳 8.25
五·十一 乙亥 6.8	六·十一 甲辰 7.7	七·十一 甲戌 8.6	八·十一 癸卯 9.4
五·二十一 乙酉 6.18	六·二十一 甲寅 7.17	七·二十一 甲申 8.16	八·二十一 癸丑 9.14
九·一 癸亥 9.24　闰九·一 癸巳 10.24	十·一 壬戌 11.22	十一·一 壬辰 12.22	十二·一 辛酉 1.20
九·十一 癸酉 10.4　闰九·十一 癸卯 11.3	十·十一 壬申 12.2	十一·十一 壬寅 1.1	十二·十一 辛未 1.30
九·二十一 癸未 10.14　闰九·二十一 癸丑 11.13	十·二十一 壬午 12.12	十一·二十一 壬子 1.11	十二·二十一 辛巳 2.9

晋孝武帝太元八年癸未(383—384)

一·一 辛卯 2.19	二·一 庚申 3.20	三·一 庚寅 4.19	四·一 己未 5.18
一·十一 辛丑 3.1	二·十一 庚午 3.30	三·十一 庚子 4.29	四·十一 己巳 5.28
一·二十一 辛亥 3.11	二·二十一 庚辰 4.9	三·二十一 庚戌 5.9	四·二十一 己卯 6.7
五·一 己丑 6.17	六·一 戊午 7.16	七·一 戊子 8.15	八·一 丁巳 9.13
五·十一 己亥 6.27	六·十一 戊辰 7.26	七·十一 戊戌 8.25	八·十一 丁卯 9.23
五·二十一 己酉 7.7	六·二十一 戊寅 8.5	七·二十一 戊申 9.4	八·二十一 丁丑 10.3
九·一 丁亥 10.13	十·一 丙辰 11.11	十一·一 丙戌 12.11	十二·一 丙辰 1.10
九·十一 丁酉 10.23	十·十一 丙寅 11.21	十一·十一 丙申 12.21	十二·十一 丙寅 1.20
九·二十一 丁未 11.2	十·二十一 丙子 12.1	十一·二十一 丙午 12.31	十二·二十一 丙子 1.30

晋孝武帝太元九年甲申（384—385）

一·一　乙酉　2.8	二·一　乙卯　3.9	三·一　甲申　4.7	四·一　甲寅　5.7
一·十一　乙未　2.18	二·十一　乙丑　3.19	三·十一　甲午　4.17	四·十一　甲子　5.17
一·二十一　乙巳　2.28	二·二十一　乙亥　3.29	三·二十一　甲辰　4.27	四·二十一　甲戌　5.27
五·一　癸未　6.5	六·一　癸丑　7.5	七·一　壬午　8.3	八·一　壬子　9.2
五·十一　癸巳　6.15	六·十一　癸亥　7.15	七·十一　壬辰　8.13	八·十一　壬戌　9.12
五·二十一　癸卯　6.25	六·二十一　癸酉　7.25	七·二十一　壬寅　8.23	八·二十一　壬申　9.22
九·一　辛巳　10.1	十·一　辛亥　10.31	十一·一　庚辰　11.29	十二·一　庚戌　12.29
九·十一　辛卯　10.11	十·十一　辛酉　11.10	十一·十一　庚寅　12.9	十二·十一　庚申　1.8
九·二十一　辛丑　10.21	十·二十一　辛未　11.20	十一·二十一　庚子　12.19	十二·二十一　庚午　1.18

晋孝武帝太元十年乙酉（385—386）

一·一　己卯　1.27	二·一　己酉　2.26	三·一　戊寅　3.27	四·一　戊申　4.26
一·十一　己丑　2.6	二·十一　己未　3.8	三·十一　戊子　4.6	四·十一　戊午　5.6
一·二十一　己亥　2.16	二·二十一　己巳　3.18	三·二十一　戊戌　4.16	四·二十一　戊辰　5.16
五·一　戊寅5.26　闰五·一　丁未6.24	六·一　丁丑　7.24	七·一　丙午　8.22	八·一　丙子　9.21
五·十一　戊子6.5　闰五·十一　丁巳7.4	六·十一　丁亥　8.3	七·十一　丙辰　9.1	八·十一　丙戌　10.1
五·二十一戊戌6.15　闰五·二十一丁卯7.14	六·二十一　丁酉　8.13	七·二十一　丙寅　9.11	八·二十一　丙申　10.11
九·一　乙巳　10.20	十·一　乙亥　11.19	十一·一　甲辰　12.18	十二·一　甲戌　1.17
九·十一　乙卯　10.30	十·十一　乙酉　11.29	十一·十一　甲寅　12.28	十二·十一　甲申　1.27
九·二十一　乙丑　11.9	十·二十一　乙未　12.9	十一·二十一　甲子　1.7	十二·二十一　甲午　2.6

晋孝武帝太元十一年、* 北魏道武帝登国元年丙戌（386—387）

一·一　癸卯　2.15	二·一　癸酉　3.17	三·一　壬寅　4.15	四·一　壬申　5.15
一·十一　癸丑　2.25	二·十一　癸未　3.27	三·十一　壬子　4.25	四·十一　壬午　5.25
一·二十一　癸亥　3.7	二·二十一　癸巳　4.6	三·二十一　壬戌　5.5	四·二十一　壬辰　6.4
五·一　辛丑　6.13	六·一　辛未　7.13	七·一　庚子　8.11	八·一　庚午　9.10
五·十一　辛亥　6.23	六·十一　辛巳　7.23	七·十一　庚戌　8.21	八·十一　庚辰　9.20
五·二十一　辛酉　7.3	六·二十一　辛卯　8.2	七·二十一　庚申　8.31	八·二十一　庚寅　9.30
九·一　庚子　10.10	十·一　己巳　11.8	十一·一　己亥　12.8	十二·一　戊辰　1.6
九·十一　庚戌　10.20	十·十一　己卯　11.18	十一·十一　己酉　12.18	十二·十一　戊寅　1.16
九·二十一　庚申　10.30	十·二十一　己丑　11.28	十一·二十一　己未　12.28	十二·二十一　戊子　1.26

* 北魏时金石刻辞，自称“魏”“代”或“大代大魏”，“北魏”“后魏”“拓跋魏”“元魏”等系史家追称。

晋孝武帝太元十二年、北魏道武帝登国二年丁亥（387—388）

一·一　戊戌　2.5	二·一　丁卯　3.6	三·一　丁酉　4.5	四·一　丙寅　5.4
一·十一　戊申　2.15	二·十一　丁丑　3.16	三·十一　丁未　4.15	四·十一　丙子　5.14
一·二十一　戊午　2.25	二·二十一　丁亥　3.26	三·二十一　丁巳　4.25	四·二十一　丙戌　5.24
五·一　丙申　6.3	六·一　乙丑　7.2	七·一　乙未　8.1	八·一　甲子　8.30
五·十一　丙午　6.13	六·十一　乙亥　7.12	七·十一　乙巳　8.11	八·十一　甲戌　9.9
五·二十一　丙辰　6.23	六·二十一　乙酉　7.22	七·二十一　乙卯　8.21	八·二十一　甲申　9.19
九·一　甲午　9.29	十·一　癸亥　10.28	十一·一　癸巳　11.27	十二·一　癸亥　12.27
九·十一　甲辰　10.9	十·十一　癸酉　11.7	十一·十一　癸卯　12.7	十二·十一　癸酉　1.6
九·二十一　甲寅　10.19	十·二十一　癸未　11.17	十一·二十一　癸丑　12.17	十二·二十一　癸未　1.16

晋孝武帝太元十三年、北魏道武帝登国三年戊子（388—389）

一·一 壬辰 1.25 闰一·一 壬戌 2.24	二·一 辛卯 3.24	三·一 辛酉 4.23	四·一 庚寅 5.22
一·十一 壬寅 2.4 闰一·十一 壬申 3.5	二·十一 辛丑 4.3	三·十一 辛未 5.3	四·十一 庚子 6.1
一·二十一 壬子 2.14 闰一·二十一 壬午 3.15	二·二十一 辛亥 4.13	三·二十一 辛巳 5.13	四·二十一 庚戌 6.11
五·一 庚申 6.21	六·一 己丑 7.20	七·一 己未 8.19	八·一 戊子 9.17
五·十一 庚午 7.1	六·十一 己亥 7.30	七·十一 己巳 8.29	八·十一 戊戌 9.27
五·二十一 庚辰 7.11	六·二十一 己酉 8.9	七·二十一 己卯 9.8	八·二十一 戊申 10.7
九·一 戊午 10.17	十·一 丁亥 11.15	十一·一 丁巳 12.15	十二·一 丙戌 1.13
九·十一 戊辰 10.27	十·十一 丁酉 11.25	十一·十一 丁卯 12.25	十二·十一 丙申 1.23
九·二十一 戊寅 11.6	十·二十一 丁未 12.5	十一·二十一 丁丑 1.4	十二·二十一 丙午 2.2

晋孝武帝太元十四年、北魏道武帝登国四年己丑（389—390）

一·一 丙辰 2.12	二·一 乙酉 3.13	三·一 乙卯 4.12	四·一 乙酉 5.12
一·十一 丙寅 2.22	二·十一 乙未 3.23	三·十一 乙丑 4.22	四·十一 乙未 5.22
一·二十一 丙子 3.4	二·二十一 乙巳 4.2	三·二十一 乙亥 5.2	四·二十一 乙巳 6.1
五·一 甲寅 6.10	六·一 甲申 7.10	七·一 癸丑 8.8	八·一 癸未 9.7
五·十一 甲子 6.20	六·十一 甲午 7.20	七·十一 癸亥 8.18	八·十一 癸巳 9.17
五·二十一 甲戌 6.30	六·二十一 甲辰 7.30	七·二十一 癸酉 8.28	八·二十一 癸卯 9.27
九·一 壬子 10.6	十·一 壬午 11.5	十一·一 辛亥 12.4	十二·一 辛巳 1.3
九·十一 壬戌 10.16	十·十一 壬辰 11.15	十一·十一 辛酉 12.14	十二·十一 辛卯 1.13
九·二十一 壬申 10.26	十·二十一 壬寅 11.25	十一·二十一 辛未 12.24	十二·二十一 辛丑 1.23

晋孝武帝太元十五年、北魏道武帝登国五年庚寅（390—391）

一·一 庚戌 2.1	二·一 庚辰 3.3	三·一 己酉 4.1	四·一 己卯 5.1
一·十一 庚申 2.11	二·十一 庚寅 3.13	三·十一 己未 4.11	四·十一 己丑 5.11
一·二十一 庚午 2.21	二·二十一 庚子 3.23	三·二十一 己巳 4.21	四·二十一 己亥 5.21
五·一 戊申 5.30	六·一 戊寅 6.29	七·一 丁未 7.28	八·一 丁丑 8.27
五·十一 戊午 6.9	六·十一 戊子 7.9	七·十一 丁巳 8.7	八·十一 丁亥 9.6
五·二十一 戊辰 6.19	六·二十一 戊戌 7.19	七·二十一 丁卯 8.17	八·二十一 丁酉 9.16
九·一 丁未 9.26	十·一 丙子 10.25 闰十·一 丙午 11.24	十一·一 乙亥 12.23	十二·一 乙巳 1.22
九·十一 丁巳 10.6	十·十一 丙戌 11.4 闰十·十一 丙辰 12.4	十一·十一 乙酉 1.2	十二·十一 乙卯 2.1
九·二十一 丁卯 10.16	十·二十一 丙申 11.14 闰十·二十一 丙寅 12.14	十一·二十一 乙未 1.12	十二·二十一 乙丑 2.11

晋孝武帝太元十六年、北魏道武帝登国六年辛卯（391—392）

一·一 甲戌 2.20	二·一 甲辰 3.22	三·一 癸酉 4.20	四·一 癸卯 5.20
一·十一 甲申 3.2	二·十一 甲寅 4.1	三·十一 癸未 4.30	四·十一 癸丑 5.30
一·二十一 甲午 3.12	二·二十一 甲子 4.11	三·二十一 癸巳 5.10	四·二十一 癸亥 6.9
五·一 壬申 6.18	六·一 壬寅 7.18	七·一 辛未 8.16	八·一 辛丑 9.15
五·十一 壬午 6.28	六·十一 壬子 7.28	七·十一 辛巳 8.26	八·十一 辛亥 9.25
五·二十一 壬辰 7.8	六·二十一 壬戌 8.7	七·二十一 辛卯 9.5	八·二十一 辛酉 10.5
九·一 庚午 10.14	十·一 庚子 11.13	十一·一 庚午 12.13	十二·一 己亥 1.11
九·十一 庚辰 10.24	十·十一 庚戌 11.23	十一·十一 庚辰 12.23	十二·十一 己酉 1.21
九·二十一 庚寅 11.3	十·二十一 庚申 12.3	十一·二十一 庚寅 1.2	十二·二十一 己未 1.31

晋孝武帝太元十七年、北魏道武帝登国七年壬辰(392—393)

一·一	己巳	2.10	二·一	戊戌	3.10	三·一	戊辰	4.9	四·一	丁酉	5.8
一·十一	己卯	2.20	二·十一	戊申	3.20	三·十一	戊寅	4.19	四·十一	丁未	5.18
一·二十一	己丑	3.1	二·二十一	戊午	3.30	三·二十一	戊子	4.29	四·二十一	丁巳	5.28
五·一	丁卯	6.7	六·一	丙申	7.6	七·一	丙寅	8.5	八·一	乙未	9.3
五·十一	丁丑	6.17	六·十一	丙午	7.16	七·十一	丙子	8.15	八·十一	乙巳	9.13
五·二十一	丁亥	6.27	六·二十一	丙辰	7.26	七·二十一	丙戌	8.25	八·二十一	乙卯	9.23
九·一	乙丑	10.3	十·一	甲午	11.1	十一·一	甲子	12.1	十二·一	癸巳	12.30
九·十一	乙亥	10.13	十·十一	甲辰	11.11	十一·十一	甲戌	12.11	十二·十一	癸卯	1.9
九·二十一	乙酉	10.23	十·二十一	甲寅	11.21	十一·二十一	甲申	12.21	十二·二十一	癸丑	1.19

晋孝武帝太元十八年、北魏道武帝登国八年癸巳(393—394)

一·一	癸亥	1.29	二·一	壬辰	2.27	三·一	壬戌	3.29	四·一	壬辰	4.28
一·十一	癸酉	2.8	二·十一	壬寅	3.9	三·十一	壬申	4.8	四·十一	壬寅	5.8
一·二十一	癸未	2.18	二·二十一	壬子	3.19	三·二十一	壬午	4.18	四·二十一	壬子	5.18
五·一	辛酉	5.27	六·一	辛卯	6.26	七·一	庚申	7.25 闰七·一 庚寅 8.24	八·一	己未	9.22
五·十一	辛未	6.6	六·十一	辛丑	7.6	七·十一	庚午	8.4 闰七·十一 庚子 9.3	八·十一	己巳	10.2
五·二十一	辛巳	6.16	六·二十一	辛亥	7.16	七·二十一	庚辰	8.14 闰七·二十一 庚戌 9.13	八·二十一	己卯	10.12
九·一	己丑	10.22	十·一	戊午	11.20	十一·一	戊子	12.20	十二·一	丁巳	1.18
九·十一	己亥	11.1	十·十一	戊辰	11.30	十一·十一	戊戌	12.30	十二·十一	丁卯	1.28
九·二十一	己酉	11.11	十·二十一	戊寅	12.10	十一·二十一	戊申	1.9	十二·二十一	丁丑	2.7

晋孝武帝太元十九年、北魏道武帝登国九年甲午(394—395)

一·一	丁亥	2.17	二·一	丙辰	3.18	三·一	丙戌	4.17	四·一	乙卯	5.16
一·十一	丁酉	2.27	二·十一	丙寅	3.28	三·十一	丙申	4.27	四·十一	乙丑	5.26
一·二十一	丁未	3.9	二·二十一	丙子	4.7	三·二十一	丙午	5.7	四·二十一	乙亥	6.5
五·一	乙酉	6.15	六·一	甲寅	7.14	七·一	甲申	8.13	八·一	甲寅	9.12
五·十一	乙未	6.25	六·十一	甲子	7.24	七·十一	甲午	8.23	八·十一	甲子	9.22
五·二十一	乙巳	7.5	六·二十一	甲戌	8.3	七·二十一	甲辰	9.2	八·二十一	甲戌	10.2
九·一	癸未	10.11	十·一	癸丑	11.10	十一·一	壬午	12.9	十二·一	壬子	1.8
九·十一	癸巳	10.21	十·十一	癸亥	11.20	十一·十一	壬辰	12.19	十二·十一	壬戌	1.18
九·二十一	癸卯	10.31	十·二十一	癸酉	11.30	十一·二十一	壬寅	12.29	十二·二十一	壬申	1.28

晋孝武帝太元二十年、北魏道武帝登国十年乙未(395—396)

一·一	辛巳	2.6	二·一	辛亥	3.8	三·一	庚辰	4.6	四·一	庚戌	5.6
一·十一	辛卯	2.16	二·十一	辛酉	3.18	三·十一	庚寅	4.16	四·十一	庚申	5.16
一·二十一	辛丑	2.26	二·二十一	辛未	3.28	三·二十一	庚子	4.26	四·二十一	庚午	5.26
五·一	己卯	6.4	*六·一	己酉	7.4	七·一	戊寅	8.2	八·一	戊申	9.1
五·十一	己丑	6.14	六·十一	己未	7.14	七·十一	戊子	8.12	八·十一	戊午	9.11
五·二十一	己亥	6.24	六·二十一	己巳	7.24	七·二十一	戊戌	8.22	八·二十一	戊辰	9.21
九·一	丁丑	9.30	十·一	丁未	10.30	十一·一	丁丑	11.29	十二·一	丙午	12.28
九·十一	丁亥	10.10	十·十一	丁巳	11.9	十一·十一	丁亥	12.9	十二·十一	丙辰	1.7
九·二十一	丁酉	10.20	十·二十一	丁卯	11.19	十一·二十一	丁酉	12.19	十二·二十一	丙寅	1.17

*《目录》六月壬辰朔,误。

晋孝武帝太元二十一年、北魏道武帝皇始元年丙申（396—397）

一・一	丙子	1.27	二・一	乙巳	2.25	三・一	乙亥	3.26 *闰三・一 甲辰 4.24	四・一	甲戌	5.24
一・十一	丙戌	2.6	二・十一	乙卯	3.6	三・十一	乙酉	4.5 闰三・十一 甲寅 5.4	四・十一	甲申	6.3
一・二十一	丙申	2.16	二・二十一	乙丑	3.16	三・二十一	乙未	4.15 闰三・二十一 甲子 5.14	四・二十一	甲午	6.13
五・一	癸卯	6.22	六・一	癸酉	7.22	**七・一	壬寅	8.20	八・一	壬申	9.19
五・十一	癸丑	7.2	六・十一	癸未	8.1	七・十一	壬子	8.30	八・十一	壬午	9.29
五・二十一	癸亥	7.12	六・二十一	癸巳	8.11	七・二十一	壬戌	9.9	八・二十一	壬辰	10.9
九・一	辛丑	10.18	十・一	辛未	11.17	十一・一	庚子	12.16	十二・一	庚午	1.15
九・十一	辛亥	10.28	十・十一	辛巳	11.27	十一・十一	庚戌	12.26	十二・十一	庚辰	1.25
九・二十一	辛酉	11.7	十・二十一	辛卯	12.7	十一・二十一	庚申	1.5	十二・二十一	庚寅	2.4

*《目录》闰五月癸卯朔。　** 本月北魏改元“皇始”。

晋安帝隆安元年、北魏道武帝皇始二年丁酉（397—398）

*一・一	己亥	2.13	二・一	己巳	3.15	三・一	己亥	4.14	四・一	戊辰	5.13
一・十一	己酉	2.23	二・十一	己卯	3.25	三・十一	己酉	4.24	四・十一	戊寅	5.23
一・二十一	己未	3.5	二・二十一	己丑	4.4	三・二十一	己未	5.4	四・二十一	戊子	6.2
五・一	戊戌	6.12	六・一	丁卯	7.11	七・一	丁酉	8.10	八・一	丙寅	9.8
五・十一	戊申	6.22	六・十一	丁丑	7.21	七・十一	丁未	8.20	八・十一	丙子	9.18
五・二十一	戊午	7.2	六・二十一	丁亥	7.31	七・二十一	丁巳	8.30	八・二十一	丙戌	9.28
九・一	丙申	10.8	十・一	乙丑	11.6	十一・一	乙未	12.6	十二・一	甲子	1.4
九・十一	丙午	10.18	十・十一	乙亥	11.16	十一・十一	乙巳	12.16	十二・十一	甲戌	1.14
九・二十一	丙辰	10.28	十・二十一	乙酉	11.26	十一・二十一	乙卯	12.26	十二・二十一	甲申	1.24

*《目录》正月庚子朔。

晋安帝隆安二年、北魏道武帝天兴元年戊戌（398—399）

一・一	甲午	2.3	二・一	癸亥	3.4	三・一	癸巳	4.3	四・一	壬戌	5.2
一・十一	甲辰	2.13	二・十一	癸酉	3.14	三・十一	癸卯	4.13	四・十一	壬申	5.12
一・二十一	甲寅	2.23	二・二十一	癸未	3.24	三・二十一	癸丑	4.23	四・二十一	壬午	5.22
五・一	壬辰	6.1	六・一	辛酉	6.30	七・一	辛卯	7.30	八・一	辛酉	8.29
五・十一	壬寅	6.11	六・十一	辛未	7.10	七・十一	辛丑	8.9	八・十一	辛未	9.8
五・二十一	壬子	6.21	六・二十一	辛巳	7.20	七・二十一	辛亥	8.19	八・二十一	辛巳	9.18
九・一	庚寅	9.27	十・一	庚申	10.27	十一・一	己丑	11.25 *闰十一・一 己未 12.25	**十二・一	戊子	1.23
九・十一	庚子	10.7	十・十一	庚午	11.6	十一・十一	己亥	12.5 闰十一・十一 己巳 1.4	十二・十一	戊戌	2.2
九・二十一	庚戌	10.17	十・二十一	庚辰	11.16	十一・二十一	己酉	12.15 闰十一・二十一 己卯 1.14	十二・二十一	戊申	2.12

*《目录》闰十二月戊子朔。　** 本月北魏改元“天兴”。

晋安帝隆安三年、北魏道武帝天兴二年己亥（399—400）

一・一	戊午	2.22	二・一	丁亥	3.23	三・一	丁巳	4.22	四・一	丙戌	5.21
一・十一	戊辰	3.4	二・十一	丁酉	4.2	三・十一	丁卯	5.2	四・十一	丙申	5.31
一・二十一	戊寅	3.14	二・二十一	丁未	4.12	三・二十一	丁丑	5.12	四・二十一	丙午	6.10
五・一	丙辰	6.20	六・一	乙酉	7.19	七・一	乙卯	8.18	八・一	甲申	9.16
五・十一	丙寅	6.30	六・十一	乙未	7.29	七・十一	乙丑	8.28	八・十一	甲午	9.26
五・二十一	丙子	7.10	六・二十一	乙巳	8.8	七・二十一	乙亥	9.7	八・二十一	甲辰	10.6
九・一	甲寅	10.16	十・一	甲申	11.15	十一・一	癸丑	12.14	十二・一	癸未	1.13
九・十一	甲子	10.26	十・十一	甲午	11.25	十一・十一	癸亥	12.24	十二・十一	癸巳	1.23
九・二十一	甲戌	11.5	十・二十一	甲辰	12.5	十一・二十一	癸酉	1.3	十二・二十一	癸卯	2.2

晋安帝隆安四年、北魏道武帝天兴三年庚子(400—401)

一・一	壬子	2.11	*二・一	壬午	3.12	三・一	辛亥	4.10	四・一	辛巳	5.10
一・十一	壬戌	2.21	二・十一	壬辰	3.22	三・十一	辛酉	4.20	四・十一	辛卯	5.20
一・二十一	壬申	3.2	二・二十一	壬寅	4.1	三・二十一	辛未	4.30	四・二十一	辛丑	5.30
五・一	庚戌	6.8	六・一	庚辰	7.8	七・一	己酉	8.6	八・一	己卯	9.5
五・十一	庚申	6.18	六・十一	庚寅	7.18	七・十一	己未	8.16	八・十一	己丑	9.15
五・二十一	庚午	6.28	六・二十一	庚子	7.28	七・二十一	己巳	8.26	八・二十一	己亥	9.25
九・一	戊申	10.4	十・一	戊寅	11.3	十一・一	丁未	12.2	十二・一	丁丑	1.1
九・十一	戊午	10.14	十・十一	戊子	11.13	十一・十一	丁巳	12.12	十二・十一	丁亥	1.11
九・二十一	戊辰	10.24	十・二十一	戊戌	11.23	十一・二十一	丁卯	12.22	十二・二十一	丁酉	1.21

*《目录》二月辛亥朔,误。

晋安帝隆安五年、北魏道武帝天兴四年辛丑(401—402)

一・一	丙午	1.30	二・一	丙子	3.1	三・一	丙午	3.31	四・一	乙亥	4.29
一・十一	丙辰	2.9	二・十一	丙戌	3.11	三・十一	丙辰	4.10	四・十一	乙酉	5.9
一・二十一	丙寅	2.19	二・二十一	丙申	3.21	三・二十一	丙寅	4.20	四・二十一	乙未	5.19
五・一	乙巳	5.29	六・一	甲戌	6.27	七・一	甲辰	7.27	八・一	癸酉	8.25 闰八・一 癸卯 9.24
五・十一	乙卯	6.8	六・十一	甲申	7.7	七・十一	甲寅	8.6	八・十一	癸未	9.4 闰八・十一 癸丑 10.4
五・二十一	乙丑	6.18	六・二十一	甲午	7.17	七・二十一	甲子	8.16	八・二十一	癸巳	9.14 闰八・二十一 癸亥 10.14
九・一	壬申	10.23	十・一	壬寅	11.22	十一・一	辛未	12.21	十二・一	辛丑	1.20
九・十一	壬午	11.2	十・十一	壬子	12.2	十一・十一	辛巳	12.31	十二・十一	辛亥	1.30
九・二十一	壬辰	11.12	十・二十一	壬戌	12.12	十一・二十一	辛卯	1.10	十二・二十一	辛酉	2.9

晋安帝元兴元年、北魏道武帝天兴五年壬寅(402—403)

一・一	庚午	2.18	二・一	庚子	3.20	*三・一	己巳	4.18	四・一	己亥	5.18
一・十一	庚辰	2.28	二・十一	庚戌	3.30	三・十一	己卯	4.28	四・十一	己酉	5.28
一・二十一	庚寅	3.10	二・二十一	庚申	4.9	三・二十一	己丑	5.8	四・二十一	己未	6.7
五・一	戊辰	6.16	六・一	戊戌	7.16	七・一	戊辰	8.15	八・一	丁酉	9.13
五・十一	戊寅	6.26	六・十一	戊申	7.26	七・十一	戊寅	8.25	八・十一	丁未	9.23
五・二十一	戊子	7.6	六・二十一	戊午	8.5	七・二十一	戊子	9.4	八・二十一	丁巳	10.3
九・一	丁卯	10.13	十・一	丙申	11.11	十一・一	丙寅	12.11	十二・一	乙未	1.9
九・十一	丁丑	10.23	十・十一	丙午	11.21	十一・十一	丙子	12.21	十二・十一	乙巳	1.19
九・二十一	丁亥	11.2	十・二十一	丙辰	12.1	十一・二十一	丙戌	12.31	十二・二十一	乙卯	1.29

* 本月复"隆安"年号,寻改为"大亨",次年续用"元兴"年号。

晋安帝元兴二年、北魏道武帝天兴六年癸卯(403—404)

一・一	乙丑	2.8	二・一	甲午	3.9	三・一	甲子	4.8	四・一	癸巳	5.7
一・十一	乙亥	2.18	二・十一	甲辰	3.19	三・十一	甲戌	4.18	四・十一	癸卯	5.17
一・二十一	乙酉	2.28	二・二十一	甲寅	3.29	三・二十一	甲申	4.28	四・二十一	癸丑	5.27
五・一	癸亥	6.6	六・一	壬辰	7.5	七・一	壬戌	8.4	八・一	辛卯	9.2
五・十一	癸酉	6.16	六・十一	壬寅	7.15	七・十一	壬申	8.14	八・十一	辛丑	9.12
五・二十一	癸未	6.26	六・二十一	壬子	7.25	七・二十一	壬午	8.24	八・二十一	辛亥	9.22
九・一	辛酉	10.2	十・一	辛卯	11.1	十一・一	庚申	11.30	十二・一	庚寅	12.30
九・十一	辛未	10.12	十・十一	辛丑	11.11	十一・十一	庚午	12.10	十二・十一	庚子	1.9
九・二十一	辛巳	10.22	十・二十一	辛亥	11.21	十一・二十一	庚辰	12.20	十二・二十一	庚戌	1.19

晋安帝元兴三年、北魏道武帝天赐元年甲辰(404—405)

一·一 己未 1.28	二·一 己丑 2.27	三·一 戊午 3.27	四·一 戊子 4.26
一·十一 己巳 2.7	二·十一 己亥 3.8	三·十一 戊辰 4.6	四·十一 戊戌 5.6
一·二十一 己卯 2.17	二·二十一 己酉 3.18	三·二十一 戊寅 4.16	四·二十一 戊申 5.16
五·一 丁巳 5.25 闰五·一 丁亥 6.24	六·一 丙辰 7.23	七·一 丙戌 8.22	八·一 乙卯 9.20
五·十一 丁卯 6.4 闰五·十一 丁酉 7.4	六·十一 丙寅 8.2	七·十一 丙申 9.1	八·十一 乙丑 9.30
五·二十一 丁丑 6.14 闰五·二十一 丁未 7.14	六·二十一 丙子 8.12	七·二十一 丙午 9.11	八·二十一 乙亥 10.10
九·一 乙酉 10.20	*十·一 甲寅 11.18	十一·一 甲申 12.18	十二·一 癸丑 1.16
九·十一 乙未 10.30	十·十一 甲子 11.28	十一·十一 甲午 12.28	十二·十一 癸亥 1.26
九·二十一 乙巳 11.9	十·二十一 甲戌 12.8	十一·二十一 甲辰 1.7	十二·二十一 癸酉 2.5

* 本月北魏改元“天赐”。

晋安帝义熙元年、北魏道武帝天赐二年乙巳(405—406)

一·一 癸未 2.15	二·一 癸丑 3.17	三·一 壬午 4.15	四·一 壬子 5.15
一·十一 癸巳 2.25	二·十一 癸亥 3.27	三·十一 壬辰 4.25	四·十一 壬戌 5.25
一·二十一 癸卯 3.7	二·二十一 癸酉 4.6	三·二十一 壬寅 5.5	四·二十一 壬申 6.4
五·一 辛巳 6.13	六·一 辛亥 7.13	七·一 庚辰 8.11	八·一 庚戌 9.10
五·十一 辛卯 6.23	六·十一 辛酉 7.23	七·十一 庚寅 8.21	八·十一 庚申 9.20
五·二十一 辛丑 7.3	六·二十一 辛未 8.2	七·二十一 庚子 8.31	八·二十一 庚午 9.30
九·一 己卯 10.9	十·一 己酉 11.8	十一·一 戊寅 12.7	十二·一 戊申 1.6
九·十一 己丑 10.19	十·十一 己未 11.18	十一·十一 戊子 12.17	十二·十一 戊午 1.16
九·二十一 己亥 10.29	十·二十一 己巳 11.28	十一·二十一 戊戌 12.27	十二·二十一 戊辰 1.26

晋安帝义熙二年、北魏道武帝天赐三年丙午(406—407)

一·一 丁丑 2.4	二·一 丁未 3.6	三·一 丙子 4.4	四·一 丙午 5.4
一·十一 丁亥 2.14	二·十一 丁巳 3.16	三·十一 丙戌 4.14	四·十一 丙辰 5.14
一·二十一 丁酉 2.24	二·二十一 丁卯 3.26	三·二十一 丙申 4.24	四·二十一 丙寅 5.24
五·一 乙亥 6.2	六·一 乙巳 7.2	七·一 乙亥 8.1	八·一 甲辰 8.30
五·十一 乙酉 6.12	六·十一 乙卯 7.12	七·十一 乙酉 8.11	八·十一 甲寅 9.9
五·二十一 乙未 6.22	六·二十一 乙丑 7.22	七·二十一 乙未 8.21	八·二十一 甲子 9.19
九·一 甲戌 9.29	十·一 癸卯 10.28	十一·一 癸酉 11.27	十二·一 壬寅 12.26
九·十一 甲申 10.9	十·十一 癸丑 11.7	十一·十一 癸未 12.7	十二·十一 壬子 1.5
九·二十一 甲午 10.19	十·二十一 癸亥 11.17	十一·二十一 癸巳 12.17	十二·二十一 壬戌 1.15

晋安帝义熙三年、北魏道武帝天赐四年丁未(407—408)

一·一 壬申 1.25	二·一 辛丑 2.23 *闰二·一 辛未 3.25	三·一 庚子 4.23	四·一 庚午 5.23
一·十一 壬午 2.4	二·十一 辛亥 3.5 闰二·十一 辛巳 4.4	三·十一 庚戌 5.3	四·十一 庚辰 6.2
一·二十一 壬辰 2.14	二·二十一 辛酉 3.15 闰二·二十一 辛卯 4.14	三·二十一 庚申 5.13	四·二十一 庚寅 6.12
五·一 己亥 6.21	六·一 己巳 7.21	七·一 戊戌 8.19	八·一 戊辰 9.18
五·十一 己酉 7.1	六·十一 己卯 7.31	七·十一 戊申 8.29	八·十一 戊寅 9.28
五·二十一 己未 7.11	六·二十一 己丑 8.10	七·二十一 戊午 9.8	八·二十一 戊子 10.8
九·一 戊戌 10.18	十·一 丁卯 11.16	十一·一 丁酉 12.16	十二·一 丙寅 1.14
九·十一 戊申 10.28	十·十一 丁丑 11.26	十一·十一 丁未 12.26	十二·十一 丙子 1.24
九·二十一 戊午 11.7	十·二十一 丁亥 12.6	十一·二十一 丁巳 1.5	十二·二十一 丙戌 2.3

*《目录》闰五月辛丑朔。

晋安帝义熙四年、北魏道武帝天赐五年戊申(408—409)

一·一	丙申	2.13	二·一	乙丑	3.13	三·一	乙未	4.12	四·一	甲子	5.11
一·十一	丙午	2.23	二·十一	乙亥	3.23	三·十一	乙巳	4.22	四·十一	甲戌	5.21
一·二十一	丙辰	3.4	二·二十一	乙酉	4.2	三·二十一	乙卯	5.2	四·二十一	甲申	5.31
五·一	甲午	6.10	六·一	癸亥	7.9	七·一	癸巳	8.8	八·一	壬戌	9.6
五·十一	甲辰	6.20	六·十一	癸酉	7.19	七·十一	癸卯	8.18	八·十一	壬申	9.16
五·二十一	甲寅	6.30	六·二十一	癸未	7.29	七·二十一	癸丑	8.28	八·二十一	壬午	9.26
九·一	壬辰	10.6	十·一	辛酉	11.4	十一·一	辛卯	12.4	十二·一	庚申	1.2
九·十一	壬寅	10.16	十·十一	辛未	11.14	十一·十一	辛丑	12.14	十二·十一	庚午	1.12
九·二十一	壬子	10.26	十·二十一	辛巳	11.24	十一·二十一	辛亥	12.24	十二·二十一	庚辰	1.22

晋安帝义熙五年、北魏明元帝永兴元年己酉(409—410)

一·一	庚寅	2.1	二·一	庚寅	3.3	三·一	己丑	4.1	四·一	己未	5.1
一·十一	庚子	2.11	二·十一	庚子	3.13	三·十一	己亥	4.11	四·十一	己巳	5.11
一·二十一	庚戌	2.21	二·二十一	庚戌	3.23	三·二十一	己酉	4.21	四·二十一	己卯	5.21
五·一	戊子	5.30	六·一	戊午	6.29	七·一	丁亥	7.28	八·一	丁巳	8.27
五·十一	戊戌	6.9	六·十一	戊辰	7.9	七·十一	丁酉	8.7	八·十一	丁卯	9.6
五·二十一	戊申	6.19	六·二十一	戊寅	7.19	七·二十一	丁未	8.17	八·二十一	丁丑	9.16
九·一	丙戌	9.25	*十·一 丙辰 10.25	闰十·一	乙酉 11.23	十一·一	乙卯	12.23	十二·一	甲申	1.21
九·十一	丙申	10.5	十·十一 丙寅 11.4	闰十·十一	乙未 12.3	十一·十一	乙丑	1.2	十二·十一	甲午	1.31
九·二十一	丙午	10.15	十·二十一 丙子 11.14	闰十·二十一	乙巳 12.13	十一·二十一	乙亥	1.12	十二·二十一	甲辰	1.10

＊本月北魏明元帝即位,改元“永兴”。

晋安帝义熙六年、北魏明元帝永兴二年庚戌(410—411)

一·一	甲寅	2.20	二·一	癸未	3.21	三·一	癸丑	4.20	四·一	壬午	5.19
一·十一	甲子	3.2	二·十一	癸巳	3.31	三·十一	癸亥	4.30	四·十一	壬辰	5.29
一·二十一	甲戌	3.12	二·二十一	癸卯	4.10	三·二十一	癸酉	5.10	四·二十一	壬寅	6.8
五·一	壬子	6.18	六·一	壬午	7.18	七·一	辛亥	8.16	八·一	辛巳	9.15
五·十一	壬戌	6.28	六·十一	壬辰	7.28	七·十一	辛酉	8.26	八·十一	辛卯	9.25
五·二十一	壬申	7.8	六·二十一	壬寅	8.7	七·二十一	辛未	9.5	八·二十一	辛丑	10.5
九·一	庚戌	10.14	十·一	庚辰	11.13	十一·一	己酉	12.12	十二·一	己卯	1.11
九·十一	庚申	10.24	十·十一	庚寅	11.23	十一·十一	己未	12.22	十二·十一	己丑	1.21
九·二十一	庚午	11.3	十·二十一	庚子	12.3	十一·二十一	己巳	1.1	十二·二十一	己亥	1.31

晋安帝义熙七年、北魏明元帝永兴三年辛亥(411—412)

一·一	戊申	2.9	二·一	戊寅	3.11	三·一	丁未	4.9	四·一	丁丑	5.9
一·十一	戊午	2.19	二·十一	戊子	3.21	三·十一	丁巳	4.19	四·十一	丁亥	5.19
一·二十一	戊辰	3.1	二·二十一	戊戌	3.31	三·二十一	丁卯	4.29	四·二十一	丁酉	5.29
五·一	丙午	6.7	六·一	丙子	7.7	七·一	乙巳	8.5	八·一	乙亥	9.4
五·十一	丙辰	6.17	六·十一	丙戌	7.17	七·十一	乙卯	8.15	八·十一	乙酉	9.14
五·二十一	丙寅	6.27	六·二十一	丙申	7.27	七·二十一	乙丑	8.25	八·二十一	乙未	9.24
九·一	乙巳	10.4	十·一	甲戌	11.2	十一·一	甲辰	12.2	十二·一	癸酉	12.31
九·十一	乙卯	10.14	十·十一	甲申	11.12	十一·十一	甲寅	12.12	十二·十一	癸未	1.10
九·二十一	乙丑	10.24	十·二十一	甲午	11.22	十一·二十一	甲子	12.22	十二·二十一	癸巳	1.20

晋安帝义熙八年、北魏明元帝永兴四年壬子（412—413）

一·一　癸卯　1.30	二·一　壬申　2.28	三·一　壬寅　3.29	四·一　辛未　4.27
一·十一　癸丑　2.9	二·十一　壬午　3.9	三·十一　壬子　4.8	四·十一　辛巳　5.7
一·二十一　癸亥　2.19	二·二十一　壬辰　3.19	三·二十一　壬戌　4.18	四·二十一　辛卯　5.17
五·一　辛丑　5.27	六·一　庚午6.25 *闰六·一　庚子7.25	七·一　己巳　8.23	八·一　己亥　9.22
五·十一　辛亥　6.6	六·十一　庚辰7.5　闰六·十一　庚戌8.4	七·十一　己卯　9.2	八·十一　己酉　10.2
五·二十一　辛酉　6.16	六·二十一庚寅7.15　闰六·二十一庚申8.14	七·二十一　己丑　9.12	八·二十一　己未　10.12
九·一　戊辰　10.21	十·一　戊戌　11.20	十一·一　丁卯　12.19	十二·一　丁酉　1.18
九·十一　戊寅　10.31	十·十一　戊申　11.30	十一·十一　丁丑　12.29	十二·十一　丁未　1.28
九·二十一　戊子　11.10	十·二十一　戊午　12.10	十一·二十一　丁亥　1.8	十二·二十一　丁巳　2.7

*《目录》闰二月壬寅朔，误。

晋安帝义熙九年、北魏明元帝永兴五年癸丑（413—414）

一·一　丁卯　2.17	二·一　丙申　3.18	三·一　丙寅　4.17	四·一　乙未　5.16
一·十一　丁丑　2.27	二·十一　丙午　3.28	三·十一　丙子　4.27	四·十一　乙巳　5.26
一·二十一　丁亥　3.9	二·二十一　丙辰　4.7	三·二十一　丙戌　5.7	四·二十一　乙卯　6.5
五·一　乙丑　6.15	六·一　甲午　7.14	七·一　甲子　8.13	八·一　癸巳　9.11
五·十一　乙亥　6.25	六·十一　甲辰　7.24	七·十一　甲戌　8.23	八·十一　癸卯　9.21
五·二十一　乙酉　7.5	六·二十一　甲寅　8.3	七·二十一　甲申　9.2	八·二十一　癸丑　10.1
九·一　癸亥　10.11	十·一　壬辰　11.9	十一·一　壬戌　12.9	十二·一　辛卯　1.7
九·十一　癸酉　10.21	十·十一　壬寅　11.19	十一·十一　壬申　12.19	十二·十一　辛丑　1.17
九·二十一　癸未　10.31	十·二十一　壬子　11.29	十一·二十一　壬午　12.29	十二·二十一　辛亥　1.27

晋安帝义熙十年、北魏明元帝神瑞元年甲寅（414—415）

一·一　辛酉　2.6	二·一　庚寅　3.7	三·一　庚申　4.6	四·一　己丑　5.5
一·十一　辛未　2.16	二·十一　庚子　3.17	三·十一　庚午　4.16	四·十一　己亥　5.15
一·二十一　辛巳　2.26	二·二十一　庚戌　3.27	三·二十一　庚辰　4.26	四·二十一　己酉　5.25
五·一　己未　6.4	六·一　己丑　7.4	七·一　戊午　8.2	八·一　戊子　9.1
五·十一　己巳　6.14	六·十一　己亥　7.14	七·十一　戊辰　8.12	八·十一　戊戌　9.11
五·二十一　己卯　6.24	六·二十一　己酉　7.24	七·二十一　戊寅　8.22	八·二十一　戊申　9.21
九·一　丁巳　9.30	十·一　丁亥　10.30	十一·一　丙辰　11.28	十二·一　丙戌　12.28
九·十一　丁卯　10.10	十·十一　丁酉　11.9	十一·十一　丙寅　12.8	十二·十一　丙申　1.7
九·二十一　丁丑　10.20	十·二十一　丁未　11.19	十一·二十一　丙子　12.18	十二·二十一　丙午　1.17

晋安帝义熙十一年、北魏明元帝神瑞二年乙卯（415—416）

一·一　乙卯　1.26	二·一　乙酉　2.25	三·一　甲寅3.26　闰三·一　甲申4.25	四·一　癸丑　5.24
一·十一　乙丑　2.5	二·十一　乙未　3.7	三·十一　甲子4.5　闰三·十一　甲午5.5	四·十一　癸亥　6.3
一·二十一　乙亥　2.15	二·二十一　乙巳　3.17	三·二十一甲戌4.15　闰三·二十一甲辰5.15	四·二十一　癸酉　6.13
五·一　癸未　6.23	六·一　壬子　7.22	七·一　壬午　8.21	八·一　壬子　9.20
五·十一　癸巳　7.3	六·十一　壬戌　8.1	七·十一　壬辰　8.31	八·十一　壬戌　9.30
五·二十一　癸卯　7.13	六·二十一　壬申　8.11	七·二十一　壬寅　9.10	八·二十一　壬申　10.10
九·一　辛巳　10.19	十·一　辛亥　11.18	十一·一　庚辰　12.17	十二·一　庚戌　1.16
九·十一　辛卯　10.29	十·十一　辛酉　11.28	十一·十一　庚寅　12.27	十二·十一　庚申　1.26
九·二十一　辛丑　11.8	十·二十一　辛未　12.8	十一·二十一　庚子　1.6	十二·二十一　庚午　2.5

晋安帝义熙十二年、北魏明元帝泰常元年丙辰（416—417）

一·一	己卯	2.14	二·一	己酉	3.15	三·一	戊寅	4.13	*四·一	戊申	5.13
一·十一	己丑	2.24	二·十一	己未	3.25	三·十一	戊子	4.23	四·十一	戊午	5.23
一·二十一	己亥	3.5	二·二十一	己巳	4.4	三·二十一	戊戌	5.3	四·二十一	戊辰	6.2
五·一	丁丑	6.11	六·一	丁未	7.11	七·一	丙子	8.9	八·一	丙午	9.8
五·十一	丁亥	6.21	六·十一	丁巳	7.21	七·十一	丙戌	8.19	八·十一	丙辰	9.18
五·二十一	丁酉	7.1	六·二十一	丁卯	7.31	七·二十一	丙申	8.29	八·二十一	丙寅	9.28
九·一	乙亥	10.7	十·一	乙巳	11.6	十一·一	甲戌	12.5	十二·一	甲辰	1.4
九·十一	乙酉	10.17	十·十一	乙卯	11.16	十一·十一	甲申	12.15	十二·十一	甲寅	1.14
九·二十一	乙未	10.27	十·二十一	乙丑	11.26	十一·二十一	甲午	12.25	十二·二十一	甲子	1.24

＊本月北魏改元“泰常”。

晋安帝义熙十三年、北魏明元帝泰常二年丁巳（417—418）

一·一	甲戌	2.3	二·一	癸卯	3.4	三·一	癸酉	4.3	四·一	壬寅	5.2			
一·十一	甲申	2.13	二·十一	癸丑	3.14	三·十一	癸未	4.13	四·十一	壬子	5.12			
一·二十一	甲午	2.23	二·二十一	癸亥	3.24	三·二十一	癸巳	4.23	四·二十一	壬戌	5.22			
五·一	壬申	6.1	六·一	辛丑	6.30	七·一	辛未	7.30	八·一	庚子	8.28			
五·十一	壬午	6.11	六·十一	辛亥	7.10	七·十一	辛巳	8.9	八·十一	庚戌	9.7			
五·二十一	壬辰	6.21	六·二十一	辛酉	7.20	七·二十一	辛卯	8.19	八·二十一	庚申	9.17			
九·一	庚午	9.27	十·一	己亥	10.26	十一·一	己巳	11.25	十二·一	戊戌	12.24	闰十二·一	戊辰	1.23
九·十一	庚辰	10.7	十·十一	己酉	11.5	十一·十一	己卯	12.5	十二·十一	戊申	1.3	闰十二·十一	戊寅	2.2
九·二十一	庚寅	10.17	十·二十一	己未	11.15	十一·二十一	己丑	12.15	十二·二十一	戊午	1.13	闰十二·二十一	戊子	2.12

晋安帝义熙十四年、北魏明元帝泰常三年戊午（418—419）

一·一	丁酉	2.21	二·一	丁卯	3.23	三·一	丙申	4.21	四·一	丙寅	5.21
一·十一	丁未	3.3	二·十一	丁丑	4.2	三·十一	丙午	5.1	四·十一	丙子	5.31
一·二十一	丁巳	3.13	二·二十一	丁亥	4.12	三·二十一	丙辰	5.11	四·二十一	丙戌	6.10
五·一	丙申	6.20	六·一	乙丑	7.19	七·一	乙未	8.18	八·一	甲子	9.16
五·十一	丙午	6.30	六·十一	乙亥	7.29	七·十一	乙巳	8.28	八·十一	甲戌	9.26
五·二十一	丙辰	7.10	六·二十一	乙酉	8.8	七·二十一	乙卯	9.7	八·二十一	甲申	10.6
九·一	甲午	10.16	十·一	癸亥	11.14	十一·一	癸巳	12.14	十二·一	壬戌	1.12
九·十一	甲辰	10.26	十·十一	癸酉	11.24	十一·十一	癸卯	12.24	十二·十一	壬申	1.22
九·二十一	甲寅	11.5	十·二十一	癸未	12.4	十一·二十一	癸丑	1.3	十二·二十一	壬午	2.1

晋恭帝元熙元年、北魏明元帝泰常四年己未（419—420）

一·一	壬辰	2.11	二·一	辛酉	3.12	三·一	辛卯	4.11	四·一	庚申	5.10
一·十一	壬寅	2.21	二·十一	辛未	3.22	三·十一	辛丑	4.21	四·十一	庚午	5.20
一·二十一	壬子	3.3	二·二十一	辛巳	4.1	三·二十一	辛亥	5.1	四·二十一	庚辰	5.30
五·一	庚寅	6.9	六·一	己未	7.8	七·一	己丑	8.7	*八·一	己未	9.6
五·十一	庚子	6.19	六·十一	己巳	7.18	七·十一	己亥	8.17	八·十一	己巳	9.16
五·二十一	庚戌	6.29	六·二十一	己卯	7.28	七·二十一	己酉	8.27	八·二十一	己卯	9.26
九·一	戊子	10.5	十·一	戊午	11.4	十一·一	丁亥	12.3	十二·一	丁巳	1.2
九·十一	戊戌	10.15	十·十一	戊辰	11.14	十一·十一	丁酉	12.13	十二·十一	丁卯	1.12
九·二十一	戊申	10.25	十·二十一	戊寅	11.24	十一·二十一	丁未	12.23	十二·二十一	丁丑	1.22

＊《目录》八月戊子朔，误。

南北朝历日表

宋武帝永初元年、北魏明元帝泰常五年庚申（420—421）

一·一	丙戌	1.31	二·一	丙辰	3.1	三·一	乙酉	3.30	四·一	乙卯	4.29
一·十一	丙申	2.10	二·十一	丙寅	3.11	三·十一	乙未	4.9	四·十一	乙丑	5.9
一·二十一	丙午	2.20	二·二十一	丙子	3.21	三·二十一	乙巳	4.19	四·二十一	乙亥	5.19
五·一	甲申	5.28	*六·一	甲寅	6.27	七·一	癸未	7.26	八·一 癸丑 8.25	闰八·一	壬午 9.23
五·十一	甲午	6.7	六·十一	甲子	7.7	七·十一	癸巳	8.5	八·十一 癸亥 9.4	闰八·十一	壬辰 10.3
五·二十一	甲辰	6.17	六·二十一	甲戌	7.17	七·二十一	癸卯	8.15	八·二十一 癸酉 9.14	闰八·二十一	壬寅 10.13
九·一	壬子	10.23	十·一	辛巳	11.21	十一·一	辛亥	12.21	十二·一	辛巳	1.20
九·十一	壬戌	11.2	十·十一	辛卯	12.1	十一·十一	辛酉	12.31	十二·十一	辛卯	1.30
九·二十一	壬申	11.12	十·二十一	辛丑	12.11	十一·二十一	辛未	1.10	十二·二十一	辛丑	2.9

＊本月宋武帝代晋，改元“永初”。

宋武帝永初二年、北魏明元帝泰常六年辛酉（421—422）

一·一	庚戌	2.18	二·一	庚辰	3.20	三·一	己酉	4.18	四·一	己卯	5.18
一·十一	庚申	2.28	二·十一	庚寅	3.30	三·十一	己未	4.28	四·十一	己丑	5.28
一·二十一	庚午	3.10	二·二十一	庚子	4.9	三·二十一	己巳	5.8	四·二十一	己亥	6.7
五·一	戊申	6.16	六·一	戊寅	7.16	七·一	丁未	8.14	八·一	丁丑	9.13
五·十一	戊午	6.26	六·十一	戊子	7.26	七·十一	丁巳	8.24	八·十一	丁亥	9.23
五·二十一	戊辰	7.6	六·二十一	戊戌	8.5	七·二十一	丁卯	9.3	八·二十一	丁酉	10.3
九·一	丙午	10.12	十·一	丙子	11.11	十一·一	乙巳	12.10	十二·一	乙亥	1.9
九·十一	丙辰	10.22	十·十一	丙戌	11.21	十一·十一	乙卯	12.20	十二·十一	乙酉	1.19
九·二十一	丙寅	11.1	十·二十一	丙申	12.1	十一·二十一	乙丑	12.30	十二·二十一	乙未	1.29

宋武帝永初三年、北魏明元帝泰常七年壬戌（422—423）

一·一	甲辰	2.7	二·一	甲戌	3.9	三·一	癸卯	4.7	四·一	癸酉	5.7
一·十一	甲寅	2.17	二·十一	甲申	3.19	三·十一	癸丑	4.17	四·十一	癸未	5.17
一·二十一	甲子	2.27	二·二十一	甲午	3.29	三·二十一	癸亥	4.27	四·二十一	癸巳	5.27
五·一	癸卯	6.6	六·一	壬申	7.5	七·一	壬寅	8.4	八·一	辛未	9.2
五·十一	癸丑	6.16	六·十一	壬午	7.15	七·十一	壬子	8.14	八·十一	辛巳	9.12
五·二十一	癸亥	6.26	六·二十一	壬辰	7.25	七·二十一	壬戌	8.24	八·二十一	辛卯	9.22
九·一	辛丑	10.2	十·一	庚午	10.31	十一·一	庚子	11.30	十二·一	己巳	12.29
九·十一	辛亥	10.12	十·十一	庚辰	11.10	十一·十一	庚戌	12.10	十二·十一	己卯	1.8
九·二十一	辛酉	10.22	十·二十一	庚寅	11.20	十一·二十一	庚申	12.20	十二·二十一	己丑	1.18

宋少帝景平元年、北魏明元帝泰常八年癸亥（423—424）

一·一	己亥	1.28	二·一	戊辰	2.26	三·一	戊戌	3.28	四·一 丁卯 4.26	闰四·一	丁酉 5.26
一·十一	己酉	2.7	二·十一	戊寅	3.8	三·十一	戊申	4.7	四·十一 丁丑 5.6	闰四·十一	丁未 6.5
一·二十一	己未	2.17	二·二十一	戊子	3.18	三·二十一	戊午	4.17	四·二十一 丁亥 5.16	闰四·二十一	丁巳 6.15
五·一	丙寅	6.24	六·一	丙申	7.24	七·一	丙寅	8.23	八·一	乙未	9.21
五·十一	丙子	7.4	六·十一	丙午	8.3	七·十一	丙子	9.2	八·十一	乙巳	10.1
五·二十一	丙戌	7.14	六·二十一	丙辰	8.13	七·二十一	丙戌	9.12	八·二十一	乙卯	10.11
九·一	乙丑	10.21	十·一	甲午	11.19	*十一·一	甲子	12.19	十二·一	癸巳	1.17
九·十一	乙亥	10.31	十·十一	甲辰	11.29	十一·十一	甲戌	12.29	十二·十一	癸卯	1.27
九·二十一	乙酉	11.10	十·二十一	甲寅	12.9	十一·二十一	甲申	1.8	十二·二十一	癸丑	2.6

＊《目录》十一月癸巳朔，误。

宋文帝元嘉元年、北魏太武帝始光元年甲子(424—425)

一·一	癸亥	2.16	*二·一	壬辰	3.16	三·一	壬戌	4.15	四·一	辛卯	5.14
一·十一	癸酉	2.26	二·十一	壬寅	3.26	三·十一	壬申	4.25	四·十一	辛丑	5.24
一·二十一	癸未	3.7	二·二十一	壬子	4.5	三·二十一	壬午	5.5	四·二十一	辛亥	6.3
五·一	辛酉	6.13	六·一	庚寅	7.12	七·一	庚申	8.11	**八·一	己丑	9.9
五·十一	辛未	6.23	六·十一	庚子	7.22	七·十一	庚午	8.21	八·十一	己亥	9.19
五·二十一	辛巳	7.3	六·二十一	庚戌	8.1	七·二十一	庚辰	8.31	八·二十一	己酉	9.29
九·一	己未	10.9	十·一	戊子	11.7	十一·一	戊午	12.7	十二·一	戊子	1.6
九·十一	己巳	10.19	十·十一	戊戌	11.17	十一·十一	戊辰	12.17	十二·十一	戊戌	1.16
九·二十一	己卯	10.29	十·二十一	戊申	11.27	十一·二十一	戊寅	12.27	十二·二十一	戊申	1.26

*《目录》二月癸巳朔。 ** 本月宋文帝即位,改元“元嘉”。

宋文帝元嘉二年、北魏太武帝始光二年乙丑(425—426)

一·一	丁巳	2.4	二·一	丁亥	3.6	三·一	丙辰	4.4	四·一	丙戌	5.4
一·十一	丁卯	2.14	二·十一	丁酉	3.16	三·十一	丙寅	4.14	四·十一	丙申	5.14
一·二十一	丁丑	2.24	二·二十一	丁未	3.26	三·二十一	丙子	4.24	四·二十一	丙午	5.24
五·一	乙卯	6.2	六·一	乙酉	7.2	七·一	甲寅	7.31	八·一	甲申	8.30
五·十一	乙丑	6.12	六·十一	乙未	7.12	七·十一	甲子	8.10	八·十一	甲午	9.9
五·二十一	乙亥	6.22	六·二十一	乙巳	7.22	七·二十一	甲戌	8.20	八·二十一	甲辰	9.19
九·一	癸丑	9.28	十·一	癸未	10.28	十一·一	壬子	11.26	十二·一	壬午	12.26
九·十一	癸亥	10.8	十·十一	癸巳	11.7	十一·十一	壬戌	12.6	十二·十一	壬辰	1.5
九·二十一	癸酉	10.18	十·二十一	癸卯	11.17	十一·二十一	壬申	12.16	十二·二十一	壬寅	1.15

宋文帝元嘉三年、北魏太武帝始光三年丙寅(426—427)

一·一 辛亥 1.24 闰一·一 辛巳 2.23			二·一	庚戌	3.24	三·一	庚辰	4.23	四·一	庚戌	5.23
一·十一 辛酉 2.3 闰一·十一 辛卯 3.5			二·十一	庚申	4.3	三·十一	庚寅	5.3	四·十一	庚申	6.2
一·二十一 辛未 2.13 闰一·二十一 辛丑 3.15			二·二十一	庚午	4.13	三·二十一	庚子	5.13	四·二十一	庚午	6.12
五·一	己卯	6.21	六·一	己酉	7.21	七·一	戊寅	8.19	八·一	戊申	9.18
五·十一	己丑	7.1	六·十一	己未	7.31	七·十一	戊子	8.29	八·十一	戊午	9.28
五·二十一	己亥	7.11	六·二十一	己巳	8.10	七·二十一	戊戌	9.8	八·二十一	戊辰	10.8
九·一	丁丑	10.17	十·一	丁未	11.16	十一·一	丙子	12.15	十二·一	丙午	1.14
九·十一	丁亥	10.27	十·十一	丁巳	11.26	十一·十一	丙戌	12.25	十二·十一	丙辰	1.24
九·二十一	丁酉	11.6	十·二十一	丁卯	12.6	十一·二十一	丙申	1.4	十二·二十一	丙寅	2.3

宋文帝元嘉四年、北魏太武帝始光四年丁卯(427—428)

一·一	乙亥	2.12	二·一	乙巳	3.14	三·一	甲戌	4.12	四·一	甲辰	5.12
一·十一	乙酉	2.22	二·十一	乙卯	3.24	三·十一	甲申	4.22	四·十一	甲寅	5.22
一·二十一	乙未	3.4	二·二十一	乙丑	4.3	三·二十一	甲午	5.2	四·二十一	甲子	6.1
*五·一	癸酉	6.10	六·一	癸卯	7.10	七·一	癸酉	8.9	八·一	壬寅	9.7
五·十一	癸未	6.20	六·十一	癸丑	7.20	七·十一	癸未	8.19	八·十一	壬子	9.17
五·二十一	癸巳	6.30	六·二十一	癸亥	7.30	七·二十一	癸巳	8.29	八·二十一	壬戌	9.27
九·一	壬申	10.7	十·一	辛丑	11.5	十一·一	辛未	12.5	十二·一	庚子	1.3
九·十一	壬午	10.17	十·十一	辛亥	11.15	十一·十一	辛巳	12.15	十二·十一	庚戌	1.13
九·二十一	壬辰	10.27	十·二十一	辛酉	11.25	十一·二十一	辛卯	12.25	十二·二十一	庚申	1.23

*《目录》五月癸卯朔,误。

宋文帝元嘉五年、北魏太武帝神䴥元年戊辰（428—429）

一•一	庚午	2.2	*二•一	己亥	3.2	三•一	己巳	4.1	四•一	戊戌	4.30
一•十一	庚辰	2.12	二•十一	己酉	3.12	三•十一	己卯	4.11	四•十一	戊申	5.10
一•二十一	庚寅	2.22	二•二十一	己未	3.22	三•二十一	己丑	4.21	四•二十一	戊午	5.20
五•一	戊辰	5.30	**六•一	丁酉	6.28	七•一	丁卯	7.28	八•一	丙申	8.26
五•十一	戊寅	6.9	六•十一	丁未	7.8	七•十一	丁丑	8.7	八•十一	丙午	9.5
五•二十一	戊子	6.19	六•二十一	丁巳	7.18	七•二十一	丁亥	8.17	八•二十一	丙辰	9.15
九•一	丙寅	9.25	十•一 乙未 10.24	闰十•一 乙丑 11.23		十一•一	乙未	12.23	十二•一	甲子	1.21
九•十一	丙子	10.5	十•十一 乙巳 11.3	闰十•十一 乙亥 12.3		十一•十一	乙巳	1.2	十二•十一	甲戌	1.31
九•二十一	丙戌	10.15	十•二十一 乙卯 11.13	闰十•二十一 乙酉 12.13		十一•二十一	乙卯	1.12	十二•二十一	甲申	2.10

* 本月北魏改元“神䴥”。　** 《目录》六月己酉朔，误。

宋文帝元嘉六年、北魏太武帝神䴥二年己巳（429—430）

一•一	甲午	2.20	二•一	癸亥	3.21	三•一	癸巳	4.20	四•一	壬戌	5.19
一•十一	甲辰	3.2	二•十一	癸酉	3.31	三•十一	癸卯	4.30	四•十一	壬申	5.29
一•二十一	甲寅	3.12	二•二十一	癸未	4.10	三•二十一	癸丑	5.10	四•二十一	壬午	6.8
五•一	壬辰	6.18	六•一	辛酉	7.17	七•一	辛卯	8.16	八•一	庚申	9.14
五•十一	壬寅	6.28	六•十一	辛未	7.27	七•十一	辛丑	8.26	八•十一	庚午	9.24
五•二十一	壬子	7.8	六•二十一	辛巳	8.6	七•二十一	辛亥	9.5	八•二十一	庚辰	10.4
九•一	庚寅	10.14	十•一	己未	11.12	十一•一	己丑	12.12	十二•一	戊午	1.10
九•十一	庚子	10.24	十•十一	己巳	11.22	十一•十一	己亥	12.22	十二•十一	戊辰	1.20
九•二十一	庚戌	11.3	十•二十一	己卯	12.2	十一•二十一	己酉	1.1	十二•二十一	戊寅	1.30

宋文帝元嘉七年、北魏太武帝神䴥三年庚午（430—431）

一•一	戊子	2.9	*二•一	戊午	3.11	三•一	丁亥	4.9	四•一	丁巳	5.9
一•十一	戊戌	2.19	二•十一	戊辰	3.21	三•十一	丁酉	4.19	四•十一	丁卯	5.19
一•二十一	戊申	3.1	二•二十一	戊寅	3.31	三•二十一	丁未	4.29	四•二十一	丁丑	5.29
五•一	丙戌	6.7	六•一	丙辰	7.7	七•一	乙酉	8.5	八•一	乙卯	9.4
五•十一	丙申	6.17	六•十一	丙寅	7.17	七•十一	乙未	8.15	八•十一	乙丑	9.14
五•二十一	丙午	6.27	六•二十一	丙子	7.27	七•二十一	乙巳	8.25	八•二十一	乙亥	9.24
九•一	甲申	10.3	十•一	甲寅	11.2	十一•一	癸未	12.1	十二•一	癸丑	12.31
九•十一	甲午	10.13	十•十一	甲子	11.12	十一•十一	癸巳	12.11	十二•十一	癸亥	1.10
九•二十一	甲辰	10.23	十•二十一	甲戌	11.22	十一•二十一	癸卯	12.21	十二•二十一	癸酉	1.20

*《目录》二月丁巳朔。

宋文帝元嘉八年、北魏太武帝神䴥四年辛未（431—432）

一•一	壬午	1.29	二•一	壬子	2.28	三•一	辛巳	3.29	四•一	辛亥	4.28
一•十一	壬辰	2.8	二•十一	壬戌	3.10	三•十一	辛卯	4.8	四•十一	辛酉	5.8
一•二十一	壬寅	2.18	二•二十一	壬申	3.20	三•二十一	辛丑	4.18	四•二十一	辛未	5.18
五•一	庚辰	5.27	六•一 庚戌 6.26	*闰六•一 庚辰 7.26		七•一	己酉	8.24	八•一	己卯	9.23
五•十一	庚寅	6.6	六•十一 庚申 7.6	闰六•十一 庚寅 8.5		七•十一	己未	9.3	八•十一	己丑	10.3
五•二十一	庚子	6.16	六•二十一 庚午 7.16	闰六•二十一 庚子 8.15		七•二十一	己巳	9.13	八•二十一	己亥	10.13
九•一	戊申	10.22	十•一	戊寅	11.21	十一•一	丁未	12.20	十二•一	丁丑	1.19
九•十一	戊午	11.1	十•十一	戊子	12.1	十一•十一	丁巳	12.30	十二•十一	丁亥	1.29
九•二十一	戊辰	11.11	十•二十一	戊戌	12.11	十一•二十一	丁卯	1.9	十二•二十一	丁酉	2.8

*《目录》闰七月己酉朔。

宋文帝元嘉九年、北魏太武帝延和元年壬申(432—433)

一・一	丙午	2.17	二・一	丙子	3.18	三・一	乙巳	4.16	四・一	乙亥	5.16
一・十一	丙辰	2.27	二・十一	丙戌	3.28	三・十一	乙卯	4.26	四・十一	乙酉	5.26
一・二十一	丙寅	3.8	二・二十一	丙申	4.7	三・二十一	乙丑	5.6	四・二十一	乙未	6.5
五・一	甲辰	6.14	六・一	甲戌	7.14	七・一	癸卯	8.12	八・一	癸酉	9.11
五・十一	甲寅	6.24	六・十一	甲申	7.24	七・十一	癸丑	8.22	八・十一	癸未	9.21
五・二十一	甲子	7.4	六・二十一	甲午	8.3	七・二十一	癸亥	9.1	八・二十一	癸巳	10.1
九・一	壬寅	10.10	十・一	壬申	11.9	十一・一	壬寅	12.9	十二・一	辛未	1.7
九・十一	壬子	10.20	十・十一	壬午	11.19	十一・十一	壬子	12.19	十二・十一	辛巳	1.17
九・二十一	壬戌	10.30	十・二十一	壬辰	11.29	十一・二十一	壬戌	12.29	十二・二十一	辛卯	1.27

宋文帝元嘉十年、北魏太武帝延和二年癸酉(433—434)

一・一	辛丑	2.6	二・一	庚午	3.7	三・一	庚子	4.6	四・一	己巳	5.5
一・十一	辛亥	2.16	二・十一	庚辰	3.17	三・十一	庚戌	4.16	四・十一	己卯	5.15
一・二十一	辛酉	2.26	二・二十一	庚寅	3.27	三・二十一	庚申	4.26	四・二十一	己丑	5.25
五・一	己亥	6.4	六・一	戊辰	7.3	七・一	戊戌	8.2	八・一	丁卯	8.31
五・十一	己酉	6.14	六・十一	戊寅	7.13	七・十一	戊申	8.12	八・十一	丁丑	9.10
五・二十一	己未	6.24	六・二十一	戊子	7.23	七・二十一	戊午	8.22	八・二十一	丁亥	9.20
九・一	丁酉	9.30	十・一	丙寅	10.29	十一・一	丙申	11.28	*十二・一	乙丑	12.27
九・十一	丁未	10.10	十・十一	丙子	11.8	十一・十一	丙午	12.8	十二・十一	乙亥	1.6
九・二十一	丁巳	10.20	十・二十一	丙戌	11.18	十一・二十一	丙辰	12.18	十二・二十一	乙酉	1.16

*《目录》十二月乙酉朔,误。

宋文帝元嘉十一年、北魏太武帝延和三年甲戌(434—435)

一・一	乙未	1.26	二・一	甲子	2.24	三・一	甲午 3.26	闰三・一 甲子 4.25	四・一	癸巳	5.24
一・十一	乙巳	2.5	二・十一	甲戌	3.6	三・十一	甲辰 4.5	闰三・十一 甲戌 5.5	四・十一	癸卯	6.3
一・二十一	乙卯	2.15	二・二十一	甲申	3.16	三・二十一	甲寅 4.15	闰三・二十一 甲申 5.15	四・二十一	癸丑	6.13
五・一	癸亥	6.23	六・一	壬辰	7.22	七・一	壬戌	8.21	八・一	辛卯	9.19
五・十一	癸酉	7.3	六・十一	壬寅	8.1	七・十一	壬申	8.31	八・十一	辛丑	9.29
五・二十一	癸未	7.13	六・二十一	壬子	8.11	七・二十一	壬午	9.10	八・二十一	辛亥	10.9
九・一	辛酉	10.19	十・一	庚寅	11.17	十一・一	庚申	12.17	十二・一	己丑	1.15
九・十一	辛未	10.29	十・十一	庚子	11.27	十一・十一	庚午	12.27	十二・十一	己亥	1.25
九・二十一	辛巳	11.8	十・二十一	庚戌	12.7	十一・二十一	庚辰	1.6	十二・二十一	己酉	2.4

宋文帝元嘉十二年、北魏太武帝太延元年乙亥(435—436)

一・一	己未	2.14	二・一	戊子	3.15	三・一	戊午	4.14	四・一	丁亥	5.13
一・十一	己巳	2.24	二・十一	戊戌	3.25	三・十一	戊辰	4.24	四・十一	丁酉	5.23
一・二十一	己卯	3.6	二・二十一	戊申	4.4	三・二十一	戊寅	5.4	四・二十一	丁未	6.2
五・一	丁巳	6.12	六・一	丁亥	7.12	七・一	丙辰	8.10	八・一	丙戌	9.9
五・十一	丁卯	6.22	六・十一	丁酉	7.22	七・十一	丙寅	8.20	八・十一	丙申	9.19
五・二十一	丁丑	7.2	六・二十一	丁未	8.1	七・二十一	丙子	8.30	八・二十一	丙午	9.29
九・一	乙卯	10.8	十・一	乙酉	11.7	十一・一	甲寅	12.6	十二・一	甲申	1.5
九・十一	乙丑	10.18	十・十一	乙未	11.17	十一・十一	甲子	12.16	十二・十一	甲午	1.15
九・二十一	乙亥	10.28	十・二十一	乙巳	11.27	十一・二十一	甲戌	12.26	十二・二十一	甲辰	1.25

宋文帝元嘉十三年、北魏太武帝太延二年丙子（436—437）

一·一　癸丑　2.3 一·十一　癸亥　2.13 一·二十一　癸酉　2.23	二·一　癸未　3.4 二·十一　癸巳　3.14 二·二十一　癸卯　3.24	三·一　壬子　4.2 三·十一　壬戌　4.12 三·二十一　壬申　4.22	四·一　壬午　5.2 四·十一　壬辰　5.12 四·二十一　壬寅　5.22
五·一　辛亥　5.31 五·十一　辛酉　6.10 五·二十一　辛未　6.20	六·一　辛巳　6.30 六·十一　辛卯　7.10 六·二十一　辛丑　7.20	七·一　庚戌　7.29 七·十一　庚申　8.8 七·二十一　庚午　8.18	八·一　庚辰　8.28 八·十一　庚寅　9.7 八·二十一　庚子　9.17
九·一　己酉　9.26 九·十一　己未　10.6 九·二十一　己巳　10.16	十·一　己卯　10.26 十·十一　己丑　11.5 十·二十一　己亥　11.15	十一·一　己酉　11.25 十一·十一　己未　12.5 十一·二十一　己巳　12.15	十二·一　戊寅 12.24　闰十二·一　戊申 1.23 十二·十一　戊子 1.3　闰十二·十一　戊午 2.2 十二·二十一戊戌 1.13　闰十二·二十一戊辰 2.12

宋文帝元嘉十四年、北魏太武帝太延三年丁丑（437—438）

一·一　丁丑　2.21 一·十一　丁亥　3.3 一·二十一　丁酉　3.13	二·一　丁未　3.23 二·十一　丁巳　4.2 二·二十一　丁卯　4.12	三·一　丙子　4.21 三·十一　丙戌　5.1 三·二十一　丙申　5.11	四·一　丙午　5.21 四·十一　丙辰　5.31 四·二十一　丙寅　6.10
五·一　乙亥　6.19 五·十一　乙酉　6.29 五·二十一　乙未　7.9	六·一　乙巳　7.19 六·十一　乙卯　7.29 六·二十一　乙丑　8.8	七·一　甲戌　8.17 七·十一　甲申　8.27 七·二十一　甲午　9.6	八·一　甲辰　9.16 八·十一　甲寅　9.26 八·二十一　甲子　10.6
九·一　癸酉　10.15 九·十一　癸未　10.25 九·二十一　癸巳　11.4	十·一　癸卯　11.14 十·十一　癸丑　11.24 十·二十一　癸亥　12.4	十一·一　壬申　12.13 十一·十一　壬午　12.23 十一·二十一　壬辰　1.2	十二·一　壬寅　1.12 十二·十一　壬子　1.22 十二·二十一　壬戌　2.1

宋文帝元嘉十五年、北魏太武帝太延四年戊寅（438—439）

一·一　辛未　2.10 一·十一　辛巳　2.20 一·二十一　辛卯　3.2	二·一　辛丑　3.12 二·十一　辛亥　3.22 二·二十一　辛酉　4.1	三·一　辛未　4.11 三·十一　辛巳　4.21 三·二十一　辛卯　5.1	四·一　庚子　5.10 四·十一　庚戌　5.20 四·二十一　庚申　5.30
五·一　庚午　6.9 五·十一　庚辰　6.19 五·二十一　庚寅　6.29	六·一　己亥　7.8 六·十一　己酉　7.18 六·二十一　己未　7.28	七·一　己巳　8.7 七·十一　己卯　8.17 七·二十一　己丑　8.27	八·一　戊戌　9.5 八·十一　戊申　9.15 八·二十一　戊午　9.25
九·一　戊辰　10.5 九·十一　戊寅　10.15 九·二十一　戊子　10.25	十·一　丁酉　11.3 十·十一　丁未　11.13 十·二十一　丁巳　11.23	十一·一　丁卯　12.3 十一·十一　丁丑　12.13 十一·二十一　丁亥　12.23	十二·一　丙申　1.1 十二·十一　丙午　1.11 十二·二十一　丙辰　1.21

宋文帝元嘉十六年、北魏太武帝太延五年己卯（439—440）

一·一　丙寅　1.31 一·十一　丙子　2.10 一·二十一　丙戌　2.20	二·一　乙未　3.1 二·十一　乙巳　3.11 二·二十一　乙卯　3.21	三·一　乙丑　3.31 三·十一　乙亥　4.10 三·二十一　乙酉　4.20	四·一　甲午　4.29 四·十一　甲辰　5.9 四·二十一　甲寅　5.19
五·一　甲子　5.29 五·十一　甲戌　6.8 五·二十一　甲申　6.18	六·一　甲午　6.28 六·十一　甲辰　7.8 六·二十一　甲寅　7.18	七·一　癸亥　7.27 七·十一　癸酉　8.6 七·二十一　癸未　8.16	八·一　癸巳　8.26 八·十一　癸卯　9.5 八·二十一　癸丑　9.15
九·一　壬戌 9.24　闰九·一　壬辰 10.24 九·十一　壬申 10.4　闰九·十一　壬寅 11.3 九·二十一壬午 10.14　闰九·二十一壬子 11.13	十·一　辛酉　11.22 十·十一　辛未　12.2 十·二十一　辛巳　12.12	十一·一　辛卯　12.22 十一·十一　辛丑　1.1 十一·二十一　辛亥　1.11	十二·一　庚申　1.20 十二·十一　庚午　1.30 十二·二十一　庚辰　2.9

宋文帝元嘉十七年、北魏太武帝太平真君元年庚辰(440—441)

一·一 庚寅 2.19	二·一 己未 3.19	三·一 己丑 4.18	四·一 戊午 5.17
一·十一 庚子 2.29	二·十一 己巳 3.29	三·十一 己亥 4.28	四·十一 戊辰 5.27
一·二十一 庚戌 3.10	二·二十一 己卯 4.8	三·二十一 己酉 5.8	四·二十一 戊寅 6.6
五·一 戊子 6.16	*六·一 丁巳 7.15	七·一 丁亥 8.14	八·一 丙辰 9.12
五·十一 戊戌 6.26	六·十一 丁卯 7.25	七·十一 丁酉 8.24	八·十一 丙寅 9.22
五·二十一 戊申 7.6	六·二十一 丁丑 8.4	七·二十一 丁未 9.3	八·二十一 丙子 10.2
九·一 丙戌 10.12	十·一 丙辰 11.11	十一·一 乙酉 12.10	十二·一 乙卯 1.9
九·十一 丙申 10.22	十·十一 丙寅 11.21	十一·十一 乙未 12.20	十二·十一 乙丑 1.19
九·二十一 丙午 11.1	十·二十一 丙子 12.1	十一·二十一 乙巳 12.30	十二·二十一 乙亥 1.29

＊ 本月北魏改元“太平真君”。

宋文帝元嘉十八年、北魏太武帝太平真君二年辛巳(441—442)

一·一 甲申 2.7	二·一 甲寅 3.9	三·一 癸未 4.7	四·一 癸丑 5.7
一·十一 甲午 2.17	二·十一 甲子 3.19	三·十一 癸巳 4.17	四·十一 癸亥 5.17
一·二十一 甲辰 2.27	二·二十一 甲戌 3.29	三·二十一 癸卯 4.27	四·二十一 癸酉 5.27
五·一 壬午 6.5	六·一 壬子 7.5	七·一 辛巳 8.3	八·一 辛亥 9.2
五·十一 壬辰 6.15	六·十一 壬戌 7.15	七·十一 辛卯 8.13	八·十一 辛酉 9.12
五·二十一 壬寅 6.25	六·二十一 壬申 7.25	七·二十一 辛丑 8.23	八·二十一 辛未 9.22
九·一 庚辰 10.1	十·一 庚戌 10.31	十一·一 己卯 11.29	十二·一 己酉 12.29
九·十一 庚寅 10.11	十·十一 庚申 11.10	十一·十一 己丑 12.9	十二·十一 己未 1.8
九·二十一 庚子 10.21	十·二十一 庚午 11.20	十一·二十一 己亥 12.19	十二·二十一 己巳 1.18

宋文帝元嘉十九年、北魏太武帝太平真君三年壬午(442—443)

一·一 戊寅 1.27	二·一 戊申 2.26	三·一 戊寅 3.28	四·一 丁未 4.26
一·十一 戊子 2.6	二·十一 戊午 3.8	三·十一 戊子 4.7	四·十一 丁巳 5.6
一·二十一 戊戌 2.16	二·二十一 戊辰 3.18	三·二十一 戊戌 4.17	四·二十一 丁卯 5.16
五·一 丁丑 5.26 闰五·一 丙午 6.24	六·一 丙子 7.24	七·一 乙巳 8.22	八·一 乙亥 9.21
五·十一 丁亥 6.5 闰五·十一 丙辰 7.4	六·十一 丙戌 8.3	七·十一 乙卯 9.1	八·十一 乙酉 10.1
五·二十一 丁酉 6.15 闰五·二十一 丙寅 7.14	六·二十一 丙申 8.13	七·二十一 乙丑 9.11	八·二十一 乙未 10.11
九·一 甲辰 10.20	十·一 甲戌 11.19	十一·一 癸卯 12.18	十二·一 癸酉 1.17
九·十一 甲寅 10.30	十·十一 甲申 11.29	十一·十一 癸丑 12.28	十二·十一 癸未 1.27
九·二十一 甲子 11.9	十·二十一 甲午 12.9	十一·二十一 癸亥 1.7	十二·二十一 癸巳 2.6

宋文帝元嘉二十年、北魏太武帝太平真君四年癸未(443—444)

一·一 壬寅 2.15	二·一 壬申 3.17	三·一 辛丑 4.15	四·一 辛未 5.15
一·十一 壬子 2.25	二·十一 壬午 3.27	三·十一 辛亥 4.25	四·十一 辛巳 5.25
一·二十一 壬戌 3.7	二·二十一 壬辰 4.6	三·二十一 辛酉 5.5	四·二十一 辛卯 6.4
五·一 辛丑 6.14	六·一 庚午 7.13	七·一 庚子 8.12	八·一 己巳 9.10
五·十一 辛亥 6.24	六·十一 庚辰 7.23	七·十一 庚戌 8.22	八·十一 己卯 9.20
五·二十一 辛酉 7.4	六·二十一 庚寅 8.2	七·二十一 庚申 9.1	八·二十一 己丑 9.30
九·一 己亥 10.10	十·一 戊辰 11.8	十一·一 戊戌 12.8	十二·一 丁卯 1.6
九·十一 己酉 10.20	十·十一 戊寅 11.18	十一·十一 戊申 12.18	十二·十一 丁丑 1.16
九·二十一 己未 10.30	十·二十一 戊子 11.28	十一·二十一 戊午 12.28	十二·二十一 丁亥 1.26

宋文帝元嘉二十一年、北魏太武帝太平真君五年甲申(444—445)

一·一 丁酉 2.5 一·十一 丁未 2.15 一·二十一 丁巳 2.25	二·一 丙寅 3.5 二·十一 丙子 3.15 二·二十一 丙戌 3.25	三·一 丙申 4.4 三·十一 丙午 4.14 三·二十一 丙辰 4.24	四·一 乙丑 5.3 四·十一 乙亥 5.13 四·二十一 乙酉 5.23
五·一 乙未 6.2 五·十一 乙巳 6.12 五·二十一 乙卯 6.22	六·一 甲子 7.1 六·十一 甲戌 7.11 六·二十一 甲申 7.21	七·一 甲午 7.31 七·十一 甲辰 8.10 七·二十一 甲寅 8.20	八·一 癸亥 8.29 八·十一 癸酉 9.8 八·二十一 癸未 9.18
九·一 癸巳 9.28 九·十一 癸卯 10.8 九·二十一 癸丑 10.18	十·一 癸亥 10.28 十·十一 癸酉 11.7 十·二十一 癸未 11.17	十一·一 壬辰 11.26 十一·十一 壬寅 12.6 十一·二十一 壬子 12.16	十二·一 壬戌 12.26 十二·十一 壬申 1.5 十二·二十一 壬午 1.15

宋文帝元嘉二十二年、北魏太武帝太平真君六年乙酉(445—446)

*一·一 辛卯 1.24 一·十一 辛丑 2.3 一·二十一 辛亥 2.13	二·一 辛酉 2.23 [北魏]闰一·一辛酉 2.23 二·十一 辛未 3.5 二·二十一 辛巳 3.15	三·一 庚寅 3.24 [北魏]闰二·一 庚寅 3.24 三·十一 庚子 4.3 三·二十一 庚戌 4.13	四·一 庚申 4.23 [北魏]闰三·一 庚申 4.23 四·十一 庚午 5.3 四·二十一 庚辰 5.13
五·一 己丑5.22 闰五·一 己未6.21 [北魏]四·一己丑5.22 五·一 己未6.21 五·十一 己亥6.1 闰五·十一 己巳7.1 五·二十一 己酉6.11 闰五·二十一己卯7.11	六·一 戊子 7.20 六·十一 戊戌 7.30 六·二十一 戊申 8.9	七·一 戊午 8.19 七·十一 戊辰 8.29 七·二十一 戊寅 9.8	八·一 丁亥 9.17 八·十一 丁酉 9.27 八·二十一 丁未 10.7
九·一 丁巳 10.17 九·十一 丁卯 10.27 九·二十一 丁丑 11.6	十·一 丙戌 11.15 十·十一 丙申 11.25 十·二十一 丙午 12.5	十一·一 丙辰 12.15 十一·十一 丙寅 12.25 十一·二十一 丙子 1.4	十二·一 乙酉 1.13 十二·十一 乙未 1.23 十二·二十一 乙巳 2.2

＊宋始用《元嘉历》,北魏仍用《景初历》。

宋文帝元嘉二十三年、北魏太武帝太平真君七年丙戌(446—447)

一·一 乙卯 2.12 一·十一 乙丑 2.22 一·二十一 乙亥 3.4	二·一 乙酉 3.14 二·十一 乙未 3.24 二·二十一 乙巳 4.3	三·一 甲寅 4.12 三·十一 甲子 4.22 三·二十一 甲戌 5.2	四·一 甲申 5.12 四·十一 甲午 5.22 四·二十一 甲辰 6.1
五·一 癸丑 6.10 五·十一 癸亥 6.20 五·二十一 癸酉 6.30	六·一 癸未 7.10 六·十一 癸巳 7.20 六·二十一 癸卯 7.30	七·一 壬子 8.8 七·十一 壬戌 8.18 七·二十一 壬申 8.28	八·一 壬午 9.7 八·十一 壬辰 9.17 八·二十一 壬寅 9.27
九·一 辛亥 10.6 九·十一 辛酉 10.16 九·二十一 辛未 10.26	十·一 辛巳 11.5 十·十一 辛卯 11.15 十·二十一 辛丑 11.25	十一·一 庚戌 12.4 十一·十一 庚申 12.14 十一·二十一 庚午 12.24	十二·一 庚辰 1.3 十二·十一 庚寅 1.13 十二·二十一 庚子 1.23

宋文帝元嘉二十四年、北魏太武帝太平真君八年丁亥(447—448)

一·一 己酉 2.1 一·十一 己未 2.11 一·二十一 己巳 2.21	二·一 己卯 3.3 二·十一 己丑 3.13 二·二十一 己亥 3.23	三·一 戊申 4.1 三·十一 戊午 4.11 三·二十一 戊辰 4.21	四·一 戊寅 5.1 四·十一 戊子 5.11 四·二十一 戊戌 5.21
五·一 戊申 5.31 五·十一 戊午 6.10 五·二十一 戊辰 6.20	六·一 丁丑 6.29 六·十一 丁亥 7.9 六·二十一 丁酉 7.19	七·一 丁未 7.29 七·十一 丁巳 8.8 七·二十一 丁卯 8.18	八·一 丙子 8.27 八·十一 丙戌 9.6 八·二十一 丙申 9.16
九·一 丙午 9.26 九·十一 丙辰 10.6 九·二十一 丙寅 10.16	十·一 乙亥 10.25 十·十一 乙酉 11.4 十·二十一 乙未 11.14	十一·一 乙巳 11.24 [北魏]闰十·一乙巳 11.24 十一·十一 乙卯 12.4 十一·二十一 乙丑 12.14	十二·一 甲戌 12.23 [北魏]*闰十一·一乙亥 12.24 十二·十一 甲申 1.2 十二·二十一 甲午 1.12

＊《目录》《对照表》北魏十一月甲戌朔。

宋文帝元嘉二十五年、北魏太武帝太平真君九年戊子（448—449）

一·一　甲辰　1.22 ［北魏］十二·一甲辰　1.22 一·十一　甲寅　2.1 一·二十一　甲子　2.11	二·一　癸酉 2.20　闰二·一　癸卯 3.21 ［北魏］一·一癸酉 2.20　二·一　癸卯 3.21 二·十一　癸未 3.1　闰二·十一　癸丑 3.31 二·二十一　癸巳 3.11　闰二·二十一癸亥 4.10	三·一　壬申　4.19 三·十一　壬午　4.29 三·二十一　壬辰　5.9	四·一　壬寅　5.19 四·十一　壬子　5.29 四·二十一　壬戌　6.8
五·一　辛未　6.17 五·十一　辛巳　6.27 五·二十一　辛卯　7.7	六·一　辛丑　7.17 六·十一　辛亥　7.27 六·二十一　辛酉　8.6	七·一　庚午　8.15 七·十一　庚辰　8.25 七·二十一　庚寅　9.4	八·一　庚子　9.14 八·十一　庚戌　9.24 八·二十一　庚申　10.4
九·一　庚午　10.14 九·十一　庚辰　10.24 九·二十一　庚寅　11.3	十·一　己亥　11.12 十·十一　己酉　11.22 十·二十一　己未　12.2	*十一·一　己巳　12.12 十一·十一　己卯　12.22 十一·二十一　己丑　1.1	十二·一　戊戌　1.10 十二·十一　戊申　1.20 十二·二十一　戊午　1.30

＊《目录》北魏十一月戊戌朔，误。

宋文帝元嘉二十六年、北魏太武帝太平真君十年己丑（449—450）

一·一　戊辰　2.9 一·十一　戊寅　2.19 一·二十一　戊子　3.1	二·一　丁酉　3.10 二·十一　丁未　3.20 二·二十一　丁巳　3.30	三·一　丁卯　4.9 三·十一　丁丑　4.19 三·二十一　丁亥　4.29	四·一　丙申　5.8 四·十一　丙午　5.18 四·二十一　丙辰　5.28
五·一　丙寅　6.7 五·十一　丙子　6.17 五·二十一　丙戌　6.27	六·一　乙未　7.6 六·十一　乙巳　7.16 六·二十一　乙卯　7.26	七·一　乙丑　8.5 七·十一　乙亥　8.15 七·二十一　乙酉　8.25	八·一　甲午　9.3 八·十一　甲辰　9.13 八·二十一　甲寅　9.23
九·一　甲子　10.3 九·十一　甲戌　10.13 九·二十一　甲申　10.23	十·一　癸巳　11.1 十·十一　癸卯　11.11 十·二十一　癸丑　11.21	十一·一　癸亥　12.1 十一·十一　癸酉　12.11 十一·二十一　癸未　12.21	十二·一　壬辰　12.30 十二·十一　壬寅　1.9 十二·二十一　壬子　1.19

宋文帝元嘉二十七年、北魏太武帝太平真君十一年庚寅（450—451）

一·一　壬戌　1.29 一·十一　壬申　2.8 一·二十一　壬午　2.18	*二·一　壬辰　2.28 二·十一　壬寅　3.10 二·二十一　壬子　3.20	三·一　辛酉　3.29 三·十一　辛未　4.8 三·二十一　辛巳　4.18	四·一　辛卯　4.28 四·十一　辛丑　5.8 四·二十一　辛亥　5.18
五·一　庚申　5.27 五·十一　庚午　6.6 五·二十一　庚辰　6.16	六·一　庚寅　6.26 六·十一　庚子　7.6 六·二十一　庚戌　7.16	七·一　己未　7.25 七·十一　己巳　8.4 七·二十一　己卯　8.14	八·一　己丑　8.24 ［北魏］闰七·一己丑　8.24 八·十一　己亥　9.3 八·二十一　己酉　9.13
九·一　戊午　9.22 ［北魏］八·一戊午　9.22 九·十一　戊辰　10.2 九·二十一　戊寅　10.12	十·一　戊子 10.22　闰十·一　丁巳 11.20 ［北魏］九·一戊子 10.22　十·一　丁巳 11.20 十·十一　戊戌 11.1　闰十·十一　丁卯 11.30 十·二十一　戊申 11.11　闰十·二十一丁丑 12.10	十一·一　丁亥　12.20 十一·十一　丁酉　12.30 十一·二十一　丁未　1.9	十二·一　丙辰　1.18 十二·十一　丙寅　1.28 十二·二十一　丙子　2.7

＊《目录》北魏二月辛酉朔，误。

宋文帝元嘉二十八年、北魏太武帝正平元年辛卯（451—452）

一·一　丙戌　2.17 一·十一　丙申　2.27 一·二十一　丙午　3.9	二·一　乙卯　3.18 二·十一　乙丑　3.28 二·二十一　乙亥　4.7	三·一　乙酉　4.17 三·十一　乙未　4.27 三·二十一　乙巳　5.7	四·一　乙卯　5.17 四·十一　乙丑　5.27 四·二十一　乙亥　6.6
五·一　甲申　6.15 五·十一　甲午　6.25 五·二十一　甲辰　7.5	*六·一　甲寅　7.15 六·十一　甲子　7.25 六·二十一　甲戌　8.4	七·一　癸未　8.13 七·十一　癸巳　8.23 七·二十一　癸卯　9.2	八·一　癸丑　9.12 八·十一　癸亥　9.22 八·二十一　癸酉　10.2
九·一　壬午　10.11 九·十一　壬辰　10.21 九·二十一　壬寅　10.31	十·一　壬子　11.10 十·十一　壬戌　11.20 十·二十一　壬申　11.30	十一·一　辛巳　12.9 十一·十一　辛卯　12.19 十一·二十一　辛丑　12.29	十二·一　辛亥　1.8 十二·十一　辛酉　1.18 十二·二十一　辛未　1.28

＊ 本月北魏改元“正平”。

宋文帝元嘉二十九年、北魏文成帝兴安元年壬辰(452—453)

一·一 庚辰 2.6	二·一 庚戌 3.7	*三·一 己卯 4.5	四·一 己酉 5.5
一·十一 庚寅 2.16	二·十一 庚申 3.17	三·十一 己丑 4.15	四·十一 己未 5.15
一·二十一 庚子 2.26	二·二十一 庚午 3.27	三·二十一 己亥 4.25	四·二十一 己巳 5.25
五·一 戊寅 6.3	六·一 戊申 7.3	七·一 丁丑 8.1	八·一 丁未 8.31
五·十一 戊子 6.13	六·十一 戊午 7.13	七·十一 丁亥 8.11	八·十一 丁巳 9.10
五·二十一 戊戌 6.23	六·二十一 戊辰 7.23	七·二十一 丁酉 8.21	八·二十一 丁卯 9.20
九·一 丁丑 9.30	**十·一 丙午 10.29	十一·一 丙子 11.28	十二·一 乙巳 12.27
九·十一 丁亥 10.10	十·十一 丙辰 11.8	十一·十一 丙戌 12.8	十二·十一 乙卯 1.6
九·二十一 丁酉 10.20	十·二十一 丙寅 11.18	十一·二十一 丙申 12.18	十二·二十一 乙丑 1.16

* 本月北魏南安王即位,改元“承(永)平”。 ** 本月北魏文成帝即位,改元“兴安”。

宋文帝元嘉三十年、北魏文成帝兴安二年癸巳(453—454)

一·一 乙亥 1.26	二·一 甲辰 2.24	三·一 甲戌 3.26	四·一 癸卯 4.24
一·十一 乙酉 2.5	二·十一 甲寅 3.6	三·十一 甲申 4.5	四·十一 癸丑 5.4
一·二十一 乙未 2.15	二·二十一 甲子 3.16	三·二十一 甲午 4.15	四·二十一 癸亥 5.14
五·一 癸酉 5.24	六·一 壬寅 6.22 闰六·一 壬申 7.22	七·一 辛丑 8.20	八·一 辛未 9.19
五·十一 癸未 6.3	六·十一 壬子 7.2 闰六·十一 壬午 8.1	七·十一 辛亥 8.30	八·十一 辛巳 9.29
五·二十一 癸巳 6.13	六·二十一 壬戌 7.12 闰六·二十一 壬辰 8.11	七·二十一 辛酉 9.9	八·二十一 辛卯 10.9
九·一 庚子 10.18	十·一 庚午 11.17	十一·一 己亥 12.16	十二·一 己巳 1.15
九·十一 庚戌 10.28	十·十一 庚辰 11.27	十一·十一 己酉 12.26	十二·十一 己卯 1.25
九·二十一 庚申 11.7	十·二十一 庚寅 12.7	十一·二十一 己未 1.5	十二·二十一 己丑 2.4

宋孝武帝孝建元年、北魏文成帝兴光元年甲午(454—455)

一·一 己亥 2.14	二·一 戊辰 3.15	三·一 戊戌 4.14	四·一 丁卯 5.13
一·十一 己酉 2.24	二·十一 戊寅 3.25	三·十一 戊申 4.24	四·十一 丁丑 5.23
一·二十一 己未 3.6	二·二十一 戊子 4.4	三·二十一 戊午 5.4	四·二十一 丁亥 6.2
五·一 丁酉 6.12	六·一 丙寅 7.11	*七·一 丙申 8.10	八·一 乙丑 9.8
五·十一 丁未 6.22	六·十一 丙子 7.21	七·十一 丙午 8.20	八·十一 乙亥 9.18
五·二十一 丁巳 7.2	六·二十一 丙戌 7.31	七·二十一 丙辰 8.30	八·二十一 乙酉 9.28
九·一 乙未 10.8	十·一 甲子 11.6	十一·一 甲午 12.6	十二·一 癸亥 1.4
九·十一 乙巳 10.18	十·十一 甲戌 11.16	十一·十一 甲辰 12.16	十二·十一 癸酉 1.14
九·二十一 乙卯 10.28	十·二十一 甲申 11.26	十一·二十一 甲寅 12.26	十二·二十一 癸未 1.24

* 本月北魏改元“兴光”。

宋孝武帝孝建二年、北魏文成帝太安元年乙未(455—456)

一·一 癸巳 2.3	二·一 壬戌 3.4	三·一 壬辰 4.3	四·一 壬戌 5.3 [北魏] 辛酉 5.2
一·十一 癸卯 2.13	二·十一 壬申 3.14	三·十一 壬寅 4.13	四·十一 壬申 5.13
一·二十一 癸丑 2.23	二·二十一 壬午 3.24	三·二十一 壬子 4.23	四·二十一 壬午 5.23
五·一 辛卯 6.1	*六·一 辛酉 7.1	七·一 庚寅 7.30	八·一 庚申 8.29
五·十一 辛丑 6.11	六·十一 辛未 7.11	七·十一 庚子 8.9	八·十一 庚午 9.8
五·二十一 辛亥 6.21	六·二十一 辛巳 7.21	七·二十一 庚戌 8.19	八·二十一 庚辰 9.18
九·一 己丑 9.27	十·一 己未 10.27	十一·一 戊子 11.25	十二·一 戊午 12.25
九·十一 己亥 10.7	十·十一 己巳 11.6	十一·十一 戊戌 12.5	十二·十一 戊辰 1.4
九·二十一 己酉 10.17	十·二十一 己卯 11.16	十一·二十一 戊申 12.15	十二·二十一 戊寅 1.14

* 本月北魏改元“太安”。

宋孝武帝孝建三年、北魏文成帝太安二年丙申(456—457)

一·一　丁亥　1.23 一·十一　丁酉　2.2 一·二十一　丁未　2.12	二·一　丁巳　2.22 二·十一　丁卯　3.3 二·二十一　丁丑　3.13	三·一　丙戌 3.22　闰三·一　丙辰 4.21 [北魏]闰二·一丙戌 3.22　三·一　丙辰 4.21 三·十一　丙申 4.1　闰三·十一　丙寅 5.1 三·二十一　丙午 4.11　闰三·二十一丙子 5.11	四·一　乙酉　5.20 四·十一　乙未　5.30 四·二十一　乙巳　6.9
五·一　乙卯　6.19 五·十一　乙丑　6.29 五·二十一　乙亥　7.9	六·一　甲申　7.18 六·十一　甲午　7.28 六·二十一　甲辰　8.7	七·一　甲寅　8.17 七·十一　甲子　8.27 七·二十一　甲戌　9.6	八·一　甲申　9.16 八·十一　甲午　9.26 八·二十一　甲辰　10.6
九·一　癸丑　10.15 九·十一　癸亥　10.25 九·二十一　癸酉　11.4	十·一　癸未　11.14 十·十一　癸巳　11.24 十·二十一　癸卯　12.4	十一·一　壬子　12.13 十一·十一　壬戌　12.23 十一·二十一　壬申　1.2	十二·一　壬午　1.12 十二·十一　壬辰　1.22 十二·二十一　壬寅　2.1

宋孝武帝大明元年、北魏文成帝太安三年丁酉(457—458)

一·一　辛亥　2.10 一·十一　辛酉　2.20 一·二十一　辛未　3.2	二·一　辛巳　3.12 二·十一　辛卯　3.22 二·二十一　辛丑　4.1	三·一　庚戌　4.10 三·十一　庚申　4.20 三·二十一　庚午　4.30	四·一　庚辰　5.10 四·十一　庚寅　5.20 四·二十一　庚子　5.30
五·一　己酉　6.8 五·十一　己未　6.18 五·二十一　己巳　6.28	六·一　己卯　7.8 六·十一　己丑　7.18 六·二十一　己亥　7.28	七·一　戊申　8.6 七·十一　戊午　8.16 七·二十一　戊辰　8.26	八·一　戊寅　9.5 八·十一　戊子　9.15 八·二十一　戊戌　9.25
九·一　丁未　10.4 九·十一　丁巳　10.14 九·二十一　丁卯　10.24	十·一　丁丑　11.3 十·十一　丁亥　11.13 十·二十一　丁酉　11.23	十一·一　丙午　12.2 十一·十一　丙辰　12.12 十一·二十一　丙寅　12.22	十二·一　丙子　1.1 十二·十一　丙戌　1.11 十二·二十一　丙申　1.21

宋孝武帝大明二年、北魏文成帝太安四年戊戌(458—459)

一·一　丙午　1.31 一·十一　丙辰　2.10 一·二十一　丙寅　2.20	二·一　乙亥　3.1 二·十一　乙酉　3.11 二·二十一　乙未　3.21	三·一　乙巳　3.31 三·十一　乙卯　4.10 三·二十一　乙丑　4.20	四·一　甲戌　4.29 四·十一　甲申　5.9 四·二十一　甲午　5.19
五·一　甲辰　5.29 五·十一　甲寅　6.8 五·二十一　甲子　6.18	六·一　癸酉　6.27 六·十一　癸未　7.7 六·二十一　癸巳　7.17	七·一　癸卯　7.27 七·十一　癸丑　8.6 七·二十一　癸亥　8.16	八·一　壬申　8.25 八·十一　壬午　9.4 八·二十一　壬辰　9.14
九·一　壬寅　9.24 九·十一　壬子　10.4 九·二十一　壬戌　10.14	十·一　辛未　10.23 十·十一　辛巳　11.2 十·二十一　辛卯　11.12	十一·一　辛丑　11.2 十一·十一　辛亥　12.2 十一·二十一　辛酉　12.12	十二·一　庚午 12.21*闰十二·一　庚子 1.20 十二·十一　庚辰 12.31　闰十二·十一　庚戌 1.30 十二·二十一庚寅 1.10　闰十二·二十一庚申 2.9

*《目录》北魏闰十一月庚午朔,《辑要》《朔闰考》《对照表》北魏闰十月辛丑朔。

宋孝武帝大明三年、北魏文成帝太安五年己亥(459—460)

一·一　己巳　2.18 一·十一　己卯　2.28 一·二十一　己丑　3.10	二·一　己亥　3.20 二·十一　己酉　3.30 二·二十一　己未　4.9	三·一　戊辰　4.18 三·十一　戊寅　4.28 三·二十一　戊子　5.8	四·一　戊戌　5.18 四·十一　戊申　5.28 四·二十一　戊午　6.7
五·一　戊辰　6.17 五·十一　戊寅　6.27 五·二十一　戊子　7.7	六·一　丁酉　7.16 六·十一　丁未　7.26 六·二十一　丁巳　8.5	七·一　丁卯　8.15 七·十一　丁丑　8.25 七·二十一　丁亥　9.4	八·一　丙申　9.13 八·十一　丙午　9.23 八·二十一　丙辰　10.3
九·一　丙寅　10.13 九·十一　丙子　10.23 九·二十一　丙戌　11.2	十·一　乙未　11.11 十·十一　乙巳　11.21 十·二十一　乙卯　12.1	十一·一　乙丑　12.11 十一·十一　乙亥　12.21 十一·二十一　乙酉　12.31	十二·一　甲午　1.9 十二·十一　甲辰　1.19 十二·二十一　甲寅　1.29

宋孝武帝大明四年、北魏文成帝和平元年庚子（460—461）

一•一　甲子　2.8	二•一　癸巳　3.8	三•一　癸亥　4.7	四•一　壬辰　5.6
一•十一　甲戌　2.18	二•十一　癸卯　3.18	三•十一　癸酉　4.17	四•十一　壬寅　5.16
一•二十一　甲申　2.28	二•二十一　癸丑　3.28	三•二十一　癸未　4.27	四•二十一　壬子　5.26
五•一　壬戌　6.5	六•一　辛卯　7.4	七•一　辛酉　8.3	八•一　辛卯　9.2
五•十一　壬申　6.15	六•十一　辛丑　7.14	七•十一　辛未　8.13	八•十一　辛丑　9.12
五•二十一　壬午　6.25	六•二十一　辛亥　7.24	七•二十一　辛巳　8.23	八•二十一　辛亥　9.22
九•一　庚申　10.1	十•一　庚寅　10.31	十一•一　己未　11.29	十二•一　己丑　12.29
九•十一　庚午　10.11	十•十一　庚子　11.10	十一•十一　己巳　12.9	十二•十一　己亥　1.8
九•二十一　庚辰　10.21	十•二十一　庚戌　11.20	十一•二十一　己卯　12.19	十二•二十一　己酉　1.18

宋孝武帝大明五年、北魏文成帝和平二年辛丑（461—462）

一•一　戊午　1.27	二•一　戊子　2.26	三•一　丁巳　3.27	四•一　丁亥　4.26
一•十一　戊辰　2.6	二•十一　戊戌　3.8	三•十一　丁卯　4.6	四•十一　丁酉　5.6
一•二十一　戊寅　2.16	二•二十一　戊申　3.18	三•二十一　丁丑　4.16	四•二十一　丁未　5.16
五•一　丙辰　5.25	六•一　丙戌　6.24	七•一　乙卯　7.23	八•一　乙酉　8.22
五•十一　丙寅　6.4	六•十一　丙申　7.4	七•十一　乙丑　8.2	八•十一　乙未　9.1
五•二十一　丙子　6.14	六•二十一　丙午　7.14	七•二十一　乙亥　8.12	八•二十一　乙巳　9.11
九•一　甲寅 9.20　*闰九•一　甲申 10.20	十•一　癸丑　11.18	十一•一　癸未　12.18	十二•一　癸丑　1.17
九•十一　甲子 9.30　闰九•十一　甲午 10.30	十•十一　癸亥　11.28	十一•十一　癸巳　12.28	十二•十一　癸亥　1.27
九•二十一　甲戌 10.10　闰九•二十一　甲辰 11.9	十•二十一　癸酉　12.8	十一•二十一　癸卯　1.7	十二•二十一　癸酉　2.6

*《目录》北魏闰八月甲寅朔,《辑要》、《朔闰考》、《对照表》北魏闰七月乙酉朔。

宋孝武帝大明六年、北魏文成帝和平三年壬寅（462—463）

一•一　壬午　2.15	二•一　壬子　3.17	三•一　辛巳　4.15	四•一　辛亥　5.15
一•十一　壬辰　2.25	二•十一　壬戌　3.27	三•十一　辛卯　4.25	四•十一　辛酉　5.25
一•二十一　壬寅　3.7	二•二十一　壬申　4.6	三•二十一　辛丑　5.5	四•二十一　辛未　6.4
五•一　庚辰　6.13	六•一　庚戌　7.13	七•一　己卯　8.11	八•一　己酉　9.10
五•十一　庚寅　6.23	六•十一　庚申　7.23	七•十一　己丑　8.21	八•十一　己未　9.20
五•二十一　庚子　7.3	六•二十一　庚午　8.2	七•二十一　己亥　8.31	八•二十一　己巳　9.30
九•一　戊寅　10.9	十•一　戊申　11.8	十一•一　丁丑　12.7	十二•一　丁未　1.6
九•十一　戊子　10.19	十•十一　戊午　11.18	十一•十一　丁亥　12.17	十二•十一　丁巳　1.16
九•二十一　戊戌　10.29	十•二十一　戊辰　11.28	十一•二十一　丁酉　12.27	十二•二十一　丁卯　1.26

宋孝武帝大明七年、北魏文成帝和平四年癸卯（463—464）

一•一　丙子　2.4	二•一　丙午　3.6	三•一　乙亥　4.4	四•一　乙巳　5.4
一•十一　丙戌　2.14	二•十一　丙辰　3.16	三•十一　乙酉　4.14	四•十一　乙卯　5.14
一•二十一　丙申　2.24	二•二十一　丙寅　3.26	三•二十一　乙未　4.24	四•二十一　乙丑　5.24
五•一　乙亥　6.3	六•一　甲辰　7.2	七•一　甲戌　8.1	八•一　癸卯　8.30
五•十一　乙酉　6.13	六•十一　甲寅　7.12	七•十一　甲申　8.11	八•十一　癸丑　9.9
五•二十一　乙未　6.23	六•二十一　甲子　7.22	七•二十一　甲午　8.21	八•二十一　癸亥　9.19
九•一　癸酉　9.29	十•一　壬寅　10.28	十一•一　壬申　11.27	十二•一　辛丑　12.26
九•十一　癸未　10.9	十•十一　壬子　11.7	十一•十一　壬午　12.7	十二•十一　辛亥　1.5
九•二十一　癸巳　10.19	十•二十一　壬戌　11.17	十一•二十一　壬辰　12.17	十二•二十一　辛酉　1.15

宋孝武帝大明八年、北魏文成帝和平五年甲辰(464—465)

一•一 辛未 1.25 一•十一 辛巳 2.4 一•二十一 辛卯 2.14	二•一 庚子 3.23 二•十一 庚戌 3.4 二•二十一 庚申 3.14	三•一 庚午 3.24 三•十一 庚辰 4.3 三•二十一 庚寅 4.13	四•一 己亥 4.22 四•十一 己酉 5.2 四•二十一 己未 5.12
五•一 己巳 5.22 闰五•一 戊戌 6.20 [北魏]闰四•一己巳 5.22 五•一 戊戌 6.20 五•十一 己卯 6.1 闰五•十一 戊申 6.30 五•二十一 己丑 6.11 闰五•二十一戊午 7.10	六•一 戊辰 7.20 六•十一 戊寅 7.30 六•二十一 戊子 8.9	七•一 戊戌 8.19 七•十一 戊申 8.29 七•二十一 戊午 9.8	八•一 丁卯 9.17 八•十一 丁丑 9.27 八•二十一 丁亥 10.7
九•一 丁酉 10.17 九•十一 丁未 10.27 九•二十一 丁巳 11.6	十•一 丙寅 11.15 十•十一 丙子 11.25 十•二十一 丙戌 12.5	十一•一 丙申 12.15 十一•十一 丙午 12.25 十一•二十一 丙辰 1.4	十二•一 乙丑 1.13 十二•十一 乙亥 1.23 十二•二十一 乙酉 2.2

宋明帝泰始元年、北魏文成帝和平六年乙巳(465—466)

*一•一 乙未 2.12 一•十一 乙巳 2.22 一•二十一 乙卯 3.4	二•一 甲子 3.13 二•十一 甲戌 3.23 二•二十一 甲申 4.2	三•一 甲午 4.12 三•十一 甲辰 4.22 三•二十一 甲寅 5.2	四•一 癸亥 5.11 四•十一 癸酉 5.21 四•二十一 癸未 5.31
五•一 癸巳 6.10 五•十一 癸卯 6.20 五•二十一 癸丑 6.30	六•一 壬戌 7.9 六•十一 壬申 7.19 六•二十一 壬午 7.29	七•一 壬辰 8.8 七•十一 壬寅 8.18 七•二十一 壬子 8.28	**八•一 辛酉 9.6 八•十一 辛未 9.16 八•二十一 辛巳 9.26
九•一 辛卯 10.6 九•十一 辛丑 10.16 九•二十一 辛亥 10.26	十•一 庚申 11.4 十•十一 庚午 11.14 十•二十一 庚辰 11.24	十一•一 庚寅 12.4 十一•十一 庚子 12.14 十一•二十一 庚戌 12.24	***十二•一 庚申 1.3 十二•十一 庚午 1.13 十二•二十一 庚辰 1.23

* 本月宋前废帝改元“永光”。 ** 本月宋前废帝改元“景和”。 *** 本月宋明帝即位,改“大明”九年为“泰始”元年。

宋明帝泰始二年、北魏献文帝天安元年丙午(466—467)

一•一 己丑 2.1 一•十一 己亥 2.11 一•二十一 己酉 2.21	二•一 己未 3.3 二•十一 己巳 3.13 二•二十一 己卯 3.23	三•一 戊子 4.1 三•十一 戊戌 4.11 三•二十一 戊申 4.21	四•一 戊午 5.1 四•十一 戊辰 5.11 四•二十一 戊寅 5.21
五•一 丁亥 5.30 五•十一 丁酉 6.9 五•二十一 丁未 6.19	六•一 丁巳 6.29 六•十一 丁卯 7.9 六•二十一 丁丑 7.19	七•一 丙戌 7.28 七•十一 丙申 8.7 七•二十一 丙午 8.17	八•一 丙辰 8.27 八•十一 丙寅 9.6 八•二十一 丙子 9.16
九•一 乙酉 9.25 九•十一 乙未 10.5 九•二十一 乙巳 10.15	十•一 乙卯 10.25 十•十一 乙丑 11.4 十•二十一 乙亥 11.14	十一•一 甲申 11.23 十一•十一 甲午 12.3 十一•二十一 甲辰 12.13	十二•一 甲寅 12.23 十二•十一 甲子 1.2 十二•二十一 甲戌 1.12

宋明帝泰始三年、北魏献文帝皇兴元年丁未(467—468)

一•一 癸未 1.21 闰一•一 癸丑 2.20 一•十一 癸巳 1.31 闰一•十一 癸亥 3.2 一•二十一癸卯 2.10 闰一•二十一癸酉 3.12	二•一 壬午 3.21 二•十一 壬辰 3.31 二•二十一 壬寅 4.10	三•一 壬子 4.20 三•十一 壬戌 4.30 三•二十一 壬申 5.10	四•一 壬午 5.20 四•十一 壬辰 5.30 四•二十一 壬寅 6.9
五•一 辛亥 6.18 五•十一 辛酉 6.28 五•二十一 辛未 7.8	六•一 辛巳 7.18 六•十一 辛卯 7.28 六•二十一 辛丑 8.7	七•一 庚戌 8.16 七•十一 庚申 8.26 七•二十一 庚午 9.5	*八•一 庚辰 9.15 八•十一 庚寅 9.25 八•二十一 庚子 10.5
九•一 己酉 10.14 九•十一 己未 10.24 九•二十一 己巳 11.3	**十•一 己卯 11.13 十•十一 己丑 11.23 十•二十一 己亥 12.3	十一•一 戊申 12.12 十一•十一 戊午 12.22 十一•二十一 戊辰 1.1	十二•一 戊寅 1.11 十二•十一 戊子 1.21 十二•二十一 戊戌 1.31

* 本月北魏改元“皇兴”。 **《目录》十月戊申朔,误。

宋明帝泰始四年、北魏献文帝皇兴二年戊申(468—469)

一·一　丁未　2.9 一·十一　丁巳　2.19 一·二十一　丁卯　2.29	二·一　丁丑　3.10 二·十一　丁亥　3.20 二·二十一　丁酉　3.30	三·一　丙午　4.8 三·十一　丙辰　4.18 三·二十一　丙寅　4.28	四·一　丙子　5.8 四·十一　丙戌　5.18 四·二十一　丙申　5.28
五·一　乙巳　6.6 五·十一　乙卯　6.16 五·二十一　乙丑　6.26	六·一　乙亥　7.6 六·十一　乙酉　7.16 六·二十一　乙未　7.26	七·一　乙巳　8.5 七·十一　乙卯　8.15 七·二十一　乙丑　8.25	八·一　甲戌　9.3 八·十一　甲申　9.13 八·二十一　甲午　9.23
九·一　甲辰　10.3 九·十一　甲寅　10.13 九·二十一　甲子　10.23	十·一　癸酉　11.1 十·十一　癸未　11.11 十·二十一　癸巳　11.21	*十一·一　癸卯　12.1 十一·十一　癸丑　12.11 十一·二十一　癸亥　12.21	十二·一　壬申　12.30 十二·十一　壬午　1.9 十二·二十一　壬辰　1.19

*《目录》十一月壬申朔,误。

宋明帝泰始五年、北魏献文帝皇兴三年己酉(469—470)

一·一　壬寅　1.29 一·十一　壬子　2.8 一·二十一　壬戌　2.18	二·一　辛未　2.27 二·十一　辛巳　3.9 二·二十一　辛卯　3.19	三·一　辛丑　3.29 三·十一　辛亥　4.8 三·二十一　辛酉　4.18	四·一　庚午　4.27 四·十一　庚辰　5.7 四·二十一　庚寅　5.17
五·一　庚子　5.27 五·十一　庚戌　6.6 五·二十一　庚申　6.16	六·一　己巳　6.25 六·十一　己卯　7.5 六·二十一　己丑　7.15	七·一　己亥　7.25 七·十一　己酉　8.4 七·二十一　己未　8.14	八·一　戊辰　8.23 八·十一　戊寅　9.2 八·二十一　戊子　9.12
九·一　戊戌　9.22 九·十一　戊申　10.2 九·二十一　戊午　10.12	十·一　丁卯　10.21 [北魏]闰九·一丁卯　10.21 十·十一　丁丑　10.31 十·二十一　丁亥　11.10	十一·一　丁酉 11.20　闰十一·一　丁卯 12.20 [北魏]十·一丁酉 11.20　十·一　丁卯 12.20 十一·十一　丁未 11.30　闰十一·十一　丁丑 12.30 十一·二十一丁巳 12.10　闰十一·二十一丁亥 1.9	十二·一　丙申　1.18 十二·十一　丙午　1.28 十二·二十一　丙辰　2.7

宋明帝泰始六年、北魏献文帝皇兴四年庚戌(470—471)

一·一　丙寅　2.17 一·十一　丙子　2.27 一·二十一　丙戌　3.9	二·一　乙未　3.18 二·十一　乙巳　3.28 二·二十一　乙卯　4.7	三·一　乙丑　4.17 三·十一　乙亥　4.27 三·二十一　乙酉　5.7	四·一　甲午　5.16 四·十一　甲辰　5.26 四·二十一　甲寅　6.5
五·一　甲子　6.15 五·十一　甲戌　6.25 五·二十一　甲申　7.5	六·一　癸巳　7.14 六·十一　癸卯　7.24 六·二十一　癸丑　8.3	七·一　癸亥　8.13 七·十一　癸酉　8.23 七·二十一　癸未　9.2	八·一　壬辰　9.11 八·十一　壬寅　9.21 八·二十一　壬子　10.1
九·一　壬戌　10.11 九·十一　壬申　10.21 九·二十一　壬午　10.31	*十·一　辛卯　11.9 十·十一　辛丑　11.19 十·二十一　辛亥　11.29	十一·一　辛酉　12.9 十一·十一　辛未　12.19 十一·二十一　辛巳　12.29	十二·一　庚寅　1.7 十二·十一　庚子　1.17 十二·二十一　庚戌　1.27

*《目录》十月庚寅朔,误。

宋明帝泰始七年、北魏孝文帝延兴元年辛亥(471—472)

一·一　庚申　2.6 一·十一　庚午　2.16 一·二十一　庚辰　2.26	二·一　己丑　3.7 二·十一　己亥　3.17 二·二十一　己酉　3.27	三·一　己未　4.6 三·十一　己巳　4.16 三·二十一　己卯　4.26	四·一　己丑　5.6 四·十一　己亥　5.16 四·二十一　己酉　5.26
五·一　戊午　6.4 五·十一　戊辰　6.14 五·二十一　戊寅　6.24	六·一　戊子　7.4 六·十一　戊戌　7.14 六·二十一　戊申　7.24	七·一　丁巳　8.2 七·十一　丁卯　8.12 七·二十一　丁丑　8.22	*八·一　丁亥　9.1 八·十一　丁酉　9.11 八·二十一　丁未　9.21
九·一　丙辰　9.30 九·十一　丙寅　10.10 九·二十一　丙子　10.20	十·一　丙戌　10.30 十·十一　丙申　11.9 十·二十一　丙午　11.19	十一·一　乙卯　11.28 十一·十一　乙丑　12.8 十一·二十一　乙亥　12.18	十二·一　乙酉　12.28 十二·十一　乙未　1.7 十二·二十一　乙巳　1.17

* 本月北魏孝文帝即位,改元“延兴”。

宋明帝泰豫元年、北魏孝文帝延兴二年壬子(472—473)

一•一	甲寅	1.26	二•一	甲申	2.25	三•一	癸丑	3.25	四•一	癸未	4.24
一•十一	甲子	2.5	二•十一	甲午	3.6	三•十一	癸亥	4.4	四•十一	癸巳	5.4
一•二十一	甲戌	2.15	二•二十一	甲辰	3.16	三•二十一	癸酉	4.14	四•二十一	癸卯	5.14
五•一	壬子	5.23	六•一	壬午	6.22	七•一 壬子 7.22　闰七•一 辛巳 8.20			八•一	辛亥	9.19
五•十一	壬戌	6.2	六•十一	壬辰	7.2	[北魏]闰六•一 壬子 7.22　七•一 辛巳 8.20			八•十一	辛酉	9.29
五•二十一	壬申	6.12	六•二十一	壬寅	7.12	七•十一 壬戌 8.1　闰七•十一 辛卯 8.30			八•二十一	辛未	10.9
						七•二十一 壬申 8.11　闰七•二十一 辛丑 9.9					
九•一	庚辰	10.18	*十•一	庚戌	11.17	十一•一	己卯	12.16	十二•一	己酉	1.15
九•十一	庚寅	10.28	十•十一	庚申	11.27	十一•十一	己丑	12.26	十二•十一	己未	1.25
九•二十一	庚子	11.7	十•二十一	庚午	12.7	十一•二十一	己亥	1.5	十二•二十一	己巳	2.4

*《总谱》十月寅戌朔,误。

宋后废帝元徽元年、北魏孝文帝延兴三年癸丑(473—474)

一•一	戊寅	2.13	二•一	戊申	3.15	三•一	丁丑	4.13	四•一	丁未	5.13
一•十一	戊子	2.23	二•十一	戊午	3.25	三•十一	丁亥	4.23	四•十一	丁巳	5.23
一•二十一	戊戌	3.5	二•二十一	戊辰	4.4	三•二十一	丁酉	5.3	四•二十一	丁卯	6.2
五•一	丙子	6.44	六•一	丙午	7.11	七•一	乙亥	8.9	八•一	乙巳	9.8
五•十一	丙戌	6.21	六•十一	丙辰	7.21	七•十一	乙酉	8.19	八•十一	乙卯	9.18
五•二十一	丙申	7.1	六•二十一	丙寅	7.31	七•二十一	乙未	8.29	八•二十一	乙丑	9.28
九•一	甲戌	10.7	十•一	甲辰	11.6	十一•一	甲戌	12.6	十二•一	癸卯	1.4
九•十一	甲申	10.17	十•十一	甲寅	11.16	十一•十一	甲申	12.16	十二•十一	癸丑	1.14
九•二十一	甲午	10.27	十•二十一	甲子	11.26	十一•二十一	甲午	12.26	十二•二十一	癸亥	1.24

宋后废帝元徽二年、北魏孝文帝延兴四年甲寅(474—475)

一•一	癸酉	2.3	二•一	壬寅	3.4	三•一	壬申	4.3	四•一	辛丑	5.2
一•十一	癸未	2.13	二•十一	壬子	3.14	三•十一	壬午	4.13	四•十一	辛亥	5.12
一•二十一	癸巳	2.23	二•二十一	壬戌	3.24	三•二十一	壬辰	4.23	四•二十一	辛酉	5.22
五•一	辛未	6.1	六•一	庚子	6.30	七•一	庚午	7.30	八•一	己亥	8.28
五•十一	辛巳	6.11	六•十一	庚戌	7.10	七•十一	庚辰	8.9	八•十一	己酉	9.7
五•二十一	辛卯	6.21	六•二十一	庚申	7.20	七•二十一	庚寅	8.19	八•二十一	己未	9.17
九•一	己巳	9.27	十•一	戊戌	10.26	十一•一	戊辰	11.25	十二•一	丁酉	12.24
九•十一	己卯	10.7	十•十一	戊申	11.5	十一•十一	戊寅	12.5	十二•十一	丁未	1.3
九•二十一	己丑	10.17	十•二十一	戊午	11.15	十一•二十一	戊子	12.15	十二•二十一	丁巳	1.13

宋后废帝元徽三年、北魏孝文帝延兴五年乙卯(475—476)

一•一	丁卯	1.23	二•一	丙申	2.21	三•一 丙寅 3.23　闰三•一 丙申 4.22			四•一	乙丑	5.21
一•十一	丁丑	2.2	二•十一	丙午	3.3	三•十一 丙子 4.2　闰三•十一 丙午 5.2			四•十一	乙亥	5.31
一•二十一	丁亥	2.12	二•二十一	丙辰	3.13	三•二十一 丙戌 4.12　闰三•二十一 丙辰 5.12			四•二十一	乙酉	6.10
五•一	乙未	6.20	六•一	甲子	7.19	七•一	甲午	8.18	八•一	癸亥	9.16
五•十一	乙巳	6.30	六•十一	甲戌	7.29	七•十一	甲辰	8.28	八•十一	癸酉	9.26
五•二十一	乙卯	7.10	六•二十一	甲申	8.8	七•二十一	甲寅	9.7	八•二十一	癸未	10.6
九•一	癸巳	10.16	十•一	壬戌	11.14	十一•一	壬辰	12.14	十二•一	辛酉	1.12
九•十一	癸卯	10.26	十•十一	壬申	11.24	十一•十一	壬寅	12.24	十二•十一	辛未	1.22
九•二十一	癸丑	11.5	十•二十一	壬午	12.4	十一•二十一	壬子	1.3	十二•二十一	辛巳	2.1

宋后废帝元徽四年、北魏孝文帝承明元年丙辰（476—477）

一・一	辛卯	2.11	二・一	庚申	3.11	三・一	庚寅	4.10	四・一	己未	5.9
一・十一	辛丑	2.21	二・十一	庚午	3.21	三・十一	庚子	4.20	四・十一	己巳	5.19
一・二十一	辛亥	3.2	二・二十一	庚辰	3.31	三・二十一	庚戌	4.30	四・二十一	己卯	5.29
五・一	己丑	6.8	*六・一	己未	7.8	七・一	戊子	8.6	八・一	戊午	9.5
五・十一	己亥	6.18	六・十一	己巳	7.18	七・十一	戊戌	8.16	八・十一	戊辰	9.15
五・二十一	己酉	6.28	六・二十一	己卯	7.28	七・二十一	戊申	8.26	八・二十一	戊寅	9.25
九・一	丁亥	10.4	十・一	丁巳	11.3	十一・一	丙戌	12.2	十二・一	丙辰	1.1
九・十一	丁酉	10.14	十・十一	丁卯	11.13	十一・十一	丙申	12.12	十二・十一	丙寅	1.11
九・二十一	丁未	10.24	十・二十一	丁丑	11.23	十一・二十一	丙午	12.22	十二・二十一	丙子	1.21

＊本月北魏改元“承明”。

宋顺帝昇明元年、北魏孝文帝太和元年丁巳（477—478）

一・一	乙酉	1.30	二・一	乙卯	3.1	三・一	甲申	3.30	四・一	甲寅	4.29
一・十一	乙未	2.9	二・十一	乙丑	3.11	三・十一	甲午	4.9	四・十一	甲子	5.9
一・二十一	乙巳	2.19	二・二十一	乙亥	3.21	三・二十一	甲辰	4.19	四・二十一	甲戌	5.19
五・一	癸未	5.28	六・一	癸丑	6.27	*七・一	壬午	7.26	八・一	壬子	8.25
五・十一	癸巳	6.7	六・十一	癸亥	7.7	七・十一	壬辰	8.5	八・十一	壬戌	9.4
五・二十一	癸卯	6.17	六・二十一	癸酉	7.17	七・二十一	壬寅	8.15	八・二十一	壬申	9.14
九・一	辛巳	9.23	十・一	辛亥	10.23	十一・一	辛巳	11.22	十二・一　庚戌 12.21　闰十二・一　庚辰 1.20 [北魏]十一・一庚戌 12.21　十二・一　庚辰 1.20 十二・十一　庚申 12.31　闰十二・十一　庚寅 1.30 十二・二十一庚午 1.10　闰十二・二十一庚子 2.9		
九・十一	辛卯	10.3	十・十一	辛酉	11.2	十一・十一	辛卯	12.2			
九・二十一	辛丑	10.13	十・二十一	辛未	11.12	十一・二十一	辛丑	12.12			

＊本月宋顺帝即位，改元“昇明”。

宋顺帝昇明二年、北魏孝文帝太和二年戊午（478—479）

一・一	己酉	2.18	二・一	己卯	3.20	三・一	戊申	4.18	四・一	戊寅	5.18
一・十一	己未	2.28	二・十一	己丑	3.30	三・十一	戊午	4.28	四・十一	戊子	5.28
一・二十一	己巳	3.10	二・二十一	己亥	4.9	三・二十一	戊辰	5.8	四・二十一	戊戌	6.7
五・一	丁未	6.16	六・一	丁丑	7.16	七・一	丙午	8.14	八・一	丙子	9.13
五・十一	丁巳	6.26	六・十一	丁亥	7.26	七・十一	丙辰	8.24	八・十一	丙戌	9.23
五・二十一	丁卯	7.6	六・二十一	丁酉	8.5	七・二十一	丙寅	9.3	八・二十一	丙申	10.3
九・一	乙巳	10.12	十・一	乙亥	11.11	十一・一	甲辰	12.10	十二・一	甲戌	1.9
九・十一	乙卯	10.22	十・十一	乙酉	11.21	十一・十一	甲寅	12.20	十二・十一	甲申	1.19
九・二十一	乙丑	11.1	十・二十一	乙未	12.1	十一・二十一	甲子	12.30	十二・二十一	甲午	1.29

齐高帝建元元年、北魏孝文帝太和三年己未（479—480）

一・一	癸卯	2.7	二・一	癸酉	3.9	三・一	癸卯	4.8	*四・一	壬申	5.7
一・十一	癸丑	2.17	二・十一	癸未	3.19	三・十一	癸丑	4.18	四・十一	壬午	5.17
一・二十一	癸亥	2.27	二・二十一	癸巳	3.29	三・二十一	癸亥	4.28	四・二十一	壬辰	5.27
五・一	壬寅	6.6	六・一	辛未	7.5	七・一	辛丑	8.4	八・一	庚午	9.2
五・十一	壬子	6.16	六・十一	辛巳	7.15	七・十一	辛亥	8.14	八・十一	庚辰	9.12
五・二十一	壬戌	6.26	六・二十一	辛卯	7.25	七・二十一	辛酉	8.24	八・二十一	庚寅	9.22
九・一	庚子	10.2	十・一	己巳	10.31	十一・一	己亥	11.30	十二・一	戊辰	12.29
九・十一	庚戌	10.12	十・十一	己卯	11.10	十一・十一	己酉	12.10	十二・十一	戊寅	1.8
九・二十一	庚申	10.22	十・二十一	己丑	11.20	十一・二十一	己未	12.20	十二・二十一	戊子	1.18

＊本月齐高帝代宋，改元“建元”。

齐高帝建元二年、北魏孝文帝太和四年庚申(480—481)

一·一 戊戌 1.28 一·十一 戊申 2.7 一·二十一 戊午 2.17	二·一 丁卯 2.26 二·十一 丁丑 3.7 二·二十一 丁亥 3.17	三·一 丁酉 3.27 三·十一 丁未 4.6 三·二十一 丁巳 4.16	四·一 丙寅 4.25 四·十一 丙子 5.5 四·二十一 丙戌 5.15
五·一 丙申 5.25 五·十一 丙午 6.4 五·二十一 丙辰 6.14	六·一 丙寅 6.24 六·十一 丙子 7.4 六·二十一 丙戌 7.14	七·一 乙未 7.23 七·十一 乙巳 8.2 七·二十一 乙卯 8.12	八·一 乙丑 8.22 八·十一 乙亥 9.1 八·二十一 乙酉 9.11
九·一 甲午 9.20 *闰九·一 甲子 10.20 九·十一 甲辰 9.30 闰九·十一 甲戌 10.30 九·二十一 甲寅 10.10 闰九·二十一 甲申 11.9	十·一 癸巳 11.18 十·十一 癸卯 11.28 十·二十一 癸丑 12.8	十一·一 癸亥 12.18 十一·十一 癸酉 12.28 十一·二十一 癸未 1.7	十二·一 壬辰 1.16 十二·十一 壬寅 1.26 十二·二十一 壬子 2.5

*《目录》北魏闰八月甲午朔,《辑要》《朔闰考》《对照表》北魏闰七月乙丑朔。

齐高帝建元三年、北魏孝文帝太和五年辛酉(481—482)

一·一 壬戌 2.15 一·十一 壬申 2.25 一·二十一 壬午 3.7	二·一 辛卯 3.16 二·十一 辛丑 3.26 二·二十一 辛亥 4.5	三·一 辛酉 4.15 三·十一 辛未 4.25 三·二十一 辛巳 5.5	四·一 庚寅 5.14 四·十一 庚子 5.24 四·二十一 庚戌 6.3
五·一 庚申 6.13 五·十一 庚午 6.23 五·二十一 庚辰 7.3	六·一 己丑 7.12 六·十一 己亥 7.22 六·二十一 己酉 8.1	七·一 己未 8.11 七·十一 己巳 8.21 七·二十一 己卯 8.31	八·一 戊子 9.9 八·十一 戊戌 9.19 八·二十一 戊申 9.29
九·一 戊午 10.9 九·十一 戊辰 10.19 九·二十一 戊寅 10.29	十·一 戊子 11.8 十·十一 戊戌 11.18 十·二十一 戊申 11.28	十一·一 丁巳 12.7 十一·十一 丁卯 12.17 十一·二十一 丁丑 12.27	十二·一 丁亥 1.6 十二·十一 丁酉 1.16 十二·二十一 丁未 1.26

齐高帝建元四年、北魏孝文帝太和六年壬戌(482—483)

一·一 丙辰 2.4 一·十一 丙寅 2.14 一·二十一 丙子 2.24	二·一 丙戌 3.6 二·十一 丙申 3.16 二·二十一 丙午 3.26	三·一 乙卯 4.4 三·十一 乙丑 4.14 三·二十一 乙亥 4.24	四·一 乙酉 5.4 四·十一 乙未 5.14 四·二十一 乙巳 5.24
五·一 甲寅 6.2 五·十一 甲子 6.12 五·二十一 甲戌 6.22	六·一 甲申 7.2 六·十一 甲午 7.12 六·二十一 甲辰 7.22	七·一 癸丑 7.31 七·十一 癸亥 8.10 七·二十一 癸酉 8.20	八·一 癸未 8.30 八·十一 癸巳 9.9 八·二十一 癸卯 9.19
九·一 壬子 9.28 九·十一 壬戌 10.8 九·二十一 壬申 10.18	十·一 壬午 10.28 十·十一 壬辰 11.7 十·二十一 壬寅 11.17	十一·一 辛亥 11.26 十一·十一 辛酉 12.6 十一·二十一 辛未 12.16	十二·一 辛巳 12.26 十二·十一 辛卯 1.5 十二·二十一 辛丑 1.15

齐武帝永明元年、北魏孝文帝太和七年癸亥(483—484)

*一·一 庚戌 1.24 一·十一 庚申 2.3 一·二十一 庚午 2.13	二·一 庚辰 2.23 二·十一 庚寅 3.5 二·二十一 庚子 3.15	三·一 庚戌 3.25 三·十一 庚申 4.4 三·二十一 庚午 4.14	四·一 己卯 4.23 四·十一 己丑 5.3 四·二十一 己亥 5.13
五·一 己酉 5.23 闰五·一 戊寅 6.21 [北魏]闰四·一 己酉 5.23 五·一 戊寅 6.21 五·十一 己未 6.2 闰五·十一 戊子 7.1 五·二十一 己巳 6.12 闰五·二十一 戊戌 7.11	六·一 戊申 7.21 六·十一 戊午 7.31 六·二十一 戊辰 8.10	七·一 丁丑 8.19 七·十一 丁亥 8.29 七·二十一 丁酉 9.8	八·一 丁未 9.18 八·十一 丁巳 9.28 八·二十一 丁卯 10.8
九·一 丙子 10.17 九·十一 丙戌 10.27 九·二十一 丙申 11.6	十·一 丙午 11.16 十·十一 丙辰 11.26 十·二十一 丙寅 12.6	**十一·一 乙亥 12.15 十一·十一 乙酉 12.25 十一·二十一 乙未 1.4	十二·一 乙巳 1.14 十二·十一 乙卯 1.24 十二·二十一 乙丑 2.3

*《目录》正月辛亥朔,误。　**《目录》十一月乙卯朔,误。

齐武帝永明二年、北魏孝文帝太和八年甲子(484—485)

一·一	甲戌	2.12	二·一	甲辰	3.13	三·一	癸酉	4.11	四·一	癸卯	5.11
一·十一	甲申	2.22	二·十一	甲寅	3.23	三·十一	癸未	4.21	四·十一	癸丑	5.21
一·二十一	甲午	3.3	二·二十一	甲子	4.2	三·二十一	癸巳	5.1	四·二十一	癸亥	5.31
五·一	癸酉	6.10	六·一	壬寅	7.9	七·一	壬申	8.8	八·一	辛丑	9.6
五·十一	癸未	6.20	六·十一	壬子	7.19	七·十一	壬午	8.18	八·十一	辛亥	9.16
五·二十一	癸巳	6.30	六·二十一	壬戌	7.29	七·二十一	壬辰	8.28	八·二十一	辛酉	9.26
九·一	辛未	10.6	十·一	庚子	11.4	十一·一	庚午	12.4	十二·一	己亥	1.2
九·十一	辛巳	10.16	十·十一	庚戌	11.14	十一·十一	庚辰	12.14	十二·十一	己酉	1.12
九·二十一	辛卯	10.26	十·二十一	庚申	11.24	十一·二十一	庚寅	12.24	十二·二十一	己未	1.22

齐武帝永明三年、北魏孝文帝太和九年乙丑(485—486)

一·一	己巳	2.1	二·一	戊戌	3.2	三·一	戊辰	4.1	四·一	丁酉	4.30
一·十一	己卯	2.11	二·十一	戊申	3.12	三·十一	戊寅	4.11	四·十一	丁未	5.10
一·二十一	己丑	2.21	二·二十一	戊午	3.22	三·二十一	戊子	4.21	四·二十一	丁巳	5.20
五·一	丁卯	5.30	六·一	丙申	6.28	七·一	丙寅	7.28	八·一	乙未	8.26
五·十一	丁丑	6.9	六·十一	丙午	7.8	七·十一	丙子	8.7	八·十一	乙巳	9.5
五·二十一	丁亥	6.19	六·二十一	丙辰	7.18	七·二十一	丙戌	8.17	八·二十一	乙卯	9.15
九·一	乙丑	9.25	十·一	乙未	10.25	十一·一	甲子	11.23	十二·一	甲午	12.23
九·十一	乙亥	10.5	十·十一	乙巳	11.4	十一·十一	甲戌	12.3	十二·十一	甲辰	1.2
九·二十一	乙酉	10.15	十·二十一	乙卯	11.14	十一·二十一	甲申	12.13	十二·二十一	甲寅	1.12

齐武帝永明四年、北魏孝文帝太和十年丙寅(486—487)

一·一 闰一·一	癸亥 癸巳	1.21 2.20	二·一	壬戌	3.21	三·一	壬辰	4.20	四·一	辛酉	5.19
一·十一 闰一·十一	癸酉 癸卯	1.31 3.2	二·十一	壬申	3.31	三·十一	壬寅	4.30	四·十一	辛未	5.29
一·二十一 闰一·二十一	癸未 癸丑	2.10 3.12	二·二十一	壬午	4.10	三·二十一	壬子	5.10	四·二十一	辛巳	6.8
五·一	辛卯	6.18	六·一	庚申	7.17	七·一	庚寅	8.16	八·一	己未	9.14
五·十一	辛丑	6.28	六·十一	庚午	7.27	七·十一	庚子	8.26	八·十一	己巳	9.24
五·二十一	辛亥	7.8	六·二十一	庚辰	8.6	七·二十一	庚戌	9.5	八·二十一	己卯	10.4
九·一	己丑	10.14	十·一	戊午	11.12	十一·一	戊子	12.12	十二·一	丁巳	1.10
九·十一	己亥	10.24	十·十一	戊辰	11.22	十一·十一	戊戌	12.22	十二·十一	丁卯	1.20
九·二十一	己酉	11.3	十·二十一	戊寅	12.2	十一·二十一	戊申	1.1	十二·二十一	丁丑	1.30

齐武帝永明五年、北魏孝文帝太和十一年丁卯(487—488)

一·一	丁亥	2.9	二·一	丁巳	3.11	三·一	丙戌	4.9	四·一	丙辰	5.9
一·十一	丁酉	2.19	二·十一	丁卯	3.21	三·十一	丙申	4.19	四·十一	丙寅	5.19
一·二十一	丁未	3.1	二·二十一	丁丑	3.31	三·二十一	丙午	4.29	四·二十一	丙子	5.29
五·一	乙酉	6.7	六·一	乙卯	7.7	七·一	甲申	8.5	八·一	甲寅	9.4
五·十一	乙未	6.17	六·十一	乙丑	7.17	七·十一	甲午	8.15	八·十一	甲子	9.14
五·二十一	乙巳	6.27	六·二十一	乙亥	7.27	七·二十一	甲辰	8.25	八·二十一	甲戌	9.24
九·一	癸未	10.3	十·一	癸丑	11.2	十一·一	壬午	12.1	十二·一	壬子	12.31
九·十一	癸巳	10.13	十·十一	癸亥	11.12	十一·十一	壬辰	12.11	十二·十一	壬戌	1.10
九·二十一	癸卯	10.23	十·二十一	癸酉	11.22	十一·二十一	壬寅	12.21	十二·二十一	壬申	1.20

齐武帝永明六年、北魏孝文帝太和十二年戊辰(488—489)

一·一 辛巳 1.29 一·十一 辛卯 2.8 一·二十一 辛丑 2.18	二·一 辛亥 2.28 二·十一 辛酉 3.9 二·二十一 辛未 3.19	三·一 庚辰 3.28 三·十一 庚寅 4.7 三·二十一 庚子 4.17	四·一 庚戌 4.27 四·十一 庚申 5.7 四·二十一 庚午 5.17
五·一 庚辰 5.27 五·十一 庚寅 6.6 五·二十一 庚子 6.16	六·一 己酉 6.25 六·十一 己未 7.5 六·二十一 己巳 7.15	七·一 己卯 7.25 七·十一 己丑 8.4 七·二十一 己亥 8.14	八·一 戊申 8.23 八·十一 戊午 9.2 八·二十一 戊辰 9.12
九·一 戊寅 9.22 九·十一 戊子 10.2 九·二十一 戊戌 10.12	十一·一 丁未 10.21 闰十·一 丁丑 11.20 [北魏]闰九·一丁未 10.21 十·一 丁丑 11.20 十一·十一 丁巳 10.31 闰十·十一 丁亥 11.30 十一·二十一丁卯 11.10 闰十·二十一丁酉 12.10	十一·一 丙午 12.19 十一·十一 丙辰 12.29 十一·二十一 丙寅 1.8	十二·一 丙子 1.18 十二·十一 丙戌 1.28 十二·二十一 丙申 2.7

齐武帝永明七年、北魏孝文帝太和十三年己巳(489—490)

一·一 乙巳 2.16 一·十一 乙卯 2.26 一·二十一 乙丑 3.8	二·一 乙亥 3.18 二·十一 乙酉 3.28 二·二十一 乙未 4.7	三·一 甲辰 4.16 三·十一 甲寅 4.26 三·二十一 甲子 5.6	四·一 甲戌 5.16 四·十一 甲申 5.26 四·二十一 甲午 6.5
五·一 癸卯 6.14 五·十一 癸丑 6.24 五·二十一 癸亥 7.4	六·一 癸酉 7.14 六·十一 癸未 7.24 六·二十一 癸巳 8.3	七·一 壬寅 8.12 七·十一 壬子 8.22 七·二十一 壬戌 9.1	八·一 壬申 9.11 八·十一 壬午 9.21 八·二十一 壬辰 10.1
九·一 壬寅 10.11 九·十一 壬子 10.21 九·二十一 壬戌 10.31	十·一 辛未 11.9 十·十一 辛巳 11.19 十·二十一 辛卯 11.29	十一·一 辛丑 12.9 十一·十一 辛亥 12.19 十一·二十一 辛酉 12.29	十二·一 庚午 1.7 十二·十一 庚辰 1.17 十二·二十一 庚寅 1.27

齐武帝永明八年、北魏孝文帝太和十四年庚午(490—491)

一·一 庚子 2.6 一·十一 庚戌 2.16 一·二十一 庚申 2.26	二·一 己巳 3.7 二·十一 己卯 3.17 二·二十一 己丑 3.27	三·一 己亥 4.6 三·十一 己酉 4.16 三·二十一 己未 4.26	四·一 戊辰 5.5 四·十一 戊寅 5.15 四·二十一 戊子 5.25
五·一 戊戌 6.4 五·十一 戊申 6.14 五·二十一 戊午 6.24	六·一 丁卯 7.3 六·十一 丁丑 7.13 六·二十一 丁亥 7.23	七·一 丁酉 8.2 七·十一 丁未 8.12 七·二十一 丁巳 8.22	八·一 丙寅 8.31 八·十一 丙子 9.10 八·二十一 丙戌 9.20
九·一 丙申 9.30 九·十一 丙午 10.10 九·二十一 丙辰 10.20	十·一 乙丑 10.29 十·十一 乙亥 11.8 十·二十一 乙酉 11.18	十一·一 乙未 11.28 十一·十一 乙巳 12.8 十一·二十一 乙卯 12.18	十二·一 甲子 12.27 十二·十一 甲戌 1.6 十二·二十一 甲申 1.16

齐武帝永明九年、北魏孝文帝太和十五年辛未(491—492)

一·一 甲午 1.26 一·十一 甲辰 2.5 一·二十一 甲寅 2.15	二·一 甲子 2.25 二·十一 甲戌 3.7 二·二十一 甲申 3.17	三·一 癸巳 3.26 三·十一 癸卯 4.5 三·二十一 癸丑 4.15	四·一 癸亥 4.25 四·十一 癸酉 5.5 四·二十一 癸未 5.15
五·一 壬辰 5.24 五·十一 壬寅 6.3 五·二十一 壬子 6.13	六·一 壬戌 6.23 六·十一 壬申 7.3 六·二十一 壬午 7.13	七·一 辛卯 7.22* 闰七·一 辛酉 8.21 七·十一 辛丑 8.1 闰七·十一 辛未 8.31 七·二十一辛亥 8.11 闰七·二十一辛巳 9.10	八·一 庚寅 9.19 八·十一 庚子 9.29 八·二十一 庚戌 10.9
九·一 庚申 10.19 九·十一 庚午 10.29 九·二十一 庚辰 11.8	十·一 己丑 11.17 十·十一 己亥 11.27 十·二十一 己酉 12.7	十一·一 己未 12.17 十一·十一 己巳 12.27 十一·二十一 己卯 1.6	十二·一 戊子 1.15 十二·十一 戊戌 1.25 十二·二十一 戊申 2.4

*《目录》北魏闰六月辛卯朔,《辑要》《朔闰考》《对照表》北魏闰五月壬戌朔。

齐武帝永明十年、北魏孝文帝太和十六年壬申(492—493)

一·一	戊午	2.14	二·一	丁亥	3.14	三·一	丁巳	4.13	四·一	丁亥	5.13
一·十一	戊辰	2.24	二·十一	丁酉	3.24	三·十一	丁卯	4.23	四·十一	丁酉	5.23
一·二十一	戊寅	3.5	二·二十一	丁未	4.3	三·二十一	丁丑	5.3	四·二十一	丁未	6.2
五·一	丙辰	6.11	六·一	丙戌	7.11	七·一	乙卯	8.9	八·一	乙酉	9.8
五·十一	丙寅	6.21	六·十一	丙申	7.21	七·十一	乙丑	8.19	八·十一	乙未	9.18
五·二十一	丙子	7.1	六·二十一	丙午	7.31	七·二十一	乙亥	8.29	八·二十一	乙巳	9.28
九·一	甲寅	10.7	十·一	甲申	11.6	十一·一	癸丑	12.5	十二·一	癸未	1.4
九·十一	甲子	10.17	十·十一	甲午	11.16	十一·十一	癸亥	12.15	十二·十一	癸巳	1.14
九·二十一	甲戌	10.27	十·二十一	甲辰	11.26	十一·二十一	癸酉	12.25	十二·二十一	癸卯	1.24

齐武帝永明十一年、北魏孝文帝太和十七年癸酉(493—494)

一·一	壬子	2.2	二·一	壬午	3.4	三·一	辛亥	4.2	四·一	辛巳	5.2
一·十一	壬戌	2.12	二·十一	壬辰	3.14	三·十一	辛酉	4.12	四·十一	辛卯	5.12
一·二十一	壬申	2.22	二·二十一	壬寅	3.24	三·二十一	辛未	4.22	四·二十一	辛丑	5.22
五·一	庚戌	5.31	六·一	庚辰	6.30	七·一	己酉	7.29	八·一	己卯	8.28
五·十一	庚申	6.10	六·十一	庚寅	7.10	七·十一	己未	8.8	八·十一	己丑	9.7
五·二十一	庚午	6.20	六·二十一	庚子	7.20	七·二十一	己巳	8.18	八·二十一	己亥	9.17
九·一	己酉	9.27	十·一	戊寅	10.26	十一·一	戊申	11.25	十二·一	丁丑	12.24
九·十一	己未	10.7	十·十一	戊子	11.5	十一·十一	戊午	12.5	十二·十一	丁亥	1.3
九·二十一	己巳	10.17	十·二十一	戊戌	11.15	十一·二十一	戊辰	12.15	十二·二十一	丁酉	1.13

齐明帝建武元年、北魏孝文帝太和十八年甲戌(494—495)

*一·一	丁未	1.23	二·一	丙子	2.21	三·一	丙午	3.23	四·一　乙亥 4.21**	闰四·一	乙巳 5.21
一·十一	丁巳	2.2	二·十一	丙戌	3.3	三·十一	丙辰	4.2	四·十一　乙酉 5.1	闰四·十一	乙卯 5.31
一·二十一	丁卯	2.12	二·二十一	丙申	3.13	三·二十一	丙寅	4.12	四·二十一　乙未 5.11	闰四·二十一	乙丑 6.10
五·一	甲戌	6.19	六·一	甲辰	7.19	***七·一	癸酉	8.17	八·一	癸卯	9.16
五·十一	甲申	6.29	六·十一	甲寅	7.29	七·十一	癸未	8.27	八·十一	癸丑	9.26
五·二十一	甲午	7.9	六·二十一	甲子	8.8	七·二十一	癸巳	9.6	八·二十一	癸亥	10.6
九·一	壬申	10.15	****十·一	壬寅	11.14	十一·一	辛未	12.13	十二·一	辛丑	1.12
九·十一	壬午	10.25	十·十一	壬子	11.24	十一·十一	辛巳	12.23	十二·十一	辛亥	1.22
九·二十一	壬辰	11.4	十·二十一	壬戌	12.4	十一·二十一	辛卯	1.2	十二·二十一	辛酉	2.1

* 本月齐鬱林王改元“隆昌”。　** 《目录》北魏闰三月乙亥朔,《辑要》《朔闰考》《对照表》北魏闰二月丙午朔。　*** 本月齐海陵王即位,改元“延兴”。　**** 本月齐明帝即位,改元“建武”。

齐明帝建武二年、北魏孝文帝太和十九年乙亥(495—496)

一·一	辛未	2.11	二·一	庚子	3.12	三·一	庚午	4.11	四·一	己亥	5.10
一·十一	辛巳	2.21	二·十一	庚戌	3.22	三·十一	庚辰	4.21	四·十一	己酉	5.20
一·二十一	辛卯	3.3	二·二十一	庚申	4.1	三·二十一	庚寅	5.1	四·二十一	己未	5.30
五·一	己巳	6.9	六·一	戊戌	7.8	七·一	戊辰	8.7	八·一	丁酉	9.5
五·十一	己卯	6.19	六·十一	戊申	7.18	七·十一	戊寅	8.17	八·十一	丁未	9.15
五·二十一	己丑	6.29	六·二十一	戊午	7.28	七·二十一	戊子	8.27	八·二十一	丁巳	9.25
九·一	丁卯	10.5	十·一	丙申	11.3	十一·一	丙寅	12.3	十二·一	乙未	1.1
九·十一	丁丑	10.15	十·十一	丙午	11.13	十一·十一	丙子	12.13	十二·十一	乙巳	1.11
九·二十一	丁亥	10.25	十·二十一	丙辰	11.23	十一·二十一	丙戌	12.23	十二·二十一	乙卯	1.21

齐明帝建武三年、北魏孝文帝太和二十年丙子(496—497)

一•一 乙丑 1.31 一•十一 乙亥 2.10 一•二十一 乙酉 2.20	二•一 甲午 2.29 二•十一 甲辰 3.10 二•二十一 甲寅 3.20	三•一 甲子 3.30 三•十一 甲戌 4.9 三•二十一 甲申 4.19	四•一 甲午 4.29 四•十一 甲辰 5.9 四•二十一 甲寅 5.19
五•一 癸亥 5.28 五•十一 癸酉 6.7 五•二十一 癸未 6.17	六•一 癸巳 6.27 六•十一 癸卯 7.7 六•二十一 癸丑 7.17	七•一 壬戌 7.26 七•十一 壬申 8.5 七•二十一 壬午 8.15	八•一 壬辰 8.25 八•十一 壬寅 9.4 八•二十一 壬子 9.14
九•一 辛酉 9.23 九•十一 辛未 10.3 九•二十一 辛巳 10.13	十•一 辛卯 10.23 十•十一 辛丑 11.2 十•二十一 辛亥 11.12	十一•一 庚申 11.21 十一•十一 庚午 12.1 十一•二十一 庚辰 12.11	十二•一 庚寅 12.21 闰十二•一 己未 1.19 [北蜀]闰十一•一庚寅 12.21 *十二•一 己未 1.19 十二•十一 庚子 12.31 闰十二•十一 己巳 1.29 十二•二十一庚戌 1.10 闰十二•二十一己卯 2.8

*《目录》北魏十二月癸未朔,误。

齐明帝建武四年、北魏孝文帝太和二十一年丁丑(497—498)

一•一 己丑 2.18 一•十一 己亥 2.28 一•二十一 己酉 3.10	二•一 戊午 3.19 二•十一 戊辰 3.29 二•二十一 戊寅 4.8	三•一 戊子 4.18 三•十一 戊戌 4.28 三•二十一 戊申 5.8	四•一 丁巳 5.17 四•十一 丁卯 5.27 四•二十一 丁丑 6.6
五•一 丁亥 6.16 五•十一 丁酉 6.26 五•二十一 丁未 7.6	六•一 丙辰 7.15 六•十一 丙寅 7.25 六•二十一 丙子 8.4	七•一 丙戌 8.14 七•十一 丙申 8.24 七•二十一 丙午 9.3	八•一 丙辰 9.13 八•十一 丙寅 9.23 八•二十一 丙子 10.3
九•一 乙酉 10.12 九•十一 乙未 10.22 九•二十一 乙巳 11.1	十•一 乙卯 11.11 十•十一 乙丑 11.21 十•二十一 乙亥 12.1	十一•一 甲申 12.10 十一•十一 甲午 12.20 十一•二十一 甲辰 12.30	十二•一 甲寅 1.9 十二•十一 甲子 1.19 十二•二十一 甲戌 1.29

齐明帝永泰元年、北魏孝文帝太和二十二年戊寅(498—499)

一•一 癸未 2.7 一•十一 癸巳 2.17 一•二十一 癸卯 2.27	二•一 癸丑 3.9 二•十一 癸亥 3.19 二•二十一 癸酉 3.29	三•一 壬午 4.7 三•十一 壬辰 4.17 三•二十一 壬寅 4.27	*四•一 壬子 5.7 四•十一 壬戌 5.17 四•二十一 壬申 5.27
五•一 辛巳 6.5 五•十一 辛卯 6.15 五•二十一 辛丑 6.25	六•一 辛亥 7.5 六•十一 辛酉 7.15 六•二十一 辛未 7.25	七•一 庚辰 8.3 七•十一 庚寅 8.13 七•二十一 庚子 8.23	八•一 庚戌 9.2 八•十一 庚申 9.12 八•二十一 庚午 9.22
九•一 己卯 10.1 九•十一 己丑 10.11 九•二十一 己亥 10.21	十•一 己酉 10.31 十•十一 己未 11.10 十•二十一 己巳 11.20	十一•一 戊寅 11.29 十一•十一 戊子 12.9 十一•二十一 戊戌 12.19	十二•一 戊申 12.29 十二•十一 戊午 1.8 十二•二十一 戊辰 1.18

* 本月齐改元"永泰"。

齐东昏侯永元元年、北魏孝文帝太和二十三年己卯(499—500)

一•一 戊寅 1.28 一•十一 戊子 2.7 一•二十一 戊戌 2.17	二•一 丁未 2.26 二•十一 丁巳 3.8 二•二十一 丁卯 3.18	三•一 丁丑 3.28 三•十一 丁亥 4.7 三•二十一 丁酉 4.17	四•一 丙午 4.26 四•十一 丙辰 5.6 四•二十一 丙寅 5.16
五•一 丙子 5.26 五•十一 丙戌 6.5 五•二十一 丙申 6.15	六•一 乙巳 6.24 六•十一 乙卯 7.4 六•二十一 乙丑 7.14	七•一 乙亥 7.24 七•十一 乙酉 8.3 七•二十一 乙未 8.13	八•一 甲辰 8.22 闰八•一 甲戌 9.21 八•十一 甲寅 9.1 闰八•十一 甲申 10.1 八•二十一甲子 9.11 闰八•二十一甲午 10.11
九•一 癸卯 10.20 九•十一 癸丑 10.30 九•二十一 癸亥 11.9	十•一 癸酉 11.19 十•十一 癸未 11.29 十•二十一 癸巳 12.9	十一•一 壬寅 12.18 十一•十一 壬子 12.28 十一•二十一 壬戌 1.7	十二•一 壬申 1.17 十二•十一 壬午 1.27 十二•二十一 壬辰 2.6

齐东昏侯永元二年、北魏宣武帝景明元年庚辰(500—501)

一·一	辛丑	2.15	二·一	辛未	3.16	三·一	辛丑	4.15	四·一	庚午	5.14
一·十一	辛亥	2.25	二·十一	辛巳	3.26	三·十一	辛亥	4.25	四·十一	庚辰	5.24
一·二十一	辛酉	3.6	二·二十一	辛卯	4.5	三·二十一	辛酉	5.5	四·二十一	庚寅	6.3
五·一	庚子	6.13	六·一	己巳	7.12	七·一	己亥	8.11	八·一	戊辰	9.9
五·十一	庚戌	6.23	六·十一	己卯	7.22	七·十一	己酉	8.21	八·十一	戊寅	9.19
五·二十一	庚申	7.3	六·二十一	己丑	8.1	七·二十一	己未	8.31	八·二十一	戊子	9.29
九·一	戊戌	10.9	十·一	丁卯	11.7	十一·一	丁酉	12.7	十二·一	丙寅	1.5
九·十一	戊申	10.19	十·十一	丁丑	11.17	十一·十一	丁未	12.17	十二·十一	丙子	1.15
九·二十一	戊午	10.29	十·二十一	丁亥	11.27	十一·二十一	丁巳	12.27	十二·二十一	丙戌	1.25

齐和帝中兴元年、北魏宣武帝景明二年辛巳(501—502)

一·一	丙申	2.4	二·一	乙丑	3.5	*三·一	乙未	4.4	四·一	甲子	5.3
一·十一	丙午	2.14	二·十一	乙亥	3.15	三·十一	乙巳	4.14	四·十一	甲戌	5.13
一·二十一	丙辰	2.24	二·二十一	乙酉	3.25	三·二十一	乙卯	4.24	四·二十一	甲申	5.23
五·一	甲午	6.2	六·一	癸亥	7.1	七·一	癸巳	7.31	八·一	癸亥	8.30
五·十一	甲辰	6.12	六·十一	癸酉	7.11	七·十一	癸卯	8.10	八·十一	癸酉	9.9
五·二十一	甲寅	6.22	六·二十一	癸未	7.21	七·二十一	癸丑	8.20	八·二十一	癸未	9.19
九·一	壬辰	9.28	十·一	壬戌	10.28	十一·一	辛卯	11.26	十二·一	辛酉	12.26
九·十一	壬寅	10.8	十·十一	壬申	11.7	十一·十一	辛丑	12.6	十二·十一	辛未	1.5
九·二十一	壬子	10.18	十·二十一	壬午	11.17	十一·二十一	辛亥	12.16	十二·二十一	辛巳	1.15

* 本月齐和帝即位,改元“中兴”。

梁武帝天监元年、北魏宣武帝景明三年壬午(502—503)

一·一	庚寅	1.24	二·一	庚申	2.23	三·一	己丑	3.24	*四·一	己未	4.23	**闰四·一	戊子	5.22
一·十一	庚子	2.3	二·十一	庚午	3.5	三·十一	己亥	4.3	四·十一	己巳	5.3	闰四·十一	戊戌	6.1
一·二十一	庚戌	2.13	二·二十一	庚辰	3.15	三·二十一	己酉	4.13	四·二十一	己卯	5.13	闰四·二十一	戊申	6.11
五·一	戊午	6.21	六·一	丁亥	7.20	七·一	丁巳	8.19	八·一	丙戌	9.17			
五·十一	戊辰	7.1	六·十一	丁酉	7.30	七·十一	丁卯	8.29	八·十一	丙申	9.27			
五·二十一	戊寅	7.11	六·二十一	丁未	8.9	七·二十一	丁丑	9.8	八·二十一	丙午	10.7			
九·一	丙辰	10.17	十·一	乙酉	11.15	十一·一	乙卯	12.15	十二·一	乙酉	1.14			
九·十一	丙寅	10.27	十·十一	乙未	11.25	十一·十一	乙丑	12.25	十二·十一	乙未	1.24			
九·二十一	丙子	11.6	十·二十一	乙巳	12.5	十一·二十一	乙亥	1.4	十二·二十一	乙巳	2.3			

* 本月梁武帝代齐,改元“天监”。 ** 《目录》梁闰六月丁亥朔,北魏闰五月戊午朔;《辑要》《朔闰考》梁闰五月戊午朔。

梁武帝天监二年、北魏宣武帝景明四年癸未(503—504)

一·一	甲寅	2.12	二·一	甲申	3.14	三·一	癸丑	4.12	四·一	癸未	5.12
一·十一	甲子	2.22	二·十一	甲午	3.24	三·十一	癸亥	4.22	四·十一	癸巳	5.22
一·二十一	甲戌	3.4	二·二十一	甲辰	4.3	三·二十一	癸酉	5.2	四·二十一	癸卯	6.1
五·一	壬子	6.10	六·一	壬午	7.10	七·一	辛亥	8.8	八·一	辛巳	9.7
五·十一	壬戌	6.20	六·十一	壬辰	7.20	七·十一	辛酉	8.18	八·十一	辛卯	9.17
五·二十一	壬申	6.30	六·二十一	壬寅	7.30	七·二十一	辛未	8.28	八·二十一	辛丑	9.27
九·一	庚戌	10.6	十·一	庚辰	11.5	十一·一	己酉	12.4	十二·一	己卯	1.3
九·十一	庚申	10.16	十·十一	庚寅	11.15	十一·十一	己未	12.14	十二·十一	己丑	1.13
九·二十一	庚午	10.26	十·二十一	庚子	11.25	十一·二十一	己巳	12.24	十二·二十一	己亥	1.23

梁武帝天监三年、北魏宣武帝正始元年甲申（504—505）

一·一 戊申 2.1 一·十一 戊午 2.11 一·二十一 戊辰 2.21	二·一 戊寅 3.2 二·十一 戊子 3.12 二·二十一 戊戌 3.22	三·一 戊申 4.1 三·十一 戊午 4.11 三·二十一 戊辰 4.21	四·一 丁丑 4.30 四·十一 丁亥 5.10 四·二十一 丁酉 5.20
五·一 丁未 5.30 五·十一 丁巳 6.9 五·二十一 丁卯 6.19	六·一 丙子 6.28 六·十一 丙戌 7.8 六·二十一 丙申 7.18	七·一 丙午 7.28 七·十一 丙辰 8.7 七·二十一 丙寅 8.17	八·一 乙亥 8.26 八·十一 乙酉 9.5 八·二十一 乙未 9.15
九·一 乙巳 9.25 九·十一 乙卯 10.5 九·二十一 乙丑 10.15	十·一 甲戌 10.24 十·十一 甲申 11.3 十·二十一 甲午 11.13	十一·一 甲辰 11.23 十一·十一 甲寅 12.3 十一·二十一 甲子 12.13	十二·一 癸酉 12.22 十二·十一 癸未 1.1 十二·二十一 癸巳 1.11

梁武帝天监四年、北魏宣武帝正始二年乙酉（505—506）

一·一 癸卯 1.21 ［北魏］闰十二·一癸卯 1.21 一·十一 癸丑 1.31 一·二十一 癸亥 2.10	二·一 壬申 2.19 闰二·一 壬寅 3.21 ［北魏］一·一壬申 2.19 二·一 壬寅 3.21 二·十一 壬午 3.1 闰二·十一 壬子 3.31 二·二十一壬辰 3.11 闰二·二十一壬戌 4.10	三·一 辛未 4.19 三·十一 辛巳 4.29 三·二十一 辛卯 5.9	四·一 辛丑 5.19 四·十一 辛亥 5.29 四·二十一 辛酉 6.8
五·一 庚午 6.17 五·十一 庚辰 6.27 五·二十一 庚寅 7.7	六·一 庚子 7.17 六·十一 庚戌 7.27 六·二十一 庚申 8.6	七·一 庚午 8.16 七·十一 庚辰 8.26 七·二十一 庚寅 9.5	八·一 己亥 9.14 八·十一 己酉 9.24 八·二十一 己未 10.4
九·一 己巳 10.14 九·十一 己卯 10.24 九·二十一 己丑 11.3	十·一 戊戌 11.12 十·十一 戊申 11.22 十·二十一 戊午 12.2	十一·一 戊辰 12.12 十一·十一 戊寅 12.22 十一·二十一 戊子 1.1	十二·一 丁酉 1.10 十二·十一 丁未 1.20 十二·二十一 丁巳 1.30

梁武帝天监五年、北魏宣武帝正始三年丙戌（506—507）

一·一 丁卯 2.9 一·十一 丁丑 2.19 一·二十一 丁亥 3.1	二·一 丙申 3.10 二·十一 丙午 3.20 二·二十一 丙辰 3.30	三·一 丙寅 4.9 三·十一 丙子 4.19 三·二十一 丙戌 4.29	四·一 乙未 5.8 四·十一 乙巳 5.18 四·二十一 乙卯 5.28
五·一 乙丑 6.7 五·十一 乙亥 6.17 五·二十一 乙酉 6.27	六·一 甲午 7.6 六·十一 甲辰 7.16 六·二十一 甲寅 7.26	七·一 甲子 8.5 七·十一 甲戌 8.15 七·二十一 甲申 8.25	八·一 癸巳 9.3 八·十一 癸卯 9.13 八·二十一 癸丑 9.23
九·一 癸亥 10.3 九·十一 癸酉 10.13 九·二十一 癸未 10.23	十·一 壬辰 11.1 十·十一 壬寅 11.11 十·二十一 壬子 11.21	十一·一 壬戌 12.1 十一·十一 壬申 12.11 十一·二十一 壬午 12.21	十二·一 壬辰 12.31 十二·十一 壬寅 1.10 十二·二十一 壬子 1.20

梁武帝天监六年、北魏宣武帝正始四年丁亥（507—508）

一·一 辛酉 1.29 一·十一 辛未 2.8 一·二十一 辛巳 2.18	二·一 辛卯 2.28 二·十一 辛丑 3.10 二·二十一 辛亥 3.20	三·一 庚申 3.29 三·十一 庚午 4.8 三·二十一 庚辰 4.18	四·一 庚寅 4.28 四·十一 庚子 5.8 四·二十一 庚戌 5.18
五·一 己未 5.27 五·十一 己巳 6.6 五·二十一 己卯 6.16	六·一 己丑 6.26 六·十一 己亥 7.6 六·二十一 己酉 7.16	七·一 戊午 7.25 七·十一 戊辰 8.4 七·二十一 戊寅 8.14	八·一 戊子 8.24 八·十一 戊戌 9.3 八·二十一 戊申 9.13
九·一 丁巳 9.22 九·十一 丁卯 10.2 九·二十一 丁丑 10.12	十·一 丁亥 10.22 闰十·一 丙辰 11.20 ［北魏］闰九·一丁亥 10.22 十·一 丙辰 11.20 十·十一 丁酉 11.1 闰十·十一 丙寅 11.30 十·二十一丁未 11.11 闰十·二十一丙子 12.10	十一·一 丙戌 12.20 十一·十一 丙申 12.30 十一·二十一 丙午 1.9	十二·一 乙卯 1.18 十二·十一 乙丑 1.28 十二·二十一 乙亥 2.7

梁武帝天监七年、北魏宣武帝永平元年戊子(508—509)

一·一	乙酉	2.17	二·一	乙卯	3.18	三·一	甲申	4.16	四·一	甲寅	5.16
一·十一	乙未	2.27	二·十一	乙丑	3.28	三·十一	甲午	4.26	四·十一	甲子	5.26
一·二十一	乙巳	3.8	二·二十一	乙亥	4.7	三·二十一	甲辰	5.6	四·二十一	甲戌	6.5
五·一	癸未	6.14	六·一	癸丑	7.14	七·一	壬午	8.12	*八·一	壬子	9.11
五·十一	癸巳	6.24	六·十一	癸亥	7.24	七·十一	壬辰	8.22	八·十一	壬戌	9.21
五·二十一	癸卯	7.4	六·二十一	癸酉	8.3	七·二十一	壬寅	9.1	八·二十一	壬申	10.1
九·一	辛巳	10.10	十·一	辛亥	11.9	十一·一	庚辰	12.8	十二·一	庚戌	1.7
九·十一	辛卯	10.20	十·十一	辛酉	11.19	十一·十一	庚寅	12.18	十二·十一	庚申	1.17
九·二十一	辛丑	10.30	十·二十一	辛未	11.29	十一·二十一	庚子	12.28	十二·二十一	庚午	1.27

* 本月北魏改元“永平”。

梁武帝天监八年、北魏宣武帝永平二年己丑(509—510)

一·一	己卯	2.5	二·一	己酉	3.7	三·一	戊寅	4.5	四·一	戊申	5.5
一·十一	己丑	2.15	二·十一	己未	3.17	三·十一	戊子	4.15	四·十一	戊午	5.15
一·二十一	己亥	2.25	二·二十一	己巳	3.27	三·二十一	戊戌	4.25	四·二十一	戊辰	5.25
五·一	丁丑	6.3	六·一	丁未	7.3	七·一	丁丑	8.2	八·一	丙午	8.31
五·十一	丁亥	6.13	六·十一	丁巳	7.13	七·十一	丁亥	8.12	八·十一	丙辰	9.10
五·二十一	丁酉	6.23	六·二十一	丁卯	7.23	七·二十一	丁酉	8.22	八·二十一	丙寅	9.20
九·一	丙子	9.30	十·一	乙巳	10.29	十一·一	乙亥	11.28	十二·一	甲辰	12.27
九·十一	丙戌	10.10	十·十一	乙卯	11.8	十一·十一	乙酉	12.8	十二·十一	甲寅	1.6
九·二十一	丙申	10.20	十·二十一	乙丑	11.18	十一·二十一	乙未	12.18	十二·二十一	甲子	1.16

梁武帝天监九年、北魏宣武帝永平三年庚寅(510—511)

一·一	甲戌	1.26	二·一	癸卯	2.24	三·一	癸酉	3.26	四·一	壬寅	4.24
一·十一	甲申	2.5	二·十一	癸丑	3.6	三·十一	癸未	4.5	四·十一	壬子	5.4
一·二十一	甲午	2.15	二·二十一	癸亥	3.16	三·二十一	癸巳	4.15	四·二十一	壬戌	5.14
五·一	壬申	5.24	六·一 辛丑6.22	闰六·一	辛未7.22	七·一	庚子	8.20	八·一	庚午	9.19
五·十一	壬午	6.3	六·十一 辛亥7.2	闰六·十一	辛巳8.1	七·十一	庚戌	8.30	八·十一	庚辰	9.29
五·二十一	壬辰	6.13	六·二十一 辛酉7.12	闰六·二十一	辛卯8.11	七·二十一	庚申	9.9	八·二十一	庚寅	10.9
九·一	己亥	10.18	十·一	己巳	11.17	十一·一	己亥	12.17	十二·一	戊辰	1.15
九·十一	己酉	10.28	十·十一	己卯	11.27	十一·十一	己酉	12.27	十二·十一	戊寅	1.25
九·二十一	己未	11.7	十·二十一	己丑	12.7	十一·二十一	己未	1.6	十二·二十一	戊子	2.4

梁武帝天监十年、北魏宣武帝永平四年辛卯(511—512)

一·一	戊戌	2.14	二·一	丁卯	3.15	三·一	丁酉	4.14	四·一	丙寅	5.13
一·十一	戊申	2.24	二·十一	丁丑	3.25	三·十一	丁未	4.24	四·十一	丙子	5.23
一·二十一	戊午	3.6	二·二十一	丁亥	4.4	三·二十一	丁巳	5.4	四·二十一	丙戌	6.2
五·一	丙申	6.12	六·一	乙丑	7.11	七·一	乙未	8.10	八·一	甲子	9.8
五·十一	丙午	6.22	六·十一	乙亥	7.21	七·十一	乙巳	8.20	八·十一	甲戌	9.18
五·二十一	丙辰	7.2	六·二十一	乙酉	7.31	七·二十一	乙卯	8.30	八·二十一	甲申	9.28
九·一	甲午	10.8	十·一	癸亥	11.6	十一·一	癸巳	12.6	十二·一	壬戌	1.4
九·十一	甲辰	10.18	十·十一	癸酉	11.16	十一·十一	癸卯	12.16	十二·十一	壬申	1.14
九·二十一	甲寅	10.28	十·二十一	癸未	11.26	十一·二十一	癸丑	12.26	十二·二十一	壬午	1.24

梁武帝天监十一年、北魏宣武帝延昌元年壬辰(512—513)

一·一	壬辰	2.3	二·一	壬戌	3.4	三·一	辛卯	4.2	*四·一	辛酉	5.2
一·十一	壬寅	2.13	二·十一	壬申	3.14	三·十一	辛丑	4.12	四·十一	辛未	5.12
一·二十一	壬子	2.23	二·二十一	壬午	3.24	三·二十一	辛亥	4.22	四·二十一	辛巳	5.22
五·一	庚寅	5.31	六·一	庚申	6.30	七·一	己丑	7.29	八·一	己未	8.28
五·十一	庚子	6.10	六·十一	庚午	7.10	七·十一	己亥	8.8	八·十一	己巳	9.7
五·二十一	庚戌	6.20	六·二十一	庚辰	7.20	七·二十一	己酉	8.18	八·二十一	己卯	9.17
九·一	戊子	9.26	十·一	戊午	10.26	十一·一	丁亥	11.24	十二·一	丁巳	12.24
九·十一	戊戌	10.6	十·十一	戊辰	11.5	十一·十一	丁酉	12.4	十二·十一	丁卯	1.3
九·二十一	戊申	10.16	十·二十一	戊寅	11.15	十一·二十一	丁未	12.14	十二·二十一	丁丑	1.13

＊本月北魏改元“延昌”。

梁武帝天监十二年、北魏宣武帝延昌二年癸巳(513—514)

一·一	丙戌	1.22	二·一	丙辰	2.21	三·一　乙酉 3.22　闰三·一　乙卯 4.21 [北魏]三·一乙酉 3.22　三·一　乙卯 4.21			四·一	甲申	5.20
一·十一	丙申	2.1	二·十一	丙寅	3.3	三·十一　乙未 4.1　闰三·十一　乙丑 5.1			四·十一	甲午	5.30
一·二十一	丙午	2.11	二·二十一	丙子	3.13	三·二十一乙巳 4.11　闰三·二十一乙亥 5.11			四·二十一	甲辰	6.9
五·一	甲寅	6.19	六·一	甲申	7.19	七·一	癸丑	8.17	八·一	癸未	9.16
五·十一	甲子	6.29	六·十一	甲午	7.29	七·十一	癸亥	8.27	八·十一	癸巳	9.26
五·二十一	甲戌	7.9	六·二十一	甲辰	8.8	七·二十一	癸酉	9.6	八·二十一	癸卯	10.6
九·一	壬子	10.15	十·一	壬午	11.14	十一·一	辛亥	12.13	十二·一	辛巳	1.12
九·十一	壬戌	10.25	十·十一	壬辰	11.24	十一·十一	辛酉	12.23	十二·十一	辛卯	1.22
九·二十一	壬申	11.4	十·二十一	壬寅	12.4	十一·二十一	辛未	1.2	十二·二十一	辛丑	2.1

梁武帝天监十三年、北魏宣武帝延昌三年甲午(514—515)

一·一	庚戌	2.10	二·一	庚辰	3.12	三·一	己酉	4.10	四·一	己卯	5.10
一·十一	庚申	2.20	二·十一	庚寅	3.22	三·十一	己未	4.20	四·十一	己丑	5.20
一·二十一	庚午	3.2	二·二十一	庚子	4.1	三·二十一	己巳	4.30	四·二十一	己亥	5.30
五·一	戊申	6.8	六·一	戊寅	7.8	七·一	丁未	8.6	八·一	丁丑	9.5
五·十一	戊午	6.18	六·十一	戊子	7.18	七·十一	丁巳	8.16	八·十一	丁亥	9.15
五·二十一	戊辰	6.28	六·二十一	戊戌	7.28	七·二十一	丁卯	8.26	八·二十一	丁酉	9.25
九·一	丙午	10.4	十·一	丙子	11.3	十一·一	丙午	12.3	十二·一	乙亥	1.1
九·十一	丙辰	10.14	十·十一	丙戌	11.13	十一·十一	丙辰	12.13	十二·十一	乙酉	1.11
九·二十一	丙寅	10.24	十·二十一	丙申	11.23	十一·二十一	丙寅	12.23	十二·二十一	乙未	1.21

梁武帝天监十四年、北魏宣武帝延昌四年乙未(515—516)

一·一	乙巳	1.31	二·一	甲戌	3.1	三·一	甲辰	3.31	四·一	癸酉	4.29
一·十一	乙卯	2.10	二·十一	甲申	3.11	三·十一	甲寅	4.10	四·十一	癸未	5.9
一·二十一	乙丑	2.20	二·二十一	甲午	3.21	三·二十一	甲子	4.20	四·二十一	癸巳	5.19
五·一	癸卯	5.29	六·一	壬申	6.27	七·一	壬寅	7.27	八·一	辛未	8.25
五·十一	癸丑	6.8	六·十一	壬午	7.7	七·十一	壬子	8.6	八·十一	辛巳	9.4
五·二十一	癸亥	6.18	六·二十一	壬辰	7.17	七·二十一	壬戌	8.16	八·二十一	辛卯	9.14
九·一	辛丑	9.24	十·一	庚午	10.23	十一·一	庚子	11.22	十二·一　己巳 12.21*闰十二·一　己亥 1.20		
九·十一	辛亥	10.4	十·十一	庚辰	11.2	十一·十一	庚戌	12.2	十二·十一　己卯 12.31　闰十二·十一　己酉 1.30		
九·二十一	辛酉	10.14	十·二十一	庚寅	11.12	十一·二十一	庚申	12.12	十二·二十一己丑 1.10　闰十二·二十一己未 2.9		

＊《目录》北魏闰十一月己巳朔,《辑要》《朔闰考》《对照表》北魏闰十月庚子朔。

梁武帝天监十五年、北魏孝明帝熙平元年丙申（516—517）

一·一　戊辰　2.18	二·一　戊戌　3.19	三·一　戊辰　4.18	四·一　丁酉　5.17
一·十一　戊寅　2.28	二·十一　戊申　3.29	三·十一　戊寅　4.28	四·十一　丁未　5.27
一·二十一　戊子　3.9	二·二十一　戊午　4.8	三·二十一　戊子　5.8	四·二十一　丁巳　6.6
五·一　丁卯　6.16	六·一　丙申　7.15	七·一　丙寅　8.14	八·一　乙未　9.12
五·十一　丁丑　6.26	六·十一　丙午　7.25	七·十一　丙子　8.24	八·十一　乙巳　9.22
五·二十一　丁亥　7.6	六·二十一　丙辰　8.4	七·二十一　丙戌　9.3	八·二十一　乙卯　10.2
九·一　乙丑　10.12	十·一　甲午　11.10	十一·一　甲子　12.10	十二·一　癸巳　1.8
九·十一　乙亥　10.22	十·十一　甲辰　11.20	十一·十一　甲戌　12.20	十二·十一　癸卯　1.18
九·二十一　乙酉　11.1	十·二十一　甲寅　11.30	十一·二十一　甲申　12.30	十二·二十一　癸丑　1.28

梁武帝天监十六年、北魏孝明帝熙平二年丁酉（517—518）

一·一　癸亥　2.7	二·一　壬辰　3.8	三·一　壬戌　4.7	四·一　辛卯　5.6
一·十一　癸酉　2.17	二·十一　壬寅　3.18	三·十一　壬申　4.17	四·十一　辛丑　5.16
一·二十一　癸未　2.27	二·二十一　壬子　3.28	三·二十一　壬午　4.27	四·二十一　辛亥　5.26
五·一　辛酉　6.5	六·一　辛卯　7.5	七·一　庚申　8.3	八·一　庚寅　9.2
五·十一　辛未　6.15	六·十一　辛丑　7.15	七·十一　庚午　8.13	八·十一　庚子　9.12
五·二十一　辛巳　6.25	六·二十一　辛亥　7.25	七·二十一　庚辰　8.23	八·二十一　庚戌　9.22
九·一　己未　10.1	十·一　己丑　10.31	十一·一　戊午　11.29	十二·一　戊子　12.29
九·十一　己巳　10.11	十·十一　己亥　11.10	十一·十一　戊辰　12.9	十二·十一　戊戌　1.8
九·二十一　己卯　10.21	十·二十一　己酉　11.20	十一·二十一　戊寅　12.19	十二·二十一　戊申　1.18

梁武帝天监十七年、北魏孝明帝神龟元年戊戌（518—519）

一·一　丁巳　1.27	*二·一　丁亥　2.26	三·一　丙辰　3.27	四·一　丙戌　4.26
一·十一　丁卯　2.6	二·十一　丁酉　3.8	三·十一　丙寅　4.6	四·十一　丙申　5.6
一·二十一　丁丑　2.16	二·二十一　丁未　3.18	三·二十一　丙子　4.16	四·二十一　丙午　5.16
五·一　乙卯　5.25	六·一　乙酉　6.24	七·一　甲寅　7.23	八·一　甲申 8.22　闰八·一　癸丑 9.20
五·十一　乙丑　6.4	六·十一　乙未　7.4	七·十一　甲子　8.2	**[北魏]闰七·一甲申 8.22　八·一　癸丑 9.20
五·二十一　乙亥　6.14	六·二十一　乙巳　7.14	七·二十一　甲戌　8.12	八·十一　甲午 9.1　闰八·十一　癸亥 9.30
			八·二十一甲辰 9.11　闰八·二十一癸酉 10.10
九·一　癸未　10.20	十·一　癸丑　11.19	十一·一　壬午　12.18	十二·一　壬子　1.17
九·十一　癸巳　10.30	十·十一　癸亥　11.29	十一·十一　壬辰　12.28	十二·十一　壬戌　1.27
九·二十一　癸卯　11.9	十·二十一　癸酉　12.9	十一·二十一　壬寅　1.7	十二·二十一　壬申　2.6

* 本月北魏改元“神龟”。　** 《目录》北魏闰八月癸丑朔。

梁武帝天监十八年、北魏孝明帝神龟二年己亥（519—520）

一·一　辛巳　2.15	二·一　辛亥　3.17	三·一　庚辰　4.15	四·一　庚戌　5.15
一·十一　辛卯　2.25	二·十一　辛酉　3.27	三·十一　庚寅　4.25	四·十一　庚申　5.25
一·二十一　辛丑　3.7	二·二十一　辛未　4.6	三·二十一　庚子　5.5	四·二十一　庚午　6.4
五·一　己卯　6.13	六·一　己酉　7.13	七·一　戊寅　8.11	八·一　戊申　9.10
五·十一　己丑　6.23	六·十一　己未　7.23	七·十一　戊子　8.21	八·十一　戊午　9.20
五·二十一　己亥　7.3	六·二十一　己巳　8.2	七·二十一　戊戌　8.31	八·二十一　戊辰　9.30
九·一　丁丑　10.9	十·一　丁未　11.8	十一·一　丙子　12.7	十二·一　丙午　1.6
九·十一　丁亥　10.19	十·十一　丁巳　11.18	十一·十一　丙戌　12.17	十二·十一　丙辰　1.16
九·二十一　丁酉　10.29	十·二十一　丁卯　11.28	十一·二十一　丙申　12.27	十二·二十一　丙寅　1.26

梁武帝普通元年、北魏孝明帝正光元年庚子（520—521）

一•一	乙亥	2.4	二•一	乙巳	3.5	三•一	乙亥	4.4	四•一	甲辰	5.3
一•十一	乙酉	2.14	二•十一	乙卯	3.15	三•十一	乙酉	4.14	四•十一	甲寅	5.13
一•二十一	乙未	2.24	二•二十一	乙丑	3.25	三•二十一	乙未	4.24	四•二十一	甲子	5.23
五•一	甲戌	6.2	六•一	癸卯	7.1	*七•一	癸酉	7.31	八•一	壬寅	8.29
五•十一	甲申	6.12	六•十一	癸丑	7.11	七•十一	癸未	8.10	八•十一	壬子	9.8
五•二十一	甲午	6.22	六•二十一	癸亥	7.21	七•二十一	癸巳	8.20	八•二十一	壬戌	9.18
九•一	壬申	9.28	十•一	辛丑	10.27	十一•一	辛未	11.26	十二•一	庚子	12.25
九•十一	壬午	10.8	十•十一	辛亥	11.6	十一•十一	辛巳	12.6	十二•十一	庚戌	1.4
九•二十一	壬辰	10.18	十•二十一	辛酉	11.16	十一•二十一	辛卯	12.16	十二•二十一	庚申	1.14

* 本月北魏改元“正光”。

梁武帝普通二年、北魏孝明帝正光二年辛丑（521—522）

一•一	庚午	1.24	二•一	己亥	2.22	三•一	己巳	3.24	四•一	戊戌	4.22
一•十一	庚辰	2.3	二•十一	己酉	3.4	三•十一	己卯	4.3	四•十一	戊申	5.2
一•二十一	庚寅	2.13	二•二十一	己未	3.14	三•二十一	己丑	4.13	四•二十一	戊午	5.12
五•一	戊辰	5.22　闰五•一　戊戌 6.21	六•一	丁卯	7.20	七•一	丁酉	8.19	八•一	丙寅	9.17
五•十一	戊寅	6.1　闰五•十一　戊申 7.1	六•十一	丁丑	7.30	七•十一	丁未	8.29	八•十一	丙子	9.27
五•二十一	戊子	6.11　闰五•二十一　戊午 7.11	六•二十一	丁亥	8.9	七•二十一	丁巳	9.8	八•二十一	丙戌	10.7
九•一	丙申	10.17	十•一	乙丑	11.15	十一•一	乙未	12.15	十二•一	甲子	1.13
九•十一	丙午	10.27	十•十一	乙亥	11.25	十一•十一	乙巳	12.25	十二•十一	甲戌	1.23
九•二十一	丙辰	11.6	十•二十一	乙酉	12.5	十一•二十一	乙卯	1.4	十二•二十一	甲申	2.2

梁武帝普通三年、北魏孝明帝正光三年壬寅（522—523）

一•一	甲午	2.12	二•一	癸亥	3.13	三•一	癸巳	4.12	四•一	壬戌	5.11
一•十一	甲辰	2.22	二•十一	癸酉	3.23	三•十一	癸卯	4.22	四•十一	壬申	5.21
一•二十一	甲寅	3.4	二•二十一	癸未	4.2	三•二十一	癸丑	5.2	四•二十一	壬午	5.31
五•一	壬辰	6.10	六•一	辛酉	7.9	七•一	辛卯	8.8	八•一	庚申	9.6
五•十一	壬寅	6.20	六•十一	辛未	7.19	七•十一	辛丑	8.18	八•十一	庚午	9.16
五•二十一	壬子	6.30	六•二十一	辛巳	7.29	七•二十一	辛亥	8.28	八•二十一	庚辰	9.26
九•一	庚寅	10.6	十•一	庚申	11.5	十一•一	己丑	12.4	十二•一	己未	1.3
九•十一	庚子	10.16	十•十一	庚午	11.15	十一•十一	己亥	12.14	十二•十一	己巳	1.13
九•二十一	庚戌	10.26	十•二十一	庚辰	11.25	十一•二十一	己酉	12.24	十二•二十一	己卯	1.23

梁武帝普通四年、北魏孝明帝正光四年癸卯（523—524）

一•一	戊子	2.1	二•一	戊午	3.3	三•一	丁亥	4.1	四•一	丁巳	5.1
一•十一	戊戌	2.11	二•十一	戊辰	3.13	三•十一	丁酉	4.11	四•十一	丁卯	5.11
一•二十一	戊申	2.21	二•二十一	戊寅	3.23	三•二十一	丁未	4.21	四•二十一	丁丑	5.21
五•一	丙戌	5.30	六•一	丙辰	6.29	七•一	乙酉	7.28	八•一	乙卯	8.27
五•十一	丙申	6.9	六•十一	丙寅	7.9	七•十一	乙未	8.7	八•十一	乙丑	9.6
五•二十一	丙午	6.19	六•二十一	丙子	7.19	七•二十一	乙巳	8.17	八•二十一	乙亥	9.16
九•一	甲申	9.25	十•一	甲寅	10.25	十一•一	癸未	11.23	十二•一	癸丑	12.23
九•十一	甲午	10.5	十•十一	甲子	11.4	十一•十一	癸巳	12.3	十二•十一	癸亥	1.2
九•二十一	甲辰	10.15	十•二十一	甲戌	11.14	十一•二十一	癸卯	12.13	十二•二十一	癸酉	1.12

梁武帝普通五年、北魏孝明帝正光五年甲辰（524—525）

一·一　壬午　1.21 ［北魏］　癸未　1.22 一·十一　壬辰　1.31 一·二十一　壬寅　2.10	二·一　壬子2.20*闰二·一　壬午3.21 二·十一　壬戌3.1　闰二·十一　壬辰3.31 二·二十一壬申3.11　闰二·二十一壬寅4.10	三·一　辛亥　4.19 三·十一　辛酉　4.29 三·二十一　辛未　5.9	四·一　辛巳　5.19 四·十一　辛卯　5.29 四·二十一　辛丑　6.8
五·一　庚戌　6.17 五·十一　庚申　6.27 五·二十一　庚午　7.7	六·一　庚辰　7.17 六·十一　庚寅　7.27 六·二十一　庚子　8.6	七·一　己酉　8.15 七·十一　己未　8.25 七·二十一　己巳　9.4	八·一　己卯　9.14 八·十一　己丑　9.24 八·二十一　己亥　10.4
九·一　戊申　10.13 九·十一　戊午　10.23 九·二十一　戊辰　11.2	十·一　戊寅　11.12 十·十一　戊子　11.22 十·二十一　戊戌　12.2	十一·一　丁未　12.11 十一·十一　丁巳　12.21 十一·二十一　丁卯　12.31	十二·一　丁丑　1.10 十二·十一　丁亥　1.20 十二·二十一　丁酉　1.30

*《目录》梁闰正月壬子朔。

梁武帝普通六年、北魏孝明帝孝昌元年乙巳（525—526）

一·一　丙午　2.8 一·十一　丙辰　2.18 一·二十一　丙寅　2.28	二·一　丙子　3.10 二·十一　丙戌　3.20 二·二十一　丙申　3.30	三·一　乙巳　4.8 三·十一　乙卯　4.18 三·二十一　乙丑　4.28	四·一　乙亥　5.8 四·十一　乙酉　5.18 四·二十一　乙未　5.28
五·一　乙巳　6.7 五·十一　乙卯　6.17 五·二十一　乙丑　6.27	*六·一　甲戌　7.6 六·十一　甲申　7.16 六·二十一　甲午　7.26	七·一　甲辰　8.5 七·十一　甲寅　8.15 七·二十一　甲子　8.25	八·一　癸酉　9.3 八·十一　癸未　9.13 八·二十一　癸巳　9.23
九·一　癸卯　10.3 九·十一　癸丑　10.13 九·二十一　癸亥　10.23	十·一　壬申　11.1 十·十一　壬午　11.11 十·二十一　壬辰　11.21	十一·一　壬寅　12.1 十一·十一　壬子　12.11 十一·二十一　壬戌　12.21	十二·一　辛未　12.30 十二·十一　辛巳　1.9 十二·二十一　辛卯　1.19

* 本月北魏改元“孝昌”。

梁武帝普通七年、北魏孝明帝孝昌二年丙午（526—527）

一·一　辛丑　1.29 一·十一　辛亥　2.8 一·二十一　辛酉　2.18	二·一　庚午　2.27 二·十一　庚辰　3.9 二·二十一　庚寅　3.19	三·一　庚子　3.29 三·十一　庚戌　4.8 三·二十一　庚申　4.18	四·一　己巳　4.27 四·十一　己卯　5.7 四·二十一　己丑　5.17
五·一　己亥　5.27 五·十一　己酉　6.6 五·二十一　己未　6.16	六·一　戊辰　6.25 六·十一　戊寅　7.5 六·二十一　戊子　7.15	七·一　戊戌　7.25 七·十一　戊申　8.4 七·二十一　戊午　8.14	八·一　丁卯　8.23 八·十一　丁丑　9.2 八·二十一　丁亥　9.12
九·一　丁酉　9.22 九·十一　丁未　10.2 九·二十一　丁巳　10.12	十·一　丁卯10.22　闰十·一　丙申11.20 ［北魏］十一·一　丙申11.20 十·十一　丁丑11.1　闰十·十一　丙午11.30 十·二十一丁亥11.11　闰十·二十一丙辰12.10	十一·一　丙寅12.20 ［北魏］闰十一·一丙寅12.20 十一·十一　丙子12.30 十一·二十一　丙戌1.9	十二·一　乙未　1.18 十二·十一　乙巳　1.28 十二·二十一　乙卯　2.7

梁武帝大通元年、北魏孝明帝孝昌三年丁未（527—528）

一·一　乙丑　2.17 一·十一　乙亥　2.27 一·二十一　乙酉　3.9	二·一　甲午　3.18 二·十一　甲辰　3.28 二·二十一　甲寅　4.7	*三·一　甲子　4.17 三·十一　甲戌　4.27 三·二十一　甲申　5.7	四·一　癸巳　5.16 四·十一　癸卯　5.26 四·二十一　癸丑　6.5
五·一　癸亥　6.15 五·十一　癸酉　6.25 五·二十一　癸未　7.5	六·一　壬辰　7.14 六·十一　壬寅　7.24 六·二十一　壬子　8.3	七·一　壬戌　8.13 七·十一　壬申　8.23 七·二十一　壬午　9.2	八·一　辛卯　9.11 八·十一　辛丑　9.21 八·二十一　辛亥　10.1
九·一　辛酉　10.11 九·十一　辛未　10.21 九·二十一　辛巳　10.31	十·一　庚寅　11.9 十·十一　庚子　11.19 十·二十一　庚戌　11.29	十一·一　庚申　12.9 十一·十一　庚午　12.19 十一·二十一　庚辰　12.29	十二·一　己丑　1.7 ［北魏］　庚寅　1.8 十二·十一　己亥　1.17 十二·二十一　己酉　1.27

* 本月梁改元“大通”。

梁武帝大通二年、北魏孝庄帝永安元年戊申(528—529)

*一・一 己未 2.6 一・十一 己巳 2.16 一・二十一 己卯 2.26	二・一 己丑 3.7 二・十一 己亥 3.17 二・二十一 己酉 3.27	三・一 戊午 4.5 三・十一 戊辰 4.15 三・二十一 戊寅 4.25	**四・一 戊子 5.5 四・十一 戊戌 5.15 四・二十一 戊申 5.25
五・一 丁巳 6.3 五・十一 丁卯 6.13 五・二十一 丁丑 6.23	六・一 丁亥 7.3 六・十一 丁酉 7.13 六・二十一 丁未 7.23	七・一 丙辰 8.1 七・十一 丙寅 8.11 七・二十一 丙子 8.21	八・一 丙戌 8.31 八・十一 丙申 9.10 八・二十一 丙午 9.20
***九・一 乙卯 9.29 九・十一 乙丑 10.9 九・二十一 乙亥 10.19	十・一 乙酉 10.29 十・十一 乙未 11.8 十・二十一 乙巳 11.18	十一・一 甲寅 11.27 十一・十一 甲子 12.7 十一・二十一 甲戌 12.17	十二・一 甲申 12.27 十二・十一 甲午 1.6 十二・二十一 甲辰 1.16

* 本月北魏改元“武泰”。 ** 本月北魏孝庄帝即位,改元“建义”。 *** 本月北魏改元“永安”。

梁武帝中大通元年、北魏孝庄帝永安二年己酉(529—530))

一・一 癸丑 1.25 一・十一 癸亥 2.4 一・二十一 癸酉 2.14	二・一 癸未 2.24 二・十一 癸巳 3.6 二・二十一 癸卯 3.16	三・一 壬子 3.25 三・十一 壬戌 4.4 三・二十一 壬申 4.14	四・一 壬午 4.24 四・十一 壬辰 5.4 四・二十一 壬寅 5.14
五・一 壬子 5.24 五・十一 壬戌 6.3 五・二十一 壬申 6.13	六・一 辛巳6.22 闰六・一 辛亥7.22 [北魏]七・一 辛亥7.22 六・十一 辛卯7.2 闰六・十一 辛酉8.1 六・二十一辛丑7.12 闰六・二十一辛未8.11	七・一 庚辰 8.20 [北魏]闰七・一庚辰 8.20 七・十一 庚寅 8.30 七・二十一 庚子 9.9	八・一 庚戌 9.19 八・十一 庚申 9.29 八・二十一 庚午 10.9
九・一 己卯 10.18 九・十一 己丑 10.28 九・二十一 己亥 11.7	*十・一 己酉 11.17 十・十一 己未 11.27 十・二十一 己巳 12.7	十一・一 戊寅 12.16 十一・十一 戊子 12.26 十一・二十一 戊戌 1.5	十二・一 戊申 1.15 十二・十一 戊午 1.25 十二・二十一 戊辰 2.4

* 本月梁改元“中大通”。

梁武帝中大通二年、北魏长广王建明元年庚戌(530—531)

一・一 丁丑 2.13 一・十一 丁亥 2.23 一・二十一 丁酉 3.5	二・一 丁未 3.15 二・十一 丁巳 3.25 二・二十一 丁卯 4.4	三・一 丙子 4.13 三・十一 丙戌 4.23 三・二十一 丙申 5.3	四・一 丙午 5.13 四・十一 丙辰 5.23 四・二十一 丙寅 6.2
五・一 乙亥 6.11 五・十一 乙酉 6.21 五・二十一 乙未 7.1	六・一 乙巳 7.11 六・十一 乙卯 7.21 六・二十一 乙丑 7.31	七・一 甲戌 8.9 七・十一 甲申 8.19 七・二十一 甲午 8.29	八・一 甲辰 9.8 八・十一 甲寅 9.18 八・二十一 甲子 9.28
九・一 甲戌 10.8 九・十一 甲申 10.18 九・二十一 甲午 10.28	*十・一 癸卯 11.6 十・十一 癸丑 11.16 十・二十一 癸亥 11.26	十一・一 癸酉 12.6 十一・十一 癸未 12.16 十一・二十一 癸巳 12.26	十二・一 壬寅 1.4 十二・十一 壬子 1.14 十二・二十一 壬戌 1.24

* 本月北魏长广王即位,改元“建明”。

梁武帝中大通三年、北魏安定王中兴元年辛亥(531—532)

一・一 壬申 2.3 一・十一 壬午 2.13 一・二十一 壬辰 2.23	*二・一 辛丑 3.4 二・十一 辛亥 3.14 二・二十一 辛酉 3.24	三・一 辛未 4.3 三・十一 辛巳 4.13 三・二十一 辛卯 4.23	四・一 庚子 5.2 四・十一 庚戌 5.12 四・二十一 庚申 5.22
五・一 庚午 6.1 五・十一 庚辰 6.11 五・二十一 庚寅 6.21	六・一 己亥 6.30 六・十一 己酉 7.10 六・二十一 己未 7.20	七・一 己巳 7.30 七・十一 己卯 8.9 七・二十一 己丑 8.19	八・一 戊戌 8.28 八・十一 戊申 9.7 八・二十一 戊午 9.17
九・一 戊辰 9.27 九・十一 戊寅 10.7 九・二十一 戊子 10.17	**十・一 丁酉 10.26 十・十一 丁未 11.5 十・二十一 丁巳 11.15	十一・一 丁卯 11.25 十一・十一 丁丑 12.5 十一・二十一 丁亥 12.15	十二・一 丙申 12.24 [北魏] 丁酉 12.25 十二・十一 丙午 1.3 十二・二十一 丙辰 1.13

* 本月北魏节闵帝即位,改元“普泰”。 ** 本月北魏安定王即位,改元“中兴”。

梁武帝中大通四年、北魏孝武帝永熙元年壬子（532—533）

一·一 丙寅 1.23 一·十一 丙子 2.2 一·二十一 丙戌 1.12	二·一 丙申 2.22 二·十一 丙午 3.3 二·二十一 丙辰 3.13	三·一 乙丑 3.22 *闰三·一 乙未 4.21 三·十一 乙亥 4.1 闰三·十一 乙巳 5.1 三·二十一乙酉 4.11 闰三·二十一乙卯 5.11	**四·一 甲子 5.20 四·十一 甲戌 5.30 四·二十一 甲申 6.9
五·一 甲午 6.19 五·十一 甲辰 6.29 五·二十一 甲寅 7.9	六·一 癸亥 7.18 六·十一 癸酉 7.28 六·二十一 癸未 8.7	七·一 癸巳 8.17 七·十一 癸卯 8.27 七·二十一 癸丑 9.6	八·一 壬戌 9.15 八·十一 壬申 9.25 八·二十一 壬午 10.5
九·一 壬辰 10.15 九·十一 壬寅 10.25 九·二十一 壬子 11.4	十·一 辛酉 11.13 十·十一 辛未 11.23 十·二十一 辛巳 12.3	十一·一 辛卯 12.13 十一·十一 辛丑 12.23 十一·二十一 辛亥 1.2	***十二·一 庚申 1.11 十二·十一 庚午 1.21 十二·二十一 庚辰 1.31

*《目录》北魏闰四月甲子朔。　** 本月北魏孝武帝即位，改元“太昌”。　*** 本月北魏改元“永兴”，寻改“永熙”。

梁武帝中大通五年、北魏孝武帝永熙二年癸丑（533—534）

一·一 庚寅 2.10 一·十一 庚子 2.20 一·二十一 庚戌 3.2	二·一 己未 3.11 二·十一 己巳 3.21 二·二十一 己卯 3.31	三·一 己丑 4.10 三·十一 己亥 4.20 三·二十一 己酉 4.30	四·一 己未 5.10 四·十一 己巳 5.20 四·二十一 己卯 5.30
五·一 戊子 6.8 五·十一 戊戌 6.18 五·二十一 戊申 6.28	六·一 戊午 7.8 六·十一 戊辰 7.18 六·二十一 戊寅 7.28	七·一 丁亥 8.6 七·十一 丁酉 8.16 七·二十一 丁未 8.26	八·一 丁巳 9.5 八·十一 丁卯 9.15 八·二十一 丁丑 9.25
九·一 丙戌 10.4 九·十一 丙申 10.14 九·二十一 丙午 10.24	十·一 丙辰 11.3 十·十一 丙寅 11.13 十·二十一 丙子 11.23	十一·一 乙酉 12.2 十一·十一 乙未 12.12 十一·二十一 乙巳 12.22	十二·一 乙卯 1.1 十二·十一 乙丑 1.11 十二·二十一 乙亥 1.21

梁武帝中大通六年、北魏孝武帝永熙三年、东魏孝静帝天平元年甲寅（534—535）

一·一 甲申 1.30 一·十一 甲午 2.9 一·二十一 甲辰 2.19	二·一 甲寅 3.1 二·十一 甲子 3.11 二·二十一 甲戌 3.21	三·一 癸未 3.30 三·十一 癸巳 4.9 三·二十一 癸卯 4.19	四·一 癸丑 4.29 四·十一 癸亥 5.9 四·二十一 癸酉 5.19
五·一 壬午 5.28 五·十一 壬辰 6.7 五·二十一 壬寅 6.17	六·一 壬子 6.27 六·十一 壬戌 7.7 六·二十一 壬申 7.17	七·一 辛巳 7.26 七·十一 辛卯 8.5 七·二十一 辛丑 8.15	八·一 辛亥 8.25 八·十一 辛酉 9.4 八·二十一 辛未 9.14
九·一 辛巳 9.24 九·十一 辛卯 10.4 九·二十一 辛丑 10.14	*十·一 庚戌 10.23 十·十一 庚申 11.2 十·二十一 庚午 11.12	十一·一 庚辰 11.22 十一·十一 庚寅 12.2 十一·二十一 庚子 12.12	十二·一 己酉 12.21 闰十二·一 己卯 1.20 十二·十一 己未 12.31 闰十二·十一 己丑 1.30 十二·二十一己巳 1.10 闰十二·二十一己亥 2.9

* 本月东魏孝静帝即位，改元“天平”。

梁武帝大同元年、西魏文帝大统元年、东魏孝静帝天平二年乙卯（535—536）

一·一 戊申 2.18 一·十一 戊午 2.28 一·二十一 戊辰 3.10	二·一 戊寅 3.20 二·十一 戊子 3.30 二·二十一 戊戌 4.9	三·一 丁未 4.18 三·十一 丁巳 4.28 三·二十一 丁卯 5.8	四·一 丁丑 5.18 四·十一 丁亥 5.28 四·二十一 丁酉 6.7
五·一 丙午 6.16 五·十一 丙辰 6.26 五·二十一 丙寅 7.6	六·一 丙子 7.16 六·十一 丙戌 7.26 六·二十一 丙申 8.5	七·一 乙巳 8.14 七·十一 乙卯 8.24 七·二十一 乙丑 9.3	八·一 乙亥 9.13 八·十一 乙酉 9.23 八·二十一 乙未 10.3
九·一 甲辰 10.12 九·十一 甲寅 10.22 九·二十一 甲子 11.1	十·一 甲戌 11.11 十·十一 甲申 11.21 十·二十一 甲午 12.1	十一·一 癸卯 12.10 [魏] 甲辰 12.11 十一·十一 癸丑 12.20 十一·二十一 癸亥 12.30	十二·一 癸酉 1.9 十二·十一 癸未 1.19 十二·二十一 癸巳 1.29

梁武帝大同二年、西魏文帝大统二年、东魏孝静帝天平三年丙辰(536—537)

一·一	癸卯	2.8	二·一	壬申	3.8	三·一	壬寅	4.7	四·一	辛未	5.6
一·十一	癸丑	2.18	二·十一	壬午	3.18	三·十一	壬子	4.17	四·十一	辛巳	5.16
一·二十一	癸亥	2.28	二·二十一	壬辰	3.28	三·二十一	壬戌	4.27	四·二十一	辛卯	5.26
五·一	辛丑	6.5	六·一	庚午	7.4	七·一	庚子	8.3	八·一	己巳	9.1
五·十一	辛亥	6.15	六·十一	庚辰	7.14	七·十一	庚戌	8.13	八·十一	己卯	9.11
五·二十一	辛酉	6.25	六·二十一	庚寅	7.24	七·二十一	庚申	8.23	八·二十一	己丑	9.21
九·一	己亥	10.1	十·一	戊辰	10.30	十一·一	戊戌	11.29	十二·一	丁卯	12.28
九·十一	己酉	10.11	十·十一	戊寅	11.9	十一·十一	戊申	12.9	十二·十一	丁丑	1.7
九·二十一	己未	10.21	十·二十一	戊子	11.19	十一·二十一	戊午	12.19	十二·二十一	丁亥	1.17

梁武帝大同三年、西魏文帝大统三年、东魏孝静帝天平四年丁巳(537—538)

一·一	丁酉	1.27	二·一	丙寅	2.25	三·一	丙申	3.27	四·一	丙寅	4.26
一·十一	丁未	2.6	二·十一	丙子	3.7	三·十一	丙午	4.6	四·十一	丙子	5.6
一·二十一	丁巳	2.16	二·二十一	丙戌	3.17	三·二十一	丙辰	4.16	四·二十一	丙戌	5.16
五·一	乙未	5.25	六·一	乙丑	6.24	*七·一	甲午	7.23	八·一	甲子	8.22
五·十一	乙巳	6.4	六·十一	乙亥	7.4	七·十一	甲辰	8.2	八·十一	甲戌	9.1
五·二十一	乙卯	6.14	六·二十一	乙酉	7.14	七·二十一	甲寅	8.12	八·二十一	甲申	9.11
九·一	癸巳 9.20	闰九·一 癸亥 10.20	十·一	壬辰	11.18	十一·一	壬戌	12.18	十二·一	辛卯	1.16
九·十一	癸卯 9.30	闰九·十一 癸酉 10.30	十·十一	壬寅	11.28	十一·十一	壬申	12.28	十二·十一	辛丑	1.26
九·二十一	癸丑 10.10	闰九·二十一 癸未 11.9	十·二十一	壬子	12.8	十一·二十一	壬午	1.7	十二·二十一	辛亥	2.5

*《辑要》七月丙午朔,误。

梁武帝大同四年、西魏文帝大统四年、东魏孝静帝元象元年戊午(538—539)

一·一	辛酉	2.15	二·一	庚寅	3.16	三·一	庚申	4.15	四·一	己丑	5.14
一·十一	辛未	2.25	二·十一	庚子	3.26	三·十一	庚午	4.25	四·十一	己亥	5.24
一·二十一	辛巳	3.7	二·二十一	庚戌	4.5	三·二十一	庚辰	5.5	四·二十一	己酉	6.3
五·一	己未	6.13	六·一	戊子	7.12	七·一	戊午	8.11	八·一	戊子	9.10
五·十一	己巳	6.23	六·十一	戊戌	7.22	七·十一	戊辰	8.21	八·十一	戊戌	9.20
五·二十一	己卯	7.3	六·二十一	戊申	8.1	七·二十一	戊寅	8.31	八·二十一	戊申	9.30
九·一	丁巳	10.9	十·一	丁亥	11.8	十一·一	丙辰	12.7	十二·一	丙戌	1.6
九·十一	丁卯	10.19	十·十一	丁酉	11.18	十一·十一	丙寅	12.17	十二·十一	丙申	1.16
九·二十一	丁丑	10.29	十·二十一	丁未	11.28	十一·二十一	丙子	12.27	十二·二十一	丙午	1.26

梁武帝大同五年、西魏文帝大统五年、东魏孝静帝兴和元年己未(539—540)

一·一	乙卯	2.4	二·一	乙酉	3.6	三·一	甲寅	4.4	四·一	甲申	5.4
一·十一	乙丑	2.14	二·十一	乙未	3.16	三·十一	甲子	4.14	四·十一	甲午	5.14
一·二十一	乙亥	2.24	二·二十一	乙巳	3.26	三·二十一	甲戌	4.24	四·二十一	甲辰	5.24
五·一	癸丑	6.2	六·一	癸未	7.2	七·一	壬子	7.31	八·一	壬午	8.30
五·十一	癸亥	6.12	六·十一	癸巳	7.12	七·十一	壬戌	8.10	八·十一	壬辰	9.9
五·二十一	癸酉	6.22	六·二十一	癸卯	7.22	七·二十一	壬申	8.20	八·二十一	壬寅	9.19
九·一	辛亥	9.28	十·一	辛巳	10.28	*十一·一	庚戌	11.26	十二·一	庚辰	12.26
						[魏]	辛亥	11.27			
九·十一	辛酉	10.8	十·十一	辛卯	11.7	十一·十一	庚申	12.6	十二·十一	庚寅	1.5
九·二十一	辛未	10.18	十·二十一	辛丑	11.17	十一·二十一	庚午	12.16	十二·二十一	庚子	1.15

* 本月东魏改元“兴和”。

梁武帝大同六年、西魏文帝大统六年、东魏孝静帝兴和二年庚申（540—541）

一•一	庚戌	1.25	二•一	己卯	2.23	三•一	己酉	3.24	四•一	戊寅	4.22
一•十一	庚申	2.4	二•十一	己丑	3.4	三•十一	己未	4.3	四•十一	戊子	5.2
一•二十一	庚午	2.14	二•二十一	己亥	3.14	三•二十一	己巳	4.13	四•二十一	戊戌	5.12
五•一 戊申 5.22 闰五•一 丁丑 6.20			六•一	丁未	7.20	七•一	丙子	8.18	八•一	丙午	9.17
五•十一 戊午 6.1 闰五•十一 丁亥 6.30			六•十一	丁巳	7.30	七•十一	丙戌	8.28	八•十一	丙辰	9.27
五•二十一 戊辰 6.11 闰五•二十一 丁酉 7.10			六•二十一	丁卯	8.9	七•二十一	丙申	9.7	八•二十一	丙寅	10.7
九•一	乙亥	10.16	十•一	乙巳	11.15	十一•一	甲戌	12.14	十二•一	甲辰	1.13
九•十一	乙酉	10.26	十•十一	乙卯	11.25	十一•十一	甲申	12.24	十二•十一	甲寅	1.23
九•二十一	乙未	11.5	十•二十一	乙丑	12.5	十一•二十一	甲午	1.3	十二•二十一	甲子	2.2

梁武帝大同七年、西魏文帝大统七年、东魏孝静帝兴和三年辛酉（541—542）

一•一	癸酉	2.11	二•一	癸卯	3.13	三•一	癸酉	4.12	四•一	壬寅	5.11
一•十一	癸未	2.21	二•十一	癸丑	3.23	三•十一	癸未	4.22	四•十一	壬子	5.21
一•二十一	癸巳	3.3	二•二十一	癸亥	4.2	三•二十一	癸巳	5.2	四•二十一	壬戌	5.31
五•一	壬申	6.10	六•一	辛丑	7.9	七•一	辛未	8.8	八•一	庚子	9.6
五•十一	壬午	6.20	六•十一	辛亥	7.19	七•十一	辛巳	8.18	八•十一	庚戌	9.16
五•二十一	壬辰	6.30	六•二十一	辛酉	7.29	七•二十一	辛卯	8.28	八•二十一	庚申	9.26
九•一	庚午	10.6	十•一	己亥	11.4	十一•一	己巳	12.4	十二•一	戊戌	1.2
九•十一	庚辰	10.16	十•十一	己酉	11.14	十一•十一	己卯	12.14	十二•十一	戊申	1.12
九•二十一	庚寅	10.26	十•二十一	己未	11.24	十一•二十一	己丑	12.24	十二•二十一	戊午	1.22

梁武帝大同八年、西魏文帝大统八年、东魏孝静帝兴和四年壬戌（542—543）

一•一	戊辰	2.1	二•一	丁酉	3.2	三•一	丁卯	4.1	四•一	丙申	4.30
一•十一	戊寅	2.11	二•十一	丁未	3.12	三•十一	丁丑	4.11	四•十一	丙午	5.10
一•二十一	戊子	2.21	二•二十一	丁巳	3.22	三•二十一	丁亥	4.21	四•二十一	丙辰	5.20
五•一	丙寅	5.30	六•一	乙未	6.28	七•一	乙丑	7.28	八•一	乙未	8.27
五•十一	丙子	6.9	六•十一	乙巳	7.8	七•十一	乙亥	8.7	八•十一	乙巳	9.6
五•二十一	丙戌	6.19	六•二十一	乙卯	7.18	七•二十一	乙酉	8.17	八•二十一	乙卯	9.16
九•一	甲子	9.25	十•一	甲午	10.25	十一•一	癸亥	11.23	十二•一	癸巳	12.23
九•十一	甲戌	10.5	十•十一	甲辰	11.4	十一•十一	癸酉	12.3	十二•十一	癸卯	1.2
九•二十一	甲申	10.15	十•二十一	甲寅	11.14	十一•二十一	癸未	12.13	十二•二十一	癸丑	1.12

梁武帝大同九年、西魏文帝大统九年、东魏孝静帝武定元年癸亥（543—544）

一•一 壬戌 1.21 闰一•一 壬辰 2.20			二•一	辛酉	3.21	三•一	辛卯	4.20	四•一	庚申	5.19
一•十一 壬申 1.31 闰一•十一 壬寅 3.2			二•十一	辛未	3.31	三•十一	辛丑	4.30	四•十一	庚午	5.29
一•二十一 壬午 2.10 闰一•二十一 壬子 3.12			二•二十一	辛巳	4.10	三•二十一	辛亥	5.10	四•二十一	庚辰	6.8
五•一	庚寅	6.18	六•一	己未	7.17	七•一	己丑	8.16	八•一	戊午	9.14
五•十一	庚子	6.28	六•十一	己巳	7.27	七•十一	己亥	8.26	八•十一	戊辰	9.24
五•二十一	庚戌	7.8	六•二十一	己卯	8.6	七•二十一	己酉	9.5	八•二十一	戊寅	10.4
九•一	戊子	10.14	十•一 ［魏］	丁巳 戊午	11.12 11.13	十一•一	丁亥	12.12	十二•一	丁巳	1.11
九•十一	戊戌	10.24	十•十一	丁卯	11.22	十一•十一	丁酉	12.22	十二•十一	丁卯	1.21
九•二十一	戊申	11.3	十•二十一	丁丑	12.2	十一•二十一	丁未	1.1	十二•二十一	丁丑	1.31

梁武帝大同十年、西魏文帝大统十年、东魏孝静帝武定二年甲子（544—545）

一·一	丙戌	2.9	二·一	丙辰	3.10	三·一	乙酉	4.8	四·一	乙卯	5.8
一·十一	丙申	2.19	二·十一	丙寅	3.20	三·十一	乙未	4.18	四·十一	乙丑	5.18
一·二十一	丙午	2.29	二·二十一	丙子	3.30	三·二十一	乙巳	4.28	四·二十一	乙亥	5.28
五·一	甲申	6.6	六·一	甲寅	7.6	七·一	癸未	8.4	八·一	癸丑	9.3
五·十一	甲午	6.16	六·十一	甲子	7.16	七·十一	癸巳	8.14	八·十一	癸亥	9.13
五·二十一	甲辰	6.26	六·二十一	甲戌	7.26	七·二十一	癸卯	8.24	八·二十一	癸酉	9.23
九·一	壬午	10.2	十·一	壬子	11.1	十一·一	辛巳	11.30	十二·一	辛亥	12.30
九·十一	壬辰	10.12	十·十一	壬戌	11.11	十一·十一	辛卯	12.10	十二·十一	辛酉	1.9
九·二十一	壬寅	10.22	十·二十一	壬申	11.21	十一·二十一	辛丑	12.20	十二·二十一	辛未	1.19

梁武帝大同十一年、西魏文帝大统十一年、东魏孝静帝武定三年乙丑（545—546）

一·一	庚辰	1.28	二·一	庚戌	2.27	三·一	庚辰	3.29	四·一	己酉	4.27
一·十一	庚寅	2.7	二·十一	庚申	3.9	三·十一	庚寅	4.8	四·十一	己未	5.7
一·二十一	庚子	2.17	二·二十一	庚午	3.19	三·二十一	庚子	4.18	四·二十一	己巳	5.17
五·一	己卯	5.27	六·一	戊申	6.25	七·一	戊寅	7.25	八·一	丁未	8.23
五·十一	己丑	6.6	六·十一	戊午	7.5	七·十一	戊子	8.4	八·十一	丁巳	9.2
五·二十一	己亥	6.16	六·二十一	戊辰	7.15	七·二十一	戊戌	8.14	八·二十一	丁卯	9.12
九·一	丁丑	9.22	十·一 闰十·一	丙午 丙子	10.21 11.20	十一·一	乙巳	12.19	十二·一	乙亥	1.18
九·十一	丁亥	10.2	十·十一 闰十·十一	丙辰 丙戌	10.31 11.30	十一·十一	乙卯	12.29	十二·十一	乙酉	1.28
九·二十一	丁酉	10.12	十·二十一 闰十·二十一	丙寅 丙申	11.10 12.10	十一·二十一	乙丑	1.8	十二·二十一	乙未	2.7

梁武帝中大同元年、西魏文帝大统十二年、东魏孝静帝武定四年丙寅（546—547）

一·一	甲辰	2.16	二·一	甲戌	3.18	三·一	癸卯	4.16	*四·一	癸酉	5.16
一·十一	甲寅	2.26	二·十一	甲申	3.28	三·十一	癸丑	4.26	四·十一	癸未	5.26
一·二十一	甲子	3.8	二·二十一	甲午	4.7	三·二十一	癸亥	5.6	四·二十一	癸巳	6.5
五·一	壬寅	6.14	六·一	壬申	7.14	七·一	壬寅	8.13	八·一	辛未	9.11
五·十一	壬子	6.24	六·十一	壬午	7.24	七·十一	壬子	8.23	八·十一	辛巳	9.21
五·二十一	壬戌	7.4	六·二十一	壬辰	8.3	七·二十一	壬戌	9.2	八·二十一	辛卯	10.1
九·一	辛丑	10.11	十·一	庚午	11.9	十一·一	庚子	12.9	十二·一	己巳	1.7
九·十一	辛亥	10.21	十·十一	庚辰	11.19	十一·十一	庚戌	12.19	十二·十一	己卯	1.17
九·二十一	辛酉	10.31	十·二十一	庚寅	11.29	十一·二十一	庚申	12.29	十二·二十一	己丑	1.27

* 本月梁改元“中大同”。

梁武帝太清元年、西魏文帝大统十三年、东魏孝静帝武定五年丁卯（547—548）

一·一	己亥	2.6	二·一	戊辰	3.7	三·一	戊戌	4.6	*四·一	丁卯	5.5
一·十一	己酉	2.16	二·十一	戊寅	3.17	三·十一	戊申	4.16	四·十一	丁丑	5.15
一·二十一	己未	2.26	二·二十一	戊子	3.27	三·二十一	戊午	4.26	四·二十一	丁亥	5.25
五·一	丁酉	6.4	六·一	丙寅	7.3	七·一	丙申	8.2	八·一	乙丑	8.31
五·十一	丁未	6.14	六·十一	丙子	7.13	七·十一	丙午	8.12	八·十一	乙亥	9.10
五·二十一	丁巳	6.24	六·二十一	丙戌	7.23	七·二十一	丙辰	8.22	八·二十一	乙酉	9.20
九·一	乙未	9.30	**十·一 ［魏］	甲子 乙丑	10.29 10.30	十一·一	甲午	11.28	十二·一	甲子	12.28
九·十一	乙巳	10.10	十·十一	甲戌	11.8	十一·十一	甲辰	12.8	十二·十一	甲戌	1.7
九·二十一	乙卯	10.20	十·二十一	甲申	11.18	十一·二十一	甲寅	12.18	十二·二十一	甲申	1.17

* 本月梁改元“太清”。　** 《目录》西魏十月甲午朔，误。

梁武帝太清二年、西魏文帝大统十四年、东魏孝静帝武定六年戊辰（548—549）

一·一　癸巳　1.26 一·十一　癸卯　2.5 一·二十一　癸丑　2.15	二·一　癸亥　2.25 二·十一　癸酉　3.6 二·二十一　癸未　3.16	三·一　壬辰　3.25 三·十一　壬寅　4.4 三·二十一　壬子　4.14	四·一　壬戌　4.24 四·十一　壬申　5.4 四·二十一　壬午　5.14
五·一　辛卯　5.23 五·十一　辛丑　6.2 五·二十一　辛亥　6.12	六·一　辛酉　6.22 六·十一　辛未　7.2 六·二十一　辛巳　7.12	七·一　庚寅 7.21　闰七·一　庚申 8.20 七·十一　庚子 7.31　闰七·十一　庚午 8.30 七·二十一庚戌 8.10　闰七·二十一庚辰 9.9	八·一　己丑　9.18 八·十一　己亥　9.28 八·二十一　己酉　10.8
九·一　己未　10.18 九·十一　己巳　10.28 九·二十一　己卯　11.7	十·一　戊子　11.16 十·十一　戊戌　11.26 十·二十一　戊申　12.6	十一·一　戊午　12.16 十一·十一　戊辰　12.26 十一·二十一　戊寅　1.5	十二·一　丁亥　1.14 十二·十一　丁酉　1.24 十二·二十一　丁未　2.3

梁武帝太清三年、西魏文帝大统十五年、东魏孝静帝武定七年己巳（549—550）

一·一　丁巳　2.13 一·十一　丁卯　2.23 一·二十一　丁丑　3.5	二·一　丁亥　3.15 二·十一　丁酉　3.25 二·二十一　丁未　4.4	三·一　丙辰　4.13 三·十一　丙寅　4.23 三·二十一　丙子　5.3	四·一　丙戌　5.13 四·十一　丙申　5.23 四·二十一　丙午　6.2
五·一　乙卯　6.11 五·十一　乙丑　6.21 五·二十一　乙亥　7.1	六·一　乙酉　7.11 六·十一　乙未　7.21 六·二十一　乙巳　7.31	七·一　甲寅　8.9 七·十一　甲子　8.19 七·二十一　甲戌　8.29	八·一　甲申　9.8 八·十一　甲午　9.18 八·二十一　甲辰　9.28
九·一　癸丑　10.7 九·十一　癸亥　10.17 九·二十一　癸酉　10.27	十·一　癸未　11.6 十·十一　癸巳　11.16 十·二十一　癸卯　11.26	十一·一　壬子　12.5 十一·十一　壬戌　12.15 十一·二十一　壬申　12.25	十二·一　壬午　1.4 十二·十一　壬辰　1.14 十二·二十一　壬寅　1.24

梁简文帝大宝元年、西魏文帝大统十六年、北齐文宣帝天保元年庚午（550—551）

一·一　辛亥　2.2 一·十一　辛酉　2.12 一·二十一　辛未　2.22	二·一　辛巳　3.4 二·十一　辛卯　3.14 二·二十一　辛丑　3.24	三·一　庚戌　4.2 三·十一　庚申　4.12 三·二十一　庚午　4.22	四·一　庚辰　5.2 四·十一　庚寅　5.12 四·二十一　庚子　5.22
*五·一　己酉　5.31 五·十一　己未　6.10 五·二十一　己巳　6.20	六·一　己卯　6.30 六·十一　己丑　7.10 六·二十一　己亥　7.20	七·一　己酉　7.30 七·十一　己未　8.9 七·二十一　己巳　8.19	八·一　戊寅　8.28 八·十一　戊子　9.7 八·二十一　戊戌　9.17
九·一　戊申　9.27 九·十一　戊午　10.7 九·二十一　戊辰　10.17	十·一　丁丑　10.26 十·十一　丁亥　11.5 十·二十一　丁酉　11.15	十一·一　丁未　11.25 十一·十一　丁巳　12.5 十一·二十一　丁卯　12.15	十二·一　丙子　12.24 十二·十一　丙戌　1.3 十二·二十一　丙申　1.13

＊本月北齐文宣帝代东魏，改元“天保”。

梁豫章王天正元年、西魏文帝大统十七年、北齐文宣帝天保二年辛未（551—552）

一·一　丙午　1.23 一·十一　丙辰　2.2 一·二十一　丙寅　2.12	二·一　乙亥　2.21 二·十一　乙酉　3.3 二·二十一　乙未　3.13	三·一　乙巳 3.23　闰三·一　甲戌 4.21 ［北齐］闰二·一己巳 3.23　三·一　甲戌 4.21 ［西魏］四·一　甲戌 4.21 三·十一　乙卯 4.2　闰三·十一　甲申 5.1 三·二十一乙丑 4.12　闰三·二十一甲午 5.11	四·一　甲辰　5.21 ［西魏］闰四·一甲辰　5.21 四·十一　甲寅　5.31 四·二十一　甲子　6.10
五·一　癸酉　6.19 五·十一　癸未　6.29 五·二十一　癸巳　7.9	六·一　癸卯　7.19 六·十一　癸丑　7.29 六·二十一　癸亥　8.8	七·一　壬申　8.17 七·十一　壬午　8.27 七·二十一　壬辰　9.6	*八·一　壬寅　9.16 八·十一　壬子　9.26 八·二十一　壬戌　10.6
九·一　辛未　10.15 ［西魏］　壬申　10.16 九·十一　辛巳　10.25 九·二十一　辛卯　11.4	十·一　辛丑　11.14 十·十一　辛亥　11.24 十·二十一　辛酉　12.4	十一·一　辛未　12.14 十一·十一　辛巳　12.24 十一·二十一　辛卯　1.3	十二·一　庚子　1.12 十二·十一　庚戌　1.22 十二·二十一　庚申　2.1

＊本月梁豫章王为侯景所立，改元“天正”，不久即被废。

梁元帝承圣元年、西魏废帝元年、北齐文宣帝天保三年壬申(552—553)

一·一　庚午　2.11 一·十一　庚辰　2.21 一·二十一　庚寅　3.2	二·一　己亥　3.11 二·十一　己酉　3.21 二·二十一　己未　3.31	三·一　己巳　4.10 三·十一　己卯　4.20 三·二十一　己丑　4.30	*四·一　戊戌　5.9 四·十一　戊申　5.19 四·二十一　戊午　5.29
五·一　戊辰　6.8 五·十一　戊寅　6.18 五·二十一　戊子　6.28	六·一　丁酉　7.7 六·十一　丁未　7.17 六·二十一　丁巳　7.27	七·一　丁卯　8.6 七·十一　丁丑　8.16 七·二十一　丁亥　8.26	八·一　丙申　9.4 八·十一　丙午　9.14 八·二十一　丙辰　9.24
九·一　丙寅　10.4 九·十一　丙子　10.14 九·二十一　丙戌　10.24	十·一　乙未　11.2 十·十一　乙巳　11.12 十·二十一　乙卯　11.22	**十一·一　乙丑　12.2 十一·十一　乙亥　12.12 十一·二十一　乙酉　12.22	十二·一　甲午　12.31 十二·十一　甲辰　1.10 十二·二十一　甲寅　1.20

* 本月梁武陵王自立为帝,仍称"天正"。　** 本月梁元帝即位,即位前仍用"太清"年号,本月改"太清"六年为"承圣"元年。

梁元帝承圣二年、西魏废帝二年、北齐文宣帝天保四年癸酉(553—554)

一·一　甲子　1.30 一·十一　甲戌　2.9 一·二十一　甲申　2.19	二·一　甲午　3.1 二·十一　甲辰　3.11 二·二十一　甲寅　3.21	三·一　癸亥　3.30 三·十一　癸酉　4.9 三·二十一　癸未　4.19	四·一　癸巳　4.29 四·十一　癸卯　5.9 四·二十一　癸丑　5.19
五·一　壬戌　5.28 五·十一　壬申　6.7 五·二十一　壬午　6.17	六·一　壬辰　6.27 六·十一　壬寅　7.7 六·二十一　壬子　7.17	七·一　辛酉　7.26 七·十一　辛未　8.5 七·二十一　辛巳　8.15	八·一　辛卯　8.25 八·十一　辛丑　9.4 八·二十一　辛亥　9.14
九·一　庚申　9.23 九·十一　庚午　10.3 九·二十一　庚辰　10.13	十·一　庚寅　10.23 十·十一　庚子　11.2 十·二十一　庚戌　11.12	十一·一　己未 11.21 *闰十一·一　己丑 12.21 ［西魏］十二·一　己丑 12.21 十一·十一　己巳 12.1 闰十一·十一　己亥 12.31 十一·二十一己卯 12.11 闰十一·二十一己酉 1.10	十二·一　戊午　1.19 ［西魏］闰十二·一戊午　1.19 十二·十一　戊辰　1.29 十二·二十一　戊寅　2.8

*《目录》梁闰十二戊午朔。

梁元帝承圣三年、西魏恭帝元年、北齐文宣帝天保五年甲戌(554—555)

一·一　戊子　2.18 一·十一　戊戌　2.28 一·二十一　戊申　3.10	二·一　丁巳　3.19 二·十一　丁卯　3.29 二·二十一　丁丑　4.8	三·一　丁亥　4.18 三·十一　丁酉　4.28 三·二十一　丁未　5.8	四·一　丙辰　5.17 四·十一　丙寅　5.27 四·二十一　丙子　6.6
五·一　丙戌　6.16 五·十一　丙申　6.26 五·二十一　丙午　7.6	六·一　丙辰　7.16 六·十一　丙寅　7.26 六·二十一　丙子　8.5	七·一　乙酉　8.14 七·十一　乙未　8.24 七·二十一　乙巳　9.3	八·一　乙卯　9.13 八·十一　乙丑　9.23 八·二十一　乙亥　10.3
九·一　甲申　10.12 九·十一　甲午　10.22 九·二十一　甲辰　11.1	十·一　甲寅　11.11 十·十一　甲子　11.21 十·二十一　甲戌　12.1	十一·一　癸未　12.10 十一·十一　癸巳　12.20 十一·二十一　癸卯　12.30	十二·一　癸丑　1.9 十二·十一　癸亥　1.19 十二·二十一　癸酉　1.29

梁敬帝绍泰元年、西魏恭帝二年、北齐文宣帝天保六年乙亥(555—556)

一·一　壬午　2.7 一·十一　壬辰　2.17 一·二十一　壬寅　2.27	*二·一　壬子　3.9 二·十一　壬戌　3.19 二·二十一　壬申　3.29	三·一　辛巳　4.7 三·十一　辛卯　4.17 三·二十一　辛丑　4.27	四·一　辛亥　5.7 四·十一　辛酉　5.17 四·二十一　辛未　5.27
**五·一　庚辰　6.5 五·十一　庚寅　6.15 五·二十一　庚子　6.25	六·一　庚戌　7.5 六·十一　庚申　7.15 六·二十一　庚午　7.25	七·一　己卯　8.3 七·十一　己丑　8.13 七·二十一　己亥　8.23	八·一　己酉　9.2 八·十一　己未　9.12 八·二十一　己巳　9.22
九·一　戊寅　10.1 ［西魏］　己卯　10.2 九·十一　戊子　10.11 九·二十一　戊戌　10.21	***十·一　戊申　10.31 十·十一　戊午　11.10 十·二十一　戊辰　11.20	十一·一　戊寅　11.30 十一·十一　戊子　12.10 十一·二十一　戊戌　12.20	十二·一　丁未　12.29 十二·十一　丁巳　1.8 十二·二十一　丁卯　1.18

*《目录》二月辛巳朔,误。　** 本月梁贞阳侯即位,改元"天成"。　*** 本月梁敬帝即位,改元"绍泰"。

梁敬帝太平元年、西魏恭帝三年、北齐文宣帝天保七年丙子(556—557)

一·一　丁丑　1.28 一·十一　丁亥　2.7 一·二十一　丁酉　2.17	二·一　丙午　2.26 二·十一　丙辰　3.7 二·二十一　丙寅　3.17	三·一　丙子　3.27 三·十一　丙戌　4.6 三·二十一　丙申　4.16	四·一　乙巳　4.25 四·十一　乙卯　5.5 四·二十一　乙丑　5.15
五·一　乙亥　5.25 五·十一　乙酉　6.4 五·二十一　乙未　6.14	六·一　甲辰　6.23 六·十一　甲寅　7.3 六·二十一　甲子　7.13	七·一　甲戌　7.23 七·十一　甲申　8.2 七·二十一　甲午　8.12	八·一　癸卯8.21　闰八·一　癸酉9.20 八·十一　癸丑8.31　闰八·十一　癸未9.30 八·二十一癸亥9.10　闰八·二十一癸巳10.10
*九·一　壬寅　10.19 九·十一　壬子　10.29 九·二十一　壬戌　11.8	十·一　壬申　11.18 十·十一　壬午　11.28 十·二十一　壬辰　12.8	十一·一　辛丑　12.17 十一·十一　辛亥　12.27 十一·二十一　辛酉　1.6	**十二·一　辛未　1.16 十二·十一　辛巳　1.26 十二·二十一　辛卯　2.5

* 本月梁改元“太平”。　** 本月北周孝闵帝代西魏。

陈武帝永定元年、北周明帝元年、北齐文宣帝天保八年丁丑(557—558)

一·一　辛丑　2.15 一·十一　辛亥　2.25 一·二十一　辛酉　3.7	二·一　庚午　3.16 二·十一　庚辰　3.26 二·二十一　庚寅　4.5	三·一　庚子　4.15 三·十一　庚戌　4.25 三·二十一　庚申　5.5	四·一　己巳　5.14 四·十一　己卯　5.24 四·二十一　己丑　6.3
五·一　己亥　6.13 五·十一　己酉　6.23 五·二十一　己未　7.3	六·一　戊辰　7.12 六·十一　戊寅　7.22 六·二十一　戊子　8.1	七·一　戊戌　8.11 七·十一　戊申　8.21 七·二十一　戊午　8.31	八·一　丁卯　9.9 八·十一　丁丑　9.19 八·二十一　丁亥　9.29
*九·一　丁酉　10.9 九·十一　丁未　10.19 九·二十一　丁巳　10.29	**十·一　丙寅　11.7 十·十一　丙子　11.17 十·二十一　丙戌　11.27	十一·一　丙申　12.7 十一·十一　丙午　12.17 十一·二十一　丙辰　12.27	十二·一　乙丑　1.5 十二·十一　乙亥　1.15 十二·二十一　乙酉　1.25

* 本月北周明帝即位。　** 本月陈武帝代梁,改元“永定”。

陈武帝永定二年、北周明帝二年、北齐文宣帝天保九年戊寅(558—559)

一·一　乙未　2.4 一·十一　乙巳　2.14 一·二十一　乙卯　2.24	二·一　甲子　3.5 二·十一　甲戌　3.15 二·二十一　甲申　3.25	三·一　甲午　4.4 三·十一　甲辰　4.14 三·二十一　甲寅　4.24	四·一　癸亥　5.3 四·十一　癸酉　5.13 四·二十一　癸未　5.23
五·一　癸巳　6.2 五·十一　癸卯　6.12 五·二十一　癸丑　6.22	六·一　癸亥　7.2 六·十一　癸酉　7.12 六·二十一　癸未　7.22	七·一　壬辰　7.31 七·十一　壬寅　8.10 七·二十一　壬子　8.20	八·一　壬戌　8.30 八·十一　壬申　9.9 八·二十一　壬午　9.19
九·一　辛卯　9.28 九·十一　辛丑　10.8 九·二十一　辛亥　10.18	十·一　辛酉　10.28 十·十一　辛未　11.7 十·二十一　辛巳　11.17	十一·一　庚寅　11.26 十一·十一　庚子　12.6 十一·二十一　庚戌　12.16	十二·一　庚申　12.26 十二·十一　庚午　1.5 十二·二十一　庚辰　1.15

陈武帝永定三年、北周明帝武成元年、北齐文宣帝天保十年己卯(559—560)

一·一　己丑　1.24 一·十一　己亥　2.3 一·二十一　己酉　2.13	二·一　己未　2.23 二·十一　己巳　3.5 二·二十一　己卯　3.15	三·一　戊子　3.24 三·十一　戊戌　4.3 三·二十一　戊申　4.13	四·一　戊午4.23　*闰四·一　丁亥5.22 ［北周］五·一　丁亥5.22 四·十一　戊辰5.3　闰四·十一　丁酉6.1 四·二十一戊寅5.13　闰四·二十一丁未6.11
五·一　丁巳　6.21 ［北周］闰五·一丁巳　6.21 五·十一　丁卯　7.1 五·二十一　丁丑　7.11	六·一　丙戌　7.20 六·十一　丙申　7.30 六·二十一　丙午　8.9	七·一　丙辰　8.19 七·十一　丙寅　8.29 七·二十一　丙子　9.8	**八·一　乙酉　9.17 ［北周］　丙戌　9.18 八·十一　乙未　9.27 八·二十一　乙巳　10.7
九·一　乙卯　10.17 九·十一　乙丑　10.27 九·二十一　乙亥　11.6	十·一　乙酉　11.16 十·十一　乙未　11.26 十·二十一　乙巳　12.6	十一·一　甲寅　12.15 十一·十一　甲子　12.25 十一·二十一　甲戌　1.4	十二·一　甲申　1.14 十二·十一　甲午　1.24 十二·二十一　甲辰　2.3

*《目录》《辑要》《朔闰考》陈闰五月丁巳朔。　** 本月北周改元“武成”。

陈文帝天嘉元年、北周明帝武成二年、北齐孝昭帝皇建元年庚辰(560—561)

*一・一 癸丑 2.12 一・十一 癸亥 2.22 一・二十一 癸酉 3.3	二・一 癸未 3.13 二・十一 癸巳 3.23 二・二十一 癸卯 4.2	三・一 壬子 4.11 三・十一 壬戌 4.21 三・二十一 壬申 5.1	四・一 壬午 5.11 四・十一 壬辰 5.21 四・二十一 壬寅 5.31
五・一 辛亥 6.9 五・十一 辛酉 6.19 五・二十一 辛未 6.29	六・一 辛巳 7.9 六・十一 辛卯 7.19 六・二十一 辛丑 7.29	七・一 庚戌 8.7 七・十一 庚申 8.17 七・二十一 庚午 8.27	**八・一 庚辰 9.6 八・十一 庚寅 9.16 八・二十一 庚子 9.26
九・一 己酉 10.5 九・十一 己未 10.15 九・二十一 己巳 10.25	十・一 己卯 11.4 十・十一 己丑 11.14 十・二十一 己亥 11.24	十一・一 戊申 12.3 十一・十一 戊午 12.13 十一・二十一 戊辰 12.23	十二・一 戊寅 1.2 十二・十一 戊子 1.12 十二・二十一 戊戌 1.22

* 本月北齐废帝改元“乾明”。 ** 本月北齐孝昭帝即位,改元“皇建”。

陈文帝天嘉二年、北周武帝保定元年、北齐武成帝大(太)宁元年辛巳(561—562)

一・一 戊申 2.1 一・十一 戊午 2.11 一・二十一 戊辰 2.21	二・一 丁丑 3.2 二・十一 丁亥 3.12 二・二十一 丁酉 3.22	三・一 丁未 4.1 三・十一 丁巳 4.11 三・二十一 丁卯 4.21	四・一 丙子 4.30 四・十一 丙戌 5.10 四・二十一 丙申 5.20
五・一 丙午 5.30 五・十一 丙辰 6.9 五・二十一 丙寅 6.19	六・一 乙亥 6.28 六・十一 乙酉 7.8 六・二十一 乙未 7.18	七・一 乙巳 7.28 七・十一 乙卯 8.7 七・二十一 乙丑 8.17	八・一 甲戌 8.26 八・十一 甲申 9.5 八・二十一 甲午 9.15
九・一 甲辰 9.25 九・十一 甲寅 10.5 九・二十一 甲子 10.15	十・一 癸酉 10.24 十・十一 癸未 11.3 十・二十一 癸巳 11.13	*十一・一 癸卯 11.23 十一・十一 癸丑 12.3 十一・二十一 癸亥 12.13	十二・一 壬申 12.22 十二・十一 壬午 1.1 十二・二十一 壬辰 1.11

* 本月北齐武成帝即位,改元“大(太)宁”。

陈文帝天嘉三年、北周武帝保定二年、北齐武成帝河清元年壬午(562—563)

一・一 壬寅 1.21 [北齐]闰十二・一壬寅 1.21 一・十一 壬子 1.31 一・二十一 壬戌 2.10	二・一 辛未 2.19 闰二・一 辛丑 3.21 [北周]闰一・一辛未 2.19 二・一 辛丑 3.21 [北齐]十一・一辛未 2.19 二・一 辛丑 3.21 二・十一 辛巳 3.1 闰二・十一 辛亥 3.31 二・二十一辛卯 3.11 闰二・二十一辛酉 4.10	三・一 庚午 4.19 三・十一 庚辰 4.29 三・二十一 庚寅 5.9	*四・一 庚子 5.19 四・十一 庚戌 5.29 四・二十一 庚申 6.8
五・一 庚午 6.18 五・十一 庚辰 6.28 五・二十一 庚寅 7.8	六・一 己亥 7.17 六・十一 己酉 7.27 六・二十一 己未 8.6	七・一 己巳 8.16 七・十一 己卯 8.26 七・二十一 己丑 9.5	八・一 戊戌 9.14 八・十一 戊申 9.24 八・二十一 戊午 10.4
九・一 戊辰 10.14 九・十一 戊寅 10.24 九・二十一 戊子 11.3	十・一 丁酉 11.12 十・十一 丁未 11.22 十・二十一 丁巳 12.2	十一・一 丁卯 12.12 十一・十一 丁丑 12.22 十一・二十一 丁亥 1.1	十二・一 丙申 1.10 十二・十一 丙午 1.20 十二・二十一 丙辰 1.30

* 本月北齐改元“河清”。

陈文帝天嘉四年、北周武帝保定三年、北齐武成帝河清二年癸未(563—564)

一・一 丙寅 2.9 一・十一 丙子 2.19 一・二十一 丙戌 3.1	二・一 乙未 3.10 二・十一 乙巳 3.20 二・二十一 乙卯 3.30	三・一 乙丑 4.9 三・十一 乙亥 4.19 三・二十一 乙酉 4.29	四・一 甲午 5.8 四・十一 甲辰 5.18 四・二十一 甲寅 5.28
五・一 甲子 6.7 五・十一 甲戌 6.17 五・二十一 甲申 6.27	六・一 癸巳 7.6 六・十一 癸卯 7.16 六・二十一 癸丑 7.26	七・一 癸亥 8.5 七・十一 癸酉 8.15 七・二十一 癸未 8.25	八・一 壬辰 9.3 [北周] 癸巳 9.4 八・十一 壬寅 9.13 八・二十一 壬子 9.23
九・一 壬戌 10.3 九・十一 壬申 10.13 九・二十一 壬午 10.23	十・一 壬辰 11.2 十・十一 壬寅 11.12 十・二十一 壬子 11.22	十一・一 辛酉 12.1 十一・十一 辛未 12.11 十一・二十一 辛巳 12.21	十二・一 辛卯 12.31 十二・十一 辛丑 1.10 十二・二十一 辛亥 1.20

陈文帝天嘉五年、北周武帝保定四年、北齐武成帝河清三年甲申(564—565)

一·一 庚申 1.29 一·十一 庚午 2.8 一·二十一 庚辰 2.18	二·一 庚寅 2.28 二·十一 庚子 3.9 二·二十一 庚戌 3.19	三·一 己未 3.28 三·十一 己巳 4.7 三·二十一 己卯 4.17	四·一 己丑 4.27 四·十一 己亥 5.7 四·二十一 己酉 5.17
五·一 戊午 5.26 五·十一 戊辰 6.5 五·二十一 戊寅 6.15	六·一 戊子 6.25 六·十一 戊戌 7.5 六·二十一 戊申 7.15	七·一 丁巳 7.24 七·十一 丁卯 8.3 七·二十一 丁丑 8.13	八·一 丁亥 8.23 八·十一 丁酉 9.2 八·二十一 丁未 9.12
九·一 丙辰 9.21 九·十一 丙寅 10.1 九·二十一 丙子 10.11	十·一 丙戌 10.22 闰十·一 乙卯 11.19 *[北周]闰九·一丙戌 10.21 十·一 乙卯 11.19 十·十一 丙申 10.31 闰十·十一 乙丑 11.29 十·二十一丙午 11.10 闰十·二十一乙亥 12.9	十一·一 乙酉 12.19 十一·十一 乙未 12.29 十一·二十一 乙巳 1.8	十二·一 乙卯 1.18 十二·十一 乙丑 1.28 十二·二十一 乙亥 2.7

＊《目录》《辑要》《朔闰考》《对照表》北齐闰九月丙戌朔。

陈文帝天嘉六年、北周武帝保定五年、北齐后主天统元年乙酉(565—566)

一·一 甲申 2.16 一·十一 甲午 2.26 一·二十一 甲辰 3.8	二·一 甲寅 3.18 二·十一 甲子 3.28 二·二十一 甲戌 4.7	三·一 癸未 4.16 三·十一 癸巳 4.26 三·二十一 癸卯 5.6	*四·一 癸丑 5.16 四·十一 癸亥 5.26 四·二十一 癸酉 6.5
五·一 壬午 6.14 五·十一 壬辰 6.24 五·二十一 壬寅 7.4	六·一 壬子 7.14 六·十一 壬戌 7.24 六·二十一 壬申 8.3	七·一 辛巳 8.12 七·十一 辛卯 8.22 七·二十一 辛丑 9.1	八·一 辛亥 9.11 八·十一 辛酉 9.21 八·二十一 辛未 10.1
九·一 庚辰 10.10 九·十一 庚寅 10.20 九·二十一 庚子 10.30	十·一 庚戌 11.9 十·十一 庚申 11.19 十·二十一 庚午 11.29	十一·一 己卯 12.8 十一·十一 己丑 12.18 十一·二十一 己亥 12.28	十二·一 己酉 1.7 十二·十一 己未 1.17 十二·二十一 己巳 1.27

＊ 本月北齐后主即位,改元“天统”。

陈文帝天康元年、北周武帝天和元年、北齐后主天统二年丙戌(566—567)

一·一 戊寅 2.5 [北周] 己卯 2.6 一·十一 戊子 2.15 一·二十一 戊戌 2.25	*二·一 戊申 3.7 二·十一 戊午 3.17 二·二十一 戊辰 3.27	三·一 丁丑 4.5 [北周] 戊寅 4.6 三·十一 丁亥 4.15 三·二十一 丁酉 4.25	四·一 丁未 5.5 四·十一 丁巳 5.15 四·二十一 丁卯 5.25
五·一 丁丑 6.4 五·十一 丁亥 6.14 五·二十一 丁酉 6.24	六·一 丙午 7.3 六·十一 丙辰 7.13 六·二十一 丙寅 7.23	七·一 丙子 8.2 七·十一 丙戌 8.12 七·二十一 丙申 8.22	八·一 乙巳 8.31 八·十一 乙卯 9.10 八·二十一 乙丑 9.20
九·一 乙亥 9.30 九·十一 乙酉 10.10 九·二十一 乙未 10.20	十·一 甲辰 10.29 十·十一 甲寅 11.8 十·二十一 甲子 11.18	十一·一 甲戌 11.28 十一·十一 甲申 12.8 十一·二十一 甲午 12.18	十二·一 癸卯 12.27 十二·十一 癸丑 1.6 十二·二十一 癸亥 1.16

＊ 本月陈改元“天康”。

陈废帝光大元年、北周武帝天和二年、北齐后主天统三年丁亥(567—568)

一·一 癸酉 1.26 一·十一 癸未 2.5 一·二十一 癸巳 2.15	二·一 壬寅 2.24 [北周] 癸卯 2.25 二·十一 壬子 3.6 二·二十一 壬戌 3.16	三·一 壬申 3.26 三·十一 壬午 4.5 三·二十一 壬辰 4.15	四·一 辛丑 4.24 [北周] 壬寅 4.25 四·十一 辛亥 5.4 四·二十一 辛酉 5.14
五·一 辛未 5.24 五·十一 辛巳 6.3 五·二十一 辛卯 6.13	六·一 庚子 6.22 闰六·一 庚午 7.22 [北周] 辛丑 6.23 七·一 庚午 7.22 六·十一 庚戌 7.2 闰六·十一 庚辰 8.1 六·二十一庚申 7.12 闰六·二十一庚寅 8.11	七·一 己亥 8.20 [北周]八·一 庚子 8.21 七·十一 己酉 8.30 七·二十一 己未 9.9	八·一 己巳 9.19 [北周]闰八·一己巳 9.19 八·十一 己卯 9.29 八·二十一 己丑 10.9
九·一 己亥 10.19 九·十一 己酉 10.29 九·二十一 己未 11.8	十·一 戊辰 11.17 十·十一 戊寅 11.27 十·二十一 戊子 12.7	十一·一 戊戌 12.17 十一·十一 戊申 12.27 十一·二十一 戊午 1.6	十二·一 丁卯 1.15 十二·十一 丁丑 1.25 十二·二十一 丁亥 2.4

陈废帝光大二年、北周武帝天和三年、北齐后主天统四年戊子(568—569)

一・一　丁酉　2.14 一・十一　丁未　2.24 一・二十一　丁巳　3.5	二・一　丙寅　3.14 二・十一　丙子　3.24 二・二十一　丙戌　4.3	三・一　丙申　4.13 三・十一　丙午　4.23 三・二十一　丙辰　5.3	四・一　乙丑　5.12 [北周]　丙寅　5.13 四・十一　乙亥　5.22 四・二十一　乙酉　6.1
五・一　乙未　6.11 五・十一　乙巳　6.21 五・二十一　乙卯　7.1	*六・一　甲子　7.10 [北周]　乙丑　7.11 六・十一　甲戌　7.20 六・二十一　甲申　7.30	七・一　甲午　8.9 七・十一　甲辰　8.19 七・二十一　甲寅　8.29	八・一　癸亥　9.7 [北周]　甲子　9.8 八・十一　癸酉　9.17 八・二十一　癸未　9.27
九・一　癸巳　10.7 九・十一　癸卯　10.17 九・二十一　癸丑　10.27	十・一　壬戌　11.5 [北周]　癸亥　11.6 十・十一　壬申　11.15 十・二十一　壬午　11.25	十一・一　壬辰　12.5 十一・十一　壬寅　12.15 十一・二十一　壬子　12.25	十二・一　壬戌　1.4 十二・十一　壬申　1.14 十二・二十一　壬午　1.24

*《目录》六月乙丑朔。

陈宣帝太建元年、北周武帝天和四年、北齐后主天统五年己丑(569—570)

一・一　辛卯　2.2 一・十一　辛丑　2.12 一・二十一　辛亥　2.22	二・一　辛酉　3.4 二・十一　辛未　3.14 二・二十一　辛巳　3.24	三・一　庚寅　4.2 三・十一　庚子　4.12 三・二十一　庚戌　4.22	四・一　庚申　5.2 四・十一　庚午　5.12 四・二十一　庚辰　5.22
五・一　己丑　5.31 五・十一　己亥　6.10 五・二十一　己酉　6.20	六・一　己未　6.30 六・十一　己巳　7.10 六・二十一　己卯　7.20	七・一　戊子　7.29 七・十一　戊戌　8.8 七・二十一　戊申　8.18	八・一　戊午　8.28 八・十一　戊辰　9.7 八・二十一　戊寅　9.17
九・一　丁亥　9.26 [北周]　戊子　9.27 九・十一　丁酉　10.6 九・二十一　丁未　10.16	十・一　丁巳　10.26 十・十一　丁卯　11.5 十・二十一　丁丑　11.15	十一・一　丙戌　11.24 [北周]　丁亥　11.25 十一・十一　丙申　12.4 十一・二十一　丙午　12.14	十二・一　丙辰　12.24 十二・十一　丙寅　1.3 十二・二十一　丙子　1.13

陈宣帝太建二年、北周武帝天和五年、北齐后主武平元年庚寅(570—571)

一・一　乙酉　1.22 [北周]　丙戌　1.23 一・十一　乙未　2.1 一・二十一　乙巳　2.11	二・一　乙卯　2.21 二・十一　乙丑　3.3 二・二十一　乙亥　3.13	三・一　甲申　3.22 [北周]　乙酉　3.23 [北齐]闰二・一甲申　3.22 三・十一　甲午　4.1 三・二十一　甲辰　4.11	四・一　甲寅 4.21　*闰四・一　甲申 5.21 [北齐]三・一甲寅 4.21　四・一　甲申 5.21 四・十一　甲子 5.1　闰四・十一　甲午 5.31 四・二十　甲戌 5.11　闰四・二十　甲辰 6.10
五・一　癸丑　6.19 五・十一　癸亥　6.29 五・二十一　癸酉　7.9	六・一　癸未　7.19 六・十一　癸巳　7.29 六・二十一　癸卯　8.8	七・一　壬子　8.17 七・十一　壬戌　8.27 七・二十一　壬申　9.6	八・一　壬午　9.16 八・十一　壬辰　9.26 八・二十一　壬寅　10.6
九・一　辛亥　10.15 九・十一　辛酉　10.25 九・二十一　辛未　11.4	十・一　辛巳　11.14 十・十一　辛卯　11.24 十・二十一　辛丑　12.4	十一・一　庚戌　12.13 十一・十一　庚申　12.23 十一・二十一　庚午　1.2	十二・一　庚辰　1.12 十二・十一　庚寅　1.22 十二・二十一　庚子　2.1

*《目录》北周闰五月癸丑朔。

陈宣帝太建三年、北周武帝天和六年、北齐后主武平二年辛卯(571—572)

一・一　己酉　2.10 *[北周]　庚戌　2.11 一・十一　己未　2.20 一・二十一　己巳　3.2	二・一　己卯　3.12 二・十一　己丑　3.22 二・二十一　己亥　4.1	三・一　戊申　4.10 [北周]　己酉　4.11 三・十一　戊午　4.20 三・二十一　戊辰　4.30	四・一　戊寅　5.10 四・十一　戊子　5.20 四・二十一　戊戌　5.30
五・一　丁未　6.8 [北周]　戊申　6.9 五・十一　丁巳　6.18 五・二十一　丁卯　6.28	六・一　丁丑　7.8 六・十一　丁亥　7.18 六・二十一　丁酉　7.28	七・一　丙午　8.6 [北周]　丁未　8.7 七・十一　丙辰　8.16 七・二十一　丙寅　8.26	八・一　丙子　9.5 八・十一　丙戌　9.15 八・二十一　丙申　9.25
九・一　丙午　10.5 九・十一　丙辰　10.15 九・二十一　丙寅　10.25	十・一　乙亥　11.3 十・十一　乙酉　11.13 十・二十一　乙未　11.23	十一・一　乙巳　12.3 十一・十一　乙卯　12.13 十一・二十一　乙丑　12.23	十二・一　甲戌　1.1 十二・十一　甲申　1.11 十二・二十一　甲午　1.21

*《目录》北周正月己酉朔。

陈宣帝太建四年、北周武帝建德元年、北齐后主武平三年壬辰（572—573）

一·一　甲辰　1.31 一·十一　甲寅　2.10 一·二十一　甲子　2.20	二·一　癸酉　2.29 二·十一　癸未　3.10 二·二十一　癸巳　3.20	*三·一　癸卯　3.30 三·十一　癸丑　4.9 三·二十一　癸亥　4.19	四·一　壬申　4.28 ［北周］　癸酉　4.29 四·十一　壬午　5.8 四·二十一　壬辰　5.18
五·一　壬寅　5.28 五·十一　壬子　6.7 五·二十一　壬戌　6.17	六·一　辛未　6.26 ［北周］　壬申　6.27 六·十一　辛巳　7.6 六·二十一　辛卯　7.16	七·一　辛丑　7.26 七·十一　辛亥　8.5 七·二十一　辛酉　8.15	八·一　庚午　8.24 ［北周］　辛未　8.25 八·十一　庚辰　9.3 八·二十一　庚寅　9.13
九·一　庚子　9.23 九·十一　庚戌　10.3 九·二十一　庚申　10.13	十·一　己巳　10.22 ［北周］　庚午　10.23 十·十一　己卯　11.1 十·二十一　己丑　11.11	十一·一　己亥　11.21 十一·十一　己酉　12.1 十一·二十一　己未　12.11	十二·一　己巳 12.21　闰十二·一　戊戌 1.19 ［北周］一·一　戊戌 1.19 ［北齐］闰十一·一己巳 12.21　［北齐］十二·一　戊戌 1.19 十二·十一　己卯 12.31　闰十二·十一　戊申 1.29 十二·二十一己丑 1.10　闰十二·二十一戊午 2.8

＊本月北周改元“建德”。

陈宣帝太建五年、北周武帝建德二年、北齐后主武平四年癸巳（573—574）

一·一　戊辰　2.18 ［北周］闰一·一戊辰　2.18 一·十一　戊寅　2.28 一·二十一　戊子　3.10	二·一　丁酉　3.19 二·十一　丁未　3.29 二·二十一　丁巳　4.8	三·一　丁卯　4.18 三·十一　丁丑　4.28 三·二十一　丁亥　5.8	四·一　丙申　5.17 四·十一　丙午　5.27 四·二十一　丙辰　6.6
五·一　丙寅　6.16 五·十一　丙子　6.26 五·二十一　丙戌　7.6	六·一　乙未　7.15 六·十一　乙巳　7.25 六·二十一　乙卯　8.4	七·一　乙丑　8.14 七·十一　乙亥　8.24 七·二十一　乙酉　9.3	八·一　甲午　9.12 ［北周］　乙未　9.13 八·十一　甲辰　9.22 八·二十一　甲寅　10.2
九·一　甲子　10.12 九·十一　甲戌　10.22 九·二十一　甲申　11.1	十·一　癸巳　11.10 ［北周］　甲午　11.11 十·十一　癸卯　11.20 十·二十一　癸丑　11.30	十一·一　癸亥　12.10 十一·十一　癸酉　12.20 十一·二十一　癸未　12.30	十二·一　壬辰　1.8 ［北周］　癸巳　1.9 十二·十一　壬寅　1.18 十二·二十一　壬子　1.28

陈宣帝太建六年、北周武帝建德三年、北齐后主武平五年甲午（574—575）

一·一　壬戌　2.7 一·十一　壬申　2.17 一·二十一　壬午　2.27	二·一　辛卯　3.8 ［北周］　壬辰　3.9 二·十一　辛丑　3.18 二·二十一　辛亥　3.28	三·一　辛酉　4.7 三·十一　辛未　4.17 三·二十一　辛巳　4.27	四·一　辛卯　5.7 四·十一　辛丑　5.17 四·二十一　辛亥　5.27
五·一　庚申　6.5 五·十一　庚午　6.15 五·二十一　庚辰　6.25	六·一　庚寅　7.5 六·十一　庚子　7.15 六·二十一　庚戌　7.25	七·一　己未　8.3 七·十一　己巳　8.13 七·二十一　己卯　8.23	八·一　己丑　9.2 八·十一　己亥　9.12 八·二十一　己酉　9.22
九·一　戊午　10.1 九·十一　戊辰　10.11 九·二十一　戊寅　10.21	十·一　戊子　10.31 十·十一　戊戌　11.10 十·二十一　戊申　11.20	十一·一　丁巳　11.29 ［北周］　戊午　11.30 十一·十一　丁卯　12.9 十一·二十一　丁丑　12.19	十二·一　丁亥　12.29 十二·十一　丁酉　1.8 十二·二十一　丁未　1.18

陈宣帝太建七年、北周武帝建德四年、北齐后主武平六年乙未（575—576）

一·一　丙辰　1.27 ［北周］　丁巳　1.28 一·十一　丙寅　2.6 一·二十一　丙子　2.16	二·一　丙戌　2.26 二·十一　丙申　3.8 二·二十一　丙午　3.18	三·一　乙卯　3.27 ［北周］　丙辰　3.28 三·十一　乙丑　4.6 三·二十一　乙亥　4.16	四·一　乙酉　4.26 四·十一　乙未　5.6 四·二十一　乙巳　5.16
五·一　甲寅　5.25 ［北周］　乙卯　5.26 五·十一　甲子　6.4 五·二十一　甲戌　6.14	六·一　甲申　6.24 六·十一　甲午　7.4 六·二十一　甲辰　7.14	七·一　癸丑　7.23 ［北周］　甲寅　7.24 七·十一　癸亥　8.2 七·二十一　癸酉　8.12	八·一　癸未　8.22 八·十一　癸巳　9.1 八·二十一　癸卯　9.11
九·一　癸丑 9.21　*闰九·一　壬午 10.20 ［北周］十·一壬午 10.20 ［北齐］闰八·一癸丑 9.21［北齐］九·一壬午 10.20 九·十一　癸亥 10.1　闰九·十一　壬辰 10.30 九·二十一癸酉 10.11　闰九·二十一壬寅 11.9	十·一　壬子　11.19 ［北周］闰十·一壬子　11.19 十·十一　壬戌　11.29 十·二十一　壬申　12.9	十一·一　辛巳　12.18 十一·十一　辛卯　12.28 十一·二十一　辛丑　1.7	十二·一　辛亥　1.17 十二·十一　辛酉　1.27 十二·二十一　辛未　2.6

＊《目录》《辑要》《朔闰考》《总谱》陈闰八月癸丑朔。

陈宣帝太建八年、北周武帝建德五年、北齐后主隆化元年丙申(576—577)

一·一　庚辰　2.15 一·十一　庚寅　2.25 一·二十一　庚子　3.6	二·一　庚戌　3.16 二·十一　庚申　3.26 二·二十一　庚午　4.5	三·一　己卯　4.14 [北周]　庚辰　4.15 三·十一　己丑　4.24 三·二十一　己亥　5.4	四·一　己酉　5.14 四·十一　己未　5.24 四·二十一　己巳　6.3
五·一　戊寅　6.12 [北周]　己卯　6.13 五·十一　戊子　6.22 五·二十一　戊戌　7.2	六·一　戊申　7.12 六·十一　戊午　7.22 六·二十一　戊辰　8.1	七·一　丁丑　8.10 [北周]　戊寅　8.11 七·十一　丁亥　8.20 七·二十一　丁酉　8.30	八·一　丁未　9.9 八·十一　丁巳　9.19 八·二十一　丁卯　9.29
九·一　丙子　10.8 [北周]　丁丑　10.9 九·十一　丙戌　10.18 九·二十一　丙申　10.28	十·一　丙午　11.7 十·十一　丙辰　11.17 十·二十一　丙寅　11.27	十一·一　丙子　12.7 十一·十一　丙戌　12.17 十一·二十一　丙申　12.27	*十二·一　乙巳　1.5 十二·十一　乙卯　1.15 十二·二十一　乙丑　1.25

* 本月北齐后主改元“隆化”。

陈宣帝太建九年、北周武帝建德六年、北齐幼主承光元年丁酉(577—578)

一·一　乙亥　2.4 一·十一　乙酉　2.14 一·二十一　乙未　2.24	*二·一　甲辰　3.5 二·十一　甲寅　3.15 二·二十一　甲子　3.25	三·一　甲戌　4.4 三·十一　甲申　4.14 三·二十一　甲午　4.24	四·一　癸卯　5.3 四·十一　癸丑　5.13 四·二十一　癸亥　5.23
五·一　癸酉　6.2 五·十一　癸未　6.12 五·二十一　癸巳　6.22	六·一　壬寅　7.1 六·十一　壬子　7.11 六·二十一　壬戌　7.21	七·一　壬申　7.31 七·十一　壬午　8.10 七·二十一　壬辰　8.20	八·一　辛丑　8.29 [北周]　壬寅　8.30 八·十一　辛亥　9.8 八·二十一　辛酉　9.18
九·一　辛未　9.28 九·十一　辛巳　10.8 九·二十一　辛卯　10.18	十·一　庚子　10.27 [北周]　辛丑　10.28 十·十一　庚戌　11.6 十·二十一　庚申　11.16	十一·一　庚午　11.26 十一·十一　庚辰　12.6 十一·二十一　庚寅　12.16	十二·一　己亥　12.25 [北周]　庚子　12.26 十二·十一　己酉　1.4 十二·二十一　己未　1.14

* 本月北齐为北周所灭。

陈宣帝太建十年、北周武帝宣政元年戊戌(578—579)

一·一　己巳　1.24 一·十一　己卯　2.3 一·二十一　己丑　2.13	二·一　戊戌　2.22 [北周]　己亥　2.23 二·十一　戊申　3.4 二·二十一　戊午　3.14	*三·一　戊辰　3.24 三·十一　戊寅　4.3 三·二十一　戊子　4.13	四·一　戊戌　4.23 四·十一　戊申　5.3 四·二十一　戊午　5.13
五·一　丁卯 5.22　闰五·一　丁酉 6.21 [北魏]六·一丁酉 6.21 五·十一　丁丑 6.1　闰五·十一　丁未 7.1 五·二十一　丁亥 6.11　闰五·二十一丁巳 7.11	六·一　丙寅　7.20 [北周]闰六·一丙寅　7.20 六·十一　丙子　7.30 六·二十一　丙戌　8.9	七·一　丙申　8.19 七·十一　丙午　8.29 七·二十一　丙辰　9.8	八·一　乙丑　9.17 八·十一　乙亥　9.27 八·二十一　乙酉　10.7
九·一　乙未　10.17 九·十一　乙巳　10.27 九·二十一　乙卯　11.6	十·一　甲子　11.15 **[北周]　乙丑　11.16 十·十一　甲戌　11.25 十·二十一　甲申　12.5	十一·一　甲午　12.15 十一·十一　甲辰　12.25 十一·二十一　甲寅　1.4	十二·一　癸亥　1.13 [北周]　甲子　1.14 十二·十一　癸酉　1.23 十二·二十一　癸未　2.2

* 本月北周改元“宣政”。　** 《目录》北周十月甲子朔。

陈宣帝太建十一年、北周静帝大象元年己亥(579—580)

*一·一　癸巳　2.12 一·十一　癸卯　2.22 一·二十一　癸丑　3.4	**二·一　壬戌　3.13 [北周]　癸亥　3.14 二·十一　壬申　3.23 二·二十一　壬午　4.2	三·一　壬辰　4.12 三·十一　壬寅　4.22 三·二十一　壬子　5.2	四·一　辛酉　5.11 [北周]　壬戌　5.12 四·十一　辛未　5.21 四·二十一　辛巳　5.31
五·一　辛卯　6.10 五·十一　辛丑　6.20 五·二十一　辛亥　6.30	六·一　庚申　7.9 [北周]　辛酉　7.10 六·十一　庚午　7.19 六·二十一　庚辰　7.29	七·一　庚寅　8.8 七·十一　庚子　8.18 七·二十一　庚戌　8.28	八·一　庚申　9.7 八·十一　庚午　9.17 八·二十一　庚辰　9.27
***九·一　己丑　10.6 九·十一　己亥　10.16 九·二十一　己酉　10.26	十·一　己未　11.5 十·十一　己巳　11.15 十·二十一　己卯　11.25	十一·一　戊子　12.4 [北周]　己丑　12.5 十一·十一　戊戌　12.14 十一·二十一　戊申　12.24	十二·一　戊午　1.3 十二·十一　戊辰　1.13 十二·二十一　戊寅　1.23

* 本月北周宣帝改元“大成”。　** 本月北周静帝即位,改元“大象”。　*** 《目录》北周九月庚寅朔。

陈宣帝太建十二年、北周静帝大象二年庚子（580—581）

一·一　丁亥 2.1 ［北周］　戊子 2.2 一·十一　丁酉 2.11 一·二十一　丁未 2.21	二·一　丁巳 3.2 二·十一　丁卯 3.12 二·二十一　丁丑 3.22	三·一　丙戌 3.31 ［北周］　丁亥 4.1 三·十一　丙申 4.10 三·二十一　丙午 4.20	四·一　丙辰 4.30 四·十一　丙寅 5.10 四·二十一　丙子 5.20
五·一　乙酉 5.29 ［北周］　丙戌 5.30 五·十一　乙未 6.8 五·二十一　乙巳 6.18	六·一　乙卯 6.28 六·十一　乙丑 7.8 六·二十一　乙亥 7.18	七·一　甲申 7.27 *［北周］　乙酉 7.28 七·十一　甲午 8.6 七·二十一　甲辰 8.16	八·一　甲寅 8.26 八·十一　甲子 9.5 八·二十一　甲戌 9.15
九·一　癸未 9.24 ［北周］　甲申 9.25 九·十一　癸巳 10.4 九·二十一　癸卯 10.14	十·一　癸丑 10.24 十·十一　癸亥 11.3 十·二十一　癸酉 11.13	十一·一　癸未 11.23 十一·十一　癸巳 12.3 十一·二十一　癸卯 12.13	十二·一　壬子 12.22 十二·十一　壬戌 1.1 十二·二十一　壬申 1.11

*《目录》北周七月乙卯朔，误。

隋　历　日　表

隋文帝开皇元年、陈宣帝太建十三年辛丑（581—582）

*一·一　壬午 1.21 一·十一　壬辰 1.31 一·二十一　壬寅 2.10	**二·一　壬子 2.20 ［陈］　辛亥 2.19 二·十一　壬戌 3.2 二·二十一　壬申 3.12	三·一　辛巳 3.21***闰三·一　辛亥 4.20 ［陈］闰二·一辛巳 3.21　三·一　庚戌 4.19 三·十一　辛卯 3.31　闰三·十一　辛酉 4.30 三·二十一　辛丑 4.10　闰三·二十一辛未 5.10	****四·一　庚辰 5.19 四·十一　庚寅 5.29 四·二十一　庚子 6.8
五·一　庚戌 6.18 ［陈］　己酉 6.17 五·十一　庚申 6.28 五·二十一　庚午 7.8	六·一　己卯 7.17 六·十一　己丑 7.27 六·二十一　己亥 8.6	七·一　己酉 8.16 ［陈］　戊申 8.15 七·十一　己未 8.26 七·二十一　己巳 9.5	八·一　戊寅 9.14 八·十一　戊子 9.24 八·二十一　戊戌 10.4
九·一　戊申 10.14 ［陈］　丁未 10.13 九·十一　戊午 10.24 九·二十一　戊辰 11.3	十·一　丁丑 11.12 十·十一　丁亥 11.22 十·二十一　丁酉 12.2	十一·一　丁未 12.12 ［陈］　丙午 12.11 十一·十一　丁巳 12.22 十一·二十一　丁卯 1.1	十二·一　丙子 1.10 十二·十一　丙戌 1.20 十二·二十一　丙申 1.30

* 本月北周静帝改元“大定”。　** 本月隋文帝代北周，改元“开皇”。　***《目录》隋闰四月庚辰朔。　****《目录》陈四月庚戌朔，误。

隋文帝开皇二年、陈宣帝太建十四年壬寅（582—583）

一·一　丙午 2.9 ［陈］　乙巳 2.8 一·十一　丙辰 2.19 一·二十一　丙寅 3.1	二·一　乙亥 3.10 二·十一　乙酉 3.20 二·二十一　乙未 3.30	三·一　乙巳 4.9 三·十一　乙卯 4.19 三·二十一　乙丑 4.29	四·一　甲戌 5.8 四·十一　甲申 5.18 四·二十一　甲午 5.28
五·一　甲辰 6.7 五·十一　甲寅 6.17 五·二十一　甲子 6.27	六·一　甲戌 7.7 ［陈］　癸酉 7.6 六·十一　甲申 7.17 六·二十一　甲午 7.27	七·一　癸卯 8.5 七·十一　癸丑 8.15 七·二十一　癸亥 8.25	八·一　癸酉 9.4 ［陈］　壬申 9.3 八·十一　癸未 9.14 八·二十一　癸巳 9.24
九·一　壬寅 10.3 九·十一　壬子 10.13 九·二十一　壬戌 10.23	十·一　壬申 11.2 ［陈］　辛未 11.1 十·十一　壬午 11.12 十·二十一　壬辰 11.22	十一·一　辛丑 12.1 十一·十一　辛亥 12.11 十一·二十一　辛酉 12.21	十二·一　辛未 12.31 ［陈］　庚午 12.30 十二·十一　辛巳 1.10 十二·二十一　辛卯 1.20

隋文帝开皇三年、陈后主至德元年癸卯（583—584）

一·一　庚子 1.29 一·十一　庚戌 2.8 一·二十一　庚申 2.18	二·一　庚午 2.28 ［陈］　己巳 2.27 二·十一　庚辰 3.10 二·二十一　庚寅 3.20	三·一　己亥 3.29 三·十一　己酉 4.8 三·二十一　己未 4.18	四·一　己巳 4.28 ［陈］　戊辰 4.27 四·十一　己卯 5.8 四·二十一　己丑 5.18
五·一　戊戌 5.27 五·十一　戊申 6.6 五·二十一　戊午 6.16	六·一　戊辰 6.26 ［陈］　丁卯 6.25 六·十一　戊寅 7.6 六·二十一　戊子 7.16	七·一　丁酉 7.25 七·十一　丁未 8.4 七·二十一　丁巳 8.14	八·一　丁卯 8.24 八·十一　丁丑 9.3 八·二十一　丁亥 9.13
*九·一　丙申 9.22 九·十一　丙午 10.2 九·二十一　丙辰 10.12	十·一　丙寅 10.22 十·十一　丙子 11.1 十·二十一　丙戌 11.11	十一·一　丙申 11.21 ［陈］　乙未 11.20 十一·十一　丙午 12.1 十一·二十一　丙辰 12.11	十二·一　乙丑 12.20　闰十二·一　乙未 1.19 ［陈］闰十一·一乙丑 12.20　十二·一　甲午 1.18 十二·十一　乙亥 12.30　闰十二·十一　乙巳 1.29 十二·二十一乙酉 1.9　闰十二·二十一乙卯 2.8

*《目录》隋九月丁酉朔。

隋文帝开皇四年、陈后主至德二年甲辰（584—585）

一·一 甲子 2.17 一·十一 甲戌 2.27 一·二十一 甲申 3.8	二·一 癸巳 3.17 二·十一 癸卯 3.27 二·二十一 癸丑 4.6	三·一 癸亥 4.16 三·十一 癸酉 4.26 三·二十一 癸未 5.6	四·一 癸巳 5.16 ［陈］ 壬辰 5.15 四·十一 癸卯 5.26 四·二十一 癸丑 6.5
五·一 壬戌 6.14 五·十一 壬申 6.24 五·二十一 壬午 7.4	六·一 壬辰 7.14 ［陈］ 辛卯 7.13 六·十一 壬寅 7.24 六·二十一 壬子 8.3	七·一 辛酉 8.12 七·十一 辛未 8.22 七·二十一 辛巳 9.1	八·一 辛卯 9.11 ［陈］ 庚寅 9.10 八·十一 辛丑 9.21 八·二十一 辛亥 10.1
九·一 庚申 10.10 九·十一 庚午 10.20 九·二十一 庚辰 10.30	十·一 庚寅 11.9 十·十一 庚子 11.19 十·二十一 庚戌 11.29	十一·一 己未 12.8 十一·十一 己巳 12.18 十一·二十一 己卯 12.28	十二·一 己丑 1.7 十二·十一 己亥 1.17 十二·二十一 己酉 1.27

隋文帝开皇五年、陈后主至德三年乙巳（585—586）

一·一 戊午 2.5 一·十一 戊辰 2.15 一·二十一 戊寅 2.25	二·一 戊子 3.7 二·十一 戊戌 3.17 二·二十一 戊申 3.27	三·一 丁巳 4.5 三·十一 丁卯 4.15 三·二十一 丁丑 4.25	四·一 丁亥 5.5 四·十一 丁酉 5.15 四·二十一 丁未 5.25
五·一 丙辰 6.3 五·十一 丙寅 6.13 五·二十一 丙子 6.23	六·一 丙戌 7.3 六·十一 丙申 7.13 六·二十一 丙午 7.23	七·一 丙辰 8.2 ［陈］ 乙卯 8.1 七·十一 丙寅 8.12 七·二十一 丙子 8.22	八·一 乙酉 8.31 八·十一 乙未 9.10 八·二十一 乙巳 9.20
九·一 乙卯 9.30 ［陈］ 甲寅 9.29 九·十一 乙丑 10.10 九·二十一 乙亥 10.20	十·一 甲申 10.29 十·十一 甲午 11.8 十·二十一 甲辰 11.18	十一·一 甲寅 11.28 ［陈］ 癸丑 11.27 十一·十一 甲子 12.8 十一·二十一 甲戌 12.18	十二·一 癸未 12.27 十二·十一 癸巳 1.6 十二·二十一 癸卯 1.16

隋文帝开皇六年、陈后主至德四年丙午（586—587）

一·一 癸丑 1.26 ［陈］ 壬子 1.25 一·十一 癸亥 2.5 一·二十一 癸酉 2.15	二·一 壬午 2.24 二·十一 壬辰 3.6 二·二十一 壬寅 3.16	三·一 壬子 3.26 三·十一 壬戌 4.5 三·二十一 壬申 4.15	四·一 辛巳 4.24 四·十一 辛卯 5.4 四·二十一 辛丑 5.14
五·一 辛亥 5.24 五·十一 辛酉 6.3 五·二十一 辛未 6.13	六·一 庚辰 6.22 六·十一 庚寅 7.2 六·二十一 庚子 7.12	七·一 庚戌 7.22 七·十一 庚申 8.1 七·二十一 庚午 8.11	八·一 己卯 8.20 闰八·一 己酉 9.19 ［陈］闰七·一 己卯 8.20 八·一 己酉 9.19 八·十一 己丑 8.30 闰八·十一 己未 9.30 八·二十一 己亥 9.9 闰八·二十一 己巳 10.9
九·一 戊寅 10.18 九·十一 戊子 10.28 九·二十一 戊戌 11.7	十·一 戊申 11.17 十·十一 戊午 11.27 十·二十一 戊辰 12.7	十一·一 戊寅 12.17 ［陈］ 丁丑 12.16 十一·十一 戊子 12.27 十一·二十一 戊戌 1.6	十二·一 丁未 1.15 十二·十一 丁巳 1.25 十二·二十一 丁卯 2.4

隋文帝开皇七年、陈后主祯明元年丁未（587—588）

一·一 丁丑 2.14 ［陈］ 丙子 2.13 一·十一 丁亥 2.24 一·二十一 丁酉 3.6	二·一 丙午 3.15 二·十一 丙辰 3.25 二·二十一 丙寅 4.4	三·一 丙子 4.14 ［陈］ 乙亥 4.13 三·十一 丙戌 4.24 三·二十一 丙申 5.4	四·一 乙巳 5.13 四·十一 乙卯 5.23 四·二十一 乙丑 6.2
*五·一 乙亥 6.12 ［陈］ 甲戌 6.11 五·十一 乙酉 6.22 五·二十一 乙未 7.2	六·一 甲辰 7.11 六·十一 甲寅 7.21 六·二十一 甲子 7.31	七·一 甲戌 8.10 七·十一 甲申 8.20 七·二十一 甲午 8.30	八·一 癸卯 9.8 八·十一 癸丑 9.18 八·二十一 癸亥 9.28
九·一 癸酉 10.8 九·十一 癸未 10.18 九·二十一 癸巳 10.28	十·一 壬寅 11.6 十·十一 壬子 11.16 十·二十一 壬戌 11.26	十一·一 壬申 12.6 十一·十一 壬午 12.16 十一·二十一 壬辰 12.26	十二·一 辛丑 1.4 十二·十一 辛亥 1.14 十二·二十一 辛酉 1.24

*《目录》隋五月甲戌朔。

隋文帝开皇八年、陈后主祯明二年戊申(588—589)

一•一　辛未　2.3 一•十一　辛巳　2.13 一•二十一　辛卯　2.23	二•一　庚子　3.3 二•十一　庚戌　3.13 二•二十一　庚申　3.23	三•一　庚午　4.2 三•十一　庚辰　4.12 三•二十一　庚寅　4.22	四•一　庚子　5.2 [陈]　己亥　5.1 四•十一　庚戌　5.12 四•二十一　庚申　5.22
五•一　己巳　5.31 五•十一　己卯　6.10 五•二十一　己丑　6.20	六•一　己亥　6.30 [陈]　戊戌　6.29 六•十一　己酉　7.10 六•二十一　己未　7.20	七•一　戊辰　7.29 七•十一　戊寅　8.8 七•二十一　戊子　8.18	八•一　戊戌　8.28 [陈]　丁酉　8.27 八•十一　戊申　9.7 八•二十一　戊午　9.17
九•一　丁卯　9.26 九•十一　丁丑　10.6 九•二十一　丁亥　10.16	十•一　丁酉　10.26 十•十一　丁未　11.5 十•二十一　丁巳　11.15	十一•一　丙寅　11.24 十一•十一　丙子　12.4 十一•二十一　丙戌　12.14	十二•一　丙申　12.24 十二•十一　丙午　1.3 十二•二十一　丙辰　1.13

隋文帝开皇九年、陈后主祯明三年己酉(589—590)

*一•一　乙丑　1.22 一•十一　乙亥　2.1 一•二十一　乙酉　2.11	二•一　乙未　2.21 二•十一　乙巳　3.3 二•二十一　乙卯　3.13	三•一　甲子　3.22 三•十一　甲戌　4.1 三•二十一　甲申　4.11	四•一　甲午 4.21 **闰四•一　癸亥 5.20 四•十一　甲辰 5.1　闰四•十一　癸酉 5.30 四•二十一甲寅 5.11　闰四•二十一癸未 6.9
五•一　癸巳　6.19 五•十一　癸卯　6.29 五•二十一　癸丑　7.9	六•一　癸亥　7.19 六•十一　癸酉　7.29 六•二十一　癸未　8.8	七•一　壬辰　8.17 七•十一　壬寅　8.27 七•二十一　壬子　9.6	八•一　壬戌　9.16 八•十一　壬申　9.26 八•二十一　壬午　10.6
九•一　辛卯　10.15 九•十一　辛丑　10.25 九•二十一　辛亥　11.4	十•一　辛酉　11.14 十•十一　辛未　11.24 十•二十一　辛巳　12.4	十一•一　庚寅　12.13 十一•十一　庚子　12.23 十一•二十一　庚戌　1.2	十二•一　庚申　1.12 十二•十一　庚午　1.22 十二•二十一　庚辰　2.1

* 本月隋灭陈。　**《目录》隋闰六月癸亥朔。

隋文帝开皇十年庚戌(590—591)

一•一　己丑　2.10 一•十一　己亥　2.20 一•二十一　己酉　3.2	二•一　己未　3.12 二•十一　己巳　3.22 二•二十一　己卯　4.1	三•一　戊子　4.10 三•十一　戊戌　4.20 三•二十一　戊申　4.30	四•一　戊午　5.10 四•十一　戊辰　5.20 四•二十一　戊寅　5.30
五•一　丁亥　6.8 五•十一　丁酉　6.18 五•二十一　丁未　6.28	六•一　丁巳　7.8 六•十一　丁卯　7.18 六•二十一　丁丑　7.28	七•一　丙戌　8.6 七•十一　丙申　8.16 七•二十一　丙午　8.26	八•一　丙辰　9.5 八•十一　丙寅　9.15 八•二十一　丙子　9.25
九•一　乙酉　10.4 九•十一　乙未　10.14 九•二十一　乙巳　10.24	十•一　乙卯　11.3 十•十一　乙丑　11.13 十•二十一　乙亥　11.23	十一•一　乙酉　12.3 十一•十一　乙未　12.13 十一•二十一　乙巳　12.23	十二•一　甲寅　1.1 十二•十一　甲子　1.11 十二•二十一　甲戌　1.21

隋文帝开皇十一年辛亥(591—592)

一•一　甲申　1.31 一•十一　甲午　2.10 一•二十一　甲辰　2.20	二•一　癸丑　3.1 二•十一　癸亥　3.11 二•二十一　癸酉　3.21	三•一　癸未　3.31 三•十一　癸巳　4.10 三•二十一　癸卯　4.20	四•一　壬子　4.29 四•十一　壬戌　5.9 四•二十一　壬申　5.19
五•一　壬午　5.29 五•十一　壬辰　6.8 五•二十一　壬寅　6.18	*六•一　辛亥　6.27 六•十一　辛酉　7.7 六•二十一　辛未　7.17	七•一　辛巳　7.27 七•十一　辛卯　8.6 七•二十一　辛丑　8.16	八•一　庚戌　8.25 八•十一　庚申　9.4 八•二十一　庚午　9.14
九•一　庚辰　9.24 九•十一　庚寅　10.4 九•二十一　庚子　10.14	十•一　己酉　10.23 十•十一　己未　11.2 十•二十一　己巳　11.12	十一•一　己卯　11.22 十一•十一　己丑　12.2 十一•二十一　己亥　12.12	十二•一　戊申 12.21　闰十二•一　戊寅 1.20 十二•十一　戊午 12.31　闰十二•十一　戊子 1.30 十二•二十一戊辰 1.10　闰十二•二十一戊戌 2.9

*《辑要》六月己亥朔,误。

隋文帝开皇十二年壬子(592—593)

一·一 丁未 2.18	*二·一 丁丑 3.19	三·一 丁未 4.18	四·一 丙子 5.17
一·十一 丁巳 2.28	二·十一 丁亥 3.29	三·十一 丁巳 4.28	四·十一 丙戌 5.27
一·二十一 丁卯 3.9	二·二十一 丁酉 4.8	三·二十一 丁卯 5.8	四·二十一 丙申 6.6
五·一 丙午 6.16	六·一 乙亥 7.15	七·一 乙巳 8.14	八·一 甲戌 9.12
五·十一 丙辰 6.26	六·十一 乙酉 7.25	七·十一 乙卯 8.24	八·十一 甲申 9.22
五·二十一 丙寅 7.6	六·二十一 乙未 8.4	七·二十一 乙丑 9.3	八·二十一 甲午 10.2
九·一 甲辰 10.12	十·一 癸酉 11.10	十一·一 癸卯 12.10	十二·一 壬申 1.18
九·十一 甲寅 10.22	十·十一 癸未 11.20	十一·十一 癸丑 12.20	十二·十一 壬午 1.18
九·二十一 甲子 11.1	十·二十一 癸巳 11.30	十一·二十一 癸亥 12.30	十二·二十一 壬辰 1.28

*《目录》闰二月丁丑朔,《辑要》《朔闰考》《朔闰表》《总谱》闰在上年十二月。

隋文帝开皇十三年癸丑(593—594)

一·一 壬寅 2.7	二·一 辛未 3.8	三·一 辛丑 4.7	四·一 庚午 5.6
一·十一 壬子 2.17	二·十一 辛巳 3.18	三·十一 辛亥 4.17	四·十一 庚辰 5.16
一·二十一 壬戌 2.27	二·二十一 辛卯 3.28	三·二十一 辛酉 4.27	四·二十一 庚寅 5.26
五·一 庚子 6.5	六·一 庚午 7.5	七·一 己亥 8.3	八·一 己巳 9.2
五·十一 庚戌 6.15	六·十一 庚辰 7.15	七·十一 己酉 8.13	八·十一 己卯 9.12
五·二十一 庚申 6.25	六·二十一 庚寅 7.25	七·二十一 己未 8.23	八·二十一 己丑 9.22
九·一 戊戌 10.1	十·一 戊辰 10.31	十一·一 丁酉 11.29	十二·一 丁卯 12.29
九·十一 戊申 10.11	十·十一 戊寅 11.10	十一·十一 丁未 12.9	十二·十一 丁丑 1.8
九·二十一 戊午 10.21	十·二十一 戊子 11.20	十一·二十一 丁巳 12.19	十二·二十一 丁亥 1.18

隋文帝开皇十四年甲寅(594—595)

一·一 丙申 1.27	二·一 丙寅 2.26	三·一 乙未 3.27	四·一 乙丑 4.26
一·十一 丙午 2.6	二·十一 丙子 3.8	三·十一 乙巳 4.6	四·十一 乙亥 5.6
一·二十一 丙辰 2.16	二·二十一 丙戌 3.18	三·二十一 乙卯 4.16	四·二十一 乙酉 5.16
五·一 甲午 5.25	六·一 甲子 6.24	七·一 癸巳 7.23	八·一 癸亥 8.22
五·十一 甲辰 6.4	六·十一 甲戌 7.4	七·十一 癸卯 8.2	八·十一 癸酉 9.1
五·二十一 甲寅 6.14	六·二十一 甲申 7.14	七·二十一 癸丑 8.12	八·二十一 癸未 9.11
九·一 壬辰 9.20	十·一 壬戌 10.20　闰十·一 壬辰 11.19	*十一·一 辛酉 12.18	十二·一 辛卯 1.17
九·十一 壬寅 9.30	十·十一 壬申 10.30　闰十·十一 壬寅 11.29	十一·十一 辛未 12.28	十二·十一 辛丑 1.27
九·二十一 壬子 10.10	十·二十一 壬午 11.9　闰十·二十一 壬子 12.9	十一·二十一 辛巳 1.7	十二·二十一 辛亥 2.6

*《目录》闰十一月辛酉朔。

隋文帝开皇十五年乙卯(595—596)

一·一 庚申 2.15	二·一 庚寅 3.17	三·一 己未 4.15	四·一 己丑 5.15
一·十一 庚午 2.25	二·十一 庚子 3.27	三·十一 己巳 4.25	四·十一 己亥 5.25
一·二十一 庚辰 3.7	二·二十一 庚戌 4.6	三·二十一 己卯 5.5	四·二十一 己酉 6.4
五·一 戊午 6.13	六·一 戊子 7.13	七·一 丁巳 8.11	八·一 丁亥 9.10
五·十一 戊辰 6.23	六·十一 戊戌 7.23	七·十一 丁卯 8.21	八·十一 丁酉 9.20
五·二十一 戊寅 7.3	六·二十一 戊申 8.2	七·二十一 丁丑 8.31	八·二十一 丁未 9.30
九·一 丙辰 10.9	十·一 丙戌 11.8	十一·一 乙卯 12.7	十二·一 乙酉 1.6
九·十一 丙寅 10.19	十·十一 丙申 11.18	十一·十一 乙丑 12.17	十二·十一 乙未 1.16
九·二十一 丙子 10.29	十·二十一 丙午 11.28	十一·二十一 乙亥 12.27	十二·二十一 乙巳 1.26

隋文帝开皇十六年丙辰(596—597)

一·一　甲寅　2.4	二·一　甲申　3.5	三·一　甲寅　4.4	四·一　癸未　5.3
一·十一　甲子　2.14	二·十一　甲午　3.15	三·十一　甲子　4.14	四·十一　癸巳　5.13
一·二十一　甲戌　2.24	二·二十一　甲辰　3.25	三·二十一　甲戌　4.24	四·二十一　癸卯　5.23
五·一　癸丑　6.2	六·一　壬午　7.1	七·一　壬子　7.31	八·一　辛巳　8.29
五·十一　癸亥　6.12	六·十一　壬辰　7.11	七·十一　壬戌　8.10	八·十一　辛卯　9.8
五·二十一　癸酉　6.22	六·二十一　壬寅　7.21	七·二十一　壬申　8.20	八·二十一　辛丑　9.18
九·一　辛亥　9.28	十·一　庚辰　10.27	十一·一　庚戌　11.26	十二·一　己卯　12.25
九·十一　辛酉　10.8	十·十一　庚寅　11.6	十一·十一　庚申　12.6	十二·十一　己丑　1.4
九·二十一　辛未　10.18	十·二十一　庚子　11.16	十一·二十一　庚午　12.16	十二·二十一　己亥　1.14

隋文帝开皇十七年丁巳(597—598)

一·一　己酉　1.24	二·一　戊寅　2.22	三·一　戊申　3.24	四·一　丁丑　4.22
一·十一　己未　2.3	二·十一　戊子　3.4	三·十一　戊午　4.3	四·十一　丁亥　5.2
一·二十一　己巳　2.13	二·二十一　戊戌　3.14	三·二十一　戊辰　4.13	四·二十一　丁酉　5.12
五·一　丁未5.22　闰五·一　丙子6.20	六·一　丙午　7.20	七·一　乙亥　8.18	八·一　乙巳　9.17
五·十一　丁巳6.1　闰五·十一　丙戌6.30	六·十一　丙辰　7.30	七·十一　乙酉　8.28	八·十一　乙卯　9.27
五·二十一丁卯6.11　闰五·二十一丙申7.10	六·二十一　丙寅　8.9	七·二十一　乙未　9.7	八·二十一　乙丑　10.7
九·一　甲戌　10.16	十·一　甲辰　11.15	十一·一　甲戌　12.15	十二·一　癸卯　1.13
九·十一　甲申　10.26	十·十一　甲寅　11.25	十一·十一　甲申　12.25	十二·十一　癸丑　1.23
九·二十一　甲午　11.5	十·二十一　甲子　12.5	十一·二十一　甲午　1.4	十二·二十一　癸亥　2.2

隋文帝开皇十八年戊午(598—599)

一·一　癸酉　2.12	二·一　壬寅　3.13	三·一　壬申　4.12	四·一　辛丑　5.11
一·十一　癸未　2.22	二·十一　壬子　3.23	三·十一　壬午　4.22	四·十一　辛亥　5.21
一·二十一　癸巳　3.4	二·二十一　壬戌　4.2	三·二十一　壬辰　5.2	四·二十一　辛酉　5.31
五·一　辛未　6.10	六·一　庚子　7.9	七·一　庚午　8.8	八·一　己亥　9.6
五·十一　辛巳　6.20	六·十一　庚戌　7.19	七·十一　庚辰　8.18	八·十一　己酉　9.16
五·二十一　辛卯　6.30	六·二十一　庚申　7.29	七·二十一　庚寅　8.28	八·二十一　己未　9.26
九·一　己巳　10.6	十·一　戊戌　11.4	十一·一　戊辰　12.4	十二·一　丁酉　1.2
九·十一　己卯　10.16	十·十一　戊申　11.14	十一·十一　戊寅　12.14	十二·十一　丁未　1.12
九·二十一　己丑　10.26	十·二十一　戊午　11.24	十一·二十一　戊子　12.24	十二·二十一　丁巳　1.22

隋文帝开皇十九年己未(599—600)

一·一　丁卯　2.1	二·一　丙申　3.2	三·一　丙寅　4.1	四·一　丙申　5.1
一·十一　丁丑　2.11	二·十一　丙午　3.12	三·十一　丙子　4.11	四·十一　丙午　5.11
一·二十一　丁亥　2.21	二·二十一　丙辰　3.22	三·二十一　丙戌　4.21	四·二十一　丙辰　5.21
五·一　乙丑　5.30	六·一　乙未　6.29	七·一　甲子　7.28	八·一　甲午　8.27
五·十一　乙亥　6.9	六·十一　乙巳　7.9	七·十一　甲戌　8.7	八·十一　甲辰　9.6
五·二十一　乙酉　6.19	六·二十一　乙卯　7.19	七·二十一　甲申　8.17	八·二十一　甲寅　9.16
九·一　癸亥　9.25	十·一　癸巳　10.25	十一·一　壬戌　11.23	十二·一　壬辰　12.23
九·十一　癸酉　10.5	十·十一　癸卯　11.4	十一·十一　壬申　12.3	十二·十一　壬寅　1.2
九·二十一　癸未　10.15	十·二十一　癸丑　11.14	十一·二十一　壬午　12.13	十二·二十一　壬子　1.12

隋文帝开皇二十年庚申(600—601)

一·一	辛酉	1.21　闰一·一 辛卯 2.20	二·一	庚申	3.20	三·一	庚寅	4.19	四·一	己未	5.18
一·十一	辛未	1.31　闰一·十一 辛丑 3.1	二·十一	庚午	3.30	三·十一	庚子	4.29	四·十一	己巳	5.28
一·二十一	辛巳	2.10　闰一·二十一 辛亥 3.11	二·二十一	庚辰	4.9	三·二十一	庚戌	5.9	四·二十一	己卯	6.7
五·一	己丑	6.17	六·一	戊午	7.16	七·一	戊子	8.15	八·一	戊午	9.14
五·十一	己亥	6.27	六·十一	戊辰	7.26	七·十一	戊戌	8.25	八·十一	戊辰	9.24
五·二十一	己酉	7.7	六·二十一	戊寅	8.5	七·二十一	戊申	9.4	八·二十一	戊寅	10.4
九·一	丁亥	10.13	十·一	丁巳	11.12	十一·一	丙戌	12.11	十二·一	丙辰	1.10
九·十一	丁酉	10.23	十·十一	丁卯	11.22	十一·十一	丙申	12.21	十二·十一	丙寅	1.20
九·二十一	丁未	11.2	十·二十一	丁丑	12.2	十一·二十一	丙午	12.31	十二·二十一	丙子	1.30

隋文帝仁寿元年辛酉(601—602)

一·一	乙酉	2.8	二·一	乙卯	3.10	三·一	甲申	4.8	四·一	甲寅	5.8
一·十一	乙未	2.18	二·十一	乙丑	3.20	三·十一	甲午	4.18	四·十一	甲子	5.18
一·二十一	乙巳	2.28	二·二十一	乙亥	3.30	三·二十一	甲辰	4.28	四·二十一	甲戌	5.28
五·一	癸未	6.6	六·一	癸丑	7.6	七·一	壬午	8.4	八·一	壬子	9.3
五·十一	癸巳	6.16	六·十一	癸亥	7.16	七·十一	壬辰	8.14	八·十一	壬戌	9.13
五·二十一	癸卯	6.26	六·二十一	癸酉	7.26	七·二十一	壬寅	8.24	八·二十一	壬申	9.23
九·一	辛巳	10.2	十·一	辛亥	11.1	十一·一	辛巳	12.1	十二·一	庚戌	12.30
九·十一	辛卯	10.12	十·十一	辛酉	11.11	十一·十一	辛卯	12.11	十二·十一	庚申	1.9
九·二十一	辛丑	10.22	十·二十一	辛未	11.21	十一·二十一	辛丑	12.21	十二·二十一	庚午	1.19

隋文帝仁寿二年壬戌(602—603)

一·一	庚辰	1.29	二·一	己酉	2.27	三·一	己卯	3.29	四·一	戊申	4.27
一·十一	庚寅	2.8	二·十一	己未	3.9	三·十一	己丑	4.8	四·十一	戊午	5.7
一·二十一	庚子	2.18	二·二十一	己巳	3.19	三·二十一	己亥	4.18	四·二十一	戊辰	5.17
五·一	戊寅	5.27	六·一	丁未	6.25	七·一	丁丑	7.25	八·一	丙午	8.23
五·十一	戊子	6.6	六·十一	丁巳	7.5	七·十一	丁亥	8.4	八·十一	丙辰	9.2
五·二十一	戊戌	6.16	六·二十一	丁卯	7.15	七·二十一	丁酉	8.14	八·二十一	丙寅	9.12
九·一	丙子	9.22	十·一	乙巳	10.21　闰十·一 乙亥 11.20	十一·一	甲辰	12.19	十二·一	甲戌	1.18
九·十一	丙戌	10.2	十·十一	乙卯	10.31　闰十·十一 乙酉 11.30	十一·十一	甲寅	12.29	十二·十一	甲申	1.28
九·二十一	丙申	10.12	十·二十一	乙丑	11.10　闰十·二十一 乙未 12.10	十一·二十一	甲子	1.8	十二·二十一	甲午	2.7

隋文帝仁寿三年癸亥(603—604)

一·一	癸卯	2.16	二·一	癸酉	3.18	三·一	癸卯	4.17	四·一	壬申	5.16
一·十一	癸丑	2.26	二·十一	癸未	3.28	三·十一	癸丑	4.27	四·十一	壬午	5.26
一·二十一	癸亥	3.8	二·二十一	癸巳	4.7	三·二十一	癸亥	5.7	四·二十一	壬辰	6.5
五·一	壬寅	6.15	六·一	辛未	7.14	七·一	辛丑	8.13	*八·一	庚午	9.11
五·十一	壬子	6.25	六·十一	辛巳	7.24	七·十一	辛亥	8.23	八·十一	庚辰	9.12
五·二十一	壬戌	7.5	六·二十一	辛卯	8.3	七·二十一	辛酉	9.2	八·二十一	庚寅	10.1
九·一	庚子	10.11	十·一	己巳	11.9	十一·一	己亥	12.9	十二·一	戊辰	1.7
九·十一	庚戌	10.21	十·十一	己卯	11.19	十一·十一	己酉	12.19	十二·十一	戊寅	1.17
九·二十一	庚申	10.31	十·二十一	己丑	11.29	十一·二十一	己未	12.29	十二·二十一	戊子	1.27

*《目录》八月庚卯朔,误。

隋文帝仁寿四年甲子(604—605)

一·一 戊戌 2.6	二·一 丁卯 3.6	三·一 丁酉 4.5	四·一 丙寅 5.4
一·十一 戊申 2.16	二·十一 丁丑 3.16	三·十一 丁未 4.15	四·十一 丙子 5.14
一·二十一 戊午 2.26	二·二十一 丁亥 3.26	三·二十一 丁巳 4.25	四·二十一 丙戌 5.24
五·一 丙申 6.3	六·一 乙丑 7.2	七·一 乙未 8.1	八·一 乙丑 8.31
五·十一 丙午 6.13	六·十一 乙亥 7.12	七·十一 乙巳 8.11	八·十一 乙亥 9.10
五·二十一 丙辰 6.23	六·二十一 乙酉 7.22	七·二十一 乙卯 8.21	八·二十一 乙酉 9.20
九·一 甲午 9.29	十·一 甲子 10.29	十一·一 癸巳 11.27	十二·一 癸亥 12.27
九·十一 甲辰 10.9	十·十一 甲戌 11.8	十一·十一 癸卯 12.7	十二·十一 癸酉 1.6
九·二十一 甲寅 10.19	十·二十一 甲申 11.18	十一·二十一 癸丑 12.17	十二·二十一 癸未 1.16

隋炀帝大业元年乙丑(605—606)

一·一 壬辰 1.25	*二·一 壬戌 2.24	三·一 辛卯 3.25	四·一 辛酉 4.24
一·十一 壬寅 2.4	二·十一 壬申 3.6	三·十一 辛丑 4.4	四·十一 辛未 5.4
一·二十一 壬子 2.14	二·二十一 壬午 3.16	三·二十一 辛亥 4.14	四·二十一 辛巳 5.14
五·一 庚寅 5.23	六·一 庚申 6.22	七·一 己丑 7.21 闰七·一 己未 8.20	八·一 戊子 9.18
五·十一 庚子 6.2	六·十一 庚午 7.2	七·十一 己亥 7.31 闰七·十一 己巳 8.30	八·十一 戊戌 9.28
五·二十一 庚戌 6.12	六·二十一 庚辰 7.12	七·二十一己酉 8.10 闰七·二十一己卯 9.9	八·二十一 戊申 10.8
九·一 戊午 10.18	十·一 戊子 11.17	十一·一 丁巳 12.16	十二·一 丁亥 1.15
九·十一 戊辰 10.28	十·十一 戊戌 11.27	十一·十一 丁卯 12.26	十二·十一 丁酉 1.25
九·二十一 戊寅 11.7	十·二十一 戊申 12.7	十一·二十一 丁丑 1.5	十二·二十一 丁未 2.4

*《目录》二月辛卯朔,误。

隋炀帝大业二年丙寅(606—607)

一·一 丙辰 2.13	二·一 丙戌 3.15	三·一 乙卯 4.13	四·一 乙酉 5.13
一·十一 丙寅 2.23	二·十一 丙申 3.25	三·十一 乙丑 4.23	四·十一 乙未 5.23
一·二十一 丙子 3.5	二·二十一 丙午 4.4	三·二十一 乙亥 5.3	四·二十一 乙巳 6.2
五·一 甲寅 6.11	六·一 甲申 7.11	七·一 癸丑 8.9	八·一 癸未 9.8
五·十一 甲子 6.21	六·十一 甲午 7.21	七·十一 癸亥 8.19	八·十一 癸巳 9.18
五·二十一 甲戌 7.1	六·二十一 甲辰 7.31	七·二十一 癸酉 8.29	八·二十一 癸卯 9.28
九·一 壬子 10.7	十·一 壬午 11.6	十一·一 辛亥 12.5	十二·一 辛巳 1.4
九·十一 壬戌 10.17	十·十一 壬辰 11.16	十一·十一 辛酉 12.15	十二·十一 辛卯 1.14
九·二十一 壬申 10.27	十·二十一 壬寅 11.26	十一·二十一 辛未 12.25	十二·二十一 辛丑 1.24

隋炀帝大业三年丁卯(607—608)

一·一 庚戌 2.2	二·一 庚辰 3.4	三·一 庚戌 4.3	四·一 己卯 5.2
一·十一 庚申 2.12	二·十一 庚寅 3.14	三·十一 庚申 4.13	四·十一 己丑 5.12
一·二十一 庚午 2.22	二·二十一 庚子 3.24	三·二十一 庚午 4.23	四·二十一 己亥 5.22
五·一 己酉 6.1	六·一 戊寅 6.30	七·一 戊申 7.30	八·一 丁丑 8.28
五·十一 己未 6.11	六·十一 戊子 7.10	七·十一 戊午 8.9	八·十一 丁亥 9.7
五·二十一 己巳 6.21	六·二十一 戊戌 7.20	七·二十一 戊辰 8.19	八·二十一 丁酉 9.17
九·一 丁未 9.27	十·一 丙子 10.26	十一·一 丙午 11.25	十二·一 乙亥 12.24
九·十一 丁巳 10.7	十·十一 丙戌 11.5	十一·十一 丙辰 12.5	十二·十一 乙酉 1.3
九·二十一 丁卯 10.17	十·二十一 丙申 11.15	十一·二十一 丙寅 12.15	十二·二十一 乙未 1.13

隋炀帝大业四年戊辰（608—609）

一·一　乙巳　1.23	二·一　甲戌　2.21	三·一　甲辰 3.22　闰三·一　癸酉 4.20	四·一　癸卯　5.20
一·十一　乙卯　2.2	二·十一　甲申　3.2	三·十一　甲寅 4.1　闰三·十一　癸未 4.30	四·十一　癸丑　5.30
一·二十一　乙丑　2.12	二·二十一　甲午　3.12	三·二十一甲子 4.11　闰三·二十一癸巳 5.10	四·二十一　癸亥　6.9
五·一　壬申　6.18	六·一　壬寅　7.18	七·一　壬申　8.17	八·一　辛丑　9.15
五·十一　壬午　6.28	六·十一　壬子　7.28	七·十一　壬午　8.27	八·十一　辛亥　9.25
五·二十一　壬辰　7.8	六·二十一　壬戌　8.7	七·二十一　壬辰　9.6	八·二十一　辛酉　10.5
九·一　辛未　10.15	十·一　庚子　11.13	十一·一　庚午　12:13	十二·一　己亥　1.11
九·十一　辛巳　10.25	十·十一　庚戌　11.23	十一·十一　庚辰　12.23	十二·十一　己酉　1.21
九·二十一　辛卯　11.4	十·二十一　庚申　12.3	十一·二十一　庚寅　1.2	十二·二十一　己未　1.31

隋炀帝大业五年己巳（609—610）

一·一　己巳　2.10	二·一　戊戌　3.11	三·一　戊辰　4.10	四·一　丁酉　5.9
一·十一　己卯　2.20	二·十一　戊申　3.21	三·十一　戊寅　4.20	四·十一　丁未　5.19
一·二十一　己丑　3.2	二·二十一　戊午　3.31	三·二十一　戊子　4.30	四·二十一　丁巳　5.29
五·一　丁卯　6.8	六·一　丙申　7.7	七·一　丙寅　8.6	八·一　乙未　9.4
五·十一　丁丑　6.18	六·十一　丙午　7.17	七·十一　丙子　8.16	八·十一　乙巳　9.14
五·二十一　丁亥　6.28	六·二十一　丙辰　7.27	七·二十一　丙戌　8.26	八·二十一　乙卯　9.24
九·一　乙丑　10.4	十·一　乙未　11.3	十一·一　甲子　12.2	十二·一　甲午　1.1
九·十一　乙亥　10.14	十·十一　乙巳　11.13	十一·十一　甲戌　12.12	十二·十一　甲辰　1.11
九·二十一　乙酉　10.24	十·二十一　乙卯　11.23	十一·二十一　甲申　12.22	十二·二十一　甲寅　1.21

隋炀帝大业六年庚午（610—611）

一·一　癸亥　1.30	二·一　癸巳　3.1	三·一　壬戌　3.30	四·一　壬辰　4.29
一·十一　癸酉　2.9	二·十一　癸卯　3.11	三·十一　壬申　4.9	四·十一　壬寅　5.9
一·二十一　癸未　2.19	二·二十一　癸丑　3.21	三·二十一　壬午　4.19	四·二十一　壬子　5.19
五·一　辛酉　5.28	六·一　辛卯　6.27	七·一　庚申　7.26	八·一　庚寅　8.25
五·十一　辛未　6.7	六·十　辛丑　7.7	七·十一　庚午　8.5	八·十一　庚子　9.4
五·二十一　辛巳　6.17	六·二十一　辛亥　7.17	七·二十一　庚辰　8.15	八·二十一　庚戌　9.14
九·一　己未　9.23	十·一　己丑　10.23	十一·一　戊午 11.21*闰十一·一　戊子 12.21	十二·一　丁巳　1.19
九·十一　己巳　10.3	十·十一　己亥　11.2	十一·十一　戊辰 12.1　闰十一·十一　戊戌 12.31	十二·十一　丁卯　1.29
九·二十一　己卯　10.13	十·二十一　己酉　11.12	十一·二十一戊寅 12.11 闰十一·二十一戊申 1.10	十二·二十一　丁丑　2.8

＊《目录》闰十二月丁巳朔。

隋炀帝大业七年辛未（611—612）

一·一　丁亥　2.18	二·一　丁巳　3.20	三·一　丙戌　4.18	四·一　丙辰　5.18
一·十一　丁酉　2.28	二·十一　丁卯　3.30	三·十一　丙申　4.28	四·十一　丙寅　5.28
一·二十一　丁未　3.10	二·二十一　丁丑　4.9	三·二十一　丙午　5.8	四·二十一　丙子　6.7
五·一　乙酉　6.16	六·一　乙卯　7.16	七·一　甲申　8.14	八·一　甲寅　9.13
五·十一　乙未　6.26	六·十一　乙丑　7.26	七·十一　甲午　8.24	八·十一　甲子　9.23
五·二十一　乙巳　7.6	六·二十一　乙亥　8.5	七·二十一　甲辰　9.3	八·二十一　甲戌　10.3
九·一　癸未　10.12	十·一　癸丑　11.11	十一·一　壬午　12.10	十二·一　壬子　1.9
九·十一　癸巳　10.22	十·十一　癸亥　11.21	十一·十一　壬辰　12.20	十二·十一　壬戌　1.19
九·二十一　癸卯　11.1	十·二十一　癸酉　12.1	十一·二十一　壬寅　12.30	十二·二十一　壬申　1.29

隋炀帝大业八年壬申（612—613）

一•一 辛巳 2.7 一•十一 辛卯 2.17 一•二十一 辛丑 2.27	二•一 辛亥 3.8 二•十一 辛酉 3.18 二•二十一 辛未 3.28	三•一 庚辰 4.6 三•十一 庚寅 4.16 三•二十一 庚子 4.26	四•一 庚戌 5.6 四•十一 庚申 5.16 四•二十一 庚午 5.26
五•一 己卯 6.4 五•十一 己丑 6.14 五•二十一 己亥 6.24	六•一 己酉 7.4 六•十一 己未 7.14 六•二十一 己巳 7.24	七•一 己卯 8.3 七•十一 己丑 8.13 七•二十一 己亥 8.23	八•一 戊申 9.1 八•十一 戊午 9.11 八•二十一 戊辰 9.21
九•一 戊寅 10.1 九•十一 戊子 10.11 九•二十一 戊戌 10.21	十•一 丁未 10.30 十•十一 丁巳 11.9 十•二十一 丁卯 11.19	十一•一 丁丑 11.29 十一•十一 丁亥 12.9 十一•二十一 丁酉 12.19	十二•一 丙午 12.28 十二•十一 丙辰 1.7 十二•二十一 丙寅 1.17

隋炀帝大业九年癸酉（613—614）

一•一 丙子 1.27 一•十一 丙戌 2.6 一•二十一 丙申 2.16	二•一 乙巳 2.25 二•十一 乙卯 3.7 二•二十一 乙丑 3.17	三•一 乙亥 3.27 三•十一 乙酉 4.6 三•二十一 乙未 4.16	四•一 甲辰 4.25 四•十一 甲寅 5.5 四•二十一 甲子 5.15
五•一 甲戌 5.25 五•十一 甲申 6.4 五•二十一 甲午 6.14	六•一 癸卯 6.23 六•十一 癸丑 7.3 六•二十一 癸亥 7.13	七•一 癸酉 7.23 七•十一 癸未 8.2 七•二十一 癸巳 8.12	八•一 壬寅 8.21 八•十一 壬子 8.31 八•二十一 壬戌 9.10
九•一 壬申 9.20　闰九•一 壬寅 10.20 九•十一 壬午 9.30　闰九•十一 壬子 10.30 九•二十一 壬辰 10.10　闰九•二十一 壬戌 11.9	十•一 辛未 11.18 十•十一 辛巳 11.28 十•二十一 辛卯 12.8	十一•一 辛丑 12.18 十一•十一 辛亥 12.28 十一•二十一 辛酉 1.7	十二•一 庚午 1.16 十二•十一 庚辰 1.26 十二•二十一 庚寅 2.5

隋炀帝大业十年甲戌（614—615）

一•一 庚子 2.15 一•十一 庚戌 2.25 一•二十一 庚申 3.7	二•一 己巳 3.16 二•十一 己卯 3.26 二•二十一 己丑 4.5	三•一 己亥 4.15 三•十一 己酉 4.25 三•二十一 己未 5.5	四•一 戊辰 5.14 四•十一 戊寅 5.24 四•二十一 戊子 6.3
五•一 戊戌 6.13 五•十一 戊申 6.23 五•二十一 戊午 7.3	六•一 丁卯 7.12 六•十一 丁丑 7.22 六•二十一 丁亥 8.1	七•一 丁酉 8.11 七•十一 丁未 8.21 七•二十一 丁巳 8.31	八•一 丙寅 9.9 八•十一 丙子 9.19 八•二十一 丙戌 9.29
九•一 丙申 10.9 九•十一 丙午 10.19 九•二十一 丙辰 10.29	十•一 乙丑 11.7 十•十一 乙亥 11.17 十•二十一 乙酉 11.27	十一•一 乙未 12.7 十一•十一 乙巳 12.17 十一•二十一 乙卯 12.27	十二•一 甲子 1.5 十二•十一 甲戌 1.15 十二•二十一 甲申 1.25

隋炀帝大业十一年乙亥（615—616）

一•一 甲午 2.4 一•十一 甲辰 2.14 一•二十一 甲寅 2.24	二•一 甲子 3.6 二•十一 甲戌 3.16 二•二十一 甲申 3.26	三•一 癸巳 4.4 三•十一 癸卯 4.14 三•二十一 癸丑 4.24	四•一 癸亥 5.4 四•十一 癸酉 5.14 四•二十一 癸未 5.24
五•一 壬辰 6.2 五•十一 壬寅 6.12 五•二十一 壬子 6.22	六•一 壬戌 7.2 六•十一 壬申 7.12 六•二十一 壬午 7.22	七•一 辛卯 7.31 七•十一 辛丑 8.10 七•二十一 辛亥 8.20	八•一 辛酉 8.30 八•十一 辛未 9.9 八•二十一 辛巳 9.19
九•一 庚寅 9.28 九•十一 庚子 10.8 九•二十一 庚戌 10.18	十•一 庚申 10.28 十•十一 庚午 11.7 十•二十一 庚辰 11.17	十一•一 己丑 11.26 十一•十一 己亥 12.6 十一•二十一 己酉 12.16	十二•一 己未 12.26 十二•十一 己巳 1.5 十二•二十一 己卯 1.15

隋炀帝大业十二年丙子(616—617)

一•一 戊子 1.24	二•一 戊午 2.23	三•一 丁亥 3.23	四•一 丁巳 4.22
一•十一 戊戌 2.3	二•十一 戊辰 3.4	三•十一 丁酉 4.2	四•十一 丁卯 5.2
一•二十一 戊申 2.13	二•二十一 戊寅 3.14	三•二十一 丁未 4.12	四•二十一 丁丑 5.12
五•一 丙戌5.21 闰五•一 丙辰6.20	六•一 丙戌 7.20	七•一 乙卯 8.18	八•一 乙酉 9.17
五•十一 丙申5.31 闰五•十一 丙寅6.30	六•十一 丙申 7.30	七•十一 乙丑 8.28	八•十一 乙未 9.27
五•二十一丙午6.10 闰五•二十一丙子7.10	六•二十一 丙午 8.9	七•二十一 乙亥 9.7	八•二十一 乙巳 10.7
九•一 甲寅 10.16	十•一 甲申 11.15	十一•一 癸丑 12.14	十二•一 癸未 1.13
九•十一 甲子 10.26	十•十一 甲午 11.25	十一•十一 癸亥 12.24	十二•十一 癸巳 1.23
九•二十一 甲戌 11.5	十•二十一 甲辰 12.5	十一•二十一 癸酉 1.3	十二•二十一 癸卯 2.2

隋恭帝义宁元年丁丑(617—618)

一•一 壬子 2.11	二•一 壬午 3.13	三•一 辛亥 4.11	四•一 辛巳 5.11
一•十一 壬戌 2.21	二•十一 壬辰 3.23	三•十一 辛酉 4.21	四•十一 辛卯 5.21
一•二十一 壬申 3.3	二•二十一 壬寅 4.2	三•二十一 辛未 5.1	四•二十一 辛丑 5.31
五•一 庚戌 6.9	六•一 庚辰 7.9	七•一 己酉 8.7	八•一 己卯 9.6
五•十一 庚申 6.19	六•十一 庚寅 7.19	七•十一 己未 8.17	八•十一 己丑 9.16
五•二十一 庚午 6.29	六•二十一 庚子 7.29	七•二十一 己巳 8.27	八•二十一 己亥 9.26
九•一 己酉 10.6	十•一 戊寅 11.4	*十一•一 戊申 12.4	十二•一 丁丑 1.2
九•十一 己未 10.16	十•十一 戊子 11.14	十一•十一 戊午 12.14	十二•十一 丁亥 1.12
九•二十一 己巳 10.26	十•二十一 戊戌 11.24	十一•二十一 戊辰 12.24	十二•二十一 丁酉 1.22

* 本月隋恭帝改元“义宁”,“大业”年号仍继续使用至次年三月炀帝被杀为止。

唐 历 日 表

唐高祖武德元年戊寅(618—619)

一•一 丁未 2.1	二•一 丙子 3.2	三•一 丙午 4.1	四•一 乙亥 4.30
一•十一 丁巳 2.11	二•十一 丙戌 3.12	三•十一 丙辰 4.11	四•十一 乙酉 5.10
一•二十一 丁卯 2.21	二•二十一 丙申 3.22	三•二十一 丙寅 4.21	四•二十一 乙未 5.20
*五•一 乙巳 5.30	六•一 甲戌 6.28	**七•一 甲辰 7.28	八•一 癸酉 8.26
五•十一 乙卯 6.9	六•十一 甲申 7.8	七•十一 甲寅 8.7	八•十一 癸未 9.5
五•二十一 乙丑 6.19	六•二十一 甲午 7.18	七•二十一 甲子 8.17	八•二十一 癸巳 9.15
九•一 癸卯 9.25	十•一 壬申 10.24	十一•一 壬寅 11.23	十二•一 辛未 12.22
九•十一 癸丑 10.5	十•十一 壬午 11.3	十一•十一 壬子 12.3	十二•十一 辛巳 1.1
九•二十一 癸亥 10.15	十•二十一 壬辰 11.13	十一•二十一 壬戌 12.13	十二•二十一 辛卯 1.11

* 本月唐高祖代隋,改元“武德”。 **《目录》七月癸卯、九月壬寅朔。

唐高祖武德二年己卯(619—620)

一•一 辛丑 1.21	二•一 辛未2.20 闰二•一 辛丑3.22	三•一 庚午 4.20	四•一 己亥 5.19
一•十一 辛亥 1.31	二•十一 辛巳3.2 闰二•十一 辛亥4.1	三•十一 庚辰 4.30	四•十一 己酉 5.29
一•二十一 辛酉 2.10	二•二十一辛卯3.12 闰二•二十一辛酉4.11	三•二十一 庚寅 5.10	四•二十一 己未 6.8
五•一 戊辰 6.17	六•一 戊戌 7.17	七•一 丁卯 8.15	八•一 丁酉 9.14
五•十一 戊寅 6.27	六•十一 戊申 7.27	七•十一 丁丑 8.25	八•十一 丁未 9.24
五•二十一 戊子 7.7	六•二十一 戊午 8.6	七•二十一 丁亥 9.4	八•二十一 丁巳 10.4
九•一 丙寅 10.13	十•一 丙申 11.12	十一•一 丙寅 12.12	十二•一 丙申 1.11
九•十一 丙子 10.23	十•十一 丙午 11.22	十一•十一 丙子 12.22	十二•十一 丙午 1.21
九•二十一 丙戌 11.2	十•二十一 丙辰 12.2	十一•二十一 丙戌 1.1	十二•二十一 丙辰 1.31

唐高祖武德三年庚辰（620—621）

一·一　乙丑　2.9	二·一　乙未　3.10	三·一　甲子　4.8	四·一　甲午　5.8
一·十一　乙亥　2.19	二·十一　乙巳　3.20	三·十一　甲戌　4.18	四·十一　甲辰　5.18
一·二十一　乙酉　2.29	二·二十一　乙卯　3.30	三·二十一　甲申　4.28	四·二十一　甲寅　5.28
五·一　癸亥　6.6	六·一　壬辰　7.5	七·一　壬戌　8.4	八·一　辛卯　9.2
五·十一　癸酉　6.16	六·十一　壬寅　7.15	七·十一　壬申　8.14	八·十一　辛丑　9.12
五·二十一　癸未　6.26	六·二十一　壬子　7.25	七·二十一　壬午　8.24	八·二十一　辛亥　9.22
九·一　辛酉　10.2	十·一　庚寅　10.31	十一·一　庚申　11.30	十二·一　己丑　12.29
九·十一　辛未　10.12	十·十一　庚子　11.10	十一·十一　庚午　12.10	十二·十一　己亥　1.8
九·二十一　辛巳　10.22	十·二十一　庚戌　11.20	十一·二十一　庚辰　12.20	十二·二十一　己酉　1.18

唐高祖武德四年辛巳（621—622）

一·一　己未　1.28	二·一　己丑　2.27	三·一　己未　3.29	四·一　戊子　4.27
一·十一　己巳　2.7	二·十一　己亥　3.9	三·十一　己巳　4.8	四·十一　戊戌　5.7
一·二十一　己卯　2.17	二·二十一　己酉　3.19	三·二十一　己卯　4.18	四·二十一　戊申　5.17
五·一　戊午　5.27	六·一　丁亥　6.25	七·一　丙辰　7.24	八·一　丙戌　8.23
五·十一　戊辰　6.6	六·十一　丁酉　7.5	七·十一　丙寅　8.3	八·十一　丙申　9.2
五·二十一　戊寅　6.16	六·二十一　丁未　7.15	七·二十一　丙子　8.13	八·二十一　丙午　9.12
九·一　乙卯　9.21	十·一　乙酉　10.21　闰十·一　甲寅　11.19	十一·一　甲申　12.19	十二·一　癸丑　1.17
九·十一　乙丑　10.1	十·十一　乙未　10.31　闰十·十一　甲子　11.29	十一·十一　甲午　12.29	十二·十一　癸亥　1.27
九·二十一　乙亥　10.11	十·二十一　乙巳　11.10　闰十·二十一　甲戌　12.9	十一·二十一　甲辰　1.8	十二·二十一　癸酉　2.6

唐高祖武德五年壬午（622—623）

一·一　癸未　2.16	二·一　癸丑　3.18	三·一　壬午　4.16	四·一　壬子　5.16
一·十一　癸巳　2.26	二·十一　癸亥　3.28	三·十一　壬辰　4.26	四·十一　壬戌　5.26
一·二十一　癸卯　3.8	二·二十一　癸酉　4.7	三·二十一　壬寅　5.6	四·二十一　壬申　6.5
五·一　壬午　6.15	六·一　辛亥　7.14	七·一　庚辰　8.12	八·一　庚戌　9.11
五·十一　壬辰　6.25	六·十一　辛酉　7.24	七·十一　庚寅　8.22	八·十一　庚申　9.21
五·二十一　壬寅　7.5	六·二十一　辛未　8.3	七·二十一　庚子　9.1	八·二十一　庚午　10.1
九·一　己卯　10.10	十·一　己酉　11.9	十一·一　戊寅　12.8	十二·一　戊申　1.7
九·十一　己丑　10.20	十·十一　己未　11.19	十一·十一　戊子　12.18	十二·十一　戊午　1.17
九·二十一　己亥　10.30	十·二十一　己巳　11.29	十一·二十一　戊戌　12.28	十二·二十一　戊辰　1.27

唐高祖武德六年癸未（623—624）

一·一　丁丑　2.5	二·一　丁未　3.7	三·一　丁丑　4.6	四·一　丙午　5.5
一·十一　丁亥　2.15	二·十一　丁巳　3.17	三·十一　丁亥　4.16	四·十一　丙辰　5.15
一·二十一　丁酉　2.25	二·二十一　丁卯　3.27	三·二十一　丁酉　4.26	四·二十一　丙寅　5.25
五·一　丙子　6.4	六·一　乙巳　7.3	七·一　乙亥　8.2	八·一　甲辰　8.31
五·十一　丙戌　6.14	六·十一　乙卯　7.13	七·十一　乙酉　8.12	八·十一　甲寅　9.10
五·二十一　丙申　6.24	六·二十一　乙丑　7.23	七·二十一　乙未　8.22	八·二十一　甲子　9.20
九·一　甲戌　9.30	十·一　癸卯　10.29	十一·一　癸酉　11.28	十二·一　壬寅　12.27
九·十一　甲申　10.10	十·十一　癸丑　11.8	十一·十一　癸未　12.8	十二·十一　壬子　1.6
九·二十一　甲午　10.20	十·二十一　癸亥　11.18	十一·二十一　癸巳　12.18	十二·二十一　壬戌　1.16

唐高祖武德七年甲申(624—625)

一·一	壬申	1.26	二·一	辛丑	2.24	三·一	辛未	3.25	四·一	庚子	4.23
一·十一	壬午	2.5	二·十一	辛亥	3.5	三·十一	辛巳	4.4	四·十一	庚戌	5.3
一·二十一	壬辰	2.15	二·二十一	辛酉	3.15	三·二十一	辛卯	4.14	四·二十一	庚申	5.13
五·一	庚午	5.23	六·一	己亥	6.21	七·一	己巳	7.21 闰七·一 己亥 8.20	八·一	戊辰	9.18
五·十一	庚辰	6.2	六·十一	己酉	7.1	七·十一	己卯	7.31 闰七·十一 己酉 8.30	八·十一	戊寅	9.28
五·二十一	庚寅	6.12	六·二十一	己未	7.11	七·二十一	己丑	8.10 闰七·二十一 己未 9.9	八·二十一	戊子	10.8
九·一	戊戌	10.18	十·一	丁卯	11.16	十一·一	丁酉	12.16	十二·一	丙寅	1.14
九·十一	戊申	10.28	十·十一	丁丑	11.26	十一·十一	丁未	12.26	十二·十一	丙子	1.24
九·二十一	戊午	11.7	十·二十一	丁亥	12.6	十一·二十一	丁巳	1.5	十二·二十一	丙戌	2.3

唐高祖武德八年乙酉(625—626)

一·一	丙申	2.13	二·一	乙丑	3.14	三·一	乙未	4.13	四·一	甲子	5.12
一·十一	丙午	2.23	二·十一	乙亥	3.24	三·十一	乙巳	4.23	四·十一	甲戌	5.22
一·二十一	丙辰	3.5	二·二十一	乙酉	4.3	三·二十一	乙卯	5.3	四·二十一	甲申	6.1
五·一	甲午	6.11	六·一	癸亥	7.10	七·一	癸巳	8.9	八·一	壬戌	9.7
五·十一	甲辰	6.21	六·十一	癸酉	7.20	七·十一	癸卯	8.19	八·十一	壬申	9.17
五·二十一	甲寅	7.1	六·二十一	癸未	7.30	七·二十一	癸丑	8.29	八·二十一	壬午	9.27
九·一	壬辰	10.7	十·一	壬戌	11.6	十一·一	辛卯	12.5	十二·一	辛酉	1.4
九·十一	壬寅	10.17	十·十一	壬申	11.16	十一·十一	辛丑	12.15	十二·十一	辛未	1.14
九·二十一	壬子	10.27	十·二十一	壬午	11.26	十一·二十一	辛亥	12.25	十二·二十一	辛巳	1.24

唐高祖武德九年丙戌(626—627)

一·一	庚寅	2.2	二·一	庚申	3.4	三·一	己丑	4.2	四·一	己未	5.2
一·十一	庚子	2.12	二·十一	庚午	3.14	三·十一	己亥	4.12	四·十一	己巳	5.12
一·二十一	庚戌	2.22	二·二十一	庚辰	3.24	三·二十一	己酉	4.22	四·二十一	己卯	5.22
五·一	戊子	5.31	六·一	丁巳	6.29	七·一	丁亥	7.29	八·一	丙辰	8.27
五·十一	戊戌	6.10	六·十一	丁卯	7.9	七·十一	丁酉	8.8	八·十一	丙寅	9.6
五·二十一	戊申	6.20	六·二十一	丁丑	7.19	七·二十一	丁未	8.18	八·二十一	丙子	9.16
九·一	丙戌	9.26	十·一	丙辰	10.26	十一·一	丙戌	11.25	十二·一	乙卯	12.24
九·十一	丙申	10.6	十·十一	丙寅	11.5	十一·十一	丙申	12.5	十二·十一	乙丑	1.3
九·二十一	丙午	10.16	十·二十一	丙子	11.15	十一·二十一	丙午	12.15	十二·二十一	乙亥	1.13

唐太宗贞观元年丁亥(627—628)

一·一	乙酉	1.23	二·一	甲寅	2.21	三·一	甲申	3.23 闰三·一 癸丑 4.21	四·一	壬午	5.20
一·十一	乙未	2.2	二·十一	甲子	3.3	三·十一	甲午	4.2 闰三·十一 癸亥 5.1	四·十一	壬辰	5.30
一·二十一	乙巳	2.12	二·二十一	甲戌	3.13	三·二十一	甲辰	4.12 闰三·二十一 癸酉 5.11	四·二十一	壬寅	6.9
五·一	壬子	6.19	六·一	辛巳	7.18	七·一	辛亥	8.17	八·一	庚辰	9.15
五·十一	壬戌	6.29	六·十一	辛卯	7.28	七·十一	辛酉	8.27	八·十一	庚寅	9.25
五·二十一	壬申	7.9	六·二十一	辛丑	8.7	七·二十一	辛未	9.6	八·二十一	庚子	10.5
九·一	庚戌	10.15	十·一	庚辰	11.14	十一·一	己酉	12.13	十二·一	己卯	1.12
九·十一	庚申	10.25	十·十一	庚寅	11.24	十一·十一	己未	12.23	十二·十一	己丑	1.22
九·二十一	庚午	11.4	十·二十一	庚子	12.4	十一·二十一	己巳	1.2	十二·二十一	己亥	2.1

唐太宗贞观二年戊子(628—629)

一·一	己酉	2.11	二·一	戊寅	3.11	三·一	戊申	4.10	四·一	丁丑	5.9
一·十一	己未	2.21	二·十一	戊子	3.21	三·十一	戊午	4.20	四·十一	丁亥	5.19
一·二十一	己巳	3.2	二·二十一	戊戌	3.31	三·二十一	戊辰	4.30	四·二十一	丁酉	5.29
五·一	丙午	6.7	六·一	丙子	7.7	七·一	乙巳	8.5	八·一	甲戌	9.3
五·十一	丙辰	6.17	六·十一	丙戌	7.17	七·十一	乙卯	8.15	八·十一	甲申	9.13
五·二十一	丙寅	6.27	六·二十一	丙申	7.27	七·二十一	乙丑	8.25	八·二十一	甲午	9.23
九·一	甲辰	10.3	十·一	甲戌	11.2	十一·一	癸卯	12.1	十二·一	癸酉	12.31
九·十一	甲寅	10.13	十·十一	甲申	11.12	十一·十一	癸丑	12.11	十二·十一	癸未	1.10
九·二十一	甲子	10.23	十·二十一	甲午	11.22	十一·二十一	癸亥	12.21	十二·二十一	癸巳	1.20

唐太宗贞观三年己丑(629—630)

一·一	癸卯	1.30	二·一	癸酉	3.1	三·一	壬寅	3.30	四·一	壬申	4.29
一·十一	癸丑	2.9	二·十一	癸未	3.11	三·十一	壬子	4.9	四·十一	壬午	5.9
一·二十一	癸亥	2.19	二·二十一	癸巳	3.21	三·二十一	壬戌	4.19	四·二十一	壬辰	5.19
五·一	辛丑	5.28	六·一	辛未	6.27	七·一	庚子	7.26	八·一	己巳	8.24
五·十一	辛亥	6.7	六·十一	辛巳	7.7	七·十一	庚戌	8.5	八·十一	己卯	9.3
五·二十一	辛酉	6.17	六·二十一	辛卯	7.17	七·二十一	庚申	8.15	八·二十一	己丑	9.13
九·一	戊戌	9.22	十·一	戊辰	10.22	十一·一	戊戌	11.21	十二·一　丁卯 12.20　闰十二·一	丁酉	1.19
九·十一	戊申	10.2	十·十一	戊寅	11.1	十一·十一	戊申	12.1	十二·十一　丁丑 12.30　闰十二·十一	丁未	1.29
九·二十一	戊午	10.12	十·二十一	戊子	11.21	十一·二十一	戊午	12.11	十二·二十一　丁亥 1.9　闰十二·二十一	丁巳	2.8

唐太宗贞观四年庚寅(630—631)

一·一	丁卯	2.18	二·一	丁酉	3.20	三·一	丙寅	4.18	四·一	丙申	5.18
一·十一	丁丑	2.28	二·十一	丁未	3.30	三·十一	丙子	4.28	四·十一	丙午	5.28
一·二十一	丁亥	3.10	二·二十一	丁巳	4.9	三·二十一	丙戌	5.8	四·二十一	丙辰	6.7
五·一	乙丑	6.16	六·一	甲午	7.15	七·一	甲子	8.14	八·一	癸巳	9.12
五·十一	乙亥	6.26	六·十一	甲辰	7.25	七·十一	甲戌	8.24	八·十一	癸卯	9.22
五·二十一	乙酉	7.6	六·二十一	甲寅	8.4	七·二十一	甲申	9.3	八·二十一	癸丑	10.2
*九·一	癸亥	10.12	十·一	壬辰	11.10	十一·一	壬戌	12.10	十二·一	辛卯	1.8
九·十一	癸酉	10.22	十·十一	壬寅	11.20	十一·十一	壬申	12.20	十二·十一	辛丑	1.18
九·二十一	癸未	11.1	十·二十一	壬子	11.30	十一·二十一	壬午	12.30	十二·二十一	辛亥	1.28

*《目录》九月壬戌朔。

唐太宗贞观五年辛卯(631—632)

一·一	辛酉	2.7	二·一	辛卯	3.9	三·一	庚申	4.7	四·一	庚寅	5.7
一·十一	辛未	2.17	二·十一	辛丑	3.19	三·十一	庚午	4.17	四·十一	庚子	5.17
一·二十一	辛巳	2.27	二·二十一	辛亥	3.29	三·二十一	庚辰	4.27	四·二十一	庚戌	5.27
五·一	己未	6.5	六·一	己丑	7.5	七·一	戊午	8.3	八·一	戊子	9.2
五·十一	己巳	6.15	六·十一	己亥	7.15	七·十一	戊辰	8.13	八·十一	戊戌	9.12
五·二十一	己卯	6.25	六·二十一	己酉	7.25	七·二十一	戊寅	8.23	八·二十一	戊申	9.22
九·一	丁巳	10.1	十·一	丁亥	10.31	十一·一	丙辰	11.29	十二·一	丙戌	12.29
九·十一	丁卯	10.11	十·十一	丁酉	11.10	十一·十一	丙寅	12.9	十二·十一	丙申	1.8
九·二十一	丁丑	10.21	十·二十一	丁未	11.20	十一·二十一	丙子	12.19	十二·二十一	丙午	1.18

唐太宗贞观六年壬辰(632—633)

一·一 乙卯 1.27	二·一 乙酉 2.26	三·一 甲寅 3.26	四·一 甲申 4.25
一·十一 乙丑 2.6	二·十一 乙未 3.7	三·十一 甲子 4.5	四·十一 甲午 5.5
一·二十一 乙亥 2.16	二·二十一 乙巳 3.17	三·二十一 甲戌 4.15	四·二十一 甲辰 5.15
五·一 甲寅 5.25	六·一 癸未 6.23	七·一 癸丑 7.23	八·一 壬午 8.21 闰八·一 壬子 9.20
五·十一 甲子 6.4	六·十一 癸巳 7.3	七·十一 癸亥 8.2	八·十一 壬辰 8.31 闰八·十一 壬戌 9.30
五·二十一 甲戌 6.14	六·二十一 癸卯 7.13	七·二十一 癸酉 8.12	八·二十一 壬寅 9.10 闰八·二十一 壬申 10.10
九·一 辛巳 10.19	十·一 辛亥 11.18	十一·一 庚辰 12.17	十二·一 庚戌 1.16
九·十一 辛卯 10.29	十·十一 辛酉 11.28	十一·十一 庚寅 12.27	十二·十一 庚申 1.26
九·二十一 辛丑 11.8	十·二十一 辛未 12.8	十一·二十一 庚子 1.6	十二·二十一 庚午 2.5

唐太宗贞观七年癸巳(633—634)

一·一 己卯 2.14	二·一 己酉 3.16	三·一 戊寅 4.14	四·一 戊申 5.14
一·十一 己丑 2.24	二·十一 己未 3.26	三·十一 戊子 4.24	四·十一 戊午 5.24
一·二十一 己亥 3.6	二·二十一 己巳 4.5	三·二十一 戊戌 5.4	四·二十一 戊辰 6.3
五·一 丁丑 6.12	六·一 丁未 7.12	七·一 丁丑 8.11	八·一 丙午 9.9
五·十一 丁亥 6.22	六·十一 丁巳 7.22	七·十一 丁亥 8.21	八·十一 丙辰 9.19
五·二十一 丁酉 7.2	六·二十一 丁卯 8.1	七·二十一 丁酉 8.31	八·二十一 丙寅 9.29
九·一 丙子 10.9	十·一 乙巳 11.7	十一·一 乙亥 12.7	十二·一 甲辰 1.5
九·十一 丙戌 10.19	十·十一 乙卯 11.17	十一·十一 乙酉 12.17	十二·十一 甲寅 1.15
九·二十一 丙申 10.29	十·二十一 乙丑 11.27	十一·二十一 乙未 12.27	十二·二十一 甲子 1.25

唐太宗贞观八年甲午(634—635)

一·一 甲戌 2.4	二·一 癸卯 3.5	三·一 癸酉 4.4	四·一 壬寅 5.3
一·十一 甲申 2.14	二·十一 癸丑 3.15	三·十 癸未 4.14	四·十一 壬子 5.13
一·二十一 甲午 2.24	二·二十一 癸亥 3.25	三·二十一 癸巳 4.24	四·二十一 壬戌 5.23
五·一 辛未 6.1	六·一 辛丑 7.1	七·一 辛未 7.31	八·一 庚子 8.29
五·十一 辛巳 6.11	六·十一 辛亥 7.11	七·十一 辛巳 8.10	八·十 庚戌 9.8
五·二十一 辛卯 6.21	六·二十一 辛酉 7.21	七·二十一 辛卯 8.20	八·二十一 庚申 9.18
九·一 庚午 9.28	十·一 庚子 10.28	十一·一 己巳 11.26	十二·一 己亥 12.26
九·十一 庚辰 10.8	十·十一 庚戌 11.7	十一·十一 己卯 12.6	十二·十一 己酉 1.5
九·二十一 庚寅 10.18	十·二十一 庚申 11.17	十一·二十一 己丑 12.16	十二·二十一 己未 1.15

唐太宗贞观九年乙未(635—636)

一·一 戊辰 1.24	二·一 戊戌 2.23	三·一 丁卯 3.24	四·一 丁酉 4.23 闰四·一 丙寅 5.22
一·十一 戊寅 2.3	二·十一 戊申 3.5	三·十一 丁丑 4.3	四·十一 丁未 5.3 闰四·十一 丙子 6.1
一·二十一 戊子 2.13	二·二十一 戊午 3.15	三·二十一 丁亥 4.13	四·二十一 丁巳 5.13 闰四·二十一 丙戌 6.11
五·一 乙未 6.20	六·一 乙丑 7.20	七·一 甲午 8.18	八·一 甲子 9.17
五·十一 乙巳 6.30	六·十一 乙亥 7.30	七·十一 甲辰 8.28	八·十一 甲戌 9.27
五·二十一 乙卯 7.10	六·二十一 乙酉 8.9	七·二十一 甲寅 9.7	八·二十一 甲申 10.7
九·一 甲午 10.17	*十·一 甲子 11.16	十一·一 癸巳 12.15	十二·一 癸亥 1.14
九·十一 甲辰 10.27	十·十一 甲戌 11.26	十一·十一 癸卯 12.25	十二·十一 癸酉 1.24
九·二十一 甲寅 11.6	十·二十一 甲申 12.6	十一·二十一 癸丑 1.4	十二·二十一 癸未 2.3

*《目录》十月癸亥朔。

唐太宗贞观十年丙申（636—637）

一·一 壬辰 2.12	二·一 壬戌 3.13	三·一 辛卯 4.11	*四·一 辛酉 5.11
一·十一 壬寅 2.22	二·十一 壬申 3.23	三·十一 辛丑 4.12	四·十一 辛未 5.21
一·二十一 壬子 3.3	二·二十一 壬午 4.2	三·二十一 辛亥 5.1	四·二十一 辛巳 5.31
五·一 庚寅 6.9	六·一 己未 7.8	七·一 己丑 8.7	八·一 戊午 9.5
五·十一 庚子 6.19	六·十一 己巳 7.18	七·十一 己亥 8.17	八·十一 戊辰 9.15
五·二十一 庚戌 6.29	六·二十一 己卯 7.28	七·二十一 己酉 8.27	八·二十一 戊寅 9.25
九·一 戊子 10.5	十·一 丁巳 11.3	十一·一 丁亥 12.3	十二·一 丁巳 1.2
九·十一 戊戌 10.15	十·十一 丁卯 11.13	十一·十一 丁酉 12.13	十二·十一 丁卯 1.12
九·二十一 戊申 10.25	十·二十一 丁丑 11.23	十一·二十一 丁未 12.23	十二·二十一 丁丑 1.22

*《目录》四月庚申朔。

唐太宗贞观十一年丁酉（637—638）

一·一 丁亥 2.1	二·一 丙辰 3.2	三·一 丙戌 4.1	四·一 乙卯 4.30
一·十一 丁酉 2.11	二·十一 丙寅 3.12	三·十一 丙申 4.11	四·十一 乙丑 5.10
一·二十一 丁未 2.21	二·二十一 丙子 3.22	三·二十一 丙午 4.21	四·二十一 乙亥 5.20
五·一 乙酉 5.30	六·一 甲寅 6.28	七·一 癸未 7.27	*八·一 癸丑 8.26
五·十一 乙未 6.9	六·十一 甲子 7.8	七·十一 癸巳 8.6	八·十一 癸亥 9.5
五·二十一 乙巳 6.19	六·二十一 甲戌 7.18	七·二十一 癸卯 8.16	八·二十一 癸酉 9.15
九·一 壬午 9.24	十·一 壬子 10.24	十一·一 辛巳 11.22	十二·一 辛亥 12.22
九·十一 壬辰 10.4	十·十一 壬戌 11.3	十一·十一 辛卯 12.2	十二·十一 辛酉 1.1
九·二十一 壬寅 10.14	十·二十一 壬申 11.13	十一·二十一 辛丑 12.12	十二·二十一 辛未 1.11

*《目录》八月壬子朔。

唐太宗贞观十二年戊戌（638—639）

一·一 辛巳 1.21	二·一 辛亥 2.20 闰二·一 庚辰 3.21	三·一 庚戌 4.20	四·一 己卯 5.19
一·十一 辛卯 1.31	二·十一 辛酉 3.2 闰二·十一 庚寅 3.31	三·十一 庚申 4.30	四·十一 己丑 5.29
一·二十一 辛丑 2.10	二·二十一 辛未 3.12 闰二·二十一 庚子 4.10	三·二十一 庚午 5.10	四·二十一 己亥 6.8
五·一 戊申 6.17	六·一 戊寅 7.17	七·一 丁未 8.15	八·一 丙子 9.13
五·十一 戊午 6.27	六·十一 戊子 7.27	七·十一 丁巳 8.25	八·十一 丙戌 9.23
五·二十一 戊辰 7.7	六·二十一 戊戌 8.6	七·二十一 丁卯 9.4	八·二十一 丙申 10.3
九·一 丙午 10.13	十·一 乙亥 11.11	十一·一 乙巳 12.11	十二·一 乙亥 1.10
九·十一 丙辰 10.23	十·十一 乙酉 11.21	十一·十一 乙卯 12.21	十二·十一 乙酉 1.20
九·二十一 丙寅 11.2	十·二十一 乙未 12.1	十一·二十一 乙丑 12.31	十二·二十一 乙未 1.30

唐太宗贞观十三年己亥（639—640）

一·一 乙巳 2.9	二·一 甲戌 3.10	三·一 甲辰 4.9	四·一 甲戌 5.9
一·十一 乙卯 2.19	二·十一 甲申 3.20	三·十一 甲寅 4.19	四·十一 甲申 5.19
一·二十一 乙丑 3.1	二·二十一 甲午 3.30	三·二十一 甲子 4.29	四·二十一 甲午 5.29
五·一 癸卯 6.7	六·一 壬申 7.6	七·一 壬寅 8.5	八·一 辛未 9.3
五·十一 癸丑 6.17	六·十一 壬午 7.16	七·十一 壬子 8.15	八·十一 辛巳 9.13
五·二十一 癸亥 6.27	六·二十一 壬辰 7.26	七·二十一 壬戌 8.25	八·二十一 辛卯 9.23
九·一 庚子 10.2	十·一 庚午 11.1	十一·一 己亥 11.30	十二·一 己巳 12.30
九·十一 庚戌 10.12	十·十一 庚辰 11.11	十一·十一 己酉 12.10	十二·十一 己卯 1.9
九·二十一 庚申 10.22	十·二十一 庚寅 11.21	十一·二十一 己未 12.20	十二·二十一 己丑 1.19

唐太宗贞观十四年庚子（640—641）

一·一	己亥	1.29	二·一	戊辰	2.27	三·一	戊戌	3.28	四·一	戊辰	4.27
一·十一	己酉	2.8	二·十一	戊寅	3.8	三·十一	戊申	4.7	四·十一	戊寅	5.7
一·二十一	己未	2.18	二·二十一	戊子	3.18	三·二十一	戊午	4.17	四·二十一	戊子	5.17
五·一	丁酉	5.26	六·一	丁卯	6.25	七·一	丙申	7.24	八·一	丙寅	8.23
五·十一	丁未	6.5	六·十一	丁丑	7.5	七·十一	丙午	8.3	八·十一	丙子	9.2
五·二十一	丁巳	6.15	六·二十一	丁亥	7.15	七·二十一	丙辰	8.13	八·二十一	丙戌	9.12
九·一	乙未	9.21	十·一 乙丑 10.21	闰十·一 甲午 11.19		十一·一	甲子	12.19	十二·一	癸巳	1.17
九·十一	乙巳	10.1	十·十一 乙亥 10.31	闰十·十一 甲辰 11.29		十一·十一	甲戌	12.29	十二·十一	癸卯	1.27
九·二十一	乙卯	10.11	十·二十一 乙酉 11.10	闰十·二十一 甲寅 12.9		十一·二十一	甲申	1.8	十二·二十一	癸丑	2.6

唐太宗贞观十五年辛丑（641—642）

一·一	癸亥	2.16	二·一	壬辰	3.17	三·一	壬戌	4.16	四·一	辛卯	5.15
一·十一	癸酉	2.26	二·十一	壬寅	3.27	三·十一	壬申	4.26	四·十一	辛丑	5.25
一·二十一	癸未	3.8	二·二十一	壬子	4.6	三·二十一	壬午	5.6	四·二十一	辛亥	6.4
五·一	辛酉	6.14	六·一	辛卯	7.14	七·一	庚申	8.12	八·一	庚寅	9.11
五·十一	辛未	6.24	六·十一	辛丑	7.24	七·十一	庚午	8.22	八·十一	庚子	9.21
五·二十一	辛巳	7.4	六·二十一	辛亥	8.3	七·二十一	庚辰	9.1	八·二十一	庚戌	10.1
九·一	己未	10.10	十·一	己丑	11.9	十一·一	戊午	12.8	十二·一	戊子	1.7
九·十一	己巳	10.20	十·十一	己亥	11.19	十一·十一	戊辰	12.18	十二·十一	戊戌	1.17
九·二十一	己卯	10.30	十·二十一	己酉	11.29	十一·二十一	戊寅	12.28	十二·二十一	戊申	1.27

唐太宗贞观十六年壬寅（642—643）

一·一	丁巳	2.5	*二·一	丁亥	3.7	三·一	丙辰	4.5	四·一	丙戌	5.5
一·十一	丁卯	2.15	二·十一	丁酉	3.17	三·十一	丙寅	4.15	四·十一	丙申	5.15
一·二十一	丁丑	2.25	二·二十一	丁未	3.27	三·二十一	丙子	4.25	四·二十一	丙午	5.25
五·一	乙卯	6.3	六·一	乙酉	7.3	七·一	甲寅	8.1	八·一	甲申	8.31
五·十一	乙丑	6.13	六·十一	乙未	7.13	七·十一	甲子	8.11	八·十一	甲午	9.10
五·二十一	乙亥	6.23	六·二十一	乙巳	7.23	七·二十一	甲戌	8.21	八·二十一	甲辰	9.20
九·一	甲寅	9.30	十·一	癸未	10.29	十一·一	癸丑	11.28	十二·一	壬午	12.27
九·十一	甲子	10.10	十·十一	癸巳	11.8	十一·十一	癸亥	12.8	十二·十一	壬辰	1.6
九·二十一	甲戌	10.20	十·二十一	癸卯	11.18	十一·二十一	癸酉	12.18	十二·二十一	壬寅	1.16

*《目录》二月丙戌朔。

唐太宗贞观十七年癸卯（643—644）

一·一	壬子	1.26	二·一	辛巳	2.24	*三·一	辛亥	3.26	四·一	庚辰	4.24
一·十一	壬戌	2.5	二·十一	辛卯	3.6	三·十一	辛酉	4.5	四·十一	庚寅	5.4
一·二十一	壬申	2.15	二·二十一	辛丑	3.16	三·二十一	辛未	4.15	四·二十一	庚子	5.14
五·一	己酉	5.23	六·一 己卯 6.22	闰六·一 戊申 7.21		七·一	戊寅	8.20	八·一	戊申	9.19
五·十一	己未	6.2	六·十一 己丑 7.2	闰六·十一 戊午 7.31		七·十一	戊子	8.30	八·十一	戊午	9.29
五·二十一	己巳	6.12	六·二十一 己亥 7.12	闰六·二十一 戊辰 8.10		七·二十一	戊戌	9.9	八·二十一	戊辰	10.9
九·一	丁丑	10.18	十·一	丁未	11.17	十一·一	丁丑	12.17	十二·一	丁未	1.16
九·十一	丁亥	10.28	十·十一	丁巳	11.27	十一·十一	丁亥	12.27	十二·十一	丁巳	1.26
九·二十一	丁酉	11.7	十·二十一	丁卯	12.7	十一·二十一	丁酉	1.6	十二·二十一	丁卯	2.5

*《目录》三月庚戌、十二月丙午朔。

唐太宗贞观十八年甲辰(644—645)

一·一 丙子 2.14	二·一 乙巳 3.14	*三·一 乙亥 4.13	四·一 甲辰 5.12
一·十一 丙戌 2.24	二·十一 乙卯 3.24	三·十一 乙酉 4.23	四·十一 甲寅 5.22
一·二十一 丙申 3.5	二·二十一 乙丑 4.3	三·二十一 乙未 5.3	四·二十一 甲子 6.1
五·一 癸酉 6.10	六·一 癸卯 7.10	七·一 壬申 8.8	八·一 壬寅 9.7
五·十一 癸未 6.20	六·十一 癸丑 7.20	七·十一 壬午 8.18	八·十一 壬子 9.17
五·二十一 癸巳 6.30	六·二十一 癸亥 7.30	七·二十一 壬辰 8.28	八·二十一 壬戌 9.27
九·一 辛未 10.6	十·一 辛丑 11.5	十一·一 辛未 12.5	十二·一 辛丑 1.4
九·十一 辛巳 10.16	十·十一 辛亥 11.15	十一·十一 辛巳 12.15	十二·十一 辛亥 1.14
九·二十一 辛卯 10.26	十·二十一 辛酉 11.25	十一·二十一 辛卯 12.25	十二·二十一 辛酉 1.24

*《目录》三月甲戌、五月甲戌朔。

唐太宗贞观十九年乙巳(645—646)

一·一 庚午 2.2	二·一 己亥 3.3	三·一 己巳 4.2	四·一 戊戌 5.1
一·十一 庚辰 2.12	二·十一 己酉 3.13	三·十一 己卯 4.12	四·十一 戊申 5.11
一·二十一 庚寅 2.22	二·二十一 己未 3.23	三·二十一 己丑 4.22	四·二十一 戊午 5.21
五·一 戊辰 5.31	六·一 丁酉 6.29	七·一 丁卯 7.29	八·一 丁酉 8.28
五·十一 戊寅 6.10	六·十一 丁未 7.9	七·十一 丁丑 8.8	八·十一 丁未 9.7
五·二十一 戊子 6.20	六·二十一 丁巳 7.19	七·二十一 丁亥 8.18	八·二十一 丁巳 9.17
九·一 丙寅 9.26	十·一 丙申 10.26	十一·一 乙丑 11.24	十二·一 乙未 12.24
九·十一 丙子 10.6	十·十一 丙午 11.5	十一·十一 乙亥 12.4	十二·十一 乙巳 1.3
九·二十一 丙戌 10.16	十·二十一 丙辰 11.15	十一·二十一 乙酉 12.14	十二·二十一 乙卯 1.13

唐太宗贞观二十年丙午(646—647)

一·一 甲子 1.22	二·一 甲午 2.21	三·一 癸亥 3.22 闰三·一 癸巳 4.21	四·一 壬戌 5.20
一·十一 甲戌 2.1	二·十一 甲辰 3.3	三·十一 癸酉 4.1 闰三·十一 癸卯 5.1	四·十一 壬申 5.30
一·二十一 甲申 2.11	二·二十一 甲寅 3.13	三·二十一 癸未 4.11 闰三·二十一 癸丑 5.11	四·二十一 壬午 6.9
五·一 壬辰 6.19	六·一 辛酉 7.18	七·一 辛卯 8.17	八·一 庚申 9.15
五·十一 壬寅 6.29	六·十一 辛未 7.28	七·十一 辛丑 8.27	八·十一 庚午 9.25
五·二十一 壬子 7.9	六·二十一 辛巳 8.7	七·二十一 辛亥 9.6	八·二十一 庚辰 10.5
九·一 庚寅 10.15	十·一 己未 11.13	十一·一 己丑 12.13	十二·一 己未 1.12
九·十一 庚子 10.25	十·十一 己巳 11.23	十一·十一 己亥 12.23	十二·十一 己巳 1.22
九·二十一 庚戌 11.4	十·二十一 己卯 12.3	十一·二十一 己酉 1.2	十二·二十一 己卯 2.1

唐太宗贞观二十一年丁未(647—648)

一·一 戊子 2.10	二·一 戊午 3.12	三·一 丁亥 4.10	四·一 丁巳 5.10
一·十一 戊戌 2.20	二·十一 戊辰 3.22	三·十一 丁酉 4.20	四·十一 丁卯 5.20
一·二十一 戊申 3.2	二·二十一 戊寅 4.1	三·二十一 丁未 4.30	四·二十一 丁丑 5.30
五·一 丙戌 6.8	六·一 丙辰 7.8	七·一 乙酉 8.6	八·一 乙卯 9.5
五·十一 丙申 6.18	六·十一 丙寅 7.18	七·十一 乙未 8.16	八·十一 乙丑 9.15
五·二十一 丙午 6.28	六·二十一 丙子 7.28	七·二十一 乙巳 8.26	八·二十一 乙亥 9.25
九·一 甲申 10.4	十·一 甲寅 11.3	十一·一 癸未 12.2	十二·一 癸丑 1.1
九·十一 甲午 10.14	十·十一 甲子 11.13	十一·十一 癸巳 12.12	十二·十一 癸亥 1.11
九·二十一 甲辰 10.24	十·二十一 甲戌 11.23	十一·二十一 癸卯 12.22	十二·二十一 癸酉 1.21

唐太宗贞观二十二年戊申（648—649）

一·一 壬午 1.30	二·一 壬子 2.29	三·一 辛巳 3.29	四·一 辛亥 4.28
一·十一 壬辰 2.9	二·十一 壬戌 3.10	三·十一 辛卯 4.8	四·十一 辛酉 5.8
一·二十一 壬寅 2.19	二·二十一 壬申 3.20	三·二十一 辛丑 4.18	四·二十一 辛未 5.18
五·一 辛巳 5.28	六·一 庚戌 6.26	七·一 庚辰 7.26	八·一 己酉 8.24
五·十一 辛卯 6.7	六·十一 庚申 7.6	七·十一 庚寅 8.5	八·十一 己未 9.3
五·二十一 辛丑 6.17	六·二十一 庚午 7.16	七·二十一 庚子 8.15	八·二十一 己巳 9.13
九·一 己卯 9.23	十·一 戊申 10.22	十一·一 戊寅 11.21	十二·一 丁未 12.20 闰十二·一 丁丑 1.19
九·十一 己丑 10.3	十·十一 戊午 11.1	十一·十一 戊子 12.1	十二·十一 丁巳 12.30 闰十二·十一 丁亥 1.29
九·二十一 己亥 10.13	十·二十一 戊辰 11.11	十一·二十一 戊戌 12.11	十二·二十一 丁卯 1.9 闰十二·二十一 丁酉 2.8

唐太宗贞观二十三年己酉（649—650）

一·一 丙午 2.17	二·一 丙子 3.19	三·一 乙巳 4.17	四·一 乙亥 5.17
一·十一 丙辰 2.27	二·十一 丙戌 3.29	三·十一 乙卯 4.27	四·十一 乙酉 5.27
一·二十一 丙寅 3.9	二·二十一 丙申 4.8	三·二十一 乙丑 5.7	四·二十一 乙未 6.6
五·一 甲辰 6.15	六·一 甲戌 7.15	七·一 甲辰 8.14	八·一 癸酉 9.12
五·十一 甲寅 6.25	六·十一 甲申 7.25	七·十一 甲寅 8.24	八·十一 癸未 9.22
五·二十一 甲子 7.5	六·二十一 甲午 8.4	七·二十一 甲子 9.3	八·二十一 癸巳 10.2
九·一 癸卯 10.12	十·一 壬申 11.10	十一·一 壬寅 12.10	十二·一 辛未 1.8
九·十一 癸丑 10.22	十·十一 壬午 11.20	十一·十一 壬子 12.20	十二·十一 辛巳 1.18
九·二十一 癸亥 11.1	十·二十一 壬辰 11.30	十一·二十一 壬戌 12.30	十二·二十一 辛卯 1.28

唐高宗永徽元年庚戌（650—651）

一·一 辛丑 2.7	二·一 庚午 3.8	三·一 庚子 4.7	四·一 己巳 5.6
一·十一 辛亥 2.17	二·十一 庚辰 3.18	三·十一 庚戌 4.17	四·十一 己卯 5.16
一·二十一 辛酉 2.27	二·二十一 庚寅 3.28	三·二十一 庚申 4.27	四·二十一 己丑 5.26
五·一 己亥 6.5	六·一 戊辰 7.4	七·一 戊戌 8.3	八·一 丁卯 9.1
五·十一 己酉 6.15	六·十一 戊寅 7.14	七·十一 戊申 8.13	八·十一 丁丑 9.11
五·二十一 己未 6.25	六·二十一 戊子 7.24	七·二十一 戊午 8.23	八·二十一 丁亥 9.21
九·一 丁酉 10.1	十·一 丙寅 10.30	十一·一 丙申 11.29	十二·一 丙寅 12.29
九·十一 丁未 10.11	十·十一 丙子 11.9	十一·十一 丙午 12.9	十二·十一 丙子 1.8
九·二十一 丁巳 10.21	十·二十一 丙戌 11.19	十一·二十一 丙辰 12.19	十二·二十一 丙戌 1.18

唐高宗永徽二年辛亥（651—652）

一·一 乙未 1.27	二·一 乙丑 2.26	三·一 甲午 3.27	四·一 甲子 4.26
一·十一 乙巳 2.6	二·十一 乙亥 3.8	三·十一 甲辰 4.6	四·十一 甲戌 5.6
一·二十一 乙卯 2.16	二·二十一 乙酉 3.18	三·二十一 甲寅 4.16	四·二十一 甲申 5.16
五·一 癸巳 5.25	六·一 癸亥 6.24	七·一 壬辰 7.23	八·一 壬戌 8.22
五·十一 癸卯 6.4	六·十一 癸酉 7.4	七·十一 壬寅 8.2	八·十一 壬申 9.1
五·二十一 癸丑 6.14	六·二十一 癸未 7.14	七·二十一 壬子 8.12	八·二十一 壬午 9.11
九·一 辛卯 9.20 闰九·一 辛酉 10.20	十·一 庚寅 11.18	十一·一 庚申 12.18	十二·一 己丑 1.16
九·十一 辛丑 9.30 闰九·十一 辛未 10.30	十·十一 庚子 11.28	十一·十一 庚午 12.28	十二·十一 己亥 1.26
九·二十一 辛亥 10.10 闰九·二十一 辛巳 11.9	十·二十一 庚戌 12.8	十一·二十一 庚辰 1.7	十二·二十一 己酉 2.5

唐高宗永徽三年壬子(652—653)

一·一	己未	2.15	二·一	戊子	3.15	三·一	戊午	4.14	四·一	戊子	5.14
一·十一	己巳	2.25	二·十一	戊戌	3.25	三·十一	戊辰	4.24	四·十一	戊戌	5.24
一·二十一	己卯	3.6	二·二十一	戊申	4.4	三·二十一	戊寅	5.4	四·二十一	戊申	6.3
五·一	丁巳	6.12	六·一	丁亥	7.12	七·一	丙辰	8.10	八·一	丙戌	9.9
五·十一	丁卯	6.22	六·十一	丁酉	7.22	七·十一	丙寅	8.20	八·十一	丙申	9.19
五·二十一	丁丑	7.2	六·二十一	丁未	8.1	七·二十一	丙子	8.30	八·二十一	丙午	9.29
九·一	乙卯	10.8	十·一	乙酉	11.7	十一·一	甲寅	12.6	十二·一	甲申	1.5
九·十一	乙丑	10.18	十·十一	乙未	11.17	十一·十一	甲子	12.16	十二·十一	甲午	1.15
九·二十一	乙亥	10.28	十·二十一	乙巳	11.27	十一·二十一	甲戌	12.26	十二·二十一	甲辰	1.25

唐高宗永徽四年癸丑(653—654)

一·一	癸丑	2.3	二·一	癸未	3.5	三·一	壬子	4.3	四·一	壬午	5.3
一·十一	癸亥	2.13	二·十一	癸巳	3.15	三·十一	壬戌	4.13	四·十一	壬辰	5.13
一·二十一	癸酉	2.23	二·二十一	癸卯	3.25	三·二十一	壬申	4.23	四·二十一	壬寅	5.23
五·一	辛亥	6.1	六·一	辛巳	7.1	七·一	辛亥	7.31	八·一	庚辰	8.29
五·十一	辛酉	6.11	六·十一	辛卯	7.11	七·十一	辛酉	8.10	八·十一	庚寅	9.8
五·二十一	辛未	6.21	六·二十一	辛丑	7.21	七·二十一	辛未	8.20	八·二十一	庚子	9.18
九·一	庚戌	9.28	十·一	己卯	10.27	十一·一	己酉	11.26	十二·一	戊寅	12.25
九·十一	庚申	10.8	十·十一	己丑	11.6	十一·十一	己未	12.6	十二·十一	戊子	1.4
九·二十一	庚午	10.18	十·二十一	己亥	11.16	十一·二十一	己巳	12.16	十二·二十一	戊戌	1.14

唐高宗永徽五年甲寅(654—655)

一·一	戊申	1.24	二·一	丁丑	2.22	三·一	丁未	3.24	四·一	丙子	4.22
一·十一	戊午	2.3	二·十一	丁亥	3.4	三·十一	丁巳	4.3	四·十一	丙戌	5.2
一·二十一	戊辰	2.13	二·二十一	丁酉	3.14	三·二十一	丁卯	4.13	四·二十一	丙申	5.12
五·一 丙午 5.22	闰五·一	乙亥 6.20	六·一	乙巳	7.20	七·一	甲戌	8.18	八·一	甲辰	9.17
五·十一 丙辰 6.1	闰五·十一	乙酉 6.30	六·十一	乙卯	7.30	七·十一	甲申	8.28	八·十一	甲寅	9.27
五·二十一 丙寅 6.11	闰五·二十一	乙未 7.10	六·二十一	乙丑	8.9	七·二十一	甲午	9.7	八·二十一	甲子	10.7
九·一	癸酉	10.16	十·一	癸卯	11.15	十一·一	癸酉	12.15	十二·一	壬寅	1.13
九·十一	癸未	10.26	十·十一	癸丑	11.25	十一·十一	癸未	12.25	十二·十一	壬子	1.23
九·二十一	癸巳	11.5	十·二十一	癸亥	12.5	十一·二十一	癸巳	1.4	十二·二十一	壬戌	2.2

唐高宗永徽六年乙卯(655—656)

一·一	壬申	2.12	二·一	辛丑	3.13	三·一	辛未	4.12	四·一	庚子	5.11
一·十一	壬午	2.22	二·十一	辛亥	3.23	三·十一	辛巳	4.22	四·十一	庚戌	5.21
一·二十一	壬辰	3.4	二·二十一	辛酉	4.2	三·二十一	辛卯	5.2	四·二十一	庚申	5.31
五·一	庚午	6.10	六·一	己亥	7.9	七·一	己巳	8.8	八·一	戊戌	9.6
五·十一	庚辰	6.20	六·十一	己酉	7.19	七·十一	己卯	8.18	八·十一	戊申	9.16
五·二十一	庚寅	6.30	六·二十一	己未	7.29	七·二十一	己丑	8.28	八·二十一	戊午	9.26
九·一	戊辰	10.6	十·一	丁酉	11.4	十一·一	丁卯	12.4	十二·一	丙申	1.2
九·十一	戊寅	10.16	十·十一	丁未	11.14	十一·十一	丁丑	12.14	十二·十一	丙午	1.12
九·二十一	戊子	10.26	十·二十一	丁巳	11.24	十一·二十一	丁亥	12.24	十二·二十一	丙辰	1.22

唐高宗显庆元年丙辰（656—657）

一·一　丙寅　2.1	二·一　乙未　3.1	三·一　乙丑　3.31	四·一　乙未　4.30
一·十一　丙子　2.11	二·十一　乙巳　3.11	三·十一　乙亥　4.10	四·十一　乙巳　5.10
一·二十一　丙戌　2.21	二·二十一　乙卯　3.21	三·二十一　乙酉　4.20	四·二十一　乙卯　5.20
五·一　甲子　5.29	六·一　甲午　6.28	七·一　癸亥　7.27	八·一　癸巳　8.26
五·十一　甲戌　6.8	六·十一　甲辰　7.8	七·十一　癸酉　8.6	八·十一　癸卯　9.5
五·二十一　甲申　6.18	六·二十一　甲寅　7.18	七·二十一　癸未　8.16	八·二十一　癸丑　9.15
九·一　壬戌　9.24	十·一　壬辰　10.24	十一·一　辛酉　11.22	十二·一　辛卯　12.22
九·十一　壬申　10.4	十·十一　壬寅　11.3	十一·十一　辛未　12.2	十二·十一　辛丑　1.1
九·二十一　壬午　10.14	十·二十一　壬子　11.13	十一·二十一　辛巳　12.12	十二·二十一　辛亥　1.11

唐高宗显庆二年丁巳（657—658）

一·一　庚申 1.20　闰一·一　庚寅 2.19	二·一　己未　3.20	三·一　己丑　4.19	四·一　戊午　5.18
一·十一　庚午 1.30　闰一·十一　庚子 3.1	二·十一　己巳　3.30	三·十一　己亥　4.29	四·十一　戊辰　5.28
一·二十一　庚辰 2.9　闰一·二十一　庚戌 3.11	二·二十一　己卯　4.9	三·二十一　己酉　5.9	四·二十一　戊寅　6.7
五·一　戊子　6.17	六·一　戊午　7.17	七·一　丁亥　8.15	八·一　丁巳　9.14
五·十一　戊戌　6.27	六·十一　戊辰　7.27	七·十一　丁酉　8.25	八·十一　丁卯　9.24
五·二十一　戊申　7.7	六·二十一　戊寅　8.6	七·二十一　丁未　9.4	八·二十一　丁丑　10.4
九·一　丙戌　10.13	十·一　丙辰　11.12	十一·一　乙酉　12.11	十二·一　乙卯　1.10
九·十一　丙申　10.23	十·十一　丙寅　11.22	十一·十一　乙未　12.21	十二·十一　乙丑　1.20
九·二十一　丙午　11.2	十·二十一　丙子　12.2	十一·二十一　乙巳　12.31	十二·二十一　乙亥　1.30

唐高宗显庆三年戊午（658—659）

一·一　甲申　2.8	二·一　甲寅　3.10	三·一　癸未　4.8	四·一　癸丑　5.8
一·十一　甲午　2.18	二·十一　甲子　3.20	三·十一　癸巳　4.18	四·十一　癸亥　5.18
一·二十一　甲辰　2.28	二·二十一　甲戌　3.30	三·二十一　癸卯　4.28	四·二十一　癸酉　5.28
五·一　壬午　6.6	六·一　壬子　7.6	七·一　辛巳　8.4	八·一　辛亥　9.3
五·十一　壬辰　6.16	六·十一　壬戌　7.16	七·十一　辛卯　8.14	八·十一　辛酉　9.13
五·二十一　壬寅　6.26	六·二十一　壬申　7.26	七·二十一　辛丑　8.24	八·二十一　辛未　9.23
九·一　庚辰　10.2	十·一　庚戌　11.1	十一·一　庚辰　12.1	十二·一　己酉　12.30
九·十一　庚寅　10.12	十·十一　庚申　11.11	十一·十一　庚寅　12.11	十二·十一　己未　1.9
九·二十一　庚子　10.22	十·二十一　庚午　11.21	十一·二十一　庚子　12.21	十二·二十一　己巳　1.19

唐高宗显庆四年己未（659—660）

一·一　己卯　1.29	二·一　戊申　2.27	三·一　戊寅　3.29	四·一　丁未　4.27
一·十一　己丑　2.8	二·十一　戊午　3.9	三·十一　戊子　4.8	四·十一　丁巳　5.7
一·二十一　己亥　2.18	二·二十一　戊辰　3.19	三·二十一　戊戌　4.18	四·二十一　丁卯　5.17
五·一　丁丑　5.27	六·一　丙午　6.25	七·一　丙子　7.25	八·一　乙巳　8.23
五·十一　丁亥　6.6	六·十一　丙辰　7.5	七·十一　丙戌　8.4	八·十一　乙卯　9.2
五·二十一　丁酉　6.16	六·二十一　丙寅　7.15	七·二十一　丙申　8.14	八·二十一　乙丑　9.12
九·一　乙亥　9.22	十·一　甲辰 10.21　闰十·一　甲戌 11.20	十一·一　癸卯　12.19	十二·一　癸酉　1.18
九·十一　乙酉　10.2	十·十一　甲寅 10.31　闰十·十一　甲申 11.30	十一·十一　癸丑　12.29	十二·十一　癸未　1.28
九·二十一　乙未　10.12	十·二十一　甲子 11.10　闰十·二十一　甲午 12.10	十一·二十一　癸亥　1.8	十二·二十一　癸巳　2.7

唐高宗显庆五年庚申（660—661）

一·一 壬寅 2.16	二·一 壬申 3.17	三·一 壬寅 4.16	四·一 辛未 5.15
一·十一 壬子 2.26	二·十一 壬午 3.27	三·十一 壬子 4.26	四·十一 辛巳 5.25
一·二十一 壬戌 3.7	二·二十一 壬辰 4.6	三·二十一 壬戌 5.6	四·二十一 辛卯 6.4
五·一 辛丑 6.14	六·一 庚午 7.13	七·一 庚子 8.12	八·一 己巳 9.10
五·十一 辛亥 6.24	六·十一 庚辰 7.23	七·十一 庚戌 8.22	八·十一 己卯 9.20
五·二十一 辛酉 7.4	六·二十一 庚寅 8.2	七·二十一 庚申 9.1	八·二十一 己丑 9.30
九·一 己亥 10.10	十·一 戊辰 11.8	十一·一 戊戌 12.8	十二·一 丁卯 1.6
九·十一 己酉 10.20	十·十一 戊寅 11.18	十一·十一 戊申 12.18	十二·十一 丁丑 1.16
九·二十一 己未 10.30	十·二十一 戊子 11.28	十一·二十一 戊午 12.28	十二·二十一 丁亥 1.26

唐高宗龙朔元年辛酉（661—662）

一·一 丁酉 2.5	二·一 丙寅 3.6	*三·一 丙申 4.5	四·一 乙丑 5.4
一·十一 丁未 2.15	二·十一 丙子 3.16	三·十一 丙午 4.15	四·十一 乙亥 5.14
一·二十一 丁巳 2.25	二·二十一 丙戌 3.26	三·二十一 丙辰 4.25	四·二十一 乙酉 5.24
五·一 乙未 6.3	六·一 乙丑 7.3	七·一 甲午 8.1	八·一 甲子 8.31
五·十一 乙巳 6.13	六·十一 乙亥 7.13	七·十一 甲辰 8.11	八·十一 甲戌 9.10
五·二十一 乙卯 6.23	六·二十一 乙酉 7.23	七·二十一 甲寅 8.21	八·二十一 甲申 9.20
九·一 癸巳 9.29	十·一 癸亥 10.29	十一·一 壬辰 11.27	十二·一 壬戌 12.27
九·十一 癸卯 10.9	十·十一 癸酉 11.8	十一·十一 壬寅 12.7	十二·十一 壬申 1.6
九·二十一 癸丑 10.19	十·二十一 癸未 11.18	十一·二十一 壬子 12.17	十二·二十一 壬午 1.16

* 本月改元“龙朔”。

唐高宗龙朔二年壬戌（662—663）

一·一 辛卯 1.25	二·一 辛酉 2.24	三·一 庚寅 3.25	四·一 庚申 4.24
一·十一 辛丑 2.4	二·十一 辛未 3.6	三·十一 庚子 4.4	四·十一 庚午 5.4
一·二十一 辛亥 2.14	二·二十一 辛巳 3.16	三·二十一 庚戌 4.14	四·二十一 庚辰 5.14
五·一 己丑 5.23	六·一 己未 6.22	七·一 戊子 7.21　闰七·一 戊午 8.20	八·一 丁亥 9.18
五·十一 己亥 6.2	六·十一 己巳 7.2	七·十一 戊戌 7.31　闰七·十一 戊辰 8.30	八·十一 丁酉 9.28
五·二十一 己酉 6.12	六·二十一 己卯 7.12	七·二十一 戊申 8.10　闰七·二十一 戊寅 9.9	八·二十一 丁未 10.8
九·一 丁巳 10.18	十·一 丁亥 11.17	十一·一 丙辰 12.16	十二·一 丙戌 1.15
九·十一 丁卯 10.28	十·十一 丁酉 11.27	十一·十一 丙寅 12.26	十二·十一 丙申 1.25
九·二十一 丁丑 11.7	十·二十一 丁未 12.7	十一·二十一 丙子 1.5	十二·二十一 丙午 2.4

唐高宗龙朔三年癸亥（663—664）

一·一 乙卯 2.13	二·一 乙酉 3.15	三·一 甲寅 4.13	四·一 甲申 5.13
一·十一 乙丑 2.23	二·十一 乙未 3.25	三·十一 甲子 4.23	四·十一 甲午 5.23
一·二十一 乙亥 3.5	二·二十一 乙巳 4.4	三·二十一 甲戌 5.3	四·二十一 甲辰 6.2
五·一 癸丑 6.11	六·一 癸未 7.11	七·一 壬子 8.9	八·一 壬午 9.8
五·十一 癸亥 6.21	六·十一 癸巳 7.21	七·十一 壬戌 8.19	八·十一 壬辰 9.18
五·二十一 癸酉 7.1	六·二十一 癸卯 7.31	七·二十一 壬申 8.29	八·二十一 壬寅 9.28
九·一 辛亥 10.7	十·一 辛巳 11.6	十一·一 庚戌 12.5	十二·一 庚辰 1.4
九·十一 辛酉 10.17	十·十一 辛卯 11.16	十一·十一 庚申 12.15	十二·十一 庚寅 1.14
九·二十一 辛未 10.27	十·二十一 辛丑 11.26	十一·二十一 庚午 12.25	十二·二十一 庚子 1.24

唐高宗麟德元年甲子(664—665)

一•一 己酉 2.2	二•一 己卯 3.3	三•一 己酉 4.2	四•一 戊寅 5.1
一•十一 己未 2.12	二•十一 己丑 3.13	三•十一 己未 4.12	四•十一 戊子 5.11
一•二十一 己巳 2.22	二•二十一 己亥 3.23	三•二十一 己巳 4.22	四•二十一 戊戌 5.21
五•一 戊申 5.31	六•一 丁丑 6.29	七•一 丁未 7.29	八•一 丙子 8.27
五•十一 戊午 6.10	六•十一 丁亥 7.9	七•十一 丁巳 8.8	八•十一 丙戌 9.6
五•二十一 戊辰 6.20	六•二十一 丁酉 7.19	七•二十一 丁卯 8.18	八•二十一 丙申 9.16
九•一 丙午 9.26	十•一 乙亥 10.25	十一•一 乙巳 11.24	十二•一 甲戌 12.23
九•十一 丙辰 10.6	十•十一 乙酉 11.4	十一•十一 乙卯 12.4	十二•十一 甲申 1.2
九•二十一 丙寅 10.16	十•二十一 乙未 11.14	十一•二十一 乙丑 12.14	十二•二十一 甲午 1.12

唐高宗麟德二年乙丑(665—666)

一•一 甲辰 1.22	二•一 癸酉 2.20	三•一 癸卯 3.22 闰三•一 壬申 4.20	四•一 壬寅 5.20
一•十一 甲寅 2.1	二•十一 癸未 3.2	三•十一 癸丑 4.1 闰三•十一 壬午 4.30	四•十一 壬子 5.30
一•二十一 甲子 2.11	二•二十一 癸巳 3.12	三•二十一 癸亥 4.11 闰三•二十一 壬辰 5.10	四•二十一 壬戌 6.9
*五•一 壬申 6.19	六•一 辛丑 7.18	七•一 辛未 8.17	八•一 庚子 9.15
五•十一 壬午 6.29	六•十一 辛亥 7.28	七•十一 辛巳 8.27	八•十一 庚戌 9.25
五•二十一 壬辰 7.9	六•二十一 辛酉 8.7	七•二十一 辛卯 9.6	八•二十一 庚申 10.5
九•一 庚午 10.15	十•一 己亥 11.13	十一•一 己巳 12.13	十二•一 戊戌 1.11
九•十一 庚辰 10.25	十•十一 己酉 11.23	十一•十一 己卯 12.23	十二•十一 戊申 1.21
九•二十一 庚寅 11.4	十•二十一 己未 12.3	十一•二十一 己丑 1.2	十二•二十一 戊午 1.31

*《目录》五月辛未朔。

唐高宗乾封元年丙寅(666—667)

一•一 戊辰 2.10	*二•一 戊戌 3.12	三•一 丁卯 4.10	四•一 丁酉 5.10
一•十一 戊寅 2.20	二•十一 戊申 3.22	三•十一 丁丑 4.20	四•十一 丁未 5.20
一•二十一 戊子 3.2	二•二十一 戊午 4.1	三•二十一 丁亥 4.30	四•二十一 丁巳 5.30
五•一 丙寅 6.8	六•一 丙申 7.8	七•一 乙丑 8.6	八•一 甲午 9.4
五•十一 丙子 6.18	六•十一 丙午 7.18	七•十一 乙亥 8.16	八•十一 甲辰 9.14
五•二十一 丙戌 6.28	六•二十一 丙辰 7.28	七•二十一 乙酉 8.26	八•二十一 甲寅 9.24
九•一 甲子 10.4	十•一 癸巳 11.2	十一•一 癸亥 12.2	十二•一 壬辰 12.31
九•十一 甲戌 10.14	十•十一 癸卯 11.12	十一•十一 癸酉 12.12	十二•十一 壬寅 1.10
九•二十一 甲申 10.24	十•二十一 癸丑 11.22	十一•二十一 癸未 12.22	十二•二十一 壬子 1.20

*《目录》二月丁酉朔。

唐高宗乾封二年丁卯(667—668)

一•一 壬戌 1.30	二•一 壬辰 3.1	三•一 辛酉 3.30	四•一 辛卯 4.29
一•十一 壬申 2.9	二•十一 壬寅 3.11	三•十一 辛未 4.9	四•十一 辛丑 5.9
一•二十一 壬午 2.19	二•二十一 壬子 3.21	三•二十一 辛巳 4.19	四•二十一 辛亥 5.19
五•一 辛酉 5.29	六•一 庚寅 6.27	七•一 庚申 7.27	八•一 己丑 8.25
五•十一 辛未 6.8	六•十一 庚子 7.7	七•十一 庚午 8.6	八•十一 己亥 9.4
五•二十一 辛巳 6.18	六•二十一 庚戌 7.17	七•二十一 庚辰 8.16	八•二十一 己酉 9.14
九•一 戊午 9.23	十•一 戊子 10.23	十一•一 丁巳 12.21	十二•一 丁亥 12.21 闰十二•一 丙辰 1.19
九•十一 戊辰 10.3	十•十一 戊戌 11.2	十一•十一 丁卯 12.1	十二•十一 丁酉 12.31 闰十二•十一 丙寅 1.29
九•二十一 戊寅 10.13	十•二十一 戊申 11.12	十一•二十一 丁丑 12.11	十二•二十一 丁未 1.10 闰十二•二十一 丙子 2.8

唐高宗总章元年戊辰（668—669）

一•一 丙戌 2.18	二•一 乙卯 3.18	*三•一 乙酉 4.17	四•一 乙卯 5.17
一•十一 丙申 2.28	二•十一 乙丑 3.28	三•十一 乙未 4.27	四•十一 乙丑 5.27
一•二十一 丙午 3.9	二•二十一 乙亥 4.7	三•二十一 乙巳 5.7	四•二十一 乙亥 6.6
五•一 甲申 6.15	六•一 甲寅 7.15	七•一 癸未 8.13	八•一 癸丑 9.12
五•十一 甲午 6.25	六•十一 甲子 7.25	七•十一 癸巳 8.23	八•十一 癸亥 9.22
五•二十一 甲辰 7.5	六•二十一 甲戌 8.4	七•二十一 癸卯 9.2	八•二十一 癸酉 10.2
九•一 壬午 10.11	十•一 壬子 11.10	十一•一 辛巳 12.9	十二•一 辛亥 1.8
九•十一 壬辰 10.21	十•十一 壬戌 11.20	十一•十一 辛卯 12.19	十二•十一 辛酉 1.18
九•二十一 壬寅 10.31	十•二十一 壬申 11.30	十一•二十一 辛丑 12.29	十二•二十一 辛未 1.28

* 本月改元“总章”。

唐高宗总章二年己巳（669—670）

一•一 庚辰 2.6	二•一 庚戌 3.8	三•一 己卯 4.6	四•一 己酉 5.6
一•十一 庚寅 2.16	二•十一 庚申 3.18	三•十一 己丑 4.16	四•十一 己未 5.16
一•二十一 庚子 2.26	二•二十一 庚午 3.28	三•二十一 己亥 4.26	四•二十一 己巳 5.26
五•一 戊寅 6.4	六•一 戊申 7.4	七•一 丁丑 8.2	八•一 丁未 9.1
五•十一 戊子 6.14	六•十一 戊午 7.14	七•十一 丁亥 8.12	八•十一 丁巳 9.11
五•二十一 戊戌 6.24	六•二十一 戊辰 7.24	七•二十一 丁酉 8.22	八•二十一 丁卯 9.21
九•一 丁丑 10.1	十•一 丙午 10.30	十一•一 丙子 11.29	十二•一 丙午 12.29
九•十一 丁亥 10.11	十•十一 丙辰 11.9	十一•十一 丙戌 12.9	十二•十一 丙辰 1.8
九•二十一 丁酉 10.21	十•二十一 丙寅 11.19	十一•二十一 丙申 12.19	十二•二十一 丙寅 1.18

唐高宗咸亨元年庚午（670—671）

一•一 乙亥 1.27	二•一 甲辰 2.25	*三•一 甲戌 3.27	四•一 癸卯 4.25
一•十一 乙酉 2.6	二•十一 甲寅 3.7	三•十一 甲申 4.6	四•十一 癸丑 5.5
一•二十一 乙未 2.16	二•二十一 甲子 3.17	三•二十一 甲午 4.16	四•二十一 癸亥 5.15
五•一 癸酉 5.25	六•一 壬寅 6.23	七•一 壬申 7.23	八•一 辛丑 8.21
五•十一 癸未 6.4	六•十一 壬子 7.3	七•十一 壬午 8.2	八•十一 辛亥 8.31
五•二十一 癸巳 6.14	六•二十一 壬戌 7.13	七•二十一 壬辰 8.12	八•二十一 辛酉 9.10
九•一 辛未 9.20　闰九•一 辛丑 10.20	十•一 庚午 11.18	十一•一 庚子 12.18	十二•一 庚午 1.17
九•十一 辛巳 9.30　闰九•十一 辛亥 10.30	十•十一 庚辰 11.28	十一•十一 庚戌 12.28	十二•十一 庚辰 1.27
九•二十一 辛卯 10.10　闰九•二十一 辛酉 11.9	十•二十一 庚寅 12.8	十一•二十一 庚申 1.7	十二•二十一 庚寅 2.6

* 本月改元“咸亨”。

唐高宗咸亨二年辛未（671—672）

一•一 己亥 2.15	二•一 戊辰 3.16	三•一 戊戌 4.15	四•一 丁卯 5.14
一•十一 己酉 2.25	二•十一 戊寅 3.26	三•十一 戊申 4.25	四•十一 丁丑 5.24
一•二十一 己未 3.7	二•二十一 戊子 4.5	三•二十一 戊午 5.5	四•二十一 丁亥 6.3
五•一 丙申 6.12	六•一 丙寅 7.12	七•一 乙未 8.10	八•一 乙丑 9.9
五•十一 丙午 6.22	六•十一 丙子 7.22	七•十一 乙巳 8.20	八•十一 乙亥 9.19
五•二十一 丙辰 7.2	六•二十一 丙戌 8.1	七•二十一 乙卯 8.30	八•二十一 乙酉 9.29
九•一 乙未 10.9	十•一 甲子 11.7	十一•一 甲午 12.7	十二•一 甲子 1.6
九•十一 乙巳 10.19	十•十一 甲戌 11.17	十一•十一 甲辰 12.17	十二•十一 甲戌 1.16
九•二十一 乙卯 10.29	十•二十一 甲申 11.27	十一•二十一 甲寅 12.27	十二•二十一 甲申 1.26

唐高宗咸亨三年壬申(672—673)

一·一	甲午	2.5	二·一	癸亥	3.5	三·一	癸巳	4.4	四·一	壬戌	5.3
一·十一	甲辰	2.15	二·十一	癸酉	3.15	三·十一	癸卯	4.14	四·十一	壬申	5.13
一·二十一	甲寅	2.25	二·二十一	癸未	3.25	三·二十一	癸丑	4.24	四·二十一	壬午	5.23
五·一	辛卯	6.1	六·一	庚申	6.30	七·一	庚寅	7.30	八·一	己未	8.28
五·十一	辛丑	6.11	六·十一	庚午	7.10	七·十一	庚子	8.9	八·十一	己巳	9.7
五·二十一	辛亥	6.21	六·二十一	庚辰	7.20	七·二十一	庚戌	8.19	八·二十一	己卯	9.17
九·一	己丑	9.27	十·一	戊午	10.26	十一·一	戊子	11.25	十二·一	戊午	12.25
九·十一	己亥	10.7	十·十一	戊辰	11.5	十一·十一	戊戌	12.5	十二·十一	戊辰	1.4
九·二十一	己酉	10.17	十·二十一	戊寅	11.15	十一·二十一	戊申	12.15	十二·二十一	戊寅	1.14

唐高宗咸亨四年癸酉(673—674)

一·一	戊子	1.24	二·一	丁巳	2.22	三·一	丁亥	3.24	四·一	丙辰	4.22
一·十一	戊戌	2.3	二·十一	丁卯	3.4	三·十一	丁酉	4.3	四·十一	丙寅	5.2
一·二十一	戊申	2.13	二·二十一	丁丑	3.14	三·二十一	丁未	4.13	四·二十一	丙子	5.12
五·一	丙戌	5.22 闰五·一 乙卯 6.20	六·一	甲申	7.19	七·一	甲寅	8.18	八·一	癸未	9.16
五·十一	丙申	6.1 闰五·十一 乙丑 6.30	六·十一	甲午	7.29	七·十一	甲子	8.28	八·十一	癸巳	9.26
五·二十一	丙午	6.11 闰五·二十一 乙亥 7.10	六·二十一	甲辰	8.8	七·二十一	甲戌	9.7	八·二十一	癸卯	10.6
九·一	癸丑	10.16	十·一	壬午	11.14	十一·一	壬子	12.14	十二·一	壬午	1.13
九·十一	癸亥	10.26	十·十一	壬辰	11.24	十一·十一	壬戌	12.24	十二·十一	壬辰	1.23
九·二十一	癸酉	11.5	十·二十一	壬寅	12.4	十一·二十一	壬申	1.3	十二·二十一	壬寅	2.2

唐高宗上元元年甲戌(674—675)

一·一	壬子	2.12	二·一	辛巳	3.13	三·一	辛亥	4.12	四·一	庚辰	5.11
一·十一	壬戌	2.22	二·十一	辛卯	3.23	三·十一	辛酉	4.22	四·十一	庚寅	5.21
一·二十一	壬申	3.4	二·二十一	辛丑	4.2	三·二十一	辛未	5.2	四·二十一	庚子	5.31
五·一	庚戌	6.10	六·一	己卯	7.9	七·一	戊申	8.7	*八·一	戊寅	9.6
五·十一	庚申	6.20	六·十一	己丑	7.19	七·十一	戊午	8.17	八·十一	戊子	9.16
五·二十一	庚午	6.30	六·二十一	己亥	7.29	七·二十一	戊辰	8.27	八·二十一	戊戌	9.26
九·一	丁未	10.5	十·一	丁丑	11.4	十一·一	丙午	12.3	十二·一	丙子	1.2
九·十一	丁巳	10.15	十·十一	丁亥	11.14	十一·十一	丙辰	12.13	十二·十一	丙戌	1.12
九·二十一	丁卯	10.25	十·二十一	丁酉	11.24	十一·二十一	丙寅	12.23	十二·二十一	丙申	1.22

* 本月改元“上元”。

唐高宗上元二年乙亥(675—676)

一·一	丙午	2.1	二·一	乙亥	3.2	三·一	乙巳	4.1	四·一	乙亥	5.1
一·十一	丙辰	2.11	二·十一	乙酉	3.12	三·十一	乙卯	4.11	四·十一	乙酉	5.11
一·二十一	丙寅	2.21	二·二十一	乙未	3.22	三·二十一	乙丑	4.21	四·二十一	乙未	5.21
五·一	甲辰	5.30	六·一	甲戌	6.29	七·一	癸卯	7.28	八·一	壬申	8.26
五·十一	甲寅	6.9	六·十一	甲申	7.9	七·十一	癸丑	8.7	八·十一	壬午	9.5
五·二十一	甲子	6.19	六·二十一	甲午	7.19	七·二十一	癸亥	8.17	八·二十一	壬辰	9.15
九·一	壬寅	9.25	十·一	辛未	10.24	十一·一	辛丑	11.23	十二·一	庚午	12.22
九·十一	壬子	10.5	十·十一	辛巳	11.3	十一·十一	辛亥	12.3	十二·十一	庚辰	1.1
九·二十一	壬戌	10.15	十·二十一	辛卯	11.13	十一·二十一	辛酉	12.13	十二·二十一	庚寅	1.11

唐高宗仪凤元年丙子(676—677)

一・一　庚子　1.21	二・一　己巳　2.19	三・一　己亥 3.20　闰三・一　己巳 4.19	四・一　戊戌　5.18
一・十一　庚戌　1.31	二・十一　己卯　2.29	三・十一　己酉 3.30　闰三・十一　己卯 4.29	四・十一　戊申　5.28
一・二十一　庚申　2.10	二・二十一　己丑　3.10	三・二十一己未 4.9　闰三・二十一己丑 5.9	四・二十一　戊午　6.7
五・一　戊辰　6.17	六・一　丁酉　7.16	七・一　丁卯　8.15	八・一　丙申　9.13
五・十一　戊寅　6.27	六・十一　丁未　7.26	七・十一　丁丑　8.25	八・十一　丙午　9.23
五・二十一　戊子　7.7	六・二十一　丁巳　8.5	七・二十一　丁亥　9.4	八・二十一　丙辰　10.3
九・一　丙寅　10.13	十・一　乙未　11.11	*十一・一　乙丑　12.11	十二・一　甲午　1.9
九・十一　丙子　10.23	十・十一　乙巳　11.21	十一・十一　乙亥　12.21	十二・十一　甲辰　1.19
九・二十一　丙戌　11.2	十・二十一　乙卯　12.1	十一・二十一　乙酉　12.31	十二・二十一　甲寅　1.29

＊ 本月改元“仪凤”。

唐高宗仪凤二年丁丑(677—678)

一・一　甲子　2.8	二・一　癸巳　3.9	三・一　癸亥　4.8	四・一　壬辰　5.7
一・十一　甲戌　2.18	二・十一　癸卯　3.19	三・十一　癸酉　4.18	四・十一　壬寅　5.17
一・二十一　甲申　2.28	二・二十一　癸丑　3.29	三・二十一　癸未　4.28	四・二十一　壬子　5.27
五・一　壬戌　6.6	六・一　壬辰　7.6	七・一　辛酉　8.4	八・一　辛卯　9.3
五・十一　壬申　6.16	六・十一　壬寅　7.16	七・十一　辛未　8.14	八・十一　辛丑　9.13
五・二十一　壬午　6.26	六・二十一　壬子　7.26	七・二十一　辛巳　8.24	八・二十一　辛亥　9.23
九・一　庚申　10.2	十・一　庚寅　11.1	十一・一　己未　11.30	十二・一　己丑　12.30
九・十一　庚午　10.12	十・十一　庚子　11.11	十一・十一　己巳　12.10	十二・十一　己亥　1.9
九・二十一　庚辰　10.22	十・二十一　庚戌　11.21	十一・二十一　己卯　12.20	十二・二十一　己酉　1.19

唐高宗仪凤三年戊寅(678—679)

*一・一　戊午　1.28	二・一　戊子　2.27	三・一　丁巳　3.28	四・一　丁亥　4.27
一・十一　戊辰　2.7	二・十一　戊戌　3.9	三・十一　丁卯　4.7	四・十一　丁酉　5.7
一・二十一　戊寅　2.17	二・二十一　戊申　3.19	三・二十一　丁丑　4.17	四・二十一　丁未　5.17
五・一　丙辰　5.26	六・一　丙戌　6.25	七・一　乙卯　7.24	八・一　乙酉　8.23
五・十一　丙寅　6.5	六・十一　丙申　7.5	七・十一　乙丑　8.3	八・十一　乙未　9.2
五・二十一　丙子　6.15	六・二十一　丙午　7.15	七・二十一　乙亥　8.13	八・二十一　乙巳　9.12
九・一　乙卯　9.22	十・一　甲申　10.21	十一・一　甲寅 11.20　闰十一・一　癸未 12.19	十二・一　癸丑　1.18
九・十一　乙丑　10.2	十・十一　甲午　10.31	十一・十一　甲子 11.30　闰十一・十一　癸巳 12.29	十二・十一　癸亥　1.28
九・二十一　乙亥　10.12	十・二十一　甲辰　11.10	十一・二十一甲戌 12.10　闰十一・二十一癸卯 1.8	十二・二十一　癸酉　2.7

＊《目录》正月己未朔。

唐高宗调露元年己卯(679—680)

一・一　壬午　2.16	二・一　壬子　3.18	三・一　辛巳　4.16	*四・一　庚戌　5.15
一・十一　壬辰　2.26	二・十一　壬戌　3.28	三・十一　辛卯　4.26	四・十一　庚申　5.25
一・二十一　壬寅　3.8	二・二十一　壬申　4.7	三・二十一　辛丑　5.6	四・二十一　庚午　6.4
五・一　庚辰　6.14	**六・一　己酉　7.13	七・一　己卯　8.12	八・一　己酉　9.11
五・十一　庚寅　6.24	六・十一　己未　7.23	七・十一　己丑　8.22	八・十一　己未　9.21
五・二十一　庚子　7.4	六・二十一　己巳　8.2	七・二十一　己亥　9.1	八・二十一　己巳　10.1
九・一　戊寅　10.10	十・一　戊申　11.9	十一・一　戊寅　12.9	十二・一　丁未　1.7
九・十一　戊子　10.20	十・十一　戊午　11.19	十一・十一　戊子　12.19	十二・十一　丁巳　1.17
九・二十一　戊戌　10.30	十・二十一　戊辰　11.29	十一・二十一　戊戌　12.29	十二・二十一　丁卯　1.27

＊《目录》四月辛亥朔。　＊＊ 本月改元“调露”。

唐高宗永隆元年庚辰(680—681)

一·一	丁丑	2.6	二·一	丙午	3.6	三·一	丙子	4.5	四·一	乙巳	5.4
一·十一	丁亥	2.16	二·十一	丙辰	3.16	三·十一	丙戌	4.15	四·十一	乙卯	5.14
一·二十一	丁酉	2.26	二·二十一	丙寅	3.26	三·二十一	丙申	4.25	四·二十一	乙丑	5.24
五·一	甲戌	6.2	六·一	甲辰	7.2	七·一	癸酉	7.31	*八·一	癸卯	8.30
五·十一	甲申	6.12	六·十一	甲寅	7.12	七·十一	癸未	8.10	八·十一	癸丑	9.9
五·二十一	甲午	6.22	六·二十一	甲子	7.22	七·二十一	癸巳	8.20	八·二十一	癸亥	9.19
九·一	壬申	9.28	十·一	壬寅	10.28	十一·一	壬申	11.27	十二·一	壬寅	12.27
九·十一	壬午	10.8	十·十一	壬子	11.7	十一·十一	壬午	12.7	十二·十一	壬子	1.6
九·二十一	壬辰	10.18	十·二十一	壬戌	11.17	十一·二十一	壬辰	12.17	十二·二十一	壬戌	1.16

＊本月改元“永隆”。

唐高宗开耀元年辛巳(681—682)

一·一	辛未	1.25	二·一	辛丑	2.24	三·一	庚午	3.25	四·一	庚子	4.24
一·十一	辛巳	2.4	二·十一	辛亥	3.6	三·十一	庚辰	4.4	四·十一	庚戌	5.4
一·二十一	辛卯	2.14	二·二十一	辛酉	3.16	三·二十一	庚寅	4.14	四·二十一	庚申	5.14
五·一	己巳	5.23	六·一	戊戌	6.21	七·一 戊辰 7.21	闰七·一	丁酉 8.19	八·一	丁卯	9.18
五·十一	己卯	6.2	六·十一	戊申	7.1	七·十一 戊寅 7.31	闰七·十一	丁未 8.29	八·十一	丁丑	9.28
五·二十一	己丑	6.12	六·二十一	戊午	7.11	七·二十一 戊子 8.10	闰七·二十一	丁巳 9.8	八·二十一	丁亥	10.8
九·一	丙申	10.17	*十·一	丙寅	11.16	十一·一	丙申	12.16	十二·一	丙寅	1.15
九·十一	丙午	10.27	十·十一	丙子	11.26	十一·十一	丙午	12.26	十二·十一	丙子	1.25
九·二十一	丙辰	11.6	十·二十一	丙戌	12.6	十一·二十一	丙辰	1.5	十二·二十一	丙戌	2.4

＊本月改元“开耀”。

唐高宗永淳元年壬午(682—683)

一·一	乙未	2.13	*二·一	乙丑	3.15	三·一	甲午	4.13	四·一	甲子	5.13
一·十一	乙巳	2.23	二·十一	乙亥	3.25	三·十一	甲辰	4.23	四·十一	甲戌	5.23
一·二十一	乙卯	3.5	二·二十一	乙酉	4.4	三·二十一	甲寅	5.3	四·二十一	甲申	6.2
五·一	癸巳	6.11	六·一	壬戌	7.10	七·一	壬辰	8.9	八·一	辛酉	9.7
五·十一	癸卯	6.21	六·十一	壬申	7.20	七·十一	壬寅	8.19	八·十一	辛未	9.17
五·二十一	癸丑	7.1	六·二十一	壬午	7.30	七·二十一	壬子	8.29	八·二十一	辛巳	9.27
九·一	庚寅	10.6	十·一	庚申	11.5	十一·一	庚寅	12.5	十二·一	己未	1.3
九·十一	庚子	10.16	十·十一	庚午	11.15	十一·十一	庚子	12.15	十二·十一	己巳	1.13
九·二十一	庚戌	10.26	十·二十一	庚辰	11.25	十一·二十一	庚戌	12.25	十二·二十一	己卯	1.23

＊本月改元“永淳”。

唐高宗弘道元年癸未(683—684)

一·一	己丑	2.2	二·一	己未	3.4	三·一	己丑	4.3	四·一	戊午	5.2
一·十一	己亥	2.12	二·十一	己巳	3.14	三·十一	己亥	4.13	四·十一	戊辰	5.12
一·二十一	己酉	2.22	二·二十一	己卯	3.24	三·二十一	己酉	4.23	四·二十一	戊寅	5.22
五·一	戊子	6.1	六·一	丁巳	6.30	七·一	丙戌	7.29	八·一	丙辰	8.28
五·十一	戊戌	6.11	六·十一	丁卯	7.10	七·十一	丙申	8.8	八·十一	丙寅	9.7
五·二十一	戊申	6.21	六·二十一	丁丑	7.20	七·二十一	丙午	8.18	八·二十一	丙子	9.17
九·一	乙酉	9.26	十·一	甲寅	10.25	十一·一	甲申	11.24	*十二·一	甲寅	12.24
九·十一	乙未	10.6	十·十一	甲子	11.4	十一·十一	甲午	12.4	十二·十一	甲子	1.3
九·二十一	乙巳	10.16	十·二十一	甲戌	11.14	十一·二十一	甲辰	12.14	十二·二十一	甲戌	1.13

＊本月改元“弘道”。

唐武则天光宅元年甲申(684—685)

*一·一	甲申	1.23	**二·一	癸丑	2.21	三·一	癸未	3.22	四·一	壬子	4.20
一·十一	甲午	2.2	二·十一	癸亥	3.2	三·十一	癸巳	4.1	四·十一	壬戌	4.30
一·二十一	甲辰	2.12	二·二十一	癸酉	3.12	三·二十一	癸卯	4.11	四·二十一	壬申	5.10
五·一	壬午	5.20 闰五·一 壬子6.19	六·一	辛巳	7.18	七·一	庚戌	8.16	八·一	庚辰	9.15
五·十一	壬辰	5.30 闰五·十一 壬戌6.29	六·十一	辛卯	7.28	七·十一	庚申	8.26	八·十一	庚寅	9.25
五·二十一	壬寅	6.9 闰五·二十一 壬申7.9	六·二十一	辛丑	8.7	七·二十一	庚午	9.5	八·二十一	庚子	10.5
***九·一	己酉	10.14	十·一	己卯	11.13	十一·一	戊申	12.12	十二·一	戊寅	1.11
九·十一	己未	10.24	十·十一	己丑	11.23	十一·十一	戊午	12.22	十二·十一	戊子	1.21
九·二十一	己巳	11.3	十·二十一	己亥	12.3	十一·二十一	戊辰	1.1	十二·二十一	戊戌	1.31

* 弘道元年十二月中宗即位,本月改元“嗣圣”,旋被废。　** 本月睿宗即位,改元“文明”。　*** 本月武则天改元“光宅”。

唐武则天垂拱元年乙酉(685—686)

一·一	丁未	2.9	二·一	丁丑	3.11	三·一	丙午	4.9	四·一	丙子	5.9
一·十一	丁巳	2.19	二·十一	丁亥	3.21	三·十一	丙辰	4.19	四·十一	丙戌	5.19
一·二十一	丁卯	3.1	二·二十一	丁酉	3.31	三·二十一	丙寅	4.29	四·二十一	丙申	5.29
五·一	丙午	6.8	六·一	乙亥	7.7	七·一	乙巳	8.6	八·一	甲戌	9.4
五·十一	丙辰	6.18	六·十一	乙酉	7.17	七·十一	乙卯	8.16	八·十一	甲申	9.14
五·二十一	丙寅	6.28	六·二十一	乙未	7.27	七·二十一	乙丑	8.26	八·二十一	甲午	9.24
九·一	甲辰	10.4	十·一	癸酉	11.2	十一·一	癸卯	12.2	十二·一	壬申	12.31
九·十一	甲寅	10.14	十·十一	癸未	11.12	十一·十一	癸丑	12.12	十二·十一	壬午	1.10
九·二十一	甲子	10.24	十·二十一	癸巳	11.22	十一·二十一	癸亥	12.22	十二·二十一	壬辰	1.20

唐武则天垂拱二年丙戌(686—687)

一·一	壬寅	1.30	二·一	辛未	2.28	三·一	辛丑	3.30	四·一	庚午	4.28
一·十一	壬子	2.9	二·十一	辛巳	3.10	三·十一	辛亥	4.9	四·十一	庚辰	5.8
一·二十一	壬戌	2.19	二·二十一	辛卯	3.20	三·二十一	辛酉	4.19	四·二十一	庚寅	5.18
五·一	庚子	5.28	六·一	己巳	6.26	七·一	己亥	7.26	八·一	己巳	8.25
五·十一	庚戌	6.7	六·十一	己卯	7.6	七·十一	己酉	8.5	八·十一	己卯	9.4
五·二十一	庚申	6.17	六·二十一	己丑	7.16	七·二十一	己未	8.15	八·二十一	己丑	9.14
九·一	戊戌	9.23	十·一	戊辰	10.23	十一·一	丁酉	11.21	十二·一	丁卯	12.21
九·十一	戊申	10.3	十·十一	戊寅	11.2	十一·十一	丁未	12.1	十二·十一	丁丑	12.31
九·二十一	戊午	10.13	十·二十一	戊子	11.12	十一·二十一	丁巳	12.11	十二·二十一	丁亥	1.10

唐武则天垂拱三年丁亥(687—688)

一·一	丙申	1.19 闰一·一 丙寅2.18	二·一	乙未	3.19	三·一	乙丑	4.18	四·一	甲午	5.17
一·十一	丙午	1.29 闰一·十一 丙子2.28	二·十一	乙巳	3.29	三·十一	乙亥	4.28	四·十一	甲辰	5.27
一·二十一	丙辰	2.8 闰一·二十一 丙戌3.10	二·二十一	乙卯	4.8	三·二十一	乙酉	5.8	四·二十一	甲寅	6.6
五·一	甲子	6.16	六·一	癸巳	7.15	七·一	癸亥	8.14	八·一	壬辰	9.12
五·十一	甲戌	6.26	六·十一	癸卯	7.25	七·十一	癸酉	8.24	八·十一	壬寅	9.22
五·二十一	甲申	7.6	六·二十一	癸丑	8.4	七·二十一	癸未	9.3	八·二十一	壬子	10.2
九·一	壬戌	10.12	十·一	壬辰	11.11	十一·一	辛酉	12.10	十二·一	辛卯	1.9
九·十一	壬申	10.22	十·十一	壬寅	11.21	十一·十一	辛未	12.20	十二·十一	辛丑	1.19
九·二十一	壬午	11.1	十·二十一	壬子	12.1	十一·二十一	辛巳	12.30	十二·二十一	辛亥	1.29

唐武则天垂拱四年戊子(688—689)

一·一	庚申	2.7	二·一	庚寅	3.8	三·一	己未	4.6	四·一	戊子	5.5
一·十一	庚午	2.17	二·十一	庚子	3.18	三·十一	己巳	4.16	四·十一	戊戌	5.15
一·二十一	庚辰	2.27	二·二十一	庚戌	3.28	三·二十一	己卯	4.26	四·二十一	戊申	5.25
五·一	戊午	6.4	六·一	丁亥	7.3	七·一	丁巳	8.2	八·一	丙戌	8.31
五·十一	戊辰	6.14	六·十一	丁酉	7.13	七·十一	丁卯	8.12	八·十一	丙申	9.10
五·二十一	戊寅	6.24	六·二十一	丁未	7.23	七·二十一	丁丑	8.22	八·二十一	丙午	9.20
九·一	丙辰	9.30	十·一	丙戌	10.30	十一·一	丙辰	11.29	十二·一	乙酉	12.28
九·十一	丙寅	10.10	十·十一	丙申	11.9	十一·十一	丙寅	12.9	十二·十一	乙未	1.7
九·二十一	丙子	10.20	十·二十一	丙午	11.19	十一·二十一	丙子	12.19	十二·二十一	乙巳	1.17

唐武则天载初元年己丑(689—690)

*一·一	乙卯	1.27	二·一	甲申	2.25	三·一	甲寅	3.27	四·一	癸未	4.25
一·十一	乙丑	2.6	二·十一	甲午	3.7	三·十一	甲子	4.6	四·十一	癸巳	5.5
一·二十一	乙亥	2.16	二·二十一	甲辰	3.17	三·二十一	甲戌	4.16	四·二十一	癸卯	5.15
五·一	壬子	5.24	六·一	壬午	6.23	七·一	辛亥	7.22	八·一	辛巳	8.21
五·十一	壬戌	6.3	六·十一	壬辰	7.3	七·十一	辛酉	8.1	八·十一	辛卯	8.31
五·二十一	壬申	6.13	六·二十一	壬寅	7.13	七·二十一	辛未	8.11	八·二十一	辛丑	9.10
九·一 庚戌 9.19 闰九·一 庚辰 10.19			十·一	庚戌	11.18	**十一·一	庚辰	12.18	十二·一	己酉	1.16
九·十一 庚申 9.29 闰九·十一 庚寅 10.29			十·十一	庚申	11.28	十一·十一	庚寅	12.28	十二·十一	己未	1.26
九·二十一 庚午 10.9 闰九·二十一 庚子 11.8			十·二十一	庚午	12.8	十一·二十一	庚子	1.7	十二·二十一	己巳	2.5

* 本月改元“永昌”。 ** 改用子正,以本月为“载初”元年正月,下同。

周武则天天授元年庚寅(690—691)

一·一	己卯	2.15	二·一	戊申	3.16	三·一	戊寅	4.15	四·一	丁未	5.14
一·十一	己丑	2.25	二·十一	戊午	3.26	三·十一	戊子	4.25	四·十一	丁巳	5.24
一·二十一	己亥	3.7	二·二十一	戊辰	4.5	三·二十一	戊戌	5.5	四·二十一	丁卯	6.3
五·一	丙子	6.12	六·一	丙午	7.12	七·一	乙亥	8.10	八·一	甲辰	9.8
五·十一	丙戌	6.22	六·十一	丙辰	7.22	七·十一	乙酉	8.20	八·十一	甲寅	9.18
五·二十一	丙申	7.2	六·二十一	丙寅	8.1	七·二十一	乙未	8.30	八·二十一	甲子	9.28
*九·一	甲戌	10.8	十·一	甲辰	11.7	十一·一	癸酉	12.6	十二·一	癸卯	1.5
九·十一	甲申	10.18	十·十一	甲寅	11.17	十一·十一	癸未	12.16	十二·十一	癸丑	1.15
九·二十一	甲午	10.28	十·二十一	甲子	11.27	十一·二十一	癸巳	12.26	十二·二十一	癸亥	1.25

* 本月武则天改国号为“周”,改元“天授”。

周武则天天授二年辛卯(691—692)

一·一	癸酉	2.4	二·一	癸卯	3.6	三·一	壬申	4.4	四·一	壬寅	5.4
一·十一	癸未	2.14	二·十一	癸丑	3.16	三·十一	壬午	4.14	四·十一	壬子	5.14
一·二十一	癸巳	2.24	二·二十一	癸亥	3.26	三·二十一	壬辰	4.24	四·二十一	壬戌	5.24
五·一	辛未	6.2	六·一	庚子	7.1	七·一	庚午	7.31	八·一	己亥	8.29
五·十一	辛巳	6.12	六·十一	庚戌	7.11	七·十一	庚辰	8.10	八·十一	己酉	9.8
五·二十一	辛卯	6.22	六·二十一	庚申	7.21	七·二十一	庚寅	8.20	八·二十一	己未	9.18
九·一	戊辰	9.27	十·一	戊戌	10.27	十一·一	戊辰	11.26	十二·一	丁酉	12.25
九·十一	戊寅	10.7	十·十一	戊申	11.6	十一·十一	戊寅	12.6	十二·十一	丁未	1.4
九·二十一	戊子	10.17	十·二十一	戊午	11.16	十一·二十一	戊子	12.16	十二·二十一	丁巳	1.14

周武则天长寿元年壬辰(692—693)

一・一 丁卯 1.24	二・一 丁酉 2.23	三・一 丁卯 3.24	*四・一 丙申 4.22
一・十一 丁丑 2.3	二・十一 丁未 3.4	三・十一 丁丑 4.3	四・十一 丙午 5.2
一・二十一 丁亥 2.13	二・二十一 丁巳 3.14	三・二十一 丁亥 4.13	四・二十一 丙辰 5.12
五・一 丙寅5.22 闰五・一 乙未6.20	六・一 甲子 7.19	七・一 甲午 8.18	八・一 癸亥 9.16
五・十一 丙子6.1 闰五・十一 乙巳6.30	六・十一 甲戌 7.29	七・十一 甲辰 8.28	八・十一 癸酉 9.26
五・二十一丙戌6.11 闰五・二十一乙卯7.10	六・二十一 甲申 8.8	七・二十一 甲寅 9.7	八・二十一 癸未 10.6
**九・一 壬辰 10.15	十・一 壬戌 11.14	十一・一 壬辰 12.14	十二・一 辛酉 1.12
九・十一 壬寅 10.25	十・十一 壬申 11.24	十一・十一 壬寅 12.24	十二・十一 辛未 1.22
九・二十一 壬子 11.4	十・二十一 壬午 12.4	十一・二十一 壬子 1.3	十二・二十一 辛巳 2.1

* 本月改元“如意”。 ** 本月改元“长寿”。

周武则天长寿二年癸巳(693—694)

一・一 辛卯 2.11	二・一 辛酉 3.13	三・一 庚寅 4.11	四・一 庚申 5.11
一・十一 辛丑 2.21	二・十一 辛未 3.23	三・十一 庚子 4.21	四・十一 庚午 5.21
一・二十一 辛亥 3.3	二・二十一 辛巳 4.2	三・二十一 庚戌 5.1	四・二十一 庚辰 5.31
五・一 己丑 6.9	六・一 己未 7.9	七・一 戊子 8.7	八・一 戊午 9.6
五・十一 己亥 6.19	六・十一 己巳 7.19	七・十一 戊戌 8.17	八・十一 戊辰 9.16
五・二十一 己酉 6.29	六・二十一 己卯 7.29	七・二十一 戊申 8.27	八・二十一 戊寅 9.26
九・一 丁亥 10.5	十・一 丁巳 11.4	十一・一 丙戌 12.3	十二・一 丙辰 1.2
九・十一 丁酉 10.15	十・十一 丁卯 11.14	十一・十一 丙申 12.13	十二・十一 丙寅 1.12
九・二十一 丁未 10.25	十・二十一 丁丑 11.24	十一・二十一 丙午 12.23	十二・二十一 丙子 1.22

周武则天延载元年甲午(694—695)

一・一 乙酉 1.31	二・一 乙卯 3.2	三・一 甲申 3.31	四・一 甲寅 4.30
一・十一 乙未 2.10	二・十一 乙丑 3.12	三・十一 甲午 4.10	四・十一 甲子 5.10
一・二十一 乙巳 2.20	二・二十一 乙亥 3.22	三・二十一 甲辰 4.20	四・二十一 甲戌 5.20
*五・一 甲申 5.30	六・一 癸丑 6.28	七・一 癸未 7.28	八・一 壬子 8.26
五・十一 甲午 6.9	六・十一 癸亥 7.8	七・十一 癸巳 8.7	八・十一 壬戌 9.5
五・二十一 甲辰 9.19	六・二十一 癸酉 7.18	七・二十一 癸卯 8.17	八・二十一 壬申 9.15
九・一 壬午 9.25	十・一 辛亥 10.24	十一・一 辛巳 12.23	十二・一 庚戌 12.22
九・十一 壬辰 10.5	十・十一 辛酉 11.3	十一・十一 辛卯 12.3	十二・十一 庚申 1.1
九・二十一 壬寅 10.15	十・二十一 辛未 11.13	十一・二十一 辛丑 12.13	十二・二十一 庚午 1.11

* 本月改元“延载”。

周武则天天册万岁元年乙未(695—696)

*一・一 庚辰 1.21	二・一 己酉2.19 闰二・一 己卯3.21	三・一 戊申 4.19	四・一 戊寅 5.19
一・十一 庚寅 1.31	二・十一 己未3.1 闰二・十一 己丑3.31	三・十一 戊午 4.29	四・十一 戊子 5.29
一・二十一 庚子 2.10	二・二十一己巳3.11 闰二・二十一己亥4.10	三・二十一 戊辰 5.9	四・二十一 戊戌 6.8
五・一 丁未 6.17	六・一 丁丑 7.17	七・一 丁未 8.16	八・一 丙子 9.14
五・十一 丁巳 6.27	六・十一 丁亥 7.27	七・十一 丁巳 8.26	八・十一 丙戌 9.24
五・二十一 丁卯 7.7	六・二十一 丁酉 8.6	七・二十一 丁卯 9.5	八・二十一 丙申 10.4
**九・一 丙午 10.14	十・一 乙亥 11.12	十一・一 乙巳 12.12	***十二・一 甲戌 1.10
九・十一 丙辰 10.24	十・十一 乙酉 11.22	十一・十一 乙卯 12.22	十二・十一 甲申 1.20
九・二十一 丙寅 11.3	十・二十一 乙未 12.2	十一・二十一 乙丑 1.1	十二・二十一 甲午 1.30

* 本月改元“证圣”。 ** 本月改元“天册万岁”。 *** 本月改元“万岁登封”。

周武则天万岁通天元年丙申(696—697)

一•一	甲辰	2.9	二•一	癸酉	3.9	*三•一	壬寅	4.7	四•一	壬申	5.7
一•十一	甲寅	2.19	二•十一	癸未	3.19	三•十一	壬子	4.17	四•十一	壬午	5.17
一•二十一	甲子	2.29	二•二十一	癸巳	3.29	三•二十一	壬戌	4.27	四•二十一	壬辰	5.27
五•一	辛丑	6.5	六•一	辛未	7.5	七•一	辛丑	8.4	八•一	庚午	9.2
五•十一	辛亥	6.15	六•十一	辛巳	7.15	七•十一	辛亥	8.14	八•十一	庚辰	9.12
五•二十一	辛酉	6.25	六•二十一	辛卯	7.25	七•二十一	辛酉	8.24	八•二十一	庚寅	9.22
九•一	庚子	10.2	十•一	庚午	11.1	十一•一	己亥	11.30	十二•一	己巳	12.30
九•十一	庚戌	10.12	十•十一	庚辰	11.11	十一•十一	己酉	12.10	十二•十一	己卯	1.9
九•二十一	庚申	10.22	十•二十一	庚寅	11.21	十一•二十一	己未	12.20	十二•二十一	己丑	1.19

* 本月改元“万岁通天”。

周武则天神功元年丁酉(697—698)

一•一	戊戌	1.28	二•一	戊辰	2.27	三•一	丁酉	3.28	*四•一	丙寅	4.26
一•十一	戊申	2.7	二•十一	戊寅	3.9	三•十一	丁未	4.7	四•十一	丙子	5.6
一•二十一	戊午	2.17	二•二十一	戊子	3.19	三•二十一	丁巳	4.17	四•二十一	丙戌	5.16
五•一	丙申	5.26	六•一	乙丑	6.24	七•一	乙未	7.24	八•一	甲子	8.22
五•十一	丙午	6.5	六•十一	乙亥	7.4	七•十一	乙巳	8.3	八•十一	甲戌	9.1
五•二十一	丙辰	6.15	六•二十一	乙酉	7.14	七•二十一	乙卯	8.13	八•二十一	甲申	9.11
**九•一	甲午	9.21	十•一 甲子 10.21	闰十•一	甲午 11.20	十一•一	甲子	12.20	十二•一	癸巳	1.18
九•十一	甲辰	10.1	十•十一 甲戌 10.31	闰十•十一	甲辰 11.30	十一•十一	甲戌	12.30	十二•十一	癸卯	1.28
九•二十一	甲寅	10.11	十•二十一 甲申 11.10	闰十•二十一	甲寅 12.10	十一•二十一	甲申	1.9	十二•二十一	癸丑	2.7

*《目录》四月丁卯朔。　** 本月改元“神功”。

周武则天圣历元年戊戌(698—699)

一•一	壬戌	2.16	二•一	壬辰	3.18	三•一	辛酉	4.16	四•一	庚寅	5.15
一•十一	壬申	2.26	二•十一	壬寅	3.28	三•十一	辛未	4.26	四•十一	庚子	5.25
一•二十一	壬午	3.8	二•二十一	壬子	4.7	三•二十一	辛巳	5.6	四•二十一	庚戌	6.4
五•一	庚申	6.14	六•一	己丑	7.13	七•一	己未	8.12	八•一	戊子	9.10
五•十一	庚午	6.24	六•十一	己亥	7.23	七•十一	己巳	8.22	八•十一	戊戌	9.20
五•二十一	庚辰	7.4	六•二十一	己酉	8.2	七•二十一	己卯	9.1	八•二十一	戊申	9.30
九•一	戊午	10.10	十•一	丁亥	11.8	十一•一	丁巳	12.8	十二•一	丁亥	1.7
九•十一	戊辰	10.20	十•十一	丁酉	11.18	十一•十一	丁卯	12.18	十二•十一	丁酉	1.17
九•二十一	戊寅	10.30	十•二十一	丁未	11.28	十一•二十一	丁丑	12.28	十二•二十一	丁未	1.27

周武则天圣历二年己亥(699—700)

一•一	丁巳	2.6	二•一	丙戌	3.7	三•一	丙辰	4.6	四•一	乙酉	5.5
一•十一	丁卯	2.16	二•十一	丙申	3.17	三•十一	丙寅	4.16	四•十一	乙未	5.15
一•二十一	丁丑	2.26	二•二十一	丙午	3.27	三•二十一	丙子	4.26	四•二十一	乙巳	5.25
五•一	甲寅	6.3	六•一	甲申	7.3	七•一	癸丑	8.1	八•一	壬午	8.30
五•十一	甲子	6.13	六•十一	甲午	7.13	七•十一	癸亥	8.11	八•十一	壬辰	9.9
五•二十一	甲戌	6.23	六•二十一	甲辰	7.23	七•二十一	癸酉	8.21	八•二十一	壬寅	9.19
九•一	壬子	9.29	十•一	壬午	10.29	十一•一	辛亥	11.27	十二•一	辛巳	12.27
九•十一	壬戌	10.9	十•十一	壬辰	11.8	十一•十一	辛酉	12.7	十二•十一	辛卯	1.6
九•二十一	壬申	10.19	十•二十一	壬寅	11.18	十一•二十一	辛未	12.17	十二•二十一	辛丑	1.16

周武则天久视元年庚子（700—701）

一·一	辛亥	1.26	二·一	辛巳	2.25	三·一	庚戌	3.25	四·一	庚辰	4.24
一·十一	辛酉	2.5	二·十一	辛卯	3.6	三·十一	庚申	4.4	四·十一	庚寅	5.4
一·二十一	辛未	2.15	二·二十一	辛丑	3.16	三·二十一	庚午	4.14	四·二十一	庚子	5.14
*五·一	己酉	5.23	六·一	戊寅	6.21	七·一	戊申	7.21 闰七·一 丁丑 8.19	八·一	丙午	9.17
五·十一	己未	6.2	六·十一	戊子	7.1	七·十一	戊午	7.31 闰七·十一 丁亥 8.29	八·十一	丙辰	9.27
五·二十一	己巳	6.12	六·二十一	戊戌	7.11	七·二十一	戊辰	8.10 闰七·二十一 丁酉 9.8	八·二十一	丙寅	10.7
九·一	丙子	10.17	**十·一	乙巳	11.15	十一·一	乙亥	12.15	十二·一	乙巳	1.14
九·十一	丙戌	10.27	十·十一	乙卯	11.25	十一·十一	乙酉	12.25	十二·十一	乙卯	1.24
九·二十一	丙申	11.6	十·二十一	乙丑	12.5	十一·二十一	乙未	1.4	十二·二十一	乙丑	2.3

* 本月改元“久视”。　** 本月复寅正，以正月为十一月。

周武则天长安元年辛丑（701—702）

*一·一	乙亥	2.13	二·一	甲辰	3.14	三·一	甲戌	4.13	四·一	甲辰	5.13
一·十一	乙酉	2.23	二·十一	甲寅	3.24	三·十一	甲申	4.23	四·十一	甲寅	5.23
一·二十一	乙未	3.5	二·二十一	甲子	4.3	三·二十一	甲午	5.3	四·二十一	甲子	6.2
五·一	癸酉	6.11	六·一	壬寅	7.10	七·一	壬申	8.9	八·一	辛丑	9.7
五·十一	癸未	6.21	六·十一	壬子	7.20	七·十一	壬午	8.19	八·十一	辛亥	9.17
五·二十一	癸巳	7.1	六·二十一	壬戌	7.30	七·二十一	壬辰	8.29	八·二十一	辛酉	9.27
九·一	庚午	10.6	**十·一	庚子	11.5	十一·一	己巳	12.4	十二·一	己亥	1.3
九·十一	庚辰	10.16	十·十一	庚戌	11.15	十一·十一	己卯	12.14	十二·十一	己酉	1.13
九·二十一	庚寅	10.26	十·二十一	庚申	11.25	十一·二十一	己丑	12.24	十二·二十一	己未	1.23

* 本月改元“大足”。　** 本月改元“长安”。

周武则天长安二年壬寅（702—703）

一·一	己巳	2.2	二·一	戊戌	3.3	三·一	戊辰	4.2	四·一	戊戌	5.2
一·十一	己卯	2.12	二·十一	戊申	3.13	三·十一	戊寅	4.12	四·十一	戊申	5.12
一·二十一	己丑	2.22	二·二十一	戊午	3.23	三·二十一	戊子	4.22	四·二十一	戊午	5.22
五·一	丁卯	5.31	六·一	丁酉	6.30	七·一	丙寅	7.29	八·一	丙申	8.28
五·十一	丁丑	6.10	六·十一	丁未	7.10	七·十一	丙子	8.8	八·十一	丙午	9.7
五·二十一	丁亥	6.20	六·二十一	丁巳	7.20	七·二十一	丙戌	8.18	八·二十一	丙辰	9.17
九·一	乙丑	9.26	十·一	乙未	10.26	十一·一	甲子	12.24	十二·一	癸巳	12.23
九·十一	乙亥	10.6	十·十一	乙巳	11.5	十一·十一	甲戌	12.4	十二·十一	癸卯	1.2
九·二十一	乙酉	10.16	十·二十一	乙卯	11.15	十一·二十一	甲申	12.14	十二·二十一	癸丑	1.12

周武则天长安三年癸卯（703—704）

一·一	癸亥	1.22	二·一	癸巳	2.21	三·一	壬戌	3.22	四·一	壬辰	4.21 闰四·一 辛酉 5.20
一·十一	癸酉	2.1	二·十一	癸卯	3.3	三·十一	壬申	4.1	四·十一	壬寅	5.1 闰四·十一 辛未 5.30
一·二十一	癸未	2.11	二·二十一	癸丑	3.13	三·二十一	壬午	4.11	四·二十一	壬子	5.11 闰四·二十一 辛巳 6.9
五·一	辛卯	6.19	六·一	辛酉	7.19	七·一	庚寅	8.17	八·一	庚申	9.16
五·十一	辛丑	6.29	六·十一	辛未	7.29	七·十一	庚子	8.27	八·十一	庚午	9.26
五·二十一	辛亥	7.9	六·二十一	辛巳	8.8	七·二十一	庚戌	9.6	八·二十一	庚辰	10.6
九·一	己丑	10.15	十·一	己未	11.14	十一·一	戊子	12.13	十二·一	戊午	1.12
九·十一	己亥	10.25	十·十一	己巳	11.24	十一·十一	戊戌	12.23	十二·十一	戊辰	1.22
九·二十一	己酉	11.4	十·二十一	己卯	12.4	十一·二十一	戊申	1.2	十二·二十一	戊寅	2.1

周武则天长安四年甲辰(704—705)

一·一	丁亥	2.10	二·一	丙辰	3.10	三·一	丙戌	4.9	四·一	丙辰	5.9
一·十一	丁酉	2.20	二·十一	丙寅	3.20	三·十一	丙申	4.19	四·十一	丙寅	5.19
一·二十一	丁未	3.1	二·二十一	丙子	3.30	三·二十一	丙午	4.29	四·二十一	丙子	5.29
五·一	乙酉	6.7	六·一	乙卯	7.7	七·一	甲申	8.5	八·一	甲寅	9.4
五·十一	乙未	6.17	六·十一	乙丑	7.17	七·十一	甲午	8.15	八·十一	甲子	9.14
五·二十一	乙巳	6.27	六·二十一	乙亥	7.27	七·二十一	甲辰	8.25	八·二十一	甲戌	9.24
九·一	甲申	10.4	十·一	癸丑	11.2	十一·一	癸未	12.2	十二·一	壬子	12.31
九·十一	甲午	10.14	十·十一	癸亥	11.12	十一·十一	癸巳	12.12	十二·十一	壬戌	1.10
九·二十一	甲辰	10.24	十·二十一	癸酉	11.22	十一·二十一	癸卯	12.22	十二·二十一	壬申	1.20

唐中宗神龙元年乙巳(705—706)

*一·一	壬午	1.30	**二·一	辛亥	2.28	三·一	庚辰	3.29	四·一	庚戌	4.28
一·十一	壬辰	2.9	二·十一	辛酉	3.10	三·十一	庚寅	4.8	四·十一	庚申	5.8
一·二十一	壬寅	2.19	二·二十一	辛未	3.20	三·二十一	庚子	4.18	四·二十一	庚午	5.18
五·一	己卯	5.27	六·一	己酉	6.26	七·一	戊寅	7.25	八·一	戊申	8.24
五·十一	己丑	6.6	六·十一	己未	7.6	七·十一	戊子	8.4	八·十一	戊午	9.3
五·二十一	己亥	6.16	六·二十一	己巳	7.16	七·二十一	戊戌	8.14	八·二十一	戊辰	9.13
九·一	戊寅	9.23	十·一	丁未	10.22	十一·一	丁丑	11.21	十二·一	丁未	12.21
九·十一	戊子	10.3	十·十一	丁巳	11.1	十一·十一	丁亥	12.1	十二·十一	丁巳	12.31
九·二十一	戊戌	10.13	十·二十一	丁卯	11.12	十一·二十一	丁酉	12.11	十二·二十一	丁卯	1.10

* 本月武则天改元“神龙”,唐中宗旋复位,沿用不改。 ** 本月复国号为“唐”。

唐中宗神龙二年丙午(706—707)

一·一 丙子 1.19	闰一·一 丙午 2.18		二·一	乙亥	3.19	三·一	甲辰	4.17	四·一	甲戌	5.17
一·十一 丙戌 1.29	闰一·十一 丙辰 2.28		二·十一	乙酉	3.29	三·十一	甲寅	4.27	四·十一	甲申	5.27
一·二十一 丙申 2.8	闰一·二十一 丙寅 3.10		二·二十一	乙未	4.8	三·二十一	甲子	5.7	四·二十一	甲午	6.6
五·一	癸卯	6.15	六·一	癸酉	7.15	七·一	壬寅	8.13	八·一	壬申	9.12
五·十一	癸丑	6.25	六·十一	癸未	7.25	七·十一	壬子	8.23	八·十一	壬午	9.22
五·二十一	癸亥	7.5	六·二十一	癸巳	8.4	七·二十一	壬戌	9.2	八·二十一	壬辰	10.2
*九·一	壬寅	10.12	十·一	辛未	11.10	十一·一	辛丑	12.10	十二·一	辛未	1.9
九·十一	壬子	10.22	十·十一	辛巳	11.20	十一·十一	辛亥	12.20	十二·十一	辛巳	1.19
九·二十一	壬戌	11.1	十·二十一	辛卯	11.30	十一·二十一	辛酉	12.30	十二·二十一	辛卯	1.29

*《目录》九月辛丑朔。

唐中宗景龙元年丁未(707—708)

一·一	庚子	2.7	二·一	庚午	3.9	三·一	己亥	4.7	四·一	戊辰	5.6
一·十一	庚戌	2.17	二·十一	庚辰	3.19	三·十一	己酉	4.17	四·十一	戊寅	5.16
一·二十一	庚申	2.27	二·二十一	庚寅	3.29	三·二十一	己未	4.27	四·二十一	戊子	5.26
五·一	戊戌	6.5	六·一	丁卯	7.4	七·一	丙申	8.2	八·一	丙寅	9.1
五·十一	戊申	6.15	六·十一	丁丑	7.14	七·十一	丙午	8.12	八·十一	丙子	9.11
五·二十一	戊午	6.25	六·二十一	丁亥	7.24	七·二十一	丙辰	8.22	八·二十一	丙戌	9.21
*九·一	丙申	10.1	十·一	乙丑	10.30	十一·一	乙未	11.29	十二·一	乙丑	12.29
九·十一	丙午	10.11	十·十一	乙亥	11.9	十一·十一	乙巳	12.9	十二·十一	乙亥	1.8
九·二十一	丙辰	10.21	十·二十一	乙酉	11.19	十一·二十一	乙卯	12.19	十二·二十一	乙酉	1.18

* 本月改元“景龙”。

唐中宗景龙二年戊申(708—709)

一·一 乙未 1.28 一·十一 乙巳 2.7 一·二十一 乙卯 2.17	二·一 甲子 2.26 二·十一 甲戌 3.7 二·二十一 甲申 3.17	三·一 甲午 3.27 三·十一 甲辰 4.6 三·二十一 甲寅 4.16	四·一 癸亥 4.25 四·十一 癸酉 5.5 四·二十一 癸未 5.15
五·一 壬辰 5.24 五·十一 壬寅 6.3 五·二十一 壬子 6.13	六·一 壬戌 6.23 六·十一 壬申 7.3 六·二十一 壬午 7.13	七·一 辛卯 7.22 七·十一 辛丑 8.1 七·二十一 辛亥 8.11	八·一 庚申 8.20 八·十一 庚午 8.30 八·二十一 庚辰 9.9
九·一 庚寅 9.19 闰九·一 庚申 10.19 九·十一 庚子 9.28 闰九·十一 庚午 10.29 九·二十一庚戌 10.9 闰九·二十一庚辰 11.8	十·一 己丑 11.17 十·十一 己亥 11.27 十·二十一 己酉 12.7	十一·一 己未 12.17 十一·十一 己巳 12.27 十一·二十一 己卯 1.6	十二·一 己丑 1.16 十二·十一 己亥 1.26 十二·二十一 己酉 2.5

唐中宗景龙三年己酉(709—710)

*一·一 己未 2.15 一·十一 己巳 2.25 一·二十一 己卯 3.7	二·一 戊子 3.16 二·十一 戊戌 3.26 二·二十一 戊申 4.5	三·一 戊午 4.15 三·十一 戊辰 4.25 三·二十一 戊寅 5.5	四·一 丁亥 5.14 四·十一 丁酉 5.24 四·二十一 丁未 6.3
五·一 丙辰 6.12 五·十一 丙寅 6.22 五·二十一 丙子 7.2	六·一 丙戌 7.12 六·十一 丙申 7.22 六·二十一 丙午 8.1	七·一 乙卯 8.10 七·十一 乙丑 8.20 七·二十一 乙亥 8.30	八·一 乙酉 9.9 八·十一 乙未 9.19 八·二十一 乙巳 9.29
九·一 甲寅 10.8 九·十一 甲子 10.18 九·二十一 甲戌 10.28	十·一 癸未 11.6 十·十一 癸巳 11.16 十·二十一 癸卯 11.26	十一·一 癸丑 12.6 十一·十一 癸亥 12.16 十一·二十一 癸酉 12.26	十二·一 癸未 1.5 十二·十一 癸巳 1.15 十二·二十一 癸卯 1.25

*《目录》正月戊午朔。

唐睿宗景云元年庚戌(710—711)

*一·一 癸丑 2.4 一·十一 癸亥 2.14 一·二十一 癸酉 2.24	二·一 壬午 3.5 二·十一 壬辰 3.15 二·二十一 壬寅 3.25	三·一 壬子 4.4 三·十一 壬戌 4.14 三·二十一 壬申 4.24	四·一 壬午 5.4 四·十一 壬辰 5.14 四·二十一 壬寅 5.24
五·一 辛亥 6.2 五·十一 辛酉 6.12 五·二十一 辛未 6.22	**六·一 辛巳 7.2 六·十一 辛卯 7.12 六·二十一 辛丑 7.22	***七·一 庚戌 7.31 七·十一 庚申 8.10 七·二十一 庚午 8.20	八·一 己卯 8.29 八·十一 己丑 9.8 八·二十一 己亥 9.18
九·一 己酉 9.28 九·十一 己未 10.8 九·二十一 己巳 10.18	十·一 戊寅 10.27 十·十一 戊子 11.6 十·二十一 戊戌 11.16	十一·一 戊申 11.26 十一·十一 戊午 12.6 十一·二十一 戊辰 12.16	十二·一 丁丑 12.25 十二·十一 丁亥 1.4 十二·二十一 丁酉 1.14

*《目录》正月壬子、四月辛巳、九月戊申朔。 ** 本月温王李重茂即位,改元“唐隆”。温王旋被废,睿宗即位。 *** 本月改元“景云”。

唐睿宗景云二年辛亥(711—712)

一·一 丁未 1.24 一·十一 丁巳 2.3 一·二十一 丁卯 2.13	二·一 丙子 2.22 二·十一 丙戌 3.4 二·二十一 丙申 3.14	三·一 丙午 3.24 三·十一 丙辰 4.3 三·二十一 丙寅 4.13	四·一 丙子 4.23 四·十一 丙戌 5.3 四·二十一 丙申 5.13
五·一 乙巳 5.22 五·十一 乙卯 6.1 五·二十一 乙丑 6.11	六·一 乙亥 6.21 闰六·一 甲辰 7.20 六·十一 乙酉 7.1 闰六·十一 甲寅 7.30 六·二十一乙未 7.11 闰六·二十一甲子 8.9	七·一 甲戌 8.19 七·十一 甲申 8.29 七·二十一 甲午 9.8	八·一 癸卯 9.17 八·十一 癸丑 9.27 八·二十一 癸亥 10.7
九·一 癸酉 10.17 九·十一 癸未 10.27 九·二十一 癸巳 11.6	十·一 壬寅 11.15 十·十一 壬子 11.25 十·二十一 壬戌 12.5	十一·一 辛未 12.14 十一·十一 辛巳 12.24 十一·二十一 辛卯 1.3	十二·一 辛丑 1.13 十二·十一 辛亥 1.23 十二·二十一 辛酉 2.2

唐玄宗先天元年壬子(712—713)

*一・一	辛未	2.12	二・一	庚子	3.12	三・一	庚午	4.11	四・一	己亥	5.10
一・十一	辛巳	2.22	二・十一	庚戌	3.22	三・十一	庚辰	4.21	四・十一	己酉	5.20
一・二十一	辛卯	3.3	二・二十一	庚申	4.1	三・二十一	庚寅	5.1	四・二十一	己未	5.30
**五・一	己巳	6.9	***六・一	己亥	7.9	七・一	戊辰	8.7	****八・一	戊戌	9.6
五・十一	己卯	6.19	六・十一	己酉	7.19	七・十一	戊寅	8.17	八・十一	戊申	9.16
五・二十一	己丑	6.29	六・二十一	己未	7.29	七・二十一	戊子	8.27	八・二十一	戊午	9.26
九・一	丁卯	10.5	十・一	丁酉	11.4	十一・一	丙寅	12.3	十二・一	丙申	1.2
九・十一	丁丑	10.15	十・十一	丁未	11.14	十一・十一	丙子	12.13	十二・十一	丙午	1.12
九・二十一	丁亥	10.25	十・二十一	丁巳	11.24	十一・二十一	丙戌	12.23	十二・二十一	丙辰	1.22

* 本月睿宗改元“太极”。　** 本月改元“延和”。　***《目录》六月戊戌、十二月乙未朔。　**** 本月玄宗即位,改元“先天”。

唐玄宗开元元年癸丑(713—714)

一・一	乙丑	1.31	二・一	甲午	3.1	三・一	甲子	3.31	*四・一	甲午	4.30
一・十一	乙亥	2.10	二・十一	甲辰	3.11	三・十一	甲戌	4.10	四・十一	甲辰	5.10
一・二十一	乙酉	2.20	二・二十一	甲寅	3.21	三・二十一	甲申	4.20	四・二十一	甲寅	5.20
五・一	癸亥	5.29	六・一	癸巳	6.28	七・一	壬戌	7.27	八・一	壬辰	8.26
五・十一	癸酉	6.8	六・十一	癸卯	7.8	七・十一	壬申	8.6	八・十一	壬寅	9.5
五・二十一	癸未	6.18	六・二十一	癸丑	7.18	七・二十一	壬午	8.16	八・二十一	壬子	9.15
九・一	辛酉	9.24	十・一	辛卯	10.24	十一・一	辛酉	11.23	**十二・一	庚寅	12.22
九・十一	辛未	10.4	十・十一	辛丑	11.3	十一・十一	辛未	12.3	十二・十一	庚子	1.1
九・二十一	辛巳	10.14	十・二十一	辛亥	11.13	十一・二十一	辛巳	12.13	十二・二十一	庚戌	1.11

*《目录》四月癸巳朔。　** 本月改元“开元”。

唐玄宗开元二年甲寅(714—715)

一・一	庚申	1.21	*二・一	己丑	2.19	闰二・一	己未	3.21	三・一	戊子	4.19	四・一	丁巳	5.18
一・十一	庚午	1.31	二・十一	己亥	3.1	闰二・十一	己巳	3.31	三・十一	戊戌	4.29	四・十一	丁卯	5.28
一・二十一	庚辰	2.10	二・二十一	己酉	3.11	闰二・二十一	己卯	4.10	三・二十一	戊申	5.9	四・二十一	丁丑	6.7
五・一	丁亥	6.17	六・一	丙辰	7.16				七・一	丙戌	8.15	八・一	丙辰	9.14
五・十一	丁酉	6.27	六・十一	丙寅	7.26				七・十一	丙申	8.25	八・十一	丙寅	9.24
五・二十一	丁未	7.7	六・二十一	丙子	8.5				七・二十一	丙午	9.4	八・二十一	丙子	10.4
九・一	乙酉	10.13	十・一	乙卯	11.12				十一・一	乙酉	12.12	十二・一	甲寅	1.10
九・十一	乙未	10.23	十・十一	乙丑	11.22				十一・十一	乙未	12.22	十二・十一	甲子	1.20
九・二十一	乙巳	11.2	十・二十一	乙亥	12.2				十一・二十一	乙巳	1.1	十二・二十一	甲戌	1.30

*《目录》二月庚寅、三月己丑、四月戊午朔。

唐玄宗开元三年乙卯(715—716)

一・一	甲申	2.9	二・一	癸丑	3.10	*三・一	癸未	4.9	四・一	壬子	5.8
一・十一	甲午	2.19	二・十一	癸亥	3.20	三・十一	癸巳	4.19	四・十一	壬戌	5.18
一・二十一	甲辰	3.1	二・二十一	癸酉	3.30	三・二十一	癸卯	4.29	四・二十一	壬申	5.28
五・一	辛巳	6.6	六・一	辛亥	7.6	七・一	庚辰	8.4	八・一	庚戌	9.3
五・十一	辛卯	6.16	六・十一	辛酉	7.16	七・十一	庚寅	8.14	八・十一	庚申	9.13
五・二十一	辛丑	6.26	六・二十一	辛未	7.26	七・二十一	庚子	8.24	八・二十一	庚午	9.23
九・一	己卯	10.2	十・一	己酉	11.1	十一・一	己卯	12.1	十二・一	己酉	12.31
九・十一	己丑	10.12	十・十一	己未	11.11	十一・十一	己丑	12.11	十二・十一	己未	1.10
九・二十一	己亥	10.22	十・二十一	己巳	11.21	十一・二十一	己亥	12.21	十二・二十一	己巳	1.20

*《目录》三月壬午朔。

唐玄宗开元四年丙辰（716—717）

一·一 戊寅 1.29	二·一 戊申 2.28	三·一 丁丑 3.28	四·一 丁未 4.27
一·十一 戊子 2.8	二·十一 戊午 3.9	三·十一 丁亥 4.7	四·十一 丁巳 5.7
一·二十一 戊戌 2.18	二·二十一 戊辰 3.19	三·二十一 丁酉 4.17	四·二十一 丁卯 5.17
五·一 丙子 5.26	六·一 乙巳 6.24	*七·一 乙亥 7.24	八·一 甲辰 8.22
五·十一 丙戌 6.5	六·十一 乙卯 7.4	七·十一 乙酉 8.3	八·十一 甲寅 9.1
五·二十一 丙申 6.15	六·二十一 乙丑 7.14	七·二十一 乙未 8.13	八·二十一 甲子 9.11
九·一 甲戌 9.21	十·一 癸卯 10.20	十一·一 癸酉 11.19	十二·一 癸卯 12.19**闰十二·一 壬申 1.17
九·十一 甲申 10.1	十·十一 癸丑 10.30	十一·十一 癸未 11.29	十二·十一 癸丑 12.29 闰十二·十一 壬午 1.27
九·二十一 甲午 10.11	十·二十一 癸亥 11.9	十一·二十一 癸巳 12.9	十二·二十一 癸亥 1.8 闰十二·二十一 壬辰 2.6

*《目录》七月甲戌、九月癸酉朔。 **《辑要》《朔闰考》《总谱》《对照表》闰十二月癸酉朔。

唐玄宗开元五年丁巳（717—718）

一·一 壬寅 2.16	二·一 壬申 3.18	三·一 辛丑 4.16	四·一 庚午 5.15
一·十一 壬子 2.26	二·十一 壬午 3.28	三·十一 辛亥 4.26	四·十一 庚辰 5.25
一·二十一 壬戌 3.8	二·二十一 壬辰 4.7	三·二十一 辛酉 5.6	四·二十一 庚寅 6.4
五·一 庚子 6.14	六·一 己巳 7.13	七·一 戊戌 8.11	八·一 戊辰 9.10
五·十一 庚戌 6.24	六·十一 己卯 7.23	七·十一 戊申 8.21	八·十一 戊寅 9.20
五·二十一 庚申 7.4	六·二十一 己丑 8.2	七·二十一 戊午 8.31	八·二十一 戊子 9.30
九·一 丁酉 10.9	十·一 丁卯 11.8	十一·一 丁酉 12.8	十二·一 丙寅 1.6
九·十一 丁未 10.19	十·十一 丁丑 11.18	十一·十一 丁未 12.18	十二·十一 丙子 1.16
九·二十一 丁巳 10.29	十·二十一 丁亥 11.28	十一·二十一 丁巳 12.28	十二·二十一 丙戌 1.26

唐玄宗开元六年戊午（718—719）

一·一 丙申 2.5	二·一 丙寅 3.7	三·一 丙申 4.6	四·一 乙丑 5.5
一·十一 丙午 2.15	二·十一 丙子 3.17	三·十一 丙午 4.16	四·十一 乙亥 5.15
一·二十一 丙辰 2.25	二·二十一 丙戌 3.27	三·二十一 丙辰 4.26	四·二十一 乙酉 5.25
五·一 甲午 6.3	六·一 甲子 7.3	*七·一 癸巳 8.1	八·一 癸亥 8.31
五·十一 甲辰 6.13	六·十一 甲戌 7.13	七·十一 癸卯 8.11	八·十一 癸酉 9.10
五·二十一 甲寅 6.23	六·二十一 甲申 7.23	七·二十一 癸丑 8.21	八·二十一 癸未 9.20
九·一 壬辰 9.29	十·一 辛酉 10.28	十一·一 辛卯 11.27	十二·一 辛酉 12.27
九·十一 壬寅 10.9	十·十一 辛未 11.7	十一·十一 辛丑 12.7	十二·十一 辛未 1.6
九·二十一 壬子 10.19	十·二十一 辛巳 11.17	十一·二十一 辛亥 12.17	十二·二十一 辛巳 1.16

*《目录》七月甲午朔。

唐玄宗开元七年己未（719—720）

一·一 辛卯 1.26	二·一 庚申 2.24	三·一 庚寅 3.26	四·一 己未 4.24
一·十一 辛丑 2.5	二·十一 庚午 3.6	三·十一 庚子 4.5	四·十一 己巳 5.4
一·二十一 辛亥 2.15	二·二十一 庚辰 3.16	三·二十一 庚戌 4.15	四·二十一 己卯 5.14
五·一 己丑 5.24	六·一 戊午 6.22	七·一 戊子 7.22 闰七·一 丁巳 8.20	八·一 丙戌 9.18
五·十一 己亥 6.3	六·十一 戊辰 7.2	七·十一 戊戌 8.1 闰七·十一 丁卯 8.30	八·十一 丙申 9.28
五·二十一 己酉 6.13	六·二十一 戊寅 7.12	七·二十一 戊申 8.11 闰七·二十一 丁丑 9.9	八·二十一 丙午 10.8
九·一 丙辰 10.18	十·一 乙酉 11.16	十一·一 乙卯 12.16	十二·一 甲申 1.14
九·十一 丙寅 10.28	十·十一 乙未 11.26	十一·十一 乙丑 12.26	十二·十一 甲午 1.24
九·二十一 丙子 11.7	十·二十一 乙巳 12.6	十一·二十一 乙亥 1.5	十二·二十一 甲辰 2.3

唐玄宗开元八年庚申(720—721)

一•一	甲寅	2.13	二•一	甲申	3.14	三•一	癸丑	4.12	四•一	癸未	5.12
一•十一	甲子	2.23	二•十一	甲午	3.24	三•十一	癸亥	4.22	四•十一	癸巳	5.22
一•二十一	甲戌	3.4	二•二十一	甲辰	4.3	三•二十一	癸酉	5.2	四•二十一	癸卯	6.1
五•一	癸丑	6.11	六•一	壬午	7.10	七•一	壬子	8.9	八•一	辛巳	9.7
五•十一	癸亥	6.21	六•十一	壬辰	7.20	七•十一	壬戌	8.19	八•十一	辛卯	9.17
五•二十一	癸酉	7.1	六•二十一	壬寅	7.30	七•二十一	壬申	8.29	八•二十一	辛丑	9.27
九•一	庚戌	10.6	十•一	庚辰	11.5	十一•一	己酉	12.4	十二•一	己卯	1.3
九•十一	庚申	10.16	十•十一	庚寅	11.15	十一•十一	己未	12.14	十二•十一	己丑	1.13
九•二十一	庚午	10.26	十•二十一	庚子	11.25	十一•二十一	己巳	12.24	十二•二十一	己亥	1.23

唐玄宗开元九年辛酉(721—722)

一•一	戊申	2.1	二•一	戊寅	3.3	三•一	丁未	4.1	四•一	丁丑	5.1
一•十一	戊午	2.11	二•十一	戊子	3.13	三•十一	丁巳	4.11	四•十一	丁亥	5.11
一•二十一	戊辰	2.21	二•二十一	戊戌	3.23	三•二十一	丁卯	4.21	四•二十一	丁酉	5.21
五•一	丁未	5.31	六•一	丁丑	6.30	七•一	丙午	7.29	八•一	乙亥	8.27
五•十一	丁巳	6.10	六•十一	丁亥	7.10	七•十一	丙辰	8.8	八•十一	乙酉	9.6
五•二十一	丁卯	6.20	六•二十一	丁酉	7.20	七•二十一	丙寅	8.18	八•二十一	乙未	9.16
九•一	乙巳	9.26	十•一	乙亥	10.26	十一•一	甲辰	11.24	十二•一	癸酉	12.23
九•十一	乙卯	10.6	十•十一	乙酉	11.5	十一•十一	甲寅	12.4	十二•十一	癸未	1.2
九•二十一	乙丑	10.16	十•二十一	乙未	11.15	十一•二十一	甲子	12.14	十二•二十一	癸巳	1.12

唐玄宗开元十年壬戌(722—723)

一•一	癸卯	1.22	二•一	壬申	2.20	三•一	壬寅	3.22	四•一	辛未	4.20
一•十一	癸丑	2.1	二•十一	壬午	3.2	三•十一	壬子	4.1	四•十一	辛巳	4.30
一•二十一	癸亥	2.11	二•二十一	壬辰	3.12	三•二十一	壬戌	4.11	四•二十一	辛卯	5.10
五•一 辛丑 5.20	闰五•一	辛未 6.19	六•一	庚子	7.18	七•一	庚午	8.17	八•一	庚子	9.16
五•十一 辛亥 5.30	闰五•十一	辛巳 6.29	六•十一	庚戌	7.28	七•十一	庚辰	8.27	八•十一	庚戌	9.26
五•二十一 辛酉 6.9	闰五•二十一	辛卯 7.9	六•二十一	庚申	8.7	七•二十一	庚寅	9.6	八•二十一	庚申	10.6
九•一	己巳	10.15	十•一	己亥	11.14	十一•一	戊辰	12.13	十二•一	戊戌	1.12
九•十一	己卯	10.25	十•十一	己酉	11.24	十一•十一	戊寅	12.23	十二•十一	戊申	1.22
九•二十一	己丑	11.4	十•二十一	己未	12.4	十一•二十一	戊子	1.2	十二•二十一	戊午	2.1

唐玄宗开元十一年癸亥(723—724)

一•一	丁卯	2.10	*二•一	丁酉	3.12	三•一	丙寅	4.10	四•一	乙未	5.9
一•十一	丁丑	2.20	二•十一	丁未	3.22	三•十一	丙子	4.20	四•十一	乙巳	5.19
一•二十一	丁亥	3.2	二•二十一	丁巳	4.1	三•二十一	丙戌	4.30	四•二十一	乙卯	5.29
五•一	乙丑	6.8	六•一	甲午	7.7	七•一	甲子	8.6	八•一	甲午	9.5
五•十一	乙亥	6.18	六•十一	甲辰	7.17	七•十一	甲戌	8.16	八•十一	甲辰	9.15
五•二十一	乙酉	6.28	六•二十一	甲寅	7.27	七•二十一	甲申	8.26	八•二十一	甲寅	9.25
九•一	癸亥	10.4	十•一	癸巳	11.3	十一•一	癸亥	12.3	十二•一	壬辰	1.1
九•十一	癸酉	10.14	十•十一	癸卯	11.13	十一•十一	癸酉	12.13	十二•十一	壬寅	1.11
九•二十一	癸未	10.24	十•二十一	癸丑	11.23	十一•二十一	癸未	12.23	十二•二十一	壬子	1.21

*《目录》二月丙申、八月癸巳、十一月壬戌朔。

唐玄宗开元十二年甲子（724—725）

一·一　壬戌　1.31 一·十一　壬申　2.10 一·二十一　壬午　2.20	二·一　辛卯　2.29 二·十一　辛丑　3.10 二·二十一　辛亥　3.20	三·一　庚申　3.29 三·十一　庚午　4.8 三·二十一　庚辰　4.18	四·一　庚寅　4.28 四·十一　庚子　5.8 四·二十一　庚戌　5.18
五·一　己未　5.27 五·十一　己巳　6.6 五·二十一　己卯　6.16	六·一　戊子　6.25 六·十一　戊戌　7.5 六·二十一　戊申　7.15	七·一　戊午　7.25 七·十一　戊辰　8.4 七·二十一　戊寅　8.14	*八·一　戊子　8.24 八·十一　戊戌　9.3 八·二十一　戊申　9.13
九·一　丁巳　9.22 九·十一　丁卯　10.2 九·二十一　丁丑　10.12	十·一　丁亥　10.22 十·十一　丁酉　11.1 十·二十一　丁未　11.11	十一·一　丁巳　11.21 十一·十一　丁卯　12.1 十一·二十一　丁丑　12.11	十二·一　丁亥 12.21　闰十二·一　丙辰 1.19 十二·十一　丁酉 12.31　闰十二·十一　丙寅 1.29 十二·二十一丁未 1.10　闰十二·二十一丙子 2.8

＊《目录》八月丁亥、十二月丙戌朔。

唐玄宗开元十三年乙丑（725—726）

一·一　丙戌　2.18 一·十一　丙申　2.28 一·二十一　丙午　3.10	二·一　乙卯　3.19 二·十一　乙丑　3.29 二·二十一　乙亥　4.8	*三·一　乙酉　4.18 三·十一　乙未　4.28 三·二十一　乙巳　5.8	四·一　甲寅　5.17 四·十一　甲子　5.27 四·二十一　甲戌　6.6
五·一　癸未　6.15 五·十一　癸巳　6.25 五·二十一　癸卯　7.5	六·一　癸丑　7.15 六·十一　癸亥　7.25 六·二十一　癸酉　8.4	七·一　壬午　8.13 七·十一　壬辰　8.23 七·二十一　壬寅　9.2	八·一　辛亥　9.11 八·十一　辛酉　9.21 八·二十一　辛未　10.1
九·一　辛巳　10.11 九·十一　辛卯　10.21 九·二十一　辛丑　10.31	十·一　辛亥　11.10 十·十一　辛酉　11.20 十·二十一　辛未　11.30	十一·一　辛巳　12.10 十一·十一　辛卯　12.20 十一·二十一　辛丑　12.30	十二·一　庚戌　1.8 十二·十一　庚申　1.18 十二·二十一　庚午　1.28

＊《目录》三月甲申、六月壬子、十一月庚辰朔。

唐玄宗开元十四年丙寅（726—727）

一·一　庚辰　2.7 一·十一　庚寅　2.17 一·二十一　庚子　2.27	*二·一　庚戌　3.9 二·十一　庚申　3.19 二·二十一　庚午　3.29	三·一　己卯　4.7 三·十一　己丑　4.17 三·二十一　己亥　4.27	四·一　己酉　5.7 四·十一　己未　5.17 四·二十一　己巳　5.27
五·一　戊寅　6.5 五·十一　戊子　6.15 五·二十一　戊戌　6.25	六·一　丁未　7.4 六·十一　丁巳　7.14 六·二十一　丁卯　7.24	七·一　丙子　8.2 七·十一　丙戌　8.12 七·二十一　丙申　8.22	八·一　丙午　9.1 八·十一　丙辰　9.11 八·二十一　丙寅　9.21
九·一　乙亥　9.30 九·十一　乙酉　10.10 九·二十一　乙未　10.20	十·一　乙巳　10.30 十·十一　乙卯　11.9 十·二十一　乙丑　11.19	十一·一　乙亥　11.29 十一·十一　乙酉　12.9 十一·二十一　乙未　12.19	十二·一　甲辰　12.28 十二·十一　甲寅　1.7 十二·二十一　甲子　1.17

＊《目录》二月己酉、四月戊申、十一月甲戌朔。

唐玄宗开元十五年丁卯（727—728）

一·一　甲戌　1.27 一·十一　甲申　2.6 一·二十一　甲午　2.16	二·一　甲辰　2.26 二·十一　甲寅　3.8 二·二十一　甲子　3.18	三·一　癸酉　3.27 三·十一　癸未　4.6 三·二十一　癸巳　4.16	四·一　癸卯　4.26 四·十一　癸丑　5.6 四·二十一　癸亥　5.16
五·一　癸酉　5.26 五·十一　癸未　6.5 五·二十一　癸巳　6.15	六·一　壬寅　6.24 六·十一　壬子　7.4 六·二十一　壬戌　7.14	七·一　辛未　7.23 七·十一　辛巳　8.2 七·二十一　辛卯　8.12	八·一　辛丑　8.22 八·十一　辛亥　9.1 八·二十一　辛酉　9.11
九·一　庚午 9.20　闰九·一　己亥 10.19 九·十一　庚辰 9.30　闰九·十一　己酉 10.29 九·二十一庚寅 10.10　闰九·二十一己未 11.8	十·一　己巳　11.18 十·十一　己卯　11.28 十·二十一　己丑　12.8	十一·一　己亥　12.18 十一·十一　己酉　12.28 十一·二十一　己未　1.7	十二·一　戊辰　1.16 十二·十一　戊寅　1.26 十二·二十一　戊子　2.5

唐玄宗开元十六年戊辰(728—729)

一・一	戊戌	2.15	二・一	丁卯	3.15	三・一	丁酉	4.14	四・一	丁卯	5.14
一・十一	戊申	2.25	二・十一	丁丑	3.25	三・十一	丁未	4.24	四・十一	丁丑	5.24
一・二十一	戊午	3.6	二・二十一	丁亥	4.4	三・二十一	丁巳	5.4	四・二十一	丁亥	6.3
五・一	丙申	6.12	六・一	丙寅	7.12	七・一	乙未	8.10	八・一	甲子	9.8
五・十一	丙午	6.22	六・十一	丙子	7.22	七・十一	乙巳	8.20	八・十一	甲戌	9.18
五・二十一	丙辰	7.2	六・二十一	丙戌	8.1	七・二十一	乙卯	8.30	八・二十一	甲申	9.28
九・一	甲午	10.8	十・一	癸亥	11.6	十一・一	癸巳	12.6	十二・一	壬戌	1.4
九・十一	甲辰	10.18	十・十一	癸酉	11.16	十一・十一	癸卯	12.16	十二・十一	壬申	1.14
九・二十一	甲寅	10.28	十・二十一	癸未	11.26	十一・二十一	癸丑	12.26	十二・二十一	壬午	1.24

唐玄宗开元十七年己巳(729—730)

一・一	壬辰	2.3	二・一	壬戌	3.5	三・一	辛卯	4.3	四・一	辛酉	5.3
一・十一	壬寅	2.13	二・十一	壬申	3.15	三・十一	辛丑	4.13	四・十一	辛未	5.13
一・二十一	壬子	2.23	二・二十一	壬午	3.25	三・二十一	辛亥	4.23	四・二十一	辛巳	5.23
五・一	庚寅	6.1	六・一	庚申	7.1	七・一	己丑	7.30	八・一	己未	8.29
五・十一	庚子	6.11	六・十一	庚午	7.11	七・十一	己亥	8.9	八・十一	己巳	9.8
五・二十一	庚戌	6.21	六・二十一	庚辰	7.21	七・二十一	己酉	8.19	八・二十一	己卯	9.18
九・一	戊子	9.27	十・一	戊午	10.27	十一・一	丁亥	11.25	十二・一	丁巳	12.25
九・十一	戊戌	10.7	十・十一	戊辰	11.6	十一・十一	丁酉	12.5	十二・十一	丁卯	1.4
九・二十一	戊申	10.17	十・二十一	戊寅	11.16	十一・二十一	丁未	12.15	十二・二十一	丁丑	1.14

唐玄宗开元十八年庚午(730—731)

一・一	丙戌	1.23	二・一	丙辰	2.22	三・一	乙酉	3.23	四・一	乙卯	4.22
一・十一	丙申	2.2	二・十一	丙寅	3.4	三・十一	乙未	4.2	四・十一	乙丑	5.2
一・二十一	丙午	2.12	二・二十一	丙子	3.14	三・二十一	乙巳	4.12	四・二十一	乙亥	5.12
五・一	甲申	5.21	六・一 闰六・一	甲寅 甲申	6.20 7.20	七・一	癸丑	8.18	八・一	癸未	9.17
五・十一	甲午	5.31	六・十一 闰六・十一	甲子 甲午	6.30 7.30	七・十一	癸亥	8.28	八・十一	癸巳	9.27
五・二十一	甲辰	6.10	六・二十一 闰六・二十一	甲戌 甲辰	7.10 8.9	七・二十一	癸酉	9.7	八・二十一	癸卯	10.7
九・一	壬子	10.16	十・一	壬午	11.15	十一・一	辛亥	12.14	十二・一	辛巳	1.13
九・十一	壬戌	10.26	十・十一	壬辰	11.25	十一・十一	辛酉	12.24	十二・十一	辛卯	1.23
九・二十一	壬申	11.5	十・二十一	壬寅	12.5	十一・二十一	辛未	1.3	十二・二十一	辛丑	2.2

唐玄宗开元十九年辛未(731—732)

一・一	庚戌	2.11	二・一	庚辰	3.13	三・一	己酉	4.11	四・一	己卯	5.11
一・十一	庚申	2.21	二・十一	庚寅	3.23	三・十一	己未	4.21	四・十一	己丑	5.21
一・二十一	庚午	3.3	二・二十一	庚子	4.2	三・二十一	己巳	5.1	四・二十一	己亥	5.31
五・一	戊申	6.9	六・一	戊寅	7.9	七・一	丁未	8.7	八・一	丁丑	9.6
五・十一	戊午	6.19	六・十一	戊子	7.19	七・十一	丁巳	8.17	八・十一	丁亥	9.16
五・二十一	戊辰	6.29	六・二十一	戊戌	7.29	七・二十一	丁卯	8.27	八・二十一	丁酉	9.26
九・一	丁未	10.6	十・一	丙子	11.4	十一・一	丙午	12.4	*十二・一	丙子	1.3
九・十一	丁巳	10.16	十・十一	丙戌	11.14	十一・十一	丙辰	12.14	十二・十一	丙戌	1.13
九・二十一	丁卯	10.26	十・二十一	丙申	11.24	十一・二十一	丙寅	12.24	十二・二十一	丙申	1.23

*《目录》十二月乙亥朔。

唐玄宗开元二十年壬申（732—733）

一•一	乙巳	2.1	二•一	甲戌	3.1	三•一	甲辰	3.31	四•一	癸酉	4.29
一•十一	乙卯	2.11	二•十一	甲申	3.11	三•十一	甲寅	4.10	四•十一	癸未	5.9
一•二十一	乙丑	2.21	二•二十一	甲午	3.21	三•二十一	甲子	4.20	四•二十一	癸巳	5.19
五•一	癸卯	5.29	六•一	壬申	6.27	七•一	壬寅	7.27	八•一	辛未	8.25
五•十一	癸丑	6.8	六•十一	壬午	7.7	七•十一	壬子	8.6	八•十一	辛巳	9.4
五•二十一	癸亥	6.18	六•二十一	壬辰	7.17	七•二十一	壬戌	8.16	八•二十一	辛卯	9.14
九•一	辛丑	9.24	十•一	辛未	10.24	十一•一	庚子	11.22	十二•一	庚午	12.22
九•十一	辛亥	10.4	十•十一	辛巳	11.3	十一•十一	庚戌	12.2	十二•十一	庚辰	1.1
九•二十一	辛酉	10.14	十•二十一	辛卯	11.13	十一•二十一	庚申	12.12	十二•二十一	庚寅	1.11

唐玄宗开元二十一年癸酉（733—734）

一•一	庚子	1.21	二•一	己巳	2.19	三•一	己亥	3.21* 闰三•一 戊辰 4.19	四•一	丁酉	5.18
一•十一	庚戌	1.31	二•十一	己卯	3.1	三•十一	己酉	3.31 闰三•十一 戊寅 4.29	四•十一	丁未	5.28
一•二十一	庚申	2.10	二•二十一	己丑	3.11	三•二十一	己未	4.10 闰三•二十一 戊子 5.9	四•二十一	丁巳	6.7
五•一	丁卯	6.17	六•一	丙申	7.16	七•一	乙丑	8.14	八•一	乙未	9.13
五•十一	丁丑	6.27	六•十一	丙午	7.26	七•十一	乙亥	8.24	八•十一	乙巳	9.23
五•二十一	丁亥	7.7	六•二十一	丙辰	8.5	七•二十一	乙酉	9.3	八•二十一	乙卯	10.3
九•一	乙丑	10.13	十•一	甲午	11.11	十一•一	甲子	12.11	十二•一	甲午	1.10
九•十一	乙亥	10.23	十•十一	甲辰	11.21	十一•十一	甲戌	12.21	十二•十一	甲辰	1.20
九•二十一	乙酉	11.2	十•二十一	甲寅	12.1	十一•二十一	甲申	12.31	十二•二十一	甲寅	1.30

*《目录》闰三月己巳、四月戊戌朔。

唐玄宗开元二十二年甲戌（734—735）

一•一	甲子	2.9	二•一	癸巳	3.10	三•一	壬戌	4.8	四•一	壬辰	5.8
一•十一	甲戌	2.19	二•十一	癸卯	3.20	三•十一	壬申	4.18	四•十一	壬寅	5.18
一•二十一	甲申	3.1	二•二十一	癸丑	3.30	三•二十一	壬午	4.28	四•二十一	壬子	5.28
五•一	辛酉	6.6	六•一	庚寅	7.5	七•一	庚申	8.4	八•一	己丑	9.2
五•十一	辛未	6.16	六•十一	庚子	7.15	七•十一	庚午	8.14	八•十一	己亥	9.12
五•二十一	辛巳	6.26	六•二十一	庚戌	7.25	七•二十一	庚辰	8.24	八•二十一	己酉	9.22
九•一	己未	10.2	十•一	戊子	10.31	十一•一	戊午	11.30	十二•一	戊子	12.30
九•十一	己巳	10.12	十•十一	戊戌	11.10	十一•十一	戊辰	12.10	十二•十一	戊戌	1.9
九•二十一	己卯	10.22	十•二十一	戊申	11.20	十一•二十一	戊寅	12.20	十二•二十一	戊申	1.19

唐玄宗开元二十三年乙亥（735—736）

一•一	戊午	1.29	二•一	丁亥	2.27	三•一	丁巳	3.29	四•一	丙戌	4.27
一•十一	戊辰	2.8	二•十一	丁酉	3.9	三•十一	丁卯	4.8	四•十一	丙申	5.7
一•二十一	戊寅	2.18	二•二十一	丁未	3.19	三•二十一	丁丑	4.18	四•二十一	丙午	5.17
五•一	丙辰	5.27	六•一	乙酉	6.25	七•一	甲寅	7.24	*八•一	甲申	8.23
五•十一	丙寅	6.6	六•十一	乙未	7.5	七•十一	甲子	8.3	八•十一	甲午	9.2
五•二十一	丙子	6.16	六•二十一	乙巳	7.15	七•二十一	甲戌	8.13	八•二十一	甲辰	9.12
九•一	癸丑	9.21	十•一	癸未	10.21	十一•一	壬子	11.19 闰十一•一 壬午 12.19	十二•一	壬子	1.18
九•十一	癸亥	10.1	十•十一	癸巳	10.31	十一•十一	壬戌	11.29 闰十一•十一 壬辰 12.29	十二•十一	壬戌	1.28
九•二十一	癸酉	10.11	十•二十一	癸卯	11.10	十一•二十一	壬申	12.9 闰十一•二十一 壬寅 1.8	十二•二十一	壬申	2.7

*《目录》八月癸未朔。

唐玄宗开元二十四年丙子（736—737）

一·一	辛巳	2.16	二·一	辛亥	3.17	三·一	辛巳	4.16	四·一	庚戌	5.15
一·十一	辛卯	2.26	二·十一	辛酉	3.27	三·十一	辛卯	4.26	四·十一	庚申	5.25
一·二十一	辛丑	3.7	二·二十一	辛未	4.6	三·二十一	辛丑	5.6	四·二十一	庚午	6.4
五·一	庚辰	6.14	六·一	己酉	7.13	七·一	戊寅	8.11	八·一	戊申	9.10
五·十一	庚寅	6.24	六·十一	己未	7.23	七·十一	戊子	8.21	八·十一	戊午	9.20
五·二十一	庚子	7.4	六·二十一	己巳	8.2	七·二十一	戊戌	8.31	八·二十一	戊辰	9.30
九·一	丁丑	10.9	十·一	丁未	11.8	十一·一	丙子	12.7	十二·一	丙午	1.6
九·十一	丁亥	10.19	十·十一	丁巳	11.18	十一·十一	丙戌	12.17	十二·十一	丙辰	1.16
九·二十一	丁酉	10.29	十·二十一	丁卯	11.28	十一·二十一	丙申	12.27	十二·二十一	丙寅	1.26

唐玄宗开元二十五年丁丑（737—738）

一·一	乙亥	2.4	二·一	乙巳	3.6	三·一	乙亥	4.5	四·一	乙巳	5.5
一·十一	乙酉	2.14	二·十一	乙卯	3.16	三·十一	乙酉	4.15	四·十一	乙卯	5.15
一·二十一	乙未	2.24	二·二十一	乙丑	3.26	三·二十一	乙未	4.25	四·二十一	乙丑	5.25
五·一	甲戌	6.3	六·一	甲辰	7.3	七·一	癸酉	8.1	*八·一	癸卯	8.31
五·十一	甲申	6.13	六·十一	甲寅	7.13	七·十一	癸未	8.11	八·十一	癸丑	9.10
五·二十一	甲午	6.23	六·二十一	甲子	7.23	七·二十一	癸巳	8.21	八·二十一	癸亥	9.20
九·一	壬申	9.29	十·一	辛丑	10.28	十一·一	辛未	11.27	十二·一	庚子	12.26
九·十一	壬午	10.9	十·十一	辛亥	11.7	十一·十一	辛巳	12.7	十二·十一	庚戌	1.5
九·二十一	壬辰	10.19	十·二十一	辛酉	11.17	十一·二十一	辛卯	12.17	十二·二十一	庚申	1.15

＊《目录》八月壬寅朔。

唐玄宗开元二十六年戊寅（738—739）

一·一	庚午	1.25	二·一	己亥	2.23	三·一	己巳	3.25	四·一	己亥	4.24
一·十一	庚辰	2.4	二·十一	己酉	3.5	三·十一	己卯	4.4	四·十一	己酉	5.4
一·二十一	庚寅	2.14	二·二十一	己未	3.15	三·二十一	己丑	4.14	四·二十一	己未	5.14
五·一	戊辰	5.23	六·一	戊戌	6.22	*七·一	戊辰	7.22	八·一 丁酉 8.20	闰八·一 丁卯 9.19	
五·十	戊寅	6.2	六·十一	戊申	7.2	七·十一	戊寅	8.1	八·十一 丁未 8.30	闰八·十一 丁丑 9.29	
五·二十一	戊子	6.12	六·二十一	戊午	7.12	七·二十一	戊子	8.11	八·二十一 丁巳 9.9	闰八·二十一 丁亥 10.9	
九·一	丙申	10.18	十·一	乙丑	11.16	十一·一	乙未	12.16	十二·一	甲子	1.14
九·十一	丙午	10.28	十·十一	乙亥	11.26	十一·十一	乙巳	12.26	十二·十一	甲戌	1.24
九·二十一	丙辰	11.7	十·二十一	乙酉	12.6	十一·二十一	乙卯	1.5	十二·二十一	甲申	2.3

＊《目录》七月丁卯、闰七月丙申、八月丙午朔。

唐玄宗开元二十七年己卯（739—740）

一·一	甲午	2.13	二·一	癸亥	3.14	三·一	癸巳	4.13	四·一	壬戌	5.12
一·十一	甲辰	2.23	二·十一	癸酉	3.24	三·十一	癸卯	4.23	四·十一	壬申	5.22
一·二十一	甲寅	3.5	二·二十一	癸未	4.3	三·二十一	癸丑	5.3	四·二十一	壬午	6.1
五·一	壬辰	6.11	六·一	壬戌	7.11	七·一	辛卯	8.9	八·一	辛酉	9.8
五·十一	壬寅	6.21	六·十一	壬申	7.21	七·十一	辛丑	8.19	八·十一	辛未	9.18
五·二十一	壬子	7.1	六·二十一	壬午	7.31	七·二十一	辛亥	8.29	八·二十一	辛巳	9.28
九·一	庚寅	10.7	十·一	庚申	11.6	十一·一	己丑	12.5	十二·一	己未	1.4
九·十一	庚子	10.17	十·十一	庚午	11.16	十一·十一	己亥	12.15	十二·十一	己巳	1.14
九·二十一	庚戌	10.27	十·二十一	庚辰	11.26	十一·二十一	己酉	12.25	十二·二十一	己卯	1.24

唐玄宗开元二十八年庚辰(740—741)

一・一	戊子	2.2	二・一	戊午	3.3	三・一	丁亥	4.1	四・一	丁巳	5.1
一・十一	戊戌	2.12	二・十一	戊辰	3.13	三・十一	丁酉	4.11	四・十一	丁卯	5.11
一・二十一	戊申	2.22	二・二十一	戊寅	3.23	三・二十一	丁未	4.21	四・二十一	丁丑	5.21
五・一	丙戌	5.30	六・一	丙辰	6.29	七・一	乙酉	7.28	八・一	乙卯	8.27
五・十一	丙申	6.9	六・十一	丙寅	7.9	七・十一	乙未	8.7	八・十一	乙丑	9.6
五・二十一	丙午	6.19	六・二十一	丙子	7.19	七・二十一	乙巳	8.17	八・二十一	乙亥	9.16
九・一	乙酉	9.26	十・一	甲寅	10.25	十一・一	甲申	11.24	十二・一	癸丑	12.23
九・十一	乙未	10.6	十・十一	甲子	11.4	十一・十一	甲午	12.4	十二・十一	癸亥	1.2
九・二十一	乙巳	10.16	十・二十一	甲戌	11.14	十一・二十一	甲辰	12.14	十二・二十一	癸酉	1.12

唐玄宗开元二十九年辛巳(741—742)

一・一	癸未	1.22	二・一	癸丑	2.21	三・一	壬午	3.22	四・一 辛亥 4.20	闰四・一	辛巳 5.20
一・十一	癸巳	2.1	二・十一	癸亥	3.3	三・十一	壬辰	4.1	四・十一 辛酉 4.30	闰四・十一	辛卯 5.30
一・二十一	癸卯	2.11	二・二十一	癸酉	3.13	三・二十一	壬寅	4.11	四・二十一 辛未 5.10	闰四・二十一	辛丑 6.9
五・一	庚戌	6.18	六・一	庚辰	7.18	七・一	己酉	8.16	八・一	己卯	9.15
五・十一	庚申	6.28	六・十一	庚寅	7.28	七・十一	己未	8.26	八・十一	己丑	9.25
五・二十一	庚午	7.8	六・二十一	庚子	8.7	七・二十一	己巳	9.5	八・二十一	己亥	10.5
九・一	己酉	10.15	十・一	戊寅	11.13	十一・一	戊申	12.13	十二・一	戊寅	1.12
九・十一	己未	10.25	十・十一	戊子	11.23	十一・十一	戊午	12.23	十二・十一	戊子	1.22
九・二十一	己巳	11.4	十・二十一	戊戌	12.3	十一・二十一	戊辰	1.2	十二・二十一	戊戌	2.1

唐玄宗天宝元年壬午(742—743)

一・一	丁未	2.10	二・一	丁丑	3.12	三・一	丙午	4.10	四・一	乙亥	5.9
一・十一	丁巳	2.20	二・十一	丁亥	3.22	三・十一	丙辰	4.20	四・十一	乙酉	5.19
一・二十一	丁卯	3.2	二・二十一	丁酉	4.1	三・二十一	丙寅	4.30	四・二十一	乙未	5.29
五・一	乙巳	6.8	六・一	甲戌	7.7	七・一	癸卯	8.5	八・一	癸酉	9.4
五・十一	乙卯	6.18	六・十一	甲申	7.17	七・十一	癸丑	8.15	八・十一	癸未	9.14
五・二十一	乙丑	6.28	六・二十一	甲午	7.27	七・二十一	癸亥	8.25	八・二十一	癸巳	9.24
九・一	癸卯	10.4	十・一	壬申	11.2	十一・一	壬寅	12.2	十二・一	壬申	1.1
九・十一	癸丑	10.14	十・十一	壬午	11.12	十一・十一	壬子	12.12	十二・十一	壬午	1.11
九・二十一	癸亥	10.24	十・二十一	壬辰	11.22	十一・二十一	壬戌	12.22	十二・二十一	壬辰	1.21

唐玄宗天宝二年癸未(743—744)

一・一	辛丑	1.30	二・一	辛未	3.1	三・一	辛丑	3.31	四・一	庚午	4.29
一・十一	辛亥	2.9	二・十一	辛巳	3.11	三・十一	辛亥	4.10	四・十一	庚辰	5.9
一・二十一	辛酉	2.19	二・二十一	辛卯	3.21	三・二十一	辛酉	4.20	四・二十一	庚寅	5.19
五・一	己亥	5.28	六・一	己巳	6.27	七・一	戊戌	7.26	八・一	丁卯	8.24
五・十一	己酉	6.7	六・十一	己卯	7.7	七・十一	戊申	8.5	八・十一	丁丑	9.3
五・二十一	己未	6.17	六・二十一	己丑	7.17	七・二十一	戊午	8.15	八・二十一	丁亥	9.13
九・一	丁酉	9.23	十・一	丙寅	10.22	十一・一	丙申	11.21	十二・一	丙寅	12.21
九・十一	丁未	10.3	十・十一	丙子	11.1	十一・十一	丙午	12.1	十二・十一	丙子	12.31
九・二十一	丁巳	10.13	十・二十一	丙戌	11.11	十一・二十一	丙辰	12.11	十二・二十一	丙戌	1.10

唐玄宗天宝三年甲申(744—745)

一·一 丙申 1.20	二·一 乙丑 2.18 闰二·一 乙未 3.19	三·一 乙丑 4.18	四·一 甲午 5.17
一·十一 丙午 1.30	二·十一 乙亥 2.28 闰二·十一 乙巳 3.29	三·十一 乙亥 4.28	四·十一 甲辰 5.27
一·二十一 丙辰 2.9	二·二十一 乙酉 3.9 闰二·二十一 乙卯 4.8	三·二十一 乙酉 5.8	四·二十一 甲寅 6.6
五·一 癸亥 6.15	六·一 癸巳 7.15	七·一 壬戌 8.13	八·一 辛卯 9.11
五·十一 癸酉 6.25	六·十一 癸卯 7.25	七·十一 壬申 8.23	八·十一 辛丑 9.21
五·二十一 癸未 7.5	六·二十一 癸丑 8.4	七·二十一 壬午 9.2	八·二十一 辛亥 10.1
九·一 辛酉 10.11	*十·一 庚寅 11.9	十一·一 庚申 12.9	十二·一 庚寅 1.8
九·十一 辛未 10.21	十·十一 庚子 11.19	十一·十一 庚午 12.19	十二·十一 庚子 1.18
九·二十一 辛巳 10.31	十·二十一 庚戌 11.29	十一·二十一 庚辰 12.29	十二·二十一 庚戌 1.28

*《目录》十月辛卯朔。

唐玄宗天宝四年乙酉(745—746)

一·一 己未 2.6	二·一 己丑 3.8	三·一 己未 4.7	四·一 戊子 5.6
一·十一 己巳 2.16	二·十一 己亥 3.18	三·十一 己巳 4.17	四·十一 戊戌 5.16
一·二十一 己卯 2.26	二·二十一 己酉 3.28	三·二十一 己卯 4.27	四·二十一 戊申 5.26
五·一 戊午 6.5	六·一 丁亥 7.4	七·一 丁巳 8.3	八·一 丙戌 9.1
五·十一 戊辰 6.15	六·十一 丁酉 7.14	七·十一 丁卯 8.13	八·十一 丙申 9.11
五·二十一 戊寅 6.25	六·二十一 丁未 7.24	七·二十一 丁丑 8.23	八·二十一 丙午 9.21
九·一 乙卯 9.30	十·一 乙酉 10.30	十一·一 甲寅 11.28	十二·一 甲申 12.28
九·十一 乙丑 10.10	十·十一 乙未 11.9	十一·十一 甲子 12.8	十二·十一 甲午 1.7
九·二十一 乙亥 10.20	十·二十一 乙巳 11.19	十一·二十一 甲戌 12.18	十二·二十一 甲辰 1.17

唐玄宗天宝五年丙戌(746—747)

一·一 癸丑 1.26	二·一 癸未 2.25	三·一 癸丑 3.27	四·一 癸未 4.26
一·十一 癸亥 2.5	二·十一 癸巳 3.7	三·十一 癸亥 4.6	四·十一 癸巳 5.6
一·二十一 癸酉 2.15	二·二十一 癸卯 3.17	三·二十一 癸酉 4.16	四·二十一 癸卯 5.16
五·一 壬子 5.25	六·一 壬午 6.24	七·一 辛亥 7.23	八·一 辛巳 8.22
五·十一 壬戌 6.4	六·十一 壬辰 7.4	七·十一 辛酉 8.2	八·十一 辛卯 9.1
五·二十一 壬申 6.14	六·二十一 壬寅 7.14	七·二十一 辛未 8.12	八·二十一 辛丑 9.11
九·一 庚戌 9.20	十·一 己卯 10.19 闰十·一 己酉 11.18	十一·一 戊寅 12.17	十二·一 戊申 1.16
九·十一 庚申 9.30	十·十一 己丑 10.29 闰十·十一 己未 11.28	十一·十一 戊子 12.27	十二·十一 戊午 1.26
九·二十一 庚午 10.10	十·二十一 己亥 11.8 闰十·二十一 己巳 12.8	十一·二十一 戊戌 1.6	十二·二十一 戊辰 2.5

唐玄宗天宝六年丁亥(747—748)

一·一 丁丑 2.14	二·一 丁未 3.16	三·一 丁丑 4.15	四·一 丙午 5.14
一·十一 丁亥 2.24	二·十一 丁巳 3.26	三·十一 丁亥 4.25	四·十一 丙辰 5.24
一·二十一 丁酉 3.6	二·二十一 丁卯 4.5	三·二十一 丁酉 5.5	四·二十一 丙寅 6.3
五·一 丙子 6.13	六·一 乙巳 7.12	七·一 乙亥 8.11	八·一 甲辰 9.9
五·十一 丙戌 6.23	六·十一 乙卯 7.22	七·十一 乙酉 8.21	八·十一 甲寅 9.19
五·二十一 丙申 7.3	六·二十一 乙丑 8.1	七·二十一 乙未 8.31	八·二十一 甲子 9.29
九·一 甲戌 10.9	十·一 癸卯 11.7	十一·一 癸酉 12.7	十二·一 壬寅 1.5
九·十一 甲申 10.19	十·十一 癸丑 11.17	十一·十一 癸未 12.17	十二·十一 壬子 1.15
九·二十一 甲午 10.29	十·二十一 癸亥 11.27	十一·二十一 癸巳 12.27	十二·二十一 壬戌 1.25

唐玄宗天宝七年戊子(748—749)

一·一 壬申 2.4 一·十一 壬午 2.14 一·二十一 壬辰 2.24	二·一 辛丑 3.4 二·十一 辛亥 3.14 二·二十一 辛酉 3.24	三·一 辛未 4.3 三·十一 辛巳 4.13 三·二十一 辛卯 4.23	四·一 庚子 5.2 四·十一 庚戌 5.12 四·二十一 庚申 5.22
五·一 庚午 6.1 五·十一 庚辰 6.11 五·二十一 庚寅 6.21	六·一 庚子 7.1 六·十一 庚戌 7.11 六·二十一 庚申 7.21	七·一 己巳 7.30 七·十一 己卯 8.9 七·二十一 己丑 8.19	八·一 己亥 8.29 八·十一 己酉 9.8 八·二十一 己未 9.18
九·一 戊辰 9.27 九·十一 戊寅 10.7 九·二十一 戊子 10.17	十·一 戊戌 10.27 十·十一 戊申 11.6 十·二十一 戊午 11.16	十一·一 丁卯 11.25 十一·十一 丁丑 12.5 十一·二十一 丁亥 12.15	十二·一 丁酉 12.25 十二·十一 丁未 1.4 十二·二十一 丁巳 1.14

唐玄宗天宝八年己丑(749—750)

一·一 丙寅 1.23 一·十一 丙子 2.2 一·二十一 丙戌 2.12	二·一 丙申 2.22 二·十一 丙午 3.4 二·二十一 丙辰 3.14	三·一 乙丑 3.23 三·十一 乙亥 4.2 三·二十一 乙酉 4.12	四·一 乙未 4.22 四·十一 乙巳 5.2 四·二十一 乙卯 5.12
五·一 甲子 5.21 五·十一 甲戌 5.31 五·二十一 甲申 6.10	六·一 甲午 6.20 闰六·一 癸亥 7.19 六·十一 甲辰 6.30 闰六·十一 癸酉 7.29 六·二十一 甲寅 7.10 闰六·二十一 癸未 8.8	*七·一 癸巳 8.18 七·十一 癸卯 8.28 七·二十一 癸丑 9.7	八·一 壬戌 9.16 八·十一 壬申 9.26 八·二十一 壬午 10.6
九·一 壬辰 10.16 九·十一 壬寅 10.26 九·二十一 壬子 11.5	十·一 壬戌 11.15 十·十一 壬申 11.25 十·二十一 壬午 12.5	十一·一 辛卯 12.14 十一·十一 辛丑 12.24 十一·二十一 辛亥 1.3	十二·一 辛酉 1.13 十二·十一 辛未 1.23 十二·二十一 辛巳 2.2

*《目录》七月壬辰朔。

唐玄宗天宝九年庚寅(750—751)

一·一 庚寅 2.11 一·十一 庚子 2.21 一·二十一 庚戌 3.3	二·一 庚申 3.13 二·十一 庚午 3.23 二·二十一 庚辰 4.2	三·一 己丑 4.11 三·十一 己亥 4.21 三·二十一 己酉 5.1	四·一 己未 5.11 四·十一 己巳 5.21 四·二十一 己卯 5.31
五·一 戊子 6.9 五·十一 戊戌 6.19 五·二十一 戊申 6.29	六·一 丁巳 7.8 六·十一 丁卯 7.18 六·二十一 丁丑 7.28	七·一 丁亥 8.7 七·十一 丁酉 8.17 七·二十一 丁未 8.27	八·一 丁巳 9.6 八·十一 丁卯 9.16 八·二十一 丁丑 9.26
九·一 丙戌 10.5 九·十一 丙申 10.15 九·二十一 丙午 10.25	十·一 丙辰 11.4 十·十一 丙寅 11.14 十·二十一 丙子 11.24	十一·一 丙戌 12.4 十一·十一 丙申 12.14 十一·二十一 丙午 12.24	十二·一 丙辰 1.3 十二·十一 丙寅 1.13 十二·二十一 丙子 1.23

唐玄宗天宝十年辛卯(751—752)

一·一 乙酉 2.1 一·十一 乙未 2.11 一·二十一 乙巳 2.21	二·一 乙卯 3.3 二·十一 乙丑 3.13 二·二十一 乙亥 3.23	三·一 甲申 4.1 三·十一 甲午 4.11 三·二十一 甲辰 4.21	四·一 癸丑 4.30 四·十一 癸亥 5.10 四·二十一 癸酉 5.20
五·一 癸未 5.30 五·十一 癸巳 6.9 五·二十一 癸卯 6.19	六·一 壬子 6.28 六·十一 壬戌 7.8 六·二十一 壬申 7.18	七·一 辛巳 7.27 七·十一 辛卯 8.6 七·二十一 辛丑 8.16	八·一 辛亥 8.26 八·十一 辛酉 9.5 八·二十一 辛未 9.15
九·一 庚辰 9.24 九·十一 庚寅 10.4 九·二十一 庚子 10.14	十·一 庚戌 10.24 十·十一 庚申 11.3 十·二十一 庚午 11.13	十一·一 庚辰 11.23 十一·十一 庚寅 12.3 十一·二十一 庚子 12.13	十二·一 庚戌 12.23 十二·十一 庚申 1.2 十二·二十一 庚午 1.12

唐玄宗天宝十一年壬辰（752—753）

一・一　己卯　1.21 一・十一　己丑　1.31 一・二十一　己亥　2.10	二・一　己酉　2.20 二・十一　己未　3.1 二・二十一　己巳　3.11	三・一　戊寅 3.20　闰三・一　戊申 4.19 三・十一　戊子 3.30　闰三・十一　戊午 4.29 三・二十一戊戌 4.9　闰三・二十一戊辰 5.9	四・一　丁丑　5.18 四・十一　丁亥　5.28 四・二十一　丁酉　6.7
五・一　丙午　6.16 五・十一　丙辰　6.26 五・二十一　丙寅　7.6	六・一　丙子　7.16 六・十一　丙戌　7.26 六・二十一　丙申　8.5	七・一　乙巳　8.14 七・十一　乙卯　8.24 七・二十一　乙丑　9.3	八・一　乙亥　9.13 八・十一　乙酉　9.23 八・二十一　乙未　10.3
九・一　甲辰　10.12 九・十一　甲寅　10.22 九・二十一　甲子　11.1	十・一　甲戌　11.11 十・十一　甲申　11.21 十・二十一　甲午　12.1	十一・一　甲辰　12.11 十一・十一　甲寅　12.21 十一・二十一　甲子　12.31	十二・一　癸酉　1.9 十二・十一　癸未　1.19 十二・二十一　癸巳　1.29

唐玄宗天宝十二年癸巳（753—754）

一・一　癸卯　2.8 一・十一　癸丑　2.18 一・二十一　癸亥　2.28	二・一　癸酉　3.10 二・十一　癸未　3.20 二・二十一　癸巳　3.30	三・一　壬寅　4.8 三・十一　壬子　4.18 三・二十一　壬戌　4.28	*四・一　壬申　5.8 四・十一　壬午　5.18 四・二十一　壬辰　5.28
五・一　辛丑　6.6 五・十一　辛亥　6.16 五・二十一　辛酉　6.26	六・一　庚午　7.5 六・十一　庚辰　7.15 六・二十一　庚寅　7.25	七・一　庚子　8.4 七・十一　庚戌　8.14 七・二十一　庚申　8.24	八・一　己巳　9.2 八・十一　己卯　9.12 八・二十一　己丑　9.22
九・一　己亥　10.2 九・十一　己酉　10.12 九・二十一　己未　10.22	十・一　戊辰　10.31 十・十一　戊寅　11.10 十・二十一　戊子　11.20	十一・一　戊戌　11.30 十一・十一　戊申　12.10 十一・二十一　戊午　12.20	十二・一　丁卯　12.29 十二・十一　丁丑　1.8 十二・二十一　丁亥　1.18

＊《目录》四月辛未朔。

唐玄宗天宝十三年甲午（754—755）

一・一　丁酉　1.28 一・十一　丁未　2.7 一・二十一　丁巳　2.17	二・一　丁卯　2.27 二・十一　丁丑　3.9 二・二十一　丁亥　3.19	三・一　丁酉　3.29 三・十一　丁未　4.8 三・二十一　丁巳　4.18	四・一　丙寅　4.27 四・十一　丙子　5.7 四・二十一　丙戌　5.17
五・一　丙申　5.27 五・十一　丙午　6.6 五・二十一　丙辰　6.16	六・一　乙丑　6.25 六・十一　乙亥　7.5 六・二十一　乙酉　7.15	七・一　甲午　7.24 七・十一　甲辰　8.3 七・二十一　甲寅　8.13	八・一　甲子　8.23 八・十一　甲戌　9.2 八・二十一　甲申　9.12
九・一　癸巳　9.21 九・十一　癸卯　10.1 九・二十一　癸丑　10.11	十・一　癸亥　10.21 十・十一　癸酉　10.31 十・二十一　癸未　11.10	十一・一　壬辰 11.19　闰十一・一　壬戌 12.19 十一・十一　壬寅 11.29　闰十一・十一　壬申 12.29 十一・二十一壬子 12.9　闰十一・二十一壬午 1.8	十二・一　辛卯　1.17 十二・十一　辛丑　1.27 十二・二十一　辛亥　2.6

唐玄宗天宝十四年乙未（755—756）

*一・一　辛酉　2.16 一・十一　辛未　2.26 一・二十一　辛巳　3.8	二・一　庚寅　3.17 二・十一　庚子　3.27 二・二十一　庚戌　4.6	三・一　庚申　4.16 三・十一　庚午　4.26 三・二十一　庚辰　5.6	四・一　庚寅　5.16 四・十一　庚子　5.26 四・二十一　庚戌　6.5
五・一　己未　6.14 五・十一　己巳　6.24 五・二十一　己卯　7.4	六・一　己丑　7.14 六・十一　己亥　7.24 六・二十一　己酉　8.3	七・一　戊午　8.12 七・十一　戊辰　8.22 七・二十一　戊寅　9.1	八・一　戊子　9.11 八・十一　戊戌　9.21 八・二十一　戊申　10.1
九・一　丁巳　10.10 九・十一　丁卯　10.20 九・二十一　丁丑　10.30	十・一　丁亥　11.9 十・十一　丁酉　11.19 十・二十一　丁未　11.29	十一・一　丙辰　12.8 十一・十一　丙寅　12.18 十一・二十一　丙子　12.28	十二・一　丙戌　1.7 十二・十一　丙申　1.17 十二・二十一　丙午　1.27

＊《目录》正月庚申、四月己丑、八月丁亥、十二月乙酉朔。

唐肃宗至德元年丙申(756—757)

一•一	乙卯	2.5	*二•一	乙酉	3.6	三•一	甲寅	4.4	四•一	甲申	5.4
一•十一	乙丑	2.15	二•十一	乙未	3.16	三•十一	甲子	4.14	四•十一	甲午	5.14
一•二十一	乙亥	2.25	二•二十一	乙巳	3.26	三•二十一	甲戌	4.24	四•二十一	甲辰	5.24
五•一	甲寅	6.3	六•一	癸未	7.2	**七•一	癸丑	8.1	八•一	壬午	8.30
五•十一	甲子	6.13	六•十一	癸巳	7.12	七•十一	癸亥	8.11	八•十一	壬辰	9.9
五•二十一	甲戌	6.23	六•二十一	癸卯	7.22	七•二十一	癸酉	8.21	八•二十一	壬寅	9.19
九•一	壬子	9.29	十•一	辛巳	10.28	十一•一	辛亥	11.27	十二•一	庚辰	12.26
九•十一	壬戌	10.9	十•十一	辛卯	11.7	十一•十一	辛酉	12.7	十二•十一	庚寅	1.5
九•二十一	壬申	10.19	十•二十一	辛丑	11.17	十一•二十一	辛未	12.17	十二•二十一	庚子	1.15

*《目录》二月甲寅朔,误。　** 本月肃宗即位,改元“至德”。

唐肃宗至德二年丁酉(757—758)

一•一	庚戌	1.25	二•一	己卯	2.23	三•一	己酉	3.25	四•一	戊寅	4.23
一•十一	庚申	2.4	二•十一	己丑	3.5	三•十一	己未	4.4	四•十一	戊子	5.3
一•二十一	庚午	2.14	二•二十一	己亥	3.15	三•二十一	己巳	4.14	四•二十一	戊戌	5.13
五•一	戊申	5.23	六•一	丁丑	6.21	七•一	丁未	7.21	八•一	丁丑	8.20 闰八•一 丙午 9.18
五•十一	戊午	6.2	六•十一	丁亥	7.1	七•十一	丁巳	7.31	八•十一	丁亥	8.30 闰八•十一 丙辰 9.28
五•二十一	戊辰	6.12	六•二十一	丁酉	7.11	七•二十一	丁卯	8.10	八•二十一	丁酉	9.9 闰八•二十一 丙寅 10.8
九•一	丙子	10.18	十•一	乙巳	11.16	十一•一	乙亥	12.16	十二•一	甲辰	1.14
九•十一	丙戌	10.28	十•十一	乙卯	11.26	十一•十一	乙酉	12.26	十二•十一	甲寅	1.24
九•二十一	丙申	11.7	十•二十一	乙丑	12.6	十一•二十一	乙未	1.5	十二•二十一	甲子	2.3

唐肃宗乾元元年戊戌(758—759)

一•一	甲戌	2.13	*二•一	癸卯	3.14	三•一	癸酉	4.13	四•一	壬寅	5.12
一•十一	甲申	2.23	二•十一	癸丑	3.24	三•十一	癸未	4.23	四•十一	壬子	5.22
一•二十一	甲午	3.5	二•二十一	癸亥	4.3	三•二十一	癸巳	5.3	四•二十一	壬戌	6.1
五•一	壬申	6.11	六•一	辛丑	7.10	七•一	辛未	8.9	八•一	庚子	9.7
五•十一	壬午	6.21	六•十一	辛亥	7.20	七•十一	辛巳	8.19	八•十一	庚戌	9.17
五•二十一	壬辰	7.1	六•二十一	辛酉	7.30	七•二十一	辛卯	8.29	八•二十一	庚申	9.27
九•一	庚午	10.7	十•一	庚子	11.6	十一•一	庚午	12.6	十二•一	己亥	1.4
九•十一	庚辰	10.17	十•十一	庚戌	11.16	十一•十一	庚辰	12.16	十二•十一	己酉	1.14
九•二十一	庚寅	10.27	十•二十一	庚申	11.26	十一•二十一	庚寅	12.26	十二•二十一	己未	1.24

* 本月改元“乾元”。

唐肃宗乾元二年己亥(759—760)

一•一	己巳	2.3	二•一	戊戌	3.4	三•一	丁卯	4.2	四•一	丁酉	5.2
一•十一	己卯	2.13	二•十一	戊申	3.14	三•十一	丁丑	4.12	四•十一	丁未	5.12
一•二十一	己丑	2.23	二•二十一	戊午	3.24	三•二十一	丁亥	4.22	四•二十一	丁巳	5.22
五•一	丙寅	5.31	六•一	乙未	6.29	七•一	乙丑	7.29	八•一	甲午	8.27
五•十一	丙子	6.10	六•十一	乙巳	7.9	七•十一	乙亥	8.8	八•十一	甲辰	9.6
五•二十一	丙戌	6.20	六•二十一	乙卯	7.19	七•二十一	乙酉	8.18	八•二十一	甲寅	9.16
九•一	甲子	9.26	十•一	甲午	10.26	十一•一	甲子	11.25	十二•一	癸巳	12.24
九•十一	甲戌	10.6	十•十一	甲辰	11.5	十一•十一	甲戌	12.5	十二•十一	癸卯	1.3
九•二十一	甲申	10.16	十•二十一	甲寅	11.15	十一•二十一	甲申	12.15	十二•二十一	癸丑	1.13

唐肃宗上元元年庚子（760—761）

一·一	癸亥	1.23	二·一	癸巳	2.22	三·一	壬戌	3.22	四·一	辛卯	4.20* 闰四·一 辛酉 5.20
一·十一	癸酉	2.2	二·十一	癸卯	3.3	三·十一	壬申	4.1	四·十一	辛丑	4.30 闰四·十一 辛未 5.30
一·二十一	癸未	2.12	二·二十一	癸丑	3.13	三·二十一	壬午	4.11	四·二十一	辛亥	5.10 闰四·二十一 辛巳 6.9
五·一	庚寅	6.18	六·一	己未	7.17	七·一	己丑	8.16	八·一	戊午	9.14
五·十一	庚子	6.28	六·十一	己巳	7.27	七·十一	己亥	8.26	八·十一	戊辰	9.24
五·二十一	庚戌	7.8	六·二十一	己卯	8.6	七·二十一	己酉	9.5	八·二十一	戊寅	10.4
九·一	戊子	10.14	十·一	戊午	11.13	十一·一	丁亥	12.12	十二·一	丁巳	1.11
九·十一	戊戌	10.24	十·十一	戊辰	11.23	十一·十一	丁酉	12.22	十二·十一	丁卯	1.21
九·二十一	戊申	11.3	十·二十一	戊寅	12.3	十一·二十一	丁未	1.1	十二·二十一	丁丑	1.31

＊本月改元“上元”。

唐肃宗元年辛丑（761—762）

一·一	丁亥	2.10	二·一	丙辰	3.11	三·一	丙戌	4.10	四·一	乙卯	5.9
一·十一	丁酉	2.20	二·十一	丙寅	3.21	三·十一	丙申	4.20	四·十一	乙丑	5.19
一·二十一	丁未	3.2	二·二十一	丙子	3.31	三·二十一	丙午	4.30	四·二十一	乙亥	5.29
五·一	乙酉	6.8	六·一	甲寅	7.7	七·一	癸未	8.5	八·一	癸丑	9.4
五·十一	乙未	6.18	六·十一	甲子	7.17	七·十一	癸巳	8.15	八·十一	癸亥	9.14
五·二十一	乙巳	6.28	六·二十一	甲戌	7.27	七·二十一	癸卯	8.25	八·二十一	癸酉	9.24
*九·一	壬午	10.3	十·一	壬子	11.2	十一·一	壬午	12.2	十二·一	辛亥	12.31
九·十一	壬辰	10.13	十·十一	壬戌	11.12	十一·十一	壬辰	12.12	十二·十一	辛酉	1.10
九·二十一	壬寅	10.23	十·二十一	壬申	11.22	十一·二十一	壬寅	12.22	十二·二十一	辛未	1.20

＊本月去年号，但称元年。

唐肃宗宝应元年壬寅（762—763）

一·一	辛巳	1.30	二·一	辛亥	3.1	三·一	庚辰	3.30	*四·一	庚戌	4.29
一·十一	辛卯	2.9	二·十一	辛酉	3.11	三·十一	庚寅	4.9	四·十一	庚申	5.9
一·二十一	辛丑	2.19	二·二十一	辛未	3.21	三·二十一	庚子	4.19	四·二十一	庚午	5.19
五·一	己卯	5.28	六·一	己酉	6.27	七·一	戊寅	7.26	八·一	丁未	8.24
五·十一	己丑	6.7	六·十一	己未	7.7	七·十一	戊子	8.5	八·十一	丁巳	9.3
五·二十一	己亥	6.17	六·二十一	己巳	7.17	七·二十一	戊戌	8.15	八·二十一	丁卯	9.13
九·一	丁丑	9.23	十·一	丙午	10.22	十一·一	丙子	11.21	十二·一	乙巳	12.20
九·十一	丁亥	10.3	十·十一	丙辰	11.1	十一·十一	丙戌	12.1	十二·十一	乙卯	12.30
九·二十一	丁酉	10.13	十·二十一	丙寅	11.11	十一·二十一	丙申	12.11	十二·二十一	乙丑	1.9

＊本月改元“宝应”。

唐代宗广德元年癸卯（763—764）

一·一	乙亥	1.19 闰一·一 乙巳 2.18	二·一	甲戌	3.19	三·一	甲辰	4.18	四·一	甲戌	5.18
一·十一	乙酉	1.29 闰一·十一 乙卯 2.28	二·十一	甲申	3.29	三·十一	甲寅	4.28	四·十一	甲申	5.28
一·二十一	乙未	2.8 闰一·二十一 乙丑 3.10	二·二十一	甲午	4.8	三·二十一	甲子	5.8	四·二十一	甲午	6.7
五·一	癸卯	6.16	六·一	癸酉	7.16	*七·一	壬寅	8.14	**八·一	辛未	9.12
五·十一	癸丑	6.26	六·十一	癸未	7.26	七·十一	壬子	8.24	八·十一	辛巳	9.22
五·二十一	癸亥	7.6	六·二十一	癸巳	8.5	七·二十一	壬戌	9.3	八·二十一	辛卯	10.2
九·一	辛丑	10.12	十·一	庚午	11.10	十一·一	庚子	12.10	十二·一	己巳	1.8
九·十一	辛亥	10.22	十·十一	庚辰	11.20	十一·十一	庚戌	12.20	十二·十一	己卯	1.18
九·二十一	辛酉	11.1	十·二十一	庚寅	11.30	十一·二十一	庚申	12.29	十二·二十一	己丑	1.28

＊本月改元“广德”。　**《目录》八月壬申、十二月庚午朔。

唐代宗广德二年甲辰（764—765）

一・一	己亥	2.7	二・一	己巳	3.8	三・一	戊戌	4.6	四・一	戊辰	5.6
一・十一	己酉	2.17	二・十一	己卯	3.18	三・十一	戊申	4.16	四・十一	戊寅	5.16
一・二十一	己未	2.27	二・二十一	己丑	3.28	三・二十一	戊午	4.26	四・二十一	戊子	5.26
五・一	丁酉	6.4	六・一	丁卯	7.4	七・一	丙申	8.2	八・一	丙寅	9.1
五・十一	丁未	6.14	六・十一	丁丑	7.14	七・十一	丙午	8.12	八・十一	丙子	9.11
五・二十一	丁巳	6.24	六・二十一	丁亥	7.24	七・二十一	丙辰	8.22	八・二十一	丙戌	9.21
九・一	乙未	9.30	十・一	乙丑	10.30	十一・一	甲午	11.28	十二・一	甲子	12.28
九・十一	乙巳	10.10	十・十一	乙亥	11.9	十一・十一	甲辰	12.8	十二・十一	甲戌	1.7
九・二十一	乙卯	10.20	十・二十一	乙酉	11.19	十一・二十一	甲寅	12.18	十二・二十一	甲申	1.17

唐代宗永泰元年乙巳（765—766）

一・一	癸巳	1.26	二・一	癸亥	2.25	三・一	壬辰	3.26	四・一	壬戌	4.25
一・十一	癸卯	2.5	二・十一	癸酉	3.7	三・十一	壬寅	4.5	四・十一	壬申	5.5
一・二十一	癸丑	2.15	二・二十一	癸未	3.17	三・二十一	壬子	4.15	四・二十一	壬午	5.15
五・一	壬辰	5.25	六・一	辛酉	6.23	七・一	辛卯	7.23	*八・一	庚申	8.21
五・十一	壬寅	6.4	六・十一	辛未	7.3	七・十一	辛丑	8.2	八・十一	庚午	8.31
五・二十一	壬子	6.14	六・二十一	辛巳	7.13	七・二十一	辛亥	8.12	八・二十一	庚辰	9.10
九・一	庚寅	9.20	十・一 己未 10.19	闰十・一	己丑 11.18	十一・一	戊午	12.17	十二・一	戊子	1.16
九・十一	庚子	9.30	十・十一 己巳 10.29	闰十・十一	己亥 11.28	十一・十一	戊辰	12.27	十二・十一	戊戌	1.26
九・二十一	庚戌	10.10	十・二十一 己卯 11.8	闰十・二十一	己酉 12.8	十一・二十一	戊寅	1.6	十二・二十一	戊申	2.5

＊《目录》八月辛酉朔。

唐代宗大历元年丙午（766—767）

一・一	丁巳	2.14	二・一	丁亥	3.16	三・一	丙辰	4.14	四・一	丙戌	5.14
一・十一	丁卯	2.24	二・十一	丁酉	3.26	三・十一	丙寅	4.24	四・十一	丙申	5.24
一・二十一	丁丑	3.6	二・二十一	丁未	4.5	三・二十一	丙子	5.4	四・二十一	丙午	6.3
五・一	乙卯	6.12	六・一	乙酉	7.12	七・一	甲寅	8.10	八・一	甲申	9.9
五・十一	乙丑	6.22	六・十一	乙未	7.22	七・十一	甲子	8.20	八・十一	甲午	9.19
五・二十一	乙亥	7.2	六・二十一	乙巳	8.1	七・二十一	甲戌	8.30	八・二十一	甲辰	9.29
九・一	甲寅	10.9	十・一	癸未	11.7	*十一・一	癸丑	12.7	十二・一	壬午	1.5
九・十一	甲子	10.19	十・十一	癸巳	11.17	十一・十一	癸亥	12.17	十二・十一	壬辰	1.15
九・二十一	甲戌	10.29	十・二十一	癸卯	11.27	十一・二十一	癸酉	12.27	十二・二十一	壬寅	1.25

＊ 本月改元"大历"。

唐代宗大历二年丁未（767—768）

一・一	壬子	2.4	二・一	辛巳	3.5	三・一	辛亥	4.4	四・一	庚辰	5.3
一・十一	壬戌	2.14	二・十一	辛卯	3.15	三・十一	辛酉	4.14	四・十一	庚寅	5.13
一・二十一	壬申	2.24	二・二十一	辛丑	3.25	三・二十一	辛未	4.24	四・二十一	庚子	5.23
五・一	己酉	6.1	六・一	己卯	7.1	七・一	戊申	7.30	八・一	戊寅	8.29
五・十一	己未	6.11	六・十一	己丑	7.11	七・十一	戊午	8.9	八・十一	戊子	9.8
五・二十一	己巳	6.21	六・二十一	己亥	7.21	七・二十一	戊辰	8.19	八・二十一	戊戌	9.18
九・一	戊申	9.28	十・一	戊寅	10.28	十一・一	丁未	11.26	十二・一	丁丑	12.26
九・十一	戊午	10.8	十・十一	戊子	11.7	十一・十一	丁巳	12.6	十二・十一	丁亥	1.5
九・二十一	戊辰	10.18	十・二十一	戊戌	11.17	十一・二十一	丁卯	12.16	十二・二十一	丁酉	1.15

唐代宗大历三年戊申（768—769）

一・一	丙午	1.24	二・一	丙子	2.23	三・一	乙巳	3.23	*四・一	乙亥	4.22
一・十一	丙辰	2.3	二・十一	丙戌	3.4	三・十一	乙卯	4.2	四・十一	乙酉	5.2
一・二十一	丙寅	2.13	二・二十一	丙申	3.14	三・二十一	乙丑	4.12	四・二十一	乙未	5.12
五・一	甲辰	5.21	六・一 癸酉6.19	闰六・一	癸卯7.19	七・一	壬申	8.17	八・一	壬寅	9.16
五・十一	甲寅	5.31	六・十一 癸未6.29	闰六・十一	癸丑7.29	七・十一	壬午	8.27	八・十一	壬子	9.26
五・二十一	甲子	6.10	六・二十一癸巳7.9	闰六・二十一	癸亥8.8	七・二十一	壬辰	9.6	八・二十一	壬戌	10.6
九・一	壬申	10.16	十・一	辛丑	11.14	十一・一	辛未	12.14	十二・一	辛丑	1.13
九・十一	壬午	10.26	十・十一	辛亥	11.24	十一・十一	辛巳	12.24	十二・十一	辛亥	1.23
九・二十一	壬辰	11.5	十・二十一	辛酉	12.4	十一・二十一	辛卯	1.3	十二・二十一	辛酉	2.2

＊《目录》四月甲戌朔。

唐代宗大历四年己酉（769—770）

一・一	庚午	2.11	二・一	庚子	3.13	三・一	己巳	4.11	四・一	己亥	5.11
一・十一	庚辰	2.21	二・十一	庚戌	3.23	三・十一	己卯	4.21	四・十一	己酉	5.21
一・二十一	庚寅	3.3	二・二十一	庚申	4.2	三・二十一	己丑	5.1	四・二十一	己未	5.31
五・一	戊辰	6.9	六・一	丁酉	7.8	七・一	丙寅	8.6	八・一	丙申	9.5
五・十一	戊寅	6.19	六・十一	丁未	7.18	七・十一	丙子	8.16	八・十一	丙午	9.15
五・二十一	戊子	6.29	六・二十一	丁巳	7.28	七・二十一	丙戌	8.26	八・二十一	丙辰	9.25
九・一	丙寅	10.5	十・一	乙未	11.3	十一・一	乙丑	12.3	十二・一	乙未	1.2
九・十一	丙子	10.15	十・十一	乙巳	11.13	十一・十一	乙亥	12.13	十二・十一	乙巳	1.12
九・二十一	丙戌	10.25	十・二十一	乙卯	11.23	十一・二十一	乙酉	12.23	十二・二十一	乙卯	1.22

唐代宗大历五年庚戌（770—771）

一・一	乙丑	2.1	二・一	甲午	3.2	三・一	甲子	4.1	四・一	癸巳	4.30
・十	乙亥	2.11	二・十一	甲辰	3.12	三・十一	甲戌	4.11	四・十一	癸卯	5.10
一・二十一	乙酉	2.21	二・二十一	甲寅	3.22	三・二十一	甲申	4.21	四・二十一	癸丑	5.20
五・一	癸亥	5.30	六・一	壬辰	6.28	七・一	辛酉	7.27	八・一	辛卯	8.26
五・十一	癸酉	6.9	六・十一	壬寅	7.8	七・十一	辛未	8.6	八・十一	辛丑	9.5
五・二十一	癸未	6.19	六・二十一	壬子	7.18	七・二十一	辛巳	8.16	八・二十一	辛亥	9.15
九・一	庚申	9.24	十・一	己丑	10.23	十一・一	己未	11.22	十二・一	己丑	12.22
九・十一	庚午	10.4	十・十一	己亥	11.2	十一・十一	己巳	12.2	十二・十一	己亥	1.1
九・二十一	庚辰	10.14	十・二十一	己酉	11.12	十一・二十一	己卯	12.12	十二・二十一	己酉	1.11

唐代宗大历六年辛亥（771—772）

一・一	己未	1.21	二・一	戊子	2.19	三・一 戊午3.21	闰三・一	戊子4.20	四・一	丁巳	5.19
一・十一	己巳	1.31	二・十一	戊戌	3.1	三・十一 戊辰3.31	闰三・十一	戊戌4.30	四・十一	丁卯	5.29
一・二十一	己卯	2.10	二・二十一	戊申	3.11	三・二十一戊寅4.10	闰三・二十一	戊申5.10	四・二十一	丁丑	6.8
五・一	丙戌	6.17	六・一	丙辰	7.17	七・一	乙酉	8.15	八・一	甲寅	9.13
五・十一	丙申	6.27	六・十一	丙寅	7.27	七・十一	乙未	8.25	八・十一	甲子	9.23
五・二十一	丙午	7.7	六・二十一	丙子	8.6	七・二十一	乙巳	9.4	八・二十一	甲戌	10.3
九・一	甲申	10.13	十・一	癸丑	11.11	十一・一	癸未	12.11	十二・一	癸丑	1.10
九・十一	甲午	10.23	十・十一	癸亥	11.21	十一・十一	癸巳	12.21	十二・十一	癸亥	1.20
九・二十一	甲辰	11.2	十・二十一	癸酉	12.1	十一・二十一	癸卯	12.31	十二・二十一	癸酉	1.30

唐代宗大历七年壬子(772—773)

一•一	癸未	2.9	二•一	壬子	3.9	三•一	壬午	4.8	四•一	辛亥	5.7
一•十一	癸巳	2.19	二•十一	壬戌	3.19	三•十一	壬辰	4.18	四•十一	辛酉	5.17
一•二十一	癸卯	2.29	二•二十一	壬申	3.29	三•二十一	壬寅	4.28	四•二十一	辛未	5.27
五•一	辛巳	6.6	六•一	庚戌	7.5	七•一	庚辰	8.4	八•一	己酉	9.2
五•十一	辛卯	6.16	六•十一	庚申	7.15	七•十一	庚寅	8.14	八•十一	己未	9.12
五•二十一	辛丑	6.26	六•二十一	庚午	7.25	七•二十一	庚子	8.24	八•二十一	己巳	9.22
九•一	己卯	10.2	十•一	戊申	10.31	十一•一	丁丑	11.29	十二•一	丁未	12.29
九•十一	己丑	10.12	十•十一	戊午	11.10	十一•十一	丁亥	12.9	十二•十一	丁巳	1.8
九•二十一	己亥	10.22	十•二十一	戊辰	11.20	十一•二十一	丁酉	12.19	十二•二十一	丁卯	1.18

唐代宗大历八年癸丑(773—774)

一•一	丁丑	1.28	*二•一	丙午	2.26	三•一	丙子	3.28	四•一	丙午	4.27
一•十一	丁亥	2.7	二•十一	丙辰	3.8	三•十一	丙戌	4.7	四•十一	丙辰	5.7
一•二十一	丁酉	2.17	二•二十一	丙寅	3.18	三•二十一	丙申	4.17	四•二十一	丙寅	5.17
五•一	乙亥	5.26	六•一	乙巳	6.25	七•一	甲戌	7.24	八•一	甲辰	8.23
五•十一	乙酉	6.5	六•十一	乙卯	7.5	七•十一	甲申	8.3	八•十一	甲寅	9.2
五•二十一	乙未	6.15	六•二十一	乙丑	7.15	七•二十一	甲午	8.13	八•二十一	甲子	9.12
九•一	癸酉	9.21	十•一	癸卯	10.21	十一•一	壬申	11.19 闰十一•一 壬寅 12.19	十二•一	辛未	1.17
九•十一	癸未	10.1	十•十一	癸丑	10.31	十一•十一	壬午	11.29 闰十一•十一 壬子 12.29	十二•十一	辛巳	1.27
九•二十一	癸巳	10.11	十•二十一	癸亥	1.10	十一•二十一	壬辰	12.9 闰十一•二十一 壬戌 1.8	十二•二十一	辛卯	2.6

*《目录》二月丁未、三月丁丑朔。

唐代宗大历九年甲寅(774—775)

*一•一	庚子	2.15	二•一	庚午	3.17	三•一	庚子	4.16	四•一	己巳	5.15
一•十一	庚戌	2.25	二•十一	庚辰	3.27	三•十一	庚戌	4.26	四•十一	己卯	5.25
一•二十一	庚申	3.7	二•二十一	庚寅	4.6	三•二十一	庚申	5.6	四•二十一	己丑	6.4
五•一	己亥	6.14	六•一	己巳	7.14	七•一	戊戌	8.12	八•一	戊辰	9.11
五•十一	己酉	6.24	六•十一	己卯	7.24	七•十一	戊申	8.22	八•十一	戊寅	9.21
五•二十一	己未	7.4	六•二十一	己丑	8.3	七•二十一	戊午	9.1	八•二十一	戊子	10.1
九•一	丁酉	10.10	十•一	丁卯	11.9	十一•一	丙申	12.8	十二•一	丙寅	1.7
九•十一	丁未	10.20	十•十一	丁丑	11.19	十一•十一	丙午	12.18	十二•十一	丙子	1.17
九•二十一	丁巳	10.30	十•二十一	丁亥	11.29	十一•二十一	丙辰	12.28	十二•二十一	丙戌	1.27

*《目录》正月辛丑朔。

唐代宗大历十年乙卯(775—776)

一•一	乙未	2.5	二•一	乙丑	3.7	三•一	甲午	4.5	四•一	癸亥	5.4
一•十一	乙巳	2.15	二•十一	乙亥	3.17	三•十一	甲辰	4.15	四•十一	癸酉	5.14
一•二十一	乙卯	2.25	二•二十一	乙酉	3.27	三•二十一	甲寅	4.25	四•二十一	癸未	5.24
五•一	癸巳	6.3	六•一	癸亥	7.3	七•一	壬辰	8.1	八•一	壬戌	8.31
五•十一	癸卯	6.13	六•十一	癸酉	7.13	七•十一	壬寅	8.11	八•十一	壬申	9.10
五•二十一	癸丑	6.23	六•二十一	癸未	7.23	七•二十一	壬子	8.21	八•二十一	壬午	9.20
九•一	壬辰	9.30	十•一	辛酉	10.29	十一•一	辛卯	11.28	十二•一	庚申	12.27
九•十一	壬寅	10.10	十•十一	辛未	11.8	十一•十一	辛丑	12.8	十二•十一	庚午	1.6
九•二十一	壬子	10.20	十•二十一	辛巳	11.18	十一•二十一	辛亥	12.18	十二•二十一	庚辰	1.16

唐代宗大历十一年丙辰(776—777)

一·一	庚寅	1.26	二·一	己未	2.24	三·一	戊子	3.24	四·一	戊午	4.23
一·十一	庚子	2.5	二·十一	己巳	3.5	三·十一	戊戌	4.3	四·十一	戊辰	5.3
一·二十一	庚戌	2.15	二·二十一	己卯	3.15	三·二十一	戊申	4.13	四·二十一	戊寅	5.13
五·一	丁亥	5.22	六·一	丁巳	6.21	七·一	丙戌	7.20	八·一 丙辰 8.19	闰八·一 丙戌 9.18	
五·十一	丁酉	6.1	六·十一	丁卯	7.1	七·十一	丙申	7.30	八·十一 丙寅 8.29	闰八·十一 丙申 9.28	
五·二十一	丁未	6.11	六·二十一	丁丑	7.11	七·二十一	丙午	8.9	八·二十一 丙子 9.8	闰八·二十一 丙午 10.8	
九·一	乙卯	10.17	十·一	乙酉	11.16	十一·一	乙卯	12.16	十二·一	甲申	1.14
九·十一	乙丑	10.27	十·十一	乙未	11.26	十一·十一	乙丑	12.26	十二·十一	甲午	1.24
九·二十一	乙亥	11.6	十·二十一	乙巳	12.6	十一·二十一	乙亥	1.5	十二·二十一	甲辰	2.3

唐代宗大历十二年丁巳(777—778)

一·一	甲寅	2.13	二·一	癸未	3.14	三·一	癸丑	4.13	四·一	壬午	5.12
一·十一	甲子	2.23	二·十一	癸巳	3.24	三·十一	癸亥	4.23	四·十一	壬辰	5.22
一·二十一	甲戌	3.5	二·二十一	癸卯	4.3	三·二十一	癸酉	5.3	四·二十一	壬寅	6.1
五·一	辛亥	6.10	六·一	辛巳	7.10	七·一	庚戌	8.8	八·一	庚辰	9.7
五·十一	辛酉	6.20	六·十一	辛卯	7.20	七·十一	庚申	8.18	八·十一	庚寅	9.17
五·二十一	辛未	6.30	六·二十一	辛丑	7.30	七·二十一	庚午	8.28	八·二十一	庚子	9.27
九·一	己酉	10.6	十·一	己卯	11.5	十一·一	己酉	12.5	十二·一	己卯	1.4
九·十一	己未	10.16	十·十一	己丑	11.15	十一·十一	己未	12.15	十二·十一	己丑	1.14
九·二十一	己巳	10.26	十·二十一	己亥	11.25	十一·二十一	己巳	12.25	十二·二十一	己亥	1.24

唐代宗大历十三年戊午(778—779)

一·一	戊申	2.2	二·一	戊寅	3.4	三·一	丁未	4.2	四·一	丁丑	5.2
一·十一	戊午	2.12	二·十一	戊子	3.14	三·十一	丁巳	4.12	四·十一	丁亥	5.12
一·二十一	戊辰	2.22	二·二十一	戊戌	3.24	三·二十一	丁卯	4.22	四·二十一	丁酉	5.22
五·一	丙午	5.31	六·一	乙亥	6.29	七·一	乙巳	7.29	八·一	甲戌	8.27
五·十一	丙辰	6.10	六·十一	乙酉	7.9	七·十一	乙卯	8.8	八·十一	甲申	9.6
五·二十一	丙寅	6.20	六·二十一	乙未	7.19	七·二十一	乙丑	8.18	八·二十一	甲午	9.16
九·一	甲辰	9.26	十·一	癸酉	10.25	十一·一	癸卯	11.24	十二·一	癸酉	12.24
九·十一	甲寅	10.6	十·十一	癸未	11.4	十一·十一	癸丑	12.4	十二·十一	癸未	1.3
九·二十一	甲子	10.16	十·二十一	癸巳	11.14	十一·二十一	癸亥	12.14	十二·二十一	癸巳	1.13

唐代宗大历十四年己未(779—780)

一·一	壬寅	1.22	二·一	壬申	2.21	三·一	壬寅	3.23	四·一	辛未	4.21
一·十一	壬子	2.1	二·十一	壬午	3.3	三·十一	壬子	4.2	四·十一	辛巳	5.1
一·二十一	壬戌	2.11	二·二十一	壬辰	3.13	三·二十一	壬戌	4.12	四·二十一	辛卯	5.11
*五·一 辛丑 5.21	闰五·一 庚午 6.19		六·一	己亥	7.18	七·一	戊辰	8.16	八·一	戊戌	9.15
五·十一 辛亥 5.31	闰五·十一 庚辰 6.29		六·十一	己酉	7.28	七·十一	戊寅	8.26	八·十一	戊申	9.25
五·二十一 辛酉 6.10	闰五·二十一 庚寅 7.9		六·二十一	己未	8.7	七·二十一	戊子	9.5	八·二十一	戊午	10.5
九·一	戊辰	10.15	十·一	丁酉	11.13	十一·一	丁卯	12.13	十二·一	丁酉	1.12
九·十一	戊寅	10.25	十·十一	丁未	11.23	十一·十一	丁丑	12.23	十二·十一	丁未	1.22
九·二十一	戊子	11.4	十·二十一	丁巳	12.3	十一·二十一	丁亥	1.2	十二·二十一	丁巳	2.1

*《目录》五月庚子、九月丁卯朔。

唐德宗建中元年庚申（780—781）

一·一　丁卯　2.11 一·十一　丁丑　2.21 一·二十一　丁亥　3.2	二·一　丙申　3.11 二·十一　丙午　3.21 二·二十一　丙辰　3.31	三·一　丙寅　4.10 三·十一　丙子　4.20 三·二十一　丙戌　4.30	四·一　乙未　5.9 四·十一　乙巳　5.19 四·二十一　乙卯　5.29
五·一　甲子　6.7 五·十一　甲戌　6.17 五·二十一　甲申　6.27	六·一　甲午　7.7 六·十一　甲辰　7.17 六·二十一　甲寅　7.27	七·一　癸亥　8.5 七·十一　癸酉　8.15 七·二十一　癸未　8.25	八·一　壬辰　9.3 八·十一　壬寅　9.13 八·二十一　壬子　9.23
九·一　壬戌　10.3 九·十一　壬申　10.13 九·二十一　壬午　10.23	十·一　辛卯　11.1 十·十一　辛丑　11.11 十·二十一　辛亥　11.21	十一·一　辛酉　12.1 十一·十一　辛未　12.11 十一·二十一　辛巳　12.21	十二·一　辛卯　12.31 十二·十一　辛丑　1.10 十二·二十一　辛亥　1.20

唐德宗建中二年辛酉（781—782）

一·一　庚申　1.29 一·十一　庚午　2.8 一·二十一　庚辰　2.18	二·一　庚寅　2.28 二·十一　庚子　3.10 二·二十一　庚戌　3.20	三·一　庚申　3.30 三·十一　庚午　4.9 三·二十一　庚辰　4.19	四·一　己丑　4.28 四·十一　己亥　5.8 四·二十一　己酉　5.18
五·一　己未　5.28 五·十一　己巳　6.7 五·二十一　己卯　6.17	六·一　戊子　6.26 六·十一　戊戌　7.6 六·二十一　戊申　7.16	七·一　戊午　7.26 七·十一　戊辰　8.5 七·二十一　戊寅　8.15	八·一　丁亥　8.24 八·十一　丁酉　9.3 八·二十一　丁未　9.13
九·一　丙辰　9.22 九·十一　丙寅　10.2 九·二十一　丙子　10.12	十·一　丙戌　10.22 十·十一　丙申　11.1 十·二十一　丙午　11.11	十一·一　乙卯　11.20 十一·十一　乙丑　11.30 十一·二十一　乙亥　12.10	十二·一　乙酉　12.20 十二·十一　乙未　12.30 十二·二十一　乙巳　1.9

唐德宗建中三年壬戌（782—783）

一·一　乙卯1.19　闰一·一　甲申2.17 一·十一　乙丑1.29　闰一·十一　甲午2.27 一·二十一　乙亥2.8　闰一·二十一　甲辰3.9	二·一　甲寅　3.19 二·十一　甲子　3.29 二·二十一　甲戌　4.8	三·一　癸未　4.17 三·十一　癸巳　4.27 三·二十一　癸卯　5.7	四·一　癸丑　5.17 四·十一　癸亥　5.27 四·二十一　癸酉　6.6
五·一　癸未　6.16 五·十一　癸巳　6.26 五·二十一　癸卯　7.6	六·一　壬子　7.15 六·十一　壬戌　7.25 六·二十一　壬申　8.4	七·一　壬午　8.14 七·十一　壬辰　8.24 七·二十一　壬寅　9.3	八·一　辛亥　9.12 八·十一　辛酉　9.22 八·二十一　辛未　10.2
九·一　辛巳　10.12 九·十一　辛卯　12.22 九·二十一　辛丑　11.1	十·一　庚戌　11.10 十·十一　庚申　11.20 十·二十一　庚午　11.30	十一·一　己卯　12.9 十一·十一　己丑　12.19 十一·二十一　己亥　12.29	十二·一　己酉　1.8 十二·十一　己未　1.18 十二·二十一　己巳　1.28

唐德宗建中四年癸亥（783—784）

一·一　戊寅　2.6 一·十一　戊子　2.16 一·二十一　戊戌　2.26	二·一　戊申　3.8 二·十一　戊午　3.18 二·二十一　戊辰　3.28	三·一　戊寅　4.7 三·十一　戊子　4.17 三·二十一　戊戌　4.27	四·一　丁未　5.6 四·十一　丁巳　5.16 四·二十一　丁卯　5.26
五·一　丁丑　6.5 五·十一　丁亥　6.15 五·二十一　丁酉　6.25	六·一　丙午　7.4 六·十一　丙辰　7.14 六·二十一　丙寅　7.24	七·一　丙子　8.3 七·十一　丙戌　8.13 七·二十一　丙申　8.23	八·一　丙午　9.2 八·十一　丙辰　9.12 八·二十一　丙寅　9.22
九·一　乙亥　10.1 九·十一　乙酉　10.11 九·二十一　乙未　10.21	十·一　乙巳　10.31 十·十一　乙卯　11.10 十·二十一　乙丑　11.20	十一·一　甲戌　11.29 十一·十一　甲申　12.9 十一·二十一　甲午　12.19	十二·一　甲辰　12.29 十二·十一　甲寅　1.8 十二·二十一　甲子　1.18

唐德宗兴元元年甲子（784—785）

一·一	癸酉	1.27	二·一	壬寅	2.25	三·一	壬申	3.26	四·一	辛丑	4.24
一·十一	癸未	2.6	二·十一	壬子	3.6	三·十一	壬午	4.5	四·十一	辛亥	5.4
一·二十一	癸巳	2.16	二·二十一	壬戌	3.16	三·二十一	壬辰	4.15	四·二十一	辛酉	5.14
五·一	辛未	5.24	六·一	庚子	6.22	七·一	庚午	7.22	八·一	庚子	8.21
五·十一	辛巳	6.3	六·十一	庚戌	7.2	七·十一	庚辰	8.1	八·十一	庚戌	8.31
五·二十一	辛卯	6.13	六·二十一	庚申	7.12	七·二十一	庚寅	8.11	八·二十一	庚申	9.10
九·一	己巳	9.19	十·一	己亥 10.19	*闰十·一 己巳 11.18	十一·一	戊戌	12.17	十二·一	戊辰	1.16
九·十一	己卯	9.29	十·十一	己酉 10.29	闰十·十一 己卯 11.28	十一·十一	戊申	12.27	十二·十一	戊寅	1.26
九·二十一	己丑	10.9	十·二十一	己未 11.8	闰十·二十一 己丑 12.8	十一·二十一	戊午	1.6	十二·二十一	戊子	2.5

*《目录》闰十一月戊戌朔。

唐德宗贞元元年乙丑（785—786）

一·一	丁酉	2.14	二·一	丙寅	3.15	三·一	丙申	4.14	四·一	乙丑	5.13
一·十一	丁未	2.24	二·十一	丙子	3.25	三·十一	丙午	4.24	四·十一	乙亥	5.23
一·二十一	丁巳	3.6	二·二十一	丙戌	4.4	三·二十一	丙辰	5.4	四·二十一	乙酉	6.2
五·一	乙未	6.12	六·一	甲子	7.11	七·一	甲午	8.10	八·一	癸亥	9.8
五·十一	乙巳	6.22	六·十一	甲戌	7.21	七·十一	甲辰	8.20	八·十一	癸酉	9.18
五·二十一	乙卯	7.2	六·二十一	甲申	7.31	七·二十一	甲寅	8.30	八·二十一	癸未	9.28
九·一	癸巳	10.8	十·一	癸亥	11.7	十一·一	癸巳	12.7	十二·一	壬戌	1.5
九·十一	癸卯	10.18	十·十一	癸酉	11.17	十一·十一	癸卯	12.17	十二·十一	壬申	1.15
九·二十一	癸丑	10.28	十·二十一	癸未	11.27	十一·二十一	癸丑	12.27	十二·二十一	壬午	1.25

唐德宗贞元二年丙寅（786—787）

一·一	壬辰	2.4	二·一	辛酉	3.5	三·一	庚寅	4.3	四·一	庚申	5.3
一·十一	壬寅	2.14	二·十一	辛未	3.15	三·十一	庚子	4.13	四·十一	庚午	5.13
一·二十一	壬子	2.24	二·二十一	辛巳	3.25	三·二十一	庚戌	4.23	四·二十一	庚辰	5.23
五·一	己丑	6.1	六·一	戊午	6.30	七·一	戊子	7.30	八·一	丁巳	8.28
五·十一	己亥	6.11	六·十一	戊辰	7.10	七·十一	戊戌	8.9	八·十一	丁卯	9.7
五·二十一	己酉	6.21	六·二十一	戊寅	7.20	七·二十一	戊申	8.19	八·二十一	丁丑	9.17
九·一	丁亥	9.27	十·一	丁巳	10.27	十一·一	丁亥	11.26	十二·一	丙辰	12.25
九·十一	丁酉	10.7	十·十一	丁卯	11.6	十一·十一	丁酉	12.6	十二·十一	丙寅	1.4
九·二十一	丁未	10.17	十·二十一	丁丑	11.16	十一·二十一	丁未	12.16	十二·二十一	丙子	1.14

唐德宗贞元三年丁卯（787—788）

一·一	丙戌	1.24	二·一	丙辰	2.23	三·一	乙酉	3.24	四·一	乙卯	4.23
一·十一	丙申	2.3	二·十一	丙寅	3.5	三·十一	乙未	4.3	四·十一	乙丑	5.3
一·二十一	丙午	2.13	二·二十一	丙子	3.15	三·二十一	乙巳	4.13	四·二十一	乙亥	5.13
五·一	甲申 5.22	闰五·一 癸丑 6.20	六·一	壬午	7.19	七·一	壬子	8.18	八·一	辛巳	9.16
五·十一	甲午 6.1	闰五·十一 癸亥 6.30	六·十一	壬辰	7.29	七·十一	壬戌	8.28	八·十一	辛卯	9.26
五·二十一	甲辰 6.11	闰五·二十一 癸酉 7.10	六·二十一	壬寅	8.8	七·二十一	壬申	9.7	八·二十一	辛丑	10.6
九·一	辛亥	10.16	十·一	辛巳	11.15	十一·一	辛亥	12.15	十二·一	庚辰	1.13
九·十一	辛酉	10.26	十·十一	辛卯	11.25	十一·十一	辛酉	12.25	十二·十一	庚寅	1.23
九·二十一	辛未	11.5	十·二十一	辛丑	12.5	十一·二十一	辛未	1.4	十二·二十一	庚子	2.2

唐德宗贞元四年戊辰(788—789)

一·一	庚戌	2.12	二·一	庚辰	3.13	三·一	己酉	4.11	四·一	戊寅	5.10
一·十一	庚申	2.22	二·十一	庚寅	3.23	三·十一	己未	4.21	四·十一	戊子	5.20
一·二十一	庚午	3.3	二·二十一	庚子	4.2	三·二十一	己巳	5.1	四·二十一	戊戌	5.30
五·一	戊申	6.9	六·一	丁丑	7.8	七·一	丙午	8.6	八·一	丙子	9.5
五·十一	戊午	6.19	六·十一	丁亥	7.18	七·十一	丙辰	8.16	八·十一	丙戌	9.15
五·二十一	戊辰	6.29	六·二十一	丁酉	7.28	七·二十一	丙寅	8.26	八·二十一	丙申	9.25
九·一	乙巳	10.4	十·一	乙亥	11.3	十一·一	乙巳	12.3	十二·一	甲戌	1.1
九·十一	乙卯	10.14	十·十一	乙酉	11.13	十一·十一	乙卯	12.13	十二·十一	甲申	1.11
九·二十一	乙丑	10.24	十·二十一	乙未	11.23	十一·二十一	乙丑	12.23	十二·二十一	甲午	1.21

唐德宗贞元五年己巳(789—790)

一·一	甲辰	1.31	二·一	甲戌	3.2	三·一	癸卯	3.31	四·一	癸酉	4.30
一·十一	甲寅	2.10	二·十一	甲申	3.12	三·十一	癸丑	4.10	四·十一	癸未	5.10
一·二十一	甲子	2.20	二·二十一	甲午	3.22	三·二十一	癸亥	4.20	四·二十一	癸巳	5.20
五·一	壬寅	5.29	六·一	壬申	6.28	七·一	辛丑	7.27	八·一	庚午	8.25
五·十一	壬子	6.8	六·十一	壬午	7.8	七·十一	辛亥	8.6	八·十一	庚辰	9.4
五·二十一	壬戌	6.18	六·二十一	壬辰	7.18	七·二十一	辛酉	8.16	八·二十一	庚寅	9.14
九·一	庚子	9.24	十·一	己巳	10.23	十一·一	己亥	11.22	十二·一	戊辰	12.21
九·十一	庚戌	10.4	十·十一	己卯	11.2	十一·十一	己酉	12.2	十二·十一	戊寅	12.31
九·二十一	庚申	10.14	十·二十一	己丑	11.12	十一·二十一	己未	12.12	十二·二十一	戊子	1.10

唐德宗贞元六年庚午(790—791)

一·一	戊戌	1.20	二·一	戊辰	2.19	三·一	戊戌	3.21	四·一	丁卯 4.19	闰四·一 丁酉 5.19
一·十一	戊申	1.30	二·十一	戊寅	3.1	三·十一	戊申	3.31	四·十一	丁丑 4.29	闰四·十一 丁未 5.29
一·二十一	戊午	2.9	二·二十一	戊子	3.11	三·二十一	戊午	4.10	四·二十一	丁亥 5.9	闰四·二十一 丁巳 6.8
五·一	丙寅	6.17	六·一	丙申	7.17	七·一	乙丑	8.15	八·一	甲午	9.13
五·十一	丙子	6.27	六·十一	丙午	7.27	七·十一	乙亥	8.25	八·十一	甲辰	9.23
五·二十一	丙戌	7.7	六·二十一	丙辰	8.6	七·二十一	乙酉	9.4	八·二十一	甲寅	10.3
九·一	甲子	10.13	十·一	癸巳	11.11	十一·一	癸亥	12.11	十二·一	壬辰	1.9
九·十一	甲戌	10.23	十·十一	癸卯	11.21	十一·十一	癸酉	12.21	十二·十一	壬寅	1.19
九·二十一	甲申	11.2	十·二十一	癸丑	12.1	十一·二十一	癸未	12.31	十二·二十一	壬子	1.29

唐德宗贞元七年辛未(791—792)

一·一	壬戌	2.8	*二·一	壬辰	3.10	三·一	辛酉	4.8	四·一	辛卯	5.8
一·十一	壬申	2.18	二·十一	壬寅	3.20	三·十一	辛未	4.18	四·十一	辛丑	5.18
一·二十一	壬午	2.28	二·二十一	壬子	3.30	三·二十一	辛巳	4.28	四·二十一	辛亥	5.28
五·一	庚申	6.6	六·一	庚寅	7.6	七·一	庚申	8.5	八·一	己丑	9.3
五·十一	庚午	6.16	六·十一	庚子	7.16	七·十一	庚午	8.15	八·十一	己亥	9.13
五·二十一	庚辰	6.26	六·二十一	庚戌	7.26	七·二十一	庚辰	8.25	八·二十一	己酉	9.23
九·一	己未	10.3	十·一	戊子	11.1	十一·一	丁巳	11.30	十二·一	丁亥	12.30
九·十一	己巳	10.13	十·十一	戊戌	11.11	十一·十一	丁卯	12.10	十二·十一	丁酉	1.9
九·二十一	己卯	10.23	十·二十一	戊申	11.21	十一·二十一	丁丑	12.20	十二·二十一	丁未	1.19

*《目录》二月辛酉朔，误。

唐德宗贞元八年壬申(792—793)

一·一	丙辰	1.28	二·一	丙戌	2.27	三·一	乙卯	3.27	四·一	乙酉	4.26
一·十一	丙寅	2.7	二·十一	丙申	3.8	三·十一	乙丑	4.6	四·十一	乙未	5.6
一·二十一	丙子	2.17	二·二十一	丙午	3.18	三·二十一	乙亥	4.16	四·二十一	乙巳	5.16
五·一	乙卯	5.26	六·一	甲申	6.24	七·一	甲寅	7.24	八·一	癸未	8.22
五·十一	乙丑	6.5	六·十一	甲午	7.7	七·十一	甲子	8.3	八·十一	癸巳	9.1
五·二十一	乙亥	6.15	六·二十一	甲辰	7.14	七·二十一	甲戌	8.13	八·二十一	癸卯	9.11
九·一	癸丑	9.21	十·一	癸未	10.21	十一·一	壬子	11.19	十二·一 壬午 12.19	闰十二·一 辛亥 1.17	
九·十一	癸亥	10.1	十·十一	癸巳	10.31	十一·十一	壬戌	11.29	十二·十一 壬辰 12.29	闰十二·十一 辛酉 1.27	
九·二十一	癸酉	10.11	十·二十一	癸卯	11.10	十一·二十一	壬申	12.9	十二·二十一 壬寅 1.8	闰十二·二十一 辛未 2.6	

唐德宗贞元九年癸酉(793—794)

一·一	庚辰	2.15	二·一	庚戌	3.17	三·一	己卯	4.15	四·一	己酉	5.15
一·十一	庚寅	2.25	二·十一	庚申	3.27	三·十一	己丑	4.25	四·十一	己未	5.24
一·二十一	庚子	3.7	二·二十一	庚午	4.6	三·二十一	己亥	5.5	四·二十一	己巳	6.4
五·一	戊寅	6.13	六·一	戊申	7.13	七·一	丁丑	8.11	八·一	丁未	9.10
五·十一	戊子	6.23	六·十一	戊午	7.23	七·十一	丁亥	8.21	八·十一	丁巳	9.20
五·二十一	戊戌	7.3	六·二十一	戊辰	8.2	七·二十一	丁酉	8.31	八·二十一	丁卯	9.30
九·一	丁丑	10.10	十·一	丁未	11.9	十一·一	丙子	12.8	十二·一	丙午	1.7
九·十一	丁亥	10.20	十·十一	丁巳	11.19	十一·十一	丙戌	12.18	十二·十一	丙辰	1.17
九·二十一	丁酉	10.30	十·二十一	丁卯	11.29	十一·二十一	丙申	12.28	十二·二十一	丙寅	1.27

唐德宗贞元十年甲戌(794—795)

一·一	乙亥	2.5	二·一	甲辰	3.6	三·一	甲戌	4.5	四·一	癸卯	5.4
一·十一	乙酉	2.15	二·十一	甲寅	3.16	三·十一	甲申	4.15	四·十一	癸丑	5.14
一·二十一	乙未	2.25	二·二十一	甲子	3.26	三·二十一	甲午	4.25	四·二十一	癸亥	5.24
五·一	癸酉	6.3	六·一	壬寅	7.2	七·一	壬申	8.1	八·一	辛丑	8.30
五·十一	癸未	6.13	六·十一	壬子	7.12	七·十一	壬午	8.11	八·十一	辛亥	9.9
五·二十一	癸巳	6.23	六·二十一	壬戌	7.22	七·二十一	壬辰	8.21	八·二十一	辛酉	9.19
九·一	辛未	9.29	十·一	辛丑	10.29	十一·一	庚午	11.27	十二·一	庚子	12.27
九·十一	辛巳	10.9	十·十一	辛亥	11.8	十一·十一	庚辰	12.7	十二·十一	庚戌	1.6
九·二十一	辛卯	10.19	十·二十一	辛酉	11.18	十一·二十一	庚寅	12.17	十二·二十一	庚申	1.16

唐德宗贞元十一年乙亥(795—796)

一·一	庚午	1.26	二·一	己亥	2.24	*三·一	己巳	3.26	四·一	戊戌	4.24
一·十一	庚辰	2.5	二·十一	己酉	3.6	三·十一	己卯	4.5	四·十一	戊申	5.4
一·二十一	庚寅	2.15	二·二十一	己未	3.16	三·二十一	己丑	4.15	四·二十一	戊午	5.14
五·一	丁卯	5.23	六·一	丁酉	6.22	七·一	丙寅	7.21	八·一 乙未 8.19**	闰八·一 乙丑 9.18	
五·十一	丁丑	6.2	六·十一	丁未	7.2	七·十一	丙子	7.31	八·十一 乙巳 8.29	闰八·十一 乙亥 9.28	
五·二十一	丁亥	6.12	六·二十一	丁巳	7.12	七·二十一	丙戌	8.10	八·二十一 乙卯 9.8	闰八·二十一 乙酉 10.8	
九·一	乙未	10.18	十·一	甲子	11.16	十一·一	甲午	12.16	十二·一	甲子	1.15
九·十一	乙巳	10.28	十·十一	甲戌	11.26	十一·十一	甲辰	12.26	十二·十一	甲戌	1.25
九·二十一	乙卯	11.7	十·二十一	甲申	12.6	十一·二十一	甲寅	1.5	十二·二十一	甲申	1.4

*《目录》三月戊辰、六月丙申朔。　**《总谱》闰七月乙未、八月乙丑朔。

唐德宗贞元十二年丙子(796—797)

一·一　甲午　2.14	二·一　癸亥　3.14	三·一　癸巳　4.13	四·一　壬戌　5.12
一·十一　甲辰　2.24	二·十一　癸酉　3.24	三·十一　癸卯　4.23	四·十一　壬申　5.22
一·二十一　甲寅　3.5	二·二十一　癸未　4.3	三·二十一　癸丑　5.3	四·二十一　壬午　6.1
五·一　辛卯　6.10	六·一　庚申　7.9	七·一　庚寅　8.8	八·一　己未　9.6
五·十一　辛丑　6.20	六·十一　庚午　7.19	七·十一　庚子　8.18	八·十一　己巳　9.16
五·二十一　辛亥　6.30	六·二十一　庚辰　7.29	七·二十一　庚戌　8.28	八·二十一　己卯　9.26
九·一　己丑　10.6	十·一　戊午　11.4	十一·一　戊子　12.4	十二·一　戊午　1.3
九·十一　己亥　10.16	十·十一　戊辰　11.14	十一·十一　戊戌　12.14	十二·十一　戊辰　1.13
九·二十一　己酉　10.26	十·二十一　戊寅　11.24	十一·二十一　戊申　12.24	十二·二十一　戊寅　1.23

唐德宗贞元十三年丁丑(797—798)

一·一　戊子　2.2	二·一　丁巳　3.3	三·一　丁亥　4.2	四·一　丙辰　5.1
一·十一　戊戌　2.12	二·十一　丁卯　3.13	三·十一　丁酉　4.12	四·十一　丙寅　5.11
一·二十一　戊申　2.23	二·二十一　丁丑　3.23	三·二十一　丁未　4.22	四·二十一　丙子　5.21
五·一　丙戌　5.31	六·一　乙卯　6.29	七·一　甲申　7.28	八·一　甲寅　8.27
五·十一　丙申　6.10	六·十一　乙丑　7.9	七·十一　甲午　8.7	八·十一　甲子　9.6
五·二十一　丙午　6.20	六·二十一　乙亥　7.19	七·二十一　甲辰　8.17	八·二十一　甲戌　9.16
九·一　癸未　9.25	十·一　癸丑　10.25	十一·一　壬午　11.23	十二·一　壬子　12.23
九·十一　癸巳　10.5	十·十一　癸亥　11.4	十一·十一　壬辰　12.3	十二·十一　壬戌　1.2
九·二十一　癸卯　10.15	十·二十一　癸酉　11.14	十一·二十一　壬寅　12.13	十二·二十一　壬申　1.12

唐德宗贞元十四年戊寅(798—799)

一·一　壬午　1.22	二·一　壬子　2.21	三·一　辛巳　3.22	四·一　辛亥　4.21
一·十一　壬辰　2.1	二·十一　壬戌　3.3	三·十一　辛卯　4.1	四·十一　辛酉　5.1
一·二十一　壬寅　2.11	二·二十一　壬申　3.13	三·二十一　辛丑　4.11	四·二十一　辛未　5.11
五·一　庚辰5.20　闰五·一　庚戌6.19	六·一　己卯　7.18	七·一　戊申　8.16	八·一　戊寅　9.15
五·十一　庚寅5.30　闰五·十一　庚申6.29	六·十一　己丑　7.28	七·十一　戊午　8.26	八·十一　戊子　9.25
五·二十一庚子6.9　闰五·二十一庚午7.9	六·二十一　己亥　8.7	七·二十一　戊辰　9.5	八·二十一　戊戌　10.5
九·一　丁未　10.14	十·一　丁丑　11.13	十一·一　丙午　12.12	十二·一　丙子　1.11
九·十一　丁巳　10.24	十·十一　丁亥　11.23	十一·十一　丙辰　12.22	十二·十一　丙戌　1.21
九·二十一　丁卯　11.3	十·二十一　丁酉　12.3	十一·二十一　丙寅　1.1	十二·二十一　丙申　1.31

唐德宗贞元十五年己卯(799—800)

一·一　丙午　2.10	二·一　乙亥　3.11	三·一　乙巳　4.10	四·一　乙亥　5.10
一·十一　丙辰　2.20	二·十一　乙酉　3.21	三·十一　乙卯　4.20	四·十一　乙酉　5.20
一·二十一　丙寅　3.2	二·二十一　乙未　3.31	三·二十一　乙丑　4.30	四·二十一　乙未　5.30
五·一　甲辰　6.8	六·一　甲戌　7.8	七·一　癸卯　8.6	八·一　壬申　9.4
五·十一　甲寅　6.18	六·十一　甲申　7.18	七·十一　癸丑　8.16	八·十一　壬午　9.14
五·二十一　甲子　6.28	六·二十一　甲午　7.28	七·二十一　癸亥　8.26	八·二十一　壬辰　9.24
九·一　壬寅　10.4	十·一　辛未　11.2	十一·一　辛丑　12.2	十二·一　庚午　12.31
九·十一　壬子　10.14	十·十一　辛巳　11.12	十一·十一　辛亥　12.12	十二·十一　庚辰　1.10
九·二十一　壬戌　10.24	十·二十一　辛卯　11.22	十一·二十一　辛酉　12.22	十二·二十一　庚寅　1.20

唐德宗贞元十六年庚辰（800—801）

一·一	庚子	1.30	二·一	己巳	2.25	三·一	己亥	3.29	四·一	己巳	4.28
一·十一	庚戌	2.9	二·十一	己卯	3.9	三·十一	己酉	4.8	四·十一	己卯	5.8
一·二十一	庚申	2.19	二·二十一	己丑	3.19	三·二十一	己未	4.18	四·二十一	己丑	5.18
五·一	戊戌	5.27	六·一	戊辰	6.26	七·一	丁酉	7.25	八·一	丁卯	8.24
五·十一	戊申	6.6	六·十一	戊寅	7.6	七·十一	丁未	8.4	八·十一	丁丑	9.3
五·二十一	戊午	6.16	六·二十一	戊子	7.16	七·二十一	丁巳	8.14	八·二十一	丁亥	9.13
九·一	丙申	9.22	十·一	丙寅	10.22	十一·一	乙未	11.20	十二·一	乙丑	12.20
九·十一	丙午	10.2	十·十一	丙子	11.1	十一·十一	乙巳	11.30	十二·十一	乙亥	12.30
九·二十一	丙辰	10.12	十·二十一	丙戌	11.11	十一·二十一	乙卯	12.10	十二·二十一	乙酉	1.9

唐德宗贞元十七年辛巳（801—802）

一·一	甲午 1.18	闰一·一 甲子 2.17	二·一	癸巳	3.18	三·一	癸亥	4.17	四·一	壬辰	5.16
一·十一	甲辰 1.28	闰一·十一 甲戌 2.27	二·十一	癸卯	3.28	三·十一	癸酉	4.27	四·十一	壬寅	5.26
一·二十一	甲寅 2.7	闰一·二十一 甲申 3.9	二·二十一	癸丑	4.7	三·二十一	癸未	5.7	四·二十一	壬子	6.5
五·一	壬戌	6.15	六·一	壬辰	7.15	七·一	辛酉	8.13	八·一	辛卯	9.12
五·十一	壬申	6.25	六·十一	壬寅	7.25	七·十一	辛未	8.23	八·十一	辛丑	9.22
五·二十一	壬午	7.5	六·二十一	壬子	8.4	七·二十一	辛巳	9.2	八·二十一	辛亥	10.2
九·一	庚申	10.11	十·一	庚寅	11.10	十一·一	己未	12.9	十二·一	己丑	1.8
九·十一	庚午	10.21	十·十一	庚子	11.20	十一·十一	己巳	12.19	十二·十一	己亥	1.18
九·二十一	庚辰	10.31	十·二十一	庚戌	11.30	十一·二十一	己卯	12.29	十二·二十一	己酉	1.28

唐德宗贞元十八年壬午（802—803）

一·一	戊午	2.6	二·一	戊子	3.8	三·一	丁巳	4.6	四·一	丁亥	5.6
一·十一	戊辰	2.16	二·十一	戊戌	3.18	三·十一	丁卯	4.16	四·十一	丁酉	5.16
一·二十一	戊寅	2.26	二·二十一	戊申	3.28	三·二十一	丁丑	4.26	四·二十一	丁未	5.26
五·一	丙辰	6.4	六·一	丙戌	7.4	七·一	乙卯	8.2	八·一	乙酉	9.1
五·十一	丙寅	6.14	六·十一	丙申	7.14	七·十一	乙丑	8.12	八·十一	乙未	9.11
五·二十一	丙子	6.24	六·二十一	丙午	7.24	七·二十一	乙亥	8.22	八·二十一	乙巳	9.21
九·一	乙卯	10.1	十·一	甲申	10.30	十一·一	甲寅	11.29	十二·一	甲申	12.29
九·十一	乙丑	10.11	十·十一	甲午	11.9	十一·十一	甲子	12.9	十二·十一	甲午	1.8
九·二十一	乙亥	10.21	十·二十一	甲辰	11.19	十一·二十一	甲戌	12.19	十二·二十一	甲辰	1.18

唐德宗贞元十九年癸未（803—804）

一·一	癸丑	1.27	二·一	壬午	2.25	三·一	壬子	3.27	四·一	辛巳	4.25
一·十一	癸亥	2.6	二·十一	壬辰	3.7	三·十一	壬戌	4.6	四·十一	辛卯	5.5
一·二十一	癸酉	2.16	二·二十一	壬寅	3.17	三·二十一	壬申	4.16	四·二十一	辛丑	5.15
五·一	庚戌	5.24	六·一	庚辰	6.23	七·一	己酉	7.22	八·一	己卯	8.21
五·十一	庚申	6.3	六·十一	庚寅	7.3	七·十一	己未	8.1	八·十一	己丑	8.31
五·二十一	庚午	6.13	六·二十一	庚子	7.13	七·二十一	己巳	8.11	八·二十一	己亥	9.10
九·一	己酉	9.20	十·一	戊寅 10.19	闰十·一 戊申 11.18	十一·一	戊寅	12.18	十二·一	戊申	1.17
九·十一	己未	9.30	十·十一	戊子 10.29	闰十·十一 戊午 11.28	十一·十一	戊子	12.28	十二·十一	戊午	1.27
九·二十一	己巳	10.10	十·二十一	戊戌 11.8	闰十·二十一 戊辰 12.8	十一·二十一	戊戌	1.7	十二·二十一	戊辰	2.6

唐德宗贞元二十年甲申(804—805)

一·一	丁丑	2.15	二·一	丙午	3.15	三·一	丙子	4.14	四·一	乙巳	5.13
一·十一	丁亥	2.25	二·十一	丙辰	3.25	三·十一	丙戌	4.24	四·十一	乙卯	5.23
一·二十一	丁酉	3.6	二·二十一	丙寅	4.4	三·二十一	丙申	5.4	四·二十一	乙丑	6.2
五·一	甲戌	6.11	六·一	甲辰	7.11	七·一	癸酉	8.9	八·一	癸卯	9.8
五·十一	甲申	6.21	六·十一	甲寅	7.21	七·十一	癸未	8.19	八·十一	癸丑	9.18
五·二十一	甲午	7.1	六·二十一	甲子	7.31	七·二十一	癸巳	8.29	八·二十一	癸亥	9.28
九·一	壬申	10.7	十·一	壬寅	11.6	十一·一	壬申	12.6	十二·一	壬寅	1.5
九·十一	壬午	10.17	十·十一	壬子	11.16	十一·十一	壬午	12.16	十二·十一	壬子	1.15
九·二十一	壬辰	10.27	十·二十一	壬戌	11.26	十一·二十一	壬辰	12.26	十二·二十一	壬戌	1.25

唐顺宗永贞元年乙酉(805—806)

一·一	辛未	2.3	二·一	辛丑	3.5	三·一	庚午	4.3	四·一	庚子	5.3
一·十一	辛巳	2.13	二·十一	辛亥	3.15	三·十一	庚辰	4.13	四·十一	庚戌	5.13
一·二十一	辛卯	2.23	二·二十一	辛酉	3.25	三·二十一	庚寅	4.23	四·二十一	庚申	5.23
五·一	己巳	6.1	六·一	戊戌	6.30	七·一	戊辰	7.30	*八·一	丁酉	8.28
五·十一	己卯	6.11	六·十一	戊申	7.10	七·十一	戊寅	8.9	八·十一	丁未	9.7
五·二十一	己丑	6.21	六·二十一	戊午	7.20	七·二十一	戊子	8.19	八·二十一	丁巳	9.17
九·一	丁卯	9.27	十·一	丙申	10.26	十一·一	丙寅	11.25	十二·一	丙申	12.25
九·十一	丁丑	10.7	十·十一	丙午	11.5	十一·十一	丙子	12.5	十二·十一	丙午	1.4
九·二十一	丁亥	10.17	十·二十一	丙辰	11.15	十一·二十一	丙戌	12.15	十二·二十一	丙辰	1.14

＊本月改元“永贞”。

唐宪宗元和元年丙戌(806—807)

一·一	丙寅	1.24	二·一	乙未	2.22	三·一	乙丑	3.24	四·一	甲午	4.22
一·十一	丙子	2.3	二·十一	乙巳	3.4	三·十一	乙亥	4.3	四·十一	甲辰	5.2
一·二十一	丙戌	2.13	二·二十一	乙卯	3.14	三·二十一	乙酉	4.13	四·二十一	甲寅	5.12
五·一	甲子	5.22	六·一 闰六·一	癸巳 壬戌	6.20 7.19	七·一	壬辰	8.18	八·一	辛酉	9.16
五·十一	甲戌	6.1	六·十一 闰六·十一	癸卯 壬申	6.30 7.29	七·十一	壬寅	8.28	八·十一	辛未	9.26
五·二十一	甲申	6.11	六·二十一 闰六·二十一	癸丑 壬午	7.10 8.8	七·二十一	壬子	9.7	八·二十一	辛巳	10.6
九·一	辛卯	10.16	十·一	庚申	11.14	十一·一	庚寅	12.14	十二·一	庚申	1.13
九·十一	辛丑	10.26	十·十一	庚午	11.24	十一·十一	庚子	12.24	十二·十一	庚午	1.23
九·二十一	辛亥	11.5	十·二十一	庚辰	12.4	十一·二十一	庚戌	1.3	十二·二十一	庚辰	2.2

唐宪宗元和二年丁亥(807—808)

一·一	己丑	2.11	二·一	己未	3.13	三·一	己丑	4.12	四·一	戊午	5.11
一·十一	己亥	2.21	二·十一	己巳	3.23	三·十一	己亥	4.22	四·十一	戊辰	5.21
一·二十一	己酉	3.3	二·二十一	己卯	4.2	三·二十一	己酉	5.2	四·二十一	戊寅	5.31
五·一	戊子	6.10	六·一	丁巳	7.9	七·一	丙戌	8.7	八·一	丙辰	9.6
五·十一	戊戌	6.20	六·十一	丁卯	7.19	七·十一	丙申	8.17	八·十一	丙寅	9.16
五·二十一	戊申	6.30	六·二十一	丁丑	7.29	七·二十一	丙午	8.27	八·二十一	丙子	9.26
九·一	乙酉	10.5	十·一	乙卯	11.4	十一·一	甲申	12.3	十二·一	甲寅	1.2
九·十一	乙未	10.15	十·十一	乙丑	11.14	十一·十一	甲午	12.13	十二·十一	甲子	1.12
九·二十一	乙巳	10.25	十·二十一	乙亥	11.24	十一·二十一	甲辰	12.23	十二·二十一	甲戌	1.21

唐宪宗元和三年戊子(808—809)

一·一 癸未 1.31	二·一 癸丑 3.1	三·一 癸未 3.31	四·一 癸丑 4.30
一·十一 癸巳 2.10	二·十一 癸亥 3.11	三·十一 癸巳 4.10	四·十一 癸亥 5.10
一·二十一 癸卯 2.20	二·二十一 癸酉 3.21	三·二十一 癸卯 4.20	四·二十一 癸酉 5.20
五·一 壬午 5.29	六·一 壬子 6.28	七·一 辛巳 7.27	八·一 辛亥 8.26
五·十一 壬辰 6.8	六·十一 壬戌 7.8	七·十一 辛卯 8.6	八·十一 辛酉 9.5
五·二十一 壬寅 6.18	六·二十一 壬申 7.18	七·二十一 辛丑 8.16	八·二十一 辛未 9.15
九·一 庚辰 9.24	十·一 己酉 10.23	十一·一 己卯 11.22	十二·一 戊申 12.21
九·十一 庚寅 10.4	十·十一 己未 11.2	十一·十一 己丑 12.2	十二·十一 戊午 12.31
九·二十一 庚子 10.14	十·二十一 己巳 11.12	十一·二十一 己亥 12.12	十二·二十一 戊辰 1.10

唐宪宗元和四年己丑(809—810)

一·一 戊寅 1.20	二·一 丁未 2.18	三·一 丁丑 3.20 闰三·一 丁未 4.19	四·一 丙子 5.18
一·十一 戊子 1.30	二·十一 丁巳 2.28	三·十一 丁亥 3.30 闰三·十一 丁巳 4.29	四·十一 丙戌 5.28
一·二十一 戊戌 2.9	二·二十一 丁卯 3.10	三·二十一 丁酉 4.9 闰三·二十一 丁卯 5.9	四·二十一 丙申 6.7
五·一 丙午 6.17	六·一 乙亥 7.16	七·一 乙巳 8.15	八·一 甲戌 9.13
五·十一 丙辰 6.27	六·十一 乙酉 7.26	七·十一 乙卯 8.25	八·十一 甲申 9.23
五·二十一 丙寅 7.7	六·二十一 乙未 8.5	七·二十一 乙丑 9.4	八·二十一 甲午 10.3
九·一 甲辰 10.13	十·一 癸酉 11.11	十一·一 癸卯 12.11	十二·一 壬申 1.9
九·十一 甲寅 10.23	十·十一 癸未 11.21	十一·十一 癸丑 12.21	十二·十一 壬午 1.19
九·二十一 甲子 11.2	十·二十一 癸巳 12.1	十一·二十一 癸亥 12.31	十二·二十一 壬辰 1.29

唐宪宗元和五年庚寅(810—811)

一·一 壬寅 2.8	二·一 辛未 3.9	三·一 辛丑 4.8	四·一 庚午 5.7
一·十一 千子 2.18	二·十一 辛巳 3.19	三·十一 辛亥 4.18	四·十一 庚辰 5.17
一·二十一 壬戌 2.28	二·二十一 辛卯 3.29	三·二十一 辛酉 4.28	四·二十一 庚寅 5.27
五·一 庚子 6.6	六·一 庚午 7.6	七·一 己亥 8.4	八·一 己巳 9.3
五·十一 庚戌 6.16	六·十一 庚辰 7.16	七·十一 己酉 8.14	八·十一 己卯 9.13
五·二十一 庚申 6.26	六·二十一 庚寅 7.26	七·二十一 己未 8.24	八·二十一 己丑 9.23
九·一 戊戌 10.2	十·一 戊辰 11.1	十一·一 戊戌 12.1	十二·一 丁卯 12.30
九·十一 戊申 10.12	十·十一 戊寅 11.11	十一·十一 戊申 12.11	十二·十一 丁丑 1.9
九·二十一 戊午 10.22	十·二十一 戊子 11.21	十一·二十一 戊午 12.21	十二·二十一 丁亥 1.19

唐宪宗元和六年辛卯(811—812)

一·一 丙申 1.28	二·一 丙寅 2.27	三·一 乙未 3.28	四·一 乙丑 4.27
一·十一 丙午 2.7	二·十一 丙子 3.9	三·十一 乙巳 4.7	四·十一 乙亥 5.7
一·二十一 丙辰 2.17	二·二十一 丙戌 3.19	三·二十一 乙卯 4.17	四·二十一 乙酉 5.17
五·一 甲午 5.26	六·一 甲子 6.25	七·一 癸巳 7.24	八·一 癸亥 8.23
五·十一 甲辰 6.5	六·十一 甲戌 7.5	七·十一 癸卯 8.3	八·十一 癸酉 9.2
五·二十一 甲寅 6.15	六·二十一 甲申 7.15	七·二十一 癸丑 8.13	八·二十一 癸未 9.12
九·一 癸巳 9.22	十·一 壬戌 10.21	十一·一 壬辰 11.20	十二·一 壬戌 12.20 闰十二·一 辛卯 1.18
九·十一 癸卯 10.2	十·十一 壬申 10.31	十一·十一 壬寅 11.30	十二·十一 壬申 12.30 闰十二·十一 辛丑 1.28
九·二十一 癸丑 10.12	十·二十一 壬午 11.10	十一·二十一 壬子 12.10	十二·二十一 壬午 1.9 闰十二·二十一 辛亥 2.7

唐宪宗元和七年壬辰（812—813）

一·一	辛酉	2.17	二·一	庚寅	3.17	三·一	己未	4.15	*四·一	戊子	5.14
一·十一	辛未	2.27	二·十一	庚子	3.27	三·十一	己巳	4.25	四·十一	戊戌	5.24
一·二十一	辛巳	3.8	二·二十一	庚戌	4.6	三·二十一	己卯	5.5	四·二十一	戊申	6.3
五·一	戊午	6.13	六·一	丁亥	7.12	七·一	丁巳	8.11	八·一	丁亥	9.10
五·十一	戊辰	6.23	六·十一	丁酉	7.22	七·十一	丁卯	8.21	八·十一	丁酉	9.20
五·二十一	戊寅	7.3	六·二十一	丁未	8.1	七·二十一	丁丑	8.31	八·二十一	丁未	9.30
九·一	丙辰	10.9	十·一	丙戌	11.8	十一·一	丙辰	12.8	十二·一	丙戌	1.7
九·十一	丙寅	10.19	十·十一	丙申	11.18	十一·十一	丙寅	12.18	十二·十一	丙申	1.17
九·二十一	丙子	10.29	十·二十一	丙午	11.28	十一·二十一	丙子	12.28	十二·二十一	丙午	1.27

*《目录》四月己丑朔。

唐宪宗元和八年癸巳（813—814）

一·一	乙卯	2.5	二·一	乙酉	3.7	三·一	甲寅	4.5	四·一	癸未	5.4
一·十一	乙丑	2.15	二·十一	乙未	3.17	三·十一	甲子	4.15	四·十一	癸巳	5.14
一·二十一	乙亥	2.25	二·二十一	乙巳	3.27	三·二十一	甲戌	4.25	四·二十一	癸卯	5.24
五·一	壬子	6.2	*六·一	壬午	7.2	七·一	辛亥	7.31	八·一	辛巳	8.30
五·十一	壬戌	6.12	六·十一	壬辰	7.12	七·十一	辛酉	8.10	八·十一	辛卯	9.9
五·二十一	壬申	6.22	六·二十一	壬寅	7.22	七·二十一	辛未	8.20	八·二十一	辛丑	9.19
九·一	庚戌	9.28	十·一	庚辰	10.28	十一·一	庚戌	11.27	十二·一	庚辰	12.27
九·十一	庚申	10.8	十·十一	庚寅	11.7	十一·十一	庚申	12.7	十二·十一	庚寅	1.6
九·二十一	庚午	10.18	十·二十一	庚子	11.17	十一·二十一	庚午	12.17	十二·二十一	庚子	1.16

*《目录》六月辛巳朔。

唐宪宗元和九年甲午（814—815）

一·一	己酉	1.25	二·一	己卯	2.24	三·一	己酉	3.26	四·一	戊寅	4.24
一·十一	己未	2.4	二·十一	己丑	3.6	三·十一	己未	4.5	四·十一	戊子	5.4
一·二十一	己巳	2.14	二·二十一	己亥	3.16	三·二十一	己巳	4.15	四·二十一	戊戌	5.14
五·一	丁未	5.23	六·一	丙子	6.21	七·一	丙午	7.21	八·一 乙亥 8.19	闰八·一	乙巳 9.18
五·十一	丁巳	6.2	六·十一	丙戌	7.1	七·十一	丙辰	7.31	八·十一 乙酉 8.29	闰八·十一	乙卯 9.28
五·二十一	丁卯	6.12	六·二十一	丙申	7.11	七·二十一	丙寅	8.10	八·二十一 乙未 9.8	闰八·二十一	乙丑 10.8
九·一	甲戌	10.17	十·一	甲辰	11.16	十一·一	甲戌	12.16	*十二·一	甲辰	1.15
九·十一	甲申	10.27	十·十一	甲寅	11.26	十一·十一	甲申	12.26	十二·十一	甲寅	1.25
九·二十一	甲午	11.6	十·二十一	甲子	12.6	十一·二十一	甲午	1.5	十二·二十一	甲子	2.4

*《目录》十二月癸卯朔。

唐宪宗元和十年乙未（815—816）

一·一	癸酉	2.13	二·一	癸卯	3.15	三·一	壬申	4.13	四·一	壬寅	5.13
一·十一	癸未	2.23	二·十一	癸丑	3.25	三·十一	壬午	4.23	四·十一	壬子	5.23
一·二十一	癸巳	3.5	二·二十一	癸亥	4.4	三·二十一	壬辰	5.3	四·二十一	壬戌	6.2
五·一	辛未	6.11	*六·一	辛丑	7.11	七·一	庚午	8.9	八·一	己亥	9.7
五·十一	辛巳	6.21	六·十一	辛亥	7.21	七·十一	庚辰	8.19	八·十一	己酉	9.17
五·二十一	辛卯	7.1	六·二十一	辛酉	7.31	七·二十一	庚寅	8.29	八·二十一	己未	9.27
九·一	己巳	10.7	十·一	戊戌	11.5	十一·一	戊辰	12.5	十二·一	戊戌	1.4
九·十一	己卯	10.17	十·十一	戊申	11.15	十一·十一	戊寅	12.15	十二·十一	戊申	1.14
九·二十一	己丑	10.27	十·二十一	戊午	11.25	十一·二十一	戊子	12.25	十二·二十一	戊午	1.24

*《目录》六月庚子朔。

唐宪宗元和十一年丙申(816—817)

一·一	丁卯	2.2	二·一	丁酉	3.3	三·一	丁卯	4.2	四·一	丙申	5.1
一·十一	丁丑	2.12	二·十一	丁未	3.13	三·十一	丁丑	4.12	四·十一	丙午	5.11
一·二十一	丁亥	2.22	二·二十一	丁巳	3.23	三·二十一	丁亥	4.22	四·二十一	丙辰	5.21
五·一	丙寅	5.31	六·一	乙未	6.29	七·一	乙丑	7.29	八·一	甲午	8.27
五·十一	丙子	6.10	六·十一	乙巳	7.9	七·十一	乙亥	8.8	八·十一	甲辰	9.6
五·二十一	丙戌	6.20	六·二十一	乙卯	7.19	七·二十一	乙酉	8.18	八·二十一	甲寅	9.16
九·一	癸亥	9.25	十·一	癸巳	10.25	十一·一	壬戌	11.23	十二·一	壬辰	12.23
九·十一	癸酉	10.5	十·十一	癸卯	11.4	十一·十一	壬申	12.3	十二·十一	壬寅	1.2
九·二十一	癸未	10.15	十·二十一	癸丑	11.14	十一·二十一	壬午	12.13	十二·二十一	壬子	1.12

唐宪宗元和十二年丁酉(817—818)

一·一	辛酉	1.21	二·一	辛卯	2.20	三·一	辛酉	3.22	四·一	庚寅	4.20
一·十一	辛未	1.31	二·十一	辛丑	3.2	三·十一	辛未	4.1	四·十一	庚子	4.30
一·二十一	辛巳	2.10	二·二十一	辛亥	3.12	三·二十一	辛巳	4.11	四·二十一	庚戌	5.10
五·一	庚申	5.20 闰五·一 庚寅 6.19	六·一	己未	7.18	七·一	戊子	8.16	八·一	戊午	9.15
五·十一	庚午	5.30 闰五·十一 庚子 6.29	六·十一	己巳	7.28	七·十一	戊戌	8.26	八·十一	戊辰	9.25
五·二十一	庚辰	6.9 闰五·二十一 庚戌 7.9	六·二十一	己卯	8.7	七·二十一	戊申	9.5	八·二十一	戊寅	10.5
九·一	丁亥	10.14	十·一	丁巳	11.13	十一·一	丙戌	12.12	十二·一	丙辰	1.11
九·十一	丁酉	10.24	十·十一	丁卯	11.23	十一·十一	丙申	12.22	十二·十一	丙寅	1.21
九·二十一	丁未	11.3	十·二十一	丁丑	12.3	十一·二十一	丙午	1.1	十二·二十一	丙子	1.31

唐宪宗元和十三年戊戌(818—819)

一·一	乙酉	2.9	二·一	乙卯	3.11	三·一	甲申	4.9	四·一	甲寅	5.9
一·十一	乙未	2.19	二·十一	乙丑	3.21	三·十一	甲午	4.19	四·十一	甲子	5.19
一·二十一	乙巳	3.1	二·二十一	乙亥	3.31	三·二十一	甲辰	4.29	四·二十一	甲戌	5.29
五·一	甲申	6.8	六·一	癸丑	7.7	七·一	癸未	8.6	八·一	壬子	9.4
五·十一	甲午	6.18	六·十一	癸亥	7.17	七·十一	癸巳	8.16	八·十一	壬戌	9.14
五·二十一	甲辰	6.28	六·二十一	癸酉	7.27	七·二十一	癸卯	8.26	八·二十一	壬申	9.24
九·一	壬午	10.4	十·一	辛亥	11.2	十一·一	辛巳	12.2	十二·一	庚戌	12.31
九·十一	壬辰	10.14	十·十一	辛酉	11.12	十一·十一	辛卯	12.12	十二·十一	庚申	1.10
九·二十一	壬寅	10.24	十·二十一	辛未	11.22	十一·二十一	辛丑	12.22	十二·二十一	庚午	1.20

唐宪宗元和十四年己亥(819—820)

一·一	庚辰	1.30	二·一	己酉	2.28	三·一	己卯	3.30	四·一	戊申	4.28
一·十一	庚寅	2.9	二·十一	己未	3.10	三·十一	己丑	4.9	四·十一	戊午	5.8
一·二十一	庚子	2.19	二·二十一	己巳	3.20	三·二十一	己亥	4.19	四·二十一	戊辰	5.18
五·一	戊寅	5.28	六·一	丁未	6.26	七·一	丁丑	7.26	八·一	丁未	8.25
五·十一	戊子	6.7	六·十一	丁巳	7.6	七·十一	丁亥	8.5	八·十一	丁巳	9.4
五·二十一	戊戌	6.17	六·二十一	丁卯	7.16	七·二十一	丁酉	8.15	八·二十一	丁卯	9.14
九·一	丙子	9.23	十·一	丙午	10.23	十一·一	乙亥	11.21	十二·一	乙巳	12.21
九·十一	丙戌	10.3	十·十一	丙辰	11.2	十一·十一	乙酉	12.1	十二·十一	乙卯	12.31
九·二十一	丙申	10.13	十·二十一	丙寅	11.12	十一·二十一	乙未	12.11	十二·二十一	乙丑	1.10

唐宪宗元和十五年庚子（820—821）

一·一　甲戌 1.19　闰一·一　甲辰 2.18 一·十一　甲申 1.29　闰一·十一　甲寅 2.28 一·二十一甲午 2.8　闰一·二十一甲子 3.9	二·一　癸酉　3.18 二·十一　癸未　3.28 二·二十一　癸巳　4.7	三·一　癸卯　4.17 三·十一　癸丑　4.27 三·二十一　癸亥　5.7	四·一　壬申　5.16 四·十一　壬午　5.26 四·二十一　壬辰　6.5
五·一　壬寅　6.15 五·十一　壬子　6.25 五·二十一　壬戌　7.5	六·一　辛未　7.14 六·十一　辛巳　7.24 六·二十一　辛卯　8.3	七·一　辛丑　8.13 七·十一　辛亥　8.23 七·二十一　辛酉　9.2	八·一　庚午　9.11 八·十一　庚辰　9.21 八·二十一　庚寅　10.1
九·一　庚子　10.11 九·十一　庚戌　10.21 九·二十一　庚申　10.31	十·一　庚午　11.10 十·十一　庚辰　11.20 十·二十一　庚寅　11.30	十一·一　己亥　12.9 十一·十一　己酉　12.19 十一·二十一　己未　12.29	十二·一　己巳　1.8 十二·十一　己卯　1.18 十二·二十一　己丑　1.28

唐穆宗长庆元年辛丑（821—822）

一·一　戊戌　2.6 一·十一　戊申　2.16 一·二十一　戊午　2.26	二·一　戊辰　3.8 二·十一　戊寅　3.18 二·二十一　戊子　3.28	三·一　丁酉　4.6 三·十一　丁未　4.16 三·二十一　丁巳　4.26	四·一　丁卯　5.6 四·十一　丁丑　5.16 四·二十一　丁亥　5.26
五·一　丙申　6.4 五·十一　丙午　6.14 五·二十一　丙辰　6.24	六·一　乙丑　7.3 六·十一　乙亥　7.13 六·二十一　乙酉　7.23	七·一　乙未　8.2 七·十一　乙巳　8.12 七·二十一　乙卯　8.22	八·一　甲子　8.31 八·十一　甲戌　9.10 八·二十一　甲申　9.20
九·一　甲午　9.30 九·十一　甲辰　10.10 九·二十一　甲寅　10.20	十·一　甲子　10.30 十·十一　甲戌　11.9 十·二十一　甲申　11.19	十一·一　甲午　11.29 十一·十一　甲辰　12.9 十一·二十一　甲寅　12.19	十二·一　癸亥　12.28 十二·十一　癸酉　1.7 十二·二十一　癸未　1.17

唐穆宗长庆二年壬寅（822—823）

一·一　癸巳　1.27 一·十一　癸卯　2.6 一·二十一　癸丑　2.16	二·一　癸亥　2.26 二·十一　癸酉　3.8 二·二十一　癸未　3.18	三·一　壬辰　3.27 三·十一　壬寅　4.6 三·二十一　壬子　4.16	四·一　辛酉　4.25 四·十一　辛未　5.5 四·二十一　辛巳　5.15
*五·一　辛卯　5.25 五·十一　辛丑　6.4 五·二十一　辛亥　6.14	六·一　庚申　6.23 六·十一　庚午　7.3 六·二十一　庚辰　7.13	七·一　己丑　7.22 七·十一　己亥　8.1 七·二十一　己酉　8.11	八·一　己未　8.21 八·十一　己巳　8.31 八·二十一　己卯　9.10
九·一　戊子　9.19 九·十一　戊戌　9.29 九·二十一　戊申　10.9	十·一　戊午 10.19　闰十·一　戊子 11.18 十·十一　戊辰 10.29　闰十·十一　戊戌 11.28 十·二十一戊寅 11.8　闰十·二十一戊申 12.8	十一·一　丁巳　12.17 十一·十一　丁卯　12.27 十一·二十一　丁丑　1.6	十二·一　丁亥　1.16 十二·十一　丁酉　1.26 十二·二十一　丁未　2.5

*《目录》五月庚寅朔。

唐穆宗长庆三年癸卯（823—824）

一·一　丁巳　2.15 一·十一　丁卯　2.25 一·二十一　丁丑　3.7	二·一　丙戌　3.16 二·十一　丙申　3.26 二·二十一　丙午　4.5	三·一　丙辰　4.15 三·十一　丙寅　4.25 三·二十一　丙子　5.5	四·一　乙酉　5.14 四·十一　乙未　5.24 四·二十一　乙巳　6.3
五·一　乙卯　6.13 五·十一　乙丑　6.23 五·二十一　乙亥　7.3	六·一　甲申　7.12 六·十一　甲午　7.22 六·二十一　甲辰　8.1	七·一　癸丑　8.10 七·十一　癸亥　8.20 七·二十一　癸酉　8.30	八·一　癸未　9.9 八·十一　癸巳　9.19 八·二十一　癸卯　9.29
九·一　壬子　10.8 九·十一　壬戌　10.18 九·二十一　壬申　10.28	十·一　壬午　11.7 十·十一　壬辰　11.17 十·二十一　壬寅　11.27	十一·一　辛亥　12.6 十一·十一　辛酉　12.16 十一·二十一　辛未　12.26	十二·一　辛巳　1.5 十二·十一　辛卯　1.15 十二·二十一　辛丑　1.25

唐穆宗长庆四年甲辰(824—825)

一·一	辛亥	2.4	二·一	辛巳	3.5	三·一	庚戌	4.3	四·一	庚辰	5.3
一·十一	辛酉	2.14	二·十一	辛卯	3.15	三·十一	庚申	4.13	四·十一	庚寅	5.13
一·二十一	辛未	2.24	二·二十一	辛丑	3.25	三·二十一	庚午	4.23	四·二十一	庚子	5.23
五·一	己酉	6.1	六·一	己卯	7.1	七·一	戊申	7.30	八·一	丁丑	8.28
五·十一	己未	6.11	六·十一	己丑	7.11	七·十一	戊午	8.9	八·十一	丁亥	9.7
五·二十一	己巳	6.21	六·二十一	己亥	7.21	七·二十一	戊辰	8.19	八·二十一	丁酉	9.17
*九·一	丙午	9.26	十·一	丙子	10.26	十一·一	丙午	11.25	十二·一	乙亥	12.24
九·十一	丙辰	10.6	十·十一	丙戌	11.5	十一·十一	丙辰	12.5	十二·十一	乙酉	1.3
九·二十一	丙寅	10.16	十·二十一	丙申	11.15	十一·二十一	丙寅	12.15	十二·二十一	乙未	1.13

*《目录》《辑要》《朔闰考》《对照表》九月丁未朔。

唐敬宗宝历元年乙巳(825—826)

一·一	乙巳	1.23	二·一	乙亥	2.22	三·一	乙巳	3.24	四·一	甲戌	4.22
一·十一	乙卯	2.2	二·十一	乙酉	3.4	三·十一	乙卯	4.3	四·十一	甲申	5.2
一·二十一	乙丑	2.12	二·二十一	乙未	3.14	三·二十一	乙丑	4.13	四·二十一	甲午	5.12
五·一	甲辰	5.22	六·一	癸酉	6.20	七·一	癸卯	7.20　闰七·一　壬申 8.18	八·一	辛丑	9.16
五·十一	甲寅	6.1	六·十一	癸未	6.30	七·十一	癸丑	7.30　闰七·十一　壬午 8.28	八·十一	辛亥	9.26
五·二十一	甲子	6.11	六·二十一	癸巳	7.10	七·二十一	癸亥	8.9　闰七·二十一　壬辰 9.7	八·二十一	辛酉	10.6
九·一	辛未	10.16	十·一	庚子	11.14	十一·一	庚午	12.14	十二·一	己亥	1.12
九·十一	辛巳	10.26	十·十一	庚戌	11.24	十一·十一	庚辰	12.24	十二·十一	己酉	1.22
九·二十一	辛卯	11.5	十·二十一	庚申	12.4	十一·二十一	庚寅	1.3	十二·二十一	己未	2.1

唐敬宗宝历二年丙午(826—827)

一·一	己巳	2.11	二·一	己亥	3.13	三·一	戊辰	4.11	四·一	戊戌	5.11
一·十一	己卯	2.21	二·十一	己酉	3.23	三·十一	戊寅	4.21	四·十一	戊申	5.21
一·二十一	己丑	3.3	二·二十一	己未	4.2	三·二十一	戊子	5.1	四·二十一	戊午	5.31
*五·一	戊辰	6.10	六·一	丁酉	7.9	七·一	丙寅	8.7	八·一	丙申	9.6
五·十一	戊寅	6.20	六·十一	丁未	7.19	七·十一	丙子	8.17	八·十一	丙午	9.16
五·二十一	戊子	6.30	六·二十一	丁巳	7.29	七·二十一	丙戌	8.27	八·二十一	丙辰	9.26
九·一	乙丑	10.5	十·一	乙未	11.4	十一·一	甲子	12.3	十二·一	甲午	1.2
九·十一	乙亥	10.15	十·十一	乙巳	11.14	十一·十一	甲戌	12.13	十二·十一	甲辰	1.12
九·二十一	乙酉	10.25	十·二十一	乙卯	11.24	十一·二十一	甲申	12.23	十二·二十一	甲寅	1.22

*《目录》五月丁卯朔。

唐文宗大(太)和元年丁未(827—828)

一·一	癸亥	1.31	*二·一	癸巳	3.2	三·一	壬戌	3.31	四·一	壬辰	4.30
一·十一	癸酉	2.10	二·十一	癸卯	3.12	三·十一	壬申	4.10	四·十一	壬寅	5.10
一·二十一	癸未	2.20	二·二十一	癸丑	3.22	三·二十一	壬午	4.20	四·二十一	壬子	5.20
五·一	壬戌	5.30	六·一	辛卯	6.28	七·一	辛酉	7.28	八·一	庚寅	8.26
五·十一	壬申	6.9	六·十一	辛丑	7.8	七·十一	辛未	8.7	八·十一	庚子	9.5
五·二十一	壬午	6.19	六·二十一	辛亥	7.18	七·二十一	辛巳	8.17	八·二十一	庚戌	9.15
九·一	庚申	9.25	十·一	己丑	10.24	十一·一	己未	11.23	十二·一	戊子	12.22
九·十一	庚午	10.5	十·十一	己亥	11.3	十一·十一	己巳	12.3	十二·十一	戊戌	1.1
九·二十一	庚辰	10.15	十·二十一	己酉	11.13	十一·二十一	己卯	12.13	十二·二十一	戊申	1.11

* 本月改元"大(太)和"。

唐文宗大(太)和二年戊申(828—829)

一・一 戊午 1.21	二・一 丁亥 2.19	三・一 丁巳 3.20 闰三・一 丙戌 4.18	四・一 丙辰 5.18
一・十一 戊辰 1.31	二・十一 丁酉 2.29	三・十一 丁卯 3.30 闰三・十一 丙申 4.28	四・十一 丙寅 5.28
一・二十一 戊寅 2.10	二・二十一 丁未 3.10	三・二十一 丁丑 4.9 闰三・二十一 丙午 5.8	四・二十一 丙子 6.7
五・一 乙酉 6.16	六・一 乙卯 7.16	七・一 乙酉 8.15	八・一 甲寅 9.13
五・十一 乙未 6.26	六・十一 乙丑 7.26	七・十一 乙未 8.25	八・十一 甲子 9.23
五・二十一 乙巳 7.6	六・二十一 乙亥 8.5	七・二十一 乙巳 9.4	八・二十一 甲戌 10.3
九・一 甲申 10.13	十・一 癸丑 11.11	十一・一 癸未 12.11	十二・一 壬子 1.9
九・十一 甲午 10.23	十・十一 癸亥 11.21	十一・十一 癸巳 12.21	十二・十一 壬戌 1.19
九・二十一 甲辰 11.2	十・二十一 癸酉 12.1	十一・二十一 癸卯 12.31	十二・二十一 壬申 1.29

唐文宗大(太)和三年己酉(829—830)

一・一 壬午 2.8	二・一 辛亥 3.9	三・一 辛巳 4.8	四・一 庚戌 5.7
一・十一 壬辰 2.18	二・十一 辛酉 3.19	三・十一 辛卯 4.18	四・十一 庚申 5.17
一・二十一 壬寅 2.28	二・二十一 辛未 3.29	三・二十一 辛丑 4.28	四・二十一 庚午 5.27
五・一 己卯 6.5	六・一 己酉 7.5	七・一 己卯 8.4	八・一 戊申 9.2
五・十一 己丑 6.15	六・十一 己未 7.15	七・十一 己丑 8.14	八・十一 戊午 9.12
五・二十一 己亥 6.25	六・二十一 己巳 7.25	七・二十一 己亥 8.24	八・二十一 戊辰 9.22
九・一 戊寅 10.2	十・一 戊申 11.1	十一・一 丁丑 11.30	十二・一 丁未 12.30
九・十一 戊子 10.12	十・十一 戊午 11.11	十一・十一 丁亥 12.10	十二・十一 丁巳 1.9
九・二十一 戊戌 10.22	十・二十一 戊辰 11.21	十一・二十一 丁酉 12.20	十二・二十一 丁卯 1.19

唐文宗大(太)和四年庚戌(830—831)

一・一 丙子 1.28	二・一 丙午 2.27	三・一 乙亥 3.28	四・一 乙巳 4.27
一・十一 丙戌 2.7	二・十一 丙辰 3.9	三・十一 乙酉 4.7	四・十一 乙卯 5.7
一・二十一 丙申 2.17	二・二十一 丙寅 3.19	三・二十一 乙未 4.17	四・二十一 乙丑 5.17
五・一 甲戌 5.26	六・一 癸卯 6.24	七・一 癸酉 7.24	八・一 壬寅 8.22
五・十一 甲申 6.5	六・十一 癸丑 7.4	七・十一 癸未 8.3	八・十一 壬子 9.1
五・二十一 甲午 6.15	六・二十一 癸亥 7.14	七・二十一 癸巳 8.13	八・二十一 壬戌 9.11
九・一 壬申 9.21	十・一 壬寅 10.21	十一・一 辛未 11.19	十二・一 辛丑 12.19 闰十二・一 辛未 1.18
九・十一 壬午 10.1	十・十一 壬子 10.31	十一・十一 辛巳 11.29	十二・十一 辛亥 12.29 闰十二・十一 辛巳 1.28
九・二十一 壬辰 10.11	十・二十一 壬戌 11.10	十一・二十一 辛卯 12.9	十二・二十一 辛酉 1.8 闰十二・二十一 辛卯 2.7

唐文宗大(太)和五年辛亥(831—832)

一・一 庚子 2.16	二・一 庚午 3.18	三・一 己亥 4.16	四・一 己巳 5.16
一・十一 庚戌 2.26	二・十一 庚辰 3.28	三・十一 己酉 4.26	四・十一 己卯 5.26
一・二十一 庚申 3.8	二・二十一 庚寅 4.7	三・二十一 己未 5.6	四・二十一 己丑 6.5
五・一 戊戌 6.14	六・一 丁卯 7.13	七・一 丁酉 8.12	八・一 丙寅 9.10
五・十一 戊申 6.24	六・十一 丁丑 7.23	七・十一 丁未 8.22	八・十一 丙子 9.20
五・二十一 戊午 7.4	六・二十一 丁亥 8.2	七・二十一 丁巳 9.1	八・二十一 丙戌 9.30
九・一 丙申 10.10	十・一 乙丑 11.8	十一・一 乙未 12.8	十二・一 乙丑 1.7
九・十一 丙午 10.20	十・十一 乙亥 11.18	十一・十一 乙巳 12.18	十二・十一 乙亥 1.17
九・二十一 丙辰 10.30	十・二十一 乙酉 11.28	十一・二十一 乙卯 12.28	十二・二十一 乙酉 1.27

唐文宗大(太)和六年壬子(832—833)

一・一	乙未	2.6	二・一	甲子	3.6	三・一	甲午	4.5	四・一	癸亥	5.4
一・十一	乙巳	2.16	二・十一	甲戌	3.16	三・十一	甲辰	4.15	四・十一	癸酉	5.14
一・二十一	乙卯	2.26	二・二十一	甲申	3.26	三・二十一	甲寅	4.25	四・二十一	癸未	5.24
五・一	癸巳	6.3	六・一	壬戌	7.2	七・一	辛卯	7.31	八・一	辛酉	8.30
五・十一	癸卯	6.13	六・十一	壬申	7.12	七・十一	辛丑	8.10	八・十一	辛未	9.9
五・二十一	癸丑	6.23	六・二十一	壬午	7.22	七・二十一	辛亥	8.20	八・二十一	辛巳	9.19
九・一	庚寅	9.28	十・一	庚申	10.28	十一・一	己丑	11.26	十二・一	己未	12.26
九・十一	庚子	10.8	十・十一	庚午	11.7	十一・十一	己亥	12.6	十二・十一	己巳	1.5
九・二十一	庚戌	10.18	十・二十一	庚辰	11.17	十一・二十一	己酉	12.16	十二・二十一	己卯	1.15

唐文宗大(太)和七年癸丑(833—834)

一・一	己丑	1.25	二・一	己未	2.24	三・一	戊子	3.25	四・一	戊午	4.24
一・十一	己亥	2.4	二・十一	己巳	3.6	三・十一	戊戌	4.4	四・十一	戊辰	5.4
一・二十一	己酉	2.14	二・二十一	己卯	3.16	三・二十一	戊申	4.14	四・二十一	戊寅	5.14
五・一	丁亥	5.23	六・一	丁巳	6.22	七・一 丙辰 7.21 *闰七・一 乙卯 8.19			八・一	甲申	9.17
五・十一	丁酉	6.2	六・十一	丁卯	7.2	七・十一 丙申 7.31 闰七・十一 乙丑 8.29			八・十一	甲午	9.27
五・二十一	丁未	6.12	六・二十一	丁丑	7.12	七・二十一 丙午 8.10 闰七・二十一 乙亥 9.8			八・二十一	甲辰	10.7
九・一	甲寅	10.17	十・一	癸未	11.15	十一・一	癸丑	12.15	十二・一	癸未	1.14
九・十一	甲子	10.27	十・十一	癸巳	11.25	十一・十一	癸亥	12.25	十二・十一	癸巳	1.24
九・二十一	甲戌	11.6	十・二十一	癸卯	12.5	十一・二十一	癸酉	1.4	十二・二十一	癸卯	2.3

＊《目录》八月乙卯、闰八月甲申朔。

唐文宗大(太)和八年甲寅(834—835)

一・一	癸丑	2.13	二・一	壬午	3.14	三・一	壬子	4.13	四・一	壬午	5.13
一・十一	癸亥	2.23	二・十一	壬辰	3.24	三・十一	壬戌	4.23	四・十一	壬辰	5.23
一・二十一	癸酉	3.5	二・二十一	壬寅	4.3	三・二十一	壬申	5.3	四・二十一	壬寅	6.2
五・一	辛亥	6.11	*六・一	庚辰	7.10	七・一	庚戌	8.9	八・一	己卯	9.7
五・十一	辛酉	6.21	六・十一	庚寅	7.20	七・十一	庚申	8.19	八・十一	己丑	9.17
五・二十一	辛未	7.1	六・二十一	庚子	7.30	七・二十一	庚午	8.29	八・二十一	己亥	9.27
九・一	己酉	10.7	十・一	戊寅	11.5	十一・一	丁未	12.4	十二・一	丁丑	1.3
九・十一	己未	10.17	十・十一	戊子	11.15	十一・十一	丁巳	12.14	十二・十一	丁亥	1.13
九・二十一	己巳	10.27	十・二十一	戊戌	11.25	十一・二十一	丁卯	12.24	十二・二十一	丁酉	1.23

＊《目录》六月辛巳朔。

唐文宗大(太)和九年乙卯(835—836)

一・一	丁未	2.2	二・一	丙子	3.3	三・一	丙午	4.2	四・一	丙子	5.2
一・十一	丁巳	2.12	二・十一	丙戌	3.13	三・十一	丙辰	4.12	四・十一	丙戌	5.12
一・二十一	丁卯	2.22	二・二十一	丙申	3.23	三・二十一	丙寅	4.22	四・二十一	丙申	5.22
五・一	乙巳	5.31	六・一	乙亥	6.30	七・一	甲辰	7.29	八・一	甲戌	8.28
五・十一	乙卯	6.10	六・十一	乙酉	7.10	七・十一	甲寅	8.8	八・十一	甲申	9.7
五・二十一	乙丑	6.20	六・二十一	乙未	7.20	七・二十一	甲子	8.18	八・二十一	甲午	9.17
九・一	癸卯	9.26	十・一	癸酉	10.26	十一・一	壬寅	11.24	十二・一	壬申	12.24
九・十一	癸丑	10.6	十・十一	癸未	11.5	十一・十一	壬子	12.4	十二・十一	壬午	1.3
九・二十一	癸亥	10.16	十・二十一	癸巳	11.15	十一・二十一	壬戌	12.14	十二・二十一	壬辰	1.13

唐文宗开成元年丙辰（836—837）

一·一 辛丑 1.22 一·十一 辛亥 2.1 一·二十一 辛酉 2.11	二·一 辛未 2.21 二·十一 辛巳 3.2 二·二十一 辛卯 3.12	三·一 庚子 3.21 三·十一 庚戌 3.31 三·二十一 庚申 4.10	四·一 庚午 4.20 四·十一 庚辰 4.30 四·二十一 庚寅 5.10
五·一 己亥 5.19　闰五·一 己巳 6.18 五·十一 己酉 5.29　闰五·十一 己卯 6.28 五·二十一 己未 6.8　闰五·二十一 己丑 7.8	六·一 戊戌 7.17 六·十一 戊申 7.27 六·二十一 戊午 8.6	七·一 戊辰 8.16 七·十一 戊寅 8.26 七·二十一 戊子 9.5	八·一 戊戌 9.15 八·十一 戊申 9.25 八·二十一 戊午 10.5
九·一 丁卯 10.14 九·十一 丁丑 10.24 九·二十一 丁亥 11.3	十·一 丁酉 11.13 十·十一 丁未 11.23 十·二十一 丁巳 12.3	十一·一 丙寅 12.12 十一·十一 丙子 12.22 十一·二十一 丙戌 1.1	十二·一 丙申 1.11 十二·十一 丙午 1.21 十二·二十一 丙辰 1.31

唐文宗开成二年丁巳（837—838）

一·一 乙丑 2.9 一·十一 乙亥 2.19 一·二十一 乙酉 2.29	二·一 乙未 3.11 二·十一 乙巳 3.21 二·二十一 乙卯 3.31	三·一 甲子 4.9 三·十一 甲戌 4.19 三·二十一 甲申 4.29	四·一 甲午 5.9 四·十一 甲辰 5.19 四·二十一 甲寅 5.29
五·一 癸亥 6.7 五·十一 癸酉 6.17 五·二十一 癸未 6.27	六·一 癸巳 7.7 六·十一 癸卯 7.17 六·二十一 癸丑 7.27	七·一 壬戌 8.5 七·十一 壬申 8.15 七·二十一 壬午 8.25	八·一 壬辰 9.4 八·十一 壬寅 9.14 八·二十一 壬子 9.24
九·一 壬戌 10.4 九·十一 壬申 10.14 九·二十一 壬午 10.24	十·一 辛卯 11.2 十·十一 辛丑 11.12 十·二十一 辛亥 11.22	十一·一 辛酉 12.2 十一·十一 辛未 12.12 十一·二十一 辛巳 12.22	十二·一 庚寅 12.31 十二·十一 庚子 1.10 十二·二十一 庚戌 1.20

唐文宗开成三年戊午（838—839）

一·一 庚申 1.30 一·十一 庚午 2.9 一·二十一 庚辰 2.19	二·一 己丑 2.28 二·十一 己亥 3.10 二·二十一 己酉 3.20	三·一 己未 3.30 三·十一 己巳 4.9 三·二十一 己卯 4.19	四·一 戊子 4.28 四·十一 戊戌 5.8 四·二十一 戊申 5.18
五·一 丁巳 5.27 五·十一 丁卯 6.6 五·二十一 丁丑 6.16	六·一 丁亥 6.26 六·十一 丁酉 7.6 六·二十一 丁未 7.16	七·一 丙辰 7.25 七·十一 丙寅 8.4 七·二十一 丙子 8.14	八·一 丙戌 8.24 八·十一 丙申 9.3 八·二十一 丙午 9.13
九·一 丙辰 9.23 九·十一 丙寅 10.3 九·二十一 丙子 10.13	十·一 乙酉 10.22 十·十一 乙未 11.1 十·二十一 乙巳 11.11	十一·一 乙卯 11.21 十一·十一 乙丑 12.1 十一·二十一 乙亥 12.11	十二·一 乙酉 12.21 十二·十一 乙未 12.31 十二·二十一 乙巳 1.10

唐文宗开成四年己未（839—840）

一·一 甲寅 1.19　闰一·一 甲申 2.18 一·十一 甲子 1.29　闰一·十一 甲午 2.28 一·二十一 甲戌 2.8　闰一·二十一 甲辰 3.10	二·一 癸丑 3.19 二·十一 癸亥 3.29 二·二十一 癸酉 4.8	三·一 癸未 4.18 三·十一 癸巳 4.28 三·二十一 癸卯 5.8	四·一 壬子 5.17 四·十一 壬戌 5.27 四·二十一 壬申 6.6
五·一 辛巳 6.15 五·十一 辛卯 6.25 五·二十一 辛丑 7.5	六·一 辛亥 7.15 六·十一 辛酉 7.25 六·二十一 辛未 8.4	七·一 庚辰 8.13 七·十一 庚寅 8.23 七·二十一 庚子 9.2	八·一 庚戌 9.12 八·十一 庚申 9.22 八·二十一 庚午 10.2
九·一 己卯 10.11 九·十一 己丑 10.21 九·二十一 己亥 10.31	十·一 己酉 11.10 十·十一 己未 11.20 十·二十一 己巳 11.30	十一·一 己卯 12.10 十一·十一 己丑 12.20 十一·二十一 己亥 12.30	十二·一 己酉 1.9 十二·十一 己未 1.19 十二·二十一 己巳 1.29

唐文宗开成五年庚申(840—841)

一・一	戊寅	2.7	二・一	戊申	3.8	三・一	丁丑	4.6	四・一	丁未	5.6
一・十一	戊子	2.17	二・十一	戊午	3.18	三・十一	丁亥	4.16	四・十一	丁巳	5.16
一・二十一	戊戌	2.27	二・二十一	戊辰	3.28	三・二十一	丁酉	4.26	四・二十一	丁卯	5.26
五・一	丙子	6.4	六・一	乙巳	7.3	七・一	乙亥	8.2	八・一	甲辰	8.31
五・十一	丙戌	6.14	六・十一	乙卯	7.13	七・十一	乙酉	8.12	八・十一	甲寅	9.10
五・二十一	丙申	6.24	六・二十一	乙丑	7.23	七・二十一	乙未	8.22	八・二十一	甲子	9.20
九・一	甲戌	9.30	十・一	癸卯	10.29	十一・一	癸酉	11.28	十二・一	癸卯	12.28
九・十一	甲申	10.10	十・十一	癸丑	11.8	十一・十一	癸未	12.8	十二・十一	癸丑	1.7
九・二十一	甲午	10.20	十・二十一	癸亥	11.18	十一・二十一	癸巳	12.18	十二・二十一	癸亥	1.17

唐武宗会昌元年辛酉(841—842)

一・一	癸酉	1.27	二・一	壬寅	2.25	三・一	壬申	3.27	四・一	辛丑	4.25
一・十一	癸未	2.6	二・十一	壬子	3.7	三・十一	壬午	4.6	四・十一	辛亥	5.5
一・二十一	癸巳	2.16	二・二十一	壬戌	3.17	三・二十一	壬辰	4.16	四・二十一	辛酉	5.15
五・一	辛未	5.25	六・一	庚子	6.23	七・一	己巳	7.22	八・一	戊戌	8.20
五・十一	辛巳	6.4	六・十一	庚戌	7.3	七・十一	己卯	8.1	八・十一	戊申	8.30
五・二十一	辛卯	6.14	六・二十一	庚申	7.13	七・二十一	己丑	8.11	八・二十一	戊午	9.9
九・一 戊辰 9.19	闰九・一	丁酉 10.18	十・一	丁卯	11.17	十一・一	丁酉	12.17	十二・一	丁卯	1.16
九・十一 戊寅 9.29	闰九・十一	丁未 10.28	十・十一	丁丑	11.27	十一・十一	丁未	12.27	十二・十一	丁丑	1.26
九・二十一 戊子 10.9	闰九・二十一	丁巳 11.7	十・二十一	丁亥	12.7	十一・二十一	丁巳	1.6	十二・二十一	丁亥	2.5

唐武宗会昌二年壬戌(842—843)

一・一	丙申	2.14	二・一	丙寅	3.16	三・一	丙申	4.15	四・一	乙丑	5.14
一・十一	丙午	2.24	二・十一	丙子	3.26	三・十一	丙午	4.25	四・十一	乙亥	5.24
一・二十一	丙辰	3.6	二・二十一	丙戌	4.5	三・二十一	丙辰	5.5	四・二十一	乙酉	6.3
五・一	乙未	6.13	六・一	甲子	7.12	七・一	癸巳	8.10	八・一	壬戌	9.8
五・十一	乙巳	6.23	六・十一	甲戌	7.22	七・十一	癸卯	8.20	八・十一	壬申	9.18
五・二十一	乙卯	7.3	六・二十一	甲申	8.1	七・二十一	癸丑	8.30	八・二十一	壬午	9.28
九・一	壬辰	10.8	十・一	辛酉	11.6	十一・一	辛卯	12.6	十二・一	庚申	1.4
九・十一	壬寅	10.18	十・十一	辛未	11.16	十一・十一	辛丑	12.16	十二・十一	庚午	1.14
九・二十一	壬子	10.28	十・二十一	辛巳	11.26	十一・二十一	辛亥	12.26	十二・二十一	庚辰	1.24

唐武宗会昌三年癸亥(843—844)

一・一	庚寅	2.3	二・一	庚申	3.5	三・一	庚寅	4.4	四・一	己未	5.3
一・十一	庚子	2.13	二・十一	庚午	3.15	三・十一	庚子	4.14	四・十一	己巳	5.13
一・二十一	庚戌	2.23	二・二十一	庚辰	3.25	三・二十一	庚戌	4.24	四・二十一	己卯	5.23
五・一	己丑	6.2	六・一	戊午	7.1	七・一	戊子	7.31	八・一	丁巳	8.29
五・十一	己亥	6.12	六・十一	戊辰	7.11	七・十一	戊戌	8.10	八・十一	丁卯	9.8
五・二十一	己酉	6.22	六・二十一	戊寅	7.21	七・二十一	戊申	8.20	八・二十一	丁丑	9.18
九・一	丁亥	9.28	十・一	丙辰	10.27	十一・一	乙酉	11.25	十二・一	乙卯	12.25
九・十一	丁酉	10.8	十・十一	丙寅	11.6	十一・十一	乙未	12.5	十二・十一	乙丑	1.4
九・二十一	丁未	10.18	十・二十一	丙子	11.16	十一・二十一	乙巳	12.15	十二・二十一	乙亥	1.14

唐武宗会昌四年甲子(844—845)

一・一　乙酉　1.24	二・一　甲寅　2.22	三・一　甲申　3.23	四・一　甲寅　4.22
一・十一　乙未　2.3	二・十一　甲子　3.3	三・十一　甲午　4.2	四・十一　甲子　5.2
一・二十一　乙巳　2.13	二・二十一　甲戌　3.13	三・二十一　甲辰　4.12	四・二十一　甲戌　5.12
五・一　癸未　5.21	六・一　癸丑　6.20	七・一　壬午 7.19　闰七・一　壬子 8.18	八・一　辛巳　9.16
五・十一　癸巳　5.31	六・十一　癸亥　6.30	七・十一　壬辰 7.29　闰七・十一　壬戌 8.28	八・十一　辛卯　9.26
五・二十一　癸卯　6.10	六・二十一　癸酉　7.10	七・二十一壬寅 8.8　闰七・二十一壬申 9.7	八・二十一　辛丑　10.6
九・一　辛亥　10.16	十・一　庚辰　11.14	十一・一　己酉　12.13	十二・一　己卯　1.12
九・十一　辛酉　10.26	十・十一　庚寅　11.24	十一・十一　己未　12.23	十二・十一　己丑　1.22
九・二十一　辛未　11.5	十・二十一　庚子　12.4	十一・二十一　己巳　1.2	十二・二十一　己亥　2.1

唐武宗会昌五年乙丑(845—846)

一・一　己酉　2.11	二・一　戊寅　3.12	三・一　戊申　4.11	四・一　丁丑　5.10
一・十一　己未　2.21	二・十一　戊子　3.22	三・十一　戊午　4.21	四・十一　丁亥　5.20
一・二十一　己巳　3.3	二・二十一　戊戌　4.1	三・二十一　戊辰　5.1	四・二十一　丁酉　5.30
五・一　丁未　6.9	六・一　丙子　7.8	七・一　丙午　8.7	八・一　丙子　9.6
五・十一　丁巳　6.19	六・十一　丙戌　7.18	七・十一　丙辰　8.17	八・十一　丙戌　9.16
五・二十一　丁卯　6.29	六・二十一　丙申　7.28	七・二十一　丙寅　8.27	八・二十一　丙申　9.26
九・一　乙巳　10.5	十・一　乙亥　11.4	十一・一　甲辰　12.3	十二・一　甲戌　1.2
九・十一　乙卯　10.15	十・十一　乙酉　11.14	十一・十一　甲寅　12.13	十二・十一　甲申　1.12
九・二十一　乙丑　10.25	十・二十一　乙未　11.24	十一・二十一　甲子　12.23	十二・二十一　甲午　1.22

唐武宗会昌六年丙寅(846—847)

一・一　癸卯　1.31	二・一　壬申　3.1	三・一　壬寅　3.31	四・一　辛未　4.29
一・十一　癸丑　2.10	二・十一　壬午　3.11	三・十一　壬子　4.10	四・十一　辛巳　5.9
一・二十一　癸亥　2.20	二・二十一　壬辰　3.21	三・二十一　壬戌　4.20	四・二十一　辛卯　5.19
五・一　辛丑　5.29	六・一　辛未　6.28	七・一　庚子　7.27	八・一　庚午　8.26
五・十一　辛亥　6.8	六・十一　辛巳　7.8	七・十一　庚戌　8.6	八・十一　庚辰　9.5
五・二十一　辛酉　6.18	六・二十一　辛卯　7.18	七・二十一　庚申　8.16	八・二十一　庚寅　9.15
九・一　己亥　9.24	十・一　己巳　10.24	十一・一　己亥　12.23	十二・一　戊辰　12.22
九・十一　己酉　10.4	十・十一　己卯　11.3	十一・十一　己酉　12.3	十二・十一　戊寅　1.1
九・二十一　己未　10.14	十・二十一　己丑　11.13	十一・二十一　己未　12.13	十二・二十一　戊子　1.11

唐宣宗大中元年丁卯(847—848)

一・一　戊戌　1.21	二・一　丁卯　2.19	三・一　丁酉 3.21　闰三・一　丙寅 4.19	四・一　乙未　5.18
一・十一　戊申　1.31	二・十一　丁丑　3.1	三・十一　丁未 3.31　闰三・十一　丙子 4.29	四・十一　乙巳　5.28
一・二十一　戊午　2.10	二・二十一　丁亥　3.11	三・二十一丁巳 4.10　闰三・二十一丙戌 5.9	四・二十一　乙卯　6.7
五・一　乙丑　6.17	六・一　甲午　7.16	七・一　甲子　8.15	八・一　甲午　9.14
五・十一　乙亥　6.27	六・十一　甲辰　7.26	七・十一　甲戌　8.25	八・十一　甲辰　9.24
五・二十一　乙酉　7.7	六・二十一　甲寅　8.5	七・二十一　甲申　9.4	八・二十一　甲寅　10.4
九・一　癸亥　10.13	十・一　癸巳　11.12	十一・一　癸亥　12.12	十二・一　壬辰　1.10
九・十一　癸酉　10.23	十・十一　癸卯　11.22	十一・十一　癸酉　12.22	十二・十一　壬寅　1.20
九・二十一　癸未　11.2	十・二十一　癸丑　12.2	十一・二十一　癸未　1.1	十二・二十一　壬子　1.30

唐宣宗大中二年戊辰(848—849)

一·一	壬戌	2.9	二·一	辛卯	3.9	三·一	辛酉	4.8	四·一	庚寅	5.7
一·十一	壬申	2.19	二·十一	辛丑	3.19	三·十一	辛未	4.18	四·十一	庚子	5.17
一·二十一	壬午	2.29	二·二十一	辛亥	3.29	三·二十一	辛巳	4.28	四·二十一	庚戌	5.27
五·一	己未	6.5	六·一	己丑	7.5	七·一	戊午	8.3	八·一	戊子	9.2
五·十一	己巳	6.15	六·十一	己亥	7.15	七·十一	戊辰	8.13	八·十一	戊戌	9.12
五·二十一	己卯	6.25	六·二十一	己酉	7.25	七·二十一	戊寅	8.23	八·二十一	戊申	9.22
九·一	丁巳	10.1	十·一	丁亥	10.31	十一·一	丁巳	11.30	十二·一	丁亥	12.30
九·十一	丁卯	10.11	十·十一	丁酉	11.10	十一·十一	丁卯	12.10	十二·十一	丁酉	1.9
九·二十一	丁丑	10.21	十·二十一	丁未	11.20	十一·二十一	丁丑	12.20	十二·二十一	丁未	1.19

唐宣宗大中三年己巳(849—850)

一·一	丙辰	1.28	二·一	丙戌	2.27	三·一	乙卯	3.28	四·一	乙酉	4.27
一·十一	丙寅	2.7	二·十一	丙申	3.9	三·十一	乙丑	4.7	四·十一	乙未	5.7
一·二十一	丙子	2.17	二·二十一	丙午	3.19	三·二十一	乙亥	4.17	四·二十一	乙巳	5.17
五·一	甲寅	5.26	六·一	癸未	6.24	七·一	壬子	7.23	八·一	壬午	8.22
五·十一	甲子	6.5	六·十一	癸巳	7.4	七·十一	壬戌	8.2	八·十一	壬辰	9.1
五·二十一	甲戌	6.15	六·二十一	癸卯	7.14	七·二十一	壬申	8.12	八·二十一	壬寅	9.11
九·一	辛亥	9.20	十·一	辛巳	10.20	十一·一	辛亥	11.19 闰十一·一 辛巳 12.19	十二·一	庚戌	1.17
九·十一	辛酉	9.30	十·十一	辛卯	10.30	十一·十一	辛酉	11.29 闰十一·十一 辛卯 12.29	十二·十一	庚申	1.27
九·二十一	辛未	10.10	十·二十一	辛丑	11.9	十一·二十一	辛未	12.9 闰十一·二十一 辛丑 1.8	十二·二十一	庚午	2.6

唐宣宗大中四年庚午(850—851)

一·一	庚辰	2.16	二·一	庚戌	3.18	三·一	己卯	4.16	四·一	己酉	5.16
一·十一	庚寅	2.26	二·十一	庚申	3.28	三·十一	己丑	4.26	四·十一	己未	5.26
一·二十一	庚子	3.8	二·二十一	庚午	4.7	三·二十一	己亥	5.6	四·二十一	己巳	6.5
五·一	戊寅	6.14	六·一	丁未	7.13	七·一	丙子	8.11	八·一	丙午	9.10
五·十一	戊子	6.24	六·十一	丁巳	7.23	七·十一	丙戌	8.21	八·十一	丙辰	9.20
五·二十一	戊戌	7.4	六·二十一	丁卯	8.2	七·二十一	丙申	8.31	八·二十一	丙寅	9.30
九·一	乙亥	10.9	十·一	乙巳	11.8	十一·一	乙亥	12.8	十二·一	甲辰	1.6
九·十一	乙酉	10.19	十·十一	乙卯	11.18	十一·十一	乙酉	12.18	十二·十一	甲寅	1.16
九·二十一	乙未	10.29	十·二十一	乙丑	11.28	十一·二十一	乙未	12.28	十二·二十一	甲子	1.26

唐宣宗大中五年辛未(851—852)

一·一	甲戌	2.5	二·一	甲辰	3.7	*三·一	甲戌	4.6	四·一	癸卯	5.5
一·十一	甲申	2.15	二·十一	甲寅	3.17	三·十一	甲申	4.16	四·十一	癸丑	5.15
一·二十一	甲午	2.25	二·二十一	甲子	3.27	三·二十一	甲午	4.26	四·二十一	癸亥	5.25
五·一	癸酉	6.4	六·一	壬寅	7.3	七·一	辛未	8.1	八·一	庚子	8.30
五·十一	癸未	6.14	六·十一	壬子	7.13	七·十一	辛巳	8.11	八·十一	庚戌	9.9
五·二十一	癸巳	6.24	六·二十一	壬戌	7.23	七·二十一	辛卯	8.21	八·二十一	庚申	9.19
九·一	庚午	9.29	十·一	己亥	10.28	十一·一	己巳	11.27	十二·一	戊戌	12.26
九·十一	庚辰	10.9	十·十一	己酉	11.7	十一·十一	己卯	12.7	十二·十一	戊申	1.5
九·二十一	庚寅	10.19	十·二十一	己未	11.17	十一·二十一	己丑	12.17	十二·二十一	戊午	1.15

＊《目录》三月癸酉朔。

唐宣宗大中六年壬申（852—853）

一·一 戊辰 1.25	二·一 戊戌 2.24	三·一 戊辰 3.25	四·一 丁酉 4.23
一·十一 戊寅 2.4	二·十一 戊申 3.5	三·十一 戊寅 4.4	四·十一 丁未 5.3
一·二十一 戊子 2.14	二·二十一 戊午 3.15	三·二十一 戊子 4.14	四·二十一 丁巳 5.13
五·一 丁卯 5.23	六·一 丙申 6.21	七·一 丙寅 7.21 闰七·一 乙未 8.19	八·一 甲子 9.17
五·十一 丁丑 6.2	六·十一 丙午 7.1	七·十一 丙子 7.31 闰七·十一 乙巳 8.29	八·十一 甲戌 9.27
五·二十一 丁亥 6.12	六·二十一 丙辰 7.11	七·二十一 丙戌 8.10 闰七·二十一 乙卯 9.8	八·二十一 甲申 10.7
九·一 甲午 10.17	十·一 癸亥 11.15	十一·一 癸巳 12.15	十二·一 壬戌 1.13
九·十一 甲辰 10.27	十·十一 癸酉 11.25	十一·十一 癸卯 12.25	十二·十一 壬申 1.23
九·二十一 甲寅 11.6	十·二十一 癸未 12.5	十一·二十一 癸丑 1.4	十二·二十一 壬午 2.2

唐宣宗大中七年癸酉（853—854）

一·一 壬辰 2.12	二·一 壬戌 3.14	三·一 辛卯 4.12	四·一 辛酉 5.12
一·十一 壬寅 2.22	二·十一 壬申 3.24	三·十一 辛丑 4.22	四·十一 辛未 5.22
一·二十一 壬子 3.4	二·二十一 壬午 4.3	三·二十一 辛亥 5.2	四·二十一 辛巳 6.1
五·一 辛卯 6.11	六·一 庚申 7.10	七·一 庚寅 8.9	八·一 己未 9.7
五·十一 辛丑 6.21	六·十一 庚午 7.20	七·十一 庚子 8.19	八·十一 己巳 9.17
五·二十一 辛亥 7.1	六·二十一 庚辰 7.30	七·二十一 庚戌 8.29	八·二十一 己卯 9.27
九·一 己丑 10.7	十·一 戊午 11.5	十一·一 丁亥 12.4	十二·一 丁巳 1.3
九·十一 己亥 10.17	十·十一 戊辰 11.15	十一·十一 丁酉 12.14	十二·十一 丁卯 1.13
九·二十一 己酉 10.27	十·二十一 戊寅 11.25	十一·二十一 丁未 12.24	十二·二十一 丁丑 1.23

唐宣宗大中八年甲戌（854—855）

一·一 丙戌 2.1	二·一 丙辰 3.3	三·一 乙酉 4.1	四·一 乙卯 5.1
一·十一 丙申 2.11	二·十一 丙寅 3.13	三·十一 乙未 4.11	四·十一 乙丑 5.11
一·二十一 丙午 2.21	二·二十一 丙子 3.23	三·二十一 乙巳 4.21	四·二十一 乙亥 5.21
五·一 乙酉 5.31	六·一 甲寅 6.29	七·一 甲申 7.29	八·一 癸丑 8.27
五·十一 乙未 6.10	六·十一 甲子 7.9	七·十一 甲午 8.8	八·十一 癸亥 9.6
五·二十一 乙巳 6.20	六·二十一 甲戌 7.19	七·二十一 甲辰 8.18	八·二十一 癸酉 9.16
九·一 癸未 9.26	十·一 癸丑 10.26	十一·一 壬午 11.24	十二·一 壬子 12.24
九·十一 癸巳 10.6	十·十一 癸亥 11.5	十一·十一 壬辰 12.4	十二·十一 壬戌 1.3
九·二十一 癸卯 10.16	十·二十一 癸酉 11.15	十一·二十一 壬寅 12.14	十二·二十一 壬申 1.13

唐宣宗大中九年乙亥（855—856）

一·一 辛巳 1.22	二·一 庚戌 2.20	三·一 庚辰 3.22	四·一 己酉 4.20 闰四·一 己卯 5.20
一·十一 辛卯 2.1	二·十一 庚申 3.2	三·十一 庚寅 4.1	四·十一 己未 4.30 闰四·十一 己丑 5.30
一·二十一 辛丑 2.11	二·二十一 庚午 3.12	三·二十一 庚子 4.11	四·二十一 己巳 5.10 闰四·二十一 己亥 6.9
五·一 戊申 6.18	六·一 戊寅 7.18	七·一 戊申 8.17	八·一 丁丑 9.15
五·十一 戊午 6.28	六·十一 戊子 7.28	七·十一 戊午 8.27	八·十一 丁亥 9.25
五·二十一 戊辰 7.8	六·二十一 戊戌 8.7	七·二十一 戊辰 9.6	八·二十一 丁酉 10.5
九·一 丁未 10.15	十·一 丁丑 11.14	十一·一 丙午 12.13	十二·一 丙子 1.12
九·十一 丁巳 10.25	十·十一 丁亥 11.24	十一·十一 丙辰 12.23	十二·十一 丙戌 1.22
九·二十一 丁卯 11.4	十·二十一 丁酉 12.4	十一·二十一 丙寅 1.2	十二·二十一 丙申 2.1

唐宣宗大中十年丙子(856—857)

一・一	乙巳	2.10	*二・一	甲戌	3.10	三・一	甲辰	4.9	四・一	癸酉	5.8
一・十一	乙卯	2.20	二・十一	甲申	3.20	三・十一	甲寅	4.19	四・十一	癸未	5.18
一・二十一	乙丑	3.1	二・二十一	甲午	3.30	三・二十一	甲子	4.29	四・二十一	癸巳	5.28
五・一	癸卯	6.7	六・一	壬申	7.6	七・一	壬寅	8.5	八・一	辛未	9.3
五・十一	癸丑	6.17	六・十一	壬午	7.16	七・十一	壬子	8.15	八・十一	辛巳	9.13
五・二十一	癸亥	6.27	六・二十一	壬辰	7.26	七・二十一	壬戌	8.25	八・二十一	辛卯	9.23
九・一	辛丑	10.3	十・一	辛未	11.2	十一・一	庚子	12.1	十二・一	庚午	12.31
九・十一	辛亥	10.13	十・十一	辛巳	11.12	十一・十一	庚戌	12.11	十二・十一	庚辰	1.10
九・二十一	辛酉	10.23	十・二十一	辛卯	11.22	十一・二十一	庚申	12.21	十二・二十一	庚寅	1.20

*《目录》二月乙亥朔。

唐宣宗大中十一年丁丑(857—858)

一・一	庚子	1.30	二・一	己巳	2.28	三・一	己亥	3.30	四・一	戊辰	4.28
一・十一	庚戌	2.9	二・十一	己卯	3.10	三・十一	己酉	4.9	四・十一	戊寅	5.8
一・二十一	庚申	2.19	二・二十一	己丑	3.20	三・二十一	己未	4.19	四・二十一	戊子	5.18
五・一	丁酉	5.27	六・一	丁卯	6.26	七・一	丙申	7.25	八・一	乙丑	8.23
五・十一	丁未	6.6	六・十一	丁丑	7.6	七・十一	丙午	8.4	八・十一	乙亥	9.2
五・二十一	丁巳	6.16	六・二十一	丁亥	7.16	七・二十一	丙辰	8.14	八・二十一	乙酉	9.12
九・一	乙未	9.22	十・一	乙丑	10.22	十一・一	乙未	11.21	十二・一	甲子	12.20
九・十一	乙巳	10.2	十・十一	乙亥	11.1	十一・十一	乙巳	12.1	十二・十一	甲戌	12.30
九・二十一	乙卯	10.12	十・二十一	乙酉	11.11	十一・二十一	乙卯	12.11	十二・二十一	甲申	1.9

唐宣宗大中十二年戊寅(858—859)

一・一	甲午	1.19	二・一	甲子 2.18	闰二・一 癸巳 3.19	三・一	癸亥	4.18	四・一	壬辰	5.17
一・十一	甲辰	1.29	二・十一	甲戌 2.28	闰二・十一 癸卯 3.29	三・十一	癸酉	4.28	四・十一	壬寅	5.27
一・二十一	甲寅	2.8	二・二十一	甲申 3.10	闰二・二十一 癸丑 4.8	三・二十一	癸未	5.8	四・二十一	壬子	6.6
五・一	辛酉	6.15	*六・一	辛卯	7.15	七・一	庚申	8.13	八・一	己丑	9.11
五・十一	辛未	6.25	六・十一	辛丑	7.25	七・十一	庚午	8.23	八・十一	己亥	9.21
五・二十一	辛巳	7.5	六・二十一	辛亥	8.4	七・二十一	庚辰	9.2	八・二十一	己酉	10.1
九・一	己未	10.11	十・一	己丑	11.10	十一・一	戊午	12.9	十二・一	戊子	1.8
九・十一	己巳	10.21	十・十一	己亥	11.20	十一・十一	戊辰	12.19	十二・十一	戊戌	1.18
九・二十一	己卯	10.31	十・二十一	己酉	11.30	十一・二十一	戊寅	12.29	十二・二十一	戊申	1.28

*《目录》六月庚寅朔。

唐宣宗大中十三年己卯(859—860)

一・一	戊午	2.7	二・一	戊子	3.9	三・一	丁巳	4.7	四・一	丁亥	5.7
一・十一	戊辰	2.17	二・十一	戊戌	3.19	三・十一	丁卯	4.17	四・十一	丁酉	5.17
一・二十一	戊寅	2.27	二・二十一	戊申	3.29	三・二十一	丁丑	4.27	四・二十一	丁未	5.27
五・一	丙辰	6.5	六・一	乙酉	7.4	七・一	甲寅	8.2	八・一	甲申	9.1
五・十一	丙寅	6.15	六・十一	乙未	7.14	七・十一	甲子	8.12	八・十一	甲午	9.11
五・二十一	丙子	6.25	六・二十一	乙巳	7.24	七・二十一	甲戌	8.22	八・二十一	甲辰	9.21
九・一	癸丑	9.30	十・一	癸未	10.30	十一・一	壬子	11.28	十二・一	壬午	12.28
九・十一	癸亥	10.10	十・十一	癸巳	11.9	十一・十一	壬戌	12.8	十二・十一	壬辰	1.7
九・二十一	癸酉	10.20	十・二十一	癸卯	11.19	十一・二十一	壬申	12.18	十二・二十一	壬寅	1.17

唐懿宗咸通元年庚辰（860—861）

一·一	壬子	1.27	二·一	壬午	2.26	三·一	辛亥	3.26	四·一	辛巳	4.25
一·十一	壬戌	2.6	二·十一	壬辰	3.7	三·十一	辛酉	4.5	四·十一	辛卯	5.5
一·二十一	壬申	2.16	二·二十一	壬寅	3.17	三·二十一	辛未	4.15	四·二十一	辛丑	5.15
五·一	庚戌	5.24	六·一	庚辰	6.23	七·一	己酉	7.22	*八·一	己卯	8.21
五·十一	庚申	6.3	六·十一	庚寅	7.3	七·十一	己未	8.1	八·十一	己丑	8.31
五·二十一	庚午	6.13	六·二十一	庚子	7.13	七·二十一	己巳	8.11	八·二十一	己亥	9.10
九·一	戊申	9.19	十·一 丁丑 10.18	闰十·一 丁未 11.17		**十一·一	丙子	12.16	十二·一	丙午	1.15
九·十一	戊午	9.29	十·十一 丁亥 10.28	闰十·十一 丁巳 11.27		十一·十一	丙戌	12.26	十二·十一	丙辰	1.25
九·二十一	戊辰	10.9	十·二十一 丁酉 11.7	闰十·二十一 丁卯 12.7		十一·二十一	丙申	1.5	十二·二十一	丙寅	2.4

*《目录》八月戊寅朔。　** 本月改元“咸通”。

唐懿宗咸通二年辛巳（861—862）

一·一	丙子	2.14	二·一	乙巳	3.15	三·一	乙亥	4.14	四·一	乙巳	5.14
一·十一	丙戌	2.24	二·十一	乙卯	3.25	三·十一	乙酉	4.24	四·十一	乙卯	5.24
一·二十一	丙申	3.6	二·二十一	乙丑	4.4	三·二十一	乙未	5.4	四·二十一	乙丑	6.3
五·一	甲戌	6.12	六·一	甲辰	7.12	七·一	癸酉	8.10	八·一	癸卯	9.9
五·十一	甲申	6.22	六·十一	甲寅	7.22	七·十一	癸未	8.20	八·十一	癸丑	9.19
五·二十一	甲午	7.2	六·二十一	甲子	8.1	七·二十一	癸巳	8.30	八·二十一	癸亥	9.29
九·一	壬申	10.8	十·一	辛丑	11.6	十一·一	辛未	12.6	十二·一	庚子	1.4
九·十一	壬午	10.18	十·十一	辛亥	11.16	十一·十一	辛巳	12.16	十二·十一	庚戌	1.14
九·二十一	壬辰	10.28	十·二十一	辛酉	11.26	十一·二十一	辛卯	12.26	十二·二十一	庚申	1.24

唐懿宗咸通三年壬午（862—863）

一·一	庚午	2.3	二·一	庚子	3.5	三·一	己巳	4.3	四·一	己亥	5.3
一·十一	庚辰	2.13	二·十一	庚戌	3.15	三·十一	己卯	4.13	四·十一	己酉	5.13
一·二十一	庚寅	2.23	二·二十一	庚申	3.25	三·二十一	己丑	4.23	四·二十一	己未	5.23
五·一	戊辰	6.1	六·一	戊戌	7.1	七·一	戊辰	7.31	八·一	丁酉	8.29
五·十一	戊寅	6.11	六·十一	戊申	7.11	七·十一	戊寅	8.10	八·十一	丁未	9.8
五·二十一	戊子	6.21	六·二十一	戊午	7.21	七·二十一	戊子	8.20	八·二十一	丁巳	9.18
九·一	丁卯	9.28	十·一	丙申	10.27	十一·一	乙丑	11.25	十二·一	乙未	12.25
九·十一	丁丑	10.8	十·十一	丙午	11.6	十一·十一	乙亥	12.5	十二·十一	乙巳	1.4
九·二十一	丁亥	10.18	十·二十一	丙辰	11.16	十一·二十一	乙酉	12.15	十二·二十一	乙卯	1.14

唐懿宗咸通四年癸未（863—864）

一·一	甲子	1.23	二·一	甲午	2.22	三·一	癸亥	3.23	四·一	癸巳	4.22
一·十一	甲戌	2.2	二·十一	甲辰	3.4	三·十一	癸酉	4.2	四·十一	癸卯	5.2
一·二十一	甲申	2.12	二·二十一	甲寅	3.14	三·二十一	癸未	4.12	四·二十一	癸丑	5.12
五·一	癸亥	5.22	六·一 壬辰 6.20	闰六·一 壬戌 7.20		七·一	辛卯	8.18	八·一	辛酉	9.17
五·十一	癸酉	6.1	六·十一 壬寅 6.30	闰六·十一 壬申 7.30		七·十一	辛丑	8.28	八·十一	辛未	9.27
五·二十一	癸未	6.11	六·二十一 壬子 7.10	闰六·二十一 壬午 8.9		七·二十一	辛亥	9.7	八·二十一	辛巳	10.7
九·一	庚寅	10.16	十·一	庚申	11.15	*十一·一	庚寅	12.15	十二·一	己未	1.13
九·十一	庚子	10.26	十·十一	庚午	11.25	十一·十一	庚子	12.25	十二·十一	己巳	1.23
九·二十一	庚戌	11.5	十·二十一	庚辰	12.5	十一·二十一	庚戌	1.4	十二·二十一	己卯	2.2

*《目录》十一月己丑朔。

唐懿宗咸通五年甲申（864—865）

一·一　戊子　2.11	二·一　戊午　3.12	三·一　丁亥　4.10	四·一　丁巳　5.10
一·十一　戊戌　2.21	二·十一　戊辰　3.22	三·十一　丁酉　4.20	四·十一　丁卯　5.20
一·二十一　戊申　3.2	二·二十一　戊寅　4.1	三·二十一　丁未　4.30	四·二十一　丁丑　5.30
五·一　丙戌　6.8	六·一　丙辰　7.8	七·一　乙酉　8.6	八·一　乙卯　9.5
五·十一　丙申　6.18	六·十一　丙寅　7.18	七·十一　乙未　8.16	八·十一　乙丑　9.15
五·二十一　丙午　6.28	六·二十一　丙子　7.28	七·二十一　乙巳　8.26	八·二十一　乙亥　9.25
九·一　乙酉　10.5	十·一　甲寅　11.3	十一·一　甲申　12.3	十二·一　甲寅　1.2
九·十一　乙未　10.15	十·十一　甲子　11.13	十一·十一　甲午　12.13	十二·十一　甲子　1.12
九·二十一　乙巳　10.25	十·二十一　甲戌　11.23	十一·二十一　甲辰　12.23	十二·二十一　甲戌　1.22

唐懿宗咸通六年乙酉（865—866）

一·一　癸未　1.31	*二·一　壬子　3.1	三·一　壬午　3.31	四·一　辛亥　4.29
一·十一　癸巳　2.10	二·十一　壬戌　3.11	三·十一　壬辰　4.10	四·十一　辛酉　5.9
一·二十一　癸卯　2.20	二·二十一　壬申　3.21	三·二十一　壬寅　4.20	四·二十一　辛未　5.19
五·一　辛巳　5.29	六·一　庚戌　6.27	七·一　庚辰　7.27	八·一　己酉　8.25
五·十一　辛卯　6.8	六·十一　庚申　7.7	七·十一　庚寅　8.6	八·十一　己未　9.4
五·二十一　辛丑　6.18	六·二十一　庚午　7.17	七·二十一　庚子　8.16	八·二十一　己巳　9.14
九·一　己卯　9.24	十·一　己酉　10.24	十一·一　戊寅　11.22	十二·一　戊申　12.22
九·十一　己丑　10.4	十·十一　己未　11.3	十一·十一　戊子　12.2	十二·十一　戊午　1.1
九·二十一　己亥　10.14	十·二十一　己巳　11.13	十一·二十一　戊戌　12.12	十二·二十一　戊辰　1.11

*《目录》二月癸丑朔。

唐懿宗咸通七年丙戌（866—867）

一·一　戊寅　1.21	二·一　丁未　2.19	三·一　丁丑 3.21　闰三·一　丙午 4.19	四·一　乙亥　5.18
一·十一　戊子　1.31	二·十一　丁巳　3.1	三·十一　丁亥 3.31　闰三·十一　丙辰 4.29	四·十一　乙酉　5.28
一·二十一　戊戌　2.10	二·二十一　丁卯　3.11	三·二十一丁酉 4.10　闰三·二十一丙寅 5.9	四·二十一　乙未　6.7
五·一　甲辰　6.16	六·一　甲戌　7.16	七·一　癸卯　8.14	八·一　癸酉　9.13
五·十一　甲寅　6.26	六·十一　甲申　7.26	七·十一　癸丑　8.24	八·十一　癸未　9.23
五·二十一　甲子　7.6	六·二十一　甲午　8.5	七·二十一　癸亥　9.3	八·二十一　癸巳　10.3
九·一　癸卯　10.13	十·一　壬申　11.11	十一·一　壬寅　12.11	十二·一　壬申　1.10
九·十一　癸丑　10.23	十·十一　壬午　11.21	十一·十一　壬子　12.21	十二·十一　壬午　1.20
九·二十一　癸亥　11.2	十·二十一　壬辰　12.1	十一·二十一　壬戌　12.31	十二·二十一　壬辰　1.30

唐懿宗咸通八年丁亥（867—868）

一·一　壬寅　2.9	二·一　辛未　3.10	三·一　辛丑　4.9	四·一　庚午　5.8
一·十一　壬子　2.19	二·十一　辛巳　3.20	三·十一　辛亥　4.19	四·十一　庚辰　5.18
一·二十一　壬戌　3.1	二·二十一　辛卯　3.30	三·二十一　辛酉　4.29	四·二十一　庚寅　5.28
五·一　己亥　6.6	六·一　戊辰　7.5	七·一　戊戌　8.4	八·一　丁卯　9.2
五·十一　己酉　6.16	六·十一　戊寅　7.15	七·十一　戊申　8.14	八·十一　丁丑　9.12
五·二十一　己未　6.26	六·二十一　戊子　7.25	七·二十一　戊午　8.24	八·二十一　丁亥　9.22
九·一　丁酉　10.2	十·一　丙寅　10.31	十一·一　丙申　11.30	十二·一　丙寅　12.30
九·十一　丁未　10.12	十·十一　丙子　11.10	十一·十一　丙午　12.10	十二·十一　丙子　1.9
九·二十一　丁巳　10.22	十·二十一　丙戌　11.20	十一·二十一　丙辰　12.20	十二·二十一　丙戌　1.19

唐懿宗咸通九年戊子(868—869)

一·一 丙申 1.29	二·一 乙丑 2.27	三·一 乙未 3.28	四·一 乙丑 4.27
一·十一 丙午 2.8	二·十一 乙亥 3.8	三·十一 乙巳 4.7	四·十一 乙亥 5.7
一·二十一 丙辰 2.18	二·二十一 乙酉 3.18	三·二十一 乙卯 4.17	四·二十一 乙酉 5.17
五·一 甲午 5.26	六·一 癸亥 6.24	七·一 壬辰 7.23	八·一 壬戌 8.22
五·十一 甲辰 6.5	六·十一 癸酉 7.4	七·十一 壬寅 8.2	八·十一 壬申 9.1
五·二十一 甲寅 6.15	六·二十一 癸未 7.14	七·二十一 壬子 8.12	八·二十一 壬午 9.11
九·一 辛卯 9.20	十·一 辛酉 10.20	十一·一 庚寅 11.18	十二·一 庚申 12.18 闰十二·一 庚寅 1.17
九·十一 辛丑 9.30	十·十一 辛未 10.30	十一·十一 庚子 11.28	十二·十一 庚午 12.28 闰十二·十一 庚子 1.27
九·二十一 辛亥 10.10	十·二十一 辛巳 11.9	十一·二十一 庚戌 12.8	十二·二十一 庚辰 1.7 闰十二·二十一 庚戌 2.6

唐懿宗咸通十年己丑(869—870)

一·一 己未 2.15	二·一 己丑 3.17	三·一 己未 4.16	四·一 戊子 5.15
一·十一 己巳 2.25	二·十一 己亥 3.27	三·十一 己巳 4.26	四·十一 戊戌 5.25
一·二十一 己卯 3.7	二·二十一 己酉 4.6	三·二十一 己卯 5.6	四·二十一 戊申 6.4
五·一 戊午 6.14	六·一 丁亥 7.13	七·一 丁巳 8.12	八·一 丙戌 9.10
五·十一 戊辰 6.24	六·十一 丁酉 7.23	七·十一 丁卯 8.22	八·十一 丙申 9.20
五·二十一 戊寅 7.4	六·二十一 丁未 8.2	七·二十一 丁丑 9.1	八·二十一 丙午 9.30
九·一 乙卯 10.9	十·一 乙酉 11.8	十一·一 甲寅 12.7	十二·一 甲申 1.6
九·十一 乙丑 10.19	十·十一 乙未 11.18	十一·十一 甲子 12.17	十二·十一 甲午 1.16
九·二十一 乙亥 10.29	十·二十一 乙巳 11.28	十一·二十一 甲戌 12.27	十二·二十一 甲辰 1.26

唐懿宗咸通十一年庚寅(870—871)

一·一 甲寅 2.5	二·一 癸未 3.6	三·一 癸丑 4.5	四·一 癸未 5.5
一·十一 甲子 2.15	二·十一 癸巳 3.16	三·十一 癸亥 4.15	四·十一 癸巳 5.15
一·二十一 甲戌 2.25	二·二十一 癸卯 3.26	三·二十一 癸酉 4.25	四·二十一 癸卯 5.25
五·一 壬子 6.3	六·一 壬午 7.3	七·一 辛亥 8.1	八·一 辛巳 8.31
五·十一 壬戌 6.13	六·十一 壬辰 7.13	七·十一 辛酉 8.11	八·十一 辛卯 9.10
五·二十一 壬申 6.23	六·二十一 壬寅 7.23	七·二十一 辛未 8.21	八·二十一 辛丑 9.20
九·一 庚戌 9.29	十·一 己卯 10.28	十一·一 己酉 11.27	十二·一 戊寅 12.26
九·十一 庚申 10.9	十·十一 己丑 11.7	十一·十一 己未 12.7	十二·十一 戊子 1.5
九·二十一 庚午 10.19	十·二十一 己亥 11.17	十一·二十一 己巳 12.17	十二·二十一 戊戌 1.15

唐懿宗咸通十二年辛卯(871—872)

一·一 戊申 1.25	二·一 丁丑 2.23	三·一 丁未 3.25	四·一 丁丑 4.24
一·十一 戊午 2.4	二·十一 丁亥 3.5	三·十一 丁巳 4.4	四·十一 丁亥 5.4
一·二十一 戊辰 2.14	二·二十一 丁酉 3.15	三·二十一 丁卯 4.14	四·二十一 丁酉 5.14
五·一 丙午 5.23	六·一 丙子 6.22	七·一 乙巳 7.21	八·一 乙亥 8.20 闰八·一 甲辰 9.18
五·十一 丙辰 6.2	六·十一 丙戌 7.2	七·十一 乙卯 7.31	八·十一 乙酉 8.30 闰八·十一 甲寅 9.28
五·二十一 丙寅 6.12	六·二十一 丙申 7.12	七·二十一 乙丑 8.10	八·二十一 乙未 9.9 闰八·二十一 甲子 10.8
九·一 甲戌 10.18	十·一 癸卯 11.16	十一·一 癸酉 12.16	十二·一 壬寅 1.14
九·十一 甲申 10.28	十·十一 癸丑 11.26	十一·十一 癸未 12.26	十二·十一 壬子 1.24
九·二十一 甲午 11.7	十·二十一 癸亥 12.6	十一·二十一 癸巳 1.5	十二·二十一 壬戌 2.3

唐懿宗咸通十三年壬辰（872—873）

一•一	壬申	2.13	二•一	辛丑	3.13	三•一	辛未	4.12	四•一	庚子	5.11
一•十一	壬午	2.23	二•十一	辛亥	3.23	三•十一	辛巳	4.22	四•十一	庚戌	5.21
一•二十一	壬辰	3.4	二•二十一	辛酉	4.2	三•二十一	辛卯	5.2	四•二十一	庚申	5.31
五•一	庚午	6.10	六•一	庚子	7.10	七•一	己巳	8.8	八•一	己亥	9.7
五•十一	庚辰	6.20	六•十一	庚戌	7.20	七•十一	己卯	8.18	八•十一	己酉	9.17
五•二十一	庚寅	6.30	六•二十一	庚申	7.30	七•二十一	己丑	8.28	八•二十一	己未	9.27
九•一	戊辰	10.6	十•一	戊戌	11.5	十一•一	丁卯	12.4	十二•一	丁酉	1.3
九•十一	戊寅	10.16	十•十一	戊申	11.15	十一•十一	丁丑	12.14	十二•十一	丁未	1.13
九•二十一	戊子	10.26	十•二十一	戊午	11.25	十一•二十一	丁亥	12.24	十二•二十一	丁巳	1.23

唐懿宗咸通十四年癸巳（873—874）

一•一	丙寅	2.1	二•一	丙申	3.3	三•一	乙丑	4.1	四•一	乙未	5.1
一•十一	丙子	2.11	二•十一	丙午	3.13	三•十一	乙亥	4.11	四•十一	乙巳	5.11
一•二十一	丙戌	2.21	二•二十一	丙辰	3.23	三•二十一	乙酉	4.21	四•二十一	乙卯	5.21
五•一	甲子	5.30	六•一	甲午	6.29	七•一	癸亥	7.28	八•一	癸巳	8.27
五•十一	甲戌	6.9	六•十一	甲辰	7.9	七•十一	癸酉	8.7	八•十一	癸卯	9.6
五•二十一	甲申	6.19	六•二十一	甲寅	7.19	七•二十一	癸未	8.17	八•二十一	癸丑	9.16
九•一	癸亥	9.26	十•一	壬辰	10.25	十一•一	壬戌	11.24	十二•一	壬辰	12.24
九•十一	癸酉	10.6	十•十一	壬寅	11.4	十一•十一	壬申	12.4	十二•十一	壬寅	1.3
九•二十一	癸未	10.16	十•二十一	壬子	11.14	十一•二十一	壬午	12.14	十二•二十一	壬子	1.13

唐僖宗乾符元年甲午（874—875）

一•一	辛酉	1.22	二•一	庚寅	2.20	三•一	庚申	3.22	四•一 己丑 4.20	闰四•一	己未 5.20
一•十一	辛未	2.1	二•十一	庚子	3.2	三•十一	庚午	4.1	四•十一 己亥 4.30	闰四•十一	己巳 5.30
一•二十一	辛巳	2.11	二•二十一	庚戌	3.12	三•二十一	庚辰	4.11	四•二十一己酉 5.10	闰四•二十一	己卯 6.9
五•一	戊子	6.18	六•一	丁巳	7.17	七•一	丁亥	8.16	八•一	丁巳	9.15
五•十	戊戌	6.28	六•十一	丁卯	7.27	七•十一	丁酉	8.26	八•十一	丁卯	9.25
五•二十一	戊申	7.8	六•二十一	丁丑	8.6	七•二十一	丁未	9.5	八•二十一	丁丑	10.5
九•一	丙戌	10.14	十•一	丙辰	11.13	*十一•一	丙戌	12.13	十二•一	乙卯	1.11
九•十一	丙申	10.24	十•十一	丙寅	11.23	十一•十一	丙申	12.23	十二•十一	乙丑	1.21
九•二十一	丙午	11.3	十•二十一	丙子	12.3	十一•二十一	丙午	1.2	十二•二十一	乙亥	1.31

* 本月改元“乾符”。

唐僖宗乾符二年乙未（875—876）

一•一	乙酉	2.10	二•一	乙卯	3.12	三•一	甲申	4.10	四•一	癸丑	5.9
一•十一	乙未	2.20	二•十一	乙丑	3.22	三•十一	甲午	4.20	四•十一	癸亥	5.19
一•二十一	乙巳	3.2	二•二十一	乙亥	4.1	三•二十一	甲辰	4.30	四•二十一	癸酉	5.29
五•一	癸未	6.8	六•一	壬子	7.7	七•一	辛巳	8.5	八•一	辛亥	9.4
五•十一	癸巳	6.18	六•十一	壬戌	7.17	七•十一	辛卯	8.15	八•十一	辛酉	9.14
五•二十一	癸卯	6.28	六•二十一	壬申	7.27	七•二十一	辛丑	8.25	八•二十一	辛未	9.24
九•一	庚辰	10.3	十•一	庚戌	11.2	十一•一	庚辰	12.2	十二•一	庚戌	1.1
九•十一	庚寅	10.13	十•十一	庚申	11.12	十一•十一	庚寅	12.12	十二•十一	庚申	1.11
九•二十一	庚子	10.23	十•二十一	庚午	11.22	十一•二十一	庚子	12.22	十二•二十一	庚午	1.21

唐僖宗乾符三年丙申（876—877）

一·一　己卯　1.30	二·一　己酉　2.29	三·一　己卯　3.30	四·一　戊申　4.28
一·十一　己丑　2.9	二·十一　己未　3.10	三·十一　己丑　4.9	四·十一　戊午　5.8
一·二十一　己亥　2.19	二·二十一　己巳　3.20	三·二十一　己亥　4.19	四·二十一　戊辰　5.18
五·一　丁丑　5.27	六·一　丙午　6.25	七·一　丙子　7.25	八·一　乙巳　8.23
五·十一　丁亥　6.6	六·十一　丙辰　7.5	七·十一　丙戌　8.4	八·十一　乙卯　9.2
五·二十一　丁酉　6.16	六·二十一　丙寅　7.15	七·二十一　丙申　8.14	八·二十一　乙丑　9.12
九·一　乙亥　9.22	十·一　甲辰　10.21	十一·一　甲戌　11.20	十二·一　甲辰　12.20
九·十一　乙酉　10.2	十·十一　甲寅　10.31	十一·十一　甲申　11.30	十二·十一　甲寅　12.30
九·二十一　乙未　10.12	十·二十一　甲子　11.10	十一·二十一　甲午　12.10	十二·二十一　甲子　1.9

唐僖宗乾符四年丁酉（877—878）

一·一　癸酉　1.18	二·一　癸卯 2.17　闰二·一　癸酉 3.19	三·一　壬寅　4.17	四·一　壬申　5.17
一·十一　癸未　1.28	二·十一　癸丑 2.27　闰二·十一　癸未 3.29	三·十一　壬子　4.27	四·十一　壬午　5.27
一·二十一　癸巳　2.7	二·二十一癸亥 3.9　闰二·二十一癸巳 4.8	三·二十一　壬戌　5.7	四·二十一　壬辰　6.6
五·一　辛丑　6.15	六·一　辛未　7.15	七·一　庚子　8.13	八·一　己巳　9.11
五·十一　辛亥　6.25	六·十一　辛巳　7.25	七·十一　庚戌　8.23	八·十一　己卯　9.21
五·二十一　辛酉　7.5	六·二十一　辛卯　8.4	七·二十一　庚申　9.2	八·二十一　己丑　10.1
九·一　己亥　10.11	十·一　戊辰　11.9	十一·一　戊戌　12.9	十二·一　丁卯　1.7
九·十一　己酉　10.21	十·十一　戊寅　11.19	十一·十一　戊申　12.19	十二·十一　丁丑　1.17
九·二十一　己未　10.31	十·二十一　戊子　11.29	十一·二十一　戊午　12.29	十二·二十一　丁亥　1.27

唐僖宗乾符五年戊戌（878—879）

一·一　丁酉　2.6	二·一　丁卯　3.8	三·一　丁酉　4.7	四·一　丙寅　5.6
一·十一　丁未　2.16	二·十一　丁丑　3.18	三·十一　丁未　4.17	四·十一　丙子　5.16
一·二十一　丁巳　2.26	二·二十一　丁亥　3.28	三·二十一　丁巳　4.27	四·二十一　丙戌　5.26
五·一　丙申　6.5	六·一　乙丑　7.4	七·一　乙未　8.3	八·一　甲子　9.1
五·十一　丙午　6.15	六·十一　乙亥　7.14	七·十一　乙巳　8.13	八·十一　甲戌　9.11
五·二十一　丙辰　6.25	六·二十一　乙酉　7.24	七·二十一　乙卯　8.23	八·二十一　甲申　9.21
九·一　癸巳　9.30	十·一　癸亥　10.30	十一·一　壬辰　11.28	十二·一　壬戌　12.28
九·十一　癸卯　10.10	十·十一　癸酉　11.9	十一·十一　壬寅　12.8	十二·十一　壬申　1.7
九·二十一　癸丑　10.20	十·二十一　癸未　11.19	十一·二十一　壬子　12.18	十二·二十一　壬午　1.17

唐僖宗乾符六年己亥（879—880）

一·一　辛卯　1.26	二·一　辛酉　2.25	三·一　辛卯　3.27	四·一　庚申　4.25
一·十一　辛丑　2.5	二·十一　辛未　3.7	三·十一　辛丑　4.6	四·十一　庚午　5.5
一·二十一　辛亥　2.15	二·二十一　辛巳　3.17	三·二十一　辛亥　4.16	四·二十一　庚辰　5.15
五·一　庚寅　5.25	六·一　庚申　6.24	七·一　己丑　7.23	八·一　戊午　8.21
五·十一　庚子　6.4	六·十一　庚午　7.4	七·十一　己亥　8.2	八·十一　戊辰　8.31
五·二十一　庚戌　6.14	六·二十一　庚辰　7.14	七·二十一　己酉　8.12	八·二十一　戊寅　9.10
九·一　戊子　9.20	十·一　丁巳 10.19　闰十·一　丁亥 11.18	十一·一　丙辰　12.17	十二·一　丙戌　1.16
九·十一　戊戌　9.30	十·十一　丁卯 10.29　闰十·十一　丁酉 11.28	十一·十一　丙寅　12.27	十二·十一　丙申　1.26
九·二十一　戊申　10.10	十·二十一丁丑 11.8　闰十·二十一丁未 12.8	十一·二十一　丙子　1.6	十二·二十一　丙午　2.5

唐僖宗广明元年庚子（880—881）

一·一	乙卯	2.14	二·一	乙酉	3.15	三·一	甲寅	4.13	四·一	甲申	5.13
一·十一	乙丑	2.24	二·十一	乙未	3.25	三·十一	甲子	4.23	四·十一	甲午	5.23
一·二十一	乙亥	3.5	二·二十一	乙巳	4.4	三·二十一	甲戌	5.3	四·二十一	甲辰	6.2
五·一	甲寅	6.12	六·一	癸未	7.11	七·一	癸丑	8.10	八·一	壬午	9.8
五·十一	甲子	6.22	六·十一	癸巳	7.21	七·十一	癸亥	8.20	八·十一	壬辰	9.18
五·二十一	甲戌	7.2	六·二十一	癸卯	7.31	七·二十一	癸酉	8.30	八·二十一	壬寅	9.28
九·一	壬子	10.8	十·一	辛巳	11.6	十一·一	辛亥	12.6	十二·一	庚辰	1.4
九·十一	壬戌	10.18	十·十一	辛卯	11.16	十一·十一	辛酉	12.16	十二·十一	庚寅	1.14
九·二十一	壬申	10.28	十·二十一	辛丑	11.26	十一·二十一	辛未	12.26	十二·二十一	庚子	1.24

唐僖宗中和元年辛丑（881—882）

一·一	庚戌	2.3	二·一	己卯	3.4	三·一	己酉	4.3	四·一	戊寅	5.2
一·十一	庚申	2.13	二·十一	己丑	3.14	三·十一	己未	4.13	四·十一	戊子	5.12
一·二十一	庚午	2.23	二·二十一	己亥	3.24	三·二十一	己巳	4.23	四·二十一	戊戌	5.22
五·一	戊申	6.1	六·一	丁丑	6.30	*七·一	丁未	7.30	八·一	丁丑	8.29
五·十一	戊午	6.11	六·十一	丁亥	7.10	七·十一	丁巳	8.9	八·十一	丁亥	9.8
五·二十一	戊辰	6.21	六·二十一	丁酉	7.20	七·二十一	丁卯	8.19	八·二十一	丁酉	9.18
九·一	丙午	9.27	十·一	丙子	10.27	十一·一	乙巳	11.25	十二·一	乙亥	12.25
九·十一	丙辰	10.7	十·十一	丙戌	11.6	十一·十一	乙卯	12.5	十二·十一	乙酉	1.4
九·二十一	丙寅	10.17	十·二十一	丙申	11.16	十一·二十一	乙丑	12.15	十二·二十一	乙未	1.14

* 本月改元"中和"。

唐僖宗中和二年壬寅（882—883）

一·一	甲辰	1.23	二·一	甲戌	2.22	三·一	癸卯	3.23	四·一	癸酉	4.22
一·十一	甲寅	2.2	二·十一	甲申	3.4	三·十一	癸丑	4.2	四·十一	癸未	5.2
一·二十一	甲子	2.12	二·二十一	甲午	3.14	三·二十一	癸亥	4.12	四·二十一	癸巳	5.12
五·一	壬寅	5.21	六·一	壬申	6.20	七·一 辛丑 7.19	闰七·一 辛未 8.18		八·一	庚子	9.16
五·十一	壬子	5.31	六·十一	壬午	6.30	七·十一 辛亥 7.29	闰七·十一 辛巳 8.28		八·十一	庚戌	9.26
五·二十一	壬戌	6.10	六·二十一	壬辰	7.10	七·二十一 辛酉 8.8	闰七·二十一 辛卯 9.7		八·二十一	庚申	10.6
九·一	庚午	10.16	十·一	庚子	11.15	十一·一	己巳	12.14	十二·一	己亥	1.13
九·十一	庚辰	10.26	十·十一	庚戌	11.25	十一·十一	己卯	12.24	十二·十一	己酉	1.23
九·二十一	庚寅	11.5	十·二十一	庚申	12.5	十一·二十一	己丑	1.3	十二·二十一	己未	2.2

唐僖宗中和三年癸卯（883—884）

一·一	戊辰	2.11	二·一	戊戌	3.13	三·一	丁卯	4.11	四·一	丁酉	5.11
一·十一	戊寅	2.21	二·十一	戊申	3.23	三·十一	丁丑	4.21	四·十一	丁未	5.21
一·二十一	戊子	3.3	二·二十一	戊午	4.2	三·二十一	丁亥	5.1	四·二十一	丁巳	5.31
五·一	丙寅	6.9	六·一	乙未	7.8	七·一	乙丑	8.7	八·一	甲午	9.5
五·十一	丙子	6.19	六·十一	乙巳	7.18	七·十一	乙亥	8.17	八·十一	甲辰	9.15
五·二十一	丙戌	6.29	六·二十一	乙卯	7.28	七·二十一	乙酉	8.27	八·二十一	甲寅	9.25
九·一	甲子	10.5	十·一	甲午	11.4	十一·一	甲子	12.4	十二·一	癸巳	1.2
九·十一	甲戌	10.15	十·十一	甲辰	11.14	十一·十一	甲戌	12.14	十二·十一	癸卯	1.12
九·二十一	甲申	10.25	十·二十一	甲寅	11.24	十一·二十一	甲申	12.24	十二·二十一	癸丑	1.22

唐僖宗中和四年甲辰（884—885）

一・一	癸亥	2.1	二・一	壬辰	3.1	三・一	壬戌	3.31	四・一	辛卯	4.29
一・十一	癸酉	2.11	二・十一	壬寅	3.11	三・十一	壬申	4.10	四・十一	辛丑	5.9
一・二十一	癸未	2.21	二・二十一	壬子	3.21	三・二十一	壬午	4.20	四・二十一	辛亥	5.19
五・一	辛酉	5.29	六・一	庚寅	6.27	七・一	己未	7.26	八・一	己丑	8.25
五・十一	辛未	6.8	六・十一	庚子	7.7	七・十一	己巳	8.5	八・十一	己亥	9.4
五・二十一	辛巳	6.18	六・二十一	庚戌	7.17	七・二十一	己卯	8.15	八・二十一	己酉	9.14
九・一	戊午	9.23	十・一	戊子	10.23	十一・一	戊午	11.22	十二・一	丁亥	12.21
九・十一	戊辰	10.3	十・十一	戊戌	11.2	十一・十一	戊辰	12.2	十二・十一	丁酉	12.31
九・二十一	戊寅	10.13	十・二十一	戊申	11.12	十一・二十一	戊寅	12.12	十二・二十一	丁未	1.10

唐僖宗光启元年乙巳（885—886）

一・一	丁巳	1.20	二・一	丁亥	2.19	*三・一	丙辰 3.20	闰三・一 丙戌 4.19	四・一	乙卯	5.18
一・十一	丁卯	1.30	二・十一	丁酉	3.1	三・十一	丙寅 3.30	闰三・十一 丙申 4.29	四・十一	乙丑	5.28
一・二十一	丁丑	2.9	二・二十一	丁未	3.11	三・二十一	丙子 4.9	闰三・二十一 丙午 5.9	四・二十一	乙亥	6.7
**五・一	乙酉	6.17	六・一	甲寅	7.16	七・一	癸未	8.14	八・一	癸丑	9.13
五・十一	乙未	6.27	六・十一	甲子	7.26	七・十一	癸巳	8.24	八・十一	癸亥	9.23
五・二十一	乙巳	7.7	六・二十一	甲戌	8.5	七・二十一	癸卯	9.3	八・二十一	癸酉	10.3
九・一	壬午	10.12	***十・一	壬子	11.11	十一・一	辛巳	12.10	十二・一	辛亥	1.9
九・十一	壬辰	10.22	十・十一	壬戌	11.21	十一・十一	辛卯	12.20	十二・十一	辛酉	1.19
九・二十一	壬寅	11.1	十・二十一	壬申	12.1	十一・二十一	辛丑	12.30	十二・二十一	辛未	1.29

* 本月改元"光启"。　**《目录》五月甲申朔。　***《目录》十月辛巳朔，误。

唐僖宗光启二年丙午（886—887）

一・一	辛巳	2.8	二・一	辛亥	3.10	三・一	庚辰	4.8	四・一	庚戌	5.8
一・十一	辛卯	2.18	二・十一	辛酉	3.20	三・十一	庚寅	4.18	四・十一	庚申	5.18
一・二十一	辛丑	2.28	二・二十一	辛未	3.30	三・二十一	庚子	4.28	四・二十一	庚午	5.28
五・一	己卯	6.6	六・一	己酉	7.6	七・一	戊寅	8.4	八・一	丁未	9.2
五・十一	己丑	6.16	六・十一	己未	7.16	七・十一	戊子	8.14	八・十一	丁巳	9.12
五・二十一	己亥	6.26	六・二十一	己巳	7.26	七・二十一	戊戌	8.24	八・二十一	丁卯	9.22
*九・一	丁丑	10.2	十・一	丙午	10.31	十一・一	丙子	11.30	十二・一	乙巳	12.29
九・十一	丁亥	10.12	十・十一	丙辰	11.10	十一・十一	丙戌	12.10	十二・十一	乙卯	1.8
九・二十一	丁酉	10.22	十・二十一	丙寅	11.20	十一・二十一	丙申	12.20	十二・二十一	乙丑	1.18

*《目录》九月丙子朔。

唐僖宗光启三年丁未（887—888）

一・一	乙亥	1.28	二・一	乙巳	2.27	三・一	乙亥	3.29	四・一	甲辰	4.27
一・十一	乙酉	2.7	二・十一	乙卯	3.9	三・十一	乙酉	4.8	四・十一	甲寅	5.7
一・二十一	乙未	2.17	二・二十一	乙丑	3.19	三・二十一	乙未	4.18	四・二十一	甲子	5.17
五・一	甲戌	5.27	六・一	癸卯	6.25	七・一	壬申	7.24	八・一	壬寅	8.23
五・十一	甲申	6.6	六・十一	癸丑	7.5	七・十一	壬午	8.3	八・十一	壬子	9.2
五・二十一	甲午	6.16	六・二十一	癸亥	7.15	七・二十一	壬辰	8.13	八・二十一	壬戌	9.12
九・一	辛未	9.21	十・一	辛丑	10.21	十一・一	庚午 11.19	闰十一・一 庚子 12.19	十二・一	己巳	1.17
九・十一	辛巳	10.1	十・十一	辛亥	10.31	十一・十一	庚辰 11.29	闰十一・十一 庚戌 12.29	十二・十一	己卯	1.27
九・二十一	辛卯	10.11	十・二十一	辛酉	11.10	十一・二十一	庚寅 12.9	闰十一・二十一 庚申 1.8	十二・二十一	己丑	2.6

唐僖宗文德元年戊申(888—889)

一·一	己亥	2.16	*二·一	己巳	3.17	三·一	戊戌	4.15	四·一	戊辰	5.15
一·十一	己酉	2.26	二·十一	己卯	3.27	三·十一	戊申	4.25	四·十一	戊寅	5.25
一·二十一	己未	3.7	二·二十一	己丑	4.6	三·二十一	戊午	5.5	四·二十一	戊子	6.4
五·一	丁酉	6.13	六·一	丁卯	7.13	七·一	丙申	8.11	八·一	丙寅	9.10
五·十一	丁未	6.23	六·十一	丁丑	7.23	七·十一	丙午	8.21	八·十一	丙子	9.20
五·二十一	丁巳	7.3	六·二十一	丁亥	8.2	七·二十一	丙辰	8.31	八·二十一	丙戌	9.30
九·一	乙未	10.9	十·一	乙丑	11.8	十一·一	甲午	12.7	十二·一	甲子	1.6
九·十一	乙巳	10.19	十·十一	乙亥	11.18	十一·十一	甲辰	12.17	十二·十一	甲戌	1.16
九·二十一	乙卯	10.29	十·二十一	乙酉	11.28	十一·二十一	甲寅	12.27	十二·二十一	甲申	1.26

* 本月改元“文德”。

唐昭宗龙纪元年己酉(889—890)

一·一	癸巳	2.4	二·一	癸亥	3.6	三·一	壬辰	4.4	四·一	壬戌	5.4
一·十一	癸卯	2.14	二·十一	癸酉	3.16	三·十一	壬寅	4.14	四·十一	壬申	5.14
一·二十一	癸丑	2.24	二·二十一	癸未	3.26	三·二十一	壬子	4.24	四·二十一	壬午	5.24
五·一	壬辰	6.3	六·一	辛酉	7.2	七·一	辛卯	8.1	八·一	庚申	8.30
五·十一	壬寅	6.13	六·十一	辛未	7.12	七·十一	辛丑	8.11	八·十一	庚午	9.9
五·二十一	壬子	6.23	六·二十一	辛巳	7.22	七·二十一	辛亥	8.21	八·二十一	庚辰	9.19
九·一	庚寅	9.29	十·一	己未	10.28	十一·一	己丑	11.27	十二·一	戊午	12.26
九·十一	庚子	10.9	十·十一	己巳	11.7	十一·十一	己亥	12.7	十二·十一	戊辰	1.5
九·二十一	庚戌	10.19	十·二十一	己卯	11.17	十一·二十一	己酉	12.17	十二·二十一	戊寅	1.15

唐昭宗大顺元年庚戌(890—891)

一·一	戊子	1.25	二·一	丁巳	2.23	三·一	丁亥	3.25	四·一	丙辰	4.23
一·十一	戊戌	2.4	二·十一	丁卯	3.5	三·十一	丁酉	4.4	四·十一	丙寅	5.3
一·二十一	戊申	2.14	二·二十一	丁丑	3.15	三·二十一	丁未	4.14	四·二十一	丙子	5.13
五·一	丙戌	5.23	六·一	乙卯	6.21	七·一	乙酉	7.21	八·一	甲寅	8.19
五·十一	丙申	6.2	六·十一	乙丑	7.1	七·十一	乙未	7.31	八·十一	甲子	8.29
五·二十一	丙午	6.12	六·二十一	乙亥	7.11	七·二十一	乙巳	8.10	八·二十一	甲戌	9.8
九·一 闰九·一	甲申 甲寅	9.18 10.18	十·一	癸未	11.16	十一·一	癸丑	12.16	十二·一	壬午	1.14
九·十一 闰九·十一	甲午 甲子	9.28 10.28	十·十一	癸巳	11.26	十一·十一	癸亥	12.26	十二·十一	壬辰	1.24
九·二十一 闰九·二十一	甲辰 甲戌	10.8 11.7	十·二十一	癸卯	12.6	十一·二十一	癸酉	1.5	十二·二十一	壬寅	2.3

唐昭宗大顺二年辛亥(891—892)

一·一	壬子	2.13	二·一	辛巳	3.14	三·一	辛亥	4.13	四·一	庚辰	5.12
一·十一	壬戌	2.23	二·十一	辛卯	3.24	三·十一	辛酉	4.23	四·十一	庚寅	5.22
一·二十一	壬申	3.5	二·二十一	辛丑	4.3	三·二十一	辛未	5.3	四·二十一	庚子	6.1
五·一	己酉	6.10	六·一	己卯	7.10	七·一	戊申	8.8	八·一	戊寅	9.7
五·十一	己未	6.20	六·十一	己丑	7.20	七·十一	戊午	8.18	八·十一	戊子	9.17
五·二十一	己巳	6.30	六·二十一	己亥	7.30	七·二十一	戊辰	8.28	八·二十一	戊戌	9.27
九·一	戊申	10.7	十·一	戊寅	11.6	十一·一	丁未	12.5	十二·一	丁丑	1.4
九·十一	戊午	10.17	十·十一	戊子	11.16	十一·十一	丁巳	12.15	十二·十一	丁亥	1.14
九·二十一	戊辰	10.27	十·二十一	戊戌	11.26	十一·二十一	丁卯	12.25	十二·二十一	丁酉	1.24

唐昭宗景福元年壬子(892—893)

一·一 丙午 2.2	二·一 丙子 3.3	三·一 乙巳 4.1	*四·一 甲戌 4.30
一·十一 丙辰 2.12	二·十一 丙戌 3.13	三·十一 乙卯 4.11	四·十一 甲申 5.10
一·二十一 丙寅 2.22	二·二十一 丙申 3.23	三·二十一 乙丑 4.21	四·二十一 甲午 5.20
五·一 甲辰 5.30	六·一 癸酉 6.28	七·一 癸卯 7.28	八·一 壬申 8.26
五·十一 甲寅 6.9	六·十一 癸未 7.8	七·十一 癸丑 8.7	八·十一 壬午 9.5
五·二十一 甲子 6.19	六·二十一 癸巳 7.18	七·二十一 癸亥 8.17	八·二十一 壬辰 9.15
九·一 壬寅 9.25	十·一 壬申 10.25	十一·一 辛丑 11.23	十二·一 辛未 12.23
九·十一 壬子 10.5	十·十一 壬午 11.4	十一·十一 辛亥 12.3	十二·十一 辛巳 1.2
九·二十一 壬戌 10.15	十·二十一 壬辰 11.14	十一·二十一 辛酉 12.13	十二·二十一 辛卯 1.12

*《目录》四月乙亥朔。

唐昭宗景福二年癸丑(893—894)

一·一 辛丑 1.22	二·一 庚午 2.20	三·一 庚子 3.22	四·一 己巳 4.20
一·十一 辛亥 2.1	二·十一 庚辰 3.2	三·十一 庚戌 4.1	四·十一 己卯 4.30
一·二十一 辛酉 2.11	二·二十一 庚寅 3.12	三·二十一 庚申 4.11	四·二十一 己丑 5.10
五·一 己亥 5.20 闰五·一 戊辰 6.18	六·一 丁酉 7.17	七·一 丁卯 8.16	八·一 丙申 9.14
五·十一 己酉 5.30 闰五·十一 戊寅 6.28	六·十一 丁未 7.27	七·十一 丁丑 8.26	八·十一 丙午 9.24
五·二十一 己未 6.9 闰五·二十一 戊子 7.8	六·二十一 丁巳 8.6	七·二十一 丁亥 9.5	八·二十一 丙辰 10.4
九·一 丙寅 10.14	十·一 乙未 11.12	十一·一 乙丑 12.12	十二·一 乙未 1.11
九·十一 丙子 10.24	十·十一 乙巳 11.22	十一·十一 乙亥 12.22	十二·十一 乙巳 1.21
九·二十一 丙戌 11.3	十·二十一 乙卯 12.2	十一·二十一 乙酉 1.1	十二·二十一 乙卯 1.31

唐昭宗乾宁元年甲寅(894—895)

一·一 乙丑 2.10	二·一 甲午 3.11	三·一 甲子 4.10	四·一 癸巳 5.9
一·十一 乙亥 2.20	二·十一 甲辰 3.21	三·十一 甲戌 4.20	四·十一 癸卯 5.19
一·二十一 乙酉 3.2	二·二十一 甲寅 3.31	三·二十一 甲申 4.30	四·二十一 癸丑 5.29
五·一 壬戌 6.7	六·一 壬辰 7.7	七·一 辛酉 8.5	八·一 庚寅 9.3
五·十一 壬申 6.17	六·十一 壬寅 7.17	七·十一 辛未 8.15	八·十一 庚子 9.13
五·二十一 壬午 6.27	六·二十一 壬子 7.27	七·二十一 辛巳 8.25	八·二十一 庚戌 9.23
九·一 庚申 10.3	十·一 庚寅 11.2	十一·一 己未 12.1	十二·一 己丑 12.31
九·十一 庚午 10.13	十·十一 庚子 11.12	十一·十一 己巳 12.11	十二·十一 己亥 1.10
九·二十一 庚辰 10.23	十·二十一 庚戌 11.22	十一·二十一 己卯 12.21	十二·二十一 己酉 1.20

唐昭宗乾宁二年乙卯(895—896)

一·一 己未 1.30	二·一 己丑 3.1	三·一 戊午 3.30	四·一 戊子 4.29
一·十一 己巳 2.9	二·十一 己亥 3.11	三·十一 戊辰 4.9	四·十一 戊戌 5.9
一·二十一 己卯 2.19	二·二十一 己酉 3.21	三·二十一 戊寅 4.19	四·二十一 戊申 5.19
五·一 丁巳 5.28	*六·一 丁亥 6.27	七·一 丙辰 7.26	八·一 乙酉 8.24
五·十一 丁卯 6.7	六·十一 丁酉 7.7	七·十一 丙寅 8.5	八·十一 乙未 9.3
五·二十一 丁丑 6.17	六·二十一 丁未 7.17	七·二十一 丙子 8.15	八·二十一 乙巳 9.13
九·一 甲寅 9.22	十·一 甲申 10.22	十一·一 癸丑 11.20	十二·一 癸未 12.20
九·十一 甲子 10.2	十·十一 甲午 11.1	十一·十一 癸亥 11.30	十二·十一 癸巳 12.30
九·二十一 甲戌 10.12	十·二十一 甲辰 11.11	十一·二十一 癸酉 12.10	十二·二十一 癸卯 1.9

*《目录》六月丙戌朔。

唐昭宗乾宁三年丙辰（896—897）

一•一 癸丑 1.19　闰一•一 癸未 2.18	二•一 壬子 3.18	三•一 壬午 4.17	*四•一 壬子 5.17
一•十一 癸亥 1.29　闰一•十一 癸巳 2.28	二•十一 壬戌 3.28	三•十一 壬辰 4.27	四•十一 壬戌 5.27
一•二十一 癸酉 2.8　闰一•二十一 癸卯 3.9	二•二十一 壬申 4.7	三•二十一 壬寅 5.7	四•二十一 壬申 6.6
五•一 辛巳 6.15	六•一 庚戌 7.14	七•一 庚辰 8.13	八•一 己酉 9.11
五•十一 辛卯 6.25	六•十一 庚申 7.24	七•十一 庚寅 8.23	八•十一 己未 9.21
五•二十一 辛丑 7.5	六•二十一 庚午 8.3	七•二十一 庚子 9.2	八•二十一 己巳 10.1
九•一 己卯 10.11	十•一 戊申 11.9	十一•一 丁丑 12.8	十二•一 丁未 1.7
九•十一 己丑 10.21	十•十一 戊午 11.19	十一•十一 丁亥 12.18	十二•十一 丁巳 1.17
九•二十一 己亥 10.31	十•二十一 戊辰 11.29	十一•二十一 丁酉 12.28	十二•二十一 丁卯 1.27

＊《目录》四月辛亥朔。

唐昭宗乾宁四年丁巳（897—898）

一•一 丁丑 2.6	二•一 丙午 3.7	三•一 丙子 4.6	四•一 丙午 5.6
一•十一 丁亥 2.16	二•十一 丙辰 3.17	三•十一 丙戌 4.16	四•十一 丙辰 5.16
一•二十一 丁酉 2.26	二•二十一 丙寅 3.27	三•二十一 丙申 4.26	四•二十一 丙寅 5.26
五•一 乙亥 6.4	六•一 乙巳 7.4	七•一 甲戌 8.2	八•一 甲辰 9.1
五•十一 乙酉 6.14	六•十一 乙卯 7.14	七•十一 甲申 8.12	八•十一 甲寅 9.11
五•二十一 乙未 6.24	六•二十一 乙丑 7.24	七•二十一 甲午 8.22	八•二十一 甲子 9.21
九•一 癸酉 9.30	十•一 癸卯 10.30	十一•一 壬申 11.28	十二•一 壬寅 12.28
九•十一 癸未 10.10	十•十一 癸丑 11.9	十一•十一 壬午 12.8	十二•十一 壬子 1.7
九•二十一 癸巳 10.20	十•二十一 癸亥 11.19	十一•二十一 壬辰 12.18	十二•二十一 壬戌 1.17

唐昭宗光化元年戊午（898—899）

一•一 辛未 1.26	二•一 辛丑 2.25	三•一 庚午 3.26	四•一 庚子 4.25
一•十一 辛巳 2.5	二•十一 辛亥 3.7	三•十一 庚辰 4.5	四•十一 庚戌 5.5
一•二十一 辛卯 2.15	二•二十一 辛酉 3.17	三•二十一 庚寅 4.15	四•二十一 庚申 5.15
五•一 己巳 5.24	六•一 己亥 6.23	七•一 己巳 7.23	*八•一 戊戌 8.21
五•十一 己卯 6.3	六•十一 己酉 7.3	七•十一 己卯 8.2	八•十一 戊申 8.31
五•二十一 己丑 6.13	六•二十一 己未 7.13	七•二十一 己丑 8.12	八•二十一 戊午 9.10
九•一 戊辰 9.20	十•一 丁酉 10.19　闰十•一 丁卯 11.18	十一•一 丙申 12.17	十二•一 丙寅 1.16
九•十一 戊寅 9.30	十•十一 丁未 10.29　闰十•十一 丁丑 11.28	十一•十一 丙午 12.27	十二•十一 丙子 1.26
九•二十一 戊子 10.10	十•二十一 丁巳 11.8　闰十•二十一 丁亥 12.8	十一•二十一 丙辰 1.6	十二•二十一 丙戌 2.5

＊ 本月改元“光化”。

唐昭宗光化二年己未（899—900）

一•一 乙未 2.14	二•一 甲子 3.15	三•一 甲午 4.14	*四•一 甲子 5.14
一•十一 乙巳 2.24	二•十一 甲戌 3.25	三•十一 甲辰 4.24	四•十一 甲戌 5.24
一•二十一 乙卯 3.6	二•二十一 甲申 4.4	三•二十一 甲寅 5.4	四•二十一 甲申 6.3
五•一 癸巳 6.12	六•一 癸亥 7.12	七•一 壬辰 8.10	八•一 壬戌 9.9
五•十一 癸卯 6.22	六•十一 癸酉 7.22	七•十一 壬寅 8.20	八•十一 壬申 9.19
五•二十一 癸丑 7.2	六•二十一 癸未 8.1	七•二十一 壬子 8.30	八•二十一 壬午 9.29
九•一 壬辰 10.9	十•一 辛酉 11.7	十一•一 辛卯 12.7	十二•一 庚申 1.5
九•十一 壬寅 10.19	十•十一 辛未 11.17	十一•十一 辛丑 12.17	十二•十一 庚午 1.15
九•二十一 壬子 10.29	十•二十一 辛巳 11.27	十一•二十一 辛亥 12.27	十二•二十一 庚辰 1.25

＊《目录》四月癸亥朔。

唐昭宗光化三年庚申(900—901)

一·一 庚寅 2.4	二·一 己未 3.4	三·一 戊子 4.2	四·一 戊午 5.2
一·十一 庚子 2.14	二·十一 己巳 3.14	三·十一 戊戌 4.12	四·十一 戊辰 5.12
一·二十一 庚戌 2.24	二·二十一 己卯 3.24	三·二十一 戊申 4.22	四·二十一 戊寅 5.22
五·一 丁亥 5.31	六·一 丁巳 6.30	七·一 丙戌 7.29	八·一 丙辰 8.28
五·十一 丁酉 6.10	六·十一 丁卯 7.10	七·十一 丙申 8.8	八·十一 丙寅 9.7
五·二十一 丁未 6.20	六·二十一 丁丑 7.20	七·二十一 丙午 8.18	八·二十一 丙子 9.17
九·一 丙戌 9.27	十·一 乙卯 10.26	十一·一 乙酉 11.25	十二·一 乙卯 12.25
九·十一 丙申 10.7	十·十一 乙丑 11.5	十一·十一 乙未 12.5	十二·十一 乙丑 1.4
九·二十一 丙午 10.17	十·二十一 乙亥 11.15	十一·二十一 乙巳 12.15	十二·二十一 乙亥 1.14

唐昭宗天复元年辛酉(901—902)

*一·一 甲申 1.23	二·一 甲寅 2.22	三·一 癸未 3.23	**四·一 癸丑 4.22
一·十一 甲午 2.2	二·十一 甲子 3.4	三·十一 癸巳 4.2	四·十一 癸亥 5.2
一·二十一 甲辰 2.12	二·二十一 甲戌 3.14	三·二十一 癸卯 4.12	四·二十一 癸酉 5.12
五·一 壬午 5.21	六·一 辛亥 6.19 闰六·一 辛巳 7.19	七·一 庚戌 8.17	八·一 庚辰 9.16
五·十一 壬辰 5.31	六·十一 辛酉 6.29 闰六·十一 辛卯 7.29	七·十一 庚申 8.27	八·十一 庚寅 9.26
五·二十一 壬寅 6.10	六·二十一 辛未 7.9 闰六·二十一 辛丑 8.8	七·二十一 庚午 9.6	八·二十一 庚子 10.6
九·一 己酉 10.15	十·一 己卯 11.14	十一·一 己酉 12.14	十二·一 己卯 1.13
九·十一 己未 10.25	十·十一 己丑 11.24	十一·十一 己未 12.24	十二·十一 己丑 1.23
九·二十一 己巳 11.4	十·二十一 己亥 12.4	十一·二十一 己巳 1.3	十二·二十一 己亥 2.2

*《目录》正月乙酉、四月壬子朔。 ** 本月改元“天复”。

唐昭宗天复二年壬戌(902—903)

一·一 戊申 2.11	二·一 戊寅 3.13	三·一 丁未 4.11	*四·一 丁丑 5.11
一·十一 戊午 2.21	二·十一 戊子 3.23	三·十一 丁巳 4.21	四·十一 丁亥 5.21
一·二十一 戊辰 3.3	二·二十一 戊戌 4.2	三·二十一 丁卯 5.1	四·二十一 丁酉 5.31
五·一 丙午 6.9	六·一 乙亥 7.8	七·一 甲辰 8.6	八·一 甲戌 9.5
五·十一 丙辰 6.19	六·十一 乙酉 7.18	七·十一 甲寅 8.16	八·十一 甲申 9.15
五·二十一 丙寅 6.29	六·二十一 乙未 7.28	七·二十一 甲子 8.26	八·二十一 甲午 9.25
九·一 甲辰 10.5	十·一 癸酉 11.3	十一·一 癸卯 12.3	十二·一 癸酉 1.2
九·十一 甲寅 10.15	十·十一 癸未 11.13	十一·十一 癸丑 12.13	十二·十一 癸未 1.12
九·二十一 甲子 10.25	十·二十一 癸巳 11.23	十一·二十一 癸亥 12.23	十二·二十一 癸巳 1.22

*《目录》四月丙子朔。

唐昭宗天复三年癸亥(903—904)

一·一 癸卯 2.1	二·一 壬申 3.2	三·一 壬寅 4.1	四·一 辛未 4.30
一·十一 癸丑 2.11	二·十一 壬午 3.12	三·十一 壬子 4.11	四·十一 辛巳 5.10
一·二十一 癸亥 2.21	二·二十一 壬辰 3.22	三·二十一 壬戌 4.21	四·二十一 辛卯 5.20
*五·一 辛丑 5.30	六·一 庚午 6.28	七·一 己亥 7.27	八·一 戊辰 8.25
五·十一 辛亥 6.9	六·十一 庚辰 7.8	七·十一 己酉 8.6	八·十一 戊寅 9.4
五·二十一 辛酉 6.19	六·二十一 庚寅 7.18	七·二十一 己未 8.16	八·二十一 戊子 9.14
九·一 戊戌 9.24	十·一 丁卯 10.23	十一·一 丁酉 11.22	十二·一 丁卯 12.22
九·十一 戊申 10.4	十·十一 丁丑 11.2	十一·十一 丁未 12.2	十二·十一 丁丑 1.1
九·二十一 戊午 10.14	十·二十一 丁亥 11.12	十一·二十一 丁巳 12.12	十二·二十一 丁亥 1.11

*《目录》五月庚子朔。

唐哀帝天祐元年甲子(904—905)

一·一	丁酉	1.21	二·一	丙寅	2.19	三·一	丙申	3.20	四·一 丙寅 4.19*	闰四·一	乙未 5.18
一·十一	丁未	1.31	二·十一	丙子	2.29	三·十一	丙午	3.30	四·十一 丙子 4.29	闰四·十一	乙巳 5.28
一·二十一	丁巳	2.10	二·二十一	丙戌	3.10	三·二十一	丙辰	4.9	四·二十一丙戌 5.9	闰四·二十一	乙卯 6.7
**五·一	乙丑	6.17	六·一	甲午	7.16	七·一	癸亥	8.14	***八·一	壬辰	9.12
五·十一	乙亥	6.27	六·十一	甲辰	7.26	七·十一	癸酉	8.24	八·十一	壬寅	9.22
五·二十一	乙酉	7.7	六·二十一	甲寅	8.5	七·二十一	癸未	9.3	八·二十一	壬子	10.2
九·一	壬戌	10.12	十·一	辛卯	11.10	十一·一	辛酉	12.10	十二·一	辛卯	1.9
九·十一	壬申	10.22	十·十一	辛丑	11.20	十一·十一	辛未	12.20	十二·十一	辛丑	1.19
九·二十一	壬午	11.1	十·二十一	辛亥	11.30	十一·二十一	辛巳	12.30	十二·二十一	辛亥	1.29

* 本月唐昭宗改元“天祐”。　**《目录》五月甲子朔。　*** 本月唐哀帝即位,不改元。

唐哀帝天祐二年乙丑(905—906)

一·一	庚申	2.7	二·一	庚寅	3.9	三·一	庚申	4.8	四·一	己丑	5.7
一·十一	庚午	2.17	二·十一	庚子	3.19	三·十一	庚午	4.18	四·十一	己亥	5.17
一·二十一	庚辰	2.27	二·二十一	庚戌	3.29	三·二十一	庚辰	4.28	四·二十一	己酉	5.27
五·一	己未	6.6	六·一	戊子	7.5	七·一	戊午	8.4	八·一	丁亥	9.2
五·十一	己巳	6.16	六·十一	戊戌	7.15	七·十一	戊辰	8.14	八·十一	丁酉	9.12
五·二十一	己卯	6.26	六·二十一	戊申	7.25	七·二十一	戊寅	8.24	八·二十一	丁未	9.22
*九·一	丁巳	10.2	十·一	丙戌	10.31	十一·一	乙卯	11.29	十二·一	乙酉	12.29
九·十一	丁卯	10.12	十·十一	丙申	11.10	十一·十一	乙丑	12.9	十二·十一	乙未	1.8
九·二十一	丁丑	10.22	十·二十一	丙午	11.20	十一·二十一	乙亥	12.19	十二·二十一	乙巳	1.18

*《目录》九月丙辰朔。

唐哀帝天祐三年丙寅(906—907)

一·一	乙卯	1.28	二·一	甲申	2.26	三·一	甲寅	3.28	四·一	癸未	4.26
一·十一	乙丑	2.7	二·十一	甲午	3.8	三·十一	甲子	4.7	四·十一	癸巳	5.6
一·二十一	乙亥	2.17	二·二十一	甲辰	3.18	三·二十一	甲戌	4.17	四·二十一	癸卯	5.16
五·一	癸丑	5.26	六·一	癸未	6.25	七·一	壬子	7.24	八·一	壬午	8.23
五·十一	癸亥	6.5	六·十一	癸巳	7.5	七·十一	壬戌	8.3	八·十一	壬辰	9.2
五·二十一	癸酉	6.15	六·二十一	癸卯	7.15	七·二十一	壬申	8.13	八·二十一	壬寅	9.12
九·一	辛亥	9.21	十·一	辛巳	10.21	十一·一	庚戌	11.19	十二·一 己卯 12.18	闰十二·一	己酉 1.17
九·十一	辛酉	10.1	十·十一	辛卯	10.31	十一·十一	庚申	11.29	十二·十一 己丑 12.28	闰十二·十一	己未 1.27
九·二十一	辛未	10.11	十·二十一	辛丑	11.10	十一·二十一	庚午	12.9	十二·二十一己亥 1.7	闰十二·二十一	己巳 2.6

五代历日表

梁太祖开平元年、辽太祖元年丁卯(907—908)

一·一	戊寅	2.15	二·一	戊申	3.17	三·一	戊寅	4.16	*四·一	丁未	5.15
一·十一	戊子	2.25	二·十一	戊午	3.27	三·十一	戊子	4.26	四·十一	丁巳	5.25
一·二十一	戊戌	3.7	二·二十一	戊辰	4.6	三·二十一	戊戌	5.6	四·二十一	丁卯	6.4
五·一	丁丑	6.14	六·一	丙午	7.13	七·一	丙子	8.12	八·一	丙午	9.11
五·十一	丁亥	6.24	六·十一	丙辰	7.23	七·十一	丙戌	8.22	八·十一	丙辰	9.21
五·二十一	丁酉	7.4	六·二十一	丙寅	8.2	七·二十一	丙申	9.1	八·二十一	丙寅	10.1
九·一	乙亥	10.10	十·一	乙巳	11.9	十一·一	甲戌	12.8	十二·一	甲辰	1.7
九·十一	乙酉	10.20	十·十一	乙卯	11.19	十一·十一	甲申	12.18	十二·十一	甲寅	1.17
九·二十一	乙未	10.30	十·二十一	乙丑	11.29	十一·二十一	甲午	12.28	十二·二十一	甲子	1.27

* 本月梁太祖代唐,改元“开平”。

梁太祖开平二年、辽太祖二年戊辰(908—909)

一・一　癸酉　2.5 一・十一　癸未　2.15 一・二十一　癸巳　2.25	二・一　壬寅　3.5 二・十一　壬子　3.15 二・二十一　壬戌　3.25	三・一　壬申　4.4 三・十一　壬午　4.14 三・二十一　壬辰　4.24	四・一　辛丑　5.3 四・十一　辛亥　5.13 四・二十一　辛酉　5.23
五・一　辛未　6.2 五・十一　辛巳　6.12 五・二十一　辛卯　6.22	六・一　庚子　7.1 六・十一　庚戌　7.11 六・二十一　庚申　7.21	七・一　庚午　7.31 七・十一　庚辰　8.10 七・二十一　庚寅　8.20	八・一　庚子　8.30 八・十一　庚戌　9.9 八・二十一　庚申　9.19
九・一　己巳　9.28 九・十一　己卯　10.8 九・二十一　己丑　10.18	十・一　己亥　10.28 十・十一　己酉　11.7 十・二十一　己未　11.17	十一・一　己巳　11.27 十一・十一　己卯　12.7 十一・二十一　己丑　12.17	十二・一　戊戌　12.26 十二・十一　戊申　1.5 十二・二十一　戊午　1.15

梁太祖开平三年、辽太祖三年己巳(909—910)

一・一　戊辰　1.25 一・十一　戊寅　2.4 一・二十一　戊子　2.14	二・一　丁酉　2.23 二・十一　丁未　3.5 二・二十一　丁巳　3.15	*三・一　丙寅　3.24 三・十一　丙子　4.3 三・二十一　丙戌　4.13	四・一　丙申　4.23 四・十一　丙午　5.3 四・二十一　丙辰　5.13
五・一　乙丑　5.22 五・十一　乙亥　6.1 五・二十一　乙酉　6.11	六・一　乙未　6.21 六・十一　乙巳　7.1 六・二十一　乙卯　7.11	七・一　甲子　7.20 七・十一　甲戌　7.30 七・二十一　甲申　8.9	八・一　甲午 8.19　闰八・一　癸亥 9.17 八・十一　甲辰 8.29　闰八・十一　癸酉 9.27 八・二十一　甲寅 9.8　闰八・二十一　癸未 10.7
九・一　癸巳　10.17 九・十一　癸卯　10.27 九・二十一　癸丑　11.6	十・一　癸亥　11.16 十・十一　癸酉　11.26 十・二十一　癸未　12.6	十一・一　癸巳　12.16 十一・十一　癸卯　12.26 十一・二十一　癸丑　1.5	十二・一　壬戌　1.14 十二・十一　壬申　1.24 十二・二十一　壬午　2.3

*《目录》三月丁卯朔。

梁太祖开平四年、辽太祖四年庚午(910—911)

一・一　壬辰　2.13 一・十一　壬寅　2.23 一・二十一　壬子　3.5	二・一　辛酉　3.14 二・十一　辛未　3.24 二・二十一　辛巳　4.3	*三・一　辛卯　4.13 三・十一　辛丑　4.23 三・二十一　辛亥　5.3	四・一　庚申　5.12 四・十一　庚午　5.22 四・二十一　庚辰　6.1
五・一　己丑　6.10 五・十一　己亥　6.20 五・二十一　己酉　6.30	六・一　己未　7.10 六・十一　己巳　7.20 六・二十一　己卯　7.30	七・一　戊子　8.8 七・十一　戊戌　8.18 七・二十一　戊申　8.28	八・一　戊午　9.7 八・十一　戊辰　9.17 八・二十一　戊寅　9.27
九・一　丁亥　10.6 九・十一　丁酉　10.16 九・二十一　丁未　10.26	十・一　丁巳　11.5 十・十一　丁卯　11.15 十・二十一　丁丑　11.25	十一・一　丁亥　12.5 十一・十一　丁酉　12.15 十一・二十一　丁未　12.25	十二・一　丁巳　1.4 十二・十一　丁卯　1.14 十二・二十一　丁丑　1.24

*《目录》三月庚寅朔。

梁太祖乾化元年、辽太祖五年辛未(911—912)

一・一　丙戌　2.2 一・十一　丙申　2.12 一・二十一　丙午　2.22	二・一　丙辰　3.4 二・十一　丙寅　3.14 二・二十一　丙子　3.24	三・一　乙酉　4.2 三・十一　乙未　4.12 三・二十一　乙巳　4.22	四・一　乙卯　5.2 四・十一　乙丑　5.12 四・二十一　乙亥　5.22
*五・一　甲申　5.31 五・十一　甲午　6.10 五・二十一　甲辰　6.20	六・一　癸丑　6.29 六・十一　癸亥　7.9 六・二十一　癸酉　7.19	七・一　壬午　7.28 七・十一　壬辰　8.7 七・二十一　壬寅　8.17	八・一　壬子　8.27 八・十一　壬戌　9.6 八・二十一　壬申　9.16
九・一　辛巳　9.25 九・十一　辛卯　10.5 九・二十一　辛丑　10.15	十・一　辛亥　10.25 十・十一　辛酉　11.4 十・二十一　辛未　11.14	十一・一　辛巳　11.24 十一・十一　辛卯　12.4 十一・二十一　辛丑　12.14	十二・一　辛亥　12.24 十二・十一　辛酉　1.3 十二・二十一　辛未　1.13

* 本月梁改元“乾化”。

梁太祖乾化二年、辽太祖六年壬申（912—913）

一•一　庚辰　1.22	二•一　庚戌　2.21	三•一　庚辰　3.22	四•一　己酉　4.20
一•十一　庚寅　2.1	二•十一　庚申　3.2	三•十一　庚寅　4.1	四•十一　己未　4.30
一•二十一　庚子　2.11	二•二十一　庚午　3.12	三•二十一　庚子　4.11	四•二十一　己巳　5.10
五•一　己卯　5.20　闰五•一　戊申　6.18	六•一　丁丑　7.17	七•一　丙午　8.15	八•一　丙子　9.14
五•十一　己丑　5.30　闰五•十一　戊午　6.28	六•十一　丁亥　7.27	七•十一　丙辰　8.25	八•十一　丙戌　9.24
五•二十一　己亥　6.9　闰五•二十一　戊辰　7.8	六•二十一　丁酉　8.6	七•二十一　丙寅　9.4	八•二十一　丙申　10.4
九•一　乙巳　10.13	十•一　乙亥　11.12	十一•一　乙巳　12.12	十二•一　甲戌　1.10
九•十一　乙卯　10.23	十•十一　乙酉　11.22	十一•十一　乙卯　12.22	十二•十一　甲申　1.20
九•二十一　乙丑　11.2	十•二十一　乙未　12.2	十一•二十一　乙丑　1.1	十二•二十一　甲午　1.30

梁末帝乾化三年、辽太祖七年癸酉（913—914）

*一•一　甲辰　2.9	**二•一　甲戌　3.11	***三•一　甲辰　4.10	四•一　癸酉　5.9
一•十一　甲寅　2.19	二•十一　甲申　3.21	三•十一　甲寅　4.20	四•十一　癸未　5.19
一•二十一　甲子　3.1	二•二十一　甲午　3.31	三•二十一　甲子　4.30	四•二十一　癸巳　5.29
五•一　壬寅　6.7	六•一　壬申　7.7	七•一　辛丑　8.5	八•一　庚午　9.3
五•十一　壬子　6.17	六•十一　壬午　7.17	七•十一　辛亥　8.15	八•十一　庚辰　9.13
五•二十一　壬戌　6.27	六•二十一　壬辰　7.27	七•二十一　辛酉　8.25	八•二十一　庚寅　9.23
九•一　庚子　10.3	十•一　己巳　11.1	十一•一　己亥　12.1	十二•一　戊辰　12.30
九•十一　庚戌　10.13	十•十一　己卯　11.11	十一•十一　己酉　12.11	十二•十一　戊寅　1.9
九•二十一　庚申　10.23	十•二十一　己丑　11.21	十一•二十一　己未　12.21	十二•二十一　戊子　1.19

* 本月梁郢王朱友珪改元“凤历”，旋被杀。　** 梁末帝即位，仍用“乾化”年号。　***《目录》三月癸卯朔。

梁末帝乾化四年、辽太祖八年甲戌（914—915）

一•一　戊戌　1.29	二•一　戊辰　2.28	三•一　戊戌　3.30	四•一　丁卯　4.28
一•十一　戊申　2.8	二•十一　戊寅　3.10	三•十一　戊申　4.9	四•十一　丁丑　5.8
一•二十一　戊午　2.18	二•二十一　戊子　3.20	三•二十一　戊午　4.19	四•二十一　丁亥　5.18
五•一　丁酉　5.28	六•一　丙寅　6.26	七•一　丙申　7.26	八•一　乙丑　8.24
五•十一　丁未　6.7	六•十一　丙子　7.6	七•十一　丙午　8.5	八•十一　乙亥　9.3
五•二十一　丁巳　6.17	六•二十一　丙戌　7.16	七•二十一　丙辰　8.15	八•二十一　乙酉　9.13
九•一　乙未　9.23	十•一　甲子　10.22	十一•一　癸巳　11.20	十二•一　癸亥　12.20
九•十一　乙巳　10.3	十•十一　甲戌　11.1	十一•十一　癸卯　11.30	十二•十一　癸酉　12.30
九•二十一　乙卯　10.13	十•二十一　甲申　11.11	十一•二十一　癸丑　12.10	十二•二十一　癸未　1.9

梁末帝贞明元年、辽太祖九年乙亥（915—916）

一•一　壬辰　1.18	二•一　壬戌　2.17　闰二•一　壬辰　3.19	三•一　辛酉　4.17	四•一　辛卯　5.17
一•十一　壬寅　1.28	二•十一　壬申　2.27　闰二•十一　壬寅　3.29	三•十一　辛未　4.27	四•十一　辛丑　5.27
一•二十一　壬子　2.7	二•二十一　壬午　3.9　闰二•二十一　壬子　4.8	三•二十一　辛巳　5.7	四•二十一　辛亥　6.6
五•一　辛酉　6.16	六•一　庚寅　7.15	七•一　庚申　8.14	八•一　己丑　9.12
五•十一　辛未　6.26	六•十一　庚子　7.25	七•十一　庚午　8.24	八•十一　己亥　9.22
五•二十一　辛巳　7.6	六•二十一　庚戌　8.4	七•二十一　庚辰　9.3	八•二十一　己酉　10.2
九•一　己未　10.12	十•一　戊子　11.10	*十一•一　丁巳　12.9	十二•一　丁亥　1.8
九•十一　己巳　12.22	十•十一　戊戌　11.20	十一•十一　丁卯　12.19	十二•十一　丁酉　1.18
九•二十一　己卯　11.1	十•二十一　戊申　11.30	十一•二十一　丁丑　12.29	十二•二十一　丁未　1.28

* 本月梁改元“贞明”。

梁末帝贞明二年、辽太祖神册元年丙子（916—917）

一•一	丙辰	2.6	二•一	丙戌	3.7	三•一	乙卯	4.5	四•一	乙酉	5.5
一•十一	丙寅	2.16	二•十一	丙申	3.17	三•十一	乙丑	4.15	四•十一	乙未	5.15
一•二十一	丙子	2.26	二•二十一	丙午	3.27	三•二十一	乙亥	4.25	四•二十一	乙巳	5.25
五•一	乙卯	6.4	六•一	甲申	7.3	七•一	甲寅	8.2	八•一	癸未	8.31
五•十一	乙丑	6.14	六•十一	甲午	7.13	七•十一	甲子	8.12	八•十一	癸巳	9.10
五•二十一	乙亥	6.24	六•二十一	甲辰	7.23	七•二十一	甲戌	8.22	八•二十一	癸卯	9.20
九•一	癸丑	9.30	十•一	癸未	10.30	十一•一	壬子	11.28	*十二•一	壬午	12.28
九•十一	癸亥	10.10	十•十一	癸巳	11.9	十一•十一	壬戌	12.8	十二•十一	壬辰	1.7
九•二十一	癸酉	10.20	十•二十一	癸卯	11.19	十一•二十一	壬申	12.18	十二•二十一	壬寅	1.17

* 本月辽改元“神册”。

梁末帝贞明三年、辽太祖神册二年丁丑（917—918）

一•一	辛亥	1.26	二•一	庚辰	2.24	三•一	庚戌	3.26	四•一	己卯	4.24
一•十一	辛酉	2.5	二•十一	庚寅	3.6	三•十一	庚申	4.5	四•十一	己丑	5.4
一•二十一	辛未	2.15	二•二十一	庚子	3.16	三•二十一	庚午	4.15	四•二十一	己亥	5.14
五•一	己酉	5.24	六•一	戊寅	6.22	七•一	戊申	7.22	八•一	戊寅	8.21
五•十一	己未	6.3	六•十一	戊子	7.2	七•十一	戊午	8.1	八•十一	戊子	8.31
五•二十一	己巳	6.13	六•二十一	戊戌	7.12	七•二十一	戊辰	8.11	八•二十一	戊戌	9.10
九•一	丁未	9.19	十•一　丁丑 10.19　闰十•一　丁未 11.18			十一•一	丙子	12.17	十二•一	丙午	1.16
九•十一	丁巳	9.29	十•十一　丁亥 10.29　闰十•十一　丁巳 11.28			十一•十一	丙戌	12.27	十二•十一	丙辰	1.26
九•二十一	丁卯	10.9	十•二十一丁酉 11.8　闰十•二十一丁卯 12.8			十一•二十一	丙申	1.6	十二•二十一	丙寅	2.5

梁末帝贞明四年、辽太祖神册三年戊寅（918—919）

一•一	乙亥	2.14	二•一	甲辰	3.15	*三•一	甲戌	4.14	四•一	癸卯	5.13
一•十一	乙酉	2.24	二•十一	甲寅	3.25	三•十一	甲申	4.24	四•十一	癸丑	5.23
一•二十一	乙未	3.6	二•二十一	甲子	4.4	三•二十一	甲午	5.4	四•二十一	癸亥	6.2
五•一	癸酉	6.12	六•一	壬寅	7.11	七•一	壬申	8.10	八•一	辛丑	9.8
五•十一	癸未	6.22	六•十一	壬子	7.21	七•十一	壬午	8.20	八•十一	辛亥	9.18
五•二十一	癸巳	7.2	六•二十一	壬戌	7.31	七•二十一	壬辰	8.30	八•二十一	辛酉	9.28
九•一	辛未	10.8	十•一	辛丑	11.7	十一•一	庚午	12.6	十二•一	庚子	1.5
九•十一	辛巳	10.18	十•十一	辛亥	11.17	十一•十一	庚辰	12.16	十二•十一	庚戌	1.15
九•二十一	辛卯	10.28	十•二十一	辛酉	11.27	十一•二十一	庚寅	12.26	十二•二十一	庚申	1.25

*《目录》三月癸酉朔。

梁末帝贞明五年、辽太祖神册四年己卯（919—920）

一•一	庚午	2.4	二•一	己亥	3.5	三•一	己巳	4.4	四•一	戊戌	5.3
一•十一	庚辰	2.14	二•十一	己酉	3.15	三•十一	己卯	4.14	四•十一	戊申	5.13
一•二十一	庚寅	2.24	二•二十一	己未	3.25	三•二十一	己丑	4.24	四•二十一	戊午	5.23
五•一	丁卯	6.1	六•一	丙申	6.30	七•一	丙寅	7.30	八•一	乙未	8.28
五•十一	丁丑	6.11	六•十一	丙午	7.10	七•十一	丙子	8.9	八•十一	乙巳	9.7
五•二十一	丁亥	6.21	六•二十一	丙辰	7.20	七•二十一	丙戌	8.19	八•二十一	乙卯	9.17
九•一	乙丑	9.27	十•一	乙未	10.27	十一•一	乙丑	11.26	*十二•一	甲午	12.25
九•十一	乙亥	10.7	十•十一	乙巳	11.6	十一•十一	乙亥	12.6	十二•十一	甲辰	1.4
九•二十一	乙酉	10.17	十•二十一	乙卯	11.26	十一•二十一	乙酉	12.16	十二•二十一	甲寅	1.14

*《辑要》《朔闰考》十二月甲子朔，误。

梁末帝贞明六年、辽太祖神册五年庚辰（920—921）

*一·一　甲子　1.24 一·十一　甲戌　2.3 一·二十一　甲申　2.13	二·一　甲午　2.23 二·十一　甲辰　3.4 二·二十一　甲寅　3.14	三·一　癸亥　3.23 三·十一　癸酉　4.2 三·二十一　癸未　4.12	四·一　癸巳　4.22 四·十一　癸卯　5.2 四·二十一　癸丑　5.12
五·一　壬戌　5.21 五·十一　壬申　5.31 五·二十一　壬午　6.10	六·一　辛卯6.19　闰六·一　庚申7.18 六·十一　辛丑6.29　闰六·十一　庚午7.28 六·二十一辛亥7.9　闰六·二十一庚辰8.7	七·一　庚寅　8.17 七·十一　庚子　8.27 七·二十一　庚戌　9.6	八·一　己未　9.15 八·十一　己巳　9.25 八·二十一　己卯　10.5
九·一　己丑　10.15 九·十一　己亥　10.25 九·二十一　己酉　11.4	十·一　己未　11.14 十·十一　己巳　11.24 十·二十一　己卯　12.4	十一·一　戊子　12.13 十一·十一　戊戌　12.23 十一·二十一　戊申　1.2	十二·一　戊午　1.12 十二·十一　戊辰　1.22 十二·二十一　戊寅　2.1

＊《朔闰考》正月甲午、二月甲子朔，误。

梁末帝龙德元年、辽太祖神册六年辛巳（921—922）

一·一　戊子　2.11 一·十一　戊戌　2.21 一·二十一　戊申　3.3	*二·一　戊午　3.13 二·十一　戊辰　3.23 二·二十一　戊寅　4.2	三·一　丁亥　4.11 三·十一　丁酉　4.21 三·二十一　丁未　5.1	四·一　丁巳　5.11 四·十一　丁卯　5.21 四·二十一　丁丑　5.31
**五·一　丙戌　6.9 五·十一　丙申　6.19 五·二十一　丙午　6.29	六·一　乙卯　7.8 六·十一　乙丑　7.18 六·二十一　乙亥　7.28	七·一　甲申　8.6 七·十一　甲午　8.16 七·二十一　甲辰　8.26	八·一　甲寅　9.5 八·十一　甲子　9.15 八·二十一　甲戌　9.25
九·一　癸未　10.4 九·十一　癸巳　10.14 九·二十一　癸卯　10.24	十·一　癸丑　11.3 十·十一　癸亥　11.13 十·二十一　癸酉　11.23	十一·一　壬午　12.2 十一·十一　壬辰　12.12 十一·二十一　壬寅　12.22	十二·一　壬子　1.1 十二·十一　壬戌　1.11 十二·二十一　壬申　1.21

＊《目录》二月丁亥朔，误。　** 本月梁改元“龙德”。

梁末帝龙德二年、辽太祖天赞元年壬午（922—923）

一·一　壬午　1.31 ·十　工辰　2.10 一·二十一　壬寅　2.20	*二·一　壬子　3.2 二·十　壬戌　3.12 二·二十一　壬申　3.22	三·一　辛巳　3.31 三·十一　辛卯　4.10 三·二十一　辛丑　4.20	四·一　辛亥　4.30 四·十一　辛酉　5.10 四·二十一　辛未　5.20
五·一　庚辰　5.29 五·十一　庚寅　6.8 五·二十一　庚子　6.18	六·一　庚戌　6.28 六·十一　庚申　7.8 六·二十一　庚午　7.18	七·一　己卯　7.27 七·十一　己丑　8.6 七·二十一　己亥　8.16	八·一　戊申　8.25 八·十一　戊午　9.4 八·二十一　戊辰　9.14
九·一　戊寅　9.24 九·十一　戊子　10.4 九·二十一　戊戌　10.14	十·一　丁未　10.23 十·十一　丁巳　11.2 十·二十一　丁卯　11.12	十一·一　丁丑　11.22 十一·十一　丁亥　12.2 十一·二十一　丁酉　12.12	十二·一　丙午　12.21 十二·十一　丙辰　12.31 十二·二十一　丙寅　1.10

＊ 本月辽改元“天赞”。

唐庄宗同光元年、辽太祖天赞二年癸未（923—924）

一·一　丙子　1.20 一·十一　丙戌　1.30 一·二十一　丙申　2.9	二·一　丙午　2.19 二·十一　丙辰　3.1 二·二十一　丙寅　3.11	三·一　乙亥　3.20 三·十一　乙酉　3.30 三·二十一　乙未　4.9	*四·一　乙巳4.19　闰四·一　乙亥5.19 四·十一　乙卯4.29　闰四·十一　乙酉5.29 四·二十一乙丑5.9　闰四·二十一乙未6.8
五·一　甲辰　6.17 五·十一　甲寅　6.27 五·二十一　甲子　7.7	**六·一　甲戌　7.17 六·十一　甲申　7.27 六·二十一　甲午　8.6	七·一　癸卯　8.15 七·十一　癸丑　8.25 七·二十一　癸亥　9.4	八·一　壬申　9.13 八·十一　壬午　9.23 八·二十一　壬辰　10.3
九·一　壬寅　10.13 九·十一　壬子　10.23 九·二十一　壬戌　11.2	十·一　辛未　11.11 十·十一　辛巳　11.21 十·二十一　辛卯　12.1	***十一·一　辛丑　12.11 十一·十一　辛亥　12.21 十一·二十一　辛酉　12.31	十二·一　庚午　1.9 十二·十一　庚辰　1.19 十二·二十一　庚寅　1.29

＊ 本月唐庄宗代梁，改“天祐”二十年为“同光”元年。　**《对照表》辽六月癸酉朔。　***《目录》十一月庚子朔。

唐庄宗同光二年、辽太祖天赞三年甲申（924—925）

一·一	庚子	2.8	二·一	己巳	3.8	三·一	己亥	4.7	四·一	己巳	5.7
一·十一	庚戌	2.18	二·十一	己卯	3.18	三·十一	己酉	4.17	四·十一	己卯	5.17
一·二十一	庚申	2.28	二·二十一	己丑	3.28	三·二十一	己未	4.27	四·二十一	己丑	5.27
五·一	戊戌	6.5	六·一	戊辰	7.5	七·一	戊戌	8.4	八·一	丁卯	9.2
五·十一	戊申	6.15	六·十一	戊寅	7.15	七·十一	戊申	8.14	八·十一	丁丑	9.12
五·二十一	戊午	6.25	六·二十一	戊子	7.25	七·二十一	戊午	8.24	八·二十一	丁亥	9.22
九·一	丁酉	10.2	十·一	丙寅	10.31	十一·一	乙未	11.29	十二·一	乙丑	12.29
九·十一	丁未	10.12	十·十一	丙子	11.10	十一·十一	乙巳	12.9	十二·十一	乙亥	1.8
九·二十一	丁巳	10.22	十·二十一	丙戌	11.20	十一·二十一	乙卯	12.19	十二·二十一	乙酉	1.18

唐庄宗同光三年、辽太祖天赞四年乙酉（925—926）

一·一	甲午	1.27	二·一	甲子	2.26	三·一	癸巳	3.27	四·一	癸亥	4.26
一·十一	甲辰	2.6	二·十一	甲戌	3.8	三·十一	癸卯	4.6	四·十一	癸酉	5.6
一·二十一	甲寅	2.16	二·二十一	甲申	3.18	三·二十一	癸丑	4.16	四·二十一	癸未	5.16
五·一	壬辰	5.25	六·一	壬戌	6.24	七·一	壬辰	7.24	八·一	辛酉	8.22
五·十一	壬寅	6.4	六·十一	壬申	7.4	七·十一	壬寅	8.3	八·十一	辛未	9.1
五·二十一	壬子	6.14	六·二十一	壬午	7.14	七·二十一	壬子	8.13	八·二十一	辛巳	9.11
九·一	辛卯	9.21	*十·一	庚申	10.20	十一·一	庚寅	11.19	十二·一 庚申 12.19	闰十二·一	己丑 1.17
九·十一	辛丑	10.1	十·十一	庚午	10.30	十一·十一	庚子	11.29	十二·十一 庚午 12.29	闰十二·十一	己亥 1.27
九·二十一	辛亥	10.11	十·二十一	庚辰	11.9	十一·二十一	庚戌	12.9	十二·二十一 庚辰 1.8	闰十二·二十一	己酉 2.6

*《目录》十月辛酉朔。

唐明宗天成元年、辽太祖天显元年丙戌（926—927）

一·一	戊午	2.15	*二·一	戊子	3.17	三·一	丁巳	4.15	**四·一	丁亥	5.15
一·十一	戊辰	2.25	二·十一	戊戌	3.27	三·十一	丁卯	4.25	四·十一	丁酉	5.25
一·二十一	戊寅	3.7	二·二十一	戊申	4.6	三·二十一	丁丑	5.5	四·二十一	丁未	6.4
五·一	丙辰	6.13	六·一	丙戌	7.13	七·一	乙卯	8.11	八·一	乙酉	9.10
五·十一	丙寅	6.23	六·十一	丙申	7.23	七·十一	乙丑	8.21	八·十一	乙未	9.20
五·二十一	丙子	7.3	六·二十一	丙午	8.2	七·二十一	乙亥	8.31	八·二十一	乙巳	9.30
九·一	乙卯	10.10	十·一	甲申	11.8	十一·一	甲寅	12.8	十二·一	甲申	1.7
九·十一	乙丑	10.20	十·十一	甲午	11.18	十一·十一	甲子	12.18	十二·十一	甲午	1.17
九·二十一	乙亥	10.30	十·二十一	甲辰	11.28	十一·二十一	甲戌	12.28	十二·二十一	甲辰	1.27

* 本月辽改元“天显”。　** 本月唐明宗即位，改元“天成”。

唐明宗天成二年、辽太宗天显二年丁亥（927—928）

一·一	癸丑	2.5	二·一	壬午	3.6	三·一	壬子	4.5	四·一	辛巳	5.4
一·十一	癸亥	2.15	二·十一	壬辰	3.16	三·十一	壬戌	4.15	四·十一	辛卯	5.14
一·二十一	癸酉	2.25	二·二十一	壬寅	3.26	三·二十一	壬申	4.25	四·二十一	辛丑	5.24
五·一	辛亥	6.3	六·一	庚辰	7.2	七·一	庚戌	8.1	八·一	己卯	8.30
五·十一	辛酉	6.13	六·十一	庚寅	7.12	七·十一	庚申	8.11	八·十一	己丑	9.9
五·二十一	辛未	6.23	六·二十一	庚子	7.22	七·二十一	庚午	8.21	八·二十一	己亥	9.19
九·一	己酉	9.29	十·一	己卯	10.29	*十一·一	戊申	11.27	十二·一	戊寅	12.27
九·十一	己未	10.9	十·十一	己丑	11.8	十一·十一	戊午	12.7	十二·十一	戊子	1.6
九·二十一	己巳	10.19	十·二十一	己亥	11.18	十一·二十一	戊辰	12.17	十二·二十一	戊戌	1.16

* 本月辽太宗即位，不改元。

唐明宗天成三年、辽太宗天显三年戊子（928—929）

一·一 戊申 1.26	二·一 丁丑 2.24	三·一 丁未 3.25	四·一 丙子 4.23
一·十一 戊午 2.5	二·十一 丁亥 3.5	三·十一 丁巳 4.4	四·十一 丙戌 5.3
一·二十一 戊辰 2.15	二·二十一 丁酉 3.15	三·二十一 丁卯 4.14	四·二十一 丙申 5.13
五·一 乙巳 5.22	六·一 甲戌 6.20	七·一 甲辰 7.20	八·一 癸酉 8.18 闰八·一 癸卯 9.17
五·十一 乙卯 6.1	六·十一 甲申 6.30	七·十一 甲寅 7.30	八·十一 癸未 8.28 闰八·十一 癸丑 9.27
五·二十一 乙丑 6.11	六·二十一 甲午 7.10	七·二十一 甲子 8.9	八·二十一癸巳 9.7 闰八·二十一癸亥 10.7
九·一 癸酉 10.17	十·一 壬寅 11.15	十一·一 壬申 12.15	十二·一 壬寅 1.14
九·十一 癸未 10.27	十·十一 壬子 11.25	十一·十一 壬午 12.25	十二·十一 壬子 1.24
九·二十一 癸巳 11.6	十·二十一 壬戌 12.5	十一·二十一 壬辰 1.4	十二·二十一 壬戌 2.3

唐明宗天成四年、辽太宗天显四年己丑（929—930）

一·一 壬申 2.13	二·一 辛丑 3.14	三·一 辛未 4.13	四·一 庚子 5.12
一·十一 壬午 2.23	二·十一 辛亥 3.24	三·十一 辛巳 4.23	四·十一 庚戌 5.22
一·二十一 壬辰 3.5	二·二十一 辛酉 4.3	三·二十一 辛卯 5.3	四·二十一 庚申 6.1
五·一 己巳 6.10	六·一 戊戌 7.9	七·一 戊辰 8.8	八·一 丁酉 9.6
五·十一 己卯 6.20	六·十一 戊申 7.19	七·十一 戊寅 8.18	八·十一 丁未 9.16
五·二十一 己丑 6.30	六·二十一 戊午 7.29	七·二十一 戊子 8.28	八·二十一 丁巳 9.26
九·一 丁卯 10.6	十·一 丙申 11.4	十一·一 丙寅 12.4	十二·一 丙申 1.3
九·十一 丁丑 10.16	十·十一 丙午 11.14	十一·十一 丙子 12.14	十二·十一 丙午 1.13
九·二十一 丁亥 10.26	十·二十一 丙辰 11.24	十一·二十一 丙戌 12.24	十二·二十一 丙辰 1.23

唐明宗长兴元年、辽太宗天显五年庚寅（930—931）

一·一 丙寅 2.2	*二·一 乙未 3.3	三·一 乙丑 4.2	四·一 甲午 5.1
一·十一 丙子 2.12	二·十一 乙巳 3.13	三·十一 乙亥 4.12	四·十一 甲辰 5.11
一·二十一 丙戌 2.22	二·二十一 乙卯 3.23	三·二十一 乙酉 4.22	四·二十一 甲寅 5.21
五·一 甲子 5.31	六·一 癸巳 6.29	七·一 壬戌 7.28	八·一 壬辰 8.27
五·十一 甲戌 6.10	六·十一 癸卯 7.9	七·十一 壬申 8.7	八·十一 壬寅 9.6
五·二十一 甲申 6.20	六·二十一 癸丑 7.19	七·二十一 壬午 8.17	八·二十一 壬子 9.16
九·一 辛酉 9.25	十·一 辛卯 10.25	十一·一 庚申 11.23	十二·一 庚寅 12.23
九·十一 辛未 10.5	十·十一 辛丑 11.4	十一·十一 庚午 12.3	十二·十一 庚子 1.2
九·二十一 辛巳 10.15	十·二十一 辛亥 11.14	十一·二十一 庚辰 12.13	十二·二十一 庚戌 1.12

＊本月唐改元“长兴”。

唐明宗长兴二年、辽太宗天显六年辛卯（931—932）

一·一 庚申 1.22	二·一 己丑 2.20	三·一 己未 3.22	四·一 己丑 4.21
一·十一 庚午 2.1	二·十一 己亥 3.2	三·十一 己巳 4.1	四·十一 己亥 5.1
一·二十一 庚辰 2.11	二·二十一 己酉 3.12	三·二十一 己卯 4.11	四·二十一 己酉 5.11
五·一 戊午 5.20 闰五·一 戊子 6.19	六·一 丁巳 7.18	七·一 丙戌 8.16	八·一 丙辰 9.15
五·十一 戊辰 5.30 闰五·十一 戊戌 6.29	六·十一 丁卯 7.28	七·十一 丙申 8.26	八·十一 丙寅 9.25
五·二十一戊寅 6.9 闰五·二十一戊申 7.9	六·二十一 丁丑 8.7	七·二十一 丙午 9.5	八·二十一 丙子 10.5
九·一 乙酉 10.14	*十·一 乙卯 11.13	十一·一 甲申 12.12	十二·一 甲寅 1.11
九·十一 乙未 10.24	十·十一 乙丑 11.23	十一·十一 甲午 12.22	十二·十一 甲子 1.21
九·二十一 乙巳 11.3	十·二十一 乙亥 12.3	十一·二十一 甲辰 1.1	十二·二十一 甲戌 1.31

＊《对照表》辽十月甲寅朔。

唐明宗长兴三年、辽太宗天显七年壬辰（932—933）

一·一	癸未	2.9	二·一	癸丑	3.10	三·一	癸未	4.9	四·一	癸丑	5.9
一·十一	癸巳	2.19	二·十一	癸亥	3.20	三·十一	癸巳	4.19	四·十一	癸亥	5.19
一·二十一	癸卯	2.29	二·二十一	癸酉	3.30	三·二十一	癸卯	4.29	四·二十一	癸酉	5.29
五·一	壬午	6.7	六·一	壬子	7.7	七·一	辛巳	8.5	八·一	庚戌	9.3
五·十一	壬辰	6.17	六·十一	壬戌	7.17	七·十一	辛卯	8.15	八·十一	庚申	9.13
五·二十一	壬寅	6.27	六·二十一	壬申	7.27	七·二十一	辛丑	8.25	八·二十一	庚午	9.23
九·一	庚辰	10.3	十·一	己酉	11.1	十一·一	己卯	12.1	十二·一	戊申	12.30
九·十一	庚寅	10.13	十·十一	己未	11.11	十一·十一	己丑	12.11	十二·十一	戊午	1.9
九·二十一	庚子	10.23	十·二十一	己巳	11.21	十一·二十一	己亥	12.21	十二·二十一	戊辰	1.19

唐明宗长兴四年、辽太宗天显八年癸巳（933—934）

一·一	戊寅	1.29	二·一	丁未	2.27	三·一	丁丑	3.29	四·一	丁未	4.28
一·十一	戊子	2.8	二·十一	丁巳	3.9	三·十一	丁亥	4.8	四·十一	丁巳	5.8
一·二十一	戊戌	2.18	二·二十一	丁卯	3.19	三·二十一	丁酉	4.18	四·二十一	丁卯	5.18
五·一	丙子	5.27	六·一	丙午	6.26	七·一	乙亥	7.25	八·一	乙巳	8.24
五·十一	丙戌	6.6	六·十一	丙辰	7.6	七·十一	乙酉	8.4	八·十一	乙卯	9.3
五·二十一	丙申	6.16	六·二十一	丙寅	7.16	七·二十一	乙未	8.14	八·二十一	乙丑	9.13
九·一	甲戌	9.22	十·一	甲辰	10.22	十一·一	癸酉	11.20	十二·一	癸卯	12.20
九·十一	甲申	10.2	十·十一	甲寅	11.1	十一·十一	癸未	11.30	十二·十一	癸丑	12.30
九·二十一	甲午	10.12	十·二十一	甲子	11.11	十一·二十一	癸巳	12.10	十二·二十一	癸亥	1.9

唐末帝清泰元年、辽太宗天显九年甲午（934—935）

*一·一	壬申 1.18	闰一·一 壬寅 2.17	二·一	辛未	3.18	三·一	辛丑	4.17	**四·一	庚午	5.16
一·十一	壬午 1.28	闰一·十一 壬子 2.27	二·十一	辛巳	3.28	三·十一	辛亥	4.27	四·十一	庚辰	5.26
一·二十一	壬辰 2.7	闰一·二十一 壬戌 3.9	二·二十一	辛卯	4.7	三·二十一	辛酉	5.7	四·二十一	庚寅	6.5
五·一	庚子	6.15	六·一	庚午	7.15	七·一	己亥	8.13	八·一	己巳	9.12
五·十一	庚戌	6.25	六·十一	庚辰	7.25	七·十一	己酉	8.23	八·十一	己卯	9.22
五·二十一	庚申	7.5	六·二十一	庚寅	8.4	七·二十一	己未	9.2	八·二十一	己丑	10.2
九·一	戊戌	10.11	十·一	戊辰	11.10	十一·一	丁酉	12.9	十二·一	丁卯	1.8
九·十一	戊申	10.21	十·十一	戊寅	11.20	十一·十一	丁未	12.19	十二·十一	丁丑	1.18
九·二十一	戊午	10.31	十·二十一	戊子	11.30	十一·二十一	丁巳	12.29	十二·二十一	丁亥	1.28

* 本月唐闵帝改元“应顺”。　** 本月唐末帝即位，改元“清泰”。

唐末帝清泰二年、辽太宗天显十年乙未（935—936）

一·一	丙申	2.6	二·一	丙寅	3.8	三·一	乙未	4.6	四·一	乙丑	5.6
一·十一	丙午	2.16	二·十一	丙子	3.18	三·十一	乙巳	4.16	四·十一	乙亥	5.16
一·二十一	丙辰	2.26	二·二十一	丙戌	3.28	三·二十一	乙卯	4.26	四·二十一	乙酉	5.26
五·一	甲午	6.4	六·一	甲子	7.4	七·一	癸巳	8.2	八·一	癸亥	9.1
五·十一	甲辰	6.14	六·十一	甲戌	7.14	七·十一	癸卯	8.12	八·十一	癸酉	9.11
五·二十一	甲寅	6.24	六·二十一	甲申	7.24	七·二十一	癸丑	8.22	八·二十一	癸未	9.21
九·一	癸巳	10.1	十·一	壬戌	10.30	十一·一	壬辰	11.29	十二·一	壬戌	12.29
九·十一	癸卯	10.11	十·十一	壬申	11.9	十一·十一	壬寅	12.9	十二·十一	壬申	1.8
九·二十一	癸丑	10.21	十·二十一	壬午	11.19	十一·二十一	壬子	12.19	十二·二十一	壬午	1.18

晋高祖天福元年、辽太宗天显十一年丙申(936—937)

一·一 辛卯 1.27	二·一 庚申 2.25	三·一 庚寅 3.26	四·一 己未 4.24
一·十一 辛丑 2.6	二·十一 庚午 3.6	三·十一 庚子 4.5	四·十一 己巳 5.4
一·二十一 辛亥 2.16	二·二十一 庚辰 3.16	三·二十一 庚戌 4.15	四·二十一 己卯 5.14
五·一 己丑 5.24	六·一 戊午 6.22	七·一 丁亥 7.21	八·一 丁巳 8.20
五·十一 己亥 6.3	六·十一 戊辰 7.2	七·十一 丁酉 7.31	八·十一 丁卯 8.30
五·二十一 己酉 6.13	六·二十一 戊寅 7.12	七·二十一 丁未 8.10	八·二十一 丁丑 9.9
九·一 丁亥 9.19	十·一 丙辰 10.18	*十一·一 丙戌 11.17 闰十一·一 丙辰 12.17	十二·一 乙酉 1.15
九·十一 丁酉 9.29	十·十一 丙寅 10.28	十一·十一 丙申 11.27 闰十一·十一 丙寅 12.27	十二·十一 乙未 1.25
九·二十一 丁未 10.9	十·二十一 丙子 11.7	十一·二十一 丙午 12.7 闰十一·二十一 丙子 1.6	十二·二十一 乙巳 2.4

* 本月晋高祖代唐,改“长兴”七年为“天福”元年。

晋高祖天福二年、辽太宗天显十二年丁酉(937—938)

一·一 甲寅 2.13	二·一 甲申 3.15	三·一 甲寅 4.14	四·一 癸未 5.13
一·十一 甲子 2.23	二·十一 甲午 3.25	三·十一 甲子 4.24	四·十一 癸巳 5.23
一·二十一 甲戌 3.5	二·二十一 甲辰 4.4	三·二十一 甲戌 5.4	四·二十一 癸卯 6.2
五·一 壬子 6.11	六·一 壬午 7.11	七·一 辛亥 8.9	八·一 辛巳 9.8
五·十一 壬戌 6.21	六·十一 壬辰 7.21	七·十一 辛酉 8.19	八·十一 辛卯 9.18
五·二十一 壬申 7.1	六·二十一 壬寅 7.31	七·二十一 辛未 8.29	八·二十一 辛丑 9.28
九·一 庚戌 10.7	十·一 庚辰 11.6	十一·一 庚戌 12.6	十二·一 己卯 1.4
九·十一 庚申 10.17	十·十一 庚寅 11.16	十一·十一 庚申 12.16	十二·十一 己丑 1.14
九·二十一 庚午 10.27	十·二十一 庚子 11.26	十一·二十一 庚午 12.26	十二·二十一 己亥 1.24

晋高祖天福三年、辽太宗会同元年戊戌(938—939)

一·一 戊申 2.2	二·一 戊寅 3.4	三·一 戊申 4.3	四·一 戊寅 5.3
一·十一 戊午 2.12	二·十一 戊子 3.14	三·十一 戊午 4.13	四·十一 戊子 5.13
一·二十一 戊辰 2.22	二·二十一 戊戌 3.24	三·二十一 戊辰 4.23	四·二十一 戊戌 5.23
五·一 丁未 6.1	六·一 丙子 6.30	七·一 丙午 7.30	八·一 乙亥 8.28
五·十一 丁巳 6.11	六·十一 丙戌 7.10	七·十一 丙辰 8.9	八·十一 乙酉 9.7
五·二十一 丁卯 6.21	六·二十一 丙申 7.20	七·二十一 丙寅 8.19	八·二十一 乙未 9.17
九·一 乙巳 9.27	十·一 甲戌 10.26	*十一·一 甲辰 11.25	十二·一 甲戌 12.25
九·十一 乙卯 10.7	十·十一 甲申 11.5	十一·十一 甲寅 12.5	十二·十一 甲申 1.4
九·二十一 乙丑 10.17	十·二十一 甲午 11.15	十一·二十一 甲子 12.15	十二·二十一 甲午 1.14

* 本月辽改元“会同”。

晋高祖天福四年、辽太宗会同二年己亥(939—940)

一·一 癸卯 1.23	二·一 癸酉 2.22	三·一 癸卯 3.24	四·一 壬申 4.22
一·十一 癸丑 2.2	二·十一 癸未 3.4	三·十一 癸丑 4.3	四·十一 壬午 5.2
一·二十一 癸亥 2.12	二·二十一 癸巳 3.14	三·二十一 癸亥 4.13	四·二十一 壬辰 5.12
五·一 壬寅 5.22	六·一 辛未 6.20	七·一 庚子 7.19 闰七·一 庚午 8.18	八·一 己亥 9.16
五·十一 壬子 6.1	六·十一 辛巳 6.30	七·十一 庚戌 7.29 闰七·十一 庚辰 8.28	八·十一 己酉 9.26
五·二十一 壬戌 6.11	六·二十一 辛卯 7.10	七·二十一 庚申 8.8 闰七·二十一 庚寅 9.7	八·二十一 己未 10.6
九·一 己巳 10.16	十·一 戊戌 11.14	十一·一 戊辰 12.14	十二·一 丁酉 1.12
九·十一 己卯 10.26	十·十一 戊申 11.24	十一·十一 戊寅 12.24	十二·十一 丁未 1.22
九·二十一 己丑 11.5	十·二十一 戊午 12.4	十一·二十一 戊子 1.3	十二·二十一 丁巳 2.1

晋高祖天福五年、辽太宗会同三年庚子(940—941)

一・一	丁卯	2.11	二・一	丁酉	3.12	三・一	丁卯	4.11	四・一	丙申	5.10
一・十一	丁丑	2.21	二・十一	丁未	3.22	三・十一	丁丑	4.21	四・十一	丙午	5.20
一・二十一	丁亥	3.2	二・二十一	丁巳	4.1	三・二十一	丁亥	5.1	四・二十一	丙辰	5.30
五・一	丙寅	6.9	六・一	乙未	7.8	七・一	甲子	8.6	八・一	甲午	9.5
五・十一	丙子	6.19	六・十一	乙巳	7.18	七・十一	甲戌	8.16	八・十一	甲辰	9.15
五・二十一	丙戌	6.29	六・二十一	乙卯	7.28	七・二十一	甲申	8.26	八・二十一	甲寅	9.25
九・一	癸亥	10.4	十・一	癸巳	11.3	十一・一	壬戌	12.2	十二・一	壬辰	1.1
九・十一	癸酉	10.14	十・十一	癸卯	11.13	十一・十一	壬申	12.12	十二・十一	壬寅	1.11
九・二十一	癸未	10.24	十・二十一	癸丑	11.23	十一・二十一	壬午	12.22	十二・二十一	壬子	1.21

晋高祖天福六年、辽太宗会同四年辛丑(941—942)

一・一	辛酉	1.30	二・一	辛卯	3.1	三・一	辛酉	3.31	四・一	庚寅	4.29
一・十一	辛未	2.9	二・十一	辛丑	3.11	三・十一	辛未	4.10	四・十一	庚子	5.9
一・二十一	辛巳	2.19	二・二十一	辛亥	3.21	三・二十一	辛巳	4.20	四・二十一	庚戌	5.19
五・一	庚申	5.29	六・一	庚寅	6.28	七・一	己未	7.27	八・一	戊子	8.25
五・十一	庚午	6.8	六・十一	庚子	7.8	七・十一	己巳	8.6	八・十一	戊戌	9.4
五・二十一	庚辰	6.18	六・二十一	庚戌	7.18	七・二十一	己卯	8.16	八・二十一	戊申	9.14
九・一	戊午	9.24	十・一	丁亥	10.23	十一・一	丁巳	11.22	十二・一	丙戌	12.21
九・十一	戊辰	10.4	十・十一	丁酉	11.2	十一・十一	丁卯	12.2	十二・十一	丙申	12.31
九・二十一	戊寅	10.14	十・二十一	丁未	11.12	十一・二十一	丁丑	12.12	十二・二十一	丙午	1.10

晋出帝天福七年、辽太宗会同五年壬寅(942—943)

一・一	丙辰	1.20	二・一	乙酉	2.18	三・一	乙卯	3.20　闰三・一　甲申 4.18	四・一	甲寅	5.18
一・十一	丙寅	1.30	二・十一	乙未	2.28	三・十一	乙丑	3.30　闰三・十一　甲午 4.28	四・十一	甲子	5.28
一・二十一	丙子	2.9	二・二十一	乙巳	3.10	三・二十一	乙亥	4.9　闰三・二十一　甲辰 5.8	四・二十一	甲戌	6.7
五・一	甲申	6.17	*六・一	癸丑	7.16	七・一	癸未	8.15	八・一	壬子	9.13
五・十一	甲午	6.27	六・十一	癸亥	7.26	七・十一	癸巳	8.25	八・十一	壬戌	9.23
五・二十一	甲辰	7.7	六・二十一	癸酉	8.5	七・二十一	癸卯	9.4	八・二十一	壬申	10.3
九・一	壬午	10.13	十・一	辛亥	11.1	十一・一	辛巳	12.11	十二・一	庚戌	1.9
九・十一	壬辰	10.23	十・十一	辛酉	11.21	十一・十一	辛卯	12.21	十二・十一	庚申	1.19
九・二十一	壬寅	11.2	十・二十一	辛未	12.1	十一・二十一	辛丑	12.31	十二・二十一	庚午	1.29

* 本月晋出帝即位,不改元。

晋出帝天福八年、辽太宗会同六年癸卯(943—944)

一・一	庚辰	2.8	二・一	己酉	3.9	三・一	己卯	4.8	四・一	戊申	5.7
一・十一	庚寅	2.18	二・十一	己未	3.19	三・十一	己丑	4.18	四・十一	戊午	5.17
一・二十一	庚子	2.28	二・二十一	己巳	3.29	三・二十一	己亥	4.28	四・二十一	戊辰	5.27
五・一	戊寅	6.6	六・一	丁未	7.5	七・一	丁丑	8.4	八・一	丁未	9.3
五・十一	戊子	6.16	六・十一	丁巳	7.15	七・十一	丁亥	8.14	八・十一	丁巳	9.13
五・二十一	戊戌	6.26	六・二十一	丁卯	7.25	七・二十一	丁酉	8.24	八・二十一	丁卯	9.23
九・一	丙子	10.2	十・一	丙午	11.1	*十一・一	乙亥	11.30	十二・一	乙巳	12.30
九・十一	丙戌	10.12	十・十一	丙辰	11.11	十一・十一	乙酉	12.10	十二・十一	乙卯	1.9
九・二十一	丙申	10.22	十・二十一	丙寅	11.21	十一・二十一	乙未	12.20	十二・二十一	乙丑	1.19

*《目录》十一月丙子朔。

晋出帝开运元年、辽太宗会同七年甲辰（944—945）

一·一 甲戌 1.28	二·一 甲辰 2.27	三·一 癸酉 3.27	四·一 癸卯 4.26
一·十一 甲申 2.7	二·十一 甲寅 3.8	三·十一 癸未 4.6	四·十一 癸丑 5.6
一·二十一 甲午 2.17	二·二十一 甲子 3.18	三·二十一 癸巳 4.16	四·二十一 癸亥 5.16
五·一 壬申 5.25	六·一 辛丑 6.23	*七·一 辛未 7.23	八·一 辛丑 8.22
五·十一 壬午 6.4	六·十一 辛亥 7.3	七·十一 辛巳 8.2	八·十一 辛亥 9.1
五·二十一 壬辰 6.14	六·二十一 辛酉 7.13	七·二十一 辛卯 8.12	八·二十一 辛酉 9.11
九·一 庚午 9.20	十·一 庚子 10.20	十一·一 庚午 11.19	十二·一 己亥 12.18 闰十二·一 己巳 1.17
九·十一 庚辰 9.30	十·十一 庚戌 10.30	十一·十一 庚辰 11.29	十二·十一 己酉 12.28 闰十二·十一 己卯 1.27
九·二十一 庚寅 10.10	十·二十一 庚申 11.9	十一·二十一 庚寅 12.9	十二·二十一己未 1.7 闰十二·二十一己丑 2.6

＊ 本月晋改元“开运”。

晋出帝开运二年、辽太宗会同八年乙巳（945—946）

一·一 戊戌 2.15	二·一 戊辰 3.17	三·一 丁酉 4.15	四·一 丙寅 5.14
一·十一 戊申 2.25	二·十一 戊寅 3.27	三·十一 丁未 4.25	四·十一 丙子 5.24
一·二十一 戊午 3.7	二·二十一 戊子 4.6	三·二十一 丁巳 5.5	四·二十一 丙戌 6.3
五·一 丙申 6.13	六·一 乙丑 7.12	七·一 乙未 8.11	八·一 甲子 9.9
五·十一 丙午 6.23	六·十一 乙亥 7.22	七·十一 乙巳 8.21	八·十一 甲戌 9.19
五·二十一 丙辰 7.3	六·二十一 乙酉 8.1	七·二十一 乙卯 8.31	八·二十一 甲申 9.29
九·一 甲午 10.9	十·一 甲子 11.8	十一·一 甲午 12.8	十二·一 癸亥 1.6
九·十一 甲辰 10.19	十·十一 甲戌 11.18	十一·十一 甲辰 12.18	十二·十一 癸酉 1.16
九·二十一 甲寅 10.29	十·二十一 甲申 11.28	十一·二十一 甲寅 12.28	十二·二十一 癸未 1.26

晋出帝开运三年、辽太宗会同九年丙午（946—947）

一·一 癸巳 2.5	二·一 壬戌 3.6	三·一 壬辰 4.5	四·一 辛酉 5.4
一·十一 癸卯 2.15	二·十一 壬申 3.16	三·十一 壬寅 4.15	四·十一 辛未 5.14
一·二十一 癸丑 2.25	二·二十一 壬午 3.26	三·二十一 壬子 4.25	四·二十一 辛巳 5.24
五·一 庚寅 6.2	六·一 庚申 7.2	七·一 己丑 7.31	八·一 己未 8.30
五·十一 庚子 6.12	六·十一 庚午 7.12	七·十一 己亥 8.10	八·十一 己巳 9.9
五·二十一 庚戌 6.22	六·二十一 庚辰 7.22	七·二十一 己酉 8.20	八·二十一 己卯 9.19
九·一 戊子 9.28	十·一 戊午 10.28	十一·一 戊子 11.27	十二·一 丁巳 12.26
九·十一 戊戌 10.8	十·十一 戊辰 11.7	十一·十一 戊戌 12.7	十二·十一 丁卯 1.5
九·二十一 戊申 10.18	十·二十一 戊寅 11.17	十一·二十一 戊申 12.17	十二·二十一 丁丑 1.15

汉高祖天福十二年、辽世宗天禄元年丁未（947—948）

一·一 丁亥 1.25	*二·一 丁巳 2.24	三·一 丙戌 3.25	四·一 丙辰 4.24
一·十一 丁酉 2.4	二·十一 丁卯 3.6	三·十一 丙申 4.4	四·十一 丙寅 5.4
一·二十一 丁未 2.14	二·二十一 丁丑 3.16	三·二十一 丙午 4.14	四·二十一 丙子 5.14
五·一 乙酉 5.23	六·一 甲寅 6.21	七·一 甲申 7.21 闰七·一 癸丑 8.19	八·一 壬午 9.17
五·十一 乙未 6.2	六·十一 甲子 7.1	七·十一 甲午 7.31 闰七·十一 癸亥 8.29	八·十一 壬辰 9.27
五·二十一 乙巳 6.12	六·二十一 甲戌 7.11	七·二十一甲辰 8.10 闰七·二十一癸酉 9.8	八·二十一 壬寅 10.7
**九·一 壬子 10.17	十·一 壬午 11.16	十一·一 辛亥 12.15	十二·一 辛巳 1.14
九·十一 壬戌 10.27	十·十一 壬辰 11.26	十一·十一 辛酉 12.25	十二·十一 辛卯 1.24
九·二十一 壬申 11.6	十·二十一 壬寅 12.6	十一·二十一 辛未 1.4	十二·二十一 辛丑 2.3

＊ 本月契丹建国号为“辽”，改元“大同”。汉高祖代晋，不改元，称“天福”十二年。 ** 本月辽改元“天禄”。

汉隐帝乾祐元年、辽世宗天禄二年戊申（948—949）

*一·一　辛亥　2.13 一·十一　辛酉　2.23 一·二十一　辛未　3.4	**二·一　辛巳　3.14 二·十一　辛卯　3.24 二·二十一　辛丑　4.3	三·一　庚戌　4.12 三·十一　庚申　4.22 三·二十一　庚午　5.2	四·一　庚辰　5.12 四·十一　庚寅　5.22 四·二十一　庚子　6.1
五·一　己酉　6.10 五·十一　己未　6.20 五·二十一　己巳　6.30	六·一　戊寅　7.9 六·十一　戊子　7.19 六·二十一　戊戌　7.29	七·一　戊申　8.8 七·十一　戊午　8.18 七·二十一　戊辰　8.28	八·一　丁丑　9.6 八·十一　丁亥　9.16 八·二十一　丁酉　9.26
九·一　丙午　10.5 九·十一　丙辰　10.15 九·二十一　丙寅　10.25	十·一　丙子　11.4 十·十一　丙戌　11.14 十·二十一　丙申　11.24	十一·一　丙午　12.4 十一·十一　丙辰　12.14 十一·二十一　丙寅　12.24	十二·一　乙亥　1.2 十二·十一　乙酉　1.12 十二·二十一　乙未　1.22

* 本月汉高祖改元"乾祐"。《总谱》正月癸亥朔，误。　** 本月汉隐帝即位，不改元。

汉隐帝乾祐二年、辽世宗天禄三年己酉（949—950）

一·一　乙巳　2.1 一·十一　乙卯　2.11 一·二十一　乙丑　2.21	二·一　乙亥　3.3 二·十一　乙酉　3.13 二·二十一　乙未　3.23	三·一　甲辰　4.1 三·十一　甲寅　4.11 三·二十一　甲子　4.21	四·一　甲戌　5.1 四·十一　甲申　5.11 四·二十一　甲午　5.21
五·一　甲辰　5.31 五·十一　甲寅　6.10 五·二十一　甲子　6.20	六·一　癸酉　6.29 六·十一　癸未　7.9 六·二十一　癸巳　7.19	七·一　壬寅　7.28 七·十一　壬子　8.7 七·二十一　壬戌　8.17	八·一　壬申　8.27 八·十一　壬午　9.6 八·二十一　壬辰　9.16
九·一　辛丑　9.25 九·十一　辛亥　10.5 九·二十一　辛酉　10.15	十·一　庚午　10.24 [辽]　辛未　10.25 十·十一　庚辰　11.3 十·二十一　庚寅　11.13	十一·一　庚子　11.23 十一·十一　庚戌　12.3 十一·二十一　庚申　12.13	十二·一　庚午　12.23 十二·十一　庚辰　1.2 十二·二十一　庚寅　1.12

汉隐帝乾祐三年、辽世宗天禄四年庚戌（950—951）

一·一　己亥　1.21 一·十一　己酉　1.31 一·二十一　己未　2.10	二·一　己巳　2.20 二·十一　己卯　3.2 二·二十一　己丑　3.12	三·一　戊戌　3.21 三·十一　戊申　3.31 三·二十一　戊午　4.10	四·一　戊辰　4.20 四·十一　戊寅　4.30 四·二十一　戊子　5.10
五·一　戊戌　5.20　*闰五·一　丁卯　6.18 五·十一　戊申　5.30　闰五·十一　丁丑　6.28 五·二十一　戊午　6.9　闰五·二十一　丁亥　7.8	六·一　丁酉　7.18 六·十一　丁未　7.28 六·二十一　丁巳　8.7	七·一　丙寅　8.16 七·十一　丙子　8.26 七·二十一　丙戌　9.5	八·一　丙申　9.15 八·十一　丙午　9.25 八·二十一　丙辰　10.5
九·一　乙丑　10.14 九·十一　乙亥　10.24 九·二十一　乙酉　11.3	十·一　乙未　11.13 十·十一　乙巳　11.23 十·二十一　乙卯　12.3	十一·一　甲子　12.12 十一·十一　甲戌　12.22 十一·二十一　甲申　1.1	十二·一　甲午　1.11 十二·十一　甲辰　1.21 十二·二十一　甲寅　1.31

*《目录》闰五月戊辰朔。

周太祖广顺元年、辽穆宗应历元年辛亥（951—952）

*一·一　癸亥　2.9 一·十一　癸酉　2.19 一·二十一　癸未　3.1	二·一　癸巳　3.11 二·十一　癸卯　3.21 二·二十一　癸丑　3.31	三·一　壬戌　4.9 三·十一　壬申　4.19 三·二十一　壬午　4.29	四·一　壬辰　5.9 四·十一　壬寅　5.19 四·二十一　壬子　5.29
五·一　壬戌　6.8 五·十一　壬申　6.18 五·二十一　壬午　6.28	六·一　辛卯　7.7 六·十一　辛丑　7.17 六·二十一　辛亥　7.27	七·一　辛酉　8.6 七·十一　辛未　8.16 七·二十一　辛巳　8.26	八·一　庚寅　9.4 八·十一　庚子　9.14 八·二十一　庚戌　9.24
**九·一　庚申　10.4 九·十一　庚午　10.14 九·二十一　庚辰　10.24	十·一　己丑　11.2 十·十一　己亥　11.12 十·二十一　己酉　11.22	十一·一　己未　12.2 十一·十一　己巳　12.12 十一·二十一　己卯　12.22	十二·一　戊子　12.31 十二·十一　戊戌　1.10 十二·二十一　戊申　1.20

* 本月周太祖代汉，改元"广顺"。　** 本月辽穆宗即位，改元"应历"。

周太祖广顺二年、辽穆宗应历二年壬子(952—953)

一·一	戊午	1.30	二·一	丁亥	2.28	三·一	丁巳	3.29	四·一	丙戌	4.27
一·十一	戊辰	2.9	二·十一	丁酉	3.9	三·十一	丁卯	4.8	四·十一	丙申	5.7
一·二十一	戊寅	2.19	二·二十一	丁未	3.19	三·二十一	丁丑	4.18	四·二十一	丙午	5.17
五·一	丙辰	5.27	六·一	乙酉	6.25	七·一	乙卯	7.25	八·一	甲申	8.23
五·十一	丙寅	6.6	六·十一	乙未	7.5	七·十一	乙丑	8.4	八·十一	甲午	9.2
五·二十一	丙子	6.16	六·二十一	乙巳	7.15	七·二十一	乙亥	8.14	八·二十一	甲辰	9.12
九·一	甲寅	9.22	十·一	甲申	10.22	十一·一	癸丑	11.20	十二·一	癸未	12.20
九·十一	甲子	10.2	十·十一	甲午	11.1	十一·十一	癸亥	11.30	十二·十一	癸巳	12.30
九·二十一	甲戌	10.12	十·二十一	甲辰	11.11	十一·二十一	癸酉	12.10	十二·二十一	癸卯	1.9

周太祖广顺三年、辽穆宗应历三年癸丑(953—954)

一·一 壬子 1.18	闰一·一	壬午 2.17	二·一	辛亥	3.18	三·一	庚辰	4.16	四·一	庚戌	5.16
一·十一 壬戌 1.28	闰一·十一	壬辰 2.27	二·十一	辛酉	3.28	三·十一	庚寅	4.26	四·十一	庚申	5.26
一·二十一 壬申 2.7	闰一·二十一	壬寅 3.9	二·二十一	辛未	4.7	三·二十一	庚子	5.6	四·二十一	庚午	6.5
五·一	己卯	6.14	六·一	己酉	7.14	七·一	戊寅	8.12	八·一	戊申	9.11
五·十一	己丑	6.24	六·十一	己未	7.24	七·十一	戊子	8.22	八·十一	戊午	9.21
五·二十一	己亥	7.4	六·二十一	己巳	8.3	七·二十一	戊戌	9.1	八·二十一	戊辰	10.1
九·一	戊寅	10.11	*十·一	戊申	11.10	十一·一	丁丑	12.9	十二·一	丁未	1.8
九·十一	戊子	10.21	十·十一	戊午	11.20	十一·十一	丁亥	12.19	十二·十一	丁巳	1.18
九·二十一	戊戌	10.31	十·二十一	戊辰	11.30	十一·二十一	丁酉	12.29	十二·二十一	丁卯	1.28

*《目录》十月丁丑朔,误。

周世宗显德元年、辽穆宗应历四年甲寅(954—955)

*一·一	丙子	2.6	**二·一	丙午	3.8	三·一	乙亥	4.6	四·一	甲辰	5.5
一·十一	丙戌	2.16	二·十一	丙辰	3.18	三·十一	乙酉	4.16	四·十一	甲寅	5.15
一·二十一	丙申	2.26	二·二十一	丙寅	3.28	三·二十一	乙未	4.26	四·二十一	甲子	5.25
五·一	甲戌	6.4	六·一	癸卯	7.3	七·一	癸酉	8.2	八·一	壬寅	8.31
五·十一	甲申	6.14	六·十一	癸丑	7.13	七·十一	癸未	8.12	八·十一	壬子	9.10
五·二十一	甲午	6.24	六·二十一	癸亥	7.23	七·二十一	癸巳	8.22	八·二十一	壬戌	9.20
九·一	壬申	9.30	十·一	壬寅	10.30	十一·一	辛未	11.28	十二·一	辛丑	12.28
九·十一	壬午	10.10	十·十一	壬子	11.9	十一·十一	辛巳	12.8	十二·十一	辛亥	1.7
九·二十一	壬辰	10.20	十·二十一	壬戌	11.19	十一·二十一	辛卯	12.18	十二·二十一	辛酉	1.17

* 本月周太祖改元"显德",世宗旋即位,不改元。 **《目录》二月乙亥朔,误。

周世宗显德二年、辽穆宗应历五年乙卯(955—956)

一·一	辛未	1.27	二·一	庚子	2.25	三·一	庚午	3.27	四·一	己亥	4.25
一·十一	辛巳	2.6	二·十一	庚戌	3.7	三·十一	庚辰	4.6	四·十一	己酉	5.5
一·二十一	辛卯	2.16	二·二十一	庚申	3.17	三·二十一	庚寅	4.16	四·二十一	己未	5.15
五·一	戊辰	5.24	六·一	戊戌	6.23	七·一	丁卯	7.22	八·一 ［辽］	丁酉 丙申	8.21 8.20
五·十一	戊寅	6.3	六·十一	戊申	7.3	七·十一	丁丑	8.1	八·十一	丁未	8.31
五·二十一	戊子	6.13	六·二十一	戊午	7.13	七·二十一	丁亥	8.11	八·二十一	丁巳	9.10
九·一 丙寅 9.19	闰九·一	丙申 10.19	十·一	乙丑	11.17	十一·一	乙未	12.17	十二·一	乙丑	1.16
九·十一 丙子 9.29	闰九·十一	丙午 10.29	十·十一	乙亥	11.27	十一·十一	乙巳	12.27	十二·十一	乙亥	1.26
九·二十一 丙戌 10.9	闰九·二十一	丙辰 11.8	十·二十一	乙酉	12.7	十一·二十一	乙卯	1.6	十二·二十一	乙酉	2.5

周世宗显德三年、辽穆宗应历六年丙辰(956—957)

一·一	乙未	2.15	二·一	甲子	3.15	三·一	甲午	4.14	四·一	癸亥	5.13
一·十一	乙巳	2.25	二·十一	甲戌	3.25	三·十一	甲辰	4.24	四·十一	癸酉	5.23
一·二十一	乙卯	3.6	二·二十一	甲申	4.4	三·二十一	甲寅	5.4	四·二十一	癸未	6.2
五·一	壬辰	6.11	六·一	壬戌	7.11	七·一	辛卯	8.9	八·一	庚申	9.7
五·十一	壬寅	6.21	六·十一	壬申	7.21	七·十一	辛丑	8.19	八·十一	庚午	9.17
五·二十一	壬子	7.1	六·二十一	壬午	7.31	七·二十一	辛亥	8.29	八·二十一	庚辰	9.27
九·一	庚寅	10.7	十·一	庚申	11.6	十一·一	己丑	12.5	十二·一	己未	1.4
九·十一	庚子	10.17	十·十一	庚午	11.16	十一·十一	己亥	12.15	十二·十一	己巳	1.14
九·二十一	庚戌	10.27	十·二十一	庚辰	11.26	十一·二十一	己酉	12.25	十二·二十一	己卯	1.24

周世宗显德四年、辽穆宗应历七年丁巳(957—958)

一·一	己丑	2.3	二·一	己未	3.5	三·一	戊子	4.3	四·一	戊午	5.3
一·十一	己亥	2.13	二·十一	己巳	3.15	三·十一	戊戌	4.13	四·十一	戊辰	5.13
一·二十一	己酉	2.23	二·二十一	己卯	3.25	三·二十一	戊申	4.23	四·二十一	戊寅	5.23
五·一	丁亥	6.1	六·一	丙辰	6.30	七·一	丙戌	7.30	八·一	乙卯	8.28
五·十一	丁酉	6.11	六·十一	丙寅	7.10	七·十一	丙申	8.9	八·十一	乙丑	9.7
五·二十一	丁未	6.21	六·二十一	丙子	7.20	七·二十一	丙午	8.19	八·二十一	乙亥	9.17
九·一	甲申	9.26	十·一	甲寅	10.26	十一·一	癸未	11.24	十二·一	癸丑	12.24
九·十一	甲午	10.6	十·十一	甲子	11.5	十一·十一	癸巳	12.4	十二·十一	癸亥	1.3
九·二十一	甲辰	10.16	十·二十一	甲戌	11.15	十一·二十一	癸卯	12.14	十二·二十一	癸酉	1.13

周世宗显德五年、辽穆宗应历八年戊午(958—959)

一·一	癸未	1.23	二·一	癸丑	2.22	三·一	壬午	3.23	四·一	壬子	4.22
一·十一	癸巳	2.2	二·十一	癸亥	3.4	三·十一	壬辰	4.2	四·十一	壬戌	5.2
一·二十一	癸卯	2.12	二·二十一	癸酉	3.14	三·二十一	壬寅	4.12	四·二十一	壬申	5.12
五·一	辛巳	5.21	六·一	辛亥	6.20	七·一 庚辰 7.19	闰七·一 庚戌 8.18		八·一	己卯	9.16
五·十一	辛卯	5.31	六·十一	辛酉	6.30	七·十一 庚寅 7.29	闰七·十一 庚申 8.28		八·十一	己丑	9.26
五·二十一	辛丑	6.10	六·二十一	辛未	7.10	七·二十一庚子 8.8	闰七·二十一庚午 9.7		八·二十一	己亥	10.6
九·一 [辽] 九·十一 九·二十一	己酉 戊申 己未 己巳	10.16 10.15 10.26 11.5	十·一 十·十一 十·二十一	戊寅 戊子 戊戌	11.14 11.24 12.4	十一·一 十一·十一 十一·二十一	丁未 丁巳 丁卯	12.13 12.23 1.2	十二·一 十二·十一 十二·二十一	丁丑 丁亥 丁酉	1.12 1.22 2.1

周世宗显德六年、辽穆宗应历九年己未(959—960)

一·一	丁未	2.11	二·一	丙子	3.12	三·一	丙午	4.11	四·一	丙子	5.11
一·十一	丁巳	2.21	二·十一	丙戌	3.22	三·十一	丙辰	4.21	四·十一	丙戌	5.21
一·二十一	丁卯	3.3	二·二十一	丙申	4.1	三·二十一	丙寅	5.1	四·二十一	丙申	5.31
五·一	乙巳	6.9	*六·一	乙亥	7.9	七·一	甲辰	8.7	八·一	甲戌	9.6
五·十一	乙卯	6.19	六·十一	乙酉	7.19	七·十一	甲寅	8.17	八·十一	甲申	9.16
五·二十一	乙丑	6.29	六·二十一	乙未	7.29	七·二十一	甲子	8.27	八·二十一	甲午	9.26
九·一 九·十一 九·二十一	癸卯 癸丑 癸亥	10.5 10.15 10.25	十·一 十·十一 十·二十一	癸酉 癸未 癸巳	11.4 11.14 11.24	十一·一 十一·十一 十一·二十一	壬寅 壬子 壬戌	12.3 12.13 12.23	十二·一 [辽] 十二·十一 十二·二十一	壬申 辛未 壬午 壬辰	1.2 1.1 1.12 1.22

* 本月周恭帝即位,不改元。

宋辽金历日表

宋太祖建隆元年、辽穆宗应历十年庚申（960—961）

*一·一	辛丑	1.31	二·一	辛未	3.1	三·一	庚子	3.30	四·一	庚午	4.29
一·十一	辛亥	2.10	二·十一	辛巳	3.11	三·十一	庚戌	4.9	四·十一	庚辰	5.9
一·二十一	辛酉	2.20	二·二十一	辛卯	3.21	三·二十一	庚申	4.19	四·二十一	庚寅	5.19
五·一	己亥	5.28	六·一	己巳	6.27	七·一	己亥	7.27	八·一	戊辰	8.25
五·十一	己酉	6.7	六·十一	己卯	7.7	七·十一	己酉	8.6	八·十一	戊寅	9.4
五·二十一	己未	6.17	六·二十一	己丑	7.17	七·二十一	己未	8.16	八·二十一	戊子	9.14
九·一	戊戌	9.24	十·一	丁卯	10.23	十一·一	丁酉	11.22	十二·一	丙寅	12.21
九·十一	戊申	10.4	十·十一	丁丑	11.2	十一·十一	丁未	12.2	十二·十一	丙子	12.31
九·二十一	戊午	10.14	十·二十一	丁亥	11.12	十一·二十一	丁巳	12.12	十二·二十一	丙戌	1.10

＊本月宋太祖代周，改元“建隆”。

宋太祖建隆二年、辽穆宗应历十一年辛酉（961—962）

一·一	丙申	1.20	二·一	乙丑	2.18	三·一 ［辽］ 三·十一 三·二十一	乙未 3.20 甲午 3.19 乙巳 3.30 乙卯 4.9	闰三·一 甲子 4.18 闰三·十一 甲戌 4.28 闰三·二十一 甲申 5.8	四·一	癸巳	5.17
一·十一	丙午	1.30	二·十一	乙亥	2.28				四·十一	癸卯	5.27
一·二十一	丙辰	2.9	二·二十一	乙酉	3.10				四·二十一	癸丑	6.6
五·一	癸亥	6.16	六·一	癸巳	7.16	七·一	壬戌	8.14	八·一	壬辰	9.13
五·十一	癸酉	6.26	六·十一	癸卯	7.26	七·十一	壬申	8.24	八·十一	壬寅	9.23
五·二十一	癸未	7.6	六·二十一	癸丑	8.5	七·二十一	壬午	9.3	八·二十一	壬子	10.3
九·一	壬戌	10.13	十·一	辛卯	11.11	十一·一	辛酉	12.11	十二·一	庚寅	1.9
九·十一	壬申	10.23	十·十一	辛丑	11.21	十一·十一	辛未	12.21	十二·十一	庚子	1.19
九·二十一	壬午	11.2	十·二十一	辛亥	12.1	十一·二十一	辛巳	12.31	十二·二十一	庚戌	1.29

宋太祖建隆三年、辽穆宗应历十二年壬戌（962—963）

一·一	庚申	2.8	二·一	己丑	3.9	三·一	戊午	4.7	四·一	戊子	5.7
一·十一	庚午	2.18	二·十一	己亥	3.19	三·十一	戊辰	4.17	四·十一	戊戌	5.17
一·二十一	庚辰	2.28	二·二十一	己酉	3.29	三·二十一	戊寅	4.27	四·二十一	戊申	5.27
五·一	丁巳	6.5	六·一	丁亥	7.5	七·一	丙辰	8.3	八·一	丙戌	9.2
五·十一	丁卯	6.15	六·十一	丁酉	7.15	七·十一	丙寅	8.13	八·十一	丙申	9.12
五·二十一	丁丑	6.25	六·二十一	丁未	7.25	七·二十一	丙子	8.23	八·二十一	丙午	9.22
九·一	丙辰	10.2	十·一	乙酉	10.31	十一·一	乙卯	11.30	十二·一	乙酉	12.30
九·十一	丙寅	10.12	十·十一	乙未	11.10	十一·十一	乙丑	12.10	十二·十一	乙未	1.9
九·二十一	丙子	10.22	十·二十一	乙巳	11.20	十一·二十一	乙亥	12.20	十二·二十一	乙巳	1.19

宋太祖乾德元年、辽穆宗应历十三年癸亥（963—964）

一·一	甲寅	1.28	二·一	甲申	2.27	三·一	癸丑	3.28	四·一	壬午	4.26
一·十一	甲子	2.7	二·十一	甲午	3.9	三·十一	癸亥	4.7	四·十一	壬辰	5.6
一·二十一	甲戌	2.17	二·二十一	甲辰	3.19	三·二十一	癸酉	4.17	四·二十一	壬寅	5.16
五·一	壬子	5.26	六·一	辛巳	6.24	七·一	辛亥	7.24	八·一	庚辰	8.22
五·十一	壬戌	6.5	六·十一	辛卯	7.4	七·十一	辛酉	8.3	八·十一	庚寅	9.1
五·二十一	壬申	6.15	六·二十一	辛丑	7.14	七·二十一	辛未	8.13	八·二十一	庚子	9.11
九·一	庚戌	9.21	十·一	己卯	10.20	*十一·一	己酉	11.19	十二·一 己卯 12.19	闰十二·一	己酉 1.18
九·十一	庚申	10.1	十·十一	己丑	10.30	十一·十一	己未	11.29	十二·十一 己丑 12.29	闰十二·十一	己未 1.28
九·二十一	庚午	10.11	十·二十一	己亥	11.9	十一·二十一	己巳	12.9	十二·二十一 己亥 1.8	闰十二·二十一	己巳 2.7

＊本月宋改元“乾德”。

宋太祖乾德二年、辽穆宗应历十四年甲子（964—965）

一·一 戊寅 2.16 一·十一 戊子 2.26 一·二十一 戊戌 3.7	二·一 戊申 3.17 二·十一 戊午 3.27 二·二十一 戊辰 4.6	三·一 丁丑 4.15 三·十一 丁亥 4.25 三·二十一 丁酉 5.5	四·一 丁未 5.15 ［辽］ 丙午 5.14 四·十一 丁巳 5.25 四·二十一 丁卯 6.4
五·一 丙子 6.13 五·十一 丙戌 6.23 五·二十一 丙申 7.3	六·一 乙巳 7.12 ［辽］ 丙午 7.13 六·十一 乙卯 7.22 六·二十一 乙丑 8.1	七·一 甲戌 8.10 ［辽］ 乙亥 8.11 七·十一 甲申 8.20 七·二十一 甲午 8.30	八·一 甲辰 9.9 八·十一 甲寅 9.19 八·二十一 甲子 9.29
九·一 甲戌 10.9 九·十一 甲申 10.19 九·二十一 甲午 10.29	十·一 癸卯 11.7 十·十一 癸丑 11.17 十·二十一 癸亥 11.27	十一·一 癸酉 12.7 十一·十一 癸未 12.17 十一·二十一 癸巳 12.27	十二·一 癸卯 1.6 十二·十一 癸丑 1.16 十二·二十一 癸亥 1.26

宋太祖乾德三年、辽穆宗应历十五年乙丑（965—966）

一·一 癸酉 2.5 一·十一 癸未 5.15 一·二十一 癸巳 2.25	二·一 壬寅 3.6 二·十一 壬子 3.16 二·二十一 壬戌 3.26	三·一 壬申 4.5 三·十一 壬午 4.15 三·二十一 壬辰 4.25	四·一 辛丑 5.4 四·十一 辛亥 5.14 四·二十一 辛酉 5.24
五·一 辛未 6.3 ［辽］ 庚午 6.2 五·十一 辛巳 6.13 五·二十一 辛卯 6.23	六·一 庚子 7.2 六·十一 庚戌 7.12 六·二十一 庚申 7.22	七·一 己巳 7.31 七·十一 己卯 8.10 七·二十一 己丑 8.20	八·一 戊戌 8.29 八·十一 戊申 9.8 八·二十一 戊午 9.18
九·一 戊辰 9.28 九·十一 戊寅 10.8 九·二十一 戊子 10.18	十·一 丁酉 10.27 十·十一 丁未 11.6 十·二十一 丁巳 11.16	十一·一 丁卯 11.26 十一·十一 丁丑 12.6 十一·二十一 丁亥 12.16	十二·一 丁酉 12.26 十二·十一 丁未 1.5 十二·二十一 丁巳 1.15

宋太祖乾德四年、辽穆宗应历十六年丙寅（966—967）

一·一 丁卯 1.25 一·十一 丁丑 2.4 一·二十一 丁亥 2.14	二·一 丙申 2.23 二·十一 丙午 3.5 二·二十一 丙辰 3.15	三·一 丙寅 3.25 三·十一 丙子 4.4 三·二十一 丙戌 4.14	四·一 丙申 4.24 四·十一 丙午 5.4 四·二十一 丙辰 5.14
五·一 乙丑 5.23 五·十一 乙亥 6.2 五·二十一 乙酉 6.12	六·一 甲午 6.21 六·十一 甲辰 7.1 六·二十一 甲寅 7.11	七·一 甲子 7.21 七·十一 甲戌 7.31 七·二十一 甲申 8.10	八·一 癸巳 8.19 闰八·一 壬戌 9.17 八·十一 癸卯 8.29 闰八·十一 壬申 9.27 八·二十一 癸丑 9.8 闰八·二十一 壬午 10.7
九·一 壬辰 10.17 九·十一 壬寅 10.27 九·二十一 壬子 11.6	十·一 辛酉 11.15 十·十一 辛未 11.25 十·二十一 辛巳 12.5	十一·一 辛卯 12.15 十一·十一 辛丑 12.25 十一·二十一 辛亥 1.4	十二·一 辛酉 1.14 十二·十一 辛未 1.24 十二·二十一 辛巳 2.3

宋太祖乾德五年、辽穆宗应历十七年丁卯（967—968）

一·一 庚寅 2.12 一·十一 庚子 2.22 一·二十一 庚戌 3.4	二·一 庚申 3.14 二·十一 庚午 3.24 二·二十一 庚辰 4.3	三·一 庚寅 4.13 三·十一 庚子 4.23 三·二十一 庚戌 5.3	四·一 己未 5.12 四·十一 己巳 5.22 四·二十一 己卯 6.1
五·一 己丑 6.11 五·十一 己亥 6.21 五·二十一 己酉 7.1	六·一 戊午 7.10 六·十一 戊辰 7.20 六·二十一 戊寅 7.30	七·一 戊子 8.9 七·十一 戊戌 8.19 七·二十一 戊申 8.29	八·一 丁巳 9.7 八·十一 丁卯 9.17 八·二十一 丁丑 9.27
九·一 丙戌 10.6 九·十一 丙申 10.16 九·二十一 丙午 10.26	十·一 丙辰 11.5 十·十一 丙寅 11.15 十·二十一 丙子 11.25	十一·一 乙酉 12.4 十一·十一 乙未 12.14 十一·二十一 乙巳 12.24	十二·一 乙卯 1.3 十二·十一 乙丑 1.13 十二·二十一 乙亥 1.23

宋太祖开宝元年、辽穆宗应历十八年戊辰(968—969)

一·一	乙酉	2.2	二·一	甲寅	3.2	三·一	甲申	4.1	四·一	癸丑	4.30
一·十一	乙未	2.12	二·十一	甲子	3.12	三·十一	甲午	4.11	四·十一	癸亥	5.10
一·二十一	乙巳	2.22	二·二十一	甲戌	3.22	三·二十一	甲辰	4.21	四·二十一	癸酉	5.20
五·一	癸未	5.30	六·一	癸丑	6.29	七·一	壬午	7.28	八·一	壬子	8.27
五·十一	癸巳	6.9	六·十一	癸亥	7.9	七·十一	壬辰	8.7	八·十一	壬戌	9.6
五·二十一	癸卯	6.19	六·二十一	癸酉	7.19	七·二十一	壬寅	8.17	八·二十一	壬申	9.16
九·一	辛巳	9.25	十·一	辛亥	10.25	*十一·一	庚辰	11.23	十二·一	己酉	12.22
九·十一	辛卯	10.5	十·十一	辛酉	11.4	十一·十一	庚寅	12.3	十二·十一	己未	1.1
九·二十一	辛丑	10.15	十·二十一	辛未	11.14	十一·二十一	庚子	12.13	十二·二十一	己巳	1.11

* 本月宋改元“开宝”。

宋太祖开宝二年、辽景宗保宁元年己巳(969—970)

一·一	己卯	1.21	*二·一	戊申	2.19	三·一	戊寅	3.21	四·一	戊申	4.20
一·十一	己丑	1.31	二·十一	戊午	3.1	三·十一	戊子	3.31	四·十一	戊午	4.30
一·二十一	己亥	2.10	二·二十一	戊辰	3.11	三·二十一	戊戌	4.10	四·二十一	戊辰	5.10
五·一 丁丑 5.19	闰五·一	丁未 6.18	六·一	丙子	7.17	七·一	丙午	8.16	八·一	丙子	9.15
五·十一 丁亥 5.29	闰五·十一	丁巳 6.28	六·十一	丙戌	7.27	七·十一	丙辰	8.26	八·十一	丙戌	9.25
五·二十一 丁酉 6.8	闰五·二十一	丁卯 7.8	六·二十一	丙申	8.6	七·二十一	丙寅	9.5	八·二十一	丙申	10.5
九·一	乙巳	10.14	十·一	乙亥	11.13	十一·一	甲辰	12.12	十二·一	甲戌	1.11
九·十一	乙卯	10.24	十·十一	乙酉	11.23	十一·十一	甲寅	12.22	十二·十一	甲申	1.21
九·二十一	乙丑	11.3	十·二十一	乙未	12.3	十一·二十一	甲子	1.1	十二·二十一	甲午	1.31

* 本月辽景宗即位,改元“保宁”。

宋太祖开宝三年、辽景宗保宁二年庚午(970—971)

一·一	癸卯	2.9	二·一	壬申	3.10	三·一	壬寅	4.9	四·一	辛未	5.8
一·十一	癸丑	2.19	二·十一	壬午	3.20	三·十一	壬子	4.19	四·十一	辛巳	5.18
一·二十一	癸亥	3.1	二·二十一	壬辰	3.30	三·二十一	壬戌	4.29	四·二十一	辛卯	5.28
五·一	辛丑	6.7	六·一	庚午	7.6	七·一	庚子	8.5	八·一	庚午	9.4
五·十一	辛亥	6.17	六·十一	庚辰	7.16	七·十一	庚戌	8.15	八·十一	庚辰	9.14
五·二十一	辛酉	6.27	六·二十一	庚寅	7.26	七·二十一	庚申	8.25	八·二十一	庚寅	9.24
九·一	己亥	10.3	十·一	己巳	11.2	十一·一	己亥	12.2	十二·一	戊辰	12.31
九·十一	己酉	10.13	十·十一	己卯	11.12	十一·十一	己酉	12.12	十二·十一	戊寅	1.10
九·二十一	己未	10.23	十·二十一	己丑	11.22	十一·二十一	己未	12.22	十二·二十一	戊子	1.20

宋太祖开宝四年、辽景宗保宁三年辛未(971—972)

一·一	戊戌	1.30	二·一	丁卯	2.28	三·一	丙申	3.29	四·一	丙寅	4.28
一·十一	戊申	2.9	二·十一	丁丑	3.10	三·十一	丙午	4.8	四·十一	丙子	5.8
一·二十一	戊午	2.19	二·二十一	丁亥	3.20	三·二十一	丙辰	4.18	四·二十一	丙戌	5.18
五·一	乙未	5.27	六·一	乙丑	6.26	七·一	甲午	7.25	八·一	甲子	8.24
五·十一	乙巳	6.6	六·十一	乙亥	7.6	七·十一	甲辰	8.4	八·十一	甲戌	9.3
五·二十一	乙卯	6.16	六·二十一	乙酉	7.16	七·二十一	甲寅	8.14	八·二十一	甲申	9.13
九·一	癸巳	9.22	十·一	癸亥	10.22	十一·一	癸巳	11.21	十二·一	癸亥	12.21
九·十一	癸卯	10.2	十·十一	癸酉	11.1	十一·十一	癸卯	12.1	十二·十一	癸酉	12.31
九·二十一	癸丑	10.12	十·二十一	癸未	11.11	十一·二十一	癸丑	12.11	十二·二十一	癸未	1.10

宋太祖开宝五年、辽景宗保宁四年壬申（972—973）

一•一　壬辰　1.19 一•十一　壬寅　1.29 一•二十一　壬子　2.8	二•一　壬戌 2.18　闰二•一　辛卯 3.18 二•十一　壬申 2.28　闰二•十一　辛丑 3.28 二•二十一壬午 3.9　闰二•二十一辛亥 4.7	三•一　庚申　4.16 三•十一　庚午　4.26 三•二十一　庚辰　5.6	四•一　庚寅　5.16 四•十一　庚子　5.26 四•二十一　庚戌　6.5
五•一　己未　6.14 五•十一　己巳　6.24 五•二十一　己卯　7.4	六•一　戊子　7.13 六•十一　戊戌　7.23 六•二十一　戊申　8.2	七•一　戊午　8.12 七•十一　戊辰　8.22 七•二十一　戊寅　9.1	八•一　戊子　9.11 八•十一　戊戌　9.21 八•二十一　戊申　10.1
九•一　丁巳　10.10 九•十一　丁卯　10.20 九•二十一　丁丑　10.30	十•一　丁亥　11.9 十•十一　丁酉　11.19 十•二十一　丁未　11.29	十一•一　丁巳　12.9 十一•十一　丁卯　12.19 十一•二十一　丁丑　12.29	十二•一　丁亥　1.8 十二•十一　丁酉　1.18 十二•二十一　丁未　1.28

宋太祖开宝六年、辽景宗保宁五年癸酉（973—974）

一•一　丙辰　2.6 一•十一　丙寅　2.16 一•二十一　丙子　2.26	二•一　丙戌　3.8 二•十一　丙申　3.18 二•二十一　丙午　3.28	三•一　乙卯　4.6 三•十一　乙丑　4.16 三•二十一　乙亥　4.26	四•一　乙酉　5.6 ［辽］　甲申　5.5 四•十一　乙未　5.16 四•二十一　乙巳　5.26
五•一　甲寅　6.4 五•十一　甲子　6.14 五•二十一　甲戌　6.24	六•一　癸未　7.3 六•十一　癸巳　7.13 六•二十一　癸卯　7.23	七•一　壬子　8.1 七•十一　壬戌　8.11 七•二十一　壬申　8.21	八•一　壬午　8.31 八•十一　壬辰　9.10 八•二十一　壬寅　9.20
九•一　辛亥　9.29 九•十一　辛酉　10.9 九•二十一　辛未　10.19	十•一　辛巳　10.29 十•十一　辛卯　11.8 十•二十一　辛丑　11.18	十一•一　辛亥　11.28 十一•十一　辛酉　12.8 十一•二十一　辛未　12.18	十二•一　辛巳　12.28 十二•十一　辛卯　1.7 十二•二十一　辛丑　1.17

宋太祖开宝七年、辽景宗保宁六年甲戌（974—975）

一•一　庚戌　1.26 一•十一　庚申　2.5 一•二十一　庚午　2.15	二•一　庚辰　2.25 二•十一　庚寅　3.7 二•二十一　庚子　3.17	三•一　庚戌　3.27 三•十一　庚申　4.6 三•二十一　庚午　4.16	四•一　己卯　4.25 四•十一　己丑　5.5 四•二十一　己亥　5.15
五•一　戊申　5.24 五•十一　戊午　6.3 五•二十一　戊辰　6.13	六•一　戊寅　6.23 六•十一　戊子　7.3 六•二十一　戊戌　7.13	七•一　丁未　7.22 七•十一　丁巳　8.1 七•二十一　丁卯　8.11	八•一　丙子　8.20 八•十一　丙戌　8.30 八•二十一　丙申　9.9
九•一　丙午　9.19 九•十一　丙辰　9.29 九•二十一　丙寅　10.9	十•一　乙亥 10.18　闰十•一　乙巳 11.17 十•十一　乙酉 10.28　闰十•十一　乙卯 11.27 十•二十一乙未 11.7　闰十•二十一乙丑 12.7	十一•一　乙亥　12.17 十一•十一　乙酉　12.27 十一•二十一　乙未　1.6	十二•一　甲辰　1.15 十二•十一　甲寅　1.25 十二•二十一　甲子　2.4

宋太祖开宝八年、辽景宗保宁七年乙亥（975—976）

一•一　甲戌　2.14 一•十一　甲申　2.24 一•二十一　甲午　3.6	二•一　甲辰　3.16 二•十一　甲寅　3.26 二•二十一　甲子　4.5	三•一　癸酉　4.14 三•十一　癸未　4.24 三•二十一　癸巳　5.4	四•一　癸卯　5.14 四•十一　癸丑　5.24 四•二十一　癸亥　6.3
五•一　壬申　6.12 五•十一　壬午　6.22 五•二十一　壬辰　7.2	六•一　壬寅　7.12 六•十一　壬子　7.22 六•二十一　壬戌　8.1	七•一　辛未　8.10 七•十一　辛巳　8.20 七•二十一　辛卯　8.30	八•一　庚子　9.8 八•十一　庚戌　9.18 八•二十一　庚申　9.28
九•一　庚午　10.8 九•十一　庚辰　10.18 九•二十一　庚寅　10.28	十•一　己亥　11.6 十•十一　己酉　11.16 十•二十一　己未　11.26	十一•一　己巳　12.6 十一•十一　己卯　12.16 十一•二十一　己丑　12.26	十二•一　戊戌　1.4 十二•十一　戊申　1.14 十二•二十一　戊午　1.24

宋太宗太平兴国元年、辽景宗保宁八年丙子(976—977)

一·一 戊辰 2.3	二·一 戊戌 3.4	三·一 戊辰 4.3	四·一 丁酉 5.2
一·十一 戊寅 2.13	二·十一 戊申 3.14	三·十一 戊寅 4.13	四·十一 丁未 5.12
一·二十一 戊子 2.23	二·二十一 戊午 3.24	三·二十一 戊子 4.23	四·二十一 丁巳 5.22
五·一 丁卯 6.1	六·一 丙申 6.30	七·一 丙寅 7.30	八·一 乙未 8.28
五·十一 丁丑 6.11	六·十一 丙午 7.10	七·十一 丙子 8.9	八·十一 乙巳 9.7
五·二十一 丁亥 6.21	六·二十一 丙辰 7.20	七·二十一 丙戌 8.19	八·二十一 乙卯 9.17
九·一 甲子 9.26	十·一 甲午 10.26	十一·一 癸亥 11.24	*十二·一 癸巳 12.24
九·十一 甲戌 10.6	十·十一 甲辰 11.5	十一·十一 癸酉 12.4	十二·十一 癸卯 1.3
九·二十一 甲申 10.16	十·二十一 甲寅 11.15	十一·二十一 癸未 12.14	十二·二十一 癸丑 1.13

* 本月宋太宗改元"太平兴国"。

宋太宗太平兴国二年、辽景宗保宁九年丁丑(977—978)

一·一 壬戌 1.22	二·一 壬辰 2.21	三·一 壬戌 3.23	四·一 辛卯 4.21
一·十一 壬申 2.1	二·十一 壬寅 3.3	三·十一 壬申 4.2	四·十一 辛丑 5.1
一·二十一 壬午 2.11	二·二十一 壬子 3.13	三·二十一 壬午 4.12	四·二十一 辛亥 5.11
五·一 辛酉 5.21	六·一 辛卯 6.20	七·一 庚申 7.19　闰七·一 庚寅 8.18	八·一 己未 9.16
五·十一 辛未 5.31	六·十一 辛丑 6.30	七·十一 庚午 7.29　闰七·十一 庚子 8.28	八·十一 己巳 9.26
五·二十一 辛巳 6.10	六·二十一 辛亥 7.10	七·二十一 庚辰 8.8　闰七·二十一 庚戌 9.7	八·二十一 己卯 10.6
九·一 己丑 10.16	*十·一 戊午 11.14	十一·一 丁亥 12.13	十二·一 丁巳 1.12
九·十一 己亥 10.26	十·十一 戊辰 11.24	十一·十一 丁酉 12.23	十二·十一 丁卯 1.22
九·二十一 己酉 11.5	十·二十一 戊寅 12.4	十一·二十一 丁未 1.2	十二·二十一 丁丑 2.1

*《辑要》《朔闰考》十月戊子朔,误。

宋太宗太平兴国三年、辽景宗保宁十年戊寅(978—979)

一·一 丙戌 2.10	二·一 丙辰 3.12	三·一 乙酉 4.10	四·一 乙卯 5.10
一·十一 丙申 2.20	二·十一 丙寅 3.22	三·十一 乙未 4.20	四·十一 乙丑 5.20
一·二十一 丙午 3.2	二·二十一 丙子 4.1	三·二十一 乙巳 4.30	四·二十一 乙亥 5.30
五·一 乙酉 6.9	六·一 甲寅 7.8	七·一 甲申 8.7	八·一 癸丑 9.5
五·十一 乙未 6.19	六·十一 甲子 7.18	七·十一 甲午 8.17	八·十一 癸亥 9.15
五·二十一 乙巳 6.29	六·二十一 甲戌 7.28	七·二十一 甲辰 8.27	八·二十一 癸酉 9.25
九·一 癸未 10.5	十·一 癸丑 11.4	十一·一 壬午 12.3	十二·一 壬子 1.2
九·十一 癸巳 10.15	十·十一 癸亥 11.14	十一·十一 壬辰 12.13	十二·十一 壬戌 1.12
九·二十一 癸卯 10.25	十·二十一 癸酉 11.24	十一·二十一 壬寅 12.23	十二·二十一 壬申 1.22

宋太宗太平兴国四年、辽景宗乾亨元年己卯(979—980)

一·一 辛巳 1.31	二·一 庚戌 3.1	三·一 庚辰 3.31	四·一 己酉 4.29
一·十一 辛卯 2.10	二·十一 庚申 3.11	三·十一 庚寅 4.10	四·十一 己未 5.9
一·二十一 辛丑 2.20	二·二十一 庚午 3.21	三·二十一 庚子 4.20	四·二十一 己巳 5.19
五·一 己卯 5.29	六·一 戊申 6.27	七·一 戊寅 7.27	八·一 戊申 8.26
五·十一 己丑 6.8	六·十一 戊午 7.7	七·十一 戊子 8.6	八·十一 戊午 9.5
五·二十一 己亥 6.18	六·二十一 戊辰 7.17	七·二十一 戊戌 8.16	八·二十一 戊辰 9.15
九·一 丁丑 9.24	十·一 丁未 10.24	*十一·一 丁丑 11.23	十二·一 丙午 12.22
九·十一 丁亥 10.4	十·十一 丁巳 11.3	十一·十一 丁亥 12.3	十二·十一 丙辰 1.1
九·二十一 丁酉 10.14	十·二十一 丁卯 11.13	十一·二十一 丁酉 12.13	十二·二十一 丙寅 1.11

* 本月辽改元"乾亨"。

宋太宗太平兴国五年、辽景宗乾亨二年庚辰（980—981）

一·一	丙子	1.21	二·一	乙巳	2.19	三·一 甲戌 3.19 闰三·一 甲辰 4.18			四·一	癸酉	5.17
一·十一	丙戌	1.31	二·十一	乙卯	2.29	三·十一 甲申 3.29 闰三·十一 甲寅 4.28			四·十一	癸未	5.27
一·二十一	丙申	2.10	二·二十一	乙丑	3.10	三·二十一甲午 4.8 闰三·二十一甲子 5.8			四·二十一	癸巳	6.6
五·一	癸卯	6.16	六·一	壬申	7.15	七·一	壬寅	8.14	八·一	辛未	9.12
五·十一	癸丑	6.26	六·十一	壬午	7.25	七·十一	壬子	8.24	八·十一	辛巳	9.22
五·二十一	癸亥	7.6	六·二十一	壬辰	8.4	七·二十一	壬戌	9.3	八·二十一	辛卯	10.2
九·一	辛丑	10.12	十·一	辛未	11.11	十一·一	庚子	12.10	十二·一	庚午	1.9
九·十一	辛亥	10.22	十·十一	辛巳	11.21	十一·十一	庚戌	12.20	十二·十一	庚辰	1.19
九·二十一	辛酉	11.1	十·二十一	辛卯	12.1	十一·二十一	庚申	12.30	十二·二十一	庚寅	1.29

宋太宗太平兴国六年、辽景宗乾亨三年辛巳（981—982）

一·一	庚子	2.8	二·一	己巳	3.9	三·一	戊戌	4.7	四·一	戊辰	5.7
一·十一	庚戌	2.18	二·十一	己卯	3.19	三·十一	戊申	4.17	四·十一	戊寅	5.17
一·二十一	庚申	2.28	二·二十一	己丑	3.29	三·二十一	戊午	4.27	四·二十一	戊子	5.27
五·一	丁酉	6.5	六·一	丙寅	7.4	七·一	丙申	8.3	八·一	乙丑	9.1
五·十一	丁未	6.15	六·十一	丙子	7.14	七·十一	丙午	8.13	八·十一	乙亥	9.11
五·二十一	丁巳	6.25	六·二十一	丙戌	7.24	七·二十一	丙辰	8.23	八·二十一	乙酉	9.21
九·一	乙未	10.1	十·一	乙丑	10.31	十一·一	乙未	11.30	十二·一	甲子	12.29
九·十一	乙巳	10.11	十·十一	乙亥	11.10	十一·十一	乙巳	12.10	十二·十一	甲戌	1.8
九·二十一	乙卯	10.21	十·二十一	乙酉	11.20	十一·二十一	乙卯	12.20	十二·二十一	甲申	1.18

宋太宗太平兴国七年、辽景宗乾亨四年壬午（982—983）

一·一	甲午	1.28	二·一	甲子	2.27	三·一	癸巳	3.28	四·一	壬戌	4.26
一·十一	甲辰	2.7	二·十一	甲戌	3.9	三·十一	癸卯	4.7	四·十一	壬申	5.6
一·二十一	甲寅	2.17	二·二十一	甲申	3.19	三·二十一	癸丑	4.17	四·二十一	壬午	5.16
五·一	壬辰	5.26	六·一	辛酉	6.24	七·一	庚寅	7.23	八·一	庚申	8.22
五·十一	壬寅	6.5	六·十一	辛未	7.4	七·十一	庚子	8.2	八·十一	庚午	9.1
五·二十一	壬子	6.15	六·二十一	辛巳	7.14	七·二十一	庚戌	8.12	八·二十一	庚辰	9.11
九·一	己丑	9.20	十·一	己未	10.20	十一·一	己丑	11.19	十二·一 戊午 12.18 闰十二·一 戊子 1.17		
九·十一	己亥	9.30	十·十一	己巳	10.30	十一·十一	己亥	11.29	十二·十一 戊辰 12.28 闰十二·十一 戊戌 1.27		
九·二十一	己酉	10.10	十·二十一	己卯	11.9	十一·二十一	己酉	12.9	十二·二十一戊寅 1.7 闰十二·二十一戊申 2.6		

宋太宗太平兴国八年、辽圣宗统和元年癸未（983—984）

一·一	戊午	2.16	二·一	戊子	3.18	三·一	丁巳	4.16	四·一	丙戌	5.15
一·十一	戊辰	2.26	二·十一	戊戌	3.28	三·十一	丁卯	4.26	四·十一	丙申	5.25
一·二十一	戊寅	3.8	二·二十一	戊申	4.7	三·二十一	丁丑	5.6	四·二十一	丙午	6.4
五·一	丙辰	6.14	*六·一	乙酉	7.13	七·一	甲寅	8.11	八·一	甲申	9.10
五·十一	丙寅	6.24	六·十一	乙未	7.23	七·十一	甲子	8.21	八·十一	甲午	9.20
五·二十一	丙子	7.4	六·二十一	乙巳	8.2	七·二十一	甲戌	8.31	八·二十一	甲辰	9.30
九·一	癸丑	10.9	十·一	癸未	11.8	十一·一	壬子	12.7	十二·一	壬午	1.6
九·十一	癸亥	10.19	十·十一	癸巳	11.18	十一·十一	壬戌	12.17	十二·十一	壬辰	1.16
九·二十一	癸酉	10.29	十·二十一	癸卯	11.28	十一·二十一	壬申	12.27	十二·二十一	壬寅	1.26

* 本月辽圣宗改元“统和”。

宋太宗雍熙元年、辽圣宗统和二年甲申(984—985)

一·一	壬子	2.5	二·一	壬午	3.6	三·一	辛亥	4.4	四·一	辛巳	5.4
一·十一	壬戌	2.15	二·十一	壬辰	3.16	三·十一	辛酉	4.14	四·十一	辛卯	5.14
一·二十一	壬申	2.25	二·二十一	壬寅	3.26	三·二十一	辛未	4.24	四·二十一	辛丑	5.24
五·一	庚戌	6.2	六·一	庚辰	7.2	七·一	己酉	7.31	八·一	戊寅	8.29
五·十一	庚申	6.12	六·十一	庚寅	7.12	七·十一	己未	8.10	八·十一	戊子	9.8
五·二十一	庚午	6.22	六·二十一	庚子	7.22	七·二十一	己巳	8.20	八·二十一	戊戌	9.18
九·一	戊申	9.28	十·一	丁丑	10.27	*十一·一	丁未	11.26	十二·一	丙子	12.25
九·十一	戊午	10.8	十·十一	丁亥	11.6	十一·十一	丁巳	12.6	十二·十一	丙戌	1.4
九·二十一	戊辰	10.18	十·二十一	丁酉	11.16	十一·二十一	丁卯	12.16	十二·二十一	丙申	1.14

* 本月宋改元“雍熙”。

宋太宗雍熙二年、辽圣宗统和三年乙酉(985—986)

一·一	丙午	1.24	二·一	丙子	2.23	三·一	乙巳	3.24	四·一	乙亥	4.23
一·十一	丙辰	2.3	二·十一	丙戌	3.5	三·十一	乙卯	4.3	四·十一	乙酉	5.3
一·二十一	丙寅	2.13	二·二十一	丙申	3.15	三·二十一	乙丑	4.13	四·二十一	乙未	5.13
五·一	乙巳	5.23	六·一	甲戌	6.21	七·一	甲辰	7.21	八·一	癸酉	8.19
五·十一	乙卯	6.2	六·十一	甲申	7.1	七·十一	甲寅	7.31	八·十一	癸未	8.29
五·二十一	乙丑	6.12	六·二十一	甲午	7.11	七·二十一	甲子	8.10	八·二十一	癸巳	9.8
九·一	壬寅 9.17	闰九·一 壬申 10.17	十·一	辛丑	11.15	十一·一	辛未	12.15	十二·一	庚子	1.13
[辽]闰八·一	壬寅 9.17	九·一 壬申 10.17	十·十一	辛亥	11.25	十一·十一	辛巳	12.25	十二·十一	庚戌	1.23
九·十一	壬子 9.27	闰九·十一 壬午 10.27	十·二十一	辛酉	12.5	十一·二十一	辛卯	1.4	十二·二十一	庚申	2.2
九·二十一	壬戌 10.7	闰九·二十一 壬辰 11.6									

宋太宗雍熙三年、辽圣宗统和四年丙戌(986—987)

一·一	庚午	2.12	二·一	庚子	3.14	三·一	己巳	4.12	四·一	己亥	5.12
			[辽]	己亥	3.13						
一·十一	庚辰	2.22	二·十一	庚戌	3.24	三·十一	己卯	4.22	四·十一	己酉	5.22
一·二十一	庚寅	3.4	二·二十一	庚申	4.3	三·二十一	己丑	5.2	四·二十一	己未	6.1
五·一	戊辰	6.10	六·一	戊戌	7.10	七·一	戊辰	8.9	八·一	丁酉	9.7
						[辽]	丁卯	8.8			
五·十一	戊寅	6.20	六·十一	戊申	7.20	七·十一	戊寅	8.19	八·十一	丁未	9.17
五·二十一	戊子	6.30	六·二十一	戊午	7.30	七·二十一	戊子	8.29	八·二十一	丁巳	9.27
九·一	丙寅	10.6	十·一	丙申	11.5	十一·一	乙丑	12.4	十二·一	乙未	1.3
九·十一	丙子	10.16	十·十一	丙午	11.15	十一·十一	乙亥	12.14	十二·十一	乙巳	1.13
九·二十一	丙戌	10.26	十·二十一	丙辰	11.25	十一·二十一	乙酉	12.24	十二·二十一	乙卯	1.23

宋太宗雍熙四年、辽圣宗统和五年丁亥(987—988)

一·一	甲子	2.1	二·一	甲午	3.3	三·一	癸亥	4.1	四·一	癸巳	5.1
一·十一	甲戌	2.11	二·十一	甲辰	3.13	三·十一	癸酉	4.11	四·十一	癸卯	5.11
一·二十一	甲申	2.21	二·二十一	甲寅	3.23	三·二十一	癸未	4.21	四·二十一	癸丑	5.21
五·一	壬戌	5.30	六·一	壬辰	6.29	七·一	壬戌	7.29	八·一	辛卯	8.27
五·十一	壬申	6.9	六·十一	壬寅	7.9	七·十一	壬申	8.8	八·十一	辛丑	9.6
五·二十一	壬午	6.19	六·二十一	壬子	7.19	七·二十一	壬午	8.18	八·二十一	辛亥	9.16
九·一	辛酉	9.26	十·一	庚寅	10.25	十一·一	庚申	11.24	十二·一	己丑	12.23
九·十一	辛未	10.6	十·十一	庚子	11.4	十一·十一	庚午	12.4	十二·十一	己亥	1.2
九·二十一	辛巳	10.16	十·二十一	庚戌	11.14	十一·二十一	庚辰	12.14	十二·二十一	己酉	1.12

宋太宗端拱元年、辽圣宗统和六年戊子（988—989）

一·一	己未	1.22	二·一	戊子	2.20	三·一	戊午	3.21	四·一	丁亥	4.19
一·十一	己巳	2.1	二·十一	戊戌	3.1	三·十一	戊辰	3.31	四·十一	丁酉	4.29
一·二十一	己卯	2.11	二·二十一	戊申	3.11	三·二十一	戊寅	4.10	四·二十一	丁未	5.9
五·一 丁巳 5.19	闰五·一	丙戌 6.17	六·一	丙辰	7.17	七·一	乙酉	8.15	八·一	乙卯	9.14
五·十一 丁卯 5.29	闰五·十一	丙申 6.27	六·十一	丙寅	7.27	七·十一	乙未	8.25	八·十一	乙丑	9.24
五·二十一 丁丑 6.8	闰五·二十一	丙午 7.7	六·二十一	丙子	8.6	七·二十一	乙巳	9.4	八·二十一	乙亥	10.4
九·一	乙酉	10.14	十·一	甲寅	11.12	十一·一	甲申	12.12	十二·一	甲寅	1.11
九·十一	乙未	10.24	十·十一	甲子	11.22	十一·十一	甲午	12.22	十二·十一	甲子	1.21
九·二十一	乙巳	11.3	十·二十一	甲戌	12.2	十一·二十一	甲辰	1.1	十二·二十一	甲戌	1.31

宋太宗端拱二年、辽圣宗统和七年己丑（989—990）

一·一	癸未	2.9	二·一	壬子	3.10	三·一	壬午	4.9	四·一	辛亥	5.8
一·十一	癸巳	2.19	二·十一	壬戌	3.20	三·十一	壬辰	4.19	四·十一	辛酉	5.18
一·二十一	癸卯	3.1	二·二十一	壬申	3.30	三·二十一	壬寅	4.29	四·二十一	辛未	5.28
五·一	庚辰	6.6	六·一	庚戌	7.6	七·一	己卯	8.4	八·一	己酉	9.3
五·十一	庚寅	6.16	六·十一	庚申	7.16	七·十一	己丑	8.14	八·十一	己未	9.13
五·二十一	庚子	6.26	六·二十一	庚午	7.26	七·二十一	己亥	8.24	八·二十一	己巳	9.23
九·一	己卯	10.3	十·一	己酉	11.2	十一·一	戊寅	12.1	十二·一	戊申	12.31
九·十一	己丑	10.13	十·十一	己未	11.12	十一·十一	戊子	12.11	十二·十一	戊午	1.10
九·二十一	己亥	10.23	十·二十一	己巳	11.22	十一·二十一	戊戌	12.21	十二·二十一	戊辰	1.20

宋太宗淳化元年、辽圣宗统和八年庚寅（990—991）

一·一	戊寅	1.30	二·一	丁未	2.28	三·一	丙子	3.29	四·一	丙午	4.28
一·十一	戊子	2.9	二·十一	丁巳	3.10	三·十一	丙戌	4.8	四·十一	丙辰	5.8
一·二十一	戊戌	2.19	二·二十一	丁卯	3.20	三·二十一	丙申	4.18	四·二十一	丙寅	5.18
五·一	乙亥	5.27	六·一	甲辰	6.25	七·一	甲戌	7.25	八·一	癸卯	8.23
五·十一	乙酉	6.6	六·十一	甲寅	7.5	七·十一	甲申	8.4	八·十一	癸丑	9.2
五·二十一	乙未	6.16	六·二十一	甲子	7.15	七·二十一	甲午	8.14	八·二十一	癸亥	9.12
九·一	癸酉	9.22	十·一	癸卯	10.22	十一·一	壬申	11.20	十二·一	壬寅	12.20
九·十一	癸未	10.2	十·十一	癸丑	11.1	十一·十一	壬午	11.30	十二·十一	壬子	12.30
九·二十一	癸巳	10.12	十·二十一	癸亥	11.11	十一·二十一	壬辰	12.10	十二·二十一	壬戌	1.9

宋太宗淳化二年、辽圣宗统和九年辛卯（991—992）

一·一	壬申	1.19	二·一 壬寅 2.18	闰二·一	辛未 3.19	三·一	庚子	4.17	四·一	庚午	5.17
一·十一	壬午	1.29	二·十一 壬子 2.28	闰二·十一	辛巳 3.29	三·十一	庚戌	4.27	四·十一	庚辰	5.27
一·二十一	壬辰	2.8	二·二十一 壬戌 3.10	闰二·二十一	辛卯 4.8	三·二十一	庚申	5.7	四·二十一	庚寅	6.6
五·一	己亥	6.15	六·一	戊辰	7.14	七·一	戊戌	8.13	八·一	丁卯	9.11
五·十一	己酉	6.25	六·十一	戊寅	7.24	七·十一	戊申	8.23	八·十一	丁丑	9.21
五·二十一	己未	7.5	六·二十一	戊子	8.3	七·二十一	戊午	9.2	八·二十一	丁亥	10.1
九·一	丁酉	10.11	十·一	丙寅	11.9	十一·一	丙申	12.9	十二·一	丙寅	1.8
九·十一	丁未	10.21	十·十一	丙子	11.19	十一·十一	丙午	12.19	十二·十一	丙子	1.18
九·二十一	丁巳	10.31	十·二十一	丙戌	11.29	十一·二十一	丙辰	12.29	十二·二十一	丙戌	1.28

宋太宗淳化三年、辽圣宗统和十年壬辰（992—993）

一·一	丙申	2.7	二·一	乙丑	3.7	三·一	乙未	4.6	四·一	甲子	5.5
一·十一	丙午	2.17	二·十一	乙亥	3.17	三·十一	乙巳	4.16	四·十一	甲戌	5.15
一·二十一	丙辰	2.27	二·二十一	乙酉	3.27	三·二十一	乙卯	4.26	四·二十一	甲申	5.25
五·一	甲午	6.4	六·一	癸亥	7.3	七·一	壬辰	8.1	八·一	壬戌	8.31
五·十一	甲辰	6.14	六·十一	癸酉	7.13	七·十一	壬寅	8.11	八·十一	壬申	9.10
五·二十一	甲寅	6.24	六·二十一	癸未	7.23	七·二十一	壬子	8.21	八·二十一	壬午	9.20
九·一	辛卯	9.29	十·一	辛酉	10.29	十一·一	庚寅	11.27	十二·一	庚申	12.27
九·十一	辛丑	10.9	十·十一	辛未	11.8	十一·十一	庚子	12.7	十二·十一	庚午	1.6
九·二十一	辛亥	10.19	十·二十一	辛巳	11.18	十一·二十一	庚戌	12.17	十二·二十一	庚辰	1.16

宋太宗淳化四年、辽圣宗统和十一年癸巳（993—994）

一·一	庚寅	1.26	二·一	己未	2.24	三·一	己丑	3.26	四·一	己未	4.25
一·十一	庚子	2.5	二·十一	己巳	3.6	三·十一	己亥	4.5	四·十一	己巳	5.5
一·二十一	庚戌	2.15	二·二十一	己卯	3.16	三·二十一	己酉	4.15	四·二十一	己卯	5.15
五·一	戊子	5.24	六·一	戊午	6.23	七·一	丁亥	7.22	八·一	丙辰	8.20
五·十一	戊戌	6.3	六·十一	戊辰	7.3	七·十一	丁酉	8.1	八·十一	丙寅	8.30
五·二十一	戊申	6.13	六·二十一	戊寅	7.13	七·二十一	丁未	8.11	八·二十一	丙子	9.9
九·一	丙戌	9.19	十·一 乙卯 10.18	闰十·一	乙酉 11.17	十一·一	甲寅	12.16	十二·一	甲申	1.15
九·十一	丙申	9.29	十·十一 乙丑 10.28	闰十·十一	乙未 11.27	十一·十一	甲子	12.26	十二·十一	甲午	1.25
九·二十一	丙午	10.9	十·二十一 乙亥 11.7	闰十·二十一	乙巳 12.7	十一·二十一	甲戌	1.5	十二·二十一	甲辰	2.4

宋太宗淳化五年、辽圣宗统和十二年甲午（994—995）

一·一	甲寅	2.14	二·一	癸未	3.15	三·一	癸丑	4.14	四·一	壬午	5.13
［辽］	癸丑	2.13									
一·十一	甲子	2.24	二·十一	癸巳	3.25	三·十一	癸亥	4.24	四·十一	壬辰	5.23
一·二十一	甲戌	3.6	二·二十一	癸卯	4.4	三·二十一	癸酉	5.4	四·二十一	壬寅	6.2
五·一	壬子	6.12	六·一	壬午	7.12	七·一	辛亥	8.10	八·一	庚辰	9.8
五·十一	壬戌	6.22	六·十一	壬辰	7.22	七·十一	辛酉	8.20	八·十一	庚寅	9.18
五·二十一	壬申	7.2	六·二十一	壬寅	8.1	七·二十一	辛未	8.30	八·二十一	庚子	9.28
九·一	庚戌	10.8	十·一	己卯	11.6	十一·一	己酉	12.6	十二·一	戊寅	1.4
九·十一	庚申	10.18	十·十一	己丑	11.16	十一·十一	己未	12.16	十二·十一	戊子	1.14
九·二十一	庚午	10.28	十·二十一	己亥	11.26	十一·二十一	己巳	12.26	十二·二十一	戊戌	1.24

宋太宗至道元年、辽圣宗统和十三年乙未（995—996）

一·一	戊申	2.3	二·一	丁丑	3.4	三·一	丁未	4.3	四·一	丁丑	5.3
一·十一	戊午	2.13	二·十一	丁亥	3.14	三·十一	丁巳	4.13	四·十一	丁亥	5.13
一·二十一	戊辰	2.23	二·二十一	丁酉	3.24	三·二十一	丁卯	4.23	四·二十一	丁酉	5.23
五·一	丙午	6.1	六·一	丙子	7.1	七·一	乙巳	7.30	八·一	乙亥	8.29
五·十一	丙辰	6.11	六·十一	丙戌	7.11	七·十一	乙卯	8.9	八·十一	乙酉	9.8
五·二十一	丙寅	6.21	六·二十一	丙申	7.21	七·二十一	乙丑	8.19	八·二十一	乙未	9.18
九·一	甲辰	9.27	十·一	甲戌	10.27	十一·一	癸卯	11.25	十二·一	癸酉	12.25
九·十一	甲寅	10.7	十·十一	甲申	11.6	十一·十一	癸丑	12.5	十二·十一	癸未	1.4
九·二十一	甲子	10.17	十·二十一	甲午	11.16	十一·二十一	癸亥	12.15	十二·二十一	癸巳	1.14

宋太宗至道二年、辽圣宗统和十四年丙申（996—997）

一•一	壬寅	1.23	二•一	壬申	2.22	三•一	辛丑	3.22	四•一	辛未	4.21
一•十一	壬子	2.2	二•十一	壬午	3.3	三•十一	辛亥	4.1	四•十一	辛巳	5.1
一•二十一	壬戌	2.12	二•二十一	壬辰	3.13	三•二十一	辛酉	4.11	四•二十一	辛卯	5.11
五•一	庚子	5.20	六•一	庚午	6.19	七•一 闰七•一	己亥 己巳	7.18 8.17	八•一	己亥	9.16
五•十一	庚戌	5.30	六•十一	庚辰	6.29	七•十一 闰七•十一	己酉 己卯	7.28 8.27	八•十一	己酉	9.26
五•二十一	庚申	6.9	六•二十一	庚寅	7.9	七•二十一 闰七•二十一	己未 己丑	8.7 9.6	八•二十一	己未	10.6
九•一	戊辰	10.15	十•一	戊戌	11.14	十一•一	丁卯	12.13	十二•一	丁酉	1.12
九•十一	戊寅	10.25	十•十一	戊申	11.24	十一•十一	丁丑	12.23	十二•十一	丁未	1.22
九•二十一	戊子	11.4	十•二十一	戊午	12.4	十一•二十一	丁亥	1.2	十二•二十一	丁巳	2.1

宋太宗至道三年、辽圣宗统和十五年丁酉（997—998）

一•一	丙寅	2.10	二•一	丙申	3.12	三•一	乙丑	4.10	四•一	乙未	5.10
一•十一	丙子	2.20	二•十一	丙午	3.22	三•十一	乙亥	4.20	四•十一	乙巳	5.20
一•二十一	丙戌	2.30	二•二十一	丙辰	4.1	三•二十一	乙酉	4.30	四•二十一	乙卯	5.30
五•一	甲子	6.8	六•一	甲午	7.8	七•一	癸亥	8.6	八•一	癸巳	9.5
五•十一	甲戌	6.18	六•十一	甲辰	7.18	七•十一	癸酉	8.16	八•十一	癸卯	9.15
五•二十一	甲申	6.28	六•二十一	甲寅	7.28	七•二十一	癸未	8.26	八•二十一	癸丑	9.25
九•一	癸亥	10.5	十•一	壬辰	11.3	十一•一	壬戌	12.3	十二•一	壬辰	1.2
九•十一	癸酉	10.15	十•十一	壬寅	11.13	十一•十一	壬申	12.13	十二•十一	壬寅	1.12
九•二十一	癸未	10.25	十•二十一	壬子	11.23	十一•二十一	壬午	12.23	十二•二十一	壬子	1.22

宋真宗咸平元年、辽圣宗统和十六年戊戌（998—999）

一•一	辛酉	1.31	二•一	庚寅	3.1	三•一	庚申	3.31	四•一	己丑	4.29
一•十一	辛未	2.10	二•十一	庚子	3.11	三•十一	庚午	4.10	四•十一	己亥	5.9
一•二十一	辛巳	2.20	二•二十一	庚戌	3.21	三•二十一	庚辰	4.20	四•二十一	己酉	5.19
五•一	戊午	5.28	六•一	戊子	6.27	七•一	丁巳	7.26	八•一	丁亥	8.25
五•十一	戊辰	6.7	六•十一	戊戌	7.7	七•十一	丁卯	8.5	八•十一	丁酉	9.4
五•二十一	戊寅	6.17	六•二十一	戊申	7.17	七•二十一	丁丑	8.15	八•二十一	丁未	9.14
九•一	丁巳	9.24	十•一	丙戌	10.23	十一•一	丙辰	11.22	十二•一	丙戌	12.22
九•十一	丁卯	10.4	十•十一	丙申	11.2	十一•十一	丙寅	12.2	十二•十一	丙申	1.1
九•二十一	丁丑	10.14	十•二十一	丙午	11.12	十一•二十一	丙子	12.12	十二•二十一	丙午	1.11

宋真宗咸平二年、辽圣宗统和十七年己亥（999—1000）

一•一	乙卯	1.20	二•一	乙酉	2.19	三•一 闰三•一 [辽]四•一	甲寅 甲申 甲申	3.20 4.19 4.19	四•一 [辽]闰四•一	癸丑 癸丑	5.18 5.18
一•十一	乙丑	1.30	二•十一	乙未	3.1	三•十一 闰三•十一	甲子 甲午	3.30 4.29	四•十一	癸亥	5.28
一•二十一	乙亥	2.9	二•二十一	乙巳	3.11	三•二十一 闰三•二十一	甲戌 甲辰	4.9 5.9	四•二十一	癸酉	6.7
五•一	壬午	6.16	六•一	壬子	7.16	七•一	辛巳	8.14	八•一	辛亥	9.13
五•十一	壬辰	6.26	六•十一	壬戌	7.26	七•十一	辛卯	8.24	八•十一	辛酉	9.23
五•二十一	壬寅	7.6	六•二十一	壬申	8.5	七•二十一	辛丑	9.3	八•二十一	辛未	10.3
九•一	庚辰	10.12	十•一	庚戌	11.11	十一•一	庚辰	12.11	十二•一	庚戌	1.10
九•十一	庚寅	10.22	十•十一	庚申	11.21	十一•十一	庚寅	12.21	十二•十一	庚申	1.20
九•二十一	庚子	11.1	十•二十一	庚午	12.1	十一•二十一	庚子	12.31	十二•二十一	庚午	1.30

宋真宗咸平三年、辽圣宗统和十八年庚子(1000—1001)

一·一	己卯	2.8	二·一	己酉	3.9	三·一	戊寅	4.7	四·一	戊申	5.7
一·十一	己丑	2.18	二·十一	己未	3.19	三·十一	戊子	4.17	四·十一	戊午	5.17
一·二十一	己亥	2.28	二·二十一	己巳	3.29	三·二十一	戊戌	4.27	四·二十一	戊辰	5.27
五·一	丁丑	6.5	六·一	丙午	7.4	七·一	丙子	8.3	八·一	乙巳	9.1
五·十一	丁亥	6.15	六·十一	丙辰	7.14	七·十一	丙戌	8.13	八·十一	乙卯	9.11
五·二十一	丁酉	6.25	六·二十一	丙寅	7.24	七·二十一	丙申	8.23	八·二十一	乙丑	9.21
九·一	乙亥	10.1	十·一	甲辰	10.30	十一·一	甲戌	11.29	十二·一	甲辰	12.29
九·十一	乙酉	10.11	十·十一	甲寅	11.9	十一·十一	甲申	12.9	十二·十一	甲寅	1.8
九·二十一	乙未	10.21	十·二十一	甲子	11.19	十一·二十一	甲午	12.19	十二·二十一	甲子	1.18

宋真宗咸平四年、辽圣宗统和十九年辛丑(1001—1002)

一·一 [辽]	甲戌 癸酉	1.28 1.27	二·一	癸卯	2.26	三·一	癸酉	3.28	四·一	壬寅	4.26
一·十一	甲申	2.7	二·十一	癸丑	3.8	三·十一	癸未	4.7	四·十一	壬子	5.6
一·二十一	甲午	2.17	二·二十一	癸亥	3.18	三·二十一	癸巳	4.17	四·二十一	壬戌	5.16
五·一	壬申	5.26	六·一	辛丑	6.24	七·一	庚午	7.23	八·一	庚子	8.22
五·十一	壬午	6.5	六·十一	辛亥	7.4	七·十一	庚辰	8.2	八·十一	庚戌	9.1
五·二十一	壬辰	6.15	六·二十一	辛酉	7.14	七·二十一	庚寅	8.12	八·二十一	庚申	9.11
九·一	己巳	9.20	十·一 [辽]	己亥 戊戌	10.20 10.19	十一·一	戊辰	11.18	十二·一 戊戌 12.18 闰十二·一 戊辰 1.17 [辽]闰十一·一 戊戌 12.18 十二·一 丁卯 1.16		
九·十一	己卯	9.30	十·十一	己酉	10.30	十一·十一	戊寅	11.28	十二·十一 戊申 12.28 闰十二·十一 戊寅 1.27		
九·二十一	己丑	10.10	十·二十一	己未	11.9	十一·二十一	戊子	12.8	十二·二十一 戊午 1.7 闰十二·二十一 戊子 2.6		

宋真宗咸平五年、辽圣宗统和二十年壬寅(1002—1003)

一·一	丁酉	2.15	二·一	丁卯	3.17	三·一	丁酉	4.16	四·一	丙寅	5.15
一·十一	丁未	2.25	二·十一	丁丑	3.27	三·十一	丁未	4.26	四·十一	丙子	5.25
一·二十一	丁巳	3.7	二·二十一	丁亥	4.6	三·二十一	丁巳	5.6	四·二十一	丙戌	6.4
五·一	丙申	6.14	六·一	乙丑	7.13	七·一	甲午	8.11	八·一	甲子	9.10
五·十一	丙午	6.24	六·十一	乙亥	7.23	七·十一	甲辰	8.21	八·十一	甲戌	9.20
五·二十一	丙辰	7.4	六·二十一	乙酉	8.2	七·二十一	甲寅	8.31	八·二十一	甲申	9.30
九·一	癸巳	10.9	十·一	癸亥	11.8	十一·一	壬辰	12.7	十二·一	壬戌	1.6
九·十一	癸卯	10.19	十·十一	癸酉	11.18	十一·十一	壬寅	12.17	十二·十一	壬申	1.16
九·二十一	癸丑	10.29	十·二十一	癸未	11.28	十一·二十一	壬子	12.27	十二·二十一	壬午	1.26

宋真宗咸平六年、辽圣宗统和二十一年癸卯(1003—1004)

一·一	辛卯	2.4	二·一	辛酉	3.6	三·一	辛卯	4.5	四·一	庚申	5.4
一·十一	辛丑	2.14	二·十一	辛未	3.16	三·十一	辛丑	4.15	四·十一	庚午	5.14
一·二十一	辛亥	2.24	二·二十一	辛巳	3.26	三·二十一	辛亥	4.25	四·二十一	庚辰	5.24
五·一	庚寅	6.3	六·一	己未	7.2	七·一	己丑	8.1	八·一	戊午	8.30
五·十一	庚子	6.13	六·十一	己巳	7.12	七·十一	己亥	8.11	八·十一	戊辰	9.9
五·二十一	庚戌	6.23	六·二十一	己卯	7.22	七·二十一	己酉	8.21	八·二十一	戊寅	9.19
九·一	戊子	9.29	十·一	丁巳	10.28	十一·一	丁亥	11.27	十二·一	丙辰	12.26
九·十一	戊戌	10.9	十·十一	丁卯	11.7	十一·十一	丁酉	12.7	十二·十一	丙寅	1.5
九·二十一	戊申	10.19	十·二十一	丁丑	11.17	十一·二十一	丁未	12.17	十二·二十一	丙子	1.15

宋真宗景德元年、辽圣宗统和二十二年甲辰(1004—1005)

一·一 丙戌 1.25	二·一 乙卯 2.23	三·一 乙酉 3.24	四·一 甲寅 4.22
一·十一 丙申 2.4	二·十一 乙丑 3.4	三·十一 乙未 4.3	四·十一 甲子 5.2
一·二十一 丙午 2.14	二·二十一 乙亥 3.14	三·二十一 乙巳 4.13	四·二十一 甲戌 5.12
五·一 甲申 5.22	六·一 甲寅 6.21	七·一 癸未 7.20	八·一 癸丑 8.19
五·十一 甲午 6.1	六·十一 甲子 7.1	七·十一 癸巳 7.30	八·十一 癸亥 8.29
五·二十一 甲辰 6.11	六·二十一 甲戌 7.11	七·二十一 癸卯 8.9	八·二十一 癸酉 9.8
九·一 壬午 9.17　闰九·一 壬子 10.17	十·一 辛巳 11.15	十一·一 辛亥 12.15	十二·一 庚辰 1.13
九·十一 壬辰 9.27　闰九·十一 壬戌 10.27	十·十一 辛卯 11.25	十一·十一 辛酉 12.25	十二·十一 庚寅 1.23
九·二十一 壬寅 10.7　闰九·二十一 壬申 11.6	十·二十一 辛丑 12.5	十一·二十一 辛未 1.4	十二·二十一 庚子 2.2

宋真宗景德二年、辽圣宗统和二十三年乙巳(1005—1006)

一·一 庚戌 2.12	二·一 己卯 3.13	三·一 己酉 4.12	四·一 戊寅 5.11
一·十一 庚申 2.22	二·十一 己丑 3.23	三·十一 己未 4.22	四·十一 戊子 5.21
一·二十一 庚午 3.4	二·二十一 己亥 4.2	三·二十一 己巳 5.2	四·二十一 戊戌 5.31
五·一 戊申 6.10	六·一 丁丑 7.9	七·一 丁未 8.8	八·一 丁丑 9.7
五·十一 戊午 6.20	六·十一 丁亥 7.19	七·十一 丁巳 8.18	八·十一 丁亥 9.17
五·二十一 戊辰 6.30	六·二十一 丁酉 7.29	七·二十一 丁卯 8.28	八·二十一 丁酉 9.27
九·一 丙午 10.6	十·一 丙子 11.5	十一·一 乙巳 12.4	十二·一 乙亥 1.3
九·十一 丙辰 10.16	十·十一 丙戌 11.15	十一·十一 乙卯 12.14	十二·十一 乙酉 1.13
九·二十一 丙寅 10.26	十·二十一 丙申 11.25	十一·二十一 乙丑 12.24	十二·二十一 乙未 1.23

宋真宗景德三年、辽圣宗统和二十四年丙午(1006—1007)

一·一 甲辰 2.1	二·一 甲戌 3.3	三·一 癸卯 4.1	四·一 壬申 4.30
一·十一 甲寅 2.11	二·十一 甲申 3.13	三·十一 癸丑 4.11	四·十一 壬午 5.10
一·二十一 甲子 2.21	二·二十一 甲午 3.23	三·二十一 癸亥 4.21	四·二十一 壬辰 5.20
五·一 壬寅 5.30	六·一 辛未 6.28	七·一 辛丑 7.28	八·一 辛未 8.27
五·十一 壬子 6.9	六·十一 辛巳 7.8	七·十一 辛亥 8.7	八·十一 辛巳 9.6
五·二十一 壬戌 6.19	六·二十一 辛卯 7.18	七·二十一 辛酉 8.17	八·二十一 辛卯 9.16
九·一 庚子 9.25	十·一 庚午 10.25	十一·一 庚子 11.24	十二·一 己巳 12.23
九·十一 庚戌 10.5	十·十一 庚辰 11.4	十一·十一 庚戌 12.4	十二·十一 己卯 1.2
九·二十一 庚申 10.15	十·二十一 庚寅 11.14	十一·二十一 庚申 12.14	十二·二十一 己丑 1.12

宋真宗景德四年、辽圣宗统和二十五年丁未(1007—1008)

一·一 己亥 1.22	二·一 戊辰 2.20	三·一 戊戌 3.22	四·一 丁卯 4.20
一·十一 己酉 2.1	二·十一 戊寅 3.2	三·十一 戊申 4.1	四·十一 丁丑 4.30
一·二十一 己未 2.11	二·二十一 戊子 3.12	三·二十一 戊午 4.11	四·二十一 丁亥 5.10
五·一 丙申 5.19　闰五·一 丙寅 6.18	六·一 乙未 7.17	七·一 乙丑 8.16	八·一 甲午 9.14
五·十一 丙午 5.29　闰五·十一 丙子 6.28	六·十一 乙巳 7.27	七·十一 乙亥 8.26	八·十一 甲辰 9.24
五·二十一 丙辰 6.8　闰五·二十一 丙戌 7.8	六·二十一 乙卯 8.6	七·二十一 乙酉 9.5	八·二十一 甲寅 10.4
九·一 甲子 10.14	十·一 甲午 11.13	十一·一 甲子 12.13	十二·一 癸巳 1.11
九·十一 甲戌 10.24	十·十一 甲辰 11.23	十一·十一 甲戌 12.23	十二·十一 癸卯 1.21
九·二十一 甲申 11.3	十·二十一 甲寅 12.3	十一·二十一 甲申 1.2	十二·二十一 癸丑 1.31

宋真宗大中祥符元年、辽圣宗统和二十六年戊申（1008—1009）

一·一	癸亥	2.10	二·一	壬辰	3.10	三·一	壬戌	4.9	四·一	辛卯	5.8
一·十一	癸酉	2.20	二·十一	壬寅	3.20	三·十一	壬申	4.19	四·十一	辛丑	5.18
一·二十一	癸未	3.1	二·二十一	壬子	3.30	三·二十一	壬午	4.29	四·二十一	辛亥	5.28
五·一	庚申	6.6	六·一	庚寅	7.6	七·一	己未	8.4	八·一	己丑	9.3
五·十一	庚午	6.16	六·十一	庚子	7.16	七·十一	己巳	8.14	八·十一	己亥	9.13
五·二十一	庚辰	6.26	六·二十一	庚戌	7.26	七·二十一	己卯	8.24	八·二十一	己酉	9.23
九·一	戊午	10.2	十·一	戊子	11.1	十一·一	戊午	12.1	十二·一	丁亥	12.30
九·十一	戊辰	10.12	十·十一	戊戌	11.11	十一·十一	戊辰	12.11	十二·十一	丁酉	1.9
九·二十一	戊寅	10.22	十·二十一	戊申	11.21	十一·二十一	戊寅	12.21	十二·二十一	丁未	1.19

宋真宗大中祥符二年、辽圣宗统和二十七年己酉（1009—1010）

一·一	丁巳	1.29	二·一	丁亥	2.28	三·一	丙辰	3.29	四·一	丙戌	4.28
一·十一	丁卯	2.8	二·十一	丁酉	3.10	三·十一	丙寅	4.8	四·十一	丙申	5.8
一·二十一	丁丑	2.18	二·二十一	丁未	3.20	三·二十一	丙子	4.18	四·二十一	丙午	5.18
五·一	乙卯	5.27	六·一	甲申	6.25	七·一	甲寅	7.25	八·一	癸未	8.23
五·十一	乙丑	6.6	六·十一	甲午	7.5	七·十一	甲子	8.4	八·十一	癸巳	9.2
五·二十一	乙亥	6.16	六·二十一	甲辰	7.15	七·二十一	甲戌	8.14	八·二十一	癸卯	9.12
九·一	壬子	9.21	十·一	壬午	10.21	十一·一	壬子	11.20	十二·一	辛巳	12.19
九·十一	壬戌	10.1	十·十一	壬辰	10.31	十一·十一	壬戌	11.30	十二·十一	辛卯	12.29
九·二十一	壬申	10.11	十·二十一	壬寅	11.10	十一·二十一	壬申	12.10	十二·二十一	辛丑	1.8

宋真宗大中祥符三年、辽圣宗统和二十八年庚戌（1010—1011）

一·一	辛亥	1.18	二·一 辛巳 2.17 闰二·一 辛亥 3.19			三·一	庚辰	4.17	四·一	庚戌	5.17
一·十一	辛酉	1.28	二·十一 辛卯 2.27 闰二·十一 辛酉 3.29			三·十一	庚寅	4.27	四·十一	庚申	5.27
一·二十一	辛未	2.7	二·二十一辛丑 3.9 闰二·二十一辛未 4.8			三·二十一	庚子	5.7	四·二十一	庚午	6.6
五·一	己卯	6.15	六·一	戊申	7.14	七·一	戊寅	8.13	八·一	丁未	9.11
五·十一	己丑	6.25	六·十一	戊午	7.24	七·十一	戊子	8.23	八·十一	丁巳	9.21
五·二十一	己亥	7.5	六·二十一	戊辰	8.3	七·二十一	戊戌	9.2	八·二十一	丁卯	10.1
九·一	丙子	10.10	十·一	丙午	11.9	十一·一	丙子	12.9	十二·一	乙巳	1.7
九·十一	丙戌	10.20	十·十一	丙辰	11.19	十一·十一	丙戌	12.19	十二·十一	乙卯	1.17
九·二十一	丙申	10.30	十·二十一	丙寅	11.29	十一·二十一	丙申	12.29	十二·二十一	乙丑	1.27

宋真宗大中祥符四年、辽圣宗统和二十九年辛亥（1011—1012）

一·一	乙亥	2.6	二·一	乙巳	3.8	三·一	甲戌	4.6	四·一	甲辰	5.6
一·十一	乙酉	2.16	二·十一	乙卯	3.18	三·十一	甲申	4.16	四·十一	甲寅	5.16
一·二十一	乙未	2.26	二·二十一	乙丑	3.28	三·二十一	甲午	4.26	四·二十一	甲子	5.26
五·一	甲戌	6.5	六·一	癸卯	7.4	七·一	壬申	8.2	八·一	壬寅	9.1
五·十一	甲申	6.15	六·十一	癸丑	7.14	七·十一	壬午	8.12	八·十一	壬子	9.11
五·二十一	甲午	6.25	六·二十一	癸亥	7.24	七·二十一	壬辰	8.22	八·二十一	壬戌	9.21
九·一	辛未	9.30	十·一	庚子	10.29	十一·一	庚午	11.28	十二·一	庚子	12.28
九·十一	辛巳	10.10	十·十一	庚戌	11.8	十一·十一	庚辰	12.8	十二·十一	庚戌	1.7
九·二十一	辛卯	10.20	十·二十一	庚申	11.18	十一·二十一	庚寅	12.18	十二·二十一	庚申	1.17

宋真宗大中祥符五年、辽圣宗开泰元年壬子（1012—1013）

一•一　己巳　1.26 一•十一　己卯　2.5 一•二十一　己丑　2.15	二•一　己亥　2.25 二•十一　己酉　3.6 二•二十一　己未　3.16	三•一　戊辰　3.25 [辽]　己巳　3.26 三•十一　戊寅　4.4 三•二十一　戊子　4.14	四•一　戊戌　4.24 四•十一　戊申　5.4 四•二十一　戊午　5.14
五•一　戊辰　5.24 五•十一　戊寅　6.3 五•二十一　戊子　6.13	六•一　丁酉　6.22 六•十一　丁未　7.2 六•二十一　丁巳　7.12	七•一　丁卯　7.22 七•十一　丁丑　8.1 七•二十一　丁亥　8.11	八•一　丙申　8.20 八•十一　丙午　8.30 八•二十一　丙辰　9.9
九•一　丙寅　9.19 九•十一　丙子　9.29 九•二十一　丙戌　10.9	十•一　乙未 10.18　闰十•一　乙丑 11.17 十•十一　乙巳 10.28　闰十•十一　乙亥 11.27 十•二十一乙卯 11.7　闰十•二十一乙酉 12.7	*十一•一　甲午　12.16 十一•十一　甲辰　12.26 十一•二十一　甲寅　1.5	十二•一　甲子　1.15 十二•十一　甲戌　1.25 十二•二十一　甲申　2.4

* 本月辽改元“开泰”。

宋真宗大中祥符六年、辽圣宗开泰二年癸丑（1013—1014）

一•一　癸巳　2.13 一•十一　癸卯　2.23 一•二十一　癸丑　3.5	二•一　癸亥　3.15 二•十一　癸酉　3.25 二•二十一　癸未　4.4	三•一　壬辰　4.13 三•十一　壬寅　4.23 三•二十一　壬子　5.3	四•一　壬戌　5.13 四•十一　壬申　5.23 四•二十一　壬午　6.2
五•一　辛卯　6.11 五•十一　辛丑　6.21 五•二十一　辛亥　7.1	六•一　辛酉　7.11 六•十一　辛未　7.21 六•二十一　辛巳　7.31	七•一　辛卯　8.10 七•十一　辛丑　8.20 七•二十一　辛亥　8.30	八•一　庚申　9.8 八•十一　庚午　9.18 八•二十一　庚辰　9.28
九•一　庚寅　10.8 九•十一　庚子　10.18 九•二十一　庚戌　10.28	十•一　己未　11.6 十•十一　己巳　11.16 十•二十一　己卯　11.26	十一•一　己丑　12.6 十一•十一　己亥　12.16 十一•二十一　己酉　12.26	十二•一　戊午　1.4 十二•十一　戊辰　1.14 十二•二十一　戊寅　1.24

宋真宗大中祥符七年、辽圣宗开泰三年甲寅（1014—1015）

一•一　戊子　2.3 一•十一　戊戌　2.13 一•二十一　戊申　2.23	二•一　丁巳　3.4 二•十一　丁卯　3.14 二•二十一　丁丑　3.24	三•一　丙戌　4.2 三•十一　丙申　4.12 三•二十一　丙午　4.22	四•一　丙辰　5.2 四•十一　丙寅　5.12 四•二十一　丙子　5.22
五•一　丙戌　6.1 五•十一　丙申　6.11 五•二十一　丙午　6.21	六•一　乙卯　6.30 六•十一　乙丑　7.10 六•二十一　乙亥　7.20	七•一　乙酉　7.30 七•十一　乙未　8.9 七•二十一　乙巳　8.19	八•一　甲寅　8.28 八•十一　甲子　9.7 八•二十一　甲戌　9.17
九•一　甲申　9.27 九•十一　甲午　10.7 九•二十一　甲辰　10.17	十•一　甲寅　10.27 十•十一　甲子　11.6 十•二十一　甲戌　11.16	十一•一　癸未　11.25 十一•十一　癸巳　12.5 十一•二十一　癸卯　12.15	十二•一　癸丑　12.25 十二•十一　癸亥　1.4 十二•二十一　癸酉　1.14

宋真宗大中祥符八年、辽圣宗开泰四年乙卯（1015—1016）

一•一　壬午　1.23 一•十一　壬辰　2.2 一•二十一　壬寅　2.12	二•一　壬子　2.22 二•十一　壬戌　3.4 二•二十一　壬申　3.14	三•一　辛巳　3.23 三•十一　辛卯　4.2 三•二十一　辛丑　4.12	四•一　庚戌　4.21 四•十一　庚申　5.1 四•二十一　庚午　5.11
五•一　庚辰　5.21 五•十一　庚寅　5.31 五•二十一　庚子　6.10	六•一　己酉 6.19　闰六•一　己卯 7.19 [辽]七•一　己卯 7.19 六•十一　己未 6.29　闰六•十一　己丑 7.29 六•二十一　己巳 7.9　闰六•二十一己亥 8.8	七•一　戊申　8.17 [辽]闰七•一　戊申　8.17 七•十一　戊午　8.27 七•二十一　戊辰　9.6	八•一　戊寅　9.16 八•十一　戊子　9.26 八•二十一　戊戌　10.6
九•一　戊申　10.16 九•十一　戊午　10.26 九•二十一　戊辰　11.5	十•一　戊寅　11.15 十•十一　戊子　11.25 十•二十一　戊戌　12.5	十一•一　丁未　12.14 十一•十一　丁巳　12.24 十一•二十一　丁卯　1.3	十二•一　丁丑　1.13 十二•十一　丁亥　1.23 十二•二十一　丁酉　2.2

宋真宗大中祥符九年、辽圣宗开泰五年丙辰（1016—1017）

一・一	丙午	2.11	二・一	丙子	3.12	三・一	乙巳	4.10	四・一	甲戌	5.9
一・十一	丙辰	2.21	二・十一	丙戌	3.22	三・十一	乙卯	4.20	四・十一	甲申	5.19
一・二十一	丙寅	3.2	二・二十一	丙申	4.1	三・二十一	乙丑	4.30	四・二十一	甲午	5.29
五・一	甲辰	6.8	六・一	癸酉	7.7	七・一	癸卯	8.6	八・一	壬申	9.4
五・十一	甲寅	6.18	六・十一	癸未	7.17	七・十一	癸丑	8.16	八・十一	壬午	9.14
五・二十一	甲子	6.28	六・二十一	癸巳	7.27	七・二十一	癸亥	8.26	八・二十一	壬辰	9.24
九・一	壬寅	10.4	十・一	壬申	11.3	十一・一	辛丑	12.2	十二・一	辛未	1.1
九・十一	壬子	10.14	十・十一	壬午	11.13	十一・十一	辛亥	12.12	十二・十一	辛巳	1.11
九・二十一	壬戌	10.24	十・二十一	壬辰	11.23	十一・二十一	辛酉	12.22	十二・二十一	辛卯	1.21

宋真宗天禧元年、辽圣宗开泰六年丁巳（1017—1018）

一・一	辛丑	1.31	二・一	庚午	3.1	三・一	庚子	3.31	四・一	己巳	4.29
一・十一	辛亥	2.10	二・十一	庚辰	3.11	三・十一	庚戌	4.10	四・十一	己卯	5.9
一・二十一	辛酉	2.20	二・二十一	庚寅	3.21	三・二十一	庚申	4.20	四・二十一	己丑	5.19
五・一	戊戌	5.28	六・一	戊辰	6.27	七・一	丁酉	7.26	八・一	丙寅	8.24
五・十一	戊申	6.7	六・十一	戊寅	7.7	七・十一	丁未	8.5	八・十一	丙子	9.3
五・二十一	戊午	6.17	六・二十一	戊子	7.17	七・二十一	丁巳	8.15	八・二十一	丙戌	9.13
九・一	丙申	9.23	十・一	丙寅	10.23	十一・一	乙未	11.21	十二・一	乙丑	12.21
九・十一	丙午	10.3	十・十一	丙子	11.2	十一・十一	乙巳	12.1	十二・十一	乙亥	12.31
九・二十一	丙辰	10.13	十・二十一	丙戌	11.12	十一・二十一	乙卯	12.11	十二・二十一	乙酉	1.10

宋真宗天禧二年、辽圣宗开泰七年戊午（1018—1019）

一・一	乙未	1.20	二・一	乙丑	2.19	三・一	甲午	3.20	四・一 甲子 4.19	闰四・一	癸巳 5.18
一・十一	乙巳	1.30	二・十一	乙亥	3.1	三・十一	甲辰	3.30	四・十一 甲戌 4.29	闰四・十一	癸卯 5.28
一・二十一	乙卯	2.9	二・二十一	乙酉	3.11	三・二十一	甲寅	4.9	四・二十一 甲申 5.9	闰四・二十一	癸丑 6.7
五・一	壬戌	6.16	六・一	壬辰	7.16	七・一	辛酉	8.14	八・一	庚寅	9.12
五・十一	壬申	6.26	六・十一	壬寅	7.26	七・十一	辛未	8.24	八・十一	庚子	9.22
五・二十一	壬午	7.6	六・二十一	壬子	8.5	七・二十一	辛巳	9.3	八・二十一	庚戌	10.2
九・一	庚申	10.12	十・一	庚寅	11.11	十一・一	己未	12.10	十二・一	己丑	1.9
九・十一	庚午	10.22	十・十一	庚子	11.21	十一・十一	己巳	12.20	十二・十一	己亥	1.19
九・二十一	庚辰	11.1	十・二十一	庚戌	12.1	十一・二十一	己卯	12.30	十二・二十一	己酉	1.29

宋真宗天禧三年、辽圣宗开泰八年己未（1019—1020）

一・一	己未	2.8	二・一	己丑	3.10	三・一	戊午	4.8	四・一	戊子	5.8
一・十一	己巳	2.18	二・十一	己亥	3.20	三・十一	戊辰	4.18	四・十一	戊戌	5.18
一・二十一	己卯	2.28	二・二十一	己酉	3.30	三・二十一	戊寅	4.28	四・二十一	戊申	5.28
五・一	丁巳	6.6	六・一	丙戌	7.5	七・一	丙辰	8.4	八・一	乙酉	9.2
五・十一	丁卯	6.16	六・十一	丙申	7.15	七・十一	丙寅	8.14	八・十一	乙未	9.12
五・二十一	丁丑	6.26	六・二十一	丙午	7.25	七・二十一	丙子	8.24	八・二十一	乙巳	9.22
九・一	甲寅	10.1	十・一	甲申	10.31	十一・一	癸丑	11.29	十二・一	癸未	12.29
九・十一	甲子	10.11	十・十一	甲午	11.10	十一・十一	癸亥	12.9	十二・十一	癸巳	1.8
九・二十一	甲戌	10.21	十・二十一	甲辰	11.20	十一・二十一	癸酉	12.19	十二・二十一	癸卯	1.18

宋真宗天禧四年、辽圣宗开泰九年庚申（1020—1021）

一·一	癸丑	1.28	二·一	癸未	2.27	三·一	壬子	3.27	四·一	壬午	4.26
一·十一	癸亥	2.7	二·十一	癸巳	3.8	三·十一	壬戌	4.6	四·十一	壬辰	5.6
一·二十一	癸酉	2.17	二·二十一	癸卯	3.18	三·二十一	壬申	4.16	四·二十一	壬寅	5.16
五·一 [辽]	辛亥 壬子	5.25 5.26	六·一	辛巳	6.24	七·一	庚戌	7.23	八·一	庚辰	8.22
五·十一	辛酉	6.4	六·十一	辛卯	7.4	七·十一	庚申	8.2	八·十一	庚寅	9.1
五·二十一	辛未	6.14	六·二十一	辛丑	7.14	七·二十一	庚午	8.12	八·二十一	庚子	9.11
九·一	己酉	9.20	十·一	戊寅	10.19	十一·一	戊申	11.18	十二·一 闰十二·一	丁丑 丁未	12.17 1.16
九·十一	己未	9.30	十·十一	戊子	10.29	十一·十一	戊午	11.28	十二·十一 闰十二·十一	丁亥 丁巳	12.27 1.26
九·二十一	己巳	10.10	十·二十一	戊戌	11.8	十一·二十一	戊辰	12.8	十二·二十一 闰十二·二十一	丁酉 丁卯	1.6 2.5

宋真宗天禧五年、辽圣宗太平元年辛酉（1021—1022）

一·一	丁丑	2.15	二·一	丙午	3.16	三·一	丙子	4.15	四·一	丙午	5.15
一·十一	丁亥	2.25	二·十一	丙辰	3.26	三·十一	丙戌	4.25	四·十一	丙辰	5.25
一·二十一	丁酉	3.7	二·二十一	丙寅	4.5	三·二十一	丙申	5.5	四·二十一	丙寅	6.4
五·一	乙亥	6.13	六·一	乙巳	7.13	七·一	甲戌	8.11	八·一	甲辰	9.10
五·十一	乙酉	6.23	六·十一	乙卯	7.23	七·十一	甲申	8.21	八·十一	甲寅	9.20
五·二十一	乙未	7.3	六·二十一	乙丑	8.2	七·二十一	甲午	8.31	八·二十一	甲子	9.30
九·一	癸酉	10.9	十·一	癸卯	11.8	*十一·一	壬申	12.7	十二·一 [辽]	壬寅 辛丑	1.6 1.5
九·十一	癸未	10.19	十·十一	癸丑	11.18	十一·十一	壬午	12.17	十二·十一	壬子	1.16
九·二十一	癸巳	10.29	十·二十一	癸亥	11.28	十一·二十一	壬辰	12.27	十二·二十一	壬戌	1.26

＊ 本月辽改元“太平”。

宋真宗乾兴元年、辽圣宗太平二年壬戌（1022—1023）

一·一	辛未	2.4	二·一	庚子	3.5	三·一	庚午	4.4	四·一	庚子	5.4
一·十一	辛巳	2.14	二·十一	庚戌	3.15	三·十一	庚辰	4.14	四·十一	庚戌	5.14
一·二十一	辛卯	2.24	二·二十一	庚申	3.25	三·二十一	庚寅	4.24	四·二十一	庚申	5.24
五·一	己巳	6.2	六·一	己亥	7.2	七·一	己巳	8.1	八·一	戊戌	8.30
五·十一	己卯	6.12	六·十一	己酉	7.12	七·十一	己卯	8.11	八·十一	戊申	9.9
五·二十一	己丑	6.22	六·二十一	己未	7.22	七·二十一	己丑	8.21	八·二十一	戊午	9.19
九·一	戊辰	9.29	十·一	丁酉	10.28	十一·一	丁卯	11.27	十二·一	丙申	12.26
九·十一	戊寅	10.9	十·十一	丁未	11.7	十一·十一	丁丑	12.7	十二·十一	丙午	1.5
九·二十一	戊子	10.19	十·二十一	丁巳	11.17	十一·二十一	丁亥	12.17	十二·二十一	丙辰	1.15

宋仁宗天圣元年、辽圣宗太平三年癸亥（1023—1024）

一·一	丙寅	1.25	二·一	乙未	2.23	三·一	甲子	3.24	四·一	甲午	4.23
一·十一	丙子	2.4	二·十一	乙巳	3.5	三·十一	甲戌	4.3	四·十一	甲辰	5.3
一·二十一	丙戌	2.14	二·二十一	乙卯	3.15	三·二十一	甲申	4.13	四·二十一	甲寅	5.13
五·一	癸亥	5.22	六·一	癸巳	6.21	七·一	癸亥	7.21	八·一	壬辰	8.19
五·十一	癸酉	6.1	六·十一	癸卯	7.1	七·十一	癸酉	7.31	八·十一	壬寅	8.29
五·二十一	癸未	6.11	六·二十一	癸丑	7.11	七·二十一	癸未	8.10	八·二十一	壬子	9.8
九·一 闰九·一	壬戌 壬辰	9.18 10.18	十·一	辛酉	11.16	十一·一	辛卯	12.16	十二·一	庚申	1.14
九·十一 闰九·十一	壬申 壬寅	9.28 10.28	十·十一	辛未	11.26	十一·十一	辛丑	12.26	十二·十一	庚午	1.24
九·二十一 闰九·二十一	壬午 壬子	10.8 11.7	十·二十一	辛巳	12.6	十一·二十一	辛亥	1.5	十二·二十一	庚辰	2.3

宋仁宗天圣二年、辽圣宗太平四年甲子（1024—1025）

一·一	庚寅	2.13	二·一	己未	3.13	三·一	戊子	4.11	四·一	戊午	5.11
一·十一	庚子	2.23	二·十一	己巳	3.23	三·十一	戊戌	4.21	四·十一	戊辰	5.21
一·二十一	庚戌	3.4	二·二十一	己卯	4.2	三·二十一	戊申	5.1	四·二十一	戊寅	5.31
五·一	丁亥	6.9	六·一	丁巳	7.9	七·一	丙戌	8.7	八·一	丙辰	9.6
五·十一	丁酉	6.19	六·十一	丁卯	7.19	七·十一	丙申	8.17	八·十一	丙寅	9.16
五·二十一	丁未	6.29	六·二十一	丁丑	7.29	七·二十一	丙午	8.27	八·二十一	丙子	9.26
九·一	丙戌	10.6	十·一	乙卯	11.4	十一·一	乙酉	12.4	十二·一	甲寅	1.2
									[辽]	乙卯	1.3
九·十一	丙申	10.16	十·十一	乙丑	11.14	十一·十一	乙未	12.14	十二·十一	甲子	1.12
九·二十一	丙午	10.26	十·二十一	乙亥	11.24	十一·二十一	乙巳	12.24	十二·二十一	甲戌	1.22

宋仁宗天圣三年、辽圣宗太平五年乙丑（1025—1026）

一·一	甲申	2.1	二·一	甲寅	3.3	三·一	癸未	4.1	四·一	壬子	4.30
一·十一	甲午	2.11	二·十一	甲子	3.13	三·十一	癸巳	4.11	四·十一	壬戌	5.10
一·二十一	甲辰	2.21	二·二十一	甲戌	3.23	三·二十一	癸卯	4.21	四·二十一	壬申	5.20
五·一	壬午	5.30	六·一	辛亥	6.28	七·一	庚辰	7.27	八·一	庚戌	8.26
						[辽]	辛巳	7.28			
五·十一	壬辰	6.9	六·十一	辛酉	7.8	七·十一	庚寅	8.6	八·十一	庚申	9.5
五·二十一	壬寅	6.19	六·二十一	辛未	7.18	七·二十一	庚子	8.16	八·二十一	庚午	9.15
九·一	庚辰	9.25	十·一	己酉	10.24	十一·一	己卯	11.23	十二·一	己酉	12.23
九·十一	庚寅	10.5	十·十一	己未	11.3	十一·十一	己丑	12.3	十二·十一	己未	1.2
九·二十一	庚子	10.15	十·二十一	己巳	11.13	十一·二十一	己亥	12.13	十二·二十一	己巳	1.12

宋仁宗天圣四年、辽圣宗太平六年丙寅（1026—1027）

一·一	己卯	1.22	二·一	戊申	2.20	三·一	戊寅	3.22	四·一	丁未	4.20
一·十一	己丑	2.1	二·十一	戊午	3.2	三·十一	戊子	4.1	四·十一	丁巳	4.30
一·二十一	己亥	2.11	二·二十一	戊辰	3.12	三·二十一	戊戌	4.11	四·二十一	丁卯	5.10
五·一	丙子	5.19	六·一	乙亥	7.17	七·一	甲辰	8.15	八·一	甲戌	9.14
五·十一	丙戌	5.29	六·十一	乙酉	7.27	七·十一	甲寅	8.25	八·十一	甲申	9.24
五·二十一	丙申	6.8	六·二十一	乙未	8.6	七·二十一	甲子	9.4	八·二十一	甲午	10.4
闰五·一	丙午	6.18									
闰五·十一	丙辰	6.28									
闰五·二十一	丙寅	7.8									
九·一	癸卯	10.13	十·一	癸酉	11.12	十一·一	癸卯	12.12	十二·一	癸酉	1.11
九·十一	癸丑	10.23	十·十一	癸未	11.22	十一·十一	癸丑	12.22	十二·十一	癸未	1.21
九·二十一	癸亥	11.2	十·二十一	癸巳	12.2	十一·二十一	癸亥	1.1	十二·二十一	癸巳	1.31

宋仁宗天圣五年、辽圣宗太平七年丁卯（1027—1028）

一·一	壬寅	2.9	二·一	壬申	3.11	三·一	壬寅	4.10	四·一	辛未	5.9
一·十一	壬子	2.19	二·十一	壬午	3.21	三·十一	壬子	4.20	四·十一	辛巳	5.19
一·二十一	壬戌	3.1	二·二十一	壬辰	3.31	三·二十一	壬戌	4.30	四·二十一	辛卯	5.29
五·一	庚子	6.7	六·一	庚午	7.7	七·一	己亥	8.5	八·一	戊辰	9.3
五·十一	庚戌	6.17	六·十一	庚辰	7.17	七·十一	己酉	8.15	八·十一	戊寅	9.13
五·二十一	庚申	6.27	六·二十一	庚寅	7.27	七·二十一	己未	8.25	八·二十一	戊子	9.23
九·一	戊戌	10.3	十·一	丁卯	11.1	十一·一	丁酉	12.1	十二·一	丁卯	12.31
九·十一	戊申	10.13	十·十一	丁丑	11.11	十一·十一	丁未	12.11	十二·十一	丁丑	1.10
九·二十一	戊午	10.23	十·二十一	丁亥	11.21	十一·二十一	丁巳	12.21	十二·二十一	丁亥	1.20

宋仁宗天圣六年、辽圣宗太平八年戊辰(1028—1029)

一·一　丁酉　1.30	二·一　丙寅　2.28	三·一　丙申　3.29	四·一　丙寅　4.28
一·十一　丁未　2.9	二·十一　丙子　3.9	三·十一　丙午　4.8	四·十一　丙子　5.8
一·二十一　丁巳　2.19	二·二十一　丙戌　3.19	三·二十一　丙辰　4.18	四·二十一　丙戌　5.18
五·一　乙未　5.27	六·一　甲子　6.25	七·一　甲午　7.25	八·一　癸亥　8.23
五·十一　乙巳　6.6	六·十一　甲戌　7.5	七·十一　甲辰　8.4	八·十一　癸酉　9.2
五·二十一　乙卯　6.16	六·二十一　甲申　7.15	七·二十一　甲寅　8.14	八·二十一　癸未　9.12
九·一　壬辰　9.21	十·一　壬戌　10.21	十一·一　辛卯　11.19	十二·一　辛酉　12.19
九·十一　壬寅　10.1	十·十一　壬申　10.31	十一·十一　辛丑　11.29	十二·十一　辛未　12.29
九·二十一　壬子　10.11	十·二十一　壬午　11.10	十一·二十一　辛亥　12.9	十二·二十一　辛巳　1.8

宋仁宗天圣七年、辽圣宗太平九年己巳(1029—1030)

一·一　辛卯　1.18	二·一　庚申　2.16　闰二·一　庚寅　3.18 [辽]三·一　庚寅　3.18	三·一　庚申　4.17 [辽]闰三·一　庚申　4.17	四·一　己丑　5.16
一·十一　辛丑　1.28	二·十一　庚午　2.26　闰二·十一　庚子　3.28	三·十一　庚午　4.27	四·十一　己亥　5.26
一·二十一　辛亥　2.7	二·二十一　庚辰　3.8　闰二·二十一　庚戌　4.7	三·二十一　庚辰　5.7	四·二十一　己酉　6.5
五·一　己未　6.15	六·一　戊子　7.14	七·一　戊午　8.13	八·一　丁亥　9.11
五·十一　己巳　6.25	六·十一　戊戌　7.24	七·十一　戊辰　8.23	八·十一　丁酉　9.21
五·二十一　己卯　7.5	六·二十一　戊申　8.3	七·二十一　戊寅　9.2	八·二十一　丁未　10.1
九·一　丙辰　10.10	十·一　丙戌　11.9	十一·一　乙卯　12.8	十二·一　乙酉　1.7
九·十一　丙寅　10.20	十·十一　丙申　11.19	十一·十一　乙丑　12.18	十二·十一　乙未　1.17
九·二十一　丙子　10.30	十·二十一　丙午　11.29	十一·二十一　乙亥　12.28	十二·二十一　乙巳　1.27

宋仁宗天圣八年、辽圣宗太平十年庚午(1030—1031)

一·一　甲寅　2.5	二·一　甲申　3.7	三·一　甲寅　4.6	四·一　癸未　5.5
一·十一　甲子　2.15	二·十一　甲午　3.17	三·十一　甲子　4.16	四·十一　癸巳　5.15
一·二十一　甲戌　2.25	二·二十一　甲辰　3.27	三·二十一　甲戌　4.26	四·二十一　癸卯　5.25
五·一　癸丑　6.4	六·一　癸未　7.4	七·一　壬子　8.2	八·一　壬午　9.1
五·十一　癸亥　6.14	六·十一　癸巳　7.14	七·十一　壬戌　8.12	八·十一　壬辰　9.11
五·二十一　癸酉　6.24	六·二十一　癸卯　7.24	七·二十一　壬申　8.22	八·二十一　壬寅　9.21
九·一　辛亥　9.30	十·一　辛巳　10.30	十一·一　庚戌　11.28	十二·一　己卯　12.27
九·十一　辛酉　10.10	十·十一　辛卯　11.9	十一·十一　庚申　12.8	十二·十一　己丑　1.6
九·二十一　辛未　10.20	十·二十一　辛丑　11.19	十一·二十一　庚午　12.18	十二·二十一　己亥　1.16

宋仁宗天圣九年、辽兴宗景福元年辛未(1031—1032)

一·一　己酉　1.26	二·一　戊寅　2.24	三·一　戊申　3.26	四·一　戊寅　4.25
一·十一　己未　2.5	二·十一　戊子　3.6	三·十一　戊午　4.5	四·十一　戊子　5.5
一·二十一　己巳　2.15	二·二十一　戊戌　3.16	三·二十一　戊辰　4.15	四·二十一　戊戌　5.15
五·一　丁未　5.24	*六·一　丁丑　6.23	七·一　丙午　7.22	八·一　丙子　8.21
五·十一　丁巳　6.3	六·十一　丁亥　7.3	七·十一　丙辰　8.1	八·十一　丙戌　8.31
五·二十一　丁卯　6.13	六·二十一　丁酉　7.13	七·二十一　丙寅　8.11	八·二十一　丙申　9.10
九·一　丙午　9.20	十·一　乙亥　10.19　闰十·一　乙巳　11.18	十一·一　甲戌　12.17	十二·一　甲辰　1.16
九·十一　丙辰　9.30	十·十一　乙酉　10.29　闰十·十一　乙卯　11.28	十一·十一　甲申　12.27	十二·十一　甲寅　1.26
九·二十一　丙寅　10.10	十·二十一　乙未　11.8　闰十·二十一　乙丑　12.8	十一·二十一　甲午　1.6	十二·二十一　甲子　2.5

* 本月辽兴宗即位,改元“景福”。

宋仁宗明道元年、辽兴宗重熙元年壬申（1032—1033）

一·一	癸酉	2.14	二·一	壬寅	3.14	三·一	壬申	4.13	四·一	辛丑	5.12
一·十一	癸未	2.24	二·十一	壬子	3.24	三·十一	壬午	4.23	四·十一	辛亥	5.22
一·二十一	癸巳	3.5	二·二十一	壬戌	4.3	三·二十一	壬辰	5.3	四·二十一	辛酉	6.1
五·一	辛未	6.11	六·一	庚子	7.10	七·一	庚午	8.9	八·一	庚子	9.8
五·十一	辛巳	6.21	六·十一	庚戌	7.20	七·十一	庚辰	8.19	八·十一	庚戌	9.18
五·二十一	辛卯	7.1	六·二十一	庚申	7.30	七·二十一	庚寅	8.29	八·二十一	庚申	9.28
九·一	己巳	10.7	十·一	己亥	11.6	*十一·一	己巳	12.6	十二·一	戊戌	1.4
九·十一	己卯	10.17	十·十一	己酉	11.16	十一·十一	己卯	12.16	十二·十一	戊申	1.14
九·二十一	己丑	10.27	十·二十一	己未	11.26	十一·二十一	己丑	12.26	十二·二十一	戊午	1.24

* 本月宋改元“明道”；辽改元“重熙”。

宋仁宗明道二年、辽兴宗重熙二年癸酉（1033—1034）

一·一	戊辰	2.3	二·一	丁酉	3.4	三·一	丙寅	4.2	四·一	丙申	5.2
一·十一	戊寅	2.13	二·十一	丁未	3.14	三·十一	丙子	4.12	四·十一	丙午	5.12
一·二十一	戊子	2.23	二·二十一	丁巳	3.24	三·二十一	丙戌	4.22	四·二十一	丙辰	5.22
五·一	乙丑	5.31	六·一	甲午	6.29	七·一	甲子	7.29	八·一	甲午	8.28
五·十一	乙亥	6.10	六·十一	甲辰	7.9	七·十一	甲戌	8.8	八·十一	甲辰	9.7
五·二十一	乙酉	6.20	六·二十一	甲寅	7.19	七·二十一	甲申	8.18	八·二十一	甲寅	9.17
九·一	癸亥	9.26	十·一	癸巳	10.26	十一·一	癸亥	11.25	十二·一	癸巳	12.25
九·十一	癸酉	10.6	十·十一	癸卯	11.5	十一·十一	癸酉	12.5	十二·十一	癸卯	1.4
九·二十一	癸未	10.16	十·二十一	癸丑	11.15	十一·二十一	癸未	12.15	十二·二十一	癸丑	1.14

宋仁宗景祐元年、辽兴宗重熙三年甲戌（1034—1035）

一·一	壬戌	1.23	二·一	壬辰	2.22	三·一	辛酉	3.23	四·一	庚寅	4.21
一·十一	壬申	2.2	二·十一	壬寅	3.4	三·十一	辛未	4.2	四·十一	庚子	5.1
一·二十一	壬午	2.12	二·二十一	壬子	3.14	三·二十一	辛巳	4.12	四·二十一	庚戌	5.11
五·一	庚申	5.21	六·一 己丑6.19	闰六·一	戊午7.18	七·一	戊子	8.17	八·一	戊午	9.16
五·十一	庚午	5.31	六·十一 己亥6.29	闰六·十一	戊辰7.28	七·十一	戊戌	8.27	八·十一	戊辰	9.26
五·二十一	庚辰	6.10	六·二十一己酉7.9	闰六·二十一	戊寅8.7	七·二十一	戊申	9.6	八·二十一	戊寅	10.6
九·一	丁亥	10.15	十·一	丁巳	11.14	十一·一	丁亥	12.14	十二·一	丁巳	1.13
九·十一	丁酉	10.25	十·十一	丁卯	11.24	十一·十一	丁酉	12.24	十二·十一	丁卯	1.23
九·二十一	丁未	11.4	十·二十一	丁丑	12.4	十一·二十一	丁未	1.3	十二·二十一	丁丑	2.2

宋仁宗景祐二年、辽兴宗重熙四年乙亥（1035—1036）

一·一	丙戌	2.11	二·一	丙辰	3.13	三·一	乙酉	4.11	四·一	甲寅	5.10
一·十一	丙申	2.21	二·十一	丙寅	3.23	三·十一	乙未	4.21	四·十一	甲子	5.20
一·二十一	丙午	3.3	二·二十一	丙子	4.2	三·二十一	乙巳	5.1	四·二十一	甲戌	5.30
五·一	甲申	6.9	六·一	癸丑	7.8	七·一	壬午	8.6	八·一	壬子	9.5
五·十一	甲午	6.19	六·十一	癸亥	7.18	七·十一	壬辰	8.16	八·十一	壬戌	9.15
五·二十一	甲辰	6.29	六·二十一	癸酉	7.28	七·二十一	壬寅	8.26	八·二十一	壬申	9.25
九·一	辛巳	10.4	十·一	辛亥	11.3	十一·一	辛巳	12.3	十二·一	辛亥	1.2
九·十一	辛卯	10.14	十·十一	辛酉	11.13	十一·十一	辛卯	12.13	十二·十一	辛酉	1.12
九·二十一	辛丑	10.24	十·二十一	辛未	11.23	十一·二十一	辛丑	12.23	十二·二十一	辛未	1.22

宋仁宗景祐三年、辽兴宗重熙五年丙子(1036—1037)

一·一　庚辰　1.31 一·十一　庚寅　2.10 一·二十一　庚子　2.20	二·一　庚戌　3.1 二·十一　庚申　3.11 二·二十一　庚午　3.21	三·一　庚辰　3.31 三·十一　庚寅　4.10 三·二十一　庚子　4.20	四·一　己酉　4.29 四·十一　己未　5.9 四·二十一　己巳　5.19
五·一　戊寅　5.28 五·十一　戊子　6.7 五·二十一　戊戌　6.17	六·一　戊申　6.27 六·十一　戊午　7.7 六·二十一　戊辰　7.17	七·一　丁丑　7.26 七·十一　丁亥　8.5 七·二十一　丁酉　8.15	八·一　丙午　8.24 八·十一　丙辰　9.3 八·二十一　丙寅　9.13
九·一　丙子　9.23 九·十一　丙戌　10.3 九·二十一　丙申　10.13	十·一　乙巳　10.22 十·十一　乙卯　11.1 十·二十一　乙丑　11.11	十一·一　乙亥　11.21 十一·十一　乙酉　12.1 十一·二十一　乙未　12.11	十二·一　乙巳　12.21 十二·十一　乙卯　12.31 十二·二十一　乙丑　1.10

宋仁宗景祐四年、辽兴宗重熙六年丁丑(1037—1038)

一·一　甲戌　1.19 一·十一　甲申　1.29 一·二十一　甲午　2.8	二·一　甲辰　2.18 二·十一　甲寅　2.28 二·二十一　甲子　3.10	三·一　甲戌　3.20 三·十一　甲申　3.30 三·二十一　甲午　4.9	四·一　癸卯 4.18　闰四·一　癸酉 5.18 四·十一　癸丑 4.28　闰四·十一　癸未 5.28 四·二十一癸亥 5.8　闰四·二十一癸巳 6.7
五·一　壬寅　6.16 五·十一　壬子　6.26 五·二十一　壬戌　7.6	六·一　壬申　7.16 六·十一　壬午　7.26 六·二十一　壬辰　8.5	七·一　辛丑　8.14 七·十一　辛亥　8.24 七·二十一　辛酉　9.3	八·一　庚午　9.12 八·十一　庚辰　9.22 八·二十一　庚寅　10.2
九·一　庚子　10.12 九·十一　庚戌　10.22 九·二十一　庚申　11.1	十·一　己巳　11.10 十·十一　己卯　11.20 十·二十一　己丑　11.30	十一·一　己亥　12.10 十一·十一　己酉　12.20 十一·二十一　己未　12.30	十二·一　戊辰　1.8 十二·十一　戊寅　1.18 十二·二十一　戊子　1.28

宋仁宗宝元元年、辽兴宗重熙七年戊寅(1038—1039)

一·一　戊戌　2.7 一·十一　戊申　2.17 一·二十一　戊午　2.27	二·一　戊辰　3.9 二·十一　戊寅　3.19 二·二十一　戊子　3.29	三·一　戊戌　4.8 三·十一　戊申　4.18 三·二十一　戊午　4.28	四·一　丁卯　5.7 四·十一　丁丑　5.17 四·二十一　丁亥　5.27
五·一　丁酉　6.6 五·十一　丁未　6.16 五·二十一　丁巳　6.26	六·一　丙寅　7.5 六·十一　丙子　7.15 六·二十一　丙戌　7.25	七·一　丙申　8.4 七·十一　丙午　8.14 七·二十一　丙辰　8.24	八·一　乙丑　9.2 八·十一　乙亥　9.12 八·二十一　乙酉　9.22
九·一　甲午　10.1 九·十一　甲辰　10.11 九·二十一　甲寅　10.21	十·一　甲子　10.31 十·十一　甲戌　11.10 十·二十一　甲申　11.20	*十一·一　癸巳　11.29 十一·十一　癸卯　12.9 十一·二十一　癸丑　12.19	十二·一　癸亥　12.29 十二·十一　癸酉　1.8 十二·二十一　癸未　1.18

* 本月宋改元“宝元”。

宋仁宗宝元二年、辽兴宗重熙八年己卯(1039—1040)

一·一　壬辰　1.27 一·十一　壬寅　2.6 一·二十一　壬子　2.16	二·一　壬戌　2.26 二·十一　壬申　3.8 二·二十一　壬午　3.18	三·一　壬辰　3.28 三·十一　壬寅　4.7 三·二十一　壬子　4.17	四·一　辛酉　4.26 四·十一　辛未　5.6 四·二十一　辛巳　5.16
五·一　辛卯　5.26 五·十一　辛丑　6.5 五·二十一　辛亥　6.15	六·一　庚申　6.24 [辽]　辛酉　6.25 六·十一　庚午　7.4 六·二十一　庚辰　7.14	七·一　庚寅　7.24 七·十一　庚子　8.3 七·二十一　庚戌　8.13	八·一　庚申　8.23 八·十一　庚午　9.2 八·二十一　庚辰　9.12
九·一　己丑　9.21 九·十一　己亥　10.1 九·二十一　己酉　10.11	十·一　己未　10.21 十·十一　己巳　10.31 十·二十一　己卯　11.10	十一·一　戊子　11.19 十一·十一　戊戌　11.29 十一·二十一　戊申　12.9	十二·一　丁巳 12.25　闰十二·一　丁亥 1.17 十二·十一　丁卯 1.4　闰十二·十一　丁酉 1.27 十二·二十一丁丑 1.14　闰十二·二十一丁未 2.6

宋仁宗康定元年、辽兴宗重熙九年庚辰（1040—1041）

一・一	丙辰	2.15	*二・一	丙戌	3.16	三・一	乙卯	4.14	四・一	乙酉	5.14
一・十一	丙寅	2.25	二・十一	丙申	3.26	三・十一	乙丑	4.24	四・十一	乙未	5.24
一・二十一	丙子	3.6	二・二十一	丙午	4.5	三・二十一	乙亥	5.4	四・二十一	乙巳	6.3
五・一 ［辽］ 五・十一 五・二十一	甲寅 乙卯 甲子 甲戌	6.12 6.13 6.22 7.2	六・一 六・十一 六・二十一	甲申 甲午 甲辰	7.12 7.22 8.1	七・一 七・十一 七・二十一	甲寅 甲子 甲戌	8.11 8.21 8.31	八・一 八・十一 八・二十一	癸未 癸巳 癸卯	9.9 9.19 9.29
九・一 九・十一 九・二十一	癸丑 癸亥 癸酉	10.9 10.19 10.29	十・一 十・十一 十・二十一	癸未 癸巳 癸卯	11.8 11.18 11.28	十一・一 十一・十一 十一・二十一	壬子 壬戌 壬申	12.7 12.17 12.27	十二・一 ［辽］ 十二・十一 十二・二十一	壬午 辛巳 壬辰 壬寅	1.6 1.5 1.16 1.26

＊ 本月宋改元“康定”。

宋仁宗庆历元年、辽兴宗重熙十年辛巳（1041—1042）

一・一	辛亥	2.4	二・一	庚辰	3.5	三・一	庚戌	4.4	四・一	己卯	5.3
一・十一	辛酉	2.14	二・十一	庚寅	3.15	三・十一	庚申	4.14	四・十一	己丑	5.13
一・二十一	辛未	2.24	二・二十一	庚子	3.25	三・二十一	庚午	4.24	四・二十一	己亥	5.23
五・一	己酉	6.2	六・一	戊寅	7.1	七・一	戊申	7.31	八・一	戊寅	8.30
五・十一	己未	6.12	六・十一	戊子	7.11	七・十一	戊午	8.10	八・十一	戊子	9.9
五・二十一	己巳	6.22	六・二十一	戊戌	7.21	七・二十一	戊辰	8.20	八・二十一	戊戌	9.19
九・一	丁未	9.28	十・一	丁丑	10.28	*十一・一	丁未	11.27	十二・一	丙子	12.26
九・十一	丁巳	10.8	十・十一	丁亥	11.7	十一・十一	丁巳	12.7	十二・十一	丙戌	1.5
九・二十一	丁卯	10.18	十・二十一	丁酉	11.17	十一・二十一	丁卯	12.17	十二・二十一	丙申	1.15

＊ 本月宋改元“庆历”。

宋仁宗庆历二年、辽兴宗重熙十一年壬午（1042—1043）

一・一	丙午	1.25	二・一	乙亥	2.23	三・一	甲辰	3.24	四・一	甲戌	4.23
一・十一	丙辰	2.4	二・十一	乙酉	3.5	三・十一	甲寅	4.3	四・十一	甲申	5.3
一・二十一	丙寅	2.14	二・二十一	乙未	3.15	三・二十一	甲子	4.13	四・二十一	甲午	5.13
五・一	癸卯	5.22	六・一	壬申	6.20	七・一	壬寅	7.20	八・一	壬申	8.19
五・十一	癸丑	6.1	六・十一	壬午	6.30	七・十一	壬子	7.30	八・十一	壬午	8.29
五・二十一	癸亥	6.11	六・二十一	壬辰	7.10	七・二十一	壬戌	8.9	八・二十一	壬辰	9.8
九・一　辛丑 9.17　闰九・一　辛未 10.17			十・一	辛丑	11.16	十一・一	庚午	*12.15	十二・一	庚子	1.14
九・十一　辛亥 9.27　闰九・十一　辛巳 10.27			十・十一	辛亥	11.26	十一・十一	庚辰	12.25	十二・十一	庚戌	1.24
九・二十一　辛酉 10.7　闰九・二十一　辛卯 11.6			十・二十一	辛酉	12.6	十一・二十一	庚寅	1.4	十二・二十一	庚申	2.3

＊《总谱》12 月 16 日，误。

宋仁宗庆历三年、辽兴宗重熙十二年癸未（1043—1044）

一・一	庚午	2.13	二・一	己亥	3.14	三・一	戊辰	4.12	四・一	戊戌	5.12
一・十一	庚辰	2.23	二・十一	己酉	3.24	三・十一	戊寅	4.22	四・十一	戊申	5.22
一・二十一	庚寅	3.5	二・二十一	己未	4.3	三・二十一	戊子	5.2	四・二十一	戊午	6.1
五・一	丁卯	6.10	六・一	丙申	7.9	七・一	丙寅	8.8	八・一	乙未	9.6
五・十一	丁丑	6.20	六・十一	丙午	7.19	七・十一	丙子	8.18	八・十一	乙巳	9.16
五・二十一	丁亥	6.30	六・二十一	丙辰	7.29	七・二十一	丙戌	8.28	八・二十一	乙卯	9.26
九・一	乙丑	10.6	十・一	乙未	11.5	十一・一	乙丑	12.5	十二・一	甲午	1.3
九・十一	乙亥	10.16	十・十一	乙巳	11.15	十一・十一	乙亥	12.15	十二・十一	甲辰	1.13
九・二十一	乙酉	10.26	十・二十一	乙卯	11.25	十一・二十一	乙酉	12.25	十二・二十一	甲寅	1.23

宋仁宗庆历四年、辽兴宗重熙十三年甲申（1044—1045）

一・一	甲子	2.2	二・一	甲午	3.3	三・一	癸亥	4.1	四・一	壬辰	4.30
一・十一	甲戌	2.12	二・十一	甲辰	3.13	三・十一	癸酉	4.11	四・十一	壬寅	5.10
一・二十一	甲申	2.22	二・二十一	甲寅	3.23	三・二十一	癸未	4.21	四・二十一	壬子	5.20
五・一	壬戌	5.30	六・一	辛卯	6.28	七・一	庚申	7.27	八・一	庚寅	8.26
五・十一	壬申	6.9	六・十一	辛丑	7.8	七・十一	庚午	8.6	八・十一	庚子	9.5
五・二十一	壬午	6.19	六・二十一	辛亥	7.18	七・二十一	庚辰	8.16	八・二十一	庚戌	9.15
九・一	己未	9.24	十・一	己丑	10.24	十一・一	戊午	11.22	十二・一	戊子	12.22
						[辽]	己未	11.23			
九・十一	己巳	10.4	十・十一	己亥	11.3	十一・十一	戊辰	12.2	十二・十一	戊戌	1.1
九・二十一	己卯	10.14	十・二十一	己酉	11.13	十一・二十一	戊寅	12.12	十二・二十一	戊申	1.11

宋仁宗庆历五年、辽兴宗重熙十四年乙酉（1045—1046）

一・一	戊午	1.21	二・一	戊子	2.20	三・一	丁巳	3.21	四・一	丁亥	4.20
						[辽]	戊午	3.22			
一・十一	戊辰	1.31	二・十一	戊戌	3.2	三・十一	丁卯	3.31	四・十一	丁酉	4.30
一・二十一	戊寅	2.10	二・二十一	戊申	3.12	三・二十一	丁丑	4.10	四・二十一	丁未	5.10
五・一	丙辰	5.19	六・一	乙卯	7.17	七・一	甲申	8.15	八・一	甲寅	9.14
五・十一	丙寅	5.29	六・十一	乙丑	7.27	七・十一	甲午	8.25	八・十一	甲子	9.24
五・二十一	丙子	6.8	六・二十一	乙亥	8.6	七・二十一	甲辰	9.4	八・二十一	甲戌	10.4
闰五・一	丙戌	6.18									
闰五・十一	丙申	6.28									
闰五・二十一	丙午	7.8									
九・一	癸未	10.13	十・一	癸丑	11.12	十一・一	壬午	12.11	十二・一	壬子	1.10
九・十一	癸巳	10.23	十・十一	癸亥	11.22	十一・十一	壬辰	12.21	十二・十一	壬戌	1.20
九・二十一	癸卯	11.2	十・二十一	癸酉	12.2	十一・二十一	壬寅	12.31	十二・二十一	壬申	1.30

宋仁宗庆历六年、辽兴宗重熙十五年丙戌（1046—1047）

一・一	壬午	2.9	二・一	壬子	3.11	三・一	辛巳	4.9	四・一	辛亥	5.9
一・十一	壬辰	2.19	二・十一	壬戌	3.21	三・十一	辛卯	4.19	四・十一	辛酉	5.19
一・二十一	壬寅	3.1	二・二十一	壬申	3.31	三・二十一	辛丑	4.29	四・二十一	辛未	5.29
五・一	庚辰	6.7	六・一	庚戌	7.7	七・一	己卯	8.5	八・一	戊申	9.3
五・十一	庚寅	6.17	六・十一	庚申	7.17	七・十一	己丑	8.15	八・十一	戊午	9.13
五・二十一	庚子	6.27	六・二十一	庚午	7.27	七・二十一	己亥	8.25	八・二十一	戊辰	9.23
九・一	戊寅	10.3	十・一	丁未	11.1	十一・一	丁丑	12.1	十二・一	丙午	12.30
九・十一	戊子	10.13	十・十一	丁巳	11.11	十一・十一	丁亥	12.11	十二・十一	丙辰	1.9
九・二十一	戊戌	10.23	十・二十一	丁卯	11.21	十一・二十一	丁酉	12.21	十二・二十一	丙寅	1.19

宋仁宗庆历七年、辽兴宗重熙十六年丁亥（1047—1048）

一・一	丙子	1.29	二・一	丙午	2.28	三・一	乙亥	3.29	四・一	乙巳	4.28
一・十一	丙戌	2.8	二・十一	丙辰	3.10	三・十一	乙酉	4.8	四・十一	乙卯	5.8
一・二十一	丙申	2.18	二・二十一	丙寅	3.20	三・二十一	乙未	4.18	四・二十一	乙丑	5.18
五・一	乙亥	5.28	六・一	甲辰	6.26	七・一	甲戌	7.26	八・一	癸卯	8.24
五・十一	乙酉	6.7	六・十一	甲寅	7.6	七・十一	甲申	8.5	八・十一	癸丑	9.3
五・二十一	乙未	6.17	六・二十一	甲子	7.16	七・二十一	甲午	8.15	八・二十一	癸亥	9.13
九・一	壬申	9.22	十・一	壬寅	10.22	十一・一	辛未	11.20	十二・一	辛丑	12.20
九・十一	壬午	10.2	十・十一	壬子	11.1	十一・十一	辛巳	11.30	十二・十一	辛亥	12.30
九・二十一	壬辰	10.12	十・二十一	壬戌	11.11	十一・二十一	辛卯	12.10	十二・二十一	辛酉	1.9

宋仁宗庆历八年、辽兴宗重熙十七年戊子（1048—1049）

一・一 庚午 1.18　闰一・一 庚子 2.17 一・十一 庚辰 1.28　闰一・十一 庚戌 2.27 一・二十一庚寅 2.7　闰一・二十一庚申 3.8	二・一 己巳 3.17 二・十一 己卯 3.27 二・二十一 己丑 4.6	三・一 己亥 4.16 三・十一 己酉 4.26 三・二十一 己未 5.6	四・一 己巳 5.16 四・十一 己卯 5.26 四・二十一 己丑 6.5
五・一 戊戌 6.14 五・十一 戊申 6.24 五・二十一 戊午 7.4	六・一 戊辰 7.14 六・十一 戊寅 7.24 六・二十一 戊子 8.3	七・一 丁酉 8.12 七・十一 丁未 8.22 七・二十一 丁巳 9.1	八・一 丁卯 9.11 八・十一 丁丑 9.21 八・二十一 丁亥 10.1
九・一 丙申 10.10 九・十一 丙午 10.20 九・二十一 丙辰 10.30	十・一 丙寅 11.9 十・十一 丙子 11.19 十・二十一 丙戌 11.29	十一・一 乙未 12.8 十一・十一 乙巳 12.18 十一・二十一 乙卯 12.28	十二・一 乙丑 1.7 十二・十一 乙亥 1.17 十二・二十一 乙酉 1.27

宋仁宗皇祐元年、辽兴宗重熙十八年己丑（1049—1050）

一・一 甲午 2.5 一・十一 甲辰 2.15 一・二十一 甲寅 2.25	二・一 甲子 3.7 二・十一 甲戌 3.17 二・二十一 甲申 3.27	三・一 癸巳 4.5 三・十一 癸卯 4.15 三・二十一 癸丑 4.25	四・一 癸亥 5.5 四・十一 癸酉 5.15 四・二十一 癸未 5.25
五・一 壬辰 6.3 五・十一 壬寅 6.13 五・二十一 壬子 6.23	六・一 壬戌 7.3 六・十一 壬申 7.13 六・二十一 壬午 7.23	七・一 壬辰 8.2 七・十一 壬寅 8.12 七・二十一 壬子 8.22	八・一 辛酉 8.31 八・十一 辛未 9.10 八・二十一 辛巳 9.20
九・一 辛卯 9.30 九・十一 辛丑 10.10 九・二十一 辛亥 10.20	十・一 庚申 10.29 十・十一 庚午 11.8 十・二十一 庚辰 11.18	十一・一 庚寅 11.28 十一・十一 庚子 12.8 十一・二十一 庚戌 12.18	十二・一 庚申 12.28 [辽] 己未 12.27 十二・十一 庚午 1.7 十二・二十一 庚辰 1.17

宋仁宗皇祐二年、辽兴宗重熙十九年庚寅（1050—1051）

一・一 己丑 1.26 一・十一 己亥 2.5 一・二十一 己酉 2.15	二・一 戊午 2.24 二・十一 戊辰 3.6 二・二十一 戊寅 3.16	三・一 戊子 3.26 三・十一 戊戌 4.5 三・二十一 戊申 4.15	四・一 丁巳 4.24 四・十一 丁卯 5.4 四・二十一 丁丑 5.14
五・一 丁亥 5.24 五・十一 丁酉 6.3 五・二十一 丁未 6.13	六・一 丙辰 6.22 六・十一 丙寅 7.2 六・二十一 丙子 7.12	七・一 丙戌 7.22 七・十一 丙申 8.1 七・二十一 丙午 8.11	八・一 乙卯 8.20 八・十一 乙丑 8.30 八・二十一 乙亥 9.9
九・一 乙酉 9.19 九・十一 乙未 9.29 九・二十一 乙巳 10.9	十・一 乙卯 10.19 十・十一 乙丑 10.29 十・二十一 乙亥 11.8	十一・一 甲申 11.17　闰十一・一 甲寅 12.17 十一・十一 甲午 11.27　闰十一・十一 甲子 12.27 十一・二十一甲辰 12.7　闰十一・二十一甲戌 1.6	十二・一 甲申 1.16 十二・十一 甲午 1.26 十二・二十一 甲辰 2.5

宋仁宗皇祐三年、辽兴宗重熙二十年辛卯（1051—1052）

一・一 癸丑 2.14 一・十一 癸亥 2.24 一・二十一 癸酉 3.6	二・一 壬午 3.15 二・十一 壬辰 3.25 二・二十一 壬寅 4.4	三・一 壬子 4.14 三・十一 壬戌 4.24 三・二十一 壬申 5.4	四・一 辛巳 5.13 四・十一 辛卯 5.23 四・二十一 辛丑 6.2
五・一 庚戌 6.11 五・十一 庚申 6.21 五・二十一 庚午 7.1	六・一 庚辰 7.11 六・十一 庚寅 7.21 六・二十一 庚子 7.31	七・一 己酉 8.9 七・十一 己未 8.19 七・二十一 己巳 8.29	八・一 己卯 9.8 八・十一 己丑 9.18 八・二十一 己亥 9.28
九・一 己酉 10.8 九・十一 己未 10.18 九・二十一 己巳 10.28	十・一 己卯 11.7 十・十一 己丑 11.17 十・二十一 己亥 11.27	十一・一 戊申 12.6 十一・十一 戊午 12.16 十一・二十一 戊辰 12.26	十二・一 戊寅 1.5 十二・十一 戊子 1.15 十二・二十一 戊戌 1.25

宋仁宗皇祐四年、辽兴宗重熙二十一年壬辰（1052—1053）

一・一	戊申	2.4	二・一	丁丑	3.4	三・一	丙午	4.2	四・一	丙子	5.2
一・十一	戊午	2.14	二・十一	丁亥	3.14	三・十一	丙辰	4.12	四・十一	丙戌	5.12
一・二十一	戊辰	2.24	二・二十一	丁酉	3.24	三・二十一	丙寅	4.22	四・二十一	丙申	5.22
五・一	乙巳	5.31	六・一	甲戌	6.29	七・一	甲辰	7.29	八・一	癸酉	8.27
五・十一	乙卯	6.10	六・十一	甲申	7.9	七・十一	甲寅	8.8	八・十一	癸未	9.6
五・二十一	乙丑	6.20	六・二十一	甲午	7.19	七・二十一	甲子	8.18	八・二十一	癸巳	9.16
九・一	癸卯	9.26	十・一	癸酉	10.26	十一・一	壬寅	11.24	十二・一	壬申	12.24
九・十一	癸丑	10.6	十・十一	癸未	11.5	十一・十一	壬子	12.4	十二・十一	壬午	1.3
九・二十一	癸亥	10.16	十・二十一	癸巳	11.15	十一・二十一	壬戌	12.14	十二・二十一	壬辰	1.13

宋仁宗皇祐五年、辽兴宗重熙二十二年癸巳（1053—1054）

一・一	壬寅	1.23	二・一	辛未	2.21	三・一	辛丑	3.23	四・一	庚午	4.21
一・十一	壬子	2.2	［辽］ 二・十一	壬申 辛巳	2.22 3.3	三・十一	辛亥	4.2	四・十一	庚辰	5.1
一・二十一	壬戌	2.12	二・二十一	辛卯	3.13	三・二十一	辛酉	4.12	四・二十一	庚寅	5.11
五・一	庚子	5.21	六・一	己巳	6.19	七・一 闰七・一	戊戌 戊辰	7.18 8.17	八・一	丁酉	9.15
五・十一	庚戌	5.31	六・十一	己卯	9.29	七・十一 闰七・十一	戊申 戊寅	7.28 8.27	八・十一	丁未	9.25
五・二十一	庚申	6.10	六・二十一	己丑	7.9	七・二十一 闰七・二十一	戊午 戊子	8.7 9.6	八・二十一	丁巳	10.5
九・一	丁卯	10.15	十・一	丙申	11.13	十一・一	丙寅	12.13	十二・一	丙申	1.12
九・十一	丁丑	10.25	十・十一	丙午	11.23	十一・十一	丙子	12.23	十二・十一	丙午	1.22
九・二十一	丁亥	11.4	十・二十一	丙辰	12.3	十一・二十一	丙戌	1.2	十二・二十一	丙辰	2.1

宋仁宗至和元年、辽兴宗重熙二十三年甲午（1054—1055）

一・一	丙寅	2.11	二・一	乙未	3.12	*三・一	乙丑	4.11	四・一	甲午	5.10
一・十一	丙子	2.21	二・十一	乙巳	3.22	三・十一	乙亥	4.21	四・十一	甲辰	5.20
一・二十一	丙戌	3.3	二・二十一	乙卯	4.1	三・二十一	乙酉	5.1	四・二十一	甲寅	5.30
五・一	甲子	6.9	六・一	癸巳	7.8	七・一	壬戌	8.6	八・一	壬辰	9.5
五・十一	甲戌	6.19	六・十一	癸卯	7.18	七・十一	壬申	8.16	八・十一	壬寅	9.15
五・二十一	甲申	6.29	六・二十一	癸丑	7.28	七・二十一	壬午	8.26	八・二十一	壬子	9.25
九・一	辛酉	10.4	十・一	辛卯	11.3	十一・一	庚申	12.2	十二・一	庚寅	1.1
九・十一	辛未	10.14	十・十一	辛丑	11.13	十一・十一	庚午	12.12	十二・十一	庚子	1.11
九・二十一	辛巳	10.24	十・二十一	辛亥	11.23	十一・二十一	庚辰	12.22	十二・二十一	庚戌	1.21

* 本月宋改元“至和”。

宋仁宗至和二年、辽道宗清宁元年乙未（1055—1056）

一・一	庚申	1.31	二・一	己丑	3.1	三・一	己未	3.31	四・一	己丑	4.30
一・十一	庚午	2.10	二・十一	己亥	3.11	三・十一	己巳	4.10	四・十一	己亥	5.10
一・二十一	庚辰	2.20	二・二十一	己酉	3.21	三・二十一	己卯	4.20	四・二十一	己酉	5.20
五・一	戊午	5.29	六・一	戊子	6.28	七・一	丁巳	7.27	*八・一	丙戌	8.25
五・十一	戊辰	6.8	六・十一	戊戌	7.8	七・十一	丁卯	8.6	八・十一	丙申	9.4
五・二十一	戊寅	6.18	六・二十一	戊申	7.18	七・二十一	丁丑	8.16	八・二十一	丙午	9.14
九・一	丙辰	9.24	十・一	乙酉	10.23	十一・一	乙卯	11.22	十二・一	甲申	12.21
九・十一	丙寅	10.4	十・十一	乙未	11.2	十一・十一	乙丑	12.2	十二・十一	甲午	12.31
九・二十一	丙子	10.14	十・二十一	乙巳	11.12	十一・二十一	乙亥	12.12	十二・二十一	甲辰	1.10

* 本月辽道宗即位，改元“清宁”。

宋仁宗嘉祐元年、辽道宗清宁二年丙申（1056—1057）

一·一　甲寅　1.20 一·十一　甲子　1.30 一·二十一　甲戌　2.9	二·一　癸未　2.18 二·十一　癸巳　2.28 二·二十一　癸卯　3.9	三·一　癸丑 3.19　闰三·一　癸未 4.18 三·十一　癸亥 3.29　闰三·十一　癸巳 4.28 三·二十一癸酉 4.8　闰三·二十一癸卯 5.8	四·一　壬子　5.17 四·十一　壬戌　5.27 四·二十一　壬申　6.6
五·一　壬午　6.16 五·十一　壬辰　6.26 五·二十一　壬寅　7.6	六·一　辛亥　7.15 ［辽］　壬子　7.16 六·十一　辛酉　7.25 六·二十一　辛未　8.4	七·一　辛巳　8.14 七·十一　辛卯　8.24 七·二十一　辛丑　9.3	八·一　庚戌　9.12 八·十一　庚申　9.22 八·二十一　庚午　10.2
*九·一　庚辰　10.12 九·十一　庚寅　10.22 九·二十一　庚子　11.1	十·一　己酉　11.10 十·十一　己未　11.20 十·二十一　己巳　11.30	十一·一　己卯　12.10 十一·十一　己丑　12.20 十一·二十一　己亥　12.30	十二·一　戊申　1.8 十二·十一　戊午　1.18 十二·二十一　戊辰　1.28

* 本月宋改元“嘉祐”。

宋仁宗嘉祐二年、辽道宗清宁三年丁酉（1057—1058）

一·一　戊寅　2.7 一·十一　戊子　2.17 一·二十一　戊戌　2.27	二·一　丁未　3.8 二·十一　丁巳　3.18 二·二十一　丁卯　3.28	三·一　丁丑　4.7 三·十一　丁亥　4.17 三·二十一　丁酉　4.27	四·一　丁未　5.7 四·十一　丁巳　5.17 四·二十一　丁卯　5.27
五·一　丙子　6.5 五·十一　丙戌　6.15 五·二十一　丙申　6.25	六·一　丙午　7.5 六·十一　丙辰　7.15 六·二十一　丙寅　7.25	七·一　乙亥　8.3 七·十一　乙酉　8.13 七·二十一　乙未　8.23	八·一　乙巳　9.2 八·十一　乙卯　9.12 八·二十一　乙丑　9.22
九·一　甲戌　10.1 九·十一　甲申　10.11 九·二十一　甲午　10.21	十·一　甲辰　10.31 十·十一　甲寅　11.10 十·二十一　甲子　11.20	十一·一　癸酉　11.29 十一·十一　癸未　12.9 十一·二十一　癸巳　12.19	十二·一　癸卯　12.29 十二·十一　癸丑　1.8 十二·二十一　癸亥　1.18

宋仁宗嘉祐三年、辽道宗清宁四年戊戌（1058—1059）

一·一　壬申　1.27 一·十一　壬午　2.6 一·二十一　壬辰　2.16	二·一　壬寅　2.26 二·十一　壬子　3.8 二·二十一　壬戌　3.18	三·一　辛未　3.27 三·十一　辛巳　4.6 三·二十一　辛卯　4.16	四·一　辛丑　4.26 四·十一　辛亥　5.6 四·二十一　辛酉　5.16
五·一　庚午　5.25 五·十一　庚辰　6.4 五·二十一　庚寅　6.14	六·一　庚子　6.24 六·十一　庚戌　7.4 六·二十一　庚申　7.14	七·一　己巳　7.23 七·十一　己卯　8.2 七·二十一　己丑　8.12	八·一　己亥　8.22 八·十一　己酉　9.1 八·二十一　己未　9.11
九·一　己巳　9.21 九·十一　己卯　10.1 九·二十一　己丑　10.11	十·一　戊戌　10.20 十·十一　戊申　10.30 十·二十一　戊午　11.9	十一·一　戊辰　11.19 十一·十一　戊寅　11.29 十一·二十一　戊子　12.9	十二·一　丁酉 12.18　闰十二·一　丁卯 1.17 十二·十一　丁未 12.28　闰十二·十一　丁丑 1.27 十二·二十一丁巳 1.7　闰十二·二十一丁亥 2.6

宋仁宗嘉祐四年、辽道宗清宁五年己亥（1059—1060）

一·一　丙申　2.15 一·十一　丙午　2.25 一·二十一　丙辰　3.7	二·一　丙寅　3.17 二·十一　丙子　3.27 二·二十一　丙戌　4.6	三·一　乙未　4.15 三·十一　乙巳　4.25 三·二十一　乙卯　5.5	*四·一　乙丑　5.15 四·十一　乙亥　5.25 四·二十一　乙酉　6.4
五·一　甲午　6.13 五·十一　甲辰　6.23 五·二十一　甲寅　7.3	六·一　癸亥　7.12 ［辽］　甲子　7.13 六·十一　癸酉　7.22 六·二十一　癸未　8.1	七·一　癸巳　8.11 七·十一　癸卯　8.21 七·二十一　癸丑　8.31	八·一　癸亥　9.10 八·十一　癸酉　9.20 八·二十一　癸未　9.30
九·一　癸巳　10.10 九·十一　癸卯　10.20 九·二十一　癸丑　10.30	十·一　壬戌　11.8 十·十一　壬申　11.18 十·二十一　壬午　11.28	十一·一　壬辰　12.8 十一·十一　壬寅　12.18 十一·二十一　壬子　12.28	十二·一　壬戌　1.7 ［辽］　辛酉　1.6 十二·十一　壬申　1.17 十二·二十一　壬午　1.27

*《辑要》《朔闰考》辽四月甲子朔。

宋仁宗嘉祐五年、辽道宗清宁六年庚子（1060—1061）

一·一	辛卯	2.5	二·一	庚申	3.5	三·一	庚寅	4.4	四·一	己未	5.3
一·十一	辛丑	2.15	二·十一	庚午	3.15	三·十一	庚子	4.14	四·十一	己巳	5.13
一·二十一	辛亥	2.25	二·二十一	庚辰	3.25	三·二十一	庚戌	4.24	四·二十一	己卯	5.23
五·一	戊子	6.1	六·一	戊午	7.1	七·一	丁亥	7.30	八·一	丁巳	8.29
五·十一	戊戌	6.11	六·十一	戊辰	7.11	七·十一	丁酉	8.9	八·十一	丁卯	9.8
五·二十一	戊申	6.21	六·二十一	戊寅	7.21	七·二十一	丁未	8.19	八·二十一	丁丑	9.18
九·一	丁亥	9.28	十·一	丙辰	10.27	十一·一	丙戌	11.26	十二·一	丙辰	12.26
九·十一	丁酉	10.8	十·十一	丙寅	11.6	十一·十一	丙申	12.6	十二·十一	丙寅	1.5
九·二十一	丁未	10.18	十·二十一	丙子	11.16	十一·二十一	丙午	12.16	十二·二十一	丙子	1.15

宋仁宗嘉祐六年、辽道宗清宁七年辛丑（1061—1062）

一·一	乙酉	1.24	二·一	乙卯	2.23	三·一	甲申	3.24	四·一	甲寅	4.23
一·十一	乙未	2.3	二·十一	乙丑	3.5	三·十一	甲午	4.3	四·十一	甲子	5.3
一·二十一	乙巳	2.13	二·二十一	乙亥	3.15	三·二十一	甲辰	4.13	四·二十一	甲戌	5.13
五·一	癸未	5.22	六·一	壬子	6.20	七·一	壬午	7.20	八·一	辛亥	8.18 闰八·一 辛巳 9.17
五·十一	癸巳	6.1	六·十一	壬戌	6.30	七·十一	壬辰	7.30	八·十一	辛酉	8.28 闰八·十一 辛卯 9.27
五·二十一	癸卯	6.11	六·二十一	壬申	7.10	七·二十一	壬寅	8.9	八·二十一	辛未	9.7 闰八·二十一 辛丑 10.7
九·一	庚戌	10.16	十·一	庚辰	11.15	十一·一	庚戌	12.15	十二·一	庚辰	1.14
九·十一	庚申	10.26	十·十一	庚寅	11.25	十一·十一	庚申	12.25	十二·十一	庚寅	1.24
九·二十一	庚午	11.5	十·二十一	庚子	12.5	十一·二十一	庚午	1.4	十二·二十一	庚子	2.3

宋仁宗嘉祐七年、辽道宗清宁八年壬寅（1062—1063）

一·一	己酉	2.12	二·一	己卯	3.14	三·一	戊申	4.12	四·一	戊寅	5.12
一·十一	己未	2.22	二·十一	己丑	3.24	三·十一	戊午	4.22	四·十一	戊子	5.22
一·二十一	己巳	3.4	二·二十一	己亥	4.3	三·二十一	戊辰	5.2	四·二十一	戊戌	6.1
五·一	丁未	6.10	六·一	丙子	7.9	七·一	丙午	8.8	八·一	乙亥	9.6
五·十一	丁巳	6.20	六·十一	丙戌	7.19	七·十一	丙辰	8.18	八·十一	乙酉	9.16
五·二十一	丁卯	6.30	六·二十一	丙申	7.29	七·二十一	丙寅	8.28	八·二十一	乙未	9.26
九·一	乙巳	10.6	十·一	甲戌	11.4	十一·一	甲辰	12.4	十二·一	甲戌	1.3
九·十一	乙卯	10.16	十·十一	甲申	11.14	十一·十一	甲寅	12.14	十二·十一	甲申	1.13
九·二十一	乙丑	10.26	十·二十一	甲午	11.24	十一·二十一	甲子	12.24	十二·二十一	甲午	1.23

宋仁宗嘉祐八年、辽道宗清宁九年癸卯（1063—1064）

一·一	癸卯	2.1	二·一	癸酉	3.3	三·一	癸卯	4.2	四·一	壬申	5.1
一·十一	癸丑	2.11	二·十一	癸未	3.13	三·十一	癸丑	4.12	四·十一	壬午	5.11
一·二十一	癸亥	2.21	二·二十一	癸巳	3.23	三·二十一	癸亥	4.22	四·二十一	壬辰	5.21
五·一	壬寅	5.31	六·一	辛未	6.29	七·一	庚子	7.28	八·一	庚午	8.27
五·十一	壬子	6.10	六·十一	辛巳	7.9	七·十一	庚戌	8.7	八·十一	庚辰	9.6
五·二十一	壬戌	6.20	六·二十一	辛卯	7.19	七·二十一	庚申	8.17	八·二十一	庚寅	9.16
九·一	己亥	9.25	十·一	戊辰	10.24	十一·一	戊戌	11.23	十二·一	戊辰	12.23
九·十一	己酉	10.5	十·十一	戊寅	11.3	十一·十一	戊申	12.3	十二·十一	戊寅	1.2
九·二十一	己未	10.15	十·二十一	戊子	11.13	十一·二十一	戊午	12.13	十二·二十一	戊子	1.12

宋英宗治平元年、辽道宗清宁十年甲辰（1064—1065）

一·一 丁酉 1.21 一·十一 丁未 1.31 一·二十一 丁巳 2.10	二·一 丁卯 2.20 二·十一 丁丑 3.1 二·二十一 丁亥 3.11	三·一 丁酉 3.21 三·十一 丁未 3.31 三·二十一 丁巳 4.10	四·一 丁卯 4.20 四·十一 丁丑 4.30 四·二十一 丁亥 5.10
五·一 丙申 5.19 五·十一 丙午 5.29 五·二十一 丙辰 6.8 闰五·一 丙寅 6.18 [辽]六·一 丙寅 6.18 闰五·十一 丙子 6.28 闰五·二十一 丙戌 7.8	六·一 乙未 7.17 [辽]闰六·一 乙未 7.17 六·十一 乙巳 7.27 六·二十一 乙卯 8.6	七·一 甲子 8.15 七·十一 甲戌 8.25 七·二十一 甲申 9.4	八·一 甲午 9.14 八·十一 甲辰 9.24 八·二十一 甲寅 10.4
九·一 癸亥 10.13 九·十一 癸酉 10.23 九·二十一 癸未 11.2	十·一 壬辰 11.11 十·十一 壬寅 11.21 十·二十一 壬子 12.1	十一·一 壬戌 12.11 十一·十一 壬申 12.21 十一·二十一 壬午 12.31	十二·一 壬辰 1.10 十二·十一 壬寅 1.20 十二·二十一 壬子 1.30

宋英宗治平二年、辽道宗咸雍元年乙巳（1065—1066）

一·一 辛酉 2.8 一·十一 辛未 2.18 一·二十一 辛巳 2.28	二·一 辛卯 3.10 二·十一 辛丑 3.20 二·二十一 辛亥 3.30	三·一 辛酉 4.9 三·十一 辛未 4.19 三·二十一 辛巳 4.29	四·一 庚寅 5.8 四·十一 庚子 5.18 四·二十一 庚戌 5.28
五·一 庚申 6.7 五·十一 庚午 6.17 五·二十一 庚辰 6.27	六·一 己丑 7.6 六·十一 己亥 7.16 六·二十一 己酉 7.26	七·一 己未 8.5 七·十一 己巳 8.15 七·二十一 己卯 8.25	八·一 戊子 9.3 八·十一 戊戌 9.13 八·二十一 戊申 9.23
九·一 戊午 10.3 九·十一 戊辰 10.13 九·二十一 戊寅 10.23	十·一 丁亥 11.1 十·十一 丁酉 11.11 十·二十一 丁未 11.21	十一·一 丁巳 12.1 十一·十一 丁卯 12.11 十一·二十一 丁丑 12.21	十二·一 丙戌 12.30 十二·十一 丙申 1.9 十二·二十一 丙午 1.19

宋英宗治平三年、辽道宗咸雍二年丙午（1066—1067）

一·一 丙辰 1.29 一·十一 丙寅 2.8 一·二十一 丙子 2.18	二·一 乙酉 2.27 二·十一 乙未 3.9 二·二十一 乙巳 3.19	三·一 乙卯 3.29 三·十一 乙丑 4.8 三·二十一 乙亥 4.18	四·一 甲申 4.27 四·十一 甲午 5.7 四·二十一 甲辰 5.17
五·一 甲寅 5.27 五·十一 甲子 6.6 五·二十一 甲戌 6.16	六·一 甲申 6.26 六·十一 甲午 7.6 六·二十一 甲辰 7.16	七·一 癸丑 7.25 七·十一 癸亥 8.4 七·二十一 癸酉 8.14	八·一 癸未 8.24 八·十一 癸巳 9.3 八·二十一 癸卯 9.13
九·一 壬子 9.22 九·十一 壬戌 10.2 九·二十一 壬申 10.12	十·一 壬午 10.22 十·十一 壬辰 11.1 十·二十一 壬寅 11.11	十一·一 辛亥 11.20 十一·十一 辛酉 11.30 十一·二十一 辛未 12.10	十二·一 辛巳 12.20 十二·十一 辛卯 12.30 十二·二十一 辛丑 1.9

宋英宗治平四年、辽道宗咸雍三年丁未（1067—1068）

一·一 庚戌 1.18 一·十一 庚申 1.28 一·二十一 庚午 2.7	二·一 庚辰 2.17 二·十一 庚寅 2.27 二·二十一 庚子 3.9	三·一 己酉 3.18 三·十一 己未 3.28 三·二十一 己巳 4.7 闰三·一 己卯 4.17 闰三·十一 己丑 4.27 闰三·二十一 己亥 5.7	四·一 戊申 5.16 四·十一 戊午 5.26 四·二十一 戊辰 6.5
五·一 戊寅 6.15 五·十一 戊子 6.25 五·二十一 戊戌 7.5	六·一 丁未 7.14 六·十一 丁巳 7.24 六·二十一 丁卯 8.3	七·一 丁丑 8.13 七·十一 丁亥 8.23 七·二十一 丁酉 9.2	八·一 丁未 9.12 八·十一 丁巳 9.22 八·二十一 丁卯 10.2
九·一 丙子 10.11 九·十一 丙戌 10.21 九·二十一 丙申 10.31	十·一 丙午 11.10 十·十一 丙辰 11.20 十·二十一 丙寅 11.30	十一·一 乙亥 12.9 十一·十一 乙酉 12.19 十一·二十一 乙未 12.29	十二·一 乙巳 1.8 十二·十一 乙卯 1.18 十二·二十一 乙丑 1.28

宋神宗熙宁元年、辽道宗咸雍四年戊申(1068—1069)

一·一	甲戌	2.6	二·一	甲辰	3.7	三·一	癸酉	4.5	四·一	壬寅	5.4
一·十一	甲申	2.16	二·十一	甲寅	3.17	三·十一	癸未	4.15	四·十一	壬子	5.14
一·二十一	甲午	2.26	二·二十一	甲子	3.27	三·二十一	癸巳	4.25	四·二十一	壬戌	5.24
五·一	壬申	6.3	六·一	辛丑	7.2	七·一	辛未	8.1	八·一	辛丑	8.31
五·十一	壬午	6.13	六·十一	辛亥	7.12	七·十一	辛巳	8.11	八·十一	辛亥	9.10
五·二十一	壬辰	6.23	六·二十一	辛酉	7.22	七·二十一	辛卯	8.21	八·二十一	辛酉	9.20
九·一	庚午	9.29	十·一	庚子	10.29	十一·一	庚午	11.28	十二·一	己亥	12.27
九·十一	庚辰	10.9	十·十一	庚戌	11.8	十一·十一	庚辰	12.8	十二·十一	己酉	1.6
九·二十一	庚寅	10.19	十·二十一	庚申	11.18	十一·二十一	庚寅	12.18	十二·二十一	己未	1.16

宋神宗熙宁二年、辽道宗咸雍五年己酉(1069—1070)

一·一	己巳	1.26	二·一	戊戌	2.24	三·一	戊辰	3.26	四·一	丁酉	4.24
一·十一	己卯	2.5	二·十一	戊申	3.6	三·十一	戊寅	4.5	四·十一	丁未	5.4
一·二十一	己丑	2.15	二·二十一	戊午	3.16	三·二十一	戊子	4.15	四·二十一	丁巳	5.14
五·一	丙寅	5.23	六·一	丙申	6.22	七·一	乙丑	7.21	八·一	乙未	8.20
五·十一	丙子	6.2	六·十一	丙午	7.2	七·十一	乙亥	7.31	八·十一	乙巳	8.30
五·二十一	丙戌	6.12	六·二十一	丙辰	7.12	七·二十一	乙酉	8.10	八·二十一	乙卯	9.9
九·一	甲子	9.18	十·一	甲午	10.18	十一·一	甲子	11.17 闰十一·一 甲午 12.17	十二·一	癸亥	1.15
九·十一	甲戌	9.28	十·十一	甲辰	10.28	十一·十一	甲戌	11.27 闰十一·十一 甲辰 12.27	十二·十一	癸酉	1.25
九·二十一	甲申	10.8	十·二十一	甲寅	11.7	十一·二十一	甲申	12.7 闰十一·二十一 甲寅 1.6	十二·二十一	癸未	2.4

宋神宗熙宁三年、辽道宗咸雍六年庚戌(1070—1071)

一·一	癸巳	2.14	二·一	壬戌	3.15	三·一	壬辰	4.14	四·一	辛酉	5.13
一·十一	癸卯	2.24	二·十一	壬申	3.25	三·十一	壬寅	4.24	四·十一	辛未	5.23
一·二十一	癸丑	3.6	二·二十一	壬午	4.4	三·二十一	壬子	5.4	四·二十一	辛巳	6.2
五·一	庚寅	6.11	六·一	庚申	7.11	七·一	己丑	8.9	八·一	戊午	9.7
									[辽]	己未	9.8
五·十一	庚子	6.21	六·十一	庚午	7.21	七·十一	己亥	8.19	八·十一	戊辰	9.17
五·二十一	庚戌	7.1	六·二十一	庚辰	7.31	七·二十一	己酉	8.29	八·二十一	戊寅	9.27
九·一	戊子	10.7	十·一	戊午	11.6	十一·一	戊子	12.6	十二·一	丁巳	1.4
九·十一	戊戌	10.17	十·十一	戊辰	11.16	十一·十一	戊戌	12.16	十二·十一	丁卯	1.14
九·二十一	戊申	10.27	十·二十一	戊寅	11.26	十一·二十一	戊申	12.26	十二·二十一	丁丑	1.24

宋神宗熙宁四年、辽道宗咸雍七年辛亥(1071—1072)

一·一	丁亥	2.3	二·一	丁巳	3.5	三·一	丙戌	4.3	四·一	丙辰	5.3
一·十一	丁酉	2.13	二·十一	丁卯	3.15	三·十一	丙申	4.13	四·十一	丙寅	5.13
一·二十一	丁未	2.23	二·二十一	丁丑	3.25	三·二十一	丙午	4.23	四·二十一	丙子	5.23
五·一	乙酉	6.1	六·一	甲寅	6.30	七·一	甲申	7.30	八·一	癸丑	8.28
五·十一	乙未	6.11	六·十一	甲子	7.10	七·十一	甲午	8.9	八·十一	癸亥	9.7
五·二十一	乙巳	6.21	六·二十一	甲戌	7.20	七·二十一	甲辰	8.19	八·二十一	癸酉	9.17
九·一	壬午	9.26	十·一	壬子	10.26	十一·一	壬午	11.25	十二·一	辛亥	12.24
九·十一	壬辰	10.6	十·十一	壬戌	11.5	十一·十一	壬辰	12.5	十二·十一	辛酉	1.3
九·二十一	壬寅	10.16	十·二十一	壬申	11.15	十一·二十一	壬寅	12.15	十二·二十一	辛未	1.13

宋神宗熙宁五年、辽道宗咸雍八年壬子（1072—1073）

一·一 辛巳 1.23 一·十一 辛卯 2.2 一·二十一 辛丑 2.12	二·一 辛亥 2.22 二·十一 辛酉 3.3 二·二十一 辛未 3.13	三·一 辛巳 3.23 三·十一 辛卯 4.2 三·二十一 辛丑 4.12	四·一 庚戌 4.21 四·十一 庚申 5.1 四·二十一 庚午 5.11
五·一 庚辰 5.21 五·十一 庚寅 5.31 五·二十一 庚子 6.10	六·一 己酉 6.19 六·十一 己未 6.29 六·二十一 己巳 7.9	七·一 戊寅 7.8 闰七·一 戊申 8.17 七·十一 戊子 7.28 闰七·十一 戊午 8.27 七·二十一戊戌 8.7 闰七·二十一戊辰 9.6	八·一 丁丑 9.15 八·十一 丁亥 9.25 八·二十一 丁酉 10.5
九·一 丙午 10.14 九·十一 丙辰 10.24 九·二十一 丙寅 11.3	十·一 丙子 11.13 十·十一 丙戌 11.23 十·二十一 丙申 12.3	十一·一 丙午 12.13 十一·十一 丙辰 12.23 十一·二十一 丙寅 1.2	十二·一 乙亥 1.11 十二·十一 乙酉 1.21 十二·二十一 乙未 1.31

宋神宗熙宁六年、辽道宗咸雍九年癸丑（1073—1074）

一·一 乙巳 2.10 一·十一 乙卯 2.20 一·二十一 乙丑 3.2	二·一 乙亥 3.12 二·十一 乙酉 3.22 二·二十一 乙未 4.1	三·一 甲辰 4.10 三·十一 甲寅 4.20 三·二十一 甲子 4.30	四·一 甲戌 5.10 四·十一 甲申 5.20 四·二十一 甲午 5.30
五·一 癸卯 6.8 ［辽］ 甲辰 6.9 五·十一 癸丑 6.18 五·二十一 癸亥 6.28	六·一 癸酉 7.8 六·十一 癸未 7.18 六·二十一 癸巳 7.28	七·一 壬寅 8.6 七·十一 壬子 8.16 七·二十一 壬戌 8.26	八·一 壬申 9.5 八·十一 壬午 9.15 八·二十一 壬辰 9.25
九·一 辛丑 10.4 九·十一 辛亥 10.14 九·二十一 辛酉 10.24	十·一 庚午 11.2 十·十一 庚辰 11.12 十·二十一 庚寅 11.22	十一·一 庚子 12.2 十一·十一 庚戌 12.12 十一·二十一 庚申 12.22	十二·一 己巳 12.31 十二·十一 己卯 1.10 十二·二十一 己丑 1.20

宋神宗熙宁七年、辽道宗咸雍十年甲寅（1074—1075）

一·一 己亥 1.30 一·十一 己酉 2.9 一·二十一 己未 2.19	二·一 己巳 3.1 二·十一 己卯 3.11 二·二十一 己丑 3.21	三·一 戊戌 3.30 三·十一 戊申 4.9 三·二十一 戊午 4.19	四·一 戊辰 4.29 四·十一 戊寅 5.9 四·二十一 戊子 5.19
五·一 戊戌 5.29 五·十一 戊申 6.8 五·二十一 戊午 6.18	六·一 丁卯 6.27 六·十一 丁丑 7.7 六·二十一 丁亥 7.17	七·一 丁酉 7.27 七·十一 丁未 8.6 七·二十一 丁巳 8.16	八·一 丙寅 8.25 八·十一 丙子 9.4 八·二十一 丙戌 9.14
九·一 丙申 9.24 九·十一 丙午 10.4 九·二十一 丙辰 10.14	十·一 乙丑 10.23 十·十一 乙亥 11.2 十·二十一 乙酉 11.12	十一·一 乙未 11.22 十一·十一 乙巳 12.2 十一·二十一 乙卯 12.12	十二·一 甲子 12.21 十二·十一 甲戌 12.31 十二·二十一 甲申 1.10

宋神宗熙宁八年、辽道宗大（太）康元年乙卯（1075—1076）

一·一 甲午 1.20 ［辽］ 癸巳 1.19 一·十一 甲辰 1.30 一·二十一 甲寅 2.9	二·一 癸亥 2.18 二·十一 癸酉 2.28 二·二十一 癸未 3.10	三·一 癸巳 3.20 三·十一 癸卯 3.30 三·二十一 癸丑 4.9	四·一 壬戌 4.18 闰四·一 壬辰 5.18 四·十一 壬申 4.28 闰四·十一 壬寅 5.28 四·二十一壬午 5.8 闰四·二十一壬子 6.7
五·一 辛酉 6.16 五·十一 辛未 6.26 五·二十一 辛巳 7.6	六·一 辛卯 7.16 六·十一 辛丑 7.26 六·二十一 辛亥 8.5	七·一 辛酉 8.15 七·十一 辛未 8.25 七·二十一 辛巳 9.4	八·一 庚寅 9.13 八·十一 庚子 9.23 八·二十一 庚戌 10.3
九·一 庚申 10.13 九·十一 庚午 10.23 九·二十一 庚辰 11.2	十·一 己丑 11.11 十·十一 己亥 11.21 十·二十一 己酉 12.1	十一·一 己未 12.11 十一·十一 己巳 12.21 十一·二十一 己卯 12.31	十二·一 戊子 1.9 十二·十一 戊戌 1.19 十二·二十一 戊申 1.29

宋神宗熙宁九年、辽道宗大（太）康二年丙辰（1076—1077）

一·一　戊午　2.8	二·一　丁亥　3.8	三·一　丙辰　4.6	四·一　丙戌　5.6
一·十一　戊辰　2.18	二·十一　丁酉　3.18	三·十一　丙寅　4.16	四·十一　丙申　5.16
一·二十一　戊寅　2.28	二·二十一　丁未　3.28	三·二十一　丙子　4.26	四·二十一　丙午　5.26
五·一　丙辰　6.5	六·一　乙酉　7.4	七·一　乙卯　8.3	八·一　甲申　9.1
五·十一　丙寅　6.15	六·十一　乙未　7.14	七·十一　乙丑　8.13	八·十一　甲午　9.11
五·二十一　丙子　6.25	六·二十一　乙巳　7.24	七·二十一　乙亥　8.23	八·二十一　甲辰　9.21
九·一　甲寅　10.1	十·一　甲申　10.31	十一·一　癸丑　11.29	十二·一　癸未　12.29
九·十一　甲子　10.11	十·十一　甲午　11.10	十一·十一　癸亥　12.9	十二·十一　癸巳　1.8
九·二十一　甲戌　10.21	十·二十一　甲辰　11.20	十一·二十一　癸酉　12.19	十二·二十一　癸卯　1.18

宋神宗熙宁十年、辽道宗大（太）康三年丁巳（1077—1078）

一·一　壬子　1.27	二·一　壬午　2.26	三·一　辛亥　3.27	四·一　庚辰　4.25
一·十一　壬戌　2.6	二·十一　壬辰　3.8	三·十一　辛酉　4.6	四·十一　庚寅　5.5
一·二十一　壬申　2.16	二·二十一　壬寅　3.18	三·二十一　辛未　4.16	四·二十一　庚子　5.15
五·一　庚戌　5.25	六·一　己卯　6.23	七·一　己酉　7.23	八·一　戊寅　8.21
五·十一　庚申　6.4	六·十一　己丑　7.3	七·十一　己未　8.2	八·十一　戊子　8.31
五·二十一　庚午　6.14	六·二十一　己亥　7.13	七·二十一　己巳　8.12	八·二十一　戊戌　9.10
九·一　戊申　9.20	十·一　戊寅　10.20	十一·一　戊申　11.19	十二·一　丁丑　12.18
九·十一　戊午　9.30	十·十一　戊子　10.30	十一·十一　戊午　11.29	十二·十一　丁亥　12.28
九·二十一　戊辰　10.10	十·二十一　戊戌　11.9	十一·二十一　戊辰　12.9	十二·二十一　丁酉　1.7

宋神宗元丰元年、辽道宗大（太）康四年戊午（1078—1079）

一·一　丁未 1.17　闰一·一　丙子 2.15 [辽]闰十二·一丁未 1.17　一·一　丙子 2.15 一·十一　丁巳 1.27　闰一·十一　丙戌 2.25 一·二十一　丁卯 2.6　闰一·二十一丙申 3.7	二·一　丙午　3.17 二·十一　丙辰　3.27 二·二十一　丙寅　4.6	三·一　乙亥　4.15 三·十一　乙酉　4.25 三·二十一　乙未　5.5	四·一　甲辰　5.14 四·十一　甲寅　5.24 四·二十一　甲子　6.3
五·一　甲戌　6.13	六·一　癸卯　7.12	七·一　癸酉　8.11	八·一　壬寅　9.9
五·十一　甲申　6.23	六·十一　癸丑　7.22	七·十一　癸未　8.21	八·十一　壬子　9.19
五·二十一　甲午　7.3	六·二十一　癸亥　8.1	七·二十一　癸巳　8.31	八·二十一　壬戌　9.29
九·一　壬申　10.9	十·一　壬寅　11.8	十一·一　辛未　12.7	十二·一　辛丑　1.6
九·十一　壬午　10.19	十·十一　壬子　11.18	十一·十一　辛巳　12.17	十二·十一　辛亥　1.16
九·二十一　壬辰　10.29	十·二十一　壬戌　11.28	十一·二十一　辛卯　12.27	十二·二十一　辛酉　1.26

宋神宗元丰二年、辽道宗大（太）康五年己未（1079—1080）

一·一　辛未　2.5	二·一　庚子　3.6	三·一　庚午　4.5	四·一　己亥　5.4
一·十一　辛巳　2.15	二·十一　庚戌　3.16	三·十一　庚辰　4.15	四·十一　己酉　5.14
一·二十一　辛卯　2.25	二·二十一　庚申　3.26	三·二十一　庚寅　4.25	四·二十一　己未　5.24
五·一　戊辰　6.2	六·一　戊戌　7.2	七·一　丁卯　7.31	八·一　丙申　8.29
五·十一　戊寅　6.12	六·十一　戊申　7.12	七·十一　丁丑　8.10	八·十一　丙午　9.8
五·二十一　戊子　6.22	六·二十一　戊午　7.22	七·二十一　丁亥　8.20	八·二十一　丙辰　9.18
九·一　丙寅　9.28	十·一　丙申　10.28	十一·一　乙丑　11.26	十二·一　乙未　12.26
九·十一　丙子　10.8	十·十一　丙午　11.7	十一·十一　乙亥　12.6	十二·十一　乙巳　1.5
九·二十一　丙戌　10.18	十·二十一　丙辰　11.17	十一·二十一　乙酉　12.16	十二·二十一　乙卯　1.15

宋神宗元丰三年、辽道宗大(太)康六年庚申(1080—1081)

一•一　乙丑　1.25 一•十一　乙亥　2.4 一•二十一　乙酉　2.14	二•一　乙未　2.24 二•十一　乙巳　3.5 二•二十一　乙卯　3.15	三•一　甲子　3.24 三•十一　甲戌　4.3 三•二十一　甲申　4.13	四•一　甲午　4.23 四•十一　甲辰　5.3 四•二十一　甲寅　5.13
五•一　癸亥　5.22 五•十一　癸酉　6.1 五•二十一　癸未　6.11	六•一　壬辰　6.20 六•十一　壬寅　6.30 六•二十一　壬子　7.10	七•一　壬戌　7.20 七•十一　壬申　7.30 七•二十一　壬午　8.9	八•一　辛卯　8.18 八•十一　辛丑　8.28 八•二十一　辛亥　9.7
九•一　庚申 9.16　闰九•一　庚寅 10.16 [辽]闰八•一庚申 9.16　九•一　庚寅 10.16 九•十一　庚午 9.26　闰九•十一　庚子 10.26 九•二十一　庚辰 10.6　闰九•二十一庚戌 11.5	十•一　己未　11.14 十•十一　己巳　11.24 十•二十一　己卯　12.4	十一•一　己丑　12.14 十一•十一　己亥　12.24 十一•二十一　己酉　1.3	十二•一　己未　1.13 十二•十一　己巳　1.23 十二•二十一　己卯　2.2

宋神宗元丰四年、辽道宗大(太)康七年辛酉(1081—1082)

一•一　己丑　2.12 一•十一　己亥　2.22 一•二十一　己酉　3.4	二•一　戊午　3.13 二•十一　戊辰　3.23 二•二十一　戊寅　4.2	三•一　戊子　4.12 三•十一　戊戌　4.22 三•二十一　戊申　5.2	四•一　戊午　5.12 四•十一　戊辰　5.22 四•二十一　戊寅　6.1
五•一　丁亥　6.10 五•十一　丁酉　6.20 五•二十一　丁未　6.30	六•一　丙辰　7.9 六•十一　丙寅　7.19 六•二十一　丙子　7.29	七•一　丙戌　8.8 七•十一　丙申　8.18 七•二十一　丙午　8.28	八•一　乙卯　9.6 八•十一　乙丑　9.16 八•二十一　乙亥　9.26
九•一　甲申　10.5 九•十一　甲午　10.15 九•二十一　甲辰　10.25	十•一　甲寅　11.4 十•十一　甲子　11.14 十•二十一　甲戌　11.24	十一•一　癸未　12.3 十一•十一　癸巳　12.13 十一•二十一　癸卯　12.23	十二•一　癸丑　1.2 十二•十一　癸亥　1.12 十二•二十一　癸酉　1.22

宋神宗元丰五年、辽道宗大(太)康八年壬戌(1082—1083)

一•一　癸未　2.1 一•十一　癸巳　2.11 一•二十一　癸卯　2.21	二•一　癸丑　3.3 二•十一　癸亥　3.13 二•二十一　癸酉　3.23	三•一　壬午　4.1 三•十一　壬辰　4.11 三•二十一　壬寅　4.21	四•一　壬子　5.1 四•十一　壬戌　5.11 四•二十一　壬申　5.21
五•一　辛巳　5.30 五•十一　辛卯　6.9 五•二十一　辛丑　6.16	六•一　辛亥　6.29 六•十一　辛酉　7.9 六•二十一　辛未　7.19	七•一　庚辰　7.28 七•十一　庚寅　8.7 七•二十一　庚子　8.17	八•一　庚戌　8.27 八•十一　庚申　9.6 八•二十一　庚午　9.16
九•一　己卯　9.25 九•十一　己丑　10.5 九•二十一　己亥　10.15	十•一　戊申　10.24 十•十一　戊午　11.3 十•二十一　戊辰　11.13	十一•一　戊寅　11.23 十一•十一　戊子　12.3 十一•二十一　戊戌　12.13	十二•一　丁未　12.22 十二•十一　丁巳　1.1 十二•二十一　丁卯　1.11

宋神宗元丰六年、辽道宗大(太)康九年癸亥(1083—1084)

一•一　丁丑　1.21 一•十一　丁亥　1.31 一•二十一　丁酉　2.10	二•一　丁未　2.20 二•十一　丁巳　3.2 二•二十一　丁卯　3.12	三•一　丙子　3.21 三•十一　丙戌　3.31 三•二十一　丙申　4.10	四•一　丙午　4.20 四•十一　丙辰　4.30 四•二十一　丙寅　5.10
五•一　丙子　5.20 五•十一　丙戌　5.30 五•二十一　丙申　6.9	六•一　乙己 6.18　闰六•一　乙亥 7.18 六•十一　乙卯 6.28　闰六•十一　乙酉 7.28 六•二十一乙丑 7.8　闰六•二十一乙未 8.7	七•一　甲辰　8.16 七•十一　甲寅　8.26 七•二十一　甲子　9.5	八•一　甲戌　9.15 八•十一　甲申　9.25 八•二十一　甲午　10.5
九•一　癸卯　10.14 九•十一　癸丑　10.24 九•二十一　癸亥　11.3	十•一　癸酉　11.13 十•十一　癸未　11.23 十•二十一　癸巳　12.3	十一•一　壬寅　12.12 十一•十一　壬子　12.22 十一•二十一　壬戌　1.1	十二•一　辛未　1.10 十二•十一　辛巳　1.20 十二•二十一　辛卯　1.30

宋神宗元丰七年、辽道宗大(太)康十年甲子(1084—1085)

一·一 辛丑 2.9	二·一 庚午 3.9	三·一 庚子 4.8	四·一 庚午 5.8
一·十一 辛亥 2.19	二·十一 庚辰 3.19	三·十一 庚戌 4.18	四·十一 庚辰 5.18
一·二十一 辛酉 2.29	二·二十一 庚寅 3.29	三·二十一 庚申 4.28	四·二十一 庚寅 5.28
五·一 己亥 6.6	六·一 己巳 7.6	七·一 戊戌 8.4	八·一 戊辰 9.3
五·十一 己酉 6.16	六·十一 己卯 7.16	七·十一 戊申 8.14	八·十一 戊寅 9.13
五·二十一 己未 6.26	六·二十一 己丑 7.26	七·二十一 戊午 8.24	八·二十一 戊子 9.23
九·一 戊戌 10.3	*十·一 丁卯 11.1	十一·一 丁酉 12.1	十二·一 丙寅 12.30
九·十一 戊申 10.13	十·十一 丁丑 11.11	十一·十一 丁未 12.11	十二·十一 丙子 1.9
九·二十一 戊午 10.23	十·二十一 丁亥 11.21	十一·二十一 丁巳 12.21	十二·二十一 丙戌 1.19

*《辑要》十月丁丑朔,误。

宋神宗元丰八年、辽道宗大安元年乙丑(1085—1086)

一·一 丙申 1.29	二·一 乙丑 2.27	三·一 甲午 3.28	四·一 甲子 4.27
一·十一 丙午 2.8	二·十一 乙亥 3.9	三·十一 甲辰 4.7	四·十一 甲戌 5.7
一·二十一 丙辰 2.18	二·二十一 乙酉 3.19	三·二十一 甲寅 4.17	四·二十一 甲申 5.17
五·一 癸巳 5.26	六·一 癸亥 6.25	七·一 癸巳 7.25	八·一 壬戌 8.23
五·十一 癸卯 6.5	六·十一 癸酉 7.5	七·十一 癸卯 8.4	八·十一 壬申 9.2
五·二十一 癸丑 6.15	六·二十一 癸未 7.15	七·二十一 癸丑 8.14	八·二十一 壬午 9.12
九·一 壬辰 9.22	十·一 壬戌 10.22	十一·一 辛卯 11.20	十二·一 辛酉 12.20
九·十一 壬寅 10.2	十·十一 壬申 11.1	十一·十一 辛丑 11.30	十二·十一 辛未 12.30
九·二十一 壬子 10.12	十·二十一 壬午 11.11	十一·二十一 辛亥 12.10	十二·二十一 辛巳 1.9

宋哲宗元祐元年、辽道宗大安二年丙寅(1086—1087)

一·一 庚寅 1.18	二·一 庚申 2.17　闰二·一 己丑 3.18	三·一 戊午 4.16	四·一 戊子 5.16
一·十一 庚子 1.28	二·十一 庚午 2.27　闰二·十一 己亥 3.28	三·十一 戊辰 4.26	四·十一 戊戌 5.26
一·二十一 庚戌 2.7	二·二十一 庚辰 3.9　闰二·二十一 己酉 4.7	三·二十一 戊寅 5.6	四·二十一 戊申 6.5
五·一 丁巳 6.14	六·一 丁亥 7.14	七·一 丙辰 8.12	八·一 丙戌 9.11
五·十一 丁卯 6.24	六·十一 丁酉 7.24	七·十一 丙寅 8.22	八·十一 丙申 9.21
五·二十一 丁丑 7.4	六·二十一 丁未 8.3	七·二十一 丙子 9.1	八·二十一 丙午 10.1
九·一 丙辰 10.11	十·一 乙酉 11.9	十一·一 乙卯 12.9	十二·一 乙酉 1.8
九·十一 丙寅 10.21	十·十一 乙未 11.19	十一·十一 乙丑 12.19	十二·十一 乙未 1.18
九·二十一 丙子 10.31	十·二十一 乙巳 11.29	十一·二十一 乙亥 12.29	十二·二十一 乙巳 1.28

宋哲宗元祐二年、辽道宗大安三年丁卯(1087—1088)

一·一 甲寅 2.6	二·一 甲申 3.8	三·一 癸丑 4.6	四·一 壬午 5.5
一·十一 甲子 2.16	二·十一 甲午 3.18	三·十一 癸亥 4.16	四·十一 壬辰 5.15
一·二十一 甲戌 2.26	二·二十一 甲辰 3.28	三·二十一 癸酉 4.26	四·二十一 壬寅 5.25
五·一 壬子 6.4	六·一 辛巳 7.3	七·一 庚戌 8.1	八·一 庚辰 8.31
五·十一 壬戌 6.14	六·十一 辛卯 7.13	七·十一 庚申 8.11	八·十一 庚寅 9.10
五·二十一 壬申 6.24	六·二十一 辛丑 7.23	七·二十一 庚午 8.21	八·二十一 庚子 9.20
九·一 庚戌 9.30	十·一 己卯 10.29	十一·一 己酉 11.28	十二·一 己卯 12.28
九·十一 庚申 10.10	十·十一 己丑 11.8	十一·十一 己未 12.8	十二·十一 己丑 1.7
九·二十一 庚午 10.20	十·二十一 己亥 11.18	十一·二十一 己巳 12.18	十二·二十一 己亥 1.17

宋哲宗元祐三年、辽道宗大安四年戊辰（1088—1089）

一•一 己酉 1.27	二•一 戊寅 2.25	三•一 戊申 3.26	四•一 丁丑 4.24
一•十一 己未 2.6	二•十一 戊子 3.6	三•十一 戊午 4.5	四•十一 丁亥 5.4
一•二十一 己巳 2.16	二•二十一 戊戌 3.16	三•二十一 戊辰 4.15	四•二十一 丁酉 5.14
五•一 丙午 5.23	六•一 丙子 6.22	七•一 乙巳 7.21	八•一 甲戌 8.19
五•十一 丙辰 6.2	六•十一 丙戌 7.2	七•十一 乙卯 7.31	八•十一 甲申 8.29
五•二十一 丙寅 6.12	六•二十一 丙申 7.12	七•二十一 乙丑 8.10	八•二十一 甲午 9.8
九•一 甲辰 9.18	十•一 癸酉 10.17	十一•一 癸卯 11.16	十二•一 癸酉 12.16 闰十二•一 癸卯 1.15
九•十一 甲寅 9.28	十•十一 癸未 10.27	十一•十一 癸丑 11.26	十二•十一 癸未 12.26 闰十二•十一 癸丑 1.25
九•二十一 甲子 10.8	十•二十一 癸巳 11.6	十一•二十一 癸亥 12.6	十二•二十一 癸巳 1.5 闰十二•二十一 癸亥 2.4

宋哲宗元祐四年、辽道宗大安五年己巳（1089—1090）

一•一 壬申 2.13	二•一 壬寅 3.15	三•一 壬申 4.14	四•一 辛丑 5.13
一•十一 壬午 2.23	二•十一 壬子 3.25	三•十一 壬午 4.24	四•十一 辛亥 5.23
一•二十一 壬辰 3.5	二•二十一 壬戌 4.4	三•二十一 壬辰 5.4	四•二十一 辛酉 6.2
五•一 庚午 6.11	六•一 庚子 7.11	七•一 己巳 8.9	八•一 戊戌 9.7
五•十一 庚辰 6.21	六•十一 庚戌 7.21	七•十一 己卯 8.19	八•十一 戊申 9.17
五•二十一 庚寅 7.1	六•二十一 庚申 7.31	七•二十一 己丑 8.29	八•二十一 戊午 9.27
九•一 戊辰 10.7	十•一 丁酉 11.5	十一•一 丁卯 12.5	十二•一 丁酉 1.4
九•十一 戊寅 10.17	十•十一 丁未 11.15	十一•十一 丁丑 12.15	十二•十一 丁未 1.14
九•二十一 戊子 10.27	十•二十一 丁巳 11.25	十一•二十一 丁亥 12.25	十二•二十一 丁巳 1.24

宋哲宗元祐五年、辽道宗大安六年庚午（1090—1091）

一•一 丁卯 2.3	二•一 丙申 3.4	三•一 丙寅 4.3	四•一 丙申 5.3
一•十一 丁丑 2.13	二•十一 丙午 3.14	三•十一 丙子 4.13	四•十一 丙午 5.13
一•二十一 丁亥 2.23	二•二十一 丙辰 3.24	三•二十一 丙戌 4.23	四•二十一 丙辰 5.23
五•一 乙丑 6.1	六•一 甲午 6.30	七•一 甲子 7.30	八•一 癸巳 8.28
五•十一 乙亥 6.11	六•十一 甲辰 7.10	七•十一 甲戌 8.9	八•十一 癸卯 9.7
五•二十一 乙酉 6.21	六•二十一 甲寅 7.20	七•二十一 甲申 8.19	八•二十一 癸丑 9.17
九•一 壬戌 9.26	十•一 壬辰 10.26	十一•一 辛酉 11.24	十二•一 辛卯 12.24
九•十一 壬申 10.6	十•十一 壬寅 11.5	十一•十一 辛未 12.4	十二•十一 辛丑 1.3
九•二十一 壬午 10.16	十•二十一 壬子 11.15	十一•二十一 辛巳 12.14	十二•二十一 辛亥 1.13

宋哲宗元祐六年、辽道宗大安七年辛未（1091—1092）

一•一 辛酉 1.23	二•一 庚寅 2.21	三•一 庚申 3.23	四•一 庚寅 4.22
一•十一 辛未 2.2	二•十一 庚子 3.3	三•十一 庚午 4.2	四•十一 庚子 5.2
一•二十一 辛巳 2.12	二•二十一 庚戌 3.13	三•二十一 庚辰 4.12	四•二十一 庚戌 5.12
五•一 己未 5.21	六•一 己丑 6.20	七•一 戊午 7.19	八•一 戊子 8.18 闰八•一 丁巳 9.16
五•十一 己巳 5.31	六•十一 己亥 6.30	七•十一 戊辰 7.29	八•十一 戊戌 8.28 闰八•十一 丁卯 9.26
五•二十一 己卯 6.10	六•二十一 己酉 7.10	七•二十一 戊寅 8.8	八•二十一 戊申 9.7 闰八•二十一 丁丑 10.6
九•一 丙戌 10.15	十•一 丙辰 11.14	十一•一 乙酉 12.13	十二•一 乙卯 1.12
九•十一 丙申 10.25	十•十一 丙寅 11.24	十一•十一 乙未 12.23	十二•十一 乙丑 1.22
九•二十一 丙午 11.4	十•二十一 丙子 12.4	十一•二十一 乙巳 1.2	十二•二十一 乙亥 2.1

宋哲宗元祐七年、辽道宗大安八年壬申(1092—1093)

一·一　甲申　2.10 一·十一　甲午　2.20 一·二十一　甲辰　3.1	二·一　甲寅　3.11 二·十一　甲子　3.21 二·二十一　甲戌　3.31	三·一　甲申　4.10 三·十一　甲午　4.20 三·二十一　甲辰　4.30	四·一　癸丑　5.9 四·十一　癸亥　5.19 四·二十一　癸酉　5.29
五·一　癸未　6.8 五·十一　癸巳　6.18 五·二十一　癸卯　6.28	六·一　癸丑　7.8 六·十一　癸亥　7.18 六·二十一　癸酉　7.28	七·一　壬午　8.6 七·十一　壬辰　8.16 七·二十一　壬寅　8.26	八·一　壬子　9.5 八·十一　壬戌　9.15 八·二十一　壬申　9.25
九·一　辛巳　10.4 九·十一　辛卯　10.14 九·二十一　辛丑　10.24	十·一　庚戌　11.2 十·十一　庚申　11.12 十·二十一　庚午　11.22	十一·一　庚辰　12.2 十一·十一　庚寅　12.12 十一·二十一　庚子　12.22	十二·一　己酉　12.31 十二·十一　己未　1.10 十二·二十一　己巳　1.20

宋哲宗元祐八年、辽道宗大安九年癸酉(1093—1094)

一·一　己卯　1.30 一·十一　己丑　2.9 一·二十一　己亥　2.19	二·一　戊申　2.28 二·十一　戊午　3.10 二·二十一　戊辰　3.20	三·一　戊寅　3.30 三·十一　戊子　4.9 三·二十一　戊戌　4.19	四·一　丁未　4.28 四·十一　丁巳　5.8 四·二十一　丁卯　5.18
五·一　丁丑　5.28 五·十一　丁亥　6.7 五·二十一　丁酉　6.17	六·一　丁未　6.27 六·十一　丁巳　7.7 六·二十一　丁卯　7.17	七·一　丙子　7.26 七·十一　丙戌　8.5 七·二十一　丙申　8.15	八·一　丙午　8.25 八·十一　丙辰　9.4 八·二十一　丙寅　9.14
九·一　丙子　9.24 九·十一　丙戌　10.4 九·二十一　丙申　10.14	十·一　乙巳　10.23 十·十一　乙卯　11.2 十·二十一　乙丑　11.12	十一·一　乙亥　11.22 十一·十一　乙酉　12.2 十一·二十一　乙未　12.12	十二·一　甲辰　12.21 十二·十一　甲寅　12.31 十二·二十一　甲子　1.10

宋哲宗绍圣元年、辽道宗大安十年甲戌(1094—1095)

一·一　癸酉　1.19 [辽]　甲戌　1.20 一·十一　癸未　1.29 一·二十一　癸巳　2.8	二·一　癸卯　2.18 二·十一　癸丑　2.28 二·二十一　癸亥　3.10	三·一　壬申　3.19 三·十一　壬午　3.29 三·二十一　壬辰　4.8	*四·一　壬寅 4.18　闰四·一　辛未 5.17 四·十一　壬子 4.28　闰四·十一　辛巳 5.27 四·二十一　壬戌 5.8　闰四·二十一　辛卯 6.6
**五·一　辛丑　6.16 五·十一　辛亥　6.26 五·二十一　辛酉　7.6	六·一　庚午　7.15 六·十一　庚辰　7.25 六·二十一　庚寅　8.4	七·一　庚子　8.14 七·十一　庚戌　8.24 七·二十一　庚申　9.3	八·一　庚午　9.13 八·十一　庚辰　9.23 八·二十一　庚寅　10.3
九·一　己亥　10.12 九·十一　己酉　10.22 九·二十一　己未　11.1	十·一　己巳　11.11 十·十一　己卯　11.21 十·二十一　己丑　12.1	十一·一　己亥　12.11 十一·十一　己酉　12.21 十一·二十一　己未　12.31	十二·一　戊辰　1.9 十二·十一　戊寅　1.19 十二·二十一　戊子　1.29

* 本月宋改元"绍圣"。　**《朔闰考》辽五月壬申朔,误。

宋哲宗绍圣二年、辽道宗寿昌(隆)元年乙亥(1095—1096)

一·一　戊戌　2.8 一·十一　戊申　2.18 一·二十一　戊午　2.28	二·一　丁卯　3.9 二·十一　丁丑　3.19 二·二十一　丁亥　3.29	三·一　丙申　4.7 三·十一　丙午　4.17 三·二十一　丙辰　4.27	四·一　丙寅　5.7 四·十一　丙子　5.17 四·二十一　丙戌　5.27
五·一　乙未　6.5 五·十一　乙巳　6.15 五·二十一　乙卯　6.25	六·一　乙丑　7.5 六·十一　乙亥　7.15 六·二十一　乙酉　7.25	七·一　甲午　8.3 七·十一　甲辰　8.13 七·二十一　甲寅　8.23	八·一　甲子　9.2 八·十一　甲戌　9.12 八·二十一　甲申　9.22
九·一　癸巳　10.1 九·十一　癸卯　10.11 九·二十一　癸丑　10.21	十·一　癸亥　10.31 十·十一　癸酉　11.10 十·二十一　癸未　11.20	十一·一　癸巳　11.30 十一·十一　癸卯　12.10 十一·二十一　癸丑　12.20	十二·一　癸亥　12.30 十二·十一　癸酉　1.9 十二·二十一　癸未　1.19

宋哲宗绍圣三年、辽道宗寿昌(隆)二年丙子(1096—1097)

一・一 壬辰 1.28 一・十一 壬寅 2.7 一・二十一 壬子 2.17	二・一 壬戌 2.27 二・十一 壬申 3.8 二・二十一 壬午 3.18	三・一 辛卯 3.27 三・十一 辛丑 4.6 三・二十一 辛亥 4.16	四・一 庚申 4.25 四・十一 庚午 5.5 四・二十一 庚辰 5.15
五・一 庚寅 5.25 五・十一 庚子 6.4 五・二十一 庚戌 6.14	六・一 己未 6.23 六・十一 己巳 7.3 六・二十一 己卯 7.13	七・一 戊子 7.22 七・十一 戊戌 8.1 七・二十一 戊申 8.11	八・一 戊午 8.21 八・十一 戊辰 8.31 八・二十一 戊寅 9.10
九・一 丁亥 9.19 九・十一 丁酉 9.29 九・二十一 丁未 10.9	十・一 丁巳 10.19 十・十一 丁卯 10.29 十・二十一 丁丑 11.8	十一・一 丁亥 11.18 十一・十一 丁酉 11.28 十一・二十一 丁未 12.8	十二・一 丁巳 12.18 十二・十一 丁卯 12.28 十二・二十一 丁丑 1.7

宋哲宗绍圣四年、辽道宗寿昌(隆)三年丁丑(1097—1098)

一・一 丙戌 1.16 一・十一 丙申 1.26 一・二十一 丙午 2.5	二・一 丙辰 2.15 闰二・一 丙戌 3.17 二・十一 丙寅 2.25 闰二・十一 丙申 3.27 二・二十一丙子 3.7 闰二・二十一丙午 4.6	三・一 乙卯 4.15 三・十一 乙丑 4.25 三・二十一 乙亥 5.5	四・一 甲申 5.14 四・十一 甲午 5.24 四・二十一 甲辰 6.3
五・一 甲寅 6.13 五・十一 甲子 6.23 五・二十一 甲戌 7.3	六・一 癸未 7.12 六・十一 癸巳 7.22 六・二十一 癸卯 8.1	七・一 壬子 8.10 七・十一 壬戌 8.20 七・二十一 壬申 8.30	八・一 壬午 9.9 八・十一 壬辰 9.19 八・二十一 壬寅 9.29
九・一 辛亥 10.8 九・十一 辛酉 10.18 九・二十一 辛未 10.28	十・一 辛巳 11.7 十・十一 辛卯 11.17 十・二十一 辛丑 11.27	十一・一 辛亥 12.7 十一・十一 辛酉 12.17 十一・二十一 辛未 12.27	十二・一 辛巳 1.6 十二・十一 辛卯 1.16 十二・二十一 辛丑 1.26

宋哲宗元符元年、辽道宗寿昌(隆)四年戊寅(1098—1099)

一・一 庚戌 2.4 一・十一 庚申 2.14 一・二十一 庚午 2.24	二・一 庚辰 3.6 二・十一 庚寅 3.16 二・二十一 庚子 3.26	三・一 庚戌 4.5 三・十一 庚申 4.15 三・二十一 庚午 4.25	四・一 己卯 5.4 四・十一 己丑 5.14 四・二十一 己亥 5.24
五・一 戊申 6.2 五・十一 戊午 6.12 五・二十一 戊辰 6.22	*六・一 戊寅 7.2 六・十一 戊子 7.12 六・二十一 戊戌 7.22	七・一 丁未 7.31 七・十一 丁巳 8.10 七・二十一 丁卯 8.20	八・一 丙子 8.29 八・十一 丙戌 9.8 八・二十一 丙申 9.18
九・一 丙午 9.28 九・十一 丙辰 10.8 九・二十一 丙寅 10.18	十・一 乙亥 10.27 十・十一 乙酉 11.6 十・二十一 乙未 11.16	十一・一 乙巳 11.26 十一・十一 乙卯 12.6 十一・二十一 乙丑 12.16	十二・一 乙亥 12.26 十二・十一 乙酉 1.5 十二・二十一 乙未 1.15

＊ 本月宋改元“元符”。

宋哲宗元符二年、辽道宗寿昌(隆)五年己卯(1099—1110)

一・一 甲辰 1.24 一・十一 甲寅 2.3 一・二十一 甲子 2.13	二・一 甲戌 2.23 二・十一 甲申 3.5 二・二十一 甲午 3.15	三・一 甲辰 3.25 三・十一 甲寅 4.4 三・二十一 甲子 4.14	四・一 癸酉 4.23 四・十一 癸未 5.3 四・二十一 癸巳 5.13
五・一 癸卯 5.23 五・十一 癸丑 6.2 五・二十一 癸亥 6.12	六・一 壬申 6.21 六・十一 壬午 7.1 六・二十一 壬辰 7.11	七・一 壬寅 7.21 七・十一 壬子 7.31 七・二十一 壬戌 8.10	八・一 辛未 8.19 八・十一 辛巳 8.29 八・二十一 辛卯 9.8
九・一 庚子 9.17 闰九・一 庚午 10.17 九・十一 庚戌 9.27 闰九・十一 庚辰 10.27 九・二十一庚申 10.7 闰九・二十一庚寅 11.6	十・一 己亥 11.15 十・十一 己酉 11.25 十・二十一 己未 12.5	十一・一 己巳 12.15 十一・十一 己卯 12.25 十一・二十一 己丑 1.4	十二・一 戊戌 1.13 十二・十一 戊申 1.23 十二・二十一 戊午 2.2

宋哲宗元符三年、辽道宗寿昌(隆)六年庚辰(1100—1101)

一·一	戊辰 2.12	二·一	戊戌 3.13	三·一	戊辰 4.12	四·一	丁酉 5.11
一·十一	戊寅 2.22	二·十一	戊申 3.23	三·十一	戊寅 4.22	四·十一	丁未 5.21
一·二十一	戊子 3.3	二·二十一	戊午 4.2	三·二十一	戊子 5.2	四·二十一	丁巳 5.31
五·一	丁卯 6.10	六·一	丙申 7.9	七·一	丙寅 8.8	八·一	乙未 9.6
五·十一	丁丑 6.20	六·十一	丙午 7.19	七·十一	丙子 8.18	八·十一	乙巳 9.16
五·二十一	丁亥 6.30	六·二十一	丙辰 7.29	七·二十一	丙戌 8.28	八·二十一	乙卯 9.26
九·一	甲子 10.5	十·一	甲午 11.4	十一·一	癸亥 12.3	十二·一	癸巳 1.2
九·十一	甲戌 10.15	十·十一	甲辰 11.14	十一·十一	癸酉 12.13	十二·十一	癸卯 1.12
九·二十一	甲申 10.25	十·二十一	甲寅 11.24	十一·二十一	癸未 12.23	十二·二十一	癸丑 1.22

宋徽宗建中靖国元年、辽天祚帝乾统元年辛巳(1101—1102)

一·一	壬戌 1.31	*二·一	壬辰 3.2	三·一	壬戌 4.1	四·一	辛卯 4.30
一·十一	壬申 2.10	二·十一	壬寅 3.12	三·十一	壬申 4.11	四·十一	辛丑 5.10
一·二十一	壬午 2.20	二·二十一	壬子 3.22	三·二十一	壬午 4.21	四·二十一	辛亥 5.20
五·一	辛酉 5.30	六·一	庚寅 6.28	七·一	庚申 7.28	八·一	庚寅 8.27
五·十一	辛未 6.9	六·十一	庚子 7.8	七·十一	庚午 8.7	八·十一	庚子 9.6
五·二十一	辛巳 6.19	六·二十一	庚戌 7.18	七·二十一	庚辰 8.17	八·二十一	庚戌 9.16
九·一	己未 9.25	十·一	戊子 10.24	十一·一	戊午 11.23	十二·一	丁亥 12.22
九·十一	己巳 10.5	十·十一	戊戌 11.3	十一·十一	戊辰 12.3	十二·十一	丁酉 1.1
九·二十一	己卯 10.15	十·二十一	戊申 11.13	十一·二十一	戊寅 12.13	十二·二十一	丁未 1.11

* 本月辽天祚帝改元“乾统”。

宋徽宗崇宁元年、辽天祚帝乾统二年壬午(1102—1103)

一·一	丁巳 1.21	二·一	丙戌 2.19	三·一	丙辰 3.21	四·一	乙酉 4.19
一·十一	丁卯 1.31	二·十一	丙申 3.1	三·十一	丙寅 3.31	四·十一	乙未 4.29
一·二十一	丁丑 2.10	二·二十一	丙午 3.11	三·二十一	丙子 4.10	四·二十一	乙巳 5.9
五·一	乙卯 5.19	六·一 乙酉 6.18 闰六·一	甲寅 7.17	七·一	甲申 8.16	八·一	癸丑 9.14
五·十一	乙丑 5.29	六·十一 乙未 6.28 闰六·十一	甲子 7.27	七·十一	甲午 8.26	八·十一	癸亥 9.24
五·二十一	乙亥 6.8	六·二十一 乙巳 7.8 闰六·二十一	甲戌 8.6	七·二十一	甲辰 9.5	八·二十一	癸酉 10.4
九·一	癸未 10.14	十·一 [辽]	壬子 11.12 癸丑 11.13	十一·一	壬午 12.12	十二·一	辛亥 1.10
九·十一	癸巳 10.24	十·十一	壬戌 11.22	十一·十一	壬辰 12.22	十二·十一	辛酉 1.20
九·二十一	癸卯 11.3	十·二十一	壬申 12.2	十一·二十一	壬寅 1.1	十二·二十一	辛未 1.30

宋徽宗崇宁二年、辽天祚帝乾统三年癸未(1103—1104)

一·一	辛巳 2.9	二·一	庚戌 3.10	三·一	庚辰 4.9	四·一	己酉 5.8
一·十一	辛卯 2.19	二·十一	庚申 3.20	三·十一	庚寅 4.19	四·十一	己未 5.18
一·二十一	辛丑 3.1	二·二十一	庚午 3.30	三·二十一	庚子 4.29	四·二十一	己巳 5.28
五·一	己卯 6.7	六·一	戊申 7.6	七·一	戊寅 8.5	八·一 [辽]	丁未 9.3 戊申 9.4
五·十一	己丑 6.17	六·十一	戊午 7.16	七·十一	戊子 8.15	八·十一	丁巳 9.13
五·二十一	己亥 6.27	六·二十一	戊辰 7.26	七·二十一	戊戌 8.25	八·二十一	丁卯 9.23
九·一	丁丑 10.3	十·一	丁未 11.2	十一·一	丁丑 12.2	十二·一	丙午 12.31
九·十一	丁亥 10.13	十·十一	丁巳 11.12	十一·十一	丁亥 12.12	十二·十一	丙辰 1.10
九·二十一	丁酉 10.23	十·二十一	丁卯 11.22	十一·二十一	丁酉 12.22	十二·二十一	丙寅 1.20

宋徽宗崇宁三年、辽天祚帝乾统四年甲申（1104—1105）

月·日	干支	公历	月·日	干支	公历	月·日	干支	公历	月·日	干支	公历
一·一	丙子	1.30	二·一	乙巳	2.28	三·一	甲戌	3.28	四·一	甲辰	4.27
一·十一	丙戌	2.9	二·十一	乙卯	3.9	三·十一	甲申	4.7	四·十一	甲寅	5.7
一·二十一	丙申	2.19	二·二十一	乙丑	3.19	三·二十一	甲午	4.17	四·二十一	甲子	5.17
*五·一	癸酉	5.26	六·一	壬寅	6.24	七·一	壬申	7.24	八·一	壬寅	8.23
五·十一	癸未	6.5	六·十一	壬子	7.4	七·十一	壬午	8.3	八·十一	壬子	9.2
五·二十一	癸巳	6.15	六·二十一	壬戌	7.14	七·二十一	壬辰	8.13	八·二十一	壬戌	9.12
九·一	辛未	9.21	十·一	辛丑	10.21	十一·一	辛未	11.20	十二·一	庚子	12.19
九·十一	辛巳	10.1	十·十一	辛亥	10.31	十一·十一	辛巳	11.30	十二·十一	庚戌	12.29
九·二十一	辛卯	10.11	十·二十一	辛酉	11.10	十一·二十一	辛卯	12.10	十二·二十一	庚申	1.8

*《辑要》五月癸丑朔，误。

宋徽宗崇宁四年、辽天祚帝乾统五年乙酉（1105—1106）

月·日	干支	公历	月·日	干支	公历	月·日	干支	公历	月·日	干支	公历
一·一	庚午	1.18	二·一 闰二·一 [辽]三·一	庚子 己巳 己巳	2.17 3.18 3.18	三·一 [辽]闰三·一	戊戌 己亥	4.16 4.17	四·一	戊辰	5.16
一·十一	庚辰	1.28	二·十一 闰二·十一	庚戌 己卯	2.27 3.28	三·十一	戊申	4.26	四·十一	戊寅	5.26
一·二十一	庚寅	2.7	二·二十一 闰二·二十一	庚申 己丑	3.9 4.7	三·二十一	戊午	5.6	四·二十一	戊子	6.5
五·一	丁酉	6.14	六·一	丙寅	7.13	七·一	丙申	8.12	八·一	乙丑	9.10
五·十一	丁未	6.24	六·十一	丙子	7.23	七·十一	丙午	8.22	八·十一	乙亥	9.20
五·二十一	丁巳	7.4	六·二十一	丙戌	8.2	七·二十一	丙辰	9.1	八·二十一	乙酉	9.30
九·一	乙未	10.10	十·一	乙丑	11.9	十一·一	乙未	12.9	十二·一	甲子	1.7
九·十一	乙巳	10.20	十·十一	乙亥	11.19	十一·十一	乙巳	12.19	十二·十一	甲戌	1.17
九·二十一	乙卯	10.30	十·二十一	乙酉	11.29	十一·二十一	乙卯	12.29	十二·二十一	甲申	1.27

宋徽宗崇宁五年、辽天祚帝乾统六年丙戌（1106—1107）

月·日	干支	公历	月·日	干支	公历	月·日	干支	公历	月·日	干支	公历
一·一	甲午	2.6	二·一	甲子	3.8	三·一	癸巳	4.6	四·一	壬戌	5.5
一·十一	甲辰	2.16	二·十一	甲戌	3.18	三·十一	癸卯	4.16	四·十一	壬申	5.15
一·二十一	甲寅	2.26	二·二十一	甲申	3.28	三·二十一	癸丑	4.26	四·二十一	壬午	5.25
五·一	壬辰	6.4	六·一	辛酉	7.3	七·一	庚寅	8.1	八·一	庚申	8.31
五·十一	壬寅	6.14	六·十一	辛未	7.13	七·十一	庚子	8.11	八·十一	庚午	9.10
五·二十一	壬子	6.24	六·二十一	辛巳	7.23	七·二十一	庚戌	8.21	八·二十一	庚辰	9.20
九·一	己丑	9.29	十·一	己未	10.29	十一·一	戊子	11.27	十二·一	戊午	12.27
九·十一	己亥	10.9	十·十一	己巳	11.8	十一·十一	戊戌	12.7	十二·十一	戊辰	1.6
九·二十一	己酉	10.19	十·二十一	己卯	11.18	十一·二十一	戊申	12.17	十二·二十一	戊寅	1.16

宋徽宗大观元年、辽天祚帝乾统七年丁亥（1107—1108）

月·日	干支	公历	月·日	干支	公历	月·日	干支	公历	月·日	干支	公历
一·一	戊子	1.26	二·一	戊午	2.25	三·一	丁亥	3.26	四·一	丁巳	4.25
一·十一	戊戌	2.5	二·十一	戊辰	3.7	三·十一	丁酉	4.5	四·十一	丁卯	5.5
一·二十一	戊申	2.15	二·二十一	戊寅	3.17	三·二十一	丁未	4.15	四·二十一	丁丑	5.15
五·一	丙戌	5.24	六·一	丙辰	6.23	七·一	乙酉	7.22	八·一	甲寅	8.20
五·十一	丙申	6.3	六·十一	丙寅	7.3	七·十一	乙未	8.1	八·十一	甲子	8.30
五·二十一	丙午	6.13	六·二十一	丙子	7.13	七·二十一	乙巳	8.11	八·二十一	甲戌	9.9
九·一	甲申	9.19	十·一 闰十·一	癸丑 癸未	10.18 11.17	十一·一	壬子	12.16	十二·一	壬午	1.15
九·十一	甲午	9.29	十·十一 闰十·十一	癸亥 癸巳	10.28 11.27	十一·十一	壬戌	12.26	十二·十一	壬辰	1.25
九·二十一	甲辰	10.9	十·二十一 闰十·二十一	癸酉 癸卯	11.7 12.7	十一·二十一	壬申	1.5	十二·二十一	壬寅	2.4

宋徽宗大观二年、辽天祚帝乾统八年戊子(1108—1109)

一·一 壬子 2.14	二·一 壬午 3.15	三·一 辛亥 4.13	四·一 辛巳 5.13
一·十一 壬戌 2.24	二·十一 壬辰 3.25	三·十一 辛酉 4.23	四·十一 辛卯 5.23
一·二十一 壬申 3.5	二·二十一 壬寅 4.4	三·二十一 辛未 5.3	四·二十一 辛丑 6.2
五·一 庚戌 6.11	六·一 庚辰 7.11	七·一 己酉 8.9	八·一 戊寅 9.7
五·十一 庚申 6.21	六·十一 庚寅 7.21	七·十一 己未 8.19	八·十一 戊子 9.17
五·二十一 庚午 7.1	六·二十一 庚子 7.31	七·二十一 己巳 8.29	八·二十一 戊戌 9.27
九·一 戊申 10.7	十·一 丁丑 11.5	十一·一 丁未 12.5	十二·一 丙子 1.3
九·十一 戊午 10.17	十·十一 丁亥 11.15	十一·十一 丁巳 12.15	十二·十一 丙戌 1.13
九·二十一 戊辰 10.27	十·二十一 丁酉 11.25	十一·二十一 丁卯 12.25	十二·二十一 丙申 1.23

宋徽宗大观三年、辽天祚帝乾统九年己丑(1109—1100)

一·一 丙午 2.2	二·一 丙子 3.4	三·一 乙巳 4.2	四·一 乙亥 5.2
一·十一 丙辰 2.12	二·十一 丙戌 3.14	三·十一 乙卯 4.12	四·十一 乙酉 5.12
一·二十一 丙寅 2.22	二·二十一 丙申 3.24	三·二十一 乙丑 4.22	四·二十一 乙未 5.22
五·一 乙巳 6.1	六·一 甲戌 6.30	七·一 甲辰 7.30	八·一 癸酉 8.28
五·十一 乙卯 6.11	六·十一 甲申 7.10	七·十一 甲寅 8.9	八·十一 癸未 9.7
五·二十一 乙丑 6.21	六·二十一 甲午 7.20	七·二十一 甲子 8.19	八·二十一 癸巳 9.17
九·一 壬寅 9.26	十·一 壬申 10.26	十一·一 辛丑 11.24	十二·一 辛未 12.24
九·十一 壬子 10.6	十·十一 壬午 11.5	十一·十一 辛亥 12.4	十二·十一 辛巳 1.3
九·二十一 壬戌 10.16	十·二十一 壬辰 11.15	十一·二十一 辛酉 12.14	十二·二十一 辛卯 1.13

宋徽宗大观四年、辽天祚帝乾统十年庚寅(1110—1111)

一·一 庚子 1.22	二·一 庚午 2.21	三·一 己亥 3.22	四·一 己巳 4.21
一·十一 庚戌 2.1	二·十一 庚辰 3.3	三·十一 己酉 4.1	四·十一 己卯 5.1
一·二十一 庚申 2.11	二·二十一 庚寅 3.13	三·二十一 己未 4.11	四·二十一 己丑 5.11
五·一 己亥 5.21	六·一 戊辰 6.19	七·一 戊戌 7.19	八·一 丁卯 8.17 闰八·一 丁酉 9.16
五·十一 己酉 5.31	六·十一 戊寅 6.29	七·十一 戊申 7.29	八·十一 丁丑 8.27 闰八·十一 丁未 9.26
五·二十一 己未 6.10	六·二十一 戊子 7.9	七·二十一 戊午 8.8	八·二十一 丁亥 9.6 闰八·二十一 丁巳 10.6
九·一 丙寅 10.15	十·一 丙申 11.14	十一·一 乙丑 12.13	十二·一 乙未 1.12
九·十一 丙子 10.25	十·十一 丙午 11.24	十一·十一 乙亥 12.23	十二·十一 乙巳 1.22
九·二十一 丙戌 11.4	十·二十一 丙辰 12.4	十一·二十一 乙酉 1.2	十二·二十一 乙卯 2.1

宋徽宗政和元年、辽天祚帝天庆元年辛卯(1111—1112)

一·一 甲子 2.10	二·一 甲午 3.12	三·一 癸亥 4.10	四·一 癸巳 5.10
一·十一 甲戌 2.20	二·十一 甲辰 3.22	三·十一 癸酉 4.20	四·十一 癸卯 5.20
一·二十一 甲申 3.2	二·二十一 甲寅 4.1	三·二十一 癸未 4.30	四·二十一 癸丑 5.30
五·一 壬戌 6.8	六·一 壬辰 7.8	七·一 壬戌 8.7	八·一 辛卯 9.5
五·十一 壬申 6.18	六·十一 壬寅 7.18	七·十一 壬申 8.17	八·十一 辛丑 9.15
五·二十一 壬午 6.28	六·二十一 壬子 7.28	七·二十一 壬午 8.27	八·二十一 辛亥 9.25
九·一 辛酉 10.5	十·一 庚寅 11.3	十一·一 庚申 12.3	十二·一 己丑 1.1
九·十一 辛未 10.15	十·十一 庚子 11.13	十一·十一 庚午 12.13	十二·十一 己亥 1.11
九·二十一 辛巳 10.25	十·二十一 庚戌 11.23	十一·二十一 庚辰 12.23	十二·二十一 己酉 1.21

宋徽宗政和二年、辽天祚帝天庆二年壬辰（1112—1113）

一·一	己未	1.31	二·一	戊子	2.29	三·一	戊午	3.30	四·一	丁亥	4.28
一·十一	己巳	2.10	二·十一	戊戌	3.10	三·十一	戊辰	4.9	四·十一	丁酉	5.8
一·二十一	己卯	2.20	二·二十一	戊申	3.20	三·二十一	戊寅	4.19	四·二十一	丁未	5.18
五·一	丁巳	5.28	六·一	丙戌	6.26	七·一	丙辰	7.26	八·一	乙酉	8.24
五·十一	丁卯	6.7	六·十一	丙申	7.6	七·十一	丙寅	8.5	八·十一	乙未	9.3
五·二十一	丁丑	6.17	六·二十一	丙午	7.16	七·二十一	丙子	8.15	八·二十一	乙巳	9.13
九·一	乙卯	9.23	十·一	乙酉	10.23	十一·一	甲寅	11.21	十二·一	甲申	12.21
九·十一	乙丑	10.3	十·十一	乙未	11.2	十一·十一	甲子	12.1	十二·十一	甲午	12.31
九·二十一	乙亥	10.13	十·二十一	乙巳	11.12	十一·二十一	甲戌	12.11	十二·二十一	甲辰	1.10

宋徽宗政和三年、辽天祚帝天庆三年癸巳（1113—1114）

一·一	甲寅	1.20	二·一	癸未	2.18	三·一	壬子	3.19	四·一 壬午 4.18	闰四·一 辛亥 5.17	
一·十一	甲子	1.30	二·十一	癸巳	2.28	三·十一	壬戌	3.29	四·十一 壬辰 4.28	闰四·十一 辛酉 5.27	
一·二十一	甲戌	2.9	二·二十一	癸卯	3.10	三·二十一	壬申	4.8	四·二十一 壬寅 5.8	闰四·二十一 辛未 6.6	
五·一	庚辰	6.15	六·一	庚戌	7.15	七·一	己卯	8.13	八·一	己酉	9.12
五·十一	庚寅	6.25	六·十一	庚申	7.25	七·十一	己丑	8.23	八·十一	己未	9.22
五·二十一	庚子	7.5	六·二十一	庚午	8.4	七·二十一	己亥	9.2	八·二十一	己巳	10.2
九·一	己卯	10.12	十·一 [辽]	戊申 己酉	11.10 11.11	十一·一	戊寅	12.10	十二·一	戊申	1.9
九·十一	己丑	10.22	十·十一	戊午	11.20	十一·十一	戊子	12.20	十二·十一	戊午	1.19
九·二十一	己亥	11.1	十·二十一	戊辰	11.30	十一·二十一	戊戌	12.30	十二·二十一	戊辰	1.29

宋徽宗政和四年、辽天祚帝天庆四年甲午（1114—1115）

一·一	戊寅	2.8	二·一	丁未	3.9	三·一	丙子	4.7	四·一	丙午	5.7
一·十一	戊子	2.18	二·十一	丁巳	3.19	三·十一	丙戌	4.17	四·十一	丙辰	5.17
一·二十一	戊戌	2.28	二·二十一	丁卯	3.29	三·二十一	丙申	4.27	四·二十一	丙寅	5.27
五·一	乙亥	6.5	六·一	甲辰	7.4	七·一	甲戌	8.3	八·一	癸卯	9.1
五·十一	乙酉	6.15	六·十一	甲寅	7.14	七·十一	甲申	8.13	八·十一	癸丑	9.11
五·二十一	乙未	6.25	六·二十一	甲子	7.24	七·二十一	甲午	8.23	八·二十一	癸亥	9.21
九·一	癸酉	10.1	十·一	壬寅	10.30	十一·一	壬申	11.29	十二·一	壬寅	12.29
九·十一	癸未	10.11	十·十一	壬子	11.9	十一·十一	壬午	12.9	十二·十一	壬子	1.8
九·二十一	癸巳	10.21	十·二十一	壬戌	11.19	十一·二十一	壬辰	12.19	十二·二十一	壬戌	1.18

宋徽宗政和五年、辽天祚帝天庆五年、金太祖收国元年乙未（1115—1116）

一·一	壬申	1.28	二·一	辛丑	2.26	三·一	辛未	3.28	四·一	庚子	4.26
一·十一	壬午	2.7	二·十一	辛亥	3.8	三·十一	辛巳	4.7	四·十一	庚戌	5.6
一·二十一	壬辰	2.17	二·二十一	辛酉	3.18	三·二十一	辛卯	4.17	四·二十一	庚申	5.16
五·一	庚午	5.26	六·一	己亥	6.24	七·一	戊辰	7.23	八·一	戊戌	8.22
五·十一	庚辰	6.5	六·十一	己酉	7.4	七·十一	戊寅	8.2	八·十一	戊申	9.1
五·二十一	庚寅	6.15	六·二十一	己未	7.14	七·二十一	戊子	8.12	八·二十一	戊午	9.11
九·一	丁卯	9.20	十·一	丁酉	10.20	十一·一	丙寅	11.18	十二·一	丙申	12.18
九·十一	丁丑	9.30	十·十一	丁未	10.30	十一·十一	丙子	11.28	十二·十一	丙午	12.28
九·二十一	丁亥	10.10	十·二十一	丁巳	11.9	十一·二十一	丙戌	12.8	十二·二十一	丙辰	1.7

宋徽宗政和六年、辽天祚帝天庆六年、金太祖收国二年丙申（1116—1117）

一·一	丙寅 1.17	闰一·一 丙申 2.16	二·一	乙丑	3.16	三·一	乙未	4.15	四·一	甲子	5.14
一·十一	丙子 1.27	闰一·十一 丙午 2.26	二·十一	乙亥	3.26	三·十一	乙巳	4.25	四·十一	甲戌	5.24
一·二十一	丙戌 2.6	闰一·二十一 丙辰 3.7	二·二十一	乙酉	4.5	三·二十一	乙卯	5.5	四·二十一	甲申	6.3
五·一	甲午	6.13	六·一	癸亥	7.12	七·一	壬辰	8.10	八·一	壬戌	9.9
五·十一	甲辰	6.23	六·十一	癸酉	7.22	七·十一	壬寅	8.20	八·十一	壬申	9.19
五·二十一	甲寅	7.3	六·二十一	癸未	8.1	七·二十一	壬子	8.30	八·二十一	壬午	9.29
九·一	辛卯	10.8	十·一	辛酉	11.7	十一·一	庚寅	12.6	十二·一	庚申	1.5
九·十一	辛丑	10.18	十·十一	辛未	11.17	十一·十一	庚子	12.16	十二·十一	庚午	1.15
九·二十一	辛亥	10.28	十·二十一	辛巳	11.27	十一·二十一	庚戌	12.26	十二·二十一	庚辰	1.25

宋徽宗政和七年、辽天祚帝天庆七年、金太祖天辅元年丁酉（1117—1118）

一·一	庚寅	2.4	二·一	己未	3.5	三·一	己丑	4.4	四·一	己未	5.4
一·十一	庚子	2.14	二·十一	己巳	3.15	三·十一	己亥	4.14	四·十一	己巳	5.14
一·二十一	庚戌	2.24	二·二十一	己卯	3.25	三·二十一	己酉	4.24	四·二十一	己卯	5.24
五·一	戊子	6.2	六·一	戊午	7.2	七·一	丁亥	7.31	八·一	丙辰	8.29
五·十一	戊戌	6.12	六·十一	戊辰	7.12	七·十一	丁酉	8.10	八·十一	丙寅	9.8
五·二十一	戊申	6.22	六·二十一	戊寅	7.22	七·二十一	丁未	8.20	八·二十一	丙子	9.18
九·一	丙戌	9.28	十·一	乙卯	10.27	十一·一	乙酉	11.26	十二·一	甲寅	12.25
九·十一	丙申	10.8	十·十一	乙丑	11.6	十一·十一	乙未	12.6	十二·十一	甲子	1.4
九·二十一	丙午	10.18	十·二十一	乙亥	11.16	十一·二十一	乙巳	12.16	十二·二十一	甲戌	1.14

宋徽宗重和元年、辽天祚帝天庆八年、金太祖天辅二年戊戌（1118—1119）

一·一	甲申	1.24	二·一	癸丑	2.22	三·一	癸未	3.24	四·一	癸丑	4.23
一·十一	甲午	2.3	二·十一	癸亥	3.4	三·十一	癸巳	4.3	四·十一	癸亥	5.3
一·二十一	甲辰	2.13	二·二十一	癸酉	3.14	三·二十一	癸卯	4.13	四·二十一	癸酉	5.13
五·一	壬午	5.22	六·一	壬子	6.21	七·一	辛巳	7.20	八·一	辛亥	8.19
五·十一	壬辰	6.1	六·十一	壬戌	7.1	七·十一	辛卯	7.30	八·十一	辛酉	8.29
五·二十一	壬寅	6.11	六·二十一	壬申	7.11	七·二十一	辛丑	8.9	八·二十一	辛未	9.8
九·一	庚辰 9.17	闰九·一 庚戌 10.17	十·一	己卯	11.15	*十一·一	己酉	12.15	十二·一	戊寅	1.13
九·十一	庚寅 9.27	闰九·十一 庚申 10.27	十·十一	己丑	11.25	十一·十一	己未	12.25	十二·十一	戊子	1.23
九·二十一	庚子 10.7	闰九·二十一 庚午 11.6	十·二十一	己亥	12.5	十一·二十一	己巳	1.4	十二·二十一	戊戌	2.2

＊本月宋改元"重和"。

宋徽宗宣和元年、辽天祚帝天庆九年、金太祖天辅三年己亥（1119—1120）

一·一	戊申	2.12	*二·一	丁丑	3.13	三·一	丁未	4.12	四·一	丙子	5.11
一·十一	戊午	2.22	二·十一	丁亥	3.23	三·十一	丁巳	4.22	四·十一	丙戌	5.21
一·二十一	戊辰	3.4	二·二十一	丁酉	4.2	三·二十一	丁卯	5.2	四·二十一	丙申	5.31
五·一	丙午	6.10	六·一	丙子	7.10	七·一	乙巳	8.8	八·一	乙亥	9.7
五·十一	丙辰	6.20	六·十一	丙戌	7.20	七·十一	乙卯	8.18	八·十一	乙酉	9.17
五·二十一	丙寅	6.30	六·二十一	丙申	7.30	七·二十一	乙丑	8.28	八·二十一	乙未	9.27
九·一	甲辰	10.6	十·一	甲戌	11.5	十一·一	癸卯	12.4	十二·一	癸酉	1.3
九·十一	甲寅	10.16	十·十一	甲申	11.15	十一·十一	癸丑	12.14	十二·十一	癸未	1.13
九·二十一	甲子	10.26	十·二十一	甲午	11.25	十一·二十一	癸亥	12.24	十二·二十一	癸巳	1.23

＊本月宋改元"宣和"。

宋徽宗宣和二年、辽天祚帝天庆十年、金太祖天辅四年庚子（1120—1121）

一·一 壬寅 2.1 一·十一 壬子 2.11 一·二十一 壬戌 2.21	二·一 壬申 3.2 二·十一 壬午 3.12 二·二十一 壬辰 3.22	三·一 辛丑 3.31 三·十一 辛亥 4.10 三·二十一 辛酉 4.20	四·一 辛未 4.30 四·十一 辛巳 5.10 四·二十一 辛卯 5.20
五·一 庚子 5.29 五·十一 庚戌 6.8 五·二十一 庚申 6.18	六·一 庚午 6.28 六·十一 庚辰 7.8 六·二十一 庚寅 7.18	七·一 己亥 7.27 七·十一 己酉 8.6 七·二十一 己未 8.16	八·一 己巳 8.26 八·十一 己卯 9.5 八·二十一 己丑 9.15
九·一 己亥 9.25 九·十一 己酉 10.5 九·二十一 己未 10.15	十·一 戊辰 10.24 十·十一 戊寅 11.3 十·二十一 戊子 11.13	十一·一 戊戌 11.23 十一·十一 戊申 12.3 十一·二十一 戊午 12.13	十二·一 丁卯 12.22 十二·十一 丁丑 1.1 十二·二十一 丁亥 1.11

宋徽宗宣和三年、辽天祚帝保大元年、金太祖天辅五年辛丑（1121—1122）

一·一 丁酉 1.21 一·十一 丁未 1.31 一·二十一 丁巳 2.10	二·一 丙寅 2.19 二·十一 丙子 3.1 二·二十一 丙戌 3.11	三·一 丙申 3.21 三·十一 丙午 3.31 三·二十一 丙辰 4.10	四·一 乙丑 4.19 四·十一 乙亥 4.29 四·二十一 乙酉 5.9
五·一 甲午 5.18 闰五·一 甲子 6.17 五·十一 甲辰 5.28 闰五·十一 甲戌 6.27 五·二十一 甲寅 6.7 闰五·二十一 甲申 7.7	六·一 癸巳 7.16 六·十一 癸卯 7.26 六·二十一 癸丑 8.5	七·一 癸亥 8.15 七·十一 癸酉 8.25 七·二十一 癸未 9.4	八·一 癸巳 9.14 八·十一 癸卯 9.24 八·二十一 癸丑 10.4
九·一 壬戌 10.13 [辽] 癸亥 10.14 九·十一 壬申 10.23 九·二十一 壬午 11.2	十·一 壬辰 11.12 十·十一 壬寅 11.22 十·二十一 壬子 12.2	十一·一 壬戌 12.12 十一·十一 壬申 12.22 十一·二十一 壬午 1.1	十二·一 辛卯 1.10 十二·十一 辛丑 1.20 十二·二十一 辛亥 1.30

宋徽宗宣和四年、辽天祚帝保大二年、金太祖天辅六年壬寅（1122—1123）

一·一 辛酉 2.9 一·十一 辛未 2.19 一·二十一 辛巳 3.1	二·一 庚寅 3.10 二·十一 庚子 3.20 二·二十一 庚戌 3.30	三·一 庚申 4.9 三·十一 庚午 4.19 三·二十一 庚辰 4.29	四·一 己丑 5.8 四·十一 己亥 5.18 四·二十一 己酉 5.28
五·一 戊午 6.6 五·十一 戊辰 6.16 五·二十一 戊寅 6.26	六·一 戊子 7.6 六·十一 戊戌 7.16 六·二十一 戊申 7.26	七·一 丁巳 8.4 七·十一 丁卯 8.14 七·二十一 丁丑 8.24	八·一 丁亥 9.3 八·十一 丁酉 9.13 八·二十一 丁未 9.23
九·一 丁巳 10.3 九·十一 丁卯 10.13 九·二十一 丁丑 10.23	十·一 丙戌 11.1 十·十一 丙申 11.11 十·二十一 丙午 11.21	十一·一 丙辰 12.1 十一·十一 丙寅 12.11 十一·二十一 丙子 12.21	十二·一 丙戌 12.31 十二·十一 丙申 1.10 十二·二十一 丙午 1.20

宋徽宗宣和五年、辽天祚帝保大三年、金太宗天会元年癸卯（1123—1124）

一·一 乙卯 1.29 一·十一 乙丑 2.8 一·二十一 乙亥 2.18	二·一 乙酉 2.28 二·十一 乙未 3.10 二·二十一 乙巳 3.20	三·一 甲寅 3.29 三·十一 甲子 4.8 三·二十一 甲戌 4.18	四·一 甲申 4.28 四·十一 甲午 5.8 四·二十一 甲辰 5.18
五·一 癸丑 5.27 五·十一 癸亥 6.6 五·二十一 癸酉 6.16	六·一 壬午 6.25 六·十一 壬辰 7.5 六·二十一 壬寅 7.15	七·一 壬子 7.25 七·十一 壬戌 8.4 七·二十一 壬申 8.14	八·一 辛巳 8.23 八·十一 辛卯 9.2 八·二十一 辛丑 9.12
*九·一 辛亥 9.22 九·十一 辛酉 10.2 九·二十一 辛未 10.12	十·一 庚辰 10.21 十·十一 庚寅 10.31 十·二十一 庚子 11.10	十一·一 庚戌 11.20 十一·十一 庚申 11.30 十一·二十一 庚午 12.10	十二·一 庚辰 12.20 十二·十一 庚寅 12.30 十二·二十一 庚子 1.9

* 本月金太宗改元“天会”。

宋徽宗宣和六年、辽天祚帝保大四年、金太宗天会二年甲辰（1124—1125）

一·一 庚戌 1.19	二·一 己卯 2.17	三·一 己酉 3.18 闰三·一 戊寅 4.16	四·一 戊申 5.16
一·十一 庚申 1.29	二·十一 己丑 2.27	三·十一 己未 3.28 闰三·十一 戊子 4.26	四·十一 戊午 5.26
一·二十一 庚午 2.8	二·二十一 己亥 3.8	三·二十一己巳 4.7 闰三·二十一戊戌 5.6	四·二十一 戊辰 6.5
五·一 丁丑 6.14	六·一 丙午 7.13	七·一 丙子 8.12	八·一 乙巳 9.10
五·十一 丁亥 6.24	六·十一 丙辰 7.23	七·十一 丙戌 8.22	八·十一 乙卯 9.20
五·二十一 丁酉 7.4	六·二十一 丙寅 8.2	七·二十一 丙申 9.1	八·二十一 乙丑 9.30
九·一 甲戌 10.9	十·一 甲辰 11.8	十一·一 甲戌 12.8	十二·一 甲辰 1.7
九·十一 甲申 10.19	十·十一 甲寅 11.18	十一·十一 甲申 12.18	十二·十一 甲寅 1.17
九·二十一 甲午 10.29	十·二十一 甲子 11.28	十一·二十一 甲午 12.28	十二·二十一 甲子 1.27

宋徽宗宣和七年、辽天祚帝保大五年、金太宗天会三年乙巳（1125—1126）

一·一 癸酉 2.5	*二·一 癸卯 3.7	三·一 癸酉 4.6	四·一 壬寅 5.5
一·十一 癸未 2.15	二·十一 癸丑 3.17	三·十一 癸未 4.16	四·十一 壬子 5.15
一·二十一 癸巳 2.25	二·二十一 癸亥 3.27	三·二十一 癸巳 4.26	四·二十一 壬戌 5.25
五·一 壬申 6.4	六·一 辛丑 7.3	七·一 庚午 8.1	八·一 庚子 8.31
五·十一 壬午 6.14	六·十一 辛亥 7.13	七·十一 庚辰 8.11	八·十一 庚戌 9.10
五·二十一 壬辰 6.24	六·二十一 辛酉 7.23	七·二十一 庚寅 8.21	八·二十一 庚申 9.20
九·一 己巳 9.29	十·一 戊戌 10.28	十一·一 戊辰 11.27	十二·一 戊戌 12.27
九·十一 己卯 10.9	十·十一 戊申 11.7	十一·十一 戊寅 12.7	十二·十一 戊申 1.6
九·二十一 己丑 10.19	十·二十一 戊午 11.17	十一·二十一 戊子 12.17	十二·二十一 戊午 1.16

* 本月天祚帝为金所俘，辽亡。

宋钦宗靖康元年、金太宗天会四年丙午（1126—1127）

一·一 丁卯 1.25	二·一 丁酉 2.24	三·一 丁卯 3.26	四·一 丁酉 4.25
一·十一 丁丑 2.4	二·十一 丁未 3.6	三·十一 丁丑 4.5	四·十一 丁未 5.5
一·二十一 丁亥 2.14	二·二十一 丁巳 3.16	三·二十一 丁亥 4.15	四·二十一 丁巳 5.15
五·一 丙寅 5.24	六·一 丙申 6.23	七·一 乙丑 7.22	八·一 甲午 8.20
五·十一 丙子 6.3	六·十一 丙午 7.3	七·十一 乙亥 8.1	八·十一 甲辰 8.30
五·二十一 丙戌 6.13	六·二十一 丙辰 7.13	七·二十一 乙酉 8.11	八·二十一 甲寅 9.9
九·一 甲子 9.19	十·一 癸巳 10.18	十一·一 壬戌 11.16 闰十一·一 壬辰 12.16	十二·一 壬戌 1.15
九·十一 甲戌 9.29	十·十一 癸卯 10.28	十一·十一 壬申 11.26 闰十一·十一 壬寅 12.26	十二·十一 壬申 1.25
九·二十一 甲申 10.9	十·二十一 癸丑 11.7	十一·二十一壬午 12.6 闰十一·二十一壬子 1.5	十二·二十一 壬午 2.4

宋高宗建炎元年、金太宗天会五年丁未（1127—1128）

一·一 辛卯 2.13	二·一 辛酉 3.15	三·一 辛卯 4.14	四·一 庚申 5.13
一·十一 辛丑 2.23	二·十一 辛未 3.25	三·十一 辛丑 4.24	四·十一 庚午 5.23
一·二十一 辛亥 3.5	二·二十一 辛巳 4.4	三·二十一 辛亥 5.4	四·二十一 庚辰 6.2
*五·一 庚寅 6.12	六·一 己未 7.11	七·一 己丑 8.10	八·一 戊午 9.8
五·十一 庚子 6.22	六·十一 己巳 7.21	七·十一 己亥 8.20	八·十一 戊辰 9.18
五·二十一 庚戌 7.2	六·二十一 己卯 7.31	七·二十一 己酉 8.30	八·二十一 戊寅 9.28
九·一 戊子 10.8	十·一 丁巳 11.6	十一·一 丁亥 12.6	十二·一 丙辰 1.4
九·十一 戊戌 10.18	十·十一 丁卯 11.16	十一·十一 丁酉 12.16	十二·十一 丙寅 1.14
九·二十一 戊申 10.28	十·二十一 丁丑 11.26	十一·二十一 丁未 12.26	十二·二十一 丙子 1.24

* 本月宋高宗即位，改元“建炎”，从此史称“南宋”。

宋高宗建炎二年、金太宗天会六年戊申（1128—1129）

一·一	丙戌	2.3	二·一	乙卯	3.3	三·一	乙酉	4.2	四·一	甲寅	5.1
一·十一	丙申	2.13	二·十一	乙丑	3.13	三·十一	乙未	4.12	四·十一	甲子	5.11
一·二十一	丙午	2.23	二·二十一	乙亥	3.23	三·二十一	乙巳	4.22	四·二十一	甲戌	5.21
五·一	甲申	5.31	六·一	甲寅	6.30	七·一	癸未	7.29	八·一	癸丑	8.28
五·十一	甲午	6.10	六·十一	甲子	7.10	七·十一	癸巳	8.8	八·十一	癸亥	9.7
五·二十一	甲辰	6.20	六·二十一	甲戌	7.20	七·二十一	癸卯	8.18	八·二十一	癸酉	9.17
九·一	壬午	9.26	十·一	壬子	10.26	十一·一	辛巳	11.24	十二·一	辛亥	12.24
九·十一	壬辰	10.6	十·十一	壬戌	11.5	十一·十一	辛卯	12.4	十二·十一	辛酉	1.3
九·二十一	壬寅	10.16	十·二十一	壬申	11.15	十一·二十一	辛丑	12.14	十二·二十一	辛未	1.13

宋高宗建炎三年、金太宗天会七年己酉（1129—1130）

一·一	庚辰	1.22	二·一	庚戌	2.21	三·一	己卯	3.22	四·一	戊申	4.20
									[金]	己酉	4.21
一·十一	庚寅	2.1	二·十一	庚申	3.3	三·十一	己丑	4.1	四·十一	戊午	4.30
一·二十一	庚子	2.11	二·二十一	庚午	3.13	三·二十一	己亥	4.11	四·二十一	戊辰	5.10
五·一	戊寅	5.20	六·一	戊申	6.19	七·一	丁丑	7.18	八·一 丁未 8.17*	闰八·一	丁丑 9.16
五·十一	戊子	5.30	六·十一	戊午	6.29	七·十一	丁亥	7.28	八·十一 丁巳 8.27	闰八·十一	丁亥 9.26
五·二十一	戊戌	6.9	六·二十一	戊辰	7.9	七·二十一	丁酉	8.7	八·二十一 丁卯 9.6	闰八·二十一	丁酉 10.6
九·一	丙午	10.15	十·一	丙子	11.14	十一·一	乙巳	12.13	十二·一	乙亥	1.12
九·十一	丙辰	10.25	十·十一	丙戌	11.24	十一·十一	乙卯	12.23	十二·十一	乙酉	1.22
九·二十一	丙寅	11.4	十·二十一	丙申	12.4	十一·二十一	乙丑	1.2	十二·二十一	乙未	2.1

＊《总谱》闰九月丙午朔。

宋高宗建炎四年、金太宗天会八年庚戌（1130—1131）

一·一	甲辰	2.10	二·一	甲戌	3.12	三·一	癸卯	4.10	四·一	壬申	5.9
一·十一	甲寅	2.20	二·十一	甲申	3.22	三·十一	癸丑	4.20	四·十一	壬午	5.19
一·二十一	甲子	3.2	二·二十一	甲午	4.1	三·二十一	癸亥	4.30	四·二十一	壬辰	5.29
五·一	壬寅	6.8	六·一	辛未	7.7	七·一	辛丑	8.6	八·一	辛未	9.5
五·十一	壬子	6.18	六·十一	辛巳	7.17	七·十一	辛亥	8.16	八·十一	辛巳	9.15
五·二十一	壬戌	6.28	六·二十一	辛卯	7.27	七·二十一	辛酉	8.26	八·二十一	辛卯	9.25
九·一	庚子	10.4	十·一	庚午	11.3	十一·一	庚子	12.3	十二·一	己巳	1.1
九·十一	庚戌	10.14	十·十一	庚辰	11.13	十一·十一	庚戌	12.13	十二·十一	己卯	1.11
九·二十一	庚申	10.24	十·二十一	庚寅	11.23	十一·二十一	庚申	12.23	十二·二十一	己丑	1.21

宋高宗绍兴元年、金太宗天会九年辛亥（1131—1132）

一·一	己亥	1.31	二·一	戊辰	3.1	三·一	戊戌	3.31	四·一	丁卯	4.29
一·十一	己酉	2.10	二·十一	戊寅	3.11	三·十一	戊申	4.10	四·十一	丁丑	5.9
一·二十一	己未	2.20	二·二十一	戊子	3.21	三·二十一	戊午	4.20	四·二十一	丁亥	5.19
五·一	丙申	5.28	六·一	丙寅	6.27	七·一	乙未	7.26	八·一	乙丑	8.25
五·十一	丙午	6.7	六·十一	丙子	7.7	七·十一	乙巳	8.5	八·十一	乙亥	9.4
五·二十一	丙辰	6.17	六·二十一	丙戌	7.17	七·二十一	乙卯	8.15	八·二十一	乙酉	9.14
九·一	甲午	9.23	十·一	甲子	10.23	十一·一	甲午	11.22	十二·一	甲子	12.22
九·十一	甲辰	10.3	十·十一	甲戌	11.2	十一·十一	甲辰	12.2	十二·十一	甲戌	1.1
九·二十一	甲寅	10.13	十·二十一	甲申	11.12	十一·二十一	甲寅	12.12	十二·二十一	甲申	1.11

宋高宗绍兴二年、金太宗天会十年壬子(1132—1133)

一·一　癸巳　1.20	二·一　癸亥　2.19	三·一　壬辰　3.19	四·一　壬戌 4.18　闰四·一　辛卯 5.17
一·十一　癸卯　1.30	二·十一　癸酉　2.29	三·十一　壬寅　3.29	四·十一　壬申 4.28　闰四·十一　辛丑 5.27
一·二十一　癸丑　2.9	二·二十一　癸未　3.10	三·二十一　壬子　4.8	四·二十一壬午 5.8　闰四·二十一辛亥 6.6
五·一　庚申　6.15	六·一　庚寅　7.15	七·一　己未　8.13	八·一　戊子　9.11
五·十一　庚午　6.25	六·十一　庚子　7.25	七·十一　己巳　8.23	八·十一　戊戌　9.21
五·二十一　庚辰　7.5	六·二十一　庚戌　8.4	七·二十一　己卯　9.2	八·二十一　戊申　10.1
九·一　戊午　10.11	十·一　戊子　11.10	十一·一　戊午　12.10	十二·一　丁亥　1.8
九·十一　戊辰　11.21	十·十一　戊戌　11.20	十一·十一　戊辰　12.20	十二·十一　丁酉　1.18
九·二十一　戊寅　10.31	十·二十一　戊申　11.30	十一·二十一　戊寅　12.30	十二·二十一　丁未　1.28

宋高宗绍兴三年、金太宗天会十一年癸丑(1133—1134)

一·一　丁巳　2.7	二·一　丁亥　3.9	三·一　丙辰　4.7	四·一　丙戌　5.7
一·十一　丁卯　2.17	二·十一　丁酉　3.19	三·十一　丙寅　4.17	四·十一　丙申　5.17
一·二十一　丁丑　2.27	二·二十一　丁未　3.29	三·二十一　丙子　4.27	四·二十一　丙午　5.27
五·一　乙卯　6.5	六·一　甲申　7.4	七·一　甲寅　8.3	八·一　癸未　9.1
五·十一　乙丑　6.15	六·十一　甲午　7.14	七·十一　甲子　8.13	八·十一　癸巳　9.11
五·二十一　乙亥　6.25	六·二十一　甲辰　7.24	七·二十一　甲戌　8.23	八·二十一　癸卯　9.21
九·一　壬子　9.30	十·一　壬午　10.30	十一·一　壬子　11.29	十二·一　辛巳　12.28
九·十一　壬戌　10.10	十·十一　壬辰　11.9	十一·十一　壬戌　12.9	十二·十一　辛卯　1.7
九·二十一　壬申　10.20	十·二十一　壬寅　11.19	十一·二十一　壬申　12.19	十二·二十一　辛丑　1.17

宋高宗绍兴四年、金太宗天会十二年甲寅(1134—1135)

一·一　辛亥　1.27	二·一　辛巳　2.26	三·一　辛亥　3.28	四·一　庚辰　4.26
一·十一　辛酉　2.6	二·十一　辛卯　3.8	三·十一　辛酉　4.7	四·十一　庚寅　5.6
一·二十一　辛未　2.16	二·二十一　辛丑　3.18	三·二十一　辛未　4.17	四·二十一　庚子　5.16
五·一　庚戌　5.26	六·一　己卯　6.24	七·一　戊申　7.23	八·一　戊寅　8.22
五·十一　庚申　6.5	六·十一　己丑　7.4	七·十一　戊午　8.2	八·十一　戊子　9.1
五·二十一　庚午　6.15	六·二十一　己亥　7.14	七·二十一　戊辰　8.12	八·二十一　戊戌　9.11
九·一　丁未　9.20	十·一　丙子　10.19	十一·一　丙午　11.18	十二·一　乙亥　12.17
			[金]　丙子　12.18
九·十一　丁巳　9.30	十·十一　丙戌　10.29	十一·十一　丙辰　11.28	十二·十一　乙酉　12.27
九·二十一　丁卯　10.10	十·二十一　丙申　11.8	十一·二十一　丙寅　12.8	十二·二十一　乙未　1.6

宋高宗绍兴五年、金熙宗天会十三年乙卯(1135—1136)

一·一　己巳　1.16	二·一　乙亥 2.15　闰二·一　乙巳 3.17	三·一　甲戌　4.15	四·一　甲辰　5.15
一·十一　己卯　1.26	二·十一　乙酉 2.25　闰二·十一　乙卯 3.27	三·十一　甲申　4.25	四·十一　甲寅　5.25
一·二十一　己丑　2.5	二·二十一乙未 3.7　闰二·二十一乙丑 4.6	三·二十一　甲午　5.5	四·二十一　甲子　6.4
五·一　甲戌　6.14	六·一　癸卯　7.13	七·一　壬申　8.11	八·一　壬寅　9.10
五·十一　甲申　6.24	六·十一　癸丑　7.23	七·十一　壬午　8.21	八·十一　壬子　9.20
五·二十一　甲午　7.4	六·二十一　癸亥　8.2	七·二十一　壬辰　8.31	八·二十一　壬戌　9.30
九·一　辛未　10.9	十·一　庚子　11.7	十一·一　庚午　12.7	十二·一　己亥　1.5
九·十一　辛巳　10.19	十·十一　庚戌　11.17	十一·十一　庚辰　12.17	十二·十一　己酉　1.15
九·二十一　辛卯　10.29	十·二十一　庚申　11.27	十一·二十一　庚寅　12.27	十二·二十一　己未　1.25

* 本月金熙宗即位,仍用“天会”年号。

宋高宗绍兴六年、金熙宗天会十四年丙辰（1136—1137）

一•一 己巳 2.4	二•一 己亥 3.5	三•一 戊辰 4.3	四•一 戊戌 5.3
一•十一 己卯 2.14	二•十一 己酉 3.15	三•十一 戊寅 4.13	四•十一 戊申 5.13
一•二十一 己丑 2.24	二•二十一 己未 3.25	三•二十一 戊子 4.23	四•二十一 戊午 5.23
五•一 戊辰 6.2	六•一 丁酉 7.1	七•一 丁卯 7.31	八•一 丙申 8.29
五•十一 戊寅 6.12	六•十一 丁未 7.11	七•十一 丁丑 8.10	八•十一 丙午 9.8
五•二十一 戊子 6.22	六•二十一 丁巳 7.21	七•二十一 丁亥 8.20	八•二十一 丙辰 9.18
九•一 丙寅 9.28	十•一 乙未 10.27	十一•一 乙丑 11.26	十二•一 甲午 12.25
九•十一 丙子 10.8	十•十一 乙巳 11.6	十一•十一 乙亥 12.6	十二•十一 甲辰 1.4
九•二十一 丙戌 10.18	十•二十一 乙卯 11.16	十一•二十一 乙酉 12.16	十二•二十一 甲寅 1.14

宋高宗绍兴七年、金熙宗天会十五年丁巳（1137—1138）

一•一 癸亥 1.23	二•一 癸巳 2.22	三•一 癸亥 3.24	四•一 壬辰 4.22
一•十一 癸酉 2.2	二•十一 癸卯 3.4	三•十一 癸酉 4.3	四•十一 壬寅 5.2
一•二十一 癸未 2.12	二•二十一 癸丑 3.14	三•二十一 癸未 4.13	四•二十一 壬子 5.12
五•一 壬戌 5.22	六•一 辛卯 6.20	七•一 辛酉 7.20	八•一 辛卯 8.19
五•十一 壬申 6.1	六•十一 辛丑 6.30	七•十一 辛未 7.30	八•十一 辛丑 8.29
五•二十一 壬午 6.11	六•二十一 辛亥 7.10	七•二十一 辛巳 8.9	八•二十一 辛亥 9.8
九•一 庚申 9.17	十•一 庚寅 10.17 闰十•一 己未 11.15	十一•一 己丑 12.15	十二•一 戊午 1.13
九•十一 庚午 9.27	十•十一 庚子 10.27 闰十•十一 己巳 11.25	十一•十一 己亥 12.25	十二•十一 戊辰 1.23
九•二十一 庚辰 10.7	十•二十一 庚戌 11.6 闰十•二十一 己卯 12.5	十一•二十一 己酉 1.4	十二•二十一 戊寅 2.2

宋高宗绍兴八年、金熙宗天眷元年戊午（1138—1139）

一•一 戊子 2.12	二•一 丁巳 3.13	三•一 丙戌 4.11	四•一 丙辰 5.11
一•十一 戊戌 2.22	二•十一 丁卯 3.23	三•十一 丙申 4.21	四•十一 丙寅 5.21
一•二十一 戊申 3.4	二•二十一 丁丑 4.2	三•二十一 丙午 5.1	四•二十一 丙子 5.31
五•一 乙酉 6.9	六•一 乙卯 7.9	七•一 乙酉 8.8	八•一 甲寅 9.6
五•十一 乙未 6.19	六•十一 乙丑 7.19	七•十一 乙未 8.18	八•十一 甲子 9.16
五•二十一 乙巳 6.29	六•二十一 乙亥 7.29	七•二十一 乙巳 8.28	八•二十一 甲戌 9.26
九•一 甲申 10.6	十•一 甲寅 11.5	十一•一 癸未 12.4	十二•一 癸丑 1.3
九•十一 甲午 10.16	十•十一 甲子 11.15	十一•十一 癸巳 12.14	十二•十一 癸亥 1.13
九•二十一 甲辰 10.26	十•二十一 甲戌 11.25	十一•二十一 癸卯 12.24	十二•二十一 癸酉 1.23

宋高宗绍兴九年、金熙宗天眷二年己未（1139—1140）

一•一 壬午 2.1	二•一 壬子 3.3	三•一 辛巳 4.1	四•一 庚戌 4.30
一•十一 壬辰 2.11	二•十一 壬戌 3.13	三•十一 辛卯 4.11	四•十一 庚申 5.10
一•二十一 壬寅 2.21	二•二十一 壬申 3.23	三•二十一 辛丑 4.21	四•二十一 庚午 5.20
五•一 庚辰 5.30	六•一 己酉 6.28	七•一 己卯 7.28	八•一 戊申 8.26
五•十一 庚寅 6.9	六•十一 己未 7.8	七•十一 己丑 8.7	八•十一 戊午 9.5
五•二十一 庚子 6.19	六•二十一 己巳 7.18	七•二十一 己亥 8.17	八•二十一 戊辰 9.15
九•一 戊寅 9.25	十•一 戊申 10.25	十一•一 戊寅 11.24	十二•一 丁未 12.23
九•十一 戊子 10.5	十•十一 戊午 11.4	十一•十一 戊子 12.4	十二•十一 丁巳 1.2
九•二十一 戊戌 10.15	十•二十一 戊辰 11.14	十一•二十一 戊戌 12.14	十二•二十一 丁卯 1.12

宋高宗绍兴十年、金熙宗天眷三年庚申(1140—1141)

一·一　丁丑　1.22	二·一　丙午　2.20	三·一　丙子　3.21	四·一　乙巳　4.19
一·十一　丁亥　2.1	二·十一　丙辰　3.1	三·十一　丙戌　3.31	四·十一　乙卯　4.29
一·二十一　丁酉　2.11	二·二十一　丙寅　3.11	三·二十一　丙申　4.10	四·二十一　乙丑　5.9
五·一　甲戌　5.18	六·一　甲辰 6.17　闰六·一　癸酉 7.16	七·一　癸卯　8.15	八·一　壬申　9.13
五·十一　甲申　5.28	六·十一　甲寅 6.27　闰六·十一　癸未 7.26	七·十一　癸丑　8.25	八·十一　壬午　9.23
五·二十一　甲午　6.7	六·二十一甲子 7.7　闰六·二十一癸巳 8.5	七·二十一　癸亥　9.4	八·二十一　壬辰　10.3
九·一　壬寅　10.13	十·一　壬申　11.12	十一·一　辛丑　12.11	十二·一　辛未　1.10
九·十一　壬子　10.23	十·十一　壬午　11.22	十一·十一　辛亥　12.21	十二·十一　辛巳　1.20
九·二十一　壬戌　11.2	十·二十一　壬辰　12.2	十一·二十一　辛酉　12.31	十二·二十一　辛卯　1.30

宋高宗绍兴十一年、金熙宗皇统元年辛酉(1141—1142)

一·一　辛丑　2.9	二·一　庚午　3.10	三·一　庚子　4.9	四·一　己巳　5.8
一·十一　辛亥　2.19	二·十一　庚辰　3.20	三·十一　庚戌　4.19	四·十一　己卯　5.18
一·二十一　辛酉　3.1	二·二十一　庚寅　3.30	三·二十一　庚申　4.29	四·二十一　己丑　5.28
五·一　戊戌　6.6	六·一　戊辰　7.6	七·一　丁酉　8.4	八·一　丙寅　9.2
五·十一　戊申　6.16	六·十一　戊寅　7.16	七·十一　丁未　8.14	八·十一　丙子　9.12
五·二十一　戊午　6.26	六·二十一　戊子　7.26	七·二十一　丁巳　8.24	八·二十一　丙戌　9.22
九·一　丙申　10.2	十·一　丙寅　11.1	十一·一　乙未　11.30	十二·一　乙丑　12.30
九·十一　丙午　10.12	十·十一　丙子　11.11	十一·十一　乙巳　12.10	十二·十一　乙亥　1.9
九·二十一　丙辰　10.22	十·二十一　丙戌　11.21	十一·二十一　乙卯　12.20	十二·二十一　乙酉　1.19

宋高宗绍兴十二年、金熙宗皇统二年壬戌(1142—1143)

一·一　乙未　1.29	二·一　乙丑　2.28	三·一　甲午　3.29	四·一　甲子　4.28
一·十一　乙巳　2.8	二·十一　乙亥　3.10	三·十一　甲辰　4.8	四·十一　甲戌　5.8
一·二十一　乙卯　2.18	二·二十一　乙酉　3.20	三·二十一　甲寅　4.18	四·二十一　甲申　5.18
五·一　癸巳　5.27	六·一　壬戌　6.25	七·一　壬辰　7.25	八·一　辛酉　8.23
五·十一　癸卯　6.6	六·十一　壬申　7.5	七·十一　壬寅　8.4	八·十一　辛未　9.2
五·二十一　癸丑　6.16	六·二十一　壬午　7.15	七·二十一　壬子　8.14	八·二十一　辛巳　9.12
九·一　庚寅　9.21	十·一　庚申　10.21	十一·一　己丑　11.19	十二·一　己未　12.19
九·十一　庚子　10.1	十·十一　庚午　12.31	十一·十一　己亥　11.29	十二·十一　己巳　12.29
九·二十一　庚戌　10.11	十·二十一　庚辰　11.10	十一·二十一　己酉　12.9	十二·二十一　己卯　1.8

宋高宗绍兴十三年、金熙宗皇统三年癸亥(1143—1144)

一·一　己丑　1.18	二·一　己未　2.17	三·一　戊子　3.18	四·一　戊午 4.17　闰四·一　戊子 5.17
一·十一　己亥　1.28	二·十一　己巳　2.27	三·十一　戊戌　3.28	四·十一　戊辰 4.27　闰四·十一　戊戌 5.27
一·二十一　己酉　2.7	二·二十一　己卯　3.9	三·二十一　戊申　4.7	四·二十一戊寅 5.7　闰四·二十一戊申 6.6
五·一　丁巳　6.15	六·一　丙戌　7.14	七·一　丙辰　8.13	八·一　乙酉　9.11
五·十一　丁卯　6.25	六·十一　丙申　7.24	七·十一　丙寅　8.23	八·十一　乙未　9.21
五·二十一　丁丑　7.5	六·二十一　丙午　8.3	七·二十一　丙子　9.2	八·二十一　乙巳　10.1
九·一　甲寅　10.10	十·一　甲申　11.9	十一·一　癸丑　12.8	十二·一　癸未　1.7
九·十一　甲子　10.20	十·十一　甲午　11.19	十一·十一　癸亥　12.18	十二·十一　癸巳　1.17
九·二十一　甲戌　10.30	十·二十一　甲辰　11.29	十一·二十一　癸酉　12.28	十二·二十一　癸卯　1.27

宋高宗绍兴十四年、金熙宗皇统四年甲子(1144—1145)

一•一 癸丑 2.6 一•十一 癸亥 2.16 一•二十一 癸酉 2.26	二•一 壬午 3.6 二•十一 壬辰 3.16 二•二十一 壬寅 3.26	三•一 壬子 4.5 三•十一 壬戌 4.15 三•二十一 壬申 4.25	四•一 壬午 5.5 四•十一 壬辰 5.15 四•二十一 壬寅 5.25
五•一 辛亥 6.3 五•十一 辛酉 6.13 五•二十一 辛未 6.23	六•一 辛巳 7.3 六•十一 辛卯 7.13 六•二十一 辛丑 7.23	七•一 庚戌 8.1 七•十一 庚申 8.11 七•二十一 庚午 8.21	八•一 庚辰 8.31 八•十一 庚寅 9.10 八•二十一 庚子 9.20
九•一 己酉 9.29 九•十一 己未 10.9 九•二十一 己巳 10.19	十•一 戊寅 10.28 十•十一 戊子 11.7 十•二十一 戊戌 11.17	十一•一 戊申 11.27 十一•十一 戊午 12.7 十一•二十一 戊辰 12.17	十二•一 丁丑 12.26 十二•十一 丁亥 1.5 十二•二十一 丁酉 1.15

宋高宗绍兴十五年、金熙宗皇统五年乙丑(1145—1146)

一•一 丁未 1.25 一•十一 丁巳 2.4 一•二十一 丁卯 2.14	二•一 丁丑 2.24 二•十一 丁亥 3.6 二•二十一 丁酉 3.16	三•一 丙午 3.25 三•十一 丙辰 4.4 三•二十一 丙寅 4.14	四•一 丙子 4.24 四•十一 丙戌 5.4 四•二十一 丙申 5.14
五•一 丙午 5.24 五•十一 丙辰 6.3 五•二十一 丙寅 6.13	六•一 乙亥 6.22 六•十一 乙酉 7.2 六•二十一 乙未 7.12	七•一 乙巳 7.22 七•十一 乙卯 8.1 七•二十一 乙丑 8.11	八•一 甲戌 8.20 八•十一 甲申 8.30 八•二十一 甲午 9.9
九•一 甲辰 9.19 九•十一 甲寅 9.29 九•二十一 甲子 10.9	十•一 癸酉 10.18 十•十一 癸未 10.28 十•二十一 癸巳 11.7	十一•一 壬寅 11.16 闰十一•一 壬申 12.16 [金] 癸卯 11.17 十一•十一 壬子 11.26 闰十一•十一 壬午 12.26 十一•二十一壬戌 12.6 闰十一•二十一壬辰 1.5	十二•一 辛丑 1.14 十二•十一 辛亥 1.24 十二•二十一 辛酉 2.3

宋高宗绍兴十六年、金熙宗皇统六年丙寅(1146—1147)

一•一 辛未 2.13 一•十一 辛巳 2.23 一•二十一 辛卯 3.5	二•一 庚子 3.14 二•十一 庚戌 3.24 二•二十一 庚申 4.3	三•一 庚午 4.13 三•十一 庚辰 4.23 三•二十一 庚寅 5.3	四•一 庚子 5.13 四•十一 庚戌 5.23 四•二十一 庚申 6.2
五•一 己巳 6.11 五•十一 己卯 6.21 五•二十一 己丑 7.1	六•一 己亥 7.11 六•十一 己酉 7.21 六•二十一 己未 7.31	七•一 戊辰 8.9 七•十一 戊寅 8.19 七•二十一 戊子 8.29	八•一 戊戌 9.8 八•十一 戊申 9.18 八•二十一 戊午 9.28
九•一 戊辰 10.8 九•十一 戊寅 10.18 九•二十一 戊子 10.28	十•一 丁酉 11.6 十•十一 丁未 11.16 十•二十一 丁巳 11.26	十一•一 丁卯 12.6 十一•十一 丁丑 12.16 十一•二十一 丁亥 12.26	十二•一 丙申 1.4 十二•十一 丙午 1.14 十二•二十一 丙辰 1.24

宋高宗绍兴十七年、金熙宗皇统七年丁卯(1147—1148)

一•一 乙丑 2.2 一•十一 乙亥 2.12 一•二十一 乙酉 2.22	二•一 乙未 3.4 二•十一 乙巳 3.14 二•二十一 乙卯 3.24	三•一 甲子 4.2 [金] 乙丑 4.3 三•十一 甲戌 4.12 三•二十一 甲申 4.22	四•一 甲午 5.2 四•十一 甲辰 5.12 四•二十一 甲寅 5.22
五•一 癸亥 5.31 五•十一 癸酉 6.10 五•二十一 癸未 6.20	六•一 癸巳 6.30 六•十一 癸卯 7.10 六•二十一 癸丑 7.20	七•一 壬戌 7.29 [金] 癸亥 7.30 七•十一 壬申 8.8 七•二十一 壬午 8.18	八•一 壬辰 8.28 八•十一 壬寅 9.7 八•二十一 壬子 9.17
九•一 壬戌 9.27 九•十一 壬申 10.7 九•二十一 壬午 10.17	十•一 辛卯 10.26 十•十一 辛丑 11.5 十•二十一 辛亥 11.15	十一•一 辛酉 11.25 十一•十一 辛未 12.5 十一•二十一 辛巳 12.15	十二•一 辛卯 12.25 十二•十一 辛丑 1.4 十二•二十一 辛亥 1.14

宋高宗绍兴十八年、金熙宗皇统八年戊辰(1148—1149)

一·一 庚申 1.23	二·一 庚寅 2.22	三·一 己未 3.22	四·一 戊子 4.20
一·十一 庚午 2.2	二·十一 庚子 3.3	三·十一 己巳 4.1	四·十一 戊戌 4.30
一·二十一 庚辰 2.12	二·二十一 庚戌 3.13	三·二十一 己卯 4.11	四·二十一 戊申 5.10
五·一 戊午 5.20	六·一 丁亥 6.18	七·一 丁巳 7.18	八·一 丙戌 8.16 闰八·一 丙辰 9.15
五·十一 戊辰 5.30	六·十一 丁酉 6.28	七·十一 丁卯 7.28	八·十一 丙申 8.26 闰八·十一 丙寅 9.25
五·二十一 戊寅 6.9	六·二十一 丁未 7.8	七·二十一 丁丑 8.7	八·二十一 丙午 9.5 闰八·二十一 丙子 10.5
九·一 丙戌 10.15	*十·一 乙卯 11.13	十一·一 乙酉 12.13	十二·一 乙卯 1.12
九·十一 丙申 10.25	十·十一 乙丑 11.23	十一·十一 乙未 12.23	十二·十一 乙丑 1.22
九·二十一 丙午 11.4	十·二十一 乙亥 12.3	十一·二十一 乙巳 1.2	十二·二十一 乙亥 2.1

*《辑要》十月乙丑朔,误。

宋高宗绍兴十九年、金海陵王天德元年己巳(1149—1150)

一·一 甲申 2.10	二·一 甲寅 3.12	三·一 癸未 4.10	四·一 壬子 5.9
一·十一 甲午 2.20	二·十一 甲子 3.22	三·十一 癸巳 4.20	四·十一 壬戌 5.19
一·二十一 甲辰 3.2	二·二十一 甲戌 4.1	三·二十一 癸卯 4.30	四·二十一 壬申 5.29
五·一 壬午 6.8	六·一 辛亥 7.7	七·一 庚辰 8.5	八·一 庚戌 9.4
五·十一 壬辰 6.18	六·十一 辛酉 7.17	七·十一 庚寅 8.15	八·十一 庚申 9.14
五·二十一 壬寅 6.28	六·二十一 辛未 7.27	七·二十一 庚子 8.25	八·二十一 庚午 9.24
九·一 庚辰 10.4	十·一 己酉 11.2	十一·一 己卯 12.2	*十二·一 己酉 1.1
九·十一 庚寅 10.14	十·十一 己未 11.12	十一·十一 己丑 12.12	十二·十一 己未 1.11
九·二十一 庚子 10.24	十·二十一 己巳 11.22	十一·二十一 己亥 12.22	十二·二十一 己巳 1.21

* 本月金海陵王改元“天德”。

宋高宗绍兴二十年、金海陵王天德二年庚午(1150—1151)

一·一 己卯 1.31	二·一 戊申 3.1	三·一 戊寅 3.31	四·一 丁未 4.29
一·十一 己丑 2.10	二·十一 戊午 3.11	三·十一 戊子 4.10	四·十一 丁巳 5.9
一·二十一 己亥 2.20	二·二十一 戊辰 3.21	三·二十一 戊戌 4.20	四·二十一 丁卯 5.19
五·一 丙子 5.28	六·一 丙午 6.27	七·一 乙亥 7.26	八·一 甲辰 8.24
五·十一 丙戌 6.7	六·十一 丙辰 7.7	七·十一 乙酉 8.5	八·十一 甲寅 9.3
五·二十一 丙申 6.17	六·二十一 丙寅 7.17	七·二十一 乙未 8.15	八·二十一 甲子 9.13
九·一 甲戌 9.23	十·一 癸卯 10.22	十一·一 癸酉 11.21	十二·一 癸卯 12.21
九·十一 甲申 10.3	十·十一 癸丑 11.1	十一·十一 癸未 12.1	十二·十一 癸丑 12.31
九·二十一 甲午 10.13	十·二十一 癸亥 11.11	十一·二十一 癸巳 12.11	十二·二十一 癸亥 1.10

宋高宗绍兴二十一年、金海陵王天德三年辛未(1151—1152)

一·一 癸酉 1.20	二·一 壬寅 2.18	三·一 壬申 3.20	四·一 壬寅 4.19 闰四·一 辛未 5.18
一·十一 癸未 1.30	二·十一 壬子 2.28	三·十一 壬午 3.30	四·十一 壬子 4.29 闰四·十一 辛巳 5.28
一·二十一 癸巳 2.9	二·二十一 壬戌 3.10	三·二十一 壬辰 4.9	四·二十一 壬戌 5.9 闰四·二十一 辛卯 6.7
五·一 庚子 6.16	六·一 庚午 7.16	七·一 己亥 8.14	八·一 戊辰 9.12
五·十一 庚戌 6.26	六·十一 庚辰 7.26	七·十一 己酉 8.24	八·十一 戊寅 9.22
五·二十一 庚申 7.6	六·二十一 庚寅 8.5	七·二十一 己未 9.3	八·二十一 戊子 10.2
九·一 戊戌 10.12	十·一 丁卯 11.10	十一·一 丁酉 12.10	十二·一 丁卯 1.9
九·十一 戊申 10.22	十·十一 丁丑 11.20	十一·十一 丁未 12.20	十二·十一 丁丑 1.19
九·二十一 戊午 11.1	十·二十一 丁亥 11.30	十一·二十一 丁巳 12.30	十二·二十一 丁亥 1.29

宋高宗绍兴二十二年、金海陵王天德四年壬申(1152—1153)

一·一	丁酉	2.8	二·一	丙寅	3.8	三·一	丙申	4.7	四·一	乙丑	5.6
一·十一	丁未	2.18	二·十一	丙子	3.18	三·十一	丙午	4.17	[金]	丙寅	5.7
一·二十一	丁巳	2.28	二·二十一	丙戌	3.28	三·二十一	丙辰	4.27	四·十一	乙亥	5.16
									四·二十一	乙酉	5.26
五·一	乙未	6.5	六·一	甲子	7.4	七·一	甲午	8.3	八·一	癸亥	9.1
五·十一	乙巳	6.15	六·十一	甲戌	7.14	七·十一	甲辰	8.13	八·十一	癸酉	9.11
五·二十一	乙卯	6.25	六·二十一	甲申	7.24	七·二十一	甲寅	8.23	八·二十一	癸未	9.21
九·一	壬辰	9.30	十·一	壬戌	10.30	十一·一	辛卯	11.28	十二·一	辛酉	12.28
九·十一	壬寅	10.10	十·十一	壬申	11.9	十一·十一	辛丑	12.8	十二·十一	辛未	1.7
九·二十一	壬子	10.20	十·二十一	壬午	11.19	十一·二十一	辛亥	12.18	十二·二十一	辛巳	1.17

宋高宗绍兴二十三年、金海陵王贞元元年癸酉(1153—1154)

一·一	辛卯	1.27	二·一	庚申	2.25	*三·一	庚寅	3.27	四·一	庚申	4.26
一·十一	辛丑	2.6	二·十一	庚午	3.7	三·十一	庚子	4.6	四·十一	庚午	5.6
一·二十一	辛亥	2.16	二·二十一	庚辰	3.17	三·二十一	庚戌	4.16	四·二十一	庚辰	5.16
五·一	己丑	5.25	六·一	己未	6.24	七·一	戊子	7.23	八·一	戊子	8.22
五·十一	己亥	6.4	六·十一	己巳	7.4	七·十一	戊戌	8.2	八·十一	戊戌	9.1
五·二十一	己酉	6.14	六·二十一	己卯	7.14	七·二十一	戊申	8.12	八·二十一	戊申	9.11
九·一	丁亥	9.20	十·一	丙辰	10.19	十一·一	丙戌	11.18	十二·一	乙卯	12.17
九·十一	丁酉	9.30	十·十一	丙寅	10.29	十一·十一	丙申	11.28	十二·十一	乙丑	12.27
九·二十一	丁未	10.10	十·二十一	丙子	11.8	十一·二十一	丙午	12.8	十二·二十一	乙亥	1.6
									闰十二·一	乙酉	1.16
									闰十二·十一	乙未	1.26
									闰十二·二十一	乙巳	2.5

* 本月金改元“贞元”。

宋高宗绍兴二十四年、金海陵王贞元二年甲戌(1154—1155)

一·一	甲寅	2.14	二·一	甲申	3.16	三·一	甲寅	4.15	四·一	癸未	5.14
一·十一	甲子	2.24	二·十一	甲午	3.26	三·十一	甲子	4.25	四·十一	癸巳	5.24
一·二十一	甲戌	3.6	二·二十一	甲辰	4.5	三·二十一	甲戌	5.5	四·二十一	癸卯	6.3
五·一	癸丑	6.13	六·一	癸未	7.13	七·一	壬子	8.11	八·一	壬午	9.10
五·十一	癸亥	6.23	六·十一	癸巳	7.23	七·十	壬戌	8.21	八·十一	壬辰	9.20
五·二十一	癸酉	7.3	六·二十一	癸卯	8.2	七·二十一	壬申	8.31	八·二十一	壬寅	9.30
九·一	辛亥	10.9	十·一	庚辰	11.7	十一·一	庚戌	12.7	十二·一	己卯	1.5
九·十一	辛酉	10.19	十·十一	庚寅	11.17	十一·十一	庚申	12.17	十二·十一	己丑	1.15
九·二十一	辛未	10.29	十·二十一	庚子	11.27	十一·二十一	庚午	12.27	十二·二十一	己亥	1.25

宋高宗绍兴二十五年、金海陵王贞元三年乙亥(1155—1156)

一·一	己酉	2.4	二·一	戊寅	3.5	三·一	戊申	4.4	四·一	丁丑	5.3
一·十一	己未	2.14	二·十一	戊子	3.15	三·十一	戊午	4.14	四·十一	丁亥	5.13
一·二十一	己巳	2.24	二·二十一	戊戌	3.25	三·二十一	戊辰	4.24	四·二十一	丁酉	5.23
五·一	丁未	6.2	六·一	丁丑	7.2	七·一	丙午	7.31	八·一	丙子	8.30
五·十一	丁巳	6.12	六·十一	丁亥	7.12	七·十一	丙辰	8.10	八·十一	丙戌	9.9
五·二十一	丁卯	6.22	六·二十一	丁酉	7.22	七·二十一	丙寅	8.20	八·二十一	丙申	9.19
九·一	乙巳	9.28	十·一	乙亥	10.28	十一·一	乙巳	11.27	十二·一	甲戌	12.26
[金]	丙午	9.29	十·十一	乙酉	11.7	十一·十一	乙卯	12.7	十二·十一	甲申	1.5
九·十一	乙卯	10.8	十·二十一	乙未	11.17	十一·二十一	乙丑	12.17	十二·二十一	甲午	1.15
九·二十一	乙丑	10.18									

宋高宗绍兴二十六年、金海陵王正隆元年丙子(1156—1157)

一·一	癸卯	1.24	*二·一	癸酉	2.23	三·一	壬寅	3.23	四·一	壬申	4.22
一·十一	癸丑	2.3	二·十一	癸未	3.4	三·十一	壬子	4.2	四·十一	壬午	5.2
一·二十一	癸亥	2.13	二·二十一	癸巳	3.14	三·二十一	壬戌	4.12	四·二十一	壬辰	5.12
五·一	辛丑	5.21	六·一	辛未	6.20	七·一	庚子	7.19	八·一	庚午	8.18
五·十一	辛亥	5.31	六·十一	辛巳	6.30	七·十一	庚戌	7.29	八·十一	庚辰	8.28
五·二十一	辛酉	6.10	六·二十一	辛卯	7.10	七·二十一	庚申	8.8	八·二十一	庚寅	9.7
九·一	庚子	9.17	十·一	己巳	10.16　闰十·一　己亥 11.15	十一·一	己巳	12.15	十二·一	戊戌	1.13
九·十一	庚戌	9.27	十·十一	己卯	10.26　闰十·十一　己酉 11.25	十一·十一	己卯	12.25	十二·十一	戊申	1.23
九·二十一	庚申	10.7	十·二十一	己丑	11.5　闰十·二十一　己未 12.5	十一·二十一	己丑	1.4	十二·二十一	戊午	2.2

＊本月金改元“正隆”。

宋高宗绍兴二十七年、金海陵王正隆二年丁丑(1157—1158)

一·一	戊辰	2.12	二·一	丁酉	3.13	三·一	丙寅	4.11	四·一	丙申	5.11
一·十一	戊寅	2.22	二·十一	丁未	3.23	三·十一	丙子	4.21	四·十一	丙午	5.21
一·二十一	戊子	3.4	二·二十一	丁巳	4.2	三·二十一	丙戌	5.1	四·二十一	丙辰	5.31
五·一	乙丑	6.9	六·一	甲午	7.8	七·一	甲子	8.7	八·一	甲午	9.6
五·十一	乙亥	6.19	六·十一	甲辰	7.18	七·十一	甲戌	8.17	八·十一	甲辰	9.16
五·二十一	乙酉	6.29	六·二十一	甲寅	7.28	七·二十一	甲申	8.27	八·二十一	甲寅	9.26
九·一	癸亥	10.5	十·一	癸巳	11.4	十一·一	癸亥	12.4	十二·一	癸巳	1.3
九·十一	癸酉	10.15	十·十一	癸卯	11.14	十一·十一	癸酉	12.14	十二·十一	癸卯	1.13
九·二十一	癸未	10.25	十·二十一	癸丑	11.24	十一·二十一	癸未	12.24	十二·二十一	癸丑	1.23

宋高宗绍兴二十八年、金海陵王正隆三年戊寅(1158—1159)

一·一	壬戌	2.1	二·一	壬辰	3.3	三·一	辛酉	4.1	四·一	庚寅	4.30
一·十一	壬申	2.11	二·十一	壬寅	3.13	三·十一	辛未	4.11	四·十一	庚子	5.10
一·二十一	壬午	2.21	二·二十一	壬子	3.23	三·二十一	辛巳	4.21	四·二十一	庚戌	5.20
五·一	庚申	5.30	六·一	己丑	6.28	七·一	戊午	7.27	八·一	戊子	8.26
五·十一	庚午	6.9	六·十一	己亥	7.8	七·十一	戊辰	8.6	八·十一	戊戌	9.5
五·二十一	庚辰	6.19	六·二十一	己酉	7.18	七·二十一	戊寅	8.16	八·二十一	戊申	9.15
九·一	丁巳	9.24	十·一	丁亥	10.24	十一·一	丁巳	11.23	十二·一	丁亥	12.23
九·十一	丁卯	10.4	十·十一	丁酉	11.3	十一·十一	丁卯	12.3	十二·十一	丁酉	1.2
九·二十一	丁丑	10.14	十·二十一	丁未	11.13	十一·二十一	丁丑	12.13	十二·二十一	丁未	1.12

宋高宗绍兴二十九年、金海陵王正隆四年己卯(1159—1160)

一·一	丙辰	1.21	二·一	丙戌	2.20	三·一	丙辰	3.22	四·一	乙酉	4.20
一·十一	丙寅	1.31	二·十一	丙申	3.2	三·十一	丙寅	4.1	四·十一	乙未	4.30
一·二十一	丙子	2.10	二·二十一	丙午	3.12	三·二十一	丙子	4.11	四·二十一	乙巳	5.10
五·一	甲寅	5.19	六·一	甲申	6.18　闰六·一　癸丑 7.17	七·一	壬午	8.15	八·一	壬子	9.14
五·十一	甲子	5.29	六·十一	甲午	6.28　闰六·十一　癸亥 7.27	七·十一	壬辰	8.25	八·十一	壬戌	9.24
五·二十一	甲戌	6.8	六·二十一	甲辰	7.8　闰六·二十一　癸酉 8.6	七·二十一	壬寅	9.4	八·二十一	壬申	10.4
九·一	辛巳	10.13	十·一	辛亥	11.12	十一·一	辛巳	12.12	十二·一	辛亥	1.11
九·十一	辛卯	10.23	十·十一	辛酉	11.22	十一·十一	辛卯	12.22	十二·十一	辛酉	1.21
九·二十一	辛丑	11.2	十·二十一	辛未	12.2	十一·二十一	辛丑	1.1	十二·二十一	辛未	1.31

宋高宗绍兴三十年、金海陵王正隆五年庚辰（1160—1161）

一·一	庚辰	2.9	二·一	庚戌	3.10	三·一	庚辰	4.9	四·一	己酉	5.8
一·十一	庚寅	2.19	二·十一	庚申	3.20	三·十一	庚寅	4.19	四·十一	己未	5.18
一·二十一	庚子	2.29	二·二十一	庚午	3.30	三·二十一	庚子	4.29	四·二十一	己巳	5.28
五·一	戊寅	6.6	六·一	戊申	7.6	七·一	丁丑	8.4	八·一	丙午	9.2
五·十一	戊子	6.16	六·十一	戊午	7.16	七·十一	丁亥	8.14	八·十一	丙辰	9.12
五·二十一	戊戌	6.26	六·二十一	戊辰	7.26	七·二十一	丁酉	8.24	八·二十一	丙寅	9.22
九·一	丙子	10.2	十·一	乙巳	10.31	十一·一	乙亥	11.30	十二·一	乙巳	12.30
九·十一	丙戌	10.12	十·十一	乙卯	11.10	十一·十一	乙酉	12.10	十二·十一	乙卯	1.9
九·二十一	丙申	10.22	十·二十一	乙丑	11.20	十一·二十一	乙未	12.20	十二·二十一	乙丑	1.19

宋高宗绍兴三十一年、金世宗大定元年辛巳（1161—1162）

一·一	甲戌	1.28	二·一	甲辰	2.27	三·一	甲戌	3.29	四·一	癸卯	4.27
一·十一	甲申	2.7	二·十一	甲寅	3.9	三·十一	甲申	4.8	四·十一	癸丑	5.7
一·二十一	甲午	2.17	二·二十一	甲子	3.19	三·二十一	甲午	4.18	四·二十一	癸亥	5.17
五·一	癸酉	5.27	六·一	壬寅	6.25	七·一	壬申	7.25	八·一	辛丑	8.23
五·十一	癸未	6.6	六·十一	壬子	7.5	七·十一	壬午	8.4	八·十一	辛亥	9.2
五·二十一	癸巳	6.16	六·二十一	壬戌	7.15	七·二十一	壬辰	8.14	八·二十一	辛酉	9.12
九·一	庚午	9.21	*十·一	庚子	10.21	十一·一	己巳	11.19	十二·一	己亥	12.19
九·十一	庚辰	10.1	十·十一	庚戌	10.31	十一·十一	己卯	11.29	十二·十一	己酉	12.29
九·二十一	庚寅	10.11	十·二十一	庚申	11.10	十一·二十一	己丑	12.9	十二·二十一	己未	1.8

* 本月金世宗即位，改元“大定”。

宋高宗绍兴三十二年、金世宗大定二年壬午（1162—1163）

一·一	戊辰	1.17	二·一 戊戌 2.16	闰二·一 戊辰	3.18	三·一	丁酉	4.16	四·一	丁卯	5.16
一·十一	戊寅	1.27	二·十一 戊申 2.26	闰二·十一 戊寅	3.28	三·十一	丁未	4.26	四·十一	丁丑	5.26
一·二十一	戊子	2.6	二·二十一 戊午 3.8	闰二·二十一 戊子	4.7	三·二十一	丁巳	5.6	四·二十一	丁亥	6.5
五·一	丁酉	6.16	六·一	丙寅	7.14	七·一	丙申	8.13	八·一	乙丑	9.11
五·十一	丁未	6.26	六·十一	丙子	7.24	七·十	丙午	8.23	八·十一	乙亥	9.21
五·二十一	丁巳	7.5	六·二十一	丙戌	8.3	七·二十一	丙辰	9.2	八·二十一	乙酉	10.1
九·一	甲午	10.10	十·一	甲子	11.9	十一·一	癸巳	12.8	十二·一	癸亥	1.7
九·十一	甲辰	10.20	十·十一	甲戌	11.19	十一·十一	癸卯	12.18	十二·十一	癸酉	1.17
九·二十一	甲寅	10.30	十·二十一	甲申	11.29	十一·二十一	癸丑	12.28	十二·二十一	癸未	1.27

宋孝宗隆兴元年、金世宗大定三年癸未（1163—1164）

一·一	壬辰	2.5	二·一	壬戌	3.7	三·一	壬辰	4.6	四·一	辛酉	5.5
一·十一	壬寅	2.15	二·十一	壬申	3.17	三·十一	壬寅	4.16	四·十一	辛未	5.15
一·二十一	壬子	2.25	二·二十一	壬午	3.27	三·二十一	壬子	4.26	四·二十一	辛巳	5.25
五·一	辛卯	6.4	六·一	庚申	7.3	七·一	庚寅	8.2	八·一 ［金］	己未 庚申	8.31 9.1
五·十一	辛丑	6.14	六·十一	庚午	7.13	七·十一	庚子	8.12	八·十一	己巳	9.10
五·二十一	辛亥	6.24	六·二十一	庚辰	7.23	七·二十一	庚戌	8.22	八·二十一	己卯	9.20
九·一	己丑	9.30	十·一	戊午	10.29	十一·一	戊子	11.28	十二·一	丁巳	12.27
九·十一	己亥	10.10	十·十一	戊辰	11.8	十一·十一	戊戌	12.8	十二·十一	丁卯	1.6
九·二十一	己酉	10.20	十·二十一	戊寅	11.18	十一·二十一	戊申	12.18	十二·二十一	丁丑	1.16

宋孝宗隆兴二年、金世宗大定四年甲申(1164—1165)

一・一	丁亥	1.26	二・一	丙辰	2.24	三・一	丙戌	3.25	四・一	乙卯	4.23
一・十一	丁酉	2.5	二・十一	丙寅	3.5	三・十一	丙申	4.4	四・十一	乙丑	5.3
一・二十一	丁未	2.15	二・二十一	丙子	3.15	三・二十一	丙午	4.14	四・二十一	乙亥	5.13
五・一	乙酉	5.23	六・一	甲寅	6.21	七・一	甲申	7.21	八・一	甲寅	8.20
五・十一	乙未	6.2	六・十一	甲子	7.1	七・十一	甲午	7.31	八・十一	甲子	8.30
五・二十一	乙巳	6.12	六・二十一	甲戌	7.11	七・二十一	甲辰	8.10	八・二十一	甲戌	9.9
九・一	癸未	9.18	十・一	癸丑	10.18	十一・一	壬午 11.16	闰十一・一 壬子 12.16	十二・一	辛巳	1.14
九・十一	癸巳	9.28	十・十一	癸亥	10.28	十一・十一	壬辰 11.26	闰十一・十一 壬戌 12.26	十二・十一	辛卯	1.24
九・二十一	癸卯	10.8	十・二十一	癸酉	11.7	十一・二十一	壬寅 12.6	闰十一・二十一 壬申 1.5	十二・二十一	辛丑	2.3

宋孝宗乾道元年、金世宗大定五年乙酉(1165—1166)

一・一	辛亥	2.13	二・一	庚辰	3.14	三・一	庚戌	4.13	四・一	己卯	5.12
一・十一	辛酉	2.23	二・十一	庚寅	3.24	三・十一	庚申	4.23	四・十一	己丑	5.22
一・二十一	辛未	3.5	二・二十一	庚子	4.3	三・二十一	庚午	5.3	四・二十一	己亥	6.1
五・一	己酉	6.11	六・一	戊寅	7.10	七・一	戊申	8.9	八・一	丁丑	9.7
五・十一	己未	6.21	六・十一	戊子	7.20	七・十一	戊午	8.19	八・十一	丁亥	9.17
五・二十一	己巳	7.1	六・二十一	戊戌	7.30	七・二十一	戊辰	8.29	八・二十一	丁酉	9.27
九・一	丁未	10.7	十・一	丁丑	11.6	十一・一	丙午	12.5	十二・一	丙子	1.4
九・十一	丁巳	10.17	十・十一	丁亥	11.16	十一・十一	丙辰	12.15	十二・十一	丙戌	1.14
九・二十一	丁卯	10.27	十・二十一	丁酉	11.26	十一・二十一	丙寅	12.25	十二・二十一	丙申	1.24

宋孝宗乾道二年、金世宗大定六年丙戌(1166—1167)

一・一	丙午	2.3	二・一	乙亥	3.4	三・一	甲辰	4.2	四・一	甲戌	5.2
一・十一	丙辰	2.13	二・十一	乙酉	3.14	三・十一	甲寅	4.12	四・十一	甲申	5.12
一・二十一	丙寅	2.23	二・二十一	乙未	3.24	三・二十一	甲子	4.22	四・二十一	甲午	5.22
五・一	癸卯	5.31	六・一	壬申	6.29	七・一	壬寅	7.29	八・一	辛未	8.27
五・十一	癸丑	6.10	六・十一	壬午	7.9	七・十一	壬子	8.8	八・十一	辛巳	9.6
五・二十一	癸亥	6.20	六・二十一	壬辰	7.19	七・二十一	壬戌	8.18	八・二十一	辛卯	9.16
九・一	辛丑	9.26	十・一	辛未	10.26	十一・一	辛丑	11.25	十二・一	庚午	12.24
九・十一	辛亥	10.6	十・十一	辛巳	11.5	十一・十一	辛亥	12.5	十二・十一	庚辰	1.3
九・二十一	辛酉	10.16	十・二十一	辛卯	11.15	十一・二十一	辛酉	12.15	十二・二十一	庚寅	1.13

宋孝宗乾道三年、金世宗大定七年丁亥(1167—1168)

一・一	庚子	1.23	二・一	庚午	2.22	三・一	己亥	3.23	四・一	戊辰	4.21
一・十一	庚戌	2.2	二・十一	庚辰	3.4	三・十一	己酉	4.2	四・十一	戊寅	5.1
一・二十一	庚申	2.12	二・二十一	庚寅	3.14	三・二十一	己未	4.12	四・二十一	戊子	5.11
五・一	戊戌	5.21	六・一	丁卯	6.19	七・一	丙申 7.18	闰七・一 丙寅 8.17	八・一	乙未	9.15
五・十一	戊申	5.31	六・十一	丁丑	6.29	七・十一	丙午 7.28	闰七・十一 丙子 8.27	八・十一	乙巳	9.25
五・二十一	戊午	6.10	六・二十一	丁亥	7.9	七・二十一	丙辰 8.7	闰七・二十一 丙戌 9.6	八・二十一	乙卯	10.5
九・一	乙丑	10.15	十・一	乙未	11.14	十一・一	乙丑	12.14	十二・一	甲午	1.12
九・十一	乙亥	10.25	十・十一	乙巳	11.24	十一・十一	乙亥	12.24	十二・十一	甲辰	1.22
九・二十一	乙酉	11.4	十・二十一	乙卯	12.4	十一・二十一	乙酉	1.3	十二・二十一	甲寅	2.1

宋孝宗乾道四年、金世宗大定八年戊子(1168—1169)

一・一	甲子	2.11	二・一	甲午	3.12	三・一	癸亥	4.10	四・一	壬辰	5.9
一・十一	甲戌	2.21	二・十一	甲辰	3.22	三・十一	癸酉	4.20	四・十一	壬寅	5.19
一・二十一	甲申	3.2	二・二十一	甲寅	4.1	三・二十一	癸未	4.30	四・二十一	壬子	5.29
五・一	壬戌	6.8	六・一	辛卯	7.7	七・一	庚申	8.5	八・一	庚寅	9.4
五・十一	壬申	6.18	六・十一	辛丑	7.17	七・十一	庚午	8.15	八・十一	庚子	9.14
五・二十一	壬午	6.28	六・二十一	辛亥	7.27	七・二十一	庚辰	8.25	八・二十一	庚戌	9.24
九・一	己未	10.3	十・一 [金]	戊子 己丑	11.1 11.2	十一・一	戊午	12.1	十二・一	戊子	12.31
九・十一	己巳	10.13	十・十一	戊戌	11.11	十一・十一	戊辰	12.11	十二・十一	戊戌	1.10
九・二十一	己卯	10.23	十・二十一	戊申	11.21	十一・二十一	戊寅	12.21	十二・二十一	戊申	1.20

宋孝宗乾道五年、金世宗大定九年己丑(1169—1170)

一・一	戊午	1.30	二・一	戊子	3.1	三・一	丁巳	3.30	四・一	丁亥	4.29
一・十一	戊辰	2.9	二・十一	戊戌	3.11	三・十一	丁卯	4.9	四・十一	丁酉	5.9
一・二十一	戊寅	2.19	二・二十一	戊申	3.21	三・二十一	丁丑	4.19	四・二十一	丁未	5.19
五・一	丙辰	5.28	六・一	丙戌	6.27	七・一	乙卯	7.26	八・一	甲申	8.24
五・十一	丙寅	6.7	六・十一	丙申	7.7	七・十一	乙丑	8.5	八・十一	甲午	9.3
五・二十一	丙子	6.17	六・二十一	丙午	7.17	七・二十一	乙亥	8.15	八・二十一	甲辰	9.13
九・一	甲寅	9.23	十・一	癸未	10.22	十一・一	癸丑	11.21	十二・一	壬午	12.20
九・十一	甲子	10.3	十・十一	癸巳	11.1	十一・十一	癸亥	12.1	十二・十一	壬辰	12.30
九・二十一	甲戌	10.13	十・二十一	癸卯	11.11	十一・二十一	癸酉	12.11	十二・二十一	壬寅	1.9

宋孝宗乾道六年、金世宗大定十年庚寅(1170—1171)

一・一	壬子	1.19	二・一	壬午	2.18	三・一	壬子	3.20	四・一	辛巳	4.18
一・十一	壬戌	1.29	二・十一	壬辰	2.28	三・十一	壬戌	3.30	四・十一	辛卯	4.28
一・二十一	壬申	2.8	二・二十一	壬寅	3.10	三・二十一	壬申	4.9	四・二十一	辛丑	5.8
五・一 辛亥5.18	闰五・一	庚辰6.16	六・一	庚戌	7.16	七・一	己卯	8.14	八・一	戊申	9.12
五・十一 辛酉5.28	闰五・十一	庚寅6.26	六・十一	庚申	7.26	七・十一	己丑	8.24	八・十一	戊午	9.22
五・二十一辛未6.7	闰五・二十一	庚子7.6	六・二十一	庚午	8.5	七・二十一	己亥	9.3	八・二十一	戊辰	10.2
九・一	戊寅	10.12	十・一	丁未	11.10	十一・一	丁丑	12.10	十二・一	丙午	1.8
九・十一	戊子	10.22	十・十一	丁巳	11.20	十一・十一	丁亥	12.20	十二・十一	丙辰	1.18
九・二十一	戊戌	11.1	十・二十一	丁卯	11.30	十一・二十一	丁酉	12.30	十二・二十一	丙寅	1.28

宋孝宗乾道七年、金世宗大定十一年辛卯(1171—1172)

一・一	丙子	2.7	二・一	丙午	3.9	三・一	乙亥	4.7	四・一	乙巳	5.7
一・十一	丙戌	2.17	二・十一	丙辰	3.19	三・十一	乙酉	4.17	四・十一	乙卯	5.17
一・二十一	丙申	2.27	二・二十一	丙寅	3.29	三・二十一	乙未	4.27	四・二十一	乙丑	5.27
五・一	乙亥	6.6	六・一	甲辰	7.5	七・一	甲戌	8.4	八・一	癸卯	9.2
五・十一	乙酉	6.16	六・十一	甲寅	7.15	七・十一	甲申	8.14	八・十一	癸丑	9.12
五・二十一	乙未	6.26	六・二十一	甲子	7.25	七・二十一	甲午	8.24	八・二十一	癸亥	9.22
九・一	壬申	10.1	十・一	壬寅	10.31	十一・一	辛未	11.29	十二・一	辛丑	12.29
九・十一	壬午	10.11	十・十一	壬子	11.10	十一・十一	辛巳	12.9	十二・十一	辛亥	1.8
九・二十一	壬辰	10.21	十・二十一	壬戌	11.20	十一・二十一	辛卯	12.19	十二・二十一	辛酉	1.18

宋孝宗乾道八年、金世宗大定十二年壬辰（1172—1173）

一·一	庚午	1.27	二·一	庚子	2.26	三·一	己巳	3.26	四·一	己亥	4.25
一·十一	庚辰	2.6	二·十一	庚戌	3.7	三·十一	己卯	4.5	四·十一	己酉	5.5
一·二十一	庚寅	2.16	二·二十一	庚申	3.17	三·二十一	己丑	4.15	四·二十一	己未	5.15
五·一	己巳	5.25	六·一	戊戌	6.23	七·一	戊辰	7.23	八·一	丁酉	8.21
五·十一	己卯	6.4	六·十一	戊申	7.3	七·十一	戊寅	8.2	八·十一	丁未	8.31
五·二十一	己丑	6.14	六·二十一	戊午	7.13	七·二十一	戊子	8.12	八·二十一	丁巳	9.10
九·一	丁卯	9.20	十·一	丙申	10.19	十一·一	丙寅	11.18	十二·一	乙未	12.17
九·十一	丁丑	9.30	十·十一	丙午	10.29	十一·十一	丙子	11.28	十二·十一	乙巳	12.27
九·二十一	丁亥	10.10	十·二十一	丙辰	11.8	十一·二十一	丙戌	12.8	十二·二十一	乙卯	1.6

宋孝宗乾道九年、金世宗大定十三年癸巳（1173—1174）

一·一	乙丑1.16	闰一·一 甲午2.14	二·一	甲子	3.16	三·一	癸巳	4.14	四·一	癸亥	5.14
一·十一	乙亥1.26	闰一·十一 甲辰2.24	二·十一	甲戌	3.26	三·十一	癸卯	4.24	四·十一	癸酉	5.24
一·二十一	乙酉2.5	闰一·二十一 甲寅3.6	二·二十一	甲申	4.5	三·二十一	癸丑	5.4	四·二十一	癸未	6.3
五·一	壬辰	6.12	六·一	壬戌	7.12	七·一	壬辰	8.11	八·一	辛酉	9.9
五·十一	壬寅	6.22	六·十一	壬申	7.22	七·十一	壬寅	8.21	八·十一	辛未	9.19
五·二十一	壬子	7.2	六·二十一	壬午	8.1	七·二十一	壬子	8.31	八·二十一	辛巳	9.29
九·一	辛卯	10.9	十·一	庚申	11.7	十一·一	庚寅	12.7	十二·一	己未	1.5
九·十一	辛丑	10.19	十·十一	庚午	11.17	十一·十一	庚子	12.17	十二·十一	己巳	1.15
九·二十一	辛亥	10.29	十·二十一	庚辰	11.27	十一·二十一	庚戌	12.27	十二·二十一	己卯	1.25

宋孝宗淳熙元年、金世宗大定十四年甲午（1174—1175）

一·一	己丑	2.4	二·一	戊午	3.5	三·一	戊子	4.4	四·一	丁巳	5.3
一·十一	己亥	2.14	二·十一	戊辰	3.15	三·十一	戊戌	4.14	四·十一	丁卯	5.13
一·二十一	己酉	2.24	二·二十一	戊寅	3.25	三·二十一	戊申	4.24	四·二十一	丁丑	5.23
五·一	丙戌	6.1	六·一	丙辰	7.1	七·一	丙戌	7.31	八·一	乙卯	8.29
五·十一	丙申	6.11	六·十一	丙寅	7.11	七·十一	丙申	8.10	八·十一	乙丑	9.8
五·二十一	丙午	6.21	六·二十一	丙子	7.21	七·二十一	丙午	8.20	八·二十一	乙亥	9.18
九·一	乙酉	9.28	十·一	乙卯	10.28	十一·一	甲申	11.26	十二·一	甲寅	12.26
九·十一	乙未	10.8	十·十一	乙丑	11.7	十一·十一	甲午	12.6	十二·十一	甲子	1.5
九·二十一	乙巳	10.18	十·二十一	乙亥	11.17	十一·二十一	甲辰	12.16	十二·二十一	甲戌	1.15

宋孝宗淳熙二年、金世宗大定十五年乙未（1175—1176）

一·一	甲申	1.25	二·一	癸丑	2.23	三·一	壬午	3.24	四·一	壬子	4.23
一·十一	甲午	2.4	二·十一	癸亥	3.5	三·十一	壬辰	4.3	四·十一	壬戌	5.3
一·二十一	甲辰	2.14	二·二十一	癸酉	3.15	三·二十一	壬寅	4.13	四·二十一	壬申	5.13
五·一	辛巳	5.22	六·一	庚戌	6.20	七·一	庚辰	7.20	八·一	己酉	8.18
五·十一	辛卯	6.1	六·十一	庚申	6.30	七·十一	庚寅	7.30	八·十一	己未	8.28
五·二十一	辛丑	6.11	六·二十一	庚午	7.10	七·二十一	庚子	8.9	八·二十一	己巳	9.7
九·一	己卯9.17	闰九·一 己酉10.17	十·一	戊寅	11.15	十一·一	戊申	12.15	十二·一	戊寅	1.14
九·十一	己丑9.27	闰九·十一 己未10.27	十·十一	戊子	11.25	十一·十一	戊午	12.25	十二·十一	戊子	1.24
九·二十一	己亥10.7	闰九·二十一 己巳11.6	十·二十一	戊戌	12.5	十一·二十一	戊辰	1.4	十二·二十一	戊戌	2.3

宋孝宗淳熙三年、金世宗大定十六年丙申（1176—1177）

一·一 丁未 2.12	二·一 丁丑 3.13	三·一 丙午 4.11	四·一 丙子 5.11
[金] 戊申 2.13	二·十一 丁亥 3.23	三·十一 丙辰 4.21	四·十一 丙戌 5.21
一·十一 丁巳 2.22	二·二十一 丁酉 4.2	三·二十一 丙寅 5.1	四·二十一 丙申 5.31
一·二十一 丁卯 3.3			
五·一 乙巳 6.9	六·一 甲戌 7.8	七·一 甲辰 8.7	八·一 癸酉 9.5
五·十一 乙卯 6.19	六·十一 甲申 7.18	七·十一 甲寅 8.17	八·十一 癸未 9.15
五·二十一 乙丑 9.29	六·二十一 甲午 7.28	七·二十一 甲子 8.27	八·二十一 癸巳 9.25
九·一 癸卯 10.5	十·一 壬申 11.3	十一·一 壬寅 12.3	十二·一 壬申 1.2
九·十一 癸丑 10.15	十·十一 壬午 11.13	十一·十一 壬子 12.13	十二·十一 壬午 1.12
九·二十一 癸亥 10.25	十·二十一 壬辰 11.23	十一·二十一 壬戌 12.23	十二·二十一 壬辰 1.22

宋孝宗淳熙四年、金世宗大定十七年丁酉（1177—1178）

一·一 壬寅 2.1	二·一 辛未 3.2	三·一 辛丑 4.1	四·一 庚午 4.30
一·十一 壬子 2.11	二·十一 辛巳 3.12	三·十一 辛亥 4.11	四·十一 庚辰 5.10
一·二十一 壬戌 2.21	二·二十一 辛卯 3.22	三·二十一 辛酉 4.21	四·二十一 庚寅 5.20
五·一 庚子 5.30	六·一 己巳 6.28	七·一 戊戌 7.27	八·一 戊辰 8.26
五·十一 庚戌 6.9	六·十一 己卯 7.8	七·十一 戊申 8.6	八·十一 戊寅 9.5
五·二十一 庚申 6.19	六·二十一 己丑 7.18	七·二十一 戊午 8.16	八·二十一 戊子 9.15
九·一 丁酉 9.24	十·一 丁卯 10.24	十一·一 丙申 11.22	十二·一 丙寅 12.22
九·十一 丁未 10.4	十·十一 丁丑 11.3	十一·十一 丙午 12.2	十二·十一 丙子 1.1
九·二十一 丁巳 10.14	十·二十一 丁亥 11.13	十一·二十一 丙辰 12.12	十二·二十一 丙戌 1.11

宋孝宗淳熙五年、金世宗大定十八年戊戌（1178—1179）

一·一 丙申 1.21	二·一 丙寅 2.20	三·一 乙未 3.21	四·一 乙丑 4.20
一·十一 丙午 1.31	二·十一 丙子 3.2	三·十一 乙巳 3.31	四·十一 乙亥 4.30
一·二十一 丙辰 2.10	二·二十一 丙戌 3.12	三·二十一 乙卯 4.10	四·二十一 乙酉 5.10
五·一 甲午 5.19	六·一 甲子 6.18 闰六·一 癸巳 7.17	七·一 壬戌 8.15	八·一 壬辰 9.14
五·十一 甲辰 5.29	六·十一 甲戌 6.28 闰六·十一 癸卯 7.37	七·十一 壬申 8.25	八·十一 壬寅 9.24
五·二十一 甲寅 6.8	六·二十一 甲申 7.8 闰六·二十一 癸丑 8.6	七·二十一 壬午 9.4	八·二十一 壬子 10.4
九·一 辛酉 10.13	十·一 辛卯 11.12	十一·一 庚申 12.11	十二·一 庚寅 1.10
九·十一 辛未 10.23	[金] 庚寅 11.11	十一·十一 庚午 12.21	十二·十一 庚子 1.20
九·二十一 辛巳 11.2	十·十一 辛丑 11.22	十一·二十一 庚辰 12.31	十二·二十一 庚戌 1.30
	十·二十一 辛亥 12.2		

宋孝宗淳熙六年、金世宗大定十九年己亥（1179—1180）

一·一 庚申 2.9	二·一 己丑 3.10	三·一 己未 4.9	四·一 己丑 5.9
一·十一 庚午 2.19	二·十一 己亥 3.20	三·十一 己巳 4.19	四·十一 己亥 5.19
一·二十一 庚辰 3.1	二·二十一 己酉 3.30	三·二十一 己卯 4.29	四·二十一 己酉 5.29
五·一 戊午 6.7	六·一 戊子 7.7	七·一 丁巳 8.5	八·一 丙戌 9.3
五·十一 戊辰 6.17	六·十一 戊戌 7.17	七·十一 丁卯 8.15	八·十一 丙申 9.13
五·二十一 戊寅 6.27	六·二十一 戊申 7.27	七·二十一 丁丑 8.25	八·二十一 丙午 9.23
九·一 丙辰 10.3	十·一 乙酉 11.1	十一·一 乙卯 12.1	十二·一 甲申 12.30
九·十一 丙寅 10.13	十·十一 乙未 11.11	十一·十一 乙丑 12.11	十二·十一 甲午 1.9
九·二十一 丙子 10.23	十·二十一 乙巳 11.21	十一·二十一 乙亥 12.21	十二·二十一 甲辰 1.19

宋孝宗淳熙七年、金世宗大定二十年庚子（1180—1181）

一•一 甲寅 1.29 一•十一 甲子 2.8 一•二十一 甲戌 2.18	二•一 癸未 2.27 二•十一 癸巳 3.8 二•二十一 癸卯 3.18	三•一 癸丑 3.28 三•十一 癸亥 4.7 三•二十一 癸酉 4.17	四•一 癸未 4.27 四•十一 癸巳 5.7 四•二十一 癸卯 5.17
五•一 壬子 5.26 五•十一 壬戌 6.5 五•二十一 壬申 6.15	六•一 壬午 6.25 六•十一 壬辰 7.5 六•二十一 壬寅 7.15	七•一 辛亥 7.24 七•十一 辛酉 8.3 七•二十一 辛未 8.13	八•一 辛巳 8.23 八•十一 辛卯 9.2 八•二十一 辛丑 9.12
九•一 庚戌 9.21 九•十一 庚申 10.1 九•二十一 庚午 10.11	十•一 庚辰 10.21 十•十一 庚寅 10.31 十•二十一 庚子 11.10	十一•一 己酉 11.19 十一•十一 己未 11.29 十一•二十一 己巳 12.9	十二•一 己卯 12.19 十二•十一 己丑 12.29 十二•二十一 己亥 1.8

宋孝宗淳熙八年、金世宗大定二十一年辛丑（1181—1182）

一•一 戊申 1.17 一•十一 戊午 1.27 一•二十一 戊辰 2.6	二•一 戊寅 2.16 二•十一 戊子 2.26 二•二十一 戊戌 3.8	三•一 丁未 3.17 闰三•一 丁丑 4.16 三•十一 丁巳 3.27 闰三•十一 丁亥 4.26 三•二十一 丁卯 4.6 闰三•二十一 丁酉 5.6	四•一 丙午 5.15 四•十一 丙辰 5.25 四•二十一 丙寅 6.4
五•一 丙子 6.14 五•十一 丙戌 6.24 五•二十一 丙申 7.4	六•一 丙午 7.14 六•十一 丙辰 7.24 六•二十一 丙寅 8.3	七•一 乙亥 8.12 七•十一 乙酉 8.22 七•二十一 乙未 9.1	八•一 乙巳 9.11 八•十一 乙卯 9.21 八•二十一 乙丑 10.1
九•一 甲戌 10.10 九•十一 甲申 10.20 九•二十一 甲午 10.30	十•一 甲辰 11.9 十•十一 甲寅 11.19 十•二十一 甲子 11.29	十一•一 癸酉 12.8 十一•十一 癸未 12.18 十一•二十一 癸巳 12.28	十二•一 癸卯 1.7 十二•十一 癸丑 1.17 十二•二十一 癸亥 1.27

宋孝宗淳熙九年、金世宗大定二十二年壬寅（1182—1183）

一•一 壬申 2.5 一•十一 壬午 2.15 一•二十一 壬辰 2.25	二•一 壬寅 3.7 二•十一 壬子 3.17 二•二十一 壬戌 3.27	三•一 辛未 4.5 三•十一 辛巳 4.15 三•二十一 辛卯 4.25	四•一 辛丑 5.5 四•十一 辛亥 5.15 四•二十一 辛酉 5.25
五•一 庚午 6.3 五•十一 庚辰 6.13 五•二十一 庚寅 6.23	六•一 庚子 7.3 六•十一 庚戌 7.13 六•二十一 庚申 7.23	七•一 己巳 8.1 七•十一 己卯 8.11 七•二十一 己丑 8.21	八•一 己亥 8.31 八•十一 己酉 9.10 八•二十一 己未 9.20
九•一 己巳 9.30 九•十一 己卯 10.10 九•二十一 己丑 10.20	十•一 戊戌 10.29 十•十一 戊申 11.8 十•二十一 戊午 11.18	十一•一 戊辰 11.28 十一•十一 戊寅 12.8 十一•二十一 戊子 12.18	十二•一 丁酉 12.27 十二•十一 丁未 1.6 十二•二十一 丁巳 1.16

宋孝宗淳熙十年、金世宗大定二十三年癸卯（1183—1184）

一•一 丁卯 1.26 一•十一 丁丑 2.5 一•二十一 丁亥 2.15	二•一 丙申 2.24 二•十一 丙午 3.6 二•二十一 丙辰 3.16	三•一 丙寅 3.26 三•十一 丙子 4.5 三•二十一 丙戌 4.15	四•一 乙未 4.24 四•十一 乙巳 5.4 四•二十一 乙卯 5.14
五•一 甲子 5.23 五•十一 甲戌 6.2 五•二十一 甲申 6.12	六•一 甲午 6.22 六•十一 甲辰 7.2 六•二十一 甲寅 7.12	七•一 癸亥 7.21 七•十一 癸酉 7.31 七•二十一 癸未 8.10	八•一 癸巳 8.20 八•十一 癸卯 8.30 八•二十一 癸丑 9.9
九•一 癸亥 9.19 九•十一 癸酉 9.29 九•二十一 癸未 10.9	十•一 壬辰 10.18 十•十一 壬寅 10.28 十•二十一 壬子 11.7	十一•一 壬戌 11.17 闰十一•一 壬辰 12.17 十一•十一 壬申 11.27 闰十一•十一 壬寅 12.27 十一•二十一 壬午 12.7 闰十一•二十一 壬子 1.6	十二•一 辛酉 1.15 十二•十一 辛未 1.25 十二•二十一 辛巳 2.4

宋孝宗淳熙十一年、金世宗大定二十四年甲辰(1184—1185)

一·一 辛卯 2.14	二·一 庚申 3.14	三·一 庚寅 4.13	四·一 己未 5.12
一·十一 辛丑 2.24	二·十一 庚午 3.24	三·十一 庚子 4.23	四·十一 己巳 5.22
一·二十一 辛亥 3.5	二·二十一 庚辰 4.3	三·二十一 庚戌 5.3	四·二十一 己卯 6.1
五·一 戊子 6.10	六·一 戊午 7.10	七·一 丁亥 8.8	八·一 丁巳 9.7
五·十一 戊戌 6.20	六·十一 戊辰 7.20	七·十一 丁酉 8.18	八·十一 丁卯 9.17
五·二十一 戊申 6.30	六·二十一 戊寅 7.30	七·二十一 丁未 8.28	八·二十一 丁丑 9.27
九·一 丙戌 10.6 [金] 丁亥 10.7	十·一 丙辰 11.5	十一·一 丙戌 12.5	十二·一 丙辰 1.4
九·十一 丙申 10.16	十·十一 丙寅 11.15	十一·十一 丙申 12.15	十二·十一 丙寅 1.14
九·二十一 丙午 10.26	十·二十一 丙子 11.25	十一·二十一 丙午 12.25	十二·二十一 丙子 1.24

宋孝宗淳熙十二年、金世宗大定二十五年乙巳(1185—1186)

一·一 乙酉 2.2	二·一 乙卯 3.4	三·一 甲申 4.2	四·一 甲寅 5.2
一·十一 乙未 2.12	二·十一 乙丑 3.14	三·十一 甲午 4.12	四·十一 甲子 5.12
一·二十一 乙巳 2.22	二·二十一 乙亥 3.24	三·二十一 甲辰 4.22	四·二十一 甲戌 5.22
五·一 癸未 5.31	六·一 壬子 6.29	七·一 壬午 7.29	八·一 辛亥 8.27
五·十一 癸巳 6.10	六·十一 壬戌 7.9	七·十一 壬辰 8.8	八·十一 辛酉 9.6
五·二十一 癸卯 6.20	六·二十一 壬申 7.19	七·二十一 壬寅 8.18	八·二十一 辛未 9.16
九·一 辛巳 9.26	十·一 庚戌 10.25	十一·一 庚辰 11.24	十二·一 庚戌 12.24
九·十一 辛卯 10.6	十·十一 庚申 11.4	十一·十一 庚寅 12.4	十二·十一 庚申 1.3
九·二十一 辛丑 10.16	十·二十一 庚午 11.14	十一·二十一 庚子 12.14	十二·二十一 庚午 1.13

宋孝宗淳熙十三年、金世宗大定二十六年丙午(1186—1187)

一·一 庚辰 1.23	二·一 己酉 2.21	三·一 己卯 3.23	四·一 戊申 4.21
一·十一 庚寅 2.2	二·十一 己未 3.3	三·十一 己丑 4.2	四·十一 戊午 5.1
一·二十一 庚子 2.12	二·二十一 己巳 3.13	三·二十一 己亥 4.12	四·二十一 戊辰 5.11
五·一 戊寅 5.21	六·一 丁未 6.19	七·一 丙子 7.18 闰七·一 丙午 8.17	八·一 丁亥 9.15
五·十一 戊子 5.31	六·十一 丁巳 6.29	七·十 丙戌 7.28 闰七·十一 丙辰 8.27	八·十一 丁酉 9.25
五·二十一 戊戌 6.10	六·二十一 丁卯 7.9	七·二十一 丙申 8.7 闰七·二十一 丙寅 9.6	八·二十一 丁未 10.5
九·一 甲辰 10.14	十·一 甲戌 11.13	十一·一 甲辰 12.13	十二·一 甲戌 1.12
九·十一 甲寅 10.24	十·十一 甲申 11.23	十一·十一 甲寅 12.23	十二·十一 甲申 1.22
九·二十一 甲子 11.3	十·二十一 甲午 12.3	十一·二十一 甲子 1.2	十二·二十一 甲午 2.1

宋孝宗淳熙十四年、金世宗大定二十七年丁未(1187—1188)

一·一 癸卯 2.10	二·一 癸酉 3.12	三·一 癸卯 4.11	四·一 壬申 5.10
一·十一 癸丑 2.20	二·十一 癸未 3.22	三·十一 癸丑 4.21	四·十一 壬午 5.20
一·二十一 癸亥 3.2	二·二十一 癸巳 4.1	三·二十一 癸亥 5.1	四·二十一 壬辰 5.30
五·一 壬寅 6.9	六·一 辛未 7.8	七·一 庚子 8.6	八·一 庚午 9.5
五·十一 壬子 6.19	六·十一 辛巳 7.18	七·十一 庚戌 8.16	八·十一 庚辰 9.15
五·二十一 壬戌 6.29	六·二十一 辛卯 7.28	七·二十一 庚申 8.26	八·二十一 庚寅 9.25
九·一 己亥 10.4	十·一 戊辰 11.2	十一·一 戊戌 12.2	十二·一 戊辰 1.1
九·十一 己酉 10.14	十·十一 戊寅 11.12	十一·十一 戊申 12.12	十二·十一 戊寅 1.11
九·二十一 己未 10.24	十·二十一 戊子 11.22	十一·二十一 戊午 12.22	十二·二十一 戊子 1.21

宋孝宗淳熙十五年、金世宗大定二十八年戊申(1188—1189)

一·一	丁酉	1.30	二·一	丁卯	2.29	三·一	丁酉	3.30	四·一	丁卯	4.29
一·十一	丁未	2.9	二·十一	丁丑	3.10	三·十一	丁未	4.9	四·十一	丁丑	5.9
一·二十一	丁巳	2.19	二·二十一	丁亥	3.20	三·二十一	丁巳	4.19	四·二十一	丁亥	5.19
五·一	丙申	5.28	六·一	丙寅	6.27	七·一	乙未	7.26	八·一	甲子	8.24
五·十一	丙午	6.7	六·十一	丙子	7.7	七·十一	乙巳	8.5	八·十一	甲戌	9.3
五·二十一	丙辰	6.17	六·二十一	丙戌	7.17	七·二十一	乙卯	8.15	八·二十一	甲申	9.13
九·一	甲午	9.23	十·一	癸亥	10.22	十一·一	壬辰	11.20	十二·一	壬戌	12.20
九·十一	甲辰	10.3	十·十一	癸酉	11.1	十一·十一	壬寅	11.30	十二·十一	壬申	12.30
九·二十一	甲寅	10.13	十·二十一	癸未	11.11	十一·二十一	壬子	12.10	十二·二十一	壬午	1.9

宋孝宗淳熙十六年、金世宗大定二十九年己酉(1189—1190)

一·一	壬辰	1.19	二·一	辛酉	2.17	三·一	辛卯	3.19	四·一	辛酉	4.18
一·十一	壬寅	1.29	二·十一	辛未	2.27	三·十一	辛丑	3.29	四·十一	辛未	4.28
一·二十一	壬子	2.8	二·二十一	辛巳	3.9	三·二十一	辛亥	4.8	四·二十一	辛巳	5.8
五·一　庚寅 5.17 闰五·一　庚申 6.16			六·一	己丑	7.15	七·一	己未	8.14	八·一	戊子	9.12
五·十一　庚子 5.27 闰五·十一　庚午 6.26			六·十一	己亥	7.25	七·十一	己巳	8.24	八·十一	戊戌	9.22
五·二十一　庚戌 6.6 闰五·二十一　庚辰 7.6			六·二十一	己酉	8.4	七·二十一	己卯	9.3	八·二十一	戊申	10.2
九·一	戊午	10.12	十·一	丁亥	11.10	十一·一	丁巳	12.10	十二·一	丙戌	1.8
九·十一	戊辰	10.22	十·十一	丁酉	11.20	十一·十一	丁卯	12.20	十二·十一	丙申	1.18
九·二十一	戊寅	11.1	十·二十一	丁未	11.30	十一·二十一	丁丑	12.30	十二·二十一	丙午	1.28

宋光宗绍熙元年、金章宗明昌元年庚戌(1190—1191)

一·一	丙辰	2.7	二·一	乙酉	3.8	三·一	乙卯	4.7	四·一	甲申	5.6
一·十一	丙寅	2.17	二·十一	乙未	3.18	三·十一	乙丑	4.17	四·十一	甲午	5.16
一·二十一	丙子	2.27	二·二十一	乙巳	3.28	三·二十一	乙亥	4.27	四·二十一	甲辰	5.26
五·一	甲寅	6.5	六·一	甲申	7.5	七·一	癸丑	8.3	八·一	癸未	9.2
五·十一	甲子	6.15	六·十一	甲午	7.15	七·十一	癸亥	8.13	八·十一	癸巳	9.12
五·二十一	甲戌	6.25	六·二十一	甲辰	7.25	七·二十一	癸酉	8.23	八·二十一	癸卯	9.22
九·一	壬子	10.1	十·一	壬午	10.31	十一·一	辛亥	11.29	十二·一	辛巳	12.29
九·十一	壬戌	10.11	十·十一	壬辰	11.10	十一·十一	辛酉	12.9	十二·十一	辛卯	1.8
九·二十一	壬申	10.21	十·二十一	壬寅	11.20	十一·二十一	辛未	12.19	十二·二十一	辛丑	1.18

宋光宗绍熙二年、金章宗明昌二年辛亥(1191—1192)

一·一	庚戌	1.27	二·一	庚辰	2.26	三·一	己酉	3.27	四·一	戊寅	4.25
一·十一	庚申	2.6	二·十一	庚寅	3.8	三·十一	己未	4.6	四·十一	戊子	5.5
一·二十一	庚午	2.16	二·二十一	庚子	3.18	三·二十一	己巳	4.16	四·二十一	戊戌	5.15
五·一	戊申	5.25	六·一	戊寅	6.24	七·一	丁未	7.23	八·一	丁丑	8.22
五·十一	戊午	6.4	六·十一	戊子	7.4	七·十一	丁巳	8.2	八·十一	丁亥	9.1
五·二十一	戊辰	6.14	六·二十一	戊戌	7.14	七·二十一	丁卯	8.12	八·二十一	丁酉	9.11
九·一	丁未	9.21	十·一	丙子	10.20	十一·一	丙午	11.19	十二·一	乙亥	12.18
九·十一	丁巳	10.1	十·十一	丙戌	10.30	十一·十一	丙辰	11.29	十二·十一	乙酉	12.28
九·二十一	丁卯	10.11	十·二十一	丙申	11.9	十一·二十一	丙寅	12.9	十二·二十一	乙未	1.7

宋光宗绍熙三年、金章宗明昌三年壬子（1192—1193）

一・一 乙巳 1.17	二・一 甲戌 2.15 闰二・一 甲辰 3.16	三・一 癸酉 4.14	四・一 壬寅 5.13
一・十一 乙卯 1.27	二・十一 甲申 2.25 闰二・十一 甲寅 3.26	三・十一 癸未 4.24	四・十一 壬子 5.23
一・二十一 乙丑 2.6	二・二十一甲午 3.6 闰二・二十一甲子 4.5	三・二十一 癸巳 5.4	四・二十一 壬戌 6.2
五・一 壬申 6.12	六・一 辛丑 7.11	七・一 辛未 8.10	八・一 辛丑 9.9
五・十一 壬午 6.22	六・十一 辛亥 7.21	七・十一 辛巳 8.20	八・十一 辛亥 9.19
五・二十一 壬辰 7.2	六・二十一 辛酉 7.31	七・二十一 辛卯 8.30	八・二十一 辛酉 9.29
九・一 庚午 10.8	十・一 庚子 11.7	十一・一 庚午 12.7	十二・一 己亥 1.5
九・十一 庚辰 10.18	十・十一 庚戌 11.17	十一・十一 庚辰 12.17	十二・十一 己酉 1.15
九・二十一 庚寅 10.28	十・二十一 庚申 11.27	十一・二十一 庚寅 12.27	十二・二十一 己未 1.25

宋光宗绍熙四年、金章宗明昌四年癸丑（1193—1194）

一・一 己巳 2.4	二・一 戊戌 3.5	三・一 戊辰 4.4	四・一 丁酉 5.3
一・十一 己卯 2.14	二・十一 戊申 3.15	三・十一 戊寅 4.14	四・十一 丁未 5.13
一・二十一 己丑 2.24	二・二十一 戊午 3.25	三・二十一 戊子 4.24	四・二十一 丁巳 5.23
五・一 丙寅 6.1	六・一 丙申 7.1	七・一 乙丑 7.30	八・一 乙未 8.29
五・十一 丙子 6.11	六・十一 丙午 7.11	七・十一 乙亥 8.9	八・十一 乙巳 9.8
五・二十一 丙戌 6.21	六・二十一 丙辰 7.21	七・二十一 乙酉 8.19	八・二十一 乙卯 9.18
九・一 甲子 9.27	十・一 甲午 10.27	十一・一 甲子 11.26	十二・一 甲午 12.26
九・十一 甲戌 10.7	十・十一 甲辰 11.6	十一・十一 甲戌 12.6	十二・十一 甲辰 1.5
九・二十一 甲申 10.17	十・二十一 甲寅 11.16	十一・二十一 甲申 12.16	十二・二十一 甲寅 1.15

宋光宗绍熙五年、金章宗明昌五年甲寅（1194—1195）

一・一 癸亥 1.24	二・一 癸巳 2.23	三・一 壬戌 3.24	四・一 壬辰 4.23
一・十一 癸酉 2.3	二・十一 癸卯 3.5	三・十 壬申 4.3	四・十一 壬寅 5.3
一・二十一 癸未 2.13	二・二十一 癸丑 3.15	三・二十一 壬午 4.13	四・二十一 壬子 5.13
五・一 辛酉 5.22	六・一 庚寅 6.20	七・一 庚申 7.20	八・一 己丑 8.18
五・十一 辛未 6.1	六・十一 庚子 6.30	七・十一 庚午 7.30	八・十一 己亥 8.28
五・二十一 辛巳 6.11	六・二十一 庚戌 7.10	七・二十一 庚辰 8.9	八・二十一 己酉 9.7
九・一 戊午 9.16	十・一 戊子 10.16 闰十・一 戊午 11.15	十一・一 戊子 12.15	十二・一 丁巳 1.13
九・十一 戊辰 9.26	十・十一 戊戌 10.26 闰十・十一 戊辰 11.25	十一・十一 戊戌 12.25	十二・十一 丁卯 1.23
九・二十一 戊寅 10.6	十・二十一戊申 11.5 闰十・二十一戊寅 12.5	十一・二十一 戊申 1.4	十二・二十一 丁丑 2.2

宋宁宗庆元元年、金章宗明昌六年乙卯（1195—1196）

一・一 丁亥 2.12	二・一 丁巳 3.14	三・一 丙戌 4.12	四・一 丙辰 5.12
一・十一 丁酉 2.22	二・十一 丁卯 3.24	三・十一 丙申 4.22	四・十一 丙寅 5.22
一・二十一 丁未 3.4	二・二十一 丁丑 4.3	三・二十一 丙午 5.2	四・二十一 丙子 6.1
五・一 乙酉 6.10	六・一 甲寅 7.9	七・一 甲申 8.8	八・一 癸丑 9.6
五・十一 乙未 6.20	六・十一 甲子 7.19	七・十一 甲午 8.18	八・十一 癸亥 9.16
五・二十一 乙巳 6.30	六・二十一 甲戌 7.29	七・二十一 甲辰 8.28	八・二十一 癸酉 9.26
九・一 壬午 10.5	十・一 壬子 11.4	十一・一 壬午 12.4	十二・一 辛亥 1.2
九・十一 壬辰 10.15	十・十一 壬戌 11.14	十一・十一 壬辰 12.14	十二・十一 辛酉 1.12
九・二十一 壬寅 10.25	十・二十一 壬申 11.24	十一・二十一 壬寅 12.24	十二・二十一 辛未 1.22

宋宁宗庆元二年、金章宗承安元年丙辰（1196—1197）

一·一	辛巳	2.1	二·一	辛亥	3.2	三·一	辛巳	4.1	四·一	庚戌	4.30
一·十一	辛卯	2.11	二·十一	辛酉	3.12	三·十一	辛卯	4.11	四·十一	庚申	5.10
一·二十一	辛丑	2.21	二·二十一	辛未	3.22	三·二十一	辛丑	4.21	四·二十一	庚午	5.20
五·一	庚辰	5.30	六·一	己酉	6.28	七·一	戊寅	7.27	八·一	戊申	8.26
五·十一	庚寅	6.9	六·十一	己未	7.8	七·十一	戊子	8.6	八·十一	戊午	9.5
五·二十一	庚子	6.19	六·二十一	己巳	7.18	七·二十一	戊戌	8.16	八·二十一	戊辰	9.15
九·一	丁丑	9.24	十·一	丙午	10.23	*十一·一	丙子	11.22	十二·一	丙午	12.22
九·十一	丁亥	10.4	十·十一	丙辰	11.2	十一·十一	丙戌	12.2	十二·十一	丙辰	1.1
九·二十一	丁酉	10.14	十·二十一	丙寅	11.12	十一·二十一	丙申	12.12	十二·二十一	丙寅	1.11

* 本月金改元“承安”。

宋宁宗庆元三年、金章宗承安二年丁巳（1197—1198）

一·一	乙亥	1.20	二·一	乙巳	2.19	三·一	乙亥	3.21	四·一	甲辰	4.19
一·十一	乙酉	1.30	二·十一	乙卯	3.1	三·十一	乙酉	3.31	四·十一	甲寅	4.29
一·二十一	乙未	2.9	二·二十一	乙丑	3.11	三·二十一	乙未	4.10	四·二十一	甲子	5.9
五·一	甲戌	5.19	六·一 闰六·一	癸卯 癸酉	6.17 7.17	七·一	壬寅	8.15	八·一	壬申	9.14
五·十一	甲申	5.29	六·十一 闰六·十一	癸丑 癸未	6.27 7.27	七·十一	壬子	8.25	八·十一	壬午	9.24
五·二十一	甲午	6.8	六·二十一 闰六·二十一	癸亥 癸巳	7.7 8.6	七·二十一	壬戌	9.4	八·二十一	壬辰	10.4
九·一	辛丑	10.13	十·一	庚午	11.11	十一·一	庚子	12.11	十二·一	己巳	1.9
九·十一	辛亥	10.23	十·十一	庚辰	11.21	十一·十一	庚戌	12.21	十二·十一	己卯	1.19
九·二十一	辛酉	11.2	十·二十一	庚寅	12.1	十一·二十一	庚申	12.31	十二·二十一	己丑	1.29

宋宁宗庆元四年、金章宗承安三年戊午（1198—1199）

一·一	己亥	2.8	二·一	己巳	3.10	三·一	戊戌	4.8	四·一	戊辰	5.8
一·十一	己酉	2.18	二·十一	己卯	3.20	三·十一	戊申	4.18	四·十一	戊寅	5.18
一·二十一	己未	2.28	二·二十一	己丑	3.30	三·二十一	戊午	4.28	四·二十一	戊子	5.28
五·一	戊戌	6.7	六·一	丁卯	7.6	七·一	丁酉	8.5	八·一	丙寅	9.3
五·十一	戊申	6.17	六·十一	丁丑	7.16	七·十一	丁未	8.15	八·十一	丙子	9.13
五·二十一	戊午	6.27	六·二十一	丁亥	7.26	七·二十一	丁巳	8.25	八·二十一	丙戌	9.23
九·一	丙申	10.3	十·一	乙丑	11.1	十一·一 ［金］	甲午 乙未	11.30 12.1	十二·一	甲子	12.30
九·十一	丙午	10.13	十·十一	乙亥	11.11	十一·十一	甲辰	12.10	十二·十一	甲戌	1.9
九·二十一	丙辰	10.23	十·二十一	乙酉	11.21	十一·二十一	甲寅	12.20	十二·二十一	甲申	1.19

宋宁宗庆元五年、金章宗承安四年己未（1199—1200）

一·一	癸巳	1.28	二·一	癸亥	2.27	三·一	癸巳	3.29	四·一	壬戌	4.27
一·十一	癸卯	2.7	二·十一	癸酉	3.9	三·十一	癸卯	4.8	四·十一	壬申	5.7
一·二十一	癸丑	2.17	二·二十一	癸未	3.19	三·二十一	癸丑	4.18	四·二十一	壬午	5.17
五·一	壬辰	5.27	六·一	辛酉	6.25	七·一	辛卯	7.25	八·一	辛酉	8.24
五·十一	壬寅	6.6	六·十一	辛未	7.5	七·十一	辛丑	8.4	八·十一	辛未	9.3
五·二十一	壬子	6.16	六·二十一	辛巳	7.15	七·二十一	辛亥	8.14	八·二十一	辛巳	9.13
九·一	庚寅	9.22	十·一	庚申	10.22	十一·一	己丑	11.20	十二·一	己未	12.20
九·十一	庚子	10.2	十·十一	庚午	11.1	十一·十一	己亥	11.30	十二·十一	己巳	12.30
九·二十一	庚戌	10.12	十·二十一	庚辰	11.11	十一·二十一	己酉	12.10	十二·二十一	己卯	1.9

宋宁宗庆元六年、金章宗承安五年庚申（1200—1201）

一·一 戊子 1.18	二·一 丁巳 2.16　闰二·一 丁亥 3.17	三·一 丙辰 4.15	四·一 丙戌 5.15
一·十一 戊戌 1.28	二·十一 丁卯 2.26　闰二·十一 丁酉 3.27	三·十一 丙寅 4.25	四·十一 丙申 5.24
一·二十一 戊申 2.7	二·二十一 丁丑 3.7　闰二·二十一 丁未 4.6	三·二十一 丙子 5.5	四·二十一 丙午 6.4
五·一 乙卯 6.13	六·一 乙酉 7.13	七·一 乙卯 8.12	八·一 甲申 9.10
五·十一 乙丑 6.23	六·十一 乙未 7.23	七·十一 乙丑 8.22	八·十一 甲午 9.20
五·二十一 乙亥 7.3	六·二十一 乙巳 8.2	七·二十一 乙亥 9.1	八·二十一 甲辰 9.30
九·一 甲寅 10.10	十·一 甲申 11.9	十一·一 癸丑 12.8	十二·一 癸未 1.7
九·十一 甲子 10.20	十·十一 甲午 11.19	十一·十一 癸亥 12.18	十二·十一 癸巳 1.17
九·二十一 甲戌 10.30	十·二十一 甲辰 11.29	十一·二十一 癸酉 12.28	十二·二十一 癸卯 1.27

宋宁宗嘉泰元年、金章宗泰和元年辛酉（1201—1202）

一·一 壬子 2.5	二·一 壬午 3.7	三·一 辛亥 4.5	四·一 庚辰 5.4
一·十一 壬戌 2.15	二·十一 壬辰 3.17	三·十一 辛酉 4.15	四·十一 庚寅 5.14
一·二十一 壬申 2.25	二·二十一 壬寅 3.27	三·二十一 辛未 4.25	四·二十一 庚子 5.24
五·一 庚戌 6.3	六·一 己卯 7.2	七·一 己酉 8.1	八·一 戊寅 8.30
五·十一 庚申 6.13	六·十一 己丑 7.12	七·十一 己未 8.11	八·十一 戊子 9.9
五·二十一 庚午 6.23	六·二十一 己亥 7.22	七·二十一 己巳 8.21	八·二十一 戊戌 9.19
九·一 戊申 9.29	十·一 戊寅 10.29	十一·一 戊申 11.28	十二·一 丁丑 12.27
九·十一 戊午 10.9	十·十一 戊子 11.8	十一·十一 戊午 12.8	十二·十一 丁亥 1.6
九·二十一 戊辰 10.19	十·二十一 戊戌 11.18	十一·二十一 戊辰 12.18	十二·二十一 丁酉 1.16

宋宁宗嘉泰二年、金章宗泰和二年壬戌（1202—1203）

一·一 丁未 1.26	二·一 丙子 2.24	三·一 丙午 3.26	四·一 乙亥 4.24
一·十一 丁巳 2.5	二·十一 丙戌 3.6	三·十一 丙辰 4.5	四·十一 乙酉 5.4
一·二十一 丁卯 2.15	二·二十一 丙申 3.16	三·二十一 丙寅 4.15	四·二十一 乙未 5.14
五·一 甲辰 5.23	六·一 甲戌 6.22	七·一 癸卯 7.21	八·一 壬申 8.19
五·十一 甲寅 6.2	六·十一 甲申 7.2	七·十一 癸丑 7.31	八·十一 壬午 8.29
五·二十一 甲子 6.12	六·二十一 甲午 7.12	七·二十一 癸亥 8.10	八·二十一 壬辰 9.8
九·一 壬寅 9.18	十·一 壬申 10.18	十一·一 壬寅 11.17	十二·一 辛未 12.16　闰十二·一 辛丑 1.15
九·十一 壬子 9.28	十·十一 壬午 10.28	十一·十一 壬子 11.27	十二·十一 辛巳 12.26　闰十二·十一 辛亥 1.25
九·二十一 壬戌 10.8	十·二十一 壬辰 11.7	十一·二十一 壬戌 12.7	十二·二十一 辛卯 1.5　闰十二·二十一 辛酉 2.4

宋宁宗嘉泰三年、金章宗泰和三年癸亥（1203—1204）

一·一 辛未 2.14	二·一 庚子 3.15	三·一 庚午 4.14	四·一 己亥 5.13
一·十一 辛巳 2.24	二·十一 庚戌 3.25	三·十一 庚辰 4.24	四·十一 己酉 5.23
一·二十一 辛卯 3.6	二·二十一 庚申 4.4	三·二十一 庚寅 5.4	四·二十一 己未 6.2
五·一 戊辰 6.11	六·一 戊戌 7.11	七·一 丁卯 8.9	八·一 丙申 9.7
五·十一 戊寅 6.21	六·十一 戊申 7.21	七·十一 丁丑 8.19	八·十一 丙午 9.17
五·二十一 戊子 7.1	六·二十一 戊午 7.31	七·二十一 丁亥 8.29	八·二十一 丙辰 9.27
九·一 丙寅 10.7	十·一 丙申 11.6	十一·一 乙丑 12.5	十二·一 乙未 1.4
九·十一 丙子 10.17	十·十一 丙午 11.16	十一·十一 乙亥 12.15	十二·十一 乙巳 1.14
九·二十一 丙戌 10.27	十·二十一 丙辰 11.26	十一·二十一 乙酉 12.25	十二·二十一 乙卯 1.24

宋宁宗嘉泰四年、金章宗泰和四年甲子（1204—1205）

一·一 乙丑 2.3 一·十一 乙亥 2.13 一·二十一 乙酉 2.23	二·一 乙未 3.4 二·十一 乙巳 3.14 二·二十一 乙卯 3.24	三·一 甲子 4.2 三·十一 甲戌 4.12 三·二十一 甲申 4.22	四·一 甲午 5.2 四·十一 甲辰 5.12 四·二十一 甲寅 5.22
五·一 癸亥 5.31 五·十一 癸酉 6.10 五·二十一 癸未 6.20	六·一 壬辰 6.29 六·十一 壬寅 7.9 六·二十一 壬子 7.19	七·一 壬戌 7.29 七·十一 壬申 8.8 七·二十一 壬午 8.18	八·一 辛卯 8.27 八·十一 辛丑 9.6 八·二十一 辛亥 9.16
九·一 庚申 9.25 九·十一 庚午 10.5 九·二十一 庚辰 10.15	十·一 庚寅 10.25 十·十一 庚子 11.4 十·二十一 庚戌 11.14	十一·一 己未 11.23 十一·十一 己巳 12.3 十一·二十一 己卯 12.13	十二·一 己丑 12.23 十二·十一 己亥 1.2 十二·二十一 己酉 1.12

宋宁宗开禧元年、金章宗泰和五年乙丑（1205—1206）

一·一 己未 1.22 一·十一 己巳 2.1 一·二十一 己卯 2.11	二·一 己丑 2.21 二·十一 己亥 3.3 二·二十一 己酉 3.13	三·一 戊午 3.22 三·十一 戊辰 4.1 三·二十一 戊寅 4.11	四·一 戊子 4.21 四·十一 戊戌 5.1 四·二十一 戊申 5.11
*五·一 丁巳 5.20 五·十一 丁卯 5.30 五·二十一 丁丑 6.9	六·一 丁亥 6.19 六·十一 丁酉 6.29 六·二十一 丁未 7.9	七·一 丙辰 7.18 七·十一 丙寅 7.28 七·二十一 丙子 8.7	八·一 丙戌 8.17 闰八·一 乙卯 9.15 八·十一 丙申 8.27 闰八·十一 乙丑 9.25 八·二十一 丙午 9.6 闰八·二十一 乙亥 10.5
九·一 甲申 10.14 九·十一 甲午 10.24 九·二十一 甲辰 11.3	十·一 甲寅 11.13 十·十一 甲子 11.23 十·二十一 甲戌 12.3	十一·一 癸未 12.12 十一·十一 癸巳 12.22 十一·二十一 癸卯 1.1	十二·一 癸丑 1.11 十二·十一 癸亥 1.21 十二·二十一 癸酉 1.31

＊《辑要》五月辛巳朔，误。

宋宁宗开禧二年、金章宗泰和六年、元太祖元年丙寅（1206—1207）

一·一 癸未 2.10 一·十一 癸巳 2.20 一·二十一 癸卯 3.2	二·一 壬子 3.11 二·十一 壬戌 3.21 二·二十一 壬申 3.31	三·一 壬午 4.10 三·十一 壬辰 4.20 三·二十一 壬寅 4.30	四·一 壬子 5.10 四·十一 壬戌 5.20 四·二十一 壬申 5.30
五·一 辛巳 6.8 五·十一 辛卯 6.18 五·二十一 辛丑 6.28	六·一 辛亥 7.8 六·十一 辛酉 7.18 六·二十一 辛未 7.28	七·一 庚辰 8.6 七·十一 庚寅 8.16 七·二十一 庚子 8.26	八·一 庚戌 9.5 八·十一 庚申 9.15 八·二十一 庚午 9.25
九·一 己卯 10.4 九·十一 己丑 10.14 九·二十一 己亥 10.24	十·一 戊申 11.2 十·十一 戊午 11.12 十·二十一 戊辰 11.22	十一·一 戊寅 12.2 十一·十一 戊子 12.12 十一·二十一 戊戌 12.22	十二·一 丁未 12.31 十二·十一 丁巳 1.10 十二·二十一 丁卯 1.20

宋宁宗开禧三年、金章宗泰和七年、元太祖二年丁卯（1207—1208）

一·一 丁丑 1.30 一·十一 丁亥 2.9 一·二十一 丁酉 2.19	二·一 丁未 3.1 二·十一 丁巳 3.11 二·二十一 丁卯 3.21	三·一 丙子 3.30 三·十一 丙戌 4.9 三·二十一 丙申 4.19	四·一 丙午 4.29 四·十一 丙辰 5.9 四·二十一 丙寅 5.19
五·一 丙子 5.29 ［金］ 乙亥 5.28 五·十一 丙戌 6.8 五·二十一 丙申 6.18	六·一 乙巳 6.27 六·十一 乙卯 7.7 六·二十一 乙丑 7.17	七·一 乙亥 7.27 七·十一 乙酉 8.6 七·二十一 乙未 8.16	八·一 甲辰 8.25 八·十一 甲寅 9.4 八·二十一 甲子 9.14
九·一 甲戌 9.24 九·十一 甲申 10.4 九·二十一 甲午 10.14	十·一 癸卯 10.23 十·十一 癸丑 11.2 十·二十一 癸亥 11.12	十一·一 癸酉 11.22 ［金］ 壬申 11.21 十一·十一 癸未 12.2 十一·二十一 癸巳 12.12	十二·一 壬寅 12.21 十二·十一 壬子 12.31 十二·二十一 壬戌 1.10

宋宁宗嘉定元年、金章宗泰和八年、元太祖三年戊辰（1208—1209）

一・一 辛未 1.19	二・一 辛丑 2.18	三・一 庚午 3.18	四・一 庚子 4.17 闰四・一 庚午 5.17
一・十一 辛巳 1.29	二・十一 辛亥 2.28	三・十一 庚辰 3.28	四・十一 庚戌 4.27 闰四・十一 庚辰 5.27
一・二十一 辛卯 2.8	二・二十一 辛酉 3.9	三・二十一 庚寅 4.7	四・二十一 庚申 5.7 闰四・二十一 庚寅 6.6
五・一 己亥 6.15	六・一 己巳 7.15	七・一 戊戌 8.13	八・一 戊辰 9.12
五・十一 己酉 6.25	六・十一 己卯 7.25	七・十一 戊申 8.23	八・十一 戊寅 9.22
五・二十一 己未 7.5	六・二十一 己丑 8.4	七・二十一 戊午 9.2	八・二十一 戊子 10.2
九・一 戊戌 10.12	十・一 丁卯 11.10	十一・一 丁酉 12.10	十二・一 丙寅 1.8
九・十一 戊申 10.22	十・十一 丁丑 11.20	十一・十一 丁未 12.20	十二・十一 丙子 1.18
九・二十一 戊午 11.1	十・二十一 丁亥 11.30	十一・二十一 丁巳 12.30	十二・二十一 丙戌 1.28

宋宁宗嘉定二年、金卫绍王大安元年、元太祖四年己巳（1209—1210）

一・一 乙未 2.6	二・一 乙丑 3.8	三・一 甲午 4.6	四・一 甲子 5.6
［金］ 丙申 2.7	二・十一 乙亥 3.18	三・十一 甲辰 4.16	四・十一 甲戌 5.16
一・十一 乙巳 2.16	二・二十一 乙酉 3.28	三・二十一 甲寅 4.26	四・二十一 甲申 5.26
一・二十一 乙卯 2.26			
五・一 癸巳 6.4	六・一 癸亥 7.4	七・一 壬辰 8.2	八・一 壬戌 9.1
五・十一 癸卯 6.14	六・十一 癸酉 7.14	七・十一 壬寅 8.12	八・十一 壬申 9.11
五・二十一 癸丑 6.24	六・二十一 癸未 7.24	七・二十一 壬子 8.22	八・二十一 壬午 9.21
九・一 壬辰 10.1	十・一 辛酉 10.30	十一・一 辛卯 11.29	十二・一 辛酉 12.29
九・十一 壬寅 10.11	十・十一 辛未 11.9	十一・十一 辛丑 12.9	十二・十一 辛未 1.8
九・二十一 壬子 10.21	十・二十一 辛巳 11.19	十一・二十一 辛亥 12.19	十二・二十一 辛巳 1.18

宋宁宗嘉定三年、金卫绍王大安二年、元太祖五年庚午（1210—1211）

一・一 庚寅 1.27	二・一 庚申 2.26	三・一 己丑 3.27	四・一 戊午 4.25
一・十一 庚子 2.6	二・十一 庚午 3.8	三・十一 己亥 4.6	四・十一 戊辰 5.5
一・二十一 庚戌 2.16	二・二十一 庚辰 3.18	三・二十一 己酉 4.16	四・二十一 戊寅 5.15
五・一 戊子 5.25	六・一 丁巳 6.23	七・一 丁亥 7.23	八・一 丙辰 8.21
五・十一 戊戌 6.4	六・十一 丁卯 7.3	七・十一 丁酉 8.2	八・十一 丙寅 8.31
五・二十一 戊申 6.14	六・二十一 丁丑 7.13	七・二十一 丁未 8.12	八・二十一 丙子 9.10
九・一 丙戌 9.20	十・一 丙辰 10.20	十一・一 乙酉 11.18	十二・一 乙卯 12.18
九・十一 丙申 9.30	十・十一 丙寅 10.30	十一・十一 乙未 11.28	十二・十一 乙丑 12.28
九・二十一 丙午 10.10	十・二十一 丙子 11.9	十一・二十一 乙巳 12.8	十二・二十一 乙亥 1.7

宋宁宗嘉定四年、金卫绍王大安三年、元太祖六年辛未（1211—1212）

一・一 乙酉 1.17	二・一 甲寅 2.15 闰二・一 甲申 3.17	三・一 癸丑 4.15	四・一 壬午 5.14
一・十一 乙未 1.27	二・十一 甲子 2.25 闰二・十一 甲午 3.27	三・十一 癸亥 4.25	四・十一 壬辰 5.24
一・二十一 乙巳 2.6	二・二十一 甲戌 3.7 闰二・二十一 甲辰 4.6	三・二十一 癸酉 5.5	四・二十一 壬寅 6.3
五・一 壬子 6.13	六・一 辛巳 7.12	七・一 庚戌 8.10	八・一 庚辰 9.9
五・十一 壬戌 6.23	六・十一 辛卯 7.22	七・十一 庚申 8.20	八・十一 庚寅 9.19
五・二十一 壬申 7.3	六・二十一 辛丑 8.1	七・二十一 庚午 8.30	八・二十一 庚子 9.29
九・一 庚戌 10.9	十・一 己卯 11.7	十一・一 己酉 12.7	十二・一 己卯 1.6
九・十一 庚申 10.19	十・十一 己丑 11.17	十一・十一 己未 12.17	十二・十一 己丑 1.16
九・二十一 庚午 10.29	十・二十一 己亥 11.27	十一・二十一 己巳 12.27	十二・二十一 己亥 1.26

宋宁宗嘉定五年、金卫绍王崇庆元年、元太祖七年壬申(1212—1213)

一·一 己酉 2.5	二·一 戊寅 3.5	三·一 戊申 4.4	四·一 丁丑 5.3
一·十一 己未 2.15	二·十一 戊子 3.15	三·十一 戊午 4.14	四·十一 丁亥 5.13
一·二十一 己巳 2.25	二·二十一 戊戌 3.25	三·二十一 戊辰 4.24	四·二十一 丁酉 5.23
五·一 丙午 6.1	六·一 丙子 7.1	七·一 乙巳 7.30	八·一 甲戌 8.28
五·十一 丙辰 6.11	六·十一 丙戌 7.11	七·十一 乙卯 8.9	八·十一 甲申 9.7
五·二十一 丙寅 6.21	六·二十一 丙申 7.21	七·二十一 乙丑 8.19	八·二十一 甲午 9.17
九·一 甲辰 9.27	十·一 癸酉 10.26	十一·一 癸卯 11.25	十二·一 癸酉 12.25
九·十一 甲寅 10.7	十·十一 癸未 11.5	十一·十一 癸丑 12.5	十二·十一 癸未 1.4
九·二十一 甲子 10.17	十·二十一 癸巳 11.15	十一·二十一 癸亥 12.15	十二·二十一 癸巳 1.14

宋宁宗嘉定六年、金宣宗贞祐元年、元太祖八年癸酉(1213—1214)

一·一 癸卯 1.24	二·一 壬申 2.22	三·一 壬寅 3.24	四·一 壬申 4.23
一·十一 癸丑 2.3	二·十一 壬午 3.4	三·十一 壬子 4.3	四·十一 壬午 5.3
一·二十一 癸亥 2.13	二·二十一 壬辰 3.14	三·二十一 壬戌 4.13	四·二十一 壬辰 5.13
*五·一 辛丑 5.22	六·一 庚午 6.20	七·一 庚子 7.20	八·一 己巳 8.18
五·十一 辛亥 6.1	六·十一 庚辰 6.30	七·十一 庚戌 7.30	八·十一 己卯 8.28
五·二十一 辛酉 6.11	六·二十一 庚寅 7.10	七·二十一 庚申 8.9	八·二十一 己丑 9.7
**九·一 戊戌 9.16 闰九·一 戊辰 10.16	十·一 丁酉 11.14	十一·一 丁卯 12.14	十二·一 丁酉 1.13
九·十一 戊申 9.26 闰九·十一 戊寅 10.26	十·十一 丁未 11.24	十一·十一 丁丑 12.24	十二·十一 丁未 1.23
九·二十一 戊午 10.6 闰九·二十一 戊子 11.5	十·二十一 丁巳 12.4	十一·二十一 丁亥 1.3	十二·二十一 丁巳 2.2

* 本月金卫绍王改元“至宁”。 ** 本月金宣宗即位,改元“贞祐”。

宋宁宗嘉定七年、金宣宗贞祐二年、元太祖九年甲戌(1214—1215)

一·一 丁卯 2.12	二·一 丙申 3.13	三·一 丙寅 4.12	四·一 乙未 5.11
一·十一 丁丑 2.22	二·十一 丙午 3.23	三·十一 丙子 4.22	四·十一 乙巳 5.21
一·二十一 丁亥 3.4	二·二十一 丙辰 4.2	三·二十一 丙戌 5.2	四·二十一 乙卯 5.31
五·一 乙丑 6.10	六·一 甲午 7.9	七·一 甲子 8.8	八·一 癸巳 9.6
五·十一 乙亥 6.20	六·十一 甲辰 7.19	七·十一 甲戌 8.18	八·十一 癸卯 9.16
五·二十一 乙酉 6.30	六·二十一 甲寅 7.29	七·二十一 甲申 8.28	八·二十一 癸丑 9.26
九·一 壬戌 10.5	十·一 壬辰 11.4	十一·一 辛酉 12.3	十二·一 辛卯 1.2
九·十一 壬申 10.15	十·十一 壬寅 11.14	十一·十一 辛未 12.13	十二·十一 辛丑 1.12
九·二十一 壬午 10.25	十·二十一 壬子 11.24	十一·二十一 辛巳 12.23	十二·二十一 辛亥 1.22

宋宁宗嘉定八年、金宣宗贞祐三年、元太祖十年乙亥(1215—1216)

一·一 辛酉 2.1	二·一 庚寅 3.2	三·一 庚申 4.1	四·一 庚寅 5.1
一·十一 辛未 2.11	二·十一 庚子 3.12	三·十一 庚午 4.11	四·十一 庚子 5.11
一·二十一 辛巳 2.21	二·二十一 庚戌 3.22	三·二十一 庚辰 4.21	四·二十一 庚戌 5.21
五·一 己未 5.30	六·一 己丑 6.29	七·一 戊午 7.28	八·一 戊子 8.27
五·十一 己巳 6.9	六·十一 己亥 7.9	七·十一 戊辰 8.7	八·十一 戊戌 9.6
五·二十一 己卯 6.19	六·二十一 己酉 7.19	七·二十一 戊寅 8.17	八·二十一 戊申 9.16
九·一 丁巳 9.25	十·一 丙戌 10.24	十一·一 丙辰 11.23	十二·一 乙酉 12.22
九·十一 丁卯 10.5	十·十一 丙申 11.3	十一·十一 丙寅 12.3	十二·十一 乙未 1.1
九·二十一 丁丑 10.15	十·二十一 丙午 11.13	十一·二十一 丙子 12.13	十二·二十一 乙巳 1.11

宋宁宗嘉定九年、金宣宗贞祐四年、元太祖十一年丙子（1216—1217）

一·一　乙卯　1.21	二·一　甲申　2.19	三·一　甲寅　3.20	四·一　甲申　4.19
一·十一　乙丑　1.31	二·十一　甲午　2.29	三·十一　甲子　3.30	四·十一　甲午　4.29
一·二十一　乙亥　2.10	二·二十一　甲辰　3.10	三·二十一　甲戌　4.9	四·二十一　甲辰　5.9
五·一　癸丑　5.18	六·一　癸未　6.17	七·一　癸丑 7.17　闰七·一　壬午 8.15	八·一　壬子　9.14
五·十一　癸亥　5.28	六·十一　癸巳　6.27	七·十一　癸亥 7.27　闰七·十一　壬辰 8.25	八·十一　壬戌　9.24
五·二十一　癸酉　6.7	六·二十一　癸卯　7.7	七·二十一癸酉 8.6　闰七·二十一壬寅 9.4	八·二十一　壬申　10.4
九·一　辛巳　10.13	十·一　庚戌　11.11	十一·一　庚辰　12.11	十二·一　己酉　1.9
九·十一　辛卯　10.23	十·十一　庚申　11.21	十一·十一　庚寅　12.21	十二·十一　己未　1.19
九·二十一　辛丑　11.2	十·二十一　庚午　12.1	十一·二十一　庚子　12.31	十二·二十一　己巳　1.29

宋宁宗嘉定十年、金宣宗兴定元年、元太祖十二年丁丑（1217—1218）

一·一　己卯　2.8	二·一　戊申　3.9	三·一　戊寅　4.8	四·一　丁未　5.7
一·十一　己丑　2.18	二·十一　戊午　3.19	三·十一　戊子　4.18	四·十一　丁巳　5.17
一·二十一　己亥　2.28	二·二十一　戊辰　3.29	三·二十一　戊戌　4.28	四·二十一　丁卯　5.27
五·一　丁丑　6.6	六·一　丁未　7.6	七·一　丙子　8.4	八·一　丙午　9.3
五·十一　丁亥　6.16	六·十一　丁巳　7.16	七·十一　丙戌　8.14	八·十一　丙辰　9.13
五·二十一　丁酉　6.26	六·二十一　丁卯　7.26	七·二十一　丙申　8.24	八·二十一　丙寅　9.23
*九·一　乙亥　10.2	十·一　乙巳　11.1	十一·一　乙亥　12.1	十二·一　甲辰　12.30
九·十一　乙酉　10.12	十·十一　乙卯　11.11	十一·十一　乙酉　12.11	十二·十一　甲寅　1.9
九·二十一　乙未　10.22	十·二十一　乙丑　11.21	十一·二十一　乙未　12.21	十二·二十一　甲子　1.19

* 本月金改元“兴定”。

宋宁宗嘉定十一年、金宣宗兴定二年、元太祖十三年戊寅（1218—1219）

一·一　癸酉　1.28	二·一　癸卯　2.27	三·一　壬申　3.28	四·一　壬寅　4.27
一·十一　癸未　2.7	二·十一　癸丑　3.9	三·十一　壬午　4.7	四·十一　壬子　5.7
一·二十一　癸巳　2.17	二·二十一　癸亥　3.19	三·二十一　壬辰　4.17	四·二十一　壬戌　5.17
五·一　辛未　5.26	六·一　辛丑　6.25	七·一　庚午　7.24	八·一　庚子　8.23
五·十一　辛巳　6.5	六·十一　辛亥　7.5	七·十一　庚辰　8.3	八·十一　庚戌　9.2
五·二十一　辛卯　6.15	六·二十一　辛酉　7.15	七·二十一　庚寅　8.13	八·二十一　庚申　9.12
九·一　庚午　9.22	十·一　己亥　10.21	十一·一　己巳　11.20	十二·一　己亥　12.20
九·十一　庚辰　10.2	十·十一　己酉　10.31	十一·十一　己卯　11.30	十二·十一　己酉　12.30
九·二十一　庚寅　10.12	十·二十一　己未　11.10	十一·二十一　己丑　12.10	十二·二十一　己未　1.9

宋宁宗嘉定十二年、金宣宗兴定三年、元太祖十四年己卯（1219—1220）

一·一　戊辰　1.18	二·一　戊戌　2.17	三·一　丁卯 3.18　闰三·一　丙申 4.16	四·一　丙寅　5.16
一·十一　戊寅　1.28	二·十一　戊申　2.27	三·十一　丁丑 3.28　闰三·十一　丙午 4.26	四·十一　丙子　5.26
一·二十一　戊子　2.7	二·二十一　戊午　3.9	三·二十一丁亥 4.7　闰三·二十一丙辰 5.6	四·二十一　丙戌　6.5
五·一　乙未　6.14	六·一　甲子　7.13	七·一　甲午　8.12	八·一　甲子　9.11
五·十一　乙巳　6.24	六·十一　甲戌　7.23	七·十一　甲辰　8.22	八·十一　甲戌　9.21
五·二十一　乙卯　7.4	六·二十一　甲申　8.2	七·二十一　甲寅　9.1	八·二十一　甲申　10.1
九·一　癸巳　10.10	十·一　癸亥　11.9	十一·一　癸巳　12.9	十二·一　癸亥　1.8
九·十一　癸卯　10.20	十·十一　癸酉　11.19	十一·十一　癸卯　12.19	十二·十一　癸酉　1.18
九·二十一　癸丑　10.30	十·二十一　癸未　11.29	十一·二十一　癸丑　12.29	十二·二十一　癸未　1.28

宋宁宗嘉定十三年、金宣宗兴定四年、元太祖十五年庚辰（1220—1221）

一•一	壬辰	2.6	二•一	壬戌	3.7	三•一	辛卯	4.5	四•一	庚申	5.4
一•十一	壬寅	2.16	二•十一	壬申	3.17	三•十一	辛丑	4.15	四•十一	庚午	5.14
一•二十一	壬子	2.26	二•二十一	壬午	3.27	三•二十一	辛亥	4.25	四•二十一	庚辰	5.24
五•一	庚寅	6.3	六•一	己未	7.2	七•一	戊子	7.31	八•一	戊午	8.30
五•十一	庚子	6.13	六•十一	己巳	7.12	七•十一	戊戌	8.10	八•十一	戊辰	9.9
五•二十一	庚戌	6.23	六•二十一	己卯	7.22	七•二十一	戊申	8.20	八•二十一	戊寅	9.19
九•一	丁亥	9.28	十•一	丁巳	10.28	十一•一	丁亥	11.27	十二•一	丁巳	12.27
九•十一	丁酉	10.8	十•十一	丁卯	11.7	十一•十一	丁酉	12.7	十二•十一	丁卯	1.6
九•二十一	丁未	10.18	十•二十一	丁丑	11.17	十一•二十一	丁未	12.17	十二•二十一	丁丑	1.16

宋宁宗嘉定十四年、金宣宗兴定五年、元太祖十六年辛巳（1221—1222）

一•一	丙戌	1.25	二•一	丙辰	2.24	三•一	丙戌	3.26	四•一	乙卯	4.24
一•十一	丙申	2.4	二•十一	丙寅	3.6	三•十一	丙申	4.5	四•十一	乙丑	5.4
一•二十一	丙午	2.14	二•二十一	丙子	3.16	三•二十一	丙午	4.15	四•二十一	乙亥	5.14
五•一	甲申	5.23	六•一	甲寅	6.22	七•一	癸未	7.21	八•一	壬子	8.19
五•十一	甲午	6.2	六•十一	甲子	7.2	七•十一	癸巳	7.31	八•十一	壬戌	8.29
五•二十一	甲辰	6.12	六•二十一	甲戌	7.12	七•二十一	癸卯	8.10	八•二十一	壬申	9.8
九•一	壬午	9.18	十•一	辛亥	10.17	十一•一	辛巳	11.16	十二•一	辛亥	12.16 闰十二•一 辛巳 1.15
九•十一	壬辰	9.28	十•十一	辛酉	10.27	十一•十一	辛卯	11.26	十二•十一	辛酉	12.26 闰十二•十一 辛卯 1.26
九•二十一	壬寅	10.8	十•二十一	辛未	11.6	十一•二十一	辛丑	12.6	十二•二十一	辛未	1.5 闰十二•二十一 辛丑 2.4

宋宁宗嘉定十五年、金宣宗元光元年、元太祖十七年壬午（1222—1223）

一•一	庚戌	2.13	二•一	庚辰	3.15	三•一	庚戌	4.14	四•一	己卯	5.13
一•十一	庚申	2.23	二•十一	庚寅	3.25	三•十一	庚申	4.24	四•十一	己丑	5.23
一•二十一	庚午	3.5	二•二十一	庚子	4.4	三•二十一	庚午	5.4	四•二十一	己亥	6.2
五•一	戊申	6.11	六•一	戊寅	7.11	七•一	丁未	8.9	*八•一	丙子	9.7
五•十一	戊午	6.21	六•十一	戊子	7.21	七•十一	丁巳	8.19	八•十一	丙戌	9.17
五•二十一	戊辰	7.1	六•二十一	戊戌	7.31	七•二十一	丁卯	8.29	八•二十一	丙申	9.27
九•一	丙午	10.7	十•一	乙亥	11.5	十一•一	乙巳	12.5	十二•一	乙亥	1.4
九•十一	丙辰	10.17	十•十一	乙酉	11.15	十一•十一	乙卯	12.15	十二•十一	乙酉	1.14
九•二十一	丙寅	10.27	十•二十一	乙未	11.25	十一•二十一	乙丑	12.25	十二•二十一	乙未	1.24

* 本月金改元“元光”。

宋宁宗嘉定十六年、金宣宗元光二年、元太祖十八年癸未（1223—1224）

一•一	甲辰	2.2	二•一	甲戌	3.4	三•一	甲辰	4.3	四•一	癸酉	5.2
一•十一	甲寅	2.12	二•十一	甲申	3.14	三•十一	甲寅	4.13	四•十一	癸未	5.12
一•二十一	甲子	2.22	二•二十一	甲午	3.24	三•二十一	甲子	4.23	四•二十一	癸巳	5.22
五•一	癸卯	6.1	六•一	壬申	6.30	七•一	壬寅	7.30	八•一	辛未	8.28
五•十一	癸丑	6.11	六•十一	壬午	7.10	七•十一	壬子	8.9	八•十一	辛巳	9.7
五•二十一	癸亥	6.21	六•二十一	壬辰	7.20	七•二十一	壬戌	8.19	八•二十一	辛卯	9.17
九•一	庚子	9.26	十•一	庚午	10.26	十一•一	己亥	11.24	十二•一	己巳	12.24
九•十一	庚戌	10.6	十•十一	庚辰	11.5	十一•十一	己酉	12.4	十二•十一	己卯	1.3
九•二十一	庚申	10.16	十•二十一	庚寅	11.15	十一•二十一	己未	12.14	十二•二十一	己丑	1.13

宋宁宗嘉定十七年、金哀宗正大元年、元太祖十九年甲申(1224—1225)

一·一 戊戌 1.22	二·一 戊辰 2.21	三·一 戊戌 3.22	四·一 丁卯 4.20
一·十一 戊申 2.1	二·十一 戊寅 3.2	三·十一 戊申 4.1	四·十一 丁丑 4.30
一·二十一 戊午 2.11	二·二十一 戊子 3.12	三·二十一 戊午 4.11	四·二十一 丁亥 5.10
五·一 丁酉 5.20	六·一 丁卯 6.19	七·一 丙申 7.18	八·一 丙寅 8.17 闰八·一 乙未 9.15
五·十一 丁未 5.30	六·十一 丁丑 6.29	七·十一 丙午 7.28	八·十一 丙子 8.27 闰八·十一 乙巳 9.25
五·二十一 丁巳 6.9	六·二十一 丁亥 7.9	七·二十一 丙辰 8.7	八·二十一 丙戌 9.6 闰八·二十一 乙卯 10.5
九·一 甲子 10.14	十·一 甲午 11.13	十一·一 癸亥 12.12	十二·一 癸巳 1.11
九·十一 甲戌 10.24	十·十一 甲辰 11.23	十一·十一 癸酉 12.22	十二·十一 癸卯 1.21
九·二十一 甲申 11.3	十·二十一 甲寅 12.3	十一·二十一 癸未 1.1	十二·二十一 癸丑 1.31

宋理宗宝庆元年、金哀宗正大二年、元太祖二十年乙酉(1225—1226)

一·一 壬戌 2.9	二·一 壬辰 3.11	三·一 辛酉 4.9	四·一 辛卯 5.9
一·十一 壬申 2.19	二·十一 壬寅 3.21	三·十一 辛未 4.19	四·十一 辛丑 5.19
一·二十一 壬午 3.1	二·二十一 壬子 3.31	三·二十一 辛巳 4.29	四·二十一 辛亥 5.29
五·一 辛酉 6.8	六·一 庚寅 7.7	七·一 庚申 8.6	八·一 己丑 9.4
五·十一 辛未 6.18	六·十一 庚子 7.17	七·十一 庚午 8.16	八·十一 己亥 9.14
五·二十一 辛巳 6.28	六·二十一 庚戌 7.27	七·二十一 庚辰 8.26	八·二十一 己酉 9.24
九·一 己未 10.4	十·一 戊子 11.2	十一·一 戊午 12.2	十二·一 丁亥 12.31
九·十一 己巳 10.14	十·十一 戊戌 11.12	十一·十一 戊辰 12.12	十二·十一 丁酉 1.10
九·二十一 己卯 10.24	十·二十一 戊申 11.22	十一·二十一 戊寅 12.22	十二·二十一 丁未 1.20

宋理宗宝庆二年、金哀宗正大三年、元太祖二十一年丙戌(1226—1227)

一·一 丁巳 1.30	二·一 丙戌 2.28	三·一 丙辰 3.30	四·一 乙酉 4.28
一·十一 丁卯 2.9	二·十一 丙申 3.10	三·十一 丙寅 4.9	四·十一 乙未 5.8
一·二十一 丁丑 2.19	二·二十一 丙午 3.20	三·二十一 丙子 4.19	四·二十一 乙巳 5.18
五·一 乙卯 5.28	六·一 甲申 6.26	七·一 甲寅 7.26	八·一 甲申 8.25
五·十 乙丑 6.7	六·十一 甲午 7.6	七·十一 甲子 8.5	八·十一 甲午 9.4
五·二十一 乙亥 6.17	六·二十一 甲辰 7.16	七·二十一 甲戌 8.15	八·二十一 甲辰 9.14
九·一 癸丑 9.23	十·一 癸未 10.23	十一·一 壬子 11.21	十二·一 壬午 12.21
九·十一 癸亥 10.3	十·十一 癸巳 11.2	十一·十一 壬戌 12.1	十二·十一 壬辰 12.31
九·二十一 癸酉 10.13	十·二十一 癸卯 11.12	十一·二十一 壬申 12.11	十二·二十一 壬寅 1.10

宋理宗宝庆三年、金哀宗正大四年、元太祖二十二年丁亥(1227—1228)

一·一 辛亥 1.19	二·一 辛巳 2.18	三·一 庚戌 3.19	四·一 庚辰 4.18
一·十一 辛酉 1.29	二·十一 辛卯 2.28	三·十一 庚申 3.29	四·十一 庚寅 4.28
一·二十一 辛未 2.8	二·二十一 辛丑 3.10	三·二十一 庚午 4.8	四·二十一 庚子 5.8
五·一 己酉 5.17 闰五·一 己卯 6.16	六·一 戊申 7.15	七·一 戊寅 8.14	八·一 丁未 9.12
五·十一 己未 5.27 闰五·十一 己丑 6.26	六·十一 戊午 7.25	七·十一 戊子 8.24	八·十一 丁巳 9.22
五·二十一 己巳 6.6 闰五·二十一 己亥 7.6	六·二十一 戊辰 8.4	七·二十一 戊戌 9.3	八·二十一 丁卯 10.2
九·一 丁丑 10.12	十·一 丁未 11.11	十一·一 丙子 12.10	十二·一 丙午 1.9
九·十一 丁亥 10.22	十·十一 丁巳 11.21	十一·十一 丙戌 12.20	十二·十一 丙辰 1.19
九·二十一 丁酉 11.1	十·二十一 丁卯 12.1	十一·二十一 丙申 12.30	十二·二十一 丙寅 1.29

宋理宗绍定元年、金哀宗正大五年、元皇子拖雷元年戊子（1228—1229）

一·一	丙子	2.8	二·一	乙巳	3.8	三·一	甲戌	4.6	四·一	甲辰	5.6
一·十一	丙戌	2.18	二·十一	乙卯	3.18	三·十一	甲申	4.16	四·十一	甲寅	5.16
一·二十一	丙申	2.28	二·二十一	乙丑	3.28	三·二十一	甲午	4.26	四·二十一	甲子	5.26
五·一	癸酉	6.4	六·一	壬寅	7.3	七·一	壬申	8.2	八·一	辛丑	8.31
五·十一	癸未	6.14	六·十一	壬子	7.13	七·十一	壬午	8.12	八·十一	辛亥	9.10
五·二十一	癸巳	6.24	六·二十一	壬戌	7.23	七·二十一	壬辰	8.22	八·二十一	辛酉	9.20
九·一	辛未	9.30	十·一	辛丑	10.30	十一·一	辛未	11.29	十二·一	庚子	12.28
九·十一	辛巳	10.10	十·十一	辛亥	11.9	十一·十一	辛巳	12.9	十二·十一	庚戌	1.7
九·二十一	辛卯	10.20	十·二十一	辛酉	11.19	十一·二十一	辛卯	12.19	十二·二十一	庚申	1.17

宋理宗绍定二年、金哀宗正大六年、元太宗元年己丑（1229—1230）

一·一	庚午	1.27	二·一	庚子	2.26	三·一	己巳	3.27	四·一	戊戌	4.25
一·十一	庚辰	2.6	二·十一	庚戌	3.8	三·十一	己卯	4.6	四·十一	戊申	5.5
一·二十一	庚寅	2.16	二·二十一	庚申	3.18	三·二十一	己丑	4.16	四·二十一	戊午	5.15
五·一	戊辰	5.25	六·一	丁酉	6.23	七·一	丙寅	7.22	八·一	丙申	8.21
五·十一	戊寅	6.4	六·十一	丁未	7.3	七·十一	丙子	8.1	八·十一	丙午	8.31
五·二十一	戊子	6.14	六·二十一	丁巳	7.13	七·二十一	丙戌	8.11	八·二十一	丙辰	9.10
九·一	乙丑	9.19	十·一	乙未	10.19	十一·一	乙丑	11.18	十二·一	乙未	12.18
九·十一	乙亥	9.29	十·十一	乙巳	10.29	十一·十一	乙亥	11.28	十二·十一	乙巳	12.28
九·二十一	乙酉	10.9	十·二十一	乙卯	11.8	十一·二十一	乙酉	12.8	十二·二十一	乙卯	1.7

宋理宗绍定三年、金哀宗正大七年、元太宗二年庚寅（1230—1231）

一·一	甲子	1.16	二·一	甲午 2.15	闰二·一 甲子 3.17	三·一	癸巳	4.15	四·一	壬戌	5.14
一·十一	甲戌	1.26	二·十一	甲辰 2.25	闰二·十一 甲戌 3.27	三·十一	癸卯	4.25	四·十一	壬申	5.24
一·二十一	甲申	2.5	二·二十一	甲寅 3.7	闰二·二十一 甲申 4.6	三·二十一	癸丑	5.5	四·二十一	壬午	6.3
五·一	壬辰	6.13	六·一	辛酉	7.12	七·一	庚寅	8.10	八·一	庚申	9.9
五·十一	壬寅	6.23	六·十一	辛未	7.22	七·十一	庚子	8.20	八·十一	庚午	9.19
五·二十一	壬子	7.3	六·二十一	辛巳	8.1	七·二十一	庚戌	8.30	八·二十一	庚辰	9.29
九·一	己丑	10.8	十·一	己未	11.7	十一·一	戊子	12.6	十二·一	戊午	1.5
九·十一	己亥	10.18	十·十一	己巳	11.17	十一·十一	戊戌	12.16	十二·十一	戊辰	1.15
九·二十一	己酉	10.28	十·二十一	己卯	11.27	十一·二十一	戊申	12.26	十二·二十一	戊寅	1.25

宋理宗绍定四年、金哀宗正大八年、元太宗三年辛卯（1231—1232）

一·一	戊子	2.4	二·一	戊午	3.6	三·一	丁亥	4.4	四·一	丁巳	5.4
一·十一	戊戌	2.14	二·十一	戊辰	3.16	三·十一	丁酉	4.14	四·十一	丁卯	5.14
一·二十一	戊申	2.24	二·二十一	戊寅	3.26	三·二十一	丁未	4.24	四·二十一	丁丑	5.24
五·一	丙戌	6.2	六·一	丙辰	7.2	七·一	乙酉	7.31	八·一	甲寅	8.29
五·十一	丙申	6.12	六·十一	丙寅	7.12	七·十一	乙未	8.10	八·十一	甲子	9.8
五·二十一	丙午	6.22	六·二十一	丙子	7.22	七·二十一	乙巳	8.20	八·二十一	甲戌	9.18
九·一	甲申	9.28	十·一	癸丑	10.27	十一·一	癸未	11.26	十二·一	壬子	12.25
九·十一	甲午	10.8	十·十一	癸亥	11.6	十一·十一	癸巳	12.6	十二·十一	壬戌	1.4
九·二十一	甲辰	10.18	十·二十一	癸酉	11.16	十一·二十一	癸卯	12.16	十二·二十一	壬申	1.14

宋理宗绍定五年、金哀宗天兴元年、元太宗四年壬辰（1232—1233）

*一·一 壬午 1.24	二·一 壬子 2.23	三·一 壬午 3.24	**四·一 辛亥 4.22
一·十一 壬辰 2.3	二·十一 壬戌 3.4	三·十一 壬辰 4.3	四·十一 辛酉 5.2
一·二十一 壬寅 2.13	二·二十一 壬申 3.14	三·二十一 壬寅 4.13	四·二十一 辛未 5.12
五·一 辛巳 5.22	六·一 庚戌 6.20	七·一 庚辰 7.20	八·一 己酉 8.18
五·十一 辛卯 6.1	六·十一 庚申 6.30	七·十一 庚寅 7.30	八·十一 己未 8.28
五·二十一 辛丑 6.11	六·二十一 庚午 7.10	七·二十一 庚子 8.9	八·二十一 己巳 9.7
九·一 戊寅 9.16 闰九·一 戊申 10.16	十·一 丁丑 11.14	十一·一 丁未 12.14	十二·一 丙子 1.12
九·十一 戊子 9.26 闰九·十一 戊午 10.26	十·十一 丁亥 11.24	十一·十一 丁巳 12.24	十二·十一 丙戌 1.22
九·二十一戊戌 10.6 闰九·二十一戊辰 11.5	十·二十一 丁酉 12.4	十一·二十一 丁卯 1.3	十二·二十一 丙申 2.1

＊ 本月金改元"开兴"。 ** 本月金改元"天兴"。

宋理宗绍定六年、金哀宗天兴二年、元太宗五年癸巳（1233—1234）

一·一 丙午 2.11	二·一 丙子 3.13	三·一 乙巳 4.11	四·一 乙亥 5.11
一·十一 丙辰 2.21	二·十一 丙戌 3.23	三·十一 乙卯 4.21	四·十一 乙酉 5.21
一·二十一 丙寅 3.3	二·二十一 丙申 4.2	三·二十一 乙丑 5.1	四·二十一 乙未 5.31
五·一 乙巳 6.10	六·一 甲戌 7.9	七·一 癸卯 8.7	八·一 癸酉 9.6
五·十一 乙卯 6.20	六·十一 甲申 7.19	七·十一 癸丑 8.17	八·十一 癸未 9.16
五·二十一 乙丑 6.30	六·二十一 甲午 7.29	七·二十一 癸亥 8.27	八·二十一 癸巳 9.26
九·一 壬寅 10.5	十·一 壬申 11.4	十一·一 辛丑 12.3	十二·一 辛未 1.2
九·十一 壬子 10.15	十·十一 壬午 11.14	十一·十一 辛亥 12.13	十二·十一 辛巳 1.12
九·二十一 壬戌 10.25	十·二十一 壬辰 11.24	十一·二十一 辛酉 12.23	十二·二十一 辛卯 1.22

宋理宗端平元年、金哀宗天兴三年、元太宗六年甲午（1234—1235）

*一·一 庚子 1.31	二·一 庚午 3.2	三·一 己亥 3.31	四·一 己巳 4.30
一·十一 庚戌 2.10	二·十一 庚辰 3.12	三·十一 己酉 4.10	四·十一 己卯 5.10
一·二十一 庚申 2.20	二·二十一 庚寅 3.22	三·二十一 己未 4.20	四·二十一 己丑 5.20
五·一 己亥 5.30	六·一 戊辰 6.28	七·一 戊戌 7.28	八·一 丁卯 8.26
五·十一 己酉 6.9	六·十一 戊寅 7.8	七·十一 戊申 8.7	八·十一 丁丑 9.5
五·二十一 己未 6.19	六·二十一 戊子 7.18	七·二十一 戊午 8.17	八·二十一 丁亥 9.15
九·一 丁酉 9.25	十·一 丙寅 10.24	十一·一 丙申 11.23	十二·一 乙丑 12.22
九·十一 丁未 10.5	十·十一 丙子 11.3	十一·十一 丙午 12.3	十二·十一 乙亥 1.1
九·二十一 丁巳 10.15	十·二十一 丙戌 11.13	十一·二十一 丙辰 12.13	十二·二十一 乙酉 1.11

＊ 本月金为宋及元军所攻灭。

宋理宗端平二年、元太宗七年乙未（1235—1236）

一·一 乙未 1.21	二·一 甲子 2.19	三·一 甲午 3.21	四·一 癸亥 4.19
一·十一 乙巳 1.31	二·十一 甲戌 3.1	三·十一 甲辰 3.31	四·十一 癸酉 4.29
一·二十一 乙卯 2.10	二·二十一 甲申 3.11	三·二十一 甲寅 4.10	四·二十一 癸未 5.9
五·一 癸巳 5.19	六·一 壬戌 6.17	七·一 壬辰 7.17 闰七·一 壬戌 8.16	八·一 辛卯 9.14
五·十一 癸卯 5.29	六·十一 壬申 6.27	七·十一 壬寅 7.27 闰七·十一 壬申 8.26	八·十一 辛丑 9.24
五·二十一 癸丑 6.8	六·二十一 壬午 7.7	七·二十一壬子 8.6 闰七·二十一壬午 9.5	八·二十一 辛亥 10.4
九·一 辛酉 10.14	十·一 庚寅 11.12	十一·一 庚申 12.12	十二·一 己丑 1.10
九·十一 辛未 10.24	十·十一 庚子 11.22	十一·十一 庚午 12.22	十二·十一 己亥 1.20
九·二十一 辛巳 11.3	十·二十一 庚戌 12.2	十一·二十一 庚辰 1.1	十二·二十一 己酉 1.30

宋理宗端平三年、元太宗八年丙申（1236—1237）

一·一 己未 2.9	二·一 戊子 3.9	三·一 戊午 4.8	四·一 丁亥 5.7
一·十一 己巳 2.19	二·十一 戊戌 3.19	三·十一 戊辰 4.18	四·十一 丁酉 5.17
一·二十一 己卯 2.29	二·二十一 戊申 3.29	三·二十一 戊寅 4.28	四·二十一 丁未 5.27
五·一 丙辰 6.5	六·一 丙戌 7.5	七·一 丙辰 8.4	*八·一 乙酉 9.2
五·十一 丙寅 6.15	六·十一 丙申 7.15	七·十一 丙寅 8.14	八·十一 乙未 9.12
五·二十一 丙子 6.25	六·二十一 丙午 7.25	七·二十一 丙子 8.24	八·二十一 乙巳 9.22
九·一 乙卯 10.2	十·一 乙酉 11.1	十一·一 甲寅 11.30	十二·一 甲申 12.30
九·十一 乙丑 10.12	十·十一 乙未 11.11	十一·十一 甲子 12.10	十二·十一 甲午 1.9
九·二十一 乙亥 10.22	十·二十一 乙巳 11.21	十一·二十一 甲戌 12.20	十二·二十一 甲辰 1.19

*《辑要》八月己酉朔，误。

宋理宗嘉熙元年、元太宗九年丁酉（1237—1238）

一·一 癸丑 1.28	二·一 癸未 2.27	三·一 壬子 3.28	四·一 壬午 4.27
一·十一 癸亥 2.7	二·十一 癸巳 3.9	三·十一 壬戌 4.7	四·十一 壬辰 5.7
一·二十一 癸酉 2.17	二·二十一 癸卯 3.19	三·二十一 壬申 4.17	四·二十一 壬寅 5.17
五·一 辛亥 5.26	六·一 庚辰 6.24	七·一 庚戌 7.24	八·一 己卯 8.22
五·十一 辛酉 6.5	六·十一 庚寅 7.4	七·十一 庚申 8.3	八·十一 己丑 9.1
五·二十一 辛未 6.15	六·二十一 庚子 7.14	七·二十一 庚午 8.13	八·二十一 己亥 9.11
九·一 己酉 9.21	十·一 己卯 10.21	十一·一 戊申 11.19	十二·一 戊寅 12.19
九·十一 己未 10.1	十·十一 己丑 10.31	十一·十一 戊午 11.29	十二·十一 戊子 12.29
九·二十一 己巳 10.11	十·二十一 己亥 11.10	十一·二十一 戊辰 12.9	十二·二十一 戊戌 1.7

宋理宗嘉熙二年、元太宗十年戊戌（1238—1239）

一·一 戊申 1.18	二·一 丁丑 2.16	三·一 丁未 3.18	四·一 丙子 4.16 闰四·一 丙午 5.16
一·十一 戊午 1.28	二·十一 丁亥 2.26	三·十一 丁巳 3.28	四·十一 丙戌 4.26 闰四·十一 丙辰 5.26
一·二十一 戊辰 2.7	二·二十一 丁酉 3.8	三·二十一 丁卯 4.7	四·二十一丙申 5.6 闰四·二十一丙寅 6.5
五·一 乙亥 6.14	六·一 甲辰 7.13	七·一 甲戌 8.12	八·一 癸卯 9.10
五·十一 乙酉 6.24	六·十一 甲寅 7.23	七·十一 甲申 8.22	八·十一 癸丑 9.20
五·二十一 乙未 7.4	六·二十一 甲子 8.2	七·二十一 甲午 9.1	八·二十一 癸亥 9.30
九·一 癸酉 10.10	十·一 壬寅 11.8	十一·一 壬申 12.8	十二·一 壬寅 1.7
九·十一 癸未 10.20	十·十一 壬子 11.18	十一·十一 壬午 12.18	十二·十一 壬子 1.17
九·二十一 癸巳 10.30	十·二十一 壬戌 11.28	十一·二十一 壬辰 12.28	十二·二十一 壬戌 1.27

宋理宗嘉熙三年、元太宗十一年己亥（1239—1240）

一·一 壬申 2.6	二·一 辛丑 3.7	三·一 辛未 4.6	*四·一 庚子 5.5
一·十一 壬午 2.16	二·十一 辛亥 3.17	三·十一 辛巳 4.16	四·十一 庚戌 5.15
一·二十一 壬辰 2.26	二·二十一 辛酉 3.27	三·二十一 辛卯 4.26	四·二十一 庚申 5.25
五·一 庚午 6.4	六·一 己亥 7.3	七·一 戊辰 8.1	八·一 戊戌 8.31 [元] 丁酉 8.30
五·十一 庚辰 6.14	六·十一 己酉 7.13	七·十一 戊寅 8.11	八·十一 戊申 9.10
五·二十一 庚寅 6.24	六·二十一 己未 7.23	七·二十一 戊子 8.21	八·二十一 戊午 9.20
九·一 丁卯 9.29	十·一 丁酉 10.29	十一·一 丙寅 11.27	十二·一 丙申 12.27
九·十一 丁丑 10.9	十·十一 丁未 11.8	十一·十一 丙子 12.7	十二·十一 丙午 1.6
九·二十一 丁亥 10.29	十·二十一 丁巳 11.18	十一·二十一 丙戌 12.17	十二·二十一 丙辰 1.16

*《辑要》元四月丙子朔，误。

宋理宗嘉熙四年、元太宗十二年庚子（1240—1241）

一·一　丙寅　1.26	二·一　丙申　2.25	三·一　乙丑　3.25	四·一　乙未　4.24
一·十一　丙子　2.5	二·十一　丙午　3.6	三·十一　乙亥　4.4	四·十一　乙巳　5.4
一·二十一　丙戌　2.15	二·二十一　丙辰　3.16	三·二十一　乙酉　4.14	四·二十一　乙卯　5.14
五·一　甲子　5.23	六·一　甲午　6.22	七·一　癸亥　7.21	八·一　壬辰　8.19
五·十一　甲戌　6.2	六·十一　甲辰　7.2	七·十一　癸酉　7.31	八·十一　壬寅　8.29
五·二十一　甲申　6.12	六·二十一　甲寅　7.12	七·二十一　癸未　8.10	八·二十一　壬子　9.8
九·一　壬戌　9.18	十·一　辛卯　10.17	十一·一　庚申　11.15	十二·一　庚寅 12.15　闰十二·一　庚申 1.14
九·十一　壬申　9.28	十·十一　辛丑　10.27	十一·十一　庚午　11.25	十二·十一　庚子 12.25　闰十二·十一　庚午 1.24
九·二十一　壬午　10.8	十·二十一　辛亥　11.6	十一·二十一　庚辰　12.5	十二·二十一庚戌 1.4　闰十二·二十一庚辰 2.3

宋理宗淳祐元年、元太宗十三年辛丑（1241—1242）

一·一　庚寅　2.13	二·一　己未　3.14	三·一　己丑　4.13	四·一　己未　5.13
一·十一　庚子　2.23	二·十一　己巳　3.24	三·十一　己亥　4.23	四·十一　己巳　5.23
一·二十一　庚戌　3.5	二·二十一　己卯　4.3	三·二十一　己酉　5.3	四·二十一　己卯　6.2
五·一　戊子　6.11	六·一　戊午　7.11	七·一　丁亥　8.9	八·一　丙辰　9.7
五·十一　戊戌　6.21	六·十一　戊辰　7.21	七·十一　丁酉　8.19	八·十一　丙寅　9.17
五·二十一　戊申　7.1	六·二十一　戊寅　7.31	七·二十一　丁未　8.29	八·二十一　丙子　9.27
九·一　丙戌　10.7	十·一　乙卯　11.5	十一·一　甲申　12.4	十二·一　甲寅　1.3
九·十一　丙申　10.17	十·十一　乙丑　11.15	十一·十一　甲午　12.14	十二·十一　甲子　1.13
九·二十一　丙午　10.27	十·二十一　乙亥　11.25	十一·二十一　甲辰　12.24	十二·二十一　甲戌　1.23

宋理宗淳祐二年、元乃马真后元年壬寅（1242—1243）

一·一　甲申　2.2	二·一　癸丑　3.3	三·一　癸未　4.2	四·一　癸丑　5.2
一·十一　甲午　2.12	二·十一　癸亥　3.13	三·十一　癸巳　4.12	四·十一　癸亥　5.12
一·二十一　甲辰　2.22	二·二十一　癸酉　3.23	三·二十一　癸卯　4.22	四·二十一　癸酉　5.22
五·一　壬午　5.31	六·一　壬子　6.30	七·一　辛巳　7.29	八·一　辛亥　8.28
五·十一　壬辰　6.10	六·十一　壬戌　7.10	七·十一　辛卯　8.8	八·十一　辛酉　9.7
五·二十一　壬寅　6.20	六·二十一　壬申　7.20	七·二十一　辛丑　8.18	八·二十一　辛未　9.17
九·一　庚辰　9.26	十·一　庚戌　10.26	十一·一　己卯　11.24	十二·一　己酉　12.24
九·十一　庚寅　10.6	十·十一　庚申　11.5	十一·十一　己丑　12.4	十二·十一　己未　1.3
九·二十一　庚子　10.16	十·二十一　庚午　11.15	十一·二十一　己亥　12.14	十二·二十一　己巳　1.13

宋理宗淳祐三年、元乃马真后二年癸卯（1243—1244）

一·一　戊寅　1.22	二·一　戊申　2.21	三·一　丁丑　3.22	四·一　丁未　4.21
一·十一　戊子　2.1	二·十一　戊午　3.3	三·十一　丁亥　4.1	四·十一　丁巳　5.1
一·二十一　戊戌　2.11	二·二十一　戊辰　3.13	三·二十一　丁酉　4.11	四·二十一　丁卯　5.11
五·一　丙子　5.20	六·一　丙午　6.19	七·一　丙子　7.19	八·一　乙巳 8.17　闰八·一　乙亥 9.16
五·十一　丙戌　5.30	六·十一　丙辰　6.29	七·十一　丙戌　7.29	八·十一　乙卯 8.27　闰八·十一　乙酉 9.26
五·二十一　丙申　6.9	六·二十一　丙寅　7.9	七·二十一　丙申　8.8	八·二十一乙丑 9.6　闰八·二十一乙未 10.6
九·一　甲辰　10.15	十·一　甲戌　11.14	十一·一　癸卯　12.13	十二·一　癸酉　1.12
九·十一　甲寅　10.25	十·十一　甲申　11.24	十一·十一　癸丑　12.23	十二·十一　癸未　1.22
九·二十一　甲子　11.4	十·二十一　甲午　12.4	十一·二十一　癸亥　1.2	十二·二十一　癸巳　2.1

宋理宗淳祐四年、元乃马真后三年甲辰（1244—1245）

一·一	壬寅	2.10	二·一	壬申	3.11	三·一	辛丑	4.9	四·一	辛未	5.9
一·十一	壬子	2.20	二·十一	壬午	3.21	三·十一	辛亥	4.19	四·十一	辛巳	5.19
一·二十一	壬戌	3.1	二·二十一	壬辰	3.31	三·二十一	辛酉	4.29	四·二十一	辛卯	5.29
五·一	庚子	6.7	六·一	庚午	7.7	七·一	己亥	8.5	八·一	己巳	9.4
五·十一	庚戌	6.17	六·十一	庚辰	7.17	七·十一	己酉	8.15	八·十一	己卯	9.14
五·二十一	庚申	6.27	六·二十一	庚寅	7.27	七·二十一	己未	8.25	八·二十一	己丑	9.24
九·一	己亥	10.4	十·一	戊辰	11.2	十一·一	戊戌	12.2	十二·一	丁卯	12.31
九·十一	己酉	10.14	十·十一	戊寅	11.12	十一·十一	戊申	12.12	十二·十一	丁丑	1.10
九·二十一	己未	10.24	十·二十一	戊子	11.22	十一·二十一	戊午	12.22	十二·二十一	丁亥	1.20

宋理宗淳祐五年、元乃马真后四年乙巳（1245—1246）

一·一	丁酉	1.30	二·一	丙寅	2.28	三·一	丙申	3.30	四·一	乙丑	4.28
一·十一	丁未	2.9	二·十一	丙子	3.10	三·十一	丙午	4.9	四·十一	乙亥	5.8
一·二十一	丁巳	2.19	二·二十一	丙戌	3.20	三·二十一	丙辰	4.19	四·二十一	乙酉	5.18
五·一	甲午	5.27	六·一	甲子	6.26	七·一	癸巳	7.25	八·一	癸亥	8.24
五·十一	甲辰	6.6	六·十一	甲戌	7.6	七·十一	癸卯	8.4	八·十一	癸酉	9.3
五·二十一	甲寅	6.16	六·二十一	甲申	7.16	七·二十一	癸丑	8.14	八·二十一	癸未	9.13
九·一	癸巳	9.23	十·一	壬戌	10.22	十一·一	壬辰	11.21	十二·一	壬戌	12.21
九·十一	癸卯	10.3	十·十一	壬申	11.1	十一·十一	壬寅	12.1	十二·十一	壬申	12.31
九·二十一	癸丑	10.13	十·二十一	壬午	11.11	十一·二十一	壬子	12.11	十二·二十一	壬午	1.10

宋理宗淳祐六年、元定宗元年丙午（1246—1247）

一·一	辛卯	1.19	二·一	辛酉	2.18	三·一	庚寅	3.19	四·一	庚申 4.18	闰四·一 己丑 5.17
一·十一	辛丑	1.29	二·十一	辛未	2.28	三·十一	庚子	3.29	四·十一	庚午 4.28	闰四·十一 己亥 5.27
一·二十一	辛亥	2.8	二·二十一	辛巳	3.10	三·二十一	庚戌	4.8	四·二十一	庚辰 5.8	闰四·二十一 己酉 6.6
五·一	戊午	6.15	六·一	戊子	7.15	七·一	丁巳	8.13	八·一	丁亥	9.12
五·十一	戊辰	6.25	六·十一	戊戌	7.25	七·十一	丁卯	8.23	八·十一	丁酉	9.22
五·二十一	戊寅	7.5	六·二十一	戊申	8.4	七·二十一	丁丑	9.2	八·二十一	丁未	10.2
九·一	丙辰	10.11	十·一	丙戌	11.10	十一·一	丙辰	12.10	十二·一	丙戌	1.9
九·十一	丙寅	10.21	十·十一	丙申	11.20	十一·十一	丙寅	12.20	十二·十一	丙申	1.19
九·二十一	丙子	10.31	十·二十一	丙午	11.30	十一·二十一	丙子	12.30	十二·二十一	丙午	1.29

宋理宗淳祐七年、元定宗二年丁未（1247—1248）

一·一	乙卯	2.7	二·一	乙酉	3.9	三·一	甲寅	4.7	四·一	甲申	5.7
一·十一	乙丑	2.17	二·十一	乙未	3.19	三·十一	甲子	4.17	四·十一	甲午	5.17
一·二十一	乙亥	2.27	二·二十一	乙巳	3.29	三·二十一	甲戌	4.27	四·二十一	甲辰	5.27
五·一	癸丑	6.5	六·一	壬午	7.4	七·一	壬子	8.3	八·一	辛巳	9.1
五·十一	癸亥	6.15	六·十一	壬辰	7.14	七·十一	壬戌	8.13	八·十一	辛卯	9.11
五·二十一	癸酉	6.25	六·二十一	壬寅	7.24	七·二十一	壬申	8.23	八·二十一	辛丑	9.21
九·一	辛亥	10.1	十·一	庚辰	10.30	十一·一	庚戌	11.29	十二·一	庚辰	12.29
九·十一	辛酉	10.11	十·十一	庚寅	11.9	十一·十一	庚申	12.9	十二·十一	庚寅	1.8
九·二十一	辛未	10.21	十·二十一	庚子	11.29	十一·二十一	庚午	12.19	十二·二十一	庚子	1.18

宋理宗淳祐八年、元定宗三年戊申（1248—1249）

一·一 一·十一 一·二十一	庚戌 庚申 庚午	1.28 2.7 2.17	二·一 二·十一 二·二十一	己卯 己丑 己亥	2.26 3.7 3.17	三·一 三·十一 三·二十一	己酉 己未 己巳	3.27 4.6 4.16	四·一 四·十一 四·二十一	戊寅 戊子 戊戌	4.25 5.5 5.15
五·一 五·十一 五·二十一	戊申 戊午 戊辰	5.25 6.4 6.14	六·一 六·十一 六·二十一	丁丑 丁亥 丁酉	6.23 7.3 7.13	七·一 七·十一 七·二十一	丙午 丙辰 丙寅	7.22 8.1 8.11	八·一 八·十一 八·二十一	丙子 丙戌 丙申	8.21 8.31 9.10
九·一 九·十一 九·二十一	乙巳 乙卯 乙丑	9.19 9.29 10.9	十·一 十·十一 十·二十一	甲戌 甲申 甲午	10.18 10.28 11.7	十一·一 十一·十一 十一·二十一	甲辰 甲寅 甲子	11.17 11.27 12.7	十二·一 十二·十一 十二·二十一	甲戌 甲申 甲午	12.17 12.27 1.6

宋理宗淳祐九年、元海迷失后元年己酉（1249—1250）

一·一 一·十一 一·二十一	甲辰 甲寅 甲子	1.16 1.26 2.5	二·一 二·十一 二·二十一	癸酉 癸未 癸巳	2.14 闰二·一 癸卯 3.16 2.24 闰二·十一 癸丑 3.26 3.6 闰二·二十一 癸亥 4.5	三·一 三·十一 三·二十一	癸酉 癸未 癸巳	4.15 4.25 5.5	四·一 四·十一 四·二十一	壬寅 壬子 壬戌	5.14 5.24 6.3
五·一 五·十一 五·二十一	壬申 壬午 壬辰	6.13 6.23 7.3	六·一 六·十一 六·二十一	辛丑 辛亥 辛酉	7.12 7.22 8.1	七·一 七·十一 七·二十一	庚午 庚辰 庚寅	8.10 8.20 8.30	八·一 八·十一 八·二十一	庚子 庚戌 庚申	9.9 9.19 9.29
九·一 九·十一 九·二十一	己巳 己卯 己丑	10.8 10.18 10.28	十·一 十·十一 十·二十一	戊戌 戊申 戊午	11.6 11.16 11.26	十一·一 十一·十一 十一·二十一	戊辰 戊寅 戊子	12.6 12.16 12.26	十二·一 十二·十一 十二·二十一	戊戌 戊申 戊午	1.5 1.15 1.25

宋理宗淳祐十年、元海迷失后二年庚戌（1250—1251）

一·一 一·十一 一·二十一	丁卯 丁丑 丁亥	2.3 2.13 2.23	二·一 二·十一 二·二十一	丁酉 丁未 丁巳	3.5 3.15 3.25	三·一 三·十一 三·二十一	丁卯 丁丑 丁亥	4.4 4.14 4.24	四·一 [元] 四·十一 四·二十一	丁酉 丙申 丁未 丁巳	5.4 5.3 5.14 5.24
五·一 五·十一 五·二十一	丙寅 丙子 丙戌	6.2 6.12 6.22	六·一 六·十一 六·二十一	乙未 乙巳 乙卯	7.1 7.11 7.21	七·一 七·十一 七·二十一	乙丑 乙亥 乙酉	7.31 8.10 8.20	八·一 八·十一 八·二十一	甲午 甲辰 甲寅	8.29 9.8 9.18
九·一 九·十一 九·二十一	甲子 甲戌 甲申	9.28 10.8 10.18	十·一 十·十一 十·二十一	癸巳 癸卯 癸丑	10.27 11.6 11.16	十一·一 十一·十一 十一·二十一	壬戌 壬申 壬午	11.25 12.5 12.15	十二·一 十二·十一 十二·二十一	壬辰 壬寅 壬子	12.25 1.4 1.14

宋理宗淳祐十一年、元宪宗元年辛亥（1251—1252）

一·一 一·十一 一·二十一	壬戌 壬申 壬午	1.24 2.3 2.13	二·一 二·十一 二·二十一	辛卯 辛丑 辛亥	2.22 3.4 3.14	三·一 三·十一 三·二十一	辛酉 辛未 辛巳	3.24 4.3 4.13	四·一 [元] 四·十一 四·二十一	辛卯 庚寅 辛丑 辛亥	4.23 4.22 5.3 5.13
五·一 五·十一 五·二十一	庚申 庚午 庚辰	5.22 6.1 6.11	六·一 六·十一 六·二十一	庚寅 庚子 庚戌	6.21 7.1 7.11	七·一 [元] 七·十一 七·二十一	庚申 己未 庚午 庚辰	7.21 7.20 7.31 8.10	八·一 八·十一 八·二十一	己丑 己亥 己酉	8.19 8.29 9.8
九·一 九·十一 九·二十一	戊午 戊辰 戊寅	9.17 9.27 10.7	十·一 十·十一 十·二十一	戊子 戊戌 戊申	10.17 闰十·一 丁巳 11.15 10.27 闰十·十一 丁卯 11.25 11.6 闰十·二十一 丁丑 12.5	十一·一 [元] 十一·十一 十一·二十一	丙戌 丁亥 丙申 丙午	12.14 12.15 12.24 1.3	十二·一 十二·十一 十二·二十一	丙辰 丙寅 丙子	1.13 1.23 2.2

宋理宗淳祐十二年、元宪宗二年壬子(1252—1253)

一·一	丙戌	2.12	二·一	乙卯	3.12	三·一	乙酉	4.11	四·一	甲寅	5.10
[元]	乙酉	2.11									
一·十一	丙申	2.22	二·十一	乙丑	3.22	三·十一	乙未	4.21	四·十一	甲子	5.20
一·二十一	丙午	3.3	二·二十一	乙亥	4.1	三·二十一	乙巳	5.1	四·二十一	甲戌	5.30
五·一	甲申	6.9	六·一	癸丑	7.8	七·一	癸未	8.7	八·一	癸丑	9.6
五·十一	甲午	6.19	六·十一	癸亥	7.18	七·十一	癸巳	8.17	八·十一	癸亥	9.16
五·二十一	甲辰	6.29	六·二十一	癸酉	7.28	七·二十一	癸卯	8.27	八·二十一	癸酉	9.26
九·一	壬午	10.5	十·一	壬子	11.4	十一·一	辛巳	12.3	十二·一	辛亥	1.2
九·十一	壬辰	10.15	十·十一	壬戌	11.14	十一·十一	辛卯	12.13	十二·十一	辛酉	1.12
九·二十一	壬寅	10.25	十·二十一	壬申	11.24	十一·二十一	辛丑	12.23	十二·二十一	辛未	1.22

宋理宗宝祐元年、元宪宗三年癸丑(1253—1254)

一·一	庚辰	1.31	二·一	己酉	3.1	三·一	己卯	3.31	四·一	戊申	4.29
一·十一	庚寅	2.10	二·十一	己未	3.11	三·十一	己丑	4.10	四·十一	戊午	5.9
一·二十一	庚子	2.20	二·二十一	己巳	3.21	三·二十一	己亥	4.20	四·二十一	戊辰	5.19
五·一	戊寅	5.29	六·一	戊申	6.28	七·一	丁丑	7.27	八·一	丁未	8.26
五·十一	戊子	6.8	六·十一	戊午	7.8	七·十一	丁亥	8.6	八·十一	丁巳	9.5
五·二十一	戊戌	6.18	六·二十一	戊辰	7.18	七·二十一	丁酉	8.16	八·二十一	丁卯	9.15
九·一	丁丑	9.25	十·一	丙午	10.24	十一·一	丙子	11.23	十二·一	乙巳	12.22
[元]	丙子	9.24									
九·十一	丁亥	10.5	十·十一	丙辰	11.3	十一·十一	丙戌	12.3	十二·十一	乙卯	1.1
九·二十一	丁酉	10.15	十·二十一	丙寅	11.13	十一·二十一	丙申	12.13	十二·二十一	乙丑	1.11

宋理宗宝祐二年、元宪宗四年甲寅(1254—1255)

一·一	乙亥	1.21	二·一	甲辰	2.19	三·一	甲戌	3.21	四·一	癸卯	4.19
一·十一	乙酉	1.31	二·十一	甲寅	3.1	三·十一	甲申	3.31	四·十一	癸丑	4.29
一·二十一	乙未	2.10	二·二十一	甲子	3.11	三·二十一	甲午	4.10	四·二十一	癸亥	5.9
五·一	壬申	5.18	六·一 闰六·一	壬寅 辛未	6.17 7.16	七·一	辛丑	8.15	八·一	辛未	9.14
五·十一	壬午	5.28	六·十一 闰六·十一	壬子 辛巳	6.27 7.26	七·十一	辛亥	8.25	八·十一	辛巳	9.24
五·二十一	壬辰	6.7	六·二十一 闰六·二十一	壬戌 辛卯	7.7 8.5	七·二十一	辛酉	9.4	八·二十一	辛卯	10.4
九·一	庚子	10.13	十·一	庚午	11.12	十一·一	庚子	12.12	*十二·一	己巳	1.10
九·十一	庚戌	10.23	十·十一	庚辰	11.22	十一·十一	庚戌	12.22	十二·十一	己卯	1.20
九·二十一	庚申	11.2	十·二十一	庚寅	12.2	十一·二十一	庚申	1.1	十二·二十一	己丑	1.30

*《辑要》十二月乙巳朔,误。

宋理宗宝祐三年、元宪宗五年乙卯(1255—1256)

一·一	己亥	2.9	二·一	戊辰	3.10	三·一	戊戌	4.9	四·一	丁卯	5.8
一·十一	己酉	2.19	二·十一	戊寅	3.20	三·十一	戊申	4.19	四·十一	丁丑	5.18
一·二十一	己未	3.1	二·二十一	戊子	3.30	三·二十一	戊午	4.29	四·二十一	丁亥	5.28
五·一	丙申	6.6	六·一	丙寅	7.6	七·一	乙未	8.4	八·一	乙丑	9.3
五·十一	丙午	6.16	六·十一	丙子	7.16	七·十一	乙巳	8.14	八·十一	乙亥	9.13
五·二十一	丙辰	6.26	六·二十一	丙戌	7.26	七·二十一	乙卯	8.24	八·二十一	乙酉	9.23
九·一	甲午	10.2	十·一	甲子	11.1	十一·一	甲午	12.1	十二·一	甲子	12.31
九·十一	甲辰	10.12	十·十一	甲戌	11.11	十一·十一	甲辰	12.11	十二·十一	甲戌	1.10
九·二十一	甲寅	10.22	十·二十一	甲申	11.21	十一·二十一	甲寅	12.21	十二·二十一	甲申	1.20

宋理宗宝祐四年、元宪宗六年丙辰(1256—1257)

一·一　癸巳　1.29 一·十一　癸卯　2.8 一·二十一　癸丑　2.18	二·一　癸亥　2.28 二·十一　癸酉　3.9 二·二十一　癸未　3.19	三·一　壬辰　3.28 三·十一　壬寅　4.7 三·二十一　壬子　4.17	四·一　壬戌　4.27 四·十一　壬申　5.7 四·二十一　壬午　5.17
五·一　辛卯　5.26 五·十一　辛丑　6.5 五·二十一　辛亥　6.15	六·一　庚申　6.24 六·十一　庚午　7.4 六·二十一　庚辰　7.14	七·一　庚寅　7.24 ［元］　己丑　7.23 七·十一　庚子　8.3 七·二十一　庚戌　8.13	八·一　己未　8.22 八·十一　己巳　9.1 八·二十一　己卯　9.11
九·一　戊子　9.20 九·十一　戊戌　9.30 九·二十一　戊申　10.10	十·一　戊午　10.20 十·十一　戊辰　10.30 十·二十一　戊寅　11.9	十一·一　戊子　11.19 十一·十一　戊戌　11.29 十一·二十一　戊申　12.9	十二·一　戊午　12.19 十二·十一　戊辰　12.29 十二·二十一　戊寅　1.8

宋理宗宝祐五年、元宪宗七年丁巳(1257—1258)

一·一　丁亥　1.17 一·十一　丁酉　1.27 一·二十一　丁未　2.6	二·一　丁巳　2.16 二·十一　丁卯　2.26 二·二十一　丁丑　3.8	三·一　丁亥　3.18 三·十一　丁酉　3.28 三·二十一　丁未　4.7	四·一　丙辰 4.16　闰四·一　丙戌 5.16 四·十一　丙寅 4.26　闰四·十一　丙申 5.26 四·二十一丙子 5.6　闰四·二十一丙午 6.5
五·一　乙卯　6.14 五·十一　乙丑　6.24 五·二十一　乙亥　7.4	六·一　甲申　7.13 六·十一　甲午　7.23 六·二十一　甲辰　8.2	七·一　甲寅　8.12 七·十一　甲子　8.22 七·二十一　甲戌　9.1	八·一　癸未　9.10 八·十一　癸巳　9.20 八·二十一　癸卯　9.30
九·一　壬子　10.9 九·十一　壬戌　10.19 九·二十一　壬申　10.29	十·一　壬午　11.8 十·十一　壬辰　11.18 十·二十一　壬寅　11.28	十一·一　壬子　12.8 十一·十一　壬戌　12.18 十一·二十一　壬申　12.28	十二·一　辛巳　1.6 十二·十一　辛卯　1.16 十二·二十一　辛丑　1.26

宋理宗宝祐六年、元宪宗八年戊午(1258—1259)

一·一　辛亥　2.5 一·十一　辛酉　2.15 一·二十一　辛未　2.25	二·一　辛巳　3.7 二·十一　辛卯　3.17 二·二十一　辛丑　3.27	三·一　辛亥　4.6 三·十一　辛酉　4.16 三·二十一　辛未　4.26	四·一　庚辰　5.5 四·十一　庚寅　5.15 四·二十一　庚子　5.25
五·一　庚戌　6.4 五·十一　庚申　6.14 五·二十一　庚午　6.24	六·一　己卯　7.3 六·十一　己丑　7.13 六·二十一　己亥　7.23	七·一　戊申　8.1 七·十一　戊午　8.11 七·二十一　戊辰　8.21	八·一　戊寅　8.31 ［元］　丁丑　8.30 八·十一　戊子　9.10 八·二十一　戊戌　9.20
九·一　丁未　9.29 九·十一　丁巳　10.9 九·二十一　丁卯　10.19	十·一　丙子　10.28 十·十一　丙戌　11.7 十·二十一　丙申　11.17	十一·一　丙午　11.27 十一·十一　丙辰　12.7 十一·二十一　丙寅　12.17	十二·一　丙子　12.27 ［元］　乙亥　12.26 十二·十一　丙戌　1.6 十二·二十一　丙申　1.16

宋理宗开庆元年、元宪宗九年己未(1259—1260)

一·一　乙巳　1.25 一·十一　乙卯　2.4 一·二十一　乙丑　2.14	二·一　乙亥　2.24 二·十一　乙酉　3.6 二·二十一　乙未　3.16	三·一　乙巳　3.26 三·十一　乙卯　4.5 三·二十一　乙丑　4.15	四·一　甲戌　4.24 四·十一　甲申　5.4 四·二十一　甲午　5.14
五·一　甲辰　5.24 五·十一　甲寅　6.3 五·二十一　甲子　6.13	六·一　癸酉　6.22 六·十一　癸未　7.2 六·二十一　癸巳　7.12	七·一　癸卯　7.22 七·十一　癸丑　8.1 七·二十一　癸亥　8.11	八·一　壬申　8.20 八·十一　壬午　8.30 八·二十一　壬辰　9.9
九·一　壬寅　9.19 九·十一　壬子　9.29 九·二十一　壬戌　10.9	十·一　辛未　10.18 十·十一　辛巳　10.28 十·二十一　辛卯　11.7	十一·一　庚子 11.16　闰十一·一　庚午 12.16 十一·十一　庚戌 11.26　闰十一·十一　庚辰 12.26 十一·二十一庚申 12.6　闰十一·二十一庚寅 1.5	十二·一　己亥　1.14 十二·十一　己酉　1.24 十二·二十一　己未　2.3

元 历 日 表

元世祖中统元年、宋理宗景定元年庚申(1260—1261)

一·一	己巳	2.13	二·一	己亥	3.14	三·一	戊辰	4.12	四·一	戊戌	5.12
一·十一	己卯	2.23	二·十一	己酉	3.24	三·十一	戊寅	4.22	四·十一	戊申	5.22
一·二十一	己丑	3.4	二·二十一	己未	4.3	三·二十一	戊子	5.2	四·二十一	戊午	6.1
*五·一	戊辰	6.11	六·一	丁酉	7.10	七·一	丁卯	8.9	八·一	丙申	9.7
五·十一	戊寅	6.21	六·十一	丁未	7.20	七·十一	丁丑	8.19	八·十一	丙午	9.17
五·二十一	戊子	7.1	六·二十一	丁巳	7.30	七·二十一	丁亥	8.29	八·二十一	丙辰	9.27
九·一	丙寅	10.7	十·一	乙未	11.5	十一·一	甲子	12.4	十二·一	甲午	1.3
九·十一	丙子	10.17	十·十一	乙巳	11.15	十一·十一	甲戌	12.14	十二·十一	甲辰	1.13
九·二十一	丙戌	10.27	十·二十一	乙卯	11.25	十一·二十一	甲申	12.24	十二·二十一	甲寅	1.23

* 本月元世祖改元“中统”。

元世祖中统二年、宋理宗景定二年辛酉(1261—1262)

一·一	癸亥	2.1	二·一	癸巳	3.3	三·一	壬戌	4.1	四·一	壬辰	5.1
一·十一	癸酉	2.11	二·十一	癸卯	3.13	三·十一	壬申	4.11	四·十一	壬寅	5.11
一·二十一	癸未	2.21	二·二十一	癸丑	3.23	三·二十一	壬午	4.21	四·二十一	壬子	5.21
五·一	壬戌	5.31	六·一	辛卯	6.29	七·一	辛酉	7.29	八·一	辛卯	8.28
五·十一	壬申	6.10	六·十一	辛丑	7.9	七·十一	辛未	8.8	八·十一	辛丑	9.7
五·二十一	壬午	6.20	六·二十一	辛亥	7.19	七·二十一	辛巳	8.18	八·二十一	辛亥	9.17
九·一	庚申	9.26	十·一	庚寅	10.26	十一·一	己未	11.24	十二·一	己丑	12.24
九·十一	庚午	10.6	十·十一	庚子	11.5	十一·十一	己巳	12.4	十二·十一	己亥	1.3
九·二十一	庚辰	10.16	十·二十一	庚戌	11.15	十一·二十一	己卯	12.14	十二·二十一	己酉	1.13

元世祖中统三年、宋理宗景定三年壬戌(1262—1263)

一·一	戊午	1.22	二·一	丁亥	2.20	三·一	乙巳	3.22	四·一	丙戌	4.20
一·十一	戊辰	2.1	二·十一	丁酉	3.2	三·十一	乙卯	4.1	四·十一	丙申	4.30
一·二十一	戊寅	2.11	二·二十一	丁未	3.12	三·二十一	乙丑	4.11	四·二十一	丙午	5.10
五·一	丙辰	5.20	六·一	乙酉	6.18	七·一	乙卯	7.18	八·一	乙酉	8.17
五·十一	丙寅	5.30	六·十一	乙未	6.28	七·十一	乙丑	7.28	八·十一	乙未	8.27
五·二十一	丙子	6.9	六·二十一	乙巳	7.8	七·二十一	乙亥	8.7	八·二十一	乙巳	9.6
九·一 闰九·一	甲寅 甲申	9.15 10.15	十·一	甲寅	11.14	十一·一	癸未	12.13	十二·一	癸丑	1.12
九·十一 闰九·十一	甲子 甲午	9.25 10.25	十·十一	甲子	11.24	十一·十一	癸巳	12.23	十二·十一	癸亥	1.22
九·二十一 闰九·二十一	甲戌 甲辰	10.5 11.4	十·二十一	甲戌	12.4	十一·二十一	癸卯	1.2	十二·二十一	癸酉	2.1

元世祖中统四年、宋理宗景定四年癸亥(1263—1264)

一·一	壬午	2.10	二·一 [宋]	壬子 辛亥	3.12 3.11	三·一	辛巳	4.10	四·一	庚戌	5.9
一·十一	壬辰	2.20	二·十一	壬戌	3.22	三·十一	辛卯	4.20	四·十一	庚申	5.19
一·二十一	壬寅	3.2	二·二十一	壬申	4.1	三·二十一	辛丑	4.30	四·二十一	庚午	5.29
五·一	庚辰	6.8	六·一	己酉	7.7	七·一	己卯	8.6	八·一	戊申	9.4
五·十一	庚寅	6.18	六·十一	己未	7.17	七·十一	己丑	8.16	八·十一	戊午	9.14
五·二十一	庚子	6.28	六·二十一	己巳	7.27	七·二十一	己亥	8.26	八·二十一	戊辰	9.24
九·一	戊寅	10.4	十·一 [宋]	戊申 丁未	11.3 11.2	十一·一 [宋]	戊寅 丁丑	12.3 12.2	十二·一	丁未	1.1
九·十一	戊子	10.14	十·十一	戊午	11.13	十一·十一	戊子	12.13	十二·十一	丁巳	1.11
九·二十一	戊戌	10.24	十·二十一	戊辰	11.23	十一·二十一	戊戌	12.23	十二·二十一	丁卯	1.21

元世祖至元元年、宋理宗景定五年甲子(1264—1265)

一·一	丁丑	1.31	二·一	丙午	2.29	三·一	丙子	3.30	四·一	乙巳	4.28
一·十一	丁亥	2.10	二·十一	丙辰	3.10	三·十一	丙戌	4.9	四·十一	乙卯	5.8
一·二十一	丁酉	2.20	二·二十一	丙寅	3.20	三·二十一	丙申	4.19	四·二十一	乙丑	5.18
五·一	甲戌	5.27	六·一	甲辰	6.26	七·一	癸酉	7.25	*八·一	壬寅	8.23
五·十一	甲申	6.6	六·十一	甲寅	7.6	七·十一	癸未	8.4	八·十一	壬子	9.2
五·二十一	甲午	6.16	六·二十一	甲子	7.16	七·二十一	癸巳	8.14	八·二十一	壬戌	9.12
九·一	壬申	9.22	十·一	壬寅	10.22	十一·一	壬申	11.21	十二·一	辛丑	12.20
九·十一	壬午	10.2	十·十一	壬子	11.1	十一·十一	壬午	12.1	十二·十一	辛亥	12.30
九·二十一	壬辰	10.12	十·二十一	壬戌	11.11	十一·二十一	壬辰	12.11	十二·二十一	辛酉	1.9

* 本月元改元“至元”。

元世祖至元二年、宋度宗咸淳元年乙丑(1265—1266)

一·一	辛未	1.19	二·一	辛丑	2.18	三·一	庚午	3.19	四·一	庚子	4.18
一·十一	辛巳	1.29	二·十一	辛亥	2.28	三·十一	庚辰	3.29	四·十一	庚戌	4.28
一·二十一	辛卯	2.8	二·二十一	辛酉	3.10	三·二十一	庚寅	4.8	四·二十一	庚申	5.8
五·一 己巳5.17	闰五·一	戊戌6.15	六·一	戊辰	7.15	七·一	丁酉	8.13	八·一	丙寅	9.11
五·十一 己卯5.27	闰五·十一	戊申6.25	六·十一	戊寅	7.25	七·十一	丁未	8.23	八·十一	丙子	9.21
五·二十一己丑6.6	闰五·二十一	戊午7.5	六·二十一	戊子	8.4	七·二十一	丁巳	9.2	八·二十一	丙戌	10.1
九·一	丙申	10.11	十·一	丙寅	11.10	十一·一	乙未	12.9	十二·一	乙丑	1.8
九·十一	丙午	10.21	十·十一	丙子	11.20	十一·十一	乙巳	12.19	十二·十一	乙亥	1.18
九·二十一	丙辰	10.31	十·二十一	丙戌	11.30	十一·二十一	乙卯	12.29	十二·二十一	乙酉	1.28

元世祖至元三年、宋度宗咸淳二年丙寅(1266—1267)

一·一	乙未	2.7	二·一	乙丑	3.9	三·一	甲午	4.7	四·一	甲子	5.7
·十	乙巳	2.17	二·丨一	乙亥	3.19	三·十一	甲辰	4.17	四·十一	甲戌	5.17
一·二十一	乙卯	2.27	二·二十一	乙酉	3.29	三·二十一	甲寅	4.27	四·二十一	甲申	5.27
五·一	癸巳	6.5	六·一	壬戌	7.4	七·一	壬辰	8.3	八·一	辛酉	9.1
五·十	癸卯	6.15	六·十一	壬申	7.14	七·十一	壬寅	8.13	八·十一	辛未	9.11
五·二十一	癸丑	6.25	六·二十一	壬午	7.24	七·二十一	壬子	8.23	八·二十一	辛巳	9.21
九·一	庚寅	9.30	十·一	庚申	10.30	十一·一	己丑	11.28	十二·一	己未	12.28
九·十一	庚子	10.10	十·十一	庚午	11.9	十一·十一	己亥	12.8	十二·十一	己巳	1.7
九·二十一	庚戌	10.20	十·二十一	庚辰	11.19	十一·二十一	己酉	12.18	十二·二十一	己卯	1.17

元世祖至元四年、宋度宗咸淳三年丁卯(1267—1268)

一·一	己丑	1.27	二·一	己未	2.26	三·一	戊子	3.27	四·一	戊午	4.26
一·十一	己亥	2.6	二·十一	己巳	3.8	三·十一	戊戌	4.6	四·十一	戊辰	5.6
一·二十一	己酉	2.16	二·二十一	己卯	3.18	三·二十一	戊申	4.16	四·二十一	戊寅	5.16
五·一	丁亥	5.25	六·一	丁巳	6.24	七·一	丙戌	7.23	八·一	丙辰	8.22
五·十一	丁酉	6.4	六·十一	丁卯	7.4	七·十一	丙申	8.2	八·十一	丙寅	9.1
五·二十一	丁未	6.14	六·二十一	丁丑	7.14	七·二十一	丙午	8.12	八·二十一	丙子	9.11
九·一	乙酉	9.20	十·一	甲寅	10.19	十一·一	甲申	11.18	十二·一	癸丑	12.17
九·十一	乙未	9.30	十·十一	甲子	10.29	十一·十一	甲午	11.28	十二·十一	癸亥	12.27
九·二十一	乙巳	10.10	十·二十一	甲戌	11.8	十一·二十一	甲辰	12.8	十二·二十一	癸酉	1.6

元世祖至元五年、宋度宗咸淳四年戊辰(1268—1269)

一·一 癸未 1.16 闰一·一 癸丑 2.15			二·一	壬午	3.15	三·一	壬子	4.14	四·一	壬午	5.14
一·十一 癸巳 1.26 闰一·十一 癸亥 2.25			二·十一	壬辰	3.25	三·十一	壬戌	4.24	四·十一	壬辰	5.24
一·二十一癸卯 2.5 闰一·二十一癸酉 3.6			二·二十一	壬寅	4.4	三·二十一	壬申	5.4	四·二十一	壬寅	6.3
五·一	辛亥	6.12	六·一	辛巳	7.12	七·一	庚戌	8.10	八·一	庚辰	9.9
五·十一	辛酉	6.22	六·十一	辛卯	7.22	七·十一	庚申	8.20	八·十一	庚寅	9.19
五·二十一	辛未	7.2	六·二十一	辛丑	8.1	七·二十一	庚午	8.30	八·二十一	庚子	9.29
九·一	己酉	10.8	十·一	戊寅	11.6	十一·一	戊申	12.6	十二·一	丁丑	1.4
九·十一	己未	10.18	十·十一	戊子	11.16	十一·十一	戊午	12.16	十二·十一	丁亥	1.14
九·二十一	己巳	10.28	十·二十一	戊戌	11.26	十一·二十一	戊辰	12.26	十二·二十一	丁酉	1.24

元世祖至元六年、宋度宗咸淳五年己巳(1269—1270)

一·一	丁未	2.3	二·一	丁丑	3.5	三·一	丙午	4.3	四·一	丙子	5.3
一·十一	丁巳	2.13	二·十一	丁亥	3.15	三·十一	丙辰	4.13	四·十一	丙戌	5.13
一·二十一	丁卯	2.23	二·二十一	丁酉	3.25	三·二十一	丙寅	4.23	四·二十一	丙申	5.23
五·一	丙午	6.2	六·一	乙亥	7.1	七·一	乙巳	7.31	八·一	甲戌	8.29
五·十一	丙辰	6.12	六·十一	乙酉	7.11	七·十一	乙卯	8.10	八·十一	甲申	9.8
五·二十一	丙寅	6.22	六·二十一	乙未	7.21	七·二十一	乙丑	8.20	八·二十一	甲午	9.18
九·一	甲辰	9.28	十·一	癸酉	10.27	十一·一	壬寅	11.25	十二·一	壬申	12.25
九·十一	甲寅	10.8	十·十一	癸未	11.6	十一·十一	壬子	12.5	十二·十一	壬午	1.4
九·二十一	甲子	10.18	十·二十一	癸巳	11.16	十一·二十一	壬戌	12.15	十二·二十一	壬辰	1.14

元世祖至元七年、宋度宗咸淳六年庚午(1270—1271)

一·一	辛丑	1.23	二·一	辛未	2.22	三·一	庚子	3.23	四·一	庚午	4.22
一·十一	辛亥	2.2	二·十一	辛巳	3.4	三·十一	庚戌	4.2	四·十一	庚辰	5.2
一·二十一	辛酉	2.12	二·二十一	辛卯	3.14	三·二十一	庚申	4.12	四·二十一	庚寅	5.12
五·一	庚子	5.22	六·一	己巳	6.20	七·一	己亥	7.20	八·一	戊辰	8.18
五·十一	庚戌	6.1	六·十一	己卯	6.30	七·十一	己酉	7.30	八·十一	戊寅	8.28
五·二十一	庚申	6.11	六·二十一	己丑	7.10	七·二十一	己未	8.9	八·二十一	戊子	9.7
九·一	戊戌	9.17	十·一	戊辰	10.17	十一·一 丁酉 11.15 闰十一·一 丁卯 12.15			十二·一	丙申	1.13
九·十一	戊申	9.27	十·十一	戊寅	10.27	[宋]闰十一·一丁酉 11.15 十一·一 丙寅 12.14			十二·十一	丙午	1.23
九·二十一	戊午	10.7	十·二十一	戊子	11.6	十一·十一 丁未 11.25 闰十一·十一 丁丑 12.25			十二·二十一	丙辰	2.2
						十一·二十一丁巳 12.5 闰十一·二十一丁亥 1.4					

元世祖至元八年、宋度宗咸淳七年辛未(1271—1272)

一·一	乙丑	2.11	二·一	乙未	3.13	三·一	甲子	4.11	四·一	甲午	5.11
一·十一	乙亥	2.21	二·十一	乙巳	3.23	三·十一	甲戌	4.21	四·十一	甲辰	5.21
一·二十一	乙酉	3.3	二·二十一	乙卯	4.2	三·二十一	甲申	5.1	四·二十一	甲寅	5.31
五·一	癸亥	6.9	六·一	癸巳	7.9	七·一	壬戌	8.7	八·一	壬辰	9.6
五·十一	癸酉	6.19	六·十一	癸卯	7.19	七·十一	壬申	8.17	八·十一	壬寅	9.16
五·二十一	癸未	6.29	六·二十一	癸丑	7.29	七·二十一	壬午	8.27	八·二十一	壬子	9.26
九·一	壬戌	10.6	十·一	辛卯	11.4	*十一·一	辛酉	12.4	十二·一	辛卯	1.3
九·十一	壬申	10.16	十·十一	辛丑	11.14	十一·十一	辛未	12.14	十二·十一	辛丑	1.13
九·二十一	壬午	10.26	十·二十一	辛亥	11.24	十一·二十一	辛巳	12.24	十二·二十一	辛亥	1.23

* 本月元世祖建国号为“元”,前此称“蒙古”。

元世祖至元九年、宋度宗咸淳八年壬申(1272—1273)

一·一	庚申	2.1	二·一	庚寅	3.2	三·一	己未	3.31	四·一	戊子	4.29
一·十一	庚午	2.11	二·十一	庚子	3.12	三·十一	己巳	4.10	四·十一	戊戌	5.9
一·二十一	庚辰	2.21	二·二十一	庚戌	3.22	三·二十一	己卯	4.20	四·二十一	戊申	5.19
五·一	戊午	5.29	六·一	丁亥	6.27	七·一	丁巳	7.27	八·一	丙戌	8.25
五·十一	戊辰	6.8	六·十一	丁酉	7.7	七·十一	丁卯	8.6	八·十一	丙申	9.4
五·二十一	戊寅	6.18	六·二十一	丁未	7.17	七·二十一	丁丑	8.16	八·二十一	丙午	9.14
九·一	丙辰	9.24	十·一	丙戌	10.24	十一·一	乙卯	11.22	十二·一	乙酉	12.22
九·十一	丙寅	10.4	十·十一	丙申	11.3	十一·十一	乙丑	12.2	十二·十一	乙未	1.1
九·二十一	丙子	10.14	十·二十一	丙午	11.13	十一·二十一	乙亥	12.12	十二·二十一	乙巳	1.11

元世祖至元十年、宋度宗咸淳九年癸酉(1273—1274)

一·一	乙卯	1.21	二·一	甲申	2.19	三·一	甲寅	3.21	四·一	癸未	4.19
一·十一	乙丑	1.31	二·十一	甲午	3.1	三·十一	甲子	3.31	四·十一	癸巳	4.29
一·二十一	乙亥	2.10	二·二十一	甲辰	3.11	三·二十一	甲戌	4.10	四·二十一	癸卯	5.9
五·一	壬子	5.18	六·一 辛巳6.16 闰六·一 辛亥7.16 [宋] 壬午6.17 六·十一 辛卯6.26 闰六·十一 辛酉7.26 六·二十一 辛丑7.6 闰六·二十一辛未8.5			七·一	庚辰	8.14	八·一	庚戌	9.13
五·十一	壬戌	5.28				七·十一	庚寅	8.24	八·十一	庚申	9.23
五·二十一	壬申	6.7				七·二十一	庚子	9.3	八·二十一	庚午	10.3
九·一	庚辰	10.13	十·一	己酉	11.11	十一·一	己卯	12.11	十二·一	己酉	1.10
九·十一	庚寅	10.23	十·十一	己未	11.21	十一·十一	己丑	12.21	十二·十一	己未	1.20
九·二十一	庚子	11.2	十·二十一	己巳	12.1	十一·二十一	己亥	12.31	十二·二十一	己巳	1.30

元世祖至元十一年、宋度宗咸淳十年甲戌(1274—1275)

一·一	己卯	2.9	二·一	戊申	3.10	三·一	戊寅	4.9	四·一	丁未	5.8
一·十一	己丑	2.19	二·十一	戊午	3.20	三·十一	戊子	4.19	四·十一	丁巳	5.18
一·二十一	己亥	3.1	二·二十一	戊辰	3.30	三·二十一	戊戌	4.29	四·二十一	丁卯	5.28
五·一	丙子	6.6	六·一	丙午	7.6	七·一	乙亥	8.4	八·一	甲辰	9.2
五·十一	丙戌	6.16	六·十一	丙辰	7.16	七·十一	乙酉	8.14	八·十一	甲寅	9.12
五·二十一	丙申	6.26	六·二十一	丙寅	7.26	七·二十一	乙未	8.24	八·二十一	甲子	9.22
九·一	甲戌	10.2	十·一	癸卯	10.31	十一·一	癸酉	11.30	十二·一	癸卯	12.30
九·十一	甲申	10.12	十·十一	癸丑	11.10	十一·十一	癸未	12.10	十二·十一	癸丑	1.9
九·二十一	甲午	10.22	十·二十一	癸亥	11.20	十一·二十一	癸巳	12.20	十二·二十一	癸亥	1.19

元世祖至元十二年、宋恭帝德祐元年乙亥(1275—1276)

一·一	癸酉	1.29	二·一	壬寅	2.27	三·一	壬申	3.29	四·一	壬寅	4.28
一·十一	癸未	2.8	二·十一	壬子	3.9	三·十一	壬午	4.8	四·十一	壬子	5.8
一·二十一	癸巳	2.18	二·二十一	壬戌	3.19	三·二十一	壬辰	4.18	四·二十一	壬戌	5.18
五·一	辛未	5.27	六·一	庚子	6.25	七·一	庚午	7.25	八·一	己亥	8.23
五·十一	辛巳	6.6	六·十一	庚戌	7.5	七·十一	庚辰	8.4	八·十一	己酉	9.2
五·二十一	辛卯	6.16	六·二十一	庚申	7.15	七·二十一	庚寅	8.14	八·二十一	己未	9.12
九·一	戊辰	9.21	十·一	戊戌	10.21	十一·一	丁卯	11.19	十二·一	丁酉	12.19
九·十一	戊寅	10.1	十·十一	戊申	10.31	十一·十一	丁丑	11.29	十二·十一	丁未	12.29
九·二十一	戊子	10.11	十·二十一	戊午	11.10	十一·二十一	丁亥	12.9	十二·二十一	丁巳	1.8

元世祖至元十三年、宋端宗景炎元年丙子（1276—1277）

一·一　丁卯　1.18	二·一　丙申　2.16 ［宋］　丁酉　2.17	三·一　丙寅 3.17　闰三·一　丙申 4.16	四·一　乙丑　5.15
一·十一　丁丑　1.28	二·十一　丙午　2.26	三·十一　丙子 3.27　闰三·十一　丙午 4.26	四·十一　乙亥　5.25
一·二十一　丁亥　2.7	二·二十一　丙辰　3.7	三·二十一丙戌 4.6　闰三·二十一丙辰 5.6	四·二十一　乙酉　6.4
*五·一　乙未　6.14	六·一　甲子　7.13	七·一　甲午　8.12	八·一　癸亥　9.10
五·十一　乙巳　6.24	六·十一　甲戌　7.23	七·十一　甲辰　8.22	八·十一　癸酉　9.20
五·二十一　乙卯　7.4	六·二十一　甲申　8.2	七·二十一　甲寅　9.1	八·二十一　癸未　9.30
九·一　壬辰　10.9	十·一　壬戌　11.8	十一·一　辛卯　12.7	十二·一　辛酉　1.6
九·十一　壬寅　10.19	十·十一　壬申　11.18	十一·十一　辛丑　12.17	十二·十一　辛未　1.16
九·二十一　壬子　10.29	十·二十一　壬午　11.28	十一·二十一　辛亥　12.27	十二·二十一　辛巳　1.26

＊本月宋端宗改元“景炎”。

元世祖至元十四年、宋端宗景炎二年丁丑（1277—1278）

一·一　辛卯　2.5	二·一　庚申　3.6	三·一　庚寅　4.5	四·一　庚申　5.5
一·十一　辛丑　2.15	二·十一　庚午　3.16	三·十一　庚子　4.15	四·十一　庚午　5.15
一·二十一　辛亥　2.25	二·二十一　庚辰　3.26	三·二十一　庚戌　4.25	四·二十一　庚辰　5.25
五·一　己丑　6.3	六·一　己未　7.3	七·一　戊子　8.1	八·一　戊午　8.31
五·十一　己亥　6.13	六·十一　己巳　7.13	七·十一　戊戌　8.11	八·十一　戊辰　9.10
五·二十一　己酉　6.23	六·二十一　己卯　7.23	七·二十一　戊申　8.21	八·二十一　戊寅　9.20
九·一　丁亥　9.29	十·一　丙辰　10.28	十一·一　丙戌　11.27	十二·一　乙卯　12.26
九·十一　丁酉　10.9	十·十一　丙寅　11.7	十一·十一　丙申　12.7	十二·十一　乙丑　1.5
九·二十一　丁未　10.19	十·二十一　丙子　11.17	十一·二十一　丙午　12.17	十二·二十一　乙亥　1.15

元世祖至元十五年、宋帝昺祥兴元年戊寅（1278—1279）

一·一　乙酉　1.25	二·一　甲寅　2.23	三·一　甲申　3.25	四·一　甲寅　4.24
一·十一　乙未　2.4	二·十一　甲子　3.5	三·十一　甲午　4.4	四·十一　甲子　5.4
一·二十一　乙巳　2.14	二·二十一　甲戌　3.15	三·二十一　甲辰　4.14	四·二十一　甲戌　5.14
*五·一　癸未　5.23	六·一　癸丑　6.22	七·一　壬午　7.21	八·一　壬子　8.20
五·十一　癸巳　6.2	六·十一　癸亥　7.2	七·十一　壬辰　7.31	八·十一　壬戌　8.30
五·二十一　癸卯　6.12	六·二十一　癸酉　7.12	七·二十一　壬寅　8.10	八·二十一　壬申　9.9
九·一　壬午　9.19	十·一　辛亥　10.18	十一·一　庚辰 11.16　闰十一·一　庚戌 12.16	十二·一　己卯　1.14
九·十一　壬辰　9.29	十·十一　辛酉　10.28	十一·十一　庚寅 11.26　闰十一·十一　庚申 12.26	十二·十一　己丑　1.24
九·二十一　壬寅　10.9	十·二十一　辛未　11.7	十一·二十一庚子 12.6　闰十一·二十一庚午 1.5	十二·二十一　己亥　2.3

＊本月宋帝昺改元“祥兴”。

元世祖至元十六年、宋帝昺祥兴二年己卯（1279—1280）

一·一　己酉　2.13	*二·一　戊寅　3.14	三·一　戊申　4.13	四·一　丁丑　5.12
一·十一　己未　2.23	二·十一　戊子　3.24	三·十一　戊午　4.23	四·十一　丁亥　5.22
一·二十一　己巳　3.5	二·二十一　戊戌　4.3	三·二十一　戊辰　5.3	四·二十一　丁酉　6.1
五·一　丁未　6.11	六·一　丁丑　7.11	七·一　丙午　8.9	八·一　丙子　9.8
五·十一　丁巳　6.21	六·十一　丁亥　7.21	七·十一　丙辰　8.19	八·十一　丙戌　9.18
五·二十一　丁卯　7.1	六·二十一　丁酉　7.31	七·二十一　丙寅　8.29	八·二十一　丙申　9.28
九·一　乙巳　10.7	十·一　乙亥　11.6	十一·一　乙巳　12.6	十二·一　甲戌　1.4
九·十一　乙卯　10.17	十·十一　乙酉　11.16	十一·十一　乙卯　12.16	十二·十一　甲申　1.14
九·二十一　乙丑　10.27	十·二十一　乙未　11.26	十一·二十一　乙丑　12.26	十二·二十一　甲午　1.24

＊本月宋为元军所攻灭。

元世祖至元十七年庚辰（1280—1281）

一・一	癸卯	2.2	二・一	癸酉	3.3	三・一	壬寅	4.1	四・一	壬申	5.1
一・十一	癸丑	2.12	二・十一	癸未	3.13	三・十一	壬子	4.11	四・十一	壬午	5.11
一・二十一	癸亥	2.22	二・二十一	癸巳	3.23	三・二十一	壬戌	4.21	四・二十一	壬辰	5.21
五・一	辛丑	5.30	六・一	辛未	6.29	七・一	庚子	7.28	八・一	庚午	8.27
五・十一	辛亥	6.9	六・十一	辛巳	7.9	七・十一	庚戌	8.7	八・十一	庚辰	9.6
五・二十一	辛酉	6.19	六・二十一	辛卯	7.19	七・二十一	庚申	8.17	八・二十一	庚寅	9.16
九・一	庚子	9.26	十・一	己巳	10.25	十一・一	己亥	11.24	十二・一	己巳	12.24
九・十一	庚戌	10.6	十・十一	己卯	11.4	十一・十一	己酉	12.4	十二・十一	己卯	1.3
九・二十一	庚申	10.16	十・二十一	己丑	11.14	十一・二十一	己未	12.14	十二・二十一	己丑	1.13

元世祖至元十八年辛巳（1281—1282）

一・一	戊戌	1.22	二・一	丁卯	2.20	三・一	丙申	3.21	四・一	丙寅	4.20
一・十一	戊申	2.1	二・十一	丁丑	3.2	三・十一	丙午	3.31	四・十一	丙子	4.30
一・二十一	戊午	2.11	二・二十一	丁亥	3.12	三・二十一	丙辰	4.10	四・二十一	丙戌	5.10
五・一	乙未	5.19	六・一	乙丑	6.18	七・一	甲午	7.17	八・一	甲子 8.16	闰八・一 癸巳 9.14
五・十一	乙巳	5.29	六・十一	乙亥	6.28	七・十一	甲辰	7.27	八・十一	甲戌 8.26	闰八・十一 癸卯 9.24
五・二十一	乙卯	6.8	六・二十一	乙酉	7.8	七・二十一	甲寅	8.6	八・二十一	甲申 9.5	闰八・二十一 癸丑 10.4
九・一	癸亥	10.14	十・一	癸巳	11.13	十一・一	癸亥	12.13	十二・一	壬辰	1.11
九・十一	癸酉	10.24	十・十一	癸卯	11.23	十一・十一	癸酉	12.23	十二・十一	壬寅	1.21
九・二十一	癸未	11.3	十・二十一	癸丑	12.3	十一・二十一	癸未	1.2	十二・二十一	壬子	1.31

元世祖至元十九年壬午（1282—1283）

一・一	壬戌	2.10	二・一	辛卯	3.11	三・一	辛酉	4.10	四・一	庚寅	5.9
一・十一	壬申	2.20	二・十一	辛丑	3.21	三・十一	辛未	4.20	四・十一	庚子	5.19
一・二十一	壬午	3.2	二・二十一	辛亥	3.31	三・二十一	辛巳	4.30	四・二十一	庚戌	5.29
五・一	己未	6.7	六・一	己丑	7.7	七・一	戊午	8.5	八・一	丁亥	9.3
五・十一	己巳	6.17	六・十	己亥	7.17	七・十一	戊辰	8.15	八・十一	丁酉	9.13
五・二十一	己卯	6.27	六・二十一	己酉	7.27	七・二十一	戊寅	8.25	八・二十一	丁未	9.23
九・一	丁巳	10.3	十・一	丁亥	11.2	十一・一	丁巳	12.2	十二・一	丁亥	1.1
九・十一	丁卯	10.13	十・十一	丁酉	11.12	十一・十一	丁卯	12.12	十二・十一	丁酉	1.11
九・二十一	丁丑	10.23	十・二十一	丁未	11.22	十一・二十一	丁丑	12.22	十二・二十一	丁未	1.21

元世祖至元二十年癸未（1283—1284）

一・一	丙辰	1.30	二・一	丙戌	3.1	三・一	乙卯	3.30	四・一	乙酉	4.29
一・十一	丙寅	2.9	二・十一	丙申	3.11	三・十一	乙丑	4.9	四・十一	乙未	5.9
一・二十一	丙子	2.19	二・二十一	丙午	3.21	三・二十一	乙亥	4.19	四・二十一	乙巳	5.19
五・一	甲寅	5.28	六・一	癸未	6.26	七・一	癸丑	7.26	八・一	壬午	8.24
五・十一	甲子	6.7	六・十一	癸巳	7.6	七・十一	癸亥	8.5	八・十一	壬辰	9.3
五・二十一	甲戌	6.17	六・二十一	癸卯	7.16	七・二十一	癸酉	8.15	八・二十一	壬寅	9.13
九・一	辛亥	9.22	十・一	辛巳	10.22	十一・一	辛亥	11.21	十二・一	庚辰	12.20
九・十一	辛酉	10.2	十・十一	辛卯	11.1	十一・十一	辛酉	12.1	十二・十一	庚寅	12.30
九・二十一	辛未	10.12	十・二十一	辛丑	11.11	十一・二十	辛未	12.11	十二・二十一	庚子	1.9

元世祖至元二十一年甲申（1284—1285）

一·一 庚戌 1.19 一·十一 庚申 1.29 一·二十一 庚午 2.8	二·一 庚辰 2.18 二·十一 庚寅 2.28 二·二十一 庚子 3.9	三·一 庚戌 3.19 三·十一 庚申 3.29 三·二十一 庚午 4.8	四·一 己卯 4.17 四·十一 己丑 4.27 四·二十一 己亥 5.7
五·一 己酉 5.17 闰五·一 戊寅 6.15 五·十一 己未 5.27 闰五·十一 戊子 6.25 五·二十一 己巳 6.6 闰五·二十一 戊戌 7.5	六·一 丁未 7.14 六·十一 丁巳 7.24 六·二十一 丁卯 8.3	七·一 丁丑 8.13 七·十一 丁亥 8.23 七·二十一 丁酉 9.2	八·一 丙午 9.11 八·十一 丙辰 9.21 八·二十一 丙寅 10.1
九·一 乙亥 10.10 九·十一 乙酉 10.20 九·二十一 乙未 10.30	十·一 乙巳 11.9 十·十一 乙卯 11.19 十·二十一 乙丑 11.29	十一·一 甲戌 12.8 十一·十一 甲申 12.18 十一·二十一 甲午 12.28	十二·一 甲辰 1.7 十二·十一 甲寅 1.17 十二·二十一 甲子 1.27

元世祖至元二十二年乙酉（1285—1286）

一·一 甲戌 2.6 一·十一 甲申 2.16 一·二十一 甲午 2.26	二·一 甲辰 3.8 二·十一 甲寅 3.18 二·二十一 甲子 3.28	三·一 癸酉 4.6 三·十一 癸未 4.16 三·二十一 癸巳 4.26	四·一 癸卯 5.6 四·十一 癸丑 5.16 四·二十一 癸亥 5.26
五·一 癸酉 6.5 五·十一 癸未 6.15 五·二十一 癸巳 6.25	六·一 壬寅 7.4 六·十一 壬子 7.14 六·二十一 壬戌 7.24	七·一 辛未 8.2 七·十一 辛巳 8.12 七·二十一 辛卯 8.22	八·一 辛丑 9.1 八·十一 辛亥 9.11 八·二十一 辛酉 9.21
九·一 庚午 9.30 九·十一 庚辰 10.10 九·二十一 庚寅 10.20	十·一 己亥 10.29 十·十一 己酉 11.8 十·二十一 己未 11.18	十一·一 己巳 11.28 十一·十一 己卯 12.8 十一·二十一 己丑 12.18	十二·一 戊戌 12.27 十二·十一 戊申 1.6 十二·二十一 戊午 1.16

元世祖至元二十三年丙戌（1286—1287）

一·一 戊辰 1.26 一·十一 戊寅 2.5 一·二十一 戊子 2.15	二·一 戊戌 2.25 二·十一 戊申 3.7 二·二十一 戊午 3.17	三·一 丁卯 3.26 三·十一 丁丑 4.5 三·二十一 丁亥 4.15	四·一 丁酉 4.25 四·十一 丁未 5.5 四·二十一 丁巳 5.15
五·一 丁卯 5.25 五·十一 丁丑 6.4 五·二十一 丁亥 6.14	六·一 丙申 6.23 六·十一 丙午 7.3 六·二十一 丙辰 7.13	七·一 丙寅 7.23 七·十一 丙子 8.2 七·二十一 丙戌 8.12	八·一 乙未 8.21 八·十一 乙巳 8.31 八·二十一 乙卯 9.10
九·一 乙丑 9.20 九·十一 乙亥 9.30 九·二十一 乙酉 10.10	十·一 甲午 10.19 十·十一 甲辰 10.29 十·二十一 甲寅 11.8	十一·一 癸亥 11.17 十一·十一 癸酉 11.27 十一·二十一 癸未 12.7	十二·一 癸巳 12.17 十二·十一 癸卯 12.27 十二·二十一 癸丑 1.6

元世祖至元二十四年丁亥（1287—1288）

一·一 壬戌 1.15 一·十一 壬申 1.25 一·二十一 壬午 2.4	二·一 壬辰 2.14 闰二·一 壬戌 3.16 二·十一 壬寅 2.24 闰二·十一 壬申 3.26 二·二十一 壬子 3.6 闰二·二十一 壬午 4.5	三·一 辛卯 4.14 三·十一 辛丑 4.24 三·二十一 辛亥 5.4	四·一 辛酉 5.14 四·十一 辛未 5.24 四·二十一 辛巳 6.3
五·一 辛卯 6.13 五·十一 辛丑 6.23 五·二十一 辛亥 7.3	六·一 庚申 7.12 六·十一 庚午 7.22 六·二十一 庚辰 8.1	七·一 庚寅 8.11 七·十一 庚子 8.21 七·二十一 庚戌 8.31	八·一 己未 9.9 八·十一 己巳 9.19 八·二十一 己卯 9.29
九·一 己丑 10.9 九·十一 己亥 10.19 九·二十一 己酉 10.29	十·一 戊午 11.7 十·十一 戊辰 11.17 十·二十一 戊寅 11.27	十一·一 丁亥 12.6 十一·十一 丁酉 12.16 十一·二十一 丁未 12.26	十二·一 丁巳 1.5 十二·十一 丁卯 1.15 十二·二十一 丁丑 1.25

元世祖至元二十五年戊子（1288—1289）

一・一 丙戌 2.3	二・一 丙辰 3.4	三・一 乙酉 4.2	四・一 乙卯 5.2
一・十一 丙申 2.13	二・十一 丙寅 3.14	三・十一 乙未 4.12	四・十一 乙丑 5.12
一・二十一 丙午 2.23	二・二十一 丙子 3.24	三・二十一 乙巳 4.22	四・二十一 乙亥 5.22
五・一 乙酉 6.1	六・一 甲寅 6.30	七・一 甲申 7.30	八・一 癸丑 8.28
五・十一 乙未 6.11	六・十一 甲子 7.10	七・十一 甲午 8.9	八・十一 癸亥 9.7
五・二十一 乙巳 6.21	六・二十一 甲戌 7.20	七・二十一 甲辰 8.19	八・二十一 癸酉 9.17
九・一 癸未 9.27	十・一 癸丑 10.27	十一・一 壬午 11.25	十二・一 壬子 12.25
九・十一 癸巳 10.7	十・十一 癸亥 11.6	十一・十一 壬辰 12.5	十二・十一 壬戌 1.4
九・二十一 癸卯 10.17	十・二十一 癸酉 11.16	十一・二十一 壬寅 12.15	十二・二十一 壬申 1.14

元世祖至元二十六年己丑（1289—1290）

一・一 辛巳 1.23	二・一 辛亥 2.22	三・一 庚辰 3.23	四・一 己酉 4.21
一・十一 辛卯 2.2	二・十一 辛酉 3.4	三・十一 庚寅 4.2	四・十一 己未 5.1
一・二十一 辛丑 2.12	二・二十一 辛未 3.14	三・二十一 庚子 4.12	四・二十一 己巳 5.11
五・一 己卯 5.21	六・一 戊申 6.19	七・一 戊寅 7.19	八・一 丁未 8.17
五・十一 己丑 5.31	六・十一 戊午 6.29	七・十一 戊子 7.29	八・十一 丁巳 8.27
五・二十一 己亥 6.10	六・二十一 戊辰 7.9	七・二十一 戊戌 8.8	八・二十一 丁卯 9.6
九・一 丁丑 9.16	十・一 丁未 10.16 闰十・一 丁丑 11.15	十一・一 丙午 12.14	十二・一 丙子 1.13
九・十一 丁亥 9.26	十・十一 丁巳 10.26 闰十・十一 丁亥 11.25	十一・十一 丙辰 12.24	十二・十一 丙戌 1.23
九・二十一 丁酉 10.6	十・二十一 丁卯 11.5 闰十・二十一 丁酉 12.5	十一・二十一 丙寅 1.3	十二・二十一 丙申 2.2

元世祖至元二十七年庚寅（1290—1291）

一・一 乙巳 2.11	二・一 乙亥 3.13	三・一 甲辰 4.11	四・一 癸酉 5.10
一・十一 乙卯 2.21	二・十一 乙酉 3.23	三・十一 甲寅 4.21	四・十一 癸未 5.20
一・二十一 乙丑 3.3	二・二十一 乙未 4.2	三・二十一 甲子 5.1	四・二十一 癸巳 5.30
五・一 癸卯 6.9	六・一 壬申 7.8	七・一 壬寅 8.7	八・一 辛未 9.5
五・十一 癸丑 6.19	六・十一 壬午 7.18	七・十一 壬子 8.17	八・十一 辛巳 9.15
五・二十一 癸亥 6.29	六・二十一 壬辰 7.28	七・二十一 壬戌 8.27	八・二十一 辛卯 9.25
九・一 辛丑 10.5	十・一 辛未 11.4	十一・一 庚子 12.3	十二・一 庚午 1.2
九・十一 辛亥 10.15	十・十一 辛巳 11.14	十一・十一 庚戌 12.13	十二・十一 庚辰 1.12
九・二十一 辛酉 10.25	十・二十一 辛卯 11.24	十一・二十一 庚申 12.23	十二・二十一 庚寅 1.22

元世祖至元二十八年辛卯（1291—1292）

一・一 庚子 2.1	二・一 己巳 3.2	三・一 己亥 4.1	四・一 戊辰 4.30
一・十一 庚戌 2.11	二・十一 己卯 3.12	三・十一 己酉 4.11	四・十一 戊寅 5.10
一・二十一 庚申 2.21	二・二十一 己丑 3.22	三・二十一 己未 4.21	四・二十一 戊子 5.20
五・一 丁酉 5.29	六・一 丁卯 6.28	七・一 丙申 7.27	八・一 乙丑 8.25
五・十一 丁未 6.8	六・十一 丁丑 7.8	七・十一 丙午 8.6	八・十一 乙亥 9.4
五・二十一 丁巳 6.18	六・二十一 丁亥 7.18	七・二十一 丙辰 8.16	八・二十一 乙酉 9.14
九・一 乙未 9.24	十・一 乙丑 10.24	十一・一 甲午 11.22	十二・一 甲子 12.22
九・十一 乙巳 10.4	十・十一 乙亥 11.3	十一・十一 甲辰 12.2	十二・十一 甲戌 1.1
九・二十一 乙卯 10.14	十・二十一 乙酉 11.13	十一・二十一 甲寅 12.12	十二・二十一 甲申 1.11

元世祖至元二十九年壬辰（1292—1293）

一·一 甲午 1.21 一·十一 甲辰 1.31 一·二十一 甲寅 2.10	二·一 甲子 2.20 二·十一 甲戌 3.1 二·二十一 甲申 3.11	三·一 癸巳 3.20 三·十一 癸卯 3.30 三·二十一 癸丑 4.9	四·一 癸亥 4.19 四·十一 癸酉 4.29 四·二十一 癸未 5.9
五·一 壬辰 5.18 五·十一 壬寅 5.28 五·二十一 壬子 6.7	六·一 辛酉 6.16　闰六·一 辛卯 7.16 六·十一 辛未 6.26　闰六·十一 辛丑 7.26 六·二十一 辛巳 7.6　闰六·二十一 辛亥 8.5	七·一 庚申 8.14 七·十一 庚午 8.24 七·二十一 庚辰 9.3	八·一 己丑 9.12 八·十一 己亥 9.22 八·二十一 己酉 10.2
九·一 己未 10.12 九·十一 己巳 10.22 九·二十一 己卯 11.1	十·一 戊子 11.10 十·十一 戊戌 11.20 十·二十一 戊申 11.30	十一·一 戊午 12.10 十一·十一 戊辰 12.20 十一·二十一 戊寅 12.30	十二·一 戊子 1.9 十二·十一 戊戌 1.19 十二·二十一 戊申 1.29

元世祖至元三十年癸巳（1293—1294）

一·一 戊午 2.8 一·十一 戊辰 2.18 一·二十一 戊寅 2.28	二·一 戊子 3.10 二·十一 戊戌 3.20 二·二十一 戊申 3.30	三·一 丁巳 4.8 三·十一 丁卯 4.18 三·二十一 丁丑 4.28	四·一 丁亥 5.8 四·十一 丁酉 5.18 四·二十一 丁未 5.28
五·一 丙辰 6.6 五·十一 丙寅 6.16 五·二十一 丙子 6.26	六·一 乙酉 7.5 六·十一 乙未 7.15 六·二十一 乙巳 7.25	七·一 乙卯 8.4 七·十一 乙丑 8.14 七·二十一 乙亥 8.24	八·一 甲申 9.2 八·十一 甲午 9.12 八·二十一 甲辰 9.22
九·一 癸丑 10.1 九·十一 癸亥 10.11 九·二十一 癸酉 10.21	十·一 癸未 10.31 十·十一 癸巳 11.10 十·二十一 癸卯 11.20	十一·一 壬子 11.29 十一·十一 壬戌 12.9 十一·二十一 壬申 12.19	十二·一 壬午 12.29 十二·十一 壬辰 1.8 十二·二十一 壬寅 1.18

元世祖至元三十一年甲午（1294—1295）

一·一 壬子 1.28 一·十一 壬戌 2.7 一·二十一 壬申 2.17	二·一 壬午 2.27 二·十一 壬辰 3.9 二·二十一 壬寅 3.19	三·一 辛亥 3.28 三·十一 辛酉 4.7 三·二十一 辛未 4.17	四·一 辛巳 4.27 四·十一 辛卯 5.7 四·二十一 辛丑 5.17
五·一 庚戌 5.26 五·十一 庚申 6.5 五·二十一 庚午 6.15	六·一 庚辰 6.25 六·十一 庚寅 7.5 六·二十一 庚子 7.15	七·一 己酉 7.24 七·十一 己未 8.3 七·二十一 己巳 8.13	八·一 己卯 8.23 八·十一 己丑 9.2 八·二十一 己亥 9.12
九·一 戊申 9.21 九·十一 戊午 10.1 九·二十一 戊辰 10.11	十·一 丁丑 10.20 十·十一 丁亥 10.30 十·二十一 丁酉 11.9	十一·一 丁未 11.19 十一·十一 丁巳 11.29 十一·二十一 丁卯 12.9	十二·一 丙子 12.18 十二·十一 丙戌 12.28 十二·二十一 丙申 1.7

元成宗元贞元年乙未（1295—1296）

一·一 丙午 1.17 一·十一 丙辰 1.27 一·二十一 丙寅 2.6	二·一 丙子 2.16 二·十一 丙戌 2.26 二·二十一 丙申 3.8	三·一 乙巳 3.17 三·十一 乙卯 3.27 三·二十一 乙丑 4.6	四·一 乙亥 4.16　闰四·一 乙巳 5.16 四·十一 乙酉 4.26　闰四·十一 乙卯 5.26 四·二十一 乙未 5.6　闰四·二十一 乙丑 6.5
五·一 甲戌 6.14 五·十一 甲申 6.24 五·二十一 甲午 7.4	六·一 甲辰 7.14 六·十一 甲寅 7.24 六·二十一 甲子 8.3	七·一 癸酉 8.12 七·十一 癸未 8.22 七·二十一 癸巳 9.1	八·一 癸卯 9.11 八·十一 癸丑 9.21 八·二十一 癸亥 10.1
九·一 壬申 10.10 九·十一 壬午 10.20 九·二十一 壬辰 10.30	十·一 辛丑 11.8 十·十一 辛亥 11.18 十·二十一 辛酉 11.28	十一·一 辛未 12.8 十一·十一 辛巳 12.18 十一·二十一 辛卯 12.28	十二·一 庚子 1.6 十二·十一 庚戌 1.16 十二·二十一 庚申 1.26

元成宗元贞二年丙申（1296—1297）

一·一	庚午	2.5	二·一	己亥	3.5	三·一	己巳	4.4	四·一	己亥	5.4
一·十一	庚辰	2.15	二·十一	己酉	3.15	三·十一	己卯	4.14	四·十一	己酉	5.14
一·二十一	庚寅	2.25	二·二十一	己未	3.25	三·二十一	己丑	4.24	四·二十一	己未	5.24
五·一	戊辰	6.2	六·一	戊戌	7.2	七·一	戊辰	8.1	八·一	丁酉	8.30
五·十一	戊寅	6.12	六·十一	戊申	7.12	七·十一	戊寅	8.11	八·十一	丁未	9.9
五·二十一	戊子	6.22	六·二十一	戊午	7.22	七·二十一	戊子	8.21	八·二十一	丁巳	9.19
九·一	丁卯	9.29	十·一	丙申	10.28	十一·一	丙寅	11.27	十二·一	乙未	12.26
九·十一	丁丑	10.9	十·十一	丙午	11.7	十一·十一	丙子	12.7	十二·十一	乙巳	1.5
九·二十一	丁亥	10.19	十·二十一	丙辰	11.17	十一·二十一	丙戌	12.17	十二·二十一	乙卯	1.15

元成宗大德元年丁酉（1297—1298）

一·一	甲子	1.24	*二·一	甲午	2.23	三·一	癸亥	3.24	四·一	癸巳	4.23
一·十一	甲戌	2.3	二·十一	甲辰	3.5	三·十一	癸酉	4.3	四·十一	癸卯	5.3
一·二十一	甲申	2.13	二·二十一	甲寅	3.15	三·二十一	癸未	4.13	四·二十一	癸丑	5.13
五·一	壬戌	5.22	六·一	壬辰	6.21	七·一	壬戌	7.21	八·一	辛卯	8.19
五·十一	壬申	6.1	六·十一	壬寅	7.1	七·十一	壬申	7.31	八·十一	辛丑	8.29
五·二十一	壬午	6.11	六·二十一	壬子	7.11	七·二十一	壬午	8.10	八·二十一	辛亥	9.8
九·一	辛酉	9.18	十·一	庚寅	10.17	十一·一	庚申	11.16	十二·一	庚寅	12.16 闰十二·一 己未 1.14
九·十一	辛未	9.28	十·十一	庚子	10.27	十一·十一	庚午	11.26	十二·十一	庚子	12.26 闰十二·十一 己巳 1.24
九·二十一	辛巳	10.8	十·二十一	庚戌	11.6	十一·二十一	庚辰	12.6	十二·二十一	庚戌	1.5 闰十二·二十一 己卯 2.3

＊本月改元“大德”。

元成宗大德二年戊戌（1298—1299）

一·一	戊子	2.12	二·一	戊午	3.14	三·一	丁亥	4.12	四·一	丁巳	5.12
一·十一	戊戌	2.22	二·十一	戊辰	3.24	三·十一	丁酉	4.22	四·十一	丁卯	5.22
一·二十一	戊申	3.4	二·二十一	戊寅	4.3	三·二十一	丁未	5.2	四·二十一	丁丑	6.1
五·一	丙戌	6.10	六·一	丙辰	7.10	七·一	乙酉	8.8	八·一	乙卯	9.7
五·十	丙申	6.20	六·十一	丙寅	7.20	七·十一	乙未	8.18	八·十一	乙丑	9.17
五·二十一	丙午	6.30	六·二十一	丙子	7.30	七·二十一	乙巳	8.28	八·二十一	乙亥	9.27
九·一	乙酉	10.7	十·一	甲寅	11.5	十一·一	甲申	12.5	十二·一	甲寅	1.4
九·十一	乙未	10.17	十·十一	甲子	11.15	十一·十一	甲午	12.15	十二·十一	甲子	1.14
九·二十一	乙巳	10.27	十·二十一	甲戌	11.25	十一·二十一	甲辰	12.25	十二·二十一	甲戌	1.24

元成宗大德三年己亥（1299—1300）

一·一	癸未	2.2	二·一	癸丑	3.4	三·一	壬午	4.2	四·一	辛亥	5.1
一·十一	癸巳	2.12	二·十一	癸亥	3.14	三·十一	壬辰	4.12	四·十一	辛酉	5.11
一·二十一	癸卯	2.22	二·二十一	癸酉	3.24	三·二十一	壬寅	4.22	四·二十一	辛未	5.21
五·一	辛巳	5.31	六·一	庚戌	6.29	七·一	己卯	7.28	八·一	己酉	8.27
五·十一	辛卯	6.10	六·十一	庚申	7.9	七·十一	己丑	8.7	八·十一	己未	9.6
五·二十一	辛丑	6.20	六·二十一	庚午	7.19	七·二十一	己亥	8.17	八·二十一	己巳	9.16
九·一	己卯	9.26	十·一	戊申	10.25	十一·一	戊寅	11.24	十二·一	戊申	12.24
九·十一	己丑	10.6	十·十一	戊午	11.4	十一·十一	戊子	12.4	十二·十一	戊午	1.3
九·二十一	己亥	10.16	十·二十一	戊辰	11.14	十一·二十一	戊戌	12.14	十二·二十一	戊辰	1.13

元成宗大德四年庚子（1300—1301）

一·一　戊寅　1.23	二·一　丁未　2.21	三·一　丁丑　3.22	四·一　丙午　4.20
一·十一　戊子　2.2	二·十一　丁巳　3.2	三·十一　丁亥　4.1	四·十一　丙辰　4.30
一·二十一　戊戌　2.12	二·二十一　丁卯　3.12	三·二十一　丁酉　4.11	四·二十一　丙寅　5.10
五·一　乙亥　5.19	六·一　乙巳　6.18	七·一　甲戌　7.17	八·一　癸卯 8.15　闰八·一　癸酉 9.14
五·十一　乙酉　5.29	六·十一　乙卯　6.28	七·十一　甲申　7.27	八·十一　癸丑 8.25　闰八·十一　癸未 9.24
五·二十一　乙未　6.8	六·二十一　乙丑　7.8	七·二十一　甲午　8.6	八·二十一癸亥 9.4　闰八·二十一癸巳 10.4
九·一　癸卯　10.14	十·一　癸酉　11.13	十一·一　壬寅　12.12	十二·一　壬申　1.11
九·十一　癸丑　10.24	十·十一　癸未　11.23	十一·十一　壬子　12.22	十二·十一　壬午　1.21
九·二十一　癸亥　11.3	十·二十一　癸巳　12.3	十一·二十一　壬戌　1.1	十二·二十一　壬辰　1.31

元成宗大德五年辛丑（1301—1302）

一·一　壬寅　2.10	二·一　辛未　3.11	三·一　辛丑　4.10	四·一　庚午　5.9
一·十一　壬子　2.20	二·十一　辛巳　3.21	三·十一　辛亥　4.20	四·十一　庚辰　5.19
一·二十一　壬戌　3.2	二·二十一　辛卯　3.31	三·二十一　辛酉　4.30	四·二十一　庚寅　5.29
五·一　己亥　6.7	六·一　己巳　7.7	七·一　戊戌　8.5	八·一　丁卯　9.3
五·十一　己酉　6.17	六·十一　己卯　7.17	七·十一　戊申　8.15	八·十一　丁丑　9.13
五·二十一　己未　6.27	六·二十一　己丑　7.27	七·二十一　戊午　8.25	八·二十一　丁亥　9.23
九·一　丁酉　10.3	十·一　丙寅　11.1	十一·一　丙申　12.1	十二·一　丙寅　12.31
九·十一　丁未　10.13	十·十一　丙子　11.11	十一·十一　丙午　12.11	十二·十一　丙子　1.10
九·二十一　丁巳　10.23	十·二十一　丙戌　11.21	十一·二十一　丙辰　12.21	十二·二十一　丙戌　1.20

元成宗大德六年壬寅（1302—1303）

一·一　丙申　1.30	二·一　乙丑　2.28	三·一　乙未　3.30	四·一　乙丑　4.29
一·十一　丙午　2.9	二·十一　乙亥　3.10	三·十一　乙巳　4.9	四·十一　乙亥　5.9
一·二十一　丙辰　2.19	二·二十一　乙酉　3.20	三·二十一　乙卯　4.19	四·二十一　乙酉　5.19
五·一　甲午　5.28	六·一　癸亥　6.26	七·一　癸巳　7.26	八·一　壬戌　8.24
五·十一　甲辰　6.7	六·十一　癸酉　7.6	七·十一　癸卯　8.5	八·十一　壬申　9.3
五·二十一　甲寅　6.17	六·二十一　癸未　7.16	七·二十一　癸丑　8.15	八·二十一　壬午　9.13
九·一　辛卯　9.22	十·一　辛酉　10.22	十一·一　庚寅　11.20	十二·一　庚申　12.20
九·十一　辛丑　10.2	十·十一　辛未　11.1	十一·十一　庚子　11.30	十二·十一　庚午　12.30
九·二十一　辛亥　10.12	十·二十一　辛巳　11.11	十一·二十一　庚戌　12.10	十二·二十一　庚辰　1.9

元成宗大德七年癸卯（1303—1304）

一·一　庚寅　1.19	二·一　己未　2.17	三·一　己丑　3.19	四·一　己未　4.18
一·十一　庚子　1.29	二·十一　己巳　2.27	三·十一　己亥　3.29	四·十一　己巳　4.28
一·二十一　庚戌　2.8	二·二十一　己卯　3.9	三·二十一　己酉　4.8	四·二十一　己卯　5.8
五·一　戊子 5.17　闰五·一　戊午 6.16	*六·一　丁亥　7.15	七·一　丁巳　8.14	八·一　丙戌　9.12
五·十一　戊戌 5.27　闰五·十一　戊辰 6.26	六·十一　丁酉　7.25	七·十一　丁卯　8.24	八·十一　丙申　9.22
五·二十一戊申 6.6　闰五·二十一戊寅 7.6	六·二十一　丁未　8.4	七·二十一　丁丑　9.3	八·二十一　丙午　10.2
九·一　乙卯　10.11	十·一　乙酉　11.10	十一·一　甲寅　12.9	十二·一　甲申　1.8
九·十一　乙丑　10.21	十·十一　乙未　11.20	十一·十一　甲子　12.19	十二·十一　甲午　1.18
九·二十一　乙亥　10.31	十·二十一　乙巳　11.30	十一·二十一　甲戌　12.29	十二·二十一　甲辰　1.28

*《辑要》六月己亥朔，误。

元成宗大德八年甲辰（1304—1305）

一·一	癸丑	2.6	二·一	癸未	3.7	三·一	癸丑	4.6	四·一	壬午	5.5
一·十一	癸亥	2.16	二·十一	癸巳	3.17	三·十一	癸亥	4.16	四·十一	壬辰	5.15
一·二十一	癸酉	2.26	二·二十一	癸卯	3.27	三·二十一	癸酉	4.26	四·二十一	壬寅	5.25
五·一	壬子	6.4	六·一	壬午	7.4	七·一	辛亥	8.2	八·一	辛巳	9.1
五·十一	壬戌	6.14	六·十一	壬辰	7.14	七·十一	辛酉	8.12	八·十一	辛卯	9.11
五·二十一	壬申	6.24	六·二十一	壬寅	7.24	七·二十一	辛未	8.22	八·二十一	辛丑	9.21
九·一	庚戌	9.30	十·一	己卯	10.29	十一·一	己酉	11.28	十二·一	戊寅	12.27
九·十一	庚申	10.10	十·十一	己丑	11.8	十一·十一	己未	12.8	十二·十一	戊子	1.6
九·二十一	庚午	10.20	十·二十一	己亥	11.18	十一·二十一	己巳	12.18	十二·二十一	戊戌	1.16

元成宗大德九年乙巳（1305—1306）

一·一	戊申	1.26	二·一	丁丑	2.24	三·一	丁未	3.26	四·一	丙子	4.24
一·十一	戊午	2.5	二·十一	丁亥	3.6	三·十一	丁巳	4.5	四·十一	丙戌	5.4
一·二十一	戊辰	2.15	二·二十一	丁酉	3.16	三·二十一	丁卯	4.15	四·二十一	丙申	5.14
五·一	丙午	5.24	六·一	丙子	6.23	七·一	乙巳	7.22	八·一	乙亥	8.21
五·十一	丙辰	6.3	六·十一	丙戌	7.3	七·十一	乙卯	8.1	八·十一	乙酉	8.31
五·二十一	丙寅	6.13	六·二十一	丙申	7.13	七·二十一	乙丑	8.11	八·二十一	乙未	9.10
九·一	甲辰	9.19	十·一	甲戌	10.19	十一·一	癸卯	11.17	十二·一	癸酉	12.17
九·十一	甲寅	9.29	十·十一	甲申	10.29	十一·十一	癸丑	11.27	十二·十一	癸未	12.27
九·二十一	甲子	10.9	十·二十一	甲午	11.8	十一·二十一	癸亥	12.7	十二·二十一	癸巳	1.6

元成宗大德十年丙午（1306—1307）

一·一 壬寅 1.15	闰一·一	壬申 2.14	二·一	辛丑	3.15	三·一	辛未	4.14	四·一	庚子	5.13
·十 工了 1.25	闰一·丨一	壬午 2.24	二·丨一	辛亥	3.25	三·十一	辛巳	4.24	四·十一	庚戌	5.23
一·二十一 壬戌 2.4	闰一·二十一	壬辰 3.6	二·二十一	辛酉	4.4	三·二十一	辛卯	5.4	四·二十一	庚申	6.2
五·一	庚午	6.12	六·一	己亥	7.11	七·一	己巳	8.10	八·一	己亥	9.9
五·十	庚辰	6.22	六·十一	己酉	7.21	七·丨一	己卯	8.20	八·十一	己酉	9.19
五·二十一	庚寅	7.2	六·二十一	己未	7.31	七·二十一	己丑	8.30	八·二十一	己未	9.29
九·一	戊辰	10.8	十·一	戊戌	11.7	十一·一	戊辰	12.7	十二·一	丁酉	1.5
九·十一	戊寅	10.18	十·十一	戊申	11.17	十一·十一	戊寅	12.17	十二·十一	丁未	1.15
九·二十一	戊子	10.28	十·二十一	戊午	11.27	十一·二十一	戊子	12.27	十二·二十一	丁巳	1.25

元成宗大德十一年丁未（1307—1308）

一·一	丙寅	2.3	二·一	丙申	3.5	三·一	乙丑	4.3	四·一	乙未	5.3
一·十一	丙子	2.13	二·十一	丙午	3.15	三·十一	乙亥	4.13	四·十一	乙巳	5.13
一·二十一	丙戌	2.23	二·二十一	丙辰	3.25	三·二十一	乙酉	4.23	四·二十一	乙卯	5.23
五·一	甲子	6.1	六·一	癸巳	6.30	七·一	癸亥	7.30	八·一	癸巳	8.29
五·十一	甲戌	6.11	六·十一	癸卯	7.10	七·十一	癸酉	8.9	八·十一	癸卯	9.8
五·二十一	甲申	6.21	六·二十一	癸丑	7.20	七·二十一	癸未	8.19	八·二十一	癸丑	9.18
九·一	壬戌	9.27	十·一	壬辰	10.27	十一·一	壬戌	11.26	十二·一	壬辰	12.26
九·十一	壬申	10.7	十·十一	壬寅	11.6	十一·十一	壬申	12.6	十二·十一	壬寅	1.5
九·二十一	壬午	10.17	十·二十一	壬子	11.16	十一·二十一	壬午	12.16	十二·二十一	壬子	1.15

元武宗至大元年戊申（1308—1309）

一·一　辛酉　1.24	二·一　辛卯　2.23	三·一　庚申　3.23	四·一　己丑　4.21
一·十一　辛未　2.3	二·十一　辛丑　3.4	三·十一　庚午　4.2	四·十一　己亥　5.1
一·二十一　辛巳　2.13	二·二十一　辛亥　3.14	三·二十一　庚辰　4.12	四·二十一　己酉　5.11
五·一　己未　5.21	六·一　戊子　6.19	七·一　丁巳　7.18	八·一　丁亥　8.17
五·十一　己巳　5.31	六·十一　戊戌　6.29	七·十一　丁卯　7.28	八·十一　丁酉　8.27
五·二十一　己卯　6.10	六·二十一　戊申　7.9	七·二十一　丁丑　8.7	八·二十一　丁未　9.6
九·一　丙辰　9.15	十·一　丙戌　10.15	十一·一　丙辰　11.14　闰十一·一　丙戌　12.14	十二·一　乙卯　1.12
九·十一　丙寅　9.25	十·十一　丙申　10.25	十一·十一　丙寅　11.24　闰十一·十一　丙申　12.24	十二·十一　乙丑　1.22
九·二十一　丙子　10.5	十·二十一　丙午　11.4	十一·二十一　丙子　12.4　闰十一·二十一　丙午　1.3	十二·二十一　乙亥　2.1

元武宗至大二年己酉（1309—1310）

一·一　乙酉　2.11	二·一　乙卯　3.13	三·一　甲申　4.11	四·一　癸丑　5.10
一·十一　乙未　2.21	二·十一　乙丑　3.23	三·十一　甲午　4.21	四·十一　癸亥　5.20
一·二十一　乙巳　3.3	二·二十一　乙亥　4.2	三·二十一　甲辰　5.1	四·二十一　癸酉　5.30
五·一　癸未　6.9	六·一　壬子　7.8	七·一　辛巳　8.6	八·一　辛亥　9.5
五·十一　癸巳　6.19	六·十一　壬戌　7.18	七·十一　辛卯　8.16	八·十一　辛酉　9.15
五·二十一　癸卯　6.29	六·二十一　壬申　7.28	七·二十一　辛丑　8.26	八·二十一　辛未　9.25
九·一　庚辰　10.4	十·一　庚戌　11.3	十一·一　庚辰　12.3	十二·一　庚戌　1.2
九·十一　庚寅　10.14	十·十一　庚申　11.13	十一·十一　庚寅　12.13	十二·十一　庚申　1.12
九·二十一　庚子　10.24	十·二十一　庚午　11.23	十一·二十一　庚子　12.23	十二·二十一　庚午　1.22

元武宗至大三年庚戌（1310—1311）

一·一　己卯　1.31	二·一　己酉　3.2	三·一　己卯　4.1	四·一　戊申　4.30
一·十一　己丑　2.10	二·十一　己未　3.12	三·十一　己丑　4.11	四·十一　戊午　5.10
一·二十一　己亥　2.20	二·二十一　己巳　3.22	三·二十一　己亥　4.21	四·二十一　戊辰　5.20
五·一　丁丑　5.29	六·一　丁未　6.28	七·一　丙子　7.27	八·一　乙巳　8.25
五·十一　丁亥　6.8	六·十一　丁巳　7.8	七·十一　丙戌　8.6	八·十一　乙卯　9.4
五·二十一　丁酉　6.18	六·二十一　丁卯　7.18	七·二十一　丙申　8.16	八·二十一　乙丑　9.14
九·一　乙亥　9.24	十·一　甲辰　10.23	十一·一　甲戌　11.22	十二·一　甲辰　12.22
九·十一　乙酉　10.4	十·十一　甲寅　11.2	十一·十一　甲申　12.2	十二·十一　甲寅　1.1
九·二十一　乙未　10.14	十·二十一　甲子　11.12	十一·二十一　甲午　12.12	十二·二十一　甲子　1.11

元武宗至大四年辛亥（1311—1312）

一·一　癸酉　1.20	二·一　癸卯　2.19	三·一　癸酉　3.21	四·一　壬寅　4.19
一·十一　癸未　1.30	二·十一　癸丑　3.1	三·十一　癸未　3.31	四·十一　壬子　4.29
一·二十一　癸巳　2.9	二·二十一　癸亥　3.11	三·二十一　癸巳　4.10	四·二十一　壬戌　5.9
五·一　壬申　5.19	六·一　辛丑　6.17	七·一　辛未　7.17　闰七·一　庚子　8.15	八·一　己巳　9.13
五·十一　壬午　5.29	六·十一　辛亥　6.27	七·十一　辛巳　7.27　闰七·十一　庚戌　8.25	八·十一　己卯　9.23
五·二十一　壬辰　6.8	六·二十一　辛酉　7.7	七·二十一　辛卯　8.6　闰七·二十一　庚申　9.4	八·二十一　己丑　10.3
九·一　己亥　10.13	十·一　戊辰　11.11	十一·一　戊戌　12.11	十二·一　丁卯　1.9
九·十一　己酉　10.23	十·十一　戊寅　11.21	十一·十一　戊申　12.21	十二·十一　丁丑　1.19
九·二十一　己未　11.2	十·二十一　戊子　12.1	十一·二十一　戊午　12.31	十二·二十一　丁亥　1.29

元仁宗皇庆元年壬子（1312—1313）

一•一	丁酉	2.8	二•一	丁卯	3.9	三•一	丁酉	4.8	四•一	丙寅	5.7
一•十一	丁未	2.18	二•十一	丁丑	3.19	三•十一	丁未	4.18	四•十一	丙子	5.17
一•二十一	丁巳	2.28	二•二十一	丁亥	3.29	三•二十一	丁巳	4.28	四•二十一	丙戌	5.27
五•一	丙申	6.6	六•一	乙丑	7.5	七•一	乙未	8.4	八•一	甲子	9.2
五•十一	丙午	6.16	六•十一	乙亥	7.15	七•十一	乙巳	8.14	八•十一	甲戌	9.12
五•二十一	丙辰	6.26	六•二十一	乙酉	7.25	七•二十一	乙卯	8.24	八•二十一	甲申	9.22
九•一	癸巳	10.1	十•一	癸亥	10.31	十一•一	壬辰	11.29	十二•一	壬戌	12.29
九•十一	癸卯	10.11	十•十一	癸酉	11.10	十一•十一	壬寅	12.9	十二•十一	壬申	1.8
九•二十一	癸丑	10.21	十•二十一	癸未	11.20	十一•二十一	壬子	12.19	十二•二十一	壬午	1.18

元仁宗皇庆二年癸丑（1313—1314）

一•一	辛卯	1.27	二•一	辛酉	2.26	三•一	辛卯	3.28	四•一	庚申	4.26
一•十一	辛丑	2.6	二•十一	辛未	3.8	三•十一	辛丑	4.7	四•十一	庚午	5.6
一•二十一	辛亥	2.16	二•二十一	辛巳	3.18	三•二十一	辛亥	4.17	四•二十一	庚辰	5.16
五•一	庚寅	5.26	六•一	己未	6.24	七•一	己丑	7.24	八•一	戊午	8.22
五•十一	庚子	6.5	六•十一	己巳	7.4	七•十一	己亥	8.3	八•十一	戊辰	9.1
五•二十一	庚戌	6.15	六•二十一	己卯	7.14	七•二十一	己酉	8.13	八•二十一	戊寅	9.11
九•一	戊子	9.21	十•一	丁巳	10.20	十一•一	丁亥	11.19	十二•一	丙辰	12.18
九•十一	戊戌	10.1	十•十一	丁卯	10.30	十一•十一	丁酉	11.29	十二•十一	丙寅	12.28
九•二十一	戊申	10.11	十•二十一	丁丑	11.9	十一•二十一	丁未	12.9	十二•二十一	丙子	1.7

元仁宗延祐元年甲寅（1314—1315）

一•一	丙戌	1.17	二•一	乙卯	2.15	三•一	乙酉	3.17　闰三•一　甲寅 4.15	四•一	甲申	5.15
一•十一	丙申	1.27	二•十一	乙丑	2.25	三•十一	乙未	3.27　闰三•十一　甲子 4.25	四•十一	甲午	5.25
一•二十一	丙午	2.6	二•二十一	乙亥	3.7	三•二十一	乙巳	4.6　闰三•二十一　甲戌 5.5	四•二十一	甲辰	6.4
五•一	甲寅	6.14	六•一	癸未	7.13	七•一	癸丑	8.12	八•一	壬午	9.10
五•十一	甲子	6.24	六•十一	癸巳	7.23	七•十一	癸亥	8.22	八•十一	壬辰	9.20
五•二十一	甲戌	7.4	六•二十一	癸卯	8.2	七•二十一	癸酉	9.1	八•二十一	壬寅	9.30
九•一	壬子	10.10	十•一	辛巳	11.8	十一•一	辛亥	12.8	十二•一	庚辰	1.6
九•十一	壬戌	10.20	十•十一	辛卯	11.18	十一•十一	辛酉	12.18	十二•十一	庚寅	1.16
九•二十一	壬申	10.30	十•二十一	辛丑	11.28	十一•二十一	辛未	12.28	十二•二十一	庚子	1.26

元仁宗延祐二年乙卯（1315—1316）

一•一	庚戌	2.5	二•一	己卯	3.6	三•一	己酉	4.5	四•一	戊寅	5.4
一•十一	庚申	2.15	二•十一	己丑	3.16	三•十一	己未	4.15	四•十一	戊子	5.14
一•二十一	庚午	2.25	二•二十一	己亥	3.26	三•二十一	己巳	4.25	四•二十一	戊戌	5.24
五•一	戊申	6.3	六•一	丁丑	7.2	七•一	丁未	8.1	八•一	丁丑	8.31
五•十一	戊午	6.13	六•十一	丁亥	7.12	七•十一	丁巳	8.11	八•十一	丁亥	8.10
五•二十一	戊辰	6.23	六•二十一	丁酉	7.22	七•二十一	丁卯	8.21	八•二十一	丁酉	9.20
九•一	丙午	9.29	十•一	丙子	10.29	十一•一	乙巳	11.27	十二•一	乙亥	12.27
九•十一	丙辰	10.9	十•十一	丙戌	11.8	十一•十一	乙卯	12.7	十二•十一	乙酉	1.6
九•二十一	丙寅	10.19	十•二十一	丙申	11.18	十一•二十一	乙丑	12.17	十二•二十一	乙未	1.16

元仁宗延祐三年丙辰（1316—1317）

一•一 甲辰 1.25	二•一 甲戌 2.24	三•一 癸卯 3.24	四•一 癸酉 4.23
一•十一 甲寅 2.4	二•十一 甲申 3.5	三•十一 癸丑 4.3	四•十一 癸未 5.3
一•二十一 甲子 2.14	二•二十一 甲午 3.15	三•二十一 癸亥 4.13	四•二十一 癸巳 5.13
五•一 壬寅 5.22	六•一 辛未 6.20	七•一 辛丑 7.20	八•一 辛未 8.19
五•十一 壬子 6.1	六•十一 辛巳 6.30	七•十一 辛亥 7.30	八•十一 辛巳 8.29
五•二十一 壬戌 6.11	六•二十一 辛卯 7.10	七•二十一 辛酉 8.9	八•二十一 辛卯 9.8
九•一 庚子 9.17	十•一 庚午 10.17	十一•一 庚子 11.16	十二•一 己巳 12.15
九•十一 庚戌 9.27	十•十一 庚辰 10.27	十一•十一 庚戌 11.26	十二•十一 己卯 12.25
九•二十一 庚申 10.7	十•二十一 庚寅 11.6	十一•二十一 庚申 12.6	十二•二十一 己丑 1.4

元仁宗延祐四年丁巳（1317—1318）

一•一 己亥 1.14　闰一•一 己巳 2.13	二•一 戊戌 3.14	三•一 丁卯 4.12	四•一 丁酉 5.12
一•十一 己酉 1.24　闰一•十一 己卯 2.23	二•十一 戊申 3.24	三•十一 丁丑 4.22	四•十一 丁未 5.22
一•二十一 己未 2.3　闰一•二十一 己丑 3.5	二•二十一 戊午 4.3	三•二十一 丁亥 5.2	四•二十一 丁巳 6.1
*五•一 丙寅 6.10	六•一 乙未 7.9	七•一 乙丑 8.8	八•一 甲午 9.6
五•十一 丙子 6.20	六•十一 乙巳 7.19	七•十一 乙亥 8.18	八•十一 甲辰 9.16
五•二十一 丙戌 6.30	六•二十一 乙卯 7.29	七•二十一 乙酉 8.28	八•二十一 甲寅 9.26
九•一 甲子 10.6	十•一 甲午 11.5	十一•一 甲子 12.5	十二•一 癸巳 1.3
九•十一 甲戌 10.16	十•十一 甲辰 11.15	十一•十一 甲戌 12.15	十二•十一 癸卯 1.13
九•二十一 甲申 10.26	十•二十一 甲寅 11.25	十一•二十一 甲申 12.25	十二•二十一 癸丑 1.23

*《辑要》五月壬寅朔，误。

元仁宗延祐五年戊午（1318—1319）

一•一 癸亥 2.2	二•一 癸巳 3.4	三•一 壬戌 4.2	四•一 辛卯 5.1
一•十一 癸酉 2.12	二•十一 癸卯 3.14	三•十一 壬申 4.12	四•十一 辛丑 5.11
一•二十一 癸未 2.22	二•二十一 癸丑 3.24	三•二十一 壬午 4.22	四•二十一 辛亥 5.21
五•一 辛酉 5.31	六•一 庚寅 6.29	七•一 己未 7.28	八•一 己丑 8.27
五•十一 辛未 6.10	六•十一 庚子 7.9	七•十一 己巳 8.7	八•十一 己亥 9.6
五•二十一 辛巳 6.20	六•二十一 庚戌 7.19	七•二十一 己卯 8.17	八•二十一 己酉 9.16
九•一 戊午 9.25	十•一 戊子 10.25	十一•一 丁巳 11.23	十二•一 丁亥 12.23
九•十一 戊辰 10.5	十•十一 戊戌 11.4	十一•十一 丁卯 12.3	十二•十一 丁酉 1.2
九•二十一 戊寅 10.15	十•二十一 戊申 11.14	十一•二十一 丁丑 12.13	十二•二十一 丁未 1.12

元仁宗延祐六年己未（1319—1320）

一•一 丁巳 1.22	二•一 丁亥 2.21	三•一 丙辰 3.22	四•一 丙戌 4.21
一•十一 丁卯 2.1	二•十一 丁酉 3.3	三•十一 丙寅 4.1	四•十一 丙申 5.1
一•二十一 丁丑 2.11	二•二十一 丁未 3.13	三•二十一 丙子 4.11	四•二十一 丙午 5.11
五•一 乙卯 5.20	六•一 甲申 6.18	七•一 甲寅 7.18	八•一 癸未 8.16　闰八•一 癸丑 9.15
五•十一 乙丑 5.30	六•十一 甲午 6.28	七•十一 甲子 7.28	八•十一 癸巳 8.26　闰八•十一 癸亥 9.25
五•二十一 乙亥 6.9	六•二十一 甲辰 7.8	七•二十一 甲戌 8.7	八•二十一 癸卯 9.5　闰八•二十一 癸酉 10.5
九•一 壬午 10.14	十•一 壬子 11.13	十一•一 辛巳 12.12	十二•一 辛亥 1.11
九•十一 壬辰 10.24	十•十一 壬戌 11.23	十一•十一 辛卯 12.22	十二•十一 辛酉 1.21
九•二十一 壬寅 11.3	十•二十一 壬申 12.3	十一•二十一 辛丑 1.1	十二•二十一 辛未 1.31

元仁宗延祐七年庚申(1320—1321)

一・一 辛巳 2.10	二・一 辛亥 3.11	三・一 庚辰 4.9	四・一 庚戌 5.9
一・十一 辛卯 2.20	二・十一 辛酉 3.21	三・十一 庚寅 4.19	四・十一 庚申 5.19
一・二十一 辛丑 3.1	二・二十一 辛未 3.31	三・二十一 庚子 4.29	四・二十一 庚午 5.29
五・一 己卯 6.7	六・一 己酉 7.7	七・一 戊寅 8.5	八・一 丁未 9.3
五・十一 己丑 6.17	六・十一 己未 7.17	七・十一 戊子 8.15	八・十一 丁巳 9.13
五・二十一 己亥 6.27	六・二十一 己巳 7.27	七・二十一 戊戌 8.25	八・二十一 丁卯 9.23
九・一 丁丑 10.3	十・一 丙午 11.1	十一・一 丙子 12.1	十二・一 乙巳 12.30
九・十一 丁亥 10.13	十・十一 丙辰 11.11	十一・十一 丙戌 12.11	十二・十一 乙卯 1.9
九・二十一 丁酉 10.23	十・二十一 丙寅 11.21	十一・二十一 丙申 12.21	十二・二十一 乙丑 1.19

元英宗至治元年辛酉(1321—1322)

一・一 乙亥 1.29	二・一 乙巳 2.28	三・一 甲戌 3.29	四・一 甲辰 4.28
一・十一 乙酉 2.8	二・十一 乙卯 3.10	三・十一 甲申 4.8	四・十一 甲寅 5.8
一・二十一 乙未 2.18	二・二十一 乙丑 3.20	三・二十一 甲午 4.18	四・二十一 甲子 5.18
五・一 甲戌 5.28	六・一 癸卯 6.26	七・一 壬申 7.25	八・一 壬寅 8.24
五・十一 甲申 6.7	六・十一 癸丑 7.6	七・十一 壬午 8.4	八・十一 壬子 9.3
五・二十一 甲午 6.17	六・二十一 癸亥 7.16	七・二十一 壬辰 8.14	八・二十一 壬戌 9.13
九・一 辛未 9.22	十・一 辛丑 10.22	十一・一 庚午 11.20	十二・一 庚子 12.20
九・十一 辛巳 10.2	十・十一 辛亥 11.1	十一・十一 庚辰 11.30	十二・十一 庚戌 12.30
九・二十一 辛卯 10.12	十・二十一 辛酉 11.11	十一・二十一 庚寅 12.10	十二・二十一 庚申 1.9

元英宗至治二年壬戌(1322—1323)

一・一 己巳 1.18	二・一 己亥 2.17	三・一 戊辰 3.18	四・一 戊戌 4.17
一・十一 己卯 1.28	二・十一 己酉 2.27	三・十一 戊寅 3.28	四・十一 戊申 4.27
一・二十一 己丑 2.7	二・二十一 己未 3.9	三・二十一 戊子 4.7	四・二十一 戊午 5.7
五・一 戊辰5.17 闰五・一 丁酉6.15	六・一 丁卯 7.15	七・一 丙申 8.13	八・一 丙寅 9.12
五・十 戊寅5.27 闰五・十 丁未6.25	六・十一 丁丑 7.25	七・十一 丙午 8.23	八・十一 丙子 9.22
五・二十一 戊子6.6 闰五・二十一 丁巳7.5	六・二十一 丁亥 8.4	七・二十一 丙辰 9.2	八・二十一 丙戌 10.2
九・一 乙未 10.11	十・一 乙丑 11.10	十一・一 甲午 12.9	十二・一 甲子 1.8
九・十一 乙巳 10.21	十・十一 乙亥 11.20	十一・十一 甲辰 12.19	十二・十一 甲戌 1.18
九・二十一 乙卯 11.31	十・二十一 乙酉 11.30	十一・二十一 甲寅 12.29	十二・二十一 甲申 1.28

元英宗至治三年癸亥(1323—1324)

一・一 癸巳 2.6	二・一 癸亥 3.8	三・一 壬辰 4.6	四・一 壬戌 5.6
一・十一 癸卯 2.16	二・十一 癸酉 3.18	三・十一 壬寅 4.16	四・十一 壬申 5.16
一・二十一 癸丑 2.26	二・二十一 癸未 3.28	三・二十一 壬子 4.26	四・二十一 壬午 5.26
五・一 辛卯 6.4	六・一 辛酉 7.4	七・一 辛卯 8.3	八・一 庚申 9.1
五・十一 辛丑 6.14	六・十一 辛未 7.14	七・十一 辛丑 8.13	八・十一 庚午 9.11
五・二十一 辛亥 6.24	六・二十一 辛巳 7.24	七・二十一 辛亥 8.23	八・二十一 庚辰 9.21
九・一 庚寅 10.1	十・一 己未 10.30	十一・一 己丑 11.29	十二・一 戊午 12.28
九・十一 庚子 10.11	十・十一 己巳 11.9	十一・十一 己亥 12.9	十二・十一 戊辰 1.7
九・二十一 庚戌 10.21	十・二十一 己卯 11.19	十一・二十一 己酉 12.19	十二・二十一 戊寅 1.17

元泰定帝泰定元年甲子(1324—1325)

一·一　戊子　1.27	二·一　丁巳　2.25	三·一　丁亥　3.26	四·一　丙辰　4.24
一·十一　戊戌　2.6	二·十一　丁卯　3.6	三·十一　丁酉　4.5	四·十一　丙寅　5.4
一·二十一　戊申　2.16	二·二十一　丁丑　3.16	三·二十一　丁未　4.15	四·二十一　丙子　5.14
五·一　乙酉　5.23	六·一　乙卯　6.22	七·一　乙酉　7.22	八·一　甲寅　8.20
五·十一　乙未　6.2	六·十一　乙丑　7.2	七·十一　乙未　8.1	八·十一　甲子　8.30
五·二十一　乙巳　6.12	六·二十一　乙亥　7.12	七·二十一　乙巳　8.11	八·二十一　甲戌　9.9
九·一　甲申　9.19	十·一　甲寅　10.19	十一·一　癸未　11.17	十二·一　癸丑　12.17
九·十一　甲午　9.29	十·十一　甲子　10.29	十一·十一　癸巳　11.27	十二·十一　癸亥　12.27
九·二十一　甲辰　10.9	十·二十一　甲戌　11.8	十一·二十一　癸卯　12.7	十二·二十一　癸酉　1.6

元泰定帝泰定二年乙丑(1325—1326)

一·一　壬午 1.15　闰一·一　壬子 2.14	二·一　辛巳　3.15	三·一　辛亥　4.14	四·一　庚辰　5.13
一·十一　壬辰 1.25　闰一·十一　壬戌 2.24	二·十一　辛卯　3.25	三·十一　辛酉　4.24	四·十一　庚寅　5.23
一·二十一壬寅 2.4　闰一·二十一壬申 3.6	二·二十一　辛丑　4.4	三·二十一　辛未　5.4	四·二十一　庚子　6.2
五·一　己酉　6.11	六·一　己卯　7.11	七·一　戊申　8.9	八·一　戊寅　9.8
五·十一　己未　6.21	六·十一　己丑　7.21	七·十一　戊午　8.19	八·十一　戊子　9.18
五·二十一　己巳　7.1	六·二十一　己亥　7.31	七·二十一　戊辰　8.29	八·二十一　戊戌　9.28
九·一　戊申　10.8	十·一　戊寅　11.7	十一·一　丁未　12.6	十二·一　丁丑　1.5
九·十一　戊午　10.18	十·十一　戊子　11.17	十一·十一　丁巳　12.16	十二·十一　丁亥　1.15
九·二十一　戊辰　10.28	十·二十一　戊戌　11.27	十一·二十一　丁卯　12.26	十二·二十一　丁酉　1.25

元泰定帝泰定三年丙寅(1326—1327)

一·一　丙午　2.3	二·一　丙子　3.5	三·一　乙巳　4.3	四·一　乙亥　5.3
一·十一　丙辰　2.13	二·十一　丙戌　3.15	三·十一　乙卯　4.13	四·十一　乙酉　5.13
一·二十一　丙寅　2.23	二·二十一　丙申　3.25	三·二十一　乙丑　4.23	四·二十一　乙未　5.23
五·一　甲辰　6.1	六·一　癸酉　6.30	七·一　癸卯　7.30	八·一　壬申　8.28
五·十一　甲寅　6.11	六·十一　癸未　7.10	七·十一　癸丑　8.9	八·十一　壬午　9.7
五·二十一　甲子　6.21	六·二十一　癸巳　7.20	七·二十一　癸亥　8.19	八·二十一　壬辰　9.17
九·一　壬寅　9.27	十·一　辛未　10.26	十一·一　辛丑　11.25	十二·一　辛未　12.25
九·十一　壬子　10.7	十·十一　辛巳　11.5	十一·十一　辛亥　12.5	十二·十一　辛巳　1.4
九·二十一　壬戌　10.17	十·二十一　辛卯　11.15	十一·二十一　辛酉　12.15	十二·二十一　辛卯　1.14

元泰定帝泰定四年丁卯(1327—1328)

一·一　辛丑　1.24	二·一　庚午　2.22	三·一　庚子　3.24	四·一　己巳　4.22
一·十一　辛亥　2.3	二·十一　庚辰　3.4	三·十一　庚戌　4.3	四·十一　己卯　5.2
一·二十一　辛酉　2.13	二·二十一　庚寅　3.14	三·二十一　庚申　4.13	四·二十一　己丑　5.12
五·一　己亥　5.22	六·一　戊辰　6.20	七·一　丁酉　7.19	八·一　丁卯　8.18
五·十一　己酉　6.1	六·十一　戊寅　6.30	七·十一　丁未　7.29	八·十一　丁丑　8.28
五·二十一　己未　6.11	六·二十一　戊子　7.10	七·二十一　丁巳　8.8	八·二十一　丁亥　9.7
九·一　丙申 9.16　闰九·一　丙寅 10.16	十·一　乙未　11.14	十一·一　乙丑　12.14	十二·一　乙未　1.13
九·十一　丙午 9.26　闰九·十一　丙子 10.26	十·十一　乙巳　11.24	十一·十一　乙亥　12.24	十二·十一　乙巳　1.23
九·二十一丙辰 10.6　闰九·二十一丙戌 11.5	十·二十一　乙卯　12.4	十一·二十一　乙酉　1.3	十二·二十一　乙卯　2.2

元文宗天历元年戊辰(1328—1329)

一•一	乙丑	2.12	*二•一	甲午	3.12	三•一	甲子	4.11	四•一	癸巳	5.10
一•十一	乙亥	2.22	二•十一	甲辰	3.22	三•十一	甲戌	4.21	四•十一	癸卯	5.20
一•二十一	乙酉	3.3	二•二十一	甲寅	4.1	三•二十一	甲申	5.1	四•二十一	癸丑	5.30
五•一	癸亥	6.9	六•一	壬辰	7.8	七•一	辛酉	8.6	八•一	辛卯	9.5
五•十一	癸酉	6.19	六•十一	壬寅	7.18	七•十一	辛未	8.16	八•十一	辛丑	9.15
五•二十一	癸未	6.29	六•二十一	壬子	7.28	七•二十一	辛巳	8.26	八•二十一	辛亥	9.25
**九•一	庚申	10.4	十•一	己丑	11.2	十一•一	己未	12.2	十二•一	己丑	1.1
九•十一	庚午	10.14	十•十一	己亥	11.12	十一•十一	己巳	12.12	十二•十一	己亥	1.11
九•二十一	庚辰	10.24	十•二十一	己酉	11.22	十一•二十一	己卯	12.22	十二•二十一	己酉	1.21

* 本月泰定帝改元"致和"。 ** 本月天顺帝即位,改元"天顺";文宗即位,改元"天历"。

元文宗天历二年己巳(1329—1330)

*一•一	己未	1.31	二•一	戊子	3.1	三•一	戊午	3.31	四•一	戊子	4.30
一•十一	己巳	2.10	二•十一	戊戌	3.11	三•十一	戊辰	4.10	四•十一	戊戌	5.10
一•二十一	己卯	2.20	二•二十一	戊申	3.21	三•二十一	戊寅	4.20	四•二十一	戊申	5.20
五•一	丁巳	5.29	六•一	丁亥	6.28	七•一	丙辰	7.27	**八•一	乙酉	8.25
五•十一	丁卯	6.8	六•十一	丁酉	7.8	七•十一	丙寅	8.6	八•十一	乙未	9.4
五•二十一	丁丑	6.18	六•二十一	丁未	7.18	七•二十一	丙子	8.16	八•二十一	乙巳	9.14
九•一	乙卯	9.24	十•一	甲申	10.23	十一•一	癸丑	11.21	十二•一	癸未	12.21
九•十一	乙丑	10.4	十•十一	甲午	11.2	十一•十一	癸亥	12.1	十二•十一	癸巳	12.31
九•二十一	乙亥	10.14	十•二十一	甲辰	11.12	十一•二十一	癸酉	12.11	十二•二十一	癸卯	1.10

* 本月明宗即位,不改元。 ** 本月明宗卒,文宗复位。

元文宗至顺元年庚午(1330—1331)

一•一	癸丑	1.20	二•一	壬午	2.18	三•一	壬子	3.20	四•一	壬午	4.19
一•十一	癸亥	1.30	二•十一	壬辰	2.28	三•十一	壬戌	3.30	四•十一	壬辰	4.29
一•二十一	癸酉	2.9	二•二十一	壬寅	3.10	三•二十一	壬申	4.9	四•二十一	壬寅	5.9
*五•一	辛亥	5.18	六•一	辛巳	6.17	七•一 庚戌 7.16	闰七•一 庚辰 8.15		八•一	己酉	9.13
五•十一	辛酉	5.28	六•十一	辛卯	6.27	七•十一 庚申 7.26	闰七•十一 庚寅 8.25		八•十一	己未	9.23
五•二十一	辛未	6.7	六•二十一	辛丑	7.7	七•二十一 庚午 8.5	闰七•二十一 庚子 9.4		八•二十一	己巳	10.3
九•一	己卯	10.13	十•一	戊申	11.11	十一•一	丁丑	12.10	十二•一	丁未	1.9
九•十一	己丑	10.23	十•十一	戊午	11.21	十一•十一	丁亥	12.20	十二•十一	丁巳	1.19
九•二十一	己亥	11.2	十•二十一	戊辰	12.1	十一•二十一	丁酉	12.30	十二•二十一	丁卯	1.29

* 本月改元"至顺"。

元文宗至顺二年辛未(1331—1332)

一•一	丁丑	2.8	二•一	丙午	3.9	三•一	丙子	4.8	四•一	丙午	5.8
一•十一	丁亥	2.18	二•十一	丙辰	3.19	三•十一	丙戌	4.18	四•十一	丙辰	5.18
一•二十一	丁酉	2.28	二•二十一	丙寅	3.29	三•二十一	丙申	4.28	四•二十一	丙寅	5.28
五•一	乙亥	6.6	六•一	乙巳	7.6	七•一	甲戌	8.4	八•一	甲辰	9.3
五•十一	乙酉	6.16	六•十一	乙卯	7.16	七•十一	甲申	8.14	八•十一	甲寅	9.13
五•二十一	乙未	6.26	六•二十一	乙丑	7.26	七•二十一	甲午	8.24	八•二十一	甲子	9.23
九•一	癸酉	10.2	十•一	癸卯	11.1	十一•一	壬申	11.30	十二•一	壬寅	12.30
九•十一	癸未	10.12	十•十一	癸丑	11.11	十一•十一	壬午	12.10	十二•十一	壬子	1.9
九•二十一	癸巳	10.22	十•二十一	癸亥	11.21	十一•二十一	壬辰	12.20	十二•二十一	壬戌	1.19

元文宗至顺三年壬申（1332—1333）

一·一	辛未	1.28	二·一	辛丑	2.27	三·一	庚午	3.27	四·一	庚子	4.26
一·十一	辛巳	2.7	二·十一	辛亥	3.8	三·十一	庚辰	4.6	四·十一	庚戌	5.6
一·二十一	辛卯	2.17	二·二十一	辛酉	3.18	三·二十一	庚寅	4.16	四·二十一	庚申	5.16
五·一	己巳	5.25	六·一	己亥	6.24	七·一	戊辰	7.23	八·一	戊戌	8.22
五·十一	己卯	6.4	六·十一	己酉	7.4	七·十一	戊寅	8.2	八·十一	戊申	9.1
五·二十一	己丑	6.14	六·二十一	己未	7.14	七·二十一	戊子	8.12	八·二十一	戊午	9.11
九·一	戊辰	9.21	*十·一	丁酉	10.20	十一·一	丁卯	11.19	十二·一	丙申	12.18
九·十一	戊寅	10.1	十·十一	丁未	10.30	十一·十一	丁丑	11.29	十二·十一	丙午	12.28
九·二十一	戊子	10.11	十·二十一	丁巳	11.9	十一·二十一	丁亥	12.9	十二·二十一	丙辰	1.7

* 本月宁宗即位，次月卒。

元顺帝元统元年癸酉（1333—1334）

一·一	丙寅	1.17	二·一	乙未	2.15	三·一	乙丑 3.17	闰三·一 甲午 4.15	四·一	癸亥	5.14
一·十一	丙子	1.27	二·十一	乙巳	2.25	三·十一	乙亥 3.27	闰三·十一 甲辰 4.25	四·十一	癸酉	5.24
一·二十一	丙戌	2.6	二·二十一	乙卯	3.7	三·二十一	乙酉 4.6	闰三·二十一 甲寅 5.5	四·二十一	癸未	6.3
五·一	癸巳	6.13	六·一	壬戌	7.12	七·一	壬辰	8.11	八·一	壬戌	9.10
五·十一	癸卯	6.23	六·十一	壬申	7.22	七·十一	壬寅	8.21	八·十一	壬申	9.20
五·二十一	癸丑	7.3	六·二十一	壬午	8.1	七·二十一	壬子	8.31	八·二十一	壬午	9.30
九·一	壬辰	10.10	*十·一	辛酉	11.8	十一·一	辛卯	12.8	十二·一	庚申	1.6
九·十一	壬寅	10.20	十·十一	辛未	11.18	十一·十一	辛丑	12.18	十二·十一	庚午	1.16
九·二十一	壬子	10.30	十·二十一	辛巳	11.28	十一·二十一	辛亥	12.28	十二·二十一	庚辰	1.26

* 本月顺帝改元"元统"。

元顺帝元统二年甲戌（1334—1335）

一·一	庚寅	2.5	二·一	己未	3.6	三·一	己丑	4.5	四·一	戊午	5.4
一·十一	庚子	2.15	二·十一	己巳	3.16	三·十一	己亥	4.15	四·十一	戊辰	5.14
一·二十一	庚戌	2.25	二·二十一	己卯	3.26	三·二十一	己酉	4.25	四·二十一	戊寅	5.24
五·一	丁亥	6.2	六·一	丁巳	7.2	七·一	丙戌	7.31	八·一	丙辰	8.30
五·十一	丁酉	6.12	六·十一	丁卯	7.12	七·十一	丙申	8.10	八·十一	丙寅	9.9
五·二十一	丁未	6.22	六·二十一	丁丑	7.22	七·二十一	丙午	8.20	八·二十一	丙子	9.19
九·一	丙戌	9.29	十·一	乙卯	10.28	十一·一	乙酉	11.27	十二·一	乙卯	12.27
九·十一	丙申	10.9	十·十一	乙丑	11.7	十一·十一	乙未	12.7	十二·十一	乙丑	1.6
九·二十一	丙午	10.19	十·二十一	乙亥	11.17	十一·二十一	乙巳	12.17	十二·二十一	乙亥	1.16

元顺帝至元元年乙亥（1335—1336）

一·一	甲申	1.25	二·一	甲寅	2.24	三·一	癸未	3.25	四·一	癸丑	4.24
一·十一	甲午	2.4	二·十一	甲子	3.6	三·十一	癸巳	4.4	四·十一	癸亥	5.4
一·二十一	甲辰	2.14	二·二十一	甲戌	3.16	三·二十一	癸卯	4.14	四·二十一	癸酉	5.14
五·一	壬午	5.23	六·一	辛亥	6.21	七·一	辛巳	7.21	八·一	辛亥	8.20
五·十一	壬辰	6.2	六·十一	辛酉	7.1	七·十一	辛卯	7.31	八·十一	辛酉	8.30
五·二十一	壬寅	6.12	六·二十一	辛未	7.11	七·二十一	辛丑	8.10	八·二十一	辛未	9.9
九·一	庚辰	9.18	十·一	己酉	10.17	*十一·一	己卯	11.16	十二·一	己酉 12.16	闰十二·一 己卯 1.15
九·十一	庚寅	9.28	十·十一	己未	10.27	十一·十一	己丑	11.26	十二·十一	己未 12.26	闰十二·十一 己丑 1.25
九·二十一	庚子	10.8	十·二十一	己巳	11.6	十一·二十一	己亥	12.6	十二·二十一	己巳 1.5	闰十二·二十一 己亥 2.4

* 本月改元"至元"。

元顺帝至元二年丙子（1336—1337）

一·一	戊申	2.13	二·一	戊寅	3.14	三·一	丁未	4.12	四·一	丁丑	5.12
一·十一	戊午	2.23	二·十一	戊子	3.24	三·十一	丁巳	4.22	四·十一	丁亥	5.22
一·二十一	戊辰	3.4	二·二十一	戊戌	4.3	三·二十一	丁卯	5.2	四·二十一	丁酉	6.1
五·一	丙午	6.10	六·一	乙亥	7.9	七·一	甲辰	8.7	八·一	甲戌	9.6
五·十一	丙辰	6.20	六·十一	乙酉	7.19	七·十一	甲寅	8.17	八·十一	甲申	9.16
五·二十一	丙寅	6.30	六·二十一	乙未	7.29	七·二十一	甲子	8.27	八·二十一	甲午	9.26
九·一	癸卯	10.5	十·一	癸酉	11.4	十一·一	癸卯	12.4	十二·一	癸酉	1.3
九·十一	癸丑	10.15	十·十一	癸未	11.14	十一·十一	癸丑	12.14	十二·十一	癸未	1.13
九·二十一	癸亥	10.25	十·二十一	癸巳	11.24	十一·二十一	癸亥	12.24	十二·二十一	癸巳	1.23

元顺帝至元三年丁丑（1337—1338）

一·一	壬寅	2.1	二·一	壬申	3.3	三·一	壬寅	4.2	四·一	辛未	5.1
一·十一	壬子	2.11	二·十一	壬午	3.13	三·十一	壬子	4.12	四·十一	辛巳	5.11
一·二十一	壬戌	2.21	二·二十一	壬辰	3.23	三·二十一	壬戌	4.22	四·二十一	辛卯	5.21
五·一	辛丑	5.31	六·一	庚午	6.29	七·一	己亥	7.28	八·一	戊辰	8.26
五·十一	辛亥	6.10	六·十一	庚辰	7.9	七·十一	己酉	8.7	八·十一	戊寅	9.5
五·二十一	辛酉	6.20	六·二十一	庚寅	7.19	七·二十一	己未	8.17	八·二十一	戊子	9.15
九·一	戊戌	9.25	十·一	丁卯	10.24	十一·一	丁酉	11.23	十二·一	丁卯	12.23
九·十一	戊申	10.5	十·十一	丁丑	11.3	十一·十一	丁未	12.3	十二·十一	丁丑	1.2
九·二十一	戊午	10.15	十·二十一	丁亥	11.13	十一·二十一	丁巳	12.13	十二·二十一	丁亥	1.12

元顺帝至元四年戊寅（1338—1339）

一·一	丙申	1.21	二·一	丙寅	2.20	三·一	丙申	3.22	四·一	丙寅	4.21
一·十一	丙午	1.31	二·十一	内子	3.2	三·十一	丙午	4.1	四·十一	丙子	5.1
一·二十一	丙辰	2.10	二·二十一	丙戌	3.12	三·二十一	丙辰	4.11	四·二十一	丙戌	5.11
五·一	乙未	5.20	六·一	乙丑	6.19	七·一	甲午	7.18	八·一	癸亥	8.16 闰八·一 癸巳 9.15
五·十一	乙巳	5.30	六·十一	乙亥	6.29	七·十一	甲辰	7.28	八·十一	癸酉	8.26 闰八·十一 癸卯 9.25
五·二十一	乙卯	6.9	六·二十一	乙酉	7.9	七·二十一	甲寅	8.7	八·二十一	癸未	9.5 闰八·二十一 癸丑 10.5
九·一	壬戌	10.14	十·一	辛卯	11.12	十一·一	辛酉	12.12	十二·一	辛卯	1.11
九·十一	壬申	10.24	十·十一	辛丑	11.22	十一·十一	辛未	12.22	十二·十一	辛丑	1.21
九·二十一	壬午	11.3	十·二十一	辛亥	12.2	十一·二十一	辛巳	1.1	十二·二十一	辛亥	1.31

元顺帝至元五年己卯（1339—1340）

一·一	庚申	2.9	二·一	庚寅	3.11	三·一	庚申	4.10	四·一	己丑	5.9
一·十一	庚午	2.19	二·十一	庚子	3.21	三·十一	庚午	4.20	四·十一	己亥	5.19
一·二十一	庚辰	3.1	二·二十一	庚戌	3.31	三·二十一	庚辰	4.30	四·二十一	己酉	5.29
五·一	己未	6.8	六·一	戊子	7.7	七·一	戊午	8.6	八·一	丁亥	9.4
五·十一	己巳	6.18	六·十一	戊戌	7.17	七·十一	戊辰	8.16	八·十一	丁酉	9.14
五·二十一	己卯	6.28	六·二十一	戊申	7.27	七·二十一	戊寅	8.26	八·二十一	丁未	9.24
九·一	丙辰	10.3	十·一	丙戌	11.2	十一·一	乙卯	12.1	十二·一	乙酉	12.31
九·十一	丙寅	10.13	十·十一	丙申	11.12	十一·十一	乙丑	12.11	十二·十一	乙未	1.10
九·二十一	丙子	10.23	十·二十一	丙午	11.22	十一·二十一	乙亥	12.21	十二·二十一	乙巳	1.20

元顺帝至元六年庚辰（1340—1341）

一·一　甲寅　1.29	二·一　甲申　2.28	三·一　甲寅　3.29	四·一　癸未　4.27
一·十一　甲子　2.8	二·十一　甲午　3.9	三·十一　甲子　4.8	四·十一　癸巳　5.7
一·二十一　甲戌　2.18	二·二十一　甲辰　3.19	三·二十一　甲戌　4.18	四·二十一　癸卯　5.17
五·一　癸丑　5.27	六·一　癸未　6.26	七·一　壬子　7.25	八·一　壬午　8.24
五·十一　癸亥　6.6	六·十一　癸巳　7.6	七·十一　壬戌　8.4	八·十一　壬辰　9.3
五·二十一　癸酉　6.16	六·二十一　癸卯　7.16	七·二十一　壬申　8.14	八·二十一　壬寅　9.13
九·一　辛亥　9.22	十·一　辛巳　10.22	十一·一　庚戌　11.20	十二·一　庚辰　12.20
九·十一　辛酉　10.2	十·十一　辛卯　11.1	十一·十一　庚申　11.30	十二·十一　庚寅　12.30
九·二十一　辛未　10.12	十·二十一　辛丑　11.11	十一·二十一　庚午　12.10	十二·二十一　庚子　1.9

元顺帝至正元年辛巳（1341—1342）

一·一　己酉　1.18	二·一　戊寅　2.16	三·一　戊申　3.18	四·一　丁丑　4.16
一·十一　己未　1.28	二·十一　戊子　2.26	三·十一　戊午　3.28	四·十一　丁亥　4.26
一·二十一　己巳　2.7	二·二十一　戊戌　3.8	三·二十一　戊辰　4.7	四·二十一　丁酉　5.6
五·一　丁未 5.16　闰五·一　丁丑 6.15	六·一　丙午　7.14	七·一　丙子　8.13	八·一　丙午　9.12
五·十一　丁巳 5.26　闰五·十一　丁亥 6.25	六·十一　丙辰　7.24	七·十一　丙戌　8.23	八·十一　丙辰　9.22
五·二十一　丁卯 6.5　闰五·二十一　丁酉 7.5	六·二十一　丙寅　8.3	七·二十一　丙申　9.2	八·二十一　丙寅　10.2
九·一　乙亥　10.11	十·一　乙巳　11.10	十一·一　甲戌　12.9	十二·一　甲辰　1.8
九·十一　乙酉　10.21	十·十一　乙卯　11.20	十一·十一　甲申　12.19	十二·十一　甲寅　1.18
九·二十一　乙未　10.31	十·二十一　乙丑　11.30	十一·二十一　甲午　12.29	十二·二十一　甲子　1.28

元顺帝至正二年壬午（1342—1343）

一·一　癸酉　2.6	二·一　壬寅　3.7	三·一　壬申　4.6	四·一　辛丑　5.5
一·十一　癸未　2.16	二·十一　壬子　3.17	三·十一　壬午　4.16	四·十一　辛亥　5.15
一·二十一　癸巳　2.26	二·二十一　壬戌　3.27	三·二十一　壬辰　4.26	四·二十一　辛酉　5.25
五·一　辛未　6.4	六·一　庚子　7.3	七·一　庚午　8.2	八·一　庚子　9.1
五·十一　辛巳　6.14	六·十一　庚戌　7.13	七·十一　庚辰　8.12	八·十一　庚戌　9.11
五·二十一　辛卯　6.24	六·二十一　庚申　7.23	七·二十一　庚寅　8.22	八·二十一　庚申　9.21
九·一　己巳　9.30	十·一　己亥　10.30	十一·一　己巳　11.29	十二·一　戊戌　12.28
九·十一　己卯　10.10	十·十一　己酉　11.9	十一·十一　己卯　12.9	十二·十一　戊申　1.7
九·二十一　己丑　10.20	十·二十一　己未　11.19	十一·二十一　己丑　12.19	十二·二十一　戊午　1.17

元顺帝至正三年癸未（1343—1344）

一·一　戊辰　1.27	二·一　丁酉　2.25	三·一　丁卯　3.27	四·一　丙申　4.25
一·十一　戊寅　2.6	二·十一　丁未　3.7	三·十一　丁丑　4.6	四·十一　丙午　5.5
一·二十一　戊子　2.16	二·二十一　丁巳　3.17	三·二十一　丁亥　4.16	四·二十一　丙辰　5.15
五·一　乙丑　5.24	六·一　乙未　6.23	七·一　甲子　7.22	八·一　甲午　8.21
五·十一　乙亥　6.3	六·十一　乙巳　7.3	七·十一　甲戌　8.1	八·十一　甲辰　8.31
五·二十一　乙酉　6.13	六·二十一　乙卯　7.13	七·二十一　甲申　8.11	八·二十一　甲寅　9.10
九·一　癸亥　9.19	十·一　癸巳　10.19	十一·一　癸亥　11.18	十二·一　癸巳　12.18
九·十一　癸酉　9.29	十·十一　癸卯　10.29	十一·十一　癸酉　11.28	十二·十一　癸卯　12.28
九·二十一　癸未　10.9	十·二十一　癸丑　11.8	十一·二十一　癸未　12.8	十二·二十一　癸丑　1.7

元顺帝至正四年甲申（1344—1345）

一·一 壬戌 1.16	二·一 壬辰 2.15 闰二·一 辛酉 3.15	三·一 辛卯 4.14	四·一 庚申 5.13
一·十一 壬申 1.26	二·十一 壬寅 2.25 闰二·十一 辛未 3.25	三·十一 辛丑 4.24	四·十一 庚午 5.23
一·二十一 壬午 2.5	二·二十一 壬子 3.6 闰二·二十一 辛巳 4.4	三·二十一 辛亥 5.4	四·二十一 庚辰 6.2
五·一 己丑 6.11	六·一 戊午 7.10	七·一 戊子 8.9	八·一 丁巳 9.7
五·十一 己亥 6.21	六·十一 戊辰 7.20	七·十一 戊戌 8.19	八·十一 丁卯 9.17
五·二十一 己酉 7.1	六·二十一 戊寅 7.30	七·二十一 戊申 8.29	八·二十一 丁丑 9.27
九·一 丁亥 10.7	十·一 丁巳 11.6	十一·一 丁亥 12.6	十二·一 丙辰 1.4
九·十一 丁酉 10.17	十·十一 丁卯 11.16	十一·十一 丁酉 12.16	十二·十一 丙寅 1.14
九·二十一 丁未 10.27	十·二十一 丁丑 11.26	十一·二十一 丁未 12.26	十二·二十一 丙子 1.24

元顺帝至正五年乙酉（1345—1346）

一·一 丙戌 2.3	二·一 丙辰 3.5	三·一 乙酉 4.3	四·一 乙卯 5.3
一·十一 丙申 2.13	二·十一 丙寅 3.15	三·十一 乙未 4.13	四·十一 乙丑 5.13
一·二十一 丙午 2.23	二·二十一 丙子 3.25	三·二十一 乙巳 4.23	四·二十一 乙亥 5.23
五·一 甲申 6.1	六·一 癸丑 6.30	七·一 壬午 7.29	八·一 壬子 8.28
五·十一 甲午 6.11	六·十一 癸亥 7.10	七·十一 壬辰 8.8	八·十一 壬戌 9.7
五·二十一 甲辰 6.21	六·二十一 癸酉 7.20	七·二十一 壬寅 8.18	八·二十一 壬申 9.17
九·一 辛巳 9.26	十·一 辛亥 10.26	十一·一 辛巳 11.25	十二·一 庚戌 12.24
九·十一 辛卯 10.6	十·十一 辛酉 11.5	十一·十一 辛卯 12.5	十二·十一 庚申 1.3
九·二十一 辛丑 10.16	十·二十一 辛未 11.15	十一·二十一 辛丑 12.15	十二·二十一 庚午 1.13

元顺帝至正六年丙戌（1346—1347）

一·一 庚辰 1.23	二·一 庚戌 2.22	三·一 庚辰 3.24	四·一 己酉 4.22
一·十一 庚寅 2.2	二·十一 庚申 3.4	三·十一 庚寅 4.3	四·十一 己未 5.2
一·二十一 庚子 2.12	二·二十一 庚午 3.14	三·二十一 庚子 4.13	四·二十一 己巳 5.12
五·一 己卯 5.22	六·一 戊申 6.20	七·一 丁丑 7.19	八·一 丙午 8.17
五·十一 己丑 6.1	六·十一 戊午 6.30	七·十一 丁亥 7.29	八·十一 丙辰 8.27
五·二十一 己亥 6.11	六·二十一 戊辰 7.10	七·二十一 丁酉 8.8	八·二十一 丙寅 9.6
九·一 丙子 9.16	十·一 乙巳 10.15 闰十·一 乙亥 11.14	十一·一 甲辰 12.13	十二·一 甲戌 1.12
九·十一 丙戌 9.26	十·十一 乙卯 10.25 闰十·十一 乙酉 11.24	十一·十一 甲寅 12.23	十二·十一 甲申 1.22
九·二十一 丙申 10.6	十·二十一 乙丑 11.4 闰十·二十一 乙未 12.4	十一·二十一 甲子 1.2	十二·二十一 甲午 2.1

元顺帝至正七年丁亥（1347—1348）

一·一 甲辰 2.11	二·一 甲戌 3.13	三·一 癸卯 4.11	四·一 癸酉 5.11
一·十一 甲寅 2.21	二·十一 甲申 3.23	三·十一 癸丑 4.21	四·十一 癸未 5.21
一·二十一 甲子 3.3	二·二十一 甲午 4.2	三·二十一 癸亥 5.1	四·二十一 癸巳 5.31
五·一 壬寅 6.9	六·一 壬申 7.9	七·一 辛丑 8.7	八·一 辛未 9.6
五·十一 壬子 6.19	六·十一 壬午 7.19	七·十一 辛亥 8.17	八·十一 辛巳 9.16
五·二十一 壬戌 6.29	六·二十一 壬辰 7.29	七·二十一 辛酉 8.27	八·二十一 辛卯 9.26
九·一 庚子 10.5	十·一 己巳 11.3	十一·一 己亥 12.3	十二·一 戊辰 1.1
九·十一 庚戌 10.15	十·十一 己卯 11.13	十一·十一 己酉 12.13	十二·十一 戊寅 1.11
九·二十一 庚申 10.25	十·二十一 己丑 11.23	十一·二十一 己未 12.23	十二·二十一 戊子 1.21

元顺帝至正八年戊子(1348—1349)

一・一	戊戌	1.31	二・一	戊辰	3.1	三・一	丁酉	3.30	四・一	丁卯	4.29
一・十一	戊申	2.10	二・十一	戊寅	3.11	三・十一	丁未	4.9	四・十一	丁丑	5.9
一・二十一	戊午	2.20	二・二十一	戊子	3.21	三・二十一	丁巳	4.19	四・二十一	丁亥	5.19
五・一	丁酉	5.29	六・一	丙寅	6.27	七・一	丙申	7.27	八・一	乙丑	8.25
五・十一	丁未	6.8	六・十一	丙子	7.7	七・十一	丙午	8.6	八・十一	乙亥	9.4
五・二十一	丁巳	6.18	六・二十一	丙戌	7.17	七・二十一	丙辰	8.16	八・二十一	乙酉	9.14
九・一	乙未	9.24	十・一	甲子	10.23	十一・一	癸巳	11.21	十二・一	癸亥	12.21
九・十一	乙巳	10.4	十・十一	甲戌	11.2	十一・十一	癸卯	12.1	十二・十一	癸酉	12.31
九・二十一	乙卯	10.14	十・二十一	甲申	11.12	十一・二十一	癸丑	12.11	十二・二十一	癸未	1.10

元顺帝至正九年己丑(1349—1350)

一・一	壬辰	1.19	二・一	壬戌	2.18	三・一	壬辰	3.20	四・一	辛酉	4.18
一・十一	壬寅	1.29	二・十一	壬申	2.28	三・十一	壬寅	3.30	四・十一	辛未	4.28
一・二十一	壬子	2.8	二・二十一	壬午	3.10	三・二十一	壬子	4.9	四・二十一	辛巳	5.8
五・一	辛卯	5.18	六・一	庚申	6.16	七・一 庚寅 7.16	闰七・一	庚申 8.15	八・一	己丑	9.13
五・十一	辛丑	5.28	六・十一	庚午	6.26	七・十一 庚子 7.26	闰七・十一	庚午 8.25	八・十一	己亥	9.23
五・二十一	辛亥	6.7	六・二十一	庚辰	7.6	七・二十一 庚戌 8.5	闰七・二十一	庚辰 9.4	八・二十一	己酉	10.3
九・一	己未	10.13	十・一	戊子	11.11	十一・一	戊午	12.11	十二・一	丁亥	1.9
九・十一	己巳	10.23	十・十一	戊戌	11.21	十一・十一	戊辰	12.21	十二・十一	丁酉	1.19
九・二十一	己卯	11.2	十・二十一	戊申	12.1	十一・二十一	戊寅	12.31	十二・二十一	丁未	1.29

元顺帝至正十年庚寅(1350—1351)

一・一	丙辰	2.7	二・一	丙戌	3.9	三・一	乙卯	4.7	四・一	乙酉	5.7
一・十一	丙寅	2.17	二・十一	丙申	3.19	三・十一	乙丑	4.17	四・十一	乙未	5.17
一・二十一	丙子	2.27	二・二十一	丙午	3.29	三・二十一	乙亥	4.27	四・二十一	乙巳	5.27
五・一	甲寅	6.5	六・一	甲申	7.5	七・一	甲寅	8.4	八・一	癸未	9.2
五・十一	甲子	6.15	六・十一	甲午	7.15	七・十一	甲子	8.14	八・十一	癸巳	9.12
五・二十一	甲戌	6.25	六・二十一	甲辰	7.25	七・二十一	甲戌	8.24	八・二十一	癸卯	9.22
九・一	癸丑	10.2	十・一	癸未	11.1	十一・一	壬子	11.30	十二・一	壬午	12.30
九・十一	癸亥	10.12	十・十一	癸巳	11.11	十一・十一	壬戌	12.10	十二・十一	壬辰	1.9
九・二十一	癸酉	10.22	十・二十一	癸卯	11.21	十一・二十一	壬申	12.20	十二・二十一	壬寅	1.19

元顺帝至正十一年辛卯(1351—1352)

一・一	辛亥	1.28	二・一	庚辰	2.26	三・一	庚戌	3.28	四・一	己卯	4.26
一・十一	辛酉	2.7	二・十一	庚寅	3.8	三・十一	庚申	4.7	四・十一	己丑	5.6
一・二十一	辛未	2.17	二・二十一	庚子	3.18	三・二十一	庚午	4.17	四・二十一	己亥	5.16
五・一	己酉	5.26	六・一	戊寅	6.24	七・一	戊申	7.24	八・一	丁丑	8.22
五・十一	己未	6.5	六・十一	戊子	7.4	七・十一	戊午	8.3	八・十一	丁亥	9.1
五・二十一	己巳	6.15	六・二十一	戊戌	7.14	七・二十一	戊辰	8.13	八・二十一	丁酉	9.11
九・一	丁未	9.21	十・一	丁丑	10.21	十一・一	丁未	11.20	十二・一	丙子	12.19
九・十一	丁巳	10.1	十・十一	丁亥	10.31	十一・十一	丁巳	11.30	十二・十一	丙戌	12.29
九・二十一	丁卯	10.11	十・二十一	丁酉	11.10	十一・二十一	丁卯	12.10	十二・二十一	丙申	1.8

元顺帝至正十二年壬辰（1352—1353）

一・一 丙午 1.18 一・十一 丙辰 1.28 一・二十一 丙寅 2.7	二・一 乙亥 2.16 二・十一 乙酉 2.26 二・二十一 乙未 3.7	三・一 乙巳 3.17 闰三・一 甲戌 4.15 三・十一 乙卯 3.27 闰三・十一 甲申 4.25 三・二十一乙丑 4.6 闰三・二十一甲午 5.5	四・一 癸卯 5.14 四・十一 癸丑 5.24 四・二十一 癸亥 6.3
五・一 癸酉 6.13 五・十一 癸未 6.23 五・二十一 癸巳 7.3	六・一 壬寅 7.12 六・十一 壬子 7.22 六・二十一 壬戌 8.1	七・一 辛未 8.10 七・十一 辛巳 8.20 七・二十一 辛卯 8.30	八・一 辛丑 9.9 八・十一 辛亥 9.19 八・二十一 辛酉 9.29
九・一 辛未 10.9 九・十一 辛巳 10.19 九・二十一 辛卯 10.29	十・一 辛丑 11.8 十・十一 辛亥 11.18 十・二十一 辛酉 11.28	十一・一 庚午 12.7 十一・十一 庚辰 12.17 十一・二十一 庚寅 12.27	十二・一 庚子 1.6 十二・十一 庚戌 1.16 十二・二十一 庚申 1.26

元顺帝至正十三年癸巳（1353—1354）

一・一 庚午 2.5 一・十一 庚辰 2.15 一・二十一 庚寅 2.15	二・一 己亥 3.6 二・十一 己酉 3.16 二・二十一 己未 3.26	三・一 己巳 4.5 三・十一 己卯 4.15 三・二十一 己丑 4.25	四・一 戊戌 5.4 四・十一 戊申 5.14 四・二十一 戊午 5.24
五・一 丁卯 6.2 五・十一 丁丑 6.12 五・二十一 丁亥 6.22	六・一 丙申 7.1 六・十一 丙午 7.11 六・二十一 丙辰 7.21	七・一 丙寅 7.31 七・十一 丙子 8.10 七・二十一 丙戌 8.20	八・一 乙未 8.29 八・十一 乙巳 9.8 八・二十一 乙卯 9.18
九・一 乙丑 9.28 九・十一 乙亥 10.8 九・二十一 乙酉 10.18	十・一 乙未 10.28 十・十一 乙巳 11.7 十・二十一 乙卯 11.17	十一・一 甲子 11.26 十一・十一 甲戌 12.6 十一・二十一 甲申 12.16	十二・一 甲午 12.26 十二・十一 甲辰 1.5 十二・二十一 甲寅 1.15

元顺帝至正十四年甲午（1354—1355）

一・一 甲子 1.25 一・十一 甲戌 2.4 一・二十一 甲申 2.14	二・一 甲午 2.24 二・十一 甲辰 3.6 二・二十一 甲寅 3.16	三・一 癸亥 3.25 三・十一 癸酉 4.4 三・二十一 癸未 4.14	四・一 癸巳 4.24 四・十一 癸卯 5.4 四・二十一 癸丑 5.14
五・一 壬戌 5.23 五・十 壬申 6.2 五・二十一 壬午 6.12	六・一 辛卯 6.21 六・十一 辛丑 7.1 六・二十一 辛亥 7.11	七・一 庚申 7.20 七・十一 庚午 7.30 七・二十一 庚辰 8.9	八・一 庚寅 8.19 八・十一 庚子 8.29 八・二十一 庚戌 9.8
九・一 己未 9.17 九・十一 己巳 9.27 九・二十一 己卯 10.7	十・一 己丑 10.17 十・十一 己亥 10.27 十・二十一 己酉 11.6	十一・一 戊午 11.15 十一・十一 戊辰 11.25 十一・二十一 戊寅 12.5	十二・一 戊子 12.15 十二・十一 戊戌 12.25 十二・二十一 戊申 1.4

元顺帝至正十五年乙未（1355—1356）

一・一 戊午 1.14 闰一・一 戊子 2.13 一・十一 戊辰 1.24 闰一・十一 戊戌 2.23 一・二十一戊寅 2.3 闰一・二十一戊申 3.5	二・一 戊午 3.15 二・十一 戊辰 3.25 二・二十一 戊寅 4.4	三・一 丁亥 4.13 三・十一 丁酉 4.23 三・二十一 丁未 5.3	四・一 丁巳 5.13 四・十一 丁卯 5.23 四・二十一 丁丑 6.2
五・一 丙戌 6.11 五・十一 丙申 6.21 五・二十一 丙午 7.1	六・一 乙卯 7.10 六・十一 乙丑 7.20 六・二十一 乙亥 7.30	七・一 甲申 8.8 七・十一 甲午 8.18 七・二十一 甲辰 8.28	八・一 甲寅 9.7 八・十一 甲子 9.17 八・二十一 甲戌 9.27
九・一 癸未 10.6 九・十一 癸巳 10.16 九・二十一 癸卯 10.26	十・一 癸丑 11.5 十・十一 癸亥 11.15 十・二十一 癸酉 11.25	十一・一 壬午 12.4 十一・十一 壬辰 12.14 十一・二十一 壬寅 12.24	十二・一 壬子 1.3 十二・十一 壬戌 1.13 十二・二十一 壬申 1.23

元顺帝至正十六年丙申（1356—1357）

一·一	壬午	2.2	二·一	壬子	3.3	三·一	辛巳	4.1	四·一	辛亥	5.1
一·十一	壬辰	2.12	二·十一	壬戌	3.13	三·十一	辛卯	4.11	四·十一	辛酉	5.11
一·二十一	壬寅	2.22	二·二十一	壬申	3.23	三·二十一	辛丑	4.21	四·二十一	辛未	5.21
五·一	庚辰	5.30	六·一	庚戌	6.29	七·一	己卯	7.28	八·一	己酉	8.27
五·十一	庚寅	6.9	六·十一	庚申	7.9	七·十一	己丑	8.7	八·十一	己未	9.6
五·二十一	庚子	6.19	六·二十一	庚午	7.19	七·二十一	己亥	8.17	八·二十一	己巳	9.16
九·一	戊寅	9.25	十·一	丁未	10.24	十一·一	丁丑	11.23	十二·一	丙午	12.22
九·十一	戊子	10.5	十·十一	丁巳	11.3	十一·十一	丁亥	12.3	十二·十一	丙辰	1.1
九·二十一	戊戌	10.15	十·二十一	丁卯	11.13	十一·二十一	丁酉	12.13	十二·二十一	丙寅	1.11

元顺帝至正十七年丁酉（1357—1358）

一·一	丙子	1.21	二·一	丙午	2.20	三·一	乙亥	3.21	四·一	乙巳	4.20
一·十一	丙戌	1.31	二·十一	丙辰	3.2	三·十一	乙酉	3.31	四·十一	乙卯	4.30
一·二十一	丙申	2.10	二·二十一	丙寅	3.12	三·二十一	乙未	4.10	四·二十一	乙丑	5.10
五·一	乙亥	5.20	六·一	甲辰	6.18	七·一	甲戌	7.18	八·一	癸卯	8.16
五·十一	乙酉	5.30	六·十一	甲寅	6.28	七·十一	甲申	7.28	八·十一	癸丑	8.26
五·二十一	乙未	6.9	六·二十一	甲子	7.8	七·二十一	甲午	8.7	八·二十一	癸亥	9.5
九·一	癸酉	9.15 闰九·一 壬寅 10.14	十·一	辛未	11.12	十一·一	辛丑	12.12	十二·一	庚午	1.10
九·十一	癸未	9.25 闰九·十一 壬子 10.24	十·十一	辛巳	11.22	十一·十一	辛亥	12.22	十二·十一	庚辰	1.20
九·二十一	癸巳	10.5 闰九·二十一 壬戌 11.3	十·二十一	辛卯	12.2	十一·二十一	辛酉	1.1	十二·二十一	庚寅	1.30

元顺帝至正十八年戊戌（1358—1359）

一·一	庚子	2.9	二·一	己巳	3.10	三·一	己亥	4.9	四·一	己巳	5.9
一·十一	庚戌	2.19	二·十一	己卯	3.20	三·十一	己酉	4.19	四·十一	己卯	5.19
一·二十一	庚申	3.1	二·二十一	己丑	3.30	三·二十一	己未	4.29	四·二十一	己丑	5.29
五·一	戊戌	6.7	六·一	戊辰	7.7	七·一	丁酉	8.5	八·一	丁卯	9.4
五·十一	戊申	6.17	六·十一	戊寅	7.17	七·十一	丁未	8.15	八·十一	丁丑	9.14
五·二十一	戊午	6.27	六·二十一	戊子	7.27	七·二十一	丁巳	8.25	八·二十一	丁亥	9.24
九·一	丁酉	10.4	十·一	丙寅	11.2	十一·一	乙未	12.1	十二·一	乙丑	12.31
九·十一	丁未	10.14	十·十一	丙子	11.12	十一·十一	乙巳	12.11	十二·十一	乙亥	1.10
九·二十一	丁巳	10.24	十·二十一	丙戌	11.22	十一·二十一	乙卯	12.21	十二·二十一	乙酉	1.20

元顺帝至正十九年己亥（1359—1360）

一·一	甲午	1.29	二·一	甲子	2.28	三·一	癸巳	3.29	四·一	癸亥	4.28
一·十一	甲辰	2.8	二·十一	甲戌	3.10	三·十一	癸卯	4.8	四·十一	癸酉	5.8
一·二十一	甲寅	2.18	二·二十一	甲申	3.20	三·二十一	癸丑	4.18	四·二十一	癸未	5.18
五·一	壬辰	5.27	六·一	壬戌	6.26	七·一	壬辰	7.26	八·一	辛酉	8.24
五·十一	壬寅	6.6	六·十一	壬申	7.6	七·十一	壬寅	8.5	八·十一	辛未	9.3
五·二十一	壬子	6.16	六·二十一	壬午	7.16	七·二十一	壬子	8.15	八·二十一	辛巳	9.13
九·一	辛卯	9.23	十·一	庚申	10.22	十一·一	庚寅	11.21	十二·一	庚申	12.21
九·十一	辛丑	10.3	十·十一	庚午	11.1	十一·十一	庚子	12.1	十二·十一	庚午	12.31
九·二十一	辛亥	10.13	十·二十一	庚辰	11.11	十一·二十一	庚戌	12.11	十二·二十一	庚辰	1.10

元顺帝至正二十年庚子(1360—1361)

一・一	己丑	1.19	二・一	戊午	2.17	三・一	戊子	3.18	四・一	丁巳	4.16
一・十一	己亥	1.29	二・十一	戊辰	2.27	三・十一	戊戌	3.28	四・十一	丁卯	4.26
一・二十一	己酉	2.8	二・二十一	戊寅	3.8	三・二十一	戊申	4.7	四・二十一	丁丑	5.6
五・一 丁亥5.16 闰五・一 丙辰6.14			六・一	丙戌	7.14	七・一	乙卯	8.12	八・一	乙酉	9.11
五・十一 丁酉5.26 闰五・十一 丙寅6.24			六・十一	丙申	7.24	七・十一	乙丑	8.22	八・十一	乙未	9.21
五・二十一丁未6.5 闰五・二十一丙子7.4			六・二十一	丙午	8.3	七・二十一	乙亥	9.1	八・二十一	乙巳	10.1
九・一	乙卯	10.11	十・一	甲申	11.9	十一・一	甲寅	12.9	十二・一	甲申	1.8
九・十一	乙丑	10.21	十・十一	甲午	11.19	十一・十一	甲子	12.19	十二・十一	甲午	1.18
九・二十一	乙亥	10.31	十・二十一	甲辰	11.29	十一・二十一	甲戌	12.29	十二・二十一	甲辰	1.28

元顺帝至正二十一年辛丑(1361—1362)

一・一	癸丑	2.6	二・一	癸未	3.8	三・一	壬子	4.6	四・一	辛巳	5.5
一・十一	癸亥	2.16	二・十一	癸巳	3.18	三・十一	壬戌	4.16	四・十一	辛卯	5.15
一・二十一	癸酉	2.26	二・二十一	癸卯	3.28	三・二十一	壬申	4.26	四・二十一	辛丑	5.25
五・一	辛亥	6.4	六・一	庚辰	7.3	七・一	己酉	8.1	八・一	己卯	8.31
五・十一	辛酉	6.14	六・十一	庚寅	7.13	七・十一	己未	8.11	八・十一	己丑	9.10
五・二十一	辛未	6.24	六・二十一	庚子	7.23	七・二十一	己巳	8.21	八・二十一	己亥	9.20
九・一	己酉	9.30	十・一	戊寅	10.29	十一・一	戊申	11.28	十二・一	戊寅	12.28
九・十一	己未	10.10	十・十一	戊子	11.8	十一・十一	戊午	12.8	十二・十一	戊子	1.7
九・二十一	己巳	10.20	十・二十一	戊戌	11.18	十一・二十一	戊辰	12.18	十二・二十一	戊戌	1.17

元顺帝至正二十二年壬寅(1362—1363)

一・一	戊申	1.27	二・一	丁丑	2.25	三・一	丁未	3.27	四・一	丙子	4.25
一・十一	戊午	2.6	二・十	丁亥	3.7	三・十一	丁巳	4.6	四・十一	丙戌	5.5
一・二十一	戊辰	2.16	二・二十一	丁酉	3.17	三・二十一	丁卯	4.16	四・二十一	丙申	5.15
五・一	乙巳	5.24	六・一	甲戌	6.22	七・一	甲辰	7.22	八・一	癸酉	8.20
五・十一	乙卯	6.3	六・十一	甲申	7.2	七・十一	甲寅	8.1	八・十一	癸未	8.30
五・二十一	乙丑	6.13	六・二十一	甲午	7.12	七・二十一	甲子	8.11	八・二十一	癸巳	9.9
九・一	癸卯	9.19	十・一	壬申	10.18	十一・一	壬寅	11.17	十二・一	壬申	12.17
九・十一	癸丑	9.29	十・十一	壬午	10.28	十一・十一	壬子	11.27	十二・十一	壬午	12.27
九・二十一	癸亥	10.9	十・二十一	壬辰	11.7	十一・二十一	壬戌	12.7	十二・二十一	壬辰	1.6

元顺帝至正二十三年癸卯(1363—1364)

一・一	壬寅	1.16	二・一	壬申	2.15	三・一 辛丑3.16 闰三・一 辛未4.15			四・一	庚子	5.14
一・十一	壬子	1.26	二・十一	壬午	2.25	三・十一 辛亥3.26 闰三・十一 辛巳4.25			四・十一	庚戌	5.24
一・二十一	壬戌	2.5	二・二十一	壬辰	3.7	三・二十一辛酉4.5 闰三・二十一辛卯5.5			四・二十一	庚申	6.3
五・一	己巳	6.12	六・一	戊戌	7.11	七・一	戊辰	8.10	八・一	丁酉	9.8
五・十一	己卯	6.22	六・十一	戊申	7.21	七・十一	戊寅	8.20	八・十一	丁未	9.18
五・二十一	己丑	7.2	六・二十一	戊午	7.31	七・二十一	戊子	8.30	八・二十一	丁巳	9.28
九・一	丁卯	10.8	十・一	丙申	11.6	十一・一	丙寅	12.6	十二・一	丙申	1.5
九・十一	丁丑	10.18	十・十一	丙午	11.16	十一・十一	丙子	12.16	十二・十一	丙午	1.15
九・二十一	丁亥	10.28	十・二十一	丙辰	11.26	十一・二十一	丙戌	12.26	十二・二十一	丙辰	1.25

元顺帝至正二十四年甲辰(1364—1365)

一·一	丙寅	2.4	二·一	乙未	3.4	三·一	乙丑	4.3	四·一	甲午	5.2
一·十一	丙子	2.14	二·十一	乙巳	3.14	三·十一	乙亥	4.13	四·十一	甲辰	5.12
一·二十一	丙戌	2.24	二·二十一	乙卯	3.24	三·二十一	乙酉	4.23	四·二十一	甲寅	5.22
五·一	甲子	6.1	六·一	癸巳	6.30	七·一	壬戌	7.29	八·一	壬辰	8.28
五·十一	甲戌	6.11	六·十一	癸卯	7.10	七·十一	壬申	8.8	八·十一	壬寅	9.7
五·二十一	甲申	6.21	六·二十一	癸丑	7.20	七·二十一	壬午	8.18	八·二十一	壬子	9.17
九·一	辛酉	9.26	十·一	辛卯	10.26	十一·一	庚申	11.24	十二·一	庚寅	12.24
九·十一	辛未	10.6	十·十一	辛丑	11.5	十一·十一	庚午	12.4	十二·十一	庚子	1.3
九·二十一	辛巳	10.16	十·二十一	辛亥	11.15	十一·二十一	庚辰	12.14	十二·二十一	庚戌	1.13

元顺帝至正二十五年乙巳(1365—1366)

一·一	庚申	1.23	*二·一	己丑	2.21	三·一	己未	3.23	四·一	己丑	4.22
一·十一	庚午	2.2	二·十一	己亥	3.3	三·十一	己巳	4.2	四·十一	己亥	5.2
一·二十一	庚辰	2.12	二·二十一	己酉	3.13	三·二十一	己卯	4.12	四·二十一	己酉	5.12
五·一	戊午	5.21	六·一	戊子	6.20	七·一	丁巳	7.19	八·一	丁亥	8.18
五·十一	戊辰	5.31	六·十一	戊戌	6.30	七·十一	丁卯	7.29	八·十一	丁酉	8.28
五·二十一	戊寅	6.10	六·二十一	戊申	7.10	七·二十一	丁丑	8.8	八·二十一	丁未	9.7
九·一	丙辰	9.16	十·一	乙酉	10.15　闰十·一　乙卯　11.14	十一·一	甲申	12.13	十二·一	甲寅	1.12
九·十一	丙寅	9.26	十·十一	乙未	10.25　闰十·十一　乙丑　11.24	十一·十一	甲午	12.23	十二·十一	甲子	1.22
九·二十一	丙子	10.6	十·二十一	乙巳	11.4　闰十·二十一　乙亥　12.4	十一·二十一	甲辰	1.2	十二·二十一	甲戌	2.1

*《辑要》二月己未朔,误;《通考》《总谱》庚寅朔。

元顺帝至正二十六年丙午(1366—1367)

一·一	癸未	2.10	二·一	癸丑	3.12	三·一	癸未	4.11	四·一	壬子	5.10
一·十一	癸巳	2.20	二·十一	癸亥	3.22	三·十一	癸巳	4.21	四·十一	壬戌	5.20
一·二十一	癸卯	3.2	二·二十一	癸酉	4.1	三·二十一	癸卯	5.1	四·二十一	壬申	5.30
五·一	壬午	6.9	六·一	壬子	7.9	七·一	辛巳	8.7	八·一	庚戌	9.5
五·十一	壬辰	6.19	六·十一	壬戌	7.19	七·十一	辛卯	8.17	八·十一	庚申	9.15
五·二十一	壬寅	6.29	六·二十一	壬申	7.29	七·二十一	辛丑	8.27	八·二十一	庚午	9.25
九·一	庚辰	10.5	十·一	己酉	11.3	十一·一	己卯	12.3	十二·一	戊申	1.1
九·十一	庚寅	10.15	十·十一	己未	11.13	十一·十一	己丑	12.13	十二·十一	戊午	1.11
九·二十一	庚子	10.25	十·二十一	己巳	11.23	十一·二十一	己亥	12.23	十二·二十一	戊辰	1.21

元顺帝至正二十七年丁未(1367—1368)

一·一	戊寅	1.31	二·一	丁未	3.1	三·一	丁丑	3.31	四·一	丙午	4.29
一·十一	戊子	2.10	二·十一	丁巳	3.11	三·十一	丁亥	4.10	四·十一	丙辰	5.9
一·二十一	戊戌	2.20	二·二十一	丁卯	3.21	三·二十一	丁酉	4.20	四·二十一	丙寅	5.19
五·一	丙子	5.29	六·一	丙午	6.28	七·一	乙亥	7.27	八·一	乙巳	8.26
五·十一	丙戌	6.8	六·十一	丙辰	7.8	七·十一	乙酉	8.6	八·十一	乙卯	9.5
五·二十一	丙申	6.18	六·二十一	丙寅	7.18	七·二十一	乙未	8.16	八·二十一	乙丑	9.15
九·一	甲戌	9.24	十·一	甲辰	10.24	十一·一	癸酉	11.22	十二·一	癸卯	12.22
九·十一	甲申	10.4	十·十一	甲寅	11.3	十一·十一	癸未	12.2	十二·十一	癸丑	1.1
九·二十一	甲午	10.14	十·二十一	甲子	11.13	十一·二十一	癸巳	12.12	十二·二十一	癸亥	1.11

明历日表

明太祖洪武元年、元顺帝至正二十八年戊申（1368—1369）

一•一　壬申　1.20	二•一　壬寅　2.19	三•一　辛未　3.19	四•一　辛丑　4.18
一•十一　壬午　1.30	二•十一　壬子　2.29	三•十一　辛巳　3.29	四•十一　辛亥　4.28
一•二十一　壬辰　2.9	二•二十一　壬戌　3.10	三•二十一　辛卯　4.8	四•二十一　辛酉　5.8
五•一　庚午　5.17	六•一　庚子　6.16	*七•一　己巳7.15　闰七•一　己亥8.14	**八•一　己巳　9.13
五•十一　庚辰　5.27	六•十一　庚戌　6.26	七•十一　己卯7.25　闰七•十一　己酉8.24	八•十一　己卯　9.23
五•二十一　庚寅　6.6	六•二十一　庚申　7.6	七•二十一己丑8.4　闰七•二十一己未9.3	八•二十一　己丑　10.3
九•一　戊戌　10.12	十•一　戊辰　11.11	十一•一　戊戌　12.11	十二•一　丁卯　1.9
九•十一　戊申　10.22	十•十一　戊寅　11.21	十一•十一　戊申　12.21	十二•十一　丁丑　1.19
九•二十一　戊午　11.1	十•二十一　戊子　12.1	十一•二十一　戊午　12.31	十二•二十一　丁亥　1.29

*《朔闰考》七月己未朔，误。　** 本月元顺帝奔上都。

明太祖洪武二年、元顺帝至正二十九年己酉（1369—1370）

一•一　丙申　2.7	二•一　丙寅　3.9	三•一　乙未　4.7	四•一　乙丑　5.7
一•十一　丙午　2.17	二•十一　丙子　3.19	三•十一　乙巳　4.17	四•十一　乙亥　5.17
一•二十一　丙辰　2.27	二•二十一　丙戌　3.29	三•二十一　乙卯　4.27	四•二十一　乙酉　5.27
五•一　甲午　6.5	六•一　癸亥　7.4	七•一　癸巳　8.3	八•一　癸亥　9.2
五•十一　甲辰　6.15	六•十一　癸酉　7.14	七•十一　癸卯　8.13	八•十一　癸酉　9.12
五•二十一　甲寅　6.25	六•二十一　癸未　7.24	七•二十一　癸丑　8.23	八•二十一　癸未　9.22
九•一　壬辰　10.1	十•一　壬戌　10.31	十一•一　壬辰　11.30	十二•一　壬戌　12.30
九•十一　壬寅　10.11	十•十一　壬申　11.10	十一•十一　壬寅　12.10	十二•十一　壬申　1.9
九•二十一　壬子　10.21	十•二十一　壬午　11.20	十一•二十一　壬子　12.20	十二•二十一　壬午　1.19

明太祖洪武三年、元顺帝至正三十年庚戌（1370—1371）

一•一　辛卯　1.28	二•一　庚申　2.26	三•一　庚寅　3.28	四•一　己未　4.26
一•十一　辛丑　2.7	二•十一　庚午　3.8	三•十一　庚子　4.7	四•十一　己巳　5.6
一•二十一　辛亥　2.17	二•二十一　庚辰　3.18	三•二十一　庚戌　4.17	四•二十一　己卯　5.16
五•一　己丑　5.26	六•　戊午　6.24	七•一　丁亥　7.23	八•一　丁巳　8.22
五•十一　己亥　6.5	六•十一　戊辰　7.4	七•十一　丁酉　8.2	八•十一　丁卯　9.1
五•二十一　己酉　6.15	六•二十一　戊寅　7.14	七•二十一　丁未　8.12	八•二十一　丁丑　9.11
九•一　丙戌　9.20	十•一　丙辰　10.20	十一•一　丙戌　11.19	十二•一　丙辰　12.19
九•十一　丙申　9.30	十•十一　丙寅　10.30	十一•十一　丙申　11.29	十二•十一　丙寅　12.29
九•二十一　丙午　10.10	十•二十一　丙子　11.9	十一•二十一　丙午　12.9	十二•二十一　丙子　1.8

明太祖洪武四年、*北元昭宗宣光元年辛亥（1371—1372）

一•一　乙酉　1.17	二•一　乙卯　2.16	三•一　乙酉3.18　闰三•一　甲寅4.16	四•一　癸未　5.15
一•十一　乙未　1.27	二•十一　乙丑　2.26	三•十一　乙未3.28　闰三•十一　甲子4.26	四•十一　癸巳　5.25
一•二十一　乙巳　2.6	二•二十一　乙亥　3.8	三•二十一乙巳4.7　闰三•二十一甲戌5.6	四•二十一　癸卯　6.4
五•一　壬子　6.13	六•一　壬午　7.13	七•一　辛亥　8.11	八•一　辛巳　9.10
五•十一　壬戌　6.23	六•十一　壬辰　7.23	七•十一　辛酉　8.21	八•十一　辛卯　9.20
五•二十一　壬申　7.3	六•二十一　壬寅　8.2	七•二十一　辛未　8.31	八•二十一　辛丑　9.30
九•一　庚戌　10.9	十•一　庚辰　11.8	十一•一　庚戌　12.8	十二•一　庚辰　1.7
九•十一　庚申　10.19	十•十一　庚寅　11.18	十一•十一　庚申　12.18	十二•十一　庚寅　1.17
九•二十一　庚午　10.29	十•二十一　庚子　11.28	十一•二十一　庚午　12.28	十二•二十一　庚子　1.27

* 昭宗以后史称“北元”。

明太祖洪武五年、北元昭宗宣光二年壬子（1372—1373）

一·一	己酉	2.5	二·一	己卯	3.6	三·一	戊申	4.4	四·一	戊寅	5.4
一·十一	己未	2.15	二·十一	己丑	3.16	三·十一	戊午	4.14	四·十一	戊子	5.14
一·二十一	己巳	2.25	二·二十一	己亥	3.26	三·二十一	戊辰	4.24	四·二十一	戊戌	5.24
五·一	丁未	6.2	六·一	丙子	7.1	七·一	丙午	7.31	八·一	乙亥	8.29
五·十一	丁巳	6.12	六·十一	丙戌	7.11	七·十一	丙辰	8.10	八·十一	乙酉	9.8
五·二十一	丁卯	6.22	六·二十一	丙申	7.21	七·二十一	丙寅	8.20	八·二十一	乙未	9.18
九·一	乙巳	9.28	十·一	甲戌	10.27	十一·一	甲辰	11.26	十二·一	甲戌	12.26
九·十一	乙卯	10.8	十·十一	甲申	11.6	十一·十一	甲寅	12.6	十二·十一	甲申	1.5
九·二十一	乙丑	10.18	十·二十一	甲午	11.16	十一·二十一	甲子	12.16	十二·二十一	甲午	1.15

明太祖洪武六年、北元昭宗宣光三年癸丑（1373—1374）

一·一	癸卯	1.24	二·一	癸酉	2.23	三·一	癸卯	3.25	四·一	壬申	4.23
一·十一	癸丑	2.3	二·十一	癸未	3.5	三·十一	癸丑	4.4	四·十一	壬午	5.3
一·二十一	癸亥	2.13	二·二十一	癸巳	3.15	三·二十一	癸亥	4.14	四·二十一	壬辰	5.13
五·一	壬寅	5.23	六·一	辛未	6.21	七·一	庚子	7.20	八·一	庚午	8.19
五·十一	壬子	6.2	六·十一	辛巳	7.1	七·十一	庚戌	7.30	八·十一	庚辰	8.29
五·二十一	壬戌	6.12	六·二十一	辛卯	7.11	七·二十一	庚申	8.9	八·二十一	庚寅	9.8
九·一	己亥	9.17	十·一	己巳	10.17	十一·一	戊戌	11.15 闰十一·一 戊辰 12.15	十二·一	丁酉	1.13
九·十一	己酉	9.27	十·十一	己卯	10.27	十一·十一	戊申	11.25 闰十一·十一 戊寅 12.25	十二·十一	丁未	1.23
九·二十一	己未	10.7	十·二十一	己丑	11.6	十一·二十一	戊午	12.5 闰十一·二十一 戊子 1.4	十二·二十一	丁巳	2.2

明太祖洪武七年、北元昭宗宣光四年甲寅（1374—1375）

一·一	丁卯	2.12	二·一	丁酉	3.14	三·一	丁卯	4.13	四·一	丙申	5.12
一·十一	丁丑	2.22	二·十一	丁未	3.24	三·十一	丁丑	4.23	四·十一	丙午	5.22
一·二十一	丁亥	3.4	二·二十一	丁巳	4.3	三·二十一	丁亥	5.3	四·二十一	丙辰	6.1
五·一	丙寅	6.11	六·一	乙未	7.10	七·一	甲子	8.8	八·一	甲午	9.7
五·十一	丙子	6.21	六·十一	乙巳	7.20	七·十一	甲戌	8.18	八·十一	甲辰	9.17
五·二十一	丙戌	7.1	六·二十一	乙卯	7.30	七·二十一	甲申	8.28	八·二十一	甲寅	9.27
九·一	癸亥	10.6	十·一	癸巳	11.5	十一·一	壬戌	12.4	十二·一	壬辰	1.3
九·十一	癸酉	10.16	十·十一	癸卯	11.15	十一·十一	壬申	12.14	十二·十一	壬寅	1.13
九·二十一	癸未	10.26	十·二十一	癸丑	11.25	十一·二十一	壬午	12.24	十二·二十一	壬子	1.23

明太祖洪武八年、北元昭宗宣光五年乙卯（1375—1376）

一·一	辛酉	2.1	二·一	辛卯	3.3	三·一	辛酉	4.2	四·一	庚寅	5.1
一·十一	辛未	2.11	二·十一	辛丑	3.13	三·十一	辛未	4.12	四·十一	庚子	5.11
一·二十一	辛巳	2.21	二·二十一	辛亥	3.23	三·二十一	辛巳	4.22	四·二十一	庚戌	5.21
五·一	庚申	5.31	六·一	己丑	6.29	七·一	己未	7.29	八·一	戊子	8.27
五·十一	庚午	6.10	六·十一	己亥	7.9	七·十一	己巳	8.8	八·十一	戊戌	9.6
五·二十一	庚辰	6.20	六·二十一	己酉	7.19	七·二十一	己卯	8.18	八·二十一	戊申	9.16
九·一	戊午	9.26	十·一	丁亥	10.25	十一·一	丁巳	11.24	十二·一	丙戌	12.23
九·十一	戊辰	10.6	十·十一	丁酉	11.4	十一·十一	丁卯	12.4	十二·十一	丙申	1.2
九·二十一	戊寅	10.16	十·二十一	丁未	11.14	十一·二十一	丁丑	12.14	十二·二十一	丙午	1.12

明太祖洪武九年、北元昭宗宣光六年丙辰（1376—1377）

一·一 丙辰 1.22	二·一 乙酉 2.20	三·一 乙卯 3.21	四·一 甲申 4.19
一·十一 丙寅 2.1	二·十一 乙未 3.1	三·十一 乙丑 3.31	四·十一 甲午 4.29
一·二十一 丙子 2.11	二·二十一 乙巳 3.11	三·二十一 乙亥 4.10	四·二十一 甲辰 5.9
五·一 甲寅 5.19	六·一 甲申 6.18	七·一 癸丑 7.17	八·一 癸未 8.16
五·十一 甲子 5.29	六·十一 甲午 6.28	七·十一 癸亥 7.27	八·十一 癸巳 8.26
五·二十一 甲戌 6.8	六·二十一 甲辰 7.8	七·二十一 癸酉 8.6	八·二十一 癸卯 9.5
九·一 壬子 9.14 闰九·一 壬午 10.14	十·一 辛亥 11.12	十一·一 辛巳 12.12	十二·一 庚戌 1.10
九·十一 壬戌 9.24 闰九·十一 壬辰 10.24	十·十一 辛酉 11.22	十一·十一 辛卯 12.22	十二·十一 庚申 1.20
九·二十一 壬申 10.4 闰九·二十一 壬寅 11.3	十·二十一 辛未 12.2	十一·二十一 辛丑 1.1	十二·二十一 庚午 1.30

明太祖洪武十年、北元昭宗宣光七年丁巳（1377—1378）

一·一 庚辰 2.9	二·一 己酉 3.10	三·一 己卯 4.9	四·一 戊申 5.8
一·十一 庚寅 2.19	二·十一 己未 3.20	三·十一 己丑 4.19	四·十一 戊午 5.18
一·二十一 庚子 3.1	二·二十一 己巳 3.30	三·二十一 己亥 4.29	四·二十一 戊辰 5.28
五·一 戊寅 6.7	六·一 丁未 7.6	七·一 丁丑 8.5	八·一 丁未 9.4
五·十一 戊子 6.17	六·十一 丁巳 7.16	七·十一 丁亥 8.15	八·十一 丁巳 9.14
五·二十一 戊戌 6.27	六·二十一 丁卯 7.26	七·二十一 丁酉 8.25	八·二十一 丁卯 9.24
九·一 丙子 10.3	十·一 丙午 11.2	十一·一 乙亥 12.1	十二·一 乙巳 12.31
九·十一 丙戌 10.13	十·十一 丙辰 11.12	十一·十一 乙酉 12.11	十二·十一 乙卯 1.10
九·二十一 丙申 10.23	十·二十一 丙寅 11.22	十一·二十一 乙未 12.21	十二·二十一 乙丑 1.20

明太祖洪武十一年、北元昭宗宣光八年戊午（1378—1379）

一·一 甲戌 1.29	二·一 甲辰 2.28	三·一 癸酉 3.29	四·一 癸卯 4.28
一·十一 甲申 2.8	二·十一 甲寅 3.10	三·十一 癸未 4.8	四·十一 癸丑 5.8
一·二十一 甲午 2.18	二·二十一 甲子 3.20	三·二十一 癸巳 4.18	四·二十一 癸亥 5.18
五·一 壬申 5.27	六·一 辛丑 6.25	七·一 辛未 7.25	八·一 辛丑 8.24
五·十一 壬午 6.6	六·十 辛亥 7.5	七·十一 辛巳 8.4	八·十一 辛亥 9.3
五·二十一 壬辰 6.16	六·二十一 辛酉 7.15	七·二十一 辛卯 8.14	八·二十一 辛酉 9.13
九·一 庚午 9.22	十·一 庚子 10.22	十一·一 庚午 11.21	十二·一 己亥 12.20
九·十一 庚辰 10.2	十·十一 庚戌 11.1	十一·十一 庚辰 12.1	十二·十一 己酉 12.30
九·二十一 庚寅 10.12	十·二十一 庚申 11.11	十一·二十一 庚寅 12.11	十二·二十一 己未 1.9

明太祖洪武十二年、北元孛儿只斤脱古思帖木儿天元元年己未（1379—1380）

一·一 己巳 1.19	二·一 戊戌 2.17	三·一 戊辰 3.19	四·一 丁酉 4.17
一·十一 己卯 1.29	二·十一 戊申 2.27	三·十一 戊寅 3.29	四·十一 丁未 4.27
一·二十一 己丑 2.8	二·二十一 戊午 3.9	三·二十一 戊子 4.8	四·二十一 丁巳 5.7
五·一 丁卯 5.17 闰五·一 丙申 6.15	六·一 乙丑 7.14	七·一 乙未 8.13	八·一 甲子 9.11
五·十一 丁丑 5.27 闰五·十一 丙午 6.25	六·十一 乙亥 7.24	七·十一 乙巳 8.23	八·十一 甲戌 9.21
五·二十一 丁亥 6.6 闰五·二十一 丙辰 7.5	六·二十一 乙酉 8.3	七·二十一 乙卯 9.2	八·二十一 甲申 10.1
九·一 甲午 10.11	十·一 甲子 11.10	十一·一 甲午 12.10	十二·一 癸亥 1.8
九·十一 甲辰 10.21	十·十一 甲戌 11.20	十一·十一 甲辰 12.20	十二·十一 癸酉 1.18
九·二十一 甲寅 10.31	十·二十一 甲申 11.30	十一·二十一 甲寅 12.30	十二·二十一 癸未 1.28

明太祖洪武十三年、北元孛儿只斤脱古思帖木儿天元二年庚申（1380—1381）

一·一 癸巳 2.7	二·一 壬戌 3.7	三·一 壬辰 4.6	四·一 辛酉 5.5
一·十一 癸卯 2.17	二·十一 壬申 3.17	三·十一 壬寅 4.16	四·十一 辛未 5.15
一·二十一 癸丑 2.27	二·二十一 壬午 3.27	三·二十一 壬子 4.26	四·二十一 辛巳 5.25
五·一 辛卯 6.4	六·一 庚申 7.3	七·一 己丑 8.1	八·一 己未 8.31
五·十一 辛丑 6.14	六·十一 庚午 7.13	七·十一 己亥 8.11	八·十一 己巳 9.10
五·二十一 辛亥 6.24	六·二十一 庚辰 7.23	七·二十一 己酉 8.21	八·二十一 己卯 9.20
九·一 戊子 9.29	十·一 戊午 10.29	十一·一 丁亥 11.27	十二·一 丁巳 12.27
九·十一 戊戌 10.9	十·十一 戊辰 11.8	十一·十一 丁酉 12.7	十二·十一 丁卯 1.6
九·二十一 戊申 10.19	十·二十一 戊寅 11.18	十一·二十一 丁未 12.17	十二·二十一 丁丑 1.16

明太祖洪武十四年、北元孛儿只斤脱古思帖木儿天元三年辛酉（1381—1382）

一·一 丁亥 1.26	二·一 丁巳 2.25	三·一 丙戌 3.26	四·一 丙辰 4.25
一·十一 丁酉 2.5	二·十一 丁卯 3.7	三·十一 丙申 4.5	四·十一 丙寅 5.5
一·二十一 丁未 2.15	二·二十一 丁丑 3.17	三·二十一 丙午 4.15	四·二十一 丙子 5.15
五·一 乙酉 5.24	六·一 乙卯 6.23	七·一 甲申 7.22	八·一 癸丑 8.20
五·十一 乙未 6.3	六·十一 乙丑 7.3	七·十一 甲午 8.1	八·十一 癸亥 8.30
五·二十一 乙巳 6.13	六·二十一 乙亥 7.13	七·二十一 甲辰 8.11	八·二十一 癸酉 9.9
九·一 壬午 9.18	十·一 壬子 10.18	十一·一 壬午 11.17	十二·一 辛亥 12.16
九·十一 壬辰 9.28	十·十一 壬戌 10.28	十一·十一 壬辰 11.27	十二·十一 辛酉 12.26
九·二十一 壬寅 10.8	十·二十一 壬申 11.7	十一·二十一 壬寅 12.7	十二·二十一 辛未 1.5

明太祖洪武十五年、北元孛儿只斤脱古思帖木儿天元四年壬戌（1382—1383）

一·一 辛巳 1.15	二·一 辛亥 2.14　闰二·一 辛巳 3.16	三·一 庚戌 4.14	四·一 庚辰 5.14
一·十一 辛卯 1.25	二·十一 辛酉 2.24　闰二·十一 辛卯 3.26	三·十一 庚申 4.24	四·十一 庚寅 5.24
一·二十一 辛丑 2.4	二·二十一 辛未 3.6　闰二·二十一 辛丑 4.5	三·二十一 庚午 5.4	四·二十一 庚子 6.3
五·一 己酉 6.12	六·一 戊寅 7.11	七·一 戊申 8.10	八·一 丁丑 9.8
五·十一 己未 6.22	六·十一 戊子 7.21	七·十一 戊午 8.20	八·十一 丁亥 9.18
五·二十一 己巳 7.2	六·二十一 戊戌 7.31	七·二十一 戊辰 8.30	八·二十一 丁酉 9.28
九·一 丁未 10.8	十·一 丙子 11.6	十一·一 丙午 12.6	十二·一 乙亥 1.4
九·十一 丁巳 10.18	十·十一 丙戌 11.16	十一·十一 丙辰 12.16	十二·十一 乙酉 1.14
九·二十一 丁卯 10.28	十·二十一 丙申 11.26	十一·二十一 丙寅 12.26	十二·二十一 乙未 1.24

明太祖洪武十六年、北元孛儿只斤脱古思帖木儿天元五年癸亥（1383—1384）

一·一 乙巳 2.3	二·一 乙亥 3.5	三·一 甲辰 4.3	四·一 甲戌 5.3
一·十一 乙卯 2.13	二·十一 乙酉 3.15	三·十一 甲寅 4.13	四·十一 甲申 5.13
一·二十一 乙丑 2.23	二·二十一 乙未 3.25	三·二十一 甲子 4.23	四·二十一 甲午 5.23
五·一 甲辰 6.2	六·一 癸酉 7.1	七·一 壬寅 7.30	八·一 壬申 8.29
五·十一 甲寅 6.12	六·十一 癸未 7.11	七·十一 壬子 8.9	八·十一 壬午 9.8
五·二十一 甲子 6.22	六·二十一 癸巳 7.21	七·二十一 壬戌 8.19	八·二十一 壬辰 9.18
九·一 辛丑 9.27	十·一 辛未 10.27	十一·一 庚子 11.25	十二·一 庚午 12.25
九·十一 辛亥 10.7	十·十一 辛巳 11.6	十一·十一 庚戌 12.5	十二·十一 庚辰 1.4
九·二十一 辛酉 10.17	十·二十一 辛卯 11.26	十一·二十一 庚申 12.15	十二·二十一 庚寅 1.14

明太祖洪武十七年、北元孛儿只斤脱古思帖木儿天元六年甲子(1384—1385)

一·一 己亥 1.23	二·一 己巳 2.22	三·一 戊戌 3.22	四·一 戊辰 4.21
一·十一 己酉 2.2	二·十一 己卯 3.3	三·十一 戊申 4.1	四·十一 戊寅 5.1
一·二十一 己未 2.12	二·二十一 己丑 3.13	三·二十一 戊午 4.11	四·二十一 戊子 5.11
五·一 戊戌 5.21	六·一 丁卯 6.19	七·一 丁酉 7.19	八·一 丙寅 8.17
五·十一 戊申 5.31	六·十一 丁丑 6.29	七·十一 丁未 7.29	八·十一 丙子 8.27
五·二十一 戊午 6.10	六·二十一 丁亥 7.9	七·二十一 丁巳 8.8	八·二十一 丙戌 9.6
九·一 丙申 9.16	十·一 乙丑 10.15 闰十·一 乙未 11.14	十一·一 甲子 12.13	十二·一 甲午 1.12
九·十一 丙午 9.26	十·十一 乙亥 10.25 闰十·十一 乙巳 11.24	十一·十一 甲戌 12.23	十二·十一 甲辰 1.22
九·二十一 丙辰 10.6	十·二十一 乙酉 11.4 闰十·二十一 乙卯 12.4	十一·二十一 甲申 1.2	十二·二十一 甲寅 2.1

明太祖洪武十八年、北元孛儿只斤脱古思帖木儿天元七年乙丑(1385—1386)

一·一 癸亥 2.10	二·一 癸巳 3.12	三·一 壬戌 4.10	四·一 壬辰 5.10
一·十一 癸酉 2.20	二·十一 癸卯 3.22	三·十一 壬申 4.20	四·十一 壬寅 5.20
一·二十一 癸未 3.2	二·二十一 癸丑 4.1	三·二十一 壬午 4.30	四·二十一 壬子 5.30
五·一 辛酉 6.8	六·一 辛卯 7.8	七·一 辛酉 8.7	八·一 庚寅 9.5
五·十一 辛未 6.18	六·十一 辛丑 7.18	七·十一 辛未 8.17	八·十一 庚子 9.15
五·二十一 辛巳 6.28	六·二十一 辛亥 7.28	七·二十一 辛巳 8.27	八·二十一 庚戌 9.25
九·一 庚申 10.5	十·一 己丑 11.3	十一·一 己未 12.3	十二·一 戊子 1.1
九·十一 庚午 10.15	十·十一 己亥 11.13	十一·十一 己巳 12.13	十二·十一 戊戌 1.11
九·二十一 庚辰 10.25	十·二十一 己酉 11.23	十一·二十一 己卯 12.23	十二·二十一 戊申 1.21

明太祖洪武十九年、北元孛儿只斤脱古思帖木儿天元八年丙寅(1386—1387)

一·一 戊午 1.31	二·一 丁亥 3.1	三·一 丁巳 3.31	四·一 丙戌 4.29
一·十一 戊辰 2.10	二·十 丁酉 3.11	三·十一 丁卯 4.10	四·十一 丙申 5.9
一·二十一 戊寅 2.20	二·二十一 丁未 3.21	三·二十一 丁丑 4.20	四·二十一 丙午 5.19
五·一 乙卯 5.28	六·一 乙酉 6.27	七·一 乙卯 7.27	八·一 甲申 8.25
五·十一 乙丑 6.7	六·十 乙未 7.7	七·十一 乙丑 8.6	八·十一 甲午 9.4
五·二十一 乙亥 6.17	六·二十一 乙巳 7.17	七·二十一 乙亥 8.16	八·二十一 甲辰 9.14
九·一 甲寅 9.24	十·一 甲申 10.24	十一·一 癸丑 11.22	十二·一 癸未 12.22
九·十一 甲子 10.4	十·十一 甲午 11.3	十一·十一 癸亥 12.2	十二·十一 癸巳 1.1
九·二十一 甲戌 10.14	十·二十一 甲辰 11.13	十一·二十一 癸酉 12.12	十二·二十一 癸卯 1.11

明太祖洪武二十年、北元孛儿只斤脱古思帖木儿天元九年丁卯(1387—1388)

一·一 壬子 1.20	二·一 壬午 2.19	三·一 辛亥 3.20	四·一 辛巳 4.19
一·十一 壬戌 1.30	二·十一 壬辰 3.1	三·十一 辛酉 3.30	四·十一 辛卯 4.29
一·二十一 壬申 2.9	二·二十一 壬寅 3.11	三·二十一 辛未 4.9	四·二十一 辛丑 5.9
五·一 庚戌 5.18	六·一 己卯 6.16 闰六·一 己酉 7.16	七·一 戊寅 8.14	八·一 戊申 9.13
五·十一 庚申 5.28	六·十一 己丑 6.26 闰六·十一 己未 7.26	七·十一 戊子 8.24	八·十一 戊午 9.23
五·二十一 庚午 6.7	六·二十一 己亥 7.6 闰六·二十一 己巳 8.5	七·二十一 戊戌 9.3	八·二十一 戊辰 10.3
九·一 戊寅 10.13	十·一 戊申 11.12	十一·一 丁丑 12.11	十二·一 丁未 1.10
九·十一 戊子 10.23	十·十一 戊午 11.22	十一·十一 丁亥 12.21	十二·十一 丁巳 1.20
九·二十一 戊戌 11.2	十·二十一 戊辰 12.2	十一·二十一 丁酉 12.31	十二·二十一 丁卯 1.30

明太祖洪武二十一年、北元孛儿只斤脱古思帖木儿天元十年戊辰（1388—1389）

一·一	丙子	2.8	二·一	丙午	3.9	三·一	乙亥	4.7	四·一	乙巳	5.7
一·十一	丙戌	2.18	二·十一	丙辰	3.19	三·十一	乙酉	4.17	四·十一	乙卯	5.17
一·二十一	丙申	2.28	二·二十一	丙寅	3.29	三·二十一	乙未	4.27	四·二十一	乙丑	5.27
五·一	甲戌	6.5	六·一	癸卯	7.4	七·一	癸酉	8.3	八·一	壬寅	9.1
五·十一	甲申	6.15	六·十一	癸丑	7.14	七·十一	癸未	8.13	八·十一	壬子	9.11
五·二十一	甲午	6.25	六·二十一	癸亥	7.24	七·二十一	癸巳	8.23	八·二十一	壬戌	9.21
九·一	壬申	10.1	十·一	辛丑	10.30	十一·一	辛未	11.29	十二·一	辛丑	12.29
九·十一	壬午	10.11	十·十一	辛亥	11.9	十一·十一	辛巳	12.9	十二·十一	辛亥	1.8
九·二十一	壬辰	10.21	十·二十一	辛酉	11.19	十一·二十一	辛卯	12.19	十二·二十一	辛酉	1.18

明太祖洪武二十二年己巳（1389—1390）

一·一	辛未	1.28	二·一	庚子	2.26	三·一	庚午	3.28	四·一	己亥	4.26
一·十一	辛巳	2.7	二·十一	庚戌	3.8	三·十一	庚辰	4.7	四·十一	己酉	5.6
一·二十一	辛卯	2.17	二·二十一	庚申	3.18	三·二十一	庚寅	4.17	四·二十一	己未	5.16
五·一	己巳	5.26	六·一	戊戌	6.24	七·一	丁卯	7.23	八·一	丙申	8.21
五·十一	己卯	6.5	六·十一	戊申	7.4	七·十一	丁丑	8.2	八·十一	丙午	8.31
五·二十一	己丑	6.15	六·二十一	戊午	7.14	七·二十一	丁亥	8.12	八·二十一	丙辰	9.10
九·一	丙寅	9.20	十·一	丙申	10.20	十一·一	乙丑	11.18	十二·一	乙未	12.18
九·十一	丙子	9.30	十·十一	丙午	10.30	十一·十一	乙亥	11.28	十二·十一	乙巳	12.28
九·二十一	丙戌	10.10	十·二十一	丙辰	11.9	十一·二十一	乙酉	12.8	十二·二十一	乙卯	1.7

明太祖洪武二十三年庚午（1390—1391）

一·一	乙丑	1.17	二·一	乙未	2.16	三·一	甲子	3.17	四·一	甲午	4.16　闰四·一　癸亥 5.15
一·十一	乙亥	1.27	二·十一	乙巳	2.26	三·十一	甲戌	3.27	四·十一	甲辰	4.26　闰四·十一　癸酉 5.25
一·二十一	乙酉	2.6	二·二十一	乙卯	3.8	三·二十一	甲申	4.6	四·二十一	甲寅	5.6　闰四·二十一　癸未 6.4
五·一	癸巳	6.14	六·一	壬戌	7.13	七·一	辛卯	8.11	八·一	庚申	9.9
五·十一	癸卯	6.24	六·十一	壬申	7.23	七·十一	辛丑	8.21	八·十一	庚午	9.19
五·二十一	癸丑	7.4	六·二十一	壬午	8.2	七·二十一	辛亥	8.31	八·二十一	庚辰	9.29
九·一	庚寅	10.9	十·一	己未	11.7	十一·一	己丑	12.7	十二·一	己未	1.6
九·十一	庚子	10.19	十·十一	己巳	11.17	十一·十一	己亥	12.17	十二·十一	己巳	1.16
九·二十一	庚戌	10.29	十·二十一	己卯	11.27	十一·二十一	己酉	12.27	十二·二十一	己卯	1.26

明太祖洪武二十四年辛未（1391—1392）

一·一	己丑	2.5	二·一	戊午	3.6	三·一	戊子	4.5	四·一	戊午	5.5
一·十一	己亥	2.15	二·十一	戊辰	3.16	三·十一	戊戌	4.15	四·十一	戊辰	5.15
一·二十一	己酉	2.25	二·二十一	戊寅	3.26	三·二十一	戊申	4.25	四·二十一	戊寅	5.25
五·一	丁亥	6.3	六·一	丙辰	7.2	七·一	丙戌	8.1	八·一	乙卯	8.30
五·十一	丁酉	6.13	六·十一	丙寅	7.12	七·十一	丙申	8.11	八·十一	乙丑	9.9
五·二十一	丁未	6.23	六·二十一	丙子	7.22	七·二十一	丙午	8.21	八·二十一	乙亥	9.19
九·一	乙酉	9.29	十·一	甲寅	10.28	十一·一	癸未	11.26	十二·一	癸丑	12.26
九·十一	乙未	10.9	十·十一	甲子	11.7	十一·十一	癸巳	12.6	十二·十一	癸亥	1.5
九·二十一	乙巳	10.19	十·二十一	甲戌	11.17	十一·二十一	癸卯	12.16	十二·二十一	癸酉	1.15

明太祖洪武二十五年壬申(1392—1393)

一·一 癸未 1.25 一·十一 癸巳 2.4 一·二十一 癸卯 2.14	二·一 壬子 2.23 二·十一 壬戌 3.4 二·二十一 壬申 3.14	三·一 壬午 3.24 三·十一 壬辰 4.3 三·二十一 壬寅 4.13	四·一 壬子 4.23 四·十一 壬戌 5.3 四·二十一 壬申 5.13
五·一 辛巳 5.22 五·十一 辛卯 6.1 五·二十一 辛丑 6.11	六·一 辛亥 6.21 六·十一 辛酉 7.1 六·二十一 辛未 7.11	七·一 庚辰 7.20 七·十一 庚寅 7.30 七·二十一 庚子 8.9	八·一 庚戌 8.19 八·十一 庚申 8.29 八·二十一 庚午 9.8
九·一 己卯 9.17 九·十一 己丑 9.27 九·二十一 己亥 10.7	十·一 己酉 10.17 十·十一 己未 10.27 十·二十一 己巳 11.6	十一·一 戊寅 11.15 十一·十一 戊子 11.25 十一·二十一 戊戌 12.5	十二·一 丁未 12.14 闰十二·一 丁丑 1.13 十二·十一 丁巳 12.24 闰十二·十一 丁亥 1.23 十二·二十一丁卯 1.3 闰十二·二十一丁酉 2.2

明太祖洪武二十六年癸酉(1393—1394)

一·一 丁未 2.12 一·十一 丁巳 2.23 一·二十一 丁卯 3.4	二·一 丙子 3.13 二·十一 丙戌 3.23 二·二十一 丙申 4.2	三·一 丙午 4.12 三·十一 丙辰 4.22 三·二十一 丙寅 5.2	四·一 乙亥 5.11 四·十一 乙酉 5.21 四·二十一 乙未 5.31
五·一 乙巳 6.10 五·十一 乙卯 6.20 五·二十一 乙丑 6.30	六·一 乙亥 7.10 六·十一 乙酉 7.20 六·二十一 乙未 7.30	七·一 甲辰 8.8 七·十一 甲寅 8.18 七·二十一 甲子 8.28	八·一 甲戌 9.7 八·十一 甲申 9.17 八·二十一 甲午 9.27
九·一 癸卯 10.6 九·十一 癸丑 10.16 九·二十一 癸亥 10.26	十·一 癸酉 11.5 十·十一 癸未 11.15 十·二十一 癸巳 11.25	十一·一 壬寅 12.4 十一·十一 壬子 12.14 十一·二十一 壬戌 12.24	十二·一 壬申 1.3 十二·十一 壬午 1.13 十二·二十一 壬辰 1.23

明太祖洪武二十七年甲戌(1394—1395)

一·一 辛丑 2.1 一·十一 辛亥 2.11 一·二十一 辛酉 2.21	二·一 辛未 3.3 二·十一 辛巳 3.13 二·二十一 辛卯 3.23	三·一 庚子 4.1 三·十一 庚戌 4.11 三·二十一 庚申 4.21	四·一 庚午 5.1 四·十一 庚辰 5.11 四·二十一 庚寅 5.21
五·一 己亥 5.30 五·十一 己酉 6.9 五·二十一 己未 6.19	六·一 己巳 6.29 六·十一 己卯 7.9 六·二十一 己丑 7.19	七·一 戊戌 7.28 七·十一 戊申 8.7 七·二十一 戊午 8.17	八·一 戊辰 8.27 八·十一 戊寅 9.6 八·二十一 戊子 9.16
九·一 戊戌 9.26 九·十一 戊申 10.6 九·二十一 戊午 10.16	十·一 丁卯 10.25 十·十一 丁丑 11.4 十·二十一 丁亥 11.14	十一·一 丁酉 11.24 十一·十一 丁未 12.4 十一·二十一 丁巳 12.14	十二·一 丙寅 12.23 十二·十一 丙子 1.2 十二·二十一 丙戌 1.12

明太祖洪武二十八年乙亥(1395—1396)

一·一 丙申 1.22 一·十一 丙午 2.1 一·二十一 丙辰 2.11	二·一 乙丑 2.20 二·十一 乙亥 3.2 二·二十一 乙酉 3.12	三·一 甲午 3.21 三·十一 甲辰 3.31 三·二十一 甲寅 4.10	四·一 甲子 4.20 四·十一 甲戌 4.30 四·二十一 甲申 5.10
五·一 癸巳 5.19 五·十一 癸卯 5.29 五·二十一 癸丑 6.8	六·一 癸亥 6.18 六·十一 癸酉 6.28 六·二十一 癸未 7.8	七·一 壬辰 7.17 七·十一 壬寅 7.27 七·二十一 壬子 8.6	八·一 壬戌 8.16 八·十一 壬申 8.26 八·二十一 壬午 9.5
九·一 壬辰 9.15 闰九·一 壬戌 10.15 九·十一 壬寅 9.25 闰九·十一 壬申 10.25 九·二十一壬子 10.5 闰九·二十一壬午 11.4	十·一 辛卯 11.13 十·十一 辛丑 11.23 十·二十一 辛亥 12.3	十一·一 辛酉 12.13 十一·十一 辛未 12.23 十一·二十一 辛巳 1.2	十二·一 庚寅 1.11 十二·十一 庚子 1.21 十二·二十一 庚戌 1.31

明太祖洪武二十九年丙子（1396—1397）

一·一 庚申 2.10	二·一 己丑 3.10	三·一 戊午 4.8	四·一 戊子 5.8
一·十一 庚午 2.20	二·十一 己亥 3.20	三·十一 戊辰 4.18	四·十一 戊戌 5.18
一·二十一 庚辰 3.1	二·二十一 己酉 3.30	三·二十一 戊寅 4.28	四·二十一 戊申 5.28
五·一 丁巳 6.6	六·一 丁亥 7.6	七·一 丙辰 8.4	八·一 丙戌 9.3
五·十一 丁卯 6.16	六·十一 丁酉 7.16	七·十一 丙寅 8.14	八·十一 丙申 9.13
五·二十一 丁丑 6.26	六·二十一 丁未 7.26	七·二十一 丙子 8.24	八·二十一 丙午 9.23
九·一 丙辰 10.3	十·一 乙酉 11.1	十一·一 乙卯 12.1	十二·一 乙酉 12.31
九·十一 丙寅 10.13	十·十一 乙未 11.11	十一·十一 乙丑 12.11	十二·十一 乙未 1.10
九·二十一 丙子 10.23	十·二十一 乙巳 11.21	十一·二十一 乙亥 12.21	十二·二十一 乙巳 1.20

明太祖洪武三十年丁丑（1397—1398）

一·一 甲寅 1.29	二·一 甲申 2.28	三·一 癸丑 3.29	四·一 癸未 4.28
一·十一 甲子 2.8	二·十一 甲午 3.10	三·十一 癸亥 4.8	四·十一 癸巳 5.8
一·二十一 甲戌 2.18	二·二十一 甲辰 3.20	三·二十一 癸酉 4.18	四·二十一 癸卯 5.18
五·一 壬子 5.27	六·一 辛巳 6.25	七·一 庚戌 7.24	八·一 庚辰 8.23
五·十一 壬戌 6.6	六·十一 辛卯 7.5	七·十一 庚申 8.3	八·十一 庚寅 9.2
五·二十一 壬申 6.16	六·二十一 辛丑 7.15	七·二十一 庚午 8.13	八·二十一 庚子 9.12
九·一 庚戌 9.22	十·一 己卯 10.21	十一·一 己酉 11.20	十二·一 己卯 12.20
九·十一 庚申 10.2	十·十一 己丑 10.31	十一·十一 己未 11.30	十二·十一 己丑 12.30
九·二十一 庚午 10.12	十·二十一 己亥 11.10	十一·二十一 己巳 12.10	十二·二十一 己亥 1.9

明太祖洪武三十一年戊寅（1398—1399）

一·一 己酉 1.19	二·一 戊寅 2.17	三·一 戊申 3.19	四·一 丁丑 4.17
一·十一 己未 1.29	二·十一 戊子 2.27	三·十一 戊午 3.29	四·十一 丁亥 4.27
一·二十一 己巳 2.8	二·二十一 戊戌 3.9	三·二十一 戊辰 4.8	四·二十一 丁酉 5.7
五·一 丁未 5.17　闰五·一 丙子 6.15	六·一 乙巳 7.14	七·一 甲戌 8.12	八·一 甲辰 9.11
五·十一 丁巳 5.27　闰五·十一 丙戌 6.25	六·十一 乙卯 7.24	七·十一 甲申 8.22	八·十一 甲寅 9.21
五·二十一 丁卯 6.6　闰五·二十一 丙申 7.5	六·二十一 乙丑 8.3	七·二十一 甲午 9.1	八·二十一 甲子 10.1
九·一 癸酉 10.10	十·一 癸卯 11.9	十一·一 癸酉 12.9	十二·一 癸卯 1.8
九·十一 癸未 10.20	十·十一 癸丑 11.19	十一·十一 癸未 12.19	十二·十一 癸丑 1.18
九·二十一 癸巳 10.30	十·二十一 癸亥 11.29	十一·二十一 癸巳 12.29	十二·二十一 癸亥 1.28

明惠帝建文元年己卯（1399—1400）

一·一 壬申 2.6	二·一 壬寅 3.8	三·一 壬申 4.7	四·一 辛丑 5.6
一·十一 壬午 2.16	二·十一 壬子 3.18	三·十一 壬午 4.17	四·十一 辛亥 5.16
一·二十一 壬辰 2.26	二·二十一 壬戌 3.28	三·二十一 壬辰 4.27	四·二十一 辛酉 5.26
五·一 辛未 6.5	六·一 庚子 7.4	七·一 己巳 8.2	八·一 戊戌 8.31
五·十一 辛巳 6.15	六·十一 庚戌 7.14	七·十一 己卯 8.12	八·十一 戊申 9.10
五·二十一 辛卯 6.25	六·二十一 庚申 7.24	七·二十一 己丑 8.22	八·二十一 戊午 9.20
九·一 戊辰 9.30	十·一 丁酉 10.29	十一·一 丁卯 11.28	十二·一 丁酉 12.28
九·十一 戊寅 10.10	十·十一 丁未 11.8	十一·十一 丁丑 12.8	十二·十一 丁未 1.7
九·二十一 戊子 10.20	十·二十一 丁巳 11.18	十一·二十一 丁亥 12.18	十二·二十一 丁巳 1.17

明惠帝建文二年庚辰（1400—1401）

一·一	丙寅	1.26	二·一	丙申	2.25	三·一	丙寅	3.26	四·一	丙申	4.25
一·十一	丙子	2.5	二·十一	丙午	3.6	三·十一	丙子	4.5	四·十一	丙午	5.5
一·二十一	丙戌	2.15	二·二十一	丙辰	3.16	三·二十一	丙戌	4.15	四·二十一	丙辰	5.15
五·一	乙丑	5.24	六·一	甲午	6.22	七·一	甲子	7.22	八·一	癸巳	8.20
五·十一	乙亥	6.3	六·十一	甲辰	7.2	七·十一	甲戌	8.1	八·十一	癸卯	8.30
五·二十一	乙酉	6.13	六·二十一	甲寅	7.12	七·二十一	甲申	8.11	八·二十一	癸丑	9.9
九·一	壬戌	9.18	十·一	壬辰	10.18	十一·一	辛酉	11.16	十二·一	辛卯	12.16
九·十一	壬申	9.28	十·十一	壬寅	10.28	十一·十一	辛未	11.26	十二·十一	辛丑	12.26
九·二十一	壬午	10.8	十·二十一	壬子	11.7	十一·二十一	辛巳	12.6	十二·二十一	辛亥	1.5

明惠帝建文三年辛巳（1401—1402）

一·一	辛酉	1.15	二·一	庚寅	2.13	三·一 庚申 3.15	闰三·一	庚寅 4.14	四·一	己未	5.13
一·十一	辛未	1.25	二·十一	庚子	2.23	三·十一 庚午 3.25	闰三·十一	庚子 4.24	四·十一	己巳	5.23
一·二十一	辛巳	3.4	二·二十一	庚戌	3.5	三·二十一 庚辰 4.4	闰三·二十一	庚戌 5.4	四·二十一	己卯	6.2
五·一	己丑	6.12	六·一	戊午	7.11	七·一	戊子	8.10	八·一	丁巳	9.8
五·十一	己亥	6.22	六·十一	戊辰	7.21	七·十一	戊戌	8.20	八·十一	丁卯	9.18
五·二十一	己酉	7.2	六·二十一	戊寅	7.31	七·二十一	戊申	8.30	八·二十一	丁丑	9.28
九·一	丁亥	10.8	十·一	丙辰	11.6	十一·一	乙酉	12.5	十二·一	乙卯	1.4
九·十一	丁酉	10.18	十·十一	丙寅	11.16	十一·十一	乙未	12.15	十二·十一	乙丑	1.14
九·二十一	丁未	10.28	十·二十一	丙子	11.26	十一·二十一	乙巳	12.25	十二·二十一	乙亥	1.24

明惠帝建文四年壬午（1402—1403）

一·一	甲申	2.2	二·一	甲寅	3.4	三·一	甲申	4.3	四·一	癸丑	5.2
一·十一	甲午	2.12	二·十一	甲子	3.14	三·十一	甲午	4.13	四·十一	癸亥	5.12
一·二十一	甲辰	2.22	二·二十一	甲戌	3.24	三·二十一	甲辰	4.23	四·二十一	癸酉	5.22
五·一	癸未	6.1	六·一	癸丑	7.1	*七·一	壬午	7.30	八·一	壬子	8.29
五·十一	癸巳	6.11	六·十一	癸亥	7.11	七·十一	壬辰	8.9	八·十一	壬戌	9.8
五·二十一	癸卯	6.21	六·二十一	癸酉	7.21	七·二十一	壬寅	8.19	八·二十一	壬申	9.18
九·一	辛巳	9.27	十·一	辛亥	10.27	十一·一	庚辰	11.25	十二·一	庚戌	12.25
九·十一	辛卯	10.7	十·十一	辛酉	11.6	十一·十一	庚寅	12.5	十二·十一	庚申	1.4
九·二十一	辛丑	10.17	十·二十一	辛未	11.16	十一·二十一	庚子	12.15	十二·二十一	庚午	1.14

＊本月成祖复称“洪武”三十五年。

明成祖永乐元年癸未（1403—1404）

一·一	己卯	1.23	二·一	戊申	2.21	三·一	戊寅	3.23	四·一	丁未	4.21
一·十一	己丑	2.2	二·十一	戊午	3.3	三·十一	戊子	4.2	四·十一	丁巳	5.1
一·二十一	己亥	2.12	二·二十一	戊辰	3.13	三·二十一	戊戌	4.12	四·二十一	丁卯	5.11
五·一	丁丑	5.21	六·一	丁未	6.20	七·一	丙子	7.19	八·一	丙午	8.18
五·十一	丁亥	5.31	六·十一	丁巳	6.30	七·十一	丙戌	7.29	八·十一	丙辰	8.28
五·二十一	丁酉	6.10	六·二十一	丁卯	7.10	七·二十一	丙申	8.8	八·二十一	丙寅	9.7
九·一	丙子	9.17	十·一	乙巳	10.16	十一·一 乙亥 11.15	闰十一·一	甲辰 12.14	十二·一	甲戌	1.13
九·十一	丙戌	9.27	十·十一	乙卯	10.26	十一·十一 乙酉 11.25	闰十一·十一	甲寅 12.24	十二·十一	甲申	1.23
九·二十一	丙申	10.7	十·二十一	乙丑	11.5	十一·二十一 乙未 12.5	闰十一·二十一	甲子 1.3	十二·二十一	甲午	2.2

明成祖永乐二年甲申（1404—1405）

一·一	癸卯	2.11	二·一	壬申	3.11	三·一	壬寅	4.10	四·一	辛未	5.9
一·十一	癸丑	2.21	二·十一	壬午	3.21	三·十一	壬子	4.20	四·十一	辛巳	5.19
一·二十一	癸亥	3.2	二·二十一	壬辰	3.31	三·二十一	壬戌	4.30	四·二十一	辛卯	5.29
五·一	辛丑	6.8	六·一	庚午	7.7	七·一	庚子	8.6	八·一	庚午	9.5
五·十一	辛亥	6.18	六·十一	庚辰	7.17	七·十一	庚戌	8.16	八·十一	庚辰	9.15
五·二十一	辛酉	6.28	六·二十一	庚寅	7.27	七·二十一	庚申	8.26	八·二十一	庚寅	9.25
九·一	己亥	10.4	十·一	己巳	11.3	十一·一	己亥	12.3	十二·一	戊辰	1.1
九·十一	己酉	10.14	十·十一	己卯	11.13	十一·十一	己酉	12.13	十二·十一	戊寅	1.11
九·二十一	己未	10.24	十·二十一	己丑	11.23	十一·二十一	己未	12.23	十二·二十一	戊子	1.21

明成祖永乐三年乙酉（1405—1406）

一·一	戊戌	1.31	二·一	丁卯	3.1	三·一	丙申	3.30	四·一	丙寅	4.29
一·十一	戊申	2.10	二·十一	丁丑	3.11	三·十一	丙午	4.9	四·十一	丙子	5.9
一·二十一	戊午	2.20	二·二十一	丁亥	3.21	三·二十一	丙辰	4.19	四·二十一	丙戌	5.19
五·一	乙未	5.28	六·一	乙丑	6.27	七·一	甲午	7.26	八·一	甲子	8.25
五·十一	乙巳	6.7	六·十一	乙亥	7.7	七·十一	甲辰	8.5	八·十一	甲戌	9.4
五·二十一	乙卯	6.17	六·二十一	乙酉	7.17	七·二十一	甲寅	8.15	八·二十一	甲申	9.14
九·一	癸巳	9.23	十·一	癸亥	10.23	十一·一	癸巳	11.22	十二·一	癸亥	12.22
九·十一	癸卯	10.3	十·十一	癸酉	11.2	十一·十一	癸卯	12.2	十二·十一	癸酉	1.1
九·二十一	癸丑	10.13	十·二十一	癸未	11.12	十一·二十一	癸丑	12.12	十二·二十一	癸未	1.11

明成祖永乐四年丙戌（1406—1407）

一·一	壬辰	1.20	二·一	壬戌	2.19	三·一	辛卯	3.20	四·一	辛酉	4.19
一·十一	壬寅	1.30	二·十一	壬申	3.1	三·十一	辛丑	3.30	四·十一	辛未	4.29
一·二十一	壬子	2.9	二·二十一	壬午	3.11	三·二十一	辛亥	4.9	四·二十一	辛巳	5.9
五·一	庚寅	5.18	六·一	己未	6.16	七·一　戊子7.15	闰七·一	戊午8.14	八·一	丁亥	9.12
五·十一	庚子	5.28	六·十一	己巳	6.26	七·十一　戊戌7.25	闰七·十一	戊辰8.24	八·十一	丁酉	9.22
五·二十一	庚戌	6.7	六·二十一	己卯	7.6	七·二十一戊申8.4	闰七·二十一	戊寅9.3	八·二十一	丁未	10.2
九·一	丁巳	10.12	十·一	丁亥	11.11	十一·一	丁巳	12.11	十二·一	丙戌	1.9
九·十一	丁卯	10.22	十·十一	丁酉	11.21	十一·十一	丁卯	12.21	十二·十一	丙申	1.19
九·二十一	丁丑	11.1	十·二十一	丁未	12.1	十一·二十一	丁丑	12.31	十二·二十一	丙午	1.29

明成祖永乐五年丁亥（1407—1408）

一·一	丙辰	2.8	二·一	丙戌	3.10	三·一	乙卯	4.8	四·一	乙酉	5.8
一·十一	丙寅	2.18	二·十一	丙申	3.20	三·十一	乙丑	4.18	四·十一	乙未	5.18
一·二十一	丙子	2.28	二·二十一	丙午	3.30	三·二十一	乙亥	4.28	四·二十一	乙巳	5.28
五·一	甲寅	6.6	六·一	癸未	7.5	七·一	壬子	8.3	八·一	壬午	9.2
五·十一	甲子	6.16	六·十一	癸巳	7.15	七·十一	壬戌	8.13	八·十一	壬辰	9.12
五·二十一	甲戌	6.26	六·二十一	癸卯	7.25	七·二十一	壬申	8.23	八·二十一	壬寅	9.22
九·一	辛亥	10.1	十·一	辛巳	10.31	十一·一	辛亥	11.30	十二·一	庚辰	12.29
九·十一	辛酉	10.11	十·十一	辛卯	11.10	十一·十一	辛酉	12.10	十二·十一	庚寅	1.8
九·二十一	辛未	10.21	十·二十一	辛丑	11.20	十一·二十一	辛未	12.20	十二·二十一	庚子	1.18

明成祖永乐六年戊子(1408—1409)

一・一 庚戌 1.28	二・一 庚辰 2.27	三・一 庚戌 3.28	四・一 己卯 4.26
一・十一 庚申 2.7	二・十一 庚寅 3.8	三・十一 庚申 4.7	四・十一 己丑 5.6
一・二十一 庚午 2.17	二・二十一 庚子 3.18	三・二十一 庚午 4.17	四・二十一 己亥 5.16
五・一 己酉 5.26	六・一 戊寅 6.24	七・一 丁未 7.23	八・一 丙子 8.21
五・十一 己未 6.5	六・十一 戊子 7.4	七・十一 丁巳 8.2	八・十一 丙戌 8.31
五・二十一 己巳 6.15	六・二十一 戊戌 7.14	七・二十一 丁卯 8.12	八・二十一 丙申 9.10
九・一 丙午 9.20	十・一 乙亥 10.19	十一・一 乙巳 11.18	十二・一 甲戌 12.17
九・十一 丙辰 9.30	十・十一 乙酉 10.29	十一・十一 乙卯 11.28	十二・十一 甲申 12.27
九・二十一 丙寅 10.10	十・二十一 乙未 11.8	十一・二十一 乙丑 12.8	十二・二十一 甲午 1.6

明成祖永乐七年己丑(1409—1410)

一・一 甲辰 1.16	二・一 甲戌 2.15	三・一 甲辰 3.17	四・一 癸酉 4.15 闰四・一 癸卯 5.15
一・十一 甲寅 1.26	二・十一 甲申 2.25	三・十一 甲寅 3.27	四・十一 癸未 4.25 闰四・十一 癸丑 5.25
一・二十一 甲子 2.5	二・二十一 甲午 3.7	三・二十一 甲子 4.6	四・二十一 癸巳 5.5 闰四・二十一 癸亥 6.4
五・一 壬申 6.13	六・一 壬寅 7.13	七・一 辛未 8.11	八・一 庚子 9.9
五・十一 壬午 6.23	六・十一 壬子 7.23	七・十一 辛巳 8.21	八・十一 庚戌 9.19
五・二十一 壬辰 7.3	六・二十一 壬戌 8.2	七・二十一 辛卯 8.31	八・二十一 庚申 9.29
九・一 庚午 10.9	十・一 己亥 11.7	十一・一 己巳 12.7	十二・一 戊戌 1.5
九・十一 庚辰 10.19	十・十一 己酉 11.17	十一・十一 己卯 12.17	十二・十一 戊申 1.15
九・二十一 庚寅 10.29	十・二十一 己未 11.27	十一・二十一 己丑 12.27	十二・二十一 戊午 1.25

明成祖永乐八年庚寅(1410—1411)

一・一 戊辰 2.4	二・一 戊戌 3.6	三・一 丁卯 4.4	四・一 丁酉 5.4
一・十一 戊寅 2.14	二・十一 戊申 3.16	三・十一 丁丑 4.14	四・十一 丁未 5.14
一・二十一 戊子 2.24	二・二十一 戊午 3.6	三・二十一 丁亥 4.24	四・二十一 丁巳 5.24
五・一 丁卯 6.3	六・一 丙申 7.2	七・一 丙寅 8.1	八・一 乙未 8.30
五・十一 丁丑 6.13	六・十一 丙午 7.12	七・十一 丙子 8.11	八・十一 乙巳 9.9
五・二十一 丁亥 6.23	六・二十一 丙辰 7.22	七・二十一 丙戌 8.21	八・二十一 乙卯 9.19
九・一 乙丑 9.29	十・一 甲午 10.28	十一・一 癸亥 11.26	十二・一 癸巳 12.26
九・十一 乙亥 10.9	十・十一 甲辰 11.7	十一・十一 癸酉 12.6	十二・十一 癸卯 1.5
九・二十一 乙酉 10.19	十・二十一 甲寅 11.17	十一・二十一 癸未 12.16	十二・二十一 癸丑 1.15

明成祖永乐九年辛卯(1411—1412)

一・一 壬戌 1.24	二・一 壬辰 2.23	三・一 辛酉 3.24	四・一 辛卯 4.23
一・十一 壬申 2.3	二・十一 壬寅 3.5	三・十一 辛未 4.3	四・十一 辛丑 5.3
一・二十一 壬午 2.13	二・二十一 壬子 3.15	三・二十一 辛巳 4.13	四・二十一 辛亥 5.13
五・一 辛酉 5.23	六・一 庚寅 6.21	七・一 庚申 7.21	八・一 庚寅 8.20
五・十一 辛未 6.2	六・十一 庚子 7.1	七・十一 庚午 7.31	八・十一 庚子 8.30
五・二十一 辛巳 6.12	六・二十一 庚戌 7.11	七・二十一 庚辰 8.10	八・二十一 庚戌 9.9
九・一 己未 9.18	十・一 己丑 10.18	十一・一 戊午 11.16	十二・一 丁亥 12.15 闰十二・一 丁巳 1.14
九・十一 己巳 9.28	十・十一 己亥 10.28	十一・十一 戊辰 11.26	十二・十一 丁酉 12.25 闰十二・十一 丁卯 1.24
九・二十一 己卯 10.8	十・二十一 己酉 11.7	十一・二十一 戊寅 12.6	十二・二十一 丁未 1.4 闰十二・二十一 丁丑 2.3

明成祖永乐十年壬辰（1412—1413）

一・一	丙戌	2.12	二・一	丙辰	3.13	三・一	乙酉	4.11	四・一	乙卯	5.11
一・十一	丙申	2.22	二・十一	丙寅	3.23	三・十一	乙未	4.21	四・十一	乙丑	5.21
一・二十一	丙午	3.3	二・二十一	丙子	4.2	三・二十一	乙巳	5.1	四・二十一	乙亥	5.31
五・一	甲申	6.9	六・一	甲寅	7.9	七・一	甲申	8.8	八・一	癸丑	9.6
五・十一	甲午	6.19	六・十一	甲子	7.19	七・十一	甲午	8.18	八・十一	癸亥	9.16
五・二十一	甲辰	6.29	六・二十一	甲戌	7.29	七・二十一	甲辰	8.28	八・二十一	癸酉	9.26
九・一	癸未	10.6	十・一	癸丑	11.5	十一・一	壬午	12.4	十二・一	壬子	1.3
九・十一	癸巳	10.16	十・十一	癸亥	11.15	十一・十一	壬辰	12.14	十二・十一	壬戌	1.13
九・二十一	癸卯	10.26	十・二十一	癸酉	11.25	十一・二十一	壬寅	12.24	十二・二十一	壬申	1.23

明成祖永乐十一年癸巳（1413—1414）

一・一	辛巳	2.1	二・一	庚戌	3.2	三・一	庚辰	4.1	四・一	己酉	4.30
一・十一	辛卯	2.11	二・十一	庚申	3.12	三・十一	庚寅	4.11	四・十一	己未	5.10
一・二十一	辛丑	2.21	二・二十一	庚午	3.22	三・二十一	庚子	4.21	四・二十一	己巳	5.20
五・一	己卯	5.30	六・一	戊申	6.28	七・一	戊寅	7.28	八・一	丁未	8.26
五・十一	己丑	6.9	六・十一	戊午	7.8	七・十一	戊子	8.7	八・十一	丁巳	9.5
五・二十一	己亥	6.19	六・二十一	戊辰	7.18	七・二十一	戊戌	8.17	八・二十一	丁卯	9.15
九・一	丁丑	9.25	十・一	丁未	10.25	十一・一	丁丑	11.24	十二・一	丙午	12.23
九・十一	丁亥	10.5	十・十一	丁巳	11.4	十一・十一	丁亥	12.4	十二・十一	丙辰	1.2
九・二十一	丁酉	10.15	十・二十一	丁卯	11.14	十一・二十一	丁酉	12.14	十二・二十一	丙寅	1.12

明成祖永乐十二年甲午（1414—1415）

一・一	丙子	1.22	二・一	乙巳	2.20	三・一	甲戌	3.21	四・一	甲辰	4.20
一・十一	丙戌	2.1	二・十一	乙卯	3.2	三・十一	甲申	3.31	四・十一	甲寅	4.30
一・二十一	丙申	2.11	二・二十一	乙丑	3.12	三・二十一	甲午	4.10	四・二十一	甲子	5.10
五・一	癸酉	5.19	六・一	壬寅	6.17	七・一	壬申	7.17	八・一	辛丑	8.15
五・十一	癸未	5.29	六・十一	壬子	6.27	七・十一	壬午	7.27	八・十一	辛亥	8.25
五・二十一	癸巳	6.8	六・二十一	壬戌	7.7	七・二十一	壬辰	8.6	八・二十一	辛酉	9.4
九・一　辛未 9.14　闰九・一　辛丑 10.14			十・一	辛未	11.13	十一・一	庚子	12.12	十二・一	庚午	1.11
九・十一　辛巳 9.24　闰九・十一　辛亥 10.24			十・十一	辛巳	11.23	十一・十一	庚戌	12.22	十二・十一	庚辰	1.21
九・二十一　辛卯 10.4　闰九・二十一　辛酉 11.3			十・二十一	辛卯	12.3	十一・二十一	庚申	1.1	十二・二十一	庚寅	1.31

明成祖永乐十三年乙未（1415—1416）

一・一	庚子	2.10	二・一	己巳	3.11	三・一	己亥	4.10	四・一	戊辰	5.9
一・十一	庚戌	2.20	二・十一	己卯	3.21	三・十一	己酉	4.20	四・十一	戊寅	5.19
一・二十一	庚申	3.2	二・二十一	己丑	3.31	三・二十一	己未	4.30	四・二十一	戊子	5.29
五・一	丁酉	6.7	六・一	丙寅	7.6	七・一	丙申	8.5	八・一	乙丑	9.3
五・十一	丁未	6.17	六・十一	丙子	7.16	七・十一	丙午	8.15	八・十一	乙亥	9.13
五・二十一	丁巳	6.27	六・二十一	丙戌	7.26	七・二十一	丙辰	8.25	八・二十一	乙酉	9.23
九・一	乙未	10.3	十・一	乙丑	11.2	十一・一	甲午	12.1	十二・一	甲子	12.31
九・十一	乙巳	10.13	十・十一	乙亥	11.12	十一・十一	甲辰	12.11	十二・十一	甲戌	1.10
九・二十一	乙卯	10.23	十・二十一	乙酉	11.22	十一・二十一	甲寅	12.21	十二・二十一	甲申	1.20

明成祖永乐十四年丙申（1416—1417）

一•一	甲午	1.30	二•一	甲子	2.29	三•一	癸巳	3.29	四•一	癸亥	4.28
一•十一	甲辰	2.9	二•十一	甲戌	3.10	三•十一	癸卯	4.8	四•十一	癸酉	5.8
一•二十一	甲寅	2.19	二•二十一	甲申	3.20	三•二十一	癸丑	4.18	四•二十一	癸未	5.18
五•一	壬辰	5.27	六•一	辛酉	6.25	七•一	庚寅	7.24	八•一	庚申	8.23
五•十一	壬寅	6.6	六•十一	辛未	7.5	七•十一	庚子	8.3	八•十一	庚午	9.2
五•二十一	壬子	6.16	六•二十一	辛巳	7.15	七•二十一	庚戌	8.13	八•二十一	庚辰	9.12
九•一	己丑	9.21	十•一	己未	10.21	十一•一	戊子	11.19	十二•一	戊午	12.19
九•十一	己亥	10.1	十•十一	己巳	10.31	十一•十一	戊戌	11.29	十二•十一	戊辰	12.29
九•二十一	己酉	10.11	十•二十一	己卯	11.10	十一•二十一	戊申	12.9	十二•二十一	戊寅	1.8

明成祖永乐十五年丁酉（1417—1418）

一•一	戊子	1.18	二•一	戊午	2.17	三•一	丁亥	3.18	四•一	丁巳	4.17
一•十一	戊戌	1.28	二•十一	戊辰	2.27	三•十一	丁酉	3.28	四•十一	丁卯	4.27
一•二十一	戊申	2.7	二•二十一	戊寅	3.9	三•二十一	丁未	4.7	四•二十一	丁丑	5.7
五•一 丙戌 5.16	闰五•一	丙辰 6.15	六•一	乙酉	7.14	七•一	甲寅	8.12	八•一	甲申	9.11
五•十一 丙申 5.26	闰五•十一	丙寅 6.25	六•十一	乙未	7.24	七•十一	甲子	8.22	八•十一	甲午	9.21
五•二十一 丙午 6.5	闰五•二十一	丙子 7.5	六•二十一	乙巳	8.3	七•二十一	甲戌	9.1	八•二十一	甲辰	10.1
九•一	癸丑	10.10	十•一	癸未	11.9	十一•一	壬子	12.8	十二•一	壬午	1.7
九•十一	癸亥	10.20	十•十一	癸巳	11.19	十一•十一	壬戌	12.18	十二•十一	壬辰	1.17
九•二十一	癸酉	10.30	十•二十一	癸卯	11.29	十一•二十一	壬申	12.28	十二•二十一	壬寅	1.27

明成祖永乐十六年戊戌（1418—1419）

一•一	壬子	2.6	二•一	壬午	3.8	三•一	辛亥	4.6	四•一	辛巳	5.6
一•十一	壬戌	2.16	二•十一	壬辰	3.18	三•十一	辛酉	4.16	四•十一	辛卯	5.16
一•二十一	壬申	2.26	二•二十一	壬寅	3.28	三•二十一	辛未	4.26	四•二十一	辛丑	5.26
五•一	庚戌	6.4	六•一	庚辰	7.4	七•一	己酉	8.2	八•一	戊寅	8.31
五•十	庚申	6.14	六•十一	庚寅	7.14	七•十一	己未	8.12	八•十一	戊子	9.10
五•二十一	庚午	6.24	六•二十一	庚子	7.24	七•二十一	己巳	8.22	八•二十一	戊戌	9.20
九•一	戊申	9.30	十•一	丁丑	10.29	十一•一	丁未	11.28	十二•一	丙子	12.27
九•十一	戊午	10.10	十•十一	丁亥	11.8	十一•十一	丁巳	12.8	十二•十一	丙戌	1.6
九•二十一	戊辰	10.20	十•二十一	丁酉	11.18	十一•二十一	丁卯	12.18	十二•二十一	丙申	1.16

明成祖永乐十七年己亥（1419—1420）

一•一	丙午	1.26	二•一	丙子	2.25	三•一	乙巳	3.26	四•一	乙亥	4.25
一•十一	丙辰	2.5	二•十一	丙戌	3.7	三•十一	乙卯	4.5	四•十一	乙酉	5.5
一•二十一	丙寅	2.15	二•二十一	丙申	3.17	三•二十一	乙丑	4.15	四•二十一	乙未	5.15
五•一	乙巳	5.25	六•一	甲戌	6.23	七•一	甲辰	7.23	八•一	癸酉	8.21
五•十一	乙卯	6.4	六•十一	甲申	7.3	七•十一	甲寅	8.2	八•十一	癸未	8.31
五•二十一	乙丑	6.14	六•二十一	甲午	7.13	七•二十一	甲子	8.12	八•二十一	癸巳	9.10
九•一	癸卯	9.20	十•一	壬申	10.19	十一•一	辛丑	11.17	十二•一	辛未	12.17
九•十一	癸丑	9.30	十•十一	壬午	10.29	十一•十一	辛亥	11.27	十二•十一	辛巳	12.27
九•二十一	癸亥	10.10	十•二十一	壬辰	11.8	十一•二十一	辛酉	12.7	十二•二十一	辛卯	1.6

明成祖永乐十八年庚子（1420—1421）

一·一 庚子 1.15　闰一·一 庚午 2.14 一·十一 庚戌 1.25　闰一·十一 庚辰 2.24 一·二十一 庚申 2.4　闰一·二十一 庚寅 3.5	二·一 己亥 3.14 二·十一 己酉 3.24 二·二十一 己未 4.3	三·一 己巳 4.13 三·十一 己卯 4.23 三·二十一 己丑 5.3	四·一 己亥 5.13 四·十一 己酉 5.23 四·二十一 己未 6.2
五·一 戊辰 6.11 五·十一 戊寅 6.21 五·二十一 戊子 7.1	六·一 戊戌 7.11 六·十一 戊申 7.21 六·二十一 戊午 7.31	七·一 丁卯 8.9 七·十一 丁丑 8.19 七·二十一 丁亥 8.29	八·一 丁酉 9.8 八·十一 丁未 9.18 八·二十一 丁巳 9.28
九·一 丙寅 10.7 九·十一 丙子 10.17 九·二十一 丙戌 10.27	十·一 丙申 11.6 十·十一 丙午 11.16 十·二十一 丙辰 11.26	十一·一 乙丑 12.5 十一·十一 乙亥 12.15 十一·二十一 乙酉 12.25	十二·一 乙未 1.4 十二·十一 乙巳 1.14 十二·二十一 乙卯 1.24

明成祖永乐十九年辛丑（1421—1422）

一·一 甲子 2.2 一·十一 甲戌 2.12 一·二十一 甲申 2.22	二·一 甲午 3.4 二·十一 甲辰 3.14 二·二十一 甲寅 3.24	三·一 癸亥 4.2 三·十一 癸酉 4.12 三·二十一 癸未 4.22	四·一 癸巳 5.2 四·十一 癸卯 5.12 四·二十一 癸丑 5.22
五·一 壬戌 5.31 五·十一 壬申 6.10 五·二十一 壬午 6.20	六·一 壬辰 6.30 六·十一 壬寅 7.10 六·二十一 壬子 7.20	七·一 辛酉 7.29 七·十一 辛未 8.8 七·二十一 辛巳 8.18	八·一 辛卯 8.28 八·十一 辛丑 9.7 八·二十一 辛亥 9.17
九·一 辛酉 9.27 九·十一 辛未 10.7 九·二十一 辛巳 10.17	十·一 庚寅 10.26 十·十一 庚子 11.5 十·二十一 庚戌 11.15	十一·一 庚申 11.25 十一·十一 庚午 12.5 十一·二十一 庚辰 12.15	十二·一 庚寅 12.25 十二·十一 庚子 1.4 十二·二十一 庚戌 1.14

明成祖永乐二十年壬寅（1422—1423）

一·一 己未 1.23 一·十一 己巳 2.2 一·二十一 己卯 2.12	二·一 戊子 2.21 二·十一 戊戌 3.3 二·二十一 戊申 3.13	三·一 戊午 3.23 三·十一 戊辰 4.2 三·二十一 戊寅 4.12	四·一 丁亥 4.21 四·十一 丁酉 5.1 四·二十一 丁未 5.11
五·一 丁巳 5.21 五·十一 丁卯 5.31 五·二十一 丁丑 6.10	六·一 丙戌 6.19 六·十一 丙申 6.29 六·二十一 丙午 7.9	七·一 丙辰 7.19 七·十一 丙寅 7.29 七·二十一 丙子 8.8	*八·一 乙酉 8.17 八·十一 乙未 8.27 八·二十一 乙巳 9.6
九·一 乙卯 9.16 九·十一 乙丑 9.26 九·二十一 乙亥 10.6	十·一 乙酉 10.16 十·十一 乙未 10.26 十·二十一 乙巳 11.5	十一·一 甲寅 11.14 十一·十一 甲子 11.24 十一·二十一 甲戌 12.4	十二·一 甲申 12.14　闰十二·一 甲寅 1.13 十二·十一 甲午 12.24　闰十二·十一 甲子 1.23 十二·二十一 甲辰 1.3　闰十二·二十一 甲戌 2.2

*《辑要》八月己酉朔，误。

明成祖永乐二十一年癸卯（1423—1424）

一·一 癸未 2.11 一·十一 癸巳 2.21 一·二十一 癸卯 3.3	二·一 壬子 3.12 二·十一 壬戌 3.22 二·二十一 壬申 4.1	三·一 壬午 4.11 三·十一 壬辰 4.21 三·二十一 壬寅 5.1	四·一 辛亥 5.10 四·十一 辛酉 5.20 四·二十一 辛未 5.30
五·一 庚辰 6.8 五·十一 庚寅 6.18 五·二十一 庚子 6.28	六·一 庚戌 7.8 六·十一 庚申 7.18 六·二十一 庚午 7.28	七·一 己卯 8.6 七·十一 己丑 8.16 七·二十一 己亥 8.26	八·一 己酉 9.5 八·十一 己未 9.15 八·二十一 己巳 9.25
九·一 己卯 10.5 九·十一 己丑 10.15 九·二十一 己亥 10.25	十·一 戊申 11.3 十·十一 戊午 11.13 十·二十一 戊辰 11.23	十一·一 戊寅 12.3 十一·十一 戊子 12.13 十一·二十一 戊戌 12.23	十二·一 戊申 1.2 十二·十一 戊午 1.12 十二·二十一 戊辰 1.22

明成祖永乐二十二年甲辰(1424—1425)

一·一	戊寅	2.1	二·一	丁未	3.1	三·一	丁丑	3.31	四·一	丙午	4.29
一·十一	戊子	2.11	二·十一	丁巳	3.11	三·十一	丁亥	4.10	四·十一	丙辰	5.9
一·二十一	戊戌	2.21	二·二十一	丁卯	3.21	三·二十一	丁酉	4.20	四·二十一	丙寅	5.19
五·一	乙亥	5.28	六·一	甲辰	6.26	七·一	甲戌	7.26	八·一	癸卯	8.24
五·十一	乙酉	6.7	六·十一	甲寅	7.6	七·十一	甲申	8.5	八·十一	癸丑	9.3
五·二十一	乙未	6.17	六·二十一	甲子	7.16	七·二十一	甲午	8.15	八·二十一	癸亥	9.13
九·一	癸酉	9.23	十·一	壬寅	10.22	十一·一	壬申	11.21	十二·一	壬寅	12.21
九·十一	癸未	10.3	十·十一	壬子	11.1	十一·十一	壬午	12.1	十二·十一	壬子	12.31
九·二十一	癸巳	10.31	十·二十一	壬戌	11.11	十一·二十一	壬辰	12.11	十二·二十一	壬戌	1.10

明仁宗洪熙元年乙巳(1425—1426)

一·一	壬申	1.20	二·一	辛丑	2.18	三·一	辛未	3.20	四·一	庚子	4.18
一·十一	壬午	1.30	二·十一	辛亥	2.28	三·十一	辛巳	3.30	四·十一	庚戌	4.28
一·二十一	壬辰	2.9	二·二十一	辛酉	3.10	三·二十一	辛卯	4.9	四·二十一	庚申	5.8
五·一	庚午	5.18	六·一	己亥	6.16	七·一 戊辰 7.15	闰七·一	戊戌 8.14	八·一	丁卯	9.12
五·十一	庚辰	5.28	六·十一	己酉	6.26	七·十一 戊寅 7.25	闰七·十一	戊申 8.24	八·十一	丁丑	9.22
五·二十一	庚寅	6.7	六·二十一	己未	7.6	七·二十一戊子 8.4	闰七·二十一	戊午 9.3	八·二十一	丁亥	10.2
九·一	丁酉	10.12	十·一	丙寅	11.10	十一·一	丙申	12.10	十二·一	丙寅	1.9
九·十一	丁未	10.22	十·十一	丙子	11.20	十一·十一	丙午	12.20	十二·十一	丙子	1.19
九·二十一	丁巳	11.1	十·二十一	丙戌	11.30	十一·二十一	丙辰	12.30	十二·二十一	丙戌	1.29

明宣宗宣德元年丙午(1426—1427)

一·一	丙申	2.8	二·一	乙丑	3.9	三·一	乙未	4.8	四·一	甲子	5.7
一·十一	丙午	2.18	二·十一	乙亥	3.19	三·十一	乙巳	4.18	四·十一	甲戌	5.17
一·二十一	丙辰	2.28	二·二十一	乙酉	3.29	三·二十一	乙卯	4.28	四·二十一	甲申	5.27
五·一	甲午	6.6	六·一	癸亥	7.5	七·一	壬辰	8.3	八·一	壬戌	9.2
五·十一	甲辰	6.16	六·十一	癸酉	7.15	七·十一	壬寅	8.13	八·十一	壬申	9.12
五·二十一	甲寅	6.26	六·二十一	癸未	7.25	七·二十一	壬子	8.23	八·二十一	壬午	9.22
九·一	辛卯	10.1	十·一	辛酉	10.31	十一·一	庚寅	11.29	十二·一	庚申	12.29
九·十一	辛丑	10.11	十·十一	辛未	11.10	十一·十一	庚子	12.9	十二·十一	庚午	1.8
九·二十一	辛亥	10.21	十·二十一	辛巳	11.20	十一·二十一	庚戌	12.19	十二·二十一	庚辰	1.18

明宣宗宣德二年丁未(1427—1428)

一·一	庚寅	1.28	二·一	己未	2.26	三·一	己丑	3.28	四·一	己未	4.27
一·十一	庚子	2.7	二·十一	己巳	3.8	三·十一	己亥	4.7	四·十一	己巳	5.7
一·二十一	庚戌	2.17	二·二十一	己卯	3.18	三·二十一	己酉	4.17	四·二十一	己卯	5.17
五·一	戊子	5.26	六·一	戊午	6.25	七·一	丁亥	7.24	八·一	丙辰	8.22
五·十一	戊戌	6.5	六·十一	戊辰	7.5	七·十一	丁酉	8.3	八·十一	丙寅	9.1
五·二十一	戊申	6.15	六·二十一	戊寅	7.15	七·二十一	丁未	8.13	八·二十一	丙子	9.11
九·一	丙戌	9.21	十·一	乙卯	10.20	十一·一	乙酉	11.19	十二·一	甲寅	12.18
九·十一	丙申	10.1	十·十一	乙丑	10.30	十一·十一	乙未	11.29	十二·十一	甲子	12.28
九·二十一	丙午	10.11	十·二十一	乙亥	11.9	十一·二十一	乙巳	12.9	十二·二十一	甲戌	1.7

明宣宗宣德三年戊申(1428—1429)

一·一 甲申 1.17	二·一 癸丑 2.15	三·一 癸未 3.16	四·一 癸丑 4.15 闰四·一 壬午 5.14
一·十一 甲午 1.27	二·十一 癸亥 2.25	三·十一 癸巳 3.26	四·十一 癸亥 4.25 闰四·十一 壬辰 5.24
一·二十一 甲辰 2.6	二·二十一 癸酉 3.6	三·二十一 癸卯 4.5	四·二十一 癸酉 5.5 闰四·二十一 壬寅 6.3
五·一 壬子 6.13	六·一 壬午 7.13	七·一 辛亥 8.11	八·一 庚辰 9.9
五·十一 壬戌 6.23	六·十一 壬辰 7.23	七·十一 辛酉 8.21	八·十一 庚寅 9.19
五·二十一 壬申 7.3	六·二十一 壬寅 8.2	七·二十一 辛未 8.31	八·二十一 庚子 9.29
九·一 庚戌 10.9	十·一 己卯 11.7	十一·一 己酉 12.7	十二·一 戊寅 1.5
九·十一 庚申 10.19	十·十一 己丑 11.17	十一·十一 己未 12.17	十二·十一 戊子 1.15
九·二十一 庚午 10.29	十·二十一 己亥 11.27	十一·二十一 己巳 12.27	十二·二十一 戊戌 1.25

明宣宗宣德四年己酉(1429—1430)

一·一 戊申 2.4	二·一 丁丑 3.5	三·一 丁未 4.4	四·一 丙子 5.3
一·十一 戊午 2.14	二·十一 丁亥 3.15	三·十一 丁巳 4.14	四·十一 丙戌 5.13
一·二十一 戊辰 2.24	二·二十一 丁酉 3.25	三·二十一 丁卯 4.24	四·二十一 丙申 5.23
五·一 丙午 6.2	六·一 丙子 7.2	七·一 乙巳 7.31	八·一 乙亥 8.30
五·十一 丙辰 6.12	六·十一 丙戌 7.12	七·十一 乙卯 8.10	八·十一 乙酉 9.9
五·二十一 丙寅 6.22	六·二十一 丙申 7.22	七·二十一 乙丑 8.20	八·二十一 乙未 9.19
九·一 甲辰 9.28	十·一 甲戌 10.28	十一·一 癸卯 11.26	十二·一 癸酉 12.26
九·十一 甲寅 10.8	十·十一 甲申 11.7	十一·十一 癸丑 12.6	十二·十一 癸未 1.5
九·二十一 甲子 10.18	十·二十一 甲午 11.17	十一·二十一 癸亥 12.16	十二·二十一 癸巳 1.15

明宣宗宣德五年庚戌(1430—1431)

一·一 壬寅 1.24	二·一 壬申 2.23	三·一 辛丑 3.24	四·一 辛未 4.23
一·十一 壬子 2.3	二·十一 壬午 3.5	三·十一 辛亥 4.3	四·十一 辛巳 5.3
一·二十一 壬戌 2.13	二·二十一 壬辰 3.15	三·二十一 辛酉 4.13	四·二十一 辛卯 5.13
五·一 庚子 5.22	六·一 庚午 6.21	七·一 己亥 7.20	八·一 己巳 8.19
五·十一 庚戌 6.1	六·十一 庚辰 7.7	七·十一 己酉 7.30	八·十一 己卯 8.29
五·二十一 庚申 6.11	六·二十一 庚寅 7.11	七·二十一 己未 8.9	八·二十一 己丑 9.8
九·一 己亥 9.18	十·一 戊辰 10.17	十一·一 戊戌 11.16	十二·一 丁卯 12.15 闰十二·一 丁酉 1.14
九·十一 己酉 9.28	十·十一 戊寅 10.27	十一·十一 戊申 11.26	十二·十一 丁丑 12.25 闰十二·十一 丁未 1.24
九·二十一 己未 10.8	十·二十一 戊子 11.6	十一·二十一 戊午 12.6	十二·二十一 丁亥 1.4 闰十二·二十一 丁巳 2.2

明宣宗宣德六年辛亥(1431—1432)

一·一 丙寅 2.12	二·一 丙申 3.14	三·一 乙丑 4.12	四·一 乙未 5.12
一·十一 丙子 2.22	二·十一 丙午 3.24	三·十一 乙亥 4.22	四·十一 乙巳 5.22
一·二十一 丙戌 3.4	二·二十一 丙辰 4.3	三·二十一 乙酉 5.2	四·二十一 乙卯 6.1
五·一 甲子 6.10	六·一 癸巳 7.9	七·一 癸亥 8.8	八·一 癸巳 9.7
五·十一 甲戌 6.20	六·十一 癸卯 7.19	七·十一 癸酉 8.18	八·十一 癸卯 9.17
五·二十一 甲申 6.30	六·二十一 癸丑 7.29	七·二十一 癸未 8.28	八·二十一 癸丑 9.27
九·一 壬戌 10.6	十·一 壬辰 11.5	十一·一 壬戌 12.5	十二·一 壬辰 1.4
九·十一 壬申 10.16	十·十一 壬寅 11.15	十一·十一 壬申 12.15	十二·十一 壬寅 1.14
九·二十一 壬午 10.26	十·二十一 壬子 11.25	十一·二十一 壬午 12.25	十二·二十一 壬子 1.24

明宣宗宣德七年壬子（1432—1433）

一·一	辛酉	2.2	二·一	庚寅	3.2	三·一	庚申	4.1	四·一	己丑	4.30
一·十一	辛未	2.12	二·十一	庚子	3.12	三·十一	庚午	4.11	四·十一	己亥	5.10
一·二十一	辛巳	2.22	二·二十一	庚戌	3.22	三·二十一	庚辰	4.21	四·二十一	己酉	5.20
*五·一	戊午	5.29	六·一	戊子	6.28	七·一	丁巳	7.27	八·一	丁亥	8.26
五·十一	戊辰	6.8	六·十一	戊戌	7.8	七·十一	丁卯	8.6	八·十一	丁酉	9.5
五·二十一	戊寅	6.18	六·二十一	戊申	7.18	七·二十一	丁丑	8.16	八·二十一	丁未	9.15
九·一	丙辰	9.24	十·一	丙戌	10.24	十一·一	丙辰	11.23	十二·一	丙戌	12.23
九·十一	丙寅	10.4	十·十一	丙申	11.3	十一·十一	丙寅	12.3	十二·十一	丙申	1.2
九·二十一	丙子	10.14	十·二十一	丙午	11.13	十一·二十一	丙子	12.13	十二·二十一	丙午	1.12

＊《辑要》《朔闰考》五月戊寅、六月戊申朔，误。

明宣宗宣德八年癸丑（1433—1434）

一·一	乙卯	1.21	二·一	乙酉	2.20	三·一	甲寅	3.21	四·一	甲申	4.20
一·十一	乙丑	1.31	二·十一	乙未	3.2	三·十一	甲子	3.31	四·十一	甲午	4.30
一·二十一	乙亥	2.10	二·二十一	乙巳	3.12	三·二十一	甲戌	4.10	四·二十一	甲辰	5.10
五·一	癸丑	5.19	六·一	壬午	6.17	七·一	壬子	7.17	八·一	辛巳	8.15　闰八·一　辛亥 9.14
五·十一	癸亥	5.29	六·十一	壬辰	6.27	七·十一	壬戌	7.27	八·十一	辛卯	8.25　闰八·十一　辛酉 9.24
五·二十一	癸酉	6.8	六·二十一	壬寅	7.7	七·二十一	壬申	8.6	八·二十一	辛丑	9.4　闰八·二十一　辛未 10.4
九·一	庚辰	10.13	十·一	庚戌	11.12	十一·一	庚辰	12.12	十二·一	庚戌	1.11
九·十一	庚寅	10.23	十·十一	庚申	11.22	十一·十一	庚寅	12.22	十二·十一	庚申	1.21
九·二十一	庚子	11.2	十·二十一	庚午	12.2	十一·二十一	庚子	1.1	十二·二十一	庚午	1.31

明宣宗宣德九年甲寅（1434—1435）

一·一	己卯	2.9	二·一	己酉	3.11	三·一	戊寅	4.9	四·一	戊申	5.9
一·十一	己丑	2.19	二·十一	己未	3.21	三·十一	戊子	4.19	四·十一	戊午	5.19
一·二十一	己亥	3.1	二·二十一	己巳	3.31	三·二十一	戊戌	4.29	四·二十一	戊辰	5.29
五·一	丁丑	6.7	六·一	丙午	7.6	七·一	丙子	8.5	八·一	乙巳	9.3
五·十一	丁亥	6.17	六·十一	丙辰	7.16	七·十一	丙戌	8.15	八·十一	乙卯	9.13
五·二十一	丁酉	6.27	六·二十一	丙寅	7.26	七·二十一	丙申	8.25	八·二十一	乙丑	9.23
九·一	乙亥	10.3	十·一	甲辰	11.1	十一·一	甲戌	12.1	十二·一	甲辰	12.31
九·十一	乙酉	10.13	十·十一	甲寅	11.11	十一·十一	甲申	12.11	十二·十一	甲寅	1.10
九·二十一	乙未	10.23	十·二十一	甲子	11.21	十一·二十一	甲午	12.21	十二·二十一	甲子	1.20

明宣宗宣德十年乙卯（1435—1436）

一·一	癸酉	1.29	二·一	癸卯	2.28	三·一	癸酉	3.30	四·一	壬寅	4.28
一·十一	癸未	2.8	二·十一	癸丑	3.10	三·十一	癸未	4.9	四·十一	壬子	5.8
一·二十一	癸巳	2.18	二·二十一	癸亥	3.20	三·二十一	癸巳	4.19	四·二十一	壬戌	5.18
五·一	壬申	5.28	六·一	辛丑	6.26	七·一	庚午	7.25	八·一	庚子	8.24
五·十一	壬午	6.7	六·十一	辛亥	7.6	七·十一	庚辰	8.4	八·十一	庚戌	9.3
五·二十一	壬辰	6.17	六·二十一	辛酉	7.16	七·二十一	庚寅	8.14	八·二十一	庚申	9.13
九·一	己巳	9.22	十·一	己亥	10.22	十一·一	戊辰	11.20	十二·一	戊戌	12.20
九·十一	己卯	10.2	十·十一	己酉	11.1	十一·十一	戊寅	11.30	十二·十一	戊申	12.30
九·二十一	己丑	10.12	十·二十一	己未	11.11	十一·二十一	戊子	12.10	十二·二十一	戊午	1.9

明英宗正统元年丙辰（1436—1437）

一·一	丁卯	1.18	二·一	丁酉	2.17	三·一	丁卯	3.18	四·一	丁酉	4.17
一·十一	丁丑	1.28	二·十一	丁未	2.27	三·十一	丁丑	3.28	四·十一	丁未	4.27
一·二十一	丁亥	2.7	二·二十一	丁巳	3.8	三·二十一	丁亥	4.7	四·二十一	丁巳	5.7
五·一	丙寅	5.16	六·一 丙申 6.15	闰六·一 乙丑 7.14		七·一	甲午	8.12	八·一	甲子	9.11
五·十一	丙子	5.26	六·十一 丙午 6.25	闰六·十一 乙亥 7.24		七·十一	甲辰	8.22	八·十一	甲戌	9.21
五·二十一	丙戌	6.5	六·二十一丙辰 7.5	闰六·二十一乙酉 8.3		七·二十一	甲寅	9.1	八·二十一	甲申	10.1
九·一	癸巳	10.10	十·一	癸亥	11.9	十一·一	壬辰	12.8	十二·一	壬戌	1.7
九·十一	癸卯	10.20	十·十一	癸酉	11.19	十一·十一	壬寅	12.18	十二·十一	壬申	1.17
九·二十一	癸丑	10.30	十·二十一	癸未	11.29	十一·二十一	壬子	12.28	十二·二十一	壬午	1.27

明英宗正统二年丁巳（1437—1438）

一·一	辛卯	2.5	二·一	辛酉	3.7	三·一	辛卯	4.6	四·一	庚申	5.5
一·十一	辛丑	2.15	二·十一	辛未	3.17	三·十一	辛丑	4.16	四·十一	庚午	5.15
一·二十一	辛亥	2.25	二·二十一	辛巳	3.27	三·二十一	辛亥	4.26	四·二十一	庚辰	5.25
五·一	庚寅	6.4	六·一	己未	7.3	七·一	己丑	8.2	八·一	戊午	8.31
五·十一	庚子	6.14	六·十一	己巳	7.13	七·十一	己亥	8.12	八·十一	戊辰	9.10
五·二十一	庚戌	6.24	六·二十一	己卯	7.23	七·二十一	己酉	8.22	八·二十一	戊寅	9.20
九·一	戊子	9.30	十·一	丁巳	10.29	十一·一	丁亥	11.28	十二·一	丙辰	12.27
九·十一	戊戌	10.10	十·十一	丁卯	11.8	十一·十一	丁酉	12.8	十二·十一	丙寅	1.6
九·二十一	戊申	10.20	十·二十一	丁丑	11.18	十一·二十一	丁未	12.18	十二·二十一	丙子	1.16

明英宗正统三年戊午（1438—1439）

一·一	丙戌	1.26	二·一	乙卯	2.24	三·一	乙酉	3.26	四·一	甲寅	4.24
一·十一	丙申	2.5	二·十一	乙丑	3.6	三·十一	乙未	4.5	四·十一	甲子	5.4
一·二十一	丙午	2.15	二·二十一	乙亥	3.16	三·二十一	乙巳	4.15	四·二十一	甲戌	5.14
五·一	甲申	5.24	六·一	癸丑	6.22	七·一	癸未	7.22	八·一	癸丑	8.21
五·十一	甲午	6.3	六·十一	癸亥	7.2	七·十一	癸巳	8.1	八·十一	癸亥	8.31
五·二十一	甲辰	6.13	六·二十一	癸酉	7.12	七·二十一	癸卯	8.11	八·二十一	癸酉	9.10
九·一	壬午	9.19	十·一	壬子	10.19	十一·一	辛巳	11.17	十二·一	辛亥	12.17
九·十一	壬辰	9.29	十·十一	壬戌	10.29	十一·十一	辛卯	11.27	十二·十一	辛酉	12.27
九·二十一	壬寅	10.9	十·二十一	壬申	11.8	十一·二十一	辛丑	12.7	十二·二十一	辛未	1.6

明英宗正统四年己未（1439—1440）

一·一	庚辰	1.15	二·一 庚戌 2.14	闰二·一 己卯 3.15		三·一	己酉	4.14	四·一	戊寅	5.13
一·十一	庚寅	1.25	二·十一 庚申 2.24	闰二·十一 己丑 3.25		三·十一	己未	4.24	四·十一	戊子	5.23
一·二十一	庚子	2.4	二·二十一庚午 3.6	闰二·二十一己亥 4.4		三·二十一	己巳	5.4	四·二十一	戊戌	6.2
五·一	戊申	6.12	六·一	丁丑	7.11	七·一	丁未	8.10	八·一	丙子	9.8
五·十一	戊午	6.22	六·十一	丁亥	7.21	七·十一	丁巳	8.20	八·十一	丙戌	9.18
五·二十一	戊辰	7.2	六·二十一	丁酉	7.31	七·二十一	丁卯	8.30	八·二十一	丙申	9.28
九·一	丙午	10.8	十·一	丙子	11.7	十一·一	乙巳	12.6	十二·一	乙亥	1.5
九·十一	丙辰	10.18	十·十一	丙戌	11.17	十一·十一	乙卯	12.16	十二·十一	乙酉	1.15
九·二十一	丙寅	10.28	十·二十一	丙申	11.27	十一·二十一	乙丑	12.26	十二·二十一	乙未	1.25

明英宗正统五年庚申（1440—1441）

一·一	甲辰	2.3	二·一	甲戌	3.4	三·一	癸卯	4.2	四·一	壬申	5.1
一·十一	甲寅	2.13	二·十一	甲申	3.14	三·十一	癸丑	4.12	四·十一	壬午	5.11
一·二十一	甲子	2.23	二·二十一	甲午	3.24	三·二十一	癸亥	4.22	四·二十一	壬辰	5.21
五·一	壬寅	5.31	六·一	辛未	6.29	七·一	辛丑	7.29	八·一	庚午	8.27
五·十一	壬子	6.10	六·十一	辛巳	7.9	七·十一	辛亥	8.8	八·十一	庚辰	9.6
五·二十一	壬戌	6.20	六·二十一	辛卯	7.19	七·二十一	辛酉	8.18	八·二十一	庚寅	9.16
九·一	庚子	9.26	十·一	庚午	10.26	十一·一	庚子	11.25	十二·一	己巳	12.24
九·十一	庚戌	10.6	十·十一	庚辰	11.5	十一·十一	庚戌	12.5	十二·十一	己卯	1.3
九·二十一	庚申	10.16	十·二十一	庚寅	11.15	十一·二十一	庚申	12.15	十二·二十一	己丑	1.13

明英宗正统六年辛酉（1441—1442）

一·一	己亥	1.23	二·一	戊辰	2.21	三·一	戊戌	3.23	四·一	丁卯	4.21
一·十一	己酉	2.2	二·十一	戊寅	3.3	三·十一	戊申	4.2	四·十一	丁丑	5.1
一·二十一	己未	2.12	二·二十一	戊子	3.13	三·二十一	戊午	4.12	四·二十一	丁亥	5.11
五·一	丙申	5.20	六·一	丙寅	6.19	七·一	乙未	7.18	八·一	乙丑	8.17
五·十一	丙午	5.30	六·十一	丙子	6.29	七·十一	乙巳	7.28	八·十一	乙亥	8.27
五·二十一	丙辰	6.9	六·二十一	丙戌	7.9	七·二十一	乙卯	8.7	八·二十一	乙酉	9.6
九·一	甲午	9.15	十·一	甲子	10.15	十一·一　甲午 11.14 闰十一·一	甲子	12.14	十二·一	癸巳	1.12
九·十一	甲辰	9.25	十·十一	甲戌	10.25	十一·十一　甲辰 11.24 闰十一·十一	甲戌	12.24	十二·十一	癸卯	1.22
九·二十一	甲寅	10.5	十·二十一	甲申	11.4	十一·二十一甲寅 12.4 闰十一·二十一	甲申	1.3	十二·二十一	癸丑	2.1

明英宗正统七年壬戌（1442—1443）

一·一	癸亥	2.11	二·一	壬辰	3.12	三·一	壬戌	4.11	四·一	辛卯	5.10
一·十一	癸酉	2.21	二·十一	壬寅	3.22	三·十一	壬申	4.21	四·十一	辛丑	5.20
一·二十一	癸未	3.3	二·二十一	壬子	4.1	三·二十一	壬午	5.1	四·二十一	辛亥	5.30
五·一	庚申	6.8	六·一	庚寅	7.8	七·一	己未	8.6	八·一	戊子	9.4
五·十一	庚午	6.18	六·十一	庚子	7.18	七·十一	己巳	8.16	八·十一	戊戌	9.14
五·二十一	庚辰	6.28	六·二十一	庚戌	7.28	七·二十一	己卯	8.26	八·二十一	戊申	9.24
九·一	戊午	10.4	十·一	戊子	11.3	十一·一	丁巳	12.2	十二·一	丁亥	1.1
九·十一	戊辰	10.14	十·十一	戊戌	11.13	十一·十一	丁卯	12.12	十二·十一	丁酉	1.11
九·二十一	戊寅	10.24	十·二十一	戊申	11.23	十一·二十一	丁丑	12.22	十二·二十一	丁未	1.21

明英宗正统八年癸亥（1443—1444）

一·一	丁巳	1.31	二·一	丁亥	3.2	三·一	丙辰	3.31	四·一	丙戌	4.30
一·十一	丁卯	2.10	二·十一	丁酉	3.12	三·十一	丙寅	4.10	四·十一	丙申	5.10
一·二十一	丁丑	2.20	二·二十一	丁未	3.22	三·二十一	丙子	4.20	四·二十一	丙午	5.20
五·一	乙卯	5.29	六·一	甲申	6.27	七·一	甲寅	7.27	*八·一	癸未	8.25
五·十一	乙丑	6.8	六·十一	甲午	7.7	七·十一	甲子	8.6	八·十一	癸巳	9.4
五·二十一	乙亥	6.18	六·二十一	甲辰	7.17	七·二十一	甲戌	8.16	八·二十一	癸卯	9.14
九·一	壬子	9.23	十·一	壬午	10.23	十一·一	壬子	11.22	十二·一	辛巳	12.21
九·十一	壬戌	10.3	十·十一	壬辰	11.2	十一·十一	壬戌	12.2	十二·十一	辛卯	12.31
九·二十一	壬申	10.13	十·二十一	壬寅	11.12	十一·二十一	壬申	12.12	十二·二十一	辛丑	1.10

*《辑要》八月癸亥朔，误。

明英宗正统九年甲子(1444—1445)

一·一 辛亥 1.20	二·一 辛巳 2.19	三·一 辛亥 3.20	四·一 庚辰 4.18
一·十一 辛酉 1.30	二·十一 辛卯 2.29	三·十一 辛酉 3.30	四·十一 庚寅 4.28
一·二十一 辛未 2.9	二·二十一 辛丑 3.10	三·二十一 辛未 4.9	四·二十一 庚子 5.8
五·一 庚戌 5.18	六·一 己卯 6.16	七·一 戊申 7.15 闰七·一 戊寅 8.14	八·一 丁未 9.12
五·十一 庚申 5.28	六·十一 己丑 6.26	七·十一 戊午 7.25 闰七·十一 戊子 8.24	八·十一 丁巳 9.22
五·二十一 庚午 6.7	六·二十一 己亥 7.6	七·二十一戊辰 8.4 闰七·二十一戊戌 9.3	八·二十一 丁卯 10.2
九·一 丙子 10.11	十·一 丙午 11.10	十一·一 丙子 12.10	十二·一 乙巳 1.8
九·十一 丙戌 10.21	十·十一 丙辰 11.20	十一·十一 丙戌 12.20	十二·十一 乙卯 1.18
九·二十一 丙申 10.31	十·二十一 丙寅 11.30	十一·二十一 丙申 12.30	十二·二十一 乙丑 1.28

明英宗正统十年乙丑(1445—1446)

一·一 乙亥 2.7	二·一 乙巳 3.9	三·一 甲戌 4.7	四·一 甲辰 5.7
一·十一 乙酉 2.17	二·十一 乙卯 3.19	三·十一 甲申 4.17	四·十一 甲寅 5.17
一·二十一 乙未 2.27	二·二十一 乙丑 3.29	三·二十一 甲午 4.27	四·二十一 甲子 5.27
五·一 甲戌 6.6	六·一 癸卯 7.5	七·一 壬申 8.3	八·一 壬寅 9.2
五·十一 甲申 6.16	六·十一 癸丑 7.15	七·十一 壬午 8.13	八·十一 壬子 9.12
五·二十一 甲午 6.26	六·二十一 癸亥 7.25	七·二十一 壬辰 8.23	八·二十一 壬戌 9.22
九·一 辛未 10.1	十·一 辛丑 10.31	十一·一 庚午 11.29	十二·一 庚子 12.29
九·十一 辛巳 10.11	十·十一 辛亥 11.10	十一·十一 庚辰 12.9	十二·十一 庚戌 1.8
九·二十一 辛卯 10.21	十·二十一 辛酉 11.20	十一·二十一 庚寅 12.19	十二·二十一 庚申 1.18

明英宗正统十一年丙寅(1446—1447)

一·一 己巳 1.27	二·一 己亥 2.26	三·一 戊辰 3.27	四·一 戊戌 4.26
一·十一 己卯 2.6	二·十一 己酉 3.8	三·十一 戊寅 4.6	四·十一 戊申 5.6
一·二十一 己丑 2.16	二·二十一 己未 3.18	三·二十一 戊子 4.16	四·二十一 戊午 5.16
五·一 戊辰 5.26	六·一 丁酉 6.24	七·一 丁卯 7.24	八·一 丙申 8.22
五·十一 戊寅 6.5	六·十一 丁未 7.4	七·十一 丁丑 8.3	八·十一 丙午 9.1
五·二十一 戊子 6.15	六·二十一 丁巳 7.14	七·二十一 丁亥 8.13	八·二十一 丙辰 9.11
九·一 丙寅 9.21	十·一 乙未 10.20	十一·一 乙丑 11.19	十二·一 甲午 12.18
九·十一 丙子 10.1	十·十一 乙巳 10.30	十一·十一 乙亥 11.29	十二·十一 甲辰 12.28
九·二十一 丙戌 10.11	十·二十一 乙卯 11.9	十一·二十一 乙酉 12.9	十二·二十一 甲寅 1.7

明英宗正统十二年丁卯(1447—1448)

一·一 甲子 1.17	二·一 癸巳 2.15	三·一 癸亥 3.17	四·一 壬辰 4.15 闰四·一 壬戌 5.15
一·十一 甲戌 1.27	二·十一 癸卯 2.25	三·十一 癸酉 3.27	四·十一 壬寅 4.25 闰四·十一 壬申 5.25
一·二十一 甲申 2.6	二·二十一 癸丑 3.7	三·二十一 癸未 4.6	四·二十一壬子 5.5 闰四·二十一壬午 6.4
五·一 辛卯 6.13	六·一 辛酉 7.13	七·一 辛卯 8.12	八·一 庚申 9.10
五·十一 辛丑 6.23	六·十一 辛未 7.23	七·十一 辛丑 8.22	八·十一 庚午 9.20
五·二十一 辛亥 7.3	六·二十一 辛巳 8.2	七·二十一 辛亥 9.1	八·二十一 庚辰 9.30
九·一 庚寅 10.10	十·一 己未 11.8	十一·一 己丑 12.8	十二·一 戊午 1.6
九·十一 庚子 10.20	十·十一 己巳 11.18	十一·十一 己亥 12.18	十二·十一 戊辰 1.16
九·二十一 庚戌 10.30	十·二十一 己卯 11.28	十一·二十一 己酉 12.28	十二·二十一 戊寅 1.26

明英宗正统十三年戊辰（1448—1449）

一·一	戊子	2.5	二·一	丁巳	3.5	三·一	丙戌	4.3	四·一	丙辰	5.3
一·十一	戊戌	2.15	二·十一	丁卯	3.15	三·十一	丙申	4.13	四·十一	丙寅	5.13
一·二十一	戊申	2.25	二·二十一	丁丑	3.25	三·二十一	丙午	4.23	四·二十一	丙子	5.23
五·一	乙酉	6.1	六·一	乙卯	7.1	七·一	乙酉	7.31	八·一	甲寅	8.29
五·十一	乙未	6.11	六·十一	乙丑	7.11	七·十一	乙未	8.10	八·十一	甲子	9.8
五·二十一	乙巳	6.21	六·二十一	乙亥	7.21	七·二十一	乙巳	8.20	八·二十一	甲戌	9.18
九·一	甲申	9.28	十·一	甲寅	10.28	十一·一	癸未	11.26	十二·一	癸丑	12.26
九·十一	甲午	10.8	十·十一	甲子	11.7	十一·十一	癸巳	12.6	十二·十一	癸亥	1.5
九·二十一	甲辰	10.18	十·二十一	甲戌	11.17	十一·二十一	癸卯	12.16	十二·二十一	癸酉	1.15

明英宗正统十四年己巳（1449—1450）

一·一	壬午	1.24	二·一	壬子	2.23	三·一	辛巳	3.24	四·一	庚戌	4.22
一·十一	壬辰	2.3	二·十一	壬戌	3.5	三·十一	辛卯	4.3	四·十一	庚申	5.2
一·二十一	壬寅	2.13	二·二十一	壬申	3.15	三·二十一	辛丑	4.13	四·二十一	庚午	5.12
五·一	庚辰	5.22	六·一	己酉	6.20	七·一	己卯	7.20	八·一	戊申	8.18
五·十一	庚寅	6.1	六·十一	己未	6.30	七·十一	己丑	7.30	八·十一	戊午	8.28
五·二十一	庚子	6.11	六·二十一	己巳	7.10	七·二十一	己亥	8.9	八·二十一	戊辰	9.7
九·一	戊寅	9.17	十·一	戊申	10.17	十一·一	丁丑	11.15	十二·一	丁未	12.15
九·十一	戊子	9.27	十·十一	戊午	10.27	十一·十一	丁亥	11.25	十二·十一	丁巳	12.25
九·二十一	戊戌	10.7	十·二十一	戊辰	11.6	十一·二十一	丁酉	12.5	十二·二十一	丁卯	1.4

明代宗景泰元年庚午（1450—1451）

一·一	丁丑	1.14　闰一·一　丙午 2.12	二·一	丙子	3.14	三·一	乙巳	4.12	四·一	甲戌	5.11
一·十一	丁亥	1.24　闰一·十一　丙辰 2.22	二·十一	丙戌	3.24	三·十一	乙卯	4.22	四·十一	甲申	5.21
一·二十一	丁酉	2.3　闰一·二十一　丙寅 3.4	二·二十一	丙申	4.3	三·二十一	乙丑	5.2	四·二十一	甲午	5.31
五·一	甲辰	6.10	六·一	癸酉	7.9	七·一	癸卯	8.8	八·一	壬申	9.6
五·十一	甲寅	6.20	六·十一	癸未	7.19	七·十	癸丑	8.18	八·十一	壬午	9.16
五·二十一	甲子	6.30	六·二十一	癸巳	7.29	七·二十一	癸亥	8.28	八·二十一	壬辰	9.26
九·一	壬寅	10.6	十·一	辛未	11.4	十一·一	辛丑	12.4	十二·一	辛未	1.3
九·十一	壬子	10.16	十·十一	辛巳	11.14	十一·十一	辛亥	12.14	十二·十一	辛巳	1.13
九·二十一	壬戌	10.26	十·二十一	辛卯	11.24	十一·二十一	辛酉	12.24	十二·二十一	辛卯	1.23

明代宗景泰二年辛未（1451—1452）

一·一	辛丑	2.2	二·一	庚午	3.3	三·一	庚子	4.2	四·一	己巳	5.1
一·十一	辛亥	2.12	二·十一	庚辰	3.13	三·十一	庚戌	4.12	四·十一	己卯	5.11
一·二十一	辛酉	2.22	二·二十一	庚寅	3.23	三·二十一	庚申	4.22	四·二十一	己丑	5.21
五·一	戊戌	5.30	六·一	戊辰	6.29	七·一	丁酉	7.28	八·一	丙寅	8.26
五·十一	戊申	6.9	六·十一	戊寅	7.9	七·十一	丁未	8.7	八·十一	丙子	9.5
五·二十一	戊午	6.19	六·二十一	戊子	7.19	七·二十一	丁巳	8.17	八·二十一	丙戌	9.15
九·一	丙申	9.25	十·一	丙寅	10.25	十一·一	乙未	11.23	十二·一	乙丑	12.23
九·十一	丙午	10.5	十·十一	丙子	11.4	十一·十一	乙巳	12.3	十二·十一	乙亥	1.2
九·二十一	丙辰	10.15	十·二十一	丙戌	11.14	十一·二十一	乙卯	12.13	十二·二十一	乙酉	1.12

明代宗景泰三年壬申（1452—1453）

一・一　乙未　1.22 一・十一　乙巳　2.1 一・二十一　乙卯　2.11	二・一　乙丑　2.21 二・十一　乙亥　3.2 二・二十一　乙酉　3.12	三・一　甲午　3.21 三・十一　甲辰　3.31 三・二十一　甲寅　4.10	四・一　甲子　4.20 四・十一　甲戌　4.30 四・二十一　甲申　5.10
五・一　癸巳　5.19 五・十一　癸卯　5.29 五・二十一　癸丑　6.8	六・一　壬戌　6.17 六・十一　壬申　6.27 六・二十一　壬午　7.7	七・一　壬辰　7.17 七・十一　壬寅　7.27 七・二十一　壬子　8.6	八・一　辛酉　8.15 八・十一　辛未　8.25 八・二十一　辛巳　9.4
九・一　庚寅 9.13　闰九・一　庚申 10.13 九・十一　庚子 9.23　闰九・十一　庚午 10.23 九・二十一庚戌 10.3　闰九・二十一庚辰 11.2	十・一　己丑　11.11 十・十一　己亥　11.21 十・二十一　己酉　12.1	十一・一　己未　12.11 十一・十一　己巳　12.21 十一・二十一　己卯　12.31	十二・一　己丑　1.10 十二・十一　己亥　1.20 十二・二十一　己酉　1.30

明代宗景泰四年癸酉（1453—1454）

一・一　己未　2.9 一・十一　己巳　2.19 一・二十一　己卯　3.1	二・一　戊子　3.10 二・十一　戊戌　3.20 二・二十一　戊申　3.30	三・一　戊午　4.9 三・十一　戊辰　4.19 三・二十一　戊寅　4.29	四・一　戊子　5.9 四・十一　戊戌　5.19 四・二十一　戊申　5.29
五・一　丁巳　6.7 五・十一　丁卯　6.17 五・二十一　丁丑　6.27	六・一　丙戌　7.6 六・十一　丙申　7.16 六・二十一　丙午　7.26	七・一　丙辰　8.5 七・十一　丙寅　8.15 七・二十一　丙子　8.25	八・一　乙酉　9.3 八・十一　乙未　9.13 八・二十一　乙巳　9.23
九・一　甲寅　10.2 九・十一　甲子　10.12 九・二十一　甲戌　10.22	十・一　甲申　11.1 十・十一　甲午　11.11 十・二十一　甲辰　11.21	十一・一　癸丑　11.30 十一・十一　癸亥　12.10 十一・二十一　癸酉　12.20	十二・一　癸未　12.30 十二・十一　癸巳　1.9 十二・二十一　癸卯　1.19

明代宗景泰五年甲戌（1454—1455）

一・一　癸丑　1.29 一・十一　癸亥　2.8 一・二十一　癸酉　2.18	二・一　壬午　2.27 二・十一　壬辰　3.9 二・二十一　壬寅　3.19	三・一　壬子　3.29 三・十一　壬戌　4.8 三・二十一　壬申　4.18	四・一　壬午　4.28 四・十一　壬辰　5.8 四・二十一　壬寅　5.18
五・一　辛亥　5.27 五・十一　辛酉　6.6 五・二十一　辛未　6.16	六・一　辛巳　6.26 六・十一　辛卯　7.6 六・二十一　辛丑　7.16	七・一　庚戌　7.25 七・十一　庚申　8.4 七・二十一　庚午　8.14	八・一　庚辰　8.24 八・十一　庚寅　9.3 八・二十一　庚子　9.13
九・一　己酉　9.22 九・十一　己未　10.2 九・二十一　己巳　10.12	十・一　己卯　10.22 十・十一　己丑　11.1 十・二十一　己亥　11.11	十一・一　戊申　11.20 十一・十一　戊午　11.30 十一・二十一　戊辰　12.10	十二・一　丁丑　12.19 十二・十一　丁亥　12.29 十二・二十一　丁酉　1.8

明代宗景泰六年乙亥（1455—1456）

一・一　丁未　1.18 一・十一　丁巳　1.28 一・二十一　丁卯　2.7	二・一　丁丑　2.17 二・十一　丁亥　2.27 二・二十一　丁酉　3.9	三・一　丙午　3.18 三・十一　丙辰　3.28 三・二十一　丙寅　4.7	四・一　丙子　4.17 四・十一　丙戌　4.27 四・二十一　丙申　5.7
五・一　乙巳　5.16 五・十一　乙卯　5.26 五・二十一　乙丑　6.5	六・一　乙亥 6.15　闰六・一　乙巳 7.15 六・十一　乙酉 6.25　闰六・十一　乙卯 7.25 六・二十一乙未 7.5　闰六・二十一乙丑 8.4	七・一　甲戌　8.13 七・十一　甲申　8.23 七・二十一　甲午　9.2	八・一　甲辰　9.12 八・十一　甲寅　9.22 八・二十一　甲子　10.2
九・一　癸酉　10.11 九・十一　癸未　10.21 九・二十一　癸巳　10.31	十・一　癸卯　11.10 十・十一　癸丑　11.20 十・二十一　癸亥　11.30	十一・一　壬申　12.9 十一・十一　壬午　12.19 十一・二十一　壬辰　12.29	十二・一　壬寅　1.8 十二・十一　壬子　1.18 十二・二十一　壬戌　1.28

明代宗景泰七年丙子（1456—1457）

一·一 辛未 2.6	二·一 庚子 3.6	三·一 庚午 4.5	四·一 庚子 5.5
一·十一 辛巳 2.16	二·十一 庚戌 3.16	三·十一 庚辰 4.15	四·十一 庚戌 5.15
一·二十一 辛卯 2.26	二·二十一 庚申 3.26	三·二十一 庚寅 4.25	四·二十一 庚申 5.25
五·一 己巳 6.3	六·一 己亥 7.3	七·一 戊辰 8.1	八·一 戊戌 8.31
五·十一 己卯 6.13	六·十一 己酉 7.13	七·十一 戊寅 8.11	八·十一 戊申 9.10
五·二十一 己丑 6.23	六·二十一 己未 7.23	七·二十一 戊子 8.21	八·二十一 戊午 9.20
九·一 戊辰 9.30	十·一 丁酉 10.29	十一·一 丁卯 11.28	十二·一 丙申 12.27
九·十一 戊寅 10.10	十·十一 丁未 11.8	十一·十一 丁丑 12.8	十二·十一 丙午 1.6
九·二十一 戊子 10.20	十·二十一 丁巳 11.18	十一·二十一 丁亥 12.18	十二·二十一 丙辰 1.16

明英宗天顺元年丁丑（1457—1458）

*一·一 丙寅 1.26	二·一 乙未 2.24	三·一 甲子 3.25	四·一 甲午 4.24
一·十一 丙子 2.5	二·十一 乙巳 3.6	三·十一 甲戌 4.4	四·十一 甲辰 5.4
一·二十一 丙戌 2.15	二·二十一 乙卯 3.16	三·二十一 甲申 4.14	四·二十一 甲寅 5.14
五·一 癸亥 5.23	六·一 癸巳 6.22	七·一 壬戌 7.21	八·一 壬辰 8.20
五·十一 癸酉 6.2	六·十一 癸卯 7.2	七·十一 壬申 7.31	八·十一 壬寅 8.30
五·二十一 癸未 6.12	六·二十一 癸丑 7.12	七·二十一 壬午 8.10	八·二十一 壬子 9.9
九·一 壬戌 9.19	十·一 辛卯 10.18	十一·一 辛酉 11.17	十二·一 辛卯 12.17
九·十一 壬申 9.29	十·十一 辛丑 10.28	十一·十一 辛未 11.27	十二·十一 辛丑 12.27
九·二十一 壬午 10.9	十·二十一 辛亥 11.7	十一·二十一 辛巳 12.7	十二·二十一 辛亥 1.6

＊ 本月英宗复辟，改元“天顺”。

明英宗天顺二年戊寅（1458—1459）

一·一 庚申 1.15	二·一 庚寅 2.14　闰二·一 己未 3.15	三·一 戊子 4.13	四·一 戊午 5.13
一·十一 庚午 1.25	二·十一 庚子 2.24　闰二·十一 己巳 3.25	三·十一 戊戌 4.23	四·十一 戊辰 5.23
一·二十一 庚辰 2.4	二·二十一 庚戌 3.6　闰二·二十一 己卯 4.4	三·二十一 戊申 5.3	四·二十一 戊寅 6.2
五·一 丁亥 6.11	六·一 丁巳 7.11	七·一 丙戌 8.9	八·一 丙辰 9.8
五·十一 丁酉 6.21	六·十一 丁卯 7.21	七·十一 丙申 8.19	八·十一 丙寅 9.18
五·二十一 丁未 7.1	六·二十一 丁丑 7.31	七·二十一 丙午 8.29	八·二十一 丙子 9.28
九·一 乙酉 10.7	十·一 乙卯 11.6	十一·一 乙酉 12.6	十二·一 乙卯 1.5
九·十一 乙未 10.17	十·十一 乙丑 11.16	十一·十一 乙未 12.16	十二·十一 乙丑 1.15
九·二十一 乙巳 10.27	十·二十一 乙亥 11.26	十一·二十一 乙巳 12.26	十二·二十一 乙亥 1.25

明英宗天顺三年己卯（1459—1460）

一·一 甲申 2.3	二·一 甲寅 3.5	三·一 癸未 4.3	四·一 壬子 5.2
一·十一 甲午 2.13	二·十一 甲子 3.15	三·十一 癸巳 4.13	四·十一 壬戌 5.12
一·二十一 甲辰 2.23	二·二十一 甲戌 3.25	三·二十一 癸卯 4.23	四·二十一 壬申 5.22
五·一 壬午 6.1	六·一 辛亥 6.30	七·一 庚辰 7.29	八·一 庚戌 8.28
五·十一 壬辰 6.11	六·十一 辛酉 7.10	七·十一 庚寅 8.8	八·十一 庚申 9.7
五·二十一 壬寅 6.21	六·二十一 辛未 7.20	七·二十一 庚子 8.18	八·二十一 庚午 9.17
九·一 庚辰 9.27	十·一 己酉 10.26	十一·一 己卯 11.25	十二·一 己酉 12.25
九·十一 庚寅 10.7	十·十一 己未 11.5	十一·十一 己丑 12.5	十二·十一 己未 1.4
九·二十一 庚子 10.17	十·二十一 己巳 11.15	十一·二十一 己亥 12.15	十二·二十一 己巳 1.14

明英宗天顺四年庚辰（1460—1461）

一·一 己卯 1.24	二·一 戊申 2.22	三·一 戊寅 3.23	四·一 丁未 4.21
一·十一 己丑 2.3	二·十一 戊午 3.3	三·十一 戊子 4.2	四·十一 丁巳 5.1
一·二十一 己亥 2.13	二·二十一 戊辰 3.13	三·二十一 戊戌 4.12	四·二十一 丁卯 5.11
五·一 丙子 5.20	六·一 丙午 6.19	七·一 乙亥 7.18	八·一 甲辰 8.16
五·十一 丙戌 5.30	六·十一 丙辰 6.29	七·十一 乙酉 7.28	八·十一 甲寅 8.26
五·二十一 丙申 6.9	六·二十一 丙寅 7.9	七·二十一 乙未 8.7	八·二十一 甲子 9.5
九·一 甲戌 9.15	十·一 癸卯 10.14	十一·一 癸酉 11.13 闰十一·一 癸卯 12.13	十二·一 癸酉 1.12
九·十一 甲申 9.25	十·十一 癸丑 10.24	十一·十一 癸未 11.23 闰十一·十一 癸丑 12.23	十二·十一 癸未 1.22
九·二十一 甲午 10.5	十·二十一 癸亥 11.3	十一·二十一癸巳 12.3 闰十一·二十一癸亥 1.2	十二·二十一 癸巳 2.1

明英宗天顺五年辛巳（1461—1462）

一·一 壬寅 2.10	二·一 壬申 3.12	三·一 壬寅 4.11	四·一 辛未 5.10
一·十一 壬子 2.20	二·十一 壬午 3.22	三·十一 壬子 4.21	四·十一 辛巳 5.20
一·二十一 壬戌 3.2	二·二十一 壬辰 4.1	三·二十一 壬戌 5.1	四·二十一 辛卯 5.30
五·一 庚子 6.8	六·一 庚午 7.8	七·一 己亥 8.6	八·一 戊辰 9.4
五·十一 庚戌 6.18	六·十一 庚辰 7.18	七·十一 己酉 8.16	八·十一 戊寅 9.14
五·二十一 庚申 6.28	六·二十一 庚寅 7.28	七·二十一 己未 8.26	八·二十一 戊子 9.24
九·一 戊戌 10.4	十·一 丁卯 11.2	十一·一 丁酉 12.2	十二·一 丁卯 1.1
九·十一 戊申 10.14	十·十一 丁丑 11.12	十一·十一 丁未 12.12	十二·十一 丁丑 1.11
九·二十一 戊午 10.24	十·二十一 丁亥 11.22	十一·二十一 丁巳 12.22	十二·二十一 丁亥 1.21

明英宗天顺六年壬午（1462—1463）

一·一 丙申 1.30	二·一 丙寅 3.1	三·一 丙申 3.31	四·一 丙寅 4.30
一·十一 丙午 2.9	二·十一 丙子 3.11	三·十一 丙午 4.10	四·十一 丙子 5.10
一·二十一 丙辰 2.19	二·二十一 丙戌 3.21	三·二十一 丙辰 4.20	四·二十一 丙戌 5.20
五·一 乙未 5.29	六·一 甲子 6.27	七·一 甲午 7.27	八·一 癸亥 8.25
五·十一 乙巳 6.8	六·十一 甲戌 7.7	七·十一 甲辰 8.6	八·十一 癸酉 9.4
五·二十一 乙卯 6.18	六·二十一 甲申 7.17	七·二十一 甲寅 8.16	八·二十一 癸未 9.14
九·一 壬辰 9.23	十·一 壬戌 10.23	十一·一 壬辰 11.22	十二·一 辛酉 12.21
九·十一 壬寅 10.3	十·十一 壬申 11.2	十一·十一 壬寅 12.2	十二·十一 辛未 12.31
九·二十一 壬子 10.13	十·二十一 壬午 11.12	十一·二十一 壬子 12.12	十二·二十一 辛巳 1.10

明英宗天顺七年癸未（1463—1464）

一·一 辛卯 1.20	二·一 庚申 2.18	三·一 庚寅 3.20	四·一 庚申 4.19
一·十一 辛丑 1.30	二·十一 庚午 2.28	三·十一 庚子 3.30	四·十一 庚午 4.29
一·二十一 辛亥 2.9	二·二十一 庚辰 3.10	三·二十一 庚戌 4.9	四·二十一 庚辰 5.9
五·一 己丑 5.18	六·一 己未 6.17	七·一 戊子 7.16 闰七·一 戊午 8.15	八·一 丁亥 9.13
五·十一 己亥 5.28	六·十一 己巳 6.27	七·十一 戊戌 7.26 闰七·十一 戊辰 8.25	八·十一 丁酉 9.23
五·二十一 己酉 6.7	六·二十一 己卯 7.7	七·二十一戊申 8.5 闰七·二十一戊寅 9.4	八·二十一 丁未 10.3
九·一 丁巳 10.13	十·一 丙戌 11.11	十一·一 乙卯 12.10	十二·一 乙酉 1.9
九·十一 丁卯 10.23	十·十一 丙申 11.21	十一·十一 乙丑 12.20	十二·十一 乙未 1.19
九·二十一 丁丑 11.2	十·二十一 丙午 12.1	十一·二十一 乙亥 12.30	十二·二十一 乙巳 1.29

明英宗天顺八年甲申（1464—1465）

一·一	甲寅	2.7	二·一	甲申	3.8	三·一	甲寅	4.7	四·一	癸未	5.6
一·十一	甲子	2.17	二·十一	甲午	3.18	三·十一	甲子	4.17	四·十一	癸巳	5.16
一·二十一	甲戌	2.27	二·二十一	甲辰	3.28	三·二十一	甲戌	4.27	四·二十一	癸卯	5.26
五·一	癸丑	6.5	六·一	癸未	7.5	七·一	壬子	8.3	八·一	壬午	9.2
五·十一	癸亥	6.15	六·十一	癸巳	7.15	七·十一	壬戌	8.13	八·十一	壬辰	9.12
五·二十一	癸酉	6.25	六·二十一	癸卯	7.25	七·二十一	壬申	8.23	八·二十一	壬寅	9.22
九·一	辛亥	10.1	十·一	辛巳	10.31	十一·一	庚戌	11.29	十二·一	庚辰	12.29
九·十一	辛酉	10.11	十·十一	辛卯	11.10	十一·十一	庚申	12.9	十二·十一	庚寅	1.8
九·二十一	辛未	10.21	十·二十一	辛丑	11.20	十一·二十一	庚午	12.19	十二·二十一	庚子	1.18

明宪宗成化元年乙酉（1465—1466）

一·一	己酉	1.27	二·一	戊寅	2.25	三·一	戊申	3.27	四·一	丁丑	4.25
一·十一	己未	2.6	二·十一	戊子	3.7	三·十一	戊午	4.6	四·十一	丁亥	5.5
一·二十一	己巳	2.16	二·二十一	戊戌	3.17	三·二十一	戊辰	4.16	四·二十一	丁酉	5.15
五·一	丁未	5.25	六·一	丁丑	6.24	七·一	丙午	7.23	八·一	丙子	8.22
五·十一	丁巳	6.4	六·十一	丁亥	7.4	七·十一	丙辰	8.2	八·十一	丙戌	9.1
五·二十一	丁卯	6.14	六·二十一	丁酉	7.14	七·二十一	丙寅	8.12	八·二十一	丙申	9.11
九·一	乙巳	9.20	十·一	乙亥	10.20	十一·一	乙巳	11.19	十二·一	甲戌	12.18
九·十一	乙卯	9.30	十·十一	乙酉	10.30	十一·十一	乙卯	11.29	十二·十一	甲申	12.28
九·二十一	乙丑	10.10	十·二十一	乙未	11.9	十一·二十一	乙丑	12.9	十二·二十一	甲午	1.7

明宪宗成化二年丙戌（1466—1467）

一·一	甲辰	1.17	二·一	癸酉	2.15	三·一	壬寅	3.16　闰三·一　壬申 4.15	四·一	辛丑	5.14
一·十一	甲寅	1.27	二·十一	癸未	2.25	三·十一	壬子	3.26　闰三·十一　壬午 4.25	四·十一	辛亥	5.24
一·二十一	甲子	2.6	二·二十一	癸巳	3.7	三·二十一	壬戌	4.5　闰三·二十一　壬辰 5.5	四·二十一	辛酉	6.3
五·一	辛未	6.13	六·一	庚子	7.12	七·一	庚午	8.11	八·一	庚子	9.10
五·十一	辛巳	6.23	六·十	庚戌	7.22	七·十一	庚辰	8.21	八·十一	庚戌	9.20
五·二十一	辛卯	7.3	六·二十一	庚申	8.1	七·二十一	庚寅	8.31	八·二十一	庚申	9.30
九·一	己巳	10.9	十·一	己亥	11.8	十一·一	己巳	12.8	十二·一	戊戌	1.6
九·十一	己卯	10.19	十·十一	己酉	11.18	十一·十一	己卯	12.18	十二·十一	戊申	1.16
九·二十一	己丑	10.29	十·二十一	己未	11.28	十一·二十一	己丑	12.28	十二·二十一	戊午	1.26

明宪宗成化三年丁亥（1467—1468）

一·一	戊辰	2.5	二·一	丁酉	3.6	三·一	丙寅	4.4	四·一	丙申	5.4
一·十一	戊寅	2.15	二·十一	丁未	3.16	三·十一	丙子	4.14	四·十一	丙午	5.14
一·二十一	戊子	2.25	二·二十一	丁巳	3.26	三·二十一	丙戌	4.24	四·二十一	丙辰	5.24
五·一	乙丑	6.2	六·一	甲午	7.1	七·一	甲子	7.31	八·一	甲午	8.30
五·十一	乙亥	6.12	六·十一	甲辰	7.11	七·十一	甲戌	8.10	八·十一	甲辰	9.9
五·二十一	乙酉	6.22	六·二十一	甲寅	7.21	七·二十一	甲申	8.20	八·二十一	甲寅	9.19
九·一	癸亥	9.28	十·一	癸巳	10.28	十一·一	癸亥	11.27	十二·一	癸巳	12.27
九·十一	癸酉	10.8	十·十一	癸卯	11.7	十一·十一	癸酉	12.7	十二·十一	癸卯	1.6
九·二十一	癸未	10.18	十·二十一	癸丑	11.17	十一·二十一	癸未	12.17	十二·二十一	癸丑	1.16

明宪宗成化四年戊子(1468—1469)

一·一　壬戌　1.25	二·一　壬辰　2.24	三·一　辛酉　3.24	四·一　庚寅　4.22
一·十一　壬申　2.4	二·十一　壬寅　3.5	三·十一　辛未　4.3	四·十一　庚子　5.2
一·二十一　壬午　2.14	二·二十一　壬子　3.15	三·二十一　辛巳　4.13	四·二十一　庚戌　5.12
五·一　庚申　5.22	六·一　己丑　6.20	七·一　戊午　7.19	八·一　戊子　8.18
五·十一　庚午　6.1	六·十一　己亥　6.30	七·十一　戊辰　7.29	八·十一　戊戌　8.28
五·二十一　庚辰　6.11	六·二十一　己酉　7.10	七·二十一　戊寅　8.8	八·二十一　戊申　9.7
九·一　丁巳　9.16	十·一　丁亥　10.16	十一·一　丁巳　11.15	十二·一　丁亥　12.15
九·十一　丁卯　9.26	十·十一　丁酉　10.26	十一·十一　丁卯　11.25	十二·十一　丁酉　12.25
九·二十一　丁丑　10.6	十·二十一　丁未　11.5	十一·二十一　丁丑　12.5	十二·二十一　丁未　1.4

明宪宗成化五年己丑(1469—1470)

一·一　丙辰　1.13	二·一　丙戌 2.12　闰二·一　丙辰 3.14	三·一　乙酉　4.12	四·一　甲寅　5.11
一·十一　丙寅　1.23	二·十一　丙申 2.22　闰二·十一　丙寅 3.24	三·十一　乙未　4.22	四·十一　甲子　5.21
一·二十一　丙子　2.2	二·二十一丙午 3.4　闰二·二十一丙子 4.3	三·二十一　乙巳　5.2	四·二十一　甲戌　5.31
五·一　甲申　6.10	六·一　癸丑　7.9	七·一　壬午　8.7	八·一　壬子　9.6
五·十一　甲午　6.20	六·十一　癸亥　7.19	七·十一　壬辰　8.17	八·十一　壬戌　9.16
五·二十一　甲辰　6.30	六·二十一　癸酉　7.29	七·二十一　壬寅　8.27	八·二十一　壬申　9.26
九·一　辛巳　10.5	十·一　辛亥　11.4	十一·一　辛巳　12.4	十二·一　庚戌　1.2
九·十一　辛卯　10.15	十·十一　辛酉　11.14	十一·十一　辛卯　12.14	十二·十一　庚申　1.12
九·二十一　辛丑　10.25	十·二十一　辛未　11.24	十一·二十一　辛丑　12.24	十二·二十一　庚午　1.22

明宪宗成化六年庚寅(1470—1471)

一·一　庚辰　2.1	二·一　庚戌　3.3	三·一　庚辰　4.2	四·一　己酉　5.1
一·十一　庚寅　2.11	二·十一　庚申　3.13	三·十一　庚寅　4.12	四·十一　己未　5.11
一·二十一　庚子　2.21	二·二十一　庚午　3.23	三·二十一　庚子　4.22	四·二十一　己巳　5.21
五·一　戊寅　5.30	六·一　戊申　6.29	七·一　丁丑　7.28	八·一　丙午　8.26
五·十一　戊子　6.9	六·十一　戊午　7.9	七·十一　丁亥　8.7	八·十一　丙辰　9.5
五·二十一　戊戌　6.19	六·二十一　戊辰　7.19	七·二十一　丁酉　8.17	八·二十一　丙寅　9.15
九·一　丙子　9.25	十·一　乙巳　10.24	十一·一　乙亥　11.23	十二·一　甲辰　12.22
九·十一　丙戌　10.5	十·十一　乙卯　11.3	十一·十一　乙酉　12.3	十二·十一　甲寅　1.1
九·二十一　丙申　10.15	十·二十一　乙丑　11.13	十一·二十一　乙未　12.13	十二·二十一　甲子　1.11

明宪宗成化七年辛卯(1471—1472)

一·一　甲戌　1.21	二·一　甲辰　2.20	三·一　甲戌　3.22	四·一　癸卯　4.20
一·十一　甲申　1.31	二·十一　甲寅　3.2	三·十一　甲申　4.1	四·十一　癸丑　4.30
一·二十一　甲午　2.10	二·二十一　甲子　3.12	三·二十一　甲午　4.11	四·二十一　癸亥　5.10
五·一　癸酉　5.20	六·一　壬寅　6.18	七·一　壬申　7.18	八·一　辛丑　8.16
五·十一　癸未　5.30	六·十一　壬子　6.28	七·十一　壬午　7.28	八·十一　辛亥　8.26
五·二十一　癸巳　6.9	六·二十一　壬戌　7.8	七·二十一　壬辰　8.7	八·二十一　辛酉　9.5
九·一　庚午 9.14　闰九·一　庚子 10.14	十·一　己巳　11.12	十一·一　己亥　12.12	十二·一　戊辰　1.10
九·十一　庚辰 9.24　闰九·十一　庚戌 10.24	十·十一　己卯　11.22	十一·十一　己酉　12.22	十二·十一　戊寅　1.20
九·二十一庚寅 10.4　闰九·二十一庚申 11.3	十·二十一　己丑　12.2	十一·二十一　己未　1.1	十二·二十一　戊子　1.30

明宪宗成化八年壬辰（1472—1473）

一•一	戊戌	2.9	二•一	戊辰	3.10	三•一	丁酉	4.8	四•一	丁卯	5.8
一•十一	戊申	2.19	二•十一	戊寅	3.20	三•十一	丁未	4.18	四•十一	丁丑	5.18
一•二十一	戊午	2.29	二•二十一	戊子	3.30	三•二十一	丁巳	4.28	四•二十一	丁亥	5.28
五•一	丁酉	6.7	六•一	丙寅	7.6	七•一	丙申	8.5	八•一	乙丑	9.3
五•十一	丁未	6.17	六•十一	丙子	7.16	七•十一	丙午	8.15	八•十一	乙亥	9.13
五•二十一	丁巳	6.27	六•二十一	丙戌	7.26	七•二十一	丙辰	8.25	八•二十一	乙酉	9.23
九•一	甲午	10.2	十•一	甲子	11.1	十一•一	癸巳	11.30	十二•一	癸亥	12.30
九•十一	甲辰	10.12	十•十一	甲戌	11.11	十一•十一	癸卯	12.10	十二•十一	癸酉	1.9
九•二十一	甲寅	10.22	十•二十一	甲申	11.21	十一•二十一	癸丑	12.20	十二•二十一	癸未	1.19

明宪宗成化九年癸巳（1473—1474）

一•一	壬辰	1.28	二•一	壬戌	2.27	三•一	辛卯	3.28	四•一	辛酉	4.27
一•十一	壬寅	2.7	二•十一	壬申	3.9	三•十一	辛丑	4.7	四•十一	辛未	5.7
一•二十一	壬子	2.17	二•二十一	壬午	3.19	三•二十一	辛亥	4.17	四•二十一	辛巳	5.17
五•一	辛卯	5.27	六•一	庚申	6.25	七•一	庚寅	7.25	八•一	庚申	8.24
五•十一	辛丑	6.6	六•十一	庚午	7.5	七•十一	庚子	8.4	八•十一	庚午	9.3
五•二十一	辛亥	6.16	六•二十一	庚辰	7.15	七•二十一	庚戌	8.14	八•二十一	庚辰	9.13
九•一	己丑	9.22	十•一	己未	10.22	十一•一	戊子	11.20	十二•一	丁巳	12.19
九•十一	己亥	10.2	十•十一	己巳	11.1	十一•十一	戊戌	11.30	十二•十一	丁卯	12.29
九•二十一	己酉	10.12	十•二十一	己卯	11.11	十一•二十一	戊申	12.10	十二•二十一	丁丑	1.8

明宪宗成化十年甲午（1474—1475）

一•一	丁亥	1.18	二•一	丙辰	2.16	三•一	丙戌	3.18	四•一	乙卯	4.16
一•十一	丁酉	1.28	二•十一	丙寅	2.26	三•十一	丙申	3.28	四•十一	乙丑	4.26
一•二十一	丁未	2.7	二•二十一	丙子	3.8	三•二十一	丙午	4.7	四•二十一	乙亥	5.6
五•一	乙酉	5.16	六•一	甲寅 6.14	闰六•一 甲申 7.14	七•一	甲寅	8.13	八•一	癸未	9.11
五•十一	乙未	5.26	六•十一	甲子 6.24	闰六•十一 甲午 7.24	七•十一	甲子	8.23	八•十一	癸巳	9.21
五•二十一	乙巳	6.5	六•二十一	甲戌 7.4	闰六•二十一 甲辰 8.3	七•二十一	甲戌	9.2	八•二十一	癸卯	10.1
九•一	癸丑	10.11	十•一	癸未	11.10	十一•一	壬子	12.9	十二•一	壬午	1.8
九•十一	癸亥	10.21	十•十一	癸巳	11.20	十一•十一	壬戌	12.19	十二•十一	壬辰	1.18
九•二十一	癸酉	10.31	十•二十一	癸卯	11.30	十一•二十一	壬申	12.29	十二•二十一	壬寅	1.28

明宪宗成化十一年乙未（1475—1476）

一•一	辛亥	2.6	二•一	庚辰	3.7	三•一	庚戌	4.6	四•一	己卯	5.5
一•十一	辛酉	2.16	二•十一	庚寅	3.17	三•十一	庚申	4.16	四•十一	己丑	5.15
一•二十一	辛未	2.26	二•二十一	庚子	3.27	三•二十一	庚午	4.26	四•二十一	己亥	5.25
五•一	己酉	6.4	六•一	戊寅	7.3	七•一	戊申	8.2	八•一	丁丑	8.31
五•十一	己未	6.14	六•十一	戊子	7.13	七•十一	戊午	8.12	八•十一	丁亥	9.10
五•二十一	己巳	6.24	六•二十一	戊戌	7.23	七•二十一	戊辰	8.22	八•二十一	丁酉	9.20
九•一	丁未	9.30	十•一	丁丑	10.30	十一•一	丙午	11.28	十二•一	丙子	12.28
九•十一	丁巳	10.10	十•十一	丁亥	11.9	十一•十一	丙辰	12.8	十二•十一	丙戌	1.7
九•二十一	丁卯	10.20	十•二十一	丁酉	11.19	十一•二十一	丙寅	12.18	十二•二十一	丙申	1.17

明宪宗成化十二年丙申（1476—1477）

一·一 丙午 1.27	二·一 乙亥 2.25	三·一 甲辰 3.25	四·一 甲戌 4.24
一·十一 丙辰 2.6	二·十一 乙酉 3.6	三·十一 甲寅 4.4	四·十一 甲申 5.4
一·二十一 丙寅 2.16	二·二十一 乙未 3.16	三·二十一 甲子 4.14	四·二十一 甲午 5.14
五·一 癸卯 5.23	六·一 壬申 6.21	七·一 壬寅 7.21	八·一 辛未 8.19
五·十一 癸丑 6.2	六·十一 壬午 7.1	七·十一 壬子 7.31	八·十一 辛巳 8.29
五·二十一 癸亥 6.12	六·二十一 壬辰 7.11	七·二十一 壬戌 8.10	八·二十一 辛卯 9.8
九·一 辛丑 9.18	十·一 辛未 10.18	十一·一 辛丑 11.17	十二·一 庚午 12.16
九·十一 辛亥 9.28	十·十一 辛巳 10.28	十一·十一 辛亥 11.27	十二·十一 庚辰 12.26
九·二十一 辛酉 10.8	十·二十一 辛卯 11.7	十一·二十一 辛酉 12.7	十二·二十一 庚寅 1.5

明宪宗成化十三年丁酉（1477—1478）

一·一 庚子 1.15	二·一 庚午 2.14　闰二·一 己亥 3.15	三·一 戊辰 4.13	四·一 戊戌 5.13
一·十一 庚戌 1.25	二·十一 庚辰 2.24　闰二·十一 己酉 3.25	三·十一 戊寅 4.23	四·十一 戊申 5.23
一·二十一 庚申 2.4	二·二十一 庚寅 3.6　闰二·二十一 己未 4.4	三·二十一 戊子 5.3	四·二十一 戊午 6.2
五·一 丁卯 6.11	六·一 丙申 7.10	七·一 丙寅 8.9	八·一 乙未 9.7
五·十一 丁丑 6.21	六·十一 丙午 7.20	七·十一 丙子 8.19	八·十一 乙巳 9.17
五·二十一 丁亥 7.1	六·二十一 丙辰 7.30	七·二十一 丙戌 8.29	八·二十一 乙卯 9.27
九·一 乙丑 10.7	十·一 乙未 11.6	十一·一 甲子 12.5	十二·一 甲午 1.4
九·十一 乙亥 10.17	十·十一 乙巳 11.16	十一·十一 甲戌 12.15	十二·十一 甲辰 1.14
九·二十一 乙酉 10.27	十·二十一 乙卯 11.26	十一·二十一 甲申 12.25	十二·二十一 甲寅 1.24

明宪宗成化十四年戊戌（1478—1479）

一·一 甲子 2.3	二·一 甲午 3.5	三·一 癸亥 4.3	四·一 壬辰 5.2
一·十一 甲戌 2.13	二·十一 甲辰 3.15	三·十一 癸酉 4.13	四·十一 壬寅 5.12
一·二十一 甲申 2.23	二·二十一 甲寅 3.25	三·二十一 癸未 4.23	四·二十一 壬子 5.22
五·一 壬戌 6.1	六·一 辛卯 6.30	七·一 庚申 7.29	八·一 庚寅 8.28
五·十一 壬申 6.11	六·十一 辛丑 7.10	七·十一 庚午 8.8	八·十一 庚子 9.7
五·二十一 壬午 6.21	六·二十一 辛亥 7.20	七·二十一 庚辰 8.18	八·二十一 庚戌 9.17
九·一 己未 9.26	十·一 己丑 10.26	十一·一 戊午 11.24	十二·一 戊子 12.24
九·十一 己巳 10.6	十·十一 己亥 11.5	十一·十一 戊辰 12.4	十二·十一 戊戌 1.3
九·二十一 己卯 10.16	十·二十一 己酉 11.15	十一·二十一 戊寅 12.14	十二·二十一 戊申 1.13

明宪宗成化十五年己亥（1479—1480）

一·一 戊午 1.23	二·一 戊子 2.22	三·一 丁巳 3.23	四·一 丁亥 4.22
一·十一 戊辰 2.2	二·十一 戊戌 3.4	三·十一 丁卯 4.2	四·十一 丁酉 5.2
一·二十一 戊寅 2.12	二·二十一 戊申 3.14	三·二十一 丁丑 4.12	四·二十一 丁未 5.12
五·一 丙辰 5.21	六·一 丙戌 6.20	七·一 乙卯 7.19	八·一 甲申 8.17
五·十一 丙寅 5.31	六·十一 丙申 6.30	七·十一 乙丑 7.29	八·十一 甲午 8.27
五·二十一 丙子 6.10	六·二十一 丙午 7.10	七·二十一 乙亥 8.8	八·二十一 甲辰 9.6
九·一 甲寅 9.16	十·一 癸未 10.15　闰十·一 癸丑 11.14	十一·一 壬午 12.13	十二·一 壬子 1.12
九·十一 甲子 9.26	十·十一 癸巳 10.25　闰十·十一 癸亥 11.24	十一·十一 壬辰 12.23	十二·十一 壬戌 1.22
九·二十一 甲戌 10.6	十·二十一 癸卯 11.4　闰十·二十一 癸酉 12.4	十一·二十一 壬寅 1.2	十二·二十一 壬申 2.1

明宪宗成化十六年庚子（1480—1481）

一·一	壬午	2.11	二·一	辛亥	3.11	三·一	辛巳	4.10	四·一	辛亥	5.10
一·十一	壬辰	2.21	二·十一	辛酉	3.21	三·十一	辛卯	4.20	四·十一	辛酉	5.20
一·二十一	壬寅	3.2	二·二十一	辛未	3.31	三·二十一	辛丑	4.30	四·二十一	辛未	5.30
五·一	庚辰	6.8	六·一	庚戌	7.8	七·一	己卯	8.6	八·一	戊申	9.4
五·十一	庚寅	6.18	六·十一	庚申	7.18	七·十一	己丑	8.16	八·十一	戊午	9.14
五·二十一	庚子	6.28	六·二十一	庚午	7.28	七·二十一	己亥	8.26	八·二十一	戊辰	9.24
九·一	戊寅	10.4	十·一	丁未	11.2	十一·一	丁丑	12.2	十二·一	丙午	12.31
九·十一	戊子	10.14	十·十一	丁巳	11.12	十一·十一	丁亥	12.12	十二·十一	丙辰	1.10
九·二十一	戊戌	10.24	十·二十一	丁卯	11.22	十一·二十一	丁酉	12.22	十二·二十一	丙寅	1.20

明宪宗成化十七年辛丑（1481—1482）

一·一	丙子	1.30	二·一	乙巳	2.28	三·一	乙亥	3.30	四·一	乙巳	4.29
一·十一	丙戌	2.9	二·十一	乙卯	3.10	三·十一	乙酉	4.9	四·十一	乙卯	5.9
一·二十一	丙申	2.19	二·二十一	乙丑	3.20	三·二十一	乙未	4.19	四·二十一	乙丑	5.19
五·一	乙亥	5.29	六·一	甲辰	6.27	七·一	甲戌	7.27	八·一	癸卯	8.25
五·十一	乙酉	6.8	六·十一	甲寅	7.7	七·十一	甲申	8.6	八·十一	癸丑	9.4
五·二十一	乙未	6.18	六·二十一	甲子	7.17	七·二十一	甲午	8.16	八·二十一	癸亥	9.14
九·一	壬申	9.23	十·一	壬寅	10.23	十一·一	辛未	11.21	十二·一	辛丑	12.21
九·十一	壬午	10.3	十·十一	壬子	11.2	十一·十一	辛巳	12.1	十二·十一	辛亥	12.31
九·二十一	壬辰	10.13	十·二十一	壬戌	11.12	十一·二十一	辛卯	12.11	十二·二十一	辛酉	1.10

明宪宗成化十八年壬寅（1482—1483）

一·一	庚午	1.19	二·一	庚子	2.18	三·一	己巳	3.19	四·一	己亥	4.18
一·十一	庚辰	1.29	二·十一	庚戌	2.28	三·十一	己卯	3.29	四·十一	己酉	4.28
一·二十一	庚寅	2.8	二·二十一	庚申	3.10	三·二十一	己丑	4.8	四·二十一	己未	5.8
五·一	己巳	5.18	六·一	戊戌	6.16	七·一	戊辰	7.16	八·一	丁酉 8.14	闰八·一 丁卯 9.13
五·十一	己卯	5.28	六·十一	戊申	6.26	七·十一	戊寅	7.26	八·十一	丁未 8.24	闰八·十一 丁丑 9.23
五·二十一	己丑	6.7	六·二十一	戊午	7.6	七·二十一	戊子	8.5	八·二十一	丁巳 9.3	闰八·二十一 丁亥 10.3
九·一	丙申	10.12	十·一	丙寅	11.11	十一·一	乙未	12.10	十二·一	乙丑	1.9
九·十一	丙午	10.22	十·十一	丙子	11.21	十一·十一	乙巳	12.20	十二·十一	乙亥	1.19
九·二十一	丙辰	11.1	十·二十一	丙戌	12.1	十一·二十一	乙卯	12.30	十二·二十一	乙酉	1.29

明宪宗成化十九年癸卯（1483—1484）

一·一	甲午	2.7	二·一	甲子	3.9	三·一	癸巳	4.7	四·一	癸亥	5.7
一·十一	甲辰	2.17	二·十一	甲戌	3.19	三·十一	癸卯	4.17	四·十一	癸酉	5.17
一·二十一	甲寅	2.27	二·二十一	甲申	3.29	三·二十一	癸丑	4.27	四·二十一	癸未	5.27
五·一	壬辰	6.5	六·一	壬戌	7.5	七·一	辛卯	8.3	八·一	辛酉	9.2
五·十一	壬寅	6.15	六·十一	壬申	7.15	七·十一	辛丑	8.13	八·十一	辛未	9.12
五·二十一	壬子	6.25	六·二十一	壬午	7.25	七·二十一	辛亥	8.23	八·二十一	辛巳	9.22
九·一	辛卯	10.2	十·一	庚申	10.31	十一·一	庚寅	11.30	十二·一	庚申	12.30
九·十一	辛丑	10.12	十·十一	庚午	11.10	十一·十一	庚子	12.10	十二·十一	庚午	1.9
九·二十一	辛亥	10.22	十·二十一	庚辰	11.20	十一·二十一	庚戌	12.20	十二·二十一	庚辰	1.19

明宪宗成化二十年甲辰（1484—1485）

一·一	己丑	1.28	二·一	戊午	2.26	三·一	戊子	3.27	四·一	丁巳	4.25
一·十一	己亥	2.7	二·十一	戊辰	3.7	三·十一	戊戌	4.6	四·十一	丁卯	5.5
一·二十一	己酉	2.17	二·二十一	戊寅	3.17	三·二十一	戊申	4.16	四·二十一	丁丑	5.15
五·一	丁亥	5.25	六·一	丙辰	6.23	七·一	乙酉	7.22	八·一	乙卯	8.21
五·十一	丁酉	6.4	六·十一	丙寅	7.3	七·十一	乙未	8.1	八·十一	乙丑	8.31
五·二十一	丁未	6.14	六·二十一	丙子	7.13	七·二十一	乙巳	8.11	八·二十一	乙亥	9.10
九·一	乙酉	9.20	十·一	乙卯	10.20	十一·一	甲申	11.18	十二·一	甲寅	12.18
九·十一	乙未	9.30	十·十一	乙丑	10.30	十一·十一	甲午	11.28	十二·十一	甲子	12.28
九·二十一	乙巳	10.10	十·二十一	乙亥	11.9	十一·二十一	甲辰	12.8	十二·二十一	甲戌	1.7

明宪宗成化二十一年乙巳（1485—1486）

一·一	甲申	1.17	二·一	癸丑	2.15	三·一	壬午	3.16	四·一　壬子 4.15*	闰四·一	辛巳 5.14
一·十一	甲午	1.27	二·十一	癸亥	2.25	三·十一	壬辰	3.26	四·十一　壬戌 4.25	闰四·十一	辛卯 5.24
一·二十一	甲辰	2.6	二·二十一	癸酉	3.7	三·二十一	壬寅	4.5	四·二十一　壬申 5.5	闰四·二十一	辛丑 6.3
五·一	庚戌	6.12	六·一	庚辰	7.12	七·一	己酉	8.10	八·一	己卯	9.9
五·十一	庚申	6.22	六·十一	庚寅	7.22	七·十一	己未	8.20	八·十一	己丑	9.19
五·二十一	庚午	7.2	六·二十一	庚子	8.1	七·二十一	己巳	8.30	八·二十一	己亥	9.29
九·一	己酉	10.9	十·一	戊寅	11.7	十一·一	戊申	12.7	十二·一	戊寅	1.6
九·十一	己未	10.19	十·十一	戊子	11.17	十一·十一	戊午	12.17	十二·十一	戊子	1.16
九·二十一	己巳	10.29	十·二十一	戊戌	11.27	十一·二十一	戊辰	12.27	十二·二十一	戊戌	1.26

*《辑要》《朔闰考》闰四月辛未朔，误。

明宪宗成化二十二年丙午（1486—1487）

一·一	戊申	2.5	二·一	丁丑	3.6	三·一	丙午	4.4	四·一	丙子	5.4
一·十一	戊午	2.15	二·十一	丁亥	3.16	三·十一	丙辰	4.14	四·十一	丙戌	5.14
一·二十一	戊辰	2.25	二·二十一	丁酉	3.26	三·二十一	丙寅	4.24	四·二十一	丙申	5.24
五·一	乙巳	6.2	六·一	甲戌	7.1	七·一	甲辰	7.31	八·一	癸酉	8.29
五·十一	乙卯	6.12	六·十一	甲申	7.11	七·十一	甲寅	8.10	八·十一	癸未	9.8
五·二十一	乙丑	6.22	六·二十一	甲午	7.21	七·二十一	甲子	8.20	八·二十一	癸巳	9.18
九·一	癸卯	9.28	十·一	壬申	10.27	十一·一	壬寅	11.26	十二·一	壬申	12.26
九·十一	癸丑	10.8	十·十一	壬午	11.6	十一·十一	壬子	12.6	十二·十一	壬午	1.5
九·二十一	癸亥	10.18	十·二十一	壬辰	11.16	十一·二十一	壬戌	12.16	十二·二十一	壬辰	1.15

明宪宗成化二十三年丁未（1487—1488）

一·一	壬寅	1.25	二·一	辛未	2.23	三·一	辛丑	3.25	四·一	庚午	4.23
一·十一	壬子	2.4	二·十一	辛巳	3.5	三·十一	辛亥	4.4	四·十一	庚辰	5.3
一·二十一	壬戌	2.14	二·二十一	辛卯	3.15	三·二十一	辛酉	4.14	四·二十一	庚寅	5.13
五·一	庚子	5.23	六·一	己巳	6.21	七·一	戊戌	7.20	八·一	戊辰	8.19
五·十一	庚戌	6.2	六·十一	己卯	7.1	七·十一	戊申	7.30	八·十一	戊寅	8.29
五·二十一	庚申	6.12	六·二十一	己丑	7.11	七·二十一	戊午	8.9	八·二十一	戊子	9.8
九·一	丁酉	9.17	十·一	丁卯	10.17	十一·一	丙申	11.15	十二·一	丙寅	12.15
九·十一	丁未	9.27	十·十一	丁丑	10.27	十一·十一	丙午	11.25	十二·十一	丙子	12.25
九·二十一	丁巳	10.7	十·二十一	丁亥	11.6	十一·二十一	丙辰	12.5	十二·二十一	丙戌	1.4

明孝宗弘治元年戊申(1488—1489)

一・一 丙申 1.14　闰一・一 丙寅 2.13	二・一 乙未 3.13	三・一 乙丑 4.12	四・一 甲午 5.11
一・十一 丙午 1.24　闰一・十一 丙子 2.23	二・十一 乙巳 3.23	三・十一 乙亥 4.22	四・十一 甲辰 5.21
一・二十一 丙辰 2.3　闰一・二十一 丙戌 3.4	二・二十一 乙卯 4.2	三・二十一 乙酉 5.2	四・二十一 甲寅 5.31
五・一 甲子 6.10	六・一 癸巳 7.9	七・一 壬戌 8.7	八・一 壬辰 9.6
五・十一 甲戌 6.20	六・十一 癸卯 7.19	七・十一 壬申 8.17	八・十一 壬寅 9.16
五・二十一 甲申 6.30	六・二十一 癸丑 7.29	七・二十一 壬午 8.27	八・二十一 壬子 9.26
九・一 辛酉 10.5	十・一 辛卯 11.4	十一・一 庚申 12.3	十二・一 庚寅 1.2
九・十一 辛未 10.15	十・十一 辛丑 11.14	十一・十一 庚午 12.13	十二・十一 庚子 1.12
九・二十一 辛巳 10.25	十・二十一 辛亥 11.24	十一・二十一 庚辰 12.23	十二・二十一 庚戌 1.22

明孝宗弘治二年己酉(1489—1490)

一・一 庚申 2.1	二・一 己丑 3.2	三・一 己未 4.1	四・一 己丑 5.1
一・十一 庚午 2.11	二・十一 己亥 3.12	三・十一 己巳 4.11	四・十一 己亥 5.11
一・二十一 庚辰 2.21	二・二十一 己酉 3.22	三・二十一 己卯 4.21	四・二十一 己酉 5.21
五・一 戊午 5.30	六・一 戊子 6.29	七・一 丁巳 7.28	八・一 丙戌 8.26
五・十一 戊辰 6.9	六・十一 戊戌 7.9	七・十一 丁卯 8.7	八・十一 丙申 9.5
五・二十一 戊寅 6.19	六・二十一 戊申 7.19	七・二十一 丁丑 8.17	八・二十一 丙午 9.15
九・一 丙辰 9.25	十・一 乙酉 10.24	十一・一 乙卯 11.23	十二・一 甲申 12.22
九・十一 丙寅 10.5	十・十一 乙未 11.3	十一・十一 乙丑 12.3	十二・十一 甲午 1.1
九・二十一 丙子 10.15	十・二十一 乙巳 11.13	十一・二十一 乙亥 12.13	十二・二十一 甲辰 1.11

明孝宗弘治三年庚戌(1490—1491)

一・一 甲寅 1.21	二・一 癸未 2.19	三・一 癸丑 3.21	四・一 癸未 4.20
一・十一 甲子 1.31	二・十一 癸巳 3.1	三・十一 癸亥 3.31	四・十一 癸巳 4.30
一・二十一 甲戌 2.10	二・二十一 癸卯 3.11	三・二十一 癸酉 4.10	四・二十一 癸卯 5.10
五・一 壬子 5.19	六・一 壬午 6.18	七・一 辛亥 7.17	八・一 辛巳 8.16
五・十一 壬戌 5.29	六・十一 壬辰 6.28	七・十一 辛酉 7.27	八・十一 辛卯 8.26
五・二十一 壬申 6.8	六・二十一 壬寅 7.8	七・二十一 辛未 8.6	八・二十一 辛丑 9.5
九・一 庚戌 9.14　闰九・一 庚辰 10.14	十・一 己酉 11.12	十一・一 己卯 12.12	十二・一 戊申 1.10
九・十一 庚申 9.24　闰九・十一 庚寅 10.24	十・十一 己未 11.22	十一・十一 己丑 12.22	十二・十一 戊午 1.20
九・二十一 庚午 10.4　闰九・二十一 庚子 11.3	十・二十一 己巳 12.2	十一・二十一 己亥 1.1	十二・二十一 戊辰 1.30

明孝宗弘治四年辛亥(1491—1492)

一・一 戊寅 2.9	二・一 丁未 3.10	三・一 丁丑 4.9	四・一 丙午 5.8
一・十一 戊子 2.19	二・十一 丁巳 3.20	三・十一 丁亥 4.19	四・十一 丙辰 5.18
一・二十一 戊戌 3.1	二・二十一 丁卯 3.30	三・二十一 丁酉 4.29	四・二十一 丙寅 5.28
五・一 丙子 6.7	六・一 丙午 7.7	*七・一 乙亥 8.5	八・一 乙巳 9.4
五・十一 丙戌 6.17	六・十一 丙辰 7.17	七・十一 乙酉 8.15	八・十一 乙卯 9.14
五・二十一 丙申 6.27	六・二十一 丙寅 7.27	七・二十一 乙未 8.25	八・二十一 乙丑 9.24
九・一 甲戌 10.3	十・一 甲辰 11.2	十一・一 癸酉 12.1	十二・一 癸卯 12.31
九・十一 甲申 10.13	十・十一 甲寅 11.12	十一・十一 癸未 12.11	十二・十一 癸丑 1.10
九・二十一 甲午 10.23	十・二十一 甲子 11.22	十一・二十一 癸巳 12.21	十二・二十一 癸亥 1.20

*《辑要》七月己亥朔,误。

明孝宗弘治五年壬子（1492—1493）

一·一	壬申	1.29	二·一	壬寅	2.28	三·一	辛未	3.28	四·一	辛丑	4.27
一·十一	壬午	2.8	二·十一	壬子	3.9	三·十一	辛巳	4.7	四·十一	辛亥	5.7
一·二十一	壬辰	2.18	二·二十一	壬戌	3.19	三·二十一	辛卯	4.17	四·二十一	辛酉	5.17
五·一	庚午	5.26	六·一	庚子	6.25	七·一	己巳	7.24	八·一	己亥	8.23
五·十一	庚辰	6.5	六·十一	庚戌	7.5	七·十一	己卯	8.3	八·十一	己酉	9.2
五·二十一	庚寅	6.15	六·二十一	庚申	7.15	七·二十一	己丑	8.13	八·二十一	己未	9.12
九·一	己巳	9.22	十·一	戊戌	10.21	十一·一	戊辰	11.20	十二·一	丁酉	12.19
九·十一	己卯	10.2	十·十一	戊申	10.31	十一·十一	戊寅	11.30	十二·十一	丁未	12.29
九·二十一	己丑	10.12	十·二十一	戊午	11.10	十一·二十一	戊子	12.10	十二·二十一	丁巳	1.8

明孝宗弘治六年癸丑（1493—1494）

一·一	丁卯	1.18	二·一	丙申	2.16	三·一	丙寅	3.18	四·一	乙未	4.16
一·十一	丁丑	1.28	二·十一	丙午	2.26	三·十一	丙子	3.28	四·十一	乙巳	4.26
一·二十一	丁亥	2.7	二·二十一	丙辰	3.8	三·二十一	丙戌	4.7	四·二十一	乙卯	5.6
五·一　甲子 5.15	闰五·一	甲午 6.14	六·一	癸亥	7.13	七·一	癸巳	8.12	八·一	癸亥	9.11
五·十一　甲戌 5.25	闰五·十一	甲辰 6.24	六·十一	癸酉	7.23	七·十一	癸卯	8.22	八·十一	癸酉	9.21
五·二十一　甲申 6.4	闰五·二十一	甲寅 7.4	六·二十一	癸未	8.2	七·二十一	癸丑	9.1	八·二十一	癸未	10.1
九·一	壬辰	10.10	十·一	壬戌	11.9	十一·一	壬辰	12.9	十二·一	辛酉	1.7
九·十一	壬寅	10.20	十·十一	壬申	11.19	十一·十一	壬寅	12.19	十二·十一	辛未	1.17
九·二十一	壬子	10.30	十·二十一	壬午	11.29	十一·二十一	壬子	12.29	十二·二十一	辛巳	1.27

明孝宗弘治七年甲寅（1494—1495）

一·一	辛卯	2.6	二·一	庚申	3.7	三·一	庚寅	4.6	四·一	己未	5.5
一·十一	辛丑	2.16	二·十一	庚午	3.17	三·十一	庚子	4.16	四·十一	己巳	5.15
一·二十一	辛亥	2.26	二·二十一	庚辰	3.27	三·二十一	庚戌	4.26	四·二十一	己卯	5.25
五·一	戊子	6.3	六·一	戊午	7.3	七·一	丁亥	8.1	八·一	丁巳	8.31
五·十一	戊戌	6.13	六·十一	戊辰	7.13	七·十一	丁酉	8.11	八·十一	丁卯	9.10
五·二十一	戊申	6.23	六·二十一	戊寅	7.23	七·二十一	丁未	8.21	八·二十一	丁丑	9.20
九·一	丙戌	9.29	十·一	丙辰	10.29	十一·一	丙戌	11.28	十二·一	丙辰	12.28
九·十一	丙申	10.9	十·十一	丙寅	11.8	十一·十一	丙申	12.8	十二·十一	丙寅	1.7
九·二十一	丙午	10.19	十·二十一	丙子	11.18	十一·二十一	丙午	12.18	十二·二十一	丙子	1.17

明孝宗弘治八年乙卯（1495—1496）

一·一	乙酉	1.26	二·一	乙卯	2.25	三·一	甲申	3.26	四·一	甲寅	4.25
一·十一	乙未	2.5	二·十一	乙丑	3.7	三·十一	甲午	4.5	四·十一	甲子	5.5
一·二十一	乙巳	2.15	二·二十一	乙亥	3.17	三·二十一	甲辰	4.15	四·二十一	甲戌	5.15
五·一	癸未	5.24	六·一	壬子	6.22	七·一	辛巳	7.21	八·一	辛亥	8.20
五·十一	癸巳	6.3	六·十一	壬戌	7.2	七·十一	辛卯	7.31	八·十一	辛酉	8.30
五·二十一	癸卯	6.13	六·二十一	壬申	7.12	七·二十一	辛丑	8.10	八·二十一	辛未	9.9
九·一	辛巳	9.19	十·一	庚戌	10.18	十一·一	庚辰	11.17	十二·一	庚戌	12.17
九·十一	辛卯	9.29	十·十一	庚申	10.28	十一·十一	庚寅	11.27	十二·十一	庚申	12.27
九·二十一	辛丑	10.9	十·二十一	庚午	11.7	十一·二十一	庚子	12.7	十二·二十一	庚午	1.6

明孝宗弘治九年丙辰(1496—1497)

一・一 庚辰 1.16	二・一 己酉 2.14	三・一 己卯 3.15 闰三・一 戊申 4.13	四・一 戊寅 5.13
一・十一 庚寅 1.26	二・十一 己未 2.24	三・十一 己丑 3.25 闰三・十一 戊午 4.23	四・十一 戊子 5.23
一・二十一 庚子 2.5	二・二十一 己巳 3.5	三・二十一 己亥 4.4 闰三・二十一 戊辰 5.3	四・二十一 戊戌 6.2
五・一 丁未 6.11	六・一 丙子 7.10	七・一 丙午 8.9	八・一 乙亥 9.7
五・十一 丁巳 6.21	六・十一 丙戌 7.20	七・十一 丙辰 8.19	八・十一 乙酉 9.17
五・二十一 丁卯 7.1	六・二十一 丙申 7.30	七・二十一 丙寅 8.29	八・二十一 乙未 9.27
九・一 甲辰 10.6	十・一 甲戌 11.5	十一・一 甲辰 12.5	十二・一 甲戌 1.4
九・十一 甲寅 10.16	十・十一 甲申 11.15	十一・十一 甲寅 12.15	十二・十一 甲申 1.14
九・二十一 甲子 10.26	十・二十一 甲午 11.25	十一・二十一 甲子 12.25	十二・二十一 甲午 1.24

明孝宗弘治十年丁巳(1497—1498)

一・一 癸卯 2.2	二・一 癸酉 3.4	三・一 癸卯 4.3	四・一 壬申 5.2
一・十一 癸丑 2.12	二・十一 癸未 3.14	三・十一 癸丑 4.13	四・十一 壬午 5.12
一・二十一 癸亥 2.22	二・二十一 癸巳 3.24	三・二十一 癸亥 4.23	四・二十一 壬辰 5.22
五・一 壬寅 6.1	六・一 辛未 6.30	七・一 庚子 7.29	八・一 庚午 8.28
五・十一 壬子 6.11	六・十一 辛巳 7.10	七・十一 庚戌 8.8	八・十一 庚辰 9.7
五・二十一 壬戌 6.21	六・二十一 辛卯 7.20	七・二十一 庚申 8.18	八・二十一 庚寅 9.17
九・一 己亥 9.26	十・一 己巳 10.26	十一・一 戊戌 11.24	十二・一 戊辰 12.24
九・十一 己酉 10.6	十・十一 己卯 11.5	十一・十一 戊申 12.4	十二・十一 戊寅 1.3
九・二十一 己未 10.16	十・二十一 己丑 11.15	十一・二十一 戊午 12.14	十二・二十一 戊子 1.13

明孝宗弘治十一年戊午(1498—1499)

一・一 丁酉 1.22	二・一 丁卯 2.21	三・一 丁酉 3.23	四・一 丙寅 4.21
一・十一 丁未 2.1	二・十一 丁丑 3.3	三・十一 丁未 4.2	四・十一 丙子 5.1
一・二十一 丁巳 2.11	二・二十一 丁亥 3.13	三・二十一 丁巳 4.12	四・二十一 丙戌 5.11
五・一 丙申 5.21	六・一 丙寅 6.20	七・一 乙未 7.19	八・一 甲子 8.17
五・十一 丙午 5.31	六・十一 丙子 6.30	七・十一 乙巳 7.29	八・十一 甲戌 8.27
五・二十一 丙辰 6.10	六・二十一 丙戌 7.10	七・二十一 乙卯 8.8	八・二十一 甲申 9.6
九・一 甲午 9.16	十・一 癸亥 10.15	十一・一 癸巳 11.14 闰十一・一 壬戌 12.13	十二・一 壬辰 1.12
九・十一 甲辰 9.26	十・十一 癸酉 10.25	十一・十一 癸卯 11.24 闰十一・十一 壬申 12.23	十二・十一 壬寅 1.22
九・二十一 甲寅 10.6	十・二十一 癸未 11.4	十一・二十一 癸丑 12.4 闰十一・二十一 壬午 1.2	十二・二十一 壬子 2.1

明孝宗弘治十二年己未(1499—1500)

一・一 辛酉 2.10	二・一 辛卯 3.12	三・一 庚申 4.10	四・一 庚寅 5.10
一・十一 辛未 2.20	二・十一 辛丑 3.22	三・十一 庚午 4.20	四・十一 庚子 5.20
一・二十一 辛巳 3.2	二・二十一 辛亥 4.1	三・二十一 庚辰 4.30	四・二十一 庚戌 5.30
五・一 庚申 6.9	六・一 己丑 7.8	七・一 己未 8.7	八・一 戊子 9.5
五・十一 庚午 6.19	六・十一 己亥 7.18	七・十一 己巳 8.17	八・十一 戊戌 9.15
五・二十一 庚辰 6.29	六・二十一 己酉 7.28	七・二十一 己卯 8.27	八・二十一 戊申 9.25
九・一 戊午 10.5	十・一 丁亥 11.3	十一・一 丁巳 12.3	十二・一 丙戌 1.1
九・十一 戊辰 10.15	十・十一 丁酉 11.13	十一・十一 丁卯 12.13	十二・十一 丙申 1.11
九・二十一 戊寅 10.25	十・二十一 丁未 11.23	十一・二十一 丁丑 12.23	十二・二十一 丙午 1.21

明孝宗弘治十三年庚申（1500—1501）

一•一	丙辰	1.31	二•一	乙酉	2.29	三•一	乙卯	3.30	四•一	甲申	4.28
一•十一	丙寅	2.10	二•十一	乙未	3.10	三•十一	乙丑	4.9	四•十一	甲午	5.8
一•二十一	丙子	2.20	二•二十一	乙巳	3.20	三•二十一	乙亥	4.19	四•二十一	甲辰	5.18
五•一	甲寅	5.28	六•一	癸未	6.26	七•一	癸丑	7.26	八•一	癸未	8.25
五•十一	甲子	6.7	六•十一	癸巳	7.6	七•十一	癸亥	8.5	八•十一	癸巳	9.4
五•二十一	甲戌	6.17	六•二十一	癸卯	7.16	七•二十一	癸酉	8.15	八•二十一	癸卯	9.14
九•一	壬子	9.23	十•一	壬午	10.23	十一•一	辛亥	11.21	十二•一	辛巳	12.21
九•十一	壬戌	10.3	十•十一	壬辰	11.2	十一•十一	辛酉	12.1	十二•十一	辛卯	12.31
九•二十一	壬申	10.13	十•二十一	壬寅	11.12	十一•二十一	辛未	12.11	十二•二十一	辛丑	1.10

明孝宗弘治十四年辛酉（1501—1502）

一•一	庚戌	1.19	二•一	庚辰	2.18	三•一	己酉	3.19	四•一	戊寅	4.17
一•十一	庚申	1.29	二•十一	庚寅	2.28	三•十一	己未	3.29	四•十一	戊子	4.27
一•二十一	庚午	2.8	二•二十一	庚子	3.10	三•二十一	己巳	4.8	四•二十一	戊戌	5.7
五•一	戊申	5.17	六•一	丁丑	6.15	七•一 丁未 7.15	闰七•一	丁丑 8.14	八•一	丙午	9.12
五•十一	戊午	5.27	六•十一	丁亥	6.25	七•十一 丁巳 7.25	闰七•十一	丁亥 8.24	八•十一	丙辰	9.22
五•二十一	戊辰	6.6	六•二十一	丁酉	7.5	七•二十一 丁卯 8.4	闰七•二十一	丁酉 9.3	八•二十一	丙寅	10.2
九•一	丙子	10.12	十•一	丙午	11.11	十一•一	乙亥	12.10	十二•一	乙巳	1.9
九•十一	丙戌	10.22	十•十一	丙辰	11.21	十一•十一	乙酉	12.20	十二•十一	乙卯	1.19
九•二十一	丙申	11.1	十•二十一	丙寅	12.1	十一•二十一	乙未	12.30	十二•二十一	乙丑	1.29

明孝宗弘治十五年壬戌（1502—1503）

一•一	甲戌	2.7	二•一	甲辰	3.9	三•一	癸酉	4.7	四•一	壬寅	5.6
一•十一	甲申	2.17	二•十一	甲寅	3.19	三•十一	癸未	4.17	四•十一	壬子	5.16
一•二十一	甲午	2.27	二•二十一	甲子	3.29	三•二十一	癸巳	4.27	四•二十一	壬戌	5.26
五•一	壬申	6.5	六•一	辛丑	7.4	七•一	辛未	8.3	八•一	庚子	9.1
五•十一	壬午	6.15	六•十一	辛亥	7.14	七•十一	辛巳	8.13	八•十一	庚戌	9.11
五•二十一	壬辰	6.25	六•二十一	辛酉	7.24	七•二十一	辛卯	8.23	八•二十一	庚申	9.21
九•一	庚午	10.1	十•一	庚子	10.31	十一•一	庚午	11.30	十二•一	己亥	12.29
九•十一	庚辰	10.11	十•十一	庚戌	11.10	十一•十一	庚辰	12.10	十二•十一	己酉	1.8
九•二十一	庚寅	10.21	十•二十一	庚申	11.20	十一•二十一	庚寅	12.20	十二•二十一	己未	1.18

明孝宗弘治十六年癸亥（1503—1504）

一•一	己巳	1.28	二•一	戊戌	2.26	三•一	戊辰	3.28	四•一	丁酉	4.26
一•十一	己卯	2.7	二•十一	戊申	3.8	三•十一	戊寅	4.7	四•十一	丁未	5.6
一•二十一	己丑	2.17	二•二十一	戊午	3.18	三•二十一	戊子	4.17	四•二十一	丁巳	5.16
五•一	丙寅	5.25	六•一	丙申	6.24	七•一	乙丑	7.23	八•一	乙未	8.22
五•十一	丙子	6.4	六•十一	丙午	7.4	七•十一	乙亥	8.2	八•十一	乙巳	9.1
五•二十一	丙戌	6.14	六•二十一	丙辰	7.14	七•二十一	乙酉	8.12	八•二十一	乙卯	9.11
九•一	甲子	9.20	十•一	甲午	10.20	十一•一	甲子	11.19	十二•一	甲午	12.19
九•十一	甲戌	9.30	十•十一	甲辰	10.30	十一•十一	甲戌	11.29	十二•十一	甲辰	12.29
九•二十一	甲申	10.10	十•二十一	甲寅	11.9	十一•二十一	甲申	12.9	十二•二十一	甲寅	1.8

明孝宗弘治十七年甲子（1504—1505）

一·一　癸亥　1.17	二·一　癸巳　2.16	三·一　壬戌　3.16	四·一　壬辰 4.15　闰四·一　辛酉 5.14
一·十一　癸酉　1.27	二·十一　癸卯　2.26	三·十一　壬申　3.26	四·十一　壬寅 4.25　闰四·十一　辛未 5.24
一·二十一　癸未　2.6	二·二十一　癸丑　3.7	三·二十一　壬午　4.5	四·二十一壬子 5.5　闰四·二十一辛巳 6.3
五·一　庚寅　6.12	六·一　庚申　7.12	七·一　己丑　8.10	八·一　戊午　9.8
五·十一　庚子　6.22	六·十一　庚午　7.22	七·十一　己亥　8.20	八·十一　戊辰　9.18
五·二十一　庚戌　7.2	六·二十一　庚辰　8.1	七·二十一　己酉　8.30	八·二十一　戊寅　9.28
九·一　戊子　10.8	十·一　戊午　11.7	十一·一　丁亥　12.6	十二·一　丁巳　1.5
九·十一　戊戌　10.18	十·十一　戊辰　11.17	十一·十一　丁酉　12.16	十二·十一　丁卯　1.15
九·二十一　戊申　10.28	十·二十一　戊寅　11.27	十一·二十一　丁未　12.26	十二·二十一　丁丑　1.25

明孝宗弘治十八年乙丑（1505—1506）

一·一　丁亥　2.4	二·一　丁巳　3.6	三·一　丙戌　4.4	四·一　丙辰　5.4
一·十一　丁酉　2.14	二·十一　丁卯　3.16	三·十一　丙申　4.14	四·十一　丙寅　5.14
一·二十一　丁未　2.24	二·二十一　丁丑　3.26	三·二十一　丙午　4.24	四·二十一　丙子　5.24
五·一　乙酉　6.2	六·一　甲寅　7.1	七·一　甲申　7.31	八·一　癸丑　8.29
五·十一　乙未　6.12	六·十一　甲子　7.11	七·十一　甲午　8.10	八·十一　癸亥　9.8
五·二十一　乙巳　6.22	六·二十一　甲戌　7.21	七·二十一　甲辰　8.20	八·二十一　癸酉　9.18
九·一　壬午　9.27	十·一　壬子　10.27	十一·一　壬午　11.26	十二·一　辛亥　12.25
九·十一　壬辰　10.7	十·十一　壬戌　11.6	十一·十一　壬辰　12.6	十二·十一　辛酉　1.4
九·二十一　壬寅　10.17	十·二十一　壬申　11.16	十一·二十一　壬寅　12.16	十二·二十一　辛未　1.14

明武宗正德元年丙寅（1506—1507）

一·一　辛巳　1.24	二·一　辛亥　2.23	三·一　辛巳　3.25	四·一　庚戌　4.23
一·十一　辛卯　2.3	二·十一　辛酉　3.5	三·十一　辛卯　4.4	四·十一　庚申　5.3
一·二十一　辛丑　2.13	二·二十一　辛未　3.15	三·二十一　辛丑　4.14	四·二十一　庚午　5.13
五·一　庚辰　5.23	六·一　己酉　6.21	七·一　戊寅　7.20	八·一　戊申　8.19
五·十一　庚寅　6.2	六·十一　己未　7.1	七·十一　戊子　7.30	八·十一　戊午　8.29
五·二十一　庚子　6.12	六·二十一　己巳　7.11	七·二十一　戊戌　8.9	八·二十一　戊辰　9.8
九·一　丁丑　9.17	十·一　丙午　10.16	十一·一　丙子　11.15	十二·一　乙巳　12.14
九·十一　丁亥　9.27	十·十一　丙辰　10.26	十一·十一　丙戌　11.25	十二·十一　乙卯　12.24
九·二十一　丁酉　10.7	十·二十一　丙寅　11.5	十一·二十一　丙申　12.5	十二·二十一　乙丑　1.3

明武宗正德二年丁卯（1507—1508）

一·一　乙亥 1.13　闰一·一　乙巳 2.12	二·一　乙亥　3.14	三·一　甲辰　4.12	四·一　甲戌　5.12
一·十一　乙酉 1.23　闰一·十一　乙卯 2.22	二·十一　乙酉　3.24	三·十一　甲寅　4.22	四·十一　甲申　5.22
一·二十一乙未 2.2　闰一·二十一乙丑 3.4	二·二十一　乙未　4.3	三·二十一　甲子　5.2	四·二十一　甲午　6.1
五·一　癸卯　6.10	六·一　癸酉　7.10	七·一　壬寅　8.8	八·一　壬申　9.7
五·十一　癸丑　6.20	六·十一　癸未　7.20	七·十一　壬子　8.18	八·十一　壬午　9.17
五·二十一　癸亥　6.30	六·二十一　癸巳　7.30	七·二十一　壬戌　8.28	八·二十一　壬辰　9.27
九·一　辛丑　10.6	十·一　辛未　11.5	十一·一　庚子　12.4	十二·一　庚午　1.3
九·十一　辛亥　10.16	十·十一　辛巳　11.15	十一·十一　庚戌　12.14	十二·十一　庚辰　1.13
九·二十一　辛酉　10.26	十·二十一　辛卯　11.25	十一·二十一　庚申　12.24	十二·二十一　庚寅　1.23

明武宗正德三年戊辰（1508—1509）

一•一	己亥	2.1	二•一	己巳	3.2	三•一	戊戌	3.31	四•一	戊辰	4.30
一•十一	己酉	2.11	二•十一	己卯	3.12	三•十一	戊申	4.10	四•十一	戊寅	5.10
一•二十一	己未	2.21	二•二十一	己丑	3.22	三•二十一	戊午	4.20	四•二十一	戊子	5.20
五•一	戊戌	5.30	六•一	丁卯	6.28	七•一	丁酉	7.28	八•一	丙寅	8.26
五•十一	戊申	6.9	六•十一	丁丑	7.8	七•十一	丁未	8.7	八•十一	丙子	9.5
五•二十一	戊午	6.19	六•二十一	丁亥	7.18	七•二十一	丁巳	8.17	八•二十一	丙戌	9.15
九•一	丙申	9.25	十•一	乙丑	10.24	十一•一	乙未	11.23	十二•一	甲子	12.22
九•十一	丙午	10.5	十•十一	乙亥	11.3	十一•十一	乙巳	12.3	十二•十一	甲戌	1.1
九•二十一	丙辰	10.15	十•二十一	乙酉	11.13	十一•二十一	乙卯	12.13	十二•二十一	甲申	1.11

明武宗正德四年己巳（1509—1510）

一•一	甲午	1.21	二•一	癸亥	2.19	三•一	癸巳	3.21	四•一	壬戌	4.19
一•十一	甲辰	1.31	二•十一	癸酉	3.1	三•十一	癸卯	3.31	四•十一	壬申	4.29
一•二十一	甲寅	2.10	二•二十一	癸未	3.11	三•二十一	癸丑	4.10	四•二十一	壬午	5.9
五•一	壬辰	5.19	六•一	辛酉	6.17	七•一	辛卯	7.17	八•一	辛酉	8.16
五•十一	壬寅	5.29	六•十一	辛未	6.27	七•十一	辛丑	7.27	八•十一	辛未	8.26
五•二十一	壬子	6.8	六•二十一	辛巳	7.7	七•二十一	辛亥	8.6	八•二十一	辛巳	9.5
九•一	庚寅 9.14	闰九•一 庚申 10.14	十•一	己丑	11.12	十一•一	己未	12.12	十二•一	戊子	1.10
九•十一	庚子 9.24	闰九•十一 庚午 10.24	十•十一	己亥	11.22	十一•十一	己巳	12.22	十二•十一	戊戌	1.20
九•二十一	庚戌 10.4	闰九•二十一 庚辰 11.3	十•二十一	己酉	12.2	十一•二十一	己卯	1.1	十二•二十一	戊申	1.30

明武宗正德五年庚午（1510—1511）

一•一	戊午	2.9	二•一	丁亥	3.10	三•一	丙辰	4.8	四•一	丙戌	5.8
一•十一	戊辰	2.19	二•十一	丁酉	3.20	三•十一	丙寅	4.18	四•十一	丙申	5.18
一•二十一	戊寅	3.1	二•二十一	丁未	3.30	三•二十一	丙子	4.28	四•二十一	丙午	5.28
五•一	乙卯	6.6	六•一	乙酉	7.6	七•一	乙卯	8.5	八•一	甲申	9.3
五•十一	乙丑	6.16	六•十一	乙未	7.16	七•十一	乙丑	8.15	八•十一	甲午	9.13
五•二十一	乙亥	6.26	六•二十一	乙巳	7.26	七•二十一	乙亥	8.25	八•二十一	甲辰	9.23
九•一	甲寅	10.3	十•一	甲申	11.2	十一•一	癸丑	12.1	十二•一	癸未	12.31
九•十一	甲子	10.13	十•十一	甲午	11.12	十一•十一	癸亥	12.11	十二•十一	癸巳	1.10
九•二十一	甲戌	10.23	十•二十一	甲辰	11.22	十一•二十一	癸酉	12.21	十二•二十一	癸卯	1.20

明武宗正德六年辛未（1511—1512）

一•一	壬子	1.29	二•一	壬午	2.28	三•一	辛亥	3.29	四•一	庚辰	4.27
一•十一	壬戌	2.8	二•十一	壬辰	3.10	三•十一	辛酉	4.8	四•十一	庚寅	5.7
一•二十一	壬申	2.18	二•二十一	壬寅	3.20	三•二十一	辛未	4.18	四•二十一	庚子	5.17
五•一	庚戌	5.27	六•一	己卯	6.25	七•一	己酉	7.25	八•一	戊寅	8.23
五•十一	庚申	6.6	六•十一	己丑	7.5	七•十一	己未	8.4	八•十一	戊子	9.2
五•二十一	庚午	6.16	六•二十一	己亥	7.15	七•二十一	己巳	8.14	八•二十一	戊戌	9.12
九•一	戊申	9.22	十•一	戊寅	10.22	十一•一	丁未	11.20	十二•一	丁丑	12.20
九•十一	戊午	10.2	十•十一	戊子	11.1	十一•十一	丁巳	11.30	十二•十一	丁亥	12.30
九•二十一	戊辰	10.12	十•二十一	戊戌	11.11	十一•二十一	丁卯	12.10	十二•二十一	丁酉	1.9

明武宗正德七年壬申(1512—1513)

一·一 丁未 1.19	二·一 丙子 2.17	三·一 丙午 3.18	四·一 乙亥 4.16
一·十一 丁巳 1.29	二·十一 丙戌 2.27	三·十一 丙辰 3.28	四·十一 乙酉 4.26
一·二十一 丁卯 2.8	二·二十一 丙申 3.8	三·二十一 丙寅 4.7	四·二十一 乙未 5.6
五·一 甲辰5.15 闰五·一 甲戌6.14	六·一 癸卯 7.13	七·一 壬申 8.11	八·一 壬寅 9.10
五·十一 甲寅5.25 闰五·十一 甲申6.24	六·十一 癸丑 7.23	七·十一 壬午 8.21	八·十一 壬子 9.20
五·二十一甲子6.4 闰五·二十一甲午7.4	六·二十一 癸亥 8.2	七·二十一 壬辰 8.31	八·二十一 壬戌 9.30
九·一 壬申 10.10	十·一 辛丑 11.8	十一·一 辛未 12.8	十二·一 辛丑 1.7
九·十一 壬午 10.20	十·十一 辛亥 11.18	十一·十一 辛巳 12.18	十二·十一 辛亥 1.17
九·二十一 壬辰 10.30	十·二十一 辛酉 11.28	十一·二十一 辛卯 12.28	十二·二十一 辛酉 1.27

明武宗正德八年癸酉(1513—1514)

一·一 辛未 2.6	二·一 庚子 3.7	三·一 庚午 4.6	四·一 己亥 5.5
一·十一 辛巳 2.16	二·十一 庚戌 3.17	三·十一 庚辰 4.16	四·十一 己酉 5.15
一·二十一 辛卯 2.26	二·二十一 庚申 3.27	三·二十一 庚寅 4.26	四·二十一 己未 5.25
五·一 戊辰 6.3	六·一 戊戌 7.3	七·一 丁卯 8.1	八·一 丙申 8.30
五·十一 戊寅 6.13	六·十一 戊申 7.13	七·十一 丁丑 8.11	八·十一 丙午 9.9
五·二十一 戊子 6.23	六·二十一 戊午 7.23	七·二十一 丁亥 8.21	八·二十一 丙辰 9.19
九·一 丙寅 9.29	十·一 乙未 10.28	十一·一 乙丑 11.27	十二·一 乙未 12.27
九·十一 丙子 10.9	十·十一 乙巳 11.7	十一·十一 乙亥 12.7	十二·十一 乙巳 1.6
九·二十一 丙戌 10.19	十·二十一 乙卯 11.17	十一·二十一 乙酉 12.17	十二·二十一 乙卯 1.16

明武宗正德九年甲戌(1514—1515)

一·一 乙丑 1.26	二·一 乙未 2.25	三·一 甲子 3.26	四·一 甲午 4.25
一·十一 乙亥 2.5	二·十一 乙巳 3.7	三·十一 甲戌 4.5	四·十一 甲辰 5.5
一·二十一 乙酉 2.15	二·二十一 乙卯 3.17	三·二十一 甲申 4.15	四·二十一 甲寅 5.15
五·一 癸亥 5.24	六·一 壬辰 6.22	七·一 壬戌 7.22	八·一 辛卯 8.20
五·十一 癸酉 6.3	六·十一 壬寅 7.2	七·十 壬申 8.1	八·十一 辛丑 8.30
五·二十一 癸未 6.13	六·二十一 壬子 7.12	七·二十一 壬午 8.11	八·二十一 辛亥 9.9
九·一 庚申 9.18	十·一 庚寅 10.18	十一·一 己未 11.16	十二·一 己丑 12.16
九·十一 庚午 9.28	十·十一 庚子 10.28	十一·十一 己巳 11.26	十二·十一 己亥 12.26
九·二十一 庚辰 10.8	十·二十一 庚戌 11.7	十一·二十一 己卯 12.6	十二·二十一 己酉 1.5

明武宗正德十年乙亥(1515—1516)

一·一 己未 1.15	二·一 己丑 2.14	三·一 戊午 3.15	四·一 戊子4.14 闰四·一 戊午5.14
一·十一 己巳 1.25	二·十一 己亥 2.24	三·十一 戊辰 3.25	四·十一 戊戌4.24 闰四·十一 戊辰5.24
一·二十一 己卯 2.4	二·二十一 己酉 3.6	三·二十一 戊寅 4.4	四·二十一戊申5.4 闰四·二十一戊寅6.3
五·一 丁亥 6.12	六·一 丙辰 7.11	七·一 丙戌 8.10	八·一 乙卯 9.8
五·十一 丁酉 6.22	六·十一 丙寅 7.21	七·十一 丙申 8.20	八·十一 乙丑 9.18
五·二十一 丁未 7.2	六·二十一 丙子 7.31	七·二十一 丙午 8.30	八·二十一 乙亥 9.28
九·一 甲申 10.7	十·一 甲寅 11.6	十一·一 癸未 12.5	十二·一 癸丑 1.4
九·十一 甲午 10.17	十·十一 甲子 11.16	十一·十一 癸巳 12.15	十二·十一 癸亥 1.14
九·二十一 甲辰 10.27	十·二十一 甲戌 11.26	十一·二十一 癸卯 12.25	十二·二十一 癸酉 1.24

明武宗正德十一年丙子（1516—1517）

一・一	癸未	2.3	二・一	壬子	3.3	三・一	壬午	4.2	四・一	壬子	5.2
一・十一	癸巳	2.13	二・十一	壬戌	3.13	三・十一	壬辰	4.12	四・十一	壬戌	5.12
一・二十一	癸卯	2.23	二・二十一	壬申	3.23	三・二十一	壬寅	4.22	四・二十一	壬申	5.22
五・一	辛巳	5.31	六・一	辛亥	6.30	七・一	庚辰	7.29	八・一	庚戌	8.28
五・十一	辛卯	6.10	六・十一	辛酉	7.10	七・十一	庚寅	8.8	八・十一	庚申	9.7
五・二十一	辛丑	6.20	六・二十一	辛未	7.20	七・二十一	庚子	8.18	八・二十一	庚午	9.17
九・一	己卯	9.26	十・一	己酉	10.26	十一・一	戊寅	11.24	十二・一	丁未	12.23
九・十一	己丑	10.6	十・十一	己未	11.5	十一・十一	戊子	12.4	十二・十一	丁巳	1.2
九・二十一	己亥	10.16	十・二十一	己巳	11.15	十一・二十一	戊戌	12.14	十二・二十一	丁卯	1.12

明武宗正德十二年丁丑（1517—1518）

一・一	丁丑	1.22	二・一	丁未	2.21	三・一	丙子	3.22	四・一	丙午	4.21			
一・十一	丁亥	2.1	二・十一	丁巳	3.3	三・十一	丙戌	4.1	四・十一	丙辰	5.1			
一・二十一	丁酉	2.11	二・二十一	丁卯	3.13	三・二十一	丙申	4.11	四・二十一	丙寅	5.11			
五・一	乙亥	5.20	六・一	乙巳	6.19	七・一	乙亥	7.19	八・一	甲辰	8.17			
五・十一	乙酉	5.30	六・十一	乙卯	6.29	七・十一	乙酉	7.29	八・十一	甲寅	8.27			
五・二十一	乙未	6.9	六・二十一	乙丑	7.9	七・二十一	乙未	8.8	八・二十一	甲子	9.6			
九・一	甲戌	9.16	十・一	癸卯	10.15	十一・一	癸酉	11.14	十二・一	壬寅	12.13	闰十二・一	壬申	1.12
九・十一	甲申	9.26	十・十一	癸丑	10.25	十一・十一	癸未	11.24	十二・十一	壬子	12.23	闰十二・十一	壬午	1.22
九・二十一	甲午	10.6	十・二十一	癸亥	11.4	十一・二十一	癸巳	12.4	十二・二十一	壬戌	1.2	闰十二・二十一	壬辰	2.1

明武宗正德十三年戊寅（1518—1519）

一・一	辛丑	2.10	二・一	庚午	3.11	三・一	庚子	4.10	四・一	己巳	5.9
一・十一	辛亥	2.20	二・十一	庚辰	3.21	三・十一	庚戌	4.20	四・十一	己卯	5.19
一・二十一	辛酉	3.2	二・二十一	庚寅	3.31	三・二十一	庚申	4.30	四・二十一	己丑	5.29
五・一	己亥	6.8	六・一	己巳	7.8	七・一	戊戌	8.6	八・一	戊辰	9.5
五・十一	己酉	6.18	六・十一	己卯	7.18	七・十一	戊申	8.16	八・十一	戊寅	9.15
五・二十一	己未	6.28	六・二十一	己丑	7.28	七・二十一	戊午	8.26	八・二十一	戊子	9.25
九・一	戊戌	10.5	十・一	丁卯	11.3	十一・一	丁酉	12.3	十二・一	丙寅	1.1
九・十一	戊申	10.15	十・十一	丁丑	11.13	十一・十一	丁未	12.13	十二・十一	丙子	1.11
九・二十一	戊午	10.25	十・二十一	丁亥	11.23	十一・二十一	丁巳	12.23	十二・二十一	丙戌	1.21

明武宗正德十四年己卯（1519—1520）

一・一	丙申	1.31	二・一	乙丑	3.1	三・一	甲午	3.30	四・一	甲子	4.29
一・十一	丙午	2.10	二・十一	乙亥	3.11	三・十一	甲辰	4.9	四・十一	甲戌	5.9
一・二十一	丙辰	2.20	二・二十一	乙酉	3.21	三・二十一	甲寅	4.19	四・二十一	甲申	5.19
五・一	癸巳	5.28	六・一	癸亥	6.27	七・一	壬辰	7.26	八・一	壬戌	8.25
五・十一	癸卯	6.7	六・十一	癸酉	7.7	七・十一	壬寅	8.5	八・十一	壬申	9.4
五・二十一	癸丑	6.17	六・二十一	癸未	7.17	七・二十一	壬子	8.15	八・二十一	壬午	9.14
九・一	壬辰	9.24	十・一	辛酉	10.23	十一・一	辛卯	11.22	十二・一	辛酉	12.22
九・十一	壬寅	10.4	十・十一	辛未	11.2	十一・十一	辛丑	12.2	十二・十一	辛未	1.1
九・二十一	壬子	10.14	十・二十一	辛巳	11.12	十一・二十一	辛亥	12.12	十二・二十一	辛巳	1.11

明武宗正德十五年庚辰（1520—1521）

一·一　庚寅　1.20 一·十一　庚子　1.30 一·二十一　庚戌　2.9	二·一　庚申　2.19 二·十一　庚午　2.29 二·二十一　庚辰　3.10	三·一　己丑　3.19 三·十一　己亥　3.29 三·二十一　己酉　4.8	四·一　戊午　4.17 四·十一　戊辰　4.27 四·二十一　戊寅　5.7
五·一　戊子　5.17 五·十一　戊戌　5.27 五·二十一　戊申　6.6	六·一　丁巳　6.15 六·十一　丁卯　6.25 六·二十一　丁丑　7.5	七·一　丁亥　7.15 七·十一　丁酉　7.25 七·二十一　丁未　8.4	八·一　丙辰 8.13　闰八·一　丙戌 9.12 八·十一　丙寅 8.23　闰八·十一　丙申 9.22 八·二十一丙子 9.2　闰八·二十一丙午 10.2
九·一　乙卯　10.11 九·十一　乙丑　10.21 九·二十一　乙亥　10.31	十·一　乙酉　11.10 十·十一　乙未　11.20 十·二十一　乙巳　11.30	十一·一　乙卯　12.10 十一·十一　乙丑　12.20 十一·二十一　乙亥　12.30	十二·一　乙酉　1.9 十二·十一　乙未　1.19 十二·二十一　乙巳　1.29

明武宗正德十六年辛巳（1521—1522）

一·一　甲寅　2.7 一·十一　甲子　2.17 一·二十一　甲戌　2.27	二·一　甲申　3.9 二·十一　甲午　3.19 二·二十一　甲辰　3.29	三·一　癸丑　4.7 三·十一　癸亥　4.17 三·二十一　癸酉　4.27	四·一　壬午　5.6 四·十一　壬辰　5.16 四·二十一　壬寅　5.26
五·一　壬子　6.5 五·十一　壬戌　6.15 五·二十一　壬申　6.25	六·一　辛巳　7.4 六·十一　辛卯　7.14 六·二十一　辛丑　7.24	七·一　庚戌　8.2 七·十一　庚申　8.12 七·二十一　庚午　8.22	八·一　庚辰　9.1 八·十一　庚寅　9.11 八·二十一　庚子　9.21
九·一　己酉　9.30 九·十一　己未　10.10 九·二十一　己巳　10.20	十·一　己卯　10.30 十·十一　己丑　11.9 十·二十一　己亥　11.19	十一·一　己酉　11.29 十一·十一　己未　12.9 十一·二十一　己巳　12.19	十二·一　己卯　12.29 十二·十一　己丑　1.8 十二·二十一　己亥　1.18

明世宗嘉靖元年壬午（1522—1523）

一·一　己酉　1.28 一·十一　己未　2.7 一·二十一　己巳　2.17	二·一　戊寅　2.26 二·十一　戊子　3.8 二·二十一　戊戌　3.18	三·一　戊申　3.28 三·十一　戊午　4.7 三·二十一　戊辰　4.17	四·一　丁丑　4.26 四·十一　丁亥　5.6 四·二十一　丁酉　5.16
五·一　丙午　5.25 五·十一　丙辰　6.4 五·二十一　丙寅　6.14	六·一　丙子　6.24 六·十一　丙戌　7.4 六·二十一　丙申　7.14	七·一　乙巳　7.23 七·十一　乙卯　8.2 七·二十一　乙丑　8.12	八·一　甲戌　8.21 八·十一　甲申　8.31 八·二十一　甲午　9.10
九·一　甲辰　9.20 九·十一　甲寅　9.30 九·二十一　甲子　10.10	十·一　癸酉　10.19 十·十一　癸未　10.29 十·二十一　癸巳　11.8	十一·一　癸卯　11.18 十一·十一　癸丑　11.28 十一·二十一　癸亥　12.8	十二·一　癸酉　12.18 十二·十一　癸未　12.28 十二·二十一　癸巳　1.7

明世宗嘉靖二年癸未（1523—1524）

一·一　癸卯　1.17 一·十一　癸丑　1.27 一·二十一　癸亥　2.6	二·一　壬申　2.15 二·十一　壬午　2.25 二·二十一　壬辰　3.7	三·一　壬寅　3.17 三·十一　壬子　3.27 三·二十一　壬戌　4.6	四·一　壬申 4.16　闰四·一　辛丑 5.15 四·十一　壬午 4.26　闰四·十一　辛亥 5.25 四·二十一壬辰 5.6　闰四·二十一辛酉 6.4
五·一　庚午　6.13 五·十一　庚辰　6.23 五·二十一　庚寅　7.3	六·一　庚子　7.13 六·十一　庚戌　7.23 六·二十一　庚申　8.2	七·一　己巳　8.11 七·十一　己卯　8.21 七·二十一　己丑　8.31	八·一　戊戌　9.9 八·十一　戊申　9.19 八·二十一　戊午　9.29
九·一　戊辰　10.9 九·十一　戊寅　10.19 九·二十一　戊子　10.29	十·一　丁酉　11.7 十·十一　丁未　11.17 十·二十一　丁巳　11.27	十一·一　丁卯　12.7 十一·十一　丁丑　12.17 十一·二十一　丁亥　12.27	十二·一　丁酉　1.6 十二·十一　丁未　1.16 十二·二十一　丁巳　1.26

明世宗嘉靖三年甲申（1524—1525）

月·日	干支	公历	月·日	干支	公历	月·日	干支	公历	月·日	干支	公历
一・一	丙寅	2.4	二・一	丙申	3.5	三・一	丙寅	4.4	四・一	乙未	5.3
一・十一	丙子	2.14	二・十一	丙午	3.15	三・十一	丙子	4.14	四・十一	乙巳	5.13
一・二十一	丙戌	2.24	二・二十一	丙辰	3.25	三・二十一	丙戌	4.24	四・二十一	乙卯	5.23
五・一	乙丑	6.2	六・一	甲午	7.1	七・一	甲子	7.31	八・一	癸巳	8.29
五・十一	乙亥	6.12	六・十一	甲辰	7.11	七・十一	甲戌	8.10	八・十一	癸卯	9.8
五・二十一	乙酉	6.22	六・二十一	甲寅	7.21	七・二十一	甲申	8.20	八・二十一	癸丑	9.18
九・一	壬戌	9.27	十・一	壬辰	10.27	十一・一	辛酉	11.25	十二・一	辛卯	12.25
九・十一	壬申	10.7	十・十一	壬寅	11.6	十一・十一	辛未	12.5	十二・十一	辛丑	1.4
九・二十一	壬午	10.17	十・二十一	壬子	11.16	十一・二十一	辛巳	12.15	十二・二十一	辛亥	1.14

明世宗嘉靖四年乙酉（1525—1526）

月·日	干支	公历	月·日	干支	公历	月·日	干支	公历	月·日	干支	公历	月·日	干支	公历
一・一	庚申	1.23	二・一	庚寅	2.22	三・一	庚申	3.24	四・一	庚寅	4.23			
一・十一	庚午	2.2	二・十一	庚子	3.4	三・十一	庚午	4.3	四・十一	庚子	5.3			
一・二十一	庚辰	2.12	二・二十一	庚戌	3.14	三・二十一	庚辰	4.13	四・二十一	庚戌	5.13			
五・一	己未	5.22	六・一	己丑	6.21	七・一	戊午	7.20	八・一	戊子	8.19			
五・十一	己巳	6.1	六・十一	己亥	7.1	七・十一	戊辰	7.30	八・十一	戊戌	8.29			
五・二十一	己卯	6.11	六・二十一	己酉	7.11	七・二十一	戊寅	8.9	八・二十一	戊申	9.8			
九・一	丁巳	9.17	十・一	丙戌	10.16	十一・一	丙辰	11.15	十二・一	乙酉	12.14	闰十二・一	乙卯	1.13
九・十一	丁卯	9.27	十・十一	丙申	10.26	十一・十一	丙寅	11.25	十二・十一	乙未	12.24	闰十二・十一	乙丑	1.23
九・二十一	丁丑	10.7	十・二十一	丙午	11.5	十一・二十一	丙子	12.5	十二・二十一	乙巳	1.3	闰十二・二十一	乙亥	2.2

明世宗嘉靖五年丙戌（1526—1527）

月·日	干支	公历	月·日	干支	公历	月·日	干支	公历	月·日	干支	公历
一・一	甲申	2.11	二・一	甲寅	3.13	三・一	甲申	4.12	四・一	癸丑	5.11
一・十一	甲午	2.21	二・十一	甲子	3.23	三・十一	甲午	4.22	四・十一	癸亥	5.21
一・二十一	甲辰	3.3	二・二十一	甲戌	4.2	三・二十一	甲辰	5.2	四・二十一	癸酉	5.31
五・一	癸未	6.10	六・一	壬子	7.9	七・一	壬午	8.8	八・一	壬子	9.7
五・十一	癸巳	6.20	六・十一	壬戌	7.19	七・十一	壬辰	8.18	八・十一	壬戌	9.17
五・二十一	癸卯	6.30	六・二十一	壬申	7.29	七・二十一	壬寅	8.28	八・二十一	壬申	9.27
九・一	辛巳	10.6	十・一	辛亥	11.5	十一・一	庚辰	12.4	十二・一	己酉	1.2
九・十一	辛卯	10.16	十・十一	辛酉	11.15	十一・十一	庚寅	12.14	十二・十一	己未	1.12
九・二十一	辛丑	10.26	十・二十一	辛未	11.25	十一・二十一	庚子	12.24	十二・二十一	己巳	1.22

明世宗嘉靖六年丁亥（1527—1528）

月·日	干支	公历	月·日	干支	公历	月·日	干支	公历	月·日	干支	公历
一・一	己卯	2.1	二・一	戊申	3.2	三・一	戊寅	4.1	四・一	丁未	4.30
一・十一	己丑	2.11	二・十一	戊午	3.12	三・十一	戊子	4.11	四・十一	丁巳	5.10
一・二十一	己亥	2.21	二・二十一	戊辰	3.22	三・二十一	戊戌	4.21	四・二十一	丁卯	5.20
五・一	丁丑	5.30	六・一	丙午	6.28	七・一	丙子	7.28	八・一	丙午	8.27
五・十一	丁亥	6.9	六・十一	丙辰	7.8	七・十一	丙戌	8.7	八・十一	丙辰	9.6
五・二十一	丁酉	9.19	六・二十一	丙寅	7.18	七・二十一	丙申	8.17	八・二十一	丙寅	9.16
九・一	乙亥	9.25	十・一	乙巳	10.25	十一・一	乙亥	11.24	十二・一	甲辰	12.23
九・十一	乙酉	10.5	十・十一	乙卯	11.4	十一・十一	乙酉	12.4	十二・十一	甲寅	1.2
九・二十一	乙未	10.15	十・二十一	乙丑	11.14	十一・二十一	乙未	12.14	十二・二十一	甲子	1.12

明世宗嘉靖七年戊子（1528—1529）

一・一　甲戌　1.22 一・十一　甲申　2.1 一・二十一　甲午　2.11	二・一　癸卯　2.20 二・十一　癸丑　3.1 二・二十一　癸亥　3.11	三・一　壬申　3.20 三・十一　壬午　3.30 三・二十一　壬辰　4.9	四・一　壬寅　4.19 四・十一　壬子　4.29 四・二十一　壬戌　5.9
五・一　辛未　5.18 五・十一　辛巳　5.28 五・二十一　辛卯　6.7	六・一　辛丑　6.17 六・十一　辛亥　6.27 六・二十一　辛酉　7.7	七・一　庚午　7.16 七・十一　庚辰　7.26 七・二十一　庚寅　8.5	八・一　庚子　8.15 八・十一　庚戌　8.25 八・二十一　庚申　9.4
九・一　庚午　9.14 九・十一　庚辰　9.24 九・二十一　庚寅　10.4	十・一　己亥10.13　闰十・一　己巳11.12 十・十一　己酉10.23　闰十・十一　己卯11.22 十・二十一己未11.2　闰十・二十一己丑12.2	十一・一　己亥　12.12 十一・十一　己酉　12.22 十一・二十一　己未　1.1	十二・一　戊辰　1.10 十二・十一　戊寅　1.20 十二・二十一　戊子　1.30

明世宗嘉靖八年己丑（1529—1530）

一・一　戊戌　2.9 一・十一　戊申　2.19 一・二十一　戊午　3.1	二・一　丁卯　3.10 二・十一　丁丑　3.20 二・二十一　丁亥　3.30	三・一　丙申　4.8 三・十一　丙午　4.18 三・二十一　丙辰　4.28	四・一　丙寅　5.8 四・十一　丙子　5.18 四・二十一　丙戌　5.28
五・一　乙未　6.6 五・十一　乙巳　6.16 五・二十一　乙卯　6.26	六・一　甲子　7.5 六・十一　甲戌　7.15 六・二十一　甲申　7.25	七・一　甲午　8.4 七・十一　甲辰　8.14 七・二十一　甲寅　8.24	八・一　甲子　9.3 八・十一　甲戌　9.13 八・二十一　甲申　9.23
九・一　癸巳　10.2 九・十一　癸卯　10.12 九・二十一　癸丑　10.22	十・一　癸亥　11.1 十・十一　癸酉　11.11 十・二十一　癸未　11.21	十一・一　癸巳　12.1 十一・十一　癸卯　12.11 十一・二十一　癸丑　12.21	十二・一　癸亥　12.31 十二・十一　癸酉　1.10 十二・二十一　癸未　1.20

明世宗嘉靖九年庚寅（1530—1531）

一・一　壬辰　1.29 一・十一　壬寅　2.8 一・二十一　壬子　2.18	二・一　壬戌　2.28 二・十一　壬申　3.10 二・二十一　壬午　3.20	三・一　辛卯　3.29 三・十一　辛丑　4.8 三・二十一　辛亥　4.18	四・一　庚申　4.27 四・十一　庚午　5.7 四・二十一　庚辰　5.17
五・一　庚寅　5.27 五・十一　庚子　6.6 五・二十一　庚戌　6.16	六・一　己未　6.25 六・十一　己巳　7.5 六・二十一　己卯　7.15	七・一　戊子　7.24 七・十一　戊戌　8.3 七・二十一　戊申　8.13	八・一　戊午　8.23 八・十一　戊辰　9.2 八・二十一　戊寅　9.12
九・一　丁亥　9.21 九・十一　丁酉　10.1 九・二十一　丁未　10.11	十・一　丁巳　10.21 十・十一　丁卯　10.31 十・二十一　丁丑　11.10	十一・一　丁亥　11.20 十一・十一　丁酉　11.30 十一・二十一　丁未　12.10	十二・一　丁巳　12.20 十二・十一　丁卯　12.30 十二・二十一　丁丑　1.9

明世宗嘉靖十年辛卯（1531—1532）

一・一　丙戌　1.18 一・十一　丙申　1.28 一・二十一　丙午　2.7	二・一　丙辰　2.17 二・十一　丙寅　2.27 二・二十一　丙子　3.9	三・一　丙戌　3.19 三・十一　丙申　3.29 三・二十一　丙午　4.8	四・一　乙卯　4.17 四・十一　乙丑　4.27 四・二十一　乙亥　5.7
五・一　甲申　5.16 五・十一　甲午　5.26 五・二十一　甲辰　6.5	六・一　甲寅6.15　闰六・一　癸未7.14 六・十一　甲子6.25　闰六・十一　癸巳7.24 六・二十一甲戌7.5　闰六・二十一癸卯8.3	七・一　壬子　8.12 七・十一　壬戌　8.22 七・二十一　壬申　9.1	八・一　壬午　9.11 八・十一　壬辰　9.21 八・二十一　壬寅　10.1
九・一　辛亥　10.10 九・十一　辛酉　10.20 九・二十一　辛未　10.30	十・一　辛巳　11.9 十・十一　辛卯　11.19 十・二十一　辛丑　11.29	十一・一　辛亥　12.9 十一・十一　辛酉　12.19 十一・二十一　辛未　12.29	十二・一　庚辰　1.7 十二・十一　庚寅　1.17 十二・二十一　庚子　1.27

明世宗嘉靖十一年壬辰(1532—1533)

一·一	庚戌	2.6	二·一	庚辰	3.7	三·一	庚戌	4.6	四·一	己卯	5.5
一·十一	庚申	2.16	二·十一	庚寅	3.17	三·十一	庚申	4.16	四·十一	己丑	5.15
一·二十一	庚午	2.26	二·二十一	庚子	3.27	三·二十一	庚午	4.26	四·二十一	己亥	5.25
五·一	戊申	6.3	六·一	戊寅	7.3	七·一	丁未	8.1	八·一	丙子	8.30
五·十一	戊午	6.13	六·十一	戊子	7.13	七·十一	丁巳	8.11	八·十一	丙戌	9.9
五·二十一	戊辰	6.23	六·二十一	戊戌	7.23	七·二十一	丁卯	8.21	八·二十一	丙申	9.19
九·一	丙午	9.29	十·一	乙亥	10.28	十一·一	乙巳	11.27	十二·一	甲戌	12.26
九·十一	丙辰	10.9	十·十一	乙酉	11.7	十一·十一	乙卯	12.7	十二·十一	甲申	1.5
九·二十一	丙寅	10.19	十·二十一	乙未	11.17	十一·二十一	乙丑	12.17	十二·二十一	甲午	1.15

明世宗嘉靖十二年癸巳(1533—1534)

一·一	甲辰	1.25	二·一	甲戌	2.24	三·一	甲辰	3.26	四·一	癸酉	4.24
一·十一	甲寅	2.4	二·十一	甲申	3.6	三·十一	甲寅	4.5	四·十一	癸未	5.4
一·二十一	甲子	2.14	二·二十一	甲午	3.16	三·二十一	甲子	4.15	四·二十一	癸巳	5.14
五·一	癸卯	5.24	六·一	壬申	6.22	七·一	壬寅	7.22	八·一	辛未	8.20
五·十一	癸丑	6.3	六·十一	壬午	7.2	七·十一	壬子	8.1	八·十一	辛巳	8.30
五·二十一	癸亥	6.13	六·二十一	壬辰	7.12	七·二十一	壬戌	8.11	八·二十一	辛卯	9.9
九·一	庚子	9.18	十·一	庚午	10.18	十一·一	己亥	11.16	十二·一	己巳	12.16
九·十一	庚戌	9.28	十·十一	庚辰	10.28	十一·十一	己酉	11.26	十二·十一	己卯	12.26
九·二十一	庚申	10.8	十·二十一	庚寅	11.7	十一·二十一	己未	12.6	十二·二十一	己丑	1.5

明世宗嘉靖十三年甲午(1534—1535)

一·一	戊戌	1.14	二·一　戊辰 2.13　闰二·一　戊戌 3.15			三·一	丁卯	4.13	四·一	丁酉	5.13
一·十一	戊申	1.24	二·十一　戊寅 2.23　闰二·十一　戊申 3.25			三·十一	丁丑	4.23	四·十一	丁未	5.23
一·二十一	戊午	2.3	二·二十一戊子 3.5　闰二·二十一戊午 4.4			三·二十一	丁亥	5.3	四·二十一	丁巳	6.2
*五·一	丁卯	6.12	六·一	丙申	7.11	七·一	丙寅	8.10	八·一	乙未	9.8
五·十一	丁丑	6.22	六·十一	丙午	7.21	七·十一	丙子	8.20	八·十一	乙巳	9.18
五·二十一	丁亥	7.2	六·二十一	丙辰	7.31	七·二十一	丙戌	8.30	八·二十一	乙卯	9.28
九·一	甲子	10.7	十·一	甲午	11.6	十一·一	癸亥	12.5	十二·一	癸巳	1.4
九·十一	甲戌	10.17	十·十一	甲辰	11.16	十一·十一	癸酉	12.15	十二·十一	癸卯	1.14
九·二十一	甲申	10.27	十·二十一	甲寅	11.26	十一·二十一	癸未	12.25	十二·二十一	癸丑	1.24

*《朔闰表》五月丙寅朔。

明世宗嘉靖十四年乙未(1535—1536)

一·一	壬戌	2.2	二·一	壬辰	3.4	三·一	辛酉	4.2	四·一	辛卯	5.2
一·十一	壬申	2.12	二·十一	壬寅	3.14	三·十一	辛未	4.12	四·十一	辛丑	5.12
一·二十一	壬午	2.22	二·二十一	壬子	3.24	三·二十一	辛巳	4.22	四·二十一	辛亥	5.22
五·一	辛酉	6.1	六·一	庚寅	6.30	七·一	庚申	7.30	八·一	己丑	8.28
五·十一	辛未	6.11	六·十一	庚子	7.10	七·十一	庚午	8.9	八·十一	己亥	9.7
五·二十一	辛巳	6.21	六·二十一	庚戌	7.20	七·二十一	庚辰	8.19	八·二十一	己酉	9.17
九·一	己未	9.27	十·一	己丑	10.27	十一·一	戊午	11.25	十二·一	丁亥	12.24
九·十一	己巳	10.7	十·十一	己亥	11.6	十一·十一	戊辰	12.5	十二·十一	丁酉	1.3
九·二十一	己卯	10.17	十·二十一	己酉	11.16	十一·二十一	戊寅	12.15	十二·二十一	丁未	1.13

明世宗嘉靖十五年丙申（1536—1537）

一·一 丁巳 1.23 一·十一 丁卯 2.2 一·二十一 丁丑 2.12	二·一 丙戌 2.21 二·十一 丙申 3.2 二·二十一 丙午 3.12	三·一 丙辰 3.22 三·十一 丙寅 4.1 三·二十一 丙子 4.11	四·一 乙酉 4.20 四·十一 乙未 4.30 四·二十一 乙巳 5.10
五·一 乙卯 5.20 五·十一 乙丑 5.30 五·二十一 乙亥 6.9	六·一 甲申 6.18 六·十一 甲午 6.28 六·二十一 甲辰 7.8	七·一 甲寅 7.18 七·十一 甲子 7.28 七·二十一 甲戌 8.7	八·一 甲申 8.17 八·十一 甲午 8.27 八·二十一 甲辰 9.6
九·一 癸丑 9.15 九·十一 癸亥 9.25 九·二十一 癸酉 10.5	十·一 癸未 10.15 十·十一 癸巳 10.25 十·二十一 癸卯 11.4	十一·一 癸丑 11.14 十一·十一 癸亥 11.24 十一·二十一 癸酉 12.4	十二·一 壬午 12.13 闰十二·一 壬子 1.12 十二·十一 壬辰 12.23 闰十二·十一 壬戌 1.22 十二·二十一壬寅 1.2 闰十二·二十一壬申 2.1

明世宗嘉靖十六年丁酉（1537—1538）

一·一 辛巳 2.10 一·十一 辛卯 2.20 一·二十一 辛丑 3.2	二·一 庚戌 3.11 二·十一 庚申 3.21 二·二十一 庚午 3.31	三·一 庚辰 4.10 三·十一 庚寅 4.20 三·二十一 庚子 4.30	四·一 己酉 5.9 四·十一 己未 5.19 四·二十一 己巳 5.29
五·一 己卯 6.8 五·十一 己丑 6.18 五·二十一 己亥 6.28	六·一 戊申 7.7 六·十一 戊午 7.17 六·二十一 戊辰 7.27	七·一 戊寅 8.6 七·十一 戊子 8.16 七·二十一 戊戌 8.26	八·一 丁未 9.4 八·十一 丁巳 9.14 八·二十一 丁卯 9.24
九·一 丁丑 10.4 九·十一 丁亥 10.14 九·二十一 丁酉 10.24	十·一 丁未 11.3 十·十一 丁巳 11.13 十·二十一 丁卯 11.23	十一·一 丙子 12.2 十一·十一 丙戌 12.12 十一·二十一 丙申 12.22	十二·一 丙午 1.1 十二·十一 丙辰 1.11 十二·二十一 丙寅 1.21

明世宗嘉靖十七年戊戌（1538—1539）

一·一 丙子 1.31 一·十一 丙戌 2.10 一·二十一 丙申 2.20	二·一 乙巳 3.1 二·十一 乙卯 3.11 二·二十一 乙丑 3.21	三·一 甲戌 3.30 三·十一 甲申 4.9 三·二十一 甲午 4.19	四·一 甲辰 4.29 四·十一 甲寅 5.9 四·二十一 甲子 5.19
五·一 癸酉 5.28 五·十一 癸未 6.7 五·二十一 癸巳 6.17	六·一 壬寅 6.26 六·十一 壬子 7.6 六·二十一 壬戌 7.16	七·一 壬申 7.26 七·十一 壬午 8.5 七·二十一 壬辰 8.15	八·一 辛丑 8.24 八·十一 辛亥 9.3 八·二十一 辛酉 9.13
九·一 辛未 9.23 九·十一 辛巳 10.3 九·二十一 辛卯 10.13	十·一 辛丑 10.23 十·十一 辛亥 11.2 十·二十一 辛酉 11.12	十一·一 辛未 11.22 十一·十一 辛巳 12.2 十一·二十一 辛卯 12.12	十二·一 庚子 12.21 十二·十一 庚戌 12.31 十二·二十一 庚申 1.10

明世宗嘉靖十八年己亥（1539—1540）

一·一 庚午 1.20 一·十一 庚辰 1.30 一·二十一 庚寅 2.9	二·一 庚子 2.19 二·十一 庚戌 3.1 二·二十一 庚申 3.11	三·一 己巳 3.20 三·十一 己卯 3.30 三·二十一 己丑 4.9	四·一 戊戌 4.18 四·十一 戊申 4.28 四·二十一 戊午 5.8
五·一 戊辰 5.18 五·十一 戊寅 5.28 五·二十一 戊子 6.7	六·一 丁酉 6.16 六·十一 丁未 6.26 六·二十一 丁巳 7.6	七·一 丙寅 7.15 闰七·一 丙申 8.14 七·十一 丙子 7.25 闰七·十一 丙午 8.24 七·二十一丙戌 8.4 闰七·二十一丙辰 9.3	八·一 乙丑 9.12 八·十一 乙亥 9.22 八·二十一 乙酉 10.2
九·一 乙未 10.12 九·十一 乙巳 10.22 九·二十一 乙卯 11.1	十·一 乙丑 11.11 十·十一 乙亥 11.21 十·二十一 乙酉 12.1	十一·一 甲午 12.10 十一·十一 甲辰 12.20 十一·二十一 甲寅 12.30	十二·一 甲子 1.9 十二·十一 甲戌 1.19 十二·二十一 甲申 1.29

明世宗嘉靖十九年庚子（1540—1541）

一・一	甲午	2.8	二・一	甲子	3.9	三・一	癸巳	4.7	四・一	壬戌	5.6
一・十一	甲辰	2.18	二・十一	甲戌	3.19	三・十一	癸卯	4.17	四・十一	壬申	5.16
一・二十一	甲寅	2.28	二・二十一	甲申	3.29	三・二十一	癸丑	4.27	四・二十一	壬午	5.26
五・一	壬辰	6.5	六・一	辛酉	7.4	七・一	庚寅	8.2	八・一	庚申	9.1
五・十一	壬寅	6.15	六・十一	辛未	7.14	七・十一	庚子	8.12	八・十一	庚午	9.11
五・二十一	壬子	6.25	六・二十一	辛巳	7.24	七・二十一	庚戌	8.22	八・二十一	庚辰	9.21
九・一	己丑	9.30	十・一	己未	10.30	十一・一	戊子	11.28	十二・一	戊午	12.28
九・十一	己亥	10.10	十・十一	己巳	11.9	十一・十一	戊戌	12.8	十二・十一	戊辰	1.7
九・二十一	己酉	10.20	十・二十一	己卯	11.19	十一・二十一	戊申	12.18	十二・二十一	戊寅	1.17

明世宗嘉靖二十年辛丑（1541—1542）

一・一	戊子	1.27	二・一	戊午	2.26	三・一	丁亥	3.27	四・一	丁巳	4.26
一・十一	戊戌	2.6	二・十一	戊辰	3.8	三・十一	丁酉	4.6	四・十一	丁卯	5.6
一・二十一	戊申	2.16	二・二十一	戊寅	3.18	三・二十一	丁未	4.16	四・二十一	丁丑	5.16
五・一	丙戌	5.25	六・一	丙辰	6.24	七・一	乙酉	7.23	八・一	甲寅	8.21
五・十一	丙申	6.4	六・十一	丙寅	7.4	七・十一	乙未	8.2	八・十一	甲子	8.31
五・二十一	丙午	6.14	六・二十一	丙子	7.14	七・二十一	乙巳	8.12	八・二十一	甲戌	9.10
九・一	甲申	9.20	十・一	癸丑	10.19	十一・一	癸未	11.18	十二・一	壬子	12.17
九・十一	甲午	9.30	十・十一	癸亥	10.29	十一・十一	癸巳	11.28	十二・十一	壬戌	12.27
九・二十一	甲辰	10.10	十・二十一	癸酉	11.8	十一・二十一	癸卯	12.8	十二・二十一	壬申	1.6

明世宗嘉靖二十一年壬寅（1542—1543）

一・一	壬午	1.16	二・一	壬子	2.15	三・一	辛巳	3.16	四・一	辛亥	4.15
一・十一	壬辰	1.26	二・十一	壬戌	2.25	三・十一	辛卯	3.26	四・十一	辛酉	4.25
一・二十一	壬寅	2.5	二・二十一	壬申	3.7	三・二十一	辛丑	4.5	四・二十一	辛未	5.5
五・一　辛巳 5.15	闰五・一	庚戌 6.13	六・一	庚辰	7.13	七・一	己酉	8.11	八・一	戊寅	9.9
五・十一　辛卯 5.25	闰五・十一	庚申 6.23	六・十一	庚寅	7.23	七・十一	己未	8.21	八・十一	戊子	9.19
五・二十一　辛丑 6.4	闰五・二十一	庚午 7.3	六・二十一	庚子	8.2	七・二十一	己巳	8.31	八・二十一	戊戌	9.29
九・一	戊申	10.9	十・一	丁丑	11.7	十一・一	丁未	12.7	十二・一	丙子	1.5
九・十一	戊午	10.19	十・十一	丁亥	11.17	十一・十一	丁巳	12.17	十二・十一	丙戌	1.15
九・二十一	戊辰	10.29	十・二十一	丁酉	11.27	十一・二十一	丁卯	12.27	十二・二十一	丙申	1.25

明世宗嘉靖二十二年癸卯（1543—1544）

一・一	丙午	2.4	二・一	乙亥	3.5	三・一	乙巳	4.4	四・一	乙亥	5.4
一・十一	丙辰	2.14	二・十一	乙酉	3.15	三・十一	乙卯	4.14	四・十一	乙酉	5.14
一・二十一	丙寅	2.24	二・二十一	乙未	3.25	三・二十一	乙丑	4.24	四・二十一	乙未	5.24
五・一	甲辰	6.2	六・一	甲戌	7.2	七・一	甲辰	8.1	八・一	癸酉	8.30
五・十一	甲寅	6.12	六・十一	甲申	7.12	七・十一	甲寅	8.11	八・十一	癸未	9.9
五・二十一	甲子	6.22	六・二十一	甲午	7.22	七・二十一	甲子	8.21	八・二十一	癸巳	9.19
九・一	壬寅	9.28	十・一	壬申	10.28	十一・一	辛丑	11.26	十二・一	辛未	12.26
九・十一	壬子	10.8	十・十一	壬午	11.7	十一・十一	辛亥	12.6	十二・十一	辛巳	1.5
九・二十一	壬戌	10.18	十・二十一	壬辰	11.17	十一・二十一	辛酉	12.16	十二・二十一	辛卯	1.15

明世宗嘉靖二十三年甲辰（1544—1545）

一·一 庚子 1.24	二·一 庚午 2.23	三·一 己亥 3.23	四·一 己巳 4.22
一·十一 庚戌 2.3	二·十一 庚辰 3.4	三·十一 己酉 4.2	四·十一 己卯 5.2
一·二十一 庚申 2.13	二·二十一 庚寅 3.14	三·二十一 己未 4.12	四·二十一 己丑 5.12
五·一 戊戌 5.21	六·一 戊辰 6.20	七·一 戊戌 7.20	八·一 丁卯 8.18
五·十一 戊申 5.31	六·十一 戊寅 6.30	七·十一 戊申 7.30	八·十一 丁丑 8.28
五·二十一 戊午 6.10	六·二十一 戊子 7.10	七·二十一 戊午 8.9	八·二十一 丁亥 9.7
九·一 丁酉 9.17	十·一 丙寅 10.16	十一·一 丙申 11.15	十二·一 乙丑 12.14
九·十一 丁未 9.27	十·十一 丙子 10.26	十一·十一 丙午 11.25	十二·十一 乙亥 12.24
九·二十一 丁巳 10.7	十·二十一 丙戌 11.5	十一·二十一 丙辰 12.5	十二·二十一 乙酉 1.3

明世宗嘉靖二十四年乙巳（1545—1546）

一·一 乙未 1.13 闰一·一 甲子 2.11	二·一 甲午 3.13	三·一 癸亥 4.11	四·一 癸巳 5.11
一·十一 乙巳 1.23 闰一·十一 甲戌 2.21	二·十一 甲辰 3.23	三·十一 癸酉 4.21	四·十一 癸卯 5.21
一·二十一 乙卯 2.2 闰一·二十一 甲申 3.3	二·二十一 甲寅 4.2	三·二十一 癸未 5.1	四·二十一 癸丑 5.31
五·一 壬戌 6.9	六·一 壬辰 7.9	七·一 辛酉 8.7	八·一 辛卯 9.6
五·十一 壬申 6.19	六·十一 壬寅 7.19	七·十一 辛未 8.17	八·十一 辛丑 9.16
五·二十一 壬午 6.29	六·二十一 壬子 7.29	七·二十一 辛巳 8.27	八·二十一 辛亥 9.26
九·一 辛酉 10.6	十·一 庚寅 11.4	十一·一 庚申 12.4	十二·一 庚寅 1.3
九·十一 辛未 10.16	十·十一 庚子 11.14	十一·十一 庚午 12.14	十二·十一 庚子 1.13
九·二十一 辛巳 10.26	十·二十一 庚戌 11.24	十一·二十一 庚辰 12.24	十二·二十一 庚戌 1.23

明世宗嘉靖二十五年丙午（1546—1547）

一·一 己未 2.1	二·一 戊子 3.2	三·一 戊午 4.1	四·一 丁亥 4.30
一·十一 己巳 2.11	二·十一 戊戌 3.12	三·十一 戊辰 4.11	四·十一 丁酉 5.10
一·二十一 己卯 2.21	二·二十一 戊申 3.22	三·二十一 戊寅 4.21	四·二十一 丁未 5.20
五·一 丙辰 5.29	六·一 丙戌 6.28	七·一 乙卯 7.27	八·一 乙酉 8.26
五·十一 丙寅 6.8	六·十一 丙申 7.8	七·十一 乙丑 8.6	八·十一 乙未 9.5
五·二十一 丙子 6.18	六·二十一 丙午 7.18	七·二十一 乙亥 8.16	八·二十一 乙巳 9.15
九·一 乙卯 9.25	十·一 乙酉 10.25	十一·一 甲寅 11.23	十二·一 甲申 12.23
九·十一 乙丑 10.5	十·十一 乙未 11.4	十一·十一 甲子 12.3	十二·十一 甲午 1.2
九·二十一 乙亥 10.15	十·二十一 乙巳 11.14	十一·二十一 甲戌 12.13	十二·二十一 甲辰 1.12

明世宗嘉靖二十六年丁未（1547—1548）

一·一 甲寅 1.22	二·一 癸未 2.20	三·一 壬子 3.21	四·一 壬午 4.20
一·十一 甲子 2.1	二·十一 癸巳 3.2	三·十一 壬戌 3.31	四·十一 壬辰 4.30
一·二十一 甲戌 2.11	二·二十一 癸卯 3.12	三·二十一 壬申 4.10	四·二十一 壬寅 5.10
五·一 辛亥 5.19	六·一 庚辰 6.17	七·一 庚戌 7.17	八·一 己卯 8.15
五·十一 辛酉 5.29	六·十一 庚寅 6.27	七·十一 庚申 7.27	八·十一 己丑 8.25
五·二十一 辛未 6.8	六·二十一 庚子 7.7	七·二十一 庚午 8.6	八·二十一 己亥 9.4
九·一 己酉 9.14 闰九·一 己卯 10.14	十·一 戊申 11.12	十一·一 戊寅 12.12	十二·一 戊申 1.11
九·十一 己未 9.24 闰九·十一 己丑 10.24	十·十一 戊午 11.22	十一·十一 戊子 12.22	十二·十一 戊午 1.21
九·二十一 己巳 10.4 闰九·二十一 己亥 11.3	十·二十一 戊辰 12.2	十一·二十一 戊戌 1.1	十二·二十一 戊辰 1.31

明世宗嘉靖二十七年戊申(1548—1549)

一·一	戊寅	2.10	二·一	丁未	3.10	三·一	丙子	4.8	四·一	丙午	5.8
一·十一	戊子	2.20	二·十一	丁巳	3.20	三·十一	丙戌	4.18	四·十一	丙辰	5.18
一·二十一	戊戌	3.1	二·二十一	丁卯	3.30	三·二十一	丙申	4.28	四·二十一	丙寅	5.28
五·一	乙亥	6.6	六·一	甲辰	7.5	七·一	甲戌	8.4	八·一	癸卯	9.2
五·十一	乙酉	6.16	六·十一	甲寅	7.15	七·十一	甲申	8.14	八·十一	癸丑	9.12
五·二十一	乙未	6.26	六·二十一	甲子	7.25	七·二十一	甲午	8.24	八·二十一	癸亥	9.22
九·一	癸酉	10.2	十·一	壬寅	10.31	十一·一	壬申	11.30	十二·一	壬寅	12.30
九·十一	癸未	10.12	十·十一	壬子	11.10	十一·十一	壬午	12.10	十二·十一	壬子	1.9
九·二十一	癸巳	10.22	十·二十一	壬戌	11.20	十一·二十一	壬辰	12.20	十二·二十一	壬戌	1.19

明世宗嘉靖二十八年己酉(1549—1550)

一·一	壬申	1.29	二·一	辛丑	2.27	三·一	辛未	3.29	四·一	庚子	4.27
一·十一	壬午	2.8	二·十一	辛亥	3.9	三·十一	辛巳	4.8	四·十一	庚戌	5.7
一·二十一	壬辰	2.18	二·二十一	辛酉	3.19	三·二十一	辛卯	4.18	四·二十一	庚申	5.17
五·一	庚午	5.27	六·一	己亥	6.25	七·一	戊辰	7.24	八·一	戊戌	8.23
五·十一	庚辰	6.6	六·十一	己酉	7.5	七·十一	戊寅	8.3	八·十一	戊申	9.2
五·二十一	庚寅	6.16	六·二十一	己未	7.15	七·二十一	戊子	8.13	八·二十一	戊午	9.12
九·一	丁卯	9.21	十·一	丁酉	10.21	十一·一	丙寅	11.19	十二·一	丙申	12.19
九·十一	丁丑	10.1	十·十一	丁未	10.31	十一·十一	丙子	11.29	十二·十一	丙午	12.29
九·二十一	丁亥	10.11	十·二十一	丁巳	11.10	十一·二十一	丙戌	12.9	十二·二十一	丙辰	1.8

明世宗嘉靖二十九年庚戌(1550—1551)

一·一	丙寅	1.18	二·一	丙申	2.17	三·一	乙丑	3.18	四·一	乙未	4.17
一·十一	丙子	1.28	二·十一	丙午	2.27	三·十一	乙亥	3.28	四·十一	乙巳	4.27
一·二十一	丙戌	2.7	二·二十一	丙辰	3.9	三·二十一	乙酉	4.7	四·二十一	乙卯	5.7
五·一	甲子	5.16	六·一	甲午	6.15　闰六·一　癸亥 7.14	七·一	壬辰	8.12	八·一	壬戌	9.11
五·十一	甲戌	5.26	六·十一	甲辰	6.25　闰六·十一　癸酉 7.24	七·十一	壬寅	8.22	八·十一	壬申	9.21
五·二十一	甲申	6.5	六·二十一	甲寅	7.5　闰六·二十一　癸未 8.3	七·二十一	壬子	9.1	八·二十一	壬午	10.1
九·一	辛卯	10.10	十·一	辛酉	11.9	十一·一	庚寅	12.8	十二·一	庚申	1.7
九·十一	辛丑	10.20	十·十一	辛未	11.19	十一·十一	庚子	12.18	十二·十一	庚午	1.17
九·二十一	辛亥	10.30	十·二十一	辛巳	11.29	十一·二十一	庚戌	12.28	十二·二十一	庚辰	1.27

明世宗嘉靖三十年辛亥(1551—1552)

一·一	己丑	2.5	二·一	己未	3.7	三·一	己丑	4.6	四·一	己未	5.6
一·十一	己亥	2.15	二·十一	己巳	3.17	三·十一	己亥	4.16	四·十一	己巳	5.16
一·二十一	己酉	2.25	二·二十一	己卯	3.27	三·二十一	己酉	4.26	四·二十一	己卯	5.26
五·一	戊子	6.4	六·一	戊午	7.4	七·一	丁亥	8.2	八·一	丙辰	8.31
五·十一	戊戌	6.14	六·十一	戊辰	7.14	七·十一	丁酉	8.12	八·十一	丙寅	9.10
五·二十一	戊申	6.24	六·二十一	戊寅	7.24	七·二十一	丁未	8.22	八·二十一	丙子	9.20
九·一	丙戌	9.30	十·一	乙卯	10.29	十一·一	乙酉	11.28	十二·一	甲寅	12.27
九·十一	丙申	10.10	十·十一	乙丑	11.8	十一·十一	乙未	12.8	十二·十一	甲子	1.6
九·二十一	丙午	10.20	十·二十一	乙亥	11.18	十一·二十一	乙巳	12.18	十二·二十一	甲戌	1.16

明世宗嘉靖三十一年壬子(1552—1553)

一·一 甲申 1.26	二·一 癸丑 2.24	三·一 癸未 3.25	四·一 癸丑 4.24
一·十一 甲午 2.5	二·十一 癸亥 3.5	三·十一 癸巳 4.4	四·十一 癸亥 5.4
一·二十一 甲辰 2.15	二·二十一 癸酉 3.15	三·二十一 癸卯 4.14	四·二十一 癸酉 5.14
五·一 壬午 5.23	六·一 壬子 6.22	七·一 辛巳 7.21	八·一 辛亥 8.20
五·十一 壬辰 6.2	六·十一 壬戌 7.2	七·十一 辛卯 7.31	八·十一 辛酉 8.30
五·二十一 壬寅 6.12	六·二十一 壬申 7.12	七·二十一 辛丑 8.10	八·二十一 辛未 9.9
九·一 庚辰 9.18	十·一 庚戌 10.18	十一·一 己卯 11.16	十二·一 己酉 12.16
九·十一 庚寅 9.28	十·十一 庚申 10.28	十一·十一 己丑 11.26	十二·十一 己未 12.26
九·二十一 庚子 10.8	十·二十一 庚午 11.7	十一·二十一 己亥 12.6	十二·二十一 己巳 1.5

明世宗嘉靖三十二年癸丑(1553—1554)

一·一 戊寅 1.14	二·一 戊申 2.13	三·一 丁丑 3.14 闰三·一 丁未 4.13	四·一 丙子 5.12
一·十一 戊子 1.24	二·十一 戊午 2.23	三·十一 丁亥 3.24 闰三·十一 丁巳 4.23	四·十一 丙戌 5.22
一·二十一 戊戌 2.3	二·二十一 戊辰 3.5	三·二十一 丁酉 4.3 闰三·二十一 丁卯 5.3	四·二十一 丙申 6.1
五·一 丙午 6.11	六·一 丙子 7.11	七·一 乙巳 8.9	八·一 乙亥 9.8
五·十一 丙辰 6.21	六·十一 丙戌 7.21	七·十一 乙卯 8.19	八·十一 乙酉 9.18
五·二十一 丙寅 7.1	六·二十一 丙申 7.31	七·二十一 乙丑 8.29	八·二十一 乙未 9.28
九·一 甲辰 10.7	十·一 甲戌 11.6	十一·一 癸卯 12.5	十二·一 癸酉 1.4
九·十一 甲寅 10.17	十·十一 甲申 11.16	十一·十一 癸丑 12.15	十二·十一 癸未 1.14
九·二十一 甲子 10.27	十·二十一 甲午 11.26	十一·二十一 癸亥 12.25	十二·二十一 癸巳 1.24

明世宗嘉靖三十三年甲寅(1554—1555)

一·一 壬寅 2.2	二·一 壬申 3.4	三·一 辛丑 4.2	四·一 辛未 5.2
一·十一 壬子 2.12	二·十一 壬午 3.14	三·十一 辛亥 4.12	四·十一 辛巳 5.12
一·二十一 壬戌 2.22	二·二十一 壬辰 3.24	三·二十一 辛酉 4.22	四·二十一 辛卯 5.22
五·一 庚子 5.31	六·一 庚午 6.30	七·一 己亥 7.29	八·一 己巳 8.28
五·十一 庚戌 6.10	六·十一 庚辰 7.10	七·十一 己酉 8.8	八·十一 己卯 9.7
五·二十一 庚申 6.20	六·二十一 庚寅 7.20	七·二十一 己未 8.18	八·二十一 己丑 9.17
九·一 己亥 9.27	十·一 戊辰 10.26	十一·一 戊戌 11.25	十二·一 丁卯 12.24
九·十一 己酉 10.7	十·十一 戊寅 11.5	十一·十一 戊申 12.5	十二·十一 丁丑 1.3
九·二十一 己未 10.17	十·二十一 戊子 11.15	十一·二十一 戊午 12.15	十二·二十一 丁亥 1.13

明世宗嘉靖三十四年乙卯(1555—1556)

一·一 丁酉 1.23	二·一 丙寅 2.21	三·一 丙申 3.23	四·一 乙丑 4.21
一·十一 丁未 2.2	二·十一 丙子 3.3	三·十一 丙午 4.2	四·十一 乙亥 5.1
一·二十一 丁巳 2.12	二·二十一 丙戌 3.13	三·二十一 丙辰 4.12	四·二十一 乙酉 5.11
五·一 甲午 5.20	六·一 甲子 6.19	七·一 癸巳 7.18	八·一 癸亥 8.17
五·十一 甲辰 5.30	六·十一 甲戌 6.29	七·十一 癸卯 7.28	八·十一 癸酉 8.27
五·二十一 甲寅 6.9	六·二十一 甲申 7.9	七·二十一 癸丑 8.7	八·二十一 癸未 9.6
九·一 癸巳 9.16	十·一 壬戌 10.15	十一·一 壬辰 11.14 闰十一·一 壬戌 12.14	十二·一 辛卯 1.12
九·十一 癸卯 9.26	十·十一 壬申 10.25	十一·十一 壬寅 12.24 闰十一·十一 壬申 12.24	十二·十一 辛丑 1.22
九·二十一 癸丑 10.6	十·二十一 壬午 11.4	十一·二十一 壬子 12.4 闰十一·二十一 壬午 1.3	十二·二十一 辛亥 2.1

明世宗嘉靖三十五年丙辰（1556—1557）

一·一　辛酉　2.11 一·十一　辛未　2.21 一·二十一　辛巳　3.2	二·一　庚寅　3.11 二·十一　庚子　3.21 二·二十一　庚戌　3.31	三·一　庚申　4.10 三·十一　庚午　4.20 三·二十一　庚辰　4.30	四·一　己丑　5.9 四·十一　己亥　5.19 四·二十一　己酉　5.29
五·一　戊午　6.7 五·十一　戊辰　6.17 五·二十一　戊寅　6.27	六·一　戊子　7.7 六·十一　戊戌　7.17 六·二十一　戊申　7.27	七·一　丁巳　8.5 七·十一　丁卯　8.15 七·二十一　丁丑　8.25	八·一　丁亥　9.4 八·十一　丁酉　9.14 八·二十一　丁未　9.24
九·一　丙辰　10.3 九·十一　丙寅　10.13 九·二十一　丙子　10.23	十·一　丙戌　11.2 十·十一　丙申　11.12 十·二十一　丙午　11.22	十一·一　丙辰　12.2 十一·十一　丙寅　12.12 十一·二十一　丙子　12.22	十二·一　丙戌　1.1 十二·十一　丙申　1.11 十二·二十一　丙午　1.21

明世宗嘉靖三十六年丁巳（1557—1558）

一·一　乙卯　1.30 一·十一　乙丑　2.9 一·二十一　乙亥　2.19	二·一　乙酉　3.1 二·十一　乙未　3.11 二·二十一　乙巳　3.21	三·一　甲寅　3.30 三·十一　甲子　4.9 三·二十一　甲戌　4.19	四·一　甲申　4.29 四·十一　甲午　5.9 四·二十一　甲辰　5.19
五·一　癸丑　5.28 五·十一　癸亥　6.7 五·二十一　癸酉　6.17	六·一　壬午　6.26 六·十一　壬辰　7.6 六·二十一　壬寅　7.16	七·一　壬子　7.26 七·十一　壬戌　8.5 七·二十一　壬申　8.15	八·一　辛巳　8.24 八·十一　辛卯　9.3 八·二十一　辛丑　9.13
九·一　辛亥　9.23 九·十一　辛酉　10.3 九·二十一　辛未　10.13	十·一　庚辰　10.22 十·十一　庚寅　11.1 十·二十一　庚子　11.11	十一·一　庚戌　11.21 十一·十一　庚申　12.1 十一·二十一　庚午　12.11	十二·一　庚辰　12.21 十二·十一　庚寅　12.31 十二·二十一　庚子　1.10

明世宗嘉靖三十七年戊午（1558—1559）

一·一　庚戌　1.20 一·十一　庚申　1.30 一·二十一　庚午　2.9	二·一　己卯　2.18 二·十一　己丑　2.28 二·二十一　己亥　3.10	三·一　己酉　3.20 三·十一　己未　3.30 三·二十一　己巳　4.9	四·一　戊寅　4.18 四·十一　戊子　4.28 四·二十一　戊戌　5.8
五·一　戊申　5.18 五·十一　戊午　5.28 五·二十一　戊辰　6.7	六·一　丁丑　6.16 六·十一　丁亥　6.26 六·二十一　丁酉　7.6	七·一　丙午 7.15　闰七·一　丙子 8.14 七·十一　丙辰 7.25　闰七·十一　丙戌 8.24 七·二十一　丙寅 8.4　闰七·二十一　丙申 9.3	八·一　乙巳　9.12 八·十一　乙卯　9.22 八·二十一　乙丑　10.2
九·一　甲戌　10.11 九·十一　甲申　10.21 九·二十一　甲午　10.31	十·一　甲辰　11.10 十·十一　甲寅　11.20 十·二十一　甲子　11.30	十一·一　甲戌　12.10 十一·十一　甲申　12.20 十一·二十一　甲午　12.30	十二·一　癸卯　1.8 十二·十一　癸丑　1.18 十二·二十一　癸亥　1.28

明世宗嘉靖三十八年己未（1559—1560）

一·一　癸酉　2.7 一·十一　癸未　2.17 一·二十一　癸巳　2.27	二·一　癸卯　3.9 二·十一　癸丑　3.19 二·二十一　癸亥　3.29	三·一　癸酉　4.8 三·十一　癸未　4.18 三·二十一　癸巳　4.28	四·一　壬寅　5.7 四·十一　壬子　5.17 四·二十一　壬戌　5.27
五·一　壬申　6.6 五·十一　壬午　6.16 五·二十一　壬辰　6.26	六·一　辛丑　7.5 六·十一　辛亥　7.15 六·二十一　辛酉　7.25	七·一　庚午　8.3 七·十一　庚辰　8.13 七·二十一　庚寅　8.23	八·一　庚子　9.2 八·十一　庚戌　9.12 八·二十一　庚申　9.22
九·一　己巳　10.1 九·十一　己卯　10.11 九·二十一　己丑　10.21	十·一　戊戌　10.30 十·十一　戊申　11.9 十·二十一　戊午　11.19	十一·一　戊辰　11.29 十一·十一　戊寅　12.9 十一·二十一　戊子　12.19	十二·一　戊戌　12.29 十二·十一　戊申　1.8 十二·二十一　戊午　1.18

明世宗嘉靖三十九年庚申（1560—1561）

一·一　丁卯　1.27 一·十一　丁丑　2.6 一·二十一　丁亥　2.16	二·一　丁酉　2.26 二·十一　丁未　3.7 二·二十一　丁巳　3.17	三·一　丁卯　3.27 三·十一　丁丑　4.6 三·二十一　丁亥　4.16	四·一　丙申　4.25 四·十一　丙午　5.5 四·二十一　丙辰　5.15
五·一　丙寅　5.25 五·十一　丙子　6.4 五·二十一　丙戌　6.14	六·一　丙申　6.24 六·十一　丙午　7.4 六·二十一　丙辰　7.14	七·一　乙丑　7.23 七·十一　乙亥　8.2 七·二十一　乙酉　8.12	八·一　甲午　8.21 八·十一　甲辰　8.31 八·二十一　甲寅　9.10
九·一　甲子　9.20 九·十一　甲戌　9.30 九·二十一　甲申　10.10	十·一　癸巳　10.19 十·十一　癸卯　10.29 十·二十一　癸丑　11.8	十一·一　癸亥　11.18 十一·十一　癸酉　11.28 十一·二十一　癸未　12.8	十二·一　壬辰　12.17 十二·十一　壬寅　12.27 十二·二十一　壬子　1.6

明世宗嘉靖四十年辛酉（1561—1562）

一·一　壬戌　1.16 一·十一　壬申　1.26 一·二十一　壬午　2.5	二·一　辛卯　2.14 二·十一　辛丑　2.24 二·二十一　辛亥　3.6	三·一　辛酉　3.16 三·十一　辛未　3.26 三·二十一　辛巳　4.5	四·一　庚寅　4.14 四·十一　庚子　4.24 四·二十一　庚戌　5.4
五·一　庚申 5.14　闰五·一　庚寅 6.13 五·十一　庚午 5.24　闰五·十一　庚子 6.23 五·二十一庚辰 6.3　闰五·二十一庚戌 7.3	六·一　己未　7.12 六·十一　己巳　7.22 六·二十一　己卯　8.1	七·一　己丑　8.11 七·十一　己亥　8.21 七·二十一　己酉　8.31	八·一　戊午　9.9 八·十一　戊辰　9.19 八·二十一　戊寅　9.29
九·一　戊子　10.9 九·十一　戊戌　10.19 九·二十一　戊申　10.29	十·一　丁巳　11.7 十·十一　丁卯　11.17 十·二十一　丁丑　11.27	十一·一　丁亥　12.7 十一·十一　丁酉　12.17 十一·二十一　丁未　12.27	十二·一　丙辰　1.5 十二·十一　丙寅　1.15 十二·二十一　丙子　1.25

明世宗嘉靖四十一年壬戌（1562—1563）

一·一　丙戌　2.4 一·十一　丙申　2.14 一·二十一　丙午　2.24	二·一　乙卯　3.5 二·十一　乙丑　3.15 二·二十一　乙亥　3.25	三·一　乙酉　4.4 三·十一　乙未　4.14 三·二十一　乙巳　4.24	四·一　甲寅　5.3 四·十一　甲子　5.13 四·二十一　甲戌　5.23
五·一　甲申　6.2 五·十一　甲午　6.12 五·二十一　甲辰　6.22	六·一　癸丑　7.1 六·十一　癸亥　7.11 六·二十一　癸酉　7.21	七·一　癸未　7.31 七·十一　癸巳　8.10 七·二十一　癸卯　8.20	八·一　癸丑　8.30 八·十一　癸亥　9.9 八·二十一　癸酉　9.19
九·一　壬午　9.28 九·十一　壬辰　10.8 九·二十一　壬寅　10.18	十·一　壬子　10.28 十·十一　壬戌　11.7 十·二十一　壬申　11.17	十一·一　辛巳　11.26 十一·十一　辛卯　12.6 十一·二十一　辛丑　12.16	十二·一　辛亥　12.26 十二·十一　辛酉　1.5 十二·二十一　辛未　1.15

明世宗嘉靖四十二年癸亥（1563—1564）

一·一　庚辰　1.24 一·十一　庚寅　2.3 一·二十一　庚子　2.13	二·一　庚戌　2.23 二·十一　庚申　3.5 二·二十一　庚午　3.15	三·一　己卯　3.24 三·十一　己丑　4.3 三·二十一　己亥　4.13	四·一　戊申　4.22 四·十一　戊午　5.2 四·二十一　戊辰　5.12
五·一　戊寅　5.22 五·十一　戊子　6.1 五·二十一　戊戌　6.11	六·一　丁未　6.20 六·十一　丁巳　6.30 六·二十一　丁卯　7.10	七·一　丁丑　7.20 七·十一　丁亥　7.30 七·二十一　丁酉　8.9	八·一　丁未　8.19 八·十一　丁巳　8.29 八·二十一　丁卯　9.8
九·一　丙子　9.17 九·十一　丙戌　9.27 九·二十一　丙申　10.7	十·一　丙午　10.17 十·十一　丙辰　10.27 十·二十一　丙寅　11.6	十一·一　丙子　11.16 十一·十一　丙戌　11.26 十一·二十一　丙申　12.6	十二·一　乙巳　12.15 十二·十一　乙卯　12.25 十二·二十一　乙丑　1.4

明世宗嘉靖四十三年甲子（1564—1565）

一·一 乙亥 1.14	二·一 甲辰 2.12 闰二·一 甲戌 3.13	三·一 癸卯 4.11	四·一 壬申 5.10
一·十一 乙酉 1.24	二·十一 甲寅 2.22 闰二·十一 甲申 3.23	三·十一 癸丑 4.21	四·十一 壬午 5.20
一·二十一 乙未 2.3	二·二十一甲子 3.3 闰二·二十一甲午 4.2	三·二十一 癸亥 5.1	四·二十一 壬辰 5.30
五·一 壬寅 6.9	六·一 辛未 7.8	七·一 辛丑 8.7	八·一 庚午 9.5
五·十一 壬子 6.19	六·十一 辛巳 7.18	七·十一 辛亥 8.17	八·十一 庚辰 9.15
五·二十一 壬戌 6.29	六·二十一 辛卯 7.28	七·二十一 辛酉 8.27	八·二十一 庚寅 9.25
九·一 庚子 10.5	十·一 庚午 11.4	十一·一 庚子 12.4	十二·一 己巳 1.2
九·十一 庚戌 10.15	十·十一 庚辰 11.14	十一·十一 庚戌 12.14	十二·十一 己卯 1.12
九·二十一 庚申 10.25	十·二十一 庚寅 11.24	十一·二十一 庚申 12.24	十二·二十一 己丑 1.22

明世宗嘉靖四十四年乙丑（1565—1566）

一·一 己亥 2.1	二·一 戊辰 3.2	三·一 戊戌 4.1	四·一 丁卯 4.30
一·十一 己酉 2.11	二·十一 戊寅 3.12	三·十一 戊申 4.11	四·十一 丁丑 5.10
一·二十一 己未 2.21	二·二十一 戊子 3.22	三·二十一 戊午 4.21	四·二十一 丁亥 5.20
五·一 丙申 5.29	六·一 丙寅 6.28	七·一 乙未 7.27	八·一 乙丑 8.26
五·十一 丙午 6.8	六·十一 丙子 7.8	七·十一 乙巳 8.6	八·十一 乙亥 9.5
五·二十一 丙辰 6.18	六·二十一 丙戌 7.18	七·二十一 乙卯 8.16	八·二十一 乙酉 9.15
九·一 甲午 9.24	十·一 甲子 10.24	十一·一 甲午 11.23	十二·一 甲子 12.23
九·十一 甲辰 10.4	十·十一 甲戌 11.3	十一·十一 甲辰 12.3	十二·十一 甲戌 1.2
九·二十一 甲寅 10.14	十·二十一 甲申 11.13	十一·二十一 甲寅 12.13	十二·二十一 甲申 1.12

明世宗嘉靖四十五年丙寅（1566—1567）

一·一 癸巳 1.21	二·一 癸亥 2.20	三·一 壬辰 3.21	四·一 壬戌 4.20
一·十一 癸卯 1.31	二·十一 癸酉 3.2	三·十一 壬寅 3.31	四·十一 壬申 4.30
一·二十一 癸丑 2.10	二·二十一 癸未 3.12	三·二十一 壬子 4.10	四·二十一 壬午 5.10
五·一 辛卯 5.19	六·一 庚申 6.17	七·一 庚寅 7.17	八·一 己未 8.15
五·十一 辛丑 5.29	六·十一 庚午 6.27	七·十一 庚子 7.27	八·十一 己巳 8.25
五·二十一 辛亥 6.8	六·二十一 庚辰 7.7	七·二十一 庚戌 8.6	八·二十一 己卯 9.4
九·一 戊子 9.13	十·一 戊午 10.13 闰十·一 戊子 11.12	十一·一 丁巳 12.11	十二·一 丁亥 1.10
九·十一 戊戌 9.23	十·十一 戊辰 10.23 闰十·十一 戊戌 11.22	十一·十一 丁卯 12.21	十二·十一 丁酉 1.20
九·二十一 戊申 10.3	十·二十一戊寅 11.2 闰十·二十一戊申 12.2	十一·二十一 丁丑 12.31	十二·二十一 丁未 1.30

明穆宗隆庆元年丁卯（1567—1568）

一·一 丁巳 2.9	二·一 丁亥 3.11	三·一 丙辰 4.9	四·一 丙戌 5.9
一·十一 丁卯 2.19	二·十一 丁酉 3.21	三·十一 丙寅 4.19	四·十一 丙申 5.19
一·二十一 丁丑 3.1	二·二十一 丁未 3.31	三·二十一 丙子 4.29	四·二十一 丙午 5.29
五·一 乙卯 6.7	六·一 甲申 7.6	七·一 甲寅 8.5	八·一 癸未 9.3
五·十一 乙丑 6.17	六·十一 甲午 7.16	七·十一 甲子 8.15	八·十一 癸巳 9.13
五·二十一 乙亥 6.27	六·二十一 甲辰 7.26	七·二十一 甲戌 8.25	八·二十一 癸卯 9.23
九·一 壬子 10.2	十·一 壬午 11.1	十一·一 壬子 12.1	十二·一 辛巳 12.30
九·十一 壬戌 10.12	十·十一 壬辰 11.11	十一·十一 壬戌 12.11	十二·十一 辛卯 1.9
九·二十一 壬申 10.22	十·二十一 壬寅 11.21	十一·二十一 壬申 12.21	十二·二十一 辛丑 1.19

明穆宗隆庆二年戊辰（1568—1569）

一·一	辛亥	1.29	二·一	辛巳	2.28	三·一	辛亥	3.29	四·一	庚辰	4.27
一·十一	辛酉	2.8	二·十一	辛卯	3.9	三·十一	辛酉	4.8	四·十一	庚寅	5.7
一·二十一	辛未	2.18	二·二十一	辛丑	3.19	三·二十一	辛未	4.18	四·二十一	庚子	5.17
五·一	庚戌	5.27	六·一	己卯	6.25	七·一	戊申	7.24	八·一	戊寅	8.23
五·十一	庚申	6.6	六·十一	己丑	7.5	七·十一	戊午	8.3	八·十一	戊子	9.2
五·二十一	庚午	6.16	六·二十一	己亥	7.15	七·二十一	戊辰	8.13	八·二十一	戊戌	9.12
九·一	丁未	9.21	十·一	丙子	10.20	十一·一	丙午	11.19	十二·一	乙亥	12.18
九·十一	丁巳	10.1	十·十一	丙戌	10.30	十一·十一	丙辰	11.29	十二·十一	乙酉	12.28
九·二十一	丁卯	10.11	十·二十一	丙申	11.9	十一·二十一	丙寅	12.9	十二·二十一	乙未	1.7

明穆宗隆庆三年己巳（1569—1570）

一·一	乙巳	1.17	二·一	乙亥	2.16	三·一	乙巳	3.18	四·一	甲戌	4.16
一·十一	乙卯	1.27	二·十一	乙酉	2.26	三·十一	乙卯	3.28	四·十一	甲申	4.26
一·二十一	乙丑	2.6	二·二十一	乙未	3.8	三·二十一	乙丑	4.7	四·二十一	甲午	5.6
五·一	甲辰	5.16	六·一 癸酉6.14　闰六·一 癸卯7.14			七·一	壬申	8.12	八·一	壬寅	9.11
五·十一	甲寅	5.26	六·十一 癸未6.24　闰六·十一 癸丑7.24			七·十一	壬午	8.22	八·十一	壬子	9.21
五·二十一	甲子	6.5	六·二十一癸巳7.4　闰六·二十一癸亥8.3			七·二十一	壬辰	9.1	八·二十一	壬戌	10.1
九·一	辛未	10.10	十·一	辛丑	11.9	十一·一	庚午	12.8	十二·一	己亥	1.6
九·十一	辛巳	10.20	十·十一	辛亥	11.19	十一·十一	庚辰	12.18	十二·十一	己酉	1.16
九·二十一	辛卯	10.30	十·二十一	辛酉	11.29	十一·二十一	庚寅	12.28	十二·二十一	己未	1.26

明穆宗隆庆四年庚午（1570—1571）

一·一	己巳	2.5	二·一	己亥	3.7	三·一	戊辰	4.5	四·一	戊戌	5.5
一·十一	己卯	2.15	二·十一	己酉	3.17	三·十一	戊寅	4.15	四·十一	戊申	5.15
一·二十一	己丑	2.25	二·二十一	己未	3.27	三·二十一	戊子	4.25	四·二十一	戊午	5.25
五·一	戊辰	6.4	六·一	丁酉	7.3	七·一	丁卯	8.2	八·一	丙申	8.31
五·十一	戊寅	6.14	六·十一	丁未	7.13	七·十一	丁丑	8.12	八·十一	丙午	9.10
五·二十一	戊子	6.24	六·二十一	丁巳	7.23	七·二十一	丁亥	8.22	八·二十一	丙辰	9.20
九·一	丙寅	9.30	十·一	乙未	10.29	十一·一	乙丑	11.28	十二·一	甲午	12.27
九·十一	丙子	10.10	十·十一	乙巳	11.8	十一·十一	乙亥	12.8	十二·十一	甲辰	1.6
九·二十一	丙戌	10.20	十·二十一	乙卯	11.18	十一·二十一	乙酉	12.18	十二·二十一	甲寅	1.16

明穆宗隆庆五年辛未（1571—1572）

一·一	甲子	1.26	二·一	癸巳	2.24	三·一	壬戌	3.25	四·一	壬辰	4.24
一·十一	甲戌	2.5	二·十一	癸卯	3.6	三·十一	壬申	4.4	四·十一	壬寅	5.4
一·二十一	甲申	2.15	二·二十一	癸丑	3.16	三·二十一	壬午	4.14	四·二十一	壬子	5.14
五·一	壬戌	5.24	六·一	辛卯	6.22	七·一	辛酉	7.22	八·一	庚寅	8.20
五·十一	壬申	6.3	六·十一	辛丑	7.2	七·十一	辛未	8.1	八·十一	庚子	8.30
五·二十一	壬午	6.13	六·二十一	辛亥	7.12	七·二十一	辛巳	8.11	八·二十一	庚戌	9.9
九·一	庚申	9.19	十·一	庚寅	10.19	十一·一	己未	11.17	十二·一	己丑	12.17
九·十一	庚午	9.29	十·十一	庚子	10.29	十一·十一	己巳	11.27	十二·十一	己亥	12.27
九·二十一	庚辰	10.9	十·二十一	庚戌	11.8	十一·二十一	己卯	12.7	十二·二十一	己酉	1.6

明穆宗隆庆六年壬申（1572—1573）

一・一　戊午　1.15 一・十一　戊辰　1.25 一・二十一　戊寅　2.4	二・一　戊子 2.14　闰二・一　丁巳 3.14 二・十一　戊戌 2.24　闰二・十一　丁卯 3.24 二・二十一戊申 3.5　闰二・二十一丁丑 4.3	三・一　丙戌　4.12 三・十一　丙申　4.22 三・二十一　丙午　5.2	四・一　丙辰　5.12 四・十一　丙寅　5.22 四・二十一　丙子　6.1
五・一　乙酉　6.10 五・十一　乙未　6.20 五・二十一　乙巳　6.30	六・一　乙卯　7.10 六・十一　乙丑　7.20 六・二十一　乙亥　7.30	七・一　甲申　8.8 七・十一　甲午　8.18 七・二十一　甲辰　8.28	八・一　甲寅　9.7 八・十一　甲子　9.17 八・二十一　甲戌　9.27
九・一　甲申　10.7 九・十一　甲午　10.17 九・二十一　甲辰　10.27	十・一　甲寅　11.6 十・十一　甲子　11.16 十・二十一　甲戌　11.26	十一・一　癸未　12.5 十一・十一　癸巳　12.15 十一・二十一　癸卯　12.25	十二・一　癸丑　1.4 十二・十一　癸亥　1.14 十二・二十一　癸酉　1.24

明神宗万历元年癸酉（1573—1574）

一・一　壬午　2.2 一・十一　壬辰　2.12 一・二十一　壬寅　2.22	二・一　壬子　3.4 二・十一　壬戌　3.14 二・二十一　壬申　3.24	三・一　辛巳　4.2 三・十一　辛卯　4.12 三・二十一　辛丑　4.22	四・一　庚戌　5.1 四・十一　庚申　5.11 四・二十一　庚午　5.21
五・一　庚辰　5.31 五・十一　庚寅　6.10 五・二十一　庚子　6.20	六・一　己酉　6.29 六・十一　己未　7.9 六・二十一　己巳　7.19	七・一　己卯　7.29 七・十一　己丑　8.8 七・二十一　己亥　8.18	八・一　戊申　8.27 八・十一　戊午　9.6 八・二十一　戊辰　9.16
九・一　戊寅　9.26 九・十一　戊子　10.6 九・二十一　戊戌　10.16	十・一　戊申　10.26 十・十一　戊午　11.5 十・二十一　戊辰　11.15	十一・一　丁丑　11.24 十一・十一　丁亥　12.4 十一・二十一　丁酉　12.14	十二・一　丁未　12.24 十二・十一　丁巳　1.3 十二・二十一　丁卯　1.13

明神宗万历二年甲戌（1574—1575）

一・一　丁丑　1.23 一・十一　丁亥　2.2 一・二十一　丁酉　2.12	二・一　丙午　2.21 二・十一　丙辰　3.3 二・二十一　丙寅　3.13	三・一　丙子　3.23 三・十一　丙戌　4.2 三・二十一　丙申　4.12	四・一　乙巳　4.21 四・十一　乙卯　5.1 四・二十一　乙丑　5.11
五・一　甲戌　5.20 五・十一　甲申　5.30 五・二十一　甲午　6.9	六・一　甲辰　6.19 六・十一　甲寅　6.29 六・二十一　甲子　7.9	七・一　癸酉　7.18 七・十一　癸未　7.28 七・二十一　癸巳　8.7	八・一　壬寅　8.16 八・十一　壬子　8.26 八・二十一　壬戌　9.5
九・一　壬申　9.15 九・十一　壬午　9.25 九・二十一　壬辰　10.5	十・一　壬寅　10.15 十・十一　壬子　10.25 十・二十一　壬戌　11.4	十一・一　辛未　11.13 十一・十一　辛巳　11.23 十一・二十一　辛卯　12.3	十二・一　辛丑 12.13　闰十二・一　辛未 1.12 十二・十一　辛亥 12.23　闰十二・十一　辛巳 1.22 十二・二十一辛酉 1.2　闰十二・二十一辛卯 2.1

明神宗万历三年乙亥（1575—1576）

一・一　辛丑　2.11 一・十一　辛亥　2.21 一・二十一　辛酉　3.3	二・一　庚午　3.12 二・十一　庚辰　3.22 二・二十一　庚寅　4.1	三・一　庚子　4.11 三・十一　庚戌　4.21 三・二十一　庚申　5.1	四・一　己巳　5.10 四・十一　己卯　5.20 四・二十一　己丑　5.30
五・一　戊戌　6.8 五・十一　戊申　6.18 五・二十一　戊午　6.28	六・一　戊辰　7.8 六・十一　戊寅　7.18 六・二十一　戊子　7.28	七・一　丁酉　8.6 七・十一　丁未　8.16 七・二十一　丁巳　8.26	八・一　丙寅　9.4 八・十一　丙子　9.14 八・二十一　丙戌　9.24
九・一　丙申　10.4 九・十一　丙午　10.14 九・二十一　丙辰　10.24	十・一　乙丑　11.2 十・十一　乙亥　11.12 十・二十一　乙酉　11.22	十一・一　乙未　12.2 十一・十一　乙巳　12.12 十一・二十一　乙卯　12.22	十二・一　乙丑　1.1 十二・十一　乙亥　1.11 十二・二十一　乙酉　1.21

明神宗万历四年丙子（1576—1577）

一·一	乙未	1.31	二·一	乙丑	3.1	三·一	甲午	3.30	四·一	甲子	4.29
一·十一	乙巳	2.10	二·十一	乙亥	3.11	三·十一	甲辰	4.9	四·十一	甲戌	5.9
一·二十一	乙卯	2.20	二·二十一	乙酉	3.21	三·二十一	甲寅	4.19	四·二十一	甲申	5.19
五·一	癸巳	5.28	六·一	壬戌	6.26	七·一	壬辰	7.26	八·一	辛酉	8.24
五·十一	癸卯	6.7	六·十一	壬申	7.6	七·十一	壬寅	8.5	八·十一	辛未	9.3
五·二十一	癸丑	6.17	六·二十一	壬午	7.16	七·二十一	壬子	8.15	八·二十一	辛巳	9.13
九·一	庚寅	9.22	十·一	庚申	10.22	十一·一	己丑	11.20	十二·一	己未	12.20
九·十一	庚子	10.2	十·十一	庚午	11.1	十一·十一	己亥	11.30	十二·十一	己巳	12.30
九·二十一	庚戌	10.12	十·二十一	庚辰	11.11	十一·二十一	己酉	12.10	十二·二十一	己卯	1.9

明神宗万历五年丁丑（1577—1578）

一·一	己丑	1.19	二·一	己未	2.18	三·一	戊子	3.19	四·一	戊午	4.18
一·十一	己亥	1.29	二·十一	己巳	2.28	三·十一	戊戌	3.29	四·十一	戊辰	4.28
一·二十一	己酉	2.8	二·二十一	己卯	3.10	三·二十一	戊申	4.8	四·二十一	戊寅	5.8
五·一	戊子	5.18	六·一	丁巳	6.16	七·一	丙戌	7.15	八·一	丙辰	8.14；闰八·一 乙酉 9.12
五·十一	戊戌	5.28	六·十一	丁卯	6.26	七·十一	丙申	7.25	八·十一	丙寅	8.24；闰八·十一 乙未 9.22
五·二十一	戊申	6.7	六·二十一	丁丑	7.6	七·二十一	丙午	8.4	八·二十一	丙子	9.3；闰八·二十一 乙巳 10.2
九·一	甲寅	10.11	十·一	甲申	11.10	十一·一	癸丑	12.9	十二·一	癸未	1.8
九·十一	甲子	10.21	十·十一	甲午	11.20	十一·十一	癸亥	12.19	十二·十一	癸巳	1.18
九·二十一	甲戌	10.31	十·二十一	甲辰	11.30	十一·二十一	癸酉	12.29	十二·二十一	癸卯	1.28

明神宗万历六年戊寅（1578—1579）

一·一	癸丑	2.7	二·一	壬午	3.8	三·一	壬子	4.7	四·一	壬午	5.7
一·十一	癸亥	2.17	二·十一	壬辰	3.18	三·十	壬戌	4.17	四·十一	壬辰	5.17
一·二十一	癸酉	2.27	二·二十一	壬寅	3.28	三·二十一	壬申	4.27	四·二十一	壬寅	5.27
五·一	辛亥	6.5	六·一	辛巳	7.5	七·一	庚戌	8.3	八·一	庚辰	9.2
五·十一	辛酉	6.15	六·十一	辛卯	7.15	七·十一	庚申	8.13	八·十一	庚寅	9.12
五·二十一	辛未	6.25	六·二十一	辛丑	7.25	七·二十一	庚午	8.23	八·二十一	庚子	9.22
九·一	己酉	10.1	十·一	戊寅	10.30	十一·一	戊申	11.29	十二·一	丁丑	12.28
九·十一	己未	10.11	十·十一	戊子	11.9	十一·十一	戊午	12.9	十二·十一	丁亥	1.7
九·二十一	己巳	10.21	十·二十一	戊戌	11.19	十一·二十一	戊辰	12.19	十二·二十一	丁酉	1.17

明神宗万历七年己卯（1579—1580）

一·一	丁未	1.27	二·一	丙子	2.25	三·一	丙午	3.27	四·一	丙子	4.26
一·十一	丁巳	2.6	二·十一	丙戌	3.7	三·十一	丙辰	4.6	四·十一	丙戌	5.6
一·二十一	丁卯	2.16	二·二十一	丙申	3.17	三·二十一	丙寅	4.16	四·二十一	丙申	5.16
五·一	乙巳	5.25	六·一	乙亥	6.24	七·一	乙巳	7.24	八·一	甲戌	8.22
五·十一	乙卯	6.4	六·十一	乙酉	7.4	七·十一	乙卯	8.3	八·十一	甲申	9.1
五·二十一	乙丑	6.14	六·二十一	乙未	7.14	七·二十一	乙丑	8.13	八·二十一	甲午	9.11
九·一	甲辰	9.21	十·一	癸酉	10.20	十一·一	癸卯	11.19	十二·一	壬申	12.18
九·十一	甲寅	10.1	十·十一	癸未	10.30	十一·十一	癸丑	11.29	十二·十一	壬午	12.28
九·二十一	甲子	10.11	十·二十一	癸巳	11.9	十一·二十一	癸亥	12.9	十二·二十一	壬辰	1.7

明神宗万历八年庚辰(1580—1581)

一·一	辛丑	1.16	二·一	辛未	2.15	三·一	庚子	3.15	四·一　庚午 4.14　闰四·一　己亥 5.13		
一·十一	辛亥	1.26	二·十一	辛巳	2.25	三·十一	庚戌	3.25	四·十一　庚辰 4.24　闰四·十一　己酉 5.23		
一·二十一	辛酉	2.5	二·二十一	辛卯	3.6	三·二十一	庚申	4.4	四·二十一庚寅 5.4　闰四·二十一己未 6.2		
五·一	己巳	6.12	六·一	己亥	7.12	七·一	戊辰	8.10	八·一	戊戌	9.9
五·十一	己卯	6.22	六·十一	己酉	7.22	七·十一	戊寅	8.20	八·十一	戊申	9.19
五·二十一	己丑	7.2	六·二十一	己未	8.1	七·二十一	戊子	8.30	八·二十一	戊午	9.29
九·一	戊辰	10.9	十·一	丁酉	11.7	十一·一	丁卯	12.7	十二·一	丙申	1.5
九·十一	戊寅	10.19	十·十一	丁未	11.17	十一·十一	丁丑	12.17	十二·十一	丙午	1.15
九·二十一	戊子	10.29	十·二十一	丁巳	11.27	十一·二十一	丁亥	12.27	十二·二十一	丙辰	1.25

明神宗万历九年辛巳(1581—1582)

一·一	丙寅	2.4	二·一	乙未	3.5	三·一	甲子	4.3	四·一	甲午	5.3
一·十一	丙子	2.14	二·十一	乙巳	3.15	三·十一	甲戌	4.13	四·十一	甲辰	5.13
一·二十一	丙戌	2.24	二·二十一	乙卯	3.25	三·二十一	甲申	4.23	四·二十一	甲寅	5.23
五·一	癸亥	6.1	六·一	癸巳	7.1	七·一	壬戌	7.30	八·一	壬辰	8.29
五·十一	癸酉	6.11	六·十一	癸卯	7.11	七·十一	壬申	8.9	八·十一	壬寅	9.8
五·二十一	癸未	6.21	六·二十一	癸丑	7.21	七·二十一	壬午	8.19	八·二十一	壬子	9.18
九·一	壬戌	9.28	十·一	壬辰	10.28	十一·一	辛酉	11.26	十二·一	辛卯	12.26
九·十一	壬申	10.8	十·十一	壬寅	11.7	十一·十一	辛未	12.6	十二·十一	辛丑	1.5
九·二十一	壬午	10.18	十·二十一	壬子	11.17	十一·二十一	辛巳	12.16	十二·二十一	辛亥	1.15

明神宗万历十年壬午(1582—1583)

一·一	庚申	1.24	二·一	庚寅	2.23	三·一	己未	3.24	四·一	戊子	4.22
一·十一	庚午	2.3	二·十一	庚子	3.5	三·十一	己巳	4.3	四·十一	戊戌	5.2
一·二十一	庚辰	2.13	二·二十一	庚戌	3.15	三·二十一	己卯	4.13	四·二十一	戊申	5.12
五·一	戊午	5.22	六·一	丁亥	6.20	七·一	丙辰	7.19	八·一	丙戌	8.18
五·十一	戊辰	6.1	六·十一	丁酉	6.30	七·十一	丙寅	7.29	八·十一	丙申	8.28
五·二十一	戊寅	6.11	六·二十一	丁未	7.10	七·二十一	丙子	8.8	八·二十一	丙午	9.7
九·一	丙辰	9.17	十·一	乙酉	10.26	十一·一	乙卯	11.25	十二·一	乙酉	12.25
九·十一	丙寅	9.27	十·十一	乙未	11.5	十一·十一	乙丑	12.5	十二·十一	乙未	1.4
九·二十一	丙子*	10.17	十·二十一	乙巳	11.15	十一·二十一	乙亥	12.15	十二·二十一	乙巳	1.14

* 公历 10 月 5 日教皇格列高利十三改历,以 5 日为 15 日。

明神宗万历十一年癸未(1583—1584)

一·一	乙卯	1.24	二·一　甲申 2.22　闰二·一　甲寅 3.24			三·一	癸未	4.22	四·一	壬子	5.21
一·十一	乙丑	2.3	二·十一　甲午 3.4　闰二·十一　甲子 4.3			三·十一	癸巳	5.2	四·十一	壬戌	5.31
一·二十一	乙亥	2.13	二·二十一甲辰 3.14　闰二·二十一甲戌 4.13			三·二十一	癸卯	5.12	四·二十一	壬申	6.10
五·一	壬午	6.20	六·一	辛亥	7.19	七·一	庚辰	8.17	八·一	庚戌	9.16
五·十一	壬辰	6.30	六·十一	辛酉	7.29	七·十一	庚寅	8.27	八·十一	庚申	9.26
五·二十一	壬寅	7.10	六·二十一	辛未	8.8	七·二十一	庚子	9.6	八·二十一	庚午	10.6
九·一	己卯	10.15	十·一	己酉	11.14	十一·一	己卯	12.14	十二·一	己酉	1.13
九·十一	己丑	10.25	十·十一	己未	11.24	十一·十一	己丑	12.24	十二·十一	己未	1.23
九·二十一	己亥	11.4	十·二十一	己巳	12.4	十一·二十一	己亥	1.3	十二·二十一	己巳	2.2

明神宗万历十二年甲申(1584—1585)

一·一	己卯	2.12	二·一	戊申	3.12	三·一	戊寅	4.11	四·一	丁未	5.10
一·十一	己丑	2.22	二·十一	戊午	3.22	三·十一	戊子	4.21	四·十一	丁巳	5.20
一·二十一	己亥	3.3	二·二十一	戊辰	4.1	三·二十一	戊戌	5.1	四·二十一	丁卯	5.30
五·一	丙子	6.8	六·一	丙午	7.8	七·一	乙亥	8.6	八·一	甲辰	9.4
五·十一	丙戌	6.18	六·十一	丙辰	7.18	七·十一	乙酉	8.16	八·十一	甲寅	9.14
五·二十一	丙申	6.28	六·二十一	丙寅	7.28	七·二十一	乙未	8.26	八·二十一	甲子	9.24
九·一	甲戌	10.4	十·一	癸卯	11.2	十一·一	癸酉	12.2	十二·一	癸卯	1.1
九·十一	甲申	10.14	十·十一	癸丑	11.12	十一·十一	癸未	12.12	十二·十一	癸丑	1.11
九·二十一	甲午	10.24	十·二十一	癸亥	11.22	十一·二十一	癸巳	12.22	十二·二十一	癸亥	1.21

明神宗万历十三年乙酉(1585—1586)

一·一	癸酉	1.31	二·一	壬寅	3.1	三·一	壬申	3.31	四·一	壬寅	4.30
一·十一	癸未	2.10	二·十一	壬子	3.11	三·十一	壬午	4.10	四·十一	壬子	5.10
一·二十一	癸巳	2.20	二·二十一	壬戌	3.21	三·二十一	壬辰	4.20	四·二十一	壬戌	5.20
五·一	辛未	5.29	六·一	庚子	6.27	七·一	庚午	7.27	八·一	己亥	8.25
五·十一	辛巳	6.8	六·十一	庚戌	7.7	七·十一	庚辰	8.6	八·十一	己酉	9.4
五·二十一	辛卯	6.18	六·二十一	庚申	7.17	七·二十一	庚寅	8.16	八·二十一	己未	9.14
九·一 戊辰 9.23	闰九·一 戊戌 10.23		十·一	丁卯	11.21	十一·一	丁酉	12.21	十二·一	丁卯	1.20
九·十一 戊寅 10.3	闰九·十一 戊申 11.2		十·十一	丁丑	12.1	十一·十一	丁未	12.31	十二·十一	丁丑	1.30
九·二十一戊子 10.13	闰九·二十一戊午 11.12		十·二十一	丁亥	12.11	十一·二十一	丁巳	1.10	十二·二十一	丁亥	2.9

明神宗万历十四年丙戌(1586—1587)

一·一	丙申	2.18	二·一	丙寅	3.20	三·一	丙申	4.19	四·一	乙丑	5.18
一·十一	丙午	2.28	二·十一	丙子	3.30	三·十一	丙午	4.29	四·十一	乙亥	5.28
一·二十一	丙辰	3.10	二·二十一	丙戌	4.9	三·二十一	丙辰	5.9	四·二十一	乙酉	6.7
五·一	乙未	6.17	六·一	甲子	7.16	七·一	甲午	8.15	八·一	癸亥	9.13
五·十一	乙巳	6.27	六·十一	甲戌	7.26	七·十一	甲辰	8.25	八·十一	癸酉	9.23
五·二十一	乙卯	7.7	六·二十一	甲申	8.5	七·二十一	甲寅	9.4	八·二十一	癸未	10.3
九·一	壬辰	10.12	十·一	壬戌	11.11	十一·一	辛卯	12.10	十二·一	辛酉	1.9
九·十一	壬寅	10.22	十·十一	壬申	11.21	十一·十一	辛丑	12.20	十二·十一	辛未	1.19
九·二十一	壬子	11.1	十·二十一	壬午	12.1	十一·二十一	辛亥	12.30	十二·二十一	辛巳	1.29

明神宗万历十五年丁亥(1587—1588)

一·一	庚寅	2.7	二·一	庚申	3.9	三·一	庚寅	4.8	四·一	庚申	5.8
一·十一	庚子	2.17	二·十一	庚午	3.19	三·十一	庚子	4.18	四·十一	庚午	5.18
一·二十一	庚戌	2.27	二·二十一	庚辰	3.29	三·二十一	庚戌	4.28	四·二十一	庚辰	5.28
五·一	己丑	6.6	六·一	己未	7.6	七·一	戊子	8.4	八·一	戊午	9.3
五·十一	己亥	6.16	六·十一	己巳	7.16	七·十一	戊戌	8.14	八·十一	戊辰	9.13
五·二十一	己酉	6.26	六·二十一	己卯	7.26	七·二十一	戊申	8.24	八·二十一	戊寅	9.23
九·一	丁亥	10.2	十·一	丙辰	10.31	十一·一	丙戌	11.30	十二·一	乙卯	12.29
九·十一	丁酉	10.12	十·十一	丙寅	11.10	十一·十一	丙申	12.10	十二·十一	乙丑	1.8
九·二十一	丁未	10.22	十·二十一	丙子	11.20	十一·二十一	丙午	12.20	十二·二十一	乙亥	1.18

明神宗万历十六年戊子(1588—1589)

一·一 乙酉 1.28	二·一 甲寅 2.26	三·一 癸未 3.26	四·一 癸丑 4.25
一·十一 乙未 2.7	二·十一 甲子 3.7	三·十一 癸巳 4.5	四·十一 癸亥 5.5
一·二十一 乙巳 2.17	二·二十一 甲戌 3.17	三·二十一 癸卯 4.15	四·二十一 癸酉 5.15
五·一 癸未 5.25	六·一 癸丑6.24 闰六·一 壬午7.23	七·一 壬子 8.22	八·一 壬午 9.21
五·十一 癸巳 6.4	六·十一 癸亥7.4 闰六·十一 壬辰8.2	七·十一 壬戌 9.1	八·十一 壬辰 10.1
五·二十一 癸卯 6.14	六·二十一癸酉7.14 闰六·二十一壬寅8.12	七·二十一 壬申 9.11	八·二十一 壬寅 10.11
九·一 辛亥 10.20	十·一 辛巳 11.19	十一·一 庚戌 12.18	十二·一 庚辰 1.17
九·十一 辛酉 10.30	十·十一 辛卯 11.29	十一·十一 庚申 12.28	十二·十一 庚寅 1.27
九·二十一 辛未 11.9	十·二十一 辛丑 12.9	十一·二十一 庚午 1.7	十二·二十一 庚子 2.6

明神宗万历十七年己丑(1589—1590)

一·一 己酉 2.15	二·一 戊寅 3.16	三·一 戊申 4.15	四·一 丁丑 5.14
一·十一 己未 2.25	二·十一 戊子 3.26	三·十一 戊午 4.25	四·十一 丁亥 5.24
一·二十一 己巳 3.7	二·二十一 戊戌 4.5	三·二十一 戊辰 5.5	四·二十一 丁酉 6.3
五·一 丁未 6.13	六·一 丙子 7.12	七·一 丙午 8.11	八·一 丙子 9.10
五·十一 丁巳 6.23	六·十一 丙戌 7.22	七·十一 丙辰 8.21	八·十一 丙戌 9.20
五·二十一 丁卯 7.3	六·二十一 丙申 8.1	七·二十一 丙寅 8.31	八·二十一 丙申 9.30
九·一 乙巳 10.9	十·一 乙亥 11.8	十一·一 乙巳 12.8	十二·一 甲戌 1.6
九·十一 乙卯 10.19	十·十一 乙酉 11.18	十一·十一 乙卯 12.18	十二·十一 甲申 1.16
九·二十一 乙丑 10.29	十·二十一 乙未 11.28	十一·二十一 乙丑 12.28	十二·二十一 甲午 1.26

明神宗万历十八年庚寅(1590—1591)

一·一 甲辰 2.5	二·一 癸酉 3.6	三·一 壬寅 4.4	四·一 壬申 5.4
一·十一 甲寅 2.15	二·十一 癸未 3.16	三·十一 壬子 4.14	四·十一 壬午 5.14
一·二十一 甲子 2.25	二·二十一 癸巳 3.26	三·二十一 壬戌 4.24	四·二十一 壬辰 5.24
五·一 辛丑 6.2	六·一 辛未 7.2	七·一 庚子 7.31	八·一 庚午 8.30
五·十一 辛亥 6.12	六·十一 辛巳 7.12	七·十一 庚戌 8.10	八·十一 庚辰 9.9
五·二十一 辛酉 6.22	六·二十一 辛卯 7.22	七·二十一 庚申 8.20	八·二十一 庚寅 9.19
九·一 庚子 9.29	十·一 己巳 10.28	十一·一 己亥 11.27	十二·一 己巳 12.27
九·十一 庚戌 10.9	十·十一 己卯 11.7	十一·十一 己酉 12.7	十二·十一 己卯 1.6
九·二十一 庚申 10.19	十·二十一 己丑 11.17	十一·二十一 己未 12.17	十二·二十一 己丑 1.16

明神宗万历十九年辛卯(1591—1592)

一·一 戊戌 1.25	二·一 戊辰 2.24	三·一 丁酉3.25 闰三·一 丙寅4.23	四·一 丙申 5.23
一·十一 戊申 2.4	二·十一 戊寅 3.6	三·十一 丁未4.4 闰三·十一 丙子5.3	四·十一 丙午 6.2
一·二十一 戊午 2.14	二·二十一 戊子 3.16	三·二十一丁巳4.14 闰三·二十一丙戌5.13	四·二十一 丙辰 6.12
五·一 乙丑 6.21	六·一 甲午 7.20	七·一 甲子 8.19	八·一 癸巳 9.17
五·十一 乙亥 7.1	六·十一 甲辰 7.30	七·十一 甲戌 8.29	八·十一 癸卯 9.27
五·二十一 乙酉 7.11	六·二十一 甲寅 8.9	七·二十一 甲申 9.8	八·二十一 癸丑 10.7
九·一 癸亥 10.17	十·一 癸巳 11.16	十一·一 癸亥 12.16	十二·一 癸巳 1.15
九·十一 癸酉 10.27	十·十一 癸卯 11.26	十一·十一 癸酉 12.26	十二·十一 癸卯 1.25
九·二十一 癸未 11.6	十·二十一 癸丑 12.6	十一·二十一 癸未 1.5	十二·二十一 癸丑 2.4

明神宗万历二十年壬辰(1592—1593)

一·一　壬戌　2.13	二·一　壬辰　3.14	三·一　辛酉　4.12	四·一　庚寅　5.11
一·十一　壬申　2.23	二·十一　壬寅　3.24	三·十一　辛未　4.22	四·十一　庚子　5.21
一·二十一　壬午　3.4	二·二十一　壬子　4.3	三·二十一　辛巳　5.2	四·二十一　庚戌　5.31
五·一　庚申　6.10	六·一　己丑　7.9	七·一　戊午　8.7	八·一　戊子　9.6
五·十一　庚午　6.20	六·十一　己亥　7.19	七·十一　戊辰　8.17	八·十一　戊戌　9.16
五·二十一　庚辰　6.30	六·二十一　己酉　7.29	七·二十一　戊寅　8.27	八·二十一　戊申　9.26
九·一　丁巳　10.5	十·一　丁亥　11.4	十一·一　丁巳　12.4	十二·一　丁亥　1.3
九·十一　丁卯　10.15	十·十一　丁酉　11.14	十一·十一　丁卯　12.14	十二·十一　丁酉　1.13
九·二十一　丁丑　10.25	十·二十一　丁未　11.24	十一·二十一　丁丑　12.24	十二·二十一　丁未　1.23

明神宗万历二十一年癸巳(1593—1594)

一·一　丙辰　2.1	二·一　丙戌　3.3	三·一　丙辰　4.2	四·一　乙酉　5.1
一·十一　丙寅　2.11	二·十一　丙申　3.13	三·十一　丙寅　4.12	四·十一　乙未　5.11
一·二十一　丙子　2.21	二·二十一　丙午　3.23	三·二十一　丙子　4.22	四·二十一　乙巳　5.21
五·一　甲寅　5.30	六·一　甲申　6.29	七·一　癸丑　7.28	八·一　壬午　8.26
五·十一　甲子　6.9	六·十一　甲午　7.9	七·十一　癸亥　8.7	八·十一　壬辰　9.5
五·二十一　甲戌　6.19	六·二十一　甲辰　7.19	七·二十一　癸酉　8.17	八·二十一　壬寅　9.15
九·一　壬子　9.25	十·一　辛巳　10.24	十一·一　辛亥　11.23　闰十一·一　辛巳　12.23	十二·一　庚戌　1.21
九·十一　壬戌　10.5	十·十一　辛卯　11.3	十一·十一　辛酉　12.3　闰十一·十一　辛卯　1.2	十二·十一　庚申　1.31
九·二十一　壬申　10.15	十·二十一　辛丑　11.13	十一·二十一　辛未　12.13　闰十一·二十一　辛丑　1.12	十二·二十一　庚午　2.10

明神宗万历二十二年甲午(1594—1595)

一·一　庚辰　2.20	二·一　庚戌　3.22	三·一　己卯　4.20	四·一　己酉　5.20
一·十一　庚寅　3.2	二·十一　庚申　4.1	三·十一　己丑　4.30	四·十一　己未　5.30
一·二十一　庚子　3.12	二·二十一　庚午　4.11	三·二十一　己亥　5.10	四·二十一　己巳　6.9
五·一　戊寅　6.18	六·一　戊申　7.18	七·一　丁丑　8.16	八·一　丙午　9.14
五·十一　戊子　6.28	六·十一　戊午　7.28	七·十一　丁亥　8.26	八·十一　丙辰　9.24
五·二十一　戊戌　7.8	六·二十一　戊辰　8.7	七·二十一　丁酉　9.5	八·二十一　丙寅　10.4
九·一　丙子　10.14	十·一　乙巳　11.12	十一·一　乙亥　12.12	十二·一　甲辰　1.10
九·十一　丙戌　10.24	十·十一　乙卯　11.22	十一·十一　乙酉　12.22	十二·十一　甲寅　1.20
九·二十一　丙申　11.3	十·二十一　乙丑　12.2	十一·二十一　乙未　1.1	十二·二十一　甲子　1.30

明神宗万历二十三年乙未(1595—1596)

一·一　甲戌　2.9	二·一　甲辰　3.11	三·一　甲戌　4.10	四·一　癸卯　5.9
一·十一　甲申　2.19	二·十一　甲寅　3.21	三·十一　甲申　4.20	四·十一　癸丑　5.19
一·二十一　甲午　3.1	二·二十一　甲子　3.31	三·二十一　甲午　4.30	四·二十一　癸亥　5.29
五·一　癸酉　6.8	六·一　壬寅　7.7	七·一　壬申　8.6	八·一　辛丑　9.4
五·十一　癸未　6.18	六·十一　壬子　7.17	七·十一　壬午　8.16	八·十一　辛亥　9.14
五·二十一　癸巳　6.28	六·二十一　壬戌　7.27	七·二十一　壬辰　8.26	八·二十一　辛酉　9.24
九·一　庚午　10.3	十·一　庚子　12.2	十一·一　己巳　12.1	十二·一　己亥　12.30
九·十一　庚辰　10.13	十·十一　庚戌　11.12	十一·十一　己卯　12.11	十二·十一　己酉　1.10
九·二十一　庚寅　10.23	十·二十一　庚申　11.22	十一·二十一　己丑　12.21	十二·二十一　己未　1.20

明神宗万历二十四年丙申(1596—1597)

一・一　戊辰　1.29	二・一　戊戌　2.28	三・一　戊辰　3.29	四・一　丁酉　4.27
一・十一　戊寅　2.8	二・十一　戊申　3.9	三・十一　戊寅　4.8	四・十一　丁未　5.7
一・二十一　戊子　2.18	二・二十一　戊午　3.19	三・二十一　戊子　4.18	四・二十一　丁巳　5.17
五・一　丁卯　5.27	六・一　丁酉　6.26	七・一　丙寅　7.25	八・一　丙申 8.24　闰八・一　乙丑 9.22
五・十一　丁丑　6.6	六・十一　丁未　7.6	七・十一　丙子　8.4	八・十一　丙午 9.3　闰八・十一　乙亥 10.2
五・二十一　丁亥　6.16	六・二十一　丁巳　7.16	七・二十一　丙戌　8.14	八・二十一丙辰 9.13　闰八・二十一乙酉 10.12
九・一　甲午　10.21	十・一　甲子　11.20	十一・一　癸巳　12.19	十二・一　癸亥　1.18
九・十一　甲辰　10.31	十・十一　甲戌　11.30	十一・十一　癸卯　12.29	十二・十一　癸酉　1.28
九・二十一　甲寅　11.10	十・二十一　甲申　12.10	十一・二十一　癸丑　1.8	十二・二十一　癸未　2.7

明神宗万历二十五年丁酉(1597—1598)

一・一　壬辰　2.16	二・一　壬戌　3.18	三・一　辛卯　4.16	四・一　辛酉　5.16
一・十一　壬寅　2.26	二・十一　壬申　3.28	三・十一　辛丑　4.26	四・十一　辛未　5.26
一・二十一　壬子　3.8	二・二十一　壬午　4.7	三・二十一　辛亥　5.6	四・二十一　辛巳　6.5
五・一　辛卯　6.15	六・一　庚申　7.14	七・一　庚寅　8.13	八・一　己未　9.11
五・十一　辛丑　6.25	六・十一　庚午　7.24	七・十一　庚子　8.23	八・十一　己巳　9.21
五・二十一　辛亥　7.5	六・二十一　庚辰　8.3	七・二十一　庚戌　9.2	八・二十一　己卯　10.1
九・一　己丑　10.11	十・一　戊午　11.9	十一・一　戊子　12.9	十二・一　丁巳　1.7
九・十一　己亥　10.21	十・十一　戊辰　11.19	十一・十一　戊戌　12.19	十二・十一　丁卯　1.17
九・二十一　己酉　10.31	十・二十一　戊寅　11.29	十一・二十一　戊申　12.29	十二・二十一　丁丑　1.27

明神宗万历二十六年戊戌(1598—1599)

一・一　丁亥　2.6	二・一　丙辰　3.7	三・一　丙戌　4.6	四・一　乙卯　5.5
一・十一　丁酉　2.16	二・十一　丙寅　3.17	三・十一　丙申　4.16	四・十一　乙丑　5.15
一・二十一　丁未　2.26	二・二十一　丙子　3.27	三・二十一　丙午　4.26	四・二十一　乙亥　5.25
五・一　乙酉　6.4	六・一　甲寅　7.3	七・一　甲申　8.2	八・一　甲寅　9.1
五・十一　乙未　6.14	六・十一　甲子　7.13	七・十一　甲午　8.12	八・十一　甲子　9.11
五・二十一　乙巳　6.24	六・二十一　甲戌　7.23	七・二十一　甲辰　8.22	八・二十一　甲戌　9.21
九・一　癸未　9.30	十・一　癸丑　10.30	十一・一　壬午　11.28	十二・一　壬子　12.28
九・十一　癸巳　10.10	十・十一　癸亥　11.9	十一・十一　壬辰　12.8	十二・十一　壬戌　1.7
九・二十一　癸卯　10.20	十・二十一　癸酉　11.19	十一・二十一　壬寅　12.18	十二・二十一　壬申　1.17

明神宗万历二十七年己亥(1599—1600)

一・一　壬午　1.27	二・一　辛亥　2.25	三・一　庚辰　3.26	四・一　庚戌 4.25　闰四・一　己卯 5.24
一・十一　壬辰　2.6	二・十一　辛酉　3.7	三・十一　庚寅　4.5	四・十一　庚申 5.5　闰四・十一　己丑 6.3
一・二十一　壬寅　2.16	二・二十一　辛未　3.17	三・二十一　庚子　4.15	四・二十一庚午 5.15　闰四・二十一己亥 6.13
五・一　戊申　6.22	六・一　戊寅　7.22	七・一　戊申　8.21	八・一　丁丑　9.19
五・十一　戊午　7.2	六・十一　戊子　8.1	七・十一　戊午　8.31	八・十一　丁亥　9.29
五・二十一　戊辰　7.12	六・二十一　戊戌　8.11	七・二十一　戊辰　9.10	八・二十一　丁酉　10.9
九・一　丁未　10.19	十・一　丁丑　11.18	十一・一　丙午　12.17	十二・一　丙子　1.16
九・十一　丁巳　10.29	十・十一　丁亥　11.28	十一・十一　丙辰　12.27	十二・十一　丙戌　1.26
九・二十一　丁卯　11.8	十・二十一　丁酉　12.8	十一・二十一　丙寅　1.6	十二・二十一　丙申　2.5

明神宗万历二十八年庚子(1600—1601)

一·一	乙巳	2.14	二·一	乙亥	3.15	三·一	甲辰	4.13	四·一	甲戌	5.13
一·十一	乙卯	2.24	二·十一	乙酉	3.25	三·十一	甲寅	4.23	四·十一	甲申	5.23
一·二十一	乙丑	3.5	二·二十一	乙未	4.4	三·二十一	甲子	5.3	四·二十一	甲午	6.2
五·一	癸卯	6.11	六·一	壬申	7.10	七·一	壬寅	8.9	八·一	辛未	9.7
五·十一	癸丑	6.21	六·十一	壬午	7.20	七·十一	壬子	8.19	八·十一	辛巳	9.17
五·二十一	癸亥	7.1	六·二十一	壬辰	7.30	七·二十一	壬戌	8.29	八·二十一	辛卯	9.27
九·一	辛丑	10.7	十·一	辛未	11.6	十一·一	辛丑	12.6	十二·一	庚午	1.4
九·十一	辛亥	10.17	十·十一	辛巳	11.16	十一·十一	辛亥	12.16	十二·十一	庚辰	1.14
九·二十一	辛酉	10.27	十·二十一	辛卯	11.26	十一·二十一	辛酉	12.26	十二·二十一	庚寅	1.24

明神宗万历二十九年辛丑(1601—1602)

一·一	庚子	2.3	二·一	庚午	3.5	三·一	己亥	4.3	四·一	戊辰	5.2
一·十一	庚戌	2.13	二·十一	庚辰	3.15	三·十一	己酉	4.13	四·十一	戊寅	5.12
一·二十一	庚申	2.23	二·二十一	庚寅	3.25	三·二十一	己未	4.23	四·二十一	戊子	5.22
五·一	戊戌	6.1	六·一	丁卯	6.30	七·一	丙申	7.29	八·一	丙寅	8.28
五·十一	戊申	6.11	六·十一	丁丑	7.10	七·十一	丙午	8.8	八·十一	丙子	9.7
五·二十一	戊午	6.21	六·二十一	丁亥	7.20	七·二十一	丙辰	8.18	八·二十一	丙戌	9.17
九·一	乙未	9.26	十·一	乙丑	10.26	十一·一	乙未	11.25	十二·一	甲子	12.24
九·十一	乙巳	10.6	十·十一	乙亥	11.5	十一·十一	乙巳	12.5	十二·十一	甲戌	1.3
九·二十一	乙卯	10.16	十·二十一	乙酉	11.15	十一·二十一	乙卯	12.15	十二·二十一	甲申	1.13

明神宗万历三十年壬寅(1602—1603)

一·一	甲午	1.23	二·一	甲子	2.22　闰二·一　甲午　3.24	三·一	癸亥	4.22	四·一	壬辰	5.21
·十	甲辰	2.2	二·十一	甲戌	3.4　闰二·十一　甲辰　4.3	三·十一	癸酉	5.2	四·十一	壬寅	5.31
一·二十一	甲寅	2.12	二·二十一	甲申	3.14　闰二·二十一　甲寅　4.13	三·二十一	癸未	5.12	四·二十一	壬子	6.10
五·一	壬戌	6.20	六·一	辛卯	7.19	七·一	庚申	8.17	八·一	庚寅	9.16
五·十一	壬申	6.30	六·十	辛丑	7.29	七·十一	庚午	8.27	八·十一	庚子	9.26
五·二十一	壬午	7.10	六·二十一	辛亥	8.8	七·二十一	庚辰	9.6	八·二十一	庚戌	10.6
九·一	己未	10.15	十·一	己丑	11.14	十一·一	戊午	12.13	十二·一	戊子	1.12
九·十一	己巳	10.25	十·十一	己亥	11.24	十一·十一	戊辰	12.23	十二·十一	戊戌	1.22
九·二十一	己卯	11.4	十·二十一	己酉	12.4	十一·二十一	戊寅	1.2	十二·二十一	戊申	2.1

明神宗万历三十一年癸卯(1603—1604)

一·一	戊午	2.11	二·一	戊子	3.13	三·一	丁巳	4.11	四·一	丁亥	5.11
一·十一	戊辰	2.21	二·十一	戊戌	3.23	三·十一	丁卯	4.21	四·十一	丁酉	5.21
一·二十一	戊寅	3.3	二·二十一	戊申	4.2	三·二十一	丁丑	5.1	四·二十一	丁未	5.31
五·一	丙辰	6.9	六·一	丙戌	7.9	七·一	乙卯	8.7	八·一	甲申	9.5
五·十一	丙寅	6.19	六·十一	丙申	7.19	七·十一	乙丑	8.17	八·十一	甲午	9.15
五·二十一	丙子	6.29	六·二十一	丙午	7.29	七·二十一	乙亥	8.27	八·二十一	甲辰	9.25
九·一	甲寅	10.5	十·一	癸未	11.3	十一·一	癸丑	12.3	十二·一	壬午	1.1
九·十一	甲子	10.15	十·十一	癸巳	11.13	十一·十一	癸亥	12.13	十二·十一	壬辰	1.11
九·二十一	甲戌	10.25	十·二十一	癸卯	11.23	十一·二十一	癸酉	12.23	十二·二十一	壬寅	1.21

明神宗万历三十二年甲辰（1604—1605）

一•一 壬子 1.31	二•一 壬午 3.1	三•一 辛亥 3.30	四•一 辛巳 4.29
一•十一 壬戌 2.10	二•十一 壬辰 3.11	三•十一 辛酉 4.9	四•十一 辛卯 5.9
一•二十一 壬申 2.20	二•二十一 壬寅 3.21	三•二十一 辛未 4.19	四•二十一 辛丑 5.19
五•一 辛亥 5.29	六•一 庚辰 6.27	七•一 庚戌 7.27	八•一 己卯 8.25
五•十一 辛酉 6.8	六•十一 庚寅 7.7	七•十一 庚申 8.6	八•十一 己丑 9.4
五•二十一 辛未 6.18	六•二十一 庚子 7.17	七•二十一 庚午 8.16	八•二十一 己亥 9.14
九•一 戊申 9.23　闰九•一 戊寅 10.23	十•一 丁未 11.21	十一•一 丁丑 12.21	十二•一 丙午 1.19
九•十一 戊午 10.3　闰九•十一 戊子 11.2	十•十一 丁巳 12.1	十一•十一 丁亥 12.31	十二•十一 丙辰 1.29
九•二十一 戊辰 10.13　闰九•二十一 戊戌 11.12	十•二十一 丁卯 12.11	十一•二十一 丁酉 1.10	十二•二十一 丙寅 2.8

明神宗万历三十三年乙巳（1605—1606）

一•一 丙子 2.18	二•一 乙巳 3.19	三•一 乙亥 4.18	四•一 乙巳 5.18
一•十一 丙戌 2.28	二•十一 乙卯 3.29	三•十一 乙酉 4.28	四•十一 乙卯 5.28
一•二十一 丙申 3.10	二•二十一 乙丑 4.8	三•二十一 乙未 5.8	四•二十一 乙丑 6.7
五•一 甲戌 6.16	六•一 甲辰 7.16	七•一 癸酉 8.14	八•一 癸卯 9.13
五•十一 甲申 6.26	六•十一 甲寅 7.26	七•十一 癸未 8.24	八•十一 癸丑 9.23
五•二十一 甲午 7.6	六•二十一 甲子 8.5	七•二十一 癸巳 9.3	八•二十一 癸亥 10.3
九•一 壬申 10.12	十•一 壬寅 11.11	十一•一 辛未 12.10	十二•一 辛丑 1.9
九•十一 壬午 10.22	十•十一 壬子 11.21	十一•十一 辛巳 12.20	十二•十一 辛亥 1.19
九•二十一 壬辰 11.1	十•二十一 壬戌 12.1	十一•二十一 辛卯 12.30	十二•二十一 辛酉 1.29

明神宗万历三十四年丙午（1606—1607）

一•一 庚午 2.7	二•一 庚子 3.9	三•一 己巳 4.7	四•一 己亥 5.7
一•十一 庚辰 2.17	二•十一 庚戌 3.19	三•十一 己卯 4.17	四•十一 己酉 5.17
一•二十一 庚寅 2.27	二•二十一 庚申 3.29	三•二十一 己丑 4.27	四•二十一 己未 5.27
五•一 戊辰 6.5	六•一 戊戌 7.5	七•一 戊辰 8.4	八•一 丁酉 9.2
五•十一 戊寅 6.15	六•十一 戊申 7.15	七•十一 戊寅 8.14	八•十一 丁未 9.12
五•二十一 戊子 6.25	六•二十一 戊午 7.25	七•二十一 戊子 8.24	八•二十一 丁巳 9.22
九•一 丁卯 10.2	十•一 丙申 10.31	十一•一 丙寅 11.30	十二•一 乙未 12.29
九•十一 丁丑 10.12	十•十一 丙午 11.10	十一•十一 丙子 12.10	十二•十一 乙巳 1.8
九•二十一 丁亥 10.22	十•二十一 丙辰 11.20	十一•二十一 丙戌 12.20	十二•二十一 乙卯 1.18

明神宗万历三十五年丁未（1607—1608）

一•一 乙丑 1.28	二•一 甲午 2.26	三•一 甲子 3.28	四•一 癸巳 4.26
一•十一 乙亥 2.7	二•十一 甲辰 3.8	三•十一 甲戌 4.7	四•十一 癸卯 5.6
一•二十一 乙酉 2.17	二•二十一 甲寅 3.18	三•二十一 甲申 4.17	四•二十一 癸丑 5.16
五•一 癸亥 5.26	六•一 壬辰 6.24　闰六•一 壬戌 7.24	七•一 辛卯 8.22	*八•一 辛酉 9.21
五•十一 癸酉 6.5	六•十一 壬寅 7.4　闰六•十一 壬申 8.3	七•十一 辛丑 9.1	八•十一 辛未 10.1
五•二十一 癸未 6.15	六•二十一 壬子 7.14　闰六•二十一 壬午 8.13	七•二十一 辛亥 9.11	八•二十一 辛巳 10.11
九•一 辛卯 10.21	十•一 庚申 11.19	十一•一 庚寅 12.19	十二•一 己未 1.17
九•十一 辛丑 10.31	十•十一 庚午 11.29	十一•十一 庚子 12.29	十二•十一 己巳 1.27
九•二十一 辛亥 11.10	十•二十一 庚辰 12.9	十一•二十一 庚戌 1.8	十二•二十一 己卯 2.6

＊《朔闰考》八月辛巳朔，误。

明神宗万历三十六年戊申（1608—1609）

一·一	己丑	2.16	二·一	戊午	3.16	三·一	戊子	4.15	四·一	丁巳	5.14
一·十一	己亥	2.26	二·十一	戊辰	3.26	三·十一	戊戌	4.25	四·十一	丁卯	5.24
一·二十一	己酉	3.7	二·二十一	戊寅	4.5	三·二十一	戊申	5.5	四·二十一	丁丑	6.3
五·一	丙戌	6.12	六·一	丙辰	7.12	七·一	乙酉	8.10	八·一	乙卯	9.9
五·十一	丙申	6.22	六·十一	丙寅	7.22	七·十一	乙未	8.20	八·十一	乙丑	9.19
五·二十一	丙午	7.2	六·二十一	丙子	8.1	七·二十一	乙巳	8.30	八·二十一	乙亥	9.29
九·一	乙酉	10.9	十·一	乙卯	11.8	十一·一	甲申	12.7	十二·一	甲寅	1.6
九·十一	乙未	10.19	十·十一	乙丑	11.18	十一·十一	甲午	12.17	十二·十一	甲子	1.16
九·二十一	乙巳	10.29	十·二十一	乙亥	11.28	十一·二十一	甲辰	12.27	十二·二十一	甲戌	1.26

明神宗万历三十七年己酉（1609—1610）

一·一	癸未	2.4	二·一	癸丑	3.6	三·一	壬午	4.4	四·一	壬子	5.4
一·十一	癸巳	2.14	二·十一	癸亥	3.16	三·十一	壬辰	4.14	四·十一	壬戌	5.14
一·二十一	癸卯	2.24	二·二十一	癸酉	3.26	三·二十一	壬寅	4.24	四·二十一	壬申	5.24
五·一	辛巳	6.2	六·一	庚戌	7.1	七·一	庚辰	7.31	八·一	己酉	8.29
五·十一	辛卯	6.12	六·十一	庚申	7.11	七·十一	庚寅	8.10	八·十一	己未	9.8
五·二十一	辛丑	6.22	六·二十一	庚午	7.21	七·二十一	庚子	8.20	八·二十一	己巳	9.18
九·一	己卯	9.28	十·一	己酉	10.28	十一·一	戊寅	11.26	十二·一	戊申	12.26
九·十一	己丑	10.8	十·十一	己未	11.7	十一·十一	戊子	12.6	十二·十一	戊午	1.5
九·二十一	己亥	10.18	十·二十一	己巳	11.17	十一·二十一	戊戌	12.16	十二·二十一	戊辰	1.15

明神宗万历三十八年庚戌（1610—1611）

一·一	戊寅	1.25	二·一	丁未	2.23	三·一	丁丑	3.25　闰三·一　丙午4.23	四·一	丙子	5.23
一·十一	戊了	2.4	二·十一	丁巳	3.5	三·十一	丁亥	4.4　闰三·十一　丙辰5.3	四·十一	丙戌	6.2
一·二十一	戊戌	2.14	二·二十一	丁卯	3.15	三·二十一	丁酉	4.14　闰三·二十一　丙寅5.13	四·二十一	丙申	6.12
五·一	乙巳	6.21	六·一	甲戌	7.20	七·一	甲辰	8.19	八·一	癸酉	9.17
五·十	乙卯	7.1	六·十	甲申	7.30	七·十一	甲寅	8.29	八·十一	癸未	9.27
五·二十一	乙丑	7.11	六·二十一	甲午	8.9	七·二十一	甲子	9.8	八·二十一	癸巳	10.7
九·一	癸卯	10.17	十·一	壬申	11.15	十一·一	壬寅	12.15	十二·一	壬申	1.14
九·十一	癸丑	10.27	十·十一	壬午	11.25	十一·十一	壬子	12.25	十二·十一	壬午	1.24
九·二十一	癸亥	11.6	十·二十一	壬辰	12.5	十一·二十一	壬戌	1.4	十二·二十一	壬辰	2.3

明神宗万历三十九年辛亥（1611—1612）

一·一	壬寅	2.13	二·一	辛未	3.14	三·一	辛丑	4.13	四·一	庚午	5.12
一·十一	壬子	2.23	二·十一	辛巳	3.24	三·十一	辛亥	4.23	四·十一	庚辰	5.22
一·二十一	壬戌	3.5	二·二十一	辛卯	4.3	三·二十一	辛酉	5.3	四·二十一	庚寅	6.1
五·一	庚子	6.11	六·一	己巳	7.10	七·一	戊戌	8.8	八·一	戊辰	9.7
五·十一	庚戌	6.21	六·十一	己卯	7.20	七·十一	戊申	8.18	八·十一	戊寅	9.17
五·二十一	庚申	7.1	六·二十一	己丑	7.30	七·二十一	戊午	8.28	八·二十一	戊子	9.27
九·一	丁酉	10.6	十·一	丁卯	11.5	十一·一	丙申	12.4	十二·一	丙寅	1.3
九·十一	丁未	10.16	十·十一	丁丑	11.15	十一·十一	丙午	12.14	十二·十一	丙子	1.13
九·二十一	丁巳	10.26	十·二十一	丁亥	11.25	十一·二十一	丙辰	12.24	十二·二十一	丙戌	1.23

明神宗万历四十年壬子（1612—1613）

一·一 丙申 2.2	二·一 丙寅 3.3	三·一 乙未 4.1	四·一 乙丑 5.1
一·十一 丙午 2.12	二·十一 丙子 3.13	三·十一 乙巳 4.11	四·十一 乙亥 5.11
一·二十一 丙辰 2.22	二·二十一 丙戌 3.23	三·二十一 乙卯 4.21	四·二十一 乙酉 5.21
五·一 甲午 5.30	六·一 甲子 6.29	七·一 癸巳 7.28	八·一 壬戌 8.26
五·十一 甲辰 6.9	六·十一 甲戌 7.9	七·十一 癸卯 8.7	八·十一 壬申 9.5
五·二十一 甲寅 6.19	六·二十一 甲申 7.19	七·二十一 癸丑 8.17	八·二十一 壬午 9.15
九·一 壬辰 9.25	十·一 辛酉 10.24	十一·一 辛卯 11.23 闰十一·一 庚申 12.22	十二·一 庚寅 1.21
九·十一 壬寅 10.5	十·十一 辛未 11.3	十一·十一 辛丑 12.3 闰十一·十一 庚午 1.1	十二·十一 庚子 1.31
九·二十一 壬子 10.15	十·二十一 辛巳 11.13	十一·二十一 辛亥 12.13 闰十一·二十一 庚辰 1.11	十二·二十一 庚戌 2.10

明神宗万历四十一年癸丑（1613—1614）

一·一 己未 2.19	二·一 己丑 3.21	三·一 己未 4.20	四·一 己丑 5.20
一·十一 己巳 3.1	二·十一 己亥 3.31	三·十一 己巳 4.30	四·十一 己亥 5.30
一·二十一 己卯 3.11	二·二十一 己酉 4.10	三·二十一 己卯 5.10	四·二十一 己酉 6.9
五·一 戊午 6.18	六·一 戊子 7.18	七·一 丁巳 8.16	八·一 丙戌 9.14
五·十一 戊辰 6.28	六·十一 戊戌 7.28	七·十一 丁卯 8.26	八·十一 丙申 9.24
五·二十一 戊寅 7.8	六·二十一 戊申 8.7	七·二十一 丁丑 9.5	八·二十一 丙午 10.4
九·一 丙辰 10.14	十·一 乙酉 11.12	十一·一 乙卯 12.12	十二·一 甲申 1.10
九·十一 丙寅 10.24	十·十一 乙未 11.22	十一·十一 乙丑 12.22	十二·十一 甲午 1.20
九·二十一 丙子 11.3	十·二十一 乙巳 12.2	十一·二十一 乙亥 1.1	十二·二十一 甲辰 1.30

明神宗万历四十二年甲寅（1614—1615）

一·一 甲寅 2.9	二·一 癸未 3.10	三·一 癸丑 4.9	四·一 癸未 5.9
一·十一 甲子 2.19	二·十一 癸巳 3.20	三·十一 癸亥 4.19	四·十一 癸巳 5.19
一·二十一 甲戌 3.1	二·二十一 癸卯 3.30	三·二十一 癸酉 4.29	四·二十一 癸卯 5.29
五·一 壬子 6.7	六·一 壬午 7.7	七·一 辛亥 8.5	八·一 辛巳 9.4
五·十一 壬戌 6.17	六·十一 壬辰 7.17	七·十一 辛酉 8.15	八·十一 辛卯 9.14
五·二十一 壬申 6.27	六·二十一 壬寅 7.27	七·二十一 辛未 8.25	八·二十一 辛丑 9.24
九·一 庚戌 10.3	十·一 庚辰 11.2	十一·一 己酉 12.1	十二·一 己卯 12.31
九·十一 庚申 10.13	十·十一 庚寅 11.12	十一·十一 己未 12.11	十二·十一 己丑 1.10
九·二十一 庚午 10.23	十·二十一 庚子 11.22	十一·二十一 己巳 12.21	十二·二十一 己亥 1.20

明神宗万历四十三年乙卯（1615—1616）

一·一 戊申 1.29	二·一 戊寅 2.28	三·一 丁未 3.29	四·一 丁丑 4.28
一·十一 戊午 2.8	二·十一 戊子 3.10	三·十一 丁巳 4.8	四·十一 丁亥 5.8
一·二十一 戊辰 2.18	二·二十一 戊戌 3.20	三·二十一 丁卯 4.18	四·二十一 丁酉 5.18
五·一 丙午 5.27	六·一 丙子 6.26	七·一 丙午 7.26	八·一 乙亥 8.24 闰八·一 乙巳 9.23
五·十一 丙辰 6.6	六·十一 丙戌 7.6	七·十一 丙辰 8.5	八·十一 乙酉 9.3 闰八·十一 乙卯 10.3
五·二十一 丙寅 6.16	六·二十一 丙申 7.16	七·二十一 丙寅 8.15	八·二十一 乙未 9.13 闰八·二十一 乙丑 10.13
九·一 甲戌 10.22	十·一 甲辰 11.21	十一·一 癸酉 12.20	十二·一 癸卯 1.19
九·十一 甲申 11.1	十·十一 甲寅 12.1	十一·十一 癸未 12.30	十二·十一 癸丑 1.29
九·二十一 甲午 11.11	十·二十一 甲子 12.11	十一·二十一 癸巳 1.9	十二·二十一 癸亥 2.8

明神宗万历四十四年、清太祖天命元年丙辰（1616—1617）

一·一　壬申　2.17	二·一　壬寅　3.18	三·一　辛未　4.16	四·一　庚子　5.15
一·十一　壬午　2.27	二·十一　壬子　3.28	三·十一　辛巳　4.26	四·十一　庚戌　5.25
一·二十一　壬辰　3.8	二·二十一　壬戌　4.7	三·二十一　辛卯　5.6	四·二十一　庚申　6.4
五·一　庚午　6.14	六·一　庚子　7.14	七·一　己巳　8.12	八·一　己亥　9.11
五·十一　庚辰　6.24	六·十一　庚戌　7.24	七·十一　己卯　8.22	八·十一　己酉　9.21
五·二十一　庚寅　7.4	六·二十一　庚申　8.3	七·二十一　己丑　9.1	八·二十一　己未　10.1
九·一　己巳　10.11	十·一　戊戌　11.9	十一·一　戊辰　12.9	十二·一　丁酉　1.7
九·十一　己卯　10.21	十·十一　戊申　11.19	十一·十一　戊寅　12.19	十二·十一　丁未　1.17
九·二十一　己丑　10.31	十·二十一　戊午　11.29	十一·二十一　戊子　12.29	十二·二十一　丁巳　1.27

明神宗万历四十五年、清太祖天命二年丁巳（1617—1618）

一·一　丁卯　2.6	二·一　丙申　3.7	三·一　丙寅　4.6	四·一　乙未　5.5
一·十一　丁丑　2.16	二·十一　丙午　3.17	三·十一　丙子　4.16	四·十一　乙巳　5.15
一·二十一　丁亥　2.26	二·二十一　丙辰　3.27	三·二十一　丙戌　4.26	四·二十一　乙卯　5.25
五·一　甲子　6.3	六·一　甲午　7.3	七·一　癸亥　8.1	八·一　癸巳　8.31
五·十一　甲戌　6.13	六·十一　甲辰　7.13	七·十一　癸酉　8.11	八·十一　癸卯　9.10
五·二十一　甲申　6.23	六·二十一　甲寅　7.23	七·二十一　癸未　8.21	八·二十一　癸丑　9.20
九·一　癸亥　9.30	十·一　壬辰　10.29	十一·一　壬戌　11.28	十二·一　壬辰　12.28
九·十一　癸酉　10.10	十·十一　壬寅　11.8	十一·十一　壬申　12.8	十二·十一　壬寅　1.7
九·二十一　癸未　10.20	十·二十一　壬子　11.18	十一·二十一　壬午　12.18	十二·二十一　壬子　1.17

明神宗万历四十六年、清太祖天命三年戊午（1618—1619）

一·一　辛酉　1.26	二·一　辛卯　2.25	三·一　庚申　3.26	四·一　庚寅 4.25　闰四·一　己未 5.24
一·十一　辛未　2.5	二·十一　辛丑　3.7	三·十一　庚午　4.5	四·十一　庚子 5.5　闰四·十一　己巳 6.3
一·二十一　辛巳　2.15	二·二十一　辛亥　3.17	三·二十一　庚辰　4.15	四·二十一　庚戌 5.15　闰四·二十一　己卯 6.13
五·一　戊子　6.22	六·一　戊午　7.22	七·一　丁亥　8.20	八·一　丁巳　9.19
五·十　戊戌　7.2	六·十一　戊辰　8.1	七·十一　丁酉　8.30	八·十一　丁卯　9.29
五·二十一　戊申　7.12	六·二十一　戊寅　8.11	七·二十一　丁未　9.9	八·二十一　丁丑　10.9
九·一　丙戌　10.18	十·一　丙辰　11.17	十一·一　丙戌　12.17	十二·一　丙辰　1.16
九·十一　丙申　10.28	十·十一　丙寅　11.27	十一·十一　丙申　12.27	十二·十一　丙寅　1.26
九·二十一　丙午　11.7	十·二十一　丙子　12.7	十一·二十一　丙午　1.6	十二·二十一　丙子　2.5

明神宗万历四十七年、清太祖天命四年己未（1619—1620）

一·一　乙酉　2.14	二·一　乙卯　3.16	三·一　甲申　4.14	四·一　甲寅　5.14
一·十一　乙未　2.24	二·十一　乙丑　3.26	三·十一　甲午　4.24	四·十一　甲子　5.24
一·二十一　乙巳　3.6	二·二十一　乙亥　4.5	三·二十一　甲辰　5.4	四·二十一　甲戌　6.3
五·一　癸未　6.12	六·一　壬子　7.11	七·一　壬午　8.10	八·一　辛亥　9.8
五·十一　癸巳　6.22	六·十一　壬戌　7.21	七·十一　壬辰　8.20	八·十一　辛酉　9.18
五·二十一　癸卯　7.2	六·二十一　壬申　7.31	七·二十一　壬寅　8.30	八·二十一　辛未　9.28
九·一　庚辰　10.7	十·一　庚戌　11.6	十一·一　庚辰　12.6	十二·一　庚戌　1.5
九·十一　庚寅　10.17	十·十一　庚申　11.16	十一·十一　庚寅　12.16	十二·十一　庚申　1.15
九·二十一　庚子　10.27	十·二十一　庚午　11.26	十一·二十一　庚子　12.26	十二·二十一　庚午　1.25

明光宗泰昌元年、清太祖天命五年庚申（1620—1621）

一·一	庚辰	2.4	二·一	己酉	3.4	三·一	己卯	4.3	四·一	戊申	5.2
一·十一	庚寅	2.14	二·十一	己未	3.14	三·十一	己丑	4.13	四·十一	戊午	5.12
一·二十一	庚子	2.24	二·二十一	己巳	3.24	三·二十一	己亥	4.23	四·二十一	戊辰	5.22
五·一	戊寅	6.1	六·一	丁未	6.30	七·一	丙子	7.29	*八·一	丙午	8.28
五·十一	戊子	6.11	六·十一	丁巳	7.10	七·十一	丙戌	8.8	八·十一	丙辰	9.7
五·二十一	戊戌	6.21	六·二十一	丁卯	7.20	七·二十一	丙申	8.18	八·二十一	丙寅	9.17
九·一	乙亥	9.26	十·一	甲辰	10.25	十一·一	甲戌	11.24	十二·一	甲辰	12.24
九·十一	乙酉	10.6	十·十一	甲寅	11.4	十一·十一	甲申	12.4	十二·十一	甲寅	1.3
九·二十一	乙未	10.16	十·二十一	甲子	11.14	十一·二十一	甲午	12.14	十二·二十一	甲子	1.13

* 本月明光宗即位，改元“泰昌”。

明熹宗天启元年、清太祖天命六年辛酉（1621—1622）

一·一	癸酉	1.22	二·一 癸卯 2.21	闰二·一 癸酉 3.23		三·一	癸卯	4.22	四·一	壬申	5.21
一·十一	癸未	2.1	二·十一 癸丑 3.3	闰二·十一 癸未 4.2		三·十一	癸丑	5.2	四·十一	壬午	5.31
一·二十一	癸巳	2.11	二·二十一 癸亥 3.13	闰二·二十一 癸巳 4.12		三·二十一	癸亥	5.12	四·二十一	壬辰	6.10
五·一	壬寅	6.20	六·一	辛未	7.19	七·一	庚子	8.17	八·一	庚午	9.16
五·十一	壬子	6.30	六·十一	辛巳	7.29	七·十一	庚戌	8.27	八·十一	庚辰	9.26
五·二十一	壬戌	7.10	六·二十一	辛卯	8.8	七·二十一	庚申	9.6	八·二十一	庚寅	10.6
九·一	己亥	10.15	十·一	戊辰	11.13	十一·一	戊戌	12.13	十二·一	戊辰	1.12
九·十一	己酉	10.25	十·十一	戊寅	11.23	十一·十一	戊申	12.23	十二·十一	戊寅	1.22
九·二十一	己未	11.4	十·二十一	戊子	12.3	十一·二十一	戊午	1.2	十二·二十一	戊子	2.1

明熹宗天启二年、清太祖天命七年壬戌（1622—1623）

一·一	丁酉	2.10	二·一	丁卯	3.12	三·一	丁酉	4.11	四·一	丙寅	5.10
一·十一	丁未	2.20	二·十一	丁丑	3.22	三·十一	丁未	4.21	四·十一	丙子	5.20
一·二十一	丁巳	3.2	二·二十一	丁亥	4.1	三·二十一	丁巳	5.1	四·二十一	丙戌	5.30
五·一	丙申	6.9	六·一	乙丑	7.8	七·一	乙未	8.7	八·一	甲子	9.5
五·十一	丙午	6.19	六·十一	乙亥	7.18	七·十一	乙巳	8.17	八·十一	甲戌	9.15
五·二十一	丙辰	6.29	六·二十一	乙酉	7.28	七·二十一	乙卯	8.27	八·二十一	甲申	9.25
九·一	甲午	10.5	十·一	癸亥	11.3	十一·一	癸巳	12.3	十二·一	壬戌	1.1
九·十一	甲辰	10.15	十·十一	癸酉	11.13	十一·十一	癸卯	12.13	十二·十一	壬申	1.11
九·二十一	甲寅	10.25	十·二十一	癸未	11.23	十一·二十一	癸丑	12.23	十二·二十一	壬午	1.21

明熹宗天启三年、清太祖天命八年癸亥（1623—1624）

一·一	壬辰	1.31	二·一	辛酉	3.1	三·一	辛卯	3.31	四·一	庚申	4.29
一·十一	壬寅	2.10	二·十一	辛未	3.11	三·十一	辛丑	4.10	四·十一	庚午	5.9
一·二十一	壬子	2.20	二·二十一	辛巳	3.21	三·二十一	辛亥	4.20	四·二十一	庚辰	5.19
五·一	庚寅	5.29	六·一	庚申	6.28	七·一	己丑	7.27	八·一	己未	8.26
五·十一	庚子	6.8	六·十一	庚午	7.8	七·十一	己亥	8.6	八·十一	己巳	9.5
五·二十一	庚戌	6.18	六·二十一	庚辰	7.18	七·二十一	己酉	8.16	八·二十一	己卯	9.15
九·一	戊子	9.24	十·一 戊午 10.24	闰十·一 丁亥 11.22		十一·一	丁巳	12.22	十二·一	丙戌	1.20
九·十一	戊戌	10.4	十·十一 戊辰 11.3	闰十·十一 丁酉 12.2		十一·十一	丁卯	1.1	十二·十一	丙申	1.30
九·二十一	戊申	10.14	十·二十一 戊寅 11.13	闰十·二十一 丁未 12.12		十一·二十一	丁丑	1.11	十二·二十一	丙午	2.9

明熹宗天启四年、*清太祖天命九年甲子（1624—1625）

一・一 丙辰 2.19	二・一 乙酉 3.19	三・一 乙卯 4.18	四・一 甲申 5.17
一・十一 丙寅 2.29	二・十一 乙未 3.29	三・十一 乙丑 4.28	四・十一 甲午 5.27
一・二十一 丙子 3.10	二・二十一 乙巳 4.8	三・二十一 乙亥 5.8	四・二十一 甲辰 6.6
五・一 甲寅 6.16	六・一 癸未 7.15	七・一 癸丑 8.14	八・一 癸未 9.13
五・十一 甲子 6.26	六・十一 癸巳 7.25	七・十一 癸亥 8.24	八・十一 癸巳 9.23
五・二十一 甲戌 7.6	六・二十一 癸卯 8.4	七・二十一 癸酉 9.3	八・二十一 癸卯 10.3
九・一 壬子 10.12	十・一 壬午 11.11	十一・一 辛亥 12.10	十二・一 辛巳 1.9
九・十一 壬戌 10.22	十・十一 壬辰 11.21	十一・十一 辛酉 12.20	十二・十一 辛卯 1.19
九・二十一 壬申 11.1	十・二十一 壬寅 12.1	十一・二十一 辛未 12.30	十二・二十一 辛丑 1.29

＊《辑要》《朔闰考》从清太祖本年起，采时宪术新法所追定的朔闰，今不取，此据《朔闰表》《总谱》。下同。

明熹宗天启五年、清太祖天命十年乙丑（1625—1626）

一・一 庚戌 2.7	二・一 庚辰 3.9	三・一 己酉 4.7	四・一 戊寅 5.6
一・十一 庚申 2.17	二・十一 庚寅 3.19	三・十一 己未 4.17	四・十一 戊子 5.16
一・二十一 庚午 2.27	二・二十一 庚子 3.29	三・二十一 己巳 4.27	四・二十一 戊戌 5.26
五・一 戊申 6.5	六・一 丁丑 7.4	七・一 丁未 8.3	八・一 丁丑 9.2
五・十一 戊午 6.15	六・十一 丁亥 7.14	七・十一 丁巳 8.13	八・十一 丁亥 9.12
五・二十一 戊辰 6.25	六・二十一 丁酉 7.24	七・二十一 丁卯 8.23	八・二十一 丁酉 9.22
九・一 丙午 10.1	十・一 丙子 10.31	十一・一 丙午 11.30	十二・一 乙亥 12.29
九・十一 丙辰 10.11	十・十一 丙戌 11.10	十一・十一 丙辰 12.10	十二・十一 乙酉 1.8
九・二十一 丙寅 10.21	十・二十一 丙申 11.20	十一・二十一 丙寅 12.20	十二・二十一 乙未 1.18

明熹宗天启六年、清太祖天命十一年丙寅（1626—1627）

一・一 乙巳 1.28	二・一 甲戌 2.26	*三・一 甲辰 3.28	四・一 癸酉 4.26
一・十一 乙卯 2.7	二・十一 甲申 3.8	三・十一 甲寅 4.7	四・十一 癸未 5.6
一・二十一 乙丑 2.17	二・二十一 甲午 3.18	三・二十一 甲子 4.17	四・二十一 癸巳 5.16
五・一 壬寅 5.25	六・一 壬申 6.24 闰六・一 辛丑 7.23	七・一 辛未 8.22	八・一 庚子 9.20
五・十一 壬子 6.4	六・十一 壬午 7.4 闰六・十一 辛亥 8.2	七・十一 辛巳 9.1	八・十一 庚戌 9.30
五・二十一 壬戌 6.14	六・二十一 壬辰 7.14 闰六・二十一 辛酉 8.12	七・二十一 辛卯 9.11	八・二十一 庚申 10.10
九・一 庚午 10.20	十・一 庚子 11.19	十一・一 庚午 12.19	十二・一 己亥 1.17
九・十一 庚辰 10.30	十・十一 庚戌 11.29	十一・十一 庚辰 12.29	十二・十一 己酉 1.27
九・二十一 庚寅 11.9	十・二十一 庚申 12.9	十一・二十一 庚寅 1.8	十二・二十一 己未 2.6

＊《对照表》清三月癸卯朔。

明熹宗天启七年、清太宗天聪元年丁卯（1627—1628）

一・一 己巳 2.16	二・一 戊戌 3.17	三・一 戊辰 4.16	四・一 丁酉 5.15
一・十一 己卯 2.26	二・十一 戊申 3.27	三・十一 戊寅 4.26	四・十一 丁未 5.25
一・二十一 己丑 3.8	二・二十一 戊午 4.6	三・二十一 戊子 5.6	四・二十一 丁巳 6.4
五・一 丙寅 6.13	六・一 丙申 7.13	七・一 乙丑 8.11	八・一 甲午 9.9
五・十一 丙子 6.23	六・十一 丙午 7.23	七・十一 乙亥 8.21	八・十一 甲辰 9.19
五・二十一 丙戌 7.3	六・二十一 丙辰 8.2	七・二十一 乙酉 8.31	八・二十一 甲寅 9.29
九・一 甲子 10.9	十・一 甲午 11.8	十一・一 甲子 12.8	十二・一 甲午 1.7
九・十一 甲戌 10.19	十・十一 甲辰 11.18	十一・十一 甲戌 12.18	十二・十一 甲辰 1.17
九・二十一 甲申 10.29	十・二十一 甲寅 11.28	十一・二十一 甲申 12.28	十二・二十一 甲寅 1.27

明思宗崇祯元年、清太宗天聪二年戊辰（1628—1629）

一·一	癸亥	2.5	二·一	癸巳	3.6	三·一	壬戌	4.4	四·一	壬辰	5.4
一·十一	癸酉	2.15	二·十一	癸卯	3.16	三·十一	壬申	4.14	四·十一	壬寅	5.14
一·二十一	癸未	2.25	二·二十一	癸丑	3.26	三·二十一	壬午	4.24	四·二十一	壬子	5.24
五·一	辛酉	6.2	六·一	庚寅	7.1	七·一	庚申	7.31	八·一	己丑	8.29
五·十一	辛未	6.12	六·十一	庚子	7.11	七·十一	庚午	8.10	八·十一	己亥	9.8
五·二十一	辛巳	6.22	六·二十一	庚戌	7.21	七·二十一	庚辰	8.20	八·二十一	己酉	9.18
九·一	戊午	9.27	十·一	戊子	10.27	十一·一	戊午	11.26	十二·一	丁亥	12.25
九·十一	戊辰	10.7	十·十一	戊戌	11.6	十一·十一	戊辰	12.6	十二·十一	丁酉	1.4
九·二十一	戊寅	10.17	十·二十一	戊申	11.16	十一·二十一	戊寅	12.16	十二·二十一	丁未	1.14

明思宗崇祯二年、清太宗天聪三年己巳（1629—1630）

一·一	丁巳	1.24	二·一	丁亥	2.23	三·一	丁巳	3.25	四·一 丙戌 4.23	闰四·一 丙辰 5.23	
一·十一	丁卯	2.3	二·十一	丁酉	3.5	三·十一	丁卯	4.4	四·十一 丙申 5.3	闰四·十一 丙寅 6.2	
一·二十一	丁丑	2.13	二·二十一	丁未	3.15	三·二十一	丁丑	4.14	四·二十一丙午 5.13	闰四·二十一丙子 6.12	
五·一	乙酉	6.21	六·一	甲寅	7.20	七·一	甲申	8.19	八·一	癸丑	9.17
五·十一	乙未	7.1	六·十一	甲子	7.30	七·十一	甲午	8.29	八·十一	癸亥	9.27
五·二十一	乙巳	7.11	六·二十一	甲戌	8.9	七·二十一	甲辰	9.8	八·二十一	癸酉	10.7
九·一	壬午	10.16	十·一	壬子	11.15	十一·一	壬午	12.15	十二·一	辛亥	1.13
九·十一	壬辰	10.26	十·十一	壬戌	11.25	十一·十一	壬辰	12.25	十二·十一	辛酉	1.23
九·二十一	壬寅	11.5	十·二十一	壬申	12.5	十一·二十一	壬寅	1.4	十二·二十一	辛未	2.2

明思宗崇祯三年、清太宗天聪四年庚午（1630—1631）

一·一	辛巳	2.12	二·一	辛亥	3.14	三·一	辛巳	4.13	四·一	庚戌	5.12
一·十一	辛卯	2.22	二·十一	辛酉	3.24	三·十一	辛卯	4.23	四·十一	庚申	5.22
一·二十一	辛丑	3.4	二·二十一	辛未	4.3	三·二十一	辛丑	5.3	四·二十一	庚午	6.1
五·一	庚辰	6.11	六·一	己酉	7.10	七·一	戊寅	8.8	八·一	戊申	9.7
五·十一	庚寅	6.21	六·十一	己未	7.20	七·十一	戊子	8.18	八·十一	戊午	9.17
五·二十一	庚子	7.1	六·二十一	己巳	7.30	七·二十一	戊戌	8.28	八·二十一	戊辰	9.27
九·一	丁丑	10.6	十·一	丙午	11.4	十一·一	丙子	12.4	十二·一	乙巳	1.2
九·十一	丁亥	10.16	十·十一	丙辰	11.14	十一·十一	丙戌	12.14	十二·十一	乙卯	1.12
九·二十一	丁酉	10.26	十·二十一	丙寅	11.24	十一·二十一	丙申	12.24	十二·二十一	乙丑	1.22

明思宗崇祯四年、清太宗天聪五年辛未（1631—1632）

一·一	乙亥	2.1	二·一	乙巳	3.3	三·一	乙亥	4.2	四·一	甲辰	5.1
一·十一	乙酉	2.11	二·十一	乙卯	3.13	三·十一	乙酉	4.12	四·十一	甲寅	5.11
一·二十一	乙未	2.21	二·二十一	乙丑	3.23	三·二十一	乙未	4.22	四·二十一	甲子	5.21
五·一	甲戌	5.31	六·一	癸卯	6.29	七·一	癸酉	7.29	八·一	壬寅	8.27
五·十一	甲申	6.10	六·十一	癸丑	7.9	七·十一	癸未	8.8	八·十一	壬子	9.6
五·二十一	甲午	6.20	六·二十一	癸亥	7.19	七·二十一	癸巳	8.18	八·二十一	壬戌	9.16
九·一	壬申	9.26	十·一	辛丑	10.25	十一·一 庚午 11.23	闰十一·一 庚子 12.23		十二·一	己巳	1.21
九·十一	壬午	10.6	十·十一	辛亥	11.4	十一·十一 庚辰 12.3	闰十一·十一 庚戌 1.2		十二·十一	己卯	1.31
九·二十一	壬辰	10.16	十·二十一	辛酉	11.14	十一·二十一庚寅 12.13	闰十一·二十一庚申 1.12		十二·二十一	己丑	2.10

明思宗崇祯五年、清太宗天聪六年壬申（1632—1633）

一·一	己亥	2.20	二·一	己巳	3.21	三·一	戊戌	4.19	四·一	戊辰	5.19
一·十一	己酉	3.1	二·十一	己卯	3.31	三·十一	戊申	4.29	四·十一	戊寅	5.29
一·二十一	己未	3.11	二·二十一	己丑	4.10	三·二十一	戊午	5.9	四·二十一	戊子	6.8
五·一	戊戌	6.18	六·一	丁卯	7.17	七·一	丁酉	8.16	八·一	丙寅	9.14
五·十一	戊申	6.28	六·十一	丁丑	7.27	七·十一	丁未	8.26	八·十一	丙子	9.24
五·二十一	戊午	7.8	六·二十一	丁亥	8.6	七·二十一	丁巳	9.5	八·二十一	丙戌	10.4
九·一	丙申	10.14	十·一	乙丑	11.12	十一·一	乙未	12.12	十二·一	甲子	1.10
九·十一	丙午	10.24	十·十一	乙亥	11.22	十一·十一	乙巳	12.22	十二·十一	甲戌	1.20
九·二十一	丙辰	11.3	十·二十一	乙酉	12.2	十一·二十一	乙卯	1.1	十二·二十一	甲申	1.30

明思宗崇祯六年、清太宗天聪七年癸酉（1633—1634）

一·一	癸巳	2.8	二·一	癸亥	3.10	三·一	壬辰	4.8	四·一	壬戌	5.8
一·十一	癸卯	2.18	二·十一	癸酉	3.20	三·十一	壬寅	4.18	四·十一	壬申	5.18
一·二十一	癸丑	2.28	二·二十一	癸未	3.30	三·二十一	壬子	4.28	四·二十一	壬午	5.28
五·一	壬辰	6.7	六·一	辛酉	7.6	七·一	辛卯	8.5	八·一	庚申	9.3
五·十一	壬寅	6.17	六·十一	辛未	7.16	七·十一	辛丑	8.15	八·十一	庚午	9.13
五·二十一	壬子	6.27	六·二十一	辛巳	7.26	七·二十一	辛亥	8.25	八·二十一	庚辰	9.23
九·一	庚寅	10.3	十·一	庚申	11.2	十一·一	己丑	12.1	十二·一	己未	12.31
九·十一	庚子	10.13	十·十一	庚午	11.12	十一·十一	己亥	12.11	十二·十一	己巳	1.10
九·二十一	庚戌	10.23	十·二十一	庚辰	11.22	十一·二十一	己酉	12.21	十二·二十一	己卯	1.20

明思宗崇祯七年、清太宗天聪八年甲戌（1634—1635）

一·一	戊子	1.29	二·一	戊午	2.28	三·一	丁亥	3.29	四·一	丙辰	4.27
一·十一	戊戌	2.8	二·十一	戊辰	3.10	三·十一	丁酉	4.8	四·十一	丙寅	5.7
一·二十一	戊申	2.18	二·二十一	戊寅	3.20	三·二十一	丁未	4.18	四·二十一	丙子	5.17
五·一	丙戌	5.27	六·一	乙卯	6.25	七·一	乙酉	7.25	八·一 甲寅 8.23	闰八·一 甲申 9.22	
五·十一	丙申	6.6	六·十一	乙丑	7.5	七·十一	乙未	8.4	八·十一 甲子 9.2	闰八·十一 甲午 10.2	
五·二十一	丙午	6.16	六·二十一	乙亥	7.15	七·二十一	乙巳	8.14	八·二十一 甲戌 9.12	闰八·二十一 甲辰 10.12	
九·一	甲寅	10.22	十·一	甲申	11.21	十一·一	癸丑	12.20	十二·一	癸未	1.19
九·十一	甲子	11.1	十·十一	甲午	12.1	十一·十一	癸亥	12.30	十二·十一	癸巳	1.29
九·二十一	甲戌	11.11	十·二十一	甲辰	12.11	十一·二十一	癸酉	1.9	十二·二十一	癸卯	2.8

明思宗崇祯八年、清太宗天聪九年乙亥（1635—1636）

一·一	壬子	2.17	二·一	壬午	3.19	三·一	辛亥	4.17	四·一	庚辰	5.16
一·十一	壬戌	2.27	二·十一	壬辰	3.29	三·十一	辛酉	4.27	四·十一	庚寅	5.26
一·二十一	壬申	3.9	二·二十一	壬寅	4.8	三·二十一	辛未	5.7	四·二十一	庚子	6.5
五·一	庚戌	6.15	六·一	己卯	7.14	七·一	己酉	8.13	八·一	戊寅	9.11
五·十一	庚申	6.25	六·十一	己丑	7.24	七·十一	己未	8.23	八·十一	戊子	9.21
五·二十一	庚午	7.5	六·二十一	己亥	8.3	七·二十一	己巳	9.2	八·二十一	戊戌	10.1
九·一	戊申	10.11	十·一	戊寅	11.10	十一·一	丁未	12.9	十二·一	丁丑	1.8
九·十一	戊午	10.21	十·十一	戊子	11.20	十一·十一	丁巳	12.19	十二·十一	丁亥	1.18
九·二十一	戊辰	10.31	十·二十一	戊戌	11.30	十一·二十一	丁卯	12.29	十二·二十一	丁酉	1.28

明思宗崇祯九年、清太宗崇德元年丙子（1636—1637）

一·一	丁未	2.7	二·一	丙子	3.7	三·一	丙午	4.6	*四·一	乙亥	5.5
一·十一	丁巳	2.17	二·十一	丙戌	3.17	三·十一	丙辰	4.16	四·十一	乙酉	5.15
一·二十一	丁卯	2.27	二·二十一	丙申	3.27	三·二十一	丙寅	4.26	四·二十一	乙未	5.25
五·一	甲辰	6.3	六·一	甲戌	7.3	七·一	癸卯	8.1	八·一	壬申	8.30
五·十一	甲寅	6.13	六·十一	甲申	7.13	七·十一	癸丑	8.11	八·十一	壬午	9.9
五·二十一	甲子	6.23	六·二十一	甲午	7.23	七·二十一	癸亥	8.21	八·二十一	壬辰	9.19
九·一	壬寅	9.29	十·一	壬申	10.29	十一·一	辛丑	11.27	十二·一	辛未	12.27
九·十一	壬子	10.9	十·十一	壬午	11.8	十一·十一	辛亥	12.7	十二·十一	辛巳	1.6
九·二十一	壬戌	10.19	十·二十一	壬辰	11.18	十一·二十一	辛酉	12.17	十二·二十一	辛卯	1.16

* 本月清太宗改元“崇德”。前此称“后金”，从“崇德”元年称帝起，始改国号为“清”。

明思宗崇祯十年、清太宗崇德二年丁丑（1637—1638）

一·一	辛丑	1.26	二·一	辛未	2.25	三·一	庚子	3.26	四·一	庚午 4.25	闰四·一 己亥 5.24
一·十一	辛亥	2.5	二·十一	辛巳	3.7	三·十一	庚戌	4.5	四·十一	庚辰 5.5	闰四·十一 己酉 6.3
一·二十一	辛酉	2.15	二·二十一	辛卯	3.17	三·二十一	庚申	4.15	四·二十一	庚寅 5.15	闰四·二十一 己未 6.13
五·一	戊辰	6.22	六·一	戊戌	7.22	七·一	丁卯	8.20	八·一	丙申	9.18
五·十一	戊寅	7.2	六·十一	戊申	8.1	七·十一	丁丑	8.30	八·十一	丙午	9.28
五·二十一	戊子	7.12	六·二十一	戊午	8.11	七·二十一	丁亥	9.9	八·二十一	丙辰	10.8
九·一	丙寅	10.18	十·一	乙未	11.16	十一·一	乙丑	12.16	十二·一	乙未	1.15
九·十一	丙子	10.28	十·十一	乙巳	11.26	十一·十一	乙亥	12.26	十二·十一	乙巳	1.25
九·二十一	丙戌	11.7	十·二十一	乙卯	12.6	十一·二十一	乙酉	1.5	十二·二十一	乙卯	2.4

明思宗崇祯十一年、清太宗崇德三年戊寅（1638—1639）

一·一	乙丑	2.14	二·一	乙未	3.16	三·一	甲子	4.14	四·一	甲午	5.14
一·十一	乙亥	2.24	二·十一	乙巳	3.26	三·十一	甲戌	4.24	四·十一	甲辰	5.24
一·二十一	乙酉	3.6	二·二十一	乙卯	4.5	三·二十一	甲申	5.4	四·二十一	甲寅	6.3
五·一	癸亥	6.12	六·一	壬辰	7.11	七·一	壬戌	8.10	八·一	辛卯	9.8
五·十一	癸酉	6.22	六·十一	壬寅	7.21	七·十一	壬申	8.20	八·十一	辛丑	9.18
五·二十一	癸未	7.2	六·二十一	壬子	7.31	七·二十一	壬午	8.30	八·二十一	辛亥	9.28
九·一	庚申	10.7	十·一	庚寅	11.6	十一·一	己未	12.5	十二·一	己丑	1.4
九·十一	庚午	10.17	十·十一	庚子	11.16	十一·十一	己巳	12.15	十二·十一	己亥	1.14
九·二十一	庚辰	10.27	十·二十一	庚戌	11.26	十一·二十一	己卯	12.25	十二·二十一	己酉	1.24

明思宗崇祯十二年、清太宗崇德四年己卯（1639—1640）

一·一	己未	2.3	二·一	己丑	3.5	三·一	戊午	4.3	四·一	戊子	5.3
一·十一	己巳	2.13	二·十一	己亥	3.15	三·十一	戊辰	4.13	四·十一	戊戌	5.13
一·二十一	己卯	2.23	二·二十一	己酉	3.25	三·二十一	戊寅	4.23	四·二十一	戊申	5.23
五·一	丁巳	6.1	六·一	丁亥	7.1	七·一	丙辰	7.30	八·一	丙戌	8.29
五·十一	丁卯	6.11	六·十一	丁酉	7.11	七·十一	丙寅	8.9	八·十一	丙申	9.8
五·二十一	丁丑	6.21	六·二十一	丁未	7.21	七·二十一	丙子	8.19	八·二十一	丙午	9.18
九·一	乙卯	9.27	十·一	甲申	10.26	十一·一	甲寅	11.25	十二·一	癸未	12.24
九·十一	乙丑	10.7	十·十一	甲午	11.5	十一·十一	甲子	12.5	十二·十一	癸巳	1.3
九·二十一	乙亥	10.17	十·二十一	甲辰	11.15	十一·二十一	甲戌	12.15	十二·二十一	癸卯	1.13

明思宗崇祯十三年、清太宗崇德五年庚辰（1640—1641）

一·一 癸丑 1.23 闰一·一 癸未 2.22 一·十一 癸亥 2.2 闰一·十一 癸巳 3.3 一·二十一 癸酉 2.12 闰一·二十一 癸卯 3.13	二·一 壬子 3.22 二·十一 壬戌 4.1 二·二十一 壬申 4.11	三·一 壬午 4.21 三·十一 壬辰 5.1 三·二十一 壬寅 5.11	四·一 壬子 5.21 四·十一 壬戌 5.31 四·二十一 壬申 6.10
五·一 辛巳 6.19 五·十一 辛卯 6.29 五·二十一 辛丑 7.9	六·一 辛亥 7.19 六·十一 辛酉 7.29 六·二十一 辛未 8.8	七·一 庚辰 8.17 七·十一 庚寅 8.27 七·二十一 庚子 9.6	八·一 庚戌 9.16 八·十一 庚申 9.26 八·二十一 庚午 10.6
九·一 己卯 10.15 九·十一 己丑 10.25 九·二十一 己亥 11.4	十·一 戊申 11.13 十·十一 戊午 11.23 十·二十一 戊辰 12.3	十一·一 戊寅 12.13 十一·十一 戊子 12.23 十一·二十一 戊戌 1.2	十二·一 丁未 1.11 十二·十一 丁巳 1.21 十二·二十一 丁卯 1.31

明思宗崇祯十四年、清太宗崇德六年辛巳（1641—1642）

一·一 丁丑 2.10 一·十一 丁亥 2.20 一·二十一 丁酉 3.2	二·一 丙午 3.11 二·十一 丙辰 3.21 二·二十一 丙寅 3.31	三·一 丙子 4.10 三·十一 丙戌 4.20 三·二十一 丙申 4.30	四·一 丙午 5.10 四·十一 丙辰 5.20 四·二十一 丙寅 5.30
五·一 乙亥 6.8 五·十一 乙酉 6.18 五·二十一 乙未 6.28	六·一 乙巳 7.8 六·十一 乙卯 7.18 六·二十一 乙丑 7.28	七·一 乙亥 8.7 七·十一 乙酉 8.17 七·二十一 乙未 8.27	八·一 甲辰 9.5 八·十一 甲寅 9.15 八·二十一 甲子 9.25
九·一 甲戌 10.5 九·十一 甲申 10.15 九·二十一 甲午 10.25	十·一 癸卯 11.3 十·十一 癸丑 11.13 十·二十一 癸亥 11.23	十一·一 癸酉 12.3 十一·十一 癸未 12.13 十一·二十一 癸巳 12.23	十二·一 壬寅 1.1 十二·十一 壬子 1.11 十二·二十一 壬戌 1.21

明思宗崇祯十五年、清太宗崇德七年壬午（1642—1643）

一·一 辛未 1.30 一·十一 辛巳 2.9 一·二十一 辛卯 2.19	二·一 辛丑 3.1 二·十一 辛亥 3.11 二·二十一 辛酉 3.21	三·一 庚午 3.30 三·十一 庚辰 4.9 三·二十一 庚寅 4.19	四·一 庚子 4.29 四·十一 庚戌 5.9 四·二十一 庚申 5.19
五·一 己巳 5.28 五·十一 己卯 6.7 五·二十一 己丑 6.17	六·一 己亥 6.27 六·十一 己酉 7.7 六·二十一 己未 7.17	七·一 己巳 7.27 七·十一 己卯 8.6 七·二十一 己丑 8.16	八·一 戊戌 8.25 八·十一 戊申 9.4 八·二十一 戊午 9.14
九·一 戊辰 9.24 九·十一 戊寅 10.4 九·二十一 戊子 10.14	十·一 戊戌 10.24 十·十一 戊申 11.3 十·二十一 戊午 11.13	十一·一 丁卯 11.22 闰十一·一 丁酉 12.22 十一·十一 丁丑 12.2 闰十一·十一 丁未 1.1 十一·二十一 丁亥 12.12 闰十一·二十一 丁巳 1.11	十二·一 丙寅 1.20 十二·十一 丙子 1.30 十二·二十一 丙戌 2.9

明思宗崇祯十六年、清太宗崇德八年癸未（1643—1644）

一·一 丙申 2.19 一·十一 丙午 3.1 一·二十一 丙辰 3.11	二·一 乙丑 3.20 二·十一 乙亥 3.30 二·二十一 乙酉 4.9	三·一 甲午 4.18 三·十一 甲辰 4.28 三·二十一 甲寅 5.8	四·一 甲子 5.18 四·十一 甲戌 5.28 四·二十一 甲申 6.7
五·一 癸巳 6.16 五·十一 癸卯 6.26 五·二十一 癸丑 7.6	六·一 癸亥 7.16 六·十一 癸酉 7.26 六·二十一 癸未 8.5	七·一 壬辰 8.14 七·十一 壬寅 8.24 七·二十一 壬子 9.3	八·一 壬戌 9.13 八·十一 壬申 9.23 八·二十一 壬午 10.3
九·一 壬辰 10.13 九·十一 壬寅 10.23 九·二十一 壬子 11.2	十·一 辛酉 11.11 十·十一 辛未 11.21 十·二十一 辛巳 12.1	十一·一 辛卯 12.11 十一·十一 辛丑 12.21 十一·二十一 辛亥 12.31	十二·一 辛酉 1.10 十二·十一 辛未 1.20 十二·二十一 辛巳 1.30

清历日表

清世祖顺治元年、明思宗崇祯十七年甲申（1644—1645）

一·一 庚寅 2.8	二·一 庚申 3.9	*三·一 己丑 4.7	四·一 戊午 5.6
一·十一 庚子 2.18	二·十一 庚午 3.19	三·十一 己亥 4.17	四·十一 戊辰 5.16
一·二十一 庚戌 2.28	二·二十一 庚辰 3.29	三·二十一 己酉 4.27	四·二十一 戊寅 5.26
五·一 戊子 6.5	六·一 丁巳 7.4	七·一 丙戌 8.2	八·一 丙辰 9.1
五·十一 戊戌 6.15	六·十一 丁卯 7.14	七·十一 丙申 8.12	八·十一 丙寅 9.11
五·二十一 戊申 6.25	六·二十一 丁丑 7.24	七·二十一 丙午 8.22	八·二十一 丙子 9.21
九·一 丙戌 10.1	十·一 乙卯 10.31	十一·一 乙酉 12.29	十二·一 乙卯 12.29
九·十一 丙申 10.11	十·十一 乙丑 11.9	十一·十一 乙未 12.9	十二·十一 乙丑 1.8
九·二十一 丙午 10.21	十·二十一 乙亥 11.19	十一·二十一 乙巳 12.19	十二·二十一 乙亥 1.18

* 本月，明思宗死。五月，福王在南京称帝，此后史称“南明”。

清世祖顺治二年、南明福王弘光元年、南明唐王隆武元年乙酉（1645—1646）

一·一 乙酉 1.28	二·一 甲寅 2.26	三·一 甲申 3.28	四·一 癸丑 4.26
一·十一 乙未 2.7	二·十一 甲子 3.8	三·十一 甲午 4.7	四·十一 癸亥 5.6
一·二十一 乙巳 2.17	二·二十一 甲戌 3.18	三·二十一 甲辰 4.17	四·二十一 癸酉 5.16
*五·一 壬午 5.25	六·一 壬子 6.24　闰六·一 辛巳 7.23	七·一 庚戌 8.21	八·一 庚辰 9.20
五·十一 壬辰 6.4	六·十一 壬戌 7.4　闰六·十一 辛卯 8.2	七·十一 庚申 8.31	八·十一 庚寅 9.30
五·二十一 壬寅 6.14	六·二十一 壬申 7.14　闰六·二十一 辛丑 8.12	七·二十一 庚午 9.10	八·二十一 庚子 10.10
九·一 己酉 10.19	十·一 己卯 11.18	十一·一 己酉 12.18	十二·一 己卯 1.17
九·十一 己未 10.29	十·十一 己丑 11.28	十一·十一 己未 12.28	十二·十一 己丑 1.27
九·二十一 己巳 11.8	十·二十一 己亥 12.8	十一·二十一 己巳 1.7	十二·二十一 己亥 2.6

* 本月清军破南京，福王被俘，于次年被杀。闰六月，南明唐王在福州称帝，改元“隆武”。

清世祖顺治三年、南明唐王隆武二年、南明唐王绍武元年丙戌（1646—1647）

一·一 己酉 2.16	二·一 戊寅 3.17	三·一 戊申 4.16	四·一 丁丑 5.15
一·十一 己未 2.26	二·十一 戊子 3.27	三·十一 戊午 4.26	四·十一 丁亥 5.25
一·二十一 己巳 3.8	二·二十一 戊戌 4.6	三·二十一 戊辰 5.6	四·二十一 丁酉 6.4
五·一 丙午 6.13	六·一 丙子 7.13	七·一 乙巳 8.11	*八·一 甲戌 9.9
五·十一 丙辰 6.23	六·十一 丙戌 7.23	七·十一 乙卯 8.21	八·十一 甲申 9.19
五·二十一 丙寅 7.3	六·二十一 丙申 8.2	七·二十一 乙丑 8.31	八·二十一 甲午 9.29
九·一 甲辰 10.9	十·一 癸酉 11.7	十一·一 癸卯 12.7	十二·一 癸酉 1.6
九·十一 甲寅 10.19	十·十一 癸未 11.17	十一·十一 癸丑 12.17	十二·十一 癸未 1.16
九·二十一 甲子 10.29	十·二十一 癸巳 11.27	十一·二十一 癸亥 12.27	十二·二十一 癸巳 1.26

* 本月清军入福建，唐王死；十一月，其弟在广州称帝，改元“绍武”，次月即在清军破广州时被杀。十一月，南明桂王亦在肇庆称帝。

清世祖顺治四年、南明桂王永历元年丁亥（1647—1648）

一·一 癸卯 2.5	二·一 壬申 3.6	三·一 壬寅 4.5	四·一 壬申 5.5
一·十一 癸丑 2.15	二·十一 壬午 3.16	三·十一 壬子 4.15	四·十一 壬午 5.15
一·二十一 癸亥 2.25	二·二十一 壬辰 3.26	三·二十一 壬戌 4.25	四·二十一 壬辰 5.25
五·一 辛丑 6.3	六·一 庚午 7.2	七·一 庚子 8.1	八·一 己巳 8.30
五·十一 辛亥 6.13	六·十一 庚辰 7.12	七·十一 庚戌 8.11	八·十一 己卯 9.9
五·二十一 辛酉 6.23	六·二十一 庚寅 7.22	七·二十一 庚申 8.21	八·二十一 己丑 9.19
九·一 戊戌 9.28	十·一 戊辰 10.28	十一·一 丁酉 11.26	十二·一 丁卯 12.26
九·十一 戊申 10.8	十·十一 戊寅 11.7	十一·十一 丁未 12.6	十二·十一 丁丑 1.5
九·二十一 戊午 10.18	十·二十一 戊子 11.17	十一·二十一 丁巳 12.16	十二·二十一 丁亥 1.15

清世祖顺治五年、南明桂王永历二年戊子（1648—1649）

一·一 丁酉 1.25 一·十一 丁未 2.4 一·二十一 丁巳 2.14	二·一 丙寅 2.23 二·十一 丙子 3.4 二·二十一 丙戌 3.14	三·一 丙申 3.24 三·十一 丙午 4.3 三·二十一 丙辰 4.13	四·一 丙寅 4.23 闰四·一 乙未 5.22 *[明]闰三·一丙寅 4.23 四·一 乙未 5.22 四·十一 丙子 5.3 闰四·十一 乙巳 6.1 四·二十一 丙戌 5.13 闰四·二十一乙卯 6.11
五·一 乙丑 6.21 五·十一 乙亥 7.1 五·二十一 乙酉 7.11	六·一 甲午 7.20 六·十一 甲辰 7.30 六·二十一 甲寅 8.9	七·一 甲子 8.19 七·十一 甲戌 8.29 七·二十一 甲申 9.8	八·一 癸巳 9.17 八·十一 癸卯 9.27 八·二十一 癸丑 10.7
九·一 壬戌 10.16 九·十一 壬申 10.26 九·二十一 壬午 11.5	十·一 壬辰 11.15 十·十一 壬寅 11.25 十·二十一 壬子 12.5	十一·一 辛酉 12.14 十一·十一 辛未 12.24 十一·二十一 辛巳 1.3	十二·一 辛卯 1.13 十二·十一 辛丑 1.23 十二·二十一 辛亥 2.2

＊《总谱》明闰四月乙未朔。

清世祖顺治六年、南明桂王永历三年己丑（1649—1650）

一·一 庚申 2.11 一·十一 庚午 2.21 一·二十一 庚辰 3.3	二·一 庚寅 3.13 二·十一 庚子 3.23 二·二十一 庚戌 4.2	三·一 庚申 4.12 三·十一 庚午 4.22 三·二十一 庚辰 5.2	四·一 己丑 5.11 四·十一 己亥 5.21 四·二十一 己酉 5.31
五·一 己未 6.10 五·十一 己巳 6.20 五·二十一 己卯 6.30	六·一 己丑 7.10 六·十一 己亥 7.20 六·二十一 己酉 7.30	七·一 戊午 8.8 七·十一 戊辰 8.18 七·二十一 戊寅 8.28	八·一 戊子 9.7 八·十一 戊戌 9.17 八·二十一 戊申 9.27
九·一 丁巳 10.6 九·十一 丁卯 10.16 九·二十一 丁丑 10.26	十·一 丙戌 11.4 十·十一 丙申 11.14 十·二十一 丙午 11.24	十一·一 丙辰 12.4 十一·十一 丙寅 12.14 十一·二十一 丙子 12.24	十二·一 乙酉 1.2 十二·十一 乙未 1.12 十二·二十一 乙巳 1.22

清世祖顺治七年、南明桂王永历四年庚寅（1650—1651）

一·一 乙卯 2.1 一·十一 乙丑 2.11 一·二十一 乙亥 2.21	二·一 甲申 3.2 二·十一 甲午 3.12 二·二十一 甲辰 3.22	三·一 甲寅 4.1 三·十一 甲子 4.11 三·二十一 甲戌 4.21	四·一 甲申 5.1 四·十一 甲午 5.11 四·二十一 甲辰 5.21
五·一 癸丑 5.30 五·十一 癸亥 6.9 五·二十一 癸酉 6.19	六·一 癸未 6.29 六·十一 癸巳 7.9 六·二十一 癸卯 7.19	七·一 壬子 7.28 七·十一 壬戌 8.7 七·二十一 壬申 8.17	八·一 壬午 8.27 八·十一 壬辰 9.6 八·二十一 壬寅 9.16
九·一 壬子 9.26 九·十一 壬戌 10.6 九·二十一 壬申 10.16	十·一 辛巳 10.25 十·十一 辛卯 11.4 十·二十一 辛丑 11.14	十一·一 庚戌 11.23 ［明］ 辛亥 *11.24 十一·十一 庚申 12.3 十一·二十一 庚午 12.13	十二·一 庚辰 12.23 ［明］闰十一·一庚辰 12.23 十二·十一 庚寅 1.2 十二·二十一 庚子 1.12

＊《总谱》11月23日，误。

清世祖顺治八年、南明桂王永历五年辛卯（1651—1652）

一·一 乙酉 1.21 ［明］十二·一 乙酉 1.21 一·十一 乙未 1.31 一·二十一 乙巳 2.10	二·一 己卯 2.20 闰二·一 戊申 3.21 [明]一·一 己卯 2.20 二·一 戊申 3.21 二·十一 己丑 3.2 闰二·十一 戊午 3.31 二·二十一 己亥 3.12 闰二·二十一戊辰 4.10	三·一 戊寅 4.20 三·十一 戊子 4.30 三·二十一 戊戌 5.10	四·一 丁未 5.19 四·十一 丁巳 5.29 四·二十一 丁卯 6.8
五·一 丁丑 6.18 五·十一 丁亥 6.28 五·二十一 丁酉 7.8	六·一 丙午 7.17 六·十一 丙辰 7.27 六·二十一 丙寅 8.6	七·一 丙子 8.16 七·十一 丙戌 8.26 七·二十一 丙申 9.5	八·一 丙午 9.15 八·十一 丙辰 9.25 八·二十一 丙寅 10.5
九·一 乙亥 10.14 九·十一 乙酉 10.24 九·二十一 乙未 11.3	十·一 乙巳 11.13 十·十一 乙卯 11.23 十·二十一 乙丑 12.3	十一·一 乙亥 12.13 十一·十一 乙酉 12.23 十一·二十一 乙未 1.2	十二·一 甲辰 1.11 十二·十一 甲寅 1.21 十二·二十一 甲子 1.31

清世祖顺治九年、南明桂王永历六年壬辰（1652—1653）

*一・一　癸酉　2.9 ［明］　甲戌　2.10 一・十一　癸未　2.19 一・二十一　癸巳　2.29	二・一　癸卯　3.10 二・十一　癸丑　3.20 二・二十一　癸亥　3.30	三・一　壬申　4.8 三・十一　壬午　4.18 三・二十一　壬辰　4.28	四・一　壬寅　5.8 四・十一　壬子　5.18 四・二十一　壬戌　5.28
五・一　辛未　6.6 五・十一　辛巳　6.16 五・二十一　辛卯　6.26	六・一　辛丑　7.6 六・十一　辛亥　7.16 六・二十一　辛酉　7.26	七・一　庚午　8.4 七・十一　庚辰　8.14 七・二十一　庚寅　8.24	八・一　庚子　9.3 八・十一　庚戌　9.13 八・二十一　庚申　9.23
九・一　庚午　10.3 ［明］　己巳　10.2 九・十一　庚辰　10.13 九・二十一　庚寅　10.23	十・一　己亥　11.1 十・十一　己酉　11.11 十・二十一　己未　11.21	十一・一　己巳　12.1 十一・十一　己卯　12.11 十一・二十一　己丑　12.21	十二・一　己亥　12.31 十二・十一　己酉　1.10 十二・二十一　己未　1.20

*《辑要》《朔闰考》清正月甲戌朔。

清世祖顺治十年、南明桂王永历七年癸巳（1653—1654）

一・一　戊辰　1.29 一・十一　戊寅　2.8 一・二十一　戊子　2.18	二・一　戊戌　2.28 二・十一　戊申　3.10 二・二十一　戊午　3.20	三・一　丁卯　3.29 三・十一　丁丑　4.8 三・二十一　丁亥　4.18	四・一　丙申　4.27 四・十一　丙午　5.7 四・二十一　丙辰　5.17
五・一　丙寅　5.27 五・十一　丙子　6.6 五・二十一　丙戌　6.16	六・一　乙未 6.25　闰六・一　甲子 7.24 ［明］七・一　甲子 7.24 六・十一　乙巳 7.5　闰 六・十一　甲戌 8.3 六・二十一　乙卯 7.15　闰六・二十一　甲申 8.13	七・一　甲午　8.23 ［明］闰七・一　甲午　8.23 七・十一　甲辰　9.2 七・二十一　甲寅　9.12	八・一　甲子　9.22 ［明］　癸亥　9.21 八・十一　甲戌　10.2 八・二十一　甲申　10.12
九・一　癸巳　10.21 九・十一　癸卯　10.31 九・二十一　癸丑　11.10	十・一　癸亥　11.20 十・十一　癸酉　11.30 十・二十一　癸未　12.10	十一・一　癸巳　12.20 十一・十一　癸卯　12.30 十一・二十一　癸丑　1.9	十二・一　壬戌　1.18 ［明］　癸亥　1.19 十二・十一　壬申　1.28 十二・二十一　壬午　2.7

清世祖顺治十一年、南明桂王永历八年甲午（1654—1655）

一・一　壬辰　2.17 一・十一　壬寅　2.27 一・二十一　壬子　3.9	二・一　壬戌　3.19 二・十一　壬申　3.29 二・二十一　壬午　4.8	三・一　辛卯　4.17 三・十一　辛丑　4.27 三・二十一　辛亥　5.7	四・一　庚申　5.16 四・十一　庚午　5.26 四・二十一　庚辰　6.5
五・一　庚寅　6.15 五・十一　庚子　6.25 五・二十一　庚戌　7.5	六・一　己未　7.14 六・十一　己巳　7.24 六・二十一　己卯　8.3	七・一　戊子　8.12 七・十一　戊戌　8.22 七・二十一　戊申　9.1	八・一　戊午　9.11 八・十一　戊辰　9.21 八・二十一　戊寅　10.1
九・一　丁亥　10.10 九・十一　丁酉　10.20 九・二十一　丁未　10.30	十・一　丁巳　11.9 十・十一　丁卯　11.19 十・二十一　丁丑　11.29	十一・一　丁亥　12.9 十一・十一　丁酉　12.19 十一・二十一　丁未　12.29	十二・一　丁巳　1.8 十二・十一　丁卯　1.18 十二・二十一　丁丑　1.28

清世祖顺治十二年、南明桂王永历九年乙未（1655—1656）

一・一　丙戌　2.6 一・十一　丙申　2.16 一・二十一　丙午　2.26	二・一　丙辰　3.8 二・十一　丙寅　3.18 二・二十一　丙子　3.28	三・一　丙戌　4.7 三・十一　丙申　4.17 三・二十一　丙午　4.27	四・一　乙卯　5.6 四・十一　乙丑　5.16 四・二十一　乙亥　5.26
五・一　甲申　6.4 五・十一　甲午　6.14 五・二十一　甲辰　6.24	六・一　甲寅　7.4 六・十一　甲子　7.14 六・二十一　甲戌　7.24	七・一　癸未　8.2 七・十一　癸巳　8.12 七・二十一　癸卯　8.22	八・一　壬子　8.31 八・十一　壬戌　9.10 八・二十一　壬申　9.20
九・一　壬午　9.30 九・十一　壬辰　10.10 九・二十一　壬寅　10.20	十・一　辛亥　10.29 十・十一　辛酉　11.8 十・二十一　辛未　11.18	十一・一　辛巳　11.28 十一・十一　辛卯　12.8 十一・二十一　辛丑　12.18	十二・一　辛亥　12.28 十二・十一　辛酉　1.7 十二・二十一　辛未　1.17

清世祖顺治十三年、南明桂王永历十年丙申（1656—1657）

一・一　庚辰　1.26 一・十一　庚寅　2.5 一・二十一　庚子　2.15	二・一　庚戌　2.25 二・十一　庚申　3.6 二・二十一　庚午　3.16	三・一　庚辰　3.26 三・十一　庚寅　4.5 三・二十一　庚子　4.15	四・一　己酉　4.24 四・十一　己未　5.4 四・二十一　己巳　5.14
五・一　己卯 5.24　闰五・一　戊申 6.22 五・十一　己丑 6.3　闰五・十一　戊午 7.2 五・二十一己亥 6.13　闰五・二十一戊辰 7.12	六・一　戊寅　7.22 六・十一　戊子　8.1 六・二十一　戊戌　8.11	七・一　丁未　8.20 七・十一　丁巳　8.30 七・二十一　丁卯　9.9	八・一　丙子　9.18 八・十一　丙戌　9.28 八・二十一　丙申　10.8
九・一　丙午　10.18 九・十一　丙辰　10.28 九・二十一　丙寅　11.7	十・一　乙亥　11.16 十・十一　乙酉　11.26 十・二十一　乙未　12.6	十一・一　乙巳　12.16 十一・十一　乙卯　12.26 十一・二十一　乙丑　1.5	十二・一　甲戌　1.14 十二・十一　甲申　1.24 十二・二十一　甲午　2.3

清世祖顺治十四年、南明桂王永历十一年丁酉（1657—1658）

一・一　甲辰　2.13 一・十一　甲寅　2.23 一・二十一　甲子　3.5	二・一　甲戌　3.15 二・十一　甲申　3.25 二・二十一　甲午　4.4	三・一　甲辰　4.14 三・十一　甲寅　4.24 三・二十一　甲子　5.4	四・一　癸酉　5.13 四・十一　癸未　5.23 四・二十一　癸巳　6.2
五・一　癸卯　6.12 五・十一　癸丑　6.22 五・二十一　癸亥　7.2	六・一　壬申　7.11 六・十一　壬午　7.21 六・二十一　壬辰　7.31	七・一　壬寅　8.10 七・十一　壬子　8.20 七・二十一　壬戌　8.30	八・一　辛未　9.8 八・十一　辛巳　9.18 八・二十一　辛卯　9.28
九・一　庚子　10.7 九・十一　庚戌　10.17 九・二十一　庚申　10.27	十・一　庚午　11.6 十・十一　庚辰　11.16 十・二十一　庚寅　11.26	十一・一　己亥　12.5 十一・十一　己酉　12.15 十一・二十一　己未　12.25	十二・一　己巳　1.4 十二・十一　己卯　1.14 十二・二十一　己丑　1.24

清世祖顺治十五年、南明桂王永历十二年戊戌（1658—1659）

一・一　戊戌　2.2 一・十一　戊申　2.12 一・二十一　戊午　2.22	二・一　戊辰　3.4 二・十一　戊寅　3.14 二・二十一　戊子　3.24	三・一　戊戌　4.3 三・十一　戊申　4.13 三・二十一　戊午　4.23	四・一　丁卯　5.2 四・十一　丁丑　5.12 四・二十一　丁亥　5.22
五・一　丁酉　6.1 五・十一　丁未　6.11 五・二十一　丁巳　6.21	六・一　丁卯　7.1 六・十一　丁丑　7.11 六・二十一　丁亥　7.21	七・一　丙申　7.30 七・十一　丙午　8.9 七・二十一　丙辰　8.19	八・一　丙寅　8.29 八・十一　丙子　9.8 八・二十一　丙戌　9.18
九・一　乙未　9.27 九・十一　乙巳　10.7 九・二十一　乙卯　10.17	十・一　甲子　10.26 十・十一　甲戌　11.5 十・二十一　甲申　11.15	十一・一　甲午　11.25 十一・十一　甲辰　12.5 十一・二十一　甲寅　12.15	十二・一　癸亥　12.24 十二・十一　癸酉　1.3 十二・二十一　癸未　1.13

清世祖顺治十六年、南明桂王永历十三年己亥（1659—1660）

一・一　癸巳　1.23 一・十一　癸卯　2.2 一・二十一　癸丑　2.12	二・一　壬戌　2.21 ［明］闰一・一　壬戌　2.21 二・十一　壬申　3.3 二・二十一　壬午　3.13	三・一　壬辰 3.23　闰三・一　辛酉 4.21 ［明］二・一壬辰 3.23　三・一　辛酉 4.21 三・十一　壬寅 4.2　闰三・十一　辛未 5.1 三・二十一壬子 4.12　闰三・二十一辛巳 5.11	四・一　辛卯　5.21 四・十一　辛丑　5.31 四・二十一　辛亥　6.10
五・一　辛酉　6.20 五・十一　辛未　6.30 五・二十一　辛巳　7.10	六・一　庚寅　7.19 六・十一　庚子　7.29 六・二十一　庚戌　8.8	七・一　庚申　8.18 七・十一　庚午　8.28 七・二十一　庚辰　9.7	八・一　己丑　9.16 八・十一　己亥　9.26 八・二十一　己酉　10.6
九・一　己未　10.16 九・十一　己巳　10.26 九・二十一　己卯　11.5	十・一　戊子　11.14 十・十一　戊戌　11.24 十・二十一　戊申　12.4	十一・一　戊午　12.14 十一・十一　戊辰　12.24 十一・二十一　戊寅　1.3	十二・一　丁亥　1.12 十二・十一　丁酉　1.22 十二・二十一　丁未　2.1

清世祖顺治十七年、南明桂王永历十四年庚子（1660—1661）

一·一 一·十一 一·二十一	丁巳 丁卯 丁丑	2.11 2.21 3.2	二·一 二·十一 二·二十一	丙戌 丙申 丙午	3.11 3.21 3.31	三·一 三·十一 三·二十一	丙辰 丙寅 丙子	4.10 4.20 4.30	四·一 四·十一 四·二十一	乙酉 乙未 乙巳	5.9 5.19 5.29
五·一 五·十一 五·二十一	乙卯 乙丑 乙亥	6.8 6.18 6.28	六·一 六·十一 六·二十一	甲申 甲午 甲辰	7.7 7.17 7.27	七·一 七·十一 七·二十一	甲寅 甲子 甲戌	8.6 8.16 8.26	八·一 八·十一 八·二十一	甲申 甲午 甲辰	9.5 9.15 9.25
九·一 九·十一 九·二十一	癸丑 癸亥 癸酉	10.4 10.14 10.24	十·一 十·十一 十·二十一	癸未 癸巳 癸卯	11.3 11.13 11.23	十一·一 十一·十一 十一·二十一	壬子 壬戌 壬申	12.2 12.12 12.22	十二·一 十二·十一 十二·二十一	壬午 壬辰 壬寅	1.1 1.11 1.21

清世祖顺治十八年、南明桂王永历十五年辛丑（1661—1662）

一·一 一·十一 一·二十一	辛亥 辛酉 辛未	1.30 2.9 2.19	二·一 二·十一 二·二十一	辛巳 辛卯 辛丑	3.1 3.11 3.21	三·一 三·十一 三·二十一	庚戌 庚申 庚午	3.30 4.9 4.19	四·一 四·十一 四·二十一	庚辰 庚寅 庚子	4.29 5.9 5.19
五·一 五·十一 五·二十一	己酉 己未 己巳	5.28 6.7 6.17	六·一 六·十一 六·二十一	戊寅 戊子 戊戌	6.26 7.6 7.16	七·一 戊申 7.26 七·十一 戊午 8.5 七·二十一 戊辰 8.15	闰七·一 戊寅 8.25 [明]八·一 戊寅 8.25 闰七·十一 戊子 9.4 闰七·二十一 戊戌 9.14		八·一 [明]九·一 八·十一 八·二十一	丁未 丁未 丁巳 丁卯	9.23 9.23 10.3 10.13
九·一 [明]十·一 九·十一 九·二十一	丁丑 丁丑 丁亥 丁酉	10.23 10.23 11.2 11.12	十·一 [明]闰十·一 十·十一 十·二十一	丁未 丁未 丁巳 丁卯	11.22 11.22 12.2 12.12	十一·一 十一·十一 十一·二十一	丙子 丙戌 丙申	12.21 12.31 1.10	*十二·一 十二·十一 十二·二十一	丙午 丙辰 丙寅	1.20 1.30 2.9

* 本月桂王为清军所俘，最后一个“南明”政权消灭。

清圣祖康熙元年壬寅（1662—1663）

一·一 一·十一 一·二十一	乙亥 乙酉 乙未	2.18 2.28 3.10	二·一 二·十一 二·二十一	乙巳 乙卯 乙丑	3.20 3.30 4.9	三·一 三·十一 三·二十一	甲戌 甲申 甲午	4.18 4.28 5.8	四·一 四·十一 四·二十一	甲辰 甲寅 甲子	5.18 5.28 6.7
五·一 五·十一 五·二十一	癸酉 癸未 癸巳	6.16 6.26 7.6	六·一 六·十一 六·二十一	壬寅 壬子 壬戌	7.15 7.25 8.4	七·一 七·十一 七·二十一	壬申 壬午 壬辰	8.14 8.24 9.3	八·一 八·十一 八·二十一	辛丑 辛亥 辛酉	9.12 9.22 10.2
九·一 九·十一 九·二十一	辛未 辛巳 辛卯	10.12 10.22 11.1	十·一 十·十一 十·二十一	辛丑 辛亥 辛酉	11.11 11.21 12.1	十一·一 十一·十一 十一·二十一	辛未 辛巳 辛卯	12.11 12.21 12.31	十二·一 十二·十一 十二·二十一	庚子 庚戌 庚申	1.9 1.19 1.29

清圣祖康熙二年癸卯（1663—1664）

一·一 一·十一 一·二十一	庚午 庚辰 庚寅	2.8 2.18 2.28	二·一 二·十一 二·二十一	庚子 庚戌 庚申	3.10 3.20 3.30	三·一 三·十一 三·二十一	己巳 己卯 己丑	4.8 4.18 4.28	四·一 四·十一 四·二十一	戊戌 戊申 戊午	5.7 5.17 5.27
五·一 五·十一 五·二十一	戊辰 戊寅 戊子	6.6 6.16 6.26	六·一 六·十一 六·二十一	丁酉 丁未 丁巳	7.5 7.15 7.25	七·一 七·十一 七·二十一	丙寅 丙子 丙戌	8.3 8.13 8.23	八·一 八·十一 八·二十一	丙申 丙午 丙辰	9.2 9.12 9.22
九·一 九·十一 九·二十一	乙丑 乙亥 乙酉	10.1 10.11 10.21	十·一 十·十一 十·二十一	乙未 乙巳 乙卯	10.31 11.10 11.20	十一·一 十一·十一 十一·二十一	乙丑 乙亥 乙酉	11.30 12.10 12.20	十二·一 十二·十一 十二·二十一	甲午 甲辰 甲寅	12.29 1.8 1.18

清圣祖康熙三年甲辰（1664—1665）

一・一　甲子　1.28	二・一　甲午　2.27	三・一　癸亥　3.27	四・一　癸巳　4.26
一・十一　甲戌　2.7	二・十一　甲辰　3.8	三・十一　癸酉　4.6	四・十一　癸卯　5.6
一・二十一　甲申　2.17	二・二十一　甲寅　3.18	三・二十一　癸未　4.16	四・二十一　癸丑　5.16
五・一　壬戌　5.25	六・一　壬辰 6.24　闰六・一　辛酉 7.23	七・一　庚寅　8.21	八・一　庚申　9.20
五・十一　壬申　6.4	六・十一　壬寅 7.4　闰六・十一　辛未 8.2	七・十一　庚子　8.31	八・十一　庚午　9.30
五・二十一　壬午　6.14	六・二十一 壬子 7.14　闰六・二十一 辛巳 8.12	七・二十一　庚戌　9.10	八・二十一　庚辰　10.10
九・一　己丑　10.19	十・一　己未　11.18	十一・一　戊子　12.17	十二・一　戊午　1.16
九・十一　己亥　10.29	十・十一　己巳　11.28	十一・十一　戊戌　12.27	十二・十一　戊辰　1.26
九・二十一　己酉　11.8	十・二十一　己卯　12.8	十一・二十一　戊申　1.6	十二・二十一　戊寅　2.5

清圣祖康熙四年乙巳（1665—1666）

一・一　戊子　2.15	二・一　戊午　3.17	三・一　丁亥　4.15	四・一　丁巳　5.15
一・十一　戊戌　2.25	二・十一　戊辰　3.27	三・十一　丁酉　4.25	四・十一　丁卯　5.25
一・二十一　戊申　3.7	二・二十一　戊寅　4.6	三・二十一　丁未　5.5	四・二十一　丁丑　6.4
五・一　丙戌　6.13	六・一　丙辰　7.13	七・一　乙酉　8.11	八・一　甲寅　9.9
五・十一　丙申　6.23	六・十一　丙寅　7.23	七・十一　乙未　8.21	八・十一　甲子　9.19
五・二十一　丙午　7.3	六・二十一　丙子　8.2	七・二十一　乙巳　8.31	八・二十一　甲戌　9.29
九・一　甲申　10.9	十・一　癸丑　11.7	十一・一　癸未　12.7	十二・一　壬子　1.5
九・十一　甲午　10.19	十・十一　癸亥　11.17	十一・十一　癸巳　12.17	十二・十一　壬戌　1.15
九・二十一　甲辰　10.29	十・二十一　癸酉　11.27	十一・二十一　癸卯　12.27	十二・二十一　壬申　1.25

清圣祖康熙五年丙午（1666—1667）

一・一　壬午　2.4	二・一　壬子　3.6	三・一　辛巳　4.4	四・一　辛亥　5.4
一・十一　壬辰　2.14	二・十一　壬戌　3.16	三・十一　辛卯　4.14	四・十一　辛酉　5.14
一・二十一　壬寅　2.24	二・二十一　壬申　3.26	三・二十一　辛丑　4.24	四・二十一　辛未　5.24
五・一　辛巳　6.3	六・一　庚戌　7.2	七・一　庚辰　8.1	八・一　己酉　8.30
五・十一　辛卯　6.13	六・十一　庚申　7.12	七・十一　庚寅　8.11	八・十一　己未　9.9
五・二十一　辛丑　6.23	六・二十一　庚午　7.22	七・二十一　庚子　8.21	八・二十一　己巳　9.19
九・一　戊寅　9.28	十・一　戊申　10.28	十一・一　丁丑　11.26	十二・一　丁未　12.26
九・十一　戊子　10.8	十・十一　戊午　11.7	十一・十一　丁亥　12.6	十二・十一　丁巳　1.5
九・二十一　戊戌　10.18	十・二十一　戊辰　11.17	十一・二十一　丁酉　12.16	十二・二十一　丁卯　1.15

清圣祖康熙六年丁未（1667—1668）

一・一　丙子　1.24	二・一　丙午　2.23	三・一　乙亥　3.24	四・一　乙巳 4.23　闰四・一　乙亥 5.23
一・十一　丙戌　2.3	二・十一　丙辰　3.5	三・十一　乙酉　4.3	四・十一　乙卯 5.3　闰四・十一　乙酉 6.2
一・二十一　丙申　2.13	二・二十一　丙寅　3.15	三・二十一　乙未　4.13	四・二十一 乙丑 5.13　闰四・二十一 乙未 6.12
五・一　甲辰　6.21	六・一　甲戌　7.21	七・一　癸卯　8.19	八・一　癸酉　9.18
五・十一　甲寅　7.1	六・十一　甲申　7.31	七・十一　癸丑　8.29	八・十一　癸未　9.28
五・二十一　甲子　7.11	六・二十一　甲午　8.10	七・二十一　癸亥　9.8	八・二十一　癸巳　10.8
九・一　壬寅　10.17	十・一　壬申　11.16	十一・一　辛丑　12.15	十二・一　辛未　1.14
九・十一　壬子　10.27	十・十一　壬午　11.26	十一・十一　辛亥　12.25	十二・十一　辛巳　1.24
九・二十一　壬戌　11.6	十・二十一　壬辰　12.6	十一・二十一　辛酉　1.4	十二・二十一　辛卯　2.3

清圣祖康熙七年戊申（1668—1669）

一·一　庚子　2.12	二·一　庚午　3.13	三·一　己亥　4.11	四·一　己巳　5.11
一·十一　庚戌　2.22	二·十一　庚辰　3.23	三·十一　己酉　4.21	四·十一　己卯　5.21
一·二十一　庚申　3.3	二·二十一　庚寅　4.2	三·二十一　己未　5.1	四·二十一　己丑　5.31
五·一　戊戌　6.9	六·一　戊辰　7.9	七·一　戊戌　8.8	八·一　丁卯　9.6
五·十一　戊申　6.19	六·十一　戊寅　7.19	七·十一　戊申　8.18	八·十一　丁丑　9.16
五·二十一　戊午　6.29	六·二十一　戊子　7.29	七·二十一　戊午　8.28	八·二十一　丁亥　9.26
九·一　丁酉　10.6	十·一　丙寅　11.4	十一·一　丙申　12.4	十二·一　乙丑　1.2
九·十一　丁未　10.16	十·十一　丙子　11.14	十一·十一　丙午　12.14	十二·十一　乙亥　1.12
九·二十一　丁巳　10.26	十·二十一　丙戌　11.24	十一·二十一　丙辰　12.24	十二·二十一　乙酉　1.22

清圣祖康熙八年己酉（1669—1670）

一·一　乙未　2.1	二·一　甲子　3.2	三·一　甲午　4.1	四·一　癸亥　4.30
一·十一　乙巳　2.11	二·十一　甲戌　3.12	三·十一　甲辰　4.11	四·十一　癸酉　5.10
一·二十一　乙卯　2.21	二·二十一　甲申　3.22	三·二十一　甲寅　4.21	四·二十一　癸未　5.20
五·一　癸巳　5.30	六·一　壬戌　6.28	七·一　壬辰　7.28	八·一　辛酉　8.26
五·十一　癸卯　6.9	六·十一　壬申　7.8	七·十一　壬寅　8.7	八·十一　辛未　9.5
五·二十一　癸丑　6.19	六·二十一　壬午　7.18	七·二十一　壬子　8.17	八·二十一　辛巳　9.15
九·一　辛卯　9.25	十·一　辛酉　10.25	十一·一　庚寅　11.23	十二·一　庚申　12.23
九·十一　辛丑　10.5	十·十一　辛未　11.4	十一·十一　庚子　12.3	十二·十一　庚午　1.2
九·二十一　辛亥　10.15	十·二十一　辛巳　11.14	十一·二十一　庚戌　12.13	十二·二十一　庚辰　1.12

清圣祖康熙九年庚戌（1670—1671）

一·一　己丑　1.21	二·一　己未 2.20　闰二·一　戊子 3.21	三·一　戊午　4.20	四·一　丁亥　5.19
一·十一　己亥　1.31	二·十一　己巳 3.2　闰二·十一　戊戌 3.31	三·十一　戊辰　4.30	四·十一　丁酉　5.29
一·二十一　己酉　2.10	二·二十一己卯 3.12　闰二·二十一戊申 4.10	三·二十一　戊寅　5.10	四·二十一　丁未　6.8
五·一　丙辰　6.17	六·一　丙戌　7.17	七·一　乙卯　8.15	八·一　乙酉　9.14
五·十一　丙寅　6.27	六·十一　丙申　7.27	七·十一　乙丑　8.25	八·十一　乙未　9.24
五·二十一　丙子　7.7	六·二十一　丙午　8.6	七·二十一　乙亥　9.4	八·二十一　乙巳　10.4
九·一　乙卯　10.14	十·一　乙酉　11.13	十一·一　甲寅　12.12	十二·一　甲申　1.11
九·十一　乙丑　10.24	十·十一　乙未　11.23	十一·十一　甲子　12.22	十二·十一　甲午　1.21
九·二十一　乙亥　11.3	十·二十一　乙巳　12.3	十一·二十一　甲戌　1.1	十二·二十一　甲辰　1.31

清圣祖康熙十年辛亥（1671—1672）

一·一　癸丑　2.9	二·一　癸未　3.11	三·一　壬子　4.9	四·一　壬午　5.9
一·十一　癸亥　2.19	二·十一　癸巳　3.21	三·十一　壬戌　4.19	四·十一　壬辰　5.19
一·二十一　癸酉　3.1	二·二十一　癸卯　3.31	三·二十一　壬申　4.29	四·二十一　壬寅　5.29
五·一　辛亥　6.7	六·一　庚辰　7.6	七·一　庚戌　8.5	八·一　己卯　9.3
五·十一　辛酉　6.17	六·十一　庚寅　7.16	七·十一　庚申　8.15	八·十一　己丑　9.13
五·二十一　辛未　6.27	六·二十一　庚子　7.26	七·二十一　庚午　8.25	八·二十一　己亥　9.23
九·一　己酉　10.3	十·一　己卯　11.2	十一·一　戊申　12.1	十二·一　戊寅　12.31
九·十一　己未　10.13	十·十一　己丑　11.12	十一·十一　戊午　12.11	十二·十一　戊子　1.10
九·二十一　己巳　10.23	十·二十一　己亥　11.22	十一·二十一　戊辰　12.21	十二·二十一　戊戌　1.20

清圣祖康熙十一年壬子(1672—1673)

一•一 戊申 1.30 一•十一 戊午 2.9 一•二十一 戊辰 2.19	二•一 丁丑 2.28 二•十一 丁亥 3.9 二•二十一 丁酉 3.19	三•一 丁未 3.29 三•十一 丁巳 4.8 三•二十一 丁卯 4.18	四•一 丙子 4.27 四•十一 丙戌 5.7 四•二十一 丙申 5.17
五•一 丙午 5.27 五•十一 丙辰 6.6 五•二十一 丙寅 6.16	六•一 乙亥 6.25 六•十一 乙酉 7.5 六•二十一 乙未 7.15	七•一 甲辰 7.24 闰七•一 甲戌 8.23 七•十一 甲寅 8.3 闰七•十一 甲申 9.2 七•二十一 甲子 8.13 闰七•二十一 甲午 9.12	八•一 癸卯 9.21 八•十一 癸丑 10.1 八•二十一 癸亥 10.11
九•一 癸酉 10.21 九•十一 癸未 10.31 九•二十一 癸巳 11.10	十•一 壬寅 11.19 十•十一 壬子 11.29 十•二十一 壬戌 12.9	十一•一 壬申 12.19 十一•十一 壬午 12.29 十一•二十一 壬辰 1.8	十二•一 壬寅 1.18 十二•十一 壬子 1.28 十二•二十一 壬戌 2.7

清圣祖康熙十二年癸丑(1673—1674)

一•一 壬申 2.17 一•十一 壬午 2.27 一•二十一 壬辰 3.9	二•一 辛丑 3.18 二•十一 辛亥 3.28 二•二十一 辛酉 4.7	三•一 辛未 4.17 三•十一 辛巳 4.27 三•二十一 辛卯 5.7	四•一 庚子 5.16 四•十一 庚戌 5.26 四•二十一 庚申 6.5
五•一 庚午 6.15 五•十一 庚辰 6.25 五•二十一 庚寅 7.5	六•一 己亥 7.14 六•十一 己酉 7.24 六•二十一 己未 8.3	七•一 戊辰 8.12 七•十一 戊寅 8.22 七•二十一 戊子 9.1	八•一 戊戌 9.11 八•十一 戊申 9.21 八•二十一 戊午 10.1
九•一 丁卯 10.10 九•十一 丁丑 10.20 九•二十一 丁亥 10.30	十•一 丁酉 11.9 十•十一 丁未 11.19 十•二十一 丁巳 11.29	十一•一 丙寅 12.8 十一•十一 丙子 12.18 十一•二十一 丙戌 12.28	十二•一 丙申 1.7 十二•十一 丙午 1.17 十二•二十一 丙辰 1.27

清圣祖康熙十三年甲寅(1674—1675)

一•一 丙寅 2.6 一•十一 丙子 2.16 一•二十一 丙戌 2.26	二•一 乙未 3.7 二•十一 乙巳 3.17 二•二十一 乙卯 3.27	三•一 乙丑 4.6 三•十一 乙亥 4.16 三•二十一 乙酉 4.26	四•一 乙未 5.6 四•十一 乙巳 5.16 四•二十一 乙卯 5.26
五•一 甲子 6.4 五•十一 甲戌 6.14 五•二十一 甲申 6.24	六•一 甲午 7.4 六•十一 甲辰 7.14 六•二十一 甲寅 7.24	七•一 癸亥 8.2 七•十一 癸酉 8.12 七•二十一 癸未 8.22	八•一 壬辰 8.31 八•十一 壬寅 9.10 八•二十一 壬子 9.20
九•一 壬戌 9.30 九•十一 壬申 10.10 九•二十一 壬午 10.20	十•一 辛卯 10.29 十•十一 辛丑 11.8 十•二十一 辛亥 11.18	十一•一 庚申 11.27 十一•十一 庚午 12.7 十一•二十一 庚辰 12.17	十二•一 庚寅 12.27 十二•十一 庚子 1.6 十二•二十一 庚戌 1.16

清圣祖康熙十四年乙卯(1675—1676)

一•一 庚申 1.26 一•十一 庚午 2.5 一•二十一 庚辰 2.15	二•一 己丑 2.24 二•十一 己亥 3.6 二•二十一 己酉 3.16	三•一 己未 3.26 三•十一 己巳 4.5 三•二十一 己卯 4.15	四•一 己丑 4.25 四•十一 己亥 5.5 四•二十一 己酉 5.15
五•一 己未 5.25 闰五•一 戊子 6.23 五•十一 己巳 6.4 闰五•十一 戊戌 7.3 五•二十一 己卯 6.14 闰五•二十一 戊申 7.13	六•一 戊午 7.23 六•十一 戊辰 8.2 六•二十一 戊寅 8.12	七•一 丁亥 8.21 七•十一 丁酉 8.31 七•二十一 丁未 9.10	八•一 丙辰 9.19 八•十一 丙寅 9.29 八•二十一 丙子 10.9
九•一 丙戌 10.19 九•十一 丙申 10.29 九•二十一 丙午 11.8	十•一 乙卯 11.17 十•十一 乙丑 11.27 十•二十一 乙亥 12.7	十一•一 乙酉 12.17 十一•十一 乙未 12.27 十一•二十一 乙巳 1.6	十二•一 甲寅 1.15 十二•十一 甲子 1.25 十二•二十一 甲戌 2.4

清圣祖康熙十五年丙辰(1676—1677)

一·一	甲申	2.14	二·一	癸丑	3.14	三·一	癸未	4.13	四·一	癸丑	5.13
一·十一	甲午	2.24	二·十一	癸亥	3.24	三·十一	癸巳	4.23	四·十一	癸亥	5.23
一·二十一	甲辰	3.5	二·二十一	癸酉	4.3	三·二十一	癸卯	5.3	四·二十一	癸酉	6.2
五·一	壬午	6.11	六·一	壬子	7.11	七·一	辛巳	8.9	八·一	辛亥	9.8
五·十一	壬辰	6.21	六·十一	壬戌	7.21	七·十一	辛卯	8.19	八·十一	辛酉	9.18
五·二十一	壬寅	7.1	六·二十一	壬申	7.31	七·二十一	辛丑	8.29	八·二十一	辛未	9.28
九·一	庚辰	10.7	十·一	庚戌	11.6	十一·一	己卯	12.5	十二·一	己酉	1.4
九·十一	庚寅	10.17	十·十一	庚申	11.16	十一·十一	己丑	12.15	十二·十一	己未	1.14
九·二十一	庚子	10.27	十·二十一	庚午	11.26	十一·二十一	己亥	12.25	十二·二十一	己巳	1.24

清圣祖康熙十六年丁巳(1677—1678)

一·一	戊寅	2.2	二·一	戊申	3.4	三·一	丁丑	4.2	四·一	丁未	5.2
一·十一	戊子	2.12	二·十一	戊午	3.14	三·十一	丁亥	4.12	四·十一	丁巳	5.12
一·二十一	戊戌	2.22	二·二十一	戊辰	3.24	三·二十一	丁酉	4.22	四·二十一	丁卯	5.22
五·一	丙子	5.31	六·一	丙午	6.30	七·一	丙子	7.30	八·一	乙巳	8.28
五·十一	丙戌	6.10	六·十一	丙辰	7.10	七·十一	丙戌	8.9	八·十一	乙卯	9.7
五·二十一	丙申	6.20	六·二十一	丙寅	7.20	七·二十一	丙申	8.19	八·二十一	乙丑	9.17
九·一	乙亥	9.27	十·一	甲辰	10.26	十一·一	甲戌	11.25	十二·一	癸卯	12.24
九·十一	乙酉	10.7	十·十一	甲寅	11.5	十一·十一	甲申	12.5	十二·十一	癸丑	1.3
九·二十一	乙未	10.17	十·二十一	甲子	11.15	十一·二十一	甲午	12.15	十二·二十一	癸亥	1.13

清圣祖康熙十七年戊午(1678—1679)

一·一	癸酉	1.23	二·一	壬寅	2.21	三·一	壬申 3.23	闰三·一 辛丑 4.21	四·一	庚午	5.20
一·十一	癸未	2.2	二·十一	壬子	3.3	三·十一	壬午 4.2	闰三·十一 辛亥 5.1	四·十一	庚辰	5.30
一·二十一	癸巳	2.12	二·二十一	壬戌	3.13	三·二十一	壬辰 4.12	闰三·二十一 辛酉 5.11	四·二十一	庚寅	6.9
五·一	庚子	6.19	六·一	庚午	7.19	七·一	己亥	8.17	八·一	己巳	9.16
五·十一	庚戌	6.29	六·十一	庚辰	7.29	七·十一	己酉	8.27	八·十一	己卯	9.26
五·二十一	庚申	7.9	六·二十一	庚寅	8.8	七·二十一	己未	9.6	八·二十一	己丑	10.6
九·一	己亥	10.16	十·一	戊辰	11.14	十一·一	戊戌	12.14	十二·一	丁卯	1.12
九·十一	己酉	10.26	十·十一	戊寅	11.24	十一·十一	戊申	12.24	十二·十一	丁丑	1.22
九·二十一	己未	11.5	十·二十一	戊子	12.4	十一·二十一	戊午	1.3	十二·二十一	丁亥	2.1

清圣祖康熙十八年己未(1679—1680)

一·一	丁酉	2.11	二·一	丙寅	3.12	三·一	丙申	4.11	四·一	乙丑	5.10
一·十一	丁未	2.21	二·十一	丙子	3.22	三·十一	丙午	4.21	四·十一	乙亥	5.20
一·二十一	丁巳	3.3	二·二十一	丙戌	4.1	三·二十一	丙辰	5.1	四·二十一	乙酉	5.30
五·一	甲午	6.8	六·一	甲子	7.8	七·一	癸巳	8.6	八·一	癸亥	9.5
五·十一	甲辰	6.18	六·十一	甲戌	7.18	七·十一	癸卯	8.16	八·十一	癸酉	9.15
五·二十一	甲寅	6.28	六·二十一	甲申	7.28	七·二十一	癸丑	8.26	八·二十一	癸未	9.25
九·一	癸巳	10.5	十·一	壬戌	11.3	十一·一	壬辰	12.3	十二·一	壬戌	1.2
九·十一	癸卯	10.15	十·十一	壬申	11.13	十一·十一	壬寅	12.13	十二·十一	壬申	1.12
九·二十一	癸丑	10.25	十·二十一	壬午	11.23	十一·二十一	壬子	12.23	十二·二十一	壬午	1.22

清圣祖康熙十九年庚申（1680—1681）

一·一 辛卯 1.31	二·一 辛酉 3.1	三·一 庚寅 3.30	四·一 庚申 4.29
一·十一 辛丑 2.10	二·十一 辛未 3.11	三·十一 庚子 4.9	四·十一 庚午 5.9
一·二十一 辛亥 2.20	二·二十一 辛巳 3.21	三·二十一 庚戌 4.19	四·二十一 庚辰 5.19
五·一 己丑 5.28	六·一 戊午 6.26	七·一 戊子 7.26	八·一 丁巳 8.24 闰八·一 丁亥 9.23
五·十一 己亥 6.7	六·十一 戊辰 7.6	七·十一 戊戌 8.5	八·十一 丁卯 9.3 闰八·十一 丁酉 10.3
五·二十一 己酉 6.17	六·二十一 戊寅 7.16	七·二十一 戊申 8.15	八·二十一 丁丑 9.13 闰八·二十一 丁未 10.13
九·一 丙辰 10.22	十·一 丙戌 11.21	十一·一 丙辰 12.21	十二·一 丙戌 1.20
九·十一 丙寅 11.1	十·十一 丙申 12.1	十一·十一 丙寅 12.31	十二·十一 丙申 1.30
九·二十一 丙子 11.11	十·二十一 丙午 12.11	十一·二十一 丙子 1.10	十二·二十一 丙午 2.9

清圣祖康熙二十年辛酉（1681—1682）

一·一 乙卯 2.18	二·一 乙酉 3.20	三·一 甲寅 4.18	四·一 甲申 5.18
一·十一 乙丑 2.28	二·十一 乙未 3.30	三·十一 甲子 4.28	四·十一 甲午 5.28
一·二十一 乙亥 3.10	二·二十一 乙巳 4.9	三·二十一 甲戌 5.8	四·二十一 甲辰 6.7
五·一 癸丑 6.16	六·一 壬午 7.15	七·一 壬子 8.14	八·一 辛巳 9.12
五·十一 癸亥 6.26	六·十一 壬辰 7.25	七·十一 壬戌 8.24	八·十一 辛卯 9.22
五·二十一 癸酉 7.6	六·二十一 壬寅 8.4	七·二十一 壬申 9.3	八·二十一 辛丑 10.2
九·一 庚戌 10.11	十·一 庚辰 11.10	十一·一 庚戌 12.10	十二·一 庚辰 1.9
九·十一 庚申 10.21	十·十一 庚寅 11.20	十一·十一 庚申 12.20	十二·十一 庚寅 1.19
九·二十一 庚午 10.31	十·二十一 庚子 11.30	十一·二十一 庚午 12.30	十二·二十一 庚子 1.29

清圣祖康熙二十一年壬戌（1682—1683）

一·一 己酉 2.7	二·一 己卯 3.9	三·一 己酉 4.8	四·一 戊寅 5.7
一·十一 己未 2.17	二·十一 己丑 3.19	三·十一 己未 4.18	四·十一 戊子 5.17
一·二十一 己巳 2.27	二·二十一 己亥 3.29	三·二十一 己巳 4.28	四·二十一 戊戌 5.27
五·一 戊申 6.6	六·一 丁丑 7.5	七·一 丙午 8.3	八·一 丙子 9.2
五·十一 戊午 6.16	六·十一 丁亥 7.15	七·十一 丙辰 8.13	八·十一 丙戌 9.12
五·二十一 戊辰 6.26	六·二十一 丁酉 7.25	七·二十一 丙寅 8.23	八·二十一 丙申 9.22
九·一 乙巳 10.1	十·一 甲戌 10.30	十一·一 甲辰 11.29	十二·一 甲戌 12.29
九·十一 乙卯 10.11	十·十一 甲申 11.9	十一·十一 甲寅 12.9	十二·十一 甲申 1.8
九·二十一 乙丑 10.21	十·二十一 甲午 11.19	十一·二十一 甲子 12.19	十二·二十一 甲午 1.18

清圣祖康熙二十二年癸亥（1683—1684）

一·一 癸卯 1.27	二·一 癸酉 2.26	三·一 癸卯 3.28	四·一 癸酉 4.27
一·十一 癸丑 2.6	二·十一 癸未 3.8	三·十一 癸丑 4.7	四·十一 癸未 5.7
一·二十一 癸亥 2.16	二·二十一 癸巳 3.18	三·二十一 癸亥 4.17	四·二十一 癸巳 5.17
五·一 壬寅 5.26	六·一 壬申 6.25 闰六·一 辛丑 7.24	七·一 庚午 8.22	八·一 庚子 9.21
五·十一 壬子 6.5	六·十一 壬午 7.5 闰六·十一 辛亥 8.3	七·十一 庚辰 9.1	八·十一 庚戌 10.1
五·二十一 壬戌 6.15	六·二十一 壬辰 7.15 闰六·二十一 辛酉 8.13	七·二十一 庚寅 9.11	八·二十一 庚申 10.11
九·一 己巳 10.20	十·一 戊戌 11.18	十一·一 戊辰 12.18	十二·一 戊戌 1.17
九·十一 己卯 10.30	十·十一 戊申 11.28	十一·十一 戊寅 12.28	十二·十一 戊申 1.27
九·二十一 己丑 11.9	十·二十一 戊午 12.8	十一·二十一 戊子 1.7	十二·二十一 戊午 2.6

清圣祖康熙二十三年甲子（1684—1685）

一·一	丁卯	2.15	二·一	丁酉	3.16	三·一	丁卯	4.15	四·一	丙申	5.14
一·十一	丁丑	2.25	二·十一	丁未	3.26	三·十一	丁丑	4.25	四·十一	丙午	5.24
一·二十一	丁亥	3.6	二·二十一	丁巳	4.5	三·二十一	丁亥	5.5	四·二十一	丙辰	6.3
五·一	丙寅	6.13	六·一	乙未	7.12	七·一	乙丑	8.11	八·一	甲午	9.9
五·十一	丙子	6.23	六·十一	乙巳	7.22	七·十一	乙亥	8.21	八·十一	甲辰	9.19
五·二十一	丙戌	7.3	六·二十一	乙卯	8.1	七·二十一	乙酉	8.31	八·二十一	甲寅	9.29
九·一	甲子	10.9	十·一	癸巳	11.7	十一·一	壬戌	12.6	十二·一	壬辰	1.5
九·十一	甲戌	10.19	十·十一	癸卯	11.17	十一·十一	壬申	12.16	十二·十一	壬寅	1.15
九·二十一	甲申	10.29	十·二十一	癸丑	11.27	十一·二十一	壬午	12.26	十二·二十一	壬子	1.25

清圣祖康熙二十四年乙丑（1685—1686）

一·一	辛酉	2.3	二·一	辛卯	3.5	三·一	辛酉	4.4	四·一	庚寅	5.3
一·十一	辛未	2.13	二·十一	辛丑	3.15	三·十一	辛未	4.14	四·十一	庚子	5.13
一·二十一	辛巳	2.23	二·二十一	辛亥	3.25	三·二十一	辛巳	4.24	四·二十一	庚戌	5.23
五·一	庚申	6.2	六·一	庚寅	7.2	七·一	己未	7.31	八·一	己丑	8.30
五·十一	庚午	6.12	六·十一	庚子	7.12	七·十一	己巳	8.10	八·十一	己亥	9.9
五·二十一	庚辰	6.22	六·二十一	庚戌	7.22	七·二十一	己卯	8.20	八·二十一	己酉	9.19
九·一	戊午	9.28	十·一	戊子	10.28	十一·一	丁巳	11.26	十二·一	丁亥	12.26
九·十一	戊辰	10.8	十·十一	戊戌	11.7	十一·十一	丁卯	12.6	十二·十一	丁酉	1.5
九·二十一	戊寅	10.18	十·二十一	戊申	11.17	十一·二十一	丁丑	12.16	十二·二十一	丁未	1.15

清圣祖康熙二十五年丙寅（1686—1687）

一·一	丙辰	1.24	二·一	乙酉	2.22	三·一	乙卯	3.24	四·一	乙酉 4.23	闰四·一 甲寅 5.22
一·十一	丙寅	2.3	二·十一	乙未	3.4	三·十一	乙丑	4.3	四·十一	乙未 5.3	闰四·十一 甲子 6.1
一·二十一	丙子	2.13	二·二十一	乙巳	3.14	三·二十一	乙亥	4.13	四·二十一	乙巳 5.13	闰四·二十一 甲戌 6.11
五·一	甲申	6.21	六·一	癸丑	7.20	七·一	癸未	8.19	八·一	癸丑	9.18
五·十一	甲午	7.1	六·十一	癸亥	7.30	七·十一	癸巳	8.29	八·十一	癸亥	9.28
五·二十一	甲辰	7.11	六·二十一	癸酉	8.9	七·二十一	癸卯	9.8	八·二十一	癸酉	10.8
九·一	壬午	10.17	十·一	壬子	11.16	十一·一	辛巳	12.15	十二·一	辛亥	1.14
九·十一	壬辰	10.27	十·十一	壬戌	11.26	十一·十一	辛卯	12.25	十二·十一	辛酉	1.24
九·二十一	壬寅	11.6	十·二十一	壬申	12.6	十一·二十一	辛丑	1.4	十二·二十一	辛未	2.3

清圣祖康熙二十六年丁卯（1687—1688）

一·一	庚辰	2.12	二·一	己酉	3.13	三·一	己卯	4.12	四·一	戊申	5.11
一·十一	庚寅	2.22	二·十一	己未	3.23	三·十一	己丑	4.22	四·十一	戊午	5.21
一·二十一	庚子	3.4	二·二十一	己巳	4.2	三·二十一	己亥	5.2	四·二十一	戊辰	5.31
五·一	戊寅	6.10	六·一	丁未	7.9	七·一	丁丑	8.8	八·一	丁未	9.7
五·十一	戊子	6.20	六·十一	丁巳	7.19	七·十一	丁亥	8.18	八·十一	丁巳	9.17
五·二十一	戊戌	6.30	六·二十一	丁卯	7.29	七·二十一	丁酉	8.28	八·二十一	丁卯	9.27
九·一	丙子	10.6	十·一	丙午	11.5	十一·一	丙子	12.5	十二·一	乙巳	1.3
九·十一	丙戌	10.16	十·十一	丙辰	11.15	十一·十一	丙戌	12..15	十二·十一	乙卯	1.13
九·二十一	丙申	10.26	十·二十一	丙寅	11.25	十一·二十一	丙申	12.25	十二·二十一	乙丑	1.23

清圣祖康熙二十七年戊辰（1688—1689）

一·一 乙亥 2.2	二·一 甲辰 3.2	三·一 甲戌 4.1	四·一 癸卯 4.30
一·十一 乙酉 2.12	二·十一 甲寅 3.12	三·十一 甲申 4.11	四·十一 癸丑 5.10
一·二十一 乙未 2.22	二·二十一 甲子 3.22	三·二十一 甲午 4.21	四·二十一 癸亥 5.20
五·一 壬申 5.29	六·一 壬寅 6.28	七·一 辛未 7.27	八·一 辛丑 8.26
五·十一 壬午 6.8	六·十一 壬子 7.8	七·十一 辛巳 8.6	八·十一 辛亥 9.5
五·二十一 壬辰 6.18	六·二十一 壬戌 7.18	七·二十一 辛卯 8.16	八·二十一 辛酉 9.15
九·一 庚午 9.24	十·一 庚子 10.24	十一·一 庚午 11.23	十二·一 庚子 12.23
九·十一 庚辰 10.4	十·十一 庚戌 11.3	十一·十一 庚辰 12.3	十二·十一 庚戌 1.2
九·二十一 庚寅 10.14	十·二十一 庚申 11.13	十一·二十一 庚寅 12.13	十二·二十一 庚申 1.12

清圣祖康熙二十八年己巳（1689—1690）

一·一 己巳 1.21	二·一 己亥 2.20	三·一 戊辰 3.21 闰三·一 戊戌 4.20	四·一 丁卯 5.19
一·十一 己卯 1.31	二·十一 己酉 3.2	三·十一 戊寅 3.31 闰三·十一 戊申 4.30	四·十一 丁丑 5.29
一·二十一 己丑 2.10	二·二十一 己未 3.12	三·二十一戊子 4.10 闰三·二十一戊午 5.10	四·二十一 丁亥 6.8
五·一 丙申 6.17	六·一 丙寅 7.17	七·一 乙未 8.15	八·一 甲子 9.13
五·十一 丙午 6.27	六·十一 丙子 7.27	七·十一 乙巳 8.25	八·十一 甲戌 9.23
五·二十一 丙辰 7.7	六·二十一 丙戌 8.6	七·二十一 乙卯 9.4	八·二十一 甲申 10.3
九·一 甲午 10.13	十·一 甲子 11.12	十一·一 甲午 12.12	十二·一 癸亥 1.10
九·十一 甲辰 10.23	十·十一 甲戌 11.22	十一·十一 甲辰 12.22	十二·十一 癸酉 1.20
九·二十一 甲寅 11.2	十·二十一 甲申 12.2	十一·二十一 甲寅 1.1	十二·二十一 癸未 1.30

清圣祖康熙二十九年庚午（1690—1691）

一·一 癸巳 2.9	二·一 癸亥 3.11	三·一 壬辰 4.9	四·一 壬戌 5.9
一·十一 癸卯 2.19	二·十一 癸酉 3.21	三·十一 壬寅 4.19	四·十一 壬申 5.19
一·二十一 癸丑 3.1	二·二十一 癸未 3.31	三·二十一 壬子 4.29	四·二十一 壬午 5.29
五·一 辛卯 6.7	六·一 庚申 7.6	七·一 庚寅 8.5	八·一 己未 9.3
五·十 辛丑 6.17	六·十一 庚午 7.16	七·十一 庚子 8.15	八·十一 己巳 9.13
五·二十一 辛亥 6.27	六·二十一 庚辰 7.26	七·二十一 庚戌 8.25	八·二十一 己卯 9.23
九·一 戊子 10.2	十·一 戊午 11.1	十一·一 戊子 12.1	十二·一 丁巳 12.30
九·十一 戊戌 10.12	十·十一 戊辰 11.11	十一·十一 戊戌 12.11	十二·十一 丁卯 1.9
九·二十一 戊申 10.22	十·二十一 戊寅 11.21	十一·二十一 戊申 12.21	十二·二十一 丁丑 1.19

清圣祖康熙三十年辛未（1691—1692）

一·一 丁亥 1.29	二·一 丁巳 2.28	三·一 丁亥 3.30	四·一 丙辰 4.28
一·十一 丁酉 2.8	二·十一 丁卯 3.10	三·十一 丁酉 4.9	四·十一 丙寅 5.8
一·二十一 丁未 2.18	二·二十一 丁丑 3.20	三·二十一 丁未 4.19	四·二十一 丙子 5.18
五·一 丙戌 5.28	六·一 乙卯 6.26	七·一 甲申 7.25 闰七·一 甲寅 8.24	八·一 癸未 9.22
五·十一 丙申 6.7	六·十一 乙丑 7.6	七·十一 甲午 8.4 闰七·十一 甲子 9.3	八·十一 癸巳 10.2
五·二十一 丙午 6.17	六·二十一 乙亥 7.16	七·二十一甲辰 8.14 闰七·二十一甲戌 9.13	八·二十一 癸卯 10.12
九·一 壬子 10.21	十·一 壬午 11.20	十一·一 辛亥 12.19	十二·一 辛巳 1.18
九·十一 壬戌 10.31	十·十一 壬辰 11.30	十一·十一 辛酉 12.29	十二·十一 辛卯 1.28
九·二十一 壬申 11.10	十·二十一 壬寅 12.10	十一·二十一 辛未 1.8	十二·二十一 辛丑 2.7

清圣祖康熙三十一年壬申（1692—1693）

一·一	辛亥	2.17	二·一	辛巳	3.18	三·一	庚戌	4.16	四·一	庚辰	5.16
一·十一	辛酉	2.27	二·十一	辛卯	3.28	三·十一	庚申	4.26	四·十一	庚寅	5.26
一·二十一	辛未	3.8	二·二十一	辛丑	4.7	三·二十一	庚午	5.6	四·二十一	庚子	6.5
五·一	庚戌	6.15	六·一	己卯	7.14	七·一	戊申	8.12	八·一	戊寅	9.11
五·十一	庚申	6.25	六·十一	己丑	7.24	七·十一	戊午	8.22	八·十一	戊子	9.21
五·二十一	庚午	7.5	六·二十一	己亥	8.3	七·二十一	戊辰	9.1	八·二十一	戊戌	10.1
九·一	丁未	10.10	十·一	丙子	11.8	十一·一	丙午	12.8	十二·一	乙亥	1.6
九·十一	丁巳	10.20	十·十一	丙戌	11.18	十一·十一	丙辰	12.18	十二·十一	乙酉	1.16
九·二十一	丁卯	10.30	十·二十一	丙申	11.28	十一·二十一	丙寅	12.28	十二·二十一	乙未	1.26

清圣祖康熙三十二年癸酉（1693—1694）

一·一	乙巳	2.5	二·一	乙亥	3.7	三·一	乙巳	4.6	四·一	甲戌	5.5
一·十一	乙卯	2.15	二·十一	乙酉	3.17	三·十一	乙卯	4.16	四·十一	甲申	5.15
一·二十一	乙丑	2.25	二·二十一	乙未	3.27	三·二十一	乙丑	4.26	四·二十一	甲午	5.25
五·一	甲辰	6.4	六·一	癸酉	7.3	七·一	癸卯	8.2	八·一	壬申	8.31
五·十一	甲寅	6.14	六·十一	癸未	7.13	七·十一	癸丑	8.12	八·十一	壬午	9.10
五·二十一	甲子	6.24	六·二十一	癸巳	7.23	七·二十一	癸亥	8.22	八·二十一	壬辰	9.20
九·一	壬寅	9.30	十·一	辛未	10.29	十一·一	庚子	11.27	十二·一	庚午	12.27
九·十一	壬子	10.10	十·十一	辛巳	11.8	十一·十一	庚戌	12.7	十二·十一	庚辰	1.6
九·二十一	壬戌	10.20	十·二十一	辛卯	11.18	十一·二十一	庚申	12.17	十二·二十一	庚寅	1.16

清圣祖康熙三十三年甲戌（1694—1695）

一·一	己亥	1.25	二·一	己巳	2.24	三·一	己亥	3.26	四·一	戊辰	4.24
一·十一	己酉	2.4	二·十一	己卯	3.6	三·十一	己酉	4.5	四·十一	戊寅	5.4
一·二十一	己未	2.14	二·二十一	己丑	3.16	三·二十一	己未	4.15	四·二十一	戊子	5.14
五·一 戊戌 5.24	闰五·一	丁卯 6.22	六·一	丁酉	7.22	七·一	丁卯	8.21	八·一	丙申	9.19
五·十一 戊申 6.3	闰五·十一	丁丑 7.2	六·十一	丁未	8.1	七·十一	丁丑	8.31	八·十一	丙午	9.29
五·二十一 戊午 6.13	闰五·二十一	丁亥 7.12	六·二十一	丁巳	8.11	七·二十一	丁亥	9.10	八·二十一	丙辰	10.9
九·一	丙寅	10.19	十·一	乙未	11.17	十一·一	乙丑	12.17	十二·一	甲午	1.15
九·十一	丙子	10.29	十·十一	乙巳	11.27	十一·十一	乙亥	12.27	十二·十一	甲辰	1.25
九·二十一	丙戌	11.8	十·二十一	乙卯	12.7	十一·二十一	乙酉	1.6	十二·二十一	甲寅	2.4

清圣祖康熙三十四年乙亥（1695—1696）

一·一	癸亥	2.13	二·一	癸巳	3.15	三·一	壬戌	4.13	四·一	壬辰	5.13
一·十一	癸酉	2.23	二·十一	癸卯	3.25	三·十一	壬申	4.23	四·十一	壬寅	5.23
一·二十一	癸未	3.5	二·二十一	癸丑	4.4	三·二十一	壬午	5.3	四·二十一	壬子	6.2
五·一	壬戌	6.12	六·一	辛卯	7.11	七·一	辛酉	8.10	八·一	庚寅	9.8
五·十一	壬申	6.22	六·十一	辛丑	7.21	七·十一	辛未	8.20	八·十一	庚子	9.18
五·二十一	壬午	7.2	六·二十一	辛亥	7.31	七·二十一	辛巳	8.30	八·二十一	庚戌	9.28
九·一	庚申	10.8	十·一	庚寅	11.7	十一·一	己未	12.6	十二·一	己丑	1.5
九·十一	庚午	10.18	十·十一	庚子	11.17	十一·十一	己巳	12.16	十二·十一	己亥	1.15
九·二十一	庚辰	10.28	十·二十一	庚戌	11.27	十一·二十一	己卯	12.26	十二·二十一	己酉	1.25

清圣祖康熙三十五年丙子（1696—1697）

月·日	干支	公历	月·日	干支	公历	月·日	干支	公历	月·日	干支	公历
一·一	戊午	2.3	二·一	丁亥	3.3	三·一	丁巳	4.2	四·一	丙戌	5.1
一·十一	戊辰	2.13	二·十一	丁酉	3.13	三·十一	丁卯	4.12	四·十一	丙申	5.11
一·二十一	戊寅	2.23	二·二十一	丁未	3.23	三·二十一	丁丑	4.22	四·二十一	丙午	5.21
五·一	丙辰	5.31	六·一	乙酉	6.29	七·一	乙卯	7.29	八·一	甲申	8.27
五·十一	丙寅	6.10	六·十一	乙未	7.9	七·十一	乙丑	8.8	八·十一	甲午	9.6
五·二十一	丙子	6.20	六·二十一	乙巳	7.19	七·二十一	乙亥	8.18	八·二十一	甲辰	9.16
九·一	甲寅	9.26	十·一	甲申	10.26	十一·一	甲寅	11.25	十二·一	癸未	12.24
九·十一	甲子	10.6	十·十一	甲午	11.5	十一·十一	甲子	12.5	十二·十一	癸巳	1.3
九·二十一	甲戌	10.16	十·二十一	甲辰	11.15	十一·二十一	甲戌	12.15	十二·二十一	癸卯	1.13

清圣祖康熙三十六年丁丑（1697—1698）

月·日	干支	公历	月·日	干支	公历	月·日	干支	公历	月·日	干支	公历
一·一	癸丑	1.23	二·一	壬午	2.21	三·一　闰三·一	壬子　辛巳	3.23　4.21	四·一	庚戌	5.20
一·十一	癸亥	2.2	二·十一	壬辰	3.3	三·十一　闰三·十一	壬戌　辛卯	4.2　5.1	四·十一	庚申	5.30
一·二十一	癸酉	2.12	二·二十一	壬寅	3.13	三·二十一　闰三·二十一	壬申　辛丑	4.12　5.11	四·二十一	庚午	6.9
五·一	庚辰	6.19	六·一	己酉	7.18	七·一	己卯	8.17	八·一	戊申	9.15
五·十一	庚寅	6.29	六·十一	己未	7.28	七·十一	己丑	8.27	八·十一	戊午	9.25
五·二十一	庚子	7.9	六·二十一	己巳	8.7	七·二十一	己亥	9.6	八·二十一	戊辰	10.5
九·一	戊寅	10.15	十·一	戊申	11.14	十一·一	丁丑	12.13	十二·一	丁未	1.12
九·十一	戊子	10.25	十·十一	戊午	11.24	十一·十一	丁亥	12.23	十二·十一	丁巳	1.22
九·二十一	戊戌	11.4	十·二十一	戊辰	12.4	十一·二十一	丁酉	1.2	十二·二十一	丁卯	2.1

清圣祖康熙三十七年戊寅（1698—1699）

月·日	干支	公历	月·日	干支	公历	月·日	干支	公历	月·日	干支	公历
一·一	丁丑	2.11	二·一	丙午	3.12	三·一	丙子	4.11	四·一	乙巳	5.10
一·十一	丁亥	2.21	二·十一	丙辰	3.22	三·十一	丙戌	4.21	四·十一	乙卯	5.20
一·二十一	丁酉	3.3	二·二十一	丙寅	4.1	三·二十一	丙申	5.1	四·二十一	乙丑	5.30
五·一	甲戌	6.8	六·一	甲辰	7.8	七·一	癸酉	8.6	八·一	壬寅	9.4
五·十一	甲申	6.18	六·十一	甲寅	7.18	七·十一	癸未	8.16	八·十一	壬子	9.14
五·二十一	甲午	6.28	六·二十一	甲子	7.28	七·二十一	癸巳	8.26	八·二十一	壬戌	9.24
九·一	壬申	10.4	十·一	壬寅	11.3	十一·一	辛未	12.2	十二·一	辛丑	1.1
九·十一	壬午	10.14	十·十一	壬子	11.13	十一·十一	辛巳	12.12	十二·十一	辛亥	1.11
九·二十一	壬辰	10.24	十·二十一	壬戌	11.23	十一·二十一	辛卯	12.22	十二·二十一	辛酉	1.21

清圣祖康熙三十八年己卯（1699—1700）

月·日	干支	公历	月·日	干支	公历	月·日	干支	公历	月·日	干支	公历
一·一	辛未	1.31	二·一	辛丑	3.2	三·一	庚午	3.31	四·一	庚子	4.30
一·十一	辛巳	2.10	二·十一	辛亥	3.12	三·十一	庚辰	4.10	四·十一	庚戌	5.10
一·二十一	辛卯	2.20	二·二十一	辛酉	3.22	三·二十一	庚寅	4.20	四·二十一	庚申	5.20
五·一	己巳	5.29	六·一	戊戌	6.27	七·一　闰七·一	戊辰　丁酉	7.27　8.25	八·一	丙寅	9.23
五·十一	己卯	6.8	六·十一	戊申	7.7	七·十一　闰七·十一	戊寅　丁未	8.6　9.4	八·十一	丙子	10.3
五·二十一	己丑	6.18	六·二十一	戊午	7.17	七·二十一　闰七·二十一	戊子　丁巳	8.16　9.14	八·二十一	丙戌	10.13
九·一	丙申	10.23	十·一	乙丑	11.21	十一·一	乙未	12.21	十二·一	乙丑	1.20
九·十一	丙午	11.2	十·十一	乙亥	12.1	十一·十一	乙巳	12.31	十二·十一	乙亥	1.30
九·二十一	丙辰	11.12	十·二十一	乙酉	12.11	十一·二十一	乙卯	1.10	十二·二十一	乙酉	2.9

清圣祖康熙三十九年庚辰（1700—1701）

一·一	乙未	2.19	二·一	乙丑	3.21	三·一	甲午	4.19	四·一	甲子	5.19
一·十一	乙巳	3.1	二·十一	乙亥	3.31	三·十一	甲辰	4.29	四·十一	甲戌	5.29
一·二十一	乙卯	3.11	二·二十一	乙酉	4.10	三·二十一	甲寅	5.9	四·二十一	甲申	6.8
五·一	癸巳	6.17	六·一	壬戌	7.16	七·一	壬辰	8.15	八·一	辛酉	9.13
五·十一	癸卯	6.27	六·十一	壬申	7.26	七·十一	壬寅	8.25	八·十一	辛未	9.23
五·二十一	癸丑	7.7	六·二十一	壬午	8.5	七·二十一	壬子	9.4	八·二十一	辛巳	10.3
九·一	庚寅	10.12	十·一	庚申	11.11	十一·一	己丑	12.10	十二·一	己未	1.9
九·十一	庚子	10.22	十·十一	庚午	11.21	十一·十一	己亥	12.20	十二·十一	己巳	1.19
九·二十一	庚戌	11.1	十·二十一	庚辰	12.1	十一·二十一	己酉	12.30	十二·二十一	己卯	1.29

清圣祖康熙四十年辛巳（1701—1702）

一·一	己丑	2.8	二·一	己未	3.10	三·一	戊子	4.8	四·一	戊午	5.8
一·十一	己亥	2.18	二·十一	己巳	3.20	三·十一	戊戌	4.18	四·十一	戊辰	5.18
一·二十一	己酉	2.28	二·二十一	己卯	3.30	三·二十一	戊申	4.28	四·二十一	戊寅	5.28
五·一	丁亥	6.6	六·一	丁巳	7.6	七·一	丙戌	8.4	八·一	丙辰	9.3
五·十一	丁酉	6.16	六·十一	丁卯	7.16	七·十一	丙申	8.14	八·十一	丙寅	9.13
五·二十一	丁未	6.26	六·二十一	丁丑	7.26	七·二十一	丙午	8.24	八·二十一	丙子	9.23
九·一	乙酉	10.2	十·一	甲寅	10.31	十一·一	甲申	11.30	十二·一	癸丑	12.29
九·十一	乙未	10.12	十·十一	甲子	11.10	十一·十一	甲午	12.10	十二·十一	癸亥	1.8
九·二十一	乙巳	10.22	十·二十一	甲戌	11.20	十一·二十一	甲辰	12.20	十二·二十一	癸酉	1.18

清圣祖康熙四十一年壬午（1702—1703）

一·一	癸未	1.28	二·一	癸丑	2.27	三·一	壬午	3.28	四·一	壬子	4.27
一·十一	癸巳	2.7	二·十一	癸亥	3.9	三·十一	壬辰	4.7	四·十一	壬戌	5.7
一·二十一	癸卯	2.17	二·二十一	癸酉	3.19	三·二十一	壬寅	4.17	四·二十一	壬申	5.17
五·一	壬午	5.27	六·一 辛亥 6.25 闰六·一 辛巳 7.25			七·一	庚戌	8.23	八·一	庚辰	9.22
五·十一	壬辰	6.6	六·十一 辛酉 7.5 闰六·十一 辛卯 8.4			七·十一	庚申	9.2	八·十一	庚寅	10.2
五·二十一	壬寅	6.16	六·二十一 辛未 7.15 闰六·二十一 辛丑 8.14			七·二十一	庚午	9.12	八·二十一	庚子	10.12
九·一	己酉	10.21	十·一	戊寅	11.19	十一·一	戊申	12.19	十二·一	丁丑	1.17
九·十一	己未	10.31	十·十一	戊子	11.29	十一·十一	戊午	12.29	十二·十一	丁亥	1.27
九·二十一	己巳	11.10	十·二十一	戊戌	12.9	十一·二十一	戊辰	1.8	十二·二十一	丁酉	2.6

清圣祖康熙四十二年癸未（1703—1704）

一·一	丁未	2.16	二·一	丙子	3.17	三·一	丙午	4.16	四·一	丙子	5.16
一·十一	丁巳	2.26	二·十一	丙戌	3.27	三·十一	丙辰	4.26	四·十一	丙戌	5.26
一·二十一	丁卯	3.8	二·二十一	丙申	4.6	三·二十一	丙寅	5.6	四·二十一	丙申	6.5
五·一	乙巳	6.14	六·一	乙亥	7.14	七·一	乙巳	8.13	八·一	甲戌	9.11
五·十一	乙卯	6.24	六·十一	乙酉	7.24	七·十一	乙卯	8.23	八·十一	甲申	9.21
五·二十一	乙丑	7.4	六·二十一	乙未	8.3	七·二十一	乙丑	9.2	八·二十一	甲午	10.1
九·一	甲辰	10.11	十·一	癸酉	11.9	十一·一	壬寅	12.8	十二·一	壬申	1.7
九·十一	甲寅	10.21	十·十一	癸未	11.19	十一·十一	壬子	12.18	十二·十一	壬午	1.17
九·二十一	甲子	10.31	十·二十一	癸巳	11.29	十一·二十一	壬戌	12.28	十二·二十一	壬辰	1.27

清圣祖康熙四十三年甲申(1704—1705)

一·一 辛丑 2.5	二·一 辛未 3.6	三·一 庚子 4.4	四·一 庚午 5.4
一·十一 辛亥 2.15	二·十一 辛巳 3.16	三·十一 庚戌 4.14	四·十一 庚辰 5.14
一·二十一 辛酉 2.25	二·二十一 辛卯 3.26	三·二十一 庚申 4.24	四·二十一 庚寅 5.24
五·一 己亥 6.2	六·一 己巳 7.2	七·一 己亥 8.1	八·一 戊辰 8.30
五·十一 己酉 6.12	六·十一 己卯 7.12	七·十一 己酉 8.11	八·十一 戊寅 9.9
五·二十一 己未 6.22	六·二十一 己丑 7.22	七·二十一 己未 8.21	八·二十一 戊子 9.19
九·一 戊戌 9.29	十·一 戊辰 10.29	十一·一 丁酉 11.27	十二·一 丁卯 12.27
九·十一 戊申 10.9	十·十一 戊寅 11.8	十一·十一 丁未 12.7	十二·十一 丁丑 1.6
九·二十一 戊午 10.19	十·二十一 戊子 11.18	十一·二十一 丁巳 12.17	十二·二十一 丁亥 1.16

清圣祖康熙四十四年乙酉(1705—1706)

一·一 丙申 1.25	二·一 乙丑 2.23	三·一 乙未 3.25	四·一 甲子 4.23 闰四·一 甲午 5.23
一·十一 丙午 2.4	二·十一 乙亥 3.5	三·十一 乙巳 4.4	四·十一 甲戌 5.3 闰四·十一 甲辰 6.2
一·二十一 丙辰 2.14	二·二十一 乙酉 3.15	三·二十一 乙卯 4.14	四·二十一 甲申 5.13 闰四·二十一 甲寅 6.12
五·一 癸亥 6.21	六·一 癸巳 7.21	七·一 壬戌 8.19	八·一 壬辰 9.18
五·十一 癸酉 7.1	六·十一 癸卯 7.31	七·十一 壬申 8.29	八·十一 壬寅 9.28
五·二十一 癸未 7.11	六·二十一 癸丑 8.10	七·二十一 壬午 9.8	八·二十一 壬子 10.8
九·一 壬戌 10.18	十·一 辛卯 11.16	十一·一 辛酉 12.16	十二·一 辛卯 1.15
九·十一 壬申 10.28	十·十一 辛丑 11.26	十一·十一 辛未 12.26	十二·十一 辛丑 1.25
九·二十一 壬午 11.7	十·二十一 辛亥 12.6	十一·二十一 辛巳 1.5	十二·二十一 辛亥 2.4

清圣祖康熙四十五年丙戌(1706—1707)

一·一 庚申 2.13	二·一 庚寅 3.15	三·一 己未 4.13	四·一 戊子 5.12
一·十一 庚午 2.23	二·十一 庚子 3.25	三·十一 己巳 4.23	四·十一 戊戌 5.22
一·二十一 庚辰 3.5	二·二十一 庚戌 4.4	三·二十一 己卯 5.3	四·二十一 戊申 6.1
五·一 戊午 6.11	六·一 丁亥 7.10	七·一 丙辰 8.8	八·一 丙戌 9.7
五·十一 戊辰 6.21	六·十一 丁酉 7.20	七·十一 丙寅 8.18	八·十一 丙申 9.17
五·二十一 戊寅 7.1	六·二十一 丁未 7.30	七·二十一 丙子 8.28	八·二十一 丙午 9.27
九·一 丙辰 10.7	十·一 乙酉 11.5	十一·一 乙卯 12.5	十二·一 乙酉 1.4
九·十一 丙寅 10.17	十·十一 乙未 11.15	十一·十一 乙丑 12.15	十二·十一 乙未 1.14
九·二十一 丙子 10.27	十·二十一 乙巳 11.25	十一·二十一 乙亥 12.25	十二·二十一 乙巳 1.24

清圣祖康熙四十六年丁亥(1707—1708)

一·一 乙卯 2.3	二·一 甲申 3.4	三·一 甲寅 4.3	四·一 癸未 5.2
一·十一 乙丑 2.13	二·十一 甲午 3.14	三·十一 甲子 4.13	四·十一 癸巳 5.12
一·二十一 乙亥 2.23	二·二十一 甲辰 3.24	三·二十一 甲戌 4.23	四·二十一 癸卯 5.22
五·一 壬子 5.31	六·一 壬午 6.30	七·一 辛亥 7.29	八·一 庚辰 8.27
五·十一 壬戌 6.10	六·十一 壬辰 7.10	七·十一 辛酉 8.8	八·十一 庚寅 9.6
五·二十一 壬申 6.20	六·二十一 壬寅 7.20	七·二十一 辛未 8.18	八·二十一 庚子 9.16
九·一 庚戌 9.26	十·一 己卯 10.25	十一·一 己酉 11.24	十二·一 己卯 12.24
九·十一 庚申 10.6	十·十一 己丑 11.4	十一·十一 己未 12.4	十二·十一 己丑 1.3
九·二十一 庚午 10.16	十·二十一 己亥 11.14	十一·二十一 己巳 12.14	十二·二十一 己亥 1.13

清圣祖康熙四十七年戊子（1708—1709）

一・一　己酉　1.23	二・一　戊寅　2.21	三・一　戊申 3.22　闰三・一　戊寅 4.21	四・一　丁未　5.20
一・十一　己未　2.2	二・十一　戊子　3.2	三・十一　戊午 4.1　闰三・十一　戊子 5.1	四・十一　丁巳　5.30
一・二十一　己巳　2.12	二・二十一　戊戌　3.12	三・二十一戊辰 4.11　闰三・二十一戊戌 5.11	四・二十一　丁卯　6.9
五・一　丙子　6.18	六・一　丙午　7.18	七・一　乙亥　8.16	八・一　甲辰　9.14
五・十一　丙戌　6.28	六・十一　丙辰　7.28	七・十一　乙酉　8.26	八・十一　甲寅　9.24
五・二十一　丙申　7.8	六・二十一　丙寅　8.7	七・二十一　乙未　9.5	八・二十一　甲子　10.4
九・一　甲戌　10.14	十・一　癸卯　11.12	十一・一　癸酉　12.12	十二・一　癸卯　1.11
九・十一　甲申　10.24	十・十一　癸丑　11.22	十一・十一　癸未　12.22	十二・十一　癸丑　1.21
九・二十一　甲午　11.3	十・二十一　癸亥　12.2	十一・二十一　癸巳　1.1	十二・二十一　癸亥　1.31

清圣祖康熙四十八年己丑（1709—1710）

一・一　癸酉　2.10	二・一　壬寅　3.11	三・一　壬申　4.10	四・一　壬寅　5.10
一・十一　癸未　2.20	二・十一　壬子　3.21	三・十一　壬午　4.20	四・十一　壬子　5.20
一・二十一　癸巳　3.2	二・二十一　壬戌　3.31	三・二十一　壬辰　4.30	四・二十一　壬戌　5.30
五・一　辛未　6.8	六・一　庚子　7.7	七・一　庚午　8.6	八・一　己亥　9.4
五・十一　辛巳　6.18	六・十一　庚戌　7.17	七・十一　庚辰　8.16	八・十一　己酉　9.14
五・二十一　辛卯　6.28	六・二十一　庚申　7.27	七・二十一　庚寅　8.26	八・二十一　己未　9.24
九・一　戊辰　10.3	十・一　戊戌　11.2	十一・一　丁卯　12.1	十二・一　丁酉　12.31
九・十一　戊寅　10.13	十・十一　戊申　11.12	十一・十一　丁丑　12.11	十二・十一　丁未　1.10
九・二十一　戊子　10.23	十・二十一　戊午　11.22	十一・二十一　丁亥　12.21	十二・二十一　丁巳　1.20

清圣祖康熙四十九年庚寅（1710—1711）

一・一　丁卯　1.30	二・一　丙申　2.28	三・一　丙寅　3.30	四・一　丙申　4.29
一・十一　丁丑　2.9	二・十一　丙午　3.10	三・十一　丙子　4.9	四・十一　丙午　5.9
一・二十一　丁亥　2.19	二・二十一　丙辰　3.20	三・二十一　丙戌　4.19	四・二十一　丙辰　5.19
五・一　乙丑　5.28	六・一　乙未　6.27	七・一　甲子 7.26　闰七・一　甲午 8.25	八・一　癸亥　9.23
五・十一　乙亥　6.7	六・十一　乙巳　7.7	七・十一　甲戌 8.5　闰七・十一　甲辰 9.4	八・十一　癸酉　10.3
五・二十一　乙酉　6.17	六・二十一　乙卯　7.17	七・二十一甲申 8.15　闰七・二十一甲寅 9.14	八・二十一　癸未　10.13
九・一　壬辰　10.22	十・一　壬戌　11.21	十一・一　辛卯　12.20	十二・一　辛酉　1.19
九・十一　壬寅　11.1	十・十一　壬申　12.1	十一・十一　辛丑　12.30	十二・十一　辛未　1.29
九・二十一　壬子　11.11	十・二十一　壬午　12.11	十一・二十一　辛亥　1.9	十二・二十一　辛巳　2.8

清圣祖康熙五十年辛卯（1711—1712）

一・一　庚寅　2.17	二・一　庚申　3.19	三・一　庚寅　4.18	四・一　己未　5.17
一・十一　庚子　2.27	二・十一　庚午　3.29	三・十一　庚子　4.28	四・十一　己巳　5.27
一・二十一　庚戌　3.9	二・二十一　庚辰　4.8	三・二十一　庚戌　5.8	四・二十一　己卯　6.6
五・一　己丑　6.16	六・一　己未　7.16	七・一　戊子　8.14	八・一　戊午　9.13
五・十一　己亥　6.26	六・十一　己巳　7.26	七・十一　戊戌　8.24	八・十一　戊辰　9.23
五・二十一　己酉　7.6	六・二十一　己卯　8.5	七・二十一　戊申　9.3	八・二十一　戊寅　10.3
九・一　丁亥　10.12	十・一　丙辰　11.10	十一・一　丙戌　12.10	十二・一　乙卯　1.8
九・十一　丁酉　10.22	十・十一　丙寅　11.20	十一・十一　丙申　12.20	十二・十一　乙丑　1.18
九・二十一　丁未　11.1	十・二十一　丙子　11.30	十一・二十一　丙午　12.30	十二・二十一　乙亥　1.28

清圣祖康熙五十一年壬辰（1712—1713）

一·一 乙酉 2.7	二·一 甲寅 3.7	三·一 甲申 4.6	四·一 癸丑 5.5
一·十一 乙未 2.17	二·十一 甲子 3.17	三·十一 甲午 4.16	四·十一 癸亥 5.15
一·二十一 乙巳 2.27	二·二十一 甲戌 3.27	三·二十一 甲辰 4.26	四·二十一 癸酉 5.25
五·一 癸未 6.4	六·一 癸丑 7.4	七·一 壬午 8.2	八·一 壬子 9.1
五·十一 癸巳 6.14	六·十一 癸亥 7.14	七·十一 壬辰 8.12	八·十一 壬戌 9.11
五·二十一 癸卯 6.24	六·二十一 癸酉 7.24	七·二十一 壬寅 8.22	八·二十一 壬申 9.21
九·一 辛巳 9.30	十·一 辛亥 10.30	十一·一 庚辰 11.28	十二·一 庚戌 12.28
九·十一 辛卯 10.10	十·十一 辛酉 11.9	十一·十一 庚寅 12.8	十二·十一 庚申 1.7
九·二十一 辛丑 10.20	十·二十一 辛未 11.19	十一·二十一 庚子 12.18	十二·二十一 庚午 1.17

清圣祖康熙五十二年癸巳（1713—1714）

一·一 己卯 1.26	二·一 己酉 2.25	三·一 戊寅 3.26	四·一 戊申 4.25
一·十一 己丑 2.5	二·十一 己未 3.7	三·十一 戊子 4.5	四·十一 戊午 5.5
一·二十一 己亥 2.15	二·二十一 己巳 3.17	三·二十一 戊戌 4.15	四·二十一 戊辰 5.15
五·一 丁丑 5.24 闰五·一 丁未 6.23	六·一 丙子 7.22	七·一 丙午 8.21	八·一 丙子 9.20
五·十一 丁亥 6.3 闰五·十一 丁巳 7.3	六·十一 丙戌 8.1	七·十一 丙辰 8.31	八·十一 丙戌 9.30
五·二十一 丁酉 6.13 闰五·二十一 丁卯 7.13	六·二十一 丙申 8.11	七·二十一 丙寅 9.10	八·二十一 丙申 10.10
九·一 乙巳 10.19	十·一 乙亥 11.18	十一·一 乙巳 12.18	十二·一 甲戌 1.16
九·十一 乙卯 10.29	十·十一 乙酉 11.28	十一·十一 乙卯 12.28	十二·十一 甲申 1.26
九·二十一 乙丑 11.8	十·二十一 乙未 12.8	十一·二十一 乙丑 1.7	十二·二十一 甲午 2.5

清圣祖康熙五十三年甲午（1714—1715）

一·一 癸卯 2.14	二·一 癸酉 3.16	三·一 壬寅 4.14	四·一 壬申 5.14
一·十一 癸丑 2.24	二·十一 癸未 3.26	三·十一 壬子 4.24	四·十一 壬午 5.24
一·二十一 癸亥 3.6	二·二十一 癸巳 4.5	三·二十一 壬戌 5.4	四·二十一 壬辰 6.3
五·一 辛丑 6.12	六·一 辛未 7.12	七·一 庚子 8.10	八·一 庚午 9.9
五·十 辛亥 6.22	六·十一 辛巳 7.22	七·十一 庚戌 8.20	八·十一 庚辰 9.19
五·二十一 辛酉 7.2	六·二十一 辛卯 8.1	七·二十一 庚申 8.30	八·二十一 庚寅 9.29
九·一 己亥 10.8	十·一 己巳 11.7	十一·一 己亥 12.7	十二·一 己巳 1.6
九·十一 己酉 10.18	十·十一 己卯 11.17	十一·十一 己酉 12.17	十二·十一 己卯 1.16
九·二十一 己未 10.28	十·二十一 己丑 11.27	十一·二十一 己未 12.27	十二·二十一 己丑 1.26

清圣祖康熙五十四年乙未（1715—1716）

一·一 戊戌 2.4	二·一 戊辰 3.6	三·一 丁酉 4.4	四·一 丙寅 5.3
一·十一 戊申 2.14	二·十一 戊寅 3.16	三·十一 丁未 4.14	四·十一 丙子 5.13
一·二十一 戊午 2.24	二·二十一 戊子 3.26	三·二十一 丁巳 4.24	四·二十一 丙戌 5.23
五·一 丙申 6.2	六·一 乙丑 7.1	七·一 甲午 7.30	八·一 甲子 8.29
五·十一 丙午 6.12	六·十一 乙亥 7.11	七·十一 甲辰 8.9	八·十一 甲戌 9.8
五·二十一 丙辰 6.22	六·二十一 乙酉 7.21	七·二十一 甲寅 8.19	八·二十一 甲申 9.18
九·一 癸巳 9.27	十·一 癸亥 10.27	十一·一 癸巳 11.26	十二·一 癸亥 12.26
九·十一 癸卯 10.7	十·十一 癸酉 11.6	十一·十一 癸卯 12.6	十二·十一 癸酉 1.5
九·二十一 癸丑 10.17	十·二十一 癸未 11.16	十一·二十一 癸丑 12.16	十二·二十一 癸未 1.15

清圣祖康熙五十五年丙申（1716—1717）

一·一　壬辰　1.24	二·一　壬戌　2.23	三·一　壬辰 3.24　闰三·一　辛酉 4.22	四·一　庚寅　5.21
一·十一　壬寅　2.3	二·十一　壬申　3.4	三·十一　壬寅 4.3　闰三·十一　辛未 5.2	四·十一　庚子　5.31
一·二十一　壬子　2.13	二·二十一　壬午　3.14	三·二十一壬子 4.13　闰三·二十一辛巳 5.12	四·二十一　庚戌　6.10
五·一　庚申　6.20	六·一　己丑　7.19	七·一　戊午　8.17	八·一　戊子　9.16
五·十一　庚午　6.30	六·十一　己亥　7.29	七·十一　戊辰　8.27	八·十一　戊戌　9.26
五·二十一　庚辰　7.10	六·二十一　己酉　8.8	七·二十一　戊寅　9.6	八·二十一　戊申　10.6
九·一　丁巳　10.15	十·一　丁亥　11.14	十一·一　丁巳　12.14	十二·一　丁亥　1.13
九·十一　丁卯　10.25	十·十一　丁酉　11.24	十一·十一　丁卯　12.24	十二·十一　丁酉　1.23
九·二十一　丁丑　11.4	十·二十一　丁未　12.4	十一·二十一　丁丑　1.3	十二·二十一　丁未　2.2

清圣祖康熙五十六年丁酉（1717—1718）

一·一　丙辰　2.11	二·一　丙戌　3.13	三·一　丙辰　4.12	四·一　乙酉　5.11
一·十一　丙寅　2.21	二·十一　丙申　3.23	三·十一　丙寅　4.22	四·十一　乙未　5.21
一·二十一　丙子　3.3	二·二十一　丙午　4.2	三·二十一　丙子　5.2	四·二十一　乙巳　5.31
五·一　甲寅　6.9	六·一　甲申　7.9	七·一　癸丑　8.7	八·一　壬午　9.5
五·十一　甲子　6.19	六·十一　甲午　7.19	七·十一　癸亥　8.17	八·十一　壬辰　9.15
五·二十一　甲戌　6.29	六·二十一　甲辰　7.29	七·二十一　癸酉　8.27	八·二十一　壬寅　9.25
九·一　壬子　10.5	十·一　辛巳　11.3	十一·一　辛亥　12.3	十二·一　辛巳　1.2
九·十一　壬戌　10.15	十·十一　辛卯　11.13	十一·十一　辛酉　12.13	十二·十一　辛卯　1.12
九·二十一　壬申　10.25	十·二十一　辛丑　11.23	十一·二十一　辛未　12.23	十二·二十一　辛丑　1.22

清圣祖康熙五十七年戊戌（1718—1719）

一·一　庚戌　1.31	二·一　庚辰　3.2	三·一　庚戌　4.1	四·一　己卯　4.30
一·十一　庚申　2.10	二·十一　庚寅　3.12	三·十一　庚申　4.11	四·十一　己丑　5.10
一·二十一　庚午　2.20	二·二十一　庚子　3.22	三·二十一　庚午　4.21	四·二十一　己亥　5.20
五·一　己酉　5.30	六·一　戊寅　6.28	七·一　戊申　7.28	八·一　丁丑 8.26　闰八·一　丙午 9.24
五·十一　己未　6.9	六·十一　戊子　7.8	七·十一　戊午　8.7	八·十一　丁亥 9.5　闰八·十一　丙辰 10.4
五·二十一　己巳　6.19	六·二十一　戊戌　7.18	七·二十一　戊辰　8.17	八·二十一丁酉 9.15　闰八·二十一丙寅 10.14
九·一　丙子　10.24	十·一　乙巳　11.22	十一·一　乙亥　12.22	十二·一　甲辰　1.20
九·十一　丙戌　11.3	十·十一　乙卯　12.2	十一·十一　乙酉　1.1	十二·十一　甲寅　1.30
九·二十一　丙申　11.13	十·二十一　乙丑　12.12	十一·二十一　乙未　1.11	十二·二十一　甲子　2.9

清圣祖康熙五十八年己亥（1719—1720）

一·一　甲戌　2.19	二·一　甲辰　3.21	三·一　甲戌　4.20	四·一　癸卯　5.19
一·十一　甲申　3.1	二·十一　甲寅　3.31	三·十一　甲申　4.30	四·十一　癸丑　5.29
一·二十一　甲午　3.11	二·二十一　甲子　4.10	三·二十一　甲午　5.10	四·二十一　癸亥　6.8
五·一　癸酉　6.18	六·一　壬寅　7.17	七·一　壬申　8.16	八·一　辛丑　9.14
五·十一　癸未　6.28	六·十一　壬子　7.27	七·十一　壬午　8.26	八·十一　辛亥　9.24
五·二十一　癸巳　7.8	六·二十一　壬戌　8.6	七·二十一　壬辰　9.5	八·二十一　辛酉　10.4
九·一　庚午　10.13	十·一　庚子　11.12	十一·一　己巳　12.11	十二·一　己亥　1.10
九·十一　庚辰　10.23	十·十一　庚戌　11.22	十一·十一　己卯　12.21	十二·十一　己酉　1.20
九·二十一　庚寅　11.2	十·二十一　庚申　12.2	十一·二十一　己丑　12.31	十二·二十一　己未　1.30

清圣祖康熙五十九年庚子（1720—1721）

一·一	戊辰	2.8	二·一	戊戌	3.9	三·一	戊辰	4.8	四·一	丁酉	5.7
一·十一	戊寅	2.18	二·十一	戊申	3.19	三·十一	戊寅	4.18	四·十一	丁未	5.17
一·二十一	戊子	2.28	二·二十一	戊午	3.29	三·二十一	戊子	4.28	四·二十一	丁巳	5.27
五·一	丁卯	6.6	六·一	丙申	7.5	七·一	丙寅	8.4	八·一	乙未	9.2
五·十一	丁丑	6.16	六·十一	丙午	7.15	七·十一	丙子	8.14	八·十一	乙巳	9.12
五·二十一	丁亥	6.26	六·二十一	丙辰	7.25	七·二十一	丙戌	8.24	八·二十一	乙卯	9.22
九·一	乙丑	10.2	十·一	甲午	10.31	十一·一	甲子	11.30	十二·一	癸巳	12.29
九·十一	乙亥	10.12	十·十一	甲辰	11.10	十一·十一	甲戌	12.10	十二·十一	癸卯	1.8
九·二十一	乙酉	10.22	十·二十一	甲寅	11.20	十一·二十一	甲申	12.20	十二·二十一	癸丑	1.18

清圣祖康熙六十年辛丑（1721—1722）

一·一	癸亥	1.28	二·一	壬辰	2.26	三·一	壬戌	3.28	四·一	辛卯	4.26
一·十一	癸酉	2.7	二·十一	壬寅	3.8	三·十一	壬申	4.7	四·十一	辛丑	5.6
一·二十一	癸未	2.17	二·二十一	壬子	3.18	三·二十一	壬午	4.17	四·二十一	辛亥	5.16
五·一	辛酉	5.26	六·一	辛卯	6.25　闰六·一　庚申 7.24	七·一	庚寅	8.23	八·一	己未	9.21
五·十一	辛未	6.5	六·十一	辛丑	7.5　闰六·十一　庚午 8.3	七·十一	庚子	9.2	八·十一	己巳	10.1
五·二十一	辛巳	6.15	六·二十一	辛亥	7.15　闰六·二十一　庚辰 8.13	七·二十一	庚戌	9.12	八·二十一	己卯	10.11
九·一	己丑	10.21	十·一	戊午	11.19	十一·一	戊子	12.19	十二·一	丁巳	1.17
九·十一	己亥	10.31	十·十一	戊辰	11.29	十一·十一	戊戌	12.29	十二·十一	丁卯	1.27
九·二十一	己酉	11.10	十·二十一	戊寅	12.9	十一·二十一	戊申	1.8	十二·二十一	丁丑	2.6

清圣祖康熙六十一年壬寅（1722—1723）

一·一	丁亥	2.16	二·一	丙辰	3.17	三·一	丙戌	4.16	四·一	乙卯	5.15
一·十一	丁酉	2.26	二·十一	丙寅	3.27	三·十一	丙申	4.26	四·十一	乙丑	5.25
一·二十一	丁未	3.8	二·二十一	丙子	4.6	三·二十一	丙午	5.6	四·二十一	乙亥	6.4
五·一	乙酉	6.14	六·一	甲寅	7.13	七·一	甲申	8.12	八·一	甲寅	9.11
五·十一	乙未	6.24	六·十一	甲子	7.23	七·十一	甲午	8.22	八·十一	甲子	9.21
五·二十一	乙巳	7.4	六·二十一	甲戌	8.2	七·二十一	甲辰	9.1	八·二十一	甲戌	10.1
九·一	癸未	10.10	十·一	癸丑	11.9	十一·一	壬午	12.8	十二·一	壬子	1.7
九·十一	癸巳	10.20	十·十一	癸亥	11.19	十一·十一	壬辰	12.18	十二·十一	壬戌	1.17
九·二十一	癸卯	10.30	十·二十一	癸酉	11.29	十一·二十一	壬寅	12.28	十二·二十一	壬申	1.27

清世宗雍正元年癸卯（1723—1724）

一·一	辛巳	2.5	二·一	辛亥	3.7	三·一	庚辰	4.5	四·一	庚戌	5.5
一·十一	辛卯	2.15	二·十一	辛酉	3.17	三·十一	庚寅	4.15	四·十一	庚申	5.15
一·二十一	辛丑	2.25	二·二十一	辛未	3.27	三·二十一	庚子	4.25	四·二十一	庚午	5.25
五·一	己卯	6.3	六·一	戊申	7.2	七·一	戊寅	8.1	八·一	戊申	8.31
五·十一	己丑	6.13	六·十一	戊午	7.12	七·十一	戊子	8.11	八·十一	戊午	9.10
五·二十一	己亥	6.23	六·二十一	戊辰	7.22	七·二十一	戊戌	8.21	八·二十一	戊辰	9.20
九·一	丁丑	9.29	十·一	丁未	10.29	十一·一	丁丑	11.28	十二·一	丙午	12.27
九·十一	丁亥	10.9	十·十一	丁巳	11.8	十一·十一	丁亥	12.8	十二·十一	丙辰	1.6
九·二十一	丁酉	10.19	十·二十一	丁卯	11.18	十一·二十一	丁酉	12.18	十二·二十一	丙寅	1.16

清世宗雍正二年甲辰（1724—1725）

一·一	丙子	1.26	二·一	乙巳	2.24	三·一	乙亥	3.25	四·一	甲辰 4.23	闰四·一 甲戌 5.23
一·十一	丙戌	2.5	二·十一	乙卯	3.5	三·十一	乙酉	4.4	四·十一	甲寅 5.3	闰四·十一 甲申 6.2
一·二十一	丙申	2.15	二·二十一	乙丑	3.15	三·二十一	乙未	4.14	四·二十一	甲子 5.13	闰四·二十一 甲午 6.12
五·一	癸卯	6.21	六·一	壬申	7.20	七·一	壬寅	8.19	八·一	辛未	9.17
五·十一	癸丑	7.1	六·十一	壬午	7.30	七·十一	壬子	8.29	八·十一	辛巳	9.27
五·二十一	癸亥	7.11	六·二十一	壬辰	8.9	七·二十一	壬戌	9.8	八·二十一	辛卯	10.7
九·一	辛丑	10.17	十·一	辛未	11.16	十一·一	辛丑	12.16	十二·一	庚午	1.14
九·十一	辛亥	10.27	十·十一	辛巳	11.26	十一·十一	辛亥	12.26	十二·十一	庚辰	1.24
九·二十一	辛酉	11.6	十·二十一	辛卯	12.6	十一·二十一	辛酉	1.5	十二·二十一	庚寅	2.3

清世宗雍正三年乙巳（1725—1726）

一·一	庚子	2.13	二·一	己巳	3.14	三·一	己亥	4.13	四·一	戊辰	5.12
一·十一	庚戌	2.23	二·十一	己卯	3.24	三·十一	己酉	4.23	四·十一	戊寅	5.22
一·二十一	庚申	3.5	二·二十一	己丑	4.3	三·二十一	己未	5.3	四·二十一	戊子	6.1
五·一	戊戌	6.11	六·一	丁卯	7.10	七·一	丙申	8.8	八·一	丙寅	9.7
五·十一	戊申	6.21	六·十一	丁丑	7.20	七·十一	丙午	8.18	八·十一	丙子	9.17
五·二十一	戊午	7.1	六·二十一	丁亥	7.30	七·二十一	丙辰	8.28	八·二十一	丙戌	9.27
九·一	乙未	10.6	十·一	乙丑	11.5	十一·一	乙未	12.5	十二·一	甲子	1.3
九·十一	乙巳	10.16	十·十一	乙亥	11.15	十一·十一	乙巳	12.15	十二·十一	甲戌	1.13
九·二十一	乙卯	10.26	十·二十一	乙酉	11.25	十一·二十一	乙卯	12.25	十二·二十一	甲申	1.23

清世宗雍正四年丙午（1726—1727）

一·一	甲午	2.2	二·一	甲子	3.4	三·一	癸巳	4.2	四·一	癸亥	5.2
一·十一	甲辰	2.12	二·十一	甲戌	3.14	三·十一	癸卯	4.12	四·十一	癸酉	5.12
一·二十一	甲寅	2.22	二·二十一	甲申	3.24	三·二十一	癸丑	4.22	四·二十一	癸未	5.22
五·一	壬辰	5.31	六·一	壬戌	6.30	七·一	辛卯	7.29	八·一	庚申	8.27
五·十一	壬寅	6.10	六·十一	壬申	7.10	七·十一	辛丑	8.8	八·十一	庚午	9.6
五·二十一	壬子	6.20	六·二十一	壬午	7.20	七·二十一	辛亥	8.18	八·二十一	庚辰	9.16
九·一	庚寅	9.26	十·一	己未	10.25	十一·一	己丑	11.24	十二·一	戊午	12.23
九·十一	庚子	10.6	十·十一	己巳	11.4	十一·十一	己亥	12.4	十二·十一	戊辰	1.2
九·二十一	庚戌	10.16	十·二十一	己卯	11.14	十一·二十一	己酉	12.14	十二·二十一	戊寅	1.12

清世宗雍正五年丁未（1727—1728）

一·一	戊子	1.22	二·一	戊午	2.21	三·一	戊子 3.23	闰三·一 丁巳 4.21	四·一	丁亥	5.21
一·十一	戊戌	2.1	二·十一	戊辰	3.3	三·十一	戊戌 4.2	闰三·十一 丁卯 5.1	四·十一	丁酉	5.31
一·二十一	戊申	2.11	二·二十一	戊寅	3.13	三·二十一	戊申 4.12	闰三·二十一 丁丑 5.11	四·二十一	丁未	6.10
五·一	丙辰	6.19	六·一	丙戌	7.19	七·一	乙卯	8.17	八·一	甲申	9.15
五·十一	丙寅	6.29	六·十一	丙申	7.29	七·十一	乙丑	8.27	八·十一	甲午	9.25
五·二十一	丙子	7.9	六·二十一	丙午	8.8	七·二十一	乙亥	9.6	八·二十一	甲辰	10.5
九·一	甲寅	10.15	十·一	癸未	11.13	十一·一	癸丑	12.13	十二·一	壬午	1.11
九·十一	甲子	10.25	十·十一	癸巳	11.23	十一·十一	癸亥	12.23	十二·十一	壬辰	1.21
九·二十一	甲戌	11.4	十·二十一	癸卯	12.3	十一·二十一	癸酉	1.2	十二·二十一	壬寅	1.31

清世宗雍正六年戊申(1728—1729)

一·一 壬子 2.10	二·一 壬午 3.11	三·一 辛亥 4.9	四·一 辛巳 5.9
一·十一 壬戌 2.20	二·十一 壬辰 3.21	三·十一 辛酉 4.19	四·十一 辛卯 5.19
一·二十一 壬申 3.1	二·二十一 壬寅 3.31	三·二十一 辛未 4.29	四·二十一 辛丑 5.29
五·一 辛亥 6.8	六·一 庚辰 7.7	七·一 庚戌 8.6	八·一 己卯 9.4
五·十一 辛酉 6.18	六·十一 庚寅 7.17	七·十一 庚申 8.16	八·十一 己丑 9.14
五·二十一 辛未 6.28	六·二十一 庚子 7.27	七·二十一 庚午 8.26	八·二十一 己亥 9.24
九·一 戊申 10.3	十·一 戊寅 11.2	十一·一 丁未 12.1	十二·一 丁丑 12.31
九·十一 戊午 10.13	十·十一 戊子 11.12	十一·十一 丁巳 12.11	十二·十一 丁亥 1.10
九·二十一 戊辰 10.23	十·二十一 戊戌 11.22	十一·二十一 丁卯 12.21	十二·二十一 丁酉 1.20

清世宗雍正七年己酉(1729—1730)

一·一 丙午 1.29	二·一 丙子 2.28	三·一 乙巳 3.29	四·一 乙亥 4.28
一·十一 丙辰 2.8	二·十一 丙戌 3.10	三·十一 乙卯 4.8	四·十一 乙酉 5.8
一·二十一 丙寅 2.18	二·二十一 丙申 3.20	三·二十一 乙丑 4.18	四·二十一 乙未 5.18
五·一 乙巳 5.28	六·一 甲戌 6.26	七·一 甲辰 7.26 闰七·一 癸酉 8.24	八·一 癸卯 9.23
五·十一 乙卯 6.7	六·十一 甲申 7.6	七·十一 甲寅 8.5 闰七·十一 癸未 9.3	八·十一 癸丑 10.3
五·二十一 乙丑 6.17	六·二十一 甲午 7.16	七·二十一 甲子 8.15 闰七·二十一 癸巳 9.13	八·二十一 癸亥 10.13
九·一 壬申 10.22	十·一 壬寅 11.21	十一·一 辛未 12.20	十二·一 辛丑 1.19
九·十一 壬午 11.1	十·十一 壬子 12.1	十一·十一 辛巳 12.30	十二·十一 辛亥 1.29
九·二十一 壬辰 11.11	十·二十一 壬戌 12.11	十一·二十一 辛卯 1.9	十二·二十一 辛酉 2.8

清世宗雍正八年庚戌(1730—1731)

一·一 庚午 2.17	二·一 庚子 3.19	三·一 己巳 4.17	四·一 己亥 5.17
一·十一 庚辰 2.27	二·十一 庚戌 3.29	三·十一 己卯 4.27	四·十一 己酉 5.27
一·二十一 庚寅 3.9	二·二十一 庚申 4.8	三·二十一 己丑 5.7	四·二十一 己未 6.6
五·一 戊辰 6.15	六·一 戊戌 7.15	七·一 戊辰 8.14	八·一 丁酉 9.12
五·十一 戊寅 6.25	六·十一 戊申 7.25	七·十一 戊寅 8.24	八·十一 丁未 9.22
五·二十一 戊子 7.5	六·二十一 戊午 8.4	七·二十一 戊子 9.3	八·二十一 丁巳 10.2
九·一 丁卯 10.12	十·一 丙申 11.10	十一·一 丙寅 12.10	十二·一 乙未 1.8
九·十一 丁丑 10.22	十·十一 丙午 11.20	十一·十一 丙子 12.20	十二·十一 乙巳 1.18
九·二十一 丁亥 11.1	十·二十一 丙辰 11.30	十一·二十一 丙戌 12.30	十二·二十一 乙卯 1.28

清世宗雍正九年辛亥(1731—1732)

一·一 乙丑 2.7	二·一 甲午 3.8	三·一 甲子 4.7	四·一 癸巳 5.6
一·十一 乙亥 2.17	二·十一 甲辰 3.18	三·十一 甲戌 4.17	四·十一 癸卯 5.16
一·二十一 乙酉 2.27	二·二十一 甲寅 3.28	三·二十一 甲申 4.27	四·二十一 癸丑 5.26
五·一 癸亥 6.5	六·一 壬辰 7.4	七·一 壬戌 8.3	八·一 辛卯 9.1
五·十一 癸酉 6.15	六·十一 壬寅 7.14	七·十一 壬申 8.13	八·十一 辛丑 9.11
五·二十一 癸未 6.25	六·二十一 壬子 7.24	七·二十一 壬午 8.23	八·二十一 辛亥 9.21
九·一 辛酉 10.1	十·一 辛卯 10.31	十一·一 庚申 11.29	十二·一 庚寅 12.29
九·十一 辛未 10.11	十·十一 辛丑 11.10	十一·十一 庚午 12.9	十二·十一 庚子 1.8
九·二十一 辛巳 10.21	十·二十一 辛亥 11.20	十一·二十一 庚辰 12.19	十二·二十一 庚戌 1.18

清世宗雍正十年壬子(1732—1733)

一·一	己未	1.27	二·一	己丑	2.26	三·一	戊午	3.26	四·一	戊子	4.25
一·十一	己巳	2.6	二·十一	己亥	3.7	三·十一	戊辰	4.5	四·十一	戊戌	5.5
一·二十一	己卯	2.16	二·二十一	己酉	3.17	三·二十一	戊寅	4.15	四·二十一	戊申	5.15
五·一 丁巳5.24	闰五·一	丙戌6.22	六·一	丙辰	7.22	七·一	乙酉	8.20	八·一	乙卯	9.19
五·十一 丁卯6.3	闰五·十一	丙申7.2	六·十一	丙寅	8.1	七·十一	乙未	8.30	八·十一	乙丑	9.29
五·二十一丁丑6.13	闰五·二十一	丙午7.12	六·二十一	丙子	8.11	七·二十一	乙巳	9.9	八·二十一	乙亥	10.9
九·一	乙酉	10.19	十·一	乙卯	11.18	十一·一	甲申	12.17	十二·一	甲寅	1.16
九·十一	乙未	10.29	十·十一	乙丑	11.28	十一·十一	甲午	12.27	十二·十一	甲子	1.26
九·二十一	乙巳	11.8	十·二十一	乙亥	12.8	十一·二十一	甲辰	1.6	十二·二十一	甲戌	2.5

清世宗雍正十一年癸丑(1733—1734)

一·一	癸未	2.14	二·一	癸丑	3.16	三·一	壬午	4.14	四·一	壬子	5.14
一·十一	癸巳	2.24	二·十一	癸亥	3.26	三·十一	壬辰	4.24	四·十一	壬戌	5.24
一·二十一	癸卯	3.6	二·二十一	癸酉	4.5	三·二十一	壬寅	5.4	四·二十一	壬申	6.3
五·一	辛巳	6.12	六·一	庚戌	7.11	七·一	庚辰	8.10	八·一	己酉	9.8
五·十一	辛卯	6.22	六·十一	庚申	7.21	七·十一	庚寅	8.20	八·十一	己未	9.18
五·二十一	辛丑	7.2	六·二十一	庚午	7.31	七·二十一	庚子	8.30	八·二十一	己巳	9.28
九·一	己卯	10.8	十·一	己酉	11.7	十一·一	戊寅	12.6	十二·一	戊申	1.5
九·十一	己丑	10.18	十·十一	己未	11.17	十一·十一	戊子	12.16	十二·十一	戊午	1.15
九·二十一	己亥	10.28	十·二十一	己巳	11.27	十一·二十一	戊戌	12.26	十二·二十一	戊辰	1.25

清世宗雍正十二年甲寅(1734—1735)

一·一	戊寅	2.4	二·一	丁未	3.5	三·一	丁丑	4.4	四·一	丙午	5.3
一·十一	戊子	2.14	二·十一	丁巳	3.15	三·十一	丁亥	4.14	四·十一	丙辰	5.13
一·二十一	戊戌	2.24	二·二十一	丁卯	3.25	三·二十一	丁酉	4.24	四·二十一	丙寅	5.23
五·一	丙子	6.2	六·一	乙巳	7.1	七·一	甲戌	7.30	八·一	甲辰	8.29
五·十一	丙戌	6.12	六·十一	乙卯	7.11	七·十一	甲申	8.9	八·十一	甲寅	9.8
五·二十一	丙申	6.22	六·二十一	乙丑	7.21	七·二十一	甲午	8.19	八·二十一	甲子	9.18
九·一	癸酉	9.27	十·一	癸卯	10.27	十一·一	壬申	11.25	十二·一	壬寅	12.25
九·十一	癸未	10.7	十·十一	癸丑	11.6	十一·十一	壬午	12.5	十二·十一	壬子	1.4
九·二十一	癸巳	10.17	十·二十一	癸亥	11.16	十一·二十一	壬辰	12.15	十二·二十一	壬戌	1.14

清世宗雍正十三年乙卯(1735—1736)

一·一	壬申	1.24	二·一	壬寅	2.23	三·一	辛未	3.24	四·一 辛丑4.23	闰四·一	庚午6.22
一·十一	壬午	2.3	二·十一	壬子	3.5	三·十一	辛巳	4.3	四·十一 辛亥5.3	闰四·十一	庚辰6.1
一·二十一	壬辰	2.13	二·二十一	壬戌	3.15	三·二十一	辛卯	4.13	四·二十一辛酉5.13	闰四·二十一	庚寅6.11
五·一	庚子	6.21	六·一	己巳	7.20	七·一	戊戌	8.18	八·一	丁卯	9.16
五·十一	庚戌	7.1	六·十一	己卯	7.30	七·十一	戊申	8.28	八·十一	丁丑	9.26
五·二十一	庚申	7.11	六·二十一	己丑	8.9	七·二十一	戊午	9.7	八·二十一	丁亥	10.6
九·一	丁酉	10.16	十·一	丙寅	11.14	十一·一	丙申	12.14	十二·一	丙寅	1.13
九·十一	丁未	10.26	十·十一	丙子	11.24	十一·十一	丙午	12.24	十二·十一	丙子	1.23
九·二十一	丁巳	11.5	十·二十一	丙戌	12.4	十一·二十一	丙辰	1.3	十二·二十一	丙戌	2.2

清高宗乾隆元年丙辰（1736—1737）

一·一	丙申	2.12	二·一	乙丑	3.12	三·一	乙未	4.11	四·一	乙丑	5.11
一·十一	丙午	2.22	二·十一	乙亥	3.22	三·十一	乙巳	4.21	四·十一	乙亥	5.21
一·二十一	丙辰	3.3	二·二十一	乙酉	4.1	三·二十一	乙卯	5.1	四·二十一	乙酉	5.31
五·一	甲午	6.9	六·一	甲子	7.9	七·一	癸巳	8.7	八·一	壬戌	9.5
五·十一	甲辰	6.19	六·十一	甲戌	7.19	七·十一	癸卯	8.17	八·十一	壬申	9.15
五·二十一	甲寅	6.29	六·二十一	甲申	7.29	七·二十一	癸丑	8.27	八·二十一	壬午	9.25
九·一	壬辰	10.5	十·一	辛酉	11.3	十一·一	庚寅	12.2	十二·一	庚申	1.1
九·十一	壬寅	10.15	十·十一	辛未	11.13	十一·十一	庚子	12.12	十二·十一	庚午	1.11
九·二十一	壬子	10.25	十·二十一	辛巳	11.23	十一·二十一	庚戌	12.22	十二·二十一	庚辰	1.21

清高宗乾隆二年丁巳（1737—1738）

一·一	庚寅	1.31	二·一	己未	3.1	三·一	己丑	3.31	四·一	己未	4.30
一·十一	庚子	2.10	二·十一	己巳	3.11	三·十一	己亥	4.10	四·十一	己巳	5.10
一·二十一	庚戌	2.20	二·二十一	己卯	3.21	三·二十一	己酉	4.20	四·二十一	己卯	5.20
五·一	戊子	5.29	六·一	戊午	6.28	七·一	丁亥	7.27	八·一	丁巳	8.26
五·十一	戊戌	6.8	六·十一	戊辰	7.8	七·十一	丁酉	8.6	八·十一	丁卯	9.5
五·二十一	戊申	6.18	六·二十一	戊寅	7.18	七·二十一	丁未	8.16	八·二十一	丁丑	9.15
九·一	丙戌	9.24　闰九·一　丙辰　10.24	十·一	乙酉	11.22	十一·一	甲寅	12.21	十二·一	甲申	1.20
九·十一	丙申	10.4　闰九·十一　丙寅　11.3	十·十一	乙未	12.2	十一·十一	甲子	12.31	十二·十一	甲午	1.30
九·二十一	丙午	10.14　闰九·二十一　丙子　11.13	十·二十一	乙巳	12.12	十一·二十一	甲戌	1.10	十二·二十一	甲辰	2.9

清高宗乾隆三年戊午（1738—1739）

一·一	甲寅	2.19	二·一	癸未	3.20	三·一	癸丑	4.19	四·一	癸未	5.19
一·十一	甲子	3.1	二·十一	癸巳	3.30	三·十一	癸亥	4.29	四·十一	癸巳	5.29
一·二十一	甲戌	3.11	二·二十一	癸卯	4.9	三·二十一	癸酉	5.9	四·二十一	癸卯	6.8
五·一	壬子	6.17	六·一	壬午	7.17	七·一	辛亥	8.15	八·一	辛巳	9.14
五·十一	壬戌	6.27	六·十一	壬辰	7.27	七·十一	辛酉	8.25	八·十一	辛卯	9.24
五·二十一	壬申	7.7	六·二十一	壬寅	8.6	七·二十一	辛未	9.4	八·二十一	辛丑	10.4
九·一	庚戌	10.13	十·一	庚辰	11.12	十一·一	己酉	12.11	十二·一	己卯	1.10
九·十一	庚申	10.23	十·十一	庚寅	11.22	十一·十一	己未	12.21	十二·十一	己丑	1.20
九·二十一	庚午	11.2	十·二十一	庚子	12.2	十一·二十一	己巳	12.31	十二·二十一	己亥	1.30

清高宗乾隆四年己未（1739—1740）

一·一	戊申	2.8	二·一	戊寅	3.10	三·一	丁未	4.8	四·一	丁丑	5.8
一·十一	戊午	2.18	二·十一	戊子	3.20	三·十一	丁巳	4.18	四·十一	丁亥	5.18
一·二十一	戊辰	2.28	二·二十一	戊戌	3.30	三·二十一	丁卯	4.28	四·二十一	丁酉	5.28
五·一	丙午	6.6	六·一	丙子	7.6	七·一	乙巳	8.4	八·一	乙亥	9.3
五·十一	丙辰	6.16	六·十一	丙戌	7.16	七·十一	乙卯	8.14	八·十一	乙酉	9.13
五·二十一	丙寅	6.26	六·二十一	丙申	7.26	七·二十一	乙丑	8.24	八·二十一	乙未	9.23
九·一	乙巳	10.3	十·一	甲戌	11.1	十一·一	甲辰	12.1	十二·一	癸酉	12.30
九·十一	乙卯	10.13	十·十一	甲申	11.11	十一·十一	甲寅	12.11	十二·十一	癸未	1.9
九·二十一	乙丑	10.23	十·二十一	甲午	11.21	十一·二十一	甲子	12.21	十二·二十一	癸巳	1.19

清高宗乾隆五年庚申（1740—1741）

一·一 癸卯 1.29	二·一 壬申 2.27	三·一 壬寅 3.28	四·一 辛未 4.26
一·十一 癸丑 2.8	二·十一 壬午 3.8	三·十一 壬子 4.7	四·十一 辛巳 5.6
一·二十一 癸亥 2.18	二·二十一 壬辰 3.18	三·二十一 壬戌 4.17	四·二十一 辛卯 5.16
五·一 庚子 5.25	六·一 庚午6.24 闰六·一 庚子7.24	七·一 己巳 8.22	八·一 己亥 9.21
五·十一 庚戌 6.4	六·十一 庚辰7.4 闰六·十一 庚戌8.3	七·十一 己卯 9.1	八·十一 己酉 10.1
五·二十一 庚申 6.14	六·二十一庚寅7.14 闰六·二十一庚申8.13	七·二十一 己丑 9.11	八·二十一 己未 10.11
九·一 己巳 10.21	十·一 戊戌 11.19	十一·一 戊辰 12.19	十二·一 丁酉 1.17
九·十一 己卯 10.31	十·十一 戊申 11.29	十一·十一 戊寅 12.29	十二·十一 丁未 1.27
九·二十一 己丑 11.10	十·二十一 戊午 12.9	十一·二十一 戊子 1.8	十二·二十一 丁巳 2.6

清高宗乾隆六年辛酉（1741—1742）

一·一 丁卯 2.16	二·一 丙申 3.17	三·一 丙寅 4.16	四·一 乙未 5.15
一·十一 丁丑 2.26	二·十一 丙午 3.27	三·十一 丙子 4.26	四·十一 乙巳 5.25
一·二十一 丁亥 3.8	二·二十一 丙辰 4.6	三·二十一 丙戌 5.6	四·二十一 乙卯 6.4
五·一 甲子 6.13	六·一 甲午 7.13	七·一 癸亥 8.11	八·一 癸巳 9.10
五·十一 甲戌 6.23	六·十一 甲辰 7.23	七·十一 癸酉 8.21	八·十一 癸卯 9.20
五·二十一 甲申 7.3	六·二十一 甲寅 8.2	七·二十一 癸未 8.31	八·二十一 癸丑 9.30
九·一 癸亥 10.10	十·一 壬辰 11.8	十一·一 壬戌 12.8	十二·一 壬辰 1.7
九·十一 癸酉 10.20	十·十一 壬寅 11.18	十一·十一 壬申 12.18	十二·十一 壬寅 1.17
九·二十一 癸未 10.30	十·二十一 壬子 11.28	十一·二十一 壬午 12.28	十二·二十一 壬子 1.27

清高宗乾隆七年壬戌（1742—1743）

一·一 辛酉 2.5	二·一 辛卯 3.7	三·一 庚申 4.5	四·一 庚寅 5.5
一·十一 辛未 2.15	二·十一 辛丑 3.17	三·十一 庚午 4.15	四·十一 庚子 5.15
一·二十一 辛巳 2.25	二·二十一 辛亥 3.27	三·二十一 庚辰 4.25	四·二十一 庚戌 5.25
五·一 己未 6.3	六·一 戊子 7.2	七·一 戊午 8.1	八·一 丁亥 8.30
五·十一 己巳 6.13	六·十一 戊戌 7.12	七·十一 戊辰 8.11	八·十一 丁酉 9.9
五·二十一 己卯 6.23	六·二十一 戊申 7.22	七·二十一 戊寅 8.21	八·二十一 丁未 9.19
九·一 丁巳 9.29	十·一 丙戌 10.28	十一·一 丙辰 11.27	十二·一 丙戌 12.27
九·十一 丁卯 10.9	十·十一 丙申 11.7	十一·十一 丙寅 12.7	十二·十一 丙申 1.6
九·二十一 丁丑 10.19	十·二十一 丙午 11.17	十一·二十一 丙子 12.17	十二·二十一 丙午 1.16

清高宗乾隆八年癸亥（1743—1744）

一·一 丙辰 1.26	二·一 乙酉 2.24	三·一 乙卯 3.26	四·一 甲申4.24 闰四·一 甲寅5.24
一·十一 丙寅 2.5	二·十一 乙未 3.6	三·十一 乙丑 4.5	四·十一 甲午5.4 闰四·十一 甲子6.3
一·二十一 丙子 2.15	二·二十一 乙巳 3.16	三·二十一 乙亥 4.15	四·二十一甲辰5.14 闰四·二十一甲戌6.13
五·一 癸未 6.22	六·一 壬子 7.21	七·一 辛巳 8.19	八·一 辛亥 9.8
五·十一 癸巳 7.2	六·十一 壬戌 7.31	七·十一 辛卯 8.29	八·十一 辛酉 9.28
五·二十一 癸卯 7.12	六·二十一 壬申 8.10	七·二十一 辛丑 9.8	八·二十一 辛未 10.8
九·一 庚辰 10.17	十·一 庚戌 11.16	十一·一 庚辰 12.16	十二·一 庚戌 1.15
九·十一 庚寅 10.27	十·十一 庚申 11.26	十一·十一 庚寅 12.26	十二·十一 庚申 1.25
九·二十一 庚子 11.6	十·二十一 庚午 12.6	十一·二十一 庚子 1.5	十二·二十一 庚午 2.4

清高宗乾隆九年甲子（1744—1745）

一•一	己卯	2.13	二•一	己酉	3.14	三•一	己卯	4.13	四•一	戊申	5.12
一•十一	己丑	2.23	二•十一	己未	3.24	三•十一	己丑	4.23	四•十一	戊午	5.22
一•二十一	己亥	3.4	二•二十一	己巳	4.3	三•二十一	己亥	5.3	四•二十一	戊辰	6.1
五•一	戊寅	6.11	六•一	丁未	7.10	七•一	丙子	8.8	八•一	乙巳	9.6
五•十一	戊子	6.21	六•十一	丁巳	7.20	七•十一	丙戌	8.18	八•十一	乙卯	9.16
五•二十一	戊戌	7.1	六•二十一	丁卯	7.30	七•二十一	丙申	8.28	八•二十一	乙丑	9.26
九•一	乙亥	10.6	十•一	甲辰	11.4	十一•一	甲戌	12.4	十二•一	甲辰	1.3
九•十一	乙酉	10.16	十•十一	甲寅	11.14	十一•十一	甲申	12.14	十二•十一	甲寅	1.13
九•二十一	乙未	10.26	十•二十一	甲子	11.24	十一•二十一	甲午	12.24	十二•二十一	甲子	1.23

清高宗乾隆十年乙丑（1745—1746）

一•一	癸酉	2.1	二•一	癸卯	3.3	三•一	癸酉	4.2	四•一	癸卯	5.2
一•十一	癸未	2.11	二•十一	癸丑	3.13	三•十一	癸未	4.12	四•十一	癸丑	5.12
一•二十一	癸巳	2.21	二•二十一	癸亥	3.23	三•二十一	癸巳	4.22	四•二十一	癸亥	5.22
五•一	壬申	5.31	六•一	壬寅	6.30	七•一	辛未	7.29	八•一	庚子	8.27
五•十一	壬午	6.10	六•十一	壬子	7.10	七•十一	辛巳	8.8	八•十一	庚戌	9.6
五•二十一	壬辰	6.20	六•二十一	壬戌	7.20	七•二十一	辛卯	8.18	八•二十一	庚申	9.16
九•一	庚午	9.26	十•一	己亥	10.25	十一•一	戊辰	11.23	十二•一	戊戌	12.23
九•十一	庚辰	10.6	十•十一	己酉	11.4	十一•十一	戊寅	12.3	十二•十一	戊申	1.2
九•二十一	庚寅	10.16	十•二十一	己未	11.14	十一•二十一	戊子	12.13	十二•二十一	戊午	1.12

清高宗乾隆十一年丙寅（1746—1747）

一•一	戊辰	1.22	二•一	丁酉	2.20	三•一	丁卯	3.22 闰三•一 丁酉 4.21	四•一	丙寅	5.20
一•十一	戊寅	2.1	二•十	丁未	3.2	三•十一	丁丑	4.1 闰三•十一 丁未 5.1	四•十一	丙子	5.30
一•二十一	戊子	2.11	二•二十一	丁巳	3.12	三•二十一	丁亥	4.11 闰三•二十一 丁巳 5.11	四•二十一	丙戌	6.9
五•一	丙申	6.19	六•一	乙丑	7.18	七•一	乙未	8.17	八•一	甲子	9.15
五•十一	丙午	6.29	六•十一	乙亥	7.28	七•十一	乙巳	8.27	八•十一	甲戌	9.25
五•二十一	丙辰	7.9	六•二十一	乙酉	8.7	七•二十一	乙卯	9.6	八•二十一	甲申	10.5
九•一	甲午	10.15	十•一	癸亥	11.13	十一•一	壬辰	12.12	十二•一	壬戌	1.11
九•十一	甲辰	10.25	十•十一	癸酉	11.23	十一•十一	壬寅	12.22	十二•十一	壬申	1.21
九•二十一	甲寅	11.4	十•二十一	癸未	12.3	十一•二十一	壬子	1.1	十二•二十一	壬午	1.31

清高宗乾隆十二年丁卯（1747—1748）

一•一	辛卯	2.9	二•一	辛酉	3.11	三•一	辛卯	4.10	四•一	庚申	5.9
一•十一	辛丑	2.19	二•十一	辛未	3.21	三•十一	辛丑	4.20	四•十一	庚午	5.19
一•二十一	辛亥	3.1	二•二十一	辛巳	3.31	三•二十一	辛亥	4.30	四•二十一	庚辰	5.29
五•一	庚寅	6.8	六•一	庚申	7.8	七•一	己丑	8.6	八•一	己未	9.5
五•十一	庚子	6.18	六•十一	庚午	7.18	七•十一	己亥	8.16	八•十一	己巳	9.15
五•二十一	庚戌	6.28	六•二十一	庚辰	7.28	七•二十一	己酉	8.26	八•二十一	己卯	9.25
九•一	戊子	10.4	十•一	戊午	11.3	十一•一	丁亥	12.2	十二•一	丁巳	1.1
九•十一	戊戌	10.14	十•十一	戊辰	11.13	十一•十一	丁酉	12.12	十二•十一	丁卯	1.11
九•二十一	戊申	10.24	十•二十一	戊寅	11.23	十一•二十一	丁未	12.22	十二•二十一	丁丑	1.21

清高宗乾隆十三年戊辰（1748—1749）

一·一	丙戌	1.30	二·一	乙卯	2.28	三·一	乙酉	3.29	四·一	甲寅	4.27
一·十一	丙申	2.9	二·十一	乙丑	3.9	三·十一	乙未	4.8	四·十一	甲子	5.7
一·二十一	丙午	2.19	二·二十一	乙亥	3.19	三·二十一	乙巳	4.18	四·二十一	甲戌	5.17
五·一	甲申	5.27	六·一	甲寅	6.26	七·一	癸未 7.25	闰七·一 癸丑 8.24	八·一	癸未	9.23
五·十一	甲午	6.6	六·十一	甲子	7.6	七·十一	癸巳 8.4	闰七·十一 癸亥 9.3	八·十一	癸巳	10.3
五·二十一	甲辰	6.16	六·二十一	甲戌	7.16	七·二十一	癸卯 8.14	闰七·二十一 癸酉 9.13	八·二十一	癸卯	10.13
九·一	壬子	10.22	十·一	壬午	11.21	十一·一	辛亥	12.20	十二·一	辛巳	1.19
九·十一	壬戌	11.1	十·十一	壬辰	12.1	十一·十一	辛酉	12.30	十二·十一	辛卯	1.29
九·二十一	壬申	11.11	十·二十一	壬寅	12.11	十一·二十一	辛未	1.9	十二·二十一	辛丑	2.8

清高宗乾隆十四年己巳（1749—1750）

一·一	庚戌	2.17	二·一	己卯	3.18	三·一	己酉	4.17	四·一	戊寅	5.16
一·十一	庚申	2.27	二·十一	己丑	3.28	三·十一	己未	4.27	四·十一	戊子	5.26
一·二十一	庚午	3.9	二·二十一	己亥	4.7	三·二十一	己巳	5.7	四·二十一	戊戌	6.5
五·一	戊申	6.15	六·一	丁丑	7.14	七·一	丁未	8.13	八·一	丁丑	9.12
五·十一	戊午	6.25	六·十一	丁亥	7.24	七·十一	丁巳	8.23	八·十一	丁亥	9.22
五·二十一	戊辰	7.5	六·二十一	丁酉	8.3	七·二十一	丁卯	9.2	八·二十一	丁酉	10.2
九·一	丙午	10.11	十·一	丙子	11.10	十一·一	丙午	12.10	十二·一	乙亥	1.8
九·十一	丙辰	10.21	十·十一	丙戌	11.20	十一·十一	丙辰	12.20	十二·十一	乙酉	1.18
九·二十一	丙寅	10.31	十·二十一	丙申	11.30	十一·二十一	丙寅	12.30	十二·二十一	乙未	1.28

清高宗乾隆十五年庚午（1750—1751）

一·一	乙巳	2.7	二·一	甲戌	3.8	三·一	甲辰	4.7	四·一	癸酉	5.6
一·十一	乙卯	2.17	二·十一	甲申	3.18	三·十一	甲寅	4.17	四·十一	癸未	5.16
一·二十一	乙丑	2.27	二·二十一	甲午	3.28	三·二十一	甲子	4.27	四·二十一	癸巳	5.26
五·一	壬寅	6.4	六·一	壬申	7.4	七·一	辛丑	8.2	八·一	辛未	9.1
五·十一	壬子	6.14	六·十一	壬午	7.14	七·十一	辛亥	8.12	八·十一	辛巳	9.11
五·二十一	壬戌	6.24	六·二十一	壬辰	7.24	七·二十一	辛酉	8.22	八·二十一	辛卯	9.21
九·一	庚子	9.30	十·一	庚午	10.30	十一·一	庚子	11.29	十二·一	庚午	12.29
九·十一	庚戌	10.10	十·十一	庚辰	11.9	十一·十一	庚戌	12.9	十二·十一	庚辰	1.8
九·二十一	庚申	10.20	十·二十一	庚寅	11.19	十一·二十一	庚申	12.19	十二·二十一	庚寅	1.18

清高宗乾隆十六年辛未（1751—1752）

一·一	己亥	1.27	二·一	己巳	2.26	三·一	戊戌	3.27	四·一	戊辰	4.26
一·十一	己酉	2.6	二·十一	己卯	3.8	三·十一	戊申	4.6	四·十一	戊寅	5.6
一·二十一	己未	2.16	二·二十一	己丑	3.18	三·二十一	戊午	4.16	四·二十一	戊子	5.16
五·一	丁酉 5.25	闰五·一 丙寅 6.23	六·一	丙申	7.23	七·一	乙丑	8.21	八·一	甲午	9.19
五·十一	丁未 6.4	闰五·十一 丙子 7.3	六·十一	丙午	8.2	七·十一	乙亥	8.31	八·十一	甲辰	9.29
五·二十一	丁巳 6.14	闰五·二十一 丙戌 7.13	六·二十一	丙辰	8.12	七·二十一	乙酉	9.10	八·二十一	甲寅	10.9
九·一	甲子	10.19	十·一	甲午	11.18	十一·一	甲子	12.18	十二·一	癸巳	1.16
九·十一	甲戌	10.29	十·十一	甲辰	11.28	十一·十一	甲戌	12.28	十二·十一	癸卯	1.26
九·二十一	甲申	11.8	十·二十一	甲寅	12.8	十一·二十一	甲申	1.7	十二·二十一	癸丑	2.5

清高宗乾隆十七年壬申(1752—1753)

一·一 癸亥 2.15	二·一 癸巳 3.16	三·一 壬戌 4.14	四·一 壬辰 5.14
一·十一 癸酉 2.25	二·十一 癸卯 3.26	三·十一 壬申 4.24	四·十一 壬寅 5.24
一·二十一 癸未 3.6	二·二十一 癸丑 4.5	三·二十一 壬午 5.4	四·二十一 壬子 6.3
五·一 辛酉 6.12	六·一 庚寅 7.11	七·一 己未 8.9	八·一 己丑 9.8
五·十一 辛未 6.22	六·十一 庚子 7.21	七·十一 己巳 8.19	八·十一 己亥 9.18
五·二十一 辛巳 7.2	六·二十一 庚戌 7.31	七·二十一 己卯 8.29	八·二十一 己酉 9.28
九·一 戊午 10.7	十·一 戊子 11.6	十一·一 戊午 12.6	十二·一 丁亥 1.4
九·十一 戊辰 10.17	十·十一 戊戌 11.16	十一·十一 戊辰 12.16	十二·十一 丁酉 1.14
九·二十一 戊寅 10.27	十·二十一 戊申 11.26	十一·二十一 戊寅 12.26	十二·二十一 丁未 1.24

清高宗乾隆十八年癸酉(1753—1754)

一·一 丁巳 2.3	二·一 丁亥 3.5	三·一 丁巳 4.4	四·一 丙戌 5.3
一·十一 丁卯 2.13	二·十一 丁酉 3.15	三·十一 丁卯 4.14	四·十一 丙申 5.13
一·二十一 丁丑 2.23	二·二十一 丁未 3.25	三·二十一 丁丑 4.24	四·二十一 丙午 5.23
五·一 丙辰 6.2	六·一 乙酉 7.1	七·一 甲寅 7.30	八·一 癸未 8.28
五·十一 丙寅 6.12	六·十一 乙未 7.11	七·十一 甲子 8.9	八·十一 癸巳 9.7
五·二十一 丙子 6.22	六·二十一 乙巳 7.21	七·二十一 甲戌 8.19	八·二十一 癸卯 9.17
九·一 癸丑 9.27	十·一 壬午 10.26	十一·一 壬子 11.25	十二·一 辛巳 12.24
九·十一 癸亥 10.7	十·十一 壬辰 11.5	十一·十一 壬戌 12.5	十二·十一 辛卯 1.3
九·二十一 癸酉 10.17	十·二十一 壬寅 11.15	十一·二十一 壬申 12.15	十二·二十一 辛丑 1.13

清高宗乾隆十九年甲戌(1754—1755)

一·一 辛亥 1.23	二·一 辛巳 2.22	三·一 辛亥 3.24	四·一 庚辰 4.22 闰四·一 庚戌 5.22
一·十一 辛酉 2.2	二·十一 辛卯 3.4	三·十一 辛酉 4.3	四·十一 庚寅 5.2 闰四·十一 庚申 6.1
一·二十一 辛未 2.12	二·二十一 辛丑 3.14	三·二十一 辛未 4.13	四·二十一 庚子 5.12 闰四·二十一 庚午 6.11
五·一 己卯 6.20	六·一 己酉 7.20	七·一 戊寅 8.18	八·一 戊申 9.17
五·十一 己丑 6.30	六·十 己未 7.30	七·十一 戊子 8.28	八·十一 戊午 9.27
五·二十一 己亥 7.10	六·二十一 己巳 8.9	七·二十一 戊戌 9.7	八·二十一 戊辰 10.7
九·一 丁丑 10.16	十·一 丙午 11.14	十一·一 丙子 12.14	十二·一 乙巳 1.12
九·十一 丁亥 10.26	十·十一 丙辰 11.24	十一·十一 丙戌 12.24	十二·十一 乙卯 1.22
九·二十一 丁酉 11.5	十·二十一 丙寅 12.4	十一·二十一 丙申 1.3	十二·二十一 乙丑 2.1

清高宗乾隆二十年乙亥(1755—1756)

一·一 乙亥 2.11	二·一 乙巳 3.13	三·一 甲戌 4.11	四·一 甲辰 5.11
一·十一 乙酉 2.21	二·十一 乙卯 3.23	三·十一 甲申 4.21	四·十一 甲寅 5.21
一·二十一 乙未 3.3	二·二十一 乙丑 4.2	三·二十一 甲午 5.1	四·二十一 甲子 5.31
五·一 甲戌 6.10	六·一 癸卯 7.9	七·一 癸酉 8.8	八·一 壬寅 9.6
五·十一 甲申 6.20	六·十一 癸丑 7.19	七·十一 癸未 8.18	八·十一 壬子 9.16
五·二十一 甲午 6.30	六·二十一 癸亥 7.29	七·二十一 癸巳 8.28	八·二十一 壬戌 9.26
九·一 壬申 10.6	十·一 辛丑 11.4	十一·一 庚午 12.3	十二·一 庚子 1.2
九·十一 壬午 10.16	十·十一 辛亥 11.14	十一·十一 庚辰 12.13	十二·十一 庚戌 1.12
九·二十一 壬辰 10.26	十·二十一 辛酉 11.24	十一·二十一 庚寅 12.23	十二·二十一 庚申 1.22

清高宗乾隆二十一年丙子(1756—1757)

一·一　己巳　1.31	二·一　己亥　3.1	三·一　己巳　3.31	四·一　戊戌　4.29
一·十一　己卯　2.10	二·十一　己酉　3.11	三·十一　己卯　4.10	四·十一　戊申　5.9
一·二十一　己丑　2.20	二·二十一　己未　3.21	三·二十一　己丑　4.20	四·二十一　戊午　5.19
五·一　戊辰　5.29	六·一　丁酉　6.27	七·一　丁卯　7.27	八·一　丁酉　8.26
五·十一　戊寅　6.8	六·十一　丁未　7.7	七·十一　丁丑　8.6	八·十一　丁未　9.5
五·二十一　戊子　6.18	六·二十一　丁巳　7.17	七·二十一　丁亥　8.16	八·二十一　丁巳　9.15
九·一　丙寅 9.24　闰九·一　丙申 10.24	十·一　乙丑　11.22	十一·一　甲午　12.21	十二·一　甲子　1.20
九·十一　丙子 10.4　闰九·十一　丙午 11.3	十·十一　乙亥　12.2	十一·十一　甲辰　12.31	十二·十一　甲戌　1.30
九·二十一　丙戌 10.14　闰九·二十一　丙辰 11.13	十·二十一　乙酉　12.12	十一·二十一　甲寅　1.10	十二·二十一　甲申　2.9

清高宗乾隆二十二年丁丑(1757—1758)

一·一　癸巳　2.18	二·一　癸亥　3.20	三·一　壬辰　4.18	四·一　壬戌　5.18
一·十一　癸卯　2.28	二·十一　癸酉　3.30	三·十一　壬寅　4.28	四·十一　壬申　5.28
一·二十一　癸丑　3.10	二·二十一　癸未　4.9	三·二十一　壬子　5.8	四·二十一　壬午　6.7
五·一　辛卯　6.16	六·一　辛酉　7.16	七·一　辛卯　8.15	八·一　庚申　9.13
五·十一　辛丑　6.26	六·十一　辛未　7.26	七·十一　辛丑　8.25	八·十一　庚午　9.23
五·二十一　辛亥　7.6	六·二十一　辛巳　8.5	七·二十一　辛亥　9.4	八·二十一　庚辰　10.3
九·一　庚寅　10.13	十·一　庚申　11.12	十一·一　己丑　12.11	十二·一　己未　1.10
九·十一　庚子　10.23	十·十一　庚午　11.22	十一·十一　己亥　12.21	十二·十一　己巳　1.20
九·二十一　庚戌　11.2	十·二十一　庚辰　12.2	十一·二十一　己酉　12.31	十二·二十一　己卯　1.30

清高宗乾隆二十三年戊寅(1758—1759)

一·一　戊子　2.8	二·一　丁巳　3.9	三·一　丁亥　4.8	四·一　丙辰　5.7
一·十一　戊戌　2.18	二·十一　丁卯　3.19	三·十一　丁酉　4.18	四·十一　丙寅　5.17
一·二十一　戊申　2.28	二·二十一　丁丑　3.29	三·二十一　丁未　4.28	四·二十一　丙子　5.27
五·一　丙戌　6.6	六·一　乙卯　7.5	七·一　乙酉　8.4	八·一　甲寅　9.2
五·十一　丙申　6.16	六·十一　乙丑　7.15	七·十一　乙未　8.14	八·十一　甲子　9.12
五·二十一　丙午　6.26	六·二十一　乙亥　7.25	七·二十一　乙巳　8.24	八·二十一　甲戌　9.22
九·一　甲申　10.2	十·一　甲寅　11.1	十一·一　甲申　12.1	十二·一　癸丑　12.30
九·十一　甲午　10.12	十·十一　甲子　11.11	十一·十一　甲午　12.11	十二·十一　癸亥　1.9
九·二十一　甲辰　10.22	十·二十一　甲戌　11.21	十一·二十一　甲辰　12.21	十二·二十一　癸酉　1.19

清高宗乾隆二十四年己卯(1759—1760)

一·一　癸未　1.29	二·一　壬子　2.27	三·一　辛巳　3.28	四·一　辛亥　4.27
一·十一　癸巳　2.8	二·十一　壬戌　3.9	三·十一　辛卯　4.7	四·十一　辛酉　5.7
一·二十一　癸卯　2.18	二·二十一　壬申　3.19	三·二十一　辛丑　4.17	四·二十一　辛未　5.17
五·一　庚辰　5.26	六·一　庚戌 6.25　闰六·一　己卯 7.24	七·一　己酉　8.23	八·一　戊寅　9.21
五·十一　庚寅　6.5	六·十一　庚申 7.5　闰六·十一　己丑 8.3	七·十一　己未　9.2	八·十一　戊子　10.1
五·二十一　庚子　6.15	六·二十一　庚午 7.15　闰六·二十一　己亥 8.13	七·二十一　己巳　9.12	八·二十一　戊戌　10.11
九·一　戊申　10.21	十·一　戊寅　11.20	十一·一　丁未　12.19	十二·一　丁丑　1.18
九·十一　戊午　10.31	十·十一　戊子　11.30	十一·十一　丁巳　12.29	十二·十一　丁亥　1.28
九·二十一　戊辰　11.10	十·二十一　戊戌　12.10	十一·二十一　丁卯　1.8	十二·二十一　丁酉　2.7

清高宗乾隆二十五年庚辰(1760—1761)

一・一	丁未	2.17	二・一	丙子	3.17	三・一	丙午	4.16	四・一	乙亥	5.15
一・十一	丁巳	2.27	二・十一	丙戌	3.27	三・十一	丙辰	4.26	四・十一	乙酉	5.25
一・二十一	丁卯	3.8	二・二十一	丙申	4.6	三・二十一	丙寅	5.6	四・二十一	乙未	6.4
五・一	甲辰	6.13	六・一	癸酉	7.12	七・一	癸卯	8.11	八・一	壬申	9.9
五・十一	甲寅	6.23	六・十一	癸未	7.22	七・十一	癸丑	8.21	八・十一	壬午	9.19
五・二十一	甲子	7.3	六・二十一	癸巳	8.1	七・二十一	癸亥	8.31	八・二十一	壬辰	9.29
九・一	壬寅	10.9	十・一	壬申	11.8	十一・一	辛丑	12.7	十二・一	辛未	1.6
九・十一	壬子	10.19	十・十一	壬午	11.18	十一・十一	辛亥	12.17	十二・十一	辛巳	1.16
九・二十一	壬戌	10.29	十・二十一	壬辰	11.28	十一・二十一	辛酉	12.27	十二・二十一	辛卯	1.26

清高宗乾隆二十六年辛巳(1761—1762)

一・一	辛丑	2.5	二・一	辛未	3.7	三・一	庚子	4.5	四・一	庚午	5.5
一・十一	辛亥	2.15	二・十一	辛巳	3.17	三・十一	庚戌	4.15	四・十一	庚辰	5.15
一・二十一	辛酉	2.25	二・二十一	辛卯	3.27	三・二十一	庚申	4.25	四・二十一	庚寅	5.25
五・一	己亥	6.3	六・一	戊辰	7.2	七・一	丁酉	7.31	八・一	丁卯	8.30
五・十一	己酉	6.13	六・十一	戊寅	7.12	七・十一	丁未	8.10	八・十一	丁丑	9.9
五・二十一	己未	6.23	六・二十一	戊子	7.22	七・二十一	丁巳	8.20	八・二十一	丁亥	9.19
九・一	丙申	9.28	十・一	丙寅	10.28	十一・一	乙未	11.26	十二・一	乙丑	12.26
九・十一	丙午	10.8	十・十一	丙子	11.7	十一・十一	乙巳	12.6	十二・十一	乙亥	1.5
九・二十一	丙辰	10.18	十・二十一	丙戌	11.17	十一・二十一	乙卯	12.16	十二・二十一	乙酉	1.15

清高宗乾隆二十七年壬午(1762—1763)

一・一	乙未	1.25	二・一	乙丑	2.24	三・一	甲午	3.25	四・一	甲子	4.24
一・十	乙巳	2.4	二・十一	乙亥	3.6	三・十一	甲辰	4.4	四・十一	甲戌	5.4
一・二十一	乙卯	2.14	二・二十一	乙酉	3.16	三・二十一	甲寅	4.14	四・二十一	甲申	5.14
五・一 闰五・一	甲午 癸亥	5.24 6.22	六・一	壬辰	7.21	七・一	辛酉	8.19	八・一	辛卯	9.18
五・十一 闰五・十	甲辰 癸酉	6.3 7.2	六・十一	壬寅	7.31	七・十一	辛未	8.29	八・十一	辛丑	9.28
五・二十一 闰五・二十一	甲寅 癸亥	6.13 7.12	六・二十一	壬子	8.10	七・二十一	辛巳	9.8	八・二十一	辛亥	10.8
九・一	庚申	10.17	十・一	庚寅	11.16	十一・一	己未	12.15	十二・一	己丑	1.14
九・十一	庚午	10.27	十・十一	庚子	11.26	十一・十一	己巳	12.25	十二・十一	己亥	1.24
九・二十一	庚辰	11.6	十・二十一	庚戌	12.6	十一・二十一	己卯	1.4	十二・二十一	己酉	2.3

清高宗乾隆二十八年癸未(1763—1764)

一・一	己未	2.13	二・一	己丑	3.15	三・一	戊午	4.13	四・一	戊子	5.13
一・十一	己巳	2.23	二・十一	己亥	3.25	三・十一	戊辰	4.23	四・十一	戊戌	5.23
一・二十一	己卯	3.5	二・二十一	己酉	4.4	三・二十一	戊寅	5.3	四・二十一	戊申	6.2
五・一	丁巳	6.11	六・一	丁亥	7.11	七・一	丙辰	8.9	八・一	乙酉	9.7
五・十一	丁卯	6.21	六・十一	丁酉	7.21	七・十一	丙寅	8.19	八・十一	乙未	9.17
五・二十一	丁丑	7.1	六・二十一	丁未	7.31	七・二十一	丙子	8.29	八・二十一	乙巳	9.27
九・一	乙卯	10.7	十・一	甲申	11.5	十一・一	甲寅	12.5	十二・一	癸未	1.3
九・十一	乙丑	10.17	十・十一	甲午	11.15	十一・十一	甲子	12.15	十二・十一	癸巳	1.13
九・二十一	乙亥	10.27	十・二十一	甲辰	11.25	十一・二十一	甲戌	12.25	十二・二十一	癸卯	1.23

清高宗乾隆二十九年甲申（1764—1765）

一·一	癸丑	2.2	二·一	癸未	3.3	三·一	壬子	4.1	四·一	壬午	5.1
一·十一	癸亥	2.12	二·十一	癸巳	3.13	三·十一	壬戌	4.11	四·十一	壬辰	5.11
一·二十一	癸酉	2.22	二·二十一	癸卯	3.23	三·二十一	壬申	4.21	四·二十一	壬寅	5.21
五·一	壬子	5.31	六·一	辛巳	6.29	七·一	辛亥	7.29	八·一	庚辰	8.27
五·十一	壬戌	6.10	六·十一	辛卯	7.9	七·十一	辛酉	8.8	八·十一	庚寅	9.6
五·二十一	壬申	6.20	六·二十一	辛丑	7.19	七·二十一	辛未	8.18	八·二十一	庚子	9.16
九·一	庚戌	9.26	十·一	己卯	10.25	十一·一	戊申	11.23	十二·一	戊寅	12.23
九·十一	庚申	10.6	十·十一	己丑	11.4	十一·十一	戊午	12.3	十二·十一	戊子	1.2
九·二十一	庚午	10.16	十·二十一	己亥	11.14	十一·二十一	戊辰	12.13	十二·二十一	戊戌	1.12

清高宗乾隆三十年乙酉（1765—1766）

一·一	丁未	1.21	二·一 丁丑 2.20	闰二·一	丙午 3.21	三·一	丙子	4.20	四·一	丙午	5.20
一·十一	丁巳	1.31	二·十一 丁亥 3.2	闰二·十一	丙辰 3.31	三·十一	丙戌	4.30	四·十一	丙辰	5.30
一·二十一	丁卯	2.10	二·二十一 丁酉 3.12	闰二·二十一	丙寅 4.10	三·二十一	丙申	5.10	四·二十一	丙寅	6.9
五·一	乙亥	6.18	六·一	乙巳	7.18	七·一	甲戌	8.16	八·一	甲辰	9.15
五·十一	乙酉	6.28	六·十一	乙卯	7.28	七·十一	甲申	8.26	八·十一	甲寅	9.25
五·二十一	乙未	7.8	六·二十一	乙丑	8.7	七·二十一	甲午	9.5	八·二十一	甲子	10.5
九·一	甲戌	10.15	十·一	癸卯	11.13	十一·一	壬申	12.12	十二·一	壬寅	1.11
九·十一	甲申	10.25	十·十一	癸丑	11.23	十一·十一	壬午	12.22	十二·十一	壬子	1.21
九·二十一	甲午	11.4	十·二十一	癸亥	12.3	十一·二十一	壬辰	1.1	十二·二十一	壬戌	1.31

清高宗乾隆三十一年丙戌（1766—1767）

一·一	辛未	2.9	二·一	辛丑	3.11	三·一	庚午	4.9	四·一	庚子	5.9
一·十一	辛巳	2.19	二·十一	辛亥	3.21	三·十一	庚辰	4.19	四·十一	庚戌	5.19
一·二十一	辛卯	3.1	二·二十一	辛酉	3.31	三·二十一	庚寅	4.29	四·二十一	庚申	5.29
五·一	己巳	6.7	六·一	己亥	7.7	七·一	己巳	8.6	八·一	戊戌	9.4
五·十一	己卯	6.17	六·十一	己酉	7.17	七·十一	己卯	8.16	八·十一	戊申	9.14
五·二十一	己丑	6.27	六·二十一	己未	7.27	七·二十一	己丑	8.26	八·二十一	戊午	9.24
九·一	戊辰	10.4	十·一	丁酉	11.2	十一·一	丁卯	12.2	十二·一	丁酉	1.1
九·十一	戊寅	10.14	十·十一	丁未	11.12	十一·十一	丁丑	12.12	十二·十一	丁未	1.11
九·二十一	戊子	10.24	十·二十一	丁巳	11.22	十一·二十一	丁亥	12.22	十二·二十一	丁巳	1.21

清高宗乾隆三十二年丁亥（1767—1768）

一·一	丙寅	1.30	二·一	乙未	2.28	三·一	乙丑	3.30	四·一	甲午	4.28
一·十一	丙子	2.9	二·十一	乙巳	3.10	三·十一	乙亥	4.9	四·十一	甲辰	5.8
一·二十一	丙戌	2.19	二·二十一	乙卯	3.20	三·二十一	乙酉	4.19	四·二十一	甲寅	5.18
五·一	甲子	5.28	六·一	癸巳	6.26	七·一 癸亥 7.26	闰七·一	壬辰 8.24	八·一	壬戌	9.23
五·十一	甲戌	6.7	六·十一	癸卯	7.6	七·十一 癸酉 8.5	闰七·十一	壬寅 9.3	八·十一	壬申	10.3
五·二十一	甲申	6.17	六·二十一	癸丑	7.16	七·二十一 癸未 8.15	闰七·二十一	壬子 9.13	八·二十一	壬午	10.13
九·一	壬辰	10.23	十·一	辛酉	11.21	十一·一	辛卯	12.21	十二·一	辛酉	1.20
九·十一	壬寅	11.2	十·十一	辛未	12.1	十一·十一	辛丑	12.31	十二·十一	辛未	1.30
九·二十一	壬子	11.12	十·二十一	辛巳	12.11	十一·二十一	辛亥	1.10	十二·二十一	辛巳	2.9

清高宗乾隆三十三年戊子（1768—1769）

一·一 庚寅 2.18 一·十一 庚子 2.28 一·二十一 庚戌 3.9	二·一 己未 3.18 二·十一 己巳 3.28 二·二十一 己卯 4.7	三·一 己丑 4.17 三·十一 己亥 4.27 三·二十一 己酉 5.7	四·一 戊午 5.16 四·十一 戊辰 5.26 四·二十一 戊寅 6.5
五·一 戊子 6.15 五·十一 戊戌 6.25 五·二十一 戊申 7.5	六·一 丁巳 7.14 六·十一 丁卯 7.24 六·二十一 丁丑 8.3	七·一 丙戌 8.12 七·十一 丙申 8.22 七·二十一 丙午 9.1	八·一 丙辰 9.11 八·十一 丙寅 9.21 八·二十一 丙子 10.1
九·一 丙戌 10.11 九·十一 丙申 10.21 九·二十一 丙午 10.31	十·一 乙卯 11.9 十·十一 乙丑 11.19 十·二十一 乙亥 11.29	十一·一 乙酉 12.9 十一·十一 乙未 12.19 十一·二十一 乙巳 12.29	十二·一 乙卯 1.8 十二·十一 乙丑 1.18 十二·二十一 乙亥 1.28

清高宗乾隆三十四年己丑（1769—1770）

一·一 乙酉 2.7 一·十一 乙未 2.17 一·二十一 乙巳 2.27	二·一 甲寅 3.8 二·十一 甲子 3.18 二·二十一 甲戌 3.28	三·一 甲申 4.7 三·十一 甲午 4.17 三·二十一 甲辰 4.27	四·一 癸丑 5.6 四·十一 癸亥 5.16 四·二十一 癸酉 5.26
五·一 壬午 6.4 五·十一 壬辰 6.14 五·二十一 壬寅 6.24	六·一 辛亥 7.3 六·十一 辛酉 7.13 六·二十一 辛未 7.23	七·一 辛巳 8.2 七·十一 辛卯 8.12 七·二十一 辛丑 8.22	八·一 庚戌 8.31 八·十一 庚申 9.10 八·二十一 庚午 9.20
九·一 庚辰 9.30 九·十一 庚寅 10.10 九·二十一 庚子 10.20	十·一 己酉 10.29 十·十一 己未 11.8 十·二十一 己巳 11.18	十一·一 己卯 11.28 十一·十一 己丑 12.8 十一·二十一 己亥 12.18	十二·一 己酉 12.28 十二·十一 己未 1.7 十二·二十一 己巳 1.17

清高宗乾隆三十五年庚寅（1770—1771）

一·一 己卯 1.27 一·十一 己丑 2.6 一·二十一 己亥 2.16	二·一 戊申 2.25 二·十一 戊午 3.7 二·二十一 戊辰 3.17	三·一 戊寅 3.27 三·十一 戊子 4.6 三·二十一 戊戌 4.16	四·一 戊申 4.26 四·十一 戊午 5.6 四·二十一 戊辰 5.16
五·一 丁丑 5.25 闰五·一 丙午 6.23 五·十一 丁亥 6.4 闰五·十一 丙辰 7.3 五·二十一 丁酉 6.14 闰五·二十一 丙寅 7.13	六·一 乙亥 7.22 六·十一 乙酉 8.1 六·二十一 乙未 8.11	七·一 乙巳 8.21 七·十一 乙卯 8.31 七·二十一 乙丑 9.10	八·一 甲戌 9.19 八·十一 甲申 9.29 八·二十一 甲午 10.9
九·一 甲辰 10.19 九·十一 甲寅 10.29 九·二十一 甲子 11.8	十·一 癸酉 11.17 十·十一 癸未 11.27 十·二十一 癸巳 12.7	十一·一 癸卯 12.17 十一·十一 癸丑 12.27 十一·二十一 癸亥 1.6	十二·一 癸酉 1.16 十二·十一 癸未 1.26 十二·二十一 癸巳 2.5

清高宗乾隆三十六年辛卯（1771—1772）

一·一 癸卯 2.15 一·十一 癸丑 2.25 一·二十一 癸亥 3.7	二·一 壬申 3.16 二·十一 壬午 3.26 二·二十一 壬辰 4.5	三·一 壬寅 4.15 三·十一 壬子 4.25 三·二十一 壬戌 5.5	四·一 辛未 5.14 四·十一 辛巳 5.24 四·二十一 辛卯 6.3
五·一 辛丑 6.13 五·十一 辛亥 6.23 五·二十一 辛酉 7.3	六·一 庚午 7.12 六·十一 庚辰 7.22 六·二十一 庚寅 8.1	七·一 己亥 8.10 七·十一 己酉 8.20 七·二十一 己未 8.30	八·一 己巳 9.9 八·十一 己卯 9.19 八·二十一 己丑 9.29
九·一 戊戌 10.8 九·十一 戊申 10.18 九·二十一 戊午 10.28	十·一 戊辰 11.7 十·十一 戊寅 11.17 十·二十一 戊子 11.27	十一·一 丁酉 12.6 十一·十一 丁未 12.16 十一·二十一 丁巳 12.26	十二·一 丁卯 1.5 十二·十一 丁丑 1.15 十二·二十一 丁亥 1.25

清高宗乾隆三十七年壬辰(1772—1773)

一·一 丁酉 2.4	二·一 丙寅 3.4	三·一 丙申 4.3	四·一 丙寅 5.3
一·十一 丁未 2.14	二·十一 丙子 3.14	三·十一 丙午 4.13	四·十一 丙子 5.13
一·二十一 丁巳 2.24	二·二十一 丙戌 3.24	三·二十一 丙辰 4.23	四·二十一 丙戌 5.23
五·一 乙未 6.1	六·一 乙丑 7.1	七·一 甲午 7.30	八·一 癸亥 8.28
五·十一 乙巳 6.11	六·十一 乙亥 7.11	七·十一 甲辰 8.9	八·十一 癸酉 9.7
五·二十一 乙卯 6.21	六·二十一 乙酉 7.21	七·二十一 甲寅 8.19	八·二十一 癸未 9.17
九·一 癸巳 9.27	十·一 壬戌 10.26	十一·一 壬辰 11.25	十二·一 辛酉 12.24
九·十一 癸卯 10.7	十·十一 壬申 11.5	十一·十一 壬寅 12.5	十二·十一 辛未 1.3
九·二十一 癸丑 10.17	十·二十一 壬午 11.15	十一·二十一 壬子 12.15	十二·二十一 辛巳 1.13

清高宗乾隆三十八年癸巳(1773—1774)

一·一 辛卯 1.23	二·一 庚申 *2.21	三·一 庚寅 3.23 闰三·一 庚申 4.22	四·一 己丑 5.21
一·十一 辛丑 2.2	二·十一 庚午 3.3	三·十一 庚子 4.2 闰三·十一 庚午 5.2	四·十一 己亥 5.31
一·二十一 辛亥 2.12	二·二十一 庚辰 3.13	三·二十一 庚戌 4.12 闰三·二十一 庚辰 5.12	四·二十一 己酉 6.10
五·一 己未 6.20	六·一 己丑 7.20	七·一 戊午 8.18	八·一 丁亥 9.16
五·十一 己巳 6.30	六·十一 己亥 7.30	七·十一 戊辰 8.28	八·十一 丁酉 9.26
五·二十一 己卯 7.10	六·二十一 己酉 8.9	七·二十一 戊寅 9.7	八·二十一 丁未 10.6
九·一 丁巳 10.16	十·一 丙戌 11.14	十一·一 丙辰 12.14	十二·一 乙酉 1.12
九·十一 丁卯 10.26	十·十一 丙申 11.24	十一·十一 丙寅 12.24	十二·十一 乙未 1.22
九·二十一 丁丑 11.5	十·二十一 丙午 12.4	十一·二十一 丙子 1.3	十二·二十一 乙巳 2.1

*《总谱》3月21日,误。

清高宗乾隆三十九年甲午(1774—1775)

一·一 乙卯 2.11	二·一 甲申 3.12	三·一 甲寅 4.11	四·一 癸未 5.10
一·十一 乙丑 2.21	二·十一 甲午 3.22	三·十一 甲子 4.21	四·十一 癸巳 5.20
一·二十一 乙亥 3.3	二·二十一 甲辰 4.1	三·二十一 甲戌 5.1	四·二十一 癸卯 5.30
五·一 癸丑 6.9	六·一 癸未 7.9	七·一 壬子 8.7	八·一 壬午 9.6
五·十一 癸亥 6.19	六·十一 癸巳 7.19	七·十一 壬戌 8.17	八·十一 壬辰 9.16
五·二十一 癸酉 6.29	六·二十一 癸卯 7.29	七·二十一 壬申 8.27	八·二十一 壬寅 9.26
九·一 辛亥 10.5	十·一 辛巳 11.4	十一·一 庚戌 12.3	十二·一 庚辰 1.2
九·十一 辛酉 10.15	十·十一 辛卯 11.14	十一·十一 庚申 12.13	十二·十一 庚寅 1.12
九·二十一 辛未 10.25	十·二十一 辛丑 11.24	十一·二十一 庚午 12.23	十二·二十一 庚子 1.22

清高宗乾隆四十年乙未(1775—1776)

一·一 己酉 1.31	二·一 己卯 3.2	三·一 戊申 3.31	四·一 戊寅 4.30
一·十一 己未 2.10	二·十一 己丑 3.12	三·十一 戊午 4.10	四·十一 戊子 5.10
一·二十一 己巳 2.20	二·二十一 己亥 3.22	三·二十一 戊辰 4.20	四·二十一 戊戌 5.20
五·一 丁未 5.29	六·一 丁丑 6.28	七·一 丙午 7.27	八·一 丙子 8.26
五·十一 丁巳 6.8	六·十一 丁亥 7.8	七·十一 丙辰 8.6	八·十一 丙戌 9.5
五·二十一 丁卯 6.18	六·二十一 丁酉 7.18	七·二十一 丙寅 8.16	八·二十一 丙申 9.15
九·一 丙午 9.25	十·一 乙亥 10.24 闰十·一 乙卯 11.23	十一·一 甲戌 12.22	十二·一 甲辰 1.21
九·十一 丙辰 10.5	十·十一 乙酉 11.3 闰十·十一 乙卯 12.3	十一·十一 甲申 1.1	十二·十一 甲寅 1.31
九·二十一 丙寅 10.15	十·二十一 乙未 11.13 闰十·二十一 乙丑 12.13	十一·二十一 甲午 1.11	十二·二十一 甲子 2.10

清高宗乾隆四十一年丙申(1776—1777)

一·一	癸酉	2.19	二·一	癸卯	3.20	三·一	壬申	4.18	四·一	壬寅	5.18
一·十一	癸未	2.29	二·十一	癸丑	3.30	三·十一	壬午	4.28	四·十一	壬子	5.28
一·二十一	癸巳	3.10	二·二十一	癸亥	4.9	三·二十一	壬辰	5.8	四·二十一	壬戌	6.7
五·一	辛未	6.16	六·一	庚子	7.15	七·一	庚午	8.14	八·一	庚子	9.13
五·十一	辛巳	6.26	六·十一	庚戌	7.25	七·十一	庚辰	8.24	八·十一	庚戌	9.23
五·二十一	辛卯	7.6	六·二十一	庚申	8.4	七·二十一	庚寅	9.3	八·二十一	庚申	10.3
九·一	己巳	10.12	十·一	己亥	11.11	十一·一	己巳	12.11	十二·一	戊戌	1.9
九·十一	己卯	10.22	十·十一	己酉	11.21	十一·十一	己卯	12.21	十二·十一	戊申	1.19
九·二十一	己丑	11.1	十·二十一	己未	12.1	十一·二十一	己丑	12.31	十二·二十一	戊午	1.29

清高宗乾隆四十二年丁酉(1777—1778)

一·一	戊辰	2.8	二·一	丁酉	3.9	三·一	丁卯	4.8	四·一	丙申	5.7
一·十一	戊寅	2.18	二·十一	丁未	3.19	三·十一	丁丑	4.18	四·十一	丙午	5.17
一·二十一	戊子	2.28	二·二十一	丁巳	3.29	三·二十一	丁亥	4.28	四·二十一	丙辰	5.27
五·一	乙丑	6.5	六·一	乙未	7.5	七·一	甲子	8.3	八·一	甲午	9.2
五·十一	乙亥	6.15	六·十一	乙巳	7.15	七·十一	甲戌	8.13	八·十一	甲辰	9.12
五·二十一	乙酉	6.25	六·二十一	乙卯	7.25	七·二十一	甲申	8.23	八·二十一	甲寅	9.22
九·一	癸亥	10.1	十·一	癸巳	10.31	十一·一	癸亥	11.30	十二·一	癸巳	12.30
九·十一	癸酉	10.11	十·十一	癸卯	11.10	十一·十一	癸酉	12.10	十二·十一	癸卯	1.9
九·二十一	癸未	10.21	十·二十一	癸丑	11.20	十一·二十一	癸未	12.20	十二·二十一	癸丑	1.19

清高宗乾隆四十三年戊戌(1778—1779)

一·一	壬戌	1.28	二·一	壬辰	2.27	三·一	辛酉	3.28	四·一	辛卯	4.27
一·十一	壬申	2.7	二·十一	壬寅	3.9	三·十一	辛未	4.7	四·十一	辛丑	5.7
一·二十一	壬午	2.17	二·二十一	壬子	3.19	三·二十一	辛巳	4.17	四·二十一	辛亥	5.17
五·一	庚申	5.26	六·一	己丑 6.24	闰六·一 己未 7.24	七·一	戊子	8.22	八·一	戊午	9.21
五·十一	庚午	6.5	六·十一	己亥 7.4	闰六·十一 己巳 8.3	七·十一	戊戌	9.1	八·十一	戊辰	10.1
五·二十一	庚辰	6.15	六·二十一	己酉 7.14	闰六·二十一 己卯 8.13	七·二十一	戊申	9.11	八·二十一	戊寅	10.11
九·一	丁亥	10.20	十·一	丁巳	11.19	十一·一	丁亥	12.19	十二·一	丁巳	1.18
九·十一	丁酉	10.30	十·十一	丁卯	11.29	十一·十一	丁酉	12.29	十二·十一	丁卯	1.28
九·二十一	丁未	11.9	十·二十一	丁丑	12.9	十一·二十一	丁未	1.8	十二·二十一	丁丑	2.7

清高宗乾隆四十四年己亥(1779—1780)

一·一	丙戌	2.16	二·一	丙辰	3.18	三·一	乙酉	4.16	四·一	乙卯	5.16
一·十一	丙申	2.26	二·十一	丙寅	3.28	三·十一	乙未	4.26	四·十一	乙丑	5.26
一·二十一	丙午	3.8	二·二十一	丙子	4.7	三·二十一	乙巳	5.6	四·二十一	乙亥	6.5
五·一	甲申	6.14	六·一	癸丑	7.13	七·一	癸未	8.12	八·一	壬子	9.10
五·十一	甲午	6.24	六·十一	癸亥	7.23	七·十一	癸巳	8.22	八·十一	壬戌	9.20
五·二十一	甲辰	7.4	六·二十一	癸酉	8.2	七·二十一	癸卯	9.1	八·二十一	壬申	9.30
九·一	壬午	10.10	十·一	辛亥	11.8	十一·一	辛巳	12.8	十二·一	辛亥	1.7
九·十一	壬辰	10.20	十·十一	辛酉	11.18	十一·十一	辛卯	12.18	十二·十一	辛酉	1.17
九·二十一	壬寅	10.30	十·二十一	辛未	11.28	十一·二十一	辛丑	12.28	十二·二十一	辛未	1.27

清高宗乾隆四十五年庚子（1780—1781）

一·一 庚辰 2.5	二·一 庚戌 3.6	三·一 庚辰 4.5	四·一 己酉 5.4
一·十一 庚寅 2.15	二·十一 庚申 3.16	三·十一 庚寅 4.15	四·十一 己未 5.14
一·二十一 庚子 2.25	二·二十一 庚午 3.26	三·二十一 庚子 4.25	四·二十一 己巳 5.24
五·一 己卯 6.3	六·一 戊申 7.2	七·一 丁丑 7.31	八·一 丁未 8.30
五·十一 己丑 6.13	六·十一 戊午 7.12	七·十一 丁亥 8.10	八·十一 丁巳 9.9
五·二十一 己亥 6.23	六·二十一 戊辰 7.22	七·二十一 丁酉 8.20	八·二十一 丁卯 9.19
九·一 丙子 9.28	十·一 丙午 10.28	十一·一 乙亥 11.26	十二·一 乙巳 12.26
九·十一 丙戌 10.8	十·十一 丙辰 11.7	十一·十一 乙酉 12.6	十二·十一 乙卯 1.5
九·二十一 丙申 10.18	十·二十一 丙寅 11.17	十一·二十一 乙未 12.16	十二·二十一 乙丑 1.15

清高宗乾隆四十六年辛丑（1781—1782）

一·一 甲戌 1.24	二·一 甲辰 2.23	三·一 甲戌 3.25	四·一 甲辰 4.24
一·十一 甲申 2.3	二·十一 甲寅 3.5	三·十一 甲申 4.4	四·十一 甲寅 5.4
一·二十一 甲午 2.13	二·二十一 甲子 3.15	三·二十一 甲午 4.14	四·二十一 甲子 5.14
五·一 癸酉 5.23　闰五·一 癸卯 6.22	六·一 壬申 7.21	七·一 辛丑 8.19	八·一 辛未 9.18
五·十一 癸未 6.2　闰五·十一 癸丑 7.2	六·十一 壬午 7.31	七·十一 辛亥 8.29	八·十一 辛巳 9.28
五·二十一 癸巳 6.12　闰五·二十一 癸亥 7.12	六·二十一 壬辰 8.10	七·二十一 辛酉 9.8	八·二十一 辛卯 10.8
九·一 庚子 10.17	十·一 庚午 11.16	十一·一 己亥 12.15	十二·一 己巳 1.14
九·十一 庚戌 10.27	十·十一 庚辰 11.26	十一·十一 己酉 12.25	十二·十一 己卯 1.24
九·二十一 庚申 11.6	十·二十一 庚寅 12.6	十一·二十一 己未 1.4	十二·二十一 己丑 2.3

清高宗乾隆四十七年壬寅（1782—1783）

一·一 戊戌 2.12	二·一 戊辰 3.14	三·一 戊戌 4.13	四·一 丁卯 5.12
一·十一 戊申 2.22	二·十一 戊寅 3.24	三·十一 戊申 4.23	四·十一 丁丑 5.22
一·二十一 戊午 3.4	二·二十一 戊子 4.3	三·二十一 戊午 5.3	四·二十一 丁亥 6.1
五·一 丁酉 6.11	六·一 丙寅 7.10	七·一 丙申 8.9	八·一 乙丑 9.7
五·十一 丁未 6.21	六·十一 丙子 7.20	七·十一 丙午 8.19	八·十一 乙亥 9.17
五·二十一 丁巳 7.1	六·二十一 丙戌 7.30	七·二十一 丙辰 8.29	八·二十一 乙酉 9.27
九·一 乙未 10.7	十·一 甲子 11.5	十一·一 甲午 12.5	十二·一 癸亥 1.3
九·十一 乙巳 10.17	十·十一 甲戌 11.15	十一·十一 甲辰 12.15	十二·十一 癸酉 1.13
九·二十一 乙卯 10.27	十·二十一 甲申 11.25	十一·二十一 甲寅 12.25	十二·二十一 癸未 1.23

清高宗乾隆四十八年癸卯（1783—1784）

一·一 癸巳 2.2	二·一 壬戌 3.3	三·一 壬辰 4.2	四·一 辛酉 5.1
一·十一 癸卯 2.12	二·十一 壬申 3.13	三·十一 壬寅 4.12	四·十一 辛未 5.11
一·二十一 癸丑 2.22	二·二十一 壬午 3.23	三·二十一 壬子 4.22	四·二十一 辛巳 5.21
五·一 辛卯 5.31	六·一 辛酉 6.30	七·一 庚寅 7.29	八·一 庚申 8.28
五·十一 辛丑 6.10	六·十一 辛未 7.10	七·十一 庚子 8.8	八·十一 庚午 9.7
五·二十一 辛亥 6.20	六·二十一 辛巳 7.20	七·二十一 庚戌 8.18	八·二十一 庚辰 9.17
九·一 己丑 9.26	十·一 己未 10.26	十一·一 戊子 11.24	十二·一 戊午 12.24
九·十一 己亥 10.6	十·十一 己巳 11.5	十一·十一 戊戌 12.4	十二·十一 戊辰 1.3
九·二十一 己酉 10.16	十·二十一 己卯 11.15	十一·二十一 戊申 12.14	十二·二十一 戊寅 1.13

清高宗乾隆四十九年甲辰（1784—1785）

一·一 丁亥 1.22	二·一 丁巳 2.21	三·一 丙戌 3.21 闰三·一 丙辰 4.20	四·一 乙酉 5.19
一·十一 丁酉 2.1	二·十一 丁卯 3.2	三·十一 丙申 3.31 闰三·十一 丙寅 4.30	四·十一 乙未 5.29
一·二十一 丁未 2.11	二·二十一 丁丑 3.12	三·二十一 丙午 4.10 闰三·二十一 丙子 5.10	四·二十一 乙巳 6.8
五·一 乙卯 6.18	六·一 甲申 7.17	七·一 甲寅 8.16	八·一 甲申 9.15
五·十一 乙丑 6.28	六·十一 甲午 7.27	七·十一 甲子 8.26	八·十一 甲午 9.25
五·二十一 乙亥 7.8	六·二十一 甲辰 8.6	七·二十一 甲戌 9.5	八·二十一 甲辰 10.5
九·一 癸丑 10.14	十·一 癸未 11.13	十一·一 壬子 12.12	十二·一 壬午 1.11
九·十一 癸亥 10.24	十·十一 癸巳 11.23	十一·十一 壬戌 12.22	十二·十一 壬辰 1.21
九·二十一 癸酉 11.3	十·二十一 癸卯 12.3	十一·二十一 壬申 1.1	十二·二十一 壬寅 1.31

清高宗乾隆五十年乙巳（1785—1786）

一·一 辛亥 2.9	二·一 辛巳 3.11	三·一 庚戌 4.9	四·一 庚辰 5.9
一·十一 辛酉 2.19	二·十一 辛卯 3.21	三·十一 庚申 4.19	四·十一 庚寅 5.19
一·二十一 辛未 3.1	二·二十一 辛丑 3.31	三·二十一 庚午 4.29	四·二十一 庚子 5.29
五·一 己酉 6.7	六·一 戊寅 7.6	七·一 戊申 8.5	八·一 戊寅 9.4
五·十一 己未 6.17	六·十一 戊子 7.16	七·十一 戊午 8.15	八·十一 戊子 9.14
五·二十一 己巳 6.27	六·二十一 戊戌 7.26	七·二十一 戊辰 8.25	八·二十一 戊戌 9.24
九·一 丁未 10.3	十·一 丁丑 11.2	十一·一 丁未 12.2	十二·一 丙子 12.31
九·十一 丁巳 10.13	十·十一 丁亥 11.12	十一·十一 丁巳 12.12	十二·十一 丙戌 1.10
九·二十一 丁卯 10.23	十·二十一 丁酉 11.22	十一·二十一 丁卯 12.22	十二·二十一 丙申 1.20

清高宗乾隆五十一年丙午（1786—1787）

一·一 丙午 1.30	二·一 乙亥 2.28	三·一 乙巳 3.30	四·一 甲戌 4.28
一·十一 丙辰 2.9	二·十一 乙酉 3.10	三·十一 乙卯 4.9	四·十一 甲申 5.8
一·二十一 丙寅 2.19	二·二十一 乙未 3.20	三·二十一 乙丑 4.19	四·二十一 甲午 5.18
五·一 癸卯 5.27	六·一 癸酉 6.26	七·一 壬寅 7.25 闰七·一 壬申 8.24	八·一 辛丑 9.22
五·十一 癸丑 6.6	六·十一 癸未 7.6	七·十一 壬子 8.4 闰七·十一 壬午 9.3	八·十一 辛亥 10.2
五·二十一 癸亥 6.16	六·二十一 癸巳 7.16	七·二十一 壬戌 8.14 闰七·二十一 壬辰 9.13	八·二十一 辛酉 10.12
九·一 辛未 10.22	十·一 辛丑 11.21	十一·一 辛未 12.21	十二·一 庚子 1.19
九·十一 辛巳 11.1	十·十一 辛亥 12.1	十一·十一 辛巳 12.31	十二·十一 庚戌 1.29
九·二十一 辛卯 11.11	十·二十一 辛酉 12.11	十一·二十一 辛卯 1.10	十二·二十一 庚申 2.8

清高宗乾隆五十二年丁未（1787—1788）

一·一 庚午 2.18	二·一 己亥 3.19	三·一 己巳 4.18	四·一 戊戌 5.17
一·十一 庚辰 2.28	二·十一 己酉 3.29	三·十一 己卯 4.28	四·十一 戊申 5.27
一·二十一 庚寅 3.10	二·二十一 己未 4.8	三·二十一 己丑 5.8	四·二十一 戊午 6.6
五·一 丁卯 6.15	六·一 丁酉 7.15	七·一 丙寅 8.13	八·一 丙申 9.12
五·十一 丁丑 6.25	六·十一 丁未 7.25	七·十一 丙子 8.23	八·十一 丙午 9.22
五·二十一 丁亥 7.5	六·二十一 丁巳 8.4	七·二十一 丙戌 9.2	八·二十一 丙辰 10.2
九·一 乙丑 10.11	十·一 乙未 11.10	十一·一 甲子 12.9	十二·一 甲午 1.8
九·十一 乙亥 10.21	十·十一 乙巳 11.20	十一·十一 甲戌 12.19	十二·十一 甲辰 1.18
九·二十一 乙酉 10.31	十·二十一 乙卯 11.30	十一·二十一 甲申 12.29	十二·二十一 甲寅 1.28

清高宗乾隆五十三年戊申（1788—1789）

一·一	甲子	2.7	二·一	甲午	3.8	三·一	癸亥	4.6	四·一	癸巳	5.6
一·十一	甲戌	2.17	二·十一	甲辰	3.18	三·十一	癸酉	4.16	四·十一	癸卯	5.16
一·二十一	甲申	2.27	二·二十一	甲寅	3.28	三·二十一	癸未	4.26	四·二十一	癸丑	5.26
五·一	壬戌	6.4	六·一	壬辰	7.4	七·一	辛酉	8.2	八·一	庚寅	8.31
五·十一	壬申	6.14	六·十一	壬寅	7.14	七·十一	辛未	8.12	八·十一	庚子	9.10
五·二十一	壬午	6.24	六·二十一	壬子	7.24	七·二十一	辛巳	8.22	八·二十一	庚戌	9.20
九·一	己未	9.29	十·一	己丑	10.29	十一·一	己未	11.28	十二·一	戊子	12.27
九·十一	己巳	10.9	十·十一	己亥	11.8	十一·十一	己巳	12.8	十二·十一	戊戌	1.6
九·二十一	己卯	10.19	十·二十一	己酉	11.18	十一·二十一	己卯	12.18	十二·二十一	戊申	1.16

清高宗乾隆五十四年己酉（1789—1790）

一·一	戊午	1.26	二·一	戊子	2.25	三·一	戊午	3.27	四·一	丁亥	4.25
一·十一	戊辰	2.5	二·十一	戊戌	3.7	三·十一	戊辰	4.6	四·十一	丁酉	5.5
一·二十一	戊寅	2.15	二·二十一	戊申	3.17	三·二十一	戊寅	4.16	四·二十一	丁未	5.15
五·一　丁巳 5.25　闰五·一　丙戌 6.23			六·一	乙卯	7.22	七·一	乙酉	8.21	八·一	甲寅	9.19
五·十一　丁卯 6.4　闰五·十一　丙申 7.3			六·十一	乙丑	8.1	七·十一	乙未	8.31	八·十一	甲子	9.29
五·二十一　丁丑 6.14　闰五·二十一　丙午 7.13			六·二十一	乙亥	8.11	七·二十一	乙巳	9.10	八·二十一	甲戌	10.9
九·一	甲申	10.19	十·一	癸丑	11.17	十一·一	癸未	12.17	十二·一	壬子	1.15
九·十一	甲午	10.29	十·十一	癸亥	11.27	十一·十一	癸巳	12.27	十二·十一	壬戌	1.25
九·二十一	甲辰	11.8	十·二十一	癸酉	12.7	十一·二十一	癸卯	1.6	十二·二十一	壬申	2.4

清高宗乾隆五十五年庚戌（1790—1791）

一·一	壬午	2.14	二·一	壬子	3.16	三·一	辛巳	4.14	四·一	辛亥	5.14
一·十一	壬辰	2.24	二·十一	壬戌	3.26	三·十一	辛卯	4.24	四·十一	辛酉	5.24
一·二十一	壬寅	3.6	二·二十一	壬申	4.5	三·二十一	辛丑	5.4	四·二十一	辛未	6.3
五·一	辛巳	6.13	六·一	庚戌	7.12	七·一	己卯	8.10	八·一	己酉	9.9
五·十一	辛卯	6.23	六·十一	庚申	7.22	七·十一	己丑	8.20	八·十一	己未	9.19
五·二十一	辛丑	7.3	六·二十一	庚午	8.1	七·二十一	己亥	8.30	八·二十一	己巳	9.29
九·一	戊寅	10.8	十·一	戊申	11.7	十一·一	丁丑	12.6	十二·一	丁未	1.5
九·十一	戊子	10.18	十·十一	戊午	11.17	十一·十一	丁亥	12.16	十二·十一	丁巳	1.15
九·二十一	戊戌	10.28	十·二十一	戊辰	11.27	十一·二十一	丁酉	12.26	十二·二十一	丁卯	1.25

清高宗乾隆五十六年辛亥（1791—1792）

一·一	丙子	2.3	二·一	丙午	3.5	三·一	乙亥	4.3	四·一	乙巳	5.3
一·十一	丙戌	2.13	二·十一	丙辰	3.15	三·十一	乙酉	4.13	四·十一	乙卯	5.13
一·二十一	丙申	2.23	二·二十一	丙寅	3.25	三·二十一	乙未	4.23	四·二十一	乙丑	5.23
五·一	乙亥	6.2	六·一	甲辰	7.1	七·一	甲戌	7.31	八·一	癸卯	8.29
五·十一	乙酉	6.12	六·十一	甲寅	7.11	七·十一	甲申	8.10	八·十一	癸丑	9.8
五·二十一	乙未	6.22	六·二十一	甲子	7.21	七·二十一	甲午	8.20	八·二十一	癸亥	9.18
九·一	癸酉	9.28	十·一	壬寅	10.27	十一·一	壬申	11.26	十二·一	辛丑	12.25
九·十一	癸未	10.8	十·十一	壬子	11.6	十一·十一	壬午	12.6	十二·十一	辛亥	1.4
九·二十一	癸巳	10.18	十·二十一	壬戌	11.16	十一·二十一	壬辰	12.16	十二·二十一	辛酉	1.14

清高宗乾隆五十七年壬子(1792—1793)

一·一	辛未	1.24	二·一	庚子	2.22	三·一	庚午	3.23	四·一	己亥 4.21	闰四·一 己巳 5.21
一·十一	辛巳	2.3	二·十一	庚戌	3.3	三·十一	庚辰	4.2	四·十一	己酉 5.1	闰四·十一 己卯 5.31
一·二十一	辛卯	2.13	二·二十一	庚申	3.13	三·二十一	庚寅	4.12	四·二十一	己未 5.11	闰四·二十一 己丑 6.10
五·一	戊戌	6.19	六·一	戊辰	7.19	七·一	戊戌	8.18	八·一	丁卯	9.16
五·十一	戊申	6.29	六·十一	戊寅	7.29	七·十一	戊申	8.28	八·十一	丁丑	9.26
五·二十一	戊午	7.9	六·二十一	戊子	8.8	七·二十一	戊午	9.7	八·二十一	丁亥	10.6
九·一	丁酉	10.16	十·一	丙寅	11.14	十一·一	丙申	12.14	十二·一	乙丑	1.12
九·十一	丁未	10.26	十·十一	丙子	11.24	十一·十一	丙午	12.24	十二·十一	乙亥	1.22
九·二十一	丁巳	11.5	十·二十一	丙戌	12.4	十一·二十一	丙辰	1.3	十二·二十一	乙酉	2.1

清高宗乾隆五十八年癸丑(1793—1794)

一·一	乙未	2.11	二·一	甲子	3.12	三·一	甲午	4.11	四·一	癸亥	5.10
一·十一	乙巳	2.21	二·十一	甲戌	3.22	三·十一	甲辰	4.21	四·十一	癸酉	5.20
一·二十一	乙卯	3.3	二·二十一	甲申	4.1	三·二十一	甲寅	5.1	四·二十一	癸未	5.30
五·一	壬辰	6.8	六·一	壬戌	7.8	七·一	壬辰	8.7	八·一	辛酉	9.5
五·十一	壬寅	6.18	六·十一	壬申	7.18	七·十一	壬寅	8.17	八·十一	辛未	9.15
五·二十一	壬子	6.28	六·二十一	壬午	7.28	七·二十一	壬子	8.27	八·二十一	辛巳	9.25
九·一	辛卯	10.5	十·一	辛酉	11.4	十一·一	庚寅	12.3	十二·一	庚申	1.2
九·十一	辛丑	10.15	十·十一	辛未	11.14	十一·十一	庚子	12.13	十二·十一	庚午	1.12
九·二十一	辛亥	10.25	十·二十一	辛巳	11.24	十一·二十一	庚戌	12.23	十二·二十一	庚辰	1.22

清高宗乾隆五十九年甲寅(1794—1795)

一·一	己丑	1.31	二·一	己未	3.2	三·一	戊子	3.31	四·一	丁巳	4.29
一·十一	己亥	2.10	二·十一	己巳	3.12	三·十一	戊戌	4.10	四·十一	丁卯	5.9
一·二十一	己酉	2.20	二·二十一	己卯	3.22	三·二十一	戊申	4.20	四·二十一	丁丑	5.19
五·一	丁亥	5.29	六·一	丙辰	6.27	七·一	丙戌	7.27	八·一	乙卯	8.25
五·十一	丁酉	6.8	六·十一	丙寅	7.7	七·十一	丙申	8.6	八·十一	乙丑	9.4
五·二十一	丁未	6.18	六·二十一	丙子	7.17	七·二十一	丙午	8.16	八·二十一	乙亥	9.14
九·一	乙酉	9.24	十·一	乙卯	10.24	十一·一	乙酉	11.23	十二·一	甲寅	12.22
九·十一	乙未	10.4	十·十一	乙丑	11.3	十一·十一	乙未	12.3	十二·十一	甲子	1.1
九·二十一	乙巳	10.14	十·二十一	乙亥	11.13	十一·二十一	乙巳	12.13	十二·二十一	甲戌	1.11

清高宗乾隆六十年乙卯(1795—1796)

一·一	甲申	1.21	二·一	癸丑 2.19	闰二·一 癸未 3.21	三·一	壬子	4.19	四·一	辛巳	5.18
一·十一	甲午	1.31	二·十一	癸亥 3.1	闰二·十一 癸巳 3.31	三·十一	壬戌	4.29	四·十一	辛卯	5.28
一·二十一	甲辰	2.10	二·二十一	癸酉 3.11	闰二·二十一 癸卯 4.10	三·二十一	壬申	5.9	四·二十一	辛丑	6.7
五·一	辛亥	6.17	六·一	庚辰	7.16	七·一	庚戌	8.15	八·一	己卯	9.13
五·十一	辛酉	6.27	六·十一	庚寅	7.26	七·十一	庚申	8.25	八·十一	己丑	9.23
五·二十一	辛未	7.7	六·二十一	庚子	8.5	七·二十一	庚午	9.4	八·二十一	己亥	10.3
九·一	己酉	10.13	十·一	戊寅	11.11	十一·一	戊申	12.11	十二·一	戊寅	1.10
九·十一	己未	10.23	十·十一	戊子	11.21	十一·十一	戊午	12.21	十二·十一	戊子	1.20
九·二十一	己巳	11.2	十·二十一	戊戌	12.1	十一·二十一	戊辰	12.31	十二·二十一	戊戌	1.30

清仁宗嘉庆元年丙辰（1796—1797）

一·一	戊申	2.9	二·一	丁丑	3.9	三·一	丁未	4.8	四·一	丙子	5.7
一·十一	戊午	2.19	二·十一	丁亥	3.19	三·十一	丁巳	4.18	四·十一	丙戌	5.17
一·二十一	戊辰	2.29	二·二十一	丁酉	3.29	三·二十一	丁卯	4.28	四·二十一	丙申	5.27
五·一	乙巳	6.5	六·一	乙亥	7.5	七·一	甲辰	8.3	八·一	癸酉	9.1
五·十一	乙卯	6.15	六·十一	乙酉	7.15	七·十一	甲寅	8.13	八·十一	癸未	9.11
五·二十一	乙丑	6.25	六·二十一	乙未	7.25	七·二十一	甲子	8.23	八·二十一	癸巳	9.21
九·一	癸卯	10.1	十·一	癸酉	10.31	十一·一	壬寅	11.29	十二·一	壬申	12.29
九·十一	癸丑	10.11	十·十一	癸未	11.10	十一·十一	壬子	12.9	十二·十一	壬午	1.8
九·二十一	癸亥	10.21	十·二十一	癸巳	11.20	十一·二十一	壬戌	12.19	十二·二十一	壬辰	1.18

清仁宗嘉庆二年丁巳（1797—1798）

一·一	壬寅	1.28	二·一	壬申	2.27	三·一	辛丑	3.28	四·一	辛未	4.27
一·十一	壬子	2.7	二·十一	壬午	3.9	三·十一	辛亥	4.7	四·十一	辛巳	5.7
一·二十一	壬戌	2.17	二·二十一	壬辰	3.19	三·二十一	辛酉	4.17	四·二十一	辛卯	5.17
五·一	庚子	5.26	六·一	庚午	6.25　闰六·一　己亥 7.24	七·一	戊辰	8.22	八·一	丁酉	9.20
五·十一	庚戌	6.5	六·十一	庚辰	7.5　闰六·十一　己酉 8.3	七·十一	戊寅	9.1	八·十一	丁未	9.30
五·二十一	庚申	6.15	六·二十一	庚寅	7.15　闰六·二十一　己未 8.13	七·二十一	戊子	9.11	八·二十一	丁巳	10.10
九·一	丁卯	10.20	十·一	丙申	11.18	十一·一	丙寅	12.18	十二·一	丙申	1.17
九·十一	丁丑	10.30	十·十一	丙午	11.28	十一·十一	丙子	12.28	十二·十一	丙午	1.27
九·二十一	丁亥	11.9	十·二十一	丙辰	12.8	十一·二十一	丙戌	1.7	十二·二十一	丙辰	2.6

清仁宗嘉庆三年戊午（1798—1799）

一·一	丙寅	2.16	二·一	乙未	3.17	三·一	乙丑	4.16	四·一	乙未	5.16
一·十一	丙子	2.26	二·十一	乙巳	3.27	三·十一	乙亥	4.26	四·十一	乙巳	5.26
一·二十一	丙戌	3.8	二·二十一	乙卯	4.6	三·二十一	乙酉	5.6	四·二十一	乙卯	6.5
五·一	甲子	6.14	六·一	癸巳	7.13	七·一	癸亥	8.12	八·一	壬辰	9.10
五·十一	甲戌	6.24	六·十一	癸卯	7.23	七·十一	癸酉	8.22	八·十一	壬寅	9.20
五·二十一	甲申	7.4	六·二十一	癸丑	8.2	七·二十一	癸未	9.1	八·二十一	壬子	9.30
九·一	辛酉	10.9	十·一	辛卯	11.8	十一·一	庚申	12.7	十二·一	庚寅	1.6
九·十一	辛未	10.19	十·十一	辛丑	11.18	十一·十一	庚午	12.17	十二·十一	庚子	1.16
九·二十一	辛巳	10.29	十·二十一	辛亥	11.28	十一·二十一	庚辰	12.27	十二·二十一	庚戌	1.26

清仁宗嘉庆四年己未（1799—1800）

一·一	庚申	2.5	二·一	己丑	3.6	三·一	己未	4.5	四·一	己丑	5.5
一·十一	庚午	2.15	二·十一	己亥	3.16	三·十一	己巳	4.15	四·十一	己亥	5.15
一·二十一	庚辰	2.25	二·二十一	己酉	3.26	三·二十一	己卯	4.25	四·二十一	己酉	5.25
五·一	戊午	6.3	六·一	戊子	7.3	七·一	丁巳	8.1	八·一	丁亥	8.31
五·十一	戊辰	6.13	六·十一	戊戌	7.13	七·十一	丁卯	8.11	八·十一	丁酉	9.10
五·二十一	戊寅	6.23	六·二十一	戊申	7.23	七·二十一	丁丑	8.21	八·二十一	丁未	9.20
九·一	丙辰	9.29	十·一	丙戌	10.29	十一·一	乙卯	11.27	十二·一	甲申	12.26
九·十一	丙寅	10.9	十·十一	丙申	11.8	十一·十一	乙丑	12.7	十二·十一	甲午	1.5
九·二十一	丙子	10.19	十·二十一	丙午	11.18	十一·二十一	乙亥	12.17	十二·二十一	甲辰	1.15

清仁宗嘉庆五年庚申（1800—1801）

一•一 甲寅 1.25 一•十一 甲子 2.4 一•二十一 甲戌 2.14	二•一 甲申 2.24 二•十一 甲午 3.6 二•二十一 甲辰 3.16	三•一 癸丑 3.25 三•十一 癸亥 4.4 三•二十一 癸酉 4.14	四•一 癸未 4.24 闰四•一 癸丑 5.24 四•十一 癸巳 5.4 闰四•十一 癸亥 6.3 四•二十一癸卯 5.14 闰四•二十一癸酉 6.13
五•一 壬午 6.22 五•十一 壬辰 7.2 五•二十一 壬寅 7.12	六•一 壬子 7.22 六•十一 壬戌 8.1 六•二十一 壬申 8.11	七•一 辛巳 8.20 七•十一 辛卯 8.30 七•二十一 辛丑 9.9	八•一 辛亥 9.19 八•十一 辛酉 9.29 八•二十一 辛未 10.9
九•一 庚辰 10.18 九•十一 庚寅 10.28 九•二十一 庚子 11.7	十•一 庚戌 11.17 十•十一 庚申 11.27 十•二十一 庚午 12.7	十一•一 己卯 12.16 十一•十一 己丑 12.26 十一•二十一 己亥 1.5	十二•一 己酉 1.15 十二•十一 己未 1.25 十二•二十一 己巳 2.4

清仁宗嘉庆六年辛酉（1801—1802）

一•一 戊寅 2.13 一•十一 戊子 2.23 一•二十一 戊戌 3.5	二•一 丁未 3.14 二•十一 丁巳 3.24 二•二十一 丁卯 4.3	三•一 丁丑 4.13 三•十一 丁亥 4.23 三•二十一 丁酉 5.3	四•一 丁未 5.13 四•十一 丁巳 5.23 四•二十一 丁卯 6.2
五•一 丙子 6.11 五•十一 丙戌 6.21 五•二十一 丙申 7.1	六•一 丙午 7.11 六•十一 丙辰 7.21 六•二十一 丙寅 7.31	七•一 乙亥 8.9 七•十一 乙酉 8.19 七•二十一 乙未 8.29	八•一 乙巳 9.8 八•十一 乙卯 9.18 八•二十一 乙丑 9.28
九•一 乙亥 10.8 九•十一 乙酉 10.18 九•二十一 乙未 10.28	十•一 甲辰 11.6 十•十一 甲寅 11.16 十•二十一 甲子 11.26	十一•一 甲戌 12.6 十一•十一 甲申 12.16 十一•二十一 甲午 12.26	十二•一 癸卯 1.4 十二•十一 癸丑 1.14 十二•二十一 癸亥 1.24

清仁宗嘉庆七年壬戌（1802—1803）

一•一 癸酉 2.3 一•十一 癸未 2.13 一•二十一 癸巳 2.23	二•一 壬寅 3.4 二•十一 壬子 3.14 二•二十一 壬戌 3.24	三•一 辛未 4.2 三•十一 辛巳 4.12 三•二十一 辛卯 4.22	四•一 辛丑 5.2 四•十一 辛亥 5.12 四•二十一 辛酉 5.22
五•一 庚午 5.31 五•十一 庚辰 6.10 五•二十一 庚寅 6.20	六•一 庚子 6.30 六•十一 庚戌 7.10 六•二十一 庚申 7.20	七•一 己巳 7.29 七•十一 己卯 8.8 七•二十一 己丑 8.18	八•一 己亥 8.28 八•十一 己酉 9.7 八•二十一 己未 9.17
九•一 己巳 9.27 九•十一 己卯 10.7 九•二十一 己丑 10.17	十•一 己亥 10.27 十•十一 己酉 11.6 十•二十一 己未 11.16	十一•一 戊辰 11.25 十一•十一 戊寅 12.5 十一•二十一 戊子 12.15	十二•一 戊戌 12.25 十二•十一 戊申 1.4 十二•二十一 戊午 1.14

清仁宗嘉庆八年癸亥（1803—1804）

一•一 丁卯 1.23 一•十一 丁丑 2.2 一•二十一 丁亥 2.12	二•一 丁酉 2.22 闰二•一 丙寅 3.23 二•十一 丁未 3.4 闰二•十一 丙子 4.2 二•二十一丁巳 3.14 闰二•二十一丙戌 4.12	三•一 乙未 4.21 三•十一 乙巳 5.1 三•二十一 乙卯 5.11	四•一 乙丑 5.21 四•十一 乙亥 5.31 四•二十一 乙酉 6.10
五•一 甲午 6.19 五•十一 甲辰 6.29 五•二十一 甲寅 7.9	六•一 甲子 7.19 六•十一 甲戌 7.29 六•二十一 甲申 8.8	七•一 癸巳 8.17 七•十一 癸卯 8.27 七•二十一 癸丑 9.6	八•一 癸亥 9.16 八•十一 癸酉 9.26 八•二十一 癸未 10.6
九•一 癸巳 10.16 九•十一 癸卯 10.26 九•二十一 癸丑 11.5	十•一 壬戌 11.14 十•十一 壬申 11.24 十•二十一 壬午 12.4	十一•一 壬辰 12.14 十一•十一 壬寅 12.24 十一•二十一 壬子 1.3	十二•一 壬戌 1.13 十二•十一 壬申 1.23 十二•二十一 壬午 2.2

清仁宗嘉庆九年甲子(1804—1805)

一•一 辛卯 2.11	二•一 辛酉 3.12	三•一 庚寅 4.10	四•一 己未 5.9
一•十一 辛丑 2.21	二•十一 辛未 3.22	三•十一 庚子 4.20	四•十一 己巳 5.19
一•二十一 辛亥 3.2	二•二十一 辛巳 4.1	三•二十一 庚戌 4.30	四•二十一 己卯 5.29
五•一 己丑 6.8	六•一 戊午 7.7	七•一 丁亥 8.5	八•一 丁巳 9.4
五•十一 己亥 6.18	六•十一 戊辰 7.17	七•十一 丁酉 8.15	八•十一 丁卯 9.14
五•二十一 己酉 6.28	六•二十一 戊寅 7.27	七•二十一 丁未 8.25	八•二十一 丁丑 9.24
九•一 丁亥 10.4	十•一 丙辰 11.2	十一•一 丙戌 12.2	十二•一 丙辰 1.1
九•十一 丁酉 10.14	十•十一 丙寅 11.12	十一•十一 丙申 12.12	十二•十一 丙寅 1.11
九•二十一 丁未 10.24	十•二十一 丙子 11.22	十一•二十一 丙午 12.22	十二•二十一 丙子 1.21

清仁宗嘉庆十年乙丑(1805—1806)

一•一 丙戌 1.31	二•一 乙卯 3.1	三•一 乙酉 3.31	四•一 甲寅 4.29
一•十一 丙申 2.10	二•十一 乙丑 3.11	三•十一 乙未 4.10	四•十一 甲子 5.9
一•二十一 丙午 2.20	二•二十一 乙亥 3.21	三•二十一 乙巳 4.20	四•二十一 甲戌 5.19
五•一 甲申 5.29	六•一 癸丑 6.27 闰六•一 壬午 7.26	七•一 辛亥 8.24	八•一 辛巳 9.23
五•十一 甲午 6.8	六•十一 癸亥 7.7 闰六•十一 壬辰 8.5	七•十一 辛酉 9.3	八•十一 辛卯 10.3
五•二十一 甲辰 6.18	六•二十一 癸酉 7.17 闰六•二十一 壬寅 8.15	七•二十一 辛未 9.13	八•二十一 辛丑 10.13
九•一 庚戌 10.22	十•一 庚辰 11.21	十一•一 庚戌 12.21	十二•一 庚辰 1.20
九•十一 庚申 11.1	十•十一 庚寅 12.1	十一•十一 庚申 12.31	十二•十一 庚寅 1.30
九•二十一 庚午 11.11	十•二十一 庚子 12.11	十一•二十一 庚午 1.10	十二•二十一 庚子 2.9

清仁宗嘉庆十一年丙寅(1806—1807)

一•一 己酉 2.18	二•一 己卯 3.20	三•一 己酉 4.19	四•一 戊寅 5.18
一•十一 己未 2.28	二•十一 己丑 3.30	三•十一 己未 4.29	四•十一 戊子 5.28
一•二十一 己巳 3.10	二•二十一 己亥 4.9	三•二十一 己巳 5.9	四•二十一 戊戌 6.7
五•一 戊申 6.17	六•一 丁丑 7.16	七•一 丙午 8.14	八•一 乙亥 9.12
五•十一 戊午 6.27	六•十一 丁亥 7.26	七•十一 丙辰 8.24	八•十一 乙酉 9.22
五•二十一 戊辰 7.7	六•二十一 丁酉 8.5	七•二十一 丙寅 9.3	八•二十一 乙未 10.2
九•一 乙巳 10.12	十•一 甲戌 11.10	十一•一 甲辰 12.10	十二•一 甲戌 1.9
九•十一 乙卯 10.22	十•十一 甲申 11.20	十一•十一 甲寅 12.20	十二•十一 甲申 1.19
九•二十一 乙丑 11.1	十•二十一 甲午 11.30	十一•二十一 甲子 12.30	十二•二十一 甲午 1.29

清仁宗嘉庆十二年丁卯(1807—1808)

一•一 癸卯 2.7	二•一 癸酉 3.9	三•一 癸卯 4.8	四•一 癸酉 5.8
一•十一 癸丑 2.17	二•十一 癸未 3.19	三•十一 癸丑 4.18	四•十一 癸未 5.18
一•二十一 癸亥 2.27	二•二十一 癸巳 3.29	三•二十一 癸亥 4.28	四•二十一 癸巳 5.28
五•一 壬寅 6.6	六•一 辛未 7.5	七•一 辛丑 8.4	八•一 庚午 9.2
五•十一 壬子 6.16	六•十一 辛巳 7.15	七•十一 辛亥 8.14	八•十一 庚辰 9.12
五•二十一 壬戌 6.26	六•二十一 辛卯 7.25	七•二十一 辛酉 8.24	八•二十一 庚寅 9.22
九•一 己亥 10.1	十•一 己巳 10.31	十一•一 戊戌 11.29	十二•一 戊辰 12.29
九•十一 己酉 10.11	十•十一 己卯 11.10	十一•十一 戊申 12.9	十二•十一 戊寅 1.8
九•二十一 己未 10.21	十•二十一 己丑 11.20	十一•二十一 戊午 12.19	十二•二十一 戊子 1.18

清仁宗嘉庆十三年戊辰（1808—1809）

一·一 戊戌 1.28	二·一 丁卯 2.26	三·一 丁酉 3.27	四·一 丁卯 4.26
一·十一 戊申 2.7	二·十一 丁丑 3.7	三·十一 丁未 4.6	四·十一 丁丑 5.6
一·二十一 戊午 2.17	二·二十一 丁亥 3.17	三·二十一 丁巳 4.16	四·二十一 丁亥 5.16
五·一 丙申 5.25 闰五·一 丙寅 6.24	六·一 乙未 7.23	七·一 乙丑 8.22	八·一 甲午 9.20
五·十一 丙午 6.4 闰五·十一 丙子 7.4	六·十一 乙巳 8.2	七·十一 乙亥 9.1	八·十一 甲辰 9.30
五·二十一丙辰 6.14 闰五·二十一丙戌 7.14	六·二十一 乙卯 8.12	七·二十一 乙酉 9.11	八·二十一 甲寅 10.10
九·一 甲子 10.20	十·一 癸巳 11.18	十一·一 壬戌 12.17	十二·一 壬辰 1.16
九·十一 甲戌 10.30	十·十一 癸卯 11.28	十一·十一 壬申 12.27	十二·十一 壬寅 1.26
九·二十一 甲申 11.9	十·二十一 癸丑 12.8	十一·二十一 壬午 1.6	十二·二十一 壬子 2.5

清仁宗嘉庆十四年己巳（1809—1810）

一·一 辛酉 2.14	二·一 辛卯 3.16	三·一 辛酉 4.15	四·一 庚寅 5.14
一·十一 辛未 2.24	二·十一 辛丑 3.26	三·十一 辛未 4.25	四·十一 庚子 5.24
一·二十一 辛巳 3.6	二·二十一 辛亥 4.5	三·二十一 辛巳 5.5	四·二十一 庚戌 6.3
五·一 庚申 6.13	六·一 庚寅 7.13	七·一 己未 8.11	八·一 己丑 9.10
五·十一 庚午 6.23	六·十一 庚子 7.23	七·十一 己巳 8.21	八·十一 己亥 9.20
五·二十一 庚辰 7.3	六·二十一 庚戌 8.2	七·二十一 己卯 8.31	八·二十一 己酉 9.30
九·一 戊午 10.9	十·一 戊子 11.8	十一·一 丁巳 12.7	十二·一 丙戌 1.5
九·十一 戊辰 10.19	十·十一 戊戌 11.18	十一·十一 丁卯 12.17	十二·十一 丙申 1.15
九·二十一 戊寅 10.29	十·二十一 戊申 11.28	十一·二十一 丁丑 12.27	十二·二十一 丙午 1.25

清仁宗嘉庆十五年庚午（1810—1811）

一·一 丙辰 2.4	二·一 乙酉 3.5	三·一 乙卯 4.4	四·一 甲申 5.3
一·十一 丙寅 2.14	二·十一 乙未 3.15	三·十一 乙丑 4.14	四·十一 甲午 5.13
一·二十一 丙子 2.24	二·二十一 乙巳 3.25	三·二十一 乙亥 4.24	四·二十一 甲辰 5.23
五·一 甲寅 6.2	六·一 甲申 7.2	七·一 癸丑 7.31	八·一 癸未 8.30
五·十一 甲子 6.12	六·十一 甲午 7.12	七·十一 癸亥 8.10	八·十一 癸巳 9.9
五·二十一 甲戌 6.22	六·二十一 甲辰 7.22	七·二十一 癸酉 8.20	八·二十一 癸卯 9.19
九·一 癸丑 9.29	十·一 壬午 10.28	十一·一 壬子 11.27	十二·一 辛巳 12.26
九·十一 癸亥 10.9	十·十一 壬辰 11.7	十一·十一 壬戌 12.7	十二·十一 辛卯 1.5
九·二十一 癸酉 10.19	十·二十一 壬寅 11.17	十一·二十一 壬申 12.17	十二·二十一 辛丑 1.15

清仁宗嘉庆十六年辛未（1811—1812）

一·一 辛亥 1.25	二·一 庚辰 3.23	三·一 己酉 3.24 闰三·一 己卯 4.23	四·一 戊申 5.22
一·十一 辛酉 2.4	二·十一 庚寅 3.5	三·十一 己未 4.3 闰三·十一 己丑 5.3	四·十一 戊午 6.1
一·二十一 辛未 2.14	二·二十一 庚子 3.15	三·二十一己巳 4.13 闰三·二十一己亥 5.13	四·二十一 戊辰 6.11
五·一 戊寅 6.21	六·一 丁未 7.20	七·一 丁丑 8.19	八·一 丁未 9.18
五·十一 戊子 7.1	六·十一 丁巳 7.30	七·十一 丁亥 8.29	八·十一 丁巳 9.28
五·二十一 戊戌 7.11	六·二十一 丁卯 8.9	七·二十一 丁酉 9.8	八·二十一 丁卯 10.8
九·一 丙子 10.17	十·一 丙午 11.16	十一·一 丙子 12.16	十二·一 乙巳 1.14
九·十一 丙戌 10.27	十·十一 丙辰 11.26	十一·十一 丙戌 12.26	十二·十一 乙卯 1.24
九·二十一 丙申 11.6	十·二十一 丙寅 12.6	十一·二十一 丙申 1.5	十二·二十一 乙丑 2.3

清仁宗嘉庆十七年壬申(1812—1813)

一·一	乙亥	2.13	二·一	甲辰	3.13	三·一	癸酉	4.11	四·一	癸卯	5.11
一·十一	乙酉	2.23	二·十一	甲寅	3.23	三·十一	癸未	4.21	四·十一	癸丑	5.21
一·二十一	乙未	3.4	二·二十一	甲子	4.2	三·二十一	癸巳	5.1	四·二十一	癸亥	5.31
五·一	壬申	6.9	六·一	壬寅	7.9	七·一	辛未	8.7	八·一	辛丑	9.6
五·十一	壬午	6.19	六·十一	壬子	7.19	七·十一	辛巳	8.17	八·十一	辛亥	9.16
五·二十一	壬辰	6.29	六·二十一	壬戌	7.29	七·二十一	辛卯	8.27	八·二十一	辛酉	9.26
九·一	庚午	10.5	十·一	庚子	11.4	十一·一	庚午	12.4	十二·一	庚子*	1.3
九·十一	庚辰	10.15	十·十一	庚戌	11.14	十一·十一	庚辰	12.14	十二·十一	庚戌	1.13
九·二十一	庚寅	10.25	十·二十一	庚申	11.24	十一·二十一	庚寅	12.24	十二·二十一	庚申	1.23

*《总谱》1月10日,误。

清仁宗嘉庆十八年癸酉(1813—1814)

一·一	己巳	2.1	二·一	己亥	3.3	三·一	戊辰	4.1	四·一	戊戌	5.1
一·十一	己卯	2.11	二·十一	己酉	3.13	三·十一	戊寅	4.11	四·十一	戊申	5.11
一·二十一	己丑	2.21	二·二十一	己未	3.23	三·二十一	戊子	4.21	四·二十一	戊午	5.21
五·一	丁卯	5.30	六·一	丙申	6.28	七·一	乙丑	7.27	八·一	乙未	8.26
五·十一	丁丑	6.9	六·十一	丙午	7.8	七·十一	乙亥	8.6	八·十一	乙巳	9.5
五·二十一	丁亥	6.19	六·二十一	丙辰	7.18	七·二十一	乙酉	8.16	八·二十一	乙卯	9.15
九·一	甲子	9.24	十·一	甲午	10.24	十一·一	甲子	11.23	十二·一	甲午	12.23
九·十一	甲戌	10.4	十·十一	甲辰	11.3	十一·十一	甲戌	12.3	十二·十一	甲辰	1.2
九·二十一	甲申	10.14	十·二十一	甲寅	11.13	十一·二十一	甲申	12.13	十二·二十一	甲寅	1.12

清仁宗嘉庆十九年甲戌(1814—1815)

一·一	癸亥	1.21	二·一	癸巳 2.20	闰二·一 癸亥 3.22	三·一	壬辰	4.20	四·一	壬戌	5.20
一·十一	癸酉	1.31	二·十一	癸卯 3.2	闰二·十一 癸酉 4.1	三·十一	壬寅	4.30	四·十一	壬申	5.30
一·二十一	癸未	2.10	二·二十一	癸丑 3.12	闰二·二十一 癸未 4.11	三·二十一	壬子	5.10	四·二十一	壬午	6.9
五·一	辛卯	6.18	六·一	庚申	7.17	七·一	己丑	8.15	八·一	己未	9.14
五·十一	辛丑	6.28	六·十一	庚午	7.27	七·十一	己亥	8.25	八·十一	己巳	9.24
五·二十一	辛亥	7.8	六·二十一	庚辰	8.6	七·二十一	己酉	9.4	八·二十一	己卯	10.4
九·一	戊子	10.13	十·一	戊午	11.12	十一·一	戊子	12.12	十二·一	丁巳	1.10
九·十一	戊戌	10.23	十·十一	戊辰	11.22	十一·十一	戊戌	12.22	十二·十一	丁卯	1.20
九·二十一	戊申	11.2	十·二十一	戊寅	12.2	十一·二十一	戊申	1.1	十二·二十一	丁丑	1.30

清仁宗嘉庆二十年乙亥(1815—1816)

一·一	丁亥	2.9	二·一	丁巳	3.11	三·一	丁亥	4.10	四·一	丙辰	5.9
一·十一	丁酉	2.19	二·十一	丁卯	3.21	三·十一	丁酉	4.20	四·十一	丙寅	5.19
一·二十一	丁未	3.1	二·二十一	丁丑	3.31	三·二十一	丁未	4.30	四·二十一	丙子	5.29
五·一	乙酉	6.7	六·一	乙卯	7.7	七·一	甲申	8.5	八·一	癸丑	9.3
五·十一	乙未	6.17	六·十一	乙丑	7.17	七·十一	甲午	8.15	八·十一	癸亥	9.13
五·二十一	乙巳	6.27	六·二十一	乙亥	7.27	七·二十一	甲辰	8.25	八·二十一	癸酉	9.23
九·一	癸未	10.3	十·一	壬子	11.1	十一·一	壬午	12.1	十二·一	辛亥	12.30
九·十一	癸巳	10.13	十·十一	壬戌	11.11	十一·十一	壬辰	12.11	十二·十一	辛酉	1.9
九·二十一	癸卯	10.23	十·二十一	壬申	11.21	十一·二十一	壬寅	12.21	十二·二十一	辛未	1.19

清仁宗嘉庆二十一年丙子(1816—1817)

一·一　辛巳　1.29	二·一　辛亥　2.28	三·一　辛巳　3.29	四·一　庚戌　4.27
一·十一　辛卯　2.8	二·十一　辛酉　3.9	三·十一　辛卯　4.8	四·十一　庚申　5.7
一·二十一　辛丑　2.18	二·二十一　辛未　3.19	三·二十一　辛丑　4.18	四·二十一　庚午　5.17
五·一　庚辰　5.27	六·一　己酉6.25　闰六·一　己卯7.25	七·一　戊申　8.23	八·一　丁丑　9.21
五·十一　庚寅　6.6	六·十一　己未7.5　闰六·十一　己丑8.4	七·十一　戊午　9.2	八·十一　丁亥　10.1
五·二十一　庚子　6.16	六·二十一己巳7.15　闰六·二十一己亥8.14	七·二十一　戊辰　9.12	八·二十一　丁酉　10.11
九·一　丁未　10.21	十·一　丙子　11.19	十一·一　丙午　12.19	十二·一　乙亥　1.17
九·十一　丁巳　10.31	十·十一　丙戌　11.29	十一·十一　丙辰　12.29	十二·十一　乙酉　1.27
九·二十一　丁卯　11.10	十·二十一　丙申　12.9	十一·二十一　丙寅　1.8	十二·二十一　乙未　2.6

清仁宗嘉庆二十二年丁丑(1817—1818)

一·一　乙巳　2.16	二·一　乙亥　3.18	三·一　甲辰　4.16	四·一　甲戌　5.16
一·十一　乙卯　2.26	二·十一　乙酉　3.28	三·十一　甲寅　4.26	四·十一　甲申　5.26
一·二十一　乙丑　3.8	二·二十一　乙未　4.7	三·二十一　甲子　5.6	四·二十一　甲午　6.5
五·一　甲辰　6.15	六·一　癸酉　7.14	七·一　癸卯　8.13	八·一　壬申　9.11
五·十一　甲寅　6.25	六·十一　癸未　7.24	七·十一　癸丑　8.23	八·十一　壬午　9.21
五·二十一　甲子　7.5	六·二十一　癸巳　8.3	七·二十一　癸亥　9.2	八·二十一　壬辰　10.1
九·一　壬寅　10.11	十·一　辛未　11.9	十一·一　庚子　12.8	十二·一　庚午　1.7
九·十一　壬子　10.21	十·十一　辛巳　11.19	十一·十一　庚戌　12.18	十二·十一　庚辰　1.17
九·二十一　壬戌　10.31	十·二十一　辛卯　11.29	十一·二十一　庚申　12.28	十二·二十一　庚寅　1.27

清仁宗嘉庆二十三年戊寅(1818—1819)

一·一　己亥　2.5	二·一　己巳　3.7	三·一　戊戌　4.5	四·一　戊辰　5.5
一·十一　己酉　2.15	二·十一　己卯　3.17	三·十一　戊申　4.15	四·十一　戊寅　5.15
一·二十一　己未　2.25	二·二十一　己丑　3.27	三·二十一　戊午　4.25	四·二十一　戊子　5.25
五·一　戊戌　6.4	六·一　丁卯　7.3	七·一　丁酉　8.2	八·一　丁卯　9.1
五·十一　戊申　6.14	六·十一　丁丑　7.13	七·十一　丁未　8.12	八·十一　丁丑　9.11
五·二十一　戊午　6.24	六·二十一　丁亥　7.23	七·二十一　丁巳　8.22	八·二十一　丁亥　9.21
九·一　丙申　9.30	十·一　丙寅　10.30	十一·一　乙未　11.28	十二·一　甲子　12.27
九·十一　丙午　10.10	十·十一　丙子　11.9	十一·十一　乙巳　12.8	十二·十一　甲戌　1.6
九·二十一　丙辰　10.20	十·二十一　丙戌　11.19	十一·二十一　乙卯　12.18	十二·二十一　甲申　1.16

清仁宗嘉庆二十四年己卯(1819—1820)

一·一　甲午　1.26	二·一　癸亥　2.24	三·一　癸巳　3.26	四·一　壬戌4.24　闰四·一　壬辰5.24
一·十一　甲辰　2.5	二·十一　癸酉　3.6	三·十一　癸卯　4.5	四·十一　壬申5.4　闰四·十一　壬寅6.3
一·二十一　甲寅　2.15	二·二十一　癸未　3.16	三·二十一　癸丑　4.15	四·二十一壬午5.14　闰四·二十一壬子6.13
五·一　辛酉　6.22	六·一　辛卯　7.22	七·一　辛酉　8.21	八·一　庚寅　9.19
五·十一　辛未　7.2	六·十一　辛丑　8.1	七·十一　辛未　8.31	八·十一　庚子　9.29
五·二十一　辛巳　7.12	六·二十一　辛亥　8.11	七·二十一　辛巳　9.10	八·二十一　庚戌　10.9
九·一　庚申　10.19	十·一　庚寅　11.18	十一·一　己未　12.17	十二·一　己丑　1.16
九·十一　庚午　10.29	十·十一　庚子　11.28	十一·十一　己巳　12.27	十二·十一　己亥　1.26
九·二十一　庚辰　11.8	十·二十一　庚戌　12.8	十一·二十一　己卯　1.6	十二·二十一　己酉　2.5

清仁宗嘉庆二十五年庚辰（1820—1821）

一・一 戊午 2.14	二・一 丁亥 3.14	三・一 丁巳 4.13	四・一 丙戌 5.12
一・十一 戊辰 2.24	二・十一 丁酉 3.24	三・十一 丁卯 4.23	四・十一 丙申 5.22
一・二十一 戊寅 3.5	二・二十一 丁未 4.3	三・二十一 丁丑 5.3	四・二十一 丙午 6.1
五・一 丙辰 6.11	六・一 乙酉 7.10	七・一 乙卯 8.9	八・一 甲申 9.7
五・十一 丙寅 6.21	六・十一 乙未 7.20	七・十一 乙丑 8.19	八・十一 甲午 9.17
五・二十一 丙子 7.1	六・二十一 乙巳 7.30	七・二十一 乙亥 8.29	八・二十一 甲辰 9.27
九・一 甲寅 10.7	十・一 甲申 11.6	十一・一 甲寅 12.6	十二・一 癸未 1.4
九・十一 甲子 10.17	十・十一 甲午 11.16	十一・十一 甲子 12.16	十二・十一 癸巳 1.14
九・二十一 甲戌 10.27	十・二十一 甲辰 11.26	十一・二十一 甲戌 12.26	十二・二十一 癸卯 1.24

清宣宗道光元年辛巳（1821—1822）

一・一 癸丑 2.3	二・一 壬午 3.4	三・一 辛亥 4.2	四・一 辛巳 5.2
一・十一 癸亥 2.13	二・十一 壬辰 3.14	三・十一 辛酉 4.12	四・十一 辛卯 5.12
一・二十一 癸酉 2.23	二・二十一 壬寅 3.24	三・二十一 辛未 4.22	四・二十一 辛丑 5.22
五・一 庚戌 5.31	六・一 己卯 6.29	七・一 己酉 7.29	八・一 戊寅 8.27
五・十一 庚申 6.10	六・十一 己丑 7.9	七・十一 己未 8.8	八・十一 戊子 9.6
五・二十一 庚午 6.20	六・二十一 己亥 7.19	七・二十一 己巳 8.18	八・二十一 戊戌 9.16
九・一 戊申 9.26	十・一 戊寅 10.26	十一・一 戊申 11.25	十二・一 丁丑 12.24
九・十一 戊午 10.6	十・十一 戊子 11.5	十一・十一 戊午 12.5	十二・十一 丁亥 1.3
九・二十一 戊辰 10.16	十・二十一 戊戌 11.15	十一・二十一 戊辰 12.15	十二・二十一 丁酉 1.13

清宣宗道光二年壬午（1822—1823）

一・一 丁未 1.23	二・一 丁丑 2.22	三・一 丙午 3.23 闰三・一 丙子 4.22	四・一 乙巳 5.21
一・十一 丁巳 2.2	二・十一 丁亥 3.4	三・十一 丙辰 4.2 闰三・十一 丙戌 5.2	四・十一 乙卯 5.31
一・二十一 丁卯 2.12	二・二十一 丁酉 3.14	三・二十一 丙寅 4.12 闰三・二十一 丙申 5.12	四・二十一 乙丑 6.10
五・一 甲戌 6.19	六・一 癸卯 7.18	七・一 癸酉 8.17	八・一 壬寅 9.15
五・十一 甲申 6.29	六・十一 癸丑 7.28	七・十一 癸未 8.27	八・十一 壬子 9.25
五・二十一 甲午 7.9	六・二十一 癸亥 8.7	七・二十一 癸巳 9.6	八・二十一 壬戌 10.5
九・一 壬申 10.15	十・一 壬寅 11.14	十一・一 辛未 12.13	十二・一 辛丑 1.12
九・十一 壬午 10.25	十・十一 壬子 11.24	十一・十一 辛巳 12.23	十二・十一 辛亥 1.22
九・二十一 壬辰 11.4	十・二十一 壬戌 12.4	十一・二十一 辛卯 1.2	十二・二十一 辛酉 2.1

清宣宗道光三年癸未（1823—1824）

一・一 辛未 2.11	二・一 辛丑 3.13	三・一 庚午 4.11	四・一 庚子 5.11
一・十一 辛巳 2.21	二・十一 辛亥 3.23	三・十一 庚辰 4.21	四・十一 庚戌 5.21
一・二十一 辛卯 3.3	二・二十一 辛酉 4.2	三・二十一 庚寅 5.1	四・二十一 庚申 5.31
五・一 己巳 6.9	六・一 戊戌 7.8	七・一 丁卯 8.6	八・一 丁酉 9.5
五・十一 己卯 6.19	六・十一 戊申 7.18	七・十一 丁丑 8.16	八・十一 丁未 9.15
五・二十一 己丑 6.29	六・二十一 戊午 7.28	七・二十一 丁亥 8.26	八・二十一 丁巳 9.25
九・一 丙寅 10.4	十・一 丙申 11.3	十一・一 乙丑 12.2	十二・一 乙未 1.1
九・十一 丙子 10.14	十・十一 丙午 11.13	十一・十一 乙亥 12.12	十二・十一 乙巳 1.11
九・二十一 丙戌 10.24	十・二十一 丙辰 11.23	十一・二十一 乙酉 12.22	十二・二十一 乙卯 1.21

清宣宗道光四年甲申(1824—1825)

一·一 乙丑 1.31	二·一 乙未 3.1	三·一 甲子 3.30	四·一 甲午 4.29
一·十一 乙亥 2.10	二·十一 乙巳 3.11	三·十一 甲戌 4.9	四·十一 甲辰 5.9
一·二十一 乙酉 2.20	二·二十一 乙卯 3.21	三·二十一 甲申 4.19	四·二十一 甲寅 5.19
五·一 癸亥 5.28	六·一 癸巳 6.27	七·一 壬戌 7.26　闰七·一 辛卯 8.24	八·一 辛酉 9.23
五·十一 癸酉 6.7	六·十一 癸卯 7.7	七·十一 壬申 8.5　闰七·十一 辛丑 9.3	八·十一 辛未 10.3
五·二十一 癸未 6.17	六·二十一 癸丑 7.17	七·二十一 壬午 8.15　闰七·二十一 辛亥 9.13	八·二十一 辛巳 10.13
九·一 庚寅 10.22	十·一 庚申 11.21	十一·一 己丑 12.20	十二·一 己未 1.19
九·十一 庚子 11.1	十·十一 庚午 12.1	十一·十一 己亥 12.30	十二·十一 己巳 1.29
九·二十一 庚戌 11.11	十·二十一 庚辰 12.11	十一·二十一 己酉 1.9	十二·二十一 己卯 2.8

清宣宗道光五年乙酉(1825—1826)

一·一 己丑 2.18	二·一 己未 3.20	三·一 戊子 4.18	四·一 戊午 5.18
一·十一 己亥 2.28	二·十一 己巳 3.30	三·十一 戊戌 4.28	四·十一 戊辰 5.28
一·二十一 己酉 3.10	二·二十一 己卯 4.9	三·二十一 戊申 5.8	四·二十一 戊寅 6.7
五·一 丁亥 6.16	六·一 丁巳 7.16	七·一 丙戌 8.14	八·一 乙卯 9.12
五·十一 丁酉 6.26	六·十一 丁卯 7.26	七·十一 丙申 8.24	八·十一 乙丑 9.22
五·二十一 丁未 7.6	六·二十一 丁丑 8.5	七·二十一 丙午 9.3	八·二十一 乙亥 10.2
九·一 乙酉 10.12	十·一 甲寅 11.10	十一·一 甲申 12.10	十二·一 癸丑 1.8
九·十一 乙未 10.22	十·十一 甲子 11.20	十一·十一 甲午 12.20	十二·十一 癸亥 1.18
九·二十一 乙巳 11.1	十·二十一 甲戌 11.30	十一·二十一 甲辰 12.30	十二·二十一 癸酉 1.28

清宣宗道光六年丙戌(1826—1827)

一·一 癸未 2.7	二·一 癸丑 3.9	三·一 壬午 4.7	四·一 壬子 5.7
一·十一 癸巳 2.17	二·十一 癸亥 3.19	三·十一 壬辰 4.17	四·十一 壬戌 5.17
一·二十一 癸卯 2.27	二·二十一 癸酉 3.29	三·二十一 壬寅 4.27	四·二十一 壬申 5.27
五·一 壬午 6.6	六·一 辛亥 7.5	七·一 辛巳 8.4	八·一 庚戌 9.2
五·十一 壬辰 6.16	六·十一 辛酉 7.15	七·十一 辛卯 8.14	八·十一 庚申 9.12
五·二十一 壬寅 6.26	六·二十一 辛未 7.25	七·二十一 辛丑 8.24	八·二十一 庚午 9.22
九·一 己卯 10.1	十·一 己酉 10.31	十一·一 戊寅 11.29	十二·一 戊申 12.29
九·十一 己丑 10.11	十·十一 己未 11.10	十一·十一 戊子 12.9	十二·十一 戊午 1.8
九·二十一 己亥 10.21	十·二十一 己巳 11.20	十一·二十一 戊戌 12.19	十二·二十一 戊辰 1.18

清宣宗道光七年丁亥(1827—1828)

一·一 丁丑 1.27	二·一 丁未 2.26	三·一 丙子 3.27	四·一 丙午 4.26
一·十一 丁亥 2.6	二·十一 丁巳 3.8	三·十一 丙戌 4.6	四·十一 丙辰 5.6
一·二十一 丁酉 2.16	二·二十一 丁卯 3.18	三·二十一 丙申 4.16	四·二十一 丙寅 5.16
五·一 丙子 5.26　闰五·一 乙巳 6.24	六·一 乙亥 7.24	七·一 甲辰 8.22	八·一 甲戌 9.21
五·十一 丙戌 6.5　闰五·十一 乙卯 7.4	六·十一 乙酉 8.3	七·十一 甲寅 9.1	八·十一 甲申 10.1
五·二十一 丙申 6.15　闰五·二十一 乙丑 7.14	六·二十一 乙未 8.13	七·二十一 甲子 9.11	八·二十一 甲午 10.11
九·一 癸卯 10.20	十·一 癸酉 11.19	十一·一 壬寅 12.18	十二·一 壬申 1.17
九·十一 癸丑 10.30	十·十一 癸未 11.29	十一·十一 壬子 12.28	十二·十一 壬午 1.27
九·二十一 癸亥 11.9	十·二十一 癸巳 12.9	十一·二十一 壬戌 1.7	十二·二十一 壬辰 2.6

清宣宗道光八年戊子（1828—1829）

一·一	辛丑	2.15	二·一	辛未	3.16	三·一	庚子	4.14	四·一	庚午	5.14
一·十一	辛亥	2.25	二·十一	辛巳	3.26	三·十一	庚戌	4.24	四·十一	庚辰	5.24
一·二十一	辛酉	3.6	二·二十一	辛卯	4.5	三·二十一	庚申	5.4	四·二十一	庚寅	6.3
五·一	己亥	6.12	六·一	己巳	7.12	七·一	己亥	8.11	八·一	戊辰	9.9
五·十一	己酉	6.22	六·十一	己卯	7.22	七·十一	己酉	8.21	八·十一	戊寅	9.19
五·二十一	己未	7.2	六·二十一	己丑	8.1	七·二十一	己未	8.31	八·二十一	戊子	9.29
九·一	戊戌	10.9	十·一	丁卯	11.7	十一·一	丁酉	12.7	十二·一	丙寅	1.5
九·十一	戊申	10.19	十·十一	丁丑	11.17	十一·十一	丁未	12.17	十二·十一	丙子	1.15
九·二十一	戊午	10.29	十·二十一	丁亥	11.27	十一·二十一	丁巳	12.27	十二·二十一	丙戌	1.25

清宣宗道光九年己丑（1829—1830）

一·一	丙申	2.4	二·一	乙丑	3.5	三·一	乙未	4.4	四·一	甲子	5.3
一·十一	丙午	2.14	二·十一	乙亥	3.15	三·十一	乙巳	4.14	四·十一	甲戌	5.13
一·二十一	丙辰	2.24	二·二十一	乙酉	3.25	三·二十一	乙卯	4.24	四·二十一	甲申	5.23
五·一	甲午	6.2	六·一	癸亥	7.1	七·一	癸巳	7.31	八·一	壬戌	8.29
五·十一	甲辰	6.12	六·十一	癸酉	7.11	七·十一	癸卯	8.10	八·十一	壬申	9.8
五·二十一	甲寅	6.22	六·二十一	癸未	7.21	七·二十一	癸丑	8.20	八·二十一	壬午	9.18
九·一	壬辰	9.28	十·一	壬戌	10.28	十一·一	辛卯	11.26	十二·一	辛酉	12.26
九·十一	壬寅	10.8	十·十一	壬申	11.7	十一·十一	辛丑	12.6	十二·十一	辛未	1.5
九·二十一	壬子	10.18	十·二十一	壬午	11.17	十一·二十一	辛亥	12.16	十二·二十一	辛巳	1.15

清宣宗道光十年庚寅（1830—1831）

一·一	辛卯	1.25	二·一	庚申	3.23	三·一	己丑	3.24	四·一	己未	4.23　闰四·一　戊子 5.22
一·十一	辛丑	2.4	二·十一	庚午	3.5	三·十一	己亥	4.3	四·十一	己巳	5.3　闰四·十一　戊戌 6.1
一·二十一	辛亥	2.14	二·二十一	庚辰	3.15	三·二十一	己酉	4.13	四·二十一	己卯	5.13　闰四·二十一　戊申 6.11
五·一	丁巳	6.20	六·一	丁亥	7.20	七·一	丙辰	8.18	八·一	丙戌	9.17
五·十一	丁卯	6.30	六·十一	丁酉	7.30	七·十一	丙寅	8.28	八·十一	丙申	9.27
五·二十一	丁丑	7.10	六·二十一	丁未	8.9	七·二十一	丙子	9.7	八·二十一	丙午	10.7
九·一	丙辰	10.17	十·一	乙酉	11.15	十一·一	乙卯	12.15	十二·一	乙酉	1.14
九·十一	丙寅	10.27	十·十一	乙未	11.25	十一·十一	乙丑	12.25	十二·十一	乙未	1.24
九·二十一	丙子	11.6	十·二十一	乙巳	12.5	十一·二十一	乙亥	1.4	十二·二十一	乙巳	2.3

清宣宗道光十一年辛卯（1831—1832）

一·一	乙卯	2.13	二·一	甲申	3.14	三·一	癸丑	4.12	四·一	癸未	5.12
一·十一	乙丑	2.23	二·十一	甲午	3.24	三·十一	癸亥	4.22	四·十一	癸巳	5.22
一·二十一	乙亥	3.5	二·二十一	甲辰	4.3	三·二十一	癸酉	5.2	四·二十一	癸卯	6.1
五·一	壬子	6.10	六·一	辛巳	7.9	七·一	辛亥	8.8	八·一	庚辰	9.6
五·十一	壬戌	6.20	六·十一	辛卯	7.19	七·十一	辛酉	8.18	八·十一	庚寅	9.16
五·二十一	壬申	6.30	六·二十一	辛丑	7.29	七·二十一	辛未	8.28	八·二十一	庚子	9.26
九·一	庚戌	10.6	十·一	己卯	11.4	十一·一	己酉	12.4	十二·一	己卯	1.3
九·十一	庚申	10.16	十·十一	己丑	11.14	十一·十一	己未	12.14	十二·十一	己丑	1.13
九·二十一	庚午	10.26	十·二十一	己亥	11.24	十一·二十一	己巳	12.24	十二·二十一	己亥	1.23

清宣宗道光十二年壬辰(1832—1833)

一•一 己酉 2.2	二•一 戊寅 3.2	三•一 戊申 4.1	四•一 丁丑 4.30
一•十一 己未 2.12	二•十一 戊子 3.12	三•十一 戊午 4.11	四•十一 丁亥 5.10
一•二十一 己巳 2.22	二•二十一 戊戌 3.22	三•二十一 戊辰 4.21	四•二十一 丁酉 5.20
五•一 丁未 5.30	六•一 丙子 6.28	七•一 乙巳 7.27	八•一 乙亥 8.26
五•十一 丁巳 6.9	六•十一 丙戌 7.8	七•十一 乙卯 8.6	八•十一 乙酉 9.5
五•二十一 丁卯 6.19	六•二十一 丙申 7.18	七•二十一 乙丑 8.16	八•二十一 乙未 9.15
九•一 甲辰 9.24 闰九•一 甲戌 10.24	十•一 癸卯 11.22	十一•一 癸酉 12.22	十二•一 癸卯 1.21
九•十一 甲寅 10.4 闰九•十一 甲申 11.3	十•十一 癸丑 12.2	十一•十一 癸未 1.1	十二•十一 癸丑 1.31
九•二十一 甲子 10.14 闰九•二十一 甲午 11.13	十•二十一 癸亥 12.12	十一•二十一 癸巳 1.11	十二•二十一 癸亥 2.10

清宣宗道光十三年癸巳(1833—1834)

一•一 癸酉 2.20	二•一 壬寅 3.21	三•一 壬申 4.20	四•一 辛丑 5.19
一•十一 癸未 3.2	二•十一 壬子 3.31	三•十一 壬午 4.30	四•十一 辛亥 5.29
一•二十一 癸巳 3.12	二•二十一 壬戌 4.10	三•二十一 壬辰 5.10	四•二十一 辛酉 6.8
五•一 辛未 6.18	六•一 庚子 7.17	七•一 己巳 8.15	八•一 己亥 9.14
五•十一 辛巳 6.28	六•十一 庚戌 7.27	七•十一 己卯 8.25	八•十一 己酉 9.24
五•二十一 辛卯 7.8	六•二十一 庚申 8.6	七•二十一 己丑 9.4	八•二十一 己未 10.4
九•一 戊辰 10.13	十•一 戊戌 11.12	十一•一 丁卯 12.11	十二•一 丁酉 1.10
九•十一 戊寅 10.23	十•十一 戊申 11.22	十一•十一 丁丑 12.21	十二•十一 丁未 1.20
九•二十一 戊子 11.2	十•二十一 戊午 12.2	十一•二十一 丁亥 12.31	十二•二十一 丁巳 1.30

清宣宗道光十四年甲午(1834—1835)

一•一 丁卯 2.9	二•一 丙申 3.10	三•一 丙寅 4.9	四•一 丙申 5.9
一•十一 丁丑 2.19	二•十 丙午 3.20	三•十一 丙子 4.19	四•十一 丙午 5.19
一•二十一 丁亥 3.1	二•二十一 丙辰 3.30	三•二十一 丙戌 4.29	四•二十一 丙辰 5.29
五•一 乙丑 6.7	六•一 乙未 7.7	七•一 甲子 8.5	八•一 癸巳 9.3
五•十一 乙亥 6.17	六•十一 乙巳 7.17	七•十一 甲戌 8.15	八•十一 癸卯 9.13
五•二十一 乙酉 6.27	六•二十一 乙卯 7.27	七•二十一 甲申 8.25	八•二十一 癸丑 9.23
九•一 癸亥 10.3	十•一 壬辰 11.1	十一•一 壬戌 12.1	十二•一 辛卯 12.30
九•十一 癸酉 10.13	十•十一 壬寅 11.11	十一•十一 壬申 12.11	十二•十一 辛丑 1.9
九•二十一 癸未 10.23	十•二十一 壬子 11.21	十一•二十一 壬午 12.21	十二•二十一 辛亥 1.19

清宣宗道光十五年乙未(1835—1836)

一•一 辛酉 1.29	二•一 庚寅 2.27	三•一 庚申 3.29	四•一 庚寅 4.28
一•十一 辛未 2.8	二•十一 庚子 3.9	三•十一 庚午 4.8	四•十一 庚子 5.8
一•二十一 辛巳 2.18	二•二十一 庚戌 3.19	三•二十一 庚辰 4.18	四•二十一 庚戌 5.18
五•一 己未 5.27	六•一 己丑 6.26 闰六•一 己未 7.26	七•一 戊子 8.24	八•一 丁巳 9.22
五•十一 己巳 6.6	六•十一 己亥 7.6 闰六•十一 己巳 8.5	七•十一 戊戌 9.3	八•十一 丁卯 10.2
五•二十一 己卯 6.16	六•二十一 己酉 7.16 闰六•二十一 己卯 8.15	七•二十一 戊申 9.13	八•二十一 丁丑 10.12
九•一 丁亥 10.22	十•一 丙辰 11.20	十一•一 丙戌 12.20	十二•一 乙卯 1.18
九•十一 丁酉 11.1	十•十一 丙寅 11.30	十一•十一 丙申 12.30	十二•十一 乙丑 1.28
九•二十一 丁未 11.11	十•二十一 丙子 12.10	十一•二十一 丙午 1.9	十二•二十一 乙亥 2.7

清宣宗道光十六年丙申(1836—1837)

月·日	干支	公历	月·日	干支	公历	月·日	干支	公历	月·日	干支	公历
一·一	乙酉	2.17	二·一	甲寅	3.17	三·一	甲申	4.16	四·一	癸丑	5.15
一·十一	乙未	2.27	二·十一	甲子	3.27	三·十一	甲午	4.26	四·十一	癸亥	5.25
一·二十一	乙巳	3.8	二·二十一	甲戌	4.6	三·二十一	甲辰	5.6	四·二十一	癸酉	6.4
五·一	癸未	6.14	六·一	癸丑	7.14	七·一	壬午	8.12	八·一	壬子	9.11
五·十一	癸巳	6.24	六·十一	癸亥	7.24	七·十一	壬辰	8.22	八·十一	壬戌	9.21
五·二十一	癸卯	7.4	六·二十一	癸酉	8.3	七·二十一	壬寅	9.1	八·二十一	壬申	10.1
九·一	辛巳	10.10	十·一	辛亥	11.9	十一·一	庚辰	12.8	十二·一	庚戌	1.7
九·十一	辛卯	10.20	十·十一	辛酉	11.19	十一·十一	庚寅	12.18	十二·十一	庚申	1.17
九·二十一	辛丑	10.30	十·二十一	辛未	11.29	十一·二十一	庚子	12.28	十二·二十一	庚午	1.27

清宣宗道光十七年丁酉(1837—1838)

月·日	干支	公历	月·日	干支	公历	月·日	干支	公历	月·日	干支	公历
一·一	己卯	2.5	二·一	己酉	3.7	三·一	戊寅	4.5	四·一	戊申	5.5
一·十一	己丑	2.15	二·十一	己未	3.17	三·十一	戊子	4.15	四·十一	戊午	5.15
一·二十一	己亥	2.25	二·二十一	己巳	3.27	三·二十一	戊戌	4.25	四·二十一	戊辰	5.25
五·一	丁丑	6.3	六·一	丁未	7.3	七·一	丙子	8.1	八·一	丙午	8.31
五·十一	丁亥	6.13	六·十一	丁巳	7.13	七·十一	丙戌	8.11	八·十一	丙辰	9.10
五·二十一	丁酉	6.23	六·二十一	丁卯	7.23	七·二十一	丙申	8.21	八·二十一	丙寅	9.20
九·一	丙子	9.30	十·一	乙巳	10.29	十一·一	乙亥	11.28	十二·一	甲辰	*12.27
九·十一	丙戌	10.10	十·十一	乙卯	11.8	十一·十一	乙酉	12.8	十二·十一	甲寅	1.6
九·二十一	丙申	10.20	十·二十一	乙丑	11.18	十一·二十一	乙未	12.18	十二·二十一	甲子	1.16

*《总谱》12月21日,误。

清宣宗道光十八年戊戌(1838—1839)

月·日	干支	公历	月·日	干支	公历	月·日	干支	公历	月·日	干支	公历
一·一	甲戌	1.26	二·一	癸卯	2.24	三·一	癸酉	3.26	四·一 闰四·一	壬寅 壬申	4.24 5.24
一·十一	甲申	2.5	二·十一	癸丑	3.6	三·十一	癸未	4.5	四·十一 闰四·十一	壬子 壬午	5.4 6.3
一·二十一	甲午	2.15	二·二十一	癸亥	3.16	三·二十一	癸巳	4.15	四·二十一 闰四·二十一	壬戌 壬辰	5.14 6.13
五·一	辛丑	6.22	六·一	庚午	7.21	七·一	庚子	8.20	八·一	庚午	9.19
五·十一	辛亥	7.2	六·十一	庚辰	7.31	七·十一	庚戌	8.30	八·十一	庚辰	9.29
五·二十一	辛酉	7.12	六·二十一	庚寅	8.10	七·二十一	庚申	9.9	八·二十一	庚寅	10.9
九·一	己亥	10.18	十·一	己巳	11.17	十一·一	己亥	12.17	十二·一	戊辰	1.15
九·十一	己酉	10.28	十·十一	己卯	11.27	十一·十一	己酉	12.27	十二·十一	戊寅	1.25
九·二十一	己未	11.7	十·二十一	己丑	12.7	十一·二十一	己未	1.6	十二·二十一	戊子	2.4

清宣宗道光十九年己亥(1839—1840)

月·日	干支	公历	月·日	干支	公历	月·日	干支	公历	月·日	干支	公历
一·一	戊戌	2.14	二·一	丁卯	3.15	三·一	丁酉	4.14	四·一	丙寅	5.13
一·十一	戊申	2.24	二·十一	丁丑	3.25	三·十一	丁未	4.24	四·十一	丙子	5.23
一·二十一	戊午	3.6	二·二十一	丁亥	4.4	三·二十一	丁巳	5.4	四·二十一	丙戌	6.2
五·一	乙未	6.11	六·一	乙丑	7.11	七·一	甲午	8.9	八·一	甲子	9.8
五·十一	乙巳	6.21	六·十一	乙亥	7.21	七·十一	甲辰	8.19	八·十一	甲戌	9.18
五·二十一	乙卯	7.1	六·二十一	乙酉	7.31	七·二十一	甲寅	8.29	八·二十一	甲申	9.28
九·一	癸巳	10.7	十·一	癸亥	11.6	十一·一	癸巳	12.6	十二·一	癸亥	1.5
九·十一	癸卯	10.17	十·十一	癸酉	11.16	十一·十一	癸卯	12.16	十二·十一	癸酉	1.15
九·二十一	癸丑	10.27	十·二十一	癸未	11.26	十一·二十一	癸丑	12.26	十二·二十一	癸未	1.25

清宣宗道光二十年庚子（1840—1841）

一·一	壬辰	2.3	二·一	壬戌	3.4	三·一	辛卯	4.2	四·一	辛酉	5.2
一·十一	壬寅	2.13	二·十一	壬申	3.14	三·十一	辛丑	4.12	四·十一	辛未	5.12
一·二十一	壬子	2.23	二·二十一	壬午	3.24	三·二十一	辛亥	4.22	四·二十一	辛巳	5.22
五·一	庚寅	5.31	六·一	己未	6.29	七·一	己丑	7.29	八·一	戊午	8.27
五·十一	庚子	6.10	六·十一	己巳	7.9	七·十一	己亥	8.8	八·十一	戊辰	9.6
五·二十一	庚戌	6.20	六·二十一	己卯	7.19	七·二十一	己酉	8.18	八·二十一	戊寅	9.16
九·一	戊子	9.26	十·一	丁巳	10.25	十一·一	丁亥	11.24	十二·一	丁巳	12.24
九·十一	戊戌	10.6	十·十一	丁卯	11.4	十一·十一	丁酉	12.4	十二·十一	丁卯	1.3
九·二十一	戊申	10.16	十·二十一	丁丑	11.14	十一·二十一	丁未	12.14	十二·二十一	丁丑	1.13

清宣宗道光二十一年辛丑（1841—1842）

一·一	丁亥	1.23	二·一	丙辰	2.21	三·一	丙戌 3.23	闰三·一 乙卯 4.21	四·一	乙酉	5.21
一·十一	丁酉	2.2	二·十一	丙寅	3.3	三·十一	丙申 4.2	闰三·十一 乙丑 5.1	四·十一	乙未	5.31
一·二十一	丁未	2.12	二·二十一	丙子	3.13	三·二十一	丙午 4.12	闰三·二十一 乙亥 5.11	四·二十一	乙巳	6.10
五·一	甲寅	6.19	六·一	癸未	7.18	七·一	癸丑	8.17	八·一	壬午	9.15
五·十一	甲子	6.29	六·十一	癸巳	7.28	七·十一	癸亥	8.27	八·十一	壬辰	9.25
五·二十一	甲戌	7.9	六·二十一	癸卯	8.7	七·二十一	癸酉	9.6	八·二十一	壬寅	10.5
九·一	壬子	10.15	十·一	辛巳	11.13	十一·一	辛亥	12.13	*十二·一	庚辰	1.11
九·十一	壬戌	10.25	十·十一	辛卯	11.23	十一·十一	辛酉	12.23	十二·十一	庚寅	1.21
九·二十一	壬申	11.4	十·二十一	辛丑	12.3	十一·二十一	辛未	1.2	十二·二十一	庚子	1.31

*《朔闰考》十二月辛巳朔。

清宣宗道光二十二年壬寅（1842—1843）

一·一	庚戌	2.10	二·一	庚辰	3.12	三·一	庚戌	4.11	四·一	己卯	5.10
一·十一	庚申	2.20	二·十一	庚寅	3.22	三·十一	庚申	4.21	四·十一	己丑	5.20
一·二十一	庚午	3.2	二·二十一	庚子	4.1	三·二十一	庚午	5.1	四·二十一	己亥	5.30
五·一	己酉	6.9	六·一	戊寅	7.8	七·一	丁未	8.6	八·一	丁丑	9.5
五·十一	己未	6.19	六·十一	戊子	7.18	七·十一	丁巳	8.16	八·十一	丁亥	9.15
五·二十一	己巳	6.29	六·二十一	戊戌	7.28	七·二十一	丁卯	8.26	八·二十一	丁酉	9.25
九·一	丙午	10.4	十·一	丙子	11.3	十一·一	乙巳	12.2	十二·一	乙亥	1.1
九·十一	丙辰	10.14	十·十一	丙戌	11.13	十一·十一	乙卯	12.12	十二·十一	乙酉	1.11
九·二十一	丙寅	10.24	十·二十一	丙申	11.23	十一·二十一	乙丑	12.22	十二·二十一	乙未	1.21

清宣宗道光二十三年癸卯（1843—1844）

一·一	甲辰	1.30	二·一	甲戌	3.1	三·一	甲辰	3.31	四·一	甲戌	4.30
一·十一	甲寅	2.9	二·十一	甲申	3.11	三·十一	甲寅	4.10	四·十一	甲申	5.10
一·二十一	甲子	2.19	二·二十一	甲午	3.21	三·二十一	甲子	4.20	四·二十一	甲午	5.20
五·一	癸卯	5.29	六·一	癸酉	6.28	七·一	壬寅 7.27	闰七·一 辛未 8.25	八·一	辛丑	9.24
五·十一	癸丑	6.8	六·十一	癸未	7.8	七·十一	壬子 8.6	闰七·十一 辛巳 9.4	八·十一	辛亥	10.4
五·二十一	癸亥	6.18	六·二十一	癸巳	7.18	七·二十一	壬戌 8.16	闰七·二十一 辛卯 9.14	八·二十一	辛酉	10.14
九·一	庚午	10.23	十·一	庚子	11.22	十一·一	己巳	12.21	十二·一	己亥	1.20
九·十一	庚辰	11.2	十·十一	庚戌	12.2	十一·十一	己卯	12.31	十二·十一	己酉	1.30
九·二十一	庚寅	11.12	十·二十一	庚申	12.12	十一·二十一	己丑	1.10	十二·二十一	己未	2.9

清宣宗道光二十四年甲辰（1844—1845）

一·一	戊辰	2.18	二·一	戊戌	3.19	三·一	戊辰	4.18	四·一	丁酉	5.17
一·十一	戊寅	2.28	二·十一	戊申	3.29	三·十一	戊寅	4.28	四·十一	丁未	5.27
一·二十一	戊子	3.9	二·二十一	戊午	4.8	三·二十一	戊子	5.8	四·二十一	丁巳	6.6
五·一	丁卯	6.16	六·一	丙申	7.15	七·一	丙寅	8.14	八·一	乙未	9.12
五·十一	丁丑	6.26	六·十一	丙午	7.25	七·十一	丙子	8.24	八·十一	乙巳	9.22
五·二十一	丁亥	7.6	六·二十一	丙辰	8.4	七·二十一	丙戌	9.3	八·二十一	乙卯	10.2
九·一	乙丑	10.12	十·一	甲午	11.10	十一·一	甲子	12.10	十二·一	癸巳	1.8
九·十一	乙亥	10.22	十·十一	甲辰	11.20	十一·十一	甲戌	12.20	十二·十一	癸卯	1.18
九·二十一	乙酉	11.1	十·二十一	甲寅	11.30	十一·二十一	甲申	12.30	十二·二十一	癸丑	1.28

清宣宗道光二十五年乙巳（1845—1846）

一·一	癸亥	2.7	二·一	壬辰	3.8	三·一	壬戌	4.7	四·一	辛卯	5.6
一·十一	癸酉	2.17	二·十一	壬寅	3.18	三·十一	壬申	4.17	四·十一	辛丑	5.16
一·二十一	癸未	2.27	二·二十一	壬子	3.28	三·二十一	壬午	4.27	四·二十一	辛亥	5.26
五·一	辛酉	6.5	六·一	辛卯	7.5	七·一	庚申	8.3	八·一	庚寅	9.2
五·十一	辛未	6.15	六·十一	辛丑	7.15	七·十一	庚午	8.13	八·十一	庚子	9.12
五·二十一	辛巳	6.25	六·二十一	辛亥	7.25	七·二十一	庚辰	8.23	八·二十一	庚戌	9.22
九·一	己未	10.1	十·一	己丑	10.31	十一·一	戊午	11.29	十二·一	戊子	12.29
九·十一	己巳	10.11	十·十一	己亥	11.10	十一·十一	戊辰	12.9	十二·十一	戊戌	1.8
九·二十一	己卯	10.21	十·二十一	己酉	11.20	十一·二十一	戊寅	12.19	十二·二十一	戊申	1.18

清宣宗道光二十六年丙午（1846—1847）

一·一	丁巳	1.27	二·一	丁亥	2.26	三·一	丙辰	3.27	四·一	丙戌	4.26
一·十一	丁卯	2.6	二·十一	丁酉	3.8	三·十一	丙寅	4.6	四·十一	丙申	5.6
一·二十一	丁丑	2.16	二·二十一	丁未	3.18	三·二十一	丙子	4.16	四·二十一	丙午	5.16
五·一 乙卯 5.25	闰五·一	乙酉 6.24	六·一	甲寅	7.23	七·一	甲申	8.22	八·一	癸丑	9.20
五·十一 乙丑 6.4	闰五·十一	乙未 7.4	六·十一	甲子	8.2	七·十一	甲午	9.1	八·十一	癸亥	9.30
五·二十一 乙亥 6.14	闰五·二十一	乙巳 7.14	六·二十一	甲戌	8.12	七·二十一	甲辰	9.11	八·二十一	癸酉	10.10
九·一	癸未	10.20	十·一	癸丑	11.19	十一·一	壬午	12.18	十二·一	壬子	1.17
九·十一	癸巳	10.30	十·十一	癸亥	11.29	十一·十一	壬辰	12.28	十二·十一	壬戌	1.27
九·二十一	癸卯	11.9	十·二十一	癸酉	12.9	十一·二十一	壬寅	1.7	十二·二十一	壬申	2.6

清宣宗道光二十七年丁未（1847—1848）

一·一	辛巳	2.15	二·一	辛亥	3.17	三·一	庚辰	4.15	四·一	己酉	5.14
一·十一	辛卯	2.25	二·十一	辛酉	3.27	三·十一	庚寅	4.25	四·十一	己未	5.24
一·二十一	辛丑	3.7	二·二十一	辛未	4.6	三·二十一	庚子	5.5	四·二十一	己巳	6.3
五·一	己卯	6.13	六·一	戊申	7.12	七·一	戊寅	8.11	八·一	丁未	9.9
五·十一	己丑	6.23	六·十一	戊午	7.22	七·十一	戊子	8.21	八·十一	丁巳	9.19
五·二十一	己亥	7.3	六·二十一	戊辰	8.1	七·二十一	戊戌	8.31	八·二十一	丁卯	9.29
九·一	丁丑	10.9	十·一	丁未	11.8	十一·一	丁丑	12.8	十二·一	丙午	1.6
九·十一	丁亥	10.19	十·十一	丁巳	11.18	十一·十一	丁亥	12.18	十二·十一	丙辰	1.16
九·二十一	丁酉	10.29	十·二十一	丁卯	11.28	十一·二十一	丁酉	12.28	十二·二十一	丙寅	1.26

清宣宗道光二十八年戊申(1848—1849)

一·一	丙子	2.5	二·一	乙巳	3.5	三·一	乙亥	4.4	四·一	甲辰	5.3
一·十一	丙戌	2.15	二·十一	乙卯	3.15	三·十一	乙酉	4.14	四·十一	甲寅	5.13
一·二十一	丙申	2.25	二·二十一	乙丑	3.25	三·二十一	乙未	4.24	四·二十一	甲子	5.23
五·一	癸酉	6.1	六·一	癸卯	7.1	七·一	壬申	7.30	八·一	壬寅	8.29
五·十一	癸未	6.11	六·十一	癸丑	7.11	七·十一	壬午	8.9	八·十一	壬子	9.8
五·二十一	癸巳	6.21	六·二十一	癸亥	7.21	七·二十一	壬辰	8.19	八·二十一	壬戌	9.18
九·一	辛未	9.27	*十·一	辛丑	10.27	十一·一	辛未	11.26	十二·一	辛丑	12.26
九·十一	辛巳	10.7	十·十一	辛亥	11.6	十一·十一	辛巳	12.6	十二·十一	辛亥	1.5
九·二十一	辛卯	10.17	十·二十一	辛酉	11.16	十一·二十一	辛卯	12.16	十二·二十一	辛酉	1.15

*《朔闰考》十月庚子朔,误;十二月庚子朔。

清宣宗道光二十九年己酉(1849—1850)

一·一	庚午	1.24	二·一	庚子	2.23	三·一	己巳	3.24	四·一	己亥	4.23 闰四·一 戊辰 5.22
一·十一	庚辰	2.3	二·十一	庚戌	3.5	三·十一	己卯	4.3	四·十一	己酉	5.3 闰四·十一 戊寅 6.1
一·二十一	庚寅	2.13	二·二十一	庚申	3.15	三·二十一	己丑	4.13	四·二十一	己未	5.13 闰四·二十一 戊子 6.11
五·一	丁酉	6.20	六·一	丁卯	7.20	七·一	丙申	8.18	*八·一	丙寅	9.17
五·十一	丁未	6.30	六·十一	丁丑	7.30	七·十一	丙午	8.28	八·十一	丙子	9.27
五·二十一	丁巳	7.10	六·二十一	丁亥	8.9	七·二十一	丙辰	9.7	八·二十一	丙戌	10.7
九·一	乙未	10.16	十·一	乙丑	11.15	十一·一	甲午	12.14	十二·一	甲子	1.13
九·十一	乙巳	10.26	十·十一	乙亥	11.25	十一·十一	甲辰	12.24	十二·十一	甲戌	1.23
九·二十一	乙卯	11.5	十·二十一	乙酉	12.5	十一·二十一	甲寅	1.3	十二·二十一	甲申	2.2

*《朔闰考》八月乙丑朔。

清宣宗道光三十年庚戌(1850—1851)

一·一	甲午	2.12	二·一	甲子	3.14	三·一	癸巳	4.12	四·一	癸亥	5.12
一·十	甲辰	2.22	二·十一	甲戌	3.24	三·十一	癸卯	4.22	四·十一	癸酉	5.22
一·二十一	甲寅	3.4	二·二十一	甲申	4.6	三·二十一	癸丑	5.2	四·二十一	癸未	6.1
五·一	壬辰	6.10	六·一	辛酉	7.9	七·一	辛卯	8.8	八·一	庚申	9.6
五·十一	壬寅	6.20	六·十一	辛未	7.19	七·十一	辛丑	8.18	八·十一	庚午	9.16
五·二十一	壬子	6.30	六·二十一	辛巳	7.29	七·二十一	辛亥	8.28	八·二十一	庚辰	9.26
九·一	己丑	10.5	十·一	己未	11.4	十一·一	己丑	12.4	十二·一	戊午	1.2
九·十一	己亥	10.15	十·十一	己巳	11.14	十一·十一	己亥	12.14	十二·十一	戊辰	1.12
九·二十一	己酉	10.25	十·二十一	己卯	11.24	十一·二十一	己酉	12.24	十二·二十一	戊寅	1.22

清文宗咸丰元年辛亥(1851—1852)

一·一	戊子	2.1	二·一	戊午	3.3	三·一	戊子	4.2	四·一	丁巳	5.1
一·十一	戊戌	2.11	二·十一	戊辰	3.13	三·十一	戊戌	4.12	四·十一	丁卯	5.11
一·二十一	戊申	2.21	二·二十一	戊寅	3.23	三·二十一	戊申	4.22	四·二十一	丁丑	5.21
五·一	丁亥	5.31	六·一	丙辰	6.29	七·一	乙酉	7.28	八·一	乙卯	8.27 闰八·一 甲申 9.25
五·十一	丁酉	6.10	六·十一	丙寅	7.9	七·十一	乙未	8.7	八·十一	乙丑	9.6 闰八·十一 甲午 10.5
五·二十一	丁未	6.20	六·二十一	丙子	7.19	七·二十一	乙巳	8.17	八·二十一	乙亥	9.16 闰八·二十一 甲辰 10.15
九·一	癸丑	10.24	十·一	癸未	11.23	十一·一	壬子	12.22	十二·一	壬午	1.21
九·十一	癸亥	11.3	十·十一	癸巳	12.3	十一·十一	壬戌	1.1	十二·十一	壬辰	1.31
九·二十一	癸酉	11.13	十·二十一	癸卯	12.13	十一·二十一	壬申	1.11	十二·二十一	壬寅	2.10

清文宗咸丰二年壬子（1852—1853）

一·一	壬子	2.20	二·一	壬午	3.21	三·一	辛亥	4.19	四·一	辛巳	5.19
一·十一	壬戌	3.1	二·十一	壬辰	3.31	三·十一	辛酉	4.29	四·十一	辛卯	5.29
一·二十一	壬申	3.11	二·二十一	壬寅	4.10	三·二十一	辛未	5.9	四·二十一	辛丑	6.8
五·一	辛亥	6.18	六·一	庚辰	7.17	七·一	己酉	8.15	八·一	己卯	9.14
五·十一	辛酉	6.28	六·十一	庚寅	7.27	七·十一	己未	8.25	八·十一	己丑	9.24
五·二十一	辛未	7.8	六·二十一	庚子	8.6	七·二十一	己巳	9.4	八·二十一	己亥	10.4
九·一	戊申	10.13	十·一	戊寅	11.12	十一·一	丁未	12.11	十二·一	丙子	1.9
九·十一	戊午	10.23	十·十一	戊子	11.22	十一·十一	丁巳	12.21	十二·十一	丙戌	1.19
九·二十一	戊辰	11.2	十·二十一	戊戌	12.2	十一·二十一	丁卯	12.31	十二·二十一	丙申	1.29

清文宗咸丰三年癸丑（1853—1854）

一·一	丙午	2.8	二·一	丙子	3.10	三·一	乙巳	4.8	四·一	乙亥	5.8
一·十一	丙辰	2.18	二·十一	丙戌	3.20	三·十一	乙卯	4.18	四·十一	乙酉	5.18
一·二十一	丙寅	2.28	二·二十一	丙申	3.30	三·二十一	乙丑	4.28	四·二十一	乙未	5.28
五·一	乙巳	6.7	六·一	甲戌	7.6	七·一	甲辰	8.5	八·一	癸酉	9.3
五·十一	乙卯	6.17	六·十一	甲申	7.16	七·十一	甲寅	8.15	八·十一	癸未	9.13
五·二十一	乙丑	6.27	六·二十一	甲午	7.26	七·二十一	甲子	8.25	八·二十一	癸巳	9.23
九·一	癸卯	10.3	十·一	壬申	11.1	十一·一	壬寅	12.1	十二·一	辛未	12.30
九·十一	癸丑	10.13	十·十一	壬午	11.11	十一·十一	壬子	12.11	十二·十一	辛巳	1.9
九·二十一	癸亥	10.23	十·二十一	壬辰	11.21	十一·二十一	壬戌	12.21	十二·二十一	辛卯	1.19

清文宗咸丰四年甲寅（1854—1855）

一·一	辛丑	1.29	二·一	庚午	2.27	三·一	庚子	3.29	四·一	己巳	4.27
一·十一	辛亥	2.8	二·十一	庚辰	3.9	三·十一	庚戌	4.8	四·十一	己卯	5.7
一·二十一	辛酉	2.18	二·二十一	庚寅	3.19	三·二十一	庚申	4.18	四·二十一	己丑	5.17
五·一	己亥	5.27	六·一	戊辰	6.25	七·一	戊戌 7.25	闰七·一 戊辰 8.24	八·一	丁酉	9.22
五·十一	己酉	5.6	六·十一	戊寅	7.5	七·十一	戊申 8.4	闰七·十一 戊寅 9.3	八·十一	丁未	10.2
五·二十一	己未	6.16	六·二十一	戊子	7.15	七·二十一	戊午 8.14	闰七·二十一 戊子 9.13	八·二十一	丁巳	10.12
九·一	丁卯	10.22	十·一	丙申	11.20	十一·一	丙寅	12.20	十二·一	乙未	1.18
九·十一	丁丑	11.1	十·十一	丙午	11.30	十一·十一	丙子	12.30	十二·十一	乙巳	1.28
九·二十一	丁亥	11.11	十·二十一	丙辰	12.10	十一·二十一	丙戌	1.9	十二·二十一	乙卯	2.7

清文宗咸丰五年乙卯（1855—1856）

一·一	乙丑	2.17	二·一	甲午	3.18	三·一	癸亥	4.16	四·一	癸巳	5.16
一·十一	乙亥	2.27	二·十一	甲辰	3.28	三·十一	癸酉	4.26	四·十一	癸卯	5.26
一·二十一	乙酉	3.9	二·二十一	甲寅	4.7	三·二十一	癸未	5.6	四·二十一	癸丑	6.5
五·一	壬戌	6.14	六·一	壬辰	7.14	七·一	壬戌	8.13	八·一	辛卯	9.11
五·十一	壬申	6.24	六·十一	壬寅	7.24	七·十一	壬申	8.23	八·十一	辛丑	9.21
五·二十一	壬午	7.4	六·二十一	壬子	8.3	七·二十一	壬午	9.2	八·二十一	辛亥	10.1
九·一	辛酉	10.11	十·一	辛卯	11.10	十一·一	庚申	12.9	十二·一	庚寅	1.8
九·十一	辛未	10.21	十·十一	辛丑	11.20	十一·十一	庚午	12.19	十二·十一	庚子	1.18
九·二十一	辛巳	10.31	十·二十一	辛亥	11.30	十一·二十一	庚辰	12.29	十二·二十一	庚戌	1.28

清文宗咸丰六年丙辰(1856—1857)

一·一	己未	2.6	二·一	己丑	3.7	三·一	戊午	4.5	四·一	丁亥	5.4
一·十一	己巳	2.16	二·十一	己亥	3.17	三·十一	戊辰	4.15	四·十一	丁酉	5.14
一·二十一	己卯	2.26	二·二十一	己酉	3.27	三·二十一	戊寅	4.25	四·二十一	丁未	5.24
五·一	丁巳	6.3	六·一	丙戌	7.2	七·一	丙辰	8.1	八·一	乙酉	8.30
五·十一	丁卯	6.13	六·十一	丙申	7.12	七·十一	丙寅	8.11	八·十一	乙未	9.9
五·二十一	丁丑	6.23	六·二十一	丙午	7.22	七·二十一	丙子	8.21	八·二十一	乙巳	9.19
九·一	乙卯	9.29	十·一	乙酉	10.29	*十一·一	乙卯	11.28	十二·一	甲申	12.27
九·十一	乙丑	10.9	十·十一	乙未	11.8	十一·十一	乙丑	12.8	十二·十一	甲午	1.6
九·二十一	乙亥	10.19	十·二十一	乙巳	11.18	十一·二十一	乙亥	12.18	十二·二十一	甲辰	1.16

*《朔闰考》十一月甲寅朔。

清文宗咸丰七年丁巳(1857—1858)

一·一	甲寅	1.26	二·一	癸未	2.24	三·一	癸丑	3.26	四·一	癸未	4.24
一·十一	甲子	2.5	二·十一	癸巳	3.6	三·十一	癸亥	4.5	四·十一	癸巳	5.4
一·二十一	甲戌	2.15	二·二十一	癸卯	3.16	三·二十一	癸酉	4.15	四·二十一	癸卯	5.14
五·一 闰五·一	辛亥 辛巳	5.23 6.22	六·一	庚戌	7.21	七·一	庚辰	8.20	八·一	己酉	9.18
五·十一 闰五·十一	辛酉 辛卯	6.2 7.2	六·十一	庚申	7.31	七·十一	庚寅	8.30	八·十一	己未	9.28
五·二十一 闰五·二十一	辛未 辛丑	6.12 7.12	六·二十一	庚午	8.10	七·二十一	庚子	9.9	八·二十一	己巳	10.8
九·一	己卯	10.18	十·一	戊申	11.16	十一·一	戊寅	12.16	十二·一	戊申	1.15
九·十一	己丑	10.28	十·十一	戊午	11.26	十一·十一	戊子	12.26	十二·十一	戊午	1.25
九·二十一	己亥	11.7	十·二十一	戊辰	12.6	十一·二十一	戊戌	1.5	十二·二十一	戊辰	2.4

清文宗咸丰八年戊午(1858—1859)

一·一	戊寅	2.14	二·一	丁未	3.15	三·一	丁丑	4.14	四·一	丙午	5.13
一·十一	戊子	2.24	二·十一	丁巳	3.25	三·十一	丁亥	4.24	四·十一	丙辰	5.23
一·二十一	戊戌	3.6	二·二十一	丁卯	4.4	三·二十一	丁酉	5.4	四·二十一	丙寅	6.2
五·一	乙亥	6.11	六·一	乙巳	7.11	七·一	甲戌	8.9	八·一	癸卯	9.7
五·十一	乙酉	6.21	六·十一	乙卯	7.21	七·十一	甲申	8.19	八·十一	癸丑	9.17
五·二十一	乙未	7.1	六·二十一	乙丑	7.31	七·二十一	甲午	8.29	八·二十一	癸亥	9.27
九·一	癸酉	10.7	十·一	癸卯	11.6	十一·一	壬申	12.5	十二·一	壬寅	1.4
九·十一	癸未	10.17	十·十一	癸丑	11.16	十一·十一	壬午	12.15	十二·十一	壬子	1.14
九·二十一	癸巳	10.27	十·二十一	癸亥	11.26	十一·二十一	壬辰	12.25	十二·二十一	壬戌	1.24

清文宗咸丰九年己未(1859—1860)

一·一	壬申	2.3	二·一	壬寅	3.5	三·一	辛未	4.3	四·一	辛丑	5.3
一·十一	壬午	2.13	二·十一	壬子	3.15	三·十一	辛巳	4.13	四·十一	辛亥	5.13
一·二十一	壬辰	2.23	二·二十一	壬戌	3.25	三·二十一	辛卯	4.23	四·二十一	辛酉	5.23
五·一	庚午	6.1	六·一	己亥	6.30	七·一	己巳	7.30	八·一	戊戌	8.28
五·十一	庚辰	6.11	六·十一	己酉	7.10	七·十一	己卯	8.9	八·十一	戊申	9.7
五·二十一	庚寅	6.21	六·二十一	己未	7.20	七·二十一	己丑	8.19	八·二十一	戊午	9.17
九·一	丁卯	9.26	十·一	丁酉	10.26	十一·一	丙寅	11.24	十二·一	丙申	12.24
九·十一	丁丑	10.6	十·十一	丁未	11.5	十一·十一	丙子	12.4	十二·十一	丙午	1.3
九·二十一	丁亥	10.16	十·二十一	丁巳	11.15	十一·二十一	丙戌	12.14	十二·二十一	丙辰	1.13

清文宗咸丰十年庚申（1860—1861）

一·一	丙寅	1.23	二·一	丙申	2.22	三·一	乙丑 3.22	闰三·一 乙未 4.21	四·一	乙丑	5.21
一·十一	丙子	2.2	二·十一	丙午	3.3	三·十一	乙亥 4.1	闰三·十一 乙巳 5.1	四·十一	乙亥	5.31
一·二十一	丙戌	2.12	二·二十一	丙辰	3.13	三·二十一	乙酉 4.11	闰三·二十一 乙卯 5.11	四·二十一	乙酉	6.10
五·一	甲午	6.19	六·一	癸亥	7.18	七·一	癸巳	8.17	八·一	壬戌	9.15
五·十一	甲辰	6.29	六·十一	癸酉	7.28	七·十一	癸卯	8.27	八·十一	壬申	9.25
五·二十一	甲寅	7.9	六·二十一	癸未	8.7	七·二十一	癸丑	9.6	八·二十一	壬午	10.5
九·一	辛卯	10.14	十·一	辛酉	11.13	十一·一	庚寅	12.12	十二·一	庚申	1.11
九·十一	辛丑	10.24	十·十一	辛未	11.23	十一·十一	庚子	12.22	十二·十一	庚午	1.21
九·二十一	辛亥	11.3	十·二十一	辛巳	12.3	十一·二十一	庚戌	1.1	十二·二十一	庚辰	1.31

清文宗咸丰十一年辛酉（1861—1862）

一·一	庚寅	2.10	二·一	己未	3.11	三·一	己丑	4.10	四·一	己未	5.10
一·十一	庚子	2.20	二·十一	己巳	3.21	三·十一	己亥	4.20	四·十一	己巳	5.20
一·二十一	庚戌	3.2	二·二十一	己卯	3.31	三·二十一	己酉	4.30	四·二十一	己卯	5.30
五·一	戊子	6.8	六·一	戊午	7.8	*七·一	丁亥	8.6	八·一	丁巳	9.5
五·十一	戊戌	6.18	六·十一	戊辰	7.18	七·十一	丁酉	8.16	八·十一	丁卯	9.15
五·二十一	戊申	6.28	六·二十一	戊寅	7.28	七·二十一	丁未	8.26	八·二十一	丁丑	9.25
九·一	丙戌	10.4	十·一	丙辰	11.3	十一·一	乙酉	12.2	十二·一	甲寅	12.31
九·十一	丙申	10.14	十·十一	丙寅	11.13	十一·十一	乙未	12.12	十二·十一	甲子	1.10
九·二十一	丙午	10.24	十·二十一	丙子	11.23	十一·二十一	乙巳	12.22	十二·二十一	甲戌	1.20

＊ 本月穆宗即位，改元“祺祥”，十月再改“同治”，以明年为“同治”元年。

清穆宗同治元年壬戌（1862—1863）

一·一	甲申	1.30	二·一	甲寅	3.1	三·一	癸未	3.30	四·一	癸丑	4.29
一·十一	甲午	2.9	二·十一	甲子	3.11	三·十一	癸巳	4.9	四·十一	癸亥	5.9
一·二十一	甲辰	2.19	二·二十一	甲戌	3.21	三·二十一	癸卯	4.19	四·二十一	癸酉	5.19
五·一	壬午	5.28	六·一	壬子	6.27	七·一	壬午	7.27	八·一	辛亥 8.25	闰八·一 辛巳 9.24
五·十一	壬辰	6.7	六·十一	壬戌	7.7	七·十一	壬辰	8.6	八·十一	辛酉 9.4	闰八·十一 辛卯 10.4
五·二十一	壬寅	6.17	六·二十一	壬申	7.17	七·二十一	壬寅	8.16	八·二十一	辛未 9.14	闰八·二十一 辛丑 10.14
九·一	庚戌	10.23	十·一	庚辰	11.22	十一·一	己酉	12.21	十二·一	戊寅	1.19
九·十一	庚申	11.2	十·十一	庚寅	12.2	十一·十一	己未	12.31	十二·十一	戊子	1.29
九·二十一	庚午	11.12	十·二十一	庚子	12.12	十一·二十一	己巳	1.10	十二·二十一	戊戌	2.8

清穆宗同治二年癸亥（1863—1864）

一·一	戊申	2.18	二·一	丁丑	3.19	三·一	丁未	4.18	四·一	丁丑	5.18
一·十一	戊午	2.28	二·十一	丁亥	3.29	三·十一	丁巳	4.28	四·十一	丁亥	5.28
一·二十一	戊辰	3.10	二·二十一	丁酉	4.8	三·二十一	丁卯	5.8	四·二十一	丁酉	6.7
五·一	丙午	6.16	六·一	丙子	7.16	七·一	乙巳	8.14	八·一	乙亥	9.13
五·十一	丙辰	6.26	六·十一	丙戌	7.26	七·十一	乙卯	8.24	八·十一	乙酉	9.23
五·二十一	丙寅	7.6	六·二十一	丙申	8.5	七·二十一	乙丑	9.3	八·二十一	乙未	10.3
九·一	乙巳	10.13	十·一	甲戌	11.11	十一·一	甲辰	12.11	十二·一	癸酉	1.9
九·十一	乙卯	10.23	十·十一	甲申	11.21	十一·十一	甲寅	12.21	十二·十一	癸未	1.19
九·二十一	乙丑	11.2	十·二十一	甲午	12.1	十一·二十一	甲子	12.31	十二·二十一	癸巳	1.29

清穆宗同治三年甲子（1864—1865）

一・一　癸卯　2.8 一・十一　癸丑　2.18 一・二十一　癸亥　2.28	二・一　壬申　3.8 二・十一　壬午　3.18 二・二十一　壬辰　3.28	三・一　辛丑　4.6 三・十一　辛亥　4.16 三・二十一　辛酉　4.26	四・一　辛未　5.6 四・十一　辛巳　5.16 四・二十一　辛卯　5.26
五・一　庚子　6.4 五・十一　庚戌　6.14 五・二十一　庚申　6.24	六・一　庚午　7.4 六・十一　庚辰　7.14 六・二十一　庚寅　7.24	七・一　己亥　8.2 七・十一　己酉　8.12 七・二十一　己未　8.22	八・一　己巳　9.1 八・十一　己卯　9.11 八・二十一　己丑　9.21
九・一　己亥　10.1 九・十一　己酉　10.11 九・二十一　己未　10.21	十・一　戊辰　10.30 十・十一　戊寅　11.9 十・二十一　戊子　11.19	十一・一　戊戌　11.29 十一・十一　戊申　12.9 十一・二十一　戊午　12.19	十二・一　戊辰　12.29 十二・十一　戊寅　1.8 十二・二十一　戊子　1.18

清穆宗同治四年乙丑（1865—1866）

一・一　丁酉　1.27 一・十一　丁未　2.6 一・二十一　丁巳　2.16	二・一　丁卯　2.26 二・十一　丁丑　3.8 二・二十一　丁亥　3.18	三・一　丙申　3.27 三・十一　丙午　4.6 三・二十一　丙辰　4.16	四・一　乙丑　4.25 四・十一　乙亥　5.5 四・二十一　乙酉　5.15
五・一　乙未5.25　闰五・一　甲子6.23 五・十一　乙巳6.4　闰五・十一　甲戌7.3 五・二十一乙卯6.14　闰五・二十一甲申7.13	六・一　甲午　7.23 六・十一　甲辰　8.2 六・二十一　甲寅　8.12	七・一　癸亥　8.21 七・十一　癸酉　8.31 七・二十一　癸未　9.10	八・一　癸巳　9.20 八・十一　癸卯　9.30 八・二十一　癸丑　10.10
九・一　癸亥　10.20 九・十一　癸酉　10.30 九・二十一　癸未　11.9	十・一　壬辰　11.18 十・十一　壬寅　11.28 十・二十一　壬子　12.8	十一・一　壬戌　12.18 十一・十一　壬申　12.28 十一・二十一　壬午　1.7	十二・一　壬辰　1.17 十二・十一　壬寅　1.27 十二・二十一　壬子　2.6

清穆宗同治五年丙寅（1866—1867）

一・一　辛酉　2.15 一・十一　辛未　2.25 一・二十一　辛巳　3.7	二・一　辛卯　3.17 二・十一　辛丑　3.27 二・二十一　辛亥　4.6	三・一　庚申　4.15 三・十一　庚午　4.25 三・二十一　庚辰　5.5	*四・一　己丑　5.14 四・十一　己亥　5.24 四・二十一　己酉　6.3
五・一　己未　6.13 五・十一　己巳　6.23 五・二十一　己卯　7.3	六・一　戊子　7.12 六・十一　戊戌　7.22 六・二十一　戊申　8.1	七・一　丁巳　8.10 七・十一　丁卯　8.20 七・二十一　丁丑　8.30	八・一　丁亥　9.9 八・十一　丁酉　9.19 八・二十一　丁未　9.29
九・一　丁巳　10.9 九・十一　丁卯　10.19 九・二十一　丁丑　10.29	十・一　丙戌　11.7 十・十一　丙申　11.17 十・二十一　丙午　11.27	十一・一　丙辰　12.7 十一・十一　丙寅　12.17 十一・二十一　丙子　12.27	十二・一　丙戌　1.6 十二・十一　丙申　1.16 十二・二十一　丙午　1.26

＊《朔闰考》四月庚寅朔。

清穆宗同治六年丁卯（1867—1868）

一・一　丙辰　2.5 一・十一　丙寅　2.15 一・二十一　丙子　2.25	二・一　乙酉　3.6 二・十一　乙未　3.16 二・二十一　乙巳　3.26	三・一　乙卯　4.5 三・十一　乙丑　4.15 三・二十一　乙亥　4.25	四・一　甲申　5.4 四・十一　甲午　5.14 四・二十一　甲辰　5.24
五・一　癸丑　6.2 五・十一　癸亥　6.12 五・二十一　癸酉　6.22	六・一　癸未　7.2 六・十一　癸巳　7.12 六・二十一　癸卯　7.22	七・一　壬子　7.31 七・十一　壬戌　8.10 七・二十一　壬申　8.20	八・一　辛巳　8.29 八・十一　辛卯　9.8 八・二十一　辛丑　9.18
九・一　辛亥　9.28 九・十一　辛酉　10.8 九・二十一　辛未　10.18	十・一　庚辰　10.27 十・十一　庚寅　11.6 十・二十一　庚子　11.16	十一・一　庚戌　11.26 十一・十一　庚申　12.6 十一・二十一　庚午　12.16	十二・一　庚辰　12.26 十二・十一　庚寅　1.5 十二・二十一　庚子　1.15

清穆宗同治七年戊辰（1868—1869）

一·一　庚戌　1.25 一·十一　庚申　2.4 一·二十一　庚午　2.14	二·一　己卯　2.23 二·十一　己丑　3.4 二·二十一　己亥　3.14	三·一　己酉　3.24 三·十一　己未　4.3 三·二十一　己巳　4.13	四·一　己卯4.23　闰四·一　戊申5.22 四·十一　己丑5.3　闰四·十一　戊午6.1 四·二十一己亥5.13　闰四·二十一戊辰6.11
五·一　丁丑　6.20 五·十一　丁亥　6.30 五·二十一　丁酉　7.10	六·一　丁未　7.20 六·十一　丁巳　7.30 六·二十一　丁卯　8.9	七·一　丙子　8.18 七·十一　丙戌　8.28 七·二十一　丙申　9.7	八·一　乙巳　9.16 八·十一　乙卯　9.26 八·二十一　乙丑　10.6
九·一　乙亥　10.16 九·十一　乙酉　10.26 九·二十一　乙未　11.5	十·一　甲辰　11.14 十·十一　甲寅　11.24 十·二十一　甲子　12.4	十一·一　甲戌　12.14 十一·十一　甲申　12.24 十一·二十一　甲午　1.3	十二·一　甲辰　1.13 十二·十一　甲寅　1.23 十二·二十一　甲子　2.2

清穆宗同治八年己巳（1869—1870）

一·一　癸酉　2.11 一·十一　癸未　2.21 一·二十一　癸巳　3.3	二·一　癸卯　3.13 二·十一　癸丑　3.23 二·二十一　癸亥　4.2	三·一　癸酉　4.12 三·十一　癸未　4.22 三·二十一　癸巳　5.2	*四·一　癸卯　5.12 四·十一　癸丑　5.22 四·二十一　癸亥　6.1
五·一　壬申　6.10 五·十一　壬午　6.20 五·二十一　壬辰　6.30	六·一　辛丑　7.9 六·十一　辛亥　7.19 六·二十一　辛酉　7.29	七·一　辛未　8.8 七·十一　辛巳　8.18 七·二十一　辛卯　8.28	八·一　庚子　9.6 八·十一　庚戌　9.16 八·二十一　庚申　9.26
九·一　己巳　10.5 九·十一　己卯　10.15 九·二十一　己丑　10.25	十·一　己亥　11.4 十·十一　己酉　11.14 十·二十一　己未　11.24	十一·一　戊辰　12.3 十一·十一　戊寅　12.13 十一·二十一　戊子　12.23	十二·一　戊戌　1.2 十二·十一　戊申　1.12 十二·二十一　戊午　1.22

*《朔闰考》四月壬寅朔。

清穆宗同治九年庚午（1870—1871）

一·一　丁卯　1.31 一·十一　丁丑　2.10 一·二十一　丁亥　2.20	二·一　丁酉　3.2 二·十一　丁未　3.12 二·二十一　丁巳　3.22	三·一　丁卯　4.1 三·十一　丁丑　4.11 三·二十一　丁亥　4.21	四·一　丁酉　5.1 四·十一　丁未　5.11 四·二十一　丁巳　5.21
五·一　丙寅　5.30 五·十一　丙子　6.9 五·二十一　丙戌　6.19	六·一　丙申　6.29 六·十一　丙午　7.9 六·二十一　丙辰　7.19	七·一　乙丑　7.28 七·十一　乙亥　8.7 七·二十一　乙酉　8.17	八·一　乙未　8.27 八·十一　乙巳　9.6 八·二十一　乙卯　9.16
九·一　甲子　9.25 九·十一　甲戌　10.5 九·二十一　甲申　10.15	十·一　癸巳10.24　闰十·一　癸亥11.23 十·十一　癸卯11.3　闰十·十一　癸酉12.3 十·二十一癸丑11.13　闰十·二十一癸未12.13	十一·一　壬辰　12.22 十一·十一　壬寅　1.1 十一·二十一　壬子　1.11	十二·一　壬戌　1.21 十二·十一　壬申　1.31 十二·二十一　壬午　2.10

清穆宗同治十年辛未（1871—1872）

一·一　辛卯　2.19 一·十一　辛丑　3.1 一·二十一　辛亥　3.11	二·一　辛酉　3.21 二·十一　辛未　3.31 二·二十一　辛巳　4.10	三·一　辛卯　4.20 三·十一　辛丑　4.30 三·二十一　辛亥　5.10	四·一　庚申　5.19 四·十一　庚午　5.29 四·二十一　庚辰　6.8
五·一　庚寅　6.18 五·十一　庚子　6.28 五·二十一　庚戌　7.8	六·一　庚申　7.18 六·十一　庚午　7.28 六·二十一　庚辰　8.7	七·一　己丑　8.16 七·十一　己亥　8.26 七·二十一　己酉　9.5	八·一　己未　9.15 八·十一　己巳　9.25 八·二十一　己卯　10.5
九·一　戊子　10.14 九·十一　戊戌　10.24 九·二十一　戊申　11.3	十·一　戊午　11.13 十·十一　戊辰　11.23 十·二十一　戊寅　12.3	十一·一　丁亥　12.12 十一·十一　丁酉　12.22 十一·二十一　丁未　1.1	十二·一　丙辰　1.10 十二·十一　丙寅　1.20 十二·二十一　丙子　1.30

清穆宗同治十一年壬申(1872—1873)

一·一	丙戌	2.9	二·一	乙卯	3.9	三·一	乙酉	4.8	四·一	甲寅	5.7
一·十一	丙申	2.19	二·十一	乙丑	3.19	三·十一	乙未	4.18	四·十一	甲子	5.17
一·二十一	丙午	2.29	二·二十一	乙亥	3.29	三·二十一	乙巳	4.28	四·二十一	甲戌	5.27
五·一	甲申	6.6	六·一	甲寅	7.6	七·一	癸未	8.4	八·一	癸丑	9.3
五·十一	甲午	6.16	六·十一	甲子	7.16	七·十一	癸巳	8.14	八·十一	癸亥	9.13
五·二十一	甲辰	6.26	六·二十一	甲戌	7.26	七·二十一	癸卯	8.24	八·二十一	癸酉	9.23
九·一	壬午	10.2	十·一	壬子	11.1	十一·一	壬午	12.1	十二·一	辛亥	12.30
九·十一	壬辰	10.12	十·十一	壬戌	11.11	十一·十一	壬辰	12.11	十二·十一	辛酉	1.9
九·二十一	壬寅	10.22	十·二十一	壬申	11.21	十一·二十一	壬寅	12.21	十二·二十一	辛未	1.19

清穆宗同治十二年癸酉(1873—1874)

一·一	辛巳	1.29	二·一	庚戌	2.27	三·一	己卯	3.28	四·一	己酉	4.27
一·十一	辛卯	2.8	二·十一	庚申	3.9	三·十一	己丑	4.7	四·十一	己未	5.7
一·二十一	辛丑	2.18	二·二十一	庚午	3.19	三·二十一	己亥	4.17	四·二十一	己巳	5.17
五·一	戊寅	5.26	六·一 戊申 6.25	闰六·一	丁丑 7.24	七·一	丁未	8.23	八·一	丁丑	9.22
五·十一	戊子	6.5	六·十一 戊午 7.5	闰六·十一	丁亥 8.3	七·十一	丁巳	9.2	八·十一	丁亥	10.2
五·二十一	戊戌	6.15	六·二十一 戊辰 7.15	闰六·二十一	丁酉 8.13	七·二十一	丁卯	9.12	八·二十一	丁酉	10.12
九·一	丙午	10.21	十·一	丙子	11.20	十一·一	丙午	12.20	十二·一	乙亥	1.18
九·十一	丙辰	10.31	十·十一	丙戌	11.30	十一·十一	丙辰	12.30	十二·十一	乙酉	1.28
九·二十一	丙寅	11.10	十·二十一	丙申	12.10	十一·二十一	丙寅	1.9	十二·二十一	乙未	2.7

清穆宗同治十三年甲戌(1874—1875)

一·一	乙巳	2.17	二·一	甲戌	3.18	三·一	癸卯	4.16	四·一	癸酉	5.16
一·十一	乙卯	2.27	二·十一	甲申	3.28	三·十一	癸丑	4.26	四·十一	癸未	5.26
一·二十一	乙丑	3.9	二·二十一	甲午	4.7	三·二十一	癸亥	5.6	四·二十一	癸巳	6.5
五·一	壬寅	6.14	六·一	壬申	7.14	七·一	辛丑	8.12	八·一	辛未	9.11
五·十一	壬子	6.24	六·十一	壬午	7.24	七·十一	辛亥	8.22	八·十一	辛巳	9.21
五·二十一	壬戌	7.4	六·二十一	壬辰	8.3	七·二十一	辛酉	9.1	八·二十一	辛卯	10.1
九·一	庚子	10.10	十·一	庚午	11.9	十一·一	庚子	12.9	十二·一	庚午	1.8
九·十一	庚戌	10.20	十·十一	庚辰	11.19	十一·十一	庚戌	12.19	十二·十一	庚辰	1.18
九·二十一	庚申	10.30	十·二十一	庚寅	11.29	十一·二十一	庚申	12.29	十二·二十一	庚寅	1.28

清德宗光绪元年乙亥(1875—1876)

一·一	己亥	2.6	二·一	己巳	3.8	三·一	戊戌	4.6	四·一	丁卯	5.5
一·十一	己酉	2.16	二·十一	己卯	3.18	三·十一	戊申	4.16	四·十一	丁丑	5.15
一·二十一	己未	2.26	二·二十一	己丑	3.28	三·二十一	戊午	4.26	四·二十一	丁亥	5.26
五·一	丁酉	6.4	六·一	丙寅	7.3	七·一	乙未	8.1	八·一	乙丑	8.31
五·十一	丁未	6.14	六·十一	丙子	7.13	七·十一	乙巳	8.11	八·十一	乙亥	9.10
五·二十一	丁巳	6.24	六·二十一	丙戌	7.23	七·二十一	乙卯	8.21	八·二十一	乙酉	9.20
九·一	甲午	9.29	十·一	甲子	10.29	十一·一	甲午	11.28	十二·一	甲子	12.28
九·十一	甲辰	10.9	十·十一	甲戌	11.8	十一·十一	甲辰	12.8	十二·十一	甲戌	1.7
九·二十一	甲寅	10.19	十·二十一	甲申	11.18	十一·二十一	甲寅	12.18	十二·二十一	甲申	1.17

清德宗光绪二年丙子(1876—1877)

一·一　癸巳　1.26	二·一　癸亥　2.25	三·一　癸巳　3.26	四·一　壬戌　4.24
一·十一　癸卯　2.5	二·十一　癸酉　3.6	三·十一　癸卯　4.5	四·十一　壬申　5.4
一·二十一　癸丑　2.15	二·二十一　癸未　3.16	三·二十一　癸丑　4.15	四·二十一　壬午　5.14
五·一　辛卯5.23　闰五·一　辛酉6.22	六·一　庚寅　7.21	七·一　己未　8.19	八·一　己丑　9.18
五·十一　辛丑6.2　闰五·十一　辛未7.2	六·十一　庚子　7.31	七·十一　己巳　8.29	八·十一　己亥　9.28
五·二十一辛亥6.12　闰五·二十一辛巳7.12	六·二十一　庚戌　8.10	七·二十一　己卯　9.8	八·二十一　己酉　10.8
九·一　戊午　10.17	十·一　戊子　11.16	十一·一　戊午　12.16	十二·一　丁亥　1.14
九·十一　戊辰　10.27	十·十一　戊戌　11.26	十一·十一　戊辰　12.26	十二·十一　丁酉　1.24
九·二十一　戊寅　11.6	十·二十一　戊申　12.6	十一·二十一　戊寅　1.5	十二·二十一　丁未　2.3

清德宗光绪三年丁丑(1877—1878)

一·一　丁巳　2.13	二·一　丁亥　3.15	三·一　丁巳　4.14	四·一　丙戌　5.13
一·十一　丁卯　2.23	二·十一　丁酉　3.25	三·十一　丁卯　4.24	四·十一　丙申　5.23
一·二十一　丁丑　3.5	二·二十一　丁未　4.4	三·二十一　丁丑　5.4	四·二十一　丙午　6.2
五·一　乙卯　6.11	六·一　乙酉　7.11	七·一　甲寅　8.9	八·一　癸未　9.7
五·十一　乙丑　6.21	六·十一　乙未　7.21	七·十一　甲子　8.19	八·十一　癸巳　9.17
五·二十一　乙亥　7.1	六·二十一　乙巳　7.31	七·二十一　甲戌　8.29	八·二十一　癸卯　9.27
九·一　癸丑　10.7	十·一　壬午　11.5	十一·一　壬子　12.5	十二·一　辛巳　1.3
九·十一　癸亥　10.17	十·十一　壬辰　11.15	十一·十一　壬戌　12.15	十二·十一　辛卯　1.13
九·二十一　癸酉　10.27	十·二十一　壬寅　11.25	十一·二十一　壬申　12.25	十二·二十一　辛丑　1.23

清德宗光绪四年戊寅(1878—1879)

一·一　辛亥　2.2	二·一　辛巳　3.4	三·一　辛亥　4.3	四·一　庚辰　5.2
一·十一　辛酉　2.12	二·十一　辛卯　3.14	三·十一　辛酉　4.13	四·十一　庚寅　5.12
一·二十一　辛未　2.22	二·二十一　辛丑　3.24	三·二十一　辛未　4.23	四·二十一　庚子　5.22
五·一　庚戌　6.1	六·一　己卯　6.30	七·一　己酉　7.30	八·一　戊寅　8.28
五·十一　庚申　6.11	六·十一　己丑　7.10	七·十一　己未　8.9	八·十一　戊子　9.7
五·二十一　庚午　6.21	六·二十一　己亥　7.20	七·二十一　己巳　8.19	八·二十一　戊戌　9.17
九·一　丁未　9.26	十·一　丁丑　10.26	十一·一　丙午　11.24	十二·一　丙子　12.24
九·十一　丁巳　10.6	十·十一　丁亥　11.5	十一·十一　丙辰　12.4	十二·十一　丙戌　1.3
九·二十一　丁卯　10.16	十·二十一　丁酉　11.15	十一·二十一　丙寅　12.14	十二·二十一　丙申　1.13

清德宗光绪五年己卯(1879—1880)

一·一　乙巳　1.22	二·一　乙亥　2.21	三·一　乙巳3.23　闰三·一　甲戌4.21	四·一　甲辰　5.21
一·十一　乙卯　2.1	二·十一　乙酉　3.3	三·十一　乙卯4.2　闰三·十一　甲申5.1	四·十一　甲寅　5.31
一·二十一　乙丑　2.11	二·二十一　乙未　3.13	三·二十一乙丑4.12　闰三·二十一甲午5.11	四·二十一　甲子　6.10
五·一　甲戌　6.20	六·一　癸卯　7.19	七·一　癸酉　8.18	八·一　壬寅　9.16
五·十一　甲申　6.30	六·十一　癸丑　7.29	七·十一　癸未　8.28	八·十一　壬子　9.26
五·二十一　甲午　7.10	六·二十一　癸亥　8.8	七·二十一　癸巳　9.7	八·二十一　壬戌　10.6
九·一　辛未　10.15	十·一　辛丑　11.14	十一·一　庚午　12.13	十二·一　庚子　1.12
九·十一　辛巳　10.25	十·十一　辛亥　11.24	十一·十一　庚辰　12.23	十二·十一　庚戌　1.22
九·二十一　辛卯　11.4	十·二十一　辛酉　12.4	十一·二十一　庚寅　1.2	十二·二十一　庚申　2.1

清德宗光绪六年庚辰(1880—1881)

一·一	己巳	2.10	二·一	己亥	3.11	三·一	戊辰	4.9	四·一	戊戌	5.9
一·十一	己卯	2.20	二·十一	己酉	3.21	三·十一	戊寅	4.19	四·十一	戊申	5.19
一·二十一	己丑	3.1	二·二十一	己未	3.31	三·二十一	戊子	4.29	四·二十一	戊午	5.29
五·一	戊辰	6.8	六·一	丁酉	7.7	七·一	丁卯	8.6	八·一	丁酉	9.5
五·十一	戊寅	6.18	六·十一	丁未	7.17	七·十一	丁丑	8.16	八·十一	丁未	9.15
五·二十一	戊子	6.28	六·二十一	丁巳	7.27	七·二十一	丁亥	8.26	八·二十一	丁巳	9.25
九·一	丙寅	10.4	十·一	丙申	11.3	十一·一	乙丑	12.2	十二·一	甲午	12.31
九·十一	丙子	10.14	十·十一	丙午	11.13	十一·十一	乙亥	12.12	十二·十一	甲辰	1.10
九·二十一	丙戌	10.24	十·二十一	丙辰	11.23	十一·二十一	乙酉	12.22	十二·二十一	甲寅	1.20

清德宗光绪七年辛巳(1881—1882)

一·一	甲子	1.30	二·一	癸巳	2.28	三·一	癸亥	3.30	四·一	壬辰	4.28
一·十一	甲戌	2.9	二·十一	癸卯	3.10	三·十一	癸酉	4.9	四·十一	壬寅	5.8
一·二十一	甲申	2.19	二·二十一	癸丑	3.20	三·二十一	癸未	4.19	四·二十一	壬子	5.18
五·一	壬戌	5.28	六·一	辛卯	6.26	七·一 辛酉 7.26 闰七·一	辛卯	8.25	八·一	庚申	9.23
五·十一	壬申	6.7	六·十一	辛丑	7.6	七·十一 辛未 8.5 闰七·十一	辛丑	9.4	八·十一	庚午	10.3
五·二十一	壬午	6.17	六·二十一	辛亥	7.16	七·二十一 辛巳 8.15 闰七·二十一	辛亥	9.14	八·二十一	庚辰	10.13
九·一	庚寅	10.23	十·一	庚申	11.22	十一·一	己丑	12.21	十二·一	己未	1.20
九·十一	庚子	11.2	十·十一	庚午	12.2	十一·十一	己亥	12.31	十二·十一	己巳	1.30
九·二十一	庚戌	11.12	十·二十一	庚辰	12.12	十一·二十一	己酉	1.10	十二·二十一	己卯	2.9

清德宗光绪八年壬午(1882—1883)

一·一	戊子	2.18	二·一	丁巳	3.19	三·一	丁亥	4.18	四·一	丙辰	5.17
一·十一	戊戌	2.28	二·十一	丁卯	3.29	三·十一	丁酉	4.28	四·十一	内寅	5.27
一·二十一	戊申	3.10	二·二十一	丁丑	4.8	三·二十一	丁未	5.8	四·二十一	丙子	6.6
五·一	丙戌	6.16	六·一	乙卯	7.15	七·一	乙酉	8.14	八·一	甲寅	9.12
五·十一	丙申	6.26	六·十一	乙丑	7.25	七·十一	乙未	8.24	八·十一	甲子	9.22
五·二十一	丙午	7.6	六·二十一	乙亥	8.4	七·二十一	乙巳	9.3	八·二十一	甲戌	10.2
九·一	甲申	10.12	十·一	甲寅	11.11	十一·一	癸未	12.10	十二·一	癸丑	1.9
九·十一	甲午	10.22	十·十一	甲子	11.21	十一·十一	癸巳	12.20	十二·十一	癸亥	1.19
九·二十一	甲辰	11.1	十·二十一	甲戌	12.1	十一·二十一	癸卯	12.30	十二·二十一	癸酉	1.29

清德宗光绪九年癸未(1883—1884)

一·一	癸未	2.8	二·一	壬子	3.9	三·一	辛巳	4.7	四·一	辛亥	5.7
一·十一	癸巳	2.18	二·十一	壬戌	3.19	三·十一	辛卯	4.17	四·十一	辛酉	5.17
一·二十一	癸卯	2.28	二·二十一	壬申	3.29	三·二十一	辛丑	4.27	四·二十一	辛未	5.27
五·一	庚辰	6.5	六·一	己酉	7.4	七·一	己卯	8.3	八·一	戊申	9.1
五·十一	庚寅	6.15	六·十一	己未	7.14	七·十一	己丑	8.13	八·十一	戊午	9.11
五·二十一	庚子	6.25	六·二十一	己巳	7.24	七·二十一	己亥	8.23	八·二十一	戊辰	9.21
九·一	戊寅	10.1	十·一	戊申	10.31	十一·一	戊寅	11.30	十二·一	丁未	12.29
九·十一	戊子	10.11	十·十一	戊午	11.10	十一·十一	戊子	12.10	十二·十一	丁巳	1.8
九·二十一	戊戌	10.21	十·二十一	戊辰	11.20	十一·二十一	戊戌	12.20	十二·二十一	丁卯	1.18

清德宗光绪十年甲申(1884—1885)

一·一 丁丑 1.28	二·一 丁未 2.27	三·一 丙子 3.27	四·一 乙巳 4.25
一·十一 丁亥 2.7	二·十一 丁巳 3.8	三·十一 丙戌 4.6	四·十一 乙卯 5.5
一·二十一 丁酉 2.17	二·二十一 丁卯 3.18	三·二十一 丙申 4.16	四·二十一 乙丑 5.15
五·一 乙亥5.25 闰五·一 甲辰6.23	六·一 癸酉 7.22	七·一 癸卯 8.21	八·一 壬申 9.19
五·十一 乙酉6.4 闰五·十一 甲寅7.3	六·十一 癸未 8.1	七·十一 癸丑 8.31	八·十一 壬午 9.29
五·二十一乙未6.14 闰五·二十一甲子7.13	六·二十一 癸巳 8.11	七·二十一 癸亥 9.10	八·二十一 壬辰 10.9
九·一 壬寅 10.19	十·一 壬申 11.18	十一·一 辛丑 12.17	十二·一 辛未 1.16
九·十一 壬子 10.29	十·十一 壬午 11.28	十一·十一 辛亥 12.27	十二·十一 辛巳 1.26
九·二十一 壬戌 11.8	十·二十一 壬辰 12.8	十一·二十一 辛酉 1.6	十二·二十一 辛卯 2.5

清德宗光绪十一年乙酉(1885—1886)

一·一 辛丑 2.15	二·一 辛未 3.17	三·一 庚子 4.15	四·一 己巳 5.14
一·十一 辛亥 2.25	二·十一 辛巳 3.27	三·十一 庚戌 4.25	四·十一 己卯 5.24
一·二十一 辛酉 3.7	二·二十一 辛卯 4.6	三·二十一 庚申 5.5	四·二十一 己丑 6.3
五·一 己亥 6.13	六·一 戊辰 7.12	七·一 丁酉 8.10	八·一 丁卯 9.9
五·十一 己酉 6.23	六·十一 戊寅 7.22	七·十一 丁未 8.20	八·十一 丁丑 9.19
五·二十一 己未 7.3	六·二十一 戊子 8.1	七·二十一 丁巳 8.30	八·二十一 丁亥 9.29
九·一 丙申 10.8	十·一 丙寅 11.7	十一·一 乙未 12.6	十二·一 乙丑 1.5
九·十一 丙午 10.18	十·十一 丙子 11.17	十一·十一 乙巳 12.16	十二·十一 乙亥 1.15
九·二十一 丙辰 10.28	十·二十一 丙戌 11.27	十一·二十一 乙卯 12.26	十二·二十一 乙酉 1.25

清德宗光绪十二年丙戌(1886—1887)

一·一 乙未 2.4	二·一 乙丑 3.6	三·一 甲午 4.4	四·一 甲子 5.4
一·十一 乙巳 2.14	二·十一 乙亥 3.16	三·十一 甲辰 4.14	四·十一 甲戌 5.14
一·二十一 乙卯 2.24	二·二十一 乙酉 3.26	三·二十一 甲寅 4.24	四·二十一 甲申 5.24
五·一 癸巳 6.2	六·一 癸亥 7.2	七·一 壬辰 7.31	八·一 辛酉 8.29
五·十一 癸卯 6.12	六·十一 癸酉 7.12	七·十一 壬寅 8.10	八·十一 辛未 9.8
五·二十一 癸丑 6.22	六·二十一 癸未 7.22	七·二十一 壬子 8.20	八·二十一 辛巳 9.18
九·一 辛卯 9.28	十·一 庚申 10.27	十一·一 庚寅 11.26	十二·一 己未 12.25
九·十一 辛丑 10.8	十·十一 庚午 11.6	十一·十一 庚子 12.6	十二·十一 己巳 1.4
九·二十一 辛亥 10.18	十·二十一 庚辰 11.16	十一·二十一 庚戌 12.16	十二·二十一 己卯 1.14

清德宗光绪十三年丁亥(1887—1888)

一·一 己丑 1.24	二·一 己未 2.23	三·一 己丑 3.25	四·一 戊午4.23 闰四·一 戊子5.23
一·十一 己亥 2.3	二·十一 己巳 3.5	三·十一 己亥 4.4	四·十一 戊辰5.3 闰四·十一 戊戌6.2
一·二十一 己酉 2.13	二·二十一 己卯 3.15	三·二十一 己酉 4.14	四·二十一戊寅5.13 闰四·二十一戊申6.12
五·一 丁巳 6.21	六·一 丁亥 7.21	七·一 丙辰 8.19	八·一 乙酉 9.17
五·十一 丁卯 7.1	六·十一 丁酉 7.31	七·十一 丙寅 8.29	八·十一 乙未 9.27
五·二十一 丁丑 7.11	六·二十一 丁未 8.10	七·二十一 丙子 9.8	八·二十一 乙巳 10.7
九·一 乙卯 10.17	十·一 甲申 11.15	十一·一 甲寅 12.15	十二·一 癸未 1.13
九·十一 乙丑 10.27	十·十一 甲午 11.25	十一·十一 甲子 12.25	十二·十一 癸巳 1.23
九·二十一 乙亥 11.6	十·二十一 甲辰 12.5	十一·二十一 甲戌 1.4	十二·二十一 癸卯 2.2

清德宗光绪十四年戊子(1888—1889)

一·一 癸丑 2.12	二·一 癸未 3.13	三·一 壬子 4.11	四·一 壬午 5.11
一·十一 癸亥 2.22	二·十一 癸巳 3.23	三·十一 壬戌 4.21	四·十一 壬辰 5.21
一·二十一 癸酉 3.3	二·二十一 癸卯 4.2	三·二十一 壬申 5.1	四·二十一 壬寅 5.31
五·一 壬子 6.10	六·一 辛巳 7.9	七·一 辛亥 8.8	八·一 庚辰 9.6
五·十一 壬戌 6.20	六·十一 辛卯 7.19	七·十一 辛酉 8.18	八·十一 庚寅 9.16
五·二十一 壬申 6.30	六·二十一 辛丑 7.29	七·二十一 辛未 8.28	八·二十一 庚子 9.26
九·一 己酉 10.5	十·一 己卯 11.4	十一·一 戊申 12.3	十二·一 戊寅 1.2
九·十一 己未 10.15	十·十一 己丑 11.14	十一·十一 戊午 12.13	十二·十一 戊子 1.12
九·二十一 己巳 10.25	十·二十一 己亥 11.24	十一·二十一 戊辰 12.23	十二·二十一 戊戌 1.22

清德宗光绪十五年己丑(1889—1890)

一·一 丁未 1.31	二·一 丁丑 3.2	三·一 丙午 3.31	四·一 丙子 4.30
一·十一 丁巳 2.10	二·十一 丁亥 3.12	三·十一 丙辰 4.10	四·十一 丙戌 5.10
一·二十一 丁卯 2.20	二·二十一 丁酉 3.22	三·二十一 丙寅 4.20	四·二十一 丙申 5.20
五·一 丙午 5.30	六·一 乙亥 6.28	七·一 乙巳 7.28	八·一 甲戌 8.26
五·十一 丙辰 6.9	六·十一 乙酉 7.8	七·十一 乙卯 8.7	八·十一 甲申 9.5
五·二十一 丙寅 6.19	六·二十一 乙未 7.18	七·二十一 乙丑 8.17	八·二十一 甲午 9.15
九·一 甲辰 9.25	十·一 癸酉 10.24	十一·一 癸卯 11.23	十二·一 壬申 12.22
九·十一 甲寅 10.5	十·十一 癸未 11.3	十一·十一 癸丑 12.3	十二·十一 壬午 1.1
九·二十一 甲子 10.15	十·二十一 癸巳 11.13	十一·二十一 癸亥 12.13	十二·二十一 壬辰 1.11

清德宗光绪十六年庚寅(1890—1891)

一·一 壬寅 1.21	二·一 辛未 2.19 闰二·一 辛丑 3.21	三·一 庚午 4.19	四·一 庚子 5.19
一·十一 壬子 1.31	二·十一 辛巳 3.1 闰二·十一 辛亥 3.31	三·十一 庚辰 4.29	四·十一 庚戌 5.29
一·二十一 壬戌 2.10	二·二十一 辛卯 3.11 闰二·二十一 辛酉 4.10	三·二十一 庚寅 5.9	四·二十一 庚申 6.8
五·一 己巳 6.17	六·一 己亥 7.17	*七·一 己巳 8.16	八·一 戊戌 9.14
五·十一 己卯 6.27	六·十一 己酉 7.27	七·十一 己卯 8.26	八·十一 戊申 9.24
五·二十一 己丑 7.7	六·二十一 己未 8.6	七·二十一 己丑 9.5	八·二十一 戊午 10.4
九·一 戊辰 10.14	十·一 丁酉 11.12	十一·一 丁卯 12.12	十二·一 丙申 1.10
九·十一 戊寅 10.24	十·十一 丁未 11.22	十一·十一 丁丑 12.22	十二·十一 丙午 1.20
九·二十一 戊子 11.3	十·二十一 丁巳 12.2	十一·二十一 丁亥 1.1	十二·二十一 丙辰 1.30

*《朔闰考》《对照表》七月戊辰朔。

清德宗光绪十七年辛卯(1891—1892)

一·一 丙寅 2.9	二·一 乙未 3.10	三·一 乙丑 4.9	四·一 甲午 5.8
一·十一 丙子 2.19	二·十一 乙巳 3.20	三·十一 乙亥 4.19	四·十一 甲辰 5.18
一·二十一 丙戌 3.1	二·二十一 乙卯 3.30	三·二十一 乙酉 4.29	四·二十一 甲寅 5.28
五·一 甲子 6.7	六·一 癸巳 7.6	七·一 癸亥 8.5	八·一 壬辰 9.3
五·十一 甲戌 6.17	六·十一 癸卯 7.16	七·十一 癸酉 8.15	八·十一 壬寅 9.13
五·二十一 甲申 6.27	六·二十一 癸丑 7.26	七·二十一 癸未 8.25	八·二十一 壬子 9.23
九·一 壬戌 10.3	十·一 壬辰 11.2	十一·一 辛酉 12.1	十二·一 辛卯 12.31
九·十一 壬申 10.13	十·十一 壬寅 11.12	十一·十一 辛未 12.11	十二·十一 辛丑 1.10
九·二十一 壬午 10.23	十·二十一 壬子 11.22	十一·二十一 辛巳 12.21	十二·二十一 辛亥 1.20

清德宗光绪十八年壬辰（1892—1893）

一·一 辛酉 1.30	二·一 庚寅 2.28	三·一 己未 3.28	四·一 己丑 4.27
一·十一 辛未 2.9	二·十一 庚子 3.9	三·十一 己巳 4.7	四·十一 己亥 5.7
一·二十一 辛巳 2.19	二·二十一 庚戌 3.19	三·二十一 己卯 4.17	四·二十一 己酉 5.17
五·一 戊午 5.26	六·一 丁亥 6.24　闰六·一 丁巳 7.24	七·一 丙戌 8.22	八·一 丙辰 9.21
五·十一 戊辰 6.5	六·十一 丁酉 7.4　闰六·十一 丁卯 8.3	七·十一 丙申 9.1	八·十一 丙寅 10.1
五·二十一 戊寅 6.15	六·二十一 丁未 7.14　闰六·二十一 丁丑 8.13	七·二十一 丙午 9.11	八·二十一 丙子 10.11
九·一 丙戌 10.21	十·一 乙卯 11.19	十一·一 乙酉 12.19	十二·一 乙卯 1.18
九·十一 丙申 10.31	十·十一 乙丑 11.29	十一·十一 乙未 12.29	十二·十一 乙丑 1.28
九·二十一 丙午 11.10	十·二十一 乙亥 12.9	十一·二十一 乙巳 1.8	十二·二十一 乙亥 2.7

清德宗光绪十九年癸巳（1893—1894）

一·一 乙酉 2.17	二·一 甲寅 3.17	三·一 癸未 4.16	四·一 癸丑 5.16
一·十一 乙未 2.27	二·十一 甲子 3.28	三·十一 癸巳 4.26	四·十一 癸亥 5.26
一·二十一 乙巳 3.9	二·二十一 甲戌 4.7	三·二十一 癸卯 5.6	四·二十一 癸酉 6.5
五·一 壬午 6.14	六·一 辛亥 7.13	七·一 辛巳 8.12	八·一 庚戌 9.10
五·十一 壬辰 6.24	六·十一 辛酉 7.23	七·十一 辛卯 8.22	八·十一 庚申 9.20
五·二十一 壬寅 7.4	六·二十一 辛未 8.2	七·二十一 辛丑 9.1	八·二十一 庚午 9.30
九·一 庚辰 10.10	十·一 己酉 11.8	十一·一 己卯 12.8	十二·一 己酉 1.7
九·十一 庚寅 10.20	十·十一 己未 11.18	十一·十一 己丑 12.18	十二·十一 己未 1.17
九·二十一 庚子 10.30	十·二十一 己巳 11.28	十一·二十一 己亥 12.28	十二·二十一 己巳 1.27

清德宗光绪二十年甲午（1894—1895）

一·一 己卯 2.6	二·一 戊申 3.7	三·一 戊寅 4.6	四·一 丁未 5.5
一·十一 己丑 2.16	二·十一 戊午 3.17	三·十一 戊子 4.16	四·十一 丁巳 5.15
一·二十一 己亥 2.26	二·二十一 戊辰 3.27	三·二十一 戊戌 4.26	四·二十一 丁卯 5.25
五·一 丁丑 6.4	六·一 丙午 7.3	七·一 乙亥 8.1	八·一 乙巳 8.31
五·十一 丁亥 6.14	六·十一 丙辰 7.13	七·十一 乙酉 8.11	八·十一 乙卯 9.10
五·二十一 丁酉 6.24	六·二十一 丙寅 7.23	七·二十一 乙未 8.21	八·二十一 乙丑 9.20
九·一 甲戌 9.29	十·一 甲辰 10.29	十一·一 癸酉 11.27	十二·一 癸卯 12.27
九·十一 甲申 10.9	十·十一 甲寅 11.8	十一·十一 癸未 12.7	十二·十一 癸丑 1.6
九·二十一 甲午 10.19	十·二十一 甲子 11.18	十一·二十一 癸巳 12.17	十二·二十一 癸亥 1.16

清德宗光绪二十一年乙未（1895—1896）

一·一 癸酉 1.26	二·一 癸卯 2.25	三·一 壬申 3.26	四·一 壬寅 4.25
一·十一 癸未 2.5	二·十一 癸丑 3.7	三·十一 壬午 4.5	四·十一 壬子 5.5
一·二十一 癸巳 2.15	二·二十一 癸亥 3.17	三·二十一 壬辰 4.15	四·二十一 壬戌 5.15
五·一 辛未 5.24　闰五·一 辛丑 6.23	六·一 庚午 7.22	七·一 己亥 8.20	八·一 己巳 9.19
五·十一 辛巳 6.3　闰五·十一 辛亥 7.3	六·十一 庚辰 8.1	七·十一 己酉 8.30	八·十一 己卯 9.29
五·二十一 辛卯 6.13　闰五·二十一 辛酉 7.13	六·二十一 庚寅 8.11	七·二十一 己未 9.9	八·二十一 己丑 10.9
九·一 戊戌 10.18	十·一 戊辰 11.17	十一·一 丁酉 12.16	十二·一 丁卯 1.15
九·十一 戊申 10.28	十·十一 戊寅 11.27	十一·十一 丁未 12.26	十二·十一 丁丑 1.25
九·二十一 戊午 11.7	十·二十一 戊子 12.7	十一·二十一 丁巳 1.5	十二·二十一 丁亥 2.4

清德宗光绪二十二年丙申(1896—1897)

*一·一	丙申	2.13	二·一	丙寅	3.14	三·一	丙申	4.113	四·一	丙寅	5.13
一·十一	丙午	2.23	二·十一	丙子	3.24	三·十一	丙午	4.23	四·十一	丙子	5.23
一·二十一	丙辰	3.4	二·二十一	丙戌	4.3	三·二十一	丙辰	5.3	四·二十一	丙戌	6.2
五·一	乙未	6.11	六·一	乙丑	7.11	七·一	甲午	8.9	八·一	癸亥	9.7
五·十一	乙巳	6.21	六·十一	乙亥	7.21	七·十一	甲辰	8.19	八·十一	癸酉	9.17
五·二十一	乙卯	7.1	六·二十一	乙酉	7.31	七·二十一	甲寅	8.29	八·二十一	癸未	9.27
九·一	癸巳	10.7	十·一	壬戌	11.5	十一·一	壬辰	12.5	十二·一	辛酉	1.3
九·十一	癸卯	10.17	十·十一	壬申	11.15	十一·十一	壬寅	12.15	十二·十一	辛未	1.13
九·二十一	癸丑	10.27	十·二十一	壬午	11.25	十一·二十一	壬子	12.25	十二·二十一	辛巳	1.23

*《朔闰考》正月丁酉朔。

清德宗光绪二十三年丁酉(1897—1898)

一·一	辛卯	2.2	二·一	庚申	3.3	三·一	庚寅	4.2	四·一	庚申	5.2
一·十一	辛丑	2.12	二·十一	庚午	3.13	三·十一	庚子	4.12	四·十一	庚午	5.12
一·二十一	辛亥	2.22	二·二十一	庚辰	3.23	三·二十一	庚戌	4.22	四·二十一	庚辰	5.22
五·一	己丑	5.31	六·一	己未	6.30	七·一	戊子	7.29	八·一	戊午	8.28
五·十一	己亥	6.10	六·十一	己巳	7.10	七·十一	戊戌	8.8	八·十一	戊辰	9.7
五·二十一	己酉	6.20	六·二十一	己卯	7.20	七·二十一	戊申	8.18	八·二十一	戊寅	9.17
九·一	丁亥	9.26	十·一	丁巳	10.26	十一·一	丙戌	11.24	十二·一	丙辰	12.24
九·十一	丁酉	10.6	十·十一	丁卯	11.5	十一·十一	丙申	12.4	十二·十一	丙寅	1.3
九·二十一	丁未	10.16	十·二十一	丁丑	11.15	十一·二十一	丙午	12.14	十二·二十一	丙子	1.13

清德宗光绪二十四年戊戌(1898—1899)

一·一	乙酉	1.22	二·一	乙卯	2.21	三·一	甲申	3.22　闰三·一　甲寅 4.21	四·一	癸未	5.20
一·十一	乙未	2.1	二·十一	乙丑	3.3	三·十一	甲午	4.1　闰三·十一　甲子 5.1	四·十一	癸巳	5.30
一·二十一	乙巳	2.11	二·二十一	乙亥	3.13	三·二十一	甲辰	4.11　闰三·二十一　甲戌 5.11	四·二十一	癸卯	6.9
五·一	癸丑	6.19	六·一	癸未	7.19	七·一	壬子	8.17	八·一	壬午	9.16
五·十一	癸亥	6.29	六·十一	癸巳	7.29	七·十一	壬戌	8.27	八·十一	壬辰	9.26
五·二十一	癸酉	7.9	六·二十一	癸卯	8.8	七·二十一	壬申	9.6	八·二十一	壬寅	10.6
九·一	辛亥	10.15	十·一	辛巳	11.14	十一·一	庚戌	12.13	十二·一	庚辰	1.12
九·十一	辛酉	10.25	十·十一	辛卯	11.24	十一·十一	庚申	12.23	十二·十一	庚寅	1.22
九·二十一	辛未	11.4	十·二十一	辛丑	12.4	十一·二十一	庚午	1.2	十二·二十一	庚子	2.1

清德宗光绪二十五年己亥(1899—1900)

一·一	己酉	2.10	二·一	己卯	3.12	三·一	戊申	4.10	四·一	戊寅	5.10
一·十一	己未	2.20	二·十一	己丑	3.22	三·十一	戊午	4.20	四·十一	戊子	5.20
一·二十一	己巳	3.2	二·二十一	己亥	4.1	三·二十一	戊辰	4.30	四·二十一	戊戌	5.30
五·一	丁未	6.8	六·一	丁丑	7.8	七·一	丙午	8.6	八·一	丙子	9.5
五·十一	丁巳	6.18	六·十一	丁亥	7.18	七·十一	丙辰	8.16	八·十一	丙戌	9.15
五·二十一	丁卯	6.28	六·二十一	丁酉	7.28	七·二十一	丙寅	8.26	八·二十一	丙申	9.25
九·一	丙午	10.5	十·一	乙亥	11.3	十一·一	乙巳	12.3	十二·一	甲戌	1.1
九·十一	丙辰	10.15	十·十一	乙酉	11.13	十一·十一	乙卯	12.13	十二·十一	甲申	1.11
九·二十一	丙寅	10.25	十·二十一	乙未	11.23	十一·二十一	乙丑	12.23	十二·二十一	甲午	1.21

清德宗光绪二十六年庚子(1900—1901)

一·一 甲辰 1.31	二·一 癸酉 3.1	三·一 癸卯 3.31	四·一 壬申 4.29
一·十一 甲寅 2.10	二·十一 癸未 3.11	三·十一 癸丑 4.10	四·十一 壬午 5.9
一·二十一 甲子 2.20	二·二十一 癸巳 3.21	三·二十一 癸亥 4.20	四·二十一 壬辰 5.19
五·一 辛丑 5.28	六·一 辛未 6.27	七·一 庚子 7.26	八·一 庚午 8.25 闰八·一 庚子 9.24
五·十一 辛亥 6.7	六·十一 辛巳 7.7	七·十一 庚戌 8.5	八·十一 庚辰 9.4 闰八·十一 庚戌 10.4
五·二十一 辛酉 6.17	六·二十一 辛卯 7.17	七·二十一 庚申 8.15	八·二十一 庚寅 9.14 闰八·二十一 庚申 10.14
九·一 己巳 10.23	十·一 己亥 11.22	十一·一 己巳 12.22	十二·一 戊戌 1.20
九·十一 己卯 11.2	十·十一 己酉 12.2	十一·十一 己卯 1.1	十二·十一 戊申 1.30
九·二十一 己丑 11.12	十·二十一 己未 12.12	十一·二十一 己丑 1.11	十二·二十一 戊午 2.9

清德宗光绪二十七年辛丑(1901—1902)

一·一 戊辰 2.19	二·一 丁酉 3.20	三·一 丁卯 4.19	四·一 丙申 5.18
一·十一 戊寅 3.1	二·十一 丁未 3.30	三·十一 丁丑 4.29	四·十一 丙午 5.28
一·二十一 戊子 3.11	二·二十一 丁巳 4.9	三·二十一 丁亥 5.9	四·二十一 丙辰 6.7
五·一 乙丑 6.16	六·一 乙未 7.16	*七·一 甲子 8.14	八·一 甲午 9.13
五·十一 乙亥 6.26	六·十一 乙巳 7.26	七·十一 甲戌 8.24	八·十一 甲辰 9.23
五·二十一 乙酉 7.6	六·二十一 乙卯 8.5	七·二十一 甲申 9.3	八·二十一 甲寅 10.3
九·一 癸亥 10.12	十·一 癸巳 11.11	十一·一 癸亥 12.11	十二·一 癸巳 1.10
九·十一 癸酉 10.22	十·十一 癸卯 11.21	十一·十一 癸酉 12.21	十二·十一 癸卯 1.20
九·二十一 癸未 11.1	十·二十一 癸丑 12.1	十一·二十一 癸未 12.31	十二·二十一 癸丑 1.30

*《总谱》七月甲午、八月甲子朔,误。

清德宗光绪二十八年壬寅(1902—1903)

一·一 壬戌 2.8	二·一 壬辰 3.10	三·一 辛酉 4.8	四·一 辛卯 5.8
一·十一 壬申 2.18	二·十一 壬寅 3.20	三·十一 辛未 4.18	四·十一 辛丑 5.18
一·二十一 壬午 2.28	二·二十一 壬子 3.30	三·二十一 辛巳 4.28	四·二十一 辛亥 5.28
五·一 庚申 6.6	六·一 己丑 7.5	七·一 己未 8.4	八·一 戊子 9.2
五·十一 庚午 6.16	六·十一 己亥 7.15	七·十一 己巳 8.14	八·十一 戊戌 9.12
五·二十一 庚辰 6.26	六·二十一 己酉 7.25	七·二十一 己卯 8.24	八·二十一 戊申 9.22
九·一 戊午 10.2	十·一 丁亥 10.31	十一·一 丁巳 11.30	十二·一 丁亥 12.30
九·十一 戊辰 10.12	十·十一 丁酉 11.10	十一·十一 丁卯 12.10	十二·十一 丁酉 1.9
九·二十一 戊寅 10.22	十·二十一 丁未 11.20	十一·二十一 丁丑 12.20	十二·二十一 丁未 1.19

清德宗光绪二十九年癸卯(1903—1904)

一·一 丁巳 1.29	二·一 丙戌 2.27	三·一 丙辰 3.29	四·一 乙酉 4.27
一·十一 丁卯 2.8	二·十一 丙申 3.9	三·十一 丙寅 4.8	四·十一 乙未 5.7
一·二十一 丁丑 2.18	二·二十一 丙午 3.19	三·二十一 丙子 4.18	四·二十一 乙巳 5.17
五·一 乙卯 5.27 闰五·一 甲申 6.25	六·一 癸丑 7.24	七·一 癸未 8.23	八·一 壬子 9.21
五·十一 乙丑 6.6 闰五·十一 甲午 7.5	六·十一 癸亥 8.3	七·十一 癸巳 9.2	八·十一 壬戌 10.1
五·二十一 乙亥 6.16 闰五·二十一 甲辰 7.15	六·二十一 癸酉 8.13	七·二十一 癸卯 9.12	八·二十一 壬申 10.11
九·一 辛巳 10.20	十·一 辛亥 11.19	十一·一 辛巳 12.19	十二·一 庚戌 1.17
九·十一 辛卯 10.30	十·十一 辛酉 11.29	十一·十一 辛卯 12.29	十二·十一 庚申 1.27
九·二十一 辛丑 11.9	十·二十一 辛未 12.9	十一·二十一 辛丑 1.8	十二·二十一 庚午 2.6

清德宗光绪三十年甲辰(1904—1905)

一•一	庚辰	2.16	二•一	庚戌	3.17	三•一	庚辰	4.16	四•一	己酉	5.15
一•十一	庚寅	2.26	二•十一	庚申	3.27	三•十一	庚寅	4.26	四•十一	己未	5.25
一•二十一	庚子	3.7	二•二十一	庚午	4.6	三•二十一	庚子	5.6	四•二十一	己巳	6.4
五•一	己卯	6.14	六•一	戊申	7.13	七•一	丁丑	8.11	八•一	丁未	9.10
五•十一	己丑	6.24	六•十一	戊午	7.23	七•十一	丁亥	8.21	八•十一	丁巳	9.20
五•二十一	己亥	7.4	六•二十一	戊辰	8.2	七•二十一	丁酉	8.31	八•二十一	丁卯	9.30
九•一	丙子	10.9	*十•一	乙巳	11.7	十一•一	乙亥	12.7	十二•一	乙巳	1.6
九•十一	丙戌	10.19	十•十一	乙卯	11.17	十一•十一	乙酉	12.17	十二•十一	乙卯	1.16
九•二十一	丙申	10.29	十•二十一	乙丑	11.27	十一•二十一	乙未	12.27	十二•二十一	乙丑	1.26

*《总谱》十月乙亥、十一月乙巳朔,误。

清德宗光绪三十一年乙巳(1905—1906)

一•一	甲戌	2.4	二•一	甲辰	3.6	三•一	甲戌	4.5	四•一	癸卯	5.4
一•十一	甲申	2.14	二•十一	甲寅	3.16	三•十一	甲申	4.15	四•十一	癸丑	5.14
一•二十一	甲午	2.24	二•二十一	甲子	3.26	三•二十一	甲午	4.25	四•二十一	癸亥	5.24
五•一	癸酉	6.3	六•一	癸卯	7.3	七•一	壬申	8.1	八•一	辛丑	8.30
五•十一	癸未	6.13	六•十一	癸丑	7.13	七•十一	壬午	8.11	八•十一	辛亥	9.9
五•二十一	癸巳	6.23	六•二十一	癸亥	7.23	七•二十一	壬辰	8.21	八•二十一	辛酉	9.19
九•一	辛未	9.29	十•一	庚子	10.28	十一•一	庚午	11.27	十二•一	己亥	12.26
九•十一	辛巳	10.9	十•十一	庚戌	11.7	十一•十一	庚辰	12.7	十二•十一	己酉	1.5
九•二十一	辛卯	10.19	十•二十一	庚申	11.17	十一•二十一	庚寅	12.17	十二•二十一	己未	1.15

清德宗光绪三十二年丙午(1906—1907)

一•一	己巳	1.25	二•一	戊戌	2.23	三•一	戊辰	3.25	四•一 戊戌 4.24	闰四•一	丁卯 5.23
一•十一	己卯	2.4	二•十一	戊申	3.5	三•十一	戊寅	4.4	四•十一 戊申 5.4	闰四•十一	丁丑 6.2
一•二十一	己丑	2.14	二•二十一	戊午	3.15	三•二十一	戊子	4.14	四•二十一 戊午 5.14	闰四•二十一	丁亥 6.12
五•一	丁酉	6.22	六•一	丙寅	7.21	七•一	丙申	8.20	八•一	乙丑	9.18
五•十一	丁未	7.2	六•十一	丙子	7.31	七•十一	丙午	8.30	八•十一	乙亥	9.28
五•二十一	丁巳	7.12	六•二十一	丙戌	8.10	七•二十一	丙辰	9.9	八•二十一	乙酉	10.8
九•一	乙未	10.18	十•一	甲子	11.16	十一•一	甲午	12.16	十二•一	癸亥	1.14
九•十一	乙巳	10.28	十•十一	甲戌	11.26	十一•十一	甲辰	12.26	十二•十一	癸酉	1.24
九•二十一	乙卯	11.7	十•二十一	甲申	12.6	十一•二十一	甲寅	1.5	十二•二十一	癸未	2.3

清德宗光绪三十三年丁未(1907—1908)

一•一	癸巳	2.13	二•一	壬戌	3.14	三•一	壬辰	4.13	四•一	辛酉	5.12
一•十一	癸卯	2.23	二•十一	壬申	3.24	三•十一	壬寅	4.23	四•十一	辛未	5.22
一•二十一	癸丑	3.5	二•二十一	壬午	4.3	三•二十一	壬子	5.3	四•二十一	辛巳	6.1
五•一	辛卯	6.11	六•一	庚申	7.10	七•一	庚寅	8.9	八•一	庚申	9.8
五•十一	辛丑	6.21	六•十一	庚午	7.20	七•十一	庚子	8.19	八•十一	庚午	9.18
五•二十一	辛亥	7.1	六•二十一	庚辰	7.30	七•二十一	庚戌	8.29	八•二十一	庚辰	9.28
九•一	己丑	10.7	十•一	己未	11.6	十一•一	戊子	12.5	十二•一	戊午	1.4
九•十一	己亥	10.17	十•十一	己巳	11.16	十一•十一	戊戌	12.15	十二•十一	戊辰	1.14
九•二十一	己酉	10.27	十•二十一	己卯	11.26	十一•二十一	戊申	12.25	十二•二十一	戊寅	1.24

清德宗光绪三十四年戊申（1908—1909）

一·一 丁亥 2.2	二·一 丁巳 3.3	三·一 丙戌 4.1	四·一 乙卯 4.30
一·十一 丁酉 2.12	二·十一 丁卯 3.13	三·十一 丙申 4.11	四·十一 乙丑 5.10
一·二十一 丁未 2.22	二·二十一 丁丑 3.23	三·二十一 丙午 4.21	四·二十一 乙亥 5.20
五·一 乙酉 5.30	六·一 乙卯 6.29	七·一 甲申 7.28	八·一 甲寅 8.27
五·十一 乙未 6.9	六·十一 乙丑 7.9	七·十一 甲午 8.7	八·十一 甲子 9.6
五·二十一 乙巳 6.19	六·二十一 乙亥 7.19	七·二十一 甲辰 8.17	八·二十一 甲戌 9.16
九·一 癸未 9.25	十·一 癸丑 10.25	十一·一 癸未 11.24	十二·一 壬子 12.23
九·十一 癸巳 10.5	十·十一 癸亥 11.4	十一·十一 癸巳 12.4	十二·十一 壬戌 1.2
九·二十一 癸卯 10.15	十·二十一 癸酉 11.14	十一·二十一 癸卯 12.14	十二·二十一 壬申 1.12

清末帝宣统元年己酉（1909—1910）

一·一 壬午 1.22	二·一 辛亥 2.20 闰二·一 辛巳 3.22	三·一 庚戌 4.20	四·一 己卯 5.19
一·十一 壬辰 2.1	二·十一 辛酉 3.2 闰二·十一 辛卯 4.1	三·十一 庚申 4.30	四·十一 己丑 5.29
一·二十一 壬寅 2.11	二·二十一 辛未 3.12 闰二·二十一 辛丑 4.11	三·二十一 庚午 5.10	四·二十一 己亥 6.8
五·一 己酉 6.18	六·一 戊寅 7.17	七·一 戊申 8.16	八·一 丁丑 9.14
五·十一 己未 6.28	六·十一 戊子 7.27	七·十一 戊午 8.26	八·十一 丁亥 9.24
五·二十一 己巳 7.8	六·二十一 戊戌 8.6	七·二十一 戊辰 9.5	八·二十一 丁酉 10.4
九·一 丁未 10.14	十·一 丁丑 11.13	十一·一 丁未 12.13	十二·一 丙子 1.11
九·十一 丁巳 10.24	十·十一 丁亥 11.23	十一·十一 丁巳 12.23	十二·十一 丙戌 1.21
九·二十一 丁卯 11.3	十·二十一 丁酉 12.3	十一·二十一 丁卯 1.2	十二·二十一 丙申 1.31

清末帝宣统二年庚戌（1910—1911）

一·一 丙午 2.10	二·一 乙亥 3.11	三·一 乙巳 4.10	四·一 甲戌 5.9
一·十一 丙辰 2.20	二·十一 乙酉 3.21	三·十一 乙卯 4.20	四·十一 甲申 5.19
一·二十一 丙寅 3.2	二·二十一 乙未 3.31	三·二十一 乙丑 4.30	四·二十一 甲午 5.29
五·一 癸卯 6.7	六·一 癸酉 7.7	七·一 壬寅 8.5	八·一 壬申 9.4
五·十一 癸丑 6.17	六·十一 癸未 7.17	七·十一 壬子 8.15	八·十一 壬午 9.14
五·二十一 癸亥 6.27	六·二十一 癸巳 7.27	七·二十一 壬戌 8.25	八·二十一 壬辰 9.24
九·一 辛丑 10.3	十·一 辛未 11.2	十一·一 辛丑 12.2	十二·一 辛未 1.1
九·十一 辛亥 10.13	十·十一 辛巳 11.12	十一·十一 辛亥 12.12	十二·十一 辛巳 1.11
九·二十一 辛酉 10.23	十·二十一 辛卯 11.22	十一·二十一 辛酉 12.22	十二·二十一 辛卯 1.21

*清末帝宣统三年辛亥（1911—1912）

一·一 庚子 1.30	二·一 庚午 3.1	三·一 己亥 3.30	四·一 己巳 4.29
一·十一 庚戌 2.9	二·十一 庚辰 3.11	三·十一 己酉 4.9	四·十一 己卯 5.9
一·二十一 庚申 2.19	二·二十一 庚寅 3.21	三·二十一 己未 4.19	四·二十一 己丑 5.19
五·一 戊戌 5.28	六·一 丁卯 6.26 闰六·一 丁酉 7.26	七·一 丙寅 8.24	八·一 乙未 9.22
五·十一 戊申 6.7	六·十一 丁丑 7.6 闰六·十一 丁未 8.5	七·十一 丙子 9.3	八·十一 乙巳 10.2
五·二十一 戊午 6.17	六·二十一 丁亥 7.16 闰六·二十一 丁巳 8.15	七·二十一 丙戌 9.13	八·二十一 乙卯 10.12
九·一 乙丑 10.22	十·一 乙未 11.21	十一·一 甲子 12.20	十二·一 甲午 1.19
九·十一 乙亥 11.1	十·十一 乙巳 12.1	十一·十一 甲戌 12.30	十二·十一 甲辰 1.29
九·二十一 乙酉 11.11	十·二十一 乙卯 12.11	十一·二十一 甲申 1.9	十二·二十一 甲寅 2.8

* 本年 10 月 10 日（八月十九日）武昌起义，12 月 29 日（十一月初十日）各省代表会议选孙中山为临时大总统。民国成立改用阳历，以本年十一月十三日为中华民国元年 1 月 1 日。

太平天国历日表

太平天国壬子二年（1852—1853）

*一·一	丙申**	2.4	二·一	丁荣(卯)	3.6	三·一	丁酉	4.5	四·一	戊辰	5.6
一·十一	丙午	2.14	二·十一	丁好(丑)	3.16	三·十一	丁未	4.15	四·十一	戊寅	5.16
一·二十一	丙辰	2.24	二·二十一	丁开(亥)	3.26	三·二十一	丁巳	4.25	四·二十一	戊子	5.26
五·一	戊戌	6.5	六·一	己巳	7.6	七·一	己开(亥)	8.5	八·一	庚午	9.5
五·十一	戊申	6.15	六·十一	己荣(卯)	7.16	七·十一	己酉	8.15	八·十一	庚辰	9.15
五·二十一	戊午	6.25	六·二十一	己好(丑)	7.26	七·二十一	己未	8.25	八·二十一	庚寅	9.25
九·一	庚子	10.5	十·一	辛未	11.5	十一·一	辛好(丑)	12.5	十二·一	***辛未	1.4
九·十一	庚戌	10.15	十·十一	辛巳	11.15	十一·十一	辛开(亥)	12.15	十二·十一	辛巳	1.14
九·二十一	庚申	10.25	十·二十一	辛荣(卯)	11.25	十一·二十一	辛酉	12.25	十二·二十一	辛荣(卯)	1.24

* 此据《总谱》，下同。　** 罗尔纲《天历考及天历与阴阳历日对照表》一至十一月阳历对照部分皆推前一日。　***《天历考及天历与阴阳历日对照表》十二月壬申朔，阳历对照同。

太平天国癸好（丑）三年（1853—1854）

一·一	*辛好(丑)	2.3	二·一	壬申	3.6	三·一	癸荣(卯)	4.5	四·一	甲戌	5.6
一·十一	辛开(亥)	2.13	**二·十一	壬午	3.16	三·十一	癸好(丑)	4.15	四·十一	甲申	5.16
一·二十一	辛酉	2.23	二·二十一	壬辰	3.25	三·二十一	癸开(亥)	4.25	四·二十一	甲午	5.26
五·一	甲辰	6.5	六·一	乙开(亥)	7.6	七·一	乙巳	8.5	八·一	丙子	9.5
五·十一	甲寅	6.15	六·十一	乙酉	7.16	七·十一	乙荣(卯)	8.15	八·十一	丙戌	9.15
五·二十一	甲子	6.25	六·二十一	乙未	7.26	七·二十一	乙好(丑)	8.25	八·二十一	丙申	9.25
九·一	丙午	10.5	十·一	丁好(丑)	11.5	十一·一	丁未	12.5	十二·一	戊寅	1.5
九·十一	丙辰	10.15	十·十一	丁开(亥)	11.15	十一·十一	丁巳	12.15	十二·十一	戊子	1.15
九·二十一	丙寅	10.25	十·二十一	丁酉	11.25	十一·二十一	丁荣(卯)	12.25	十二·二十一	戊戌	1.25

*《天历考及天历与阴阳历日对照表》正月壬寅、二月癸酉朔。　** 太平天国历法于癸好三年二月十四日（1853年3月19日）以后，阳历对照皆推后一日。

太平天国甲寅四年（1854—1855）

一·一	戊申	2.4	二·一	己荣(卯)	3.7	三·一	己酉	4.6	四·一	庚辰	5.7
一·十一	戊午	2.14	二·十一	己好(丑)	3.17	三·十一	己未	4.16	四·十一	庚寅	5.17
一·二十一	戊辰	2.24	二·二十一	己开(亥)	3.27	三·二十一	己巳	4.26	四·二十一	庚子	5.27
五·一	庚戌	6.6	六·一	辛巳	7.7	七·一	辛开(亥)	8.6	八·一	壬午	9.6
五·十一	庚申	6.16	六·十一	辛荣(卯)	7.17	七·十一	辛酉	8.16	八·十一	壬辰	9.16
五·二十一	庚午	6.26	六·二十一	辛好(丑)	7.27	七·二十一	辛未	8.26	八·二十一	壬寅	9.26
九·一	壬子	10.6	十·一	癸未	11.6	十一·一	癸好(丑)	12.6	十二·一	甲申	1.6
九·十一	壬戌	10.16	十·十一	癸巳	11.16	十一·十一	癸开(亥)	12.16	十二·十一	甲午	1.16
九·二十一	壬申	10.26	十·二十一	癸荣(卯)	11.26	十一·二十一	癸酉	12.26	十二·二十一	甲辰	1.26

太平天国乙荣（卯）五年（1855—1856）

一·一	甲寅	2.5	二·一	乙酉	3.8	三·一	乙荣(卯)	4.7	四·一	丙戌	5.8
一·十一	甲子	2.15	二·十一	乙未	3.18	三·十一	乙好(丑)	4.17	四·十一	丙申	5.18
一·二十一	甲戌	2.25	二·二十一	乙巳	3.28	三·二十一	乙开(亥)	4.27	四·二十一	丙午	5.28
五·一	丙辰	6.7	六·一	丁开(亥)	7.8	七·一	丁巳	8.7	八·一	戊子	9.7
五·十一	丙寅	6.17	六·十一	丁酉	7.18	七·十一	丁荣(卯)	8.17	八·十一	戊戌	9.17
五·二十一	丙子	6.27	六·二十一	丁未	7.28	七·二十一	丁好(丑)	8.27	八·二十一	戊申	9.27
九·一	戊午	10.7	十·一	己好(丑)	11.7	十一·一	己未	12.7	十二·一	庚寅	1.7
九·十一	戊辰	10.17	十·十一	己开(亥)	11.17	十一·十一	己巳	12.17	十二·十一	庚子	1.17
九·二十一	戊寅	10.27	十·二十一	己酉	11.27	十一·二十一	己荣(卯)	12.27	十二·二十一	庚戌	1.27

太平天国丙辰六年（1856—1857）

一・一	庚申	2.6	二・一	辛荣(卯)	3.8	三・一	辛酉	4.7	四・一	壬辰	5.8
一・十一	庚午	2.16	二・十一	辛好(丑)	3.18	三・十一	辛未	4.17	四・十一	壬寅	5.18
一・二十一	庚辰	2.26	二・二十一	辛开(亥)	3.28	三・二十一	辛巳	4.27	四・二十一	壬子	5.28
五・一	壬戌	6.7	六・一	癸巳	7.8	七・一	癸开(亥)	8.7	八・一	甲午	9.7
五・十一	壬申	6.17	六・十一	癸荣(卯)	7.18	七・十一	癸酉	8.17	八・十一	甲辰	9.17
五・二十一	壬午	6.27	六・二十一	癸好(丑)	7.28	七・二十一	癸未	8.27	八・二十一	甲寅	9.27
九・一	甲子	10.7	十・一	乙未	11.7	十一・一	乙好(丑)	12.7	十二・一	丙申	1.7
九・十一	甲戌	10.17	十・十一	乙巳	11.17	十一・十一	乙开(亥)	12.17	十二・十一	丙午	1.17
九・二十一	甲申	10.27	十・二十一	乙荣(卯)	11.27	十一・二十一	乙酉	12.27	十二・二十一	丙辰	1.27

太平天国丁巳七年（1857—1858）

一・一	丙寅	2.6	二・一	丁酉	3.9	三・一	丁荣(卯)	4.8	四・一	戊戌	5.9
一・十一	丙子	2.16	二・十一	丁未	3.19	三・十一	丁好(丑)	4.18	四・十一	戊申	5.19
一・二十一	丙戌	2.26	二・二十一	丁巳	3.29	三・二十一	丁开(亥)	4.28	四・二十一	戊午	5.29
五・一	戊辰	6.8	六・一	己开(亥)	7.9	七・一	己巳	8.8	八・一	庚子	9.8
五・十一	戊寅	6.18	六・十一	己酉	7.19	七・十一	己荣(卯)	8.18	八・十一	庚戌	9.18
五・二十一	戊子	6.28	六・二十一	己未	7.29	七・二十一	己好(丑)	8.28	八・二十一	庚申	9.28
九・一	庚午	10.8	十・一	辛好(丑)	11.8	十一・一	辛未	12.8	十二・一	壬寅	1.8
九・十一	庚辰	10.18	十・十一	辛开(亥)	11.18	十一・十一	辛巳	12.18	十二・十一	壬子	1.18
九・二十一	庚寅	10.28	十・二十一	辛酉	11.28	十一・二十一	辛荣(卯)	12.28	十二・二十一	壬戌	1.28

太平天国戊午八年（1858—1859）

一・一	壬申	2.7	二・一	癸荣(卯)	3.10	三・一	癸酉	4.9	四・一	甲辰	5.10
一・十一	壬午	2.17	二・十一	癸好(丑)	3.20	三・十一	癸未	4.19	四・十一	甲寅	5.20
一・二十一	壬辰	2.27	二・二十一	癸开(亥)	3.30	三・二十一	癸巳	4.29	四・二十一	甲子	5.30
五・一	甲戌	6.9	六・一	乙巳	7.10	七・一	乙开(亥)	8.9	八・一	丙午	9.9
五・十一	甲申	6.19	六・十一	乙荣(卯)	7.20	七・十一	乙酉	8.19	八・十一	丙辰	9.19
五・二十一	甲午	6.29	六・二十一	乙好(丑)	7.30	七・二十一	乙未	8.29	八・二十一	丙寅	9.29
九・一	丙子	10.9	十・一	丁未	11.9	十一・一	丁好(丑)	12.9	十二・一	戊申	1.9
九・十一	丙戌	10.19	十・十一	丁巳	11.19	十一・十一	丁开(亥)	12.19	十二・十一	戊午	1.19
九・二十一	丙申	10.29	十・二十一	丁荣(卯)	11.29	十一・二十一	丁酉	12.29	十二・二十一	戊辰	1.29

太平天国己未九年（1859—1860）

一・一	戊寅	2.8	二・一	己酉	3.11	三・一	己荣(卯)	4.10	四・一	庚戌	5.11
一・十一	戊子	2.18	二・十一	己未	3.21	三・十一	己好(丑)	4.20	四・十一	庚申	5.21
一・二十一	戊戌	2.28	二・二十一	己巳	3.31	三・二十一	己开(亥)	4.30	四・二十一	庚午	5.31
五・一	庚辰	6.10	六・一	辛开(亥)	7.11	七・一	辛巳	8.10	八・一	壬子	9.10
五・十一	庚寅	6.20	六・十一	辛酉	7.21	七・十一	辛荣(卯)	8.20	八・十一	壬戌	9.20
五・二十一	庚子	6.30	六・二十一	辛未	7.30	七・二十一	辛好(丑)	8.30	八・二十一	壬申	9.30
九・一	壬午	10.10	十・一	癸好(丑)	11.10	十一・一	癸未	12.10	十二・一	甲寅	1.10
九・十一	壬辰	10.20	十・十一	癸开(亥)	11.20	十一・十一	癸巳	12.20	十二・十一	甲子	1.20
九・二十一	壬寅	10.30	十・二十一	癸酉	11.30	十一・二十一	癸荣(卯)	12.30	十二・二十一	甲戌	1.30

太平天国庚申十年(1860—1861)

一・一	甲申	2.9	二・一	乙荣(卯)	3.11	三・一	乙酉	4.10	四・一	丙辰	5.11
一・十一	甲午	2.19	二・十一	乙好(丑)	3.21	三・十一	乙未	4.20	四・十一	丙寅	5.21
一・二十一	甲辰	2.29	二・二十一	乙开(亥)	3.31	三・二十一	乙巳	4.30	四・二十一	丙子	5.31
五・一	丙戌	6.10	六・一	丁巳	7.11	七・一	丁开(亥)	8.10	八・一	戊午	9.10
五・十一	丙申	6.20	六・十一	丁荣(卯)	7.21	七・十一	丁酉	8.20	八・十一	戊辰	9.20
五・二十一	丙午	6.30	六・二十一	丁好(丑)	7.31	七・二十一	丁未	8.30	八・二十一	戊寅	9.30
九・一	戊子	10.10	十・一	己未	11.10	十一・一	己好(丑)	12.10	十二・一	庚申	1.10
九・十一	戊戌	10.20	十・十一	己巳	11.20	十一・十一	己开(亥)	12.20	十二・十一	庚午	1.20
九・二十一	戊申	10.30	十・二十一	己荣(卯)	11.30	十一・二十一	己酉	12.30	十二・二十一	庚辰	1.30

太平天国辛酉十一年(1861—1862)

一・一	庚寅	2.9	二・一	辛酉	3.12	三・一	辛荣(卯)	4.11	四・一	壬戌	5.12
一・十一	庚子	2.19	二・十一	辛未	3.22	三・十一	辛好(丑)	4.21	四・十一	壬申	5.22
一・二十一	庚戌	3.1	二・二十一	辛巳	4.1	三・二十一	辛开(亥)	5.1	四・二十一	壬午	6.1
五・一	壬辰	6.11	六・一	癸开(亥)	7.12	七・一	癸巳	8.11	八・一	甲子	9.11
五・十一	壬寅	6.21	六・十一	癸酉	7.22	七・十一	癸荣(卯)	8.21	八・十一	甲戌	9.21
五・二十一	壬子	7.1	六・二十一	癸未	8.1	七・二十一	癸好(丑)	8.31	八・二十一	甲申	10.1
九・一	甲午	10.11	十・一	乙好(丑)	11.11	十一・一	乙未	12.11	十二・一	丙寅	1.11
九・十一	甲辰	10.21	十・十一	乙开(亥)	11.21	十一・十一	乙巳	12.21	十二・十一	丙子	1.21
九・二十一	甲寅	10.31	十・二十一	乙酉	12.1	十一・二十一	乙荣(卯)	12.31	十二・二十一	丙戌	1.31

太平天国壬戌十二年(1862—1863)

一・一	丙申	2.10	二・一	丁荣(卯)	3.13	三・一	丁酉	4.12	四・一	戊辰	5.13
一・十一	丙午	2.20	二・十	丁好(丑)	3.23	三・十一	丁未	4.22	四・十一	戊寅	5.23
一・二十一	丙辰	3.2	二・二十一	丁开(亥)	4.2	三・二十一	丁巳	5.2	四・二十一	戊子	6.2
五・一	戊戌	6.12	六・一	己巳	7.13	七・一	己开(亥)	8.12	八・一	庚午	9.12
五・十一	戊申	6.22	六・十一	己荣(卯)	7.23	七・十一	己酉	8.22	八・十一	庚辰	9.22
五・二十一	戊午	7.2	六・二十一	己好(丑)	8.2	七・二十一	己未	9.1	八・二十一	庚寅	10.2
九・一	庚子	10.12	十・一	辛未	11.12	十一・一	辛好(丑)	12.12	十二・一	壬申	1.12
九・十一	庚戌	10.22	十・十一	辛巳	11.22	十一・十一	辛开(亥)	12.22	十二・十一	壬午	1.22
九・二十一	庚申	11.1	十・二十一	辛荣(卯)	12.2	十一・二十一	辛酉	1.1	十二・二十一	壬辰	2.1

太平天国癸开(亥)十三年(1863—1864)

一・一	壬寅	2.11	二・一	癸酉	3.14	三・一	癸荣(卯)	4.13	四・一	甲戌	5.14
一・十一	壬子	2.21	二・十一	癸未	3.24	三・十一	癸好(丑)	4.23	四・十一	甲申	5.24
一・二十一	壬戌	3.3	二・二十一	癸巳	4.3	三・二十一	癸开(亥)	5.3	四・二十一	甲午	6.3
五・一	甲辰	6.13	六・一	乙开(亥)	7.14	七・一	乙巳	8.13	八・一	丙子	9.13
五・十一	甲寅	6.23	六・十一	乙酉	7.24	七・十一	乙荣(卯)	8.23	八・十一	丙戌	9.23
五・二十一	甲子	7.3	六・二十一	乙未	8.3	七・二十一	乙好(丑)	9.2	八・二十一	丙申	10.3
九・一	丙午	10.13	十・一	丁好(丑)	11.13	十一・一	丁未	12.13	十二・一	戊寅	1.13
九・十一	丙辰	10.23	十・十一	丁开(亥)	11.23	十一・十一	丁巳	12.23	十二・十一	戊子	1.23
九・二十一	丙寅	11.2	十・二十一	丁酉	12.3	十一・二十一	丁荣(卯)	1.2	十二・二十一	戊戌	2.2

太平天国甲子十四年(1864—1865)

一·一	戊申	2.12	二·一	己荣(卯)	3.14	三·一	己酉	4.13	四·一	庚辰	5.14
一·十一	戊午	2.22	二·十一	己好(丑)	3.24	三·十一	己未	4.23	四·十一	庚寅	5.24
一·二十一	戊辰	3.3	二·二十一	己开(亥)	4.3	三·二十一	己巳	5.3	四·二十一	庚子	6.3
五·一	庚戌	6.13	*六·一	辛巳	7.14	七·一	辛开(亥)	8.13	八·一	壬午	9.13
五·十一	庚申	6.23	六·十一	辛荣(卯)	7.24	七·十一	辛酉	8.23	八·十一	壬辰	9.23
五·二十一	庚午	7.3	六·二十一	辛好(丑)	8.3	七·二十一	辛未	9.2	八·二十一	壬寅	10.3
九·一	壬子	10.13	十·一	癸未	11.13	十一·一	癸好(丑)	12.13	十二·一	甲申	1.13
九·十一	壬戌	10.23	十·十一	癸巳	11.23	十一·十一	癸开(亥)	12.23	十二·十一	甲午	1.23
九·二十一	壬申	11.2	十·二十一	癸荣(卯)	12.3	十一·二十一	癸酉	1.2	十二·二十一	甲辰	2.2

* 本月六日(7月19日),天京陷落。

太平天国乙好(丑)十五年(1865—1866)

一·一	甲寅	2.12	二·一	乙酉	3.15	三·一	乙荣(卯)	4.14	四·一	丙戌	5.15
一·十一	甲子	2.22	二·十一	乙未	3.25	三·十一	乙好(丑)	4.24	四·十一	丙申	5.25
一·二十一	甲戌	3.4	二·二十一	乙巳	4.4	三·二十一	乙开(亥)	5.4	四·二十一	丙午	6.4
五·一	丙辰	6.14	六·一	丁开(亥)	7.15	七·一	丁巳	8.14	八·一	戊子	9.14
五·十一	丙寅	6.24	六·十一	丁酉	7.25	七·十一	丁荣(卯)	8.24	八·十一	戊戌	9.24
五·二十一	丙子	7.4	六·二十一	丁未	8.4	七·二十一	丁好(丑)	9.3	八·二十一	戊申	10.4
九·一	戊午	10.14	十·一	己好(丑)	11.14	十一·一	己未	12.14	十二·一	庚寅	1.14
九·十一	戊辰	10.24	十·十一	己开(亥)	11.24	十一·十一	己巳	12.24	十二·十一	庚子	1.24
九·二十一	戊寅	11.3	十·二十一	己酉	12.4	十一·二十一	己荣(卯)	1.3	十二·二十一	庚戌	2.3

太平天国丙寅十六年(1866—1867)

一·一	庚申	2.13	二·一	辛荣(卯)	3.16	三·一	辛酉	4.15	四·一	壬辰	5.16
一·十一	庚午	2.23	二·十一	辛好(丑)	3.26	三·十一	辛未	4.25	四·十一	壬寅	5.26
一·二十一	庚辰	3.5	二·二十一	辛开(亥)	4.5	三·二十一	辛巳	5.5	四·二十一	壬子	6.5
五·一	壬戌	6.15	六·一	癸巳	7.16	七·一	癸开(亥)	8.15	八·一	甲午	9.15
五·十一	壬申	6.25	六·十一	癸荣(卯)	7.26	七·十一	癸酉	8.25	八·十一	甲辰	9.25
五·二十一	壬午	7.5	六·二十一	癸好(丑)	8.5	七·二十一	癸未	9.4	八·二十一	甲寅	10.5
九·一	甲子	10.15	十·一	乙未	11.15	十一·一	乙好(丑)	12.15	十二·一	丙申	1.15
九·十一	甲戌	10.25	十·十一	乙巳	11.25	十一·十一	乙开(亥)	12.25	十二·十一	丙午	1.25
九·二十一	甲申	11.4	十·二十一	乙荣(卯)	12.5	十一·二十一	乙酉	1.4	十二·二十一	丙辰	2.4

太平天国丁荣(卯)十七年(1867—1868)

一·一	丙寅	2.14	二·一	丁酉	3.17	三·一	丁荣(卯)	4.16	四·一	戊戌	5.17
一·十一	丙子	2.24	二·十一	丁未	3.27	三·十一	丁好(丑)	4.26	四·十一	戊申	5.27
一·二十一	丙戌	3.6	二·二十一	丁巳	4.6	三·二十一	丁开(亥)	5.6	四·二十一	戊午	6.6
五·一	戊辰	6.16	六·一	己开(亥)	7.17	七·一	己巳	8.16	八·一	庚子	9.16
五·十一	戊寅	6.26	六·十一	己酉	7.27	七·十一	己荣(卯)	8.26	八·十一	庚戌	9.26
五·二十一	戊子	7.6	六·二十一	己未	8.6	七·二十一	己好(丑)	9.5	八·二十一	庚申	10.6
九·一	庚午	10.16	十·一	辛好(丑)	11.16	十一·一	辛未	12.16	十二·一	壬寅	1.16
九·十一	庚辰	10.26	十·十一	辛开(亥)	11.26	十一·十一	辛巳	12.26	十二·十一	壬子	1.26
九·二十一	庚寅	11.5	十·二十一	辛酉	12.6	十一·二十一	辛荣(卯)	1.5	十二·二十一	壬戌	2.5

太平天国戊辰十八年(1868)

一・一 壬申 2.15 一・十一 壬午 2.25 一・二十一 壬辰 3.6	二・一 癸荣(卯)3.17 二・十一 癸好(丑)3.27 二・二十一 癸开(亥)4.6	三・一 癸酉 4.16 三・十一 癸未 4.26 三・二十一 癸巳 5.6	四・一 甲辰 5.17 四・十一 甲寅 5.27 四・二十一 甲子 6.6
五・一 甲戌 6.16 五・十一 甲申 6.26 五・二十一 甲午 7.6	六・一 乙巳 7.17 六・十一 乙荣(卯)7.27 六・二十一 乙好(丑)8.6	*七・一 乙开(亥)8.16	

* 本日捻军在山东徒骇河失败,太平天国结束。

民国历日表

民国元年壬子(1912)

1.1 丙子十一・十三 1.11 丙戌十一・二十三 1.21 丙申十二・三	2.1 丁未十二・十四 2.11 丁巳十二・二十四 2.21 丁卯一・四	3.1 丙子 一・十三 3.11 丙戌 一・二十三 3.21 丙申 二・三	4.1 丁未 二・十四 4.11 丁巳 二・二十四 4.21 丁卯 三・五
5.1 丁丑 三・十五 5.11 丁亥 三・二十五 5.21 丁酉 四・五	6.1 戊申 四・十六 6.11 戊午 四・二十六 6.21 戊辰 五・七	7.1 戊寅 五・十七 7.11 戊子 五・二十七 7.21 戊戌 六・八	8.1 己酉 六・十九 8.11 己未 六・二十九 8.21 己巳 七・九
9.1 庚辰 七・二十 9.11 庚寅 八・一 9.21 庚子 八・十一	10.1 庚戌 八・二十一 10.11 庚申 九・二 10.21 庚午 九・十二	11.1 辛巳 九・二十三 11.11 辛卯 十・三 11.21 辛丑 十・十三	12.1 辛亥 十・二十三 12.11 辛酉 十一・三 12.21 辛未 十一・十三

民国二年癸丑(1913)

1.1 壬午十一・二十四 1.11 壬辰十二・五 1.21 壬寅十二・十五	2.1 癸丑十二・二十六 2.11 癸亥一・六 2.21 癸酉一・十六	3.1 辛巳 一・二十四 3.11 辛卯 二・四 3.21 辛丑 二・十四	4.1 壬子 二・二十五 4.11 壬戌 三・五 4.21 壬申 三・十五
5.1 壬午 三・二十五 5.11 壬辰 四・六 5.21 壬寅 四・十六	6.1 癸丑 四・二十七 6.11 癸亥 五・七 6.21 癸酉 五・十七	7.1 癸未 五・二十七 7.11 癸巳 六・八 7.21 癸卯 六・十八	8.1 甲寅 六・二十九 8.11 甲子 七・十 8.21 甲戌 七・二十
9.1 乙酉 八・一 9.11 乙未 八・十一 9.21 乙巳 八・二十一	10.1 乙卯 九・二 10.11 乙丑 九・十二 10.21 乙亥 九・二十二	11.1 丙戌 十・四 11.11 丙申 十・十四 11.21 丙午 十・二十四	12.1 丙辰十一・四 12.11 丙寅十一・十四 12.21 丙子十一・二十四

民国三年甲寅(1914)

1.1 丁亥十二・六 1.11 丁酉十二・十六 1.21 丁未十二・二十六	2.1 戊午 一・七 2.11 戊辰 一・十七 2.21 戊寅 一・二十七	3.1 丙戌 二・五 3.11 丙申 二・十五 3.21 丙午 二・二十五	4.1 丁巳 三・六 4.11 丁卯 三・十六 4.21 丁丑 三・二十六
5.1 丁亥 四・七 5.11 丁酉 四・十七 5.21 丁未 四・二十七	6.1 戊午 五・八 6.11 戊辰 五・十八 6.21 戊寅 五・二十八	7.1 戊子 闰五・九 7.11 戊戌 闰五・十九 7.21 戊申 闰五・二十九	8.1 己未 六・十 8.11 己巳 六・二十 8.21 己卯 七・一
9.1 庚寅 七・十二 9.11 庚子 七・二十二 9.21 庚戌 八・二	10.1 庚申 八・十二 10.11 庚午 八・二十二 10.21 庚辰 九・三	11.1 辛卯 九・十四 11.11 辛丑 九・二十四 *11.21 辛亥 十・五	12.1 辛酉 十・十五 12.11 辛未 十・二十五 12.21 辛巳 十・五

*《通考》《总谱》为十月初四日,本月同。

民国四年乙卯(1915)

1.1 壬辰十一・十六	2.1 癸亥十二・十八	3.1 辛卯 一・十六	4.1 壬戌 二・十七
1.11 壬寅十一・二十六	2.11 癸酉十二・二十八	3.11 辛丑 一・二十六	4.11 壬申 二・二十七
1.21 壬子十二・七	2.21 癸未一・八	3.21 辛亥 二・六	4.21 壬午 三・八
5.1 壬辰 三・十八	6.1 癸亥 四・十九	7.1 癸巳 五・十九	8.1 甲子 六・二十一
5.11 壬寅 三・二十八	6.11 癸酉 四・二十九	7.11 癸卯 五・二十九	8.11 甲戌 七・一
5.21 壬子 四・八	6.21 癸未 五・九	7.21 癸丑 六・十	8.21 甲申 七・十一
9.1 乙未 七・二十二	10.1 乙丑 八・二十三	11.1 丙申 九・二十四	12.1 丙寅 十・二十五
9.11 乙巳 八・三	10.11 乙亥 九・三	11.11 丙午 十・五	12.11 丙子 十一・五
9.21 乙卯 八・十三	10.21 乙酉 九・十三	11.21 丙辰 十・十五	12.21 丙戌 十一・十五

民国五年丙辰(1916)

1.1 丁酉十一・二十六	2.1 戊辰十二・二十八	3.1 丁酉 一・二十八	4.1 戊辰 二・二十九
1.11 丁未十二・七	2.11 戊寅一・九	3.11 丁未 二・八	4.11 戊寅 三・九
1.21 丁巳十二・十七	2.21 戊子一・十九	3.21 丁巳 二・十八	4.21 戊子 三・十九
5.1 戊戌 三・二十九	6.1 己巳 五・一	7.1 己亥 六・二	8.1 庚午 七・三
5.11 戊申 四・十	6.11 己卯 五・十一	7.11 己酉 六・十二	8.11 庚辰 七・十三
5.21 戊午 四・二十	6.21 己丑 五・二十一	7.21 己未 六・二十二	8.21 庚寅 七・二十三
9.1 辛丑 八・四	10.1 辛未 九・五	11.1 壬寅 十・六	12.1 壬申十一・七
9.11 辛亥 八・十四	10.11 辛巳 九・十五	11.11 壬子 十・十六	12.11 壬午十一・十七
9.21 辛酉 八・二十四	10.21 辛卯 九・二十五	11.21 壬戌 十・二十六	12.21 壬辰十一・二十七

民国六年丁巳(1917)

1.1 癸卯十二・八	2.1 甲戌 一・十	3.1 壬寅 二・八	4.1 癸酉 闰二・十
1.11 癸丑十二・十八	2.11 甲申 一・二十	3.11 壬子 二・十八	4.11 癸未 闰二・二十
1.21 癸亥十二・二十八	2.21 甲午 一・三十	3.21 壬戌 二・二十八	4.21 癸巳 三・一
5.1 癸卯 三・十一	6.1 甲戌 四・十二	7.1 甲辰 五・十三	8.1 乙亥 六・十四
5.11 癸丑 三・二十一	6.11 甲申 四・二十二	7.11 甲寅 五・二十三	8.11 乙酉 六・二十四
5.21 癸亥 四・一	6.21 甲午 五・三	7.21 甲子 六・三	8.21 乙未 七・四
9.1 丙午 七・十五	10.1 丙子 八・十六	11.1 丁未 九・十七	12.1 丁丑 十・十七
9.11 丙辰 七・二十五	10.11 丙戌 八・二十六	11.11 丁巳 九・二十七	12.11 丁亥 十・二十七
9.21 丙寅 八・六	10.21 丙申 九・六	11.21 丁卯 十・七	12.21 丁酉 十一・八

民国七年戊午(1918)

1.1 戊申十一・十九	2.1 己卯 十二・二十	3.1 丁未 一・十九	4.1 戊寅 二・二十
1.11 戊午十一・二十九	2.11 己丑 一・一	3.11 丁巳 一・二十九	4.11 戊子 三・一
1.21 戊辰十二・九	2.21 己亥 一・十一	3.21 丁卯 二・九	4.21 戊戌 三・十一
5.1 戊申 三・二十一	6.1 己卯 四・二十三	7.1 己酉 五・二十三	8.1 庚辰 六・二十五
5.11 戊午 四・二	6.11 己丑 五・三	7.11 己未 六・四	8.11 庚寅 七・五
5.21 戊辰 四・十二	6.21 己亥 五・十三	7.21 己巳 六・十四	8.21 庚子 七・十五
9.1 辛亥 七・二十六	10.1 辛巳 八・二十七	11.1 壬子 九・二十八	12.1 壬午 十・二十八
9.11 辛酉 八・七	10.11 辛卯 九・七	11.11 壬戌 十・八	12.11 壬辰 十一・九
9.21 辛未 八・十七	10.21 辛丑 九・十七	11.21 壬申 十・十八	12.21 壬寅 十一・十九

民国八年己未（1919）

1.1 癸丑 十一•三十	2.1 甲申 一•一	3.1 壬子 一•二十九	4.1 癸未 三•一
1.11 癸亥 十二•十	2.11 甲午 一•十一	3.11 壬戌 二•十	4.11 癸巳 三•十一
1.21 癸酉 十二•二十	2.21 甲辰 一•二十一	3.21 壬申 二•二十	4.21 癸卯 三•二十一
5.1 癸丑 四•二	6.1 甲申 五•四	7.1 甲寅 六•四	8.1 乙酉 七•六
5.11 癸亥 四•十二	6.11 甲午 五•十四	7.11 甲子 六•十四	8.11 乙未 七•十六
5.21 癸酉 四•二十二	6.21 甲辰 五•二十四	7.21 甲戌 六•二十四	8.21 乙巳 七•二十六
9.1 丙辰闰七•八	10.1 丙戌 八•八	11.1 丁巳 九•九	12.1 丁亥 十•十
9.11 丙寅闰七•十八	10.11 丙申 八•十八	11.11 丁卯 九•十九	12.11 丁酉 十•二十
9.21 丙子闰七•二十八	10.21 丙午 八•二十八	11.21 丁丑 九•二十九	12.21 丁未 十•三十

民国九年庚申（1920）

1.1 戊午 十一•十一	2.1 己丑十二•十二	3.1 戊午 一•十一	4.1 己丑 二•十三
1.11 戊辰 十一•二十	2.11 己亥十二•二十二	3.11 戊辰 一•二十一	4.11 己亥 二•二十三
1.21 戊寅 十二•一	2.21 己酉一•二	3.21 戊寅 二•二	4.21 己酉 三•三
5.1 己未 三•十三	6.1 庚寅 四•十五	7.1 庚申 五•十六	8.1 辛卯 六•十七
5.11 己巳 三•二十三	6.11 庚子 四•二十五	7.11 庚午 五•二十六	8.11 辛丑 六•二十七
5.21 己卯 四•四	6.21 庚戌 五•六	7.21 庚辰 六•六	8.21 辛亥 七•八
9.1 壬戌 七•十九	10.1 壬辰 八•二十	11.1 癸亥 九•二十一	12.1 癸巳 十•二十二
9.11 壬申 七•二十九	10.11 壬寅 八•三十	*11.11 癸酉 十•二	12.11 癸卯 十一•二
9.21 壬午 八•十	10.21 壬子 九•十	11.21 癸未 十•十二	12.21 癸丑 十一•十二

*《通考》《总谱》为十月初一日，本月同。

民国十年辛酉（1921）

1.1 甲子十一•二十三	2.1 乙未十二•二十四	3.1 癸亥 一•二十二	4.1 甲午 二•二十三
1.11 甲戌十二•三	2.11 乙巳一•四	3.11 癸酉 二•二	4.11 甲辰 三•四
1.21 甲申十二•十三	2.21 乙卯一•十四	3.21 癸未 二•十二	4.21 甲寅 三•十四
5.1 甲子 三•二十四	6.1 乙未 四•二十五	7.1 乙丑 五•二十六	8.1 丙申 六•二十八
5.11 甲戌 四•四	6.11 乙巳 五•六	7.11 乙亥 六•七	8.11 丙午 七•八
5.21 甲申 四•十四	6.21 乙卯 五•十六	7.21 乙酉 六•十七	8.21 丙辰 七•十八
9.1 丁卯 七•二十九	10.1 丁酉 九•一	11.1 戊辰 十•二	12.1 戊戌十一•三
9.11 丁丑 八•十	10.11 丁未 九•十一	11.11 戊寅 十•十二	12.11 戊申十一•十三
9.21 丁亥 八•二十	10.21 丁巳 九•二十一	11.21 戊子 十•二十二	12.21 戊午十一•二十三

民国十一年壬戌（1922）

1.1 己巳十二•四	2.1 庚子 一•五	3.1 戊辰 二•三	4.1 己亥 三•五
1.11 己卯十二•十四	2.11 庚戌 一•十五	3.11 戊寅 二•十三	4.11 己酉 三•十五
1.21 己丑十二•二十四	2.21 庚申 一•二十五	3.21 戊子 二•二十三	4.21 己未 三•二十五
5.1 己巳 四•五	6.1 庚子 五•六	7.1 庚午闰五•七	8.1 辛丑 六•九
5.11 己卯 四•十五	6.11 庚戌 五•十六	7.11 庚辰闰五•十七	8.11 辛亥 六•十九
5.21 己丑 四•二十五	6.21 庚申 五•二十六	7.21 庚寅闰五•二十七	8.21 辛酉 六•二十九
9.1 壬申 七•十	10.1 壬寅 八•十一	11.1 癸酉 九•十三	12.1 癸卯 十•十三
9.11 壬午 七•二十	10.11 壬子 八•二十一	11.11 癸未 九•二十三	12.11 癸丑 十•二十三
9.21 壬辰 八•一	10.21 壬戌 九•二	11.21 癸巳 十•三	12.21 癸亥 十一•四

民国十二年癸亥（1923）

1.1　甲戌十一·十五	2.1　乙巳十二·十六	3.1　癸酉　一·十四	4.1　甲辰　二·十六
1.11　甲申十一·二十五	2.11　乙卯十二·二十六	3.11　癸未　一·二十四	4.11　甲寅　二·二十六
1.21　甲午十二·五	2.21　乙丑一·六	3.21　癸巳　二·五	4.21　甲子　三·六
5.1　甲戌　三·十六	6.1　乙巳　四·十七	7.1　乙亥　五·十八	8.1　丙午　六·十九
5.11　甲申　三·二十六	6.11　乙卯　四·二十七	7.11　乙酉　五·二十八	8.11　丙辰　六·二十九
5.21　甲午　四·六	6.21　乙丑　五·八	7.21　乙未　六·八	8.21　丙寅　七·十
9.1　丁丑　七·二十一	10.1　丁未　八·二十一	11.1　戊寅　九·二十三	12.1　戊申　十·二十四
9.11　丁亥　八·一	10.11　丁巳　九·二	11.11　戊子　十·四	12.11　戊午　十一·四
9.21　丁酉　八·十一	10.21　丁卯　九·十二	11.21　戊戌　十·十四	12.21　戊辰　十一·十四

民国十三年甲子（1924）

1.1　己卯十一·二十五	2.1　庚戌十二·二十七	3.1　己卯　一·二十六	4.1　庚戌　二·二十八
1.11　己丑十二·六	2.11　庚申一·七	*3.11　己丑　二·七	4.11　庚申　三·八
1.21　己亥十二·十六	2.21　庚午一·十七	3.21　己亥　二·十七	4.21　庚午　三·十八
5.1　庚辰　三·二十八	6.1　辛亥　四·二十九	7.1　辛巳　五·三十	8.1　壬子　七·一
5.11　庚寅　四·八	6.11　辛酉　五·十	7.11　辛卯　六·十	8.11　壬戌　七·十一
5.21　庚子　四·十八	6.21　辛未　五·二十	7.21　辛丑　六·二十	8.21　壬申　七·二十一
9.1　癸未　八·三	10.1　癸丑　九·三	11.1　甲申　十·五	12.1　甲寅十一·五
9.11　癸巳　八·十三	10.11　癸亥　九·十三	11.11　甲午　十·十五	12.11　甲子十一·十五
9.21　癸卯　八·二十三	10.21　癸酉　九·二十三	11.21　甲辰　十·二十五	12.21　甲戌十一·二十五

*《通考》《总谱》为二月初六日，本月同。

民国十四年乙丑（1925）

1.1　乙酉十二·七	*2.1　丙辰　一·九	3.1　甲申　二·七	4.1　乙卯　三·九
1.11　乙未十二·十七	2.11　丙寅　一·十九	3.11　甲午　二·十七	4.11　乙丑　三·十九
1.21　乙巳十二·二十七	2.21　丙子　一·二十九	3.21　甲辰　二·二十七	4.21　乙亥　三·二十九
5.1　乙酉　四·九	6.1　丙辰闰四·十一	7.1　丙戌　五·十一	8.1　丁巳　六·十二
5.11　乙未　四·十九	6.11　丙寅闰四·二十一	7.11　丙申　五·二十一	8.11　丁卯　六·二十二
5.21　乙巳　四·二十九	6.21　丙子五·一	7.21　丙午　六·一	8.21　丁丑　七·三
9.1　戊子　七·十四	10.1　戊午　八·十四	11.1　己丑　九·十五	12.1　己未　十·十六
9.11　戊戌　七·二十四	10.11　戊辰　八·二十四	11.11　己亥　九·二十五	12.11　己巳　十·二十六
9.21　戊申　八·四	10.21　戊寅　九·四	11.21　己酉　十·六	12.21　己卯　十一·六

*《通考》《总谱》为正月初八日，本月同。

民国十五年丙寅（1926）

1.1　庚寅十一·十七	2.1　辛酉十二·十九	3.1　己丑　一·十七	4.1　庚申　二·十九
1.11　庚子十一·二十七	2.11　辛未十二·二十九	3.11　己亥　一·二十七	4.11　庚午　二·二十九
1.21　庚戌十二·八	2.21　辛巳一·九	3.21　己酉　二·八	4.21　庚辰　三·十
5.1　庚寅　三·二十	6.1　辛酉　四·二十一	7.1　辛卯　五·二十二	8.1　壬戌　六·二十三
5.11　庚子　三·三十	6.11　辛未　五·二	7.11　辛丑　六·二	8.11　壬申　七·四
5.21　庚戌　四·十	6.21　辛巳　五·十二	7.21　辛亥　六·十二	8.21　壬午　七·十四
9.1　癸巳　七·二十五	10.1　癸亥　八·二十五	11.1　甲午　九·二十六	12.1　甲子　十·二十七
9.11　癸卯　八·五	10.11　癸酉　九·五	11.11　甲辰　十·七	12.11　甲戌　十一·七
9.21　癸丑　八·十五	10.21　癸未　九·十五	11.21　甲寅　十·十七	12.21　甲申　十一·十七

民国十六年丁卯(1927)

1.1 乙未十一·二十八	2.1 丙寅十二·二十九	3.1 甲午 十·二十八	4.1 乙丑 二·二十九
1.11 乙巳十二·八	2.11 丙子一·十	3.11 甲辰 二·八	4.11 乙亥 三·十
1.21 乙卯十二·十八	2.21 丙戌一·二十	3.21 甲寅 二·十八	4.21 乙酉 三·二十
5.1 乙未 四·一	6.1 丙寅 五·二	7.1 丙申 六·三	8.1 丁卯 七·四
5.11 乙巳 四·十一	6.11 丙子 五·十二	7.11 丙午 六·十三	8.11 丁丑 七·十四
5.21 乙卯 四·二十一	6.21 丙戌 五·二十二	7.21 丙辰 六·二十三	8.21 丁亥 七·二十四
9.1 戊戌 八·六	10.1 戊辰 九·六	*11.1 己亥 十·八	12.1 己巳十一·八
9.11 戊申 八·十六	10.11 戊寅 九·十六	11.11 己酉 十·十八	12.11 己卯十一·十八
9.21 戊午 八·二十六	10.21 戊子 九·二十六	11.21 己未 十·二十八	12.21 己丑十一·二十八

*《通考》《总谱》为十月初七日,本月同。

民国十七年戊辰(1928)

1.1 庚子十二·九	2.1 辛未 一·十	3.1 庚子 二·十	4.1 辛未闰二·十一
1.11 庚戌十二·十九	2.11 辛巳 一·二十	3.11 庚戌 二·二十	4.11 辛巳闰二·二十一
1.21 庚申十二·二十九	2.21 辛卯 二·一	3.21 庚申 二·三十	4.21 辛卯三·二
5.1 辛丑 三·十二	6.1 壬申 四·十四	7.1 壬寅 五·十四	8.1 癸酉 六·十六
5.11 辛亥 三·二十二	6.11 壬午 四·二十四	7.11 壬子 五·二十四	8.11 癸未 六·二十六
5.21 辛酉 四·三	6.21 壬辰 五·四	7.21 壬戌 六·五	8.21 癸巳 七·七
9.1 甲辰 七·十八	10.1 甲戌 八·十八	11.1 乙巳 九·二十	12.1 乙亥 十·二十
9.11 甲寅 七·二十八	10.11 甲申 八·二十八	11.11 乙卯 九·三十	12.11 乙酉 十·三十
9.21 甲子 八·八	10.21 甲午 九·九	11.21 乙丑 十·十	12.21 乙未 十一·十

民国十八年己巳(1929)

1.1 丙午十一·二十一	2.1 丁丑 十二·二十二	3.1 乙巳 一·二十	4.1 丙子 二·二十二
1.11 丙辰十二·一	2.11 丁亥 一·二	3.11 乙卯 二·一	4.11 丙戌 三·二
1.21 丙寅十二·十一	2.21 丁酉 一·十二	3.21 乙丑 二·十一	4.21 丙申 三·十二
5.1 丙午 三·二十二	6.1 丁丑 四·二十四	7.1 丁未 五·二十五	8.1 戊寅 六·二十六
5.11 丙辰 四·三	6.11 丁亥 五·五	7.11 丁巳 六·五	8.11 戊子 七·七
5.21 丙寅 四·十三	6.21 丁酉 五·十五	7.21 丁卯 六·十五	8.21 戊戌 七·十七
9.1 己酉 七·二十八	10.1 己卯 八·二十九	11.1 庚戌 十·一	12.1 庚辰十一·一
9.11 己未 八·九	10.11 己丑 九·九	11.11 庚申 十·十一	12.11 庚寅十一·十一
9.21 己巳 八·十九	10.21 己亥 九·十九	11.21 庚午 十·二十	12.21 庚子十一·二十一

民国十九年庚午(1930)

1.1 辛亥 十二·二	2.1 壬午 一·三	3.1 庚戌 二·二	4.1 辛巳 三·三
1.11 辛酉 十二·十二	2.11 壬辰 一·十三	3.11 庚申 二·十二	4.11 辛卯 三·十三
1.21 辛未 十二·二十二	2.21 壬寅 一·二十三	3.21 庚午 二·二十二	4.21 辛丑 三·二十三
5.1 辛亥 四·三	6.1 壬午 五·五	7.1 壬子 六·六	8.1 癸未闰六·七
5.11 辛酉 四·十三	6.11 壬辰 五·十五	7.11 壬戌 六·十六	8.11 癸巳闰六·十七
5.21 辛未 四·二十三	6.21 壬寅 五·二十五	7.21 壬申 六·二十六	8.21 癸卯闰六·二十七
9.1 甲寅 七·九	10.1 甲申 八·十	11.1 乙卯 九·十一	12.1 乙酉 十·十二
9.11 甲子 七·十九	10.11 甲午 八·二十	11.11 乙丑 九·二十一	12.11 乙未 十·二十二
9.21 甲戌 七·二十九	10.21 甲辰 八·三十	11.21 乙亥 十·二	12.21 乙巳 十一·二

民国二十年辛未(1931)

1.1 丙辰十一·十三	2.1 丁亥十二·十四	3.1 乙卯 一·十三	4.1 丙戌 二·十四
1.11 丙寅十一·二十三	2.11 丁酉十二·二十四	3.11 乙丑 一·二十三	4.11 丙申 二·二十四
1.21 丙子十二·三	2.21 丁未一·五	3.21 乙亥 二·三	4.21 丙午 三·四
5.1 丙辰 三·十四	6.1 丁亥 四·十六	7.1 丁巳 五·十六	8.1 戊子 六·十八
5.11 丙寅 三·二十四	6.11 丁酉 四·二十六	7.11 丁卯 五·二十六	8.11 戊戌 六·二十八
5.21 丙子 四·五	6.21 丁未 五·六	7.21 丁丑 六·七	8.21 戊申 七·八
9.1 己未 七·十九	10.1 己丑 八·二十	11.1 庚申 九·二十二	12.1 庚寅 十·二十二
9.11 己巳 七·二十九	10.11 己亥 九·一	11.11 庚午 十·二	12.11 庚子 十一·三
9.21 己卯 八·十	10.21 己酉 九·十一	11.21 庚辰 十·十二	12.21 庚戌 十一·十三

民国二十一年壬申(1932)

1.1 辛酉十一·二十四	2.1 壬辰 十二·二十五	3.1 辛酉 一·二十五	4.1 壬辰 二·二十六
1.11 辛未十二·四	2.11 壬寅 一·六	3.11 辛未 二·五	4.11 壬寅 三·六
1.21 辛巳十二·十四	2.21 壬子 一·十六	3.21 辛巳 二·十五	4.21 壬子 三·十六
5.1 壬戌 三·二十六	6.1 癸巳 四·二十七	7.1 癸亥 五·二十八	8.1 甲午 六·二十九
5.11 壬申 四·六	6.11 癸卯 五·八	7.11 癸酉 六·八	8.11 甲辰 七·十
5.21 壬午 四·十六	6.21 癸丑 五·十八	7.21 癸未 六·十八	8.21 甲寅 七·十二
9.1 乙丑 八·一	10.1 乙未 九·二	11.1 丙寅 十·四	12.1 丙申十一·四
9.11 乙亥 八·十一	10.11 乙巳 九·十二	11.11 丙子 十·十四	12.11 丙午十一·十四
9.21 乙酉 八·二十一	10.21 乙卯 九·二十二	11.21 丙戌 十·二十四	12.21 丙辰十一·二十四

民国二十二年癸酉(1933)

1.1 丁卯十二·六	2.1 戊戌 一·七	3.1 丙寅 二·六	4.1 丁酉 三·七
1.11 丁丑十二·十六	2.11 戊申 一·十七	3.11 丙子 二·十六	4.11 丁未 三·十七
1.21 丁亥十二·二十六	2.21 戊午 一·二十七	3.21 丙戌 二·二十六	4.21 丁巳 三·二十七
5.1 丁卯 四·七	6.1 戊戌 五·九	7.1 戊辰闰五·九	8.1 己亥 *六·十
5.11 丁丑 七·十七	6.11 戊申 五·十九	7.11 戊寅闰五·十九	8.11 己酉 六·二十
5.21 丁亥 四·二十七	6.21 戊午 五·二十九	7.21 戊子闰五·二十九	8.21 己未 七·一
9.1 庚午 七·十二	10.1 庚子 八·十二	11.1 辛未 九·十四	12.1 辛丑 十·十四
9.11 庚辰 七·二十二	10.11 庚戌 八·二十二	11.11 辛巳 九·二十四	12.11 辛亥 十·二十四
9.21 庚寅 八·二	10.21 庚申 九·三	11.21 辛卯 十·四	12.21 辛酉 十一·五

＊《对照表》为六月十一日,本月同。

民国二十三年甲戌(1934)

1.1 壬申十一·十六	2.1 癸卯十二·十八	3.1 辛未 一·十六	4.1 壬寅 二·十八
1.11 壬午十一·二十六	2.11 癸丑十二·二十八	3.11 辛巳 一·二十六	4.11 壬子 二·二十八
1.21 壬辰十二·七	2.21 癸亥一·八	3.21 辛卯 二·七	4.21 壬戌 三·八
5.1 壬申 三·十八	6.1 癸卯 四·二十	7.1 癸酉 五·二十	8.1 甲辰 六·二十一
5.11 壬午 三·二十八	6.11 癸丑 四·三十	7.11 癸未 五·三十	8.11 甲寅 七·二
5.21 壬辰 四·九	6.21 癸亥 五·十	7.21 癸巳 六·十	8.21 甲子 七·十二
9.1 乙亥 七·二十三	10.1 乙巳 八·二十三	11.1 丙子 九·二十五	12.1 丙午 十·二十五
9.11 乙酉 八·三	10.11 乙卯 九·四	11.11 丙戌 十·五	12.11 丙辰 十一·五
9.21 乙未 八·十三	10.21 乙丑 九·十四	11.21 丙申 十·十五	12.21 丙寅 十一·十五

民国二十四年乙亥(1935)

1.1　丁丑十一・二十六	2.1　戊申十二・二十八	3.1　丙子　一・二十六	4.1　丁未　二・二十八
1.11　丁亥十二・七	2.11　戊午一・八	3.11　丙戌　二・七	4.11　丁巳　三・九
1.21　丁酉十二・十七	2.21　戊辰一・十八	3.21　丙申　二・十七	4.21　丁卯　三・十九
5.1　丁丑　三・二十九	6.1　戊申　五・一	7.1　戊寅　六・一	8.1　己酉　七・三
5.11　丁亥　四・九	6.11　戊午　五・十一	7.11　戊子　六・十一	8.11　己未　七・十三
5.21　丁酉　四・十九	6.21　戊辰　五・二十一	7.21　戊戌　六・二十一	8.21　己巳　七・二十三
9.1　庚辰　八・四	10.1　庚戌　九・四	11.1　辛巳　十・六	12.1　辛亥十一・六
9.11　庚寅　八・十四	10.11　庚申　九・十四	11.11　辛卯　十・十六	12.11　辛酉十一・十六
9.21　庚子　八・二十四	10.21　庚午　九・二十四	11.21　辛丑　十・二十六	12.21　辛未十一・二十六

民国二十五年丙子(1936)

1.1　壬午十二・七	2.1　癸丑　一・九	3.1　壬午　二・八	4.1　癸丑　三・十
1.11　壬辰十二・十七	2.11　癸亥　一・十九	3.11　壬辰　二・十八	4.11　癸亥　三・二十
1.21　壬寅十二・二十七	2.21　癸酉　一・二十九	3.21　壬寅　二・二十八	4.21　癸酉　闰三・一
5.1　癸未闰三・十一	6.1　甲寅　四・十二	7.1　甲申　五・十三	8.1　乙卯　六・十五
5.11　癸巳闰三・二十一	6.11　甲子　四・二十二	7.11　甲午　五・二十三	8.11　乙丑　六・二十五
5.21　癸卯四・一	6.21　甲戌　五・三	7.21　甲辰　六・四	8.21　乙亥　七・五
9.1　丙戌　七・十六	10.1　丙辰　八・十六	11.1　丁亥　九・十八	12.1　丁巳　十・十八
9.11　丙申　七・二十六	10.11　丙寅　八・二十六	11.11　丁酉　九・二十八	12.11　丁卯　十・二十八
9.21　丙午　八・六	10.21　丙子　九・七	11.21　丁未　十・八	12.21　丁丑　十一・八

民国二十六年丁丑(1937)

1.1　戊子十一・十九	2.1　己未　十二・二十	3.1　丁亥　一・十九	4.1　戊午　二・二十
1.11　戊戌十一・二十九	2.11　己巳　一・一	3.11　丁酉　一・二十九	4.11　戊辰　三・一
1.21　戊申十二・九	2.21　己卯　一・十一	3.21　丁未　二・九	4.21　戊寅　三・十一
5.1　戊子　三・二十一	6.1　己未　四・二十三	7.1　己丑　五・二十三	8.1　庚申　六・二十五
5.11　戊戌　四・二	6.11　己巳　五・三	7.11　己亥　六・四	8.11　庚午　七・六
5.21　戊申　四・十二	6.21　己卯　五・十三	7.21　己酉　六・十四	8.21　庚辰　七・十六
9.1　辛卯　七・二十七	10.1　辛酉　八・二十七	11.1　壬辰　九・二十九	12.1　壬戌　十・二十九
9.11　辛丑　八・七	10.11　辛未　九・八	11.11　壬寅　十・九	12.11　壬申　十一・九
9.21　辛亥　八・十七	10.21　辛巳　九・十八	11.21　壬子　十・十九	12.21　壬午　十一・十九

民国二十七年戊寅(1938)

1.1　癸巳　十一・三十	2.1　甲子　一・二	3.1　壬辰　一・三十	4.1　癸亥　三・一
1.11　癸卯　十二・十	2.11　甲戌　一・十二	3.11　壬寅　二・十	4.11　癸酉　三・十一
1.21　癸丑　十二・二十	2.21　甲申　一・二十二	3.21　壬子　二・二十	4.21　癸未　三・二十一
5.1　癸巳　四・二	6.1　甲子　五・四	7.1　甲午　六・四	8.1　乙丑　七・六
5.11　癸卯　四・十二	6.11　甲戌　五・十四	7.11　甲辰　六・十四	8.11　乙亥　七・十六
5.21　癸丑　四・二十二	6.21　甲申　五・二十四	7.21　甲寅　六・二十四	8.21　乙酉　七・二十六
9.1　丙申闰七・八	10.1　丙寅　八・八	11.1　丁酉　九・十	12.1　丁卯　十・十
9.11　丙午闰七・十八	10.11　丙子　八・十八	11.11　丁未　九・二十	12.11　丁丑　十・二十
9.21　丙辰闰七・二十八	10.21　丙戌　八・二十八	11.21　丁巳　九・三十	12.21　丁亥　十・三十

民国二十八年己卯(1939)

1.1　戊戌十一・十一	2.1　己巳十二・十三	3.1　丁酉　一・十一	4.1　戊辰　二・十二
1.11　戊申十一・二十一	2.11　己卯十二・二十三	3.11　丁未　一・二十一	4.11　戊寅　二・二十二
1.21　戊午十二・二	2.21　己丑　一・三	3.21　丁巳　二・一	4.21　戊子　三・二
5.1　戊戌　三・十二	6.1　己巳　四・十四	7.1　己亥　五・十五	8.1　庚午　六・十六
5.11　戊申　三・二十二	6.11　己卯　四・二十四	7.11　己酉　五・二十五	8.11　庚辰　六・二十六
5.21　戊午　四・三	6.21　己丑　五・五	7.21　己未　六・五	8.21　庚寅　七・七
9.1　辛丑　七・十八	10.1　辛未　八・十九	11.1　壬寅　九・二十	12.1　壬申　十・二十一
9.11　辛亥　七・二十八	10.11　辛巳　八・二十九	11.11　壬子　十・一	12.11　壬午　十一・一
9.21　辛酉　八・九	10.21　辛卯　九・九	11.21　壬戌　十・十一	12.21　壬辰　十一・十一

民国二十九年庚辰(1940)

1.1　癸卯十一・二十二	2.1　甲戌十二・二十四	3.1　癸卯　一・二十三	4.1　甲戌　二・二十四
1.11　癸丑十二・三	2.11　甲申一・四	3.11　癸丑　二・三	4.11　甲申　三・四
1.21　癸亥十二・十三	2.21　甲午一・十四	3.21　癸亥　二・十三	4.21　甲午　三・十四
5.1　甲辰　三・二十四	6.1　乙亥　四・二十六	7.1　乙巳　五・二十六	8.1　丙子　六・二十八
5.11　甲寅　四・五	6.11　乙酉　五・六	7.11　乙卯　六・七	8.11　丙戌　七・八
5.21　甲子　四・十五	6.21　乙未　五・十六	7.21　乙丑　六・十七	8.21　丙申　七・十八
9.1　丁未　七・二十九	10.1　丁丑　九・一	11.1　戊申　十・二	12.1　戊寅十一・三
9.11　丁巳　八・十	10.11　丁亥　九・十一	11.11　戊午　十・十二	12.11　戊子十一・十三
9.21　丁卯　八・二十	10.21　丁酉　九・二十一	11.21　戊辰　十・二十二	12.21　戊戌十一・二十三

民国三十年辛巳(1941)

1.1　己酉十二・四	2.1　庚辰　一・六	3.1　戊申　二・四	4.1　己卯　三・五
1.11　己未十二・十四	2.11　庚寅　一・十六	3.11　戊午　二・十四	4.11　己丑　三・十五
1.21　己巳十二・二十四	2.21　庚子　一・二十六	3.21　戊辰　二・二十四	4.21　己亥　三・二十五
5.1　己酉　四・六	6.1　庚辰　五・七	7.1　庚戌　六・七	8.1　辛巳闰六・九
5.11　己未　四・十六	6.11　庚寅　五・十七	7.11　庚申　六・十七	8.11　辛卯闰六・十九
5.21　己巳　四・二十六	6.21　庚子　五・二十七	7.21　庚午　六・二十七	8.21　辛丑闰六・二十九
9.1　壬子　七・十	10.1　壬午　八・十一	11.1　癸丑　九・十三	12.1　癸未　十・十三
9.11　壬戌　七・二十	10.11　壬辰　八・二十一	11.11　癸亥　九・二十三	12.11　癸巳　十・二十三
9.21　壬申　八・一	10.21　壬寅　九・二	11.21　癸酉　十・三	12.21　癸卯　十一・四

民国三十一年壬午(1942)

1.1　甲寅十一・十五	2.1　乙酉十二・十六	3.1　癸丑　一・十五	4.1　甲申　二・十六
1.11　甲子十一・二十五	2.11　乙未十二・二十六	3.11　癸亥　一・二十五	4.11　甲午　二・二十六
1.21　甲戌十二・五	2.21　乙巳一・七	3.21　癸酉　二・五	4.21　甲辰　三・七
5.1　甲寅　三・十七	6.1　乙酉　四・十八	7.1　乙卯　五・十八	8.1　丙戌　六・二十
5.11　甲子　三・二十七	6.11　乙未　四・二十八	7.11　乙丑　五・二十八	8.11　丙申　六・三十
5.21　甲戌　四・七	6.21　乙巳　五・八	7.21　乙亥　六・九	8.21　丙午　七・十
9.1　丁巳　七・二十一	10.1　丁亥　八・二十二	11.1　戊午　九・二十三	12.1　戊子　十・二十四
9.11　丁卯　八・二	10.11　丁酉　九・二	11.11　戊辰　十・四	12.11　戊戌　十一・四
9.21　丁丑　八・十二	10.21　丁未　九・十二	11.21　戊寅　十・十四	12.21　戊申　十一・十四

民国三十二年癸未(1943)

1.1　己未十一・二十五	2.1　庚寅十二・二十七	3.1　戊午　一・二十五	4.1　己丑　二・二十七
1.11　己巳十二・六	2.11　庚子一・七	3.11　戊辰　二・六	4.11　己亥　三・七
1.21　己卯十二・十六	2.21　庚戌一・十七	3.21　戊寅　二・十六	4.21　己酉　三・十七
5.1　己未　三・二十七	6.1　庚寅　四・二十九	7.1　庚申　五・二十九	8.1　辛卯　七・一
5.11　己巳　四・八	6.11　庚子　五・九	7.11　庚午　六・十	8.11　辛丑　七・十一
5.21　己卯　四・十八	6.21　庚戌　五・十九	7.21　庚辰　六・二十	8.21　辛亥　七・二十一
9.1　壬戌　八・二	10.1　壬辰　九・三	11.1　癸亥　十・四	12.1　癸巳十一・五
9.11　壬申　八・十二	10.11　壬寅　九・十三	11.11　癸酉　十・十四	12.11　癸卯十一・十五
9.21　壬午　八・二十二	10.21　壬子　九・二十三	11.21　癸未　十・二十四	12.21　癸丑十一・二十五

民国三十三年甲申(1944)

1.1　甲子十二・六	2.1　乙未　一・八	3.1　甲子　二・七	4.1　乙未　三・九
1.11　甲戌十二・十六	2.11　乙巳　一・十八	3.11　甲戌　二・十七	4.11　乙巳　三・十九
1.21　甲申十二・二十六	2.21　乙卯　一・二十八	3.21　甲申　二・二十七	4.21　乙卯　三・二十九
5.1　乙丑　四・九	6.1　丙申闰四・十一	7.1　丙寅　五・十一	8.1　丁酉　六・十三
5.11　乙亥　四・十九	6.11　丙午闰四・二十一	7.11　丙子　五・二十一	8.11　丁未　六・二十三
5.21　乙酉　四・二十九	6.21　丙辰五・一	7.21　丙戌　六・二	8.21　丁巳　七・三
9.1　戊辰　七・十四	10.1　戊戌　八・十五	11.1　己巳　九・十六	12.1　己亥　十・十六
9.11　戊寅　七・二十四	10.11　戊申　八・二十五	11.11　己卯　九・二十六	12.11　己酉　十・二十六
9.21　戊子　八・五	10.21　戊午　九・五	11.21　己丑　十・六	12.21　己未　十一・七

民国三十四年乙酉(1945)

1.1　庚午十一・十八	2.1　辛丑十二・十九	3.1　己巳　一・十七	4.1　庚子　二・十九
1.11　庚辰十一・二十八	2.11　辛亥十二・二十九	3.11　己卯　一・二十七	4.11　庚戌　二・二十九
1.21　庚寅十二・八	2.21　辛酉一・九	3.21　己丑　二・八	4.21　庚申　三・十
5.1　庚午　三・二十	6.1　辛丑　四・二十一	7.1　辛未　五・二十二	8.1　壬寅　六・二十四
5.11　庚辰　三・三十	6.11　辛亥　五・二	7.11　辛巳　六・二	8.11　壬子　七・四
5.21　庚寅　四・十	6.21　辛酉　五・十二	7.21　辛卯　六・十三	8.21　壬戌　七・十四
9.1　癸酉　七・二十五	10.1　癸卯　八・二十六	11.1　甲戌　九・二十七	12.1　甲辰　十・二十七
9.11　癸未　八・六	10.11　癸丑　九・六	11.11　甲申　十・七	12.11　甲寅　十一・七
9.21　癸巳　八・十六	10.21　癸亥　九・十六	11.21　甲午　十・十七	12.21　甲子　十一・十七

民国三十五年丙戌(1946)

1.1　乙亥十一・二十八	2.1　丙午　十二・三十	3.1　甲戌　一・二十八	4.1　乙巳　二・二十九
1.11　乙酉十二・九	2.11　丙辰　一・十	3.11　甲申　二・八	4.11　乙卯　三・十
1.21　乙未十二・十九	2.21　丙寅　一・二十	3.21　甲午　二・十八	4.21　乙丑　三・二十
5.1　乙亥　四・一	6.1　丙午　五・二	7.1　丙子　六・三	8.1　丁未　七・五
5.11　乙酉　四・十一	6.11　丙辰　五・十二	7.11　丙戌　六・十三	8.11　丁巳　七・十五
5.21　乙未　四・二十一	6.21　丙寅　五・二十二	7.21　丙申　六・二十三	8.21　丁卯　七・二十五
9.1　戊寅　八・六	10.1　戊申　九・七	11.1　己卯　十・八	12.1　己酉十一・八
9.11　戊子　八・十六	10.11　戊午　九・十七	11.11　己丑　十・十八	12.11　己未十一・十八
9.21　戊戌　八・二十六	10.21　戊辰　九・二十七	11.21　己亥　十・二十八	12.21　己巳十一・二十八

民国三十六年丁亥(1947)

1.1　庚辰　十二·十	2.1　辛亥　一·十一	3.1　己卯　二·九	4.1　庚戌　闰二·十
1.11　庚寅　十二·二十	2.11　辛酉　一·二十一	3.11　己丑　二·十九	4.11　庚申　闰二·二十
1.21　庚子　十二·三十	2.21　辛未　二·一	3.21　己亥　二·二十九	4.21　庚午　三·一
5.1　庚辰　三·十一	6.1　辛亥　四·十三	7.1　辛巳　五·十三	8.1　壬子　六·十五
5.11　庚寅　三·二十一	6.11　辛酉　四·二十三	7.11　辛卯　五·二十三	8.11　壬戌　六·二十五
5.21　庚子　四·二	6.21　辛未　五·三	7.21　辛丑　六·四	8.21　壬申　七·六
9.1　癸未　七·十七	10.1　癸丑　八·十七	11.1　甲申　九·十九	12.1　甲寅　十·十九
9.11　癸巳　七·二十七	10.11　癸亥　八·二十七	11.11　甲午　九·二十九	12.11　甲子　十·二十九
9.21　癸卯　八·七	10.21　癸酉　九·八	11.21　甲辰　十·九	12.21　甲戌　十一·十

民国三十七年戊子(1948)

1.1　乙酉　十一·二十一	2.1　丙辰　十二·二十二	3.1　乙酉　一·二十一	4.1　丙辰　二·二十二
1.11　乙未　十二·一	2.11　丙寅　一·二	3.11　乙未　二·一	4.11　丙寅　三·三
1.21　乙巳　十二·十一	2.21　丙子　一·十二	3.21　乙巳　二·十一	4.21　丙子　三·十三
5.1　丙戌　三·二十三	6.1　丁巳　四·二十四	7.1　丁亥　五·二十五	8.1　戊午　六·二十六
5.11　丙申　四·三	6.11　丁卯　五·五	7.11　丁酉　六·五	8.11　戊辰　七·七
5.21　丙午　四·十三	6.21　丁丑　五·十五	7.21　丁未　六·十五	8.21　戊寅　七·十七
9.1　己丑　七·二十八	10.1　己未　八·二十九	11.1　庚寅　十·一	12.1　庚申　十一·一
9.11　己亥　八·九	10.11　己巳　九·九	11.11　庚子　十·十一	12.11　庚午　十一·十一
9.21　己酉　八·十九	10.21　己卯　九·十九	11.21　庚戌　十·二十一	12.21　庚辰　十一·二十一

民国三十八年己丑(1949)

1.1　辛卯　十二·三	2.1　壬戌　一·四	3.1　庚寅　二·二	4.1　辛酉　三·四
1.11　辛丑　十二·十三	2.11　壬申　一·十四	3.11　庚子　二·十二	4.11　辛未　三·十四
1.21　辛亥　十二·二十三	2.21　壬午　一·二十四	3.21　庚戌　二·二十二	4.21　辛巳　三·二十四
5.1　辛卯　四·四	6.1　壬戌　五·五	7.1　壬辰　六·六	8.1　癸亥　七·七
5.11　辛丑　四·十四	6.11　壬申　五·十五	7.11　壬寅　六·十六	8.11　癸酉　七·十七
5.21　辛亥　四·二十四	6.21　壬午　五·二十五	7.21　壬子　六·二十六	8.21　癸未　七·二十七
9.1　甲午闰七·九			
9.11　甲辰闰七·十九			
9.21　甲寅闰七·二十九			

附 编

殷 历 日 表

殷盘庚十五年丁巳(前1384)

*一·一	甲申	二·一	甲寅	三·一	癸未	四·一	癸丑
一·十一	甲午	二·十一	甲子	三·十一	癸巳	四·十一	癸亥
一·二十一	甲辰	二·二十一	甲戌	三·二十一	癸卯	四·二十一	癸酉
五·一	壬午	六·一	壬子	七·一	辛巳	八·一	辛亥
五·十一	壬辰	六·十一	壬戌	七·十一	辛卯	八·十一	辛酉
五·二十一	壬寅	六·二十一	壬申	七·二十一	辛丑	八·二十一	辛未
九·一	庚辰	十·一	庚戌	十一·一	庚辰	十二·一	己酉
九·十一	庚寅	十·十一	庚申	十一·十一	庚寅	十二·十一	己未
九·二十一	庚子	十·二十一	庚午	十一·二十一	庚子	十二·二十一	己巳

* 此据《总谱》,下同。

殷盘庚十六年戊午(前1383)

一·一	己卯	二·一	戊申	三·一	戊寅	四·一	丁未
一·十一	己丑	二·十一	戊午	三·十一	戊子	四·十一	丁巳
一·二十一	己亥	二·二十一	戊辰	三·二十一	戊戌	四·二十一	丁卯
五·一	丁丑	六·一	丙午	七·一	丙子	八·一	乙巳
五·十一	丁亥	六·十一	丙辰	七·十一	丙戌	八·十一	乙卯
五·二十一	丁酉	六·二十一	丙寅	七·二十一	丙申	八·二十一	乙丑
九·一	乙亥	十·一	甲辰	十一·一	甲戌	十二·一	癸卯
九·十一	乙酉	十·十一	甲寅	十一·十一	甲申	十二·十一	癸丑
九·二十一	乙未	十·二十一	甲子	十一·二十一	甲午	十二·二十一	癸亥

殷盘庚十七年己未(前1382)

一·一	癸酉	二·一	壬寅	三·一	壬申	四·一	壬寅
一·十一	癸未	二·十一	壬子	三·十一	壬午	四·十一	壬子
一·二十一	癸巳	二·二十一	壬戌	三·二十一	壬辰	四·二十一	壬戌
五·一	辛未	六·一	辛丑	七·一	庚午	八·一	庚子
五·十一	辛巳	六·十一	辛亥	七·十一	庚辰	八·十一	庚戌
五·二十一	辛卯	六·二十一	辛酉	七·二十一	庚寅	八·二十一	庚申
九·一	己巳	十·一	己亥	十一·一	戊辰	十二·一 戊戌	十三·一 丁卯
九·十一	己卯	十·十一	己酉	十一·十一	戊寅	十二·十一 戊申	十三·十一 丁丑
九·二十一	己丑	十·二十一	己未	十一·二十一	戊子	十二·二十一 戊午	十三·二十一 丁亥

殷盘庚十八年庚申（前 1381）

一·一 丁酉	二·一 丙寅	三·一 丙申	四·一 乙丑
一·十一 丁未	二·十一 丙子	三·十一 丙午	四·十一 乙亥
一·二十一 丁巳	二·二十一 丙戌	三·二十一 丙辰	四·二十一 乙酉
五·一 乙未	六·一 甲子	七·一 甲午	八·一 甲子
五·十一 乙巳	六·十一 甲戌	七·十一 甲辰	八·十一 甲戌
五·二十一 乙卯	六·二十一 甲申	七·二十一 甲寅	八·二十一 甲申
九·一 癸巳	十·一 癸亥	十一·一 壬辰	十二·一 壬戌
九·十一 癸卯	十·十一 癸酉	十一·十一 壬寅	十二·十一 壬申
九·二十一 癸丑	十·二十一 癸未	十一·二十一 壬子	十二·二十一 壬午

殷盘庚十九年辛酉（前 1380）

一·一 辛卯	二·一 辛酉	三·一 庚寅	四·一 庚申
一·十一 辛丑	二·十一 辛未	三·十一 庚子	四·十一 庚午
一·二十一 辛亥	二·二十一 辛巳	三·二十一 庚戌	四·二十一 庚辰
五·一 己丑	六·一 己未	七·一 戊子	八·一 戊午
五·十一 己亥	六·十一 己巳	七·十一 戊戌	八·十一 戊辰
五·二十一 己酉	六·二十一 己卯	七·二十一 戊申	八·二十一 戊寅
九·一 丁亥	十·一 丁巳	十一·一 丁亥	十二·一 丙辰
九·十一 丁酉	十·十一 丁卯	十一·十一 丁酉	十二·十一 丙寅
九·二十一 丁未	十·二十一 丁丑	十一·二十一 丁未	十二·二十一 丙子

殷盘庚二十年壬戌（前 1379）

一·一 丙戌	二·一 乙卯	三·一 乙酉	四·一 甲寅
一·十一 丙申	二·十一 乙丑	三·十一 乙未	四·十一 甲子
一·二十一 丙午	二·二十一 乙亥	三·二十一 乙巳	四·二十一 甲戌
五·一 甲申	六·一 癸丑	七·一 癸未	八·一 壬子
五·十一 甲午	六·十一 癸亥	七·十一 癸巳	八·十一 壬戌
五·二十一 甲辰	六·二十一 癸酉	七·二十一 癸卯	八·二十一 壬申
九·一 壬午	十·一 辛亥	十一·一 辛巳	十二·一 庚戌 十三·一 庚辰
九·十一 壬辰	十·十一 辛酉	十一·十一 辛卯	十二·十一 庚申 十三·十一 庚寅
九·二十一 壬寅	十·二十一 辛未	十一·二十一 辛丑	十二·二十一庚午 十三·二十一庚子

殷盘庚二十一年癸亥（前 1378）

一·一 己酉	二·一 己卯	三·一 己酉	四·一 戊寅
一·十一 己未	二·十一 己丑	三·十一 己未	四·十一 戊子
一·二十一 己巳	二·二十一 己亥	三·二十一 己巳	四·二十一 戊戌
五·一 戊申	六·一 丁丑	七·一 丁未	八·一 丙子
五·十一 戊午	六·十一 丁亥	七·十一 丁巳	八·十一 丙戌
五·二十一 戊辰	六·二十一 丁酉	七·二十一 丁卯	八·二十一 丙申
九·一 丙午	十·一 乙亥	十一·一 乙巳	十二·一 甲戌
九·十一 丙辰	十·十一 乙酉	十一·十一 乙卯	十二·十一 甲申
九·二十一 丙寅	十·二十一 乙未	十一·二十一 乙丑	十二·二十一 甲午

殷盘庚二十二年甲子（前 1377）

一·一　甲辰	二·一　癸酉	三·一　癸卯	四·一　壬申
一·十一　甲寅	二·十一　癸未	三·十一　癸丑	四·十一　壬午
一·二十一　甲子	二·二十一　癸巳	三·二十一　癸亥	四·二十一　壬辰
五·一　壬寅	六·一　壬申	七·一　辛丑	八·一　辛未
五·十一　壬子	六·十一　壬午	七·十一　辛亥	八·十一　辛巳
五·二十一　壬戌	六·二十一　壬辰	七·二十一　辛酉	八·二十一　辛卯
九·一　庚子	十·一　庚午	十一·一　己亥	十二·一　己巳　十三·一　戊戌
九·十一　庚戌	十·十一　庚辰	十一·十一　己酉	十二·十一　己卯　十三·十一　戊申
九·二十一　庚申	十·二十一　庚寅	十一·二十一　己未	十二·二十一己丑　十三·二十一戊午

殷盘庚二十三年乙丑（前 1376）

一·一　戊辰	二·一　丁酉	三·一　丁卯	四·一　丙申
一·十一　戊寅	二·十一　丁未	三·十一　丁丑	四·十一　丙午
一·二十一　戊子	二·二十一　丁巳	三·二十一　丁亥	四·二十一　丙辰
五·一　丙寅	六·一　乙未	七·一　乙丑	八·一　甲午
五·十一　丙子	六·十一　乙巳	七·十一　乙亥	八·十一　甲辰
五·二十一　丙戌	六·二十一　乙卯	七·二十一　乙酉	八·二十一　甲寅
九·一　甲子	十·一　甲午	十一·一　癸亥	十二·一　癸巳
九·十一　甲戌	十·十一　甲辰	十一·十一　癸酉	十二·十一　癸卯
九·二十一　甲申	十·二十一　甲寅	十一·二十一　癸未	十二·二十一　癸丑

殷盘庚二十四年丙寅（前 1375）

一·一　壬戌	二·一　壬辰	三·一　辛酉	四·一　辛卯
一·十一　壬申	二·十一　壬寅	三·十一　辛未	四·十一　辛丑
一·二十一　壬午	二·二十一　壬子	三·二十一　辛巳	四·二十一　辛亥
五·一　庚申	六·一　庚寅	七·一　己未	八·一　己丑
五·十一　庚午	六·十一　庚子	七·十一　己巳	八·十一　己亥
五·二十一　庚辰	六·二十一　庚戌	七·二十一　己卯	八·二十一　己酉
九·一　戊午	十·一　戊子	十一·一　丁巳	十二·一　丁亥
九·十一　戊辰	十·十一　戊戌	十一·十一　丁卯	十二·十一　丁酉
九·二十一　戊寅	十·二十一　戊申	十一·二十一　丁丑	十二·二十一　丁未

殷盘庚二十五年丁卯（前 1374）

一·一　丙辰	二·一　丙戌	三·一　丙辰	四·一　乙酉
一·十一　丙寅	二·十一　丙申	三·十一　丙寅	四·十一　乙未
一·二十一　丙子	二·二十一　丙午	三·二十一　丙子	四·二十一　乙巳
五·一　乙卯	六·一　甲申	七·一　甲寅	八·一　癸未
五·十一　乙丑	六·十一　甲午	七·十一　甲子	八·十一　癸巳
五·二十一　乙亥	六·二十一　甲辰	七·二十一　甲戌	八·二十一　癸卯
九·一　癸丑	十·一　壬午	十一·一　壬子	十二·一　辛巳　十三·一　辛亥
九·十一　癸亥	十·十一　壬辰	十一·十一　壬戌	十二·十一　辛卯　十三·十一　辛酉
九·二十一　癸酉	十·二十一　壬寅	十一·二十一　壬申	十二·二十一辛丑　十三·二十一辛未

殷盘庚二十六年戊辰（前 1373）

一•一 庚辰	二•一 庚戌	三•一 己卯	四•一 己酉
一•十一 庚寅	二•十一 庚申	三•十一 己丑	四•十一 己未
一•二十一 庚子	二•二十一 庚午	三•二十一 己亥	四•二十一 己巳
五•一 己卯	六•一 戊申	七•一 戊寅	八•一 丁未
五•十一 己丑	六•十一 戊午	七•十一 戊子	八•十一 丁巳
五•二十一 己亥	六•二十一 戊辰	七•二十一 戊戌	八•二十一 丁卯
九•一 丁丑	十•一 丙午	十一•一 丙子	十二•一 乙巳
九•十一 丁亥	十•十一 丙辰	十一•十一 丙戌	十二•十一 乙卯
九•二十一 丁酉	十•二十一 丙寅	十一•二十一 丙申	十二•二十一 乙丑

殷盘庚二十七年己巳（前 1372）

一•一 乙亥	二•一 甲辰	三•一 甲戌	四•一 癸卯
一•十一 乙酉	二•十一 甲寅	三•十一 甲申	四•十一 癸丑
一•二十一 乙未	二•二十一 甲子	三•二十一 甲午	四•二十一 癸亥
五•一 癸酉	六•一 壬寅	七•一 壬申	八•一 辛丑
五•十一 癸未	六•十一 壬子	七•十一 壬午	八•十一 辛亥
五•二十一 癸巳	六•二十一 壬戌	七•二十一 壬辰	八•二十一 辛酉
九•一 辛未	十•一 辛丑	十一•一 庚午	十二•一 庚子
九•十一 辛巳	十•十一 辛亥	十一•十一 庚辰	十二•十一 庚戌
九•二十一 辛卯	十•二十一 辛酉	十一•二十一 庚寅	十二•二十一 庚申

殷盘庚二十八年庚午（前 1371）

一•一 己巳	二•一 己亥	三•一 戊辰	四•一 戊戌
一•十一 己卯	二•十一 己酉	三•十一 戊寅	四•十一 戊申
一•二十一 己丑	二•二十一 己未	三•二十一 戊子	四•二十一 戊午
五•一 丁卯	六•一 丁酉	七•一 丙寅	八•一 丙申
五•十一 丁丑	六•十一 丁未	七•十一 丙子	八•十一 丙午
五•二十一 丁亥	六•二十一 丁巳	七•二十一 丙戌	八•二十一 丙辰
九•一 乙丑	十•一 乙未	十一•一 甲子	十二•一 甲午 十三•一 甲子
九•十一 乙亥	十•十一 乙巳	十一•十一 甲戌	十二•十一 甲辰 十三•十一 甲戌
九•二十一 乙酉	十•二十一 乙卯	十一•二十一 甲申	十二•二十一 甲寅 十三•二十一 甲申

殷小辛元年辛未（前 1370）

一•一 癸巳	二•一 癸亥	三•一 壬辰	四•一 壬戌
一•十一 癸卯	二•十一 癸酉	三•十一 壬寅	四•十一 壬申
一•二十一 癸丑	二•二十一 癸未	三•二十一 壬子	四•二十一 壬午
五•一 辛卯	六•一 辛酉	七•一 庚寅	八•一 庚申
五•十一 辛丑	六•十一 辛未	七•十一 庚子	八•十一 庚午
五•二十一 辛亥	六•二十一 辛巳	七•二十一 庚戌	八•二十一 庚辰
九•一 己丑	十•一 己未	十一•一 戊子	十二•一 戊午
九•十一 己亥	十•十一 己巳	十一•十一 戊戌	十二•十一 戊辰
九•二十一 己酉	十•二十一 己卯	十一•二十一 戊申	十二•二十一 戊寅

殷小辛二年壬申（前 1369）

一・一	丁亥	二・一	丁巳	三・一	丙戌	四・一	丙辰
一・十一	丁酉	二・十一	丁卯	三・十一	丙申	四・十一	丙寅
一・二十一	丁未	二・二十一	丁丑	三・二十一	丙午	四・二十一	丙子
五・一	丙戌	六・一	乙卯	七・一	乙酉	八・一	甲寅
五・十一	丙申	六・十一	乙丑	七・十一	乙未	八・十一	甲子
五・二十一	丙午	六・二十一	乙亥	七・二十一	乙巳	八・二十一	甲戌
九・一	甲申	十・一	癸丑	十一・一	癸未	十二・一	壬子
九・十一	甲午	十・十一	癸亥	十一・十一	癸巳	十二・十一	壬戌
九・二十一	甲辰	十・二十一	癸酉	十一・二十一	癸卯	十二・二十一	壬申

殷小辛三年癸酉（前 1368）

一・一	壬午	二・一	辛亥	三・一	辛巳	四・一	庚戌
一・十一	壬辰	二・十一	辛酉	三・十一	辛卯	四・十一	庚申
一・二十一	壬寅	二・二十一	辛未	三・二十一	辛丑	四・二十一	庚午
五・一	庚辰	六・一	己酉	七・一	己卯	八・一	戊申
五・十一	庚寅	六・十一	己未	七・十一	己丑	八・十一	戊午
五・二十一	庚子	六・二十一	己巳	七・二十一	己亥	八・二十一	戊辰
九・一	戊寅	十・一	戊申	十一・一	丁丑	十二・一 丁未	十三・一 丙子
九・十一	戊子	十・十一	戊午	十一・十一	丁亥	十二・十一 丁巳	十三・十一 丙戌
九・二十一	戊戌	十・二十一	戊辰	十一・二十一	丁酉	十二・二十一 丁卯	十三・二十一 丙申

殷小辛四年甲戌（前 1367）

一・一	丙午	二・一	乙亥	三・一	乙巳	四・一	甲戌
一・十一	丙辰	二・十一	乙酉	三・十一	乙卯	四・十一	甲申
一・二十一	丙寅	二・二十一	乙未	三・二十一	乙丑	四・二十一	甲午
五・一	甲辰	六・一	癸酉	七・一	癸卯	八・一	壬申
五・十一	甲寅	六・十一	癸未	七・十一	癸丑	八・十一	壬午
五・二十一	甲子	六・二十一	癸巳	七・二十一	癸亥	八・二十一	壬辰
九・一	壬寅	十・一	辛未	十一・一	辛丑	十二・一	辛未
九・十一	壬子	十・十一	辛巳	十一・十一	辛亥	十二・十一	辛巳
九・二十一	壬戌	十・二十一	辛卯	十一・二十一	辛酉	十二・二十一	辛卯

殷小辛五年乙亥（前 1366）

一・一	庚子	二・一	庚午	三・一	己亥	四・一	己巳
一・十一	庚戌	二・十一	庚辰	三・十一	己酉	四・十一	己卯
一・二十一	庚申	二・二十一	庚寅	三・二十一	己未	四・二十一	己丑
五・一	戊戌	六・一	戊辰	七・一	丁酉	八・一	丁卯
五・十一	戊申	六・十一	戊寅	七・十一	丁未	八・十一	丁丑
五・二十一	戊午	六・二十一	戊子	七・二十一	丁巳	八・二十一	丁亥
九・一	丙申	十・一	丙寅	十一・一	乙未	十二・一 乙丑	十三・一 甲午
九・十一	丙午	十・十一	丙子	十一・十一	乙巳	十二・十一 乙亥	十三・十一 甲辰
九・二十一	丙辰	十・二十一	丙戌	十一・二十一	乙卯	十二・二十一 乙酉	十三・二十一 甲寅

殷小辛六年丙子(前1365)

一·一	甲子	二·一	癸巳	三·一	癸亥	四·一	癸巳
一·十一	甲戌	二·十一	癸卯	三·十一	癸酉	四·十一	癸卯
一·二十一	甲申	二·二十一	癸丑	三·二十一	癸未	四·二十一	癸丑
五·一	壬戌	六·一	壬辰	七·一	辛酉	八·一	辛卯
五·十一	壬申	六·十一	壬寅	七·十一	辛未	八·十一	辛丑
五·二十一	壬午	六·二十一	壬子	七·二十一	辛巳	八·二十一	辛亥
九·一	庚申	十·一	庚寅	十一·一	己未	十二·一	己丑
九·十一	庚午	十·十一	庚子	十一·十一	己巳	十二·十一	己亥
九·二十一	庚辰	十·二十一	庚戌	十一·二十一	己卯	十二·二十一	己酉

殷小辛七年丁丑(前1364)

一·一	戊午	二·一	戊子	三·一	丁巳	四·一	丁亥
一·十一	戊辰	二·十一	戊戌	三·十一	丁卯	四·十一	丁酉
一·二十一	戊寅	二·二十一	戊申	三·二十一	丁丑	四·二十一	丁未
五·一	丙辰	六·一	丙戌	七·一	丙辰	八·一	乙酉
五·十一	丙寅	六·十一	丙申	七·十一	丙寅	八·十一	乙未
五·二十一	丙子	六·二十一	丙午	七·二十一	丙子	八·二十一	乙巳
九·一	乙卯	十·一	甲申	十一·一	甲寅	十二·一	癸未
九·十一	乙丑	十·十一	甲午	十一·十一	甲子	十二·十一	癸巳
九·二十一	乙亥	十·二十一	甲辰	十一·二十一	甲戌	十二·二十一	癸卯

殷小辛八年戊寅(前1363)

一·一	癸丑	二·一	壬午	三·一	壬子	四·一	辛巳		
一·十一	癸亥	二·十一	壬辰	三·十一	壬戌	四·十一	辛卯		
一·二十一	癸酉	二·二十一	壬寅	三·二十一	壬申	四·二十一	辛丑		
五·一	辛亥	六·一	庚辰	七·一	庚戌	八·一	己卯		
五·十一	辛酉	六·十一	庚寅	七·十一	庚申	八·十一	己丑		
五·二十一	辛未	六·二十一	庚子	七·二十一	庚午	八·二十一	己亥		
九·一	己酉	十·一	戊寅	十一·一	戊申	十二·一	戊寅	十三·一	丁未
九·十一	己未	十·十一	戊子	十一·十一	戊午	十二·十一	戊子	十三·十一	丁巳
九·二十一	己巳	十·二十一	戊戌	十一·二十一	戊辰	十二·二十一	戊戌	十三·二十一	丁卯

殷小辛九年己卯(前1362)

一·一	丁丑	二·一	丙午	三·一	丙子	四·一	乙巳
一·十一	丁亥	二·十一	丙辰	三·十一	丙戌	四·十一	乙卯
一·二十一	丁酉	二·二十一	丙寅	三·二十一	丙申	四·二十一	乙丑
五·一	乙亥	六·一	甲辰	七·一	甲戌	八·一	癸卯
五·十一	乙酉	六·十一	甲寅	七·十一	甲申	八·十一	癸丑
五·二十一	乙未	六·二十一	甲子	七·二十一	甲午	八·二十一	癸亥
九·一	癸酉	十·一	壬寅	十一·一	壬申	十二·一	辛丑
九·十一	癸未	十·十一	壬子	十一·十一	壬午	十二·十一	辛亥
九·二十一	癸巳	十·二十一	壬戌	十一·二十一	壬辰	十二·二十一	辛酉

殷小辛十年庚辰（前 1361）

一·一	辛未	二·一	庚子	三·一	庚午	四·一	庚子
一·十一	辛巳	二·十一	庚戌	三·十一	庚辰	四·十一	庚戌
一·二十一	辛卯	二·二十一	庚申	三·二十一	庚寅	四·二十一	庚申
五·一	己巳	六·一	己亥	七·一	戊辰	八·一	戊戌
五·十一	己卯	六·十一	己酉	七·十一	戊寅	八·十一	戊申
五·二十一	己丑	六·二十一	己未	七·二十一	戊子	八·二十一	戊午
九·一	丁卯	十·一	丁酉	十一·一	丙寅	十二·一	丙申
九·十一	丁丑	十·十一	丁未	十一·十一	丙子	十二·十一	丙午
九·二十一	丁亥	十·二十一	丁巳	十一·二十一	丙戌	十二·二十一	丙辰

殷小辛十一年辛巳（前 1360）

一·一	乙丑	二·一	乙未	三·一	甲子	四·一	甲午
一·十一	乙亥	二·十一	乙巳	三·十一	甲戌	四·十一	甲辰
一·二十一	乙酉	二·二十一	乙卯	三·二十一	甲申	四·二十一	甲寅
五·一	癸亥	六·一	癸巳	七·一	癸亥	八·一	壬辰
五·十一	癸酉	六·十一	癸卯	七·十一	癸酉	八·十一	壬寅
五·二十一	癸未	六·二十一	癸丑	七·二十一	癸未	八·二十一	壬子
九·一	壬戌	十·一	辛卯	十一·一	辛酉	十二·一 庚寅	十三·一 庚申
九·十一	壬申	十·十一	辛丑	十一·十一	辛未	十二·十一 庚子	十三·十一 庚午
九·二十一	壬午	十·二十一	辛亥	十一·二十一	辛巳	十二·二十一庚戌	十三·二十一庚辰

殷小辛十二年壬午（前 1359）

一·一	己丑	二·一	己未	三·一	戊子	四·一	戊午
一·十一	己亥	二·十	己巳	二·十	戊戌	四·十	戊辰
一·二十一	己酉	二·二十一	己卯	三·二十一	戊申	四·二十一	戊寅
五·一	丁亥	六·一	丁巳	七·一	丙戌	八·一	丙辰
五·十	丁酉	六·十	丁卯	七·十	丙申	八·十一	丙寅
五·二十一	丁未	六·二十一	丁丑	七·二十一	丙午	八·二十一	丙子
九·一	乙酉	十·一	乙卯	十一·一	乙酉	十二·一	甲寅
九·十一	乙未	十·十一	乙丑	十一·十一	乙未	十二·十一	甲子
九·二十一	乙巳	十·二十一	乙亥	十一·二十一	乙巳	十二·二十一	甲戌

殷小辛十三年癸未（前 1358）

一·一	甲申	二·一	癸丑	三·一	癸未	四·一	壬子
一·十一	甲午	二·十一	癸亥	三·十一	癸巳	四·十一	壬戌
一·二十一	甲辰	二·二十一	癸酉	三·二十一	癸卯	四·二十一	壬申
五·一	壬午	六·一	辛亥	七·一	辛巳	八·一	庚戌
五·十一	壬辰	六·十一	辛酉	七·十一	辛卯	八·十一	庚申
五·二十一	壬寅	六·二十一	辛未	七·二十一	辛丑	八·二十一	庚午
九·一	庚辰	十·一	己酉	十一·一	己卯	十二·一 戊申	十三·一 戊寅
九·十一	庚寅	十·十一	己未	十一·十一	己丑	十二·十一 戊午	十三·十一 戊子
九·二十一	庚子	十·二十一	己巳	十一·二十一	己亥	十二·二十一戊辰	十三·二十一戊戌

殷小辛十四年甲申（前 1357）

一·一	戊申	二·一	丁丑	三·一	丁未	四·一	丙子
一·十一	戊午	二·十一	丁亥	三·十一	丁巳	四·十一	丙戌
一·二十一	戊辰	二·二十一	丁酉	三·二十一	丁卯	四·二十一	丙申
五·一	丙午	六·一	乙亥	七·一	乙巳	八·一	甲戌
五·十一	丙辰	六·十一	乙酉	七·十一	乙卯	八·十一	甲申
五·二十一	丙寅	六·二十一	乙未	七·二十一	乙丑	八·二十一	甲午
九·一	甲辰	十·一	癸酉	十一·一	癸卯	十二·一	壬申
九·十一	甲寅	十·十一	癸未	十一·十一	癸丑	十二·十一	壬午
九·二十一	甲子	十·二十一	癸巳	十一·二十一	癸亥	十二·二十一	壬辰

殷小辛十五年乙酉（前 1356）

一·一	壬寅	二·一	辛未	三·一	辛丑	四·一	庚午
一·十一	壬子	二·十一	辛巳	三·十一	辛亥	四·十一	庚辰
一·二十一	壬戌	二·二十一	辛卯	三·二十一	辛酉	四·二十一	庚寅
五·一	庚子	六·一	庚午	七·一	己亥	八·一	己巳
五·十一	庚戌	六·十一	庚辰	七·十一	己酉	八·十一	己卯
五·二十一	庚申	六·二十一	庚寅	七·二十一	己未	八·二十一	己丑
九·一	戊戌	十·一	戊辰	十一·一	丁酉	十二·一	丁卯
九·十一	戊申	十·十一	戊寅	十一·十一	丁未	十二·十一	丁丑
九·二十一	戊午	十·二十一	戊子	十一·二十一	丁巳	十二·二十一	丁亥

殷小辛十六年丙戌（前 1355）

一·一	丙申	二·一	丙寅	三·一	乙未	四·一	乙丑
一·十一	丙午	二·十一	丙子	三·十一	乙巳	四·十一	乙亥
一·二十一	丙辰	二·二十一	丙戌	三·二十一	乙卯	四·二十一	乙酉
五·一	甲午	六·一	甲子	七·一	癸巳	八·一	癸亥
五·十一	甲辰	六·十一	甲戌	七·十一	癸卯	八·十一	癸酉
五·二十一	甲寅	六·二十一	甲申	七·二十一	癸丑	八·二十一	癸未
九·一	壬辰	十·一	壬戌	十一·一	壬辰	十二·一　辛酉	十三·一　辛卯
九·十一	壬寅	十·十一	壬申	十一·十一	壬寅	十二·十一　辛未	十三·十一　辛丑
九·二十一	壬子	十·二十一	壬午	十一·二十一	壬子	十二·二十一　辛巳	十三·二十一　辛亥

殷小辛十七年丁亥（前 1354）

一·一	庚申	二·一	庚寅	三·一	己未	四·一	己丑
一·十一	庚午	二·十一	庚子	三·十一	己巳	四·十一	己亥
一·二十一	庚辰	二·二十一	庚戌	三·二十一	己卯	四·二十一	己酉
五·一	戊午	六·一	戊子	七·一	丁巳	八·一	丁亥
五·十一	戊辰	六·十一	戊戌	七·十一	丁卯	八·十一	丁酉
五·二十一	戊寅	六·二十一	戊申	七·二十一	丁丑	八·二十一	丁未
九·一	丙辰	十·一	丙戌	十一·一	乙卯	十二·一	乙酉
九·十一	丙寅	十·十一	丙申	十一·十一	乙丑	十二·十一	乙未
九·二十一	丙子	十·二十一	丙午	十一·二十一	乙亥	十二·二十一	乙巳

殷小辛十八年戊子(前 1353)

一・一	乙卯	二・一	甲申	三・一	甲寅	四・一	癸未
一・十一	乙丑	二・十一	甲午	三・十一	甲子	四・十一	癸巳
一・二十一	乙亥	二・二十一	甲辰	三・二十一	甲戌	四・二十一	癸卯
五・一	癸丑	六・一	壬午	七・一	壬子	八・一	辛巳
五・十一	癸亥	六・十一	壬辰	七・十一	壬戌	八・十一	辛卯
五・二十一	癸酉	六・二十一	壬寅	七・二十一	壬申	八・二十一	辛丑
九・一	辛亥	十・一	庚辰	十一・一	庚戌	十二・一	己卯
九・十一	辛酉	十・十一	庚寅	十一・十一	庚申	十二・十一	己丑
九・二十一	辛未	十・二十一	庚子	十一・二十一	庚午	十二・二十一	己亥

殷小辛十九年己丑(前 1352)

一・一	己酉	二・一	戊寅	三・一	戊申	四・一	丁丑
一・十一	己未	二・十一	戊子	三・十一	戊午	四・十一	丁亥
一・二十一	己巳	二・二十一	戊戌	三・二十一	戊辰	四・二十一	丁酉
五・一	丁未	六・一	丁丑	七・一	丙午	八・一	丙子
五・十一	丁巳	六・十一	丁亥	七・十一	丙辰	八・十一	丙戌
五・二十一	丁卯	六・二十一	丁酉	七・二十一	丙寅	八・二十一	丙申
九・一	乙巳	十・一	乙亥	十一・一	甲辰	十二・一　甲戌	十三・一　癸卯
九・十一	乙卯	十・十一	乙酉	十一・十一	甲寅	十二・十一　甲申	十三・十一　癸丑
九・二十一	乙丑	十・二十一	乙未	十一・二十一	甲子	十二・二十一甲午	十三・二十一癸亥

殷小辛二十年庚寅(前 1351)

一・一	癸酉	二・一	壬寅	三・一	壬申	四・一	辛丑
一・十一	癸未	二・十一	壬子	三・十一	壬午	四・十一	辛亥
一・二十一	癸巳	二・二十一	壬戌	三・二十一	壬辰	四・二十一	辛酉
五・一	辛未	六・一	庚子	七・一	庚午	八・一	己亥
五・十一	辛巳	六・十一	庚戌	七・十	庚辰	八・十	己酉
五・二十一	辛卯	六・二十一	庚申	七・二十一	庚寅	八・二十一	己未
九・一	己巳	十・一	己亥	十一・一	戊辰	十二・一	戊戌
九・十一	己卯	十・十一	己酉	十一・十一	戊寅	十二・十一	戊申
九・二十一	己丑	十・二十一	己未	十一・二十一	戊子	十二・二十一	戊午

殷小辛二十一年辛卯(前 1350)

一・一	丁卯	二・一	丁酉	三・一	丙寅	四・一	丙申
一・十一	丁丑	二・十一	丁未	三・十一	丙子	四・十一	丙午
一・二十一	丁亥	二・二十一	丁巳	三・二十一	丙戌	四・二十一	丙辰
五・一	乙丑	六・一	乙未	七・一	甲子	八・一	甲午
五・十一	乙亥	六・十一	乙巳	七・十一	甲戌	八・十一	甲辰
五・二十一	乙酉	六・二十一	乙卯	七・二十一	甲申	八・二十一	甲寅
九・一	癸亥	十・一	癸巳	十一・一	壬戌	十二・一	壬辰
九・十一	癸酉	十・十一	癸卯	十一・十一	壬申	十二・十一	壬寅
九・二十一	癸未	十・二十一	癸丑	十一・二十一	壬午	十二・二十一	壬子

殷小乙元年壬辰（前1349）

一·一 壬戌	二·一 辛卯	三·一 辛酉	四·一 庚寅
一·十一 壬申	二·十一 辛丑	三·十一 辛未	四·十一 庚子
一·二十一 壬午	二·二十一 辛亥	三·二十一 辛巳	四·二十一 庚戌
五·一 庚申	六·一 己丑	七·一 己未	八·一 戊子
五·十一 庚午	六·十一 己亥	七·十一 己巳	八·十一 戊戌
五·二十一 庚辰	六·二十一 己酉	七·二十一 己卯	八·二十一 戊申
九·一 戊午	十·一 丁亥	十一·一 丁巳	十二·一 丙戌 十三·一 丙辰
九·十一 戊辰	十·十一 丁酉	十一·十一 丁卯	十二·十一 丙申 十三·十一 丙寅
九·二十一 戊寅	十·二十一 丁未	十一·二十一 丁丑	十二·二十一丙午 十三·二十一丙子

殷小乙二年癸巳（前1348）

一·一 乙酉	二·一 乙卯	三·一 甲申	四·一 甲寅
一·十一 乙未	二·十一 乙丑	三·十一 甲午	四·十一 甲子
一·二十一 乙巳	二·二十一 乙亥	三·二十一 甲辰	四·二十一 甲戌
五·一 甲申	六·一 癸丑	七·一 癸未	八·一 壬子
五·十一 甲午	六·十一 癸亥	七·十一 癸巳	八·十一 壬戌
五·二十一 甲辰	六·二十一 癸酉	七·二十一 癸卯	八·二十一 壬申
九·一 壬午	十·一 辛亥	十一·一 辛巳	十二·一 庚戌
九·十一 壬辰	十·十一 辛酉	十一·十一 辛卯	十二·十一 庚申
九·二十一 壬寅	十·二十一 辛未	十一·二十一 辛丑	十二·二十一 庚午

殷小乙三年甲午（前1347）

一·一 庚辰	二·一 己酉	三·一 己卯	四·一 戊申
一·十一 庚寅	二·十一 己未	三·十一 己丑	四·十一 戊午
一·二十一 庚子	二·二十一 己巳	三·二十一 己亥	四·二十一 戊辰
五·一 戊寅	六·一 丁未	七·一 丁丑	八·一 丁未
五·十一 戊子	六·十一 丁巳	七·十一 丁亥	八·十一 丁巳
五·二十一 戊戌	六·二十一 丁卯	七·二十一 丁酉	八·二十一 丁卯
九·一 丙子	十·一 丙午	十一·一 乙亥	十二·一 乙巳 十三·一 甲戌
九·十一 丙戌	十·十一 丙辰	十一·十一 乙酉	十二·十一 乙卯 十三·十一 甲申
九·二十一 丙申	十·二十一 丙寅	十一·二十一 乙未	十二·二十一乙丑 十三·二十一甲午

殷小乙四年乙未（前1346）

一·一 甲辰	二·一 癸酉	三·一 癸卯	四·一 壬申
一·十一 甲寅	二·十一 癸未	三·十一 癸丑	四·十一 壬午
一·二十一 甲子	二·二十一 癸巳	三·二十一 癸亥	四·二十一 壬辰
五·一 壬寅	六·一 辛未	七·一 辛丑	八·一 庚午
五·十一 壬子	六·十一 辛巳	七·十一 辛亥	八·十一 庚辰
五·二十一 壬戌	六·二十一 辛卯	七·二十一 辛酉	八·二十一 庚寅
九·一 庚子	十·一 己巳	十一·一 己亥	十二·一 己巳
九·十一 庚戌	十·十一 己卯	十一·十一 己酉	十二·十一 己卯
九·二十一 庚申	十·二十一 己丑	十一·二十一 己未	十二·二十一 己丑

殷小乙五年丙申(前 1345)

一・一	戊戌	二・一	戊辰	三・一	丁酉	四・一	丁卯
一・十一	戊申	二・十一	戊寅	三・十一	丁未	四・十一	丁丑
一・二十一	戊午	二・二十一	戊子	三・二十一	丁巳	四・二十一	丁亥
五・一	丙申	六・一	丙寅	七・一	乙未	八・一	乙丑
五・十一	丙午	六・十一	丙子	七・十一	乙巳	八・十一	乙亥
五・二十一	丙辰	六・二十一	丙戌	七・二十一	乙卯	八・二十一	乙酉
九・一	甲午	十・一	甲子	十一・一	癸巳	十二・一	癸亥
九・十一	甲辰	十・十一	甲戌	十一・十一	癸卯	十二・十一	癸酉
九・二十一	甲寅	十・二十一	甲申	十一・二十一	癸丑	十二・二十一	癸未

殷小乙六年丁酉(前 1344)

一・一	壬辰	二・一	壬戌	三・一	辛卯	四・一	辛酉
一・十一	壬寅	二・十一	壬申	三・十一	辛丑	四・十一	辛未
一・二十一	壬子	二・二十一	壬午	三・二十一	辛亥	四・二十一	辛巳
五・一	辛卯	六・一	庚申	七・一	庚寅	八・一	己未
五・十一	辛丑	六・十一	庚午	七・十一	庚子	八・十一	己巳
五・二十一	辛亥	六・二十一	庚辰	七・二十一	庚戌	八・二十一	己卯
九・一	己丑	十・一	戊午	十一・一	戊子	十二・一　丁巳	十三・一　丁亥
九・十一	己亥	十・十一	戊辰	十一・十一	戊戌	十二・十一　丁卯	十三・十一　丁酉
九・二十一	己酉	十・二十一	戊寅	十一・二十一	戊申	十二・二十一丁丑	十三・二十一丁未

殷小乙七年戊戌(前 1343)

一・一	丙辰	二・一	丙戌	三・一	乙卯	四・一	乙酉
一・十一	丙寅	二・十一	丙申	三・十一	乙丑	四・十	乙未
一・二十一	丙子	二・二十一	丙午	三・二十一	乙亥	四・二十一	乙巳
五・一	甲寅	六・一	甲申	七・一	甲寅	八・一	癸未
五・十	甲子	六・十	甲午	七・十	甲子	八・十	癸巳
五・二十一	甲戌	六・二十一	甲辰	七・二十一	甲戌	八・二十一	癸卯
九・一	癸丑	十・一	壬午	十一・一	壬子	十二・一	辛巳
九・十一	癸亥	十・十一	壬辰	十一・十一	壬戌	十二・十一	辛卯
九・二十一	癸酉	十・二十一	壬寅	十一・二十一	壬申	十二・二十一	辛丑

殷小乙八年己亥(前 1342)

一・一	辛亥	二・一	庚辰	三・一	庚戌	四・一	己卯
一・十一	辛酉	二・十一	庚寅	三・十一	庚申	四・十一	己丑
一・二十一	辛未	二・二十一	庚子	三・二十一	庚午	四・二十一	己亥
五・一	己酉	六・一	戊寅	七・一	戊申	八・一	丁丑
五・十一	己未	六・十一	戊子	七・十一	戊午	八・十一	丁亥
五・二十一	己巳	六・二十一	戊戌	七・二十一	戊辰	八・二十一	丁酉
九・一	丁未	十・一	丙子	十一・一	丙午	十二・一	丙子
九・十一	丁巳	十・十一	丙戌	十一・十一	丙辰	十二・十一	丙戌
九・二十一	丁卯	十・二十一	丙申	十一・二十一	丙寅	十二・二十一	丙申

殷小乙九年庚子（前 1341）

一·一 乙巳	二·一 乙亥	三·一 甲辰	四·一 甲戌
一·十一 乙卯	二·十一 乙酉	三·十一 甲寅	四·十一 甲申
一·二十一 乙丑	二·二十一 乙未	三·二十一 甲子	四·二十一 甲午
五·一 癸卯	六·一 癸酉	七·一 壬寅	八·一 壬申
五·十一 癸丑	六·十一 癸未	七·十一 壬子	八·十一 壬午
五·二十一 癸亥	六·二十一 癸巳	七·二十一 壬戌	八·二十一 壬辰
九·一 辛丑	十·一 辛未	十一·一 庚子	十二·一 庚午 十三·一 己亥
九·十一 辛亥	十·十一 辛巳	十一·十一 庚戌	十二·十一 庚辰 十三·十一 己酉
九·二十一 辛酉	十·二十一 辛卯	十一·二十一 庚申	十二·二十一庚寅 十三·二十一己未

殷小乙十年辛丑（前 1340）

一·一 己巳	二·一 己亥	三·一 戊辰	四·一 戊戌
一·十一 己卯	二·十一 己酉	三·十一 戊寅	四·十一 戊申
一·二十一 己丑	二·二十一 己未	三·二十一 戊子	四·二十一 戊午
五·一 丁卯	六·一 丁酉	七·一 丙寅	八·一 丙申
五·十一 丁丑	六·十一 丁未	七·十一 丙子	八·十一 丙午
五·二十一 丁亥	六·二十一 丁巳	七·二十一 丙戌	八·二十一 丙辰
九·一 乙丑	十·一 乙未	十一·一 甲子	十二·一 甲午
九·十一 乙亥	十·十一 乙巳	十一·十一 甲戌	十二·十一 甲辰
九·二十一 乙酉	十·二十一 乙卯	十一·二十一 甲申	十二·二十一 甲寅

殷武丁元年壬寅（前 1339）

一·一 癸亥	二·一 癸巳	三·一 壬戌	四·一 壬辰
一·十一 癸酉	二·十一 癸卯	三·十一 壬申	四·十一 壬寅
一·二十一 癸未	二·二十一 癸丑	三·二十一 壬午	四·二十一 壬子
五·一 辛酉	六·一 辛卯	七·一 辛酉	八·一 庚寅
五·十一 辛未	六·十一 辛丑	七·十一 辛未	八·十一 庚子
五·二十一 辛巳	六·二十一 辛亥	七·二十一 辛巳	八·二十一 庚戌
九·一 庚申	十·一 己丑	十一·一 己未	十二·一 戊子 十三·一 戊午
九·十一 庚午	十·十一 己亥	十一·十一 己巳	十二·十一 戊戌 十三·十一 戊辰
九·二十一 庚辰	十·二十一 己酉	十一·二十一 己卯	十二·二十一戊申 十三·二十一戊寅

殷武丁二年癸卯（前 1338）

一·一 丁亥	二·一 丁巳	三·一 丙戌	四·一 丙辰
一·十一 丁酉	二·十一 丁卯	三·十一 丙申	四·十一 丙寅
一·二十一 丁未	二·二十一 丁丑	三·二十一 丙午	四·二十一 丙子
五·一 乙酉	六·一 乙卯	七·一 甲申	八·一 甲寅
五·十一 乙未	六·十一 乙丑	七·十一 甲午	八·十一 甲子
五·二十一 乙巳	六·二十一 乙亥	七·二十一 甲辰	八·二十一 甲戌
九·一 癸未	十·一 癸丑	十一·一 癸未	十二·一 壬子
九·十一 癸巳	十·十一 癸亥	十一·十一 癸巳	十二·十一 壬戌
九·二十一 癸卯	十·二十一 癸酉	十一·二十一 癸卯	十二·二十一 壬申

殷武丁三年甲辰(前1337)

一·一	壬午	二·一	辛亥	三·一	辛巳	四·一	庚戌
一·十一	壬辰	二·十一	辛酉	三·十一	辛卯	四·十一	庚申
一·二十一	壬寅	二·二十一	辛未	三·二十一	辛丑	四·二十一	庚午
五·一	庚辰	六·一	己酉	七·一	己卯	八·一	戊申
五·十一	庚寅	六·十一	己未	七·十一	己丑	八·十一	戊午
五·二十一	庚子	六·二十一	己巳	七·二十一	己亥	八·二十一	戊辰
九·一	戊寅	十·一	丁未	十一·一	丁丑	十二·一	丙午
九·十一	戊子	十·十一	丁巳	十一·十一	丁亥	十二·十一	丙辰
九·二十一	戊戌	十·二十一	丁卯	十一·二十一	丁酉	十二·二十一	丙寅

殷武丁四年乙巳(前1336)

一·一	丙子	二·一	丙午	三·一	乙亥	四·一	乙巳
一·十一	丙戌	二·十一	丙辰	三·十一	乙酉	四·十一	乙卯
一·二十一	丙申	二·二十一	丙寅	三·二十一	乙未	四·二十一	乙丑
五·一	甲戌	六·一	甲辰	七·一	癸酉	八·一	癸卯
五·十一	甲申	六·十一	甲寅	七·十一	癸未	八·十一	癸丑
五·二十一	甲午	六·二十一	甲子	七·二十一	癸巳	八·二十一	癸亥
九·一	壬申	十·一	壬寅	十一·一	辛未	十二·一 辛丑 十三·一	庚午
九·十一	壬午	十·十一	壬子	十一·十一	辛巳	十二·十一 辛亥 十三·十一	庚辰
九·二十一	壬辰	十·二十一	壬戌	十一·二十一	辛卯	十二·二十一辛酉 十三·二十一	庚寅

殷武丁五年丙午(前1335)

一·一	庚子	二·一	己巳	三·一	己亥	四·一	戊辰
一·十一	庚戌	二·十一	己卯	三·十一	己酉	四·十一	戊寅
一·二十一	庚申	二·二十一	己丑	三·二十一	己未	四·二十一	戊子
五·一	戊戌	六·一	戊辰	七·一	丁酉	八·一	丁卯
五·十一	戊申	六·十一	戊寅	七·十一	丁未	八·十	丁丑
五·二十一	戊午	六·二十一	戊子	七·二十一	丁巳	八·二十一	丁亥
九·一	丙申	十·一	丙寅	十一·一	乙未	十二·一	乙丑
九·十一	丙午	十·十一	丙子	十一·十一	乙巳	十二·十一	乙亥
九·二十一	丙辰	十·二十一	丙戌	十一·二十一	乙卯	十二·二十一	乙酉

殷武丁六年丁未(前1334)

一·一	甲午	二·一	甲子	三·一	癸巳	四·一	癸亥
一·十一	甲辰	二·十一	甲戌	三·十一	癸卯	四·十一	癸酉
一·二十一	甲寅	二·二十一	甲申	三·二十一	癸丑	四·二十一	癸未
五·一	壬辰	六·一	壬戌	七·一	辛卯	八·一	辛酉
五·十一	壬寅	六·十一	壬申	七·十一	辛丑	八·十一	辛未
五·二十一	壬子	六·二十一	壬午	七·二十一	辛亥	八·二十一	辛巳
九·一	辛卯	十·一	庚申	十一·一	庚寅	十二·一	己未
九·十一	辛丑	十·十一	庚午	十一·十一	庚子	十二·十一	己巳
九·二十一	辛亥	十·二十一	庚辰	十一·二十一	庚戌	十二·二十一	己卯

殷武丁七年戊申（前 1333）

一•一	己丑	二•一	戊午	三•一	戊子	四•一	丁巳
一•十一	己亥	二•十一	戊辰	三•十一	戊戌	四•十一	丁卯
一•二十一	己酉	二•二十一	戊寅	三•二十一	戊申	四•二十一	丁丑
五•一	丁亥	六•一	丙辰	七•一	丙戌	八•一	乙卯
五•十一	丁酉	六•十一	丙寅	七•十一	丙申	八•十一	乙丑
五•二十一	丁未	六•二十一	丙子	七•二十一	丙午	八•二十一	乙亥
九•一	乙酉	十•一	甲寅	十一•一	甲申	十二•一　癸丑	十三•一　癸未
九•十一	乙未	十•十一	甲子	十一•十一	甲午	十二•十一　癸亥	十三•十一　癸巳
九•二十一	乙巳	十•二十一	甲戌	十一•二十一	甲辰	十二•二十一癸酉	十三•二十一癸卯

殷武丁八年己酉（前 1332）

一•一	癸丑	二•一	壬午	三•一	壬子	四•一	辛巳
一•十一	癸亥	二•十一	壬辰	三•十一	壬戌	四•十一	辛卯
一•二十一	癸酉	二•二十一	壬寅	三•二十一	壬申	四•二十一	辛丑
五•一	辛亥	六•一	庚辰	七•一	庚戌	八•一	己卯
五•十一	辛酉	六•十一	庚寅	七•十一	庚申	八•十一	己丑
五•二十一	辛未	六•二十一	庚子	七•二十一	庚午	八•二十一	己亥
九•一	己酉	十•一	戊寅	十一•一	戊申	十二•一	丁丑
九•十一	己未	十•十一	戊子	十一•十一	戊午	十二•十一	丁亥
九•二十一	己巳	十•二十一	戊戌	十一•二十一	戊辰	十二•二十一	丁酉

殷武丁九年庚戌（前 1331）

一•一	丁未	二•一	丙子	三•一	丙午	四•一	乙亥
一•十一	丁巳	二•十一	丙戌	三•十一	丙辰	四•十一	乙酉
一•二十一	丁卯	二•二十一	丙申	三•二十一	丙寅	四•二十一	乙未
五•一	乙巳	六•一	乙亥	七•一	甲辰	八•一	甲戌
五•十一	乙卯	六•十一	乙酉	七•十一	甲寅	八•十一	甲申
五•二十一	乙丑	六•二十一	乙未	七•二十一	甲子	八•二十一	甲午
九•一	癸卯	十•一	癸酉	十一•一	壬寅	十二•一	壬申
九•十一	癸丑	十•十一	癸未	十一•十一	壬子	十二•十一	壬午
九•二十一	癸亥	十•二十一	癸巳	十一•二十一	壬戌	十二•二十一	壬辰

殷武丁十年辛亥（前 1330）

一•一	辛丑	二•一	辛未	三•一	庚子	四•一	庚午
一•十一	辛亥	二•十一	辛巳	三•十一	庚戌	四•十一	庚辰
一•二十一	辛酉	二•二十一	辛卯	三•二十一	庚申	四•二十一	庚寅
五•一	己亥	六•一	己巳	七•一	戊戌	八•一	戊辰
五•十一	己酉	六•十一	己卯	七•十一	戊申	八•十一	戊寅
五•二十一	己未	六•二十一	己丑	七•二十一	戊午	八•二十一	戊子
九•一	戊戌	十•一	丁卯	十一•一	丁酉	十二•一　丙寅	十三•一　丙申
九•十一	戊申	十•十一	丁丑	十一•十一	丁未	十二•十一　丙子	十三•十一　丙午
九•二十一	戊午	十•二十一	丁亥	十一•二十一	丁巳	十二•二十一丙戌	十三•二十一丙辰

殷武丁十一年壬子（前 1329）

一・一	乙丑	二・一	乙未	三・一	甲子	四・一	甲午
一・十一	乙亥	二・十一	乙巳	三・十一	甲戌	四・十一	甲辰
一・二十一	乙酉	二・二十一	乙卯	三・二十一	甲申	四・二十一	甲寅
五・一	癸亥	六・一	癸巳	七・一	壬戌	八・一	壬辰
五・十一	癸酉	六・十一	癸卯	七・十一	壬申	八・十一	壬寅
五・二十一	癸未	六・二十一	癸丑	七・二十一	壬午	八・二十一	壬子
九・一	辛酉	十・一	辛卯	十一・一	庚申	十二・一	庚寅
九・十一	辛未	十・十一	辛丑	十一・十一	庚午	十二・十一	庚子
九・二十一	辛巳	十・二十一	辛亥	十一・二十一	庚辰	十二・二十一	庚戌

殷武丁十二年癸丑（前 1328）

一・一	庚申	二・一	己丑	三・一	己未	四・一	戊子
一・十一	庚午	二・十一	己亥	三・十一	己巳	四・十一	戊戌
一・二十一	庚辰	二・二十一	己酉	三・二十一	己卯	四・二十一	戊申
五・一	戊午	六・一	丁亥	七・一	丁巳	八・一	丙戌
五・十一	戊辰	六・十一	丁酉	七・十一	丁卯	八・十一	丙申
五・二十一	戊寅	六・二十一	丁未	七・二十一	丁丑	八・二十一	丙午
九・一	丙辰	十・一	乙酉	十一・一	乙卯	十二・一　甲申	十三・一　甲寅
九・十一	丙寅	十・十一	乙未	十一・十一	乙丑	十二・十一　甲午	十三・十一　甲子
九・二十一	丙子	十・二十一	乙巳	十一・二十一	乙亥	十二・二十一甲辰	十三・二十一甲戌

殷武丁十三年甲寅（前 1327）

一・一	癸未	二・一	癸丑	三・一	癸未	四・一	壬子
一・十一	癸巳	二・十一	癸亥	三・十一	癸巳	四・十一	壬戌
一・二十一	癸卯	二・二十一	癸酉	三・二十一	癸卯	四・二十一	壬申
五・一	壬午	六・一	辛亥	七・一	辛巳	八・一	庚戌
五・十一	壬辰	六・十一	辛酉	七・十	辛卯	八・丨一	庚申
五・二十一	壬寅	六・二十一	辛未	七・二十一	辛丑	八・二十一	庚午
九・一	庚辰	十・一	己酉	十一・一	己卯	十二・一	戊申
九・十一	庚寅	十・十一	己未	十一・十一	己丑	十二・十一	戊午
九・二十一	庚子	十・二十一	己巳	十一・二十一	己亥	十二・二十一	戊辰

殷武丁十四年乙卯（前 1326）

一・一	戊寅	二・一	丁未	三・一	丁丑	四・一	丙午
一・十一	戊子	二・十一	丁巳	三・十一	丁亥	四・十一	丙辰
一・二十一	戊戌	二・二十一	丁卯	三・二十一	丁酉	四・二十一	丙寅
五・一	丙子	六・一	乙巳	七・一	乙亥	八・一	乙巳
五・十一	丙戌	六・十一	乙卯	七・十一	乙酉	八・十一	乙卯
五・二十一	丙申	六・二十一	乙丑	七・二十一	乙未	八・二十一	乙丑
九・一	甲戌	十・一	甲辰	十一・一	癸酉	十二・一	癸卯
九・十一	甲申	十・十一	甲寅	十一・十一	癸未	十二・十一	癸丑
九・二十一	甲午	十・二十一	甲子	十一・二十一	癸巳	十二・二十一	癸亥

殷武丁十五年丙辰(前 1325)

一·一 壬申	二·一 壬寅	三·一 辛未	四·一 辛丑
一·十一 壬午	二·十一 壬子	三·十一 辛巳	四·十一 辛亥
一·二十一 壬辰	二·二十一 壬戌	三·二十一 辛卯	四·二十一 辛酉
五·一 庚午	六·一 庚子	七·一 己巳	八·一 己亥
五·十一 庚辰	六·十一 庚戌	七·十一 己卯	八·十一 己酉
五·二十一 庚寅	六·二十一 庚申	七·二十一 己丑	八·二十一 己未
九·一 戊辰	十·一 戊戌	十一·一 丁卯	十二·一 丁酉 十三·一 丁卯
九·十一 戊寅	十·十一 戊申	十一·十一 丁丑	十二·十一 丁未 十三·十一 丁丑
九·二十一 戊子	十·二十一 戊午	十一·二十一 丁亥	十二·二十一丁巳 十三·二十一丁亥

殷武丁十六年丁巳(前 1324)

一·一 丙申	二·一 丙寅	三·一 乙未	四·一 乙丑
一·十一 丙午	二·十一 丙子	三·十一 乙巳	四·十一 乙亥
一·二十一 丙辰	二·二十一 丙戌	三·二十一 乙卯	四·二十一 乙酉
五·一 甲午	六·一 甲子	七·一 癸巳	八·一 癸亥
五·十一 甲辰	六·十一 甲戌	七·十一 癸卯	八·十一 癸酉
五·二十一 甲寅	六·二十一 甲申	七·二十一 癸丑	八·二十一 癸未
九·一 壬辰	十·一 壬戌	十一·一 辛卯	十二·一 辛酉
九·十一 壬寅	十·十一 壬申	十一·十一 辛丑	十二·十一 辛未
九·二十一 壬子	十·二十一 壬午	十一·二十一 辛亥	十二·二十一 辛巳

殷武丁十七年戊午(前 1323)

一·一 庚寅	二·一 庚申	三·一 庚寅	四·一 己未
一·十一 庚子	二·十一 庚午	三·十一 庚子	四·十一 己巳
一·二十一 庚戌	二·二十一 庚辰	三·二十一 庚戌	四·二十一 己卯
五·一 己丑	六·一 戊午	七·一 戊子	八·一 丁巳
五·十一 己亥	六·十一 戊辰	七·十一 戊戌	八·十一 丁卯
五·二十一 己酉	六·二十一 戊寅	七·二十一 戊申	八·二十一 丁丑
九·一 丁亥	十·一 丙辰	十一·一 丙戌	十二·一 乙卯
九·十一 丁酉	十·十一 丙寅	十一·十一 丙申	十二·十一 乙丑
九·二十一 丁未	十·二十一 丙子	十一·二十一 丙午	十二·二十一 乙亥

殷武丁十八年己未(前 1322)

一·一 乙酉	二·一 甲寅	三·一 甲申	四·一 癸丑
一·十一 乙未	二·十一 甲子	三·十一 甲午	四·十一 癸亥
一·二十一 乙巳	二·二十一 甲戌	三·二十一 甲辰	四·二十一 癸酉
五·一 癸未	六·一 壬子	七·一 壬午	八·一 壬子
五·十一 癸巳	六·十一 壬戌	七·十一 壬辰	八·十一 壬戌
五·二十一 癸卯	六·二十一 壬申	七·二十一 壬寅	八·二十一 壬申
九·一 辛巳	十·一 辛亥	十一·一 庚辰	十二·一 庚戌 十三·一 己卯
九·十一 辛卯	十·十一 辛酉	十一·十一 庚寅	十二·十一 庚申 十三·十一 己丑
九·二十一 辛丑	十·二十一 辛未	十一·二十一 庚子	十二·二十一庚午 十三·二十一己亥

殷武丁十九年庚申（前1321）

一·一 己酉	二·一 戊寅	三·一 戊申	四·一 丁丑
一·十一 己未	二·十一 戊子	三·十一 戊午	四·十一 丁亥
一·二十一 己巳	二·二十一 戊戌	三·二十一 戊辰	四·二十一 丁酉
五·一 丁未	六·一 丙子	七·一 丙午	八·一 乙亥
五·十一 丁巳	六·十一 丙戌	七·十一 丙辰	八·十一 乙酉
五·二十一 丁卯	六·二十一 丙申	七·二十一 丙寅	八·二十一 乙未
九·一 乙巳	十·一 乙亥	十一·一 甲辰	十二·一 甲戌
九·十一 乙卯	十·十一 乙酉	十一·十一 甲寅	十二·十一 甲申
九·二十一 乙丑	十·二十一 乙未	十一·二十一 甲子	十二·二十一 甲午

殷武丁二十年辛酉（前1320）

一·一 癸卯	二·一 癸酉	三·一 壬寅	四·一 壬申
一·十一 癸丑	二·十一 癸未	三·十一 壬子	四·十一 壬午
一·二十一 癸亥	二·二十一 癸巳	三·二十一 壬戌	四·二十一 壬辰
五·一 辛丑	六·一 辛未	七·一 庚子	八·一 庚午
五·十一 辛亥	六·十一 辛巳	七·十一 庚戌	八·十一 庚辰
五·二十一 辛酉	六·二十一 辛卯	七·二十一 庚申	八·二十一 庚寅
九·一 己亥	十·一 己巳	十一·一 戊戌	十二·一 戊辰 十三·一 丁酉
九·十一 己酉	十·十一 己卯	十一·十一 戊申	十二·十一 戊寅 十三·十一 丁未
九·二十一 己未	十·二十一 己丑	十一·二十一 戊午	十二·二十一戊子 十三·二十一丁巳

殷武丁二十一年壬戌（前1319）

一·一 丁卯	二·一 丁酉	三·一 丙寅	四·一 丙申
一·十一 丁丑	二·十一 丁未	三·十一 丙子	四·十一 丙午
一·二十一 丁亥	二·二十一 丁巳	三·二十一 丙戌	四·二十一 丙辰
五·一 乙丑	六·一 乙未	七·一 甲子	八·一 甲午
五·十一 乙亥	六·十一 乙巳	七·十一 甲戌	八·十一 甲辰
五·二十一 乙酉	六·二十一 乙卯	七·二十一 甲申	八·二十一 甲寅
九·一 癸亥	十·一 癸巳	十一·一 壬戌	十二·一 壬辰
九·十一 癸酉	十·十一 癸卯	十一·十一 壬申	十二·十一 壬寅
九·二十一 癸未	十·二十一 癸丑	十一·二十一 壬午	十二·二十一 壬子

殷武丁二十二年癸亥（前1318）

一·一 辛酉	二·一 辛卯	三·一 庚申	四·一 庚寅
一·十一 辛未	二·十一 辛丑	三·十一 庚午	四·十一 庚子
一·二十一 辛巳	二·二十一 辛亥	三·二十一 庚辰	四·二十一 庚戌
五·一 己未	六·一 己丑	七·一 己未	八·一 戊子
五·十一 己巳	六·十一 己亥	七·十一 己巳	八·十一 戊戌
五·二十一 己卯	六·二十一 己酉	七·二十一 己卯	八·二十一 戊申
九·一 戊午	十·一 丁亥	十一·一 丁巳	十二·一 丙戌
九·十一 戊辰	十·十一 丁酉	十一·十一 丁卯	十二·十一 丙申
九·二十一 戊寅	十·二十一 丁未	十一·二十一 丁丑	十二·二十一 丙午

殷武丁二十三年甲子（前 1317）

一·一　丙辰	二·一　乙酉	三·一　乙卯	四·一　甲申
一·十一　丙寅	二·十一　乙未	三·十一　乙丑	四·十一　甲午
一·二十一　丙子	二·二十一　乙巳	三·二十一　乙亥	四·二十一　甲辰
五·一　甲寅	六·一　癸未	七·一　癸丑	八·一　壬午
五·十一　甲子	六·十一　癸巳	七·十一　癸亥	八·十一　壬辰
五·二十一　甲戌	六·二十一　癸卯	七·二十一　癸酉	八·二十一　壬寅
九·一　壬子	十·一　壬午	十一·一　辛亥	十二·一　辛巳　十三·一　庚戌
九·十一　壬戌	十·十一　壬辰	十一·十一　辛酉	十二·十一　辛卯　十三·十一　庚申
九·二十一　壬申	十·二十一　壬寅	十一·二十一　辛未	十二·二十一辛丑　十三·二十一庚午

殷武丁二十四年乙丑（前 1316）

一·一　庚辰	二·一　己酉	三·一　己卯	四·一　戊申
一·十一　庚寅	二·十一　己未	三·十一　己丑	四·十一　戊午
一·二十一　庚子	二·二十一　己巳	三·二十一　己亥	四·二十一　戊辰
五·一　戊寅	六·一　丁未	七·一　丁丑	八·一　丙午
五·十一　戊子	六·十一　丁巳	七·十一　丁亥	八·十一　丙辰
五·二十一　戊戌	六·二十一　丁卯	七·二十一　丁酉	八·二十一　丙寅
九·一　丙子	十·一　乙巳	十一·一　乙亥	十二·一　甲辰
九·十一　丙戌	十·十一　乙卯	十一·十一　乙酉	十二·十一　甲寅
九·二十一　丙申	十·二十一　乙丑	十一·二十一　乙未	十二·二十一　甲子

殷武丁二十五年丙寅（前 1315）

一·一　甲戌	二·一　甲辰	三·一　癸酉	四·一　癸卯
一·十一　甲申	二·十一　甲寅	三·十一　癸未	四·十一　癸丑
一·二十一　甲午	二·二十一　甲子	三·二十一　癸巳	四·二十一　癸亥
五·一　壬申	六·一　壬寅	七·一　辛未	八·一　辛丑
五·十一　壬午	六·十一　壬子	七·十一　辛巳	八·十一　辛亥
五·二十一　壬辰	六·二十一　壬戌	七·二十一　辛卯	八·二十一　辛酉
九·一　庚午	十·一　庚子	十一·一　己巳	十二·一　己亥
九·十一　庚辰	十·十一　庚戌	十一·十一　己卯	十二·十一　己酉
九·二十一　庚寅	十·二十一　庚申	十一·二十一　己丑	十二·二十一　己未

殷武丁二十六年丁卯（前 1314）

一·一　戊辰	二·一　戊戌	三·一　丁卯	四·一　丁酉
一·十一　戊寅	二·十一　戊申	三·十一　丁丑	四·十一　丁未
一·二十一　戊子	二·二十一　戊午	三·二十一　丁亥	四·二十一　丁巳
五·一　丁卯	六·一　丙申	七·一　丙寅	八·一　乙未
五·十一　丁丑	六·十一　丙午	七·十一　丙子	八·十一　乙巳
五·二十一　丁亥	六·二十一　丙辰	七·二十一　丙戌	八·二十一　乙卯
九·一　乙丑	十·一　甲午	十一·一　甲子	十二·一　癸巳　十三·一　癸亥
九·十一　乙亥	十·十一　甲辰	十一·十一　甲戌	十二·十一　癸卯　十三·十一　癸酉
九·二十一　乙酉	十·二十一　甲寅	十一·二十一　甲申	十二·二十一癸丑　十三·二十一癸未

殷武丁二十七年戊辰（前 1313）

一・一	壬辰	二・一	壬戌	三・一	辛卯	四・一	辛酉
一・十一	壬寅	二・十一	壬申	三・十一	辛丑	四・十一	辛未
一・二十一	壬子	二・二十一	壬午	三・二十一	辛亥	四・二十一	辛巳
五・一	庚寅	六・一	庚申	七・一	己丑	八・一	己未
五・十一	庚子	六・十一	庚午	七・十一	己亥	八・十一	己巳
五・二十一	庚戌	六・二十一	庚辰	七・二十一	己酉	八・二十一	己卯
九・一	己丑	十・一	戊午	十一・一	戊子	十二・一	丁巳
九・十一	己亥	十・十一	戊辰	十一・十一	戊戌	十二・十一	丁卯
九・二十一	己酉	十・二十一	戊寅	十一・二十一	戊申	十二・二十一	丁丑

殷武丁二十八年己巳（前 1312）

一・一	丁亥	二・一	丙辰	三・一	丙戌	四・一	乙卯
一・十一	丁酉	二・十一	丙寅	三・十一	丙申	四・十一	乙丑
一・二十一	丁未	二・二十一	丙子	三・二十一	丙午	四・二十一	乙亥
五・一	乙酉	六・一	甲寅	七・一	甲申	八・一	癸丑
五・十一	乙未	六・十一	甲子	七・十一	甲午	八・十一	癸亥
五・二十一	乙巳	六・二十一	甲戌	七・二十一	甲辰	八・二十一	癸酉
九・一	癸未	十・一	壬子	十一・一	壬午	十二・一	辛亥
九・十一	癸巳	十・十一	壬戌	十一・十一	壬辰	十二・十一	辛酉
九・二十一	癸卯	十・二十一	壬申	十一・二十一	壬寅	十二・二十一	辛未

殷武丁二十九年庚午（前 1311）

一・一	辛巳	二・一	庚戌	三・一	庚辰	四・一	己酉		
一・十	辛卯	二・十一	庚申	三・十一	庚寅	四・十一	己未		
一・二十一	辛丑	二・二十一	庚午	三・二十一	庚子	四・二十一	己巳		
五・一	己卯	六・一	戊申	七・一	戊寅	八・一	丁未		
五・十一	己丑	六・十一	戊午	七・十一	戊子	八・十一	丁巳		
五・二十一	己亥	六・二十一	戊辰	七・二十一	戊戌	八・二十一	丁卯		
九・一	丁丑	十・一	丙午	十一・一	丙子	十二・一	丙午	十三・一	乙亥
九・十一	丁亥	十・十一	丙辰	十一・十一	丙戌	十二・十一	丙辰	十三・十一	乙酉
九・二十一	丁酉	十・二十一	丙寅	十一・二十一	丙申	十二・二十一	丙寅	十三・二十一	乙未

殷武丁三十年辛未（前 1310）

一・一	乙巳	二・一	甲戌	三・一	甲辰	四・一	癸酉
一・十一	乙卯	二・十一	甲申	三・十一	甲寅	四・十一	癸未
一・二十一	乙丑	二・二十一	甲午	三・二十一	甲子	四・二十一	癸巳
五・一	癸卯	六・一	壬申	七・一	壬寅	八・一	辛未
五・十一	癸丑	六・十一	壬午	七・十一	壬子	八・十一	辛巳
五・二十一	癸亥	六・二十一	壬辰	七・二十一	壬戌	八・二十一	辛卯
九・一	辛丑	十・一	庚午	十一・一	庚子	十二・一	己巳
九・十一	辛亥	十・十一	庚辰	十一・十一	庚戌	十二・十一	己卯
九・二十一	辛酉	十・二十一	庚寅	十一・二十一	庚申	十二・二十一	己丑

殷武丁三十一年壬申(前1309)

月·日	干支	月·日	干支	月·日	干支	月·日	干支	月·日	干支
一·一	己亥	二·一	己巳	三·一	戊戌	四·一	戊辰		
一·十一	己酉	二·十一	己卯	三·十一	戊申	四·十一	戊寅		
一·二十一	己未	二·二十一	己丑	三·二十一	戊午	四·二十一	戊子		
五·一	丁酉	六·一	丁卯	七·一	丙申	八·一	丙寅		
五·十一	丁未	六·十一	丁丑	七·十一	丙午	八·十一	丙子		
五·二十一	丁巳	六·二十一	丁亥	七·二十一	丙辰	八·二十一	丙戌		
九·一	乙未	十·一	乙丑	十一·一	甲午	十二·一	甲子	十三·一	甲午
九·十一	乙巳	十·十一	乙亥	十一·十一	甲辰	十二·十一	甲戌	十三·十一	甲辰
九·二十一	乙卯	十·二十一	乙酉	十一·二十一	甲寅	十二·二十一	甲申	十三·二十一	甲寅

殷武丁三十二年癸酉(前1308)

月·日	干支	月·日	干支	月·日	干支	月·日	干支
一·一	癸亥	二·一	癸巳	三·一	壬戌	四·一	壬辰
一·十一	癸酉	二·十一	癸卯	三·十一	壬申	四·十一	壬寅
一·二十一	癸未	二·二十一	癸丑	三·二十一	壬午	四·二十一	壬子
五·一	辛酉	六·一	辛卯	七·一	庚申	八·一	庚寅
五·十一	辛未	六·十一	辛丑	七·十一	庚午	八·十一	庚子
五·二十一	辛巳	六·二十一	辛亥	七·二十一	庚辰	八·二十一	庚戌
九·一	己未	十·一	己丑	十一·一	己未	十二·一	戊子
九·十一	己巳	十·十一	己亥	十一·十一	己巳	十二·十一	戊戌
九·二十一	己卯	十·二十一	己酉	十一·二十一	己卯	十二·二十一	戊申

殷武丁三十三年甲戌(前1307)

月·日	干支	月·日	干支	月·日	干支	月·日	干支
一·一	戊午	二·一	丁亥	三·一	丁巳	四·一	丙戌
一·十一	戊辰	二·十一	丁酉	三·十一	丁卯	四·十一	丙申
一·二十一	戊寅	二·二十一	丁未	三·二十一	丁丑	四·二十一	丙午
五·一	丙辰	六·一	乙酉	七·一	乙卯	八·一	甲申
五·十一	丙寅	六·十一	乙未	七·十一	乙丑	八·十一	甲午
五·二十一	丙子	六·二十一	乙巳	七·二十一	乙亥	八·二十一	甲辰
九·一	甲寅	十·一	癸未	十一·一	癸丑	十二·一	壬午
九·十一	甲子	十·十一	癸巳	十一·十一	癸亥	十二·十一	壬辰
九·二十一	甲戌	十·二十一	癸卯	十一·二十一	癸酉	十二·二十一	壬寅

殷武丁三十四年乙亥(前1306)

月·日	干支	月·日	干支	月·日	干支	月·日	干支	月·日	干支
一·一	壬子	二·一	辛巳	三·一	辛亥	四·一	辛巳		
一·十一	壬戌	二·十一	辛卯	三·十一	辛酉	四·十一	辛卯		
一·二十一	壬申	二·二十一	辛丑	三·二十一	辛未	四·二十一	辛丑		
五·一	庚戌	六·一	庚辰	七·一	己酉	八·一	己卯		
五·十一	庚申	六·十一	庚寅	七·十一	己未	八·十一	己丑		
五·二十一	庚午	六·二十一	庚子	七·二十一	己巳	八·二十一	己亥		
九·一	戊申	十·一	戊寅	十一·一	丁未	十二·一	丁丑	十三·一	丙午
九·十一	戊午	十·十一	戊子	十一·十一	丁巳	十二·十一	丁亥	十三·十一	丙辰
九·二十一	戊辰	十·二十一	戊戌	十一·二十一	丁卯	十二·二十一	丁酉	十三·二十一	丙寅

殷武丁三十五年丙子（前 1305）

一・一	丙子	二・一	乙巳	三・一	乙亥	四・一	甲辰
一・十一	丙戌	二・十一	乙卯	三・十一	乙酉	四・十一	甲寅
一・二十一	丙申	二・二十一	乙丑	三・二十一	乙未	四・二十一	甲子
五・一	甲戌	六・一	癸卯	七・一	癸酉	八・一	癸卯
五・十一	甲申	六・十一	癸丑	七・十一	癸未	八・十一	癸丑
五・二十一	甲午	六・二十一	癸亥	七・二十一	癸巳	八・二十一	癸亥
九・一	壬申	十・一	壬寅	十一・一	辛未	十二・一	辛丑
九・十一	壬午	十・十一	壬子	十一・十一	辛巳	十二・十一	辛亥
九・二十一	壬辰	十・二十一	壬戌	十一・二十一	辛卯	十二・二十一	辛酉

殷武丁三十六年丁丑（前 1304）

一・一	庚午	二・一	庚子	三・一	己巳	四・一	己亥
一・十一	庚辰	二・十一	庚戌	三・十一	己卯	四・十一	己酉
一・二十一	庚寅	二・二十一	庚申	三・二十一	己丑	四・二十一	己未
五・一	戊辰	六・一	戊戌	七・一	丁卯	八・一	丁酉
五・十一	戊寅	六・十一	戊申	七・十一	丁丑	八・十一	丁未
五・二十一	戊子	六・二十一	戊午	七・二十一	丁亥	八・二十一	丁巳
九・一	丙寅	十・一	丙申	十一・一	丙寅	十二・一	乙未
九・十一	丙子	十・十一	丙午	十一・十一	丙子	十二・十一	乙巳
九・二十一	丙戌	十・二十一	丙辰	十一・二十一	丙戌	十二・二十一	乙卯

殷武丁三十七年戊寅（前 1303）

一・一	乙丑	二・一	甲午	三・一	甲子	四・一	癸巳
一・十一	乙亥	二・十一	甲辰	二・十一	甲戌	四・丨一	癸卯
一・二十一	乙酉	二・二十一	甲寅	三・二十一	甲申	四・二十一	癸丑
五・一	癸亥	六・一	壬辰	七・一	壬戌	八・一	辛卯
五・十一	癸酉	六・十一	壬寅	七・十	工申	八・丨一	辛丑
五・二十一	癸未	六・二十一	壬子	七・二十一	壬午	八・二十一	辛亥
九・一	辛酉	十・一	庚寅	十一・一	庚申	十二・一 己丑	十三・一 己未
九・十一	辛未	十・十一	庚子	十一・十一	庚午	十二・十一 己亥	十三・十一 己巳
九・二十一	辛巳	十・二十一	庚戌	十一・二十一	庚辰	十二・二十一己酉	十三・二十一己卯

殷武丁三十八年己卯（前 1302）

一・一	戊子	二・一	戊午	三・一	戊子	四・一	丁巳
一・十一	戊戌	二・十一	戊辰	三・十一	戊戌	四・十一	丁卯
一・二十一	戊申	二・二十一	戊寅	三・二十一	戊申	四・二十一	丁丑
五・一	丁亥	六・一	丙辰	七・一	丙戌	八・一	乙卯
五・十一	丁酉	六・十一	丙寅	七・十一	丙申	八・十一	乙丑
五・二十一	丁未	六・二十一	丙子	七・二十一	丙午	八・二十一	乙亥
九・一	乙酉	十・一	甲寅	十一・一	甲申	十二・一	癸丑
九・十一	乙未	十・十一	甲子	十一・十一	甲午	十二・十一	癸亥
九・二十一	乙巳	十・二十一	甲戌	十一・二十一	甲辰	十二・二十一	癸酉

殷武丁三十九年庚辰（前 1301）

一·一	癸未	二·一	壬子	三·一	壬午	四·一	辛亥		
一·十一	癸巳	二·十一	壬戌	三·十一	壬辰	四·十一	辛酉		
一·二十一	癸卯	二·二十一	壬申	三·二十一	壬寅	四·二十一	辛未		
五·一	辛巳	六·一	辛亥	七·一	庚辰	八·一	庚戌		
五·十一	辛卯	六·十一	辛酉	七·十一	庚寅	八·十一	庚申		
五·二十一	辛丑	六·二十一	辛未	七·二十一	庚子	八·二十一	庚午		
九·一	己卯	十·一	己酉	十一·一	戊寅	十二·一	戊申	十三·一	丁丑
九·十一	己丑	十·十一	己未	十一·十一	戊子	十二·十一	戊午	十三·十一	丁亥
九·二十一	己亥	十·二十一	己巳	十一·二十一	戊戌	十二·二十一	戊辰	十三·二十一	丁酉

殷武丁四十年辛巳（前 1300）

一·一	丁未	二·一	丙子	三·一	丙午	四·一	乙亥
一·十一	丁巳	二·十一	丙戌	三·十一	丙辰	四·十一	乙酉
一·二十一	丁卯	二·二十一	丙申	三·二十一	丙寅	四·二十一	乙未
五·一	乙巳	六·一	甲戌	七·一	甲辰	八·一	癸酉
五·十一	乙卯	六·十一	甲申	七·十一	甲寅	八·十一	癸未
五·二十一	乙丑	六·二十一	甲午	七·二十一	甲子	八·二十一	癸巳
九·一	癸卯	十·一	壬申	十一·一	壬寅	十二·一	壬申
九·十一	癸丑	十·十一	壬午	十一·十一	壬子	十二·十一	壬午
九·二十一	癸亥	十·二十一	壬辰	十一·二十一	壬戌	十二·二十一	壬辰

殷武丁四十一年壬午（前 1299）

一·一	辛丑	二·一	辛未	三·一	庚子	四·一	庚午
一·十一	辛亥	二·十一	辛巳	三·十一	庚戌	四·十一	庚辰
一·二十一	辛酉	二·二十一	辛卯	三·二十一	庚申	四·二十一	庚寅
五·一	己亥	六·一	己巳	七·一	戊戌	八·一	戊辰
五·十一	己酉	六·十一	己卯	七·十一	戊申	八·十一	戊寅
五·二十一	己未	六·二十一	己丑	七·二十一	戊午	八·二十一	戊子
九·一	丁酉	十·一	丁卯	十一·一	丙申	十二·一	丙寅
九·十一	丁未	十·十一	丁丑	十一·十一	丙午	十二·十一	丙子
九·二十一	丁巳	十·二十一	丁亥	十一·二十一	丙辰	十二·二十一	丙戌

殷武丁四十二年癸未（前 1298）

一·一	乙未	二·一	乙丑	三·一	乙未	四·一	甲子		
一·十一	乙巳	二·十一	乙亥	三·十一	乙巳	四·十一	甲戌		
一·二十一	乙卯	二·二十一	乙酉	三·二十一	乙卯	四·二十一	甲申		
五·一	甲午	六·一	癸亥	七·一	癸巳	八·一	壬戌		
五·十一	甲辰	六·十一	癸酉	七·十一	癸卯	八·十一	壬申		
五·二十一	甲寅	六·二十一	癸未	七·二十一	癸丑	八·二十一	壬午		
九·一	壬辰	十·一	辛酉	十一·一	辛卯	十二·一	庚申	十三·一	庚寅
九·十一	壬寅	十·十一	辛未	十一·十一	辛丑	十二·十一	庚午	十三·十一	庚子
九·二十一	壬子	十·二十一	辛巳	十一·二十一	辛亥	十二·二十一	庚辰	十三·二十一	庚戌

殷武丁四十三年甲申(前1297)

一·一	己未	二·一	己丑	三·一	戊午	四·一	戊子
一·十一	己巳	二·十一	己亥	三·十一	戊辰	四·十一	戊戌
一·二十一	己卯	二·二十一	己酉	三·二十一	戊寅	四·二十一	戊申
五·一	戊午	六·一	丁亥	七·一	丁巳	八·一	丙戌
五·十一	戊辰	六·十一	丁酉	七·十一	丁卯	八·十一	丙申
五·二十一	戊寅	六·二十一	丁未	七·二十一	丁丑	八·二十一	丙午
九·一	丙辰	十·一	乙酉	十一·一	乙卯	十二·一	甲申
九·十一	丙寅	十·十一	乙未	十一·十一	乙丑	十二·十一	甲午
九·二十一	丙子	十·二十一	乙巳	十一·二十一	乙亥	十二·二十一	甲辰

殷武丁四十四年乙酉(前1296)

一·一	甲寅	二·一	癸未	三·一	癸丑	四·一	壬午
一·十一	甲子	二·十一	癸巳	三·十一	癸亥	四·十一	壬辰
一·二十一	甲戌	二·二十一	癸卯	三·二十一	癸酉	四·二十一	壬寅
五·一	壬子	六·一	辛巳	七·一	辛亥	八·一	庚辰
五·十一	壬戌	六·十一	辛卯	七·十一	辛酉	八·十一	庚寅
五·二十一	壬申	六·二十一	辛丑	七·二十一	辛未	八·二十一	庚子
九·一	庚戌	十·一	庚辰	十一·一	己酉	十二·一	己卯
九·十一	庚申	十·十一	庚寅	十一·十一	己未	十二·十一	己丑
九·二十一	庚午	十·二十一	庚子	十一·二十一	己巳	十二·二十一	己亥

殷武丁四十五年丙戌(前1295)

一·一	戊申	二·一	戊寅	三·一	丁未	四·一	丁丑		
一·十一	戊午	二·十一	戊子	三·十	丁巳	四·十一	丁亥		
一·二十一	戊辰	二·二十一	戊戌	三·二十一	丁卯	四·二十一	丁酉		
五·一	丙午	六·一	丙子	七·一	乙巳	八·一	乙亥		
五·十一	丙辰	六·十一	丙戌	七·十一	乙卯	八·十	乙酉		
五·二十一	丙寅	六·二十一	丙申	七·二十一	乙丑	八·二十一	乙未		
九·一	甲辰	十·一	甲戌	十一·一	癸卯	十二·一	癸酉	十三·一	癸卯
九·十一	甲寅	十·十一	甲申	十一·十一	癸丑	十二·十一	癸未	十三·十一	癸丑
九·二十一	甲子	十·二十一	甲午	十一·二十一	癸亥	十二·二十一	癸巳	十三·二十一	癸亥

殷武丁四十六年丁亥(前1294)

一·一	壬申	二·一	壬寅	三·一	辛未	四·一	辛丑
一·十一	壬午	二·十一	壬子	三·十一	辛巳	四·十一	辛亥
一·二十一	壬辰	二·二十一	壬戌	三·二十一	辛卯	四·二十一	辛酉
五·一	庚午	六·一	庚子	七·一	己巳	八·一	己亥
五·十一	庚辰	六·十一	庚戌	七·十一	己卯	八·十一	己酉
五·二十一	庚寅	六·二十一	庚申	七·二十一	己丑	八·二十一	己未
九·一	戊辰	十·一	戊戌	十一·一	丁卯	十二·一	丁酉
九·十一	戊寅	十·十一	戊申	十一·十一	丁丑	十二·十一	丁未
九·二十一	戊子	十·二十一	戊午	十一·二十一	丁亥	十二·二十一	丁巳

殷武丁四十七年戊子（前 1293）

一·一	丙寅	二·一	丙申	三·一	丙寅	四·一	乙未
一·十一	丙子	二·十一	丙午	三·十一	丙子	四·十一	乙巳
一·二十一	丙戌	二·二十一	丙辰	三·二十一	丙戌	四·二十一	乙卯
五·一	乙丑	六·一	甲午	七·一	甲子	八·一	癸巳
五·十一	乙亥	六·十一	甲辰	七·十一	甲戌	八·十一	癸卯
五·二十一	乙酉	六·二十一	甲寅	七·二十一	甲申	八·二十一	癸丑
九·一	癸亥	十·一	壬辰	十一·一	壬戌	十二·一	辛卯
九·十一	癸酉	十·十一	壬寅	十一·十一	壬申	十二·十一	辛丑
九·二十一	癸未	十·二十一	壬子	十一·二十一	壬午	十二·二十一	辛亥

殷武丁四十八年己丑（前 1292）

一·一	辛酉	二·一	庚寅	三·一	庚申	四·一	己丑		
一·十一	辛未	二·十一	庚子	三·十一	庚午	四·十一	己亥		
一·二十一	辛巳	二·二十一	庚戌	三·二十一	庚辰	四·二十一	己酉		
五·一	己未	六·一	己丑	七·一	戊午	八·一	戊子		
五·十一	己巳	六·十一	己亥	七·十一	戊辰	八·十一	戊戌		
五·二十一	己卯	六·二十一	己酉	七·二十一	戊寅	八·二十一	戊申		
九·一	丁巳	十·一	丁亥	十一·一	丙辰	十二·一	丙戌	十三·一	乙卯
九·十一	丁卯	十·十一	丁酉	十一·十一	丙寅	十二·十一	丙申	十三·十一	乙丑
九·二十一	丁丑	十·二十一	丁未	十一·二十一	丙子	十二·二十一	丙午	十三·二十一	乙亥

殷武丁四十九年庚寅（前 1291）

一·一	乙酉	二·一	甲寅	三·一	甲申	四·一	癸丑
一·十一	乙未	二·十一	甲子	三·十一	甲午	四·十一	癸亥
一·二十一	乙巳	二·二十一	甲戌	三·二十一	甲辰	四·二十一	癸酉
五·一	癸未	六·一	壬子	七·一	壬午	八·一	辛亥
五·十一	癸巳	六·十一	壬戌	七·十一	壬辰	八·十一	辛酉
五·二十一	癸卯	六·二十一	壬申	七·二十一	壬寅	八·二十一	辛未
九·一	辛巳	十·一	辛亥	十一·一	庚辰	十二·一	庚戌
九·十一	辛卯	十·十一	辛酉	十一·十一	庚寅	十二·十一	庚申
九·二十一	辛丑	十·二十一	辛未	十一·二十一	庚子	十二·二十一	庚午

殷武丁五十年辛卯（前 1290）

一·一	己卯	二·一	己酉	三·一	戊寅	四·一	戊申		
一·十一	己丑	二·十一	己未	三·十一	戊子	四·十一	戊午		
一·二十一	己亥	二·二十一	己巳	三·二十一	戊戌	四·二十一	戊辰		
五·一	丁丑	六·一	丁未	七·一	丙子	八·一	丙午		
五·十一	丁亥	六·十一	丁巳	七·十一	丙戌	八·十一	丙辰		
五·二十一	丁酉	六·二十一	丁卯	七·二十一	丙申	八·二十一	丙寅		
九·一	乙亥	十·一	乙巳	十一·一	甲戌	十二·一	甲辰	十三·一	甲戌
九·十一	乙酉	十·十一	乙卯	十一·十一	甲申	十二·十一	甲寅	十三·十一	甲申
九·二十一	乙未	十·二十一	乙丑	十一·二十一	甲午	十二·二十一	甲子	十三·二十一	甲午

殷武丁五十一年壬辰（前 1289）

一•一	癸卯	二•一	癸酉	三•一	壬寅	四•一	壬申
一•十一	癸丑	二•十一	癸未	三•十一	壬子	四•十一	壬午
一•二十一	癸亥	二•二十一	癸巳	三•二十一	壬戌	四•二十一	壬辰
五•一	辛丑	六•一	辛未	七•一	庚子	八•一	庚午
五•十一	辛亥	六•十一	辛巳	七•十一	庚戌	八•十一	庚辰
五•二十一	辛酉	六•二十一	辛卯	七•二十一	庚申	八•二十一	庚寅
九•一	己亥	十•一	己巳	十一•一	戊戌	十二•一	戊辰
九•十一	己酉	十•十一	己卯	十一•十一	戊申	十二•十一	戊寅
九•二十一	己未	十•二十一	己丑	十一•二十一	戊午	十二•二十一	戊子

殷武丁五十二年癸巳（前 1288）

一•一	丁酉	二•一	丁卯	三•一	丙申	四•一	丙寅
一•十一	丁未	二•十一	丁丑	三•十一	丙午	四•十一	丙子
一•二十一	丁巳	二•二十一	丁亥	三•二十一	丙辰	四•二十一	丙戌
五•一	丙申	六•一	乙丑	七•一	乙未	八•一	甲子
五•十一	丙午	六•十一	乙亥	七•十一	乙巳	八•十一	甲戌
五•二十一	丙辰	六•二十一	乙酉	七•二十一	乙卯	八•二十一	甲申
九•一	甲午	十•一	癸亥	十一•一	癸巳	十二•一	壬戌
九•十一	甲辰	十•十一	癸酉	十一•十一	癸卯	十二•十一	壬申
九•二十一	甲寅	十•二十一	癸未	十一•二十一	癸丑	十二•二十一	壬午

殷武丁五十三年甲午（前 1287）

一•一	壬辰	二•一	辛酉	三•一	辛卯	四•一	庚申		
一•十一	壬寅	二•十一	辛未	三•十一	辛丑	四•十一	庚午		
一•二十一	壬子	二•二十一	辛巳	三•二十一	辛亥	四•二十一	庚辰		
五•一	庚寅	六•一	己未	七•一	己丑	八•一	戊午		
五•十一	庚子	六•十一	己巳	七•十一	己亥	八•十一	戊辰		
五•二十一	庚戌	六•二十一	己卯	七•二十一	己酉	八•二十一	戊寅		
九•一	戊子	十•一	戊午	十一•一	丁亥	十二•一	丁巳	十三•一	丙戌
九•十一	戊戌	十•十一	戊辰	十一•十一	丁酉	十二•十一	丁卯	十三•十一	丙申
九•二十一	戊申	十•二十一	戊寅	十一•二十一	丁未	十二•二十一	丁丑	十三•二十一	丙午

殷武丁五十四年乙未（前 1286）

一•一	丙辰	二•一	乙酉	三•一	乙卯	四•一	甲申
一•十一	丙寅	二•十一	乙未	三•十一	乙丑	四•十一	甲午
一•二十一	丙子	二•二十一	乙巳	三•二十一	乙亥	四•二十一	甲辰
五•一	甲寅	六•一	癸未	七•一	癸丑	八•一	壬午
五•十一	甲子	六•十一	癸巳	七•十一	癸亥	八•十一	壬辰
五•二十一	甲戌	六•二十一	癸卯	七•二十一	癸酉	八•二十一	壬寅
九•一	壬子	十•一	辛巳	十一•一	辛亥	十二•一	庚辰
九•十一	壬戌	十•十一	辛卯	十一•十一	辛酉	十二•十一	庚寅
九•二十一	壬申	十•二十一	辛丑	十一•二十一	辛未	十二•二十一	庚子

殷武丁五十五年丙申(前1285)

一·一 庚戌	二·一 庚辰	三·一 己酉	四·一 己卯
一·十一 庚申	二·十一 庚寅	三·十一 己未	四·十一 己丑
一·二十一 庚午	二·二十一 庚子	三·二十一 己巳	四·二十一 己亥
五·一 戊申	六·一 戊寅	七·一 丁未	八·一 丁丑
五·十一 戊午	六·十一 戊子	七·十一 丁巳	八·十一 丁亥
五·二十一 戊辰	六·二十一 戊戌	七·二十一 丁卯	八·二十一 丁酉
九·一 丙午	十·一 丙子	十一·一 乙巳	十二·一 乙亥
九·十一 丙辰	十·十一 丙戌	十一·十一 乙卯	十二·十一 乙酉
九·二十一 丙寅	十·二十一 丙申	十一·二十一 乙丑	十二·二十一 乙未

殷武丁五十六年丁酉(前1284)

一·一 甲辰	二·一 甲戌	三·一 癸卯	四·一 癸酉
一·十一 甲寅	二·十一 甲申	三·十一 癸丑	四·十一 癸未
一·二十一 甲子	二·二十一 甲午	三·二十一 癸亥	四·二十一 癸巳
五·一 壬寅	六·一 壬申	七·一 壬寅	八·一 辛未
五·十一 壬子	六·十一 壬午	七·十一 壬子	八·十一 辛巳
五·二十一 壬戌	六·二十一 壬辰	七·二十一 壬戌	八·二十一 辛卯
九·一 辛丑	十·一 庚午	十一·一 庚子	十二·一 己巳 十三·一 己亥
九·十一 辛亥	十·十一 庚辰	十一·十一 庚戌	十二·十一 己卯 十三·十一 己酉
九·二十一 辛酉	十·二十一 庚寅	十一·二十一 庚申	十二·二十一 己丑 十三·二十一 己未

殷武丁五十七年戊戌(前1283)

一·一 戊辰	二·一 戊戌	三·一 丁卯	四·一 丁酉
一·十一 戊寅	二·十一 戊申	三·十一 丁丑	四·十一 丁未
一·二十一 戊子	二·二十一 戊午	三·二十一 丁亥	四·二十一 丁巳
五·一 丙寅	六·一 丙申	七·一 乙丑	八·一 乙未
五·十一 丙子	六·十一 丙午	七·十一 乙亥	八·十一 乙巳
五·二十一 丙戌	六·二十一 丙辰	七·二十一 乙酉	八·二十一 乙卯
九·一 甲子	十·一 甲午	十一·一 甲子	十二·一 癸巳
九·十一 甲戌	十·十一 甲辰	十一·十一 甲戌	十二·十一 癸卯
九·二十一 甲申	十·二十一 甲寅	十一·二十一 甲申	十二·二十一 癸丑

殷武丁五十八年己亥(前1282)

一·一 癸亥	二·一 壬辰	三·一 壬戌	四·一 辛卯
一·十一 癸酉	二·十一 壬寅	三·十一 壬申	四·十一 辛丑
一·二十一 癸未	二·二十一 壬子	三·二十一 壬午	四·二十一 辛亥
五·一 辛酉	六·一 庚寅	七·一 庚申	八·一 己丑
五·十一 辛未	六·十一 庚子	七·十一 庚午	八·十一 己亥
五·二十一 辛巳	六·二十一 庚戌	七·二十一 庚辰	八·二十一 己酉
九·一 己未	十·一 戊子	十一·一 戊午	十二·一 丁亥 十三·一 丁巳
九·十一 己巳	十·十一 戊戌	十一·十一 戊辰	十二·十一 丁酉 十三·十一 丁卯
九·二十一 己卯	十·二十一 戊申	十一·二十一 戊寅	十二·二十一 丁未 十三·二十一 丁丑

殷武丁五十九年庚子（前 1281）

一・一	丁亥	二・一	丙辰	三・一	丙戌	四・一	乙卯
一・十一	丁酉	二・十一	丙寅	三・十一	丙申	四・十一	乙丑
一・二十一	丁未	二・二十一	丙子	三・二十一	丙午	四・二十一	乙亥
五・一	乙酉	六・一	甲寅	七・一	甲申	八・一	癸丑
五・十一	乙未	六・十一	甲子	七・十一	甲午	八・十一	癸亥
五・二十一	乙巳	六・二十一	甲戌	七・二十一	甲辰	八・二十一	癸酉
九・一	癸未	十・一	壬子	十一・一	壬午	十二・一	辛亥
九・十一	癸巳	十・十一	壬戌	十一・十一	壬辰	十二・十一	辛酉
九・二十一	癸卯	十・二十一	壬申	十一・二十一	壬寅	十二・二十一	辛未

殷祖庚元年辛丑（前 1280）

一・一	辛巳	二・一	庚戌	三・一	庚辰	四・一	己酉
一・十一	辛卯	二・十一	庚申	三・十一	庚寅	四・十一	己未
一・二十一	辛丑	二・二十一	庚午	三・二十一	庚子	四・二十一	己巳
五・一	己卯	六・一	己酉	七・一	戊寅	八・一	戊申
五・十一	己丑	六・十一	己未	七・十一	戊子	八・十一	戊午
五・二十一	己亥	六・二十一	己巳	七・二十一	戊戌	八・二十一	戊辰
九・一	丁丑	十・一	丁未	十一・一	丙子	十二・一 丙午	十三・一 乙亥
九・十一	丁亥	十・十一	丁巳	十一・十一	丙戌	十二・十一 丙辰	十三・十一 乙酉
九・二十一	丁酉	十・二十一	丁卯	十一・二十一	丙申	十二・二十一 丙寅	十三・二十一 乙未

殷祖庚二年壬寅（前 1279）

一・一	乙巳	二・一	甲戌	三・一	甲辰	四・一	癸酉
一・十一	乙卯	二・十一	甲申	三・十一	甲寅	四・十一	癸未
一・二十一	乙丑	二・二十一	甲午	三・二十一	甲子	四・二十一	癸巳
五・一	癸卯	六・一	壬申	七・一	壬寅	八・一	辛未
五・十一	癸丑	六・十一	壬午	七・十一	壬子	八・十一	辛巳
五・二十一	癸亥	六・二十一	壬辰	七・二十一	壬戌	八・二十一	辛卯
九・一	辛丑	十・一	辛未	十一・一	庚子	十二・一	庚午
九・十一	辛亥	十・十一	辛巳	十一・十一	庚戌	十二・十一	庚辰
九・二十一	辛酉	十・二十一	辛卯	十一・二十一	庚申	十二・二十一	庚寅

殷祖庚三年癸卯（前 1278）

一・一	己亥	二・一	己巳	三・一	戊戌	四・一	戊辰
一・十一	己酉	二・十一	己卯	三・十一	戊申	四・十一	戊寅
一・二十一	己未	二・二十一	己丑	三・二十一	戊午	四・二十一	戊子
五・一	丁酉	六・一	丁卯	七・一	丙申	八・一	丙寅
五・十一	丁未	六・十一	丁丑	七・十一	丙午	八・十一	丙子
五・二十一	丁巳	六・二十一	丁亥	七・二十一	丙辰	八・二十一	丙戌
九・一	乙未	十・一	乙丑	十一・一	甲午	十二・一	甲子
九・十一	乙巳	十・十一	乙亥	十一・十一	甲辰	十二・十一	甲戌
九・二十一	乙卯	十・二十一	乙酉	十一・二十一	甲寅	十二・二十一	甲申

殷祖庚四年甲辰(前 1277)

一·一	甲午	二·一	癸亥	三·一	癸巳	四·一	壬戌
一·十一	甲辰	二·十一	癸酉	三·十一	癸卯	四·十一	壬申
一·二十一	甲寅	二·二十一	癸未	三·二十一	癸丑	四·二十一	壬午
五·一	壬辰	六·一	辛酉	七·一	辛卯	八·一	庚申
五·十一	壬寅	六·十一	辛未	七·十一	辛丑	八·十一	庚午
五·二十一	壬子	六·二十一	辛巳	七·二十一	辛亥	八·二十一	庚辰
九·一	庚寅	十·一	己未	十一·一	己丑	十二·一	戊午　十三·一　戊子
九·十一	庚子	十·十一	己巳	十一·十一	己亥	十二·十一	戊辰　十三·十一　戊戌
九·二十一	庚戌	十·二十一	己卯	十一·二十一	己酉	十二·二十一	戊寅　十三·二十一　戊申

殷祖庚五年乙巳(前 1276)

一·一	丁巳	二·一	丁亥	三·一	丙辰	四·一	丙戌
一·十一	丁卯	二·十一	丁酉	三·十一	丙寅	四·十一	丙申
一·二十一	丁丑	二·二十一	丁未	三·二十一	丙子	四·二十一	丙午
五·一	乙卯	六·一	乙酉	七·一	甲寅	八·一	甲申
五·十一	乙丑	六·十一	乙未	七·十一	甲子	八·十一	甲午
五·二十一	乙亥	六·二十一	乙巳	七·二十一	甲戌	八·二十一	甲辰
九·一	甲寅	十·一	癸未	十一·一	癸丑	十二·一	壬午
九·十一	甲子	十·十一	癸巳	十一·十一	癸亥	十二·十一	壬辰
九·二十一	甲戌	十·二十一	癸卯	十一·二十一	癸酉	十二·二十一	壬寅

殷祖庚六年丙午(前 1275)

一·一	壬子	二·一	辛巳	三·一	辛亥	四·一	庚辰
一·十一	壬戌	二·十一	辛卯	三·十一	辛酉	四·十一	庚寅
一·二十一	壬申	二·二十一	辛丑	三·二十一	辛未	四·二十一	庚子
五·一	庚戌	六·一	己卯	七·一	己酉	八·一	己卯
五·十一	庚申	六·十一	己丑	七·十一	己未	八·十一	己丑
五·二十一	庚午	六·二十一	己亥	七·二十一	己巳	八·二十一	己亥
九·一	戊申	十·一	戊寅	十一·一	丁未	十二·一	丁丑
九·十一	戊午	十·十一	戊子	十一·十一	丁巳	十二·十一	丁亥
九·二十一	戊辰	十·二十一	戊戌	十一·二十一	丁卯	十二·二十一	丁酉

殷祖庚七年丁未(前 1274)

一·一	丙午	二·一	丙子	三·一	乙巳	四·一	乙亥
一·十一	丙辰	二·十一	丙戌	三·十一	乙卯	四·十一	乙酉
一·二十一	丙寅	二·二十一	丙申	三·二十一	乙丑	四·二十一	乙未
五·一	甲辰	六·一	甲戌	七·一	癸卯	八·一	癸酉
五·十一	甲寅	六·十一	甲申	七·十一	癸丑	八·十一	癸未
五·二十一	甲子	六·二十一	甲午	七·二十一	癸亥	八·二十一	癸巳
九·一	壬寅	十·一	壬申	十一·一	壬寅	十二·一	辛未　十三·一　辛丑
九·十一	壬子	十·十一	壬午	十一·十一	壬子	十二·十一	辛巳　十三·十一　辛亥
九·二十一	壬戌	十·二十一	壬辰	十一·二十一	壬戌	十二·二十一	辛卯　十三·二十一　辛酉

殷祖甲元年戊申（前 1273）

月·日	干支	月·日	干支	月·日	干支	月·日	干支
一・一	庚午	二・一	庚子	三・一	己巳	四・一	己亥
一・十一	庚辰	二・十一	庚戌	三・十一	己卯	四・十一	己酉
一・二十一	庚寅	二・二十一	庚申	三・二十一	己丑	四・二十一	己未
五・一	戊辰	六・一	戊戌	七・一	丁卯	八・一	丁酉
五・十一	戊寅	六・十一	戊申	七・十一	丁丑	八・十一	丁未
五・二十一	戊子	六・二十一	戊午	七・二十一	丁亥	八・二十一	丁巳
九・一	丙寅	十・一	丙申	十一・一	乙丑	十二・一	乙未
九・十一	丙子	十・十一	丙午	十一・十一	乙亥	十二・十一	乙巳
九・二十一	丙戌	十・二十一	丙辰	十一・二十一	乙酉	十二・二十一	乙卯

殷祖甲二年己酉（前 1272）

月·日	干支	月·日	干支	月·日	干支	月·日	干支
一・一	甲子	二・一	甲午	三・一	甲子	四・一	癸巳
一・十一	甲戌	二・十一	甲辰	三・十一	甲戌	四・十一	癸卯
一・二十一	甲申	二・二十一	甲寅	三・二十一	甲申	四・二十一	癸丑
五・一	癸亥	六・一	壬辰	七・一	壬戌	八・一	辛卯
五・十一	癸酉	六・十一	壬寅	七・十一	壬申	八・十一	辛丑
五・二十一	癸未	六・二十一	壬子	七・二十一	壬午	八・二十一	辛亥
九・一	辛酉	十・一	庚寅	十一・一	庚申	十二・一	己丑
九・十一	辛未	十・十一	庚子	十一・十一	庚午	十二・十一	己亥
九・二十一	辛巳	十・二十一	庚戌	十一・二十一	庚辰	十二・二十一	己酉

殷祖甲三年庚戌（前 1271）

月·日	干支	月·日	干支	月·日	干支	月·日	干支
一・一	己未	二・一	戊子	三・一	戊午	四・一	丁亥
一・十一	己巳	二・十一	戊戌	三・十一	戊辰	四・十一	丁酉
一・二十一	己卯	二・二十一	戊申	三・二十一	戊寅	四・二十一	丁未
五・一	丁巳	六・一	丙戌	七・一	丙辰	八・一	丙戌
五・十	丁卯	六・十	丙申	七・十一	丙寅	八・十一	丙申
五・二十一	丁丑	六・二十一	丙午	七・二十一	丙子	八・二十一	丙午
九・一　乙卯　闰九・一	乙酉	十・一	甲寅	十一・一	甲申	十二・一	癸丑
九・十一　乙丑　闰九・十一	乙未	十・十一	甲子	十一・十一	甲午	十二・十一	癸亥
九・二十一乙亥　闰九・二十一	乙巳	十・二十一	甲戌	十一・二十一	甲辰	十二・二十一	癸酉

殷祖甲四年辛亥（前 1270）

月·日	干支	月·日	干支	月·日	干支	月·日	干支
一・一	癸未	二・一	壬子	三・一	壬午	四・一	辛亥
一・十一	癸巳	二・十一	壬戌	三・十一	壬辰	四・十一	辛酉
一・二十一	癸卯	二・二十一	壬申	三・二十一	壬寅	四・二十一	辛未
五・一	辛巳	六・一	庚戌	七・一	庚辰	八・一	己酉
五・十一	辛卯	六・十一	庚申	七・十一	庚寅	八・十一	己未
五・二十一	辛丑	六・二十一	庚午	七・二十一	庚子	八・二十一	己巳
九・一	己卯	十・一	戊申	十一・一	戊寅	十二・一	戊申
九・十一	己丑	十・十一	戊午	十一・十一	戊子	十二・十一	戊午
九・二十一	己亥	十・二十一	戊辰	十一・二十一	戊戌	十二・二十一	戊辰

殷祖甲五年壬子(前 1269)

一・一 丁丑	二・一 丁未	三・一 丙子	四・一 丙午
一・十一 丁亥	二・十一 丁巳	三・十一 丙戌	四・十一 丙辰
一・二十一 丁酉	二・二十一 丁卯	三・二十一 丙申	四・二十一 丙寅
五・一 乙亥	六・一 乙巳	七・一 甲戌	八・一 甲辰
五・十一 乙酉	六・十一 乙卯	七・十一 甲申	八・十一 甲寅
五・二十一 乙未	六・二十一 乙丑	七・二十一 甲午	八・二十一 甲子
九・一 癸酉	十・一 癸卯	十一・一 壬申	十二・一 壬寅
九・十一 癸未	十・十一 癸丑	十一・十一 壬午	十二・十一 壬子
九・二十一 癸巳	十・二十一 癸亥	十一・二十一 壬辰	十二・二十一 壬戌

殷祖甲六年癸丑(前 1268)

一・一 辛未	二・一 辛丑	三・一 庚午	四・一 庚子
一・十一 辛巳	二・十一 辛亥	三・十一 庚辰	四・十一 庚戌
一・二十一 辛卯	二・二十一 辛酉	三・二十一 庚寅	四・二十一 庚申
五・一 庚午	六・一 己亥　闰六・一 己巳	七・一 戊戌	八・一 戊辰
五・十一 庚辰	六・十一 己酉　闰六・十一 己卯	七・十一 戊申	八・十一 戊寅
五・二十一 庚寅	六・二十一 己未　闰六・二十一 己丑	七・二十一 戊午	八・二十一 戊子
九・一 丁酉	十・一 丁卯	十一・一 丙申	十二・一 丙寅
九・十一 丁未	十・十一 丁丑	十一・十一 丙午	十二・十一 丙子
九・二十一 丁巳	十・二十一 丁亥	十一・二十一 丙辰	十二・二十一 丙戌

殷祖甲七年甲寅(前 1267)

一・一 乙未	二・一 乙丑	三・一 甲午	四・一 甲子
一・十一 乙巳	二・十一 乙亥	三・十一 甲辰	四・十一 甲戌
一・二十一 乙卯	二・二十一 乙酉	三・二十一 甲寅	四・二十一 甲申
五・一 癸巳	六・一 癸亥	七・一 壬辰	八・一 壬戌
五・十一 癸卯	六・十一 癸酉	七・十一 壬寅	八・十一 壬申
五・二十一 癸丑	六・二十一 癸未	七・二十一 壬子	八・二十一 壬午
九・一 壬辰	十・一 辛酉	十一・一 辛卯	十二・一 庚申
九・十一 壬寅	十・十一 辛未	十一・十一 辛丑	十二・十一 庚午
九・二十一 壬子	十・二十一 辛巳	十一・二十一 辛亥	十二・二十一 庚辰

殷祖甲八年乙卯(前 1266)

一・一 庚寅	二・一 己未	三・一 己丑	四・一 戊午
一・十一 庚子	二・十一 己巳	三・十一 己亥	四・十一 戊辰
一・二十一 庚戌	二・二十一 己卯	三・二十一 己酉	四・二十一 戊寅
五・一 戊子	六・一 丁巳	七・一 丁亥	八・一 丙辰
五・十一 戊戌	六・十一 丁卯	七・十一 丁酉	八・十一 丙寅
五・二十一 戊申	六・二十一 丁丑	七・二十一 丁未	八・二十一 丙子
九・一 丙戌	十・一 乙卯	十一・一 乙酉	十二・一 乙卯
九・十一 丙申	十・十一 乙丑	十一・十一 乙未	十二・十一 乙丑
九・二十一 丙午	十・二十一 乙亥	十一・二十一 乙巳	十二・二十一 乙亥

殷祖甲九年丙辰（前 1265）

一・一 甲申 一・十一 甲午 一・二十一 甲辰	二・一 甲寅 二・十一 甲子 二・二十一 甲戌	三・一 癸未 闰三・一 癸丑 三・十一 癸巳 闰三・十一 癸亥 三・二十一 癸卯 闰三・二十一 癸酉	四・一 壬午 四・十一 壬辰 四・二十一 壬寅
五・一 壬子 五・十一 壬戌 五・二十一 壬申	六・一 辛巳 六・十一 辛卯 六・二十一 辛丑	七・一 辛亥 七・十一 辛酉 七・二十一 辛未	八・一 庚辰 八・十一 庚寅 八・二十一 庚子
九・一 庚戌 九・十一 庚申 九・二十一 庚午	十・一 己卯 十・十一 己丑 十・二十一 己亥	十一・一 己酉 十一・十一 己未 十一・二十一 己巳	十二・一 戊寅 十二・十一 戊子 十二・二十一 戊戌

殷祖甲十年丁巳（前 1264）

一・一 戊申 一・十一 戊午 一・二十一 戊辰	二・一 戊寅 二・十一 戊子 二・二十一 戊戌	三・一 丁未 三・十一 丁巳 三・二十一 丁卯	四・一 丁丑 四・十一 丁亥 四・二十一 丁酉
五・一 丙午 五・十一 丙辰 五・二十一 丙寅	六・一 丙子 六・十一 丙戌 六・二十一 丙申	七・一 乙巳 七・十一 乙卯 七・二十一 乙丑	八・一 乙亥 八・十一 乙酉 八・二十一 乙未
九・一 甲辰 九・十一 甲寅 九・二十一 甲子	十・一 甲戌 十・十一 甲申 十・二十一 甲午	十一・一 癸卯 十一・十一 癸丑 十一・二十一 癸亥	十二・一 癸酉 十二・十一 癸未 十二・二十一 癸巳

殷祖甲十一年戊午（前 1263）

一・一 壬寅 一・十一 壬子 一・二十一 壬戌	二・一 壬申 二・十一 壬午 二・二十一 壬辰	三・一 辛丑 三・十一 辛亥 三・二十一 辛酉	四・一 辛未 四・十一 辛巳 四・二十一 辛卯
五・一 庚子 五・十一 庚戌 五・二十一 庚申	六・一 庚午 六・十一 庚辰 六・二十一 庚寅	七・一 己亥 七・十一 己酉 七・二十一 己未	八・一 己巳 八・十一 己卯 八・二十一 己丑
九・一 戊戌 九・十一 戊申 九・二十一 戊午	十・一 戊辰 十・十一 戊寅 十・二十一 戊子	十一・一 丁酉 十一・十一 丁未 十一・二十一 丁巳	十二・一 丁卯 闰十二・一 丁酉 十二・十一 丁丑 闰十二・十一 丁未 十二・二十一丁亥 闰十二・二十一丁巳

殷祖甲十二年己未（前 1262）

一・一 丙寅 一・十一 丙子 一・二十一 丙戌	二・一 丙申 二・十一 丙午 二・二十一 丙辰	三・一 乙丑 三・十一 乙亥 三・二十一 乙酉	四・一 乙未 四・十一 乙巳 四・二十一 乙卯
五・一 甲子 五・十一 甲戌 五・二十一 甲申	六・一 甲午 六・十一 甲辰 六・二十一 甲寅	七・一 癸亥 七・十一 癸酉 七・二十一 癸未	八・一 癸巳 八・十一 癸卯 八・二十一 癸丑
九・一 壬戌 九・十一 壬申 九・二十一 壬午	十・一 壬辰 十・十一 壬寅 十・二十一 壬子	十一・一 壬戌 十一・十一 壬申 十一・二十一 壬午	十二・一 辛卯 十二・十一 辛丑 十二・二十一 辛亥

殷祖甲十三年庚申（前 1261）

一·一　辛酉	二·一　庚寅	三·一　庚申	四·一　己丑
一·十一　辛未	二·十一　庚子	三·十一　庚午	四·十一　己亥
一·二十一　辛巳	二·二十一　庚戌	三·二十一　庚辰	四·二十一　己酉
五·一　己未	六·一　戊子	七·一　戊午	八·一　丁亥
五·十一　己巳	六·十一　戊戌	七·十一　戊辰	八·十一　丁酉
五·二十一　己卯	六·二十一　戊申	七·二十一　戊寅	八·二十一　丁未
九·一　丁巳	十·一　丙戌	十一·一　丙辰	十二·一　乙酉
九·十一　丁卯	十·十一　丙申	十一·十一　丙寅	十二·十一　乙未
九·二十一　丁丑	十·二十一　丙午	十一·二十一　丙子	十二·二十一　乙巳

殷祖甲十四年辛酉（前 1260）

一·一　乙卯	二·一　甲申	三·一　甲寅	四·一　癸未
一·十一　乙丑	二·十一　甲午	三·十一　甲子	四·十一　癸巳
一·二十一　乙亥	二·二十一　甲辰	三·二十一　甲戌	四·二十一　癸卯
五·一　癸丑	六·一　癸未	七·一　壬子	八·一　壬午
五·十一　癸亥	六·十一　癸巳	七·十一　壬戌	八·十一　壬辰
五·二十一　癸酉	六·二十一　癸卯	七·二十一　壬申	八·二十一　壬寅
九·一　辛亥　闰九·一　辛巳	十·一　庚戌	十一·一　庚辰	十二·一　己酉
九·十一　辛酉　闰九·十一　辛卯	十·十一　庚申	十一·十一　庚寅	十二·十一　己未
九·二十一辛未　闰九·二十一辛丑	十·二十一　庚午	十一·二十一　庚子	十二·二十一　己巳

殷祖甲十五年壬戌（前 1259）

一·一　己卯	二·一　戊申	三·一　戊寅	四·一　丁未
一·十一　己丑	二·十一　戊午	三·十一　戊子	四·十一　丁巳
一·二十一　己亥	二·二十一　戊辰	三·二十一　戊戌	四·二十一　丁卯
五·一　丁丑	六·一　丙午	七·一　丙子	八·一　乙巳
五·十一　丁亥	六·十一　丙辰	七·十一　丙戌	八·十一　乙卯
五·二十一　丁酉	六·二十一　丙寅	七·二十一　丙申	八·二十一　乙丑
九·一　乙亥	十·一　乙巳	十一·一　甲戌	十二·一　甲辰
九·十一　乙酉	十·十一　乙卯	十一·十一　甲申	十二·十一　甲寅
九·二十一　乙未	十·二十一　乙丑	十一·二十一　甲午	十二·二十一　甲子

殷祖甲十六年癸亥（前 1258）

一·一　癸酉	二·一　癸卯	三·一　壬申	四·一　壬寅
一·十一　癸未	二·十一　癸丑	三·十一　壬午	四·十一　壬子
一·二十一　癸巳	二·二十一　癸亥	三·二十一　壬辰	四·二十一　壬戌
五·一　辛未	六·一　辛丑	七·一　庚午	八·一　庚子
五·十一　辛巳	六·十一　辛亥	七·十一　庚辰	八·十一　庚戌
五·二十一　辛卯	六·二十一　辛酉	七·二十一　庚寅	八·二十一　庚申
九·一　庚午	十·一　己亥	十一·一　己巳	十二·一　戊戌
九·十一　庚辰	十·十一　己酉	十一·十一　己卯	十二·十一　戊申
九·二十一　庚寅	十·二十一　己未	十一·二十一　己丑	十二·二十一　戊午

殷祖甲十七年甲子（前1257）

一·一	戊辰	二·一	丁酉	三·一	丁卯	四·一	丙申
一·十一	戊寅	二·十一	丁未	三·十一	丁丑	四·十一	丙午
一·二十一	戊子	二·二十一	丁巳	三·二十一	丁亥	四·二十一	丙辰
五·一 丙寅 闰五·一	乙未	六·一	乙丑	七·一	甲午	八·一	甲子
五·十一 丙子 闰五·十一	乙巳	六·十一	乙亥	七·十一	甲辰	八·十一	甲戌
五·二十一丙戌 闰五·二十一	乙卯	六·二十一	乙酉	七·二十一	甲寅	八·二十一	甲申
九·一	癸巳	十·一	癸亥	十一·一	壬辰	十二·一	壬戌
九·十一	癸卯	十·十一	癸酉	十一·十一	壬寅	十二·十一	壬申
九·二十一	癸丑	十·二十一	癸未	十一·二十一	壬子	十二·二十一	壬午

殷祖甲十八年乙丑（前1256）

一·一	辛卯	二·一	辛酉	三·一	庚寅	四·一	庚申
一·十一	辛丑	二·十一	辛未	三·十一	庚子	四·十一	庚午
一·二十一	辛亥	二·二十一	辛巳	三·二十一	庚戌	四·二十一	庚辰
五·一	己丑	六·一	己未	七·一	戊子	八·一	戊午
五·十一	己亥	六·十一	己巳	七·十一	戊戌	八·十一	戊辰
五·二十一	己酉	六·二十一	己卯	七·二十一	戊申	八·二十一	戊寅
九·一	丁亥	十·一	丁巳	十一·一	丙戌	十二·一	丙辰
九·十一	丁酉	十·十一	丁卯	十一·十一	丙申	十二·十一	丙寅
九·二十一	丁未	十·二十一	丁丑	十一·二十一	丙午	十二·二十一	丙子

殷祖甲十九年丙寅（前1255）

一·一	丙戌	二·一	乙卯	三·一	乙酉	四·一	甲寅
一·十一	丙申	二·十一	乙丑	三·十一	乙未	四·十一	甲子
一·二十一	丙午	二·二十一	乙亥	三·二十一	乙巳	四·二十一	甲戌
五·一	甲申	六·一	癸丑	七·一	癸未	八·一	壬子
五·十一	甲午	六·十	癸亥	七·十一	癸巳	八·十一	壬戌
五·二十一	甲辰	六·二十一	癸酉	七·二十一	癸卯	八·二十一	壬申
九·一	壬午	十·一	辛亥	十一·一	辛巳	十二·一	庚戌
九·十一	壬辰	十·十一	辛酉	十一·十一	辛卯	十二·十一	庚申
九·二十一	壬寅	十·二十一	辛未	十一·二十一	辛丑	十二·二十一	庚午

殷祖甲二十年丁卯（前1254）

一·一 庚辰 闰一·一	庚戌	二·一	己卯	三·一	己酉	四·一	戊寅
一·十一 庚寅 闰一·十一	庚申	二·十一	己丑	三·十一	己未	四·十一	戊子
一·二十一庚子 闰一·二十一	庚午	二·二十一	己亥	三·二十一	己巳	四·二十一	戊戌
五·一	戊申	六·一	丁丑	七·一	丁未	八·一	丙子
五·十一	戊午	六·十一	丁亥	七·十一	丁巳	八·十一	丙戌
五·二十一	戊辰	六·二十一	丁酉	七·二十一	丁卯	八·二十一	丙申
九·一	丙午	十·一	丙子	十一·一	乙巳	十二·一	乙亥
九·十一	丙辰	十·十一	丙戌	十一·十一	乙卯	十二·十一	乙酉
九·二十一	丙寅	十·二十一	丙申	十一·二十一	乙丑	十二·二十一	乙未

殷祖甲二十一年戊辰（前 1253）

一·一 甲辰	二·一 甲戌	三·一 癸卯	四·一 癸酉
一·十一 甲寅	二·十一 甲申	三·十一 癸丑	四·十一 癸未
一·二十一 甲子	二·二十一 甲午	三·二十一 癸亥	四·二十一 癸巳
五·一 壬寅	六·一 壬申	七·一 辛丑	八·一 辛未
五·十一 壬子	六·十一 壬午	七·十一 辛亥	八·十一 辛巳
五·二十一 壬戌	六·二十一 壬辰	七·二十一 辛酉	八·二十一 辛卯
九·一 庚子	十·一 庚午	十一·一 己亥	十二·一 己巳
九·十一 庚戌	十·十一 庚辰	十一·十一 己酉	十二·十一 己卯
九·二十一 庚申	十·二十一 庚寅	十一·二十一 己未	十二·二十一 己丑

殷祖甲二十二年己巳（前 1252）

一·一 己亥	二·一 戊辰	三·一 戊戌	四·一 丁卯
一·十一 己酉	二·十一 戊寅	三·十一 戊申	四·十一 丁丑
一·二十一 己未	二·二十一 戊子	三·二十一 戊午	四·二十一 丁亥
五·一 丁酉	六·一 丙寅	七·一 丙申	八·一 乙丑
五·十一 丁未	六·十一 丙子	七·十一 丙午	八·十一 乙亥
五·二十一 丁巳	六·二十一 丙戌	七·二十一 丙辰	八·二十一 乙酉
九·一 乙未	十·一 甲子 闰十·一 甲午	十一·一 癸亥	十二·一 癸巳
九·十一 乙巳	十·十一 甲戌 闰十·十一 甲辰	十一·十一 癸酉	十二·十一 癸卯
九·二十一 乙卯	十·二十一甲申 闰十·二十一甲寅	十一·二十一 癸未	十二·二十一 癸丑

殷祖甲二十三年庚午（前 1251）

一·一 壬戌	二·一 壬辰	三·一 辛酉	四·一 辛卯
一·十一 壬申	二·十一 壬寅	三·十一 辛未	四·十一 辛丑
一·二十一 壬午	二·二十一 壬子	三·二十一 辛巳	四·二十一 辛亥
五·一 辛酉	六·一 庚寅	七·一 庚申	八·一 己丑
五·十一 辛未	六·十一 庚子	七·十一 庚午	八·十一 己亥
五·二十一 辛巳	六·二十一 庚戌	七·二十一 庚辰	八·二十一 己酉
九·一 己未	十·一 戊子	十一·一 戊午	十二·一 丁亥
九·十一 己巳	十·十一 戊戌	十一·十一 戊辰	十二·十一 丁酉
九·二十一 己卯	十·二十一 戊申	十一·二十一 戊寅	十二·二十一 丁未

殷祖甲二十四年辛未（前 1250）

一·一 丁巳	二·一 丙戌	三·一 丙辰	四·一 乙酉
一·十一 丁卯	二·十一 丙申	三·十一 丙寅	四·十一 乙未
一·二十一 丁丑	二·二十一 丙午	三·二十一 丙子	四·二十一 乙巳
五·一 乙卯	六·一 甲申	七·一 甲寅	八·一 甲申
五·十一 乙丑	六·十一 甲午	七·十一 甲子	八·十一 甲午
五·二十一 乙亥	六·二十一 甲辰	七·二十一 甲戌	八·二十一 甲辰
九·一 癸丑	十·一 癸未	十一·一 壬子	十二·一 壬午
九·十一 癸亥	十·十一 癸巳	十一·十一 壬戌	十二·十一 壬辰
九·二十一 癸酉	十·二十一 癸卯	十一·二十一 壬申	十二·二十一 壬寅

殷祖甲二十五年壬申(前1249)

一・一 辛亥	二・一 辛巳	三・一 庚戌	四・一 庚辰
一・十一 辛酉	二・十一 辛卯	三・十一 庚申	四・十一 庚寅
一・二十一 辛未	二・二十一 辛丑	三・二十一 庚午	四・二十一 庚子
五・一 己酉	六・一 己卯	七・一 戊申 闰七・一 戊寅	八・一 丁未
五・十一 己未	六・十一 己丑	七・十一 戊午 闰七・十一 戊子	八・十一 丁巳
五・二十一 己巳	六・二十一 己亥	七・二十一戊辰 闰七・二十一戊戌	八・二十一 丁卯
九・一 丁丑	十・一 丙午	十一・一 丙子	十二・一 丙午
九・十一 丁亥	十・十一 丙辰	十一・十一 丙戌	十二・十一 丙辰
九・二十一 丁酉	十・二十一 丙寅	十一・二十一 丙申	十二・二十一 丙寅

殷祖甲二十六年癸酉(前1248)

一・一 乙亥	二・一 乙巳	三・一 甲戌	四・一 甲辰
一・十一 乙酉	二・十一 乙卯	三・十一 甲申	四・十一 甲寅
一・二十一 乙未	二・二十一 乙丑	三・二十一 甲午	四・二十一 甲子
五・一 癸酉	六・一 癸卯	七・一 壬申	八・一 壬寅
五・十一 癸未	六・十一 癸丑	七・十一 壬午	八・十一 壬子
五・二十一 癸巳	六・二十一 癸亥	七・二十一 壬辰	八・二十一 壬戌
九・一 辛未	十・一 辛丑	十一・一 庚午	十二・一 庚子
九・十一 辛巳	十・十一 辛亥	十一・十一 庚辰	十二・十一 庚戌
九・二十一 辛卯	十・二十一 辛酉	十一・二十一 庚寅	十二・二十一 庚申

殷祖甲二十七年甲戌(前1247)

一・一 己巳	二・一 己亥	三・一 己巳	四・一 戊戌
一・十一 己卯	二・十一 己酉	三・十一 己卯	四・十一 戊申
一・二十一 己丑	二・二十一 己未	三・二十一 己丑	四・二十一 戊午
五・一 戊辰	六・一 丁酉	七・一 丁卯	八・一 丙申
五・十一 戊寅	六・十一 丁未	七・十一 丁丑	八・十一 丙午
五・二十一 戊子	六・二十一 丁巳	七・二十一 丁亥	八・二十一 丙辰
九・一 丙寅	十・一 乙未	十一・一 乙丑	十二・一 甲午
九・十一 丙子	十・十一 乙巳	十一・十一 乙亥	十二・十一 甲辰
九・二十一 丙戌	十・二十一 乙卯	十一・二十一 乙酉	十二・二十一 甲寅

殷祖甲二十八年乙亥(前1246)

一・一 甲子	二・一 癸巳	三・一 癸亥 闰三・一 壬辰	四・一 壬戌
一・十一 甲戌	二・十一 癸卯	三・十一 癸酉 闰三・十一 壬寅	四・十一 壬申
一・二十一 甲申	二・二十一 癸丑	三・二十一癸未 闰三・二十一壬子	四・二十一 壬午
五・一 辛卯	六・一 辛酉	七・一 辛卯	八・一 庚申
五・十一 辛丑	六・十一 辛未	七・十一 辛丑	八・十一 庚午
五・二十一 辛亥	六・二十一 辛巳	七・二十一 辛亥	八・二十一 庚辰
九・一 庚寅	十・一 己未	十一・一 己丑	十二・一 戊午
九・十一 庚子	十・十一 己巳	十一・十一 己亥	十二・十一 戊辰
九・二十一 庚戌	十・二十一 己卯	十一・二十一 己酉	十二・二十一 戊寅

殷祖甲二十九年丙子（前 1245）

一·一 戊子	二·一 丁巳	三·一 丁亥	四·一 丙辰
一·十一 戊戌	二·十一 丁卯	三·十一 丁酉	四·十一 丙寅
一·二十一 戊申	二·二十一 丁丑	三·二十一 丁未	四·二十一 丙子
五·一 丙戌	六·一 乙卯	七·一 乙酉	八·一 甲寅
五·十一 丙申	六·十一 乙丑	七·十一 乙未	八·十一 甲子
五·二十一 丙午	六·二十一 乙亥	七·二十一 乙巳	八·二十一 甲戌
九·一 甲申	十·一 甲寅	十一·一 癸未	十二·一 癸丑
九·十一 甲午	十·十一 甲子	十一·十一 癸巳	十二·十一 癸亥
九·二十一 甲辰	十·二十一 甲戌	十一·二十一 癸卯	十二·二十一 癸酉

殷祖甲三十年丁丑（前 1244）

一·一 壬午	二·一 壬子	三·一 辛巳	四·一 辛亥
一·十一 壬辰	二·十一 壬戌	三·十一 辛卯	四·十一 辛酉
一·二十一 壬寅	二·二十一 壬申	三·二十一 辛丑	四·二十一 辛未
五·一 庚辰	六·一 庚戌	七·一 己卯	八·一 己酉
五·十一 庚寅	六·十一 庚申	七·十一 己丑	八·十一 己未
五·二十一 庚子	六·二十一 庚午	七·二十一 己亥	八·二十一 己巳
九·一 戊寅	十·一 戊申	十一·一 丁丑	十二·一 丁未 闰十二·一 丙子
九·十一 戊子	十·十一 戊午	十一·十一 丁亥	十二·十一 丁巳 闰十二·十一 丙戌
九·二十一 戊戌	十·二十一 戊辰	十一·二十一 丁酉	十二·二十一丁卯 闰十二·二十一丙申

殷祖甲三十一年戊寅（前 1243）

一·一 丙午	二·一 丙子	三·一 乙巳	四·一 乙亥
一·十一 丙辰	二·十一 丙戌	三·十一 乙卯	四·十一 乙酉
一·二十一 丙寅	二·二十一 丙申	三·二十一 乙丑	四·二十一 乙未
五·一 甲辰	六·一 甲戌	七·一 癸卯	八·一 癸酉
五·十一 甲寅	六·十一 甲申	七·十一 癸丑	八·十一 癸未
五·二十一 甲子	六·二十一 甲午	七·二十一 癸亥	八·二十一 癸巳
九·一 壬寅	十·一 壬申	十一·一 壬寅	十二·一 辛未
九·十一 壬子	十·十一 壬午	十一·十一 壬子	十二·十一 辛巳
九·二十一 壬戌	十·二十一 壬辰	十一·二十一 壬戌	十二·二十一 辛卯

殷祖甲三十二年己卯（前 1242）

一·一 辛丑	二·一 庚午	三·一 庚子	四·一 己巳
一·十一 辛亥	二·十一 庚辰	三·十一 庚戌	四·十一 己卯
一·二十一 辛酉	二·二十一 庚寅	三·二十一 庚申	四·二十一 己丑
五·一 己亥	六·一 戊辰	七·一 戊戌	八·一 丁卯
五·十一 己酉	六·十一 戊寅	七·十一 戊申	八·十一 丁丑
五·二十一 己未	六·二十一 戊子	七·二十一 戊午	八·二十一 丁亥
九·一 丁酉	十·一 丙寅	十一·一 丙申	十二·一 乙丑
九·十一 丁未	十·十一 丙子	十一·十一 丙午	十二·十一 乙亥
九·二十一 丁巳	十·二十一 丙戌	十一·二十一 丙辰	十二·二十一 乙酉

殷祖甲三十三年庚辰（前 1241）

一・一 乙未	二・一 甲子	三・一 甲午	四・一 癸亥
一・十一 乙巳	二・十一 甲戌	三・十一 甲辰	四・十一 癸酉
一・二十一 乙卯	二・二十一 甲申	三・二十一 甲寅	四・二十一 癸未
五・一 癸巳	六・一 壬戌	七・一 壬辰	八・一 辛酉
五・十一 癸卯	六・十一 壬申	七・十一 壬寅	八・十一 辛未
五・二十一 癸丑	六・二十一 壬午	七・二十一 壬子	八・二十一 辛巳
九・一 辛卯 闰九・一 辛酉	十・一 庚寅	十一・一 庚申	十二・一 己丑
九・十一 辛丑 闰九・十一 辛未	十・十一 庚子	十一・十一 庚午	十二・十一 己亥
九・二十一辛亥 闰九・二十一辛巳	十・二十一 庚戌	十一・二十一 庚辰	十二・二十一 己酉

殷廪辛元年辛巳（前 1240）

一・一 己未	二・一 戊子	三・一 戊午	四・一 丁亥
一・十一 己巳	二・十一 戊戌	三・十一 戊辰	四・十一 丁酉
一・二十一 己卯	二・二十一 戊申	三・二十一 戊寅	四・二十一 丁未
五・一 丁巳	六・一 丙戌	七・一 丙辰	八・一 乙酉
五・十一 丁卯	六・十一 丙申	七・十一 丙寅	八・十一 乙未
五・二十一 丁丑	六・二十一 丙午	七・二十一 丙子	八・二十一 乙巳
九・一 乙卯	十・一 甲申	十一・一 甲寅	十二・一 癸未
九・十一 乙丑	十・十一 甲午	十一・十一 甲子	十二・十一 癸巳
九・二十一 乙亥	十・二十一 甲辰	十一・二十一 甲戌	十二・二十一 癸卯

殷廪辛二年壬午（前 1239）

一・一 癸丑	二・一 癸未	三・一 壬子	四・一 壬午
一・十一 癸亥	二・十一 癸巳	三・十一 壬戌	四・十一 壬辰
一・二十一 癸酉	二・二十一 癸卯	三・二十一 壬申	四・二十一 壬寅
五・一 辛亥	六・一 辛巳	七・一 庚戌	八・一 庚辰
五・十一 辛酉	六・十一 辛卯	七・十一 庚申	八・十一 庚寅
五・二十一 辛未	六・二十一 辛丑	七・二十一 庚午	八・二十一 庚子
九・一 己酉	十・一 己卯	十一・一 戊申	十二・一 戊寅
九・十一 己未	十・十一 己丑	十一・十一 戊午	十二・十一 戊子
九・二十一 己巳	十・二十一 己亥	十一・二十一 戊辰	十二・二十一 戊戌

殷廪辛三年癸未（前 1238）

一・一 丁未	二・一 丁丑	三・一 丙午	四・一 丙子
一・十一 丁巳	二・十一 丁亥	三・十一 丙辰	四・十一 丙戌
一・二十一 丁卯	二・二十一 丁酉	三・二十一 丙寅	四・二十一 丙申
五・一 丙午	六・一 乙亥 闰六・一 乙巳	七・一 甲戌	八・一 甲辰
五・十一 丙辰	六・十一 乙酉 闰六・十一 乙卯	七・十一 甲申	八・十一 甲寅
五・二十一 丙寅	六・二十一乙未 闰六・二十一乙丑	七・二十一 甲午	八・二十一 甲子
九・一 癸酉	十・一 癸卯	十一・一 壬申	十二・一 壬寅
九・十一 癸未	十・十一 癸丑	十一・十一 壬午	十二・十一 壬子
九・二十一 癸巳	十・二十一 癸亥	十一・二十一 壬辰	十二・二十一 壬戌

殷廪辛四年甲申(前 1237)

一・一	辛未	二・一	辛丑	三・一	庚午	四・一	庚子
一・十一	辛巳	二・十一	辛亥	三・十一	庚辰	四・十一	庚戌
一・二十一	辛卯	二・二十一	辛酉	三・二十一	庚寅	四・二十一	庚申
五・一	己巳	六・一	己亥	七・一	戊辰	八・一	戊戌
五・十一	己卯	六・十一	己酉	七・十一	戊寅	八・十一	戊申
五・二十一	己丑	六・二十一	己未	七・二十一	戊子	八・二十一	戊午
九・一	戊辰	十・一	丁酉	十一・一	丁卯	十二・一	丙申
九・十一	戊寅	十・十一	丁未	十一・十一	丁丑	十二・十一	丙午
九・二十一	戊子	十・二十一	丁巳	十一・二十一	丁亥	十二・二十一	丙辰

殷廪辛五年乙酉(前 1236)

一・一	丙寅	二・一	乙未	三・一	乙丑	四・一	甲午
一・十一	丙子	二・十一	乙巳	三・十一	乙亥	四・十一	甲辰
一・二十一	丙戌	二・二十一	乙卯	三・二十一	乙酉	四・二十一	甲寅
五・一	甲子	六・一	癸巳	七・一	癸亥	八・一	壬辰
五・十一	甲戌	六・十一	癸卯	七・十一	癸酉	八・十一	壬寅
五・二十一	甲申	六・二十一	癸丑	七・二十一	癸未	八・二十一	壬子
九・一	壬戌	十・一	辛卯	十一・一	辛酉	十二・一	庚寅
九・十一	壬申	十・十一	辛丑	十一・十一	辛未	十二・十一	庚子
九・二十一	壬午	十・二十一	辛亥	十一・二十一	辛巳	十二・二十一	庚戌

殷廪辛六年丙戌(前 1235)

一・一	庚申	二・一	庚寅	闰二・一	己未	三・一	己丑	四・一	戊午
一・十一	庚午	二・十一	庚子	闰二・十一	己巳	三・十一	己亥	四・十一	戊辰
一・二十一	庚辰	二・二十一	庚戌	闰二・二十一	己卯	三・二十一	己酉	四・二十一	戊寅
五・一	戊子	六・一	丁巳			七・一	丁亥	八・一	丙辰
五・十一	戊戌	六・十一	丁卯			七・十一	丁酉	八・十一	丙寅
五・二十一	戊申	六・二十一	丁丑			七・二十一	丁未	八・二十一	丙子
九・一	丙戌	十・一	乙卯			十一・一	乙酉	十二・一	甲寅
九・十一	丙申	十・十一	乙丑			十一・十一	乙未	十二・十一	甲子
九・二十一	丙午	十・二十一	乙亥			十一・二十一	乙巳	十二・二十一	甲戌

殷康丁元年丁亥(前 1234)

一・一	甲申	二・一	癸丑	三・一	癸未	四・一	壬子
一・十一	甲午	二・十一	癸亥	三・十一	癸巳	四・十一	壬戌
一・二十一	甲辰	二・二十一	癸酉	三・二十一	癸卯	四・二十一	壬申
五・一	壬午	六・一	壬子	七・一	辛巳	八・一	辛亥
五・十一	壬辰	六・十一	壬戌	七・十一	辛卯	八・十一	辛酉
五・二十一	壬寅	六・二十一	壬申	七・二十一	辛丑	八・二十一	辛未
九・一	庚辰	十・一	庚戌	十一・一	己卯	十二・一	己酉
九・十一	庚寅	十・十一	庚申	十一・十一	己丑	十二・十一	己未
九・二十一	庚子	十・二十一	庚午	十一・二十一	己亥	十二・二十一	己巳

殷康丁二年戊子(前 1233)

月·日	干支	月·日	干支	月·日	干支	月·日	干支
一·一	戊寅	二·一	戊申	三·一	丁丑	四·一	丁未
一·十一	戊子	二·十一	戊午	三·十一	丁亥	四·十一	丁巳
一·二十一	戊戌	二·二十一	戊辰	三·二十一	丁酉	四·二十一	丁卯
五·一	丙子	六·一	丙午	七·一	乙亥	八·一	乙巳
五·十一	丙戌	六·十一	丙辰	七·十一	乙酉	八·十一	乙卯
五·二十一	丙申	六·二十一	丙寅	七·二十一	乙未	八·二十一	乙丑
九·一	乙亥	十·一　甲辰　闰十·一	甲戌	十一·一	癸卯	十二·一	癸酉
九·十一	乙酉	十·十一　甲寅　闰十·十一	甲申	十一·十一	癸丑	十二·十一	癸未
九·二十一	乙未	十·二十一甲子　闰十·二十一	甲午	十一·二十一	癸亥	十二·二十一	癸巳

殷康丁三年己丑(前 1232)

月·日	干支	月·日	干支	月·日	干支	月·日	干支
一·一	壬寅	二·一	壬申	三·一	辛丑	四·一	辛未
一·十一	壬子	二·十一	壬午	三·十一	辛亥	四·十一	辛巳
一·二十一	壬戌	二·二十一	壬辰	三·二十一	辛酉	四·二十一	辛卯
五·一	庚子	六·一	庚午	七·一	己亥	八·一	己巳
五·十一	庚戌	六·十一	庚辰	七·十一	己酉	八·十一	己卯
五·二十一	庚申	六·二十一	庚寅	七·二十一	己未	八·二十一	己丑
九·一	戊戌	十·一	戊辰	十一·一	戊戌	十二·一	丁卯
九·十一	戊申	十·十一	戊寅	十一·十一	戊申	十二·十一	丁丑
九·二十一	戊午	十·二十一	戊子	十一·二十一	戊午	十二·二十一	丁亥

殷康丁四年庚寅(前 1231)

月·日	干支	月·日	干支	月·日	干支	月·日	干支
一·一	丁酉	二·一	丙寅	三·一	丙申	四·一	乙丑
一·十一	丁未	二·十一	丙子	三·十一	丙午	四·十一	乙亥
一·二十一	丁巳	二·二十一	丙戌	三·二十一	丙辰	四·二十一	乙酉
五·一	乙未	六·一	甲子	七·一	甲午	八·一	癸亥
五·十一	乙巳	六·十一	甲戌	七·十一	甲辰	八·十一	癸酉
五·二十一	乙卯	六·二十一	甲申	七·二十一	甲寅	八·二十一	癸未
九·一	癸巳	十·一	壬戌	十一·一	壬辰	十二·一	辛酉
九·十一	癸卯	十·十一	壬申	十一·十一	壬寅	十二·十一	辛未
九·二十一	癸丑	十·二十一	壬午	十一·二十一	壬子	十二·二十一	辛巳

殷康丁五年辛卯(前 1230)

月·日	干支	月·日	干支	月·日	干支	月·日	干支
一·一	辛卯	二·一	庚申	三·一	庚寅	四·一	己未
一·十一	辛丑	二·十一	庚午	三·十一	庚子	四·十一	己巳
一·二十一	辛亥	二·二十一	庚辰	三·二十一	庚戌	四·二十一	己卯
五·一	己丑	六·一	戊午	七·一　戊子　闰七·一	丁巳	八·一	丁亥
五·十一	己亥	六·十一	戊辰	七·十一　戊戌　闰七·十一	丁卯	八·十一	丁酉
五·二十一	己酉	六·二十一	戊寅	七·二十一戊申　闰七·二十一	丁丑	八·二十一	丁未
九·一	丁巳	十·一	丙戌	十一·一	丙辰	十二·一	乙酉
九·十一	丁卯	十·十一	丙申	十一·十一	丙寅	十二·十一	乙未
九·二十一	丁丑	十·二十一	丙午	十一·二十一	丙子	十二·二十一	乙巳

殷康丁六年壬辰(前1229)

一・一	乙卯	二・一	甲申	三・一	甲寅	四・一	癸未
一・十一	乙丑	二・十一	甲午	三・十一	甲子	四・十一	癸巳
一・二十一	乙亥	二・二十一	甲辰	三・二十一	甲戌	四・二十一	癸卯
五・一	癸丑	六・一	壬午	七・一	壬子	八・一	壬午
五・十一	癸亥	六・十一	壬辰	七・十一	壬戌	八・十一	壬辰
五・二十一	癸酉	六・二十一	壬寅	七・二十一	壬申	八・二十一	壬寅
九・一	辛亥	十・一	辛巳	十一・一	庚申	十二・一	庚辰
九・十一	辛酉	十・十一	辛卯	十一・十一	庚午	十二・十一	庚寅
九・二十一	辛未	十・二十一	辛丑	十一・二十一	庚辰	十二・二十一	庚子

殷康丁七年癸巳(前1228)

一・一	己酉	二・一	己卯	三・一	戊申	四・一	戊寅
一・十一	己未	二・十一	己丑	三・十一	戊午	四・十一	戊子
一・二十一	己巳	二・二十一	己亥	三・二十一	戊辰	四・二十一	戊戌
五・一	丁未	六・一	丁丑	七・一	丙午	八・一	丙子
五・十一	丁巳	六・十一	丁亥	七・十一	丙辰	八・十一	丙戌
五・二十一	丁卯	六・二十一	丁酉	七・二十一	丙寅	八・二十一	丙申
九・一	乙巳	十・一	乙亥	十一・一	乙巳	十二・一	甲戌
九・十一	乙卯	十・十一	乙酉	十一・十一	乙卯	十二・十一	甲申
九・二十一	乙丑	十・二十一	乙未	十一・二十一	乙丑	十二・二十一	甲午

殷康丁八年甲午(前1227)

一・一	甲辰	二・一	癸酉	三・一	癸卯	四・一	壬申	闰四・一	壬寅
一・十一	甲寅	二・十一	癸未	三・十一	癸丑	四・十一	壬午	闰四・十一	壬子
一・二十一	甲子	二・二十一	癸巳	三・二十一	癸亥	四・二十一	午辰	闰四・二十一	壬戌
五・一	辛未	六・一	辛丑	七・一	庚午	八・一	庚子		
五・十一	辛巳	六・十一	辛亥	七・十一	庚辰	八・十一	庚戌		
五・二十一	辛卯	六・二十一	辛酉	七・二十一	庚寅	八・二十一	庚申		
九・一	己巳	十・一	己亥	十一・一	戊辰	十二・一	戊戌		
九・十一	己卯	十・十一	己酉	十一・十一	戊寅	十二・十一	戊申		
九・二十一	己丑	十・二十一	己未	十一・二十一	戊子	十二・二十一	戊午		

殷武乙元年乙未(前1226)

一・一	丁卯	二・一	丁酉	三・一	丁卯	四・一	丙申
一・十一	丁丑	二・十一	丁未	三・十一	丁丑	四・十一	丙午
一・二十一	丁亥	二・二十一	丁巳	三・二十一	丁亥	四・二十一	丙辰
五・一	丙寅	六・一	乙未	七・一	乙丑	八・一	甲午
五・十一	丙子	六・十一	乙巳	七・十一	乙亥	八・十一	甲辰
五・二十一	丙戌	六・二十一	乙卯	七・二十一	乙酉	八・二十一	甲寅
九・一	甲子	十・一	癸巳	十一・一	癸亥	十二・一	壬辰
九・十一	甲戌	十・十一	癸卯	十一・十一	癸酉	十二・十一	壬寅
九・二十一	甲申	十・二十一	癸丑	十一・二十一	癸未	十二・二十一	壬子

殷武乙二年丙申(前1225)

一·一　壬戌	二·一　辛卯	三·一　辛酉	四·一　庚寅
一·十一　壬申	二·十一　辛丑	三·十一　辛未	四·十一　庚子
一·二十一　壬午	二·二十一　辛亥	三·二十一　辛巳	四·二十一　庚戌
五·一　庚申	六·一　庚寅	七·一　己未	八·一　己丑
五·十一　庚午	六·十一　庚子	七·十一　己巳	八·十一　己亥
五·二十一　庚辰	六·二十一　庚戌	七·二十一　己卯	八·二十一　己酉
九·一　戊午	十·一　戊子	十一·一　丁巳	十二·一　丁亥　十三·一　丙辰
九·十一　戊辰	十·十一　戊戌	十一·十一　丁卯	十二·十一　丁酉　十三·十一　丙寅
九·二十一　戊寅	十·二十一　戊申	十一·二十一　丁丑	十二·二十一丁未　十三·二十一丙子

殷武乙三年丁酉(前1224)

一·一　丙戌	二·一　乙卯	三·一　乙酉	四·一　甲寅
一·十一　丙申	二·十一　乙丑	三·十一　乙未	四·十一　甲子
一·二十一　丙午	二·二十一　乙亥	三·二十一　乙巳	四·二十一　甲戌
五·一　甲申	六·一　癸丑	七·一　癸未	八·一　壬子
五·十一　甲午	六·十一　癸亥	七·十一　癸巳	八·十一　壬戌
五·二十一　甲辰	六·二十一　癸酉	七·二十一　癸卯	八·二十一　壬申
九·一　壬午	十·一　壬子	十一·一　辛巳	十二·一　辛亥
九·十一　壬辰	十·十一　壬戌	十一·十一　辛卯	十二·十一　辛酉
九·二十一　壬寅	十·二十一　壬申	十一·二十一　辛丑	十二·二十一　辛未

殷武乙四年戊戌(前1223)

一·一　庚辰	二·一　庚戌	三·一　己卯	四·一　己酉
一·十一　庚寅	二·十一　庚申	三·十一　己丑	四·十一　己未
一·二十一　庚子	二·二十一　庚午	三·二十一　己亥	四·二十一　己巳
五·一　戊寅	六·一　戊申	七·一　丁丑	八·一　丁未
五·十一　戊子	六·十一　戊午	七·十一　丁亥	八·十一　丁巳
五·二十一　戊戌	六·二十一　戊辰	七·二十一　丁酉	八·二十一　丁卯
九·一　丙子	十·一　丙午	十一·一　乙亥	十二·一　乙巳
九·十一　丙戌	十·十一　丙辰	十一·十一　乙酉	十二·十一　乙卯
九·二十一　丙申	十·二十一　丙寅	十一·二十一　乙未	十二·二十一　乙丑

殷文丁元年己亥(前1222)

一·一　甲戌	二·一　甲辰	三·一　甲戌	四·一　癸卯
一·十一　甲申	二·十一　甲寅	三·十一　甲申	四·十一　癸丑
一·二十一　甲午	二·二十一　甲子	三·二十一　甲午	四·二十一　癸亥
五·一　癸酉	六·一　壬寅	七·一　壬申	八·一　辛丑
五·十一　癸未	六·十一　壬子	七·十一　壬午	八·十一　辛亥
五·二十一　癸巳	六·二十一　壬戌	七·二十一　壬辰	八·二十一　辛酉
九·一　辛未	十·一　庚子	十一·一　庚午	十二·一　己亥　十三·一　己巳
九·十一　辛巳	十·十一　庚戌	十一·十一　庚辰	十二·十一　己酉　十三·十一　己卯
九·二十一　辛卯	十·二十一　庚申	十一·二十一　庚寅	十二·二十一己未　十三·二十一己丑

殷文丁二年庚子（前1221）

一·一	戊戌	二·一	戊辰	三·一	丁酉	四·一	丁卯
一·十一	戊申	二·十一	戊寅	三·十一	丁未	四·十一	丁丑
一·二十一	戊午	二·二十一	戊子	三·二十一	丁巳	四·二十一	丁亥
五·一	丁酉	六·一	丙寅	七·一	丙申	八·一	乙丑
五·十一	丁未	六·十一	丙子	七·十一	丙午	八·十一	乙亥
五·二十一	丁巳	六·二十一	丙戌	七·二十一	丙辰	八·二十一	乙酉
九·一	乙未	十·一	甲子	十一·一	甲午	十二·一	癸亥
九·十一	乙巳	十·十一	甲戌	十一·十一	甲辰	十二·十一	癸酉
九·二十一	乙卯	十·二十一	甲申	十一·二十一	甲寅	十二·二十一	癸未

殷文丁三年辛丑（前1220）

一·一	癸巳	二·一	壬戌	三·一	壬辰	四·一	辛酉
一·十一	癸卯	二·十一	壬申	三·十一	壬寅	四·十一	辛未
一·二十一	癸丑	二·二十一	壬午	三·二十一	壬子	四·二十一	辛巳
五·一	辛卯	六·一	庚申	七·一	庚寅	八·一	己未
五·十一	辛丑	六·十一	庚午	七·十一	庚子	八·十一	己巳
五·二十一	辛亥	六·二十一	庚辰	七·二十一	庚戌	八·二十一	己卯
九·一	己丑	十·一	己未	十一·一	戊子	十二·一	戊午
九·十一	己亥	十·十一	己巳	十一·十一	戊戌	十二·十一	戊辰
九·二十一	己酉	十·二十一	己卯	十一·二十一	戊申	十二·二十一	戊寅

殷文丁四年壬寅（前1219）

一·一	丁亥	二·一	丁巳	三·一	丙戌	四·一	丙辰
一·十一	丁酉	二·十一	丁卯	三·十一	丙申	四·十一	丙寅
一·二十一	丁未	二·二十一	丁丑	三·二十一	丙午	四·二十一	丙子
五·一	乙酉	六·一	乙卯	七·一	甲申	八·一	甲寅
五·十一	乙未	六·十一	乙丑	七·十一	甲午	八·十一	甲子
五·二十一	乙巳	六·二十一	乙亥	七·二十一	甲辰	八·二十一	甲戌
九·一	癸未	十·一	癸丑	十一·一	壬午	十二·一　壬子	十三·一　辛巳
九·十一	癸巳	十·十一	癸亥	十一·十一	壬辰	十二·十一　壬戌	十三·十一　辛卯
九·二十一	癸卯	十·二十一	癸酉	十一·二十一	壬寅	十二·二十一壬申	十三·二十一辛丑

殷文武丁五年癸卯（前1218）

一·一	辛亥	二·一	辛巳	三·一	庚戌	四·一	庚辰
一·十一	辛酉	二·十一	辛卯	三·十一	庚申	四·十一	庚寅
一·二十一	辛未	二·二十一	辛丑	三·二十一	庚午	四·二十一	庚子
五·一	己酉	六·一	己卯	七·一	戊申	八·一	戊寅
五·十一	己未	六·十一	己丑	七·十一	戊午	八·十一	戊子
五·二十一	己巳	六·二十一	己亥	七·二十一	戊辰	八·二十一	戊戌
九·一	丁未	十·一	丁丑	十一·一	丙午	十二·一	丙子
九·十一	丁巳	十·十一	丁亥	十一·十一	丙辰	十二·十一	丙戌
九·二十一	丁卯	十·二十一	丁酉	十一·二十一	丙寅	十二·二十一	丙申

殷文丁六年甲辰(前 1217)

一・一	乙巳	二・一	乙亥	三・一	甲辰	四・一	甲戌
一・十一	乙卯	二・十一	乙酉	三・十一	甲寅	四・十一	甲申
一・二十一	乙丑	二・二十一	乙未	三・二十一	甲子	四・二十一	甲午
五・一	甲辰	六・一	癸酉	七・一	癸卯	八・一	壬申
五・十一	甲寅	六・十一	癸未	七・十一	癸丑	八・十一	壬午
五・二十一	甲子	六・二十一	癸巳	七・二十一	癸亥	八・二十一	壬辰
九・一	壬寅	十・一	辛未	十一・一	辛丑	十二・一	庚午
九・十一	壬子	十・十一	辛巳	十一・十一	辛亥	十二・十一	庚辰
九・二十一	壬戌	十・二十一	辛卯	十一・二十一	辛酉	十二・二十一	庚寅

殷文丁七年乙巳(前 1216)

一・一	庚子	二・一	己巳	三・一	己亥	四・一	戊辰
一・十一	庚戌	二・十一	己卯	三・十一	己酉	四・十一	戊寅
一・二十一	庚申	二・二十一	己丑	三・二十一	己未	四・二十一	戊子
五・一	戊戌	六・一	丁卯	七・一	丁酉	八・一	丙寅
五・十一	戊申	六・十一	丁丑	七・十一	丁未	八・十一	丙子
五・二十一	戊午	六・二十一	丁亥	七・二十一	丁巳	八・二十一	丙戌
九・一	丙申	十・一	丙寅	十一・一	乙未	十二・一　乙丑	十三・一　甲午
九・十一	丙午	十・十一	丙子	十一・十一	乙巳	十二・十一　乙亥	十三・十一　甲辰
九・二十一	丙辰	十・二十一	丙戌	十一・二十一	乙卯	十二・二十一乙酉	十三・二十一甲寅

殷文丁八年丙午(前 1215)

一・一	甲子	二・一	癸巳	三・一	癸亥	四・一	壬辰
・十	甲戌	二・丨一	癸卯	三・十一	癸酉	四・十一	壬寅
一・二十一	甲申	二・二十一	癸丑	三・二十一	癸未	四・二十一	壬子
五・一	壬戌	六・一	辛卯	七・一	辛酉	八・一	庚寅
五・十一	工申	六・十一	辛丑	七・十一	辛未	八・十一	庚子
五・二十一	壬午	六・二十一	辛亥	七・二十一	辛巳	八・二十一	庚戌
九・一	庚申	十・一	己丑	十一・一	己未	十二・一	己丑
九・十一	庚午	十・十一	己亥	十一・十一	己巳	十二・十一	己亥
九・二十一	庚辰	十・二十一	己酉	十一・二十一	己卯	十二・二十一	己酉

殷文丁九年丁未(前 1214)

一・一	戊午	二・一	戊子	三・一	丁巳	四・一	丁亥
一・十一	戊辰	二・十一	戊戌	三・十一	丁卯	四・十一	丁酉
一・二十一	戊寅	二・二十一	戊申	三・二十一	丁丑	四・二十一	丁未
五・一	丙辰	六・一	丙戌	七・一	乙卯	八・一	乙酉
五・十一	丙寅	六・十一	丙申	七・十一	乙丑	八・十一	乙未
五・二十一	丙子	六・二十一	丙午	七・二十一	乙亥	八・二十一	乙巳
九・一	甲寅	十・一	甲申	十一・一	癸丑	十二・一　癸未	十三・一　壬子
九・十一	甲子	十・十一	甲午	十一・十一	癸亥	十二・十一　癸巳	十三・十一　壬戌
九・二十一	甲戌	十・二十一	甲辰	十一・二十一	癸酉	十二・二十一癸卯	十三・二十一壬申

殷文丁十年戊申（前 1213）

一·一	壬午	二·一	辛亥	三·一	辛巳	四·一	庚戌
一·十一	壬辰	二·十一	辛酉	三·十一	辛卯	四·十一	庚申
一·二十一	壬寅	二·二十一	辛未	三·二十一	辛丑	四·二十一	庚午
五·一	庚辰	六·一	己酉	七·一	己卯	八·一	戊申
五·十一	庚寅	六·十一	己未	七·十一	己丑	八·十一	戊午
五·二十一	庚子	六·二十一	己巳	七·二十一	己亥	八·二十一	戊辰
九·一	戊寅	十·一	丁未	十一·一	丁丑	十二·一	丙午
九·十一	戊子	十·十一	丁巳	十一·十一	丁亥	十二·十一	丙辰
九·二十一	戊戌	十·二十一	丁卯	十一·二十一	丁酉	十二·二十一	丙寅

殷文丁十一年己酉（前 1212）

一·一	丙子	二·一	丙午	三·一	乙亥	四·一	乙巳
一·十一	丙戌	二·十一	丙辰	三·十一	乙酉	四·十一	乙卯
一·二十一	丙申	二·二十一	丙寅	三·二十一	乙未	四·二十一	乙丑
五·一	甲戌	六·一	甲辰	七·一	癸酉	八·一	癸卯
五·十一	甲申	六·十一	甲寅	七·十一	癸未	八·十一	癸丑
五·二十一	甲午	六·二十一	甲子	七·二十一	癸巳	八·二十一	癸亥
九·一	壬申	十·一	壬寅	十一·一	辛未	十二·一	辛丑
九·十一	壬午	十·十一	壬子	十一·十一	辛巳	十二·十一	辛亥
九·二十一	壬辰	十·二十一	壬戌	十一·二十一	辛卯	十二·二十一	辛酉

殷文丁十二年庚戌（前 1211）

一·一	庚午	二·一	庚子	三·一	己巳	四·一	己亥
一·十一	庚辰	二·十一	庚戌	三·十一	己卯	四·十一	己酉
一·二十一	庚寅	二·二十一	庚申	三·二十一	己丑	四·二十一	己未
五·一	戊辰	六·一	戊戌	七·一	丁卯	八·一	丁酉
五·十一	戊寅	六·十一	戊申	七·十一	丁丑	八·十一	丁未
五·二十一	戊子	六·二十一	戊午	七·二十一	丁亥	八·二十一	丁巳
九·一	丁卯	十·一	丙申	十一·一	丙寅	十二·一 乙未	十三·一 乙丑
九·十一	丁丑	十·十一	丙午	十一·十一	丙子	十二·十一 乙巳	十三·十一 乙亥
九·二十一	丁亥	十·二十一	丙辰	十一·二十一	丙戌	十二·二十一 乙卯	十三·二十一 乙酉

殷文丁十三年辛亥（前 1210）

一·一	甲午	二·一	甲子	三·一	癸巳	四·一	癸亥
一·十一	甲辰	二·十一	甲戌	三·十一	癸卯	四·十一	癸酉
一·二十一	甲寅	二·二十一	甲申	三·二十一	癸丑	四·二十一	癸未
五·一	壬辰	六·一	壬戌	七·一	辛卯	八·一	辛酉
五·十一	壬寅	六·十一	壬申	七·十一	辛丑	八·十一	辛未
五·二十一	壬子	六·二十一	壬午	七·二十一	辛亥	八·二十一	辛巳
九·一	庚寅	十·一	庚申	十一·一	己丑	十二·一	己未
九·十一	庚子	十·十一	庚午	十一·十一	己亥	十二·十一	己巳
九·二十一	庚戌	十·二十一	庚辰	十一·二十一	己酉	十二·二十一	己卯

殷帝乙元年壬子（前 1209）

一·一	戊子	二·一	戊午	三·一	戊子	四·一	丁巳
一·十一	戊戌	二·十一	戊辰	三·十一	戊戌	四·十一	丁卯
一·二十一	戊申	二·二十一	戊寅	三·二十一	戊申	四·二十一	丁丑
五·一	丁亥	六·一	丙辰	七·一	丙戌	八·一	乙卯
五·十一	丁酉	六·十一	丙寅	七·十一	丙申	八·十一	乙丑
五·二十一	丁未	六·二十一	丙子	七·二十一	丙午	八·二十一	乙亥
九·一	乙酉	十·一	甲寅	十一·一	甲申	十二·一	癸丑
九·十一	乙未	十·十一	甲子	十一·十一	甲午	十二·十一	癸亥
九·二十一	乙巳	十·二十一	甲戌	十一·二十一	甲辰	十二·二十一	癸酉

殷帝乙二年癸丑（前 1208）

一·一	癸未	二·一	壬子	三·一 壬午 闰三·一	辛亥	四·一	辛巳
一·十一	癸巳	二·十一	壬戌	三·十一 壬辰 闰三·十一	辛酉	四·十一	辛卯
一·二十一	癸卯	二·二十一	壬申	三·二十一壬寅 闰三·二十一	辛未	四·二十一	辛丑
五·一	辛亥	六·一	庚辰	七·一	庚戌	八·一	己卯
五·十一	辛酉	六·十一	庚寅	七·十一	庚申	八·十一	己丑
五·二十一	辛未	六·二十一	庚子	七·二十一	庚午	八·二十一	己亥
九·一	己酉	十·一	戊寅	十一·一	戊申	十二·一	丁丑
九·十一	己未	十·十一	戊子	十一·十一	戊午	十二·十一	丁亥
九·二十一	己巳	十·二十一	戊戌	十一·二十一	戊辰	十二·二十一	丁酉

殷帝乙三年甲寅（前 1207）

一·一	丁未	二·一	丙子	三·一	丙午	四·一	乙亥
一·十一	丁巳	二·十一	丙戌	三·十一	丙辰	四·十一	乙酉
一·二十一	丁卯	二·二十一	丙申	三·二十一	丙寅	四·二十一	乙未
五·一	乙巳	六·一	甲戌	七·一	甲辰	八·一	癸酉
五·十一	乙卯	六·十一	甲申	七·十一	甲寅	八·十一	癸未
五·二十一	乙丑	六·二十一	甲午	七·二十一	甲子	八·二十一	癸巳
九·一	癸卯	十·一	壬申	十一·一	壬寅	十二·一	壬申
九·十一	癸丑	十·十一	壬午	十一·十一	壬子	十二·十一	壬午
九·二十一	癸亥	十·二十一	壬辰	十一·二十一	壬戌	十二·二十一	壬辰

殷帝乙四年乙卯（前 1206）

一·一	辛丑	二·一	辛未	三·一	庚子	四·一	庚午
一·十一	辛亥	二·十一	辛巳	三·十一	庚戌	四·十一	庚辰
一·二十一	辛酉	二·二十一	辛卯	三·二十一	庚申	四·二十一	庚寅
五·一	己亥	六·一	己巳	七·一	戊戌	八·一	戊辰
五·十一	己酉	六·十一	己卯	七·十一	戊申	八·十一	戊寅
五·二十一	己未	六·二十一	己丑	七·二十一	戊午	八·二十一	戊子
九·一	丁酉	十·一	丁卯	十一·一 丙申 闰十一·一	丙寅	十二·一	乙未
九·十一	丁未	十·十一	丁丑	十一·十一 丙午 闰十一·十一	丙子	十二·十一	乙巳
九·二十一	丁巳	十·二十一	丁亥	十一·二十一丙辰 闰十一·二十一	丙戌	十二·二十一	乙卯

殷帝乙五年丙辰（前1205）

一·一	乙丑	二·一	乙未	三·一	甲子	四·一	甲午
一·十一	乙亥	二·十一	乙巳	三·十一	甲戌	四·十一	甲辰
一·二十一	乙酉	二·二十一	乙卯	三·二十一	甲申	四·二十一	甲寅
五·一	癸亥	六·一	癸巳	七·一	壬戌	八·一	壬辰
五·十一	癸酉	六·十一	癸卯	七·十一	壬申	八·十一	壬寅
五·二十一	癸未	六·二十一	癸丑	七·二十一	壬午	八·二十一	壬子
九·一	辛酉	十·一	辛卯	十一·一	庚申	十二·一	庚寅
九·十一	辛未	十·十一	辛丑	十一·十一	庚午	十二·十一	庚子
九·二十一	辛巳	十·二十一	辛亥	十一·二十一	庚辰	十二·二十一	庚戌

殷帝乙六年丁巳（前1204）

一·一	己未	二·一	己丑	三·一	己未	四·一	戊子
一·十一	己巳	二·十一	己亥	三·十一	己巳	四·十一	戊戌
一·二十一	己卯	二·二十一	己酉	三·二十一	己卯	四·二十一	戊申
五·一	戊午	六·一	丁亥	七·一	丁巳	八·一	丙戌
五·十一	戊辰	六·十一	丁酉	七·十一	丁卯	八·十一	丙申
五·二十一	戊寅	六·二十一	丁未	七·二十一	丁丑	八·二十一	丙午
九·一	丙辰	十·一	乙酉	十一·一	乙卯	十二·一	甲申
九·十一	丙寅	十·十一	乙未	十一·十一	乙丑	十二·十一	甲午
九·二十一	丙子	十·二十一	乙巳	十一·二十一	乙亥	十二·二十一	甲辰

殷帝乙七年戊午（前1203）

一·一	甲寅	二·一	癸未	三·一	癸丑	四·一	壬午
一·十一	甲子	二·十一	癸巳	三·十一	癸亥	四·十一	壬辰
一·二十一	甲戌	二·二十一	癸卯	三·二十一	癸酉	四·二十一	壬寅
五·一	壬子	六·一	辛巳	七·一	辛亥	八·一　庚辰　闰八·一	庚戌
五·十一	壬戌	六·十一	辛卯	七·十一	辛酉	八·十一　庚寅　闰八·十一	庚申
五·二十一	壬申	六·二十一	辛丑	七·二十一	辛未	八·二十一庚子　闰八·二十一	庚午
九·一	己卯	十·一	己酉	十一·一	己卯	十二·一	戊申
九·十一	己丑	十·十一	己未	十一·十一	己丑	十二·十一	戊午
九·二十一	己亥	十·二十一	己巳	十一·二十一	己亥	十二·二十一	戊辰

殷帝乙八年己未（前1202）

一·一	戊寅	二·一	丁未	三·一	丁丑	四·一	丙午
一·十一	戊子	二·十一	丁巳	三·十一	丁亥	四·十一	丙辰
一·二十一	戊戌	二·二十一	丁卯	三·二十一	丁酉	四·二十一	丙寅
五·一	丙子	六·一	乙巳	七·一	乙亥	八·一	甲辰
五·十一	丙戌	六·十一	乙卯	七·十一	乙酉	八·十一	甲寅
五·二十一	丙申	六·二十一	乙丑	七·二十一	乙未	八·二十一	甲子
九·一	甲戌	十·一	癸卯	十一·一	癸酉	十二·一	壬寅
九·十一	甲申	十·十一	癸丑	十一·十一	癸未	十二·十一	壬子
九·二十一	甲午	十·二十一	癸亥	十一·二十一	癸巳	十二·二十一	壬戌

殷帝乙九年庚申(前1201)

一·一 壬申	二·一 壬寅	三·一 辛未	四·一 辛丑
一·十一 壬午	二·十一 壬子	三·十一 辛巳	四·十一 辛亥
一·二十一 壬辰	二·二十一 壬戌	三·二十一 辛卯	四·二十一 辛酉
五·一 庚午	六·一 庚子	七·一 己巳	八·一 己亥
五·十一 庚辰	六·十一 庚戌	七·十一 己卯	八·十一 己酉
五·二十一 庚寅	六·二十一 庚申	七·二十一 己丑	八·二十一 己未
九·一 戊辰	十·一 戊戌	十一·一 丁卯	十二·一 丁酉
九·十一 戊寅	十·十一 戊申	十一·十一 丁丑	十二·十一 丁未
九·二十一 戊子	十·二十一 戊午	十一·二十一 丁亥	十二·二十一 丁巳

殷帝乙十年辛酉(前1200)

一·一 丙寅	二·一 丙申	三·一 乙丑	四·一 乙未
一·十一 丙子	二·十一 丙午	三·十一 乙亥	四·十一 乙巳
一·二十一 丙戌	二·二十一 丙辰	三·二十一 乙酉	四·二十一 乙卯
五·一 甲子	六·一 甲午 闰六·一 甲子	七·一 癸巳	八·一 癸亥
五·十一 甲戌	六·十一 甲辰 闰六·十一 甲戌	七·十一 癸卯	八·十一 癸酉
五·二十一 甲申	六·二十一甲寅 闰六·二十一甲申	七·二十一 癸丑	八·二十一 癸未
九·一 壬辰	十·一 壬戌	十一·一 辛卯	十二·一 辛酉
九·十一 壬寅	十·十一 壬申	十一·十一 辛丑	十二·十一 辛未
九·二十一 壬子	十·二十一 壬午	十一·二十一 辛亥	十二·二十一 辛巳

殷帝乙十一年壬戌(前1199)

一·一 庚寅	二·一 庚申	三·一 己丑	四·一 己未
一·十一 庚子	二·十一 庚午	三·十一 己亥	四·十一 己巳
一·二十一 庚戌	二·二十一 庚辰	三·二十一 己酉	四·二十一 己卯
五·一 戊子	六·一 戊午	七·一 丁亥	八·一 丁巳
五·十一 戊戌	六·十一 戊辰	七·十一 丁酉	八·十一 丁卯
五·二十一 戊申	六·二十一 戊寅	七·二十一 丁未	八·二十一 丁丑
九·一 丙戌	十·一 丙辰	十一·一 丙戌	十二·一 乙卯
九·十一 丙申	十·十一 丙寅	十一·十一 丙申	十二·十一 乙丑
九·二十一 丙午	十·二十一 丙子	十一·二十一 丙午	十二·二十一 乙亥

殷帝乙十二年癸亥(前1198)

一·一 乙酉	二·一 甲寅	三·一 甲申	四·一 癸丑
一·十一 乙未	二·十一 甲子	三·十一 甲午	四·十一 癸亥
一·二十一 乙巳	二·二十一 甲戌	三·二十一 甲辰	四·二十一 癸酉
五·一 癸未	六·一 壬子	七·一 壬午	八·一 辛亥
五·十一 癸巳	六·十一 壬戌	七·十一 壬辰	八·十一 辛酉
五·二十一 癸卯	六·二十一 壬申	七·二十一 壬寅	八·二十一 辛未
九·一 辛巳	十·一 庚戌	十一·一 庚辰	十二·一 己酉
九·十一 辛卯	十·十一 庚申	十一·十一 庚寅	十二·十一 己未
九·二十一 辛丑	十·二十一 庚午	十一·二十一 庚子	十二·二十一 己巳

殷帝乙十三年甲子(前1197)

一・一 己卯	二・一 己酉 闰二・一 戊寅	三・一 戊申	四・一 丁丑
一・十一 己丑	二・十一 己未 闰二・十一 戊子	三・十一 戊午	四・十一 丁亥
一・二十一 己亥	二・二十一 己巳 闰二・二十一 戊戌	三・二十一 戊辰	四・二十一 丁酉
五・一 丁未	六・一 丙子	七・一 丙午	八・一 乙亥
五・十一 丁巳	六・十一 丙戌	七・十一 丙辰	八・十一 乙酉
五・二十一 丁卯	六・二十一 丙申	七・二十一 丙寅	八・二十一 乙未
九・一 乙巳	十・一 甲戌	十一・一 甲辰	十二・一 癸酉
九・十一 乙卯	十・十一 甲申	十一・十一 甲寅	十二・十一 癸未
九・二十一 乙丑	十・二十一 甲午	十一・二十一 甲子	十二・二十一 癸巳

殷帝乙十四年乙丑(前1196)

一・一 癸卯	二・一 壬申	三・一 壬寅	四・一 壬申
一・十一 癸丑	二・十一 壬午	三・十一 壬子	四・十一 壬午
一・二十一 癸亥	二・二十一 壬辰	三・二十一 壬戌	四・二十一 壬辰
五・一 辛丑	六・一 辛未	七・一 庚子	八・一 庚午
五・十一 辛亥	六・十一 辛巳	七・十一 庚戌	八・十一 庚辰
五・二十一 辛酉	六・二十一 辛卯	七・二十一 庚申	八・二十一 庚寅
九・一 己亥	十・一 己巳	十一・一 戊戌	十二・一 戊辰
九・十一 己酉	十・十一 己卯	十一・十一 戊申	十二・十一 戊寅
九・二十一 己未	十・二十一 己丑	十一・二十一 戊午	十二・二十一 戊子

殷帝乙十五年丙寅(前1195)

一・一 丁酉	二・一 丁卯	三・一 丙申	四・一 丙寅
一・十一 丁未	二・十一 丁丑	三・十一 丙午	四・十一 丙子
一・二十一 丁巳	二・二十一 丁亥	三・二十一 丙辰	四・二十一 丙戌
五・一 乙未	六・一 乙丑	七・一 甲午	八・一 甲子
五・十一 乙巳	六・十一 乙亥	七・十一 甲辰	八・十一 甲戌
五・二十一 乙卯	六・二十一 乙酉	七・二十一 甲寅	八・二十一 甲申
九・一 癸巳	十・一 癸亥	十一・一 癸巳 闰十一・一 壬戌	十二・一 壬辰
九・十一 癸卯	十・十一 癸酉	十一・十一 癸卯 闰十一・十一 壬申	十二・十一 壬寅
九・二十一 癸丑	十・二十一 癸未	十一・二十一 癸丑 闰十一・二十一 壬午	十二・二十一 壬子

殷帝乙十六年丁卯(前1194)

一・一 辛酉	二・一 辛卯	三・一 庚申	四・一 庚寅
一・十一 辛未	二・十一 辛丑	三・十一 庚午	四・十一 庚子
一・二十一 辛巳	二・二十一 辛亥	三・二十一 庚辰	四・二十一 庚戌
五・一 己未	六・一 己丑	七・一 戊午	八・一 戊子
五・十一 己巳	六・十一 己亥	七・十一 戊辰	八・十一 戊戌
五・二十一 己卯	六・二十一 己酉	七・二十一 戊寅	八・二十一 戊申
九・一 丁巳	十・一 丁亥	十一・一 丙辰	十二・一 丙戌
九・十一 丁卯	十・十一 丁酉	十一・十一 丙寅	十二・十一 丙申
九・二十一 丁丑	十・二十一 丁未	十一・二十一 丙子	十二・二十一 丙午

殷帝乙十七年戊辰(前1193)

一・一	丙辰	二・一	乙酉	三・一	乙卯	四・一	甲申
一・十一	丙寅	二・十一	乙未	三・十一	乙丑	四・十一	甲午
一・二十一	丙子	二・二十一	乙巳	三・二十一	乙亥	四・二十一	甲辰
五・一	甲寅	六・一	癸未	七・一	癸丑	八・一	壬午
五・十一	甲子	六・十一	癸巳	七・十一	癸亥	八・十一	壬辰
五・二十一	甲戌	六・二十一	癸卯	七・二十一	癸酉	八・二十一	壬寅
九・一	壬子	十・一	辛巳	十一・一	辛亥	十二・一	庚辰
九・十一	壬戌	十・十一	辛卯	十一・十一	辛酉	十二・十一	庚寅
九・二十一	壬申	十・二十一	辛丑	十一・二十一	辛未	十二・二十一	庚子

殷帝乙十八年己巳(前1192)

一・一	庚戌	二・一	己卯	三・一	己酉	四・一	戊寅
一・十一	庚申	二・十一	己丑	三・十一	己未	四・十一	戊子
一・二十一	庚午	二・二十一	己亥	三・二十一	己巳	四・二十一	戊戌
五・一	戊申	六・一	戊寅	七・一　丁未　闰七・一	丁丑	八・一	丙午
五・十一	戊午	六・十一	戊子	七・十一　丁巳　闰七・十一	丁亥	八・十一	丙辰
五・二十一	戊辰	六・二十一	戊戌	七・二十一丁卯　闰七・二十一	丁酉	八・二十一	丙寅
九・一	丙子	十・一	乙巳	十一・一	乙亥	十二・一	甲辰
九・十一	丙戌	十・十一	乙卯	十一・十一	乙酉	十二・十一	甲寅
九・二十一	丙申	十・二十一	乙丑	十一・二十一	乙未	十二・二十一	甲子

殷帝乙十九年庚午(前1191)

一・一	甲戌	二・一	癸卯	三・一	癸酉	四・一	壬寅
一・十一	甲申	二・十一	癸丑	三・十一	癸未	四・十一	壬子
一・二十一	甲午	二・二十一	癸亥	三・二十一	癸巳	四・二十一	壬戌
五・一	壬申	六・一	辛丑	七・一	辛未	八・一	辛丑
五・十一	壬午	六・十一	辛亥	七・十一	辛巳	八・十一	辛亥
五・二十一	壬辰	六・二十一	辛酉	七・二十一	辛卯	八・二十一	辛酉
九・一	庚午	十・一	庚子	十一・一	己巳	十二・一	己亥
九・十一	庚辰	十・十一	庚戌	十一・十一	己卯	十二・十一	己酉
九・二十一	庚寅	十・二十一	庚申	十一・二十一	己丑	十二・二十一	己未

殷帝乙二十年辛未(前1190)

一・一	戊辰	二・一	戊戌	三・一	戊辰	四・一	丁酉
一・十一	戊寅	二・十一	戊申	三・十一	戊寅	四・十一	丁未
一・二十一	戊子	二・二十一	戊午	三・二十一	戊子	四・二十一	丁巳
五・一	丁卯	六・一	丙申	七・一	丙寅	八・一	乙未
五・十一	丁丑	六・十一	丙午	七・十一	丙子	八・十一	乙巳
五・二十一	丁亥	六・二十一	丙辰	七・二十一	丙戌	八・二十一	乙卯
九・一	乙丑	十・一	甲午	十一・一	甲子	十二・一	癸巳
九・十一	乙亥	十・十一	甲辰	十一・十一	甲戌	十二・十一	癸卯
九・二十一	乙酉	十・二十一	甲寅	十一・二十一	甲申	十二・二十一	癸丑

殷帝乙二十一年壬申（前 1189）

一·一　癸亥	二·一　癸巳	三·一　壬戌	四·一　壬辰
一·十一　癸酉	二·十一　癸卯	三·十一　壬申	四·十一　壬寅
一·二十一　癸未	二·二十一　癸丑	三·二十一　壬午	四·二十一　壬子
五·一　辛酉	六·一　辛卯	七·一　庚申	八·一　庚寅　闰八·一　己未
五·十一　辛未	六·十一　辛丑	七·十一　庚午	八·十一　庚子　闰八·十一　己巳
五·二十一　辛巳	六·二十一　辛亥	七·二十一　庚辰	八·二十一庚戌　闰八·二十一己卯
九·一　己丑	十·一　戊午	十一·一　戊子	十二·一　丁巳
九·十一　己亥	十·十一　戊辰	十一·十一　戊戌	十二·十一　丁卯
九·二十一　己酉	十·二十一　戊寅	十一·二十一　戊申	十二·二十一　丁丑

殷帝乙二十二年癸酉（前 1188）

一·一　丁亥	二·一　丙辰	三·一　丙戌	四·一　乙卯
一·十一　丁酉	二·十一　丙寅	三·十一　丙申	四·十一　乙丑
一·二十一　丁未	二·二十一　丙子	三·二十一　丙午	四·二十一　乙亥
五·一　乙酉	六·一　甲寅	七·一　甲申	八·一　癸丑
五·十一　乙未	六·十一　甲子	七·十一　甲午	八·十一　癸亥
五·二十一　乙巳	六·二十一　甲戌	七·二十一　甲辰	八·二十一　癸酉
九·一　癸未	十·一　壬子	十一·一　壬午	十二·一　辛亥
九·十一　癸巳	十·十一　壬戌	十一·十一　壬辰	十二·十一　辛酉
九·二十一　癸卯	十·二十一　壬申	十一·二十一　壬寅	十二·二十一　辛未

殷帝乙二十三年甲戌（前 1187）

一·一　辛巳	二·一　庚戌	三·一　庚辰	四·一　己酉
一·十一　辛卯	二·十一　庚申	三·十一　庚寅	四·十一　己未
一·二十一　辛丑	二·二十一　庚午	三·二十一　庚子	四·二十一　己巳
五·一　己卯	六·一　戊申	七·一　戊寅	八·一　戊申
五·十一　己丑	六·十一　戊午	七·十一　戊子	八·十一　戊午
五·二十一　己亥	六·二十一　戊辰	七·二十一　戊戌	八·二十一　戊辰
九·一　丁丑	十·一　丁未	十一·一　丙子	十二·一　丙午　闰十二·一　乙亥
九·十一　丁亥	十·十一　丁巳	十一·十一　丙戌	十二·十一　丙辰　闰十二·十一　乙酉
九·二十一　丁酉	十·二十一　丁卯	十一·二十一　丙申	十二·二十一丙寅　闰十二·二十一乙未

殷帝乙二十四年乙亥（前 1186）

一·一　乙巳	二·一　甲戌	三·一　甲辰	四·一　癸酉
一·十一　乙卯	二·十一　甲申	三·十一　甲寅	四·十一　癸未
一·二十一　乙丑	二·二十一　甲午	三·二十一　甲子	四·二十一　癸巳
五·一　癸卯	六·一　壬申	七·一　壬寅	八·一　辛未
五·十一　癸丑	六·十一　壬午	七·十一　壬子	八·十一　辛巳
五·二十一　癸亥	六·二十一　壬辰	七·二十一　壬戌	八·二十一　辛卯
九·一　辛丑	十·一　庚午	十一·一　庚子	十二·一　庚午
九·十一　辛亥	十·十一　庚辰	十一·十一　庚戌	十二·十一　庚辰
九·二十一　辛酉	十·二十一　庚寅	十一·二十一　庚申	十二·二十一　庚寅

殷帝乙二十五年丙子(前1185)

一·一	己亥	二·一	己巳	三·一	戊戌	四·一	戊辰
一·十一	己酉	二·十一	己卯	三·十一	戊申	四·十一	戊寅
一·二十一	己未	二·二十一	己丑	三·二十一	戊午	四·二十一	戊子
五·一	丁酉	六·一	丁卯	七·一	丙申	八·一	丙寅
五·十一	丁未	六·十一	丁丑	七·十一	丙午	八·十一	丙子
五·二十一	丁巳	六·二十一	丁亥	七·二十一	丙辰	八·二十一	丙戌
九·一	乙未	十·一	乙丑	十一·一	甲午	十二·一	甲子
九·十一	乙巳	十·十一	乙亥	十一·十一	甲辰	十二·十一	甲戌
九·二十一	乙卯	十·二十一	乙酉	十一·二十一	甲寅	十二·二十一	甲申

殷帝乙二十六年丁丑(前1184)

一·一	癸巳	二·一	癸亥	三·一	癸巳	四·一	壬戌
一·十一	癸卯	二·十一	癸酉	三·十一	癸卯	四·十一	壬申
一·二十一	癸丑	二·二十一	癸未	三·二十一	癸丑	四·二十一	壬午
五·一	壬辰	六·一	辛酉	七·一	辛卯	八·一	庚申
五·十一	壬寅	六·十一	辛未	七·十一	辛丑	八·十一	庚午
五·二十一	壬子	六·二十一	辛巳	七·二十一	辛亥	八·二十一	庚辰
九·一　庚寅　闰九·一	己未	十·一	己丑	十一·一	戊午	十二·一	戊子
九·十一　庚子　闰九·十一	己巳	十·十一	己亥	十一·十一	戊辰	十二·十一	戊戌
九·二十一庚戌　闰九·二十一	己卯	十·二十一	己酉	十一·二十一	戊寅	十二·二十一	戊申

殷帝乙二十七年戊寅(前1183)

一·一	丁巳	二·一	丁亥	三·一	丙辰	四·一	丙戌
一·十一	丁卯	二·十一	丁酉	三·十一	丙寅	四·十一	丙申
一·二十一	丁丑	二·二十一	丁未	三·二十一	丙子	四·二十一	丙午
五·一	乙卯	六·一	乙酉	七·一	乙卯	八·一	甲申
五·十	乙丑	八·十一	乙未	七·十一	乙丑	八·十一	甲午
五·二十一	乙亥	六·二十一	乙巳	七·二十一	乙亥	八·二十一	甲辰
九·一	甲寅	十·一	癸未	十一·一	癸丑	十二·一	壬午
九·十一	甲子	十·十一	癸巳	十一·十一	癸亥	十二·十一	壬辰
九·二十一	甲戌	十·二十一	癸卯	十一·二十一	癸酉	十二·二十一	壬寅

殷帝乙二十八年己卯(前1182)

一·一	壬子	二·一	辛巳	三·一	辛亥	四·一	庚辰
一·十一	壬戌	二·十一	辛卯	三·十一	辛酉	四·十一	庚寅
一·二十一	壬申	二·二十一	辛丑	三·二十一	辛未	四·二十一	庚子
五·一	庚戌	六·一	己卯	七·一	己酉	八·一	戊寅
五·十一	庚申	六·十一	己丑	七·十一	己未	八·十一	戊子
五·二十一	庚午	六·二十一	己亥	七·二十一	己巳	八·二十一	戊戌
九·一	戊申	十·一	戊寅	十一·一	丁未	十二·一	丁丑
九·十一	戊午	十·十一	戊子	十一·十一	丁巳	十二·十一	丁亥
九·二十一	戊辰	十·二十一	戊戌	十一·二十一	丁卯	十二·二十一	丁酉

殷帝乙二十九年庚辰（前 1181）

一·一　丙午	二·一　丙子	三·一　乙巳	四·一　乙亥
一·十一　丙辰	二·十一　丙戌	三·十一　乙卯	四·十一　乙酉
一·二十一　丙寅	二·二十一　丙申	三·二十一　乙丑	四·二十一　乙未
五·一　甲辰　闰五·一　甲戌	六·一　癸卯	七·一　癸酉	八·一　壬寅
五·十一　甲寅　闰五·十一　甲申	六·十一　癸丑	七·十一　癸未	八·十一　壬子
五·二十一甲子　闰五·二十一甲午	六·二十一　癸亥	七·二十一　癸巳	八·二十一　壬戌
九·一　壬申	十·一　辛丑	十一·一　辛未	十二·一　辛丑
九·十一　壬午	十·十一　辛亥	十一·十一　辛巳	十二·十一　辛亥
九·二十一　壬辰	十·二十一　辛酉	十一·二十一　辛卯	十二·二十一　辛酉

殷帝乙三十年辛巳（前 1180）

一·一　庚午	二·一　庚子	三·一　己巳	四·一　己亥
一·十一　庚辰	二·十一　庚戌	三·十一　己卯	四·十一　己酉
一·二十一　庚寅	二·二十一　庚申	三·二十一　己丑	四·二十一　己未
五·一　戊辰	六·一　戊戌	七·一　丁卯	八·一　丁酉
五·十一　戊寅	六·十一　戊申	七·十一　丁丑	八·十一　丁未
五·二十一　戊子	六·二十一　戊午	七·二十一　丁亥	八·二十一　丁巳
九·一　丙寅	十·一　丙申	十一·一　乙丑	十二·一　乙未
九·十一　丙子	十·十一　丙午	十一·十一　乙亥	十二·十一　乙巳
九·二十一　丙戌	十·二十一　丙辰	十一·二十一　乙酉	十二·二十一　乙卯

殷帝乙三十一年壬午（前 1179）

一·一　甲子	二·一　甲午	三·一　癸亥	四·一　癸巳
一·十一　甲戌	二·十一　甲辰	三·十一　癸酉	四·十一　癸卯
一·二十一　甲申	二·二十一　甲寅	三·二十一　癸未	四·二十一　癸丑
五·一　癸亥	六·一　壬辰	七·一　壬戌	八·一　辛卯
五·十一　癸酉	六·十一　壬寅	七·十一　壬申	八·十一　辛丑
五·二十一　癸未	六·二十一　壬子	七·二十一　壬午	八·二十一　辛亥
九·一　辛酉	十·一　庚寅	十一·一　庚申	十二·一　己丑
九·十一　辛未	十·十一　庚子	十一·十一　庚午	十二·十一　己亥
九·二十一　辛巳	十·二十一　庚戌	十一·二十一　庚辰	十二·二十一　己酉

殷帝乙三十二年癸未（前 1178）

一·一　己未　闰一·一　戊子	二·一　戊午	三·一　丁亥	四·一　丁巳
一·十一　己巳　闰一·十一　戊戌	二·十一　戊辰	三·十一　丁酉	四·十一　丁卯
一·二十一巳卯　闰一·二十一戊申	二·二十一　戊寅	三·二十一　丁未	四·二十一　丁丑
五·一　丙戌	六·一　丙辰	七·一　乙酉	八·一　乙卯
五·十一　丙申	六·十一　丙寅	七·十一　乙未	八·十一　乙丑
五·二十一　丙午	六·二十一　丙子	七·二十一　乙巳	八·二十一　乙亥
九·一　乙酉	十·一　甲寅	十一·一　甲申	十二·一　癸丑
九·十一　乙未	十·十一　甲子	十一·十一　甲午	十二·十一　癸亥
九·二十一　乙巳	十·二十一　甲戌	十一·二十一　甲辰	十二·二十一　癸酉

殷帝乙三十三年甲申（前 1177）

一·一	癸未	二·一	壬子	三·一	壬午	四·一	辛亥
一·十一	癸巳	二·十一	壬戌	三·十一	壬辰	四·十一	辛酉
一·二十一	癸卯	二·二十一	壬申	三·二十一	壬寅	四·二十一	辛未
五·一	辛巳	六·一	庚戌	七·一	庚辰	八·一	己酉
五·十一	辛卯	六·十一	庚申	七·十一	庚寅	八·十一	己未
五·二十一	辛丑	六·二十一	庚午	七·二十一	庚子	八·二十一	己巳
九·一	己卯	十·一	戊申	十一·一	戊寅	十二·一	丁未
九·十一	己丑	十·十一	戊午	十一·十一	戊子	十二·十一	丁巳
九·二十一	己亥	十·二十一	戊辰	十一·二十一	戊戌	十二·二十一	丁卯

殷帝乙三十四年乙酉（前 1176）

一·一	丁丑	二·一	丁未	三·一	丙子	四·一	丙午
一·十一	丁亥	二·十一	丁巳	三·十一	丙戌	四·十一	丙辰
一·二十一	丁酉	二·二十一	丁卯	三·二十一	丙申	四·二十一	丙寅
五·一	乙亥	六·一	乙巳	七·一	甲戌	八·一	甲辰
五·十一	乙酉	六·十一	乙卯	七·十一	甲申	八·十一	甲寅
五·二十一	乙未	六·二十一	乙丑	七·二十一	甲午	八·二十一	甲子
九·一	癸酉	十·一 癸卯 闰十·一	壬申	十一·一	壬寅	十二·一	辛未
九·十一	癸未	十·十一 癸丑 闰十·十一	壬午	十一·十一	壬子	十二·十一	辛巳
九·二十一	癸巳	十·二十一癸亥 闰十·二十一	壬辰	十一·二十一	壬戌	十二·二十一	辛卯

殷帝乙三十五年丙戌（前 1175）

一·一	辛丑	二·一	庚午	三·一	庚子	四·一	庚午
一·十一	辛亥	二·十一	庚辰	三·十一	庚戌	四·十一	庚辰
一·二十一	辛酉	二·二十一	庚寅	三·二十一	庚申	四·二十一	庚寅
五·一	己亥	六·一	己巳	七·一	戊戌	八·一	戊辰
五·十一	己酉	六·十一	己卯	七·十一	戊申	八·十一	戊寅
五·二十一	己未	六·二十一	己丑	七·二十一	戊午	八·二十一	戊子
九·一	丁酉	十·一	丁卯	十一·一	丙申	十二·一	丙寅
九·十一	丁未	十·十一	丁丑	十一·十一	丙午	十二·十一	丙子
九·二十一	丁巳	十·二十一	丁亥	十一·二十一	丙辰	十二·二十一	丙戌

殷帝辛元年丁亥（前 1174）

一·一	乙未	二·一	乙丑	三·一	甲午	四·一	甲子
一·十一	乙巳	二·十一	乙亥	三·十一	甲辰	四·十一	甲戌
一·二十一	乙卯	二·二十一	乙酉	三·二十一	甲寅	四·二十一	甲申
五·一	癸巳	六·一	癸亥	七·一	壬辰	八·一	壬戌
五·十一	癸卯	六·十一	癸酉	七·十一	壬寅	八·十一	壬申
五·二十一	癸丑	六·二十一	癸未	七·二十一	壬子	八·二十一	壬午
九·一	壬辰	十·一	辛酉	十一·一	辛卯	十二·一	庚申
九·十一	壬寅	十·十一	辛未	十一·十一	辛丑	十二·十一	庚午
九·二十一	壬子	十·二十一	辛巳	十一·二十一	辛亥	十二·二十一	庚辰

殷帝辛二年戊子（前1173）

一・一	庚寅	二・一	己未	三・一	己丑	四・一	戊午
一・十一	庚子	二・十一	己巳	三・十一	己亥	四・十一	戊辰
一・二十一	庚戌	二・二十一	己卯	三・二十一	己酉	四・二十一	戊寅
五・一	戊子	六・一	丁巳	七・一　丁亥　闰七・一	丙辰	八・一	丙戌
五・十一	戊戌	六・十一	丁卯	七・十一　丁酉　闰七・十一	丙寅	八・十一	丙申
五・二十一	戊申	六・二十一	丁丑	七・二十一丁未　闰七・二十一	丙子	八・二十一	丙午
九・一	乙卯	十・一	乙酉	十一・一	甲寅	十二・一	甲申
九・十一	乙丑	十・十一	乙未	十一・十一	甲子	十二・十一	甲午
九・二十一	乙亥	十・二十一	乙巳	十一・二十一	甲戌	十二・二十一	甲辰

殷帝辛三年己丑（前1172）

一・一	甲寅	二・一	癸未	三・一	癸丑	四・一	壬午
一・十一	甲子	二・十一	癸巳	三・十一	癸亥	四・十一	壬辰
一・二十一	甲戌	二・二十一	癸卯	三・二十一	癸酉	四・二十一	壬寅
五・一	壬子	六・一	辛巳	七・一	辛亥	八・一	庚辰
五・十一	壬戌	六・十一	辛卯	七・十一	辛酉	八・十一	庚寅
五・二十一	壬申	六・二十一	辛丑	七・二十一	辛未	八・二十一	庚子
九・一	庚戌	十・一	己卯	十一・一	己酉	十二・一	戊寅
九・十一	庚申	十・十一	己丑	十一・十一	己未	十二・十一	戊子
九・二十一	庚午	十・二十一	己亥	十一・二十一	己巳	十二・二十一	戊戌

殷帝辛四年庚寅（前1171）

一・一	戊申	二・一	丁丑	三・一	丁未	四・一	丁丑
一・十一	戊午	二・十一	丁亥	三・十一	丁巳	四・十一	丁亥
一・二十一	戊辰	二・二十一	丁酉	三・二十一	丁卯	四・二十一	丁酉
五・一	丙午	六・一	丙子	七・一	乙巳	八・一	乙亥
五・十一	丙辰	六・十一	丙戌	七・十一	乙卯	八・十一	乙酉
五・二十一	丙寅	六・二十一	丙申	七・二十一	乙丑	八・二十一	乙未
九・一	甲辰	十・一	甲戌	十一・一	癸卯	十二・一	癸酉
九・十一	甲寅	十・十一	甲申	十一・十一	癸丑	十二・十一	癸未
九・二十一	甲子	十・二十一	甲午	十一・二十一	癸亥	十二・二十一	癸巳

殷帝辛五年辛卯（前1170）

一・一	壬寅	二・一	壬申	三・一	辛丑	四・一	辛未
一・十一	壬子	二・十一	壬午	三・十一	辛亥	四・十一	辛巳
一・二十一	壬戌	二・二十一	壬辰	三・二十一	辛酉	四・二十一	辛卯
五・一	辛丑	六・一	庚午	七・一	庚子	八・一	己巳
五・十一	辛亥	六・十一	庚辰	七・十一	庚戌	八・十一	己卯
五・二十一	辛酉	六・二十一	庚寅	七・二十一	庚申	八・二十一	己丑
九・一	己亥	十・一	戊辰	十一・一	戊戌	十二・一	丁卯
九・十一	己酉	十・十一	戊寅	十一・十一	戊申	十二・十一	丁丑
九・二十一	己未	十・二十一	戊子	十一・二十一	戊午	十二・二十一	丁亥

殷帝辛六年壬辰（前 1169）

一·一 丁酉	二·一 丙寅	三·一 丙申	四·一 乙丑
一·十一 丁未	二·十一 丙子	三·十一 丙午	四·十一 乙亥
一·二十一 丁巳	二·二十一 丙戌	三·二十一 丙辰	四·二十一 乙酉
五·一 乙未	六·一 甲子	七·一 甲午 闰七·一 癸亥	八·一 癸巳
五·十一 乙巳	六·十一 甲戌	七·十一 甲辰 闰七·十一 癸酉	八·十一 癸卯
五·二十一 乙卯	六·二十一 甲申	七·二十一甲寅 闰七·二十一癸未	八·二十一 癸丑
九·一 壬戌	十·一 壬辰	十一·一 壬戌	十二·一 辛卯
九·十一 壬申	十·十一 壬寅	十一·十一 壬申	十二·十一 辛丑
九·二十一 壬午	十·二十一 壬子	十一·二十一 壬午	十二·二十一 辛亥

殷帝辛七年癸巳（前 1168）

一·一 辛酉	二·一 庚寅	三·一 庚申	四·一 己丑
一·十一 辛未	二·十一 庚子	三·十一 庚午	四·十一 己亥
一·二十一 辛巳	二·二十一 庚戌	三·二十一 庚辰	四·二十一 己酉
五·一 己未	六·一 戊子	七·一 戊午	八·一 丁亥
五·十一 己巳	六·十一 戊戌	七·十一 戊辰	八·十一 丁酉
五·二十一 己卯	六·二十一 戊申	七·二十一 戊寅	八·二十一 丁未
九·一 丁巳	十·一 丙戌	十一·一 丙辰 闰十一·一 乙酉	十二·一 乙卯
九·十一 丁卯	十·十一 丙申	十一·十一 丙寅 闰十一·十一 乙未	十二·十一 乙丑
九·二十一 丁丑	十·二十一 丙午	十一·二十一丙子 闰十一·二十一乙巳	十二·二十一 乙亥

殷帝辛八年甲午（前 1167）

一·一 乙酉	二·一 甲寅	三·一 甲申	四·一 癸丑
一·十一 乙未	二·十一 甲子	三·十一 甲午	四·十一 癸亥
一·二十一 乙巳	二·二十一 甲戌	三·二十一 甲辰	四·二十一 癸酉
五·一 癸未	六·一 壬子	七·一 壬午	八·一 辛亥
五·十一 癸巳	六·十一 壬戌	七·十一 壬辰	八·十一 辛酉
五·二十一 癸卯	六·二十一 壬申	七·二十一 壬寅	八·二十一 辛未
九·一 辛巳	十·一 庚戌	十一·一 庚辰	十二·一 己酉
九·十一 辛卯	十·十一 庚申	十一·十一 庚寅	十二·十一 己未
九·二十一 辛丑	十·二十一 庚午	十一·二十一 庚子	十二·二十一 己巳

殷帝辛九年乙未（前 1166）

一·一 己卯	二·一 戊申	三·一 戊寅	四·一 丁未
一·十一 己丑	二·十一 戊午	三·十一 戊子	四·十一 丁巳
一·二十一 己亥	二·二十一 戊辰	三·二十一 戊戌	四·二十一 丁卯
五·一 丁丑	六·一 丙午	七·一 丙子	八·一 丙午
五·十一 丁亥	六·十一 丙辰	七·十一 丙戌	八·十一 丙辰
五·二十一 丁酉	六·二十一 丙寅	七·二十一 丙申	八·二十一 丙寅
九·一 乙亥	十·一 乙巳	十一·一 甲戌	十二·一 甲辰
九·十一 乙酉	十·十一 乙卯	十一·十一 甲申	十二·十一 甲寅
九·二十一 乙未	十·二十一 乙丑	十一·二十一 甲午	十二·二十一 甲子

殷帝辛十年丙申(前 1165)

一·一 癸酉	二·一 癸卯	三·一 壬申	四·一 壬寅
一·十一 癸未	二·十一 癸丑	三·十一 壬午	四·十一 壬子
一·二十一 癸巳	二·二十一 癸亥	三·二十一 壬辰	四·二十一 壬戌
五·一 辛未	六·一 辛丑	七·一 庚午	八·一 庚子
五·十一 辛巳	六·十一 辛亥	七·十一 庚辰	八·十一 庚戌
五·二十一 辛卯	六·二十一 辛酉	七·二十一 庚寅	八·二十一 庚申
九·一 己巳 闰九·一 己亥	十·一 戊辰	十一·一 戊戌	十二·一 戊辰
九·十一 己卯 闰九·十一 己酉	十·十一 戊寅	十一·十一 戊申	十二·十一 戊寅
九·二十一己丑 闰九·二十一己未	十·二十一 戊子	十一·二十一 戊午	十二·二十一 戊子

殷帝辛十一年丁酉(前 1164)

一·一 丁酉	二·一 丁卯	三·一 丙申	四·一 丙寅
一·十一 丁未	二·十一 丁丑	三·十一 丙午	四·十一 丙子
一·二十一 丁巳	二·二十一 丁亥	三·二十一 丙辰	四·二十一 丙戌
五·一 乙未	六·一 乙丑	七·一 甲午	八·一 甲子
五·十一 乙巳	六·十一 乙亥	七·十一 甲辰	八·十一 甲戌
五·二十一 乙卯	六·二十一 乙酉	七·二十一 甲寅	八·二十一 甲申
九·一 癸巳	十·一 癸亥	十一·一 壬辰	十二·一 壬戌
九·十一 癸卯	十·十一 癸酉	十一·十一 壬寅	十二·十一 壬申
九·二十一 癸丑	十·二十一 癸未	十一·二十一 壬子	十二·二十一 壬午

殷帝辛十二年戊戌(前 1163)

一·一 辛卯	二·一 辛酉	三·一 庚寅	四·一 庚申
一·十一 辛丑	二·十一 辛未	三·十一 庚子	四·十一 庚午
一·二十一 辛亥	二·二十一 辛巳	三·二十一 庚戌	四·二十一 庚辰
五·一 己丑	六·一 己未	七·一 戊子	八·一 戊午
五·十一 己亥	六·十一 己巳	七·十一 戊戌	八·十一 戊辰
五·二十一 己酉	六·二十一 己卯	七·二十一 戊申	八·二十一 戊寅
九·一 戊子	十·一 丁巳	十一·一 丁亥	十二·一 丙辰
九·十一 戊戌	十·十一 丁卯	十一·十一 丁酉	十二·十一 丙寅
九·二十一 戊申	十·二十一 丁丑	十一·二十一 丁未	十二·二十一 丙子

殷帝辛十三年己亥(前 1162)

一·一 丙戌	二·一 乙卯	三·一 乙酉	四·一 甲寅
一·十一 丙申	二·十一 乙丑	三·十一 乙未	四·十一 甲子
一·二十一 丙午	二·二十一 乙亥	三·二十一 乙巳	四·二十一 甲戌
五·一 甲申	六·一 癸丑 闰六·一 癸未	七·一 癸丑	八·一 壬午
五·十一 甲午	六·十一 癸亥 闰六·十一 癸巳	七·十一 癸亥	八·十一 壬辰
五·二十一 甲辰	六·二十一癸酉 闰六·二十一癸卯	七·二十一 癸酉	八·二十一 壬寅
九·一 壬子	十·一 辛巳	十一·一 辛亥	十二·一 庚辰
九·十一 壬戌	十·十一 辛卯	十一·十一 辛酉	十二·十一 庚寅
九·二十一 壬申	十·二十一 辛丑	十一·二十一 辛未	十二·二十一 庚子

殷帝辛十四年庚子（前 1161）

一・一	庚戌	二・一	己卯	三・一	己酉	四・一	戊寅
一・十一	庚申	二・十一	己丑	三・十一	己未	四・十一	戊子
一・二十一	庚午	二・二十一	己亥	三・二十一	己巳	四・二十一	戊戌
五・一	戊申	六・一	丁丑	七・一	丁未	八・一	丙子
五・十一	戊午	六・十一	丁亥	七・十一	丁巳	八・十一	丙戌
五・二十一	戊辰	六・二十一	丁酉	七・二十一	丁卯	八・二十一	丙申
九・一	丙午	十・一	丙子	十一・一	乙巳	十二・一	乙亥
九・十一	丙辰	十・十一	丙戌	十一・十一	乙卯	十二・十一	乙酉
九・二十一	丙寅	十・二十一	丙申	十一・二十一	乙丑	十二・二十一	乙未

殷帝辛十五年辛丑（前 1160）

一・一	甲辰	二・一	甲戌	三・一	癸卯	四・一	癸酉
一・十一	甲寅	二・十一	甲申	三・十一	癸丑	四・十一	癸未
一・二十一	甲子	二・二十一	甲午	三・二十一	癸亥	四・二十一	癸巳
五・一	壬寅	六・一	壬申	七・一	辛丑	八・一	辛未
五・十一	壬子	六・十一	壬午	七・十一	辛亥	八・十一	辛巳
五・二十一	壬戌	六・二十一	壬辰	七・二十一	辛酉	八・二十一	辛卯
九・一	庚子	十・一	庚午	十一・一	己亥	十二・一	己巳
九・十一	庚戌	十・十一	庚辰	十一・十一	己酉	十二・十一	己卯
九・二十一	庚申	十・二十一	庚寅	十一・二十一	己未	十二・二十一	己丑

殷帝辛十六年壬寅（前 1159）

一・一	己亥	二・一	戊辰　闰二・一　戊戌	三・一	丁卯	四・一	丁酉
一・十一	己酉	二・十一	戊寅　闰二・十一　戊申	三・十一	丁丑	四・十一	丁未
一・二十一	己未	二・二十一	戊子　闰二・二十一　戊午	三・二十一	丁亥	四・二十一	丁巳
五・一	丙寅	六・一	丙申	七・一	乙丑	八・一	乙未
五・十	丙子	六・十一	丙午	七・十一	乙亥	八・十一	乙巳
五・二十一	丙戌	六・二十一	丙辰	七・二十一	乙酉	八・二十一	乙卯
九・一	甲子	十・一	甲午	十一・一	癸亥	十二・一	癸巳
九・十一	甲戌	十・十一	甲辰	十一・十一	癸酉	十二・十一	癸卯
九・二十一	甲申	十・二十一	甲寅	十一・二十一	癸未	十二・二十一	癸丑

殷帝辛十七年癸卯（前 1158）

一・一	壬戌	二・一	壬辰	三・一	壬戌	四・一	辛卯
一・十一	壬申	二・十一	壬寅	三・十一	壬申	四・十一	辛丑
一・二十一	壬午	二・二十一	壬子	三・二十一	壬午	四・二十一	辛亥
五・一	辛酉	六・一	庚寅	七・一	庚申	八・一	己丑
五・十一	辛未	六・十一	庚子	七・十一	庚午	八・十一	己亥
五・二十一	辛巳	六・二十一	庚戌	七・二十一	庚辰	八・二十一	己酉
九・一	己未	十・一	戊子	十一・一	戊午	十二・一	丁亥
九・十一	己巳	十・十一	戊戌	十一・十一	戊辰	十二・十一	丁酉
九・二十一	己卯	十・二十一	戊申	十一・二十一	戊寅	十二・二十一	丁未

殷帝辛十八年甲辰(前 1157)

一·一　丁巳	二·一　丙戌	三·一　丙辰	四·一　乙酉
一·十一　丁卯	二·十一　丙申	三·十一　丙寅	四·十一　乙未
一·二十一　丁丑	二·二十一　丙午	三·二十一　丙子	四·二十一　乙巳
五·一　乙卯	六·一　甲申	七·一　甲寅	八·一　癸未
五·十一　乙丑	六·十一　甲午	七·十一　甲子	八·十一　癸巳
五·二十一　乙亥	六·二十一　甲辰	七·二十一　甲戌	八·二十一　癸卯
九·一　癸丑	十·一　癸未	十一·一　壬子	十二·一　壬午
九·十一　癸亥	十·十一　癸巳	十一·十一　壬戌	十二·十一　壬辰
九·二十一　癸酉	十·二十一　癸卯	十一·二十一　壬申	十二·二十一　壬寅

殷帝辛十九年乙巳(前 1156)

一·一　辛亥	二·一　辛巳　闰二·一　庚戌	三·一　庚辰	四·一　己酉
一·十一　辛酉	二·十一　辛卯　闰二·十一　庚申	三·十一　庚寅	四·十一　己未
一·二十一　辛未	二·二十一辛丑　闰二·二十一庚午	三·二十一　庚子	四·二十一　己巳
五·一　己卯	六·一　戊申	七·一　戊寅	八·一　丁未
五·十一　己丑	六·十一　戊午	七·十一　戊子	八·十一　丁巳
五·二十一　己亥	六·二十一　戊辰	七·二十一　戊戌	八·二十一　丁卯
九·一　丁丑	十·一　丙午	十一·一　丙子	十二·一　乙巳
九·十一　丁亥	十·十一　丙辰	十一·十一　丙戌	十二·十一　乙卯
九·二十一　丁酉	十·二十一　丙寅	十一·二十一　丙申	十二·二十一　乙丑

殷帝辛二十年丙午(前 1155)

一·一　乙亥	二·一　甲辰	三·一　甲戌	四·一　甲辰
一·十一　乙酉	二·十一　甲寅	三·十一　甲申	四·十一　甲寅
一·二十一　乙未	二·二十一　甲子	三·二十一　甲午	四·二十一　甲子
五·一　癸酉	六·一　癸卯	七·一　壬申	八·一　壬寅
五·十一　癸未	六·十一　癸丑	七·十一　壬午	八·十一　壬子
五·二十一　癸巳	六·二十一　癸亥	七·二十一　壬辰	八·二十一　壬戌
九·一　辛未	十·一　辛丑	十一·一　庚午	十二·一　庚子
九·十一　辛巳	十·十一　辛亥	十一·十一　庚辰	十二·十一　庚戌
九·二十一　辛卯	十·二十一　辛酉	十一·二十一　庚寅	十二·二十一　庚申

殷帝辛二十一年丁未(前 1154)

一·一　己巳	二·一　己亥	三·一　戊辰	四·一　戊戌
一·十一　己卯	二·十一　己酉	三·十一　戊寅	四·十一　戊申
一·二十一　己丑	二·二十一　己未	三·二十一　戊子	四·二十一　戊午
五·一　戊辰	六·一　丁酉	七·一　丁卯　闰七·一　丙申	八·一　丙寅
五·十一　戊寅	六·十一　丁未	七·十一　丁丑　闰七·十一　丙午	八·十一　丙子
五·二十一　戊子	六·二十一　丁巳	七·二十一丁亥　闰七·二十一丙辰	八·二十一　丙戌
九·一　乙未	十·一　乙丑	十一·一　甲午	十二·一　甲子
九·十一　乙巳	十·十一　乙亥	十一·十一　甲辰	十二·十一　甲戌
九·二十一　乙卯	十·二十一　乙酉	十一·二十一　甲寅	十二·二十一　甲申

殷帝辛二十二年戊申(前1153)

一・一	癸巳	二・一	癸亥	三・一	壬辰	四・一	壬戌
一・十一	癸卯	二・十一	癸酉	三・十一	壬寅	四・十一	壬申
一・二十一	癸丑	二・二十一	癸未	三・二十一	壬子	四・二十一	壬午
五・一	辛卯	六・一	辛酉	七・一	庚寅	八・一	庚申
五・十一	辛丑	六・十一	辛未	七・十一	庚子	八・十一	庚午
五・二十一	辛亥	六・二十一	辛巳	七・二十一	庚戌	八・二十一	庚辰
九・一	庚寅	十・一	己未	十一・一	己丑	十二・一	戊午
九・十一	庚子	十・十一	己巳	十一・十一	己亥	十二・十一	戊辰
九・二十一	庚戌	十・二十一	己卯	十一・二十一	己酉	十二・二十一	戊寅

殷帝辛二十三年己酉(前1152)

一・一	戊子	二・一	丁巳	三・一	丁亥	四・一	丙辰
一・十一	戊戌	二・十一	丁卯	三・十一	丁酉	四・十一	丙寅
一・二十一	戊申	二・二十一	丁丑	三・二十一	丁未	四・二十一	丙子
五・一	丙戌	六・一	乙卯	七・一	乙酉	八・一	甲寅
五・十一	丙申	六・十一	乙丑	七・十一	乙未	八・十一	甲子
五・二十一	丙午	六・二十一	乙亥	七・二十一	乙巳	八・二十一	甲戌
九・一	甲申	十・一	癸丑	十一・一	癸未	十二・一	壬子
九・十一	甲午	十・十一	癸亥	十一・十一	癸巳	十二・十一	壬戌
九・二十一	甲辰	十・二十一	癸酉	十一・二十一	癸卯	十二・二十一	壬申

殷帝辛二十四年庚戌(前1151)

一・一	壬午	二・一	壬子	三・一	辛巳	四・一	辛亥	闰四・一	庚辰
一・十一	壬辰	二・十一	壬戌	三・十一	辛卯	四・十一	辛酉	闰四・十一	庚寅
一・二十一	壬寅	二・二十一	壬申	三・二十一	辛丑	四・二十一	辛未	闰四・二十一	庚子
五・一	庚戌	六・一	己卯	七・一	己酉	八・一			戊寅
五・十一	庚申	六・十一	己丑	七・十一	己未	八・十一			戊子
五・二十一	庚午	六・二十一	己亥	七・二十一	己巳	八・二十一			戊戌
九・一	戊申	十・一	丁丑	十一・一	丁未	十二・一			丙子
九・十一	戊午	十・十一	丁亥	十一・十一	丁巳	十二・十一			丙戌
九・二十一	戊辰	十・二十一	丁酉	十一・二十一	丁卯	十二・二十一			丙申

殷帝辛二十五年辛亥(前1150)

一・一	丙午	二・一	乙亥	三・一	乙巳	四・一	乙亥
一・十一	丙辰	二・十一	乙酉	三・十一	乙卯	四・十一	乙酉
一・二十一	丙寅	二・二十一	乙未	三・二十一	乙丑	四・二十一	乙未
五・一	甲辰	六・一	甲戌	七・一	癸卯	八・一	癸酉
五・十一	甲寅	六・十一	甲申	七・十一	癸丑	八・十一	癸未
五・二十一	甲子	六・二十一	甲午	七・二十一	癸亥	八・二十一	癸巳
九・一	壬寅	十・一	壬申	十一・一	辛丑	十二・一	辛未
九・十一	壬子	十・十一	壬午	十一・十一	辛亥	十二・十一	辛巳
九・二十一	壬戌	十・二十一	壬辰	十一・二十一	辛酉	十二・二十一	辛卯

殷帝辛二十六年壬子(前 1149)

一•一　庚子	二•一　庚午	三•一　己亥	四•一　己巳
一•十一　庚戌	二•十一　庚辰	三•十一　己酉	四•十一　己卯
一•二十一　庚申	二•二十一　庚寅	三•二十一　己未	四•二十一　己丑
五•一　戊戌	六•一　戊辰	七•一　戊戌	八•一　丁卯
五•十一　戊申	六•十一　戊寅	七•十一　戊申	八•十一　丁丑
五•二十一　戊午	六•二十一　戊子	七•二十一　戊午	八•二十一　丁亥
九•一　丁酉	十•一　丙寅	十一•一　丙申	十二·一　乙丑　闰十二·一　乙未
九•十一　丁未	十•十一　丙子	十一•十一　丙午	十二·十一　乙亥　闰十二·十一　乙巳
九•二十一　丁巳	十•二十一　丙戌	十一•二十一　丙辰	十二·二十一乙酉　闰十二·二十一乙卯

殷帝辛二十七年癸丑(前 1148)

一•一　甲子	二•一　甲午	三•一　癸亥	四•一　癸巳
一•十一　甲戌	二•十一　甲辰	三•十一　癸酉	四•十一　癸卯
一•二十一　甲申	二•二十一　甲寅	三•二十一　癸未	四•二十一　癸丑
五•一　壬戌	六•一　壬辰	七•一　辛酉	八•一　辛卯
五•十一　壬申	六•十一　壬寅	七•十一　辛未	八•十一　辛丑
五•二十一　壬午	六•二十一　壬子	七•二十一　辛巳	八•二十一　辛亥
九•一　辛酉	十•一　庚寅	十一•一　庚申	十二•一　己丑
九•十一　辛未	十•十一　庚子	十一•十一　庚午	十二•十一　己亥
九•二十一　辛巳	十•二十一　庚戌	十一•二十一　庚辰	十二•二十一　己酉

殷帝辛二十八年甲寅(前 1147)

一•一　己未	二•一　戊子	三•一　戊午	四•一　丁亥
一•十一　己巳	二•十一　戊戌	三•十一　戊辰	四•十一　丁酉
一•二十一　己卯	二•二十一　戊申	三•二十一　戊寅	四•二十一　丁未
五•一　丁巳	六•一　丙戌	七•一　丙辰	八•一　乙酉
五•十一　丁卯	六•十一　丙申	七•十一　丙寅	八•十一　乙未
五•二十一　丁丑	六•二十一　丙午	七•二十一　丙子	八•二十一　乙巳
九•一　乙卯	十•一　甲申	十一•一　甲寅	十二•一　癸未
九•十一　乙丑	十•十一　甲午	十一•十一　甲子	十二•十一　癸巳
九•二十一　乙亥	十•二十一　甲辰	十一•二十一　甲戌	十二•二十一　癸卯

殷帝辛二十九年乙卯(前 1146)

一•一　癸丑	二•一　壬午	三•一　壬子	四•一　壬午
一•十一　癸亥	二•十一　壬辰	三•十一　壬戌	四•十一　壬辰
一•二十一　癸酉	二•二十一　壬寅	三•二十一　壬申	四•二十一　壬寅
五•一　辛亥	六•一　辛巳	七•一　庚戌	八·一　庚辰　闰八·一　己酉
五•十一　辛酉	六•十一　辛卯	七•十一　庚申	八·十一　庚寅　闰八·十一　己未
五•二十一　辛未	六•二十一　辛丑	七•二十一　庚午	八·二十一庚子　闰八·二十一己巳
九•一　己卯	十•一　戊申	十一•一　戊寅	十二•一　丁未
九•十一　己丑	十•十一　戊午	十一•十一　戊子	十二•十一　丁巳
九•二十一　己亥	十•二十一　戊辰	十一•二十一　戊戌	十二•二十一　丁卯

殷帝辛三十年丙辰（前 1145）

一·一 丁丑	二·一 丙午	三·一 丙子	四·一 乙巳
一·十一 丁亥	二·十一 丙辰	三·十一 丙戌	四·十一 乙卯
一·二十一 丁酉	二·二十一 丙寅	三·二十一 丙申	四·二十一 乙丑
五·一 乙亥	六·一 甲辰	七·一 甲戌	八·一 甲辰
五·十一 乙酉	六·十一 甲寅	七·十一 甲申	八·十一 甲寅
五·二十一 乙未	六·二十一 甲子	七·二十一 甲午	八·二十一 甲子
九·一 癸酉	十·一 癸卯	十一·一 壬申	十二·一 壬寅
九·十一 癸未	十·十一 癸丑	十一·十一 壬午	十二·十一 壬子
九·二十一 癸巳	十·二十一 癸亥	十一·二十一 壬辰	十二·二十一 壬戌

殷帝辛三十一年丁巳（前 1144）

一·一 辛未	二·一 辛丑	三·一 庚午	四·一 庚子
一·十一 辛巳	二·十一 辛亥	三·十一 庚辰	四·十一 庚戌
一·二十一 辛卯	二·二十一 辛酉	三·二十一 庚寅	四·二十一 庚申
五·一 己巳	六·一 己亥	七·一 戊辰	八·一 戊戌
五·十一 己卯	六·十一 己酉	七·十一 戊寅	八·十一 戊申
五·二十一 己丑	六·二十一 己未	七·二十一 戊子	八·二十一 戊午
九·一 戊辰	十·一 丁酉	十一·一 丁卯	十二·一 丙申
九·十一 戊寅	十·十一 丁未	十一·十一 丁丑	十二·十一 丙午
九·二十一 戊子	十·二十一 丁巳	十一·二十一 丁亥	十二·二十一 丙辰

殷帝辛三十二年戊午（前 1143）

一·一 丙寅	二·一 乙未	三·一 乙丑	四·一 甲午
一·十一 丙子	二·十一 乙巳	三·十一 乙亥	四·十一 甲辰
一·二十一 丙戌	二·二十一 乙卯	三·二十一 乙酉	四·二十一 甲寅
五·一 甲子 闰五·一 癸巳	六·一 癸亥	七·一 壬辰	八·一 壬戌
五·十一 甲戌 闰五·十一 癸卯	六·十一 癸酉	七·十一 壬寅	八·十一 壬申
五·二十一甲申 闰五·二十一癸丑	六·二十一 癸未	七·二十一 壬子	八·二十一 壬午
九·一 壬辰	十·一 辛酉	十一·一 辛卯	十二·一 庚申
九·十一 壬寅	十·十一 辛未	十一·十一 辛丑	十二·十一 庚午
九·二十一 壬子	十·二十一 辛巳	十一·二十一 辛亥	十二·二十一 庚辰

殷帝辛三十三年己未（前 1142）

一·一 庚寅	二·一 己未	三·一 己丑	四·一 戊午
一·十一 庚子	二·十一 己巳	三·十一 己亥	四·十一 戊辰
一·二十一 庚戌	二·二十一 己卯	三·二十一 己酉	四·二十一 戊寅
五·一 戊子	六·一 丁巳	七·一 丁亥	八·一 丙辰
五·十一 戊戌	六·十一 丁卯	七·十一 丁酉	八·十一 丙寅
五·二十一 戊申	六·二十一 丁丑	七·二十一 丁未	八·二十一 丙子
九·一 丙戌	十·一 乙卯	十一·一 乙酉	十二·一 甲寅
九·十一 丙申	十·十一 乙丑	十一·十一 乙未	十二·十一 甲子
九·二十一 丙午	十·二十一 乙亥	十一·二十一 乙巳	十二·二十一 甲戌

殷帝辛三十四年庚申(前 1141)

一·一 甲申	二·一 癸丑	三·一 癸未	四·一 壬子
一·十一 甲午	二·十一 癸亥	三·十一 癸巳	四·十一 壬戌
一·二十一 甲辰	二·二十一 癸酉	三·二十一 癸卯	四·二十一 壬申
五·一 壬午	六·一 壬子	七·一 辛巳	八·一 辛亥
五·十一 壬辰	六·十一 壬戌	七·十一 辛卯	八·十一 辛酉
五·二十一 壬寅	六·二十一 壬申	七·二十一 辛丑	八·二十一 辛未
九·一 庚辰	十·一 庚戌	十一·一 己卯	十二·一 己酉
九·十一 庚寅	十·十一 庚申	十一·十一 己丑	十二·十一 己未
九·二十一 庚子	十·二十一 庚午	十一·二十一 己亥	十二·二十一 己巳

殷帝辛三十五年辛酉(前 1140)

一·一 戊寅	二·一 戊申 闰二·一 丁丑	三·一 丁未	四·一 丙子
一·十一 戊子	二·十一 戊午 闰二·十一 丁亥	三·十一 丁巳	四·十一 丙戌
一·二十一 戊戌	二·二十一 戊辰 闰二·二十一 丁酉	三·二十一 丁卯	四·二十一 丙申
五·一 丙午	六·一 乙亥	七·一 乙巳	八·一 甲戌
五·十一 丙辰	六·十一 乙酉	七·十一 乙卯	八·十一 甲申
五·二十一 丙寅	六·二十一 乙未	七·二十一 乙丑	八·二十一 甲午
九·一 甲辰	十·一 甲戌	十一·一 癸卯	十二·一 癸酉
九·十一 甲寅	十·十一 甲申	十一·十一 癸丑	十二·十一 癸未
九·二十一 甲子	十·二十一 甲午	十一·二十一 癸亥	十二·二十一 癸巳

殷帝辛三十六年壬戌(前 1139)

一·一 壬寅	二·一 壬申	三·一 辛丑	四·一 辛未
一·十一 壬子	二·十一 壬午	三·十一 辛亥	四·十一 辛巳
一·二十一 壬戌	二·二十一 壬辰	三·二十一 辛酉	四·二十一 辛卯
五·一 庚子	六·一 庚午	七·一 己亥	八·一 己巳
五·十一 庚戌	六·十一 庚辰	七·十一 己酉	八·十一 己卯
五·二十一 庚申	六·二十一 庚寅	七·二十一 己未	八·二十一 己丑
九·一 戊戌	十·一 戊辰	十一·一 丁酉	十二·一 丁卯
九·十一 戊申	十·十一 戊寅	十一·十一 丁未	十二·十一 丁丑
九·二十一 戊午	十·二十一 戊子	十一·二十一 丁巳	十二·二十一 丁亥

殷帝辛三十七年癸亥(前 1138)

一·一 丁酉	二·一 丙寅	三·一 丙申	四·一 乙丑
一·十一 丁未	二·十一 丙子	三·十一 丙午	四·十一 乙亥
一·二十一 丁巳	二·二十一 丙戌	三·二十一 丙辰	四·二十一 乙酉
五·一 乙未	六·一 甲子	七·一 甲午	八·一 癸亥
五·十一 乙巳	六·十一 甲戌	七·十一 甲辰	八·十一 癸酉
五·二十一 乙卯	六·二十一 甲申	七·二十一 甲寅	八·二十一 癸未
九·一 癸巳	十·一 壬戌 闰十·一 壬辰	十一·一 辛酉	十二·一 辛卯
九·十一 癸卯	十·十一 壬申 闰十·十一 壬寅	十一·十一 辛未	十二·十一 辛丑
九·二十一 癸丑	十·二十一 壬午 闰十·二十一 壬子	十一·二十一 辛巳	十二·二十一 辛亥

殷帝辛三十八年甲子(前1137)

月·日	干支	月·日	干支	月·日	干支	月·日	干支
一·一	庚申	二·一	庚寅	三·一	己未	四·一	己丑
一·十一	庚午	二·十一	庚子	三·十一	己巳	四·十一	己亥
一·二十一	庚辰	二·二十一	庚戌	三·二十一	己卯	四·二十一	己酉
五·一	戊午	六·一	戊子	七·一	丁巳	八·一	丁亥
五·十一	戊辰	六·十一	戊戌	七·十一	丁卯	八·十一	丁酉
五·二十一	戊寅	六·二十一	戊申	七·二十一	丁丑	八·二十一	丁未
九·一	丙辰	十·一	丙戌	十一·一	乙卯	十二·一	乙酉
九·十一	丙寅	十·十一	丙申	十一·十一	乙丑	十二·十一	乙未
九·二十一	丙子	十·二十一	丙午	十一·二十一	乙亥	十二·二十一	乙巳

殷帝辛三十九年乙丑(前1136)

月·日	干支	月·日	干支	月·日	干支	月·日	干支
一·一	甲寅	二·一	甲申	三·一	癸丑	四·一	癸未
一·十一	甲子	二·十一	甲午	三·十一	癸亥	四·十一	癸巳
一·二十一	甲戌	二·二十一	甲辰	三·二十一	癸酉	四·二十一	癸卯
五·一	壬子	六·一	壬午	七·一	辛亥	八·一	辛巳
五·十一	壬戌	六·十一	壬辰	七·十一	辛酉	八·十一	辛卯
五·二十一	壬申	六·二十一	壬寅	七·二十一	辛未	八·二十一	辛丑
九·一	辛亥	*十·一	庚辰	十一·一	庚戌	十二·一	己卯
九·十一	辛酉	十·十一	庚寅	十一·十一	庚申	十二·十一	己丑
九·二十一	辛未	十·二十一	庚子	十一·二十一	庚午	十二·二十一	己亥

*《总谱》十月庚戌、十一月庚辰朔,误。

殷帝辛四十年丙寅(前1135)

月·日	干支	月·日	干支	月·日	干支	月·日	干支
一·一	己酉	二·一	戊寅	三·一	戊申	四·一	丁丑
一·十一	己未	二·十一	戊子	三·十一	戊午	四·十一	丁亥
一·二十一	己巳	二·二十一	戊戌	三·二十一	戊辰	四·二十一	丁酉
五·一	丁未	六·一	丙子	七·一 丙午 闰七·一	乙亥	八·一	乙巳
五·十一	丁巳	六·十一	丙戌	七·十一 丙辰 闰七·十一	乙酉	八·十一	乙卯
五·二十一	丁卯	六·二十一	丙申	七·二十一丙寅 闰七·二十一	乙未	八·二十一	乙丑
九·一	甲戌	十·一	甲辰	十一·一	甲戌	十二·一	癸卯
九·十一	甲申	十·十一	甲寅	十一·十一	甲申	十二·十一	癸丑
九·二十一	甲午	十·二十一	甲子	十一·二十一	甲午	十二·二十一	癸亥

殷帝辛四十一年丁卯(前1134)

月·日	干支	月·日	干支	月·日	干支	月·日	干支
一·一	癸酉	二·一	壬寅	三·一	壬申	四·一	辛丑
一·十一	癸未	二·十一	壬子	三·十一	壬午	四·十一	辛亥
一·二十一	癸巳	二·二十一	壬戌	三·二十一	壬辰	四·二十一	辛酉
五·一	辛未	六·一	庚子	七·一	庚午	八·一	己亥
五·十一	辛巳	六·十一	庚戌	七·十一	庚辰	八·十一	己酉
五·二十一	辛卯	六·二十一	庚申	七·二十一	庚寅	八·二十一	己未
九·一	己巳	十·一	戊戌	十一·一	戊辰	十二·一	丁酉
九·十一	己卯	十·十一	戊申	十一·十一	戊寅	十二·十一	丁未
九·二十一	己丑	十·二十一	戊午	十一·二十一	戊子	十二·二十一	丁巳

殷帝辛四十二年戊辰（前 1133）

一·一	丁卯	二·一	丙申	三·一	丙寅	四·一	丙申
一·十一	丁丑	二·十一	丙午	三·十一	丙子	四·十一	丙午
一·二十一	丁亥	二·二十一	丙辰	三·二十一	丙戌	四·二十一	丙辰
五·一	乙丑	六·一	乙未	七·一	甲子	八·一	甲午
五·十一	乙亥	六·十一	乙巳	七·十一	甲戌	八·十一	甲辰
五·二十一	乙酉	六·二十一	乙卯	七·二十一	甲申	八·二十一	甲寅
九·一	癸亥	十·一	癸巳	十一·一	壬戌	十二·一	壬辰
九·十一	癸酉	十·十一	癸卯	十一·十一	壬申	十二·十一	壬寅
九·二十一	癸未	十·二十一	癸丑	十一·二十一	壬午	十二·二十一	壬子

殷帝辛四十三年己巳（前 1132）

一·一	辛酉	二·一	辛卯	三·一 庚申	闰三·一 庚寅	四·一	己未
一·十一	辛未	二·十一	辛丑	三·十一 庚午	闰三·十一 庚子	四·十一	己巳
一·二十一	辛巳	二·二十一	辛亥	三·二十一庚辰	闰三·二十一庚戌	四·二十一	己卯
五·一	己丑	六·一	己未	七·一	戊子	八·一	戊午
五·十一	己亥	六·十一	己巳	七·十一	戊戌	八·十一	戊辰
五·二十一	己酉	六·二十一	己卯	七·二十一	戊申	八·二十一	戊寅
九·一	丁亥	十·一	丁巳	十一·一	丙戌	十二·一	丙辰
九·十一	丁酉	十·十一	丁卯	十一·十一	丙申	十二·十一	丙寅
九·二十一	丁未	十·二十一	丁丑	十一·二十一	丙午	十二·二十一	丙子

殷帝辛四十四年庚午（前 1131）

一·一	乙酉	二·一	乙卯	三·一	甲申	四·一	甲寅
一·十一	乙未	二·十一	乙丑	三·十一	甲午	四·十一	甲子
一·二十一	乙巳	二·二十一	乙亥	三·二十一	甲辰	四·二十一	甲戌
五·一	癸未	六·一	癸丑	七·一	壬午	八·一	壬子
五·十一	癸巳	六·十一	癸亥	七·十一	壬辰	八·十一	壬戌
五·二十一	癸卯	六·二十一	癸酉	七·二十一	壬寅	八·二十一	壬申
九·一	辛巳	十·一	辛亥	十一·一	辛巳	十二·一	庚戌
九·十一	辛卯	十·十一	辛酉	十一·十一	辛卯	十二·十一	庚申
九·二十一	辛丑	十·二十一	辛未	十一·二十一	辛丑	十二·二十一	庚午

殷帝辛四十五年辛未（前 1130）

一·一	庚辰	二·一	己酉	三·一	己卯	四·一	戊申
一·十一	庚寅	二·十一	己未	三·十一	己丑	四·十一	戊午
一·二十一	庚子	二·二十一	己巳	三·二十一	己亥	四·二十一	戊辰
五·一	戊寅	六·一	丁未	七·一	丁丑	八·一	丙午
五·十一	戊子	六·十一	丁巳	七·十一	丁亥	八·十一	丙辰
五·二十一	戊戌	六·二十一	丁卯	七·二十一	丁酉	八·二十一	丙寅
九·一	丙子	十·一	乙巳	十一·一	乙亥	十二·一 甲辰	闰十二·一 甲戌
九·十一	丙戌	十·十一	乙卯	十一·十一	乙酉	十二·十一 甲寅	闰十二·十一 甲申
九·二十一	丙申	十·二十一	乙丑	十一·二十一	乙未	十二·二十一甲子	闰十二·二十一甲午

殷帝辛四十六年壬申（前 1129）

一・一 癸卯	二・一 癸酉	三・一 癸卯	四・一 壬申
一・十一 癸丑	二・十一 癸未	三・十一 癸丑	四・十一 壬午
一・二十一 癸亥	二・二十一 癸巳	三・二十一 癸亥	四・二十一 壬辰
五・一 壬寅	六・一 辛未	七・一 辛丑	八・一 庚午
五・十一 壬子	六・十一 辛巳	七・十一 辛亥	八・十一 庚辰
五・二十一 壬戌	六・二十一 辛卯	七・二十一 辛酉	八・二十一 庚寅
九・一 庚子	十・一 己巳	十一・一 己亥	十二・一 戊辰
九・十一 庚戌	十・十一 己卯	十一・十一 己酉	十二・十一 戊寅
九・二十一 庚申	十・二十一 己丑	十一・二十一 己未	十二・二十一 戊子

殷帝辛四十七年癸酉（前 1128）

一・一 戊戌	二・一 丁卯	三・一 丁酉	四・一 丙寅
一・十一 戊申	二・十一 丁丑	三・十一 丁未	四・十一 丙子
一・二十一 戊午	二・二十一 丁亥	三・二十一 丁巳	四・二十一 丙戌
五・一 丙申	六・一 丙寅	七・一 乙未	八・一 乙丑
五・十一 丙午	六・十一 丙子	七・十一 乙巳	八・十一 乙亥
五・二十一 丙辰	六・二十一 丙戌	七・二十一 乙卯	八・二十一 乙酉
九・一 甲午	十・一 甲子	十一・一 癸巳	十二・一 癸亥
九・十一 甲辰	十・十一 甲戌	十一・十一 癸卯	十二・十一 癸酉
九・二十一 甲寅	十・二十一 甲申	十一・二十一 癸丑	十二・二十一 癸未

殷帝辛四十八年甲戌（前 1127）

一・一 壬辰	二・一 壬戌	三・一 辛卯	四・一 辛酉
一・十一 壬寅	二・十一 壬申	三・十一 辛丑	四・十一 辛未
一・二十一 壬子	二・二十一 壬午	三・二十一 辛亥	四・二十一 辛巳
五・一 庚寅	六・一 庚申	七・一 己丑	八・一 己未 闰八・一 戊子
五・十一 庚子	六・十一 庚午	七・十一 己亥	八・十一 己巳 闰八・十一 戊戌
五・二十一 庚戌	六・二十一 庚辰	七・二十一 己酉	八・二十一己卯 闰八・二十一戊申
九・一 戊午	十・一 戊子	十一・一 丁巳	十二・一 丁亥
九・十一 戊辰	十・十一 戊戌	十一・十一 丁卯	十二・十一 丁酉
九・二十一 戊寅	十・二十一 戊申	十一・二十一 丁丑	十二・二十一 丁未

殷帝辛四十九年乙亥（前 1126）

一・一 丙辰	二・一 丙戌	三・一 乙卯	四・一 乙酉
一・十一 丙寅	二・十一 丙申	三・十一 乙丑	四・十一 乙未
一・二十一 丙子	二・二十一 丙午	三・二十一 乙亥	四・二十一 乙巳
五・一 甲寅	六・一 甲申	七・一 癸丑	八・一 癸未
五・十一 甲子	六・十一 甲午	七・十一 癸亥	八・十一 癸巳
五・二十一 甲戌	六・二十一 甲辰	七・二十一 癸酉	八・二十一 癸卯
九・一 壬子	十・一 壬午	十一・一 辛亥	十二・一 辛巳
九・十一 壬戌	十・十一 壬辰	十一・十一 辛酉	十二・十一 辛卯
九・二十一 壬申	十・二十一 壬寅	十一・二十一 辛未	十二・二十一 辛丑

殷帝辛五十年丙子（前 1125）

一·一	辛亥	二·一	庚辰	三·一	庚戌	四·一	己卯
一·十一	辛酉	二·十一	庚寅	三·十一	庚申	四·十一	己丑
一·二十一	辛未	二·二十一	庚子	三·二十一	庚午	四·二十一	己亥
五·一	己酉	六·一	戊寅	七·一	戊申	八·一	丁丑
五·十一	己未	六·十一	戊子	七·十一	戊午	八·十一	丁亥
五·二十一	己巳	六·二十一	戊戌	七·二十一	戊辰	八·二十一	丁酉
九·一	丁未	十·一	丙子	十一·一	丙午	十二·一	乙亥
九·十一	丁巳	十·十一	丙戌	十一·十一	丙辰	十二·十一	乙酉
九·二十一	丁卯	十·二十一	丙申	十一·二十一	丙寅	十二·二十一	乙未

殷帝辛五十一年丁丑（前 1124）

一·一	乙巳	二·一	甲戌	三·一	甲辰	四·一	癸酉
一·十一	乙卯	二·十一	甲申	三·十一	甲寅	四·十一	癸未
一·二十一	乙丑	二·二十一	甲午	三·二十一	甲子	四·二十一	癸巳
五·一 癸卯	闰五·一 癸酉	六·一	壬寅	七·一	壬申	八·一	辛丑
五·十一 癸丑	闰五·十一 癸未	六·十一	壬子	七·十一	壬午	八·十一	辛亥
五·二十一癸亥	闰五·二十一癸巳	六·二十一	壬戌	七·二十一	壬辰	八·二十一	辛酉
九·一	辛未	十·一	庚子	十一·一	庚午	十二·一	己亥
九·十一	辛巳	十·十一	庚戌	十一·十一	庚辰	十二·十一	己酉
九·二十一	辛卯	十·二十一	庚申	十一·二十一	庚寅	十二·二十一	己未

殷帝辛五十二年戊寅（前 1123）

一·一	己巳	二·一	戊戌	三·一	戊辰	四·一	丁酉
一·十一	己卯	二·十一	戊申	三·十一	戊寅	四·十一	丁未
一·二十一	己丑	二·二十一	戊午	三·二十一	戊子	四·二十一	丁巳
五·一	丁卯	六·一	丙申	七·一	丙寅	八·一	乙未
五·十一	丁丑	六·十一	丙午	七·十一	丙子	八·十一	乙巳
五·二十一	丁亥	六·二十一	丙辰	七·二十一	丙戌	八·二十一	乙卯
九·一	乙丑	十·一	乙未	十一·一	甲子	十二·一	甲午
九·十一	乙亥	十·十一	乙巳	十一·十一	甲戌	十二·十一	甲辰
九·二十一	乙酉	十·二十一	乙卯	十一·二十一	甲申	十二·二十一	甲寅

殷帝辛五十三年己卯（前 1122）

一·一	癸亥	二·一	癸巳	三·一	壬戌	四·一	壬辰
一·十一	癸酉	二·十一	癸卯	三·十一	壬申	四·十一	壬寅
一·二十一	癸未	二·二十一	癸丑	三·二十一	壬午	四·二十一	壬子
五·一	辛酉	六·一	辛卯	七·一	庚申	八·一	庚寅
五·十一	辛未	六·十一	辛丑	七·十一	庚午	八·十一	庚子
五·二十一	辛巳	六·二十一	辛亥	七·二十一	庚辰	八·二十一	庚戌
九·一	己未	十·一	己丑	十一·一	戊午	十二·一 戊子	闰十二·一 丁巳
九·十一	己巳	十·十一	己亥	十一·十一	戊辰	十二·十一 戊戌	闰十二·十一 丁卯
九·二十一	己卯	十·二十一	己酉	十一·二十一	戊寅	十二·二十一戊申	闰十二·二十一丁丑

殷帝辛五十四年庚辰（前 1121）

一·一	丁亥	二·一	丙辰	三·一	丙戌	四·一	丙辰
一·十一	丁酉	二·十一	丙寅	三·十一	丙申	四·十一	丙寅
一·二十一	丁未	二·二十一	丙子	三·二十一	丙午	四·二十一	丙子
五·一	乙酉	六·一	乙卯	七·一	甲申	八·一	甲寅
五·十一	乙未	六·十一	乙丑	七·十一	甲午	八·十一	甲子
五·二十一	乙巳	六·二十一	乙亥	七·二十一	甲辰	八·二十一	甲戌
九·一	癸未	十·一	癸丑	十一·一	壬午	十二·一	壬子
九·十一	癸巳	十·十一	癸亥	十一·十一	壬辰	十二·十一	壬戌
九·二十一	癸卯	十·二十一	癸酉	十一·二十一	壬寅	十二·二十一	壬申

殷帝辛五十五年辛巳（前 1120）

一·一	壬午	二·一	辛亥	三·一	辛巳	四·一	庚戌
一·十一	壬辰	二·十一	辛酉	三·十一	辛卯	四·十一	庚申
一·二十一	壬寅	二·二十一	辛未	三·二十一	辛丑	四·二十一	庚午
五·一　庚辰	闰五·一　己酉	六·一	己卯	七·一	戊申	八·一	戊寅
五·十一　庚寅	闰五·十一　己未	六·十一	己丑	七·十一	戊午	八·十一	戊子
五·二十一　庚子	闰五·二十一　己巳	六·二十一	己亥	七·二十一	戊辰	八·二十一	戊戌
九·一	丁未	十·一	丁丑	十一·一	丙午	十二·一	丙子
九·十一	丁巳	十·十一	丁亥	十一·十一	丙辰	十二·十一	丙戌
九·二十一	丁卯	十·二十一	丁酉	十一·二十一	丙寅	十二·二十一	丙申

殷帝辛五十六年壬午（前 1119）

一·一	乙巳	二·一	乙亥	三·一	乙巳	四·一	甲戌
一·十一	乙卯	二·十一	乙酉	三·十一	乙卯	四·十一	甲申
一·二十一	乙丑	二·二十一	乙未	三·二十一	乙丑	四·二十一	甲午
五·一	甲辰	六·一	癸酉	七·一	癸卯	八·一	壬申
五·十一	甲寅	六·十一	癸未	七·十一	癸丑	八·十一	壬午
五·二十一	甲子	六·二十一	癸巳	七·二十一	癸亥	八·二十一	壬辰
九·一	壬寅	十·一	辛未	十一·一	辛丑	十二·一	庚午
九·十一	壬子	十·十一	辛巳	十一·十一	辛亥	十二·十一	庚辰
九·二十一	壬戌	十·二十一	辛卯	十一·二十一	辛酉	十二·二十一	庚寅

殷帝辛五十七年癸未（前 1118）

一·一	庚子	二·一	己巳	三·一	己亥	四·一	戊辰
一·十一	庚戌	二·十一	己卯	三·十一	己酉	四·十一	戊寅
一·二十一	庚申	二·二十一	己丑	三·二十一	己未	四·二十一	戊子
五·一	戊戌	六·一	戊辰	七·一	丁酉	八·一	丁卯
五·十一	戊申	六·十一	戊寅	七·十一	丁未	八·十一	丁丑
五·二十一	戊午	六·二十一	戊子	七·二十一	丁巳	八·二十一	丁亥
九·一	丙申	十·一	丙寅	十一·一	乙未	十二·一	乙丑
九·十一	丙午	十·十一	丙子	十一·十一	乙巳	十二·十一	乙亥
九·二十一	丙辰	十·二十一	丙戌	十一·二十一	乙卯	十二·二十一	乙酉

殷帝辛五十八年甲申（前1117）

一·一 甲午 闰一·一 甲子 一·十一 甲辰 闰一·十一 甲戌 一·二十一甲寅 闰一·二十一甲申	二·一 癸巳 二·十一 癸卯 二·二十一 癸丑	三·一 癸亥 三·十一 癸酉 三·二十一 癸未	四·一 壬辰 四·十一 壬寅 四·二十一 壬子
五·一 壬戌 五·十一 壬申 五·二十一 壬午	六·一 辛卯 六·十一 辛丑 六·二十一 辛亥	七·一 辛酉 七·十一 辛未 七·二十一 辛巳	八·一 庚寅 八·十一 庚子 八·二十一 庚戌
九·一 庚申 九·十一 庚午 九·二十一 庚辰	十·一 庚寅 十·十一 庚子 十·二十一 庚戌	十一·一 己未 十一·十一 己巳 十一·二十一 己卯	十二·一 己丑 十二·十一 己亥 十二·二十一 己酉

殷帝辛五十九年乙酉（前1116）

一·一 戊午 一·十一 戊辰 一·二十一 戊寅	二·一 戊子 二·十一 戊戌 二·二十一 戊申	三·一 丁巳 三·十一 丁卯 三·二十一 丁丑	四·一 丁亥 四·十一 丁酉 四·二十一 丁未
五·一 丙辰 五·十一 丙寅 五·二十一 丙子	六·一 丙戌 六·十一 丙申 六·二十一 丙午	七·一 乙卯 七·十一 乙丑 七·二十一 乙亥	八·一 乙酉 八·十一 乙未 八·二十一 乙巳
九·一 甲寅 九·十一 甲子 九·二十一 甲戌	十·一 甲申 十·十一 甲午 十·二十一 甲辰	十一·一 癸丑 十一·十一 癸亥 十一·二十一 癸酉	十二·一 癸未 十二·十一 癸巳 十二·二十一 癸卯

殷帝辛六十年丙戌（前1115）

一·一 壬子 一·十一 壬戌 一·二十一 壬申	二·一 壬午 二·十一 壬辰 二·二十一 壬寅	三·一 壬子 三·十一 壬戌 三·二十一 壬申	四·一 辛巳 四·十一 辛卯 四·二十一 辛丑
五·一 辛亥 五·十一 辛酉 五·二十一 辛未	六·一 庚辰 六·十一 庚寅 六·二十一 庚子	七·一 庚戌 七·十一 庚申 七·二十一 庚午	八·一 己卯 八·十一 己丑 八·二十一 己亥
九·一 己酉 闰九·一 戊寅 九·十一 己未 闰九·十一 戊子 九·二十一己巳 闰九·二十一戊戌	十·一 戊申 十·十一 戊午 十·二十一 戊辰	十一·一 丁丑 十一·十一 丁亥 十一·二十一 丁酉	十二·一 丁未 十二·十一 丁巳 十二·二十一 丁卯

殷帝辛六十一年丁亥（前1114）

一·一 丙子 一·十一 丙戌 一·二十一 丙申	二·一 丙午 二·十一 丙辰 二·二十一 丙寅	三·一 乙亥 三·十一 乙酉 三·二十一 乙未	四·一 乙巳 四·十一 乙卯 四·二十一 乙丑
五·一 乙亥 五·十一 乙酉 五·二十一 乙未	六·一 甲辰 六·十一 甲寅 六·二十一 甲子	七·一 甲戌 七·十一 甲申 七·二十一 甲午	八·一 癸卯 八·十一 癸丑 八·二十一 癸亥
九·一 癸酉 九·十一 癸未 九·二十一 癸巳	十·一 壬寅 十·十一 壬子 十·二十一 壬戌	十一·一 壬申 十一·十一 壬午 十一·二十一 壬辰	十二·一 辛丑 十二·十一 辛亥 十二·二十一 辛酉

殷帝辛六十二年戊子（前 1113）

一•一　辛未	二•一　庚子	三•一　庚午	四•一　己亥
一•十一　辛巳	二•十一　庚戌	三•十一　庚辰	四•十一　己酉
一•二十一　辛卯	二•二十一　庚申	三•二十一　庚寅	四•二十一　己未
五•一　己巳	六•一　戊戌	七•一　戊辰	八•一　丁酉
五•十一　己卯	六•十一　戊申	七•十一　戊寅	八•十一　丁未
五•二十一　己丑	六•二十一　戊午	七•二十一　戊子	八•二十一　丁巳
九•一　丁卯	十•一　丁酉	十一•一　丙寅	十二•一　丙申
九•十一　丁丑	十•十一　丁未	十一•十一　丙子	十二•十一　丙午
九•二十一　丁亥	十•二十一　丁巳	十一•二十一　丙戌	十二•二十一　丙辰

殷帝辛六十三年己丑（前 1112）

一•一　乙丑	二•一　乙未	三•一　乙丑	四•一　甲午
一•十一　乙亥	二•十一　乙巳	三•十一　乙亥	四•十一　甲辰
一•二十一　乙酉	二•二十一　乙卯	三•二十一　乙酉	四•二十一　甲寅
五•一　甲子	六•一　癸巳　闰六•一　癸亥	七•一　壬辰	八•一　壬戌
五•十一　甲戌	六•十一　癸卯　闰六•十一　癸酉	七•十一　壬寅	八•十一　壬申
五•二十一　甲申	六•二十一癸丑　闰六•二十一癸未	七•二十一　壬子	八•二十一　壬午
九•一　辛卯	十•一　辛酉	十一•一　庚寅	
九•十一　辛丑	十•十一　辛未	十一•十一　庚子	
九•二十一　辛亥	十•二十一　辛巳	十一•二十一　庚戌	

共和元年前西周历日表

周武王元年庚寅（前 1111）

*一•一　庚申	二•一　庚寅	三•一　己未	四•一　己丑
一•十一　庚午	二•十一　庚子	三•十一　己巳	四•十一　己亥
一•二十一　庚辰	二•二十一　庚戌	三•二十一　己卯	四•二十一　己酉
五•一　戊午	六•一　戊子	七•一　丁巳	八•一　丁亥
五•十一　戊辰	六•十一　戊戌	七•十一　丁卯	八•十一　丁酉
五•二十一　戊寅	六•二十一　戊申	七•二十一　丁丑	八•二十一　丁未
九•一　丙辰	十•一　丙戌	十一•一　乙卯	十二•一　乙酉
九•十一　丙寅	十•十一　丙申	十一•十一　乙丑	十二•十一　乙未
九•二十一　丙子	十•二十一　丙午	十一•二十一　乙亥	十二•二十一　乙巳

＊此据《总谱》，下同。按本年为殷帝辛六十四年，亦即周武王克殷元年、在位十一年，本用殷正，殷亡后用周正，见董作宾《西周年历谱》。

周武王二年辛卯（前 1110）

一•一　甲寅	二•一　甲申	三•一　癸丑	四•一　癸未
一•十一　甲子	二•十一　甲午	三•十一　癸亥	四•十一　癸巳
一•二十一　甲戌	二•二十一　甲辰	三•二十一　癸酉	四•二十一　癸卯
五•一　壬子	六•一　壬午	七•一　辛亥	八•一　辛巳
五•十一　壬戌	六•十一　壬辰	七•十一　辛酉	八•十一　辛卯
五•二十一　壬申	六•二十一　壬寅	七•二十一　辛未	八•二十一　辛丑
九•一　庚戌	十•一　庚辰	十一•一　己酉	十二•一　己卯
九•十一　庚申	十•十一　庚寅	十一•十一　己未	十二•十一　己丑
九•二十一　庚午	十•二十一　庚子	十一•二十一　己巳	十二•二十一　己亥

周武王三年壬辰(前1109)

一·一 戊申 一·十一 戊午 一·二十一 戊辰	二·一 戊寅 二·十一 戊子 二·二十一 戊戌	三·一 丁未 闰三·一 丁丑 三·十一 丁巳 闰三·十一 丁亥 三·二十一丁卯 闰三·二十一丁酉	四·一 丙午 四·十一 丙辰 四·二十一 丙寅
五·一 丙子 五·十一 丙戌 五·二十一 丙申	六·一 乙巳 六·十一 乙卯 六·二十一 乙丑	七·一 乙亥 七·十一 乙酉 七·二十一 乙未	八·一 甲辰 八·十一 甲寅 八·二十一 甲子
九·一 甲戌 九·十一 甲申 九·二十一 甲午	十·一 甲辰 十·十一 甲寅 十·二十一 甲子	十一·一 癸酉 十一·十一 癸未 十一·二十一 癸巳	十二·一 癸卯 十二·十一 癸丑 十二·二十一 癸亥

周武王四年癸巳(前1108)

一·一 壬申 一·十一 壬午 一·二十一 壬辰	二·一 壬寅 二·十一 壬子 二·二十一 壬戌	三·一 辛未 三·十一 辛巳 三·二十一 辛卯	四·一 辛丑 四·十一 辛亥 四·二十一 辛酉
五·一 庚午 五·十一 庚辰 五·二十一 庚寅	六·一 庚子 六·十一 庚戌 六·二十一 庚申	七·一 己巳 七·十一 己卯 七·二十一 己丑	八·一 己亥 八·十一 己酉 八·二十一 己未
九·一 戊辰 九·十一 戊寅 九·二十一 戊子	十·一 戊戌 十·十一 戊申 十·二十一 戊午	十一·一 丁卯 十一·十一 丁丑 十一·二十一 丁亥	十二·一 丁酉 十二·十一 丁未 十二·二十一 丁巳

周武王五年甲午(前1107)

一·一 丁卯 一·十一 丁丑 一·二十一 丁亥	二·一 丙申 二·十一 丙午 二·二十一 丙辰	三·一 丙寅 三·十一 丙子 三·二十一 丙戌	四·一 乙未 四·十一 乙巳 四·二十一 乙卯
五·一 乙丑 五·十一 乙亥 五·二十一 乙酉	六·一 甲午 六·十一 甲辰 六·二十一 甲寅	七·一 甲子 七·十一 甲戌 七·二十一 甲申	八·一 癸巳 八·十一 癸卯 八·二十一 癸丑
九·一 癸亥 九·十一 癸酉 九·二十一 癸未	十·一 壬辰 十·十一 壬寅 十·二十一 壬子	十一·一 壬戌 十一·十一 壬申 十一·二十一 壬午	十二·一 辛卯 闰十二·一 辛酉 十二·十一 辛丑 闰十二·十一 辛未 十二·二十一辛亥 闰十二·二十一辛巳

周武王六年乙未(前1106)

一·一 庚寅 一·十一 庚子 一·二十一 庚戌	二·一 庚申 二·十一 庚午 二·二十一 庚辰	三·一 己丑 三·十一 己亥 三·二十一 己酉	四·一 己未 四·十一 己巳 四·二十一 己卯
五·一 己丑 五·十一 己亥 五·二十一 己酉	六·一 戊午 六·十一 戊辰 六·二十一 戊寅	七·一 戊子 七·十一 戊戌 七·二十一 戊申	八·一 丁巳 八·十一 丁卯 八·二十一 丁丑
九·一 丁亥 九·十一 丁酉 九·二十一 丁未	十·一 丙辰 十·十一 丙寅 十·二十一 丙子	十一·一 丙戌 十一·十一 丙申 十一·二十一 丙午	十二·一 乙卯 十二·十一 乙丑 十二·二十一 乙亥

周武王七年丙申（前 1105）

一・一	乙酉	二・一	甲寅	三・一	甲申	四・一	癸丑
一・十一	乙未	二・十一	甲子	三・十一	甲午	四・十一	癸亥
一・二十一	乙巳	二・二十一	甲戌	三・二十一	甲辰	四・二十一	癸酉
五・一	癸未	六・一	癸丑	七・一	壬午	八・一	壬子
五・十一	癸巳	六・十一	癸亥	七・十一	壬辰	八・十一	壬戌
五・二十一	癸卯	六・二十一	癸酉	七・二十一	壬寅	八・二十一	壬申
九・一	辛巳	十・一	辛亥	十一・一	庚辰	十二・一	庚戌
九・十一	辛卯	十・十一	辛酉	十一・十一	庚寅	十二・十一	庚申
九・二十一	辛丑	十・二十一	辛未	十一・二十一	庚子	十二・二十一	庚午

周成王元年丁酉（前 1104）

一・一	己卯	二・一	己酉	三・一	戊寅	四・一	戊申
一・十一	己丑	二・十一	己未	三・十一	戊子	四・十一	戊午
一・二十一	己亥	二・二十一	己巳	三・二十一	戊戌	四・二十一	戊辰
五・一	丁丑	六・一	丁未	七・一	丙子	八・一	丙午
五・十一	丁亥	六・十一	丁巳	七・十一	丙戌	八・十一	丙辰
五・二十一	丁酉	六・二十一	丁卯	七・二十一	丙申	八・二十一	丙寅
九・一　乙亥　闰九・一	乙巳	十・一	乙亥	十一・一	甲辰	十二・一	甲戌
九・十一　乙酉　闰九・十一	乙卯	十・十一	乙酉	十一・十一	甲寅	十二・十一	甲申
九・二十一乙未　闰九・二十一	乙丑	十・二十一	乙未	十一・二十一	甲子	十二・二十一	甲午

周成王二年戊戌（前 1103）

一・一	癸卯	二・一	癸酉	三・一	壬寅	四・一	壬申
一・十一	癸丑	二・十一	癸未	三・十一	壬子	四・十一	壬午
一・二十一	癸亥	二・二十一	癸巳	三・二十一	壬戌	四・二十一	壬辰
五・一	辛丑	六・一	辛未	七・一	庚子	八・一	庚午
五・十一	辛亥	六・十一	辛巳	七・十一	庚戌	八・十一	庚辰
五・二十一	辛酉	六・二十一	辛卯	七・二十一	庚申	八・二十一	庚寅
九・一	己亥	十・一	己巳	十一・一	戊戌	十二・一	戊辰
九・十一	己酉	十・十一	己卯	十一・十一	戊申	十二・十一	戊寅
九・二十一	己未	十・二十一	己丑	十一・二十一	戊午	十二・二十一	戊子

周成王三年己亥（前 1102）

一・一	丁酉	二・一	丁卯	三・一	丙申	四・一	丙寅
一・十一	丁未	二・十一	丁丑	三・十一	丙午	四・十一	丙子
一・二十一	丁巳	二・二十一	丁亥	三・二十一	丙辰	四・二十一	丙戌
五・一	丙申	六・一	乙丑	七・一	乙未	八・一	甲子
五・十一	丙午	六・十一	乙亥	七・十一	乙巳	八・十一	甲戌
五・二十一	丙辰	六・二十一	乙酉	七・二十一	乙卯	八・二十一	甲申
九・一	甲午	十・一	癸亥	十一・一	癸巳	十二・一	壬戌
九・十一	甲辰	十・十一	癸酉	十一・十一	癸卯	十二・十一	壬申
九・二十一	甲寅	十・二十一	癸未	十一・二十一	癸丑	十二・二十一	壬午

周成王四年庚子（前 1101）

一・一　壬辰	二・一　辛酉	三・一　辛卯	四・一　庚申
一・十一　壬寅	二・十一　辛未	三・十一　辛丑	四・十一　庚午
一・二十一　壬子	二・二十一　辛巳	三・二十一　辛亥	四・二十一　庚辰
五・一　庚寅　闰五・一　己未	六・一　己丑	七・一　己未	八・一　戊子
五・十一　庚子　闰五・十一　己巳	六・十一　己亥	七・十一　己巳	八・十一　戊戌
五・二十一庚戌　闰五・二十一己卯	六・二十一　己酉	七・二十一　己卯	八・二十一　戊申
九・一　戊午	十・一　丁亥	十一・一　丁巳	十二・一　丙戌
九・十一　戊辰	十・十一　丁酉	十一・十一　丁卯	十二・十一　丙申
九・二十一　戊寅	十・二十一　丁未	十一・二十一　丁丑	十二・二十一　丙午

周成王五年辛丑（前 1100）

一・一　丙辰	二・一　乙酉	三・一　乙卯	四・一　甲申
一・十一　丙寅	二・十一　乙未	三・十一　乙丑	四・十一　甲午
一・二十一　丙子	二・二十一　乙巳	三・二十一　乙亥	四・二十一　甲辰
五・一　甲寅	六・一　癸未	七・一　癸丑	八・一　壬午
五・十一　甲子	六・十一　癸巳	七・十一　癸亥	八・十一　壬辰
五・二十一　甲戌	六・二十一　癸卯	七・二十一　癸酉	八・二十一　壬寅
九・一　壬子	十・一　辛巳	十一・一　辛亥	十二・一　辛巳
九・十一　壬戌	十・十一　辛卯	十一・十一　辛酉	十二・十一　辛卯
九・二十一　壬申	十・二十一　辛丑	十一・二十一　辛未	十二・二十一　辛丑

周成王六年壬寅（前 1099）

一・一　庚戌	二・一　庚辰	三・一　己酉	四・一　己卯
一・十一　庚申	二・十一　庚寅	三・十一　己未	四・十一　己丑
一・二十一　庚午	二・二十一　庚子	三・二十一　己巳	四・二十一　己亥
五・一　戊申	六・一　戊寅	七・一　丁未	八・一　丁丑
五・十一　戊午	六・十一　戊子	七・十一　丁巳	八・十一　丁亥
五・二十一　戊辰	六・二十一　戊戌	七・二十一　丁卯	八・二十一　丁酉
九・一　丙午	十・一　丙子	十一・一　丙午	十二・一　乙亥
九・十一　丙辰	十・十一　丙戌	十一・十一　丙辰	十二・十一　乙酉
九・二十一　丙寅	十・二十一　丙申	十一・二十一　丙寅	十二・二十一　乙未

周成王七年癸卯（前 1098）

一・一　乙巳	二・一　甲戌	三・一　甲辰　闰三・一　癸酉	四・一　癸卯
一・十一　乙卯	二・十一　甲申	三・十一　甲寅　闰三・十一　癸未	四・十一　癸丑
一・二十一　乙丑	二・二十一　甲午	三・二十一甲子　闰三・二十一癸巳	四・二十一　癸亥
五・一　壬申	六・一　壬寅	七・一　辛未	八・一　辛丑
五・十一　壬午	六・十一　壬子	七・十一　辛巳	八・十一　辛亥
五・二十一　壬辰	六・二十一　壬戌	七・二十一　辛卯	八・二十一　辛酉
九・一　庚午	十・一　庚子	十一・一　己巳	十二・一　己亥
九・十一　庚辰	十・十一　庚戌	十一・十一　己卯	十二・十一　己酉
九・二十一　庚寅	十・二十一　庚申	十一・二十一　己丑	十二・二十一　己未

周成王八年甲辰(前1097)

一•一	己巳	二•一	戊戌	三•一	戊辰	四•一	丁酉
一•十一	己卯	二•十一	戊申	三•十一	戊寅	四•十一	丁未
一•二十一	己丑	二•二十一	戊午	三•二十一	戊子	四•二十一	丁巳
五•一	丁卯	六•一	丙申	七•一	丙寅	八•一	乙未
五•十一	丁丑	六•十一	丙午	七•十一	丙子	八•十一	乙巳
五•二十一	丁亥	六•二十一	丙辰	七•二十一	丙戌	八•二十一	乙卯
九•一	乙丑	十•一	甲午	十一•一	甲子	十二•一	癸巳
九•十一	乙亥	十•十一	甲辰	十一•十一	甲戌	十二•十一	癸卯
九•二十一	乙酉	十•二十一	甲寅	十一•二十一	甲申	十二•二十一	癸丑

周成王九年乙巳(前1096)

一•一	癸亥	二•一	壬辰	三•一	壬戌	四•一	辛卯
一•十一	癸酉	二•十一	壬寅	三•十一	壬申	四•十一	辛丑
一•二十一	癸未	二•二十一	壬子	三•二十一	壬午	四•二十一	辛亥
五•一	辛酉	六•一	庚寅	七•一	庚申	八•一	己丑
五•十一	辛未	六•十一	庚子	七•十一	庚午	八•十一	己亥
五•二十一	辛巳	六•二十一	庚戌	七•二十一	庚辰	八•二十一	己酉
九•一　己未　闰九•一	戊子	十•一	戊午	十一•一	丁亥	十二•一	丁巳
九•十一　己巳　闰九•十一	戊戌	十•十一	戊辰	十一•十一	丁酉	十二•十一	丁卯
九•二十一己卯　闰九•二十一	戊申	十•二十一	戊寅	十一•二十一	丁未	十二•二十一	丁丑

周成王十年丙午(前1095)

一•一	丁亥	二•一	丙辰	三•一	丙戌	四•一	乙卯
一•十一	丁酉	二•十一	丙寅	三•十一	丙申	四•十一	乙丑
一•二十一	丁未	二•二十一	丙子	三•二十一	丙午	四•二十一	乙亥
五•一	乙酉	六•一	甲寅	七•一	甲申	八•一	癸丑
五•十一	乙未	六•十一	甲子	七•十一	甲午	八•十一	癸亥
五•二十一	乙巳	六•二十一	甲戌	七•二十一	甲辰	八•二十一	癸酉
九•一	癸未	十•一	壬子	十一•一	壬午	十二•一	辛亥
九•十一	癸巳	十•十一	壬戌	十一•十一	壬辰	十二•十一	辛酉
九•二十一	癸卯	十•二十一	壬申	十一•二十一	壬寅	十二•二十一	辛未

周成王十一年丁未(前1094)

一•一	辛巳	二•一	辛亥	三•一	庚辰	四•一	庚戌
一•十一	辛卯	二•十一	辛酉	三•十一	庚寅	四•十一	庚申
一•二十一	辛丑	二•二十一	辛未	三•二十一	庚子	四•二十一	庚午
五•一	己卯	六•一	己酉	七•一	戊寅	八•一	戊申
五•十一	己丑	六•十一	己未	七•十一	戊子	八•十一	戊午
五•二十一	己亥	六•二十一	己巳	七•二十一	戊戌	八•二十一	戊辰
九•一	丁丑	十•一	丁未	十一•一	丙子	十二•一	丙午
九•十一	丁亥	十•十一	丁巳	十一•十一	丙戌	十二•十一	丙辰
九•二十一	丁酉	十•二十一	丁卯	十一•二十一	丙申	十二•二十一	丙寅

周成王十二年戊申（前 1093）

一·一 乙亥	二·一 乙巳	三·一 甲戌	四·一 甲辰
一·十一 乙酉	二·十一 乙卯	三·十一 甲申	四·十一 甲寅
一·二十一 乙未	二·二十一 乙丑	三·二十一 甲午	四·二十一 甲子
五·一 癸酉	六·一 癸卯 闰六·一 癸酉	七·一 壬寅	八·一 壬申
五·十一 癸未	六·十一 癸丑 闰六·十一 癸未	七·十一 壬子	八·十一 壬午
五·二十一 癸巳	六·二十一癸亥 闰六·二十一癸巳	七·二十一 壬戌	八·二十一 壬辰
九·一 辛丑	十·一 辛未	十一·一 庚子	十二·一 庚午
九·十一 辛亥	十·十一 辛巳	十一·十一 庚戌	十二·十一 庚辰
九·二十一 辛酉	十·二十一 辛卯	十一·二十一 庚申	十二·二十一 庚寅

周成王十三年巳酉（前 1092）

一·一 己亥	二·一 己巳	三·一 戊戌	四·一 戊辰
一·十一 己酉	二·十一 己卯	三·十一 戊申	四·十一 戊寅
一·二十一 己未	二·二十一 己丑	三·二十一 戊午	四·二十一 戊子
五·一 丁酉	六·一 丁卯	七·一 丙申	八·一 丙寅
五·十一 丁未	六·十一 丁丑	七·十一 丙午	八·十一 丙子
五·二十一 丁巳	六·二十一 丁亥	七·二十一 丙辰	八·二十一 丙戌
九·一 乙未	十·一 乙丑	十一·一 乙未	十二·一 甲子
九·十一 乙巳	十·十一 乙亥	十一·十一 乙巳	十二·十一 甲戌
九·二十一 乙卯	十·二十一 乙酉	十一·二十一 乙卯	十二·二十一 甲申

周成王十四年庚戌（前 1091）

一·一 甲午	二·一 癸亥	三·一 癸巳	四·一 壬戌
一·十一 甲辰	二·十一 癸酉	三·十一 癸卯	四·十一 壬申
一·二十一 甲寅	二·二十一 癸未	三·二十一 癸丑	四·二十一 壬午
五·一 壬辰	六·一 辛酉	七·一 辛卯	八·一 庚申
五·十一 壬寅	六·十一 辛未	七·十一 辛丑	八·十一 庚午
五·二十一 壬子	六·二十一 辛巳	七·二十一 辛亥	八·二十一 庚辰
九·一 庚寅	十·一 己未	十一·一 己丑	十二·一 戊午
九·十一 庚子	十·十一 己巳	十一·十一 己亥	十二·十一 戊辰
九·二十一 庚戌	十·二十一 己卯	十一·二十一 己酉	十二·二十一 戊寅

周成王十五年辛亥（前 1090）

一·一 戊子	二·一 戊午	三·一 丁亥 闰三·一 丁巳	四·一 丙戌
一·十一 戊戌	二·十一 戊辰	三·十一 丁酉 闰三·十一 丁卯	四·十一 丙申
一·二十一 戊申	二·二十一 戊寅	三·二十一丁未 闰三·二十一丁丑	四·二十一 丙午
五·一 丙辰	六·一 乙酉	七·一 乙卯	八·一 甲申
五·十一 丙寅	六·十一 乙未	七·十一 乙丑	八·十一 甲午
五·二十一 丙子	六·二十一 乙巳	七·二十一 乙亥	八·二十一 甲辰
九·一 甲寅	十·一 癸未	十一·一 癸丑	十二·一 壬午
九·十一 甲子	十·十一 癸巳	十一·十一 癸亥	十二·十一 壬辰
九·二十一 甲戌	十·二十一 癸卯	十一·二十一 癸酉	十二·二十一 壬寅

周成王十六年壬子(前1089)

一·一 壬子	二·一 辛巳	三·一 辛亥	四·一 庚辰
一·十一 壬戌	二·十一 辛卯	三·十一 辛酉	四·十一 庚寅
一·二十一 壬申	二·二十一 辛丑	三·二十一 辛未	四·二十一 庚子
五·一 庚戌	六·一 庚辰	七·一 己酉	八·一 己卯
五·十一 庚申	六·十一 庚寅	七·十一 己未	八·十一 己丑
五·二十一 庚午	六·二十一 庚子	七·二十一 己巳	八·二十一 己亥
九·一 戊申	十·一 戊寅	十一·一 丁未	十二·一 丁丑
九·十一 戊午	十·十一 戊子	十一·十一 丁巳	十二·十一 丁亥
九·二十一 戊辰	十·二十一 戊戌	十一·二十一 丁卯	十二·二十一 丁酉

周成王十七年癸丑(前1088)

一·一 丙午	二·一 丙子	三·一 乙巳	四·一 乙亥
一·十一 丙辰	二·十一 丙戌	三·十一 乙卯	四·十一 乙酉
一·二十一 丙寅	二·二十一 丙申	三·二十一 乙丑	四·二十一 乙未
五·一 甲辰	六·一 甲戌	七·一 癸卯	八·一 癸酉
五·十一 甲寅	六·十一 甲申	七·十一 癸丑	八·十一 癸未
五·二十一 甲子	六·二十一 甲午	七·二十一 癸亥	八·二十一 癸巳
九·一 癸卯	十·一 壬申	十一·一 壬寅	十二·一 辛未 闰十二·一 辛丑
九·十一 癸丑	十·十一 壬午	十一·十一 壬子	十二·十一 辛巳 闰十二·十一 辛亥
九·二十一 癸亥	十·二十一 壬辰	十一·二十一 壬戌	十二·二十一 辛卯 闰十二·二十一 辛酉

周成王十八年甲寅(前1087)

一·一 庚午	二·一 庚子	三·一 己巳	四·一 己亥
一·十一 庚辰	二·十一 庚戌	三·十一 己卯	四·十一 己酉
一·二十一 庚寅	二·二十一 庚申	三·二十一 己丑	四·二十一 己未
五·一 戊辰	六·一 戊戌	七·一 丁卯	八·一 丁酉
五·十一 戊寅	六·十一 戊申	七·十一 丁丑	八·十一 丁未
五·二十一 戊子	六·二十一 戊午	七·二十一 丁亥	八·二十一 丁巳
九·一 丙寅	十·一 丙申	十一·一 乙丑	十二·一 乙未
九·十一 丙子	十·十一 丙午	十一·十一 乙亥	十二·十一 乙巳
九·二十一 丙戌	十·二十一 丙辰	十一·二十一 乙酉	十二·二十一 乙卯

周成王十九年乙卯(前1086)

一·一 乙丑	二·一 甲午	三·一 甲子	四·一 癸巳
一·十一 乙亥	二·十一 甲辰	三·十一 甲戌	四·十一 癸卯
一·二十一 乙酉	二·二十一 甲寅	三·二十一 甲申	四·二十一 癸丑
五·一 癸亥	六·一 壬辰	七·一 壬戌	八·一 辛卯
五·十一 癸酉	六·十一 壬寅	七·十一 壬申	八·十一 辛丑
五·二十一 癸未	六·二十一 壬子	七·二十一 壬午	八·二十一 辛亥
九·一 辛酉	十·一 庚寅	十一·一 庚申	十二·一 己丑
九·十一 辛未	十·十一 庚子	十一·十一 庚午	十二·十一 己亥
九·二十一 辛巳	十·二十一 庚戌	十一·二十一 庚辰	十二·二十一 己酉

周成王二十年丙辰（前 1085）

一•一 己未 一•十一 己巳 一•二十一 己卯	二•一 戊子 二•十一 戊戌 二•二十一 戊申	三•一 戊午 三•十一 戊辰 三•二十一 戊寅	四•一 丁亥 四•十一 丁酉 四•二十一 丁未
五•一 丁巳 五•十一 丁卯 五•二十一 丁丑	六•一 丁亥 六•十一 丁酉 六•二十一 丁未	七•一 丙辰 七•十一 丙寅 七•二十一 丙子	八•一 丙戌 闰八•一 乙卯 八•十一 丙申 闰八•十一 乙丑 八•二十一丙午 闰八•二十一乙亥
九•一 乙酉 九•十一 乙未 九•二十一 乙巳	十•一 甲寅 十•十一 甲子 十•二十一 甲戌	十一•一 甲申 十一•十一 甲午 十一•二十一 甲辰	十二•一 癸丑 十二•十一 癸亥 十二•二十一 癸酉

周成王二十一年丁巳（前 1084）

一•一 癸未 一•十一 癸巳 一•二十一 癸卯	二•一 壬子 二•十一 壬戌 二•二十一 壬申	三•一 壬午 三•十一 壬辰 三•二十一 壬寅	四•一 辛亥 四•十一 辛酉 四•二十一 辛未
五•一 辛巳 五•十一 辛卯 五•二十一 辛丑	六•一 庚戌 六•十一 庚申 六•二十一 庚午	七•一 庚辰 七•十一 庚寅 七•二十一 庚子	八•一 庚戌 八•十一 庚申 八•二十一 庚午
九•一 己卯 九•十一 己丑 九•二十一 己亥	十•一 己酉 十•十一 己未 十•二十一 己巳	十一•一 戊寅 十一•十一 戊子 十一•二十一 戊戌	十二•一 戊申 十二•十一 戊午 十二•二十一 戊辰

周成王二十二年戊午（前 1083）

一•一 丁丑 一•十一 丁亥 一•二十一 丁酉	二•一 丁未 二•十一 丁巳 二•二十一 丁卯	三•一 丙子 三•十一 丙戌 三•二十一 丙申	四•一 丙午 四•十一 丙辰 四•二十一 丙寅
五•一 乙亥 五•十一 乙酉 五•二十一 乙未	六•一 乙巳 六•十一 乙卯 六•二十一 乙丑	七•一 甲戌 七•十一 甲申 七•二十一 甲午	八•一 甲辰 八•十一 甲寅 八•二十一 甲子
九•一 癸酉 九•十一 癸未 九•二十一 癸巳	十•一 癸卯 十•十一 癸丑 十•二十一 癸亥	十一•一 壬申 十一•十一 壬午 十一•二十一 壬辰	十二•一 壬寅 十二•十一 壬子 十二•二十一 壬戌

周成王二十三年己未（前 1082）

一•一 壬申 一•十一 壬午 一•二十一 壬辰	二•一 辛丑 二•十一 辛亥 二•二十一 辛酉	三•一 辛未 三•十一 辛巳 三•二十一 辛卯	四•一 庚子 闰四•一 庚午 四•十一 庚戌 闰四•十一 庚辰 四•二十一庚申 闰四•二十一庚寅
五•一 己亥 五•十一 己酉 五•二十一 己未	六•一 己巳 六•十一 己卯 六•二十一 己丑	七•一 戊戌 七•十一 戊申 七•二十一 戊午	八•一 戊辰 八•十一 戊寅 八•二十一 戊子
九•一 丁酉 九•十一 丁未 九•二十一 丁巳	十•一 丁卯 十•十一 丁丑 十•二十一 丁亥	十一•一 丙申 十一•十一 丙午 十一•二十一 丙辰	十二•一 丙寅 十二•十一 丙子 十二•二十一 丙戌

周成王二十四年庚申（前 1081）

一・一	乙未	二・一	乙丑	三・一	乙未	四・一	甲子
一・十一	乙巳	二・十一	乙亥	三・十一	乙巳	四・十一	甲戌
一・二十一	乙卯	二・二十一	乙酉	三・二十一	乙卯	四・二十一	甲申
五・一	甲午	六・一	癸亥	七・一	癸巳	八・一	壬戌
五・十一	甲辰	六・十一	癸酉	七・十一	癸卯	八・十一	壬申
五・二十一	甲寅	六・二十一	癸未	七・二十一	癸丑	八・二十一	壬午
九・一	壬辰	十・一	辛酉	十一・一	辛卯	十二・一	庚申
九・十一	壬寅	十・十一	辛未	十一・十一	辛丑	十二・十一	庚午
九・二十一	壬子	十・二十一	辛巳	十一・二十一	辛亥	十二・二十一	庚辰

周成王二十五年辛酉（前 1080）

一・一	庚寅	二・一	己未	三・一	己丑	四・一	戊午
一・十一	庚子	二・十一	己巳	三・十一	己亥	四・十一	戊辰
一・二十一	庚戌	二・二十一	己卯	三・二十一	己酉	四・二十一	戊寅
五・一	戊子	六・一	丁巳	七・一	丁亥	八・一	丁巳
五・十一	戊戌	六・十一	丁卯	七・十一	丁酉	八・十一	丁卯
五・二十一	戊申	六・二十一	丁丑	七・二十一	丁未	八・二十一	丁丑
九・一	丙戌	十・一	丙辰	十一・一	乙酉	十二・一	乙卯
九・十一	丙申	十・十一	丙寅	十一・十一	乙未	十二・十一	乙丑
九・二十一	丙午	十・二十一	丙子	十一・二十一	乙巳	十二・二十一	乙亥

周成王二十六年壬戌（前 1079）

一・一　甲申	闰一・一　甲寅	二・一	癸未	三・一	癸丑	四・一	壬午
一・十一　甲午	闰一・十一　甲子	二・十一	癸巳	三・十一	癸亥	四・十一	壬辰
一・二十一甲辰	闰一・二十一甲戌	二・二十一	癸卯	三・二十一	癸酉	四・二十一	壬寅
五・一	壬子	六・一	辛巳	七・一	辛亥	八・一	庚辰
五・十一	壬戌	六・十一	辛卯	七・十一	辛酉	八・十一	庚寅
五・二十一	壬申	六・二十一	辛丑	七・二十一	辛未	八・二十一	庚子
九・一	庚戌	十・一	己卯	十一・一	己酉	十二・一	己卯
九・十一	庚申	十・十一	己丑	十一・十一	己未	十二・十一	己丑
九・二十一	庚午	十・二十一	己亥	十一・二十一	己巳	十二・二十一	己亥

周成王二十七年癸亥（前 1078）

一・一	戊申	二・一	戊寅	三・一	丁未	四・一	丁丑
一・十一	戊午	二・十一	戊子	三・十一	丁巳	四・十一	丁亥
一・二十一	戊辰	二・二十一	戊戌	三・二十一	丁卯	四・二十一	丁酉
五・一	丙午	六・一	丙子	七・一	乙巳	八・一	乙亥
五・十一	丙辰	六・十一	丙戌	七・十一	乙卯	八・十一	乙酉
五・二十一	丙寅	六・二十一	丙申	七・二十一	乙丑	八・二十一	乙未
九・一	甲辰	十・一	甲戌	十一・一	癸卯	十二・一	癸酉
九・十一	甲寅	十・十一	甲申	十一・十一	癸丑	十二・十一	癸未
九・二十一	甲子	十・二十一	甲午	十一・二十一	癸亥	十二・二十一	癸巳

周成王二十八年甲子（前 1077）

<table>
<tr><td>一·一 壬寅
一·十一 壬子
一·二十一 壬戌</td><td>二·一 壬申
二·十一 壬午
二·二十一 壬辰</td><td>三·一 辛丑
三·十一 辛亥
三·二十一 辛酉</td><td>四·一 辛未
四·十一 辛巳
四·二十一 辛卯</td></tr>
<tr><td>五·一 庚子
五·十一 庚戌
五·二十一 庚申</td><td>六·一 庚午
六·十一 庚辰
六·二十一 庚寅</td><td>七·一 己亥
七·十一 己酉
七·二十一 己未</td><td>八·一 己巳
八·十一 己卯
八·二十一 己丑</td></tr>
<tr><td>九·一 戊戌
九·十一 戊申
九·二十一 戊午</td><td>十·一 戊辰 闰十·一 丁酉
十·十一 戊寅 闰十·十一 丁未
十·二十一戊子 闰十·二十一丁巳</td><td>十一·一 丁卯
十一·十一 丁丑
十一·二十一 丁亥</td><td>十二·一 丙申
十二·十一 丙午
十二·二十一 丙辰</td></tr>
</table>

周成王二十九年乙丑（前 1076）

<table>
<tr><td>一·一 丙寅
一·十一 丙子
一·二十一 丙戌</td><td>二·一 乙未
二·十一 乙巳
二·二十一 乙卯</td><td>三·一 乙丑
三·十一 乙亥
三·二十一 乙酉</td><td>四·一 甲午
四·十一 甲辰
四·二十一 甲寅</td></tr>
<tr><td>五·一 甲子
五·十一 甲戌
五·二十一 甲申</td><td>六·一 甲午
六·十一 甲辰
六·二十一 甲寅</td><td>七·一 癸亥
七·十一 癸酉
七·二十一 癸未</td><td>八·一 癸巳
八·十一 癸卯
八·二十一 癸丑</td></tr>
<tr><td>九·一 壬戌
九·十一 壬申
九·二十一 壬午</td><td>十·一 壬辰
十·十一 壬寅
十·二十一 壬子</td><td>十一·一 辛酉
十一·十一 辛未
十一·二十一 辛巳</td><td>十二·一 辛卯
十二·十一 辛丑
十二·二十一 辛亥</td></tr>
</table>

周成王三十年丙寅（前 1075）

<table>
<tr><td>一·一 辛酉
一·十一 辛未
一·二十一 辛巳</td><td>二·一 庚寅
二·十一 庚子
二·二十一 庚戌</td><td>三·一 庚申
三·十一 庚午
三·二十一 庚辰</td><td>四·一 己丑
四·十一 己亥
四·二十一 己酉</td></tr>
<tr><td>五·一 己未
五·十一 己巳
五·二十一 己卯</td><td>六·一 戊子
六·十一 戊戌
六·二十一 戊申</td><td>七·一 戊午
七·十一 戊辰
七·二十一 戊寅</td><td>八·一 丁亥
八·十一 丁酉
八·二十一 丁未</td></tr>
<tr><td>九·一 丁巳
九·十一 丁卯
九·二十一 丁丑</td><td>十·一 丁亥
十·十一 丁酉
十·二十一 丁未</td><td>十一·一 丙辰
十一·十一 丙寅
十一·二十一 丙子</td><td>十二·一 丙戌
十二·十一 丙申
十二·二十一 丙午</td></tr>
</table>

周成王三十一年丁卯（前 1074）

<table>
<tr><td>一·一 乙卯
一·十一 乙丑
一·二十一 乙亥</td><td>二·一 乙酉
二·十一 乙未
二·二十一 乙巳</td><td>三·一 甲寅
三·十一 甲子
三·二十一 甲戌</td><td>四·一 甲申
四·十一 甲午
四·二十一 甲辰</td></tr>
<tr><td>五·一 癸丑
五·十一 癸亥
五·二十一 癸酉</td><td>六·一 癸未 闰六·一 壬子
六·十一 癸巳 闰六·十一 壬戌
六·二十一癸卯 闰六·二十一壬申</td><td>七·一 壬午
七·十一 壬辰
七·二十一 壬寅</td><td>八·一 辛亥
八·十一 辛酉
八·二十一 辛未</td></tr>
<tr><td>九·一 辛巳
九·十一 辛卯
九·二十一 辛丑</td><td>十·一 庚戌
十·十一 庚申
十·二十一 庚午</td><td>十一·一 庚辰
十一·十一 庚寅
十一·二十一 庚子</td><td>十二·一 己酉
十二·十一 己未
十二·二十一 己巳</td></tr>
</table>

周成王三十二年戊辰（前 1073）

一·一 己卯	二·一 己酉	三·一 戊寅	四·一 戊申
一·十一 己丑	二·十一 己未	三·十一 戊子	四·十一 戊午
一·二十一 己亥	二·二十一 己巳	三·二十一 戊戌	四·二十一 戊辰
五·一 丁丑	六·一 丁未	七·一 丙子	八·一 丙午
五·十一 丁亥	六·十一 丁巳	七·十一 丙戌	八·十一 丙辰
五·二十一 丁酉	六·二十一 丁卯	七·二十一 丙申	八·二十一 丙寅
九·一 乙亥	十·一 乙巳	十一·一 甲戌	十二·一 甲辰
九·十一 乙酉	十·十一 乙卯	十一·十一 甲申	十二·十一 甲寅
九·二十一 乙未	十·二十一 乙丑	十一·二十一 甲午	十二·二十一 甲子

周成王三十三年己巳（前 1072）

一·一 癸酉	二·一 癸卯	三·一 壬申	四·一 壬寅
一·十一 癸未	二·十一 癸丑	三·十一 壬午	四·十一 壬子
一·二十一 癸巳	二·二十一 癸亥	三·二十一 壬辰	四·二十一 壬戌
五·一 辛未	六·一 辛丑	七·一 辛未	八·一 庚子
五·十一 辛巳	六·十一 辛亥	七·十一 辛巳	八·十一 庚戌
五·二十一 辛卯	六·二十一 辛酉	七·二十一 辛卯	八·二十一 庚申
九·一 庚午	十·一 己亥	十一·一 己巳	十二·一 戊戌
九·十一 庚辰	十·十一 己酉	十一·十一 己卯	十二·十一 戊申
九·二十一 庚寅	十·二十一 己未	十一·二十一 己丑	十二·二十一 戊午

周成王三十四年庚午（前 1071）

一·一 戊辰	二·一 丁酉	三·一 丁卯 闰三·一 丙申	四·一 丙寅
一·十一 戊寅	二·十一 丁未	三·十一 丁丑 闰三·十一 丙午	四·十一 丙子
一·二十一 戊子	二·二十一 丁巳	三·二十一 丁亥 闰三·二十一 丙辰	四·二十一 丙戌
五·一 乙未	六·一 乙丑	七·一 甲午	八·一 甲子
五·十一 乙巳	六·十一 乙亥	七·十一 甲辰	八·十一 甲戌
五·二十一 乙卯	六·二十一 乙酉	七·二十一 甲寅	八·二十一 甲申
九·一 甲午	十·一 癸亥	十一·一 癸巳	十二·一 壬戌
九·十一 甲辰	十·十一 癸酉	十一·十一 癸卯	十二·十一 壬申
九·二十一 甲寅	十·二十一 癸未	十一·二十一 癸丑	十二·二十一 壬午

周成王三十五年辛未（前 1070）

一·一 壬辰	二·一 辛酉	三·一 辛卯	四·一 庚申
一·十一 壬寅	二·十一 辛未	三·十一 辛丑	四·十一 庚午
一·二十一 壬子	二·二十一 辛巳	三·二十一 辛亥	四·二十一 庚辰
五·一 庚寅	六·一 己未	七·一 己丑	八·一 戊午
五·十一 庚子	六·十一 己巳	七·十一 己亥	八·十一 戊辰
五·二十一 庚戌	六·二十一 己卯	七·二十一 己酉	八·二十一 戊寅
九·一 戊子	十·一 丁巳	十一·一 丁亥	十二·一 丙辰
九·十一 戊戌	十·十一 丁卯	十一·十一 丁酉	十二·十一 丙寅
九·二十一 戊申	十·二十一 丁丑	十一·二十一 丁未	十二·二十一 丙子

周成王三十六年壬申(前1069)

一•一 丙戌	二•一 丙辰	三•一 乙酉	四•一 乙卯
一•十一 丙申	二•十一 丙寅	三•十一 乙未	四•十一 乙丑
一•二十一 丙午	二•二十一 丙子	三•二十一 乙巳	四•二十一 乙亥
五•一 甲申	六•一 甲寅	七•一 癸未	八•一 癸丑
五•十一 甲午	六•十一 甲子	七•十一 癸巳	八•十一 癸亥
五•二十一 甲辰	六•二十一 甲戌	七•二十一 癸卯	八•二十一 癸酉
九•一 壬午	十•一 壬子	十一•一 辛巳	*十二•一 辛亥
九•十一 壬辰	十•十一 壬戌	十一•十一 辛卯	十二•十一 辛酉
九•二十一 壬寅	十•二十一 壬申	十一•二十一 辛丑	十二•二十一 辛未

* 《西周年历谱》闰十二月庚辰朔,下年不闰。

周成王三十七年癸酉(前1068)

一•一 庚辰	二•一 庚戌	三•一 己卯	四•一 己酉
一•十一 庚寅	二•十一 庚申	三•十一 己丑	四•十一 己未
一•二十一 庚子	二•二十一 庚午	三•二十一 己亥	四•二十一 己巳
五•一 己卯 闰五•一 戊申	六•一 戊寅	七•一 丁未	八•一 丁丑
五•十一 己丑 闰五•十一 戊午	六•十一 戊子	七•十一 丁巳	八•十一 丁亥
五•二十一己亥 闰五•二十一戊辰	六•二十一 戊戌	七•二十一 丁卯	八•二十一 丁酉
九•一 丙午	十•一 丙子	十一•一 乙巳	十二•一 乙亥
九•十一 丙辰	十•十一 丙戌	十一•十一 乙卯	十二•十一 乙酉
九•二十一 丙寅	十•二十一 丙申	十一•二十一 乙丑	十二•二十一 乙未

周康王元年甲戌(前1067)

一•一 甲辰	二•一 甲戌	三•一 癸卯	四•一 癸酉
一•十一 甲寅	二•十一 甲申	三•十一 癸丑	四•十一 癸未
一•二十一 甲子	二•二十一 甲午	三•二十一 癸亥	四•二十一 癸巳
五•一 壬寅	六•一 壬申	七•一 辛丑	八•一 辛未
五•十一 壬子	六•十一 壬午	七•十一 辛亥	八•十一 辛巳
五•二十一 壬戌	六•二十一 壬辰	七•二十一 辛酉	八•二十一 辛卯
九•一 辛丑	十•一 庚午	十一•一 庚子	十二•一 己巳
九•十一 辛亥	十•十一 庚辰	十一•十一 庚戌	十二•十一 己卯
九•二十一 辛酉	十•二十一 庚寅	十一•二十一 庚申	十二•二十一 己丑

周康王二年乙亥(前1066)

一•一 己亥	二•一 戊辰	三•一 戊戌	四•一 丁卯
一•十一 己酉	二•十一 戊寅	三•十一 戊申	四•十一 丁丑
一•二十一 己未	二•二十一 戊子	三•二十一 戊午	四•二十一 丁亥
五•一 丁酉	六•一 丙寅	七•一 丙申	八•一 乙丑
五•十一 丁未	六•十一 丙子	七•十一 丙午	八•十一 乙亥
五•二十一 丁巳	六•二十一 丙戌	七•二十一 丙辰	八•二十一 乙酉
九•一 乙未 闰九•一 甲子	十•一 甲午	十一•一 癸亥	十二•一 癸巳
九•十一 乙巳 闰九•十一 甲戌	十•十一 甲辰	十一•十一 癸酉	十二•十一 癸卯
九•二十一乙卯 闰九•二十一甲申	十•二十一 甲寅	十一•二十一 癸未	十二•二十一 癸丑

周康王三年丙子(前1065)

一・一	癸亥	二・一	壬辰	三・一	壬戌	四・一	辛卯
一・十一	癸酉	二・十一	壬寅	三・十一	壬申	四・十一	辛丑
一・二十一	癸未	二・二十一	壬子	三・二十一	壬午	四・二十一	辛亥
五・一	辛酉	六・一	庚寅	七・一	庚申	八・一	己丑
五・十一	辛未	六・十一	庚子	七・十一	庚午	八・十一	己亥
五・二十一	辛巳	六・二十一	庚戌	七・二十一	庚辰	八・二十一	己酉
九・一	己未	十・一	戊子	十一・一	戊午	十二・一	丁亥
九・十一	己巳	十・十一	戊戌	十一・十一	戊辰	十二・十一	丁酉
九・二十一	己卯	十・二十一	戊申	十一・二十一	戊寅	十二・二十一	丁未

周康王四年丁丑(前1064)

一・一	丁巳	二・一	丙戌	三・一	丙辰	四・一	丙戌
一・十一	丁卯	二・十一	丙申	三・十一	丙寅	四・十一	丙申
一・二十一	丁丑	二・二十一	丙午	三・二十一	丙子	四・二十一	丙午
五・一	乙卯	六・一	乙酉	七・一	甲寅	八・一	甲申
五・十一	乙丑	六・十一	乙未	七・十一	甲子	八・十一	甲午
五・二十一	乙亥	六・二十一	乙巳	七・二十一	甲戌	八・二十一	甲辰
九・一	癸丑	十・一	癸未	十一・一	壬子	十二・一	壬午
九・十一	癸亥	十・十一	癸巳	十一・十一	壬戌	十二・十一	壬辰
九・二十一	癸酉	十・二十一	癸卯	十一・二十一	壬申	十二・二十一	壬寅

周康王五年戊寅(前1063)

一・一	辛亥	二・一	辛巳	三・一	庚戌	四・一	庚辰
一・十一	辛酉	二・十一	辛卯	三・十一	庚申	四・十一	庚寅
一・二十一	辛未	二・二十一	辛丑	三・二十一	庚午	四・二十一	庚子
五・一 己酉	闰五・一 己卯	六・一	戊申	七・一	戊寅	八・一	戊申
五・十一 己未	闰五・十一 己丑	六・十一	戊午	七・十一	戊子	八・十一	戊午
五・二十一己巳	闰五・二十一己亥	六・二十一	戊辰	七・二十一	戊戌	八・二十一	戊辰
九・一	丁丑	十・一	丁未	十一・一	丙子	十二・一	丙午
九・十一	丁亥	十・十一	丁巳	十一・十一	丙戌	十二・十一	丙辰
九・二十一	丁酉	十・二十一	丁卯	十一・二十一	丙申	十二・二十一	丙寅

周康王六年己卯(前1062)

一・一	乙亥	二・一	乙巳	三・一	甲戌	四・一	甲辰
一・十一	乙酉	二・十一	乙卯	三・十一	甲申	四・十一	甲寅
一・二十一	乙未	二・二十一	乙丑	三・二十一	甲午	四・二十一	甲子
五・一	癸酉	六・一	癸卯	七・一	壬申	八・一	壬寅
五・十一	癸未	六・十一	癸丑	七・十一	壬午	八・十一	壬子
五・二十一	癸巳	六・二十一	癸亥	七・二十一	壬辰	八・二十一	壬戌
九・一	辛未	十・一	辛丑	十一・一	辛未	十二・一	庚子
九・十一	辛巳	十・十一	辛亥	十一・十一	辛巳	十二・十一	庚戌
九・二十一	辛卯	十・二十一	辛酉	十一・二十一	辛卯	十二・二十一	庚申

周康王七年庚辰(前1061)

一·一 庚午	二·一 己亥	三·一 己巳	四·一 戊戌
一·十一 庚辰	二·十一 己酉	三·十一 己卯	四·十一 戊申
一·二十一 庚寅	二·二十一 己未	三·二十一 己丑	四·二十一 戊午
五·一 戊辰	六·一 丁酉	七·一 丁卯	八·一 丙申
五·十一 戊寅	六·十一 丁未	七·十一 丁丑	八·十一 丙午
五·二十一 戊子	六·二十一 丁巳	七·二十一 丁亥	八·二十一 丙辰
九·一 丙寅	十·一 乙未	十一·一 乙丑	十二·一 甲午
九·十一 丙子	十·十一 乙巳	十一·十一 乙亥	十二·十一 甲辰
九·二十一 丙戌	十·二十一 乙卯	十一·二十一 乙酉	十二·二十一 甲寅

周康王八年辛巳(前1060)

一·一 甲子	二·一 癸巳 闰二·一 癸亥	三·一 癸巳	四·一 壬戌
一·十一 甲戌	二·十一 癸卯 闰二·十一 癸酉	三·十一 癸卯	四·十一 壬申
一·二十一 甲申	二·二十一 癸丑 闰二·二十一 癸未	三·二十一 癸丑	四·二十一 壬午
五·一 壬辰	六·一 辛酉	七·一 辛卯	八·一 庚申
五·十一 壬寅	六·十一 辛未	七·十一 辛丑	八·十一 庚午
五·二十一 壬子	六·二十一 辛巳	七·二十一 辛亥	八·二十一 庚辰
九·一 庚寅	十·一 己未	十一·一 己丑	十二·一 戊午
九·十一 庚子	十·十一 己巳	十一·十一 己亥	十二·十一 戊辰
九·二十一 庚戌	十·二十一 己卯	十一·二十一 己酉	十二·二十一 戊寅

周康王九年壬午(前1059)

一·一 戊子	二·一 丁巳	三·一 丁亥	四·一 丙辰
一·十一 戊戌	二·十一 丁卯	三·十一 丁酉	四·十一 丙寅
一·二十一 戊申	二·二十一 丁丑	三·二十一 丁未	四·二十一 丙子
五·一 丙戌	六·一 乙卯	七·一 乙酉	八·一 乙卯
五·十一 丙申	六·十一 乙丑	七·十一 乙未	八·十一 乙丑
五·二十一 丙午	六·二十一 乙亥	七·二十一 乙巳	八·二十一 乙亥
九·一 甲申	十·一 甲寅	十一·一 癸未	十二·一 癸丑
九·十一 甲午	十·十一 甲子	十一·十一 癸巳	十二·十一 癸亥
九·二十一 甲辰	十·二十一 甲戌	十一·二十一 癸卯	十二·二十一 癸酉

周康王十年癸未(前1058)

一·一 壬午	二·一 壬子	三·一 辛巳	四·一 辛亥
一·十一 壬辰	二·十一 壬戌	三·十一 辛卯	四·十一 辛酉
一·二十一 壬寅	二·二十一 壬申	三·二十一 辛丑	四·二十一 辛未
五·一 庚辰	六·一 庚戌	七·一 己卯	八·一 己酉
五·十一 庚寅	六·十一 庚申	七·十一 己丑	八·十一 己未
五·二十一 庚子	六·二十一 庚午	七·二十一 己亥	八·二十一 己巳
九·一 戊寅	十·一 戊申	十一·一 戊寅 闰十一·一 丁未	十二·一 丁丑
九·十一 戊子	十·十一 戊午	十一·十一 戊子 闰十一·十一 丁巳	十二·十一 丁亥
九·二十一 戊戌	十·二十一 戊辰	十一·二十一 戊戌 闰十一·二十一 丁卯	十二·二十一 丁酉

周康王十一年甲申（前 1057）

一•一	丙午	二•一	丙子	三•一	乙巳	四•一	乙亥
一•十一	丙辰	二•十一	丙戌	三•十一	乙卯	四•十一	乙酉
一•二十一	丙寅	二•二十一	丙申	三•二十一	乙丑	四•二十一	乙未
五•一	甲辰	六•一	甲戌	七•一	癸卯	八•一	癸酉
五•十一	甲寅	六•十一	甲申	七•十一	癸丑	八•十一	癸未
五•二十一	甲子	六•二十一	甲午	七•二十一	癸亥	八•二十一	癸巳
九•一	壬寅	十•一	壬申	十一•一	辛丑	十二•一	辛未
九•十一	壬子	十•十一	壬午	十一•十一	辛亥	十二•十一	辛巳
九•二十一	壬戌	十•二十一	壬辰	十一•二十一	辛酉	十二•二十一	辛卯

周康王十二年乙酉（前 1056）

一•一	庚子	二•一	庚午	三•一	庚子	四•一	己巳
一•十一	庚戌	二•十一	庚辰	三•十一	庚戌	四•十一	己卯
一•二十一	庚申	二•二十一	庚寅	三•二十一	庚申	四•二十一	己丑
五•一	己亥	六•一	戊辰	七•一	戊戌	八•一	丁卯
五•十一	己酉	六•十一	戊寅	七•十一	戊申	八•十一	丁丑
五•二十一	己未	六•二十一	戊子	七•二十一	戊午	八•二十一	丁亥
九•一	丁酉	十•一	丙寅	十一•一	丙申	十二•一	乙丑
九•十一	丁未	十•十一	丙子	十一•十一	丙午	十二•十一	乙亥
九•二十一	丁巳	十•二十一	丙戌	十一•二十一	丙辰	十二•二十一	乙酉

周康王十三年丙戌（前 1055）

一•一	乙未	二•一	甲子	三•一	甲午	四•一	癸亥
一•十一	乙巳	二•十一	甲戌	三•十一	甲辰	四•十一	癸酉
一•二十一	乙卯	二•二十一	甲申	三•二十一	甲寅	四•二十一	癸未
五•一	癸巳	六•一	癸亥	七•一	壬辰　闰七•一　壬戌	八•一	辛卯
五•十一	癸卯	六•十一	癸酉	七•十一	壬寅　闰七•十一　壬申	八•十一	辛丑
五•二十一	癸丑	六•二十一	癸未	七•二十一	壬子　闰七•二十一　壬午	八•二十一	辛亥
九•一	辛酉	十•一	庚寅	十一•一	庚申	十二•一	己丑
九•十一	辛未	十•十一	庚子	十一•十一	庚午	十二•十一	己亥
九•二十一	辛巳	十•二十一	庚戌	十一•二十一	庚辰	十二•二十一	己酉

周康王十四年丁亥（前 1054）

一•一	己未	二•一	戊子	三•一	戊午	四•一	丁亥
一•十一	己巳	二•十一	戊戌	三•十一	戊辰	四•十一	丁酉
一•二十一	己卯	二•二十一	戊申	三•二十一	戊寅	四•二十一	丁未
五•一	丁巳	六•一	丙戌	七•一	丙辰	八•一	乙酉
五•十一	丁卯	六•十一	丙申	七•十一	丙寅	八•十一	乙未
五•二十一	丁丑	六•二十一	丙午	七•二十一	丙子	八•二十一	乙巳
九•一	乙卯	十•一	乙酉	十一•一	甲寅	十二•一	甲申
九•十一	乙丑	十•十一	乙未	十一•十一	甲子	十二•十一	甲午
九•二十一	乙亥	十•二十一	乙巳	十一•二十一	甲戌	十二•二十一	甲辰

周康王十五年戊子(前 1053)

一·一 癸丑	二·一 癸未	三·一 壬子	四·一 壬午
一·十一 癸亥	二·十一 癸巳	三·十一 壬戌	四·十一 壬辰
一·二十一 癸酉	二·二十一 癸卯	三·二十一 壬申	四·二十一 壬寅
五·一 辛亥	六·一 辛巳	七·一 庚戌	八·一 庚辰
五·十一 辛酉	六·十一 辛卯	七·十一 庚申	八·十一 庚寅
五·二十一 辛未	六·二十一 辛丑	七·二十一 庚午	八·二十一 庚子
九·一 己酉	十·一 己卯	十一·一 戊申	十二·一 戊寅
九·十一 己未	十·十一 己丑	十一·十一 戊午	十二·十一 戊子
九·二十一 己巳	十·二十一 己亥	十一·二十一 戊辰	十二·二十一 戊戌

周康王十六年己丑(前 1052)

一·一 丁未	二·一 丁丑	三·一 丁未 闰三·一 丙子	四·一 丙午
一·十一 丁巳	二·十一 丁亥	三·十一 丁巳 闰三·十一 丙戌	四·十一 丙辰
一·二十一 丁卯	二·二十一 丁酉	三·二十一丁卯 闰三·二十一丙申	四·二十一 丙寅
五·一 乙亥	六·一 乙巳	七·一 甲戌	八·一 甲辰
五·十一 乙酉	六·十一 乙卯	七·十一 甲申	八·十一 甲寅
五·二十一 乙未	六·二十一 乙丑	七·二十一 甲午	八·二十一 甲子
九·一 癸酉	十·一 癸卯	十一·一 壬申	十二·一 壬寅
九·十一 癸未	十·十一 癸丑	十一·十一 壬午	十二·十一 壬子
九·二十一 癸巳	十·二十一 癸亥	十一·二十一 壬辰	十二·二十一 壬戌

周康王十七年庚寅(前 1051)

一·一 辛未	二·一 辛丑	三·一 庚午	四·一 庚子
一·十一 辛巳	二·十一 辛亥	三·十一 庚辰	四·十一 庚戌
一·二十一 辛卯	二·二十一 辛酉	三·二十一 庚寅	四·二十一 庚申
五·一 庚午	六·一 己亥	七·一 己巳	八·一 戊戌
五·十一 庚辰	六·十一 己酉	七·十一 己卯	八·十一 戊申
五·二十一 庚寅	六·二十一 己未	七·二十一 己丑	八·二十一 戊午
九·一 戊辰	十·一 丁酉	十一·一 丁卯	十二·一 丙申
九·十一 戊寅	十·十一 丁未	十一·十一 丁丑	十二·十一 丙午
九·二十一 戊子	十·二十一 丁巳	十一·二十一 丁亥	十二·二十一 丙辰

周康王十八年辛卯(前 1050)

一·一 丙寅	二·一 乙未	三·一 乙丑	四·一 甲午
一·十一 丙子	二·十一 乙巳	三·十一 乙亥	四·十一 甲辰
一·二十一 丙戌	二·二十一 乙卯	三·二十一 乙酉	四·二十一 甲寅
五·一 甲子	六·一 癸巳	七·一 癸亥	八·一 壬辰
五·十一 甲戌	六·十一 癸卯	七·十一 癸酉	八·十一 壬寅
五·二十一 甲申	六·二十一 癸丑	七·二十一 癸未	八·二十一 壬子
九·一 壬戌	十·一 辛卯	十一·一 辛酉	十二·一 庚寅 闰十二·一 庚申
九·十一 壬申	十·十一 辛丑	十一·十一 辛未	十二·十一 庚子 闰十二·十一 庚午
九·二十一 壬午	十·二十一 辛亥	十一·二十一 辛巳	十二·二十一庚戌 闰十二·二十一庚辰

周康王十九年壬辰（前 1049）

一・一	己丑	二・一	己未	三・一	己丑	四・一	戊午
一・十一	己亥	二・十一	己巳	三・十一	己亥	四・十一	戊辰
一・二十一	己酉	二・二十一	己卯	三・二十一	己酉	四・二十一	戊寅
五・一	戊子	六・一	丁巳	七・一	丁亥	八・一	丙辰
五・十一	戊戌	六・十一	丁卯	七・十一	丁酉	八・十一	丙寅
五・二十一	戊申	六・二十一	丁丑	七・二十一	丁未	八・二十一	丙子
九・一	丙戌	十・一	乙卯	十一・一	乙酉	十二・一	甲寅
九・十一	丙申	十・十一	乙丑	十一・十一	乙未	十二・十一	甲子
九・二十一	丙午	十・二十一	乙亥	十一・二十一	乙巳	十二・二十一	甲戌

周康王二十年癸巳（前 1048）

一・一	甲申	二・一	癸丑	三・一	癸未	四・一	壬子
一・十一	甲午	二・十一	癸亥	三・十一	癸巳	四・十一	壬戌
一・二十一	甲辰	二・二十一	癸酉	三・二十一	癸卯	四・二十一	壬申
五・一	壬午	六・一	壬子	七・一	辛巳	八・一	辛亥
五・十一	壬辰	六・十一	壬戌	七・十一	辛卯	八・十一	辛酉
五・二十一	壬寅	六・二十一	壬申	七・二十一	辛丑	八・二十一	辛未
九・一	庚辰	十・一	庚戌	十一・一	己卯	十二・一	己酉
九・十一	庚寅	十・十一	庚申	十一・十一	己丑	十二・十一	己未
九・二十一	庚子	十・二十一	庚午	十一・二十一	己亥	十二・二十一	己巳

周康王二十一年甲午（前 1047）

一・一	戊寅	二・一	戊申	三・一	丁丑	四・一	丁未
一・十一	戊子	二・十一	戊午	三・十一	丁亥	四・十一	丁巳
一・二十一	戊戌	二・二十一	戊辰	三・二十一	丁酉	四・二十一	丁卯
五・一	丁丑	六・一	丙午	七・一	丙子	八・一	乙巳
五・十一	丁亥	六・十一	丙辰	七・十一	丙戌	八・十一	乙卯
五・二十一	丁酉	六・二十一	丙寅	七・二十一	丙申	八・二十一	乙丑
九・一 乙亥 闰九・一	甲辰	十・一	甲戌	十一・一	癸卯	十二・一	癸酉
九・十一 乙酉 闰九・十一	甲寅	十・十一	甲申	十一・十一	癸丑	十二・十一	癸未
九・二十一 乙未 闰九・二十一	甲子	十・二十一	甲午	十一・二十一	癸亥	十二・二十一	癸巳

周康王二十二年乙未（前 1046）

一・一	壬寅	二・一	壬申	三・一	辛丑	四・一	辛未
一・十一	壬子	二・十一	壬午	三・十一	辛亥	四・十一	辛巳
一・二十一	壬戌	二・二十一	壬辰	三・二十一	辛酉	四・二十一	辛卯
五・一	庚子	六・一	庚午	七・一	己亥	八・一	己巳
五・十一	庚戌	六・十一	庚辰	七・十一	己酉	八・十一	己卯
五・二十一	庚申	六・二十一	庚寅	七・二十一	己未	八・二十一	己丑
九・一	己亥	十・一	戊辰	十一・一	戊戌	十二・一	丁卯
九・十一	己酉	十・十一	戊寅	十一・十一	戊申	十二・十一	丁丑
九・二十一	己未	十・二十一	戊子	十一・二十一	戊午	十二・二十一	丁亥

周康王二十三年丙申（前 1045）

一·一	丁酉	二·一	丙寅	三·一	丙申	四·一	乙丑
一·十一	丁未	二·十一	丙子	三·十一	丙午	四·十一	乙亥
一·二十一	丁巳	二·二十一	丙戌	三·二十一	丙辰	四·二十一	乙酉
五·一	乙未	六·一	甲子	七·一	甲午	八·一	癸亥
五·十一	乙巳	六·十一	甲戌	七·十一	甲辰	八·十一	癸酉
五·二十一	乙卯	六·二十一	甲申	七·二十一	甲寅	八·二十一	癸未
九·一	癸巳	十·一	壬戌	十一·一	壬辰	十二·一	壬戌
九·十一	癸卯	十·十一	壬申	十一·十一	壬寅	十二·十一	壬申
九·二十一	癸丑	十·二十一	壬午	十一·二十一	壬子	十二·二十一	壬午

周康王二十四年丁酉（前 1044）

一·一	辛卯	二·一	辛酉	三·一	庚寅	四·一	庚申
一·十一	辛丑	二·十一	辛未	三·十一	庚子	四·十一	庚午
一·二十一	辛亥	二·二十一	辛巳	三·二十一	庚戌	四·二十一	庚辰
五·一　己丑　闰五·一	己未	六·一	戊子	七·一	戊午	八·一	丁亥
五·十一　己亥　闰五·十一	己巳	六·十一	戊戌	七·十一	戊辰	八·十一	丁酉
五·二十一己酉　闰五·二十一	己卯	六·二十一	戊申	七·二十一	戊寅	八·二十一	丁未
九·一	丁巳	十·一	丙戌	十一·一	丙辰	十二·一	乙酉
九·十一	丁卯	十·十一	丙申	十一·十一	丙寅	十二·十一	乙未
九·二十一	丁丑	十·二十一	丙午	十一·二十一	丙子	十二·二十一	乙巳

周康王二十五年戊戌（前 1043）

一·一	乙卯	二·一	甲申	三·一	甲寅	四·一	甲申
一·十一	乙丑	二·十一	甲午	三·十一	甲子	四·十一	甲午
一·二十一	乙亥	二·二十一	甲辰	三·二十一	甲戌	四·二十一	甲辰
五·一	癸丑	六·一	癸未	七·一	壬子	八·一	壬午
五·十一	癸亥	六·十一	癸巳	七·十一	壬戌	八·十一	壬辰
五·二十一	癸酉	六·二十一	癸卯	七·二十一	壬申	八·二十一	壬寅
九·一	辛亥	十·一	辛巳	十一·一	庚戌	十二·一	庚辰
九·十一	辛酉	十·十一	辛卯	十一·十一	庚申	十二·十一	庚寅
九·二十一	辛未	十·二十一	辛丑	十一·二十一	庚午	十二·二十一	庚子

周康王二十六年己亥（前 1042）

一·一	己酉	二·一	己卯	三·一	戊申	四·一	戊寅
一·十一	己未	二·十一	己丑	三·十一	戊午	四·十一	戊子
一·二十一	己巳	二·二十一	己亥	三·二十一	戊辰	四·二十一	戊戌
五·一	丁未	六·一	丁丑	七·一	丁未	八·一	丙子
五·十一	丁巳	六·十一	丁亥	七·十一	丁巳	八·十一	丙戌
五·二十一	丁卯	六·二十一	丁酉	七·二十一	丁卯	八·二十一	丙申
九·一	丙午	十·一	乙亥	十一·一	乙巳	十二·一	甲戌
九·十一	丙辰	十·十一	乙酉	十一·十一	乙卯	十二·十一	甲申
九·二十一	丙寅	十·二十一	乙未	十一·二十一	乙丑	十二·二十一	甲午

周昭王元年庚子（前 1041）

一·一 甲辰　闰一·一 甲戌	二·一 癸卯	三·一 癸酉	四·一 壬寅
一·十一 甲寅　闰一·十一 甲申	二·十一 癸丑	三·十一 癸未	四·十一 壬子
一·二十一 甲子　闰一·二十一 甲午	二·二十一 癸亥	三·二十一 癸巳	四·二十一 壬戌
五·一 壬申	六·一 辛丑	七·一 辛未	八·一 庚子
五·十一 壬午	六·十一 辛亥	七·十一 辛巳	八·十一 庚戌
五·二十一 壬辰	六·二十一 辛酉	七·二十一 辛卯	八·二十一 庚申
九·一 庚午	十·一 己亥	十一·一 己巳	十二·一 戊戌
九·十一 庚辰	十·十一 己酉	十一·十一 己卯	十二·十一 戊申
九·二十一 庚寅	十·二十一 己未	十一·二十一 己丑	十二·二十一 戊午

周昭王二年辛丑（前 1040）

一·一 戊辰	二·一 丁酉	三·一 丁卯	四·一 丙申
一·十一 戊寅	二·十一 丁未	三·十一 丁丑	四·十一 丙午
一·二十一 戊子	二·二十一 丁巳	三·二十一 丁亥	四·二十一 丙辰
五·一 丙寅	六·一 乙未	七·一 乙丑	八·一 甲午
五·十一 丙子	六·十一 乙巳	七·十一 乙亥	八·十一 甲辰
五·二十一 丙戌	六·二十一 乙卯	七·二十一 乙酉	八·二十一 甲寅
九·一 甲子	十·一 癸巳	十一·一 癸亥	十二·一 癸巳
九·十一 甲戌	十·十一 癸卯	十一·十一 癸酉	十二·十一 癸卯
九·二十一 甲申	十·二十一 癸丑	十一·二十一 癸未	十二·二十一 癸丑

周昭王三年壬寅（前 1039）

一·一 壬戌	二·一 壬辰	三·一 辛酉	四·一 辛卯
一·十一 壬申	二·十一 壬寅	三·十一 辛未	四·十一 辛丑
一·二十一 壬午	二·二十一 壬子	三·二十一 辛巳	四·二十一 辛亥
五·一 庚申	六·一 庚寅	七·一 己未	八·一 己丑
五·十一 庚午	六·十一 庚子	七·十一 己巳	八·十一 己亥
五·二十一 庚辰	六·二十一 庚戌	七·二十一 己卯	八·二十一 己酉
九·一 己未	十·一 戊子　闰十·一 戊午	十一·一 丁亥	十二·一 丁巳
九·十一 己巳	十·十一 戊戌　闰十·十一 戊辰	十一·十一 丁酉	十二·十一 丁卯
九·二十一 己卯	十·二十一 戊申　闰十·二十一 戊寅	十一·二十一 丁未	十二·二十一 丁丑

周昭王四年癸卯（前 1038）

一·一 丁亥	二·一 丙辰	三·一 丙戌	四·一 乙卯
一·十一 丁酉	二·十一 丙寅	三·十一 丙申	四·十一 乙丑
一·二十一 丁未	二·二十一 丙子	三·二十一 丙午	四·二十一 乙亥
五·一 乙酉	六·一 甲寅	七·一 甲申	八·一 癸丑
五·十一 乙未	六·十一 甲子	七·十一 甲午	八·十一 癸亥
五·二十一 乙巳	六·二十一 甲戌	七·二十一 甲辰	八·二十一 癸酉
九·一 癸未	十·一 壬子	十一·一 壬午	十二·一 辛亥
九·十一 癸巳	十·十一 壬戌	十一·十一 壬辰	十二·十一 辛酉
九·二十一 癸卯	十·二十一 壬申	十一·二十一 壬寅	十二·二十一 辛未

周昭王五年甲辰(前1037)

一·一	辛巳	二·一	庚戌	三·一	庚辰	四·一	己酉
一·十一	辛卯	二·十一	庚申	三·十一	庚寅	四·十一	己未
一·二十一	辛丑	二·二十一	庚午	三·二十一	庚子	四·二十一	己巳
五·一	己卯	六·一	戊申	七·一	戊寅	八·一	丁未
五·十一	己丑	六·十一	戊午	七·十一	戊子	八·十一	丁巳
五·二十一	己亥	六·二十一	戊辰	七·二十一	戊戌	八·二十一	丁卯
九·一	丁丑	十·一	丙午	十一·一	丙子	十二·一	乙巳
九·十一	丁亥	十·十一	丙辰	十一·十一	丙戌	十二·十一	乙卯
九·二十一	丁酉	十·二十一	丙寅	十一·二十一	丙申	十二·二十一	乙丑

周昭王六年乙巳(前1036)

一·一	乙亥	二·一	甲辰	三·一	甲戌	四·一	癸卯
一·十一	乙酉	二·十一	甲寅	三·十一	甲申	四·十一	癸丑
一·二十一	乙未	二·二十一	甲子	三·二十一	甲午	四·二十一	癸亥
五·一	癸酉	六·一	壬寅	七·一 壬申 闰七·一	辛丑	八·一	辛未
五·十一	癸未	六·十一	壬子	七·十一 壬午 闰七·十一	辛亥	八·十一	辛巳
五·二十一	癸巳	六·二十一	壬戌	七·二十一壬辰 闰七·二十一	辛酉	八·二十一	辛卯
九·一	庚子	十·一	庚午	十一·一	己亥	十二·一	己巳
九·十一	庚戌	十·十一	庚辰	十一·十一	己酉	十二·十一	己卯
九·二十一	庚申	十·二十一	庚寅	十一·二十一	己未	十二·二十一	己丑

周昭王七年丙午(前1035)

一·一	己亥	二·一	戊辰	三·一	戊戌	四·一	丁卯
一·十一	己酉	二·十一	戊寅	三·十一	戊申	四·十一	丁丑
一·二十一	己未	二·二十一	戊子	三·二十一	戊午	四·二十一	丁亥
五·一	丁酉	六·一	丙寅	七·一	丙申	八·一	乙丑
五·十一	丁未	六·十一	丙子	七·十一	丙午	八·十一	乙亥
五·二十一	丁巳	六·二十一	丙戌	七·二十一	丙辰	八·二十一	乙酉
九·一	乙未	十·一	甲子	十一·一	甲午	十二·一	癸亥
九·十一	乙巳	十·十一	甲戌	十一·十一	甲辰	十二·十一	癸酉
九·二十一	乙卯	十·二十一	甲申	十一·二十一	甲寅	十二·二十一	癸未

周昭王八年丁未(前1034)

一·一	癸巳	二·一	壬戌	三·一	壬辰	四·一	辛酉
一·十一	癸卯	二·十一	壬申	三·十一	壬寅	四·十一	辛未
一·二十一	癸丑	二·二十一	壬午	三·二十一	壬子	四·二十一	辛巳
五·一	辛卯	六·一	辛酉	七·一	庚寅	八·一	庚申
五·十一	辛丑	六·十一	辛未	七·十一	庚子	八·十一	庚午
五·二十一	辛亥	六·二十一	辛巳	七·二十一	庚戌	八·二十一	庚辰
九·一	己丑	十·一	己未	十一·一	戊子	十二·一	戊午
九·十一	己亥	十·十一	己巳	十一·十一	戊戌	十二·十一	戊辰
九·二十一	己酉	十·二十一	己卯	十一·二十一	戊申	十二·二十一	戊寅

周昭王九年戊申（前 1033）

一·一	丁亥	二·一	丁巳	三·一	丙戌　闰三·一　丙辰	四·一	乙酉
一·十一	丁酉	二·十一	丁卯	三·十一	丙申　闰三·十一　丙寅	四·十一	乙未
一·二十一	丁未	二·二十一	丁丑	三·二十一	丙午　闰三·二十一　丙子	四·二十一	乙巳
五·一	乙卯	六·一	甲申	七·一	甲寅	八·一	癸未
五·十一	乙丑	六·十一	甲午	七·十一	甲子	八·十一	癸巳
五·二十一	乙亥	六·二十一	甲辰	七·二十一	甲戌	八·二十一	癸卯
九·一	癸丑	十·一	癸未	十一·一	壬子	十二·一	壬午
九·十一	癸亥	十·十一	癸巳	十一·十一	壬戌	十二·十一	壬辰
九·二十一	癸酉	十·二十一	癸卯	十一·二十一	壬申	十二·二十一	壬寅

周昭王十年己酉（前 1032）

一·一	辛亥	二·一	辛巳	三·一	庚戌	四·一	庚辰
一·十一	辛酉	二·十一	辛卯	三·十一	庚申	四·十一	庚寅
一·二十一	辛未	二·二十一	辛丑	三·二十一	庚午	四·二十一	庚子
五·一	己酉	六·一	己卯	七·一	戊申	八·一	戊寅
五·十一	己未	六·十一	己丑	七·十一	戊午	八·十一	戊子
五·二十一	己巳	六·二十一	己亥	七·二十一	戊辰	八·二十一	戊戌
九·一	丁未	十·一	丁丑	十一·一	丙午	十二·一	丙子
九·十一	丁巳	十·十一	丁亥	十一·十一	丙辰	十二·十一	丙戌
九·二十一	丁卯	十·二十一	丁酉	十一·二十一	丙寅	十二·二十一	丙申

周昭王十一年庚戌（前 1031）

一·一	丙午	二·一	乙亥	三·一	乙巳	四·一	甲戌
一·十一	丙辰	二·十一	乙酉	三·十一	乙卯	四·十一	甲申
一·二十一	丙寅	二·二十一	乙未	三·二十一	乙丑	四·二十一	甲午
五·一	甲辰	六·一	癸酉	七·一	癸卯	八·一	壬申
五·十一	甲寅	六·十一	癸未	七·十一	癸丑	八·十	壬午
五·二十一	甲子	六·二十一	癸巳	七·二十一	癸亥	八·二十一	壬辰
九·一	壬寅	十·一	辛未	十一·一	辛丑	十二·一	庚午　闰十二·一　庚子
九·十一	壬子	十·十一	辛巳	十一·十一	辛亥	十二·十一	庚辰　闰十二·十一　庚戌
九·二十一	壬戌	十·二十一	辛卯	十一·二十一	辛酉	十二·二十一	庚寅　闰十二·二十一　庚申

周昭王十二年辛亥（前 1030）

一·一	己巳	二·一	己亥	三·一	戊辰	四·一	戊戌
一·十一	己卯	二·十一	己酉	三·十一	戊寅	四·十一	戊申
一·二十一	己丑	二·二十一	己未	三·二十一	戊子	四·二十一	戊午
五·一	戊辰	六·一	丁酉	七·一	丁卯	八·一	丙申
五·十一	戊寅	六·十一	丁未	七·十一	丁丑	八·十一	丙午
五·二十一	戊子	六·二十一	丁巳	七·二十一	丁亥	八·二十一	丙辰
九·一	丙寅	十·一	乙未	十一·一	乙丑	十二·一	甲午
九·十一	丙子	十·十一	乙巳	十一·十一	乙亥	十二·十一	甲辰
九·二十一	丙戌	十·二十一	乙卯	十一·二十一	乙酉	十二·二十一	甲寅

周昭王十三年壬子（前1029）

一·一　甲子 一·十一　甲戌 一·二十一　甲申	二·一　癸巳 二·十一　癸卯 二·二十一　癸丑	三·一　癸亥 三·十一　癸酉 三·二十一　癸未	四·一　壬辰 四·十一　壬寅 四·二十一　壬子
五·一　壬戌 五·十一　壬申 五·二十一　壬午	六·一　辛卯 六·十一　辛丑 六·二十一　辛亥	七·一　辛酉 七·十一　辛未 七·二十一　辛巳	八·一　庚寅 八·十一　庚子 八·二十一　庚戌
九·一　庚申 九·十一　庚午 九·二十一　庚辰	十·一　庚寅 十·十一　庚子 十·二十一　庚戌	十一·一　己未 十一·十一　己巳 十一·二十一　己卯	十二·一　己丑 十二·十一　己亥 十二·二十一　己酉

周昭王十四年癸丑（前1028）

一·一　戊午 一·十一　戊辰 一·二十一　戊寅	二·一　戊子 二·十一　戊戌 二·二十一　戊申	三·一　丁巳 三·十一　丁卯 三·二十一　丁丑	四·一　丁亥 四·十一　丁酉 四·二十一　丁未
五·一　丙辰 五·十一　丙寅 五·二十一　丙子	六·一　丙戌 六·十一　丙申 六·二十一　丙午	七·一　乙卯 七·十一　乙丑 七·二十一　乙亥	八·一　乙酉 八·十一　乙未 八·二十一　乙巳
九·一　甲寅　闰九·一　甲申 九·十一　甲子　闰九·十一　甲午 九·二十一甲戌　闰九·二十一甲辰	十·一　癸丑 十·十一　癸亥 十·二十一　癸酉	十一·一　癸未 十一·十一　癸巳 十一·二十一　癸卯	十二·一　癸丑 十二·十一　癸亥 十二·二十一　癸酉

周昭王十五年甲寅（前1027）

一·一　壬午 一·十一　壬辰 一·二十一　壬寅	二·一　壬子 二·十一　壬戌 二·二十一　壬申	三·一　辛巳 三·十一　辛卯 三·二十一　辛丑	四·一　辛亥 四·十一　辛酉 四·二十一　辛未
五·一　庚辰 五·十一　庚寅 五·二十一　庚子	六·一　庚戌 六·十一　庚申 六·二十一　庚午	七·一　己卯 七·十一　己丑 七·二十一　己亥	八·一　己酉 八·十一　己未 八·二十一　己巳
九·一　戊寅 九·十一　戊子 九·二十一　戊戌	十·一　戊申 十·十一　戊午 十·二十一　戊辰	十一·一　丁丑 十一·十一　丁亥 十一·二十一　丁酉	十二·一　丁未 十二·十一　丁巳 十二·二十一　丁卯

周昭王十六年乙卯（前1026）

一·一　丙子 一·十一　丙戌 一·二十一　丙申	二·一　丙午 二·十一　丙辰 二·二十一　丙寅	三·一　乙亥 三·十一　乙酉 三·二十一　乙未	四·一　乙巳 四·十一　乙卯 四·二十一　乙丑
五·一　乙亥 五·十一　乙酉 五·二十一　乙未	六·一　甲辰 六·十一　甲寅 六·二十一　甲子	七·一　甲戌 七·十一　甲申 七·二十一　甲午	八·一　癸卯 八·十一　癸丑 八·二十一　癸亥
九·一　癸酉 九·十一　癸未 九·二十一　癸巳	十·一　壬寅 十·十一　壬子 十·二十一　壬戌	十一·一　壬申 十一·十一　壬午 十一·二十一　壬辰	十二·一　辛丑 十二·十一　辛亥 十二·二十一　辛酉

周昭王十七年丙辰（前 1025）

一・一 辛未	二・一 庚子	三・一 庚午	四・一 己亥
一・十一 辛巳	二・十一 庚戌	三・十一 庚辰	四・十一 己酉
一・二十一 辛卯	二・二十一 庚申	三・二十一 庚寅	四・二十一 己未
五・一 己巳	六・一 戊戌 闰六・一 戊辰	七・一 戊戌	八・一 丁卯
五・十一 己卯	六・十一 戊申 闰六・十一 戊寅	七・十一 戊申	八・十一 丁丑
五・二十一 己丑	六・二十一戊午 闰六・二十一戊子	七・二十一 戊午	八・二十一 丁亥
九・一 丁酉	十・一 丙寅	十一・一 丙申	十二・一 乙丑
九・十一 丁未	十・十一 丙子	十一・十一 丙午	十二・十一 乙亥
九・二十一 丁巳	十・二十一 丙戌	十一・二十一 丙辰	十二・二十一 乙酉

周昭王十八年丁巳（前 1024）

一・一 乙未	二・一 甲子	三・一 甲午	四・一 癸亥
一・十一 乙巳	二・十一 甲戌	三・十一 甲辰	四・十一 癸酉
一・二十一 乙卯	二・二十一 甲申	三・二十一 甲寅	四・二十一 癸未
五・一 癸巳	六・一 壬戌	七・一 壬辰	八・一 辛酉
五・十一 癸卯	六・十一 壬申	七・十一 壬寅	八・十一 辛未
五・二十一 癸丑	六・二十一 壬午	七・二十一 壬子	八・二十一 辛巳
九・一 辛卯	十・一 庚申	十一・一 庚寅	十二・一 庚申
九・十一 辛丑	十・十一 庚午	十一・十一 庚子	十二・十一 庚午
九・二十一 辛亥	十・二十一 庚辰	十一・二十一 庚戌	十二・二十一 庚辰

周穆王元年戊午（前 1023）

一・一 己丑	二・一 己未	三・一 戊子	四・一 戊午
一・十一 己亥	二・十一 己巳	三・十一 戊戌	四・十一 戊辰
一・二十一 己酉	二・二十一 己卯	三・二十一 戊申	四・二十一 戊寅
五・一 丁亥	六・一 丁巳	七・一 丙戌	八・一 丙辰
五・十一 丁酉	六・十一 丁卯	七・十一 丙申	八・十 丙寅
五・二十一 丁未	六・二十一 丁丑	七・二十一 丙午	八・二十一 丙子
九・一 乙酉	十・一 乙卯	十一・一 甲申	十二・一 甲寅
九・十一 乙未	十・十一 乙丑	十一・十一 甲午	十二・十一 甲子
九・二十一 乙巳	十・二十一 乙亥	十一・二十一 甲辰	十二・二十一 甲戌

周穆王二年己未（前 1022）

一・一 癸未	二・一 癸丑 闰二・一 壬午	三・一 壬子	四・一 壬午
一・十一 癸巳	二・十一 癸亥 闰二・十一 壬辰	三・十一 壬戌	四・十一 壬辰
一・二十一 癸卯	二・二十一癸酉 闰二・二十一壬寅	三・二十一 壬申	四・二十一 壬寅
五・一 辛亥	六・一 辛巳	七・一 庚戌	八・一 庚辰
五・十一 辛酉	六・十一 辛卯	七・十一 庚申	八・十一 庚寅
五・二十一 辛未	六・二十一 辛丑	七・二十一 庚午	八・二十一 庚子
九・一 己酉	十・一 己卯	十一・一 戊申	十二・一 戊寅
九・十一 己未	十・十一 己丑	十一・十一 戊午	十二・十一 戊子
九・二十一 己巳	十・二十一 己亥	十一・二十一 戊辰	十二・二十一 戊戌

周穆王三年庚申（前 1021）

一·一　丁未	二·一　丁丑	三·一　丙午	四·一　丙子
一·十一　丁巳	二·十一　丁亥	三·十一　丙辰	四·十一　丙戌
一·二十一　丁卯	二·二十一　丁酉	三·二十一　丙寅	四·二十一　丙申
五·一　乙巳	六·一　乙亥	七·一　乙巳	八·一　甲戌
五·十一　乙卯	六·十一　乙酉	七·十一　乙卯	八·十一　甲申
五·二十一　乙丑	六·二十一　乙未	七·二十一　乙丑	八·二十一　甲午
九·一　甲辰	十·一　癸酉	十一·一　癸卯	十二·一　壬申
九·十一　甲寅	十·十一　癸未	十一·十一　癸丑	十二·十一　壬午
九·二十一　甲子	十·二十一　癸巳	十一·二十一　癸亥	十二·二十一　壬辰

周穆王四年辛酉（前 1020）

一·一　壬寅	二·一　辛未	三·一　辛丑	四·一　庚午
一·十一　壬子	二·十一　辛巳	三·十一　辛亥	四·十一　庚辰
一·二十一　壬戌	二·二十一　辛卯	三·二十一　辛酉	四·二十一　庚寅
五·一　庚子	六·一　己巳	七·一　己亥	八·一　戊辰
五·十一　庚戌	六·十一　己卯	七·十一　己酉	八·十一　戊寅
五·二十一　庚申	六·二十一　己丑	七·二十一　己未	八·二十一　戊子
九·一　戊戌	十·一　丁卯　闰十·一　丁酉	十一·一　丁卯	十二·一　丙申
九·十一　戊申	十·十一　丁丑　闰十·十一　丁未	十一·十一　丁丑	十二·十一　丙午
九·二十一　戊午	十·二十一丁亥　闰十·二十一丁巳	十一·二十一　丁亥	十二·二十一　丙辰

周穆王五年壬戌（前 1019）

一·一　丙寅	二·一　乙未	三·一　乙丑	四·一　甲午
一·十一　丙子	二·十一　乙巳	三·十一　乙亥	四·十一　甲辰
一·二十一　丙戌	二·二十一　乙卯	三·二十一　乙酉	四·二十一　甲寅
五·一　甲子	六·一　癸巳	七·一　癸亥	八·一　壬辰
五·十一　甲戌	六·十一　癸卯	七·十一　癸酉	八·十一　壬寅
五·二十一　甲申	六·二十一　癸丑	七·二十一　癸未	八·二十一　壬子
九·一　壬戌	十·一　辛卯	十一·一　辛酉	十二·一　庚寅
九·十一　壬申	十·十一　辛丑	十一·十一　辛未	十二·十一　庚子
九·二十一　壬午	十·二十一　辛亥	十一·二十一　辛巳	十二·二十一　庚戌

周穆王六年癸亥（前 1018）

一·一　庚申	二·一　庚寅	三·一　己未	四·一　己丑
一·十一　庚午	二·十一　庚子	三·十一　己巳	四·十一　己亥
一·二十一　庚辰	二·二十一　庚戌	三·二十一　己卯	四·二十一　己酉
五·一　戊午	六·一　戊子	七·一　丁巳	八·一　丁亥
五·十一　戊辰	六·十一　戊戌	七·十一　丁卯	八·十一　丁酉
五·二十一　戊寅	六·二十一　戊申	七·二十一　丁丑	八·二十一　丁未
九·一　丙辰	十·一　丙戌	十一·一　乙卯	十二·一　乙酉
九·十一　丙寅	十·十一　丙申	十一·十一　乙丑	十二·十一　乙未
九·二十一　丙子	十·二十一　丙午	十一·二十一　乙亥	十二·二十一　乙巳

周穆王七年甲子（前 1017）

一·一 甲寅 一·十一 甲子 一·二十一 甲戌	二·一 甲申 二·十一 甲午 二·二十一 甲辰	三·一 癸丑 三·十一 癸亥 三·二十一 癸酉	四·一 癸未 四·十一 癸巳 四·二十一 癸卯
五·一 壬子 五·十一 壬戌 五·二十一 壬申	六·一 壬午 六·十一 壬辰 六·二十一 壬寅	七·一 壬子 闰七·一 辛巳 七·十一 壬戌 闰七·十一 辛卯 七·二十一壬申 闰七·二十一辛丑	八·一 辛亥 八·十一 辛酉 八·二十一 辛未
九·一 庚辰 九·十一 庚寅 九·二十一 庚子	十·一 庚戌 十·十一 庚申 十·二十一 庚午	十一·一 己卯 十一·十一 己丑 十一·二十一 己亥	十二·一 己酉 十二·十一 己未 十二·二十一 己巳

周穆王八年乙丑（前 1016）

一·一 戊寅 一·十一 戊子 一·二十一 戊戌	二·一 戊申 二·十一 戊午 二·二十一 戊辰	三·一 丁丑 三·十一 丁亥 三·二十一 丁酉	四·一 丁未 四·十一 丁巳 四·二十一 丁卯
五·一 丙子 五·十一 丙戌 五·二十一 丙申	六·一 丙午 六·十一 丙辰 六·二十一 丙寅	七·一 乙亥 七·十一 乙酉 七·二十一 乙未	八·一 乙巳 八·十一 乙卯 八·二十一 乙丑
九·一 甲戌 九·十一 甲申 九·二十一 甲午	十·一 甲辰 十·十一 甲寅 十·二十一 甲子	十一·一 甲戌 十一·十一 甲申 十一·二十一 甲午	十二·一 癸卯 十二·十一 癸丑 十二·二十一 癸亥

周穆王九年丙寅（前 1015）

一·一 癸酉 一·十一 癸未 一·二十一 癸巳	二·一 壬寅 二·十一 壬子 二·二十一 壬戌	三·一 壬申 三·十一 壬午 三·二十一 壬辰	四·一 辛丑 四·十 辛亥 四·二十一 辛酉
五·一 辛未 五·十一 辛巳 五·二十一 辛卯	六·一 庚子 六·十一 庚戌 六·二十一 庚申	七·一 庚午 七·十一 庚辰 七·二十一 庚寅	八·一 己亥 八·十 己酉 八·二十一 己未
九·一 己巳 九·十一 己卯 九·二十一 己丑	十·一 戊戌 十·十一 戊申 十·二十一 戊午	十一·一 戊辰 十一·十一 戊寅 十一·二十一 戊子	十二·一 丁酉 十二·十一 丁未 十二·二十一 丁巳

周穆王十年丁卯（前 1014）

一·一 丁卯 一·十一 丁丑 一·二十一 丁亥	二·一 丁酉 二·十一 丁未 二·二十一 丁巳	三·一 丙寅 三·十一 丙子 三·二十一 丙戌	四·一 丙申 闰四·一 乙丑 四·十一 丙午 闰四·十一 乙亥 四·二十一丙辰 闰四·二十一乙酉
五·一 乙未 五·十一 乙巳 五·二十一 乙卯	六·一 甲子 六·十一 甲戌 六·二十一 甲申	七·一 甲午 七·十一 甲辰 七·二十一 甲寅	八·一 癸亥 八·十一 癸酉 八·二十一 癸未
九·一 癸巳 九·十一 癸卯 九·二十一 癸丑	十·一 壬戌 十·十一 壬申 十·二十一 壬午	十一·一 壬辰 十一·十一 壬寅 十一·二十一 壬子	十二·一 辛酉 十二·十一 辛未 十二·二十一 辛巳

周穆王十一年戊辰（前 1013）

一·一	辛卯	二·一	庚申	三·一	庚寅	四·一	己未
一·十一	辛丑	二·十一	庚午	三·十一	庚子	四·十一	己巳
一·二十一	辛亥	二·二十一	庚辰	三·二十一	庚戌	四·二十一	己卯
五·一	己丑	六·一	己未	七·一	戊子	八·一	戊午
五·十一	己亥	六·十一	己巳	七·十一	戊戌	八·十一	戊辰
五·二十一	己酉	六·二十一	己卯	七·二十一	戊申	八·二十一	戊寅
九·一	丁亥	十·一	丁巳	十一·一	丙戌	十二·一	丙辰
九·十一	丁酉	十·十一	丁卯	十一·十一	丙申	十二·十一	丙寅
九·二十一	丁未	十·二十一	丁丑	十一·二十一	丙午	十二·二十一	丙子

周穆王十二年己巳（前 1012）

一·一	乙酉	二·一	乙卯	三·一	甲申	四·一	甲寅
一·十一	乙未	二·十一	乙丑	三·十一	甲午	四·十一	甲子
一·二十一	乙巳	二·二十一	乙亥	三·二十一	甲辰	四·二十一	甲戌
五·一	癸未	六·一	癸丑	七·一	壬午	八·一	壬子
五·十一	癸巳	六·十一	癸亥	七·十一	壬辰	八·十一	壬戌
五·二十一	癸卯	六·二十一	癸酉	七·二十一	壬寅	八·二十一	壬申
九·一	壬午	十·一	辛亥	十一·一	辛巳	十二·一　庚戌	闰十二·一　庚辰
九·十一	壬辰	十·十一	辛酉	十一·十一	辛卯	十二·十一　庚申	闰十二·十一　庚寅
九·二十一	壬寅	十·二十一	辛未	十一·二十一	辛丑	十二·二十一庚午	闰十二·二十一庚子

周穆王十三年庚午（前 1011）

一·一	己酉	二·一	己卯	三·一	戊申	四·一	戊寅
一·十一	己未	二·十一	己丑	三·十一	戊午	四·十一	戊子
一·二十一	己巳	二·二十一	己亥	三·二十一	戊辰	四·二十一	戊戌
五·一	丁未	六·一	丁丑	七·一	丙午	八·一	丙子
五·十一	丁巳	六·十一	丁亥	七·十一	丙辰	八·十一	丙戌
五·二十一	丁卯	六·二十一	丁酉	七·二十一	丙寅	八·二十一	丙申
九·一	乙巳	十·一	乙亥	十一·一	甲辰	十二·一	甲戌
九·十一	乙卯	十·十一	乙酉	十一·十一	甲寅	十二·十一	甲申
九·二十一	乙丑	十·二十一	乙未	十一·二十一	甲子	十二·二十一	甲午

周穆王十四年辛未（前 1010）

一·一	甲辰	二·一	癸酉	三·一	癸卯	四·一	壬申
一·十一	甲寅	二·十一	癸未	三·十一	癸丑	四·十一	壬午
一·二十一	甲子	二·二十一	癸巳	三·二十一	癸亥	四·二十一	壬辰
五·一	壬寅	六·一	辛未	七·一	辛丑	八·一	庚午
五·十一	壬子	六·十一	辛巳	七·十一	辛亥	八·十一	庚辰
五·二十一	壬戌	六·二十一	辛卯	七·二十一	辛酉	八·二十一	庚寅
九·一	庚子	十·一	己巳	十一·一	己亥	十二·一	戊辰
九·十一	庚戌	十·十一	己卯	十一·十一	己酉	十二·十一	戊寅
九·二十一	庚申	十·二十一	己丑	十一·二十一	己未	十二·二十一	戊子

周穆王十五年壬申（前 1009）

一・一 戊戌	二・一 丁卯	三・一 丁酉	四・一 丙寅
一・十一 戊申	二・十一 丁丑	三・十一 丁未	四・十一 丙子
一・二十一 戊午	二・二十一 丁亥	三・二十一 丁巳	四・二十一 丙戌
五・一 丙申	六・一 丙寅	七・一 乙未	八・一 乙丑 闰八・一 甲午
五・十一 丙午	六・十一 丙子	七・十一 乙巳	八・十一 乙亥 闰八・十一 甲辰
五・二十一 丙辰	六・二十一 丙戌	七・二十一 乙卯	八・二十一乙酉 闰八・二十一甲寅
九・一 甲子	十・一 癸巳	十一・一 癸亥	十二・一 壬辰
九・十一 甲戌	十・十一 癸卯	十一・十一 癸酉	十二・十一 壬寅
九・二十一 甲申	十・二十一 癸丑	十一・二十一 癸未	十二・二十一 壬子

周穆王十六年癸酉（前 1008）

一・一 壬戌	二・一 辛卯	三・一 辛酉	四・一 庚寅
一・十一 壬申	二・十一 辛丑	三・十一 辛未	四・十一 庚子
一・二十一 壬午	二・二十一 辛亥	三・二十一 辛巳	四・二十一 庚戌
五・一 庚申	六・一 己丑	七・一 己未	八・一 己丑
五・十一 庚午	六・十一 己亥	七・十一 己巳	八・十一 己亥
五・二十一 庚辰	六・二十一 己酉	七・二十一 己卯	八・二十一 己酉
九・一 戊午	十・一 戊子	十一・一 丁巳	十二・一 丁亥
九・十一 戊辰	十・十一 戊戌	十一・十一 丁卯	十二・十一 丁酉
九・二十一 戊寅	十・二十一 戊申	十一・二十一 丁丑	十二・二十一 丁未

周穆王十七年甲戌（前 1007）

一・一 丙辰	二・一 丙戌	三・一 乙卯	四・一 乙酉
一・十一 丙寅	二・十一 丙申	三・十一 乙丑	四・十一 乙未
一・二十一 丙子	二・二十一 丙午	三・二十一 乙亥	四・二十一 乙巳
五・一 甲寅	六・一 甲申	七・一 癸丑	八・一 癸未
五・十一 甲子	六・十一 甲午	七・十一 癸亥	八・十一 癸巳
五・二十一 甲戌	六・二十一 甲辰	七・二十一 癸酉	八・二十一 癸卯
九・一 壬子	十・一 壬午	十一・一 辛亥	十二・一 辛巳
九・十一 壬戌	十・十一 壬辰	十一・十一 辛酉	十二・十一 辛卯
九・二十一 壬申	十・二十一 壬寅	十一・二十一 辛未	十二・二十一 辛丑

周穆王十八年乙亥（前 1006）

一・一 辛亥	二・一 庚辰	三・一 庚戌	四・一 己卯
一・十一 辛酉	二・十一 庚寅	三・十一 庚申	四・十一 己丑
一・二十一 辛未	二・二十一 庚子	三・二十一 庚午	四・二十一 己亥
五・一 己酉	六・一 戊寅	七・一 戊申	八・一 丁丑
五・十一 己未	六・十一 戊子	七・十一 戊午	八・十一 丁亥
五・二十一 己巳	六・二十一 戊戌	七・二十一 戊辰	八・二十一 丁酉
九・一 丁未	十・一 丙子 闰十・一 丙午	十一・一 乙亥	十二・一 乙巳
九・十一 丁巳	十・十一 丙戌 闰十・十一 丙辰	十一・十一 乙酉	十二・十一 乙卯
九・二十一 丁卯	十・二十一丙申 闰十・二十一丙寅	十一・二十一 乙未	十二・二十一 乙丑

周穆王十九年丙子（前 1005）

一·一　甲戌	二·一　甲辰	三·一　甲戌	四·一　癸卯
一·十一　甲申	二·十一　甲寅	三·十一　甲申	四·十一　癸丑
一·二十一　甲午	二·二十一　甲子	三·二十一　甲午	四·二十一　癸亥
五·一　癸酉	六·一　壬寅	七·一　壬申	八·一　辛丑
五·十一　癸未	六·十一　壬子	七·十一　壬午	八·十一　辛亥
五·二十一　癸巳	六·二十一　壬戌	七·二十一　壬辰	八·二十一　辛酉
九·一　辛未	十·一　庚子	十一·一　庚午	十二·一　己亥
九·十一　辛巳	十·十一　庚戌	十一·十一　庚辰	十二·十一　己酉
九·二十一　辛卯	十·二十一　庚申	十一·二十一　庚寅	十二·二十一　己未

周穆王二十年丁丑（前 1004）

一·一　己巳	二·一　戊戌	三·一　戊辰	四·一　丁酉
一·十一　己卯	二·十一　戊申	三·十一　戊寅	四·十一　丁未
一·二十一　己丑	二·二十一　戊午	三·二十一　戊子	四·二十一　丁巳
五·一　丁卯	六·一　丙申	七·一　丙寅	八·一　丙申
五·十一　丁丑	六·十一　丙午	七·十一　丙子	八·十一　丙午
五·二十一　丁亥	六·二十一　丙辰	七·二十一　丙戌	八·二十一　丙辰
九·一　乙丑	十·一　乙未	十一·一　甲子	十二·一　甲午
九·十一　乙亥	十·十一　乙巳	十一·十一　甲戌	十二·十一　甲辰
九·二十一　乙酉	十·二十一　乙卯	十一·二十一　甲申	十二·二十一　甲寅

周穆王二十一年戊寅（前 1003）

一·一　癸亥	二·一　癸巳　闰二·一　壬戌	三·一　壬辰	四·一　辛酉
一·十一　癸酉	二·十一　癸卯　闰二·十一　壬申	三·十一　壬寅	四·十一　辛未
一·二十一　癸未	二·二十一　癸丑　闰二·二十一　壬午	三·二十一　壬子	四·二十一　辛巳
五·一　辛卯	六·一　庚申	七·一　庚寅	八·一　己未
五·十一　辛丑	六·十一　庚午	七·十一　庚子	八·十一　己巳
五·二十一　辛亥	六·二十一　庚辰	七·二十一　庚戌	八·二十一　己卯
九·一　己丑	十·一　戊午	十一·一　戊子	十二·一　戊午
九·十一　己亥	十·十一　戊辰	十一·十一　戊戌	十二·十一　戊辰
九·二十一　己酉	十·二十一　戊寅	十一·二十一　戊申	十二·二十一　戊寅

周穆王二十二年己卯（前 1002）

一·一　丁亥	二·一　丁巳	三·一　丙戌	四·一　丙辰
一·十一　丁酉	二·十一　丁卯	三·十一　丙申	四·十一　丙寅
一·二十一　丁未	二·二十一　丁丑	三·二十一　丙午	四·二十一　丙子
五·一　乙酉	六·一　乙卯	七·一　甲申	八·一　甲寅
五·十一　乙未	六·十一　乙丑	七·十一　甲午	八·十一　甲子
五·二十一　乙巳	六·二十一　乙亥	七·二十一　甲辰	八·二十一　甲戌
九·一　癸未	十·一　癸丑	十一·一　壬午	十二·一　壬子
九·十一　癸巳	十·十一　癸亥	十一·十一　壬辰	十二·十一　壬戌
九·二十一　癸卯	十·二十一　癸酉	十一·二十一　壬寅	十二·二十一　壬申

周穆王二十三年庚辰（前1001）

一•一 辛巳	二•一 辛亥	三•一 辛巳	四•一 庚戌
一•十一 辛卯	二•十一 辛酉	三•十一 辛卯	四•十一 庚申
一•二十一 辛丑	二•二十一 辛未	三•二十一 辛丑	四•二十一 庚午
五•一 庚辰	六•一 己酉	七•一 己卯	八•一 戊申
五•十一 庚寅	六•十一 己未	七•十一 己丑	八•十一 戊午
五•二十一 庚子	六•二十一 己巳	七•二十一 己亥	八•二十一 戊辰
九•一 戊寅	十•一 丁未	十一•一 丁丑 闰十一•一 丙午	十二•一 丙子
九•十一 戊子	十•十一 丁巳	十一•十一 丁亥 闰十一•十一 丙辰	十二•十一 丙戌
九•二十一 戊戌	十•二十一 丁卯	十一•二十一丁酉 闰十一•二十一丙寅	十二•二十一 丙申

周穆王二十四年辛巳（前1000）

一•一 乙巳	二•一 乙亥	三•一 甲辰	四•一 甲戌
一•十一 乙卯	二•十一 乙酉	三•十一 甲寅	四•十一 甲申
一•二十一 乙丑	二•二十一 乙未	三•二十一 甲子	四•二十一 甲午
五•一 癸卯	六•一 癸酉	七•一 癸卯	八•一 壬申
五•十一 癸丑	六•十一 癸未	七•十一 癸丑	八•十一 壬午
五•二十一 癸亥	六•二十一 癸巳	七•二十一 癸亥	八•二十一 壬辰
九•一 壬寅	十•一 辛未	十一•一 辛丑	十二•一 庚午
九•十一 壬子	十•十一 辛巳	十一•十一 辛亥	十二•十一 庚辰
九•二十一 壬戌	十•二十一 辛卯	十一•二十一 辛酉	十二•二十一 庚寅

周穆王二十五年壬午（前999）

一•一 庚子	二•一 己巳	三•一 己亥	四•一 戊辰
一•十一 庚戌	二•十 己卯	三•十 己酉	四•十一 戊寅
一•二十一 庚申	二•二十一 己丑	三•二十一 己未	四•二十一 戊子
五•一 戊戌	六•一 丁卯	七•一 丁酉	八•一 丁卯
五•十一 戊申	六•十一 丁丑	七•十 丁未	八•十 丁丑
五•二十一 戊午	六•二十一 丁亥	七•二十一 丁巳	八•二十一 丁亥
九•一 丙申	十•一 丙寅	十一•一 乙未	十二•一 乙丑
九•十一 丙午	十•十一 丙子	十一•十一 乙巳	十二•十一 乙亥
九•二十一 丙辰	十•二十一 丙戌	十一•二十一 乙卯	十二•二十一 乙酉

周穆王二十六年癸未（前998）

一•一 甲午	二•一 甲子	三•一 癸巳	四•一 癸亥 闰四•一 壬辰
一•十一 甲辰	二•十一 甲戌	三•十一 癸卯	四•十一 癸酉 闰四•十一 壬寅
一•二十一 甲寅	二•二十一 甲申	三•二十一 癸丑	四•二十一癸未 闰四•二十一壬子
五•一 壬戌	六•一 辛卯	七•一 辛酉	八•一 庚寅
五•十一 壬申	六•十一 辛丑	七•十一 辛未	八•十一 庚子
五•二十一 壬午	六•二十一 辛亥	七•二十一 辛巳	八•二十一 庚戌
九•一 庚申	十•一 己丑	十一•一 己未	十二•一 戊子
九•十一 庚午	十•十一 己亥	十一•十一 己巳	十二•十一 戊戌
九•二十一 庚辰	十•二十一 己酉	十一•二十一 己卯	十二•二十一 戊申

周穆王二十七年甲申(前997)

一·一	戊午	二·一	戊子	三·一	丁巳	四·一	丁亥
一·十一	戊辰	二·十一	戊戌	三·十一	丁卯	四·十一	丁酉
一·二十一	戊寅	二·二十一	戊申	三·二十一	丁丑	四·二十一	丁未
五·一	丙辰	六·一	丙戌	七·一	乙卯	八·一	乙酉
五·十一	丙寅	六·十一	丙申	七·十一	乙丑	八·十一	乙未
五·二十一	丙子	六·二十一	丙午	七·二十一	乙亥	八·二十一	乙巳
九·一	甲寅	十·一	甲申	十一·一	癸丑	十二·一	癸未
九·十一	甲子	十·十一	甲午	十一·十一	癸亥	十二·十一	癸巳
九·二十一	甲戌	十·二十一	甲辰	十一·二十一	癸酉	十二·二十一	癸卯

周穆王二十八年乙酉(前996)

一·一	壬子	二·一	壬午	三·一	辛亥	四·一	辛巳
一·十一	壬戌	二·十一	壬辰	三·十一	辛酉	四·十一	辛卯
一·二十一	壬申	二·二十一	壬寅	三·二十一	辛未	四·二十一	辛丑
五·一	庚戌	六·一	庚辰	七·一	庚戌	八·一	己卯
五·十一	庚申	六·十一	庚寅	七·十一	庚申	八·十一	己丑
五·二十一	庚午	六·二十一	庚子	七·二十一	庚午	八·二十一	己亥
九·一	己酉	十·一	戊寅	十一·一	戊申	十二·一	丁丑
九·十一	己未	十·十一	戊子	十一·十一	戊午	十二·十一	丁亥
九·二十一	己巳	十·二十一	戊戌	十一·二十一	戊辰	十二·二十一	丁酉

周穆王二十九年丙戌(前995)

一·一	丁未	二·一	丙子	三·一	丙午	四·一	乙亥
一·十一	丁巳	二·十一	丙戌	三·十一	丙辰	四·十一	乙酉
一·二十一	丁卯	二·二十一	丙申	三·二十一	丙寅	四·二十一	乙未
五·一　乙巳　闰五·一　甲戌		六·一	甲辰	七·一	癸酉	八·一	癸卯
五·十一　乙卯　闰五·十一　甲申		六·十一	甲寅	七·十一	癸未	八·十一	癸丑
五·二十一乙丑　闰五·二十一甲午		六·二十一	甲子	七·二十一	癸巳	八·二十一	癸亥
九·一	癸酉	十·一	壬寅	十一·一	壬申	十二·一	辛丑
九·十一	癸未	十·十一	壬子	十一·十一	壬午	十二·十一	辛亥
九·二十一	癸巳	十·二十一	壬戌	十一·二十一	壬辰	十二·二十一	辛酉

周穆王三十年丁亥(前994)

一·一	辛未	二·一	庚子	三·一	庚午	四·一	己亥
一·十一	辛巳	二·十一	庚戌	三·十一	庚辰	四·十一	己酉
一·二十一	辛卯	二·二十一	庚申	三·二十一	庚寅	四·二十一	己未
五·一	己巳	六·一	戊戌	七·一	戊辰	八·一	丁酉
五·十一	己卯	六·十一	戊申	七·十一	戊寅	八·十一	丁未
五·二十一	己丑	六·二十一	戊午	七·二十一	戊子	八·二十一	丁巳
九·一	丁卯	十·一	丙申	十一·一	丙寅	十二·一	乙未
九·十一	丁丑	十·十一	丙午	十一·十一	丙子	十二·十一	乙巳
九·二十一	丁亥	十·二十一	丙辰	十一·二十一	丙戌	十二·二十一	乙卯

周穆王三十一年戊子（前993）

一・一	乙丑	二・一	乙未	三・一	甲子	四・一	甲午
一・十一	乙亥	二・十一	乙巳	三・十一	甲戌	四・十一	甲辰
一・二十一	乙酉	二・二十一	乙卯	三・二十一	甲申	四・二十一	甲寅
五・一	癸亥	六・一	癸巳	七・一	壬戌	八・一	壬辰
五・十一	癸酉	六・十一	癸卯	七・十一	壬申	八・十一	壬寅
五・二十一	癸未	六・二十一	癸丑	七・二十一	壬午	八・二十一	壬子
九・一	辛酉	十・一	辛卯	十一・一	庚申	十二・一	庚寅
九・十一	辛未	十・十一	辛丑	十一・十一	庚午	十二・十一	庚子
九・二十一	辛巳	十・二十一	辛亥	十一・二十一	庚辰	十二・二十一	庚戌

周穆王三十二年己丑（前992）

一・一	己未	二・一　己丑	闰二・一　戊午	三・一	戊子	四・一	戊午
一・十一	己巳	二・十一　己亥	闰二・十一　戊辰	三・十一	戊戌	四・十一	戊辰
一・二十一	己卯	二・二十一己酉	闰二・二十一戊寅	三・二十一	戊申	四・二十一	戊寅
五・一	丁亥	六・一	丁巳	七・一	丙戌	八・一	丙辰
五・十一	丁酉	六・十一	丁卯	七・十一	丙申	八・十一	丙寅
五・二十一	丁未	六・二十一	丁丑	七・二十一	丙午	八・二十一	丙子
九・一	乙酉	十・一	乙卯	十一・一	甲申	十二・一	甲寅
九・十一	乙未	十・十一	乙丑	十一・十一	甲午	十二・十一	甲子
九・二十一	乙巳	十・二十一	乙亥	十一・二十一	甲辰	十二・二十一	甲戌

周穆王三十三年庚寅（前991）

一・一	癸未	二・一	癸丑	三・一	壬午	四・一	壬子
一・十一	癸巳	二・十	癸亥	三・十一	壬辰	四・十一	壬戌
一・二十一	癸卯	二・二十一	癸酉	三・二十一	壬寅	四・二十一	壬申
五・一	辛巳	六・一	辛亥	七・一	庚辰	八・一	庚戌
五・十一	辛卯	六・十一	辛酉	七・十	庚寅	八・十一	庚申
五・二十一	辛丑	六・二十一	辛未	七・二十一	庚子	八・二十一	庚午
九・一	庚辰	十・一	己酉	十一・一	己卯	十二・一	戊申
九・十一	庚寅	十・十一	己未	十一・十一	己丑	十二・十一	戊午
九・二十一	庚子	十・二十一	己巳	十一・二十一	己亥	十二・二十一	戊辰

周穆王三十四年辛卯（前990）

一・一	戊寅	二・一	丁未	三・一	丁丑	四・一	丙午
一・十一	戊子	二・十一	丁巳	三・十一	丁亥	四・十一	丙辰
一・二十一	戊戌	二・二十一	丁卯	三・二十一	丁酉	四・二十一	丙寅
五・一	丙子	六・一	乙巳	七・一	乙亥	八・一	甲辰
五・十一	丙戌	六・十一	乙卯	七・十一	乙酉	八・十一	甲寅
五・二十一	丙申	六・二十一	乙丑	七・二十一	乙未	八・二十一	甲子
九・一	甲戌	十・一　癸卯	闰十・一　癸酉	十一・一	壬寅	十二・一	壬申
九・十一	甲申	十・十一　癸丑	闰十・十一　癸未	十一・十一	壬子	十二・十一	壬午
九・二十一	甲午	十・二十一癸亥	闰十・二十一癸巳	十一・二十一	壬戌	十二・二十一	壬辰

周穆王三十五年壬辰（前 989）

一·一　壬寅	二·一　辛未	三·一　辛丑	四·一　庚午
一·十一　壬子	二·十一　辛巳	三·十一　辛亥	四·十一　庚辰
一·二十一　壬戌	二·二十一　辛卯	三·二十一　辛酉	四·二十一　庚寅
五·一　庚子	六·一　己巳	七·一　己亥	八·一　戊辰
五·十一　庚戌	六·十一　己卯	七·十一　己酉	八·十一　戊寅
五·二十一　庚申	六·二十一　己丑	七·二十一　己未	八·二十一　戊子
九·一　戊戌	十·一　丁卯	十一·一　丁酉	十二·一　丙寅
九·十一　戊申	十·十一　丁丑	十一·十一　丁未	十二·十一　丙子
九·二十一　戊午	十·二十一　丁亥	十一·二十一　丁巳	十二·二十一　丙戌

周穆王三十六年癸巳（前 988）

一·一　丙申	二·一　乙丑	三·一　乙未	四·一　乙丑
一·十一　丙午	二·十一　乙亥	三·十一　乙巳	四·十一　乙亥
一·二十一　丙辰	二·二十一　乙酉	三·二十一　乙卯	四·二十一　乙酉
五·一　甲午	六·一　甲子	七·一　癸巳	八·一　癸亥
五·十一　甲辰	六·十一　甲戌	七·十一　癸卯	八·十一　癸酉
五·二十一　甲寅	六·二十一　甲申	七·二十一　癸丑	八·二十一　癸未
九·一　壬辰	十·一　壬戌	十一·一　辛卯	十二·一　辛酉
九·十一　壬寅	十·十一　壬申	十一·十一　辛丑	十二·十一　辛未
九·二十一　壬子	十·二十一　壬午	十一·二十一　辛亥	十二·二十一　辛巳

周穆王三十七年甲午（前 987）

一·一　庚寅	二·一　庚申	三·一　己丑	四·一　己未
一·十一　庚子	二·十一　庚午	三·十一　己亥	四·十一　己巳
一·二十一　庚戌	二·二十一　庚辰	三·二十一　己酉	四·二十一　己卯
五·一　戊子	六·一　戊午　闰六·一　丁亥	七·一　丁巳	八·一　丁亥
五·十一　戊戌	六·十一　戊辰　闰六·十一　丁酉	七·十一　丁卯	八·十一　丁酉
五·二十一　戊申	六·二十一　戊寅　闰六·二十一　丁未	七·二十一　丁丑	八·二十一　丁未
九·一　丙辰	十·一　丙戌	十一·一　乙卯	十二·一　乙酉
九·十一　丙寅	十·十一　丙申	十一·十一　乙丑	十二·十一　乙未
九·二十一　丙子	十·二十一　丙午	十一·二十一　乙亥	十二·二十一　乙巳

周穆王三十八年乙未（前 986）

一·一　甲寅	二·一　甲申	三·一　癸丑	四·一　癸未
一·十一　甲子	二·十一　甲午	三·十一　癸亥	四·十一　癸巳
一·二十一　甲戌	二·二十一　甲辰	三·二十一　癸酉	四·二十一　癸卯
五·一　壬子	六·一　壬午	七·一　辛亥	八·一　辛巳
五·十一　壬戌	六·十一　壬辰	七·十一　辛酉	八·十一　辛卯
五·二十一　壬申	六·二十一　壬寅	七·二十一　辛未	八·二十一　辛丑
九·一　庚戌	十·一　庚辰	十一·一　庚戌	十二·一　己卯
九·十一　庚申	十·十一　庚寅	十一·十一　庚申	十二·十一　己丑
九·二十一　庚午	十·二十一　庚子	十一·二十一　庚午	十二·二十一　己亥

周穆王三十九年丙申（前985）

一·一	己酉	二·一	戊寅	三·一	戊申	四·一	丁丑
一·十一	己未	二·十一	戊子	三·十一	戊午	四·十一	丁亥
一·二十一	己巳	二·二十一	戊戌	三·二十一	戊辰	四·二十一	丁酉
五·一	丁未	六·一	丙子	七·一	丙午	八·一	乙亥
五·十一	丁巳	六·十一	丙戌	七·十一	丙辰	八·十一	乙酉
五·二十一	丁卯	六·二十一	丙申	七·二十一	丙寅	八·二十一	乙未
九·一	乙巳	十·一	甲戌	十一·一	甲辰	十二·一	癸酉
九·十一	乙卯	十·十一	甲申	十一·十一	甲寅	十二·十一	癸未
九·二十一	乙丑	十·二十一	甲午	十一·二十一	甲子	十二·二十一	癸巳

周穆王四十年丁酉（前984）

一·一	癸卯	二·一	壬申	三·一	壬寅	四·一	辛未
一·十一	癸丑	二·十一	壬午	三·十一	壬子	四·十一	辛巳
一·二十一	癸亥	二·二十一	壬辰	三·二十一	壬戌	四·二十一	辛卯
五·一	辛丑	六·一	庚午	七·一	庚子	八·一	己巳
五·十一	辛亥	六·十一	庚辰	七·十一	庚戌	八·十一	己卯
五·二十一	辛酉	六·二十一	庚寅	七·二十一	庚申	八·二十一	己丑
九·一	己亥	十·一	戊辰	十一·一	戊戌	十二·一	丁卯
九·十一	己酉	十·十一	戊寅	十一·十一	戊申	十二·十一	丁丑
九·二十一	己未	十·二十一	戊子	十一·二十一	戊午	十二·二十一	丁亥

周穆王四十一年戊戌（前983）

一·一	丁酉	二·一	丙寅	三·一	丙申	四·一	乙丑
一·十一	丁未	二·十一	丙子	三·十一	丙午	四·十一	乙亥
一·二十一	丁巳	二·二十一	丙戌	三·二十一	丙辰	四·二十一	乙酉
五·一	乙未	六·一	甲子	七·一	甲午	八·一	癸亥
五·十一	乙巳	六·十一	甲戌	七·十一	甲辰	八·十一	癸酉
五·二十一	乙卯	六·二十一	甲申	七·二十一	甲寅	八·二十一	癸未
九·一	癸巳	十·一	癸亥	十一·一	壬辰	十二·一	壬戌
九·十一	癸卯	十·十一	癸酉	十一·十一	壬寅	十二·十一	壬申
九·二十一	癸丑	十·二十一	癸未	十一·二十一	壬子	十二·二十一	壬午

周恭王元年己亥（前982）

一·一	辛卯	二·一	辛酉	三·一	庚寅	四·一	庚申
一·十一	辛丑	二·十一	辛未	三·十一	庚子	四·十一	庚午
一·二十一	辛亥	二·二十一	辛巳	三·二十一	庚戌	四·二十一	庚辰
五·一	己丑	六·一	己未	七·一	戊子	八·一　戊午　闰八·一	丁亥
五·十一	己亥	六·十一	己巳	七·十一	戊戌	八·十一　戊辰　闰八·十一	丁酉
五·二十一	己酉	六·二十一	己卯	七·二十一	戊申	八·二十一戊寅　闰八·二十一	丁未
九·一	丁巳	十·一	丙戌	十一·一	丙辰	十二·一	乙酉
九·十一	丁卯	十·十一	丙申	十一·十一	丙寅	十二·十一	乙未
九·二十一	丁丑	十·二十一	丙午	十一·二十一	丙子	十二·二十一	乙巳

周恭王二年庚子（前 981）

一·一　乙卯	二·一　甲申	三·一　甲寅	四·一　癸未
一·十一　乙丑	二·十一　甲午	三·十一　甲子	四·十一　癸巳
一·二十一　乙亥	二·二十一　甲辰	三·二十一　甲戌	四·二十一　癸卯
五·一　癸丑	六·一　癸未	七·一　壬子	八·一　壬午
五·十一　癸亥	六·十一　癸巳	七·十一　壬戌	八·十一　壬辰
五·二十一　癸酉	六·二十一　癸卯	七·二十一　壬申	八·二十一　壬寅
九·一　辛亥	十·一　辛巳	十一·一　庚戌	十二·一　庚辰　闰十二·一　己酉
九·十一　辛酉	十·十一　辛卯	十一·十一　庚申	十二·十一　庚寅　闰十二·十一　己未
九·二十一　辛未	十·二十一　辛丑	十一·二十一　庚午	十二·二十一庚子　闰十二·二十一己巳

周恭王三年辛丑（前 980）

一·一　己卯	二·一　戊申	三·一　戊寅	四·一　丁未
一·十一　己丑	二·十一　戊午	三·十一　戊子	四·十一　丁巳
一·二十一　己亥	二·二十一　戊辰	三·二十一　戊戌	四·二十一　丁卯
五·一　丁丑	六·一　丁未	七·一　丙子	八·一　丙午
五·十一　丁亥	六·十一　丁巳	七·十一　丙戌	八·十一　丙辰
五·二十一　丁酉	六·二十一　丁卯	七·二十一　丙申	八·二十一　丙寅
九·一　乙亥	十·一　乙巳	十一·一　甲戌	十二·一　甲辰
九·十一　乙酉	十·十一　乙卯	十一·十一　甲申	十二·十一　甲寅
九·二十一　乙未	十·二十一　乙丑	十一·二十一　甲午	十二·二十一　甲子

周恭王四年壬寅（前 979）

一·一　癸酉	二·一　癸卯	三·一　壬申	四·一　壬寅
一·十一　癸未	二·十一　癸丑	三·十一　壬午	四·十一　壬子
一·二十一　癸巳	二·二十一　癸亥	三·二十一　壬辰	四·二十一　壬戌
五·一　辛未	六·一　辛丑	七·一　辛未	八·一　庚子　闰八·一　庚午
五·十一　辛巳	六·十一　辛亥	七·十一　辛巳	八·十一　庚戌　闰八·十一　庚辰
五·二十一　辛卯	六·二十一　辛酉	七·二十一　辛卯	八·二十一庚申　闰八·二十一庚寅
九·一　己亥	十·一　己巳	十一·一　戊戌	十二·一　戊辰
九·十一　己酉	十·十一　己卯	十一·十一　戊申	十二·十一　戊寅
九·二十一　己未	十·二十一　己丑	十一·二十一　戊午	十二·二十一　戊子

周恭王五年癸卯（前 978）

一·一　丁酉	二·一　丁卯	三·一　丙申	四·一　丙寅
一·十一　丁未	二·十一　丁丑	三·十一　丙午	四·十一　丙子
一·二十一　丁巳	二·二十一　丁亥	三·二十一　丙辰	四·二十一　丙戌
五·一　乙未	六·一　乙丑	七·一　甲午	八·一　甲子
五·十一　乙巳	六·十一　乙亥	七·十一　甲辰	八·十一　甲戌
五·二十一　乙卯	六·二十一　乙酉	七·二十一　甲寅	八·二十一　甲申
九·一　癸巳	十·一　癸亥	十一·一　癸巳	十二·一　壬戌
九·十一　癸卯	十·十一　癸酉	十一·十一　癸卯	十二·十一　壬申
九·二十一　癸丑	十·二十一　癸未	十一·二十一　癸丑	十二·二十一　壬午

周恭王六年甲辰(前977)

一・一	壬辰	二・一	辛酉	三・一	辛卯	四・一	庚申
一・十一	壬寅	二・十一	辛未	三・十一	辛丑	四・十一	庚午
一・二十一	壬子	二・二十一	辛巳	三・二十一	辛亥	四・二十一	庚辰
五・一	庚寅	六・一	己未	七・一	己丑	八・一	戊午
五・十一	庚子	六・十一	己巳	七・十一	己亥	八・十一	戊辰
五・二十一	庚戌	六・二十一	己卯	七・二十一	己酉	八・二十一	戊寅
九・一	戊子	十・一	丁巳	十一・一	丁亥	十二・一	丙辰
九・十一	戊戌	十・十一	丁卯	十一・十一	丁酉	十二・十一	丙寅
九・二十一	戊申	十・二十一	丁丑	十一・二十一	丁未	十二・二十一	丙子

周恭王七年乙巳(前976)

一・一	丙戌	二・一	乙卯	三・一	乙酉	四・一	乙卯	闰四・一	甲申
一・十一	丙申	二・十一	乙丑	三・十一	乙未	四・十一	乙丑	闰四・十一	甲午
一・二十一	丙午	二・二十一	乙亥	三・二十一	乙巳	四・二十一	乙亥	闰四・二十一	甲辰
五・一	甲寅	六・一	癸未	七・一	癸丑	八・一	壬午		
五・十一	甲子	六・十一	癸巳	七・十一	癸亥	八・十一	壬辰		
五・二十一	甲戌	六・二十一	癸卯	七・二十一	癸酉	八・二十一	壬寅		
九・一	壬子	十・一	辛巳	十一・一	辛亥	十二・一	庚辰		
九・十一	壬戌	十・十一	辛卯	十一・十一	辛酉	十二・十一	庚寅		
九・二十一	壬申	十・二十一	辛丑	十一・二十一	辛未	十二・二十一	庚子		

周恭王八年丙午(前975)

一・一	庚戌	二・一	己卯	三・一	己酉	四・一	戊寅
一・十一	庚申	二・十	己丑	三・十一	己未	四・十一	戊子
一・二十一	庚午	二・二十一	己亥	三・二十一	己巳	四・二十一	戊戌
五・一	戊申	六・一	戊寅	七・一	丁未	八・一	丁丑
五・十	戊午	六・十一	戊子	七・十一	丁巳	八・十一	丁亥
五・二十一	戊辰	六・二十一	戊戌	七・二十一	丁卯	八・二十一	丁酉
九・一	丙午	十・一	丙子	十一・一	乙巳	十二・一	乙亥
九・十一	丙辰	十・十一	丙戌	十一・十一	乙卯	十二・十一	乙酉
九・二十一	丙寅	十・二十一	丙申	十一・二十一	乙丑	十二・二十一	乙未

周恭王九年丁未(前974)

一・一	甲辰	二・一	甲戌	三・一	癸卯	四・一	癸酉
一・十一	甲寅	二・十一	甲申	三・十一	癸丑	四・十一	癸未
一・二十一	甲子	二・二十一	甲午	三・二十一	癸亥	四・二十一	癸巳
五・一	壬寅	六・一	壬申	七・一	辛丑	八・一	辛未
五・十一	壬子	六・十一	壬午	七・十一	辛亥	八・十一	辛巳
五・二十一	壬戌	六・二十一	壬辰	七・二十一	辛酉	八・二十一	辛卯
九・一	庚子	十・一	庚午	十一・一	庚子	十二・一	己巳
九・十一	庚戌	十・十一	庚辰	十一・十一	庚戌	十二・十一	己卯
九・二十一	庚申	十・二十一	庚寅	十一・二十一	庚申	十二・二十一	己丑

周恭王十年戊申(前973)

一·一　己亥　闰一·一　戊辰	二·一　戊戌	三·一　丁卯	四·一　丁酉
一·十一　己酉　闰一·十一　戊寅	二·十一　戊申	三·十一　丁丑	四·十一　丁未
一·二十一己未　闰一·二十一戊子	二·二十一　戊午	三·二十一　丁亥	四·二十一　丁巳
五·一　丙寅	六·一　丙申	七·一　乙丑	八·一　乙未
五·十一　丙子	六·十一　丙午	七·十一　乙亥	八·十一　乙巳
五·二十一　丙戌	六·二十一　丙辰	七·二十一　乙酉	八·二十一　乙卯
九·一　甲子	十·一　甲午	十一·一　癸亥	十二·一　癸巳
九·十一　甲戌	十·十一　甲辰	十一·十一　癸酉	十二·十一　癸卯
九·二十一　甲申	十·二十一　甲寅	十一·二十一　癸未	十二·二十一　癸丑

周恭王十一年己酉(前972)

一·一　癸亥	二·一　壬辰	三·一　壬戌	四·一　辛卯
一·十一　癸酉	二·十一　壬寅	三·十一　壬申	四·十一　辛丑
一·二十一　癸未	二·二十一　壬子	三·二十一　壬午	四·二十一　辛亥
五·一　辛酉	六·一　庚寅	七·一　庚申	八·一　己丑
五·十一　辛未	六·十一　庚子	七·十一　庚午	八·十一　己亥
五·二十一　辛巳	六·二十一　庚戌	七·二十一　庚辰	八·二十一　己酉
九·一　己未	十·一　戊子	十一·一　戊午	十二·一　丁亥　闰十二·一　丁巳
九·十一　己巳	十·十一　戊戌	十一·十一　戊辰	十二·十一　丁酉　闰十二·十一　丁卯
九·二十一　己卯	十·二十一　戊申	十一·二十一　戊寅	十二·二十一丁未　闰十二·二十一丁丑

周恭王十二年庚戌(前971)

一·一　丁亥	二·一　丙辰	三·一　丙戌	四·一　乙卯
一·十一　丁酉	二·十一　丙寅	三·十一　丙申	四·十一　乙丑
一·二十一　丁未	二·二十一　丙子	三·二十一　丙午	四·二十一　乙亥
五·一　乙酉	六·一　甲寅	七·一　甲申	八·一　癸丑
五·十一　乙未	六·十一　甲子	七·十一　甲午	八·十一　癸亥
五·二十一　乙巳	六·二十一　甲戌	七·二十一　甲辰	八·二十一　癸酉
九·一　癸未	十·一　壬子	十一·一　壬午	十二·一　辛亥
九·十一　癸巳	十·十一　壬戌	十一·十一　壬辰	十二·十一　辛酉
九·二十一　癸卯	十·二十一　壬申	十一·二十一　壬寅	十二·二十一　辛未

周恭王十三年辛亥(前970)

一·一　辛巳	二·一　庚戌	三·一　庚辰	四·一　己酉
一·十一　辛卯	二·十一　庚申	三·十一　庚寅	四·十一　己未
一·二十一　辛丑	二·二十一　庚午	三·二十一　庚子	四·二十一　己巳
五·一　己卯	六·一　戊申	七·一　戊寅	八·一　丁未
五·十一　己丑	六·十一　戊午	七·十一　戊子	八·十一　丁巳
五·二十一　己亥	六·二十一　戊辰	七·二十一　戊戌	八·二十一　丁卯
九·一　丁丑	十·一　丁未	十一·一　丙子	十二·一　丙午
九·十一　丁亥	十·十一　丁巳	十一·十一　丙戌	十二·十一　丙辰
九·二十一　丁酉	十·二十一　丁卯	十一·二十一　丙申	十二·二十一　丙寅

周恭王十四年壬子（前969）

一·一　乙亥	二·一　乙巳	三·一　甲戌	四·一　甲辰
一·十一　乙酉	二·十一　乙卯	三·十一　甲申	四·十一　甲寅
一·二十一　乙未	二·二十一　乙丑	三·二十一　甲午	四·二十一　甲子
五·一　癸酉	六·一　癸卯	七·一　壬申	八·一　壬寅
五·十一　癸未	六·十一　癸丑	七·十一　壬午	八·十一　壬子
五·二十一　癸巳	六·二十一　癸亥	七·二十一　壬辰	八·二十一　壬戌
九·一　辛未	十·一　辛丑	十一·一　庚午	十二·一　庚子
九·十一　辛巳	十·十一　辛亥	十一·十一　庚辰	十二·十一　庚戌
九·二十一　辛卯	十·二十一　辛酉	十一·二十一　庚寅	十二·二十一　庚申

周恭王十五年癸丑（前968）

一·一　庚午	二·一　己亥	三·一　己巳	四·一　戊戌
一·十一　庚辰	二·十一　己酉	三·十一　己卯	四·十一　戊申
一·二十一　庚寅	二·二十一　己未	三·二十一　己丑	四·二十一　戊午
五·一　戊辰	六·一　丁酉　闰六·一　丁卯	七·一　丙申	八·一　丙寅
五·十一　戊寅	六·十一　丁未　闰六·十一　丁丑	七·十一　丙午	八·十一　丙子
五·二十一　戊子	六·二十一丁巳　闰六·二十一丁亥	七·二十一　丙辰	八·二十一　丙戌
九·一　乙未	十·一　乙丑	十一·一　甲午	十二·一　甲子
九·十一　乙巳	十·十一　乙亥	十一·十一　甲辰	十二·十一　甲戌
九·二十一　乙卯	十·二十一　乙酉	十一·二十一　甲寅	十二·二十一　甲申

周恭王十六年甲寅（前967）

一·一　癸巳	二·一　癸丑	三·一　壬辰	四·一　壬戌
一·十一　癸卯	二·十一　癸亥	三·十一　壬寅	四·十一　壬申
一·二十一　癸丑	二·二十一　癸酉	三·二十一　壬子	四·二十一　壬午
五·一　壬辰	六·一　辛酉	七·一　辛卯	八·一　庚申
五·十一　壬寅	六·十一　辛未	七·十一　辛丑	八·十一　庚午
五·二十一　壬子	六·二十一　辛巳	七·二十一　辛亥	八·二十一　庚辰
九·一　庚寅	十·一　己未	十一·一　己丑	十二·一　戊午
九·十一　庚子	十·十一　己巳	十一·十一　己亥	十二·十一　戊辰
九·二十一　庚戌	十·二十一　己卯	十一·二十一　己酉	十二·二十一　戊寅

周懿王元年乙卯（前966）

一·一　戊子	二·一　丁巳	三·一　丁亥	四·一　丙辰
一·十一　戊戌	二·十一　丁卯	三·十一　丁酉	四·十一　丙寅
一·二十一　戊申	二·二十一　丁丑	三·二十一　丁未	四·二十一　丙子
五·一　丙戌	六·一　乙卯	七·一　乙酉	八·一　乙卯
五·十一　丙申	六·十一　乙丑	七·十一　乙未	八·十一　乙丑
五·二十一　丙午	六·二十一　乙亥	七·二十一　乙巳	八·二十一　乙亥
九·一　甲申	十·一　甲寅	十一·一　癸未	十二·一　癸丑
九·十一　甲午	十·十一　甲子	十一·十一　癸巳	十二·十一　癸亥
九·二十一　甲辰	十·二十一　甲戌	十一·二十一　癸卯	十二·二十一　癸酉

周懿王二年丙辰(前965)

一·一 壬午	二·一 壬子	三·一 辛巳	四·一 辛亥
一·十一 壬辰	二·十一 壬戌	三·十一 辛卯	四·十一 辛酉
一·二十一 壬寅	二·二十一 壬申	三·二十一 辛丑	四·二十一 辛未
五·一 庚辰	六·一 庚戌	七·一 己卯	八·一 己酉
五·十一 庚寅	六·十一 庚申	七·十一 己丑	八·十一 己未
五·二十一 庚子	六·二十一 庚午	七·二十一 己亥	八·二十一 己巳
九·一 戊寅	十·一 戊申	十一·一 丁丑	十二·一 丁未
九·十一 戊子	十·十一 戊午	十一·十一 丁亥	十二·十一 丁巳
九·二十一 戊戌	十·二十一 戊辰	十一·二十一 丁酉	十二·二十一 丁卯

周懿王三年丁巳(前964)

一·一 丙子	二·一 丙午	三·一 乙亥	四·一 乙巳
一·十一 丙戌	二·十一 丙辰	三·十一 乙酉	四·十一 乙卯
一·二十一 丙申	二·二十一 丙寅	三·二十一 乙未	四·二十一 乙丑
五·一 甲戌	六·一 甲辰 闰六·一 甲戌	七·一 癸卯	八·一 癸酉
五·十一 甲申	六·十一 甲寅 闰六·十一 甲申	七·十一 癸丑	八·十一 癸未
五·二十一 甲午	六·二十一甲子 闰六·二十一甲午	七·二十一 癸亥	八·二十一 癸巳
九·一 壬寅	十·一 壬申	十一·一 辛丑	十二·一 辛未
九·十一 壬子	十·十一 壬午	十一·十一 辛亥	十二·十一 辛巳
九·二十一 壬戌	十·二十一 壬辰	十一·二十一 辛酉	十二·二十一 辛卯

周懿王四年戊午(前963)

一·一 庚子	二·一 庚午	三·一 己亥	四·一 己巳
一·十一 庚戌	二·十一 庚辰	三·十一 己酉	四·十一 己卯
一·二十一 庚申	二·二十一 庚寅	三·二十一 己未	四·二十一 己丑
五·一 己亥	六·一 戊辰	七·一 戊戌	八·一 丁卯
五·十一 己酉	六·十一 戊寅	七·十一 戊申	八·十一 丁丑
五·二十一 己未	六·二十一 戊子	七·二十一 戊午	八·二十一 丁亥
九·一 丁酉	十·一 丙寅	十一·一 丙申	十二·一 乙丑 闰十二·一 乙未
九·十一 丁未	十·十一 丙子	十一·十一 丙午	十二·十一 乙亥 闰十二·十一 乙巳
九·二十一 丁巳	十·二十一 丙戌	十一·二十一 丙辰	十二·二十一乙酉 闰十二·二十一乙卯

周懿王五年己未(前962)

一·一 甲子	二·一 甲午	三·一 癸亥	四·一 癸巳
一·十一 甲戌	二·十一 甲辰	三·十一 癸酉	四·十一 癸卯
一·二十一 甲申	二·二十一 甲寅	三·二十一 癸未	四·二十一 癸丑
五·一 壬戌	六·一 壬辰	七·一 壬戌	八·一 辛卯
五·十一 壬申	六·十一 壬寅	七·十一 壬申	八·十一 辛丑
五·二十一 壬午	六·二十一 壬子	七·二十一 壬午	八·二十一 辛亥
九·一 辛酉	十·一 庚寅	十一·一 庚申	十二·一 己丑
九·十一 辛未	十·十一 庚子	十一·十一 庚午	十二·十一 己亥
九·二十一 辛巳	十·二十一 庚戌	十一·二十一 庚辰	十二·二十一 己酉

周懿王六年庚申（前961）

一・一	己未	二・一	戊子	三・一	戊午	四・一	丁亥
一・十一	己巳	二・十一	戊戌	三・十一	戊辰	四・十一	丁酉
一・二十一	己卯	二・二十一	戊申	三・二十一	戊寅	四・二十一	丁未
五・一	丁巳	六・一	丙戌	七・一	丙辰	八・一	乙酉
五・十一	丁卯	六・十一	丙申	七・十一	丙寅	八・十一	乙未
五・二十一	丁丑	六・二十一	丙午	七・二十一	丙子	八・二十一	乙巳
九・一	乙卯	十・一	甲申	十一・一	甲寅	十二・一	癸未
九・十一	乙丑	十・十一	甲午	十一・十一	甲子	十二・十一	癸巳
九・二十一	乙亥	十・二十一	甲辰	十一・二十一	甲戌	十二・二十一	癸卯

周懿王七年辛酉（前960）

一・一	癸丑	二・一	癸未	三・一	壬子	四・一	壬午
一・十一	癸亥	二・十一	癸巳	三・十一	壬戌	四・十一	壬辰
一・二十一	癸酉	二・二十一	癸卯	三・二十一	壬申	四・二十一	壬寅
五・一	辛亥	六・一	辛巳	七・一	庚戌	八・一	庚辰
五・十一	辛酉	六・十一	辛卯	七・十一	庚申	八・十一	庚寅
五・二十一	辛未	六・二十一	辛丑	七・二十一	庚午	八・二十一	庚子
九・一	己酉	十・一	己卯	十一・一	戊申	十二・一　戊寅　闰十二・一	丁未
九・十一	己未	十・十一	己丑	十一・十一	戊午	十二・十一　戊子　闰十二・十一	丁巳
九・二十一	己巳	十・二十一	己亥	十一・二十一	戊辰	十二・二十一戊戌　闰十二・二十一	丁卯

周懿王八年壬戌（前959）

一・一	丁丑	二・一	丁未	三・一	丙子	四・一	丙午
一・十一	丁亥	二・十一	丁巳	三・十一	丙戌	四・十一	丙辰
一・二十一	丁酉	二・二十一	丁卯	三・二十一	丙申	四・二十一	丙寅
五・一	乙亥	六・一	乙巳	七・一	甲戌	八・一	甲辰
五・十一	乙酉	六・十一	乙卯	七・十一	甲申	八・十一	甲寅
五・二十一	乙未	六・二十一	乙丑	七・二十一	甲午	八・二十一	甲子
九・一	癸酉	十・一	癸卯	十一・一	壬申	十二・一	壬寅
九・十一	癸未	十・十一	癸丑	十一・十一	壬午	十二・十一	壬子
九・二十一	癸巳	十・二十一	癸亥	十一・二十一	壬辰	十二・二十一	壬戌

周懿王九年癸亥（前958）

一・一	辛未	二・一	辛丑	三・一	庚午	四・一	庚子
一・十一	辛巳	二・十一	辛亥	三・十一	庚辰	四・十一	庚戌
一・二十一	辛卯	二・二十一	辛酉	三・二十一	庚寅	四・二十一	庚申
五・一	己巳	六・一	己亥	七・一	己巳	八・一	戊戌
五・十一	己卯	六・十一	己酉	七・十一	己卯	八・十一	戊申
五・二十一	己丑	六・二十一	己未	七・二十一	己丑	八・二十一	戊午
九・一	戊辰	十・一	丁酉	十一・一	丁卯	十二・一	丙申
九・十一	戊寅	十・十一	丁未	十一・十一	丁丑	十二・十一	丙午
九・二十一	戊子	十・二十一	丁巳	十一・二十一	丁亥	十二・二十一	丙辰

周懿王十年甲子(前957)

一・一 丙寅 一・十一 丙子 一・二十一 丙戌	二・一 乙未 二・十一 乙巳 二・二十一 乙卯	三・一 乙丑 三・十一 乙亥 三・二十一 乙酉	四・一 甲午 闰四・一 甲子 四・十一 甲辰 闰四・十一 甲戌 四・二十一甲寅 闰四・二十一甲申
五・一 甲午 五・十一 甲辰 五・二十一 甲寅	六・一 癸亥 六・十一 癸酉 六・二十一 癸未	七・一 癸巳 七・十一 癸卯 七・二十一 癸丑	八・一 壬戌 八・十一 壬申 八・二十一 壬午
九・一 壬辰 九・十一 壬寅 九・二十一 壬子	十・一 辛酉 十・十一 辛未 十・二十一 辛巳	十一・一 辛卯 十一・十一 辛丑 十一・二十一 辛亥	十二・一 庚申 十二・十一 庚午 十二・二十一 庚辰

周懿王十一年乙丑(前956)

一・一 庚寅 一・十一 庚子 一・二十一 庚戌	二・一 庚申 二・十一 庚午 二・二十一 庚辰	三・一 己丑 三・十一 己亥 三・二十一 己酉	四・一 己未 四・十一 己巳 四・二十一 己卯
五・一 戊子 五・十一 戊戌 五・二十一 戊申	六・一 戊午 六・十一 戊辰 六・二十一 戊寅	七・一 丁亥 七・十一 丁酉 七・二十一 丁未	八・一 丁巳 八・十一 丁卯 八・二十一 丁丑
九・一 丁亥 九・十一 丁酉 九・二十一 丁未	十・一 丙辰 十・十一 丙寅 十・二十一 丙子	十一・一 丙戌 十一・十一 丙申 十一・二十一 丙午	十二・一 乙卯 十二・十一 乙丑 十二・二十一 乙亥

周懿王十二年丙寅(前955)

一・一 乙酉 一・十一 乙未 一・二十一 乙巳	二・一 甲寅 二・十一 甲子 二・二十一 甲戌	三・一 甲申 三・十一 甲午 三・二十一 甲辰	四・一 癸丑 四・十一 癸亥 四・二十一 癸酉
五・一 癸未 五・十一 癸巳 五・二十一 癸卯	六・一 壬子 六・十一 壬戌 六・二十一 壬申	七・一 壬午 七・十一 壬辰 七・二十一 壬寅	八・一 辛亥 八・十一 辛酉 八・二十一 辛未
九・一 辛巳 九・十一 辛卯 九・二十一 辛丑	十・一 庚戌 十・十一 庚申 十・二十一 庚午	十一・一 庚辰 十一・十一 庚寅 十一・二十一 庚子	十二・一 己酉 十二・十一 己未 十二・二十一 己巳

周孝王元年丁卯(前954)

一・一 己卯 闰一・一 戊申 一・十一 己丑 闰一・十一 戊午 一・二十一己亥 闰一・二十一戊辰	二・一 戊寅 二・十一 戊子 二・二十一 戊戌	三・一 丁未 三・十一 丁巳 三・二十一 丁卯	四・一 丁丑 四・十一 丁亥 四・二十一 丁酉
五・一 丙午 五・十一 丙辰 五・二十一 丙寅	六・一 丙子 六・十一 丙戌 六・二十一 丙申	七・一 乙巳 七・十一 乙卯 七・二十一 乙丑	八・一 乙亥 八・十一 乙酉 八・二十一 乙未
九・一 甲辰 九・十一 甲寅 九・二十一 甲子	十・一 甲戌 十・十一 甲申 十・二十一 甲午	十一・一 癸卯 十一・十一 癸丑 十一・二十一 癸亥	十二・一 癸酉 十二・十一 癸未 十二・二十一 癸巳

周孝王二年戊辰（前953）

一·一	壬寅	二·一	壬申	三·一	辛丑	四·一	辛未
一·十一	壬子	二·十一	壬午	三·十一	辛亥	四·十一	辛巳
一·二十一	壬戌	二·二十一	壬辰	三·二十一	辛酉	四·二十一	辛卯
五·一	庚子	六·一	庚午	七·一	己亥	八·一	己巳
五·十一	庚戌	六·十一	庚辰	七·十一	己酉	八·十一	己卯
五·二十一	庚申	六·二十一	庚寅	七·二十一	己未	八·二十一	己丑
九·一	戊戌	十·一	戊辰	十一·一	戊戌	十二·一	丁卯
九·十一	戊申	十·十一	戊寅	十一·十一	戊申	十二·十一	丁丑
九·二十一	戊午	十·二十一	戊子	十一·二十一	戊午	十二·二十一	丁亥

周孝王三年己巳（前952）

一·一	丁酉	二·一	丙寅	三·一	丙申	四·一	乙丑
一·十一	丁未	二·十一	丙子	三·十一	丙午	四·十一	乙亥
一·二十一	丁巳	二·二十一	丙戌	三·二十一	丙辰	四·二十一	乙酉
五·一	乙未	六·一	甲子	七·一	甲午	八·一	癸亥
五·十一	乙巳	六·十一	甲戌	七·十一	甲辰	八·十一	癸酉
五·二十一	乙卯	六·二十一	甲申	七·二十一	甲寅	八·二十一	癸未
九·一	癸巳	十·一 壬戌 闰十·一	壬辰	十一·一	辛酉	十二·一	辛卯
九·十一	癸卯	十·十一 壬申 闰十·十一	壬寅	十一·十一	辛未	十二·十一	辛丑
九·二十一	癸丑	十·二十一壬午 闰十·二十一	壬子	十一·二十一	辛巳	十二·二十一	辛亥

周孝王四年庚午（前951）

一·一	辛酉	二·一	庚寅	三·一	庚申	四·一	己丑
一·十一	辛未	二·十一	庚子	三·十一	庚午	四·十一	己亥
一·二十一	辛巳	二·二十一	庚戌	三·二十一	庚辰	四·二十一	己酉
五·一	己未	六·一	戊子	七·一	戊午	八·一	丁亥
五·十一	己巳	六·十一	戊戌	七·十一	戊辰	八·十一	丁酉
五·二十一	己卯	六·二十一	戊申	七·二十一	戊寅	八·二十一	丁未
九·一	丁巳	十·一	丙戌	十一·一	丙辰	十二·一	乙酉
九·十一	丁卯	十·十一	丙申	十一·十一	丙寅	十二·十一	乙未
九·二十一	丁丑	十·二十一	丙午	十一·二十一	丙子	十二·二十一	乙巳

周孝王五年辛未（前950）

一·一	乙卯	二·一	甲申	三·一	甲寅	四·一	癸未
一·十一	乙丑	二·十一	甲午	三·十一	甲子	四·十一	癸巳
一·二十一	乙亥	二·二十一	甲辰	三·二十一	甲戌	四·二十一	癸卯
五·一	癸丑	六·一	癸未	七·一	壬子	八·一	壬午
五·十一	癸亥	六·十一	癸巳	七·十一	壬戌	八·十一	壬辰
五·二十一	癸酉	六·二十一	癸卯	七·二十一	壬申	八·二十一	壬寅
九·一	辛亥	十·一	辛巳	十一·一	庚戌	十二·一	庚辰
九·十一	辛酉	十·十一	辛卯	十一·十一	庚申	十二·十一	庚寅
九·二十一	辛未	十·二十一	辛丑	十一·二十一	庚午	十二·二十一	庚子

周孝王六年壬申(前949)

一·一 己酉	二·一 己卯	三·一 戊申	四·一 戊寅
一·十一 己未	二·十一 己丑	三·十一 戊午	四·十一 戊子
一·二十一 己巳	二·二十一 己亥	三·二十一 戊辰	四·二十一 戊戌
五·一 丁未	六·一 丁丑	七·一 丙午	八·一 丙子
五·十一 丁巳	六·十一 丁亥	七·十一 丙辰	八·十一 丙戌
五·二十一 丁卯	六·二十一 丁酉	七·二十一 丙寅	八·二十一 丙申
九·一 丙午	十·一 乙亥	十一·一 乙巳	十二·一 甲戌
九·十一 丙辰	十·十一 乙酉	十一·十一 乙卯	十二·十一 甲申
九·二十一 丙寅	十·二十一 乙未	十一·二十一 乙丑	十二·二十一 甲午

周孝王七年癸酉(前948)

一·一 甲辰	二·一 癸酉	三·一 癸卯	四·一 壬申
一·十一 甲寅	二·十一 癸未	三·十一 癸丑	四·十一 壬午
一·二十一 甲子	二·二十一 癸巳	三·二十一 癸亥	四·二十一 壬辰
五·一 壬寅	六·一 辛未	七·一 辛丑	八·一 庚午
五·十一 壬子	六·十一 辛巳	七·十一 辛亥	八·十一 庚辰
五·二十一 壬戌	六·二十一 辛卯	七·二十一 辛酉	八·二十一 庚寅
九·一 庚子	十·一 己巳	十一·一 己亥	十二·一 戊辰 闰十二·一 戊戌
九·十一 庚戌	十·十一 己卯	十一·十一 己酉	十二·十一 戊寅 闰十二·十一 戊申
九·二十一 庚申	十·二十一 己丑	十一·二十一 己未	十二·二十一戊子 闰十二·二十一戊午

周孝王八年甲戌(前947)

一·一 戊辰	二·一 丁酉	三·一 丁卯	四·一 丙申
一·十一 戊寅	二·十一 丁未	三·十一 丁丑	四·十一 丙午
一·二十一 戊子	二·二十一 丁巳	三·二十一 丁亥	四·二十一 丙辰
五·一 丙寅	六·一 乙未	七·一 乙丑	八·一 甲午
五·十一 丙子	六·十一 乙巳	七·十一 乙亥	八·十一 甲辰
五·二十一 丙戌	六·二十一 乙卯	七·二十一 乙酉	八·二十一 甲寅
九·一 甲子	十·一 癸巳	十一·一 癸亥	十二·一 壬辰
九·十一 甲戌	十·十一 癸卯	十一·十一 癸酉	十二·十一 壬寅
九·二十一 甲申	十·二十一 癸丑	十一·二十一 癸未	十二·二十一 壬子

周孝王九年乙亥(前946)

一·一 壬戌	二·一 辛卯	三·一 辛酉 闰三·一 庚寅	四·一 庚申
一·十一 壬申	二·十一 辛丑	三·十一 辛未 闰三·十一 庚子	四·十一 庚午
一·二十一 壬午	二·二十一 辛亥	三·二十一辛巳 闰三·二十一庚戌	四·二十一 庚辰
五·一 庚寅	六·一 己未	七·一 己丑	八·一 戊午
五·十一 庚子	六·十一 己巳	七·十一 己亥	八·十一 戊辰
五·二十一 庚戌	六·二十一 己卯	七·二十一 己酉	八·二十一 戊寅
九·一 戊子	十·一 丁巳	十一·一 丁亥	十二·一 丙辰
九·十一 戊戌	十·十一 丁卯	十一·十一 丁酉	十二·十一 丙寅
九·二十一 戊申	十·二十一 丁丑	十一·二十一 丁未	十二·二十一 丙子

周孝王十年丙子(前945)

一·一	丙戌	二·一	乙卯	三·一	乙酉	四·一	甲寅
一·十一	丙申	二·十一	乙丑	三·十一	乙未	四·十一	甲子
一·二十一	丙午	二·二十一	乙亥	三·二十一	乙巳	四·二十一	甲戌
五·一	甲申	六·一	癸丑	七·一	癸未	八·一	癸丑
五·十一	甲午	六·十一	癸亥	七·十一	癸巳	八·十一	癸亥
五·二十一	甲辰	六·二十一	癸酉	七·二十一	癸卯	八·二十一	癸酉
九·一	壬午	十·一	壬子	十一·一	辛巳	十二·一	辛亥
九·十一	壬辰	十·十一	壬戌	十一·十一	辛卯	十二·十一	辛酉
九·二十一	壬寅	十·二十一	壬申	十一·二十一	辛丑	十二·二十一	辛未

周孝王十一年丁丑(前944)

一·一	庚辰	二·一	庚戌	三·一	己卯	四·一	己酉
一·十一	庚寅	二·十一	庚申	三·十一	己丑	四·十一	己未
一·二十一	庚子	二·二十一	庚午	三·二十一	己亥	四·二十一	己巳
五·一	戊寅	六·一	戊申	七·一	丁丑	八·一	丁未
五·十一	戊子	六·十一	戊午	七·十一	丁亥	八·十一	丁巳
五·二十一	戊戌	六·二十一	戊辰	七·二十一	丁酉	八·二十一	丁卯
九·一	丙子	十·一	丙午	十一·一	乙亥	十二·一	乙巳
九·十一	丙戌	十·十一	丙辰	十一·十一	乙酉	十二·十一	乙卯
九·二十一	丙申	十·二十一	丙寅	十一·二十一	乙未	十二·二十一	乙丑

周孝王十二年戊寅(前943)

一·一	甲戌	二·一	甲辰	三·一	癸酉	四·一	癸卯
一·十一	甲申	二·十一	甲寅	三·十一	癸未	四·十一	癸丑
一·二十一	甲午	二·二十一	甲子	三·二十一	癸巳	四·二十一	癸亥
五·一	癸酉	六·一	壬寅	七·一	壬申	八·一	辛丑
五·十一	癸未	六·十一	壬子	七·十一	壬午	八·十一	辛亥
五·二十一	癸巳	六·二十一	壬戌	七·二十一	壬辰	八·二十一	辛酉
九·一	辛未	十·一	庚子	十一·一	庚午	十二·一	己亥
九·十一	辛巳	十·十一	庚戌	十一·十一	庚辰	十二·十一	己酉
九·二十一	辛卯	十·二十一	庚申	十一·二十一	庚寅	十二·二十一	己未

周孝王十三年己卯(前942)

一·一	己巳	二·一	戊戌	三·一	戊辰	四·一	戊戌
一·十一	己卯	二·十一	戊申	三·十一	戊寅	四·十一	戊申
一·二十一	己丑	二·二十一	戊午	三·二十一	戊子	四·二十一	戊午
五·一	丁卯	六·一 丁酉 闰六·一	丙寅	七·一	丙申	八·一	乙丑
五·十一	丁丑	六·十一 丁未 闰六·十一	丙子	七·十一	丙午	八·十一	乙亥
五·二十一	丁亥	六·二十一丁巳 闰六·二十一	丙戌	七·二十一	丙辰	八·二十一	乙酉
九·一	乙未	十·一	甲子	十一·一	甲午	十二·一	癸亥
九·十一	乙巳	十·十一	甲戌	十一·十一	甲辰	十二·十一	癸酉
九·二十一	乙卯	十·二十一	甲申	十一·二十一	甲寅	十二·二十一	癸未

周孝王十四年庚辰(前941)

一·一 癸巳 一·十一 癸卯 一·二十一 癸丑	二·一 壬戌 二·十一 壬申 二·二十一 壬午	三·一 壬辰 三·十一 壬寅 三·二十一 壬子	四·一 辛酉 四·十一 辛未 四·二十一 辛巳
五·一 辛卯 五·十一 辛丑 五·二十一 辛亥	六·一 庚申 六·十一 庚午 六·二十一 庚辰	七·一 庚寅 七·十一 庚子 七·二十一 庚戌	八·一 庚申 八·十一 庚午 八·二十一 庚辰
九·一 己丑 九·十一 己亥 九·二十一 己酉	十·一 己未 十·十一 己巳 十·二十一 己卯	十一·一 戊子 十一·十一 戊戌 十一·二十一 戊申	十二·一 戊午 十二·十一 戊辰 十二·二十一 戊寅

周孝王十五年辛巳(前940)

一·一 丁亥 一·十一 丁酉 一·二十一 丁未	二·一 丁巳 二·十一 丁卯 二·二十一 丁丑	三·一 丁亥 闰三·一 丙辰 三·十一 丁酉 闰三·十一 丙寅 三·二十一丁未 闰三·二十一丙子	四·一 丙戌 四·十一 丙申 四·二十一 丙午
五·一 乙卯 五·十一 乙丑 五·二十一 乙亥	六·一 乙酉 六·十一 乙未 六·二十一 乙巳	七·一 甲寅 七·十一 甲子 七·二十一 甲戌	八·一 甲申 八·十一 甲午 八·二十一 甲辰
九·一 癸丑 九·十一 癸亥 九·二十一 癸酉	十·一 癸未 十·十一 癸巳 十·二十一 癸卯	十一·一 壬子 十一·十一 壬戌 十一·二十一 壬申	十二·一 壬午 十二·十一 壬辰 十二·二十一 壬寅

周孝王十六年壬午(前939)

一·一 辛亥 一·十一 辛酉 一·二十一 辛未	二·一 辛巳 二·十一 辛卯 二·二十一 辛丑	三·一 庚戌 三·十一 庚申 三·二十一 庚午	四·一 庚辰 四·十一 庚寅 四·二十一 庚子
五·一 己酉 五·十一 己未 五·二十一 己巳	六·一 己卯 六·十一 己丑 六·二十一 己亥	七·一 戊申 七·十一 戊午 七·二十一 戊辰	八·一 戊寅 八·十一 戊子 八·二十一 戊戌
九·一 丁未 九·十一 丁巳 九·二十一 丁卯	十·一 丁丑 十·十一 丁亥 十·二十一 丁酉	十一·一 丙午 十一·十一 丙辰 十一·二十一 丙寅	十二·一 丙子 十二·十一 丙戌 十二·二十一 丙申

周孝王十七年癸未(前938)

一·一 乙巳 一·十一 乙卯 一·二十一 乙丑	二·一 乙亥 二·十一 乙酉 二·二十一 乙未	三·一 乙巳 三·十一 乙卯 三·二十一 乙丑	四·一 甲戌 四·十一 甲申 四·二十一 甲午
五·一 甲辰 闰五·一 癸酉 五·十一 甲寅 闰五·十一 癸未 五·二十一甲子 闰五·二十一癸巳	六·一 癸卯 六·十一 癸丑 六·二十一 癸亥	七·一 壬申 七·十一 壬午 七·二十一 壬辰	八·一 壬寅 八·十一 壬子 八·二十一 壬戌
九·一 辛未 九·十一 辛巳 九·二十一 辛卯	十·一 辛丑 十·十一 辛亥 十·二十一 辛酉	十一·一 庚午 十一·十一 庚辰 十一·二十一 庚寅	十二·一 庚子 十二·十一 庚戌 十二·二十一 庚申

周孝王十八年甲申(前 937)

一·一	己巳	二·一	己亥	三·一	戊辰	四·一	戊戌
一·十一	己卯	二·十一	己酉	三·十一	戊寅	四·十一	戊申
一·二十一	己丑	二·二十一	己未	三·二十一	戊子	四·二十一	戊午
五·一	丁卯	六·一	丁酉	七·一	丁卯	八·一	丙申
五·十一	丁丑	六·十一	丁未	七·十一	丁丑	八·十一	丙午
五·二十一	丁亥	六·二十一	丁巳	七·二十一	丁亥	八·二十一	丙辰
九·一	丙寅	十·一	乙未	十一·一	乙丑	十二·一	甲午
九·十一	丙子	十·十一	乙巳	十一·十一	乙亥	十二·十一	甲辰
九·二十一	丙戌	十·二十一	乙卯	十一·二十一	乙酉	十二·二十一	甲寅

周孝王十九年乙酉(前 936)

一·一	甲子	二·一	癸巳	三·一	癸亥	四·一	壬辰
一·十一	甲戌	二·十一	癸卯	三·十一	癸酉	四·十一	壬寅
一·二十一	甲申	二·二十一	癸丑	三·二十一	癸未	四·二十一	壬子
五·一	壬戌	六·一	辛卯	七·一	辛酉	八·一	庚寅
五·十一	壬申	六·十一	辛丑	七·十一	辛未	八·十一	庚子
五·二十一	壬午	六·二十一	辛亥	七·二十一	辛巳	八·二十一	庚戌
九·一	庚申	十·一	庚寅	十一·一	己未	十二·一	己丑
九·十一	庚午	十·十一	庚子	十一·十一	己巳	十二·十一	己亥
九·二十一	庚辰	十·二十一	庚戌	十一·二十一	己卯	十二·二十一	己酉

周孝王二十年丙戌(前 935)

一·一	戊午	闰一·一	戊子	二·一	丁巳	三·一	丁亥	四·一	丙辰
·十	戊辰	闰一·十一	戊戌	二·十一	丁卯	三·十一	丁酉	四·十一	丙寅
一·二十一	戊寅	闰一·二十一	戊申	二·二十一	丁丑	三·二十一	丁未	四·二十一	丙子
五·一	丙戌			六·一	乙卯	七·一	乙酉	八·一	甲寅
五·十一	丙申			六·十一	乙丑	七·十一	乙未	八·十一	甲子
五·二十一	丙午			六·二十一	乙亥	七·二十一	乙巳	八·二十一	甲戌
九·一	甲申			十·一	癸丑	十一·一	癸未	十二·一	壬子
九·十一	甲午			十·十一	癸亥	十一·十一	癸巳	十二·十一	壬戌
九·二十一	甲辰			十·二十一	癸酉	十一·二十一	癸卯	十二·二十一	壬申

周孝王二十一年丁亥(前 934)

一·一	壬午	二·一	壬子	三·一	辛巳	四·一	辛亥
一·十一	壬辰	二·十一	壬戌	三·十一	辛卯	四·十一	辛酉
一·二十一	壬寅	二·二十一	壬申	三·二十一	辛丑	四·二十一	辛未
五·一	庚辰	六·一	庚戌	七·一	己卯	八·一	己酉
五·十一	庚寅	六·十一	庚申	七·十一	己丑	八·十一	己未
五·二十一	庚子	六·二十一	庚午	七·二十一	己亥	八·二十一	己巳
九·一	戊寅	十·一	戊申	十一·一	丁丑	十二·一	丁未
九·十一	戊子	十·十一	戊午	十一·十一	丁亥	十二·十一	丁巳
九·二十一	戊戌	十·二十一	戊辰	十一·二十一	丁酉	十二·二十一	丁卯

周孝王二十二年戊子（前 933）

<table>
<tr><td>一・一 丙子
一・十一 丙戌
一・二十一 丙申</td><td>二・一 丙午
二・十一 丙辰
二・二十一 丙寅</td><td>三・一 乙亥
三・十一 乙酉
三・二十一 乙未</td><td>四・一 乙巳
四・十一 乙卯
四・二十一 乙丑</td></tr>
<tr><td>五・一 甲戌
五・十一 甲申
五・二十一 甲午</td><td>六・一 甲辰
六・十一 甲寅
六・二十一 甲子</td><td>七・一 甲戌
七・十一 甲申
七・二十一 甲午</td><td>八・一 癸卯
八・十一 癸丑
八・二十一 癸亥</td></tr>
<tr><td>九・一 癸酉　闰九・一 壬寅
九・十一 癸未　闰九・十一 壬子
九・二十一癸巳　闰九・二十一壬戌</td><td>十・一 壬申
十・十一 壬午
十・二十一 壬辰</td><td>十一・一 辛丑
十一・十一 辛亥
十一・二十一 辛酉</td><td>十二・一 辛未
十二・十一 辛巳
十二・二十一 辛卯</td></tr>
</table>

周孝王二十三年己丑（前 932）

<table>
<tr><td>一・一 庚子
一・十一 庚戌
一・二十一 庚申</td><td>二・一 庚午
二・十一 庚辰
二・二十一 庚寅</td><td>三・一 己亥
三・十一 己酉
三・二十一 己未</td><td>四・一 己巳
四・十一 己卯
四・二十一 己丑</td></tr>
<tr><td>五・一 戊戌
五・十一 戊申
五・二十一 戊午</td><td>六・一 戊辰
六・十一 戊寅
六・二十一 戊子</td><td>七・一 丁酉
七・十一 丁未
七・二十一 丁巳</td><td>八・一 丁卯
八・十一 丁丑
八・二十一 丁亥</td></tr>
<tr><td>九・一 丁酉
九・十一 丁未
九・二十一 丁巳</td><td>十・一 丙寅
十・十一 丙子
十・二十一 丙戌</td><td>十一・一 丙申
十一・十一 丙午
十一・二十一 丙辰</td><td>十二・一 乙丑
十二・十一 乙亥
十二・二十一 乙酉</td></tr>
</table>

周孝王二十四年庚寅（前 931）

<table>
<tr><td>一・一 乙未
一・十一 乙巳
一・二十一 乙卯</td><td>二・一 甲子
二・十一 甲戌
二・二十一 甲申</td><td>三・一 甲午
三・十一 甲辰
三・二十一 甲寅</td><td>四・一 癸亥
四・十一 癸酉
四・二十一 癸未</td></tr>
<tr><td>五・一 癸巳
五・十一 癸卯
五・二十一 癸丑</td><td>六・一 壬戌
六・十一 壬申
六・二十一 壬午</td><td>七・一 壬辰
七・十一 壬寅
七・二十一 壬子</td><td>八・一 辛酉
八・十一 辛未
八・二十一 辛巳</td></tr>
<tr><td>九・一 辛卯
九・十一 辛丑
九・二十一 辛亥</td><td>十・一 庚申
十・十一 庚午
十・二十一 庚辰</td><td>十一・一 庚寅
十一・十一 庚子
十一・二十一 庚戌</td><td>十二・一 己未
十二・十一 己巳
十二・二十一 己卯</td></tr>
</table>

周孝王二十五年辛卯（前 930）

<table>
<tr><td>一・一 己丑
一・十一 己亥
一・二十一 己酉</td><td>二・一 己未
二・十一 己巳
二・二十一 己卯</td><td>三・一 戊子
三・十一 戊戌
三・二十一 戊申</td><td>四・一 戊午
四・十一 戊辰
四・二十一 戊寅</td></tr>
<tr><td>五・一 丁亥
五・十一 丁酉
五・二十一 丁未</td><td>六・一 丁巳
六・十一 丁卯
六・二十一 丁丑</td><td>七・一 丙戌
七・十一 丙申
七・二十一 丙午</td><td>八・一 丙辰
八・十一 丙寅
八・二十一 丙子</td></tr>
<tr><td>九・一 乙酉
九・十一 乙未
九・二十一 乙巳</td><td>十・一 乙卯
十・十一 乙丑
十・二十一 乙亥</td><td>十一・一 甲申
十一・十一 甲午
十一・二十一 甲辰</td><td>十二・一 甲寅
十二・十一 甲子
十二・二十一 甲戌</td></tr>
</table>

周孝王二十六年壬辰（前929）

一·一 癸未	二·一 癸丑	三·一 壬午	四·一 壬子
一·十一 癸巳	二·十一 癸亥	三·十一 壬辰	四·十一 壬戌
一·二十一 癸卯	二·二十一 癸酉	三·二十一 壬寅	四·二十一 壬申
五·一 壬午	六·一 辛亥	七·一 辛巳	八·一 庚戌 闰八·一 庚辰
五·十一 壬辰	六·十一 辛酉	七·十一 辛卯	八·十一 庚申 闰八·十一 庚寅
五·二十一 壬寅	六·二十一 辛未	七·二十一 辛丑	八·二十一庚午 闰八·二十一庚子
九·一 己酉	十·一 己卯	十一·一 戊申	十二·一 戊寅
九·十一 己未	十·十一 己丑	十一·十一 戊午	十二·十一 戊子
九·二十一 己巳	十·二十一 己亥	十一·二十一 戊辰	十二·二十一 戊戌

周孝王二十七年癸巳（前928）

一·一 丁未	二·一 丁丑	三·一 丙午	四·一 丙子
一·十一 丁巳	二·十一 丁亥	三·十一 丙辰	四·十一 丙戌
一·二十一 丁卯	二·二十一 丁酉	三·二十一 丙寅	四·二十一 丙申
五·一 乙巳	六·一 乙亥	七·一 甲辰	八·一 甲戌
五·十一 乙卯	六·十一 乙酉	七·十一 甲寅	八·十一 甲申
五·二十一 乙丑	六·二十一 乙未	七·二十一 甲子	八·二十一 甲午
九·一 甲辰	十·一 癸酉	十一·一 癸卯	十二·一 壬申
九·十一 甲寅	十·十一 癸未	十一·十一 癸丑	十二·十一 壬午
九·二十一 甲子	十·二十一 癸巳	十一·二十一 癸亥	十二·二十一 壬辰

周孝王二十八年甲午（前927）

一·一 壬寅	二·一 辛未	三·一 辛丑	四·一 庚午
一·十一 壬子	二·十一 辛巳	三·十一 辛亥	四·十一 庚辰
一·二十一 壬戌	二·二十一 辛卯	三·二十一 辛酉	四·二十一 庚寅
五·一 庚子	六·一 己巳	七·一 己亥	八·一 戊辰
五·十一 庚戌	六·十一 己卯	七·十一 己酉	八·十一 戊寅
五·二十一 庚申	六·二十一 己丑	七·二十一 己未	八·二十一 戊子
九·一 戊戌	十·一 丁卯	十一·一 丁酉	十二·一 丙寅 闰十二·一 丙申
九·十一 戊申	十·十一 丁丑	十一·十一 丁未	十二·十一 丙子 闰十二·十一 丙午
九·二十一 戊午	十·二十一 丁亥	十一·二十一 丁巳	十二·二十一丙戌 闰十二·二十一丙辰

周孝王二十九年乙未（前926）

一·一 丙寅	二·一 乙未	三·一 乙丑	四·一 甲午
一·十一 丙子	二·十一 乙巳	三·十一 乙亥	四·十一 甲辰
一·二十一 丙戌	二·二十一 乙卯	三·二十一 乙酉	四·二十一 甲寅
五·一 甲子	六·一 癸巳	七·一 癸亥	八·一 壬辰
五·十一 甲戌	六·十一 癸卯	七·十一 癸酉	八·十一 壬寅
五·二十一 甲申	六·二十一 癸丑	七·二十一 癸未	八·二十一 壬子
九·一 壬戌	十·一 辛卯	十一·一 辛酉	十二·一 庚寅
九·十一 壬申	十·十一 辛丑	十一·十一 辛未	十二·十一 庚子
九·二十一 壬午	十·二十一 辛亥	十一·二十一 辛巳	十二·二十一 庚戌

周孝王三十年丙申（前 925）

一·一 庚申	二·一 己丑	三·一 己未	四·一 己丑
一·十一 庚午	二·十一 己亥	三·十一 己巳	四·十一 己亥
一·二十一 庚辰	二·二十一 己酉	三·二十一 己卯	四·二十一 己酉
五·一 戊午	六·一 戊子	七·一 丁巳	八·一 丁亥
五·十一 戊辰	六·十一 戊戌	七·十一 丁卯	八·十一 丁酉
五·二十一 戊寅	六·二十一 戊申	七·二十一 丁丑	八·二十一 丁未
九·一 丙辰	十·一 丙戌	十一·一 乙卯	十二·一 乙酉
九·十一 丙寅	十·十一 丙申	十一·十一 乙丑	十二·十一 乙未
九·二十一 丙子	十·二十一 丙午	十一·二十一 乙亥	十二·二十一 乙巳

周夷王元年丁酉（前 924）

一·一 甲寅	二·一 甲申	三·一 癸丑	四·一 癸未
一·十一 甲子	二·十一 甲午	三·十一 癸亥	四·十一 癸巳
一·二十一 甲戌	二·二十一 甲辰	三·二十一 癸酉	四·二十一 癸卯
五·一 壬子 闰五·一 壬午	六·一 壬子	七·一 辛巳	八·一 辛亥
五·十一 壬戌 闰五·十一 壬辰	六·十一 壬戌	七·十一 辛卯	八·十一 辛酉
五·二十一壬申 闰五·二十一壬寅	六·二十一 壬申	七·二十一 辛丑	八·二十一 辛未
九·一 庚辰	十·一 庚戌	十一·一 己卯	十二·一 己酉
九·十一 庚寅	十·十一 庚申	十一·十一 己丑	十二·十一 己未
九·二十一 庚子	十·二十一 庚午	十一·二十一 己亥	十二·二十一 己巳

周夷王二年戊戌（前 923）

一·一 戊寅	二·一 戊申	三·一 丁丑	四·一 丁未
一·十一 戊子	二·十一 戊午	三·十一 丁亥	四·十一 丁巳
一·二十一 戊戌	二·二十一 戊辰	三·二十一 丁酉	四·二十一 丁卯
五·一 丙子	六·一 丙午	七·一 乙亥	八·一 乙巳
五·十一 丙戌	六·十一 丙辰	七·十一 乙酉	八·十一 乙卯
五·二十一 丙申	六·二十一 丙寅	七·二十一 乙未	八·二十一 乙丑
九·一 甲戌	十·一 甲辰	十一·一 甲戌	十二·一 癸卯
九·十一 甲申	十·十一 甲寅	十一·十一 甲申	十二·十一 癸丑
九·二十一 甲午	十·二十一 甲子	十一·二十一 甲午	十二·二十一 癸亥

周夷王三年己亥（前 922）

一·一 癸酉	二·一 壬寅	三·一 壬申	四·一 辛丑
一·十一 癸未	二·十一 壬子	三·十一 壬午	四·十一 辛亥
一·二十一 癸巳	二·二十一 壬戌	三·二十一 壬辰	四·二十一 辛酉
五·一 辛未	六·一 庚子	七·一 庚午 闰七·一 己亥	八·一 己巳
五·十一 辛巳	六·十一 庚戌	七·十一 庚辰 闰七·十一 己酉	八·十一 己卯
五·二十一 辛卯	六·二十一 庚申	七·二十一庚寅 闰七·二十一己未	八·二十一 己丑
九·一 戊戌	十·一 戊辰	十一·一 丁酉	十二·一 丁卯
九·十一 戊申	十·十一 戊寅	十一·十一 丁未	十二·十一 丁丑
九·二十一 戊午	十·二十一 戊子	十一·二十一 丁巳	十二·二十一 丁亥

周夷王四年庚子（前 921）

一・一 丙申 一・十一 丙午 一・二十一 丙辰	二・一 丙寅 二・十一 丙子 二・二十一 丙戌	三・一 丙申 三・十一 丙午 三・二十一 丙辰	四・一 乙丑 四・十一 乙亥 四・二十一 乙酉
五・一 乙未 五・十一 乙巳 五・二十一 乙卯	六・一 甲子 六・十一 甲戌 六・二十一 甲申	七・一 甲午 七・十一 甲辰 七・二十一 甲寅	八・一 癸亥 八・十一 癸酉 八・二十一 癸未
九・一 癸巳 九・十一 癸卯 九・二十一 癸丑	十・一 壬戌 十・十一 壬申 十・二十一 壬午	十一・一 壬辰 十一・十一 壬寅 十一・二十一 壬子	十二・一 辛酉 十二・十一 辛未 十二・二十一 辛巳

周夷王五年辛丑（前 920）

一・一 辛卯 一・十一 辛丑 一・二十一 辛亥	二・一 庚申 二・十一 庚午 二・二十一 庚辰	三・一 庚寅 三・十一 庚子 三・二十一 庚戌	四・一 己未 四・十一 己巳 四・二十一 己卯
五・一 己丑 五・十一 己亥 五・二十一 己酉	六・一 戊午 六・十一 戊辰 六・二十一 戊寅	七・一 戊子 七・十一 戊戌 七・二十一 戊申	八・一 戊午 八・十一 戊辰 八・二十一 戊寅
九・一 丁亥 九・十一 丁酉 九・二十一 丁未	十・一 丁巳 十・十一 丁卯 十・二十一 丁丑	十一・一 丙戌 十一・十一 丙申 十一・二十一 丙午	十二・一 丙辰 十二・十一 丙寅 十二・二十一 丙子

周夷王六年壬寅（前 919）

一・一 乙酉 一・十一 乙未 一・二十一 乙巳	二・一 乙卯 二・十一 乙丑 二・二十一 乙亥	三・一 甲申 三・十 甲午 三・二十一 甲辰	四・一 甲寅 闰四・一 癸未 四・十一 甲子 闰四・十一 癸巳 四・二十一甲戌 闰四・二十一癸卯
五・一 癸丑 五・十一 癸亥 五・二十一 癸酉	六・一 壬午 六・十一 壬辰 六・二十一 壬寅	七・一 壬子 七・十一 壬戌 七・二十一 壬申	八・一 辛巳 八・十一 辛卯 八・二十一 辛丑
九・一 辛亥 九・十一 辛酉 九・二十一 辛未	十・一 辛巳 十・十一 辛卯 十・二十一 辛丑	十一・一 庚戌 十一・十一 庚申 十一・二十一 庚午	十二・一 庚辰 十二・十一 庚寅 十二・二十一 庚子

周夷王七年癸卯（前 918）

一・一 己酉 一・十一 己未 一・二十一 己巳	二・一 己卯 二・十一 己丑 二・二十一 己亥	三・一 戊申 三・十一 戊午 三・二十一 戊辰	四・一 戊寅 四・十一 戊子 四・二十一 戊戌
五・一 丁未 五・十一 丁巳 五・二十一 丁卯	六・一 丁丑 六・十一 丁亥 六・二十一 丁酉	七・一 丙午 七・十一 丙辰 七・二十一 丙寅	八・一 丙子 八・十一 丙戌 八・二十一 丙申
九・一 乙巳 九・十一 乙卯 九・二十一 乙丑	十・一 乙亥 十・十一 乙酉 十・二十一 乙未	十一・一 甲辰 十一・十一 甲寅 十一・二十一 甲子	十二・一 甲戌 十二・十一 甲申 十二・二十一 甲午

周夷王八年甲辰(前917)

一·一 癸卯 一·十一 癸丑 一·二十一 癸亥	二·一 癸酉 二·十一 癸未 二·二十一 癸巳	三·一 癸卯 三·十一 癸丑 三·二十一 癸亥	四·一 壬申 四·十一 壬午 四·二十一 壬辰
五·一 壬寅 五·十一 壬子 五·二十一 壬戌	六·一 辛未 六·十一 辛巳 六·二十一 辛卯	七·一 辛丑 七·十一 辛亥 七·二十一 辛酉	八·一 庚午 八·十一 庚辰 八·二十一 庚寅
九·一 庚子 九·十一 庚戌 九·二十一 庚申	十·一 己巳 十·十一 己卯 十·二十一 己丑	十一·一 己亥 十一·十一 己酉 十一·二十一 己未	十二·一 戊辰 闰十二·一 戊戌 十二·十一 戊寅 闰十二·十一 戊申 十二·二十一戊子 闰十二·二十一戊午

周夷王九年乙巳(前916)

一·一 丁卯 一·十一 丁丑 一·二十一 丁亥	二·一 丁酉 二·十一 丁未 二·二十一 丁巳	三·一 丙寅 三·十一 丙子 三·二十一 丙戌	四·一 丙申 四·十一 丙午 四·二十一 丙辰
五·一 丙寅 五·十一 丙子 五·二十一 丙戌	六·一 乙未 六·十一 乙巳 六·二十一 乙卯	七·一 乙丑 七·十一 乙亥 七·二十一 乙酉	八·一 甲午 八·十一 甲辰 八·二十一 甲寅
九·一 甲子 九·十一 甲戌 九·二十一 甲申	十·一 癸巳 十·十一 癸卯 十·二十一 癸丑	十一·一 癸亥 十一·十一 癸酉 十一·二十一 癸未	十二·一 壬辰 十二·十一 壬寅 十二·二十一 壬子

周夷王十年丙午(前915)

一·一 壬戌 一·十一 壬申 一·二十一 壬午	二·一 辛卯 二·十一 辛丑 二·二十一 辛亥	三·一 辛酉 三·十一 辛未 三·二十一 辛巳	四·一 庚寅 四·十一 庚子 四·二十一 庚戌
五·一 庚申 五·十一 庚午 五·二十一 庚辰	六·一 己丑 六·十一 己亥 六·二十一 己酉	七·一 己未 七·十一 己巳 七·二十一 己卯	八·一 戊子 八·十一 戊戌 八·二十一 戊申
九·一 戊午 九·十一 戊辰 九·二十一 戊寅	十·一 戊子 十·十一 戊戌 十·二十一 戊申	十一·一 丁巳 十一·十一 丁卯 十一·二十一 丁丑	十二·一 丁亥 十二·十一 丁酉 十二·二十一 丁未

周夷王十一年丁未(前914)

一·一 丙辰 一·十一 丙寅 一·二十一 丙子	二·一 丙戌 二·十一 丙申 二·二十一 丙午	三·一 乙卯 三·十一 乙丑 三·二十一 乙亥	四·一 乙酉 四·十一 乙未 四·二十一 乙巳
五·一 甲寅 五·十一 甲子 五·二十一 甲戌	六·一 甲申 六·十一 甲午 六·二十一 甲辰	七·一 癸丑 七·十一 癸亥 七·二十一 癸酉	*八·一 癸未 八·十一 癸巳 八·二十一 癸卯
九·一 壬子 闰九·一 壬午 九·十一 壬戌 闰九·十一 壬辰 九·二十一壬申 闰九·二十一壬寅	十·一 辛亥 十·十一 辛酉 十·二十一 辛未	十一·一 辛巳 十一·十一 辛卯 十一·二十一 辛丑	十二·一 庚戌 十二·十一 庚申 十二·二十一 庚午

*《总谱》八月癸亥朔,误。

周夷王十二年戊申（前913）

月・日	干支	月・日	干支	月・日	干支	月・日	干支
一・一	庚辰	二・一	庚戌	三・一	己卯	四・一	己酉
一・十一	庚寅	二・十一	庚申	三・十一	己丑	四・十一	己未
一・二十一	庚子	二・二十一	庚午	三・二十一	己亥	四・二十一	己巳
五・一	戊寅	六・一	戊申	七・一	丁丑	八・一	丁未
五・十一	戊子	六・十一	戊午	七・十一	丁亥	八・十一	丁巳
五・二十一	戊戌	六・二十一	戊辰	七・二十一	丁酉	八・二十一	丁卯
九・一	丙子	十・一	丙午	十一・一	乙亥	十二・一	乙巳
九・十一	丙戌	十・十一	丙辰	十一・十一	乙酉	十二・十一	乙卯
九・二十一	丙申	十・二十一	丙寅	十一・二十一	乙未	十二・二十一	乙丑

周夷王十三年巳酉（前912）

月・日	干支	月・日	干支	月・日	干支	月・日	干支
一・一	甲戌	二・一	甲辰	三・一	癸酉	四・一	癸卯
一・十一	甲申	二・十一	甲寅	三・十一	癸未	四・十一	癸丑
一・二十一	甲午	二・二十一	甲子	三・二十一	癸巳	四・二十一	癸亥
五・一	癸酉	六・一	壬寅	七・一	壬申	八・一	辛丑
五・十一	癸未	六・十一	壬子	七・十一	壬午	八・十一	辛亥
五・二十一	癸巳	六・二十一	壬戌	七・二十一	壬辰	八・二十一	辛酉
九・一	辛未	十・一	庚子	十一・一	庚午	十二・一	己亥
九・十一	辛巳	十・十一	庚戌	十一・十一	庚辰	十二・十一	己酉
九・二十一	辛卯	十・二十一	庚申	十一・二十一	庚寅	十二・二十一	己未

周夷王十四年庚戌（前911）

月・日	干支	月・日	干支	月・日	干支	月・日	干支
一・一	己巳	二・一	戊戌	三・一	戊辰	四・一	丁酉
一・十一	己卯	二・十一	戊申	三・十一	戊寅	四・十一	丁未
一・二十一	己丑	二・二十一	戊午	三・二十一	戊子	四・二十一	丁巳
五・一	丁卯	六・一 丙申　闰六・一	丙寅	七・一	乙未	八・一	乙丑
五・十一	丁丑	六・十一 丙午　闰八・十一	丙子	七・十	乙巳	八・十一	乙亥
五・二十一	丁亥	六・二十一丙辰　闰六・二十一	丙戌	七・二十一	乙卯	八・二十一	乙酉
九・一	乙未	十・一	甲子	十一・一	甲午	十二・一	癸亥
九・十一	乙巳	十・十一	甲戌	十一・十一	甲辰	十二・十一	癸酉
九・二十一	乙卯	十・二十一	甲申	十一・二十一	甲寅	十二・二十一	癸未

周夷王十五年辛亥（前910）

月・日	干支	月・日	干支	月・日	干支	月・日	干支
一・一	癸巳	二・一	壬戌	三・一	壬辰	四・一	辛酉
一・十一	癸卯	二・十一	壬申	三・十一	壬寅	四・十一	辛未
一・二十一	癸丑	二・二十一	壬午	三・二十一	壬子	四・二十一	辛巳
五・一	辛卯	六・一	庚申	七・一	庚寅	八・一	己未
五・十一	辛丑	六・十一	庚午	七・十一	庚子	八・十一	己巳
五・二十一	辛亥	六・二十一	庚辰	七・二十一	庚戌	八・二十一	己卯
九・一	己丑	十・一	戊午	十一・一	戊子	十二・一	戊午
九・十一	己亥	十・十一	戊辰	十一・十一	戊戌	十二・十一	戊辰
九・二十一	己酉	十・二十一	戊寅	十一・二十一	戊申	十二・二十一	戊寅

周夷王十六年壬子（前909）

一·一 丁亥 一·十一 丁酉 一·二十一 丁未	二·一 丁巳 二·十一 丁卯 二·二十一 丁丑	三·一 丙戌 三·十一 丙申 三·二十一 丙午	四·一 丙辰 四·十一 丙寅 四·二十一 丙子
五·一 乙酉 五·十一 乙未 五·二十一 乙巳	六·一 乙卯 六·十一 乙丑 六·二十一 乙亥	七·一 甲申 七·十一 甲午 七·二十一 甲辰	八·一 甲寅 八·十一 甲子 八·二十一 甲戌
九·一 癸未 九·十一 癸巳 九·二十一 癸卯	十·一 癸丑 十·十一 癸亥 十·二十一 癸酉	十一·一 壬午 十一·十一 壬辰 十一·二十一 壬寅	十二·一 壬子 十二·十一 壬戌 十二·二十一 壬申

周夷王十七年癸丑（前908）

一·一 辛巳 一·十一 辛卯 一·二十一 辛丑	二·一 辛亥 二·十一 辛酉 二·二十一 辛未	三·一 庚辰 闰三·一 庚戌 三·十一 庚寅 闰三·十一 庚申 三·二十一庚子 闰三·二十一庚午	四·一 庚辰 四·十一 庚寅 四·二十一 庚子
五·一 己酉 五·十一 己未 五·二十一 己巳	六·一 己卯 六·十一 己丑 六·二十一 己亥	七·一 戊申 七·十一 戊午 七·二十一 戊辰	八·一 戊寅 八·十一 戊子 八·二十一 戊戌
九·一 丁未 九·十一 丁巳 九·二十一 丁卯	十·一 丁丑 十·十一 丁亥 十·二十一 丁酉	十一·一 丙午 十一·十一 丙辰 十一·二十一 丙寅	十二·一 丙子 十二·十一 丙戌 十二·二十一 丙申

周夷王十八年甲寅（前907）

一·一 乙巳 一·十一 乙卯 一·二十一 乙丑	二·一 乙亥 二·十一 乙酉 二·二十一 乙未	三·一 甲辰 三·十一 甲寅 三·二十一 甲子	四·一 甲戌 四·十一 甲申 四·二十一 甲午
五·一 癸卯 五·十一 癸丑 五·二十一 癸亥	六·一 癸酉 六·十一 癸未 六·二十一 癸巳	七·一 壬寅 七·十一 壬子 七·二十一 壬戌	八·一 壬申 八·十一 壬午 八·二十一 壬辰
九·一 壬寅 九·十一 壬子 九·二十一 壬戌	十·一 辛未 十·十一 辛巳 十·二十一 辛卯	十一·一 辛丑 十一·十一 辛亥 十一·二十一 辛酉	十二·一 庚午 十二·十一 庚辰 十二·二十一 庚寅

周夷王十九年乙卯（前906）

一·一 庚子 一·十一 庚戌 一·二十一 庚申	二·一 己巳 二·十一 己卯 二·二十一 己丑	三·一 己亥 三·十一 己酉 三·二十一 己未	四·一 戊辰 四·十一 戊寅 四·二十一 戊子
五·一 戊戌 五·十一 戊申 五·二十一 戊午	六·一 丁卯 六·十一 丁丑 六·二十一 丁亥	七·一 丁酉 七·十一 丁未 七·二十一 丁巳	八·一 丙寅 八·十一 丙子 八·二十一 丙戌
九·一 丙申 九·十一 丙午 九·二十一 丙辰	十·一 乙丑 十·十一 乙亥 十·二十一 乙酉	十一·一 乙未 十一·十一 乙巳 十一·二十一 乙卯	十二·一 乙丑 十二·十一 乙亥 十二·二十一 乙酉

周夷王二十年丙辰(前905)

一・一	甲午	二・一	甲子	三・一	癸巳	四・一　癸亥　闰四・一	壬辰
一・十一	甲辰	二・十一	甲戌	三・十一	癸卯	四・十一　癸酉　闰四・十一	壬寅
一・二十一	甲寅	二・二十一	甲申	三・二十一	癸丑	四・二十一癸未　闰四・二十一	壬子
五・一	壬戌	六・一	辛卯	七・一	辛酉	八・一	庚寅
五・十一	壬申	六・十一	辛丑	七・十一	辛未	八・十一	庚子
五・二十一	壬午	六・二十一	辛亥	七・二十一	辛巳	八・二十一	庚戌
九・一	庚申	十・一	己丑	十一・一	己未	十二・一	戊子
九・十一	庚午	十・十一	己亥	十一・十一	己巳	十二・十一	戊戌
九・二十一	庚辰	十・二十一	己酉	十一・二十一	己卯	十二・二十一	戊申

周夷王二十一年丁巳(前904)

一・一	戊午	二・一	丁亥	三・一	丁巳	四・一	丁亥
一・十一	戊辰	二・十一	丁酉	三・十一	丁卯	四・十一	丁酉
一・二十一	戊寅	二・二十一	丁未	三・二十一	丁丑	四・二十一	丁未
五・一	丙辰	六・一	丙戌	七・一	乙卯	八・一	乙酉
五・十一	丙寅	六・十一	丙申	七・十一	乙丑	八・十一	乙未
五・二十一	丙子	六・二十一	丙午	七・二十一	乙亥	八・二十一	乙巳
九・一	甲寅	十・一	甲申	十一・一	癸丑	十二・一	癸未
九・十一	甲子	十・十一	甲午	十一・十一	癸亥	十二・十一	癸巳
九・二十一	甲戌	十・二十一	甲辰	十一・二十一	癸酉	十二・二十一	癸卯

周夷王二十二年戊午(前903)

一・一	壬子	二・一	壬午	三・一	辛亥	四・一	辛巳
一・十一	壬戌	二・十一	壬辰	三・十一	辛酉	四・十一	辛卯
一・二十一	壬申	二・二十一	壬寅	三・二十一	辛未	四・二十一	辛丑
五・一	庚戌	六・一	庚辰	七・一	庚戌	八・一　己卯　闰八・一	己酉
五・十一	庚申	六・十一	庚寅	七・十一	庚申	八・十一　己丑　闰八・十一	己未
五・二十一	庚午	六・二十一	庚子	七・二十一	庚午	八・二十一己亥　闰八・二十一	己巳
九・一	戊寅	十・一	戊申	十一・一	丁丑	十二・一	丁未
九・十一	戊子	十・十一	戊午	十一・十一	丁亥	十二・十一	丁巳
九・二十一	戊戌	十・二十一	戊辰	十一・二十一	丁酉	十二・二十一	丁卯

周夷王二十三年己未(前902)

一・一	丙子	二・一	丙午	三・一	乙亥	四・一	乙巳
一・十一	丙戌	二・十一	丙辰	三・十一	乙酉	四・十一	乙卯
一・二十一	丙申	二・二十一	丙寅	三・二十一	乙未	四・二十一	乙丑
五・一	甲戌	六・一	甲辰	七・一	癸酉	八・一	癸卯
五・十一	甲申	六・十一	甲寅	七・十一	癸未	八・十一	癸丑
五・二十一	甲午	六・二十一	甲子	七・二十一	癸巳	八・二十一	癸亥
九・一	壬申	十・一	壬寅	十一・一	壬申	十二・一	辛丑
九・十一	壬午	十・十一	壬子	十一・十一	壬午	十二・十一	辛亥
九・二十一	壬辰	十・二十一	壬戌	十一・二十一	壬辰	十二・二十一	辛酉

周夷王二十四年庚申(前901)

一·一	辛未	二·一	庚子	三·一	庚午	四·一	己亥
一·十一	辛巳	二·十一	庚戌	三·十一	庚辰	四·十一	己酉
一·二十一	辛卯	二·二十一	庚申	三·二十一	庚寅	四·二十一	己未
五·一	己巳	六·一	戊戌	七·一	戊辰	八·一	丁酉
五·十一	己卯	六·十一	戊申	七·十一	戊寅	八·十一	丁未
五·二十一	己丑	六·二十一	戊午	七·二十一	戊子	八·二十一	丁巳
九·一	丁卯	十·一	丙申	十一·一	丙寅	十二·一	乙未
九·十一	丁丑	十·十一	丙午	十一·十一	丙子	十二·十一	乙巳
九·二十一	丁亥	十·二十一	丙辰	十一·二十一	丙戌	十二·二十一	乙卯

周夷王二十五年辛酉(前900)

一·一	乙丑	二·一	甲午	三·一	甲子	四·一	甲午	闰四·一	癸亥
一·十一	乙亥	二·十一	甲辰	三·十一	甲戌	四·十一	甲辰	闰四·十一	癸酉
一·二十一	乙酉	二·二十一	甲寅	三·二十一	甲申	四·二十一	甲寅	闰四·二十一	癸未
五·一	癸巳	六·一	壬戌	七·一	壬辰	八·一	辛酉		
五·十一	癸卯	六·十一	壬申	七·十一	壬寅	八·十一	辛未		
五·二十一	癸丑	六·二十一	壬午	七·二十一	壬子	八·二十一	辛巳		
九·一	辛卯	十·一	庚申	十一·一	庚寅	十二·一	己未		
九·十一	辛丑	十·十一	庚午	十一·十一	庚子	十二·十一	己巳		
九·二十一	辛亥	十·二十一	庚辰	十一·二十一	庚戌	十二·二十一	己卯		

周夷王二十六年壬戌(前899)

一·一	己丑	二·一	戊午	三·一	戊子	四·一	丁巳
一·十一	己亥	二·十一	戊辰	三·十一	戊戌	四·十一	丁卯
一·二十一	己酉	二·二十一	戊寅	三·二十一	戊申	四·二十一	丁丑
五·一	丁亥	六·一	丁巳	七·一	丙戌	八·一	丙辰
五·十一	丁酉	六·十一	丁卯	七·十一	丙申	八·十一	丙寅
五·二十一	丁未	六·二十一	丁丑	七·二十一	丙午	八·二十一	丙子
九·一	乙酉	十·一	乙卯	十一·一	甲申	十二·一	甲寅
九·十一	乙未	十·十一	乙丑	十一·十一	甲午	十二·十一	甲子
九·二十一	乙巳	十·二十一	乙亥	十一·二十一	甲辰	十二·二十一	甲戌

周夷王二十七癸亥年(前898)

一·一	癸未	二·一	癸丑	三·一	壬午	四·一	壬子
一·十一	癸巳	二·十一	癸亥	三·十一	壬辰	四·十一	壬戌
一·二十一	癸卯	二·二十一	癸酉	三·二十一	壬寅	四·二十一	壬申
五·一	辛巳	六·一	辛亥	七·一	庚辰	八·一	庚戌
五·十一	辛卯	六·十一	辛酉	七·十一	庚寅	八·十一	庚申
五·二十一	辛丑	六·二十一	辛未	七·二十一	庚子	八·二十一	庚午
九·一	己卯	十·一	己酉	十一·一	戊寅	十二·一	戊申
九·十一	己丑	十·十一	己未	十一·十一	戊子	十二·十一	戊午
九·二十一	己亥	十·二十一	己巳	十一·二十一	戊戌	十二·二十一	戊辰

周夷王二十八年甲子(前897)

一·一	丁丑	二·一	丁未	三·一	丙子	四·一	丙午
一·十一	丁亥	二·十一	丁巳	三·十一	丙戌	四·十一	丙辰
一·二十一	丁酉	二·二十一	丁卯	三·二十一	丙申	四·二十一	丙寅
五·一	乙亥	六·一	乙巳	七·一	乙亥	八·一	甲辰
五·十一	乙酉	六·十一	乙卯	七·十一	乙酉	八·十一	甲寅
五·二十一	乙未	六·二十一	乙丑	七·二十一	乙未	八·二十一	甲子
九·一	甲戌	十·一	癸卯	十一·一	癸酉	十二·一	壬寅
九·十一	甲申	十·十一	癸丑	十一·十一	癸未	十二·十一	壬子
九·二十一	甲午	十·二十一	癸亥	十一·二十一	癸巳	十二·二十一	壬戌

周夷王二十九年乙丑(前896)

一·一	壬申	二·一 壬寅 闰二·一	辛未	三·一	辛丑	四·一	庚午
一·十一	壬午	二·十一 壬子 闰二·十一	辛巳	三·十一	辛亥	四·十一	庚辰
一·二十一	壬辰	二·二十一壬戌 闰二·二十一	辛卯	三·二十一	辛酉	四·二十一	庚寅
五·一	庚子	六·一	己巳	七·一	己亥	八·一	戊辰
五·十一	庚戌	六·十一	己卯	七·十一	己酉	八·十一	戊寅
五·二十一	庚申	六·二十一	己丑	七·二十一	己未	八·二十一	戊子
九·一	戊戌	十·一	丁卯	十一·一	丁酉	十二·一	丙寅
九·十一	戊申	十·十一	丁丑	十一·十一	丁未	十二·十一	丙子
九·二十一	戊午	十·二十一	丁亥	十一·二十一	丁巳	十二·二十一	丙戌

周夷王三十年丙寅(前895)

一·一	丙申	二·一	乙丑	三·一	乙未	四·一	甲子
一·十一	丙午	二·十一	乙亥	三·十一	乙巳	四·十	甲戌
一·二十一	丙辰	二·二十一	乙酉	三·二十一	乙卯	四·二十一	甲申
五·一	甲午	六·一	甲子	七·一	癸巳	八·一	癸亥
五·十一	甲辰	六·十一	甲戌	七·十一	癸卯	八·十一	癸酉
五·二十一	甲寅	六·二十一	甲申	七·二十一	癸丑	八·二十一	癸未
九·一	壬辰	十·一 壬戌 闰十·一	辛卯	十一·一	辛酉	十二·一	庚寅
九·十一	壬寅	十·十一 壬申 闰十·十一	辛丑	十一·十一	辛未	十二·十一	庚子
九·二十一	壬子	十·二十一壬午 闰十·二十一	辛亥	十一·二十一	辛巳	十二·二十一	庚戌

周夷王三十一年丁卯(前894)

一·一	庚申	二·一	己丑	三·一	己未	四·一	戊子
一·十一	庚午	二·十一	己亥	三·十一	己巳	四·十一	戊戌
一·二十一	庚辰	二·二十一	己酉	三·二十一	己卯	四·二十一	戊申
五·一	戊午	六·一	丁亥	七·一	丁巳	八·一	丙戌
五·十一	戊辰	六·十一	丁酉	七·十一	丁卯	八·十一	丙申
五·二十一	戊寅	六·二十一	丁未	七·二十一	丁丑	八·二十一	丙午
九·一	丙辰	十·一	丙戌	十一·一	乙卯	十二·一	乙酉
九·十一	丙寅	十·十一	丙申	十一·十一	乙丑	十二·十一	乙未
九·二十一	丙子	十·二十一	丙午	十一·二十一	乙亥	十二·二十一	乙巳

周夷王三十二年戊辰（前893）

一・一 甲寅	二・一 甲申	三・一 癸丑	四・一 癸未
一・十一 甲子	二・十一 甲午	三・十一 癸亥	四・十一 癸巳
一・二十一 甲戌	二・二十一 甲辰	三・二十一 癸酉	四・二十一 癸卯
五・一 壬子	六・一 壬午	七・一 辛亥	八・一 辛巳
五・十一 壬戌	六・十一 壬辰	七・十一 辛酉	八・十一 辛卯
五・二十一 壬申	六・二十一 壬寅	七・二十一 辛未	八・二十一 辛丑
九・一 庚戌	十・一 庚辰	十一・一 己酉	十二・一 己卯
九・十一 庚申	十・十一 庚寅	十一・十一 己未	十二・十一 己丑
九・二十一 庚午	十・二十一 庚子	十一・二十一 己巳	十二・二十一 己亥

周夷王三十三年己巳（前892）

一・一 己酉	二・一 戊寅	三・一 戊申	四・一 丁丑
一・十一 己未	二・十一 戊子	三・十一 戊午	四・十一 丁亥
一・二十一 己巳	二・二十一 戊戌	三・二十一 戊辰	四・二十一 丁酉
五・一 丁未	六・一 丙子	七・一 丙午 闰七・一 乙亥	八・一 乙巳
五・十一 丁巳	六・十一 丙戌	七・十一 丙辰 闰七・十一 乙酉	八・十一 乙卯
五・二十一 丁卯	六・二十一 丙申	七・二十一丙寅 闰七・二十一乙未	八・二十一 乙丑
九・一 甲戌	十・一 甲辰	十一・一 癸酉	十二・一 癸卯
九・十一 甲申	十・十一 甲寅	十一・十一 癸未	十二・十一 癸丑
九・二十一 甲午	十・二十一 甲子	十一・二十一 癸巳	十二・二十一 癸亥

周夷王三十四年庚午（前891）

一・一 壬申	二・一 壬寅	三・一 辛未	四・一 辛丑
一・十一 壬午	二・十一 壬子	三・十一 辛巳	四・十一 辛亥
一・二十一 壬辰	二・二十一 壬戌	三・二十一 辛卯	四・二十一 辛酉
五・一 辛未	六・一 庚子	七・一 庚午	八・一 己亥
五・十一 辛巳	六・十一 庚戌	七・十一 庚辰	八・十一 己酉
五・二十一 辛卯	六・二十一 庚申	七・二十一 庚寅	八・二十一 己未
九・一 己巳	十・一 戊戌	十一・一 戊辰	十二・一 丁酉
九・十一 己卯	十・十一 戊申	十一・十一 戊寅	十二・十一 丁未
九・二十一 己丑	十・二十一 戊午	十一・二十一 戊子	十二・二十一 丁巳

周夷王三十五年辛未（前890）

一・一 丁卯	二・一 丙申	三・一 丙寅	四・一 乙未
一・十一 丁丑	二・十一 丙午	三・十一 丙子	四・十一 乙巳
一・二十一 丁亥	二・二十一 丙辰	三・二十一 丙戌	四・二十一 乙卯
五・一 乙丑	六・一 甲午	七・一 甲子	八・一 甲午
五・十一 乙亥	六・十一 甲辰	七・十一 甲戌	八・十一 甲辰
五・二十一 乙酉	六・二十一 甲寅	七・二十一 甲申	八・二十一 甲寅
九・一 癸亥	十・一 癸巳	十一・一 壬戌	十二・一 壬辰
九・十一 癸酉	十・十一 癸卯	十一・十一 壬申	十二・十一 壬寅
九・二十一 癸未	十・二十一 癸丑	十一・二十一 壬午	十二・二十一 壬子

周夷王三十六年壬申（前 889）

一·一	辛酉	二·一	辛卯	三·一	庚申　闰三·一　庚寅	四·一	己未
一·十一	辛未	二·十一	辛丑	三·十一	庚午　闰三·十一　庚子	四·十一	己巳
一·二十一	辛巳	二·二十一	辛亥	三·二十一	庚辰　闰三·二十一　庚戌	四·二十一	己卯
五·一	己丑	六·一	戊午	七·一	戊子	八·一	丁巳
五·十一	己亥	六·十一	戊辰	七·十一	戊戌	八·十一	丁卯
五·二十一	己酉	六·二十一	戊寅	七·二十一	戊申	八·二十一	丁丑
九·一	丁亥	十·一	丙辰	十一·一	丙戌	十二·一	丙辰
九·十一	丁酉	十·十一	丙寅	十一·十一	丙申	十二·十一	丙寅
九·二十一	丁未	十·二十一	丙子	十一·二十一	丙午	十二·二十一	丙子

周夷王三十七年癸酉（前 888）

一·一	乙酉	二·一	乙卯	三·一	甲申	四·一	甲寅
一·十一	乙未	二·十一	乙丑	三·十一	甲午	四·十一	甲子
一·二十一	乙巳	二·二十一	乙亥	三·二十一	甲辰	四·二十一	甲戌
五·一	癸未	六·一	癸丑	七·一	壬午	八·一	壬子
五·十一	癸巳	六·十一	癸亥	七·十一	壬辰	八·十一	壬戌
五·二十一	癸卯	六·二十一	癸酉	七·二十一	壬寅	八·二十一	壬申
九·一	辛巳	十·一	辛亥	十一·一	庚辰	十二·一	庚戌
九·十一	辛卯	十·十一	辛酉	十一·十一	庚寅	十二·十一	庚申
九·二十一	辛丑	十·二十一	辛未	十一·二十一	庚子	十二·二十一	庚午

周夷王三十八年甲戌（前 887）

一·一	己卯	二·一	己酉	三·一	戊寅	四·一	戊申
一·十一	己丑	二·十一	己未	三·十一	戊子	四·十一	戊午
一·二十一	己亥	二·二十一	己巳	三·二十一	戊戌	四·二十一	戊辰
五·一	戊寅	六·一	丁未	七·一	丁丑	八·一	丙午
五·十一	戊子	六·十一	丁巳	七·十一	丁亥	八·十	丙辰
五·二十一	戊戌	六·二十一	丁卯	七·二十一	丁酉	八·二十一	丙寅
九·一	丙子	十·一	乙巳	十一·一	乙亥	十二·一	甲辰　闰十二·一　甲戌
九·十一	丙戌	十·十一	乙卯	十一·十一	乙酉	十二·十一	甲寅　闰十二·十一　甲申
九·二十一	丙申	十·二十一	乙丑	十一·二十一	乙未	十二·二十一	甲子　闰十二·二十一　甲午

周夷王三十九年乙亥（前 886）

一·一	癸卯	二·一	癸酉	三·一	壬寅	四·一	壬申
一·十一	癸丑	二·十一	癸未	三·十一	壬子	四·十一	壬午
一·二十一	癸亥	二·二十一	癸巳	三·二十一	壬戌	四·二十一	壬辰
五·一	辛丑	六·一	辛未	七·一	辛丑	八·一	庚午
五·十一	辛亥	六·十一	辛巳	七·十一	辛亥	八·十一	庚辰
五·二十一	辛酉	六·二十一	辛卯	七·二十一	辛酉	八·二十一	庚寅
九·一	庚子	十·一	己巳	十一·一	己亥	十二·一	戊辰
九·十一	庚戌	十·十一	己卯	十一·十一	己酉	十二·十一	戊寅
九·二十一	庚申	十·二十一	己丑	十一·二十一	己未	十二·二十一	戊子

周夷王四十年丙子（前885）

一·一	戊戌	二·一	丁卯	三·一	丁酉	四·一	丙寅
一·十一	戊申	二·十一	丁丑	三·十一	丁未	四·十一	丙子
一·二十一	戊午	二·二十一	丁亥	三·二十一	丁巳	四·二十一	丙戌
五·一	丙申	六·一	乙丑	七·一	乙未	八·一	甲子
五·十一	丙午	六·十一	乙亥	七·十一	乙巳	八·十一	甲戌
五·二十一	丙辰	六·二十一	乙酉	七·二十一	乙卯	八·二十一	甲申
九·一	甲午	十·一	癸亥	十一·一	癸巳	十二·一	癸亥
九·十一	甲辰	十·十一	癸酉	十一·十一	癸卯	十二·十一	癸酉
九·二十一	甲寅	十·二十一	癸未	十一·二十一	癸丑	十二·二十一	癸未

周夷王四十一年丁丑（前884）

一·一	壬辰	二·一	壬戌	三·一	辛卯	四·一	辛酉
一·十一	壬寅	二·十一	壬申	三·十一	辛丑	四·十一	辛未
一·二十一	壬子	二·二十一	壬午	三·二十一	辛亥	四·二十一	辛巳
五·一	庚寅	六·一	庚申	七·一	己丑	八·一	己未
五·十一	庚子	六·十一	庚午	七·十一	己亥	八·十一	己巳
五·二十一	庚戌	六·二十一	庚辰	七·二十一	己酉	八·二十一	己卯
九·一　戊子　闰九·一	戊午	十·一	丁亥	十一·一	丁巳	十二·一	丙戌
九·十一　戊戌　闰九·十一	戊辰	十·十一	丁酉	十一·十一	丁卯	十二·十一	丙申
九·二十一戊申　闰九·二十一	戊寅	十·二十一	丁未	十一·二十一	丁丑	十二·二十一	丙午

周夷王四十二年戊寅（前883）

一·一	丙辰	二·一	丙戌	三·一	乙卯	四·一	乙酉
一·十一	丙寅	二·十一	丙申	三·十一	乙丑	四·十一	乙未
一·二十一	丙子	二·二十一	丙午	三·二十一	乙亥	四·二十一	乙巳
五·一	甲寅	六·一	甲申	七·一	癸丑	八·一	癸未
五·十一	甲子	六·十一	甲午	七·十一	癸亥	八·十一	癸巳
五·二十一	甲戌	六·二十一	甲辰	七·二十一	癸酉	八·二十一	癸卯
九·一	壬子	十·一	壬午	十一·一	辛亥	十二·一	辛巳
九·十一	壬戌	十·十一	壬辰	十一·十一	辛酉	十二·十一	辛卯
九·二十一	壬申	十·二十一	壬寅	十一·二十一	辛未	十二·二十一	辛丑

周夷王四十三年己卯（前882）

一·一	庚戌	二·一	庚辰	三·一	己酉	四·一	己卯
一·十一	庚申	二·十一	庚寅	三·十一	己未	四·十一	己丑
一·二十一	庚午	二·二十一	庚子	三·二十一	己巳	四·二十一	己亥
五·一	戊申	六·一	戊寅	七·一	戊申	八·一	丁丑
五·十一	戊午	六·十一	戊子	七·十一	戊午	八·十一	丁亥
五·二十一	戊辰	六·二十一	戊戌	七·二十一	戊辰	八·二十一	丁酉
九·一	丁未	十·一	丙子	十一·一	丙午	十二·一	乙亥
九·十一	丁巳	十·十一	丙戌	十一·十一	丙辰	十二·十一	乙酉
九·二十一	丁卯	十·二十一	丙申	十一·二十一	丙寅	十二·二十一	乙未

周夷王四十四年庚辰（前 881）

一·一　乙巳 一·十一　乙卯 一·二十一　乙丑	二·一　甲戌 二·十一　甲申 二·二十一　甲午	三·一　甲辰 三·十一　甲寅 三·二十一　甲子	四·一　癸酉 四·十一　癸未 四·二十一　癸巳
五·一　癸卯　闰五·一　壬申 五·十一　癸丑　闰五·十一　壬午 五·二十一癸亥　闰五·二十一壬辰	六·一　壬寅 六·十一　壬子 六·二十一　壬戌	七·一　辛未 七·十一　辛巳 七·二十一　辛卯	八·一　辛丑 八·十一　辛亥 八·二十一　辛酉
九·一　庚午 九·十一　庚辰 九·二十一　庚寅	十·一　庚子 十·十一　庚戌 十·二十一　庚申	十一·一　庚午 十一·十一　庚辰 十一·二十一　庚寅	十二·一　己亥 十二·十一　己酉 十二·二十一　己未

周夷王四十五年辛巳（前 880）

一·一　己巳 一·十一　己卯 一·二十一　己丑	二·一　戊戌 二·十一　戊申 二·二十一　戊午	三·一　戊辰 三·十一　戊寅 三·二十一　戊子	四·一　丁酉 四·十一　丁未 四·二十一　丁巳
五·一　丁卯 五·十一　丁丑 五·二十一　丁亥	六·一　丙申 六·十一　丙午 六·二十一　丙辰	七·一　丙寅 七·十一　丙子 七·二十一　丙戌	八·一　乙未 八·十一　乙巳 八·二十一　乙卯
九·一　乙丑 九·十一　乙亥 九·二十一　乙酉	十·一　甲午 十·十一　甲辰 十·二十一　甲寅	十一·一　甲子 十一·十一　甲戌 十一·二十一　甲申	十二·一　癸巳 十二·十一　癸卯 十二·二十一　癸丑

周夷王四十六年壬午（前 879）

一·一　癸亥 一·十一　癸酉 一·二十一　癸未	二·一　癸巳 二·十一　癸卯 二·二十一　癸丑	三·一　壬戌 三·十一　壬申 三·二十一　壬午	四·一　壬辰 四·十一　壬寅 四·二十一　壬子
五·一　辛酉 五·十一　辛未 五·二十一　辛巳	六·一　辛卯 六·十一　辛丑 六·二十一　辛亥	七·一　庚申 七·十一　庚午 七·二十一　庚辰	八·一　庚寅 八·十一　庚子 八·二十一　庚戌
九·一　己未 九·十一　己巳 九·二十一　己卯	十·一　己丑 十·十一　己亥 十·二十一　己酉	十一·一　戊午 十一·十一　戊辰 十一·二十一　戊寅	十二·一　戊子　闰十二·一　丁巳 十二·十一　戊戌　闰十二·十一　丁卯 十二·二十一戊申　闰十二·二十一丁丑

周厉王元年癸未（前 878）

一·一　丁亥 一·十一　丁酉 一·二十一　丁未	二·一　丙辰 二·十一　丙寅 二·二十一　丙子	三·一　丙戌 三·十一　丙申 三·二十一　丙午	四·一　乙卯 四·十一　乙丑 四·二十一　乙亥
五·一　乙酉 五·十一　乙未 五·二十一　乙巳	六·一　乙卯 六·十一　乙丑 六·二十一　乙亥	七·一　甲申 七·十一　甲午 七·二十一　甲辰	八·一　甲寅 八·十一　甲子 八·二十一　甲戌
九·一　癸未 九·十一　癸巳 九·二十一　癸卯	十·一　癸丑 十·十一　癸亥 十·二十一　癸酉	十一·一　壬午 十一·十一　壬辰 十一·二十一　壬寅	十二·一　壬子 十二·十一　壬戌 十二·二十一　壬申

周历王二年甲申(前877)

一·一	辛巳	二·一	辛亥	三·一	庚辰	四·一	庚戌
一·十一	辛卯	二·十一	辛酉	三·十一	庚寅	四·十一	庚申
一·二十一	辛丑	二·二十一	辛未	三·二十一	庚子	四·二十一	庚午
五·一	己卯	六·一	己酉	七·一	戊寅	八·一	戊申
五·十一	己丑	六·十一	己未	七·十一	戊子	八·十一	戊午
五·二十一	己亥	六·二十一	己巳	七·二十一	戊戌	八·二十一	戊辰
九·一	丁丑	十·一	丁未	十一·一	丙子	十二·一	丙午
九·十一	丁亥	十·十一	丁巳	十一·十一	丙戌	十二·十一	丙辰
九·二十一	丁酉	十·二十一	丁卯	十一·二十一	丙申	十二·二十一	丙寅

周历王三年乙酉(前876)

一·一	乙亥	二·一	乙巳	三·一	甲戌	四·一	甲辰
一·十一	乙酉	二·十一	乙卯	三·十一	甲申	四·十一	甲寅
一·二十一	乙未	二·二十一	乙丑	三·二十一	甲午	四·二十一	甲子
五·一	甲戌	六·一	癸卯	七·一	癸酉	八·一	壬寅
五·十一	甲申	六·十一	癸丑	七·十一	癸未	八·十一	壬子
五·二十一	甲午	六·二十一	癸亥	七·二十一	癸巳	八·二十一	壬戌
九·一	壬申	十·一	辛丑	十一·一 辛未 闰十一·一	庚子	十二·一	庚午
九·十一	壬午	十·十一	辛亥	十一·十一 辛巳 闰十一·十一	庚戌	十二·十一	庚辰
九·二十一	壬辰	十·二十一	辛酉	十一·二十一辛卯 闰十一·二十一	庚申	十二·二十一	庚寅

周历王四年丙戌(前875)

一·一	庚子	二·一	己巳	三·一	己亥	四·一	戊辰
一·十一	庚戌	二·十一	己卯	三·十一	己酉	四·十一	戊寅
一·二十一	庚申	二·二十一	己丑	三·二十一	己未	四·二十一	戊子
五·一	戊戌	六·一	丁卯	七·一	丁酉	八·一	丙寅
五·十一	戊申	六·十一	丁丑	七·十一	丁未	八·十一	丙子
五·二十一	戊午	六·二十一	丁亥	七·二十一	丁巳	八·二十一	丙戌
九·一	丙申	十·一	乙丑	十一·一	乙未	十二·一	甲子
九·十一	丙午	十·十一	乙亥	十一·十一	乙巳	十二·十一	甲戌
九·二十一	丙辰	十·二十一	乙酉	十一·二十一	乙卯	十二·二十一	甲申

周历王五年丁亥(前874)

一·一	甲午	二·一	癸亥	三·一	癸巳	四·一	壬戌
一·十一	甲辰	二·十一	癸酉	三·十一	癸卯	四·十一	壬申
一·二十一	甲寅	二·二十一	癸未	三·二十一	癸丑	四·二十一	壬午
五·一	壬辰	六·一	壬戌	七·一	辛卯	八·一	辛酉
五·十一	壬寅	六·十一	壬申	七·十一	辛丑	八·十一	辛未
五·二十一	壬子	六·二十一	壬午	七·二十一	辛亥	八·二十一	辛巳
九·一	庚寅	十·一	庚申	十一·一	己丑	十二·一	己未
九·十一	庚子	十·十一	庚午	十一·十一	己亥	十二·十一	己巳
九·二十一	庚戌	十·二十一	庚辰	十一·二十一	己酉	十二·二十一	己卯

周厉王六年戊子（前 873）

一·一	戊子	二·一	戊午	三·一	丁亥	四·一	丁巳
一·十一	戊戌	二·十一	戊辰	三·十一	丁酉	四·十一	丁卯
一·二十一	戊申	二·二十一	戊寅	三·二十一	丁未	四·二十一	丁丑
五·一	丙戌	六·一	丙辰	七·一	乙酉	八·一　乙卯	闰八·一　乙酉
五·十一	丙申	六·十一	丙寅	七·十一	乙未	八·十一　乙丑	闰八·十一　乙未
五·二十一	丙午	六·二十一	丙子	七·二十一	乙巳	八·二十一乙亥	闰八·二十一乙巳
九·一	甲寅	十·一	甲申	十一·一	癸丑	十二·一	癸未
九·十一	甲子	十·十一	甲午	十一·十一	癸亥	十二·十一	癸巳
九·二十一	甲戌	十·二十一	甲辰	十一·二十一	癸酉	十二·二十一	癸卯

周厉王七年己丑（前 872）

一·一	壬子	二·一	壬午	三·一	辛亥	四·一	辛巳
一·十一	壬戌	二·十一	壬辰	三·十一	辛酉	四·十一	辛卯
一·二十一	壬申	二·二十一	壬寅	三·二十一	辛未	四·二十一	辛丑
五·一	庚戌	六·一	庚辰	七·一	己酉	八·一	己卯
五·十一	庚申	六·十一	庚寅	七·十一	己未	八·十一	己丑
五·二十一	庚午	六·二十一	庚子	七·二十一	己巳	八·二十一	己亥
九·一	戊申	十·一	戊寅	十一·一	丁未	十二·一	丁丑
九·十一	戊午	十·十一	戊子	十一·十一	丁巳	十二·十一	丁亥
九·二十一	戊辰	十·二十一	戊戌	十一·二十一	丁卯	十二·二十一	丁酉

周厉王八年庚寅（前 871）

一·一	丁未	二·一	丙子	三·一	丙午	四·一	乙亥
一·十一	丁巳	二·十一	丙戌	三·十一	丙辰	四·十一	乙酉
一·二十一	丁卯	二·二十一	丙申	三·二十一	丙寅	四·二十一	乙未
五·	乙巳	六·一	甲戌	七·一	甲辰	八·一	癸酉
五·十一	乙卯	六·十一	甲申	七·十一	甲寅	八·十一	癸未
五·二十一	乙丑	六·二十一	甲午	七·二十一	甲子	八·二十一	癸巳
九·一	癸卯	十·一	壬申	十一·一	壬寅	十二·一　辛未	闰十二·一　辛丑
九·十一	癸丑	十·十一	壬午	十一·十一	壬子	十二·十一　辛巳	闰十二·十一　辛亥
九·二十一	癸亥	十·二十一	壬辰	十一·二十一	壬戌	十二·二十一辛卯	闰十二·二十一辛酉

周厉王九年辛卯（前 870）

一·一	庚午	二·一	庚子	三·一	庚午	四·一	己亥
一·十一	庚辰	二·十一	庚戌	三·十一	庚辰	四·十一	己酉
一·二十一	庚寅	二·二十一	庚申	三·二十一	庚寅	四·二十一	己未
五·一	己巳	六·一	戊戌	七·一	戊辰	八·一	丁酉
五·十一	己卯	六·十一	戊申	七·十一	戊寅	八·十一	丁未
五·二十一	己丑	六·二十一	戊午	七·二十一	戊子	八·二十一	丁巳
九·一	丁卯	十·一	丙申	十一·一	丙寅	十二·一	乙未
九·十一	丁丑	十·十一	丙午	十一·十一	丙子	十二·十一	乙巳
九·二十一	丁亥	十·二十一	丙辰	十一·二十一	丙戌	十二·二十一	乙卯

周厉王十年壬辰（前 869）

一•一 乙丑	二•一 甲午	三•一 甲子	四•一 癸巳
一•十一 乙亥	二•十一 甲辰	三•十一 甲戌	四•十一 癸卯
一•二十一 乙酉	二•二十一 甲寅	三•二十一 甲申	四•二十一 癸丑
五•一 癸亥	六•一 壬辰	七•一 壬戌	八•一 壬辰
五•十一 癸酉	六•十一 壬寅	七•十一 壬申	八•十一 壬寅
五•二十一 癸未	六•二十一 壬子	七•二十一 壬午	八•二十一 壬子
九•一 辛酉	十•一 辛卯	十一•一 庚申	十二•一 庚寅
九•十一 辛未	十•十一 辛丑	十一•十一 庚午	十二•十一 庚子
九•二十一 辛巳	十•二十一 辛亥	十一•二十一 庚辰	十二•二十一 庚戌

周厉王十一年癸巳（前 868）

一•一 己未	二•一 己丑	三•一 戊午	四•一 戊子
一•十一 己巳	二•十一 己亥	三•十一 戊辰	四•十一 戊戌
一•二十一 己卯	二•二十一 己酉	三•二十一 戊寅	四•二十一 戊申
五•一 丁巳	六•一 丁亥	七•一 丙辰	八•一 丙戌
五•十一 丁卯	六•十一 丁酉	七•十一 丙寅	八•十一 丙申
五•二十一 丁丑	六•二十一 丁未	七•二十一 丙子	八•二十一 丙午
九•一 乙卯	十•一 乙酉	十一•一 甲寅	十二•一 甲申　闰十二•一 甲寅
九•十一 乙丑	十•十一 乙未	十一•十一 甲子	十二•十一 甲午　闰十二•十一 甲子
九•二十一 乙亥	十•二十一 乙巳	十一•二十一 甲戌	十二•二十一甲辰　闰十二•二十一甲戌

周厉王十二年甲午（前 867）

一•一 癸未	二•一 癸丑	三•一 壬午	四•一 壬子
一•十一 癸巳	二•十一 癸亥	三•十一 壬辰	四•十一 壬戌
一•二十一 癸卯	二•二十一 癸酉	三•二十一 壬寅	四•二十一 壬申
五•一 辛巳	六•一 辛亥	七•一 庚辰	八•一 庚戌
五•十一 辛卯	六•十一 辛酉	七•十一 庚寅	八•十一 庚申
五•二十一 辛丑	六•二十一 辛未	七•二十一 庚子	八•二十一 庚午
九•一 己卯	十•一 己酉	十一•一 戊寅	十二•一 戊申
九•十一 己丑	十•十一 己未	十一•十一 戊子	十二•十一 戊午
九•二十一 己亥	十•二十一 己巳	十一•二十一 戊戌	十二•二十一 戊辰

周厉王十三年乙未（前 866）

一•一 丁丑	二•一 丁未	三•一 丁丑	四•一 丙午
一•十一 丁亥	二•十一 丁巳	三•十一 丁亥	四•十一 丙辰
一•二十一 丁酉	二•二十一 丁卯	三•二十一 丁酉	四•二十一 丙寅
五•一 丙子	六•一 乙巳	七•一 乙亥	八•一 甲辰
五•十一 丙戌	六•十一 乙卯	七•十一 乙酉	八•十一 甲寅
五•二十一 丙申	六•二十一 乙丑	七•二十一 乙未	八•二十一 甲子
九•一 甲戌	十•一 癸卯	十一•一 癸酉	十二•一 壬寅
九•十一 甲申	十•十一 癸丑	十一•十一 癸未	十二•十一 壬子
九•二十一 甲午	十•二十一 癸亥	十一•二十一 癸巳	十二•二十一 壬戌

周历王十四年丙申(前865)

一·一 壬申 一·十一 壬午 一·二十一 壬辰	二·一 辛丑 二·十一 辛亥 二·二十一 辛酉	三·一 辛未 三·十一 辛巳 三·二十一 辛卯	四·一 庚子 四·十一 庚戌 四·二十一 庚申
五·一 庚午 五·十一 庚辰 五·二十一 庚寅	六·一 己亥 六·十一 己酉 六·二十一 己未	七·一 己巳 七·十一 己卯 七·二十一 己丑	八·一 己亥 八·十一 己酉 八·二十一 己未
九·一 戊辰 闰九·一 戊戌 九·十一 戊寅 闰九·十一 戊申 九·二十一戊子 闰九·二十一戊午	十·一 丁卯 十·十一 丁丑 十·二十一 丁亥	十一·一 丁酉 十一·十一 丁未 十一·二十一 丁巳	十二·一 丙寅 十二·十一 丙子 十二·二十一 丙戌

周历王十五年丁酉(前864)

一·一 丙申 一·十一 丙午 一·二十一 丙辰	二·一 乙丑 二·十一 乙亥 二·二十一 乙酉	三·一 乙未 三·十一 乙巳 三·二十一 乙卯	四·一 甲子 四·十一 甲戌 四·二十一 甲申
五·一 甲午 五·十一 甲辰 五·二十一 甲寅	六·一 癸亥 六·十一 癸酉 六·二十一 癸未	七·一 癸巳 七·十一 癸卯 七·二十一 癸丑	八·一 壬戌 八·十一 壬申 八·二十一 壬午
九·一 壬辰 九·十一 壬寅 九·二十一 壬子	十·一 辛酉 十·十一 辛未 十·二十一 辛巳	十一·一 辛卯 十一·十一 辛丑 十一·二十一 辛亥	十二·一 辛酉 十二·十一 辛未 十二·二十一 辛巳

周历王十六年戊戌(前863)

一·一 庚寅 一·十一 庚子 一·二十一 庚戌	二·一 庚申 二·十一 庚午 二·二十一 庚辰	三·一 己丑 三·十一 己亥 三·二十一 己酉	四·一 己未 四·十一 己巳 四·二十一 己卯
五·一 戊子 五·十一 戊戌 五·二十一 戊申	六·一 戊午 六·十一 戊辰 六·二十一 戊寅	七·一 丁亥 七·十一 丁酉 七·二十一 丁未	八·一 丁巳 八·十一 丁卯 八·二十一 丁丑
九·一 丙戌 九·十一 丙申 九·二十一 丙午	十·一 丙辰 十·十一 丙寅 十·二十一 丙子	十一·一 乙酉 十一·十一 乙未 十一·二十一 乙巳	十二·一 乙卯 十二·十一 乙丑 十二·二十一 乙亥

周历王十七年己亥(前862)

一·一 甲申 一·十一 甲午 一·二十一 甲辰	二·一 甲寅 二·十一 甲子 二·二十一 甲戌	三·一 甲申 三·十一 甲午 三·二十一 甲辰	四·一 癸丑 四·十一 癸亥 四·二十一 癸酉
五·一 癸未 五·十一 癸巳 五·二十一 癸卯	六·一 壬子 闰六·一 壬午 六·十一 壬戌 闰六·十一 壬辰 六·二十一壬申 闰六·二十一壬寅	七·一 辛亥 七·十一 辛酉 七·二十一 辛未	八·一 辛巳 八·十一 辛卯 八·二十一 辛丑
九·一 庚戌 九·十一 庚申 九·二十一 庚午	十·一 庚辰 十·十一 庚寅 十·二十一 庚子	十一·一 己酉 十一·十一 己未 十一·二十一 己巳	十二·一 己卯 十二·十一 己丑 十二·二十一 己亥

周历王十八年庚子（前 861）

一·一	戊申	二·一	戊寅	三·一	丁未	四·一	丁丑
一·十一	戊午	二·十一	戊子	三·十一	丁巳	四·十一	丁亥
一·二十一	戊辰	二·二十一	戊戌	三·二十一	丁卯	四·二十一	丁酉
五·一	丙午	六·一	丙子	七·一	丙午	八·一	乙亥
五·十一	丙辰	六·十一	丙戌	七·十一	丙辰	八·十一	乙酉
五·二十一	丙寅	六·二十一	丙申	七·二十一	丙寅	八·二十一	乙未
九·一	乙巳	十·一	甲戌	十一·一	甲辰	十二·一	癸酉
九·十一	乙卯	十·十一	甲申	十一·十一	甲寅	十二·十一	癸未
九·二十一	乙丑	十·二十一	甲午	十一·二十一	甲子	十二·二十一	癸巳

周历王十九年辛丑（前 860）

一·一	癸卯	二·一	壬申	三·一	壬寅	四·一	辛未
一·十一	癸丑	二·十一	壬午	三·十一	壬子	四·十一	辛巳
一·二十一	癸亥	二·二十一	壬辰	三·二十一	壬戌	四·二十一	辛卯
五·一	辛丑	六·一	庚午	七·一	庚子	八·一	己巳
五·十一	辛亥	六·十一	庚辰	七·十一	庚戌	八·十一	己卯
五·二十一	辛酉	六·二十一	庚寅	七·二十一	庚申	八·二十一	己丑
九·一	己亥	十·一	己巳	十一·一	戊戌	十二·一	戊辰
九·十一	己酉	十·十一	己卯	十一·十一	戊申	十二·十一	戊寅
九·二十一	己未	十·二十一	己丑	十一·二十一	戊午	十二·二十一	戊子

周历王二十年壬寅（前 859）

一·一	丁酉	二·一　丁卯　闰二·一	丙申	三·一	丙寅	四·一	乙未
一·十一	丁未	二·十一　丁丑　闰二·十一	丙午	三·十一	丙子	四·十一	乙巳
一·二十一	丁巳	二·二十一丁亥　闰二·二十一	丙辰	三·二十一	丙戌	四·二十一	乙卯
五·一	乙丑	六·一	甲午	七·一	甲子	八·一	癸巳
五·十一	乙亥	六·十一	甲辰	七·十一	甲戌	八·十一	癸卯
五·二十一	乙酉	六·二十一	甲寅	七·二十一	甲申	八·二十一	癸丑
九·一	癸酉	十·一	壬辰	十一·一	壬戌	十二·一	辛卯
九·十一	癸未	十·十一	壬寅	十一·十一	壬申	十二·十一	辛丑
九·二十一	癸巳	十·二十一	壬子	十一·二十一	壬午	十二·二十一	辛亥

周历王二十一年癸卯（前 858）

一·一	辛酉	二·一	辛卯	三·一	庚申	四·一	庚寅
一·十一	辛未	二·十一	辛丑	三·十一	庚午	四·十一	庚子
一·二十一	辛巳	二·二十一	辛亥	三·二十一	庚辰	四·二十一	庚戌
五·一	己未	六·一	己丑	七·一	戊午	八·一	戊子
五·十一	己巳	六·十一	己亥	七·十一	戊辰	八·十一	戊戌
五·二十一	己卯	六·二十一	己酉	七·二十一	戊寅	八·二十一	戊申
九·一	丁巳	十·一	丁亥	十一·一	丙辰	十二·一	丙戌
九·十一	丁卯	十·十一	丁酉	十一·十一	丙寅	十二·十一	丙申
九·二十一	丁丑	十·二十一	丁未	十一·二十一	丙子	十二·二十一	丙午

周厉王二十二年甲辰（前857）

一・一　乙卯	二・一　乙酉	三・一　甲寅	四・一　甲申
一・十一　乙丑	二・十一　乙未	三・十一　甲子	四・十一　甲午
一・二十一　乙亥	二・二十一　乙巳	三・二十一　甲戌	四・二十一　甲辰
五・一　癸丑	六・一　癸未	七・一　癸丑	八・一　壬午
五・十一　癸亥	六・十一　癸巳	七・十一　癸亥	八・十一　壬辰
五・二十一　癸酉	六・二十一　癸卯	七・二十一　癸酉	八・二十一　壬寅
九・一　壬子	十・一　辛巳　闰十・一　辛亥	十一・一　庚辰	十二・一　庚戌
九・十一　壬戌	十・十一　辛卯　闰十・十一　辛酉	十一・十一　庚寅	十二・十一　庚申
九・二十一　壬申	十・二十一辛丑　闰十・二十一辛未	十一・二十一　庚子	十二・二十一　庚午

周厉王二十三年乙巳（前856）

一・一　己卯	二・一　己酉	三・一　戊寅	四・一　戊申
一・十一　己丑	二・十一　己未	三・十一　戊子	四・十一　戊午
一・二十一　己亥	二・二十一　己巳	三・二十一　戊戌	四・二十一　戊辰
五・一　丁丑	六・一　丁未	七・一　丙子	八・一　丙午
五・十一　丁亥	六・十一　丁巳	七・十一　丙戌	八・十一　丙辰
五・二十一　丁酉	六・二十一　丁卯	七・二十一　丙申	八・二十一　丙寅
九・一　丙子	十・一　乙巳	十一・一　乙亥	十二・一　甲辰
九・十一　丙戌	十・十一　乙卯	十一・十一　乙酉	十二・十一　甲寅
九・二十一　丙申	十・二十一　乙丑	十一・二十一　乙未	十二・二十一　甲子

周厉王二十四年丙午（前855）

一・一　甲戌	二・一　癸卯	三・一　癸酉	四・一　壬寅
一・十一　甲申	二・十一　癸丑	三・十一　癸未	四・十　壬子
一・二十一　甲午	二・二十一　癸亥	三・二十一　癸巳	四・二十一　壬戌
五・一　壬申	六・一　辛丑	七・一　辛未	八・一　庚子
五・十一　壬午	六・十一　辛亥	七・丨一　辛巳	八・十一　庚戌
五・二十一　壬辰	六・二十一　辛酉	七・二十一　辛卯	八・二十一　庚申
九・一　庚午	十・一　己亥	十一・一　己巳	十二・一　戊戌
九・十一　庚辰	十・十一　己酉	十一・十一　己卯	十二・十一　戊申
九・二十一　庚寅	十・二十一　己未	十一・二十一　己丑	十二・二十一　戊午

周厉王二十五年丁未（前854）

一・一　戊辰	二・一　戊戌	三・一　丁卯	四・一　丁酉
一・十一　戊寅	二・十一　戊申	三・十一　丁丑	四・十一　丁未
一・二十一　戊子	二・二十一　戊午	三・二十一　丁亥	四・二十一　丁巳
五・一　丙寅	六・一　丙申	七・一　乙丑　闰七・一　乙未	八・一　甲子
五・十一　丙子	六・十一　丙午	七・十一　乙亥　闰七・十一　乙巳	八・十一　甲戌
五・二十一　丙戌	六・二十一　丙辰	七・二十一乙酉　闰七・二十一乙卯	八・二十一　甲申
九・一　甲午	十・一　癸亥	十一・一　癸巳	十二・一　壬戌
九・十一　甲辰	十・十一　癸酉	十一・十一　癸卯	十二・十一　壬申
九・二十一　甲寅	十・二十一　癸未	十一・二十一　癸丑	十二・二十一　壬午

周厉王二十六年戊申（前853）

一·一	壬辰	二·一	辛酉	三·一	辛卯	四·一	辛酉
一·十一	壬寅	二·十一	辛未	三·十一	辛丑	四·十一	辛未
一·二十一	壬子	二·二十一	辛巳	三·二十一	辛亥	四·二十一	辛巳
五·一	庚寅	六·一	庚申	七·一	己丑	八·一	己未
五·十一	庚子	六·十一	庚午	七·十一	己亥	八·十一	己巳
五·二十一	庚戌	六·二十一	庚辰	七·二十一	己酉	八·二十一	己卯
九·一	戊子	十·一	戊午	十一·一	丁亥	十二·一	丁巳
九·十一	戊戌	十·十一	戊辰	十一·十一	丁酉	十二·十一	丁卯
九·二十一	戊申	十·二十一	戊寅	十一·二十一	丁未	十二·二十一	丁丑

周厉王二十七年己酉（前852）

一·一	丙戌	二·一	丙辰	三·一	乙酉	四·一	乙卯
一·十一	丙申	二·十一	丙寅	三·十一	乙未	四·十一	乙丑
一·二十一	丙午	二·二十一	丙子	三·二十一	乙巳	四·二十一	乙亥
五·一	甲申	六·一	甲寅	七·一	癸未	八·一	癸丑
五·十一	甲午	六·十一	甲子	七·十一	癸巳	八·十一	癸亥
五·二十一	甲辰	六·二十一	甲戌	七·二十一	癸卯	八·二十一	癸酉
九·一	癸未	十·一	壬子	十一·一	壬午	十二·一	辛亥
九·十一	癸巳	十·十一	壬戌	十一·十一	壬辰	十二·十一	辛酉
九·二十一	癸卯	十·二十一	壬申	十一·二十一	壬寅	十二·二十一	辛未

周厉王二十八年庚戌（前851）

一·一	辛巳	二·一	庚戌	三·一	庚辰	四·一　己酉	闰四·一　己卯
一·十一	辛卯	二·十一	庚申	三·十一	庚寅	四·十一　己未	闰四·十一　己丑
一·二十一	辛丑	二·二十一	庚午	三·二十一	庚子	四·二十一己巳	闰四·二十一己亥
五·一	戊申	六·一	戊寅	七·一	丁未	八·一	丁丑
五·十一	戊午	六·十一	戊子	七·十一	丁巳	八·十一	丁亥
五·二十一	戊辰	六·二十一	戊戌	七·二十一	丁卯	八·二十一	丁酉
九·一	丙午	十·一	丙子	十一·一	乙巳	十二·一	乙亥
九·十一	丙辰	十·十一	丙戌	十一·十一	乙卯	十二·十一	乙酉
九·二十一	丙寅	十·二十一	丙申	十一·二十一	乙丑	十二·二十一	乙未

周厉王二十九年辛亥（前850）

一·一	乙巳	二·一	甲戌	三·一	甲辰	四·一	癸酉
一·十一	乙卯	二·十一	甲申	三·十一	甲寅	四·十一	癸未
一·二十一	乙丑	二·二十一	甲午	三·二十一	甲子	四·二十一	癸巳
五·一	癸卯	六·一	壬申	七·一	壬寅	八·一	辛未
五·十一	癸丑	六·十一	壬午	七·十一	壬子	八·十一	辛巳
五·二十一	癸亥	六·二十一	壬辰	七·二十一	壬戌	八·二十一	辛卯
九·一	辛丑	十·一	庚午	十一·一	庚子	十二·一	己巳
九·十一	辛亥	十·十一	庚辰	十一·十一	庚戌	十二·十一	己卯
九·二十一	辛酉	十·二十一	庚寅	十一·二十一	庚申	十二·二十一	己丑

周厉王三十年壬子（前 849）

一·一	己亥	二·一	戊辰	三·一	戊戌	四·一	戊辰
一·十一	己酉	二·十一	戊寅	三·十一	戊申	四·十一	戊寅
一·二十一	己未	二·二十一	戊子	三·二十一	戊午	四·二十一	戊子
五·一	丁酉	六·一	丁卯	七·一	丙申	八·一	丙寅
五·十一	丁未	六·十一	丁丑	七·十一	丙午	八·十一	丙子
五·二十一	丁巳	六·二十一	丁亥	七·二十一	丙辰	八·二十一	丙戌
九·一	乙未	十·一	乙丑	十一·一	甲午	十二·一	甲子
九·十一	乙巳	十·十一	乙亥	十一·十一	甲辰	十二·十一	甲戌
九·二十一	乙卯	十·二十一	乙酉	十一·二十一	甲寅	十二·二十一	甲申

周厉王三十一年癸丑（前 848）

一·一	癸巳	二·一	癸亥	三·一	壬辰　闰三·一　壬戌	四·一	辛卯
一·十一	癸卯	二·十一	癸酉	三·十一	壬寅　闰三·十一　壬申	四·十一	辛丑
一·二十一	癸丑	二·二十一	癸未	三·二十一	壬子　闰三·二十一　壬午	四·二十一	辛亥
五·一	辛酉	六·一	庚寅	七·一	庚申	八·一	庚寅
五·十一	辛未	六·十一	庚子	七·十一	庚午	八·十一	庚子
五·二十一	辛巳	六·二十一	庚戌	七·二十一	庚辰	八·二十一	庚戌
九·一	己未	十·一	己丑	十一·一	戊午	十二·一	戊子
九·十一	己巳	十·十一	己亥	十一·十一	戊辰	十二·十一	戊戌
九·二十一	己卯	十·二十一	己酉	十一·二十一	戊寅	十二·二十一	戊申

周厉王三十二年甲寅（前 847）

一·一	丁巳	二·一	丁亥	三·一	丙辰	四·一	丙戌
一·十一	丁卯	二·十一	丁酉	三·十一	丙寅	四·十一	丙申
一·二十一	丁丑	二·二十一	丁未	三·二十一	丙子	四·二十一	丙午
五·一	乙卯	六·一	乙酉	七·一	甲寅	八·一	甲申
五·十一	乙丑	六·十一	乙未	七·十一	甲子	八·十一	甲午
五·二十一	乙亥	六·二十一	乙巳	七·二十一	甲戌	八·二十一	甲辰
九·一	癸丑	十·一	癸未	十一·一	癸丑	十二·一	壬午
九·十一	癸亥	十·十一	癸巳	十一·十一	癸亥	十二·十一	壬辰
九·二十一	癸酉	十·二十一	癸卯	十一·二十一	癸酉	十二·二十一	壬寅

周厉王三十三年乙卯（前 846）

一·一	壬子	二·一	辛巳	三·一	辛亥	四·一	庚辰
一·十一	壬戌	二·十一	辛卯	三·十一	辛酉	四·十一	庚寅
一·二十一	壬申	二·二十一	辛丑	三·二十一	辛未	四·二十一	庚子
五·一	庚戌	六·一	己卯	七·一	己酉	八·一	戊寅　闰八·一　戊申
五·十一	庚申	六·十一	己丑	七·十一	己未	八·十一	戊子　闰八·十一　戊午
五·二十一	庚午	六·二十一	己亥	七·二十一	己巳	八·二十一	戊戌　闰八·二十一　戊辰
九·一	丁丑	十·一	丁未	十一·一	丙子	十二·一	丙午
九·十一	丁亥	十·十一	丁巳	十一·十一	丙戌	十二·十一	丙辰
九·二十一	丁酉	十·二十一	丁卯	十一·二十一	丙申	十二·二十一	丙寅

周厉王三十四年丙辰（前 845）

一·一	乙亥	二·一	乙巳	三·一	乙亥	四·一	甲辰
一·十一	乙酉	二·十一	乙卯	三·十一	乙酉	四·十一	甲寅
一·二十一	乙未	二·二十一	乙丑	三·二十一	乙未	四·二十一	甲子
五·一	甲戌	六·一	癸卯	七·一	癸酉	八·一	壬寅
五·十一	甲申	六·十一	癸丑	七·十一	癸未	八·十一	壬子
五·二十一	甲午	六·二十一	癸亥	七·二十一	癸巳	八·二十一	壬戌
九·一	壬申	十·一	辛丑	十一·一	辛未	十二·一	庚子
九·十一	壬午	十·十一	辛亥	十一·十一	辛巳	十二·十一	庚戌
九·二十一	壬辰	十·二十一	辛酉	十一·二十一	辛卯	十二·二十一	庚申

周厉王三十五年丁巳（前 844）

一·一	庚午	二·一	己亥	三·一	己巳	四·一	戊戌
一·十一	庚辰	二·十一	己酉	三·十一	己卯	四·十一	戊申
一·二十一	庚寅	二·二十一	己未	三·二十一	己丑	四·二十一	戊午
五·一	戊辰	六·一	丁酉	七·一	丁卯	八·一	丁酉
五·十一	戊寅	六·十一	丁未	七·十一	丁丑	八·十一	丁未
五·二十一	戊子	六·二十一	丁巳	七·二十一	丁亥	八·二十一	丁巳
九·一	丙寅	十·一	丙申	十一·一	乙丑	十二·一	乙未
九·十一	丙子	十·十一	丙午	十一·十一	乙亥	十二·十一	乙巳
九·二十一	丙戌	十·二十一	丙辰	十一·二十一	乙酉	十二·二十一	乙卯

周厉王三十六年戊午（前 843）

一·一	甲子	二·一	甲午	三·一	癸亥	四·一	癸巳
一·十一	甲戌	二·十一	甲辰	三·十一	癸酉	四·十一	癸卯
一·二十一	甲申	二·二十一	甲寅	三·二十一	癸未	四·二十一	癸丑
五·一	壬戌	六·一　壬辰　闰六·一	辛酉	七·一	辛卯	八·一	庚申
五·十一	壬申	六·十一　壬寅　闰六·十一	辛未	七·十一	辛丑	八·十一	庚午
五·二十一	壬午	六·二十一壬子　闰六·二十一	辛巳	七·二十一	辛亥	八·二十一	庚辰
九·一	庚寅	十·一	庚申	十一·一	己丑	十二·一	己未
九·十一	庚子	十·十一	庚午	十一·十一	己亥	十二·十一	己巳
九·二十一	庚戌	十·二十一	庚辰	十一·二十一	己酉	十二·二十一	己卯

周厉王三十七年己未（前 842）

一·一	戊子	二·一	戊午	三·一	丁亥	四·一	丁巳
一·十一	戊戌	二·十一	戊辰	三·十一	丁酉	四·十一	丁卯
一·二十一	戊申	二·二十一	戊寅	三·二十一	丁未	四·二十一	丁丑
五·一	丙戌	六·一	丙辰	七·一	乙酉	八·一	乙卯
五·十一	丙申	六·十一	丙寅	七·十一	乙未	八·十一	乙丑
五·二十一	丙午	六·二十一	丙子	七·二十一	乙巳	八·二十一	乙亥
九·一	甲申	十·一	甲寅	十一·一	癸未	十二·一	癸丑
九·十一	甲午	十·十一	甲子	十一·十一	癸巳	十二·十一	癸亥
九·二十一	甲辰	十·二十一	甲戌	十一·二十一	癸卯	十二·二十一	癸酉

1949—2000年历日表

1949年(己丑)

	*10.1 甲子 八・十 10.11 甲戌 八・二十 10.21 甲申 八・三十	11.1 乙未 九・十一 11.11 乙巳 九・二十一 11.21 乙卯 一・二	12.1 乙丑 十・十二 12.11 乙亥 十・二十二 12.21 乙酉 十一・二

* 中华人民共和国成立,采用公历纪年。

1950年(庚寅)

1.1 丙申十一・十三 1.11 丙午十一・二十三 1.21 丙辰十二・四	2.1 丁卯十二・十五 2.11 丁丑十二・二十五 2.21 丁亥一・五	3.1 乙未 一・十三 3.11 乙巳 一・二十三 3.21 乙卯 二・四	4.1 丙寅 二・十五 4.11 丙子 二・二十五 4.21 丙戌 三・五
5.1 丙申 三・十五 5.11 丙午 三・二十五 5.21 丙辰 四・五	6.1 丁卯 四・十六 6.11 丁丑 四・二十六 6.21 丁亥 五・七	7.1 丁酉 五・十七 7.11 丁未 五・二十七 7.21 丁巳 六・七	8.1 戊辰 六・十八 8.11 戊寅 六・二十八 8.21 戊子 七・八
9.1 己亥 七・十九 9.11 己酉 七・二十九 9.21 己未 八・十	10.1 己巳 八・二十 10.11 己卯 九・一 10.21 己丑 九・十一	11.1 庚子 九・二十二 11.11 庚戌 十・二 11.21 庚申 十・十二	12.1 庚午 十・二十二 12.11 庚辰 十一・三 12.21 庚寅 十一・十三

1951年(辛卯)

1.1 辛丑十一・二十四 1.11 辛亥十二・四 1.21 辛酉十二・十四	2.1 壬申十二・二十五 2.11 壬午一・六 2.21 壬辰一・十六	3.1 庚子 一・二十四 3.11 庚戌 二・四 3.21 庚申 二・十四	4.1 辛未 二・二十五 4.11 辛巳 三・六 4.21 辛卯 三・十六
5.1 辛丑 三・二十六 5.11 辛亥 四・六 5.21 辛酉 四・十六	6.1 壬申 四・二十七 6.11 壬午 五・七 6.21 壬辰 五・十七	7.1 壬寅 五・二十七 7.11 壬子 六・八 7.21 壬戌 六・十八	8.1 癸酉 六・二十九 8.11 癸未 七・九 8.21 癸巳 七・十九
9.1 甲辰 八・一 9.11 甲寅 八・十一 9.21 甲子 八・二十一	10.1 甲戌 九・一 10.11 甲申 九・十一 10.21 甲午 九・二十一	11.1 乙巳 十・三 11.11 乙卯 十・十三 11.21 乙丑 十・二十三	12.1 乙亥十一・三 12.11 乙酉十一・十三 12.21 乙未十一・二十三

1952年(壬辰)

1.1 丙午十二・五 1.11 丙辰十二・十五 1.21 丙寅十二・二十五	2.1 丁丑 一・六 2.11 丁亥 一・十六 2.21 丁酉 一・二十六	3.1 丙午 二・六 3.11 丙辰 二・十六 3.21 丙寅 二・二十六	4.1 丁丑 三・七 4.11 丁亥 三・十七 4.21 丁酉 三・二十七
5.1 丁未 四・八 5.11 丁巳 四・十八 5.21 丁卯 四・二十八	6.1 戊寅 五・九 6.11 戊子 五・十九 6.21 戊戌 五・二十九	7.1 戊申 闰五・十 7.11 戊午 闰五・二十 7.21 戊辰 闰五・三十	8.1 己卯 六・十一 8.11 己丑 六・二十一 8.21 己亥 七・二
9.1 庚戌 七・十三 9.11 庚申 七・二十三 9.21 庚午 八・三	10.1 庚辰 八・十三 10.11 庚寅 八・二十三 10.21 庚子 九・三	11.1 辛亥 九・十四 11.11 辛酉 九・二十四 11.21 辛未 十・五	12.1 辛巳 十・十五 12.11 辛卯 十・二十五 12.21 辛丑 十一・五

1953 年（癸巳）

1.1　壬子十一•十六 1.11　壬戌十一•二十六 1.21　壬申十二•七	2.1　癸未　十二•十八 2.11　癸巳　十二•二十八 2.21　癸卯　一•八	3.1　辛亥　一•十六 3.11　辛酉　一•二十六 3.21　辛未　二•七	4.1　壬午　二•十八 4.11　壬辰　二•二十八 4.21　壬寅　三•八
5.1　壬子　三•十八 5.11　壬戌　三•二十八 5.21　壬申　四•九	6.1　癸未　四•二十 6.11　癸巳　五•一 6.21　癸卯　五•十一	7.1　癸丑　五•二十一 7.11　癸亥　六•一 7.21　癸酉　六•十一	8.1　甲申　六•二十二 8.11　甲午　七•三 8.21　甲辰　七•十三
9.1　乙卯　七•二十四 9.11　乙丑　八•四 9.21　乙亥　八•十四	10.1　乙酉　八•二十四 10.11　乙未　九•四 10.21　乙巳　九•十四	11.1　丙辰　九•二十五 11.11　丙寅　十•五 11.21　丙子　十•十五	12.1　丙戌　十•二十五 12.11　丙申　十一•六 12.21　丙午　十一•十六

1954 年（甲午）

1.1　丁巳十一•二十七 1.11　丁卯十二•七 1.21　丁丑十二•十七	2.1　戊子十二•二十八 2.11　戊戌一•九 2.21　戊申一•十九	3.1　丙辰　一•二十七 3.11　丙寅　二•七 3.21　丙子　二•十七	4.1　丁亥　二•二十八 4.11　丁酉　三•九 4.21　丁未　三•十九
5.1　丁巳　三•二十九 5.11　丁卯　四•九 5.21　丁丑　四•十九	6.1　戊子　五•一 6.11　戊戌　五•十一 6.21　戊申　五•二十一	7.1　戊午　六•二 7.11　戊辰　六•十二 7.21　戊寅　六•二十二	8.1　己丑　七•三 8.11　己亥　七•十三 8.21　己酉　七•二十三
9.1　庚申　八•五 9.11　庚午　八•十五 9.21　庚辰　八•二十五	10.1　庚寅　九•五 10.11　庚子　九•十五 10.21　庚戌　九•二十五	11.1　辛酉　十•六 11.11　辛未　十•十六 11.21　辛巳　十•二十六	12.1　辛卯十一•七 12.11　辛丑十一•十七 12.21　辛亥十一•二十七

1955 年（乙未）

1.1　壬戌十二•八 1.11　壬申十二•十八 1.21　壬午十二•二十八	2.1　癸巳　一•九 2.11　癸卯　一•十九 2.21　癸丑　一•二十九	3.1　辛酉　二•八 3.11　辛未　二•十八 3.21　辛巳　二•二十八	4.1　壬辰　三•九 4.11　壬寅　三•十九 4.21　壬子　三•二十九
5.1　壬戌　闰三•十 5.11　壬申　闰三•二十 5.21　壬午　闰三•三十	6.1　癸巳　四•十一 6.11　癸卯　四•二十一 6.21　癸丑　五•二	7.1　癸亥　五•十二 7.11　癸酉　五•二十二 7.21　癸未　六•三	8.1　甲午　六•十四 8.11　甲辰　六•二十四 8.21　甲寅　七•四
9.1　乙丑　七•十五 9.11　乙亥　七•二十五 9.21　乙酉　八•六	10.1　乙未　八•十六 10.11　乙巳　八•二十六 10.21　乙卯　九•六	11.1　丙寅　九•十七 11.11　丙子　九•二十七 11.21　丙戌　十•八	12.1　丙申　十•十八 12.11　丙午　十•二十八 12.21　丙辰　十一•八

1956 年（丙申）

1.1　丁卯十一•十九 1.11　丁丑十一•二十九 1.21　丁亥十二•九	2.1　戊戌　十二•二十 2.11　戊申　十二•三十 2.21　戊午　一•十	3.1　丁卯　一•十九 3.11　丁丑　一•二十九 3.21　丁亥　二•十	4.1　戊戌　二•二十一 4.11　戊申　三•一 4.21　戊午　三•十一
5.1　戊辰　三•二十一 5.11　戊寅　四•二 5.21　戊子　四•十二	6.1　己亥　四•二十三 6.11　己酉　五•三 6.21　己未　五•十三	7.1　己巳　五•二十三 7.11　己卯　六•四 7.21　己丑　六•十四	8.1　庚子　六•二十五 8.11　庚戌　七•六 8.21　庚申　七•十六
9.1　辛未　七•二十七 9.11　辛巳　八•七 9.21　辛卯　八•十七	10.1　辛丑　八•二十七 10.11　辛亥　九•八 10.21　辛酉　九•十八	11.1　壬申　九•二十九 11.11　壬午　十•九 11.21　壬辰　十•十九	12.1　壬寅　十•二十九 12.11　壬子　十一•十 12.21　壬戌　十一•二十

1957 年(丁酉)

1.1　癸酉十二·一 1.11　癸未十二·十一 1.21　癸巳十二·二十一	2.1　甲辰　一·二 2.11　甲寅　一·十二 2.21　甲子　一·二十二	3.1　壬申　一·三十 3.11　壬午　二·十 3.21　壬辰　二·二十	4.1　癸卯　三·二 4.11　癸丑　三·十二 4.21　癸亥　三·二十二
5.1　癸酉　四·二 5.11　癸未　四·十二 5.21　癸巳　四·二十二	6.1　甲辰　五·四 6.11　甲寅　五·十四 6.21　甲子　五·二十四	7.1　甲戌　六·四 7.11　甲申　六·十四 7.21　甲午　六·二十四	8.1　乙巳　七·六 8.11　乙卯　七·十六 8.21　乙丑　七·二十六
9.1　丙子　八·八 9.11　丙戌　八·十八 9.21　丙申　八·二十八	10.1　丙午闰八·八 10.11　丙辰闰八·十八 10.21　丙寅闰八·二十八	11.1　丁丑　九·十 11.11　丁亥　九·二十 11.21　丁酉　九·三十	12.1　丁未　十·十 12.11　丁巳　十·二十 12.21　丁卯　十一·一

1958 年(戊戌)

1.1　戊寅十一·十二 1.11　戊子十一·二十二 1.21　戊戌十二·二	2.1　己酉十二·十三 2.11　己未十二·二十三 2.21　己巳一·四	3.1　丁丑　一·十二 3.11　丁亥　一·二十二 3.21　丁酉　二·二	4.1　戊申　二·十三 4.11　戊午　二·二十三 4.21　戊辰　三·三
5.1　戊寅　三·十三 5.11　戊子　三·二十三 5.21　戊戌　四·三	6.1　己酉　四·十四 6.11　己未　四·二十四 6.21　己巳　五·五	7.1　己卯　五·十五 7.11　己丑　五·二十五 7.21　己亥　六·五	8.1　庚戌　六·十六 8.11　庚申　六·二十六 8.21　庚午　七·七
9.1　辛巳　七·十八 9.11　辛卯　七·二十八 9.21　辛丑　八·九	10.1　辛亥　八·十九 10.11　辛酉　八·二十九 10.21　辛未　九·九	11.1　壬午　九·二十 11.11　壬辰　十·一 11.21　壬寅　十·十一	12.1　壬子　十·二十一 12.11　壬戌　十一·一 12.21　壬申　十一·十一

1959 年(己亥)

1.1　癸未十一·二十二 1.11　癸巳十二·三 1.21　癸卯十二·十三	2.1　甲寅十二·二十四 2.11　甲子一·四 2.21　甲戌一·十四	3.1　壬午　一·二十二 3.11　壬辰　二·三 3.21　壬寅　二·十三	4.1　癸丑　二·二十四 4.11　癸亥　三·四 4.21　癸酉　三·十四
5.1　癸未　三·二十四 5.11　癸巳　四·四 5.21　癸卯　四·十四	6.1　甲寅　四·二十五 6.11　甲子　五·六 6.21　甲戌　五·十六	7.1　甲申　五·二十六 7.11　甲午　六·六 7.21　甲辰　六·十六	8.1　乙卯　六·二十七 8.11　乙丑　七·八 8.21　乙亥　七·十八
9.1　丙戌　七·二十九 9.11　丙申　八·九 9.21　丙午　八·十九	10.1　丙辰　八·二十九 10.11　丙寅　九·十 10.21　丙子　九·二十	11.1　丁亥　十·一 11.11　丁酉　十·十一 11.21　丁未　十·二十一	12.1　丁巳十一·二 12.11　丁卯十一·十二 12.21　丁丑十一·二十二

1960 年(庚子)

1.1　戊子十二·三 1.11　戊戌十二·十三 1.21　戊申十二·二十三	2.1　己未　一·五 2.11　己巳　一·十五 2.21　己卯　一·二十五	3.1　戊子　二·四 3.11　戊戌　二·十四 3.21　戊申　二·二十四	4.1　己未　三·六 4.11　己巳　三·十六 4.21　己卯　三·二十六
5.1　己丑　四·六 5.11　己亥　四·十六 5.21　己酉　四·二十六	6.1　庚申　五·八 6.11　庚午　五·十八 6.21　庚辰　五·二十八	7.1　庚寅　六·八 7.11　庚子　六·十八 7.21　庚戌　六·二十八	8.1　辛酉　闰六·九 8.11　辛未　闰六·十九 8.21　辛巳　闰六·二十九
9.1　壬辰　七·十一 9.11　壬寅　七·二十一 9.21　壬子　八·一	10.1　壬戌　八·十一 10.11　壬申　八·二十一 10.21　壬午　九·二	11.1　癸巳　九·十三 11.11　癸卯　九·二十三 11.21　癸丑　十·三	12.1　癸亥　十·十三 12.11　癸酉　十·二十三 12.21　癸未　十一·四

1961 年(辛丑)

1.1 甲午十一·十五	2.1 乙丑十二·十六	3.1 癸巳 一·十五	4.1 甲子 二·十六
1.11 甲辰十一·二十五	2.11 乙亥十二·二十六	3.11 癸卯 一·二十五	4.11 甲戌 二·二十六
1.21 甲寅十二·五	2.21 乙酉一·七	3.21 癸丑 二·五	4.21 甲申 三·七
5.1 甲午 三·十七	6.1 乙丑 四·十八	7.1 乙未 五·十九	8.1 丙寅 六·二十
5.11 甲辰 三·二十七	6.11 乙亥 四·二十八	7.11 乙巳 五·二十九	8.11 丙子 七·一
5.21 甲寅 四·七	6.21 乙酉 五·九	7.21 乙卯 六·九	8.21 丙戌 七·十一
9.1 丁酉 七·二十二	10.1 丁卯 八·二十二	11.1 戊戌 九·二十三	12.1 戊辰 十·二十四
9.11 丁未 八·二	10.11 丁丑 九·二	11.11 戊申 十·四	12.11 戊寅 十一·四
9.21 丁巳 八·十二	10.21 丁亥 九·十二	11.21 戊午 十·十四	12.21 戊子 十一·十四

1962 年(壬寅)

1.1 己亥十一·二十五	2.1 庚午十二·二十七	3.1 戊戌 一·二十五	4.1 己巳 二·二十七
1.11 己酉十二·六	2.11 庚辰一·七	3.11 戊申 二·六	4.11 己卯 三·七
1.21 己未十二·十六	2.21 庚寅一·十七	3.21 戊午 二·十六	4.21 己丑 三·十七
5.1 己亥 三·二十七	6.1 庚午 四·二十九	7.1 庚子 五·三十	8.1 辛未 七·二
5.11 己酉 四·八	6.11 庚辰 五·十	7.11 庚戌 六·十	8.11 辛巳 七·十二
5.21 己未 四·十八	6.21 庚寅 五·二十	7.21 庚申 六·二十	8.21 辛卯 七·二十二
9.1 壬寅 八·三	10.1 壬申 九·三	11.1 癸卯 十·五	12.1 癸酉十一·五
9.11 壬子 八·十三	10.11 壬午 九·十三	11.11 癸丑 十·十五	12.11 癸未十一·十五
9.21 壬戌 八·二十三	10.21 壬辰 九·二十三	11.21 癸亥 十·二十五	12.21 癸巳十一·二十五

1963 年(癸卯)

1.1 甲辰十二·六	2.1 乙亥 一·八	3.1 癸卯 二·六	4.1 甲戌 三·八
1.11 甲寅十二·十六	2.11 乙酉 一·十八	3.11 癸丑 二·十六	4.11 甲申 三·十八
1.21 甲子十二·二十六	2.21 乙未 一·二十八	3.21 癸亥 二·二十六	4.21 甲午 三·二十八
5.1 甲辰 四·八	6.1 乙亥 闰四·十	7.1 乙巳 五·十一	8.1 丙子 六·十二
5.11 甲寅 四·十八	6.11 乙酉 闰四·二十	7.11 乙卯 五·二十一	8.11 丙戌 六·二十二
5.21 甲子 四·二十八	6.21 乙未 五·一	7.21 乙丑 六·一	8.21 丙申 七·三
9.1 丁未 七·十四	10.1 丁丑 八·十四	11.1 戊申 九·十六	12.1 戊寅 十·十六
9.11 丁巳 七·二十四	10.11 丁亥 八·二十四	11.11 戊午 九·二十六	12.11 戊子 十·二十六
9.21 丁卯 八·四	10.21 丁酉 九·五	11.21 戊辰 十·六	12.21 戊戌 十一·六

1964 年(甲辰)

1.1 己酉十一·十七	2.1 庚辰十二·十八	3.1 己酉 一·十八	4.1 庚辰 二·十九
1.11 己未十一·二十七	2.11 庚寅十二·二十八	3.11 己未 一·二十八	4.11 庚寅 二·二十九
1.21 己巳十二·七	2.21 庚子一·九	3.21 己巳 二·八	4.21 庚子 三·十
5.1 庚戌 三·二十	6.1 辛巳 四·二十一	7.1 辛亥 五·二十二	8.1 壬午 六·二十四
5.11 庚申 三·三十	6.11 辛卯 五·二	7.11 辛酉 六·三	8.11 壬辰 七·四
5.21 庚午 四·十	6.21 辛丑 五·十二	7.21 辛未 六·十三	8.21 壬寅 七·十四
9.1 癸丑 七·二十五	10.1 癸未 八·二十六	11.1 甲寅 九·二十七	12.1 甲申 十·二十八
9.11 癸亥 八·六	10.11 癸巳 九·六	11.11 甲子 十·八	12.11 甲午 十一·八
9.21 癸酉 八·十六	10.21 癸卯 九·十六	11.21 甲戌 十·十八	12.21 甲辰 十一·十八

1965 年（乙巳）

1.1 乙卯十一•二十九	2.1 丙戌 十二•三十	3.1 甲寅 一•二十八	4.1 乙酉 二•三十
1.11 乙丑十二•九	2.11 丙申 一•十	3.11 甲子 二•九	4.11 乙未 三•十
1.21 乙亥十二•十九	2.21 丙午 一•二十	3.21 甲戌 二•十九	4.21 乙巳 三•二十
5.1 乙卯 四•一	6.1 丙戌 五•二	7.1 丙辰 六•三	8.1 丁亥 七•五
5.11 乙丑 四•十一	6.11 丙申 五•十二	7.11 丙寅 六•十三	8.11 丁酉 七•十五
5.21 乙亥 四•二十一	6.21 丙午 五•二十二	7.21 丙子 六•二十三	8.21 丁未 七•二十五
9.1 戊午 八•六	10.1 戊子 九•七	11.1 己未 十•九	12.1 己丑十一•九
9.11 戊辰 八•十六	10.11 戊戌 九•十七	11.11 己巳 十•十九	12.11 己亥十一•十九
9.21 戊寅 八•二十六	10.21 戊申 九•二十七	11.21 己卯 十•二十九	12.21 己酉十一•二十九

1966 年（丙午）

1.1 庚申 十二•十	2.1 辛卯 一•十二	3.1 己未 二•十	4.1 庚寅 三•十
1.11 庚午 十二•二十	2.11 辛丑 一•二十二	3.11 己巳 二•二十	4.11 庚子 三•二十一
1.21 庚辰 一•一	2.21 辛亥 二•二	3.21 己卯 二•三十	4.21 庚戌 三•一
5.1 庚申闰三•十一	6.1 辛卯 四•十三	7.1 辛酉 五•十三	8.1 壬辰 六•十五
5.11 庚午闰三•二十一	6.11 辛丑 四•二十三	7.11 辛未 五•二十三	8.11 壬寅 六•二十五
5.21 庚辰四•二	6.21 辛亥 五•三	7.21 辛巳 六•四	8.21 壬子 七•六
9.1 癸亥 七•十七	10.1 癸巳 八•十七	11.1 甲子 九•十九	12.1 甲午 十•二十
9.11 癸酉 七•二十七	10.11 癸卯 八•二十七	11.11 甲戌 九•二十九	12.11 甲辰 十•三十
9.21 癸未 八•七	10.21 癸丑 九•八	11.21 甲申 十•十	12.21 甲寅 十一•十

1967 年（丁未）

1.1 乙丑十一•二十一	2.1 丙申十二•二十二	3.1 甲子 一•二十一	4.1 乙未 二•二十二
1.11 乙亥十二•一	2.11 丙午一•三	3.11 甲戌 二•一	4.11 乙巳 三•二
1.21 乙酉十二•十一	2.21 丙辰一•十三	3.21 甲申 二•十一	4.21 乙卯 三•十二
5.1 乙丑 三•二十二	6.1 丙申 四•二十四	7.1 丙寅 五•二十四	8.1 丁酉 六•二十五
5.11 乙亥 四•三	6.11 丙午 五•四	7.11 丙子 六•四	8.11 丁未 七•六
5.21 乙酉 四•十三	6.21 丙辰 五•十四	7.21 丙戌 六•十四	8.21 丁巳 七•十六
9.1 戊辰 七•二十七	10.1 戊戌 八•二十八	11.1 己巳 九•二十九	12.1 己亥 十•三十
9.11 戊寅 八•八	10.11 戊申 九•八	11.11 己卯 十•十	12.11 己酉 十一•十
9.21 戊子 八•十八	10.21 戊午 九•十八	11.21 己丑 十•二十	12.21 己未 十一•二十

1968 年（戊申）

1.1 庚午十二•二	2.1 辛丑 一•三	3.1 庚午 二•三	4.1 辛丑 三•四
1.11 庚辰十二•十二	2.11 辛亥 一•十三	3.11 庚辰 二•十三	4.11 辛亥 三•十四
1.21 庚寅十二•二十二	2.21 辛酉 一•二十三	3.21 庚寅 二•二十三	4.21 辛酉 三•二十四
5.1 辛未 四•五	6.1 壬寅 五•六	7.1 壬申 六•六	8.1 癸卯 七•八
5.11 辛巳 四•十五	6.11 壬子 五•十六	7.11 壬午 六•十六	8.11 癸丑 七•十八
5.21 辛卯 四•二十五	6.21 壬戌 五•二十六	7.21 壬辰 六•二十六	8.21 癸亥 七•二十八
9.1 甲戌闰七•九	10.1 甲辰 八•十	11.1 乙亥 九•十一	12.1 乙巳 十•十二
9.11 甲申闰七•十九	10.11 甲寅 八•二十	11.11 乙酉 九•二十一	12.11 乙卯 十•二十二
9.21 甲午闰七•二十九	10.21 甲子 八•三十	11.21 乙未 十•二	12.21 乙丑 十一•二

1969 年(乙酉)

1.1 丙子十一・十三	2.1 丁未十二・十五	3.1 乙亥 一・十三	4.1 丙午 二・十五
1.11 丙戌十一・二十三	2.11 丁巳十二・二十五	3.11 乙酉 一・二十三	4.11 丙辰 二・二十五
1.21 丙申十二・四	2.21 丁卯一・五	3.21 乙未 二・四	4.21 丙寅 三・五
5.1 丙子 三・十五	6.1 丁未 四・十七	7.1 丁丑 五・十七	8.1 戊申 六・十九
5.11 丙戌 三・二十五	6.11 丁巳 四・二十七	7.11 丁亥 五・二十七	8.11 戊午 六・二十九
5.21 丙申 四・六	6.21 丁卯 五・七	7.21 丁酉 六・八	8.21 戊辰 七・九
9.1 己卯 七・二十	10.1 己酉 八・二十	11.1 庚辰 九・二十二	12.1 庚戌 十・二十二
9.11 己丑 七・三十	10.11 己未 九・一	11.11 庚寅 十・二	12.11 庚申 十一・三
9.21 己亥 八・十	10.21 己巳 九・十一	11.21 庚子 十・十二	12.21 庚午 十一・十三

1970 年(庚戌)

1.1 辛巳十一・二十四	2.1 壬子十二・二十五	3.1 庚辰 一・二十四	4.1 辛亥 二・二十五
1.11 辛卯十二・四	2.11 壬戌一・六	3.11 庚寅 二・四	4.11 辛酉 三・六
1.21 辛丑十二・十四	2.21 壬申一・十六	3.21 庚子 二・十四	4.21 辛未 三・十六
5.1 辛巳 三・二十六	6.1 壬子 四・二十八	7.1 壬午 五・二十八	8.1 癸丑 六・三十
5.11 辛卯 四・七	6.11 壬戌 五・八	7.11 壬辰 六・九	8.11 癸亥 七・十
5.21 辛丑 四・十七	6.21 壬申 五・十八	7.21 壬寅 六・十九	8.21 癸酉 七・二十
9.1 甲申 八・一	10.1 甲寅 九・二	11.1 乙酉 十・三	12.1 乙卯十一・三
9.11 甲午 八・十一	10.11 甲子 九・十二	11.11 乙未 十・十三	12.11 乙丑十一・十三
9.21 甲辰 八・二十一	10.21 甲戌 九・二十二	11.21 乙巳 十・二十三	12.21 乙亥十一・二十三

1971 年(辛亥)

1.1 丙戌十二・五	2.1 丁巳 一・六	3.1 乙酉 二・五	4.1 丙辰 三・六
1.11 丙申十二・十五	2.11 丁卯 一・十六	3.11 乙未 二・十五	4.11 丙寅 三・十六
1.21 丙午十二・二十五	2.21 丁丑 一・二十六	3.21 乙巳 二・二十五	4.21 丙子 三・二十六
5.1 丙戌 四・七	6.1 丁巳 五・九	7.1 丁亥闰五・九	8.1 戊午 六・十一
5.11 丙申 四・十七	6.11 丁卯 五・十九	7.11 丁酉闰五・十九	8.11 戊辰 六・二十一
5.21 丙午 四・二十七	6.21 丁丑 五・二十九	7.21 丁未闰五・二十九	8.21 戊寅 七・一
9.1 己丑 七・十二	10.1 己未 八・十三	11.1 庚寅 九・十四	12.1 庚申 十・十四
9.11 己亥 七・二十二	10.11 己巳 八・二十三	11.11 庚子 九・二十四	12.11 庚午 十・二十四
9.21 己酉 八・三	10.21 己卯 九・三	11.21 庚戌 十・四	12.21 庚辰 十一・四

1972 年(壬子)

1.1 辛卯十一・十五	2.1 壬戌十二・十七	3.1 辛卯 一・十六	4.1 壬戌 二・十八
1.11 辛丑十一・二十五	2.11 壬申十二・二十七	3.11 辛丑 一・二十六	4.11 壬申 二・二十八
1.21 辛亥十二・六	2.21 壬午一・七	3.21 辛亥 二・七	4.21 壬午 三・八
5.1 壬辰 三・十八	6.1 癸亥 四・二十	7.1 癸巳 五・二十一	8.1 甲子 六・二十二
5.11 壬寅 三・二十八	6.11 癸酉 五・一	7.11 癸卯 六・一	8.11 甲戌 七・三
5.21 壬子 四・九	6.21 癸未 五・十一	7.21 癸丑 六・十一	8.21 甲申 七・十三
9.1 乙未 七・二十四	10.1 乙丑 八・二十四	11.1 丙申 九・二十六	12.1 丙寅 十・二十六
9.11 乙巳 八・四	10.11 乙亥 九・五	11.11 丙午 十・六	12.11 丙子 十一・六
9.21 乙卯 八・十四	10.21 乙酉 九・十五	11.21 丙辰 十・十六	12.21 丙戌 十一・十六

1973 年（癸丑）

1.1 丁酉十一・二十七	2.1 戊辰十二・二十九	3.1 丙申 一・二十七	4.1 丁卯 二・二十八
1.11 丁未十二・八	2.11 戊寅一・九	3.11 丙午 二・七	4.11 丁丑 三・九
1.21 丁巳十二・十八	2.21 戊子一・十九	3.21 丙辰 二・十七	4.21 丁亥 三・十九
5.1 丁酉 三・二十九	6.1 戊辰 五・一	7.1 戊戌 六・二	8.1 己巳 七・三
5.11 丁未 四・九	6.11 戊寅 五・十一	7.11 戊申 六・十二	8.11 己卯 七・十三
5.21 丁巳 四・十九	6.21 戊子 五・二十一	7.21 戊午 六・二十二	8.21 己丑 七・二十三
9.1 庚子 八・五	10.1 庚午 九・六	11.1 辛丑 十・七	12.1 辛未十一・七
9.11 庚戌 八・十五	10.11 庚辰 九・十六	11.11 辛亥 十・十七	12.11 辛巳十一・十七
9.21 庚申 八・二十五	10.21 庚寅 九・二十六	11.21 辛酉 十・二十七	12.21 辛卯十一・二十七

1974 年（甲寅）

1.1 壬寅十二・九	2.1 癸酉 一・十	3.1 辛丑 二・八	4.1 壬申 三・九
1.11 壬子十二・十九	2.11 癸未 一・二十	3.11 辛亥 二・十八	4.11 壬午 三・十九
1.21 壬戌十二・二十九	2.21 癸巳 一・三十	3.21 辛酉 二・二十八	4.21 壬辰 三・二十九
5.1 壬寅 四・十	6.1 癸酉闰四・十一	7.1 癸卯 五・十二	8.1 甲戌 六・十四
5.11 壬子 四・二十	6.11 癸未闰四・二十一	7.11 癸丑 五・二十二	8.11 甲申 六・二十四
5.21 壬戌 四・三十	6.21 癸巳五・二	7.21 癸亥 六・三	8.21 甲午 七・四
9.1 乙巳 七・十五	10.1 乙亥 八・十六	11.1 丙午 九・十八	12.1 丙子 十・十八
9.11 乙卯 七・二十五	10.11 乙酉 八・二十六	11.11 丙辰 九・二十八	12.11 丙戌 十・二十八
9.21 乙丑 八・六	10.21 乙未 九・七	11.21 丙寅 十・八	12.21 丙申 十一・八

1975 年（乙卯）

1.1 丁未十一・十九	2.1 戊寅十二・二十一	3.1 丙午 一・十九	4.1 丁丑 二・二十
1.11 丁巳十一・二十九	2.11 戊子一・一	3.11 丙辰 一・二十九	4.11 丁亥 二・三十
1.21 丁卯十二・十	2.21 戊戌一・十一	3.21 丙寅 二・九	4.21 丁酉 三・十
5.1 丁未 三・二十	6.1 戊寅 四・二十一	7.1 戊申 五・二十二	8.1 己卯 六・二十四
5.11 丁巳 四・一	6.11 戊子 五・二	7.11 戊午 六・三	8.11 己丑 七・五
5.21 丁卯 四・十一	6.21 戊戌 五・十二	7.21 戊辰 六・十三	8.21 己亥 七・十五
9.1 庚戌 七・二十六	10.1 庚辰 八・二十六	11.1 辛亥 九・二十八	12.1 辛巳 十・二十九
9.11 庚申 八・六	10.11 庚寅 九・七	11.11 辛酉 十・九	12.11 辛卯 十一・九
9.21 庚午 八・十六	10.21 庚子 九・十七	11.21 辛未 十・十九	12.21 辛丑 十一・十九

1976 年（丙辰）

1.1 壬子十二・一	2.1 癸未 一・二	3.1 壬子 二・一	4.1 癸未 三・二
1.11 壬戌十二・十一	2.11 癸巳 一・十二	3.11 壬戌 二・十一	4.11 癸巳 三・十二
1.21 壬申十二・二十一	2.21 癸卯 一・二十二	3.21 壬申 二・二十一	4.21 癸卯 三・二十二
5.1 癸丑 四・三	6.1 甲申 五・四	7.1 甲寅 六・五	8.1 乙酉 七・六
5.11 癸亥 四・十三	6.11 甲午 五・十四	7.11 甲子 六・十五	8.11 乙未 七・十六
5.21 癸酉 四・二十三	6.21 甲辰 五・二十四	7.21 甲戌 六・二十五	8.21 乙巳 七・二十六
9.1 丙辰 八・八	10.1 丙戌闰八・八	11.1 丁巳 九・十	12.1 丁亥 十・十一
9.11 丙寅 八・十八	10.11 丙申闰八・十八	11.11 丁卯 九・二十	12.11 丁酉 十・二十一
9.21 丙子 八・二十八	10.21 丙午闰八・二十八	11.21 丁丑 十・一	12.21 丁未 十一・一

1977 年(丁巳)

1.1 戊午十一・十二	2.1 己丑十二・十四	3.1 丁巳 一・十二	4.1 戊子 二・十三
1.11 戊辰十一・二十二	2.11 己亥十二・二十四	3.11 丁卯 一・二十二	4.11 戊戌 二・二十三
1.21 戊寅十二・三	2.21 己酉一・四	3.21 丁丑 二・二	4.21 戊申 三・四
5.1 戊午 三・十四	6.1 己丑 四・十五	7.1 己未 五・十五	8.1 庚寅 六・十七
5.11 戊辰 三・二十四	6.11 己亥 四・二十五	7.11 己巳 五・二十五	8.11 庚子 六・二十七
5.21 戊寅 四・四	6.21 己酉 五・五	7.21 己卯 六・六	8.21 庚戌 七・七
9.1 辛酉 七・十八	10.1 辛卯 八・十九	11.1 壬戌 九・二十	12.1 壬辰 十・二十一
9.11 辛未 七・二十八	10.11 辛丑 八・二十九	11.11 壬申 十・一	12.11 壬寅 十一・一
9.21 辛巳 八・九	10.21 辛亥 九・九	11.21 壬午 十・十一	12.21 壬子 十一・十一

1978 年(戊午)

1.1 癸亥十一・二十二	2.1 甲午十二・二十四	3.1 壬戌 一・二十三	4.1 癸巳 二・二十四
1.11 癸酉十二・三	2.11 甲辰一・五	3.11 壬申 二・三	4.11 癸卯 三・五
1.21 癸未十二・十三	2.21 甲寅一・十五	3.21 壬午 二・十三	4.21 癸丑 三・十五
5.1 癸亥 三・二十五	6.1 甲午 四・二十六	7.1 甲子 五・二十六	8.1 乙未 六・二十八
5.11 癸酉 四・五	6.11 甲辰 五・六	7.11 甲戌 六・七	8.11 乙巳 七・八
5.21 癸未 四・十五	6.21 甲寅 五・十六	7.21 甲申 六・十七	8.21 乙卯 七・十八
9.1 丙寅 七・二十九	10.1 丙申 八・三十	11.1 丁卯 十・一	12.1 丁酉十一・二
9.11 丙子 八・十	10.11 丙午 九・十	11.11 丁丑 十・十一	12.11 丁未十一・十二
9.21 丙戌 八・二十	10.21 丙辰 九・二十	11.21 丁亥 十・二十一	12.21 丁巳十一・二十二

1979 年(己未)

1.1 戊辰十二・三	2.1 己亥 一・五	3.1 丁卯 二・三	4.1 戊戌 三・五
1.11 戊寅十二・十三	2.11 己酉 一・十五	3.11 丁丑 二・十三	4.11 戊申 三・十五
1.21 戊子十二・二十三	2.21 己未 一・二十五	3.21 丁亥 二・二十三	4.21 戊午 三・二十五
5.1 戊辰 四・六	6.1 己亥 五・七	7.1 己巳 六・八	8.1 庚子闰六・九
5.11 戊寅 四・十六	6.11 己酉 五・十七	7.11 己卯 六・十八	8.11 庚戌闰六・十九
5.21 戊子 四・二十六	6.21 己未 五・二十七	7.21 己丑 六・二十八	8.21 庚申闰六・二十九
9.1 辛未 七・十	10.1 辛丑 八・十一	11.1 壬申 九・十二	12.1 壬寅 十・十二
9.11 辛巳 七・二十	10.11 辛亥 八・二十一	11.11 壬午 九・二十二	12.11 壬子 十・二十二
9.21 辛卯 八・一	10.21 辛酉 九・一	11.21 壬辰 十・二	12.21 壬戌 十一・三

1980 年(庚申)

1.1 癸酉十一・十四	2.1 甲辰十二・十五	3.1 癸酉 一・十五	4.1 甲辰 二・十六
1.11 癸未十一・二十四	2.11 甲寅十二・二十五	3.11 癸未 一・二十五	4.11 甲寅 二・二十六
1.21 癸巳十二・四	2.21 甲子一・六	3.21 癸巳 二・五	4.21 甲子 三・七
5.1 甲戌 三・十七	6.1 乙巳 四・十九	7.1 乙亥 五・十九	8.1 丙午 六・二十一
5.11 甲申 三・二十七	6.11 乙卯 四・二十九	7.11 乙酉 五・二十九	8.11 丙辰 七・一
5.21 甲午 四・八	6.21 乙丑 五・九	7.21 乙未 六・十	8.21 丙寅 七・十一
9.1 丁丑 七・二十二	10.1 丁未 八・二十三	11.1 戊寅 九・二十四	12.1 戊申 十・二十四
9.11 丁亥 八・三	10.11 丁巳 九・三	11.11 戊子 十・四	12.11 戊午 十一・五
9.21 丁酉 八・十三	10.21 丁卯 九・十三	11.21 戊戌 十・十四	12.21 戊辰 十一・十五

1981 年(辛酉)

1.1　己卯十一・二十六	2.1　庚戌十二・二十七	3.1　戊寅　一・二十五	4.1　己酉　二・二十七
1.11　己丑十二・六	2.11　庚申一・七	3.11　戊子　二・六	4.11　己未　三・七
1.21　己亥十二・十六	2.21　庚午一・十七	3.21　戊戌　二・十六	4.21　己巳　三・十七
5.1　己卯　三・二十七	6.1　庚戌　四・二十九	7.1　庚辰　五・三十	8.1　辛亥　七・二
5.11　己丑　四・八	6.11　庚申　五・十	7.11　庚寅　六・十	8.11　辛酉　七・十二
5.21　己亥　四・十八	6.21　庚午　五・二十	7.21　庚子　六・二十	8.21　辛未　七・二十二
9.1　壬午　八・四	10.1　壬子　九・四	11.1　癸未　十・五	12.1　癸丑十一・六
9.11　壬辰　八・十四	10.11　壬戌　九・十四	11.11　癸巳　十・十五	12.11　癸亥十一・十六
9.21　壬寅　八・二十四	10.21　壬申　九・二十四	11.21　癸卯　十・二十五	12.21　癸酉十一・二十六

1982 年(壬戌)

1.1　甲申十二・七	2.1　乙卯　一・八	3.1　癸未　二・六	4.1　甲寅　三・八
1.11　甲午十二・十七	2.11　乙丑　一・十八	3.11　癸巳　二・十六	4.11　甲子　三・十八
1.21　甲辰十二・二十七	2.21　乙亥　一・二十八	3.21　癸卯　二・二十六	4.21　甲戌　三・二十八
5.1　甲申　四・八	6.1　乙卯　闰四・十	7.1　乙酉　五・十一	8.1　丙辰　六・十二
5.11　甲午　四・十八	6.11　乙丑　闰四・二十	7.11　乙未　五・二十一	8.11　丙寅　六・二十二
5.21　甲辰　四・二十八	6.21　乙亥　五・一	7.21　乙巳　六・一	8.21　丙子　七・三
9.1　丁亥　七・十四	10.1　丁巳　八・十五	11.1　戊子　九・十六	12.1　戊午　十・十七
9.11　丁酉　七・二十四	10.11　丁卯　八・二十五	11.11　戊戌　九・二十六	12.11　戊辰　十・二十七
9.21　丁未　八・五	10.21　丁丑　九・五	11.21　戊申　十・七	12.21　戊寅　十一・七

1983 年(癸亥)

1.1　己丑十一・十八	2.1　庚申十二・十九	3.1　戊子　一・十七	4.1　己未　二・十八
1.11　己亥十一・二十八	2.11　庚午十二・二十九	3.11　戊戌　一・二十七	4.11　己巳　二・二十八
1.21　己酉十二・八	2.21　庚辰一・九	3.21　戊申　二・七	4.21　己卯　三・九
5.1　己丑　三・十九	6.1　庚申　四・二十	7.1　庚寅　五・二十一	8.1　辛酉　六・二十三
5.11　己亥　三・二十九	6.11　庚午　五・一	7.11　庚子　六・二	8.11　辛未　七・三
5.21　己酉　四・九	6.21　庚辰　五・十一	7.21　庚戌　六・十二	8.21　辛巳　七・十三
9.1　壬辰　七・二十四	10.1　壬戌　八・二十五	11.1　癸巳　九・二十七	12.1　癸亥　十・二十七
9.11　壬寅　八・五	10.11　壬申　九・六	11.11　癸卯　十・七	12.11　癸酉　十一・八
9.21　壬子　八・十五	10.21　壬午　九・十六	11.21　癸丑　十・十七	12.21　癸未　十一・十八

1984 年(甲子)

1.1　甲午十一・二十九	2.1　乙丑　十二・三十	3.1　甲午　一・二十九	4.1　乙丑　三・一
1.11　甲辰十二・九	2.11　乙亥　一・十	3.11　甲辰　二・九	4.11　乙亥　三・十一
1.21　甲寅十二・十九	2.21　乙酉　一・二十	3.21　甲寅　二・十九	4.21　乙酉　三・二十一
5.1　乙未　四・一	6.1　丙寅　五・二	7.1　丙申　六・三	8.1　丁卯　七・五
5.11　乙巳　四・十一	6.11　丙子　五・十二	7.11　丙午　六・十三	8.11　丁丑　七・十五
5.21　乙卯　四・二十一	6.21　丙戌　五・二十二	7.21　丙辰　六・二十三	8.21　丁亥　七・二十五
9.1　戊戌　八・六	10.1　戊辰　九・七	11.1　己亥　十・九	12.1　己巳闰十・九
9.11　戊申　八・十六	10.11　戊寅　九・十七	11.11　己酉　十・十九	12.11　己卯闰十・十九
9.21　戊午　八・二十六	10.21　戊子　九・二十七	11.21　己未　十・二十九	12.21　己丑闰十・二十九

1985 年(乙丑)

1.1 庚子十一·十一 1.11 庚戌十一·二十一 1.21 庚申十二·一	2.1 辛未十二·十二 2.11 辛巳十二·二十二 2.21 辛卯一·二	3.1 己亥 一·十 3.11 己酉 一·二十 3.21 己未 二·一	4.1 庚午 二·十二 4.11 庚辰 二·二十二 4.21 庚寅 三·二
5.1 庚子 三·十二 5.11 庚戌 三·二十二 5.21 庚申 四·二	6.1 辛未 四·十三 6.11 辛巳 四·二十三 6.21 辛卯 五·四	7.1 辛丑 五·十四 7.11 辛亥 五·二十四 7.21 辛酉 六·四	8.1 壬申 六·十五 8.11 壬午 六·二十五 8.21 壬辰 七·六
9.1 癸卯 七·十七 9.11 癸丑 七·二十七 9.21 癸亥 八·七	10.1 癸酉 八·十七 10.11 癸未 八·二十七 10.21 癸巳 九·八	11.1 甲辰 九·十九 11.11 甲寅 九·二十九 11.21 甲子 十·十	12.1 甲戌 十·二十 12.11 甲申 十·三十 12.21 甲午 十一·十

1986 年(丙寅)

1.1 乙巳十一·二十一 1.11 乙卯十二·二 1.21 乙丑十二·十二	2.1 丙子十二·二十三 2.11 丙戌一·三 2.21 丙申一·十三	3.1 甲辰 一·二十一 3.11 甲寅 二·二 3.21 甲子 二·十二	4.1 乙亥 二·二十三 4.11 乙酉 三·三 4.21 乙未 三·十三
5.1 乙巳 三·二十三 5.11 乙卯 四·三 5.21 乙丑 四·十三	6.1 丙子 四·二十四 6.11 丙戌 五·五 6.21 丙申 五·十五	7.1 丙午 五·二十五 7.11 丙辰 六·五 7.21 丙寅 六·十五	8.1 丁丑 六·二十六 8.11 丁亥 七·六 8.21 丁酉 七·十六
9.1 戊申 七·二十七 9.11 戊午 八·八 9.21 戊辰 八·十八	10.1 戊寅 八·二十八 10.11 戊子 九·八 10.21 戊戌 九·十八	11.1 己酉 九·二十九 11.11 己未 十·十 11.21 己巳 十·二十	12.1 己卯 十·三十 12.11 己丑 十一·十 12.21 己亥 十一·二十

1987 年(丁卯)

1.1 庚戌十二·二 1.11 庚申十二·十二 1.21 庚午十二·二十二	2.1 辛巳 一·四 2.11 辛卯 一·十四 2.21 辛丑 一·二十四	3.1 己酉 二·二 3.11 己未 二·十二 3.21 己巳 二·二十二	4.1 庚辰 三·四 4.11 庚寅 三·十四 4.21 庚子 三·二十四
5.1 庚戌 四·四 5.11 庚申 四·十四 5.21 庚午 四·二十四	6.1 辛巳 五·六 6.11 辛卯 五·十六 6.21 辛丑 五·二十六	7.1 辛亥 六·六 7.11 辛酉 六·十六 7.21 辛未 六·二十六	8.1 壬午闰六·七 8.11 壬辰闰六·十七 8.21 壬寅闰六·二十七
9.1 癸丑 七·九 9.11 癸亥 七·十九 9.21 癸酉 七·二十九	10.1 癸未 八·九 10.11 癸巳 八·十九 10.21 癸卯 八·二十九	11.1 甲寅 九·十 11.11 甲子 九·二十 11.21 甲戌 十·一	12.1 甲申 十·十一 12.11 甲午 十·二十一 12.21 甲辰 十一·一

1988 年(戊辰)

1.1 乙卯十一·十二 1.11 乙丑十一·二十二 1.21 乙亥十二·三	2.1 丙戌十二·十四 2.11 丙申十二·二十四 2.21 丙午一·五	3.1 乙卯 一·十四 3.11 乙丑 一·二十四 3.21 乙亥 二·四	4.1 丙戌 二·十五 4.11 丙申 二·二十五 4.21 丙午 三·六
5.1 丙辰 三·十六 5.11 丙寅 三·二十六 5.21 丙子 四·六	6.1 丁亥 四·十七 6.11 丁酉 四·二十七 6.21 丁未 五·八	7.1 丁巳 五·十八 7.11 丁卯 五·二十八 7.21 丁丑 六·八	8.1 戊子 六·十九 8.11 戊戌 六·二十九 8.21 戊申 七·十
9.1 己未 七·二十一 9.11 己巳 八·一 9.21 己卯 八·十一	10.1 己丑 八·二十一 10.11 己亥 九·一 10.21 己酉 九·十一	11.1 庚申 九·二十二 11.11 庚午 十·三 11.21 庚辰 十·十三	12.1 庚寅 十·二十三 12.11 庚子 十一·三 12.21 庚戌 十一·十三

1989年(己巳)

1.1　辛酉十一·二十四	2.1　壬辰十二·二十五	3.1　庚申　一·二十四	4.1　辛卯　二·二十五
1.11　辛未十二·四	2.11　壬寅一·六	3.11　庚午　二·四	4.11　辛丑　三·六
1.21　辛巳十二·十四	2.21　壬子一·十六	3.21　庚辰　二·十四	4.21　辛亥　三·十六
5.1　辛酉　三·二十六	6.1　壬辰　四·二十八	7.1　壬戌　五·二十八	8.1　癸巳　七·一
5.11　辛未　四·七	6.11　壬寅　五·八	7.11　壬申　六·九	8.11　癸卯　七·十一
5.21　辛巳　四·十七	6.21　壬子　五·十八	7.21　壬午　六·十九	8.21　癸丑　七·二十一
9.1　甲子　八·二	10.1　甲午　九·二	11.1　乙丑　十·四	12.1　乙未十一·四
9.11　甲戌　八·十二	10.11　甲辰　九·十二	11.11　乙亥　十·十四	12.11　乙巳十一·十四
9.21　甲申　八·二十二	10.21　甲寅　九·二十二	11.21　乙酉　十·二十四	12.21　乙卯十一·二十四

1990年(庚午)

1.1　丙寅十二·五	2.1　丁酉　一·六	3.1　乙丑　二·五	4.1　丙申　三·六
1.11　丙子十二·十五	2.11　丁未　一·十六	3.11　乙亥　二·十五	4.11　丙午　三·十六
1.21　丙戌十二·二十五	2.21　丁巳　一·二十六	3.21　乙酉　二·二十五	4.21　丙辰　三·二十六
5.1　丙寅　四·七	6.1　丁酉　五·九	7.1　丁卯闰五·九	8.1　戊戌　六·十一
5.11　丙子　四·十七	6.11　丁未　五·十九	7.11　丁丑闰五·十九	8.11　戊申　六·二十一
5.21　丙戌　四·二十七	6.21　丁巳　五·二十九	7.21　丁亥闰五·二十九	8.21　戊午　七·二
9.1　己巳　七·十三	10.1　己亥　八·十三	11.1　庚午　九·十五	12.1　庚子　十·十五
9.11　己卯　七·二十三	10.11　己酉　八·二十三	11.11　庚辰　九·二十五	12.11　庚戌　十·二十五
9.21　己丑　八·三	10.21　己未　九·四	11.21　庚寅　十·五	12.21　庚申　十一·五

1991年(辛未)

1.1　辛未十一·十六	2.1　壬寅十二·十七	3.1　庚午　一·十五	4.1　辛丑　二·十七
1.11　辛巳十一·二十六	2.11　壬子十二·二十七	3.11　庚辰　一·二十五	4.11　辛亥　二·二十七
1.21　辛卯十二·六	2.21　壬戌一·七	3.21　庚寅　二·六	4.21　辛酉　三·七
5.1　辛未　三·十七	6.1　壬寅　四·十九	7.1　壬申　五·二十	8.1　癸卯　六·二十一
5.11　辛巳　三·二十七	6.11　壬子　四·二十九	7.11　壬午　五·三十	8.11　癸丑　七·二
5.21　辛卯　四·八	6.21　壬戌　五·十	7.21　壬辰　六·十	8.21　癸亥　七·十二
9.1　甲戌　七·二十三	10.1　甲辰　八·二十四	11.1　乙亥　九·二十五	12.1　己巳　十·二十六
9.11　甲申　八·四	10.11　甲寅　九·四	11.11　乙酉　十·六	12.11　己卯　十一·六
9.21　甲午　八·十四	10.21　甲子　九·十四	11.21　乙未　十·十六	12.21　己丑　十一·十六

1992年(壬申)

1.1　丙子十一·二十七	2.1　丁未十二·二十八	3.1　丙子　一·二十七	4.1　丁未　二·二十九
1.11　丙戌十二·七	2.11　丁巳一·八	3.11　丙戌　二·八	4.11　丁巳　三·九
1.21　丙申十二·十七	2.21　丁卯一·十八	3.21　丙申　二·十八	4.21　丁卯　三·十九
5.1　丁丑　三·二十九	6.1　戊申　五·一	7.1　戊寅　六·二	8.1　己酉　七·三
5.11　丁亥　四·九	6.11　戊午　五·十一	7.11　戊子　六·十二	8.11　己未　七·十三
5.21　丁酉　四·十九	6.21　戊辰　五·二十一	7.21　戊戌　六·二十二	8.21　己巳　七·二十三
9.1　庚辰　八·五	10.1　庚戌　九·六	11.1　辛巳　十·七	12.1　辛亥十一·八
9.11　庚寅　八·十五	10.11　庚申　九·十六	11.11　辛卯　十·十七	12.11　辛酉十一·十八
9.21　庚子　八·二十五	10.21　庚午　九·二十六	11.21　辛丑　十·二十七	12.21　辛未十一·二十八

1993年（癸酉）

1.1 壬午十二·九	2.1 癸丑 一·十	3.1 辛巳 二·九	4.1 壬子 三·十
1.11 壬辰十二·十九	2.11 癸亥 一·二十	3.11 辛卯 二·十九	4.11 壬戌 三·二十
1.21 壬寅十二·二十九	2.21 癸酉 二·一	3.21 辛丑 二·二十九	4.21 壬申 三·三十
5.1 壬午 闰三·十	6.1 癸丑 四·十二	7.1 癸未 五·十二	8.1 甲寅 六·十四
5.11 壬辰 闰三·二十	6.11 癸亥 四·二十二	7.11 癸巳 五·二十二	8.11 甲子 六·二十四
5.21 壬寅 四·一	6.21 癸酉 五·二	7.21 癸卯 六·三	8.21 甲戌 七·四
9.1 乙酉 七·十五	10.1 乙卯 八·十六	11.1 丙戌 九·十八	12.1 丙辰 十·十八
9.11 乙未 七·二十五	10.11 乙丑 八·二十六	11.11 丙申 九·二十八	12.11 丙寅 十·二十八
9.21 乙巳 八·六	10.21 乙亥 九·七	11.21 丙午 十·八	12.21 丙子 十一·九

1994年（甲戌）

1.1 丁亥 十一·二十	2.1 戊午十二·二十一	3.1 丙戌 一·二十	4.1 丁巳 二·二十一
1.11 丁酉 十一·三十	2.11 戊辰一·二	3.11 丙申 一·三十	4.11 丁卯 三·一
1.21 丁未 十二·十	2.21 戊寅一·十二	3.21 丙午 二·十	4.21 丁丑 三·十一
5.1 丁亥 三·二十一	6.1 戊午 四·二十二	7.1 戊子 五·二十三	8.1 己未 六·二十四
5.11 丁酉 四·一	6.11 戊辰 五·三	7.11 戊戌 六·三	8.11 己巳 七·五
5.21 丁未 四·十一	6.21 戊寅 五·十三	7.21 戊申 六·十三	8.21 己卯 七·十五
9.1 庚寅 七·二十六	10.1 庚申 八·二十六	11.1 辛卯 九·二十八	12.1 辛酉 十·二十九
9.11 庚子 八·六	10.11 庚午 九·七	11.11 辛丑 十·九	12.11 辛未 十一·九
9.21 庚戌 八·十六	10.21 庚辰 九·十七	11.21 辛亥 十·十九	12.21 辛巳 十一·十九

1995年（乙亥）

1.1 壬辰十二·一	2.1 癸亥 一·二	3.1 辛卯 二·一	4.1 壬戌 三·二
1.11 壬寅十二·十一	2.11 癸酉 一·十二	3.11 辛丑 二·十一	4.11 壬申 三·十二
1.21 壬子十二·二十一	2.21 癸未 一·二十二	3.21 辛亥 二·二十一	4.21 壬午 三·二十二
5.1 壬辰 四·二	6.1 癸亥 五·四	7.1 癸巳 六·四	8.1 甲子 七·六
5.11 壬寅 四·十二	6.11 癸酉 五·十四	7.11 癸卯 六·十四	8.11 甲戌 七·十六
5.21 壬子 四·二十二	6.21 癸未 五·二十四	7.21 癸丑 六·二十四	8.21 甲申 七·二十六
9.1 乙未 八·七	10.1 乙丑闰八·七	11.1 丙申 九·九	12.1 丙寅 十·十
9.11 乙巳 八·十七	10.11 乙亥闰八·十七	11.11 丙午 九·十九	12.11 丙子 十·二十
9.21 乙卯 八·二十七	10.21 乙酉闰八·二十七	11.21 丙辰 九·二十九	12.21 丙戌 十·三十

1996年（丙子）

1.1 丁酉十一·十一	2.1 戊辰十二·十三	3.1 丁酉 一·十二	4.1 戊辰 二·十四
1.11 丁未十一·二十一	2.11 戊寅十二·二十三	3.11 丁未 一·二十二	4.11 戊寅 二·二十四
1.21 丁巳十二·二	2.21 戊子一·三	3.21 丁巳 二·三	4.21 戊子 三·四
5.1 戊戌 三·十四	6.1 己巳 四·十六	7.1 己亥 五·十六	8.1 庚午 六·十七
5.11 戊申 三·二十四	6.11 己卯 四·二十六	7.11 己酉 五·二十六	8.11 庚辰 六·二十七
5.21 戊午 四·五	6.21 己丑 五·六	7.21 己未 六·六	8.21 庚寅 七·八
9.1 辛丑 七·十九	10.1 辛未 八·十九	11.1 壬寅 九·二十一	12.1 壬申 十·二十一
9.11 辛亥 七·二十九	10.11 辛巳 八·二十九	11.11 壬子 十·一	12.11 壬午 十一·一
9.21 辛酉 八·九	10.21 辛卯 九·十	11.21 壬戌 十·十一	12.21 壬辰 十一·十一

1997年(丁丑)

1.1 癸卯十一•二十二 1.11 癸丑十二•三 1.21 癸亥十二•十三	2.1 甲戌十二•二十四 2.11 甲申一•五 2.21 甲午一•十五	3.1 壬寅 一•二十三 3.11 壬子 二•三 3.21 壬戌 二•十三	4.1 癸酉 二•二十四 4.11 癸未 三•五 4.21 癸巳 三•十五
5.1 癸卯 三•二十五 5.11 癸丑 四•五 5.21 癸亥 四•十五	6.1 甲戌 四•二十六 6.11 甲申 五•七 6.21 甲午 五•十七	7.1 甲辰 五•二十七 7.11 甲寅 六•七 7.21 甲子 六•十七	8.1 乙亥 六•二十八 8.11 乙酉 七•九 8.21 乙未 七•十九
9.1 丙午 七•三十 9.11 丙辰 八•十 9.21 丙寅 八•二十	10.1 丙子 八•三十 10.11 丙戌 九•十 10.21 丙申 九•二十	11.1 丁未 十•二 11.11 丁巳 十•十二 11.21 丁卯 十•二十二	12.1 丁丑十一•二 12.11 丁亥十一•十二 12.21 丁酉十一•二十二

1998年(戊寅)

1.1 戊申十二•三 1.11 戊午十二•十三 1.21 戊辰十二•二十三	2.1 己卯 一•五 2.11 己丑 一•十五 2.21 己亥 一•二十五	3.1 丁未 二•三 3.11 丁巳 二•十三 3.21 丁卯 二•二十三	4.1 戊寅 三•五 4.11 戊子 三•十五 4.21 戊戌 三•二十五
5.1 戊申 四•六 5.11 戊午 四•十六 5.21 戊辰 四•二十六	6.1 己卯 五•七 6.11 己丑 五•十七 6.21 己亥 五•二十七	7.1 己酉闰五•八 7.11 己未闰五•十八 7.21 己巳闰五•二十八	8.1 庚辰 六•十 8.11 庚寅 六•二十 8.21 庚子 六•三十
9.1 辛亥 七•十一 9.11 辛酉 七•二十一 9.21 辛未 八•一	10.1 辛巳 八•十一 10.11 辛卯 八•二十一 10.21 辛丑 九•二	11.1 壬子 九•十三 11.11 壬戌 九•二十三 11.21 壬申 十•三	12.1 壬午 十•十三 12.11 壬辰 十•二十三 12.21 壬寅 十一•三

1999年(己卯)

1.1 癸丑十一•十四 1.11 癸亥十一•二十四 1.21 癸酉十二•五	2.1 甲申十二•十六 2.11 甲午十二•二十六 2.21 甲辰一•六	3.1 壬子 一•十四 3.11 壬戌 一•二十四 3.21 壬申 二•四	4.1 癸未 二•十五 4.11 癸巳 二•二十五 4.21 癸卯 三•六
5.1 癸丑 三•十六 5.11 癸亥 三•二十六 5.21 癸酉 四•七	6.1 甲申 四•十八 6.11 甲午 四•二十八 6.21 甲辰 五•八	7.1 甲寅 五•十八 7.11 甲子 五•二十八 7.21 甲戌 六•九	8.1 乙酉 六•二十 8.11 乙未 七•一 8.21 乙巳 七•十一
9.1 丙辰 七•二十二 9.11 丙寅 八•二 9.21 丙子 八•十二	10.1 丙戌 八•二十二 10.11 丙申 九•三 10.21 丙午 九•十三	11.1 丁巳 九•二十四 11.11 丁卯 十•四 11.21 丁丑 十•十四	12.1 丁亥 十•二十四 12.11 丁酉 十一•四 12.21 丁未 十一•十四

2000年(庚辰)

1.1 戊午十一•二十五 1.11 戊辰十二•五 1.21 戊寅十二•十五	2.1 己丑十二•二十六 2.11 己亥一•七 2.21 己酉一•十七	3.1 戊午 一•二十六 3.11 戊辰 二•六 3.21 戊寅 二•十六	4.1 己丑 二•二十七 4.11 己亥 三•七 4.21 己酉 三•十七
5.1 己未 三•二十七 5.11 己巳 四•八 5.21 己卯 四•十八	6.1 庚寅 四•二十九 6.11 庚子 五•十 6.21 庚戌 五•二十	7.1 庚申 五•三十 7.11 庚午 六•十 7.21 庚辰 六•二十	8.1 辛卯 七•二 8.11 辛丑 七•十二 8.21 辛亥 七•二十二
9.1 壬戌 八•四 9.11 壬申 八•十四 9.21 壬午 八•二十四	10.1 壬辰 九•四 10.11 壬寅 九•十四 10.21 壬子 九•二十四	11.1 癸亥 十•六 11.11 癸酉 十•十六 11.21 癸未 十•二十六	12.1 癸巳十一•六 12.11 癸卯十一•十六 12.21 癸丑十一•二十六

韵目代日表

一日	东、先、董、送、屋	九日	佳、青、蟹、泰、屑	十七日	篠、霰、洽	二十五日	有、径
二日	冬、萧、肿、宋、沃	十日	灰、蒸、贿、卦、药	十八日	巧、啸	二十六日	寝、宥
三日	江、肴、讲、绛、觉	十一日	真、尤、轸、队、陌	十九日	皓、效	二十七日	感、沁
四日	支、豪、纸、寘、质	十二日	文、侵、吻、震、锡	二十日	哿、号	二十八日	俭、勘
五日	微、歌、尾、未、物	十三日	元、覃、阮、问、职	二十一日	马、箇	二十九日	豏、艳
六日	鱼、麻、语、御、月	十四日	寒、盐、旱、愿、缉	二十二日	养、禡	三十日	陷
七日	虞、阳、麌、遇、曷	十五日	删、咸、潸、翰、合	二十三日	梗、漾	三十一日	世、引
八日	齐、庚、荠、霁、黠	十六日	铣、谏、叶	二十四日	迥、敬		

六十干支表

（一）	甲子	乙丑	丙寅	丁卯	戊辰	己巳	庚午	辛未	壬申	癸酉
（二）	甲戌	乙亥	丙子	丁丑	戊寅	己卯	庚辰	辛巳	壬午	癸未
（三）	甲申	乙酉	丙戌	丁亥	戊子	己丑	庚寅	辛卯	壬辰	癸巳
（四）	甲午	乙未	丙申	丁酉	戊戌	己亥	庚子	辛丑	壬寅	癸卯
（五）	甲辰	乙巳	丙午	丁未	戊申	己酉	庚戌	辛亥	壬子	癸丑
（六）	甲寅	乙卯	丙辰	丁巳	戊午	己未	庚申	辛酉	壬戌	癸亥

年 号 索 引

说 明

（一）所列年号，按第一字的笔画排列，数字为公元纪年。公元前加“前”字，公元后一律不加。
（二）公元纪年后有“—”号者，表示年号的起年；无“—”号的表示仅有一年。

三 画

四 画

五　画

六　画

十　二　画

十　三　画

十　四　画

十　五　画

十六画以上

图书在版编目（CIP）数据

中国史历日和中西历日对照表 / 方诗铭，方小芬编著. —上海：上海辞书出版社，2022
ISBN 978-7-5326-5835-0

Ⅰ. ①中… Ⅱ. ①方…②方… Ⅲ. ①历书对照表—中国、西方国家 Ⅳ. ①P196

中国版本图书馆 CIP 数据核字 (2021) 第 201478 号

ZHONGGUOSHI LIRI HE ZHONGXILIRI DUIZHAOBIAO
中国史历日和中西历日对照表
方诗铭　方小芬 编著

责任编辑　刘寅春
助理编辑　姚骄桐
装帧设计　黄　骏
责任校对　左钟亮
责任印制　王亭亭
出版发行　上海世纪出版集团
　　　　　上海辞书出版社（www.cishu.com.cn）
地　　址　上海市闵行区号景路 159 弄 B 座（邮政编码: 201101）
印　　刷　上海中华印刷有限公司
开　　本　787 毫米 × 1092 毫米　1/16
印　　张　55.75
字　　数　1 641 000
版　　次　2022 年 12 月第 1 版　2022 年 12 月第 1 次印刷
书　　号　ISBN 978-7-5326-5835-0/P·33
定　　价　280.00 元